UMWELTGUTACHTEN 1987

Erschienen im April 1988
Preis: DM 45,—
ISBN 3-17-003364-6
Bestellnummer: 7 800 203-87 902
Druck: Bonner Universitäts-Buchdruckerei

Der Rat von Sachverständigen
für Umweltfragen

UMWELTGUTACHTEN 1987

Dezember 1987

VERLAG W. KOHLHAMMER GMBH STUTTGART UND MAINZ

Mitglieder
des Rates von Sachverständigen für Umweltfragen
Stand: März 1987

Name, Ort	Fach	Aufgabe im Rat
Wolfgang Haber, Prof. Dr. rer. nat., München/Weihenstephan	Landschaftsökologie	Vorsitzender, Naturschutz, Landschaftspflege
Horst Zimmermann, Prof. Dr. rer. pol., Marburg	Volkswirtschaftslehre, Finanzwissenschaft	Stellv. Vorsitzender, ökonomische und finanzwirtschaftliche Fragen der Umweltpolitik
Botho Böhnke, Prof. Dr.-Ing., Aachen	Siedlungswasserwirtschaft	Gewässerschutz
Rudolf Braun, Prof. Dr. sc. nat., Dübendorf/Schweiz	Abfallwirtschaft	Abfallwirtschaft
Georges Fülgraff, Prof. Dr. med., Berlin	Medizin	Umwelt und Gesundheit, Organisationsfragen der Umweltpolitik
Helmut Greim, Prof. Dr. med., Neuherberg	Toxikologie	Toxikologie, Gesundheitsrisiken
Gerd Jansen, Prof. Dr. med., Dr. phil., Essen	Arbeitsmedizin	Lärm, Psychophysiologie
Paul Klemmer, Prof. Dr. rer. pol., Bochum	Regionalwissenschaft	Landesplanung, Standortfragen
Albert Kuhlmann, Prof. Dr.-Ing., Köln	Ingenieurwissenschaften	Umwelttechnik
Paul Müller, Prof. Dr. rer. nat., Saarbrücken	Biogeographie, Ökologie	Ökologie
Jürgen Salzwedel, Prof. Dr. jur., Bonn	Rechtswissenschaft	Umweltrecht
Ekkehard Weber, Prof. Dr.-Ing., Essen	Verfahrenstechnik	Umwelttechnik, Luftreinhaltung

Vorwort

1) Mit der Veröffentlichung seines dritten Umweltgutachtens entspricht der Rat von Sachverständigen für Umweltfragen nicht nur einem Beschluß des Deutschen Bundestages vom 9. Februar 1984, sondern auch dem im Einrichtungserlaß vom 28. Dezember 1971 (siehe Anhang) enthaltenen ständigen Auftrag an den Rat, die Situation der Umwelt darzustellen sowie auf Fehlentwicklungen und Möglichkeiten zu deren Vermeidung hinzuweisen.

2) Die beiden ersten Umweltgutachten des Rates erschienen relativ rasch aufeinanderfolgend in den Jahren 1974 und 1978. Der Rat sieht sie weiterhin als maßgebende Grundlage einer Umweltbegutachtung an, die zwar der Fortschreibung, Ergänzung und Verbesserung, aber keiner grundsätzlichen Korrektur bedarf. Nicht zuletzt aufgrund der längerfristigen Einflüsse und Wirkungen der beiden Umweltgutachten haben die Erkenntnisse über die komplizierten Zusammenhänge in der Umwelt der Menschen und anderer Lebewesen, über Umweltbelastungen und -gefahren erheblich zugenommen, haben Umweltbewußtsein und umweltbezogenes Handeln an Aufmerksamkeit, Einfluß und Gewicht gewonnen. Erste größere Erfolge allgemeinen Umweltschutzes zeichnen sich deutlich ab, doch ebenso klar werden Mängel, Mißerfolge und Verzögerungen auf dem Weg in eine bessere Umwelt erkannt. Der eingeschlagene Weg erweist sich als richtig, muß aber konsequenter beschritten werden. Trotz grundsätzlicher Übereinstimmung über Notwendigkeit und Dringlichkeit umfassenden Umweltschutzes in allen wirtschaftlichen und gesellschaftlichen Aktivitäten gehen jedoch die Auffassungen der politischen Kräfte über die Bewertung der Umwelt, die zu treffenden Maßnahmen und ihre Prioritäten zum Teil weit auseinander.

3) Mit dem Umweltgutachten 1987 hofft der Rat einen wesentlichen Beitrag zur Überwindung der Auffassungsunterschiede zu erbringen. Er bekennt aber auch, daß die Erarbeitung eines umfassenden Umweltgutachtens beträchtlich schwieriger und aufwendiger gewesen ist als in den 1970er Jahren, die noch vom „Aufbruch in das Umweltzeitalter" gekennzeichnet waren. Aus diesem Grund erhebt das neue Umweltgutachten auch nicht mehr den Anspruch der Vollständigkeit, der seine beiden Vorgänger auszeichnete, sondern setzt Schwerpunkte und Akzente in bestimmten Bereichen, wie sie vor allem im dritten Teil des Gutachtens zum Ausdruck kommen.

4) Bei der Bewertung dieser Schwerpunktsetzungen sollte berücksichtigt werden, daß der Rat besonders wichtige, durch aktuelle Problematik gekennzeichnete Bereiche der Umweltpolitik durch Sondergutachten behandelt hat: „Energie und Umwelt" (1981), „Waldschäden und Luftverunreinigungen" (1983) und „Umweltprobleme der Landwirtschaft" (1985). Die Themen dieser Sondergutachten und ihre Bearbeitung gehören selbstverständlich in die Gesamt-Umweltbegutachtung der 1980er Jahre hinein, sind aber im Umweltgutachten 1987 nicht oder — wie im Falle der Energiepolitik — nur teilweise erneut behandelt worden.

5) Andererseits fehlen im dritten Umweltgutachten eigene Kapitel über Abfall, ionisierende Strahlung sowie Gefährdung der Atmosphäre durch Spurengase. Hier war der Rat nach eingehender Diskussion zu der Auffassung gelangt, daß diese Problembereiche trotz ihrer unbestrittenen Wichtigkeit im Bearbeitungszeitraum des Gutachtens eine auch nur einigermaßen überzeugende wissenschaftliche Begutachtung nicht erlaubten und daher ebenfalls Sondergutachten vorbehalten werden sollten, die einen konzentrierteren und ausgewogeneren Prozeß der Erkenntnisfindung ermöglichen. Der seit 1. April 1987 tätige neu zusammengesetzte Rat hat ein Sondergutachten über Abfallwirtschaft bereits in Angriff genommen und verarbeitet dabei auch Unterlagen und Erkenntnisse seines Vorgängers, der diesen Problembereich aus dem Gesamtgutachten ausgegliedert hatte.

6) Die Umweltpolitik der zu Ende gehenden 1980er Jahre und der beginnenden 1990er Jahre erfordert ein allgemeines, sektorübergreifendes und in sich abgestimmtes Konzept. Aus dieser Erkenntnis hat der Rat im ersten Teil des Gutachtens mit besonderer Sorgfalt und Ausführlichkeit Grundzüge einer solchen allgemeinen Umweltpolitik dargestellt. Sie sind auf jeden einzelnen Umweltbereich — auch wenn er im Gutachten nicht besonders besprochen wird — anwendbar und seien daher besonderer Aufmerksamkeit empfohlen.

7) Wie seine Vorgänger ist auch dieses Gutachten keine einseitige Empfehlung eines Umweltschutzes um jeden Preis, sondern ist in einen allgemeinen politischen Zusammenhang gestellt worden, um eine möglichst ausgewogene Entscheidungshilfe zu leisten.

8) Die Vielfalt der fachlichen Spezialfragen, die in einem allgemeinen Umweltgutachten zu behandeln sind, hat den Rat zur Einholung mehrerer externer Gutachten und Stellungnahmen veranlaßt, von denen insbesondere folgende von großem Wert gewesen sind:

Zum Gewässerzustand und Gewässerschutz aus der Sicht der Wasserversorgung haben Professor Dr. H. Bernhardt, Siegburg, und Direktor Dipl.-Ing. W.-D. Schmidt, Gelsenkirchen, ein Gutachten erstellt; Prof. Dr. M. Dierkes und Dr. H.-J. Fietkau, Berlin, haben einen Beitrag über das Umweltbewußtsein und Umweltverhalten verfaßt; Prof. Dr. W. van Eimeren, Neuherberg, hat ein Gutachten zum Forschungsstand der Fragen des Zusammenhangs zwischen Umweltbelastung und Gesundheitszustand erarbeitet; zur Belastung der Nahrungsmittel durch Fremdstoffe haben Prof. Dr. G. Eisenbrand, Kaiserslautern, Prof. Dr. H. K. Frank, Karlsruhe, Prof. Dr. G. Grimmer, Ahrensburg, Prof. Dr. H. J. Hapke, Hannover, Prof. Dr. H.-P. Thier, Münster und Prof. Dr. P. Weigert, Berlin, Beiträge geleistet und Prof. Dr. J. Maier, Bayreuth, hat die Probleme der Umweltbelastung durch Freizeit und Fremdenverkehr begutachtet.

Darüber hinaus haben den Rat Gutachten und Stellungnahmen von Dr. K. von Beckerath, Bad Tölz, Dr. H. Berg, Karlsruhe, Dr.-Ing. W. Bidlingmaier, Stuttgart, Prof. Dr. A. Kaul, Neuherberg, Prof. Dr. O. Tabasaran, Stuttgart, und Ministerialrat Dipl.-Ing. C.-O. Zubiller, Wiesbaden, bei den Diskussionen und bei der Urteilsfindung wesentlich beeinflußt, auch wenn sie u. a. wegen der in 5) genannten Gründe nicht unmittelbar in das Gutachten einfließen konnten. Der Rat wird in seiner weiteren Arbeit auf diese Beiträge zum Teil zurückgreifen.

9) Der Rat dankt auch den Vertretern des Bundeskanzleramtes und der Ministerien und Ämter des Bundes und der Länder, die ihn mit Beiträgen und Auskünften immer wieder unterstützt haben. Besonderer Dank gebührt der Leitung und den Mitarbeitern des Umweltbundesamtes und des Statistischen Bundesamtes, die dem Rat mit fachlichem Rat, bei Verwaltungsfragen sowie durch technische Hilfe bei diesem Gutachten geholfen haben.

10) Die wissenschaftlichen Mitarbeiter des Rates haben durch eigene Ausarbeitungen, Materialsammlungen und Diskussionsbeiträge zum Gelingen des Gutachtens wesentlich beigetragen. Über den gesamten Zeitraum der Erarbeitung des Gutachtens hinweg haben im wissenschaftlichen Stab der Geschäftsstelle Dr. Helga Dieffenbach-Fries, Dipl.-Volksw. Lutz Eichler, Dr. László Kacsóh, Dr. Werner Lilienblum und als wissenschaftliche Mitarbeiter der Ratsmitglieder Dr. Jürgen Bunde, Prof. Dr. Hans-F. Gegenmantel, Dipl.-Ing. Werner Gertberg, Dr. Christoph Heger, Dr. Heidrun Sterzl und Dipl.-Volksw. Jochen Reiche mitgearbeitet.

Weiterhin haben in bestimmten Arbeitsphasen die wissenschaftlichen Mitarbeiter der Geschäftsstelle Dipl.-Geogr. Karl-Werner Benz, Dr. Verena Brill, Dr. Christoph Schröder und Dr. Helmut Karl, Dipl.-Ökon. Dieter Hecht, Dr. Joachim Schmidt, Dr. Gerhard-H. Müller, Ass. Raffael Knauber und Dipl.-Ing. Uwe Sievers als wissenschaftliche Mitarbeiter bei Ratsmitgliedern sowie Dr. Peter Gillmann mitgewirkt.

11) Während der Erarbeitung des Gutachtens hat ein Wechsel in der Leitung der Geschäftsstelle des Rates stattgefunden. Regierungsdirektor Jürgen H. Lottmann hat die Geschäftsstelle seit September 1977 geleitet und schied im März 1985 aus; der stellvertretende Geschäftsführer Dr. Dietrich von Borries verließ den Rat im Juni 1986 nach 14jähriger Tätigkeit. Unter ihrer umsichtigen und erfahrenen Leitung wurde die Geschäftsstelle zu einer wesentlichen Stütze der Arbeitsfähigkeit und Unabhängigkeit des Rates weiter ausgebaut, wofür der Rat seinen besonderen Dank ausspricht. An der Gliederung und Konzeption dieses Gutachtens haben beide Herren sowohl organisatorisch als auch inhaltlich wesentlich mitgewirkt und verdienen auch dafür den Dank des Rates; Herr Dr. von Borries hat darüber hinaus intensiv die ersten Ausarbeitungen mitgestaltet oder betreut, wofür ihm noch besondere Anerkennung gebührt.

12) Seit Oktober 1986 liegt die Leitung der Geschäftsstelle in den Händen von Dr. Günter Halbritter, der durch fachkundige Unterstützung des Vorsitzenden bei seinen Arbeiten in der Endphase des Gutachtens zu diesem beigetragen hat. Bis zu seinem Amtsantritt hat Dipl.-Volksw. Lutz Eichler die Geschäftsstelle geleitet; er bekleidet seit Juli 1986 das Amt des stellvertretenden Geschäftsführers. Gleichzeitig hat er als Koordinator die schwierige Aufgabe der interdisziplinären Abstimmung der Arbeit am Gutachten übernommen. Für seinen umsichtigen und unermüdlichen Einsatz, der oft seine ganzen Kräfte forderte, ist der Rat Herrn Eichler zu ganz besonderem Dank verpflichtet.

13) Für die gute Mitarbeit und Unterstützung dankt der Rat auch allen namentlich hier nicht erwähnten Angestellten der Geschäftsstelle.

14) Das Umweltgutachten 1987 ist das dritte große Gutachten, das der Rat in seiner auf Seite 2 genannten personellen Zusammensetzung (mit einer Ausnahme) nach den Sondergutachten „Waldschäden und Luftverunreinigungen" sowie „Umweltprobleme der Landwirtschaft" in zwei Amtsperioden erarbeitet hat. Am 31. März 1987 ging für die Ratsmitglieder Prof. Dr.-Ing. B. Böhnke, Prof. Dr. R. Braun, Prof. Dr. Dr. G. Jansen, Prof. Dr. P. Klemmer, Prof. Dr. Ing. A. Kuhlmann und Prof. Dr. J. Salzwedel die Berufungszeit zu Ende. Die ausgeschiedenen Ratsmitglieder hatten an den Ergebnissen der langjährigen fruchtbaren und anregenden Zusammenarbeit einen prägenden, unverwechselbaren Anteil, der ihren für eine weitere Amtsperiode im Rat weiterbeitenden Kollegen in dankbarer Erinnerung bleibt.

15) Der Rat von Sachverständigen für Umweltfragen schuldet allen, die an diesem Gutachten auf vielfältige Weise mitgewirkt haben, Dank für ihre unentbehrliche Hilfe. Für Fehler und Mängel, die das „Umweltgutachten 1987" enthält, tragen die Mitglieder des Rates die Verantwortung.

Wiesbaden, im November 1987

Wolfgang Haber
Vorsitzender

Inhaltsübersicht

	Seite
Kurzfassung	13

1 Allgemeine Umweltpolitik — 38
1.1 Grundbegriffe der Umweltpolitik — 38
1.2 Umweltbewußtsein und Umweltverhalten — 48
1.3 Handeln zum Schutz der Umwelt — 54
1.4 Ökonomische Aspekte des Umweltschutzes — 78
1.5 Zur Emittentenstruktur in der Bundesrepublik Deutschland — 91

2 Sektoren des Umweltschutzes — 121
2.1 Naturschutz und Landschaftspflege — 121
2.2 Belastung und Schutz der Böden — 178
2.3 Luftbelastung und Luftreinhaltung — 199
2.4 Gewässerzustand und Gewässerschutz — 262
2.5 Verunreinigungen in Lebensmitteln — 344
2.6 Lärm — 383

3 Umweltschutz in ausgewählten Politikfeldern — 440
3.1 Umwelt und Gesundheit — 440
3.2 Umwelt und Energie — 488
3.3 Umwelt und Verkehr — 538
3.4 Umwelt und Raumordnung — 557
3.5 Umwelt, Freizeit und Fremdenverkehr — 568

Inhaltsverzeichnis

		Seite
KURZFASSUNG		13
1	**ALLGEMEINE UMWELTPOLITIK**	38
1.1	**Grundbegriffe der Umweltpolitik**	38
1.1.1	Zum Begriff „Umwelt"	38
1.1.1.1	Zur Notwendigkeit der Klärung des Begriffes „Umwelt"	38
1.1.1.2	Umwelt als biologischer Beziehungsbegriff	38
1.1.1.3	Die räumlich-strukturelle Umwelt	39
1.1.1.4	Die funktionelle Umwelt (Umweltfunktionen)	39
1.1.2	Kriterien der Umweltgefährdung	42
1.1.3	Grundsätzliche Überlegungen zum Umweltschutz	43
1.1.4	Überlegungen zum Umweltrecht	46
1.2	**Umweltbewußtsein und Umweltverhalten**	48
1.2.1	Einleitung	48
1.2.2	Daten zur Entwicklung des Umweltbewußtseins	49
1.2.3	Umweltgerechtes Handeln	51
1.2.4	Erklärungsansätze	52
1.2.5	Grundzüge von Handlungserfordernissen	53
1.3	**Handeln zum Schutz der Umwelt**	54
1.3.1	Begriff und Indikatoren der Umweltqualität	54
1.3.2	Ziel- und Standardsetzung	56
1.3.2.1	Zum Verhältnis von Zielen und Standards	56
1.3.2.2	Schutzwürdigkeits- und Gefährdungsprofile	57
1.3.2.3	Typen von Umweltstandards	58
1.3.2.4	Das Verfahren der „Standardsetzung"	61
1.3.3	Zur Umweltverträglichkeitsprüfung	62
1.3.3.1	Ziel, Inhalt, Funktion	63
1.3.3.2	Planungs- und Projekt-Umweltverträglichkeitsprüfung	64
1.3.3.3	Prüfliste	64
1.3.3.4	Planungsalternativen und Bewertung	65
1.3.3.5	Öffentlichkeitsbeteiligung, scoping-Verfahren	65

		Seite
1.3.3.6	Nachkontrolle	66
1.3.3.7	Schlußbemerkung	66
1.3.4	Umweltpolitische Instrumente	66
1.3.4.1	Ordnungsrechtliche Instrumente	67
1.3.4.2	Ökonomische Anreizinstrumente	68
1.3.4.3	Sonstige Instrumente	70
1.3.5	Überwachung der Umweltqualität	72
1.3.5.1	Grundsätzliche Überlegungen	72
1.3.5.2	Überlegungen zu einzelnen Umweltsektoren	73
1.3.6	Anmerkungen zur internationalen Umweltpolitik	76
1.4	**Ökonomische Aspekte des Umweltschutzes**	78
1.4.1	Zum Zusammenhang zwischen Ökonomie und Ökologie	78
1.4.2	Zur ökonomischen Bewertung der Umweltschäden	80
1.4.2.1	Vorbemerkung	80
1.4.2.2	Probleme einer Schadensbewertung	80
1.4.2.3	Methodische Ansätze und Arbeiten zur Bewertung von Umweltschäden	81
1.4.3	Ausgaben für den Umweltschutz	83
1.4.3.1	Untersuchungsgegenstand	83
1.4.3.2	Methodische Grundlagen	84
1.4.3.3	Entwicklung der Umweltschutzausgaben bis 1984	84
1.4.3.4	Zukünftige Entwicklungen	88
1.4.4	Zu den Beschäftigungswirkungen des Umweltschutzes	89
1.5	**Zur Emittentenstruktur in der Bundesrepublik Deutschland**	91
1.5.1	Die Aufgabe einer übergreifenden Ermittlung der Emittentenstruktur	91
1.5.1.1	Aufgabenstellung	91
1.5.1.2	Umfassende Umweltdaten als Voraussetzung für die Umweltpolitik	91
1.5.1.3	Bedarf an Emissionsdaten, strukturiert nach Wirtschaftsbereichen	92
1.5.2	Änderungen in der Emittentenstruktur in ihrer Bedeutung für die Emissionsentwicklung	94
1.5.2.1	Einflüsse aus der Entwicklung der Wirtschafts- und Sozialstruktur	94

1.5.2.1.1	Zur Strukturierung der Einflüsse	94	2.1.4	Landespflege und Landschaftsplanung	131
1.5.2.1.2	Wirtschaftliche Aktivität und Umweltbelastung	95	2.1.4.1	Landespflege als Grundlage der Landschaftsplanung	131
1.5.2.1.2.1	Einflüsse aus Wirtschaftswachstum und -struktur	95	2.1.4.2	Aufgaben der Landschaftsplanung	131
1.5.2.1.2.2	Technologische Einflüsse	101	2.1.4.3	Landschaftsplanung als ökologischer Beitrag zur Gesamtplanung	132
1.5.2.1.3	Einflüsse aus der Sozialstruktur	102	2.1.4.4	Planungsebenen der Landschaftsplanung	134
1.5.2.2	Beispiele für erforderliche zusätzliche Emittentengruppierungen	102	2.1.4.4.1	Dreistufige Landschaftsplanung	134
1.5.2.2.1	Emittentenbereich Verkehr	102	2.1.4.4.2	Zweistufige Landschaftsplanung	137
1.5.2.2.2	Emittentenbereich Energie	104	2.1.4.5	Integration der Landschaftsplanung in die Landesplanung	137
1.5.2.3	Regionale Wirtschaftsentwicklung und Umweltwirkungen	105	2.1.4.5.1	Mittelbare Integration	138
1.5.3	Konzeption einer systematischen Darstellung der Emittentenbereiche und ihrer Emissionen	108	2.1.4.5.2	Unmittelbare Integration	138
			2.1.4.6	Integration der Landschaftsplanung in die Bauleitplanung	138
1.5.3.1	Systematik der Emittenten	108			
1.5.3.1.1	Definition des Emittenten	108	2.1.4.6.1	Mittelbare Integration	139
1.5.3.1.2	Gliederung der Emittentengruppen	109	2.1.4.6.2	Unmittelbare Integration	139
1.5.3.2	Systematik der Emissionen	111	2.1.4.6.3	Regelungen ohne Integration	139
1.5.3.2.1	Definitionen und Zuordnung der Emission	111	2.1.4.7	Bilanz der bisherigen Landschaftsplanungs-Aktivitäten	139
1.5.3.2.2	Erfassung der Emissionsarten	112	2.1.5	Entwicklung der Flächennutzung	141
1.5.3.2.2.1	Gliederung der Emissionsarten	112	2.1.6	Arten- und Biotopschutz	146
1.5.3.2.2.2	Spezifische Probleme einiger Emissionsarten	113	2.1.7	Gebietsschutz	149
			2.1.8	Empfehlungen für die Naturschutz- und Landschaftspflege-Politik	154
1.5.3.2.2.3	Vorläufige Aufgliederung in den einzelnen Umweltbereichen	113			
			2.1.8.1	Empfehlungen an den Gesetzgeber	154
1.5.3.3	Zur Ermittlung der Emissionsmengen nach Emittenten	115	2.1.8.1.1	Landschaftsplanung	155
1.5.4	Beispielhafte Darstellung der Emittentenstruktur	116	2.1.8.1.2	Eingriffs- und Ausgleichsregelung	155
			2.1.8.2	Landschaftsprogramme und -berichte	157
2	**SEKTOREN DES UMWELTSCHUTZES**	121			
			2.1.8.3	Freizeit und Erholung in der freien Natur	158
2.1	**Naturschutz und Landschaftspflege**	121			
2.1.1	Einführung	121	2.1.8.4	Differenzierte Landnutzung	158
2.1.2	Zur „Erfolglosigkeit" des Naturschutzes	121	2.1.8.5	Betreuung und Pflege sowie Neuschaffung von Biotopen	159
2.1.2.1	Zum Begriffsinhalt von „Natur"	121	2.1.8.6	Schaffung eines Biotopverbundsystemes	161
2.1.2.2	Zur Komplexität und Veränderlichkeit der Natur	123	2.1.8.7	Organisation der für Naturschutz und Landschaftspflege zuständigen Behörden	163
2.1.2.3	Zum Verhältnis Mensch — Natur	124			
2.1.3	Ziele und Zielverfehlungen des Naturschutzes	126	2.1.8.8	Allgemeine Strategie zur Verstärkung eines ganzheitlichen Naturschutzes	165
2.1.3.1	Gesetzliche Ziele	126			
2.1.3.2	Wissens-, Bewußtseins- und Handlungsdefizite	126	Exkurs:	**Belastung wildlebender Tierarten durch Immissionen**	165
2.1.3.3	Naturschutz im Verwaltungsvollzug	127	2.2	**Belastung und Schutz der Böden**	178
2.1.3.4	Zu den Aktivitäten der Naturschutz-Verbände	131	2.2.1	Einführung	178

		Seite			Seite
2.2.2	Definition, Eigenschaften, Einteilung und Darstellung von Böden	178	2.3.1.2.5	Halogenwasserstoffe und andere gasförmige anorganische Halogenverbindungen	228
2.2.3	Funktionen von Böden	180	2.3.1.2.6	Weitere anorganische Luftschadstoffe	229
2.2.4	Bodennutzungen und Bodenbelastungen	183	2.3.1.2.7	Leichtflüchtige organische Luftverunreinigungen	229
2.2.4.1	Die Bodennutzungen	183	2.3.1.2.8	Ozon	232
2.2.4.2	Eigenarten und Belastung von Waldböden	184	2.3.1.3	Luftbelastung an besonderen Standorten	233
2.2.4.3	Belastungen landwirtschaftlich genutzter Böden (einschließlich Bodenerosion)	188	2.3.1.3.1	Immission in Reinluftgebieten	233
			2.3.1.3.2	Immission in Gebieten mit Belastungen	234
2.2.4.4	Belastungsvergleich land- und forstwirtschaftlich genutzter Böden	193	2.3.2	Besondere atmosphärische Belastungen	237
2.2.4.5	Belastung der Böden in überbauten Gebieten	194	2.3.2.1	Das Smog-Problem	237
2.2.4.6	Belastung der Böden durch Abgrabung und Ablagerung	196	2.3.2.2	Sekundäre Luftverunreinigungen: photochemische Oxidantien	238
2.2.4.7	Belastung nicht genutzter Böden	197	2.3.2.3	Belastung der Luft mit organischen Immissionen, Geruchsbelästigungen	241
2.2.5	Schlußfolgerungen und Empfehlungen	197	2.3.2.4	Dioxin und Furane im Hinblick auf die Möglichkeit der Abfallverbrennung	241
2.3	**Luftbelastung und Luftreinhaltung**	199	2.3.2.4.1	Was sind Dioxine und Furane?	241
2.3.1	Entwicklung der Luftbelastung seit 1978	199	2.3.2.4.2	Schädlichkeit der Dioxine und Furane	242
2.3.1.1	Stand der Emissionsüberwachung	199			
2.3.1.1.1	Meßnetze in belasteten Gebieten	199	2.3.2.4.3	Analytik der Dioxine und Furane	242
2.3.1.1.2	Messungen in emittentenfernen Gebieten	200	2.3.2.4.4	Wie gelangen Dioxine und Furane in die Umwelt?	242
2.3.1.1.3	Bewertung	200	2.3.2.4.5	Dioxine und Furane aus Müllverbrennungsanlagen (MVA)	242
2.3.1.2	Allgemeine Übersicht der Belastungen	203	2.3.2.5	Kohlendioxid und andere Spurengase mit globaler Wirkung auf Atmosphäre und Klima	246
2.3.1.2.1	Schwefeldioxid und seine Umwandlungsprodukte	204			
2.3.1.2.1.1	Schwefeldioxid-Immission	204	2.3.3	Bewertung wichtiger Instrumente der Luftreinhaltung seit 1978	249
2.3.1.2.1.2	Immission schwefelhaltiger Aerosole	208	2.3.3.1	Ordnungsrechtliche Instrumente	249
2.3.1.2.1.3	Ablagerungen schwefelhaltiger Komponenten	208	2.3.3.1.1	Nationale Regelungen	249
			2.3.3.1.2	Internationale Regelungen	255
2.3.1.2.2	Stickstoffoxide	210	2.3.3.2	Ökonomische Anreizinstrumente und Investitionsförderung	257
2.3.1.2.2.1	Stickstoffoxid-Immission	210			
2.3.1.2.2.2	Immission stickstoffhaltiger Aerosole	213	2.3.4	Empfehlungen	258
2.3.1.2.2.3	Ablagerung von oxidischen Stickstoffverbindungen	213	2.4	**Gewässerzustand und Gewässerschutz**	262
2.3.1.2.3	Belastung durch Staub und seine Inhaltsstoffe	215	2.4.1	Einführung	262
2.3.1.2.3.1	Schwebstaub und seine Inhaltsstoffe	215	2.4.1.1	Wasserkreislauf im Einflußbereich menschlicher Aktivitäten	262
			2.4.1.2	Gewässertypen	262
2.3.1.2.3.2	Staubniederschlag und Ablagerung von Staubinhaltsstoffen	221	2.4.1.3	Die Gewässer im Spannungsfeld zwischen Ökologie und Nutzung	263
2.3.1.2.4	Kohlenmonoxid	228			

2.4.2	Anzustrebende Ziele für die Gewässergüte	266	2.4.4.5	Bewertung der wasserwirtschaftlichen Instrumente ... 314
2.4.2.1	Gewässergüte aus der Sicht der Umweltpolitik	266	2.4.4.6	Zur Übereinstimmung der EG-Richtlinien mit deutschem Wasserrecht . 317
2.4.2.2	Nutzungsunabhängige, übergeordnete Mindestanforderungen	267	2.4.5	Abschätzung der weiteren Entwicklung des Gewässerzustandes bei unterschiedlichen Ansätzen für regelnde Eingriffe ... 318
2.4.2.3	Anforderungen an Rohwässer für die Trinkwassergewinnung	268	2.4.5.1	Die wahrscheinliche Entwicklung bei Fortbestand der bisherigen Trends ... 318
2.4.2.4	Ziel der Gewässerschutzpolitik des Bundes und der Länder	271	2.4.5.1.1	Allgemeine Entwicklung ... 318
2.4.2.5	Bewertung der Anforderungen an Oberflächenwässer aus der Sicht der Trinkwassergewinnung	272	2.4.5.1.2	Trinkwasser ... 319
			2.4.5.1.3	Abwasser ... 321
2.4.2.6	Anforderung an die Gewässergüte für weitere Nutzungen	272	2.4.5.1.4	Abfall ... 321
2.4.3	Hauptmerkmale und -probleme des derzeitigen Gewässerzustandes	273	2.4.5.1.5	Auswirkungen von Luftverunreinigungen ... 322
2.4.3.1	Entwicklung des Zustandes der Grund- und Oberflächengewässer seit 1978	273	2.4.5.2	Die Anforderungen an die zukünftige Entwicklung des Gewässerzustandes ... 323
2.4.3.1.1	Entwicklung bei der Erfassung und Behandlung von Abwässern	273	2.4.5.3	Forderung für den Gewässerschutz 329
			2.4.5.3.1	Die Einleitung kommunaler und industrieller Abwässer in die Gewässer ... 329
2.4.3.1.2	Gewässerzustände in unterschiedlichen Regionen	276		
2.4.3.2	Hauptprobleme der Wassergewinnung	280	2.4.5.3.2	Die Einleitung von Niederschlagswasser in die Gewässer ... 332
2.4.3.2.1	Wasseraufbereitungsverfahren	280	2.4.5.4	Die Überwachung von Gewässer und Einleitern ... 332
2.4.3.2.2	Wassergewinnung aus Grundwasser	280	2.4.5.4.1	Überwachung des Grundwassers .. 332
2.4.3.2.3	Wassergewinnung aus Oberflächenwasser	283	2.4.5.4.2	Überwachung von Fließgewässern . 333
			2.4.5.4.3	Überwachung von Abwassereinleitern ... 334
2.4.3.3	Stoffeinträge durch Abwässer — Hauptgruppen der Gewässerbelastung	286	2.4.5.5	Die Notwendigkeit von Vermeidungsstrategien ... 335
2.4.3.4	Besondere zivilisatorische Einflüsse auf die Gewässergüte	293	2.4.5.6	Möglichkeiten zum Gewässerausbau und zur Gewässerunterhaltung nach ökologischen Erfordernissen . 338
2.4.3.4.1	Diffuse und flächenhafte Stoffeinträge	293		
2.4.3.4.2	Gewässerausbau	298	2.4.5.7	Koordinierung der wasserwirtschaftlichen Zielplanung mit Raumordnung und Landesplanung ... 340
2.4.3.4.3	Eingriffe in den Wassermengenhaushalt	299		
			2.4.6	Empfehlungen und Forderungen des Rates ... 341
2.4.4	Bewertung des Zustandes der Oberflächengewässer und Einstufung von Belastungen	300	2.5	**Verunreinigungen in Lebensmitteln** ... 344
2.4.4.1	Bewertungsmaßstäbe	300	2.5.1	Einleitung und Problemschwerpunkte ... 344
2.4.4.2	Bedeutung der Parameterkonzentrationen im Rohwasser für Richt- und Grenzwerte im Trinkwasser	301	2.5.2	Gesundheitliche Risiken und Risikoabschätzung ... 345
			2.5.2.1	Exposition und Aufnahme von Stoffen ... 345
2.4.4.3	Bewertung derzeitiger Abwasserreinigungskonzepte einschließlich der Schlammbehandlung hinsichtlich des Gewässerzustandes	304	2.5.2.2	Duldbare Tägliche Aufnahmemenge (DTA) ... 346
2.4.4.4	Bewertung von Wasserbaumaßnahmen aus ökologischer Sicht	313	2.5.2.3	Risikogruppen in der Bevölkerung . 347

		Seite			Seite
2.5.2.4	Abschätzung der Stoffaufnahme: Verzehrerhebungen, Lebensmittelmonitoring und Monitoring beim Menschen	347	2.6.3	Lärmwirkungen	392
			2.6.3.1	Lärmwirkungen auf den Menschen	392
			2.6.3.2	Kombinierte Belastung durch Lärm und andere Umweltfaktoren	401
2.5.3	Rechtliche Regelungen und Lebensmittelüberwachung	349	2.6.3.3	Lärmwirkungen auf Tiere	402
2.5.3.1	Rechtliche Regelungen	349	2.6.3.4	Exkurs: Erschütterungswirkungen	402
2.5.3.2	Lebensmittelüberwachung	351	2.6.3.5	Exkurs: Infraschall und Ultraschall	404
2.5.4	Situation und Trends der Belastung von Lebensmitteln durch Verunreinigungen	353	2.6.4	Entwicklung der Umweltbelastung durch Geräusche	407
			2.6.4.1	Befragungsergebnisse und Schätzungen	407
2.5.4.1	Organohalogenverbindungen in Frauenmilch	353	2.6.4.2	Straßenverkehrslärm	410
2.5.4.1.1	Chlororganische Pestizide und polychlorierte Biphenyle (PCB)	354	2.6.4.3	Fluglärm	415
			2.6.4.4	Schienenverkehrslärm	421
2.5.4.1.2	Polychlorierte Dibenzodioxine und Dibenzofurane	357	2.6.4.5	Wasserverkehrslärm	425
			2.6.4.6	Industrie- und Gewerbelärm	426
2.5.4.1.3	Empfehlungen	359	2.6.4.7	Baumaschinenlärm	428
2.5.4.2	Schwermetalle in Lebensmitteln	360	2.6.4.8	Lärm aus dem Wohn- und Freizeitbereich	430
2.5.4.2.1	Einleitung	360			
2.5.4.2.2	Blei	361			
2.5.4.2.3	Cadmium	366	2.6.4.9	Lärm von Anlagen und Geräten der Landesverteidigung	434
2.5.4.2.4	Empfehlungen	371	2.6.5	Aufgaben, Maßnahmen und Empfehlungen für die Lärmbekämpfung	435
2.5.4.3	Nitrat, Nitrit und Nitrosamine in Lebensmitteln	371			
2.5.4.3.1	Nitrat	372	2.6.5.1	Lärmvorsorge durch Raumordnung und städtebauliche Planung	435
2.5.4.3.2	Nitrit	375	2.6.5.2	Straßenverkehrslärm	435
2.5.4.3.3	Nitrosamine	377	2.6.5.3	Fluglärm	436
2.5.4.3.4	Empfehlungen	380	2.6.5.4	Sonstiger Lärm	437
2.5.5	Zur Frage einer Verordnung für Verunreinigungen in Lebensmitteln (Kontaminanten-Verordnung)	381	2.6.6	Zusammenfassung der vorrangigen Maßnahmen	438
2.6	**Lärm**	383	3	UMWELTSCHUTZ IN AUSGEWÄHLTEN POLITIKFELDERN	440
2.6.1	Begriffe	383			
2.6.1.1	Lärm und Lärmbelästigung	383	3.1	**Umwelt und Gesundheit**	440
2.6.1.2	Meß- und Beurteilungsgrößen	383	3.1.1	Anthropozentrischer und ökozentrischer Umweltschutz	440
2.6.1.3	Emissions- und Immissionswerte	385			
2.6.2	Ermittlung und Beurteilung der Geräuschemissionen und -immissionen	385	3.1.2	Grenzwerte zum Schutz der Gesundheit	441
			3.1.2.1	Bedeutung von Grenzwerten	441
2.6.2.1	Statistische Ermittlung und Beurteilung	385	3.1.2.2	Ermittlung und Abschätzung gesundheitsschädlicher Wirkungen	443
2.6.2.2	Schalleistungsmessungen	387	3.1.2.2.1	Wirkungen und Wirkungsschwellen	443
2.6.2.3	Eichung	387			
2.6.2.4	Immissionsbestimmung durch Messen oder Rechnen	388	3.1.2.2.2	Das Erkennen von Wirkungen	445
2.6.2.5	Auffälligkeit und Information	389	3.1.2.3	Risikoabschätzung	452
2.6.2.6	Maximal- und Mittelungspegel	391	3.1.2.3.1	Duldbare Tägliche Aufnahmemenge und Sicherheitsfaktor	452
2.6.2.7	Kritik der db(A)-Messung	391	3.1.2.3.2	Mutagene und kanzerogene Stoffe	453

		Seite			Seite
3.1.2.3.3	Allergene Stoffe	454	3.2.1.2.2	Strom- und Wärmeerzeugung	494
3.1.2.3.4	Das Zusammenwirken mehrerer Stoffe	455	3.2.1.2.3	Strom- und Wärmeverbrauch	502
3.1.2.3.5	Das bestimmbare Risiko und das nicht bestimmbare Risiko	455	3.2.2	Zur Umweltsituation im Energiebereich	507
3.1.3	Grenzwerte zum Schutz anderer Güter	457	3.2.2.1	Initiativen des Gesetzgebers	507
3.1.3.1	Gesetzgebung	457	3.2.2.2	Fossile Brennstoffe	508
3.1.3.2	Ökotoxikologische Risikoabschätzung	458	3.2.2.2.1	Stromerzeugung	508
			3.2.2.2.2	Wärmeerzeugung und -versorgung	512
3.1.3.2.1	Grundlagen und Aufgaben der Ökotoxikologie	458	3.2.2.3	Kernenergie	517
			3.2.3	Bewertung der Belastungen und Risiken	524
3.1.3.2.2	Ökotoxikokinetik	560	3.2.3.1	Schadstoffe bei fossilen Brennstoffen	524
3.1.3.2.3	Ökotoxikodynamik	462			
3.1.3.2.4	Komplexität, bestimmbares und nicht bestimmbares Risiko	464	3.2.3.2	Gefahrenpotential und Risiko der Kernenergie	525
3.1.4	Einflüsse von Umweltfaktoren auf Gesundheit und Krankheit	466	3.2.3.3	Zusammenfassende Bewertung nach Tschernobyl	527
3.1.4.1	Zum Begriff der Gesundheit	466	3.2.4	Zukünftige Strom- und Wärmeproduktion	531
3.1.4.2	Grenzbereich zwischen gesunder Reaktion und Krankheit	467	3.2.4.1	Rationelle Energienutzung	531
			3.2.4.2	Nutzung regenerativer Energiequellen	533
3.1.4.3	Wertigkeit von Umweltfaktoren	469			
3.1.4.4	Luftschadstoffe	471	3.2.5	Zusammenfassende Stellungnahme zur Energiepolitik	535
3.1.4.4.1	Methodische Probleme	471			
3.1.4.4.2	Gesundheitliche Auswirkungen der Luftverschmutzung	473	3.3	**Umwelt und Verkehr**	538
			3.3.1	Allgemeiner Überblick über die Zusammenhänge zwischen Verkehr und Umwelt	538
3.1.4.5	Schwermetalle	475			
3.1.4.5.1	Methodische Probleme	475	3.3.1.1	Umwelteffekte des Ausbaus und der Erhaltung der Verkehrsinfrastruktur	538
3.1.4.5.2	Blei	475			
3.1.4.5.3	Cadmium	477			
3.1.4.6	Nitrat — Nitrit — Nitrosamine	480	3.3.1.2	Umwelteffekte der Transportvorgänge	541
3.1.4.7	Organohalogenverbindungen in der Frauenmilch	482	3.3.2	Zur Entwicklung der umweltrelevanten Verkehrskomponenten in der Bundesrepublik Deutschland	543
3.1.5	Gegenseitiger Bezug von Gesundheits- und Umweltpolitik	483			
3.1.5.1	Organisatorischer Aufbau der Exekutive in beiden Politikbereichen	483	3.3.2.1	Bisherige Entwicklung	543
			3.3.2.2	Künftige Entwicklung	547
3.1.5.2	Einfluß der Gesundheitspolitik auf die Umweltpolitik	486	3.3.3	Das umweltschonende Kraftfahrzeug	548
3.2	**Umwelt und Energie**	488	3.3.3.1	Begrenzung der Abgasemissionen	548
	Prolog: Grundsätzliche Anmerkungen zur Abhängigkeit der Menschen von ausreichender Energieversorgung	488	3.3.3.2	Begrenzung der Geräuschemissionen	555
			3.3.3.3	Sicherung des Erfolgs der Emissionsbegrenzung	555
3.2.1	Entwicklung der Energieversorgung	489	3.4	**Umwelt und Raumordnung**	557
3.2.1.1	Weltweite Energieversorgung	489	3.4.1	Flächennutzungsstruktur und Umweltschutz	557
3.2.1.2	Energieversorgung in der Bundesrepublik Deutschland	491	3.4.2	Raumordnung — Begriff, Organisation und Anspruch	558
3.2.1.2.1	Energieträgerangebot und Primärenergieverbrauch	491	3.4.2.1	Zum hierarchischen Aufbau der Raumplanung	558

3.4.2.2	Raumordnung und Umweltpolitik als politische Querschnittsaufgabe	560	3.5.2.6	Zusammenfassung der Belastungen unter regionalen Aspekten 579
3.4.3	Die Umweltrelevanz räumlicher Aspekte	561	3.5.3	Derzeitige Steuerung von Freizeit und Fremdenverkehr durch Gesetzgebung und Raumplanung 580
3.4.4	Das Zielsystem der Raumordnung	563	3.5.3.1	Zur Bestimmung von Aufnahmekapazitäten 580
3.4.5	Der Handlungsspielraum der Raumordnung	566	3.5.3.2	Instrumente zur Minderung der Konflikte 580
3.5	**Umwelt, Freizeit und Fremdenverkehr**	568	3.5.4	Zur zukünftigen Steuerung von Freizeit und Fremdenverkehr 583
3.5.1	Historische und jüngere Entwicklungen im Bereich Freizeit und Fremdenverkehr	568	3.5.5	Schlußfolgerungen 585

3.5.2	Belastungen der Umwelt durch Freizeitaktivitäten und Fremdenverkehr	570
3.5.2.1	Einführung	570
3.5.2.2	Zur Ermittlung von Belastungen und Belastungsgrenzen	571
3.5.2.3	Belastungen von Natur und Landschaft durch bauliche Entwicklungen	571
3.5.2.4	Belastungen von Natur und Landschaft durch Freizeitaktivitäten	574
3.5.2.5	Besondere Belastungen im Bereich der Gewässer	577

Anhang

Erlaß über die Einrichtung eines Rates von Sachverständigen für Umweltfragen beim Bundesminister des Innern 588

Literaturverzeichnis 590

Register 632

Verzeichnis der Abkürzungen 666

Verzeichnis der Gutachten des Sachverständigenrates 671

KURZFASSUNG

Vorwort

1.* Mit der Veröffentlichung seines dritten Umweltgutachtens entspricht der Rat von Sachverständigen für Umweltfragen nicht nur einem Beschluß des Deutschen Bundestages vom 9. Februar 1984, sondern auch dem im Einrichtungserlaß vom 28. Dezember 1971 enthaltenen ständigen Auftrag an den Rat, die Situation der Umwelt darzustellen sowie auf Fehlentwicklungen und Möglichkeiten zu deren Vermeidung hinzuweisen.

Die beiden ersten Umweltgutachten des Rates erschienen relativ rasch aufeinanderfolgend in den Jahren 1974 und 1978. Der Rat sieht sie weiterhin als maßgebende Grundlage einer Umweltbegutachtung an, die zwar der Fortschreibung, Ergänzung und Verbesserung, aber keiner grundsätzlichen Korrektur bedarf. Nicht zuletzt aufgrund der längerfristigen Einflüsse und Wirkungen der beiden Umweltgutachten haben die Erkenntnisse über die komplizierten Zusammenhänge in der Umwelt der Menschen und anderer Lebewesen, über Umweltbelastungen und -gefahren erheblich zugenommen, haben Umweltbewußtsein und umweltbezogenes Handeln an Aufmerksamkeit, Einfluß und Gewicht gewonnen. Erste größere Erfolge allgemeinen Umweltschutzes zeichnen sich deutlich ab, doch ebenso klar werden Mängel, Mißerfolge und Verzögerungen auf dem Weg in eine bessere Umwelt erkannt. Der eingeschlagene Weg erweist sich als richtig, muß aber konsequenter beschritten werden. Trotz grundsätzlicher Übereinstimmung über Notwendigkeit und Dringlichkeit umfassenden Umweltschutzes in allen wirtschaftlichen und gesellschaftlichen Aktivitäten gehen jedoch die Auffassungen der politischen Kräfte über die Bewertung der Umwelt, die zu treffenden Maßnahmen und ihre Prioritäten zum Teil weit auseinander.

Mit dem Umweltgutachten 1987 hofft der Rat einen wesentlichen Beitrag zur Überwindung der Auffassungsunterschiede zu erbringen. Er bekennt aber auch, daß die Erarbeitung eines umfassenden Umweltgutachtens beträchtlich schwieriger und aufwendiger gewesen ist als in den 1970er Jahren, die noch vom „Aufbruch in das Umweltzeitalter" gekennzeichnet waren. Aus diesem Grund erhebt das neue Umweltgutachten auch nicht mehr den Anspruch der Vollständigkeit, der seine beiden Vorgänger auszeichnete, sondern setzt Schwerpunkte und Akzente in bestimmten Bereichen, wie sie vor allem im dritten Teil des Gutachtens zum Ausdruck kommen.

Bei der Bewertung dieser Schwerpunktsetzungen sollte berücksichtigt werden, daß der Rat besonders wichtige, durch aktuelle Problematik gekennzeichnete Bereiche der Umweltpolitik durch Sondergutachten behandelt hat: „Energie und Umwelt" (1981), „Waldschäden und Luftverunreinigungen" (1983) und „Umweltprobleme der Landwirtschaft" (1985). Die Themen dieser Sondergutachten und ihre Bearbeitung gehören selbstverständlich in die Gesamt-Umweltbegutachtung der 1980er Jahre hinein, sind aber im Umweltgutachten 1987 nicht oder – wie im Falle der Energiepolitik – nur teilweise erneut behandelt worden.

Andererseits fehlen im dritten Umweltgutachten eigene Kapitel über Abfall, ionisierende Strahlung sowie Gefährdung der Atmosphäre durch Spurengase. Hier war der Rat nach eingehender Diskussion zu der Auffassung gelangt, daß diese Problembereiche trotz ihrer unbestrittenen Wichtigkeit im Bearbeitungszeitraum des Gutachtens eine auch nur einigermaßen überzeugende wissenschaftliche Begutachtung nicht erlaubten und daher ebenfalls Sondergutachten vorbehalten werden sollten, die einen konzentrierteren und ausgewogeneren Prozeß der Erkenntnisfindung ermöglichen. Der seit 1. April 1987 tätige neu zusammengesetzte Rat hat ein Sondergutachten über Abfallwirtschaft bereits in Angriff genommen und verarbeitet dabei auch Unterlagen und Erkenntnisse seines Vorgängers, der diesen Problembereich aus dem Gesamtgutachten ausgegliedert hatte.

Die Umweltpolitik der 1980er Jahre und der beginnenden 1990er Jahre erfordert ein allgemeines, sektorübergreifendes und in sich abgestimmtes Konzept. Aus dieser Erkenntnis hat der Rat im ersten Teil des Gutachtens mit besonderer Sorgfalt und Ausführlichkeit Grundzüge einer solchen allgemeinen Umweltpolitik dargestellt. Sie sind auf jeden einzelnen Umweltbereich – auch wenn er im Gutachten nicht besonders besprochen wird – anwendbar und seien daher besonderer Aufmerksamkeit empfohlen.

2.* Wegen des wiederum großen Umfanges des Gutachtens hat der Rat die vorliegende „Kurzfassung" erstellt und folgt damit einer allgemeinen Erwartung. Auf Grund von Erfahrungen im Umgang mit Kurzfassungen früherer Ratsgutachten sieht er sich zu folgenden Hinweisen zum Inhalt und zur Interpretation der Kurzfassung veranlaßt.

Eine Kurzfassung vereinfacht und vergröbert zwangsläufig den Inhalt einer Aussage, vor allem durch Weglassung von Informationen, die Hintergründe und Zusammenhänge mit anderen Bereichen betreffen. Dies gilt insbesondere für Aussagen über die Umwelt, die durch oft sehr feine und komplizierte Zusammenhänge gekennzeichnet ist und in der Regel einer detaillierten Betrachtung bedarf, in der die schlaglichtartige „Schwarz-Weiß-Aussage" gerade vermieden werden sollte.

Die Kurzfassung des Umweltgutachtens 1987 ist daher in erster Linie als eine Übersicht über seinen Inhalt zu betrachten, um in dessen Vielseitigkeit und Detailreichtum einzuführen. Keinesfalls ersetzt die Kurzfassung das eigentliche Gutachten, dessen Inhalt allein maßgebend ist. Aussagen der Kurzfassung gelten jeweils nur in Verbindung mit ihrer Darstellung im eigentlichen Gutachten, wo sie interpretiert und in den allgemeinen Umweltzusammenhang gestellt werden.

Der Rat legt Wert auf die Feststellung, daß es nur **ein** Gutachten gibt und aus diesem Grunde nicht zwischen einer „Kurz-" und einer „Lang"fassung unterschieden werden sollte.

1 ALLGEMEINE UMWELTPOLITIK

Grundbegriffe der Umweltpolitik

3.* Der Begriff Umwelt wird in der öffentlichen und politischen Diskussion nicht immer mit demselben Inhalt und in demselben Sinne verwendet. Die praktische Umweltschutzpolitik war durch diese Unklarheiten allerdings wenig beeinträchtigt, weil sie pragmatisch vorging und sich auf relativ klar abgrenzbare Umweltsektoren ausrichtete. Diese sind zum einen die von anthropogenen Eingriffen betroffenen Umweltbereiche Luft, Wasser, Boden (auch als Umwelt-Medien bezeichnet), Pflanzen- und Tierwelt und daraus gewonnene Lebensmittel sowie Landschaften, zum anderen die anthropogenen Eingriffe selbst, so z. B. Lärm, Abfall, radioaktive Strahlung. Die sektoral ausgerichtete Umweltpolitik stieß jedoch an Grenzen, da sektorale Probleme immer häufiger nicht wirklich gelöst, sondern nur durch Verschiebung in einen anderen Umweltsektor zeitweilig bewältigt wurden. Nicht zuletzt um diese Verschiebung von Problemlösungen zwischen den Umweltsektoren zu vermeiden, ist ein sektorübergreifendes Umweltschutzkonzept erforderlich.

4.* Der Rat hält es für richtig, die zahlreichen Bedeutungen von Umwelt auf eine Definition einzuengen. Danach wird unter Umwelt der Komplex der Beziehungen einer Lebenseinheit zu ihrer spezifischen Umgebung verstanden. Umwelt ist stets auf Lebewesen oder – allgemeiner gesagt – biologische Systeme bezogen und kann nicht unabhängig von diesen existieren oder verwendet werden.

5.* Geht man vom Lebewesen aus, so steht eine räumlich-strukturelle Betrachtung im Vordergrund. Dazu wird in der Regel das Gesamtsystem Umwelt in Teilsysteme, die Ökosysteme, untergliedert. Der Ort eines bestimmten, räumlich fixierten Ökosystems heißt Ökotop, populär oft Biotop genannt.

Wenn die Untersuchung von Wirkungen auf Lebewesen ausgeht, so ergibt sich ein „Wirkungsgefüge" mit vielfältigen Verknüpfungen und ergänzt die räumlich-strukturelle Betrachtung der Umwelt gleichrangig durch eine funktionelle. Diese Wirkungsgefüge sind ebenfalls als Ökosysteme definierbar, die hier aber unter dem Gesichtspunkt von „Umweltfunktionen" untersucht werden. Der Rat unterscheidet dabei unter besonderem Bezug auf die Umwelt des Menschen vier Hauptfunktionen:

– Die Produktionsfunktionen haben die Versorgung der Gesellschaft mit Produkten und Gütern der natürlichen Umwelt zum Gegenstand, um Elementarbedürfnisse zu erfüllen bzw. natürliche Ressourcen verfügbar zu machen.

– Die Trägerfunktionen bestehen darin, daß die Aktivitäten, Erzeugnisse und Abfälle menschlichen Handelns von der Umwelt aufgenommen und „ertragen" werden müssen.

– Die Informationsfunktionen erfüllen den Fluß oder Austausch von Informationen zwischen Umwelt und Menschen bzw. Gesellschaft sowie anderen Lebewesen. Informationen dienen zur Orientierung und vor allem zur Regelung von Bedürfnisbefriedigungen.

– Die Regelungsfunktionen werden benötigt, um grundsätzlich wichtige Vorgänge des Naturhaushaltes, die durch Mensch oder Gesellschaft beansprucht oder erwartet werden, im Gleichgewicht zu halten, um die Folgen von Eingriffen aufzufangen oder auszugleichen.

6.* Der Begriff Umwelt umfaßt eine Gesamtheit vielfältiger räumlich-struktureller und funktioneller Gesichtspunkte. Der heute gängige Begriff der Umwelt bezieht sich, bewußt oder unbewußt, stets auf die Umwelt des Menschen. Umweltpolitik trägt heute schon mehr und mehr der Erkenntnis Rechnung – und muß dies in Zukunft noch verstärkt tun –, daß fast alle anderen Lebewesen die menschliche Umwelt, wenn auch in unterschiedlicher Weise, mitgestalten und daß daher auch die Umwelten dieser Lebewesen berücksichtigt werden müssen. „Umwelt" ist demnach die Vereinigungsmenge vieler „Umwelten". Diese Umweltauffassung erscheint dem Rat als zweckmäßige Basis für ein Umweltgutachten. Die soziale, psychische, intellektuelle, kulturelle usw. Umwelt ist ebensowenig Gegenstand dieser Betrachtungen, wie diese für die menschliche Identität wichtigen Umweltbereiche im gängigen Begriff von Umweltschutz und Umweltpolitik unberücksichtigt bleiben.

7.* Hauptziele des **Umweltschutzes** sind die Beseitigung bereits eingetretener Umweltschäden, die Ausschaltung oder Minderung aktueller Umweltgefährdungen und die Vorsorge. Umweltschäden und -gefährdungen im Sinne dieses Gutachtens beruhen auf menschlichen Eingriffen in die Umwelt, die zu unerwünschten – nicht oder nur teilweise wiedergutzumachenden – Umweltveränderungen führen. Diese Eingriffe beruhen auf der Schaffung einer kultürlichen Umwelt, die teils in die natürliche Umwelt eingefügt, teils dieser aufgepflanzt oder übergestülpt wurde. Die technischen Objekte und Prozesse dieser kultürlichen Umwelt dienen der bewußten Umgestaltung der natürlichen Umwelt durch den Menschen nach bestimmten Zielen, wie Behauptung oder Durchsetzung gegen andere Organismen und Widrigkeiten der Natur oder der Sicherheit, der Macht, den wirtschaftlichen Erfolg oder der Bequemlichkeit.

8.* Im Gegensatz zur natürlichen Produktion regeln sich die Prozesse der technischen Produktion nicht selbst, sondern werden gesteuert, wobei nicht die Umwelt die Steuerung übernimmt. Daher entstehen außer den beabsichtigten Erzeugnissen auch Neben- und Nachprodukte, für die keine Verwendung besteht und die in drei Erscheinungsformen („Emissionen") der Umwelt überlassen werden:

- nicht oder nicht mehr brauchbare Gegenstände (bautechnische Objekte, Gebrauchsobjekte);
- nicht oder nicht mehr brauchbare Substanzen in festem, flüssigem oder gasförmigem Zustand;
- nicht oder nicht mehr brauchbare Energien wie Abwärme, radioaktive Strahlung, Lärm.

Eine weitere Umweltveränderung durch anthropogene Systeme besteht in deren Raumanspruch, der nur auf Kosten der natürlichen Ökosysteme bzw. Ökotope gedeckt werden kann. Kultur- und Nutzflächen, Abbau-, Bau- und Lagerplätze breiten sich aus, während naturnahe Ökotope an Zahl und Fläche abnehmen.

9.* Die Entwicklung der vergangenen Jahre bestätigt die Richtigkeit der Position, die der Rat in seinem Umweltgutachten 1978 zum Verhältnis von natürlicher Umwelt und technischer Produktion formuliert hat: Nur mit den Mitteln der technisch-industriellen Zivilisation können die Probleme, die diese Zivilisation geschaffen hat, erkannt und überwunden werden. Sich dieser Aufgabe zu stellen, ist schwieriger, anspruchsvoller, aber auch undankbarer als die Haltung eines Rigorismus einzunehmen, der die wirklichen Probleme – Entscheidung über Güterkollisionen, Bewertung von Nutzen und Risiken einzelner Techniken, Entwurf und Durchsetzung kalkulierbarer, realistischer Handlungskonzepte – hinter der unerfüllbaren Forderung nach Null-Emission versteckt. Kernstück einer solchen Umweltpolitik sind Grenz- und Richtwerte, die angesichts der Risiken der technisch-industriellen Zivilisation unersetzlich sind, insbesondere für eine Umweltvorsorge, die an der Emissionsminderung orientiert sein muß. Spiegelt die jeweilige Höhe der Grenzwerte die Ernsthaftigkeit wider, mit der eine Gesellschaft die Ziele der Gefahrenabwehr und der Risikominderung verfolgt, so ist der Umgang mit ihnen in der öffentlichen Diskussion, das Wissen um ihren konsensualen Charakter, und damit auch eine realistische Einschätzung der Leistungsfähigkeit dieses Instruments, ein Ausdruck der Reife einer Gesellschaft im Umgang mit Risiken, die sie selbst produziert hat.

10.* Eine klare Inhaltsbestimmung des Begriffes Umwelt ist auch für das **Umweltrecht** erforderlich, das ebenfalls sehr unterschiedlich gedeutet wird. Der Rat befürwortet eine Betrachtungsweise, die weniger auf bestimmte Leitprinzipien, wie Verursacher-, Vorsorge- oder Kooperationsprinzip, abstellt, sondern die Belastbarkeit der Umwelt bzw. die Umweltverträglichkeit in den Mittelpunkt des Umweltrechtes rückt. Für diese sind greifbare Kriterien zu ermitteln, die in Gesetze, Verordnungen und Verwaltungsvorschriften übernommen werden, als Umweltstandards in der Praxis vor allem durchsetzbar sind und dabei durch ökonomische Anreize und Instrumente ergänzt werden.

Bei einer solchen Sicht des Umweltrechtes erweist sich der Ansatz über den räumlich-strukturellen und funktionellen Umweltbegriff außerordentlich hilfreich. In der Tat zielt das Umweltrecht darauf ab, menschliches Verhalten so zu steuern, daß die Grenzen der ökologischen Belastbarkeit des Menschen, der übrigen Lebewesen und der jeweiligen Umwelt nicht gefährdet werden.

11.* Schutzwürdigkeits- und Gefährdungsprofile waren bisher überwiegend auf die Produktions- und Trägerfunktionen der Umwelt bezogen; die Regelungs- und Informationsfunktionen wurden wenig beachtet, weil man sie entweder übersah oder als hinreichend mitgeschützt betrachtete. Umweltstandards müssen künftig stärker auf die z.T. sehr erheblich beeinträchtigten Regelungs- und Informationsfunktionen mitausgedehnt werden.

12.* Dennoch bleiben die oft griffigeren und anschaulicheren Standards und Grenzwerte, die bei der Überforderung der Produktions- oder Trägerfunktionen ansetzen, mit ihrer mittelbaren Schutzwirkung für die Regelungs- und Informationsfunktionen bestimmend. In einem politischen Gemeinwesen müssen Nutzungsverzichte, Vermeidungs- und Reinigungsanstrengungen möglichst weitgehend so begründbar sein, daß sich auch die tatsächliche Anschauung daran ausrichten kann.

Wo eigenständige ökologische Belastbarkeitskriterien, die sich auf die Regelungsfunktionen beziehen, eine Rolle spielen, müssen sie bei der Aufstellung von Umweltstandards auch besonders berücksichtigt werden. In dieser Hinsicht ist die Wissenschaft aufgerufen, ergänzende Schutzwürdigkeitsprofile zum Schutz auch der „stillen" Umweltfunktionen zu entwickeln und für den politischen Entscheidungsprozeß aufzubereiten.

Umweltbewußtsein und Umweltverhalten

13.* Die Sorge um den Zustand und die Zukunft der natürlichen Umwelt ist in der Bevölkerung der Bundesrepublik Deutschland weit verbreitet; die Einschätzung ist heute sogar noch pessimistischer, als sie im Umweltgutachten des Rates von 1978 dargestellt war. Im Gegensatz zu diesem weitgehenden Konsens über die Bedeutung der Umweltprobleme gehen in der Bevölkerung die Auffassungen über mögliche Bewältigungsstrategien und die Fähigkeiten der gesellschaftlichen Akteure zur Lösung von Umweltproblemen deutlich auseinander. Politik, Wirtschaft und Wissenschaft werden hinsichtlich ihrer Problemlösungskompetenz zunehmend skeptisch betrachtet. Als Strategien zur Problembewältigung werden sowohl wissenschaftlich-technischer Fortschritt als auch grundsätzliche Änderung von Lebensstilen und gesellschaftlichen Strukturen genannt. Soweit technischer Fortschritt als Form der Problemlösung kritisiert wird, richtet sich diese Kritik weniger gegen die Technik an sich als gegen bestimmte Formen ihrer Nutzung.

14.* Im Hinblick auf die Realisierung umweltpolitischer und ökologischer Ziele sind Handeln und Verhalten wichtiger als Einstellung und Wissen. Letztere sind notwendige, nicht jedoch hinreichende Voraussetzungen für umweltgerechtes Handeln. Wie am Beispiel des Recyclings in privaten Haushalten und in der

Wirtschaft zu sehen ist, läßt sich das ausgeprägte Umweltbewußtsein der Bevölkerung dann in umweltschonendes Handeln umsetzen, wenn geeignete Anreize gegeben sind und die Wirksamkeit umweltschonenden Handelns für den einzelnen einerseits erkennbar wird, andererseits gesichert ist, daß sein Beitrag auch relevant und nicht durch „Freifahrerverhalten" anderer entwertet wird. Verhaltensänderungen werden dabei umso leichter vollzogen, je unauffälliger sie sich in die bisherigen Lebensgewohnheiten übernehmen lassen und je mehr jeder einzelne gewiß sein kann, daß auch alle anderen die geänderten Gewohnheiten übernehmen. So ist es verständlich, daß bestimmte, auch den Einzelnen belastende Verhaltensänderungen, Einschränkungen oder Ausgaben dann akzeptiert werden, wenn sie für alle verbindlich vorgeschrieben werden, ohne diese Verbindlichkeit für alle aber wenig Verbreitung finden.

15.* Für die Zukunft ist allerdings fraglich, ob einzelne Verhaltensänderungen ausreichen oder ob nicht eine tiefgreifende Überprüfung und entsprechende Änderung bestimmter Lebensgewohnheiten erforderlich sein werden. Andererseits erscheint es wenig erfolgversprechend, von breiten Bevölkerungsgruppen Verhaltensänderungen zu erwarten, wenn diese nicht zugleich auch in den Handlungs- und Entscheidungsgewohnheiten der zentralen Institutionen der Gesellschaft stattfinden. Unter wissenschaftlichen und praktischen Gesichtspunkten ist es wünschenswert, die Entwicklungsdynamik umweltbezogener Erkenntnisprozesse, Einstellungen und Handlungsweisen besser verständlich zu machen.

16.* Es wäre auch von Vorteil, wenn die unterschiedlichen Ansätze der Umwelterziehung systematisch vergleichend bewertet würden. Der Rat hält die Entwicklung umweltbezogener erkenntnis- und handlungsorientierter Fähigkeiten für genauso wichtig wie die Verbreitung allgemeiner umweltbezogener Wertvorstellungen. Er empfiehlt auch unter Umweltgesichtspunkten, die Abschätzung von Technikfolgen praktisch zu institutionalisieren, weil Umweltwirkungen bei der Beurteilung von Risiken und Chancen einzelner technischer Entwicklungslinien einen immer breiteren Raum einnehmen werden.

Handeln zum Schutz der Umwelt

17.* Umweltschutz muß auf Ziele ausgerichtet sein. Im Vordergrund müssen **Umweltqualitätsziele,** d. h. auf die Immission bezogene Ziele, stehen. Allerdings ist es nicht möglich, die angestrebte Beschaffenheit der Umwelt durch sektor- und stoffübergreifende, quantitative Umweltqualitätsziele festzulegen. Es gibt keine Meßgrößen, die die Qualitäten von Wasser, Boden, Luft in einem einheitlichen Indikator angeben; es gibt nur Indikatorensysteme, keinen Umweltgesamtindikator. Daher müssen auf Bundes-, Landes- und kommunaler Ebene konkrete stoff- und medienbezogene Umweltqualitätsziele formuliert werden. Emissionsstandards alleine können hingegen nicht sicherstellen, daß stark belastete Gebiete saniert werden und eine gewünschte Umweltqualität erreicht wird.

18.* Mit Blick auf die Umweltqualität ist daher eine Doppelstrategie in der Umweltpolitik zu verfolgen. Sie besteht darin, daß die Grobsteuerung durch Emissionsbegrenzung erfolgt, die regionale Feinsteuerung dagegen durch Festlegung von Immissions-Standards bzw. durch deren Disaggregation bis auf die Ebene der kommunalen Einzelpläne. Es kann nicht wissenschaftlich entschieden werden, was optimale Zustände einer Umweltqualität sind. Vielmehr müssen Gesellschaft und Parteien gewillt sein, in demokratischen, partizipatorischen und notfalls auch konflikterfüllten Verfahren einen Konsens über die jeweils anzustrebende Umweltqualität und die daraus abzuleitenden Standards zu suchen.

19.* Der Rat betont nachdrücklich, daß in Qualitätsziele ein vom Vorsorgeprinzip vorgegebener Sicherheitsabstand eingebaut sein muß, der verhindert, daß Systeme bis an den Rand ihrer Funktionsfähigkeit belastet werden. Die Forderung nach Emissionsminimierung ist als politische Handlungsmaxime eine notwendige Bedingung für eine langfristig angelegte Sicherung von Umweltqualität.

20.* Da Ziele der Umweltpolitik häufig sehr allgemein formuliert werden, können greifbare Rechtsfolgen in der Regel erst dann eintreten, wenn **Umweltstandards** (quantifizierbare Einzelziele) für Immissionssituationen oder direkt für Emissionen bestimmt worden sind. Dieser Vorgang der Normkonkretisierung hat eine inhaltliche und eine förmliche Seite. Inhaltlich geht es darum, wie sich eine Norm zum vollziehbaren Standard verdichtet, förmlich darum, wer in welchem Verfahren diese Verdichtung vornimmt.

21.* Bei jedem einzelnen Umweltstandard muß aufgezeigt werden können, an welchem Schutzgut er sich ausrichtet und wie das Gefährdungspotential veranschlagt wird, das damit abgebaut werden soll:

— Das Schutzwürdigkeitsprofil gibt konkrete Schutzziele für die Gesundheit des Menschen, für Tiere, Pflanzen, den Zustand von Gewässern u. a. m. vor;

— das Gefährdungsprofil drückt für bestimmte Eingriffe, Nutzungsweisen oder Emissionen von Schadstoffen aus, welches Schädigungsrisiko ihnen jeweils zugerechnet wird.

22.* Der Rat ist der Auffassung, daß aus Gründen der Akzeptanz bei allen Betroffenen sowohl das Verfahren, in dem Umweltstandards entstehen, als auch die zugrundeliegenden Bewertungsphilosophien transparenter werden sollten. Aus dem gleichen Grunde sollten die Arbeitsergebnisse der standardsetzenden Gremien begründet und damit nachvollziehbar und öffentlich verfügbar werden.

23.* Der Rat unterstützt ausdrücklich die einstimmige Forderung des Bundestages vom 25. November 1983, wonach die EG-Richtlinie über die **Umweltverträglichkeitsprüfung** (UVP) bei öffentlichen und privaten Projekten in optimaler Weise in deutsches Recht umgesetzt werden soll. Dies gilt sowohl für die Entscheidungsvorbereitung durch die Umweltverträglichkeitsprüfung als auch für die Berücksichtigung ihrer Prüfergebnisse im Entscheidungsprozeß. Die Umweltverträglichkeitsprüfung ist um so wirkungsvoller, je früher sie im Planungsprozeß des Vorhabens durchgeführt wird, weil ihr Einsatz in späteren Stadien des Entscheidungsprozesses angesichts von rechtlich und faktisch bereits weitgehend verbindlichen bzw. verfestigten Vorentscheidungen eine Berücksichtigung ihrer Ergebnisse erschwert. Der Rat empfiehlt, daß bis zur Umsetzung der EG-Richtlinie in deutsches Recht Großprojekte schon so auf ihre Umweltverträglichkeit geprüft werden, wie dies den Intentionen der Richtlinie entspricht.

24.* Umweltpolitische Ziele können mit unterschiedlichen **Instrumenten** verfolgt werden:

– ordnungsrechtliche Instrumente (Gebote, Verbote),

– ökonomische Anreizinstrumente (z. B. Kompensationsregelungen, Abgabenlösungen, Zertifikate) und

– sonstige Instrumente (z. B. Eigentumsrechte, Absprachen, Haftungsrecht, Steuervergünstigungen, Subventionen, Umweltinformationen und -beratung, Umweltzeichen).

Der Rat bedauert, daß die praktische Umweltpolitik stärker ökonomisch ausgerichteten Instrumenten vergleichsweise wenig Gewicht beigemessen hat. Er empfiehlt der Bundesregierung, bei der Realisierung ihrer Umweltpolitik künftig stärker als bisher den Einsatz ökonomischer und flexibler Instrumente zu erwägen. Er sieht die Gefährdungshaftung als ein der Marktwirtschaft adäquates, sich auf das Verursacherprinzip stützendes Grundprinzip an. Daraus folgt, daß die rechtlichen Sanktionen zur Abschreckung potentieller Umweltschädiger verschärft werden müßten.

25.* Die nachhaltige Sicherung der Umweltfunktionen erfordert die **Überwachung** der Eingriffsquellen mit ihren Emissionen und der von den Immissionen betroffenen Umweltsektoren. Zur Bekämpfung der stofflichen Umwelteingriffe genießt die Emissionsüberwachung, die die Einhaltung vorgegebener Normen überprüft, Vorrang. Die immissionsseitige Überwachung, die den Zustand der jeweiligen Umweltsektoren untersucht und ebenfalls anhand von Normen die Umweltqualität beurteilt, wird trotz des Vorrangs der Emissionsüberwachung immer erforderlich sein und bleibt eine Aufgabe der staatlichen Daseinsvorsorge. Daneben kann die kontinuierliche und langfristig durchgeführte Umweltbeobachtung zur Umweltqualitätsbeurteilung herangezogen werden. Für die Kompatibilität der einzelnen Überwachungsprogramme und für die Verfügbarkeit der Ergebnisse ist Sorge zu tragen.

26.* Die Beobachtung der Flächennutzung muß sich auf eine großräumige und flächendeckende Dokumentation (Flächennutzungskarten), Fernerkundung durch Flugzeug- und Satellitenbilder und auf die terrestrische Beobachtung stützen. Bereits bestehende Archive müssen zu einem flächendeckenden Erfassungs- und Kontrollsystem für Pflanzen, Tiere, Schutzgebiete und Biotopverbund erweitert werden. Bei der Beobachtung der Böden bilden die Belastungen durch die Landwirtschaft und durch Altlasten Schwerpunkte. Im Bereich der Luftüberwachung sollten neben den Massenschadstoffen verstärkt Quecksilber, Blei, Cadmium und andere Schwermetalle, Ammoniak und organische Komponenten überwacht werden. Die chemisch-analytische Überwachung ist durch Biomonitoring zu ergänzen, und zur Überwachung der Belastungen durch den Verkehr ist ein besonderes Meßnetz erforderlich. Zur Immissionsüberwachung auf überregionaler Ebene sollten langfristig Satelliten eingesetzt werden. Neben die Überwachung der Oberflächengewässer durch Wasserversorgungsunternehmen und staatliche Kontrollen müssen planmäßige Beobachtungen bei der Einleitung von Abwässern in die Vorfluter treten. Belastungen des Grundwassers können rechtzeitig nur mit flächendeckender Güteüberwachung erkannt werden. Vorteilhafter als eine ausschließliche Überwachung der Gewässer allein durch die Wasserwirtschaftsverwaltung ist eine unmittelbare Zusammenarbeit mit der Gesundheitsverwaltung, den chemischen Untersuchungsämtern, den Wasserversorgungsunternehmen und den Abwassereinleitern. Zum Schutze der Schelfgebiete und des Wattenmeers hat die Kontrolle der Phosphatfracht der Flüsse höchste Dringlichkeit. Im Sektor Lärm ist eine Trendüberwachung für den aktiven und passiven Lärmschutz dringend geboten, um notwendige Verbesserungsmaßnahmen einleiten zu können.

27.* Umweltschadstoffe machen nicht an den nationalen Grenzen halt. Unterschiedliche nationale Umweltschutzanforderungen können zu Handelshemmnissen und Wettbewerbsverzerrungen führen. Aus diesen Gründen ist eine **international abgestimmte Umweltpolitik** erforderlich. Der Rat begrüßt es daher, daß die Kompetenz der Europäischen Gemeinschaften für den Schutz der Umwelt in die 1985 beschlossene „Einheitliche Europäische Akte" ausdrücklich aufgenommen wurde. Kritisch weist er allerdings darauf hin, daß die Formulierung einer gemeinsamen Umweltpolitik nicht selten dazu geführt hat, daß Umweltstandards verabschiedet wurden, die nur den Minimalkonsens der Mitglieder der Gemeinschaft zum Ausdruck bringen.

28.* Die Umweltpolitik der westlichen Industrieländer verliert ihre moralische Legitimation, wenn diese Länder schadstoffintensive und besonders gesundheitsgefährdende Produktionsmethoden in die Länder der Dritten Welt auslagern oder Stoffe und Verfahren dorthin exportieren, die aus Gründen des Umwelt- und Gesundheitsschutzes in den Industrieländern verboten sind. Der Rat begrüßt es ausdrücklich, daß sowohl die EG im Rahmen des Lomé II- und III-Abkommens als auch die Bundesrepublik Deutschland bei Vorhaben der technischen Hilfe Untersuchungen auf Umweltverträglichkeit fordern und daß Vorhaben mit erheblichen ökologischen Belastungen in Zukunft keine finanziellen Unterstützungen mehr erfahren sollen.

Ökonomische Aspekte des Umweltschutzes

29.* Bei der Analyse der ökonomischen Aspekte des Umweltschutzes stand immer wieder die Diskussion um die vermuteten Konflikte zwischen Ökonomie und Ökologie im Vordergrund, die sich darin äußern, daß die Produktionen für Wirtschafts- und für Umweltgüter um die knappen Ressourcen konkurrieren. Die Zielkonflikte treten überwiegend dann auf, wenn in einer Phase der Intensivierung der Umweltpolitik die Anforderungen, insbesondere an die Unternehmen, größer werden. Dies gilt zum einen infolge der steigenden Kosten je vermiedener Emissionseinheit und zum anderen aufgrund der Tatsache, daß in den meisten Fällen der unrentable Kapitalstock im Unternehmen erhöht wird.

30.* Selbst in diesem Fall muß der vermutliche Zielkonflikt relativiert werden. Die erhöhten Anforderungen sind zum einen Ausdruck der Bemühungen, externe Kosten zu vermindern. Zum anderen werden oft, nicht zuletzt aufgrund methodischer Probleme, die Kosten des Umweltschutzes gegenüber dem Nutzen überbewertet, was zu der Notwendigkeit führt, eine stärkere quantitative Erfassung der Nutzen anzustreben. Soweit in einzelnen Bereichen der Umweltpolitik Zielkonflikte zwischen ökonomischen und ökologischen Interessen bestehen, wird die Verminderung der Konflikte gern in einer vorwiegend ökologischen Instrumentierung der Wirtschaftspolitik gesehen. Der Rat hält jedoch die richtige Auswahl und Anwendung verfügbarer umweltpolitischer Instrumente für zweckmäßig, etwa in Form von Anreizen zur Energieeinsparung, von gezielter Förderung umweltschonender Produkte und Verfahren oder von Steuervergünstigungen nach § 7d Einkommensteuergesetz auch für integrierte Produktionsverfahren.

31.* Eine Gesamtbetrachtung, die sowohl die Kosten der umweltpolitischen Maßnahmen als auch die Nutzen der verbesserten Umweltqualität erfaßt, sollte nicht in die Volkswirtschaftliche Gesamtrechnung integriert werden. Ebenso erscheint die Bildung eines gesamtwirtschaftlichen Modells zur Bestimmung eines umweltpolitischen Optimums kaum möglich. Der Rat spricht sich demgemäß dafür aus, ein System von Umweltindikatoren neben der Volkswirtschaftlichen Gesamtrechnung aufzubauen. Er begrüßt die Arbeiten im Statistischen Bundesamt, ein Satellitensystem für den Bereich Umwelt aufzubauen, das Angaben über monetäre Ausgaben und Anlagevermögen im Umweltschutz, über Umweltschutzbeschäftigte und über Emissionen von Wirtschaftsbereichen enthalten soll.

32.* Um gewisse Vorstellungen über die Nutzendimension der Umweltpolitik zu erhalten, ist eine Kenntnis und ökonomische Bewertung von Umweltschäden unerläßlich und Voraussetzung für eine rationale Umweltpolitik. Der Rat begrüßt es daher, daß in den letzten Jahren die umweltökonomische Forschung sich auch intensiv dem Gebiet der quantitativen Schätzung von Umweltschäden gewidmet hat. Besonders vorangeschritten sind die Schätzungen der Kosten der Luftverschmutzung und der Gewässerverschmutzung. Trotz der intensivierten Forschung bestehen noch Forschungslücken, vor allem im Bereich der Bodenbelastung sowie hinsichtlich flächendeckender Schätzungen.

33.* Besser erforscht als die Nutzenseite der Umweltpolitik sind die Kosten des Umweltschutzes. Die Ergebnisse der Berechnungen zu den monetären Ausgaben im Umweltschutz zeigen, daß die anfangs der 70er Jahre verstärkt einsetzende Umweltpolitik, die sich zunächst nur auf die Einhaltung verschärfter Emissionsgrenzwerte bei Neuanlagen richtete, zu einer deutlichen Zunahme der Umweltschutzinvestitionen und darauf folgend zu einer entsprechenden Erhöhung der laufenden Ausgaben führte. Die zukünftigen Aufgaben der Umweltpolitik, die im Bereich der Luftreinhaltepolitik eine verstärkte Umrüstung der Altanlagen anstrebt sowie in den Sektoren Abfall und Wasser insbesondere die Altlastenproblematik zu bewältigen hat, lassen noch einmal erhebliche Investitionsschübe erwarten.

34.* Diese Ausgaben, die auf der einen Seite zusätzliche Belastungen der Unternehmen bzw. der öffentlichen Hand darstellen, führen andererseits zu kurzfristigen Nachfrageeffekten bzw. bei laufenden Umweltschutzausgaben zu ständiger Beschäftigung. Der Rat enthält sich angesichts der methodischen Probleme, die mit einer Schätzung der Beschäftigungseffekte verbunden sind, einer Quantifizierung der Beschäftigungswirkungen umweltpolitischer Maßnahmen. Auch wenn per Saldo positive Effekte auf die Beschäftigung eingetreten sind und auch künftig noch zu erwarten sind, müssen doch zur exakten Abschätzung dynamisierte Input-Output-Analysen, Prognosen zu Entzugseffekten sowie Abschätzungen der preisinduzierten Substitutionswirkungen vorgenommen werden, die in diesem Rahmen nicht zu leisten sind.

Zur Emittentenstruktur in der Bundesrepublik Deutschland

35.* Umweltbelastungen werden in der Regel mit Blick auf einzelne Umweltbereiche wie Luft oder Wasser ermittelt, wobei jeweils die Immissionssituation im Vordergrund steht. Die hierfür verantwortlichen Emissionen werden zwar beispielsweise in Emissionskatastern für Belastungsgebiete erfaßt, es fehlt jedoch ein Ansatz, bei dem die Emittentenstruktur über alle Emittentengruppen und Umweltbereiche hinweg dargestellt wird. Auf der Basis einer solchen Darstellung könnten dann bestehende Informationslücken hinsichtlich der Emissionsveränderungen aufgrund gesamtwirtschaftlicher Entwicklungen geschlossen werden. Die größten Einflüsse auf die Umweltsituation eines Landes gehen von seiner Wirtschaftsstruktur und ihren Veränderungen aus, wobei das Wirtschaftswachstum und strukturelle sowie technologische Veränderungen innerhalb der Volkswirtschaft für die Emissionssituation relevant sind. Die unter Umweltaspekten positive Entwicklung läßt bei den letzten beiden Einflußgrößen eine Emissionsverringerung erwarten. Mit Vorsicht sollte jedoch die gelegentlich vertretene These betrachtet werden, daß eine Tertiarisierung der wirtschaftlichen Entwicklung grundsätzlich zur Umweltentlastung führt. Während dies für unmittelbar arbeitsplatzbezogene Umweltbelastungen zutreffen dürfte, ist dagegen zu bedenken, daß mit der Umschichtung der Volkswirtschaft zu einem höheren Anteil des tertiären Sektors durchaus mittelbare Umweltbelastungen, wie zusätzliche Verkehrsbewegungen, erhöhter Flächenverbrauch oder auch Rückwirkungen auf vorgelagerte emissionsintensive Branchen, einhergehen können.

36.* Der Rat stellt eine Konzeption zur systematischen Darstellung der Emittentenbereiche und ihrer

Emissionen vor. Die Systematik der Emittenten lehnt sich an die Gliederung der Volkswirtschaft nach Sektoren und ihren Wirtschaftsbereichen auf der Grundlage der Systematik der Wirtschaftszweige in der Fassung für die Volkswirtschaftliche Gesamtrechnung an. Dadurch wird eine Verbindung zu den wirtschaftlichen Merkmalen dieser Institutionen möglich, die an vielen Stellen der amtlichen Statistik, der Strukturberichterstattung usw. vorliegen, so daß darauf basierende vorliegende Untersuchungen für die Umweltpolitik nutzbar gemacht werden können.

Größere Schwierigkeiten bestehen dagegen bei der Systematik der Emissionen. Zum einen muß ein Kompromiß zwischen Überschaubarkeit und Darstellbarkeit einerseits und möglichst weitgehender Differenzierung andererseits gefunden werden. Zum anderen muß nach flächenhaft auftretenden und punktuellen Emissionen unterschieden werden, die jeweils unterschiedliche Maßnahmen erfordern. Weiterhin dürften in vielen Fällen Probleme bei der Quantifizierung der Emissionen auftreten. Ungeachtet dieser Probleme schlägt der Rat ein Gerüst von Emissionsarten für die verschiedenen Umweltbereiche vor, das allerdings nicht als verbindliches Gliederungsraster, sondern lediglich als Arbeitsgrundlage angesehen werden sollte.

2 SEKTOREN DES UMWELTSCHUTZES

Naturschutz und Landschaftspflege

37.* Die gegenwärtige Situation des Naturschutzes und der Landschaftspflege ist durch einen immer noch größer werdenden Gegensatz zwischen den in § 1 Abs. 1 Bundesnaturschutzgesetz festgelegten allgemeinen Zielen und dem tatsächlichen ökologischen Zustand von Natur und Landschaft gekennzeichnet. Trotz des gestiegenen Umweltbewußtseins und der hohen Wertschätzung alles Natürlichen zeigt sich, daß „Natur" – wohl wegen der Komplexität und Veränderlichkeit natürlicher Erscheinungen – ein relativ unbestimmter Begriff geblieben ist, der oft mit einem sehr selektiven Inhalt verwendet wird. Dies erschwert die Durchsetzung eines vom Gesetz gebotenen umfassenden Naturschutzes, der auf der gesamten Landesfläche als Naturhaushaltsschutz stattzufinden hat und als Landschaftspflege auch das Erscheinungsbild des Raumes erhalten und entwickeln soll.

Infolgedessen werden die nach § 1 Abs. 2 Bundesnaturschutzgesetz gebotenen Abwägungen von Naturschutzanforderungen gegen sonstige Anforderungen der Allgemeinheit an Natur und Landschaft überwiegend zuungunsten des Naturschutzes vorgenommen. Hinzu kommen psychologische Hemmnisse, Mängel und Schwächen im Verwaltungsvollzug sowie im verwaltungsinternen Gewicht der für Naturschutz und Landschaftspflege zuständigen Behörden. Darüber hinaus sind Regelungsdefizite festzustellen.

38.* Die wichtigsten Instrumente eines solchen Naturhaushaltsschutzes sind die Landschaftsplanung nach §§ 5 und 6 und die Eingriffsregelung nach § 8 Bundesnaturschutzgesetz. Sie waren zugleich die wichtigsten Neuerungen des Bundesnaturschutzgesetzes von 1976. Beide haben praktisch keine Wirkung erzielt.

39.* Die Landschaftsplanung, die die angestrebten Ziele des Arten- und Biotopschutzes, des Schutzes von Böden und Gewässern und der Erhaltung des Landschaftsbildes zur Verwirklichung bringen soll, ist zwar in den für ihre Durchführung zuständigen Bundesländern theoretisch ebenso weit wie verschiedenartig ausgearbeitet worden. Es gibt zwei- und dreistufige Landschaftsplanungen mit mittelbarer oder unmittelbarer Integration in die Landes-, Regional- oder Bauleitplanung sowie Regelungen ohne Integration. Tatsächlich werden durch die weitere, beschleunigt verlaufende Intensivierung und Rationalisierung der Landnutzung Naturhaushalt und Landschaftsbild auf großen Flächen sogar stärker als je verändert. Zwischen 1979 und 1985 wurden täglich ca. 144 ha freie Fläche für Siedlungs- und Abbauzwecke in Anspruch genommen. Wesentliche Bestandteile von Natur und Landschaft, wie z. B. Wälder und Gewässer, sind durch anhaltende, z.T. schwere Schädigungen infolge von Stoffeinträgen betroffen.

40.* Das weitgehende Versagen der Landschaftsplanung und der Eingriffsregelung ist auch wesentlicher Grund für die starke Abnahme zahlreicher wildlebender Pflanzen- und Tierarten, die bei 30–50% von ihnen ein existenzbedrohendes, in „Roten Listen" dokumentiertes Ausmaß erreicht; nur relativ wenige Arten nehmen zu und werden als „Kulturfolger" oft lästig oder schädlich. Der Artenrückgang wird vor allem durch Beeinträchtigung, Verkleinerung, Zersplitterung oder Beseitigung naturbetonter Biotope verursacht. Für diese sind häufig die Summe vieler kleiner, örtlich begrenzter Eingriffe sowie die Intensität und Handhabung von als solchen zulässigen Landnutzungsformen verantwortlich. Nur 35–40% der gefährdeten Arten und ein noch geringerer Anteil der Biotoptypen werden in den ca. 2400 Naturschutzgebieten erfaßt. Diese nehmen nur ca. 1,1% der Fläche der Bundesrepublik ein und sind großenteils so klein (15% unter 5 ha!), daß sie schädlichen Randeinwirkungen offenstehen. Außerdem sind sie durch erlaubte oder unkontrollierte Nutzungen, vor allem durch Freizeit- und Erholungsaktivitäten, belastet.

Die begrüßenswerten Bemühungen, dem raschen Arten- und Biotopschwund entgegenzuwirken, lassen jedoch den Eindruck aufkommen, daß Naturschutz praktisch nur noch auf ausgewählten kleinen Flächen und für seltene und gefährdete Arten erfolge und den Anspruch auf die gesamte Landesfläche gemäß § 1 Bundesnaturschutzgesetz aufgäbe. Die als kompliziert empfundene Novellierung des Artenschutzrechtes von 1986 verstärkte diesen Eindruck noch. Andererseits ist positiv hervorzuheben, daß seit ca. 1985 erfolgreicher Biotopschutz in wachsendem Umfang auch auf Vereinbarungen mit Grundeigentümern und Nutzungsberechtigten betrieben wird, die für Nutzungsverzichte oder -einschränkungen angemessen entschädigt werden. Mehrere Bundesländer haben in sogenannten Extensivierungsprogrammen Mittel dafür bereitgestellt.

41.* Die Naturschutz- und Landschaftspflege-Politik bedarf einer grundsätzlichen Verstärkung und teilweisen Neuorientierung, die nur durch eine weitere, gründliche Novellierung der Naturschutzgesetze erreicht werden kann. Der Rat wiederholt dazu seine im Sondergutachten „Umweltprobleme der Landwirtschaft" erhobene Forderung nach folgender Änderung der Landwirtschaftsklausel in § 1 Bundesnaturschutzgesetz:

„Wer Pflanzenbau und Tierhaltung betreibt, hat die nach den Umständen erforderliche Sorgfalt anzuwenden, um Belastungen der Schutzgüter des Abs. 1 so gering wie möglich zu halten, insbesondere durch Schonung naturbetonter Biotope und Begrenzung der Emissionen. Soweit Regeln umweltschonender Landbewirtschaftung entwickelt sind, ist der Landbewirtschafter verpflichtet, sie zu beachten."

42.* Die Landschaftsplanung ist bei Wahrung des Ausführungsspielraumes der Länder bundesrechtlich wirksamer zu regeln und deutlicher sowohl auf die Landes- und Regionalplanung als auch auf die Bauleitplanung auszurichten. Inhaltlich muß die Landschaftsplanung vorrangig für die Entwicklung eines Biotopverbundsystems nach bundeseinheitlichen Kriterien eingesetzt werden. Der Rat weist erneut darauf hin, daß er darin eine Aufgabe umfassender Landschaftsgestaltung sieht, bei der das ganze Land kleinräumig mit netzartig miteinander verflochtenen naturbetonten Biotopen und Landschaftsstrukturen auszustatten ist; diese müssen im Durchschnitt mindestens 10 % der Landesfläche ausmachen. Soweit zum Abbau der landwirtschaftlichen Überproduktion Flächen aus der Bewirtschaftung ausscheiden, ist ihre Verwendung für das Biotopverbundsystem zu prüfen.

43.* Landschaftspläne müssen Schutzwürdigkeitsprofile für Landschaften, Biotope und Landschaftsbestandteile entwickeln. Bei Übernahme von Landschaftsplänen in Regional- oder Bauleitpläne muß das Schutzkonzept zunächst als Ganzes in die Abwägung gebracht werden, um Naturschutzbelange nicht durch Vereinzelung unterzugewichten. Für den Naturschutz besonders wichtige Flächen sollten durch Ankauf und Übertragung auf geeignete Träger dem Bewirtschaftungsinteresse privater Eigentümer entzogen werden. Flurbereinigungsverfahren sollten noch stärker als bisher Maßnahmen des Naturschutzes und der Landschaftspflege fördern, ermöglichen oder vollziehen.

44.* Zur Verbesserung der Eingriffs- und Ausgleichsregelung sind die durch stoffliche Einwirkungen vermittelten Eingriffe in Natur und Landschaft in § 8 Bundesnaturschutzgesetz einzubeziehen. Darüber hinaus ist es unerlässlich, im Bundesnaturschutzgesetz diejenigen naturbetonten Biotoptypen aufzulisten, bei denen jede erhebliche oder nachhaltige Beeinträchtigung als Eingriff anzusehen ist. Die Landwirtschaftsklausel des § 8 Abs. 7 ist ersatzlos zu streichen. Geprüft werden sollte, ob der Eingriff weiterhin an eine Genehmigung einer anderen Behörde gebunden bleiben soll (§ 8 Abs. 2) und ob das Abwägungsgebot zugunsten des Naturschutzes verstärkt werden kann (§ 8 Abs. 3). Schließlich muß eine Erfolgskontrolle für den Ausgleich von Eingriffen eingeführt werden.

45.* Auf der Grundlage eines sowohl vom Bund als auch von jedem Bundesland zu erstellenden Landschaftsprogrammes sollten in bestimmten zeitlichen Abständen Landschaftsberichte erarbeitet werden, die die Situation und Aktivitäten im Naturschutz und in der Landschaftspflege darstellen. Zugleich sollten Flächennutzungserhebungen auch ökologische Belange einbeziehen.

46.* Die wachsende Attraktivität naturbetonter, schutzwürdiger Landschaftsbestandteile für Freizeit und Erholung führt zu deren Bedrohung und bedarf unbedingt der Lenkung und wirksameren Planung. Vor allem Naturschutzgebiete und Nationalparke müssen durch geschickte Besucherlenkung und durch Aufklärung und Erziehung vor Belastungen bewahrt werden.

47.* Der Betreuung und Pflege naturbetonter Biotope ist besondere Aufmerksamkeit zu schenken. Die Erhaltung vorhandener Biotope genießt Vorrang vor der Neuschaffung, zumal bestimmte Biotope, z. B. Hochmoore, unersetzlich sind und ihr Verlust auch nicht ausgleichbar ist. Andererseits sind in Naß- und Trockenabgrabungen naturnahe Sekundärbiotope zu schaffen. Alle Biotope sind in dem schon erwähnten Biotopverbundsystem räumlich zu verknüpfen, dessen Kernstücke die Naturschutzgebiete sind. Auch andere Nutzflächen, soweit sie einer wenig intensiven Nutzung unterliegen, sind darin einzubeziehen, wie z. B. Teile militärischer Übungsplätze, die allerdings auch biotopgerecht behandelt werden müssen.

48.* Die derzeit bestehenden für Naturschutz und Landschaftspflege zuständigen Behörden sind in der Regel reine Verwaltungsbehörden, die über keine technischen Vollzugs- und Umsetzungsinstrumente verfügen. Daher ist entweder eine entsprechende Ergänzung dieser Behörden vorzusehen, oder es sind vorhandene technische Behörden förmlich mit der technischen Durchführung von Naturschutz- und Landschaftspflegemaßnahmen zu beauftragen.

49.* Abschließend stellt der Rat fest, daß die Verbesserung des Naturschutzgesetzes und seine konsequente Anwendung dringliche Anliegen sind. Kein anderes Gesetz deckt mit seinen Zielbestimmungen, z. B. Schutz der Lebensgrundlagen des Menschen und der Leistungsfähigkeit des Naturhaushaltes, einen so weiten Bereich der Schutzgüter der Umwelt ab. Dazu gehört auch der Schutz der Böden. Darüber hinaus hält es der Rat für notwendig, alle Maßnahmen, die zum Schutz der einzelnen Naturgüter ergriffen werden, so miteinander zu verknüpfen oder aufeinander abzustimmen, daß die Funktionsfähigkeit des Naturhaushaltes insgesamt gewährleistet wird. Dies erfordert auch, Naturschutz und Landschaftspflege im ganzheitlichen Sinne in den umweltrelevanten Bundesgesetzen, wie z. B. Raumordnungsgesetz, Landwirtschaftsgesetz, Flurbereinigungsgesetz, als Ziele zu verankern.

Belastung und Schutz der Böden

50.* Bodenbelastung und Bodenschutz sind mit der Schwierigkeit behaftet, daß der Begriff „Boden" in der Umgangssprache eine große begriffliche Inhaltsbreite besitzt, wie es auch in der Doppelbezeichnung „Grund und Boden" zum Ausdruck kommt. Dies bietet einem umweltpolitisch begründeten Bodenschutz keine eindeutigen, eher sogar widersprüchliche Ansatzpunkte. Angesichts dieser Schwierigkeiten ist es notwendig, spezifische ökologische Bodenfunktionen, nämlich die Regelungs-, die Produktions- und die Lebensraumfunktion, dem Bodenschutz zugrundezulegen.

51.* Die Bodenschutzkonzeption der Bundesregierung nennt daneben noch weitere Bodenfunktionen, die beim Schutz des Bodens zu beachten sein sollen, nämlich Träger von Bodenschätzen sowie Siedlungs- und Wirtschaftsfläche zu sein, und sie vertritt dabei die Auffassung, daß es grundsätzlich keine Vorrangstellung der einen Funktion des Bodens gegenüber anderen Funktionen gebe. Dazu weist der Rat darauf hin, daß die Nutzung als Siedlungsfläche der Erfüllung der ökologischen Funktionen in der Regel zuwiderläuft, weil Böden nachteilig verändert, oft sogar zerstört werden. Dasselbe gilt für die Aussage der Bodenschutzkonzeption, wonach die Sicherung der Zugriffsmöglichkeit auf Rohstoffvorräte zu den Aufgaben des Bodenschutzes gehöre. Wird der Zugriff verwirklicht, so bedeutet er Beseitigung derjenigen Bodenbereiche, die die naturhaushaltlichen Funktionen tragen; er ist daher unvereinbar mit einem ökologisch begründeten Bodenschutz.

52.* Maßgebend für die Belastungen der Böden und die Effizienz ihrer Funktionen sind die Bodennutzungen. Es ist deshalb zweckmäßig, die Belastungen der Böden nach den hauptsächlichen Nutzungen zu klassifizieren:

– landwirtschaftliche Nutzung,

– forstwirtschaftliche Nutzung,

– Nutzung durch Überbauung,

– Nutzung durch Abgrabung und Ablagerung sowie

– Nutzung als naturnahe Fläche.

53.* Bei der **landwirtschaftlichen Nutzung** stellt die regelmäßige Bearbeitung der Ackerböden einen zwar notwendigen, aber dennoch schweren Eingriff dar, der die Erosion und Verschlämmung der Böden fördern kann und vor allem die Bodentiere beeinträchtigt. Das bewirtschaftungsbedingte häufige Befahren der Nutzflächen mit oft schweren Fahrzeugen verursacht schwer behebbare Verdichtungen bindiger Böden; die Folgen sind Staunässe und die Hemmung der Grundwasserbildung sowie Störungen des Bodenlebens. Eine Beeinträchtigung der Produktionsfunktion ist nicht auszuschließen.

54.* Zu den mechanischen Belastungen der Böden gesellt sich als schwerwiegende Schädigung die Bodenerosion. Sie wird im Ackerbau, d. h. auf ca. 29 % der Fläche der Bundesrepublik, durch die Vergrößerung der Feldschläge und den immer noch zunehmenden Anbau von Zuckerrüben und insbesondere Mais gefördert, zu deren Gunsten Böden wochenlang offengehalten werden und dem Angriff von Wasser und Wind schutzlos ausgesetzt sind. Da abgetragener Boden nicht an seinen Herkunftsort zurückkehrt, ist der Bodenverlust irreversibel. Gegenmaßnahmen sind dringlich und inzwischen bis zur praktischen Anwendungsreife entwickelt. Sie stoßen auch im allgemeinen auf Verständnis der Landwirte; dennoch setzen sich die Maßnahmen nur langsam durch.

55.* Bodenerosion tritt auch in Siedlungsgebieten sowie im Wald und Grünland auf. Besonders erosionsanfällig sind Böden mehr oder weniger steiler Hänge, vor allem in den höheren Mittelgebirgen und im Hochgebirge. Hier wird die vor Erosion wirksam schützende Pflanzendecke durch oft übertriebenen Bau von Straßen, Wirtschafts- und Wanderwegen sowie Skiabfahrten, ferner durch ungeregelte und zu starke Beweidung sowie auch durch zu hohe Wildbestände schwer beeinträchtigt oder langfristig gestört. Als Folge wird die Bodenabspülung durch die hier starken Niederschläge und Schmelzwasserabflüsse sehr begünstigt; bei Vorliegen weichen, leicht verwitterbaren Gesteins ist auch die Gefahr von Hangrutschen und Muren (Schlammlawinen) groß. Zahlreiche vermeidbare Erosionsereignisse lassen sich auf die genannten Ursachen zurückführen.

Der Erosionsschutz im Bergland ist ein ebenso dringliches wie komplexes Anliegen und erfordert vielfältige Schutz- und Pflegemaßnahmen, die sämtlich in einen umfassenden Vegetationsschutz münden müssen, und die von der Emissionsminderung bis zur Einschränkung der Freizeit- und Erholungsnutzung reichen.

56.* Mit landwirtschaftlicher Nutzung sind Zufuhren von Dünge- und Pflanzenschutzmitteln in die Böden verbunden, die insgesamt 0,5–1 t/ha × Jahr an mineralischen Substanzen betragen. Sie fördern die Produktion, belasten aber die Regelungs- und Lebensraumfunktion der Böden, wie sich an der steigenden Nitrat- und vereinzelten Pestizid-Belastung des Grundwassers, dem Ausfall der Denitrifikation und Schädigungen von Bodentieren zeigt. Diese werden vor allem von Pestiziden betroffen, die in Mengen von 4–10 kg/ha × Jahr ausgebracht werden, aber die Bodenmikroorganismen bisher wenig beeinträchtigen. Auch wenn heute überwiegend rasch abbaubare Pestizide verwendet werden, so bleiben „gebundene Rückstände" im Boden zurück, deren weiteres Verhalten unbekannt ist.

57.* Die regionale Konzentration großer Tierhaltungen mit Schwemm-Entmistung führt zur Entstehung großer Mengen von Gülle, deren Beseitigung zu erheblichen Überdüngungen und Beeinträchtigungen aller Bodenfunktionen sowie zur Grundwasserverunreinigung führt; außerdem wird Ammoniak freigesetzt, das sich über die Luft ausbreitet und zu Waldschäden und Waldbodenversauerung beiträgt.

Der Rat empfiehlt – nicht nur aus Bodenschutzgründen – eine zügige Verwirklichung und Verstärkung aller Maßnahmen zur Lösung der Gülle-Probleme. Er weist auch darauf hin, daß das grundsätzliche Umweltproblem nicht in der Bewältigung der Güllemengen, sondern in der großen einseitigen Nährstoff-Verlagerung von den Herkunftsländern der eingeführten Futtermittel in die relativ kleinen, nicht unbegrenzt aufnahmefähigen Empfängergebiete liegt.

58.* Im Bereich der **forstwirtschaftlichen Nutzung** ist festzustellen, daß zumindest ein Teil der Waldböden – und mit ihm die darauf stockenden Wälder – stärker gefährdet ist als die landwirtschaftlich genutzten Böden und daher die besondere Aufmerksamkeit des Bodenschutzes finden sollte. Die Ursachen dieser Gefährdungen sind

– der durch Filterwirkung der Baumkronen bedingte höhere Stoffeintrag aus der Luft in Waldböden,

– die Versauerung der Waldböden und

– die Entstehung von Nährstoff-Ungleichgewichten insbesondere durch erhöhte Stickstoffzufuhr aus der Luft.

Aus den Befunden zur Bodenversauerung und in der Verringerung der Zersetzungsrate versauerter Böden sieht der Rat einen ernstzunehmenden Hinweis auf die Gefährdung ihrer Funktionsfähigkeit im Naturhaushalt. Bodenschutz in diesem Bereich erfordert andererseits eine Herabsetzung der Immission durch Emissionsminderung, andererseits müssen die Forstwirtschaft und die forstliche Beratung das Ziel einer verstärkten Berücksichtigung der Böden bei der Wahl der Baumarten und der waldbaulichen Verfahren energischer als bisher in die Praxis umsetzen.

59.* Die stärkste Belastung erfahren Böden durch **Überbauungen, Abgrabungen und Ablagerungen.** Es überwiegt die Nutzung als Baugrund und Ablagerungsfläche; dadurch werden, wie oben schon erwähnt, die Böden nicht gemäß ihrer ökologischen Definition und der daraus abgeleiteten Bodenfunktionen genutzt, sondern meist zerstört. Aus diesem Grunde sind Überbauung, Abgrabung und Ablagerung keine Bodennutzungen, sondern Inanspruchnahme von Grundflächen.

60.* Werden Böden nicht oder höchstens gelegentlich genutzt, so stellen sie als Brachen oder als aus Naturschutzgründen ausgewiesene Ökosysteme bzw. Biotope **naturnahe Flächen** dar. Hier bilden Böden und Pflanzenbestände eine Einheit, so daß sich Bodenschutz- und Naturschutzmaßnahmen weitgehend decken. Die hauptsächliche und am weitesten verbreitete Gefährdung erfolgt durch die diffuse Ausbreitung und den Eintrag von Luftschadstoffen. Besonders gefährdet sind nährstoffarme Böden, die durch die düngende Wirkung von Stoffeinträgen, insbesondere Stickstoff, unwiederbringlich verändert werden.

61.* Zusammenfassend stellt der Rat zum Problem des Bodenschutzes fest: Mit der Erfüllung der ökologischen Funktionen der Böden aus der Sicht des Naturhaushaltes gehören die Böden zur unverzichtbaren Grundlage aller Lebensvorgänge. Allein hierauf kann sich ein umweltpolitisch konzipierter Bodenschutz gründen.

Ergänzend weist der Rat darauf hin, daß es in der allgemeinen Bodenschutz-Diskussion häufig nicht um den Schutz der Böden geht, sondern um den Schutz der von den Böden abhängigen oder beeinflußten anderen Umweltbereiche. Hier ist an erster Stelle der Grundwasserschutz zu nennen. Grundwasserbeeinträchtigungen, z. B. Nitrat-Eintrag, verweisen auf eine Überforderung oder Störung der Schutzfunktion des Bodens, stellen aber in der Regel keine schwerwiegende Bodenschädigung dar.

Ebenso ist eine Beeinträchtigung der vom Boden ausgehenden Nahrungsketten vom eigentlichen Bodenschutz zu unterscheiden. Die Bindungsfähigkeit der Böden für die verschiedensten Stoffe, darunter Schadstoffe, ist eine wesentliche Bodenfunktion und als solche grundsätzlich nützlich und erhaltenswert.

In jedem Fall bedürfen die Stoffgehalte der Böden einer ständigen, gezielten Überwachung, wie sie durch Bodenkataster angestrebt wird und zum Teil bereits erfolgt. Das Schwergewicht der Überwachung muß dabei auf der Feststellung von Veränderungen von Stoffgehalten und von Mobilisierungen gebundener Stoffe liegen.

62.* Mit diesen Ergänzungen bzw. Modifikationen ist die Bodenschutzkonzeption der Bundesregierung eine sehr gute Grundlage für konkrete Bodenschutzmaßnahmen im Rahmen des Umweltschutzes. Der Rat erwartet, daß solche Maßnahmen von Bund und Ländern – die dazu bereits Vorbereitungen getroffen haben – baldmöglichst durchgeführt werden. Er hält ein besonderes Bodenschutzgesetz allerdings nicht für erforderlich, da wesentliche Bodenschutzziele bereits durch Vollzug oder Verbesserung bestehender gesetzlicher Vorschriften verwirklicht werden können.

Luftbelastung und Luftreinhaltung

63.* Die rechtlichen Regelungen zur Luftreinhaltung, die seit dem Umweltgutachten 1978 erlassen worden sind, vor allem die Großfeuerungsanlagen-Verordnung und die TA Luft 1986, haben ein langfristiges und ein breites Schadstoffspektrum erfassendes Vorsorgekonzept eingeleitet, wie es der Rat in früheren Gutachten empfohlen hat. Für die „Massenschadstoffe" (Staub, Schwefeldioxid, Stickstoffoxide) hat die Bundesregierung darüber hinaus „Vorsorgeziele" als Zielprojektionen der Emissionsminderung aufgestellt. Für andere Stoffe (Schwermetalle, Ammoniak, organische Stoffe) steht das noch aus. Für die Fortentwicklung der Luftreinhaltepolitik sind folgende Gesichtspunkte zu beachten:

– Im Hinblick auf die in den letzten Jahren vielfach erwogenen ökonomischen Anreizinstrumente im Umweltschutz erscheinen dem Rat die Kompensationsregelungen in der TA Luft, wenn auch ökonomischen Überlegungen Rechnung tragend, wegen ihrer zeitlichen Begrenzung, wegen des sehr engen räumlichen Beurteilungsrasters und wegen ihres experimentellen Charakters unzureichend.

– Im Vollzug der vor einigen Jahren erlassenen Störfall-Verordnung befriedigt die Qualität der von den Betreibern aufgestellten Sicherheitsanalysen in der Regel nicht. Insofern bleibt die Verwirklichung der Verordnung hinter deren Anspruch zurück. Erstellung und sachgerechte Prüfung der Sicherheitsanalysen sollten ernster genommen werden.

– Wegen der Fülle der durch die TA Luft 1986 notwendigen Prüfungen und zu erlassenden Anordnungen befürchtet der Rat Vollzugsdefizite innerhalb der vorgegebenen Fristen. Die Betreiber sind aufgefordert, ihrer Eigenverantwortung gerecht zu werden und zur Beschleunigung beizutragen.

– Die im Hinblick auf flächenbezogene Messungen gedachten Immissionswerte der TA Luft werden den tatsächlichen Belastungen des Menschen nicht immer gerecht. Die Bewertung muß den Zusammenhang zwischen tatsächlichen Belastungen und ihren möglichen Wirkungen im Auge behalten. Soweit keine Immissionswerte festgelegt sind, kommt es auf die Sonderprüfung im Einzelfall an. Deren Verfahrensgrundsätze sind trotz gewisser Auslegungshilfen unbestimmt geblieben. Hier ist eine Weiterentwicklung angezeigt.

64.* Einen Sonderfall stellen chlorierte Dioxine und Furane dar, die bei der Müllverbrennung immer dann entstehen, wenn im Brenngut organisch oder anorganisch gebundenes Chlor vorhanden ist. Entstehungs- und Zersetzungsmechanismen dieser Stoffe in Abhängigkeit von Temperatur- und Prozeßführung in Anlagen der Verbrennung und Pyrolyse bedürfen dringend der weiteren Untersuchung mit dem Ziel der Optimierung der Verfahrenstechnik. Bei Müllverbrennungsanlagen kann schon heute bei Verwirklichung des Standes der Technik die Emission von Dioxinen und Furanen weitgehend vermieden werden.

65.* Mit der zu erwartenden Emissionsminderung durch Vollzug von Großfeuerungsanlagen-Verordnung und TA Luft 1986 nimmt das Gewicht der gebietsbezogenen Luftreinhaltepolitik für den Bereich Industrie ab. Sie behält ihre Bedeutung für den Bereich Haushalt und Kleingewerbe (nicht genehmigungsbedürftige Anlagen) und für den Verkehr, wo die „anlagenbezogenen", auf das Einzelfahrzeug zielenden Maßnahmen möglicherweise nicht ausreichen.

66.* Die Minderung der Emissionen sollte in Belastungsgebieten nach Luftreinhalteplänen in einem verbindlichen Zeitraum mit Erfolgskontrolle erfolgen. Für die Ausweisung von Belastungsgebieten sollten verbindliche qualitative und quantitative Kriterien vorgegeben werden. Voraussetzung für den Luftreinhalteplan in einem Belastungsgebiet sind Emissionskataster. Der Rat betont den Wert der Emissionskataster und empfiehlt, dafür Sorge zu tragen, daß ihre Angaben verläßlich sind und daß sie untereinander vergleichbar und mit den Umweltstatistiken abgestimmt sind.

67.* Im Hinblick auf die von den Ländern erlassenen Smog-Verordnungen hält der Rat eine Abstimmung über die Auslösekriterien von Smog-Alarm für wünschenswert. Der überregionale Charakter der jüngeren Smog-Episoden macht darüber hinaus eine Diskussion über Größe und Abgrenzung von Smog-Gebieten erforderlich.

In den Smog-Verordnungen der Länder sollte die Festlegung von Smog-Gebieten in Anpassung an die Entwicklung immer die maßgeblichen Quellen erfassen und gegebenenfalls auch auswärts gelegene Emissionsquellen einbeziehen. Der Emissionsminderung bei Gebäudeheizung und Kleingewerbe sollte mehr Aufmerksamkeit geschenkt werden (Fernheizsysteme, Kraft-Wärme-Kopplung, Energieeinsparung aus Umweltgründen). Die von der TA Luft 1986 angestoßene Entwicklung der Minderungstechnik bei kleineren Feuerungsanlagen sollte auch diesen Bereich mit einbeziehen. Er ist in vielen Smog-Episoden ein wesentlicher Emittent, aber in der kalten Jahreszeit kaum beeinflußbar.

68.* Zur Minderung des Ferntransportes von Luftschadstoffen haben 21 Staaten aus Ost und West das Protokoll der Genfer ECE-Luftreinhaltekonvention angenommen. Diese – bislang auf die Minderung von Schwefeldioxid-Emissionen beschränkte – Selbstverpflichtung sollte auf Stickstoffoxide und möglichst auf weitere Stoffe ausgedehnt werden.

Die internationalen Emissionsminderungsmaßnahmen müssen sich auch auf Primäremissionen erstrecken, aus denen sekundäre Luftverunreinigungen entstehen. Der Rat mißt Vorhaben, mit denen Minderungsstrategien hinsichtlich ihrer immissions- und depositionsseitigen Auswirkungen europaweit beurteilt werden können, große Bedeutung bei.

69.* Nach den bisherigen Modellrechnungen ist eine Verminderung der Bildung von Photooxidantien nur möglich, wenn auch die Emissionen gewisser reaktiver Kohlenwasserstoffe europaweit gesenkt werden. Im einzelnen kommen folgende Maßnahmen in Betracht:

– Kohlenwasserstoffemissionen des Kraftfahrzeugverkehrs können mit dem Abgaskatalysator gesenkt werden.

– Tankstellen sollten zur Verminderung der Verdampfungs- und Verdunstungsverluste beim Betankungsvorgang mit Pendelleitungen ausgerüstet werden.

– Der Lösemitteleinsatz bei Lacken sollte durchAblufteinrichtungen und Übergang zu lösemittelärmeren Systemen gesenkt werden.

– Leckagen aus Anlagen der Chemie und Mineralölindustrie sollten gemindert werden.

Gewässerzustand und Gewässerschutz

70.* Nicht nur spektakuläre Unfälle, die zu Belastungen von Gewässern führen, sondern insbesondere die allgemeine Belastungssituation der deutschen Fließgewässer, Ästuarien, des Schelfes und der Wattengebiete erfordern nach Auffassung des Rates umgehend eine stärker ökologisch orientierte Gewässerbeurteilung und Definition der Gewässergüte, eine Verschärfung der Gewässerschutzziele und eine Verbesserung der Vermeidungsstrategien.

71.* Die ungenügende Berücksichtigung der Tatsache, daß Gewässer Teilsysteme von Landschaften sind, mit terrestrischen Ökosystemen in vielfachen Wechselbeziehungen stehen und letztlich über die Ästuarien, Schelfbereiche und Ozeane mit dem Wasserhaushalt der gesamten Biosphäre verknüpft sind, führte dazu, daß Wasserschutzmaßnahmen überwiegend auf den eigentlichen Wasserkörper beschränkt wurden. Eine solche Einengung kann dazu führen, daß ökologische Beeinträchtigungen systematisch übersehen werden.

72.* Eine umfassende ökosystemare Bewertung der Fließgewässer kann durch biologische Beurteilungskriterien (u. a. Saprobitätsindizes) nur partiell geleistet werden. Die Gewässerlandschaft bleibt dadurch unberücksichtigt. In ihr vollziehen sich jedoch Stofftransport und Stoffumwandlung, die für die Gewässergüte von großer Bedeutung sind.

Die vom Rat geforderte ökosystemare Beurteilung der Gewässer hat zur Folge, daß neben das bisherige Schutzziel der Gewässerreinhaltung gleichrangig der Schutz der Lebensgemeinschaften in und am Gewässer tritt. Dies erfordert eine stärkere ökotoxikologische Kontrolle der Gewässer, einen ökologisch orientierten Gewässerausbau und die Erhaltung von naturbetonten aquatischen und semiterrestrischen Lebensgemeinschaften und Lebensräumen.

73.* Bei Gewässerausbauten müssen ökologische Gesichtspunkte stärker als bisher berücksichtigt werden. Arten- und Biotopschutz sind dabei zu realisieren. Für verlorengegangene Lebensräume muß Ausgleich oder Ersatz geschaffen werden. Rein technisch ausgebaute Gewässer müssen – wo immer möglich – in einen naturnahen Zustand rückgeführt werden. Dabei muß der Quellsanierung und der Schaffung von Retentionsräumen hohe Priorität eingeräumt werden.

74.* Bei Einleitungen in die Gewässer dürfen nicht nur die lokalen Wirkungen beachtet, sondern es müssen die Folgewirkungen für die Ästuarien und Schelfmeere gewichtet werden.

75.* Die heute geltenden Gewässerschutzziele können nicht allein durch technische Wasserreinigungsverfahren erreicht werden. Sie müssen durch planerische Strategien sowie durch Beschränkungen für Produktion und Verwendung gefährlicher Stoffe ergänzt werden. Es müssen sich Planungselemente für Schutzmaßnahmen in verschiedenen Bereichen und Auflagen bei Produktion und Verwendung gefährlicher Stoffe gegenseitig ergänzen. Es dürfen keine Stoffe in das Wasser gelangen, die in relevanten Konzentrationen

- die ökologischen Funktionen des Gewässers stören,
- toxisch, gefährlich oder schädlich für Mensch, Tier und Pflanze sind,
- durch normale Wasseraufbereitungsverfahren nicht beherrschbar sind,
- den Klärwerksbetrieb stören,
- sich im Klärschlamm und Gewässerschlamm anreichern und eine landwirtschaftliche Verwertung der Schlämme ausschließen.

76.* Durch Gewässerschutzmaßnahmen ist generell mindestens die Gewässergüteklasse II durchzusetzen, da dann sowohl die Sicherheit der Trinkwassergewinnung als auch die Erhaltung der natürlichen Lebensgemeinschaften im Gewässer gewährleistet ist.

77.* Die Nährstoffgehalte der Abwässer müssen zum Schutz des Wattenmeeres und der Schelfgebiete vermindert werden.

78.* Die Konzentrationen naturfremder Stoffe, die durch Trinkwasseraufbereitungsmaßnahmen nicht sicher beherrscht werden können, dürfen im gereinigten Abwasser nicht höher sein als die zulässigen Höchstkonzentrationen im Trinkwasser.

79.* Für alle Kläranlagen ist eine vollbiologische Abwasserbehandlung zu fordern. Die Arbeitsblätter der Abwassertechnischen Vereinigung (ATV) sind entsprechend den heutigen Anforderungen an die Behandlungsanlagen umzuarbeiten. Es müssen Reinigungssysteme mit hohem Wirkungsgrad und hoher Prozeßstabilität auf der Grundlage von einer Schlammbelastung $B_{TS} = 0,15$ verwendet werden. Für kleine Gemeinden sollte vermehrt eine dezentrale Abwasserbehandlung mit natürlichen oder naturnahen Systemen durchgeführt werden.

Für Kläranlagen größer als 1 000 Einwohnergleichwerte (EW) sind Ablaufwerte für Ammonium und Phosphate in die Verwaltungsvorschriften über Mindestanforderungen an die Einleitung von Abwässern aufzunehmen. Ob darüber hinaus die Aufnahme von Ammonium und Phosphor in das Abwasserabgabengesetz sinnvoll ist, sollte die Bundesregierung prüfen.

80.* Die Phosphateliminierung ist nach einem technisch-wirtschaftlich orientierten Sanierungsprogramm flächendeckend auszuweiten, das zunächst die größeren Kläranlagen ab etwa 20 000 Einwohnergleichwerte (EW), später auch kleinere Anlagen erfaßt. Für die Mehrzahl aller Kläranlagen ist eine über das übliche Maß hinausgehende biologische Phosphateliminierung anzustreben.

81.* Die Nitrifikation ist heute als nicht zu unterschreitende Standardlösung der biologischen Grundreinigung anzusehen; damit ist auch die technische Möglichkeit zur Denitrifizierung gegeben. Nach einem Sanierungsprogramm sind noch fehlende und vorhandene überlastete Anlagen innerhalb bestimmter Fristen nach den allgemein anerkannten Regeln der Technik auszubauen. Die Anlagen sind künftig als Denitrifizierungsanlagen zu betreiben.

82.* Die Eliminierung von gefährlichen Stoffen aus dem Abwasser hat gemäß der Forderung in der 5. Novelle zum Wasserhaushaltsgesetz mit Verfahren nach dem Stand der Technik zu erfolgen. Dazu sind die derzeitigen Anforderungen für das Einleiten von Abwässern sowohl für Direkt- als auch für Indirekteinleiter zu überarbeiten und zu verschärfen. Die Verwaltungsvorschriften müssen, soweit es um gefährliche Abwässer geht, auch Regelungen für Indirekteinleiter aufnehmen. In der Entwässerungssatzung sind Einleitungsverbote für gefährliche Stoffe auszusprechen.

83.* Es sind Produktions- oder Anwendungsbeschränkungen bzw. -verbote für bestimmte Substanzen auszusprechen (z. B. bestimmte Pflanzenschutzmittel oder Organohalogenverbindungen), da nur so die Grenzwerte der Trinkwasserverordnung zu erfüllen sind. Auch der Einsatz von wassergefährlichen Haushaltschemikalien ist zu reduzieren.

84.* Die Verlagerung leichtflüchtiger chlorierter Kohlenwasserstoffe und sonstiger schädlicher heteroorganischer Substanzen vom Wasser in die Luft muß unterbunden werden. Deshalb sind Adsorptionsverfahren den Ausdämpfungs-(Stripping-)verfahren vorzuziehen.

85.* Neben der weitergehenden Behandlung häuslicher und industrieller Abwässer ist eine erweiterte und verbesserte Regenwasserbehandlung notwendig. Dazu müssen die alten Kanalisationssysteme saniert und es muß die Regenwasserbehandlung an die Anforderungen des Gewässerschutzes angepaßt werden. Aus Mischwasserkanälen, in die wassergefährdende Stoffe eingeleitet werden, darf kein Regenwasserabschlag erfolgen. Die Abwasserabgabe für die Einleitung von Niederschlagswasser in Gewässer muß anders berechnet bzw. angehoben werden.

86.* Abwasserreinigung und Schlammbehandlung müssen als Verbundsystem betrachtet und aufeinander abgestimmt werden. Der Eintrag von persistenten Schadstoffen in die Kanalisation muß auch mit dem Ziel reduziert werden, die Klärschlämme wieder verwendbar zu machen und Kontaminationen der Gewässersedimente zu vermeiden. Allgemein müssen Maßnahmen zur Begrenzung des Schadstoffeintrags in Gewässer aus diffusen Quellen entwickelt werden. Es ist insbesondere darauf zu achten, daß alle beschlossenen Vermeidungs- und Substitutionsmaßnahmen stärker als bisher auch durchgesetzt werden.

87.* Das Eindringen von Deponiesickerwasser in Grund- und Oberflächenwässer muß durch wirksame Maßnahmen verringert werden, auch bei Altlasten. Es ist eine Optimierung der Eliminations- und Behandlungstechnik für Sickerwässer erforderlich. Die Deponiesickerwässer müssen nach dem Stand der Technik behandelt werden.

88.* Die Intensität der Landbewirtschaftung muß auf ein solches Maß reduziert werden, daß eine Beeinträchtigung des Grund- und Oberflächenwassers vermieden wird.

Verunreinigungen in Lebensmitteln

89.* Durch menschliches Handeln gelangen Stoffe in die Umwelt und von dort über die landwirtschaftlichen Produkte in die menschliche Nahrung. Die Verunreinigung der Lebensmittel geschieht unbeabsichtigt und ohne Zutun des Nahrungsmittelproduzenten. Der Rat geht der Frage nach, ob und inwieweit durch diese Verunreinigungen gesundheitliche Beeinträchtigungen zu erwarten sind und ob und wie der Gesundheitsschutz in diesem Bereich verbessert werden kann.

90.* Eine zufriedenstellende Beschreibung der Belastung der Lebensmittel durch Verunreinigungen und der Exposition der Bevölkerung gegenüber diesen Stoffen ist derzeit nicht möglich. Die Datenbasis über die Belastungssituation der Lebensmittel mit Verunreinigungen ist für die verschiedenen Schadstoffe unterschiedlich gut und mangels systematischer Probenahmen nicht repräsentativ für die Bundesrepublik Deutschland. Nur die durchschnittlichen Verzehrmengen einzelner Lebensmittel können hinreichend genau abgeschätzt werden; es fehlen ausreichende Daten über Verzehrgewohnheiten und die Häufigkeitsverteilungen der Stoffkonzentrationen in Lebensmitteln und damit der Aufnahmemengen einzelner Stoffe in der Bevölkerung. So kann zwar die Abschätzung der durchschnittlichen Aufnahme eines Stoffes Hinweise auf die mögliche Gefährdung breiter Bevölkerungsschichten geben, sie erlaubt jedoch nicht die Auffindung und Quantifizierung von Risikogruppen.

91.* Zu solchen Risikogruppen zählen Personen mit besonderen Ernährungsgewohnheiten, die dadurch überdurchschnittliche Mengen eines oder mehrerer Schadstoffe aufnehmen können, Personen, die bei gleicher Stoffaufnahme aufgrund ihrer physiologischen Situation mehr von dem Stoff resorbieren als andere und solche Menschen, die empfindlicher auf einen bestimmten Stoff reagieren, wie Allergiker, Kinder, Schwangere. Wegen der Schwierigkeiten, Risikogruppen zu identifizieren und zu quantifizieren, sind diese Personen nicht ausreichend geschützt. Ihnen muß daher besondere Aufmerksamkeit gewidmet werden.

92.* Ein umfassender Schutz der Bevölkerung vor Schäden durch Verunreinigungen in Lebensmitteln erfordert eine ausreichende und repräsentative Datenbasis sowie die Erfassung individueller Ernährungsgewohnheiten und anderer, das Risiko steigernder Faktoren. Künftige Bemühungen müssen daher zum Ziel haben, einen Überblick über die Häufigkeitsverteilung langfristiger Belastungen der Menschen mit bestimmten Verunreinigungen zu gewinnen, das Ausmaß dieser Belastung abzuschätzen und Risikogruppen zu charakterisieren und zu identifizieren sowie Maßnahmen zu ihrem Schutz einzuleiten.

93.* Der Rat empfiehlt die Durchführung von Studien des Gesamtverzehrs von Lebensmitteln, um die Aufnahme bestimmter Verunreinigungen durch Bevölkerungsgruppen mit besonderen Verzehrgewohnheiten abzuschätzen. Ebenso befürwortet der Rat, verstärkt Lebensmittelmonitoringprogramme durchzuführen, um die Belastungssituation und die Belastungstrends der Lebensmittel zu erfassen. Der größte Teil der heute zugänglichen Daten wurde von der amtlichen Lebensmittelüberwachung ermittelt. Der Rat hält eine Bestandsaufnahme der Organisation, Konzeption und Leistungsfähigkeit, die Vereinheitlichung der Zuständigkeiten und eine einheitliche Durchführung der Lebensmittelüberwachung für notwendig. Es sollte angestrebt werden, Lebensmittelmonitoring und Lebensmittelüberwachung trotz unterschiedlicher Zielsetzungen zu kombinieren und durch bundesweit einheitliche Vorgehensweisen die Vergleichbarkeit von Monitoringdaten sicherzustellen.

94.* Trotz unbefriedigender Charakterisierung der Belastungssituation sind nach Auffassung des Rates bei folgenden Stoffen die Grenzen zumutbarer Belastungen erreicht oder überschritten:

– Polychlorierte Dibenzodioxine und -furane (PCDD/PCDF), polychlorierte Biphenyle (PCB) und einige chlororganische Pestizide in der Frauenmilch. – Der Rat hält es aufgrund der bisherigen Erkenntnisse für erforderlich, die Vor- und Nachteile sowie den Zeitraum des Stillens erneut zu bewerten. Darüber hinaus sind nach Meinung des Rates vordringlich repräsentative Untersuchungen der Frauenmilch vorzunehmen, die Ursachen der Verunreinigung zu identifizieren, Vorschläge zur Verminderung des Eintrags dieser Stoffe in die Umwelt zu erarbeiten und Forschungsarbeiten zur Toxizität von PCDD und PCDF zur besseren Abschätzung gesundheitlicher Risiken durchzuführen.

– Blei und Cadmium. – Der Rat fordert, die Bevölkerung verstärkt darüber zu informieren, daß die Bleiaufnahme durch gründliches Waschen und Schälen pflanzlicher Lebensmittel reduziert werden kann. Zur Verminderung der Cadmiumaufnahme sollte die Belastung des Bodens so gering wie möglich gehalten werden. Die Schwermetallaufnahme über Innereien ließe sich durch fleischbeschauliche Reglementierung begrenzen, indem Organe von Schlachttieren ab einem bestimmten Alter nicht zum Verzehr freigegeben werden. Der Rat weist ferner auf das Problem bleihaltiger Trinkwasserleitungen hin und fordert eine systematische Aufklärung der betroffenen Bevölkerung und ein Auswechseln solcher Wasserleitungen, wo dies technisch möglich ist. Eine besondere Risikogruppe bezüglich des Bleigehaltes im Trinkwasser stellen Kleinkinder dar wegen ihrer höheren Bleiresorption und des höheren Trinkwasserverbrauchs bezogen auf das Körpergewicht.

– Nitrat. – Die Aufnahme von Nitrat, Nitrit und Nitrosaminen mit Lebensmitteln sollte so weit wie möglich eingeschränkt werden. Der Rat empfiehlt, weiter nach geeigneten Ersatzstoffen für Nitrat und Nitrit zu suchen und hält die Verwendung von Nitrit allein zum Zweck des Umrötens von Fleischerzeugnissen nicht länger für vertretbar. Er fordert, durch umweltschonenden Umgang mit Düngemitteln den Nitrateintrag in die Umwelt entscheidend zu senken. Möglichkeiten, den Nitratgehalt in Gemüse zu verringern, bieten veränderte Sortenwahl sowie geeignete Anbau- und Düngetechniken.

95.* Nach Auffassung des Rates bedürfen alle hier genannten Stoffe einer umfassenderen Regelung als bisher, denn die gesundheitlichen Risiken sind hoch und können aus präventiver Sicht nicht hingenommen werden. Mit Hilfe lebensmittelrechtlicher Regelungen kann die Verunreinigung von Lebensmitteln durch Umweltchemikalien nur unzureichend vermindert werden. Das Ziel wirksamer Maßnahmen muß die Begrenzung und Verminderung des Eintrages solcher Stoffe in die Umwelt sein.

Einen wichtigen Schritt zur Erreichung dieses Zieles sieht der Rat im Erlaß einer **Kontaminanten-Verordnung**. Festgesetzte Höchstmengen, bei deren Überschreitung das Lebensmittel nicht mehr verkehrsfähig ist, müssen durch Interventionswerte ergänzt werden, bei deren Erreichen Maßnahmen der Umweltbehörden ausgelöst werden mit dem Ziel, die Quelle der Verunreinigung aufzufinden und einzudämmen. Solche zwingend vorzuschreibenden Maßnahmen im Bereich der landwirtschaftlichen Produktion sind vielfältig und umfassen z. B. die Sanierung von Emittenten ebenso wie die Einstellung von Produktionen auf bestimmten Standorten. Eine regelmäßige Zusammenarbeit zwischen Umweltbehörden und amtlicher Lebensmittelüberwachung ist hierbei notwendig und muß verwaltungsrechtlich geregelt werden. Die Kontaminanten-Verordnung sollte wenigstens Blei und Cadmium – soweit Fische betroffen sind auch Arsen und Quecksilber – Nitrat und Organohalogenverbindungen enthalten und alle wesentlich zur Belastung der Bevölkerung beitragenden Lebensmittel einbeziehen.

Lärm

96.* Lärm ist als Risikofaktor anzusehen, der – in der Regel – im Zusammenwirken mit anderen Belastungsgrößen gesundheitliche Beeinträchtigungen hervorrufen kann. Vorliegende Untersuchungen ermöglichen es, den anteiligen Einfluß von Lärm auf die Entstehung von funktionellen oder pathologischen Veränderungen aufzuzeigen. Forschungen in diesem Bereich sollten sich in Zukunft verstärkt vor allem auf die wichtige Frage der Bedeutung der lärmbedingten Herz-Kreislauf-Erkrankungen unter dem Aspekt der multifaktoriellen Genese konzentrieren.

97.* Der Rat begrüßt Überlegungen, Verfahren zur Geräuschmessung und -bewertung international abgestimmt weiterzuentwickeln, um die Eigenschaften des menschlichen Ohres in Bezug auf die Lautstärkeempfindung besser als mit der heute üblichen dB(A)-Messung nachzubilden. Er sieht darin die Möglichkeit, bei strittigen Fragen in der Beurteilung von Lärm zukünftig eine bessere und gerechtere Bewertung durchzuführen. Er gibt jedoch zu bedenken, daß die bisherige einfache Durchführbarkeit von db(A)-Messungen, die gerätemäßig einfach zu vollziehende Erfassung von Mittelungspegeln und die auch relativ kostengünstige Messung heutzutage nicht aufgegeben werden sollten. Daher ist zu empfehlen, daß neben den neueren, besseren und gerechteren Messungen auch die bisher praktizierten dB(A)-Messungen für Maximalpegel **und** Mittelungspegel beibehalten werden.

98.* Nach § 50 Bundes-Immissionsschutzgesetz müssen bei raumbedeutsamen Planungen und Maßnahmen die für eine bestimmte Nutzung vorgesehenen Bereiche einander so zugeordnet werden, daß schädliche Umwelteinwirkungen auf schutzbedürftige Nutzungen soweit wie möglich vermieden werden. Es gilt, in allen Stufen das Bauplanungsrecht und das Immissionsschutzrecht so aufeinander abzustimmen, daß keine Überschneidungen mit der Wirkung gegenseitiger Blockade entstehen, jedoch auch keine ungeregelten oder unzureichend geregelten Bereiche offenbleiben.

Daher ist es zu bedauern, daß durch die Novellierung des Baugesetzbuches eine Verschlechterung des Lärmschutzes stattgefunden hat. Dies ergibt sich durch die Aufhebungen der Festsetzungsmöglichkeit von Emissionswerten in der Bauleitplanung und die verstärkte Anwendung des bisherigen § 34.

Um Schallschutzmaßnahmen innerhalb der Gebäude effizienter zu gestalten, sollte eine bundeseinheitliche Einführung des neuen Entwurfs der DIN 18003 „Schallschutz im Städtebau" einschließlich der Orientierungswerte erreicht werden.

99.* Neben den rechtlichen Festlegungen wurden bisher Lärmvorsorge- und Lärmminderungspläne aus den Ergebnissen interdisziplinärer Forschung entwickelt und erprobt. Sie beruhen je nach Anwendung auf einer großräumigen bis detaillierten Erfassung der Geräuschsituation unter Berücksichtigung der Anzahl der jeweils betroffenen Personen oder der beabsichtigten Nutzung des Gebietes. Während Lärmminderungspläne zum Ziel haben, die Anzahl belästigter Personen soweit wie möglich zu reduzieren, sollen Lärmvorsorgepläne zur Zeit noch ruhige Gebiete auffinden, erfassen und – soweit wie möglich – vor einer Verlärmung schützen. Die Möglichkeiten, Verfahren mit flächenhafter Bewertung des Lärms einzusetzen, sollten in der Raumordnung und in der städtebaulichen Planung stärker als bisher genutzt werden. Dies bedeutet, daß bei Raumordnungs-, Planfeststellungs- und Bauleitplanverfahren (insbesondere im Verkehr) Umweltverträglichkeitsprüfungen angezeigt sind.

Auf regionaler und städtischer Ebene sind Lärmsanierungs- und Lärmvorsorgepläne aufzustellen. Der kommunalen Ebene kommt die Aufgabe zu, geeignete Umsetzungsstrategien zum Lärmschutz zu entwickeln sowie über Aufklärung und Motivation von Verwaltung, Politikern und Bürgern (speziell in Kur- und Erholungsorten) effiziente Lärmschutzmaßnahmen durchzuführen.

100.* Auch wenn die Lärmproblematik in den vergangenen Jahren zunehmend aufgrund anderer brennender Umweltfragen in den Hintergrund gedrängt wurde, bleibt für weite Kreise der Bevölkerung die Lärmbelastung und Lärmbelästigung eine dauernde Quelle der Verärgerung. Die Lärmbelastung ergibt sich dabei allerdings nicht nur aus der Höhe des Mittelungspegels, sondern auch aus der Häufigkeit der Lärmereignisse. Neben der subjektiv erlebten Belästigung durch Lärm sind auch die physiologischen Reaktionen von Bedeutung, da sie sich weitgehend unabhängig von der subjektiven Einschätzung einstellen. Auf dem Gebiet der Lärmminderung sind in den letzten Jahren und Jahrzehnten – insbesondere auch durch die Aktivitäten des Deutschen Arbeitsrings für Lärmbekämpfung (DAL) – durch Steigerung des Lärmbewußtseins beachtliche Erfolge erzielt worden. Dies bedeutet nicht, daß die Frage der Lärmbekämpfung keine Rolle mehr spielt, im Gegenteil bleibt der Lärm bzw. die Lärmbekämpfung ein hochrangiges Gebiet der Umweltpolitik.

101.* Der Rat empfiehlt daher vorrangig die nachfolgend genannten Maßnahmen:

– Da der Straßenverkehrslärm die Leitgröße für die Lärmbelastung und -belästigung ist, sind hier mit besonderem Nachdruck Maßnahmen zu ergreifen. Vor allem sind weitere Maßnahmen an der Quelle bei Lkw und bei Zweirädern angezeigt. Hierzu gehört auch die Erstellung eines Antimanipulationskatalogs und die strenge Kontrolle manipulierter Zweiräder. Darüber hinaus sind die lärmmindernden Straßendecken und geräuscharme Reifen in diesen Maßnahmenkatalog einzubeziehen.

– Auf dem Gebiet des Fluglärms sollte die Entwicklung leiserer Strahltriebwerke, insbesondere für militärisches Fluggerät vorangetrieben, und Tiefflüge sollten weiter eingeschränkt werden.

– Im Bereich des gewerblichen und industriellen Lärms einschließlich des Baustellenlärms sollte eine Kennzeichnungspflicht für die zu erwartende Schallemission von Anlagen, Maschinen und Geräten verbindlich eingeführt werden, damit eine Abschätzung und ggf. auch Benutzervorteile möglich gemacht werden können.

– Im Bereich Wohnen und Freizeit wird empfohlen, die Mindestanforderungen an schalldämmende Bauweise (Luft- und Trittschalldämmung) zu verschärfen; in Bereichen größerer Freizeitaktivitäten sind Lautsprecherdurchsagen zu reduzieren.

3 UMWELTSCHUTZ IN AUSGEWÄHLTEN POLITIKFELDERN

Umwelt und Gesundheit

102.* Die Bedeutung, die die Öffentlichkeit den von Schadstoffen in der Umwelt ausgehenden Einflüssen auf Gesundheit und Krankheit beimißt, hat weiter zugenommen. Zwar sind wissenschaftlicher Erkenntnis in diesem Bereich sowohl grundsätzliche als auch praktische Grenzen gezogen, doch kann und muß das für die Ermittlung und Abschätzung solcher Risiken zur Verfügung stehende methodische Instrumentarium weiterentwickelt und verbessert werden.

103.* In den Prozeß der **Bewertung** von Risiken, der dem Vorgang der wissenschaftlichen Risiko-**Abschätzung** nachgelagert ist, fließen Werturteile ein, die auch vom jeweiligen gesellschaftlichen Umfeld und seinen Interessen geprägt sind und sich entsprechend ändern können. Die Vertretbarkeit von Risiken kann grundsätzlich nur im Verhältnis zu einem jeweiligen Nutzen bewertet werden, wobei eine Schwierigkeit darin besteht, daß Nutzen und Risiken unterschiedlichen und nur schwer vergleichbaren Kategorien angehören. Der Rat sieht eine Ursache für die Akzeptanzkrise von Grenzwerten und anderen Umweltstandards darin, daß über den Nutzen vieler Produkte oder Produktionstechniken, mit denen ein Stoffeintrag in die Umwelt verbunden ist, kein ausreichender Konsens besteht. Aber auch unabhängig davon wird es in Zukunft unvermeidlich sein, in den Katalog umweltpolitischer Maßnahmen verstärkt solche Strategien einzubeziehen, durch die auf die Produktion oder Verwendung bestimmter Stoffe verzichtet oder jedenfalls deren Freisetzung verhindert werden kann.

Grenzwerte sind – das wird in der Öffentlichkeit oft verkannt – nicht streng deduktiv aus wissenschaftlichen Meßergebnissen abgeleitete Werte, die jedes denkbare Risiko ausschließen. Sie haben vielmehr den Charakter von Konventionen auf der Basis wissenschaftlicher Risiko-Abschätzung einerseits und sozialer Kompromisse über die Vertretbarkeit von Risiken andererseits. Der Vorteil von Grenzwerten liegt in Rechtssicherheit und Überwachbarkeit, Nachteile bestehen darin, daß sie ihrer Natur nach statisch sind und keine Anreize zu einer weitergehenden Minderung von Belastungen enthalten. Im Hinblick auf kanzerogen wirkende Stoffe empfiehlt der Rat, bis zum Beweis des Gegenteils davon auszugehen, daß sowohl für initiierende wie für promovierende Kanzerogene keine Wirkungsschwelle besteht. Ebenso empfiehlt der Rat, davon auszugehen, daß in Tierversuchen ermittelte kanzerogene Wirkungen in der Regel die Annahme eines kanzerogenen Risikos beim Menschen begründen, es sei denn, es liegen überzeugende Gründe dafür vor, diese Annahme auszuschließen.

104.* Für die Ermittlung und Abschätzung gesundheitlicher Wirkungen empfiehlt der Rat u.a., die Entwicklung und Standardisierung von In-vitro-Tests und von Testkombinationen mit hoher Spezifität und Sensitivität zu fördern. Ferner empfiehlt der Rat, sowohl die Datenbanken der Informations- und Behandlungszentren für Vergiftungen in der Bundesrepublik nach gleichen Gesichtspunkten zu strukturieren und miteinander kompatibel zu machen als auch eine gemeinsame Auswertung des dort vorhandenen Materials zu veranlassen, um die Erfahrungen aus akuten unfall- und selbstmordbedingten Vergiftungen besser und allgemein nutzbar zu machen. Der Rat hält es für angezeigt, alle Bemühungen zur Herstellung eines internationalen Informationsverbunds in diesem Bereich zu unterstützen und die begonnene Zusammenarbeit der Informations- und Behandlungszentren für Vergiftung in den EG-Ländern zu verbessern und zu intensivieren. Auch entsprechende Daten aus der Gewerbetoxikologie und der Arbeitsmedizin sollten in diesen Informationsverbund einfließen.

105.* Umweltepidemiologische Studien haben es wesentlich schwieriger, zu eindeutigen Aussagen zu gelangen als beispielsweise epidemiologische Studien über Infektionskrankheiten. Sowohl die Expositionsbedingungen als auch die möglichen gesundheitlichen Beeinträchtigungen sind bei umweltepidemiologischen Untersuchungen wesentlich komplexer. Sie sind dennoch aus ethischen, praktischen und methodischen Gründen unverzichtbar. Angesichts des unausgeschöpften Erkenntnispotentials umweltepidemiologischer Untersuchungen und in Anbetracht der Bedeutung, die ihnen bei einer besseren Ausgestaltung der Forschungsvoraussetzungen zukommen könnte, formuliert der Rat einige Empfehlungen, deren Realisierung die Leistungsfähigkeit dieses Instruments beträchtlich erhöhen könnte:

- Ausbildungs- und Forschungsstätten für Umweltepidemiologie sollten innerhalb und außerhalb der Universitäten systematisch aufgebaut werden; bis dahin sollte jungen Wissenschaftlern durch Stipendien gezielt Gelegenheit gegeben werden, das Handwerkszeug des Faches im Ausland zu erlernen.

- Der Zugang zu Mortalitäts- und Morbiditätsdaten für wissenschaftliche Auswertungen sollte geregelt werden, um sowohl dem individuellen Bedürfnis nach dem Schutz personenbezogener Daten als auch dem sozialen Bedürfnis nach einer Weiterentwicklung des Umwelt- und Gesundheitsschutzes Rechnung zu tragen.

- Die Qualität der Datenregister sollte überprüft bzw. die strukturellen Voraussetzungen zur Verbesserung ihrer Qualität sollten geschaffen werden.

- Koordinierte Forschungsprogramme sollten entwickelt werden, die dem iterativen Erkenntnisprozeß gerecht werden. Einzelne Studien sollten so aufeinander abgestimmt sein, daß die erhobenen Daten sowohl miteinander verglichen als auch ggf. gemeinsam ausgewertet werden können.

– Emissions- und Immissionskataster sowie umweltmedizinisch orientierte Wirkungskataster sollten sorgfältig aufeinander abgestimmt werden, wie das in Nordrhein-Westfalen bereits mit bemerkenswertem Erfolg geschieht. Das hier vorhandene reiche Material sollte nicht nur wie bisher überwiegend deskriptiv, sondern gezielt analytisch ausgewertet werden.

106.* Inzidenz und Prävalenz allergischer Erkrankungen scheinen zuzunehmen. Welche Faktoren und Kofaktoren für die Zunahme allergischer Reaktionen verantwortlich zu machen sind und welche Rolle die „Chemisierung der Umwelt" dabei spielt, ist nicht bekannt, doch ist ein derartiger Zusammenhang nicht unvernünftig und nicht von der Hand zu weisen. Nach gegenwärtigem Erkenntnisstand muß davon ausgegangen werden, daß schon bei sehr niedrigen Allergenkonzentrationen in der Umwelt Sensibilisierungsreaktionen möglich sind. Der Rat unterstreicht daher, daß die Konzentrationen bekannter oder verdächtiger Allergene im Lebensbereich des Menschen so niedrig wie möglich gehalten werden sollten.

107.* Während Umwelttoxikologie anstrebt, die gesundheitlichen Risiken von Umweltchemikalien abzuschätzen, gehört zu den klassischen Aufgaben der **Ökotoxikologie** die Aufklärung vermuteter schädlicher Wirkungen von Umweltchemikalien auf die biotische und abiotische Umwelt. Der Rat sieht in Bioindikationsverfahren eine wichtige Ergänzung zur technischen Expositionsüberwachung; er hält die Einrichtung von repräsentativen Dauerbeobachtungsflächen für angezeigt.

108.* Gesundheit ist nichts Statisches, sondern ein ständiges Streben nach der besten erreichbaren Form. **Umweltmedizin** zeichnet sich dadurch aus, daß sie in dem schwierig zu definierenden Grenzbereich zwischen gesund und krank zu differenzieren und zu prüfen hat, ob und welche Einflüsse von der Umwelt auf diesen Grenzbereich ausgehen; auch sog. schicksalhafte Krankheitsverläufe werden durch Umweltfaktoren beeinflußt. Gerade chronisch Kranke oder Personen mit besonderer Disposition können durch Umweltfaktoren stärker als andere belastet werden.

Die Bestimmung der Wertigkeit von Umweltfaktoren bietet besondere methodische Probleme. Wissenschaftliche Kenntnislücken würden zu Lasten der Bevölkerung gehen, ließe man Expositionen solange zu, bis ein anerkannter Nachweis der Gesundheitsschädlichkeit erbracht ist. Die Umweltpolitik muß sich in vielen Bereichen mit Risikoabschätzungen stärker an Vorsorgegesichtspunkten als an wissenschaftlich nachgewiesenen Schädlichkeitsgrenzen orientieren, weil für letztere die Anforderungen nur in Ausnahmefällen erfüllbar sind.

109.* Zusammenhänge zwischen partikelförmiger **Luftverschmutzung** und Mortalität, zwischen Smog und Morbidität bzw. Mortalität, zwischen allgemeiner Luftverschmutzung und Atemwegserkrankungen bei Kindern und zwischen Luftverschmutzung und chronischer Bronchitis sind vielfach gesichert, ohne daß aus den Daten Hinweise für Grenzwerte, die ein Niveau gesundheitlicher Unbedenklichkeit festlegen, abzuleiten wären. Hingegen lassen die vorliegenden Veröffentlichungen über das Krupp-Syndrom keine Aussagen über einen Zusammenhang mit der Luftverschmutzung zu.

Bei Krebserkrankungen der Atemwege ist das Rauchen der bei weitem dominierende ursächliche Faktor. Als epidemiologisch hinreichend gesichert gilt inzwischen auch die krebsauslösende Wirkung des Passivrauchens. In der allgemeinen Luftverschmutzung kommen Schadstoffe vor, deren krebserzeugende Wirkung nachgewiesen ist. Insofern trägt auch die allgemeine Luftverschmutzung zu den Krebserkrankungen bei, auch wenn dies aus methodischen Gründen epidemiologisch nicht im Einzelnen belegt werden kann.

110.* Die wichtigsten Funktionsstörungen und gesundheitlichen Beeinträchtigungen, die der Aufnahme geringer **Blei**mengen über lange Zeit zugeschrieben werden, betreffen das blutbildende System, das zentrale und periphere Nervensystem und das Herz-Kreislaufsystem. Die Frage, bei welcher Höhe der langfristigen Bleibelastung erste nachteilige Wirkungen auftreten, ist nach wie vor unbeantwortet. Ernst genommen werden müssen in den letzten Jahren bekannt gewordene Zusammenhänge zwischen Bleibelastung und subtilen Störungen zentralnervöser Funktionen und der geistigen Leistungsfähigkeit bei Kindern sowie zwischen Bleibelastung und Bluthochdruck. Sie machen es erforderlich, die in der EG-Richtlinie von 1977 festgelegten Referenzwerte zu überdenken. Der Rat empfiehlt, gezielte Anstrengungen zu unternehmen, um die Bleibelastung über Luft und Lebensmittel zu vermindern.

111.* Langfristige Aufnahme geringer **Cadmium**mengen aus der Umwelt kann irreversible Nierenfunktionsstörungen verursachen. Hauptrisikogruppe für cadmiumbedingte Nierenschäden sind ältere Menschen. Derzeitige epidemiologische Studien erlauben die Aussage, daß zumindest bei Rauchern im Alter von 50 Jahren und mehr die kritische Cadmiumkonzentration in der Niere überschritten werden kann.

Der Rat bekräftigt, daß wirkungsvolle Maßnahmen zur Verminderung des Cadmiumeintrags in die Umwelt und zur Verringerung der Verunreinigung von Lebensmitteln durch Cadmium dringend angezeigt sind.

112.* Von den bisher untersuchten **Nitrosaminen** hat sich die weitaus überwiegende Zahl als krebserzeugend erwiesen. Von großer Bedeutung ist wahrscheinlich die Vorläuferrolle von Nitrat bei der Bildung krebserzeugender Nitrosamine im menschlichen Organismus. Der Rat empfiehlt daher Maßnahmen, die die Herabsetzung der Nitrataufnahme über Lebensmittel – vor allem über nitratspeichernde Pflanzen – zum Ziel haben. Ebenso muß der Anstieg der Nitratkonzentration im Trinkwasser aufgehalten sowie der Eintrag von Nitrat in die Umwelt im Rahmen der landwirtschaftlichen Produktion wirksam vermindert werden.

113.* Die Kontamination der Frauenmilch mit Organohalogenverbindungen ist das Ergebnis einer jahrzehntelangen Aufnahme und Speicherung dieser Verbindungen im menschlichen Fettgewebe. Diese Kontamination stellt ein sehr ernst zu nehmendes Problem dar.

Der Rat empfiehlt, alle Anstrengungen darauf zu richten, daß wenigstens die heute heranwachsende Frauengeneration weniger bzw. keine Organohalogenverbindungen aufnimmt und in ihrem Fettgewebe speichert. Darum muß der Eintrag derartiger Verbindungen in die Umwelt und die Belastung von Lebensmitteln unterbunden werden. Die Vor- und Nachteile des Stillens sollten regelmäßig im Lichte der neuesten Erhebungen über das Vorkommen von Organohalogenverbindungen in der Frauenmilch gegeneinander abgewogen werden mit dem Ziel klarer Empfehlungen, ob und für welchen Zeitraum das Stillen empfohlen werden kann.

114.* Mit Blick auf den gegenseitigen Bezug von **Umweltpolitik und Gesundheitspolitik** empfiehlt der Rat, die Gesundheitsämter zu Fachbehörden des gesundheitlichen Umweltschutzes weiterzuentwickeln. Er verweist auf die guten Erfahrungen mit dem Modellgesundheitsamt Marburg-Biedenkopf, die bisher keinen Niederschlag in der Praxis gefunden haben. Eine enge Zusammenarbeit zwischen niedergelassenen Ärzten und Gesundheitsämtern könnte eine Grundlage für eine bessere Abklärung der Zusammenhänge zwischen Schadstoffbelastungen und Erkrankungen bieten. Ebenso hält der Rat eine intensive Zusammenarbeit zwischen dem öffentlichen Gesundheitsdienst und den staatlichen Gewerbeärzten für erforderlich; er empfiehlt, diese möglichst bald auf breiter Basis institutionell zu realisieren.

Umwelt und Energie

115.* Der Rat bringt zum Ausdruck, daß er sowohl die Nutzung der Kernenergie als auch die Nutzung der fossilen Energieträger nach dem Stand der Technik für **umweltpolitisch** verantwortbar ansieht und knüpft damit an seine Aussage aus dem Sondergutachten „Energie und Umwelt" von 1981 an. Im Vordergrund energiepolitischer Entscheidungen müssen Energieeinsparungsmaßnahmen in allen Bereichen und eine überlegtere Energienutzung stehen. Hierin sieht der Rat den dauerhaft besten Weg zur Verminderung von Emissionen jeder Art.

116.* Der Rat empfiehlt, vorrangig auf eine Verminderung des spezifischen Energieverbrauchs gegebener Energiedienstleistungen wie Licht, Kraft, Wärme – ohne deren Einschränkung – hinzuwirken, d. h. auf eine Erhöhung der Energieproduktivität. Dies umfaßt sowohl die Energieerzeugung als auch die Energienutzung (z. B. Wirkungsgradsteigerung, Abwärmenutzung und Wärmedämmung). Vor allem die rationale Energienutzung dürfte voraussichtlich kurz- und mittelfristig einen wesentlich größeren Beitrag zur Einsparung von Energie leisten als eine Einschränkung nötiger Energiedienstleistungen. Einsparpotentiale können durch geeignete politische Rahmensetzungen und Förderungsmaßnahmen erschlossen werden, ohne daß dadurch ein dauernder Subventionsbedarf begründet wird.

117.* Wenn der Einsatz fossiler Energieträger verringert werden soll und aus diesem – umweltpolitischen – Grunde die weitere Nutzung der Kernenergie angestrebt wird, dann ist es im Zuge einer glaubwürdigen Argumentation geboten, alle sinnvollen Möglichkeiten zur Energieeinsparung und damit zur Emissionsminderung auszuschöpfen.

Wenn auf Kernenergie künftig verzichtet werden soll, ist es besonders wichtig, alle Möglichkeiten zu nutzen, umweltpolitisch unerwünschte Folgen einzugrenzen. Dazu gehören in erster Linie wiederum alle Maßnahmen, die zur Minderung des Energiebedarfs beitragen und ohne Minderung der Lebensqualität zu erreichen sind.

118.* Ein wesentliches Verminderungspotential für Emissionen sieht der Rat, wie bereits 1981, in der Kraft-Wärme-Kopplung, da sie über ein hohes Energiepotential verfügt und einen Beitrag zur umweltschonenden Substitution von Energieträgern leisten kann. So werden durch die Versorgung mit Nah- und gegebenenfalls Fernwärme Zentralheizungen und Öfen ersetzt, die insbesondere in Verdichtungsgebieten erheblich zur Luftbelastung beitragen.

In welchem Ausmaß das Kraft-Wärme-Kopplungspotential ausgeschöpft wird, hängt weitgehend von der Wirtschaftlichkeit der Kraft-Wärme-Kopplungsanlagen ab. Bei der Berechnung ihrer Wirtschaftlichkeit kommt es nicht nur auf den Erlös aus dem Stromverkauf an, sondern auf den Gesamterlös aus Strom- und Wärmeabsatz. Schließlich hängt die Wirtschaftlichkeit nicht unerheblich von politischen Rahmenbedingungen ab, die der Gesetzgeber schaffen kann, wenn er der Überlegung folgt, aus umweltpolitischen Gründen der Kraft-Wärme-Kopplung Vorrang zu geben.

119.* Die wirtschaftlichen Durchsetzungschancen der Kraft-Wärme-Kopplung haben sich seit 1981 eher verschlechtert als verbessert. Nach wie vor lassen sich die erforderlichen Investitionen wegen der vielfältigen Planungs- und Abstimmungserfordernisse, der hohen Kapitalintensität der Versorgungssysteme sowie der häufig zu beobachtenden örtlichen Widerstände nur langfristig realisieren. Darüber hinaus gingen bereits wichtige Absatzbereiche mit hoher Abnehmerdichte an das Erdgas verloren; teilweise prohibitive Einspeise-, Zusatzstrom- und Reservestrombedingungen verminderten die Erlöschancen. Trotzdem empfiehlt der Rat, aus vorrangig umweltpolitischen Überlegungen deutliche Signale zugunsten einer besseren Ausnutzung des Kraft-Wärme-Kopplungspotentials zu setzen. Dies bedeutet:

– Die Versorgung mit Erdgas sollte nicht in solche Räume eindringen, die sich mittelfristig gerade für den Ausbau der Fernwärme anbieten.

– Die Förderung der Fernwärme mit dem „Kohleheizkraftwerk und Fernwärmeausbauprogramm" sollte über das Jahr 1986 verlängert und finanziell aufgestockt werden.

– Das Kraft-Wärme-Kopplungspotential der Industrie sollte besser genutzt werden.

– Die Wirtschaftlichkeit der Kraft-Wärme-Kopplung sollte über verbesserte Stromeinspeisebedingungen erhöht werden.

Der Rat empfiehlt zu prüfen, inwieweit durch staatliche Interventionen ein stetiger und sich kontinuierlich entwickelnder Energiepreis garantiert werden kann, der der Kraft-Wärme-Kopplung Wirtschaftlichkeit verschafft und den Investoren eindeutige Parameter an die Hand gibt, die die Kalkulierbarkeit ihrer Entscheidungen sowie ihre Planungssicherheit wesentlich erhöhen.

120.* Hinsichtlich der Umweltbeeinflussung durch die derzeitige Energieerzeugung weist der Rat zunächst darauf hin, daß die vom Gesetzgeber eingeleiteten Maßnahmen zur Begrenzung der Emissionen (Großfeuerungsanlagen-Verordnung, Technische Anleitung zur Reinhaltung der Luft) in den folgenden Jahren verstärkt ihre positiven Auswirkungen zeigen werden. Emissionen aus Feuerungsanlagen zur Stromerzeugung werden weit unter das Niveau von 1986 abgesenkt werden. Dadurch werden in Zukunft auch fossile Energieträger umweltverträglicher einsetzbar.

Ein Verzicht auf die Nutzung der Kernenergie würde – bei angenommener gleicher Entwicklung des Stromverbrauches – einen verstärkten Einsatz fossiler Energieträger erfordern. Dies würde zu höheren Emissionen führen als unter Zugrundelegung der gesetzlichen Regelungen durchgeführte Hochrechnungen für die weitere Nutzung der Kernenergie ausweisen.

121.* Bei mit Kohle oder Heizöl betriebenen Feuerungen bestehen noch Wissenslücken über die Art und die toxikologische Bedeutung einiger der emittierten Stoffe, insbesondere organischer Substanzen. Die Großfeuerungsanlagen tragen allerdings nur zu ca. 2 % zur Gesamtemission organischer Stoffe aus Verbrennungsprozessen bei; Emissionen aus dem Verkehr dominieren bei weitem. Auch an der Emission von kanzerogenen polyzyklischen aromatischen Kohlenwasserstoffen sind die Großfeuerungsanlagen nur in der Größenordnung von 1 % beteiligt; Hauptemittenten dieser Stoffgruppe sind Kleinfeuerungsanlagen, insbesondere der privaten Haushalte, Kokereien und wiederum der Verkehr.

122.* Für alle fossilen Energieträger besteht das Problem der möglichen Klimabeeinflussungen durch die bei der Verbrennung anfallenden CO_2-Emissionen. Modellrechnungen zur Entwicklung der CO_2-Konzentration in der Atmosphäre wie auch zu den darauf folgenden Temperatur- und Klimaänderungen sind noch mit großen Unsicherheiten verbunden. Die Bedeutung des Problems einer möglichen Klimaänderung ist jedoch dadurch gestiegen, daß eine Reihe weiterer anthropogener Spurengase (z. B. Distickstoffmonoxid, Methan) bekannt wurde, die insgesamt in der gleichen Größenordnung wie CO_2 zum sogenannten Treibhauseffekt beitragen. Daher ist zunächst die Fortführung und Intensivierung der Forschung zum Kohlenstoffkreislauf und zu den Klimamodellen zu fordern. Der Rat ist aus Gründen der Vorsorge der Auffassung, daß die CO_2-Emissionen weltweit reduziert werden sollten. Er sieht die Erhöhung der Energieproduktivität als einen wichtigen Schritt dazu an.

123.* Bezüglich der Emissionen aus dem Betrieb kerntechnischer Anlagen hat das in der Bundesrepublik gesetzlich verankerte Auslegungsprinzip „so wenig wie möglich" dazu geführt, daß, abgesehen von der Abwärme, keine nennenswerten Umweltbelastungen aufgetreten sind. Dies gilt auch für die bisherigen besonderen Vorkommnisse im Sinne der Strahlenschutzverordnung (Störfälle).

124.* Was mögliche Unfälle betrifft, die nicht mit letzter Sicherheit auszuschließen sind und deren zum Teil katastrophale Auswirkungen viele Menschen und große Flächen betreffen können, liefern die hauptsächlich in den USA, aber auch in der Bundesrepublik Deutschland durchgeführten Risikostudien ein Bild ihrer Eintrittsmöglichkeiten und ihres Ablaufes. Diese zeigen, ob und inwieweit es möglich ist, durch technische und administrative Maßnahmen ("Accident Management") Eintrittswahrscheinlichkeit und Auswirkungen solcher Unfälle zu begrenzen.

125.* Der Unfall von Tschernobyl, der die Risiken der Kernenergie in dramatischer Weise ins Blickfeld der Öffentlichkeit rückte, brachte dazu keine neuen Aspekte ins Spiel, sondern hat die bisherigen Vorstellungen bestätigt. Er beweist nachdrücklich, daß man in der Kerntechnik Sicherheitsbelangen allerhöchste Priorität einräumen muß – so wie dies in der Bundesrepublik Deutschland seit jeher geschehen ist –, um schwerwiegende Folgen für die Umwelt zu vermeiden.

126.* Für den Fall der Beibehaltung der Kernenergie und selbst dann, wenn sie nur noch temporär genutzt wird, sollten nach Meinung des Rates, insbesondere aus der Erfahrung von Tschernobyl, folgende Konsequenzen gezogen werden:

– Die in der Vergangenheit unternommenen Anstrengungen zur Verringerung der Eintrittswahrscheinlichkeit eines Unfalles müssen nunmehr durch verstärkte Bemühungen zur Begrenzung des möglichen Schadensumfanges eines Unfalles ergänzt werden. Der Rat gibt dem Wunsch Ausdruck, daß für unterschiedliche Sicherheitseigenschaften der Reaktoren vergleichende Betrachtungen durchgeführt werden sollten.

– Es muß nach Wegen gesucht werden, um weltweit das Risiko schwerer Reaktorunfälle weiter zu verringern. Durch internationale Abkommen müssen Mindestanforderungen an die Sicherheit kerntechnischer Anlagen festgelegt werden, die für alle Länder verbindlich sind. Beim Export von Kernkraftwerken muß sichergestellt sein, daß diese Anforderungen eingehalten werden. Der Rat unterstützt die Initiativen der Bundesregierung in dieser Hinsicht.

– Für die Bundesrepublik Deutschland sind über die eigentliche Katastrophenschutzplanung hinaus klare Regelungen für alle die Fälle zu schaffen, bei denen Maßnahmen zur Minimierung der Strahlenexposition der Bevölkerung zu ergreifen sein werden. Diese Regelungen müssen bundeseinheitlich und im Einvernehmen mit den Ländern gelten und der Bevölkerung verständlich gemacht werden.

– Die vom Rat bereits im Jahr 1981 gegebene Empfehlung zur Erforschung und Erprobung von Reaktortypen, bei denen größere Freisetzungen von Radionukliden naturgesetzlich weitestgehend ausgeschlossen sind, wird ausdrücklich wiederholt.
In diesem Zusammenhang kommt dem Hochtemperaturreaktor, insbesondere in kleineren Einheiten (Modulbauweise), eine besondere Bedeutung zu. Bei diesem Reaktortyp kann es infolge der geringen Leistungsdichte und hohen Wärmekapazität des

Kerns sowie seines günstigen Oberflächen-Volumenverhältnisses auch ohne besondere Kühlmaßnahmen nicht zu einem Temperaturanstieg über 1 600 °C kommen. Bei diesen Temperaturen bleiben aber die guten Rückhalteeigenschaften des keramischen Brennstoffs für die Spaltprodukte noch voll wirksam.

– Die Nutzung der Kernenergie erfordert eine gesicherte und umweltverträgliche Entsorgung; dies bedeutet die Notwendigkeit, radioaktive Abfälle über hinreichend lange Zeiträume (10 000 Jahre und mehr) sicher von der Biosphäre abzuschließen. Die Umweltauswirkungen von Wiederaufarbeitungsanlagen und direkter Endlagerung der abgebrannten Brennelemente sollten noch einmal und gegeneinander abgewogen werden, ehe eine endgültige Entscheidung für einen oder beide Entsorgungswege gefällt wird.

– Unabhängig von einer künftigen energiepolitischen Entscheidung über die Nutzung der Kernkraft ist der Rat der Auffassung, daß weitere Kernkraftwerke, welcher Art auch immer, nur dann genehmigt und gebaut werden dürften, wenn potentielle Umweltschäden durch Zwischenlagerung, Wiederaufarbeitung und Endlagerung der abgebrannten Brennelemente genauestens untersucht und geeignete Maßnahmen zu ihrer Verhütung ergriffen werden und wenn die entsprechenden Anlagen und Einrichtungen tatsächlich vorhanden sind.

127.* Im Hinblick auf die künftige Entwicklung der Energiegewinnung ist der Rat der Auffassung, daß der Erforschung und dem Einsatz von umweltverträglichen erneuerbaren Energieerzeugungssystemen in Zukunft große Bedeutung beizumessen ist, wie insbesondere Sonnen-, Wind- und Bioenergie. Es sollte gelingen, bis zum Ende des Jahrhunderts 7 bis 10 % der Primärenergie durch diese Verfahren abzudecken. Aufgabe der politischen Entscheidungsträger muß es dabei sein, nicht nur die Forschung und Entwicklung entsprechender Energieerzeugungssysteme zu unterstützen, sondern auch den Marktzugang für solche Verfahren zu erleichtern.

128.* Die Umwelt der Bundesrepublik Deutschland wird nicht nur von Emissionen aus dem eigenen Land beeinflußt. Der Rat empfiehlt, sowohl bei Kraftwerken, die fossile Brennstoffe einsetzen, als auch bei Kernkraftwerken Anstrengungen zu unternehmen, um in internationaler Abstimmung Emissionen, die die Umwelt in der Bundesrepublik beeinflussen können, zu vermindern. Er legt dabei besonderes Gewicht auf eine laufende weitere Verminderung der Emissionen bei Energieerzeugungsanlagen wie auch darauf, daß umweltbelastende Stör- und Unfälle in Kraftwerken jeder Art durch zu vervollkommnende Sicherheitsvorkehrungen minimiert und in ihren Auswirkungen begrenzt werden.

Umwelt und Verkehr

129.* Im Rahmen der Luftreinhaltung, Lärmminderung sowie des Gewässer- und Bodenschutzes ordnet der Rat dem Verkehr nach wie vor eine hohe Bedeutung zu. Die vom Verkehrssektor ausgelösten Umwelteffekte stehen im engen Zusammenhang mit dem Ausbau und der Unterhaltung der Verkehrsinfrastruktur und mit den Transportvorgängen selbst. Das Ausmaß der Belastung hängt ab von der Verteilung auf die verschiedenen Verkehrsträger, von Umfang und Struktur des Fahrzeugbestandes sowie von der Gesamtfahrleistung, die ihrerseits von der Entwicklung des Wirtschaftswachstums, der Wirtschafts-, Regional- und Siedlungsstruktur sowie von der räumlichen Mobilität bestimmt werden. Will man die verkehrsbedingten Umweltbelastungen beeinflussen, muß man entweder auf diese Bestimmungsfaktoren einwirken oder Maßnahmen zur Reduzierung der mit der Verkehrsinfrastruktur und den Transportvorgängen verbundenen Umweltbelastungen ergreifen. Der Rat vertritt die Auffassung, daß das Entlastungspotential durch die Realisierung eines umweltschonenden Verkehrs bei weitem noch nicht ausgeschöpft ist.

130.* Als gravierende, durch die Verkehrsinfrastruktur bedingte Eingriffe hebt der Rat die Beeinträchtigung der Bodenfunktionen, den Flächen- und „Landschaftsverbrauch", die Zerschneidungs- und Barriereneffekte sowie die Beeinträchtigung des Wasserhaushalts hervor. Er betont, daß viele Infrastrukturvorhaben insbesondere die Regelungsfunktionen der Böden negativ und z. T. irreversibel beeinflussen und daß die verkehrsbedingte Flächen- und Landschaftsbeanspruchung bei alleiniger Betrachtung der statistisch ausgewiesenen Verkehrsfläche in der Regel unterschätzt wird. Deshalb sollte bei der umweltpolitischen Bewertung der Verkehrsinfrastruktur zwischen primärem und komplementärem Landschaftsverbrauch sowie Betroffenheitszonen unterschieden werden. Außerdem hält der Rat für die Beurteilung der Verkehrswegeplanung eine abschnittsbezogene und trassenweise Betrachtung für notwendig, weil die Vernichtung flächenmäßig kleiner Biotope umweltpolitisch negativer zu beurteilen sein kann als die Beanspruchung größerer Areale mit unterdurchschnittlicher Lebensraumfunktion. Durch den Ausbau der Verkehrswege kommt es zur Zerschneidung vernetzter Ökosysteme, was insbesondere in Räumen mit dichter Verkehrswegeerschließung zum Rückgang von Pflanzen- und Tierarten führen kann.

131.* Bei den verkehrsbedingten Schadstoffeinträgen ist insbesondere die Entwicklung der Luftbelastung durch Stickstoffoxide und leichtflüchtige organische Verbindungen besorgniserregend. Sie sind Ausgangsstoffe zur Bildung von Photooxidantien, die als ein Verursachungsfaktor der Waldschäden gelten. Zur Minderung gesundheitlicher Risiken durch Verkehrslärm müssen an der Quelle ansetzende technische Vorkehrungen und Maßnahmen der flächenhaften Verkehrsberuhigung vorangetrieben werden.

132.* Der Rat macht auf die mit den Gefahrguttransporten verbundenen Umweltrisiken aufmerksam, die sich nicht nur aus großen, spektakulären Unfällen, sondern auch aus der Vielzahl kleinerer Unfälle ergeben. Er fordert den systematischen Ausbau eines Informationssystems, das Auskunft über die zeitliche Entwicklung und über strukturelle Veränderungen des Transportaufkommens für gefährliche Güter gibt.

133.* Da auf der einen Seite wegen der prognostizierten weiteren Zunahme des motorisierten Individualverkehrs und auch des Straßengüterverkehrs einschließlich der Gefahrguttransporte das Belastungspotential größer werden wird, auf der anderen Seite das Entlastungspotential durch umweltpolitisch erwünschte Verkehrsverlagerungen (z. B. Schiene) eher geringer als vielfach vermutet eingeschätzt wird, müssen sich die Anstrengungen der Umweltpolitik vor allem auf die Ausschöpfung der Emissionsminderungspotentiale durch einen umweltschonenden Straßenverkehr richten.

134.* Bisher zeigt die Entwicklung der Emissionen im Verkehrsbereich noch nicht den Trend zu geringeren Werten, wie er bei Großanlagen festzustellen ist. Dies gilt zumindest für Stickstoffoxide und Kohlenwasserstoffe. Im Jahr 1985 wurden im Rahmen der Europäischen Gemeinschaft Abgaswerte für Personenkraftwagen festgelegt, die jedoch je nach Motorengröße erst zwischen 1988 und 1994 zu erfüllen sind. Das Ziel der Bundesregierung – Übernahme der US-Abgasgrenzwerte – wurde damit bezüglich der Höhe der Schadstoffreduktion im Abgas nicht erreicht. Um die Einführung von schadstoffarmen Personenkraftwagen zu beschleunigen, werden in der Bundesrepublik erhebliche Steuervorteile für den vorzeitigen Einsatz von schadstoffarmen Personenkraftwagen bzw. für die Umrüstung von bereits im Verkehr befindlichen Personenkraftwagen gewährt. Diese Steuererleichterungen haben bisher hauptsächlich zum verstärkten Einsatz von Diesel-Pkw geführt, bei den Ottomotoren hat sich noch nicht die entscheidende Wende zum schadstoffarmen Personenkraftwagen vollzogen.

135.* Bei dieser Entwicklung stellt sich die Frage, ob die Kriterien der Steuerbegünstigung nicht umweltpolitisch falsche Signale setzen und die Bestandsentwicklung der Personenkraftwagen in eine Richtung lenken, in der sich die angestrebte Emissionssenkung nicht erreichen läßt. In der Tat wird der geregelte Dreiwegekatalysator praktisch nur in der Fahrzeugklasse über 2 l Hubraum durchgesetzt, nicht aber in den für die Umweltbelastung ausschlaggebenden Mittelklassewagen zwischen 1,4 und 2 l Hubraum, die 50 % des Fahrzeugbestandes ausmachen.

136.* Dieselmotoren, die in Personenwagen eingesetzt werden, zeichnen sich zwar im Vergleich zum Ottomotor durch deutlich niedrigere Kohlenmonoxid-, Kohlenwasserstoff- und Stickstoffoxidemissionen aus. Dennoch erscheint die steuerliche Begünstigung des Diesel-Pkw heute vor allem unter dem Gesichtspunkt der Partikelemission fragwürdig, da diese Partikeln Träger von organischen Stoffen sind, deren krebsauslösende Wirkung aufgrund ihrer Kanzerogenität in Tierversuchen zu vermuten ist.

137.* Grenzwerte für die Kfz-Emissionen sollten für alle Fahrzeuggruppen die niedrigen, mit geregeltem Dreiwegekatalysator erreichbaren Werte sein. Für Fahrzeuge mit Dieselmotoren müssen darüber hinaus die Partikelemissionen begrenzt werden.

138.* Die als Voraussetzung für den Einsatz des Katalysators notwendige Verwendung von bleifreiem Benzin wird vom Rat auch aus toxikologischer Sicht für notwendig gehalten. Neuere Untersuchungen haben den Verdacht erhärtet, daß Kfz-Emissionen in Spuren halogenierte Dibenzodioxine und -furane enthalten, die durch den Zusatz von Bleiverflüchtigern zum Superbenzin entstehen.

139.* Zu den auf EG-Ebene getroffenen Regelungen ist weiterhin kritisch zu bemerken, daß noch keine Begrenzung der Verdunstungsemissionen von Kohlenwasserstoffen bei Lagerungs-, Transport-, Umschlags- und Betankungsvorgängen sowie aus dem Tank von Kraftfahrzeugen mit Ottomotoren vorgesehen ist. Ausgenommen ist der kleine Anteil von Fahrzeugen, der nach Anlage XXIII zur StVZO als „schadstoffarm nach US-Abgasnorm" zugelassen ist. Vorliegende Schätzungen gehen davon aus, daß die Verdunstungsemissionen etwa 10 bis 15 % der Abgasemissionen aus dem Kraftverkehr entsprechen. Praktisch wartungsfreie und preisgünstige Rückhaltesysteme liegen vor. Der Einsatz entsprechender Systeme sollte daher unbedingt zum Stand der Technik erklärt werden.

140.* Die in Nutzfahrzeugen in der Regel verwendeten Dieselmotoren haben insbesondere im Vollastbereich erheblich höhere Stickstoffoxidemissionen als die in Pkw eingesetzten Motortypen. Eine Stickstoffoxid-Absenkung mit Hilfe der Katalysatortechnik ist bei Dieselmotoren nicht möglich. Der Rat begrüßt die von der deutschen Automobilindustrie im Rahmen einer Vereinbarung seit 1986 zugesagte 20 %ige Unterschreitung der Grenzwerte der ECE-Regelung 49 bezüglich gasförmiger Emissionen aus Dieselmotoren; sie wird jedoch bei weiterhin stark anwachsendem Nutzfahrzeugverkehr zu keiner wesentlichen Verringerung der Gesamtemission dieses Bereichs führen. Eine weitere Absenkung der Grenzwerte in der ECE-Regelung 49 ist daher erforderlich.

141.* Neben den gasförmigen Schadstoffen müssen auch die partikelförmigen Emissionen, an denen der Nutzfahrzeugverkehr bezogen auf die Gesamtpartikelemissionen aus dem Verkehrsbereich zu 75 % beteiligt ist, gegenüber heute gesenkt werden. Der Rat bestärkt daher die Bundesregierung darin, mit ihrem Nutzfahrzeugkonzept eine stufenweise Absenkung der Grenzwerte vorzusehen.

142.* Zur Verringerung der Stickstoffoxidemissionen und zur Erreichung eines praktisch rußfreien Betriebs ist der Einsatz des Zweistoffsystems Dieselkraftstoff/Methanol vorgeschlagen worden. Dies wäre aus Umweltgründen sicher zu begrüßen, auch wenn es einen erheblichen Mehraufwand bei der Fahrzeugbetankung erfordern würde.

Umwelt und Raumordnung

143.* Angesichts der zunehmenden Betonung von Naturschutz, Landschaftspflege und Bodenschutz fordert der Rat eine stärkere Verknüpfung von Raumordnung und Umweltpolitik. Entstand doch die Raumplanung Anfang dieses Jahrhunderts vor allem als Reaktion auf eine unbefriedigende siedlungsstrukturelle Entwicklung, d. h. als ressourcensichernde und naturschutzorientierte Aufgabe.

144.* Insbesondere sieht der Rat es für erforderlich an, zu einer Trendwende im immer noch steigenden „Landverbrauch" zu kommen, macht jedoch darauf aufmerksam, daß die meisten der bisher verwendeten Indikatoren bis jetzt nur sehr grobe Schlußfolgerungen zur effektiven Bodenbelastung zulassen. Dies gilt vor allem für den Indikator Siedlungsflächenanteil, der zumeist zur Kennzeichnung des „Landschaftsverbrauchs" herangezogen wird. Der Rat empfiehlt daher, bei der räumlich orientierten Umweltberichterstattung künftig eine differenziertere Betrachtung vorzunehmen, die zwischen Zonen divergierender Bebauungsintensität unterscheidet und auch die Belastungsgebiete des Freiraumes einschließt.

145.* Die Erfassung der natürlichen räumlichen Unterschiede durch eine möglichst flächendeckende Bestandsaufnahme der Naturraumpotentiale bzw. Funktionen einzelner Flächen verlangt einerseits die Bewältigung eines beachtlichen Informationsproblems, zum anderen aber auch die Verwirklichung eines Konzepts der differenzierten Landnutzung. Die Qualität der Raumplanung als einer die verschiedenen Raumansprüche koordinierenden Planung hängt damit entscheidend von der Fachplanung, d. h. in diesem Falle von der Landschaftsplanung als Ressourcenplanung, ab. Der Rat bedauert in diesem Zusammenhang, daß es der Landschaftsplanung trotz methodisch interessanter Ansätze bis jetzt noch nicht gelungen ist, die sog. Naturraumpotentiale so zu operationalisieren, daß sie befriedigend in den Güterabwägungsprozeß der Raumordnung einbezogen werden können. Insofern beruht die bisher unzulängliche Berücksichtigung von Umweltaspekten in der Raumplanung auch auf Lücken in der wissenschaftlichen Durchdringung der Landschaftsplanung.

146.* Einer wirksamen praktischen Raumplanung kommt als Vorsorgeinstrument der Umweltpolitik große Bedeutung zu. Diese Bedeutung hat sie heute aber noch nicht, denn bei der Raumplanung verbindet sich eine hohe Zeitaufwendigkeit bei der Aufstellung und Verabschiedung der Pläne häufig mit einer geringen Durchsetzungskraft bzw. manchmal sogar mit einem geringen Durchsetzungswillen. Um die Raumplanung als Instrument der Umweltpolitik zu stärken, verlangt der Rat eine stärkere Integration von Raumordnungsverfahren und Umweltverträglichkeitsprüfung.

147.* Die umweltpolitische Effizienz einer derartigen stärkeren Verknüpfung von Raumordnung und Umweltpolitik hängt aber in starkem Maße davon ab, inwieweit die Raumplanung der kommunalen Ebene jene Umweltaspekte berücksichtigen muß, die von entscheidender überörtlicher Bedeutung sind. Insofern stellten die bisherigen Regelungen des § 1 Abs. 4 Baugesetzbuch eine Art baurechtlichen Drehpunkt dar, welcher die Verzahnung der örtlichen mit der überörtlichen Planung einigermaßen gewährleistete. Der Rat bedauert daher die bei der Novellierung des Baugesetzbuches vorgenommene „Entfeinerung" des Bauplanungsrechts, insbesondere die Erleichterung der Genehmigung von Einzelvorhaben im ungeplanten Bereich, welche zu einer Abkopplung der örtlichen von der überörtlichen Planung führte.

Umwelt, Freizeit und Fremdenverkehr

148.* In der freien Landschaft ablaufende Freizeit- und Erholungsaktivitäten und der Fremdenverkehr sind zum großen Teil mit Umweltbelastungen verbunden. Sie reichen von der Inanspruchnahme von Flächen, die anderen Nutzungen entzogen werden, z.B. für Freizeitwohnen, Camping, Skipisten, Sportanlagen usw., über die Beeinträchtigung von Gewässern durch Wassersport oder Verschmutzung bis zur direkten Schädigung des Bodens, der Pflanzen- und der Tierwelt durch mechanische oder chemische Einwirkungen, wie Bodenverdichtung, Boden- und Vegetationsbeeinträchtigung, Abfälle und Fäkalien sowie Lärm. Die Umwelteinwirkungen hängen von der Art der Freizeit- oder Erholungsaktivität, vor allem aber von der Intensität ihrer Ausübung ab; sie sind am stärksten bei massenhafter Ausübung, die zeitlich zusammengedrängt auf relativ kleinen Flächen erfolgt. Neben den augenscheinlichen Beeinträchtigungen, z.B. durch Großanlagen oder Skipisten, vollzieht sich in der Regel eine Vielzahl von Umweltbelastungen in einem langfristigen, schleichenden Prozeß, der oftmals nicht frühzeitig genug erkannt und beachtet wird. Mit intensiver Nutzung von Natur und Landschaft durch Freizeit- und Fremdenverkehr kann eine Region ihre eigene landschaftliche Grundlage, die ihr „Kapital" darstellt, beeinträchtigen und zerstören.

149.* Die größten Belastungen und damit auch die schärfsten Konflikte treten in denjenigen stark genutzten Regionen auf, die zugleich ökologisch besonders sensibel sind, wie das Wattenmeer und der Alpenraum. Vor allem starke Siedlungstätigkeit, u.a. auch durch Zweitwohnsitze, sowie in der freien Landschaft konzentrierte Aktivitäten, wie Skifahren, Wandern oder Wassersport, führen hier zu Beeinträchtigungen. Belastet sind darüber hinaus Teile des Hochschwarzwaldes, des Bayerischen Waldes und des Harzes. In kleineren Bereichen in der Umgebung der Verdichtungsräume werden Belastungen hauptsächlich durch Ausflugsverkehr und sportbezogene Freizeitaktivitäten hervorgerufen. Besonders belastet vor allem durch Wochenendbesucher sind die Gewässer, z.B. der Dümmer und das Steinhuder Meer, aber auch viele kleinere und kleinste Gewässer; die oberbayerischen Seen und der Bodensee sind zusätzlich durch Urlaubsverkehr belastet. Da es neben diesen belasteten Regionen auch weniger betroffene Landschaftsteile gibt, kann bislang jedoch nicht von einer flächendeckenden, großräumigen Belastung ausgegangen werden.

150.* Für die Vermeidung oder Minderung von Umweltbelastungen durch Freizeitaktivitäten, Erholungs- und Fremdenverkehr gibt es zwar eine Vielzahl rechtlicher und planerischer Regelungen und Instrumente, z.B. Naturschutzrecht, Wasserrecht oder Planungsrecht. Allerdings fehlt ein geschlossenes Instrumentarium und eine klare behördliche Zuständigkeit auf allen Ebenen. Die meisten Regelungen fallen in die Kompetenz der Bundesländer, während der Bund auf rahmenrechtliche Bestimmungen und wenige unmittelbar wirksame Vorschriften des Immissionsschutz- und Baurechts sowie auf allgemeine planerische Richtlinien beschränkt ist. Zu diesen kommen noch die Vorschriften über die 1988 einzuführende Umweltverträglichkeitsprüfung, die auch größere Freizeit- und Fremdenverkehrseinrichtungen einbeziehen sollte. Eine Schlüsselrolle besitzt die kommunale Ebene, auf der im Einzelfall entschieden wird, ob Freizeit, Erholung und Tourismus mit der Erhaltung und Entwicklung von Natur und Landschaft dauerhaft vereinbar sein werden.

151.* Zukünftige Freizeit- und Fremdenverkehrspolitik darf nicht an kurzfristigen Zielen orientiert sein, sondern sollte langfristig und gleichzeitig regional differenziert angelegt sein. Im Zusammenhang mit dem Verzicht auf eine einseitig wachstums- und infrastrukturpolitisch ausgerichtete Fremdenverkehrspolitik sollte das Ziel stehen, Formen eines umweltschonenden Fremdenverkehrs stärker zu fördern, wie dies bereits in anderen Urlaubsländern der Fall ist.

1 ALLGEMEINE UMWELTPOLITIK

1.1 Grundbegriffe der Umweltpolitik

1.1.1 Zum Begriff „Umwelt"

1.1.1.1 Zur Notwendigkeit der Klärung des Begriffes „Umwelt"

1. Nach rund anderthalb Jahrzehnten aktiven Umweltschutzes und vielseitiger Umweltforschung ist der Begriff „Umwelt" jedermann geläufig geworden. Politisch wurde er in der Bundesrepublik Deutschland durch das Umweltprogramm der Bundesregierung von 1971 zum Tragen gebracht, das durch die beiden Umweltgutachten des Rates (SRU, 1974 und 1978) wissenschaftlich untermauert und weiterentwickelt wurde.

Was der Begriff „Umwelt" eigentlich bedeutet, ist bis heute in Politik und Öffentlichkeit jedoch relativ unklar geblieben, und nicht einmal Fachleute sind sich darüber einig. Der Ansatz des Rates zur Erörterung des Umweltbegriffes im Umweltgutachten 1974, Anhang I, fand nur wenig Beachtung und ist auch von ihm selbst zunächst nicht weiterverfolgt worden. Die Umweltdiskussion ist daher durch zahlreiche unterschiedliche Deutungen des Begriffes erschwert. So ist z. B. neben einer natürlichen Umwelt auch von einer wirtschaftlichen, einer sozialen, einer psychischen, im anderen Zusammenhang von einer industriellen, einer technischen, einer städtischen oder ländlichen Umwelt usw. die Rede.

2. Die praktische Umweltschutzpolitik war durch diese Unklarheiten zunächst wenig beeinträchtigt, weil sie pragmatisch vorging und auf relativ klar abgrenzbare „Umweltsektoren" gerichtet war. Als solche sind einerseits die großen Umweltbereiche wie Luft, Wasser, Böden (diese drei auch als Umwelt-„Medien" bezeichnet), Pflanzen- und Tierwelt und daraus gewonnene Lebensmittel sowie Landschaft anzusehen, die von anthropogenen Eingriffen betroffen sind, andererseits auch die Eingriffe als solche wie z. B. Lärm, Abfälle, radioaktive Strahlung. Diese Umweltsektoren sind auch die Gliederungsgrundlage der meisten seit 1970 geschaffenen Umweltbehörden.

3. Die sektorale Umweltpolitik ist jedoch bald an ihre Grenzen gestoßen. Diese zeigen sich immer dann, wenn die Maßnahmen eines Umweltsektors vervollkommnet werden und dann in einem anderen Umweltsektor zu neuen Belastungen führen. Beispielsweise kann erhöhter Klärschlammanfall als Ergebnis vermehrten Kläranlagenbaues zwecks Entlastung der Gewässer zur Belastung der Böden oder — im Falle von Klärschlammverbrennung — zur Belastung der Luft führen; oder es kann die Vervollkommnung der Luftschadstoff-Emissionsminderungen in Kraftwerken die Deponieprobleme im Abfallsektor verschärfen. Um diese Verschiebung von Problemlösungen von einem Umweltsektor in den anderen zu vermeiden, ist ein sektorübergreifendes Umweltschutzkonzept für die **gesamte** Umwelt erforderlich, das Klarheit über den Umweltbegriff voraussetzt. Die gleiche Forderung ergibt sich aus der Diskussion und Inangriffnahme von Maßnahmen zur Verbesserung der Umweltgüte oder -qualität, zu entsprechenden Standards wie Grenz- oder Schwellenwerten, zur Umweltverträglichkeitsprüfung und zum Abbau von Umweltbelastungen. Hierbei wird zumindest gedanklich bereits ein sektorübergreifender, ganzheitlicher Umweltbegriff unterstellt.

4. Die Umweltforschung hat zwar frühzeitig die Umwelt als ein großes System erkannt und beschrieben; das Bild des „Raumschiffs Erde" hat bereits zu Anfang der 1970er Jahre dieses große System für jedermann anschaulich gemacht. Es erwies sich jedoch als nicht handhabbar, weil es aus vielen Teilsystemen, d. h. Ökosystemen unterschiedlichen Erforschungs- und Bekanntheitsgrades zusammengesetzt ist, denen sich die Umweltforschung zunächst zuwenden mußte. Dies bedingte eine überwiegend analytische Ausrichtung der Forschungsvorhaben, die eher spezielle als allgemeine Ergebnisse erzielten und damit eine sektorale Umweltpolitik begünstigten. Hinzu kam, daß eine der Hauptträgerinnen der Umweltforschung, die Ökologie, lange Zeit auf die Erforschung der natürlichen Umwelt und der sie bildenden natürlichen Ökosysteme bzw. Ressourcen ausgerichtet war (Kap. 2.1) und dem wichtigen, flächenmäßig viel größeren Bereich der kulturell-zivilisatorischen, vom Menschen geprägten und gestalteten Umwelt und den sie bildenden agrarischen und städtisch-industriellen Ökosystemen weniger Aufmerksamkeit widmete. Dies war allerdings kaum vermeidbar, weil die Wirkung anthropogener Eingriffe zunächst an natürlichen Ökosystemen erforscht werden mußte. Daß hier immer noch erhebliche offene Fragen bestehen, zeigt der aktuelle Stand der Waldschadensforschung. Es besteht aber stets die Gefahr, Forschungsergebnisse aus Teilsystemen in ihrer Bedeutung für das Gesamtsystem der Umwelt zu überschätzen. Hier liegt eine der Ursachen für das Mißtrauen gegenüber der Umweltforschung, die durch Streben nach Exaktheit zur Spezialisierung auf viele Einzelfragen führt und in der Überfülle der daraus hervorgehenden Einzelantworten undurchschaubar werden kann (Tz. 57 ff.).

1.1.1.2 Umwelt als biologischer Beziehungsbegriff

5. Um dem Begriff „Umwelt" einen klareren Inhalt zu geben, hält es der Rat für richtig, die zahlreichen Bedeutungen auf eine Definition einzuengen, die aus der Biologie stammt. Sie wurde zuerst von UEXKÜLL

(1909) formuliert, später von WEBER (1939) erweitert und von THIENEMANN (1956) allgemein bekannt gemacht. Sie verstehen unter Umwelt den Komplex der Beziehungen einer „Lebenseinheit" zu ihrer Umgebung. Dieser Beziehungskomplex kann auch mit „Lebensbedingungen" bezeichnet werden, und als „Lebenseinheit" ist sowohl ein einzelnes Lebewesen — Mensch, Tier, Pflanze — als auch eine Lebewesen-Gemeinschaft — Bienenstaat, Wald, Gesellschaftsgruppe — gemeint. Zugleich ist in dieser Umweltdefinition, wenn auch oft unausgesprochen, die Bindung an einen bestimmten Ort enthalten, an dem sich die Lebenseinheit befindet. Nach dieser Definition ist Umwelt stets auf Lebewesen oder — allgemeiner gesagt — biologische Systeme bezogen und läuft letztlich immer auf biologische Fragestellungen hinaus. Umwelt ist nach WEBER (1937) also ein Beziehungsbegriff und kann nicht unabhängig von Lebewesen bzw. biologischen Systemen existieren oder verwendet werden. Seine wissenschaftliche Durchdringung kann sowohl vom Lebewesen als auch von der Umgebung bzw. den Lebensbedingungen ausgehen und auf diesen Wegen die Umwelt aufklären. In der Ökologie werden beide Wege im Sinne eines Gegenstromprinzipes beschritten.

In erster Anschauung wird Umwelt räumlich-strukturell aufgefaßt und beschrieben. Darüber hinaus muß sie aber auch funktionell untersucht werden, weil erst dann das Beziehungsgeflecht Lebewesen-Umwelt verständlich wird.

1.1.1.3 Die räumlich-strukturelle Umwelt

6. Eine vom Lebewesen ausgehende, räumlich-strukturelle Darstellung der Umwelt verwendet das Bild der „Umweltschalen". Für einen Menschen ist z. B. die innerste Umweltschale seine Kleidung; auf sie folgen die Wände des Raumes, in dem er sich befindet, dann die Wohnung, der der Raum angehört, das Haus, in dem die Wohnung liegt, der Stadtteil, zu dem das Haus gehört, weiterhin die Stadt, und wiederum deren räumliche Umwelt (die z. B. ein Ballungsgebiet oder ein ländlicher Raum oder eine Waldlandschaft sein kann) usw. Die äußerste dieser Umweltschalen ist das Sonnensystem, da ja die Sonne für jegliches Leben unentbehrlich ist. Das anschauliche Bild dieser ineinandergefügten Umweltschalen ist insofern problematisch, als diese nicht säuberlich getrennt werden können, sondern sich, zumindest in ihren Wirkungen, durchdringen; z. B. muß das Sonnenlicht gelegentlich auch in die innerste Umweltschale einwirken können. Andererseits wird ein so wichtiger Umweltbestandteil wie die Luft durch die Umweltschalen in einzelne Wirkungsbereiche aufgeteilt, so die „Innenraumluft" zwischen Mensch und den Wänden des Aufenthaltsraumes bzw. der Wohnung, die Luft des Stadtteiles, des Stadtgebietes, des Stadtumlandes, usw., die sämtlich voneinander verschieden sein können und unterschiedlich wirken, aber dessen ungeachtet auch als Einheit gesehen werden müssen.

7. Eine andere Art der räumlich-strukturellen Veranschaulichung der Umwelt führt von dieser auf das oder die Lebewesen hin und benutzt den System-Ansatz. Dazu wird das Gesamtsystem Umwelt in Teilsysteme, die Ökosysteme, untergliedert. Die einfachste Einteilung unterscheidet an festes Land gebundene (terrestrische) Ökosysteme von aquatischen Ökosystemen, die in Gewässern wie Flüssen, Seen oder Ozeanen verkörpert sind; zwischen beiden vermitteln semiterrestrische Ökosysteme wie Sümpfe und Moore. Der Ort eines bestimmten, räumlich fixierten Ökosystems heißt Ökotop, populär oft Biotop genannt. Er wird unter natürlichen Verhältnissen jeweils vom Klima, Wasserhaushalt, Boden bzw. Substrat und von der Pflanzendecke — in dieser Reihenfolge — geprägt, unterliegt aber menschlicher Beeinflussung, die seine Merkmale, und zwar in umgekehrter Rangfolge, verändert. In der Regel ist es erforderlich und zweckmäßig, die Strukturelemente der Umwelt nach bestimmten Gesichtspunkten, die wiederum für ihre Funktionen maßgebend sind, zu klassifizieren. So unterscheidet man einerseits nichtlebende und lebende Umweltbestandteile, andererseits natürliche und vom Menschen geschaffene oder veränderte Strukturen, ferner auch stoffliche und nichtstoffliche (materielle und immaterielle) Komponenten. Diese Strukturelemente dienen zur zweckmäßigen Abgrenzung der Ökosysteme, für deren Zusammensetzung wiederum die genannte Klassifikation angewendet wird.

8. UEXKÜLL (1909) hat darauf aufmerksam gemacht, daß die Umwelt eines Lebewesens nicht einfach dessen Umgebung ist, sondern auf diejenigen Bestandteile der Umgebung beschränkt ist, die für den Lebensablauf tatsächlich von Bedeutung sind. Die Feststellung der Bedeutung setzt allerdings entsprechende Kenntnisse und daher wissenschaftliche Bemühungen voraus. Umgebungsbestandteile, die für ein Lebewesen als bedeutungslos angesehen werden und daher nicht zu seiner Umwelt im Sinne UEXKÜLLs gehören, können durch neue wissenschaftliche Erkenntnisse als bedeutungsvoll erkannt werden und dadurch in den Rang von Umweltbestandteilen aufrücken. Hier liegt z. B. das Problem der Umweltrelevanz der zahlreichen chemischen Stoffe, die sich in der Umgebung befinden. In der Öffentlichkeit wird meist unkritisch angenommen, daß jeder dieser Stoffe auch eine (im allgemeinen negative) Wirkung auf den Menschen oder andere Lebewesen ausübt, die aber zunächst nur vermutet werden kann. Die Grenze zwischen Umgebung und Umwelt ist daher eine fließende.

1.1.1.4 Die funktionelle Umwelt (Umweltfunktionen)

9. Die Untersuchung von Wirkungen der Umwelt bzw. ihrer Bestandteile auf Lebewesen ergibt „Wirkungsgefüge" mit vielfältigen Verknüpfungen und ergänzt die räumlich-strukturelle Auffassung der Umwelt gleichrangig durch eine funktionelle Betrachtung. Diese Wirkungsgefüge sind ebenfalls als Ökosysteme definierbar, die hier aber unter dem Gesichtspunkt von „Umweltfunktionen" untersucht werden. Genau wie in der Ökonomie wird in der Ökologie Funktion in der Regel als die Möglichkeit einer zu erbringenden (Umwelt-)Leistung verstanden, d. h. als ein Potential (BACHMANN, 1985); KIEMSTEDT (1979) spricht von „Naturraumpotentialen" und ihrer

Erfassung (Tz. 2137). Mit ihrer Hilfe werden Bedürfnisse der Lebewesen befriedigt. Bei Zugrundelegung des **biologischen** Umweltbegriffes im Sinne UEXKÜLLs spricht man von „Elementarbedürfnissen" wie z. B. Nahrung, Raum, Licht, Luft, Wärme, Wasser, Obdach/Behausung und Information, um diese von kulturellen und zivilisatorischen Bedürfnissen wie z. B. elektrische Energie, Fahrzeuge, Haushaltsgeräte usw. unterscheiden zu können. Zur Deckung der Elementarbedürfnisse werden im wesentlichen natürliche Ressourcen genutzt. Mit diesem Begriff bezeichnet man eine langfristig verfügbare Quelle lebenswichtiger Umweltgüter.

10. Das Kernstück der Lehre von UEXKÜLL und die Konsequenz seiner Unterscheidung zwischen „Umgebung" und „Umwelt" ist die Erkenntnis, daß **jedes** Lebewesen seine **spezifische** Umwelt besitzt, die seine Elementarbedürfnisse erfüllt. Es gibt also nicht „die" Umwelt, sondern eine Vielzahl von Umwelten, wenn man allein von den Hunderttausenden von Arten von Pflanzen, Tieren und Mikroorganismen ausgeht, die jeweils ihre spezifischen Umweltansprüche und damit Umwelten haben. Doch selbst die Individuen, die einer einzigen weitverbreiteten Art angehören, unterscheiden sich bereits in ihren Umweltansprüchen voneinander; das beste Beispiel dafür bietet die Art Homo sapiens selbst. UEXKÜLLs Lehre von den vielen Umwelten der Organismen zeigt aus naturwissenschaftlicher Sicht die Problematik des heute gängigen Umweltbegriffes, der sich, bewußt oder unbewußt, stets auf die Umwelt des Menschen bezieht. Aber nicht einmal darüber läßt sich Einigkeit erzielen; selbst bei Beschränkung auf die Elementarbedürfnisse ist es kaum möglich, die gemeinsame Umwelt eines Mitteleuropäers, eines Inuit, eines Massai und eines Papua festzulegen.

11. Die neuere Umweltpolitik trägt im Ergebnis der Umweltlehre UEXKÜLLs mehr und mehr Rechnung. Die TA Luft 1974 hatte z. B. Grenzwerte von Luftschadstoffen festgesetzt, die auf die menschliche Gesundheit bezogen waren und den Wald oder andere biologische Systeme allenfalls mittelbar berücksichtigten. Die neuartigen Waldschäden haben bewußt gemacht, daß dies auf einem zu einseitigen Umweltbegriff beruhte. Die TA Luft 1986 berücksichtigt folgerichtig auch die Umwelt der mitteleuropäischen Bäume bzw. Wälder. Allerdings steckt darin wiederum die Überzeugung, daß Bäume und Wälder ein unentbehrlicher Bestandteil der Umwelt des Menschen sind (Abschn. 2.1.2.3, 3.1.3.1).

12. Letztlich schlagen also die Umweltansprüche des Menschen durch; doch trägt der Mensch dabei mehr und mehr der Erkenntnis Rechnung, daß fast alle anderen Lebewesen seine Umwelt, wenn auch in unterschiedlicher Weise, mitgestalten und daher auch die Umwelten bzw. Umweltansprüche dieser Lebewesen mitberücksichtigt werden müssen. „Umwelt" ist demnach die Vereinigungsmenge vieler Umwelten im Sinne UEXKÜLLs. Aus dieser Gedankenführung ergibt sich auch die Zweckmäßigkeit eines letztlich stets auf den Menschen bezogenen, d. h. anthropozentrischen Umweltschutzes, wie ihn der Rat seinem Gutachten zugrunde legt. Selbst wenn die Umwelt als solche geschützt wird, bleibt der Umweltschutz grundsätzlich doch anthropozentrisch. Auf die ethische Fundierung des Umweltschutzes wird hier jedoch nicht eingegangen, da sie am Anfang des Kapitels „Umwelt und Gesundheit" (Abschn. 3.1.1) ausführlich diskutiert wird.

13. Auf der Grundlage dieser Umweltauffassung sei zu den bereits vorher erwähnten „Umweltfunktionen" zurückgekehrt. Die Diskussion von Funktionen hat in der Betrachtung komplexer Umweltbereiche seit einiger Zeit an Bedeutung gewonnen. In der Raumordnung und Landesplanung wird von „Daseinsgrundfunktionen" ausgegangen, nämlich Wohnung, Arbeit, Versorgung, Bildung, Verkehr, Erholung, Kommunikation (PARTZSCH, 1970). In der Forstwissenschaft wurden „Waldfunktionen" ermittelt (DIETRICH, 1953; SPEER, 1960) und mit Bezeichnungen wie Wasserschutzwald, Erholungswald, Wirtschaftswald etc. sogar kartenmäßig erfaßt. Im Zusammenhang mit den Bemühungen um eine Verbesserung des Bodenschutzes werden „Bodenfunktionen" allgemein diskutiert, auf die der Rat bereits in seinem Sondergutachten „Umweltprobleme der Landwirtschaft" (SRU, 1985, Kap. 4.2) ausführlich eingegangen ist und die er auch im vorliegenden Gutachten behandelt (Kap. 2.2). Um sich politisch und in der Öffentlichkeit verständlich zu machen, erscheint es zweckmäßig, solche Funktionen zu wenigen, plausiblen Hauptfunktionen zusammenzufassen, die für spezielle Zwecke in die zugehörigen Einzelfunktionen aufgegliedert werden können.

14. Über „Umweltfunktionen" existieren umfangreiche und nur schwer zu überschauende Veröffentlichungen, die insbesondere durch die Diskussion über die Umweltverträglichkeitsprüfung stark zugenommen haben. Eine vergleichsweise klare, wissenschaftlichen und praktischen Ansprüchen genügende Darstellung von Umweltfunktionen ist in den Bemühungen der Raumordnung der Niederlande der 70er Jahre zu finden. Der „Rijksplanologische Dienst" im niederländischen Ministerium für Wohnungswesen und Raumordnung erarbeitete 1978 ein „Globales ökologisches Modell für die räumliche Entwicklung der Niederlande" (Ministerie van Volkshuisvestingen Ruimtelijke Ordening, 1978), in welchem vier **Hauptfunktionen** der Umwelt unterschieden werden, nämlich

1. Produktionsfunktionen,

2. Trägerfunktionen,

3. Informationsfunktionen,

4. Regelungsfunktionen.

Die Einteilung dieser vier Hauptfunktionen der Umwelt geht von den folgenden grundsätzlichen ökologischen Erkenntnissen aus:

— Jedes Lebewesen bzw. biologische System, ob Mensch oder Mikrobe, braucht — neben dem von ihm beanspruchten Lebensraum — als „offenes System" bzw. „Durchflußsystem" aus seiner Umwelt stets drei Dinge:

a) Energie,

b) Stoffe verschiedenster Art und Mengen,
c) Informationen oder „Signale".

Jedes Lebewesen gibt als „Durchflußsystem" diese drei Dinge (in veränderter Form) auch ständig an die Umwelt wieder ab.

— Die Umwelt muß — zusätzlich zum Lebensraum — sowohl die Lieferung als auch die Aufnahme von Energie, Stoffen und Informationen ständig gewährleisten. In der Natur wird dies durch ein autonomes Organisations- und Regelungsvermögen gesichert.

Als Umwelt ist hier die physische Umwelt sowohl in ihrem natürlichen als auch in ihrem durch den Menschen überformten oder veränderten Zustand gemeint. Eine „ideale" Umwelt wäre eine solche, die alle vier Funktionen am gleichen Ort und zur gleichen Zeit erfüllt. — Im folgenden werden die vier Funktionen vorwiegend mit Blick auf die Inanspruchnahme der Umwelt durch den Menschen interpretiert, wobei von einer ökologischen Problemsicht ausgegangen wird:

1. Produktionsfunktionen

15. Die Produktionsfunktionen haben die Versorgung der menschlichen Gesellschaft mit Gütern, Produkten und der natürlichen Umwelt zum Gegenstand, um Elementarbedürfnisse zu erfüllen bzw. natürliche Ressourcen verfügbar zu machen. Die Erfüllung der Produktionsfunktionen ist mit Eingriffen in die Umwelt verbunden oder ruft Veränderungen in dieser hervor. Den Produktionsfunktionen entspricht eine „Ressourcen-Umwelt" (Naturpotential); diese liefert:

1.1 Güter und Produkte aus nichtlebenden natürlichen Ressourcen, bei denen erneuerbare und nichterneuerbare Ressourcen zu unterscheiden sind:

— Licht und Wärme (= Sonnenenergie); Sauerstoff, Wasser(-kraft), Wind, geothermische Energie (erneuerbar);

— Fossile Energieträger, Kernbrennstoffe, Erze, Salze; Baustoffe wie z. B. Gesteine, Kies, Sand (nicht erneuerbar, aber z. T. wiederverwendbar);

1.2 Güter und Produkte aus lebenden wildwachsenden Ressourcen, in der Regel Ernte ohne Anbau: Lieferung von Nahrung, Viehfutter, Holz, Fasern, Harz, Kautschuk, Torf, Elfenbein, Häuten oder Fellen;

1.3 Güter und Produkte aus lebenden Ressourcen, die für diesen Zweck durch spezifische Anpflanzungen oder Haltungen von Organismen und durch deren Züchtung hergerichtet werden und dazu Energie und Stoffe aus 1.1 erhalten. Sie liefern Nahrung für Mensch und Nutztiere, Holz, Fasern sowie andere Rohstoffe, neuerdings auch Energieträger.

2. Trägerfunktionen

16. Trägerfunktionen der Umwelt bestehen darin, daß die Umwelt die Aktivitäten, Erzeugnisse und Abfälle menschlichen Handelns aufnehmen und tragen („ertragen") muß. Die Trägerfunktionen sind das Gegenstück der Produktionsfunktionen, weil im Gegensatz zu diesen der Energie- und Stofffluß von der Gesellschaft in die Umwelt gerichtet ist. Die Erfüllung der Trägerfunktionen bedeutet ebenfalls Eingriffe in die natürliche Umwelt und Veränderungen in derselben.

Die Einteilung der Trägerfunktionen folgt zweckmäßigerweise den bereits erwähnten „Daseinsgrundfunktionen":

2.1 Trägerfunktion für Wohnen (Wohngebäude),

2.2 Trägerfunktion für gewerblich-industrielle Erzeugung (Fabrik-, Industrieanlagen einschließlich Massentierhaltung),

2.3 Trägerfunktion für Ver- und Entsorgung (Wasserwerke, Kläranlagen, Deponien),

2.4 Trägerfunktion für Verkehr, Transport und Kommunikation (Straßen, Eisenbahnen, Flugplätze, Draht- und Rohrleitungen),

2.5 Trägerfunktion für Freizeit und Erholung (Zelt-, Wohnwagenplätze, Sportanlagen).

Die Raumansprüche dieser Trägerfunktionen können örtlich konzentriert auftreten („Ballungsgebiete") oder großräumig verteilt sein. Daher werden sie häufig auch nach städtisch-industriellen und ländlichen Trägerfunktionen unterschieden.

3. Informationsfunktionen

17. Informationsfunktionen beschreiben den Fluß oder Austausch von Informationen zwischen Umwelt und Menschen bzw. menschlicher Gesellschaft und anderen Lebewesen. Informationen dienen zur Orientierung, zur Wahl eines bestimmten Verhaltens zur Umwelt und vor allem zur Regelung von Bedürfnisbefriedigungen.

Informationen sind nichtstofflicher (immaterieller) Art. Ihre Träger, die Signale, sind dagegen z. T. materieller Natur. Empfänger der Signale sind die Lebewesen, die dafür in der Regel besondere Rezeptoren — bei Tier und Mensch Sinnesorgane — entwickelt haben. Informationen sind gewissermaßen die Nahrung für die Sinnesorgane bzw. Rezeptoren und stellen eine „Signal-Umwelt" dar, die wesentlich durch strukturelle Umweltbestandteile bestimmt wird. Zu ihr gehören auch das Bild der Landschaft sowie die Anzeige des Umweltzustandes und seiner Tendenzen durch ökologische Indikatoren.

Die Erfüllung der Informationsfunktionen erfordert keine Eingriffe in die Umwelt oder Veränderungen derselben. Die Verarbeitung der empfangenen Informationen kann jedoch Umweltveränderungen auslösen.

4. Regelungsfunktionen

18. Regelungsfunktionen werden benötigt, um grundsätzlich wichtige Vorgänge des Naturhaushaltes, die durch Mensch oder Gesellschaft beansprucht oder erwartet werden, im Gleichgewicht zu halten, um die Folgen von Eingriffen aufzufangen oder auszugleichen (Abschn. 2.1.2.2). Wichtige Regelungsfunktionen sind:

4.1 Säuberungs- oder Reinigungsfunktionen: Abbau von Abfallstoffen, Selbstreinigung der Gewässer, Filterung der Luft durch Wälder, Wasseraufbereitung durch natürliche Bodenpassage;

4.2 Stabilisierung (Regelung im engeren Sinne), z. B. Abschirmung kosmischer Strahlung, Dämpfung klimatischer oder meteorologischer Einwirkungen durch Wälder und Gewässer, Zurückhaltung von Wasser in der Pflanzendecke und im Boden, Verhinderung von Bodenerosion, Speicherung und Unschädlichmachung schädlicher Stoffe im Boden (Tz. 548 ff.).

1.1.2 Kriterien der Umweltgefährdung

19. Nach allgemeiner Auffassung beruhen Umweltschäden und -gefährdungen auf solchen menschlichen Eingriffen in die Umwelt, die zu nicht oder nur teilweise wiedergutzumachenden unerwünschten Umweltveränderungen führen. Sie betreffen sowohl die noch vorhandene natürliche, d. h. vom Menschen nicht oder kaum beeinflußte Umwelt — die es in der Bundesrepublik freilich kaum noch gibt — als auch die bereits vom Menschen gestaltete kultürliche Umwelt, in der aber noch eine Anzahl natürlicher Bestandteile enthalten ist und natürliche (physikalische, chemische und insbesondere biologische) Prozesse weiterhin wirksam sind und bleiben. Bevor erörtert wird, ob diese Umwelten eine geeignete Bezugsgrundlage für Umweltschäden und -gefährdungen liefern können, erscheint eine Übersicht über die menschlichen Eingriffe in die Umwelt zweckmäßig.

20. Diese Eingriffe beruhen insgesamt auf der Schaffung einer kultürlichen Umwelt von zunehmend artifiziellem Charakter, auch als Zivilisation zu bezeichnen, die teils in die Matrix der natürlichen Umwelt eingefügt, teils dieser aufgepflanzt oder übergestülpt wurde. Es handelt sich hierbei um einen fortdauernden Prozeß, bei dem die Bestandteile, Kräfte und Funktionen (Abschn. 1.1.1.4) der natürlichen Umwelt keineswegs völlig beseitigt oder unterdrückt werden, sondern immer wieder auf Eingriffe reagieren und diese dabei ihrerseits verändern. Die kultürliche Umwelt besteht aus folgenden vier Hauptbestandteilen (Siemens AG, 1986):

1. Künstlich geschaffene, aber überwiegend aus natürlichen Elementen (Pflanzen, Tieren) bestehende Ökosysteme wie Agrar- und Forstökosysteme, Fischteiche, Parkanlagen, bestimmte Sport- und Freizeitanlagen;

2. bautechnische Objekte wie Gebäude aller Art einschließlich Produktionsanlagen, Verkehrswege, Brücken, Staudämme, Rohr- und Drahtleitungen, Nachrichtenübermittlungsanlagen. In bestimmten Anordnungen stellen sie räumlich abgrenzbare eigene Systeme dar, die als Techno-Ökosysteme — Beispiel: städtisch-industrielle Ökosysteme — bezeichnet werden;

3. Gebrauchsobjekte wie Maschinen aller Art, Fahrzeuge, Möbel, Geräte, Werkzeuge, etc., die durch Gebrauch zwar verschlissen, aber nicht völlig verändert werden;

4. Verbrauchsgegenstände oder -mittel wie zubereitete Lebensmittel, Treibstoffe, Wasch-, Reinigungs- und Pflegemittel, Dünge- und Pflanzenschutzmittel. Sie werden durch Verwendung und Verbrauch physikalisch oder chemisch verändert.

Weiterhin ist die kultürliche Umwelt durch folgende vier Aktivitäten oder Prozesse gekennzeichnet:

1. Biologische Prozesse zur Befriedigung von Elementarbedürfnissen (Tz. 9). Im wesentlichen handelt es sich um Stoffwechselprozesse, die durch Bevölkerungsverdichtung auf kleiner Fläche, durch Zu- und Abfuhrprobleme sowie durch Vermischung mit stoffwechselfremden Substanzen von natürlichen Stoffwechselprozessen unterschieden sind;

2. Gewinnungsprozesse für Rohstoffe aller Art als Ausgangsmaterialien für Stoffwechsel- und Herstellungsprozesse (1 und 3) wie z. B. Bergbau, Wassergewinnung, Land- und Forstwirtschaft, Jagd, Fischerei;

3. Industrielle und gewerbliche Herstellungsprozesse für z. B. bautechnische Objekte oder deren Teile, Gebrauchsobjekte, Nutzenergie, Verbrauchsgegenstände und -mittel;

4. Verwendungsprozesse (Benutzung der Objekte).

Diese Objekte und Prozesse dienen der bewußten Umgestaltung der natürlichen Umwelt durch den Menschen nach bestimmten Zielen (z. B. Behauptung oder Durchsetzung gegen andere Organismen und gegen „Widrigkeiten" der Natur, Sicherheit, Macht, wirtschaftlichen Erfolg, Bequemlichkeit). Dabei wird freilich meist stillschweigend vorausgesetzt, daß die vorher genannten vier Umwelt-Funktionen (Tz. 14 ff.) stets wirksam sind und voll genutzt werden können.

21. Im Gegensatz zur natürlichen Produktion regeln sich die Prozesse der menschlichen Produktion nicht selbst, sondern werden gesteuert, wobei aber nicht die Umwelt, sondern der Blick auf das jeweils erzeugte bzw. zu erzeugende Produkt die Steuerung bestimmt. Daher kann keiner der unter 1—4 genannten Prozesse durchgeführt werden, ohne daß dabei außer den beabsichtigten Erzeugnissen auch Neben- und Nachprodukte entstehen. Sie stellen „Emissionen" dar, für die keine Verwendung besteht (Tz. 316 ff.). Daher werden sie in drei Erscheinungsformen der Umwelt überlassen (Siemens AG, 1986):

1. Nicht oder nicht mehr brauchbare Gegenstände, z. B. nicht mehr genutzte Bauten, verschlissene Gebrauchsobjekte;

2. nicht oder nicht mehr brauchbare Substanzen in festem, flüssigem oder gasförmigem Zustand (feste Abfälle, Abwässer, Abgase);

3. nicht oder nicht mehr brauchbare Energien wie Abwärme, radioaktive Strahlung, Lärm.

22. Eine weitere Umweltveränderung durch menschliche Produktion bzw. anthropogene Systeme besteht in deren Raumanspruch, der nur auf Kosten der natürlichen Ökosysteme bzw. Ökotope gedeckt werden kann. Kultur- und Nutzflächen, Abbau-, Bau- und Lagerplätze bzw. -gebiete breiten sich in hochzivilisierten Ländern ständig aus, während naturnahe Ökotope an Zahl und Fläche abnehmen.

23. Allein die Aufzählung der Bestandteile, der Prozesse und insbesondere der Emissionen sowie des Raumanspruches der kultürlichen Umwelt macht erkennbar, welche Gefährdungen der Umwelt insgesamt in ihren Strukturen (Abschn. 1.1.1.3) und Funktionen (Abschn. 1.1.1.4) drohen und welche Schäden dadurch bereits entstanden sind. Der Umweltschutz erfährt aus dieser Erkenntnis ständig mächtige Anstöße, die einerseits zur Ausformung des Umweltbewußtseins und eines vernünftigeren Umweltverhaltens führen (siehe Kap. 1.2), andererseits immer nachdrücklicher ein zielgerichteteres Handeln zum Schutz der Umwelt (Kap. 1.3) fordern. Dahinter steht die Überzeugung, daß es möglich und alle Anstrengungen wert ist, die menschlichen Aktivitäten „umweltverträglich" zu gestalten (Abschn. 1.3.3). Ein wesentliches Hindernis dieser Bemühungen ist die Komplexität der Umwelt.

1.1.3 Grundsätzliche Überlegungen zum Umweltschutz

24. Der Begriff „Umwelt" stellt nach dieser Betrachtung ein Integral räumlich-struktureller und funktioneller Gesichtspunkte dar, in welche die Umweltsektoren, Teilsysteme der Umwelt oder Umweltbestandteile mit jeweils unterschiedlichen Gewichtungen eingehen. Im allgemeinen Bewußtsein gilt „die Umwelt" heute als belastet oder gefährdet (Kap. 1.2); dies fordert den Umweltschutz heraus. Die Nutzung von Ressourcen als solche und deren mögliche Verknappung werden im folgenden allerdings nicht zu den Gegenständen der Umweltpolitik gezählt. Die Auswirkungen des Abbaus und der Nutzung von Ressourcen in Bezug auf Immissionen oder Landschaftsbild werden dagegen selbstverständlich einbezogen.

Der Umweltschutz hat drei Hauptziele:

(1) Beseitigung bereits eingetretener Umweltschäden,

(2) Ausschaltung oder Minderung aktueller Umweltgefährdungen,

(3) Vermeidung künftiger Umweltgefährdungen durch Vorsorgemaßnahmen.

25. Die Komplexität der in Abschnitt 1.1.1.2 bis 1.1.1.4 erläuterten natürlichen Umwelt und der sie durchsetzenden oder übergreifenden kultürlichen Umwelt übersteigt die Überschaubarkeit und Vermittelbarkeit. Daher bedient man sich zur Veranschaulichung der Zusammenhänge sogenannter Umweltmodelle in verschiedenen Graden der Abstraktion, die aber ihrerseits Probleme der Verständlichkeit und Vermittelbarkeit aufwerfen. Modelle sind Abbildungen des Umweltsystems bzw. seiner Teilsysteme, die auf Vereinfachung beruhen. Dadurch sind sie nicht nur vom abzubildenden System, sondern auch vom Modell-Verfasser bestimmt, d. h. vom abbildenden Subjekt. Dessen Interesse, geleitet durch den Zweck, für den es das Modell verwenden möchte, bestimmt die Art der Vereinfachung, d. h. welche Systemeigenschaften oder -bestandteile dabei weggelassen oder hervorgehoben werden. Freilich kann das Subjekt dabei nicht nach seinem Belieben verfahren, weil es an das abzubildende System gebunden bleibt, das von sich aus Maßgaben, Hierarchien oder Prioritäten setzt (s. Abb. 1.1.1).

Die immer wieder festzustellenden Diskrepanzen über „die Umwelt" beruhen einerseits auf deren schwer vermittelbarer Komplexität, andererseits auf dem unvermeidbaren subjektiven Anteil an ihrer Abbildungsweise in Umweltmodellen. Um diesen Anteil so weit wie möglich zu objektivieren, ist der Vereinfachungs- oder Abstraktionsvorgang, der von der Umwelt zum Modell und zurück führt, durchschaubar und vermittelbar zu machen. Dies fordert aber von jedem umweltbewußten Bürger ein hohes Maß an fachlichem Umweltwissen.

26. Der Öffentlichkeit blieb die Komplexität der Umweltsituation entweder unzugänglich oder nicht vermittelbar. Umwelt- bzw. Naturschutz-Verbände und Bürgerinitiativen vertieften sich jedoch — z. T. unabhängig von den wissenschaftlichen Institutionen — mit großer Sachkunde in bestimmte Umweltprobleme. Was in der Öffentlichkeit, unterstützt von Fernsehen, Presse und Rundfunk, als Umweltgefährdung oder -zerstörung durchschlug, waren bestimmte Emissionen und Immissionen aus dem Bereich der menschlichen Produktion sowie der als „Landschaftsverbrauch" gebrandmarkte wachsende Raumanspruch technisch-urbanindustrieller Systeme. In den neuartigen Waldschäden, in spektakulären Gewässerverschmutzungen und in den radioaktiven Immissionen aus dem Unfall in Tschernobyl hat dieses Bewußtsein steigender, ja nicht wiedergutzumachender Umweltgefährdung seine bisherige Kulmination gefunden.

27. Die immer wieder erhobene rigoristische Forderung nach Vermeidung oder Unterlassung jeglicher Umweltverschmutzung bedeutet praktisch die Forderung nach „Null-Emission" menschlicher Aktivitäten. Aus physikalischen (thermodynamischen), chemischen und biologischen Gründen sind sehr viele Gewinnungs-, Herstellungs- und Verwendungsprozesse mit Emissionen verbunden, die unvermeidbar sind. Daher würde die Erfüllung der Forderung nach Null-Emissionen häufig die Unterlassung oder Unterbindung emissionsauslösender Prozesse bedeuten. Tatsächlich sind viele Umsetzungsvorgänge vom industriellen bis in den individuellen Bereich bisher nicht ernsthaft genug auf ihre Entbehrlichkeit untersucht worden, nicht zuletzt weil eine generationenlange Gewöhnung dies als unnötig erscheinen ließ.

28. Die Forderung nach Null-Emission verkennt aber in der Regel das Vorhandensein einer natürlichen Grundbelastung mit bestimmten Immissionen, z. B. Kohlenwasserstoffen aus Nadelwäldern oder Methan aus Sümpfen. An diese sind die Lebewesen jeweils angepaßt. Die in Abschn. 1.1.1.4 genannten Regelungsfunktionen der Umwelt vermögen diese Grundbelastung nicht nur zu bewältigen, sondern

Abbildung 1.1.1

Das System Umwelt in abstrahierter Betrachtung

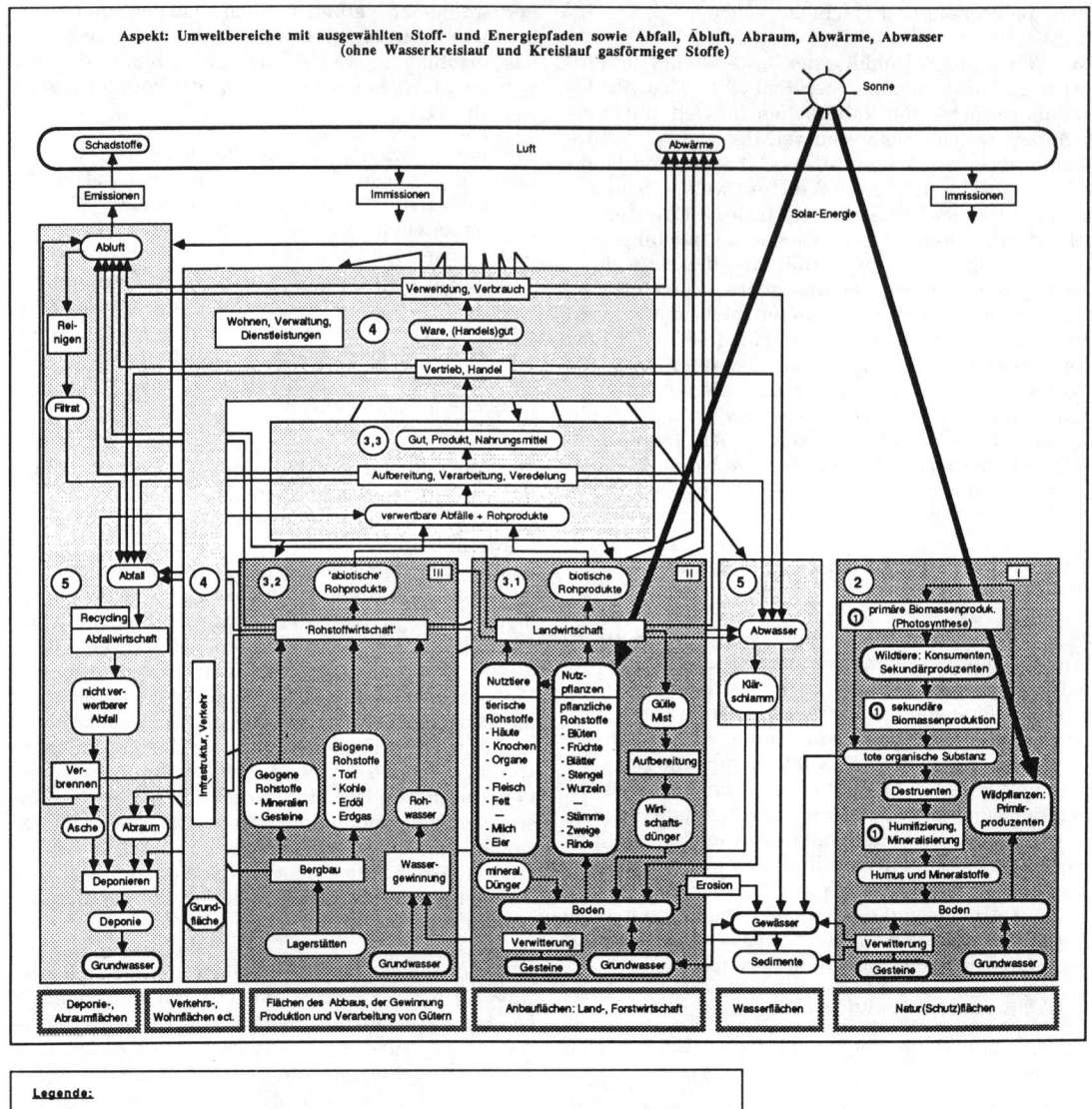

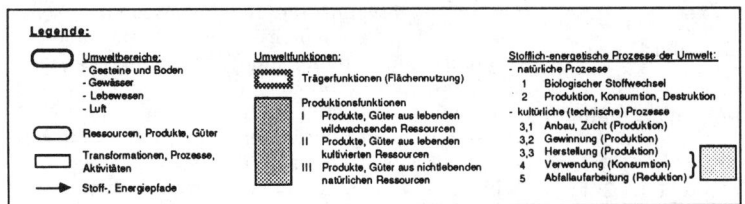

Quelle: GERTBERG, 1987, verändert

enthalten oft auch nennenswerte Reservekapazitäten für die Regelung zusätzlicher Belastungen gleicher Art in begrenztem Umfang. Eine wichtige Rolle spielt hierbei die Regelungsfunktion der Böden (Abschn. 2.2.3; SRU, 1985, Tz. 672 ff.). Die Höhe und die Art der Bewältigung der natürlichen Grundbelastung müssen bekannt sein, um eine Bezugsgrundlage für zusätzliche anthropogene Immissionen zu erhalten. Das Vorhandensein einer natürlichen Grundbelastung darf jedoch nicht zum Anlaß genommen werden, auf die Vermeidung zusätzlicher Belastungen gleicher Art aus anthropogenen Quellen zu verzichten.

29. Wer die Forderung nach Null-Emissionen ablehnt, wird derjenigen nach kleinstmöglicher Emission zustimmen. Ihre Realisierung wirft jedoch zahlreiche wissenschaftliche, rechtliche und praktische Fragen auf, z. B. welche Immissionen von der Umwelt ertragen oder bewältigt werden können, ohne daß diese oder jene Umweltfunktionen (Abschn. 1.1.1.4) eine Beeinträchtigung erkennen lassen. Eine weitere Frage richtet sich auf die niedrigste Emission, die bei einem vom Menschen betriebenen Umsetzungsvorgang, z. B. einer technischen Produktion, erzielt werden kann und zu welchen Kosten. Es sind, allgemein gesprochen, die Fragen nach den wissenschaftlichen Grundlagen für Grenz- oder Richtwerte, die als Schutz- oder Vorsorgewerte gegen Umweltgefährdung aufzufassen sind.

Diese Fragen sind schwierig zu beantworten. Das gilt bereits für die Feststellung einer Umweltbeeinträchtigung, bei der man ohne Übereinkünfte nicht auskommt. So werden Waldschäden durch Schädigung einer bestimmten Anzahl von Bäumen eines Waldbestandes definiert, Baumschädigungen durch Blatt- bzw. Nadelschäden oder -ausfälle bestimmter Menge. Schädigungen der Feinwurzeln der Bäume oder Störungen von Enzymsystemen der Blätter werden nicht berücksichtigt, obwohl sie vielleicht noch empfindlichere Schadensanzeiger sind.

30. Grenz- oder Richtwerte für Emissionen oder Immissionen müssen unterhalb des Wertes festgesetzt werden, bei dem nicht tolerierbare Schäden auftreten. Die genaue Grenzziehung ist wissenschaftlich nicht oder höchstens teilweise begründbar und daher sowie wegen der Komplexität der Bezugsgrößen und -felder sowie der Schadensdefinition und der einfließenden wirtschaftlichen Interessen stets umstritten. Darum sind Grenz- und Richtwerte häufig in der Öffentlichkeit mit Mißtrauen belastet — obwohl sie doch ein Bewußtsein des Schutzes bzw. der Vorsorge vor Umweltgefährdungen vermitteln sollten. Im Verständnis der Öffentlichkeit trennen diese Werte entgegen ihrer wissenschaftlichen Definition einen Bereich der Gefährdung, der jenseits eines Grenzwertes liegt, von einem diesseits gelegenen Bereich der Sicherheit. Tatsächlich handelt es sich aber in vielen Fällen beiderseits des Grenzwertes um mehr oder weniger kontinuierlich ab- bzw. zunehmende Schadstoffkonzentrationen und damit Wahrscheinlichkeiten des Schutzes. Behörden und Experten achten auf Einhaltung der Grenzwerte, weisen aber auch darauf hin, daß bei einer gewissen Überschreitung wegen des weiten Abstandes zur Schadensschwelle in der Regel keine unmittelbare Gefahr drohe. Zugleich wird eine Unterschreitung von Grenzwerten begrüßt und aus Vorsorge-Erwägungen sogar empfohlen. Immer wieder äußern Experten, daß die Einhaltung eines Grenzwertes eines Stoffes von z. B. 10 µg/m³ jede Gefahr ausschließe, aber die Unterschreitung um die Hälfte, d. h. 5 µg/m³ für Umwelt und Gesundheit noch günstiger sei. Solche Äußerungen lassen Grenzwerte fragwürdig erscheinen, belegen aber auch ihren politischen Charakter, der immer wieder deutlich gemacht werden muß (Abschn. 3.1.2.1).

31. Die technische und wirtschaftliche Praxis des Umweltschutzes hat gezeigt, daß bei einem gegebenen Stand der Technik die Aufwendungen und Kosten der Emissionsminderung um so mehr, und zwar überproportional, steigen, je mehr man sich der kleinstmöglichen Emission nähert. Aus diesem Grunde bevorzugen die Wirtschaft und andere Träger der Kosten des Umweltschutzes, auch wenn sie den Grundsatz der kleinstmöglichen Emission bejahen, die Festsetzung möglichst hoch angesetzter Grenzwerte, die auch möglichst lange aufrechterhalten werden. Seitens des Umweltschutzes, dem es um möglichst hohe Sicherheit vor schädlichen oder gefährlichen Emissionen gehen muß, werden dagegen möglichst niedrig angesetzte Grenzwerte gefordert. Zwischen diesen gegensätzlichen Forderungen muß ein Kompromiß gefunden werden, den zu finden die Wissenschaft zwar helfen, den sie jedoch nicht begründen kann, und der den jeweils festgesetzten Grenzwert als einen politischen Wert verständlich macht.

32. Die Problematik der Grenzwerte wird durch ihre Handhabung zusätzlich mit Mißverständnissen befrachtet. In der Industrie besteht z. B. die Neigung, festgesetzte Emissionsgrenzwerte aus Kostengründen möglichst weitgehend auszuschöpfen. Der Grenzwert wird damit zu einer Steuerungsgröße von z. T. komplizierten Produktions- und Entsorgungsprozessen. Eine Unterschreitung oder Nicht-Ausschöpfung von Grenzwerten ist dann ohne Änderung der Produktionsverfahren nicht ohne weiteres möglich. Dagegen kann ein Landwirt, der z. B. bei der Anwendung von Schädlingsbekämpfungsmitteln ebenfalls an Grenzwerte (Rückstands-Höchstwerte in Böden oder Nahrungsmitteln) gebunden ist, bei geringem Schädlingsbefall die Anwendung vermindern oder gar unterlassen. Er braucht also den Grenzwert nicht auszuschöpfen und wird dazu sogar ständig ermutigt. So erwünscht eine solche beständige Grenzwertunterschreitung aus Umweltsicht ist, darf sie doch nicht von allen Emittenten erwartet oder diesen gar auferlegt werden. Zunächst ist auf die strikte Grenzwerteinhaltung zu dringen; die Möglichkeit weiterer Herabsetzung der Grenzwerte ist unabhängig davon immer wieder zu überprüfen, wobei zwischen freiwilliger Unterschreitung und verbindlicher Auflage zu unterscheiden ist.

33. Die Umweltpolitik wird auf das Instrument der Grenzwerte nicht verzichten können, auch wenn eine Tendenz zu ihrer Festschreibung besteht. Grenzwerte sind grundsätzlich kein dynamisches Instrument, das sich wandelnden Anforderungen vergleichsweise schnell anpassen läßt. Sie müssen daher durch andere Instrumente ergänzt werden (Abschn. 1.3.4.2, 1.3.4.3). Ständige Bemühungen sind erforderlich, um die wissenschaftliche Grundlage der Umweltbeeinträchtigung, den Vorgang der Richt- und Grenzwertfindung sowie die Handhabung dieser Werte in der Praxis so offenkundig und objektiv wie möglich zu gestalten. Mißverständnisse, Mißdeutungen oder Mißbrauch werden nicht völlig ausgeschlossen werden können, doch sollten sie besser erkennbar gemacht werden. Deutlicher als bisher muß auch zwischen der Vermeidung oder Verminderung von Emissionen einerseits und der Verminderung oder Unterlassung emissionsverursachender Aktivitäten andererseits unterschieden werden.

34. Grenz- und Richtwerte stellen das Herzstück einer Umweltvorsorge dar, die an einer immissionsunabhängigen Emissionsverminderung orientiert ist. Einerseits spiegelt die jeweilige Höhe der Grenzwerte die Ernsthaftigkeit wider, mit der eine Gesellschaft die Ziele der Gefahrenabwehr und der Risikoverminderung verfolgt (gleichsam die objektive Seite); andererseits ist der Umgang mit ihnen in der öffentlichen Diskussion, das Wissen um ihren konsensualen Charakter und damit auch eine realistische Einschätzung der Leistungsfähigkeit dieses Instruments ein Ausdruck der Reife einer Gesellschaft im Umgang mit Risiken, die sie selbst produziert hat (gleichsam die subjektive Seite). Wissenschaftliche Politikberatung muß auf beide Seiten einzuwirken versuchen: auf erstere, um ihr den mutigen Vorgriff auf technisch mögliche, aber kostenintensive Grenzwerte zu erleichtern, auf letztere, um die Herausbildung eines realistischen Beurteilungsvermögens zu unterstützen. Da beide Seiten sich — im Guten wie im Schlechten — nicht unabhängig voneinander entwickeln können, vielmehr sich in Wechselwirkung gegenseitig bedingen, ist es umso wichtiger, daß eine rationale Durchdringung dieses komplexen Problemfeldes nicht nur Experten vorbehalten bleibt (Abschn. 1.3.2.4).

35. Die Entwicklung der vergangenen Jahre bestätigt die Richtigkeit der Position, die der Rat 1978 formuliert hat (SRU, 1978, Tz. 1937): Nur mit den Mitteln der technisch-industriellen Zivilisation können die Probleme, die diese Zivilisation geschaffen hat, erkannt und überwunden werden. Sich dieser Aufgabe zu stellen, ist schwieriger, anspruchsvoller, aber auch undankbarer, als die verbalradikale Haltung eines Rigorismus einzunehmen, der die wirklichen Probleme — Entscheidung über Güterkollisionen, Bewertung von Nutzen und Risiken einzelner Technologien, Entwurf und Durchsetzung kalkulierbarer, realistischer Handlungskonzepte — hinter der unerfüllbaren und im Kern unsinnigen Forderung nach Null-Emission versteckt.

1.1.4 Überlegungen zum Umweltrecht

36. Eine klare Inhaltsbestimmung des Begriffes „Umwelt" ist auch für das Umweltrecht erforderlich, das ebenfalls sehr unterschiedlich gedeutet wird. Ein extrem weiter Umweltrecht-Begriff, der auch die gesellschaftliche Umwelt einbeziehen würde, wäre unergiebig. Selbst die vollständige Miterfassung von Rechtsgebieten wie Raumordnung und Landesplanung, Baurecht oder Lebensmittelrecht würde, obwohl diese durchaus umweltrelevant sind, immer noch einen allzu weitgefaßten Umweltrechtsbegriff bedeuten. Demgegenüber sind die meisten Fachleute, wie die Veröffentlichungen zeigen, um einen engeren Begriffsinhalt des Umweltrechts bemüht. Dabei werden verschiedene Wege beschritten.

37. So befürwortet einerseits STEIGER (1982) eine rechtssystematische Zusammenfassung von Rechtsnormen verschiedener Rechtsgebiete als eigenständiges „Querschnittsrecht". Unter Umweltschutzgesichtspunkten knüpft er dabei an die vier Handlungsbereiche der Abwehr, der Wiederherstellung, der Bewirtschaftung sowie der Planung und Gestaltung an. Aus umweltpolitischen Erwägungen könnte sich andererseits anbieten, dem Umweltrecht alles zuzuordnen, was von bestimmten Leitprinzipien durchdrungen sein soll, insbesondere dem Verursacher-, dem Vorsorge- und dem Kooperationsprinzip. SALZWEDEL (1981) — und aus anderen Beweggründen auch PAWLOWSKI (1986) — halten es jedoch für wenig ergiebig, diese drei Prinzipien als gemeinsame Grundprinzipien des Umweltrechtes anzusehen. Denn dafür finden sich auch in anderen Rechtsgebieten Parallelen; zudem ist im engeren Umweltrecht der Grad der Verrechtlichung dieser politischen Prinzipien sehr unterschiedlich. SALZWEDEL (1981) befürwortet demgegenüber eine Betrachtungsweise, die entsprechend auf die Belastbarkeit der Umwelt abstellt, wenn er schreibt: „Vielmehr schweißt das unleugbare Bedürfnis die Umweltrechtsgebiete zu einer funktionalen Wirkungseinheit zusammen, einerseits das Schicksal von Investitionen und wirtschaftlichen Anstrengungen kalkulierbar zu machen, andererseits die Belastung der Ressourcen, von denen künftiges Leben und Wirtschaften abhängig ist. Das macht eine Betrachtungsweise erforderlich, die über die aufeinanderfolgenden Verfahren und Verfahrensabschnitte für Standortwahl, Produktwahl, Errichtung und Betrieb von Anlagen, Abwasser- und Abfallbeseitigung hinweg reicht. Ob eine Investition gesichert ist, entscheidet sich oft erst bei der Klärung von Einzelfragen der Abwasser- oder Abfallbeseitigung. In welchem Maße die verfügbaren Ressourcen Wasser, Boden, Luft, tierisches und pflanzliches Leben beansprucht werden, entscheidet sich vielfach erst, wenn man die in all diesen Verfahren zugelassenen Emissionen über alle ihre Verbreitungspfade verfolgt und bilanziert. In Wahrheit ist ein verfahrensübergreifend konzipiertes environmental assessment also Investitionsvertretbarkeitsprüfung aus der Sicht der Unternehmer und Umweltverträglichkeitsprüfung aus der Sicht der Behörden zugleich."

Sicherlich geht es dabei nicht nur um Investitionen, bei denen das Bedürfnis nach Rechtssicherheit und Kalkulierbarkeit besonders ausgeprägt ist, sondern ganz allgemein um die Vorausberechenbarkeit von Zulässigkeit und Folgen menschlichen Planens und Wirtschaftens.

38. Damit aber rücken anstelle anderer Grundprinzipien die Begriffe der Belastbarkeit der Umwelt bzw. der Umweltverträglichkeit in den Mittelpunkt des Umweltrechts. Für diese sind greifbare Kriterien zu ermitteln, die in Gesetze, Verordnungen und Verwaltungsvorschriften übernommen werden und als Umweltstandards vor allem im praktischen Gesetzesvollzug durchsetzbar sind. Dabei wird heute jedoch allgemein anerkannt, daß Ge- und Verbote und die Kontrolle ihrer Einhaltung keineswegs immer allein ausreichen, sondern einer Ergänzung durch sinnvolle ökonomische Anreize und weitere Instrumente bedürfen (Abschn. 1.3.4).

39. Bei einer solchen Sicht des Umweltrechts erweist sich der Ansatz über den räumlich-strukturellen und funktionellen Umweltbegriff (Abschn. 1.1.1.3, 1.1.1.4) außerordentlich hilfreich. In der Tat zielt das Umweltrecht darauf ab, menschliches Verhalten so zu steuern, daß die Grenzen der Belastbarkeit des Menschen, der übrigen Lebewesen und der jeweiligen Umwelt nicht gefährdet werden (zum Begriff „Umwelt" vgl. Tz. 1 ff.).

In diesem Zusammenhang werden drei Regelungsschritte voneinander zu unterscheiden sein:

1. Zunächst wird bestimmt, welche Umwelt für Leben und Gesundheit des Menschen unmittelbar bedeutsam ist und welche Belastungsgrenzwerte oder Vorsorgewerte hier beachtet werden müssen.
2. Sodann sind Schutzziele für die Vielfalt der Pflanzen- und Tierarten zu formulieren, die wegen ihrer umweltbedingt komplexen Struktur als „Schutzwürdigkeitsprofile" entwickelt werden müssen (Abschn. 1.3.2.2). Sie erfordern eine Gewichtung, um festzustellen, wie weit die Pflanzen und Tiere mittelbar für den gesicherten Fortbestand menschlichen Lebens unverzichtbar sind — und zwar nicht nur als Arten schlechthin, sondern jeweils auch in ihrer Verbreitung und Populationsdichte. Es erweist sich nicht immer als hilfreich, ohne jede Gewichtung nach der jeweils empfindlichsten Art zu suchen und an deren besonders hohen Umweltanforderungen Standards und Grenzwerte zu orientieren (Tz. 95).
3. Schließlich müssen rational nachvollziehbare Gefährdungsprofile entwickelt werden, die den Schutzwürdigkeitsprofilen für die unverzichtbare pflanzliche und tierische Umwelt gegenüberzustellen sind. Damit werden die Vermeidungs- und Reinigungsanforderungen, aber auch bereits die planerischen Schutzbemühungen so gesteuert, daß die vorhandenen Risiken für diese Umwelt auf ein angestrebtes hinnehmbares Maß zurückgeführt werden (Tz. 96).

40. Die bisher erstellten Schutzwürdigkeits- und Gefährdungsprofile waren überwiegend auf die Produktions- und Trägerfunktionen der Umwelt bezogen. Das Verständnis des Umweltrechts gemäß der in Abschnitt 1.1.1.2 gegebenen Umweltdefinition macht es notwendig, die Regelungs- und Informationsfunktionen, die man bisher wenig beachtet hat, mit einzubeziehen.

Für die Regelungsfunktionen sind insbesondere die Schadstoffflüsse bedeutsam. Der Abbau der Schadstofffrachten, die etwa die Regelungsfunktion des Bodens beeinflussen, steht im Vordergrund. Daher treten quantitative Vorsorgeziele für die Minderung der Gesamtemission mehr und mehr hervor; in ihnen muß sich das Gefährdungsprofil widerspiegeln, das den betreffenden Frachten, bezogen auch auf die Regelungsfunktion, jeweils zugeschrieben wird.

Dennoch bleiben die oft griffigeren und anschaulicheren Standards und Grenzwerte, die bei der Überforderung der Produktions- oder Trägerfunktionen ansetzen, mit ihrer mittelbaren Schutzwirkung für die Regelungs- und Informationsfunktionen vorherrschend. In einem politischen Gemeinwesen müssen Nutzungsverzichte, Vermeidungs- und Reinigungsanstrengungen möglichst weitgehend so begründbar sein, daß sich auch die tatsächliche Anschauung und Vorstellung daran ausrichten kann. Wo jedoch eigenständige ökologische Belastbarkeitskriterien, die sich auf die Regelungsfunktionen beziehen, eine Rolle spielen, müssen sie bei der Aufstellung von Umweltstandards zusätzlich berücksichtigt werden. In dieser Hinsicht ist die Wissenschaft aufgerufen, ergänzende Schutzwürdigkeitsprofile zum Schutz auch der „stillen" Umweltfunktionen zu entwickeln und für den politischen Entscheidungsprozeß aufzubereiten.

1.2 Umweltbewußtsein und Umweltverhalten[1])

1.2.1 Einleitung

41. Der Rat hat in seinem 1978 vorgelegten Umweltgutachten (SRU, 1978) insbesondere auf der Grundlage von Ergebnissen der Umfrageforschung ein hohes Umweltbewußtsein in der Bundesrepublik feststellen können: Die Sorge um den Zustand und die Zukunft der natürlichen Umwelt war in der Bevölkerung der Bundesrepublik weit verbreitet. Umweltschutz galt schon damals als eine der wichtigsten politischen Aufgaben. Es herrschte bei vielen Bürgern Unzufriedenheit mit der staatlichen Umweltpolitik, sie forderten ein größeres finanzielles Engagement der öffentlichen Hand auf diesem Gebiet und waren auch selbst bereit, für den Umweltschutz finanzielle Opfer zu bringen oder Einbußen an Bequemlichkeit in Kauf zu nehmen. Die Hoffnungen insbesondere jüngerer und häufig auch besser ausgebildeter Menschen richteten sich vor allem auf die sich entwickelnde Umweltbewegung in Gestalt von Bürgerinitiativen und Naturschutzverbänden, weniger auf Regierungen, Wirtschaft und Parteien.

42. Es ist schwierig, in wissenschaftlich fundierten Trendaussagen die damaligen Befunde fortzuschreiben. Eine systematische und vor allem auf Zeitreihen hin orientierte Forschung ist bis auf wenige Ausnahmen nicht durchgeführt worden. Damals wie heute wird das Feld von unkoordinierten und wenig theoriebezogenen demoskopischen Einzeluntersuchungen beherrscht. Die Interpretation der Ergebnisse solcher, in unterschiedlichen Zusammenhängen gestellter einzelner Fragen drängt die wissenschaftliche Analyse des Phänomens Umweltbewußtsein oft an den Rand intelligenter Spekulation und öffnet unterschiedlichsten, möglicherweise auch interessengeleiteten Interpretationen Tür und Tor. Diese Forschungslage erfordert dringend eine Verstärkung der theoretisch-konzeptionellen Arbeit in diesem Problemfeld.

43. Die alltägliche Beobachtung der sozialen Realität, aber auch die Durchsicht einer Reihe zwischenzeitlich erfolgter unterschiedlicher Umfragen macht deutlich, daß sich an den Sorgen der Bevölkerung gegenüber Umweltproblemen seit der Bestandsaufnahme des Rates von 1978 kaum etwas geändert hat. Es ist offensichtlich, daß Umweltfragen für eine breite Öffentlichkeit inzwischen noch deutlicher in das Zentrum der Aufmerksamkeit gerückt sind und vor allem eine Vertiefung und Differenzierung umweltbezogenen Wissens stattgefunden hat. Darüber hinaus ist in den letzten Jahren in der Bundesrepublik Deutschland — wie auch in anderen Industrieländern — eine Ökologisierung der Weltbetrachtung in Politik, Wirtschaft und vor allem auch in der breiten Öffentlichkeit zu beobachten.

44. Seit Ende der 70er Jahre hat sich die umweltpolitische Diskussion in der Bundesrepublik Deutschland um die Auseinandersetzung über Art und Ausmaß einer stark umweltorientierten Wirtschafts- und Technologiepolitik erweitert. Hierbei geht es vor allem um die Akzeptanz ökologischer, aber auch weitergehender sozialer Risiken neuer Techniken, die oft und vielfach wenig zutreffend mit den Schlagworten „Technikfeindlichkeit", „Technikskepsis" oder auch „Wachstumsfeindlichkeit" verbunden wird. Zum besseren Verständnis dieser Phänomene wird es daher immer dringlicher, die psychischen und sozialen Mechanismen der Akzeptanz von der Technik ausgehender und umweltbezogener Risiken besser zu erfassen und zu erklären.

45. Unter ökologischen und politischen Gesichtspunkten sind Handlungsweisen wichtiger als Einstellungen. Auf dem Hintergrund dieser Einschätzung wird häufig eine mangelnde Umsetzung der erkennbaren Ökologisierung des Denkens in umweltgerechtes Handeln beklagt. Einstellungs- und Verhaltensänderungen sind offensichtlich keine synchron verlaufenden Prozesse. Im Verhaltensbereich haben wir es mit einem allmählichen, deutlich beobachtbaren, aber sicher für viele unter Betonung ökologischer Gesichtspunkte zu langsam verlaufenden Veränderungsprozeß zu tun. Grundlegende Veränderungen in Entscheidungs- und Handlungsgewohnheiten haben sich bislang zumeist im Wechsel der Generationen vollzogen, und wahrscheinlich werden wesentliche Umorientierungen auch im Umweltbereich erst allmählich durch das Heranwachsen neuer Generationen möglich.

46. Veränderungen von Verhaltensgewohnheiten und verhaltensregulierenden Normen beziehen sich gleichermaßen auf das Verhalten des einzelnen in seinem persönlichen Lebensumfeld wie auch auf das Verhalten von Entscheidungsträgern ganz unterschiedlicher Zuständigkeit, beispielsweise in Wirtschaft und Politik sowie im Erziehungs- und Rechtssystem. Veränderungen individuellen Verhaltens können in der Regel nur im Zusammenhang mit allgemeineren gesellschaftlichen Veränderungsprozessen beurteilt und unter Umweltgesichtspunkten gefördert werden. In diesen Prozessen haben institutionelle Leitbilder und Organisationskulturen prägenden Einfluß auf Urteils- und Verhaltensgewohnheiten des einzelnen.

---

[1]) Dieses Kapitel stützt sich weitgehend auf ein externes Gutachten „Umweltbewußtsein — Umweltverhalten" von Prof. Dr. M. Dierkes und Dr. H.-J. Fietkau.

1.2.2 Daten zur Entwicklung des Umweltbewußtseins

47. Es entspricht der Forschungslage, wenn bei der Beschreibung von „Umweltbewußtsein" vorwiegend auf Umfragebefunde zurückgegriffen wird. Im Hinblick auf die vermutete und wahrgenommene Gesamteinschätzung der Umweltsituation in der Bundesrepublik Deutschland kann zusammenfassend festgestellt werden: „Die schlechte Bewertung der Umwelt und die pessimistische Erwartung zum zukünftigen Umweltzustand ziehen sich wie ein ‚roter Faden' durch alle Ergebnisse der Umfrageforschung" (BÖRG et al., 1984). Umweltschutz wird als äußerst dringliche politische Aufgabe angesehen; sie gehört neben der Überwindung der Arbeitslosigkeit im Urteil der Bevölkerung auch heute, wie schon in den 70er Jahren, zu den wichtigsten politischen Aufgaben. Dies ergibt sich aus einer Vielzahl demoskopischer Untersuchungen, in denen die Befragten gebeten wurden, unterschiedliche gesellschaftliche Aufgaben nach ihrer politischen Dringlichkeit zu bewerten (BÖRG et al., 1983; Emnid-Institut, 1985; FIETKAU, 1984; Ipos, 1984).

48. In ihrer Abschätzung über die zukünftige Entwicklung der Umwelt sind die Bürger der Bundesrepublik außerordentlich skeptisch. Der Anteil derer, die die Entwicklung der Umweltsituation als lebensbedrohlich empfinden, hat sich von 1970 (weniger als 10 % der Befragten) bis 1980 (knapp 20 %) etwa verdoppelt (IfD 1984, zitiert nach TAMPE-OLOFF, 1985). Angesichts dieser Befürchtungen und des hohen wahrgenommenen Problemdrucks kann eine staatliche Umweltpolitik leicht als unzureichend empfunden werden. So herrscht denn auch eine weitverbreitete Unzufriedenheit mit der Umweltpolitik der Bundesregierung vor (FIETKAU, 1984; IfJ, 1982), die jedoch auch in anderen Industrienationen im Hinblick auf die jeweilige Regierung zu finden ist. Die Wirksamkeit umweltpolitischer Maßnahmen ist in den Augen der Bevölkerung der Bundesrepublik am ehesten im Bereich der Schadstoffemissionen von Personenkraftwagen sichtbar geworden. Hier nahmen 1986 42 % eine Verbesserung an, während Verbesserungen bei anderen Emittenten nur von etwa halb so vielen Befragten gesehen wurden (Ipos, 1986). Pessimistische Einschätzungen der zukünftigen Entwicklungen der Umweltqualität bestehen vor allem gegenüber toxischen Industrieabfällen, gegenüber dem Atommüll und im Hinblick auf die allgemeine Rohstoffausbeutung, während ein relativer Optimismus gegenüber Lärm- und Hausmüllproblemen vorherrscht (KESSEL und TISCHLER, 1984).

Wie schon in älteren Untersuchungen mehrfach berichtet, war bei einer Differenzierung nach Umweltmedien auch 1986 festzustellen, daß Luftreinhaltung und Gewässerschutz in der Umweltpolitik als die dringendsten Aufgaben angesehen werden (Ipos, 1986). Als Verursacher der Luftverschmutzung werden in erster Linie „chemische Fabriken" und „Stahlwerke" angesehen; der Anteil der Befragten, der „private Heizanlagen" oder „Autoabgase" als hauptsächliche Verursacher von Luftverschmutzung sieht, ist deutlich geringer.

49. Die Sorge und Betroffenheit der Bevölkerung über den Zustand und die Zukunft der Umwelt resultieren weniger aus unmittelbaren eigenen Umweltbeobachtungen oder Naturerfahrungen als aus einer hohen Bereitschaft breiter Bevölkerungskreise, umweltbezogene Informationen aus den Medien aufzunehmen und gedanklich zu verarbeiten (BÖRG et al., 1984). Sie sind also nur bedingt und mittelbar ein Spiegel der tatsächlichen Umweltsituation. Umweltbezogene Urteile und Einstellungen werden durch gesellschaftsbezogene Grundüberzeugungen mitgeprägt und unterliegen vielfältigen psychischen und sozialen Mechanismen der Informationsverarbeitung.

50. Einen Indikator für Umweltengagement stellt die Bereitschaft dar, für den Umweltschutz Kosten zu akzeptieren. Eine solche Zahlungsbereitschaft kann sehr direkt auf Preise von Gütern und Dienstleistungen bezogen sein, die sich unmittelbar im individuellen Haushaltsbudget bemerkbar machen, oder sie kann sich z. B. als Ausgabenforderung an den Staat richten. Eine Gleichsetzung von geäußerter Bereitschaft mit tatsächlichem (Kauf-)Verhalten ist nicht möglich. Dieses Verhalten wird nur teilweise durch Präferenzstrukturen determiniert, wie sie sich in den entsprechenden Umfragebefunden ausdrücken. Immerhin spiegeln die Präferenzstrukturen, die hinter der geäußerten Zahlungsbereitschaft stehen, die relative Bedeutsamkeit der angesprochenen Problemfelder wider.

Relativ viele Bundesbürger erklären sich bereit, für umweltschonende Produkte auch höhere Preise in Kauf zu nehmen. 1984 waren dies für besseres Trinkwasser 31 %, keine Weißmacher in Waschmitteln 88 %, Industrieprodukte 58 % und für leisere Haushaltsgeräte 47 % der Befragten (Ipos, 1984; zum Vergleich mit dem entsprechenden tatsächlichen Handeln siehe Abschn. 1.2.3).

51. Trotz allgemeiner Sparwünsche findet sich sowohl bei Befragten in der Bundesrepublik als auch beispielsweise in England und den USA eine relativ hohe Bereitschaft, für den Umweltschutz und für die Entwicklung neuer Energietechnologien Mehrausgaben der Öffentlichen Hand zu akzeptieren. Beide Ausgabenbereiche rangieren in der Bundesrepublik vor allen anderen erhobenen Problemfeldern wie Gesundheit, Schulen, öffentliche Sicherheit etc. In England und den USA ist die Präferenz nicht so eindeutig; im Vergleich zum Umweltschutz wird hier die Entwicklung neuer Energietechnologien als vorrangiges finanzpolitisches Investitionsfeld angesehen. Beiden Bereichen werden in England jedoch weniger Staatsmittel zugestanden als den Bereichen „Schule" und „Gesundheit". In den USA hat die Zahlungsbereitschaft der Befragten im Bereich Umweltschutz etwa das gleiche Niveau wie bei öffentlicher Sicherheit, Schulen, Gesundheit und Verkehr (KESSEL und ZIMMERMANN, 1983).

52. Die Mehrzahl der Bundesbürger sieht in den Bemühungen um Umweltschutz und Arbeitsplatzsicherung keinen Gegensatz. Die deutliche Mehrheit der Bevölkerung ist der Ansicht, durch Umweltschutzmaßnahmen würden eher Arbeitsplätze geschaffen als vernichtet (BÖRG et al., 1983).

53. Während es in der Bevölkerung weitgehenden Konsens über die Bedeutung der Umweltprobleme gibt, gehen die Auffassungen über mögliche Bewältigungsstrategien deutlich auseinander. Etwa gleich viele Befragte setzen dabei auf bessere technische Entwicklung und auf grundsätzliche Änderungen von Lebensstilen und gesellschaftlichen Strukturen. Dabei fordern Mitglieder von Umweltschutzorganisationen deutlich häufiger Strukturveränderungen, während Politiker und noch mehr Führungskräfte der Wirtschaft ihre Hoffnungen überwiegend auf den wissenschaftlich-technischen Fortschritt richten (KESSEL und TISCHLER, 1984).

Ähnliche Auffassungsunterschiede bestehen über die Fähigkeiten zur Lösung von Umweltproblemen. Aus der Sicht der Bevölkerung werden Politik und Wirtschaft zwar Macht und Einfluß, aber keine Ideen oder Handlungsbereitschaft zugeschrieben. Dagegen unterstellt man der Wissenschaft oder den Umwelt- und Naturschutzverbänden hohe Befähigung zur Problemlösung, aber keinerlei Einfluß auf das tatsächliche Handeln (FIETKAU et al., 1986). Vertreter der Wirtschaft schätzen die Problemlösungskompetenz der Industrie höher ein. Eine ähnlich hohe Selbstzuschreibung von Kompetenz seitens der Industrie findet sich in den USA und England nicht in dem Maße wie in der Bundesrepublik Deutschland (FIETKAU, 1985).

54. Die Zusammenhänge von sozio-demographischen Variablen und umweltbezogenen Einstellungen variieren relativ stark (KESSEL und TISCHLER, 1984) und ergeben kein einheitliches Bild. Stark verallgemeinernd kann man sagen, daß jüngere und besser ausgebildete Personen (Ipos, 1986) sowie solche, die im Dienstleistungssektor tätig sind, sich stärker dem Umweltgedanken verpflichtet fühlen, die aktuelle Umweltsituation pessimistischer einschätzen und eher bereit sind, sich für den Umweltschutz zu engagieren. Personen, die in den Bereichen Gesundheitswesen, Erziehung und öffentliche Verwaltung arbeiten, sind in Umweltschutzbürgerinitiativen deutlich überrepräsentiert (FIETKAU et al., 1982).

55. Es liegen nur wenige Untersuchungen vor, aus denen sich methodisch einigermaßen vertretbare Vergleiche zwischen verschiedenen Ländern im Hinblick auf umweltbezogene Einstellungen herleiten lassen. Offenkundig aber scheint es zwischen westlichen Industrienationen geringere Urteilsdifferenzen zu geben als zwischen unterschiedlichen Bevölkerungsgruppen innerhalb der Länder (vgl. mit Bezug auf die Bundesrepublik Deutschland, England und USA; KESSEL und TISCHLER, 1984). Über alle Länder der Europäischen Gemeinschaft hinweg zeigte sich darüber hinaus, daß die meisten Befragten sich um den Umweltzustand im Lande insgesamt und weltweit Sorgen machen und im Vergleich dazu wenig Befragte angeben, an ihrem Wohnort direkt Grund zur Klage über die Umwelt zu haben (Kommission der Europäischen Gemeinschaften, 1983). Hinsichtlich der umweltpolitischen Leistungen der Regierung sind die Bürger der Bundesrepublik Deutschland mit der Umweltpolitik zufriedener als Engländer, aber unzufriedener als Amerikaner; wobei zu berücksichtigen ist, daß der Anteil der Unzufriedenen in allen drei Ländern den Anteil der Zufriedenen deutlich übersteigt (KESSEL und TISCHLER, 1984).

56. Einstellung zu und Wissen über Umweltfragen werden einerseits durch die Massenmedien mitbestimmt, andererseits sind Art und Umfang der Berichterstattung auch ein Ausdruck des öffentlichen Interesses am jeweiligen Thema. Billig, Briefs & Partner (1985) untersuchten in den Jahren 1983 und 1984 die Umweltberichterstattung in vier Zeitungen (Die Zeit, Frankfurter Allgemeine, Westdeutsche Allgemeine Zeitung und Kölner Stadtanzeiger). Der Anteil umweltpolitischer Berichte stieg von 5,5 % (1983) auf 9,2 % (1984).

Dabei dominierten die Berichte über die Luftverschmutzung, die 1983 (35,8 % aller Umweltberichte) deutlich an das Problem der neuartigen Waldschäden gekoppelt waren und 1984, wenn auch mit geringerer Koppelung, auf 46,4 % zunahmen. Besondere Aufmerksamkeit galt dabei den Autoabgasen. Es folgten Bodenprobleme mit 26,8 % der Berichte (1983) bzw. 15,2 % (1984); ähnlich nahmen Berichte über Landwirtschaftsprobleme ab, über Meeresverschmutzung nahmen sie jedoch zu. Nur im Jahre 1984 gab es Berichte zum Problemkreis der atomaren Strahlung.

57. Die vorliegenden Umfragebefunde zeigen die Sensibilisierung der Öffentlichkeit gegenüber Umweltfragen sehr deutlich. Umweltschutz und Umweltpolitik sind danach nicht länger alleiniges Aufgabenfeld wissenschaftlicher und politischer Experten, sondern zu einem öffentlichen Anliegen geworden. Vieles in der Umweltpolitik ist auch durch den Druck der öffentlichen Meinung bewirkt worden. War dieser anfangs relativ diffus und emotionsgetragen, so scheint er heute stärker von einer Professionalisierung und Spezialisierung in der Umweltschutzbewegung zu profitieren. So bilden sich außerhalb der traditionellen Wissenschaftseinrichtungen Institute und Forschergruppen, die einen wachsenden Sachverstand und damit auch Möglichkeiten der Kontrolle umweltbezogenen Handelns selbst in technisch differenzierten Problembereichen des Umweltschutzes erwarten lassen.

58. Umweltschutz ist im Begriff, sich zu einem allgemeinen Bewertungsmaßstab für politisches und wirtschaftliches Handeln zu entwickeln, der Gleichberechtigung neben ökonomischen und sozialen Zielen fordert. Dahinter steht die Vermutung einer wachsenden Zahl umweltbewußter Menschen, daß die Gesellschaft an Grenzen der Problembewältigung angelangt sei. Politik, Wirtschaft und Wissenschaft werden hinsichtlich ihrer Fähigkeiten zur Lösung von Umweltproblemen mit zunehmender Skepsis betrachtet. Das Denken in einfachen Ursache-Wirkungs-Zusammenhängen reicht in der Tat beispielsweise nicht aus, die Dynamik vernetzter Ökosysteme zu ergründen und die Folgen von Eingriffen in diese richtig abzuschätzen.

59. In diesem Zusammenhang zwischen umweltrelevanten Einstellungen und umweltbezogenem Verhalten hat in den letzten Jahren die Frage nach der Wahrnehmung und Akzeptanz der mit bestimmten Techniken verbundenen ökologischen und auch sozialen Risiken sichtbar an Bedeutung gewonnen. In Wirtschaft, Wissenschaft und den Medien wird eine vermeintliche breite Technikskepsis in der Bundesrepublik Deutschland intensiv diskutiert; im politischen Raum gewinnt die Technologiefolgenabschätzung einen wachsenden Stellenwert (DIERKES et al., 1986). Dadurch ist der Bedarf nach konkreten Daten über die allgemeine Einstellung zur Technik bis hin zu den Gründen der Akzeptanz oder Nichtakzeptanz negativer Umweltauswirkungen bestimmter Techniken beinahe sprunghaft gestiegen. Solche Daten liegen, ähnlich wie beim Umweltbewußtsein, noch nicht in einer wissenschaftlichen Ansprüchen genügenden Menge und Qualität vor.

Dennoch lassen die vorhandenen Informationen den Schluß zu, daß im Gegensatz zu den beiden Jahrzehnten nach dem Zweiten Weltkrieg, in denen der technische Fortschritt im wesentlichen mit sozialem Fortschritt gleichgesetzt wurde, die Bevölkerung in der Bundesrepublik Deutschland heute differenzierter denkt: Die Ambivalenz des technischen Fortschritts, die Tatsache, daß er Vorteile wie Nachteile mit sich bringt, wird von einem wachsenden Anteil der Bevölkerung erkannt und auch artikuliert (DIERKES, 1986). Von einer allgemeinen Technikskepsis oder Technikfeindlichkeit zu sprechen, ist jedoch falsch. Der Anteil der Menschen, die dem technischen Fortschritt in Umfragen skeptisch oder zurückhaltend gegenüberstehen, liegt je nach Erhebung zwischen 10 und 20 % und entspricht damit ungefähr dem Anteil derer, die jede technische Neuerung uneingeschränkt begrüßen. Der Großteil der Bevölkerung vermutet, daß die Entscheidungsträger in Wirtschaft, Wissenschaft und Politik oft wissenschaftliche Erkenntnisse technologisch umsetzen, ohne deren Auswirkungen zuvor hinreichend zu untersuchen. Die Kritik trifft also weniger die Technik an sich, als bestimmte Formen der Techniknutzung (DIERKES, 1982). Die sich durchsetzende differenziertere Betrachtungsweise erfordert eine systematisch durchgeführte Technikfolgenabschätzung und eine breite öffentliche Diskussion über Risiken und Chancen einzelner technischer Entwicklungslinien, die, weil die Umweltauswirkungen immer einen breiten Raum einnehmen dürften, auch für die Umweltpolitik bedeutsam sind. Wie eine solche Technikfolgenabschätzung organisiert werden könnte, dürfte durch eine lange Diskussion gerade in der Bundesrepublik Deutschland und entsprechende Erfahrungen im Ausland ausreichend geklärt sein (DIERKES et al., 1986).

1.2.3 Umweltgerechtes Handeln

60. Unter politischen und ökologischen Zielen sind Handeln und Verhalten weitaus wichtiger als Einstellung und Wissen. Letztere sind notwendige, nicht jedoch hinreichende Voraussetzungen für umweltgerechtes Handeln. In der wissenschaftlichen Literatur, aber noch mehr in der Diskussion der Öffentlichkeit, wird beklagt, daß sich das offensichtlich sehr deutlich ausgeprägte Umweltbewußtsein in der Bevölkerung nicht in ein entsprechendes Handeln umsetzt.

Dies trifft so allgemein nicht zu. In den Umweltbelastungsbereichen, in denen der Bevölkerung die Probleme deutlich geworden sind und gleichzeitig umweltgerechte Handlungsmöglichkeiten durch Infrastrukturveränderungen und neue Techniken geschaffen oder gefördert wurden, kam es in wenigen Jahren zu deutlichen Veränderungen in den Verhaltensweisen. Wenn geeignete Anreize gegeben sind, dabei zugleich die Wirksamkeit umweltgerechten Verhaltens für den einzelnen erkennbar wird und wenn sich dieses darüber hinaus in die allgemeinen Wertvorstellungen und Handlungsgewohnheiten der Person einordnen läßt, geben viele Menschen umweltschonenden Verhaltensweisen den Vorzug. Wenn also der einzelne in seinem Verhalten noch nicht in dem Maße Umwelterfordernissen Rechnung trägt, wie es seine Einstellungen und Meinungen eigentlich erwarten lassen, dann muß genau geprüft werden, ob in hinreichendem Maße technische Rahmenbedingungen sowie adäquate Anreize für die erwünschten Verhaltensweisen geschaffen wurden und ob ausreichend Information und Rückkoppelung über die umweltbezogenen Folgen eines solchen Verhaltens vorliegen (DIERKES, 1986).

61. Die Lösung der Umweltprobleme wird sicher entscheidend mit vom Verhalten breiter Bevölkerungsgruppen abhängen. Aber es ist wenig erfolgversprechend, Verhaltensänderungen und gelegentlich — zumindest aus der Sicht der Betroffenen — auch -einschränkungen zu erwarten, ohne daß zugleich ein paralleler Veränderungsprozeß auch in den Handlungs- und Entscheidungsgewohnheiten der zentralen Institutionen unserer Gesellschaft (Unternehmen, Gewerkschaften, staatliche Administration usw.) stattfindet.

62. Ein besonders erfolgreicher Bereich der Umsetzung von Umweltbewußtsein in umweltgerechtes privates Handeln ist das Recycling in privaten Haushalten und der Wirtschaft. Hier ist es gut gelungen, politische Rahmenvorgaben und ökonomische Interessen der Anbieter von Recyclingsystemen mit den Wertvorstellungen und Interessen der Bürger in Einklang zu bringen und gleichzeitig die Erfolge sichtbar zu machen:

- „Von 1970 bis 1981 hat sich die Altglasverwertung von 50 000 t auf 595 000 t fast um das 12fache erhöht.
- Die Weißblechverwertung aus dem Hausmüll stieg von 80 000 t im Jahre 1970 auf 200 000 t im Jahre 1981 an.
- Die Kunststoffverwertung erhöhte sich von 150 000 t im Jahre 1970 auf ca. 400 000 t im Jahre 1981.
- 1969 wurden lediglich 77 % (von 233 000 t) Altöl aufbereitet. 1981 sind es 94 % (von 270 000 t).
- 1980 wurden 40 % der Quecksilberbatterien verwertet. 1969 landeten dagegen noch alle Batterien im Hausmüll.

— 1981 wurden 600 000 t (von insgesamt 2 Mio t) Rückständen aus Müllverbrennungsanlagen verwertet. 1970 waren es noch 200 000 t." (MÜLLER, 1983).

Diese Zahlen dürfen jedoch nicht darüber hinwegtäuschen, daß es bislang insgesamt nicht erreicht wurde, die Abfallmengen zu reduzieren. So hat z. B. der Anteil an Einwegbehältern beim Glas erheblich zugenommen.

63. Ähnlich positive Entwicklungen wie beim Recycling sind bei der Einsparung von Heizenergie privater Haushalte und der damit einhergehenden Minderung der von ihnen verursachten Umweltbelastung zu verzeichnen. In Analogie dazu ist zu erwarten, daß der Anteil von Katalysatorfahrzeugen in den nächsten Jahren wesentlich steigen dürfte. Gleichermaßen entwickelt sich — gefördert durch Verbraucherschutzeinrichtungen — offensichtlich eine größere Bereitschaft als bisher zum umweltgerechten Handeln im Bereich der Haushaltschemie, z. B. durch Kauf und Nutzung umweltgerechter Putz- und Waschmittel, Lacke usw.

64. Allen hier angesprochenen Verhaltensänderungen ist gemeinsam, daß sie ohne weitreichendere Umstellungen im „allgemeinen Lebensstil" vollziehbar waren. Sie fügen sich verhältnismäßig leicht in die bisherigen Lebensgewohnheiten ein. Es ist aber fraglich, ob künftig derartige punktuelle Verhaltensänderungen ausreichen. Längerfristig dürfte vielleicht eine tiefergehende Überprüfung der Lebensgewohnheiten erforderlich werden.

65. „Alternativ" eingestellte Bevölkerungsgruppen haben mit einer solchen Überprüfung, ja Infragestellung nicht nur begonnen, sondern hier und da bereits umfassende Änderungen von Lebensgewohnheiten, wenn auch nur in kleinmaßstäblichen Modellen, vorgenommen. Diese Gruppen tragen dazu bei, eine breitere Erörterung über mögliche Umorientierungen der Lebensformen mit dem Ziel einer weitergehenden Schonung der Umwelt in Gang zu bringen. Sie wird in der Regel auch Ängste und Widerstände auslösen, die aus der Furcht vor Einschränkung individueller Entfaltungsmöglichkeiten oder gar vor Systemveränderungen erwachsen; doch trägt sie auch Chancen für einen Gewinn an Lebensqualität sowie für die Entwicklung neuer Techniken und Märkte in sich. Zu diskutieren wären in diesem Zusammenhang vor allem Fragen wie: Dezentralisierung gegenüber Zentralisierung gesellschaftlicher Strukturen, ökologisch besser vertretbare Formen der Konsumansprüche, der Freizeitgestaltung (insbesondere des Tourismus; Kap. 3.5), eine stärkere Berücksichtigung von Umweltinteressen in der Unternehmens-, Arbeits- und Wissenschaftsethik sowie eine umweltgerechtere Gestaltung des Rechtssystems und der ökonomischen Anreizsysteme, z. B. im Steuerrecht. All dies kann schwerlich voneinander isoliert diskutiert werden. Es erfordert den Versuch, ein komplexes gesellschaftliches Problemfeld allmählich — als Ganzes — weiterzuentwickeln. Im kommunalpolitischen Bereich zeichnen sich hierzu bereits erfolgversprechende Ansätze ab.

1.2.4 Erklärungsansätze

66. Rein beschreibende Aussagen sind zum Verständnis des Phänomens „Umweltbewußtsein" nicht ausreichend. Unter wissenschaftlichen, aber auch gesellschaftlich-praktischen Gesichtspunkten wäre es wünschenswert, die Entwicklungsdynamik umweltbezogener Erkenntnisse, Einstellungen und Handlungsweisen besser zu verstehen. Dies erfordert eine theoretische Durchdringung, die bislang allenfalls in Ansätzen geleistet werden konnte. Sie ist auch die Voraussetzung für wissenschaftlich begründbare prognostische Bewertungen gesellschaftlicher Maßnahmen zur Entwicklung umweltgerechter Denk-, Bewertungs- und Handlungsgewohnheiten.

67. Die in der wissenschaftlichen Literatur am häufigsten anzutreffende Erklärung für die Entstehung des Umweltbewußtseins sieht dieses als Teil eines allgemeineren Prozesses der Veränderung der Grundwerte in unserer Gesellschaft. INGLEHART (1977) beschreibt diesen Wertwandel als einen Übergang von einer eher „materialistischen" zu einer eher „postmaterialistischen" Grundorientierung in (westlichen) Industrienationen. Hierbei greift er auf motivationspsychologische Theorien der (humanistischen) Psychologie zurück, wobei er insbesondere die „Bedürfnishierarchie" von MASLOW (1954) als Erklärungshintergrund heranzieht: Nach der Sättigung materieller Grundbedürfnisse sei der Mensch frei zur Entwicklung von Bedürfnissen, Zielen und Werten, die seiner Selbstentfaltung dienen. Dies kann z. B. im Streben nach Mitbestimmung in Politik und Gesellschaft, in der Suche nach besseren mitmenschlichen Beziehungen und eben auch im Engagement für den Erhalt der natürlichen Umwelt sowie im politischen Einsatz im Umweltschutz zum Ausdruck kommen.

68. Die Entstehung umweltbezogenen Denkens und Handelns wird als „Verlust erlebter Handlungskontrolle" gedeutet. Dabei wird davon ausgegangen, daß sich das menschliche Bewußtsein auf Bereiche der Wirklichkeit richtet, die einer Veränderung unterliegen und zu Handlungen herausfordern; doch eignen sich die verfügbaren reflexartigen, automatisierten Handlungsmuster, die sich bisher für die Problembewältigung bewährt hatten, nicht dafür. Dies erzeugt ein Gefühl von Hilflosigkeit. Die Veränderungen in der natürlichen Umwelt des Menschen erfordern sicherlich sowohl individuell als auch kollektiv eine Umstellung alter Handlungsgewohnheiten und erzeugen einen wachsenden Druck in diese Richtung. Es wird jedoch derzeit und vielleicht sogar auf absehbare Zeit schwierig sein, eine weitgehende Handlungskontrolle über die Umwelt zurückzugewinnen. Dazu gehört insbesondere, die Folgen und Nebenfolgen umweltbezogener individueller und kollektiver Handlungen kalkulierbar zu machen (vgl. FIETKAU, 1984).

69. Wenn umweltbezogene Handlungen — vom Konsumverhalten des einzelnen bis zu allgemeinen Leitprinzipien der Umweltpolitik — als Steuerungseingriffe in komplexe Ökosysteme aufgefaßt werden, dann ergibt sich daraus die Frage, unter welchen Randbedingungen und in welchem Umfang die Menschen als einzelne oder auch kollektiv/institutionell in der Lage sind, mit komplexen, relativ schwer durchschaubaren Systemen zielrational umzugehen (DÖRNER et al., 1983).

Umweltbewußtes Handeln ist in mehrfacher Hinsicht mit Risiken konfrontiert. Die Bewertung von Umweltbelastungen stellt eine subjektive Abschätzung von Risiken und Nutzen dar. Risiken sind keine urteilerunabhängigen Attribute eines bestimmten Problemfelds, sondern als Abschätzungen und Bewertungen immer an urteilende Subjekte — sowohl an einzelne Personen als auch an Gruppen — gebunden (Abschn. 3.1.2.3.5). Umweltpolitische Handlungen und Strategien können als Folge solcher subjektiven Risiko- und Nutzenabschätzungen verstanden werden. Sie können mehr oder minder auf naturwissenschaftlichen Problemanalysen beruhen oder sich an alltäglichen Lebenserfahrungen oder Ideologien orientieren. Wie immer sie aber zustande kommen und als wie zutreffend sie sich im nachhinein erweisen — ein besseres Verständnis der psychischen, sozialen und politischen Mechanismen, die zu einer bestimmten Risiko- und Nutzenabschätzung führen, könnte über eine bessere Kenntnis von Urteilsgewohnheiten und Urteilsfehlern zu einer bewußteren Ausformung umweltbezogener Handlungsstrategien führen (DIERKES und von THIENEN, 1982; MÜNCH und RENN, 1980/81).

70. Das Spektrum möglicher konzeptioneller Ansätze in diesem Problemfeld ließe sich fortsetzen. Ein im weiteren Gang der Forschung notwendiges verstärktes Bemühen um theoretische Reflexion und empirische (experimentelle) Hypothesenprüfung stellt nicht allein ein wissenschaftlich interessantes Aufgabenfeld dar. Die Beantwortung der Fragen nach den psychischen, sozialen und politischen Bedingungen des Umgangs mit der natürlichen Umwelt wird die Wege mitbestimmen, die zur Lösung der Umweltprobleme allgemein und zur Förderung umweltgerechten Denkens und Handelns im Besonderen eingeschlagen werden müssen. Andererseits wäre die Entwicklung einer eigenständigen Theorie des Umweltbewußtseins wissenschaftlich verfehlt. Worauf es ankommt, ist die Durchdringung eines spezifischen Realitätsbereiches mit unterschiedlichen, aber aufeinander bezogenen theoretischen Ansätzen, wie hier angedeutet wurde.

1.2.5 Grundzüge von Handlungserfordernissen

71. Die Förderung umweltgerechten Denkens und Handelns erfordert die Initiierung von Lernprozessen. Lernen realisiert sich jedoch nicht allein in traditionellen Unterrichtssituationen. „Umweltlernen" (FIETKAU und KESSEL, 1981) erfolgt auch als Ausbildung von Erfahrung in der alltäglichen Konfrontation mit der Umwelt, mit natürlichen und vom Menschen beeinflußten ökologischen Systemen. Umwelterziehung setzt die Vermittlung von Wissen, die Ausformung von Werthaltungen, die Schaffung von Gelegenheiten zur unmittelbaren Erfahrung von Umwelt und die Einübung von ökologisch verträglicheren Handlungsformen voraus. Umwelterziehung findet in zunehmendem Umfang in Schulen und in der allgemeinen und beruflichen Erwachsenenbildung statt. Die Vielzahl von Aktivitäten unterschiedlichster Träger sind untereinander jedoch kaum (curricular oder auch organisatorisch) koordiniert. Dies muß kein Nachteil sein. Versuche zur Koordination der vielfältigen Ansätze stünden in der Gefahr, Kreativität und Vielfalt in diesem Bereich zu verschütten. In einem relativ neuen Feld der Pädagogik und Andragogik ist ein Experimentieren mit unterschiedlichen Ansätzen dringend erforderlich. Der Rat hält es aber für wünschenswert, daß die verschiedenen Versuche systematisch vergleichend bewertet werden.

72. In jedem Falle bedarf die Entwicklung umweltbezogener, erkenntnismäßiger und handlungsorientierter Fähigkeiten einer zielgerechten Förderung, die der Rat mit Blick auf die Weiterbildung des Umweltbewußtseins für genauso wichtig hält wie die Verbreitung allgemeiner umweltbezogener Wertvorstellungen. Es geht insbesondere um eine Verbesserung der Wissensbasis und damit der Voraussetzungen für umweltgerechtes Handeln. Die Beurteilung der Folgen anthropogener Eingriffe und Aktivitäten, vor allem ihrer Neben- und Nachwirkungen, stellt ihrerseits eine weitere wichtige Aufgabe dar, die eine enge Zusammenarbeit von Politik, unterschiedlichen Wissenschaftsdisziplinen und gesellschaftlichen Gruppen erfordert. Der Rat empfiehlt, die Versuche zu einer Abschätzung von Technologiefolgen (Deutscher Bundestag, 1985 und 1986), insbesondere soweit sie die Umwelt betreffen, sowohl inhaltlich als auch verfahrensmäßig mit dem Ziel einer praktischen Institutionalisierung zu verstärken.

1.3 Handeln zum Schutz der Umwelt

1.3.1 Begriff und Indikatoren der Umweltqualität

73. Der Begriff Umweltqualität wurde in den 60er Jahren in den USA in die Umweltpolitik eingeführt. 1969 wurde in den USA der „Council on Environmental Quality" (Rat für Umweltqualität) eingerichtet, der zu einem jährlichen Bericht über die Umweltqualität verpflichtet ist. Umweltqualität wird in diesen Berichten als Bilanzierung aller umweltwirksamen menschlichen Aktivitäten im Sinne mengenmäßiger Erfassung und Bewertung aufgefaßt. Ihre Beschreibung geht über die Darstellung der Belastung der Umweltsektoren und der Einflüsse auf Wetter und Klima hinaus. Sie umfaßt beispielsweise auch die Auswirkungen von demographischen Einflüssen, Landverbrauch, Landschaftsveränderungen sowie Regierungs- und Verwaltungshandeln. Die Veränderungen gegenüber den Befunden des jeweiligen Vorjahres werden als Verbesserungen oder Verschlechterungen des Zustandes der Umwelt und damit der Umweltqualität angesehen.

74. Seit einigen Jahren werden in einigen Ländern der Bundesrepublik Umweltqualitätsberichte veröffentlicht, z. B. erster und zweiter Umweltqualitätsbericht Baden-Württemberg (Landesanstalt für Umweltschutz Baden-Württemberg, 1979 und 1983). Es handelt sich bei ihnen um Rechenschaftsberichte der Umweltpolitik des jeweiligen Bundeslandes und zum Teil um eine Bilanzierung der umweltwirksamen anthropogenen Einflüsse. Hierher gehören auch die vom Umweltbundesamt veröffentlichten „Daten zur Umwelt" (UBA, 1984 und 1986), die einen Gesamtüberblick zur Umweltsituation der Bundesrepublik Deutschland liefern.

Derartige Berichte geben keine Antwort auf die Frage, welche Umweltqualität eine bestimmte Gesellschaft oder soziale Gruppe in einem bestimmten Zeitraum wünscht. Es wird in ihnen auch nicht versucht, die von der Bevölkerung gewünschte oder nachgefragte Umweltqualität zu erfassen und dynamisch weiterzuentwickeln. Das überrascht nicht angesichts der Tatsache, daß „Modelle und Kriterien der Zumutbarkeit (fehlen), die ... Vorstellungen wünschbarer Umweltqualität zu identifizieren und zu beschreiben erlauben" (GILLWALD, 1983). Erst Ende 1986 wurde vom Umweltbundesamt das erste größere Forschungsvorhaben zur Ermittlung der Nachfrage nach Umweltqualität ausgeschrieben.

75. Die Forderung, die angestrebte Beschaffenheit der Umwelt durch sektor- und stoffübergreifende, möglichst quantitative Umweltqualitätsziele festzulegen, ist unerfüllbar. Denn es kann keine sektorübergreifenden Meßgrößen geben, die Qualitäten von Wasser, Boden, Luft in einem einheitlichen Indikator festlegen. Es gibt keinen Umweltgesamtindikator, sondern nur Indikatorsysteme.

76. Es entspricht der Komplexität des Begriffs Umweltqualität, daß es auf der Ebene der Politikimplementierung, auf regionaler und kommunaler Ebene keine Zuständigkeit für Umweltqualität gibt, wohl aber für einzelne Bereiche, in denen dann Qualitätsziele festgelegt und verfolgt werden, z. B. Bewirtschaftungspläne für bestimmte Gewässer, Bebauungspläne, Luftreinhaltepläne usw. Der Wasserwirtschaftler orientiert sich an anderen Qualitätszielen als der Abfallbeseitiger, der Verkehrsplaner an anderen als der kommunale Denkmalpfleger.

77. Genügt es demnach, Umweltqualität als die Summe von Einzelaktivitäten und Maßnahmen vieler mit Umwelt befaßter Zuständigkeitsbereiche zu definieren — oder sollte ein Weg gesucht werden, der systematisch und fundiert von Umweltqualität bzw. Umweltqualitätszielen zu Umweltstandards führt?

In der Regel können sich Versuche, Umweltqualität in ihrer Komplexität zu definieren oder zu beschreiben, nicht aus einem argumentativen Zirkel befreien — es sei denn, Umweltqualität wird als Vektor meßbarer Standards definiert. Die zirkuläre Argumentation besteht darin, Umweltqualität durch andere, ebenfalls unscharfe Begriffe zu ersetzen, wie das beispielsweise auch bei der Vielzahl von unterschiedlichen Versuchen, Lebensqualität zu definieren, der Fall ist (GILLWALD, 1983).

Es gibt kein einheitliches, akzeptiertes, festes Forschungsraster, in dem Umweltqualität analysiert werden kann. Vielmehr läßt der Forschungsrahmen für forschungsstrategische Schwerpunkte wie für normative Setzungen jeweils einen großen Spielraum. Dennoch muß die Politik Qualitätsziele für Umweltmedien und für einzelne Komponenten definieren. Sie bewegt sich dabei in einer hermeneutischen Spirale, indem sie Anleihen bei den Fachwissenschaften tätigt — die selbst keinen festen Punkt benennen können — und die sie durch ihre Entscheidungen für feste Punkte (z. B. für eine bestimmte Gewässergüteklasse oder für Luftreinhaltestandards) wiederum zu neuen Fragestellungen und Untersuchungen anregt; die Umweltpolitik ist einerseits — mehr als andere Politikbereiche — abhängig vom Wissen und den Informationen der wissenschaftlichen Experten, schafft aber andererseits dadurch, daß sie etwas tut, was nach wissenschaftlichen Kriterien nicht begründet werden kann (nämlich ein Qualitätsziel zu bestimmen), den Anlaß, daß die Wissenschaft als angewandte Forschung die Mittel liefert, dieses Ziel auch zu erreichen.

78. Die von der Umweltpolitik angestrebte Umweltqualität wird häufig nicht positiv, sondern ex negativo bzw. indirekt bestimmt, indem das in einem gegebenen Zeitraum abzubauende Schadstoffpotential quantitativ festgelegt wird. Umweltqualität wird dann verstanden als Inverse dieser Schadstoffpotentiale. Die Formulierung von Emissionsgrenzwerten oder anderen Vorsorgestandards bedeutet daher auch eine Entscheidung über Umweltqualität, auch wenn dies im Standard-Formulierungsprozeß nicht explizit gemacht wird. Umweltqualität ist unter den Bedingungen industrieller Produktionstechniken in erster Linie Resultat oder Implikat von Struktur und Niveau der Emissionen, die in die Medien Luft, Wasser, Boden gelangen und deren Qualität nachhaltig bestimmen.

79. Umweltqualität ist ein dynamischer Begriff. Insbesondere ist die von der Bevölkerung bzw. einzelnen Gruppen gewünschte Umweltqualität einem permanenten Wandel unterworfen, der nicht nur von dem Meinungsbild der Medien, sondern vor allem von den Ergebnissen der Ursachen- und Wirkungsforschung beeinflußt wird, die wiederum Eingang in die öffentlichen Medien finden (oder auch nicht).

Umweltqualität an einem Gleichgewichts- bzw. Ruhepunkt zu orientieren, ist daher — auch in einer bloß heuristischen Perspektive — nicht problemadäquat. Gleichgewicht ist allein kein Referenzmodell für Umweltqualität.

80. Der Maßstab zur Beurteilung von Umweltqualität ist kontrovers. Er hängt einerseits von subjektiven Bewertungen und individuellen Wertvorstellungen sowie von gruppenspezifischen Komponenten ab, andererseits auch vom jeweiligen Stand der Ursachen- und Wirkungsforschung, soweit er der Öffentlichkeit zugänglich ist und insoweit urteils- und einstellungsbildend wirkt.

81. Der jeweilige Beurteilungsmaßstab leitet Auswahl und Gewichtung von Indikatoren zur Bewertung eines Umweltzustands. Es gibt kardinal und ordinal quantifizierbare und nicht quantifizierbare Indikatoren. Aus quantifizierbaren Indikatoren können Standards gebildet werden. Kulturelles Erbe oder geschichtlich gewachsenes Stadtbild oder Landschaftsbild sind beispielsweise nicht kardinal quantifizierbare Indikatoren, sondern allenfalls in einem ordinalen Skalenkonzept bewertbar. Denkbar ist z. B., daß Menschen — vermutlich in Abhängigkeit von ihrem Lebensalter — den Erhalt des geschichtlich Gewachsenen höher bewerten als eine zehnprozentige Verbesserung der Luft- oder Gewässerqualität.

82. Die Formulierung von Umweltstandards (Abschn. 1.3.2) stellt eine Reduktion der Komplexität von Umweltqualität dar. Sie werden durch materielles Recht festgelegt als Qualitäts-Standards, Güte-Standards, Immissions-Standards und indirekt durch Emissions-Standards für einzelne Emittentengruppen.

Gesetzgeber und Administration haben — nicht zuletzt unter dem Druck der mit den neuartigen Waldschäden sich abzeichnenden Problemlage — aus den Erkenntnissen der Ursachen- und Risikoforschung die Konsequenzen gezogen und sind von der bis dahin verfolgten impliziten Annahme abgerückt, daß Grenzwerte für die menschliche Gesundheit auch Ökosysteme (Pflanzen, Tiere) ausreichend schützen.

Seit der Verabschiedung der TA Luft-Novelle 1983 ist eine Dichotomisierung des Schutzgutdenkens festzustellen (Tz. 1683).

Bei der Festlegung von Gütezielen für ein Umweltmedium muß die zuständige Behörde die Folgen für andere Umweltmedien mitbedenken. Insbesondere der Schutz des Bodens erfordert eine medienübergreifende Abstimmung von Gütezielen, weil der Boden letztlich Auffangbecken für alle Stoffeinträge ist. Emissions-Grenzwerte haben nicht nur der Gefahrenabwehr zu dienen, sondern auch dem Vorsorgeprinzip Rechnung zu tragen.

83. Umweltpolitik folgt in der Bundesrepublik seit jeher dem Grundsatz, die Emissionen an der Quelle zu begrenzen. Da Emissions-Standards alleine nicht sicherstellen können, daß stark bedrohte Gebiete saniert werden und eine gewünschte bzw. akzeptable Umweltqualität erreicht wird, müssen diese Emissions-Standards auf Bundes-, Landes- und kommunaler Ebene durch konkrete stoff- und medienbezogene Umweltqualitätsziele ergänzt werden. Insofern fährt die Umweltpolitik, bezogen auf die Umweltqualität, eine Art Doppelstrategie: Die Grobsteuerung erfolgt durch eine Emissionsbegrenzung, die **regionale** Feinsteuerung einerseits durch Immissions-Standards und andererseits durch Tiefendifferenzierung bis auf die kommunale Ebene hinab (Disaggregation), wo sie in Einzelplänen, auf die kommunalen und regionalen Belange Rücksicht nehmend, umgesetzt werden kann (WICKE, 1982).

84. In unserer zunehmend technisierten Umwelt sowie in unseren gesellschaftlichen Lebensräumen treten unvermeidbar störende Immissionen auf. Dabei sind nicht nur industrielle Produktionen, sondern auch die Ausgestaltung individueller Lebensräume mit der Entstehung belastender Immissionen behaftet. Wollte man alle diese Störungen generell untersagen, würde das soziale Zusammenleben in unserer Gesellschaft in Frage gestellt werden. Aus diesem Grunde fordert der Gesetzgeber eine Abwägung der widerstreitenden Interessen, z. B. von Lärmerzeugern und Lärmbetroffenen. Bis zu einem gewissen Grade wird die Hinnahme einer Störung zugemutet und ein Abwägungsgebot postuliert.

85. Alle Versuche, die Bestimmung von Umweltqualität an einer Vorstellung dessen zu orientieren, was „natürlich" sei, müssen scheitern. Denn Natur sagt uns weder, was sie „wirklich" ist, noch was wir tun sollen. Von einem Sein der Natur auf ein Sollen zu schließen, ist Ausdruck des naturalistischen Fehlschlusses, der die Rolle des Menschen in dem Spannungsverhältnis Mensch—Natur einseitig zugunsten der Natur auflöst und damit die dem Menschen notgedrungen zufallende Verantwortung, menschliches Leben und das Leben der Natur zu bewahren, verkennt (Abschn. 2.1.2.3 und 3.1.1).

86. Mutatis mutandis gilt das auch für die verbreitete Vorstellung, Umweltqualität könne auf ein „ökologisches Gleichgewicht" oder eine „ökologische Stabilität" hin definiert werden. Denn einerseits gibt es, in Abhängigkeit von Systemgröße, Stoffbezogenheit, menschlichen Bedürfnissen und gegebenen Ausgangsbedingungen nicht nur einen Gleichgewichtszustand, sondern mehrere Gleichgewichte (Abschn. 2.1.2.2); andererseits ist ein Gleichgewichtsbegriff ohne Angabe des gewünschten Niveaus und der gewünschten Struktur, die sich dann einstellen soll, nichtssagend. Gleichgewichte können sich auf jedem, auch einem das menschliche Leben bedrohenden oder zerstörenden Niveau einpendeln (selbst nach einem atomaren Weltkrieg gäbe es wieder ein ökologisches Gleichgewicht und eine ökologische Stabilität).

Vermutlich wird sich die Mehrheit der Bevölkerung nur auf wenige unverzichtbare Mindestanforderungen sofort einigen können, auf sog. Minimalziele wie saubere Luft, schadstofffreie Nahrungsmittel, Artenvielfalt. Deren Auslegungsfähigkeit und Leerformelcharakter ist evident. Für das Individuum gilt, daß nahezu jeder Mensch ein Bild in sich trägt von dem, was für ihn schön, erhaltenswert und eine „intakte Welt" bedeutet. Dieses Bild ist in der Regel das Bild seiner Jugend.

87. Aus der Unmöglichkeit, Umweltqualität wissenschaftlich zu begründen, darf nicht geschlossen werden, daß Umweltforschung keinen Beitrag zu einem Konzept von Umweltqualität leisten kann. Die Überlegungen aus der Theorie der Umweltfunktionen aufnehmend (vgl. Abschn. 1.1.1.4), kann festgestellt werden, daß ein System dann stabil ist und die von ihm repräsentierte Umweltqualität gesichert wird, wenn es die dort entwickelten vier zentralen Funktionen erfüllt. Zwar bleibt die Definition von Stabilität und die Feststellung einer Funktionserfüllung immer gebunden an sozial und kulturell vermittelte Bewertungsprozesse, doch bedeutet dies keine Einschränkung der Aussage, daß ein so beschriebenes Niveau von Umweltqualität um so mehr gefährdet ist, je mehr jede dieser Funktionen bis an den Rand ihrer Belastungsgrenze ausgeschöpft ist. Je mehr unausgeschöpften Raum diese Funktionen haben, desto stabiler wird dieses System sein, weil es auf Bedrohung und Fehler flexibel und anpassungsfähig reagieren kann (vgl. v. WEIZSÄCKER und v. WEIZSÄCKER, 1986). Die Fähigkeit zu einer fehlerfreundlichen Reaktion gehört daher zu den Voraussetzungen von Umweltqualität, auch wenn diese Komponente sich einer Quantifizierung in Umweltstandards entzieht.

88. Der Rat sieht keinen Anlaß, seine früher formulierte Position zu revidieren, daß über optimale Zustände von Umweltqualität — als Abwägung von Nutzenverzicht und Grenzkosten der Vermeidung bzw. Beseitigung einer Umweltbelastung — nicht wissenschaftlich entschieden werden kann, sondern diese in einem Verfahren von Versuch und Irrtum approximativ von der Politik und den Bürgern gesucht und erprobt werden müssen (SRU, 1978, Tz. 1778).

Paretooptimale Zustände[1]) sind — heuristisch und theoretisch gesehen — ein Referenzmodell, praktisch gesehen sind sie in ihrer modelltheoretischen Reinheit unerreichbar. In der Realität der Umweltpolitik, die auf pragmatische Lösungen aus sein muß, geht es nicht um die Definition eines statischen Zustands im Sinne von Paretooptimalität, sondern um den Prozeß, mittels dessen eine Gesellschaft einen Konsens über angestrebte Standards erzielt.

89. Die Wege zur Zielerreichung werden nur temporäre Geltung besitzen. Sie werden nicht zu optimalen, sondern nur zu jeweils angemessenen Umweltbedingungen führen (CANSIER, 1975). Diese praktischen Lösungen werden mit Notwendigkeit das Ergebnis haben, daß Umweltqualität regional unterschiedlich zu bestimmen ist. Paretooptimalität bedeutet, praktisch betrachtet, in Freiburg etwas anderes als im Ruhrgebiet. Aber die Unterschiede in Struktur und Niveau dürfen nicht zu groß werden. Sie wären zu groß, wenn sie zu regionalen „Opferstrecken" führten, etwa dazu, daß die traditionellen Industriegebiete (Ruhrgebiet, Saarland) zugunsten anderer Gebiete geopfert würden.

90. In Qualitätsziele muß eine vom Vorsorgeprinzip vorgegebene Sicherheitsmarge eingebaut sein, die verhindert, daß Systeme bis an den Rand ihrer Funktionsfähigkeit belastet werden. Zur langfristigen Sicherung von Umweltqualität gehört ein Minimierungspostulat von Emissionen als politischer Handlungsmaxime. Gesellschaft und Parteien müssen in demokratischen und partizipatorischen und notfalls auch konfliktträchtigen Verfahren einen Konsens über Umweltqualitätsziele und die daraus abgeleiteten Standards suchen.

1.3.2 Ziel- und Standardsetzung

1.3.2.1 Zum Verhältnis von Zielen und Standards

91. Ziele der Umweltpolitik werden häufig sehr generell formuliert. Vom Umweltprogramm 1971 bis zur Bodenschutzkonzeption von 1985 finden sich zunächst allgemein gehaltene Ziele, auf die sich die darauf folgende Politik richten soll. So sind § 1 BImSchG oder § 1a Abs. 1 WHG als gesetzliche Konkretisierung politischer Absichten für den Bereich der Luftreinhaltung und des Gewässerschutzes ganz allgemein gehalten (unbestimmte Rechtsbegriffe). Greifbare Rechtsfolgen können aber erst dann eintreten, wenn quantifizierte Einzelziele (Standards), sei es für Immissionssituationen (mit Folgen für Emissionen), sei es direkt für Emissionen, bestimmt worden sind.

Umweltstandards sind also das Ergebnis der unabdingbaren Konkretisierung, die „normative Ziele und Handlungsgebote, z. B. derart, daß Menschen und Pflanzen vor schädlichen Luftverunreinigungen zu schützen sind, ... für den Vollzug erst" durchlaufen müssen (AGU, 1986). Ihrer Formulierung und ihrem Zustandekommen ist also besondere Aufmerksamkeit zu widmen. Dies gilt insbesondere dort, wo die Umweltpolitik bereits einen erheblichen Abbau der Schadstofffrachten erreicht hat, weil dann dem „richtigen" Umweltstandard weit höheres Gewicht zukommt, als wenn beim ersten Eingriff in einem Um-

---

[1]) Als pareto-optimal wird (zurückgehend auf Vilfredo Pareto) ein Zustand bezeichnet, bei dem kein Mitglied einer Gruppe oder Gesellschaft besser gestellt werden kann, ohne daß zumindest ein anderes schlechter gestellt werden müßte; was besser bzw. schlechter für ein Individuum ist, bestimmt sich nach dessen Präferenzen.

weltbereich ein offensichtliches Fehlverhalten zu korrigieren ist und es auf das genaue Maß, bis zu dem die Korrektur erfolgen soll, noch gar nicht ankommt. Da die Umweltpolitik diese Stufe einer schon erheblichen Vermeidung auf vielen Gebieten erfreulicherweise bereits erreicht hat, konzentrieren sich die folgenden Ausführungen auf das Verfahren der Standardsetzung und die inhaltlichen Maßstäbe für Standards.

92. Der Vollzug des Umweltrechts setzt also technisch-wissenschaftliche Umweltstandards voraus, aus denen sich erst im einzelnen ergibt, wieweit die Gesundheit des Menschen oder die natürlichen Lebensgrundlagen wirklich geschützt werden sollen und welche Beschränkungen den Verursachern daraufhin konkret auferlegt werden. Für den Beamten, der Umweltrecht durchzusetzen hat, verdichtet sich die allgemeine Aussage des Gesetzgebers erst in einer Fülle von Verwaltungsvorschriften (wie z. B. der Technischen Anleitung Luft, der Technischen Anleitung Lärm, Verwaltungsvorschriften nach § 7 a WHG) und Regelwerken (wie z. B. den DIN-Normen, VDI-Vorschriften, den allgemein anerkannten Regeln der Technik). Um so bedeutsamer ist es daher, dem Verdichtungsprozeß nachzuspüren, in dem der Wille des Gesetzgebers in vollziehbare Umweltstandards umgesetzt wird. Der Vorgang der Normkonkretisierung hat zwei Seiten: eine inhaltliche, wie sich eine Norm zum vollziehbaren Standard verdichtet, und eine förmliche, wer nämlich in welchem Verfahren diese Verdichtung vornimmt.

93. Daß Umweltstandards oft erst einen effektiven Gesetzesvollzug möglich machen, wird an der Umweltverträglichkeitsprüfung besonders deutlich, die künftig vor allen wichtigen umweltrelevanten Maßnahmen durchgeführt werden soll, um eine vollständigere Berücksichtigung von Umweltbelangen zu gewährleisten (Abschn. 1.3.3; SRU, 1987). Ob etwa die Trassenführung für eine Verbundleitung in einer bestimmten Landschaft hingenommen werden kann, läßt sich erst beurteilen, wenn der ökologische Stellenwert der betroffenen Landschaftsteile belegt und das Ausmaß der nachteiligen ökologischen Wirkungen abschätzbar ist.

Aber auch aus der Sicht der Wirtschaft und der Gemeinden, die ihre Planungshoheit ausüben, ist eine Normkonkretisierung durch Umweltstandards unerläßlich. Oft genug läßt sich eine Investitionsentscheidung erst verantworten, wenn sich langfristig abschätzen läßt, mit welchen Anforderungen an den Schutz der Nachbarn und der umgebenden Natur zu rechnen ist.

1.3.2.2 Schutzwürdigkeits- und Gefährdungsprofile

94. Umweltstandards beruhen auf zwei Evaluationen:

– einem Schutzwürdigkeitsprofil, das konkrete Schutzziele für die Gesundheit des Menschen, für Tiere und Pflanzen, für den Zustand von Gewässern, für die Leistungsfähigkeit des Naturhaushalts, für Regelungsfunktionen des Bodens usw. vorgibt;

– einem Gefährdungsprofil, das — bezogen auf einen Kreis danach jeweils relevanter repräsentativer Schutzobjekte — für bestimmte Eingriffe, Nutzungsweisen, Emissionen von Schadstoffen ausdrückt, welches Schädigungsrisiko ihnen zugerechnet wird.

In aller Regel sind auch im Umweltrecht Schutzziele nicht absolut gesetzt; es kommt darauf an, daß aus dem Schutzwürdigkeitsprofil deutlich wird, welche Belange mit welchem Gewicht in eine Abwägung einzustellen sind. Der Schutz der Gesundheit ist recht umfassend zu gewährleisten. Dennoch bedarf es einer Aufschlüsselung der Ziele des Gesundheitsschutzes, die etwa am Arbeitsplatz, für besondere Risikogruppen oder in Ausnahmesituationen (vgl. z. B. Smogverordnungen) gewährleistet sein sollen. Der Schutz der Denkmäler vor Umweltbelastungen setzt voraus, daß Denkmäler gegenüber anderen Sachgütern abgegrenzt werden, aber auch, daß innerhalb der Gruppe der Denkmäler eine Abstufung nach der Schutzwürdigkeit erfolgt. Das Wasserrecht stellt darauf ab, daß bestimmte Qualitätszustände von bestimmten Gewässern gewährleistet sein sollen, so daß es vielfältiger Differenzierung bedarf, um Maßnahmen oder Anforderungen an dem jeweils maßgeblichen Bewirtschaftungsziel auszurichten.

95. Eine besondere Herausforderung des neueren Umweltrechts besteht darin, daß es nicht mehr allein auf die Betroffenheit einzelner Schutzgüter abstellt, sondern auf eine nachteilige Beeinflussung der natürlichen Lebensgrundlagen, der Leistungsfähigkeit des Naturhaushalts oder der Regelungsfunktionen des Bodens. Welche **Schutzwürdigkeitsprofile** damit jeweils umschrieben werden sollen, kann sich erst in einem vielschichtigen Prozeß schrittweiser Konkretisierung herausstellen. Zwar kann es Fälle schwerwiegender Eingriffe in Natur und Landschaft geben, die nicht hinnehmbar erscheinen, gleichviel, wie man einmal später ein vollständiges Schutzwürdigkeitsprofil formuliert. Der Auftrag des Gesetzgebers reicht aber darüber hinaus: Es soll ein komplexes Schutzsystem entwickelt werden, etwa unter Hervorhebung bestimmter repräsentativer Schutzobjekte, Indikatoren, Eckwerte, das künftig mehr Umweltverträglichkeit verbürgt, als dies mit punktuellen Verboten und reaktivem Umweltschutz möglich ist.

96. Erst vor dem Hintergrund eines solchen Schutzwürdigkeitsprofils läßt sich einschätzen, von welchen Eingriffen, Nutzungsweisen oder Schadstoffemissionen Gefahren ausgehen und wie hoch sie zu veranschlagen sind. Diese Einschätzung stellt den Inhalt des **Gefährdungsprofils** dar. Auch in dieser zweiten Bewertungsphase ist man weitgehend auf grobe Vereinfachungen angewiesen; das Gefährdungsprofil muß ständig ergänzt und fortgeschrieben werden. Einen komplexen Schutzhorizont kann man bei der Risikoabschätzung nicht ins Auge fassen; ohne die Verengung des Blickes auf einen Kreis jeweils repräsentativer Schutzobjekte, Indikatoren oder Eckdaten kommt man nicht aus. Ferner setzt die Risikoabschätzung ein Bewertungssystem voraus, das den Kreis der möglichen Wirkungen einengt und eine Gewichtung nach bestimmten Gefährdungskriterien ermöglicht.

Schließlich ist eine Auswahl danach zu treffen, welche Ursache-Wirkungs-Beziehungen unter den jeweils herrschenden praktischen Bedingungen eine größere Rolle spielen können.

97. Unter diesen Vorgaben sind in den letzten Jahren große Fortschritte erzielt worden, insbesondere bei der Auflistung von Schadstoffen in bestimmten Schadstofflisten und bei der Einstufung von Schadstoffen in bestimmte Gefahrenklassen. So sind in der TA Luft 1986 wichtige Gefahrenprofile dafür erarbeitet worden, in welchem Maße Anforderungen an die Abgasreinigung verschärft werden müssen. Im Gewässerschutz spielen Schadstofflisten und Gefahrenklassen eine immer größere Rolle, die die verschärften Anstrengungen zur Verbesserung der Abwasserreinigung mehr und mehr auf die gesundheitlich oder ökologisch relevanten Parameter konzentrieren. Im Chemikaliengesetz ist die Bundesregierung beauftragt worden, die sogenannten Altstoffe einer Prüfung und Bewertung auf ihre Gesundheits- und Umweltgefährlichkeit zuzuführen. Die Auswahl der Stoffe nimmt z. Zt. das Beratergremium für umweltrelevante Altstoffe (BUA) der Gesellschaft Deutscher Chemiker vor. In einer ersten Bewertungsphase sind rund 600 Altstoffe ausgesondert worden, die besonders relevant erscheinen; daraus wurden rund 60 ausgewählt, die mit höchster Dringlichkeit einer besonderen Prüfung und Bewertung unterworfen werden sollen. In einigen Jahren dürften ausreichende Daten vorliegen, die eine systematische Abschätzung der Gefährdungspotentiale ermöglichen, die mit dem Gebrauch dieser vordringlich bearbeiteten Altstoffe verbunden sind.

98. Obwohl danach alle Umweltstandards, z. B. Grenz- oder Richtwerte, technische Verfahren, Einrichtungen und Schutzvorkehrungen, stets auf einem Vorverständnis beruhen, in dem bestimmte Schutzwürdigkeits- und Gefährdungsprofile eine Rolle spielen, ist es oft unterblieben oder nicht gelungen, den Beteiligten diese Entscheidungsgrundlagen zu vermitteln. In aller Regel führt dies dazu, daß die betreffende Vorschrift des Umweltrechts nicht oder nur unzulänglich vollzogen wird; Schwächen der Konkretisierung von Umweltrechtsnormen gehen mit Vollzugsdefiziten Hand in Hand. In jedem Fall werden zusätzliche Vollzugskapazitäten der Länder beansprucht, z. B. durch langwierige Verwaltungs- oder Gerichtsverfahren. Außerdem wird das rechtsstaatliche Anliegen durchkreuzt, den Vollzug des Umweltrechts berechenbar zu machen und die Betreiberpflichten gleichmäßig anzuspannen.

99. Die Schwierigkeit, Qualitätsziele oder Sollzustände für die Gesundheit des Menschen oder die Funktionsfähigkeit des Naturhaushalts zu umschreiben und politisch vorzugeben, ist bereits behandelt worden (Abschn. 1.3.1). Daraus erklärt sich aber auch, warum oft konkrete Schutzwürdigkeitsprofile fehlen, an denen sich der behördliche Vollzug orientieren kann. Das führt dazu, daß die griffigeren Qualitätsziele, die zum Schutz der Gesundheit zu beachten sind, auch herangezogen werden, um die natürlichen Lebensgrundlagen mitzuschützen; das reicht aber nicht immer aus. Als Beispiel kann das Wasserrecht herangezogen werden: Eine Erlaubnis für die Benutzung eines Gewässers darf nach § 6 WHG nicht erteilt werden, wenn dadurch das Wohl der Allgemeinheit, insbesondere die öffentliche Wasserversorgung, beeinträchtigt wird. Über den unbestimmten Rechtsbegriff der öffentlichen Wasserversorgung werden heute die gesundheitsbezogenen Anforderungen der Trinkwasserverordnung relevant; damit sind bestimmte Rohwasserqualitäten vorgegeben, denen Oberflächengewässer und das Grundwasser entsprechen müssen, wenn sie für die öffentliche Wasserversorgung genutzt werden sollen. Nach § 36 b WHG kann dies dazu führen, daß ein Bewirtschaftungsplan erlassen werden muß. Wasserrechtliche Schutzwürdigkeitsprofile können freilich nicht dabei stehen bleiben, nur trinkwasserrelevante Parameter zu berücksichtigen. Da die Gewässer auch als Bestandteil des Naturhaushalts und der Gewässerlandschaft geschützt werden, müssen zusätzliche Qualitätsziele berücksichtigt werden, die Lebensraumfunktionen betreffen. Feuchtgebiete können zugunsten der Arten, die von ihnen abhängig sind, wirksam nur geschützt werden, wenn der Grundwasserstand nicht absinkt und die Grundwasserqualität nicht allzu sehr beeinträchtigt ist.

100. Der Vielschichtigkeit der Schutzwürdigkeitsprofile, auf die sich Umweltstandards beziehen, entspricht die Vielschichtigkeit der Gefährdungsprofile. Zum Schutz der öffentlichen Wasserversorgung kommt es heute vor allem auf die trinkwasserrelevanten gefährlichen Abwasserinhaltsstoffe an, die selbst einer Aufbereitung widerstehen. Im übrigen zeichnen sich immer mehr Engpässe bei der Einhaltung der Grenzwerte für Nitrate und für Pestizide ab. Zum Schutz der Nordsee treten dagegen ganz andere Abwasserfrachten in den Vordergrund. Während man früher die Nährstofffrachten, die von Land aus in das Küstenmeer eingebracht werden, für unbedenklich gehalten hat, wird heute gerade das Überangebot an Nährstoffen wie Phosphor- und Stickstoffverbindungen für eine Reihe von ökologischen Fehlentwicklungen verantwortlich gemacht. Nach wie vor sind ferner die Schadstofffrachten bei Schwermetallen und Chlorwasserstoffen besorgniserregend, und zwar unabhängig davon, ob den Wasserwerken diese Konzentrationen im Rohwasser Schwierigkeiten bereiten.

Es kommt also darauf an, bei den einzelnen Umweltstandards nachzuzeichnen, an welchem Schutzgut sie sich ausrichten und wie das Gefährdungspotential veranschlagt wird, das damit abgebaut werden soll.

1.3.2.3 Typen von Umweltstandards

101. Nach der Eigenart der jeweiligen Risikoabschätzung lassen sich drei Typen von Umweltstandards voneinander unterscheiden: Schutzstandards, Vorsorgestandards und „individualschützende Vorsorgestandards". Der Unterscheidung kommt Bedeutung dafür zu, welche Bewertungsmaßstäbe dabei jeweils im Vordergrund stehen. Sie bieten aber auch Anhaltspunkte dafür, was beim Verfahren der Standardsetzung besonders beachtet werden sollte.

Schutzstandards

102. Schutzstandards sind an bekannten, vermuteten oder auch nach Plausibilitätsgesichtspunkten eingeschätzten Schädlichkeitsschwellen („Höchste Dosis ohne beobachtbare Wirkung"; Tz. 1656) orientiert; hinzu tritt ggf. ein kalkulierter Sicherheitsabstand, der den Schutzwall leicht, erheblich oder sogar um Größenordnungen vor die Schädigungsgrenze verlegen kann.

103. Schutzstandards, die gesundheitsbezogen sind, haben die Funktion, die Schutzpflicht des Staates aus Art. 2 Abs. 2 Satz 1 des Grundgesetzes gegenüber dem Recht auf Leben und körperliche Unversehrtheit des Bürgers zu erfüllen; sie sind insoweit ein Instrument der Gefahrenabwehr und insofern von einer Politik der Vorsorge zu unterscheiden (vgl. SRU, 1983, Tz. 406 ff.). In der Regel dürfte das Gesundheitsrecht weit über ein verfassungsrechtliches Minimum hinausgehen, sei es dadurch, daß die Schädlichkeitsschwelle sehr entschieden auf der sicheren Seite veranschlagt wird, sei es, daß der Sicherheitsabstand großzügig bemessen ist. Damit werden politische Bewertungskriterien mit ausschlaggebend. Dennoch haben Schutzstandards, soweit sie gesundheitsbezogen sind, sowohl vom Schutzwürdigkeits- wie vom Gefährdungspotential her eine medizinisch-wissenschaftliche Beurteilungsgrundlage.

Im Bereich des Naturschutzes ist auf empirische Belege oder Anhaltspunkte sowie auf ökotoxikologische Abschätzungen abzustellen. Oft ergeben sich Wechselwirkungen zwischen Gesundheits- und Umweltschutz: So ergibt sich aus den Schutzstandards der Trinkwasserverordnung, welche Schadstoffgehalte nicht überschritten werden dürfen, damit die Gesundheit nicht langfristig geschädigt wird; zugleich ergibt sich daraus zugunsten des Boden- und Grundwasserschutzes, welche Belastungen jedenfalls vermieden werden müssen, um die öffentliche Wasserversorgung auf Dauer zu gewährleisten.

104. Soweit Schutzstandards eine offene Zielvorgabe des Gesetzgebers im Verordnungswege ausfüllen, wie z. B. bei der Bestimmung der Grenzwerte in der Trinkwasserverordnung, kann dies ohne weiteres politisch entschieden werden. Hat der Gesetzgeber dagegen das Maß des Gesundheitsschutzes vorgegeben wie in §§ 5, 6 BImSchG, muß die Schädlichkeitsschwelle strikt medizinisch-fachlich definiert werden. Nach BVerwGE 55, 250 (Voerde-Urteil) kann die Bundesregierung aber auf der Grundlage des § 48 BImSchG durch allgemeine Verwaltungsvorschrift bestimmen, welche Immissionswerte im Genehmigungsverfahren anzuwenden sind; durch ein solches „antizipiertes Sachverständigengutachten" wird sowohl der Genehmigungsbehörde als auch dem kontrollierenden Verwaltungsgericht der Rückgriff auf den Stand der medizinischen Erkenntnisse abgeschnitten. Voraussetzung ist freilich, daß die einschlägige nationale und internationale wissenschaftliche Literatur ausgewertet worden ist, wie z. B. die Ergebnisse der Arbeiten der Weltgesundheitsorganisation, des Umweltausschusses der OECD, der Europäischen Gemeinschaften und der VDI-Kommission Reinhaltung der Luft, in der über 600 Sachverständige und Wissenschaftler an der Feststellung des Standes der Technik, der Untersuchung der Ausbreitungsbedingungen für Gas und Stäube sowie der Wirkung luftverunreinigender Stoffe und der Ermittlung von Meßgeräten und Verfahren zur Feststellung von Emissionen und Immissionen arbeiten. Der früher erhobene Einwand, daß die Immissionswerte nur für eine gewisse Bandbreite oder Schwankungsbreite stehen könnten, weil bei den Dosis-Wirkungsbeziehungen von Luftverunreinigungen im einzelnen noch Kenntnislücken und Unsicherheiten bestünden, ist ausgeräumt. Auch im Unsicherheitsbereich können administrative Umweltstandards das Maß des Gesundheitsschutzes festlegen.

Vorsorgestandards

105. Vorsorgestandards orientieren sich primär an der technischen Vermeidbarkeit von Emissionen. Das hat teilweise die Vorstellung begünstigt, hier seien nur technische gegen ökonomische Gesichtspunkte abzuwägen; das ist irrig. „Vorsorge muß dem Risikopotential, dem sie begegnen soll, angemessen sein, und auf einem Konzept beruhen, das auf eine einheitliche und gleichmäßige Durchführung angelegt ist" (BVerwGE 69, 37).

Zur rationalen Begründung eines Vorsorgestandards gehört daher, daß das Schutzobjekt vorgestellt wird, auf das hin er angelegt ist, sowie ein Gefährdungsprofil für alle in Betracht kommenden Emissionen; dementsprechend müssen die Vermeidungsanstrengungen gestaffelt sein.

106. Der Rat hat in seinem Sondergutachten „Waldschäden und Luftverunreinigungen" (SRU, 1983) Maßstäbe entwickelt, wie die Anforderungen an die Emissionsminderung so begründet werden können, daß sie dem bekannten oder vermuteten Gefährdungsprofil entsprechen. Mit der Großfeuerungsanlagen-Verordnung von 1983 und der TA Luft 1986 ist dieser Ansatz beispielhaft weiterentwickelt worden. In anderen Bereichen des Umweltrechts wird man an dieses Modell rationaler Begründung von Vorsorgestandards anknüpfen müssen. Als Basis können hierfür die „Leitlinien Umweltvorsorge" (1986) der Bundesregierung dienen:

„Unter der Vielzahl von Stoffen und Stoffeinträgen ist Auswahl zu treffen und sind Prioritäten zu setzen. Ob hinsichtlich eines bestimmten Stoffes Maßnahmen zu ergreifen sind, hängt von den Risiken ab, die mit einem Stoffeintrag in die Umwelt nach Art und Ausmaß möglicher Schäden sowie der Wahrscheinlichkeit des Eintritts verbunden sind.

Für die Beurteilung der Risiken eines Stoffes und für Art und Umfang umweltpolitischer Maßnahmen sind seine Eigenschaften von wesentlicher Bedeutung sowie seine Verfügbarkeit, seine Verwendungsbreite und seine Verteilung in der Umwelt. Zum Problem wird ein Stoff besonders dann, wenn er schwer abbaubar ist und sich in der Umwelt anreichert" (Leitlinien Umweltvorsorge, 1986).

107. Für den Bereich des Gewässerschutzes wird in Kapitel 2.4 dieses Gutachtens der Versuch unternommen, die Gewässerschutzziele zu konkretisieren, an denen sich insbesondere die Mindestanforderungen an die Abwasserreinigung und die Beschränkungen der Bodennutzung orientieren müssen. So sind z. B. im Rhein die Belastung durch trinkwasserrelevante Schadstoffe, insbesondere auch durch Pestizide sowie die Nährstofffrachten von Phosphor- und Stickstoffverbindungen zu verringern, letzteres, um Gefahren für die marine Umwelt im Küstenmeer zu beseitigen. Beim Grundwasser geht es vorrangig um die Begrenzung des Nitrateintrags und — weitgehend im Zusammenhang damit — des Eintrags von Pestiziden.

108. Die Eigenart von Vorsorgestandards liegt zunächst darin, daß die Bedeutung der verschiedenen Schadstofffrachten für die Umwelt bewertet werden muß, und zwar jeweils in Beziehung auf besonders wichtige oder besonders repräsentative Schutzgüter. Im Zusammenhang damit muß der Blick auf die Hauptquellen der Verschmutzung gelenkt werden, damit Vermeidungsanstrengungen möglichst gefährdungsproportional und mengenwirksam greifen. Das wird besonders wichtig, soweit große Frachten aus diffusen Quellen stammen. Umweltbewußtsein muß auch gerade dort entwickelt werden, wo es um die notwendige Änderung des Umweltverhaltens sehr vieler Verursacher geht. Im Gewässerschutzrecht darf z. B. nicht der Eindruck entstehen, als ob es mit weiter verschärften Anforderungen an industrielle Großeinleiter sein Bewenden haben könnte: Fortschritte müssen gerade bei der Verbesserung der Abwassertechnik in Städten und Gemeinden und bei der Einführung einer umweltschonenden Landbewirtschaftung (SRU, 1985a), erreicht werden. Schließlich sind Vorsorgestandards dadurch geprägt, daß es „nicht um eine sich in strenger rechtlicher Gebundenheit vollziehende Anordnung ‚des technisch Machbaren‘, sondern ‚um eine komplexe Neubewertung der Frage geht, welche Emissionsbegrenzung künftig von allen Anlagen über einen beträchtlichen Zeitraum hinweg als angemessene Vorsorge verlangt wird'" (BVerwGE 69, 45; SRU, 1983, Tz. 525): Die Verhältnismäßigkeit der Maßnahmen ist da „nicht mit — auf die einzelne Anlage bezogen — betriebswirtschaftlichen Kategorien zu messen, sondern nur in volkswirtschaftlichen Größenordnungen erfaßbar" (BVerwGE, 69, 45).

109. Vorsorgestandards sind danach auf eine vielschichtige interdisziplinäre Bewertung gegründet: Gesichtspunkte medizinischer oder ökotoxikologischer Risikobewertung, Gesichtspunkte technischer Machbarkeit und Gesichtspunkte der Verfügbarkeit volkswirtschaftlicher Ressourcen greifen ineinander. Dies darf aber nicht als eine Gemengelage mißverstanden werden, in der die unterschiedlichen Kriterien bis zur Ununterscheidbarkeit vermischt werden dürften. Im Gegenteil: Wo schwer hinnehmbare Schadstofffrachten wegen technischer Engpässe nicht weiter reduziert werden können, muß die technologische Entwicklung gefördert werden; wo die Belastbarkeit bestimmter Wirtschaftszweige an Grenzen stößt, müssen unter Umständen Strukturveränderungen hingenommen werden o. ä.

Individualschützende Vorsorgestandards

110. Mit Grenzwerten, die sich auf ionisierende Strahlen und kanzerogene Stoffe beziehen, hat es seine eigene Bewandtnis: Für den einzelnen Bürger kann es Schutzstandards im strengen Sinne nicht geben, weil sich eine Wirkungsschwelle wissenschaftlich nicht begründen läßt. Vorsorgestandards zum Schutz der Bevölkerung insgesamt, die den Ausstoß an der Quelle mindern, sind sinnvoll. Es gelten die angeführten Grundsätze für die Vorsorgestandards. Das gilt auch insofern, als das Gefährdungsprofil eine Gewichtung des kanzerogenen Potentials nach der Emissionsrelevanz (Gesamtausstoß, Exposition) und der Wirkungsrelevanz (z. B. Einstufung in Klassen I, II, III, vgl. TA Luft 1986, Anhang B) verlangt.

111. Um die Belastung des einzelnen Menschen oder bestimmter Organe, wie z. B. der Schilddrüse, die nach Maßstäben praktischer Vernunft noch zugemutet werden kann, zu begrenzen, werden individualschützende Vorsorgestandards eingeführt. Sie füllen gewissermaßen die Lücke, wo Schutzstandards für den einzelnen Menschen wegen der fehlenden Nachweisbarkeit von Wirkungsschwellen nicht formuliert werden können. So stellt der Dosisgrenzwert von 30 Millirem/a die für den Schutz des einzelnen erforderliche Vorsorge gegen radioaktive Emissionen aus einer atomaren Anlage sicher (BVerwGE 61, 263f.). Im Arbeitsschutz sind die technischen Richtkonzentrationen für bestimmte kanzerogene Stoffe seit Jahrzehnten unentbehrlich. Im Bereich der Luftreinhaltung sind Immissionsvorsorgewerte ins Auge gefaßt. Desgleichen wird als Folge der radioaktiven Belastungen aus dem Unfall von Tschernobyl zum Schutz der Verbraucher die Höchstbelastung von Lebensmitteln mit Radionukliden neu formuliert.

112. Die Festsetzung individualschützender Vorsorgewerte bereitet aus einer Reihe von Gründen besondere Schwierigkeiten:

— Welche Risiken jenseits einer begründbaren Wirkungsschwelle für den Bürger zumutbar sind, ist eine Entscheidung im Kern politischer Natur. Sie ist aber nicht „im Wege der schlichten Dezision" zu treffen, sondern durch Konkretisierung von verfassungsrechtlichen und gesetzlichen Vorgaben. Die Risikoabschätzung ist „angesichts der Besonderheit des Regelungsgegenstandes" in der Regel Sache der Exekutive; diese muß verfügbare wissenschaftliche Bewertungsgrundlagen ausschöpfen (BVerwGE 72, 315ff. — Wyhl-Urteil).

— Wieweit solche Risiken für den Bürger zumutbar sind, beurteilt sich vor allem danach, wie sich die zusätzliche Dosis an Strahlen oder kanzerogenen Stoffen in ein vorgegebenes Raster natürlicher und anthropogener Belastungen einordnen läßt. Mit Blick auf den rechtlichen Regelungsbedarf ist das Feld zwischen eindeutigen Relevanzaussagen und eindeutigen Irrelevanzaussagen wissenschaftlich nicht erschlossen. Risiken, denen der Bürger sich freiwillig aussetzt, werden anders empfunden als solche, die ihm auferlegt werden.

— Die medizinisch-wissenschaftlichen Aussagen zur Risikoabschätzung müssen bei der Gesamtbelastung der Bürger ansetzen, die für größere Zeiträume und über zahlreiche Pfade hinweg veranschlagt werden muß (z. B. Duldbare Tägliche Aufnahmemenge, vgl. Abschn. 2.5.2.2, 3.1.2.3.1). Damit werden grobe Verallgemeinerungen unverzichtbar.

— Die Risikoabschätzung stößt bei Schadstoffen, die noch nicht nachweisbar oder nicht identifizierbar oder in ihrer Wirkung noch wenig erforscht sind, auf Grenzen. Zwar sind auch im Unsicherheitsbereich oft Anhaltspunkte dafür gegeben, ob größere oder geringere Gefährdungspotentiale zu vermuten sind; manche Wissenschaftler sind dann aber nicht mehr bereit, sich dazu maßgeblich zu äußern.

1.3.2.4 Das Verfahren der „Standardsetzung"

113. Allen Umweltstandards ist danach gemein, daß sie sich auf wissenschaftlich gesicherte oder vertretbare Annahmen stützen, darüber hinaus aber in größerem oder geringerem Maße politische Entscheidungselemente enthalten (Tz. 1618f.). **Der Rat ist der Auffassung, daß sowohl das Verfahren, in dem solche Umweltstandards entstehen, als auch die jeweiligen Bewertungsphilosophien, die ihnen zugrunde liegen, transparenter werden sollten.** Ein allgemeingültiges rechtliches Gebot gibt es weder für das eine noch für das andere; der Rat ist aber der Überzeugung, daß das Vertrauen der Öffentlichkeit darauf, daß Gesundheit und natürliche Lebensgrundlagen durch das Umweltrecht hinreichend geschützt sind, auf Dauer nur gewonnen werden kann, wenn das Verfahren der Risikoabschätzung durchsichtiger und die Bewertungsgrundlagen nachvollziehbarer werden (Tz. 1621).

Um Mißverständnissen vorzubeugen: Bei der Forderung nach mehr Transparenz der Willensbildung geht es nicht darum, umfangreiche Anhörungen „beteiligter Kreise" (vgl. z. B. §§ 48, 51 BImSchG) zu veranstalten. Vielmehr geht es darum, daß das Verfahren der Festlegung bestimmter Immissionswerte oder Emissionswerte und die dahinter stehende Bewertungsphilosophie nachvollziehbar sind.

114. Der Rat ist allerdings der Auffassung, daß letztlich alle Umweltstandards, die gegenwärtig im Vollzug zugrunde gelegt werden, auf geordneter Willensbildung beruhen und ohne größere Schwierigkeiten begründet werden können. Gerade deshalb empfiehlt er aber dringend, in den Bereichen, in denen die Abwägungsvorgänge und -ergebnisse transparenter gemacht werden können, dies auch zu tun. Nur auf diese Weise können der umweltbewußten Bevölkerung die Schutzwürdigkeitsprofile, die wirklich gewährleistet werden sollen, und die Gefährdungsprofile, an denen sich die Gebote und Verbote orientieren, näher gebracht werden. Die Akzeptanz von umweltpolitischen Vorschriften würde damit ebenso erhöht wie der Grad ihrer Befolgung.

Transparenz des Verfahrens

115. Mehr Transparenz für das Verfahren der Risikoabschätzung und -bewertung ist vor allem zu empfehlen, soweit die Exekutive bei den wichtigsten Schutzstandards, Vorsorgestandards oder individualschützenden Vorsorgestandards einzelfachlichen oder interdisziplinären Sachverstand herangezogen hat. Gerade diese Verfahren, die in besonderer Weise auf die Erzielung sachrichtiger Ergebnisse angelegt sind, bleiben oft im Verborgenen. Das gilt sowohl dann, wenn Arbeitsgruppen eine eigenständige Standardsetzung nur vorbereiten, als auch dann, wenn sie — unter mehr oder weniger intensiver Beteiligung beamteter Fachwissenschaftler aus der Verwaltung und den nachgeordneten Forschungseinrichtungen des Bundes und der Länder — die Umweltstandards selbst formulieren. Ebenso ist bei der Bezugnahme auf Arbeitsergebnisse normsetzender Vereinigungen außerhalb des Staates zu verfahren.

— Zunächst sollte ein Einrichtungserlaß bestimmen, welches Gremium in welcher Zusammensetzung mit der Standardfindung beauftragt wird und wie die Meinungs- und Willensbildung ablaufen soll. Für den Erlaß von Verwaltungsvorschriften nach § 7 a WHG über Mindestanforderungen an das Einleiten von Abwasser geschah dies z. B. durch einen Brief des Bundesministers des Innern, den er im Jahre 1976 an die Vorsitzenden und Mitglieder von bis zu 60 Arbeitsgruppen gerichtet hat, der aber nicht allgemein zugänglich ist. Die Zusammenarbeit zwischen der Bundesrepublik und der DIN-Organisation ist vorbildlich im Rahmenvertrag niedergelegt, der dem Gesetzgeber als legitime Grundlage dynamischer Verweisungen auf DIN-Normen dienen kann. Die Tätigkeit des Beratergremiums für umweltrelevante Altstoffe (BUA) ist durch den Einsetzungsbeschluß des Vorstandes der Gesellschaft Deutscher Chemiker vom 7. Mai 1982 im Zusammenhang mit einer Reihe staatlicher Bescheide ausgewiesen. Wegen der legitimen Vielzahl und Vielfalt solcher Gremien dürfte es sich empfehlen, ein einheitliches Register der Arbeitsgruppen zu schaffen, die Umweltstandards vorbereiten oder erarbeiten.

— Der Einrichtungserlaß oder die vergleichbare Tätigkeitsgrundlage sollte den Auftrag und den Spielraum für die Normausfüllung umschreiben. Dabei sollte auch kenntlich gemacht werden, ob die staatliche Exekutive eine bestimmte Bewertungsphilosophie bereits vorgibt oder ob diese — wie zumeist — in dem Gremium erst erarbeitet werden soll.

— Nähere Angaben über die Zusammensetzung des Gremiums müssen erkennen lassen, welche Gesichtspunkte der fachlichen Kompetenz, der interdisziplinären Vernetzung, des Ausgleichs von möglichen Interessenbindungen, der „pluralistischen" Besetzung (wie z. B. beim Ausschuß für gefährliche Arbeitsstoffe) maßgebend sind.

— Nützlich ist ferner die Vorgabe von Verfahrensregeln, z. B. über das Quorum, über die Abstimmung bei Beratung und Beschlußfassung, über Niederschriften, Minderheitsvoten und Begründungspflichten.

— Schließlich ist die Form der Bekanntmachung von Beschlüssen und Arbeitsergebnissen von Bedeutung.

Begründung der Ergebnisse

116. Auch wenn das Verfahren der Aufstellung bestimmter Umweltstandards bekannt ist, besteht ein Bedürfnis danach, daß die Arbeitsergebnisse begründet und damit nachvollziehbar werden. Dabei kommt es sowohl darauf an, das Schutzwürdigkeitsprofil anzugeben, das man zugrunde gelegt hat, als auch die Bewertungsphilosophie, von der aus sich das Gefährdungsprofil erklärt und ggf. die vorgeschlagenen oder vorgeschriebenen Maßnahmen abgeleitet werden können. Die Amtliche Begründung muß, sofern sie nicht förmlich publiziert ist, verfügbar sein; es genügt, daß sie verfügbar ist. Vor allem sollte sich daraus ergeben, welche der unterschiedlichen Bewertungsebenen, die etwa bei Vorsorgestandards oder individualschützenden Vorsorgestandards eine Rolle spielen, das Arbeitsergebnis letztlich tragen.

117. Dafür zwei Beispiele:

— Die Arbeitsgruppen, die Verwaltungsvorschriften nach § 7a WHG erarbeiten, sollten die Mindestanforderungen, die sie vorschlagen, näher deuten. Beruht das Zurückbleiben hinter dem technisch an sich Machbaren

— auf einer entsprechenden Einschätzung des Gefährdungspotentials (Geht es um den Schutz der öffentlichen Wasserversorgung, den Schutz des Meeres oder den Schutz der ökologischen Funktionen des Gewässers?)?

— darauf, daß den technischen Vorteilen beim Wirkungsgrad eine Reihe von technischen Nachteilen in anderer Hinsicht gegenüberstehen?

— darauf, daß die Mehrkosten — auch im Vergleich zu der im Ausland vorherrschend angewendeten Technologie — dem Wirtschaftszweig volkswirtschaftlich kaum zugemutet werden können?

— Der Ausschuß für Gefahrstoffe (AGS) beim Bundesministerium für Arbeit und Sozialordnung stellt Technische Richtkonzentrationen (TRK-Werte) für kanzerogene Stoffe auf. Auch bei Einhaltung der Technischen Richtkonzentrationen ist eine Gesundheitsgefährdung also nicht vollständig auszuschließen. Die Werte verstehen sich nur dahin, daß sie als Anhalt für die zu treffenden Schutzmaßnahmen und die meßtechnische Überwachung am Arbeitsplatz heranzuziehen sind. Die Einhaltung der Technischen Richtkonzentrationen am Arbeitsplatz soll das Risiko einer Beeinträchtigung der Gesundheit vermindern. Sie orientieren sich dabei an den technischen Gegebenheiten und den Möglichkeiten der technischen Prophylaxe und der Heranziehung arbeitsmedizinischer Erfahrungen im Umgang mit den gefährlichen Arbeitsstoffen. Die in der Kommission arbeitenden Fachleute dürften durchaus eine Vorstellung davon haben, ob die von ihnen vorgeschlagenen Werte jeweils

— eher auf einer Bewertung des konkreten Gefährdungspotentials oder

— eher auf einer Veranschlagung der verfügbaren Technik oder

— eher auf einer Berücksichtigung der jeweiligen Kosten des Arbeitsplatzes

beruhen. Für diejenigen, die Arbeitsschutzmaßnahmen durchsetzen oder überwachen müssen, ist dies nicht immer erkennbar. Gerade bei individualschützenden Vorsorgestandards dieser Art ist aber ein Höchstmaß an Transparenz wünschenswert, um Akzeptanz bei allen Betroffenen auf Dauer zu gewährleisten.

1.3.3 Zur Umweltverträglichkeitsprüfung

118. Seit Beginn der 70er Jahre wird umweltpolitisch gefordert, größere, insbesondere raumbeanspruchende Vorhaben nicht nur im Hinblick auf die Auswirkungen in einzelnen Umweltbereichen zu erfassen, sondern sie einer umfassenden Bewertung ihrer Umweltverträglichkeit zu unterziehen. Dieses Postulat zur Einführung einer konzeptionell eigenständigen und formalisierten Umweltverträglichkeitsprüfung (UVP) geht zurück auf Artikel 102 des amerikanischen Bundesgesetzes über eine nationale Umweltpolitik (National Environmental Policy Act — NEPA) von 1970, wonach für alle wichtigen Vorhaben des Bundes eine UVP vorgeschrieben ist. Zwar finden sich in der Bundesrepublik Deutschland bereits erste Ansätze für eine UVP-Konzeption in dem Umweltprogramm der Bundesregierung von 1971. Eine gesetzliche Regelung einer formalisierten UVP gibt es in der Bundesrepublik bisher jedoch noch nicht. Ein Gesetzentwurf des Bundesinnenministeriums aus dem Jahre 1973 für ein „Gesetz über die Prüfung der Umweltverträglichkeit öffentlicher Maßnahmen" scheiterte noch vor seiner Beratung im Bundestag und wurde nicht weiter verfolgt (CUPEI, 1986). Die im Jahre 1975 von der Bundesregierung beschlossenen „Grundsätze für die Prüfung der Umweltverträglichkeit öffentlicher Maßnahmen des Bundes" (Bundesregierung, 1975), die in den Fachressorts „in geeigneter Weise" eingeführt werden sollten, haben im wesentlichen für den Bereich der Verkehrswegeplanung eine gewisse Bedeutung erlangt und sind ansonsten weitgehend folgenlos geblieben.

119. Mit der Verabschiedung der EG-Richtlinie über die Umweltverträglichkeitsprüfung bei bestimmten öffentlichen und privaten Projekten durch die Umweltminister der EG-Mitgliedstaaten am 27. Juni 1985 (Europäische Gemeinschaften, 1985) und der daran geknüpften Pflicht der Bundesrepublik Deutschland zur Transformation der Richtlinie in nationales Recht bis zum 3. Juli 1988 hat die Forderung nach einer UVP in der Bundesrepublik Deutschland erneut an Aktualität gewonnen. Mit der Einführung einer konzeptionell eigenständigen und formalisierten UVP in nationales Recht verspricht man sich eine bessere Berücksichtigung der Umweltbelange bei allen Vorhaben mit umwelterheblichen Auswirkungen.

120. Nach Auffassung des Rates ist diese Erwartung indes nur dann begründet, wenn folgende Teilprobleme der UVP geklärt sind (vgl. SRU, 1987):

— Bestimmung von Ziel, Inhalt und Funktion der UVP;

— Reichweite ihrer Anwendung;

— Entwicklung einer Prüfliste, nach der das UVP-Entscheidungsmaterial zusammengestellt werden soll, Verbesserung der Daten und Informationsgrundlage;

— Raster für eine Gegenüberstellung von Planungsalternativen, Ausgestaltung des Bewertungsverfahrens;

— Öffentlichkeitsbeteiligung;

— Nachkontrolle.

1.3.3.1 Ziel, Inhalt, Funktion

121. Primär verfolgt die Richtlinie mit der Einführung der UVP das Ziel der Verbesserung der Lebensqualität durch vorbeugenden Umweltschutz. Mit dieser Zielsetzung ist die UVP als eine Form der Instrumentalisierung des umweltbezogenen Vorsorgeprinzips zu verstehen (s. a. Leitlinien Umweltvorsorge, 1986). Die UVP soll bestimmte umwelterhebliche Vorhaben vor ihrer Realisierung umfassend daraufhin untersuchen, welche Beeinträchtigungen deren Verwirklichung verursacht und ob es möglicherweise im Interesse des Umweltschutzes bessere Lösungen (Alternativlösungen bis hin zur völligen Aufgabe des Vorhabens, sogenannte Nullvariante) gibt. In ihrem Kern bedeutet UVP die systematisch umfassende, d. h. über die einzelnen Umweltbereiche hinausgehende Analyse aller zukünftigen Auswirkungen eines solchen Vorhabens auf die Qualität der für das menschliche Wohl erheblichen natürlichen Umwelt, bevor endgültig über das Vorhaben entschieden wird. Im Rahmen der bestehenden Verfahren ist eine solche Bestandsaufnahme und Bewertung der Umweltfolgen einer Maßnahme bisher nicht gesichert. In der Fach- und Ressortplanung überwiegt noch der sektorale Umweltschutz; z. B. werden sektorübergreifende Aspekte wie die mögliche weiträumige Verfrachtung emittierter Schadstoffe, ihre Kombinationswirkungen sowie eine eventuelle Problemverschiebung von einem Medium in ein anderes (z. B. ausgefilterte Luftschadstoffe gelangen über die Deponierung der Flugasche in den Boden) im allgemeinen nur unzureichend berücksichtigt.

122. Der Rat macht darauf aufmerksam, daß es neben dem Primärziel der Schädlichkeitsermittlung als Sekundärziel auch Aufgabe der UVP sein kann, für den Projektträger als Investitionsvertretbarkeitsprüfung zu wirken. Die UVP ermöglicht es ihm, seine Vorhabenplanung an Hand der UVP-Ergebnisse zu optimieren; Verwirklichung und Bestand des Vorhabens werden sicherer. In der Öffentlichkeit wird sich dies akzeptanzfördernd und beim Projektträger selbst auf Dauer oft kostensenkend auswirken.

123. Die Effizienz einer UVP im Sinne eines integrierten Umweltschutzes hängt maßgeblich von der inhaltlichen und methodischen Ausgestaltung ab. Diese wird in der EG-Richtlinie jedoch kaum konkretisiert, weil sie überwiegend verfahrensrechtlich ausgerichtet ist. In der Bundesrepublik Deutschland konzentriert sich die Umsetzungsdiskussion vorrangig auf formal-juristische Fragen wie z. B. die gesetzestechnische Umsetzung, den Verfahrensablauf, Einspruchs- und Kontrollrechte. Darin liegt die große Gefahr, daß die UVP weitgehend eine „Begriffshülse" bleibt.

124. Eine anspruchsvolle UVP macht es erforderlich, materielle Bewertungsmaßstäbe zu entwickeln, Kriterien für die Bestimmung des Stellenwertes betroffener Umweltbelange zu erarbeiten sowie Methoden und Techniken zur Beurteilung der Auswirkungen eines Projektes auf die natürliche Umwelt festzulegen (SRU, 1987). Besondere Bedeutung kommt hier den für das Vorhaben relevanten Schutzwürdigkeits- und Gefährdungsprofilen zu (Tz. 94 ff.), an denen das Vorhaben gemessen werden muß. Zwar ist nicht zu verkennen, daß bei der Formulierung von Umweltqualitätszielen und der Beurteilung der jeweiligen Gefährdungspotentiale grundsätzliche wissenschaftliche Probleme des Vergleichs, der Gewichtung und Aggregation im Grunde nicht vergleichbarer Teilziele auftreten (Tz. 75 ff.). Es stimmt aber hoffnungsvoll, daß gerade auf den für die UVP besonders wichtigen Feldern, so etwa der Bestandsaufnahme und Quantifizierung der Umweltbestandteile, der Entschlüsselung der Funktionsweise komplexer Ökosysteme, der Beschreibung und Bewertung der Wirkung menschlicher Aktivitäten auf die Umweltgüter in letzter Zeit große Fortschritte gemacht wurden.

125. Zur Effektivierung der UVP ist einerseits die wissenschaftliche und methodische Basis weiter zu verbessern. Andererseits kommt es entscheidend darauf an, umweltpolitische Prioritäten und Posterioritäten zu setzen, die der Bewertung von Umweltwirkungen zugrunde gelegt werden können. Eine ihren Zielen gerecht werdende UVP setzt rechtlich vollziehbare Umweltstandards für Luft, Klima, Böden und Gewässer, ferner für Flora und Fauna sowie für die Versiegelung und Zerschneidung von Freiflächen, Erholungsflächen usw. voraus. Wie auch SUMMERER (1987) zutreffend ausführt, fehlt der UVP ohne ein System gesellschaftlich anerkannter Umweltziele die normative Bezugsbasis, die den Übergang von der Beschreibung und Quantifizierung von Umweltbestandteilen und Belastungsfaktoren zur Bewertung und politischen Entscheidung transparent und nachvollziehbar macht. Ein solches einer UVP zugrunde zu legendes Umweltschutzziel ist beispielsweise das vom Rat in seinem Sondergutachten „Umweltprobleme der Landwirtschaft" (SRU, 1985a) geforderte Biotopverbundsystem. Solange der Stellenwert von Landschaftsbestandteilen nicht aus dem größeren Zusammenhang der Landschaftsplanung bestimmt werden kann, sind unsystematisch angehäufte Datenbestände über Arten und Populationsdichten, biotische Wechselbeziehungen, Bioindikatoren u. a. nicht aussagekräftig und letztlich für Verwaltungsentscheidungen nicht verwertbar.

126. Der Rat ist sich bewußt, daß die Voraussetzungen für eine effektive Umweltverträglichkeitsprüfung derzeit noch nicht erfüllt sind. Dies darf die Einführung der UVP jedoch nicht verzögern. In einer Übergangszeit wird der Bewertungsrahmen, den die UVP eigentlich voraussetzt, jeweils von Fall zu Fall erst geschaffen bzw. fortentwickelt werden müssen.

127. Die Umsetzung der EG-Richtlinie in nationales Recht erfordert grundsätzlich nicht, daß für die UVP ein neues Verwaltungsverfahren geschaffen wird. Gemäß Artikel 2 Abs. 2 der Richtlinie kann die UVP im Rahmen bestehender Genehmigungsverfahren durchgeführt werden, womit ihre Effektivität wesentlich davon abhängt, in welches Verfahren sie eingefügt wird und wie dies geschieht.

128. Das Ergebnis der UVP nimmt die Entscheidung über Zulassung oder Nichtzulassung eines Vorhabens nicht vorweg. Die UVP bereitet diese Entscheidungen lediglich vor, indem sie als Instrument der Erkenntnis und der Information gemäß Artikel 3 Abs. 1 der Richtlinie die unmittelbaren und mittelbaren Umweltauswirkungen eines Vorhabens identifiziert, beschreibt und bewertet. Von der Ablaufstruktur her gliedert sich die UVP dabei in

— eine Bestandsaufnahme der derzeitigen Umweltsituation ohne das geplante Vorhaben,

— eine Beschreibung der vom Vorhaben ausgehenden Einflüsse,

— eine Prognose der zukünftigen Umweltsituation nach Verwirklichung des geplanten Vorhabens sowie auch ohne das Vorhaben,

— eine Bewertung der Prognose der zukünftigen Umweltsituation,

— die Einbeziehung von Maßnahmen zur Minderung von Umwelteinwirkungen und

— die Prüfung auf Ausgleichsmaßnahmen und einen Entscheidungsvorschlag.

Im einzelnen muß die UVP insbesondere Aussagen über folgende Einflußgrößen enthalten: die Anlage selbst, Landverbrauch, Nutzungsänderungen, durch das Vorhaben bedingte Immissionen, mögliche Störungen und Störfälle, geänderte Verkehrsführungen, zusätzliche Verkehrsbelastung, Ausgleichsvorhaben, Folgevorhaben.

129. Die UVP ist um so wirkungsvoller, je früher sie vor der endgültigen Entscheidung über das Vorhaben durchgeführt wird, weil ihr Einsatz in späteren Stadien des Entscheidungsprozesses angesichts von rechtlich und faktisch bereits weitgehend verbindlichen bzw. verfestigten Vorentscheidungen eine Berücksichtigung ihrer Ergebnisse erschwert (SRU, 1987). Der Rat unterstützt hier ausdrücklich die einstimmige Forderung des Bundestages vom 25. November 1983, wonach die Richtlinie in optimaler Weise umgesetzt werden soll (Deutscher Bundestag, 1983). Dies gilt sowohl für die Entscheidungsvorbereitung durch die UVP als auch für die Entscheidungsvorbereitung durch die UVP als auch für die Berücksichtigung ihrer Prüfergebnisse im Entscheidungsprozeß.

1.3.3.2 Planungs- und Projekt-Umweltverträglichkeitsprüfung

130. Der lediglich auf Projekte bezogene Anwendungsbereich der EG-Richtlinie befriedigt nicht. Entsprechend der ursprünglichen Absicht der Kommission und einzelner Mitgliedstaaten sollte auch die Ebene des planerischen Handelns einbezogen werden. In den sogenannten vertikalen Verfahren, bei denen sich die Ablaufstruktur von Projekten auf mehreren, zunächst planerischen Entscheidungsebenen vollzieht, liefe die UVP sonst weitgehend leer. Auf der Stufe der endgültigen Projektzulassung angesiedelt, würde die Durchschlagskraft ihrer Ergebnisse eher gering sein. Entgegen ihrem Sinne und Zweck könnte sie die Entscheidung über das „Ob" und „Wie" des Vorhabens überhaupt nicht mehr wesentlich beeinflussen. Deshalb ist es unerläßlich, daß die UVP in mehrstufigen Verfahren auf jeder einzelnen Stufe „stufenspezifisch" durchgeführt werden muß. Die gesamte Ebene der Planung ist damit ebenfalls der UVP zu unterziehen. Das gilt insbesondere für das Raumordnungsverfahren.

131. Der Rat weist ausdrücklich darauf hin, daß es sich bei dieser gestuften UVP,

— der Planungs-UVP auf der ersten Stufe und

— der Projekt-UVP auf der zweiten Stufe,

zwar um ein einheitliches UVP-Verfahren handelt, das jedoch zwei verschiedene mit unterschiedlichen Anforderungen ausgestattete Schritte umfaßt. Im Rahmen der Planungs-UVP geht es dabei um die Ermittlung der Makrostandortvoraussetzungen für ein Vorhaben, im Rahmen der Objekt-UVP um die Prüfung der Mikrostandortvoraussetzungen. Eine optimale UVP ist erst bei einem systematischen und ineinandergreifenden Zusammenwirken dieser beiden Anwendungsstufen sichergestellt.

1.3.3.3 Prüfliste

132. Kernproblem des für die UVP zu entwickelnden Prüfrasters ist die Frage, welche Informationen der Projektträger der Behörde zur Verfügung stellen muß. Inhaltlich kommt es darauf an, daß die für das Vorhaben jeweils relevanten Fragen gestellt und die zu ihrer Beantwortung beitragenden Materialien zusammengetragen werden. Eine ihrem Zweck gerecht werdende UVP verlangt, daß sich der Projektträger nicht darauf beschränkt, Informationen für eine Beurteilung des von ihm geplanten Vorhabens vorzulegen, sondern daß er auch Angaben über Projektalternativen zu übermitteln hat. Gegebenenfalls sind alle Projektalternativen nach Maßgabe des Prüfrasters unvoreingenommen zu prüfen.

133. Ein systematisch umfassendes, aber auch noch administrativ handhabbares Raster, mit dem alle für die UVP bedeutsamen Anwendungsfelder bestimmt werden können, steht noch aus. Eine solche gleichsam standardisierte Prüfliste ist dabei stufenspezifisch differenziert zu entwickeln. Für das Planungsverfahren bereitet die Aufstellung solcher Prüflisten auf Grund seiner gröberen Struktur weniger Schwierigkeiten als für das konkrete Projekt-Zulassungsverfahren. Eine vorhabensbezogene Prüfliste, deren Ziel es gerade sein soll, für jedes Projekt ein eigenständiges Anforderungsprofil zu erstellen, muß demgegenüber in Abhängigkeit von dem zu prüfenden Vorhaben mit all seinen Besonderheiten aufgestellt und gegebenenfalls immer weiter verfeinert werden. Nur eine solche Prüfliste ist geeignet, ein Optimum an vorhabenspezifischen Daten und Informationen als Grundlage für die UVP-Entscheidung zu erzielen.

134. Die Sammlung dieses Entscheidungsmaterials obliegt überwiegend dem Träger des UVP-relevanten Vorhabens. Allerdings ist zu berücksichtigen, daß viele der für eine echte Wirkungsanalyse maßgeblichen orts- und gebietsbezogenen Daten allein bei den Ländern, Kreisen, Gemeinden oder anderen Körperschaften (z. B. Wasserverbänden) vorliegen, ferner daß diese Dienststellen in der Regel auch über die besseren technischen und personellen Mittel zur Ermittlung der Umweltauswirkungen des geplanten Vorhabens verfügen. Daraus ergibt sich, daß sowohl die Beschreibung der wahrscheinlichen wesentlichen Auswirkungen des Vorhabens auf die Umwelt als auch die Benennung der Maßnahmen, mit denen bedeutende nachteilige Auswirkungen auf die Umwelt vermieden, eingeschränkt oder soweit wie möglich ausgeglichen werden sollen, nur in enger Zusammenarbeit zwischen dem Projektträger und den Behörden möglich sind.

135. Die Struktur des Prüfrasters wird zweckmäßigerweise in sieben zusammenhängende Prüffelder aufgegliedert. Es sind dies:

— Zeitpunkt oder Phase des Vorhabens,

— Quellen und Verursacher von Eingriffen,

— Art der Eingriffe in die Umwelt,

— die Eingriffe erleidenden Umweltbereiche,

— Wirkungsweisen bzw. Risikopotential der Eingriffe,

— Eingriffswege bzw. Übertragungsvorgänge und

— durch die Eingriffe gefährdete Güter.

1.3.3.4 Planungsalternativen und Bewertung

136. Neben dem richtig zusammengestellten Daten- und Informationsmaterial ist für eine optimale UVP die richtige Bewertung dieser Vorgaben ausschlaggebend. Diese Bewertung muß transparent und nachvollziehbar dargelegt werden. Eine allgemeingültige Methode zur Bewertung der Auswirkungen umwelterheblicher Vorhaben ist nicht zu erwarten, weil für verschiedene Fragestellungen auch verschiedene Methoden angemessen sind. Von den bestehenden anerkannten Bewertungsverfahren (Kosten-Nutzen-Analyse; Nutzwert-Analyse; Kostenwirksamkeits-Analyse) erscheint die Nutzwertanalyse am ehesten geeignet, was vor allem im Hinblick auf die im Rahmen der UVP zu ermittelnden Alternativen gilt. Je nach Lage des Einzelfalles ist sie jedoch durch weitere Verfahren zu ergänzen, so z. B. Szenarien und graphische Verfahren. Gleichgültig, welche Bewertungsmethode man letztlich wählt: Entscheidender Bewertungsmaßstab muß dabei stets ein konkretisiertes Schutzwürdigkeits- und Gefährdungsprofil sein, welches in den jeweils maßgeblichen Umweltqualitätszielen und -standards transparent aufzubereiten ist. Die im Rahmen der UVP zu treffende Bewertung der Umweltverträglichkeit eines Projekts setzt auf wissenschaftlichen Evaluationen beruhende politische Wertmaßstäbe und Entscheidungen voraus (Tz. 94 ff.).

Zur konkreten Bewertung der einzelnen Auswirkungen kann im Sinne einer vereinfachten Nutzwertanalyse zunächst ein rein qualitatives Schema herangezogen werden, z. B. eine Bewertung für negative bzw. positive Auswirkungen:

— keine Beeinträchtigung bzw. Verbesserung,

— vernachlässigbare Beeinträchtigung bzw. Verbesserung,

— wesentliche Beeinträchtigung bzw. Verbesserung und

— erhebliche Beeinträchtigung bzw. Verbesserung.

1.3.3.5 Öffentlichkeitsbeteiligung, scoping-Verfahren

137. Ein unverzichtbares Element der UVP ist die Öffentlichkeitsbeteiligung. Bezweckt wird damit zum einen die Vorverlagerung des Rechtsschutzes, zum anderen aber auch eine Verbesserung der Informationsbasis für die Entscheider und eine Erhöhung der Akzeptanz der Entscheidung. Die EG-Richtlinie konzipiert das Regelverfahren der Öffentlichkeitsbeteiligung trichterförmig: Informiert wird die Öffentlichkeit schlechthin, anzuhören ist die „betroffene Öffentlichkeit". Damit ergibt sich die Notwendigkeit, den Anforderungen der EG-Richtlinie genügende und auf das nationale Umweltrecht zugeschnittene Beteiligungsformen in den Vorstufen der abschließenden Entscheidung zu entwickeln. Angestrebt wird ein offener Prozeß der Kommunikation, der die Konflikte innerhalb verschiedener Schutzgüter und zwischen Interessengruppen nicht vernebelt, sondern offenlegt und die Öffentlichkeit nicht vor vollendete Tatsachen stellt.

138. In diesem Zusammenhang empfiehlt der Rat für die Bundesrepublik die Einführung des in anderen Ländern, speziell in den USA, bereits obligatorischen sogenannten scoping-Verfahrens. Mittels dieses Verfahrens soll gleichsam im Vorfeld der eigentlichen UVP zur Operationalisierung des Begriffs „Umwelt" Art und Umfang der umweltrelevanten Fragestellungen eingegrenzt und festgelegt werden, wobei die betroffenen Behörden, die Öffentlichkeit, Sachverständige und gegebenenfalls Vertreter anderer Staaten zu Vorschlägen und Stellungnahmen aufgefordert werden sollten (BUNGE, 1986). Dieses Verfahren verknüpft Anforderungsprofil für das zu prüfende Vorhaben, Bewertungsverfahren, Vorstellung von Alternativen und Öffentlichkeitsbeteiligung miteinander. Für die Vorstrukturierung und Ergiebigkeit der anschließenden eigentlichen UVP ist dies von nicht zu unterschätzender Bedeutung.

139. Allerdings muß bei einer grundsätzlichen Bejahung der Einführung eines solchen scoping-Verfahrens eindringlich davor gewarnt werden, das Anforderungsprofil der UVP gleichsam „auf der Straße" entwerfen zu lassen. Die Öffentlichkeit kann von lautstarken Gruppen beherrscht sein, so daß die unvoreingenommene Konkretisierung des maßgeblichen Schutzwürdigkeitsprofils u. U. mißlingt. So kann es nicht im Interesse des allgemeinen Wohls liegen, das „Sankt-Florians-Prinzip" zur vollen Entfaltung kommen zu lassen. Vielmehr sollte sich das scoping-Verfahren an einem transparenten Prozeß der Standardsetzung orientieren (Tz. 115). Auf diese Weise können fachliche und Akzeptanzgesichtspunkte in ein ausgewogenes Verhältnis zueinander gebracht werden.

Die Öffentlichkeitsbeteiligung sollte so angelegt sein, daß die betroffenen Bürger schon vor Beginn der förmlichen Verfahren, auf jeden Fall aber zu einem Zeitpunkt, in dem wichtige Entscheidungen über ein Vorhaben noch nicht gefallen sind, umfassend über die Planung informiert und zu Stellungnahmen eingeladen werden. In vielen Planungs-, Planfeststellungs- und Genehmigungsverfahren ist eine solche Öffentlichkeitsbeteiligung bereits verwirklicht. Hier ist kaum noch eine Verbesserung erforderlich, so z. B. bei der Bauleitplanung oder in Genehmigungsverfahren nach dem Bundes-Immissionsschutzgesetz. Ein Mehr an Öffentlichkeitsbeteiligung ist aber für sich allein genommen noch kein Garant dafür, daß behördliche Entscheidungsabläufe transparenter und nachvollziehbarer werden. Erst auf der Grundlage „griffiger" Schutzwürdigkeitsprofile wird die UVP selbst hohe Effizienz erzielen können.

1.3.3.6 Nachkontrolle

140. Ein wichtiger Bestandteil der UVP ist schließlich eine Regelung zur Nachkontrolle. Entgegen früheren Absichten der Kommission sieht die EG-Richtlinie eine solche Nachkontrollvorschrift nicht mehr vor, womit sie sich in einem entscheidenden Punkt als lückenhaft erweist. Da angesichts der Vielzahl unterschiedlicher möglicher Auswirkungen eines UVP-pflichtigen Vorhabens auf die Umwelt unerwartete Nebeneffekte im vorhinein nicht völlig ausgeschlossen werden können, muß es auch im nachhinein u. U. noch möglich sein, das Vorhaben den Erfordernissen des Gemeinwohls anzupassen. Dafür ist eine Nachkontrolle eine unerläßliche Voraussetzung.

141. Der Rat fordert daher ihre Einführung, da sich nur so der Erfolg einer UVP sichern läßt. Die Nachkontrolle selbst ist aber nur dann effektiv, wenn für die zuständigen Behörden eine Pflicht besteht, zu geeigneter Zeit zu überprüfen, ob das Vorhaben nach seiner Beendigung erhebliche Auswirkungen auf die Umwelt verursacht, die in der durchgeführten UVP nicht vorauszusehen waren. Durch den Vorbehalt nachträglicher Anordnungen, der sich im Gesetz, aber auch noch im Bescheid finden lassen kann, läßt sich die Nachbesserung durchsetzen.

1.3.3.7 Schlußbemerkung

142. Die Umsetzung der EG-Richtlinie in das deutsche Umweltrecht wird nicht zu einer grundlegenden Umgestaltung der maßgeblichen Verfahren führen. Dies erklärt sich daraus, daß die deutschen Rechtsvorschriften, die sich mit der Planung, Genehmigung und Durchführung von umwelterheblichen Vorhaben beschäftigen, den UVP-Anforderungen der EG-Richtlinie schon sehr nahe kommen, allenfalls in einigen Teilbereichen einer Ergänzung bedürfen. Insbesondere fehlt es in der Rechtsordnung der Bundesrepublik nicht an materiellen Vorschriften zur Berücksichtigung der Auswirkungen umweltrelevanter Vorhaben.

143. Dementsprechend konzentriert sich die Diskussion in der Bundesrepublik auf die Frage, in welche bereits bestehenden Vorschriften des Bundes und der Länder die UVP integriert werden kann. In Betracht kommen z. B. folgende Ansätze: Einpassung in Planfeststellungsverfahren, in das landesplanerische Raumordnungsverfahren, in das Verfahren der Bauleitplanung, in die speziellen Genehmigungsverfahren und in § 8 Bundesnaturschutzgesetz (BNatSchG). Eine Reihe der bestehenden Gesetze, die als Anknüpfungspunkte für die UVP in Frage kommen, müßten allerdings geändert werden, damit sie den Anforderungen der EG-Richtlinie vollinhaltlich genügen können. Ein Regelungsbedarf besteht gerade in Bezug auf zusätzliche inhaltliche Anforderungen, die an Untersuchungen über die Auswirkungen von umwelterheblichen Vorhaben zu stellen sind. In der Regel erfassen die bisherigen Prüfraster weder alle relevanten Umweltauswirkungen hinreichend, noch reichen sie überhaupt aus, diese Umweltauswirkungen umfassend und systematisch zu bewerten. Hier gilt es, in die bestehenden Verwaltungsverfahren, die von ihrer Struktur her grundsätzlich flexibel und ausbaufähig sind, die UVP-Anforderungen aufzunehmen und sie im Sinne eines Abbaus dieser Defizite fortzuentwickeln.

144. Der Rat empfiehlt, daß bis zur Umsetzung der EG-Richtlinie in nationales Recht Großprojekte schon so auf ihre Umweltverträglichkeit geprüft werden, wie dies den Intentionen dieser Richtlinie entspricht.

1.3.4 Umweltpolitische Instrumente

145. Im Bereich der Zielfindung und Zielkonkretisierung ist die Entwicklung in der Umweltpolitik stetig und ohne erheblichen Kurswechsel vor sich gegangen: Im jeweiligen Umweltbereich werden erst allgemeine Ziele formuliert und dann Konkretisierungen vorgenommen. In der Instrumentendiskussion ist in letzter Zeit nicht zuletzt im Zusammenhang mit dem Wandel der Umweltpolitik von der Gefahrenabwehr zum Vorsorgeprinzip eine Grundsatzdiskussion über den zweckmäßigen Instrumententyp in Gang gekommen.

Die Umweltpolitik war, bedingt auch durch ihre Vorläufer (etwa in der Gewerbeaufsicht), zunächst auf das zur Gefahrenabwehr am besten geeignete Instrumentarium der strikten Ge- und Verbote orientiert. Verschiedene Gründe führten zu verstärkten Bemühungen, dieses ordnungsrechtliche Instrumentarium, wenn auch nicht zu ersetzen, so doch um einige andere Instrumente zu ergänzen. Die Bemühungen wurden insbesondere durch die in vielen Umweltbereichen zu beobachtenden Vollzugsdefizite, aufgrund von ökonomischen Gesichtspunkten und vor allem infolge des genannten Ziels, eine stärker vorsorgeorientierte Politik durchzuführen, ausgelöst.

146. Aus ökonomischer Sicht kann die Lösung des Umweltproblems und die damit zusammenhängende Instrumentenfrage in ein Kollektivgut- und ein Allokationsproblem (KLEMMER, 1988) aufgegliedert werden. Ersteres verlangt einmal die Festlegung jener maximalen Emissionsmengen, die — gemessen an ihren Wirkungspotentialen — aus umweltpolitischer Sicht unter Berücksichtigung sonstiger gesellschaftlicher Anliegen (etwa Wohlstands- und Beschäftigungsüberlegungen) noch vertretbar erscheinen. Hinzu kommen zum anderen noch Vereinbarungen bezüglich der aus ökologisch-meritorischer Sicht[1]) bzw. im Interesse nachfolgender Generationen mindestens zu bewahrenden oder zu schützenden Sachgüter, Ressourcen und (Natur-)Räume. Auf die Probleme und Implikationen, die sich mit derartigen Festlegungen und Vereinbarungen verbinden, ist in den vorausgegangenen Abschnitten näher eingegangen worden. Unter ökonomischen Überlegungen stellen sie letztlich den Versuch dar, die Knappheit von Umweltressourcen politisch zu definieren.

Nach einer solchen Knappheitsdefinition (beispielsweise reduzierte Emissionsgrenzwerte oder allgemeine Emissionsminderungen) stellt sich die Frage, wie das Allokationsproblem zu lösen ist. Es beinhaltet die Zuweisung von Nutzungsrechten an dieser knappen Umwelt an die verschiedenen Gesellschaftsmitglieder (etwa Produzenten oder Konsumenten) oder Institutionen (etwa Gebietskörperschaften), und diese Zuweisung erfolgt durch geeignete Instrumente.

147. Der Rat ist bereits in seinen bisherigen Gutachten auf die Instrumentenfrage eingegangen (z. B. SRU, 1974b, Tz. 565 ff.; SRU, 1978, Tz. 1768 ff.). Unter Bezugnahme auf seine damaligen Ausführungen möchte er hier zwischen

— ordnungsrechtlichen Instrumenten,

— ökonomischen Anreizinstrumenten und

— sonstigen Instrumenten

unterscheiden. Die ordnungsrechtlichen Instrumente unterscheiden sich von den ökonomischen Anreizinstrumenten dadurch, daß sie mit dem Zwang zu einem bestimmten Tun oder Unterlassen verbunden sind, während die letzteren eine erwerbswirtschaftliche Motivation des Menschen unterstellen und versuchen, über ökonomische Anreize bzw. die Erhebung eines Preises für die Nutzung des Gutes Umwelt Verhaltensänderungen zu bewirken (KLEMMER, 1983, 1988; ZIMMERMANN, 1984). Daneben existieren verschiedene andere Instrumente (beispielsweise Informationspolitik oder Haftungsrecht), die in unterschiedlicher Weise ein umweltschonendes Handeln bewirken sollen. Im folgenden sollen die Instrumente näher untersucht werden.

1.3.4.1 Ordnungsrechtliche Instrumente

148. Ordnungsrechtliche Instrumente, die die längste Tradition in der Umweltpolitik besitzen, versuchen, über die Ausübung von Zwang umweltpolitische Ziele, z. B. eine bestimmte Luftqualität, zu erreichen, ohne dem einzelnen Betreiber einen Entscheidungsspielraum zu überlassen. Verbote z. B. regeln die Menge zulässiger Emissionen von Schadstoffen, die beim Einsatz bestimmter Rohstoffe im Produktionsprozeß oder bei der Herstellung und Verwendung einzelner Produkte entstehen. Gebote verlangen ein bestimmtes Handeln, indem sie etwa eine bestimmte Art der Abfallbeseitigung nach dem Stand der Technik vorschreiben. Unabdingbar wird eine strikte Auflagenpolitik immer dann sein, wenn es um die Vermeidung von sehr gefährlichen Emissionen geht. Unter dem hierbei dominierenden Gesichtspunkt des Gesundheitsschutzes und der ökologischen Effektivität erweist sich das Auflageninstrumentarium den anderen Instrumenten als überlegen. In diesem Bereich wird es somit kaum eine Alternative zur Auflagenpolitik geben können.

149. Als Nachteil des ordnungsrechtlichen Instrumentariums wurde insbesondere bemängelt, daß mit der „Politik des individuellen Schornsteins" (SIEBERT, 1982), also mit auf einzelne Anlagen und Anlagentypen bezogenen Emissionswerten, ein als erstrebenswert angegebener Zustand der Umwelt nicht kostenminimal erreicht wird. Der Grund ist darin zu sehen, daß alle Emittenten, unabhängig von Größe der Anlage, Schadstoffmenge und Vermeidungskosten, gleichermaßen gezwungen werden, den vorgegebenen Standard einzuhalten. Dadurch werden die unterschiedlichen Kosten je verminderter Schadstoffeinheit, die beim einzelnen Emittenten anfallen, nicht berücksichtigt.

150. Die ökologische Effektivität ist zwar, falls keine Vollzugsdefizite auftreten, insoweit gegeben, als das Verbot der Emissionen über eine bestimmte Menge hinaus sofort greift. Eine Verringerung unter diesen zugelassenen Wert ist jedoch nicht zu erwarten, da die Inanspruchnahme der Umwelt bis zur fixierten Höchstgrenze kostenlos erfolgt. Dadurch fehlt für die Wirtschaftseinheiten ein Anreiz, darüber hinausgehende Vermeidungsanstrengungen zu unternehmen, also umweltschonendere Verfahren einzusetzen oder zu entwickeln.

151. In regionaler Sicht kann diese Politik dazu führen, daß bei einer Erreichung der gesetzlich vorgeschriebenen Immissionsgrenzwerte erweiterungs-

---

[1]) Es handelt sich darum, daß Emissionen nach Meinung der „informierten Gruppe" in Parlament oder Verwaltung stärker abgesenkt werden sollen als der Wähler dies fördern würde. Dahinter steht der Gedanke, daß der Wähler möglicherweise (noch) nicht den vollen Überblick über die Schadwirkungen der sonst höheren Restemission hat. (Zum Gedanken des „meritorischen Gutes" vgl. etwa ZIMMERMANN und HENKE, 1987).

oder ansiedlungswillige Unternehmen, die häufig sogar weniger Schadstoffe emittieren als altansässige Betriebe, keinen Standort finden. Zudem wird oft vorgebracht, daß ein Gebot, jeweils Anlagen gemäß dem Stand der Technik einzusetzen, die staatlichen Instanzen in Beweiszwang bringe. Hiergegen muß eingewendet werden, daß in starkem Maße der Stand der Technik durch den Wettbewerb der Anbieter von Umweltschutzanlagen vorangetrieben wird, die somit in gleichem Ausmaß an einer Fortschreibung interessiert sind.

152. Die Nachteile einer auflagenorientierten Umweltpolitik haben zu einer intensiven Diskussion über die Instrumente im Luftbereich und zu einer Reihe von neuen Vorschlägen geführt, die auch von staatlicher Seite sorgfältig geprüft worden sind. Ausgangspunkt der Diskussion war die Kritik an der mangelnden ökonomischen Effizienz des ordnungsrechtlichen Instrumentariums. Wenn daraufhin eine instrumentelle Neuorientierung hin zu ökonomisch effizienteren Instrumenten verlangt wird, muß angesichts der Vorteilhaftigkeit der ordnungsrechtlichen Instrumente bei der Gefahrenabwehr, also etwa bei Emissionen, die schon in relativ geringen Mengen schwere Gesundheits- oder Umweltschäden hervorrufen können, wiederum sorgfältig geprüft werden, wie die ökologische Effektivität der ökonomischen Anreizinstrumente beurteilt werden kann.

1.3.4.2 Ökonomische Anreizinstrumente

153. Mit diesen Instrumenten soll versucht werden, die vorgegebenen Umweltqualitätsziele dadurch zu erreichen, daß den betroffenen Unternehmen gewisse Anpassungsspielräume gewährt werden, wobei nicht mehr nur anlagenspezifische Vorschriften, sondern auch vermehrt anlagenübergreifende Regelungen getroffen werden. Da man davon ausgehen kann, daß die Anlagenbetreiber versuchen werden, die vorgegebenen Ziele mit dem geringsten Ressourceneinsatz zu erreichen, erhofft man sich ökonomisch effizientere Lösungen durch diese Regelungen. Es muß allerdings festgestellt werden, daß der Spielraum für den Einbau ökonomischer Anreizinstrumente durch die weitgehende Ausschöpfung des ordnungsrechtlichen Instrumentariums (insbesondere die Verschärfung der Betreiberpflichten etwa durch die Großfeuerungsanlagen-Verordnung oder die TA Luft 1986) immer enger geworden ist.

154. Zu den ökonomischen Anreizinstrumenten kann man eine Reihe von — z. T. recht unterschiedlichen — Instrumenten rechnen:

— Kompensationsregelungen,

— Abgabenlösungen,

— Zertifikate.

Diese Instrumente, von denen einige sich noch in der Diskussion befinden und andere bereits eingesetzt sind, sollen im folgenden kurz erläutert werden.

Kompensationsregelungen

155. Zu den Kompensationsregelungen gehören einige Regelungen, die mit der letzten Novellierung des Bundes-Immissionsschutzgesetzes und der Neufassung der TA Luft getroffen wurden. Sie sind ein Beispiel dafür, wie bei weitgehender Anbindung an ordnungsrechtliche Instrumente ein zusätzlicher Spielraum zur Ökonomisierung der Umweltpolitik geschaffen werden kann. Der Transfer von Emissionsgenehmigungen (analog dem ‚emissions trading' in den USA; REHBINDER und SPRENGER, 1985) wird in der Bundesrepublik Deutschland in zweierlei Weise ermöglicht. Der neue § 7 Abs. 3 BImSchG gewährt einem Anlagenbetreiber die Möglichkeit, nachträgliche Anordnungen dadurch zu erfüllen, daß die Emissionen in einer anderen bestehenden Anlage des Betreibers oder in der Anlage eines Dritten stärker gesenkt werden als bei der ordnungsgemäßen Reduzierung aufgrund der nachträglichen Anordnung. Damit erhält der Anlagenbetreiber die Möglichkeit, die Emissionen dort zu senken, wo die geringsten Kosten je vermiedener Schadstoffeinheit anfallen.

156. Die zweite Variante gilt für die Genehmigung von Neuanlagen und könnte am ehesten für Belastungsgebiete interessant werden. Dort kann eine sonst nicht genehmigungsfähige Neuanlage genehmigt werden, wenn dafür an bestehenden Anlagen des Antragstellers oder Dritter Sanierungsmaßnahmen durchgeführt werden, die bewirken, daß die Immissionen im Meßgebiet in der Summe geringer sind als zuvor (TA Luft 1986). Die Vorteile dieser Regelungen liegen insbesondere im Bereich der regionalen Wirtschaftsentwicklung. — Umweltpolitisch gesehen wären an sich noch geringere Emissionen erreichbar, wenn

— die Neuanlage nicht genehmigt würde,

— ein Vermeidungsaufwand über den Stand der Technik hinaus gefordert oder

— der Stand der Technik an beiden Anlagen durchgesetzt würde.

Darauf hat man aber bewußt verzichtet und nicht zuletzt hieraus ergeben sich die Spielräume für ökonomische Anreizinstrumente.

Abgabenlösungen

157. Bei den Abgabenlösungen (EWRINGMANN und SCHAFHAUSEN, 1985) kann man nach der Zielsetzung zwei verschiedene Typen unterscheiden. Ihr Ziel kann zum einen die Bereitstellung von Finanzmitteln für Umweltschutzinvestitionen der öffentlichen Hand (fiskalische Abgaben), zum anderen die Schaffung eines Anreizes zur Internalisierung von sozialen Zusatzkosten (Lenkungsabgaben) sein. Beide Formen spielen in Diskussion und Praxis eine Rolle.

Stellt man auf den Finanzierungsaspekt ab, so sind die Diskussionen um den „Wasserpfennig", den „Waldpfennig" oder die Energiesteuer (etwa Antrag der SPD-Fraktion zum Sondervermögen „Arbeit und Umwelt", BT-Drs. 10/1722) zu nennen (BONUS, 1986a und b; BRÖSSE, 1986; KLEMMER, 1985; SCHEELE und SCHMIDT, 1986). Hier geht es zumeist um die Erzielung von Einnahmen, die selektiv bestimmten Wirtschaftseinheiten zugewendet werden sollen. Die Zuwendungen können als Ausgleich für den Verzicht auf die Nutzung von Umweltressourcen oder als Subventionen zur Honorierung umweltrelevanter Aktivitäten dienen. Im letzteren Fall tritt das Gemeinlastprinzip an die Stelle des Verursacherprinzips. Auch kommt es zum Aufbau neuer Bürokratien, zu Mitnahmeeffekten sowie zu einem Attentismus, der sich jede umweltrelevante Aktivität honorieren läßt.

Im Vordergrund der Abgabenerhebung sollte in der Regel die Schaffung von Anreizen zur Internalisierung von externen Kosten stehen. Im Unterschied zu Ver- und Geboten wird bei der reinen Abgabenlösung nicht eine zulässige Höchstmenge an Emissionen festgelegt, sondern das Recht zur Emission wird mit einem Preis belegt (BAUMOL und OATES, 1971; SIEBERT, 1982). Die sich dann einstellende Umweltqualität ist somit abhängig vom Verhalten der Wirtschaft. Es handelt sich bei Abgaben insoweit um ein Preisinstrument, als der Umweltnutzung ein Wert zugeordnet wird. Einschränkend muß aber gesagt werden, daß dieser Preis nicht das Ergebnis von Markthandeln ist, sondern eine politisch fixierte Größe darstellt. Damit verbunden ist die Frage nach der politischen Durchsetzbarkeit einer als erforderlich angesehenen Abgabenhöhe.

Der Rat hat in seinem Sondergutachten „Umweltprobleme der Landwirtschaft" (SRU, 1985a) in Form der Stickstoffabgabe die Anwendung eines derartigen Instruments empfohlen. Hier stand der Anreizeffekt im Vordergrund, und die fiskalische Einnahme und deren Verwendung waren zwar untergeordnet, aber ebenfalls in das Konzept der De-Intensivierung eingeordnet.

158. Die Abgabenlösung ist ökonomisch effizient, weil eine Reduktion der Inanspruchnahme der Umwelt dort erfolgt, wo dies am kostengünstigsten möglich ist. Derjenige, dessen Kosten zur Verringerung der Umweltinanspruchnahme geringer sind als die Abgabenhöhe, wird seine Emissionen solange verringern (z. B. durch technische Innovationen), wie die Reduzierung der Inanspruchnahme um eine Einheit weniger kostet als der Preis der Abgabe je Schadenseinheit beträgt. Derjenige, dessen Vermeidungskosten höher sind als die Abgabe, wird den Nutzungspreis der Umwelt in Form der Abgabe zahlen.

159. Damit wird aber zugleich das Problem der ökologischen Effektivität deutlich. Stellt sich bei einer gegebenen Höhe der Abgabe heraus, daß die Wirtschaft nicht entsprechend den Erwartungen reagiert hat, also, statt die Schadensmenge zu verringern, die Abgabe zahlt, wird die angestrebte Umweltqualität nicht erreicht. Damit wird eine Erhöhung der Abgabe erforderlich. Ob dieses langsame Herantasten an die richtige Höhe der Abgabe möglich und politisch durchsetzbar ist, muß bezweifelt werden (BMI, 1985). Ein ökologischer Vorteil der Abgabe ist aber insoweit immer gegeben, als für die nicht vermiedenen Schadstoffmengen Abgaben gezahlt werden müssen, also nicht wie bei Ver- und Geboten bei Unterschreiten einer bestimmten Menge der Anreiz zu weiterer Reduktion entfällt. Damit bleibt auch ein Interesse der Wirtschaft an technischen Neuerungen erhalten, die weniger Schadenseinheiten produzieren.

160. Die oft schwer absehbare ökologische Effektivität reiner Abgabenlösungen war auch einer der Gründe dafür, Vorschläge in die Diskussion einzubringen, die das Instrument der Abgabe in die bestehende Auflagenpolitik einbauen sollten. Durch diese Kombinationslösung soll die Erreichung des umweltpolitischen Ziels gesichert werden, ohne dabei den ökonomischen Anreiz aufzuheben, weitergehende Vermeidungsmaßnahmen durchzuführen, um der Zahlung der Abgabe zu entgehen. Eine befriedigende Abstimmung der beiden unterschiedlichen Instrumente ist allerdings bisher noch nicht erfolgt, was wohl darauf zurückzuführen ist, daß mit der Auflage eine Mengenregulierung und mit der Abgabe eine Preisregulierung zugleich vorgenommen werden (ZIMMERMANN, 1984).

Zertifikate

161. Ein weiteres ökonomisches Anreizinstrument besteht in den Zertifikaten bzw. Emissionslizenzen. Ähnlich wie bei der zuletzt angesprochenen Variante der Abgabenlösung wird zunächst ein als zulässig angesehenes Niveau der Umweltbelastung festgesetzt. Diese Immissionswerte müssen in Gesamtemissionsmengen transformiert werden, was allerdings eines der schwierigen Probleme bei einer solchen Lösung darstellt.

Die Gesamtemissionsmenge wird in Emissionslizenzen aufgeteilt und einzelnen Emittenten zugeordnet, beispielsweise im Wege der Auktion. Die Lizenzen, die ein verbrieftes Recht auf die Emission von Schadstoffen darstellen, sind frei handelbar, wobei sich der Preis auf dem Markt bilden wird. Für den Besitzer von Zertifikaten besteht der Anreiz, seine Emissionen weiter zu senken, wenn die erforderlichen Kosten geringer sind als der Preis, den er bei der nun möglichen (Wieder-)Veräußerung seiner Emissionslizenzen erzielen kann.

162. Die Zuteilung der Emissionsrechte stellt jedoch das wohl größte Problem dieses Instruments dar. Bei einer anfänglichen Zuteilung in Höhe der bestehenden Genehmigung werden vermutlich teilweise Rechte für Emissionsmengen erteilt, die in der Praxis gar nicht ausgeschöpft werden (BMI, 1984). Ähnlich wie bei der Möglichkeit, die Emissionslizenzen gemäß den tatsächlichen Emissionen zu einem bestimmten Zeitpunkt zuzuteilen, würden die größten Emittenten, die u. U. am wenigsten für den Umweltschutz getan haben, bevorteilt. Damit wird die starke Betonung des Bestandsschutzes der Altanlagenbetreiber gegenüber möglichen Neuanlagen deutlich, die immer den neuesten Stand der Technik einzurichten haben. Umgekehrt würde bei einer Auktion der anfänglichen Rechte der Altanlagenbetreiber besonders ungünstig gestellt.

163. Während ökonomische Effizienzvorteile gegenüber einem starren Auflageninstrumentarium bestehen, sprechen neben den Zuteilungsproblemen insbesondere ökologische Risiken gegen dieses Instrument:

— Die ökonomische Effizienz ist sichergestellt, da eine Emissionsminderung durch die Emittenten erfolgt, die durch den Verkauf ihrer Emissionsrechte mehr an Einnahmen erzielen können als sie die Reduzierung der Emissionen kostet. Diejenigen, die nur zu hohen Grenzkosten in der Lage sind, ihre Emissionen zu verringern, werden bereit sein, Lizenzen zu erwerben, solange der Preis je Emissionseinheit unter deren Vermeidungskosten liegt.

— Die ökologische Effektivität wird durch das Regionalisierungsproblem gefährdet. Während bei der Auflagenpolitik durch Emissionsgrenzwerte an einzelnen Anlagen und Festlegung von Schadstoffkonzentrationswerten in ihrer Nachbarschaft Überschreitungen von Immissionsgrenzwerten weitgehend ausgeschlossen werden, können bei der Zertifikatslösung regionale Emissionsschwerpunkte auftreten, wenn in bestimmten Gebieten entweder Anlagen vorherrschen, bei denen die Vermeidungskosten höher wären als der für die Zertifikate zu entrichtende Preis, oder neue Zertifikate an Neuanlagen ausgegeben werden müssen. Die Folge könnte eine Überschreitung der zulässigen Immissionswerte sein. Die bei der Einführung eines Zertifikatsmodells zu vermutenden Probleme haben trotz interessanter Elemente einer solchen Lösung und ihrer Prüfung zur Ablehnung durch die verantwortlichen Stellen in der Bundesrepublik Deutschland geführt (BMI, 1984).

1.3.4.3 Sonstige Instrumente

164. Neben den ordnungsrechtlichen Instrumenten und den Instrumenten mit ökonomischem Anreizcharakter werden eine Reihe von weiteren Instrumenten angewendet bzw. diskutiert. Sie unterscheiden sich z. T. stark voneinander, können nicht ohne weiteres unter einem alle kennzeichnenden Stichwort zusammengefaßt werden und reichen von Instrumenten, bei denen die umweltbezogene Verantwortung weitgehend in den privaten Sektor übertragen wird, bis hin zu stark gemeinlastorientierten Instrumenten.

Eigentumsrechte

165. Während bei den bisher beschriebenen Instrumenten der Staat die Verantwortung dafür trägt, Umweltqualitätsstandards vorzugeben und Umweltgüter auf Konsumenten und Produzenten aufzuteilen, versuchen eigentumsrechtlich ausgerichtete Strategien, inspiriert durch die Arbeiten der Property-Rights-Theoretiker (aufbauend auf COASE, 1960), die Umweltpolitik weitgehend zu entstaatlichen.

In Analogie zur Versorgung der Volkswirtschaft mit privaten Gütern und Dienstleistungen soll sich staatliche Aktivität auf die „Setzung eines Ordnungsrahmens" statt auf detaillierte Allokationsentscheidungen konzentrieren. Dies bedeutet vor allem die Schaffung exklusiver Eigentums- und Verfügungsrechte an den Umweltgütern, um den unbeschränkten Zugriff auf sie und die damit verbundene Übernutzung auszuschließen. Existieren unzureichende private Eigentumsrechte an ihnen, müßten sich die Verursacher und Geschädigten von Umweltbelastungen auf einem Markt über

— die Umweltqualität und

— den Nutzungs- bzw. Verschmutzungspreis

verständigen. Die Anbieter von Umweltgütern teilen ihr Nutzungsangebot auf umweltbelastende und -konservierende Nachfrage auf. Sie richten sich hier nach der Zahlungsbereitschaft der Nachfrager, und im Marktgleichgewicht ist die Umweltqualität dezentral ausgehandelt. Im Gegensatz zu einer Abgaben- oder Zertifikatslösung sind insbesondere die nicht umweltbelastenden Nachfrageinteressen nicht mehr allein darauf angewiesen, über politische Wählermärkte ihren Bedarf an Umweltqualität zu artikulieren. Sie können ihn vielmehr auf dem Umweltmarkt direkt und entsprechend ihrer Zahlungsbereitschaft zum Ausdruck bringen.

Für die Durchsetzung in der Praxis erscheint dieses Modell jedoch nicht gut geeignet, auch wenn der grundsätzliche Ansatz nicht völlig verworfen werden sollte. Die Durchsetzungsprobleme dürften sich vor allem daraus ergeben, daß

— die Kontrolle exklusiver Umweltrechte sehr teuer ist und

— aufgrund des Kollektivgutcharakters vieler Umweltgüter Trittbrettfahrerprobleme auftreten dürften (ENDRES, 1985).

Haftungsrecht

166. Dem Modell der Eigentumsrechte ähnlich ist der Ansatz des Haftungsrechts. Auch hier wird eine Zuteilung von Eigentumsrechten vorgenommen. Wenn ein Emittent von Schadstoffen Umweltschäden herbeiführt, so wird er gegenüber dem Geschädigten schadensersatzpflichtig. Der Unterschied zwischen beiden Instrumenten liegt lediglich darin, daß beim haftungsrechtlichen Ansatz die Zahlung, die der Verursacher an den Geschädigten zu leisten hat, gerichtlich festgelegt ist (ENDRES, 1985). Somit besteht bei geregelten Haftungsansprüchen für die Verursacher der Anreiz, ihre Emissionen zu vermindern, um möglichen Schadensersatzzahlungen zu entgehen. Haftungsrechtliche Ansätze spielen etwa in Japan eine große Rolle. In der Bundesrepublik Deutschland ist beispielsweise auf § 22 WHG und auf die neuere, vom Rat begrüßte Diskussion über die Einführung einer generellen Gefährdungshaftung zu verweisen.

Absprachen

167. Ein seit längerem in der Praxis erprobtes Instrument besteht in Absprachen zwischen Staat und Wirtschaft. Sie besitzen den Vorteil, daß sie flexibel und ohne größeren Verwaltungsaufwand durchführbar sind und daß eine weitgehende Abstimmung zwischen Behörde und betroffener Wirtschaft möglich ist. Sie besitzen allerdings den Nachteil, daß sie rechtlich unverbindlich sind und ihre Einhaltung durch den Staat nicht erzwungen werden kann, doch hat der Staat wiederum den Sanktionsmechanismus des angedrohten und dann einzusetzenden härteren Instruments zur Verfügung.

Im Bereich der Abfallwirtschaft etwa hat es fünf größere Absprachen gegeben, von denen vier eingehalten wurden (HARTKOPF und BOHNE, 1983). Die wichtige Absprache über das Verhältnis von Ein- und Mehrwegbehältnissen in der Getränkeindustrie wurde nicht eingehalten.

Steuervergünstigungen, Subventionen

168. Die bisher diskutierten Instrumente sind weitgehend dem Verursacherprinzip zuzuordnen. Davon strikt zu unterscheiden sind gemeinlastorientierte Instrumente. Sie sind dadurch gekennzeichnet, daß der Staat einen mehr oder minder großen Teil der Anpassungslasten übernimmt. Häufig werden nur die Finanzierungslasten privater Maßnahmen ganz oder zum Teil von der öffentlichen Hand getragen. Manchmal übernimmt der Staat die Durchführung der Umweltschutzmaßnahme selbst, z. B. wenn Lärmschutzwände errichtet werden. — Da die Kosten somit letztendlich von der Allgemeinheit getragen werden, besteht für den einzelnen Verursacher von Umweltschäden kein oder nur ein verminderter Anreiz, seine Emissionen zu senken.

Da die gemeinlastorientierten Instrumente unter allokationstheoretischen Gesichtspunkten gravierende Nachteile besitzen, sollten sie wie in der Umweltpolitik nur in Ausnahmefällen Anwendung finden (vgl. SRU, 1978, Tz. 1779ff.; SRU, 1985b), etwa wenn kein Verursacher identifizierbar ist oder wenn ein Verursacher aus irgendwelchen Gründen nicht haftbar gemacht werden kann. Die bedeutendsten Instrumente in diesem Bereich sind Steuervergünstigungen und Subventionen.

169. Steuervergünstigungen, etwa gemäß § 7d Einkommensteuergesetz (EStG), der erhöhte Abschreibungen für Wirtschaftsgüter, die zu mehr als 70 % dem Umweltschutz dienen, zuläßt, sollen zwar auch Anreize geben, den umweltfreundlichen technischen Fortschritt voranzutreiben. Ob dies gelingen kann, erscheint aber fraglich. Bei dieser Steuervergünstigung z. B. entstehen lediglich Zinsvorteile. Ein eigenständiger, nicht durch Auflagen oder Abgaben gesetzter Anreiz zur zusätzlichen Umweltentlastung entsteht jedoch erst, wenn der Subventionsgrad 100 % beträgt. Liegt er darunter, so entfällt der Anreiz, und es entstehen lediglich Mitnahmeeffekte (CANSIER, 1986). Zudem dürften eher nachgeschaltete als integrierte Maßnahmen für eine Förderung in Frage kommen, was umweltpolitisch bedauerlich ist. Bei integrierten Umweltschutzmaßnahmen, die stärker zum Zuge kommen sollten, läßt sich der Umweltschutzanteil nicht genau bestimmen und dürfte in vielen Fällen auch unter 70 % liegen.

Ähnliche Argumente gelten für Subventionszahlungen, die auch nur in Ausnahmefällen gewährt werden sollten. Als Beispiel kann eine gelegentliche Förderung des umwelttechnischen Fortschritts in der Umweltschutzindustrie gelten, solange Rentabilität nicht zu erwarten ist.

Umweltinformation und -beratung, Umweltzeichen

170. Der instrumentale Ansatzpunkt der Information und Beratung bietet sich insbesondere dort an, wo viele Akteure hinsichtlich der Folgen von Produktion und Verbrauch bestimmter Güter und von bestimmten Verhaltensweisen angesprochen werden müssen. Der Bedarf an Umweltinformation und -beratung ist angesichts des gestiegenen Umweltbewußtseins (Abschn. 1.2.2) und der Erweiterung und Verschärfung der Umweltschutzregulierungen vor allem bei den Wirtschaftssubjekten mit unzureichenden Informationsmöglichkeiten gestiegen.

171. Die seit vielen Jahren z. B. von Bundes- und Landesstellen, privaten Institutionen und Verbänden betriebene Umweltberatung trägt diesem Umstand zwar bereits Rechnung. Es ist jedoch erforderlich, die Bemühungen um qualifiziertere Beratung von Unternehmen und Privathaushalten zu verstärken. Die Förderung entsprechender Modellversuche z. B. im Bereich mittelständischer Unternehmen und auf kommunaler Ebene ist deshalb grundsätzlich zu begrüßen. Der Rat weist allerdings darauf hin, daß der Erfolg dieses Ansatzes entscheidend von den Organisationsformen, der inhaltlichen Ausgestaltung der Programme und der Qualifikation der Berater abhängt.

172. Zur Förderung von Produkten, die eine vergleichsweise geringe Umweltbelastung hervorrufen („umweltschonende Produkte"), haben der BMI und die Umweltminister der Länder 1977 die Aktion „Umweltzeichen" und 1978 die „Jury Umweltzeichen" ins Leben gerufen. Mit der fachlichen Betreuung wurde das Umweltbundesamt betraut. Das Deutsche Institut für Gütesicherung und Kennzeichnung (RAL) schließt aufgrund der Vergabegrundlagen für die von der „Jury Umweltzeichen" ausgezeichneten Produktgruppen Einzelverträge mit antragstellenden Herstellern über die werbliche Nutzung des Zeichens, des „blauen Engels", ab. Inzwischen, also über etwa acht Jahre, ist ca. 1 800 Erzeugnissen aus 40 Produktgruppen das Umweltzeichen erteilt worden. Das sind eher wenige, verglichen mit den jährlich — ohne speziellen Umweltaspekt — 1 500 von der Stiftung Warentest geprüften Produkten oder mit rund 100 000 vergebenen RAL-Gütezeichen.

173. Der Erfolg läßt sich leichter im Bereich des öffentlichen Beschaffungswesens ermessen, wo im BMI bzw. BMU und in der Mehrzahl der Bundesländer die Bevorzugung von Produkten mit diesem Zeichen durch Erlasse geregelt ist. Aufgrund der inzwischen erreichten Dynamik ist mit dem Nachziehen der anderen Länder zu rechnen. Der Durchbruch ist 1984 erzielt worden mit einer Änderung der Verdingungsordnung für Leistungen (VOL/A), wonach umweltschonende Eigenschaften nicht mehr als ungewöhnliche Anforderungen, sondern als Qualitätseigenschaft zu werten sind, die einen Abschluß zu einem unter Umständen höheren Preis rechtfertigt. Die Vergabegrundlagen erlangten in der Folge für das öffentliche

Beschaffungswesen einen den DIN-Normen und anderen Lieferbedingungen vergleichbaren Rang.

Der Erfolg beim privaten Käufer ist schwerer zu messen. Immerhin war die Vertragsentwicklung bei FCKW-freien Spraydosen, emissionsarmen Ölzerstäubungsbrennern, asbestfreien Bremsbelägen u. a. m. bemerkenswert. Im Bereich der Lacke wird von der Verdoppelung des Umsatzes eines Herstellers nach Werbung mit dem Umweltzeichen berichtet. Positive Anhaltspunkte sind weiter das starke Interesse der Verbraucherverbände und die Änderung der Statuten der Stiftung Warentest.

174. Andererseits ist bei fest aufgeteilten Märkten immer mit dem Desinteresse von Unternehmen oder Branchen zu rechnen. Allgemein begründen Kreise der Wirtschaft ihre Zurückhaltung mit Schwächen des Vorschlags- und Vergabeverfahrens. Es gebe oft weder reproduzierbare Prüfungsverfahren noch eindeutige Bewertungsmaßstäbe, und ohnehin würden diese Kriterien vom Vergabeausschuß selbst gesetzt. Die Bevorzugung des umweltschonenderen unter mehreren gleichartigen Erzeugnissen (z. B. des lösemittelärmeren unter mehreren Lacken) benachteilige das noch umweltschonendere andersartige Produkt (z. B. lösemittelfreie Dispersionsfarbe). Auch fehle beim Vergabeausschuß die Transparenz der Entscheidungsfindung.

175. Ungeachtet dieser Einwände hält der Rat daran fest, daß das Umweltzeichen ein wichtiges Signal zur Verhaltensänderung des Verbrauchers ist, dessen Wirksamkeit aber noch gesteigert werden sollte.

Wenn Umweltberatung und Umweltzeichen auch durchaus zu einer Ausweitung umweltfreundlicher Produkte und Produktionsverfahren führen können, so ist mit ihnen jedoch kein umweltpolitisch grundlegender Wandel zu erwarten. Dieser muß wohl doch überwiegend durch den Einsatz unmittelbar wirkender ordnungsrechtlicher Instrumente oder ökonomischer Anreize erfolgen.

Schlußbetrachtung

176. Der Rat spricht sich gegen die weitgehende Festlegung auf einen bestimmten Typ umweltpolitischer Instrumente aus. Er bedauert daher auch, daß die praktische Umweltpolitik im Gegensatz zur wissenschaftlichen Diskussion stärker ökonomisch ausgerichteten Lösungen vergleichsweise wenig Gewicht beilegt. So kam es zwar im Zusammenhang mit der TA Luft 1986 zu einer Kompensationsregelung, die ökonomischen Überlegungen Rechnung trägt. Es handelt sich hier aber nur um eine zeitlich begrenzte Regelung mit experimentellem Charakter (OLIGMÜLLER und SCHMIDT, 1986; SIEBERT, 1985). Die Großfeuerungsanlagen-Verordnung hingegen, die enorme Anpassungskosten induzierte, blieb ohne ökonomische Anpassungsmechanismen. Die Abwasserabgabe hat nie die ursprünglich diskutierte Qualität eines weitgehend allein wirkenden ökonomischen Anreizinstruments erhalten (SRU, 1974a), sondern diente überwiegend der Beschleunigung und damit der schnelleren und effektiveren Durchsetzung des Wasserhaushaltsgesetzes (SRU, 1978, Tz. 414ff.).

177. Mit diesen Anmerkungen sollen nicht die insbesondere im internationalen Vergleich guten Ergebnisse der deutschen Umweltpolitik geschmälert werden, die ja mit der weitgehenden Dominanz des ordnungsrechtlichen Instrumentariums erzielt wurden. Die ökonomischen Anpassungskosten waren aber in der Vergangenheit sicherlich höher, als sie es bei einem flexibleren Instrumentarium hätten sein können. Auch hat der Anreiz zur „Übererfüllung" der Normen zur Emissionsminderung gefehlt. Für die Zukunft, in der mit steigenden Kosten je vermiedener Emissionseinheit zu rechnen ist, gelten diese Argumente desto stärker. Der Rat fordert die Bundesregierung daher auf, im Rahmen der künftigen Umweltpolitik stärker als bisher auf ökonomische und flexible Instrumente zurückzugreifen.

178. So erinnert der Rat an die im Umweltgutachten 1974 angesprochenen indirekten eigentumsrechtlichen Verbesserungen (SRU, 1974b, Tz. 572ff.). In Anlehnung an seine damaligen Ausführungen sieht er die Gefährdungshaftung als das einer Marktwirtschaft adäquate, auf dem Verursacherprinzip fußende Grundprinzip an; folglich müßten die rechtlichen Sanktionen zur Abschreckung potentieller Umweltschädiger verschärft werden. Desweiteren sollte bei neu auftauchenden Problemen, insbesondere wenn sie sich auf Emissionen „mittleren Problemgehalts" beziehen (ZIMMERMANN, 1984), immer erst die Möglichkeit des Einsatzes solcher flexiblen Instrumente geprüft werden.

1.3.5 Überwachung der Umweltqualität

1.3.5.1 Grundsätzliche Überlegungen

179. Wie in Abschnitt 1.1.1 und 1.1.2 bereits ausgeführt, sind die natürlichen Funktionen der Umwelt durch unterschiedliche Eingriffe, die mit den zivilisatorischen Ansprüchen verknüpft sind, bedroht oder teilweise schon beeinträchtigt. Diese Eingriffe sind zum einen struktureller Art, z. B. Zersiedlung, Zerschneidung, Verarmung der Landschaft, Versiegelung und Verdichtung des Bodens, Kanalisation der Wasserläufe usw., zum anderen stofflicher, energetischer und biotischer Art, z. B. Fremdstoffe, Abwärme, Fremdorganismen u. a. Die nachhaltige Sicherung der Umweltfunktionen erfordert daher die Überwachung bzw. Kontrolle der beiden Bereiche Verursacher und Betroffene, d. h.

1. der Eingriffsquellen mit ihren Emissionen

2. der von den Immissionen betroffenen Umweltsektoren.

180. Dementsprechend wird zwischen Emissions- und Immissionsüberwachung unterschieden. Die Emissionsüberwachung überprüft die Einhaltung vorgegebener Normen, z. B. Stoffkonzentrationen im Abwasser und Abgas, die Immissionsüberwachung untersucht dagegen den Zustand der jeweiligen Umweltsektoren und beurteilt, ebenfalls anhand von Normen bzw. Qualitätszielen, z. B. die Luftqualität oder die Gewässergüte. Durch Beobachtung der Entwicklung der Umweltqualität lassen sich der Erfolg der im

Emissionsbereich getroffenen Maßnahmen, die Notwendigkeit weiterer Maßnahmen sowie Anhaltspunkte für die Vorsorge (Frühwarnsystem) ableiten.

181. Neben diesen beiden Formen der Umweltüberwachung steht die Umweltbeobachtung. Sie dient vornehmlich amtlichen und wissenschaftlichen Zwekken, z. B. Wetterbeobachtungen, Biomonitoring, und kann, wenn sie kontinuierlich durchgeführt und entsprechend ausgewertet wird, ebenfalls zur Umweltqualitätsbeurteilung herangezogen werden. Der Langzeitaspekt ist wesentlich, um die Erreichung der angestrebten Umweltqualitätsziele beobachten und unerwartete Entwicklungen erkennen zu können.

Kompatibilität von Umweltbeobachtungen, Verfügbarkeit der Ergebnisse

182. Gegenwärtig findet in den Umweltsektoren eine Vielzahl von Messungen, Beobachtungen und Überwachungen statt, die auf viele staatliche und nichtstaatliche Einrichtungen verteilt sind. Die Erkenntnisse aus einzelnen Überwachungsprogrammen waren jedoch der wissenschaftlichen Öffentlichkeit, aber auch Ämtern und Institutionen oft nicht zugänglich oder sogar ganz unbekannt. Daher sind eine Vergleichmäßigung der „Beobachtungstechnik", zentrale Auswertungen, Fortschreibungen sowie eine aussagekräftige Beschreibung der Umweltqualität und ihrer möglichen Gefährdung anzustreben. Der Rücklauf dieser zusammengefaßten Ergebnisse an die überwachenden Stellen muß dabei gewährleistet sein. Inzwischen hat das Umweltbundesamt nach umfangreichen Vorarbeiten im „Bund/Länder-Arbeitskreis Umweltinformationssysteme" in einem ersten Arbeitsschritt einen Grunddatenkatalog fertiggestellt; er enthält Daten bzw. Anforderungen von Daten, die bei Bund und Ländern verfügbar sind.

Seit 1984 werden ebenfalls vom Umweltbundesamt „Daten zur Umwelt" als Berichterstattung zur Umweltsituation herausgegeben (UBA, 1984 und 1986). Am 27. Juni 1985 hat sich der EG-Umweltrat auf ein Arbeitsprogramm für eine Umweltinformationssystem verständigt. Wie weit von diesen Aktivitäten eine Verbesserung der Situation ausgehen wird, bleibt abzuwarten.

183. Wichtig ist die Zugänglichkeit zu Beobachtungs- und Meßreihen auch für die Umweltforschung, denn sie ermöglicht ihre weitere wissenschaftliche Auswertung. Die Erkenntnisse aus der Wissenschaft und die Beobachtungs- und Meßreihen selbst bilden zudem die Datengrundlage für Umweltverträglichkeitsprüfungen.

Vorrang der Emissionsüberwachung, Notwendigkeit der Immissionsüberwachung

184. In der Bekämpfung der stofflichen Umwelteingriffe ist es erforderlich, daß sich die Überwachung immer stärker auf die Emissionsseite verlagert, um die Erfolgskontrolle und Frühwarnung zu gewährleisten. Trotz des Vorrangs emissionsseitiger Überwachung wird immer auch eine immissionsseitige Überwachung erforderlich sein. Das gilt besonders für die weiteren Anreicherungs-, Transport- und Festlegungsvorgänge von schwer- bis nicht abbaubaren, naturfremden Stoffen (z. B. chlorierten Kohlenwasserstoffen) — Stoffen also, die nicht wie andere in großen Stoffkreisläufen schadlos aufgenommen werden, sondern eine besondere Bedrohung für die Umwelt bedeuten. Es gilt weiter für die „sekundären" Umweltverschmutzungen, die sich aus unter Umständen weniger schädlichen Emissionen in der Umwelt erst bilden, z. B.

— Ozon und Photooxidantien aus Stickstoffoxiden und organischen Luftverunreinigungen,

— toxische Substanzen aus der Massenentwicklung von Algen, die durch Phosphateintragungen in Oberflächengewässer begünstigt wird.

185. Zur Zeit sind immissionsseitige Messungen auch erforderlich, wenn bestimmte Stoffe, z. B. viele organische Verbindungen, nicht oder unter Schwierigkeiten bei der Emission (automatisiert) gemessen werden können. Zum Teil schließt man auch über immissionsseitige Messungen auf bedeutende Emittenten (Ursachenanalyse), oder man ermittelt durch immissionsseitige Messungen die Emission nicht einzeln erfaßbarer Emittenten (z. B. beim Ferntransport). Wenn die Immissionsüberwachung in diesen Fällen auch eher als Ausweg anzusehen ist, so gehört es doch zu ihrer bleibenden Aufgabe, Problemverlagerungen, wie die Salzbelastung der Gewässer aus der Abgas-Naßentschwefelung oder die Verlagerung chlororganischer Verbindungen aus dem Wasser in die Luft durch das „Stripping" im Wasserwerk, zu erkennen — besonders dann, wenn sie sich nicht schon bloßem Nachdenken erschließen.

Insgesamt bleibt die Immissionsüberwachung eine Aufgabe der staatlichen Daseinsvorsorge.

1.3.5.2 Überlegungen zu einzelnen Umweltsektoren

Flächennutzung

186. Die Beobachtung der Flächennutzung (vgl. Abschn. 2.1.5) setzt eine großräumige und flächendeckende Dokumentation voraus (RADERMACHER, 1987), wie sie in einigen Bundesländern in Flächennutzungskarten bereits vorliegt. Daneben werden verstärkt, um z. B. Veränderungen frühzeitig sichtbar werden zu lassen, Flugzeug- und Satellitenbilder herangezogen. Diese Bilder erreichen heute schon hohe räumliche Auflösungen (5—10 m beim „Thematic Mapper" von Landsat 4 und 5). Gegenstand der überregionalen Beobachtung mit modernen Instrumenten der Fernerkundung können sein: Landnutzung, Flurgestaltung, Wetter, Gewässerzustand, Veränderungen der Vegetation u. a. m. Vorteil der Überwachung durch Satelliten ist die Erfassung jedes Punktes der Erde innerhalb 16—18 Tagen und die quasikontinuierliche Beobachtung (durch Landsat-Satelliten seit 1972!). Sie ist jedoch durch die terrestrische Beobachtung zu ergänzen, einmal zur Eichung der Fernerkundungs-Ergebnisse, zum anderen auch zur Beobachtung der Tier- und Pflanzenbestände (Biomonitoring) sowie anderer Landschaftsbestandteile. Die bereits auf nationaler Ebene bestehenden Archive, z. B. für Naturschutzgebiete oder Feuchtgebiete (vgl. Abschn. 2.1.1.5) müssen nach Auffassung des Rates zu einem flächendeckenden Erfassungs- und Kontrollsystem für Pflanzen, Tiere, Schutzgebiete und Biotopverbund erweitert werden. In Ansätzen sind diese Instrumente bereits vorhanden, z. B. floristische Erfassung Mitteleuropas; Rastervogelkartierung; Erfassung der europäischen Invertebraten; Biotopkartierung. Es fehlt jedoch an einer Institutionalisierung der Informationssammlung und -verarbeitung. Nur diese ist in der Lage, mittel- und langfristig gesicherte Angaben z. B. über die Rückgänge bestimmter Pflanzen- und Tierarten zu liefern.

Böden (vgl. Kap. 2.2)

187. Von den weiträumigen Belastungen der Böden sind gegenwärtig neben der Luftverunreinigung die von der Landwirtschaft ausgehenden am größten: Eutrophierung der Standorte mit der Folge einer Nivellierung der Bodenqualität, Veränderungen des Humusgleichgewichtes, Verdichtung der Böden, Veränderungen des Bodengefüges, Erosion, gebundene Rückstände von Pestiziden sowie Eintrag von Pflanzenschutzmitteln und Nitrat in das Grundwasser sind die wichtigsten Stichworte. Der Rat hat hierzu bereits 1985 (SRU, 1985a, Tz. 1352) Vorschläge gemacht, z. B. die „besondere Ernteermittlung" bundesweit mit einer Überwachung der Böden zu verbinden.

188. Weitere Belastungen, die auch zu einer schleichenden Beeinträchtigung des Grundwassers führen können, sind Altlasten (gefahrenträchtige Altablagerungen), belastete Industriestandorte und schadhafte Kanalisationen. Heute können zwar größere, insbesondere ehemalige gemeindliche Deponien und größere Alt-Industriestandorte als erfaßt gelten (z. B. in Nordrhein-Westfalen durch Ministererlaß von 1980), unvollständig ist jedoch die Kenntnis kleinerer Flächen, z. B. wilder Deponien, und von schadhaften Kanalisationen.

189. Für die Bewältigung des Altlastenproblems hat sich folgende, ziemlich einheitliche Vorgehensweise herausgebildet:

— Erfassung von „altlastenverdächtigen" Flächen (Altablagerungen, Altstandorten), aufgrund von Unterlagen und Informationen, unterstützt auch von technischen Hilfsmitteln zur systematischen Erfassung,

— Erstbewertung und -einstufung nach vermutetem Gefährdungspotential,

— nach Erfordernis eingehende Untersuchung mit Untersuchungstiefe je nach Prioritätensetzung,

— sachkundige Beurteilung und Bewertung,

— Entscheidung über Maßnahmen durch die zuständige (Sonder-)Ordnungsbehörde — je nach Notwendigkeit, Zweckmäßigkeit und Verhältnismäßigkeit — Registrierung, regelmäßige Überwachung, Überwachung bis zur mittelfristigen Sanierung, oder bei akuten Umweltgefahren sofortige Sanierungs- oder Abhilfemaßnahmen (Baumaßnahmen, hydrogeologische Maßnahmen usw.).

Die Prioritätensetzung sollte einer Risikoanalyse folgen: Aufbauend auf Kenntnissen über Produkte und Produktionsverfahren und deren Abfallprodukte sowie der Standorte in der Vergangenheit sollte abgeschätzt werden, welche Stoffe in welchen Mengen und wo gelagert bzw. in das Erdreich/Wasser eingedrungen sein können. Abschätzungen sollten durch Schadstoffmessungen in Boden und Wasser überprüft werden. Auf der Grundlage zusätzlich auch einer Kosten/Nutzenanalyse sollten für zu sanierende Bereiche Prioritätenlisten aufgestellt werden.

Im übrigen wird auf die Überwachungsaspekte der „Bodenschutzkonzeption" der Bundesregierung verwiesen.

Luft

190. Die Organisation der Luft-Immissionsüberwachung ist in Kapitel 2.3 „Luftbelastung und Luftreinhaltung" behandelt. Dort hat der Rat verschiedene Empfehlungen ausgesprochen; einige seien hier wiederholt:

— Neben den klassischen Massenschadstoffen Staub, Schwefeldioxid, Stickstoffoxide sollten verstärkt überwacht werden: Quecksilber, Blei, Cadmium und andere Schwermetalle (Akkumulation, toxikologische Bedeutung); Ammoniak (Unkenntnis im ländlichen Raum); organische Komponenten. Für letztere sind in Übersichtsanalysen erfaßbare „Leitkomponenten" anzugeben.

— Biomonitoring muß die chemisch-analytische Überwachung der Luftschadstoffe ergänzen. Die Nahrungsnetzanalyse verfolgt in die Umwelt eingebrachte chemische Komponenten längs der Nahrungsketten durch möglichst viele Glieder. Sie ist erst wenig entwickelt, verspricht jedoch wichtige Erkenntnisse, wenn fortgesetzte Forschung Standardverfahren bereitstellt.

— Ohne ein besonderes Meßnetz zur fortlaufenden Überwachung der Belastung an Verkehrsbrennpunkten und Verkehrslinien bleibt es unmöglich, über das immissionsseitige Ergebnis sich verschärfender Abgasregelungen und verbesserter Emissionsminderungstechnik einerseits und wachsenden Kraftfahrzeugbestandes und veränderter Verkehrsbedingungen andererseits zu urteilen. Zu beginnen wäre mit wenigen Dauermeßstationen an unterschiedlichen Straßentypen.

— Minderungsmaßnahmen gegen den Schadstoff-Ferntransport sind international schwer durchzusetzen. Für SO_2 wurden zwar innerhalb von EMEP (European Monitoring and Evaluation Programme) bereits internationale Vereinbarungen zur Reduzierung der SO_2-Emissionen erzielt. Im Rahmen dieser Regelungen werden auch Modellrechnungen einer ausgewählten Expertengruppe als verbindliche Grundlage akzeptiert. Schwieriger ist es aber bei den sekundären Luftschadstoffen, wie dem Ozon, da hier noch keine geprüften Modelle vorliegen. Der Rat empfiehlt, die im Rahmen des

UBA-Projekts „PHOXA" bereits durchgeführten oder noch geplanten Untersuchungen mit verschiedenen Modellansätzen soweit fortzuführen, daß ein erprobtes und akzeptiertes Instrument für Immissionsprognosen zur Verfügung steht (Tz. 825).

191. Für Immissionsüberwachung auf überregionaler Ebene fehlt z. Zt. ein angemessenes Instrument. Dabei wären Fernerkundung und Fernüberwachung die Methode der Wahl für die Erfassung

— der Zusammensetzung und langfristiger Veränderungen der Atmosphäre,

— weiträumiger Schadstofftransporte,

— physikalischer und chemischer Schadstoffumwandlungen,

— von Wärmeemissionen von Städten und Industriegebieten.

192. Zur Zeit lassen sich Immissionsmessungen im erdnahen Bereich (< 2 km Höhe) nur vom Flugzeug aus durchführen; günstiger lassen sich Entwicklungen für die Beobachtung von Wärmeemissionen und von Immissionen in höheren Atmosphärenbereichen an. Langfristig sollten Satelliten zur Immissionsüberwachung eingesetzt werden. Bis dahin sind regelmäßige weiträumige Befliegungen mit Instrumenten der Fernerkundung und der in situ-Messung vorzunehmen und an wechselnden Plätzen mobile Meßstationen („Meßcontainer") einzusetzen.

Unabhängig von den jeweils verfügbaren Meßinstrumenten ist eine grobe, pauschale Überwachung der Schadstoffbeladung der Atmosphäre mit chemischen Massenbilanzen möglich.

Wasser (vgl. Kap. 2.4)

193. Eine Überwachung der Oberflächengewässer erfolgt, soweit ihnen Rohwasser für die Trinkwasserversorgung entnommen wird (Trinkwassertalsperren, einige Flußstrecken), durch die Wasserversorgungsunternehmen zur Steuerung der Aufbereitungsmaßnahmen.

Unabhängig davon werden staatliche Kontrollen der Oberflächenwasserqualität vorgenommen, z. B. in Nordrhein-Westfalen nach dem seit 1981 geltenden Gewässergüteüberwachungskonzept.

Auch hier ist darauf hinzuweisen, daß durch Screening-Methoden und mit Summen- und Gruppenparametern zwar leicht eine große Zahl von Einzelsubstanzen erfaßt werden kann. Erfolgversprechender als umfangreiche Suchprozesse im Wasser des Vorfluters nach eingetretener Verdünnung sind aber Beobachtungen beim Emittenten aus der Kenntnis möglicher Abwasserinhaltsstoffe.

194. Sowohl für räumlich begrenzte Verschmutzungen des Grundwassers (Altlasten, Industrie, Unfälle) als auch für weiträumige Verunreinigungen (Landwirtschaft) gilt: Nur mit flächendeckender Grundwassergüteüberwachung können Belastungen rechtzeitig erkannt werden. Schon finden sich im Grundwasser Substanzen, die dort nicht erwartet worden sind, z. B. Abbau- und Umwandlungsstoffe aus Gewerbetätigkeit, Mülldeponien und Altlasten sowie Pflanzenschutzmittel, Halogenkohlenwasserstoffe. Soweit Grundwasservorkommen Rohwasser zur Trinkwasserversorgung entnommen wird, finden Rohwasseruntersuchungen bereits seitens der Wasserversorgungsunternehmen statt. Die Überwachung der Gewässergüte, die nicht in unmittelbarem Zusammenhang mit der Trinkwasser-Eignung steht, ist eine hoheitliche Aufgabe des Staates.

195. Ein von einer LAWA-Arbeitsgruppe erarbeitetes Überwachungskonzept ist im November 1983 von der Wasserwirtschaftsverwaltung verabschiedet worden. Ziel sind Aufbau und Betrieb länderweiter Grundwasserbeschaffenheitsnetze.

Die Zuordnung von Untersuchungspflichten ist in den Bundesländern uneinheitlich. Empfohlen wird das Vorbild von Baden-Württemberg, da eine unmittelbare Zusammenarbeit von Wasserwirtschafts- und Gesundheitsverwaltung, chemischen Untersuchungsämtern, Wasserversorgungsunternehmen, betroffener Industrie und Landwirtschaft vorteilhafter erscheint als eine ausschließliche Gewässergüteüberwachung durch die Wasserwirtschaftsverwaltung mit der Verpflichtung der Wasserwerke zu Rohwasseruntersuchungen.

196. Wegen der Umweltüberwachung in Küsten- und Meeresgebieten wird auf das Sondergutachten des Rates „Umweltprobleme der Nordsee" (SRU, 1980) verwiesen. Höchste Dringlichkeit zum Schutz der Schelfgebiete und des Wattenmeers hat die Kontrolle der Phosphatfracht der Flüsse.

Lärm (vgl. Kap. 2.6)

197. Von den „energetischen Eingriffen" ist nach dem Ausmaß der Betroffenheit der Bundesbürger der Lärm sicher als am wichtigsten. Die bisherige Strategie enthielt folgende Elemente: Bei der Planung von Straßenbauwerken und der Errichtung von Betriebsstätten stützt sich die Entscheidung im Planfeststellungs- bzw. Genehmigungsverfahren auf eine rechnerische Ermittlung der Lärmbelastung; eine Nachmessung nach Inbetriebnahme ist nur bei Betriebsstätten üblich, bei Verkehrsbauwerken wird sie durch die mangelnde Einstellbarkeit der Bezugsgröße Verkehrsdichte verhindert. Bebauungspläne werden von der Aufsichtsbehörde in der Regel nur genehmigt, wenn die zu erwartende Lärmimmission den Empfehlungen der DIN-Norm 18005 genügt. Diese Strategie ist im Grunde einzelfallorientiert.

Einen Sonderfall stellen die Flughäfen dar, in deren Umgebung für die verschiedenen Fluglärmzonen in fünfjähriger Wiederkehr die Lärmbelastung rechnerisch ermittelt wird. Die Einhaltung vorgeschriebener Start- und Landesverfahren wird vom Flughafenbetreiber durch Dauermeßstellen überwacht.

Analoge, nach ihrer tatsächlichen Lärmbelastung eingestufte Gebiete sollen künftig das einzelfallorientierte Konzept ergänzen: In Lärmminderungsplänen der Städte, Gemeinden und Kreise (z. B. in Nordrhein-Westfalen nach Landes-Immissionsschutzgesetz) sollen die sanierungsbedürftigen Gebiete erfaßt und Abhilfemaßnahmen angegeben werden. In den von Arbeitskreisen diskutierten Lärmvorsorgeplänen sollen die noch mehr oder weniger ruhigen Gebiete erfaßt werden, damit die Raum- und Städteplanung darauf eingestellt werden kann.

Insgesamt ist eine „Trendüberwachung" für den aktiven und passiven Lärmschutz dringend geboten, um mit unbestrittenen Daten über die Ist-Situation notwendige Verbesserungsmaßnahmen einleiten zu können.

1.3.6 Anmerkungen zur internationalen Umweltpolitik

198. Obwohl sich das vorliegende Gutachten des Rates primär mit der Situation der Umwelt in der Bundesrepublik Deutschland auseinandersetzt, darf nicht vergessen werden, daß wirtschaftliche und technische Maßnahmen in der Bundesrepublik Deutschland andere Länder beeinflussen und internationale Umweltprobleme sich direkt auf die Umwelt der Bundesrepublik auswirken können.

Eine nationale Umweltpolitik kann hohe Umweltschutzstandards aufweisen, scharfe Umweltgesetze verabschieden, umweltschonende Grenz- und Richtwerte festlegen und eine „Vorreiterrolle beim Umweltschutz" spielen; sie wird aber ihre Ziele nicht erreichen, wenn sie nicht die internationale Dimension der Umweltprobleme in ihre Planungen und Maßnahmen einbezieht. So wird die nationale Umweltpolitik zu einem integrierten Bestandteil der Umweltpolitik der Vereinten Nationen, der Europäischen Gemeinschaft, der OECD und einer Vielzahl nichtstaatlicher Organisationen.

199. Vor allem vier Gründe sind es, die eine internationale abgestimmte Umweltpolitik zwingend notwendig machen:

— Die Belastung durch grenzüberschreitende Schadstofffrachten erfordert übernational verbindliche Qualitätsziele.

— Die internationale Abstimmung kann Wettbewerbsverzerrungen verhindern, die durch national unterschiedliche Umweltstandards entstehen.

— Bei der Rechtsentwicklung und bei der Umweltforschung liegt der Nutzen einer internationalen Kooperation auf der Hand.

— Die Umweltpolitik verliert ihre moralische Legitimität, wenn sie den insbesondere in den Ländern der Dritten Welt gegebenen Zusammenhang zwischen Armut und Umweltzerstörung nicht beachtet.

200. Umweltschadstoffe machen nicht an den nationalen Grenzen halt. Das gilt sowohl für die Luftbelastung wie für die Belastung von Flüssen und Gewässern, für die Belastung der Meere und von freilebenden Pflanzen und Tieren. Da Schadstoffwirkungen ökosystemspezifisch sind und Ökosystemgrenzen sich nicht an den Landesgrenzen orientieren, müssen international geltende Grenzwerte auch international abgestimmt werden. Schadstoffexport und -import müssen kalkulierbar sein.

201. Unterschiedliche nationale Umweltschutzanforderungen können zu Handelshemmnissen und Wettbewerbsverzerrungen führen. Beispielsweise werden nach einer im Auftrage der Kommission der Europäischen Gemeinschaften durchgeführten Untersuchung die Gesamtkosten, die durch Einhaltung der Umweltvorschriften (EWG- und nationale Vorschriften) in typischen Raffinerien verursacht werden, im Jahre 1985 für die Bundesrepublik Deutschland auf 3,38 ECU je Tonne geschätzt, während sie in Frankreich, Belgien und den Niederlanden nur bei ca. 1,0 ECU, in anderen EG-Ländern noch niedriger lagen. Die Berechnungen für das Jahr 1993 weisen für die Bundesrepublik und die Niederlande relativ hohe Gesamtkosten in Höhe von 19,28 ECU bzw. 17,07 ECU je Tonne aus; dagegen ist die Kostenbelastung z. B. in Belgien mit 8,57 ECU/t, in England mit 7,01 ECU/t und in Frankreich mit 4,54 ECU/t wesentlich niedriger (Chem Systems International Ltd., 1986). Aber auch wo diese Wettbewerbsnachteile nicht quantifizierbar sind, zeigt eine grundsätzliche Überlegung, daß unterschiedliche nationale Anforderungen an den Umweltschutz zu auf Dauer nicht akzeptablen Ergebnissen führen: Die größten Umweltverschmutzer erhielten dann in Gestalt von Wettbewerbsvorteilen eine Prämie, während die umweltschonend produzierenden Hersteller bestraft würden. Daß dies auch einer erfolgreichen nationalen Umweltpolitik zuwiderläuft, ist offensichtlich.

202. Umweltpolitische Aspekte in der Entwicklungspolitik beleuchten auch die moralische Dimension der nationalen Umweltpolitik. Nicht nur Philosophen und Kulturkritiker haben wiederholt darauf hingewiesen, daß die Umweltzerstörung auch ein Ausdruck der Krise unserer Werte ist. Auch die beiden großen christlichen Kirchen in Deutschland haben in ihrer gemeinsamen Erklärung „Verantwortung wahrnehmen für die Schöpfung" festgestellt, daß die Umweltkrise vor allem moralische Ursachen hat und das Ökologieproblem als ethische Herausforderung verstanden werden muß (EKD, 1985). Die Umweltbedrohung hat längst die Länder der Dritten Welt erreicht. Sie nur als hausgemachte Probleme dieser Länder zu betrachten, würde der geschichtlichen Verantwortung und Schuld nicht gerecht, die den westlichen Industrieländern im Hinblick auf das Schicksal der Länder der Dritten Welt zukommt. Westliche Industrieländer haben erst die Rohstoffvorkommen dieser Länder ausgebeutet und im Zuge dieses Prozesses die einheimischen Kulturen schwer geschädigt, danach ihre eigenen Produktionsmethoden und Konsumgewohnheiten eingeführt, die diese Länder dann oft zu ihrem eigenen Schaden und z. T. unkritisch nachahmen. Die westlichen Industrienationen, d. h. Politik und Wirtschaft, dürfen es heute weder zulassen, daß ihre schadstoffintensiven und besonders gesundheitsgefährlichen Produktionsmethoden in die Länder der Dritten Welt ausgelagert werden, noch daß Stoffe und

Verfahren dorthin exportiert oder dort angewendet werden, die aus Gründen des Umwelt- oder Gesundheitsschutzes in den Industrieländern verboten sind.

203. Der Rat begrüßt es nachdrücklich, daß sowohl die EG im Rahmen des Lomé II- und III-Abkommens als auch die Bundesrepublik Deutschland bei Vorhaben der technischen Hilfe Umweltverträglichkeitstests fordern und daß Vorhaben mit erheblichen ökologischen Belastungen in Zukunft keine finanzielle Unterstützung mehr erfahren sollen.

204. Angesichts der aufgezeigten zwingenden Notwendigkeit einer international abgestimmten Umweltpolitik begrüßt es der Rat, daß die Kompetenz der Europäischen Gemeinschaften für den Schutz der Umwelt in der vom Europäischen Rat im Dezember 1985 in Luxemburg beschlossenen „Einheitlichen Europäischen Akte" ausdrücklich abgesichert wird. Kritisch weist er allerdings darauf hin, daß die Formulierung einer gemeinsamen Umweltpolitik nicht selten zu einer Verabschiedung von Umweltstandards geführt hat, die nur den Minimalkonsens der Mitglieder der Gemeinschaft zum Ausdruck bringen. Da sich dies hemmend auf die nationale Umweltpolitik auswirken kann, appelliert der Rat an die Bundesregierung, sich in Zukunft noch energischer als bisher für die Erarbeitung einer möglichst fortschrittlichen, an strengen Grenzwerten und Umweltstandards orientierten europäischen Umweltpolitik einzusetzen.

1.4 Ökonomische Aspekte des Umweltschutzes

1.4.1 Zum Zusammenhang zwischen Ökonomie und Ökologie

Der vermutete Konflikt

205. Seit der Verabschiedung des Umweltprogramms der Bundesregierung im Jahre 1971 stand die Beziehung zwischen Ökonomie und Ökologie immer wieder im Mittelpunkt der Diskussion. Dies lag zum einen daran, daß das starke Wirtschaftswachstum der Bundesrepublik in den fünfziger und sechziger Jahren zu zunehmenden Umweltbelastungen geführt hatte. Zum anderen wurde aber auch oft befürchtet, daß eine Erhöhung der Umweltschutzausgaben eine Beeinträchtigung der Erreichbarkeit wirtschaftspolitischer Ziele bedeute.

206. Das Grundmuster des Konflikts kann man mittels folgender Überlegungen aufzeigen. Die Erfüllung der umweltpolitischen Ziele bedeutet, daß ein Teil der Produktionsfaktoren Arbeit, Kapital und Boden hierfür eingesetzt werden muß, wie an der Erstellung und dem Betrieb vom Umweltschutzeinrichtungen abzulesen ist. Die Wirtschaftssubjekte werden dazu vor allem durch Rechtsvorschriften veranlaßt, da sie selbst aus Umweltschutzmaßnahmen relativ selten einen wirtschaftlichen Nutzen ziehen und die erforderlichen Mittel daher nicht freiwillig für einen solchen Zweck verwendet hätten. Im nachhinein stellt man rechnerisch fest, daß ein Teil des Sozialprodukts den Umweltschutzaufwendungen zuzuordnen ist. Daraus ergibt sich die Frage, welcher Anteil dann für die übrigen Verwendungen, also für privaten und „öffentlichen" Konsum sowie für Investitionen außerhalb des Umweltschutzes vorhanden ist, und zwar im Vergleich zu einer Situation ohne Umweltschutz. Ergibt sich daraus ein Verzicht oder wird ein solcher vermutet, dann ist er den Vorteilen der erhöhten Umweltqualität gegenüberzustellen und kann als ein Ausdruck für den Konflikt zwischen Ökonomie und Ökologie dienen. Er beruht darauf, daß die Produktionen für Wirtschafts- und Umweltgüter um knappe Ressourcen konkurrieren. Für eine Begrenzung des Zielkonflikts ist erforderlich, daß eine bessere Versorgung mit Wirtschaftsgütern und ein Mehr an Umweltschutz und -qualität gegeneinander abgewogen werden (GÄFGEN, 1985). Weitere Möglichkeiten zur Verminderung des Konflikts bestehen u. a. in der Wahl der umweltpolitischen Instrumente (Abschn. 1.3.4).

207. Dieser Gesamtzusammenhang zwischen Nutzen des Umweltschutzes bzw. Kosten des unterlassenen Umweltschutzes einerseits und den direkten und indirekten Kosten des Umweltschutzes andererseits ist im Laufe der Zeit unterschiedlich betrachtet worden. Dabei kann man drei Phasen unterscheiden, in denen zunächst die ökologischen und dann die ökonomischen Aspekte in den Vordergrund traten und schließlich der Konflikt genauer artikuliert wurde.

Ehe die Umweltpolitik ab etwa 1970 in nennenswertem Umfang einsetzte, war die Umwelt von den Wirtschaftssubjekten als kostenloser Produktionsfaktor angesehen worden. Die Begrenztheit der „Umweltressourcen" wurde nicht in Betracht gezogen, und dementsprechend wurden die Emissionen den verursachenden Unternehmen und privaten Haushalten nicht zugeordnet und angelastet. Statt dessen wurden die Kosten, die aus der Verschlechterung der Umwelt resultierten, von der Allgemeinheit getragen.

Die Anfang der 70er Jahre einsetzende Umweltpolitik war Ausdruck der Bemühungen, die negativen externen Effekte zu vermindern und deren Verursacher zu einer umweltschonenden Form der Produktion und des Konsums zu veranlassen. Zugleich war die Umweltpolitik auch eine Folge der veränderten Ansprüche der Staatsbürger. Mit steigender Qualifikation und höheren Einkommen auf der einen sowie einer Tertiarisierung der Wirtschaft (Tz. 267 ff.) auf der anderen Seite waren gleichzeitig die Umweltanforderungen gestiegen.

In dieser Anfangszeit der Umweltpolitik traten die ökonomischen Aspekte vergleichsweise zurück. Dies konnte insoweit mit Recht geschehen, wie mit relativ geringen Kosten der Emissionsminderung große Beiträge zur Verbesserung der Umwelt erzielt werden konnten, wofür die Staubabscheidung ein Beispiel abgibt. Auch heute noch können neu auftretende Umweltprobleme, insbesondere wenn sie vorausschauend angefaßt werden, mit zunächst geringen Kosten gelöst werden.

208. Ein Zielkonflikt zwischen Ökonomie und Ökologie tritt dann auf bzw. verstärkt sich, wenn in einer Phase der Intensivierung der Umweltpolitik die Anforderungen, insbesondere an die Unternehmen, größer werden. Zum einen erhöhen sich häufig die Kosten je vermiedener Emissionseinheit, zum anderen steigt die Summe der einzelwirtschaftlich unrentablen Aufwendungen, die aus den Erlösen der rentablen Aufwendungen gedeckt werden muß. Die Kosteneffekte im privaten Unternehmenssektor werden teilweise unter- und teilweise überschätzt (ZIMMERMANN und BUNDE, 1987). Die Unterschätzung resultiert u. a. daraus, daß oft nur die Kosten in dem Unternehmen, das die Emissionsminderung durchführt, gesehen werden und nicht die Folgekosten bei Zulieferern, Abnehmern usf. Zu einer Überschätzung gelangt man, wenn die positive Auswirkung auf die Umweltschutzindustrie und die Kostensenkung durch verbesserte Umweltqualität, etwa durch sauberes Wasser für die Brauereiindustrie, außer Acht gelassen werden.

209. Vergleicht man die ökologische und ökonomische Seite des Umweltproblems zusammenfassend, so sind die ökonomischen Kosten der Umweltpolitik tendenziell besser zu erfassen und zu quantifizieren als die ökologischen Nutzen. Daher ist eine genauere, auch quantitative Erfassung der Nutzen der Umweltpolitik dringend geboten. Dies zeigt sich insbesondere bei dem folgenden Blick auf Versuche, Ökonomie und Ökologie in einen Gesamtzusammenhang einzufügen.

Möglichkeiten einer Gesamtbetrachtung

210. Jede Gesamtbetrachtung dieser Art steht vor dem Problem, daß zwar die Kosten der umweltpolitischen Anstrengungen gut zu erfassen sind, jedenfalls im Sinne von Investitions- und Betriebskosten der Umweltschutzeinrichtungen (Abschn. 1.4.3.), daß sich aber die Nutzen der verbesserten Umweltqualität sehr viel schwerer ermitteln oder auf einzelne Verteidigungsbemühungen beziehen lassen (Abschn. 1.4.2). Am besten sind noch auf Umwelteinflüsse zurückzuführende wirtschaftliche Schäden zu quantifizieren, wie das schnellere Verwittern von Gebäuden oder ein reduzierter Fischbestand.

211. Wenn im letzten Beispiel die Verschmutzungsquelle identifizierbar ist, etwa am Oberlauf eines Flusses, so ist auch der sichtbare Zusammenhang zwischen Vermeidungskosten und verringerten Schäden herstellbar. In den meisten Fällen jedoch leisten Emissionsbegrenzungen einen nicht einzeln belegbaren Beitrag zur Verbesserung der Umweltqualität, so daß Kosten und Nutzen dieser Politik nur in aggregierter Form bewertet und verglichen werden können. Für eine solche Gesamtbetrachtung sind mehrere Wege denkbar.

(1) Für die gesamthafte Erfassung wirtschaftlicher Vorgänge wurde die Volkswirtschaftliche Gesamtrechnung geschaffen. Das mit ihrer Hilfe ermittelte Sozialprodukt faßt die wirtschaftliche Leistung einer Volkswirtschaft zusammen. Von der weitesten Fassung, dem Bruttosozialprodukt, kann man die Abschreibungen abziehen, weil sie nur die Erhaltung des bestehenden Anlagevermögens widerspiegeln, und erhält das Nettosozialprodukt. In diesem Zusammenhang ist argumentiert worden, daß Ausgaben zur Erhaltung oder Wiederherstellung der wünschenswerten Umweltqualität ebenfalls abzuziehen seien und nur ein entsprechend reduzierter Wert („Nettowohlfahrtsprodukt", BINSWANGER et al., 1983; LEIPERT, 1986) als Ausdruck der wirtschaftlichen Leistung verwendet werden sollte.

Darin kommt der Gedanke zum Ausdruck, daß Umweltpolitik der Vermeidung oder Beseitigung unerwünschter Effekte dient, die ohne menschliche Aktivitäten nicht aufgetreten wären. Die Frage ist jedoch, ob es sinnvoll ist, die — unbedingt wünschenswerte — Erfassung und Bewertung der Umweltschäden und ihrer Beseitigung in das Rechenwerk der Volkswirtschaftlichen Gesamtrechnung zu integrieren. Zum einen sprechen dagegen Abgrenzungsschwierigkeiten, etwa weil auch verhaltensbedingte Krankheiten und ihre Kosten die „Nettowohlfahrt" tangieren.

Weitere Probleme bei der Quantifizierung der Höhe und vor allem des umweltbedingten Anteils beobachteter Schäden bewogen u. a. Simon Kuznets, Begründer dieser Denkrichtung, dazu, von diesen Bemühungen früh Abstand zu nehmen (LEIPERT, 1986). Zum anderen besteht die Gefahr, daß das Sozialprodukt seine Aussagefähigkeit für i. e. S. wirtschaftliche Vorgänge verliert.

(2) Ein gesamtwirtschaftliches Modell zur Bestimmung eines Optimums, in dem etwa die Summe aus den Kosten für Umweltverbesserungsmaßnahmen und den Kosten aus der Umweltbelastung ein Minimum bilden, erscheint kaum möglich. Schon ein einheitlicher Index für die gesamtwirtschaftliche Zielerreichung ist aufgrund der Zielkonflikte zwischen den einzelnen wirtschaftspolitischen Zielen wie hoher Beschäftigungsstand, Preisniveaustabilität und angemessenes Wirtschaftswachstum nicht festlegbar, und diese Problematik stellt sich bei einem Umweltqualitätsindex wegen unterschiedlicher Belastungsarten, regionaler Belastungsdifferenzen usw. in noch stärkerem Maße. Schließlich wäre auch die Quantifizierung des Zielbetrags von umweltbezogenen oder wirtschaftspolitischen Maßnahmen nur in wenigen Fällen möglich (WICKE, 1982).

(3) Es dürfte daher zweckmäßig sein, wirtschaftspolitische und umweltpolitische Zustandsbeschreibungen sowie Erfolgsindikatoren getrennt zu entwickeln, also neben der Volkswirtschaftlichen Gesamtrechnung ein System von Umweltindikatoren aufzubauen (Abschn. 1.3.1). Der Zusammenhang zwischen beiden Bereichen und ein möglicher Zielkonflikt sind dann im Wege zusätzlicher Studien etwa zu den Beschäftigungswirkungen (Abschn. 1.4.4) oder den wirtschaftlichen Kosten des Umweltschutzes (Abschn. 1.4.3) zu behandeln. Die Abwägung dieser Ziele hat politisch zu erfolgen, wobei die Tatsache, daß eine intensive Umweltpolitik betrieben wurde, indirekt bedeutet, daß die Nutzen dieser Politik, gemessen an erhöhter Umweltqualität, höher eingeschätzt wurden als die Kosten in Form möglicherweise weniger verfügbarer Güter und Dienstleistungen oder vielleicht auch Arbeitsplätze.

Wege zur Verringerung des Konflikts

212. Um den Konflikt zwischen Ökonomie und Ökologie, soweit er besteht, zu vermindern, eignet sich vor allem die richtige Auswahl und Anwendung der Instrumente der Umweltpolitik (GÄFGEN, 1985) und in Grenzen auch der Wirtschaftspolitik. Für die Umweltpolitik hat die Diskussion um die ökonomischen Instrumente das Bewußtsein für die ökonomischen Nebenwirkungen geschärft (Abschn. 1.3.4), aber auch durch das ordnungsrechtliche Instrumentarium können umweltpolitische Ziele mit mehr oder weniger ökonomischer Effizienz erreicht werden, indem beispielsweise Summengrenzwerte statt einzelner Grenzwerte vorgegeben werden (ZIMMERMANN, 1984).

213. Die Wirtschaftspolitik hat zwar in der politischen Arbeitsteilung vorwiegend wirtschaftspolitische Ziele zu verfolgen, kann aber in manchen Bereichen ihrerseits die Umweltpolitik unterstützen. Zu denken wäre etwa an Anreize zur Energieeinsparung bei stark umweltbelastenden Energiequellen, gezielte Forschungsförderung von umweltfreundlichen Produkten und Verfahren oder Steuervergünstigungen nach § 7 d Einkommensteuergesetz (EStG) auch für integrierte Produktionsverfahren. Eine vorwiegend ökologische Instrumentierung der Wirtschaftspolitik dürfte demgegenüber ebensowenig zum langfristigen Ausgleich von Ökonomie und Ökologie führen wie etwa eine überwiegend beschäftigungspolitische Instrumentierung der Umweltpolitik, denn dann ist keines der Instrumentarien mehr für die Erreichung des jeweiligen Hauptziels adäquat ausgestaltet.

Umweltschäden — Umweltschutzausgaben — Umweltschutzbeschäftigung

214. Der Konflikt zwischen Ökonomie und Ökologie wurde hier so ausgedrückt, daß eine — zumindest teilweise — Verwendungskonkurrenz um volkswirtschaftliche Ressourcen zwischen einem Mehr an Gütern und Dienstleistungen einerseits und einer verbesserten Umweltqualität andererseits besteht. In diesen Argumentationszusammenhang lassen sich auch die im folgenden behandelten drei Fragenkreise einordnen:

(1) Umweltpolitik wird betrieben, um die Umweltqualität zu verbessern. Diese wird politisch gewünscht und durchgesetzt, weil niedrige Umweltqualität mit Umweltschäden gleichzusetzen ist. Daher ist die Kenntnis und ökonomische Bewertung der Umweltschäden, die ohne Vermeidungsmaßnahmen eintreten würden, eine Voraussetzung für eine rationale Umweltpolitik. Mit dem Schadenskostenansatz werden also die gesamtwirtschaftlichen Kosten der Umweltverschmutzung anhand jener Kosten bewertet, die anfallen, wenn die Umweltbelastung nicht an der Quelle verhindert wird oder ein erfolgreiches Ausweichen nach dem Auftreten der Belastung nicht möglich ist (Abschn. 1.4.2).

(2) Mit dem Vermeidungskostenansatz werden die Kosten ermittelt, die mit der Vermeidung und Beseitigung der Schäden verbunden sind. Sichtbarer Ausdruck solcher (wenngleich nicht aller) Kosten sind die Ausgaben für Umweltschutzmaßnahmen der Unternehmen und des Staates (Abschn. 1.4.3).

(3) Eine Evaluierung der Vermeidungskosten hat zu berücksichtigen, daß die Ausgaben für den Umweltschutz vorteilhaft auf andere Ziele, insbesondere das Beschäftigungsziel, wirken. Bei dieser Analyse sind allerdings die positiven Effekte durch die Verausgabung der Mittel den negativen Effekten durch den Entzug dieser Mittel gegenüberzustellen, und der — vermutlich positive — Saldo stellt dann einen zusätzlichen Vorteil der Umweltpolitik dar (Abschn. 1.4.4).

1.4.2 Zur ökonomischen Bewertung der Umweltschäden

1.4.2.1 Vorbemerkung

215. Umweltschäden werden zunächst in den spezifischen Schadensdimensionen eines Schadensbereichs gemessen (m^2 geschädigte Geländefläche, km^2 geschädigte Waldfläche usf.). Darüber hinaus ist oft eine ökonomische Bewertung von Umweltschäden wünschenswert, weil

— monetäre Größen für die zusammenfassende Behandlung von Kosten in der Regel besser verwendbar sind als physische Größen,

— Kosten der Maßnahmen zur Vermeidung von Umweltbelastungen oder -schäden üblicherweise in monetären Größen angegeben werden, so daß ein Kosten-Nutzen-Vergleich vereinfacht wäre und

— monetäre Schadensbewertungen die Ermittlung von regionalen und zeitlichen Schadensschwerpunkten ermöglichen, so daß eine darauf abgestimmte Umweltpolitik durchgeführt werden kann (EWERS, 1986a).

So kann etwa die ökonomische Bewertung der Umweltschäden eine wichtige Entscheidungshilfe dafür darstellen, ob, wo und in welchem Ausmaß umweltpolitische Maßnahmen durchgesetzt werden. Sie liefert damit in gewisser Weise Maßstäbe für die Dringlichkeit von Umweltpolitik, die mit anderen Politikbereichen und Verwendungen um knappe Ressourcen konkurriert. Diesen unbestrittenen Vorteilen stehen jedoch erhebliche methodische Schwierigkeiten entgegen. Sie liegen zum Teil auf der vorgelagerten Stufe der Ermittlung eines „Mengengerüsts", zum Teil in der Bewertung dieser Mengen.

1.4.2.2 Probleme einer Schadensbewertung

216. Schwierigkeiten für die ökonomische Bewertung von Umweltschäden treten bereits auf der ersten Stufe auf, wenn es darum geht, Ursache-Wirkungs-Zusammenhänge für Schadensanalysen herzustellen. Gerade im Umweltbereich sind aufgrund seiner Komplexität nur selten kausale Beziehungen zwischen der Emission eines Schadstoffs und dem Auftreten einer Schadwirkung abzuleiten, was sich besonders deutlich am Beispiel der Waldschäden gezeigt hat. So sind in der Diskussion um die Waldschäden im Bereich der Wirkungsforschung sehr unterschiedliche „Pfade" in der Theorieentwicklung und in der praktischen Erforschung verfolgt worden (SRU, 1983; FBW, 1986).

Ökotoxikologische Forschung und Ökosystemforschung stehen regelmäßig vor dem Problem, daß Ursache-Wirkungs-Beziehungen im strengen Sinne in komplexen Ökosystemen nur in Ausnahmefällen zu ermitteln sind (Abschn. 3.1.3.2); ähnliches gilt für die Bewertung der Wirkung von Umweltfaktoren auf die menschliche Gesundheit in epidemiologischen Studien (Tz. 1644 ff. und Abschn. 3.1.4.4—3.1.4.7).

217. Wenn ein Schaden ermittelt und in seiner Entstehung auf Umwelteinflüsse zurückgeführt wurde, muß er aus den zuvor genannten Gründen bewertet werden. Die Skala der monetären Bewertbarkeit reicht von kostenmäßig verhältnismäßig gut zu erfassenden Schäden, etwa Schäden an Gebäuden oder Materialien, bis hin zu kaum noch bewertbaren Schäden, die sich im sinkenden Erholungswert der Natur oder in der Gefährdung oder Ausrottung bestimmter Tier- oder Pflanzenarten ausdrücken.

Die besonderen Schwierigkeiten der monetären Bewertung werden sichtbar, wenn man Schadensskalen nach eher ökologischen Kriterien betrachtet. So kann man — zunächst ohne Blick auf eine ökonomische Bewertbarkeit — eine Schadensskala festlegen, die von leichten Beeinträchtigungen über Belästigungen bis hin zu irreversiblen Schäden reicht und damit in erheblichen Teilbereichen ökonomischen Kriterien kaum zugänglich sein dürfte. Als Beispiel können die sogenannten Roten Listen gefährdeter Arten gelten.

In diesem Zusammenhang gewinnt die Frage des Betroffenseins an Bedeutung. Die Einschätzung eines Umweltschadens dürfte in erheblicher Weise auf die unterschiedliche Bewertung durch die Betroffenen zurückzuführen sein (Tz. 49 ff.). Sie hängt dann von den individuellen oder gruppenspezifischen Bedürfnis- und Präferenzstrukturen der Betroffenen ab, so daß auch zeitliche, regionale und länderspezifische Unterschiede zu berücksichtigen sind.

218. Auf ein zusätzliches Bewertungsproblem stößt man, wenn man zwischen einer Schadenserfassung und der Notwendigkeit politischer Eingriffe zur Begrenzung oder Beseitigung dieses Schadens unterscheidet. Während vieles dafür spricht, auf der Ermittlungsstufe zunächst sämtliche Umweltschäden zu erfassen, die etwa über die Belastbarkeit eines Ökosystems hinausgehen oder z. B. die biologische Selbstreinigungskraft eines Gewässers übersteigen, muß man die politische Eingriffsschwelle etwas höher ansetzen. In einer technisch-industriellen Gesellschaft wird man von einer gewissen Mindestemission ausgehen müssen, die zweifellos sehr niedrig anzusetzen, aber als unvermeidbar einzukalkulieren ist.

So kann man z. B. im Bereich Lärm nicht überall von der Referenzsituation „absolute Ruhe" ausgehen. Bei Gebäuden wird man eine normale Nutzungsdauer berücksichtigen, und was an deren Ende als Gebäudeschaden existiert, verschwindet mit dem abzureißenden oder zu erneuernden Gebäude. Bei politischen Entscheidungen wird man somit viel stärker auf gegeneinander abzuwägende unterschiedliche Nutzen Rücksicht nehmen und auf Opportunitätskosten einer Umweltmaßnahme, d. h. auf das Nutzen-Kosten-Verhältnis im Vergleich zu anderen Maßnahmen abstellen müssen.

Nach diesem kurzen Überblick über die generellen Schwierigkeiten einer Schadensbewertung soll im folgenden auf einige methodische Ansätze und Forschungsarbeiten zur ökonomischen Bewertung hingewiesen werden.

1.4.2.3 Methodische Ansätze und Arbeiten zur Bewertung von Umweltschäden

219. Zu den Kosten, die durch die Vermeidung bzw. Beseitigung von Umweltschäden entstehen, gibt es seit 1978 recht gute partielle Schätzungen (Abschn. 1.4.3). Eine Betrachtung, die nur auf diese Kosten abstellt, würde jedoch ein falsches Bild der Nutzen-Kosten-Relation der Umweltpolitik geben. Dienen doch die Maßnahmen dazu, Umweltschäden, die einen gesellschaftlichen Wohlstandsverlust implizieren, zu verhindern bzw. zu verringern. Insofern erscheint es dringend notwendig, auch Schätzungen zum Nutzen umweltpolitischer Maßnahmen, d. h. zum ökonomischen Wert der zu vermeidenden oder zu beseitigenden Umweltschäden, vorzunehmen. Damit wird eines der umstrittensten und bis vor wenigen Jahren noch lückenhaftesten Forschungsfelder beschritten (SCHULZ und WICKE, 1987).

220. Umweltschäden sind, soweit sie nicht gesamtwirtschaftlich toleriert werden, die stoffliche Grundlage von negativen externen Effekten, auf denen die „volkswirtschaftlichen Kosten" des Umweltschutzes beruhen (SRU, 1978, Tz. 1704). Für die Bewertung von Umweltschäden sind grundsätzlich nur drei der vier Kategorien dieser „volkswirtschaftlichen Kosten" geeignet: Schadenskosten, Ausweichkosten und Beseitigungskosten, letztere z. B. für die Altlasten- oder Gewässersanierung; dagegen kann man die Planungs- und Überwachungskosten eher zu den Kosten der Umweltpolitik selbst zählen.

221. Rechentechnisch ergibt sich die monetär ausgedrückte Höhe des Gesamtschadens in einem Umweltmedium als einfache Addition einzelner Schadenspositionen. Diese Schadenspositionen können über verschiedene Bewertungsmethoden geschätzt werden, wobei die Entscheidung über die Wahl der jeweiligen Methode abhängt vom Informationsstand der Bevölkerung, von der Zeit und den Kosten, die man für die Bewertung aufwenden möchte (EWERS, 1986a; EWERS und SCHULZ, 1982), sowie von der Fragestellung der Untersuchung und der Beschaffenheit des Gegenstandes, auf den sie sich bezieht.

Analytisch und systematisch lassen sich die einzelnen Bewertungsmethoden jeweils von zwei vorherrschenden Wegen der Schadensschätzung zuordnen:

— der wissenschaftlichen Beschreibung des „Mengengerüsts" eines Schadens mit daran anschließender Bewertung über direkt kassenwirksame, pagatorische Kosten oder Schattenpreise (Mengengerüstkonzept),

— der Erforschung von Präferenzen der von den Schäden betroffenen Wirtschaftssubjekte, die sich in der tatsächlichen oder erfragten Zahlungsbereitschaft ausdrückt (Zahlungsbereitschaftskonzept).

222. Das Mengengerüstkonzept stellt den traditionellen Weg der Schadensbewertung dar, das Zahlungsbereitschaftskonzept den Weg, dem die Forschung sich in den vergangenen Jahren, aufbauend auf den Erfahrungen aus anderen Wissenschaftsbereichen, in verstärktem Maße zugewandt hat (EWERS und SCHULZ, 1982). Gemeinsam ist beiden Konzepten das Ziel, die „sozialen Kosten" wirtschaftlicher Aktivitäten zu messen (KAPP, 1950); parallel dazu, aber nicht zwingend damit verbunden, wird oft eine mögliche Erweiterung der volkswirtschaftlichen Rechnungssysteme sowie die Ermittlung eines vom Bruttosozialprodukt abweichenden Wohlfahrtsindikators diskutiert (Tz. 211).

223. Die Methoden der Zahlungsbereitschaftsanalyse haben u. a. den Vorzug, daß sie automatisch — weil die geäußerte Zahlungsbereitschaft die Konsumentenrente des Einzelnen in voller Höhe oder teilweise mitenthält — auch die psychischen und insoweit intangiblen Schadenskosten miterfassen; allerdings können sie diese nicht als solche isolieren und monetär in Rechnung stellen. Desweiteren kann die Zahlungsbereitschaft als Näherungsgröße für Nutzen- bzw. Schadensintensitäten und damit als Ersatz für ein nicht existierendes kardinales Nutzenmaß angesehen werden, d. h. man kann sie als eine Aggregation individueller Nutzen- und Schadenswerte bzw. deren Näherungsgrößen ansehen (ENDRES, 1982; SINDEN und WORRELL, 1979). Das macht die Verfahren der Zahlungsbereitschaftsanalyse in besonderem Maße geeignet für Schätzungen des Nutzens staatlicher und umweltpolitischer Maßnahmen. Bei der Nutzen-Kosten-Analyse solcher Maßnahmen kommen daher in erster Linie, soweit es um monetäre Erfassung der Nutzenseite geht, diese Bewertungsverfahren zur Anwendung (SIEBERT, 1978; EWERS und SCHULZ, 1982).

Verfahren der Nutzenschätzung sind gleichzeitig auch immer solche der Schadensbewertung, soweit — wie das in der Umweltschadensforschung der Fall ist — Nutzen und Schaden aus der Sicht der Wirtschaftssubjekte in eine inverse Beziehung gesetzt werden, d. h. Nutzen als entgangener oder ersparter Schaden definiert wird.

224. Läßt man die Methoden zur Ermittlung eines Produktionsnutzens außer Betracht, so können die verbleibenden Methoden zur Ermittlung der individuellen Zahlungsbereitschaft in Bezug auf einen Konsumnutzen nach dem Kriterium der direkten oder indirekten Schätzung unterschieden werden (EWERS und SCHULZ, 1982):

— Indirekte Verfahren ermitteln nicht die maximale, sondern die tatsächliche Zahlungsbereitschaft, wie sie sich einerseits in vollzogenem Anpassungsverhalten des Konsums äußert, z. B. in Ausweich-, Reparatur- und Vermeidungsaktivitäten, oder andererseits in Marktdatendivergenzen, z. B. in Grundstückspreisen oder Mieten, also in Preisveränderungen als Folge von Anpassungen der Käufer.

— Direkte Verfahren schätzen über verschiedene Techniken der Befragung die maximale Zahlungsbereitschaft der Betroffenen, die mit Hilfe von linearen regressionsanalytischen Modellen auf die jeweilige Gesamtpopulation hochgerechnet wird.

Der Vorteil der indirekten Verfahren besteht darin, daß die Wirtschaftssubjekte zur Anpassung Güter und Dienstleistungen verwenden, die Marktpreise aufweisen. Dadurch können die Anpassungsreaktionen unmittelbar monetär bewertet werden. Ein Nachteil aller indirekten Verfahren ist darin zu sehen, daß mit ihrer Hilfe sich jeweils nur die Untergrenzen von Umweltschäden ermitteln bzw. schätzen lassen.

Direkte Verfahren zur Ermittlung der individuellen Zahlungsbereitschaft sind zeitaufwendiger und teurer als indirekte Verfahren; sie gelten aber als valider, weil sie präziser „auch jene Wohlfahrtseinbußen erfassen, welche als bloße Wohlbefindensminderungen oder Einbußen der Erlebnisqualität und als entgangene Konsumentenrenten anfallen" (EWERS, 1986a). Die mit diesen Verfahren verbundenen Schwierigkeiten, nämlich die vielfältigen Meßprobleme, die Probleme der Informationsdefizite, der Minderschätzung künftiger Bedürfnisse zukünftiger Generationen und das Problem der jeweils gegebenen Einkommens- und Vermögensverteilung, von der die Höhe der individuellen Zahlungsbereitschaft entscheidend abhängt, sind in der Literatur ausführlich abgehandelt. Ein weiteres Problem, das zur Überschätzung der Zahlungsbereitschaft führen dürfte, besteht darin, daß die Befragung nicht mit tatsächlichen, sondern lediglich mit hypothetischen Zahlungen verbunden ist. In welchem Ausmaß diese Probleme die Validität und die Verläßlichkeit der einzelnen Verfahren beeinträchtigen, kann, wenn überhaupt, nur im Einzelfall beurteilt werden.

Als sicher kann dagegen gelten, daß diese Verfahren — im Gegensatz zu den indirekten Methoden — die Schadenshöhe, ausgedrückt in der individuellen Zahlungsbereitschaft — systematisch überschätzen, weil isolierte Befragungen nach Ausgaben für einzelne Umweltaktivitäten die Einkommenseffekte nicht erfassen können, die erst in einer „Totalanalyse" der Zahlungsbereitschaft eines Wirtschaftssubjektes sowohl zur Abwendung von Umweltschäden als auch zur Befriedigung weiterer öffentlicher und privater Bedürfnisse und damit unter einem Abwägungszwang sichtbar werden. Der für die einzelne Aktivität dem Individuum zur Verfügung stehende Betrag wird eben desto geringer sein, je größer der für andere Aktivitäten bereits verplante Betrag ist.

225. Die individuellen Bewertungen von Umweltschäden können theoretisch nicht nur über die „willingness to pay" (Zahlungsbereitschaft), sondern auch über die „willingness to sell" (Verkaufsbereitschaft, Entschädigungsforderung) ermittelt werden. Der Rat betont, daß er diese in der Literatur meist gleichberechtigt genannte Alternative nicht für ein Verfahren hält, dem eine dem Zahlungsbereitschaftskonzept vergleichbare Stellung einzuräumen wäre. Dies gilt nicht deshalb, weil der Betrag, der einem zu entschädigenden Individuum gezahlt werden muß, erheblich größer wäre als jener Betrag, den es maximal für die Schadensabwendung selbst zahlen würde, sondern weil es sich hierbei um ein Verfahren handelt, das grundsätzlich uferlos ist — jeder nimmt, so viel er erlangen kann — und weil zum anderen mit ihm die Gewichte falsch gesetzt werden. Einer wohlverstandenen Umweltpolitik kann es nicht darum gehen, die von Umweltschäden oder Nutzungseinbußen Betroffenen möglichst hoch zu alimentieren. Der Rat unterstreicht seine im Umweltgutachten 1978 ausführlich begründete Auffassung, daß es vielmehr Ziel einer rationalen Umweltpolitik sein muß, diese Schäden bis zu einem optimalen Niveau der Umweltqualität zu reduzieren (SRU, 1978, Tz. 1755 ff.).

226. Der Rat begrüßt es, daß die deutsche umweltökonomische Forschung auf dem Gebiet der quantitativen Schätzung von Umweltschäden sehr interessante Arbeiten vorgelegt und den Anschluß an die anglo-amerikanische Forschung gefunden hat. Recht weit vorangeschritten sind in der Zwischenzeit die Schätzungen der Kosten der Luftverschmutzung. Dies betrifft die Kosten der Gesundheitsschäden (MARBURGER, 1977 und 1986), der Materialschäden (HEINZ, 1980 und 1986), der Tierschäden (DÄSSLER, 1976; LIEBENOW, 1971; WICKE, 1986) und der Schäden im Freilandvegetationsbereich (GUDERIAN, 1986; WICKE, 1986). Es gilt auch für die Bewertung der Waldschäden (BRABÄNDER, 1983; EWERS, 1986b). Aus methodischer Sicht sind die Arbeiten von SCHULZ (1985a und b), die die Erfassung der Nachfrage nach Luftqualität (Erfragung der Zahlungsbereitschaft) zum Gegenstand haben, hervorzuheben. Informativ sind auch die Schätzungen der Kosten der Gewässerverschmutzung. Sie betreffen die Schädigung der Fischereiwirtschaft (DETHLEFSEN, 1981; ZWINTZ, 1970), die Kosten der Trink- und Brauchwasserversorgung (HEINZ, 1984; WICKE, 1986; ZWINTZ, 1970 und 1986) sowie den verringerten Freizeit- und Erholungswert (EWERS und SCHULZ, 1982; KLAUS, 1986; KLAUS und VAUTH, 1977) bzw. die Ästhetikverluste bei den Anwohnern (EWERS und SCHULZ, 1982). Zu den Lärmkosten liegen ebenfalls solide Schätzungen vor (GLÜCK, 1986; GLÜCK et al., 1982; POMMEREHNE, 1986; UBA, 1981).

227. Es bestehen aber auch noch beachtliche Forschungslücken. Sie betreffen die volkswirtschaftlichen Verluste durch Bodenbelastung und Artenschwund sowie insgesamt die flächendeckenden Schätzungen. Dabei treten vielfältige methodische Probleme auf. Sie beziehen sich u. a. auf die Berücksichtigung der divergierenden regionalen Präferenzen bei der Nachfrage nach Umweltqualität, die bessere Erfassung der Preiseffekte, die Einbeziehung der psychosozialen Kosten der Umweltverschmutzung („Umweltärger") sowie die dringend erforderliche Regionalisierung derartiger Rechnungen. Der Rat begrüßt es daher, daß die Bundesregierung mit einem Mittelansatz von über drei Mio DM bis 1988 die Forschung zum Zwecke der Erfassung bzw. Schätzung des ökonomischen Werts der Umwelt unterstützt.

228. Er sieht aber auch die Probleme, die sich mit derartigen Rechnungen verbinden. Dies gilt insbesondere für Untersuchungen, die in einer Art Hochrechnung eine Monetarisierung von Umweltschäden für die gesamte Bundesrepublik vornehmen. Bekannt geworden sind vor allem die Arbeiten von WICKE (1986), der zu einem Schadenswert von fast 104 Mrd DM gelangte. Zumeist werden die vielfältigen Modellannahmen (z. B. partialanalytische Betrachtungsweise, Vernachlässigung von Änderungen der relativen Preise usw.), die sich mit diesen Schätzversuchen verbinden, übersehen. Sie erlauben nur mit größter Vorsicht Vergleiche mit den Sozialproduktziffern der Volkswirtschaftlichen Gesamtrechnung.

Der Rat behält sich vor, nach Abschluß der gegenwärtig laufenden Forschungsarbeiten ausführlicher zur Frage nach den Möglichkeiten zur Schätzung des ökonomischen Werts der Umwelt Stellung zu beziehen.

1.4.3 Ausgaben für den Umweltschutz

1.4.3.1 Untersuchungsgegenstand

229. Im Vordergrund der Betrachtungen in diesem Abschnitt stehen nicht die Kosten eines unterlassenen oder nicht voll ausgeführten Umweltschutzes, sondern die von Unternehmen des Produzierenden Gewerbes und vom Staat im Zusammenhang mit den notwendigen Umweltschutzmaßnahmen getätigten Ausgaben.

Mit Blick auf die meßbaren Umweltschäden und die von der Bevölkerung gewünschte Umweltqualität kann man sicherlich davon ausgehen, daß die erfolgten Aufwendungen für den Umweltschutz in den meisten Fällen als niedriger eingeschätzt werden können als die gemessenen oder geschätzten Kosten der Umweltbelastung, die aufgrund der Umweltschutzmaßnahmen vermieden worden sind. Dennoch ist eine Abschätzung der Umweltschutzaufwendungen von erheblicher Bedeutung, wie die folgenden Gründe verdeutlichen:

— In den meisten Umweltbereichen weisen die Grenzkosten der Schadensvermeidung einen steigenden Verlauf auf; wo ein hoher Umweltqualitätsstandard erreicht ist, wird die Vermeidung einer zusätzlichen Schadstoffeinheit teurer.

— Angesichts des gegenüber den sechziger und siebziger Jahren gesunkenen Wirtschaftswachstums hat der finanzielle Spielraum für Umweltschutzmaßnahmen abgenommen.

— Der Spielraum nimmt auch deshalb weiter ab, weil mit den neueren Umweltschutzinvestitionen vermutlich höhere Folgekosten einhergehen.

— Für eine verursacherbezogene Umweltpolitik bleibt es wichtig zu wissen, wer letztendlich Träger der umweltschutzbezogenen Kosten ist.

230. Trotz der Bedeutung, die einer Ausweisung der Kosten, gleich ob sie nach Maßnahmen oder nach Trägern ausgewiesen werden, zukommt, sind erst seit Anfang der siebziger Jahre Bemühungen zu erkennen, umweltrelevante Ausgaben getrennt nachzuweisen (RYLL und SCHÄFER, 1986a). Die mangelnde Datenbasis hängt nicht nur mit den Schwierigkeiten hinsichtlich Definition und Abgrenzung der Ausgaben für den Umweltschutz zusammen, sondern ist vor allem auf die Schwierigkeiten zurückzuführen, entsprechende Daten von Gebietskörperschaften und Unternehmen zu ermitteln.

1.4.3.2 Methodische Grundlagen

231. Ein Ansatz, der die Aufwendungen für den Umweltschutz umfassend und einheitlich erfassen soll, orientiert sich zweckmäßigerweise am Konzept der Volkswirtschaftlichen Gesamtrechnung, da in diesem Zusammenhang auch ökonomische Auswirkungen der Umweltschutzpolitik aufgezeigt werden können.

Eine solche Verknüpfung mit der Volkswirtschaftlichen Gesamtrechnung bieten insbesondere die im Aufbau befindlichen sog. Satellitensysteme (HAMER, 1986; vgl. auch Tz. 259). Ein solches Satellitensystem wird für den Bereich „Umwelt" im Statistischen Bundesamt aufgebaut (RYLL und SCHÄFER, 1986 a und 1987; SCHÄFER, 1986; STAHMER, 1987), und zu einzelnen Bereichen liegen bereits erste Ergebnisse vor. Es soll Angaben über monetäre Ausgaben und Anlagevermögen im Umweltschutz, über Umweltschutzbeschäftigte und über Emissionen von Wirtschaftsbereichen enthalten.

Um die gesamten Ausgaben für den Umweltschutz abschätzen zu können, müssen zuerst die Investitionskosten berechnet werden. Das sich aus den Investitionen ergebende Anlagevermögen für Umweltschutz kann dann zur Abschätzung der laufenden Ausgaben herangezogen werden. Bei der Bestimmung der einzelnen Kostenkategorien müssen spezifische methodische Probleme berücksichtigt werden.

Anlageinvestitionen

232. Bei den Anlageinvestitionen für Umweltschutz, zu denen sowohl Ausrüstungen wie Maschinen und Fahrzeuge als auch Bauten zu rechnen sind, kann man unterscheiden (RYLL und SCHÄFER, 1986 a):

— Zugänge an Sachanlagen, die ausschließlich dem Umweltschutz dienen,

— dem Umweltschutz dienende Teile des Zugangs von Sachanlagen, die anderen Zwecken dienen und

— produktbezogene Investitionen aufgrund behördlicher Vorschriften, wonach Erzeugnisse hergestellt werden, deren Verwendung geringere Umweltbelastungen hervorruft.

Meßprobleme ergeben sich hier vor allem bei integrierten Produktionsverfahren oder -anlagen. Beim Staat ist eine Abgrenzung noch schwieriger, da Umweltschutz selten einen eigenständigen Aufgabenbereich bei Staat oder Kommune darstellt und daher beispielsweise in der Finanzstatistik nicht geschlossen ausgewiesen wird. Außerdem enthalten die Angaben auch „zivilisatorische Selbstverständlichkeiten" wie die investiven und laufenden Ausgaben für die Müllabfuhr, die Kanalisation usf. (KÖHLER, 1985).

Laufende Ausgaben

233. Die laufenden Ausgaben umfassen diejenigen Kosten, die aus dem Betrieb von Umweltschutzanlagen entstehen. Zu ihnen sind insbesondere Personalausgaben, Ausgaben für Roh-, Hilfs- und Betriebsstoffe sowie Ersatzteile zu zählen. Ähnlich wie bei den Investitionskosten dürfte es bei den laufenden Ausgaben Zurechnungsprobleme geben, was zum einen wiederum integrierte Produktionsanlagen betrifft, zum anderen mit der Aufschlüsselung der Kosten in einer Betriebseinheit zusammenhängt, die nicht allein Umweltschutzzwecken dient.

1.4.2.3 Entwicklung der Umweltschutzausgaben bis 1984

234. Im folgenden wird die Entwicklung der Ausgaben des Produzierenden Gewerbes und des Staates in den Umweltbereichen Abfallbeseitigung, Gewässerschutz, Lärmbekämpfung und Luftreinhaltung aufgezeigt, ohne dabei näher auf die Berechnungsmethoden einzugehen (s. hierzu: RYLL und SCHÄFER, 1986 a).

Die Ausgaben des Staates und der öffentlichen Unternehmen in den Umweltbereichen Strahlenschutz, Umweltchemikalien und Naturschutz sowie ihre Ausgaben für allgemeine und auf die einzelnen Umweltbereiche nicht aufteilbare Maßnahmen sind in diese Ergebnisse nicht einbezogen; nach Berechnungen von REIDENBACH (1985) betrugen sie im Jahre 1980 1,1 Mrd DM. Ebenfalls nicht enthalten sind Ausgaben der „Übrigen Unternehmensbereiche" (z. B. Land- und Forstwirtschaft, Handel und Verkehr, übrige Dienstleistungsbereiche; hierzu vgl. SCHÄFER, 1986). Neben den Investitionen und laufenden Ausgaben stellen die Gebühren und Beiträge für Umweltschutzleistungen von Dritten (z. B. Abwasser- und Abfallbeseitigungsgebühren) einen wesentlichen Teil der Kostenbelastung der Wirtschaftsbereiche dar; sie sind in den nachfolgenden Ergebnissen ebenfalls nicht enthalten (erste Ergebnisse hierzu in: SCHÄFER, 1987).

235. Die nominalen Ausgaben für Umweltschutzinvestitionen haben innerhalb des letzten Jahrzehnts erheblich zugenommen, wobei allerdings deutliche Unterschiede zwischen den Ausgaben des Produzierenden Gewerbes und des Staates zu erkennen sind (vgl. Tab. 1.4.1 und 1.4.2). Sie spiegeln sich insbesondere in der Entwicklung seit 1979/80 wider: Der realen Investitionszunahme von durchschnittlich jährlich 7,2 % im Produzierenden Gewerbe (Tab. 1.4.1) steht eine reale Abnahme beim Staat von durchschnittlich jährlich 8,7 % (Tab. 1.4.2) gegenüber.

Während die vor allem in den achtziger Jahren deutliche Zunahme der Umweltschutzinvestitionen im Produzierenden Gewerbe auf die Luftreinhaltepolitik zurückzuführen ist, liegen die Gründe für die Investitionsabnahme beim Staat insbesondere im Bereich des Gewässerschutzes. Trotz dieser Entwicklungen übersteigen die staatlichen Investitionen die der Industrie immer noch um etwa das Doppelte.

Als erstaunlich ist in diesem Zusammenhang die Tatsache anzusehen, daß es trotz einer langjährigen Umweltpolitik, die Vorsorgegesichtspunkte in den Vordergrund rückt, keine systematische Erhöhung der integrierten Umweltschutzinvestitionen gegeben hat (RYLL und SCHÄFER, 1986 a).

Tabelle 1.4.1

Investitionen für Umweltschutz des Produzierenden Gewerbes nach Umweltbereichen

Jahr	Insgesamt		Abfallbeseitigung		Gewässerschutz		Lärmbekämpfung		Luftreinhaltung	
	in jeweiligen Preisen	in Preisen von 1980	in jeweiligen Preisen	in Preisen von 1980	in jeweiligen Preisen	in Preisen von 1980	in jeweiligen Preisen	in Preisen von 1980	in jeweiligen Preisen	in Preisen von 1980
	Mio DM									
1975	2 480	3 090	170	210	900	1 110	200	240	1 210	1 530
1976	2 390	2 830	200	230	820	960	220	260	1 150	1 380
1977	2 250	2 560	200	230	740	850	210	230	1 100	1 250
1978	2 150	2 370	170	180	680	750	200	220	1 100	1 220
1979	2 080	2 190	160	160	760	800	200	210	960	1 020
1980	2 650	2 650	210	210	910	910	240	240	1 290	1 290
1981	2 940	2 810	250	240	950	910	210	200	1 530	1 460
1982	3 560	3 250	390	360	1 130	1 030	230	210	1 810	1 650
1983[1]	3 690	3 270	290	260	1 100	990	230	200	2 070	1 820
1984[1]	3 500	3 100	270	240	1 040	920	230	190	1 960	1 750
	Durchschnittliche jährliche Veränderung in %									
1975/84	+ 3,9	0,0	+ 5,3	+1,5	+1,6	−2,1	+1,6	−2,6	+ 5,5	+ 1,5
1975/79	− 4,3	−8,2	− 1,5	−6,6	−4,1	−7,9	0,0	−3,3	− 5,6	− 9,6
1979/84	+11,0	+7,2	+11,0	+8,4	+6,5	+2,8	+2,8	−2,0	+15,3	+11,4

[1] Vorläufiges Ergebnis
Quelle: RYLL und SCHÄFER, 1986 b

Tabelle 1.4.2

Investitionen für Umweltschutz des Staates nach Umweltbereichen

Jahr	Insgesamt		Abfallbeseitigung		Gewässerschutz		Lärmbekämpfung		Luftreinhaltung	
	in jeweiligen Preisen	in Preisen von 1980	in jeweiligen Preisen	in Preisen von 1980	in jeweiligen Preisen	in Preisen von 1980	in jeweiligen Preisen	in Preisen von 1980	in jeweiligen Preisen	in Preisen von 1980
	Mio DM									
1975	4 740	6 410	300	390	4 430	6 010	0	0	10	10
1976	5 270	6 950	290	360	4 970	6 580	0	0	10	10
1977	4 860	6 190	310	370	4 530	5 800	10	10	10	10
1978	5 860	7 020	330	370	5 450	6 560	70	80	10	10
1979	6 940	7 640	390	420	6 440	7 100	110	120	0	0
1980	8 060	8 060	470	470	7 430	7 430	150	150	10	10
1981	7 390	7 150	520	500	6 700	6 480	160	160	10	10
1982	6 500	6 300	570	540	5 740	5 580	180	170	10	10
1983[1]	6 030	5 810	510	470	5 330	5 160	170	170	20	10
1984[1]	5 900	5 590	450	410	5 300	5 050	130	120	20	10
	Durchschnittliche jährliche Veränderung in %									
1975/84	+ 2,5	−1,5	+4,6	+0,6	+ 2,0	−1,9	×	×	×	×
1975/80	+11,2	+4,7	+9,4	+3,8	+10,9	+4,3	×	×	×	×
1980/84	− 7,5	−8,7	−1,1	−3,4	− 8,1	−9,2	−3,5	−5,4	×	×

[1] Vorläufiges Ergebnis
× = Aussage nicht sinnvoll
Quelle: RYLL und SCHÄFER, 1986 b

236. Die gestiegenen Investitionen dokumentieren sich auch in einer Zunahme des Bruttoanlagevermögens für Umweltschutz. Obwohl die durchschnittliche jährliche Veränderung der Investitionen im Produzierenden Gewerbe in den letzten Jahren höher gewesen ist als beim Staat, sind die Anlagevermögen beider Bereiche in gleichem Maße um etwa 50 % gestiegen (RYLL und SCHÄFER, 1986 a). Der Grund dafür dürfte in den geringeren Abgängen beim Staat liegen, da hier eher Investitionen mit längerer Lebensdauer (etwa Kanalisation, Klärwerke) getätigt werden.

Die Wirtschaftsbereiche, die am stärksten in den Umweltschutz investiert haben, sind Energie- und Wasserversorgung, Chemische Industrie sowie Metallerzeugung und -bearbeitung. Sie umfassen mehr als 50 % des gesamten Anlagevermögens im Produzierenden Gewerbe (vgl. Tab. 1.4.3).

Tabelle 1.4.3

Bruttoanlagevermögen für Umweltschutz nach Umweltbereichen 1985 in Preisen von 1980 [1] [2]

Wirtschaftsgliederung (H. v. = Herstellung von)	Insgesamt	Abfallbeseitigung	Gewässerschutz	Lärmbekämpfung	Luftreinhaltung	Abfallbeseitigung	Gewässerschutz	Lärmbekämpfung	Luftreinhaltung
	Mio DM					Anteil an insgesamt in %			
Produzierendes Gewerbe	44 640	3 490	16 710	3 540	20 900	8	37	8	47
Energie- und Wasserversorgung, Bergbau	9 850	700	2 230	700	6 220	7	23	7	63
Elektrizitäts-, Gas-, Fernwärme und Wasserversorgung	7 880	540	1 660	490	5 190	7	21	6	66
Bergbau	1 970	160	570	210	1 030	8	29	11	52
Verarbeitendes Gewerbe	34 210	2 700	14 420	2 580	14 510	8	42	8	42
Chemische Industrie, H. und Verarbeitung von Spalt- und Brutstoffen	11 730	1 180	6 480	340	3 730	10	55	3	32
Mineralölverarbeitung	3 390	70	1 630	130	1 560	2	48	4	46
H. v. Kunststoffwaren, Gewinnung und Verarbeitung von Steinen und Erden usw.	2 900	210	440	350	1 900	7	15	12	66
Metallerzeugung und -bearbeitung	5 970	200	1 390	580	3 800	3	23	10	64
Stahl-, Maschinen- und Fahrzeugbau, H. v. ADV-Einrichtungen	3 340	340	1 340	370	1 290	10	40	11	39
Elektrotechnik, Feinmechanik, H.v. EBM-Waren usw.	1 990	120	920	370	580	6	46	19	29
Holz-, Papier-, Leder-, Textil- und Bekleidungsgewerbe	2 510	340	1 060	200	910	14	42	8	36
Ernährungsgewerbe, Tabakverarbeitung	2 380	240	1 160	240	740	10	49	10	31
Baugewerbe	580	90	60	260	170	16	10	45	29
Staat	158 990	7 030	150 870	980	110	4	95	1	0
Produzierendes Gewerbe und Staat	203 630	10 520	167 580	4 520	21 010	5	83	2	10

[1] Bestand am Jahresanfang
[2] Vorläufiges Ergebnis
Quelle: RYLL und SCHÄFER, 1986 b

237. Die laufenden Ausgaben für den Umweltschutz sind sehr viel schwieriger ermittelbar und mit größeren Schätzfehlern behaftet als die Investitionsausgaben (RYLL und SCHÄFER, 1986a). Sie haben sich beim Produzierenden Gewerbe und beim Staat von 1975 bis 1984 jeweils verdoppelt, wobei jedoch seit Anfang der achtziger Jahre die Ausgaben im Produzierenden Gewerbe deutlich stärker zugenommen haben, was zum einen auf die zuvor gestiegenen Investitionen und zum anderen auf die höheren Folgekosten der Investitionen zurückzuführen ist. Während im Produzierenden Gewerbe auch bei den laufenden Ausgaben den Bereichen Luftreinhaltung und Gewässerschutz die größte Bedeutung zukommt, sind beim Staat vor allem die laufenden Ausgaben für den Bereich der Abfallbeseitigung zu beachten (vgl. Tab. 1.4.4).

Tabelle 1.4.4

Laufende Ausgaben für Umweltschutz nach Umweltbereichen 1980
in Mio DM

Wirtschaftsgliederung (H. v. = Herstellung von)	Insgesamt	Abfallbeseitigung	Gewässerschutz	Lärmbekämpfung	Luftreinhaltung
Produzierendes Gewerbe	5 160	860	2 350	70	1 880
Energie- und Wasserversorgung, Bergbau	620	100	190	10	320
Verarbeitendes Gewerbe	4 490	740	2 160	50	1 540
Chemische Industrie, H. und Verarbeitung von Spalt- und Brutstoffen	1 920	380	1 040	10	490
Mineralölverarbeitung	420	20	250	0	150
H. v. Kunststoffwaren, Gewinnung und Verarbeitung von Steinen und Erden usw.	290	40	70	10	170
Metallerzeugung und -bearbeitung	670	60	200	10	400
Stahl-, Maschinen- und Fahrzeugbau, H. v. ADV-Einrichtungen	350	50	170	10	120
Elektrotechnik, Feinmechanik, H. v. EBM-Waren usw.	240	30	140	10	60
Holz-, Papier-, Leder-, Textil- und Bekleidungsgewerbe	290	90	120	0	80
Ernährungsgewerbe, Tabakverarbeitung	310	70	170	0	70
Baugewerbe	50	20	0	10	20
Staat	4 670	2 670	1 990	0	10
Produzierendes Gewerbe und Staat	9 830	3 530	4 340	70	1 890

Quelle: RYLL und SCHÄFER, 1986b

Tabelle 1.4.5

Ausgaben für Umweltschutz[1]

Jahr	Produzierendes Gewerbe		Staat		Produzierendes Gewerbe und Staat	
	in jeweiligen Preisen	in Preisen von 1980	in jeweiligen Preisen	in Preisen von 1980	in jeweiligen Preisen	in Preisen von 1980
	Mio DM					
1975	5 680	7 140	7 740	10 200	13 420	17 340
1976	6 000	7 190	8 550	10 940	14 550	18 130
1977	6 180	7 180	8 410	10 340	14 590	17 520
1978	6 390	7 200	9 780	11 470	16 170	18 670
1979	6 740	7 190	11 350	12 380	18 090	19 570
1980	7 810	7 810	12 750	12 750	20 560	20 560
1981	8 860	8 160	12 510	11 940	21 370	20 100
1982	10 110	8 820	11 890	11 130	22 000	19 950
1983[2]	10 620	9 070	11 640	10 720	22 260	19 790
1984[2]	10 890	9 090	11 830	10 630	22 720	19 720
Durchschnittliche jährliche Veränderung in %						
1975/84	+7,5	+2,7	+ 4,8	+0,5	+6,0	+1,4
1975/80	+6,6	+1,8	+10,5	+4,6	+8,9	+3,5
1980/84	+8,7	+3,9	− 1,9	−4,4	+2,5	−1,0

[1] Laufende Ausgaben und Investitionen für Umweltschutz
[2] Vorläufiges Ergebnis
Quelle: RYLL und SCHÄFER, 1986b

238. Wenn man die gesamten Ausgaben für den Umweltschutz berechnet, die sich aus den Investitionsausgaben und den laufenden Ausgaben zusammensetzen, kommt man zu dem Ergebnis, daß es im Zeitraum von 1975 bis 1984 zwar insgesamt einen nominalen durchschnittlichen jährlichen Anstieg von 6,0 % gegeben hat, der aber real nur 1,4 % ausmachte und verdeckt, daß von 1980 bis 1984 eine reale Abnahme von 1,0 % vorlag (vgl. Tab. 1.4.5), die in erster Linie mit den abnehmenden staatlichen Investitionen für den Gewässerschutz zusammenhängt. Für die Zeit nach 1984 sind aber deutlich steigende Ausgaben, jedenfalls im Produzierenden Gewerbe, zu erwarten.

1.4.3.4 Zukünftige Entwicklungen

239. Die anfangs der 70er Jahre verstärkt einsetzende Umweltpolitik richtete sich zunächst auf die Einhaltung verschärfter Emissionsgrenzwerte bei Neuanlagen. Dies führte zu einer entsprechenden Zunahme der Umweltschutzinvestitionen und der damit verbundenen laufenden Ausgaben. Mit der Großfeuerungsanlagen-Verordnung und der TA Luft 1986 sowie der Änderung des § 17 Abs. 2 Bundes-Immissionsschutzgesetz werden nunmehr verstärkt Altanlagen umgerüstet. Zugleich sind auch in anderen Umweltbereichen erhebliche zusätzliche Investitionen geplant, die häufig auch erhöhte laufende Ausgaben mit sich bringen werden. Eine zusammenfassende Betrachtung, basierend auf Unterlagen des ifo-Instituts, gibt SPRENGER (1985):

„(1) Im Rahmen des Vollzugs der Großfeuerungsanlagen-Verordnung sind bis Mitte 1988 noch Kohlekraftwerke mit einer Leistung von rd. 37 000 MW mit Anlagen zur Entschwefelung auszurüsten. Das entspricht einem Auftragsvolumen von mehr als 10 Mrd DM in den nächsten 3 Jahren.

(2) Zur Verminderung der Stickstoffoxide werden die öffentlichen Stromversorger bis Anfang der 90er Jahre außerdem zwischen 8 und 12 Mrd DM investieren müssen.

(3) Die neue Technische Anleitung Luft (TA Luft) enthält in ihrem 4. Teil ein Sanierungskonzept für kleinere Kraftwerke und praktisch alle nach dem Bundesimmissionsschutzgesetz (BImSchG) genehmigungspflichtigen industriellen Anlagen. Für die notwendigen Nachrüstungen wird mit einer Investitionssumme von mindestens 10 Mrd DM in den nächsten 8 Jahren gerechnet.

(4) Im Bereich der Abwasserkanalisation müssen bis 1990 im Jahresdurchschnitt rd. 1 200 km Rohrleitungen neu verlegt und weitere 685 km ausgewechselt werden. Mit dem Städtebausanierungs-

programm sind hierfür auch spürbare Finanzierungsanreize zunächst einmal für die Jahre 1986 und 1987 geschaffen worden.

Allein in der kommunalen Abwasserbeseitigung besteht nach Berechnungen des Deutschen Instituts für Urbanistik bis 1990 ein jährlicher Investitionsbedarf von rd. 5 Mrd DM.

(5) Die Novellierung des Wasserhaushaltsgesetzes sowie des Abwasserabgabengesetzes wird neue Anforderungen für Direkt- und Indirekteinleiter mit sich bringen und damit spürbare Nachfrageimpulse auslösen.

(6) Die lang erwartete neue Trinkwasser-Verordnung wird aufgrund der strengeren Anforderungen an den Nitratgehalt im Wasser einen Milliardenmarkt für Denitrifizierungsverfahren und -anlagen im Bereich der Wasseraufbereitung erschließen.

(7) Mit der 3. und 4. Novelle zum Abfallbeseitigungsgesetz werden vor allem deutliche Impulse im Hinblick auf die Abfallwirtschaft und Abfallverwertung ausgelöst. Für eine flächendeckende Abfallverwertung rechnen allein die privaten Abfallwirtschaftsunternehmen mit einem neuen Investitionsvolumen von rd. 4 Mrd DM.

(8) Außer bei der Verwertung neu entstehender Abfälle besteht auch bei der Sanierung von sog. Altablagerungen und kontaminierten Betriebsgeländen ein erheblicher Ausgabenbedarf. Nach ersten Schätzungen des Umweltbundesamtes belaufen sich die Kosten zur Bewältigung der Altlastenproblematik auf insgesamt mindestens 17 Mrd DM in den nächsten 10 Jahren.

(9) Bleibt noch der bislang vernachlässigte Lärmschutz zu erwähnen, wo allein der Bund seine Ausgaben für Schallschutzmaßnahmen an Bundesfernstraßen auf jährlich 250 Mio DM aufstocken wird."

Im Bereich „Wasser" speziell können die Neuverlegung bzw. Auswechslung von Rohrleitungen im Bereich der Abwasserbeseitigung sowie die Novellierung des Wasserhaushaltsgesetzes, des Abwasserabgabengesetzes sowie der Trinkwasserverordnung bis 1990 Innovationen in Höhe von 55 Mrd DM auslösen (STEIN und NIEDEREHE, 1987).

240. Diese Ausgaben stellen auf der einen Seite zusätzliche Belastungen der Unternehmer bzw. der öffentlichen Hand dar. Zugleich führen sie zu kurzfristigen Nachfrageeffekten und, soweit laufende Umweltschutzausgaben entstehen, zu ständiger Beschäftigung und Auftragserteilung. In beide Richtungen, also auf den Belastungseffekt und den Nachfrageeffekt, werden in den nächsten Jahren verstärkte Wirkungen ausgehen.

1.4.4 Zu den Beschäftigungswirkungen des Umweltschutzes

241. Die Ausgaben für den Umweltschutz sind zu einem wichtigen Wirtschaftsfaktor geworden (Abschn. 1.4.3). So wurden 1984 nach Berechnungen des ifo-Instituts in der Bundesrepublik Deutschland rd. 20 Mrd DM, das sind 1,2 v. H. des Bruttosozialprodukts, für den Umweltschutz ausgegeben (Ifo-Institut, 1985; SPRENGER, 1986). Von 1975 bis 1984 beliefen sich die getätigten Umweltschutzausgaben insgesamt auf über 190 Mrd DM (vgl. Tab. 1.4.5); für die nächsten Jahre werden Ausgabenbeträge erwartet, die zumindest in der gleichen Größenordnung liegen.

242. Um dieses hohe Ausgabenvolumen aufrechtzuerhalten, bedarf es jeweils zusätzlicher gesetzgeberischer Maßnahmen, die auf einer entsprechenden Präferenzstruktur basieren müssen. Der Grund für diese Notwendigkeit laufender legislativer Maßnahmen liegt darin, daß das Gut Umwelt — und damit die gewünschte Umweltqualität —, anders als ein erwünschtes privat angebotenes Gut, Kollektivgutcharakter hat, also ohne staatliches Handeln nicht herstellbar ist.

243. Angesichts der hohen Ausgaben für den Umweltschutz können Beschäftigungseffekte nicht ausbleiben. Zahlreiche Untersuchungen haben sich in der Zwischenzeit um die Schätzung dieser Effekte bemüht. Eine synoptische Darstellung der Ergebnisse der wesentlichen, primär nachfrageorientierten Studien zum Problemkomplex Umweltschutz und Beschäftigung bis zum Jahre 1979 findet sich in der eher angebotsorientierten Analyse von ULLMANN und ZIMMERMANN (1981). Die Ergebnisse wurden in einer revidierten Berechnung von SPRENGER und KNÖDGEN (1983), die sich sowohl nachfrager- als auch anbieterseitiger Analysemethoden bediente, fortgeschrieben. In dieser Form wurden sie, leicht modifiziert, auch vom ifo-Institut anläßlich der Anhörung des Bundestagsausschusses für Wirtschaft (14. Oktober 1985) zum Antrag der SPD-Fraktion auf Einrichtung eines Sondervermögens „Arbeit und Umwelt" nochmals vorgetragen. Alle Untersuchungen kommen bei einer Saldenbetrachtung zu einem insgesamt positiven Beschäftigungseffekt; gegenüber den ursprünglich sehr hoch geschätzten Beschäftigungsgewinnen sind die neueren Einschätzungen jedoch deutlich zurückhaltender (KLEMMER, 1987; KÖHLER, 1985; ZIMMERMANN, 1986). Nach Schätzungen des ifo-Instituts bzw. von SPRENGER waren 1984 in der Umweltschutzindustrie (einschl. Bausektor) rd. 170 000 Arbeitskräfte beschäftigt; hinzu kamen noch etwa 90 000 Beschäftigte in der Zulieferindustrie (SPRENGER, 1986).

244. Bereits in seinem Umweltgutachten 1978 (SRU, 1978) hat der Rat darauf aufmerksam gemacht, daß sich alle Schätzungen mit großen methodischen Problemen verbinden. Setzen sie doch letztlich eine dynamisierte Input-Output-Analyse, eine Prognose der Entzugseffekte sowie eine Abschätzung der preisinduzierten Substitutionswirkungen voraus. Insbesondere ist als Problem anzusehen, daß die positiven Beschäftigungseffekte methodisch besser zu erfassen sind als die auf Entzugswirkungen beruhenden negativen Effekte auf die Beschäftigung („unterlassene Investitionen", ZIMMERMANN und BUNDE, 1987). Der Rat bleibt bei dieser Einschätzung, sieht die methodischen Probleme und möchte bewußt nicht auf

diese für die Wirtschaftswissenschaften relevante Grundsatzdiskussion eingehen. Insofern wird er sich, selbst wenn auch er von per Saldo eher positiven Effekten ausgeht, nicht zugunsten einer dieser Prognosen aussprechen oder eigene Schätzungen vorlegen.

245. Umweltpolitik und Beschäftigungspolitik gehören verschiedenen Politikbereichen an; sie sind an unterschiedlichen Zielen orientiert und folgen jeweils eigenen Kriterien. Weder bedarf die Umweltpolitik einer beschäftigungspolitischen noch umgekehrt die Beschäftigungspolitik einer umweltpolitischen Begründung. Dem steht nicht entgegen, daß es zu begrüßen ist, wenn umweltpolitische Maßnahmen positive beschäftigungspolitische Nebeneffekte haben. Ebenso kann es sinnvoll sein, bei Wahlmöglichkeiten, die unter umweltpolitischen Gesichtspunkten gegeben sind, diejenigen Umweltmaßnahmen zu ergreifen, deren Beschäftigungseffekte positiv sind.

1.5 Zur Emittentenstruktur in der Bundesrepublik Deutschland

1.5.1 Die Aufgabe einer übergreifenden Ermittlung der Emittentenstruktur

1.5.1.1 Aufgabenstellung

246. Umweltbelastungen werden üblicherweise mit Blick auf einzelne Umweltbereiche wie Luft oder Wasser ermittelt. Dabei steht die bundesweite oder regionale Immissionssituation (z. B. in Belastungsgebieten) im Vordergrund. Hiervon ausgehend wird versucht, die Herkunft der Emissionen festzustellen, wie es beispielsweise für den Bereich Luft in Emissionskatastern für Belastungsgebiete geschieht.

Die Emissionen werden von den Wirtschaftstrukturen und -prozessen beeinflußt, wobei diese jedoch nicht stabil sind. Unternehmen ändern beispielsweise den Zuschnitt ihrer Produktionsbetriebe, indem sie die Produktion erweitern, reduzieren oder an einen anderen Standort im Inland oder auch ins Ausland verlagern. Auch auf der Konsumtionsebene finden laufend Veränderungen z. B. im Verbraucherverhalten statt. Beides kann zu quantitativen und qualitativen Emissionsverschiebungen und zu Verlagerungen von Emissionen in andere Umweltbereiche wie z. B. Luft oder Wasser führen. Deshalb lassen sich aus bereichsspezifischen oder regionalen Emissionsdaten allein keine für die Gesamtentwicklung der Emissionen in einer Volkswirtschaft gültigen Schlüsse ziehen.

Dementsprechend sind auch keine Folgerungen möglich, zu welchen Veränderungen in Gesamtniveau und -struktur der Emissionen die gesamtwirtschaftlichen Entwicklungen führen. Weder das kurzfristige Konjunkturgeschehen mit seinen differenzierten Effekten auf den Auslastungsgrad einzelner Industrien noch die langfristigen Strukturveränderungen wie etwa der Trend zu mehr Dienstleistungen lassen sich umweltpolitisch zuverlässig bewerten, wenn nicht über Niveau und Struktur der Emissionen dieser Emittentengruppen ausreichend viel bekannt ist.

247. Um Hinweise und Anregungen zur Schließung dieser Informationslücke zu geben, hat der Rat dieses Kapitel zur übergreifenden Systematisierung der Emittentenstruktur an den Schluß des Teils ‚Allgemeine Umweltpolitik' gestellt. Es nimmt z. T. Bezug auf die Ausführungen zu den Umweltfunktionen in Abschnitt 1.1.1.4, zu den Umwelteingriffen in Abschnitt 1.1.2 und zur Überwachung in Abschnitt 1.3.5, knüpft an Aussagen zu den ökonomischen Aspekten an (Kap. 1.4) und stellt eine Überleitung zur Betrachtung der einzelnen Umweltsektoren (Kap. 2.1 bis 2.6) dar. Die Betonung liegt auf den Emittenten und ihrer zweckdienlichen Gliederung (Abschn. 1.5.3.1), während die Gliederung der Emissionen (Abschn. 1.5.3.2) häufig aus den Ausführungen zu den einzelnen Umweltbereichen übernommen worden ist. Für die Gliederung der Emittenten wird vorgeschlagen, sie mit der wirtschaftsstatistischen Gliederung kompatibel zu machen.

248. Die Vorarbeiten zu diesem Kapitel des Gutachtens haben gezeigt, daß der Ansatz, die Emittentenstruktur über alle Emittentengruppen und Umweltbereiche hinweg darzustellen, zwar gedanklich nicht neu ist, bisher aber nicht konsequent in die Praxis umgesetzt wurde. Der Rat hat es nicht als seine Aufgabe angesehen, eine entsprechende Systematik selbst weitestgehend mit Emissionsdaten aufzufüllen. Dies wäre schon wegen der Datenlage ausgeschlossen gewesen und kann und sollte als Daueraufgabe von bestehenden, entsprechend ausgestatteten Institutionen übernommen werden (Tz. 332).

Die Aufgabe dieses Kapitels ist folglich begrenzt:

— Es wird die Notwendigkeit eines solchen Vorhabens vor Augen geführt. Dazu werden im Abschnitt 1.5.2 Verbindungslinien zwischen Wirtschaftstätigkeit und Emissionen nach Emittentengruppen am Beispiel der mittelfristigen Entwicklung von Wirtschafts- und Sozialstruktur aufgezeigt. Da eine detaillierte Emittentenstruktur bisher nicht vorliegt, konnten solche wirtschaftsstrukturellen Betrachtungen nicht darauf aufbauen, sondern mußten hier vorgeschaltet werden, wobei die Überlegungen vorwiegend auf statistischen Sonderauswertungen oder auf Hypothesen basieren.

— Es wird eine Konzeption für die systematische Darstellung vorgestellt. Die Vorschläge in Abschnitt 1.5.3 sind durch Auffüllung und Differenzierung weiterzuentwickeln.

— In beispielhaften Übersichten wurden bereits einige zugängliche Daten verwendet, die eine Vorstellung davon geben können, welche Informationen detaillierte und weitgehend ausgefüllte Tabellen geben könnten (Abschn. 1.5.4).

249. Eine wünschenswerte Folgewirkung dieses Kapitels des Gutachtens wäre dann, daß entsprechende Daten koordiniert und vergleichbar erhoben werden und vorhandene Daten, beispielsweise von den Bundesländern und uns von Verbänden, zur Verfügung gestellt werden. Die Präsentation der Tabellen (Abschn. 1.5.4) mit erheblichen Lücken hat daher aus der Sicht des Rates bewußt einen Aufforderungscharakter.

1.5.1.2 Umfassende Umweltdaten als Voraussetzung für die Umweltpolitik

250. Eine wichtige Voraussetzung rationaler Umweltpolitik sind zuverlässige und aktuelle Daten über den Zustand der verschiedenen Umweltbereiche. Je umfassender solche Daten zur Verfügung stehen, desto besser lassen sich Fehlentwicklungen in der Umweltpolitik vermeiden (FISCHER, 1978).

Seit mit Inkrafttreten des Umweltprogramms der Bundesregierung im Jahre 1971 in der Bundesrepublik gezielt Umweltpolitik betrieben wird, ist wiederholt die Forderung erhoben worden, eine bundesweite, zentrale Datenbasis zu schaffen, in die möglichst alle für eine zuverlässige Beschreibung der Umweltsituation erforderlichen Informationen eingehen und die allen zugänglich ist. Diese Forderung konnte bis heute nicht erfüllt werden, auch wenn einzelne Ansätze in dieser Richtung bereits vorhanden sind (z. B. ‚Daten zur Umwelt', UBA 1984 und 1986 a).

251. Auch der Rat hat wiederholt auf bestehende Informationsdefizite aufmerksam gemacht (z. B. Umweltgutachten 1974, 1978). Er weist aufs Neue auf die Schwierigkeiten hin, die sich dadurch auch für die Erfüllung seines Auftrages ergeben. Dabei wird nicht verkannt, daß in den zurückliegenden Jahren Anstrengungen unternommen worden sind, das Datenangebot zu verbessern und ein umweltstatistisches System zu entwickeln. Eine Vielzahl von Forschungsprojekten, Fallstudien, Branchenanalysen und einzelnen Fachpublikationen, deren Aufgabe ganz oder teilweise in der Beschaffung von umweltrelevanten Daten bestand, legen davon Zeugnis ab. Auf eine Aufzählung dieser Arbeiten soll an dieser Stelle verzichtet werden. Als wichtiger Bestandteil ist die amtliche Umweltstatistik hervorzuheben, insbesondere wenn bei der sich abzeichnenden Neukonzipierung den hier aufgezeigten Erfordernissen einer statistischen Umweltberichterstattung verstärkt Rechnung getragen würde (vgl. hierzu Statistisches Bundesamt, 1987 a).

252. So hilfreich die bisher vorliegenden Informationen im einzelnen auch sind, weisen sie doch erhebliche Mängel gerade mit Blick auf solche Analysen auf, die auf Informationen über die Herkunft von Schadstoffen aufbauen. Die Mängel lassen sich wie folgt zusammenfassen:

— Die Erfassung der Emittenten ist unvollständig. Innerhalb der verursachenden Sektoren liegen oft nur Daten für bestimmte Segmente, beispielsweise einzelne Industriebranchen, vor.

— Die Daten über die Art der Emissionen sind ebenfalls lückenhaft; sogenannte Massenschadstoffe in der Luft stehen im Vordergrund der Betrachtung.

— Die verfügbaren Daten über einzelne Emissionen sind oft, sofern überhaupt quantitativer Art, sehr global.

— Die Methoden der Emissionsschätzung oder -berechnung sind nicht einheitlich und teilweise nicht nachvollziehbar.

— Viele Daten werden nicht fortgeschrieben und sind folglich veraltet.

Trotz dieser Defizite stellten die von verschiedener Seite ermittelten Daten eine wichtige Grundlage für die umweltpolitische Schwerpunktsetzung in den zurückliegenden 10—15 Jahren dar, weil es vor allem darum ging, die Hauptschadstoffe und deren Hauptverursacher zu identifizieren und geeignete Maßnahmen zu ergreifen, um die Belastungssituation zu verbessern. Hierbei sind Erfolge bereits erzielt worden bzw. zeichnen sich deutlich ab.

253. In den kommenden Jahren wird die Umweltpolitik neben der Gefahrenabwehr verstärkt von der Vorsorge geprägt sein. Das Augenmerk wird sich damit stärker auf solche Emittenten und Emissionen richten müssen, die bislang zwar teilweise schon Gegenstand des wissenschaftlichen, aber noch nicht des umweltpolitischen Interesses sind oder aber völlig vernachlässigt werden. Diese in Gang befindliche umweltpolitische Schwerpunktverlagerung erfordert gleichzeitig eine Veränderung des Informationsbedarfs: Es werden nicht nur zusätzliche Daten benötigt, sie müssen auch differenzierter erhoben und aufbereitet werden als bisher.

254. Dabei ist allerdings von vornherein einem Mißverständnis vorzubeugen. Die genauere Erfassung der Emissionen nach Emittenten soll nicht dem Zweck dienen, einer Art ökologischer Wirtschaftslenkung Vorschub zu leisten, durch die emissionsintensive Branchen gebremst und emissionsarme Branchen gefördert würden. Vielmehr geht es darum zu zeigen, wo in der Vergangenheit bereits erhebliche Vermeidungsleistungen erbracht wurden und wo in der Zukunft die umweltpolitischen Anstrengungen vergleichsweise größer ausfallen müssen. Für die Wirtschaftspolitik ergibt sich zudem die Möglichkeit aufzuzeigen, wo in Kenntnis der Ertragslage und Vermeidungskosten umweltpolitische Aufwendungen leichter und weniger leicht getragen werden können, so daß beim Überblick über die Emittentenstruktur diejenigen Bereiche identifiziert werden können, in denen die umweltpolitischen Ziele mit den geringsten ökonomischen Anpassungskosten, mit anderen Worten am effizientesten, erreicht werden können.

1.5.1.3 Bedarf an Emissionsdaten, strukturiert nach Wirtschaftsbereichen

255. Für eine umfassende Analyse des Zustandes und der Entwicklung der verschiedenen Umweltsektoren wird eine Vielzahl an umweltrelevanten technisch-naturwissenschaftlichen und wirtschafts- und sozialstatistischen Daten benötigt. Bei den stofflichen Einträgen und ihren Wirkungen stehen quantitative Angaben zur Emission, Transmission, Immission und Deposition im Vordergrund. Zur Beurteilung der Auswirkungen nicht-stofflicher Eingriffe, z. B. Artenrückgang durch Flächen- und Landschaftsverbrauch, sind zusätzlich besondere Datenermittlungen (z. B. Biotopkartierung) erforderlich. Basisdaten aus der Wirtschafts-, Sozial- und Umweltstatistik müssen ergänzend hinzutreten.

256. Der besondere Bedarf an Daten zur Emissionssituation ergibt sich daraus, daß Maßnahmen zur Vermeidung oder Verminderung zu erwartender bzw. eingetretener Schäden in erster Linie an der Quelle ansetzen müssen. Dies gilt in besonderem Maße, wenn der Schwerpunkt der Umweltpolitik, wie für die nähere Zukunft abzusehen, auf der Vorsorgepolitik liegt.

Die Aufgaben einer gesamthaften Darstellung der Emissionssituation bestehen dann darin,

— aufzuklären, welche Emittenten zu den jeweiligen Emissionen beitragen,

— die Emissionsschwerpunkte zu benennen, für die weitergehende Analysen erforderlich sind, und

— eine Datengrundlage für gezieltere Umweltschutzmaßnahmen verfügbar zu haben.

Eine lückenlose Erfassung aller Emissionen nach Art und Menge und zugleich nach den Emittenten aus den verschiedenen Wirtschaftsbereichen geordnet zu verlangen, ist wenig realistisch. Ein Gesamtüberblick, der Schwerpunkte bei den Emissionen ebenso wie bei den Emittenten setzt, erscheint dagegen realisierbar.

257. Der Rat ist sich der Schwierigkeiten, die mit einer solchen gesamthaften Emissionsstatistik verbunden wären, bewußt. Die Erfahrungen aus der Erarbeitung von Emissionskatastern für Belastungsgebiete nach dem Bundes-Immissionsschutzgesetz (Tz. 788 ff.) können zwar genutzt werden, sie zeigen aber auch, wie schwierig es ist, eine differenzierte Emissionsanalyse zu erstellen und auf dem aktuellen Stand zu halten. Grundsätzlich erscheint die Lösung dieser Aufgabe jedoch möglich. Voraussetzung ist, daß die hierzu erforderlichen Arbeiten langfristig und dauerhaft angelegt sind und die bestehenden rechtlichen Hindernisse aus dem Weg geräumt werden. Außerdem ist eine Kooperation aller Informationsträger in Behörden, Forschungsinstituten und in der Wirtschaft erforderlich, um bestehende „Datenbranchen" zu nutzen und dadurch den Erhebungsaufwand zu verringern.

258. Wie in Abschnitt 1.5.2 ausgeführt wird, sind die Einflüsse auf Umweltbelastungen — speziell auf die Emissionen — vorwiegend auf die wirtschaftliche und technologische Entwicklung einer Volkswirtschaft zurückzuführen. Daraus ergibt sich, daß ein Informationssystem so konzipiert werden muß, daß eine Verknüpfung von Emissionsdaten mit wirtschaftsstatistischen Daten (z. B. Produktion, Verbrauch, Investitionen, Strukturwandel u. a.) möglich ist. Das wirtschaftsstatistische Datenmaterial wird nach der Untergliederung der Volkswirtschaft in Sektoren und Wirtschaftszweige (Systematik der Volkswirtschaftlichen Gesamtrechnungen) erarbeitet.

Ein einmal eingerichtetes statistisches System dieser Art, wie es im folgenden skizziert wird, kann dann mehreren Zwecken dienen:

— Die bereits erfolgten Emissionsminderungen und damit der umweltpolitische Erfolg einer Branche lassen sich genauer als bisher nachweisen.

— Umweltpolitische Ziele und Strategien können auf ihre Auswirkungen in der Wirtschaft hin analysiert werden.

— Insbesondere können Vorsorgemaßnahmen auf diejenigen Bereiche der Wirtschaft ausgerichtet werden, in denen die Emissionsentwicklung zu besonderer Besorgnis Anlaß gibt.

Die branchenbezogene Darstellung der Emittentenstruktur darf, wie bereits erwähnt, nicht zu dem Bemühen führen, sektorale Entwicklungen und strukturpolitische Maßnahmen umweltpolitisch zu instrumentalisieren. Hingegen soll es möglich werden, deren umweltpolitische Auswirkungen abzuschätzen und nicht zuletzt der Wirtschaftspolitik die Möglichkeit zu geben, umweltpolitische Alternativen mit Blick auf geringere bzw. größere Anpassungserfordernisse in der Wirtschaft zu bewerten.

259. Eine solche „betriebsbezogene" Emissionsermittlung muß in vielen Fällen zu der bisherigen „anlagenbezogenen" Ermittlung emissionsrelevanter Daten hinzutreten, d. h. beide Strategien müssen simultan verfolgt werden, weil sie unterschiedliche Informationen liefern können. Die anlagenbezogene Sicht geht von jeder Einzelanlage und ihrer Emission aus. Die betriebsbezogene Sicht berücksichtigt alle Emissionen, gleich welcher Art, eines Betriebes.

Bei der hier im Vordergrund stehenden betriebsbezogenen Sicht erscheinen wirtschaftliche Produkte oder Dienstleistungen als Auslöser für das Auftreten einer Emission. In der Vorspalte einer entsprechenden tabellarischen Darstellung werden daher die Wirtschaftszweige und -branchen der Wirtschaftsstatistik ausgewiesen (vgl. Abschn. 1.5.4, Tab. 1.5.10).

In der amtlichen Statistik existieren bereits erste Ansätze, ein statistisches Berichtssystem über umweltrelevante Tatbestände zu entwickeln, das im Einklang mit den Konzepten der Volkswirtschaftlichen Gesamtrechnungen steht (vgl. etwa RYLL und SCHÄFER, 1986). Diese Ansätze stehen im Zusammenhang mit der Bildung von sog. Satellitensystemen, die das Statistische Bundesamt entwickeln will und die der Weiterentwicklung der Volkswirtschaftlichen Gesamtrechnungen in der Weise dienen sollen, daß zusammenfassende Aussagen zu volkswirtschaftlichen Aufgabenbereichen wie Umweltschutz, Forschung oder Bildung möglich werden (vgl. HAMER, 1986; RYLL und SCHÄFER, 1987; STAHMER, 1987). Diese Arbeiten könnten zur Erstellung einer Emittentenstruktur genutzt bzw. mit ihr in Einklang gebracht werden.

Als aktuelles Beispiel für die Schaffung von Voraussetzungen für die direkte Zuordnung umweltrelevanter Daten zu Wirtschaftsbereichen ist die Verordnung über die Herkunftsbereiche von Abwasser (Abwasserherkunftsverordnung — AbwHerkV, BGBl. I Nr. 34 S. 1578/1579 — BGBl. III 753-1-4) vom 3. Juli 1987. Die in dieser Verordnung aufgeführten Herkunftsbereiche sind nicht nur nach dem Kriterium des einzelnen Produkts und seiner Herstellung im engeren, anlagenbezogenen Sinne ausgewählt, sondern es werden auch die mit der eigentlichen Herstellung verbundenen Begleitstoffe und -prozesse (z. B. Reinigung, Konservierung, Formulierung), also weitere, betriebsbezogene Gesichtspunkte, berücksichtigt. Die in 10 Obergruppen zusammengefaßten Abwasser-Herkunftsbereiche der Verordnung stehen mit den Bereichen der Wirtschaftssystematik weitgehend im Einklang.

260. Beide Vorgehensweisen, die anlagen- und die betriebsbezogene, sind über eine statistische Erhebung nach Einzelanlagen zusammenführbar. Hierfür wäre jedoch eine unabdingbare Voraussetzung, daß bundeseinheitliche Klassifikationen sowohl für eine Kennzeichnung des Anlagentyps als auch für eine Zuordnung der Betriebe gemäß der ‚Systematik der Wirtschaftszweige' gewählt werden, so daß eine paralle Erstellung anlagenbezogener und betriebsbezogener Berichtssysteme möglich wird. Nur so läßt sich beispielsweise feststellen, ob die gleiche Produktion im Laufe der Zeit mit anderen Anlagen bzw. Aggregaten und entsprechend veränderten, aber u. U. gleich bedeutsamen Emissionen durchgeführt wird.

261. Aus diesen Gründen empfiehlt der Rat eine Doppelstrategie, die in beide Richtungen gleichzeitig vorgeht und eine Datenermittlung sowohl nach volkswirtschaftlichen als auch nach technischen Gesichtspunkten vornimmt. Einerseits muß die Umweltpolitik immer am Anlagentyp und der jeweiligen Emission ansetzen, so daß von daher eine Gliederung nach Anlagentypen unverzichtbar ist. Da die Emissionen aber stets auch von wirtschaftlichen Entwicklungen abhängen, wird eine Bewertung der Umweltpolitik bzw. langfristiger Eingriffserfordernisse nur dann durchgeführt werden können, wenn Emissionen auch im Zusammenhang mit der Wirtschaftsstruktur gesehen werden.

Um die Anteile einzelner Wirtschaftsbereiche an der Gesamtemission der verschiedenen Emissionsarten erkennen und ökonomisch-ökologische Zusammenhänge zwischen Produktion und Verbrauch einerseits und Umweltschutzmaßnahmen andererseits besser analysieren zu können, ist eine Darstellung der Emissionen nach Wirtschaftsbereichen von zentraler Bedeutung (RYLL und SCHÄFER, 1986). Sie ist auch Ausgangspunkt für weitergehende Verflechtungsanalysen, die eine Ausweitung ökonomischer Input-Output-Techniken auf den Umweltbereich darstellen und Möglichkeiten eröffnen, auch die indirekten Emissionen, die durch den Bezug von Vorleistungen aus anderen Wirtschaftsbereichen entstehen, ermitteln zu können. Auf die umweltpolitische Bedeutung solcher Verflechtungsanalysen hat der Rat bereits in seinem Umweltgutachten 1974 hingewiesen (SRU, 1974, Tz. 112 ff., 889 ff.) und eine erste Verflechtungsanalyse der Umweltbelastung am Beispiel der Schwefeldioxid-Emissionen für die Bundesrepublik Deutschland durchgeführt. Obwohl der Rat des mit diesen Ansätzen verbundenen relativ hohen Aufwandes bewußt ist, wiederholt er seine Empfehlung, solche Analysen für wichtige Emissionen zu erarbeiten, weil sie der Erkennung von Schwerpunkten und der Planung gezielter Minderungsstrategien dienen.

1.5.2 Änderungen in der Emittentenstruktur in ihrer Bedeutung für die Emissionsentwicklung

1.5.2.1 Einflüsse aus der Entwicklung der Wirtschafts- und Sozialstruktur

1.5.2.1.1 Zur Strukturierung der Einflüsse

262. Um die tatsächliche Emissionsentwicklung eines Landes zu erklären und zu prognostizieren, kann man von zwei Seiten her vorgehen.

Zum einen muß man die Emissionen kennen, die aus den vorhandenen Anlagen bei voller Auslastung des Produktionspotentials resultieren würden. Sie werden im folgenden als **Emissionspotential** bezeichnet. Bei seiner Abschätzung würde man allenfalls die am Anfang des Beobachtungszeitraums üblicherweise bereits durchgesetzte Vermeidungstechnik berücksichtigen. Von diesem Emissionspotential und seiner Ausnutzung ist bspw. implizit die Rede, wenn von konjunkturabhängigen Schwankungen der Emission gesprochen wird oder wenn die Strukturänderung hin zu einem größeren Anteil an Dienstleistungen im Wege einer Status-quo-Prognose umweltpolitisch analysiert wird.

Zum anderen bestimmen der Grad der Durchsetzung vorhandener umweltpolitischer Vorschriften und die zukünftigen Änderungen dieser Vorschriften die **tatsächliche Emissionsentwicklung.** Ob bspw. das Emissionspotential beim Übergang in eine Boomphase zur aktuellen Emission wird, hängt dann u. a. davon ab, inwieweit unter dem Druck der Entwicklung Vollzugsdefizite abgebaut und neue Vorschriften erlassen werden oder nicht.

Insbesondere für die Prognose von Emissionsentwicklungen ist diese Unterscheidung wichtig, da sich in einer später vielleicht vorhandenen Zeitreihe der Emittentenstruktur jeweils beide Elemente widerspiegeln, deren Einfluß aber beim Übergang zur Prognose sorgfältig zu trennen ist.

263. Während für die Entwicklung der Vorschriften und ihrer Durchsetzung politische Gesichtspunkte entscheidend sind, kann man für die Entwicklung des Emissionspotentials exogene Einflüsse analysieren. Als generelle Einflußgrößen werden hier zunächst Änderungen der Wirtschafts- und Sozialstruktur betrachtet und daraufhin analysiert, wieweit sich Schlüsse auf die Emissionsentwicklung nach Emittentengruppen ziehen lassen.

Dabei kommt der Sozialstruktur im Vergleich mit der Wirtschaftsstruktur eine geringere Bedeutung in bezug auf die Emissionsentwicklung zu. Es muß jedoch betont werden, daß Produktions- und Konsumaktivitäten nicht voneinander zu trennen sind und soziodemographische Faktoren von daher einen nicht unerheblichen Einfluß auf die Produktionstätigkeit ausüben. Steigende Umweltbeeinträchtigungen werden insbesondere durch eine zunehmende Verstädterung, die Zunahme des Verkehrsaufkommens und vermehrte Freizeitaktivitäten hervorgerufen. Hingegen kommt der Bevölkerungsentwicklung allenfalls über die Haushalts- und Altersstrukturveränderungen eine gewisse Bedeutung für die Umweltbelastungen in der Bundesrepublik zu.

Die größten Einflüsse auf die Umweltsituation eines Landes gehen von seiner Wirtschaftsstruktur und ihren Veränderungen aus. Relevant für die Emissionssituation sind dabei das Wirtschaftswachstum und strukturelle sowie technologische Veränderungen innerhalb der Volkswirtschaft. Bei der Analyse dieser Einflußgrößen muß nach Wirtschaftsbereichen differenziert werden, da in ihrer Einzelentwicklung deutliche Unterschiede bestehen. Aus diesem Grunde sind Grobstrukturierungen der Emittentengruppen, wie in Abbildung 1.5.1 am Beispiel ausgewählter Schadstoffe aufgezeigt, zwar zur Darstellung der Gesamt-

Abbildung 1.5.1

Entwicklung der Emission ausgewählter Schadstoffe nach Emittentengruppen in der Bundesrepublik Deutschland 1966–1984

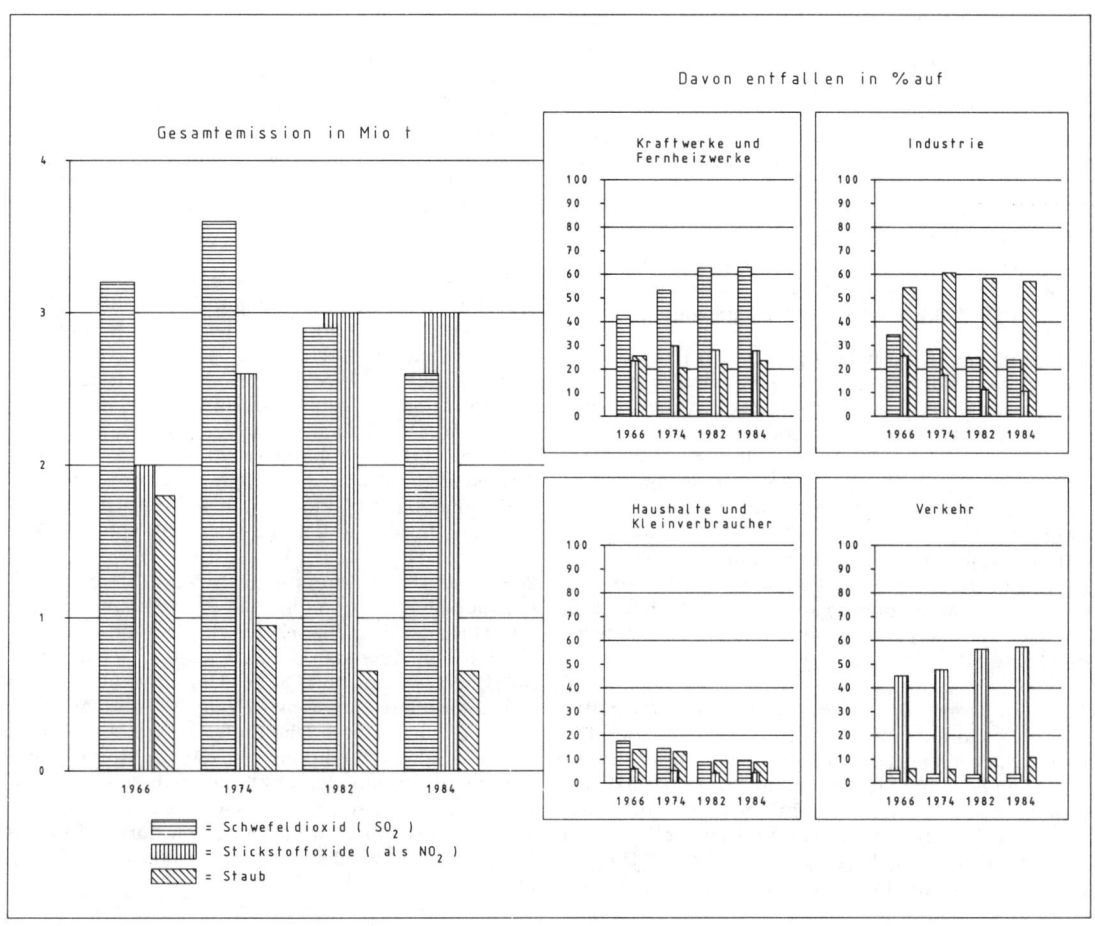

Quelle: Statistisches Bundesamt 1987d, nach UBA 1986a

emissionsentwicklung und zur Erörterung umfassender umweltpolitischer Strategien geeignet. Als Ansatzpunkt für spezifische umweltpolitische Maßnahmen sind sie aber kaum noch verwendbar.

Vielmehr müssen für solche Zwecke zum einen innerhalb der Emittentengruppen die besonders emissionsintensiven herausgefiltert werden können. Zum anderen muß angesichts der Tatsache, daß zwar die Problematik der Massenschadstoffe, wie etwa im Bereich Luft SO_2, NO_x und Staub, erkannt ist und seit langem angegangen wird, die Entstehung und die Beseitigungsmöglichkeit neuer Schadstoffe aber noch weitgehend unerforscht sind, die Untergliederung der Emittentengruppen nach Möglichkeit systematisch so tief erfolgen, daß die emissionsrelevanten Wirtschafts- und Produktionsprozesse sowohl prognose- als auch politikbezogen dargestellt werden können (Abschn. 1.5.3).

1.5.2.1.2 Wirtschaftliche Aktivität und Umweltbelastung

1.5.2.1.2.1 Einflüsse aus Wirtschaftswachstum und -struktur

264. In der Diskussion um gesamtwirtschaftliches Wachstum und Umweltbelastung wird häufig unterstellt, daß ein bestimmtes wirtschaftliches Wachstum zwangsläufig zu einer entsprechenden Erhöhung der Emissionen führen wird. „Nullwachstum" erscheint in dieser Sicht dann als einzige Lösung. Einer solchen Auffassung muß einerseits durch Verweis auf die Möglichkeiten einer erfolgreichen Umweltpolitik, vor allem aber durch den Hinweis entgegengetreten werden, daß eine Emissionserhöhung nur dann eintritt, wenn mit dem Wachstumsprozeß weder umweltentlastende strukturelle Verschiebungen noch technologische Fortentwicklungen einhergehen. Aus verschiedenen Gründen läßt sich für die Zukunft erwarten, daß auch bei wirtschaftlichem Wachstum eine Verminderung der Schadstoffemissionen eintreten wird.

265. Zum einen dürfte das gestiegene Umweltbewußtsein der Bevölkerung (Abschn. 1.2.2), wenn es sich nicht abschwächt, zu einer Nachfrageerhöhung bei umweltfreundlichen Produkten führen und damit gleichzeitig einen Anreiz für die Unternehmen bieten, die entsprechende Produktion auszudehnen. Zum anderen kann wirtschaftliches Wachstum eine schnellere technologische Entwicklung zur Folge haben, so daß u. U. von der Angebotsseite her eine beschleunigte Substituierung umweltschädlicher Produkte und Verfahren erfolgt (ISI, 1986). In diesem Zusammenhang wird auch der Einfluß wichtig, der von der Gesetzgebung auf eine mögliche Beschleunigung dieser Prozesse ausgeht. Aussagen zum Einfluß der umweltpolitischen Maßnahmen auf die Emissionen finden sich in den Teilen des Gutachtens zu den einzelnen Umweltbereichen (Kap. 2.1–2.6) und werden im folgenden nur beispielhaft herangezogen.

266. Von größerem umweltpolitischen Interesse als diese gesamthaft gesehene vergangene und zukünftige Entwicklung der wirtschaftlichen Aktivität sind aber die strukturellen Änderungen der einzelnen Sektoren und Bereiche der Wirtschaft, weil von ihnen stark unterschiedliche Umweltwirkungen ausgehen (zum Thema ‚Strukturwandel und Umweltschutz' siehe: ISI, 1986; RWI, 1987; HWWA, 1986a). Diese differenzierte Betrachtung steht daher am folgenden im Vordergrund. Sie macht zugleich das Erfordernis einer nach Emittentengruppen (Wirtschaftsbereichen und -zweigen usf.) tief gegliederten Emissionsstatistik deutlich.

267. Aussagen über die zu erwartende wirtschaftliche Entwicklung und den Strukturwandel berufen sich vielfach auf die Drei-Sektoren-Hypothese, die vor allem von FOURASTIÉ (1954) und CLARK (1957) aufgestellt wurde, wobei sich ihre Sektoreneinteilung nicht mit den „Sektoren" der Volkswirtschaftlichen Gesamtrechnung deckt (s. Abschn. 1.5.3.1.2). Die Zuordnung zu den Sektoren ist in der Literatur nicht einheitlich; im folgenden wird davon ausgegangen, daß der primäre Sektor aus der Land- und Forstwirtschaft, der sekundäre Sektor aus dem Warenproduzierenden Gewerbe und der tertiäre Sektor aus den übrigen Bereichen, also u. a. auch den privaten Haushalten, besteht (s. Tab. 1.5.1).

Die Drei-Sektoren-Hypothese besagt, daß der primäre Sektor einem ständigen Schrumpfungsprozeß unterliege und Arbeitskräfte an andere Wirtschaftsbereiche abgebe. Der sekundäre Sektor werde zunächst eine Zunahme aufweisen, dann aber ebenfalls schrumpfen. Der tertiäre Sektor hingegen könne seinen Anteil kontinuierlich und langfristig erheblich erhöhen.

268. Wenn man diese Prognose mit der in der Bundesrepublik Deutschland eingetretenen Entwicklung vergleicht, läßt sich der vorhergesagte wirtschaftliche Strukturwandel durchaus bestätigen (vgl. etwa HWWA, 1984; HWWA, 1986b; POSTLEP, 1982). Auch die Projektionen bis zum Jahr 2000 bestätigen für verschiedene Wachstumsvarianten (+1%, +2,5%, +3% p. a.) den säkularen Trend des Rückgangs der Anteile an der Bruttowertschöpfung für den primären und sekundären Sektor und einer entsprechenden Zunahme für den tertiären Sektor (vgl. Tab. 1.5.1).

269. Die Drei-Sektoren-Hypothese trifft allerdings nur globale Aussagen über die Entwicklung der Anteilswerte der drei Wirtschaftssektoren und ist in dieser Form für Aussagen zur Entwicklung der Umweltbelastung wenig brauchbar. Um umweltrelevante — insbesondere emissionsrelevante — Aussagen treffen zu können, müssen die Entwicklung des Outputs, also der realen Produktions- und die Strukturverschiebungen innerhalb der Sektoren, d. h. für einzelne Wirtschaftsbereiche und -zweige, näher untersucht werden. Deshalb wird im folgenden kurz auf einige Tendenzen der Wachstums- und Strukturentwicklung eingegangen.

Tabelle 1.5.1

Bruttowertschöpfung 1960 bis 2000 (in Preisen von 1976)

— Anteile in % —

	1960	1970	1980	Basisjahr 1982	1984	Untere Variante 1990	Untere Variante 2000	Mittlere Variante 1990	Mittlere Variante 2000	Obere Variante 1990	Obere Variante 2000
Primärer Sektor	4,5	3,3	2,6	3,1	3,0	2,7	2,4	2,6	2,1	2,6	2,1
Sekundärer Sektor	46,3	48,3	44,6	42,5	42,7	41,0	38,9	41,5	39,0	41,7	40,0
Tertiärer Sektor	49,1	48,5	52,6	54,2	54,2	56,4	58,9	56,0	58,9	55,7	57,8
Insgesamt	100,0	100,0	100,0	100,0	100,0	100,0	100,0	100,0	100,0	100,0	100,0

Abweichungen in den Summen durch Runden der Zahlen

Primärer Sektor = Land- und Forstwirtschaft
Sekundärer Sektor = Energie- und Wasserversorgung, Bergbau, Verarbeitendes Gewerbe, Baugewerbe
Tertiärer Sektor = Handel, Verkehr und Nachrichtenübermittlung, Kreditinstitute und Versicherungsgewerbe, übrige private Dienstleistungen, Staat, Organisationen ohne Erwerbscharakter, private Haushalte

Quelle: HOFER und SCHNUR, 1986

— *Entwicklung im primären Sektor* —

270. Die Landwirtschaft unterlag im Laufe der letzten Jahrzehnte einem besonders intensiven Strukturwandel. Ihre umweltpolitische Bedeutung als Emittent bemißt sich nicht an ihrem schrumpfenden Anteil an der volkswirtschaftlichen Bruttowertschöpfung oder gar dem noch stärker gesunkenen Anteil an der Beschäftigung, sondern an ihren gestiegenen Produktionsmengen. Die enorme Produktionssteigerung der Landwirtschaft vollzog sich trotz des starken Rückgangs an Arbeitskräften, deren Anteil an der gesamten Erwerbsbevölkerung 1950 noch bei knapp 25 % lag, heute jedoch schon weniger als 5 % beträgt, und ist auf den erheblich gestiegenen Betriebsmitteleinsatz sowie auf die zunehmende Technisierung zurückzuführen.

Von Bedeutung für die Umweltbelastung durch Schadstoffeinträge ist dabei vor allem die deutliche Einsatzsteigerung von Dünge- und Pflanzenschutzmitteln, die die Produktionssteigerung möglich machte. So stieg beispielsweise der Verbrauch von Stickstoff von 25,6 kg je ha landwirtschaftlich genutzter Fläche im Jahre 1950/51 auf 124,9 kg im Jahre 1985/86 und im gleichen Zeitraum der Verbrauch an Phosphat von 29,6 kg auf 58,8 kg. Der Inlandsabsatz von Pflanzenschutzmitteln insgesamt stieg von 24 415 t im Jahre 1973 auf 31 350 t im Jahre 1983 (1986: 30 000 t). Hierzu und zu anderen Umweltbeeinträchtigungen wie Flächenverbrauch, Biotopgefährdung u. a., die mit der intensivierten Landbewirtschaftung verbunden sind, hat der Rat in seinem Sondergutachten „Umweltprobleme der Landwirtschaft" ausführlich Stellung genommen (SRU, 1985).

271. Der zunehmende Einsatz dieser Produktionsmittel ist nicht mit einer entsprechenden Emissionserhöhung gleichzusetzen, da insbesondere die Nährstoffe nur soweit zu Umweltbelastungen werden, wie sie nicht von der Pflanze aufgenommen oder nur vorübergehend bis zu dieser Aufnahme im Boden gespeichert werden. Das Potential für Emissionen, etwa in den Boden oder das Wasser, steigt jedoch mit der zunehmend intensiven Verwendung, da sie dazu tendiert, die Pflanzenverfügbarkeit zu übersteigen. Daher ist für die Abschätzung des Emissionspotentials der Landwirtschaft der Verbrauch dieser Betriebsmittel in Verbindung mit der Entwicklung der Produktionsmengen, also eine Aussage über die speziellen Intensitäten, wichtiger als die Entwicklung der Produktionsmengen allein.

Wegen der noch kaum vorhandenen umweltpolitischen Restriktionen wird dieses Emissionspotential von der Landwirtschaft — im Gegensatz zu allen anderen Bereichen der Volkswirtschaft — weitgehend ausgefüllt, d. h. für den primären Sektor insgesamt läßt sich somit eine starke tatsächliche Emissionssteigerung feststellen. Ob in Zukunft eine Emissionsminderung erzielt werden kann, hängt zum einen davon ab, ob die Agrarpolitik weiterhin Anreize zur Intensivierung der Landbewirtschaftung setzt, und zum anderen, ob die nationale Agrar- oder Umweltpolitik geeignete Maßnahmen zur Verringerung der Intensivierung ergreift. Da diese Fragestellungen durch den Rat ausführlich in seinem Sondergutachten behandelt wurden, soll hier nicht weiter auf sie eingegangen werden.

— *Umweltbelastungen durch den sekundären Sektor* —

272. Der sekundäre Sektor, der die Energie- und Wasserversorgung, den Bergbau, das Verarbeitende Gewerbe sowie das Baugewerbe umfaßt, birgt aufgrund des Volumens und der Vielfalt der Produktionsprozesse und deren Energie- und Rohstoffintensität die höchsten Belastungspotentiale in sich. Zwar ist, wie in Tabelle 1.5.1 ausgewiesen, sein Anteil an der Bruttowertschöpfung von 1970—1984 von 48,3 % auf 42,7 % gesunken, die reale Produktion hat jedoch im gleichen Zeitraum zugenommen, wobei das Wachstum im Bereich Energieversorgung und Bergbau überdurchschnittlich war.

Da aber das Produzierende Gewerbe im Gegensatz zur Landwirtschaft durch die Umweltpolitik wegen seiner Emissionsintensität zur Durchführung emissionsvermindernder Maßnahmen veranlaßt wurde, hat die erhebliche Produktionsmengensteigerung dieses Sektors nicht in allen Branchen bzw. bei allen Schadstoffen zu einer entsprechenden Zunahme der Umweltbelastung geführt. Es konnten im Gegenteil bei einigen Schadstoffen, z. B. Staub, sogar erhebliche Verbesserungen erzielt werden. Ohne die umweltpolitische Durchsetzung emissionsmindernder Maßnahmen, d. h. bei konstanten Emissionsintensitäten, hätte die Produktionsausdehnung eine z. T. erhebliche Zunahme bei den einzelnen Schadstoffen bedeutet.

273. Um detailliertere Aussagen bezüglich der zukünftigen Entwicklung dieses Emittentensektors treffen zu können, müssen die besonders emissionsrelevanten Branchen identifiziert und näher untersucht werden. Diese befinden sich insbesondere in der Grundstoff- und Produktionsgüterindustrie sowie im Bereich der Energieversorgung. Wenn man als grobe Indikatoren für die Emissionsintensität einer Branche die Schadstoffemission pro DM Wertschöpfung oder den anteilsmäßigen Beitrag zur Schadstoffsumme heranzieht (vgl. etwa Battelle, 1975; HANSSMANN, 1978), lassen sich rückblickend als besonders emissionsintensive Branchen nennen: die Elektrizitätsversorgung, die Mineralölverarbeitung, Chemische Industrie, Gewinnung und Verarbeitung von Steinen und Erden, die Ziehereien, die Gießereien, die Eisen- und Stahlerzeugung sowie die Zellstoff- und Papiererzeugung und -verarbeitung. Zu vergleichbaren Ergebnissen kommen auch Untersuchungen über das Verhältnis des Produktionsanteils zum Schadstoffanteil in einzelnen Branchen (RWI, 1987).

274. Für eine Prognose der Emissionsentwicklung im sekundären Sektor wird man somit zum einen die reale Produktionsentwicklung innerhalb dieser Branchen und zum anderen deren Vermeidungsaktivitäten untersuchen müssen. In beiden Bereichen lassen sich Tendenzen erkennen, die eine Emissionsminderung wahrscheinlich machen. Die Produktion ausgewählter Erzeugnisse (vgl. Tab. 1.5.2) nimmt nicht mehr im gleichen Maße wie in den sechziger und siebziger Jahren zu, sondern hat sich z. T. in den achtziger

Tabelle 1.5.2

Produktion ausgewählter Erzeugnisse 1960 bis 1985
in Mio t

Erzeugnis	1960	1970	1975	1980	1985
Motorenbenzin	5,6	14,1	16,6	21,4	20,4
Zement	24,9	30,3	33,5	34,6	25,8
Roheisen		33,6	30,1	33,9	31,5
Rohstahl	34,1	45,0	40,4	43,8	40,5
Gußeisen	3,7	4,2	3,4	3,4	3,1
Kunststoffe	1,0	4,4	5,1	6,8	7,7
Papier	2,5	4,4	4,4	6,5	7,7
Zellstoffe	0,7	0,8	0,7	0,8	0,8

Quelle: Statistisches Jahrbuch, verschiedene Jahrgänge

Jahren sogar verringert. Entscheidend für die Emissionsentwicklung sind dabei nicht nur die Veränderungen der emissionsintensiven Produktion, die von einzelnen Emissionsfaktoren abhängen, sondern auch Veränderungen der Endnachfrage. Hiermit wird noch einmal der zusätzliche Informationsgehalt von Input-Output-Analysen in diesem Zusammenhang deutlich (Tz. 261). Diese können aufzeigen, inwieweit sich Veränderungen der Endnachfrage, also Nettoexport, Staatsverbrauch oder Konsum, auf die Wirtschaftsstruktur und dabei insbesondere auf emissionsintensive Bereiche auswirken.

Wenn man die vergangenen und zu erwartenden Vermeidungsaktivitäten der oben angeführten Branchen einbezieht, zeigt sich, daß gerade bei ihnen der Anteil der Umweltschutzinvestitionen an den Gesamtinvestitionen besonders hoch ist. Diese Tatsache kann zur Folge haben, daß selbst bei einer realen Produktionssteigerung in den emissionsintensiven Branchen (und damit einem gestiegenen Emissionspotential in der Sicht der Ausgangslage) die tatsächlichen Emissionen nicht in gleichem Maße zunehmen, sondern sogar sinken.

275. Der Zusammenhang zwischen Produktions- und Emissionsentwicklung soll in Tabelle 1.5.3 beispielhaft für den Umweltsektor Luft anhand einiger verfügbarer, allerdings sehr globaler Daten angedeu-

Tabelle 1.5.3

Entwicklung von Produktion, Luftemissionen und Bruttoanlagevermögen für Luftreinhaltung im Bereich Energieversorgung und Verarbeitendes Gewerbe 1974 bis 1982

Jahr	Produktionswert in Preisen von 1980	Emissionen[1]	Bruttoanlagevermögen für Luftreinhaltung in Preisen von 1980
	Mio DM	Mio t/a	Mio DM
1974	1 457 190	7,48	13 090[2]
1978	1 558 880	6,75	15 940
1982	1 567 810	6,13	18 240
	Durchschnittliche jährliche Veränderung in %		
1974/82	+0,9	−2,5	+4,2
1974/78	+1,7	−2,6	+6,8
1978/82	+0,13	−2,4	+3,4

[1] Summe SO_2, NO_x, CO, Staub, org. Verbindungen
[2] Wert für 1975

Quellen: BMI, 1984; Statistisches Bundesamt, 1985; SCHÄFER, 1986; eigene Berechnungen

tet werden. Es zeigt sich, daß im Zeitraum von 1974 bis 1982 die mit der Produktionssteigerung im Bereich Energieversorgung und Verarbeitendes Gewerbe verbundene Erhöhung des Emissionspotentials durch emissionsmindernde Maßnahmen (Anlagen zur Luftreinhaltung) nicht nur kompensiert, sondern weit überkompensiert werden konnte, d. h. die Emissionen der Hauptschadstoffe in die Luft (Summe von SO_2, NO_x, CO, Staub, organische Verbindungen) zurückgegangen sind.

276. Aus solchen Globaldaten lassen sich allerdings nicht mehr als erste Anhaltspunkte ableiten. So ist etwa die vorgenommene Addition der verschiedenen Luftschadstoffe keineswegs zufriedenstellend, weil der ausgewiesene Rückgang vorwiegend von der Staub- und SO_2-Minderung bestimmt ist, während z. B. die organischen Verbindungen zugenommen haben. Ebenfalls problematisch ist die Zusammenfassung der einzelnen Wirtschaftszweige, weil die Entwicklung der Produktion sehr unterschiedlich verlaufen ist. Für die Verbesserung der Aussagekraft derartiger Analysen und die zuverlässige Abschätzung der zukünftigen Emissionsentwicklung ist deshalb die bereits angesprochene stärkere Differenzierung der Daten nach Wirtschaftszweigen und deren spezifischen Emissionen von entscheidender Bedeutung. Wenn man unter diesem Aspekt vor allem die zukünftige Entwicklung der besonders emissionsintensiven Branchen untersucht, lassen sich folgende Tendenzen vermuten:

Die Entwicklung im Bereich der Energieversorgung ist von einem im Vergleich zur Gesamtwirtschaft unterproportionalen Wachstum gekennzeichnet. Die geringe Zunahme bzw. der Rückgang des Energieverbrauchs geht sowohl auf das geringe Nachfragewachstum bei der Industrie als auch bei den Haushalten, z. B. durch verstärkten Einsatz energiesparender Technologien, zurück (vgl. auch Abschn. 1.5.2.2.2).

In der chemischen Industrie wird die Produktionsentwicklung generell von den auch zukünftig zu erwartenden scharfen gesetzlichen Auflagen zur Schonung der Umweltgüter beeinflußt werden. Verändertes Nachfrageverhalten durch steigendes Umweltbewußtsein der Käufer kann in bestimmten Produktbereichen, z. B. Düngemittel, Pflanzenschutzmittel oder Waschmittel, zu Produktionsrückgängen und in anderen umweltverträglicheren Bereichen zu Produktionserhöhungen führen. Außerdem wird die Entwicklung von technologischen Innovationen (z. B. Gen- und Biotechnologie) vom Einsatz moderner, automatisierter und flexibler Produktionsanlagen beeinflußt werden, die es zugleich erlauben dürften, im Wege des integrierten Umweltschutzes die spezifischen Emissionen zu senken.

In der Mineralölverarbeitung wird die Produktion auch weiterhin vom Rückgang des spezifischen Mineralölverbrauchs in der Industrie, im Verkehr und in der Wärmeversorgung geprägt werden.

In der Eisen- und Stahlindustrie wird mit einer zunehmenden Verlagerung von Produktionsstätten (insbesondere bei Neuanlagen) für Standarderzeugnisse in andere Länder zu rechnen sein. Im Inland wird sich die Produktion auf höherwertige Produkte, die in wenigen modernen Großbetrieben hergestellt werden, konzentrieren.

277. Insgesamt läßt sich aus den Beispielen ableiten, daß in diesen Bereichen mit einer gewissen Entspannung, jedenfalls nicht mit einer Verschärfung der Emissionssituation gerechnet werden kann. Jedoch sollte mit verstärkter Aufmerksamkeit beobachtet werden, ob mit den Strukturverschiebungen von den klassischen emissionsintensiven Sektoren der Grundstoffindustrie hin zu bestimmten Wachstumsbranchen der Investitionsgüterindustrie (z. B. EDV-Anlagen, Elektrotechnik, Luft- und Raumfahrzeugbau) sowie mit der Einführung „intelligenterer" Technologien in allen Bereichen nicht wiederum neue Emissionsprobleme entstehen.

278. Weitere Umweltprobleme durch das Produzierende Gewerbe werden aufgrund des hohen Abfallaufkommens hervorgerufen. An dieser Stelle wird deutlich, daß eine nicht zu enge Bestimmung des Emissionsbegriffs gewählt werden sollte (Tz. 316f.). So wäre nach einer engen Emissionsdefinition eine geordnete Deponierung nicht als Emission zu zählen; es könnten sich allenfalls später neue Erkenntnisse über mögliche Schadwirkungen ergeben. Auch ist der Differenzierung nach Abfallarten in einer Emittentenstatistik besonderes Augenmerk zu widmen. Wenn man unter diesem Gesichtspunkt die Abfallstatistik untersucht, fällt auf, daß gut die Hälfte des anfallenden Abfallaufkommens im Produzierenden Gewerbe aus Bauschutt und Bodenaushub besteht. Diese Abfallarten sind unter umweltbezogenen Gesichtspunkten qualitativ weniger relevant, aber wegen ihrer großen Mengen zu beachten. Das gleiche gilt im Verarbeitenden Gewerbe für den Bergbau und seinen Abraum. Daher konzentriert sich das Interesse auf das Verarbeitende Gewerbe und insbesondere auf seine produktionsspezifischen Abfälle.

Tabelle 1.5.4 zeigt demgemäß die wichtigsten Abfallerzeuger im Verarbeitenden Gewerbe. Dabei fällt auf, daß die Entwicklung dieses Abfallaufkommens in etwa stagniert. Während die Mengen bis 1980 noch anstiegen, haben sie seitdem wieder eine rückläufige Tendenz. Die gegenwärtige wirtschaftliche Entwicklung und verstärkte Bemühungen, im Produktionsprozeß Abfälle zu vermeiden und Reststoffe zu nutzen, dürften auch in den folgenden Jahren zu keinen nennenswerten Steigerungen der Abfallmengen führen (SPIES, 1985). Verstärkte Aufmerksamkeit ist dagegen auf die Rückstände aus den Abwasser- und Abluftreinigungsanlagen zu richten, die in den letzten Jahren zugenommen haben und deren Beseitigung bzw. Behandlung aufgrund des Gehalts an Schwermetallen, Fluoriden, Kohlenwasserstoffen und anderen Substanzen mit vermehrten Problemen verbunden ist.

Tabelle 1.5.4

Abfallmengen ohne Bauschutt und Bodenaushub im Verarbeitenden Gewerbe 1977 bis 1982
— in 1 000 t —

Wirtschaftszweig	Jahr	Abfallmenge			
		insgesamt ohne Bauschutt und Bodenaushub	davon		
			Hausmüll, hausmüll- ähnliche Gewerbeabfälle, Sperrmüll	Abfälle aus der Produktion a. n. g. ohne Bauschutt u. Bodenaushub	Klärschlämme, Schlämme aus der Abwasser- reinigung (Trocken- substanz)
Verarbeitendes Gewerbe insgesamt .	1977	31 724	5 285	25 180	1 259
	1980	33 739	4 970	27 626	1 143
	1982	30 539	4 656	24 806	1 078
davon					
— Chemische Industrie	1977	6 125	458	5 327	341
	1980	8 814	514	7 922	379
	1982	8 270	520	7 479	271
— Eisenschaffende Industrie, Gießerei	1977	6 418	300	5 958	160
	1980	6 016	211	5 694	112
	1982	4 943	168	5 696	79
— Gewinnung und Verarbeitung von Steinen und Erden	1977	2 966	136	2 713	117
	1980	4 117	124	3 588	138
	1982	3 833	129	3 559	144
— Zuckerindustrie	1977	2 366	9	2 045	313
	1980	1 761	13	1 676	76
	1982	1 775	15	1 600	160
— Maschinenbau	1977	1 391	487	899	5
	1980	1 421	512	903	6
	1982	1 211	461	745	5
— Straßenfahrzeugbau	1977	1 043	416	611	17
	1980	1 123	446	662	14
	1982	1 158	450	692	15

Quelle: SPIES, 1985

— *Entwicklung im tertiären Sektor* —

279. Wenn man im Vergleich der drei Sektoren argumentiert, so wird allgemein davon ausgegangen, daß die direkte Umweltbelastung, die mit der Produktion von Dienstleistungen unmittelbar verbunden ist, deutlich geringer ist als die von der Produktion von Waren im sekundären Sektor ausgehende. Diese Aussage ist insofern umweltpolitisch von großem Gewicht, als gerade für die Bundesrepublik eine nochmalige deutliche Zunahme des Dienstleistungssektors prognostiziert wird (vgl. Tab. 1.5.1). Zu einem Teil kann sie, zumindest in einigen Bereichen (etwa Verkehr und Nachrichtenübermittlung), auf die Entwicklung im sekundären Sektor zurückgeführt werden.

280. Es fragt sich aber, ob mit der Umschichtung der Volkswirtschaft zu einem höheren Anteil des tertiären Sektors nicht mittelbare Umweltbelastungen einhergehen. Zu mittelbaren Wirkungen jeglicher Wirtschaftstätigkeit auf die Umwelt, die also nicht mit der Produktion selbst verbunden sind, kann man etwa die Erzeugung zusätzlicher Verkehrsbewegungen, den Flächenverbrauch, einen umweltpolitisch ungünstigen Effekt auf die Siedlungsstruktur, aber auch Rückwirkungen auf vorgelagerte Sektoren und Bereiche der Wirtschaft ansehen.

Zusätzliche Verkehrsbewegungen sind nicht zu vermuten, weil Beschäftigte im tertiären Sektor kein anderes Pendelverhalten oder Fahrverhalten im Freizeitbereich aufweisen als Beschäftigte im sekundären Sektor. Die Frage ist aber, ob die Zunahme des Dienstleistungssektors nicht einen höheren Grad der Ballung von Bevölkerung und Arbeitsplätzen mit sich bringt, der einen negativen Einfluß auf die Umweltqualität ausüben kann und daher näher untersucht werden sollte. Die stärker dezentrale Orientierung der sekundären Produktion, die wegen ihrer Emissionen, aber genauso wegen des Flächenbedarfs zunehmend auch die Randlage von Ballungsgebieten bevorzugt, hätte nämlich für sich genommen Entlastungseffekte für Ballungsräume zur Folge, erhöht allerdings außerhalb der Ballungskerne den Flächenverbrauch. Da die Dienstleistungen jedoch verstärkt in die großen Ballungsgebiete drängen, müßten die Umwelteffekte, die einem höheren Ballungsgrad zugeschrieben werden, insofern zumindest zu einem Teil der Zunahme des Dienstleistungssektors zugesprochen werden.

281. Als weiteres Kriterium für indirekte Umwelteinwirkungen eines Sektors kann die Struktur derjenigen Vorleistungen (Lieferungen und Leistungen an ein Unternehmen) dienen, die ein Sektor oder eine Branche durch seine vermehrte Wirtschaftstätigkeit in einem anderen Sektor auslöst.

Einige Dienstleistungsbereiche, wie etwa Kreditinstitute und Versicherungen, der Bereich Bildung, Wissenschaft, Kultur, das Verlagsgewerbe oder das Beratungswesen, lösen z. B. durch den verstärkten Einsatz der modernen Informationstechnik Rückwirkungen auf den sekundären Sektor in zweifacher Form aus. Zum einen beziehen sie Vorleistungen aus traditionell emissionsintensiven Produktbereichen wie der Papierindustrie. Zum anderen induzieren sie neue Produktionen, die ihrerseits neuartige Emissionsprobleme nach sich ziehen können. Als Beispiel wird auf die als besonders „sauber" geltende Computerindustrie verwiesen. Dieses Image beruht weitgehend auf den dort anzutreffenden Arbeitsplatzbedingungen (saubere, klimatisierte und staubfreie Arbeitsräume) und den nicht vorhandenen klassischen Emissionsquellen in Form von Kaminen oder Abwässerkanälen. Zur Herstellung von Computerchips werden jedoch chemische Stoffe mit einem relativ hohen Umweltgefährdungspotential eingesetzt. Daß insbesondere die mit dem Transport und der Lagerung dieser Stoffe verbundenen Gefahren nicht unterschätzt werden dürfen, zeigte vor wenigen Jahren das Beispiel der Boden- und Grundwasserkontaminationen in Kalifornien.

Beim Übergang zu einem höheren Anteil tertiärer Arbeitsplätze ist also zu vergleichen, welche Änderung in der Vorleistungsstruktur sich ergibt, wenn ein zusätzlicher durchschnittlicher tertiärer Arbeitsplatz neben oder an die Stelle eines durchschnittlichen sekundären Arbeitsplatzes tritt. Hier ist eine höhere Emissionstätigkeit bei den Vorleistungen für den sekundären Arbeitsplatz und damit ein weiterer Entlastungseffekt beim Übergang zu mehr Dienstleistungen zu vermuten, bedarf aber sicherlich der genaueren Untersuchung.

282. Besondere Aufmerksamkeit verdienen unter umweltpolitischen Gesichtspunkten im tertiären Sektor auch die sog. „sonstigen Dienstleistungen", weniger weil sie insgesamt zugenommen haben, sondern weil zu ihnen, was bei ihrer gesamthaften Betrachtung leicht übersehen wird, besonders emissionsintensive Emittentengruppen gehören. Hierzu zählen etwa Wäschereien und Reinigungen (Emissionen in Luft, Wasser) oder Krankenhäuser (Sonderabfälle). Die Bedeutung solcher Emittenten liegt weniger im mengenmäßigen Schadstoffaufkommen als in ihrem Gefährdungspotential, so daß hier zweifellos eine besondere Aufgabe bei der langfristigen Erfassung der Emittentenstruktur besteht. Die Aufgabe liegt zunächst in der richtigen Abgrenzung, also darin, im Bereich der Dienstleistungen die emissionsintensiven Dienstleistungen gesondert auszuweisen. Hinzu tritt aber ein Erfassungsproblem. Diese Wirtschaftsbereiche sind vielfach durch eine kleinbetriebliche Struktur gekennzeichnet, so daß die Gefahr groß ist, bei einer statistischen Abschneidegrenze nach der Beschäftigtenzahl die Bedeutung solcher emissionsintensiven Ausschnitte des tertiären Sektors zu unterschätzen.

283. Generell kann man sagen, daß der Umweltrelevanz des Übergangs vom sekundären zum tertiären Sektor größere Aufmerksamkeit gewidmet werden muß. Per saldo dürfte sich wohl eher ein Entlastungseffekt für die Umwelt ergeben und zwar sowohl im Bereich der direkten als auch der indirekten Wirkung. Ob sich ein solcher entlastender Effekt tatsächlich ergibt, könnte durch eine Emittentenstruktur-Darstellung gezeigt werden (RWI, 1987).

1.5.2.1.2.2 Technologische Einflüsse

284. Neben dem wirtschaftlichen Wachstum und dem Strukturwandel spielt die technologische Entwicklung bei den Produktionsprozessen und auf dem Gebiet der Emissionsminderung eine bedeutende Rolle für die Emissionsentwicklung. Sie ist in erster Linie dafür verantwortlich, daß mit dem wirtschaftlichen Wachstum keine entsprechende vermehrte Emission einhergeht.

Diese technologische Entwicklung ist nicht nur von der Eigeninitiative der Unternehmen abhängig, sondern in starkem Maße auch von anderen Faktoren. Von Bedeutung für die Geschwindigkeit des technologischen Fortschritts auf diesem Gebiet wird u. a. sein, wie hoch die betriebswirtschaftlichen Anreize für die Unternehmer sind, umweltschonende Techniken einzusetzen oder zu entwickeln. Während es für nachgeschaltete Technologien keinen Anreiz gibt und ihr Einsatz somit von gesetzgeberischen Initiativen bestimmt wird (ISI, 1986), hängt die Installierung integrierter Produktionsverfahren auch stark von ökonomischen Faktoren ab.

So dürften z. B. Preissteigerungen bei Rohstoffen oder Energieträgern zu Technologien führen, die eine Einsparung dieser Produktionsfaktoren mit sich bringen, wodurch gleichzeitig eine Umweltentlastung herbeigeführt wird. Außerdem sind im Rahmen integrierter Produktionsverfahren durchaus Produktivitätsverbesserungen möglich, während nachgeschaltete Maßnahmen lediglich den Kapitalstock erhöhen.

285. Insgesamt läßt sich also festhalten, daß die mit der wirtschaftlichen Entwicklung zusammenhängende Emissionsentwicklung nicht nur durch wachstumsbezogene, sondern auch durch strukturelle und technologische Einflüsse bedingt wird. Gerade die unter Umweltaspekten positive Entwicklung bei den letzten beiden Einflußgrößen läßt auch für die Zukunft eine Emissionsverringerung erwarten.

1.5.2.1.3 Einflüsse aus der Sozialstruktur

286. Zu einer vollständigen Erfassung der Emittentengruppen müssen neben den Unternehmen und dem Staat selbst auch die privaten Haushalte berücksichtigt und hinsichtlich ihrer Emissionen untersucht werden. Die zunehmenden Umweltbelastungen durch diesen Bereich werden weniger durch wachsende Bevölkerungszahlen als vielmehr durch Änderungen in der Sozial- und Siedlungsstruktur und in den Gewohnheiten der Bürger hervorgerufen. Indirekt lassen sich diese Effekte insbesondere durch steigende Einkommen und damit gestiegene Ansprüche ausdrücken und erklären.

287. Direkte Umweltbelastungen durch die privaten Haushalte treten vor allem bei folgenden Aktivitäten auf:

— Brennstoffverbrauch,

— Kraftfahrzeugbetrieb,

— Konsum bzw. Verwendung von Ge- und Verbrauchsgütern und

— Freizeit- und Erholungsaktivitäten.

Im Bereich des Wohnens werden Umweltprobleme insbesondere durch die Hausfeuerungsanlagen erzeugt (Tz. 1917 ff.). Während die gestiegene Wohnraumnachfrage zu einer Erhöhung des Emissionspotentials führt, bewirkte vor allem der Rückgang der Kohle, die Umstellung auf flüssige und gasförmige Brennstoffe sowie die Entschwefelung des leichten Heizöls eine effektive Emissionsverminderung bei den meisten Schadstoffen. Die weitere Entwicklung dürfte vor allem vom technischen Fortschritt abhängen.

Beim Energieverbrauch treten die privaten Haushalte nicht nur als direkte Emittenten auf, sondern führen mit ihrem steigenden Energieverbrauch (Tz. 1856) auch zu einem zunehmenden Einsatz von Primärenergie in der Energiewirtschaft mit ihren Emissionen (Abschn. 3.2.1.2, 3.2.2). Neben dem Bedarf etwa an Elektrizität im Heizungsbereich tritt der erhöhte private Energieverbrauch für größere langlebige Gebrauchsgüter, der ebenfalls eine Folge der gestiegenen Einkommen ist. Der Energieverbrauch der privaten Haushalte wäre noch um einiges höher, wenn dort die Energieproduktivität nicht erhöht worden wäre.

Das Verkehrsaufkommen, das den privaten Haushalten zugerechnet werden kann, hat sich insbesondere durch die Einkommenssteigerung und durch siedlungsstrukturelle Entwicklungen (vor allem durch zunehmenden Umzug in das Umland der Kernstädte) deutlich erhöht. Dieser Anstieg ist nicht nur auf die wachsende Nutzung des Personenkraftwagens im Berufsverkehr zurückzuführen, sondern auch auf die Steigerung des Individualverkehrs im Urlaubs- und Freizeitbereich. Eine weitere Zunahme des Individualverkehrs ist langfristig nicht auszuschließen, wenn die zahlreich vorhandenen Wünsche nach Wohnen im Grünen im Zuge weiterer Einkommenssteigerungen befriedigt werden können (Abschn. 3.3.2.2).

Durch Verwendung und Konsum von Ge- und Verbrauchsgütern werden vor allem Abfallprobleme, insbesondere durch den zunehmenden Gehalt an Chemikalien im Hausmüll, aber auch durch die anfallenden Hausmüllmengen, hervorgerufen. Die durch die öffentliche Abfallbeseitigung eingesammelte Menge an Hausmüll, hausmüllähnlichen Gewerbeabfällen und Sperrmüll hat sich seit 1975 nicht erheblich verändert, seit 1980 etwas vermindert. Unter umweltbezogenen Gesichtspunkten interessiert vor allem die Entwicklung bei den besonders emissionsrelevanten Abfällen, wie Haushaltschemikalien oder schwer behandelbaren Verpackungen, doch liegen hierfür keine differenzierten Werte vor. Vor allem ist auf die Zunahme von Haushaltschemikalien hinzuweisen, zu denen zum einen die Reinigungsmittel, Desinfektions- und Pflanzenschutzmittel sowie die Arzneimittel und zum anderen die Heimwerkermaterialien (Öle, Lösungsmittel, Farben, Lacke usf.) gehören (vgl. SRU, 1987). Während die Entstehung von Haushaltschemikalien mit Hilfe von Produktionsstatistiken in etwa erfaßbar wäre, sind die im Hausmüll enthaltenen Mengen nur schwer abzuschätzen.

288. Es ist zu vermuten, daß die gesamte Umweltbelastung durch die privaten Haushalte nicht die gleiche Belastung erreicht wie die Belastung durch das Produzierende Gewerbe. Ob diese Vermutung aber zutrifft und wie ein nach Stoffen differenzierter Vergleich ausfällt, muß überprüft werden. Bisher ist dieser Bereich, nicht zuletzt wohl aufgrund der vielen Einzelemissionen, statistisch jedenfalls zu wenig erfaßt, und muß daher im Rahmen einer Emittentendarstellung gesondert aufgeführt und in seiner Entwicklung verfolgt werden.

1.5.2.2 Beispiele für erforderliche zusätzliche Emittentengruppierungen

289. In der Darstellung der Systematik der Emittenten (Abschn. 1.5.3.1.2) wird begrundet, warum eine Anlehnung an die institutionelle Gliederung der Wirtschaftsbereiche unabdingbar ist und darauf hingewiesen, daß damit, jedenfalls teilweise, die Disaggregierung einiger bisher verwendeter globaler Emittentenbereiche (z. B. Energie, Verkehr, Privathaushalte und Kleinverbraucher) verbunden ist. Um zu vermeiden, daß dadurch die kontinuierliche Beobachtung der Emissionsentwicklung speziell interessierender Bereiche unterbrochen würde, muß vorgesehen werden, daß eine gesonderte Zusammenfassung einzelner Emittentengruppen weiterhin möglich ist. Als Beispiele werden im folgenden die Bereiche Verkehr und Energie erörtert, die an dieser Stelle also bewußt nicht den einzelnen Wirtschaftsbereichen oder Branchen zugeordnet werden.

1.5.2.2.1 Emittentenbereich Verkehr

290. Der Verkehr erscheint im Rahmen der Gliederung nach Wirtschaftsbereichen als selbständiger Bereich im tertiären Sektor. Dort sind aber nur die Verkehrsunternehmen erfaßt, also Eisenbahnen, gewerblicher Straßenverkehr, Schiffs- und Luftverkehr. Andere Verkehrsarten, z. B. der Werksverkehr und der Individualverkehr sind nicht enthalten (vgl. Tab. 1.5.9). Bei der Darstellung einer Emittentenstruktur muß der Verkehr aber vollständig erfaßt und dann den verantwortlichen Emittenten zugeordnet werden, d. h. der Werksverkehr vornehmlich dem sekundären Sektor, der Individualverkehr dem tertiären Sektor, insbesondere den privaten Haushalten.

291. Die Zunahme der Verkehrsleistung hängt von einer Vielzahl von Bestimmungsgrößen ab. Während der wachsende Güterverkehr vor allem eine Folge des wirtschaftlichen Wachstums ist, dürfte die Entwicklung des Personenverkehrs hauptsächlich auf die Veränderung der Bevölkerungsstruktur, siedlungsstrukturelle Änderungen und die damit zusammenhängende Zunahme der kleinräumigen Mobilität zurückzuführen sein. Im folgenden sollen einige unter Emissionsgesichtspunkten interessierende Entwicklungen des Personen- und Güterverkehrs kurz aufgezeigt werden (weitergehende Ausführungen finden sich im Kap. 3.3).

Die expansive Verkehrsentwicklung, Verschiebungen zwischen den Verkehrsträgern und z. T. auch bestimmte motorische Maßnahmen (z. B. höhere Verdichtung) haben insgesamt zu einem Anstieg der verkehrsbedingten Luftschadstoffe geführt (vgl. Tz. 2240ff.). Wie Tabelle 1.5.5 zeigt, haben seit 1966 vor allem die Stickstoffoxide und die organischen Verbindungen zugenommen, während die SO_2-Emissionen rückläufig sind.

292. Bei den Bemühungen, dieser Entwicklung gezielt entgegenzuwirken, kommt der differenzierten Analyse der einzelnen Verkehrsteilnehmer und ihrer Schadstoffbeiträge zur Gesamtemission besondere Bedeutung zu.

Der Güterverkehr trägt durch die seit 1966 nahezu verdoppelte Verkehrsleistung (in Tonnenkilometern) und durch umweltrelevante Strukturveränderungen wesentlich zur Schadstoffbelastung bei. Während die Verkehrsleistungsanteile der weniger umweltbelastenden Verkehrsträger Bahn und Binnenschiffahrt stark zurückgegangen sind, hat der besonders umweltbelastende Straßengüterverkehr seinen Anteil von 32% (1960) auf über 50% (1985) ausgeweitet. Tabelle 1.5.6 zeigt, daß die dem Nutzfahrzeugverkehr zuzurechnenden Anteile bei den Partikel-, SO_2- und NO_x-Emissionen erheblich sind. Da in vorliegenden Prognosen von einer weiteren Expansion des Straßengüterverkehrs ausgegangen wird (Tz. 2277), müssen geeignete Mittel gefunden werden, um diesen Trend zu ändern oder wirkungsvolle Emissionsminderungsmaßnahmen bei den Nutzfahrzeugen durchzusetzen (Tz. 2230ff.).

Tabelle 1.5.6

Emissionen des Nutzfahrzeugverkehrs im Jahr 1982 (mit Dieselmotor) und relativer Anteil an den Emissionen des Straßenverkehrs

	kt/a	%
NO_x	460	31
CH	83	13
CO	78	1
SO_2	42	62
Partikel (insgesamt)	50	75

Quelle: UBA, 1986b

Im Personenverkehr hat sich eine ähnliche, unter Umweltgesichtspunkten ungünstige Entwicklung vollzogen. Der Anteil des Individualverkehrs hat weiter zugenommen, während gleichzeitig die weniger emissionsrelevanten Verkehrsträger Bahn und öffentlicher Straßenpersonenverkehr stark abgenommen haben. Diese Entwicklung besitzt besonders für den Pendelverkehr zum Arbeits- und Ausbildungsplatz Gültigkeit (Tab. 1.5.7), trifft aber auch für den Freizeit- und Urlaubsverkehr zu. Auch für die Verkehrsleistungen im Individualverkehr wird, wie bereits erwähnt, eine weitere Zunahme prognostiziert (Tz. 2275f.).

Tabelle 1.5.5

Luftschadstoffemissionen der Emittentengruppe Verkehr in der Bundesrepublik Deutschland 1966 bis 1984

— in 1 000 t —

Schadstoff \ Jahr	1966	1970	1974	1978	1982	1984
Staub	110	78	55	61	67	70
Schwefeldioxid	170	150	130	130	100	96
Stickoxid	880	1 100	1 250	1 600	1 700	1 750
Kohlenmonoxid	4 450	5 950	6 300	6 050	4 300	4 400
Organische Verbindungen	510	670	730	840	800	830

Quelle: nach UBA, 1986a

Tabelle 1.5.7

**Berufs- und Ausbildungspendler[1] —
nach der Art der benutzten Verkehrsmittel[2]**
— in % —

Verkehrsmittel	1961	1970	1982
Öffentliche Verkehrsmittel	44,8	44,1	31,0
davon:			
Eisenbahn	19,6	12,1	6,2
U-Bahn, S-Bahn, Straßenbahn	4,4	2,2	4,4
Kraftomnibus	20,8	29,8	20,4
Personenkraftwagen[3]	15,1	45,9	61,2
Kraftrad, Moped, Mofa	10,7	2,7	2,1
Fahrrad und sonstige Verkehrsmittel	13,3	5,1	3,1
Fußgänger	16,1	2,2	0,7
Ohne Weg u. ä.	—	—	1,9
nachrichtlich: Zahl der Pendler — in 1 000 —	6 840	9 192	10 872

[1] Von und nach außerhalb der Gemeinde
[2] Für die längste Wegstrecke zwischen Wohnung und Arbeitsstätte bzw. Ausbildungsstätte benutztes Verkehrsmittel
[3] Einschließlich Kombinationskraftwagen

Quelle: BMV, 1986

293. Insgesamt wird also das Emissionspotential sowohl im Güter- als auch im Personenverkehr weiterhin zunehmen. Wie sich das tatsächliche Emissionsvolumen entwickeln wird, hängt davon ab, wie die bestehenden Minderungspotetiale in den einzelnen Bereichen durch gezielte Maßnahmen ausgeschöpft werden können (Abschn. 3.3.3.1).

1.5.2.2.2 Emittentenbereich Energie

294. Die Emissionen aus dem komplexen Bereich „Energie" lassen sich, ebenso wie diejenigen aus dem Verkehr, nicht einem der drei oben dargestellten Wirtschaftssektoren allein zuordnen. Zwar liegt der Schwerpunkt von Energieerzeugung und -verbrauch im sekundären Sektor, also in der Energiewirtschaft und Industrie, aber auch dem primären und tertiären Sektor (hier vor allem den Haushalten und Kleinverbrauchern) sind Emissionen zuzurechnen. Deshalb ist es auch hier erforderlich, einerseits die Emissionen den jeweiligen wirtschaftsinstitutionell definierten Emittentengruppen (Abschn. 1.5.3.1.2) zuzuordnen, andererseits aber die Aggregierung zu bisher verwendeten oder auch anderen Gruppen, die etwa von technischen Kriterien oder vom Energiefluß ausgehen, weiterhin zu ermöglichen.

295. Emissionen und strukturelle Eingriffe in die Umwelt treten, wenn auch in unterschiedlichem Maße, auf allen Stufen des Energieflusses, also bei Gewinnung, Aufbereitung, Umwandlung und Endverbrauch, und beim Einsatz aller Energieträger, also feste Brennstoffe, Öl, Gas, Wasserkraft und Kernkraft, auf. Der Primärenergieverbrauch insgesamt hat sich von 1950 (135 Mio t SKE) bis 1985 (385 Mio t SKE) fast verdreifacht. Diese langfristige Entwicklung ist vor allem auf das wirtschaftliche Wachstum, den erhöhten Lebensstandard sowie veränderte Lebensgewohnheiten zurückzuführen. Die Abnahme von 1980 bis 1983 dürfte zum einen Folge der gestiegenen Preise gewesen sein, was zu Einsparungen bzw. intensiver Nutzung der Energieträger führte, und zum anderen auf dem geringeren wirtschaftlichen Wachstum beruhen haben. Seit 1983 ist allerdings wieder eine Zunahme zu beobachten (Abschn. 3.2.1.2.1).

Tabelle 1.5.8 **SO_2- und NO_x-Emissionen nach Emittentengruppen (stationäre Quellen) Bisherige Entwicklung**

	1966		1968		1970		1972	
	kt	%	kt	%	kt	%	kt	%
Schwefeldioxid SO_2								
Stationäre Quellen insgesamt	3 070	100	3 170	100	3 480	100	3 580	100
Kraft- und Fernheizwerke[1]	1 400	45,6	1 500	47,3	1 700	48,9	1 950	54,5
Industrie[2]	1 100	35,8	1 100	34,7	1 150	33,0	1 050	29,3
Haushalte und Kleinverbraucher	570	18,6	570	18,0	630	18,1	580	16,2
Stickstoffoxide NO_x als NO_2								
Stationäre Quellen insgesamt	1 080	100	1 160	100	1 290	100	1 360	100
Kraft- und Fernheizwerke[1]	460	42,6	530	45,7	630	48,9	750	55,1
Industrie[2]	500	46,3	510	44,0	510	39,5	460	33,8
Haushalte und Kleinverbraucher	120	11,1	120	10,3	150	11,6	150	11,1

[1] Einschließlich Industriekraftwerke
[2] Feuerungsanlagen und Produktionsprozesse

Quelle: nach UBA, 1986a und b

296. Bei der Beurteilung der Emissionen aus dem Energiebereich ist auf allen Stufen des Energieflusses nach Energieträgern und -quellen zu unterscheiden. So sind die Umweltprobleme durch die Nutzung der Energieträger Gas und Wasserkraft geringer einzuschätzen als die mit der Nutzung von festen Brennstoffen und Öl verbundenen (vgl. Kap. 3.2).

Die Schwefeldioxidemissionen aus Kraft- und Fernheizwerken, die derzeit den Hauptanteil an der Gesamtemission aus stationären Quellen ausmachen, sind von 1966 bis Mitte der siebziger Jahre kontinuierlich angestiegen, seit 1978 jedoch rückläufig. Nahezu halbiert haben sich seit 1966 die SO_2-Emissionen aus industriellen Feuerungsanlagen und Prozessen, die den zweithöchsten Anteil zur Gesamtemission beitragen. Dagegen haben sich die Stickstoffoxidemissionen aus Kraft- und Fernheizwerken seit 1966 nahezu verdoppelt, steigen aber seit 1980 ebenfalls nicht mehr an (Tab. 1.5.8; Abschn. 3.2.2.2).

297. Die zukünftige Emissionsentwicklung wird vornehmlich von den in den letzten Jahren in Kraft getretenen emissionsmindernden Regelungen bestimmt werden (Abschn. 2.3.3.1; Tz. 766ff.). Wie der Ausblick auf das Jahr 1995 in Tabelle 1.5.8 zeigt, wirken sich diese insbesondere auf den Emissionsbeitrag der Kraftwerke aus. Das führt dazu, daß dann die Emissionen der Industrie und der Haushalte und Kleinverbraucher relativ an Bedeutung gewinnen werden. Aber auch die Entwicklung des Wirtschaftswachstums, strukturelle Veränderungen, Energieeinsparungen und mögliche Preisänderungen müssen berücksichtigt werden. So können gezielte Maßnahmen zur Stromeinsparung insbesondere bei den Haushalten eine Verringerung des Energieeinsatzes und damit der Emissionen aus der Stromerzeugung nach sich ziehen.

298. In den beiden hier gesondert aufgeführten Emittentenbereichen, dem Verkehr und der Energie, wird bei einer umfassenden Darstellung der Emittentenstruktur also zweigleisig zu verfahren sein. Auf der einen Seite wird man in der üblichen Wirtschaftsbereichsgliederung die Verkehrsunternehmen bzw. Energieversorgungsunternehmen als Ausschnitte des tertiären bzw. sekundären Sektors gesondert ausweisen. Auf der anderen Seite wird man die bereits üblichen spezifischen Untergliederungen dieser beiden Emittentenbereiche beibehalten. Im übrigen würde bei einer letztlich anzustrebenden nach „Anlagen" differenzierten Emittentenstruktur je Wirtschaftsbereich (Tz. 258f.) ohnehin die Information so detailliert anfallen, daß beide Aggregationsmöglichkeiten offenstehen.

1.5.2.3 Regionale Wirtschaftsentwicklung und Umweltwirkungen

299. Die wirtschaftliche Entwicklung in der Bundesrepublik Deutschland findet nicht in allen Teilräumen in gleichem Maße statt. Neben dem großräumigen Nord-Süd-Gefälle bestehen Unterschiede in der wirtschaftlichen Dynamik der Ballungskerne, des Ballungsrandes und des ländlichen Raumes (vgl. Kap. 3.4). Die regionalen Unterschiede im Wirtschaftswachstum ergeben sich zum Teil aus dem ursprünglichen Besatz mit Branchen unterschiedlicher Wachstumschancen, zum Teil aber auch aus spezifischen Einflüssen des Regionstyps und sogar der Einzelregion, die u. a. ein günstiges oder ungünstiges Wirtschaftsklima aufweisen kann.

300. Das Ergebnis dieser Einflüsse ist ein regional stark unterschiedlicher Besatz mit den genannten drei Sektoren (Landwirtschaft, Industrie, Dienstleistun-

Tabelle 1.5.8

in der Bundesrepublik Deutschland 1966 bis 1995 und Ausblick

1974		1976		1978		1980		1982		1984		1995	
kt	%	kt	%	kt	%	kt	%	kt	%	kt	%	kt	%
3 530	100	3 420	100	3 290	100	3 100	100	2 780	100	2 530	100	1 100	100
1 950	55,2	1 950	57,0	1 950	59,3	1 900	61,3	1 800	64,8	1 650	65,2	440	40,0
1 050	29,8	960	28,1	900	27,4	870	28,1	720	25,9	630	24,9	460	41,8
530	15,0	510	14,9	440	13,3	330	10,6	260	9,3	250	9,9	200	18,2
1 380	100	1 360	100	1 370	100	1 390	100	1 290	100	1 300	100	660	100
780	56,5	800	58,8	820	59,9	850	61,2	830	64,3	840	64,3	230	34,8
460	33,3	420	30,9	410	29,9	400	28,8	340	26,4	330	26,4	330	50,0
140	10,2	140	10,3	140	10,2	140	10,0	120	9,3	130	10,0	100	15,2

gen) und den ihnen untergeordneten Wirtschaftsbereichen.

Ein Beispiel für den regional unterschiedlichen Besatz ist die Verbreitung von solchen Wirtschaftszweigen im Bergbau und im Verarbeitenden Gewerbe, in denen mit schwermetallhaltigem Material umgegangen wird und Schwermetallemission auftreten können. Abbildung 1.5.2 gibt die kumulative Darstellung der Verbreitung von 25 schwermetallrelevanten Wirtschaftszweigen wieder. Aus der räumlichen Verteilung der Betriebe allein läßt sich zwar noch nicht auf die quantitative Emissionsverteilung schließen, sie bietet aber immerhin eine gewisse Orientierungsgrundlage für regionale Emissionsschwerpunkte.

Als weiteres Beispiel wird auf die regionale Verteilung der Schwefeldioxidemission aus Heizungsanlagen der privaten Haushalte verwiesen. Zwar ist der mittlere Anteil der Emissionen aus den kleinen Feuerungsanlagen an den Gesamtemissionen des Bundesgebietes relativ gering (unter 10%), in den dicht besiedelten Gebieten ist er jedoch deutlich höher (Abb. 1.5.3). Da die Quellhöhe der Kleinfeuerungsanlagen in der Regel gering ist, kann der Immissionsanteil deutlich höher liegen als der Anteil an den Emissionen; er kann in Ballungsgebieten im Jahresmittel über 30% liegen (Bericht der Bundesregierung über Emissionen aus Kleinfeuerungsanlagen, 1986; Tz. 1862, 1919).

Allgemein folgen aus dem regional ungleichen Besatz mit produzierenden und konsumierenden Wirtschaftseinheiten und der damit verbundenen unterschiedlichen Emissionsintensität ein unterschiedliches Emissionsniveau und, was unter regionalem Aspekt besonders wichtig ist, unter Berücksichtigung von Belastungsim- und -export und Selbstreinigungskapazität eine regional differierende Immissionssituation.

Abbildung 1.5.2

Regionale Verteilung ausgewählter schwermetallemittierender Wirtschaftszweige

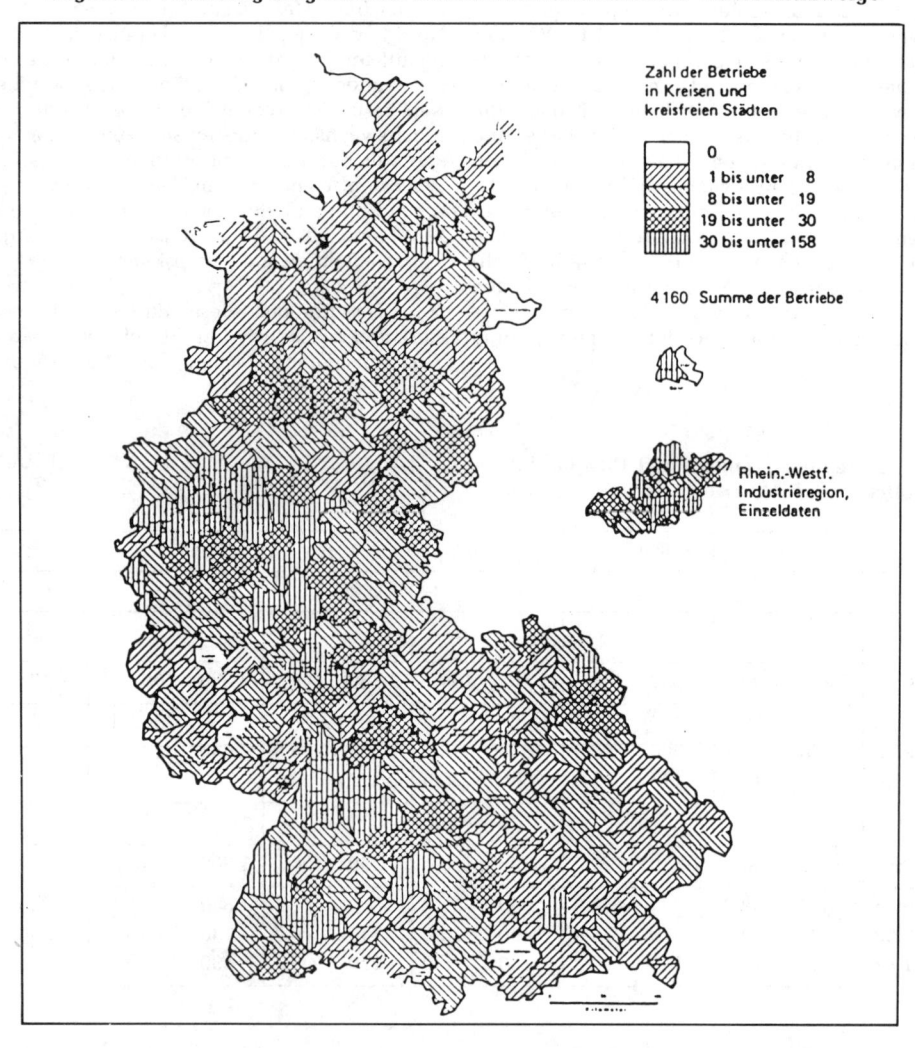

Quelle: VDI, 1984.

Schwefeldioxidemissionen privater Haushalte 1982

Abbildung 1.5.3

Schwefeldioxidemissionen in t

1 000   5 000   10 000

Quelle: Modellrechnung auf der Basis der fortgeschriebenen Gebäude- und Wohnungszählung 1968, 1 %-Wohnungsstichprobe 1978, Mikrozensus-, Ergänzungserhebung 1982 und Angaben aus der Literatur zu spezifischen Wärmebedarfswerten, Nutzungsgraden und Emissionsfaktoren
Grenzen: Kreise 1.1.1981

100 km

Quelle: SCHMITZ, 1985

301. Es wäre mit Blick auf diese regionale Verteilung der Umweltbelastungen eigentlich wünschenswert, die Ermittlung der Emittentenstruktur zugleich auch regional differenziert vorzunehmen. Regionale Einzelermittlungen, beispielsweise für Luftreinhaltepläne, sind hierfür kein Ersatz, da beispielsweise der Rückgang an emittierenden Quellen in der beobachteten Region durch eine Zunahme in anderen Regionen, etwa durch Betriebsverlagerungen oder unternehmensinterne regionale Schwerpunktverlagerung, kompensiert worden sein kann.

Eine solche regionale Differenzierung einer gesamthaft ermittelten Emittentenstruktur kann aber allenfalls ein langfristiges Ziel sein. Es erscheint allerdings insofern erreichbar, als häufig die Ermittlung bundesweiter Emissionen ohnehin auf der Basis regionaler Information erfolgt.

1.5.3 Konzeption einer systematischen Darstellung der Emittentenbereiche und ihrer Emissionen

302. Zur Erfüllung der gestellten Aufgabe sind drei Arbeitsschritte erforderlich:

(1) Definition des Begriffs „Emittent" und Konzeption einer einheitlichen Systematik der Emittentengruppen.

(2) Definition von „Emission" und Konzeption einer Systematik der Emissionsarten.

(3) Ermittlung der Emissionsmengen und konsequente Zuordnung zu den Emittentengruppen (Darstellung in Übersichtstabellen).

In der folgenden Konzeption wird nicht der Anspruch erhoben, eine verbindliche und vollständige Systematik vorzulegen. Sie beschränkt sich vielmehr darauf, die Aufgabenstellung zu beschreiben, Lösungswege aufzuzeigen und diese anhand von Einzelbeispielen zu erläutern. Die beiden erstgenannten Arbeitsschritte dienen dazu, ein möglichst dauerhaftes und tragfähiges Gerüst zu erstellen, das nur von Zeit zu Zeit zu überprüfen und ggf. anzupassen ist. Die eigentliche Arbeit am Kern des Informationsgebäudes besteht in der Ermittlung und laufenden Fortschreibung der „harten" Daten, also der von den einzelnen Emittentengruppen an die Umwelt abgegebenen Emissionsmengen pro Zeiteinheit. Diese Arbeit kann der Rat nicht leisten. Er beschränkt sich deshalb auf Vorschläge zu den beiden ersten Arbeitsschritten und zeigt Ansätze für die quantitative Erfassung auf.

1.5.3.1 Systematik der Emittenten

1.5.3.1.1 Definition des Emittenten

303. Wie in Abschnitt 1.5.1.3 beschrieben, besteht die Aufgabe darin, die direkten Emissionen nach verursachenden Wirtschaftsbereichen (Emittentengruppen) darzustellen, d. h. die einzelnen Emittenten sind den Wirtschaftsbereichen zuzuordnen. Das erfordert eine Definition des Begriffs „Emittent".

Als Emittent wird jede wirtschaftliche „Institution" (im Sinne der Wirtschaftsbetrachtung) bezeichnet, bei der es durch die jeweilige typische Beteiligung am Wirtschaftsprozeß zu direkten Emissionen kommt (zur Definition „Emission" s. Tz. 316). Wirtschaftliche Institutionen sind alle Unternehmen, privaten Haushalte und der Staat, also landwirtschaftliche und gewerbliche Betriebe, Freie Berufe, Organisationen ohne Erwerbszweck, Privathaushalte, Gebietskörperschaften und die Sozialversicherungen. Sie können sich als Produzenten von Waren und Dienstleistungen und als Verbraucher am Wirtschaftsablauf beteiligen, unabhängig davon, ob damit ein Erwerbszweck verbunden ist. Sie dürfen bei einer gesamtsystematischen Darstellung zunächst nur dann außer Betracht bleiben, wenn mit ihrer Wirtschaftstätigkeit keine Emissionen verbunden sind.

304. Der hier verwendete Begriff „Emittent" ist nicht identisch mit dem oft benutzten, aber nicht einheitlich definierten Begriff des Verursachers. Auf die Frage, ob der direkte Emittent immer auch der Verursacher einer Umweltbelastung ist, soll hier nicht näher eingegangen werden. Auf die Problematik sei lediglich am Beispiel der Einweggetränkeverpackung hingewiesen. Die emittierenden Endverbraucher, also vor allem die privaten Haushalte, können argumentieren, die bei ihnen auftretende Abfallemission sei verursacht durch das Angebot der Verpackungsproduzenten. Diese wiederum könnten sich auf den Standpunkt stellen, die Produktion von Einwegverpackungen sei Folge der Nachfrage, folglich müßten die Emissionen auch den Endnachfragern zugerechnet werden (FISCHER, 1978). Die vorgeschlagene systematische Emissionsermittlung soll deshalb grundsätzlich bei der emittierenden Institution, also bei der Emissionsquelle ansetzen. Die nach Emittenten geordneten Emissionsdaten können so als Grundlage für weitergehende ökonomische Verflechtungsanalysen herangezogen werden (vgl. Tz. 261).

305. Aus dieser Definition des Emittenten ergibt sich zwangsläufig ein institutioneller Ansatz für die Klassifikation nach Emittentengruppen. Gegliedert wird also nach der Art der Institution, in der wirtschaftliche Aktivitäten und Prozesse ablaufen. Wie bereits betont (Tz. 259 ff.), bedeutet das nicht, die anlagentechnisch, d. h. nach einzelnen Anlagenarten, nach einzelnen Produktionsprozessen oder nach gesamten Prozeßketten (Rohstoffabbau bis Endprodukt), gegliederte Systematik zu ersetzen. Es handelt sich vielmehr um eine zusätzliche, parallel zu entwickelnde Konzeption.

306. Auf Erläuterungen und vergleichende Gegenüberstellungen der Vor- und Nachteile der technisch orientierten Ansätze im einzelnen soll hier nicht eingegangen werden. Es genügt die Feststellung, daß sie einerseits oft zu einer Gliederung quer durch einzelne Betriebe führen, weil in diesen mehrere sehr unterschiedliche Produktionen ablaufen, und daß andererseits jeweils gleiche Anlagen oder Prozesse in verschiedenen Branchen zu finden sind. Das ist gegenüber der institutionellen Gliederung ein Nachteil: Die anlagenorientierten Gliederungen erschweren die konsequente Zuordnung der Emissionen zu den emittierenden Betrieben und Unternehmen, also zu den Emittentengruppen, und damit die Verknüpfung von Emissionsdaten mit Daten zur Wirtschaft- und Sozialstruktur. Als Beispiel für diese Zuordnungsprobleme sei auf Anlagen und Prozesse zur Oberflächenbehandlung (z. B. Lackieren, Beschichten etc.) hingewiesen. Derartige Anlagen werden in verschiedenen Branchen der Industrie, aber z. B. auch im Bereich Verkehr (z. B. Deutsche Bundesbahn und Bundespost) und im öffentlichen Bereich (z. B. städtische Betriebshöfe) betrieben. Die Darstellung der Emissionen (z. B. organische Lösemittel) für eine Emittentengruppe „Oberflächenbehandlungsanlagen" läßt also keine vergleichende Analyse der von den einzelnen Bereichen verursachten Beiträge zur Gesamtemission zu und erschwert so gezielte, also an bestimmte Adressaten gerichtete, und differenzierte, also am Emissionsanteil ausgerichtete Maßnahmen zur Emissionsminderung. Hinzu kommt, daß Aussagen über die von wirtschaftlichen Einflüssen bestimmte Emissionsentwicklung kaum möglich sind, weil entsprechende wirtschaftliche Daten nicht vorliegen; es handelt sich im Sinne der Wirtschaftsstatistik um eine anonyme Emittentengruppe.

307. Der Vorschlag einer institutionellen Klassifikation der Emittenten ist nicht neu. In verschiedenen Untersuchungen, die die Umweltbelastungen nach ihrer Herkunft untersuchen, wurde auf die sektorale Gliederung der Volkswirtschaft zurückgegriffen. Allerdings blieben diese Gliederungen auf einem hohen Aggregationsgrad, konzentrierten sich vorwiegend auf den industriellen Sektor oder waren hinsichtlich der Zurechnung der Emissionen zu den Wirtschaftssektoren zu global und nicht konsequent.

Es ist offensichtlich, daß eine strikte Einhaltung der institutionellen Klassifikation eine Reihe methodischer Probleme mit sich bringt und z. T. ein Umdenken hinsichtlich der mit wirtschaftlichen oder sonstigen Tätigkeiten verbundenen externen Effekte erforderlich machen könnte, nämlich dann, wenn aus der Totalübersicht Gewichtungen erkennbar werden, die bisher nicht beachtet oder belegt werden konnten. Bislang stehen solche — meist industrielle — Emittenten im Vordergrund, die große Massenströme an die Umwelt abgeben, weniger dagegen solche, die kleine Ströme emittieren, dafür aber in großer Zahl auftreten. Das erklärt, warum über industrielle Emissionen z. T. recht gute, über die Beiträge anderer Emittentengruppen, wie etwa der Landwirtschaft, des Dienstleistungssektors, der privaten Haushalte oder auch des Staates, nur sehr globale oder gar keine Angaben vorliegen.

308. Die methodischen Probleme entstehen hauptsächlich durch die Auflösung einiger bisher verwendeter Aggregierungen. Als typisches Beispiel sei auf die in vielen Übersichten zur Emissionsentwicklung im Sektor Luft verwendete Emittentengruppe „Haushalte und Kleinverbraucher" verwiesen. Die Problematik dieser Zusammenfassung wird deutlich, wenn man bedenkt, daß sich hinter der Gruppe „Kleinverbraucher" der gesamte Handelssektor, alle Dienstleistungsunternehmen, die Landwirtschaft, das Baugewerbe und alle staatlichen Einrichtungen verbergen. Auch die Definition des Sektors „Verkehr" ist beispielsweise zu überdenken, weil die damit verbundenen Emissionen auf ganz unterschiedliche wirtschaftliche Aktivitäten und Institutionen zurückgehen. So ist z. B. dem Grundgedanken einer konsequenten Zuordnung folgend nicht einzusehen, warum die mit der Nutzung eines Kraftwagens für private Zwecke verbundenen Emissionen, statt einem Verursachungsbereich „Pkw-Verkehr", nicht ebenso der Emittentengruppe „Private Haushalte" zugerechnet werden sollten, wie dies selbstverständlich mit der Zurechnung der Emissionen aus einer industriellen Anlage zur entsprechenden Industriebranche geschieht.

309. Abschließend ist zu betonen, daß es nicht Aufgabe der vorgeschlagenen Konzeption ist, eine Methode für neue Schuldzuweisungen an einzelne Wirtschaftsbereiche zu entwickeln, sondern Problembereiche sichtbar zu machen und Grundlagen für angemessene und konkrete, an die richtigen Adressaten gerichtete Maßnahmen zur Vermeidung und Verminderung von Umweltbelastungen zu schaffen.

1.5.3.1.2 Gliederung der Emittentengruppen

310. Grundlage der Klassifikation der Emittenten ist die Gliederung der Volkswirtschaft nach Sektoren und ihren Wirtschaftsbereichen auf der Grundlage der Systematik der Wirtschaftszweige in der Fassung für Volkswirtschaftliche Gesamtrechnungen (Statistisches Bundesamt, 1980) (zu einer andersartigen Definition von „Sektor" s. Tz. 267). Diese Vorgehensweise ermöglicht vor allem die Verbindung mit dem großen Datenfundus zu den wirtschaftlichen Merkmalen dieser Institutionen, der in der amtlichen Statistik, aber auch in der Strukturberichterstattung und in vielen Monographien erarbeitet worden ist. Außerdem erlaubt sie die Verbindung von Emissionsdaten mit monetären Angaben der volkswirtschaftlichen Input-Output-Rechnung, wie sie im Rahmen der Bildung von Satellitensystemen zur Volkswirtschaftlichen Gesamtrechnung diskutiert wird (Tz. 259).

Dem Emittentensektor „Unternehmen" gehören alle Institutionen an, die Waren und Dienstleistungen produzieren und verkaufen, um Gewinne zu erzielen oder zumindest die Produktionskosten zu decken, also auch solche, die üblicherweise nicht als Unternehmen bezeichnet werden (z. B. Landwirtschaftsbetriebe, Handwerksbetriebe, Deutsche Bundesbahn u. a.). Auch die wirtschaftlichen Unternehmen im Eigentum von Gebietskörperschaften (z. B. kommunale Versorgungsunternehmen) gehören in diesen Sektor.

311. In Anlehnung an die Wirtschaftsgliederung kann man die folgende Grobgliederung der Emittenten in Sektoren und Bereiche (Abteilungen) vornehmen:

Emittenten-sektoren	Emittentenbereiche
Unternehmen	Land- und Forstwirtschaft, Fischerei Energie- und Wasserversorgung Bergbau Verarbeitendes Gewerbe Baugewerbe Handel Verkehr und Nachrichten-übermittelung Dienstleistungsunternehmen
Staat	Gebietskörperschaften Sozialversicherung
Organisationen ohne Erwerbszweck und Private Haushalte	

Zum Sektor „Staat" gehören die Gebietskörperschaften, also Dienststellen, Anstalten und Einrichtungen von Bund, Ländern und Gemeinden (z. B. Bundeswehr, kommunale Abwasser- und Abfallbeseitigung, Schulen etc.) und die Sozialversicherungen (Verwaltungen, Anstalten und Einrichtungen, z. B. Krankenhäuser), soweit sie nicht dem Unternehmenssektor zuzurechnen sind.

Dem dritten Sektor gehören neben den Privathaushalten die Organisationen ohne Erwerbszweck an (z. B. Einrichtungen von Kirchen, Sportvereine, Verbände etc.). Die Untergliederung bei den Privathaushalten erfolgt nicht nach bestimmten Aufgaben oder Funktionen, sondern nach der Einkommensverwendung (z. B. Brennstoffe, Kraftfahrzeuge, Körper- und Gesundheitspflege usw.).

312. Auf die Darstellung der tieferen Disaggregierung der Sektoren und Bereiche in einzelne Emittentengruppen und -untergruppen soll an dieser Stelle aus Platzgründen verzichtet werden. Anhand der in Abschnitt 1.5.4 ausgewiesenen Tabellen (Vorspalte) kann die dritte Disaggregationsstufe nachvollzogen werden. Diese Untergliederung in ca. 60 Untergruppen sollte als Mindeststruktur für eine tabellarische Gesamtübersicht angestrebt werden. Auf dieser Stufe wird der größte Emittentensektor „Unternehmen" in acht Emittentengruppen und 55 Untergruppen untergliedert, wobei das „Verarbeitende Gewerbe" die größte Gruppe darstellt.

Daß für die Ermittlung und Zuordnung der einzelnen Emissionsarten und -mengen ggf. noch wesentlich tiefer disaggregiert werden muß, wenn bestimmte Aussagen möglich werden sollen, sei anhand von zwei Beispielen erläutert:

Emittentengruppe Verarbeitendes Gewerbe — Untergruppe Elektrotechnik

313. Die Elektrotechnische Industrie steht bei einer vergleichenden Betrachtung industrieller Umweltbelastungen — hier am Beispiel der Luftbelastung — sicherlich nicht in vorderster Linie. Im Vergleich zu den klassischen Luftbelastungsbranchen, wie Eisenschaffende Industrie, Gießereien u. a., wird man sie in einem überschlägigen Ansatz zunächst als „saubere Industrie" einordnen. Um diese noch grobe Bewertung überprüfen zu können, ist es erforderlich, die in den Produktionsbereichen dieser Branche eingesetzten Anlagen und Verfahren zu erfassen und daraufhin zu prüfen, welches Emissionspotential mit ihnen verbunden ist und welche Emissionsarten und -mengen emittiert werden. Aus einer solch differenzierten, aber aufwendigen Analyse geht zunächst hervor, daß in den verschiedenen Produktionsbereichen (z. B. Batterie- und Akkumulatorenherstellung, Leiterplattenherstellung, Elektrogeräte usw.) eine Vielzahl Anlagen und Verfahren mit einem breiten Emissionsspektrum eingesetzt werden. Als Beispiele sind Beschichtungsanlagen, Galvanik, Beizereien und Härtereien, Lackier- und Trocknungsanlagen, Metallreinigung und -entfettung anzuführen, bei denen es zu verfahrensspezifischen staub-, gas- oder dampfförmigen Emissionen kommt (UBA, 1982). Auch für die Abwasser- und Abfallseite sind diese speziellen Prozesse und Verfahren relevant. Bei einer Gesamtbetrachtung der Emittentengruppe „Verarbeitendes Gewerbe" ist dann zunächst der Anteil der Elektroindustrie an der Gesamtemission eines Schadstoffs zu ermitteln, der zudem im Zusammenhang mit der derzeitigen wirtschaftlichen Bedeutung und vor allem zukünftigen Entwicklung dieses Industriezweiges zu sehen ist, wenn umweltpolitische Schlußfolgerungen gezogen werden sollen.

Während dieses Beispiel das Erfordernis einer genauen Aufgliederung der Emissionen verdeutlicht, zeigt ein zweites Beispiel, die Notwendigkeit einer möglichst tiefen Aufgliederung der Emittentengruppen, die für das Auffinden emissionsrelevanter Felder erforderlich ist.

Emittentenbereich Verkehr und Nachrichtenübermittlung

314. Dieses Beispiel wurde bewußt gewählt, um zugleich die definitorische Abgrenzung zum bislang verwendeten Emissionsbereich „Verkehr" zu verdeutlichen (vgl. Abschn. 1.5.2.2.1). In den hier wirtschaftlich definierten Bereich Verkehr (Tab. 1.5.9) werden nicht einbezogen: Der private Kraftfahrzeugverkehr, der werkseigene Fuhrparksverkehr, der Verkehr von Dienstfahrzeugen der Gebietskörperschaften und der Verkehr landwirtschaftlicher Fahrzeuge. Die von diesen Verkehrsarten verursachten Emissionen sind vielmehr den Emittentensektoren bzw. -bereichen Privathaushalte, Unternehmen in Industrie, Handel und im Dienstleistungsbereich, dem Staat und der Landwirtschaft zuzuordnen.

In Tabelle 1.5.9 wird versucht, für die einzelnen Gruppen des Emittentenbereichs „Verkehr und Nachrichtenübermittlung" die Felder mit Emissionspotential vorläufig zu kennzeichnen, wobei noch nicht nach einzelnen Emissionen, sondern nur nach Eingriffsarten und Umweltbereichen unterschieden wird. Auf die Begründung der einzelnen Kennungen wird verzichtet.

Tabelle 1.5.9

Umwelteingriffe der Emittentengruppe „Verkehr und Nachrichtenübermittlung"

Emittentengruppe/-untergruppe	Emissionsart/Eingriffe	STOFFLICHE EMISSIONEN in ein Medium				NICHTSTOFFLICHE EMISSIONEN / EINGRIFFE IN				
		Luft	Wasser	Boden	Abfälle	Lärm	Abwärme	Strahlung	Flächennutzung	Landschstruktur
EISENBAHNEN	Deutsche Bundesbahn mit Elektrizitätserzeugung, Reparatur- u. Ausbesserungswerke, Busverkehr u.a.	●	●	●	●	●			●	●
	andere Eisenbahnen	●	●	●	●	●			●	●
STRASSENVERKEHR, PARKPLÄTZE U.-HÄUSER — PERSONENBEFÖRDERUNG MIT	S-Bahn, Strassenbahnverkehr					●			●	
	Berg- und Seilbahnen, Skilifte									●
	Omnibusse	●				●				
	Taxi und Mietwagen	●				●				
	GÜTERBEFÖRDERUNG (Güternah- und fernverkehr)	●				●				
	PARKPLÄTZE UND - HÄUSER u.ä.								●	
BINNENSCHIFFAHRT- WASSERSTRASSEN U. -HÄFEN		●	●		●	●				●
SEE -UND KÜSTENSCHIFFAHRT SEEHÄFEN		●	●		●					●
LUFTFAHRT, FLUGPLÄTZE		●	●	●	●	●			●	●
TRANSPORT IN ROHRLEITUNGEN		○	○							○
DEUTSCHE BUNDESPOST (z.B. Kfz-Verkehr, Werkstätten)		●	●	●	●	●				●

● Umwelteingriff   ○ vermuteter Umwelteingriff

Quelle: SRU

315. Abschließend ist zu betonen, daß die hier vorgestellte institutionelle Klassifikation der Emittenten so angelegt sein muß, daß eine nachträgliche oder zusätzliche Aggregation nach anderen Kriterien jederzeit gewährleistet ist. Hierzu müssen lediglich entsprechende Erkennungsschlüssel vorgesehen werden. Will man also z. B. nach dem Kriterium gleicher Anlagentechnik etwa die Emissionen aller Verbrennungsmotoren, aller Feuerungsanlagen oder aller Lackieranlagen aufsummieren, ist lediglich ein Abruf aus den verschiedenen Emittentengruppen, von denen solche Anlagen betrieben werden, erforderlich. Die Kontinuität der Datenermittlung und die Verbindung zur konventionellen, anlagentechnisch orientierten Systematik, ist so gewährleistet. — Für eine so verstandene Klassifikation ist es nicht erforderlich, mit letzter Genauigkeit jede Einzelanlage zu erfassen; es reicht aus, für Hochrechnungen geeignete Angaben verfügbar zu haben.

1.5.3.2 Systematik der Emissionen

1.5.3.2.1 Definitionen und Zuordnung der Emission

316. Für die Darstellung der Emissionen nach Emittentengruppen in einer Gesamtsystematik ist ein brauchbarer Emissionsbegriff zu entwickeln. In der striktesten Sicht könnte man von Emission nur beim direkten Übergang von Schadstoffen in ein Umweltmedium wie Wasser, Boden oder Luft sprechen. Diese Sichtweise entspricht dem in den USA üblichen Begriff des „environmental impact". Damit wird ausgedrückt, daß Emissionen mit Schadwirkungen oder Belästigungen verbunden sind.

317. Der Rat empfiehlt dagegen, zur Erfassung der Emittentenstruktur eine weite Begriffsbestimmung vorzunehmen. Danach wäre als Emission jede den Produktionsbetrieb, den privaten Haushalt usw. verlassende Abgabe von Schadstoffen, Geräuschen, Strahlungen usw. anzusehen, ohne daß mit ihnen unbedingt direkte Schadwirkungen verbunden sein müßten. Eine solche Sichtweise würde auch auf mögliche Gefährdungspotentiale hinweisen und von daher eine wichtige Informationsgrundlage liefern. Schwierigkeiten bereitet die Einbeziehung struktureller Eingriffe, wie z. B. Flächennutzungen und Landschaftsbeeinträchtigungen; sie müßten gesondert behandelt werden und bleiben in den Tabellen ausgespart, sollten aber auf späteren Stufen der Entwicklung einer Emittentenstruktur wieder aufgegriffen werden.

Zur Definition der Emissionen im Bundes-Immissionsschutzgesetz ist ein deutlicher Bezug gegeben. Dort werden als Emissionen „die von einer Anlage ausgehenden Luftverunreinigungen, Geräusche, Erschütterungen, Licht, Wärme, Strahlen und ähnliche Erscheinungen" definiert (BImSchG § 3, Abs. 3). Der Aspekt des Ausgehens von einer emittierenden Einheit statt des Eintritts in ein Medium wird auch hier gewählt, aber für den Zweck einer Gesamtbetrachtung sind weitere Aspekte einzubeziehen, wie etwa die Einleitungen in Gewässer oder Einträge in den Boden.

318. Um die einheitliche Erfassung der Emissionsmengen und ihre richtige Zuordnung zu den Emittenten zu gewährleisten, ist es notwendig, die Schnittstelle, d. h. den Übergang der Emissionen in die Umwelt zu bestimmen. Ausgehend von dem hier vorgeschlagenen institutionellen Ansatz muß sie an der Grenze zwischen der einzelnen Wirtschaftsinstitution und der sie umgebenden Umwelt liegen. Dabei sind zwei Fälle zu unterscheiden:

— Die Emission tritt unmittelbar, also ohne Umwege, in vollem Umfang in ein Umweltmedium über (z. B. Emissionen in die Luft, Direkteinleitung in Gewässer).

— Die Emission gelangt über Umwege (z. B. Transportsysteme) entweder in vollem Umfang (z. B. Abfall auf Deponie) oder (durch den Einsatz von Beseitigungs- oder Verwertungsprozessen) nur in Teilmengen (z. B. partielles Altpapier-Recycling) oder auch gar nicht (Idealfall des Totalrecycling) in die Umwelt.

Obwohl im zuletzt angesprochenen Idealfall der vollständigen Schließung von Stoffkreisläufen die ursprüngliche Emission nicht zu Umwelteffekten führt, ist es dennoch sinnvoll, den Emissionsvorgang an der Übergangsstelle quantitativ zu erfassen, sofern mit den Stoffen überhaupt ein Gefährdungspotential verbunden sein kann. Aus diesen praktischen Erwägungen ergibt sich konsequenterweise, daß z. B. auch die Einträge von Düngern und Pflanzenschutzmitteln in den Boden der Emittentengruppe Landwirtschaft zugeordnet werden sollten, obwohl damit nicht zwangsläufig eine Umweltbelastung verbunden ist. Der Übergang in die Umwelt ist, wie schon das Beispiel des Landwirts und „seines" Bodens zeigt, unabhängig von den Eigentumsverhältnissen festzuhalten. Damit sind auch Bodenbelastungen oder -gefährdungen durch werkseigene Deponien, das Vorliegen von Altlasten auf dem Betriebsgelände oder die Belastung eines im Eigentum des Emittenten befindlichen Gewässers einzubeziehen.

319. Die vorgeschlagene Ermittlung der Emissionsmengen an der Grenze der Wirtschaftsinstitution ergibt sich also als Folge der gestellten Aufgabe, die darin besteht, zunächst das Problem der Informationsbereitstellung zu lösen. Bewertungen und Maßnahmen können dann auf einer soliden Informationsgrundlage aufbauen.

Ein positiver Nebeneffekt der vorgeschlagenen Bestimmung des Emissionstatbestandes besteht darin, daß für alle am Wirtschaftsprozeß Beteiligten objektiv nachweisbar wird, daß sie zu den Emissionen beitragen, obwohl sie subjektiv, etwa wegen ordnungsgemäßer Entsorgung durch Dritte (Klärwerke, Abfallentsorgung), ihr Emissionsproblem als gelöst beurteilen.

Schließlich ergibt sich aus dieser Definition der Emission notwendigerweise die Abgrenzung zur Arbeitsplatz- und Innenraumproblematik. Diese Komplexe bleiben ausgeklammert, weil die Belastungen innerhalb des Aktionsbereiches der Institutionen auftreten.

1.5.3.2.2 Erfassung der Emissionsarten

1.5.3.2.2.1 Gliederung der Emissionsarten

320. Die Erarbeitung einer einheitlichen und verbindlichen Systematik der Emissionen ist mit einer Reihe methodischer Probleme verbunden, auf die hier nur beispielhaft hingewiesen werden kann.

Das Hauptproblem bei der Aufschlüsselung der Emissionen besteht darin, einen Kompromiß zwischen den Forderungen nach Überschaubarkeit und Darstellbarkeit einerseits und möglichst weitgehender Differenzierung andererseits zu finden. Auf jeden Fall ist eine umfassendere und differenziertere Systematik der Emissionen als in den meisten bisher vorliegenden Übersichten erforderlich, um das gesamte Emissionsspektrum aller in Abschnitt 1.5.3.1.2 angesprochenen Emittenten abzudecken, aber auch, um Prioritäten für die zukünftige Umweltpolitik bestimmen zu können. Insbesondere wäre eine weitgehende Beschränkung auf die bisher im Vordergrund stehenden sog. Massenschadstoffe nicht vertretbar. Bei der Entscheidung über die Gliederungstiefe sollte daher neben das quantitative Kriterium das Kriterium des von einem Stoff oder einer Stoffgruppe ausgehenden Gefährdungspotentials treten.

Bei der Auswahl und Gliederung der Emissionen ist außerdem zu unterscheiden zwischen solchen, für die wegen ihres flächendeckenden Auftretens globale Reduzierung angebracht ist, und solchen, die vereinzelt auftreten und für die spezifische Maßnahmen in Betracht kommen.

Weiterhin stellt die Bezeichnung der Emissionen ein zu lösendes Problem dar. Vermutlich ist von Fall zu Fall zu entscheiden, ob spezifische Stoffbezeichnungen (z. B. Fluorwasserstoff, Chlor etc.) oder unspezifische Emissionsbezeichnungen (z. B. Rauchgase, Lösemitteldämpfe etc.) verwendet werden können.

1.5.3.2.2.2 Spezifische Probleme einiger Emissionsarten

321. Die Frage, wie eine Emission quantitativ erfaßt und einem Emittentenbereich zugeordnet werden soll, ist für viele Schadstoffe leicht beantwortbar und in empirischen Studien, die z. T. für die angefügten Tabellen verwendet wurden, auch oft schon beantwortet worden. Diese methodisch relativ leicht zu behandelnden Fälle betreffen weitgehend nur Schadstoffe, während nichtstoffliche Emissionen bzw. Beeinträchtigungen schwieriger zu definieren und Emittenten zuzuweisen sind.

Doch auch bei stofflichen Emissionen besteht noch erheblicher Klärungsbedarf. Dies sei am Beispiel der Klassifikation organischer Luftemissionen dargestellt. Die gelegentlich zu findende Zusammenfassung aller organischer Stoffe in einer Sammelposition (t/a) ist zwar für erste Grobvorstellungen hilfreich, aber unter Bewertungsgesichtspunkten völlig unbefriedigend. Die Aufschlüsselung nach allen chemischen Einzelstoffen würde dagegen wegen der großen Zahl an Stoffen zur Unübersichtlichkeit führen und wäre weder durchführbar noch ökonomisch vertretbar. Der Versuch, die Stoffe nach Wirkungsklassen zusammenzufassen, scheitert an fehlenden Wirkungsdaten.

Eine Zusammenfassung nach Stoffklassen ist als Kompromißlösung grundsätzlich möglich, hat aber den Nachteil, daß bestimmte Stoffe, die unter Wirkungsgesichtspunkten besonders wichtig sind, in einer zusammenfassenden Zahl untergehen. Es kann deshalb nur als vorläufiger Verfahrensschritt angesehen werden, wenn in Tabelle 1.5.10 Stoffklassen der TA Luft 1986 in der Kopfleiste aufgeführt sind. Auf Dauer müßten relevante Einzelstoffe, Leitsubstanzen für Stoffgruppen oder vertretbar zu aggregierende Stoffgruppen benannt werden, die zukünftig den Emittentenbereichen zuzuordnen sind.

322. Während bei stofflichen Emissionen nur über die Zahl bzw. Aggregation der Emissionen zu sprechen ist und quantitative Erfassung und Zuordnung zu Emittenten prinzipiell möglich ist, erscheint bei nicht-stofflichen Emissionen und Beeinträchtigungen oft schon die Definition der Emission bzw. Beeinträchtigung als klärungsbedürftig.

Dies sei am Beispiel des Lärms erläutert. Zunächst ist festzuhalten, daß nach der gewählten Emissionsdefinition hier nur der vom Betriebsgelände oder Haus (oder der mobilen Quelle) abstrahlende Lärm als Emission anzusehen ist. Damit entfallen anlagenspezifische Meßwerte, und es zählen nur an der Grundstücksgrenze erhobene Meßwerte. Die wiederum können unproblematisch sein, wenn das Grundstück — wegen des Lärms vielleicht absichtlich — genügend weit von anderen Menschen und empfindlichen Bereichen der Natur liegt; denn dann liegt keine problematische Immission vor. Immerhin könnte man hier, wie etwa bei der landwirtschaftlichen Mineraldüngung, eine vorsorgliche Erfassung empfehlen. Doch dann bleibt immer noch die Frage, in welcher Weise Lärmemissionen quantifiziert und beispielsweise über Einzelbetriebe aggregiert, einer emittierenden Branche zugeschrieben werden sollen.

Ähnliches gilt sicherlich für besondere Beeinträchtigungen der Landschaft, wogegen bei Abwärme, Strahlung und Flächenverbrauch quantitative, vielleicht sogar in einem einzigen Wert ausdrückbare Meßgrößen zumindest denkbar sind.

1.5.3.2.2.3 Vorläufige Aufgliederung in den einzelnen Umweltbereichen

323. Ein verbindliches Gliederungsraster für alle Emissionsarten getrennt für die Bereiche Luft, Wasser etc. vorzugeben, ist an dieser Stelle nicht möglich. Hierfür ist ein Abstimmungsprozeß unter Beteiligung aller kompetenten Institutionen erforderlich. Das nachfolgend vorgeschlagene Gerüst, das sich auf bereits vorliegende Gliederungen und auf die in den entsprechenden sektoralen Kapiteln behandelten Stoffe stützt, ist folglich nur als Arbeitsgrundlage zu verstehen und erhebt keinen Anspruch auf Vollständigkeit.

Stoffliche Emissionen in die Luft

324. Grundlagen für die Stoffgliederung sind die TA Luft 1986 (Ziff. 3, Anhang E) und die im Kapitel „Luftbelastung und Luftreinhaltung" (Kap. 2.3) gegebene Übersicht der Belastungen. Im Vergleich zu anderen Umweltsektoren liegen für den Bereich Luftreinhaltung sowohl zur Stoffgliederung als auch zu den emittierten Mengen umfangreiche Informationen vor.

Als vorläufige Aufgliederung könnte gelten:

Gesamtstaub

Staubförmige anorganische Stoffe

— Blei

— Cadmium

— weitere anorganische Staubinhaltsstoffe (z. B. Zink, Eisen, Mangan)

Dampf- oder gasförmige anorganische Stoffe

— Schwefeloxide

— Stickstoffoxide

— Kohlenmonoxid

— Kohlendioxid

— Fluorwasserstoffe

— Chlorwasserstoffe

— Schwefelwasserstoff

— Ammoniak

— weitere anorganische Stoffe

Organische Stoffe

— insgesamt als Kohlenstoff

— nach Klassen I, II, III der TA-Luft (Anhang E)

Kanzerogene Stoffe

— nach Klassen I, II, III der TA-Luft (Ziff. 2.3)

Stoffliche Emissionen in Gewässer

325. Die vom Rat im Sondergutachten ‚Umweltprobleme des Rheins' (SRU, 1976) und im Umweltgutachten 1978 (SRU, 1978) vorgenommene Klassifizierung der Stoffbelastungen in fünf Belastungsgruppen wird in diesem Gutachten um die Gruppe Nährelemente (eutrophierende Stoffe) ergänzt. Ansätze für eine weitergehende Aufgliederung innerhalb dieser Hauptgruppen nach Untergruppen und die Auswahl von Einzelstoffen finden sich z. B. in den Ausführungen in Kapitel 2.4 dieses Gutachtens und im „Beitrag zur Beurteilung von 19 gefährlichen Stoffen in oberirdischen Gewässern", der in Zusammenarbeit der Bundesanstalt für Gewässerkunde, des Instituts für Wasser-, Boden- und Lufthygiene des Bundesgesundheitsamtes und des Umweltbundesamtes erarbeitet worden ist (UBA, 1986c).

Damit ergäbe sich etwa die folgende Aufgliederung:

Leicht abbaubare Stoffe

Schwer abbaubare Stoffe

— halogenierte Kohlenwasserstoffe (HKW)

— flüchtige aromatische und polycyclische aromatische Kohlenwasserstoffe (PAH)

Schwermetalle

— Cadmium

— Chrom

— Kupfer

— Blei

— Quecksilber

— Nickel

— Zink

Eutrophierende Stoffe

— Phosphor

— Stickstoff

Salze

— Chloride

— Sulfate

Stoffliche Emissionen in den Boden

326. Die Diskussion über den Umweltbereich Boden ist die neueste (Abschn. 2.2.1). Daher ist auch die Frage, durch welche Stoffe, aber auch sonstige Umweltbelastungen der Boden überbeansprucht wird, noch keineswegs zufriedenstellend beantwortet (Abschn. 2.2.4; SRU, 1985, Kap. 4.2). Aus diesem Grunde ist eine auch nur vorläufige Liste der stofflichen Emissionen in den Boden derzeit nicht anzugeben.

Abfallstoffe

327. Bei der Klassifizierung der Abfallstoffe kann auf die Statistik der Abfallbeseitigung und auf den Abfallkatalog der Länderarbeitsgemeinschaft Abfall (LAGA) zurückgegriffen werden. Während der Abfallkatalog der LAGA nach einem gemischten System gegliedert ist, bei dem die Herkunft der Abfälle und gewisse stoffliche Merkmale im Vordergrund stehen, liegt der Abfallstatistik eine mehr branchenspezifische Systematik zugrunde. Eine Klassifizierung nach chemischer Zusammensetzung der Abfälle — wie dies bei Emissionen in die Luft üblich ist — wird es wegen der Komplexität der Abfälle nicht geben können.

Zur Darstellung der Abfallemissionen nach Emittentengruppen wird vor allem auf die Grundlagen der Abfallstatistik zurückgegriffen (Statistisches Bundesamt, 1984 und 1987 b und c). In ihr wird unterschieden zwischen den Bereichen Öffentliche Abfallbeseitigung (18 Abfallarten) und Produzierendes Gewerbe und Krankenhäuser (277 Abfallarten in 18 Abfallhauptgruppen, Stand: Erhebung 1984). Der Übersichtlichkeit halber sowie um Überschneidungen zu vermeiden, werden einige Gruppen bzw. Arten der öffentlichen Abfallbeseitigung und der im produzierenden Gewerbe und Krankenhäusern folgendermaßen zusammengefaßt:

Siedlungsabfälle (einschl. ähnlicher Gewerbeabfälle)

— Feste Siedlungsabfälle (einschl. ähnlicher Gewerbeabfälle) (Hausmüll, hausmüllähnliche Gewerbeabfälle, Sperrmüll, Straßenkehricht, Markt-, Garten-, Park- und Friedhofsabfälle)

— Flüssige/schlammförmige Siedlungsabfälle (aus Kläranlagen, Sickergruben, Kanalisationsunterhaltung sowie aus Deponien) aus kommunalen Anlagen

— Krankenhausabfälle

Siedlungs- und produktionsspezifische Abfälle

— Schlämme aus Wasseraufbereitung, Gewässerunterhaltung sowie sonstige Schlämme (einschl. Abwässerreinigung)

— Müllverbrennungsanlagen (MVA)-Schlacken

— Bauschutt, Bodenaushub, Straßenaufbruch

— Autowracks und Altreifen

Produktionsspezifische Abfälle

— Feste mineralische Abfälle (ohne Verbrennungsrückstände) (Ofenausbruch, Hütten- und Gießereischutt, Form-, Kernsand, Stäube, Sonstiges, mit/ohne produktionsspezifischen Beimengungen)

— Asche, Schlacke, Ruß aus Verbrennung (ohne Müllverbrennungsschlacken)

— Metallurgische Schlacken und Krätzen

— Metallabfälle

— Oxide, Hydroxide, Salze, sonstige feste (vorwiegend anorganische) produktionsspezifische Abfälle

— Säuren, Laugen, Schlämme, Laborabfälle, Chemikalienreste, Detergentien, sonstige flüssige und organische, produktionsspezifische Abfälle (ohne Mineralölabfälle und -schlämme)

— Lösungsmittel, Farben, Lacke, Klebstoffe

— Mineralölabfälle, Öl-, Teer-, Phenolschlämme, -harze und -wässer

— Kunststoff-, Gummi-, Textilabfälle

— Papier- und Pappeabfälle

— sonstige organische Abfälle (vorwiegend aus der Lebensmittel- und Genußmittelindustrie sowie verdorbene Nahrungsmittel)

Sonderabfälle, nachweispflichtig nach §§ 2,2 und 11,3 (vorwiegend produktionsspezifisch)

Radioaktive Abfälle

Nichtstoffliche Emissionen und strukturelle Eingriffe

328. Diese bisher nicht aufgeführten Umweltbelastungen nämlich

— Lärmemissionen

— Abwärme

— Strahlung

— Nutzung der Bodenfläche

— Eingriffe in die Landschaftsstruktur

seien hier nur kurz erwähnt, und eine Untergliederung nach Emissions- bzw. Eingriffsarten mußte zunächst offen bleiben. Wichtig ist jedoch, daß sie bei einer umfassenden Ermittlung der Emittentenstruktur bei der Aufgliederung der zu ermittelnden Emissionen nicht ausgespart bleiben.

1.5.3.3 Zur Ermittlung der Emissionsmengen nach Emittenten

329. Kernstück einer befriedigenden Ermittlung der Emittentenstruktur wäre dann die Ausfüllung des vorgezeichneten Rasters mit „harten" Daten. Auf die Defizite und Schwierigkeiten bei der Lösung dieser Aufgabe wurde bereits hingewiesen (Abschn. 1.5.1.2; Tz. 256 f.). Drei wichtige Anforderungen sind zu betonen:

(1) Die Ermittlung der absoluten Emissionsmengen nach Emittentengruppen muß so differenziert erfolgen, daß daraus gezielte Strategien zur Emissionsminderung abgeleitet werden können.

(2) Die Angaben müssen so aktuell sein, daß sie als Grundlage für politische Entscheidungen nutzbar sind.

(3) Die Zahlen sollten außer für einen möglichst zeitnahen Erhebungstermin auch für mindestens ein etwas zurückliegendes Jahr in vergleichbarer Form erhoben werden, um Fehlentwicklungen ebenso beobachten zu können wie mögliche Erfolge der bisherigen Umweltpolitik.

Diese Anforderungen werden mit Ausnahmen in engen Bereichen (z. B. für Großfeuerungsanlagen) von den bisher vorliegenden Arbeiten nicht oder nur teilweise erfüllt.

330. Die verfügbaren Angaben über absolute jährliche Emissionsmengen beruhen auf Berechnungen mittels spezifischer Emissionsfaktoren. Der spezifische Emissionsfaktor beschreibt das Verhältnis eines Emissionsmassenstroms zu einem Einsatz- bzw. Produktmassenstrom (z. B. kg Staub je t Roheisen). Auf die Problematik der Emissionsfaktoren soll hier nicht näher eingegangen werden (vgl. z. B. UBA, 1980). Es sei jedoch darauf hingewiesen, daß die Qualität der verwendeten Emissionsfaktoren die entscheidende Größe für die Emissionsabschätzung darstellt, wobei die Qualität dieser Faktoren sehr unterschiedlich ist. Das Spektrum reicht von Faktoren, die auf repräsentativen und aktuellen Messungen beruhen, bis zu solchen, die nur abschätzenden Charakter haben bzw. völlig veraltet sind. Ob bei der Ausfüllung des Rasters auf bereits vorliegende Ergebnisse zurückgegriffen werden kann, ist zu prüfen. Die gleichwertige Übernahme und Fortschreibung von Ergebnissen, die nicht auf zuverlässigen Messungen beruhen, sollte möglichst vermieden werden.

331. Auch bei der Ermittlung bisher fehlender Daten wird auf die Berechnung über Hilfsgrößen nicht verzichtet werden können. Vorstellungen, die von der Erfassung aller Emissionskomponenten durch kontinuierliche, registrierende Messungen ausgehen, sind nicht realistisch. Es ist jedoch anzustreben, möglichst viele Emissionen kontinuierlich zu messen. Geeignete Meßgeräte stehen für viele Emissionen bereits zur Verfügung.

Um brauchbare Ergebnisse in der Emissionberechnung über Hilfsgrößen zu erzielen, ist es erforderlich

— die Bestimmung der Emissionsfaktoren auf eine große Zahl emittentenspezifischer Daten zu stützen,

— mit differenzierten, für möglichst homogene Emittentengruppen repräsentativen Faktoren zu arbeiten und

— die Emissionsfaktoren laufend zu aktualisieren, weil sich mit der Durchsetzung von Emissionsminderungsmaßnahmen die Nettoemissionen verändern.

Verbesserte Berechnungen der Emissionsmengen sind möglich, allerdings vor allem für den Teil der Emissionen, der gefaßt abgeleitet wird. Für die diffusen Emissionen ist eine Quantifizierung wesentlich schwieriger und z. T. gar nicht möglich. Hier wird man weiterhin mit Schätzgrößen arbeiten müssen.

332. In jüngster Zeit bemüht sich das Statistische Bundesamt verstärkt um die Erarbeitung einer systematischen und konsistenten Darstellung der Umweltlage in der Bundesrepublik. Auch vom Umweltbundesamt wurde mit der Veröffentlichung „Daten zur Umwelt", die erstmals 1984 und fortgeschrieben 1986 erschienen ist (UBA, 1984 und 1986a), ein wichtiger Schritt unternommen, flächendeckende Daten zu erarbeiten. Es erscheint deshalb sinnvoll, die organisatorischen Möglichkeiten und vorliegenden Erfahrungen dieser Behörden bei der Erfüllung der hier geschilderten Aufgabe zu nutzen. Wichtige Voraussetzungen wären

— eine enge Zusammenarbeit zwischen Statistik, Umweltpolitik und -verwaltung sowie der Wissenschaft,

— eine Änderung der Rechtssituation, um Zugang zu den Umweltdaten der Länder zu erlangen, und

— Verbesserungen bei der Emissionserklärung (d. h. die Selbstveranlagung der Emittenten) zu erreichen.

1.5.4 Beispielhafte Darstellung der Emittentenstruktur

333. In den folgenden Tabellenentwürfen wird versucht, die Emittentenstruktur für einzelne Umweltsektoren darzustellen und einen Überblick über verfügbare Daten zu vermitteln. Dabei sind solche Felder, für die vergleichsweise verläßliche und vollständige sowie nach Emittentengruppen spezifizierte, quantitative Angaben vorliegen, mit einer dunklen Schraffur gekennzeichnet; Felder, für die nur unvollständige oder nur teilweise spezifizierbare Daten verfügbar waren, sind hell schraffiert. In die Übersichten gingen zunächst nur solche Daten ein, die ab 1980 ermittelt wurden, wobei kein Anspruch auf Vollständigkeit erhoben wird. Freigelassene Felder sind nicht grundsätzlich so zu interpretieren, daß sie in jedem Fall ausgefüllt werden müßten. Vielmehr ist über den Datenbedarf erst zu befinden, wenn die einzelnen Emittenten hinsichtlich ihrer Emissionscharakteristik sorgfältig überprüft worden sind.

Wie die Tabellen zeigen, liegen die meisten Angaben für die Bereiche „Luft" und „Abfall" vor. Die relativ gute Aufschlüsselung der SO_2- und NO_x-Emissionen (Tab. 1.5.11) basiert auf den Ergebnissen des im Auftrag des UBA erstellten EMUKAT (überregionales fortschreibbares Kataster der Emissionsursachen und Emissionen für SO_2 und NO_x; LÖBLICH, 1986), die Abfalldaten stammen vorwiegend aus der amtlichen Abfallstatistik. Im Bereich „Wasser" konnte nur auf einige zusammenfassende Angaben über Phosphor und Stickstoff aus Kap. 2.4 und auf eine branchenspezifische Untersuchung verwiesen werden.

Emittentenstruktur im Bereich „Luft"

Tabelle 1.5.10

Emittenten		Gesamtstaub	Blei	Cadmium	Andere	Schwefeloxide	Stickstoffoxide	Kohlenmonoxid	Kohlendioxid	Fluorwasserstoffe	Chlorwasserstoffe	Schwefelwasserstoff	Ammoniak	Andere	Insgesamt als C	nach Klassen I, II, III der TA Luft	Kanzerogene Stoffe (nach Klassen I, II, III der TA Luft)
	Emissionen	\multicolumn{4}{c}{Staubförm. anorgan. Stoffe}	\multicolumn{9}{c}{Dampf- oder gasförmige anorg. Stoffe}	\multicolumn{3}{c}{Organ. Stoffe}
Land- und Forstwirtschaft, Fischerei	Landwirtschaft	▨					▨								▨		
	Gewerbl. Gärtnerei, Gewerbl. Tierhaltung	▨1					▨1								▨1		
	Forstwirtschaft	▨													▨		
	Fischerei, Fischzucht	▨													▨		
Energie- und Wasserversorgung	Elektrizitäts- u. Fernwärmeversorgung	▨1	▨2			▨1	▨								▨		
	Gasversorgung						▨3										
	Wasserversorgung																
Bergbau	Kohlenbergbau	▨													▨		
	Übriger Bergbau	▨													▨		
Verarbeitendes Gewerbe	Chemische Industrie	▨				▨	▨								▨		
	Herstlg. u. Beab. von Spalt- u. Brutstoffen	▨													▨		
	Mineralölverarbeitung	▨				▨	▨								▨		
	Herstlg. von Kunststoffwaren	▨													▨		
	Gummiverarbeitung	▨													▨		
	Gewinnung von Steinen und Erden	▨2													▨		
	Feinkeramik, Grobkeramik	▨1				▨3	▨1								▨		
	Herstlg. von Schleifmitteln	▨													▨		
	Herstlg. u. Verarbeitung von Glas	▨2				▨	▨								▨		
	Eisenschaffende Industrie	▨				▨	▨								▨		
	NE-Metallerzeug., NE-Metallhalbzeugwerke	▨				▨	▨								▨		
	Gießereien	▨				▨	▨								▨		
	Ziehereien, Kaltwalzwerke, Stahlverfg.	▨				▨	▨								▨		
	Stahl- und Leichtmetallbau	▨				▨	▨								▨		
	Maschinenbau	▨				▨	▨								▨		
	Herstlg. v. Büromaschinen, ADV-Geräten	▨1				▨3	▨1								▨		
	Straßenfahrzeugbau	▨				▨	▨								▨		
	Schiffbau	▨				▨	▨								▨		
	Schienenfahrzeugbau	▨				▨	▨								▨		
	Luft- und Raumfahrzeugbau	▨				▨	▨								▨		
	Elektrotechnik, Rep. v. Haushaltsgeräten	▨				▨	▨								▨		
	Feinmechanik, Optik, Herstlg. v. Uhren	▨				▨	▨								▨		
	Herstlg. v. Eisen-, Blech- u. Metallwaren	▨				▨	▨								▨		
	Herstlg. v. Musikinstr. u. Spielwaren	▨				▨	▨								▨		
	Holzbearbeitung	▨1				▨	▨								▨1		
	Holzverarbeitung	▨				▨3	▨								▨		
	Zellstoff-, Holzschliff-, Papier u. Pappeerzeugung	▨				▨	▨								▨		
	Papier- und Pappeverarbeitung	▨				▨	▨								▨		
	Druckereien, Verfielfältigung	▨				▨	▨								▨		
	Ledererzeugung und -verarbeitung	▨				▨	▨								▨		
	Textilgewerbe	▨				▨	▨								▨		
	Bekleidungsgewerbe	▨				▨	▨								▨		
	Ernährungsgewerbe	▨				▨	▨								▨		
	Tabakverarbeitung	▨				▨	▨								▨		
Baugewerbe	Bauhauptgewerbe																
	Ausbaugewerbe																
Handel	Großhandel, Handelsvermittlung																
	Einzelhandel																
Verkehr, Nachrichtenübermittlung	Eisenbahnen																
	Straßenverkehr																
	Schiffahrt, Wasserstraßen, Häfen																
	Luftfahrt, Flugplätze																
	Übriger Verkehr																
Dienstleistungen	Kreditinstitute, Versicherungsuntern.																
	Sonstige Dienstleistungen z.B.																
	- Gastgewerbe, Heime																
	- Wäschereien, Reinigungen, Gebäudereinigung																
	- Bildung, Wissenschaft, Kultur, Sport																
	- Gesundheits- und Veterinärwesen																
	- Übrige																
Staat	Gebietskörperschaften	▨					▨1								▨		
	Sozialversicherung																
Priv. Haushalte, Organisationen ohne Erwerbsz.	Private Haushalte (häusl. Dienste)	▨1				▨4	▨								▨		
	Organisationen ohne Erwerbszweck	▨																

▨ Daten liegen spezifiziert nach einzelnen Gruppen vor

▨ Daten liegen nur teilweise (z. B. regional) oder für aggregierte Gruppen (z. B. Verarbeitendes Gewerbe) vor

1 UBA (1986a)
2 VDI, 1984
3 LÖBLICH, 1986
4 SCHMITZ, 1987

Quelle: SRU

Tabelle 1.5.11

SO_2- und NO_x-Emission nach Emittentengruppen im Verarbeitenden Gewerbe
— Stand 1980 —

(Auszug aus Tab. 1.5.10: Emittentenstruktur „Luft")

Emittenten \ Emissionen	SO_2 t	%	NO_x t	%
Chemische Industrie, Herstellung und Verarbeitung von Spalt- und Brutstoffen	245 277	23,6	141 227	24,2
Mineralölverarbeitung	251 235	24,2	59 301	10,2
Herstellung von Kunststoffwaren	4 893	0,5	2 655	0,5
Gummiverarbeitung	8 422	0,8	3 412	0,6
Gewinnung und Verarbeitung von Steinen und Erden	47 610	4,6	83 941	14,4
Feinkeramik	950	0,1	2 879	0,5
Herstellung und Verarbeitung von Glas	22 940	2,2	69 367	11,9
Eisenschaffende Industrie	113 365	10,9	89 060	15,3
NE-Metallerzeugung, NE-Metallhalbzeugwerke	51 883	5,0	12 926	2,2
Gießerei	15 508	1,5	7 889	1,4
Zieherei, Kaltwalzwerke, Stahlverformung usw.	1 944	0,2	4 996	0,9
Stahl- und Leichtmetallbau, Schienenfahrzeugbau	2 379	0,2	1 611	0,3
Maschinenbau	13 937	1,3	8 907	1,5
Herstellung von Büromaschinen, ADV-Geräten und Einrichtungen	358	<0,1	376	<0,1
Straßenfahrzeugbau, Reparatur von Kraftfahrzeugen usw.	28 819	2,8	15 392	2,6
Schiffbau	971	0,1	543	0,1
Luft- und Raumfahrzeugbau	414	<0,1	466	<0,1
Elektrotechnik, Reparatur von Haushaltsgeräten	10 614	1,0	5 230	0,9
Feinmechanik, Optik, Herstellung von Uhren	922	<0,1	568	0,1
Herstellung von Eisen-, Blech- und Metallwaren	3 791	0,4	3 262	0,6
Herstellung von Musikinstrumenten, Spielwaren, Füllhaltern usw.	312	<0,1	218	<0,1
Holzbearbeitung	9 895	0,9	2 621	0,4
Holzverarbeitung	2 300	0,2	1 024	0,2
Zellstoff-, Holzschliff-, Papier- und Pappeerzeugung	92 872	9,0	23 423	4,0
Papier- und Pappeverarbeitung	7 916	0,7	3 120	0,5
Druckerei, Vervielfältigung	1 628	0,2	1 038	0,2
Ledergewerbe	1 741	0,2	590	0,1
Textilgewerbe	26 306	2,5	9 792	1,7
Bekleidungsgewerbe	1 263	0,1	695	0,1
Ernährungsgewerbe	66 735	6,4	25 477	4,4
Tabakverarbeitung	771	<0,1	321	<0,1
Summe Verarbeitendes Gewerbe	1 038 071	100	582 627	100

Quelle: nach LÖBLICH, 1986

Emittentenstruktur im Bereich „Wasser"

Tabelle 1.5.12

Emittenten		Leicht Abbaubare Stoffe	Schwer Abbaub. Stoffe		Schwermetalle							Eutrophierende Stoffe		Salze	
			HKW	PAH	Cadmium	Chrom	Kupfer	Blei	Quecksilber	Nickel	Zink	Phosphor	Stickstoff	Chloride	Sulfate
Land- und Forstwirtschaft, Fischerei	Landwirtschaft											▨			
	Gewerbl. Gärtnerei, Gewerbl. Tierhaltung											▨			
	Forstwirtschaft											▨			
	Fischerei, Fischzucht											▨			
Energie- und Wasserversorgung	Elektrizitäts- u. Fernwärmeversorgung											▨			
	Gasversorgung											▨			
	Wasserversorgung											▨			
Bergbau	Kohlenbergbau											▨			
	Übriger Bergbau											▨			
Verarbeitendes Gewerbe	Chemische Industrie											▨			
	Herstlg. u. Beab. von Spalt- u. Brutstoffen											▨			
	Mineralölverarbeitung											▨			
	Herstlg. von Kunststoffwaren											▨			
	Gummiverarbeitung											▨			
	Gewinnung von Steinen und Erden											▨			
	Feinkeramik, Grobkeramik											▨1			
	Herstlg. von Schleifmitteln											▨			
	Herstlg. u. Verarbeitung von Glas											▨			
	Eisenschaffende Industrie											▨			
	NE-Metallerzeug., NE-Metallhalbzeugwerke											▨			
	Gießereien											▨			
	Ziehereien, Kaltwalzwerke, Stahlverfg.											▨			
	Stahl- und Leichtmetallbau											▨			
	Maschinenbau											▨			
	Herstlg. v. Büromaschinen, ADV-Geräten											▨			
	Straßenfahrzeugbau											▨			
	Schiffbau											▨			
	Schienenfahrzeugbau											▨			
	Luft- und Raumfahrzeugbau											▨			
	Elektrotechnik, Rep. v. Haushaltsgeräten											▨			
	Feinmechanik, Optik, Herstlg. v. Uhren											▨			
	Herstlg. v. Eisen-, Blech- u. Metallwaren											▨			
	Herstlg. v. Musikinstr. u. Spielwaren											▨			
	Holzbearbeitung											▨			
	Holzverarbeitung											▨			
	Zellstoff-, Holzschliff-, Papier u. Pappeerzeugung	▨			2	▨			2			▨		2	
	Papier- und Pappeverarbeitung											▨			
	Druckereien, Vervielfältigung											▨			
	Ledererzeugung und -verarbeitung											▨			
	Textilgewerbe											▨			
	Bekleidungsgewerbe											▨			
	Ernährungsgewerbe											▨			
	Tabakverarbeitung											▨			
Baugewerbe	Bauhauptgewerbe											▨			
	Ausbaugewerbe											▨			
Handel	Großhandel, Handelsvermittlung											▨			
	Einzelhandel											▨			
Verkehr, Nachrichtenübermittlung	Eisenbahnen											▨			
	Straßenverkehr											▨			
	Schiffahrt, Wasserstraßen, Häfen											▨			
	Luftfahrt, Flugplätze											▨			
	Übriger Verkehr											▨			
Dienstleistungen	Kreditinstitute, Versicherungsuntern.											▨			
	Sonstige Dienstleistungen z.B.											▨			
	- Gastgewerbe, Heime											▨			
	- Wäschereien, Reinigungen, Gebäudereinigung											▨			
	- Bildung, Wissenschaft, Kultur, Sport											▨			
	- Gesundheits- und Veterinärwesen											▨			
	- Übrige											▨			
Staat	Gebietskörperschaften											▨			
	Sozialversicherung											▨			
Priv. Haushalte, Organisationen ohne Erwerbsz.	Private Haushalte (häusl. Dienste)											▨			
	Organisationen ohne Erwerbszweck											▨			

▨ Daten liegen spezifiziert nach einzelnen Gruppen vor

⌇ Daten liegen nur teilweise (z. B. regional) oder für aggregierte Gruppen (z. B. Verarbeitendes Gewerbe) vor

1 siehe Abschn. 2.4.3.3 dieses Gutachtens
2 CHRISTMANN et al., 1985

Quelle: SRU

Tab. 1.5.13 **Emittentenstruktur im Bereich „Abfall"**

Emittenten		Siedlungs-Abfälle			Siedl.-u. Produktionsspez. Abfälle			Produktionsspezifische Abfälle										nach 99 2.2 u. 11.3		
		feste Abf. (Hausmüll, Kehricht, Sperrmüll usw.)	Klär-, Fäkal-, Gully-schlamm, Sickerwasser	Krankenhausabfälle	Industrieklärschlämme, sonstige Schlämme	MVA-Schlacken	Bauschutt, Bodenaushub, Strassenaufbruch	Autowracks u. Altreifen	feste mineralische Abf. Formsand, Kernsand u.ä.	Asche, Schlacke, Ruß aus der Verbrennung	Metallurgische Schlacken u. Krätzen	Metallabfälle	Oxide, Hydroxide, Salze	Säuren, Laugen, sonst. flüssige Abfälle	Lösungsmittel Lacke Farben Klebstoffe	Mineralölabfälle, Ölschlämme, Phenole	Kunststoff-, Gummi- und Textilabfälle	Papier- und Pappeabfälle	sonstige organische Abfälle	Sonderabfälle	Radioaktive Abfälle
Land- und Forstwirtschaft, Fischerei	Landwirtschaft																			1;2	
	Gewerbl. Gärtnerei, Gewerbl. Tierhaltung																				
	Forstwirtschaft																			2	
	Fischerei, Fischzucht																				
Energie- und Wasserversorgung	Elektrizitäts- u. Fernwärmeversorgung				▨				▨	▨		▨				▨					
	Gasversorgung	3			3				3	3		3				3					
	Wasserversorgung																			4	
Bergbau	Kohlenbergbau	3;5			3;5				3;5	3;5		3;5									
	Übriger Bergbau																				
Verarbeitendes Gewerbe	Chemische Industrie																			3;4	3
	Herstlg. u. Beab. von Spalt- u. Brutstoffen				3				3			3				3					
	Mineralölverarbeitung																			4	
	Herstlg. von Kunststoffwaren	3																			
	Gummiverarbeitung				3																
	Gewinnung von Steinen und Erden																				
	Feinkeramik, Grobkeramik																				
	Herstlg. von Schleifmitteln																				
	Herstlg. u. Verarbeitung von Glas																				
	Eisenschaffende Industrie	3							3			3				3					
	NE-Metallerzeug., NE-Metallhalbzeugwerke				3																
	Gießereien																				
	Ziehereien, Kaltwalzwerke, Stahlverfg.																				
	Stahl- und Leichtmetallbau					3															
	Maschinenbau																				
	Herstlg. v. Büromaschinen, ADV-Geräten												3								
	Straßenfahrzeugbau	3			3				3												
	Schiffbau																				
	Schienenfahrzeugbau																				
	Luft- und Raumfahrzeugbau																				
	Elektrotechnik, Rep. v. Haushaltsgeräten																				
	Feinmechanik, Optik, Herstlg. v. Uhren											3									
	Herstlg. v. Eisen-, Blech- u. Metallwaren																				
	Herstlg. v. Musikinstr. u. Spielwaren																				
	Holzbearbeitung																				
	Holzverarbeitung				3											3					
	Zellstoff-, Holzschliff-, Papier u. Pappeerzeugung	3																			
	Papier- und Pappeverarbeitung																				
	Druckereien, Vervielfältigung																				
	Ledererzeugung und -verarbeitung				3																
	Textilgewerbe																				
	Bekleidungsgewerbe																				
	Ernährungsgewerbe																				
	Tabakverarbeitung																				
Baugewerbe	Bauhauptgewerbe	3			3				3			3									
	Ausbaugewerbe																				
Handel	Großhandel, Handelsvermittlung																				
	Einzelhandel																				
Verkehr, Nachrichtenübermittlung	Eisenbahnen																				
	Straßenverkehr																				
	Schiffahrt, Wasserstraßen, Häfen																				
	Luftfahrt, Flugplätze																				
	Übriger Verkehr																				
Dienstleistungen	Kreditinstitute, Versicherungsuntern.																				
	Sonstige Dienstleistungen z.B.																				
	- Gastgewerbe, Heime																				
	- Wäschereien, Reinigungen, Gebäudereinigung																				
	- Bildung, Wissenschaft, Kultur, Sport																				
	- Gesundheits- und Veterinärwesen	3		3		3				3		3							3		
	- Übrige																				
Staat	Gebietskörperschaften	6;5	5		3				3			3							3		
	Sozialversicherung																				
Priv. Haushalte, Organisationen ohne Erwerbsz.	Private Haushalte (häusl. Dienste)	7																		7	
	Organisationen ohne Erwerbszweck	3	3		3				3	3		3				3					

▨ Daten liegen spezifiziert nach einzelnen Gruppen vor

▨ Daten liegen nur teilweise (z. B. regional) oder für aggregierte Gruppen (z. B. Verarbeitendes Gewerbe) vor

1 SRU (1985)
2 BEF, mündl. Mittlg.
3 Statistisches Bundesamt, 1984
4 Statistisches Bundesamt, 1987b
6 SPIES, 1985
7 Statistisches Bundesamt, 1987c
8 BARGHOORN et al., 1986

Quelle: SRU

2 SEKTOREN DES UMWELTSCHUTZES

2.1 Naturschutz und Landschaftspflege

2.1.1 Einführung

334. Innerhalb des Umweltschutzes blickt der Naturschutz, dessen Anfänge in die 1. Hälfte des 19. Jahrhunderts zurückreichen, auf eine lange Tradition zurück. Ein für seine Zeit als fortschrittlich anzusehendes Naturschutzgesetz wurde im damaligen Deutschen Reich bereits 1935 erlassen, als der Begriff „Umweltschutz" noch nicht gebräuchlich war und höchstens von einigen Wissenschaftlern diskutiert wurde (Abschn. 1.1.1). Im politischen Gewicht und in der Durchsetzung seiner Ziele hat der Umweltschutz — freilich in Beschränkung auf bestimmte Teilbereiche — seit den 60er Jahren den Naturschutz überflügelt. Die im Reichsnaturschutzgesetz bereits 1935 festgelegten Ziele, die im Bundesnaturschutzgesetz (BNatSchG) 1976 bekräftigt und erweitert wurden, sind nicht erreicht worden; ihre Erreichung erscheint sogar schwieriger als zur Zeit des Umweltgutachtens 1978 (SRU, 1978).

335. Die gegenwärtige Situation des Naturschutzes und der Landschaftspflege ist durch einen immer noch größer werdenden Gegensatz zwischen den in § 1 Abs. 1 BNatSchG festgelegten allgemeinen Zielen (Abschn. 2.1.3.1) und dem tatsächlichen ökologischen Zustand von Natur und Landschaft gekennzeichnet (BRAHMS et al., 1986). Wie in Abschnitt 2.1.6 erläutert wird, nehmen die wildlebenden Tier- und Pflanzenarten und ihre Lebensstätten („Biotope") weiterhin in teilweise beängstigendem Ausmaß ab, während gleichzeitig wesentliche Bestandteile von Natur und Landschaft, wie z. B. Wälder und Gewässer, durch anhaltende, z. T. schwere Schädigungen betroffen werden. Selbst in Naturschutzgebieten, die die ranghöchste Schutzkategorie darstellen, sind immer wieder starke Eingriffe oder Beeinträchtigungen festzustellen (Abschn. 2.1.7).

336. Der Gedanke der Erfolglosigkeit oder gar des Versagens von Naturschutz und Landschaftspflege liegt daher nicht fern, zumal auch die allgemeine Umweltpolitik die Belange des Naturschutzes nicht ausreichend berücksichtigt. Dieser Gedanke wird — indirekt und ungewollt — auch dadurch unterstrichen, daß sich die Besorgnis einer sensibilisierten Fachwelt und Öffentlichkeit seit kurzem auf einen weiteren wesentlichen Bestandteil von Natur und Landschaft, nämlich den Boden richtet (siehe Kap. 2.2) und diesen durch besondere Maßnahmen der Gefahrenabwehr und der Vorsorge vor weiteren Schäden zu bewahren versucht — obwohl dies durch eine konsequente Anwendung des Naturschutzgesetzes und anderer Umweltschutzgesetze zumindest in großen Teilen bereits hätte erreicht werden können.

2.1.2 Zur „Erfolglosigkeit" des Naturschutzes

337. Versucht man, die Gründe der einführend genannten offensichtlichen Zielverfehlungen des Naturschutzes zu ermitteln, zeigen sich neben Wissensmängeln vor allem auch psychologische Hemmnisse, die wiederum das Zaudern im Vollzug sowie die fehlende oder mangelhafte Berücksichtigung von Naturschutzbelangen in politischen oder administrativen Handlungen bedingen. Diese Gründe sollen unter drei Gesichtspunkten diskutiert werden:

— dem hohen Grad der Unbestimmtheit des Begriffsinhaltes von „Natur",

— der Komplexität und Veränderlichkeit der Natur,

— der Einstellung des Menschen zur Natur bzw. der Einschätzung seiner Rolle in der Natur.

2.1.2.1 Zum Begriffsinhalt von „Natur"

338. Aus der Sicht durchschnittlich gebildeter Großstadtbewohner, die einen wesentlichen Teil der Bevölkerung ausmachen, ist Natur im Kontrast zur weitgehend künstlichen städtisch-industriellen Umwelt alles biologisch, vor allem pflanzlich Geprägte. So wird der außerstädtische ländliche Raum trotz z. T. intensiver landwirtschaftlicher Nutzung oberflächlich für eine Verkörperung von „Natur" gehalten; im innerstädtischen Bereich entspricht ihr das „Grün" — eine Bezeichnung, die trotz ihrer kaum noch zu überbietenden Banalität als „Grünplanung" sogar in Gesetzestexte aufgenommen wurde.

339. Erst bei näherer Begegnung mit „Natur" wird eine Differenzierung erkennbar. Einerseits zeigt sich eine — stark gefühlsmäßig angetriebene — Hinwendung zu natürlichen Gegenständen, d. h. Lebewesen, in der unmittelbaren menschlichen Umgebung in Form der an den Wohnbereich gebundenen Naturliebhaberei: Haltung von Zimmerpflanzen und Haustieren, Anlage und Pflege von Gärten — oft mit erheblichem technischen und finanziellen Aufwand. Dabei handelt es sich um eine gezähmte Natur, deren Nutzung überwiegend geistig-sinnesmäßig und im privaten Bereich erfolgt. Diese Art von „Natur" wird hier nicht weiter behandelt. Andererseits ist — weitgehend außerhalb des privaten Bereiches — eine Vorliebe für „wilde Natur" erkennbar, die sehr stark durch Fernsehsendungen, Zeitschriften und Bücher gefördert wird. Diese Art von Natur besteht aus Pflanzen- und Tiergemeinschaften bzw. -arten, von denen der Bürger nach seinem Kenntnisstand annimmt, daß sie ohne menschliches Zutun, d. h. spontan, „wild" gedeihen und als solche erlebt werden können. Die ungewöhnlich rasche Popularisierung des Begriffes „Biotop" als Lebensstätte solcher Tiere und Pflanzen beweist diesen Aspekt von Naturzuwendung, die wiederum überwiegend geistig-sinnesmäßig und individuell erfolgt.

340. Eine viel ältere Tradition, die im Sammler-Jäger-Dasein der Menschen verankert ist, besitzt die Nutzung der „wilden Natur" in Form der nichtprofessionellen Jagd und Fischerei, des Suchens von Früchten, Samen und Pilzen zu Nahrungszwecken sowie des Pflückens von Wildblumen aus bloßer Freude an ihrer Schönheit. Auch hierin ist ein Erlebniswert enthalten, so daß sich eine scharfe Grenze zu der vorher erwähnten Naturzuwendung nicht ziehen läßt. Die private Pflanzen- und Tierfotografie gehorcht ebenfalls einem Jagd- und Sammeltrieb und kann u. U. sogar eine stärkere Belastung wildlebender Pflanzen und Tiere sein, weil sie keine Lizenzen, Reviere und Schonzeiten kennt.

341. Aus der Sicht des Bewohners ländlicher Gebiete bzw. des Landbewirtschafters hat „Natur" einen teilweise noch anderen Begriffsinhalt. Einerseits wird die Natur hier als Bewirtschaftungs- und Nutzungsgegenstand betrachtet und bei richtigem Verständnis auch pfleglich behandelt. Andererseits verkörpert „Natur" neben Naturgewalten, wie Frost, Sturm und Hagel, auch die unerwünschten Gegenspieler der angebauten Pflanzen(bestände) in Form wildlebender Pflanzen und Tiere, die als Unkräuter, Schädlinge und Krankheitserreger bezeichnet und bekämpft werden. Ebenso wird das „Verwildern" bestellten Landes gefürchtet und verhindert.

342. Alle bisher genannten Begriffsinhalte von „Natur" sind selektiv, indem sie ganz bestimmte Organismen oder Gruppen von Organismen entweder positiv oder negativ hervorheben. Die naturwissenschaftliche Erforschung der Natur, insbesondere durch die Ökologie, hat jedoch gerade in den letzten 50 Jahren immer deutlicher gezeigt, daß „Natur" ein großes, in sich zusammenhängendes und vielfach verflochtenes System darstellt, dessen Bestandteile durch vielfältige Wechselbeziehungen und gegenseitige Abhängigkeiten verbunden sind (Abschn. 1.1.1.3). Zu diesem natürlichen System gehören außer der Vielfalt der Lebewesen auch die nichtlebenden Naturbestandteile oder -ressourcen. Wegen deren unterschiedlicher räumlicher Verteilung ist das natürliche System regional und sogar lokal differenziert. Dennoch stehen diese regionalen oder lokalen Systeme, die in naturräumlichen Einheiten erfaßbar sind, über die Atmosphäre und vielfach auch über die Gewässer miteinander in Verbindung.

343. Durch zum Teil jahrtausendelange menschliche Nutzungen, deren Intensität sich in den letzten 100 Jahren ständig gesteigert hat und die immer größere Gebiete einbezogen haben, sind das natürliche System insgesamt und seine räumlichen Teilsysteme stark verändert worden (Abschn. 1.1.2). Die Ökologie trägt diesen Veränderungen Rechnung durch eine Klassifikation der Ökosysteme nach dem Grad ihrer Natürlichkeit bzw. anthropogenen Veränderung (SRU, 1985, Tz. 82). Diese Einteilung zeigt, daß in der Bundesrepublik die anthropogenen, d. h. die menschlich beeinflußten Systeme bei weitem die größten Flächen einnehmen und die verbleibenden natürlichen Ökosysteme, die auf 1—3 % der Fläche beschränkt sind, durch Immissionen aller Art so beeinflussen, daß auch bei ihnen der natürliche Charakter mehr oder weniger stark beeinträchtigt wird. Die erwähnte Vorliebe für die „wilde Natur" (Tz. 339) lenkt trotzdem die Aufmerksamkeit in besonders starkem Maße auf diese „Restnatur". Wie an anderer Stelle gezeigt wird, hat dies positive Auswirkungen, z. B. in Form von verstärkten Schutzbemühungen und Schutzerfolgen, aber auch negative Folgen, wie übermäßigen Interessen- und Besucherdruck, der die Natur nur als Objekt von Freizeit und Erholung sieht (Kap. 3.5).

344. Die ökologische Erkenntnis des Gesamtzusammenhanges der Natur ist jedoch noch nicht in das allgemeine Bewußtsein der Menschen eingedrungen, die daher fortfahren, mit „Natur" unterschiedliche und in der Regel selektive Begriffsinhalte zu verbinden. Daher wird verständlich, daß sich diese Einstellung nachteilig auf einen ganzheitlichen Naturschutz auswirkt bzw. diesen schwächt.

345. Diese Ausführungen dürfen nicht so verstanden werden, als ob der ganzheitliche Aspekt des Naturschutzes und die sich daraus ergebenden Notwendigkeiten bisher unberücksichtigt geblieben wären. Bekanntlich stehen das neuere deutsche Naturschutzrecht und die daraus abgeleiteten Maßnahmen unter der — in anderen Sprachen und Staaten nicht vorkommenden — Doppelbezeichnung „Naturschutz und Landschaftspflege". Da unter „Landschaft" immer ein mehr oder weniger großräumiger Zusammenhang ökologischer Erscheinungen und Prozesse verstanden wird, ergibt sich allein hieraus eine überzeugende ganzheitliche Komponente des Naturschutzes im deutschen Sprachbereich. Leider bestehen in diesem Bereich terminologische Schwierigkeiten und Mißverständnisse, die die erwähnten Schwierigkeiten mit dem Begriffsinhalt von „Natur" noch verstärken. Auch der Begriff „Landschaft" ist davon betroffen, zumal viele ihn allein auf den optisch-ästhetischen Erlebniswert beziehen. Mit „Landespflege" ist ein weiterer Begriff hinzugekommen (HABER, 1986a), der die Gesamtheit aller Maßnahmen des Naturschutzes, der Landschaftspflege und der Grünordnung (d. h. landschaftspflegerischer Maßnahmen im besiedelten Bereich) zusammenfaßt und ebenfalls in den Bezeichnungen von Ausbildungsstätten sowie in Gesetzestexten verwendet wird (Abschn. 2.1.4.1). Landes- und Landschaftspflege, Landesplanung und Landschaftsplanung und ähnliche Begriffe werden jedoch von Nichtfachleuten — und selbst gelegentlich von Fachleuten! — immer wieder verwechselt, wodurch die theoretische und praktische Arbeit des Naturschutzes zusätzlich belastet wird.

Unter den Begriffen ist nach neueren Definitionen (ANL, 1984) folgendes zu verstehen:

Grünordnung

Gesamtheit der Maßnahmen für die Landschaftspflege und den Naturschutz in Städten und Dörfern als Aufgabenbereich der Gemeinden.

Grünplanung

Planungsinstrument oder -vorgang zur Verwirklichung der Ziele der Grünordnung.

Landesplanung

Instrument zur Entwicklung und Gestaltung eines Landes und seiner Teilräume durch Koordination der fachplanerischen Maßnahmen. Grundlage ist ein gemeinsames, übergreifendes Konzept zur Ordnung des Raumes, das in Raumordnungs- bzw. Entwicklungsprogrammen oder -plänen dargelegt ist (siehe auch Kap. 3.4).

Landespflege

Sammelbegriff für die Aufgabengebiete Naturschutz und Landschaftspflege sowie die Maßnahmen zur nachhaltigen Sicherung und Entwicklung von Landschaften (siehe auch Abschn. 2.1.4).

Landschaft

Nach Struktur (Landschaftsbild) und Funktion (Landschaftshaushalt) geprägter, als Einheit aufzufassender Ausschnitt der Erdoberfläche, aus einem Ökosystemgefüge oder Ökotopengefüge bestehend. Eine Naturlandschaft wird überwiegend von naturbetonten, eine Kulturlandschaft überwiegend von anthropogenen Ökosystemen eingenommen.

Landschaftshaushalt

Beziehungs- und Wirkungsgefüge von Lebewesen und ihrer unbelebten Umwelt in der Landschaft und zwischen benachbarten Landschaften.

Landschaftspflege

Gesamtheit der Maßnahmen zur Sicherung und Förderung

— der nachhaltigen Nutzungsfähigkeit der Naturgüter sowie

— der Vielfalt, der Eigenart und der Schönheit von Natur und Landschaft.

Landschaftsplanung

Raumbezogenes Planungsinstrument auf gesetzlicher Grundlage zur Verwirklichung der Ziele von Naturschutz und Landschaftspflege in besiedelter und unbesiedelter Landschaft, gegliedert in Landschaftsprogramm, Landschaftsrahmenplan, Landschaftsplan, Grünordnungsplan sowie den landschaftspflegerischen Begleitplan (siehe auch Abschn. 2.1.4).

Naturgut

In der Natur für die Nutzung verfügbarer Stoff oder Organismus: Gesteine (Bodenschätze), Boden, Wasser, Luft, Pflanzen und Tiere.

Ähnliche Bedeutung haben die Begriffe: Landschaftsfaktoren, Naturausstattung, Naturbedingungen, Naturvorgaben, natürliche Hilfsquellen, natürliche Landschaftselemente, natürliche Lebensgrundlagen, natürliche Ressourcen, Umweltbereiche.

Naturhaushalt

Beziehungs- und Wirkungsgefüge von Lebewesen und ihrer unbelebten Umwelt in der Biosphäre oder Teilen davon.

Naturschutz

Gesamtheit der Maßnahmen zur Erhaltung und Förderung von Pflanzen und Tieren wildlebender Arten, ihrer Lebensgemeinschaften und natürlicher Lebensgrundlagen sowie zur Sicherung von Landschaften und Landschaftsteilen unter natürlichen Bedingungen.

Ökologie

Wissenschaft vom Stoff- und Energiehaushalt der Biosphäre bzw. ihrer Untergliederungen (z. B. Ökosysteme) sowie von den Wechselwirkungen ihrer Bewohner untereinander und mit ihrer abiotischen Umwelt.

Ökosystem

Funktionelle Einheit der Biosphäre als Wirkungsgefüge aus Lebewesen, unbelebten natürlichen und vom Menschen geschaffenen Bestandteilen, die untereinander und mit ihrer Umwelt in energetischen, stofflichen und informatorischen Wechselwirkungen stehen.

2.1.2.2 Zur Komplexität und Veränderlichkeit der Natur

346. HOFFMEISTER (1955) definiert Natur als das Geborene, Entstandene und immer wieder neu Gebärende und Hervorbringende — als alles, was ohne fremdes Zutun wird und sich nach innewohnenden Kräften und Gesetzen entwickelt. Obwohl die ökologische Forschung gezeigt hat, daß sich das Funktionieren der Natur auf einfache und verständliche Grundprinzipien zurückführen läßt, besteht ihre Wirklichkeit aus einer fast unüberschaubaren Abwandlung dieser Grundprinzipien. Dazu trägt die in Tz. 342 erwähnte räumliche Differenzierung der Ökosysteme und ihrer Bestandteile wesentlich bei. Daraus resultiert eine außerordentliche Komplexität der Ökosysteme, ihrer Bestandteile und ihrer Wechselbeziehungen.

347. Ein wesentliches Merkmal der Komplexität ist die Vielfalt. Bereits die nicht belebte Natur ist durch große räumliche Unterschiede und auch durch zeitlichen Wechsel gekennzeichnet. Auf dieser nichtlebenden Vielfalt hat sich die belebte Natur in einer unübersehbaren und bis heute nicht einmal begreifbaren Menge von Erscheinungen entfaltet. Allein die Artenzahl der Pflanzen, Tiere und Mikroorganismen geht in die Millionen und kann von keinem Biologen oder Ökologen jemals vollständig überblickt, geschweige denn kennengelernt werden. Die Zahl der zu jeder Art gehörenden Individuen, die jede Art als Population repräsentieren, entzieht sich bisher den Schätzungen. Mit dieser Strategie der Vielfalt vermochten die Lebewesen einerseits die örtlichen Gegebenheiten zu nutzen, andererseits sich diesen anzupassen und darüber hinaus wechselseitig in Beziehung zu treten.

348. Ein anderes Merkmal der Komplexität ist der ständige Aufbau und Abbau von lebenden Substanzen, die einerseits als „Betriebsstoffe" der Lebensvorgänge dienen, andererseits aber längerlebige, strukturierte „Naturkörper" bilden, die z. B. in Form von Bäumen oder Korallenstöcken jahrhundertelang existieren können und die Lebensräume prägen. Aufbau und Abbau lebender Substanzen bzw. Strukturen werden in allen Ökosystemen durch die beiden Haupt-Funktionstypen der Produzenten (Aufbau: verkörpert durch die grünen Pflanzen) und der Destrukturen (Abbau: verkörpert durch Bodenkleintiere, -pilze und -mikroorganismen) realisiert. Die Produzenten bauen aus anorganischen Substanzen mit Hilfe von Sonnenenergie biotische Substanzen und Strukturen auf. Die Energie entstammt den Kernfusionsprozessen der Sonne und wird über die Blätter, die in dieser Funktion als „lebende Solarzellen" bezeichnet werden können, der Sonneneinstrahlung entnommen. Die Destruenten, unterteilt in Abfall- und Leichenverzehrer sowie Mineralisierer, wandeln die biotischen Stoffe und Strukturen letztlich wieder in anorganische Substanzen um, die erneut von den Produzenten aufgenommen werden. In diesen Kreislauf von Stoffaufbau und Stoffabbau hat sich ein dritter Haupt-Funktionstyp von Organismen eingefügt, die Konsumenten. Zu ihnen gehören die meisten Tiere und der Mensch. Sie sind direkt oder indirekt auf pflanzliche Nahrung angewiesen und daher von den Produzenten abhängig.

349. Die seit jeher so gebildeten natürlichen Ökosysteme sind nicht konstant, sondern unterliegen Veränderungen. Diese kommen langfristig in der Evolution der Lebewesen aus einfachen zu komplizierten Formen zum Ausdruck, die mit einer allgemeinen Zunahme der Arten einhergeht. Kurzfristig kann man die Veränderungen als Sukzessionen, d. h. als gesetzmäßige Abfolgen der Besiedlung bestimmter Plätze durch einander ablösende Organismen-Gemeinschaften beobachten. Eine solche Sukzession endet mit einer Dauergemeinschaft oder einer Klimax-Formation, die als Ganzes an einem Platz über einen längeren Zeitraum erhalten bleiben kann. Dies wird als Stabilität des Ökosystems bezeichnet, obwohl es sich streng genommen um ein „Fließgleichgewicht" handelt, wobei sich die Bestandteile immer wieder erneuern, doch Zusammensetzung und Struktur erhalten bleiben. Dieser Zustand von Beständigkeit wird erreicht, wenn die am Standort verfügbaren Energien und Stoffe hinsichtlich der Energieumwandlungen und Stoffkreisläufe in und mit der Organismen-Gemeinschaft eine ausgeglichene Bilanz zeigen. Diese kann innerhalb eines bestimmten Zeitbezuges an Energie- und Stoffmengen, Populationsdichten und Umsetzungen aller Art gemessen werden. Die Beständigkeit beruht im wesentlichen auf autonomen Regelungsvorgängen mit dem maßgebenden Prinzip der beschränkenden („negativen") Rückkopplung und ist daher ein sehr dynamischer Prozeß (HABER, 1980).

350. Die geschilderte Erkenntnis der Komplexität und Veränderlichkeit der Natur ist erst relativ jungen Datums und wird daher von vielen noch nicht begriffen, zumal sie der jahrhundertelangen Erkenntnistradition linearer Ursache-Wirkungs-Beziehungen widerspricht. Auch dies wirkt sich nachteilig auf einen ganzheitlichen Naturschutz aus und verführt immer wieder dazu, selektive oder lineare Ansätze dafür zu wählen. Das sog. Umweltbewußtsein (Kap. 1.2) hat die Komplexität und Veränderlichkeit der Natur bestenfalls oberflächlich aufgenommen. Daß der Begriff „Naturhaushalt" inzwischen sogar in die Umweltgesetze Eingang gefunden hat, täuscht über diese Oberflächlichkeit hinweg.

Naturschutz ist daher als komplexer Naturhaushaltsschutz zu begreifen. Davon ist die Praxis des Naturschutzes noch weit entfernt. Die hier bestehenden Schwierigkeiten hängen aber auch mit der Einstellung der Menschen zur Natur zusammen.

2.1.2.3 Zum Verhältnis Mensch — Natur

351. Die Einstellung des Menschen zur Natur und die Einschätzung seiner Rolle in der Natur werden verständlicher, wenn man sie zunächst aus biologischer bzw. ökologischer Sicht untersucht. Wie erwähnt, gliedern sich alle Lebewesen des gesamten natürlichen Systems und eines jeden natürlichen Ökosystems stets in die drei Haupt-Funktionsgruppen der Produzenten, Konsumenten und Destruenten. Nur ihr Zusammenspiel ermöglicht das Funktionieren der Systeme. Eindeutig gehört der Mensch der Gruppe der Konsumenten an, die insgesamt einige gemeinsame Merkmale besitzen. Dazu gehört die absolute Bindung an pflanzlich produzierte oder durch Tiere umgewandelte pflanzliche Nahrung, die ständig in frischer Form verfügbar sein muß, und die der moderne Mensch nurmehr mit Hilfe der Landwirte gewinnen kann (SRU, 1985). Ein weiteres Merkmal aller Konsumenten ist die Fähigkeit, sich bietende Nahrungsressourcen bis zur Erschöpfung auszubeuten, um den „Lebenserfolg" in der Selbst- und Arterhaltung zu maximieren. Zu der Erschöpfung der Ressourcen kommt es in natürlichen Ökosystemen in der Regel nicht, weil die bereits erwähnten beschränkenden Rückkopplungen in Form der Selbstregelung der Ökosysteme dies verhindern und damit die weitere Existenz der Konsumenten ermöglichen. Diese Selbstregelung wird freilich den Konsumenten-Individuen und -Arten vom System häufig auferlegt und ist in den meisten Fällen nicht in ihnen erblich verankert. Ein Konsument ist daher, vereinfacht ausgedrückt, „auf Ausbeutung programmiert". Das Fließgleichgewicht eines natürlichen Ökosystems ist dagegen auf Selbstregelung programmiert.

352. Aus diesem antagonistischen Gleichgewicht hat sich der Mensch mit Hilfe seines Intellektes gelöst. Seine Evolution, d. h. seine Durchsetzung gegen starke Konkurrenz und erheblichen Antagonismus anderer Konsumenten beruhte auf seiner Fähigkeit, vorhandene Ressourcen durch Umgehung der Systemregelung zu konzentrieren bzw. verstärkt auszunutzen und für sich dadurch Vorteile zu erzielen. Hierzu gehörte insbesondere die auf den Menschen beschränkte Fähigkeit, sich mit Hilfe des Feuers eine zusätzliche Energiequelle zu verschaffen und damit von der Sonnenenergie teilweise unabhängig zu werden (Tz. 1811 ff.) — deren Energiefluß der Mensch aber ebenfalls weiterhin zu konzentrieren versucht.

353. Die Fähigkeiten zur Ausbeutung natürlicher Ressourcen steigerten sich mit der Zunahme der Zahl der Menschen, ihrer Geschicklichkeit und der Erfindung immer neuer technischer Möglichkeiten. Erst mit erheblicher Verzögerung erwuchs dagegen die Fähigkeit zum Verständnis der Systemregelungen, von denen letztlich die dauerhafte Existenz aller Lebewesen abhängt. Die Einsicht, daß die Natur nicht nur ein großes zusammenhängendes System im ständigen Energiefluß der Sonne und in den Kreisläufen der beschränkten Stoffmengen des Planeten Erde darstellt, sondern auch als ein umfassender Naturhaushalt zu begreifen ist, greift erst jetzt allgemein Platz und gebietet, daß ein bisher fast nur selektiv praktizierter Naturschutz zu einem ganzheitlichen Schutz des Naturhaushaltes und der Natur in allen ihren Erscheinungen erweitert wird.

354. Daraus braucht kein „Eigenrecht der Natur" abgeleitet zu werden. Wie am Anfang des Kapitels „Umwelt und Gesundheit" (Abschn. 3.1.1) noch näher ausgeführt wird, vertritt der Rat eine „kritisch anthropozentrische" Ausrichtung des Umwelt- und damit auch des Naturschutzes. Auch wenn die Schaffung und Erhaltung einer Zivilisation ohne Ausbeutung der Natur nicht möglich ist und der Mensch aus Selbstschutzgründen eine Anzahl Pflanzen-, Tier- und Mikroben-Arten bekämpfen muß, so liegt doch der Schutz der Umwelt- und Naturgüter in ihrer Gesamtheit direkt oder indirekt stets im Interesse der Menschen. Dies ergibt sich auch aus der allgemeinen Umwelt-Definition, wie sie der Rat in Abschnitt 1.1.1 (Tz. 5ff.) erläutert hat. Der Umweltschutz erscheint freilich meist direkt anthropozentrisch, während der Naturschutz eher indirekt auf den Menschen bezogen ist. Daher grenzen sich Naturschützer oft gegen Umweltschützer ab, die „nur" eine dem Menschen verträgliche Umwelt anstreben. Es bedarf allerdings beständiger, z. Zt. sogar verstärkter Bemühungen, um nichtmenschliche Schutzgüter, insbesondere das Schutzgut Natur, im Umweltschutz nicht in eine Außenseiterrolle geraten zu lassen.

355. Besonders schwierig erscheint das Verständnis für die Ordnung der gewachsenen, „wilden" Natur und ihrer Systeme, die vielen Menschen wegen der Komplexität als wirr, undurchschaubar, eben als unordentlich erscheinen. Ein wesentliches Motiv menschlichen Handelns besteht deshalb bis heute darin, die Natur „in Ordnung zu bringen" und durchschaubar zu machen, so z. B. bei der Begradigung von Wasserläufen, die zudem nur monofunktional gesehen werden, wie in den Bezeichnungen Wasserstraße bzw. Vorfluter ersichtlich ist. Auch das hohe Maß biologischer Ordnung bzw. Organisation, die durch sparsam, aber wirksam verwendete Energiemengen aufrechterhalten wird, scheint dem menschlichen Denken nicht ohne weiteres zugänglich zu sein. Die durch Regulierung eines Flusses erzielte „Ordnung" widerspricht diesem Prinzip, denn jeder regulierte Fluß droht über kurz oder lang wieder zu „verwildern" und muß erneut, d. h. durch zusätzliche Energieaufwendungen „in Ordnung" gebracht werden. Das System „regulierter Fluß" kann seine Ordnung also nicht selbst aufrechterhalten — ein „wilder" Fluß ist dazu jedoch durchaus in der Lage. Für die heutige intensive Landnutzung mit ihren oft bis an den Rand der Gewässer reichenden Nutzflächen ist die Dynamik eines solchen Flusses aber ein störendes oder gar gefährliches Element und erzeugt damit einen Konflikt, der sich mit der Hinnahme von Überschwemmungsgebieten jedoch von selbst lösen würde. Tabelle 2.1.1 zeigt einen Vergleich von Natur- und Kulturlandschaft unter dem Aspekt der Begriffe Ordnung und Unordnung.

Tabelle 2.1.1

Strukturelle und funktionale Gegensätze zwischen ehemaliger Naturlandschaft bzw. naturnaher Kulturlandschaft und heutiger „übernutzter" Kulturlandschaft

naturnahe Kulturlandschaft	übernutzte Kulturlandschaft
scheinbare „Unordnung" intakter Ökosysteme	gestaltete „Ordnung" gestörter Ökosysteme
„Multifunktionale, differenzierte" Ökosysteme	„Monofunktionale, uniforme" Ökosysteme
stabile, wenn auch dynamische Ökosysteme	labile, künstlich statisch gehaltene Ökosysteme
Mosaik-Vielfalt stabiler Naturbiotope mit hohem Randlinien-Effekt	uniforme Monotonie labiler Kulturbiotope mit geringem Randlinien-Effekt
kleinflächig vernetzte Systemstruktur der naturnahen Kulturlandschaft („Biotopverbundsystem")	großflächig „entnetzte", nivellierte Monotonie mit Barriere- und Isolationswirkung (Verinselung)
strukturelle Heterogenität (Vielfalt) der Naturbiotope	strukturelle Homogenität der Kulturbiotope
Vielfalt systemtypischer Arten in ungestörten Ökosystemen	Verarmung systemtypischer Arten in gestörten Ökosystemen (Monotonisierung des Arteninventars)
„Ökologisches Wirkungsgefüge" zahlreicher Arten in stabilen Ökosystemen	strukturloses Nebeneinander weniger Arten in umgelagerten, zusammenbrechenden Ökosystemen
zahlreiche, eng angepaßte Spezialisten (stenöke Arten) als „Stabilisatoren" meist oligotropher bis mesotropher Ökosysteme	wenige Generalisten, Ubiquisten (euryöke Arten) als Indikatoren der Labilität meist eutropher bis hypertropher Ökosysteme
begrenzte Konkurrenz stenöker Arten mit funktionaler Nischentrennung	expansive Konkurrenz euryöker Arten mit Unterdrückung stenöker Arten
hochproduktive, verlustarme Stoffkreisläufe natürlicher Ökosysteme	künstlich produktiv gehaltene, energetisch und stofflich verlustreiche „Zuschußbetriebe"

Quelle: BAUER, 1986

2.1.3 Ziele und Zielverfehlungen des Naturschutzes

2.1.3.1 Gesetzliche Ziele

356. Das Bundesnaturschutzgesetz von 1976 definiert Naturschutz und Landschaftspflege wissenschaftlich exakt als ganzheitliche, das ganze Land erfassende Aufgaben. Damit wurde erstmalig ein ganzheitlicher Schutz des Naturhaushaltes und der natürlichen Lebensgrundlagen bundesrechtlich verankert (SALZWEDEL, 1987). Dies zeigen die nachstehenden Zitate aus §§ 1 und 2:

§ 1 Ziele des Naturschutzes und der Landschaftspflege.

(1) Natur und Landschaft sind im besiedelten und unbesiedelten Bereich so zu schützen, zu pflegen und zu entwickeln, daß

1. die Leistungsfähigkeit des Naturhaushalts,
2. die Nutzungsfähigkeit der Naturgüter,
3. die Pflanzen- und Tierwelt sowie
4. die Vielfalt, Eigenart und Schönheit von Natur und Landschaft

als Lebensgrundlagen des Menschen und als Voraussetzung für seine Erholung in Natur und Landschaft nachhaltig gesichert sind.

§ 2 Grundsätze des Naturschutzes und der Landschaftspflege (Auswahl).

(1) Die Ziele des Naturschutzes und der Landschaftspflege sind insbesondere nach Maßgabe folgender Grundsätze zu verwirklichen, soweit es im Einzelfall zur Verwirklichung erforderlich, möglich und unter Abwägung aller Anforderungen nach § 1 Abs. 2 angemessen ist:

1. Die Leistungsfähigkeit des Naturhaushalts ist zu erhalten und zu verbessern; Beeinträchtigungen sind zu unterlassen oder auszugleichen. ...

3. Die Naturgüter sind, soweit sie sich nicht erneuern, sparsam zu nutzen; der Verbrauch der sich erneuernden Naturgüter ist so zu steuern, daß sie nachhaltig zur Verfügung stehen.

4. Boden ist zu erhalten; ein Verlust seiner natürlichen Fruchtbarkeit ist zu vermeiden. ...

6. Wasserflächen sind auch durch Maßnahmen des Naturschutzes und der Landschaftspflege zu erhalten und zu vermehren; Gewässer sind vor Verunreinigungen zu schützen, ihre natürliche Selbstreinigungskraft ist zu erhalten oder wiederherzustellen; nach Möglichkeit ist ein rein technischer Ausbau von Gewässern zu vermeiden und durch biologische Wasserbaumaßnahmen zu ersetzen. ...

Die Verwirklichung dieser Ziele und Grundsätze nach §§ 1 und 2, die genauso für die Naturschutzgesetze der Bundesländer gelten, dienen der Umsetzung ökologischer Erkenntnisse über den Naturhaushalt, der als allgemeine Lebensgrundlage erhalten und beachtet werden muß, in gesellschaftliches Handeln.

357. Allerdings dürfen das Bundesnaturschutzgesetz und die Ländernaturschutzgesetze in ihrem ganzheitlichen Anspruch nicht isoliert gesehen werden. Bestimmte und als besonders wichtig erkannte Naturgüter und -ressourcen werden durch eigene Gesetze und Verordnungen geschützt, z. B. enthält das Wasserhaushaltsgesetz wesentliche Bestimmungen zum Schutz der Gewässer und des Grundwassers, das Bundes-Immissionsschutzgesetz regelt die Reinhaltung der Luft, das Baugesetzbuch enthält wichtige Bestimmungen zum Landschaftsschutz usw. Tatsächlich besteht ein ziemlich umfassendes Gesetzeswerk für einen ganzheitlichen Schutz der Natur, das jedoch im Vollzug sektoral aufgeteilt und immer noch zu wenig aufeinander abgestimmt ist. Das Naturschutzgesetz muß als Kernstück eines umfassenden Natur(haushalts)schutzes begriffen werden. Dazu ist es mit den übrigen Umweltschutzgesetzen zu verknüpfen, die untereinander und auf das Naturschutzgesetz abzustimmen sind. Die spezifischen Bestimmungen des Naturschutzgesetzes bleiben davon weitgehend unberührt. Die Bestrebungen, den in jüngster Zeit besonders in den Vordergrund gestellten Bodenschutz nicht durch ein eigenes Gesetz, sondern durch ein sog. Artikelgesetz zu regeln, gehen in die geforderte Richtung und sind daher zu begrüßen.

2.1.3.2 Wissens-, Bewußtseins- und Handlungsdefizite

358. Daß trotz einer so umfassenden Natur- und Umweltschutzgesetzgebung der tatsächliche Zustand von Natur und Landschaft sich in vielen Bereichen nicht gebessert, sondern sogar noch verschlechtert hat, liegt, wie auch BICK (1984) feststellt, in starken Bewußtseinsdefiziten für umfassenden Natur(haushalts)schutz in Politik, Behörden, Öffentlichkeit, Rechtsprechung und Medien (in dieser Reihenfolge). Das sogenannte Umweltbewußtsein, das an und für sich sehr zugenommen hat (Kap. 1.2), erfaßt den Naturschutz in seinen Gesamtzusammenhängen nicht oder nur emotional. Dies reicht für rationale Abwägungen gemäß § 1 Abs. 2 BNatSchG

„Die sich aus Absatz 1 ergebenden Anforderungen sind untereinander und gegen die sonstigen Anforderungen der Allgemeinheit an Natur und Landschaft abzuwägen."

nicht aus; sie werden daher überwiegend zuungunsten des Naturschutzes vorgenommen.

359. Solche Abwägungs-Ergebnisse werden häufig als „Vollzugsdefizite" des Naturschutzes bezeichnet und sind vom Rat bereits im Umweltgutachten 1978 (SRU, 1978, Tz. 1642f.) ausführlich behandelt worden. Das bis 1986 für den Naturschutz zuständige Bundesministerium für Ernährung, Landwirtschaft und Forsten hat diese Problematik durch zwei Forschungsaufträge genauer untersuchen lassen (WITTKÄMPER et al., 1984; BRAHMS et al., 1986). Deren Ergebnisse bestätigen und erweitern die früheren Feststellungen des Rates, daß es sich nicht nur um Vollzugs-, sondern auch um Regelungsdefizite handelt. NIESSLEIN (in WITTKÄMPER et al., 1984) drückt dies so aus: „Die Festlegungen des Gesetzgebers hinsichtlich der

Frage, wie Anliegen des Naturschutzes zu verwirklichen sind, und insbesondere in welchem Umfang sie gegenüber andersartigen, entgegenstehenden öffentlichen Nutzungsansprüchen durchgesetzt werden sollen, sind vage und unbestimmt; sie reichen keinesfalls aus, um der Verwaltungsbehörde im Einzelfall eine klare Richtschnur zu geben". BRAHMS et al. (1986) stellten ein „normatives Defizit hinsichtlich des Natur- und Umweltschutzes" fest, das sich „auf allen politischen und gesellschaftlichen Ebenen, in Gesetzen, Verordnungen, finanzieller Ausstattung, administrativer Eingliederung des Naturschutzes und in der vorherrschenden Praxis der Naturaneignung" zeigt. Unter Hinweis auf eine generell geringere Abwägbarkeit von Naturschutzbelangen fordern sie klare Vorgaben für die Exekutive, um deren Ermessensspielraum bei naturschutzrelevanten Entscheidungen einzugrenzen. Bisher öffne dieser weitgehende Möglichkeiten, naturschutzwidrig, aber nicht rechtswidrig zu handeln — worin kein Vollzugsdefizit zu sehen sei.

360. Bei Politikern, den Entscheidungsträgern allgemein und in der Verwaltung haben die ökologischen Kenntnisse zwar zugenommen, sind aber immer noch unzulänglich. Insbesondere fehlt die Fähigkeit, ökologische Verknüpfungen zu erkennen. Ein systemares Denken, speziell ein Denken in Ökosystemzusammenhängen, ist unterentwickelt. Unkenntnis und darauf aufbauende Geringschätzung der Ökologie sind wesentliche Ursachen für die fehlende Gleichberechtigung von Ökologie und Ökonomie bei politischen Entscheidungen. Ein bedeutendes Hemmnis ist auch die von ökonomischer Seite immer wieder vorgebrachte Forderung nach quantitativen oder quantifizierbaren Wertmaßstäben (Monetarisierung), der für bestimmte Bereiche der Ökosysteme nicht entsprochen werden kann und darf.

361. Seitens der Naturschutz-Fachleute ist die Tendenz zur Vernachlässigung der ökosystemaren Gesamtzusammenhänge — wenn auch ungewollt — noch gefördert worden, und zwar durch die Konzentration auf zwei ursprünglich als wissenschaftliche Bestandsaufnahmen angelegte Konzepte bzw. Instrumente, die, um handhabbar zu bleiben, den Gesamtzusammenhang des Naturhaushaltes oft nicht berücksichtigen: „Rote Listen" und „Schutzwürdige Biotope" (vgl. SRU, 1985, Abschn. 4.1.2.1 und 1.1.7.2).

362. Nach dem ganzheitlichen Prinzip des Naturschutzes sind Schutz und Sicherung von Pflanzen- und Tierarten nur über die Sicherung ganzer Ökosysteme zu erreichen. Die Roten Listen werden oft jedoch herangezogen, um einen von der einzelnen Art ausgehenden Naturschutz zu betreiben; dieser wird zusätzlich noch auf besonders gefährdete und zugleich attraktive oder beliebte Arten eingeengt. Dies führt dazu, daß Ausgleichs- und Ersatzmaßnahmen bei Eingriffen der verschiedenen Fachplanungen in der Praxis lediglich an den Arten der Roten Liste orientiert werden, die in manchen Fällen nicht einmal charakteristisch für die betroffenen Ökosysteme sind. Kriterium für den Ausgleich von Eingriffen soll aber die Erhaltung oder Wiederherstellung des Naturhaushaltes bzw. des Landschaftsbildes sein. In bestimmten Fällen kann man hierbei von einzelnen besonders populären Arten (z. B. Weißstorch) ausgehen, mit deren Schutz zugleich ganze Ökosysteme (in diesem Falle die Feuchtwiesen) erfaßt werden; doch muß diese Konsequenz dann auch in die zu treffenden Maßnahmen durchschlagen.

Von solchen Fällen abgesehen kann die isolierte Betrachtung oder Berücksichtigung einzelner Arten dazu führen, daß Arten, die durch Eutrophierung der Landschaft begünstigt werden, den gleichen Schutzstatus erhalten wie solche, die dadurch gerade gefährdet werden. So könnten z. B. Rabenkrähe und Kranich den gleichen Schutzstatus erhalten. Dies kann nicht als vernünftige ökologische Zielsetzung angesehen und in der Öffentlichkeit vermittelt werden.

363. Durch die Kartierung schutzwürdiger Biotope kam es zu einer überraschenden Popularisierung des Biotop-Begriffes, zugleich aber zu seiner Einengung auf naturnah wirkende Restflächen, oft gar nur auf Feuchtflächen oder Teiche. Dies führt dazu, daß der Raum bzw. die Landschaft nicht mehr als ein Gefüge flächendeckender, aneinandergrenzender und ineinander übergehender Biotope als Lebensstätten von Pflanzen und Tieren gesehen wird, sondern als ein Nebeneinander von „Biotopen" und „Nichtbiotopen". Durch die Hervorhebung einzelner „wertvoller" (bzw. „schutzwürdiger") Biotope wird die übrige Landschaft ungewollt zum „wertlosen" Biotop (SRU, 1985, Tz. 87). Die Forderung, mindestens 10 % zu sichern, droht zur Vernachlässigung oder gar Aufgabe der restlichen 90 % zu führen. Dies widerspricht eindeutig einem ganzheitlich ausgerichteten Naturschutz.

364. Artenschutz auf „Rote-Listen"-Basis und Biotopschutz auf der Basis „schutzwürdiger Biotope" und die daraus z. Zt. entwickelten Arten- und Biotopschutzprogramme sollen freilich nicht in Frage gestellt werden; sie sind notwendige und unentbehrliche Konzepte, wie auch der Rat bereits im Umweltgutachten 1978 (SRU, 1978, Tz. 1291—1311) betont hat. Der Rat begrüßt auch die Bemühungen, das Konzept der „Roten Listen", das auf Gefährdungstatbeständen beruht, von Arten auf Pflanzengesellschaften, Tiergemeinschaften und Ökotope zu übertragen (BFANL, 1986a). Doch solche Bemühungen müssen mehr und bewußter als Bausteine eines ganzheitlichen Ansatzes für Naturschutz und Landschaftspflege aufgefaßt werden, wie sie z. B. KAULE (1986) in der Zuordnung von Säugetieren, Biotoptypen und Schutzstatus der Säugetiere exemplarisch aufzeigt. Als weitere Bausteine sind u. a. der Ökosystemschutz, der Bodenschutz und auch der Schutz des Landschaftsbildes hinzuzufügen. Die Gefahren eines „stückweisen", isolierten Naturschutzes dürfen nicht übersehen werden. Sie liegen auch in der behördlichen Zuordnung und in der Struktur der für Naturschutz und Landschaftspflege zuständigen Verwaltungen begründet.

2.1.3.3 Naturschutz im Verwaltungsvollzug

365. Die verwaltungsmäßige Zuständigkeit für Naturschutz und Landschaftspflege ist für den Bürger schwer zu durchschauen. Es gibt zwei Zuständigkeitsbereiche:

Abbildung 2.1.1 **Organisation des Naturschutzes in der Bundesrepublik Deutschland**

Organisation des Naturschutzes in der Bundesrepublik Deutschland

Ebenen	Behörden für Naturschutz und Landschaftspflege		andere Behörden mit Naturschutzaktivitäten	sonstige Organisationen
Bund	Bundesforschungsanstalt für Naturschutz und Landschaftsökologie	Minister für Umwelt, Naturschutz und Reaktorsicherheit — Beirat für Naturschutz und Landschaftspflege beim BMU	Fachministerien z. B.: Landwirtschaft, Verkehr	Institutionen, Verbände, Vereine, Bürgerinitiativen
Land	Landesanstalten/ämter für Umweltschutz/ Naturschutz	Ministerium Oberste Behörde für Naturschutz u. Landschaftspflege — Beirat für Naturschutz und Landschaftspflege	Fachministerien z. B.: Landwirtschaft, Verkehr	
Bezirk		Bezirksregierung - Höhere Behörde für Naturschutz u. Landschaftspflege — Beirat für Naturschutz und Landschaftspflege	Direktionen z. B.: Flurbereinigungsdirektion, Forstdirektion, Autobahndir.	
Kreis		Kreisverwaltung - Untere Behörde für Naturschutz u. Landschaftspflege — Beirat für Naturschutz und Landschaftspflege	Ämter z. B.: Landwirtschafts-, Forstamt, Wasserwirt.-, Straßenbauamt	
Gemeinde		Stadtverwaltung - Referat für Naturschutz, Gartenbauamt, Bauamt	Reviere, Meistereien z. B.: Forstrevier, Flußmeisterstelle, Straßenmeisterei	

────── direkte Beziehungen   ·········· indirekte Beziehungen

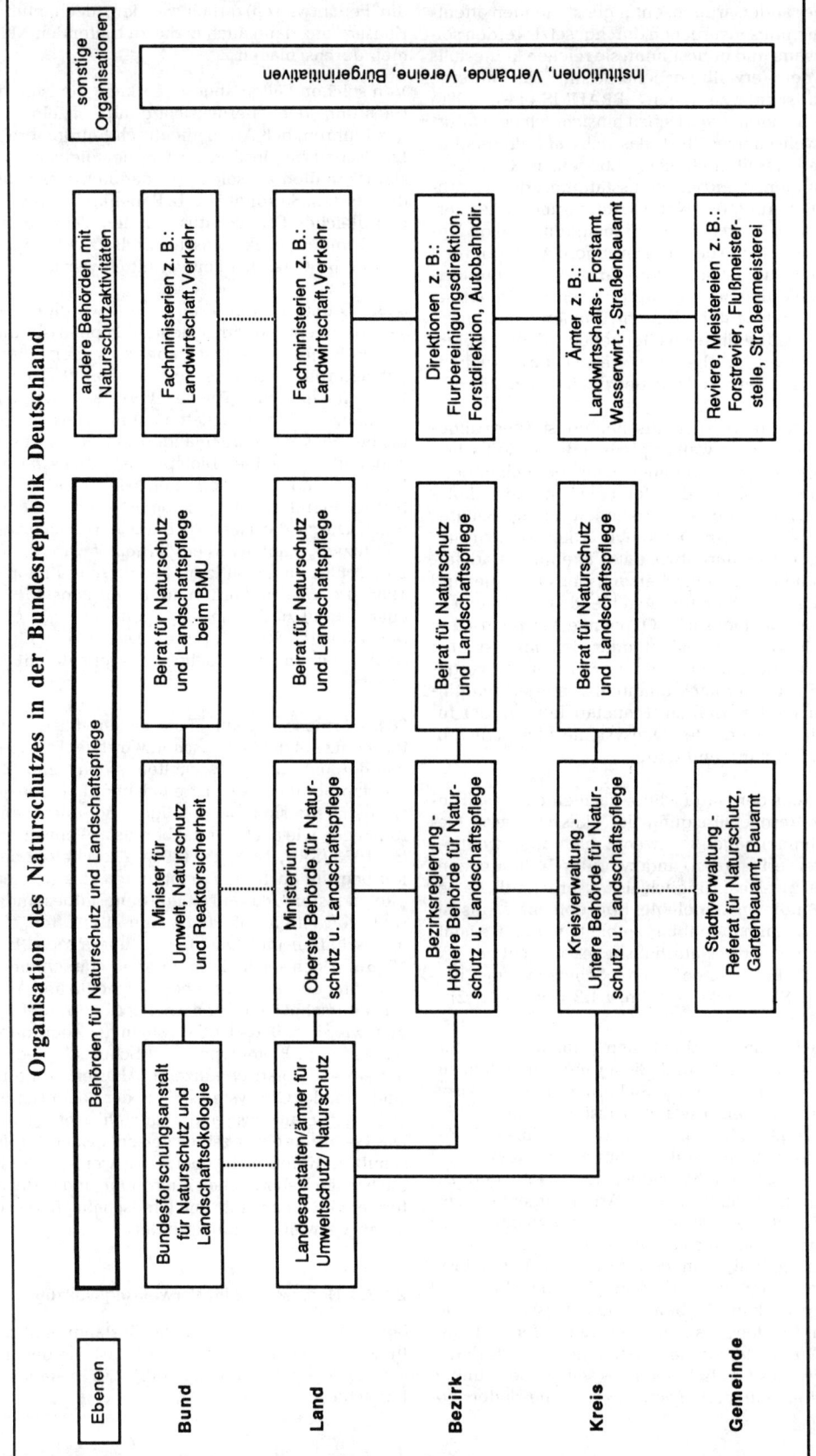

Quelle: SRU; in Anlehnung an ERZ, 1980

— die eigentliche Fachverwaltung für Naturschutz und Landschaftspflege, die Orientierung und Leitlinien geben und den naturschutzfachlichen Vollzug übernehmen muß,

— die naturschutz-orientierte Aktivität aller anderen Verwaltungen, die in ihren jeweiligen Zuständigkeitsbereichen die Ziele der Naturschutzgesetze berücksichtigen müssen.

366. Abbildung 2.1.1 gibt einen Überblick über die für Naturschutz und Landschaftspflege zuständigen Behörden, in dem allerdings nicht berücksichtigt ist, daß diese in den Bundesländern unterschiedliche Bezeichnungen tragen (z. B. Landespflege- oder Landschaftsbehörde) und den Überblick nicht eben erleichtern. Von den schon erwähnten Regelungsdefiziten abgesehen, fehlt es in den Behörden der genannten beiden Bereiche sowohl an konkreten Vorgaben für den Vollzug als auch an Fachpersonal. Darüber hinaus ist mit der Zuordnung der für Naturschutz und Landschaftspflege zuständigen Verwaltung experimentiert worden: Zuordnung zu bestehenden Behörden (z. B. Landwirtschaft, Forsten, Gesundheit, Landesplanung) oder Einrichtung einer eigenen Verwaltung in Form von — unterschiedlich zusammengesetzten und darin auch immer wieder veränderten — „Umwelt"-Behörden. Hier empfiehlt der Rat zu prüfen, ob die vielfältigen in den Ländern praktizierten organisatorischen Lösungen bereits eine vergleichende Bewertung erlauben und praktische Folgerungen zulassen.

367. Gemessen an den sich ständig ausweitenden Aufgaben, z. B. neue oder veränderte gesetzliche Bestimmungen oder Ergänzungen von Verfassungen, ist die personelle Ausstattung der für Naturschutz und Landschaftspflege zuständigen Verwaltungen (in beiden Zuständigkeitsbereichen) völlig unzureichend (vgl. dazu Abb. 2.1.2). Das Personal ist überfordert und nicht in der Lage, seine Aufgaben so wahrzunehmen, wie es Gesetzgeber und Öffentlichkeit erwarten.

368. Nach NIESSLEIN (in WITTKÄMPER et al., 1984) kann ein Vollzugsdefizit insbesondere entstehen, wenn

— zu wenig Verwaltungspersonal vorhanden ist: Probleme werden nicht gesehen oder notwendige Verfahren bzw. Verfahrensschritte werden unterlassen;

— zu wenig qualifiziertes Personal vorhanden ist: Verfahren werden formell oder inhaltlich falsch abgewickelt;

— das für den Naturschutz zuständige Verwaltungspersonal zu wenig durchsetzungsfähig ist oder wenn innerhalb der Verwaltung für den Naturschutz ungünstige Machtverhältnisse vorhanden sind: Das Abwägungsergebnis im Verwaltungsverfahren spiegelt nicht die tatsächliche Bedeutung der Naturschutzanliegen wider.

369. Das verwaltungsinterne Gewicht, und damit die Durchsetzungskraft, der für Naturschutz und Landschaftspflege zuständigen Behörde ist von WITTKÄMPER (zitiert in WITTKÄMPER et al., 1984) am Beispiel der Landschaftsbehörden Nordrhein-Westfalens genau untersucht und als unzureichend befunden worden. Vor allem in der mittleren und noch mehr in der unteren Verwaltungsebene steht der „Querschnittsfunktion" der Landschaftsbehörde die gesetzlich wenig intensiv ausgeformte Beteiligungspflicht durch andere Ämter entgegen. Eine weitere Erschwernis wird durch unterschiedliche Funktionsebenen bedingt, so wenn z. B. die Aufgaben der unteren Landschaftsbehörde von Verwaltungsdienstkräften des gehobenen Dienstes, diejenigen von anderen, mit der Natur und Landschaft oft im Konflikt stehenden Behörden aber von Personen des höheren Dienstes ausgeübt werden. Das führt dazu, daß die Dienstkraft der Landschaftsbehörde zwar die fachliche Kompetenz besitzt, die Erreichung der Ziele des Naturschutzes und der Landschaftspflege zu verfolgen, nicht aber die hierarchische Autorität, ihre Vorstellungen durchzusetzen; diese hat ein Nichtfachmann inne.

370. Dazu ist es wichtig, sich die besondere Situation der amtlichen Natur- und Landschaftsschützer vor Augen zu halten: sie **ver**hindern oder **be**hindern von Amts wegen, teilweise unter Nutzung ihres negativen Sanktionspotentials, die Fachplanungen anderer sowie die Nutzung von Naturgütern. Hinter den meisten Nutzungsansprüchen der Bürger stehen jedoch die Erzielung, Sicherung oder Erhöhung eines Einkommens (WITTKÄMPER, zitiert in WITTKÄMPER et al., 1984)! Mancher amtliche Natur- und Landschaftsschützer, der eine Personalstelle des gehobenen Dienstes innehat und einem nichtfachkundigen Vorgesetzten untersteht, bemüht sich redlich, seinen Aufgaben des Verhinderns, Behinderns und negativen Sanktionierens nachzukommen, kann aber dabei kaum die notwendige Statussicherheit entwickeln und läuft ständig Gefahr, innerhalb der Verwaltungsorganisation in eine Außenseiterrolle zu geraten. Vor dieser kann ihn nur die naturschutzpositive Einstellung oder aktive Unterstützung des Behördenleiters bewahren, der aber wiederum die Interessen einflußreicher gesellschaftlicher Gruppen zu bedenken hat; und diese sind wiederum oft genug den Interessen des Naturschutzes und der Landschaftspflege entgegengerichtet.

371. Diese Mängel, die sich vor allem in der mittleren und unteren Verwaltungsebene bemerkbar machen, sind eine wesentliche Ursache für den vorher genannten, überwiegend „sektoralen" Naturschutz-Vollzug, der dem ganzheitlichen Ansatz eines von §§ 1, 2 und 8 BNatSchG konzipierten Naturschutzes nicht gerecht wird und immer wieder Vorwürfe auslöst, daß Politik und Verwaltung sich nicht ernsthaft und verantwortungsbewußt genug mit Naturschutz und Landschaftspflege befassen und daß als notwendig erachtete Maßnahmen verzögert oder gar blockiert würden (NIESSLEIN, zitiert in WITTKÄMPER et al., 1984).

372. Als nachteilig erweist sich auf die Dauer auch, daß den für Naturschutz und Landschaftspflege zuständigen Behörden kein ausführungstechnischer

Abbildung 2.1.2

Verwaltungsstrukturen ausgewählter Ressorts am Beispiel Bayerns

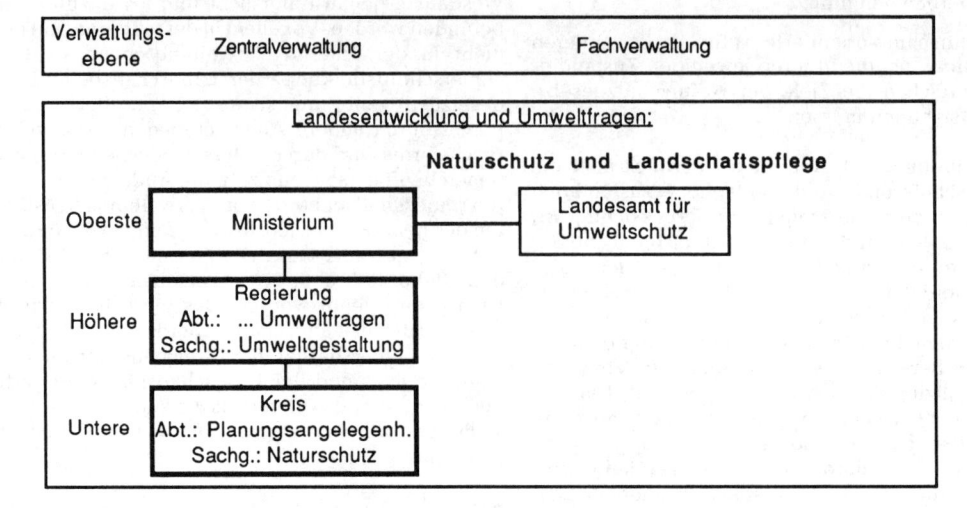

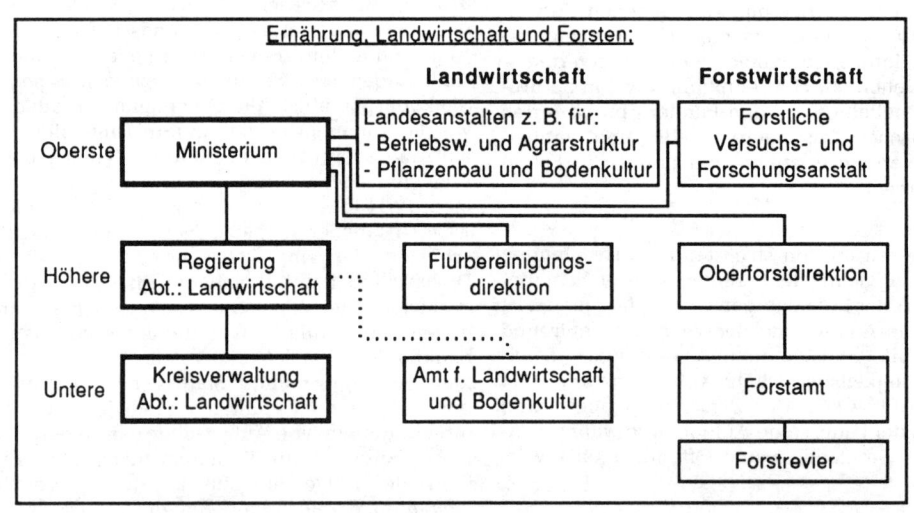

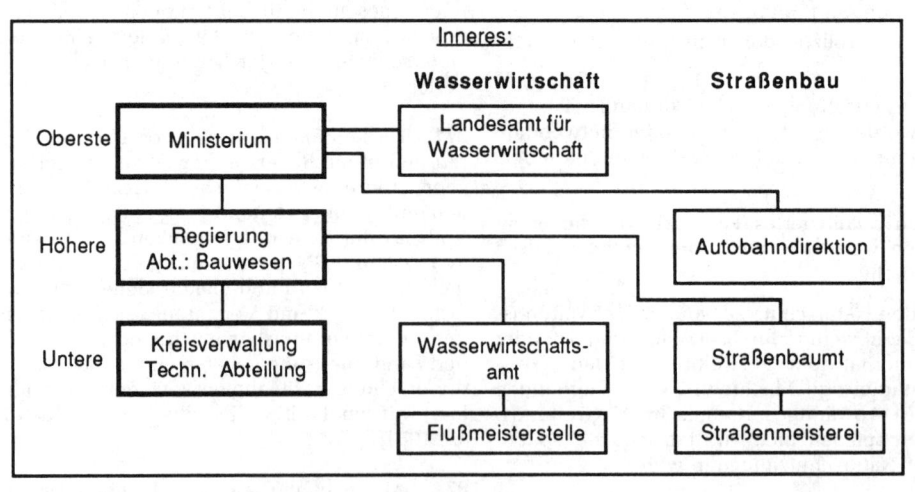

Verwaltungs-ebene	Zentralverwaltung	Fachverwaltung

Landesentwicklung und Umweltfragen:

Naturschutz und Landschaftspflege

- Oberste: Ministerium — Landesamt für Umweltschutz
- Höhere: Regierung, Abt.: ... Umweltfragen, Sachg.: Umweltgestaltung
- Untere: Kreis, Abt.: Planungsangelegenh., Sachg.: Naturschutz

Ernährung, Landwirtschaft und Forsten:

Landwirtschaft — **Forstwirtschaft**

- Oberste: Ministerium — Landesanstalten z. B. für: Betriebsw. und Agrarstruktur, Pflanzenbau und Bodenkultur — Forstliche Versuchs- und Forschungsanstalt
- Höhere: Regierung Abt.: Landwirtschaft — Flurbereinigungsdirektion — Oberforstdirektion
- Untere: Kreisverwaltung Abt.: Landwirtschaft — Amt f. Landwirtschaft und Bodenkultur — Forstamt
- Forstrevier

Inneres:

Wasserwirtschaft — **Straßenbau**

- Oberste: Ministerium — Landesamt für Wasserwirtschaft
- Höhere: Regierung Abt.: Bauwesen — Autobahndirektion
- Untere: Kreisverwaltung Techn. Abteilung — Wasserwirtschaftsamt — Straßenbaumt
- Flußmeisterstelle — Straßenmeisterei

Quelle: SRU

Dienst zur Verfügung steht. In immer größerem Umfang werden für Zwecke des Naturschutzes und der Landschaftspflege Unterhaltungs-, Pflege- und andere Ausführungsmaßnahmen technischer Art erforderlich. Entsprechende Arbeiten werden z. T. an private Unternehmen vergeben, z. T. ehrenamtlich von Natur- und Umweltschutzverbänden übernommen; dennoch ist eine technische Fachaufsicht und -anleitung notwendig. Naturschutz- und Landschaftspflege brauchen insofern eine Gleichstellung mit anderen öffentlichen Aufgabenbereichen wie Straßenbau, Forstwirtschaft, Flurbereinigung, die ja auch nicht überwiegend mit Einsatz ehrenamtlicher Kräfte betrieben werden — genau so wenig wie die Wasserwirtschaft die Gewässeraufsicht Privatpersonen überläßt (MIOTK, 1986). Naturschutzverbände sind zwar im allgemeinen gern bereit, Naturschutz- und Landschaftspflege-Maßnahmen auszuführen, haben aber z. T. andere, manchmal speziellere Zielsetzungen als die zuständigen Behörden denen sie häufig kritisch gegenüberstehen (Abschn. 2.1.3.4).

2.1.3.4 Zu den Aktivitäten der Naturschutz-Verbände

373. Die regionalen und überregionalen Naturschutz-Verbände tragen wesentlich sowohl zur Willensbildung und politischen Unterstützung als auch zur aktiven Trägerschaft und Durchführung des Naturschutzes und der Landschaftspflege bei. Dadurch haben sie sich um diese öffentlich immer wichtiger gewordenen Aufgaben verdient und unentbehrlich gemacht. Dennoch bieten ihre Aktivitäten dem unbefangenen Betrachter oft ein heterogenes Bild. Zwischen den Verbänden besteht eine nicht unwesentliche Differenzierung in der Abwägung von Naturschutz-Positionen mit anderen öffentlich wichtigen Zielvorstellungen (NIESSLEIN, zitiert in WITTKÄMPER et al., 1984).

374. Große mitgliedstarke Verbände wie der BUND oder der Bund Naturschutz in Bayern befassen sich medienwirksam mit Aktionen gegen die Kernenergie, z. B. die Errichtung einer Wiederaufbereitungsanlage in Wackersdorf, mit Verkehrsvorhaben und Friedenspolitik. Dadurch laufen sie Gefahr, die spezifischen Arbeitsgebiete des Naturschutzes und der Landschaftspflege aus der öffentlichen Aufmerksamkeit zu verdrängen. In die so entstehenden Lücken stoßen Verbände mit spezielleren Zielsetzungen, wie z. B. solche der Jagd, der Fischerei und des Vogelschutzes. Dabei kann man nicht ausschließen, daß eine Tiergruppe oder einzelne Arten bevorzugt behandelt werden, unabhängig davon, ob sie durch die jeweils herrschende Flächennutzung bevorzugt oder benachteiligt werden. Das kann zu Nachteilen für andere Lebensgemeinschaften oder Arten führen, da ökologische Regelungsvorgänge naturnaher Ökosysteme nicht immer auf die Kulturlandschaft übertragen werden können.

375. Auch die Ausübung des Jagd- und Fischereirechtes sollte nach Auffassung des Rates einem allgemeinen Ökosystemschutz verpflichtet sein. Viele Jäger und Angler bemühen sich, die übergeordnete Zielsetzung des Ökosystemschutzes zu fördern. Doch muß festgestellt werden, daß andere immer noch nur jene Bestandteile der Natur schützen, die sie selbst zu nutzen gedenken. Deshalb sollten die in den jeweiligen Gesetzen zumindest im Ansatz vorhandenen Einflußmöglichkeiten für einen verbesserten Naturschutz genutzt und weiterentwickelt werden.

2.1.4 Landespflege und Landschaftsplanung

2.1.4.1 Landespflege als Grundlage der Landschaftsplanung

376. Für einen ganzheitlichen, auf Erkenntnissen der Ökosystemforschung aufbauenden Naturschutz ist bereits 1907 von MIELKE die Bezeichnung „Landespflege" vorgeschlagen worden (HENNEBO, 1980). Sechzig Jahre später, am 3. März 1967 definierte der Deutsche Rat für Landespflege in seinen „Leitsätzen für gesetzliche Maßnahmen auf dem Gebiet der Landespflege":

„Landespflege ist die naturgemäße Erhaltung, Gestaltung, Pflege und Entwicklung des Landes als Lebensgrundlage und menschenwürdige Lebensumwelt. Sie erstrebt eine dem Menschen gerechte und zugleich naturgemäße Umwelt und Ordnung, Schutz, Pflege und Entwicklung der Wohn-, Industrie-, Agrar- und Erholungsbereiche. Das erfordert den Ausgleich zwischen dem natürlichen Potential eines Landes und den vielfältigen Ansprüchen der Gesellschaft.

Die Landespflege ist Bestandteil der Raumordnung mit dem Schwerpunkt im ökologischen Bereich. Sie umfaßt die Landschaftspflege, den Naturschutz, die Grünordnung, die Sicherung von Erholungsbereichen und die Bewahrung der kulturellen Werte der Landschaft."

377. Die gesetzlich festgelegten Ziele ergeben sich aus § 1 BNatSchG (Tz. 356). Als wesentliches Instrument zu ihrer Verwirklichung ist die Landschaftsplanung im Gesetz verankert worden. Sie entstammt der Garten- und Landschaftsgestaltung und geht auf Anfänge zurück, die bereits zu Anfang des 19. Jahrhunderts unter dem Namen „Landesverschönerung" eine ökologische Erneuerung der damals weithin degradierten Kulturlandschaft anstrebten, aber als nicht zeitgemäß scheiterten (DÄUMEL, 1963). Es ist daher zu untersuchen, welches Schicksal der Landschaftsplanung beschieden sein wird.

2.1.4.2 Aufgaben der Landschaftsplanung

378. Wie erwähnt ist die Einführung der Landschaftsplanung als verpflichtender Maßnahme des Naturschutzes und der Landschaftspflege eine der wesentlichsten Neuerungen des Bundesnaturschutzgesetzes von 1976. Auch im internationalen Vergleich handelt es sich um eine bemerkenswerte Errungenschaft. Bereits im Umweltgutachten 1978 hat der Rat die Bedeutung der Landschaftsplanung hervorgehoben: „Entscheidend ist dabei der Versuch, menschliche Umwelt als ökologisch-strukturelles Wirkungsgefüge zu erfassen und im Hinblick auf nachhaltige und ökologisch optimale Nutzung zu sichern und neu zu gestalten. Damit aber hat sich die Landschaftsplanung von einer zunächst überwiegend gestalterisch-funktionalen Aufgabenstellung zu einer ökologisch ausgerichteten Planung entwickelt, die auch Querschnittsaufgaben übernehmen kann" (SRU, 1978, Tz. 1313).

Aufgaben der Landschaftsplanung sind daher

— die Erfassung und Darstellung von Natur und Landschaft im Zusammenwirken ihrer Erscheinungen und Nutzungen,

— die Bewertung und das Aufzeigen der Grenzen der Funktionsfähigkeit und Belastbarkeit sowie

— die Ableitung von Schutz-, Pflege- und Entwicklungsmaßnahmen aus der Sicht von Naturschutz und Landschaftspflege.

Eingeschlossen ist die Bewertung von Naturhaushalt, Naturgütern, Lebensstätten und Lebensgemeinschaften sowie des Landschaftsbildes bezüglich ihrer Eigenarten. Darüber hinaus werden die vom Menschen gestellten Nutzungsansprüche auf Umweltverträglichkeit und Vereinbarkeit mit den Zielen von Naturschutz und Landschaftspflege beurteilt.

379. Die Bestandsaufnahmen, Bewertungsergebnisse und Maßnahmen sind in Programmen und Plänen darzustellen und zwar (bei nicht bundeseinheitlicher Nomenklatur) in:

— Landschaftsprogrammen auf Landesebene

— Landschaftsrahmenplänen auf regionaler Ebene

— Landschafts- und Grünordnungsplänen auf kommunaler Ebene

— landschaftspflegerischen Begleitplänen auf der Ebene der Vorhabensplanungen von Fachbehörden.

Es sind dazu u. a. folgende Mittel anzuwenden:

— Darstellung von Entwicklungszielen

— Beeinflussung des Nutzungsmusters und geplanter Nutzungsänderungen

— Nutzungsbeschränkungen

— Ausweisung von Vorrangflächen und -objekten für Naturschutz und Landschaftspflege

— Entwicklungs- und Pflegemaßnahmen.

2.1.4.3 Landschaftsplanung als ökologischer Beitrag zur Gesamtplanung

380. Raumordnung und Landesplanung werden allgemein als Gesamtplanung bezeichnet. Ihr spezielles Aufgabencharakteristikum ist die Entwicklung eines gesamträumlichen Leitbildes und die Abstimmung raumbedeutsamer Fachplanungen, wie Verkehr, Wasserbau usw. Weniger eindeutig ist die Bestimmung und Einordnung der Landschaftsplanung. Zum einen ist die Landschaftsplanung aller Ebenen nach der Definition in den Abschnitten 2.1.2.1 und 2.1.4.2 mit der Erfassung und Darstellung von Natur und Landschaft in ihrer Gesamtheit, ihren Teilen sowie der Beurteilung von Nutzungsansprüchen ein Teil der Gesamtplanung, d. h. der ökologische Beitrag der Gesamtplanung. Innerhalb dieses Rahmens arbeitet sie für den zu beplanenden Raum flächendeckend und ist, da sie Maßnahmen anderer Fachplanungen hinsichtlich ihrer Wirkungen auf den Naturhaushalt und das Landschaftsbild bewertet, querschnittsorientiert und bringt die ökologischen Gesichtspunkte geschlossen in die Landesplanung ein. Zum anderen enthält sie, mit der Ausweisung von Schutzgebieten und den dazugehörenden Entwicklungs-, Pflege- und Schutzmaßnahmen, fachplanerische Aspekte; dies gilt auch für die landschaftspflegerische Begleitplanung.

381. Im Gegensatz zur Gesamtplanung geht es den Fachplanungen nicht um Koordinierung; sie agieren auch nicht nach einem gesamträumlichen Leitbild im Sinne einer Idealvorstellung von der Ordnung des Raumes. Vielmehr sind sie einem fachlich-sektoralen Ziel verpflichtet und stimmen sich keineswegs von vornherein, sondern allenfalls im weiteren Verfahren mit anderen Aufgabenträgern ab.

382. Landschaftsrahmenpläne oder Landschaftsprogramme dürfen nicht als räumliche Fachplanungen in diesem Sinne verstanden werden.

Landschaftsplanung als Beitrag zur Gesamtplanung wird aber auch nicht im Sinne einer zentralen und übergeordneten Planung, sondern als Gesamtschau und -bewertung landschaftlicher Gegebenheiten verstanden. Das Kernstück ist eine Ermittlung, Darstellung und Bewertung der landschaftsökologischen Grundlagen, und zwar der gesamten natürlichen Ressourcen sowie der landschaftlichen Situation für das gesamte Planungsgebiet und dient als Basis bzw. ökologische Orientierung

— für alle Fachplanungen

— auf allen administrativen Ebenen vom Bund über die Länder bis zu den Kommunen

— für alle Planungsstufen bzw. -ebenen.

383. Erst wenn Zustände und Funktionen einer Landschaft und ihrer Teile flächendeckend erfaßt sind, können Planungen, Eingriffe, ihre Auswirkungen und notwendige Maßnahmen beurteilt und umweltverträglich sowie erfolgversprechend realisiert werden.

384. Die Landschaftsplanung kann so als komplexe, raumdeckende Fachplanung (vgl. auch LORZ, 1985) mit folgenden Planungsbereichen definiert werden, die allerdings in dieser Form noch nicht konsequent realisiert sind:

— dem landschaftsplanerischen Beitrag zur Gesamtplanung, z. B. zur räumlichen Gesamtentwicklung auf Bundes-, Landes-, Regions-, Kreis- und Gemeindeebene in Form einer Bestandsaufnahme und Bewertung von Natur und Landschaft mit den entsprechenden Programmen und Plänen (siehe Abschn. 2.1.4.1)

— dem landschaftsplanerischen Beitrag zu anderen Fachplanungen, z. B. landespflegerische Begleitplanung zur Verkehrsplanung, zur Flurbereinigungsplanung

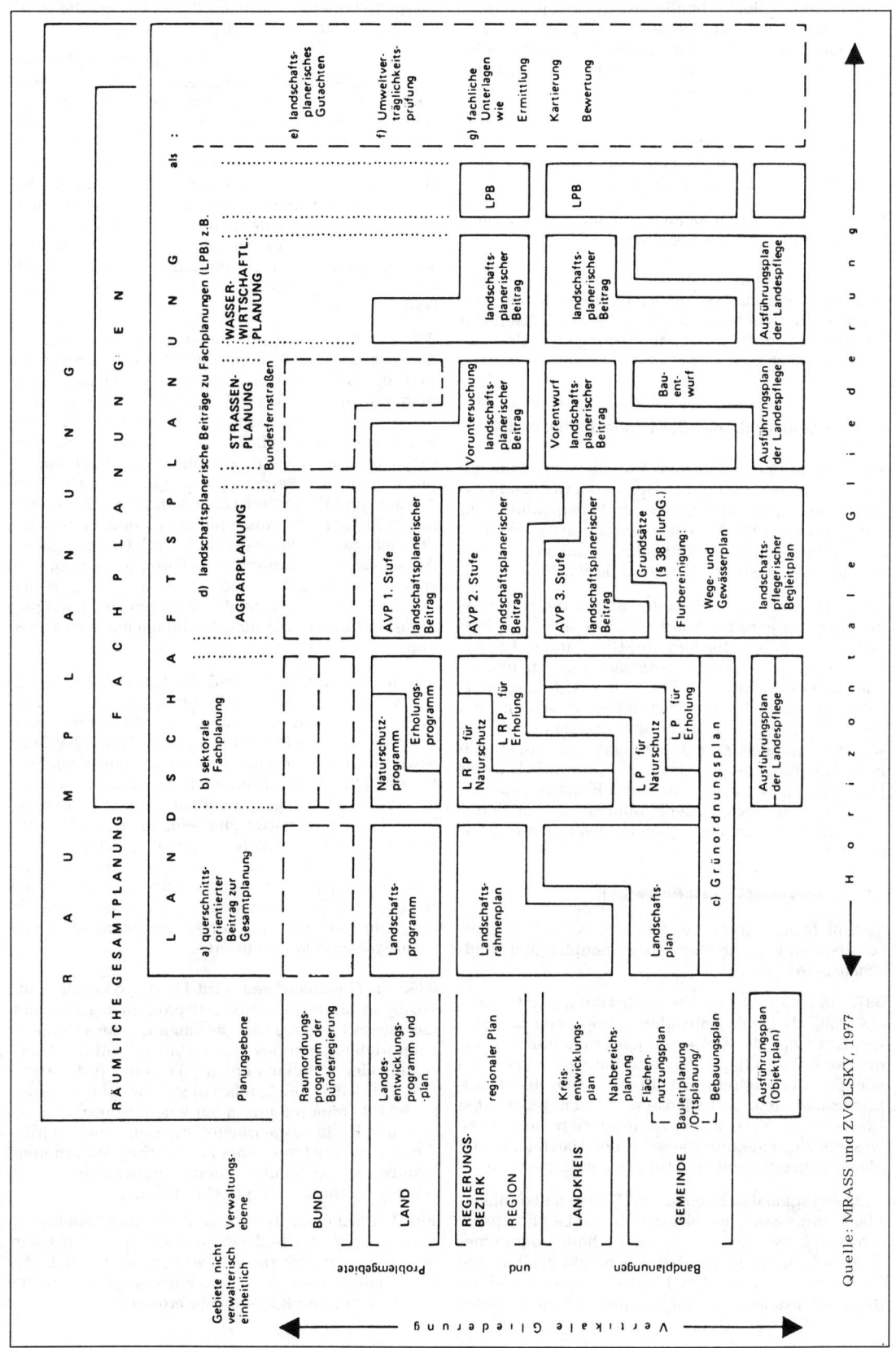

Abbildung 2.1.3

Die Stellung der Landschaftsplanung im System der raumbezogenen Planungen

Quelle: MRASS und ZVOLSKY, 1977

— der Fachplanung Naturschutz, z. B. Schutzgebietsplanung (Nationalparke, Naturschutzgebiete usw.) und Biotopverbundplanung mit den entsprechenden Entwicklungs- und Pflegeplänen im Zusammenspiel mit Naturschutz- und Landschaftspflegeprogrammen (Wiesenbrüter-, Feuchtwiesen-, Magerrasenprogramm u. a.) sowie Artenschutz

— der Fachplanung Erholung, z. B. Freizeit- und Erholungsplanung, Entwicklungsplanung bzw. Einrichtungsplanung für Naturparke.

Sie unterscheidet sich folglich von der Aufgabenstellung der sektoralen Fachplanung.

385. In Abbildung 2.1.3 ist die Stellung der Landschaftsplanung im System der raumbezogenen Planungen veranschaulicht, und in Tabelle 2.1.2 ist sie im Zusammenhang der gesamten Planung eines Bundeslandes dargestellt.

2.1.4.4 Planungsebenen der Landschaftsplanung

386. Die rahmenrechtlichen Vorgaben des Bundesnaturschutzgesetzes räumen den Ländern die landesrechtliche Ausfüllung der Landschaftsplanung ein. Daher ist es seit 1976 zu einer sehr unterschiedlichen, z. T. unübersichtlichen Entwicklung gekommen, die im folgenden ausführlich dargestellt wird.

Sieht man von den Stadtstaaten ab, für die eine Sonderregelung getroffen wurde, finden sich zwei Formen der Landschaftsplanung: Die Länder Baden-Württemberg, Bayern, Niedersachsen, Rheinland-Pfalz und das Saarland haben eine dreistufige Landschaftsplanung, Hessen, Nordrhein-Westfalen und Schleswig-Holstein dagegen eine zweistufige Landschaftsplanung eingerichtet. Im einzelnen lassen sich innerhalb dieser beiden Gruppen Unterschiede in der Nomenklatur der Programme und Pläne des räumlichen Geltungsbereichs, der Planinhalte und der internen Differenzierungen in einzelne Planarten feststellen (Tab. 2.1.3).

2.1.4.4.1 Dreistufige Landschaftsplanung

Sie umfaßt im wesentlichen folgende Planarten: Landschaftsprogramm, Landschaftsrahmenplan und Landschaftsplan.

387. In Baden-Württemberg wird der gesamträumliche Plan als Landschaftsrahmenprogramm bezeichnet. Es enthält die Zielsetzungen des Naturschutzes, der Landschaftspflege und der Erholungsvorsorge sowie die Begründung mit Ergebnissen der Landschaftsanalyse und -diagnose sowie den geschätzten Kosten zur Verwirklichung vordringlicher Ziele. Seine wesentliche Bedeutung liegt in der Darstellung der ökologischen Grundlagen für die Landesplanung.

Auf den regionalen Ebenen sind Landschaftsrahmenpläne vorgesehen, die die für Teile des Landes ausgeformten Zielsetzungen des Landschaftsprogrammes und die Grundzüge der überörtlichen Maßnahmen in Text und Karte enthalten. Landschaftspläne sind nur dann aufzustellen, „wenn wichtige Gründe nähere Untersuchungen über die Belastung und Belastbarkeit der natürlichen Gegebenheiten für das gesamte Plangebiet oder für Teile des Plangebietes erfordern" (§ 8 Abs. 2 NatSchG B-W).

Für die örtliche Ebene sind der Landschaftsplan und der Grünordnungsplan vorgesehen. Eine Konkretisierung der räumlichen Geltungsbereiche bzw. eine nähere Unterscheidung der beiden Pläne sieht das Gesetz ebensowenig vor wie eine Inhaltsbestimmung. Eine rechtliche Verpflichtung zur Aufstellung dieser Pläne besteht für die Gemeinden nur, sobald und soweit es zur Aufstellung, Ergänzung, Änderung oder Aufhebung von Bauleitplänen erforderlich ist, um Maßnahmen zur Verwirklichung von Zielsetzungen des Landschaftsrahmenprogramms oder des Landschaftsrahmenplans näher darzustellen (§ 9 Abs. 1 NatSchG B-W).

388. In Bayern sind nur die raumbedeutsamen Erfordernisse und Maßnahmen zur Verwirklichung der Ziele des Naturschutzes Gegenstand der Landschaftsplanung (Art. 3 Abs. 1 Bay. NatSchG). Ein eigenständiges Landschaftsprogramm gibt es deshalb nicht, stattdessen wird es als Teil des Landesentwicklungsprogramms aufgestellt, wie die Landschaftsrahmenpläne Teile der Regionalpläne oder fachlicher Programme und Pläne sind. Damit können in die überörtlichen Pläne keine Aussagen aufgenommen werden, die nicht raumbedeutsam sind, wie etwa allgemeine Aussagen zum Artenschutz. Allerdings bemüht man sich, derartige Zielsetzungen in räumliche Ziele umzusetzen, um ihnen damit als Zielen der Raumordnung und Landesplanung Verbindlichkeit zu verleihen.

Für die örtliche Ebene sind der Landschaftsplan als Bestandteil des Flächennutzungsplans und der Grünordnungsplan als Bestandteil des Bebauungsplans festgesetzt. Diese Pläne sind aufzustellen, sobald und soweit dies aus Gründen des Naturschutzes und der Landschaftspflege erforderlich ist, und sie können sich auf Teile eines Bauleitplans beschränken. Es kann dabei auch notwendig sein, einen Landschafts- oder Grünordnungsplan aufzustellen, ohne daß ein Bauleitplan erforderlich ist (Art. 3 Bay. NatSchG). Inhaltliche Regelungen werden in den „Richtlinien des Bayerischen Staatsministeriums für Landesentwicklung und Umweltfragen zur Ausarbeitung von Landschaftsplänen" konkretisiert.

389. In Niedersachsen wird für das gesamte Land ein eigenständiges Landschaftsprogramm aufgestellt, das die im Interesse des gesamten Landes erforderlichen Maßnahmen des Naturschutzes und der Landschaftspflege gutachterlich darstellt (§ 4 Abs. 2 Nds. NatSchG). Die Landschaftsrahmenpläne werden für eine Region (identisch mit einem Kreisgebiet) als Text und Karte ausgearbeitet und stellen mit Begründung den Zustand, voraussichtliche Änderungen, Schutzgebiete, Schutz-, Pflege-, Entwicklungs- und sonstige Maßnahmen gutachterlich dar.

Für den örtlichen Bereich sind von den Gemeinden Landschaftspläne und Grünordnungspläne auszuarbeiten, soweit dies zur Verwirklichung der Ziele des Naturschutzes und der Landschaftspflege erforderlich ist. Sie sollen die Bauleitpläne ergänzen.

Tabelle 2.1.2

Landschaftsplanung im Rahmen der Planungen eines Landes (Baden-Württemberg)

1. Raumordnung und Bauleitplanung
MI Landesentwicklungsplan 83
MI Landesentwicklungsbericht 79
MI Regionalpläne
MI Gesamtkonzept Bodensee
MI Bodenseeuferplan - Teilregionalplan
MI Kreisentwicklungsprogramme
MI Kommunale Entwicklungspläne
MI Bauleitpläne
MLU Regionale Strukturprogramme
MLU Albprogramm
MLU Schwarzwaldprogramm
MLU Wälderprogramm

2. Wohnungswesen, Stadt- und Dorfentwicklung
MI Landeswohnungsbauprogramm
MI Schwerpunktprogramm Denkmalpflege
MI Programm Stadt- und Dorfentwicklung
MI Landessanierungsprogramm
MI Wohnumfeldprogramm
MLU Programm Stadt- und Dorfentwicklung
MLU Dorfentwicklung außerhalb der Flurbereinigung
MLU Dorfentwicklung im Rahmen der Flurbereinigung
MI Städtebauaktion
MI Bund-Land-Modernisierungsprogramm
MI Bund-Land-Energiesparprogramm

3. Landschaftsplanung
MLU **Landschaftsrahmenprogramm**
MLU **Landschaftsrahmenpläne**
MLU **Landschaftspläne**
MLU **Grünordnungspläne**
MLU **Landschaftspflegeprogramm**
MLU Grunderwerbsprogramm
MLU Naturparkkonzept

4. Land- und Forstwirtschaft
MLU Agrarstrukturelle Rahmenplanung
MLU Rahmenpläne Verbesserung der Agrarstruktur
MLU Agrarstrukturelle Vorplanung
MLU **Agrar- und Landschaftspläne**
MLU Flurbereinigungspläne
MLU Vorplanung in der Flurbereinigung
MLU **Wege- u. Gewässerplan, landespfl. Begleitplan**
MLU Gesamtplan landwirtschaftlicher Wasser- u. Wegebau
MLU Weinbausteillagen-Sonderprogramm
MLU Bergbauernprogramm
MLU Forstliche Rahmenpläne

5. Umweltschutz
MLU Umweltschutz-Programm
MLU Abfallbeseitigungspläne
MLU Teilplan Hausmüll

6. Wasserwirtschaft
MLU Wasserwirtschaftliche Rahmenpläne
MLU Sonderplan Wasserversorgung
MLU Sanierungsprogramme Donau/Neckar
MLU Sonderprogramm Hochwasserschutz
MLU Gewässer-Bewirtschaftungspläne
MLU Abwassertechnische Zielplanung
MLU Abwasserbeseitigungspläne

7. Wirtschaft, Infrastruktur
MWV RPl Verbesserung d. reg. Wirtschaftsstruktur
MWV Wirtschaft-Strukturentwicklungsprogramm
MWV Konzept, Sicherung oberflächennaher Rohstoffe

8. Energie
MWV Energieprogramm
MWV Energiesparprogramm
MWV Fachlicher Entwicklungsplan Kraftwerksstandorte
MWV Fachplanung Höchstspannungstrassen
MWV Kohleheizkraftwerks- u. Fernwärmeausbauprogramm

9. Verkehr
MWV Bedarfsplan Ausbau Bundesfernstraßen
MWV Fünfjahresplan Ausbau Bundesfernstraßen
MWV Generalverkehrsplan Baden-Württemberg
MWV Regionalverkehrspläne
MWV Förderung kommunaler Straßenbau
MWV Nahverkehrsprogramm Baden-Württemberg
MWV Nahverkehrsprogramme
MWV ÖPNV-Konzept ländlicher Raum
MWV Entwicklungsprogramm Verkehrslandeplätze
MI Schulwegpläne

10. Erholungswesen
MWV Fremdenverkehrs-Entwicklungsprogramm
MWV Fremdenverkehrspläne
MWV Naherholungspläne
MWV Heilbäderprogramm
MWV Kurort-Entwicklungspläne

11. Ausbildung
MKS Schulentwicklungsplan
MKS Schulbauförderungsprogramm
MWK Rahmenpläne Ausbau, Neubau Hochschulen
MWK Hochschulentwicklungspläne

12. Sport, Spiel, Gesundheit
MAG Sportstätten-Entwicklungsplan
MAG Krankenhausbedarfsplan
MAG Krankenhausbauprogramm
MWK Klinikbauprogramm

Abkürzungen:
MAG Ministerium für Arbeit, Gesundheit und Sozialordnung
MI Ministerium des Inneren
MKS Ministerium für Kultus und Sport
MLU Minist. f. Ernährung, Landwirt., Umwelt und Forsten
MWK Ministerium für Wissenschaft und Kunst
MWV Ministerium für Wirtschaft, Mittelstand und Verkehr

Quelle: SRU; verändert nach HAAG und HILLER, 1984

Tabelle 2.1.3

Landschaftsplanung in den Bundesländern

Bundesland	B-W	Bayern	Berlin	Bremen	Hamburg	Hessen	Nieders.	NW	Rh.-Pf.	Saarland	Schl.-H.
Beschlußjahr des LNatG	1975	1973	1979	1979	1981	1973	1981	1975	1973	1979	1973
Änderung/Neufassung	1983	1986	1983	n	1985	1980	1983	1985	1983	n	1983
Kürzel ohne Landeskürzel	NatSchG	NatSchG	NatSchG	NatSchG	NatSchG	NatG	—	LG	LPflG	NG	LPfleG
Planungsstufen	3	3	2	2	2	2	3	2	3	3	2
Landschaftsprogramm	j	j	j	j	j	(n)	j	(n)	j	j	(n)
Benennung	LsRPro	LsPro	LsPro	LsPro	LsPro	[LROPro]	LsRPro	[LEPro]	LpfPro	LsPro	[LROP]
Aufstellungsbehörde	ONatB	ONatB	ONatB	ONatB	HnatB	e	ONatB	e	OLpfB	ONatB	e
Eigenständiges Programm	j	n	j	j	j	e	j	e	j	j	e
Eigene Rechtswirkung	n	n	j	bv	bv	n	n	e	n	bv	n
Integration in Landesplanung	tm	um	(tm)	(tm)	n	um	tm	um	vm	tm	j
Rechtswirkung über Landespl.	Tbv	bv	(Tbv)	(Tbv)	—	j	Tbv	j	bv	Tbv	j
Landschaftsrahmenplan	j	j	e	e	e	j	j	(n), GEP	j	j	j
Aufstellungsbehörde	Rv	RPG	e	e	e	RPV	NatB	—	oLpfB/RPG	OLspB	ONatB
Genehmigungsbehörde	HNatB	ONatB	e	e	e	—	—	—	—	—	—
Aufst. landesweit zwingend	n	—	e	e	e	—	—	—	—	—	—
Aufst. landesweit zwingend	—	—	e	e	e	—	—	—	—	—	—
Flächendeckend f. Planungsber.	n	j	e	e	e	—	j	—	j	—	—
Eigenständige Planung	j	n	e	e	e	n	j	n	j	j	j
Eigene Rechtswirkung	n	n	e	e	e	n	n	n	n	bv	n
Integration in Landesplanung	tm	um	e	e	e	um	n	um	vm	tm	tm
Rechtswirkung über Landespl.	Tbv	bv	e	e	e	bv	n	j	Tbv	bv	Tbv
Inhaltliche Regelung	j	j	e	e	—	j	—	—	—	—	n
Landschaftsplan	j	j	j	j	j	j	j	j	(j)	j	j
Aufstellungsbehörde	G	G	UNatB	UNatB	UNatB	G/LfU	G	ULsB	G	G/ULspB	G
Genehmigungsbehörde	HNatB	HNatB	ONatB	G	HNatB	oNatB	—	HLsB	oLpfB	OLspB	ONatB
Ausführung	PBü	LsPBü	—	—	—	—	—	KV/LsPBü	PBü	—	—
Aufstellung zwingend	(n)	(n)	n	n	n	(j)	n	—	n	n	n
Aufstellungsfestlegungen	j	j	j	j	j	j	—	—	j	j	n
Flächendeckend	n	n	TB	TB	TB	—	—	AB	—	—	n
Eigenständige Planung	—	j	j	j	j	—	j	—	—	—	—
Eigene Rechtswirkung	n	(j)	rv	(rv)	rv	n	n	rv	n	bv	n
Integration in Bauleitplanung	tm	um	S	S	S	vm	n	S	um	tm	tm
Rechtswirkung über Bauleitpl.	Tbv	bv	rv	rv	—	rv	Trv	—	bv	rv	bv
Genereller Inhalt	M/B	E/M	E/M/B	E/M/B	E/M/B	E/M/B	—	B	E/M/B	E/M/B	E/M/B
Generelle Darstellung	T/K	—	T/K	T/K	T/K	T/K	—	T/K	T/K	T/K	T/K
Grünordnungsplan	j	j	n	(j)	n	j	(n)	(j)	(n)	(n)
Aufstellungsbehörde	G	G	UNatB	e	—	e	G	—	G	—	—
Aufstellung zwingend	(n)	(n)	—	—	e	—	n	—	—	—	—
Flächendeckend	TB	TB	SB	e	SB	e	—	SB	—	—	—
Eigenständige Planung	j	j	—	e	—	e	—	—	—	—	—
Eigene Rechtswirkung	n	(rv)	rv	—	rv	—	e	—	n	—	—
Integration in Bauleitplanung	j	j	—	e	—	e	—	—	um	—	—
Rechtswirkung über Bauleitpl.	Trv	rv	rv	e	rv	—	e	—	Trv	rv	—
Inhaltliche Regelung	n	j	—	e	—	e	—	—	—	—	—
Landespfleg. Begleitplan	j	j	j	j	j	j	j	j	j	j	j
Aufstellungsbehörde	FB	FB	FB	FB	FB	FB	FB	FB	FB	FB	FB
Gutachten v. NatB erforderlich	n	n	n	j	n	n	n	j	n	n	n

Erläuterungen:

2	zweistufig	LfU	Landesanstalt für Umwelt	RPV	Regionaler Planungsverband
3	dreistufig	LNatG	Landesnaturschutzgesetz	RV	Regionalverband
AB	Außenbereich	LpfPro	Landespflegeprogramm	rv	rechtsverbindlich
B	Begründung	LROPro	Landesraumordnungsprogramm	S	Sonderregelung
bv	behördenverbindlich	LROP	Landesraumordnungsplan	SB	Siedlungsbereich
D	Darstellung	LsPBü	Landschaftsplanungsbüro	T	Text
e	entfällt	LsPro	Landschaftsprogramm	TB	Teilbereich
E	Erfordernisse	LsRPro	Landschaftsrahmenprogramm	Tbv	Teile behördenverbindlich
FB	Fachbehörde	M	Maßnahmen	tm	teilweise mittelbar
G	Gemeinde	n	nein	Trv	Teile rechtsverbindlich
GEP	Gebietsentwicklungsplan	NatB	Naturschutzbehörde	um	unmittelbar
HLsB	Höhere Landesbehörde	OLpfB	Oberste Landespflegebehörde	ULspB	Untere Landschaftspflegebehörde
HNatB	Höhere Naturschutzbehörde	oLpfB	obere Landespflegebehörde	ULsB	Untere Landschaftsbehörde
j	ja	OLspB	Oberste Landschaftspflegebehörde	UNatB	Untere Naturschutzbehörde
K	Karte	ONatB	Oberste Naturschutzbehörde	vm	vollständig mittelbar
KV	Kommunalverbände	oNatB	obere Naturschutzbehörde	—	ohne Angabe
LEPro	Landesentwicklungsprogramm	PBü	Planungsbüro	( )	eingeschränkt
		RPG	Regionale Planungsgemeinschaft	[ ]	Kein Landschaftsprogramm

Quelle: SRU

390. In Rheinland-Pfalz ist der gesamträumliche Plan das Landespflegeprogramm. Es enthält als selbständiges Programm die Erfordernisse der Landespflege für das ganze Land, unter Beachtung der Ziele der Raumordnung und Landesplanung, sowie das Artenschutzprogramm als Teil des Landespflegeprogramms (§ 15 LPflG Rh.-Pf.). Eine Konkretisierung erfolgt in den Landschaftsrahmenplänen, die für das Gebiet einer Region aufgestellt werden. Sie gliedern sich in eine Landschaftsanalyse und -diagnose sowie die Darstellung der überörtlichen Maßnahmen der Landschaftspflege. Dazu gehören auch Darstellungen über die anzustrebende städtebauliche Entwicklung und über die Gestaltung innerstädtischer Gebiete (§ 16 LPflG Rh.-Pf.). Die Landschaftsrahmenpläne werden als eigenständige Pläne aufgestellt und dann in die regionalen Raumordnungspläne als deren Bestandteil integriert.

Auf der örtlichen Ebene kennt Rheinland-Pfalz keine eigenständige Landschaftsplanung. Die örtlichen Erfordernisse und Maßnahmen zur Verwirklichung der Ziele des Naturschutzes und der Landespflege werden in Bauleitplänen dargestellt, sobald und soweit dies aus Gründen des Naturschutzes und der Landschaftspflege notwendig ist (§ 15 LPflG Rh.-Pf.). Darüber hinaus führt das Gesetz aus, welche Inhalte der Erläuterungsbericht des Flächennutzungsplanes bzw. des Bebauungsplanes aus landespflegerischer Sicht haben muß (§ 17 LPflG Rh.-Pf.).

391. Im Saarland werden die überörtlichen Ziele und Maßnahmen des Naturschutzes und der Landschaftspflege im Landschaftsprogramm einschließlich Artenschutzprogramm und für Teile des Landes in Landschaftsrahmenplänen dargestellt (§ 8 NatSchG Sa.). Während das Landschaftsprogramm die Zielsetzungen für die weitere Entwicklung von Natur und Landschaft des gesamten Landes enthält, sind diese Ziele in den Landschaftsrahmenplänen auszuformen und die überörtlichen Maßnahmen zu ihrer Verwirklichung darzustellen (§ 8 NatSchG Sa.). Die Landschaftsrahmenpläne sind somit gewissermaßen Vollzugsprogramme des Landschaftsprogramms.

Die örtlichen Erfordernisse und Maßnahmen zur Verwirklichung der Ziele des Naturschutzes und der Landschaftspflege sind in Landschaftsplänen darzustellen, sobald und soweit es aus den in § 9 Abs. 4 näher bezeichneten Gründen des Naturschutzes und der Landschaftspflege erforderlich ist (§ 9 NatSchG Sa.). Der Landschaftsplan ist somit ein selbständiger Plan, dessen Verbindungen zur Bauleitplanung im Wege der Integration hergestellt werden. Ein Grünordnungsplan ist nicht vorgesehen.

2.1.4.4.2 Zweistufige Landschaftsplanung

Sie besteht aus Landschaftsrahmenplan und Landschaftsplan.

392. In Hessen sind die Landschaftsrahmenpläne Bestandteil der Regionalpläne. Ihr Inhalt ist im § 3 He. NatSchG näher ausgeführt.

Die örtlichen Erfordernisse sind auf der Grundlage der Landschaftsrahmenpläne in den Landschaftsplänen der Gemeinden darzustellen. In Hessen ist die Aufstellung von Landschaftsplänen — im Unterschied zu den übrigen Bundesländern — Pflicht. Ausnahmen von dieser Pflicht sind eröffnet, wenn die vorherrschende Nutzung der Gemarkung den Zielen der Landschaftspflege entspricht und wenn eine Nutzungsänderung nicht zu erwarten ist (§ 4 He. NatSchG).

393. In Nordrhein-Westfalen gibt es keinen eigenständigen Landschaftsrahmenplan; seine Funktion nimmt hier der Gebietsentwicklungsplan wahr. Er enthält die regionalen Erfordernisse und Maßnahmen zur Verwirklichung des Naturschutzes und der Landschaftspflege (§ 15 LG NW).

Die örtliche Landschaftsplanung ist ausführlich geregelt. Dabei fallen zwei Besonderheiten im Vergleich zu anderen Bundesländern auf:

1. Zuständig für die Aufstellung der Landschaftspläne sind die Kreise und kreisfreien Städte (§ 16 LG NW), die jedoch grundsätzlich keine flächendeckenden Pläne für ihr Gebiet aufstellen, sondern nur Teile des Kreisgebietes beplanen und teilräumige Pläne aufstellen.

2. Die Landschaftspläne umfassen nach nordrhein-westfälischem Recht den Außenbereich. Ihr Geltungsbereich erstreckt sich demnach nur auf Gebiete außerhalb der im Zusammenhang bebauten Ortsteile und des Geltungsbereiches der Bebauungspläne (§ 16 LG NW).

394. In Schleswig-Holstein wird für die überörtliche Ebene der Landschaftsplanung die Landschaftsrahmenplanung genannt (§ 5 LPflG S-H). Nähere Angaben über ihre Inhalte werden dabei nicht gemacht.

Auf der örtlichen Ebene sind Landschaftspläne, jedoch keine Grünordnungspläne vorgesehen.

2.1.4.5 Integration der Landschaftsplanung in die Landesplanung

395. Die Landschaftsplanung als Planungsinstrument im rechtlichen Sinne trat zu einem Zeitpunkt auf, in dem die „Planungslandschaft" rechtlich weitgehend verfestigt war. Das Raumordnungsgesetz, die Landesplanungsgesetze, das Bundesbaugesetz und die Bauordnungen der Länder sowie sämtliche die Fachplanungen betreffenden Gesetze sind erlassen worden, als in den Ländern noch das Reichsnaturschutzgesetz von 1935 galt und gesetzliche Neuerungen auf den Gebieten Naturschutz und Landschaftspflege kaum in Aussicht genommen bzw. durchsetzbar waren. Erst das Bundesnaturschutzgesetz von 1976 brachte Neuerungen, die besonders das „verwandtschaftliche" Verhältnis zwischen Landes- und Landschaftsplanung berücksichtigen:

— Nach § 5 Abs. 1 BNatSchG sind Landschaftsprogramme bzw. Landschaftsrahmenpläne „unter Beachtung der Grundsätze und Ziele der Raumordnung" aufzustellen.

— § 5 Abs. 2 BNatSchG bestimmt, daß die raumbedeutsamen Erfordernisse und Maßnahmen der

Landschaftsprogramme und Landschaftsrahmenpläne unter Abwägung mit anderen raumbedeutsamen Planungen und Maßnahmen „nach Maßgabe der landesplanungsrechtlichen Vorschriften der Länder in die Programme und Pläne im Sinne § 5 Abs. 1 und Abs. 3 des Raumordnungsgesetzes" aufgenommen werden sollen.

396. Auf Länderebene zielen im Grundsatz alle Regelungen auf eine Integration der Landschaftsplanungen in die Programme und Pläne der Raumordnung und Landesplanung. Die Integration ist jedoch nicht einheitlich. Es lassen sich zwei Formen unterscheiden, die mittelbare und die unmittelbare Integration.

Als mittelbare Integration wird das Modell einer selbständigen förmlichen Landschaftsplanung auf überörtlicher Ebene bezeichnet, deren Integration in die Landesplanung nachträglich durch einen besonderen Transformationsakt erfolgt, wobei zwischen den Formen vollständig-mittelbar und teilweise-mittelbar zu unterscheiden ist.

Bei der unmittelbaren Integration tritt keine selbständig förmliche Landschaftsplanung auf. Sie erfolgt von vornherein im Rahmen der Raumordnung und Landesplanung, so daß unmittelbar mit der Landschaftsplanung ein Stück Landesplanung bzw. Raumordnung entsteht.

2.1.4.5.1 Mittelbare Integration

397. Eine vollständig-mittelbare Integration wird nur in Rheinland-Pfalz praktiziert. Hier wird das von der obersten Landespflegebehörde aufgestellte Landespflegeprogramm im Verfahren nach dem Landesplanungsgesetz förmlich zum Bestandteil des Landesentwicklungsprogramms erhoben. Ebenso werden die Landschaftsrahmenpläne, die von der oberen Landespflegebehörde aufgestellt werden, nach dem regionalplanerischen Verfahren zum Bestandteil der regionalen Raumordnungspläne erklärt.

398. Eine nur teilweise-mittelbare Integration ist in Baden-Württemberg, im Saarland und in Schleswig-Holstein vorgesehen. In diesen Ländern geht man davon aus, daß die Landschaftsplanung über die raumbedeutsamen Teile hinaus weitere, ausschließlich fachliche Inhalte hat.

In Baden-Württemberg sollen das Landschaftsprogramm bzw. die Landschaftsrahmenpläne „soweit erforderlich und geeignet" in den Landesentwicklungsplan bzw. in die Regionalpläne förmlich übernommen werden, wobei das Verfahren nach dem Landesplanungsgesetz durchgeführt wird (§ 26 bzw. § 30 LPlG B-W).

Eine ähnliche Regelung gilt im Saarland. Nach § 8 NatSchG Sa. sollen die raumbedeutsamen Aussagen des Landschaftsprogramms und der Landschaftsrahmenpläne in das saarländische Landesentwicklungsprogramm und in die Landesentwicklungspläne übernommen werden.

In Schleswig-Holstein werden „die raumbedeutsamen Erfordernisse und Maßnahmen der Landschaftsrahmenpläne von der Landesplanungsbehörde unter Abwägung mit den anderen raumbedeutsamen Planungen und Maßnahmen nach Maßgabe des Landesplanungsgesetzes und der Landesentwicklungsgrundsätze in die Raumordnungspläne übernommen" (§ 5 LPflG S-H).

399. Einzig in Niedersachsen ist im Naturschutzgesetz weder eine unmittelbare noch eine mittelbare Integration von Landschaftsprogramm und Landschaftsrahmenplänen in die Raumordnung und Landesplanung vorgesehen.

2.1.4.5.2 Unmittelbare Integration

400. Das Modell der unmittelbaren Integration ist in Bayern, Hessen und Nordrhein-Westfalen verwirklicht.

In Bayern ist das Landschaftsprogramm ein Teil des Landesentwicklungsprogramms und der Landschaftsrahmenplan ein Teil des Regionalplans oder von fachlichen Programmen und Plänen, die nach dem bayerischen Landesplanungsgesetz ebenfalls zum Sachbereich der Landschaftsplanung gehören, so z. B. die Programme „Erhaltung bedrohter Tier- und Pflanzenarten" und „Freizeit und Erholung". Damit liegt in Bayern eine Sonderform der unmittelbaren Integration vor.

In Hessen wird die Landschaftsrahmenplanung — sie ist hier die einzige überörtliche Planungsebene der Landschaftsplanung — als ökologische Komponente der Raumordnung gesehen. Die Landschaftsrahmenpläne werden von den Trägern der Regionalpläne als Bestandteile der regionalen Raumordnungspläne aufgestellt.

In Nordrhein-Westfalen sieht § 15 LG vor, daß die regionalen Erfordernisse und Maßnahmen zur Verwirklichung des Naturschutzes und der Landschaftspflege im Gebietsentwicklungsplan dargestellt werden. In der Praxis werden in die Gebietsentwicklungspläne ökologische Fachbeiträge eingearbeitet, die Grundlage der landschafts- und naturschutzbezogenen Ziele der Raumordnung und Landesplanung in den Gebietsentwicklungsplänen sind. Das Modell der vollständigen Integration ist hier am reinsten verwirklicht.

2.1.4.6 Integration der Landschaftsplanung in die Bauleitplanung

401. In diesem Bereich ergeben sich nach Landesrecht vier Regelungsmodelle:

— die mittelbare Integration

— die unmittelbare Integration

— die Berücksichtigung landschaftsplanerischer Darstellungen im Erläuterungsbericht des Flächennutzungsplanes

— die vollständige Trennung von Landschaftsplanung und Bauleitplanung.

2.1.4.6.1 Mittelbare Integration

Diese Form ist in Hessen, Baden-Württemberg, Saarland und Schleswig-Holstein gewählt worden.

402. Vollständig integriert sind die Landschaftspläne in Hessen. Nach § 4 Abs. 2 He. NatSchG sind die von den Trägern der Bauleitplanung aufgestellten Landschaftspläne als Darstellungen oder Festsetzungen in die Bauleitpläne aufzunehmen. Dabei bleibt offen, welche Teile der Landschaftsplanung der Flächennutzungsplanung und welche der Bebauungsplanung zuzuordnen sind, denn eine Unterscheidung zwischen Landschaftsplan und Grünordnungsplan kennt das hessische Naturschutzgesetz nicht.

403. In Baden-Württemberg sollen Landschaftspläne in die Flächennutzungspläne, Grünordnungspläne in die Bebauungspläne aufgenommen werden, „soweit erforderlich und geeignet" (§ 9 Abs. 1 NatSchG B-W). Damit sieht dieses Gesetz in der Regel nur eine teilweise Integration in mittelbarer Form vor.

404. Das Naturschutzgesetz des Saarlandes sieht vor, daß der Inhalt der in einem besonderen Verfahren aufgestellten Landschaftspläne in die Bebauungspläne zu übernehmen ist, soweit er nach den Vorschriften des Bundesbaugesetzes hierfür geeignet ist (§ 9 Abs. 7 NatSchG Sa.). Die integrierbaren Teile sind damit von vornherein begrenzt. Allerdings ist unabhängig von seiner Integration in den Bebauungsplan der Landschaftsplan von allen Planungsträgern zu beachten (§ 9 Abs. 7 NatSchG Sa.) und hat damit nach Genehmigung durch die oberste Naturschutzbehörde eine eigenständige Wirkung.

405. Ebenfalls eine vollständig-mittelbare Integration ist in Schleswig-Holstein vorgesehen. § 6 Abs. 4 LPflG S-H besagt, daß der Inhalt des Landschaftsplanes von den Gemeinden unter Abwägung mit den anderen bei der Aufstellung der Bauleitpläne zu berücksichtigenden Belangen als Darstellung in die Bauleitpläne aufgenommen wird. Diese Vorschrift entspricht der hessischen Regelung, in beiden Ländern ist die Integration Pflicht.

2.1.4.6.2 Unmittelbare Integration

Eine unmittelbare Integration ist in Bayern und Rheinland-Pfalz vorgesehen.

406. In Bayern ist der Landschaftsplan Teil des Flächennutzungsplans, der Grünordnungsplan Teil des Bebauungsplans. Für den Fall, daß ein Bauleitplan nicht erforderlich ist, sieht das bayerische Naturschutzgesetz vor, daß dennoch im Bedarfsfall ein Landschafts- oder Grünordnungsplan aufzustellen ist, wobei das für die Bauleitpläne geltende Verfahren einzuhalten ist (Art. 3 Abs. 5 Bay. NatSchG).

407. In Rheinland-Pfalz ist nach § 17 Abs. 1 LPflG Rh.-Pf. vorgesehen, daß die örtlichen Erfordernisse und Maßnahmen zur Verwirklichung der Ziele des Naturschutzes und der Landschaftspflege in den Bauleitplänen mit Text, Karte und zusätzlicher Begründung darzustellen sind, sobald und soweit dies aus Gründen des Naturschutzes und Landschaftspflege notwendig ist. Dabei ist weiter vorgesehen, daß der angestrebte Zustand von Natur und Landschaft und die notwendigen Schutz-, Pflege- und Entwicklungsmaßnahmen im Flächennutzungsplan darzustellen und im Bebauungsplan verbindlich festzusetzen sind.

2.1.4.6.3 Regelungen ohne Integration

408. In Niedersachsen ist weder eine mittelbare noch eine unmittelbare Integration vorgesehen. Dennoch ist ein enger Zusammenhang zwischen den beiden Planungsbereichen hergestellt worden. Zum einen dienen die Landschafts- und Grünordnungspläne vor allem der Vorbereitung oder Ergänzung der Bauleitplanung und sind in dieser zu berücksichtigen. Zum anderen haben die Gemeinden im Erläuterungsbericht zum Flächennutzungsplan und in der Begründung zum Bebauungsplan Angaben über den Zustand von Natur und Landschaft zu machen und darzulegen, wie weit die Ziele und Grundsätze des Naturschutzes und der Landschaftspflege berücksichtigt worden sind (§ 6 Nds. NatSchG). Hieraus ist zu schließen, daß eine enge Koordination zwischen örtlicher Landschaftsplanung und Bauleitplanung beabsichtigt ist.

409. In Nordrhein-Westfalen sind örtliche Landschaftsplanung und Bauleitplanung funktional getrennt. Sie verfolgen nicht nur unterschiedliche sachliche Regelungsziele (Landschaftsplan: Schutz, Pflege und Entwicklung von Natur und Landschaft; Bebauungsplan: städtebauliche Ordnung und Entwicklung), sondern erfassen auch unterschiedliche räumliche Bereiche, denn der Landschaftsplan wird nur im Außenbereich (§ 35 BauGB) aufgestellt. Eine Verbindung von Landschaftsplanung und Bauleitplanung kann nur über den Flächennutzungsplan hergestellt werden, da dieser in der Regel das gesamte Gemeindegebiet abdeckt.

Grundsätzlich besteht ein Vorrang der Flächennutzungsplanung bzw. Bauleitplanung gegenüber widersprechenden Aussagen eines Landschaftsplans. Der Landschaftsplan ist auch nicht unmittelbar als verbindliche Vorgabe für die gemeindliche Bauleitplanung zu betrachten, denn die gemäß § 18 LG NW festgelegten Entwicklungsziele der Landschaft sind nur bei behördlichen Maßnahmen zu berücksichtigen; die Gemeinden sind jedoch keine Behörden. Die Landschaftsplanung ist ferner keine privilegierte Fachplanung im Sinne von § 38 BauGB. Die Ziele des Landschaftsplanes sind jedoch bei der Aufstellung oder Änderung eines Flächennutzungsplans oder Bebauungsplans als abwägungsrelevante Belange im Sinne von § 1 Abs. 5 und 6 BauGB zu berücksichtigen.

2.1.4.7 Bilanz der bisherigen Landschaftsplanungs-Aktivitäten

410. Die Bilanz der bisherigen Aktivitäten in der Landschaftsplanung ist trotz der vorstehend geschilderten aufwendigen Bestimmungen insgesamt enttäuschend. Die vom Rat im Umweltgutachten 1978 geäußerten Erwartungen einschließlich der Einbeziehung der seinerzeit diskutierten ökologischen Wirkungs- und Risikoanalyse (SRU, 1978, Tz. 1314) haben sich nicht erfüllt. Durch die weitere, beschleunigt verlaufende Intensivierung und Rationalisierung der Landnutzung wird der Naturhaushalt auf großen Flächen sogar stärker als je verändert. Stoffkreisläufe oder -flüsse werden weiter aufgebrochen und zugleich belastet, Abfallprobleme aller Art nehmen zu, Grundwasser und Oberflächengewässer erhalten höhere Stoffeinträge und erleiden Qualitätsverluste, die Zahl der wildlebenden Pflanzen- und Tierarten und ihrer Lebensräume nimmt weiter ab. Die ohnehin labilen Gleichgewichte werden noch unsicherer, immer größere Lenkungs- und Wiederherstellungs-Eingriffe erforderlich.

411. So liegt der Eindruck nicht fern, als sei die Landschaftsplanung 10 Jahre nach dem Inkrafttreten des Bundesnaturschutzgesetzes ein bereits gescheitertes Vorhaben — zumal sich nicht einmal allgemeingültige Vorstellungen über den Inhalt von Landschaftsplanung herausgebildet haben, geschweige denn eine Bewertung des Instrumentes (SALZWEDEL, 1987).

412. Die Enttäuschung über diese Bilanz ist um so herber, als seit 1976 — und z. T. schon vorher — sowohl von den zuständigen Behörden als auch von Landschaftsplanern und -architekten eine beträchtliche Anzahl von Landschaftsplänen aufgestellt worden ist. Die Bundesforschungsanstalt für Naturschutz und Landschaftsökologie (BFANL) hat diese in einem Landschaftsplanverzeichnis dokumentiert, das jährlich anhand von Umfragen ergänzt wird. Bisher gibt es jedoch keine verbindliche Vereinbarung zwischen Bund und Ländern über eine solche Dokumentation. Eine vorläufige Übersicht über die Landschaftspläne gibt Tabelle 2.1.4; sie ist allerdings wegen unvollständiger Erfassung und mangelnder Vergleichbarkeit der Pläne mit entsprechender Zurückhaltung zu interpretieren. Insbesondere gilt dies für die Angaben über Rheinland-Pfalz, wo es auf örtlicher Ebene keine Landschaftsplanung gibt (vgl. Tz. 390, 407).

413. Bezüglich der Durchführung der Landschaftsplanung ist eine Äußerung des Landschaftsarchitekten SCHMID (1984) von Interesse, die auf seinen Erfahrungen in Baden-Württemberg beruht:

„Vor allem muß bedauert werden, daß die Landschaftsplanung keine starke und durchgehende Zuständigkeit auf allen Ebenen besitzt, sondern organisatorisch zersplittert ist. Während beispielsweise die jeweiligen Fachministerien eine durchgehende Zuständigkeit besitzen und auch bei der Raumplanung eine durchgehende Zuständigkeit des Innenministeriums gegeben ist, wechselt bei der Landschaftsplanung die direkte Zuständigkeit vom Ministerium (Landschaftsrahmenprogramm) zu den Regionalverbänden (Landschaftsrahmenpläne) bzw. zu einer Vielzahl von Gemeinden (Landschafts- und Grünordnungspläne).

Bei den unteren Naturschutzbehörden obliegt die fachliche Beratung der Behörden den ehrenamtlich tätigen Naturschutzbeauftragten. Diese sind lt. Gesetz ausdrücklich nicht an fachliche Weisungen gebunden.

Tabelle 2.1.4

Landschaftspläne im Bundesgebiet, abgeschlossen bzw. in Arbeit
Stand April 1986

	Gem. Anz.	LP Anz.	GLP Anz.	GLP %
Rheinland-Pfalz ..	2 303	43	245	11
Bayern	2 051	467	594	29
Schleswig-Holstein	1 131	77	154	14
Baden-Württemberg	1 111	133	162	15
Niedersachsen ...	1 031	34	153	15
Hessen	427	237	312	73
Nordrhein-Westfalen	396	161	305	77
Saarland	52	14	9	17
Bremen	2	6	1	—
Berlin (West)	1	27	1	—
Hamburg	1	4	1	—
Gesamt	8 506	1 203	1 937	23

Gem = Anzahl der Gemeinden pro Bundesland Stand 1. Januar 1985, Quelle: Stat. Jb. 1986
LP = Die seit Inkrafttreten der Landesnaturschutzgesetze fertig gestellten oder in Arbeit befindlichen Landschaftspläne, Stand Januar 1985
GLP = Anzahl und Anteil der Gemeinden für die ein Landschaftsplan abgeschlossen oder in Arbeit ist, Stand April 1986
Quelle: SRU; nach HENKE und LASSEN, 1985; BFANL, 1986b; z. T. eigene Berechnungen

In der Praxis werden sehr oft Vertreter von landschaftsnutzenden Behörden (z. B. Forstverwaltung, Landwirtschaftsämter etc.) als Naturschutzbeauftragte berufen.

Selbst bei redlichstem Bemühen muß es ihnen schwer fallen, landesplanerische Zielsetzungen gegenüber den Planungsträgern zu artikulieren und durchzusetzen.

Die Folge ist, daß häufig auch Planungen ohne unerläßliche Fachkompetenz erstellt und als Landschaftsplanung „verkauft" werden. Mir sind Fälle bekannt, wo Landschaftspläne an Hochbauarchitekten, Vermessungsingenieure u. a. (zu Bruchteilen des Honorars nach HOAI) vergeben worden sind. In einem Falle wandte sich ein solcher Planverfasser später an uns, ob wir ihn bei der Erstellung nicht fachlich beraten könnten.

Aber selbst dem fachkompetenten Planer ist es häufig nicht möglich, notwendige landespflegerische Anweisungen beim Auftraggeber durchzusetzen. Die politischen Entscheidungsgremien vieler Gemeinden sind oft nicht willens, eine Landschaftsplanung (die sie selbst finanzieren müssen) zu tragen, die möglicherweise ihren eigenen Entscheidungsspielraum einengt. Für sie sind in der Regel kurzfristige Interessen bestimmend, und die Landschaftsplanung wird zur Anpassungsplanung degradiert."

414. Die Problematik der Landschaftsplanung liegt darin, daß sie in letzter Konsequenz Auflagen für fast jede Art von Landnutzung herbeiführen würde. Dies ergibt sich aus der vom Rat bereits im Sondergutachten „Umweltprobleme der Landwirtschaft" (SRU, 1985, Tz. 1223) erhobenen Forderung, daß „die Landschaftsplanung ... in absehbarer Zeit ein umfassendes Flächenschutzkonzept entwickeln" müsse. Die politischen Widerstände gegen deren Verwirklichung dürften erst nach der Einführung einer allgemeinen Umweltverträglichkeitsprüfung (Abschn. 1.3.3; SRU, 1987) sowie einer wirksameren Eingriffsregelung nach § 8 BNatSchG (Abschn. 2.1.8.1.2) schwinden, für die wiederum die Landschaftsplanung eine unverzichtbare Grundlage sein wird.

2.1.5 Entwicklung der Flächennutzung

415. Die quantitative Entwicklung der Flächennutzung seit 1978 zeigt im wesentlichen eine Fortsetzung der Trends, die bereits in den Umweltgutachten 1974 (SRU, 1974, Abschn. 4.1.1.1) und 1978 (SRU, 1978, Abschn. 1.3.3.2) dargestellt wurden, und läßt insoweit auch die soeben geschilderte Vergeblichkeit der Landschaftsplanung erkennen.

416. Statistische Angaben zum landespflegerischen Bereich, die in Umfang und Inhalt vergleichbar mit den Bevölkerungs- und Wirtschaftsstatistiken sind, gibt es weder auf der Ebene der Gemeinde, noch der Länder oder des Bundes.

Aussagen zum Zustand von Natur und Landschaft auf Bundesebene stützen sich bis heute auf Darlegung der Bilanzierung der Flächennutzungen (zur Problematik siehe Abschn. 3.4.1). Auch an der Feststellung des Rates im Umweltgutachten 1978 (SRU, 1978, Tz. 1211) hat sich nichts geändert:

„Die ... Daten zur Flächennutzung lassen aufgrund der in der Flächenstatistik verwendeten Nutzungskategorien nur bedingt ökologische Aussagen zu. ... Dennoch ist eine Darstellung des Flächennutzungswandels für das Gesamtgebiet der Bundesrepublik von gewissem Aussagewert ..."; dieser besteht im Vergleich der Flächen zueinander.

417. In diesem Zusammenhang begrüßt der Rat die Initiative des Statistischen Bundesamtes (RADERMACHER, 1987), die amtliche Flächenstatistik mittelfristig durch neue Erhebungen und den Aufbau einer

Tabelle 2.1.5

Flächennutzungen in der Bundesrepublik Deutschland und ihre voraussichtliche Veränderung bis zum Jahr 1985
(Stand 1968/70 und Zu- und Abnahme in 1 000 ha)

	1968/70	bis 1975	1975 bis 1980	1980 bis 1985
Landwirtschaftliche Nutzfläche	13 850			
bei erwarteter (fortgeschriebener) Istproduktion	.	− 269	−250	−250
bei 80 % Selbstversorgung	.	−1 422	−111	− 89
bei 70 % Selbstversorgung	.	−2 870	−200	−200
Forstliche Nutzfläche	7 500	+ 300	+200	+200
Bruttowohnbauland				
bei Geschoßflächenzahl 0,2	.	+ 677	+117	+134
bei Geschoßflächenzahl 0,3	900	+ 75	+ 81	+ 88
bei Geschoßflächenzahl 0,5	.	− 238	+ 55	+ 63
bei Geschoßflächenzahl 0,6	.	− 316	+ 48	+ 56
bei Geschoßflächenzahl 0,8	.	− 388	+ 43	+ 49
Industrie- und Dienstleistungsflächen				
bei einer Bedarfsfläche je Arbeitsplatz von				
60 m²	.	− 35	+ 8	+ 7
80 m²	184	+ 15	+ 10	+ 10
100 m²	.	+ 65	+ 12	+ 13
Verkehrsflächen				
Deutsche Bundesbahn und nichtbundeseigene Eisenbahnen	103	+ 2	+ 2	+ 2
Straßen und Wege	405	+ 60	+ 60	+ 60
Binnenwasserstraßen	12	+ 2	+ 2	+ 2
Zivile Flugplätze	8	+ 6	+ 6	+ 6
Militärische Anlagen	450	+ 11	+ 11	+ 11

Quelle: SRU, 1974

Flächendatei mit Hilfe der EDV zu aktualisieren. Basis der neuen Erhebungen sind Luftbildauswertungen, wobei man davon ausgeht, daß die unterscheidbaren Nutzungen von derzeit 12 Kategorien auf 40 erhöht werden können und damit wesentlich genauere flächenbezogene Aussagen, auch für den landespflegerischen Bereich, möglich sind.

418. Von aktuellem Interesse ist die Überprüfung einer Schätzung der Flächennutzungen für den Zeitraum 1972 bis 1985 (Tab. 2.1.5), die im Umweltgutachten 1974 (SRU, 1974) wiedergegeben war und auf die exemplarisch eingegangen werden soll. Ein wünschenswerter direkter detaillierter Vergleich ist aufgrund unterschiedlich abgegrenzter Nutzungskategorien allerdings nicht möglich. Die Zunahme der Gebäude- und Verkehrsflächen wurde in ihrer Größenordnung richtig geschätzt, ebenso die Abnahme der Landwirtschaftsflächen, lediglich die Waldflächen verzeichneten einen wesentlich geringeren Zuwachs. Die Flächennutzungen von 1960 bis 1985 sind in den Tabellen 2.1.6 bis 2.1.8 dargestellt, wobei aus den oben genannten Gründen auch hier ein direkter Vergleich nur innerhalb der jeweiligen Zeitabschnitte möglich ist. Abbildung 2.1.4 zeigt zeigen schließlich die Flächenentwicklung für ausgewählte Nutzungen im Überblick, in Anlehnung an die Darstellungen in den Umweltgutachten 1974 und 1978 (SRU, 1974 und 1978).

Tabelle 2.1.6

Flächennutzung im Bundesgebiet 1960 und 1969

Nutzungsart	1960		1969		Entwicklung 1960—1969			
	1 000 ha	%	1 000 ha	%	1 000 ha	%	1 000 ha/a	%/a
Unkultivierte Moorflächen	188,2	0,8	174,3	0,7	− 13,9	− 7,4	− 1,5	−0,8
Friedhöfe, ..., Übungsplätze	256,2	1,0	294,8	1,2	38,6	15,1	4,3	1,7
Gewässer	408,4	1,7	440,7	1,8	32,3	7,9	3,6	0,9
Öd- und Unland	696,7	2,8	694,6	2,8	− 2,1	− 0,3	− 0,2	0,0
Gebäude-, Hof-, Industrieflächen	809,2	3,3	1 016,5	4,1	207,3	25,6	23,0	2,8
Wegeland, Eisenbahnen	974,8	3,9	1 100,7	4,4	125,9	12,9	14,0	1,4
Waldflächen, Forsten, ...	7 098,6	28,8	7 179,7	29,0	81,1	1,1	9,0	0,1
Landwirtschaftliche Nutzfläche	14 253,5	57,7	13 848,4	56,0	−405,1	− 2,8	−45,0	−0,3
Gesamt-Fläche	24 685,6	100,0	24 749,7	100,0	—	—	—	—

Quelle: SRU; nach Statistisches Jahrbuch 1961 bis 1986

Tabelle 2.1.7

Flächennutzung im Bundesgebiet 1970 und 1975

Nutzungsart	1970		1975		Entwicklung 1970—1975			
	1 000 ha	%	1 000 ha	%	1 000 ha	%	1 000 ha/a	%/a
Unkultivierte Moorflächen	169,7	0,7	160,3	0,6	− 9,4	− 5,5	− 1,9	−1,1
Nicht mehr genutzte landwirtschaftliche Flächen	220,6	0,9	307,8	1,2	− 87,2	−39,5	17,4	7,9
Parkanlagen, ..., Übungsplätze	359,4	1,5	366,1	1,5	6,7	1,9	1,3	0,4
Gewässer	443,3	1,8	455,1	1,8	11,8	2,7	2,4	0,5
Öd- und Unland	672,6	2,7	661,7	2,7	− 10,9	− 1,6	− 2,2	−0,3
Gebäude- und Hofflächen	1 048,2	4,2	1 169,0	4,7	120,8	11,5	24,2	2,3
Straßen, Wege, Eisenbahnen	1 115,0	4,5	1 160,6	4,7	45,6	4,1	9,1	0,8
Wald	7 169,5	28,9	7 161,6	28,9	− 7,9	− 0,1	− 1,6	0,0
Landwirtschaftlich genutzte Fläche	13 578,2	54,8	13 303,1	53,8	−275,1	− 2,0	−55,0	−0,4
Gesamt-Fläche	24 776,5	100,0	24 745,3	100,0	—	—	—	—

Quelle: SRU; nach Statistisches Jahrbuch 1961 bis 1986

Tabelle 2.1.8

Flächennutzung im Bundesgebiet 1979 und 1985

Nutzungsart	1979		1985		Entwicklung 1979—1985			
	1 000 ha	%	1 000 ha	%	1 000 ha	%	1 000 ha/a	%/a
Heide	79,2	0,3	63,8	0,3	− 15,4	−19,4	− 2,6	−3,2
Moor	116,5	0,5	107,2	0,4	− 9,3	− 8,0	− 1,6	−1,3
Erholungsfläche	122,5	0,5	146,1	0,6	23,6	19,3	3,9	3,2
Betriebsfläche	130,8	0,5	127,4	0,5	− 3,4	− 2,6	− 0,6	−0,4
Unland	154,6	0,6	155,9	0,6	1,3	0,8	0,2	0,1
Flächen anderer Nutzung [1])	197,4	0,8	218,1	0,9	20,7	10,5	3,5	1,7
Wasserfläche	424,5	1,7	444,3	1,8	19,8	4,7	3,3	0,8
Verkehrsfläche	1 137,8	4,6	1 210,5	4,9	72,7	6,4	12,1	1,1
Gebäude- und Freifläche	1 287,7	5,2	1 488,5	6,0	200,8	15,6	33,5	2,6
Waldfläche	7 317,5	29,4	7 360,0	29,6	42,5	0,6	7,1	0,1
Landwirtschaftsfläche [2])	13 895,8	55,9	13 547,6	54,5	−348,2	− 2,5	−58,0	−0,4
Gesamt-Fläche	24 864,3	100,0	24 869,4	100,0	−	−	−	−

[1]) ohne Unland
[2]) ohne Heide und Moor
Quelle: SRU; nach Statistisches Jahrbuch, 1961 bis 1986

Abbildung 2.1.4

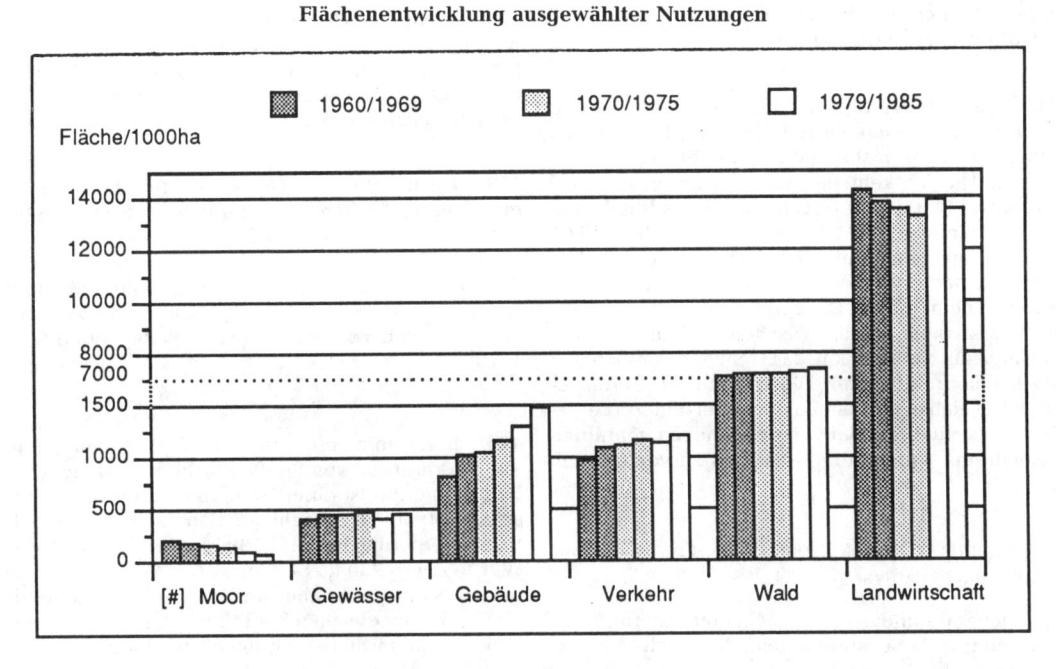

Flächenentwicklung ausgewählter Nutzungen

[#] Generalisierte Bezeichnung. Innerhalb des gesamten Zeitraumes wurden die Nutzungen zum Teil unterschiedlich benannt.

Quelle: SRU

419. Zur Entwicklung der Nutzungen seit Veröffentlichung des Umweltgutachtens 1978 (SRU, 1978) läßt sich folgendes feststellen:

Die Ausweitung der Siedlungsflächen einschließlich Abbauland (Gebäude-, Verkehrs-, Erholungs-, Betriebsflächen und andere Flächen) hat sich von 1979 bis 1985 kontinuierlich fortgesetzt und beläuft sich auf 314 400 ha; davon entfallen auf die Wohngebäudeflächen 201 000 ha und auf die Verkehrsflächen 73 000 ha. Die Siedlungsflächen einschließlich Abbauland nahmen 1985 insgesamt 12,9 % der Gesamtfläche des Bundesgebietes ein, gegenüber 11,6 % im Jahr 1979. Damit wurde im Zeitraum 1979 bis 1985 täglich ca. 144 ha Freifläche für Siedlungs- und Abbauzwecke in Anspruch genommen. Für den Zeitraum 1981 bis 1985 nennt der Raumordnungsbericht 1986 eine Inanspruchnahme von Freifläche für Siedlungszwecke von ca. 120 ha pro Tag. Der Zuwachs vollzog sich überwiegend zu Lasten der landwirtschaftlich genutzten Fläche ohne Moor und Heide (1985: 54,5 %, gegenüber 1979: 55,9 %).

Im Raumordnungsbericht 1986 wird aus der Zunahme der Siedlungsfläche gefolgert: „Daraus läßt sich auch bis in den Berichtszeitraum ein gleichbleibender Trend zur Inanspruchnahme bisher unverbauten Landes erkennen. Aufgrund verschiedener Faktoren ist jedoch zu erwarten, daß dieser Trend nicht in gleicher Weise in die Zukunft fortgeschrieben werden kann. ... Die vorliegenden Daten zeigen für die künftige Entwicklung der Siedlungsflächen ein allmähliches Abflachen der Zuwachsraten an. ... Der Landverbrauch für Siedlungszwecke wird absolut auf absehbare Zeit hoch bleiben und gerade in hochverdichteten Regionen erhebliche Konflikte, insbesondere mit ökologischen Belangen aufwerfen."

420. Eine detaillierte Darstellung der Entwicklung ist für einen Teilbereich der Siedlungsflächen, die Verkehrsflächen, insbesondere die Straßenflächen möglich: Die Verkehrsflächen beanspruchten 1985 1,21 Mio ha (4,9 %) der Gesamtfläche des Bundesgebietes gegenüber 1,14 Mio ha (4,6 %) im Jahr 1979. Nach Aussagen im Raumordnungsbericht 1986 hat zu diesem Zuwachs vor allem der Neubau der Gemeindestraßen beigetragen. Das Straßennetz für den überörtlichen Verkehr wuchs zwischen 1982 und 1985 in der Länge um ca. 1 300 km, das Gemeindestraßennetz jedoch um ca. 7 000 km. Die regionale Differenzierung zeigt, daß der größte Zuwachs bei den Verkehrsflächen absolut und relativ in den ländlich geprägten Regionen mit Verdichtungsansätzen zu verzeichnen war.

421. PAURITSCH et al. (1985) bemerken zu diesem Verkehrsflächenzuwachs:

„Eine genaue bundesweite Flächenbilanzierung der verschiedenen Lebensraumtypen, die durch Straßenbau eine Nutzungsänderung erfahren, ist in der Regel aus dem zur Verfügung stehenden Datenmaterial nur schwer möglich.

In Nordrhein-Westfalen wurden im Zeitraum 1974 bis 1979 für Verkehrsflächen 410 ha Wald in Anspruch genommen. Dies sind 23 % des gesamten „Waldverbrauchs" in Nordrhein-Westfalen und bedeutet, daß der Straßenbau beim Entzug von Waldflächen die Spitzenstelle einnimmt (Bericht der Landesregierung über Lage und Entwicklung der Forstwirtschaft, 1981).

Zwar ist insgesamt in Hessen die Gesamtbilanz der Waldfläche positiv, aber im Zeitraum von 1945—1977 gingen 2 693 ha Wald bei der Anlage von Verkehrsflächen verloren (Hessischer Landtag, 1978).

Im Staatswald von Rheinland-Pfalz wurden 1980 33,1 % des Gesamtverbrauchs an Waldflächen durch Verkehrsstraßen verursacht (Minister für Landwirtschaft, Weinbau und Forsten, Rheinland-Pfalz, 1981), und auch in Baden-Württemberg standen 1980 die Verkehrsflächen an erster Stelle der „Waldverbraucher" (Minister für Ernährung, Landwirtschaft, Umwelt und Forsten, Baden-Württemberg, 1981)."

422. Schwieriger als die genaue Quantifizierung der Waldflächenverluste durch Straßenbau ist die Bestimmung des qualitativen Verlustes. Hier gibt es eigentlich keine weitergehenden Angaben (PAURITSCH et al., 1985). Es wurde jedoch versucht, die Zerschneidung von Lebensräumen zu quantifizieren. Nach LASSEN (1979) gab es 1977 noch 370 unzerschnittene verkehrsarme Räume mit einer Mindestfläche von je 100 km^2, und FRITZ (1984) berechnete die Zahl der mindestens 20 km^2 großen unzerschnittenen Wälder für das Bundesgebiet auf 417, das entspricht lediglich 6,3 % der Fläche des als waldreich geltenden Bundesgebietes (siehe Abb. 2.1.5).

423. Auch naturnahe Gewässer und die daran angrenzenden Flächen, z. B. Uferbiotope, sind betroffen. Die günstigen geomorphologischen Gegebenheiten für eine Trassierung von Verkehrswegen in diesen Räumen führten dazu, daß von 16 360 km untersuchter Gewässerstrecke in der Bundesrepublik Deutschland 88 % von Verkehrswegen begleitet sind (FRITZ, 1979).

424. In Zusammenhang mit dem Straßenbau ist auch die Rückführung von Straßenfläche in Freifläche von Bedeutung. So ist einer Notiz in „Garten und Landschaft" (1986) zu entnehmen, daß nach Angaben der Landesregierung von 1976 bis Ende 1985 in Baden-Württemberg 230 ha Straßen zurückverwandelt wurden. Das entspricht aber nur etwa einem Fünftel der Fläche, die im gleichen Zeitraum beim Aus- und Neubau von überörtlichen Straßen asphaltiert wurde.

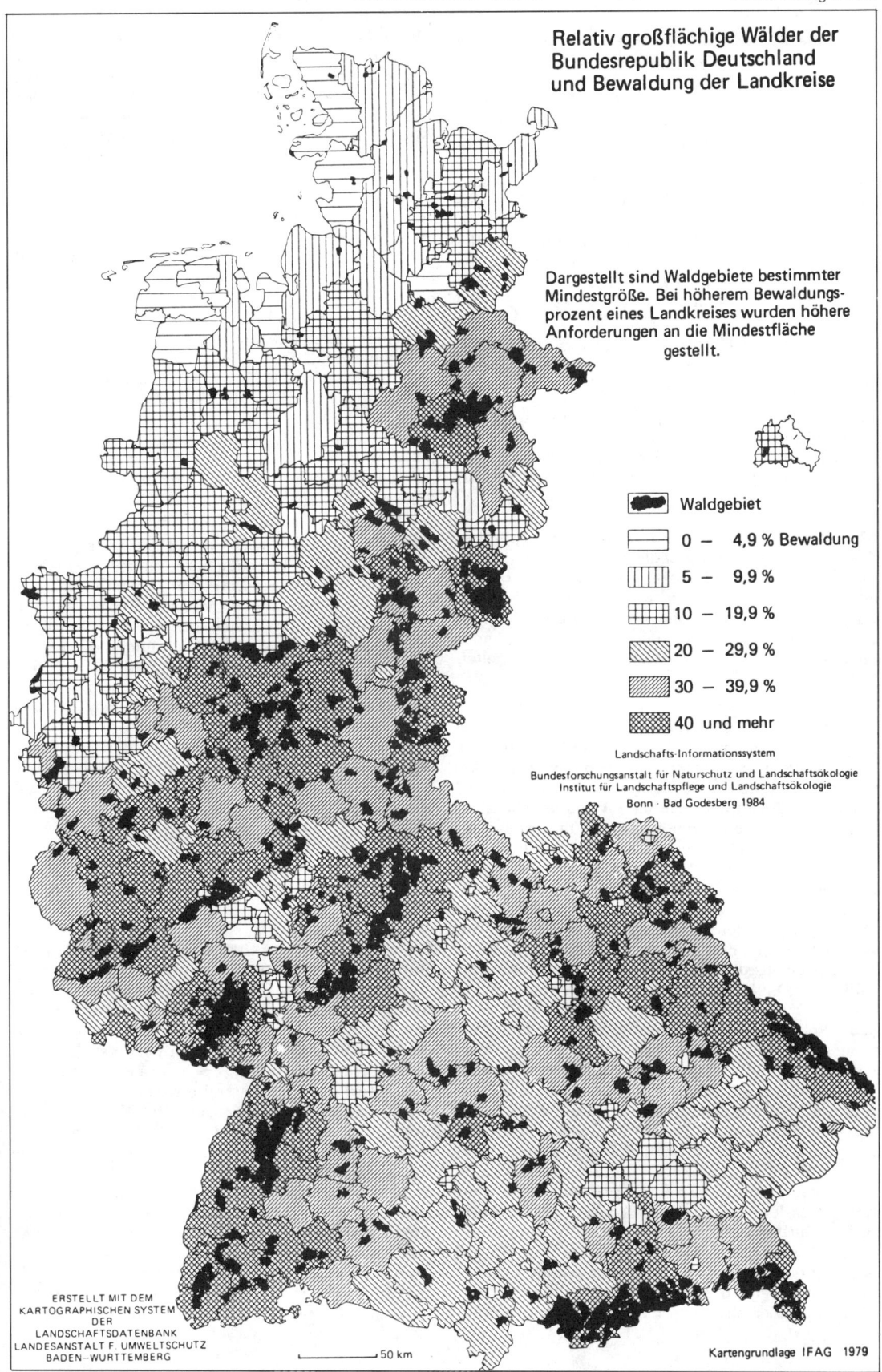

Unzerschnittene Wälder Abbildung 2.1.5

Relativ großflächige Wälder der Bundesrepublik Deutschland und Bewaldung der Landkreise

Dargestellt sind Waldgebiete bestimmter Mindestgröße. Bei höherem Bewaldungsprozent eines Landkreises wurden höhere Anforderungen an die Mindestfläche gestellt.

Legende:
- Waldgebiet
- 0 – 4,9 % Bewaldung
- 5 – 9,9 %
- 10 – 19,9 %
- 20 – 29,9 %
- 30 – 39,9 %
- 40 und mehr

Landschafts-Informationssystem
Bundesforschungsanstalt für Naturschutz und Landschaftsökologie
Institut für Landschaftspflege und Landschaftsökologie
Bonn - Bad Godesberg 1984

ERSTELLT MIT DEM KARTOGRAPHISCHEN SYSTEM DER LANDSCHAFTSDATENBANK LANDESANSTALT F. UMWELTSCHUTZ BADEN-WÜRTTEMBERG

50 km

Kartengrundlage IFAG 1979

Quelle: FRITZ, 1984

2.1.6 Arten- und Biotopschutz

425. Das weitgehende Versagen der Landschaftsplanung (Abschn. 2.1.4.7) und die für den Naturschutz nicht förderliche Entwicklung der Flächennutzung gehören zu den wesentlichen Ursachen der Fehlschläge im Arten- und Biotopschutz, auf die bereits in der Einführung zu diesem Kapitel (Abschn. 2.1.1) und in Abschnitt 2.1.3.2 hingewiesen wurde. Besonders ausführlich hat der Rat Ziele und Mißerfolge dieses Naturschutzbereiches im Sondergutachten „Umweltprobleme der Landwirtschaft" (SRU, 1985, Abschn. 1.1.6, 1.1.7, Kap. 4.1 und 5.2) behandelt, weil die moderne Landbewirtschaftung wegen der großen von ihr beeinflußten Flächen und der Intensität der Bewirtschaftung ein Hauptverursacher des Arten- und Biotoprückganges ist. Doch schon im Umweltgutachten 1978 (SRU, 1978, Abschn. 1.3.3.3) hatte der Rat auf diese ernste Problematik nachdrücklich aufmerksam gemacht.

Die erwähnten früheren Ausführungen des Rates gelten weiterhin und sind daher als Bestandteile der folgenden Darstellung anzusehen, die eine kurze Zusammenfassung der — seither kaum eine Verbesserung zeigenden — Situation sind.

426. Ein herausragendes Kennzeichen dieser bedenklichen Entwicklung ist die starke Abnahme zahlreicher wildlebender Pflanzen- und Tierarten, die bei 30 bis 50% von ihnen ein existenzbedrohendes, in „Roten Listen" dokumentiertes Ausmaß erreicht hat (SRU, 1985, Tz. 574). Nur relativ wenige Arten nehmen zu und werden als „Kulturfolger" nicht selten lästig oder schädlich.

427. Das von 1974 bis 1983 durchgeführte Mettnau-Reit-Illmitz-Programm der Vogelwarte Radolfzell zur Ermittlung der Bestände von Kleinvögeln, das 37 Arten erfaßte, ergab für die Gesamtzahl der beobachteten Vögel eine mittlere jährliche Abnahme von etwa 1,6%. Bei 26 Arten nahmen die Bestände stetig ab. Erhebliche Einbußen zeigten z. B. Blau- und Braunkehlchen, Drossel- und Seggenrohrsänger, Dorn- und Klappergrasmücke, Gartenrotschwanz, Gelbspötter, Grauschnäpper, Schilfrohrsänger sowie Teilpopulationen von Neuntöter und Sumpfrohrsänger. Bei elf Arten blieben die Bestände gleich oder nahmen leicht zu, z. B. Hausrotschwanz und Mönchsgrasmücke (BERTHOLD et al., 1986).

428. Rote Listen werden neuerdings auch für Pflanzengesellschaften erstellt und ergeben noch alarmierendere Gefährdungen. In Schleswig-Holstein wurden von 330 unterschiedenen Pflanzengesellschaften 257 (79%) als mehr oder weniger gefährdet eingestuft und in 165 (50%) eine Artenverarmung festgestellt (DIERSSEN, 1986). Für Niedersachsen berichtet PREISING (1986) 357 Pflanzen-Assoziationen, von denen er ebenfalls 79% als verschollen bis potentiell gefährdet bezeichnet; 82% seien schutzwürdig und -bedürftig.

429. Der größte Teil des Artenrückganges wird auf indirektem Wege, d. h. durch Beeinträchtigung, Verkleinerung, Zersplitterung und/oder Beseitigung naturbetonter Biotope verursacht. Diese Veränderungen wiegen um so schwerer, als viele dieser Biotope auf einer relativ kleinen Fläche einen hohen Artenreichtum aufweisen; folglich kann eine nur geringe Ausdehnung von Nutzflächen auf Kosten naturbetonter Biotope den Artenreichtum bereits stark beeinträchtigen. Der Biotopschwund verläuft erheblich rascher als der Artenrückgang, wird aber im Gegensatz zu diesem seit 1975 durch Kartierung schutzwürdiger Biotope systematisch erfaßt. Einen besonders starken Rückgang haben gerade die halbnatürlichen Biotope wie Trockenrasen, Streuwiesen, Zwergstrauchheiden, Torfstichmoore und Niederwälder zu verzeichnen, die erst durch bestimmte landwirtschaftliche Nutzungen aus den natürlichen Ökosystemen hervorgingen und ohne solche Eingriffe nicht existieren können. Unter der modernen Nutzungsweise können sie nicht mehr entstehen und oft nur mit großem Aufwand erhalten werden. Ihren Biotopwert und Artenreichtum zeigt ein Beispiel aus Niedersachsen: 164 schutzwürdige Halbtrockenrasen, die nur 0,02% der Landesfläche bedecken, beherbergen 16% aller Blütenpflanzen-, 25% aller Schnecken-, 33% aller Tagschmetterlings- und 50% aller Heuschreckenarten des Landes, die sich außerhalb dieses Biotops nicht mehr halten können (SRU, 1985, Tz. 604).

430. Für das Verschwinden und den Rückgang der Arten und Biotope ist häufig die Summe vieler kleiner, örtlich begrenzter Eingriffe und die Intensität und Handhabung von als solchen zulässigen Landnutzungsformen verantwortlich. Dazu zählen Nutzungswandel und -intensivierung, Änderungen im Wasserhaushalt und Eutrophierung; der Beitrag der Flurbereinigung und des ländlichen Wasserbaues wird von vielen Bearbeitern hervorgehoben. Besonders betroffen hiervon sind Arten, die nährstoffarme Verhältnisse, „Ödflächen", überdurchschnittlich trockene oder feuchte Standorte bevorzugen oder besiedeln können und oft nur dort vor Wettbewerb anderer Arten geschützt sind. Unter den Tieren sind Bodenbrüter, Spitzenglieder der Nahrungsketten wie Greifvögel, Eulen, Libellen sowie Spezialisten für selten werdende Nahrung, z. B. für große Insekten oder für während der ganzen Vegetationszeit verfügbaren Blütennektar, betroffen.

431. Nur etwa 35 bis 40% der gefährdeten Pflanzen- und Tierarten werden in Naturschutzgebieten erfaßt. Bei den in einzelnen Bundesländern ermittelten gefährdeten Pflanzengesellschaften ist dieser Prozentsatz noch geringer; er beträgt z. B. in Schleswig-Holstein 24% (DIERSSEN, 1986), in Niedersachsen gar nur 9% (PREISING, 1986). Doch auch Naturschutzgebiete gewähren oft nur eine unvollkommene Sicherung (Abschn. 2.1.7). Die ca. 2 400 Naturschutzgebiete der Bundesrepublik Deutschland nehmen nur ca. 1,1% ihrer Fläche ein und sind zu einem großen Teil so klein — 15% unter 5 ha! —, daß sie schädlichen Randeinwirkungen offenstehen (vgl. Abschn. 2.1.7). Trotz Gebietsschutz verschwinden dadurch empfindliche Arten. In kleinflächigen Gebieten gehen wildlebende Tierpopulationen wegen Isolierung von anderen Populationsteilen durch Inzucht und auch wegen Unterschreitung der artgemäßen Mindestgröße der Population allmählich zugrunde.

Hinzu kommt die noch wenig untersuchte und beachtete Belastung wildlebender Arten durch Schadstoffe und radioaktive Immissionen, auf die in einem Exkurs zu diesem Kapitel (Tz. 511 ff.) gesondert eingegangen wird.

432. Angesichts dieser sich verschlechternden Situation des Artenschutzes mußte die ausdrücklich als Neuordnung der Artenschutz-Bestimmungen verkündete, nach mehrjähriger Beratung am 10. Dezember 1986 verabschiedete Novellierung des Bundesnaturschutzgesetzes auf weitverbreitete Kritik stoßen. Denn diese Neuordnung betraf im wesentlichen den sog. direkten Artenschutz, d. h. sie soll die Entnahme wildlebender Pflanzen und Tiere aus der Natur sowie ihre sonstige gezielte Beeinträchtigung verhindern, Handel, Ein- und Ausfuhr, Besitz, Züchtung und Haltung geschützter Arten sowie ihre Be- und Verarbeitung Verboten oder strengen Regelungen unterwerfen. Diese Bestimmungen für den direkten Artenschutz waren z. T. unübersichtlich und infolge neuer internationaler Bestimmungen überholt, so daß eine Neufassung unumgänglich und als solche unumstritten war. Ihre betonte Begrenzung auf diesen Teilbereich des Artenschutzes war jedoch angesichts des fortdauernden Rückganges der einheimischen Arten enttäuschend (vgl. WITTKÄMPER, zitiert in WITTKÄMPER et al., 1984) und verstärkte den in Abschnitt 2.1.3.2 geschilderten Eindruck, daß der Naturschutz sich von seiner ganzheitlichen Zielsetzung entfernen könnte. Doch ist hierbei zu berücksichtigen, daß der Bund im Artenschutz weiterreichende Zuständigkeiten hat als im für die Eindämmung des nationalen Artenrückganges maßgebenden Biotop- und Flächenschutz, für den er nur eine Rahmenkompetenz besitzt; diese wurde in der Novellierung immerhin verstärkt betont (Tz. 439).

433. Der Artenschutz wird auch dadurch beeinträchtigt, daß es an flächendeckenden Daten trotz der „Roten Listen" — die ja wesentlich auf Schätzungen beruhen (HAEUPLER, 1986) — immer noch mangelt. So schreiben FINK und NOWAK (1983) für den Teilbereich Artenschutz: „In allen Bereichen und auf allen Ebenen des Artenschutzhandelns werden als Grundlage für Entscheidungen und Maßnahmen konkrete Daten über das Schutzobjekt — über Pflanzen- und Tierarten — benötigt. Wir sind noch weit davon entfernt, in der Praxis über all diese art- und ortsspezifischen Daten zu verfügen, obwohl einschlägige Untersuchungen seit Beginn der Wissenschaften betrieben werden und laufend neue Datenerhebungen stattfinden. Drei Hauptgründe können für dieses Informationsdefizit im Naturschutz angeführt werden:

1. der große Gesamtumfang der zu erfassenden Daten,

2. die bisherige inhaltliche und organisatorische Divergenz der Forschungs- und Erhebungstätigkeit und

3. die nach wie vor weitgehend fehlende Möglichkeit des zentralen Zugriffs auf das vorhandene Datenmaterial oder auch nur auf eine entsprechende Literatur-Projektdokumentation."

434. Im Bereich des Biotopschutzes ist die Datenlage wesentlich besser, seitdem ab 1975 Kartierungen schutzwürdiger Biotope systematisch durchgeführt, ausgewertet und verfeinert werden — auch wenn die oft zu enge Beschränkung auf schutzwürdige Biotope, wie bereits erwähnt (Abschn. 2.1.3.2), zur Vernachlässigung der übrigen Biotope zu führen droht. Die Erkenntnis hat sich endlich Bahn gebrochen, daß Biotopschutz die eigentliche Basis erfolgreichen Artenschutzes ist und daher höchste Priorität verdient. Es ist daher zu bedauern, daß die praktischen Schutzmaßnahmen für die kartierten Biotope mit der Kartierung und Bewertung keineswegs Schritt gehalten haben. Stichprobenhafte Überprüfungen von Biotopkartierungen aus der 2. Hälfte der 70er Jahre ergaben, daß ca. 50 % der kartierten Biotope entwertet, beeinträchtigt, zum kleinen Teil sogar verschwunden sind. Die erhalten gebliebenen Biotope waren, soweit sie nicht unter Naturschutz gestellt wurden, häufig im Rahmen von Flurbereinigungsmaßnahmen oder anderer Fachplanungen gesichert worden und zeigten damit, daß gezielte staatliche Maßnahmen zum Erfolg führen. Sie bedürften allerdings erheblicher Verstärkung, um dem Ziel eines umfassenden Biotopverbundsystems (SRU, 1985, Abschn. 5.2.1.3) näher zu kommen.

435. Als positiv hebt der Rat hervor, daß die zunächst auf die Agrarlandschaft beschränkte Kartierung und Bewertung schutzwürdiger Biotope inzwischen auch Städte und Dörfer erfaßt und hier z. T. sogar rascher in Schutzkonzepte umgesetzt wird als in landwirtschaftlich genutzten Gebieten. Für die bayerischen Alpen liegt eine flächendeckende Biotopkartierung vor, die allerdings noch auf eine Anwendung wartet. Erste Ansätze gibt es auch für die planmäßige Erfassung kleinflächiger schutzwürdiger Biotope in Waldgebieten; solche sind den Forstverwaltungen häufig längst bekannt, aber bisher nicht überall in umfassende Biotopschutzkonzepte einbezogen worden. Ihre Gefährdung, insbesondere in Wäldern der öffentlichen Hand, ist freilich oft geringer einzuschätzen als in landwirtschaftlich genutzten Gebieten.

436. Seit Mitte der 80er Jahre zeigen sich vermehrt positive Ansätze in der praktischen Verwirklichung des Biotopschutzes, von denen günstige Auswirkungen auf den Artenschutz zu erwarten sind — vorausgesetzt, daß der Artenrückgang sich nicht weiter beschleunigt. In der richtigen Erkenntnis, daß der Biotopschutz eine flexible Umsetzung erfordert und nicht ausschließlich mit Ge- oder Verboten betrieben werden kann, sind Programme für Vereinbarungen mit Grundeigentümern und Nutzungsberechtigten aufgestellt worden; sie werden in steigendem Umfang verwirklicht. Es handelt sich zunächst um Nutzungsverzichte oder -einschränkungen auf freiwilliger Basis, für die eine am entgangenen Nutzen oder Ertrag orientierte, angemessene Entschädigung gezahlt wird; dies hat der Rat bereits 1985 empfohlen (SRU, 1985, Tz. 1231). Seitdem haben mehrere Bundesländer solche allgemein oft als „Extensivierungsprogramme" bezeichneten Vorhaben aufgelegt und Mittel dafür bereitgestellt, z. B.:

— Wiesenbrüterprogramme, bei denen durch Verlegung der Mahd auf einen späteren Termin und

Verzicht auf Düngung und Pestizideinsatz die Brutbiotope von wiesenbrütenden Vogelarten geschützt werden (SRU, 1985, Tz. 644), zugleich aber auch die Erhaltung von sonst verschwindenden Grünlandbiotopen gefördert wird (HEIDENREICH und KADNER, 1985);

— Acker- und Wiesenrandstreifenprogramme, bei denen auf 3—5 m breiten Streifen entlang von Wegen oder Ufern der Pflanzenschutz- und Düngemitteleinsatz unterbleibt bzw. das Mähen eingeschränkt wird, um die Acker- und Wiesen-Wildkrautflora und die zugehörige Kleintierfauna zu erhalten;

— Programme für Mager- und Trockenstandorte, die nicht umgebrochen, gedüngt oder mit Pflanzenschutzmitteln behandelt werden, stattdessen aber einmal jährlich im Herbst zu mähen sind (mit Entfernen des Mähgutes); sie dienen der Erhaltung typischer, oft artenreicher halbnatürlicher Lebensgemeinschaften wie Heiden und Trockenrasen.

Diese Programme haben in den einzelnen Bundesländern unterschiedliche Bezeichnungen. Weitere Programme umfassen die Förderung gezielter landschaftspflegerischer Maßnahmen, die von den Nutzungsberechtigten ausgeführt werden, z. B. Pflanzen und Schneiden von Hecken, Anlage und Pflege kleinerer Wasserflächen (vgl. Tab. 2.1.9). Für arbeitswirtschaftlichen Mehraufwand bei Pflegemaßnahmen wird in Bayern ein Erschwernisausgleich in Geld nach Art. 36 a Bay.NatSchG gewährt. Derartige Programme, die mit Zahlungen zwischen 300,— und 1 200,— DM/ha gefördert werden, erfreuen sich seit 1984 steigender Nachfrage der Landwirte und sollten intensiv weiter gefördert werden.

437. Der Rat begrüßt dieses Zusammenwirken von Naturschutz und Landwirtschaft. Es kommt auch in den in Landkreisen Baden-Württembergs eingerichteten „Feuchtgebietskommissionen" zum Ausdruck, die die Unterschutzstellung von Feuchtgebieten vorbereiten. Den Kommissionen gehören Vertreter der oberen und unteren Naturschutzbehörde, der Landesanstalt für Umweltschutz, des Liegenschafts- und des Wasserwirtschaftsamtes, Vertreter der Bauern und der Naturschutzverbände an. Sie schlagen auf der Grundlage einer flächendeckenden Feuchtgebietskartierung die zu schützenden Gebiete vor und diskutieren unter gründlicher Öffentlichkeitsarbeit die Einschränkungen der bestehenden Nutzung sowie die Entschädigungen. Konflikte werden dadurch vermindert, oft sogar ihre Entstehung verhindert.

438. Als ein besonders erfreuliches Beispiel solcher Zusammenarbeit, das sogar über die bisherigen Erfolge hinauszugehen verspricht, sei der „Landschaftspflegeverband Mittelfranken" genannt, der im März 1986 als Zusammenschluß von Landwirten, Naturschützern und Kommunalpolitikern gegründet wurde. Er fördert die Neuschaffung und Pflege von Biotopen mit dem Ziel einer flächendeckenden Durchsetzung des Landes mit naturnahen Lebensräumen, wie Tümpel, Röhrichtbestände, Hochstaudenfluren, Streuwiesen, Feldraine, Hecken, Feldgehölze und Halbtrockenrasen. Dieses „ökologische Grundnetz" ist durch

Tabelle 2.1.9

Extensivierungs- und Landschaftspflegeprogramme in den Ländern

Baden-Württemberg:
Umfassendes Programm in Vorbereitung

Bayern:
Acker- und Wiesenrandstreifenprogramm
Erschwernisausgleich
Landschaftspflegeprogramm
Wiesenbrüterprogramm
Programm für Mager- und Trockenstandorte

Berlin:
Programme in Vorbereitung

Hamburg:
Ackerwildkräuterprogramm
Grabenrandstreifenprogramm
Wiesenbrüterprogramm

Bremen:
kein eigentliches Programm

Hessen:
Ackerschonstreifenprogramm
Extensivwiesenprogramm
Förderung von Grünlandbewirtschaftung . . .

Niedersachsen:
Ackerwildkräuterprogramm
Erschwernisausgleich

Nordrhein-Westfalen:
Schutzprogramm für Ackerwildkräuter
Feuchtwiesenprogramm
Mittelgebirgsprogramm

Rheinland-Pfalz:
Ackerrandstreifenprogramm
Extensivierung von Dauergrünland
Streuobstwiesen

Saarland:
Umfassendes Programm in Vorbereitung

Schleswig-Holstein:
Extensivierung der Landbewirtschaftung

Quelle: SRU; nach EBEL und HENTSCHEL, 1987

Entschädigungen für extensive Bewirtschaftung der privaten landwirtschaftlichen Nutzflächen zu ergänzen. In Mittelfranken sind bisher durch die Flurbereinigung mehrere hundert Hektar als Biotopflächen ausgewiesen und in das Eigentum der Gemeinden überführt worden. Die spätere Betreuung war bisher ein ungelöstes Problem. Die Gemeinden fürchteten zu hohe Pflegelasten, die Naturschutzverbände gerieten mit ehrenamtlicher Pflege an die Grenze ihrer Leistungsfähigkeit. Hier springt der Landschaftspflegeverband ein. Er gibt ortsansässigen Landwirten, die von Mitgliedsgemeinden des Verbandes vorgeschlagen werden, fachliche und organisatorische Beratung für Pflegemaßnahmen, übernimmt die Beantragung und Abrechnung der staatlichen Fördermittel und gibt 85 % Zuschuß (70 % aus Zuschüssen der Obersten

Naturschutzbehörde, 15% aus solchen des Bezirkes Mittelfranken). Im Jahr der Gründung wurden bereits in acht Gemeinden Maßnahmen zur Neuschaffung, Verbesserung und Pflege von Biotopen auf insgesamt 46 ha von 132 Landwirten durchgeführt; für 1987 hatten am 30. Januar 1987 bereits 24 Gemeinden Naturschutzmaßnahmen beantragt.

439. Nachdem im Bundesnaturschutzgesetz von 1976 nicht möglich gewesen war, direkte Regelungen zum Schutz von Biotopen und Biozönosen zu verankern, konnten in der Novellierung vom 10. Dezember 1986 einige wichtige rahmenrechtliche Regelungen dafür getroffen werden. In den Grundsätzen (§ 2 Abs. 1 Nr. 10) und in den Bestimmungen über Landschaftspläne (§ 6) ist der Biotopschutz jetzt ausdrücklich erwähnt. Durch den neuen Paragraphen 20b werden die Länder „zur Darstellung und Bewertung der unter dem Gesichtspunkt des Artenschutzes bedeutsamen Populationen, Lebensgemeinschaften und Biotope wildlebender Tier- und Pflanzenarten" (Abs. 1 Nr. 1) sowie „zur Festlegung von Schutz-, Pflege- und Entwicklungszielen und zu deren Verwirklichung" verpflichtet (Abs. 1 Nr. 2). Darüber hinaus enthält § 20c einen Katalog besonders erhaltenswerter Biotoptypen, der allerdings durch eine Ausnahmeklausel (Abs. 2) aufgeweicht ist; deren Notwendigkeit ist angesichts der allgemeinen großzügigen Befreiungsregelung in § 31 des Bundesnaturschutzgesetzes mit unmittelbarer rechtlicher Wirkung, die „wie ein Eingeständnis politischer Ohnmacht" wirkt (SALZWEDEL, 1987), freilich nicht einsehbar.

440. Die Länder haben durch die Novellierung brauchbare Voraussetzungen für einen wirkungsvollen Biotopschutz erhalten, der unverzüglich verwirklicht werden muß, um den alarmierenden Schwund aufzuhalten. Dieser ist in dem soeben erschienenen Buch von RINGLER (1987) umfassend und insbesondere in seiner Auswirkung auf die Landschaft dokumentiert.

2.1.7 Gebietsschutz

441. Von den sechs im BNatSchG festgelegten Schutzgebietskategorien werden auf nationaler Ebene lediglich drei zahlen- und flächenmäßig erfaßt, nämlich Naturschutzgebiete, Nationalparke und Naturparke. Seit dem Umweltgutachten 1978 (SRU, 1978) konnten bei ihnen folgende Zunahmen erzielt werden:

— Die Zahl der Naturschutzgebiete stieg von 1 113 auf ca. 2 400, ihre Fläche von 216 000 auf ca. 280 000 ha, d. h. von 0,9 auf ca. 1,1 % der Gesamtfläche (vgl. Abb. 2.1.6).

— Die Zahl der Nationalparke stieg von 2 auf 4.

— Die Zahl der Naturparke stieg von 59 auf 64 (Stand 31. Januar 1987).

Abbildung 2.1.6

Entwicklung der Naturschutzgebiete im Bereich der Bundesrepublik Deutschland für den Zeitabschnitt 1936—1986

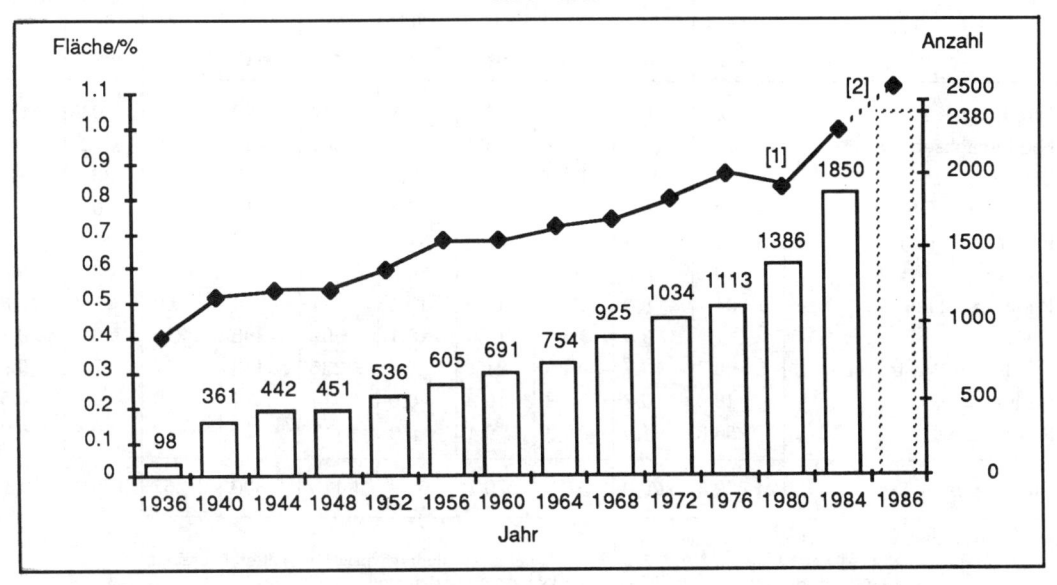

Entwicklung der Naturschutzgebiete seit 1936 (ohne die Flächen in Nord- und Ostsee), Stand 1.1.1986
[1] Ohne die Naturschutzgebiete, die seit 1978 Teile des Nationalparks Berchtesgaden sind
[2] Angaben mit gestrichelten Linien liegen nicht im vierjährigen Intervall
Linie = Entwicklung der Gesamtfläche der Naturschutzgebiete
Balken = Entwicklung der Anzahl der Naturschutzgebiete

Quelle: SRU; nach BFANL 1982 und 1987

442. Die Naturschutzgebiete — der Gebietstyp mit dem strengsten Schutz — verzeichneten demnach einen erfreulichen Zuwachs in der Anzahl, dem aber nur ein halb so großer Zuwachs an Fläche entsprach. Allein deswegen können die Naturschutzgebiete nur unzureichend ihre zukünftige Aufgabe erfüllen, nämlich die relativ großflächigen Kernstücke im zu schaffenden Biotopverbundsystem (Abschn. 2.1.8.6) darzustellen. Dazu kommen qualitative Mängel. Immer noch scheint die Schaffung von Naturschutzgebieten von der Konzeption von CONWENTZ (1904) beeinflußt zu werden, die auf dem Begriff des Naturdenkmals mit einem „landschaftsmusealen" Charakter aufbaute. Sie beschränkte sich auf relativ wenige Objekte oder Flächen, die entweder möglichst völlig unberührte Natur oder besonders charakteristische Bestandteile der Kulturlandschaft bzw. der „Heimat" repräsentierten. CONWENTZ forderte „durch das ganze Gebiet zerstreute, tunlichst in jedem Landesteile, kleine Flächen von verschiedener Beschaffenheit" als Schutzgebiete. Die Beeinträchtigung insbesondere durch Erholungssuchende und Sammler war nach seiner Ansicht am besten dadurch zu verhindern, „daß eine Bekanntmachung hierüber nicht erfolgt". Die Auswahl der Gebiete erfolgte jedoch nicht nach einem landesweiten Konzept oder System, sondern blieb „auch in der räumlichen Verteilung" mehr oder weniger dem Zufall überlassen (zitiert in BRAHMS et al., 1986). Die Vorstellung, die Natur in inselartig in die Kulturlandschaft eingelagerten kleinen Gebieten schützen zu können, ist angesichts neuer Erkenntnisse nicht mehr haltbar und durch ein umfassendes Konzept der Naturschutzplanung zu ersetzen (SUKOPP und SCHNEIDER, 1981), wie es das Biotopverbundsystem darstellt.

443. Die Verwirklichung dieses Konzeptes, das im Prinzip weitgehende Anerkennung gefunden hat, erweist sich jedoch als schwierig. Der zweckmäßige Zuschnitt von in Aussicht genommenen Naturschutzgebieten, die die „minimalen Arealansprüche des jeweiligen Ökosystemtyps erfüllen und durch nicht genutzte Randbereiche abgepuffert werden" sollen (BMU, 1986), stößt in einem dicht besiedelten und intensiv genutzten Land immer wieder auf eigentums- und nutzungsrechtliche Hindernisse. Infolgedessen dauern die Verfahren zur Unterschutzstellung oft jahrelang. Wie Abbildung 2.1.6 zeigt, erhielten in 50 Jahren etwa 1 % der Gesamtfläche der Bundesrepublik Deutschland den Status von Naturschutzgebieten. Wenn dieser Status für 3 % der Gesamtfläche angestrebt wird — was als Minimalforderung innerhalb

Tabelle 2.1.10

Naturschutzgebiete in den Bundesländern
(ohne die Flächen in Nord- und Ostsee)

Stand 20. Oktober 1976 und 1. Januar 1986[1]), geordnet nach Spalte NSG 2

	FL 1000 ha 1985	FL % 1985	NSG 1000 ha 1976	NSG 1000 ha 1986	ΔNSG 1000 ha 1976–1986	NSG Anz. 1976	NSG Anz. 1986	ΔNSG Anz. 1976–1986	NSG1 % 1985	NSG2 % 1986
Hamburg	75,5	0,3	1,9	2,6	0,7	7	20	13	0,9	3,4
Niedersachsen[2])	4 743,8	19,1	49,7	76,2	26,6	208	428	220	27,2	1,6
Bayern[3])	7 055,3	28,4	102,9	99,1	−3,8	165	303	138	35,4	1,4
Schleswig-Holstein[4])	1 572,7	6,3	9,5	17,0	7,5	82	115	33	6,1	1,1
Baden-Württemberg	3 574,1	14,4	25,1	32,9	7,8	215	480	265	11,8	0,9
Bremen	40,4	0,2	0,01	0,3	0,3	3	6	3	0,1	0,8
Rheinland-Pfalz	1 984,7	8,0	4,8	15,0	10,1	74	234	160	5,3	0,8
Hessen	2 111,4	8,5	6,9	15,0	8.1	92	308	216	5,4	0,7
Nordrhein-Westfalen[5])	3 406,7	13,7	14,8	21,1	6,2	236	443	207	7,5	0,6
Berlin	48,0	0,2	0,2	0,2	0,0	14	14	0	0,1	0,5
Saarland	256,8	1,0	0,2	0,4	0,3	17	29	12	0,2	0,2
Bundesgebiet	24 869,4	100,0	216,0	279,7	63,7	1 113	2 380	1 267	100,0	1,1

[1]) = Nur NSG mit abgeschlossenen Unterschutzstellungsverfahren.
[2]) = Ohne 19 NSG, die seit 1. Januar 1986 Teil des Nationalparks Niedersächsisches Wattenmeer sind.
[3]) = Ohne die NSG, die seit 1978 Teil des Nationalparks Berchtesgaden sind.
[4]) = Ohne 7 NSG, die seit 10. Oktober 1985 Teil des Nationalparks Schleswig-Holsteinisches Wattenmeer sind.
[5]) = Einschließlich in Landschaftsplänen ausgewiesener NSG.
FL = Fläche des jeweiligen Bundeslandes, Quelle: Stat. Jahrbuch 1986 S. 148.
NSG = Fläche bzw. Anzahl der Naturschutzgebiete des jeweiligen Bundeslandes.
ΔNSG = Differenz der Fläche bzw. der Anzahl für den Zeitabschnitt 1976 bis 1986.
NSG1 = Anteil der Landes-NSG-Fläche an der NSG-Fläche des Bundesgebietes.
NSG2 = Anteil der Landes-NSG-Fläche an der Landesfläche.

Quelle: Zusammenstellung SRU; nach BFANL, schriftl. Mittlg., 1987; HAARMANN und KORNECK, 1978

des Biotopverbundsystems gilt! — wären bei gleicher Geschwindigkeit der Unterschutzstellung noch weitere 100 Jahre zur Erreichung dieses Ziels notwendig! Was inzwischen auf den als Naturschutzgebiet ausersehenen Flächen geschieht, dürfte in der Regel ihren Naturschutzwert vermindern.

444. Tabelle 2.1.10 zeigt die Naturschutzgebietsflächen der einzelnen Bundesländer in ihrer absoluten Größe, ihrer Anzahl und im Verhältnis zur Landes- und Bundesfläche für die Jahre 1976 und 1986 sowie die Veränderungen nach Größe und Anzahl für diesen Zeitraum. Betrachtet man die Naturschutzgebietsflächen auf Landesebene und vergleicht sie mit den 1,1 % Flächenanteil auf Bundesebene, ergibt sich für die Hälfte der Länder ein erheblicher Nachholbedarf (Tab. 2.1.10, letzte Spalte). Den Flächenanteil von 3 % erfüllt außer dem Stadtstaat Hamburg kein Bundesland auch nur annähernd. Die Entwicklung der Naturschutzgebiete nach Größenklassen auf Bundesebene ist für die Jahre 1976 und 1986 in Tabelle 2.1.11 wiedergegeben.

445. Ein Blick in Beratungsprotokolle von Naturschutzbeiräten, die zu Entwürfen von Naturschutzgebiets-Verordnungen Stellung nehmen, zeigt die Schwierigkeiten, die trotz gestiegenen Umweltbewußtseins dem Erlaß solcher Verordnungen im Wege stehen. Nicht einmal in den oft sehr kleinen Naturschutzgebieten scheint es möglich zu sein, auf Nutzerinteressen zu verzichten. Wo Gewässer oder nur Gewässerteile einbezogen sind, beharren Fischer auf dem Recht, darin zu angeln — selbst wenn es kaum ausgeübt wird; Jagdberechtigte gehen ohnehin von nicht oder wenig eingeschränkter Jagdausübung aus; in Auwäldern sollen standortsfremde Nadelbaumaufforstungen genehmigt werden; Betretungsrechte sollen voll aufrechterhalten bleiben; usw. Die Berücksichtigung solcher Ansprüche, die nicht selten aus politischen Gründen für opportun gehalten wird (BRAHMS et al., 1986; WITTKÄMPER et al., 1984), erzeugt immer mehr Verordnungstatbestände, die immer unpraktikabler werden, z. B. befristete Wegegebote, zeitweilige Fischereiverbote, mit dem Ergebnis, daß ein derart „durchlöcherter Naturschutz immer weniger vollziehbar oder durchsetzbar wird.

446. So wird verständlich, daß kaum ein Naturschutzgebiet einen wirklichen „Vollschutz" gewährleistet, d. h. einen Schutz gegen jegliche Eingriffe. Zahlreiche Untersuchungen beweisen die oft ziemlich starke Beanspruchung oder Belastung von Naturschutzgebieten durch naturschutzfremde oder dem Schutz entgegenwirkende Nutzungen, die meist entweder auf Nachlässigkeit oder auf Zugeständnisse der Verordnungsgeber zurückgehen.

447. Beispielhaft haben BRAHMS et al. (1986) diese Mängel in der Durchsetzung von Naturschutzansprüchen in den als Naturschutzgebiet „Dauner Maare" ausgewiesenen Eifelmaaren (Kraterseen) im Landkreis Daun, Rheinland-Pfalz, untersucht. Hier erwies sich u. a. der zu wenig kontrollierte Angelsport als schwere Belastungsquelle für die relativ kleinen Seen. Durch das verbotene, aber dennoch erfolgende „Anfüttern" der Fische werden jährlich einige Tonnen Nahrungsstoffe (z. B. Kartoffeln) in die Seen eingebracht und verändern die Wasserqualität. Das regelmäßige Einsetzen von Fischen, das z. B. im Weinfelder Maar von 1976 bis 1983 über 21 t betrug, stört das

Tabelle 2.1.11

Naturschutzgebiete nach Größenklassen
(ohne die Flächen in Nord- und Ostsee)
Stand 1. Oktober 1976 und 1. Januar 1986

Größenklassen ha	NSG Anz. 1976	NSG Anz. 1986	ΔNSG Anz. 1976−1986	NSG % 1976	NSG % 1986	ΔNSG % 1976−1986
0 bis 0,9	29	35	6	2,6	1,5	−1,1
1 bis 4,9	212	321	109	19,1	13,5	−5,6
5 bis 9,9	168	381	213	15,1	16,0	0,9
10 bis 19,9	187	443	256	16,8	18,6	1,8
20 bis 49,9	214	523	309	19,2	22,0	2,7
50 bis 99,9	118	278	160	10,6	11,7	1,1
100 bis 199,9	78	184	106	7,0	7,7	0,7
200 bis 499,9	48	125	77	4,3	5,3	0,9
500 bis 999,9	26	57	31	2,3	2,4	0,1
1 000 bis 4 999,9	21	27	6	1,9	1,1	−0,8
> 5 000	11	6	−5	1,0	0,3	−0,7
Gesamt	1 112	2 380	1 268	100,0	100,0	−

Quelle: Zusammenstellung SRU; nach BFANL, 1982 und 1987; HAARMANN und KORNECK, 1978

natürliche Nahrungsgleichgewicht der Organismen im Gewässer. Dazu kommen die Beunruhigung der Fauna und die erosionsfördernde Trittbelastung der Ufer, die bei ca. 5 000—6 000 Angelgängen pro Jahr an den Seen beträchtlich sind. Andere Belastungen werden durch Baden und Zelten verursacht. Ein ungenehmigter Zeltplatz am Schalkenmehrener Maar wurde jahrelang geduldet, weil seine Beseitigung trotz Rechtmäßigkeit auf Grund des von den Zeltplatzbenutzern ausgeübten politischen Drucks als politisch nicht durchsetzbar angesehen wurde.

BRAHMS et al. (1986) stellten zusammenfassend fest, daß die Obere Landespflegebehörde im Rahmen der Vorverhandlungen zur Unterschutzstellung der Maare bemüht war, weitgehende Kompromisse mit den Grundstückseigentümern und Nutzungsberechtigten zu finden. Die Naturschutzverbände nahmen zu vielen Einzelfragen Stellung, „konnten sich jedoch in keinem Fall durchsetzen". Davon abgesehen lag ein „aus landespflegerischer Sicht fundiertes Konzept zur Umsetzung der Naturschutzverordnung nicht vor. . . . Vielmehr wurde die Entwicklung durch kommunale Interessen bestimmt". Die Dauer des Verfahrens der Unterschutzstellung betrug übrigens 9 Jahre!

448. Das Beispiel des Naturschutzgebietes Dauner Maare ist kein Einzelfall. In Bayern war der Zustand von 159 vor 1976 errichteten „Alt"-Naturschutzgebieten Gegenstand einer genauen Überprüfung, die sich allein von den Voraussetzungen her als sehr schwierig erwies. Die Grenzen der Gebiete waren oft nur schwer erkennbar, entsprechende Karten kaum verfügbar. In vielen Naturschutzgebiets-Verordnungen war der Schutzzweck nicht enthalten, so daß eine Beurteilung der Wirksamkeit des Schutzes kaum möglich war. Der Erforschungsgrad der meisten Gebiete war außerordentlich schlecht, ihre Inhalte erwiesen sich als wenig bekannt. Die Untersuchung ergab, daß die Naturschutzgebiete nicht, wie erwartet, eine „heile Welt" darstellen, sondern unter z. T. massiven Beeinträchtigungen leiden, unter denen mangelnde Betreuung, Pflege und Kontrolle sowie geringe Durchsetzbarkeit von Nutzungsbeschränkungen am wichtigsten waren. Ähnlich wie im Naturschutzgebiet „Dauner Maare" war die Belastung durch Freizeit- und Erholungsaktivitäten besonders schwerwiegend. In Oberbayern waren 35%, in Unterfranken sogar 50% der Naturschutzgebiete dadurch erheblich beeinträchtigt.

449. Bereits 1977 hatte die Bundesforschungsanstalt für Naturschutz und Landschaftsökologie eine Untersuchung in 905 Naturschutzgebieten über Umfang, Art und Auswirkung der Inanspruchnahme durch Freizeit und Erholung durchgeführt. Danach waren 52% dieser Gebiete auch durch Erholungsnutzung betroffen (FRITZ, 1977); entweder lagen Freizeiteinrichtungen innerhalb ihrer Grenzen oder in unmittelbarer Nähe (siehe Tab. 2.1.12). 16% aller Naturschutzgebiete waren durch Freizeitnutzung stark beeinträchtigt, 27% beeinträchtigt, die übrigen 57% nur unbedeutend oder nicht gestört; sie wurden in den meisten Fällen auch von Erholungs- und Freizeitnutzungen nicht beansprucht (FRITZ, 1977; Abb. 2.1.7). Ob sich diese Verhältnisse seitdem gebessert haben, ist mangels neuerer Untersuchungen nicht bekannt, darf aber auf Grund von Befunden aus einzelnen Bundesländern, z. B. aus Schleswig-Holstein und Bayern, bezweifelt werden.

450. Mindestens jedes zweite Naturschutzgebiet wird also durch Freizeit- und Erholungsaktivitäten belastet. Die Untersuchungen haben gezeigt, daß diese Belastungen von Erschließungsmaßnahmen abhängen und mit der Nähe der erschließenden Einrichtung, z. B. eines Parkplatzes, zunehmen. Besonders bei Gewässern kann die Fernhaltung des Fahrzeugverkehrs aus dem Uferbereich in einer 500 m breiten Zone wesentlich zum Schutz beitragen; Boote und anderes unhandliches Freizeitgerät werden ungern mehr als 500 m weit getragen (FRITZ, 1977). Weitere Regelungen können z. B. über Anzahl und Größe von Parkplätzen, Errichtung von Stegen in Feuchtgebieten, Verhängung von Wegegeboten u. a. getroffen

Tabelle 2.1.12

Naturschutzgebiete*) mit Freizeiteinrichtungen innerhalb des Gebietes und in ihrer Nähe

Lage	Natur- und Landschaft Erleben[1]	Kulturelles Erleben[2]	Freizeit am Wasser[3]	Freizeit im Winter[4]	Spiel und Sport allgemein[5]	Freizeitwohnen, Gastronomie	Wanderparkplätze
Innerhalb	168	43	92	29	40	34	69
bis 500 m entfernt	28	13	48	26	60	41	141
bis 1 000 m entfernt	6	6	20	8	34	19	66
gesamt	202	62	160	63	134	94	276

[1]) z. B. Botanischer Garten, Wildgehege, Aussichtspunkte, Naturdenkmale
[2]) z. B. Schloß, Burg, Kirche
[3]) z. B. Badestelle, Bootshafen, Liegeplätze, Bootsverleih
[4]) z. B. Skilift, Loipen, Rodelbahnen
[5]) z. B. Kinderspielplätze, Trimmpfade, Minigolf- und Tennisanlagen
*) Mehrfachnennung möglich
Quelle: MAIER et al., 1987, verändert nach FRITZ, 1977

Abbildung 2.1.7

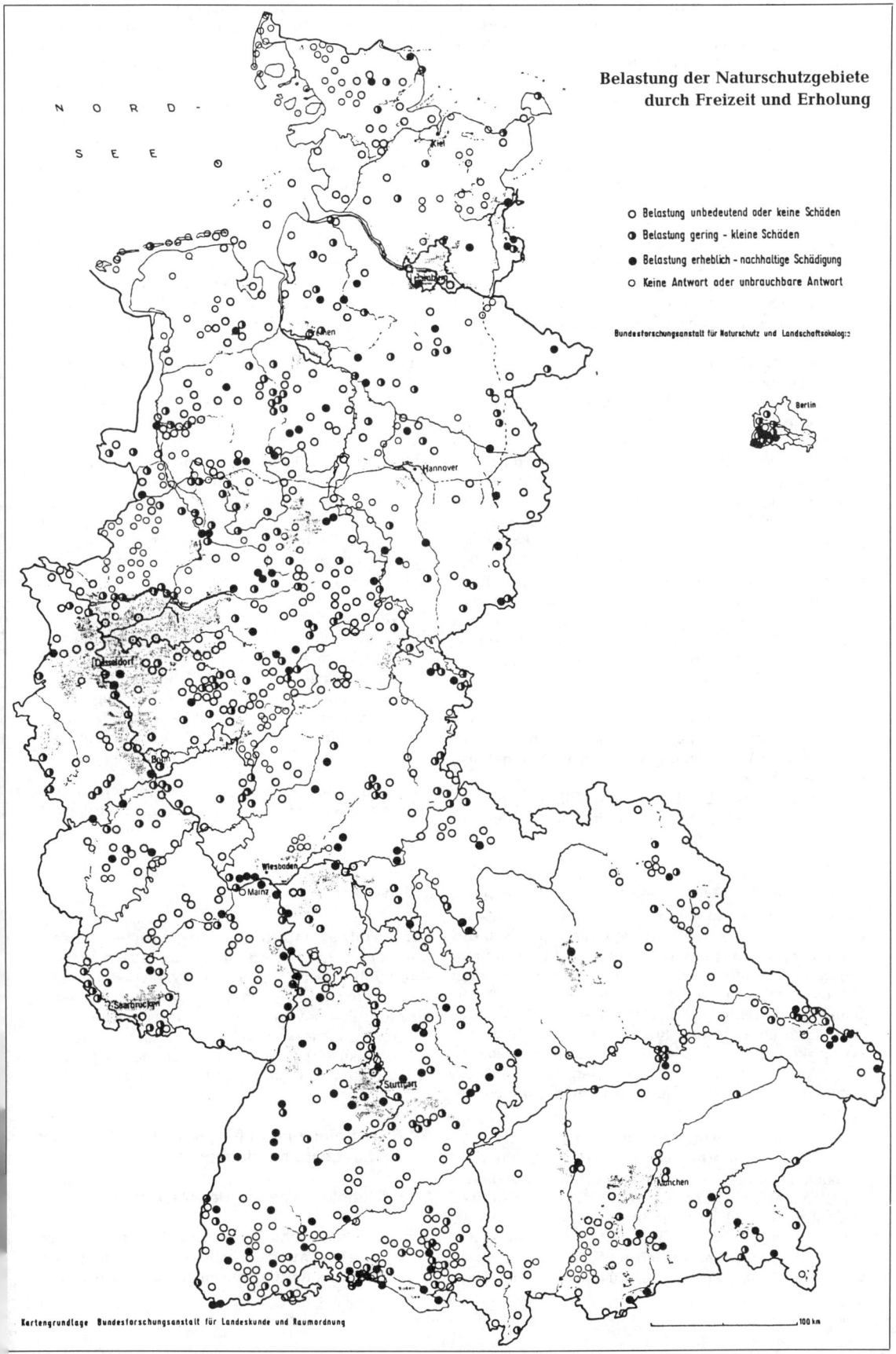

Belastung der Naturschutzgebiete durch Freizeit und Erholung

○ Belastung unbedeutend oder keine Schäden
◐ Belastung gering - kleine Schäden
● Belastung erheblich - nachhaltige Schädigung
○ Keine Antwort oder unbrauchbare Antwort

Bundesforschungsanstalt für Naturschutz und Landschaftsökologie

Kartengrundlage: Bundesforschungsanstalt für Landeskunde und Raumordnung

Quelle: FRITZ, 1977

werden, bedürfen allerdings auch einer Überwachung. Ein weiterer Grund für Störungen und Belastungen der Naturschutzgebiete ist deren zu geringe Größe: Mehr als die Hälfte aller Naturschutzgebiete sind kleiner als 20 ha (ERZ, 1980).

451. Eine besondere Problematik ergibt sich in den Nationalparken. Da diese einerseits den Schutzstatus von Naturschutzgebieten haben, andererseits für Besucher zu erschließen sind, sind Zielkonflikte vorprogrammiert, die sich durch die große Anziehungskraft der Nationalparke ständig verschärfen (HABER, 1986b). Zwar besitzt jeder Nationalpark eine eigene Verwaltung und Überwachungspersonal, das auch Führungen und Demonstrationen durchführt, doch ist eine vollständige Überwachung des Besucherverhaltens zum Schutze von Landschaft, Flora und Fauna auf großen Flächen weder möglich noch praktikabel. Durch überlegte Auswahl und Gestaltung von Zugängen und Parkplätzen, durch geschickte Führung von Erschließungswegen und durch besondere Besucher-Attraktionen wie z. B. Informations- und Demonstrations-Zentren, Aussichtspunkte, Tiergehege können die Besucherscharen so beeinflußt und unmerklich gelenkt werden, daß größere Nationalparkteile von ihnen nicht oder nur wenig beeinflußt werden. Dies bedeutet aber, daß bestimmte, wenn auch kleinere Bereiche der Nationalparke dem Besucherverkehr „geopfert" werden, was in der Regel auf Kritik der Naturschützer stößt. Wegegebote und zeitweilige Betretungsverbote für bestimmte Bereiche, z. B. zur Fortpflanzungszeit seltener Tierarten, sind für Nationalparke angesichts des wachsenden Besucherdrucks auf Dauer unerläßlich, stoßen aber meist auf Ablehnung der ansässigen Bevölkerung, die den Nationalparken ohnehin meist wenig gewogen ist.

452. Nationalparke, die einmal als „Krönung des Naturschutzes" gepriesen wurden, gehen einer schwierigen Zukunft entgegen, wenn es nicht gelingt, den Besucherverkehr stärker in Naturparke und Landschaftsschutzgebiete zu lenken, die für Freizeit- und Erholungsaktivitäten besonders vorgesehen und geeignet sind (Tz. 454 ff., 476 ff.).

453. Unter den vier Nationalparken der Bundesrepublik Deutschland ist es nach Auffassung des Rates im Nationalpark Bayerischer Wald, der seit 1969 besteht, bisher am besten gelungen, die Interessen des Naturschutzes und des Besucherverkehrs zu einem erträglichen Kompromiß zu bringen. Um diesen muß allerdings ständig wieder gerungen werden. Im Nationalpark Berchtesgaden werden solche Bemühungen durch eine auf drei Ressorts aufgesplitterte Zuständigkeit erschwert. Die beiden Wattenmeer-Nationalparke existieren erst seit zwei Jahren, so daß ein Urteil über ihre Entwicklung noch nicht möglich ist.

454. Landschaftsschutzgebiete sind nach § 15 BNatSchG rechtsverbindlich festgesetzte Gebiete, in denen ein besonderer Schutz von Natur und Landschaft ausdrücklich auch „wegen ihrer besonderen Bedeutung für die Erholung erforderlich ist". In Landschaftsschutzgebieten sind im Unterschied zu Naturschutzgebieten grundsätzlich nur solche Nutzungen verboten, die das Landschaftsbild und damit den Charakter des Gebietes verändern würden. Dies gilt auch für Freizeit- und Erholungseinrichtungen. Da Landschaftsschutzgebiete aber der Erholung dienen sollen, ist bei der Genehmigung für solche Einrichtungen oft großzügig verfahren worden. Daher sind nicht wenige Landschaftsschutzgebiete übermäßig durch Bade- und Campingplätze, Trimm-Dich-Pfade, Parkplätze und Erschließungseinrichtungen aller Art gekennzeichnet, die das Landschaftsbild und den Naturhaushalt beeinträchtigen. Dabei ist zu berücksichtigen, daß Landschaftsschutzgebiete etwa 26 % der Fläche der Bundesrepublik einnehmen.

455. Naturparke sollen nach § 16 BNatSchG den Schutzstatus von Landschaftsschutzgebieten haben; sie decken sich tatsächlich flächenmäßig weitgehend mit diesen. Nach dem Raumordnungsbericht 1986 sind nur 3,5 % der Fläche der 63 Naturparke mit einem Flächenanteil von 21,5 % der Bundesrepublik (Stand: 31. Januar 1985) nicht als Landschaftsschutzgebiete festgesetzt.

456. Naturparke sollten nach den Vorstellungen der 60er Jahre als „Vorbildlandschaften für naturnahe Erholung" gelten. Tatsächlich wurden die dafür aufgewendeten Mittel vor allem für die Schaffung von Freizeitinfrastruktur eingesetzt. So befanden sich in den 15 staatlichen Forstämtern des Harzes mit einer Fläche von 71 000 ha, deren Gebiet überwiegend als Naturpark ausgewiesen ist, nach einer Aufstellung von KÜHL (1984) folgende Einrichtungen:

66 Waldparkplätze	5 Trimmpfade
6 Campingplätze	13 Forstlehrpfade
2 Waldjugendzeltplätze	16 Schaufütterungen
20 Freizeitplätze	191 Schutzhütten
16 Spielflächen	2 400 Ruhebänke
6 Badestellen	1 712 km Wanderwege
22 Grillhütten	257 km Langlaufloipen
	58 km Reitwege

Dabei zählt der Harz laut KÜHL noch nicht einmal zu den am intensivsten erschlossenen Naturparken in der Bundesrepublik. In den letzten Jahren wurde deshalb zunehmend Kritik an der „Möblierung der Naturparke" geübt (vgl. auch Deutscher Rat für Landespflege, 1982).

457. Trotz aller Kritik läßt sich jedoch feststellen, daß die in den Schutzverordnungen der letzten Jahre bzw. ihren Entwürfen ausgedrückten Zielvorstellungen für den Naturschutz viel umfassender und genauer sind als die früherer Verordnungen. Dies beruht auf einer besseren Verfügbarkeit von Informationen über den Naturhaushalt sowie auf einer höheren fachlichen Qualifikation der Naturschutzfachleute.

2.1.8 Empfehlungen für die Naturschutz- und Landschaftspflegepolitik

2.1.8.1 Empfehlungen an den Gesetzgeber

458. Die Naturschutz- und Landschaftspflegepolitik erfordert eine grundsätzliche Verstärkung und teilweise Neuorientierung, die mit mehr Entschlossenheit als bisher verwirklicht werden müssen. Ohne eine weitere Novellierung der Naturschutzgesetze ist dieses Ziel nicht zu erreichen.

Obwohl im Gebiets- und Artenschutz noch viel zu tun ist, darf sich der Naturschutz in den Ländern nicht auf diesen Aufgabenbereich zurückziehen. Ein solcher Rückzug steht in klarem Widerspruch zu §§ 1 und 2 BNatSchG, die einen ganzheitlichen, die ganze Landesfläche berücksichtigenden Naturhaushaltsschutz gebieten, zu dem auch die Erhaltung des Landschaftsbildes mit seiner regionalen Eigenart gehört.

Die wichtigsten Instrumente eines solchen Naturhaushaltsschutzes sind die Landschaftsplanung nach §§ 5 und 6 und die Eingriffsregelung nach § 8 BNatSchG. Sie waren zugleich die wichtigsten Neuerungen des Bundesnaturschutzgesetzes von 1976. Beide haben praktisch keine Wirkungen erzielt.

2.1.8.1.1 Landschaftsplanung

459. Nach den Ausführungen im Umweltgutachten 1978 (SRU, 1978, Abschn. 1.3.3.4) hat der Rat im Sondergutachten „Umweltprobleme der Landwirtschaft" erneut nachdrücklich darauf hingewiesen, daß die „angestrebten Ziele des Arten- und Biotopschutzes, des Schutzes von Böden und Gewässern und der Erhaltung des Landschaftsbildes... nur im Zuge einer umfassenden Landschaftsplanung verwirklicht werden" können. Dabei genüge es nicht, „wenn der Landschaftsplanung nur Flächen anheim gegeben werden, die aus ökonomischen Gründen aus der landwirtschaftlichen Produktion herausfallen" (SRU, 1985, Tz. 1223). Weiter muß nach Auffassung des Rates die „Landschaftsplanung... in absehbarer Zeit ein umfassendes Flächenschutzkonzept entwickeln" (Tz. 1223) und „gegenüber der allgemeinen Landesplanung entschieden gestärkt werden" (Tz. 1225; hier und in Tz. 1227 hat der Rat dafür detaillierte Vorschläge formuliert, auf die ausdrücklich verwiesen sei).

460. Die Landschaftsplanung ist in den Ländern sehr unterschiedlich geregelt (vgl. Abschn. 2.1.4.3). Der Rat hält es aber grundsätzlich für möglich, eine effiziente Landschaftsplanung sowohl auf die Landesplanung als auch auf die kommunale Bauleitplanung auszurichten; auf eine Rechtsvereinheitlichung um ihrer selbst willen kommt es im Naturschutz nicht an. Aber eine Reihe von Forderungen an die Landschaftsplanung sollten im Bundesnaturschutzgesetz verankert werden, gerade um die Effizienz dieses entscheidend wichtigen Instrumentes zu gewährleisten:

— Inhaltlich muß die Landschaftsplanung vorrangig darauf ausgerichtet werden, ein Biotopverbundsystem (Abschn. 2.1.8.6) nach bundeseinheitlich festgelegten Kriterien zu entwickeln; so könnte die Bundesregierung im Bundesnaturschutzgesetz ermächtigt werden, solche Kriterien durch allgemeine Verwaltungsvorschrift mit Zustimmung des Bundesrates festzulegen (vgl. z. B. § 36 b Abs. 6 WHG).

— Der Landschaftsplan muß zunächst als in sich geschlossener komplexer Fachplan alle Ziele des Naturschutzes und der Landschaftspflege für den Planungsraum konkretisieren, insbesondere griffige Schutzwürdigkeitsprofile für die einzelnen Lebensräume, für Landschaften und Landschaftsbestandteile entwickeln. Anders ausgedrückt: die schutzwürdigen Bestände dürfen nicht vorzeitig, gewissermaßen Punkt für Punkt in landschaftsplanerische oder bauleitplanerische Abwägungen eingestellt werden; erst aus dem komplexen Schutzwürdigkeitsprofil ergibt sich der richtige Stellenwert jedes Einzelbelangs.

— Bei der Übernahme des Landschaftsplanes in (staatliche) Landes- oder Gebietsentwicklungspläne oder in (kommunale) Flächennutzungs- oder Bebauungspläne muß das Schutzkonzept zunächst als Ganzes in die Abwägungsvorgänge eingestellt werden. Anders ausgedrückt: der typische Fehler „Untergewichtung durch Vereinzelung" der Naturschutzbelange darf den Vorgang der Integration nicht beherrschen! Welche Bedeutung jeder Fläche bzw. jedem Lebensraum zukommt, muß aus der jeweiligen Rolle im Schutzwürdigkeitsprofil, z. B. aus dem Biotopverbund heraus, bewertet werden.

Der Rat empfiehlt in diesem Zusammenhang eine Übereinkunft zwischen Bund und Ländern zur Unterstützung des von der Bundesforschungsanstalt für Naturschutz und Landschaftsökologie geführten Landschaftsplanverzeichnisses (Abschn. 2.1.4.7). Diese ist für eine nationale Übersicht über die Landschaftspläne, zur Vergleichbarkeit der Angaben und zur Effizienz des Verzeichnisses unbedingt erforderlich.

461. Aus der Sicht der Landespflege sollte zu jedem Bebauungsplan ein Grünordnungsplan erarbeitet werden, um sicherzustellen, daß die Ziele des Naturschutzes und der Landschaftspflege auch auf der Ebene des Bebauungsplanes verwirklicht werden. Der Grünordnungsplan soll grundsätzlich im Sinne eines landschaftspflegerischen Begleitplanes auch „Ausgleichsmaßnahmen" für unvermeidbare Eingriffe enthalten. Wenn eine Bebauung im eigentlichen Sinne nicht vorgesehen ist, kann ein Grünordnungsplan als Teilplan des Bebauungsplanes Aufgaben des Naturschutzes und der Landschaftspflege verbindlich festsetzen.

2.1.8.1.2 Eingriffs- und Ausgleichsregelung

462. Die Eingriffs- und Ausgleichsregelung nach § 8 BNatSchG bedarf folgender Änderungen und Ergänzungen:

Die Definition des Eingriffs in § 8 Abs. 1 BNatSchG muß auch die durch stoffliche Einwirkungen vermittelten Eingriffe in Natur und Landschaft mitumfassen.

Der Rat schlägt daher vor, § 8 Abs. 1 BNatSchG wie folgt zu fassen:

„Eingriffe in Natur und Landschaft im Sinne dieses Gesetzes sind Einwirkungen auf Grundflächen, durch die der Naturhaushalt, die Funktions- und Ertragsfähigkeit des Bodens, die Lebensbedingungen der Tier- und Pflanzenwelt, das Landschaftsbild, der Erholungswert der Landschaft oder das Klima erheblich beeinträchtigt werden können."

463. Die Definition der Eingriffe in Natur und Landschaft in § 8 Abs. 1 BNatSchG stellt eine Generalklausel dar, die näherer Konkretisierung bedarf. Sie läßt zunächst den Ländern zu viel Spielraum für Negativkataloge nach § 8 Abs. 8 Satz 1 BNatSchG. Darüber hinaus sind die Auslegungsspielräume so weit gesteckt, daß die Landschaftsbehörden sich gegenüber den Verursachern selbst schwerwiegender Schäden in Natur und Landschaft nicht durchzusetzen vermögen. Ein bundesrechtlicher Positivkatalog ist daher unerläßlich; er bietet einerseits wertvolle Anhaltspunkte für die Auslegung der Generalklausel nach § 8 Abs. 1 BNatSchG, verhindert andererseits, daß die Ausgleichsregelung in den Ländern nur unzulänglich vollzogen wird.

464. Der Rat empfiehlt daher, § 8 Abs. 2 BNatSchG wie folgt zu fassen:

„Einwirkungen, die zur Zerstörung oder zu einer erheblichen oder nachhaltigen Beeinträchtigung der nachfolgend aufgeführten Biotope führen können, sind stets als Eingriffe anzusehen.

1. Wattflächen, Quellfluren, Salzwiesen, naturnahe Dünen und Strandwälle, Fels- und Steilküsten,
2. Quellen, Quellmoore, Quellfluren, Kalktuffbänke mit ihrer jeweiligen Randvegetation,
3. naturnahe und unverbaute Bach- und Flußabschnitte einschließlich ihrer Mündungsbereiche und Altwässer,
4. stehende Gewässer (Tümpel, Teiche, Weiher, Seen) einschließlich ihrer Verlandungszonen,
5. Hoch-, Übergangs- und Niedermoore,
6. Klein- und Großseggensümpfe, Großröhrichte,
7. Feucht- und Naßwiesen sowie wechselfeuchte Wiesen und Weiden,
8. natürliche Salzstellen im Binnenland,
9. Magerwiesen und -weiden, Trockenrasen, Zwergstrauch- und Wacholderheiden,
10. offene Binnendünen,
11. Felsrasen, Felsheiden, Felsgebüsche, Hang- und Blockschuttgebüsche, Steinschutt- und Geröllhalden mit ihrer Vegetation,
12. alpine Rasen, offene Felsbildungen, Schneetälchen und Krummholzgebüsche im alpinen Bereich,
13. wechselfeuchte Auenwälder der Bäche und Flüsse, Sumpf- und Bruchwälder mit ihrer Mantel-, Saum- und Verlichtungsvegetation,
14. Traubeneichen-Trocken-, Eichen-Hainbuchen-, Elsbeeren-Eichen-, Orchideen-Buchen-, Steppenheide- und Schneeheide-Wälder,
15. alte Knicks, Hecken und Feldgehölze,
16. alte Waldbestände, Parks und Friedhöfe mit Baum- und Strauchbestand,
17. sonstige Ödlandflächen."

465. Auf der Basis von § 8 BNatSchG müssen auch die künftigen Bestimmungen für eine Umweltverträglichkeitsprüfung entwickelt werden, zu denen u. a. eine verstärkte Darlegungs- und Nachweispflicht der Verursacher gehört.

466. Der Rat wiederholt seine im Sondergutachten „Umweltprobleme der Landwirtschaft" erhobene Forderung, die Landwirtschaftsklausel des § 8 Abs. 7 BNatSchG ersatzlos zu streichen.

467. Damit erwächst den Ländern eine Verpflichtung zur Anpassung ihrer Naturschutzgesetze, nämlich zur Streichung aller entsprechenden landesrechtlichen Landwirtschaftsklauseln, die die Eingriffs- und Ausgleichsregelung entwerten.

468. Daß das Bundesnaturschutzgesetz nur Rahmenrecht setzt, steht dem nicht entgegen. Die Eingriffs- und Ausgleichsregelung des § 8 BNatSchG ist dem Landesgesetzgeber grundsätzlich verbindlich vorgegeben. Die Länder sind weder frei darin, Verursachungen noch bestimmte Verursacher auszuklammern. Die Ermächtigung des § 8 Abs. 8 Satz 1 BNatSchG, Negativkataloge für bestimmte Verursachungen aufzustellen, wird künftig durch den bundesrechtlichen Positivkatalog begrenzt werden, wie ihn der Rat zu § 8 Abs. 2 BNatSchG vorschlägt. Wird die Landwirtschaftsklausel in § 8 Abs. 7 BNatSchG ersatzlos gestrichen, fällt auch die Ermächtigung weg, bestimmte Verursacher von der Ausgleichsregelung freizuzeichnen. Was nach § 8 Abs. 1 oder Abs. 2 BNatSchG Eingriff in die Natur und Landschaft ist, kann dann jedenfalls nicht mehr von der Ausgleichspflicht freigestellt werden, weil der Verursacher Landwirt ist. Auch eine Aushöhlung des Positivkatalogs nach § 8 Abs. 2 BNatSchG zugunsten der Landwirtschaft erscheint kaum möglich. Wenn man in den Ländern etwa bereit wäre, agrarpolitisch motivierte Freistellungen auch auf andere Verursacher mitzuerstrecken, müßte nach § 8 Abs. 1 Satz 1 BNatSchG der Nachweis erbracht werden, daß die Veränderungen „im Regelfall nicht zu einer erheblichen oder nachhaltigen Beeinträchtigung der Leistungsfähigkeit des Naturhaushalts oder des Landschaftsbildes führen" werden. Das erscheint gerade gegenüber dem Positivkatalog des neuen Abs. 2 kaum möglich.

469. Der Rat wiederholt seine im Sondergutachten „Umweltprobleme der Landwirtschaft" erhobene Forderung nach einer Änderung der Landwirtschaftsklausel in § 1 BNatSchG.

Danach ist § 1 Abs. 3 BNatSchG wie folgt zu fassen:

„(1) Wer Pflanzenbau und Tierhaltung betreibt, hat die nach den Umständen erforderliche Sorgfalt anzuwenden, um Belastungen der Schutzgüter des Abs. 1 so gering wie möglich zu halten, insbesondere durch Schonung naturbetonter Biotope und Begrenzung der Emissionen. Soweit Regeln umweltschonender Landbewirtschaftung entwickelt sind, ist der Landbewirtschafter verpflichtet, sie zu beachten."

470. Im übrigen empfiehlt der Rat in Zusammenhang mit einer Novellierung der Eingriffs- und Ausgleichsregelung nach § 8, auch die Möglichkeit folgender Verbesserungen zu prüfen:

— Lösung der Bindung des Eingriffs an eine Genehmigung einer anderen Behörde (Absatz 2),

— Änderung des Abwägungsgebotes zugunsten des Naturschutzes (Absatz 3),

— Verstärkung der Stellung der Naturschutzbehörden (Absatz 5),

— Rahmenregelungen für Ausgleichs- und Ersatzabgaben bei nicht vollständig ausgleichbaren Eingriffen,

— Forderung, daß größere oder mehrere zusammenhängende Eingriffe nur zulässig sind, wenn vorher ein Landschaftsplan erstellt worden ist (vgl. auch § 36b Abs. 6 WHG),

— Einführung einer Erfolgskontrolle für den Ausgleich von Eingriffen (vgl. auch Tz. 489ff.).

471. Schließlich hält es der Rat für erforderlich, im Bundesnaturschutzgesetz auch die Voraussetzungen für ein bundeseinheitliches, möglichst flächendeckendes Umwelt-Monitoring-System zu schaffen. Dies ist als Grundlage für die Erhebung und Auswertung von Informationen über die Situation des Naturhaushaltes erforderlich und verbessert die Möglichkeiten einer vorausschauenden, rationaleren und systematischeren Naturschutz- und Landschaftspflegepolitik.

Abgesehen von diesen Forderungen macht der Rat nachstehend weitere Vorschläge für eine Verbesserung des Naturschutzes und der Landschaftspflege.

2.1.8.2 Landschaftsprogramme und -berichte

472. Bund und Länder sollten sich gemeinsam auf ein Landschaftsprogramm für das Bundesgebiet verständigen, in dem die wichtigsten Ziele des Naturschutzes und der Landschaftspflege in ihren räumlichen Grundzügen dargestellt werden:

— Umsetzung der gesetzlich vorgegebenen Ziele des Naturschutzes und der Landschaftspflege;

— Ausweisung, Förderung, eventuell Betreuung einerseits von national bedeutsamen Gebieten, z. B. Gebiete mit Europadiplom, Europareservate, Feuchtgebiete von internationaler Bedeutung, Biosphärenreservate, biogenetische Reservate, Nationalparke, andererseits von Naturschutzvorhaben mit gesamtstaatlich repräsentativer Bedeutung;

— Förderung von Ressourcenkartierungen, z. B. Geologie, Böden, Gewässer, Klima, Vegetation und Fauna, im Rahmen von Bundesinstitutionen in Zusammenarbeit mit Landesinstitutionen zur Vervollständigung der Datenbasis.

473. Die Bundesregierung sollte im Rahmen einer Zusammenarbeit mit den Ländern, wie sie z. B. beim Wasserversorgungsbericht 1983 erfolgt ist, in bestimmten Abständen einen Landschaftsbericht veröffentlichen, der Aufschluß über die Situation und die Aktivitäten auf dem Gebiet des Naturschutzes und der Landschaftspflege gibt, z. B.:

— internationale Verpflichtungen des Bundes und nationale Maßnahmen;

— bundesweite Darstellungen zu Landschaftsrahmenplänen, Landschaftsplänen und landschaftspflegerischen Begleitplänen;

— Bilanzen und Ergebnisse bei der Praxis der Eingriffs- und Ausgleichsregelungen;

— Ergebnisse zum Stand und zur Entwicklung aller im Bundesnaturschutzgesetz aufgeführten Schutzkategorien;

— Ergebnisse von Naturschutzprogrammen;

— Kooperation zwischen den wissenschaftlichen Einrichtungen des Bundes;

— Kooperation zwischen den wissenschaftlichen Einrichtungen von Bund und Ländern;

— bundesweite Darstellung von Ressourcenkartierungen (Bodenkarten, Vegetationskarten, hydrologische Karten usw.).

474. Von allen Ländern sollten Landschaftsprogramme ausgearbeitet werden, in denen die gesetzlich vorgegebenen Ziele des Naturschutzes und der Landschaftspflege festgelegt sind und die entsprechend der Entwicklung fortgeschrieben werden müssen. Die Landschaftsberichte sollen ebenfalls in regelmäßigen Abständen erstellt werden und den Vollzug der Landschaftsprogramme wiedergeben (vgl. Deutscher Rat für Landespflege, 1984), z. B. sollten Stand (Anzahl, Fläche, Zustand etc.) und Entwicklung

— aller in den Landesnaturschutzgesetzen aufgeführter Schutzkategorien,

— der Gebiete, für die eine Landschaftsrahmenplanung oder Landschaftsplanung durchgeführt wurde,

— der Untersuchung und Kartierung der Naturgüter (z. B. Kleingewässerzustand, Bodenkarten, Vegetationskarten, Rote Listen etc.),

— der in dem Land vorkommenden bzw. wieder anzustrebenden Ökosystemtypen, des Biotopverbundsystems und

— sonstiger Schutz- und Pflegeprogramme

überregional und regional dargelegt werden.

Die genannten Programme und Berichte müssen Grundlage für die Ausarbeitung und Beurteilung aller raum- und landschaftsbezogenen Planungen sein.

475. In diesem Zusammenhang fordert der Rat, daß in die Flächennutzungserhebungen auch die Darstellung ökologischer Belange einbezogen wird. Dabei sind planungsrechtliche und tatsächlich erfolgende Nutzungen anzugeben; z. B. ist es für „Bauflächen" erforderlich zu wissen, ob sie im Erhebungsjahr tatsächlich baulich genutzt wurden, und welcher Flächenanteil jeweils mit Bauwerken bedeckt ist. Diese Angaben sind erforderlich, um vage Begriffe wie „Landschaftsverbrauch" ökologisch zu präzisieren.

2.1.8.3 Freizeit und Erholung in der freien Natur

476. Das Bundesnaturschutzgesetz und die Landesnaturschutzgesetze beziehen die Erholung in der freien Natur in das Aufgabengebiet des Naturschutzes ein (siehe Abschnitte 1, 4 und 6 des Bundesnaturschutzgesetzes). Dies kommt in den Zielbeschreibungen der verschiedenen Schutzkategorien (§§ 13 bis 18) zum Ausdruck:

— Naturschutzgebiete, Nationalparke und Naturdenkmäler sind in erster Linie dem Naturschutz gewidmet,

— Landschaftsschutzgebiete und geschützte Landschaftsbestandteile dienen Naturschutz- und Erholungs- bzw. ästhetischen Zielen; Landschaftsschutzgebiete wurden bisher allerdings vornehmlich für Erholungszwecke ausgewiesen,

— Naturparke sind vorrangig für die Erholung und den Fremdenverkehr vorgesehen.

477. Diese Verknüpfung von Naturschutz und Erholung birgt bei der derzeitigen Praxis erhebliches Konfliktpotential. Dies gilt selbst für die Naturschutzgebiete als der strengsten Schutzkategorie (Abschn. 2.1.7).

Dieses Konfliktpotential wird sich mit wachsender Freizeit infolge weiterer Arbeitszeitverkürzung und verlängerter Wochenend- und Urlaubszeit verschärfen, insbesondere dann, wenn die Landschaft weiter an naturbetonten Bestandteilen und damit an Erlebniswert verarmt und der Besucherdruck um so stärker auf die noch verbleibenden „Naturgebiete" wie Naturschutzgebiete, National- und Naturparke gelenkt wird. Der Rat schätzt die damit verbundenen Gefahren für den Naturschutz als so schwerwiegend ein, daß er ihnen ein eigenes Kapitel in diesem Gutachten widmet (Kap. 3.5). Auf diese Ausführungen sei hier verwiesen.

478. Naturschutzgebiete und Nationalparke müssen vor allem durch geschickte Besucherlenkung, die jedoch das grundsätzlich positiv zu wertende Naturinteresse nicht beeinträchtigen sollte, vor Belastungen und Schädigungen bewahrt werden; hierzu gehören auch Aufklärung und Erziehung der Besucher zu ökologisch richtigem Verhalten in der freien Natur. Die in vielen Landkreisen eingerichteten Naturschutz- bzw. Landschaftswachten sind für Aufklärungs-, Lenkungs- und Überwachungsaufgaben unentbehrlich und bei Bedarf weiter zu verstärken und sorgfältiger auszubilden.

479. Als für die Erholung in der freien Natur besonders vorbestimmte Gebiete sind die 64 Naturparke der Bundesrepublik anzusehen. Der Rat begrüßt es, daß die bisherige Praxis der Verwendung der Naturparkmittel, die fast ausschließlich in die Freizeitinfrastruktur flossen, geändert wird. Für den Ankauf wertvoller Naturparkflächen durch die öffentliche Hand sowie für Maßnahmen des Naturschutzes und der Landschaftspflege sind Mittel in größerem Umfang einzusetzen. Dies gilt auch für eine stärkere Informations- und Überwachungsarbeit in den Naturparken, für die mehr Personal als bisher erforderlich ist.

So gesehen könnten die Naturparke eine wichtige Chance für das ortsansässige oder regionale Fremdenverkehrsgewerbe und Zielgebiete eines umweltverträglichen Tourismus sein.

480. Auch durch Maßnahmen der Landes-, Regional- und Bauleitplanung sollten die Bundesländer Belastungen des Naturhaushaltes und des Landschaftsbildes in Freizeit- und Erholungsgebieten vermindern. Dazu dienen z. B. differenzierte Gebietskategorien für die Entwicklung des Fremdenverkehrs und der Naherholung, wie sie in Landesentwicklungsplänen bzw. -programmen genannt werden. In der Regel werden Entwicklungs- und Ordnungsräume (z. B. Schleswig-Holstein) oder Vorranggebiete (z. B. Hessen, Baden-Württemberg) unterschieden. Die Ordnungsräume sind von starken Belastungen durch den Tourismus gekennzeichnet; hier soll kein weiterer quantitativer Ausbau der Kapazitäten stattfinden. In Fremdenverkehrs-Entwicklungsräumen ist zwar eine stärkere quantitative Entwicklung des Fremdenverkehrs vorgesehen oder erwünscht, doch soll zur Schonung der ländlichen Kulturlandschaft das Fremdenverkehrsangebot an wenigen Standorten zusammengefaßt werden (FRAAZ, 1983). Dies würde eine Zonierung ähnlich wie im Alpenraum bedeuten.

481. Weiter bestehen in vielen Bundesländern Einzelregelungen, z. B. über Freizeitwohnen, Ausweisung von Erholungsgebieten, Verkehrserschließungen. Diese Regelungen, die bis zur Einleitung und Durchführung von Raumordnungsverfahren und Umweltverträglichkeitsprüfungen erweitert werden könnten, vermögen ebenfalls die Entwicklung des Freizeit- und Erholungsverkehrs zu steuern und zu ordnen.

482. Zur Reduzierung von Belastungen durch den Fremdenverkehr ist die stärkere Berücksichtigung und Verbesserung der Stellung der Landschaftsplanung von großer Wichtigkeit (vgl. Abschn. 2.1.8.1.1).

Der Rat hält es nicht für tragbar, daß die Mehrzahl der größeren Fremdenverkehrsgemeinden der Bundesrepublik (mit mehr als 500 000 Übernachtungen in der Saison) keinen aktuellen Landschaftsplan hat (vgl. FRITZ, 1985).

483. Auch über eine entsprechende Fremdenverkehrspolitik sollten Umweltbelastungen verringert bzw. vermieden werden. Dabei sind Formen eines umweltverträglichen Fremdenverkehrs besonders zu fördern (Kap. 3.5).

2.1.8.4 Differenzierte Landnutzung

484. Die bisher vorliegenden ökologischen Erkenntnisse und die politischen Handlungsmöglichkeiten zeigen, daß die von den Nutzungen ausgehenden Belastungen nicht vollständig zurückgeschraubt werden können; eine Restbelastung wird bleiben, auch wenn Emissionen reduziert, z. B. Automobile mit Katalysatoren versehen und der Einsatz von Düngern und Pestiziden im Ackerbau vermindert werden. Um die

Restbelastung erträglicher zu machen und die Nutzungen umweltschonender durchführen zu können, sind diese soweit möglich zu differenzieren, d. h. räumlich und zeitlich in kleinen Einheiten zu verteilen. Damit soll keine „beliebige Nutzungsmischung" empfohlen werden, die auch die Belastungen ausbreiten würde. Die jeweils vorherrschende Landnutzung, entweder eine urban-industrielle, eine agrarisch-forstliche oder eine mehr naturbetonte wird beibehalten. Sie wird jedoch entsprechend ihrem Eingriffscharakter folgenden Regeln unterworfen:

1. Innerhalb einer Raumeinheit darf eine umweltbelastende Landnutzung nicht 100% der Fläche beanspruchen. Im Durchschnitt müssen mindestens 10—15% der Fläche für entlastende oder puffernde Nutzungen verfügbar bleiben bzw. reserviert werden. Ihre Auswahl richtet sich nach der Stärke der Eingriffe in die Umwelt.

2. Die jeweils vorherrschende Landnutzung muß in sich diversifiziert werden, um große uniforme Landstriche (Zivilisationssteppen, monotone Stadtlandschaften) zu vermeiden. So sollten Feldgrößen im Durchschnitt 5 ha betragen und 10 ha nicht überschreiten, optimale Fruchtfolgen angestrebt werden (vgl. SRU, 1985, Kap. 5.4) und Siedlungsbereiche nicht aus gleichförmigen Gebäudestrukturen in Mindestabständen bestehen.

3. In einer Raumeinheit, die intensiv agrarisch oder urban-industriell genutzt wird, müssen durchschnittlich mindestens 10% der Flächen, netzartig verteilt, für naturbetonte Bereiche reserviert werden (vgl. SRU, 1985, Kap. 5.2). In Städten und Industriegebieten wird dieses Ziel mittels „Durchgrünung", d. h. pflanzlich geprägter, aber nicht intensiv genutzter Freiräume bereits verfolgt, muß aber im Sinne von Biotopentwicklung und -betreuung erheblich verbessert werden. In agrarisch intensiv genutzten Gebieten sind naturbetonte Bereiche bisher dagegen rückläufig; hier besteht erheblicher Nachholbedarf.

485. Mit den Regeln der „differenzierten Landnutzung" soll eine Entwicklung gebremst werden, die gerade in den letzten 30 Jahren erfolgt ist, nämlich gleichartige Nutzungen auf immer größeren Flächen zu konzentrieren — sei es in Form von Ballungsgebieten oder Industriekomplexen, sei es in Form großflächig intensiv bewirtschafteter Acker- und Grünlandgebiete einschließlich der Massentierhaltung.

486. Die gemäß den Regeln 1 bis 3 empfohlene „Auflockerung" dieser Nutzungen erlaubt es, die unvermeidbaren Eingriffe mit ihren Neben- und Nachwirkungen sowohl räumlich als auch zeitlich zu staffeln, ohne ihre Intensität drastisch senken zu müssen. Damit wird vermieden, daß empfindliche Ressourcen wie Luft, Böden, Grundwasser, Pflanzen- und Tierwelt auf großen Flächen zum gleichen Zeitpunkt starken Nutzungseingriffen ausgesetzt und irreversibel geschädigt werden. Nur bei großflächiger forstlicher Nutzung ist diese Forderung weniger wesentlich, weil selbst künstlich begründeter Wald eine relativ hohe Ausgleichswirkung hat, die natürlichen Verhältnissen nahe kommen kann. Doch aus Natur- und Forstschutzgründen empfiehlt sich für die forstliche Nutzung die Einhaltung der Regeln 2 und 3; Regeln 1 und 2 machen alle Landnutzungen zusätzlich auch für Zwecke der Freizeit und Erholung geeignet (vgl. Kap. 3.5). In intensiv genutzten Agrargebieten ist die Beachtung der Regeln 2 und 3 eine wichtige Voraussetzung für den integrierten Pflanzenschutz bzw. -bau.

487. Die urban-industrielle Nutzung — einschließlich Verkehr, Abgrabungen und Ablagerungen — hat eine starke Ausbreitungstendenz auf Kosten der von den beiden anderen Nutzungstypen agrarisch-forstlich und naturnahe) beanspruchten Flächen („Landverbrauch", vgl. Abschn. 3.4.1), obwohl die urban-industrielle Nutzung von diesen abhängt und selbständig nicht existieren kann. Mit den Regeln der differenzierten Landnutzung soll die urban-industrielle Ausbreitung zwar nicht verhindert, aber doch unter dem Aspekt der Umweltschonung ökologisch gemildert werden.

Das Modell der „differenzierten Landnutzung", von HABER nach Anregungen von ODUM (1969) schon vor Jahren entworfen (HABER, 1971, 1972, 1979; vgl. auch SCHEMEL, 1976), geht von dem Grundsatz aus, daß die Nutzungen eines Raumes gemäß den Umweltfunktionen (vgl. Abschn. 1.1.1.4) und den Zielen des Naturschutzes und der Landschaftspflege flächendeckend zu beeinflussen, ggf. zu modifizieren sind und der Raumanspruch naturbetonter Bereiche gewährleistet werden muß. Dies ist eine der wichtigsten landschaftsökologischen Erkenntnisse, die in politisches Handeln umgesetzt werden sollte, und sie wird auch neueren Konzepten des Naturschutzes (KAULE, 1986) und der Raumordnung (MAGER, 1985) zugrundegelegt. Der Rat schließt sich dieser Empfehlung an; sie wird in Kapitel 3.4 (Tz. 2140f.) aufgegriffen und weiter erläutert. Vor allem bei Nutzungs- und Besitzveränderungen, z. B. bei Bau oder Sanierung von Siedlungsbereichen, Industrieanlagen oder bei Flurbereinigungen, ist Gelegenheit, die differenzierte Landnutzung zum Leitbild zu erheben.

2.1.8.5 Betreuung und Pflege sowie Neuschaffung von Biotopen

488. Unter Bezugnahme auf Abschnitt 2.1.2.2 über Sukzession, Klimax und Ökosystemtypen lassen sich zwei Kategorien von Ökosystemen unterscheiden:

— die Klimax-Ökosysteme, die sich infolge eines hohen Regelungsgrades selbst erhalten;

— die anderen Ökosysteme niedrigeren Regelungsgrades, die sich in Sukzession befinden.

Aus dieser Einteilung heraus leiten sich drei Handlungsweisen für die Betreuung und Pflege von Biotopen ab:

— Für die erste Kategorie — die wenigen Reste ursprünglicher Ökosysteme, wie Teile des Wattenmeeres, der Hochalpen, Hochmoore, Auwälder — ist eine Pflege im allgemeinen nicht notwendig. Stattdessen müssen sie vor schädigenden Umwelteinflüssen, wie Luftverschmutzung, Flächenverkleinerung, Zerschneidung etc., geschützt werden.

— Für alle anderen Ökosysteme sind gezielte Pflege- und Schutzmaßnahmen erforderlich, wenn sie in einem bestimmten Zustand erhalten oder auf einen solchen hinentwickelt werden sollen.

— Wenn sie dagegen der Sukzession überlassen werden sollen, sind keine Pflegemaßnahmen notwendig, doch ist eine Beobachtung und Fernhaltung von außen einwirkender Einflüsse erforderlich.

Ausgehend von den Biotopkartierungen ist es zweckmäßig, die für die jeweiligen Naturräume typischen Ökosysteme bzw. Biotope in Karten und Listen aufzuführen. Auf dieser Grundlage sind geeignete Maßnahmen für die Betreuung und Pflege auszuarbeiten. Anhaltspunkte dafür zeigt die aus KAULE (1986) übernommene Tabelle 2.1.13. WOIKE (1986) empfiehlt, für jeden zu schützenden oder zu entwickelnden Biotop einen Schutz- und Pflegeplan (Biotopmanagementplan) aufzustellen. Dieser enthält das Schutzziel und die erforderlichen Schutz-, Pflege- und Entwicklungsmaßnahmen einschließlich ihrer Kosten für einen Zeitraum von 10 bis 20 Jahren.

489. Die Erhaltung vorhandener Biotope genießt Vorrang vor der Neuschaffung. Die Anlage von Ausgleichsflächen muß aus ökologischer Sicht mit äußerster Zurückhaltung betrachtet werden. Ein echter Ausgleich im Sinne des Wortes ist prinzipiell nicht möglich. Der ursprünglich gewachsene Biotop ist mit seiner Zerstörung unwiederbringlich verloren. Tatsächlich führen Ausgleichsmaßnahmen in der Regel zu einem veränderten Zustand von Natur und Landschaft (ANL, 1983; Deutscher Rat für Landespflege, 1984). Die Grundsatzdiskussion über diese Problematik ist noch im Fluß, zumal eine konkrete, fachlich zufriedenstellende Ausgleichsmaßnahme noch nicht durchgeführt werden konnte (PAURITSCH et al., 1985).

490. Nach WOIKE (1986) können verschiedene Biotope selbst in Zeiträumen von 100 bis 200 Jahren nicht neu geschaffen werden, da ihre Entwicklung entweder sehr lange Zeit benötigt oder die notwendigen physiographischen Voraussetzungen nicht mehr gegeben sind. Unersetzbar sind z. B. Biotoptypen wie Hochmoore, da die Entstehung einer 1 m mächtigen Torfschicht etwa 1 000 Jahre dauert, sowie natürliche Quellbereiche und Gebirgsbäche (Beispiele seltener Biotoptypen, vgl. Tz. 464). Aber auch viele andere Biotope lassen sich aufgrund bestehender Umweltbelastungen wie Gewässer- und Luftverschmutzung, Erholungsdruck oder Gewässerregulierung kaum mehr neu schaffen. So können Weichholz-Auwälder zum Beispiel nur noch dort entstehen, wo die durch regelmäßige Überschwemmungen gekennzeichnete Auendynamik gegeben ist. Die Besiedlung mit biotoptypischen, seltenen oder gefährdeten Pflanzen- und Tierarten erfolgt oft nur in eingeschränktem Maße, manchmal erst nach Jahrzehnten. Dies gilt für Neuanpflanzungen von Hecken in Flurbereinigungsverfahren als Ersatz für beseitigte Gehölzstreifen ebenso wie für die Neuanlage von Kleingewässern oder Heideflächen und erst recht für die Umsetzung

Tabelle 2.1.13
Arbeitsschritte zur Ermittlung der Prioritäten für Pflegemaßnahmen in mitteleuropäischen Kulturökosystemen

I. Ermittlung der Schutzbedürftigkeit (Dringlichkeit)

I_1 Fläche absolut (Europa, Bundesrepublik Deutschland, Land, Naturraum)

I_2 Aktuelle Fläche im Verhältnis zur ehemaligen (möglichst Zeitreihe!)

I_3 Geschwindigkeit des Rückgangs

I_4 Anteil bedrohter Arten, die nur über Management erhalten werden können

II. Ist das betreffende Ökosystem nur durch Management zu erhalten oder gibt es primäre, stabile, ähnliche Ökosysteme?

II_1 Ähnliche, stabile Ökosysteme vorhanden?
— in anderen ggf. weit entfernten Räumen
— im gleichen Naturraum
— sind die stabilen Stadien großflächig oder sehr klein?

II_2 Keine vergleichbaren stabilen Ökosysteme vorhanden

III. Geschwindigkeit der Sukzession ohne Management

III_1 Langsame Sukzession

III_2 Sehr schnelle Entwicklung zu anderen Ökosystemtypen

IV. Zusatzkriterien

IV_1 Ökologische Bedeutung im Landschaftshaushalt

IV_2 Bedeutung als Genreservoir für andere Landschaftsteile

IV_3 Bedeutung als Teilbiotop für Arten mit größerem Aktionsradius

Quelle: KAULE, 1986

von Moorkomplexen. So wurde in Süddeutschland festgestellt, daß in neu gepflanzten Hecken auch nach 10 bis 15 Jahren kaum spezifische Insektenarten eingewandert waren (BLAB, 1985).

491. Als gewisser Ersatz für bestimmte, weitgehend verschwundene Biotope natürlicher Fließ- und Stillgewässer, Trockenhänge und Felsspalten lassen sich z. B. in Naß- und Trockenabgrabungen geeignete Sekundärbiotope schaffen. Hier finden viele Tier- und Pflanzenarten wieder passende Lebensräume. Beispielsweise ist rund die Hälfte der im Rheinland bekannten Feuchtgebiete mit zumindest regionaler Bedeutung für Wat- und Wasservögel durch den Abbau von Steinen und Erden entstanden (WOIKE, 1986). KAULE (1986) beschreibt die spontane Neuentwicklung von Sekundärbiotopen (vgl. Tab. 2.1.14).

Die Bedeutung eines solchen „gestaltenden Naturschutzes" ist insbesondere für den Artenschutz zur Zeit noch schwer zu beurteilen. Deshalb sollten zu allen Maßnahmen begleitende wissenschaftliche Untersuchungen durchgeführt werden, die über die Entwicklung der Ökosysteme brauchbare Aussagen ermöglichen.

2.1.8.6 Schaffung eines Biotopverbundsystemes

492. Die dringendste Aufgabe des Naturschutzes und der Landschaftspflege, die mittels der Landschaftsplanung zu verwirklichen ist, besteht in der Schaffung eines Biotopverbundsystems (SRU, 1985, Abschn. 5.2.2). Nur damit können ein wirksamer Artenschutz gewährleistet und dem dramatischen Verlust an Pflanzen- und Tierarten Einhalt geboten werden. Die Schaffung eines Biotopverbundsystemes kann sich nicht mit der Unterschutzstellung bestimmter Landschaftsteile und -bestandteile sowie mit der Anordnung von Nutzungsbeschränkungen begnügen. Es handelt sich um eine Aufgabe umfassender Landschaftsgestaltung. Sie besteht darin, die gesamte Landschaft kleinräumig mit einem ausreichenden Bestand netzartig miteinander verflochtener naturbetonter Biotope und Landschaftsstrukturen auszustatten. Dieser Bestand muß im Durchschnitt einen Anteil von 10 % der Landesfläche ausmachen, kann aber in den verschiedenen Naturräumen von 5 bis über 20 % schwanken. Der Rat betont, daß es sich hierbei um eine Minimalforderung handelt, die nicht unterschritten werden darf. Ihre Erfüllung ist außerordentlich dringlich. Zur Zeit bestehen besonders günstige Voraussetzungen dafür, weil zur Beseitigung der landwirtschaftlichen Überproduktion landwirtschaftlich

Tabelle 2.1.14
Spontane Neuentwicklung von Sekundärbiotopen

Biotoptypen	Erläuterungen
	Grundsätzlich ist spontane Neuentwicklung abhängig von der Nähe zu Ausbreitungszentren.
Sandrasen, sekundäre Binnendünen	In Sandgruben (Saarland, Oberpfalz) hervorragende Beispiele. Offensichtlich weites Ausbreitungsvermögen der Arten.
Sandheiden	Calluna-Heiden auf Sandböden und Grus. Rhön, Saarland, Pfälzer Wald (es gibt Beispiele die jünger als 10 Jahre sind).
Felsheiden auf Kalk	Bei direktem Kontakt zu artenreichen alten Beständen, schnelle artenreiche Entwicklung. Gute Beispiele sind BAB Aichelberg, die Autobahn in der Kalkrhön, Steinbrüche in Jura und Muschelkalk. Offensichtlich sind die Arten stärker als bei Sandrasen auf direkten Kontakt angewiesen.
Zwergbinsen-Schlammfluren	In Kiesgruben, z. B. Oberrheinebene hervorragende Beispiele, Arten haben offensichtlich ein weites Ausbreitungsvermögen.
Initialstadien von Flachmooren	Primärvorkommen solcher Bestände in den Flutrinnen der schotterführenden Voralpenflüsse. Sekundär in Kiesgruben der Moränen, Schotterplatten und Donauterrassen.
	Nur bei direktem Kontakt artenreich. Gentiana verna, Primula farinosa, Tofieldia calyculata fehlen ohne direkten Kontakt. Weites unproblematisches Ausbreitungsvermögen haben z. B. Equisetum variegatum, Juncus alpino-articulatus. Nach 50 bis 70 Jahren geschlossene flachmoorartige Bestände.
Eutrophe Hochstaudenfluren	Auf Schlammflächen in eutrophen Auen in wenigen Jahren geschlossene Bestände. Nur als ungestörte Vogelbiotope schützenswert.
Oligotrophe Riede	Entwicklung sehr langsam an Weihern und Kiesgruben möglich, jedoch von Kontaktbiotopen abhängig.
Gebüsche	Je nach Ausgangssituation 10 bis 50 Jahre Entwicklungszeit. Bei lückigem Bewuchs mit offenem Boden siedeln sich Gehölze schnell an, geschlossene Vegetation und Laubauflagen verhindern Ansaat. Dann erfolgt die Besiedlung überwiegend durch Rhizome.
Wälder	Nach einigen Jahrzehnten sind spontan entstandene Wälder für den Artenschutz wesentlich günstiger als gepflanzte.

Quelle: SRU; nach KAULE, 1986

genutzte Flächen aus der Bewirtschaftung genommen werden müssen. Der Rat empfiehlt, die Verwendung dieser Flächen für die Verwirklichung des Biotopverbundsystems zu untersuchen und ein entsprechendes Programm aufzustellen. Zugleich weist er erneut auf die Notwendigkeit hin, das Gesetz über die Gemeinschaftsaufgabe zur Verbesserung der Agrarstruktur und des Küstenschutzes zu ändern, mit dem Ziel, die ökologisch nachteiligen Entwässerungen und sonstige kulturbautechnische Maßnahmen von der Förderung mit öffentlichen Mitteln auszuschließen; sie sollten statt dessen für die Schaffung des Biotopverbundsystems verwendet werden.

493. Die Flächenansprüche des Biotopverbundsystemes, des damit verbundenen Schutzes von Böden und Gewässern sowie der Erhaltung des Landschaftsbildes müssen in quantitativer und qualitativer Hinsicht gleichrangig mit anderen Flächenansprüchen berücksichtigt werden. Es genügt keinesfalls, wenn für Naturschutz und Landschaftspflege nur diejenigen Flächen vorgesehen werden, die aus ökonomischen Gründen für andere Flächennutzungen uninteressant sind.

494. Das Biotopverbundsystem setzt sich aus 3 Typen von naturbetonten Biotopen bzw. Ökosystemen zusammen:

1. Ökologische Vorrangflächen, die noch von Artenvielfalt und naturbetonten Biotopen geprägt sind; sie bilden die Kernstücke des Systems und sind zugleich Ausgangsflächen für eine Neuansiedlung bzw. Wiederausbreitung vielerorts bereits verschwundener Arten. Ihrer Sicherung kommt höchste Dringlichkeit zu.

2. Kleinflächige, linien- und fleckenförmige naturbetonte Biotope als Verknüpfungselemente der unter 1. genannten Vorrangflächen. Ihre Sicherung ist unverzüglich in Angriff zu nehmen.

3. Extensiv bewirtschaftete, d. h. von der Anwendung von Dünge- und Pflanzenschutzmitteln ausgesparte Randstreifen von Feldern und Wiesen, ca. 3—5 m breit, insbesondere entlang von Wegen und Gewässern; für letztere dienen sie zugleich als Schutz vor Eutrophierung.

495. Für den Schutz der ökologischen Vorrangflächen der Kategorie 1 ist das Naturschutzgebiet das geeignetste Sicherungsinstrument. Auf seine derzeitigen Schwächen und Mängel ist in Abschnitt 2.1.7 ausführlich eingegangen worden; sie sollten so bald wie möglich beseitigt werden. Häufig bedürfen die vorhandenen Flächen dieses Typs einer Erweiterung. Bei der Ausweisung als Naturschutzgebiet müssen ausreichende Pufferzonen zur Abschirmung vor störenden Einflüssen von außen eingeschlossen werden. Die für Naturschutzgebiete zu erlassenden Vorschriften müssen strenger gefaßt werden; dies gilt insbesondere für die immer noch erlaubten Nutzungen. Zweckmäßige und berücksichtigungsfähige Vorschläge dazu sind bei BRAHMS et al. (1986) zu finden. Bei einer Novellierung des Bundesnaturschutzgesetzes sollten für Naturschutzgebiete generelle Verbote, z. B. für jegliche Anwendung von Pflanzenschutzmitteln oder für das Befahren, vorgesehen werden. Darüber hinaus empfiehlt der Rat dringend, im Wege konstruktiver Zusammenarbeit zwischen Bund und Ländern die erforderlichen Voraussetzungen zu schaffen, um den Zustand der Naturschutzgebiete der Bundesrepublik nach einheitlichen Kriterien in regelmäßigen Zeitabständen vollständig zu dokumentieren und zu bewerten.

496. Das Instrument des Landschaftsschutzgebietes kann nur angewendet werden, wenn die Landwirtschaftsklausel des § 15 Abs. 2 BNatSchG gestrichen wird. Dann kann auch ein Landschaftsschutzgebiet mit Schutzanordnungen ausgestattet werden, die vor allem die Pufferzonen um ökologische Vorrangflächen wirksam absichern.

497. Die kleinflächigen, punkt- und fleckenförmigen naturbetonten Biotope der Kategorie 2 können als geschützte Landschaftsbestandteile gesichert werden. Darüber hinaus sind in größerem Umfang als bisher privatrechtliche Vereinbarungen mit Grundbesitzern, insbesondere mit Landwirten zu treffen, um gegen Entgelte bestimmte Nutzungsbeschränkungen zu erzielen. Das gilt auch für die Sicherung der Randstreifen nach Kategorie 3. Die verschiedenen, in den Bundesländern angelaufenen Programme für solche mit Bewirtschaftungsbeihilfen verbundenen Vereinbarungen (Tz. 436ff.), die eine vielversprechende Entwicklung nehmen, sind weiter auszubauen und zu einer ständigen Einrichtung zu machen. Sie tragen zugleich zur Einkommenssicherung der Landwirte bei.

498. Da naturschutzrechtliche Schutzanordnungen nicht immer respektiert werden und ihre Einhaltung auch nicht ständig überwacht werden kann, empfiehlt der Rat, die wichtigsten Flächen durch Ankauf und Übertragung auf geeignete Körperschaften und Verbände gänzlich dem Bewirtschaftungsinteresse ihrer Eigentümer zu entziehen. Die Pflege dieser Flächen kann von Landschaftspflegeverbänden gemäß dem in Abschnitt 2.1.6 (Tz. 438) dargestellten Beispiel wiederum Landwirten gegen Entgelt übertragen werden. Darüber hinaus sollte ständig ein gewisser Flächenbestand für Tauschzwecke, z. B. in Flurbereinigungsverfahren bereitgehalten werden. Für die Bildung eines solchen Grundstückstockes müssen die Naturschutzbehörden künftig weitaus mehr Mittel als bisher erhalten. Flurbereinigungsverfahren sollten noch stärker als bisher Maßnahmen des Naturschutzes fördern, ermöglichen oder vollziehen (vgl. SRU, 1985, Tz. 1237—1246). Erfreulicherweise hat sich der Anteil der Verfahren, die dieser Zielsetzung dienen oder zu ihr beitragen, bis 1986 auf 25 % erhöht.

499. Trotz aller dieser Bemühungen im Flächenschutz muß davon ausgegangen werden, daß der Fortbestand zahlreicher wildlebender Pflanzen- und Tierarten in Naturschutzgebieten und flächenhaften Naturdenkmalen allein nicht gesichert werden kann. Darauf hat der Rat bereits in seinem Sondergutachten „Umweltprobleme der Landwirtschaft" (SRU, 1985, Tz. 606 und 1215) hingewiesen. Es reicht nicht aus, die Ziele der Naturschutzgesetze beinahe ausschließlich in speziellen Schutzgebieten verwirklichen zu wollen. Da diese Schutzkategorien auch nicht beliebig vermehrt oder vergrößert werden können, müssen nach Auffassung des Rates weitere geeignete Gebiete mit in den Dienst des Arten- und Biotopschutzes gestellt werden. Eine Eignung dafür besteht dann, wenn diese Gebiete in zusammenhängenden Teilen nur einer gelegentlichen, wenig intensiven Nutzung unterliegen oder gar nicht genutzt werden.

500. Als solche Gebiete kommen z. B. militärisch genutzte Flächen in Frage (RIEDERER, 1985), die nach Angaben des Bundesministers der Verteidigung von 1986 in der Bundesrepublik insgesamt ca. 4 100 km^2 einnehmen; von der Bundeswehr werden etwa 2 600 km^2, von den Stationierungsstreitkräften ca. 1 500 km^2 genutzt. Hiervon sind nach Schätzungen von RIEDERER (1985) ca. 74 % = 3 030 km^2 freies Gelände, das nicht mit Gebäuden oder Straßen bedeckt ist. Über die Art der Nutzung von Truppen- oder Standortübungsplätzen schreibt RIEDERER, daß die Flächen „nicht gleichmäßig, sondern in abgestufter Intensität genutzt (werden). Neben Räumen extrem starker Inanspruchnahme gibt es solche, deren Beanspruchung mit einer extensiv betriebenen Landwirtschaft vergleichbar ist oder die tatsächlich extensiv bewirtschaftet werden. Daneben sind Gebiete vorhanden, die mit nur geringer Intensität oder überhaupt nicht genutzt werden, wie z. B. Sicherheits-, Lärmschutz- oder Trennzonen. Diese Abstufung der Nutzungsintensitäten führt zu einem auf engstem Raum vereinigten Mosaik von Flächen, die sich hinsichtlich der Lebensbedingungen für Fauna und Flora stark unterscheiden".

Es ergeben sich damit recht vielfältige Lebensbedingungen für Pflanzen und Tiere, die auch von einem geringeren Einsatz von Mineraldüngern und Pestiziden als auf landwirtschaftlich genutzten Flächen profitieren; außerdem ist der Zutritt der Öffentlichkeit eingeschränkt, wodurch Pflanzen und Tiere vor Beunruhigung, Nachstellen, Sammeln und anderen Beeinträchtigungen wesentlich besser als im Umland geschützt sind (BORCHERT et al., 1987).

501. Im Vergleich zu den Naturschutzgebieten der Bundesrepublik umfassen die militärischen Übungsplätze relativ große Flächen, sind ziemlich gleichmäßig über das Land verteilt und stellen in der Regel repräsentative Ausschnitte der Naturräume dar, in denen sie liegen. Auch diese Eigenschaften sind günstig für eine Rolle im Arten- und Biotopschutz.

502. Andererseits sind militärische Übungsplätze auch mit ökologischen Nachteilen belastet. Von ihrer zweckbestimmten Nutzung abgesehen, unterliegen auch sie der in der übrigen Landschaft ablaufenden Rationalisierung der Pflege und Unterhaltung sowie der Intensivierung der auf Teilen der militärischen Flächen durchgeführten landwirtschaftlichen, gärtnerischen und forstlichen Nutzung (BORCHERT et al., 1987). Diese Nutzflächen umfassen nach Angaben des Bundesministers der Verteidigung für den Bereich der Bundeswehr immerhin 1 137 km^2, davon 62,5 km^2 Forsten. Aus diesen Gründen gehen die Bestände seltener oder gefährdeter Pflanzen- und Tierarten, die auf Übungsplätzen letzte Restvorkommen haben, z. T. sichtbar zurück (BORCHERT et al., 1987).

503. Von Naturschutz-Fachleuten sind detaillierte Empfehlungen mit dem Ziel ausgearbeitet worden, eine arten- und biotopschutzgerechte Gestaltung und Pflege der militärischen Übungsplätze durchzuführen, wie es in anderen Staaten bereits üblich ist (BORCHERT et al., 1987; RIEDERER, 1985). Diese Empfehlungen wurden von der Bundeswehrverwaltung positiv aufgenommen und in einzelnen Fällen bereits verwirklicht (Bundesminister der Verteidigung, 1987). Der Rat begrüßt diese Entwicklung und erwartet, daß sie konsequent fortgesetzt wird und dauerhaft zur Erfolgsbilanz des Arten- und Biotopschutzes beiträgt. Darüber hinaus kann sie auch als Beispiel für aktiven Naturschutz in anderen Gebieten vergleichbar geringer Nutzungsintensität (z. B. landschaftliche Golfplätze) wirken.

504. Neben diesen Maßnahmen ist es für die Schaffung und Erhaltung des geforderten Biotopverbundsystems erforderlich, bestehende Nutzungen zu extensivieren und Entwicklungen in Richtung auf bestimmte Biotoptypen einzuleiten. In diesen Zusammenhang gehört auch die beschleunigte Verwirklichung des integrierten Pflanzenbaus.

2.1.8.7 Organisation der für Naturschutz und Landschaftspflege zuständigen Behörden

505. Die derzeit bestehenden für Naturschutz und Landschaftspflege zuständigen Behörden sind in der Regel reine Verwaltungsbehörden, die über keine technischen Vollzugs- und Umsetzungsinstrumente verfügen. Daher ist entweder eine entsprechende Ergänzung dieser Behörden vorzusehen, oder es sind vorhandene technische Behörden förmlich mit der technischen Durchführung von Naturschutz- und Landschaftspflegemaßnahmen zu beauftragen. Die fachliche Aufsicht über die Maßnahmen obliegt der für Naturschutz und Landschaftspflege zuständigen Behörde. Der Rat begrüßt die bereits durchgeführten Modelle einer solchen Zusammenarbeit, z. B. im Rahmen der Flurbereinigung, und empfiehlt ihre Ausweitung (vgl. hierzu Abb. 2.1.8).

506. Ergänzend sollte in allen Bundesländern die Laufbahn für den höheren technischen Verwaltungsdienst der Fachrichtung Landespflege eingeführt werden. Die für Naturschutz und Landschaftspflege zuständigen Behörden sollten auf allen Ebenen zusätzlich mit Fachkräften, z. B. der Landschaftsökologie und Landschaftsplanung, der Biologie, Geographie und Geologie, ausgestattet werden. Besonders in größeren Gemeinden bzw. Gemeindeverbänden sollten Fachkräfte aus den genannten Fachrichtungen fest angestellt werden.

Darüber hinaus ist die Zusammenarbeit zwischen den für Naturschutz und Landschaftspflege zuständigen Behörden und den anderen Behörden bzw. Institutionen, wie für Landwirtschaft, Forstwirtschaft, Wasserwirtschaft, Straßenbau, weiter zu verstärken.

Abbildung 2.1.8
Mögliche Organisation und Zusammenarbeit der für Naturschutz und Landschaftspflege zuständigen Behörden

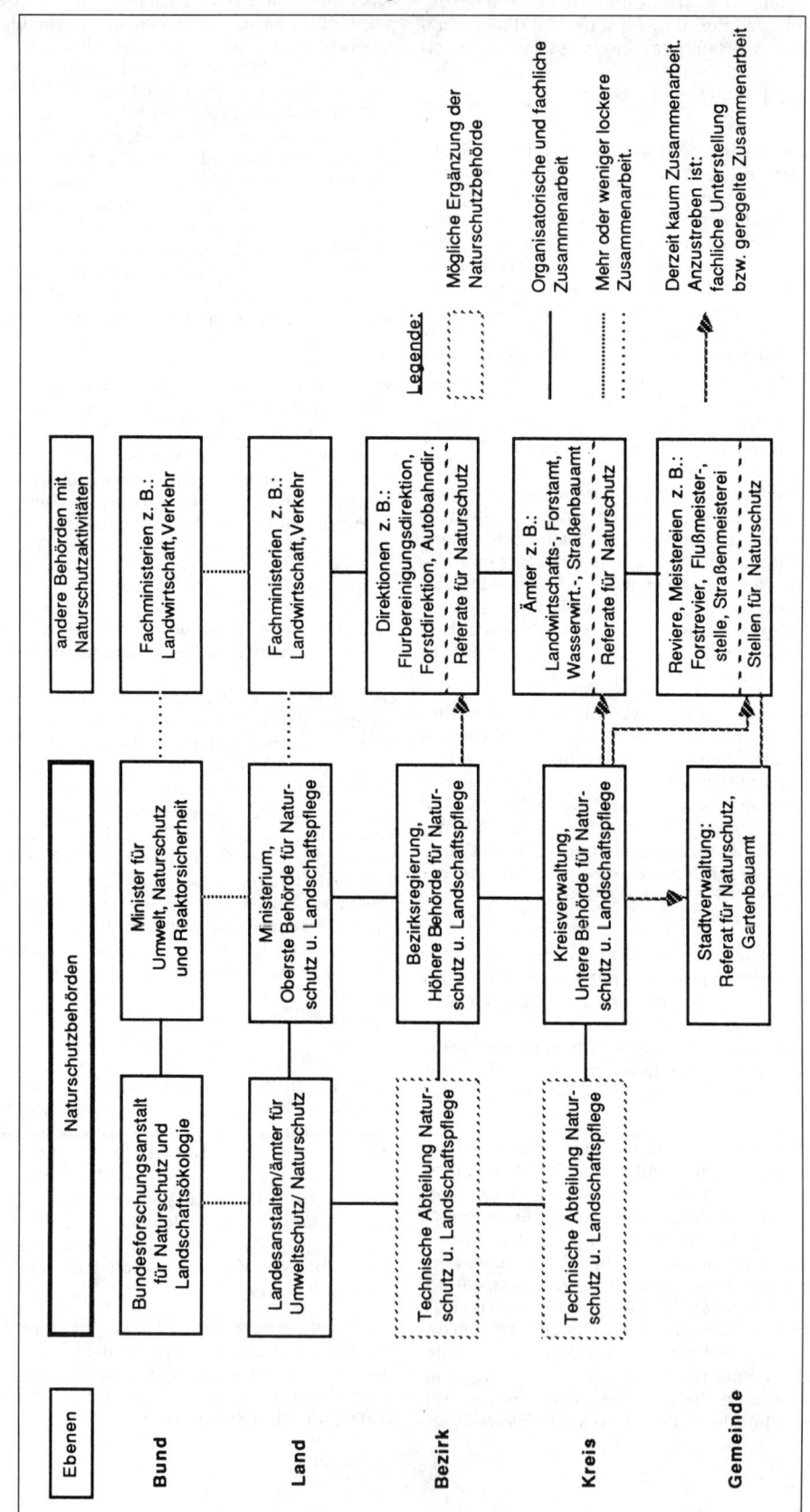

Quelle: SRU

2.1.8.8 Allgemeine Strategie zur Verstärkung eines ganzheitlichen Naturschutzes

507. Trotz vielfältiger Bemühungen von Bund, Ländern und Naturschutzverbänden auf der Grundlage der in den 70er Jahren erlassenen neuen Naturschutzgesetze konnten Naturschutz und Landschaftspflege nicht „in die Fläche des Landes" eindringen, um einen umfassenden Schutz des Naturhaushaltes und des Landschaftsbildes zu gewährleisten.

508. Das hierfür im Bundesnaturschutzgesetz vorgesehene Instrument ist die Landschaftsplanung (vgl. Abschn. 2.1.4; SRU, 1978, Tz. 1312 bis 1320; SRU, 1985, Tz. 1223 und 1236). Mit ihrer Hilfe sind die Ziele des Naturschutzes und der Landschaftspflege auch auf den durchschnittlich 90 % der Landesfläche zu verwirklichen, die außerhalb des für das Biotopverbundsystem (einschließlich Naturschutzgebiete) vorgesehenen Mindestflächenanspruchs von 10 % liegen.

509. Landschaftsplanung darf dabei nicht sektoral gesehen, sondern muß im Rahmen einer umfassenden Strategie des Natur(haushalts)schutzes zum Tragen gebracht werden. Wenn die Landschaftsplanung nicht funktioniert, ist zu befürchten, daß der Naturschutz in der Fläche des Landes scheitert. Deshalb hält der Rat es für erforderlich,

— den bestehenden gesetzlichen Rahmen voll auszuschöpfen,

— die Naturschutzverwaltungen personell und fachkompetent weiter auszubauen und sie zur Entwicklung und Durchführung langfristiger und ganzheitlicher Konzepte in die Lage zu versetzen,

— die Bewußtseinsbildung für einen ganzheitlichen Naturschutz auf der Basis der Ökosystem-Lehre in Politik, Verwaltung und Öffentlichkeit zu verstärken (Abschn. 1.2.5),

— auf die umfassende Berücksichtigung der Belange des Naturschutzes und der Landschaftspflege in allen anderen Bereichen zu dringen,

— Forschung und Ausbildung in Ökologie zu verstärken.

Um die für Naturschutz und Landschaftspflege zuständigen Behörden mit einheitlichem Wissen auszustatten, sollte ein Handbuch für die Praxis der Landschaftsplanung erarbeitet werden, in dem z. B. neben den allgemeinen Aufgabenbereichen Anleitungen für den Umgang mit Ökosystemtypen, Pflanzen- und Tiergemeinschaften, Böden und Gewässern sowie Schutzgebieten, ferner für Artenschutz, extensive Bewirtschaftung usw. enthalten sind. Außerdem sollte das Handbuch Begriffsdefinitionen und Fallbeispiele aus der Praxis, z. B. im Zusammenhang mit Wasserbau, Straßenbau usw., behandeln.

510. Abschließend stellt der Rat fest, daß die Verbesserung des Naturschutzgesetzes und seine konsequente Anwendung dringliche Anliegen sind. Kein anderes Gesetz deckt mit seinen Zielbestimmungen, z. B. Schutz der Lebensgrundlagen des Menschen und der Leistungsfähigkeit des Naturhaushaltes, einen so weiten Bereich der Schutzgüter der Umwelt ab. Dazu gehört auch der Schutz der Böden (Kap. 2.2). Darüber hinaus hält es der Rat für notwendig, alle Maßnahmen, die zum Schutz der einzelnen Naturgüter ergriffen werden, so miteinander zu verknüpfen oder aufeinander abzustimmen, daß die Funktionsfähigkeit des Naturhaushaltes insgesamt gewährleistet wird. Dies erfordert auch, Naturschutz und Landschaftspflege im ganzheitlichen Sinne in den umweltrelevanten Bundesgesetzen, wie z. B. Raumordnungsgesetz, Landwirtschaftsgesetz, Baugesetzbuch, Flurbereinigungsgesetz, als Ziele zu verankern.

Exkurs: Belastung wildlebender Tierarten durch Immissionen

511. Die Besorgnis um die zunehmende Belastung und mögliche Gefährdung der Natur durch schädliche Immissionen hat vor allem angesichts der neuartigen Waldschäden (FBW, 1986; SRU, 1983) und der zunehmenden Gewässer- und Bodenbelastung öffentliche Aufmerksamkeit gefunden und Gegenmaßnahmen herausgefordert. Es wird jedoch zu wenig beachtet, daß auch wildlebende Tier- und Pflanzenarten von Immissionen betroffen sind und gefährdet werden können; allerdings liegen hierüber bisher nur wenige systematische Untersuchungen vor (vgl. Abschn. 3.1.3.2), meist von Organismen, die auch zur menschlichen Ernährung dienen. Der Rat nimmt daher Anlaß, auch auf diese Gefährdung der Natur hinzuweisen.

512. Dabei ist freilich zu beachten, daß ohne ökophysiologische bzw. ökotoxikologische Bewertung die in Organismen oder Ökosystemen gefundenen Fremdstoffe nicht immer jene Bedeutung besitzen, die ihnen gewöhnlich von einer umweltpolitisch engagierten Öffentlichkeit zugeordnet wird, wenn grundsätzlich alle Fremdstoffgehalte von vornherein als nachteilig für den Organismus oder komplexere Biosysteme dargestellt werden. Meist wird verkannt, daß es eine Vielzahl von Tier- und Pflanzenarten gibt, die selektiv bestimmte Substanzen, z. B. Schwermetalle, ihrer Umwelt entziehen (so manche Pilze, Schwermetall-Pflanzen, Asseln u. a.), durch chemische Komplexe in ihrem Organismus binden und auf diese Weise ihre lebenswichtigen Enzymsysteme schützen.

Darüber hinaus können Anreicherung und Abbau von Schadstoffen in Einzelindividuen, Populationen und Nahrungsketten über ganz verschiedene Wege erfolgen und art-, geschlechts-, alters- und/oder zeitabhängig meist variieren. Das ist von erheblicher Bedeutung für die Vergleichbarkeit von analytischen Daten in räumlich getrennten Populationen. Sogar innerhalb der gleichen Art können verschiedene Typen mit unterschiedlichen Akkumulationsraten und -mechanismen auftreten. Nicht wenige Stoffe werden nach ihrem Eintritt in lebende Systeme metabolisiert und sind, wenn überhaupt, nur schwer nachweisbar, so z. B. die polyzyklischen Kohlenwasserstoffe. Anders liegen die Verhältnisse bei persistenteren chemischen Verbindungen, z. B. bei bestimmten polychlorierten Biphenylen, chlorierten Kohlenwasserstoffen (z. B. HCB) oder den Schwermetallen.

513. Für viele Arten (u. a. Spitzmäuse, Maulwürfe, bestimmte Greifvögel, Kohlmeisen, Amseln, Bienen) und Teilräume der Bundesrepublik Deutschland liegen Angaben über Schadstoffgehalte vor, die sich insbesondere auf Schwermetalle (Cd, Pb, Hg, As) und chlorierte Kohlenwasserstoffe beziehen. Zum Teil sind die einzelnen Werte jedoch nur schwer miteinander vergleichbar. Die meisten Werte sind zwar als Belastungswerte für das analysierte Individuum verwendbar, scheiden jedoch für einen flächendeckenden Vergleich und für wiederholbare Analysen meist aus. Hinzu kommt, daß aufgrund des Verhaltens einer Chemikalie im Organismus immer wieder unterschiedliche Organe und Gewebe untersucht und zum Vergleich heran-

gezogen werden (Fettgewebe, Leber, Gehirn u. a.). In Fettgeweben werden im allgemeinen die höchsten Rückstandswerte für chlorierte Kohlenwasserstoffe gemessen; Nieren akkumulieren meist mehr als 50% des in Säugetieren vorhandenen Cadmiums. In der Leber findet der chemische Umbau der meisten organischen Chemikalien statt; deshalb spiegeln die Leberwerte häufig die augenblickliche Belastung eines Organismus wider. Weitere Probleme liegen im Bereich der Analysierbarkeit unterschiedlicher biologischer Matrices. So sind z. B. Chlorkohlenwasserstoffe bei Insekten oder auch in Fichtennadeln nur mit erheblichem Analyseaufwand exakt zu messen.

514. Ferner ist zu beachten, daß viele Rückstandswerte, die ohne Kenntnis der Ökologie einer Art ermittelt und interpretiert wurden, höchstens eine Aussage über den Gefährdungsgrad der Art, nicht jedoch eine plausible Beziehung zu einem belasteten Standort oder Biotop oder gar einen Vergleich von Biotopen erlauben. Dies ist nur in besonderen Fällen möglich; einen solchen zeigt Abbildung 2.1.9, in der die Gehalte von Organen von Ratten an chlorierten Kohlenwasserstoffen von Tieren einer Mülldeponie und eines Bauernhofes im Saarland dargestellt sind.

515. Meßwerte von Chemikalien-Gehalten freilebender Organismen, in der Regel Tierarten, liegen insbesondere aus dem Bereich der Flußmündungen (Ästuarien) und Küsten, von carnivoren Tieren des Binnenlandes und vom Rehwild vor. Sie werden in den folgenden Abschnitten ohne Anspruch auf Vollständigkeit wiedergegeben. Bei den Chemikalien handelt es sich insbesondere um halogenierte Kohlenwasserstoffe, darunter vor allem Insektizide und polychlorierte Biphenyle (PCB), sowie um Schwermetalle wie Cadmium und Blei. Insektizide chlorierte Kohlenwasserstoffe sind bekanntlich die zeitlich am längsten und auch heute noch mengenmäßig am häufigsten verwendete Gruppe der Insektizide. Obwohl viele von ihnen in den meisten europäischen Staaten routinemäßig weniger oft eingesetzt werden als zu Anfang der 1970er Jahre und Verbote einzelner Stoffe wie DDT, Dieldrin und HCB in der Bundesrepublik Deutschland

Tabelle 2.1.15

**Polychlorierte Biphenyle in Elbaalen
1980 bis 1982**

Standort	mg/kg Fett
Gorleben	3,48—16,15
Tießau	2,26— 5,10
Neu-Darchau/Bleckede	5,27—13,50
Boizenburg	13,54—29,35
Lauenburg	8,56—19,35
Barförde-Hohnstorf	n. b. n. b.
Lauenburg-Schnakenbek	4,22— 7,15
Geesthacht	4,64—10,33
Hoopte	7,74—22,10
Köhlfleet	9,12—17,64
Mühlenberger Loch	6,63—8,20
Wedel-Lühe	24,01—74,16
Haseldorfer Binnenelbe	9,13—43,30
Pagensander Nebenelbe	13,09—21,40
Kolbner	12,70—30,67
Bielenberg	14,98—28,54
Brokdorf	2,52— 3,68
St. Margarethen	5,77—12,39
Brunsbüttel	16,27—36,75
Medemsand	21,22—40,20
Norderelbe	n. b. n. b.

Quelle: nach KRUSE et al., 1983, verändert

Abbildung 2.1.9

Wanderratten vor einer Mülldeponie (links: Oberlinxweiler, Saarland, Mai 1985) und einem Bauernhof (rechts: Fechingen, Saarland, Mai 1985); (mg/kg Frischgewicht)

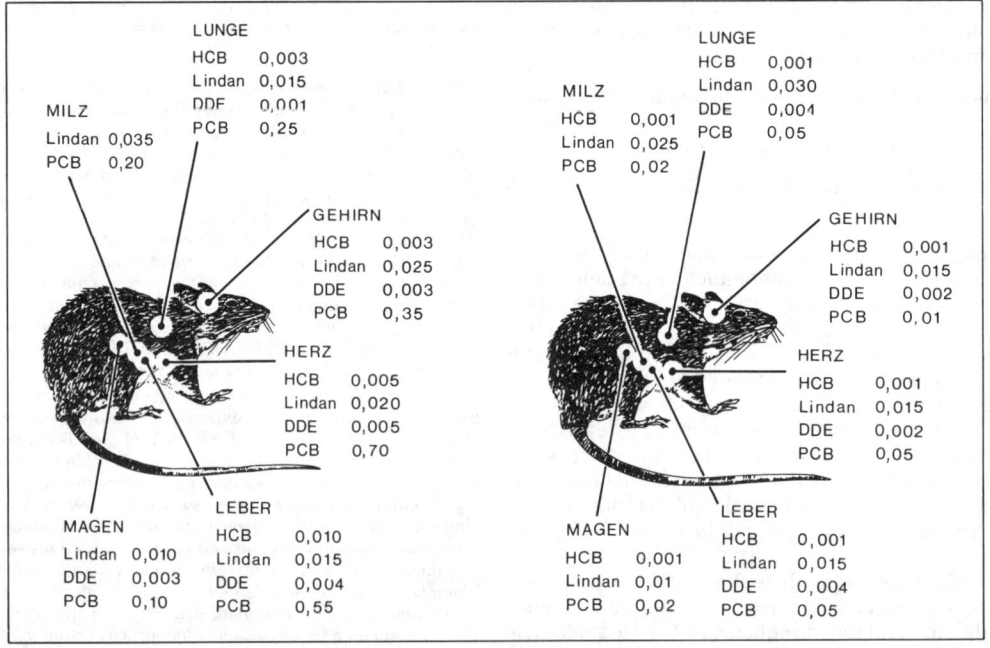

	Oberlinxweiler		Fechingen	
LUNGE	HCB	0,003	HCB	0,001
	Lindan	0,015	Lindan	0,030
	DDE	0,001	DDE	0,004
	PCB	0,25	PCB	0,05
MILZ	Lindan	0,035	HCB	0,001
	PCB	0,20	Lindan	0,025
			PCB	0,02
GEHIRN	HCB	0,003	HCB	0,001
	Lindan	0,025	Lindan	0,015
	DDE	0,003	DDE	0,002
	PCB	0,35	PCB	0,01
HERZ	HCB	0,005	HCB	0,001
	Lindan	0,020	Lindan	0,015
	DDE	0,005	DDE	0,002
	PCB	0,70	PCB	0,05
MAGEN	Lindan	0,010	HCB	0,001
	DDE	0,003	Lindan	0,01
	PCB	0,10	PCB	0,02
LEBER	HCB	0,010	HCB	0,001
	Lindan	0,015	Lindan	0,015
	DDE	0,004	DDE	0,004
	PCB	0,55	PCB	0,05

Quelle: nach MÜLLER, 1985a

zu einem Sinken der Rückstände in den Böden führten (EBING, 1985), weisen vor allem Organismen, die Endglieder von Nahrungsketten sind, sowie Zugvögel und Tiere der Ästuarien und Meeresküsten hohe Gehalte dieser Stoffe auf, die zu Besorgnis Anlaß geben; an die Stelle der abnehmenden Insektizide treten häufig die polychlorierten Biphenyle.

Tabelle 2.1.17

Polychlorierte Biphenyle in Wasserproben der Saar

Standort	PCB	ng/l
Völklingen (Schleuse)	48	100
(28. August 1985; 11.35) ..	54	50
Güdingen	48	—
(28. August 1985; 9.00) ...	54	—
	60	20

Quelle: nach MÜLLER, 1985a

Wirbeltiere der Ästuarien und Küstengebiete

516. KRUSE et al. (1983) untersuchten in den Jahren 1980 bis 1982 391 Aale (Anguilla anguilla) von 21 Stellen aus der Unterelbe zwischen Gorleben und der Elbmündung auf Gehalte chlorierter Kohlenwasserstoffe im Fett und fanden für PCB Werte bis über 74 mg/kg (Tab. 2.1.15). 355 dieser Aale (91 %) waren nach der Verordnung über Höchstmengen an Pestiziden in und auf Lebensmitteln tierischen Ursprungs nicht verkehrsfähig. Die einzelnen Stoffe waren an diesen Überschreitungen der Höchstwerte wie folgt beteiligt:

Gesamt-HCH ohne Lindan	88 %
Hexachlorbenzol (HCB)	86 %
Lindan	6 %
DDT	2 %.

Die PCB lagen an 12 Fangplätzen der Unterelbe in höheren Konzentrationen vor als einer der übrigen chlorierten Kohlenwasserstoffe.

517. In einer einer umfangreichen Analyse konnten KRÜGER und KRUSE (1984) nachweisen, daß PCB insbesondere in Aalen (Anguilla anguilla) und Brassen (Abramis brama), die besonders geeignete Akkumulationsindikatoren darstellen, in den meisten deutschen Flüssen in zu hohen Konzentrationen vorliegen (vgl. auch EICHNER, 1976). Mit Recht weisen sie darauf hin, daß „dieser Stoffgruppe größte Aufmerksamkeit zuteil werden sollte". Als Akkumulationsindikator im Rahmen eines flächendeckenden Biomonitoring zur Überwachung dieser Substanzen schlagen sie die Brasse (Abramis brama) vor (vgl. Tab. 2.1.16 und 2.1.17).

Tabelle 2.1.16

Polychlorierte Biphenyle (48, 54, 60) in Brassen (Abramis brama; Muskelfleisch) von verschiedenen Standorten in der Saar (1985), dem Plöner See und dem Labach (bei Dörrenbach)

Standort	PCB	mg/kg FG
Güdingen (n = 2)	48	0,25—3,00
	54	0,25—1,5
Saarbrücken (n = 2)	48	1,75—4,0
Malstatt	54	0,70—1,0
Völklingen (n = 1)	48	3,4
	54	1,55
Ensdorf (n = 3)	48	2,8 —4,2
(Saarlouis)	54	1,4 —2,1
Plöner See (n = 1)	60	0,02
Labach (n = 1)	60	0,15

Quelle: nach MÜLLER, 1985a

Dabei muß jedoch berücksichtigt werden, daß die PCB eine sehr heterogene Stoffgruppe sind, die 209 theoretisch mögliche Stoffe umfassen und sich je nach Chlorierungsgrad durch unterschiedliche Toxizität und Persistenz auszeichnen. Innerhalb von Fließgewässern lassen sich folglich auch unterschiedliche Muster der Rückstände, z. B. 48er, 54er oder 60er PCB, nachweisen. Da diese aus verschiedenen Produktionsprozessen stammen, könnten durch eine differenzierende Analyse zusätzliche Informationen für die Überwachung von Einleitern gewonnen werden.

518. Auch in Eiern von Seevogelarten lassen sich z. T. hohe Kontaminationen mit bestimmten Pestiziden und PCB nachweisen. Von BECKER et al. (1985) durchgeführte Eianalysen von Brutvogelarten in sieben Brutgebieten der Nordseeküste deckten beachtliche regionale Unterschiede auf. An der Elbmündung und der Helgoländer Bucht abgelegte Eier waren am stärksten kontaminiert (Abb. 2.1.10). Bei HCB ließ sich der Eintrag durch die Elbe in die Nordsee und die Verdünnung durch W/NO-Strömung deutlich nachweisen. Auch hier waren die PCB-Gehalte am höchsten, wobei ihre Höhe in der Regel der trophischen Stufe der Nahrung entsprach. Allerdings erreichte Lindan in Brandgans- und Sandregenpfeifer-Eiern die höchsten Mengen. Ein Vergleich mit Untersuchungen früherer Jahre belegte einen deutlichen Rückgang der Gehalte an DDT und seinen Metaboliten.

Dennoch erwiesen sich Vogeleier durch Überschreiten der gesetzlichen Höchstmenge von DDT und/oder HCB in der Bundesrepublik vor allem im Bereich der Elbmündung und der Helgoländer Bucht als so hoch belastet, daß sie für den Verzehr nicht zugelassen wären. Für Stockenten (Anas platyrhynchos) aus dem schleswig-holsteinischen Elbraum mußte 1985 sogar das Inverkehrbringen untersagt werden (Minister für Ernährung, Landwirtschaft und Forsten, Schleswig-Holstein, 1985). Die polychlorierten Biphenyle erreichte bei allen Proben Konzentrationen, „bei denen eine Schädigung unserer Küstenvögel-Populationen nicht auszuschließen ist".

519. Während bei den meisten Vogelarten des Binnenlandes die Quecksilber-Rückstände in den letzten Jahren deutlich zurückgingen und gegenwärtig kein nennenswertes ökotoxikologisches Problem mehr darstellen, weisen Seevogelarten (ähnlich wie Elbaale) z. T. immer noch erhebliche Konzentrationen auf. Untersuchungen von Seevogel-Eiern an der Nordseeküste zeigten, ähnlich wie bei chlorierten Kohlenwasserstoffen, immer wieder Höchstwerte in der Elbmündung. So wurde z. B. der Richtwert für Quecksilber in Eiern (0,03 mg/kg) bei 353 von 355 untersuchten Seevogeleiern überschritten (BECKER et al., 1985). Die Eier von Fluß- und Brandseeschwalben waren am stärksten, von Brandgans, Austernfischer und Lachmöwe am geringsten mit Quecksilber kontaminiert (Abb. 2.1.11). Mit Ausnahme von Brandgans und Silbermöwe erreichten die Gehalte in vielen Eiern der anderen Arten, an der Elbe sogar in allen Eiern, eine den Bruterfolg gefährdende Größenordnung, insbesondere bei der Flußseeschwalbe.

Abbildung 2.1.10

Regionale Unterschiede in der Kontamination von Eiern (pro Region 10) der Flußseeschwalbe

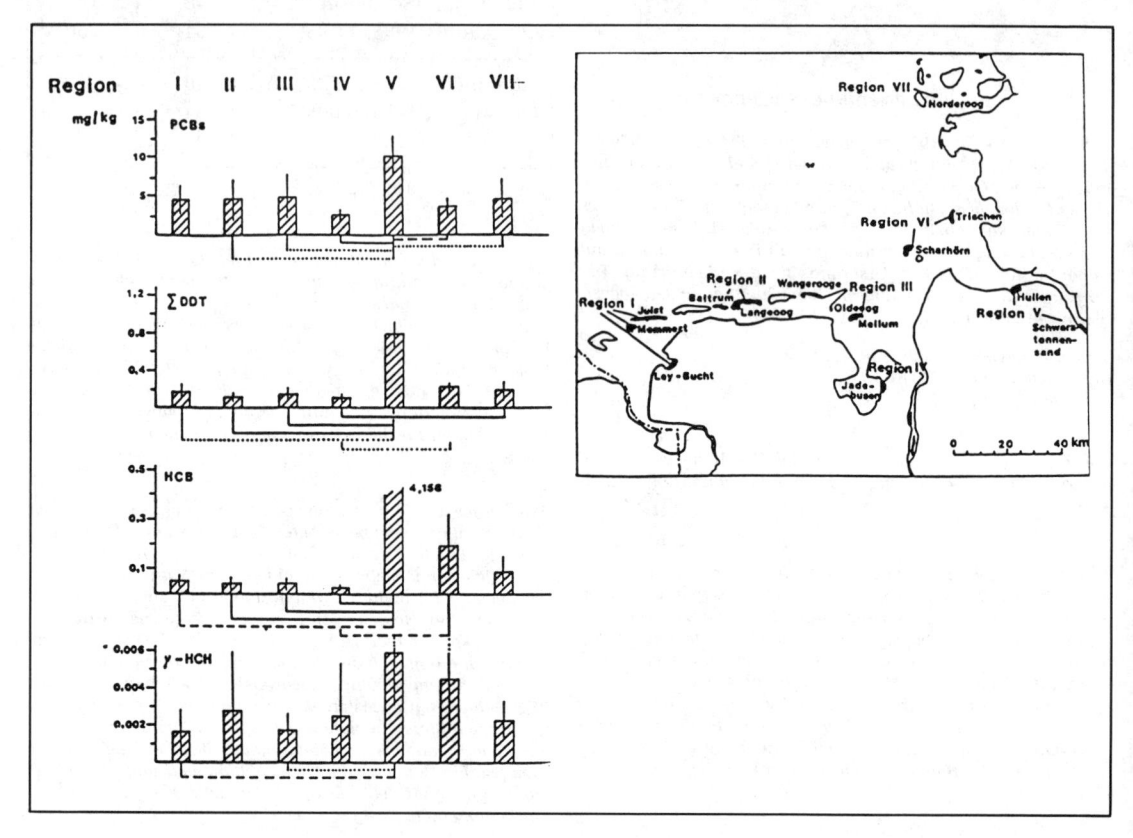

Mittelwerte und Standardabweichung in mg/kg beziehen sich auf Frischgewicht. Gesicherte Unterschiede zwischen Regionen:

.... $p \leq 0{,}05$

------ $p \leq 0{,}01$

―――― $p \leq 0{,}001$

Quelle: nach BECKER et al., 1985, verändert

Abbildung 2.1.11

Regionale Unterschiede der Quecksilber-Rückstände in Eiern von fünf Seevogelarten

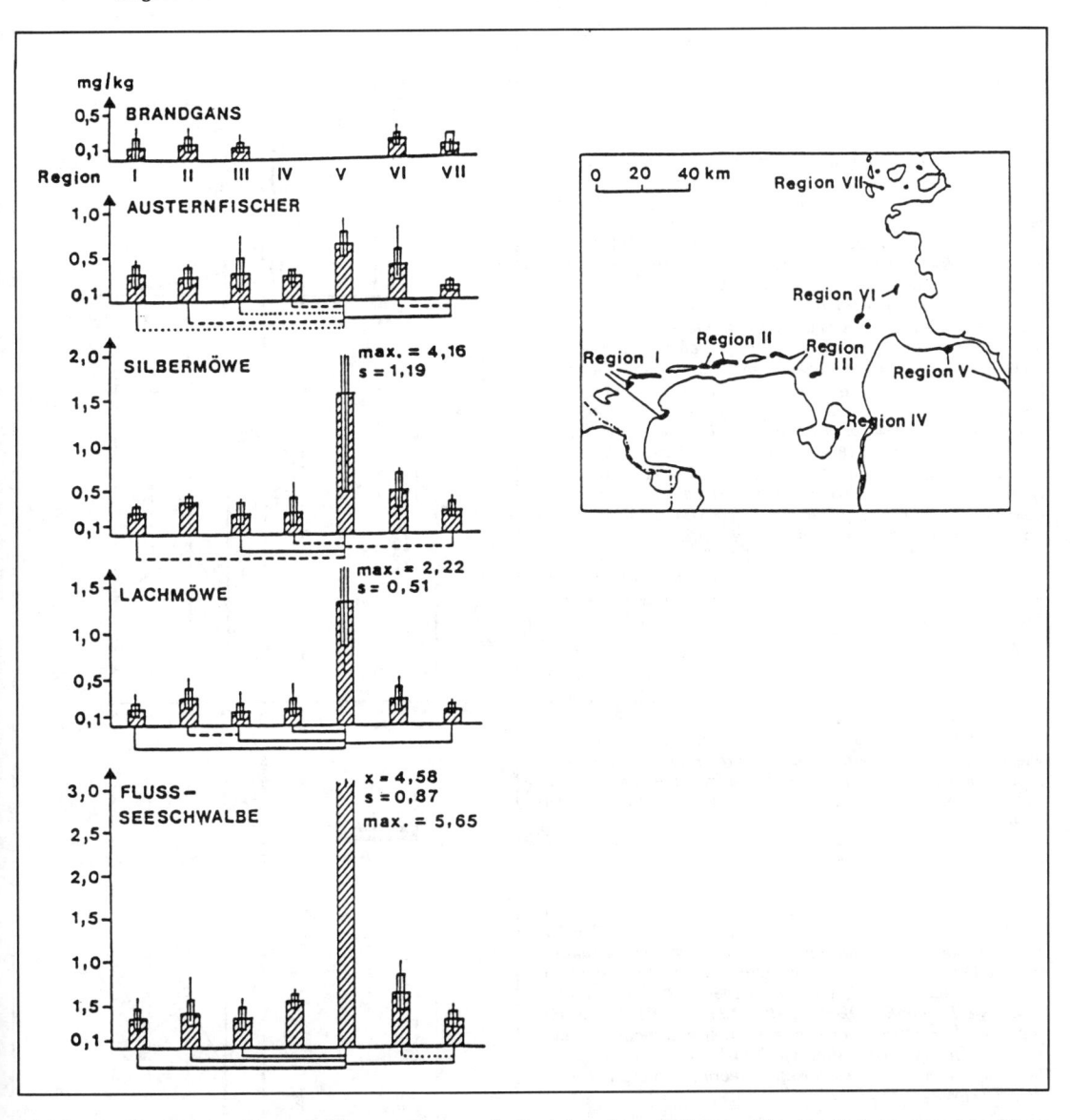

Mittelwerte, Standardabweichung und Spannweite in mg/kg beziehen sich auf Frischgewicht. Anzahl der untersuchten Eier je Region und Arten = 10 (Ausnahmen: Brandgans Region I: n = 5; Silbermöwe Region V: n = 12, Region VII: n = 8). Unterschiede zwischen Regionen (nicht parametrischer Rangtest nach Nemenyi):

.... $p \leq 0,05$

– – – – – – $p \leq 0,01$

─────── $p \leq 0,001$

Quelle: nach BECKER et al., 1985, verändert

Carnivore Tiere des Binnenlandes

520. Als Endglieder von Nahrungsketten, aber auch aus ökophysiologischen Gründen eignen sich carni- und insektivore Tierarten besonders gut, um Schadstoffbelastungen in den Ökosystemen sichtbar zu machen. Bei sorgfältiger Probenahme dienen sie als Anzeiger für den Belastungstrend bestimmter Chemikalien. Auch einzelne Organe, Federn (vgl. DMOWSKI et al., 1984; HAHN et al., 1985; MÜLLER et al., 1984), Haare (vgl. BRANCATO et al., 1976; HAMMER et al., 1971; STERNER und GRAHWIT, 1973) oder das Depotfett liefern wichtige Informationen.

521. Greifvögel wurden in den letzten 20 Jahren aus allen Teilräumen der Bundesrepublik Deutschland analysiert. Deshalb lassen sich Grundtendenzen für die Entwicklung der Belastung mit Schwermetallen und chlorierten Kohlenwasserstoffen ableiten (vgl. u. a. BAUM und CONRAD, 1978; BEDNARECK et al., 1975; CONRAD, 1981; KOSTRZEWA, 1984; MÜLLER, 1983; SCHILLING und KÖNIG, 1980; SCHNEIDER, 1976). Bei schleswig-holsteinischen Seeadlern konnten für DDT und PCB Spitzenwerte für die Bundesrepublik Deutschland nachgewiesen werden. Außer für HCB zeigen die Werte von 18 untersuchten Eiern keine deutliche Abnahme; vielmehr fallen die großen jahreszeitlichen Schwankungen besonders auf. SCHILLING (1981) konnte für Wanderfalken in Baden-Württemberg, wo drei Viertel des deutschen Bestandes leben, zeigen, daß die Schalendicke der Eier zwar seit 1899 bis 1979 abnahm, zugleich konnte aber auch nachgewiesen werden, daß die HCB- und DDE-Konzentrationen abnahmen (vgl. Abb. 2.1.12). Eine Ausnahme bildeten die PCB. Nach Angaben von CONRAD (1981) nimmt bei Sperber, Rohrweihe, Wanderfalke, Habicht, Wiesenweihe, Schleiereule und Waldkauz die Eischalendicke mit zunehmender DDE-Konzentration ab. Bei Sperbern aus Dänemark wurden von DYCK et al. (1981) trotz dünner Eischalen nennenswerte Bruterfolge festgestellt.

Die mit Abstand höchsten Werte — sowohl für HCB als auch für DDE — wurden bei Greifvögeln (Sperber, Habicht, Wanderfalke, Seeadler) gefunden, deren Beutetiere ihrerseits wieder zu einem großen Teil fleischfressend sind (CONRAD, 1981). Eine zweite Gruppe bilden Greifvögel und Eulen, die sich von überwiegend herbivoren Beutetieren ernähren (Turmfalke, Mäusebussard, Schleiereule, Steinkauz). Bei ihnen liegen die Konzentrationen durchschnittlich um den Faktor 10—15 niedriger (Tab. 2.1.18).

522. Bis zum Anwendungsverbot von HCB wiesen Eier von Greifvögeln der Ostseeküste, der Kieler Bucht und der Soester Börde die höchsten Gehalte auf (10—15fach erhöhte Konzentrationen). Bei DDE lagen die Belastungsmaxima in Franken und am Niederrhein, bei PCB in den industriellen Ballungszentren. Gegenwärtig kann für DDE und HCB überall in der Bundesrepublik ein beachtlicher Rückgang der Konzentrationen festgestellt werden (CONRAD, 1981; vgl. Tab. 2.1.19). Am geringsten belastet scheint der Wespenbussard (Pernis apivorus) zu sein (KOSTRZEWA, 1984).

Im Vergleich zu Belgien und der Schweiz liegen die Gehalte von HCB, DDE und PCB in Greifvogeleiern in der Bundesrepublik Deutschland um eine Zehnerpotenz höher; dies gilt auch für die Eulen (CONRAD, 1981; FUCHS und THISSEN, 1981; HAHN, 1984; JOIRIS und DELBEKE, 1981; JUILLARD, 1981).

Abbildung 2.1.12

HCB-, DDE- und PCB-Kontaminationen von Wanderfalkeneiern in Baden-Württemberg
(Die Werte beziehen sich auf ppm/Trockensubstanz)

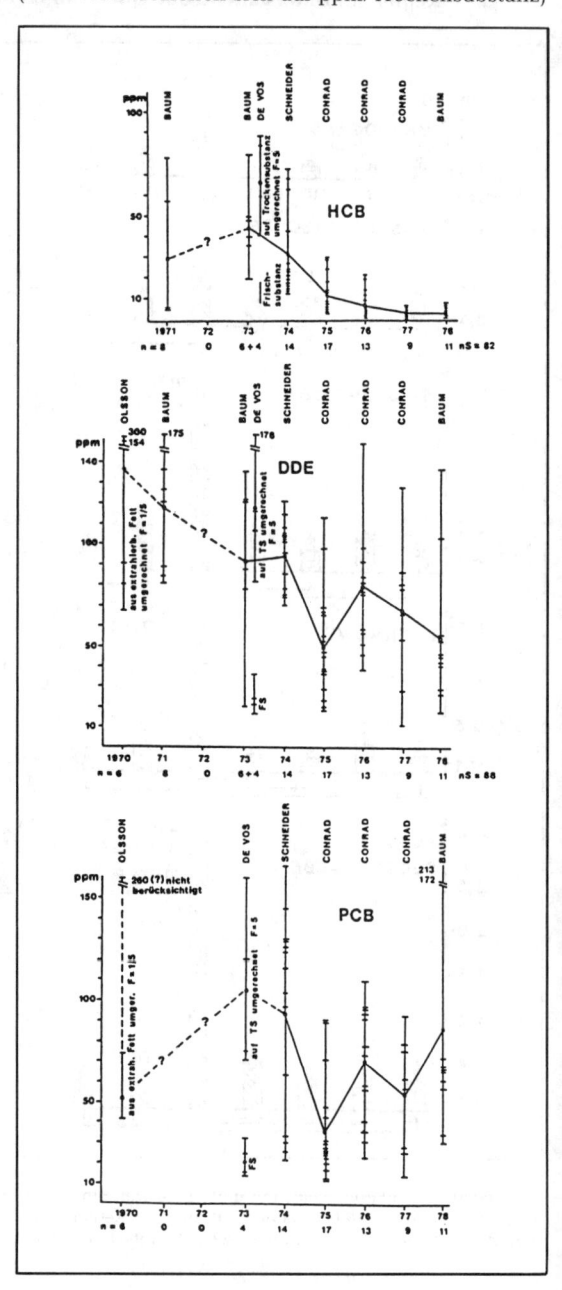

Quelle: nach SCHILLING, 1981

Tabelle 2.1.18

Gehalte an DDE, HCB und PCB (in ppm, bezogen auf Trockengewicht) in Greifvogel- und Euleneiern der Bundesrepublik Deutschland von 1975 bis 1978

Art	DDE		HCB		PCB	
	1975	1978	1975	1978	1975	1978
Seeadler	204,5	12,4	2,2	0,2	390,0	31,9
Rohrweihe	89,6	14,6	3,9	1,0	64,9	98,9
Wanderfalke	73,7	39,9	25,8	4,9	65,7	115,5
Sperber	65,9	55,4	11,8	0,7	125,0	100,7
Habicht	13,9	8,0	49,9	0,9	45,4	83,5
Uhu	10,9	10,5	2,9	2,2	91,0	107,4
Wiesenweihe	10,2	13,9	3,1	0,9	12,1	4,6
Rotmilan	8,7	nicht anal.	7,7	nicht anal.	49,0	nicht anal.
Turmfalke	7,6	0,6	3,7	0,4	28,0	5,7
Waldkauz	6,7	6,0	1,9	1,0	31,4	12,4
Rauhfußkauz	3,5	0,6	0,6	0,1	29,5	12,7
Schleiereule	3,0	0,8	2,6	0,2	36,1	29,4
Steinkauz	2,3	2,0	7,0	0,3	14,3	4,2
Mäusebussard	1,3	1,1	1,6	0,2	10,4	16,3

Quelle: nach CONRAD, 1981, verändert

Tabelle 2.1.19

DDE-, HCB- und PCB-Gehalte in schleswig-holsteinischen Seeadlereiern, 1969 bis 1978
(in ppm bezogen auf Trockengewicht)

Jahr	n	DDE	HCB	PCB
1969	2	6,0— 85,0	5,5 —17,5	395,0—485,0
1970	3	22,5— 85,0	1,5 —40,0	41,0—125,0
1971	3	26,5— 65,0	0,02— 0,02	30,5— 60,0
1974	3	25,2— 29,4	2,3 — 3,8	5,3— 16,8
1975	3	42,8—490,7	1,7 — 2,5	161,0—847,2
1976	2	31,0— 42,7	0,7 — 0,7	181,4—204,1
1978	2	9,6— 15,3	0,1 — 0,3	28,2— 35,6

Quelle: nach NEUMANN und RÜGER, 1981, verändert

523. *Unter den Säugetieren wiesen die folgenden Arten die höchsten Gehalte an chlorierten Kohlenwasserstoffen auf:*

Fledermäuse (Chiroptera)
Breitflügel-Fledermaus (Eptesicus seroticus)
Bartfledermaus (Myotis mystacinus)
Zwergfledermaus (Pipistrellus pipistrellus)

Insektenfresser (Insectivora)
Maulwurf (Talpa europaea)
Igel (Erinaceus europaeus)
Spitzmäuse (Sorex spec.)
Spitzmäuse (Crocidura spec.)

Raubtiere (Carnivora)
Fuchs (Vulpes vulpes)
Baummarder (Martes martes)
Steinmarder (Martes foina)
Hermelin (Mustela erminea)
Mauswiesel (Mustela nivalis)
Iltis (Putorius putorius).

Für Fledermäuse stellen auch die polychlorierten Biphenyle ein echtes Gefährdungspotential dar. Im Boden wühlende Kleinsäugerarten sind für polychlorierte Biphenyle besonders exponiert; diese können in Höchstkonzentrationen auftreten (vgl. Clethrionomys in Tab. 2.1.20).

Schadstoffbelastung von Rehen

524. *Das Reh (Capreolus capreolus) ist neben dem Feldhasen (Lepus europaeus) zur Demonstration von Schadstoffbelastungen und damit auch als (akkumulierender) Bioindikator für diese besonders geeignet. Rehe sind in der Bundesrepublik Deutschland von den Marschen Norddeutschlands bis oberhalb der Waldgrenze in den Alpen flächendeckend verbreitet. Sie besitzen eine hohe Populationsdichte, und ihre Verfügbarkeit ist sehr hoch (1983/84 wurden fast 700 000 Rehe in der Bundesrepublik Deutschland geschossen). Ihre Territorien und Aktionsräume (je nach Biotopstruktur zwischen 6 und 30 ha) zeigen eine erstaunliche Konstanz in Raum und Zeit; ihre Ökophysiologie und die Verteilung von Schadstoffen in ihrem Gewebe und den Organen ist bekannt (Tab. 2.1.21). Nicht zuletzt unterliegen sie als „Nahrungsmittel" für den Menschen der staatlichen Lebensmittelüberwachung (Tz. 1272 ff.; vgl. u. a. BACKHAUS und BACKHAUS, 1983; BOMBOSCH, 1982; GODT, 1980; HECHT et al., 1984; HÖLLERER und CODURO, 1977; HOLM, 1979, 1981; HOLM und BOGEN, 1983; HOLM et al., 1984; KLEIMINGER, 1983; MÜLLER 1985 a und b; SCHINNER, 1981; TATARUCH et al., 1979, 1981; UECKERMANN, 1985).*

Deshalb werden auch Organe von Rehen im Rahmen der seit 1. Januar 1985 eingerichteten Umweltprobenbank der Bundesrepublik Deutschland eingelagert. Ziel dieser Einlagerung ist

Tabelle 2.1.20

Mittlere Konzentrationen an chlorierten Kohlenwasserstoffen in Kleinsäugern

(mg/kg extrah. Fett)

Spezies	HCB	Lindan	α-HCH	Heptachlor epoxid	Dieldrin	DDE	PCB
Sorex spec., Spitzmäuse							
1976	0,030	0,631	0,120	0,400	0,203	0,650	2,970
1977	0,026	0,255	0,050	0,267	0,261	0,181	3,390
Crocidura, Spitzmäuse							
1976	0,060	0,500	0,140	0,260	0,210	0,750	3,720
1977	0,052	0,207	0,166	o-Sp.	0,065	1,255	13,640
Neomys, Wasserspitzmaus							
1976	0,043	0,920	0,079	0,303	0,253	0,794	1,800
Pipistrellus, Zwergfledermäuse							
1977	0,420	0,628	0,203	0,400	n.n.	22,560	319,100
Clethrionomys, Rötelmaus							
1976	0,032	0,200	0,070	0,270	n.n.	0,490	2,950
Apodemus, Waldmäuse							
1976	0,060	0,132	0,020	0,140	n.n.	0,600	2,340
1977	0,057	0,180	0,028	0,116	0,133	0,560	3,500
Microtus, Erdmäuse							
1976	0,043	0,610	0,022	n.n.	n.n.	0,120	1,200
1977	0,085	0,118	0,061	n.n.	n.n.	0,163	2,197
Pitymys, Wühlmaus							
1976	0,070	0,561	0,042	n.n.	n.n.	0,041	4,056
1977	0,082	0,117	0,032	n.n.	n.n.	0,066	0,744
Micromys, Zwergmaus							
1977	0,014	0,112	0,066	n.n.	n.n.	0,086	0,807

Quelle: DRESCHER-KADEN und HUTTERER, 1981

Tabelle 2.1.21

Schwermetallkonzentrationen (mg/kg Frischgewicht) in verschiedenen Organen einer 3- bis 4jährigen Rehgeiß vom 4. Dezember 1984 aus Völklingen (Saarland)

	Cd	Pb	Cu
rechte Niere	3,44	0,02	7,2
linke Niere	3,31	0,03	7,0
Herz	0,01	0,01	4,5
Lunge	0,03	0,01	1,0
Leber	0,24	0,05	2,6
Gehirn	0,01	0,01	1,1

Quelle: nach MÜLLER, 1985 b

die Schaffung von Referenzmaterial für retrospektive Analysen nach Umweltchemikalien, die heute noch nicht die ökotoxikologische Diskussion bestimmen.

525. Von Schwermetallen reichern Rehe, aber auch andere Wildtiere, Cadmium in den Nieren in wesentlich höheren Konzentrationen an als in anderen Organen. Etwa 60—70 % des im Körper vorhandenen Cadmiums wird in den Nieren deponiert (Abb. 2.1.13).

Obwohl für Schwermetalle und chlorierte Kohlenwasserstoffe Akkumulations- und Eliminationsmechanismen bekannt sind, nehmen die Cadmium-Konzentrationen beim Rehwild altersabhängig zu (Tab. 2.1.22).

In Tabelle 2.1.23 und Abbildung 2.1.14 sind Messungen von Cadmium-Konzentrationen in Rehnieren aus verschiedenen Gebieten der Bundesrepublik Deutschland zusammengestellt. Es wurden nur Angaben verwendet, die auf Untersuchungen von 20 und mehr einjährigen Individuen pro Standort beruhen (vgl. HOLM et al., 1984; MÜLLER, 1985 a und b; UECKERMANN, 1985).

526. *In den letzten Jahren durchgeführte Vergleichsuntersuchungen an Rindern und Rehen zeigten, daß unter vergleichbaren Belastungsbedingungen Rehwild höhere Cadmium-Konzentrationen aufweist als Rinder.*

Die höheren Cadmium-Anreicherungen beim Rehwild hängen eindeutig mit dessen bevorzugten Äsungspflanzen zusammen, die im allgemeinen höhere Cadmiumkonzentrationen aufweisen als andere Pflanzenarten des gleichen Standortes. Seit langem ist bekannt, daß Rehwild neben Pilzen sehr gerne Beifuß (Artemisia vulgaris), Schafgarbe (Achillea millefolium) oder Weidenröschen (Epilobium angustifolium) äst (vgl. u. a. ANKE et al., 1979; ESSER, 1958; HOLZHAUSEN, 1970; KLÖTZLI, 1965; ONDERSCHEKA, 1974; STUBBE und PASSARGE, 1979). Durch vergleichende Untersuchungen von SÄNGER (1985; vgl. auch DROZDZ, 1979) konnte nachgewiesen werden, daß bevorzugte Rehäsungspflanzen besonders viel Cadmium anreichern.

Abbildung 2.1.13

Cadmium-Konzentrationen in verschiedenen Organen unterschiedlich alter Rehe (Kitze bis 8jährige)
(mg/kg Frischgewicht)

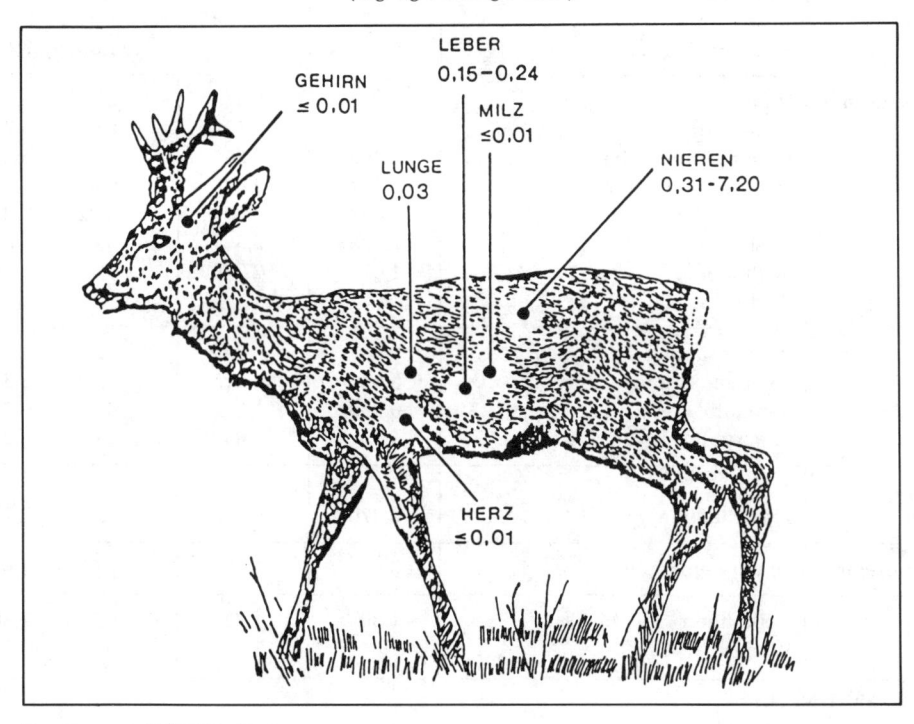

GEHIRN ≤ 0,01
LEBER 0,15—0,24
MILZ ≤ 0,01
LUNGE 0,03
NIEREN 0,31—7,20
HERZ ≤ 0,01

Quelle: nach MÜLLER, 1985 a

Tabelle 2.1.22

Cadmiumgehalte in der Niere von Rehwild aus Österreich
(mg/kg Frischgewicht)

Standort	Alter	n	$\tilde{x}$	$\bar{x}$	Min. — Max.
Melk	1	17	0,266	0,353	0,103—1,105
	1—5	18	0,661	1,912	0,252—8,717
	5—9	5	2,328	4,181	0,905—9,787
Achental	1	8	0,717	0,765	0,166—1,696
	1—5	14	1,030	1,192	0,386—2,707
	5—9	7	2,440	3,282	1,043—5,909

Quelle: nach TATARUCH, 1984, verändert

Tabelle 2.1.23

Cadmium-Konzentrationen (mg/kg Frischgewicht) in Nieren von Rehwild aus verschiedenen Regionen der Bundesrepublik Deutschland (1980 bis 1984)

Bundesland	Ort	$\tilde{x}$	$\bar{x}$	Min. — Max.
Nordrhein-Westfalen	Borken	1,84	2,901	0,21 — 3,0
	Paderborn	0,865	0,888	0,04 — 2,96
	Unna/Bergkamen	1,26	1,597	0,33 — 4,06
	Mechernich	7,84	9,096	5,954—13,497
	Düsseldorf	3,25	3,929	1,21 — 7,81
	Stolberg	9,36	15,95	1,38 —87,4
Niedersachsen	Helmstedt	1,463	2,943	0,055—25,7
	Wolfsburg	1,308	2,538	0,055—25,781
	Lüchow/Dannenberg	1,055	2,385	0,073—35,5
	Lüchow/Dannenberg	1,077	2,438	0,073—35,536
	Braunschweig	1,092	2,813	0,123—27,37
	Goslar	2,725	5,564	0,494—30,846
	Göttingen	1,673	2,976	0,109—16,15
	Stade			
Bayern	Berchtesgaden	0,24	0,75	0,02 — 4,24
	Oberlangenstadt	0,62	0,815	0,320— 1,310
	Kemnath	0,883	1,244	0,105— 6,270
	Ingolstadt	1,45	1,842	0,06 —18,24
Schleswig-Holstein	Plön/Malente	0,870	0,984	0,05 —12,70
Rheinland-Pfalz	Hinterweidenthal	0,64	1,470	0,07 — 4,45
Saarland	Völklingen	1,30	1,723	0,310— 7,20
	Warndt	1,84	1,815	0,060— 4,180

Quelle: nach MÜLLER, 1985a

Abbildung 2.1.14

Cadmium-Konzentrationen in Rehnieren in der Bundesrepublik Deutschland

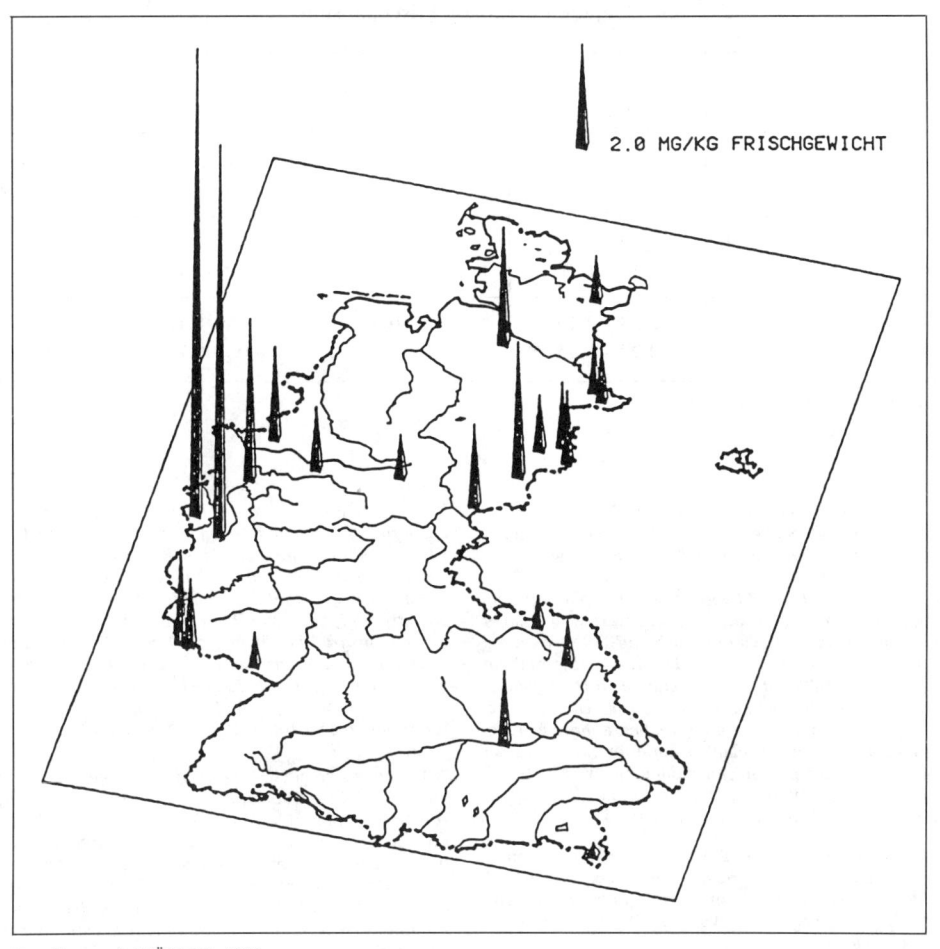

Quelle: nach MÜLLER, 1985a

Dadurch erhärtet sich der Verdacht, daß die Äsungspflanzenselektion durch das Rehwild entscheidenden Einfluß auf die Akkumulationsraten des Cadmiums hat. Erklärungsversuche für Cadmium-Gehaltsunterschiede zwischen „Wald- und Feldrehen" (vgl. BACKHAUS und BACKHAUS, 1983; Tab. 2.1.24) müssen deshalb, neben dem Einfluß von Emittenten- und Nutzungsstrukturen, in Zukunft verstärkt die verschiedenen Akkumulationsraten der Äsungspflanzen an den Untersuchungsstandorten berücksichtigen. Nur dann lassen sich regionale Belastungsunterschiede klarer als bisher herausarbeiten.

527. Deutliche Unterschiede zeigen Schwermetallgehalte von Tieren aus Reinluft- und Immissionsgebieten, wie Tabelle 2.1.25 für Blei und Cadmium sowie vergleichend für Hasen und Rotwild zeigt.

Tabelle 2.1.24

Durchschnittliche Cadmium-Gehalte der Nieren (mg/kg Trockenmasse) von Rehen bei reiner Wald- bzw. anteiliger Feldäsung

	Waldäsung		Feldäsung	
Kitze	3,9	n = 18	2,1	n = 9
Jährlinge	10,3	n = 9	3,5	n = 9

Quelle: nach BACKHAUS, 1984

528. Für die Untersuchung auf chlorierte Kohlenwasserstoffe (CKW) haben sich seit langem Fettgewebe (vgl. BRÜGGEMANN et al., 1974, 1975, 1977; DRESCHER-KADEN, 1978, 1979; EISELE, 1972; FRESE et al., 1978; KOSS und MANZ, 1976; SCHINNER, 1981; STURM, 1979) sowie Gehirn und Leber als günstig erwiesen. Von Nachteil ist jedoch, daß die Mehrzahl der CKW in der Leber abgebaut wird. Als Beispiel kann das Atrazin genannt werden (näheres bei ALTMAYER, 1985; MÜLLER und KRÜGER, 1985). Der größte Teil des aufgenommenen Atrazins wird aus dem Tierkörper innerhalb kurzer Zeit wieder ausgeschieden (BAKKE et al., 1972). Vom Institut für Biogeographie der Universität des Saarlandes an Wildschweinen und Rehen aus Atrazin-Anwendungsgebieten durchgeführte Rückstandsanalysen zeigten, daß Atrazin in Leber und Fett nicht nachgewiesen werden kann.

Tabelle 2.1.25

Schwermetallgehalte bei Wildtieren aus Luftreinhalte- (L) und Immissionsgebieten (I)
(Angaben in mg/kg Frischsubstanz)

Wildart		Blei		Cadmium	
		Leber	Nieren	Leber	Nieren
Hase	L	1,45—1,75	0,89—1,16	0,27—0,33	2,09—3,70
	I	5,51	3,2	4,03	32,2
Rehwild	L	0,22—0,35	0,21—0,30	0,07—0,54	0,47—5,33
	I	0,76—1,27	2,48—2,73	0,30—1,14	1,97—4,16
Rotwild	L	0,33—0,46	0,35—0,47	0,05—0,15	0,43—3,17
	I	0,90—1,65	1,23—2,18	0,05—0,28	0,65—5,94

Quelle: nach HOLM, 1982, verändert

529. CKW-Gehalte in der Leber, wie sie in Tabelle 2.1.26 für Rehe aus dem Landkreis Stade (Niedersachsen) wiedergegeben sind, spiegeln den momentanen Belastungszustand wider.

STURM (1979) untersuchte 178 Leber- und 120 Depotfettproben von Rehen sowie von Dam-, Muffel- und Schwarzwild aus verschiedenen süddeutschen Revieren (Löchgau/Baden-Württemberg; Bayerbach, Holztraubach/Niederbayern; Stammham/Oberbayern) 1971—1974 auf ihre Rückstände an HCB, Lindan, α-HCH, Heptachlor, Heptachlorepoxid, Aldrin, Dieldrin, pp'-DDE, pp'-DDD und pp'-DDT. In allen Proben konnte er einen oder mehrere, beim Schwarzwild alle chlorierten Kohlenwasserstoffe in unterschiedlichen Konzentrationen nachweisen. Höchste Lindan- und α-HCH-Werte traten in landwirtschaftlich intensiv genutzten Revieren in Niederbayern auf.

ACKER (1981) geht davon aus, daß sich in den letzten Jahren die Rückstandssituation deutlich verbessert hat. Dies gilt für Pestizide im allgemeinen und für deren chlororganische Vertreter. Nur die HCH-Werte liegen bei Warmblütern immer noch zu hoch (EBING, 1985).

530. Während die chlororganischen Pflanzenschutzmittel, von einigen Problemstoffen und Problemgebieten abgesehen, für Rehwild keine Gefährdung mehr darstellen, bereiten die polychlorierten Biphenyle nach wie vor Probleme (Tab. 2.1.27). HOLM (1981) zeigte, daß die PCB im Vergleich zu den Pestiziden bei allen Wildtierarten in einer deutlich höheren Konzentration vorliegen, und zwar mit einem 3—10fach höheren Medianwert. Der Medianwert zeigt einen relativ gleichmäßigen Kontaminationsgrad bei allen Tierarten in den Regionen an. Eine Ausnahme bildet das Schwarzwild im Raum Goslar-Osterode. Hier erhöht sich der Medianwert von einem Durchschnittsniveau von ca. 0,1 mg/kg auf ca. 0,3 mg/kg. Der Mittelwert läßt sogar eine bis zu 10fach höhere Konzentration erkennen.

531. Rehe sind auch geeignet für den Nachweis der Belastung mit radioaktiven Substanzen und deren Veränderungstendenzen. Seit langem ist bekannt, daß verschiedene Wildtiere Radionuklide akkumulieren und dafür eine bedeutende Transferfunktion in Nahrungsketten besitzen (HOLLEMAN et al., 1971; MIETTINEN, 1969; PRESTON und JEFFERIES, 1969; RICKARD et al., 1981; RUSSELL und BRUCE, 1969). Nordamerikanische Maultierhirsche (Odocoileus hemionus) wurden zur Überwachung der Folgen von Kernwaffentests herangezogen (ALLDREDGE, 1974; MARKHAM et al., 1983), Weißwedelhirsche (Odocoileus virginianus) auf ihren Jod- und Caesium-Haushalt überprüft (WATKINS et al., 1983) und die Caesium-Aufnahme

Tabelle 2.1.26

Chlorierte Kohlenwasserstoffe (Leberwerte in mg/kg Frischgewicht) von Rehen aus dem Landkreis Stade (1982/83) und Werte der Höchstmengenverordnung für Pestizide vom 24. Juni 1982

	x	min. max.	Höchstmengen-Verordnung
α-HCH	0,008	0,002—0,025	=
β-HCH	0,012	0,003—0,020	0,03
Lindan	0,005	0,002—0,015	0,05
Heptachlorepoxid	0,003	0,001—0,005	0,02
Dieldrin	0,001	n. n.—0,003	0,02
Endrin	0,001	n. n.—0,001	0,02
DDT	0,004	0,001—0,010	0,30

Quelle: nach MÜLLER, 1985a

Tabelle 2.1.27
PCB-Belastung verschiedener Wildtierarten in Niedersachsen
(Angaben in mg/kg Fett; Mittel- und Medianwerte)

Raum	Rehwild	Rotwild	Schwarzwild	Hase
Braunschweig	$\bar{x} = 0{,}239$ $\tilde{x} = 0{,}104$	– –	0,178 0,104	0,107 0,159
Goslar	$\bar{x} = 0{,}309$ $\tilde{x} = 0{,}105$	0,222 0,117	1,755 0,315	0,133 0,101
Göttingen	$\bar{x} = 0{,}153$ $\tilde{x} = 0{,}104$	– –	0,140 0,103	0,090 0,083
Helmstedt	$\bar{x} = 0{,}237$ $\tilde{x} = 0{,}105$	– –	0,390 0,104	0,094 0,100
Lückow	$\bar{x} = 0{,}209$ $\tilde{x} = 0{,}102$	0,243 0,105	0,193 0,120	0,132 0,101

Quelle: nach HOLM, 1981, verändert

in Rentieren seit 1953 überwacht (u. a. HOLLEMAN et al., 1971, 1979; MIETTINEN, 1969); dabei ergab sich, daß 20–30 % des auf Flechten abgelagerten Radiocaesiums von den Rentieren absorbiert werden. Auf diesen Erfahrungen beruhen Überwachungsprogramme (vgl. u. a. KAMATH, 1969) und Risiko-Abschätzungen.

532. Bedingt durch die oberirdischen Kernwaffenversuche der 1950er und 1960er Jahre existierte Caesium-134/137 bereits vor den Tschernobyl-Immissionen in den Nahrungsnetzen der Bundesrepublik Deutschland. Die Caesium-134/137-Werte in saarländischen Rehen variierten

1984 zwischen 0 und 129,3 Bq/kg (n = 24, Mittelwert 7,3),

1985 zwischen 0 und 140,8 Bq/kg (n = 27, Mittelwert 6,2).

Das Bundesministerium des Innern veröffentlichte 1983 folgende Caesium-137-Aktivitäten von freilebenden Organismen bzw. ihren Organen (BMI, 1983):

Rehfleisch	2,8– 21 Bq/kg
Rehleber	16 Bq/kg
Wildschwein	2,5– 48 Bq/kg
Rothirsch	49 Bq/kg
Maronenpilze	110 –220 Bq/kg.

(Im Vergleich dazu lagen die Werte bei Rindfleisch bei 0,04 bis 2,5, bei Schweinefleisch bei 0,05–9,4).

Nach der Einwirkung der durch die Kernkraftwerks-Explosion von Tschernobyl bedingten Immissionen wurden folgende Caesium-137-Aktivitäten in Rehen in verschiedenen Bundesländern gemessen:

Schleswig-Holstein 5 Rehe, bis 16. Mai 1986, Mittelwert 213 Bq/kg

Niedersachsen, Lkr. Cuxhaven 41 Rehe, zwischen 9. Mai und 23. Juni 1986, 222–3287 Bq/kg

Nordrhein-Westfalen 6 Rehe, bis 19. Juni 1986, 123–353 Bq/kg; Höchstwert im Juni 796 Bq/kg

Hessen 12 Rehe (Muskelgewebe), 12. Mai bis 23. Juni 1986, 100–900 Bq/kg

Saarland

Zahl der Rehe	Datum	Bq/kg
3	2.–8. Mai 1986	32–138 (m = 69)
17	16.–26. Mai 1986	0–492 (m = 142)
15	27. Mai– 26. Juni 1986	0–920 (m = 124)
26	27. Juni– 25. Juli 1986	2–282 (m = 82)
8	26. Juli– 3. August 1986	0–164 (m = 58)
12	4.–12. August 1986	0–142 (m = 34)

Baden-Württemberg 20 Rehe, bis 16. Mai 1986, Mittelwert 534 Bq/kg; Spitzenwert 3 700 Bq/kg. 4. Juni 1986 weiterer Spitzenwert 3 060 Bq/kg. 7 Rehe, zwischen 1. August und 8. August 1986, 40–60 Bq/kg, Mittelwert 51 Bq/kg.

Bayern 7 Rehe, bis 19. Mai 1986, 810–2 700 Bq/kg; Spitzenwerte über 5 000 Bq/kg.

Zum Vergleich sei erwähnt, daß im Juli 1986 in Schweden 100 bis 300 km nördlich Stockholm bei Rehen bis zu 8 273 Bq/kg Caesium-137 gemessen wurde.

533. Bisher ist nicht abzusehen, wie weit die Belastung mit Chemikalien oder Radionukliden das Gedeihen der Rehe tatsächlich beeinträchtigt und sich über die Nahrungsketten oder über Exkremente bzw. Detritus auf die Ökosysteme nachteilig auswirkt. Dennoch vermitteln die Daten einen Eindruck von der chemischen bzw. radioaktiven Belastung freilebender Tiere und Pflanzen, und sie bieten eine wichtige Grundlage für Untersuchungen der Ökotoxikokinetik und für die Verwendung der Organismen als Bioindikatoren (Abschn. 3.1.3.2).

2.2 Belastung und Schutz der Böden

2.2.1 Einführung

534. In der 1. Hälfte der 80er Jahre erlangte innerhalb der Umweltpolitik der „Bodenschutz" in kurzer Zeit einen überraschend hohen Stellenwert. In rascher Folge wurden Fachgespräche und Tagungen zu diesem Thema veranstaltet und in mehreren Veröffentlichungen dokumentiert, die große Aufmerksamkeit fanden (z. B. BACHMANN, 1985; Bodenkundliche Gesellschaft der Schweiz, 1985; Deutscher Rat für Landespflege, 1986b; HÜBLER, 1985; KLOSE und LESSMANN, 1986; Universität Hohenheim 1986; VDI, 1987).

535. Obwohl bereits das Raumordnungsgesetz des Bundes von 1965 in seinen Grundsätzen (§ 2) fordert, daß für die land- und forstwirtschaftliche Nutzung gut geeignete Böden nur in dem unbedingt notwendigen Umfang für andere Nutzungsarten vorzusehen sind, und das Bundesnaturschutzgesetz von 1976 in § 2 als Grundsatz gebietet, „Boden ist zu erhalten; ein Verlust seiner natürlichen Fruchtbarkeit ist zu vermeiden", hatte sich die Umweltpolitik vorwiegend auf die Reinhaltung der Gewässer, des Grundwassers und der Luft sowie auf den Naturschutz konzentriert und den Bodenschutz vernachlässigt. Darin kommt erneut zum Ausdruck, daß — wie schon in Abschnitt 2.1.3 erörtert — ein umfassender Naturhaushaltsschutz, der selbstverständlich den Schutz der Böden einschließen müßte, nicht verwirklicht werden konnte.

536. In seinem Sondergutachten „Umweltprobleme der Landwirtschaft" ist auch der Rat erstmals ausführlich auf die Probleme des Bodenschutzes eingegangen (SRU, 1985, Abschn. 1.1.3 und Kap. 4.2), allerdings unter Betonung der landwirtschaftlich genutzten Böden. Im gleichen Jahr beschloß die Bundesregierung eine „Bodenschutzkonzeption", die in ihrer Art bisher einzigartig ist und höchstens in der Einrichtung des Bodenschutzdienstes der Vereinigten Staaten von 1935 eine gewisse Parallele mit allerdings begrenzter Zielsetzung findet. Inwieweit diese Bodenschutzkonzeption rechtlich und praktisch in staatliches Handeln umgesetzt wird, ist zur Zeit noch nicht absehbar. Bei der Novellierung des Bundesbaugesetzes („Baugesetzbuch") und der Fortschreibung des Bundesverkehrswegeplanes — beide 1986 — hat sich die Bundesregierung nicht in überzeugender Weise von der Bodenschutzkonzeption leiten lassen.

2.2.2 Definition, Eigenschaften, Einteilung und Darstellung von Böden

537. Bodenbelastung und Bodenschutz sind mit der Schwierigkeit behaftet, daß der Begriff „Boden" in der Umgangssprache unterschiedliche Inhalte bzw. eine große „begriffliche Inhaltsbreite" (MEYER, 1970) besitzt. Im allgemeinen bezeichnet man als „Boden" die äußerste, meist lockere Schicht der Erdoberfläche einschließlich der darin befindlichen Rohstoffe („Bodenschätze") und des häufig darin vorkommenden Grundwassers. Mit dieser Inhaltsbeschreibung werden in der Regel Nutzungsgesichtspunkte verbunden, denen „Boden" zu dienen hat, vor allem die Nutzung für die land- und forstwirtschaftliche Produktion, die Nutzung der Bodenschätze und des Grundwassers, die Nutzung als Baugrund oder als Abgrabungs- oder Ablagerungsplatz. Daneben gilt der Boden als volkswirtschaftlicher Produktionsfaktor sowie in geometrisch bestimmter und statistisch erfaßter Form als Nutz- bzw. Wirtschaftsfläche. Diese Eigenschaften kommen insbesondere in der Wortverbindung „Grund und Boden" zum Ausdruck, die in anderen Sprachen nicht existiert und eine eigene Tradition der Einstellung zum Boden ausdrückt.

538. Diese ganz unterschiedlichen Aspekte bieten einem umweltpolitisch begründeten Bodenschutz keine eindeutigen, eher sogar widersprüchliche Ansatzpunkte. Schutz setzt einerseits Gefährdung und besondere Empfindlichkeit von Gütern (Schutzbedürftigkeit) voraus, die anderseits wegen ihrer großen Bedeutsamkeit für die Umwelt diesen Schutz erfordern (Schutzwürdigkeit). Die Anwendung dieser Grundsätze auf den Boden in der vorher genannten breiten Definition führt, wie im einzelnen noch gezeigt wird, zu Schwierigkeiten. Diese können vermieden werden, wenn eine auf Schutzziele gerichtete Aufgliederung des Bodens vorgenommen wird, die seinen besonderen Eigenarten als „Umweltmedium" besser Rechnung trägt. Zu ihnen gehören vor allem seine physikalische, chemische und biologische Uneinheitlichkeit, die ihn deutlich von den beiden anderen, viel homogeneren Umweltmedien Luft und Wasser abhebt.

539. Physikalisch gesehen besteht Boden einerseits aus fester Materie in einer Mischung von unterschiedlichen Korngrößen, andererseits aus luft- und wasserführenden Hohlräumen, die bis zur Hälfte seines Volumens ausmachen können. Chemisch ist der Boden ein so verschiedenartiges und obendrein noch veränderliches Stoffgemisch, daß eine allgemeingültige stoffliche Definition nicht möglich ist. Stofflich grob unterscheidbar sind hier die — meist oberflächennahen — Bereiche mit einem höheren Anteil organischer Substanzen, der an der dunklen, braunen bis schwarzen Färbung zu erkennen ist, von den fast ausschließlich von mineralischen Bestandteilen beherrschten tiefer gelegenen Substraten. Die Trennung dieser beiden Bereiche entspricht auch ihren biologischen Unterschieden: der erstgenannte, oberflächennahe Bereich erweist sich als weitaus stärker belebt und biologisch aktiver als der mineralische Untergrund.

540. Nach diesen Prinzipien der Konsistenz, Farbe und Belebtheit können die beiden Bereiche noch weiter unterteilt werden. Die sich daraus ergebenden Abgrenzungen verlaufen mehr oder weniger parallel zur Erdoberfläche und lassen eine Art von Schichten erkennen, die in der Bodenkunde „Horizonte" genannt und mit Buchstaben bezeichnet werden. Nach der Kombination und Abfolge der Horizonte werden „Bodentypen" unterschieden, wie z. B. Braun- oder Schwarzerde, Podsol oder Rendzina. Diese sind Ergebnis langer Entwicklungsprozesse, an denen einerseits die Vegetation durch ständige Lieferung abgestorbener Pflanzen und Pflanzenteile — einschließlich der im Boden befindlichen Wurzeln —, andererseits die Verwitterungsprodukte des mineralischen Untergrundes teilhaben. Aus dieser Entwicklung wird die Bezeichnung „gewachsener Boden" verständlich; sein Hauptkennzeichen ist die vielfältige Belebtheit, d. h. die Anwesenheit und Tätigkeit zahlreicher Bodentiere und Bodenmikroorganismen, die, wie erwähnt, insbesondere die oberen Horizonte der Böden besiedeln. Gewachsene Böden sind nicht nur Ergebnis verschiedener chemischer und physikalischer Vorgänge sowie der Lebenstätigkeit der Bodenorganismen, sondern auch ständig aufs neue Ergebnis dieser Beeinflussungen, und sie setzen mit fortschreitender Entwicklung selbst Rahmenbedingungen für die abiotischen und biotischen Umweltfaktoren (BACHMANN, 1985). Wegen dieser Abhängigkeit von Lebewesen und biologischen Prozessen sind Böden unselbständige Gebilde; Luft und Wasser können dagegen auch ohne Mitwirkung von Lebewesen existieren.

541. Die geschilderte Vielfalt der Böden kann durch Nutzungseinflüsse noch gesteigert werden; so zeigt ein Boden des Typs Braunerde bei Acker- oder Grünlandnutzung charakteristische Unterschiede. Hinzu kommt noch die Unterscheidung der Böden nach ihrer Korngrößen-Zusammensetzung, die allerdings nur die mineralischen Bestandteile betrifft und rein physikalischer Natur ist; sie führt zu Bezeichnungen wie Sand-, Schluff- oder Tonböden, die als Bodenarten geführt werden, keine Rücksicht auf das Merkmal Belebtheit nehmen und nicht mit den Bodentypen verwechselt werden dürfen.

542. Wegen der ungewöhnlichen Bödenvielfalt müssen im Bodenschutz regionale oder sogar lokale Aspekte weitaus stärker berücksichtigt werden als z. B. bei der Reinhaltung der Luft und auch der Gewässer; außerdem unterscheidet sich der Boden auch in besitzrechtlicher Hinsicht grundsätzlich von diesen (KLEMMER, 1985).

543. Angesichts dieser zahlreichen Unterschiede kann „der Boden" im Bodenschutz weder theoretisch noch erst recht praktisch als einheitliches Schutzgut betrachtet werden. Bodenschutz muß sich stattdessen mit „Böden" — oder sogar einzelnen Bestandteilen davon — von jeweils unterschiedlicher Bedeutung und Schutzwürdigkeit befassen und danach Prioritäten setzen.

544. Wegen ihrer großen Bedeutung für den Naturhaushalt — die im folgenden näher erläutert wird — sind die belebten, biologisch aktiveren und an organischen Bestandteilen reicheren oberen Bereiche oder Horizonte der Böden ökologisch wichtiger und zugleich auch empfindlicher als tiefer gelagerte Bestandteile oder Bereiche; sie sind daher als die eigentlichen Gegenstände des Bodenschutzes anzusehen. Dagegen ist z. B. eine in 10 m Tiefe vorkommende, trockene Kiesschicht zwar ein „Bodenschatz", hat aber keine aktuelle ökologische Bedeutung oder Empfindlichkeit und wird von Bodenkundlern oder Biologen gewöhnlich nicht einmal als Bodenbestandteil angesehen.

545. Der Schutz der ökologisch wichtigen Böden wird dadurch erschwert, daß die jeweilige Bodenentwicklung keine scharf abgrenzbaren Naturkörper hervorbringt, wie wir sie bei Pflanzen, Tieren und selbst bei bestimmten Mineralen gewohnt sind — Böden bilden keine „Individuen", sondern sind nur gedanklich abgrenzbar (SCHLICHTING, 1986). Genau genommen sind Böden als solche aus ökologischer Sicht wegen ihrer Unselbständigkeit und fehlenden Individualisierung gar nicht schützbar, sondern nur im Zusammenhang mit den sie bedingenden Strukturen und Vorgängen.

546. Böden und Vegetation entwickeln sich unter natürlichen Verhältnissen miteinander und entsprechen sich daher gegenseitig. Bei Änderungen der von außen einwirkenden Umweltfaktoren reagieren die Böden aber erheblich langsamer als die Vegetation, die sich viel rascher anpassen oder angepaßt werden kann. Selbst wo Waldvegetation durch Ackerkulturen ersetzt, d. h. die Vegetation drastisch umgewandelt wird, verändert sich nur ein Teil der Bodeneigenschaften; der ursprüngliche Waldbodentyp ist in der Regel auch nach jahrhundertelanger Ackernutzung erkennbar. Andererseits kann bereits die Veränderung einiger weniger, ökologisch wirksamer Bodeneigenschaften — z. B. des Nährstoffgehaltes durch Düngung oder des Wasserhaushaltes durch Grundwasserabsenkung — die Vegetation nahezu völlig umwandeln. Der Bodentyp ändert sich, wenn überhaupt, dagegen nur sehr langsam. Daher erfordert der Bodenschutz langfristige, laufende Beobachtungen zur Erfassung der Bodenentwicklung (EHWALD, 1981, zit. nach BACHMANN, 1985).

547. Die oft erhebliche, natürliche oder nutzungsbedingte, kleinräumige Verschiedenartigkeit der Böden erschwert auch die Erstellung von genauen Bodenkarten, Bodenkatastern und Bodeninformationssystemen und macht verständlich, warum diese trotz entsprechender Anstrengungen noch nicht in der für umfassenden Bodenschutz notwendigen Zahl und Qualität vorliegen. Der Rat empfiehlt eine Beschleunigung der dafür erforderlichen Arbeiten. Für die Benutzung dieser Unterlagen weist er zugleich darauf hin, daß jede kartographische Darstellung der Böden mit einem kleineren Maßstab als 1 : 1 auf Typisierungen und Verallgemeinerungen beruht. Nach KNEIB (1979) darf man bei der Bodenkartierung, wenn man möglichst homogene Bodeneinheiten mit einem Homogenitätsgrad von 70 % erfassen möchte, im Hügelland keine 20 m, im Tiefland keine 50 m überschreiten, wenn man noch in derselben Einheit (Ebene der

Subtypen) bleiben will; bei einem Homogenitätsanspruch von 95% schrumpfen diese Abstände auf 5 bzw. 15 m. Selbst bodenkundliche Übersichtskarten in dem als recht genau angesehenen Maßstab 1 : 25 000 stellen daher nur eine **vermeintlich** gleiche Konstellation bodenkundlicher Merkmale dar. Der Rat möchte die Bedeutung der Bodenkarten mit diesem Hinweis nicht abwerten, sondern nur vor ihrer zu unkritischen Verwendung warnen. Sorgfältig erarbeitete Bodenkarten, -kataster und -informationssysteme (vgl. WITTMANN, 1986, für Bayern) sind unverzichtbare Kernstücke umfassender Umwelt-Information und -Überwachung.

2.2.3 Funktionen von Böden

548. Angesichts der geschilderten, in der großen Verschiedenartigkeit der Böden begründeten Schwierigkeiten ist es zweckmäßig und auch notwendig, die Bodenfunktionen in den Bodenschutz einzubeziehen. Hierbei genießen wiederum solche Funktionen Vorrang, die einerseits eine hohe Umweltrelevanz besitzen und deren Erhaltung andererseits an die Erhaltung von Böden im ökologischen Sinne gebunden ist. Es sind so drei Hauptfunktionen zu unterscheiden (SRU, 1985, Abschn. 4.2.2):

— Regelung der Stoff- und Energieflüsse im Naturhaushalt (Regelungsfunktion)

— Produktion von Biomasse, insbesondere von pflanzlichen Stoffen, einschließlich Wurzelraum und Verankerung der Pflanzen (Produktionsfunktion)

— Gewährung von Lebensraum für die Bodenorganismen.

Regelungsfunktion

549. Die Regelungsfunktion ist ebenso wie die beiden anderen Funktionen im erwähnten Sondergutachten „Umweltprobleme der Landwirtschaft" (SRU, 1985, Tz. 672—696) in allen Einzelheiten beschrieben worden. Diese Beschreibung, die im wesentlichen für landwirtschaftlich genutzte Böden gilt, sei in den folgenden Abschnitten durch Angaben zu den übrigen Böden noch ergänzt.

550. Die Regelungsfunktion ist aus ökologischer Sicht die wichtigste Bodenfunktion. Alle sich durch die Umwelt bewegenden oder bewegten Substanzen gelangen — soweit sie nicht auf Gewässer niedergehen — irgendwann durch Niederschläge, Wind, trockene Deposition oder durch Aktivität von Lebewesen auf und in die Böden, und zwar in räumlich unterschiedlichem Ausmaß. Je nach dem physikalischen, chemischen und biologischen Zustand der Böden werden die Stoffe dort gebunden, chemisch oder biologisch umgewandelt, in Bodenbestandteile eingebaut, adsorbiert oder um- oder abgebaut. Weder Luft noch Wasser noch die Gesamtheit der Lebewesen besitzen eine derart umfassende Bindungs-, Abbau- und Umbaufähigkeit für Substanzen, die auf diese Weise für kürzere oder längere Zeit dem Naturhaushalt entzogen werden und diesen, falls es sich um Schad- oder Belastungsstoffe handelt, davon entlasten.

551. Diese Funktion der Böden ergibt sich vor allem daraus, daß sie eine beständige Zufuhr pflanzlicher und tierischer Stoffwechsel-Endprodukte (Exkremente), abgestorbener Teile (z. B. Herbstlaub) und der toten Organismen selbst erhalten, die auf dem und im Boden gelebt haben. Mitteleuropäische Waldböden empfangen allein an Streu (Herbstlaub) durchschnittlich 3—4 t/ha x Jahr. Dieser große Zustrom organischer Substanzen wird in den Böden durch die Bodenorganismen in einer Vielzahl ineinander verknüpfter biologischer Abläufe und biochemischer Reaktionen, an denen die verschiedenen Gruppen der Bodenorganismen in jeweils spezifischer Weise beteiligt sind, in zweifacher Weise verarbeitet.

Einerseits werden die Substanzen zerkleinert und zu anorganischen bzw. mineralischen Verbindungen zerlegt, die wieder in die Stoffkreisläufe zurückkehren, z. T. direkt wieder von den Pflanzenwurzeln aufgenommen werden. Andererseits wird eine Anzahl organischer Verbindungen von komplizierter chemischer Zusammensetzung, die noch nicht in allen Fällen aufgeklärt ist, aufgebaut und in die Böden inkorporiert. Diese Stoffe werden unter dem Sammelbegriff Humus zusammengefaßt und tragen entscheidend zu den Bindungs- und Pufferungsfähigkeiten sowie zur physikalischen Struktur der Böden bei. Während die Gesamt-Humusmenge der Böden sich nur langfristig ändert bzw. verändert werden kann, unterliegt sie einer ständigen Erneuerung durch Abbau, Umbau und Neuaufbau, wobei Nährstoffe freigesetzt werden und in die Stoffkreisläufe eintreten. Nur ein kleiner Teil des Humus bleibt als „Dauerhumus" längerfristig erhalten. Er bildet mit den aus der Umsetzung der mineralischen Substanzen hervorgehenden Tonmineralen relativ stabile Ton-Humus-Komplexe mit hoher Bindungsfähigkeit für Stoffe. Ihre Stabilität ist allerdings vom Säuregrad der Böden (siehe unten) abhängig; bei stärkerer Versauerung erfolgt Tonzerfall mit Freisetzung der gebundenen Substanzen.

552. Diese ständige Zufuhr und Verarbeitung großer und vielseitig zusammengesetzter Stoffmengen macht verständlich, daß Böden eine außerordentliche Fähigkeit für die Bewältigung von Stoffzufuhren haben, in der ihre Regelungsfunktion im Naturhaushalt zum Ausdruck kommt. Entsprechende Fähigkeiten, wenn auch in begrenztem Umfang, haben in den Gewässer-Ökosystemen die Sedimente am Gewässergrund, die unter dem Regelungsaspekt auch häufig mit den Böden zusammen genannt werden.

553. In der Bewältigung von luftgetragenen Immissionen und Depositionen, die aus menschlichen Aktivitäten herrühren (Kap. 2.3), hat die Mitwirkung der Regelungsfunktion der Böden schon lange eine wesentliche und oft unterschätzte Rolle gespielt. Sie wurde meist erst dann erkannt, wenn die Böden infolge Schädigung oder Überforderung in dieser Mitwirkung versagten. Sie ist unentbehrlich und wird auch in Zukunft beansprucht werden, wenn — wie zu hoffen ist — die Immission und Deposition bis auf Restbeträge vermindert sind.

554. Die Regelungsfunktion der Böden und ihre Leistungsfähigkeit hängen stark von den Land- bzw. Bodennutzungen ab, die ihrerseits wiederum Immission und Deposition beeinflussen; daher wird in Abschnitt 2.2.4 näher darauf eingegangen. Für genauere Daten zur Immission und Deposition aus der Luft wird auf Kapitel 2.3 verwiesen. Eine besondere Erwähnung verdient die Regelungsfunktion der Böden im Zusammenhang mit radioaktiven Immissionen. Radioaktive Stoffe, so das Kalium-40 (K-40) und die Elemente der Zerfallsketten von Uran-238 (U-238) und Thorium-232 (Th-232), sind natürliche Bestandteile des Bodens. Als mittlere Bodenkonzentrationen werden 370 Bq K-40, 25 Bq U-238 und 25 Bq Th-232 jeweils pro kg Boden angegeben (UN, 1982). Zusätzliche Radioaktivität gelangte als „fallout" der oberirdischen Atombombenversuche in der Zeit von 1954 bis 1966 auch in das Gebiet der Bundesrepublik Deutschland. Die beiden Nuklide Caesium-137 (Cs-137) und Strontium-90 (Sr-90) waren dabei von besonderer Bedeutung. Die Gesamtablagerung dieser beiden Nuklide während des genannten Zeitraums für den Bereich des 40.–50. Breitengrades nördlicher Breite wurde mit 5 000 Bq Cs-137 m^{-2} bzw. 3 000 Bq Sr-90 m^{-2} bestimmt (UN, 1982). Aus diesen Werten ergibt sich bei einer angenommenen Bodenbelegung bis 15 cm Pflugschartiefe von 240 kg/m² rein rechnerisch eine Bodenbelastung von 21 Bq Cs-137 bzw. 13 Bq Sr-90 pro kg Boden. Die genannten Ablagerungen wurden genutzt, um das Verhalten von Nukliden in Böden zu untersuchen, insbesondere der mittel- und langfristig aktiven Caesium- und Strontium-Isotope, die auf Grund der deponierten Mengen ökologisch relevant waren.

555. Caesium wird in Mineralböden vor allem bei hohem Gehalt an Tonmineralen stark gebunden und verbleibt daher in der obersten Bodenschicht; noch 1986 waren ca. 80 % des Caesiums aus der radioaktiven Deposition der Jahre 1954–1966 in den obersten 10 cm ungestörter Böden konzentriert. Daraus geht auch hervor, daß der Übergang in Pflanzenwurzeln nur gering ist. Eine wichtige Ausnahme bilden Böden mit hohen Humusgehalten, die die Beweglichkeit von Caesium begünstigen. Hier erreichen besonders flach wurzelnde Gewächse wie Heidekraut, Heidelbeeren, sowie Pilze und Flechten, die ihre Nährstoffe ebenfalls nur aus der obersten Bodenschicht aufnehmen, relativ hohe Caesiumkonzentrationen. In Acker- und Gartenböden wird die sonst in den obersten Zentimetern der Böden konzentrierte Radioaktivität durch die Bodenbearbeitung in der Krume verteilt und damit verdünnt. Das radioaktive Strontium wird in den Böden weniger fest gebunden; seine Wanderungsgeschwindigkeit kann 5–10 cm/Jahr betragen, im Gegensatz zu höchstens 1 cm bei Caesium. Strontium zählt jedoch wie Blei, Ruthenium und Plutonium zu den Elementen, die – wiederum im Gegensatz zu Caesium und Jod – nur in sehr geringem Maße in oberirdische Pflanzenteile verlagert werden (SPITZAUER, 1987).

Die radioaktiven Depositionen, die auf Grund des Reaktor-Störfalls in Tschernobyl am 26. April 1986 in der Bundesrepublik festgestellt wurden, unterscheiden sich in ihrer Menge, Zusammensetzung und räumlichen Verteilung von den Depositionen der Atombombenversuche. Im Vergleich zu diesen gingen z. B. in Südbayern die 5–6fache Menge an Caesium-137, aber nur ca. 10 % der Menge an Strontium-90 nieder (SPITZAUER, 1987). Weiterhin trug auch Caesium-134 (Cs-134), ein Isotop, das bei Atombombenversuchen nicht freigesetzt wird, zur Belastung des Bodens bei. Die zusätzliche Belastung durch Cs-134 betrug etwa 50 % des durch Cs-137 verursachten Belastungsanteils. Wegen der vergleichsweise kürzeren Halbwertszeit von Cs-134 von etwa 2 Jahren ist dieser Belastungsanteil nur für eine relativ kurze Zeitdauer von Bedeutung. Die bisherigen Untersuchungsergebnisse vom Verhalten der Tschernobyl-Nuklide in den Böden haben die Erkenntnisse über deren Bindungsfähigkeit für radioaktive Substanzen bestätigt, zugleich aber auch die Aufmerksamkeit dafür geschärft. Der Rat geht jedoch auf die Tschernobyl-Umweltfolgen in diesem Gutachten nicht weiter ein, da sie noch längerer Beobachtungen und Untersuchungen bedürfen, um eine ausgewogene Beurteilung zu gestatten. Für die Auswirkungen auf die menschliche Ernährung und Gesundheit verweist der Rat auf die Veröffentlichungen der Strahlenschutzkommission sowie anderer Fachleute (SCHÜTZ et al., 1987; Strahlenschutzkommission, 1987).

556. Allerdings ist die Bindungsfähigkeit der Böden keineswegs unbegrenzt und erfaßt auch nicht alle Substanzen gleichmäßig. Nitrat wird z. B. in den Böden biologisch verarbeitet und ihnen damit entzogen, aber nur im Umfang des jeweiligen Bedarfs der nitratverbrauchenden Organismen. Eine chemische Bindung erfolgt nicht, so daß Nitrat bei Zutritt von Sickerwasser der Auswaschung unterliegt und dabei, wenn es unterwegs nicht denitrifiziert wird, ins Grundwasser eingetragen werden kann. Andere Substanzen, die im Boden gebunden werden, können infolge Veränderung des Bodenchemismus, insbesondere durch Versauerung, wieder mobilisiert werden und in die Stoffkreisläufe zurückkehren. Auch andere chemische Prozesse, wie z. B. die Komplexbildung, können dazu beitragen. Die hohe Speicherfähigkeit und Belastbarkeit der Böden darf also nicht dazu verführen, ihnen Stoffe beliebiger Art in beliebigen Mengen zuzuführen.

557. Von besonderer Wichtigkeit ist die Tatsache, daß Böden nicht oder nur in sehr begrenztem Umfang von aufgenommenen Stoffen befreit oder gereinigt werden können. Weder Versalzung noch Schwermetallanreicherung noch Ansammlung bestimmter organischer Verbindungen lassen sich ohne enormen technisch-chemischen Aufwand aus Böden wieder entfernen. Bestimmte Substanzen können den Böden durch Pflanzen über deren Wurzeln entzogen werden, gelangen aber dadurch in die Nahrungskette, was bei Schadstoffen unerwünscht ist. Der Stoffgehalt der Böden muß daher in bestimmten Zeitabständen überprüft werden. Der bloße Nachweis von Stoffen, der dank verfeinerter Analysentechnik bereits kleinste Stoffmengen erfaßt, beweist zunächst nur die Bindungsfähigkeit der Böden. Dagegen sind Veränderungen von Stoffgehalten oder Übergänge von Stoffen aus Böden in andere Umweltbereiche (z. B. Grundwasser, Luft, Organismen) als umweltpolitische Alarmsignale zu betrachten.

Lebensraumfunktion

558. Die Funktion der Böden als Lebensraum für eine Vielzahl verschiedener Organismengruppen (vgl. SRU, 1985, Tz. 680 ff.; Tab. 2.2.1) steht in enger Beziehung zur Regelungsfunktion; Bodentiere, Einzeller, Pilze und Bakterien sind in ihrer Gesamtheit die Leistungsträger für Abbau, Umbau und Aufbau von Stoffen in den Böden.

559. Der Abbau von toter organischer Substanz wird im ersten Schritt vom sog. Saprophagen-Nahrungsnetz übernommen, das einen großen Teil der sog. Bodenmikroflora, vor allem die Pilze, und den weitaus größten Teil der Bodenfauna umfaßt. Der zweite Schritt wird von der mineralisierenden Mikroflora eingeleitet, vornehmlich von Bodenbakterien, die in ein eigenes Nahrungsnetz eingebunden sind. Diese Nahrungsnetze sind vielfältig miteinander verknüpft. Die einzelnen Abbauschritte werden in der Regel von mehreren Arten bzw. Organismengruppen gleichzeitig übernommen, so daß beim Ausfall eines Teiles der Zersetzer andere vorübergehend die entstandenen Lücken schließen können.

560. Der Anteil der einzelnen Organismengruppen an den Abbauleistungen ist zur Zeit nur ungenügend bekannt. Die vielfältigen Vernetzungen innerhalb der Böden und mit anderen Umweltbereichen verhindern eine eindeutige Bestimmung dieser Vorgänge. Nach verschiedenen Autoren werden etwa 20 bis 30 (im Extremfall 100) Prozent der Streu in Wäldern von saprophagen Bodentieren konsumiert. Da die Tiere jedoch einen Teil der aufgenommenen Nahrung ungenutzt wieder ausscheiden, steht dieser anderen Organismen erneut als Nahrung zur Verfügung.

Tabelle 2.2.1

Annähernde Zahlen und Gewichte der wichtigsten Gruppen der Bodenorganismen, berechnet für einen Bodenblock von 100 cm^2 Oberfläche und 30 cm Tiefe

Gruppe	Individuen Durchschnitt	Gewicht in g Durchschnitt	Anteil in %
Mikroflora			
Bakterien	1 Bill.	50	
Strahlenpilze (Aktinomyzeten)	10 000 Mill.	50	76
Pilze	1 000 Mill.	100	
Algen	1 Mill.	1	
Mikrofauna			
Geißeltierchen (Flagellaten)	0,5 Bill.		
Wurzelfüßer (Rhizopoden)	0,1 Bill.	10	4
Wimpertierchen (Ciliaten)	1 Mill.		
Mesofauna			
Rädertiere (Rotatorien)	25 000	0,01	
Fadenwürmer (Nematoden)	1 000 000	1	1
Milben (Acarinen)	100 000	1	
Springschwänze (Collembolen)	50 000	0,6	
Makrofauna			
Enchytraeiden	10 000	2	
Schnecken (Gastropoden)	50	1	
Spinnen (Araneen)	50	0,2	
Asseln (Isopoden)	50	0,5	
Doppelfüßer (Diplopoden)	150	4	4
Hundertfüßer (Chilopoden)	50	0,4	
Übrige Vielfüßer (Myriopoden)	100	0,05	
Käfer mit Larven (Coleopteren)	100	1,5	
Zweiflüglerlarven (Dipteren)	100	1	
Übrige Insekten	150	1	
Megafauna			
Regenwürmer (Lumbriciden)	80	40	15
Wirbeltiere (Vertebraten)	0,001	0,1	

Quelle: SCHUHMANN, 1985

Nicht alle Bodentiere leben aber von toter organischer Substanz. Ein Teil ernährt sich von lebenden Pflanzenteilen im und am Boden, ein anderer von Bakterien, Pilzen, Einzellern oder kleineren Bodentieren. Manche Tiere verbringen nur einen mehr oder weniger langen Abschnitt ihres Lebens als aktive Bodenbewohner, andere nutzen die Böden sogar nur für Ruhephasen; selbst Tiere, die in der oberirdischen Vegetationsschicht leben, greifen mit ihren nährstoffreichen Ausscheidungen direkt in bodenbiologische Prozesse ein. Durch unterschiedlichste Spezialisierungen ihrer Bedürfnisse sind die einzelnen Arten an die verschiedensten Klein- und Kleinstlebensräume der Böden angepaßt, z. B. mineralreicher Unterboden, humoser Boden, lockere Streu, Totholz, Baumstümpfe, Moospolster usw. Das „typische Bodentier" und seine „typische Leistung" gibt es somit nicht.

561. Die Abbauleistungen der Gesamtheit der Mikroorganismen werden mit Hilfe physiologischer Parameter und durch Vergleiche von Böden mit Tierbesatz und ohne solchen bestimmt. Mikroorganismen sind hiernach mit einem Anteil von etwa 90 % an der Atmung, d. h. an abbauenden Stoffprozessen beteiligt (SCHAEFER, 1982).

562. Die Position der Bodentiere in den Nährstoffkreisläufen, vor allem denen des Stickstoffs und Phosphors, ist in vielerlei Hinsicht noch unklar. Die hohe Bodenfruchtbarkeit von Ackerböden bei im Vergleich zu anderen Böden geringer Besiedlung mit Bodentieren und die enormen Umsatzleistungen der Mikroorganismen haben auf der einen Seite die Vermutung aufkommen lassen, daß Bodentiere für diese Kreisläufe nicht unbedingt erforderlich seien. Andererseits wird der größte Teil der Böden nicht so intensiv wie Ackerböden bearbeitet, Wald- und Naturböden werden auch nicht gedüngt, so daß bei diesen die Verhältnisse anders liegen. Bodentiere übernehmen hier die Durchmischung und damit die Verteilung von Nährstoffen und Mineralien im Bodenprofil, fördern die Durchlüftung der Böden und schaffen erst günstige Voraussetzungen für die Arbeit der Mikroorganismen und das Pflanzenwachstum. Die Bedeutung der Bodentiere liegt darüber hinaus wahrscheinlich in ihrer Kontrollfunktion für andere Mitglieder der Lebensgemeinschaft Boden. Die Tiere verhindern durch Fressen von Streu und Mikroorganismen eine zu rasche und dauerhafte Nährstoffeinbindung in die Bodenflora und sorgen mit ihren Ausscheidungen für einen gleichmäßigen Nährstofffluß, der wiederum der Vegetationsdecke zugute kommt. Versuche mit Regenwürmern haben gezeigt, daß die Regenwurmröhren in Böden nicht nur gute Luft- und Wasserleiter sind, sondern daß die Wandungen auch reich an leicht verfügbaren Nährstoffen sind und deshalb bevorzugt durchwurzelt werden (GRAFF und MAKESCHIN, 1980; MAKESCHIN, 1980).

563. Die Kenntnisse über die einzelnen Bodenorganismengruppen und -arten und ihre Rolle bei bodenbiologischen Prozessen sind noch unzureichend und lassen deshalb keine abschließende Bewertung zu. Der Rat stellt nach dem derzeitigen Wissensstand jedoch fest, daß ein Schutz der Böden so angelegt sein muß, daß die gesamte Bodenlebewelt in diese Schutzanstrengungen miteinbezogen wird. Der Schutz darf sich weder auf einzelne Arten oder Gruppen beschränken, die z. B. besonders auffällig (Regenwürmer) oder zu hohen Stoffumsatzleistungen befähigt sind (Bakterien, Pilze), noch darf er bestimmte Böden bzw. Bodennutzungen ausklammern. Die Böden können ihre Rolle im Naturhaushalt nur mit einem vielfätigen und aktiven Bodenleben erfüllen.

2.2.4 Bodennutzungen und Bodenbelastungen

2.2.4.1 Die Bodennutzungen

564. Jede Bodenart und jeder Bodentyp haben eine bestimmte Belastbarkeit für die jeweils auf und in die Böden gelangenden Stoffe. Maßgebend für die Eigenschaften der Böden und die Erfüllung ihrer Funktionen sind jedoch die Bodennutzungen durch den Menschen, die zum Teil schon seit Jahrhunderten erfolgen. Daher ist es zweckmäßig, die Belastungen der Böden zunächst nach den hauptsächlichen Nutzungen zu klassifizieren und dann erst nach Bodenart bzw. -typ zu gliedern. Dieses Vorgehen ist auch deshalb angebracht, weil jede Nutzung mit typischen Eingriffen in den Boden und Belastungen verknüpft ist. Die hauptsächlichen Bodennutzungen, denen jeweils bestimmte Flächenanteile zugeordnet werden können, sind:

1. Landwirtschaftliche Nutzung (einschließlich Garten-, Wein- und Obstbau sowie Sonderkulturen); hierbei ist zu unterscheiden zwischen einer Nutzung mit regelmäßiger Bodenbearbeitung und einer solchen ohne oder mit nur gelegentlichen Eingriffen in den Boden.

2. Forstwirtschaftliche Nutzung.

3. Nutzung durch Überbauung, d. h. mit Gebäuden aller Art, Industrieanlagen in offener Bauweise, Verkehrsanlagen, Ver- und Entsorgungsanlagen einschließlich zugehöriger Grenz- und Abstandsflächen.

4. Nutzung durch Abgrabung und Ablagerung.

5. „Nutzung" als naturnahe Fläche.

565. Die Mehrzahl der Böden Mitteleuropas ist unter Wäldern und in Wechselwirkung mit Waldvegetation entstanden, die bei Beginn der Seßhaftwerdung der Menschen fast überall — mit Ausnahme der Hochmoore, Gewässerufer, Küstenmarschen und der Hochgebirge oberhalb der Baumgrenze — das Land bedeckte. Unter diesen Waldböden wurden die für die unter Nr. 1—4 genannten Nutzungen geeigneten Böden bzw. Flächen im Laufe der Geschichte großenteils auf Erfahrungsbasis ausgewählt, wobei jeweils bestimmte Bodenarten bzw. -typen bevorzugt wurden. So sind z. B. die meisten Böden des Typs Parabraunerde in ackerbaulicher Nutzung. Für diese wurden im allgemeinen tiefgründige, nährstoffreiche, leicht bearbeitbare Böden in ebener bis mäßig geneigter Lage bevorzugt. Flachgründige, nasse, zu trockene oder nährstoffarme Böden blieben dem Wald überlassen, der jahrhundertelang auch die Basis der Viehernährung darstellte. Die Trennung von Wald und Weide

(Grünland) wurde erst Ende des 18. Jahrhunderts eingeleitet und ist im Gebirge zum Teil noch nicht vollzogen, so daß hier land- und forstwirtschaftliche Nutzung ineinander übergehen.

Da Waldböden Ausgangspunkte der Nutzung und weiterer Bodenbildung gewesen sind sowie weithin auch als Bezugsgrundlage für natürliche Bodenvorgänge verwendet werden, sei ihre Belastung zuerst besprochen.

2.2.4.2 Eigenarten und Belastung von Waldböden

566. Die ursprüngliche und die potentielle natürliche Pflanzendecke der Bundesrepublik Deutschland wird weithin durch Laubwald in seinen verschiedenen Ausprägungen verkörpert. Nur in höheren Stufen der Gebirge, ab ca. 1 000 m über NN, wird er von Nadelwald und ab durchschnittlich 1 800 m Höhe über NN von waldfreier Vegetation abgelöst.

Waldböden sind aus diesem Grund, wie erwähnt, die natürlich vorkommenden Böden und Ausgangspunkt jeder weiteren Bodenentwicklung. Die für das Waldwachstum erforderlichen Nährstoffe entstammen der Luft und dem mineralischen Untergrund. Bodenorganismen spielen durch die Rückführung der im Bestandesabfall gebundenen Nährstoffe in pflanzenverfügbare Form eine entscheidende Rolle für den Stoff- und Energieumsatz der Wälder und tragen auf diese Weise zu deren außerordentlich hohen Produktivität bei. Da naturnahe Wälder als Endstadium der Entwicklung von Pflanzengesellschaften gesehen werden, stellen auch ihre Bodenbiozönosen ausgereifte Lebensgemeinschaften dar, die in besonderem Maße für die Untersuchung von Belastungen durch Eingriffe und stoffliche Einwirkungen geeignet sind. Die außerordentliche Artenvielfalt der Bodenbewohner, ihr räumlich und zeitlich differenziertes Auftreten — in der Bodenstreu eines naturnahen Buchen- oder Fichtenwaldes leben allein über 1 000 Arten — erschweren jedoch die Interpretation der Ergebnisse. Hier gewonnene Erkenntnisse sind in Grenzen auch auf Böden und Lebensgemeinschaften anderer naturnaher Standorte übertragbar.

567. Der pH-Wert und die Basensättigung von Waldböden spielen eine wichtige Rolle für die Zusammensetzung der Bodentierarten und ihre Stoffumsatzleistungen. In Moder-Rohhumusböden mit niedrigen pH-Werten kommt den Pilzen als Primärzersetzern und der pilzfressenden Arthropodenfauna als kontrollierendes Element entscheidende Bedeutung zu. In kalkreichen Mullhumusböden mit höheren pH-Werten haben dagegen vor allem Regenwürmer, aber auch große Arthropoden wie Asseln, Doppelfüßer und Schnecken an der Primärzersetzung erheblichen Anteil und konkurrieren dabei mit den Mikroorganismen. Von einigen Klassen der Bodentiere wie Tausendfüßern, Nematoden, Enchyträen und Regenwürmern ist bekannt, daß sie in sauren Böden weniger häufig vorkommen als in neutralen.

568. Der derzeitige Zustand vieler Waldböden der Bundesrepublik Deutschland beruht wesentlich auf dem Einfluß früherer Nutzungen, die auch besitzrechtliche Ursachen hatten. Daher muß zunächst auf diese eingegangen werden.

Während Ackerböden in der Regel in Privatbesitz standen, war die Mehrzahl der Wälder und damit der Waldböden Allgemeinbesitz der Bauern (Allmende). Ackerböden wurden im Rahmen des Möglichen meist so bewirtschaftet, daß ihre Fruchtbarkeit erhalten blieb; dagegen gab es fast keine Bewirtschaftungs- oder Pflegemaßnahmen für die Waldböden. Auch nach der Einführung des Waldbaues ab Ende des 18. Jahrhunderts und bis heute ist den Waldböden wenig Aufmerksamkeit zuteil geworden. Infolgedessen besteht zwischen Acker- und Waldböden ein oft erheblicher struktureller und qualitativer Unterschied.

Gegen Ende des 18. Jahrhunderts waren viele der im Allgemeinbesitz stehenden Waldböden erheblich degradiert und verarmt. Die Wälder waren stark aufgelichtet und in vielen Gebieten fast völlig verschwunden, d. h. durch Heide oder magere Grasfluren bzw. Gebüsch ersetzt. Ständig wurde die Waldstreu entnommen und, mit Viehdung angereichert, zur Düngung der Äcker verwendet. Dadurch wurden den Waldböden der „Rohstoff" der Bodenbildung entzogen, die Bodenerosion gefördert und die Bodenfunktionen entscheidend geschwächt. Dabei wirkte sich nachteilig aus, daß durch die Auswahl der „guten" Böden für die landwirtschaftliche Nutzung dem Wald die ohnehin belastungsempfindlicheren Böden verblieben waren. Der Unterschied zwischen Acker- und Waldböden wurde durch ständigen Stofftransport vom Wald über die Viehställe in den Acker ständig vergrößert.

569. Mit der Aufhebung der Allmende seit Ende des 18. Jahrhunderts und mit der Einführung des Waldbaues unter staatlicher Anleitung und Aufsicht endete die planlose Übernutzung und Mißwirtschaft der Wälder mit ihren degradierenden Auswirkungen auf die Waldböden. Die Wiederaufforstungen führten, auch wenn sie überwiegend mit Nadelhölzern erfolgen mußten und eine ausgesprochene Bodenpflege unterblieb, zu einer gewissen Regeneration der Waldböden, zumal der regelmäßige Stoffentzug durch Waldweide und Streuentnahme weitgehend unterblieb. In den von Natur aus nährstoffärmeren Waldgebieten zeigen sich aber oft immer noch Nachwirkungen der früheren Degradierung.

570. Im Vergleich zur Landwirtschaft hat die Forstwirtschaft den Böden erheblich weniger Aufmerksamkeit geschenkt. Im Waldbau bleiben die Böden im wesentlichen sich selbst überlassen; von Ausnahmefällen abgesehen gibt es so gut wie keine Bodenbearbeitung und höchstens gelegentliche Stoffzufuhren durch Düngung, vor allem Kalkung. Verglichen mit Ackerpflanzen ist der Nährstoffbedarf der Waldbäume verhältnismäßig gering. Im Waldbau herrscht daher mehr das Prinzip der Anpassung an Standorte und Böden vor, während man in der Landwirtschaft, insbesondere im Ackerbau, Standorte und Böden durch Meliorationen und andere Maßnahmen an die Nutzung anpaßt oder anzupassen versucht.

571. Da Wälder wegen ihrer Langlebigkeit bzw. langen Umtriebszeit nach allgemeiner Anschauung als ökologisch stabil gelten und tatsächlich auch stabilisierend auf den Naturhaushalt einwirken, wurden in diese Auffassung auch die Waldböden einbezogen. Aus heutiger wissenschaftlicher Sicht ist zumindest ein Teil der Waldböden — und mit ihm die darauf stockenden Wälder — stärker gefährdet als die landwirtschaftlich genutzten Böden und sollte daher die besondere Aufmerksamkeit des Bodenschutzes finden. Die Ursachen dieser Gefährdung sind

— der durch Filterwirkung der Baumkronen bedingte höhere Stoffeintrag aus der Luft in Waldböden,

— die Versauerung der Waldböden,

— die Entstehung von Nährstoff-Ungleichgewichten, insbesondere durch erhöhte Stickstoffzufuhr aus der Luft.

572. Von dieser Gefährdung betroffen sind alle von Natur aus sauren oder sekundär versauerten Waldböden, die jedoch in der Bundesrepublik weit verbreitet sind. Etwa 60—70 % der Waldstandorte befinden sich auf solchen Böden mit Schwerpunkt in den Mittelgebirgen.

Stoffeintrag durch Filterwirkung

573. Der erhöhte Stoffeintrag beruht auf der Filterung der Luft durch die Baumkronen mit ihren großen Zweig- und Blattoberflächen. Bei der verbreitetsten Baumart Fichte ist die gesamte Nadeloberfläche 10 bis 12mal größer als die durch Projektion auf den Boden ermittelte Kronenfläche. Damit ist eine Depositionsfläche für luftgetragene Stoffe gegeben, die 3—5mal größer ist als bei krautigen Pflanzenbeständen, z. B. in Äckern und Wiesen. Bei den immergrünen Nadelbäumen ist diese Filterung bzw. Depositionsfläche außerdem während des ganzen Jahres wirksam.

574. Die auf den Blättern deponierten Stoffe unterliegen bei der Befeuchtung durch Niederschläge verschiedenartigen chemischen Reaktionen sowohl miteinander als auch mit den chemischen Verbindungen des Blattgewebes. Dabei kommt es je nach zugeführter oder wiederverdunsteter Niederschlagsmenge zu ständigen Konzentrationsänderungen. Starke Niederschläge spülen einen großen Teil der deponierten oder bei den chemischen Reaktionen entstandenen Stoffe ab und lassen diese in den jeweiligen Waldboden gelangen. Ein Teil des Niederschlagswassers fließt auch an den Zweigen, Ästen und Stämmen der Bäume herab — besonders stark bei den glattrindigen Buchen — und führt im unmittelbaren Umkreis des Stammfußes zu starken chemischen Veränderungen des Bodens.

575. Als Beispiel für den durch Filterwirkung des Waldes erhöhten Stoffeintrag in Waldböden seien in Tabelle 2.2.2 Meßergebnisse aus dem Reinhardswald nördlich Kassel aus dem Jahr 1983 wiedergegeben.

Tabelle 2.2.2

Jahresfrachten 1983 von Einträgen ausgewählter anorganischer Stoffe in Böden von Fichten- und Buchenwäldern im Reinhardswald, angegeben als Vielfaches vom Eintrag in waldfreie Böden

Stoff	Fichtenwald	Buchenwald
Sulfat	3,5	1,6
Ammonium	2,6	1,5
Chlorid	1,9	1,2
Nitrat	1,7	1,1
Natrium	1,5	1,4
Zink	15,4	2,7
Blei	1,4	1,1
Aluminium	2,1	0,7
Kupfer	3,5	0,6
Cadmium	0,8	0,5

Quelle: BRECHTEL et al., 1986

576. Durch den Eintrag von Luftschadstoffen werden streuabbauende Bodentiere und Bodenmikroorganismen in ihrem Leistungsvermögen gehemmt (RINK und WEIGMANN, 1985). Die dadurch bedingte stärkere Ansammlung der Waldstreu, von GRODZINSKI (1986) als „Teppich-Effekt" bezeichnet, hat eine verminderte Nährstoffrückführung in den Stoffkreislauf zur Folge. Luftverunreinigungen können auch zu nachhaltigen Veränderungen im Auftreten von Nützlingen und Schädlingen führen. Die Empfindlichkeit von Tieren gegen Luftschadstoffe ist teils tiergruppenspezifisch von der Lebensweise abhängig, teils artspezifisch. Bodenoberflächenbewohnende Tiere sind in der Regel direkt gefährdeter als in Böden lebende. Bodentiere sind nach Meinung der Autoren längerfristig besonders von der mit der Schadstoffbelastung einhergehenden Bodenversauerung (Tz. 583 f.) betroffen.

577. Besonders aufmerksam wird der Eintrag von Schwermetallen in Waldböden untersucht. Sie reichern sich mit dem Streufall besonders in der obersten Waldbodenschicht an und bewirken bei Langzeit-Immissionen in Laubwäldern eine sehr deutliche Streuabbauhemmung (COUGHTREY et al., 1979; WEIGMANN et al., 1985). Das Ausmaß ihrer Wirkungen auf die Bodenorganismen und auf deren Umsatzleistungen kann zur Zeit jedoch nicht beurteilt werden; vor allem ist eine Abgrenzung von anderen Belastungen wie Bodenversauerung schwierig. Ob die Anreicherung von Schwermetallen über Nahrungsketten darüber hinaus selektiv einzelne Mitglieder der Lebensgemeinschaft im Boden schädigt, ist ebenso unklar. Der Nachweis, daß manche Regenwürmer Schwermetalle in großer Menge in ihrem Körper anreichern können, ohne daß dadurch ihre Aktivität beeinträchtigt wird, ist kein Beweis für eine Unbedenklichkeit dieser Stoffe. Vergleichende ökologische Untersuchungen zur Einwirkung von Umweltchemikalien in einem Buchenwald (BECK und DUMPERT, 1985) ver-

deutlichen, wie schwer die Bewertung von stofflichen Belastungen ist.

Der durch die Filterwirkung der Baumkronen verstärkte und durch die Bodenruhe geförderte Aufbau veränderter chemischer Potentiale in den Waldböden bewirkt eine komplexe Gefährdung, in der Versauerung, Freisetzung von schädlichen Metallen und Nährstoffungleichgewichte zusammenwirken. Vorgänge vergleichbaren Ausmaßes gibt es in Acker- oder Grünlandböden nicht. Außerdem wird hier durch die ständige Bodenbearbeitung und Düngung verhindert, daß sich in den Böden ungestört jene durch Stoffeintrag aus der Luft bedingten Gefährdungspotentiale ausbilden.

Versauerung der Waldböden

578. Die Versauerung, d. h. die Zunahme der Wasserstoffionen oder Protonen (H^+) im Boden, beruht einerseits auf dem Eintrag von Säurebildnern aus der Luft (im wesentlichen Schwefeldioxid und Stickstoffoxide), andererseits auf bodeneigenen Versauerungsprozessen (ULRICH, 1985). Sie ist ein sehr komplexes Geschehen und auf lange Sicht unabwendbar, jedoch in ihrem derzeitigen Ausmaß und ihrer Beschleunigung nicht hinnehmbar. Während der Säureeintrag in landwirtschaftlich genutzte Böden auf 1,5–2,0 kmol H^+/ha × Jahr beziffert wird (SRU, 1985, Tz. 698), erreicht er in Waldböden wegen der Filterwirkung des Waldes in Nordwestdeutschland 6,4 kmol/ha × Jahr, in Süddeutschland 4 kmol/ha × Jahr und in Extremfällen wie im Erzgebirge 8–10 kmol/ha × Jahr (BEESE und ULRICH, 1986). Der natürliche Säureeintrag durch die Niederschläge, die auch ohne menschliche Beeinflussung stets schwach sauer sind, beträgt ca. 0,8 kmol/Jahr × Jahr und hat sich seit 1930 praktisch nicht verändert.

579. Auch bei den bodeninternen Versauerungsprozessen gibt es einen natürlichen Anteil, der ohne menschliche Beeinflussung abläuft und nach bisherigen Untersuchungen 15–20 %, in einem Fall knapp 50 % der gesamten Säurebelastung beträgt (BEESE und ULRICH, 1986); hieraus und aus dem natürlichen Säuregehalt der Niederschläge ergibt sich die erwähnte grundsätzliche Unabwendbarkeit der Versauerung. Die bodeninternen Versauerungsprozesse werden jedoch durch Stoffdeposition aus der Luft verstärkt. Hier ist vor allem der Eintrag von Ammonium-Stickstoff zu nennen, der größtenteils aus landwirtschaftlichen Aktivitäten stammt und mit deren Intensivierung, vor allem der vermehrten Entstehung und Ausbringung von Gülle (Abschn. 2.2.4.3) ständig zunimmt. Für jedes Ammonium-Ion, das in den Boden gelangt und von einer Pflanzenwurzel aufgenommen wird, wird ein Proton von der Wurzel in die Bodenlösung abgegeben und erhöht deren Säuregehalt. Dies wirkt sich allerdings nur aus, wenn der Eintrag von Ammonium-Ionen höher ist als derjenige von Nitrat-Ionen, deren Aufnahme Protonen verbraucht. Die gemessenen Depositionen von Ammonium-Ionen in Wäldern liegen zwischen 8–9 (Oberschwaben, Oberbayern), 13–18 (Odenwald, Niederbayern) und 34 bis 46 kg NH_4^+/ha × Jahr (Nordwestdeutschland, Niederlande) (FBW, 1986). In den Gebieten intensiven Gülleeinsatzes entfällt nach NIHLGÅRD (1985) ca. 75 % des gesamten Stickstoffeintrages aus der Luft, der hier 60–70 kg N/ha × Jahr erreicht, auf Ammonium, das meist trocken deponiert wird. Für das Waldschadensgebiet Wingst bei Stade wurde hieraus eine Säurebelastung von 4,7 kmol H^+/ha × Jahr berechnet. Daraus ergibt sich, daß auch Waldböden von den Folgen landwirtschaftlicher Intensivierung nachteilig betroffen sind.

580. Der Versauerung wirkt die Pufferfähigkeit der Böden entgegen, bei der Protonen im Austausch gegen andere Ionen an Tonminerale oder Humusmoleküle, die als Ionenaustauscher wirken, gebunden werden. Die Pufferfähigkeit ist unterschiedlich stark und wird in verschiedene Pufferbereiche unterteilt (SRU, 1985, Tz. 700). Viele Waldböden gehören den unteren Bereichen schwacher oder gar fehlender Pufferfähigkeit an oder liegen an ihrer Grenze, so daß der verstärkte Säureeintrag nicht oder nur unzureichend abgepuffert wird. Dies führt in den Böden zu physikalischen, chemischen und biologischen Veränderungen, auf die hier im einzelnen nicht eingegangen werden kann, die aber insgesamt die Erfüllung der Bodenfunktionen beeinträchtigen und zum Teil unterbinden.

581. Am wichtigsten ist die Freisetzung von vorher gebundenen Metallionen, vor allem Schwermetalle und Aluminium, die aus ihrer festen Bindung an Bodenteilchen gelöst werden und in die Bodenlösung übertreten. Von dort können sie entweder in die Pflanzenwurzeln oder in das Grundwasser übergehen und entsprechende Schädigungen zur Folge haben. Versauerung und Metallionen-Freisetzung verstärken sich hierbei gegenseitig. In den in solchen Waldgebieten liegenden Gewässern verschwindet neben den Fischen auch ein großer Teil der Kleinlebewesen, so daß die Gewässer kristallklar erscheinen. Da allgemein ein belastetes Gewässer mit einer sichtbaren Trübung oder sonstigen Schmutzbelastung assoziiert wird, täuscht die große Reinheit stark versauerter Gewässer über ihren ernsten Belastungsgrad hinweg (vgl. Tz. 866; Abschn. 2.4.5.1.5).

582. Neben den Auswirkungen auf die Gewässer wird aber durch die Versauerung der Waldböden eine „Destabilisierung" des gesamten Waldökosystems eingeleitet, auf die zuerst ULRICH (1982) im Zusammenhang mit den neuartigen Waldschäden hingewiesen hat. Seine Veröffentlichungen haben vermutlich die Bodenschutzdiskussion überhaupt ausgelöst und in der Folge zu einem erheblich erweiterten Verständnis nicht nur von Bodenprozessen, sondern von allgemeinen Ökosystem-Regelungen geführt (ULRICH, 1987). Nach seiner Auffassung veranlassen Versauerung und die Freisetzung toxischer Aluminium-Ionen (Al^{3+}) schwerwiegende Störungen der Organe und der Ernährung der Waldbäume. Die Feinwurzeln sterben ab und werden nur in geringem Umfang neu gebildet; darüber hinaus wird ihre Symbiose mit Pilzen (Mykorrhiza), von der die Existenz der Waldbäume abhängig ist, stark gestört. Viele tiefwurzelnde Baumarten verlagern ihr Wurzelsystem aus dem versauerten Unterboden in den humusreichen Oberboden, wo die Säurewirkung gemildert ist. Dadurch verlieren diese Bäume sowohl den Zugang zu den Nährstoffvorräten des Unterbodens als auch ihre Standfestigkeit gegen Stürme und Unwetter. Andererseits unterbleibt die natürliche Verjüngung der Bäume aus spontan aufwachsenden Baumkeimlingen, weil diese in den versauerten Böden nicht weiter wachsen. Im einzelnen sind diese Vorgänge schwierig nachzuweisen, weil Waldbäume relativ langsam reagieren und eine längere Beobachtung erfordern, die außerdem die Einwirkung von Witterungsschwankungen berücksichtigen muß. Die genaue Beobachtung ausgewachsener Bäume im Waldbestand, insbesondere ihrer unterirdischen Organe, stößt auf große technische Schwierigkeiten. Abgesehen von Düngungsversuchen in Wäldern kann man Experimente nur mit Jungbäumen durchführen, die Übertragbarkeit der Ergebnisse solcher Versuche auf Altbäume im Bestand ist sehr schwierig.

583. Die Versauerung der Waldböden hat erheblichen Einfluß auf den bodenbiologischen Zustand. Zwar ist es bislang nicht gelungen, Veränderungen der Bodenfauna durch saure Niederschläge in der Natur wissenschaftlich zu belegen — die zur Verfügung stehenden Meßverfahren sind noch zu ungenau, und auch die relativ kurzen Meßzeiträume lassen Ergebnisse nicht erwarten (vgl. SCHAEFER, 1985) —, doch kann ein Zusammenhang von Protoneneintrag und Veränderungen der Bodenbiozönose als sicher gelten. Aufgrund eines geringen Puffervermögens zur Versauerung neigende Böden können Veränderungen der Artenspektren und Rückgänge der Artenvielfalt von Bodenorganismen zeigen. Wieweit diese Vorgänge auf direkte Säureeinwirkung oder auf die Mobilisierung von Schwermetallen oder die Freisetzung toxischer Aluminiumionen zurückgehen, ist ungeklärt; auch andere Effekte, wie direkte Wirkung von Luftschadstoffen (SO_2, NO_x, HF) oder waldbauliche Probleme, können gleichzeitig von Bedeutung sein. Die Faunenverschiebung infolge des Protoneneintrages führt zu Veränderungen des Nahrungsnetzes und einer Verringerung der Zersetzungsrate. Bodenmikroorganismen und Bodentiere bzw. ihre Leistungen sind gleichermaßen betroffen. Durch Bodenversauerung ist in der Tendenz eine Entwicklung der oberen Bodenschicht von Mull zu Moder bzw. von Moder zu Rohhumus zu beobachten, verbunden mit einer dickeren organischen Auflage, Verringerung der Biomasse der Bodenfauna und Verringerung der Zersetzungsgeschwindigkeit. Von SCHAEFER (1985) wird in diesem Zusammenhang u. a. folgende Beteiligung der Bodentiere an den neuartigen Waldschäden diskutiert:

— Die Ansammlung von Pflanzenstreu erhöht die interne Säurebildung und verstärkt damit die Versauerungstendenz.

— Die Verminderung der Biomasse der Tiere und die geringere Streuzersetzung führen zu einer Herabsetzung der Nährstoffnachlieferung aus Streu und Mineralboden.

— Durch Förderung der Mesofauna bei geringen pH-Werten könnte der Fraßdruck auf die für Bäume wichtige Mykorrhiza und auf die Feinwurzeln zunehmen.

584. In den einer Versauerung entgegenwirkenden Düngungs- bzw. Kalkungsversuchen erhöht sich die tierische Biomasse, die Artenzahl und die Verfügbarkeit der Nährstoffe für Mineralisierer und Pflanzen. Die bakterielle Biomasse wird durch Veränderungen zu günstigeren Bodenformen (Moder, Mull) gefördert. Die Tiergesellschaften unterscheiden sich deutlich von denen nicht gedüngter Parzellen (SCHAUERMANN, 1985) und ihre Aktivität ist erhöht (MAKESCHIN, 1983).

585. Aus den vorliegenden Befunden läßt sich zur Zeit weder der Anteil der sauren Niederschläge noch der Anteil der Waldbewirtschaftung an der Bodenversauerung und der Belastung der Lebensraumfunktion des Bodens abschließend beurteilen. Der Rat sieht in der Verringerung der Zersetzungsrate versauerter Böden jedoch einen ernstzunehmenden Hinweis auf die Gefährdung ihrer Funktionsfähigkeit im Naturhaushalt.

586. Die tatsächlich eingetretene Bodenversauerung ist bisher nicht flächendeckend erfaßt worden. Langfristige und methodisch zuverlässige Messungen bzw. Vergleiche liegen nur aus dem Solling vor (ULRICH, 1982, 1985). Danach sind die pH-Werte in den Waldböden so weit abgesunken, daß 15 000 kg CaO/ha notwendig sind, um die im Wurzelraum akkumulierten Säuren so weit zu neutralisieren, daß wieder ein pH-Wert von 5 erreicht wird. Die versauerte Fläche wird auf über 120 000 ha geschätzt. Untersuchungen an 39 Bodenprofilen in Nordrhein-Westfalen zeigten ausnahmslos herabgesetzte pH-Werte (BUTZKE, 1981); in den Kammlagen des Rothaargebirges (Westfalen) sind die pH-Werte innerhalb von nur 4 Jahren durchschnittlich um 0,5 abgesunken (v. ZEZSCHWITZ, 1982). Eine umfassende Untersuchung bayerischer Waldböden ergab für den Zeitraum 1953—1981 eine mittlere pH-Wert-Absenkung zwischen 0,38 und 1,85 Einheiten (WITTMANN und FETZER, 1982).

587. Die quantitative Bestimmung des Säureeintrages ist wegen der Komplexität der Bodenprozesse außerordentlich schwierig (VDI, 1983). Wiederholungsmessungen, wie sie aus Nordrhein-Westfalen und Bayern zitiert wurden, genügen dazu nicht. Erforderlich sind Ermittlungen der Ionenflüsse im Ökosystem, wie sie bisher nur im Solling durchgeführt wurden. Die dort erzielten Ergebnisse zeigen, daß die Bodenversauerung zu einem großen Teil aus den im Boden freigesetzten Kationensäuren, insbesondere Al^{3+} beruht.

588. Die Versauerung von Waldböden kann durch Walddüngung mit Kalk verlangsamt werden. Diese beschleunigt jedoch auch den Abbau der in Waldböden meist reichlich vorhandenen organischen Substanzen und damit die Freisetzung der darin enthaltenen Nährstoffe, die in diesen Mengen nicht benötigt werden und zu Nährstoff-Ungleichgewichten (Tz. 589) führen. Die Walddüngung erfordert daher einen „Kompromiß zwischen . . . einer zeitweiligen Kompensation saurer Einträge und der . . . mobilisierenden Wirkung der Düngemittel auf die aufliegende organische Substanz" (GUSSONE, 1984). Zu bevorzugen sind magnesiumhaltige Kalke in Dosierungen bis zu 3 000 kg/ha; Kaliumdüngung ist auf 150 kg K_2O/ha zu beschränken.

Nährstoff-Ungleichgewichte als Belastung

589. Nach neueren Untersuchungen insbesondere von SCHULZE et al. (1987) werden die Folgen der Versauerung noch durch Nährstoffungleichgewichte überlagert und zum Teil verstärkt. Auch diese sind im wesentlichen immissionsbedingt, betreffen aber fast ausschließlich den Stickstoffeintrag aus der Luft. Im allgemeinen haben die mitteleuropäischen Wälder einen geringen Stickstoffbedarf bzw. sind an eine geringe Stickstoffzufuhr sowohl aus dem Boden als auch aus der Luft angepaßt. Darin unterscheiden sie sich wesentlich von den landwirtschaftlichen Nutzpflanzen. Der in den letzten 20—30 Jahren erhöhte Stickstoffeintrag aus der Luft, der wiederum durch die Filterwirkung der Baumkronen erheblich verstärkt wird und 10—25 kg/ha × Jahr, in der Nähe landwirtschaftlicher Intensivnutzungsgebiete mit Gülleeintrag sogar 50—60 kg/ha × Jahr erreicht, bedingt ein Stickstoffüberangebot für die Waldbäume und die gesamte Waldvegetation. Wenn Waldböden zur Bekämpfung der Versauerung gekalkt werden (Tz. 588), kommt es durch den dadurch geförderten Abbau von saurem Humus zu weiteren Stickstoff-Freisetzungen in den Waldböden. Die Bäume reagieren darauf mit verstärktem Wachstum, das aber auch der Zufuhr weiterer Nährstoffe, darunter von Spurennährstoffen bedarf. Diese Nährstoffe müssen in einem bestimmten Mengengleichgewicht stehen, wobei das Verhältnis von Calcium und Magnesium auf der einen sowie Aluminium auf der anderen Seite eine wichtige Rolle spielt. Verstärktes Wachstum bedingt einen höheren Bedarf an Spurennährstoffen, die je nach der Bodensituation knapp oder nicht in ausreichenden Mengen zugänglich sind. Die Folge sind Wachstumsstörungen oder sogar Schäden an Wurzeln und Blättern. So wird die Vergilbung der Fichtennadeln, eines der verbreitetsten Symptome der neuartigen Waldschäden in Fichtenbeständen, auf solche Nährstoff-Ungleichgewichte zurückgeführt (FBW, 1986). Die Auswirkungen der Versauerung verschärfen diese Situation.

Folgerungen für den Schutz der Waldböden

590. Insgesamt zeigt sich, daß die Waldböden auf sauren, wenig pufferungsfähigen Standorten durch anthropogene Einflüsse langfristig in ihren Funktionen außerordentlich gefährdet sind. Die Gefährdung ihrer Regelungsfunktion wirkt sich auf die an viele solcher Waldböden, die in den Mittelgebirgen weit verbreitet sind, gebundene Gewinnung einwandfreien Grund- und Oberflächenwassers sowie auf den gesamten landschaftlichen Wasserhaushalt aus. Die Gefährdung der Produktionsfunktion setzt die Existenz der Wälder und die Erfüllung der Waldfunktionen auf den betroffenen Böden aufs Spiel und führt zu einer ernsten Beeinträchtigung des Naturhaushaltes in bezug auf Klima, Luftqualität, Schutz gegen Bodenabtrag im Bergland und Erholungswert der Landschaft.

591. Bodenschutz in diesem Bereich erfordert einerseits eine Herabsetzung der Immissionen durch Emissionsminderung, die bereits erfolgreich eingeleitet wurde, aber mit Nachdruck weiterbetrieben werden muß. Andererseits müssen die Forstwirtschaft und die forstliche Beratung das Ziel einer verstärkten Berücksichtigung der Böden bei der Wahl der Baumarten und der waldbaulichen Verfahren energischer als bisher in die Praxis umsetzen.

592. Der Einsatz von Pflanzenschutzmitteln in Wäldern spielt flächendeckend nur eine geringe Rolle. Die große Unkenntnis über mögliche Auswirkungen von Pflanzenschutzmitteln auf Tiere und die Lebensgemeinschaften in Böden gibt jedoch Anlaß zur Sorge. Der Rat ist der Meinung, daß die Zulassung von Pflanzenschutzmitteln für den Einsatz in Wäldern die besondere Aufgabe der streuzersetzenden Organismengemeinschaften stärker berücksichtigen muß.

2.2.4.3 Belastungen landwirtschaftlich genutzter Böden (einschließlich Bodenerosion)

593. Die Belastungen landwirtschaftlich genutzter Böden sind im Sondergutachten „Umweltprobleme der Landwirtschaft" (SRU, 1985) ausführlich dargestellt worden, so daß sie an dieser Stelle nur kurz zusammengefaßt seien. Im Vergleich zu den Waldböden ist festzuhalten, daß die Produktionsfunktion landwirtschaftlich genutzter Böden viel intensiver, häufiger und in kürzeren Zeitabständen beansprucht wird, so daß diesen Böden und ihrem Zustand seit jeher eine größere Aufmerksamkeit zuteil wird. Der Begriff „Bodenfruchtbarkeit" spielt daher in der Landwirtschaft, insbesondere im Ackerbau, eine herausragende, in der Forstwirtschaft dagegen nur eine untergeordnete Rolle.

Mechanische Eingriffe in das Bodengefüge

594. Bei den landwirtschaftlich genutzten Böden ist zu unterscheiden zwischen Nutzungen, die häufige oder regelmäßige Eingriffe in das Bodengefüge bedingen, und solchen, wo diese unterbleiben oder nur gelegentlich stattfinden. Zu den letztgenannten zählen alle in langfristiger oder dauerhafter Grünlandnutzung befindlichen Böden, in die nur bei der Erneuerung der Grasnarbe eingegriffen wird. Die Böden der Äcker und vieler Sonderkulturen (Wein-, Obst-, Hopfen- und Feldgemüsebau) bedürfen dagegen einer ständigen Bearbeitung, die entweder in einer Lockerung oder häufiger in wendendem Pflügen besteht. Dies bedingt die Beseitigung der durch Pflanzenanbau erzeugten oder durch spontan aufwachsende Pflanzen („Unkräuter") bedingten Pflanzendecke, die ober- und unterirdisch erosionshemmend wirkt, und damit eine ungewollte Förderung der Bodenerosion durch Wasser und Wind (Tz. 595ff.). Außerdem werden Ackerböden und Böden intensiv genutzter Sonderkulturen durch die regelmäßige Bodenbearbeitung in den oberen 25—35 cm weitgehend homogenisiert. Sie stellen dadurch für Bodentiere einen über verhältnismäßig große Flächen nur wenig differenzierten und immer wiederkehrenden Störungen unterworfenen Lebensraum dar; Kleinlebensräume, die für Wald- oder Naturböden charakteristisch sind, fehlen fast völlig. Grünland- und manche Dauerkulturböden sowie Böden mit alternativer Bewirtschaftung (KLEYER und BABEL, 1984) bieten Bodentieren wegen der weniger intensiven Bearbeitung allgemein günstigere Voraussetzungen. Gründlandböden können eine den Waldböden vergleichbare Anzahl von Bodentieren enthalten (BABEL, 1982).

Das durch die Bodenbearbeitung sowie die sonstigen Maßnahmen der Ackerbewirtschaftung (Saat, Düngung, Pflanzenschutz, Erntearbeiten) bedingte häufige Befahren der Äcker mit oft schweren Fahrzeugen verursacht Bodenverdichtungen insbesondere im Unterboden, die ihrerseits Anlaß für eine lockernde Bodenbearbeitung geben. Die Unterbodenverdichtung ist allerdings durch mechanische Maßnahmen kaum zu beheben. Die Folgen sind Staunässe und die Beeinträchtigung der Grundwasserbildung sowie Beeinträchtigungen der Bodenorganismen. Durch den Druck können Vertreter der Meso- und Makrofauna, wie Regenwürmer, Milben und Springschwänze, direkt geschädigt werden. Die herabgesetzte Durchlüftung verdichteter Böden wirkt sich aber auch längerfristig nachteilig für alle Lebensvorgänge aus. Größere und kleinere Bodentiere und sogar die Bodenmikroorganismen werden beeinträchtigt — und damit auch die Regelungsfunktion der Böden. Mechanische Bodenlockerung fördert dagegen die Durchlüftung; sie wirkt sich insbesondere für Kleinorganismen und nichtgrabende Tiere positiv aus. Größere Tiere können dagegen mechanisch geschädigt werden, wenn sie nicht in der Lage sind, in tiefere Bodenschichten auszuweichen, wie z. B. tiefgrabende Regenwurmarten (vgl. SRU, 1985, Tz. 764 ff.).

Insgesamt werden die Regelungs- und die Lebensraumfunktion solcher Böden geschädigt; eine Beeinträchtigung der Produktionsfunktion ist bisher noch nicht zu erkennen, aber nicht auszuschließen.

Bodenerosion

595. Da Ackerböden insgesamt ca. 29 % der Fläche der Bundesrepublik einnehmen, sind die mit den geschilderten Eingriffen in die Böden verbundenen Gefährdungen ernstzunehmen. Zu ihnen gehört in erster Linie die Bodenerosion durch Wasser und Wind, die der Rat in seinem Sondergutachten „Umweltprobleme der Landwirtschaft" (SRU, 1985, Abschn. 4.2.4.2) ausführlich erörtert hat; er ist auch auf Gegenmaßnahmen eingegangen (ebendort, Abschn. 5.3.3). Sie wird vor allem gefördert durch die Herstellung größerer Feldschläge, übertrieben „ausgeräumter" Ackerbaugebiete und durch den immer weiter ausgedehnten Anbau spät aufwachsender Feldfrüchte wie Zuckerrüben und insbesondere Mais, zu deren Gunsten die Böden wochenlang offengehalten werden und so dem Angriff von Wasser und Wind schutzlos ausgesetzt sind. Für Bayern wurde ein mittlerer jährlicher Abtrag der Ackerböden von ca. 8 t/ha berechnet (AUERSWALD und SCHMIDT, 1986); er hat seit 1960 um ca. 60 % zugenommen. Bodenabträge von 50—100 t/ha x Jahr sind nicht unrealistisch. Sie entsprechen einem Verlust von 4—8 mm Boden pro Jahr; die Neubildung beträgt dagegen nur 0,1 mm/Jahr (SCHWERTMANN, 1987). Bei Zuckerrüben werden durch die Ernte mit dem an den Rüben anhaftenden Boden weitere 15 t/ha entsprechend 1 mm Boden entzogen. Da abgetragener Boden praktisch nicht an seinen Herkunftsort zurückkehrt, ist die Bodenerosion ein irreversibler Bodenverlust und bedarf unbedingt der weitestgehenden Vermeidung.

596. Bei jeglicher Bodenerosion ist zu berücksichtigen, daß sie meistens doppelt schädlich ist: Einerseits bedeutet sie am Ort der Erosion einen schwerwiegenden Bodenverlust mit oft ertragssenkenden Folgen; denn da gerade die mit Nährstoffen und organischer Substanz angereicherte Ackerkrume abgespült oder verweht wird, geht besonders fruchtbarer Boden verloren (SCHWERTMANN, 1987). Wo der Unterboden oder Untergrund aus ökologisch minderwertigerem Substrat besteht, hält die Ertragsminderung sogar langfristig an. Andererseits bedeutet Bodenerosion am Ablagerungsplatz des verlagerten Bodens Verschüttung von natürlicher oder angepflanzter Vegetation, Unpassierbarmachen von Wegen und Straßen, Verstopfung oder Abflußbehinderung von Gräben und Bächen sowie Eutrophierung und Trübung von Gewässern.

597. Gegenmaßnahmen zur Bekämpfung der Bodenerosion sowie zugleich auch der (Unter-)Bodenverdichtung sind dringlich. Die Forschung hat sie bis zur praktischen Abwendungsreife entwickelt (DIEZ, 1982), ebenso sind Orte und Ausmaß möglicher Bodenerosion bekannt (für Bayern z. B. AUERSWALD und SCHMIDT, 1986), so daß es jetzt auf die Reaktion der Landwirte, der Landwirtschaftsberatung und nicht zuletzt der Flurbereinigung ankommt, um das Erosionsproblem im landwirtschaftlichen Bereich zu bewältigen.

Gegenmaßnahmen wirken bewirtschaftungs-erschwerend, stoßen aber im allgemeinen auf Verständnis der Landwirte, da sie die Gefährdung ihrer unmittelbaren Produktionsgrundlage einsehen. Dennoch setzen sich diese Maßnahmen nur langsam durch. Zu ihnen gehört insbesondere eine Verkleinerung, zumindest der Verzicht auf weitere Vergrößerung der Feldschläge, die — häufig mit staatlicher Unterstützung durch Flurbereinigung — zum Zwecke des rationelleren Maschineneinsatzes vergrößert werden.

598. Bodenerosion ist nicht auf Ackerbau beschränkt. Auch Wald- und Grünlandböden sowie Böden in Siedlungsgebieten sind von Erosion betroffen.

Besonders erosionsanfällig und daher -schutzbedürftig sind Böden mehr oder weniger steiler Berghänge, vor allem in den höheren Mittelgebirgen oberhalb 1 200—1 300 m über NN und im Hochgebirge, wo hohe, oft starke Niederschläge und Schmelzwasserabflüsse die Bodenabspülung sehr begünstigen; bei Vorliegen weichen, leicht verwitternden Gesteins ist auch die Gefahr von Hangrutschungen und Muren (Schlammlawinen) groß. In diesen Höhenlagen findet in der Regel kein Ackerbau mehr statt, so daß er als Erosionsverursacher ausfällt. Der wirksamste Erosionsschutz besteht hier in einer dauerhaften, dichten

Pflanzendecke in Form von Wald-, Strauch-, Stauden- oder Grasland-Beständen. Diese wird durch unüberlegten und im Ausmaß übertriebenen Bau von Straßen, Wirtschafts- und Wanderwegen sowie Ski-Abfahrten, ferner durch ungeregelte und zu starke Beweidung mit Rindern, Schafen und Ziegen sowie auch durch zu hohe Wildbestände (Hirsche, Rehe, Gemsen) in ihrer bodenschützenden und -bildenden Funktion schwer beeinträchtigt oder langfristig gestört.

Zahlreiche vermeidbare Erosionsereignisse lassen sich auf die genannten Ursachen zurückführen, die jeweils zerstörerische Beschleunigungen des Abflusses von Regen- oder Schmelzwasser veranlassen. Seit Anfang der 80er Jahre sind als weitere Ursache noch die neuartigen Waldschäden hinzugekommen (SRU, 1983), die in Berg- bzw. Gebirgswäldern besonders schwerwiegend sind und sich rasch verstärken (Deutscher Rat für Landespflege, 1986a). Der Erosionsschutz im Bergland ist ein ebenso dringliches wie komplexes Anliegen des Natur- und Umweltschutzes und erfordert vielfältige Schutz- und Pflegemaßnahmen, die sämtlich in einen umfassenden Vegetationsschutz münden müssen und die von der Emissionsminderung bis zur Einschränkung der Freizeit- und Erholungsnutzung (Kap. 3.5) reichen.

Stoffliche Eingriffe

599. Die landwirtschaftliche Bodennutzung zeichnet sich neben der Bodenbearbeitung der Äcker auch durch spezifische stoffliche Eingriffe aus, die in der Zufuhr mineralischer und organischer Düngemittel (Handels- und Wirtschaftsdünger), Pflanzenschutz- und Pflanzenbehandlungsmittel sowie einiger anderer Hilfsstoffe bestehen. Diese Zufuhren sind für Ackerböden wiederum stärker als bei Grünlandböden, so daß Ackerböden neben ihrer typischen physikalisch-mechanischen Beanspruchung und der Erosionsgefährdung auch stofflich besonders stark beansprucht werden. Nach SAUERBECK (1986) erhalten sie eine jährliche Zufuhr von 0,5—1 t/ha mineralischer „Salze" verschiedener Zusammensetzung. Bei der ökologischen Beurteilung dieser Beanspruchungen wird von landwirtschaftlicher Seite stets darauf hingewiesen, daß die Bodenfruchtbarkeit gesteigert worden sei oder zumindest nicht nachlasse. Damit wird verneint, daß die genannten Beanspruchungen als Bodenbelastungen einzustufen seien. Ein solches Urteil bezieht sich ausschließlich auf die Produktionsfunktion der Böden. Die Regelungs- und die Lebensraumfunktion der Böden werden aber nachweislich beeinträchtigt oder überfordert. Anzeiger dafür sind das immer häufiger zu beobachtende Auftauchen von Nitrat im Grundwasser, die bisher vereinzelten, aber sich häufenden Nachweise von Resten von Pflanzenschutzmitteln im Grundwasser, der Ausfall der Denitrifikation und Schädigungen der Bodenorganismen, insbesondere von Bodentieren.

600. Im Rahmen der Düngung und des Pflanzenschutzes gelangen — zusätzlich zum Eintrag aus der Luft — auch Schwermetalle in landwirtschaftlich genutzte Böden. Mineralische Phosphatdünger enthalten geringe Mengen Cadmium (SRU, 1985, Tz. 807), die zu einem Eintrag von durchschnittlich 3—5 g/ha x Jahr führen; sie entsprechen mengenmäßig dem Cadmium-Eintrag aus der Luft und haben bisher nirgendwo zu besorgniserregenden Bodenbelastungen geführt. Dennoch muß die düngerbedingte Cadmium-Zufuhr wegen der Gefährlichkeit dieses Schwermetalls unterbunden werden. Entsprechende Schritte sind eingeleitet, einmal durch allgemeine Herabsetzung der Phosphatdüngung, zum anderen durch Herstellung von Phosphatdüngern aus besonders cadmiumarmen Rohphosphaten.

601. Weitere landwirtschaftlich bedingte Schwermetallzufuhren in die Böden sind lokal beschränkt und betreffen nur kleinere Flächen. Lokale Anreicherungen z. B. von Kupfer in Weinbergs- und Hopfenböden schädigen zahlreiche Bodentierarten nachhaltig. Weitere Schädigungen der Bodenfauna sind mit der Aufbringung von schwermetallhaltigen Klärschlämmen, ausgebaggerten Fluß- und Hafensedimenten sowie Müllkomposten verbunden, die aber ebenfalls nur wenige Prozent der landwirtschaftlich genutzten Böden betreffen (Tz. 615f.). Doch auch lokal müssen solche Schwermetall-Einträge unbedingt vermieden werden.

Wirkungen der Düngung

602. Düngemittel gehören nach ihrer chemischen Zusammensetzung zur normalen Stoffausstattung der Böden und sind im Grundsatz bodenverträglich. Der Verbrauch mineralischer Düngemittel stieg in der Bundesrepublik Deutschland in den 1970er Jahren auf eine beträchtliche Höhe, auf der er beim Stickstoff seit 1980 mit geringen Schwankungen verharrt hat (Tab. 2.2.3); der Kalkverbrauch nahm weiter zu, der Phosphat- und Kaliverbrauch nahm etwas ab.

Tabelle 2.2.3

Vergleich des Verbrauches wichtiger Düngemittel in den Wirtschaftsjahren 1980/81 und 1985/86
(Wirtschaftsjahr: 1. Juli bis 30. Juni)
in kg/ha landwirtschaftlich genutzter Fläche

Düngemittel	1980/81	1985/86
	kg/ha	
Stickstoff (als N)	126,6	126,1
Phosphat (als P_2O_5)	68,4	61,3
Kali (als K_2O)	93,4	77,5
Kalk (als CaO)	92,9	112,9
Summe	381,3	377,8

Quelle: nach BML, 1986

Der umweltpolitisch besonders wichtige Stickstoffverbrauch ist in Belgien und Dänemark etwa gleich hoch, in den Niederlanden um 25—30 % höher, in Frankreich und Großbritannien dagegen nicht einmal halb so hoch wie in der Bundesrepublik. Es sei aber darauf hingewiesen, daß mit diesen Verbrauchszahlen die tatsächlich auf die Nutzflächen ausgebrachten Düngermengen nicht erfaßt werden, zumal zu diesen noch die Nährstoffgehalte der organischen Dünger, vor allem der Gülle (Tz. 611 ff.) hinzugerechnet werden müssen.

Der gebremste Anstieg bzw. Rückgang des Verbrauches mineralischer Dünger wird auf Verteuerung, auf bessere Erkenntnisse über den Nährstoffbedarf, bei Phosphat und Kali auch auf die Auffüllung der Bodenvorräte zurückgeführt.

603. Zu Belastungen kommt es, wenn die Düngemittelzufuhr über den Bedarf der Pflanzen und der Bodenorganismen hinausgeht („Überdüngung"). Diese Überdüngung bezieht sich einerseits auf die Produktionsfunktion, weil überdüngte Pflanzen besonders anfällig gegen Krankheiten und Schädlinge sein können oder Schwächen im Festigungsgewebe zeigen, die den Einsatz von Halmfestigern, d. h. die Zufuhr weiterer chemischer Substanzen erforderlich machen. Überdüngung kann aber andererseits auch auf die Regelungsfunktion der Böden bezogen werden und zeigt sich dann am Auftreten von Düngersubstanzen in tieferen Bodenschichten oder im Grundwasser, wohin sie durch Sickerwasser verlagert werden. Diese Verlagerung bzw. Auswaschung ist substanzabhängig. Sie ist bei der Mehrzahl der Böden für z. B. Kalium-, Calcium- und Nitrat-Ionen relativ hoch, für Phosphat-Ionen dagegen gering, weil diese außerordentlich fest an die Bodenteilchen gebunden werden. Viele landwirtschaftlich genutzte Böden zeichnen sich daher durch eine außerordentliche Anreicherung mit unbeweglichen Phosphaten aus; es ist aber noch nicht bekannt, ob dies als Bodenbelastung anzusehen ist. Unterliegen solche Böden der Erosion und werden durch Oberflächenabfluß oder Wind in Gewässer transportiert, so verursachen sie allerdings eine in der Regel nachteilige Phosphatbelastung derselben. Der Begriff der „Überdüngung" ist daher hinsichtlich der Produktions- und der Regelungsfunktion der Böden unterschiedlich zu verstehen.

604. Ein bedenkliches Problem der hohen Nitratbelastung landwirtschaftlich genutzter Böden liegt in der Gefahr der Erschöpfung des mikrobiellen Abbauvermögens (Denitrifikation), auf die als erster OBERMANN (1981) bei der von ihm untersuchten Düngungsintensität hingewiesen hat. Nach LÜBBE (1984) kann zur Zeit nicht abgeschätzt werden, inwieweit die Denitrifikationsvorgänge in den Böden, insbesondere den Unterböden, eines Tages wegen fehlender organischer Substanzen (Kohlenstoffträger) zum Erliegen kommen und das ausgewaschene Nitrat ungehindert ins Grundwasser gelangt. Aufgrund dieser Überlegungen kann nicht ausgeschlossen werden, daß das bodenökologische System überfordert sein kann.

Wenn dies tatsächlich geschieht, reicht die Bedeutung über das Nitrat-Problem weit hinaus. Denn die Ausweisung von Wasserschutzgebieten beruht auf der Wirkung des mikrobiellen Abbauvermögens des Bodens und der Grundwasserfließstrecken. Ist diese Wirkung durch zu hohen Nitrateintrag gestört, so fällt sie möglicherweise auch für andere, vielleicht schädlichere Stoffe aus. Dies hätte unabsehbare Folgen, wenn die Filterfunktion der Böden über weite Räume und in langen Zeiten außer Kraft gesetzt wird (BACHMANN, 1985).

605. Die Auswirkungen der Düngung auf die Bodenfauna müssen sehr differenziert beurteilt werden. Gründüngung fördert die Bodenmikroorganismen stärker als die Bodentiere, während Stallmistgaben insbesondere auf die Bodenfauna begünstigend wirken. Die Zufuhr von Gülle in Maßen erhöht die biologischen Vorgänge in Böden. Sowohl die Leistungen der Bodenmikroorganismen als auch die Zahl und Masse der Bodentiere, z. B. von Regenwürmern, Springschwänzen und Milben, können deutlich zunehmen. Übermäßige Güllegaben wirken sich dagegen eher nachteilig aus. Sie können zu einem vorübergehenden Verstopfen der Bodenporen führen. Bei direktem Kontakt hat die Gülle für einen Teil der Meso- und Makrofauna (z. B. die Regenwürmer) ätzende oder toxische Wirkung. Mineralische Düngung ist für Bodenmikroorganismen im allgemeinen unschädlich, Stickstoffdüngung fördert sogar den Abbau stickstoffarmer organischer Substanz (z. B. Stroh) durch Mikroorganismen. Für empfindliche Bodentiere kann der Kontakt mit Mineraldünger tödlich sein, doch betrifft dies höchstens einen kleinen Teil der Bodenfauna. Das durch Düngung vermehrte Pflanzenwachstum und insbesondere die Erhöhung der Wurzelmasse kommen sowohl den Bodenmikroorganismen als auch den -tieren zugute (vgl. SRU, 1985, Tz. 821 ff.).

Wirkungen von Pflanzenschutzmitteln

606. Im Gegensatz zu den Düngemitteln sind Pflanzenschutzmittel meistens Fremdstoffe, die mit dem Ziel eingesetzt werden, bestimmte Organismengruppen im Wachstum zu hemmen oder sie zu töten. Der Absatz von Pflanzenschutzmitteln in der Bundesrepublik hatte 1979 einen Höchststand von 33 650 t (gemessen in Wirkstoffen) erreicht und schwankt seitdem um 30 000 t/Jahr; bei Herbiziden war in diesem Zeitraum sogar ein Rückgang von ca. 20 500 t (1979) auf ca. 17 400 t (1986) zu verzeichnen (IPS, 1987; SRU, 1985). Diese Menge besteht nach BML (1987) aus 282 organischen Wirkstoffen in verschiedenen Kombinationen, die sich auf 1 706 (1984: 1 823) zugelassene Pflanzenschutzmittel verteilen. Wie bei den mineralischen Düngern sind auch hier die tatsächlich auf den Kulturflächen ausgebrachten Mengen nicht genau bekannt; Angaben in der Literatur schwanken zwischen 4 und 10 kg/ha x Jahr, da Pflanzenschutzmittel noch weniger gleichmäßig auf die Flächen verteilt werden als Düngemittel.

607. In der Regel üben die Pflanzenschutzmittel ihre Wirkungen in den Pflanzenbeständen, d. h. oberhalb der Bodenoberfläche aus, beeinflussen die Böden also nur indirekt. Nur in den Fällen einer Bodenentseuchung (z. B. Nematodenbekämpfung) werden Böden direkt mit Pflanzenschutzmitteln behandelt. Bodenschutz und (Kultur-)Pflanzenschutz stehen grundsätzlich im Widerspruch zueinander. Entscheidend für die Beurteilung der Belastung von Böden durch Pflanzenschutzmittel sind, abgesehen von Menge und Häufigkeit der Anwendung, ihre Selektivität, d. h. Beschränkung der Hemmungs- oder Tötungswirkung auf be-

stimmte Organismen(-Gruppen), und ihre Abbaufähigkeit. Die Pestizide der ersten großen Einsatzphase des chemischen Pflanzenschutzes, für die das Insektizid DDT repräsentativ ist, waren sowohl wenig selektiv als auch schwer abbaubar. Sie reicherten sich daher in den Böden an und traten auch in die Nahrungsketten über, in denen sie unter weiterer Anreicherung weitergegeben wurden. Die Pestizide der jüngeren Zeit sind teilweise selektiver und in der Regel leichter abbaubar. Eine wichtige und bedenkliche Ausnahme bilden die Herbizide auf Triazin-Grundlage, z. B. Atrazin, die vor allem im Zusammenhang mit dem Maisanbau in großen Mengen eingesetzt werden und sich als relativ persistent erwiesen haben. In einer Reihe anderer Fälle erwies sich die rasche Abbaubarkeit, die daraus gefolgert wurde, daß die Substanzen bald nach ihrer Anwendung in den Böden nicht mehr nachgewiesen werden konnten, als Täuschung. Genauere chemische Untersuchungen zeigten, daß ein Teil der Substanzen fest und der normalen chemischen Analyse nicht mehr zugänglich in Tonminerale eingebaut waren und sog. „gebundene Rückstände" — besser: verborgene Rückstände — darstellen, deren weiteres Verhalten ungewiß ist und daher genauerer Beobachtung bedarf.

Durch Rückstände persistenter Pestizide in Böden wird in einzelnen Fällen die Produktionsfunktion beeinträchtigt. Das Phänomen der verborgenen Rückstände ist zunächst ein Beweis für die Wirksamkeit der Regelungsfunktion der Böden, kann aber noch nicht abschließend beurteilt werden.

608. Die Wirkungen von Pflanzenschutzmitteln auf Bodenorganismen lassen sich zur Zeit relativ schwer beurteilen. Nach DOMSCH (1985) gibt es vorläufig keine Anzeichen dafür, daß durch den Einsatz von Pestiziden im zulässigen Rahmen an Bodenmikroorganismen und ihren Beiträgen zur Produktionsleistung der Böden ökologisch bedenkliche Schäden ausgelöst werden. Über eine eventuelle Gefährdung bestimmter Arten oder Gruppen bzw. von Mikroorganismengesellschaften liegen — abgesehen von der Mikrofauna (Protozoen, s. u.) — noch keine Befunde vor. Der Kenntnisstand über den Umfang von Pestizidwirkungen auf die Bodenfauna ist relativ wenig differenziert, vor allem wenn man berücksichtigt, daß oftmals Pflanzenschutzmittel mit unterschiedlichsten Wirkungsspektren gleichzeitig oder in kurzen Zeitabständen nacheinander angewandt werden sowie zur Pestizidbehandlung im allgemeinen auch andere landwirtschaftliche Maßnahmen (Bodenbearbeitung, Düngung usw.) hinzutreten. Nachteilige Wirkungen und Schädigungen sind für einzelne Mitglieder der Bodenfauna, z. B. Regenwürmer, bei Insektizid-, Herbizid- und Fungizidbehandlung belegt, allerdings in oftmals hohen Konzentrationen (HAQUE und PFLUGMACHER, 1985). Die Pestizidwirkungen auf Protozoen (Einzeller) sind bislang unterschätzt worden; alle getesteten Insektizide erbrachten persistente Wirkungen (FOISSNER, 1985). Der Einfluß von Pflanzenschutzmitteln auf die nützlichen Gegenspieler von Schädlingen (z. B. Nematoden) ist weitgehend unbekannt, und damit ist auch eine Bewertung der möglichen Nebenwirkungen von Pestizidbehandlungen nicht möglich (WEISCHER und MÜLLER, 1985).

609. Der Rat ist in seinem Landwirtschaftsgutachten (SRU, 1985, Tz. 847 ff.) abschließend davon ausgegangen, daß eine größere Gefährdung der Bodenfauna als der Bodenmikroorganismen durch Pflanzenschutzmittel angenommen werden muß. Die üblichen Testverfahren im Rahmen der Zulassung von Pflanzenschutzmitteln bieten für die Bodenfauna keine ausreichende Sicherheit. Der sog. Regenwurmtest wird nicht nur oftmals an einer für Ackerböden wenig repräsentativen Art, Eisenia foetida, und unter wenig repräsentativen Laborverhältnissen durchgeführt, sondern ist auch für die zahlreichen anderen Bodentiergruppen kaum aussagekräftig.

610. Werden Böden beabsichtigt oder unbeabsichtigt mit Pflanzenschutzmitteln behandelt, dann können sich auf die Dauer nur solche Arten von Bodenorganismen halten, deren Generationsdauer kleiner ist als der zeitliche Abstand zwischen den einzelnen Zufuhren der Substanzen. Bei erhöhter Zufuhr von Pflanzennährstoffen muß sich der Organismenbestand stark in Richtung auf diejenigen Arten verschieben, die eine hohe Wachstums-, Vermehrungs- und Ausbreitungsrate besitzen. Je häufiger eine solche Belastung erfolgt, desto einseitiger wird die Organismen-Gemeinschaft. Kleine, schnellwüchsige Arten setzen sich durch, die in der Lage sind, starke Eingriffe rasch zu überwinden (UHLMANN, 1983, zit. nach BACHMANN, 1985).

Wirkungen der Gülle

611. Regional oder lokal erhalten landwirtschaftlich genutzte Böden besonders hohe Stoffzufuhren, die auch mit Schadstoffen angereichert sein können. Die Entwicklung der arbeitssparenden Tierhaltung bzw. der Stalltechnik hat in Verbindung mit großen Futtermittel-Einfuhren über die Seehäfen innerhalb kurzer Zeit die Haltung großer Tierbestände, insbesondere von Hühnern und Schweinen, ermöglicht; entsprechende Tendenzen zeichnen sich auch in der Rinderhaltung ab. Derartige große Tierbestände treten z. T. regional konzentriert auf, wie z. B. im küstennahen südlichen Oldenburg. Die Entmistung der Ställe erfolgt nicht mehr mit Hilfe von Stroh oder anderer Einstreu, die die Exkremente bindet bzw. aufsaugt und anschließend als Stallmist in fester Form zur Düngung verwendet wird, sondern durch Wasserspülung. Dadurch fallen große Mengen von Gülle, d. h. einer Aufschwemmung von Exkrementen in Wasser an, die ebenfalls als Düngemittel verwendbar ist. Der hohe Mengenanfall und unzureichende Unterbringungsmöglichkeiten zwangen jedoch dazu, die Gülle in großem Umfang als Abfall zu betrachten und für eine schnelle Beseitigung zu sorgen. Da eine Ableitung in das Abwassernetz oder gar direkt in die Gewässer nicht in Frage kam, erfolgte die Beseitigung über die Böden und führte regional oder lokal zu erheblichen Überdüngungen und Beeinträchtigungen aller Bodenfunktionen, insbesondere der Regelungsfunktion, auf die im Sondergutachten „Umweltprobleme der Landwirtschaft" (SRU, 1985, Tz. 810—820) ausführlich eingegangen wurde.

612. Inzwischen sind vielfältige Bemühungen auf gesetzlicher und wirtschaftlicher Basis eingeleitet worden, um die Gülle nicht mehr als Abfall, sondern als Dünger zu verwerten und eine Überlastung der Böden zu vermeiden. Dazu gehört insbesondere die Ausbringung von Gülle in jeweils begrenzten Mengen zu Zeitpunkten, wo eine schadlose Umsetzung im Boden, z. B. durch hohen Verbrauch der Pflanzen und Bodenorganismen, gewährleistet ist, eine entsprechende, technisch verbesserte Aufbereitung und Ausbringung der Gülle und insbesondere die Abstimmung des Gülleanfalles, d. h. der Größe der Tierbestände, auf die mit Gülle zu düngenden Böden. Wegen ihrer organischen Herkunft kann richtig aufbereitete und angewendete Gülle für die Aufrechterhaltung des Humushaushaltes von Böden wesentlich mehr leisten als reine Mineraldüngung (SAUERBECK, 1986).

613. An dieser Stelle muß jedoch darauf aufmerksam gemacht werden, daß es bei der Düngung mit Ammoniumsalzen, flüssigem Ammoniak, Harnstoff oder organischen Düngern wie z. B. Gülle zur Freisetzung von u. U. größeren Mengen von Ammoniak in die Luft kommt, vor allem bei warmem, trockenem Wetter. Nach bisher vorliegenden, allerdings nur wenig umfassenden Messungen beträgt diese Freisetzung im Durchschnitt wenigstens 10 % der verwendeten Düngermenge, kann aber auch mehr als 50 % erreichen (NIHLGARD, 1985). Ammoniak und die daraus in der Luft entstehenden Ammonium-Verbindungen gelangen als Immission in Wälder und, durch Ausfilterung angereichert, in die Waldböden, wo sie die Bodenversauerung z. T. erheblich verstärken können (Abschn. 2.2.4.2). Hier verknüpft sich also die ohnehin problematische Gülle-Wirkung mit den Belastungsproblemen der Waldböden und trägt damit zu den neuartigen Waldschäden bei.

614. Der Rat empfiehlt — nicht nur aus Bodenschutzgründen — eine zügige Verwirklichung und Verstärkung aller Maßnahmen zur Lösung der Gülle-Probleme. Er weist aber auch darauf hin, daß das grundsätzliche Umweltproblem nicht in der Bewältigung der Güllemengen, sondern in der großen einseitigen Nährstoff-Verlagerung von den Herkunftsländern der eingeführten Futtermittel in die relativ kleinen, für Stoffablagerungen — auch in Form optimal verwerteter Gülle — nicht unbegrenzt aufnahmefähigen Empfängergebiete liegt.

Klärschlämme, Müllkomposte, Flußsedimente

615. Weitere regionale oder lokale Bodenbelastungs-Probleme bestehen bei solchen landwirtschaftlich genutzten Böden, die mehr oder weniger regelmäßig mit Klärschlämmen, Müllkomposten, ausgebaggerten bzw. aufgespülten Fluß- oder Hafensedimenten beschickt werden. Grundsätzlich liegt eine solche Beschickung im Sinn einer ökologisch erwünschten Abfallwirtschaft bzw. Reststoffverwertung und entspricht auch der naturgegebenen Regelungsfunktion der Böden. Die genannten Beschickungsstoffe enthalten jedoch mehr oder weniger hohe Gehalte an Fremdstoffen, insbesondere an Schwermetallen und an schwer abbaubaren organischen Verbindungen, die hoch kondensiert oder hoch halogeniert sind. Die Zufuhr solcher Stoffe in landwirtschaftlich genutzte Böden mit der Gefahr der Schädigung der Bodenfunktionen, des Übertrittes in das Grundwasser oder in die Nahrungsketten ist unerwünscht und daher zu unterbinden. Sie erfordert also, daß die genannten Schlämme und Komposte rückstandsarm sind; dies erfordert eine entsprechende Regelung der Abfall- und Abwasser-Verarbeitung einschließlich der Emissionsvermeidung. Bis entsprechende Regelungen getroffen sind, muß die Beschickung landwirtschaftlich genutzter Böden mit den genannten Reststoffen einer sorgfältigen Prüfung unterzogen werden, wie im Falle der Klärschlämme durch die Klärschlammverordnung wenigstens teilweise gesetzlich geregelt ist. Die Prüfung erfordert z. T. schwierige Abwägungen. Eine eventuelle Schädigung der Bodenfauna durch Schwermetalle im Klärschlamm kann durch seine fördernde Wirkung als Nahrung für Bodentiere überdeckt werden. Der Begünstigung bestimmter Regenwurmarten (z. B. des großen Regenwurms) durch Klärschlammaufbringung steht eine Unterdrückung anderer Regenwurmarten infolge Dominanz der erstgenannten gegenüber (ANDERSEN, 1979).

Angesichts solcher Unsicherheiten ist verständlich, daß seitens der Landwirtschaft der Verwendung von Klärschlämmen, Müllkomposten usw. großes und nachhaltiges Mißtrauen entgegengebracht wird.

616. Abschließend zu diesem Abschnitt stellt der Rat fest, daß mechanische Belastungen landwirtschaftlich genutzter Böden die Lebensraumfunktion nachhaltig beeinträchtigen und bedenklicher sind als stoffliche Belastungen — mit Ausnahme der irreversiblen Schädigungen durch Schwermetalle. Eine schonende Bodenbearbeitung und die Zufuhr organischer Substanzen können den Artenreichtum und die Masse der Bodentiere fördern. Insbesondere ist ein Rückgang oder ein Fehlen tiefgrabender Regenwurmarten auf manchen intensiv genutzten Ackerstandorten als bedenklich anzusehen, da sich die Tätigkeit von Regenwürmern in vielfacher Weise günstig auf die Böden und ihren Ertrag auswirkt.

2.2.4.4 Belastungsvergleich land- und forstwirtschaftlich genutzter Böden

617. Neben den spezifischen Stoffzufuhren durch die Landbewirtschaftung erhalten auch die landwirtschaftlich genutzten Böden die allgemeinen immissionsbedingten Stoffeinträge aus der Luft, nämlich Säurebildner, Schwermetalle und die Vielzahl organischer Chemikalien. Die daraus resultierende Belastung der Böden ist insgesamt in der Regel geringer als diejenige der Waldböden (Abschn. 2.2.4.2), und zwar aus mehreren Gründen. Einerseits ist die filternde Wirkung landwirtschaftlicher Pflanzenbestände für Luftschadstoffe geringer als diejenige von Waldbeständen, weil die filternde Oberfläche kleiner ist und im Ackerbau nur während eines Teiles des Jahres wirksam ist. Andererseits wirkt die speziell im Ackerbau, d. h. auf 29 % der Fläche der Bundesrepublik, seit langem übliche Bodenbearbeitung und -pflege einer Schadstoffeinwirkung in mehrfacher Hinsicht entgegen.

618. Die übliche Kalkung, die dem Ersatz der durch Pflanzenverbrauch und Auswaschung bedingten Calcium-Verluste sowie der Bekämpfung der bodeneigenen Versauerung dient, kann in der Regel auch den Eintrag säurebildender Immissionen abpuffern. Jeder Landwirt ist bestrebt, den Säuregrad seiner Böden nicht unter pH 5 sinken zu lassen. Damit ist gewährleistet, daß gebundene und organische Verbindungen nicht oder nur in geringem Umfang durch Säure mobilisiert werden können. Andererseits wird durch gute Humuspflege — auf die nun noch größerer Wert zu legen ist! — wiederum die Bindungsfähigkeit der Böden für die genannten Substanzen aufrechterhalten oder sogar erhöht (vgl. SAUERBECK, 1985). Um immissionsbedingte Bodenbeeinträchtigungen zu vermeiden, müssen die Landwirte durch entsprechende Beratung mehr als zuvor dazu angehalten werden, eine Bodenpflege durchzuführen, die Immissionsbelastungen — solange diese noch anhalten — mildert oder ausgleicht. Selbstverständlich muß trotz dieser Ausgleichsmöglichkeiten darauf gedrungen werden, die Immissionsbelastung aus der Luft auch zum Schutze der landwirtschaftlich genutzten Böden möglichst bald abzubauen. Entsprechende Forderungen seitens der Landwirtschaft sind berechtigt, finden aber um so mehr Gehör, wenn die Landwirtschaft auch ihrerseits auf die Verwendung säure- oder schwermetallhaltiger Betriebsmittel wie z. B. cadmiumhaltiger Phosphatdünger und schwermetallhaltiger Pestizide völlig verzichtet.

619. Hinsichtlich der Wirkung von schwermetallhaltigen und säurebildenden Immissionen werden landwirtschaftlich genutzte Böden durch die üblichen Bewirtschaftungsmaßnahmen vor nachteiligen Veränderungen weitgehend bewahrt, während Waldböden in Abhängigkeit vom Ausgangssubstrat und ihrer geographischen Lage mehr oder weniger stark versauern. Man darf sich aber auch bei den landwirtschaftlich genutzten Böden nicht in Sicherheit wiegen. Die Bindung von Schadstoffen und die Abpufferung von Säurebildnern setzen die Fortdauer einer meist intensiven agrarischen Nutzung — die nicht überall die heutige zu sein braucht — voraus; denn sie beruhen auf der Erhaltung eines bei intensiver Düngung und Kalkung regelmäßig vorhandenen hohen pH-Wertes. Solange dieser annähernd gleich bleibt und ein entsprechender Humusgehalt in den Böden vorhanden ist, werden Säurebildner neutralisiert, Schwermetalle und organische Verbindungen festgelegt. Werden die landwirtschaftlich genutzten Böden jedoch aus intensiver Nutzung entlassen — und dies ist bei den derzeitigen Tendenzen zur „Flächenstillegung", Extensivierung und anderen Bewirtschaftungsänderungen durchaus absehbar und seitens des Arten- und Biotopschutzes auch erwünscht — dann kann nicht ausgeschlossen werden, daß die Pufferungs- und Bindungsfähigkeit der Böden abnimmt und Schadstoffe freigesetzt werden. Es wäre zu prüfen, ob eine maßvolle Düngung bzw. eine Kalkung solcher Böden fortgesetzt werden sollte, um Schadstoffe in Bindung zu halten. Andernfalls würde die — umweltpolitisch erwünschte — Nutzungseinschränkung oder Extensivierung der Landbewirtschaftung durch Schadstoffmobilisierung ihre Vorteile einbüßen (BACHMANN, 1985). Diese Überlegungen bedeuten keinen Freibrief für intensive agrarische Nutzung schlechthin und erst recht nicht für weitere Intensivierungen. Der Rat erinnert ausdrücklich an seine Empfehlung, alle intensiven Nutzungen den Grundsätzen der „differenzierten Landnutzung" zu unterwerfen (s. Abschn. 2.1.8.4, 3.4.3).

2.2.4.5 Belastung der Böden in überbauten Gebieten

620. Die stärkste und zugleich vielseitigste Belastung erfahren die Böden in überbauten Gebieten. Es überwiegt die Nutzung der Böden als Baugrund für die Errichtung von Bauwerken aller Art einschließlich Verkehrsanlagen, sowie als Ablagerungsfläche für feste Abfälle aller Art einschließlich Bauschutt. Bei dieser Nutzung werden Böden jedoch nicht gemäß ihrer naturwissenschaftlichen Definition und der daraus abgeleiteten Regelungs-, Produktions- und Lebensraum-Funktion genutzt, sondern beseitigt, verlagert, ja zerstört; eine weitere Bodenentwicklung oder -neubildung wird praktisch ausgeschlossen. Aus diesem Grunde sind Überbauung und Ablagerung keine Bodennutzungen, sondern Inanspruchnahmen von Grundflächen. Es handelt sich um die Vorgänge, die den Kern des — wissenschaftlich nicht exakten — Begriffes „Landschaftsverbrauch" bilden (TESDORPF, 1984).

621. Die ökologischen Auswirkungen der Überbauung sind vor allem unter Gesichtspunkten der Störung des Wasserhaushaltes betrachtet worden. Die Einsickerung von Niederschlagswasser in den Boden und die Grundwasserbildung werden verhindert, stattdessen der Oberflächenabfluß erheblich vergrößert. Aus diesen Gründen wird die Überbauung vielfach als „Versiegelung" bezeichnet. Die Fixierung des Begriffes auf den Wasserhaushalt bringt aber nicht deutlich genug zum Ausdruck, daß dabei Böden unwiederbringlich zerstört werden.

622. Allerdings gebietet das Baugesetzbuch in § 202 den Schutz des gewachsenen, biologisch aktiven Bodens, der als „Mutterboden" bezeichnet wird: „Mutterboden, der bei der Errichtung und Änderung baulicher Anlagen sowie bei wesentlichen anderen Veränderungen der Erdoberfläche ausgehoben wird, ist in nutzbarem Zustand zu erhalten und vor Vernichtung oder Vergeudung zu schützen." Beobachtungen der Praxis, die allerdings wissenschaftlicher Nachprüfungen entbehren, zeigen, daß Mutterböden durch unsachgemäße Behandlung und falsche Lagerung in größerem Umfange entwertet werden oder verlorengehen. Daher bedarf der Verbleib solcher durch im Zuge von Baumaßnahmen, Abgrabungen oder Ablagerungen ausgehobener Böden dringend einer fachlichen Überprüfung und weiteren gesetzlichen Regelung. Das alte Bundesbaugesetz enthielt in § 39 eine Verordnungsermächtigung zum Schutz des Mutterbodens, von der allerdings kein Gebrauch gemacht wurde; im neuen Baugesetzbuch ist sie ersatzlos weggefallen. Der Regelungsbedarf besteht dennoch weiter und sollte von den Bauordnungen der Länder aufgegriffen werden.

623. Bodenzerstörung durch Überbauung wird vor allem dort zu einem Bodenschutzproblem, wo sie größere zusammenhängende Flächen beansprucht; auch hierin zeigt sich wieder der regionale Charakter des Bodenschutzes. Dies trifft auf die 24 Verdichtungsräume der Bundesrepublik Deutschland zu, in denen bekanntlich über die Hälfte der Bewohner der Bundesrepublik, d. h. 30 Mio Menschen, auf 7—8 % des Bundesgebietes zusammengedrängt leben (BLUME et al., 1978; vgl. Abschn. 2.3.1.2). Es ist unbestritten, daß die Tendenz zur Verdichtung weiter zunimmt und damit weitere Böden durch Überbauung beseitigt werden. Dies geschieht insbesondere in den Randgebieten der Städte bzw. Ballungsgebiete. Da die meisten Städte aus Siedlungen hervorgegangen sind, die ursprünglich in Gebieten hoher landwirtschaftlicher Bodengüte errichtet wurden, um die Versorgung der Stadtbevölkerung mit Nahrungsmitteln aus dem unmittelbaren Umland zu sichern, müssen Stadterweiterungen zwangsläufig hochwertige Böden beanspruchen, die für die landwirtschaftliche oder gärtnerische Produktion optimal geeignet sind (BACHMANN, 1985; FRITZ, 1978; v. URFF, 1982). Dadurch werden landwirtschaftliche Nutzungen u. U. auf weniger geeignete Böden abgedrängt, wo ein ökologisch problematischer Intensivierungsschub ausgelöst wird, in dessen Folge Bodenerosion, Grundwasserbelastung, Grünlandumbruch und Ausräumung der Landschaft zunehmen.

624. Genaue Zahlenangaben über die Bodenzerstörung durch Überbauung sind schwierig zu erhalten, weil die Ausweisung von Baugebieten, die statistisch hinreichend genau erfaßt wird, nicht bedeutet, daß diese Flächen vollständig mit Bauwerken bedeckt werden. Auf Abstandsflächen, Begrünungsflächen oder für Überbauung nicht geeigneten Flächen bleiben die Böden erhalten, werden aber durch die Baumaßnahmen und deren Auswirkungen häufig mehr oder minder stark beeinträchtigt. Die z. B. im Raumordnungsbericht 1986 und den entsprechenden Länderberichten enthaltenen Zahlen über die Zunahme der Siedlungsfläche bedeuten also nicht, daß die Böden auf diesen Flächen vollständig überbaut werden, veranschaulichen aber dennoch eine Vorstellung vom Ausmaß dieser Bodenzerstörung. So nahm die Siedlungsfläche von 1950—1977 durchschnittlich um ca. 94 ha/Tag zu, 1973—1978 um ca. 113 ha/Tag und 1981—1985 um ca. 120 ha/Tag (vgl. auch Abschn. 2.1.5). Regional ist die Entwicklung sehr unterschiedlich. In einzelnen Gemeinden beträgt der Siedlungsflächenanteil bis zu 50 % und mehr, und in den Verdichtungsräumen Rhein/Ruhr, Rhein/Main, Rhein/Neckar, mittlerer Neckar, Ostwestfalen und Saarland liegt er über 25 % (BMBau, 1984; Raumordnungsbericht, 1986). Auch die Verkehrsbauten sind zu berücksichtigen; nach Klipper und Partner (1979) werden für 1 km Bundesautobahn 2,7 ha Böden beseitigt, wobei Böschungen und Gräben nicht mitgerechnet sind.

625. Je nach der Verteilung bzw. Dichte der Bauwerke über die Fläche bleiben in Verdichtungsräumen unterschiedlich große, in der Regel kleinere und unregelmäßig verteilte Flächen mit einem gewachsenen Bodenprofil übrig. Sie werden keineswegs nur als Begrünungs- oder Verschönerungsflächen genutzt, sondern auch als Wälder oder für die landwirtschaftliche Produktion. Selbst in den Ballungskernen des rheinisch-westfälischen Industriegebietes betrug der Anteil der landwirtschaftlichen Produktionsflächen zu Anfang der 80er Jahre noch 36 % (v. URFF, 1982). Wegen der guten Absatzmöglichkeiten erfolgt dort sogar eine besonders intensive, stärker gartenbaulich orientierte Nutzung (vgl. FRITZ, 1978). Bei der Ausweitung von Siedlungs- und Verkehrsflächen kommt es regelmäßig zu Konflikten darüber, ob eher landwirtschaftlich genutzte Böden oder aber Wälder beansprucht werden sollen. Im Verdichtungsraum Nürnberg–Fürth–Erlangen, wo von 1972—1978 die Siedlungsfläche jährlich um 1,46 % zunahm, ging dies zu 80 % zu Lasten der landwirtschaftlich genutzten Fläche – und zwar ohne Berücksichtigung ihrer Eignung für die landwirtschaftliche Erzeugung! – und nur zu 20 % zu Lasten von Wäldern (v. URFF, 1982).

626. In der Flächennutzungsplanung bemüht man sich seit Anfang der 70er Jahre mit zunehmendem, wenn auch wechselndem Erfolg um die Erhaltung eines größeren Anteiles von „Freiräumen", insbesondere auch auf größeren zusammenhängenden Flächen, die von Überbauung ausgespart werden (sollen). Der Begriff „Freiraum" besagt aber noch nicht, daß hier auch in jedem Falle die Böden in ihren Funktionen erhalten bleiben oder ob sie spezifische Belastungen durch Freizeit- und Erholungsnutzungen erleiden müssen.

627. In der Regel ist in den Verdichtungsgebieten die Erfüllung der Bodenfunktionen beschränkt oder behindert. Viele Böden sind durch Vermischungen, Verlagerungen, Auf- oder Überschüttungen und durch Verdichtungen mehr oder weniger stark verändert. Fast regelmäßig wird der Grundwasserstand gesenkt, die Bodenfeuchtigkeit dadurch vermindert. In Parken und Grünanlagen sind die Böden häufig mit Mörtel- und Bauschuttresten vermischt, wodurch eine Alkalisierung, Karbonat- und Nährstoffanreicherung erfolgt. In dem 212 ha großen Tiergarten, einer großen innerstädtischen Parkanlage von West-Berlin, sind ein Drittel der Böden Pararendzinen, die aus einem Gemisch von Bauschutt und den Talsanden des Spree-Urstromtales entstanden sind (SUKOPP, 1983).

Eine erhebliche Nährstoffzufuhr erfolgt durch Haustier-Exkremente, da z. B. ein Hund pro Tag durchschnittlich 0,7 l Urin und 150 g feste Exkremente produziert. Weitere Eutrophierungen beruhen auf achtlos verteilten Abfällen und Abwässern. Viele Privatgärten erhalten infolge intensiver Pflege, häufiger Bewässerung, Düngung und Pflanzenschutzmittel-Anwendung ungewöhnlich große Stoffzufuhren, die bisher nur aus Stichproben bekannt sind. Dazu trägt auch die abfallwirtschaftlich empfohlene Kompostierung von Haushaltsresten bei. Die auf diesem Weg in die Gärten gelangenden Nährstoffe übersteigen oft bei weitem den Bedarf der Böden und der Gartengewächse. Dennoch wirbt der Gartenbedarfshandel für Bewässerungs- oder Gießgeräte, die das Gießwasser durch Einsetzen von Düngertabletten in eine Nährlösung umwandeln.

628. Die Böden an inner- und außerstädtischen Verkehrsstraßen werden durch Reifen- und Straßenbelags-Abrieb, durch Abgas-Emissionen der Verbrennungsmotoren und die entsprechenden Immissionen, insbesondere Bleiverbindungen und organische Chemikalien, sowie durch Auftausalze belastet. Häufig sind Straßenrandböden stark alkalisiert und verdichtet (BLUME et al., 1978).

629. Eine weitere Gruppe stark kontaminierter Böden befindet sich an Standorten von Gewerbe- und Industriebetrieben, wo durch Unachtsamkeit, Unkenntnis oder Leichtfertigkeit Schadstoffe aus der Produktion und Produktionsabfälle auf und in den Boden gelangten oder gebracht wurden. Solche kontaminierten Standorte liegen vor allem auf umgewidmeten Flächen früherer Betriebsanlagen wie Gaswerken, Farbenfabriken, Metallverarbeitungen, Kokereien, Gerbereien, Schlachthöfen, Tankstellen und Schrottplätzen; sie sind z. T. nur ungenügend bekannt und bedürfen einer systematischen Erfassung. Auch heute noch werden — wenn auch in geringerem Umfang — städtische Böden aus oft gleichen Ursachen mit Schadstoffen kontaminiert, weil die Aufmerksamkeit zunächst auf die Vermeidung von Emissionen in Luft und Wasser gerichtet war.

630. Da die Verdichtungsräume die Hauptquellen von Emissionen aller Art, d. h. von festen, flüssigen und gasförmigen Abfallstoffen sind, und ein großer Teil von diesen als Nah-Immissionen im Quellenbereich verbleibt, sind die nicht durch Überbauung betroffenen Böden in Verdichtungsräumen insgesamt erheblich stärker belastet als alle anderen Böden. KLOKE (1977) hatte die Fläche der derartig stark belasteten Böden auf 7 % der Bundesfläche geschätzt und gemahnt, daß auf diesen Böden wegen der Gefahr der Kontamination von Nahrungsmitteln keine landwirtschaftliche Produktion mehr stattfinden dürfe. Drei Jahre vorher hatte FRITZ (1978) noch geäußert: „Nach Abwägung aller Faktoren und zu erwartender Verbesserungen halte ich gegenwärtig die Luftverschmutzung im Ballungsgebiet **nicht** für einen Grund, den Anbau von Nahrungspflanzen zu unterbinden oder zu reduzieren" (Hervorhebung vom Rat). KLOKE's Äußerung macht dagegen die hier drohenden Gefahren deutlich. Allerdings ist die Interpretation, daß 7 % der Fläche der Bundesrepublik sofort aus der landwirtschaftlichen Produktion genommen werden müßten, insofern falsch, als nur auf einem Teil dieser 7 % tatsächlich eine solche Produktion erfolgt; der vermutlich größere Teil wird von Wäldern oder Grünanlagen eingenommen.

2.2.4.6 Belastung der Böden durch Abgrabung und Ablagerung

631. Abgrabungen dienen in erster Linie zur Gewinnung von Baumaterial wie Sand, Kies, Ziegeleiton oder verschiedener Gesteine und stehen daher im unmittelbaren räumlichen Zusammenhang mit Baugebieten. Genau wie bei der Errichtung von Bauwerken sind sie unvermeidlich mit Beseitigung oder Zerstörung des gewachsenen Bodens verbunden; für den Schutz des Mutterbodens gilt das bereits Gesagte in Tz. 622. Während Abbaustätten nach Beendigung des Abbaues früher in der Regel sich selbst überlassen blieben und, sofern sie sich nicht mit Grundwasser füllten und zu Gewässern wurden, eine spontane Besiedlung mit Pflanzen und damit eine neue Bodenbildung erlebten, werden sie heute aufgrund besonderer Vereinbarungen oder rechtlicher Vorschriften in der Regel rekultiviert. Besonders bekannt sind die umfangreichen Rekultivierungen im rheinischen Braunkohle-Abbaugebiet (Deutscher Rat für Landespflege, 1964), wo durch Aufschüttung bestimmter, für den Pflanzenwuchs besonders geeigneter Substrate auch Voraussetzungen für eine neue Bodenbildung geschaffen wurden. Rekultivierungen von Abbaustätten sind aber eher eine Frage des Naturschutzes und der Landschaftspflege und weniger des Bodenschutzes.

632. Sogenannte Rohböden, die infolge von Abgrabungen hinterlassen werden, stellen wichtige Lebensräume für zahlreiche hochspezialisierte Tier- und Pflanzenarten dar. Aus der Sicht des Artenschutzes sind diese Böden oftmals durchaus erwünscht.

633. Die Nutzung von Flächen für Ablagerungen bzw. Deponien aller Art bedeutet ebenfalls Bodenzerstörung, ganz gleich ob der gewachsene Boden bei der Anlage einer Deponie ausgehoben und verlagert, oder ob er einfach überschüttet wird. Auch hier wären die Vorschriften des Baugesetzbuches über den Mutterbodenschutz anzuwenden (Tz. 622).

634. Auch Deponien können Ansätze einer neuen Bodenbildung darstellen, wenn sie keine biologisch schädlichen Stoffe enthalten und sachgerecht angelegt und bepflanzt werden. Alte, unsachgemäß angelegte Deponien, die mit Abfallstoffen jeder Art einschließlich gefährlicher Substanzen beschickt wurden, sog. „Altlasten", stellen weniger eine Boden- als eine Grundwassergefährdung dar. Streng genommen sind Altlasten überhaupt kein Bodenschutzproblem, da Böden im Sinne der anfangs gegebenen Definition an Deponiestandorten nicht mehr vorhanden sind. Andererseits breiten sich Schadstoffe im Boden bzw. Substrat ohne Transportmittel nicht aus und bleiben daher auf den Ablagerungsort beschränkt — ein Prinzip, auf dem die Unschädlichmachung von Stoffen durch „Endlagerung" beruht. Häufig steht aber als Transportmittel Sickerwasser zur Verfügung, das Schadstoffe in das Grundwasser und von dort auch in Oberflächengewässer transportiert und dadurch ihre weitere Ausbreitung herbeiführt und zudem das Grundwasser und Oberflächengewässer verunreinigt und vergiftet. Hier liegt die hauptsächliche Gefahr der Altlasten. Außerdem können auf bepflanzten oder bewachsenen Deponien Schadstoffe von den Pflanzenwurzeln aufgenommen werden und dadurch in die Nahrungsketten übertreten, was ebenfalls zu unerwünschten Belastungen oder Vergiftungen führen kann. Die in einer Deponie auftretenden chemischen Umsetzungen können ferner zur Entstehung von Gasen wie z. B. Methan führen, die sich einen Weg zur Oberfläche bahnen, dort wachsende Pflanzen schädigen und die Luft belasten. Je Tonne Müll ist innerhalb von 20 Jahren mit bis zu 350 m^3 Gas mit 40–50 % Methan zu rechnen. Gelegentlich werden die Deponiegase gesammelt und energetisch genutzt

(Tz. 2010); diese Art der Unschädlichmachung ist im Rahmen des Möglichen anzustreben. Außerdem führen die chemischen Prozesse der Müllzersetzung häufig zu einer starken Erwärmung des Substrates (SUKOPP, 1983).

SUKOPP (1983) geht auch ausführlich auf die Auswirkungen von Deponien auf die benachbarten Standorte mit ihren Böden und Pflanzen sowie auf die Bepflanzung von Mülldeponien ein. Diese ist erwünscht, weil sie die Voraussetzung für eine neue Bodenbildung darstellt. Es muß allerdings dafür Sorge getragen werden, daß die im Müll enthaltenen Schadstoffe nicht in diese Bodenbildung einbezogen werden.

2.2.4.7 Belastung nicht genutzter Böden

635. Nicht oder höchstens gelegentlich genutzte Böden stellen sich in der Landschaft entweder als Brachflächen mit verschiedenen Stadien einer spontanen Vegetationsentwicklung oder als aus Naturschutzgründen ausgewiesene naturbetonte Ökosysteme bzw. Biotope dar. Hier bilden Böden und Pflanzenbestände eine Einheit, so daß Bodenschutz- und Naturschutz-Maßnahmen sich weitgehend decken. Zu den häufigen Beeinträchtigungen, die sich auf Vegetation und Böden schädlich auswirken, gehören wilde Abfall-Ablagerungen in naturbetonten Biotopen, die dort lebende Pflanzen und Tiere direkt schädigen oder aber die stoffliche Zusammensetzung der Böden beeinträchtigen. Die zunehmende Belastung bestimmter naturbetonter Ökosysteme durch Freizeit- und Erholungs-Aktivitäten stellt eine weitere Gefährdungskategorie dar (Kap. 3.5). Die Böden werden dabei durch Eutrophierung und auch durch Verdichtung (Trittbelastung) beeinträchtigt.

636. Die hauptsächliche und am weitesten verbreitete Gefährdung ungenutzter Böden erfolgt durch die diffuse Ausbreitung und den Eintrag von Luftschadstoffen. Besonders gefährdet sind von Natur aus nährstoffarme (oligotrophe) Böden, die durch die düngende Wirkung von Stoffeinträgen, insbesondere Stickstoff-Verbindungen, unwiederbringlich verändert werden. Nach KOWARIK und SUKOPP (1984) sowie ELLENBERG (1986) ist die Veränderung der Bodenchemie durch Luftverunreinigungen eine wesentliche Ursache für den Artenrückgang. Auch der Rat hat in seinem Sondergutachten „Waldschäden und Luftverunreinigungen" (SRU, 1983, Tz. 350, 362) auf diese Beeinträchtigungen und Veränderungen der Böden naturbetonter Biotope ausdrücklich hingewiesen.

2.2.5 Schlußfolgerungen und Empfehlungen

637. Zusammenfassend stellt der Rat zum Problem des Bodenschutzes fest: Mit der Erfüllung der genannten drei Hauptfunktionen der Böden aus der Sicht des Naturhaushaltes, nämlich der Regelung, der Produktion und des Lebensraumes der Bodenlebewesen, gehören die Böden zur unverzichtbaren Grundlage aller Lebensvorgänge. Allein hierauf kann sich ein umweltpolitisch konzipierter Bodenschutz gründen. Die Bodenschutzkonzeption der Bundesregierung nennt daneben noch weitere Bodenfunktionen, die beim Schutz des Bodens zu beachten seien, nämlich Träger von Bodenschätzen sowie Siedlungs- und Wirtschaftsfläche, und sie vertritt dabei die Auffassung, daß es grundsätzlich keine Vorrangstellung der einen Funktion des Bodens gegenüber anderen Funktionen gibt (DIETRICH, 1986). Dazu weist der Rat darauf hin, daß die Nutzung als Siedlungsfläche der Erfüllung der drei naturhaushaltlichen Funktionen in der Regel zuwiderläuft, weil Böden oder Teile von ihnen durch Inanspruchnahme für Siedlungszwecke nachteilig verändert, oft sogar zerstört oder beseitigt werden. Dasselbe gilt für die Aussage der Bodenschutzkonzeption „Die Sicherung der Zugriffsmöglichkeiten auf Rohstoffvorräte gehört zu den Aufgaben des Bodenschutzes" (BMI, 1985). Wird der Zugriff verwirklicht, so bedeutet er Beseitigung derjenigen Bodenbereiche, die die naturhaushaltlichen Funktionen tragen; er ist daher unvereinbar mit einem ökologisch begründeten Bodenschutz.

638. Ergänzend weist der Rat darauf hin, daß es in der allgemeinen Bodenschutz-Diskussion häufig nicht um den Schutz des Bodens als solchen geht, sondern um den Schutz der von den Böden abhängigen oder von ihnen beeinflußten anderen Umweltbereiche. Hier ist an erster Stelle der Grundwasserschutz zu nennen. Viele Bodenschutz-Vorschläge gelten genaugenommen dem Grundwasserschutz und gehen von der durch die Böden bedingten Grundwasserbildung und von der Schutzfunktion der Böden für das Grundwasser aus. Grundwasserbeeinträchtigungen, z. B. Nitrat-Eintrag, verweisen auf eine Überforderung oder Störung der Schutzfunktion des Bodens, stellen aber in der Regel keine schwerwiegende Bodenschädigung dar.

639. Ebenso ist eine Beeinträchtigung der vom Boden ausgehenden Nahrungsketten vom eigentlichen Bodenschutz zu unterscheiden. Die Bindungsfähigkeit der Böden für die verschiedensten Stoffe, darunter Schadstoffe, ist eine wesentliche Bodenfunktion und als solche grundsätzlich nützlich und erhaltenswert. Die Auffindung einer geringen Menge eines Schadstoffes im Boden mittels empfindlicher Analysemethoden muß nicht in jedem Fall eine Gefährdung der Nahrungskette bedeuten. Diese liegt erst vor, wenn der Stoff mobil ist, in Wurzeln, Sprosse und Blätter bzw. Früchte von Pflanzen übertritt und von dort an Tiere und den Menschen weitergegeben wird. Nur wo Böden dicht mit bodenverzehrenden Tieren, insbesondere Regenwürmern, besiedelt sind, können Bodenschadstoffe regelmäßig in die Nahrungskette gelangen (KÜHLE, 1986). Eine weitere Verbindung zur Nahrungskette wird geschaffen, wenn durch Spritzwasser an der Bodenoberfläche, z. B. bei heftig aufprallenden Regentropfen, Bodenpartikel an oberirdische Pflanzenteile geschleudert werden und diese mitsamt der Verschmutzung von pflanzenverzehrenden Tieren abgeweidet werden. Die durch Weidetiere mit den Pflanzen aufgenommene Boden- und Schmutzmenge — die allerdings zum Teil auch oberirdischer Herkunft ist — wird auf 6—30 % des Trockengewichtes des Futters veranschlagt.

640. In jedem Fall bedürfen die Stoffgehalte der Böden einer ständigen, gezielten Überwachung, wie sie durch Bodenkataster angestrebt wird und zum Teil bereits erfolgt. Das Schwergewicht der Überwachung muß dabei auf der Feststellung von Veränderungen von Stoffgehalten und von Mobilisierungen gebundener Stoffe liegen.

641. Mit diesen Ergänzungen bzw. Modifikationen ist die Bodenschutzkonzeption der Bundesregierung eine sehr gute Grundlage für konkrete Bodenschutzmaßnahmen im Rahmen des Umweltschutzes. Der Rat erwartet, daß solche Maßnahmen von Bund und Ländern — die dazu bereits Vorbereitungen getroffen haben (siehe z. B. das Bodenschutzprogramm von Baden-Württemberg vom 1. Dezember 1986) — baldmöglichst durchgeführt werden. Er hält ein besonderes Bodenschutzgesetz allerdings nicht für erforderlich, zumal sich eine umfassende Zuständigkeit des Bundesgesetzgebers für den Bodenschutz dem Grundgesetz nicht entnehmen läßt. Wesentliche Bodenschutzziele können bereits durch konsequenteren Vollzug oder durch Verbesserung bestehender gesetzlicher Vorschriften verwirklicht werden. Im Vordergrund stehen hier die Regelungen des Immissionsschutz- und des Wasserrechtes, des Abfallrechtes und des Naturschutzrechtes; hinzu kommen Sondergebiete wie das Düngemittel- und das Pflanzenschutzrecht, teilweise auch das Bauplanungs- und Bauordnungsrecht.

642. Innerhalb dieser Umweltrechtsgebiete sind jeweils einschlägige Bodenschutzziele zu konkretisieren und mit zu berücksichtigen. Die zügige Senkung aller Emissionen und die Vermeidung von Abfällen verringern in jedem Falle auch die Belastung der Böden. Im Wasserrecht müssen geeignete Maßnahmen getroffen werden, um einer Schädigung des Denitrifikationsvermögens des Unterbodens zu begegnen. Im Pflanzenschutzrecht ist Vorsorge gegen eine Anreicherung von „verborgenen Rückständen" von Pflanzenschutzmitteln in den Böden zu treffen. Letztlich bleiben nur zwei Gefährdungen der Böden, denen man mit dem geltenden Recht noch nicht ausreichend beikommen kann: die Bodenerosion und die Bodenverdichtung. Diese machen das Erfordernis der Regelung und Überwachung des landwirtschaftlichen Umgangs mit den Böden deutlich, der etwa die Hälfte der Bodenfläche der Bundesrepublik betrifft. Der Rat verweist hierzu auf die Vorschläge, die er im Sondergutachten „Umweltprobleme der Landwirtschaft" (SRU, 1985, Kap. 5) gemacht und begründet hat, vor allem auf die Änderung der Landwirtschaftsklauseln und die Erarbeitung von Regeln ordnungsgemäßer Landbewirtschaftung.

643. Davon abgesehen muß immer wieder in Erinnerung gerufen werden, daß Überbauung, Abgrabung und Ablagerung ihrem Wesen nach die Erhaltung gewachsener Böden und die Aufrechterhaltung der Bodenfunktionen (Abschn. 2.2.3) ausschließen und daher im Sinne des Bodenschutzes zukünftig strengen Maßstäben zu unterwerfen sind.

2.3 Luftbelastung und Luftreinhaltung

2.3.1 Entwicklung der Luftbelastung seit 1978

644. Um die Entwicklung der Luftbelastung in der Bundesrepublik Deutschland seit 1978 darzustellen, werden in diesem Kapitel

— der Stand der Messung und Überwachung der Luftbelastung behandelt (Abschn. 2.3.1.1),

— eine ausführliche Differenzierung der verschiedenen Luftschadstoffe vorgenommen (Abschn. 2.3.1.2),

— die Luftbelastung in besonderen Gebieten (Abschn. 2.3.1.3) sowie wichtige atmosphärische Belastungen allgemeiner Art erläutert (Abschn. 2.3.2).

Anschließend bewertet der Rat wichtige Instrumente der Luftreinhaltung seit 1978 (Abschn. 2.3.3) und leitet daraus seine Empfehlungen für die Luftreinhaltepolitik ab (Abschn. 2.3.4).

2.3.1.1 Stand der Immissionsüberwachung

2.3.1.1.1 Meßnetze in belasteten Gebieten

645. Die Immissionsüberwachung verfolgt zwei verschiedene Ziele und ist dementsprechend wie folgt organisiert:

— Flächenhafte Immissionsüberwachung soll allgemein Stand und Entwicklung der Luftverunreinigungen im Bundesgebiet feststellen. Um Grundlagen für Abwehr- und Vorsorgemaßnahmen zu gewinnen, haben die Länder in den von ihnen festgesetzten Belastungsgebieten Art und Umfang bestimmter Luftverunreinigungen in der Atmosphäre fortlaufend zu ermitteln (§ 44 Abs. 1 BImSchG).

— Anlagenbezogene Immissionsmessungen sollen feststellen, ob Errichtung, Beschaffenheit und Betrieb industrieller Anlagen bestimmten Anforderungen zum Schutz der Umwelt vor schädlichen Einwirkungen genügen (§§ 7, 23 BImSchG). Der Betreiber muß dazu Messungen nach einem durch Rechtsverordnung anerkannten Verfahren entweder selbst vornehmen oder durch eine anerkannte Stelle vornehmen lassen.

646. Anlagenbezogene Messungen spielen eine wichtige Rolle im Genehmigungsverfahren für neue oder erweiterte Industrieanlagen. Eine der Genehmigungsvoraussetzungen ist es, daß die in der TA Luft festgelegten Immissionsgrenzwerte in der Anlagenumgebung nicht überschritten werden. Zur Erfassung der in die Immissionsprognose eingehenden Vorbelastung müssen im Umkreis des Anlagenstandorts die Konzentrationen der im gegebenen Fall für die Entscheidung erheblichen Komponenten der Luftbelastung gemessen werden.

647. Für die von den Bundesländern in Belastungsgebieten durchzuführenden großflächigen Immissionsmessungen hat die 4. Allgemeine Verwaltungsvorschrift (1975) zum Bundes-Immissionsschutzgesetz einen bundeseinheitlichen Rahmen festgelegt. Ihr Ziel ist es weniger, eine hohe räumliche Auflösung der Immissionserfassung zu erreichen, wie das in anlagenbezogenen Messungen angestrebt wird, als vielmehr den allgemeinen Grad der Luftbelastung und ihre Trends zu erfassen, außerdem, soweit möglich, die Quellen weiträumiger Luftbelastung. Insofern dienen diese Messungen auch zur Erfolgskontrolle der in der Vergangenheit ergriffenen Maßnahmen zur Luftreinhaltung. Außerdem ermöglichen sie — z. B. als Grundlage für Smog-Warnsysteme — einen schnellen, möglichst zeitnahen Überblick über die Luftbelastungssituation.

648. Die Meßnetze der Bundesländer sind in ihrer Größe und in den Einzelheiten etwa gleichartig angelegt, so daß es gestattet ist, ihre Beschreibung am Beispiel des Landes Nordrhein-Westfalen vorzunehmen:

In Nordrhein-Westfalen betreibt die Landesanstalt für Immissionsschutz (LIS), Essen, ein Immissionsmeßnetz im Gebiet von Rhein und Ruhr mit einer Fläche von 4 000 km^2 und etwa 6 Millionen Einwohnern. Die Maschenweite dieses Netzes beträgt etwa 8 km. Da das Erfordernis einer möglichst zeitnahen Überwachung nur mit fortlaufenden Messungen erfüllt werden kann, werden die Komponenten Schwefeldioxid, Stickstoffoxide, Kohlenmonoxid, Ozon und Schwebstoffe in 42 kleinen, vollautomatischen Stationen gemessen. Diese sind in einem mehr oder weniger regelmäßigen Netz angeordnet und mit einem zentralen Rechner verbunden, dem sie jede Minute ihre Meßergebnisse übermitteln und der eine Echtzeit-Datenverarbeitung sowie Halbstunden- oder Tagesmittelwerte errechnet. Meteorologische Daten, wie Windgeschwindigkeit und Windrichtung, Sonnenschein, Niederschläge usw. werden ebenfalls gemessen (telemetrisches Echtzeit-Mehrkomponenten-Erfassungs-System TEMES).

649. Insgesamt werden in der Bundesrepublik Deutschland etwa 250 solcher automatischer Stationen betrieben.

Ein mittlerer Abstand von 8 km zwischen den automatischen Meßstationen ist groß, gemessen an der räumlichen Schwankung der verschiedenen Luftbelastungen. Man muß damit rechnen, daß es kleinere Gebiete gibt, in denen die Immissionsgrenzwerte überschritten werden, ohne daß die automatischen Stationen das anzeigen. Darum ist auch das ältere, seit 1962 bestehende System der ortsbeweglichen Stichprobenmessungen im 1 km-Netz beibehalten worden. Es erfaßt die Komponenten Schwefeldioxid, Stickstoffmonoxid, Stickstoffdioxid, Fluoride und Gesamt-Kohlenwasserstoffgehalt.

650. Über diese Komponenten hinaus gibt es noch eine Fülle weiterer Luftbelastungskomponenten, wie polyzyklische aromatische Kohlenwasserstoffe (PAH), andere organische Stoffe, wie das pflanzentoxische Äthen oder das krebsauslösende Benzol, oder auch Schwermetalle, deren Umweltbedeutung bekannt ist. Derzeit können diese Komponenten in Feldmessungen noch nicht mit ausreichender Genauigkeit automatisch gemessen werden. Deshalb müssen die Meßnetze um zusätzliche Meßprogramme ergänzt werden. Dazu gehört beispielsweise die Schwebstoff-Sammlung an über 50 Stationen, um sie auf Gehalte an Schwermetallen wie Blei, Zink, Cadmium, Kobalt, Chrom, Nickel, Quecksilber und Arsen zu untersuchen. Die organischen Bestandteile der Schwebstoffe werden auf 6 PAH untersucht. An den Standorten aller 42 automatischen Stationen werden im Jahresrhythmus von Hand Proben genommen und im Laboratorium auf 16 einzelne Kohlenwasserstoffe, wie Ethen, Benzol und Toluol, analysiert. Es ist geplant, in Kürze zusätzliche krebserzeugende organische Stoffe, wie Acrylnitril, Vinylchlorid und andere Kohlenwasserstoffe, in diese Liste aufzunehmen.

Wegen der schwerwiegenden Rechts- und Kostenfolgen falscher Messungen werden große Anstrengungen unternommen, die Qualität dieser Messungen zu sichern (nach BUCK und BRUCKMANN, 1984).

651. Eine gedrängte Übersicht über den Umfang der Immissionsmeßnetze der Länder und die dort erfaßten Meßgrößen gibt nach dem Stand von Ende 1983 die Tabelle 2.3.1. Sie enthält auch die beiden bundesweiten Meßnetze des Umweltbundesamtes und der Kernforschungsanlage Jülich (KFA). Städte, in denen von den Ländern an mehr als einer Station fortlaufend langfristige Messungen durchgeführt werden, sind namentlich genannt. Orte mit nur einer Station werden unter dem Begriff „Einzelstationen" für jedes Land zusammengefaßt. Nur Orte, in denen ausschließlich der Staubniederschlag gemessen wird, werden auch bei mehr als einer Meßstelle nicht namentlich aufgeführt.

Die Meßstationen sind einem schnellen Wandel durch Um- oder Erweiterungsbau unterworfen.

Das Meßnetz des Umweltbundesamtes ist aus dem in den 60er Jahren von der DFG betriebenen Meßnetz entstanden und umfaßt heute 5 Meßstationen und 10 Probenahmestellen in emittentenfernen Gebieten, außerdem als Zentralstelle eine „Pilotstation" in Frankfurt. Die Messungen des UBA-Meßnetzes erfaßten zunächst nur die Komponenten Schwefeldioxid, Stickstoffdioxid, Staub, Schwefel im Staub und Niederschlagsbestandteile, wurden aber in der Zwischenzeit auf weitere Komponenten (z. B. Ozon) ausgeweitet. Im Zuge der laufenden Änderungen sollen auch die Probenahmestellen das ganze Meßprogramm der Meßstationen übernehmen. Das KFA-Meßnetz umfaßt zur Zeit 17 Depositionsmeßstellen im ganzen Bundesgebiet.

2.3.1.1.2 Messungen in emittentenfernen Gebieten

652. Seit 1979 sind diese Messungen unter dem Eindruck der neuartigen Waldschäden durch mehrere Programme verschiedener Bundesländer zur Erfassung der Immissionsbelastung in Waldgebieten ergänzt worden. Im 3. Bericht des BMFT (1985) „Umweltforschung zu Waldschäden" sind die Programme der Bundesländer zusammengefaßt. Abbildung 2.3.1 zeigt neben den Luftmeßnetzen der Länder auch die geographische Lage der Wald- und „Reinluft"-Meßstellen im Bundesgebiet. Folgende Meßobjekte werden dabei z. Zt. vorrangig erfaßt:

— Schadstoffkonzentrationen in der Luft (fortlaufend aufzeichnend und mittels Stichproben): Schwefeldioxid, Stickstoffmonoxid, Stickstoffdioxid, Ozon und Schwebstaub,

— Schadstoffdepositionen (trocken, naß): Sulfat, Nitrat, Wasserstoff, Ammonium, Chlorid, Fluorid, Magnesium, Calcium, Kalium, Natrium, Aluminium sowie die Schwermetalle Blei, Cadmium, Zink und ggf. auch Mangan, Kobalt, Chrom und Eisen,

— die passive Aufnahme von Schadstoffen, z. B. mittels Immissionsratenmeßapparatur (IRMA) bzw. anderer massenstromproportionaler Meßverfahren oder Bioindikationsverfahren (standardisierte Graskulturen, Moose, Rotklee, Nadelanalysen bei Fichten): Sulfat, Nitrat, Fluorid, Chlorid, Schwermetalle,

— meteorologische Parameter: Windrichtung und -geschwindigkeit, Globalstrahlung oder Strahlungsbilanz, Temperatur, Feuchte, Niederschlagsmenge und -zeit.

653. Von den verschiedenen Komponenten liegen höchst unterschiedliche Zeitreihen vor. Zeitreihen, die Trendaussagen erlauben, sind für Schwefeldioxid, Stickstoffdioxid, Staub und einige Niederschlagskomponenten, wie pH-Wert, Sulfat, Nitrat und Ammonium nur in begrenztem Umfang verfügbar. Man versucht auch, den Eintrag von Luftverunreinigungen durch Nebelniederschlag und Rauhreif festzustellen (BMFT, 1985).

2.3.1.1.3 Bewertung

654. Einen Überblick über die geographische Verteilung der Luftmeßnetze liefert Abbildung 2.3.1. Die Raster der von den Bundesländern betriebenen Immissionsmeßnetze in den belasteten Gebieten können als zweckmäßig eingerichtet angesehen werden. Das Meßnetz des Umweltbundesamtes hat sich in seiner räumlichen Verteilung zwar eher historisch-zufällig ergeben, zusammen mit den inzwischen von den Ländern eingerichteten Meßstationen und Sonderprogrammen in emittentenfernen Gebieten deckt es aber das Bundesgebiet im wesentlichen ab. Auffällig ist allerdings eine großflächige Lücke im norddeutschen Raum.

Der Umfang der in den Immissionsmeßnetzen und -stationen erfaßten Meßobjekte ist mittlerweile sehr groß. Lücken bestehen jedoch nach wie vor in der Kenntnis der Luftbelastung mit Ammoniak im ländlichen Raum und mit Kohlenwasserstoffen.

Tabelle 2.3.1

Behördlich betriebene, ortsfeste Meßstationen in der Bundesrepublik Deutschland
(ohne Schadstoffmessungen in Waldgebieten)
Stand: Ende 1983

Bundesland Region	Meßobjekte																		Zuständige Behörde bzw. Forschungs-einrichtung
	SO_2	NO NO_2	CO	CH	CH_{NM}	O_3	H_2S	Schwebstoffe					Niederschlag					
								Staub	Pb	Cd	Zn	BaP	Staub	Pb	Cd	pH	Anion	Met
Baden-Württemberg	24	21	13		10			21					88				14	15	Land
Stuttgart	6	3	4		3			4					62					3	2 Stationen Stadt Stuttgart
Mannheim	3	3	3		2			3					14				14	1	
Karlsruhe	3	3	3		2			2					12					2	
Einzelstationen ...	12	12	3		3			12											
Bayern	63	19	36	13	20	7	7	37					33	25	25	25	25	29	Land
Aschaffenburg ...	3	1	1	1		1	2	1					2	1	1	1	1	1	
Augsburg	2	1	2	1	1								1	1	1	1	1	2	
Burghausen	2	1	1		1		1	1					1					2	
Ingolstadt-Kelheim .	13	1	3	2	3		4	2					3	2	2	2	2	3	
München	10	7	10		6	2		5					10	10	10	10	10	2	
Nürnberg-Erlangen	11	5	3	3	2	1		7					4	4	4	4	4	2	
Regensburg	2		1		1			2					1	1	1	1	1	1	
Würzburg	3	1	2	1	1			2					2	1	1	1	1	1	
Einzelstationen ...	17	2	11	5	5	2		16					9	5	5	5	5	16	
Berlin (West)	34	2	12					10					252				2	2	
	31	1	10					9					250						Land
	3	1	2					1					2				2	2	Bundesgesundheitsamt
Bremen																			
Hamburg	7	7	3		3	3		7										7	Land
Hessen	20	18	18		8	4		37	28	28			557						Land
Untermain	8	7	7		4	2		20	15	15			378						
Rhein-Main	4	3	3		2	1		3	2	2			58						
Kassel	3	3	3		1	1		4	3	3			80						
Wetzlar	1	1	1					3	2	2			41						
Einzelstationen ...	4	4	4		1			7	6	6									
Niedersachsen ...	25	25	6		25	3		25	8	8			86	86	86			25	Land
Hannover	6	6	1		6	2		6										6	
Oker-Harlingerode .	5	5	1		5			5	5	5			52	52				5	
Braunschweig	5	5	1		5	1		5										5	
Nordenham	3	3	1		3			3	3	3			34	34	34			3	
Peine	3	3	1		3			3										3	
Emden	3	3	1		3			3											
Nordrhein-Westfalen	47	43	28	4		14		122	45	45	45	35	3166[1]	1567[1]	1567[1]		2626[2]	12	Land
Ruhrgebiet-West ...	11	10	6			2		32	21	21	21	12	624	624	624		624	3	
Ruhrgebiet-Mitte ..	11	10	8			2		28	17	17	17		729	729	729		729		
Ruhrgebiet-Ost ...	6	5	5			1		23	17	17	17		569				569		
Rheinschiene-Mitte .	4	4	3			1		14	10	10	10	10	214	214	214		214	2	
Rheinschiene-Süd .	7	8	5			3		23	15	15	15	13	490				490	3	
	6	4	1	4		3												4	Stadt Köln
Einzelstationen/ -gebiete	2	2				2		2					540 (4)						
Rheinland-Pfalz ...	6	6	12		6	2		6										2	Land
Mainz-Budenheim .	3	3	6		3	1		3										1	
Ludwigshafen-Frankenthal	3	3	6		3	1		3										1	
Saarland	11	3	3	3		2		7	2				358	77				3	Land
Saarbrücken Dilling.	9	3	3	3		2		6	1				223					3	
Neunkirchen														58					
Habkirchen/Bliesgau								1	1				77	77					
Einzelstationen ...	2																		
Schleswig-Holstein .	7	7			7	7		7										7	Land
Brunsbüttel	2	2			2	2		2											
Einzelstationen ...	5	5			5	5		5										5	
Bundesweite Meßnetze																			
UBA-Meßnetz	17	8	3		2			18	8	8			5	5	5	5	5	6	Bund
Meßstationen	5	5[3]						5	5	5			5	5	5	5	5	5	
Probenahmestellen .	10							10											
kl. Feldberg/Taunus								1	1	1									
Frankfurt/Stadt	2	3	3		2			2	2	2								1	
KfA-Meßnetz														12	12	12	12		KfA Jülich
Summe	261	159	134	17	72	54	7	297	91	89	45	35	4557	1772	1695	44	[2]	106	

[1]) Anzahl der 1 km × 1-km-Flächen   [2]) Im 5-Jahres-Rhythmus wird jeweils ein Belastungsgebiet ausgemessen   [3]) Nur NO_2 [4]) In 5 Gebieten
Anion: Anionen (SO_4^{2-}, Cl^-, ...)   Met. — Meteorologische Meßgrößen CH_{NM}-Kohlenwasserstoffe ohne Methan   BaP: Benzo-a-Pyren
Quelle: UBA, 1984a

Abbildung 2.3.1

Luftmeßnetze in der Bundesrepublik Deutschland

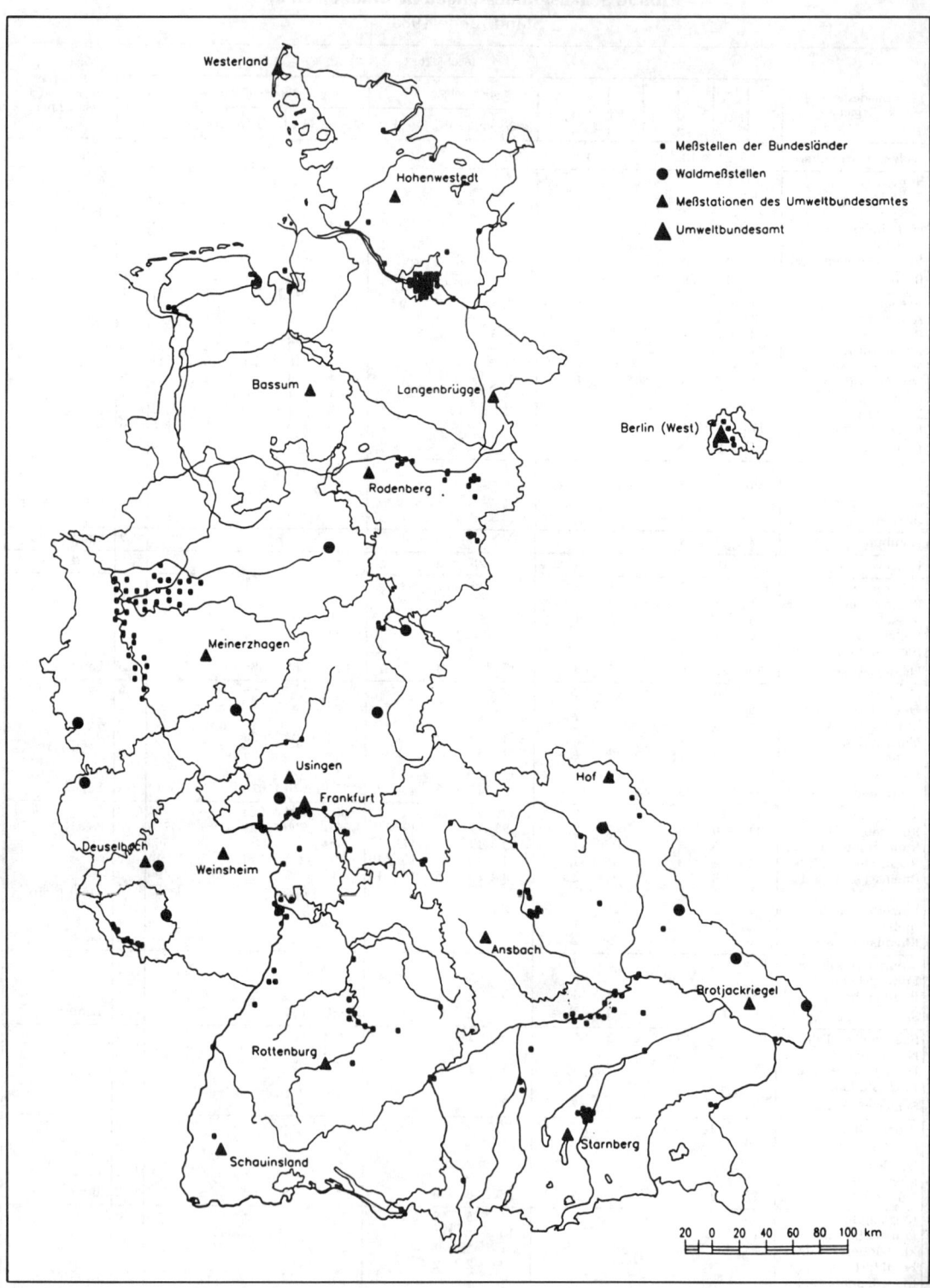

- • Meßstellen der Bundesländer
- ● Waldmeßstellen
- ▲ Meßstationen des Umweltbundesamtes
- ▲ Umweltbundesamt

Quelle: UBA, 1986a

655. Die Länder veröffentlichen Monatsberichte ihrer Meßergebnisse und tauschen sie gegenseitig aus. In unregelmäßigen Abständen werden auch Zusammenfassungen, z. B. durch den Forschungsbeirat Waldschäden/Luftverunreinigungen des BMFT, veröffentlicht. Es fehlt aber eine zentrale Stelle, die die Meßergebnisse sammelt, nach einheitlichen Gesichtspunkten formatiert speichert und in einheitlicher Form veröffentlicht.

Es ist deshalb zu begrüßen, daß die EG-Kommission in Brüssel in gewissem Umfang die Aufgaben einer solchen zentralen Stelle für die EG-Mitgliedsstaaten übernommen hat. Für bestimmte Komponenten (Schwefeldioxid, Schwebstaub, künftig auch Stickstoffoxide, Kohlenmonoxid, Ozon und Schwermetallstäube — Blei, Cadmium —) und bestimmte Meßstellen des Bundes und der Länder (in Ballungsgebieten und „Reinluft"-Gebieten) werden dem Umweltbundesamt die Meßwerte übermittelt, dort auf EG-Format gebracht und jahrgangsweise der EG-Kommission in Brüssel übersandt, die sie für weitere Auswertungen (z. B. europaweite Jahresberichte) speichert.

2.3.1.2 Allgemeine Übersicht der Belastungen

656. Die Luft über der Bundesrepublik Deutschland enthält in Abweichung von ihrer „natürlichen" Zusammensetzung verschiedene Verunreinigungen, die gasförmig oder als Aerosole vorkommen und insgesamt als „Luftbelastung" bezeichnet werden. Sie entstammen Emissionen aus unterschiedlichen Quellen oder „Emittenten" und wandeln sich in der Luft unter Einwirkung von Licht, Wärme, Luftfeuchtigkeit und chemischen Luftbestandteilen zu Immissionen um, die vielfältigen Transport-, Vermischungs- und weiteren Reaktionsprozessen unterliegen. Eine wichtige Rolle spielt dabei die Reaktion der luftverunreinigenden Stoffe mit den in der unteren Atmosphäre vorkommenden Wassertröpfchen verschiedener Größe, in denen sich die Stoffe lösen, verändern und — je nach den gegebenen Bedingungen — konzentrieren oder verdünnen, dabei auch den Säuregrad des Wassers beeinflussen. Wegen dieser vielen komplizierten atmosphärischen Vorgänge kann kein gesetzmäßiger Zusammenhang zwischen Emissionen und Immissionen hergestellt werden (SRU, 1983, Abb. 2.1).

657. Auf Grund der jeweiligen Immissionssituation kommt es zur Ablagerung (Deposition) von Luftverunreinigungen auf der Bodenoberfläche oder auf anderen festen Oberflächen, z. B. Blättern. Man unterscheidet eine „trockene" und eine „feuchte" Deposition. Die letztgenannte wird durch den zu Boden fallenden Niederschlag bedingt, der bereits bei seiner Bildung, z. B. in einer Wolke, Luftverunreinigungen aufnimmt und „sammelt", sodann beim Durchtritt durch die Atmosphäre die in den betroffenen Luftschichten enthaltenen Luftverunreinigungen „auswäscht" und ebenfalls zur Ablagerung bringt. Diese ist abhängig sowohl von der Konzentration der einzelnen Stoffe im Niederschlagswasser als auch vom zeitlichen Ablauf der Niederschlagsereignisse, d. h. der Niederschlagsrate. Niederschlagsrate und Rate der Stoffkonzentration verlaufen in der Regel gegenläufig, Niederschlagsrate und Schadstoffdeposition dagegen parallel. Die trockene Deposition vollzieht sich ohne Mitwirkung fallender Niederschläge, schließt aber auch die Deposition mit Nebel ein, die in nebelreichen Gebieten erheblich sein kann; insofern ist die Bezeichnung „trockene" Deposition etwas irreführend.

658. Die Belastung der Luft verändert sich mit Ort und Zeit. Die zeitliche Veränderlichkeit der Luftbelastung an einem festen Ort wird berücksichtigt durch die Angabe der „Häufigkeitsverteilung" der gemessenen Schadstoffkonzentration oder -niederschläge oder — wie in der Regel — durch einige wenige Kenngrößen dieser Häufigkeitsverteilung: Jahresmittelwert, 95-Perzentil, 98-Perzentil usw. Die kleinräumige Schwankung der Belastung ist Anlaß für die z. B. in der Meßplanung nach TA Luft vorgeschriebene Mittelung. Die regionalen Unterschiede in der Belastung der Luft können an sich nur in Katastern oder Kartierungen wiedergegeben werden.

Herkömmlicherweise behilft man sich mit einer groben Klassierung und kennzeichnet die Luftbelastung durch Bereichsangaben für „Ballungsräume", „belastete Gebiete" u. ä. bzw. für „ländliche Gebiete", „Reinluftgebiete" usw. Dabei werden als typisch für „Ballungsräume" die Ergebnisse aus den Meßnetzen der Länder angesehen, für „ländliche Gebiete" die der Stationen des UBA-Meßnetzes.

659. Diese unscharfe Verwendung von Begriffen gibt dem Rat Anlaß zu einigen klarstellenden Bemerkungen:

„Ballungsraum" und „ländliche Gebiete" lassen zunächst an landesplanerische Begriffe denken, die an die Merkmale der Bevölkerungs- und Arbeitsplatzdichte anknüpfen. So legte schon 1968 die Ministerkonferenz für Raumordnung „Verdichtungsräume" fest und zählte 24 Räume mit stärkerer Verdichtung (Bundestagsdrucksache V/3958 E) auf, in denen fast die Hälfte der Bundesbürger auf 7 % der Fläche des Bundesgebietes lebt (Abschn. 2.2.4.5).

Wenn der Rat Begriffe wie „Ballungsraum", „belastete Gebiete", „ländliche Gebiete" u. a. verwendet, so im Sinne, daß er auf das Merkmal der Immissionsbelastung zielt. Diese Begriffe sind mit denen der Raumordnung insofern verknüpft, als Hauptquellen der Emissionen die Verdichtungsräume sind und ein großer Teil dieser Emissionen dort als Nah-Immissionen verbleibt. Aber auch ländliche Räume können in bestimmten Fällen (z. B. Massentierhaltung) zu „belasteten Gebieten" werden.

660. Einen Überblick über die unterschiedliche Belastung mit zwei „Massenschadstoffen", Schwefeldioxid und Stickstoffoxide, und ihren Umwandlungsprodukten in den verschiedenen Gebietskategorien gibt Tabelle 2.3.2.

203

Tabelle 2.3.2

Anhaltswerte für die mittleren Immissionen (Jahresmittelwerte) von Schwefeldioxid, Stickstoffoxiden und ihren Umwandlungsprodukten in unterschiedlich belasteten Gebieten

Komponente	„Reinluft"-Gebiete	Ländliche Gebiete	Ballungsräume	Innenstadtbereiche u. ä.
Schwefeldioxid	5 µg/m³	5—40 µg/m³	30—100 µg/m³	140 µg/m³
Sulfatschwefel in Aerosolen		1—3 µg/m³	3—5 µg/³	
Schwefeldeposition		4—7 mg/m²d (naß: 2,5—5 mg/m²d)	8—15mg/m²d	
Stickstoffmonoxid	1 µg/m³	2 µg/m³	20—60 µg/m²d	70 µg/m³
Stickstoffdioxid	3—5 µg/m³	10—20 µg/m³	40—80 µg/m²d	70 µg/m³
Nitratstickstoff in Aerosolen		0,5—1 µg/m³	1—2 µg/m²	
Nitratstickstoff-Deposition		1,3—2,8 mg/m²d	1—4 mg/m²d	
Stickstoff-Deposition		5 mg/m²d	25 mg/m²d	

Quelle: SRU, Zusammenstellung aus verschiedenen Quellen

2.3.1.2.1 Schwefeldioxid und seine Umwandlungsprodukte

2.3.1.2.1.1 Schwefeldioxid-Immission

661. Nach der Übersicht in Abbildung 2.3.2 über die Kennwerte der Schwefeldioxidkonzentration[1]) im Mittel der Jahre 1979—1984 liegen für die Bundesrepublik Deutschland insgesamt die Langzeitwerte der Immissionskonzentration (Jahresmittelwerte) bis auf regional konzentrierte Schwerpunkte unterhalb von 60 µg/m³.

In Gebieten, die noch am ehesten als **„Reinluftgebiete"** anzusprechen sind (z. B. bestimmte Alpengegenden), liegen die Jahresmittel bei etwa 5 µg/m³ (vgl. Tabelle 2.3.2).

Bis zu 40 µg/m³ können sie in den **ländlichen Gebieten** ansteigen (UBA, 1985a; BMFT, 1985; JOST, 1984). 20 µg/m³ kann als typischer Wert angesehen werden (SRU, 1983). Hohe Monatsmittelwerte an den in ländlichen Gebieten gelegenen Stationen des UBA-Meßnetzes liegen bei etwa 60 µg/m³ (UBA, 1985a; UBA-Monatsberichte aus dem Meßnetz). Kurzzeitige Spitzen können 1 mg/m³ überschreiten (BMFT, 1985), vor allem in Gegenden, die hochbelasteter Luft aus Ballungsgebieten ausgesetzt sind. Die Entwicklung der Schwefeldioxid-Immission im ländlichen Bereich seit Mitte der 70er Jahre ist in Abbildung 2.3.3 dargestellt am Beispiel von fünf Stationen des UBA-Meßnetzes, die allerdings alle in einer Randlage der Bundesrepublik Deutschland liegen.

In **Ballungsräumen** liegt die mittlere Schwefeldioxid-Immission etwa zwischen 30 und 100 µg/m³ (BMFT, 1985). Als typisch können 60 µg/m³ angesehen werden. Kurzzeitbelastungen (98-Perzentil der Halbstundenwerte) liegen zwischen 70 und 1 000 µg/m³, typischerweise zwischen 200 und 300 µg/m³ (PFEFFER et al., 1985).

In den am höchsten belasteten Gebieten (z. B. Innenstadtbereichen) können die Jahresmittel bei 140 µg/m³ und höher liegen. In nordrhein-westfälischen Belastungsgebieten traten stellenweise Jahresmittelwerte von bis zu 160 µg/m³ auf. Halbstundenwerte an einzelnen Stationen erreichten Höhen von 1 200 µg/m³ (Bottrop 1982), ja sogar von 1 700 µg/m³ (Lünen–Brambauer 1981).

662. In den 60er Jahren wurde in den belasteten Gebieten ein erheblicher Rückgang der Schwefeldioxid-Immission gemessen, der sich mit Beginn der 70er Jahre verlangsamte.

Zwischenzeitlich zeigte die Mehrzahl der flächenbezogenen Jahresmittelwerte wechselnde Tendenz mit Anzeichen langfristigen Stillstands bei 70 bis 140 µg/m³. In den 80er Jahren trat — womöglich als Ergebnis verschärfter emissionsseitiger Anforderungen und nicht nur des meteorologischen Zufalls — eine erneute Abnahme der Schwefeldioxid-Belastung ein.

Dieses Bild bestätigen kontinuierlich und diskontinuierlich arbeitende Meßnetze im Rhein-Ruhr-Gebiet (Tabelle 2.3.3). Das über das gesamte Beurteilungsgebiet festgestellte Jahresmittel war bis 1970 auf 100 µg/m³ gesunken. Es folgte bis 1973 ein Zeitraum gleichbleibender Belastung. Danach schwankte die Immission zwischen 70 und 80 µg/m³. In dieser Zeit glichen sich die räumlichen Unterschiede in der Immission aus: Das Gebiet mit Immissionsjahresmitteln über 140 µg/m³ schrumpfte, die Fläche innerhalb der Belastungsstufe 70—140 µg/m³ vergrößerte sich hingegen (BUCK et. al., 1982a). Mit Beginn der 80er Jahre trat eine erneute Abnahme der Immissionskennwerte ein. 1983 ergaben sich für die flächenbezogenen Immissionskenngrößen (Jahresmittelwert I1V, 95 %-Summenhäufigkeitswert I2V) deutliche Absenkungen gegenüber dem Vorjahr. Der Anteil der 1 km²-Einheitsflächen, deren mittlere Belastung unter 70 µg/m³ lag, hatte sich von 78 % auf 95,6 % erhöht, der Rest lag unter 140 µg/m³. Kein Kurzzeit-

---
[1]) Diese Angaben beziehen sich üblicherweise auf „Normbedingungen", d. h. einen Druck von 1 013 hPa und eine Temperatur von 0 °C.

Abbildung 2.3.2

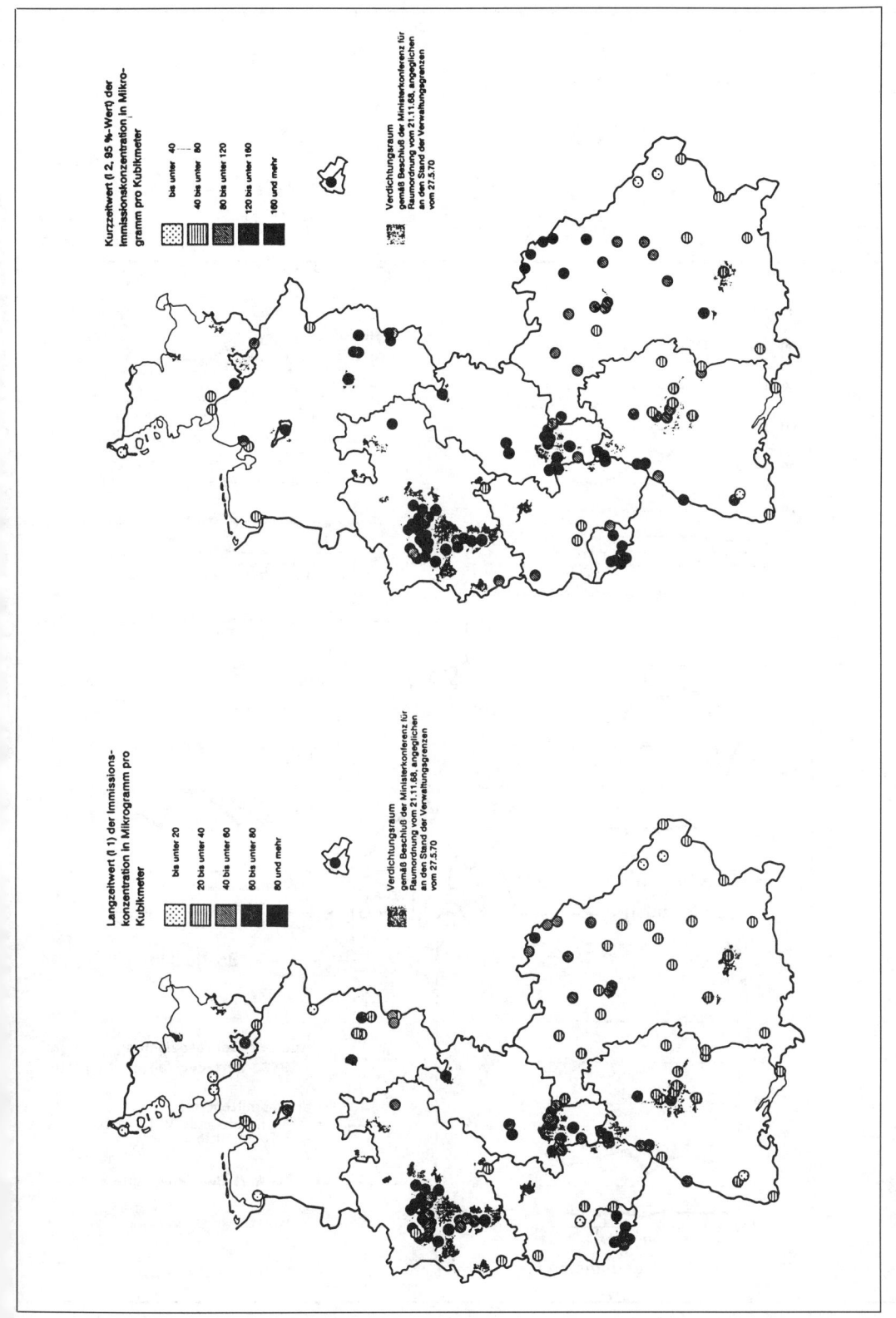

Schwefeldioxid-Immission 1979–1984: Langzeitwert I 1 und Kurzzeitwert I 2 (95 %-Wert)

Quelle: PETERS, 1985

Abbildung 2.3.3

Entwicklung der SO$_2$-Immission in ländlichen Gebieten: Ergebnisse aus dem Meßnetz des Umweltbundesamtes

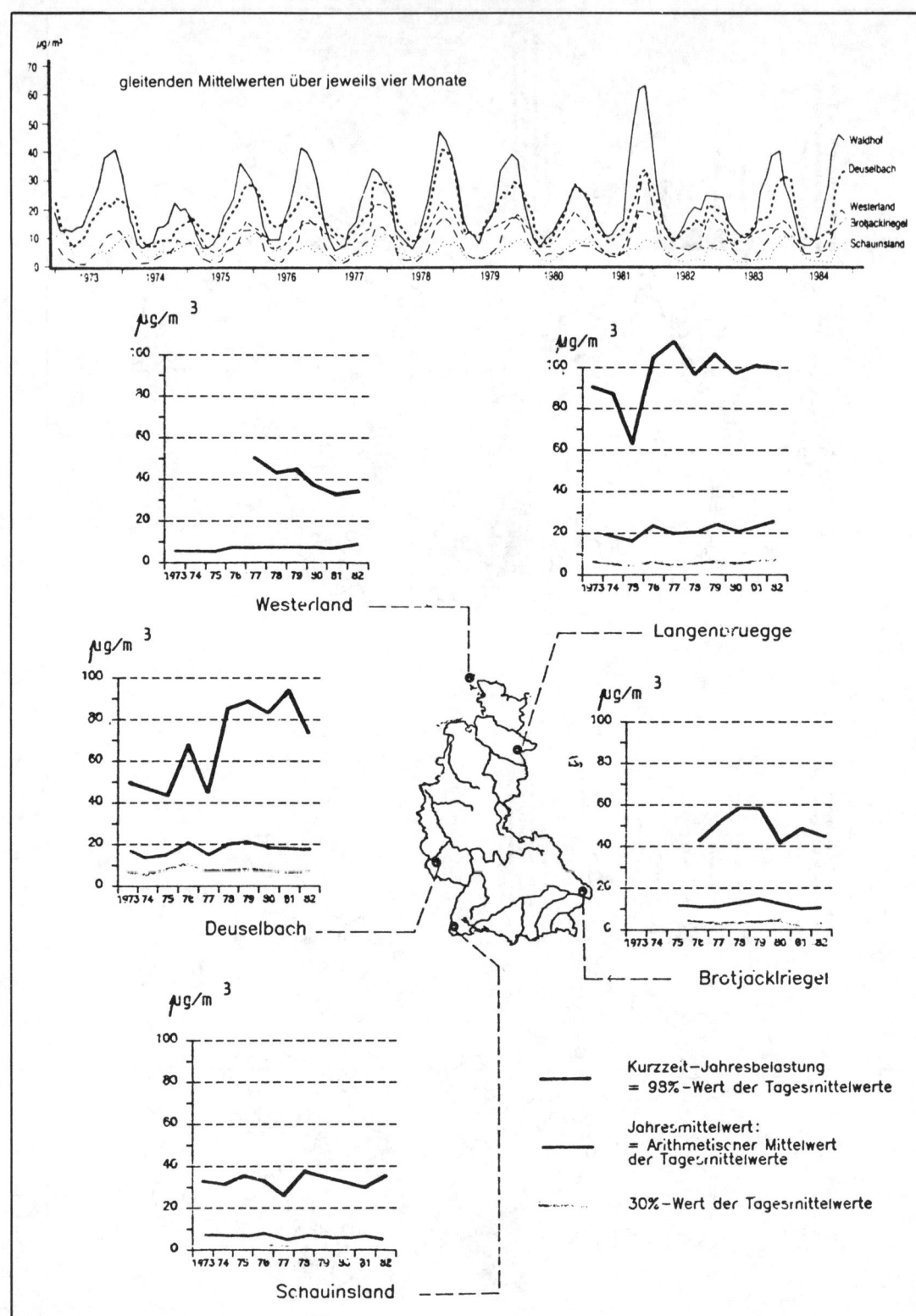

Quelle: PETERS, 1985; UBA, 1984a

Tabelle 2.3.3

Jahresmittelwerte (flächenbezogen) der Schwefeldioxid-Immission
(Angaben in mg/m³)

	Meßjahr																	
	1967	1968	1969	1970	1971	1972	1973	1974	1975	1976	1977	1978	1979	1980	1981	1982	1983	1984
Meßgebiet																		
Düsseldorf	0,09	0,09	0,10	0,09	0,09	0,08	0,07	0,05	0,05	0,07	0,06	0,06	0,08	—	—	0,05	0,05	0,04
Duisburg	0,13	0,14	0,15	0,14	0,14	0,15	0,15	0,13	0,13	0,12	0,10	0,11	0,09	0,08	0,07	0,08	0,06	0,06
Essen	0,11	0,12	0,12	0,10	0,11	0,11	0,09	0,08	0,08	0,08	0,07	0,07	0,07	0,06	0,06	0,05	0,06	0,05
Krefeld	0,08	0,12	0,11	0,10	0,10	0,09	0,08	0,07	0,07	0,10	0,06	0,08	0,08	0,06	0,07	0,07	0,05	0,06
Mülheim-Ruhr	0,11	0,12	0,13	0,11	0,11	0,11	0,11	0,09	0,09	0,06	0,06	0,06	0,06	0,05	0,05	0,05	0,05	0,05
Oberhausen	0,16	0,14	0,15	0,13	0,16	0,17	0,17	0,13	0,15	0,09	0,08	0,08	0,10	0,09	0,07	0,08	0,05	0,06
Kr. Mettmann	0,06	0,07	0,08	0,07	0,07	0,06	0,06	0,05	0,05	0,07	0,06	0,06	0,08	—	—	0,04	0,04	0,04
Kr. Neuss	0,07	0,08	0,09	0,08	0,08	0,08	0,06	0,04	0,04	0,06	0,05	0,05	0,07	0,06	0,06	0,05	0,04	0,04
Kr. Wesel	0,09	0,10	0,11	0,09	0,08	0,08	0,08	0,07	0,08	0,11	0,10	0,10	0,09	0,06	0,06	0,06	0,04	0,05
Köln	0,08	0,08	0,09	0,09	0,09	0,08	0,07	0,06	0,07	0,09	0,07	0,07	0,08	0,07	0,07	0,06	0,06	0,05
Leverkusen	0,07	0,07	0,08	0,08	0,09	0,07	0,07	0,06	0,06	0,08	0,07	0,07	0,07	0,08	0,06	0,05	0,05	0,04
Erft-Kreis	0,06	0,06	0,08	0,06	0,08	0,07	0,07	0,06	0,06	0,06	0,05	0,06	0,08	0,05	0,06	0,06	0,06	0,05
Bottrop	0,12	0,12	0,12	0,11	0,11	0,11	0,10	0,09	0,09	0,08	0,09	0,09	0,10	0,08	0,07	0,07	0,06	0,06
Gelsenkirchen	0,15	0,17	0,15	0,14	0,12	0,11	0,12	0,11	0,10	0,10	0,09	0,09	0,09	0,09	0,08	0,08	0,06	0,06
Kr. Recklinghausen	0,12	0,10	0,11	0,10	0,09	0,08	0,08	0,09	0,08	0,07	0,09	0,09	0,09	0,08	0,06	0,07	0,05	0,06
Bochum	0,12	0,12	0,13	0,09	0,10	0,10	0,09	0,07	0,07	0,07	0,05	0,05	—	—	—	0,06	0,05	0,05
Dortmund	0,14	0,11	0,12	0,11	0,11	0,09	0,10	0,07	0,07	0,07	0,05	0,06	—	—	—	0,06	0,06	0,05
Hagen-Westfalen	0,07	0,07	0,08	0,06	0,07	0,06	0,07	0,05	0,05	—	0,04	0,07	—	—	—	0,05	0,04	0,03
Herne	0,17	0,16	0,15	0,12	0,13	0,13	0,12	0,10	0,10	0,09	0,07	0,08	0,07	0,08	0,09	0,09	0,07	0,07
Kr. Unna	0,10	0,09	0,09	0,09	0,08	0,07	0,08	0,06	0,06	0,04	0,05	0,07	—	—	—	0,05	0,05	0,04
Ruhrgebiet	0,13	0,13	0,13	0,12	0,12	0,12	0,11	0,09	0,10	0,08	0,08	0,08	0,08	0,08	0,07	0,07	0,06	0,06
Rhein-Ruhr-Gebiet	0,11	0,11	0,11	0,10	0,10	0,10	0,09	0,08	0,08	0,08	0,07	0,07	0,08	0,07	0,06	0,06	0,05	0,05
Belastungsgebiet																		
Rheinschiene-Süd	0,07	0,07	0,08	0,08	0,09	0,07	0,07	0,06	0,06	0,08	0,06	0,07	0,08	0,07	0,06	0,06	0,06	0,04
Rheinschiene-Mitte	0,07	0,08	0,09	0,08	0,08	0,07	0,06	0,05	0,05	0,07	0,06	0,06	0,08	—	—	0,05	0,05	0,04
Ruhrgebiet-West	0,11	0,12	0,13	0,11	0,12	0,12	0,12	0,10	0,10	0,10	0,08	0,09	0,08	0,07	0,06	0,07	0,05	0,06
Ruhrgebiet-Mitte	0,13	0,13	0,13	0,11	0,11	0,11	0,10	0,09	0,09	0,08	0,08	0,08	0,08	0,08	0,07	0,06	0,06	0,06
Ruhrgebiet-Ost	0,12	0,10	0,11	0,10	0,10	0,08	0,09	0,07	0,07	0,06	0,05	0,07	—	—	—	0,06	0,05	0,05
Bielefeld	—	—	—	—	—	—	—	—	—	—	—	0,04	—	—	—	—	—	—
Bonn	—	—	—	—	—	—	—	—	—	—	—	0,05	—	—	—	—	—	—
Wuppertal	—	—	—	—	—	—	—	—	—	—	—	0,06	—	—	—	—	—	—
Aachen	—	—	—	—	—	—	—	—	—	—	—	—	0,05	—	—	—	—	—
Mönchengladbach	—	—	—	—	—	—	—	—	—	—	—	—	0,07	—	—	—	—	—
Münster	—	—	—	—	—	—	—	—	—	—	—	—	0,08	—	—	—	—	—
Hagen	—	—	—	—	—	—	—	—	—	—	—	—	—	0,06	—	—	—	—
Krefeld	—	—	—	—	—	—	—	—	—	—	—	—	—	0,08	—	—	—	—
Siegen	—	—	—	—	—	—	—	—	—	—	—	—	—	0,04	—	—	—	—
Bergisch-Gladbach	—	—	—	—	—	—	—	—	—	—	—	—	—	—	—	0,04	—	—
Hamm	—	—	—	—	—	—	—	—	—	—	—	—	—	—	—	0,05	—	—
Wesel	—	—	—	—	—	—	—	—	—	—	—	—	—	—	—	0,05	—	—
Lüdenscheid	—	—	—	—	—	—	—	—	—	—	—	—	—	—	—	—	—	0,02
Altena	—	—	—	—	—	—	—	—	—	—	—	—	—	—	—	—	—	0,02
Iserlohn	—	—	—	—	—	—	—	—	—	—	—	—	—	—	—	—	—	0,03
Hemer	—	—	—	—	—	—	—	—	—	—	—	—	—	—	—	—	—	0,03

Quelle: IXFELD et al., 1985

wert I2V lag mehr über 400 µg/m³. Der Anteil der Flächen zwischen 200 und 400 µg/m³ war von 26,5 % auf 8,5 % gesunken. Der Anteil der Flächen mit I1V unterhalb 10 µg/m³ hat sich nur von 6,5 auf 7,7 % erhöht (IXFELD et al., 1984).

1984 zeigte sich nur noch eine geringe Abnahme der Immission, insbesondere in den Jahresmitteln. Der Anteil der Einheitsflächen mit I1V unter 70 µg/m³ stieg um knapp drei Prozentpunkte auf 98,3 %. Im selben Maße sank der Anteil des zwar über 70 µg/m³, aber noch unter 140 µg/m³ liegenden Restes. Die Zentren höherer Belastung blieben zwar in den Ballungsgebieten Ruhrgebiet Ost und West im wesentlichen bestehen, südlich von Bottrop und im Belastungsgebiet Rheinschiene Süd nahm die mittlere Belastung jedoch erheblich ab. Deutlicher ist die Absenkung der Spitzenbelastung: Wie im Vorjahr gab es keine Überschreitung des Grenzwertes IW 2 = 400 µg/m³, der Flächenanteil zwischen 100 und 200 µg/m³ sank weiter ab auf 76,6 %, verbunden mit einem Anstieg des Flächenanteils mit Belastungen unter 100 µg/m³ auf 17,5 %. Am klarsten zeigte sich die Belastungsabnahme im Belastungsgebiet Rheinschiene Süd. Dagegen haben im Ruhrgebiet West die Flächen mit Spitzenbelastungen zwischen 200 und 400 µg/m³ wieder zugenommen (IXFELD et al., 1985).

663. Hinsichtlich der jahreszeitlichen Abhängigkeit der Immissionen gilt die Faustformel, daß die Monatsmittelwerte im Winter zwei- bis dreimal so hoch sind wie im Sommer.

2.3.1.2.1.2 Immission schwefelhaltiger Aerosole

664. Wie in Tabelle 2.3.2 angegeben, gilt 2–3 µg/m³ als Anhaltswert für den Schwefelgehalt im Schwebstaub über wenig belasteten Gebieten der Bundesrepublik Deutschland. Orientierungswerte für die Jahresmittelwerte liegen zwischen 3 und 5 µg/m³ für Ballungsräume, die höchsten Tagesmittelwerte liegen rund 10mal so hoch (BMFT, 1985). Bei Stäuben ist die natürliche Grundbelastung höher und der Unterschied zwischen städtischen und ländlichen Gebieten weniger ausgeprägt als bei den meisten gasförmigen Luftverunreinigungen (BMFT, 1985). Abbildung 2.3.4 zeigt, für die drei unterschiedlichen Ortslagen der Stationen des UBA-Meßnetzes gemittelt, den Tageswerte-Verlauf der Konzentration des Sulfat-Aerosols für den August 1984 und den Verlauf der Monatsmittelwerte und höchsten Monatswerte von August 1982 bis August 1984. Die Mittelwerte liegen etwas über 5 µg/m³, höchste Tageswerte erreichen 20–30 µg/m³, vereinzelt auch 40 µg/m³, Tageswerte über 10 µg/m³ treten jedoch nur selten auf. Deutliche Trends sind nicht zu erkennen.

An drei Meßstellen im Ballungsraum Frankfurt und in seiner Nähe ergaben sich folgende durchschnittliche Sulfatkonzentrationen: An der City-Station neben einer stark befahrenen Straße 30 µg/m³, in einem Wohn- und Bürogebiet in City-Randlage 18 µg/m³ und im Naherholungsgebiet Kleiner Feldberg/Taunus 14 µg/m³ (UBA, 1984 b).

In Berlin von der Technischen Universität durchgeführte Messungen haben folgende Sulfat-Konzentrationen nachgewiesen: während der heizfreien Zeit 8–17 µg/m³, während der Heizperiode 13–30 µg/m³ und während der Episoden hoher Belastung 50–130 µg/m³ (UBA, 1984 b).

Repräsentative Angaben über Messungen der Immission von Schwefeltrioxid- und Schwefelsäure-Aerosolen liegen nicht vor.

2.3.1.2.1.3 Ablagerungen schwefelhaltiger Komponenten

665. Der Rat hat in seinem Sondergutachten „Waldschäden und Luftverunreinigungen" (SRU, 1983) die Problematik von Begriff und Messung der „Deposition" dargelegt und eine erste Abschätzung der großflächigen Schwefel-Deposition vorgelegt. Er bestimmt dabei

– die trockene Schwefeldioxid-Deposition nach PERSEKE et. al. (1980) aus der mittleren Schwefeldioxid-Konzentration durch Multiplikation mit einer Depositionsgeschwindigkeit von 0,8 cm/s,

– die feuchte Sulfat-Deposition, wiederum nach den genannten Autoren, aus der mittleren Verteilung der Niederschläge und unterschiedlichen Sulfatgehalten im Regenwasser (in Verbindung mit einigen Meßwerten der feuchten Sulfat-Deposition),

– die trockene Sulfat-Deposition, d. h. die trockene Ablagerung von schwefeligen Aerosolen, nach GEORGII et. al. (1982) durch einen Zuschlag zur trockenen Schwefeldioxid-Deposition von 6 % in belasteten und von 20 % in weniger belasteten Gebieten.

666. Dabei zeigte sich, daß die trockene Schwefel-Deposition den überwiegenden Beitrag stellt, insbesondere in den belasteten Gebieten. Hinsichtlich der Höhe der Belastung nahm der Rat folgende Aufteilung des Bundesgebietes vor:

– Auf 400 km² hochbelasteter Gebiete lag die Schwefel-Deposition über 10 g/m²a = 27 mg/m²d, im Mittel bei 38 mg/m²d.

– Auf 50 000 km² belasteter Gebiete lag die Schwefel-Deposition zwischen 5 und 10 g/m²a oder 13,5 und 27 mg/m²d, im Mittel bei 19 mg/m²d.

– Auf 175 000 km² niedrigbelasteter Gebiete lag die Schwefel-Déposition zwischen 2,5 und 5 g/m²a oder 6,75 und 13,5 mg/m²d, im Mittel bei 12 mg/m²d.

– Auf 7 000 km² niedrigstbelasteter Gebiete lag die Schwefel-Deposition unter 2,5 g/m²a = 6,75 mg/m²d, im Mittel bei 4 mg/m²d.

Dieses Ergebnis wurde recht gut bestätigt von HALBRITTER et. al. (1985), die für das Bezugsjahr 1980 die Schwefel-Deposition aus Emissionsdaten mit Hilfe eines Berechnungsmodells für die weiträumige Verteilung von Luftverunreinigungen bestimmt haben.

667. GEORGII et al. (1982) haben vom September 1979 bis August 1981 ein 12 Meßstellen umfassendes Meßnetz unterhalten, mit dem sie die feuchte und trockene Deposition getrennt untersuchten — nicht

Abbildung 2.3.4

Konzentration des Sulfat-Aerosols über jeweils mehrere Stationen gemittelt
rechts: Tageswerte-Verlauf im August 1984
links: Monatsmittelwerte und höchste Tageswerte von August 1982 bis August 1984

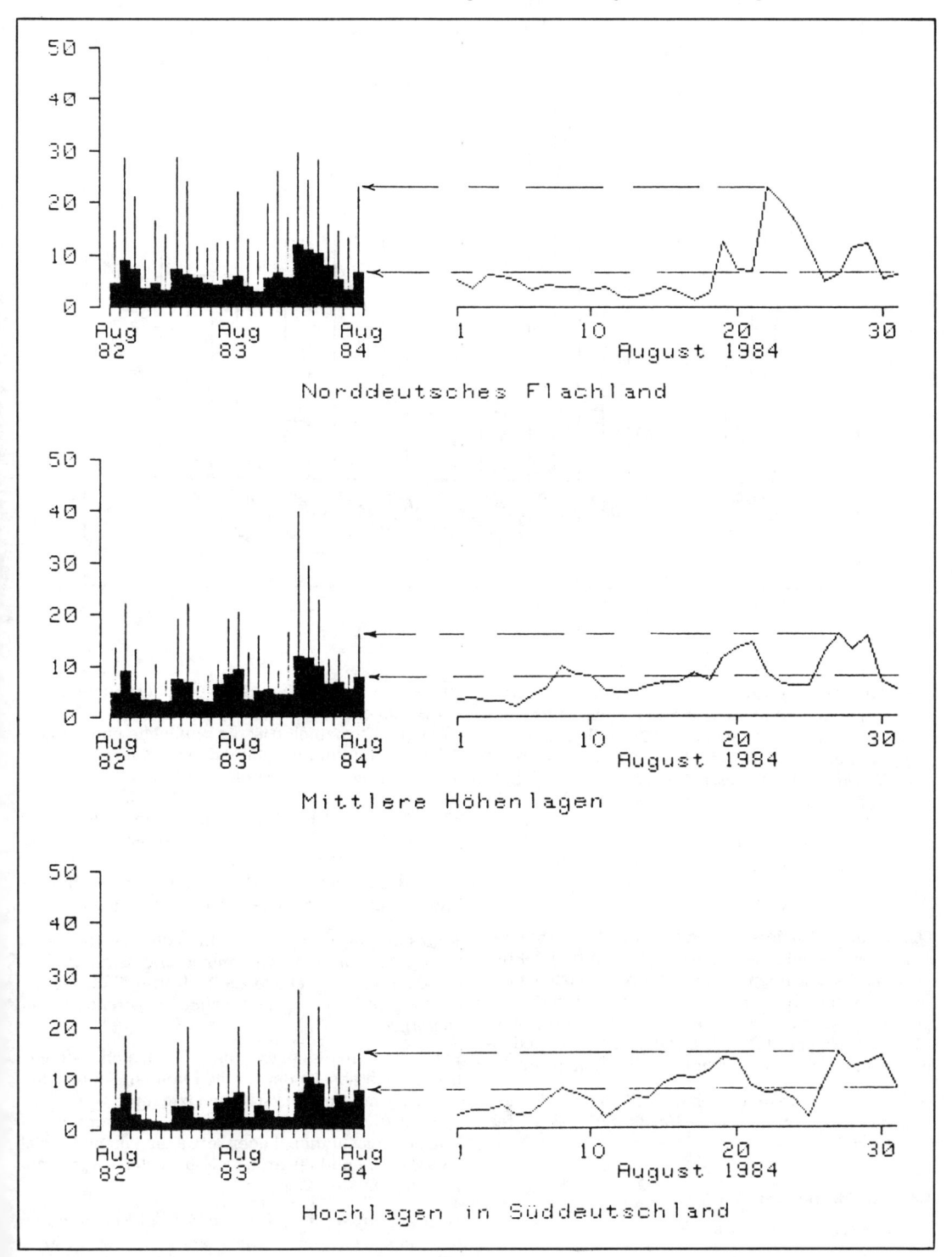

Norddeutsches Flachland

Mittlere Höhenlagen

Hochlagen in Süddeutschland

Quelle: UBA, 1985b

Abbildung 2.3.5

Sulfatschwefel-Deposition September 1979 bis August 1981
(Die Zahlen in den Säulen geben den Anteil der trockenen Depositionen in Prozent an.)

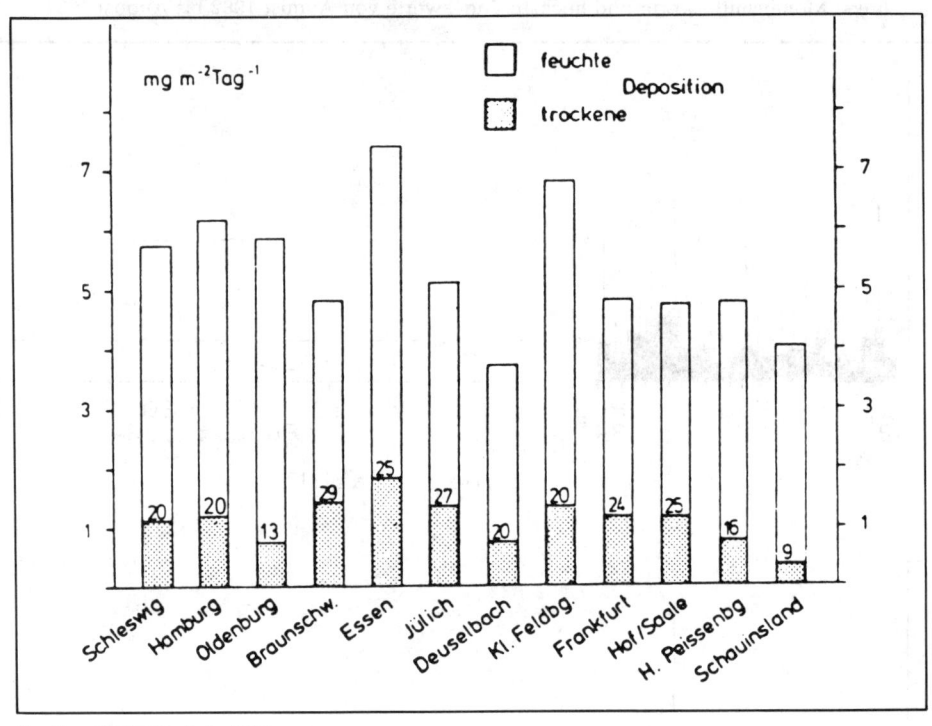

Quelle: GEORGII et al., 1982

jedoch die Ablagerung von gasförmigen Luftverunreinigungen. Sie ermittelten an den überwiegend in ländlichen Gebieten stehenden Meßstellen Gesamt-Depositionen an Sulfatschwefel zwischen 3,7 und 7,5 mg/m²d, darunter nasse Depositionen an Sulfatschwefel zwischen 2,5 und 5 mg/m²d (Abb. 2.3.5). Die räumliche Verteilung erscheint hier merklich homogener. Das ist auch zu erwarten, wenn man die trockene Schwefeldioxid-Deposition nicht mit einbezieht.

668. Durch Niederschlagsmessungen des Bayerischen Landesamtes für Umweltschutz in den Jahren 1980 bis 1981 wurden an 20 fast ausschließlich städtischen Meßstellen Jahresmittelwerte der Sulfatdeposition zwischen 20 und 35 mg/m²d festgestellt (SARTORIUS und WINKLER, 1985), entsprechend einer Sulfatschwefel-Deposition von 7–12 mg/m²d.

Aus diesen Angaben werden die in Tabelle 2.3.2 enthaltenen Orientierungswerte für die Sulfatschwefel-Deposition gefolgert.

2.3.1.2.2 Stickstoffoxide

2.3.1.2.2.1 Stickstoffoxid-Immission

669. Stickstoffoxidemissionen aus Feuerungsanlagen und Motoren bestehen zu über 90 % aus Stickstoffmonoxid. Daher überwiegt in der Nähe der Quellen das Monoxid, während in wenig belasteten Gebieten Stickstoffoxide zu etwa 80 % als Stickstoffdioxid vorliegen. Demzufolge ist die räumliche und zeitliche Schwankung der Stickstoffmonoxid-Konzentrationen größer als die des Stickstoffdioxids.

670. Nach der Übersicht in Abbildung 2.3.6 über die Kennwerte der Stickstoffoxidkonzentrationen im Mittel der Jahre 1979–1984 liegen die Jahresmittel im wesentlichen nur in den belasteten Rhein-Ruhr- und Rhein-Main-Gebieten bei 50 µg/m³ und mehr.

Jahresmittelwerte in „Reinluftgebieten" liegen heute bei 1 µg/m³ für Stickstoffmonoxid und 3–5 µg/m³ für Stickstoffdioxid (Tabelle 2.3.2), Kurzzeitbelastungen (98-Perzentil der Tagesmittel) liegen zwischen 10 und 20 µg/m³.

Für die Immissionen im ländlichen Bereich (Abb. 2.3.7) abseits der Straßen können Jahresmittel von 2 µg/m³ für Stickstoffmonoxid und von 10 bis 20 µg/m³ für Stickstoffdioxid angesetzt werden. Die Kurzzeitbelastungen liegen etwa in einem Bereich zwischen 30 und 60 µg/m³, die höchsten Tagesmittel zwischen 60 und 90 µg/m³.

Weiträumig zeigt die Stickstoffoxid-Konzentration eine schwach zunehmende Tendenz. Sie ist am stärksten ausgeprägt für Spitzenwerte. Dies gilt nicht nur für die Gebiete, in denen auch ansteigende Schwefeldioxid-Konzentrationen beobachtet wurden, auch die

Abbildung 2.3.6

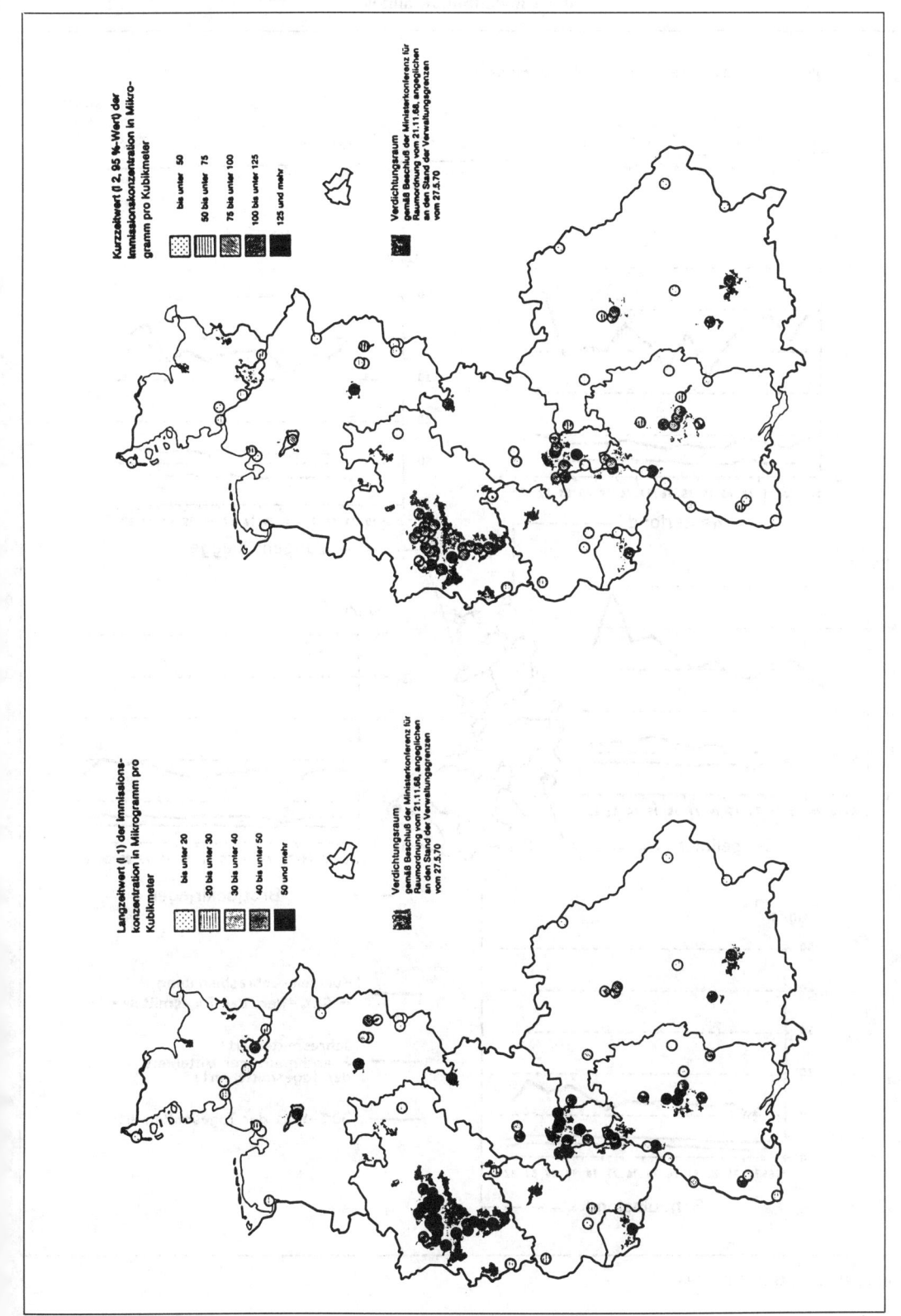

Stickstoffoxid-Immissionen 1979–1984: Langzeitwert I1 und Kurzzeitwert I2 (95 %-Wert)

Quelle: PETERS, 1985

Abbildung 2.3.7

Entwicklung der Stickstoffoxid-Immissionen in ländlichen Gebieten, Ergebnisse aus dem Meßnetz des Umweltbundesamtes

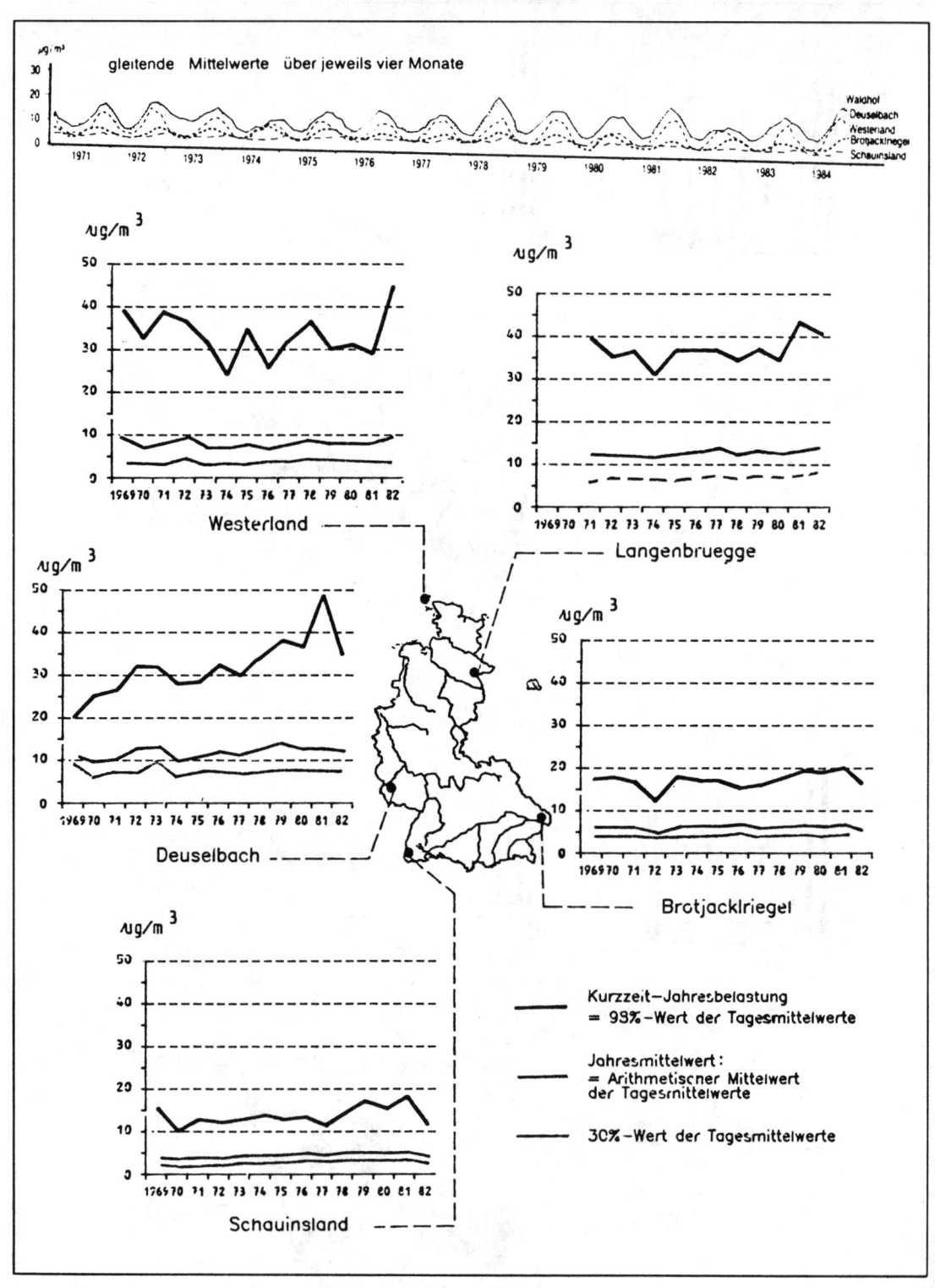

Quelle: PETERS, 1985; UBA, 1984a

süddeutschen Bergstationen zeigen diese Entwicklung. Eine Trend-Analyse für den Zeitraum 1968 bis 1983 zeigte, daß die Stickstoffdioxid-Konzentration an den UBA-Meßstellen in Deuselbach und Waldhof statistisch signifikant jährlich um 200 ng/m³ und auf dem Brotjacklriegel und Schauinsland um 20–50 ng/m³ ansteigt, während sie in Westerland um 400 ng/m³ abzunehmen scheint.

An vielbefahrenen Autobahnstrecken können auch im ländlichen Bereich Stickstoffdioxid-Spitzenwerte (Halbstundenmittel) von über 200 μg/m³ und Stickstoffmonoxid-Spitzenwerte von 1 000 μg/m³ auftreten (UBA, 1985a).

In Ballungsgebieten hat die Stickstoffoxid-Immission im allgemeinen Schwefeldioxid vom Platz 1 unter den Luftbelastungen verdrängt. Dabei liegt die Stickstoffmonoxid-Immission heute im Jahresmittel zwischen 20 und 60 μg/m³ und die Stickstoffdioxid-Immission zwischen 40 und 80 μg/m³. Die Kurzzeitbelastung (98%-Summenhäufigkeitswert der Halbstundenwerte) liegt beim Stickstoffmonoxid etwa zwischen 150 und 400 μg/m³ und zwischen 100 und 200 μg/m³ für Stickstoffdioxid. In höchstbelasteten Innenstadtbereichen können die Stickstoffmonoxid- und Stickstoffdioxid-Konzentrationen im Jahresmittel jeweils 70 μg/m³ und in der Kurzzeitbelastung 600 bzw. 200 μg/m³ erreichen. Die Halbstundenwerte können auf Spitzen von 1 300 μg/m³ für das Monoxid und 800 μg/m³ für das Dioxid ansteigen.

671. Dieses Bild wird wieder bestätigt durch die Ergebnisse der verschiedenen Meßnetze an Rhein und Ruhr. Danach lagen die mittleren Stickstoffdioxid-Immissionen von 1975–1980 in fast allen ausgemessenen Städten, Kreisen und Belastungsgebieten seit Mitte der 60er Jahre unverändert bei etwa 40 bis 50 μg/m³, in einigen belasteteren Städten (Oberhausen, Herne, Gelsenkirchen, Essen, Düsseldorf) dagegen mitunter bei 60 μg/m³ (BUCK et al., 1982b). Auch das fortlaufend ermittelnde TEMES-Meßnetz gibt für 1981 und 1982 keinen Hinweis auf eine Tendenz zur Änderung (Tabelle 2.3.4).

672. Für die jahreszeitliche Abhängigkeit gilt wieder: Im Dezember, Januar und Februar ist die Stickstoffoxid-Belastung am höchsten und im Juli und August am niedrigsten. Die Konzentrationswerte im Winter liegen etwa dreimal so hoch wie die im Sommer. Der Anteil des Stickstoffdioxids an der Stickstoffoxid-Belastung beträgt im Winter etwa 30%, im strahlungsreicheren Sommer dagegen 65% (PFEFFER et al., 1985).

2.3.1.2.2.2 Immission stickstoffoxidhaltiger Aerosole

673. Messungen des oxidischen Stickstoffgehalts im Schwebstaub liegen nicht flächendeckend und fortlaufend vor. Es geht um Umwandlungsprodukte, die aus emittierten Stickstoffoxiden und anderen Spurenstoffen in der Luft hervorgehen — im wesentlichen Nitrate.

Die im Meßnetz des Umweltbundesamtes im Raum Frankfurt ermittelten durchschnittlichen Nitrat-Gehalte lagen in einem Wohn- und Bürogebiet in City-Randlage bei 8,2 μg/m³ und im Naherholungsgebiet Kleiner Feldberg/Taunus bei 4,5 μg/m³ (UBA, 1984b).

Andere Angaben eines Nitratstickstoff-Gehaltes von 0,5–1 μg/m³ in ländlichen Bereichen und 1–2 μg/m³ in Ballungsgebieten (s. Tabelle 2.3.2 und BMFT, 1985) beziehen sich auf den gesamten Nitratgehalt einschließlich der als Aerosol oder in niederschlagsfreien Zeiten weitgehend gasförmig vorliegenden freien Salpetersäure.

2.3.1.2.2.3 Ablagerung von oxidischen Stickstoffverbindungen

674. GEORGII et al. (1982) haben im Rahmen ihres in Abschnitt 2.3.1.2.1.3 erwähnten Forschungsvorhabens auch die feuchte Deposition von Stickstoffverbindungen (feuchte „Nitrat"-Deposition) und die trockene Deposition von Aerosolen solcher Verbindungen, und zwar nur der wasserlöslichen Anteile (trockene „Nitrat"-Deposition), gemessen. Unter „Nitrat"-Deposition werden dabei nicht nur Nitrate, sondern auch andere oxidische Stickstoffverbindungen aufsummiert. Die feuchten Nitratstickstoff-Depositionen lagen dabei im Mittel in einem Bereich von 1,21–2,21 mg/m²d, die trockenen im Bereich von 0,15–0,57 mg/m²d (Abb. 2.3.8).

675. Zusammenfassend (s. Tabelle 2.3.2) kann man sagen, daß

— in ländlichen Gebieten die gesamte Nitratstickstoff-Deposition zwischen 1,3 und 2,8 mg/m²d beträgt, wobei der Anteil der trockenen Deposition zwischen 8 und 22% und der der feuchten Deposition zwischen 78 und 92% liegt (GEORGII et al., 1982; UBA, 1983; SRU, 1983),

— in Ballungsgebieten die gesamte Nitratstickstoff-Deposition in einem Bereich zwischen 1 und 4 mg/m²d liegt (UBA, 1984b).

Der geringe Unterschied zwischen städtischen und ländlichen Gebieten in der Nitrat-Deposition ist zum einen, wie bei der Sulfat-Deposition, auf die Bildung des Nitrats während des luftgetragenen Transports und seine Beständigkeit zurückzuführen, zum anderen aber auch darauf, daß in landwirtschaftlichen Gebieten nitrathaltiger Dünger auf die Böden gebracht wird.

Die (trockene) Deposition gasförmiger Stickstoffoxide ist in der Bundesrepublik Deutschland noch nicht gemessen worden. GEORGII et al. (1982) bestimmen sie aus deren Konzentration durch Multiplikation mit einer mittleren Depositionsgeschwindigkeit $v_D = 0,4$ cm/s. Es ergibt sich

— für die 9% „Ballungsgebiete" (SRU, 1983), in denen eine mittlere Stickstoffoxid-Immission (gerechnet als Stickstoffdioxid) von 80 μg/m³ vorliegt, eine (trockene) Stickstoffdioxid-Stickstoff-Deposition von 28 mg/m²d und

— für die 91% „ländliche Gebiete" mit einer mittleren Stickstoffoxid-Immission (gerechnet als Stickstoffdioxid) von 15 μg/m³ eine (trockene) Stickstoffdioxid-Stickstoff-Deposition von 5 mg/m²d.

Leider schwanken aber die für die Deposition von gasförmigen Stickstoffoxiden angegebenen Depositionsgeschwindigkeiten um mindestens eine Größenordnung.

Tabelle 2.3.4

Jahresmittelwerte der Stickstoffoxid-Immission in Belastungsgebieten an Rhein und Ruhr
Ergebnisse des TEMES-Meßnetzes der LIS Essen

Gesamtmittel über alle Stationen des TEMES-Meßnetzes im Rhein-Ruhr-Gebiet:

1981	NO:	38 µg/m³	NO_2:	53 µg/m³
1982		38 µg/m³		52 µg/m³
1983		37 µg/m³		47 µg/m³
1984		38 µg/m³		47 µg/m³
1985		45 µg/m³		52 µg/m³

Ruhrgebiet West
Gebietsmittel

1981	NO:	34 µg/m³	NO_2:	54 µg/m³
1982		34 µg/m³		51 µg/m³
1983		29 µg/m³		44 µg/m³
1984		32 µg/m³		45 µg/m³
1985		38 µg/m³		51 µg/m³

besonders niedrig: nordwestlicher Rand (Voerde-Spellen)

1981	NO:	22 µg/m³	NO_2:	46 µg/m³
1982		19 µg/m³		38 µg/m³
1983		18 µg/m³		32 µg/m³
1984		21 µg/m³		31 µg/m³
1985		23 µg/m³		40 µg/m³

sonst ausgeglichene Belastung, auffallend hoch z. B.

1981	D.-Meiderich	NO:	43 µg/m³	NO_2:	–
1982	D.-Meiderich		40 µg/m³		55 µg/m³
1983	D.-Meiderich		39 µg/m³		48 µg/m³
1984	M.-Styrum		47 µg/m³		52 µg/m³
1985	M.-Styrum		55 µg/m³		62 µg/m³

Rheinschiene Mitte
Gebietsmittel

1981	NO:	–	NO_2:	–
1982		–		–
1983		–		–
1984		48 µg/m³		51 µg/m³
1985		55 µg/m³		53 µg/m³

in der Regel NO niedriger, z. B. Gerresheim

1981	NO:	–	NO_2:	–
1982		–		–
1983		–		–
1984		29 µg/m³		46 µg/m³
1985		36 µg/m³		52 µg/m³

besonders hoch (Kfz-Verkehr!): Düsseldorf-Reisholz

1981	NO:	–	NO_2:	–
1982		–		–
1983		–		–
1984		79 µg/m³		58 µg/m³
1985		87 µg/m³		61 µg/m³

Ruhrgebiet Mitte
Gebietsmittel

1981	NO:	35 µg/m³	NO_2:	50 µg/m³
1982		37 µg/m³		54 µg/m³
1983		34 µg/m³		45 µg/m³
1984		36 µg/m³		47 µg/m³
1985		40 µg/m³		50 µg/m³

besonders niedrig: Marl-Polsum

1981	NO:	28 µg/m³	NO_2:	50 µg/m³
1982		19 µg/m³		47 µg/m³
1983		25 µg/m³		39 µg/m³
1984		27 µg/m³		40 µg/m³
1985		30 µg/m³		45 µg/m³

besonders hoch Gelsenkirchen: (Autobahn!)

1981	NO:	–	NO_2:	–
1982		66 µg/m³		60 µg/m³
1983		62 µg/m³		50 µg/m³
1984		57 µg/m³		50 µg/m³
1985		58 µg/m³		56 µg/m³

Rheinschiene Süd
Gebietsmittel

1981	NO:	44 µg/m³	NO_2:	53 µg/m³
1982		44 µg/m³		52 µg/m³
1983		47 µg/m³		49 µg/m³
1984		46 µg/m³		50 µg/m³
1985		57 µg/m³		53 µg/m³

besonders niedrige NO-Belastung

1981	Hürth	NO:	30 µg/m³	NO_2:	53 µg/m³
1982	Hürth		27 µg/m³		44 µg/m³
1983	Langenfeld		30 µg/m³		50 µg/m³
1984	Langenfeld		30 µg/m³		44 µg/m³
1985	Langenfeld		43 µg/m³		48 µg/m³

besonders hohe NO-Belastung: Leverkusen

1981	NO:	68 µg/m³	NO_2:	63 µg/m³
1982		63 µg/m³		57 µg/m³
1983		66 µg/m³		57 µg/m³
1984		70 µg/m³		56 µg/m³
1985		78 µg/m³		61 µg/m³

Ruhrgebiet Ost
Gebietsmittel

1981	NO:	36 µg/m³	NO_2:	53 µg/m³
1982		37 µg/m³		52 µg/m³
1983		39 µg/m³		47 µg/m³
1984		39 µg/m³		47 µg/m³
1985		43 µg/m³		54 µg/m³

besonders niedrig: Lünen-Brambauer

1981	NO:	25 µg/m³	NO_2:	46 µg/m³
1982		21 µg/m³		46 µg/m³
1983		27 µg/m³		43 µg/m³
1984		28 µg/m³		43 µg/m³
1985		31 µg/m³		51 µg/m³

besonders hoch: Castrop-Rauxel-Ickern

1981	NO:	46 µg/m³	NO_2:	63 µg/m³
1982		46 µg/m³		63 µg/m³
1983		53 µg/m³		55 µg/m³
1984		51 µg/m³		51 µg/m³
1985		55 µg/m³		62 µg/m³

Quelle: nach Angaben von PFEFFER et al., 1985, 1986 und 1987

Abbildung 2.3.8

Nitratdeposition (gerechnet als Stickstoff) im Zeitraum September 1979 bis August 1981
(Die Zahlen in den Säulen geben den Anteil der trockenen Ablagerung in Prozent an.)

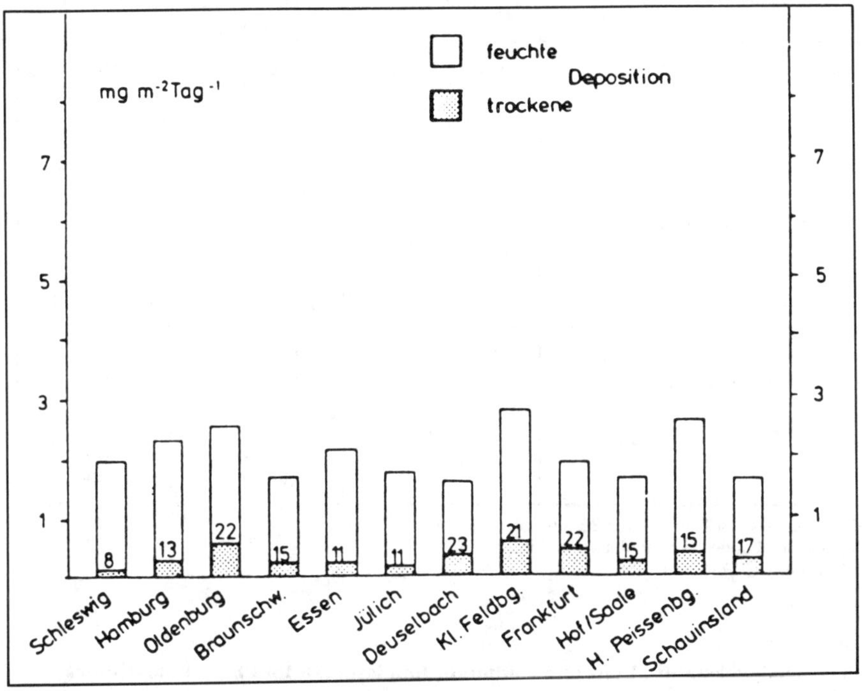

[Balkendiagramm: mg m^{-2} Tag^{-1}; feuchte und trockene Deposition für Stationen Schleswig (8), Hamburg (13), Oldenburg (22), Braunschw. (15), Essen (11), Jülich (11), Deuselbach (23), Kl. Feldbg. (21), Frankfurt (22), Hof/Saale (15), H. Peissenbg. (15), Schauinsland (17)]

Quelle: GEORGII et al., 1982

2.3.1.2.3 Belastung durch Staub und seine Inhaltsstoffe

676. Staub ist aus natürlichen und anthropogenen Bestandteilen zusammengesetzt. Unter heutigen Bedingungen überwiegen selbst in Ballungsgebieten noch die natürlichen Bestandteile, zu denen vor allem Silicium-, Aluminium-, Mangan-, Natrium-, Calcium-, Ammonium- und Chlor-Verbindungen sowie organische Substanzen gehören. Die anthropogenen Staubkomponenten entstammen staubförmigen Emissionen, aber auch gasförmigen Luftverunreinigungen, die sich chemisch zu Aerosolpartikeln umsetzen. Es sind vor allem Verbindungen von Schwermetallen (z. B. Blei, Cadmium, Arsen, Nickel, Vanadium) und toxische organische Verbindungen wie polyzyklische aromatische Kohlenwasserstoffe (PAH).

2.3.1.2.3.1 Schwebstaub und seine Inhaltsstoffe

Schwebstaub

677. Schwebstaub ist ein Aerosol feinster Staubteilchen, die zu 90 % aerodynamische Durchmesser unter 10 µm haben. Die Schwebstaub-Konzentrationen bewegen sich in Ballungsgebieten zwischen etwa 70 und 100 µg/m^3, in ländlichen Gebieten schwerpunktmäßig zwischen etwa 30 und 65 µg/m^3. Die über eine 5-Jahres-Periode gemittelten Monatswerte der Stationen im UBA-Meßnetz liegen schwerpunktmäßig in folgenden Bereichen: norddeutsches Flachland 45 bis 70 µg/m^3, mittlere Höhenlagen 40 bis 60 µg/m^3 und süddeutsche Hochlagen 20 bis 40 µg/m^3.

Die Entwicklung von Jahresmittelwert und 95-Perzentil der Schwebstaub-Immission in verschiedenen Gebieten der Bundesrepublik Deutschland zeigen die Tabellen 2.3.5 und 2.3.6. Die bis 1983 erkennbare Abnahme des Jahresmittels der Schwebstaub-Immission im Rhein-Ruhr-Gebiet ist ebenfalls von Tabelle 2.3.7 abzulesen.

Blei und Cadmium

678. Aufgrund der Herabsetzung des Bleigehaltes im Kraftstoff durch die am 1. Januar 1976 in Kraft getretene zweite Stufe des Benzin-Blei-Gesetzes haben sich die Konzentrationswerte in der Stadtluft seither auf etwa die Hälfte ihrer früheren Höhe eingependelt. Außerhalb der Ballungsgebiete vollzieht sich diese Absenkung auf niedrigerer Ebene und langsamer, ist aber deutlich. Auch an Rhein und Ruhr war seit Mitte der 70er Jahre eine beständige Abnahme der Bleibelastung im Schwebstaub festzustellen, wie Tabelle 2.3.6 belegt. Die nur noch geringe Veränderung der Jahresmittel, nämlich ihres mittleren räumlichen Schwankungsbereichs und ihres Mittelwertes, zeigt Tabelle 2.3.7.

Tabelle 2.3.5

Schwebstaub-Immission in verschiedenen Gebieten der Bundesrepublik Deutschland

Gebiet	Kennwert	Jahr	mittlerer Schwankungsbereich µg/m³	Mittelwert µg/m³
Niedersachsen — 6 Überwachungsgebiete [1])	Jahresmittel I1	1982	55—100	74
		1983	30— 75	48
	98-Perzentil I2	1982	180—330	254
		1983	170—300	227
Bayern (bzw. München) — lufthygienisches Überwachungssystem [2])	Jahresmittel I1	1984	30— 60 (30— 68)	45 (47)
	98-Perzentil I2	1984	70—120 (65—126)	96 (99)
	höchster Tageswert	1984	120—250 (145—213)	180 (185)
Rhein-Ruhr-Gebiet — diskontinuierliches Mehrkomponenten-Meßprogramm der LIS NW [3])	Jahresmittel I1	1982	70—110	84
		1983	60— 80	71
		1984	60— 90	74
	98-Perzentil I2	1982	140—240	181
		1983	110—160	136
		1984	130—200	159

Quelle: [1]) Niedersächsischer Minister für Bundesangelegenheiten, 1985;
[2]) Bayerisches Landesamt für Umweltschutz, 1985;
[3]) IXFELD et al., 1984 und 1985

Tabelle 2.3.6

Schwebstaub-, Blei- und Cadmium-Immissionen im Rhein-Ruhr-Gebiet

Meßgebiet	Komponente		Mittlere Jahresmittel im Jahre										
			1974	1975	1976	1977	1978	1979	1980	1981	1982	1983	1984
Belastungsgebiet													
— Rheinschiene Süd..	Schwebstaub	µg/m³	80	90	90	90	80	80	70	70	70	60	70
	Blei	ng/m³	810	720	590	540	360	370	280	240	260	220	240
	Cadmium	ng/m³	12	9	7	5	5	4	3	3	2	2	1
— Rheinschiene Mitte	Schwebstaub	µg/m³	90	90	100	100	90	80	70	7	80	70	70
	Blei	ng/m³	960	900	660	600	420	410	330	270	250	270	250
	Cadmium	ng/m³	9	6	5	4	4	4	3	3	2	2	2
— Ruhrgebiet West...	Schwebstaub	µg/m³	100	100	120	110	100	90	80	80	90	80	80
	Blei	ng/m³	1 200	1 060	940	880	540	520	420	330	420	320	320
	Cadmium	ng/m³	10	8	7	6	5	5	5	4	5	3	4
— Ruhrgebiet Mitte..	Schwebstaub	µg/m³	110	120	120	120	110	90	90	80	90	70	80
	Blei	ng/m³	1 300	1 000	840	770	530	470	370	320	310	270	250
	Cadmium	ng/m³	11	7	7	6	6	5	4	4	3	3	2
— Ruhrgebiet Ost....	Schwebstaub	µg/m³	110	110	110	110	100	100	90	80	80	70	70
	Blei	ng/m³	1 370	1 110	960	870	560	470	380	320	280	260	260
	Cadmium	ng/m³	12	9	8	8	7	6	5	4	4	3	3
Ruhrgebiet..........	Schwebstaub	µg/m³	110	110	120	110	100	90	90	80	90	70	80
	Blei	ng/m³	1 290	1 060	910	840	540	490	390	330	340	280	280
	Cadmium	ng/m³	11	8	7	7	6	5	5	4	4	3	3
Rhein-Ruhr-Gebiet...	Schwebstaub	µg/m³	100	100	110	110	100	90	80	70	80	70	70
	Blei	ng/m³	1 130	960	800	730	480	450	360	300	300	270	270
	Cadmium	ng/m³	11	8	7	6	5	5	4	4	3	3	2

Quelle: IXFELD et al., 1985

Tabelle 2.3.7

Immission von Schwebstaub und seinen Inhaltsstoffen — räumliche Schwankung des Jahresmittels im Rhein-Ruhr-Gebiet

(Angaben in ng/m^3)

Komponente	1982 Mittlerer Schwankungsbereich	1982 Mittelwert	1983 Mittlerer Schwankungsbereich	1983 Mittelwert	1984 Mittlerer Schwankungsbereich	1984 Mittelwert
Schwebstaub	70 000—110 000	84 000	60 000—80 000	71 000	60 000—90 000	74 000
Blei	210— 430	310	190— 360	270	190— 350	270
Cadmium	2— 5	3,6	2— 4	2,6	1— 4	2,4
Zink			160— 470	310	160— 470	310
Eisen	1 000— 3 240	2 080	980— 2 720	1 830	1 100— 2 860	1 920
Nickel	16— 24	20	10— 16	13	9— 15	12
Chrom	20— 34	27	9— 15	11	6— 14	10
Kupfer			20— 40	34	20— 40	30
Kobalt	3— 4	3,7	2— 3	2,8	2— 3	2,3

Quelle: IXFELD et al., 1984 und 1985

679. Eine besondere Betrachtung verdienen gewisse Problemgebiete, die — z. T. schon seit Jahrhunderten — durch Abbau und Verhüttung von NE-Metallerzen geprägt sind:

— In Nordenham geht die Belastung von der größten deutschen Bleihütte aus.

— Im Raum Oker/Harlingerode ist hauptsächlich eine Blei- und Zinkhütte für die Belastung verantwortlich. Der mittlere Bleigehalt im Schwebstaub über einem 24 km^2 großen Meßgebiet ist zwar inzwischen dem im Rhein-Ruhr-Gebiet vergleichbar, aber zuletzt wieder gestiegen.

— Der Raum Stolberg ist durch Abbau und Verhüttung von Bleierzen geprägt. Die Belastung geht hauptsächlich von einer Bleihütte und von Abraumhalden aus. Die Schwermetallkonzentrationen sind bis 1981 auf etwa ein Drittel der ursprünglichen Belastung zurückgegangen. 1982 stiegen sie an allen noch bestehenden Meßstellen wieder an.

Die Entwicklung der jeweiligen mittleren Jahresmittelwerte zeigt Tabelle 2.3.8.

Tabelle 2.3.8

Schwermetall-Immissionen im Schwebstaub über Problemgebieten

Problemgebiet		Komponente	1974	1981	1982	1983	1984
					ng/m^3		
Nordenham[1]	Jahresmittel über das Meßgebiet	Blei			90	90	
		Cadmium			2	2	
Oker/ Harlingerode[1]	Jahresmittel über das Meßgebiet	Blei			250	300	
		Cadmium			19	20	
Stolberg[2]	Jahresmittel über die jeweils bestehenden Meßstationen	Blei	2 240	1 020	1 180		1 070
		Cadmium	42	22	34		44
		Zink	1 800	500	700		800

Quelle: [1] Niedersächsischer Minister für Bundesangelegenheiten, 1985
[2] Minister für Arbeit, Gesundheit und Soziales Nordrhein-Westfalen, 1983a; IXFELD et al., 1985

680. Für Cadmium gab der 2. Immissionsschutzbericht der Bundesregierung (BMI, 1982), bezogen auf das Jahr 1978, Pegelwerte in Städten zwischen 5 und 13 ng/m³ an und für ein Erholungsgebiet im Taunus 0,8 ng/m³.

Im Gegensatz zum Blei ist bei Cadmium kein abnehmender Langzeittrend zu erkennen (UBA, 1984 b). Die Jahresmittel an Stationen im UBA-Meßnetz lagen 1979—1981 zwischen 0,4 und 1,7 ng/m³ (UBA, 1982). Untersuchungen des Schwebstaubs an der Meßstation Deuselbach (Hunsrück) haben 1981 folgende Kennwerte erbracht: Jahresmittelwert 1,0 ng/m³, höchster Wochenmittelwert 2,4 ng/m³ und niedrigster Wochenmittelwert 0,5 ng/m³ (UBA, 1983).

Dagegen war an Rhein und Ruhr seit Mitte der 70er Jahre eine beständige Abnahme des Cadmiumgehaltes im Schwebstaub festzustellen, wie Tabelle 2.3.6 belegt. Sie hat sich auch noch von 1982 bis 1983 fortgesetzt. Trotz leichter Zunahme der Gesamtschwebstaub-Belastung 1984 haben sich, wie Tabelle 2.3.7 zu entnehmen ist, sowohl der Schwankungsbereich der Jahresmittel der verschiedenen Meßstationen als auch deren Mittelwert stetig erniedrigt. Die Entwicklung der mittleren Jahresmittelwerte in den Problemgebieten zeigt wieder Tabelle 2.3.8.

Weitere anorganische Staubinhaltsstoffe

681. Eine Übersicht über die Immission von weiteren anorganischen Inhaltsstoffen gibt Tabelle 2.3.9.

Auch in belasteten Gebieten — selbst, wie Tabelle 2.3.8 zeigt, im Problemgebiet Stolberg — erreicht die Konzentration von **Zink**verbindungen kaum mehr 1 µg/m³ (zum Vergleich: MIK-Wert für die Jahresbelastung 50 µg/m³ und für 24 Stunden 10 µg/m³). Der Langzeittrend von **Eisen** weist einen ähnlichen Verlauf wie der des Gesamt-Schwebstaubs auf. Das bestätigen für das Rhein-Ruhr-Gebiet auch die Messungen der LIS 1982—1984 im Rahmen des diskontinuierlichen Mehrkomponentenmeßprogramms, die auf die in Tabelle 2.3.7 für einige Schwebstaubkomponenten angegebenen Jahresmittelwert-Bereiche führen. Auch beim **Mangan** scheint der Langzeit-Trend dem des Gesamt-Schwebstaubs zu gleichen. **Nickel-** und **Chrom**-Immissionsmessungen für die Jahre 1982 bis 1984 im Rhein-Ruhr-Gebiet kommen wieder zu den angegebenen Belastungswerten. So hohe **Kupfer**-Immissionen, wie in Tabelle 2.3.9 aufgeführt, werden heute zumindest im Jahresmittel nicht mehr in den Belastungsgebieten an Rhein und Ruhr gefunden. Im Bereich von 2—5 ng/m³ liegen auch die in den Belastungsgebieten an Rhein und Ruhr gefundenen Jahresmittelwerte der Konzentration an **Kobalt**verbindungen. Messungen der **Arsen**-Immissionen in der Nähe von Emittenten, die allerdings nicht repräsentativ sind, ergaben maximale Tagesmittelwerte bis über 1 µg/m³.

682. Da zunehmend Ersatzstoffe für Asbest in Bremsbelägen und Kupplungen von Kraftfahrzeugen eingesetzt werden, muß die allgemeine Luftbelastung mit **asbesthaltigen Stäuben** abnehmen. Allerdings sind von den Asbestersatzstoffen noch viele zu wenig untersucht, um deren Unbedenklichkeit annehmen zu können (vgl. Bundesanstalt für Arbeitsschutz und Unfallforschung, 1985). Andere faserige Stäube (z. B. Glasfasern) hatten immer schon Bedeutung nur in der Umgebung weniger Herstellerbetriebe.

Organische Staubinhaltsstoffe

683. Von organischen Staubinhaltsstoffen sind die polyzyklischen aromatischen Kohlenwasserstoffe (PAH) wegen ihres krebserzeugenden Potentials von besonderer Bedeutung. Weit über hundert PAH sind in der Atmosphäre nachgewiesen. Üblicherweise werden Luftproben auf 6 bis 15 verschiedene PAH hin untersucht. Die Kenntnis von deren Konzentrationen gibt aber gegenwärtig keine bessere Beurteilungsgrundlage für das krebserzeugende Potential einer Luftprobe als die genau bestimmte Benzo(a)pyren-Konzentration (POTT, 1985), auch wenn vielfach andere Komponenten, wie das Chrysen, überwiegen.

684. Die vorliegenden Daten erlauben folgende Aussagen (POTT, 1985): Die Benzo(a)pyren-Konzentrationen nahmen in den letzten 15 Jahren erheblich ab (Abb. 2.3.9), sie sind im Winter viel höher als im Sommer (früher 10 : 1) und sie sind in Städten viel höher als in ländlichen Gebieten. Noch 1979 wurden in Essen Konzentrationen gemessen, die eine Größenordnung über denen im märkischen Sauerland lagen.

Tabelle 2.3.9

Anhaltswerte für die Immission weiterer anorganischer Schwebstaub-Inhaltsstoffe

Komponente	Jahresmittel in	
	Ländlichen, wenig belasteten Gebieten	Ballungsgebieten
Zink	unter 0,1 µg/m³	
Eisen	0,5 µg/m³	1—3 µg/m³
Mangan	10 ng/m³	50—100 ng/m³
Nickel	5 ng/m³	20—70 ng/m³ (nur Heizperiode)
Chrom	5 ng/m³	10 ng/m³
Kupfer	30 ng/m³	60—130 ng/m³ (Raum Frankfurt)
Kobalt	unter 1 ng/m³	2—5 ng/m³ (Raum Frankfurt)
Arsen	2 ng/m³	3—30 ng/m³

Quelle: SRU, Zusammenstellung aus verschiedenen Quellen

Abbildung 2.3.9

Abnahme der BaP-Konzentrationen in der Atmosphäre, Jahresmittelwerte an zwei städtischen und einer ländlichen Meßstation im Rhein-Ruhr-Gebiet

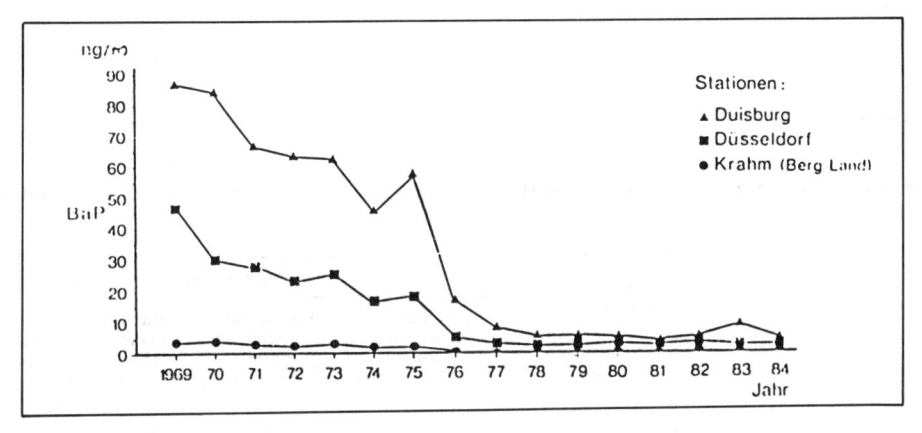

BaP = Benzo(a)pyren
Quelle: POTT, 1985

Die flächendeckenden Messungen in den Ballungsgebieten an Rhein und Ruhr zeichneten das in Tabelle 2.3.10 zusammengefaßte Bild der Belastungsentwicklung von 1979 bis 1984. Die über die Belastungsgebiete gemittelten Konzentrations-Jahresmittel der sechs gemessenen Komponenten liegen, mit Ausnahme dreier alter Werte für Benzo(a)anthracen, unter 10 ng/m³. Sie liegen im Ruhrgebiet zwei- bis dreimal so hoch wie am Rhein. Die zeitliche Entwicklung ist zunächst geprägt von einer beträchtlichen Absenkung aller Komponenten von 1979 auf 1980, später ist sie uneinheitlich:

— Im Ruhrgebiet steigt die Belastung 1983 in der Summe um 2 % gegenüber dem Vorjahr und 1984 sogar um 27 %, also stärker als die Schwebstaubbelastung. Der Anstieg für die einzelnen Komponenten liegt 1984 zwischen 16 und 51 %.
— Am Rhein ist kein eindeutiger Trend von 1979/80 auf 1984 erkennbar. Die Belastungssumme nimmt zwar in beiden Belastungsgebieten ab, die einzelnen Komponenten entwickeln sich aber gegenläufig: Neben der starken Abnahme von Benzo(a)anthracen steht die Zunahme von Benzo(a)pyren.

Tabelle 2.3.10

PAH-Immission an Rhein und Ruhr: Jahresmittel 1979 bis 1984, gemittelt über verschiedene Gebiete

Beurteilungs-jahr	Belastungsgebiet(e)	Schwebstaub µg/m³	BaP	BeP	BaA	DBahA	BghiP	COR
			ng/m³					
1979	Ruhrgebiet West	90	7,6	—	30,3[1]	3,8	5,4	1,8
1980	Ruhrgebiet West	80	5,0	7,6	17,2[1]	2,1	4,9	1,1
1982	Ruhrgebiet	90	5,60	5,00	5,06	2,56	3,82	1,15
1983	Ruhrgebiet	70	5,36	5,47	5,70	2,32	3,73	1,05
1984	Ruhrgebiet	80	6,11[2]	7,17	7,48	2,01	5,64	1,47
1979	Rheinschiene Mitte	80	2,8	—	13,6[1]	1,7	3,2	1,3
1980	Rheinschiene Mitte	70	2,0	3,4	8,6[1]	1,0	2,8	0,9
1984	Rheinschiene Mitte	70	2,32	2,36	2,28	0,62	2,56	1,00
1980	Rheinschiene Süd	70	1,9	3,0	7,9[1]	1,1	2,7	0,9
1984	Rheinschiene Süd	70	2,50	2,19	1,91	0,61	2,26	0,91

[1] PAH ähnlicher Retentionszeiten bei der HPLC mit erfaßt
[2] gegenüber der Quelle abgeändert
BaP = Benzo(a)pyren, BeP = Benzo(e)pyren, BaA = Benzo(a)anthrancen, DBahA = Dibenz(a,h)anthracen, BghiP = Benzo(ghi)perylen, COR = Coronen
Quelle: IXFELD et al., 1984 und 1985; Minister für Arbeit, Gesundheit und Soziales des Landes Nordrhein-Westfalen, 1982

Die Belastung im Ruhrgebiet zeigt ihrerseits eine ausgeprägte räumliche Struktur. Sie hat im Süden und Nordwesten die niedrigsten Werte und in der Kernzone die höchsten. Die größten Jahresmittel treten auf an der Station Dortmund-Derne im Nahbereich einer Kokerei. Der Vergleich von Tabelle 2.3.10 mit Tabelle 2.3.11 zeigt, wie hoch der Einfluß allein dieser Station auf den Gebietsmittelwert ist: Die Jahresmittel aller erfaßten PAH liegen an den übrigen Meßstationen deutlich unter den Kennwerten für Dortmund-Derne.

Tabelle 2.3.11

Verteilung der Jahresmittel der Konzentration ausgewählter PAH an 31 bzw. 35 Meßstellen im Ruhrgebiet

	Jahresmittel Dortmund-Derne ng/m³	Die Jahresmittel der anderen 30 bzw. 34 Stationen			
		haben den Mittelwert ng/m³	sind aus dem Wertebereich ng/m³	davon sind %	aus dem Wertebereich ng/m³
a) 1983					
Benzo(a)pyren	37,29	4,30	1,87 – 10,23	77	2,10 – 6,50
Benzo(e)pyren	37,57	4,40	1,88 – 9,32	70	2,40 – 6,40
Benzo(a)anthracen	47,44	4,31	2,02 – 8,50	77	2,40 – 6,30
Dibenz(a,h)anthracen	13,01	1,96	0,89 – 4,58	73	1,00 – 3,00
Benzo(ghi)perylen	17,99	3,25	1,75 – 6,66	80	1,80 – 1,30
Coronen	3,71	0,96	0,51 – 1,92	77	0,60 – 1,30
b) 1984					
Benzo(a)pyren	44,08	4,99	2,12 – 12,48	79	2,70 – 7,30
Benzo(e)pyren	48,36	5,95	2,65 – 14,33	79	3,20 – 8,70
Benzo(a)anthracen	60,94	5,91	2,25 – 15,01	76	3,00 – 8,80
Dibenz(a,h)antrhacen	12,20	1,71	0,71 – 4,14	71	0,90 – 2,80
Benzo(ghi)perylen	30,18	4,92	2,28 – 10,72	74	2,80 – 7,10
Coronen	4,64	1,38	0,76 – 2,36	74	0,90 – 1,80

Quelle der Jahresmittel: IXFELD et al., 1984 und 1985

2.3.1.2.3.2 Staubniederschlag und Ablagerung von Staubinhaltsstoffen

Gesamtstaub

685. In Anlehnung an JOST (1984) können die in Tabelle 2.3.12 enthaltenen Anhaltswerte für die verschiedenen Regionen angegeben werden: 20 mg/m²d für Reinluftgebiete, wie sie am ehesten noch an Gebirgs-Meßstationen anzutreffen sind, 50 bis 150 mg/m²d für ländliche Gebiete und 150 bis 200 mg/m²d für Ballungsgebiete. Anhaltswerte für den höchsten Monatswert sind 100–150 mg/m²d, z. T. auch bis 200 mg/m²d für ländliche Gebiete und 200 bis 300 mg/m²d — stellenweise auch erheblich mehr — für Ballungsgebiete. An baumfreien Stellen im 6 000 ha großen Staatswald Burghausen-Altötting maß WEBER (1982) eine durchschnittliche Staub-Deposition von 90 mg/m² × d als Mittel von 12 Monaten; das höchste Monatsmittel betrug 260 mg/m² × d oder 949 kg/ha × Jahr.

686. Die zeitliche Entwicklung in den am stärksten belasteten Gebieten Nordrhein-Westfalens, Hessens und des Saarlands sowie in München ist im einzelnen sehr unterschiedlich verlaufen. Gemeinsam ist ihnen, daß bis etwa 1978 eine wesentliche Senkung der Belastung erreicht werden konnte. Nach 1978 sind die Staubniederschlagsbelastungen in etwa gleichbleibend, wenn man nicht sogar für die Jahre nach 1980 einen zeitweisen Anstieg erkennen will.

Tabelle 2.3.12

Anhaltswerte für Jahresmittel der Deposition von Staubinhaltsstoffen in unterschiedlich belasteten Gebieten der Bundesrepublik Deutschland

Komponente	„Reinluft"-Gebiete	Ländliche Gebiete	Ballungsgebiete	Einflußbereich von Emittenten
		µg/m²d		
Gesamtstaub	20 000	50 000–150 000	150 000–200 000	
(Gesamtstaub, höchste Monatsmittel)		100 000–200 000	200 000–300 000	
Blei	< 40	40–80, davon 25–70 naß	100– 300	bis zu ~ 1 000
Cadmium	0,5 (i. w. naß)	1–5, davon 1–4 naß	1– 10	10– 300
Zink	80	80– 500	300–einige 1 000	bis zu einigen 10 000
Magnesium		200– 600		
Thallium		0,3		
Arsen			1– 15	200–2 000
Nickel		5– 30	10– 80	400–1 200
Ammonium (gerechn. als Stickstoff)		2 000– 4 000	4 000– 6 000	
Natrium		2 000– 3 000		
Kalium		500– 1 000		
Calcium		2 500– 4 000		
Benzo(a)pyren		0,01– 0,1	150– 400	
Chloride		2 000– 4 000	3 000– 10 000	> 10 000 (Küstennähe)
Fluoride		100– 200	200– 300	
Phosphate		300– 3 000		
Nitrite		200– 2 000		
Nitrate		4 000– 15 000		

Quelle: SRU, zusammengestellt nach: GEORGII et al., 1982; JOCKEL et al., 1982; NÜRNBERG et al., 1981 sowie weiterer dort angegebener Quellen

687. Für das nordrhein-westfälische Überwachungsgebiet (3 700 km²) und Bayern zeigt Tabelle 2.3.13 den mittleren Schwankungsbereich und gebietlichen Mittelwert des Jahresmittels und des höchsten Monatsmittelwertes des Gesamtstaub-Niederschlags in den letzten Jahren. Tabelle 2.3.14 zeigt die Entwicklung des mittleren Jahresmittels 1982—1984 für die einzelnen Belastungsgebiete an Rhein und Ruhr. Höchstwerte von 339 und 1 011 mg/m²d für Jahresmittelwert bzw. höchsten Monatsmittelwert wurden auf dem Effnerplatz in München gemessen. Besonders hohe Werte im Mittel über seine Fläche erreicht Duisburg mit einem Jahresmittel von zuletzt 250 mg/m²d und einem erhöhten Monatsmittelwert von 310 mg/m²d. Im Ruhrgebiet ging die Staubniederschlagsbelastung 1964—1970 von 460 mg/m²d, einem hohen Belastungswert, auf 390 mg/m²d zurück. 1971—1977 folgte eine nahezu monotone Abnahme unterhalb von 350 mg/m²d, der sich 1978—1981 eine Zeit des Schwankens zwischen 200 und 210 mg/m²d anschloß. In den letzten drei Berichtsjahren 1982 bis 1984 ist die Belastung wieder gesunken auf zuletzt 170 mg/m²d (Tabelle 2.3.14).

Tabelle 2.3.13

Staubniederschlag in Bayern und in Nordrhein-Westfalen (NRW)

Gebiet	Kennwert	Jahr	Mittlerer Schwankungsbereich [*]) mg/m²d	Mittelwert [**]) mg/m²d
Bayern (München) — lufthygienisches Überwachungssystem, Einzelmeßstationen [1])	Jahresmittel I1V	1984	50—150 (75— 340)	122 (171)
	höchster Monatsmittelwert I2V	1984	100—300 (150—1 000)	325 (432)
nordrhein-westfälisches Überwachungsgebiet, Rastermessung über 3 700 km² [2])	Jahresmittel I1V	1979	130—250	190
	Jahresmittel I1V	1980	140—240	180
	Jahresmittel I1V	1981	140—240	190
	Jahresmittel I1V	1982	130—220	170
	Jahresmittel I1V	1983	130—200	160
	Jahresmittel I1V	1984	120—200	160
	höchster Monatsmittelwert I2V	1979	190—350	190
	höchster Monatsmittelwert I2V	1980	200—330	230
	höchster Monatsmittelwert I2V	1981	200—350	230
	höchster Monatsmittelwert I2V	1982	190—310	220
	höchster Monatsmittelwert I2V	1983	180—280	200
	höchster Monatsmittelwert I2V	1984	180—260	200

[*]) mittlerer Schwankungsbereich der Kennwerte einer Meßstation (Bayern) bzw. eines Gebietes (Stadt, Kreis: NRW)
[**]) Kennwert des Gesamtgebietes im Falle von NRW
Quelle: [1]) Bayerisches Landesamt für Umweltschutz, 1985
[2]) PRINZ et al., 1984; RADERMACHER et al., 1985

Tabelle 2.3.14
Gesamtstaub-, Blei- und Cadmium-Niederschlag im Rhein-Ruhr-Gebiet

Belastungsgebiet	Komponente		Mittleres Jahresmittel im Jahre		
			1982	1983	1984
Rheinschiene Süd	Gesamtstaub	(mg/m²d)	150	140	130
	Blei	(µg/m²d)	101	83	85
	Cadmium	(µg/m²d)	2,0	1,6	1,1
Rheinschiene Mitte	Gesamtstaub	(mg/m²d)	150	150	140
	Blei	(µg/m²d)	127	114	122
	Cadmium	(µg/m²d)	2,1	1,5	1,7
Ruhrgebiet West	Gesamtstaub	(mg/m²d)	190	190	190
	Blei	(µg/m²d)	212	192	183
	Cadmium	(µg/m²d)	3,2	2,4	2,8
Ruhrgebiet Mitte	Gesamtstaub	(mg/m²d)	180	170	170
	Blei	(µg/m²d)	120	117	119
	Cadmium	(µg/m²d)	2,0	2,0	2,2
Ruhrgebiet Ost	Gesamtstaub	(mg/m²d)	160	150	150
	Blei	(µg/m²d)	102	96	103
	Cadmium	(µg/m²d)	1,9	1,9	1,8
Ruhrgebiet	Gesamtstaub	(mg/m²d)	180	170	170
	Blei	(µg/m²d)	145	135	135
	Cadmium	(µg/m²d)	2,4	2,1	2,3
Rhein-Ruhr-Gebiet	Gesamtstaub	(mg/m²d)	170	160	160
	Blei	(µg/m²d)	137	127	116
	Cadmium	(µg/m²d)	2,3	1,9	1,8

Quelle: RADERMACHER et al., 1985

Tabelle 2.3.15
Messung der Deposition an 12 über das Bundesgebiet verstreuten Meßstellen: Schwankungsbereich der Jahresmittel und der Anteile der trockenen Deposition

Komponenten	Jahresmittel µg/m²d	Anteil der trockenen Deposition %
Blei	38— 170	7—35
Cadmium	1— 7	7—30
Nickel	0,1— 7 [1)]	
Kupfer	1— 30 [1)]	
Eisen	230— 1 580	50—84
Mangan	20— 140	30—58
Natrium	500— 3 000 [1)]	
Kalium	60— 1 000 [1)]	
Calcium	200— 2 000 [1)]	
Chloride	1 600—12 000	4— 9

[1)] nur trockene Deposition; für die feuchte Deposition vgl. folgende Angaben von ULRICH et al., (1979):
Nickel   5—   7 µg/m²d
Kupfer   55—   90 µg/m²d
Natrium 1 700— 2 500 µg/m²d
Kalium   750— 1 050 µg/m²d
Calcium 2 100— 3 850 µg/m²d

Quelle: GEORGII et al., 1982

Staubinhaltsstoffe, insbesondere Metallverbindungen

688. Von GEORGII et al. (1982) wurde von September 1979 bis August 1981 an den erwähnten 12 über das ganze Bundesgebiet verteilten Meßstellen die Deposition verschiedener Staubinhaltsstoffe gemessen. Tabelle 2.3.15 enthält die Bereichsangaben für die ermittelten Jahresmittelwerte und für die Anteile der trockenen Deposition.

Die dargestellte Situation hat sich, wenn auch die Ausdehnung der belasteten Flächen geringer geworden ist, großflächig nicht wesentlich verändert, wie Erkenntnisse aus den Ländermeßnetzen belegen. In Tabelle 2.3.14 sind beispielsweise die Gebietsmittelwerte der Blei- und Cadmium-Niederschläge 1982 bis 1984 für die einzelnen Belastungsgebiete Nordrhein-Westfalens sowie für das Ruhrgebiet und das gesamte Überwachungsgebiet zusammengestellt. Sie zeigt für das Gesamtgebiet eine ständige Abnahme, für das Ruhrgebiet jedoch nach einer Abnahme von 1982 auf 1983 eine gleichbleibende bzw. zunehmende Belastung von 1983 auf 1984. Im wesentlichen dasselbe gilt für die einzelnen Belastungsgebiete. Bei Betrachtung der stärker unterschiedlich zu sehenden Entwicklung auf den einzelnen 1 km²-Beurteilungsflächen (Tabelle 2.3.16) zeigt sich nach Abnahme der Blei- und Cadmium-Belastung von 1982 auf 1983 eine erneute Zunahme 1984.

Tabelle 2.3.16

Entwicklung der Deposition ausgewählter Metalle auf den 1 km²-Beurteilungsflächen des Meßrasters im Rhein-Ruhr-Gebiet (3 630 km²)

Komponente	Belastungsgebiet	Jahr	Kennzeichnung der Belastung
Blei	Rhein-Ruhr-Gebiet	1982[1]	zwischen 30 und 400 µg/m²d, in der Regel um 100 µg/m²d 6% aller Beurteilungsflächen liegen über 250 µg/m²d, 1% über 500 µg/m²d
	Rhein-Ruhr-Gebiet	1983[1]	3,4% aller Beurteilungsflächen liegen über 250 µg/m²d, 1% über 500 µg/m²d
	Rhein-Ruhr-Gebiet	1984[2]	4% aller Beurteilungsflächen liegen über 250 µg/m²d
Cadmium .	Rhein-Ruhr-Gebiet	1982[1]	zwischen 1 und 10 µg/m²d, in der Regel um 2 µg/m²d, 3,3% aller Beurteilungsflächen liegen über 5 µg/m²d
	Rhein-Ruhr-Gebiet	1983[1]	1,4% aller Beurteilungsflächen liegen über 5 µg/m²d, 0,3% über 10 µg/m²d
	Rhein-Ruhr-Gebiet	1984[2]	1,7% aller Beurteilungsflächen liegen über 5 µg/m²d, 0,3% über 10 µg/m²d
Zink	Rheinschiene Mitte	1980[3]	etwa je zur Hälfte unterhalb 300 µg/m²d und zwischen 300 und 750 µg/m²d
	Ruhrgebiet West	1981[4]	weniger belastete Flächen zwischen 200 und 300 µg/m²d, Kernbereich von 270 km² zwischen 1 000 und 12 000 µg/m²d
Arsen	Rheinschiene Mitte	1980[3]	überwiegend unterhalb 5 µg/m²d, nur rund 5% über 10 µg/m²d, höchster Kennwert 20 µg/m²d
	Ruhrgebiet West	1981[4]	51% der ausgemessenen Flächen unter 5 µg/m²d, 18% oberhalb 10 µg/m²d
Nickel	Rheinschiene Mitte	1980[3]	90% der ausgemessenen Flächen unter 30 µg/m²d
	Ruhrgebiet West	1981[4]	im Kernbereich (215 km²) überwiegend zwischen 12 und 30 µm²d

Quelle: [1] PRINZ et al., 1984
[2] RADERMACHER et al., 1985
[3] PRINZ et al., 1981
[4] Minister für Arbeit, Gesundheit und Soziales des Landes Nordrhein-Westfalen, 1985

689. Spitzenwerte der Depositionsbelastung mit Metallverbindungen finden sich in gewissen Problemgebieten aufgrund der derzeitigen oder früheren Wirtschaftsstruktur:

— Oker/Harlingerode: Von den 24 Einheitsflächen der Meßkampagne 1977/78 lagen beim Cadmium die Kennwerte aller und beim Blei von 23 über dem jeweiligen IW 1-Wert (5 bzw. 250 µg/m²d). Bei der seit 1980 betriebenen automatischen Überwachung hat sich 1982—1984 die in Abbildung 2.3.10 gezeigte Entwicklung vollzogen: Die Jahresmittel der Blei- und Cadmium-Belastung sind stark zurückgegangen. Trotzdem überschreiten beide noch die Immissionsgrenzwerte z. T. erheblich.

— Nordenham: 1975—1978 lagen die Kennwerte von 18 der 31 Beurteilungsflächen des Meßgebiets über dem Immissionswert für Cadmium, den für Blei hielten alle ein. Die seit 1980 durchgeführte Sanierung hat zu einer deutlich fallenden Tendenz bei Blei und Cadmium geführt, obwohl die Staubniederschläge insgesamt keinen eindeutigen Trend zeigen. Der IW 1-Wert für Cadmium wird aber noch überschritten (Abb. 2.3.11).

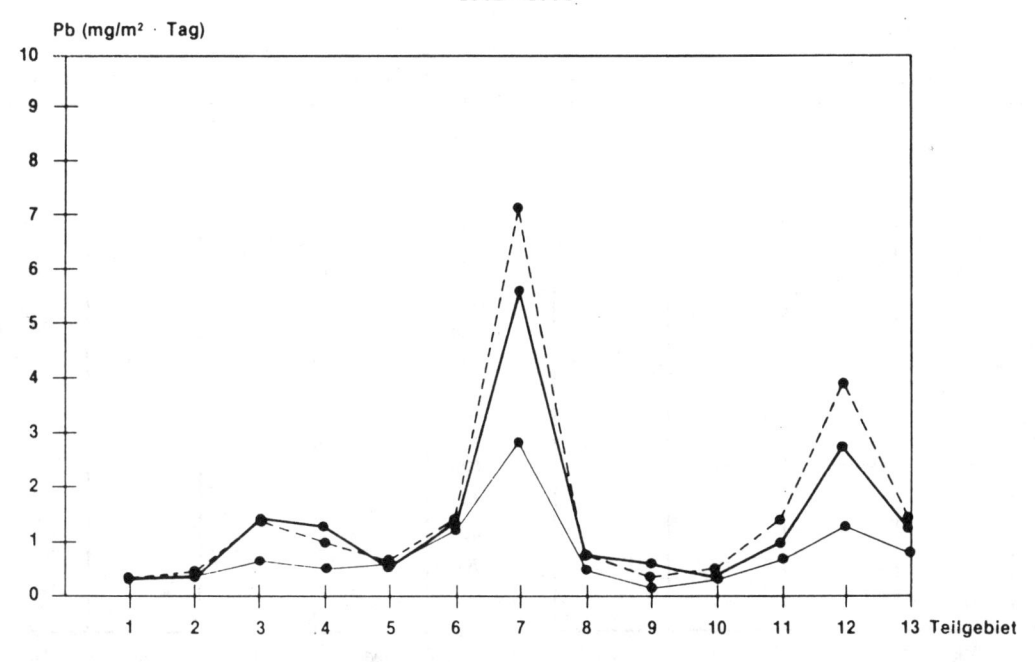

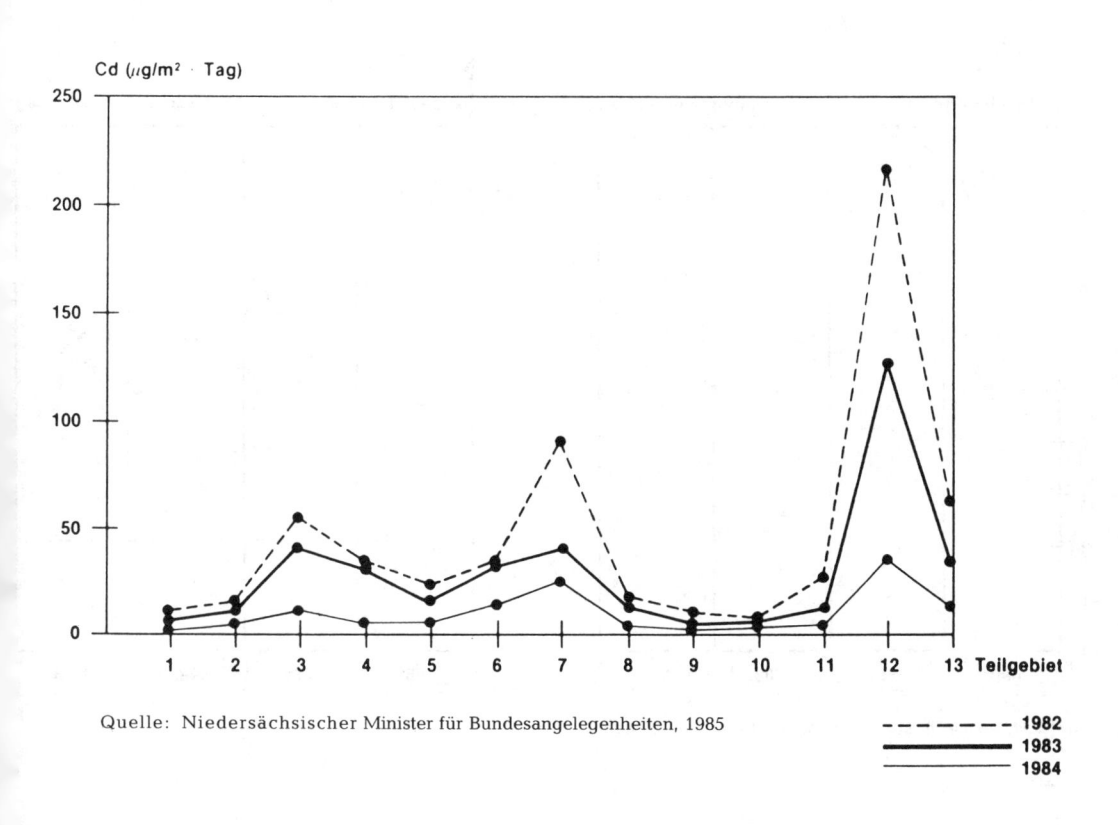

Abbildung 2.3.10

Mittlerer Blei- und Cadmium-Niederschlag in 13 Teilbereichen des Raumes Oker/Harlingerode 1982—1984

Quelle: Niedersächsischer Minister für Bundesangelegenheiten, 1985

------ 1982
—— 1983
—— 1984

Abbildung 2.3.11

Verlauf des gleitenden Jahresmittels der Blei- und Cadmium-Niederschläge im Meßgebiet Nordenham 1981–1984

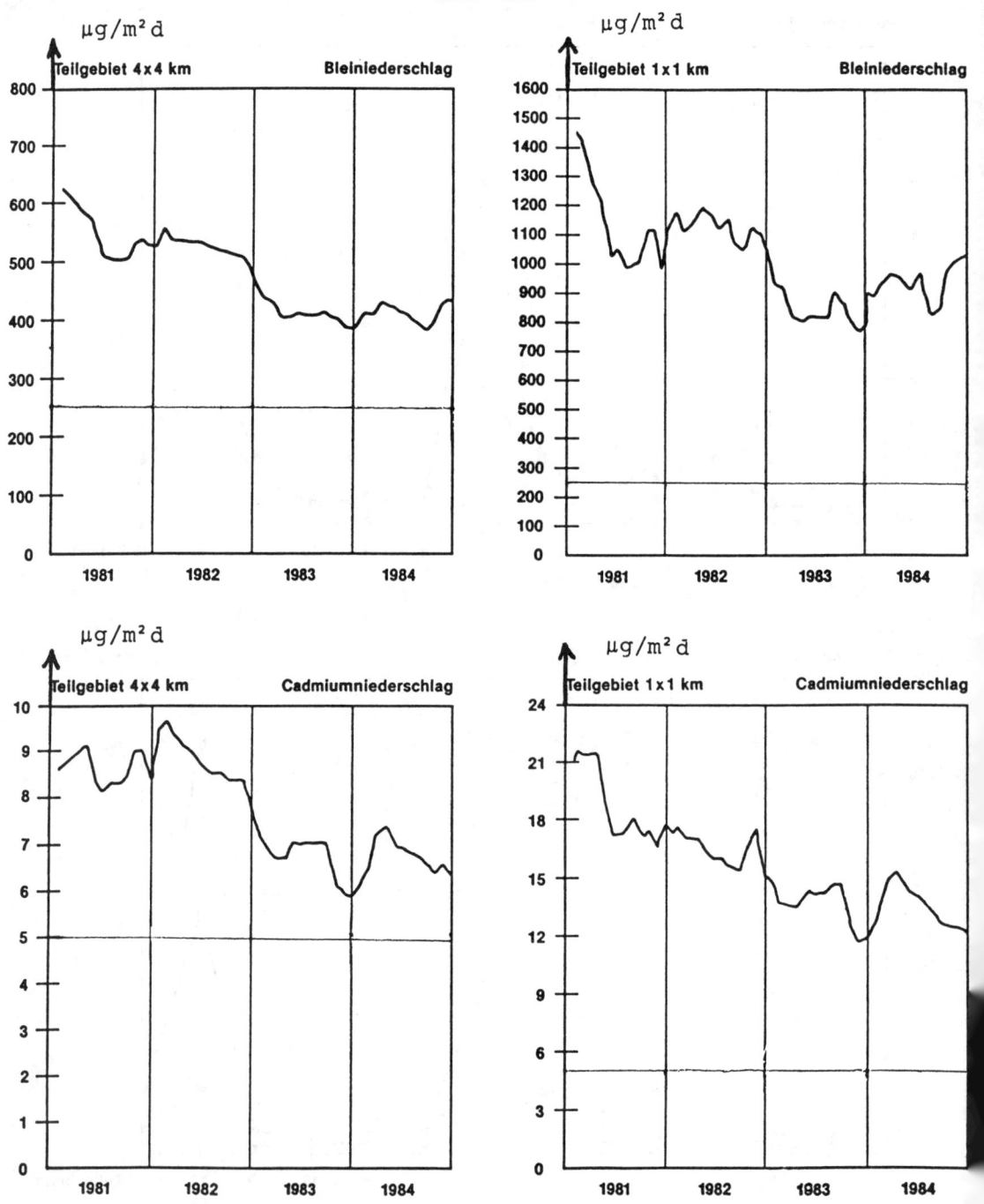

Quelle: Niedersächsischer Minister für Bundesangelegenheiten, 1985.

— Im Raum Stolberg liegt der Schwerpunkt der Belastung in einem 3 km² großen Gebiet im Süden der Stadt. Die Ergebnisse der Blei-, Zink- und Cadmium-Messungen enthält Tabelle 2.3.17. Die Bleiniederschläge haben zwar 1974–1980 ständig abgenommen — weit oberhalb des IW 1-Wertes —, sind aber bis 1982 wieder auf die Höhe der Jahre 1975–1977 gestiegen. Ein zusammenhängendes Gebiet von 48 km² lag in beiden Meßjahren 1981 und 1982 unter einem Cadmium-Niederschlag von mehr als 15 µg/m²d. Die zeitliche Entwicklung der durchschnittlichen feuchten Kupfer- und Selendeposition und typische Werte für die Deposition bei SSW-Windlagen an verschiedenen Meßstationen dort enthält Tabelle 2.3.18. Mit Thallium ist der Stolberger Raum nach den Untersuchungen 1982/83 nur wenig belastet. Die überwiegende Mehrheit aller Beurteilungsflächen wies Jahresmittel unter 1 µg/m²d auf, keine erreichte den Immissionswert der TA Luft.

— Hamburg: Bleiniederschläge wurden im ersten Halbjahr 1979 mit 91 unregelmäßig aufgestellten Sammelgefäßen ermittelt. Mittelwert über die Meßperiode und das Stadtgebiet: 290 µg/m²d, für einige Meßstellen Halbjahreswerte über 3 mg/m²d, höchste Einzelwerte über 10 mg/m²d. Belastungsschwerpunkte sind ein Industriebetrieb im östlichen Stadtgebiet und die Hafen- und Werftanlagen (SARTORIUS und WINKLER, 1985).

— Der Großraum Duisburg ist in Nordrhein-Westfalen Schwerpunkt der Blei- und Cadmiumbelastung. 1983 erreichten dort einige Beurteilungsflächen mittlere Bleibelastungen von bis zu 7 mg/m²d, weil an einem diesen Flächen gemeinsamen Meßpunkt die Niederschläge 22 mg/m²d erreichten. Die mittlere Cadmiumbelastung lag 1984 auf einer Beurteilungsfläche bei 336 µg/m²d.

Tabelle 2.3.17

Staub- und Schwermetallniederschläge in Stolberg, mittlere Jahresbelastung für ein Meßgebiet von 3 km²

Jahr	Staub (g/m²d)	Blei	Zink	Cadmium
		(µg/m²d)		
1974	0,17	2 913	1 023	n. g.
1975	0,12	2 277	503	n. g.
1976	0,12	1 920	493	n. g.
1977	0,12	2 003	333	n. g.
1978	0,12	1 627	340	n. g.
1979	0,23	1 353	133	n. g.
1980	0,13	873	207	n. g.
1981	0,13	1 104	2 053	18,8
1982	0,13	2 134	n. g.	29,0

n. g. = nicht gemessen
Quelle: Minister für Arbeit, Gesundheit und Soziales, Nordrhein-Westfalen, 1983a

Tabelle 2.3.18

Kupfer- und Selendeposition im Raume Stolberg

Meßstelle	Komponenten	Jahresmittel[1] µg/m²d				bei SSW-Wind µg/m²d
		1979	1980	1981	1982	
Stolberg-Werth	Kupfer	10,9	16,7	26,5	26,7	25
Stolberg-Werth	Selen		0,17	0,53	0,14	52
Stolberg-Binsfeldhammer	Kupfer					203
Stolberg-Binsfeldhammer	Selen					102
Inden bzw. Jülich	Kupfer	4,70	5,60	5,91	5,65	9 bzw. 6
Inden bzw. Jülich	Selen		0,07	0,16	0,07	4 bzw. 16
Frenz	Kupfer					12
Frenz	Selen					8

[1] nur feuchte Deposition
Quelle: SARTORIUS und WINKLER, 1985

Die Deposition von **Blei** ist weitgehend abhängig von der Verkehrsdichte und der Nähe emittierender Betriebe. In einigen Belastungsgebieten erreicht die **Zink**-Deposition großflächig hohe Niederschlagswerte. Ihre räumliche Verteilung stimmt weitgehend mit der bei Blei und Cadmium überein. Im Fall des Zementwerkes bei Lengerich gelangte **Thallium** mit Kiesabbränden, die als Zuschlagstoffe zugesetzt wurden, in den Zementproduktionsprozeß. Durch die Rückführung des Filterstaubs trat eine Anreicherung des Thalliums ein. An vier Meßstellen wurden über vier Wochen lang Belastungen von etwa 130 µg/m²d festgestellt (SARTORIUS und WINKLER, 1985).

Organische Verbindungen

690. Neben anorganischen trockenen und nassen Depositionen kennt man auch die Deposition von organischen Verbindungen, insbesondere die nasse. Vor allem können polare, wasserlösliche bzw. hydrolysierbare Komponenten und Aerosole aus der Atmosphäre durch nasse Deposition abgeschieden werden. Beständige Verbindungen, z. B. DDT, können nach der Deposition wieder verdampfen und erneut in die Atmosphäre gelangen. Photooxidantien bilden im Verlaufe der Alterung des von ihnen verursachten Photosmogs (vgl. Abschnitt 2.3.2.2) Aerosole mit hohem Gehalt an deponierenden Nitraten und organischen Bestandteilen. Für Benzo(a)pyren schließlich liegen einige nicht übereinstimmende Bereichsangaben vor.

2.3.1.2.4 Kohlenmonoxid

691. Die Kohlenmonoxid-Immissionen sind räumlich ziemlich homogen. Örtliche Belastungsschwerpunkte sind durch den Straßenverkehr geprägt. Die Konzentrationen an Verkehrswegen, wo in sogenannten Schadstofftunnels Werte anderer Größenordnung angetroffen angetroffen werden können, sind Gegenstand von Abschnitt 2.3.1.3.2 (Tz. 710ff.). Flächenbezogene Meßprogramme erfassen im wesentlichen die auf Feuerungs- und Industrieanlagen zurückzuführenden Immissionen:

1979 waren im Bundesgebiet etwa 90 Meßstationen in Betrieb; die flächenbezogenen Messungen deckten rund 450 km² ab. Die fortlaufenden Messungen in den Bundesländern (außer Bremen, Hamburg und Schleswig-Holstein) ergaben,

- daß die Jahresmittelwerte räumlich gemittelt fast überall kleiner als 2,5 mg/m³ waren, nur in Augsburg, in München und in den Belastungsgebieten Ruhrgebiet Mitte und Ost zwischen 2,5 und 5 mg/m³ lagen und auch örtlich nur an wenigen Verkehrsschwerpunkten Werte zwischen 5 und 7,5 mg/m³ erreichten,

- daß die örtliche Kurzzeitbelastung (95-Perzentil) fast überall unter 7,5 mg/m³ und im wesentlichen nur an einigen Verkehrsschwerpunkten zwischen 7,5 und 15 mg/m³ lag.

1981 lag im Rhein-Ruhr-Gebiet das Mittel aus den Jahresmittelwerten aller TEMES-Stationen bei 1,3 mg/m³ (Mittelwerte für die Belastungsgebiete Ruhrgebiet West, Ruhrgebiet Ost und Rheinschiene Süd bei 1,5, 1,2 bzw. 1,3 mg/m³). An keiner Meßstation wurde ein Jahresmittel von 2,0 mg/m³ überschritten (PFEFFER et al., 1984).

Auch 1982 lagen die dort ermittelten räumlichen Mittelwerte der mittleren Jahresbelastung zwischen 1,1 und 1,3 mg/m³. Wieder wurde an keiner Station ein Jahresmittel von 2,0 mg/m³ erreicht, obwohl eine Smog-Periode im Januar 1982 Spitzenkonzentrationen von bereichsweise 40 mg/m³ mit sich brachte. Von den MIK-Werten wurde nur der Tagesmittel-Grenzwert von 10 mg/m³ während dieser Zeit an sechs Stationen insgesamt 20mal überschritten (PFEFFER et al., 1985).

1985 hatten die Kennwerte der Kohlenmonoxid-Immission im kontinuierlichen Meßnetz des Bayerischen Landesamtes für Umweltschutz folgende Mittelwerte: Jahresmittel 1,7 mg/m³, 98-Perzentil 8 mg/m³, höchster Halbstundenmittelwert 27 mg/m³ (Bayerisches Landesamt für Umweltschutz, 1986).

Die höchsten Konzentrationen werden in den Monaten Dezember, Januar und Februar gefunden, auch im September und Oktober treten vergleichsweise hohe Werte auf (PFEFFER et al., 1984). Die langfristige Entwicklung zeigt ein uneinheitliches Bild: je nach örtlichen Verkehrsverhältnissen sowohl unveränderte als auch deutlich steigende Belastung (UBA, 1981).

2.3.1.2.5 Halogenwasserstoffe und andere gasförmige anorganische Halogenverbindungen

692. Bei anorganischen gasförmigen Fluorverbindungen (gerechnet als Fluoride) kann man heute von Jahresmitteln der flächenhaften Belastung ausgehen, die in ländlichen Gebieten bei 0,1 µg/m³ und darunter — und damit knapp über der Nachweisgrenze — liegen und in belasteten Gebieten auf etwas über 0,5 µg/m³, in der engeren Umgebung von Emittenten (Aluminiumhersteller, Ziegeleien, Glashütten u. a.) auch etwas über 1 µg/m³ ansteigen können. In wenig belasteten Gebieten erreichen die 95-Perzentile der Fluorid-Konzentration zwar nur etwa 0,5 µg/m³, können aber in belasteten Gebieten bis zu 20 µg/m³ ansteigen.

Im Belastungsgebiet Rheinschiene Mitte lagen die 1979 im Rahmen der bestehenden Meßprogramme ermittelten Jahresmittelwerte lediglich auf drei Einheitsflächen zwischen 0,5 und 1,0 µg/m³, auf Flächen zwischen 1,18 und 1,35 µg/m³, waren sonst aber ausgesprochen niedrig. Die 95-Perzentile lagen auf 82 % der Einheitsflächen unter 1 µg/m³, auf 29 Flächen allerdings über 3 µg/m³ und auf einem 4 km²-Bereich (Düsseldorf-Flingern) über 13 µg/m³ (Minister für Arbeit, Gesundheit und Soziales, Nordrhein-Westfalen, 1982).

Auf dem größten Teil der Einheitsflächen des Belastungsgebietes Rheinschiene Süd lag 1980 das Jahresmittel unter 0,20 µg/m³ (höchstes Jahresmittel: 0,41 µg/m³). Auf 94 % aller Flächen lag das 95-Perzentil weit unterhalb von 2,0 µg/m³, nur auf etwa 3 % über 3,0 µg/m³ (Minister für Arbeit, Gesundheit und Soziales, Nordrhein-Westfalen, 1983 b).

693. Die im Vergleich mit Fluorverbindungen in höheren Konzentrationen auftretenden Chlorverbindungen (gerechnet als Chloride) wurden bislang nur vereinzelt durch flächenbezogene Messungen erfaßt. In belasteten Gebieten werden mittlere Konzentrationen von 25 µg/m^3 und kurzzeitige Belastungen von 100 µg/m^3 erreicht (UBA, 1981).

Als Orientierungswert gelten in weniger belasteten Gebieten ein Jahresmittel von 6−10 µg/m^3 — in der Nachweisgrenze liegend — und ein Kurzzeitwert zwischen 15 und 30 µg/m^3.

2.3.1.2.6 Weitere anorganische Luftschadstoffe

Schwefelwasserstoff

694. Immissionsberechnungen auf der Grundlage von Emissionskatastern sind durchgeführt worden z. B. für die Belastungsgebiete Rheinschiene Süd (1980) und Ruhrgebiet West (1981):

— In der Rheinschiene Süd liegen demnach auf vier Einheitsflächen im Süden (petrochemische Industrie) die Jahresmittelwerte bei 2 µg/m^3, sonst fast überall unter 0,3 µg/m^3, weiträumig sogar unter 0,1 µg/m^3. Das 95-Perzentil erreicht dort 10 µg/m^3 und liegt auf angrenzenden Flächen zwischen 1,0 und 2,5 µg/m^3, sonst unter 1 µg/m^3.

— Im Ruhrgebiet West erreicht der Jahresmittelwert im Norden Duisburgs fast 16 µg/m^3, liegt aber in 88% der Beurteilungsflächen unter 2,5 µg/m^3. Das 95-Perzentil erreicht 50 µg/m^3, von den Belastungszentren entfernt liegt es bei 1 µg/m^3.

Ammoniak und Ammoniumverbindungen

695. Über die Immissionen von Ammoniak (NH$_3$) und Ammoniumverbindungen liegen noch zu wenig systematische Messungen vor, um zuverlässige allgemeingültige Aussagen machen zu können. Nach SMITH (1981) enthält „Reinluft" ca. 4−7, verschmutzte Luft ca. 14 µg NH$_3$/m^3. Auf Grund der in Emissionskatastern erfaßten industriellen Emissionen wurden für die Belastungsgebiete Rheinschiene Süd (1980) und Ruhrgebiet West (1981) die Ammoniak-Immissionen wie folgt berechnet:

— In der Rheinschiene Süd erreicht der Jahresmittelwert auf vier zusammenhängenden Flächen über 10 µg/m^3, auf fast 98% der Beurteilungsfläche bleibt er unter 5 µg/m^3. Das 95-Perzentil erreichte Werte zwischen 20 und 64 µg/m^3, bleibt aber auf 97% der Beurteilungsflächen unter 20 µg/m^3.

— Im Ruhrgebiet West liegt der Jahresmittelwert auf sechs zusammenhängenden Flächen in Duisburg zwischen 3 und 6 µg/m^3, sonst bei und unterhalb von 1 µg/m^3. Das 95-Perzentil liegt dort zwischen 20 und 30 µg/m^3, sonst bei 10 µg/m^3.

696. Für die Bundesrepublik Deutschland nennen GEORGII und MÜLLER (1974) 2,5−12,5 µg/m^3, SÜSSENGUTH (1976) 2,0 µg/m^3 und LENHARD (1977) 1,8 µg/m^3 als Immissionswerte für Ammonium-Stickstoff. Zu berücksichtigen ist dabei, daß in der Luft vorhandenen sauren Aerosole sich mit NH$_3$ rasch verbinden und ammoniumhaltige Partikel (z. B. Ammoniumsulfat) erzeugen, die in der Luft daher häufiger sind als gasförmiges Ammoniak.

697. Die genannten industriell bedingten Immissionen werden lokal und z. T. regional erheblich übertroffen durch landwirtschaftlich bedingte Luftbelastungen, die im wesentlichen auf der Düngung beruhen. Stickstoffdüngung führt unter bestimmten Bedingungen zur Freisetzung von Ammoniak, dessen Menge nach NIHLGÅRD (1985) pauschal mit 10% des verwendeten Stickstoffes anzusetzen ist, aber bei Düngung mit Harnstoff 55%, bei Gülle 75% erreicht. Immissionswerte steigen auf über 50 µg NH$_3$/m^3. Als Ammonium-Ablagerung in ländlichen Gebieten nennt SARTORIUS (1986) durchschnittlich 10 kg/ha × Jahr mit einer Spannweite von 5−20 kg. In Wälder werden infolge der Filterwirkung bis zu 46 kg/ha × Jahr Ammonium-Stickstoff eingetragen (Abschn. 2.2.4.2), wo sie die Versauerung der Waldböden erheblich verstärken können.

Nach Angaben von NIHLGÅRD (1985) stammen von den Ammonium-Immissionen der Luft ca. 70% aus landwirtschaftlichen Quellen, vor allem aus tierischen Exkrementen und der damit vorgenommenen Düngung, ca. 12−13% aus der Industrie, insbesondere aus Düngerfabriken, ca. 1% aus dem Kraftfahrzeugverkehr und der Rest aus natürlichen Emissionen. Genaue Messungen über die Konzentrationsverteilung und die atmosphärische Verweilzeit stehen noch aus.

2.3.1.2.7 Leichtflüchtige organische Luftverunreinigungen

698. Die Kenntnis organischer Luftverunreinigungen ist erheblich geringer als die „klassischer" anorganischer Komponenten. Immissionsmessungen sind bis in die 70er Jahre fast nur als Gesamt-Kohlenstoff-Messungen (Gesamt-C-Messungen) vorgenommen worden. Damals standen noch keine zur alltäglichen Spurengasbestimmung organischer Stoffe in der Außenluft brauchbaren Probenahmegeräte und gaschromatographischen Verfahren zur Verfügung. Inzwischen sind in den Ländern flächendeckende Bestimmungen des Gesamt-C-Gehaltes der Luft eingerichtet und zum Teil wieder abgesetzt worden.

699. Messungen des Gesamt-C-Gehaltes können nur dann zur lufthygienischen Beurteilung herangezogen werden, wenn

— eine hohe Korrelation zwischen Gesamt-C-Gehalt und den lufthygienisch wichtigen Stoffen besteht,

— wenn der Anteil dieser Stoffe am Gesamt-C-Gehalt bekannt ist und

— wenn dieser Gehalt möglichst geringen räumlichen Schwankungen unterliegt.

Wie unten auf Grund der Untersuchungen von BEIER und BRUCKMANN (1983) näher ausgeführt wird, läßt sich eine lufthygienische Auswertung von Gesamt-C-Messungen jedoch nur durchführen, wenn diese im Bereich des städtischen Grundpegels organischer Immissionen liegt, der durch Kraftfahrzeug-Emissionen bestimmt ist. Bei höherer Belastung der Luft durch zusätzliche Emittenten ist ein Schluß auf lufthygienisch wichtige Bestandteile ohne zusätzliche Angaben nicht möglich.

700. Methan bleibt bei Angaben über die Luftbelastung mit leichtflüchtigen organischen Stoffen außer Betracht und wird vor allem aus meßtechnischen Gründen aus dem Gesamt-C-Gehalt ausgeklammert. Dies ist insofern auch gerechtfertigt, als Methan nicht mit Photooxidantien — außer dem Hydroxyl-Radikal — reagiert (Abschn. 2.3.2.2) und daher in der Atmosphäre eine Halbwertszeit von Jahren hat. Seine Bedeutung als klimawirksames Spurengas wird in Abschnitt 2.3.2.5 besprochen.

701. Um schrittweise zu einer Vorstellung über die Luftbelastung durch auch nur die über 500 schon beschriebenen organischen Komponenten (GRAEDEL, 1978) zu gelangen, ist man im wesentlichen auf die Ergebnisse von Sondermeßprogrammen angewiesen. Sie werden allerdings für einige organische Komponenten inzwischen schon ziemlich regelmäßig neben den zunächst eingerichteten Immissionsmeßprogrammen für die „klassischen" Komponenten durchgeführt. Ergebnisse können nur beispielhaft angeführt werden.

Kohlenwasserstoff-Profile im Rhein-Ruhr-Gebiet

702. Vom April 1981 bis März 1982 wurden an den 41 TEMES-Meßstationen in den Belastungsgebieten an Rhein und Ruhr die Jahresmittelwerte von 16 Kohlenwasserstoffen bestimmt, um ihre Korrelationen mit dem Gesamt-C-Gehalt festzustellen, und um, soweit möglich, auf die verursachenden Hauptemittenten zu schließen (BEIER und BRUCKMANN, 1983).

Die wichtigsten Ergebnisse dieser Messungen sind in Tabelle 2.3.19 mit Ergebnissen aus Meßprogrammen in anderen Gebieten verglichen.

Wichtige Feststellungen sind:

— Hauptquelle des städtischen Grundpegels ist der Kraftverkehr, außer für die leichten Alkane Ethan und Propan, für die andere Quellen, möglicherweise Erdgas, in Frage kommen.

— Die Summe der gemessenen Kohlenwasserstoffe liegt mit einem Kohlenstoffgehalt von im Jahresmittel 56 bis 250 µg/m^3 in einem Bereich, der auch bei Messungen des Gesamt-C-Gehaltes in anderen Belastungsgebieten beobachtet wird.

— Meßergebnisse anderer städtischer Gebiete (Spalten 2 bis 4 von Tabelle 2.3.19) liegen innerhalb der Spannbreite der TEMES-Daten. Das untere Ende ist gut vergleichbar mit Werten aus Wohngebieten

Tabelle 2.3.19

Kohlenwasserstoffkonzentrationen in verschiedenen Meßgebieten

Komponente	Streubereich an TEMES-Stationen	Wohn-gebiet[a]	Wohn-gebiet	Ruhrgebiet	KFZ-Verkehr[a][c]	Kokerei[d]	Petro-chemie[e]	Reinluft-gebiet[f]
Ethan	4,7—26,8	3,5	8,0	20	6,3	47	8,7	—
Ethen	4,8—20,5	4,2	6,3	20[b]	31,4	69	81,4	1,9
Propan	4,9—22,6	3,0	9,8	20	5,1	24	—	1,6
Propen	1,5— 5,6	1,7	5,6	10	14,1	17	27,3	0,2
n-Butan	5,2—33,6	5,6	12,9	30 (ΣC$_4$)	29,2	61,6	10,4	2,0
Ethin	4,6—19,7	4,9	4,6	—	28,9	14,7	9,4	2,8
i-Pentan	6,4—30,5	6,9	9,6	30 (ΣC$_5$)	52,8	64,6	—	2,7
Benzol	4,6—22,3	7,5	7,1	20	51,3	142	—	2,0
Toluol	9 —34,5	11,5	18,4	30	102	102	—	2,0
m/p-Xylol	4,3—10,5	6,2	9,9	10 (C$_8$Aro)	52,8	55	—	1,4
N	802	26	?	765	26	13	2 110	64
Meßzeit	Jahr	Halbjahr	Jahr	Jahr	Halbjahr	Vierteljahr	Vierteljahr	Woche

[a]) Messungen nur zu Verkehrsspitzenzeiten 7—8.15 Uhr und 15—15.15 Uhr
[b]) Σ Ethen, Etin
[c]) verkehrsreiche Kreuzung, Berlin
[d]) Wohngebiet nahe Kokerei
[e]) Wohngebiet nahe Petrochemie
[f]) Schwarzwald

Quelle: BEIER und BRUCKMANN, 1983

(Berlin-Dahlem), während das obere Konzentrationen aufweist, die auch in anderen industriereichen Ballungsräumen gemessen wurden, aber bei wichtigen Komponenten wie Olefinen und Aromaten noch deutlich unterhalb der Werte liegen, die zu Spitzenzeiten unter Verkehrseinfluß gemessen wurden (Spalte 5).

Vereinfachend gesagt: Die Kohlenwasserstoffbelastung ist in reinen Wohngebieten eine Größenordnung kleiner als unter starkem Kraftfahrzeugeinfluß, aber eine halbe Größenordnung höher als in Reinluftgebieten (Spalte 8). Im Nahbereich einer petrochemischen Anlage, einer Kokerei oder vergleichbarer industrieller Anlagen treten bei einigen Komponenten (z. B. Ethen, Benzol) erheblich höhere Werte auf als im Kraftfahrzeugverkehr zu Spitzenzeiten.

— Je nach Quellstärke und -höhe können Immissionsspitzen rasch mit der Entfernung sinken. Da organische Luftverunreinigungen überwiegend aus niedrigen Quellen ($\leq$ 20 m) kommen und z. T. kurze Verweilzeiten in der Atmosphäre haben, ist in vielen Fällen eine räumliche Ungleichförmigkeit zu vermuten, die es schwierig macht, repräsentative Meßdaten zu erhalten.

— Auch wo es weder starken Kraftfahrzeugverkehr, dichte Besiedlung noch Industrie oder Häufung von Kleingewerbe, sondern lediglich dörfliches Leben gibt, fanden sich mittlere Benzolkonzentrationen um 1 µg/m³. Als Ursache für diese Grundbelastung muß der Kraftfahrzeugverkehr angenommen werden.

— In Wohngebieten der Großstädte ist mit flächenbezogenen Jahresmitteln um 8 µg/m³ zu rechnen, in Kernbereichen mit Jahresmitteln von rund 20 µg/m³.

— In der Umgebung von Kokereien können Jahresmittelwerte der Benzolbelastung zwischen etwa 10 und 20 µg/m³ liegen, die 95-Perzentile zwischen 25 und 55 µg/m³ und die 98-Perzentile zwischen 40 und 150 µg/m³. In der Umgebung von Erdölraffinerien ist nur mit Benzol-Immissionen von bis zu 10 µg/m³ zu rechnen.

Zwischen diesen Extremen 1 und 20 µg/m³ liegen die mittleren Konzentrationen in urbanen Wohngebieten, in ländlichen, jedoch in Ballungsrandzonen gelegenen Gebieten sowie in der Umgebung bestimmter Industrieanlagen (Raffinerien). Die Messungen zeigen auch das Vorwiegen des Kraftfahrzeugverkehrs unter den Benzol-Emittenten.

Ausgewählte weitere Komponenten

704. In den Luftreinhalteplänen für verschiedene Belastungsgebiete hat man zur Darstellung der Immission ausgewählter organischer Komponenten auf die Immissionssimulation unter Einsatz von Emissionskatasterdaten zurückgegriffen. Einige Angaben sind in Tabelle 2.3.20 wiedergegeben.

Benzol

703. Über eine Untersuchung der Benzol-Immissionsbelastung in nach Flächennutzung und Emissionsstruktur unterschiedlichen Gebieten Nordrhein-Westfalens in den Jahren 1981 und 1982 berichten BUCK et al. (1983). Im einzelnen wurde festgestellt:

Tabelle 2.3.20

Höchstes Jahresmittel, höchstes 95-Perzentil und Ort des Maximums, für einige weitere organische Komponenten aus Emissionskatasterangaben für einige Belastungsgebiete errechnet

Komponente	Jahresmittelwert (95-Perzentil)		Grenzwert
	höchster Wert	Ort, Bezugsjahr	
Phenol und Phenolverbindungen	1,6 (6) µg/m³	Brühl, 1980	200 (600) µg/m³
Formaldehyd	(3,3) µg/m³	Wesseling, 1980	(70 µg/m³)
Vinylchlorid	3,6 µg/m³	Merkenich, 1980	
Trichlorethen	6,2 µg/m³	Düsseldorf, 1979	
Acrylnitril	10 µg/m³	Köln-Worringen, 1980	
Trichlormethan	70 ng/m³	Köln-Worringen, 1980	
Dibromethan	20 ng/m³	Köln, 1980	
Hydrazin	20 ng/m³	Lev.-Wiesdorf, 1980	

Quelle: Minister für Arbeit, Gesundheit und Soziales des Landes Nordrhein-Westfalen, 1982 und 1983b

Zum Vergleich: Gemessen wurden an der UBA-Meßstelle (in 10 m Höhe, straßenabgewandte Seite) folgende Mittelwerte halogenierter Kohlenwasserstoffe:

	Chloroform (HC Cl$_3$)	0,7 µg/m³
	1,1,1-Trichlorethan (H$_3$C-C-Cl$_3$)	11,0 µg/m³
	Tetrachlorkohlenstoff (C Cl$_4$)	1,5 µg/m³
	Trichlorethen (H Cl C = C Cl$_2$)	3,7 µg/m³
Quelle: ■	Tetrachlorethen (Cl$_2$C = C Cl$_2$)	11,5 µg/m³

2.3.1.2.8 Ozon

705. Die wichtigsten „sekundären" Luftverunreinigungen, die sich in der Luft erst aus ursprünglich emittierten bilden, sind die „Photooxidantien" (s. auch Abschnitt 2.3.2.2). Deren Hauptbestandteil ist das Ozon. Die Luftbelastung durch Ozon ist — zumindest in Mitteleuropa — ein Problem der Spitzenwerte. Der Jahresmittelwert liegt in Ballungsgebieten bei etwa 20—30 µg/m³, also niedriger als in ländlichen Gebieten, wo 50—90 µg/m³ typisch sind (Tabelle 2.3.21). Das sind praktisch auch die Jahresmittel der — womöglich als natürlich anzusehenden — Belastung entlegener Weltgegenden (Abschnitt 2.3.1.3.1).

706. Kurzfristig können vor allem im Winter und im Frühjahr durch natürliche Prozesse hohe Konzentrationen — bis zu etwa 120 µg/m³ — auftreten. Bei sommerlichen Episoden mit starker anthropogener Oxidantienbildung werden tagsüber Werte von über 200 µg/m³ erreicht. Die obersten 5 % der Meßwerte liegen meist in einem Bereich von 80—300 µg/m³.

Dabei sind die Spitzenkonzentrationen in Reinluftgebieten niedriger als in Ballungsgebieten: Während Überschreitungen des Schwellenwertes 200 µg/m³ in Ballungsräumen häufiger sind, kommen sie in ländlichen Gebieten selten vor (vgl. PRINZ et al., 1982). Allerdings ist die Immission meist am Rand der Ballungsgebiete und in den angrenzenden Gebieten höher als in den Zentren selbst (UBA, 1981).

Die Tagesmittel dagegen liegen in sonst wenig belasteten Gebieten deutlich höher als in Ballungsgebieten: vielfach über 100 µg/m³, einige überschreiten 200 µg/m³. Selbst im Winter treten Tagesmittel von 100—120 µg/m³ auf — in ausgeprägtem Gegensatz zu Ballungsgebieten, wo die winterlichen Tagesmittel bei 20—40 µg/m³ liegen.

707. Weil die Emissionen der „Vorläuferstoffe" Stickstoffoxide und Kohlenwasserstoffe in den letzten 10 Jahren gestiegen sind, sollte man einen zunehmenden Trend in der Ozonimmission annehmen. Allerdings reichen vorliegende Meßergebnisse für eine Trendbeurteilung nicht aus (Tabelle 2.3.22).

Der Jahresverlauf der Ozonkonzentration ist fast spiegelbildlich zu den Jahresverläufen der klassischen primären Schadstoffe.

Tabelle 2.3.21

Jahresmittel und Spitzenwerte der Ozonbelastung in Baden-Württemberg (1983 sonnig, 1985 regnerisch)
Angaben in µg/m³

Station	Mittelwert		95-Perzentil		98-Perz.	Maximum		
	1985	1983	1985	1983	1985	0,5 h 1985	1 d 1985	1983
Mannh. N.	30	36	97	138	122	210	105	168
Mannh. Mi.	28	32	96	117	125	336	111	121
Eggenstein	37	46	127	162	169	396	158	187
Neureut	42		126		162	356	153	
Karlsr. West	36	39	115	123	146	320	132	193
Rastatt	36		109		133	285	127	
Kehl	45		134		174	299	158	
Freiburg	45	44	124	110	149	248	140	157
Weil a. Rh.	54		136		162	254	136	
Heilbronn	33	42	112	111	137	271	127	132
Stutt. Hafen	32	32	125	135	155	285	127	184
Stutt. B. Cannst.	28	34	102	122	139	261	130	127
Esslingen	32		112		141	265	116	
Plochingen	30		128		163	334	121	
Ulm	29	23	96	85	120	236	113	111
Schwarzw. 1	63		115		128	177	143	
Edelmannsh.	44		105		121	214	126	

Quelle: Landesanstalt für Umweltschutz Baden-Württemberg, 1986

Tabelle 2.3.22

Ozonkonzentration in der Bundesrepublik Deutschland 1975—1983: h Jahreshöchstwert, m Mittelwert im Zeitraum April bis September

Station	1975 h	1975 m	1976 h	1976 m	1977 h	1977 m	1978 h	1978 m	1979 h	1979 m	1980 h	1980 m	1981 h	1981 m	1982 h	1982 m	1983 h	1983 m
Köln [a]	280	36	390	38	300	28	250	66	190	32	240	36	546	50	326	52	304	50
Bonn [a]	320	46	370	42	396	30	348	28	221	—	274	—	—	—	—	—	—	—
Ölberg [a] (460 m)	260	62	340	78	260	56	340	68	350	66	250	60	318	64	—	—	—	—
Mannheim [b]	298	57	543	53	255	43	237	34	244	46	193	38	257	44	408	57	187	53
Karlsruhe [b]	—	—	358	46	409	—	299	44	200	39	287	33	245	35	260	59	222	39
Frankfurt [a]	—	—	409	68	211	32	231	34	278	35	315	48	347	43	366	54	270	40
Hohenpeißenberg [c] (~ 1 000 m)	202	83	184	86	170	74	198	80	188	74	166	73	168	78	240	86	182	82
Zugspitze [c] (2 964 m)	—	—	—	—	113	60	87	54	106	60	110	61	121	65	137	77	181	106

* 2 µg/m³=1 ppb Ozon
Quelle: GÜSTEN, 1986

[a] Halbstunden-Mittelwert
[b] Dreistunden-Mittelwert
[c] Stunden-Mittelwert

2.3.1.3 Luftbelastung an besonderen Standorten

2.3.1.3.1 Immission in „Reinluftgebieten"

708. Die Unterscheidung zwischen anthropogenen und „natürlichen" Spurenstoffkonzentrationen, welch letztere in „Reinluftgebieten" anzutreffen wären, ist problematisch, und zwar aus mehreren Gründen:

— Luftverunreinigungen gelangen auch aus natürlichen Quellen in die Luft (mögliche Ausnahme: Fluorchlorkohlenwasserstoffe).

— Anthropogene Emissionen breiten sich über den ganzen Erdball aus. Gebiete, die als „Reinluftgebiete" herangezogen werden können — z. B. die Südwest-Küste von Irland bei westlichen Winden —, sind von den belasteten Gebieten, mit denen sie verglichen werden sollen, weit entfernt. Die dort gemessenen Konzentrationen müssen nicht mit denen übereinstimmen, die in einem belasteten Gebiet bei Wegfall aller anthropogenen Quellen herrschen würden.

— Die Spurenstoffkonzentrationen in „Reinluftgebieten" liegen (außer für Ozon) wesentlich unter denen belasteter Gebiete, so daß andere Verfahren zur Immissionsmessung eingesetzt werden, was die Vergleichbarkeit der Meßergebnisse beeinträchtigt.

Unter diesen Einschränkungen ist die Zusammenstellung von Orientierungswerten für die „natürliche" Hintergrundbelastung in Tabelle 2.3.23 zu sehen.

Tabelle 2.3.23

Orientierungswerte für die bodennahe Reinluftkonzentration einiger Spurengase und Spurengasklassen

Spurengas bzw. Spurengasklasse	bodennahe kontinentale Reinluftkonzentration
Ozon	typische Durchschnittswerte: 40—80 µg/m³ Tageshöchstwerte im Sommer: 80—130 µg/m³ kurzzeitige stratosphärische Einbrüche in Hochlagen bei Kaltfront-Durchgängen: bis 400 µg/m³
Stickstoffoxide	typische Durchschnittswerte: 0,4—1,3 µg/m³
flüchtige Kohlenwasserstoffe (ohne Methan)	10—20 ppb C, davon die Hälfte Äthan, Äthin und Propan
davon Terpene	< 0,01 ppb
davon Formaldehyd	0,25—0,55 µg/m³
davon andere Aldehyde	wesentlich geringer
Peroxiacetylnitrat (PAN)	5—1 600 ng/m³
Wasserstoffperoxid	< 1,5 µg/m³
Schwefeldioxid	80—600 ng/m³

Quelle: zum Teil BECKER et al., 1983

2.3.1.3.2 Immission in Gebieten mit Belastungen

Luftbelastung in Waldschadensgebieten

709. Zur Luftbelastung in den Gebieten neuartiger Waldschäden verweist der Rat zunächst auf sein Sondergutachten „Waldschäden und Luftverunreinigungen" (SRU, 1983), dessen grundsätzliche Aussagen, inzwischen durch zahlreiche neue Forschungsergebnisse ergänzt, weiterhin Gültigkeit beanspruchen können. 1983 wurde ein eigener Forschungsbeirat für Waldschäden und Luftverunreinigungen (FBW) vom Bundesminister für Forschung und Technologie eingesetzt. Die neueren Erkenntnisse über Waldschäden und ihre möglichen Ursachen sind ausführlich im „Bericht Mai 1986" dieses Forschungsbeirates (FBW, 1986) dargestellt, dem auch der derzeitige Vorsitzende und ein weiteres Mitglied des Rates angehören. Ihre Mitarbeit hat dem Standpunkt des Rates im FBW-Bericht Beachtung verschafft und erlaubt es, im vorliegenden Gutachten bezüglich der Waldschadenssituation und der Rolle der Luftbelastung auf den FBW-Bericht zu verweisen. An dieser Stelle genügt der Hinweis, daß — abgesehen von Ozon (vgl. Abschn. 3.2.2.2) — die Luftbelastung in den norddeutschen Waldschadensgebieten, z. B. Solling, Hils, Eggegebirge, durchschnittlich um 50—100 % höher ist als in den süddeutschen, das stark belastete Fichtelgebirge ausgenommen.

Luftbelastung an Straßenverkehrs-Schwerpunkten

710. In den EG-Mitgliedstaaten, in denen der Benzinbleigehalt in den 70er Jahren gesenkt worden war, konnte ein abnehmender Trend der Bleiimmission festgestellt werden. Auch für Kohlenmonoxid wies man in der Bundesrepublik Deutschland eine Abnahme nach, während für Stickstoffmonoxid im Jahresmittel seit Mitte der 70er Jahre kein Trend feststellbar war — die Spitzenbelastung nahm aber weiter zu. Auch für die Ozon-Immission war kein Trend nachweisbar.

711. Diese Aussagen können mit Meßergebnissen z. B. aus Bayern, Berlin und Köln verglichen werden:

Im kontinuierlichen Meßnetz des Bayerischen Landesamtes für Umweltschutz sind 1985 die folgenden typischen Kennwerte für Meßstellen verkehrsbedingt hoher Kohlenmonoxidbelastung festgestellt worden: Jahresmittelwert 2,5 mg/m^3, 98-Perzentil bezogen auf das Jahr 11 mg/m^3, 98-Perzentil bezogen auf den Winter 13 mg/m^3 und höchster Halbstunden-Mittelwert 40 mg/m^3. Die höchsten Werte sind ein Jahresmittel von 3,9 mg/m^3 am Stachus in München, ein 98-Perzentil von 16 mg/m^3 auf dem Münchner Effnerplatz und ein Halbstundenmittel von 68 mg/m^3 in der Münchner Lothstraße (Bayerisches Landesamt für Umweltschutz, 1986).

In Berlin werden seit Jahren vom Institut für Wasser-, Boden- und Lufthygiene des Bundesgesundheitsamtes an einer verkehrsbelasteten Stelle (Rathaus Steglitz, an der Hauswand in 4 m Höhe) Kohlenmonoxid- und Stickstoffoxidkonzentrationen fortlaufend gemessen. Tabelle 2.3.24 zeigt, daß von 1973 bis 1984 alle aufgeführten Kenngrößen der Kohlenmonoxidbelastung abgenommen haben auf zuletzt folgende Werte: Jahresmittel 1,9 mg/m^3, 98-Perzentil der Halbstundenmittel 8,3 mg/m^3 und höchster Halbstunden-

Tabelle 2.3.24

Entwicklung der Kohlenmonoxid-Immission am Rathaus Steglitz, Berlin
(Angaben in ppm, 1 ppm = 1,25 mg/m^3 bei Normbedingungen)

Jahr	Jahresmittel aus		höchstes Mittel über			Stundenmittel Summenhäufigkeit				Halbstundenmittel Summenhäufigkeit				Tagesmittel Summenhäufigkeit		Anzahl der Halbstmittel
	Tagesmittel	Halbstmittel	1 Mon.	1 Tag	30 Min.	50 %	95 %	97,5 %	98 %	50 %	95 %	97,5 %	98 %	50 %	98 %	
1973	9,6		13,1	19,9	47,5						18,5		21,1			16 785
1974	4,9		6,0	11,7	45,5						10,7		13,3			16 069
1975	4,6		6,3	15,2	42,5						9,9		11,9			16 355
1976	4,5	4,5	5,9	13,7	40,7	3,5	11,3	13,6	14,4	3,5	11,5	14,0	14,9	4,2	8,9	17 567
1977	5,1	5,1	6,2	12,0	66,8	3,9	13,3	16,0	16,8	3,8	13,6	16,3	17,3	5,0	10,7	17 287
1978	4,4	4,4	6,9	13,7	39,3	3,6	10,7	12,7	13,3	3,5	10,8	13,0	13,7	4,0	9,7	17 520
1979	2,9	2,9	4,1	7,5	20,8	2,6	6,4	7,6	8,0	2,6	6,5	7,7	8,2	2,8	6,2	17 406
1980	4,8	4,8	6,2	13,4	28,3	4,1	10,8	12,7	13,3	4,0	11,1	13,0	13,6	4,5	9,5	17 494
1981	3,7	3,7	6,1	14,2	47,4	2,5	10,8	13,5	14,3	2,5	10,8	13,8	14,7	3,1	11,0	17 520
1982	3,4	3,4	4,0	12,5	28,1	2,6	8,9	10,7	11,2	2,5	9,3	11,2	11,8	3,2	7,2	16 136
1983	2,9	2,9	3,7	9,2	30,2	2,3	7,9	9,5	9,9	2,2	8,1	9,8	10,4	2,9	6,8	17 389
1984	1,5	1,6	2,5	7,5	19,8	1,1	4,8	6,0	6,4	1,1	4,8	6,1	6,6	1,3	4,6	13 981

Quelle: PRESCHER, 1986

Tabelle 2.3.25

Kohlenmonoxid- und Stickstoffoxid-Immission an einem Verkehrsschwerpunkt (Kölner Neumarkt*):
Mittelwert, 95- und 98-Perzentil
1980—1985

Jahr	Kohlenmonoxid			Stickstoffmonoxid			Stickstoffdioxid		
	Mittelw.	mg/m³ 95-P.	98-P.	Mittelw.	µg/m³ 95-P.	98-P.	Mittelw.	µg/m³ 95-P.	98-P.
1980	6,0	16,5	19,5	165	485	595	80	176	223
1981	5,5	14,6	18,3	188	500	614	84	196	234
1982	5,9	15,0	18,4	168	462	560	100	191	215
1983	5,8	15,0	18,2	155	470	634	92	202	249
1984	5,4	13,8	16,4	168	452	565	108	275	356
1985	5,4	12,4	15,0	182	448	533	107	225	279

*) feste Meßstation Gesundheitsamt, Ansaugöffnung in etwa 3 m Höhe. In Atemhöhe der Fahrbahn können die Immissionen erheblich (ca. 30%) höher liegen.
Quelle: MAY, 1986, persönliche Mitteilung

Mittelwert 25 mg/m³ (PRESCHER, 1986). Die Kohlenmonoxid-Ergebnisse für 1983 an 11 Meßstellen (typischerweise in etwa 2,5 m Höhe und 0,5 m Abstand von der Bordsteinkante) innerhalb des Berliner Luftgüte-Meßnetzes „BLUME" sind im Mittel: Jahresmittelwert 3,5 mg/m³, 95-Perzentil 9 mg/m³, 98-Perzentil 11 mg/m³, höchstes Tagesmittel 15 mg/m³ und höchstes Stundenmittel 40 mg/m³. Die mittleren Tagesgänge bewegen sich — mit von den Stoßzeiten des Verkehrs abhängigen Spitzen — zwischen 1 und 7 mg/m³ (HÄNTZSCH, 1986).

Messungen am Kölner Verkehrsschwerpunkt Neumarkt ergaben die in Tabelle 2.3.25 zusammengestellten Kennwerte für Kohlenmonoxid und die beiden Stickstoffoxide: Im Kohlenmonoxid hat sich die seit den frühen 70er Jahren abzeichnende Abnahme — auf hohem Pegel — im laufenden Jahrzehnt fortgesetzt. Die Stickstoffoxid-Kennwerte haben sich — mit Ausnahme der höheren Perzentile des Stickstoffmonoxids — für den Kölner Neumarkt weiter erhöht.

712. Die Kohlenmonoxidkonzentrationen in niedriger Höhe auf dem Fahrdamm, die auch die Innenraumverhältnisse in den Kraftwagen bestimmen (SRU, 1987, Tz. 126 ff.), können sehr viel höher sein. Sie liegen nicht selten zwischen 20 und 50 mg/m³. Es werden in sogenannten Schadstofftunnels auf Verkehrswegen kurzfristig auch noch höhere Konzentrationen gemessen. Die Unterschiede in den Messungen der Belastung können nur in Kenntnis der genauen Lage der Ansaugöffnung des Meßgerätes zur Fahrbahn erörtert werden.

713. Seit dem Wirksamwerden der 2. Stufe des Benzin-Blei-Gesetzes werden im Winter Bleikonzentrationen der Luft von im Mittel etwa 2 µg/m³ und höchstens 5—6 µg/m³ gemessen, im Sommer sind die Werte niedriger. Wo bei hoher Verkehrsdichte schlechte Durchlüftung gegeben ist, können höhere Konzentrationen erreicht werden: mittlere Konzentration in der Unterführung Klettenberggürtel 6,8 µg/m³, Höchstkonzentration 9,6 µg/m³. An nicht unmittelbar verkehrsbeeinflußten Meßpunkten liegt die mittlere Bleibelastung in Köln heute unter 0,5 µg/m³.

714. Einen Überblick über die mittlere und die Spitzenbelastung mit Kohlenwasserstoffen an mehreren Meßstellen im Stadtgebiet Kölns gibt Tabelle 2.3.26. Am verkehrsreichen Neumarkt wurden die höchsten Benzol-, Toluol-, n-Butan- und i-Butan-Konzentrationen ermittelt, während im Norden und Süden Kölns hauptsächlich industrielle Ethen- und Propen-Immissionen gemessen wurden.

Tabelle 2.3.26

Kohlenwasserstoff-Immissionen an unterschiedlich belasteten Standorten in Köln

KW	Neumarkt 1978 (viel Verkehr)				Eifelwall 1978 (mäßiger Verkehr)			
	Mittelwert [µg/m³]	95-Perz. [µg/m³]	Maximalwert [µg/m³]	N	Mittelwert [µg/m³]	95-Perz. [µg/m³]	Maximalwert [µg/m³]	N
Benzol	35,1	77,5	130	(136)	14,8	42,2	228	(397)
Toluol	70,3	179,0	245	(136)	40,5	102,0	520	(397)
i-Pentan	39,1	104,0	202	(136)	38,2	91,8	576	(404)
n-Butan	26,4	73,0	143	(136)	19,2	46,6	129	(395)
Ethin	—	—	—	—	11,9	32,4	69	(405)
Ethen	—	—	—	—	15,5	46,9	122	(405)
Propen	—	—	—	—	6,3	18,4	87	(405)
Vinylchlorid	—	—	—	—	15,2	32,1	73	(404)[1]
	Worringen 1979 (Industrie)				Godorf 1979 (Industrie)			
Benzol	7,0	17,5	689	(2 679)	—	—	—	—
Toluol	13,2	37,6	203	(2 679)	—	—	—	—
i-Pentan	8,5	27,8	467	(2 683)	—	—	—	—
n-Butan	9,3	28,1	246	(2 701)	—	—	—	—
Ethin	5,1	16,3	68	(1 964)	—	—	—	—
Ethen	83,9	221,0	955	(1 940)	148	708	1 775	(10 185)
Propen	5,0	16,1	68	(1 955)	49	141	795	(10 184)
Vinylchlorid	1,5	6,5	81	(2 008)	—	—	—	—

[1] Einfluß von Industrieemissionen in der Nähe
Quelle: DEIMEL, 1982

Tabelle 2.3.27

Benzo(a)pyren-Immission
(Meßzeit: 06.00—20.00 Uhr, „Verkehr" = Kölner Neumarkt)

	Meßzeit	Mittelwert [ng/m³]	95-Perzentil [ng/m³]	Maximalwert [ng/m³]
Verkehr	Winter 79/80	12,1	26,8	38,8
	Winter 80/81	14,1	26,2	63,2
	Sommer 79	4,6	7,4	38,4
	Sommer 80	5,3	11,4	17,4
Umgebung einer Rußfabrik (Entfernung 500—2 000 m)	1979	0,5—0,6	2,6—12,0	17,0
Unterführung Klettenberggürtel	1981	46,7	—	99,0
Reinluft	1980	0,3—0,5	—	0,5
Verkehr (5 Meßperioden) (31 Tage)	1970 bis	60,0	—	320,0

Quelle: DEIMEL, 1982

Abbildung 2.3.12

PAH-Profile des Schwebstaubs am Kölner Neumarkt

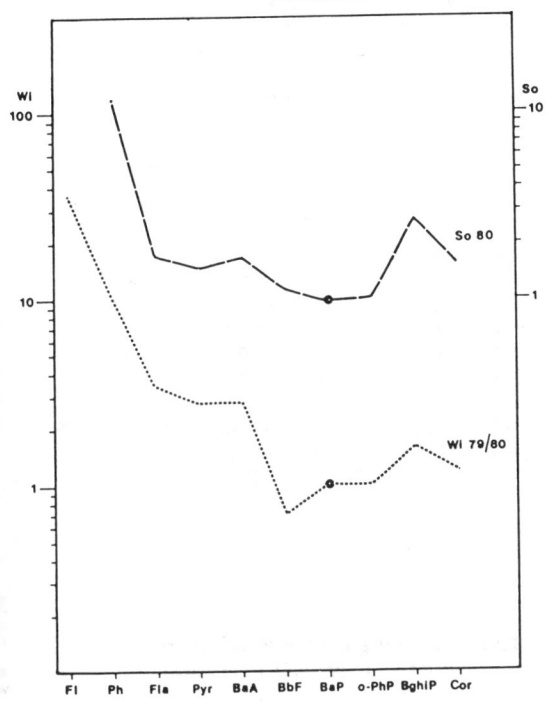

Quelle: DEIMEL, 1982

715. Abbildung 2.3.12 zeigt das mittlere PAH-Profil der für die Bleibelastungsmessung am Kölner Neumarkt gesammelten Schwebstäube. Obwohl der Verkehr nur geringfügig an den PAH-Emissionen beteiligt ist, wurden in seinem Einflußbereich die höchsten PAH-Konzentrationen gemessen — höhere selbst als in der Umgebung einer Rußfabrik (Tabelle 2.3.27). Allerdings zeigt der Tagesgang der am Neumarkt gemessenen BaP-Konzentrationen im Winter, daß nicht nur der Verkehr, sondern vermutlich auch der Hausbrand zu ihrer Höhe beiträgt.

716. Die durch Emissionen des Luftverkehrs verursachten Immissionen in der Umgebung von Flughäfen sind niedrig im Vergleich zu Immissionen in Stadtgebieten und liegen selbst für die Stickstoffoxide unter den Grenzwerten der TA Luft.

2.3.2 Besondere atmosphärische Belastungen

2.3.2.1 Das Smog-Problem

717. Smog-Situationen sind gekennzeichnet durch episodenhaft erhöhte Schadstoff-Konzentrationen infolge ungünstiger meteorologischer Bedingungen. Solche in Verbindung mit anthropogenen Schadstoff-Emissionen ungünstigen Wetterlagen sind im Sommer starke Sonneneinstrahlung bei ungünstigen Bedingungen für die Schadstoffausbreitung, die zum sommerlichen „Photo-Smog" vom Los Angeles-Typ führen können, und im Winter „austauscharme Wetterlagen", die Bedingung für den winterlichen Smog vom Londoner Typ sind.

718. Der zunächst in Los Angeles beobachtete „Photo-Smog" ist ein komplexes luftchemisches System, in dem sich aus „Vorläuferstoffen", nämlich Stickstoffoxiden und Kohlenwasserstoffen, unter der Einwirkung des Sonnenlichts Ozon und andere Photo-Oxidantien (s. Abschnitt 2.3.2.2) bilden, die auf organische Materie eine starke Reiz- bis Schadwirkung ausüben. Den Photo-Smog begünstigende Schadstoffausbreitungsbedingungen sind zunächst in gewissen Beckenlandschaften gegeben, so in Kalifornien, aber in etwa auch im Oberrheingraben. In Mitteleuropa ist der Photo-Smog aber aufgrund der hier vorliegenden Bedingungen in der Regel eine großräumige Erscheinung. Die Meinung, es handle sich um ein auf sonnig-warme Klimate beschränktes Phänomen, ist schon seit längerem widerlegt, ebenso wie möglicherweise auch die These, daß die im gemäßigten Klima auftretenden Oxidantien-Konzentrationen keine Gefahr für die menschliche Gesundheit bedeuten. Vor allem aber erinnert der Rat an seine Bewertung (SRU, 1983), daß pflanzentoxische Photooxidantien anscheinend Bedeutung für das Auftreten wenigstens eines Teils der neuartigen Waldschäden haben. Diese Auffassung ist inzwischen erhärtet worden (FBW, 1986).

719. „Austauscharme Wetterlage" heißt, daß der Austausch verschmutzter gegen reinere Luftmassen erheblich behindert ist, weil kein oder nur ein schwacher Wind weht und weil (höchstens) wenige 100 m über dem Erdboden eine Luftschicht aufliegt, in der die Temperatur mit der Höhe ansteigt (Temperaturinversion) und in der daher die verschmutzte und wärmere Luft vom Boden nicht aufsteigen kann. Zwischen Boden und Inversionsschicht reichern sich die emittierten Schadstoffe an. Schwefeldioxid, Schwebstaub, Stickstoffoxide und Kohlenmonoxid sind die den winterlichen Smog-Typ kennzeichnenden Komponenten. Es können sich auch schwefelsäurehaltige, lungengängige Aerosole bilden, die in gewisser Konzentration gesundheitsschädigend sein können.

720. Höhe der Inversionsschicht und Windgeschwindigkeit bestimmen das Konzentrationsverhältnis der Schadstoffe zueinander und den genauen — natürlich nie ideal verwirklichten — Typ des Winter-Smogs (nach Länderausschuß für Immissionsschutz, 1986):

— Sehr niedrige, unter Umständen bis zum Boden reichende Inversionsschichten und Windgeschwindigkeiten unter 1 m/s führen bevorzugt zur Anreicherung von Emissionen aus niedrigen Quellen (Verkehr, Hausbrand, Kleingewerbe): Kohlenmonoxid und Stickstoffoxide überwiegen gegenüber dem Schwefeldioxid; die räumliche Konzentrationsverteilung ist ungleichförmig (lokaler Winter-Smog).

— Vom Boden wenige hundert Meter abgehobene Inversionen schließen wenigstens teilweise die

Emissionen höherer Quellen mit ein, während für niedrigere Emissionen bereits ein höherer Raum zur Durchmischung verfügbar ist. Der Konzentrationspegel steigt bei Windgeschwindigkeiten unter 3 m/s ziemlich gleichförmig an. Auch aus benachbarten Quellgebieten können verunreinigte Luftmassen herangeführt werden (regionaler Winter-Smog).

— Der Typ des überregionalen Winter-Smogs, bei dem „Schadstoffwolken" über Hunderte von Kilometern wandern, deren Schwefeldioxid-Konzentration in Höhe des Schwellenwerts (600 µg/m^3) der neuen Smog-Musterverordnung liegt, ist an folgende Voraussetzungen geknüpft: vom Boden abgehobene Inversionsschicht, verhältnismäßig hohe Windgeschwindigkeiten (bis 6 m/s), Winde anhaltend aus Richtung bedeutender Quellgebiete, verminderte Deposition an Schadstoffen z. B. über trockener Schneedecke, großräumiges Absinken von Luftmassen.

721. Örtliche und regionale Episoden hoher Luftverschmutzung in Verbindung mit austauscharmen winterlichen Hochdruckwetterlagen sind seit 1978 mehrfach beobachtet worden. Der überregionale Typ mit über den Ferntransport herangetragen („adveherten") Schadstoffmassen ist in jüngster Zeit ins Bewußtsein gerückt durch Analysen der an emittentenfernen Meßstationen gemessenen, episodenhaft hohen Pegel von Schwefeldioxid, Schwebstaub und auch Stickstoffdioxid.

722. Zum Beispiel kam es vom 14. bis 21. Januar 1985 zu einer Periode hoher Schadstoff-Konzentrationen in weiten Teilen der Bundesrepublik Deutschland, die sich grob in drei Phasen einteilen läßt (Länderausschuß für Immissionsschutz, 1986):

— Am 14./15. Januar 1985 stieg die Schwefeldioxid-Konzentration in der ganzen Bundesrepublik Deutschland stark an, ausgenommen nur der äußerste Norden und Süden. Die Belastungsschwerpunkte erstreckten sich von Ost-Hessen über das Rhein-Main-Gebiet bis zum Saarland.

— Mit dem 16./17. Januar 1985 verlagerten sich die Schwerpunkte der Belastung auf Ost-Hessen, Rhein-Ruhr-Gebiet und Teile von Südost-Niedersachsen.

— Am 20./21. Januar 1985 kam es vor dem Frontdurchgang eines Tiefdruck-Ausläufers noch einmal zu einem deutlichen Konzentrationsanstieg, der sich nach Nordwesten fortsetzte und bis zum 21. Januar 1985 die gesamte norddeutsche Tiefebene erfaßte.

Diese Smog-Episode ist demnach dem überregionalen Typ zuzuweisen. Aufgrund des meist noch gegebenen Austauschraumes von 100—200 m unter der Inversionsschicht ist sie im wesentlichen durch Schwebstaub und Schwefeldioxid bestimmt — letzteres überwiegend aus dem Ferntransport aus östlicher Richtung (DDR, Polen, CSSR) stammend. In zweiter Linie gewinnt das Rhein-Ruhr-Gebiet überregionale Bedeutung für die Schwefeldioxid-Verteilung, die den Unterschied zwischen Ballungsgebieten und ländlichen Gebieten einebnet (höchstes Tagesmittel überhaupt: am 20. Januar 1985 an der Waldmeßstation Grebenau 1 086 µg/m^3). Auch beim Schwebstaub spielt der Ferntransport eine Rolle, es überwiegen aber die regionalen Beiträge.

723. Im Verlauf dieser Smog-Episode riefen Hessen und Berlin Smog-Alarm der Stufe 1 aus, entsprechend den Kriterien der Muster-Smog-Verordnung von 1974. In Niedersachsen, Hamburg und Rheinland-Pfalz wurde die Öffentlichkeit über die Luftgüte unterrichtet. Ein Alarm unterblieb, da Smog-Verordnungen überhaupt nicht (Niedersachsen, Hamburg) oder noch nicht in neuer Fassung (Rheinland-Pfalz) in Kraft waren. In Nordrhein-Westfalen sind praktisch gleichzeitig mit der Smog-Episode die verschärften Auslösekriterien der Musterverordnung von 1984 in Kraft getreten, so daß in der Folge sogar die höchste Alarmstufe ausgelöst wurde. Die zeitweise gegenläufige Entwicklung der Schwebstaub- und der Schwefeldioxid-Konzentration führte zu einem Hin und Her von Auslösung und Aufhebung von Alarmstufen (KÜLSKE und PFEFFER, 1985).

Für eine Bewertung der umweltpolitischen Instrumente unter den Aspekten des Smog-Problems wird auf Tz. 781 ff. verwiesen.

2.3.2.2 Sekundäre Luftverunreinigungen: photochemische Oxidantien

724. Erst 1952 gelang es, Natur und Ursprung des Photo-Smogs aufzudecken: Es handelt sich um ein Gemisch von Spurengasen in der Luft, die — im Gegensatz zum Schwefeldioxid — eine oxidierende Wirkung haben und darum „Oxidantien" genannt wurden.

Unter Oxidantien oder photochemischen Luftverunreinigungen im weiteren Sinne versteht man die Gesamtheit der unter dem Einfluß des Sonnenlichts aus Stickstoffoxiden und Kohlenwasserstoffen gebildeten Reaktionsprodukte. Zu diesen Stoffen zählen Ozon, Peroxiacetylnitrat (PAN) und seine Homologen, die Peroxiacylnitrate, andere organische Peroxi-Verbindungen, Wasserstoffperoxid, höhere Oxide des Stickstoffs, Aldehyde und Ketone sowie freie und aerosolgebundene anorganische und organische Säuren. Als „Vorläufer" werden Verbindungen bezeichnet, die unter Einfluß des Sonnenlichts zur Bildung von Oxidantien beitragen: Stickstoffmonoxid und -dioxid sowie organische Verbindungen, welche durch Hydroxyl-Radikale, Ozon oder atomaren Sauerstoff aufgebrochen oder durch das Sonnenlicht zerlegt werden können. Zu letzteren gehören alle flüchtigen Alkane, Alkene, Aromaten, Aldehyde, Ketone und Alkohole — nicht jedoch Methan, Ethan und vollständig halogenierte Kohlenwasserstoffe, die zu langsam reagieren.

725. Eine Reihe schwefelhaltiger Spurengase, insbesondere Schwefeldioxid, zählen nicht zu den Vorläuferstoffen. Sie werden jedoch durch die bei der Oxidantienbildung in besonders hoher Konzentration gebildeten HO-Radikale vorwiegend in Schwefelsäure verwandelt. Ferner wird die Oxidation des in

Wolkentröpfchen schwach löslichen Schwefeldioxids, die in Abwesenheit von Katalysatoren (Manganionen) als geschwindigkeitsbestimmender Schritt die Bildungsrate des „sauren Regens" bestimmt, durch lösliche Oxidantien (Wasserstoffperoxid, Ozon, wohl auch Radikale) außerordentlich beschleunigt. Auch verknüpfte Reaktionen — insbesondere heterogene — zwischen Schwefeldioxid, Stickstoffoxiden, Oxidantien und Radikalen sind in Betracht zu ziehen. Photooxidantien und „saurer Regen" können daher nicht unabhängig voneinander gesehen werden.

726. Zum Verständnis des komplexen chemischen Reaktionssystems, das begünstigt von starker Sonneneinstrahlung, hoher Temperatur sowie niedriger Windgeschwindigkeit und niedriger Feuchtigkeit zur Bildung von Photooxidanten in der Atmosphäre führt, können heute photochemische und reaktionskinetische Einzelinformationen zu einem chemischen Reaktionsmodell in Form eines Differentialgleichungssystems zusammengefügt werden. Für seine Lösung, d. h. für die Angabe der Konzentrationen der beteiligten Moleküle, Radikale und Atome in Abhängigkeit von der Zeit, stehen numerische Methoden zur Verfügung. Zur experimentellen Nachprüfung kann in gewissem Maße auf Smogkammer-Versuche zurückgegriffen werden.

727. Folgende Erkenntnisse gelten als gesichert (BECKER et al., 1983):

In der Stratosphäre wird Ozon über die Photolyse molekularen Sauerstoffs durch kurzwellige Sonnenstrahlung gebildet. Dieser riesigen Ozonquelle steht eine Reihe von Ozon-Verlustreaktionen gegenüber, die zu dem tatsächlichen Ozonprofil in der Stratosphäre führen. Der Übergang von Ozon aus der Stratosphäre in die Troposphäre kann durch stetigen Gasaustausch (Durchtrittszeit durch die Tropopause etwa 1 bis 2 Jahre) und durch räumlich und zeitlich begrenzte Einmischungen stratosphärischer Luftmassen erfolgen. Solche „Intrusionen" treten in Verbindung mit praktisch allen Tiefdruckgebieten auf.

In der „natürlichen", soll heißen: kohlenwasserstoffarmen, Troposphäre wird Ozon vorwiegend durch die Reaktionsfolge (1) bis (4) von Abbildung 2.3.13 sowie durch Deposition am Boden vernichtet. Mit den ozonvernichtenden Kettenreaktionen steht im Wettbewerb die ozonbildende Kette (5) bis (8) mit der photolytischen Spaltung des Stickstoffdioxids im Zentrum. Es bildet sich ein „photostationäres Gleichgewicht" heraus, dessen Einstellung vor allem von der Strahlungsintensität und dem Stickstoffmonoxid-Angebot abhängt. Abbildung 2.3.14 zeigt das vereinfachte Schema.

Das photostationäre Gleichgewicht muß sich nicht schon kleinräumig einstellen. Aufgrund von Modellrechnungen in Verbindung mit einigen Messungen wird damit gerechnet, daß in Äquatornähe ozonvernichtende Prozesse in der Troposphäre überwiegen, während in mittleren Breiten, besonders auf der Nord-Halbkugel, mit einem Ozonüberschuß gerechnet wird. Es wird auch nicht ausgeschlossen, daß anthropogenes Kohlenmonoxid aus Verbrennungsprozessen und Stickstoffoxid-Emissionen aus Flugzeugen schon

Abbildung 2.3.13

Reaktionsgleichungen, die das photostationäre Gleichgewicht zwischen Ozon, Stickstoffdioxid und Stickstoffmonoxid beherrschen

a) ozonvernichtende Reaktionsfolge in der "natürlichen" Troposphäre

$$(1) \quad O_3 + h\nu(\lambda < 310 \text{ nm}) \longrightarrow O_2 + O(^1D),$$

$$(2) \quad O(^1D) + H_2O \longrightarrow 2\,^\bullet OH, \text{ in Konkurrenz mit}$$

$$O(^1D) + \text{Luft} \longrightarrow O(^3P) + \text{Luft},$$

$$(3) \quad ^\bullet OH + O_3 \longrightarrow HO_2^\bullet + O_2,$$

$$(4) \quad HO_2^\bullet + O_3 \longrightarrow 2\,O_2^\bullet + OH,$$

b) ozonbildende Reaktionsfolge in der "natürlichen" Troposphäre

$$(5) \quad ^\bullet OH + CO\,(+ O_2) \longrightarrow {}^\bullet HO_2 + CO_2,$$

$$(6) \quad ^\bullet HO_2 + NO \longrightarrow {}^\bullet OH + NO_2,$$

$$(7) \quad NO_2 + h\nu(\lambda < 410 \text{ nm}) \longrightarrow NO + O,$$

$$(8) \quad O + O_2\,(+ M) \longrightarrow O_3\,(+ M),$$

Legende: λ, ν = Wellenlänge, Frequenz aus dem Spektrum des Sonnenlichts
$h\nu$ = Energie der Photonen des Lichts der Frequenz γ
$O(P)$ = Sauerstoff im Grundzustand
$O(^1D)$ = Sauerstoffatom im energetisch erhöhten „angeregten" ^{1}D-Zustand
M = katalytisch wirkender Stoßpartner

Quelle: BECKER et al., 1983

Abbildung 2.3.14

**Schematischer Ablauf
der wichtigsten Photosmog-Reaktionen**

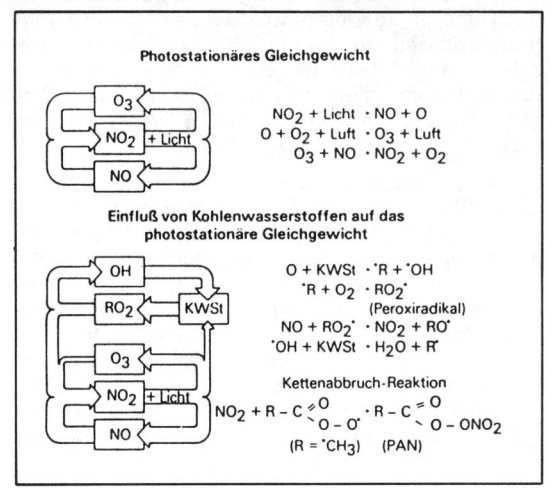

Photostationäres Gleichgewicht

$NO_2 + Licht \rightarrow NO + O$
$O + O_2 + Luft \rightarrow O_3 + Luft$
$O_3 + NO \rightarrow NO_2 + O_2$

Einfluß von Kohlenwasserstoffen auf das
photostationäre Gleichgewicht

$O + KWSt \rightarrow \cdot R + \cdot OH$
$\cdot R + O_2 \rightarrow RO_2\cdot$ (Peroxiradikal)
$NO + RO_2\cdot \rightarrow NO_2 + RO\cdot$
$\cdot OH + KWSt \rightarrow H_2O + \cdot R$

Kettenabbruch-Reaktion

$NO_2 + R-C{\overset{\nearrow O}{\underset{\searrow O-O\cdot}{}}} \rightarrow R-C{\overset{\nearrow O}{\underset{\searrow O-ONO_2}{}}}$

$(R = \cdot CH_3)$ (PAN)

Quelle: WALDEYER et al., 1982

das Reaktionsgleichgewicht der nördlichen Troposphäre in Richtung Ozonüberschuß verschieben.

In Gegenwart reaktiver Kohlenwasserstoffe entstehen über komplexe Reaktionsketten freie Peroxiradikale (HO_2', RO_2'), welche Stickstoffmonoxid wieder zu Stickstoffdioxid oxidieren und das photostationäre Gleichgewicht zwischen Ozon, Stickstoffmonoxid und Stickstoffdioxid in Richtung der Bildung von Ozon verschieben. Abbildung 2.3.14 zeigt vereinfacht diesen Einfluß der Kohlenwasserstoffe auf das Reaktionssystem. Ozon und freie Radikale setzen sich mit Vorläuferstoffen zu weiteren Oxidantien um. Dieser Ozon und freie Radikale erzeugende Reaktionszyklus kommt erst zum Stillstand, wenn die Sonnenstrahlung zu schwach geworden ist. Das gebildete Ozon wird dann in Ballungsgebieten durch Umsetzung mit Stickstoffmonoxid und in ballungsfernen Gegenden nur langsam mit Kohlenmonoxid weiter abgebaut.

Die photochemische Ozonbildung in einem Luft-Stickstoffoxid-Kohlenwasserstoffe-Gemisch braucht — je nach Reaktionswilligkeit der Kohlenwasserstoffe — mehrere Stunden, unter Umständen auch ein bis zwei Tage, um das Maximum zu erreichen.

728. Flugzeugmessungen im Rahmen eines Forschungsvorhabens beim Institut für Meteorologie und Geophysik der Universität Frankfurt bestätigten folgende Beobachtungen (UBA, 1983):

— In Quellbereichen mit hohen Stickstoffoxid- und Kohlenwasserstoffkonzentrationen ist die Ozonkonzentration meist niedrig, weil Abbauprozesse die Ozonbildung überwiegen. Verstärkt wird diese Tendenz dadurch, daß abends und nachts die Ozonbildung mangels Sonnenlichts aufhört, der Ozon-Abbau durch anhaltende Stickstoffmonoxid-Emissionen aber weitergeht.

— Erst eine gewisse — stark von meteorologischen Verhältnissen abhängige — Strecke hinter dem belasteten Gebiet wird leeseitig der Ozonwert erreicht und nachfolgend überschritten, der luvseitig vor dem Quellgebiet der Vorläuferstoffe gegeben war.

— In größerer Höhe können sich die tagsüber gebildeten Oxidantien in einer vom Erdboden abgelösten „Speicherschicht" auch über Nacht halten. FRICKE (1979) traf bei Meßflügen im näheren Umkreis von Quellgebieten in 400 und 1 200 m Höhe „Ozonwolken" an, die sich über 30 km erstreckten und noch höhere Konzentrationen aufweisen als an den Bodenmeßstationen.

729. Die in der Speicherschicht eingelagerten Oxidantien können am Folgetag wieder zum Boden hin eingemischt werden und damit zu einer höheren Belastung führen, als der Bildung „frischer" Oxidantien entspricht. Durch Luftmassentransporte in benachbarte Reinluftgebiete können dort an ein bis zwei Tagen im Jahr sehr hohe (> 300 µg/m³) Ozon-Spitzenkonzentrationen auftreten (PRINZ et al., 1982). Insbesondere bei stabil geschichteter Atmosphäre kann Ozon, vom Boden abgelöst, längere Zeit erhalten bleiben und so zum Auftreten mehrere Tage andauernder Photosmog-Erscheinungen führen. Bei der Alterung des Photo-Smogs bilden sich überwiegend Aerosole mit hohem Gehalt an Nitrat und organischen Bestandteilen (UBA, 1981).

730. Da die Ozonbildung an die kurzwellige Sonnenstrahlung gekoppelt ist, ergeben sich ausgeprägte Jahres- und Tagesgänge der Ozonkonzentration und eine starke Abhängigkeit von meteorologischen Bedingungen. Die höchsten Konzentrationen treten gewöhnlich in den Nachmittagsstunden sonniger Sommertage auf. Allerdings unterscheidet sich der Tagesgang der Ozonkonzentration in Ballungsgebieten von dem in wenig belasteten Gebieten: In Ballungsgebieten zeigt er ein scharfes Maximum in den frühen Nachmittagsstunden und geringe Werte in den Nachtstunden. In wenig belasteten Gebieten, wo Ozon die Nacht „überlebt", ist der Tagesgang ausgeglichener. Die Höchstwerte liegen dort oft niedriger, aber die Tagesmittelwerte sind systematisch höher als in den Ballungsräumen (PRINZ et al., 1982).

731. Für die Planung geeigneter Maßnahmen zur Immissionsminderung von Photooxidantien ergeben sich besondere Schwierigkeiten. Eine stichhaltige Begründung von Maßnahmen gegen Emittenten bestimmter Vorläuferstoffe setzt langjährige, fortlaufende Feldmessungen der Oxidantien- und der Vorläufer-Konzentrationen voraus, unter Berücksichtigung des Zusammenwirkens chemischer Reaktionen und meteorologischer Einflußgrößen. Ohne Modellrechnungen der Ausbreitung und Umwandlung von Luftschadstoffen läßt sich die Wirksamkeit Oxidantien mindernder Maßnahmen gegen bestimmte Vorläufer-Emissionen z. Zt. weder zuverlässig vorausberechnen noch nach deren Durchsetzung zweifelsfrei nachweisen, weil die Oxidantien-Belastung infolge meteorologischer Einflüsse von Jahr zu Jahr starken Schwankungen unterworfen ist (SCHURATH, 1979). Nach bisherigen Modellrechnungen (UBA, 1985a) ist eine Strategie gegen die Oxidantien-Immission nur erfolgversprechend, wenn sie bei einer Minderung auch der Emissionen organischer Komponenten ansetzt.

Aus diesem Grunde werden im folgenden einige Überlegungen zur Belastung der Luft mit organischen Immissionen insgesamt angefügt.

2.3.2.3 Belastung der Luft mit organischen Immissionen, Geruchsbelästigungen

732. Es ist bekannt,

— daß eine Reihe von organischen Chemikalien in großen Mengen in die Luft gelangen. Man geht davon aus, daß sie auf den Menschen nicht toxisch wirken. Möglicherweise können sie aber Ökosysteme schädigen oder unübersichtliche luftchemische Wirkungen haben.

— daß andere organische Komponenten zwar nur in geringen Mengen in die Luft gelangen, von ihnen aber durchaus Gefahren für die menschliche Gesundheit zu befürchten sind.

Natürlichen Ursprungs sind Isopren und Terpene. Bei den flüchtigen anthropogenen Verbindungen herrschen die Kohlenwasserstoffe vor, die insbesondere in ländlichen Gebieten vor allem auf den Kraftfahrzeugverkehr zurückgehen. Mengenmäßig überwiegen dabei Alkane vor Aromaten und diese vor Alkenen.

733. Auf die Bewertung unter ökologischen und toxikologischen Gesichtspunkten, die einzelstoff- oder stoffgemischbezogen sein müßte, kann angesichts der unübersehbaren Vielfalt der Einzelstoffe hier nicht eingegangen werden. Insgesamt aber scheinen die reaktiven Kohlenwasserstoffe wie auch die chlorierten Kohlenwasserstoffe ein Luftreinhalteproblem von zunehmender Bedeutung zu sein.

734. Nicht auf organische Komponenten beschränkt, aber für sie besonders typisch ist das Problem der Geruchsbelästigung. Allerdings ist sie kein zuverlässiges Signal für Gesundheitsgefahren: Gesundheitsschädliche Stoffe riechen mitunter nicht, stark riechende müssen nicht gesundheitsschädlich sein. Unabhängig von einer Gesundheitsgefahr möchte aber jeder auch vor der bloßen Belästigung durch Gerüche geschützt werden, wenngleich — z. B. in der Landwirtschaft — ein gewisses ortsübliches Maß sollte hingenommen werden müssen. Hier waltet natürlich ein stark subjektives Moment in der persönlichen Empfindlichkeit und Adaptation des Geruchssinns. Trotzdem ist es heute gelungen, die Methoden der Geruchsmessung (Olfaktometrie) soweit zu normen, daß die Feststellung von Geruchsbelästigungen auf eine quasi-objektive Basis gestellt und Maßnahmen damit begründet werden können. Leider werden Geruchsstoffimmissionen durch geltende Begrenzungen der Emissionskonzentration mitunter nicht ausreichend vermieden. Bei ungünstigen Ausbreitungsbedingungen kann es zu erheblichen Belästigungen kommen.

735. Je nach den stoffspezifischen Eigenschaften einer organischen Luftverunreinigungskomponente ist es möglich, daß sie

— sehr langsam oder praktisch nicht abgebaut wird und in der Atmosphäre verbleibt, z. B. hat Methan eine lange Verweilzeit in der Atmosphäre,

— durch physikalische Vorgänge oder chemische Reaktionen aus der Atmosphäre entfernt wird.

Verschiedene Vorgänge können den Abbau organischer Komponenten und damit ihre Entfernung aus der Atmosphäre bewirken: nasse Deposition, Photolyse und chemische Umsetzung mit reaktiven Spurenstoffen wie Ozon und Singulettsauerstoff sowie freien Radikalen (HO˙, HO$_2^˙$, RO$_2^˙$). Aufgrund seiner Konzentration und Reaktivität wird dem Hydroxyl-Radikal die größte Bedeutung beim Abbau von organischen Spurenstoffen beigemessen (BECKER et al., 1983).

736. Im Hinblick auf mögliche Minderungsstrategien muß bedacht werden, daß die Biosphäre selbst eine bedeutende Quelle für Kohlenwasserstoffe in der Atmosphäre ist. Bis auf das reaktionsträge Methan, das bei anaeroben biologischen Abbauprozessen entweicht, handelt es sich um verschiedene reaktive organische Verbindungen, insbesondere um Isopren und eine Vielzahl von Monoterpenen (z. B. α- und β-Pinen, Limonen). Die äußerst niedrigen Konzentrationen der Terpene in der freien Atmosphäre sind eine Folge ihres raschen Abbaus (ATKINSON und CARTER, 1984; ATKINSON, 1985). So können aus diesen Verbindungen — ebenso wie aus den reaktiven anthropogenen Kohlenwasserstoffen — in Gegenwart von Stickstoffoxiden (NO$_x$) und Sonnenlicht Photooxidationsprodukte (u. a. organische Peroxide, Aldehyde, Ketone, Carbonsäuren) gebildet werden (BEKKER et al., 1983; KOHLMAIER et. al., 1983). Da sich Schätzungen für biogene Nicht-Methan-Kohlenwasserstoffe auf ca. 10^8 bis 10^9 t/a (global) belaufen, für anthropogene dagegen nur auf ca. 2 bis 8×10^7 t/a (RASMUSSEN, 1972; ZIMMERMAN et. al., 1978; BECKER et al., 1983), wären Strategien, die auf der Minderung anthropogener Kohlenwasserstoffe bei gleichbleibender NO$_x$-Emission beruhen, hinsichtlich der Belastung durch Photooxidationsprodukte stark eingeschränkt.

2.3.2.4 Dioxine und Furane im Hinblick auf die Möglichkeit der Abfallverbrennung

2.3.2.4.1 Was sind Dioxine und Furane?

737. Als „Dioxine", chlorierte Dibenzo-p-Dioxine (CDD) oder polychlorierte Dibenzo-p-Dioxine (PCDD) werden Abkömmlinge des Dibenzo-p-Dioxins bezeichnet, in denen von den acht im Molekül der Ausgangssubstanz enthaltenen Wasserstoffatomen mehr oder weniger viele durch Chloratome ersetzt sind. Man unterscheidet nach wachsender Anzahl der enthaltenen Chloratome — in zweckmäßiger, wenn auch nicht allgemein verbreiteter Schreibweise — MonoCDD, DiCDD, TriCDD, TetraCDD, PentaCDD, HexaCDD, HeptaCDD und OktaCDD. Zu jeder dieser acht CDD-Arten gehören mehrere „Isomere", die sich nur in der Stellung der Chloratome im Molekül und nicht in deren Anzahl unterscheiden. Insgesamt gibt es 75 chlorierte Dioxine.

Mit den Dioxinen chemisch verwandt sind die chlorierten Dibenzofurane (CDF), die vielfach mit jenen gebildet werden. Man unterscheidet wieder nach Anzahl der durch Chlor ersetzten Wasserstoffatome MonoCDF, DiCDF bis OktaCDF. Insgesamt hat man 135 chlorierte Furane.

Die physikalischen und chemischen Eigenschaften der CDD und CDF sind noch weitgehend unbekannt. Sie unterscheiden sich zum Teil erheblich, zum Teil aber auch nur wenig. Aber auch in letzterem Falle können die toxischen Wirkungen recht unterschiedlich sein. Das am besten untersuchte Dioxin ist das durch den Seveso-Unfall bekanntgewordene 2,3,7,8-TetraCDD (TCDD). Neben ihm gibt es noch 21 weitere TetraCDD-Isomere.

2.3.2.4.2 Schädlichkeit der Dioxine und Furane

738. Auch das im Hinblick auf seine Wirkungen am besten untersuchte Dioxin ist das 2,3,7,8-TetraCDD. Es hat ein starkes Enzyminduktionsvermögen und steht im Verdacht, die Krebsentstehung nicht auszulösen, aber doch zu begünstigen („promovierende Wirkung"). Hinsichtlich seiner akut toxischen Wirkungen, nämlich der Größenordnung seiner letalen Dosis (LD_{50}) für Meerschweinchen, ist es dem Diphtherie-Toxin vergleichbar, also 10 000mal schwächer als das Botulinus-Toxin A, aber 500mal stärker als Strychnin. Hinsichtlich seiner behaupteten erbgutändernden oder die Leibesfrucht schädigenden Eigenschaften konnten in Seveso weder eine größere Häufigkeit von Fehlgeburten noch ein höherer Anteil mißgebildeter Kinder an den Geburten festgestellt werden (vgl. UBA, 1985c). Allerdings ist durch verstärkte Maßnahmen der Empfängnisverhütung und durch eine unbekannte Anzahl von Abtreibungen das statistische Bild womöglich geschönt.

Vielfach wird eine tägliche Aufnahme von 1 pg der Substanz je Kilogramm Körpermasse als duldbar angesehen (BMI, 1984a; KOCIBA und SCHWETZ, 1982).

739. Das toxische Potential der anderen CDD und CDF ist wenig bekannt, zum Teil wohl auch gering. Hierzu wird auf die Stellungnahme des Medizinischen Instituts für Umwelthygiene der Universität Düsseldorf zur Anfrage des Ministers für Arbeit, Gesundheit und Soziales des Landes Nordrhein-Westfalen vom 11. Mai 1984 über PCDD- und PCDF-Emissionen und -Rückstände beim Betrieb der Müllverbrennungsanlage Iserlohn verwiesen (Textanhang in BRÖKER und GLIWA, 1985). Die Versuche, das toxische Potential von CDD und CDF durch Äquivalente von 2,3,7,8-TetraCDD auszudrücken – so zum Beispiel HELDER et al. (1982) mit Hilfe von Wirkungsvergleichen an der Regenbogen-Forelle (Salmo gairdneri) –, sind mangels toxikologischer Grundlagen noch als willkürlich anzusehen.

2.3.2.4.3 Analytik der Dioxine und Furane

740. In den letzten Jahren sind mehrere analytische Verfahren für CDD und CDF, insbesondere aber für 2,3,7,8-TetraCDD, in Umwelt- und Industrieproben entwickelt worden. Die analytische Bestimmung von CDD und CDF in einer definierten Probe ist heute bei einer entsprechenden internen und externen Qualitätskontrolle mit ausreichender Sicherheit durchführbar – allerdings mit hohem Aufwand. Unter anderem ist laufende Kontrolle der Probenvorbereitung auf unter Umständen mögliche, von der „Probenmatrix" abhängige, selektive Verluste einzelner Isomere notwendig. Auch unter Einhaltung solcher Vorgaben bleiben aber selbst bei einer vergleichsweise einfachen Probenmatrix Probleme nicht aus. Daß von allen Labors, die Dioxin-Analysen durchführen, die grundlegenden analytischen Probleme immer in ausreichendem Maß berücksichtigt werden, muß bezweifelt werden (HAGENMAIER, 1986). Aber auch ohne solche Versäumnisse können im selben Labor und bei der gleichen Probe die Analysenergebnisse auch für 2,3,7,8-TetraCDD um bis zu 40% schwanken, bei verschiedenen Labors sind Unterschiede um den Faktor 3 möglich. Daher sind die von verschiedenen Seiten mitgeteilten Meßergebnisse nicht immer vergleichbar (BMI, 1984a).

2.3.2.4.4 Wie gelangen Dioxine und Furane in die Umwelt?

– *durch Industrie- und Agrarchemikalien*

741. Eine Quelle war die Massenproduktion von Chlorphenolen, die zur Herstellung von Holzschutzmitteln, bakteriziden und fungiziden Desinfektionsmitteln und Herbiziden Verwendung finden. Sie enthielten mitunter eine Vielzahl von Verunreinigungen einschließlich 0,01–0,1% CDD und CDF (GOLDSTEIN et al., 1977; BUA, 1985). Nach inzwischen erfolgten staatlichen Regelungen geben alle Hersteller für ihre Erzeugnisse weniger als 0,1 ppm an. Die als Wärmeübertragungsöle, Hydrauliköle oder Weichmacher verwendeten polychlorierten Biphenyle (PCB) enthalten bis zu 40 verschiedene CDF.

– *aus Verbrennung und Pyrolyse*

742. CDD und CDF können offenbar gebildet werden über die verschiedensten Reaktionen bei der Verbrennung oder pyrolytischen Zersetzung von organischen Verbindungen in Anwesenheit von Chlor, insbesondere bei der Verbrennung oder Pyrolyse halogenierter organischer Verbindungen. Es ist umstritten, ob sich CDD und CDF bei jeder Verbrennung und Pyrolyse in Anwesenheit von Chlor bilden – selbst bei der von Holz mit seinem natürlichen Chlorgehalt – oder ob gewisse „Vorläuferstoffe" vorhanden sein müssen.

2.3.2.4.5 Dioxine und Furane aus Müllverbrennungsanlagen (MVA)

Entstehung und Zersetzung

743. Insbesondere kommen Anlagen zur Abfallverbrennung als mögliche Emittenten immer in Betracht: Einerseits gelangen mit Resten von Holzschutz-, Desinfektions- und Pflanzenschutzmitteln, von Farbstoffen, Lösungsmitteln usw. und der mit ihnen behandelten Materialien „Vorläuferstoffe" zur Verbrennung. Andererseits liegen im Brenngut — vor allem mit den Kunststoffen — genügend organische Materialien und Chlorverbindungen für eine unter Umständen mögliche Synthese von CDD und CDF vor. Die jährlich in den 47 MVA der Bundesrepublik Deutschland verbrannten 7,5—8 Mio t Hausmüll und hausmüllähnlichen Abfälle sowie die dabei anfallenden 250 000— 300 000 t Filterstäube und fast 2 Mio t Schlacken geben einen Eindruck von der möglichen Schwere des Problems — vor allem vor dem Hintergrund, daß es an und für sich wünschenswert ist, noch mehr nicht verwertbare Abfälle vor dem Deponieren durch Verbrennung zu verdichten und zu hygienisieren.

744. Über die Entstehungs- und Zersetzungsmechanismen für Dioxine und Furane in MVA liegen bisher keine quantitativen Untersuchungen vor. Eine Computersimulation von SHAUB und TSANG (1983) hat allerdings gezeigt, daß die Bildung von CDD in der Gasphase oberhalb von 900 °C gering ist. Andererseits ist immer mit der Möglichkeit ihrer Bildung auch in der sich abkühlenden Gasphase hinter dem Nachbrennraum (mit seiner heute geforderten Temperatur von 1 200 °C) zu rechnen.

745. VOGG und STIEGLITZ (1985, 1986) haben, ausgehend von der Tatsache, daß die Flugasche vom Brennraum bis zum Staubfilter Temperaturbereiche von 1 000 °C bis hinunter zu 250 °C durchströmt, das chemische Verhalten von Flugasche zwischen 120 und 600 °C in einer Brennkammer untersucht und gefunden, daß

— zwischen 250 und 350 °C ein dramatischer Anstieg der CDD-Konzentration einsetzt von anfänglich 350 ppb auf bis zu 3 900 ppb,

— bei etwa 400 °C mehr als 50 % der CDD in die Gasphase übergehen,

— mit zunehmender Temperatur sich das Konzentrationsmaximum zu den Komponenten mit geringerem Chlorgehalt verschiebt,

— bei 500 °C schon eine weitgehende Zersetzung der CDD erfolgt ist, so daß deren Konzentration auf 15 ppb gesunken ist.

Sie ziehen daraus folgende Schlüsse:

— Die Dioxinbildung aus zur Zeit noch unbekannten Ausgangsstoffen findet in der Flugasche statt, wahrscheinlich an der inneren Kesselwand, besonders an der Abgasöffnung, wo Temperaturen von 300—400 °C herrschen. Auch in den Staubfiltern kann eine Dioxinbildung nicht ausgeschlossen werden.

— Die Dioxinzersetzung kann weit unter den in der TA Luft geforderten 1 200 °C (und auch unter den in MVA üblichen 800—1 000 °C) stattfinden. Bei Verweilzeiten im Bereich von Stunden könnte sogar schon bei 600 °C eine quantitative Zersetzung erwartet werden.

— Viele der bisherigen Probenahmen sind in Frage zu stellen, da bei ihnen entnommene Staubproben für längere Zeit Temperaturen über 200 °C ausgesetzt waren.

Emissionen

746. Tatsächlich emittieren MVA unter gewissen Betriebsbedingungen CDD und CDF. Die Untersuchungen BALLSCHMITERs und NOTTRODTs (1982) an unter anderem fünf bundesdeutschen MVA haben gezeigt: Es gibt MVA, deren Flugaschen (aus den Elektrofiltern) ein breites Muster an CDD und CDF im ppm-Bereich enthalten. Es gibt aber auch MVA sowohl neuerer als auch älterer Bauart, die unter „Normalbetrieb" weniger als 5 ppb dieser Verbindungen in den Flugaschen enthalten.

747. In den letzten Jahren wurden in der Bundesrepublik Deutschland zahlreiche CDD- und CDF-Bestimmungen an Rückständen aus MVA durchgeführt. Die gewonnenen Daten wurden bisher kaum allgemein bekannt. Für die Gehalte der Filterstäube und Schlacken, von denen MVA zu entsorgen sind, an CDD und CDF, insbesondere an 2,3,7,8-TetraCDD und 2,3,7,8-TetraCDF, werden heute sehr niedrige Werte genannt:

— In Filterstäuben von MVA hat HAGENMAIER (1986) CDD- und CDF-Gehalte von im Mittel 200 bzw. 280 ng/g und höchstens 785 bzw. 1 230 ng/g gefunden, die Mittelwerte für 2,3,7,8-TetraCDD und 2,3,7,8-TetraCDF waren 0,5 bzw. 2,1 ng/g, die Höchstwerte 2,3 bzw. 7,6 ng/g (Tabelle 2.3.28 a und b).

— In Schlacken konnte 2,3,7,8-TetraCDD in Einzelfällen im Bereich der Nachweisgrenze gefunden werden (BMI, 1984 a).

Wegen der Untersuchungen an 12 nordrhein-westfälischen Hausmüllverbrennungsanlagen wird auf BRÖKER und GLIWA (1985) hingewiesen.

748. Inzwischen sind neben der Belastung von Schlacken und Filterstäuben mit CDD und CDF auch die Emissionen im Reingas, seien sie nun gasförmig oder an den Reingasstaub angelagert, stärker in den Blick gekommen. Die Arbeitsgruppe „Dioxin in MVA" beim BMI faßte die Ergebnisse der Messungen an einer Reihe von bundesdeutschen MVA wie folgt zusammen (BMI, 1984 a):

Bei einer Reingas-Staubkonzentration von 10 bis 20 mg/m^3 liegt die Summe der staub-, dampf- und gasförmigen Emissionen in folgenden Bereichen:

2,3,7,8-TetraCDD	0,05	— 0,7	ng/m^3
Summe der TetraCDD	4	— 25	ng/m^3
Summe der Tri- bis HeptaCDD			
	20	— 145	ng/m^3
Summe der OktaCDD	5	— 49	ng/m^3
2,3,7,8-TetraCDF	0,9	— 6	ng/m^3
Summe der TetraCDF	22	— 144	ng/m^3
Summe der CDF	91	— 361	ng/m^3
Summe der OktaCDF	1	— 8	ng/m^3

Zum Teil etwas höhere Maximumwerte haben HAGENMAIER (1986) und STETTLER (1983) gefunden (Tabelle 2.3.28 c und d).

Tabelle 2.3.28

CDD und CDF aus Hausmüllverbrennungsanlagen

a) und b) in Elektrofilterstaub (35 Messungen an 8 Anlagen
c) im Abgas (Reingas, 14 Messungen)
d) reingasseitig (im Reingasstaub, im Kondensat und am Impinger abgeschieden, Kehrrichtverbrennungsanlage Zürich)

a)

	Minimum ng/g	Mittel ng/g	Maximum ng/g
TetraCDDs	0,1	9,3	33,0
PentaCDDs	0,3	27,0	125,0
HexaCDDs	0,4	42,1	200,0
HeptaCDDs	0,3	53,7	187,0
OctaCDD	0,2	68,4	365,0
Summe PCDDs	1,3	200,6	785,0
TetraCDFs	0,7	48,1	162,0
PentaCDFs	0,8	76,9	260,0
HexaCDFs	0,3	80,0	380,0
HeptaCDFs	0,1	62,5	386,0
OctaCDF	0,02	13,9	133,0
Summe PCDFs	1,9	281,4	1 228,0

c)

	Minimum ng/Nm^3	Mittel ng/Nm^3	Maximum ng/Nm^3
2,3,7,8-TCDD	0,18	0,34	0,61
TetraCDDs	9,9	19,9	43,0
PentaCDDs	17,6	34,6	68,1
HexaCDDs	13,9	34,0	61,1
HeptaCDDs	10,3	24,9	48,6
OctaCDD	4,8	11,4	19,7
Total PCDDs	56,7	125,1	241,1
TetraCDFs	49,5	122,6	320,9
PentaCDFs	55,3	125,4	334,0
HexaCDFs	19,7	66,8	182,8
HeptaCDF	5,8	22,7	59,1
OctaCDD	0,7	4,2	17,3
Total PCDFs	131,0	341,7	914,1

b)

	Minimum ng/g	Mittel ng/g	Maximum ng/g
2,3,7,8-TCDD	0,02	0,5	2,3
1,2,3,7,8-PCDD	0,2	2,8	10,7
1,2,3,4,7,8-HCDD	0,2	3,3	14,1
1,2,3,6,7,8-HCDD	0,5	5,5	30,3
1,2,3,7,8,9-HCDD	0,2	4,5	24,2
1,2,3,4,6,7,8-HeptaCDD	4,5	47,5	100,0
2,3,7,8-TCDF	0,5	2,1	7,6
1,2,3,7,8-PCDF	0,9	7,3	21,9
2,3,4,7,8-PCDF	0,5	6,2	16,0
1,2,3,4,7,8-HCDF	1,8	11,2	41,5
1,2,3,6,7,8-HCDF	1,2	12,4	50,2
1,2,3,7,8,9-HCDF	0,1	0,5	1,9
2,3,4,6,7,8-HCDF	0,8	8,2	25,1
1,2,3,4,6,7,8-HeptaCDF	12,2	117,4	294,0
1,2,3,4,7,8,9-HeptaCDF	0,3	3,7	12,6

d)

	ng/m^3
2,3,7,8-TCDD	0,16
HexaCDDs	24,9
HeptaCDDs	24,1
OctaCDDs	49,1
Summe CDDs	113
TetraCDFs	22,3
PentaCDFs	27,3
Summe CDFs	89

Quelle: a)–c) HAGENMAIER, 1986; d) STETTLER, 1983

Tabelle 2.3.29

CDD- und CDF-Emissionen

a) im Flugstaub klinischer MVA (9 Messungen an 9 Anlagen)
b) im Abgas klinischer MVA (10 Messungen an 10 Anlagen)
c) im Flugstaub (6 Messungen an 4 Anlagen) und Abgas (2 Messungen an 1 Anlage) von thermischen Metallrückgewinnungsanlagen

a)

	Minimum ng/g	Flugstaub Mittel ng/g	Maximum ng/g
2,3,7,8-TCDD	0,02	1,0	5,8
TetraCDDs	0,6	41,7	101,0
PentaCDDs	3,3	116,6	338,0
HexaCDDs	2,3	206,7	950,0
HeptaCDDs	1,4	253,3	1 520,0
OctaCDD	0,4	251,5	1 740,0
Summe PCDDs	8,0	869,8	4 649,0
TetraCDFs	2,6	107,6	454,0
PentaCDFs	0,6	205,9	1 100,0
HexaCDFs	0,3	278,9	1 654,0
HeptaCDFs	1,2	370,3	2 757,0
OctaCDF	0,2	57,9	375,0
Summe PCDFs	4,9	1 020,6	6 340,0

c)

	Flugstaub ng/g	Abgas ng/Nm^3
2,3,7,8-TCDD	1,21	4,35
TetraCDDs	58	207
PentaCDDs	119	390
HexaCDDs	147	315
HeptaCDDs	123	304
OctaCDD	124	110
Summe PCDDs	571	1 326
TetraCDFs	218	1 167
PentaCDFs	322	993
HexaCDFs	296	712
HeptaCDFs	209	371
OctaCDF	61	43
Summe PCDFs	1 106	2 645

Quelle: HAGENMAIER, 1986

b)

	Minimum ng/Nm^3	Mittel ng/Nm^3	Maximum ng/Nm^3
2,3,7,8-TCDD	0,09	0,28	0,47
TetraCDDs	2	20	25
PentaCDDs	6	35	55
HexaCDDs	6	34	55
HeptaCDDs	8	25	49
OctaCDD	5	11	49
Total PCDDs	29	118	212
TetraCDFs	13	123	155
PentaCDFs	28	125	357
HexaCDFs	30	67	248
HeptaCDFs	18	23	127
OctaCDF	1	4	38
Total PCDFs	115	434	1 079

749. Neben Hausmüllverbrennungsanlagen gibt es noch eine Reihe weiterer CDD- und CDF-Emittenten im Bereich von thermischer Abfallverwertung. Die CDD- und CDF-Emissionen der industriellen Sonderabfall-Verbrennungsanlagen werden als in der Regel niedriger, zum Teil unter der Nachweisgrenze liegend dargestellt (BMI, 1984 a). HAGENMAIER (1986) teilt aber die in Tabelle 2.3.29 aufgeführten Ergebnisse von Untersuchungen an 9 bzw. 10 klinischen MVA und einer thermischen Metallrückgewinnungsanlage mit, die zum Teil beträchtlich höher liegen.

Immission

750. Die Schadstoffe breiten sich als Aerosol und an Staubpartikeln angelagert aus. Ein Teil der Partikel geht als Staubniederschlag auf den Boden nieder.

STETTLER (1983) bestimmte die bodennahen Gas-, Aerosol- und Schwebstaubkonzentrationen um die Kehrichtverbrennungsanlage Zürich mit dem Gaußschen Ausbreitungsmodell für durchschnittliche Wind- und Turbulenzverhältnisse am Standort und den Staubniederschlag gemäß TA Luft-Entwurf 1981 wie folgt:

— Die höchsten Immissionskonzentrationen liegen in der Hauptwindrichtung 500 bis 3 000 m von der Anlage entfernt.

— Die errechneten Mittelwerte sind:
  — für CDD als Aerosol und Schwebstaub insgesamt 341 fg/m³ (f = 10^{-15}), davon TetraCDD-Isomere 12 fg/m³,
  — für CDF als Aerosol und Schwebstaub insgesamt 267 fg/m³,
  — für CDD als Staubniederschlag insgesamt 296 pg/m²d (p = 10^{-12}), davon Tetra-CDD-Isomere 10 pg/m²d,
  — für CDF als Staubniederschlag insgesamt 231 pg/m²d.

751. Die Lebensdauer der CDD und CDF hängt von der Umgebung ab, in der der Zersetzungsprozeß stattfindet. Bei Einwirkung von UV-Licht, also in der Luft und an der Bodenoberfläche, liegt die Halbwertzeit von 2,3,7,8-TetraCDD bei 2 Wochen (BMI, 1984 a). Im Boden wird mit einer Halbwertzeit von etwa 10 Jahren gerechnet (UBA, 1985 a).

Folgerungen

752. Untersuchungen über die Optimierung der Betriebsparameter von MVA sind — über die Problematik der CDD und CDF hinaus — weiterhin notwendig. Eine Reihe von Anforderungen an die Nachverbrennungstechnik, nämlich

— Festlegung der Meßstelle für die Überwachung der Mindesttemperatur der Nachverbrennung von 800 °C (hinter der letzten Verbrennungsluftzuführung),

— Absenkung des Emissionswertes von Kohlenmonoxid, als Parameter eines guten Ausbrands, auf 100 mg/m³,

— Begrenzung der Emission aller organischen Stoffe auf 20 mg/m³ Gesamtkohlenstoff,

haben ebenso wie die Forderung nach weitergehender Reinigung der Abgase von Feinstäuben (und den angelagerten CDD und CDF) Eingang in die neue TA Luft gefunden.

753. Neben der Einhaltung einer Mindesttemperatur verdient aber auch die Einhaltung eines Mindestsauerstoffgehalts und einer Mindestverweilzeit der Abgase im Nachbrennraum Aufmerksamkeit. Wegen des Problems der Stickstoffoxide bei hohen Temperaturen sollte eine längere Verweilzeit bei niedriger Temperatur sogar langfristiges Ziel sein. Im Hinblick auf mögliche „Vorläuferstoffe" wäre eine Vorsortierung des Müllgutes zu erwägen.

754. Die Ablagerung von Filterstäuben aus MVA ist nach Einschätzung der BMI-Arbeitsgruppe unproblematisch, wenn folgende Vorsichtsmaßnahmen beachtet werden (BMI, 1984 a):

— Verhinderung von Verwehungen und Abschwemmungen mit Niederschlägen während des Einbaus in die Deponie durch Konditionieren oder Anfeuchten des Staubs,

— Vermeidung der Berührung von Filterstäuben mit Ölen, Lösemitteln, Lösevermittlern und organisch belasteten Sickerwässern aus anderen Deponiebereichen,

— Ablagerung auf Deponien mit Basisabdichtung (wegen des Schwermetallgehalts) mit geeigneter Behandlung des Sickerwassers,

— Abdichtung der Deponie gegen Verwehungen und Erosion nach Abschluß der Einlagerung.

755. Die Verbrennung flüssiger CDD- und CDF-haltiger Abfälle in Verbrennungsschiffen auf See gewährleistet unter den derzeitigen Bedingungen keine ausreichende Vernichtung. Andere Beseitigungsverfahren sind erst im Labormaßstab erprobt (UBA, 1985 a).

2.3.2.5 Kohlendioxid und andere Spurengase mit globaler Wirkung auf Atmosphäre und Klima

756. Es muß nach den heute vorliegenden Meßergebnissen und Modellrechnungen angenommen werden, daß Kohlendioxid und andere infrarotaktive Spurengase langfristig das Klima der Erde beeinflussen werden. Der Rat maß diesem Problem in seinem Sondergutachten „Energie und Umwelt" (SRU, 1981, Tz. 297—307) noch keine wesentliche Bedeutung zu, da eine Reihe offener Fragen bestanden, die hauptsächlich die folgenden Punkte betrafen:

— Der Anteil der Emissionen aus dem fossilen Brennstoffverbrauch am atmosphärischen Kohlendioxid-Anstieg ist geringer als bisher angenommen.

- Die Wachstumsraten des Energieverbrauchs sinken und die Vorräte fossiler Brennstoffe sind begrenzt.
- Die Zulässigkeit der Klimamodelle ist noch unzureichend.

757. Die befriedigende Beantwortung dieser Fragen ist zwar immer noch offen, die Bedeutung des Problems einer möglichen Klimaveränderung ist jedoch dadurch gestiegen, daß eine Reihe weiterer anthropogener Spurengase bekannt wurden, die sich in der Troposphäre anreichern und die ähnliche Auswirkungen auf den globalen Wärmehaushalt besitzen wie CO_2. Vorrangig sind hier zu nennen: Distickstoffmonoxid (N_2O), Methan (CH_4), Chlorfluormethane, halogenierte Kohlenwasserstoffe sowie Ozon (O_3). Weiterhin sind bei der Beurteilung des Eintretens von Klimaveränderungen neuere Erkenntnisse über Störungen des Ozongleichgewichts in der Stratosphäre zu berücksichtigen, die ebenfalls Auswirkungen auf die globale Strahlungsbilanz und den globalen Wärmehaushalt haben. Als mögliche Verursacher für diese Störungen muß den anthropogenen Fluorchlorkohlenwasserstoffen (FCKW) besondere Beachtung geschenkt werden.

758. Von den vier anthropogenen Zugängen zum Klimasystem, nämlich der Abwärme, der Änderung der Gas-Zusammensetzung der Atmosphäre, den Eingriffen in den Haushalt der Aerosolteilchen und Veränderungen der Rückstreufähigkeit der Erdoberfläche, ist der erste noch wegen Geringfügigkeit global vernachlässigbar. Für die Abschätzung des dritten und vierten Zugangs ergeben sich noch erhebliche methodische Schwierigkeiten. Die größte Beachtung findet heute die Emission von infrarot-aktiven Gasen, vor allem des Kohlendioxids.

759. Kohlendioxid ist — wie die weiteren bereits genannten klimawirksamen Spurengase — ein Infrarot-Absorber, der die kurzwellige Sonnenstrahlung fast ungeschwächt zur Erdoberfläche hinein —, deren langwellige Abstrahlung aber nur unvollständig in den Weltraum hinausläßt.

Für die Bewertung des Kohlendioxidproblems sind noch eine Reihe von Fragen zu beantworten, so unter anderem die folgenden:

- Mit welcher Entwicklung der Kohlendioxid-Emission haben wir in Abhängigkeit von der Bevölkerungsentwicklung, dem Energieverbrauch, der Waldvernichtung in den Tropen und der Bodennutzung langfristig zu rechnen?
- Wie wirkt sich eine weiterhin steigende Kohlendioxid-Emission unter der Berücksichtigung von — möglicherweise auch durch Klimaänderungen beeinflußten — Selbstregelungsvorgängen des Kohlenstoffkreislaufs auf den atmosphärischen Kohlendioxidgehalt aus?
- Was sind tatsächlich die klimatischen Wirkungen eines erhöhten Kohlendioxidgehaltes in der Atmosphäre? Wirkt z. B. eine veränderte Wolken- und Niederschlagsverteilung einer Temperaturerhöhung entgegen?

760. Abschätzungen der globalen Kohlendioxidemissionen aus dem Einsatz fossiler Brennstoffe ergeben einen Wert von etwa 5,3 Mrd t C/a. Der Emissionswert, der sich aus der Wald- und Bodenzerstörung ableiten läßt, wird mit dem erheblichen Unsicherheitsbereich von 1—4 Mrd t C/a angegeben. Wie Abbildung 2.3.15 zeigt, hat die Wachstumsrate der CO_2-Emission zwar abgenommen, sie beträgt jedoch immer noch etwa 1,9%/a. Für die westlichen Industriestaaten liegt sie inzwischen bei bzw. unter 1%/a, in den Entwicklungsländern beträgt sie jedoch über 6%/a. Bei weiterhin zunehmender Weltbevölkerung insbesondere in den Entwicklungsländern muß mit einer Fortsetzung dieser Emissionsentwicklung gerechnet werden.

761. Quantitativ gesehen stellen die anthropogenen CO_2-Emissionen im Vergleich zu den natürlichen Kohlenstoffflüssen relativ geringe Beeinflussungen des globalen Kohlenstoffkreislaufs dar (Abb. 2.3.16). Diese relativ geringe anthropogene Störung läßt sich jedoch als stetiger Zuwachs der CO_2-Konzentration der Atmosphäre mit 1—2 ppm CO_2/a nachweisen.

762. Modellrechnungen zum Kohlenstoffkreislauf sind noch mit großen Unsicherheiten verbunden, da es sich zumeist um stark vereinfachte Simulationen komplexer, vielfach noch ungeklärter Systemzusammenhänge handelt. So ist der Einfluß einer erhöhten CO_2-Konzentration auf das Wachstumsverhalten der Biosphäre noch nicht eindeutig geklärt. Prognoserechnungen zur Entwicklung des Kohlenstoffkreislaufs, durchgeführt unter der Annahme, daß der Einfluß der CO_2-Konzentration in der Atmosphäre auf das Wachstum der Biosphäre mit zunehmender CO_2-Konzentration geringer wird (JÄGER et al., 1985), zeigen für den Fall einer Zunahme der CO_2-Emissionen aus dem Einsatz fossiler Brennstoffe von jährlich 2,5%, daß mit einer als kritisch angesehenen Verdoppelung der CO_2-Konzentration auf 600 ppm in der Mitte des nächsten Jahrhunderts gerechnet werden muß. Verschiedene Klimamodelle mit unterschiedlichen Ansätzen sagen für diesen Fall eine Erhöhung der mittleren Lufttemperatur in der Nähe der Erdoberfläche zwischen 1 und 4 K voraus.

763. Um den Stellenwert des Problems richtig einzuschätzen, muß jedoch der große Unsicherheitsbereich der Modellrechnungen sowohl zur Entwicklung der CO_2-Konzentration in der Atmosphäre als auch zur weltweiten Temperatur- und Klimaentwicklung betont werden. Die Entwicklung der CO_2-Konzentration wird nicht nur von der Unsicherheit des weltweiten Einsatzes fossiler Energieträger bestimmt, sondern auch von der Unkenntnis über die Wechselwirkung verschiedener Umweltkompartimente im globalen Kohlenstoffkreislauf, so der Wechselwirkung von Atmosphäre und Ozean und der von Atmosphäre und Biosphäre. Da die Tendenz der CO_2-Entwicklung in der Atmosphäre bei fortdauerndem Einsatz fossiler Energieträger jedoch eindeutig ist, wirken sich diese Unsicherheiten nur auf den Zeitpunkt der allgemein kritisch angesehenen Verdoppelung der Konzentration des vorindustriellen Wertes aus.

Abbildung 2.3.15

CO_2-Emissionen in verschiedenen Regionen, 1950—1980

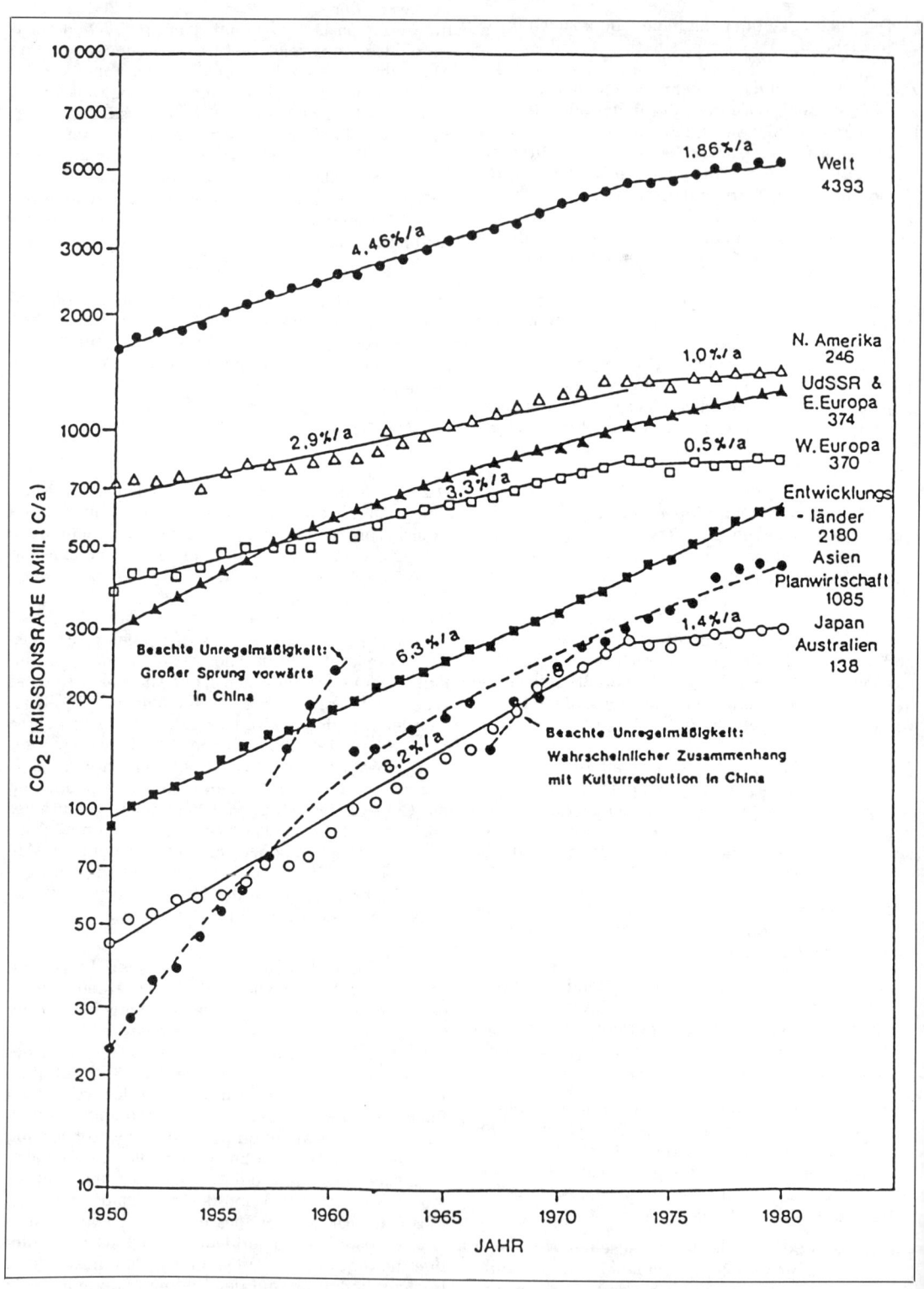

Quelle: nach MARLAND und ROTTY, 1984

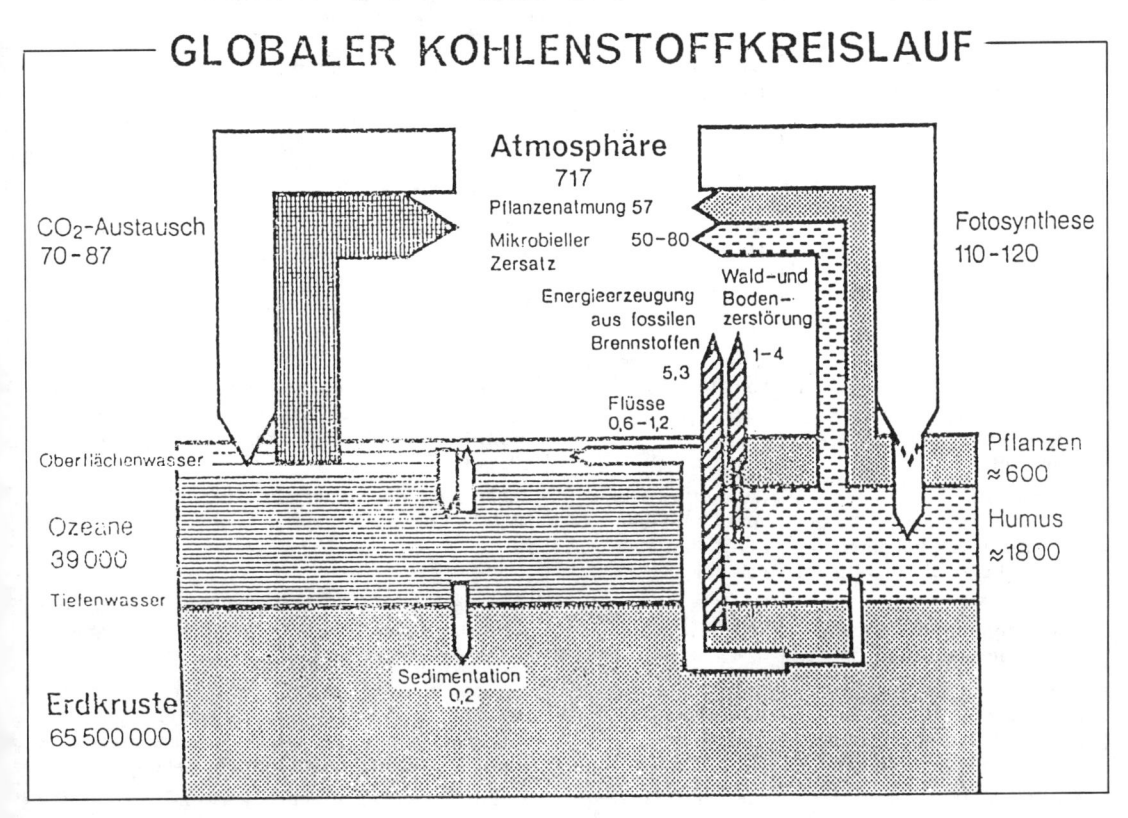

Abbildung 2.3.16

Schema des globalen Kohlenstoffkreislaufes für die Zeit um 1980

GLOBALER KOHLENSTOFFKREISLAUF

Atmosphäre 717
Pflanzenatmung 57
Mikrobieller Zersatz 50-80
Energieerzeugung aus fossilen Brennstoffen 5,3
Wald- und Bodenzerstörung 1-4
Flüsse 0,6-1,2

CO$_2$-Austausch 70-87
Fotosynthese 110-120

Oberflächenwasser
Ozeane 39 000
Tiefenwasser

Pflanzen ≈ 600
Humus ≈ 1800

Sedimentation 0,2

Erdkruste 65 500 000

Quelle: GRANEL et al., 1984

764. Während der Einfluß wachsender atmosphärischer Konzentrationen an CO$_2$ und weiterer anthropogener infrarotaktiver Spurengase auf den globalen Wärmehaushalt gesichert ist, ist bisher nicht hinreichend geklärt, wie das dynamische globale Wettersystem auf diesen Einfluß reagiert. Aussagen hierzu können nur mit globalen, dreidimensionalen Zirkulationsmodellen gemacht werden. Mit diesen hochkomplexen Modellen gelang jedoch bisher keine befriedigende Simulation des Ist-Zustandes unseres Klimas. Da diese Modelle darüber hinaus das dynamische Verhalten des gekoppelten Systems Ozean-Atmosphäre sowie die Wolkenbildungsprozesse nicht befriedigend simulieren, sollte der Prognosewert der Rechnungen nicht zu hoch eingeschätzt werden.

765. Ein weiterer Mangel der Klimamodellrechnungen besteht darin, daß die zeitliche Entwicklung der Klimaänderungen nur sehr unzureichend prognostiziert werden kann. Rechnungen mit verschiedenen Modellvarianten ergeben große Unterschiede in den zeitlichen Verzögerungen zwischen erhöhten CO$_2$-Konzentrationen in der Atmosphäre und den Klimaauswirkungen.

2.3.3 Bewertung wichtiger Instrumente der Luftreinhaltung seit 1978

2.3.3.1 Ordnungsrechtliche Instrumente

2.3.3.1.1 Nationale Regelungen

Neue Regelungen im Rahmen des Bundes-Immissionsschutzgesetzes sind in Tabelle 2.3.30 stichwortartig gekennzeichnet. Dazu einige Anmerkungen:

Verordnung über Großfeuerungsanlagen — 13. BImSchV — vom 22. Juni 1983 (GFA-VO)

766. Der Rat hat in seinem Sondergutachten „Waldschäden und Luftverunreinigungen" (SRU, 1983) Maßstäbe zur Vorsorgepolitik aufgestellt: Emissionsanforderungen sollen an den jeweils erkannten oder vermuteten Schädigungs- und Gefährdungspotentialen orientiert sein und das in Betracht kommende Spektrum von Schadstoffen besorgnisproportional erfassen. Die Vorsorge bedarf eines langfristigen, auf einheitliche Durchführung angelegten Konzepts. Im einzelnen empfahl er (Tz. 425) eine Verringerung der Schadstoffbelastung über den Ferntransport, insbesondere durch Rauchgasentschwefelung und Vermin-

Tabelle 2.3.30

Neue rechtliche Regelungen im Rahmen des Bundes-Immissionsschutzgesetzes seit 1978

BImSchG Bundes-Immissionsschutzgesetz	Neufassung 4. Oktober 1985	§ 5: neue Betreiberpflichten (Reststoffvermeidung, Abwärmenutzung) §§ 7, 48: Rechtsgrundlagen für Altanlagensanierung und „Kompensationsregelungen" § 17: Wegfall der „wirtschaftlichen Vertretbarkeit"
1. BImSchV Verordnung über Feuerungsanl.	Neufassung 24. Juli 1985	§ 2b: Ableitungsbedingungen für Abgase § 6a: zulässige feste Brennstoffe in Universal-Dauerbrennern § 10: geänderte Regelung der Eigenüberwachung
2. BImSchV Verordnung zur Emissionsbegrenzung von leichtflüssigen Halogenkohlenwasserstoffen	Kabinettsbeschluß vom 18. Dezember 1985	Erfassung weiterer Emittenten von Halogenkohlenwasserstoffen neben Chemisch-Reinigungsanlagen; Förderung des Eigeninteresses am geringen Verbrauch und Rückgewinnung; Stand der Technik gefordert
3. BImSchV Verordnung über Schwefelgehalt von leichtem Heizöl und Dieselkraftstoff	Kabinettsbeschluß vom Dezember 1984 EG-Kommission zugeleitet	Begrenzung des Schwefelgehalts auf 0,15 Gew.-% (statt 30 %)
4. BImSchV Verordnung über genehmigungsbedürftige Anlagen	Neufassung 24. Juli 1985	Katalog der genehmigungsbedürftigen Anlagen der technischen Entwicklung angepaßt, übersichtlich in Gruppen geordnet
5. BImSchV Verordnung über Immissionsschutzbeauftragte	Neufassung 24. Juli 1985	Erweiterung des Katalogs der genehmigungsbedürftigen Anlage, die einen betriebsangehörigen Immissionsschutzbeauftragten bestellen müssen
10. BImSchV Verordnung über Beschränkungen von PCB, PCT und VC	vom 26. Juli 1978	Verbot der wirtschaftlichen Verwendung von PCB und PCT enthaltenden Erzeugnissen außer in gewissen geschlossenen Systemen; Verbot von Vinylchlorid in Treibgasen
11. BImSchV Emissionserklärung-VO	vom 20. Dezember 1978	Emissionserklärungspflicht für genehmigungsbedürftige Anlagen in Belastungsgebieten und für gewisse Großanlagen außerhalb
	Neufassung 24. Juli 1985	Senkung der Schwellenwerte für die Angabepflicht hochtoxischer und krebserzeugender Stoffe; 2,3,7,8-TetraCDD und Stoffe vergleichbarer Wirkung sind in jedem Fall anzugeben
12. BImSchV Störfall-VO	vom 27. Juni 1980	Pflicht zur Bereithaltung einer Sicherheitsanalyse (Erkennen von Gefahrenpotentialen, Konzept zur Verhinderung von Störfällen); Planung von Notfallschutzmaßnahmen, Meldepflicht von Störfällen
	Neufassung 24. Juli 1985	Neufassung von Anhang I, dem Katalog der genehmigungsbedürftigen Anlagen, die unter die VO fallen; neue Mengenschwellen für einige Stoffe
13. BImSchV Großfeuerungsanlagen-VO	vom 22. Juni 1983	verschärfte Emissionsbegrenzung für die „Massenschadstoffe"; Durchsetzung der Abgasentschwefelung; Altanlagensanierung („Absterbeordnung"); nachfolgend: — weitergehende Auslegungen durch Länderprogramme — Ausfüllung der Dynamisierungsklausel der NO_x-Begrenzung durch UMK-Beschluß vom 8. Februar 1984: Eckwert von 200 mg/m³ für große Anlagen, Notwendigkeit abgasseitiger Entstickung

noch Tabelle 2.3.30

TA Luft 1983	vom 23. Februar 1983	allgemeine Grundsätze des Genehmigungsverfahrens: nach Schutzgut unterschiedliche Immissionswerte, Sonderfallprüfung, Sanierungsklausel; Voraussetzungen nachträglicher Anordnungen; Begrenzung krebserzeugender Stoffe; Meß- und Beurteilungsverfahren zur Immissionsermittlung genauer bestimmt, Verkleinerung der Beurteilungsfläche; Verfahren der Ausbreitungsrechnung festgelegt
TA Luft 1986	vom 27. Februar 1986	völlige Verfassung von Teil 3 „Begrenzung und Feststellung der Emissionen" z. T. analog der 13. BImSchV; neuer Teil 4 „Anforderungen an Altanlagen", Altanlagen-Sanierung, Kompensationsregelung
LAI-Muster-Smogverordnung (bis auf Bremen und Schleswig-Holstein von den Bundesländern ganz oder teilweise übernommen)	Neufassung 15. Oktober 1984	verschärfte Auslösekriterien: herabgesetzte Schwellenwerte, vorrangige Bedeutung des Schwebstaubs, Zeitumschaltfaktor in die höhere Alarmstufe, vermindertes Quorum maßgebender Meßstellen; verschärfte Maßnahmen; erweitertes Kfz-Verkehrsverbot
zur Ergänzung: Chemikaliengesetz (ChemG)	vom 16. September 1980	Anmeldepflicht des Herstellers oder Einführers von Stoffen, die erstmals in den Verkehr gebracht werden sollen, nach vorheriger Prüfung auf schädliche Einwirkung auf Mensch und Umwelt; erstmaliges Aufgreifen der „Ökosystemaren" Betrachtungsweise; Ausdehnung auf „alte" Stoffe durch Rechtsverordnung möglich

Quelle: Zusammenstellung SRU

derung des Ausstoßes von Stickstoffoxiden, auch aus Kraftfahrzeugen. Als entscheidend für einen Erfolg hat er die Sanierung (Nachrüstung oder Stillegung) der Altanlagen angesehen.

767. Für Großfeuerungsanlagen, die vor allem bei den „Massenschadstoffen" Schwefeldioxid und Stickstoffoxide einen hohen Anteil an den Emissionen verursachen, erfüllt die Verordnung die Empfehlungen des Rates in angemessener Weise. Sie hat der Emissionsminderung neuen Anstoß gegeben, der — wie in Abschnitt 2.3.1.2 erkennbar — z. T. auch schon immissionsseitig spürbar geworden ist.

768. Schwerpunkt der Verordnung — wie der TA Luft 1986 (Tz. 772 f.) — ist die umwelttechnische Sanierung der Altanlagen. (Nachgeschobene) Rechtsgrundlage ist die Neufassung des Bundes-Immissionsschutzgesetzes vom 4. Oktober 1985, die die Vorstellung eines risikoorientierten Emissionsminderungskonzeptes in §§ 7 Abs. 2, 17 Abs. 2 und 48 Nr. 4 aufgegriffen hat. Das Gesetz enthält — neben anderen wichtigen Änderungen — erstmalig die Ermächtigung der Bundesregierung, Sanierungspläne für Altanlagen aufzustellen. Die Sanierung geht nach dem Grundsatz vor, daß Altanlagen innerhalb — je nach Menge und Gefährlichkeit der emittierten Stoffe — bestimmter Fristen entweder stillgelegt oder dem Stand der Technik angepaßt werden müssen.

769. Die Verordnung wird allem Anschein nach zügig vollzogen. Zum Teil führen Ländervereinbarungen mit Betreibern auch zu einer vorzeitigen oder Über-Erfüllung der Anforderungen. Daß einzelne Kraftwerke noch aufgrund alter Genehmigungen zunächst mit einem umwelttechnisch niedrigeren Standard errichtet wurden, kann das günstige Bild insgesamt nicht trüben.

770. Die Verordnung hat den Maßnahmen zur Minderung des Ausstoßes an Schwefeldioxid zum Durchbruch verholfen. Nach der strengen Auslegung der Emissionsbegrenzung für Stickstoffoxide durch die Umweltministerkonferenz vom 4. Mai 1984 könnte ein gleicher Erfolg auch der Stickstoffoxid-Reduzierung beschieden sein (Tz. 1877 f.).

771. Im Ergebnis werden nach vorliegenden Berechnungen die jährlichen Schwefeldioxidemissionen aus Großfeuerungsanlagen, die 1982 noch bei über 2,0 Mio t — rund zwei Drittel der Gesamtemissionen der Bundesrepublik Deutschland — lagen, bis 1988 auf etwa 0,8 Mio t und bis 1993/95 auf weniger als 0,5 Mio t abnehmen. Das bedeutet eine Verminderung um rund 75 % — trotz zunehmenden Einsatzes von Steinkohle zur Stromerzeugung. Die jährlichen Stickstoffoxidemissionen werden von etwa 1 Mio t im Jahre 1982 auf unter 0,8 Mio t 1988 und rund 0,3 Mio t 1993/95 fallen — um rund 70 %. Beim Staub werden bereits seit langem wirksame Verfahren zur Abscheidung eingesetzt; daher ist das Minderungspotential geringer. Trotzdem wird auch hier noch mit einer Minderung um 50 % gerechnet: von 0,18 Mio t 1980 auf 0,09 Mio t Mitte der 90er Jahre (BMI, 1985 a und b; UBA, 1986 a und b; ROSOLSKI, 1984).

Technische Anleitung zur Reinhaltung der Luft (TA Luft 1983, TA Luft 1986)

772. Mit der TA Luft-Novelle 1983 (Allgemeine Verwaltungsvorschrift zur Änderung der Ersten Allgemeinen Verwaltungsvorschrift zum BImSchG vom 23. Februar 1983) wurden insbesondere die Vorschriften über die Durchführung des Genehmigungsverfahrens und die Immissionsbewertung der TA Luft 1974 fortgeschrieben; sie paßt den Immissionsteil der TA Luft dem neuesten Kenntnisstand an (DAVIDS und LANGE, 1986). Hervorzuheben ist die inhaltlich und systematisch grundlegende Neufassung von Nr. 2.2 „Allgemeine Grundsätze für Genehmigung und Vorbescheid" mit Erweiterung und Verschärfung der Vorschriften zum Schutz der menschlichen Gesundheit und — in gewissem Sinne erstmalig — zum Schutz von Pflanzen und Tieren sowie zum Schutz des Bodens. Sie betreffen die Neuerrichtung und wesentliche Änderung von genehmigungsbedürftigen Anlagen. Infolge der geringen Zahl von Neuerrichtungen und Genehmigungsanträgen sind sie bedeutsamer für Änderungsgenehmigungen. Soweit Immissionswerte festgelegt sind, werden sie auf diesem Wege nach und nach durchgesetzt. Soweit keine Immissionswerte festgelegt sind, kommt es auf die Sonderprüfung im Einzelfall an. Deren Verfahrensgrundsätze sind aber trotz bestimmter Auslegungshilfen unbestimmt geblieben. Hier ist eine Weiterentwicklung angezeigt.

773. Kernstück der Neufassung der TA Luft vom Februar 1986 sind die emissionsbegrenzenden Vorschriften in Nr. 3 „Begrenzung und Feststellung der Emissionen" und Nr. 4 „Anforderungen an Altanlagen". Mit den Regelungen in Nr. 3 wird praktisch der gesamte industrielle Anlagenbereich (ca. 50 000 Anlagen) erfaßt, der nicht durch die Großfeuerungsanlagen-Verordnung geregelt ist. Die emissionsbegrenzenden Anforderungen nach dem Stand der Technik im Sinne des § 3 Abs. 6 BImSchG werden neu festgelegt. Dabei ergeben sich zum Teil drastische Verschärfungen der Emissionswerte. Besondere Anforderungen werden für krebserzeugende Stoffe und kritische Schwermetalle eingeführt.

774. Die Anforderungen gegenüber Betreibern von Altanlagen werden durch nachträgliche Anordnungen durchgesetzt. Die Einrede der wirtschaftlichen Unvertretbarkeit (§ 17 Abs. 2 BImSchG alter Fassung) war zunächst ein unverändert großes Hindernis, obwohl die Beweislast beim Betreiber lag. Wichtiger als die nachträgliche Anordnung blieb die Verhandlungslösung zwischen Behörde und Betreiber. Verhandlungsmasse waren dabei naturgemäß die Emissionen des Betreibers. Durch die Neufassung des § 17 Abs. 2 BImSchG sind jetzt nachträgliche Anordnungen zulässig, sofern sie für die Betreiber nicht unverhältnismäßig belastend sind.

Die Behörde muß zunächst Genehmigungsbescheide, Emissionserklärungen und tatsächliche Erkenntnisse prüfen und bei Handlungsbedarf mit nachträglichen Anordnungen ein Sanierungskonzept vollziehen. Dafür sind Fristen gesetzt: Für Anlagen, deren Emissionen das Dreifache, das Eineinhalbfache oder das Einfache der Emissionsbegrenzungen überschreiten, sollen nachträgliche Anordnungen spätestens bis ein Jahr, zwei Jahre oder „rechtzeitig" nach Inkrafttreten der Verwaltungsvorschrift am 1. März 1986 erlassen werden, damit die Anforderungen nach drei, fünf oder acht Jahren eingehalten werden. Wenn eine Verzichterklärung über eine Stillegung innerhalb von acht Jahren abgegeben wird, ist keine nachträgliche Anordnung erforderlich.

775. Es ist absehbar, daß die zuständigen Behörden durch die Fülle der notwendigen Prüfungen und zu erlassenden Anforderungen überfordert werden. Der Rat befürchtet daher Vollzugsdefizite innerhalb der vorgegebenen Fristen.

Tabelle 2.3.31

Emissionen ausgewählter Komponenten aus stationären Quellen, vorausgeschätzte Abnahme unter der Wirkung von Großfeuerungsanlagen-Verordnung und TA Luft 1986
— Angaben in Mio. t/a —

	Staub			SO_2			NO_x (als NO_2)			Organische Verbindungen VOC
	TA Luft	GFA-VO	insgesamt	TA Luft	GFA-VO	insgesamt	TA Luft	GFA-VO	insgesamt	insgesamt
1982	0,4	0,18	0,58	0,54	2,03	2,57	0,27	1,0	1,27	0,26
1993/95	0,24	0,09	0,33	0,36	0,485	0,85	0,17	0,3	0,5	0,22
Veränderung 1993/95 zu 1982	−40 %	−50 %	−45 %	−33 %	−76 %	−66 %	−37 %	−70 %	−60 %	−15 %

Quelle: BMI, 1985a und b; UBA, 1986b

776. Die von der TA Luft 1986 zu erwartende Emissionsminderung wichtiger Schadstoffe wird wie folgt geschätzt:

Die Schwefeldioxidemissionen der von der TA Luft erfaßten Anlagen werden bei rechtzeitiger Verwirklichung um etwa ein Drittel von 0,54 Mio t/a 1982 auf 0,36 Mio t/a vermindert. Die Stickstoffoxidemissionen werden ähnlich um gut ein Drittel von 0,27 Mio t/a auf 0,17 Mio t/a abnehmen. Der Staubauswurf dieser Anlagen wird um etwa 40 % von rund 0,4 Mio t/a im Jahre 1982 auf 0,24 Mio t/a sinken. Schwermetallemissionen werden ungefähr um denselben Satz vermindert. Die Verminderung der Kohlenwasserstoffemissionen aus industriellen Prozessen werden von 0,15 Mio t/a im Jahre 1982 auf 0,13 Mio t/a gemindert. In diesen Abschätzungen noch nicht erfaßt sind mögliche Substitutionsentwicklungen z. B. zugunsten emissionsärmerer Brennstoffe, die aufgrund der TA Luft 1986 zu erwarten sind (BMI, 1985 a und b; UBA, 1986 a und b; FELDHAUS, 1985).

777. Die voraussichtliche Wirkung von TA Luft 1986 und Großfeuerungsanlagen-Verordnung auf die Emissionen stationärer Quellen zeigt Tabelle 2.3.31 (zur Emissionsminderung bei Feuerungsanlagen s. auch Kap. 3.2). Der Rat erkennt an, daß damit ein langfristiges, ein breites Schadstoffspektrum erfassendes und angemessenes Vorsorgekonzept eingeleitet ist, das auch der Wirtschaft Rechtssicherheit für Planungs- und Investitionsentscheidungen bietet. Widerstand gegen die Großfeuerungsanlagen-Verordnung und die TA Luft 1986 gibt es praktisch nicht. Das Bundesverwaltungsgericht hat in seinem „Heidelberger Urteil" diese Instrumente rechtlich abgesichert und die Verhältnismäßigkeit des Vorsorgekonzepts bestätigt.

Störfall-Verordnung

778. Durch die Störfall-Verordnung ist nicht nur die hergebrachte Sicherheitsbetrachtung verfahrenstechnischer Anlagen um eine notwendige zusätzliche Dimension erweitert worden. Auch die Umweltbewertung muß sich über die Belastungen im normalen Bereich hinaus Klarheit über die Umweltbedeutung von Emissionen im Störfall verschaffen. Wesentlich bei der Störfall-Verordnung ist, daß gegenüber den bisherigen Regelungen nicht mehr die Frage nach der Sicherheit der einzelnen Baukomponenten im Vordergrund steht, vielmehr die Anlage als Ganzes bewertet werden soll. Es ist zu analysieren, ob aus Gefahrenquellen der Anlage oder der in ihr ablaufenden Prozesse Störfälle erwachsen können. Es soll danach weiter bewertet werden, inwieweit die vorgesehene Sicherheitstechnik in der Lage ist, die Störungspotentiale zu beherrschen. Hierzu werden umfassende Darstellungen denkbarer Störungsabläufe und deren systematische Analyse verlangt.

779. Schon das Verfahren der Aufstellung einer Sicherheitsanalyse hat in vielen Fällen dazu geführt, daß — auch über den Einzelfall hinaus — wertvolle Erkenntnisse über Schwachstellen gewonnen wurden. Die Analyse selbst führt in der Regel zu einer Verbesserung der vorbeugenden Sicherheitsmaßnahmen. Möglicherweise wirkt sich die Verordnung auch dahin aus, als Betreiber sich bewogen fühlen, die Größe ihrer Aggregate — und dadurch auch das Gefahrenpotential — soweit zu senken, daß ihre Anlage nicht mehr unter die Verordnung fällt.

780. Die Qualität der Sicherheitsanalysen befriedigt in der Regel nicht. Insofern bleibt die Verwirklichung der Verordnung hinter deren Anspruch zurück. Erstellung und sachgerechte Prüfung der Sicherheitsanalysen sollten künftig noch ernster genommen werden.

Smog-Verordnungen

781. Im Grundsatz sollten Smog-Verordnungen als Regelungen der Gefahrenabwehr in Smog-Situationen durch Vorsorgemaßnahmen der Luftreinhaltepolitik überflüssig werden. Diesem Ziel haben uns die zuvor erörterten Regelungen erheblich näher gebracht: Im Zuge ihrer Verwirklichung werden Smog-Episoden seltener und die dabei auftretenden Schadstoff-Konzentrationsspitzen niedriger werden. Bei dem in den 90er Jahren zu erwartenden Stand der Emissionsminderung in der Bundesrepublik Deutschland wird der „hausgemachte" örtliche und regionale Winter-Smog wahrscheinlich keine Rolle mehr spielen. Inwieweit das auch für überregionale Smog-Situationen aufgrund des Ferntransports von Schadstoffen aus der DDR und dem Ausland gelten wird, hängt davon ab, wie erfolgreich der Vollzug der internationalen Regelungen und Vereinbarungen sein wird und ob es gelingt, die Nachbarstaaten zu einer — der bundesdeutschen Vorsorgepolitik vergleichbaren — Emissionsminderungspolitik zu bewegen (Abschn. 2.3.3.1.2).

782. Die Smog-Verordnungen der Bundesländer haben vorrangig den Typ des regionalen winterlichen Smogs in einem vorher von der Landesregierung festgelegten Smoggebiet vor Augen. Bei der in Tz. 722 angeführten Smog-Episode vom Januar 1985 (vgl. auch Tz. 1751) kamen von der neuen Muster-Smogverordnung des Länderausschusses für Immissionsschutz (LAI), d. h., der ihr folgenden Landes-Verordnung Nordrhein-Westfalens, die gerade während dieser Episode in Kraft trat, nur die verschärften Auslösekriterien zur Anwendung. Die Maßnahmeregelungen waren der Muster-Verordnung noch nicht angepaßt worden. Wie in Abschn. 2.3.2.1 angedeutet, erwiesen sich diese Auslösekriterien bei zeitweise gegenläufiger Entwicklung der Schwebstaub- und der Schwefeldioxidkonzentration als nicht ganz frei von unerwünschten Konsequenzen. Der Rat begrüßt insofern die im vergangenen Jahr im Länderausschuß für Immissionsschutz erneut durchgeführte Diskussion über die Auslösekriterien (Begriff der austauscharmen Wetterlage, meteorologische oder schadstoffbezogene Kenngrößen), die zu dem Ergebnis geführt hat, den § 2 der Muster-Verordnung über die Auslösekriterien zwar nicht zu ändern, aber einige Anpassungen wie eine Vereinheitlichung in den Meßverfahren zu empfehlen.

783. Im Hinblick auf die Wirksamkeit ihrer Maßnahmen zur Gefahrenabwehr erscheinen die Smog-Verordnungen zumindest bei manchen Smog-Episoden leicht als bloße Kundgebungen des guten Willens: Bei winterlichen Smog-Lagen können praktisch weder die Stromerzeugung noch die Gebäudeheizung eingeschränkt werden. Das erste würde tief in die Wirtschaftstätigkeit einschneiden, und das zweite ist mit Augenmaß nur in öffentlichen Liegenschaften durchsetzbar, wie z. B. in Berlin die Absenkung der Raumtemperatur auf 18 °C mit Auslösung der Vorwarnstufe. Der Verkehrsbereich spielt nicht bei allen Smog-Lagen eine bedeutende Rolle — so z. B. nicht bei der angeführten Smog-Situation vom Januar 1985.

Trotzdem trafen die damals ausgelösten Maßnahmen gerade diesen Emittentenbereich mit voller Strenge. Die Kritik an diesen Maßnahmen der Gefahrenabwehr verliert allerdings in dem Maße an Gewicht, als die EG-Mitgliedstaaten ihrer Verpflichtung aus der Richtlinie des Rates der EG vom 15. Juli 1980 über Grenzwerte und Leitwerte der Luftqualität für Schwefeldioxid und Schwebstaub (80/779/EWG) nachkommen und durch Vorsorgemaßnahmen sicherstellen, daß nicht an mehr als drei aufeinanderfolgenden Tagen eine Schwefeldioxidkonzentration von 250 µg/m^3 bei einer Schwebstaubkonzentration von über 150 µg/m^3 und von 350 µg/m^3 sonst überschritten wird.

784. Der im wesentlichen überregionale Charakter der Smog-Episode vom Januar 1985 deckte darüber hinaus noch folgende Fragen auf:

— Ist die Festlegung der Smog-Gebiete sachgemäß? Enthalten sie wenigstens bei Smog-Episoden des lokalen oder regionalen Typs alle maßgeblichen Quellen?

— Wird das gegebene Maß an Abstimmung zwischen benachbarten oder ggf. auch weiter entfernten Smog-Gebieten dem erheblichen Einfluß des überregionalen Transports gerecht?

— Müßte sich die Strategie des Gefahrenschutzes beim überregionalen Smog nicht vom Einzelgebiet lösen und den Rückgriff auf auswärts gelegene Emissionsquellen ermöglichen?

785. Inzwischen hat das Umweltbundesamt begonnen, im Zusammenwirken mit den Ländern ein großräumiges „Frühwarnsystem" aufzubauen. Diese großräumige Sicht von Smog-Lagen hat sich erstmals im Januar 1987 bewährt, als wieder eine durch Ferntransport von Schadstoffen ausgelöste Smog-Episode weite Bereiche der Bundesrepublik Deutschland heimsuchte.

786. Zur Frage weitergehender Maßnahmen des Gefahrenschutzes im Falle überregionalen Smogs hat die Diskussion im Länderausschuß für Immissionsschutz (LAI) zu dem Ergebnis geführt, daß diese — abgesehen von gewissen Passiv-Maßnahmen — unverhältnismäßig wären und insofern die vorhandenen Instrumente (Bundes-Immissionsschutzgesetz, Smog-Verordnungen) nicht ergänzungsbedürftig sind.

787. Es bleibt der Weg vorsorglicher internationaler Emissionsminderungspolitik. Dies gilt insbesondere für den (überregionalen) Photo-Smog. Eine wirksame Bekämpfung ist nur möglich, wenn die Emission der Vorläuferstoffe europaweit gemindert wird. Es bedarf weiterer Forschung, welche Priorität den verschiedenen Emittenten unterschiedlicher Emissionen zukommt. In diesem Zusammenhang ist beispielhaft auf das vom Umweltbundesamt geförderte deutsch-niederländische Forschungsvorhaben PHOXA hinzuweisen, das neben anderem zum Ziel hat, die großräumige Entwicklung der Immissionen — auch der episodischen Abläufe — aus der tatsächlichen Emissionssituation unter Berücksichtigung der realen meteorologischen Bedingungen und der im luftgetragenen Transport stattfindenden chemischen Umwandlungen mit Hilfe eines Simulationsmodells hoher geographischer Auflösung zu verstehen. Es scheint, daß zur Vorsorge gegen Photo-Smog neben der schon angezielten Minderung der Stickstoffoxidemissionen auch eine europaweite Senkung der Emissionen gewisser reaktiver Kohlenwasserstoffe angezeigt ist (vgl. Abschn. 2.3.2.3).

Luftreinhaltepläne, Emissionskataster

788. Für die von den Landesregierungen nach § 44 BImSchG festgelegten „Belastungsgebiete" haben die zuständigen Behörden einen Luftreinhalteplan aufzustellen, wenn dort „schädliche Umwelteinwirkungen durch Luftverunreinigungen auftreten oder zu erwarten sind" (§ 47 BImSchG). Der Luftreinhalteplan soll neben Festlegungen über Art, Umfang und Ursachen der Luftverunreinigungen einen Maßnahmenkatalog gegen Luftverunreinigungen und zur Vorsorge enthalten. Der Erfolg dieses Instruments war und ist aber dadurch beeinträchtigt, daß es kein eigenes Rechtsinstitut ist, das die Minderung der Schadstoffemissionen nach einem verbindlichen Zeitplan durchsetzen könnte. Die geforderten Maßnahmen bedürfen der Umsetzung durch Rechtssetzungs- oder Verwaltungsakte. An sich ist nur der Teil des Maßnahmenkatalogs verbindlich, zu dem die für die Aufstellung des Luftreinhalteplans zuständige Behörde befugt ist oder der entsprechenden Behörde Weisung erteilen kann. Mit dem eingetretenen oder noch zu erwartenden Erfolg von Großfeuerungsanlagen-Verordnung und TA Luft 1986 nimmt die Bedeutung des gebietsbezogenen Umweltschutzes für den Bereich Industrie (genehmigungsbedürftige Anlagen) weiter ab.

789. Die Richtlinie des Rates der EG vom 15. Juli 1980 über Grenzwerte und Leitwerte der Luftqualität für Schwefeldioxid und Schwebstaub (80/779/EWG) schreibt vor, daß Mitgliedstaaten gegebenenfalls der EG-Kommission bis zum 1. Oktober 1982 mitteilen, in welchen Gebieten sie Überschreitungen der Grenzwerte für möglich halten und welche Maßnahmen sie dagegen treffen. Diese „müssen gewährleisten", daß bis zum 1. April 1993 auch dort die Grenzwerte eingehalten werden. Die Bundesregierung hat die Kommission unterrichtet, daß sie dieser Richtlinie mit dem Instrumentarium der Großfeuerungsanlagen-Verordnung und der TA Luft nachkommt (s. Abschn. 2.3.3.1.2).

790. Der gebietsbezogene Umweltschutz behält seine Bedeutung für strukturelle Gesichtspunkte, den Bereich Haushalt, Kleingewerbe u. ä. (nicht genehmigungsbedürftige Anlagen) und für den Verkehr, wo die „anlagenbezogenen", auf das Einzelfahrzeug gezielten Maßnahmen (Kap. 3.3) womöglich nicht ausreichen. Auch bei dieser Einschränkung sollte die Minderung der Emissionen nach einem Luftreinhalteplan in einem verbindlichen Zeitrahmen erfolgen. Luftreinhaltepläne der zweiten Generation sollten eine Erfolgskontrolle für den Maßnahmenplan der ersten Generation enthalten.

791. Eine Voraussetzung für die Aufstellung eines Luftreinhalteplanes in einem Belastungsgebiet ist ein dort nach § 46 BImSchG zu erhebendes Emissionskataster, „das Angaben enthält über Art, Menge, räumliche und zeitliche Verteilung und die Austrittsbedingungen von Luftverunreinigungen bestimmter Anlagen und Fahrzeuge ...".

Verschiedentlich vorgebrachte Kritikpunkte betreffen zunächst einmal die Festlegung von Belastungsgebieten: Sie folgt nicht einheitlichen qualitativen und quantitativen Kriterien. Nicht alle wichtigen Gebiete mit hoher Immissionsbelastung sind in Belastungsgebieten erfaßt. Manche Länder haben überhaupt keine Belastungsgebiete ausgewiesen.

Weiter muß eingeräumt werden: Für Luftreinhaltepläne wird vorrangig die sektorale Emissionsanalyse (Emittentenanalyse; Kap. 1.5) benötigt. Nur für raumbedeutsame Aspekte oder, falls Immissionsmessungen nicht verfügbar sind, für Zwecke der Ursachenanalyse wird die räumliche Auflösung der Emissionen wichtig. Gerade für die Sektoren Haushalte/Kleingewerbe und Verkehr, für die die Bedeutung der Luftreinhaltepläne wachsen könnte, sind die Emissionskataster jedoch nicht genügend anlagenbezogen detailliert.

792. Darüber hinaus hat der Rat eine gewisse Besorgnis, der Wert der Emissionskataster könne in letzter Zeit abgenommen haben,

— weil Unterschiede in der Erhebung und Darstellung die Vergleichbarkeit von Katastern mit ihren Fortschreibungen mindern,

— weil das Emissionskataster für die Emittentengruppen Industrie jetzt unmittelbar aus deren Emissionserklärungen aufgestellt wird, die von der Behörde im wesentlichen nur auf Vollständigkeit und Plausibilität geprüft werden,

— weil in den Emissionserklärungen, die in die Emissionskataster eingehen, Emissionen unterschiedlicher (vor allem organischer) Komponenten vorzugsweise unter Summenparametern wie Gesamt-C u. ä. zusammengefaßt angegeben werden. Solche Katasterangaben können den Vollzug der TA Luft nicht unterstützen.

793. Der Rat empfiehlt, in der Emissionserklärungs-Verordnung geeignete Maßnahmen zu ergreifen, um die Verläßlichkeit der Angaben der Betreiber besser abzusichern. Die Selbstveranlagung erfordert klare Richtlinien für den Erklärungspflichtigen und eine ausreichende inhaltliche Prüfung der Angaben durch die Behörde vor Übernahme in das Emissionskataster.

794. Darüber hinaus sollten die Emissionserklärungen zur Erfolgskontrolle emissionsbegrenzender Regelungen (GFA-VO, TA Luft) genutzt werden. Die Schwellenwerte der Emissionserklärungspflicht (§ 1 Abs. 2 Emissionserklärungsverordnung) für Anlagen außerhalb von Belastungsgebieten sind zu überprüfen.

795. Der Rat weist im Kapitel 1.5 auf das Erfordernis hin, Daten der Wirtschaftsentwicklung u. ä. mit emissionsseitigen Daten zu verknüpfen, um sich von einem statischen Bild der Emissionssituation zu lösen. Das wird — wenn es auch hier zunächst nur um auf Wirtschaftssektoren bezogene Angaben und nicht um räumliche Gesichtspunkte geht — möglicherweise nur mit umfassenderen und weiter verbesserten Emissionskatastern zu verwirklichen sein. Zumindest sollte vorab die Informationsstruktur der Emissionskataster untereinander und mit der der Umweltstatistiken abgestimmt werden.

2.3.3.1.2 Internationale Regelungen

796. Vom Ansatz her zielen EG-Richtlinien auf einen Gleichschritt der einzelstaatlichen Regelungen der Partnerländer. Tatsächlich dienten wichtige Richtlinien-Vorschläge der letzten Jahre — bedeutendstes Beispiel ist der Entwurf einer EG-Richtlinie über Großfeuerungsanlagen — eher dazu, in anderen EG-Staaten überhaupt erst Regelungen auszulösen, die in der Bundesrepublik Deutschland schon bestehen.

797. Soweit Regelungen keiner EG-Zustimmung bedürfen (so insbesondere über stationäre Anlagen), drohen die nationalen Umweltpolitiken sich mit unerwünschten Folgen auseinanderzuentwickeln:

— Umweltpolitisch, weil bei gleichbleibendem Schadstoffimport die nationale Emissionsminderungspolitik an Einfluß auf die Immissionsentwicklung im Inland und damit an Rechtfertigung verliert.

— Ökonomisch, weil einzelwirtschaftliche Wettbewerbsnachteile der mit Umweltkosten stärker belasteten Standorte nicht nur die gesamtwirtschaftliche Kosten/Nutzenrechnung und politische Rechtfertigung von Umweltschutzkosten aushöhlen, sondern auch Anreize setzen für eine Produktionsverlagerung zu Standorten kostenärmerer Emissionen.

798. Von den schon erlassenen Richtlinien der EG ist die vom 15. Juli 1980, die das Ziel der Vereinheitlichung nationaler Regelungen für die Luftqualität durch Festlegen von Grenz- und Leitwerten für Schwefeldioxid und Schwebstaub zu erreichen sucht (80/779/EWG), schon im Abschnitt 2.3.3.1.1 angesprochen worden. Von der EG-Richtlinie über Luftqualitätsnormen für Stickstoffdioxid vom 7. März 1985 (85/203/EWG), die bis zum 1. Januar 1987 von den Mitgliedstaaten jeweils in nationales Recht umzusetzen war, wäre eine Wirkung zu erwarten gewesen,

Tabelle 2.3.32

Neue EG-Richtlinien zum allgemeinen Immissionsschutz seit 1978

Richtlinie (80/779/EWG) über Grenz- und Leitwerte der Luftqualität für Schwefeldioxid und Schwebstaub	vom 15. Juli 1980	Statt des mehrheitlich gewählten EG-Grenzwertsystems darf die Bundesrepublik Deutschland auch TA Luft-Grenzwerte anwenden; zur Sicherung von deren Gleichwertigkeit Paralleluntersuchungen an repräsentativen Standorten mit beiden Grenzwertsystemen (UBA mit BGA und LIS)
Richtlinie (82/501/EWG) über Gefahren schwerer Unfälle bei bestimmten Industrietätigkeiten („Seveso-Richtlinie")	vom 3. Dezember 1981	Vorschriften für nationale Gesetzgebungen zur Erhöhung der Sicherheit bestimmter industrieller Anlagen, weitgehend durch deutsche Sicherheitsgesetzgebung und Störfall-Verordnung erfüllt. Fortschreibung bis 8. Januar 1986
Richtlinie (82/884/EWG) über einen Grenzwert für den Bleigehalt in der Luft	vom 3. Dezember 1982	Festlegung eines Grenzwertes für die Bleikonzentration in der Luft (Jahresmittelwert) von 2 µg/m^3
Richtlinie (84/360/EWG) zur Bekämpfung der Luftverunreinigungen durch Industrieanlagen („Grundsatzrichtlinie Luftreinhaltung")	vom 28. Juni 1984	Einführung einer Genehmigungspflicht für Errichtung, Betrieb und Änderung bestimmter Industrieanlagen mit den deutschen ähnlichen Bedingungen: keine schädlichen Umwelteinwirkungen, Vorsorge nach Stand der Technik, Einhaltung von Immissionsgrenzwerten
Richtlinie (85/203/EWG) über Luftqualitätsnormen für Stickstoffdioxid	vom 7. März 1985	Zum Schutz der menschlichen Gesundheit Kurzzeit-Immissionsgrenzwert 200 µg/m^3; Leitwerte für strengere Regeln in besonderen Schutzgebieten; Grundsätze für Maßnahmen und Verfahren
Richtlinie (85/337/EWG) über die Umweltverträglichkeitsprüfung bei bestimmten öffentlichen und privaten Vorhaben	vom 27. Juni 1985	Prüfpflicht bei Vorhaben, wie im Anhang I aufgelistet, und den Mitgliedländern freigestellte Prüfpflicht bei Vorhaben, wie in Anhang II aufgelistet; es ist streitig, ob das deutsche Genehmigungsverfahren nach BImSchG schon die geforderte UVP umfaßt
In der Diskussion Richtlinien-Entwurf (EG-Dok. Nr. 11 642/83) über Emissionsbegrenzungen bei Großfeuerungsanlagen		Emissionsbegrenzung entsprechend der 13. BImSchV (Staub, SO$_2$, NO$_x$)
Zur Ergänzung: (Genfer) ECE-Luftreinhaltekonvention, EG durch Beschluß des Rates (81/462/EWG) Vertragspartner, übernommen in deutsches Recht durch Gesetz	vom 13. November 1979 vom 11. Juni 1981 vom 29. März 1985	Verpflichtung zur Erarbeitung von Programmen zur Bekämpfung der Luftverunreinigungen durch Verringerung der Emissionen und des grenzüberschreitenden Transports von Luftschadstoffen;
Protokoll des Exekutivorgans	vom Juli 1985	völkerrechtliche Verpflichtung von 21 Staaten aus West und Ost, ihre Schwefelemissionen oder deren grenzüberschreitende Ströme bis 1993 um mindestens 30 % zu senken
UN-Konvention zum Schutz der Ozonschicht	vom 22. März 1985	Weltweit koordinierte Maßnahmen zur Vorsorge gegen eine mögliche Gefährdung der stratosphärischen Ozonschicht durch FCW

Quelle: Zusammenstellung SRU

wenn sie den zeitweise erwogenen Langzeitgrenzwert vorgeschrieben hätte. Der jetzt allein enthaltene Kurzzeitgrenzwert (98-Perzentil) von 200 µg/m^3 ist zwar niedriger als der entsprechende IW2-Wert der TA Luft (300 µg/m^3), dürfte aber kaum zu Maßnahmen zwingen.

799. Die meisten der im übrigen in Tabelle 2.3.3.32 auszugsweise zusammengestellten Regelungen sind zu jung, als daß sie auf ihren Erfolg hin bewertet werden könnten. Andere sind nicht strenger als die bundesdeutschen Regelungen und konnten folglich im Inland auch nicht mehr bewirken. Ob sie Wirkungen im Ausland entfaltet haben, die sich in der Bundesrepublik Deutschland durch eine Verminderung der Schadstoffeinfuhr über den Ferntransport auswirken, muß hier offenbleiben.

800. Bedeutsam werden kann die Ausfüllung der ECE-Luftreinhaltekonvention über den weitreichenden Transport von Schadstoffen durch das Protokoll von Helsinki vom Juli 1985. Mit ihm haben 21 Staaten aus West und Ost die Verpflichtung übernommen, ihre Schwefelemissionen oder deren grenzüberschreitende Ströme bis 1993 um mindestens 30 % gegenüber 1980 zu senken. Einige Länder, darunter Großbritannien, haben sich dem Protokoll nicht angeschlossen. Daraus kann nicht unbedingt auf mangelnde umweltpolitische Bereitschaft geschlossen werden. Großbritannien lehnt es ab, eine nicht überwachungsfähige, möglicherweise auch nicht erfüllbare internationale Verpflichtung zu übernehmen. Es lehnt auch das emissionsorientierte, auf einheitliche Durchführung angelegte Konzept der Bundesrepublik Deutschland ab. Trotzdem kann im Ergebnis eine auf meßbare Effekte abzielende Politik der Sanierung von umweltpolitischen Schwerpunkten auf eine 30 %ige Minderung bis 1993 führen.

Emissionsmindernde Wirkungen erwartet der Rat von den EG-Regelungen gegen die Luftverschmutzung durch Autoabgase und den begleitenden deutschen Maßnahmen (vgl. Abschn. 3.3.3.1).

2.3.3.2 Ökonomische Anreizinstrumente und Investitionsförderung

801. Hinsichtlich der generellen Erörterung ökonomischer Anreizinstrumente und sonstiger Instrumente wird auf Abschnitt 1.3.4 dieses Gutachtens verwiesen. An dieser Stelle soll deshalb lediglich auf einige für die Luftreinhaltepolitik spezifische Aspekte hingewiesen werden.

Ökonomische Anreizinstrumente

802. Die Bundesregierung hat von diesen Instrumenten, nämlich Kompensationsregelungen, Zertifikaten bzw. Emissionslizenzen und Abgabelösungen in die Luftreinhaltepolitik nur Kompensationsregelungen übernommen, und zwar in die TA Luft 1986, nicht aber in die Großfeuerungsanlagen-Verordnung. Bei ihnen geht es darum, den Unternehmen innerhalb des ordnungsrechtlichen Rahmens für Maßnahmen an räumlich nahe beieinanderliegenden Anlagen gewisse Entscheidungsspielräume nach marktwirtschaftlichen Kriterien einzuräumen (Tz. 155f.). Sie sind den „Offset- und Bubble-Lösungen" der amerikanischen Luftreinhaltepolitik vergleichbar.

803. Dem Rat erscheinen die, wenn auch ökonomischen Überlegungen Rechnung tragenden, Kompensationsregelungen in der TA Luft wegen der zeitlichen Begrenzung, des sehr engen räumlichen Beurteilungsrasters und des experimentellen Charakters zu einschränkend (Tz. 155f., 176).

804. Die Zertifikatsmodelle enthalten nach Auffassung der Bundesregierung interessante Elemente zur Förderung ökonomischer Anreize. Sie hält aber die bisher vorgelegten Vorschläge für mängelbehaftet und nicht praktikabel (BMI, 1984b). Auch die Erhebung einer das Ordnungsrecht ergänzenden Abgabe in der Luftreinhaltung wird von der Bundesregierung gegenwärtig nicht empfohlen; sie räumt allerdings die Notwendigkeit einer erneuten Prüfung ein, wenn sich bei der Durchsetzung des Ordnungsrechts Schwierigkeiten ergeben (BMI, 1985c).

Staatliche Investitionsförderung in Modellvorhaben: das Altanlagenprogramm

805. Seit 1979 wird vom Umweltbundesamt — bis 1986 im Auftrag des BMI, seither im Auftrage des BMU — das Programm zur Förderung von Investitionen auf dem Gebiet der Luftreinhaltung bei Altanlagen durchgeführt. In staatlich geförderten Demonstrationsvorhaben soll der Stand der Emissionsminderungstechnik für bestehende Anlagen optimiert werden. Die Ergebnisse des Programms haben in der Tat zur Fortschreibung der TA Luft, insbesondere der Emissionsgrenzwerte, wichtige Informationen geliefert. Im Sinne einer übergreifenden Umweltentlastung bei Altanlagen wurde das Programm ab 1985 um Modellvorhaben zur Wasserreinhaltung, Abfallwirtschaft und Lärmminderung erweitert.

Bis Ende 1985 sind 536,1 Mio DM Fördermittel für 198 Projekte der Luftreinhaltung bewilligt worden. Gemäß der Zweckbestimmung (Bevorzugung von durch Luftverunreinigungen besonders belasteten Gebieten) entfallen 31 % der Projekte und 45 % der Fördermittel auf Belastungsgebiete, davon wiederum 60 % bzw. 64 % auf Nordrhein-Westfalen.

Den Schwerpunkt des Programms bilden seit Beginn unverändert die Bereiche Eisen und Stahl sowie NE-Metalle, die zusammen etwa ein Drittel der bewilligten Projekte und Fördermittel umfassen. Nicht ganz die Hälfte der insgesamt bewilligten Mittel dienten der Verminderung staubförmiger Emissionen, hauptsächlich schwermetallhaltiger Stäube. Breiten Raum nehmen bei Stahlherstellern Maßnahmen gegen diffuse Emissionen ein. Die Demonstrationsanlagen im NE-Metall-Bereich scheinen aufgrund der getroffenen Maßnahmen die TA Luft 1986 im wesentlichen schon zu erfüllen. Nach der Höhe des Investitionsvolumens ist inzwischen die Energiewirtschaft an die Spitze gerückt. Seit 1984 wird verstärkt der Einsatz von Stickstoffoxidemissionen mindernden Verfahren gefördert (UBA, 1986c).

806. Trotz seiner nicht zu bestreitenden Erfolge in der Fortentwicklung des Standes der Technik ist das Programm aus ökonomischer Sicht umstritten. Bei seiner Nutzung durch die Stahlindustrie scheint es sich teilweise um verdeckte Erhaltungssubventionen zu handeln. Andere Wirtschaftsbereiche stehen ihm zum Teil ablehnend gegenüber.

2.3.4 Empfehlungen

807. Der Rat hat in den vorhergehenden Abschnitten 2.3.1 und 2.3.2 versucht, vorhandene Informationen zur Belastungssituation zusammenzufügen. In Zukunft sollte eine zentrale Stelle die Ergebnisse aus den verschiedenen Meßnetzen und Meßprogrammen sammeln, nach einheitlichen Gesichtspunkten aufbereitet für weitere Auswertungen speichern und in einheitlicher Form — etwa im Jahresrhythmus — veröffentlichen. Die geplante Änderung des Gesetzes über Umweltstatistiken kann zu einer geeigneten Regelung zumindest hinsichtlich der strukturellen Aspekte Gelegenheit geben.

808. Emissionsmessungen haben, wie der Rat auch in Abschnitt 1.3.5 betont, eine vorrangige Bedeutung, weil sie für Auslösung und Vollzug von Minderungsmaßnahmen aus Vorsorgegründen unentbehrlich sind. Daneben sind Immissionsmessungen unentbehrlich, denn für die Wirkung ist entscheidend, was auf den Empfänger einwirkt.

Was das System der Immissionsüberwachung angeht, so ist die raumbezogene Überwachung in der Bundesrepublik Deutschland mit Länder- und anderen Meßnetzen und emittentenfernen Meßstationen, abgesehen von einer möglichen Lücke im norddeutschen Raum, zweckmäßig und in einem gewissen Grade flächendeckend. Im einzelnen bestehen Lücken, die schrittweise zu schließen sind. Der Rat unterstreicht insbesondere die Notwendigkeit der eingeleiteten Entwicklung, neben den klassischen „ubiquitären Massenschadstoffen", wie Staub, Schwefeldioxid, Stickstoffoxiden und anderen, auch „spezielle" Komponenten in die regelmäßige Überwachung mit einzubeziehen, nämlich

— Quecksilber, Blei, Cadmium und andere Schwermetalle wegen ihrer toxikologischen Bedeutung und ihrer Anreicherung in der Umwelt,

— Ammoniak, über dessen Immissionsbelastung im ländlichen Raum unsere Kenntnis ungenügend ist, und

— organische Komponenten.

809. An die letztgenannte Empfehlung knüpfen sich einige Bemerkungen:

1. Die Ausweitung der emissionsseitigen Überwachung durch Großfeuerungsanlagen-Verordnung und TA Luft 1986 kann die Frage aufwerfen, ob dies nicht Rückwirkungen auf die Immissionsmeßnetze im Sinne einer „Ausdünnung" haben kann.

2. Bei der großen Zahl organischer Komponenten müssen für die Überwachungspraxis geeignete „Leitkomponenten" angegeben werden, damit statt umfangreicher Vielkomponenten-Untersuchungen Übersichtsanalysen genügen. Das erscheint örtlich bis regional möglich, da die Komponenten in der Regel in prozeß- und quellentypcharakteristischen Verteilungsmustern auftreten (vgl. auch Abschn. 2.3.1.2.7.1).

3. Der Gesamtkohlenstoffgehalt (Gesamt-C) ist keine geeignete Leitkomponente. Fortlaufende Gesamt-C-Messungen mit automatischen Meßgeräten sollten vorgeschrieben und durchgeführt werden, wo zum einen hohe Belastungen mit organischen Stoffen zu erwarten sind und wo zum anderen deren Komponentenspektrum bekannt ist und sich räumlich und zeitlich praktisch nicht ändert (s. Abschn. 2.3.1.2.7).

4. Bei den Komponenten mit krebsauslösender oder sonstiger stochastischer Schadwirkung ist die Kenntnis der tatsächlichen Immission aus folgendem Grund wichtig: Da für diese Stoffe aus toxikologischer Sicht keine Immissionsgrenzwerte abgeleitet werden können, ist die Beurteilung einer lokalen Immission im immissionsrechtlichen Verfahren sehr erschwert. Hier sollten geeignete Fachgremien mit Wegweiserfunktion „lufthygienische Akzeptanzwerte" — vergleichbar den Technischen Richtkonzentrationen (TRK-Werte) am Arbeitsplatz — aufstellen. Es muß sich dabei um flexible Regelungen handeln, die sich zwangsläufig an der tatsächlichen Immissionsbelastung in verhältnismäßig noch wenig belasteten Gebieten ausrichten müssen.

5. Mit Ausnahme der Begrenzung des Gesamt-Kohlenstoffgehalts in der nordrhein-westfälischen Raffinerie-Richtlinie gibt es keine Grenz- oder Beurteilungswerte für organische Immissionen. Die Ergebnisse von Immissionsmessungen müssen aber bewertet werden. Dafür sollte aus fachlicher Sicht, z. B. von der VDI-Kommission Reinhaltung der Luft, und ohne daran die Rechtsfolgen eines Immissionswertes nach TA Luft zu knüpfen, ein umfassendes Grenzwertsystem aufgestellt werden. Wo wissenschaftlich begründete Grenzwerte nicht oder noch nicht genannt werden können, müssen Konventionen aushelfen. Auch für die Belästigung durch Gerüche sollten Beurteilungswerte gesetzt werden. Sie können sich heute auf das inzwischen quasi-objektive Meßverfahren der Olfaktometrie beziehen.

810. Die Immissionsüberwachung bedient sich seit längerem auch des Biomonitorings. Trotz immer noch — insbesondere durch die Physiologie einiger der verwendeten Organismen bedingt — offener Fragen haben sich gewisse Pflanzen- und Tierarten als geeignete Wirkungs- und Akkumulationsindikatoren erwiesen. Zu den auch in Ländermeßnetzen eingesetzten Akkumulationsindikatoren gehören besonders standardisierte Graskulturen, Pappelblätter nach einem bestimmten Probenahmeverfahren und exponierte geklonte Fichten. Auch bestimmte Tierarten haben sich für die Überwachung von Luftschadstoffen — unter anderem auch wegen ihrer Exponiertheit — als besonders geeignet erwiesen. Dazu gehören Honigbiene, Rehwild, bestimmte Vogelarten und andere mehr. Allerdings gehen hier auch komplizierte Nahrungsketten-Effekte in die Komponentenanreicherung ein (BERNES et al., 1986). Um ökologische Wirkungen von Luftschadstoffen sichtbar zu machen, haben sich Expositionsverfahren mit Tabak (bezogen auf Ozon) oder bestimmten Flechtenarten bewährt.

811. Am System der Immissionsüberwachung ist aber zum anderen noch folgender Mangel festzustellen:

Die Meßnetze ermitteln Werte der Immission, die bezogen sind auf die über eine Beurteilungsfläche (üblicherweise 1 km²) gemittelte Belastung. Auch Einzel-Meßstationen sollen so aufgestellt werden, daß sie nicht unter der Einwirkung eines besonderen Emittenten stehen. Zu den mehr oder weniger hohen flächenhaften Belastungen treten aber in Straßenschluchten, Innenstadtbereichen, an Schnellstraßen und anderen von verkehrlichen Emissionen stark betroffenen Stellen räumlich und womöglich auch zeitlich eng begrenzte, hohe Belastungen hinzu. Es fehlt bisher an einem Instrument, das diese Verkehrsbelastungen erfaßt. Es fehlt insbesondere an einer Erfassung der Verkehrsimmissionen in Verbindung mit einer gleichzeitigen Erfassung von meteorologischen Daten und Verkehrsdaten. Ohne den Aufbau eines besonderen Meßnetzes zur fortlaufenden Überwachung der Immissionen an Verkehrsbrennpunkten wird es auch künftig nicht möglich sein, über das immissionsseitige Ergebnis der sich verschärfenden Abgasregelungen und der verbesserten Emissionsminderungstechnik einerseits und des wachsenden Kraftfahrzeugbestandes und der veränderten Verkehrsbedingungen andererseits zu urteilen. Man sollte mit wenigen Dauermeßstationen an unterschiedlichen Straßentypen beginnen.

812. Was für die Immissionsmessung zutrifft, gilt auch für die Immissionsbewertung: Die für flächenbezogene Messungen gedachten Immissionswerte werden den tatsächlichen Belastungen, z. B. des Menschen, der sich zeitweise im Verkehr bewegt, nicht immer gerecht. Die Bewertung muß den Zusammenhang zwischen diesen tatsächlichen Belastungen und ihren möglichen Wirkungen sehen, wie dies in gewisser Weise in der Stickstoffdioxid-Richtlinie des Rates der EG (s. Abschn. 2.3.3.1.2) mit der Berücksichtigung der Exposition geschehen ist. Bei persistenten, sich anreichernden Stoffen usw. muß man möglicherweise zu Dosisbetrachtungen übergehen, wie sie im Strahlenschutz erfolgreich angewandt werden.

813. Es ist wohlbekannt, daß sich aus immissionsseitigen Erkenntnissen schwer Maßnahmen gegenüber Widerstrebenden begründen lassen. In der Regel können weder Schadwirkungen zwingend auf eine besondere Immission zurückgeführt noch kann für diese leicht jemand verantwortlich gemacht werden. Hier tritt im deutschen Immissionsrecht das Vorsorgeprinzip in die Lücke, das mit einer geringeren Beweislast verbunden ist. Es stützt sich auf ein breites Begründungsprofil, für das Wahrscheinlichkeit ausreicht, und erfaßt das gesamte Spektrum der infrage kommenden Schadstoffe in ausgewogenen, besorgnisproportionalen Verhältnissen. Im übrigen verweist es auf den Stand der (Vermeidungs-)Technik. Im Hinblick auf die in Abschnitt 2.3.1 erfaßte Belastungssituation muß für die verschiedenen Belastungsmomente entsprechend ihrem Gewicht das Maß der Vorsorge bestimmt werden. Für die allgegenwärtigen Massenschadstoffe, denen sich die Umweltvorsorge zunächst zuwenden mußte, hat die Bundesregierung „Vorsorgeziele" — als Zielprojektionen ihrer Regelungen zur Emissionsminderung — aufgestellt. Für die „speziellen" Emissionskomponenten steht das noch aus.

Im Hinblick auf „Massenschadstoffe" standen zunächst Feuerungsanlagen im Vordergrund. Da sie durch die Großfeuerungsanlagen-Verordnung und die TA Luft 1986 auf absehbare Zeit geregelt sein dürften (s. Abschn. 2.3.3.1), gilt die Aufmerksamkeit nun dem Vollzug.

814. Eine gewisse Sonderstellung nehmen die Müllverbrennungsanlagen (MVA) ein. Die bei einigen Müllverbrennungsanlagen gefundenen Dioxin- und Furan-Emissionen gaben Anlaß zur Besorgnis. Zwar sind die typischen Emissionen niedrig im Vergleich mit üblicherweise angesetzten Grenzwerten für die tägliche Aufnahme und lassen sich immissionsseitig nicht nachweisen, so daß der Betrieb von Müllverbrennungsanlagen bei Einhaltung gegenwärtiger oder gegebenenfalls auch verschärfter Anforderungen der TA Luft unbedenklich ist (s. Abschn. 2.3.2.4). Die Fehlermöglichkeiten von Probenahmen und Analytik sowie die große Unkenntnis des toxischen Potentials der weniger bekannten Dioxine und Furane bedeuten allerdings eine gewisse Unsicherheit. Da es zur Eindämmung des Abfallproblems wünschenswert ist, möglichst weitgehend der Deponierung zwecks räumlicher Verdichtung, Inertisierung und Hygienisierung der Verbrennung vorzuschalten, sollten alle Unsicherheiten beseitigt werden. Die Entstehungs- und Zersetzungsmechanismen von Dioxinen und Furanen in Müllverbrennungsanlagen sind daher näher zu untersuchen.

815. Ein verwandtes Problem sind die PCB-haltigen Altöle, die auch Dioxine und Furane enthalten oder bei der Verbrennung bilden können. Öle mit mehr als 20 ppm PCB sind nicht zur Verwendung im offenen System oder zur Verbrennung in Hausmüll-Verbrennungsanlagen geeignet. Sortierverfahren, durch die bei der Zweitraffination PCB-haltige Altöle ferngehalten werden, sollten konsequent eingesetzt werden.

816. Zum oben angesprochenen Thema des Vollzugs der neuen Umweltregelungen merkt der Rat folgendes an:

— Den Ländern erscheint es vielfach zweifelhaft, ob der Vollzug der TA Luft in den vorgegebenen Fristen möglich ist. Die Fülle der zur angestrebten Altanlagen-Sanierung zu erlassenden nachträglichen Anordnungen ist derzeit schwer überschaubar. Die Betreiber sind aufgefordert, ihrer Eigenverantwortung gerecht zu werden und zur Beschleunigung des Vollzugs beizutragen.

— Erstellung und sachgerechte Prüfung der Sicherheitsanalyse nach der Störfall-Verordnung sollten künftig ernster genommen werden. Zur Zeit bleibt der Vollzug hinter dem Anspruch der Verordnung an die Sicherheitsanalyse zurück.

— Auch umweltrechtliche Normen haben es an sich, daß sich zwischen dem Wollen des Normgebers und dem Vollzug eine Schere öffnet. Insofern ist ein Informations- und Überwachungssystem für den Vollzug und die Erfolgskontrolle notwendig.

817. Der Rat empfiehlt, für die Ausweisung von Belastungsgebieten, für die Emissionskataster und Luftreinhaltepläne aufzustellen sind, verbindliche qualitative und quantitative Kriterien vorzugeben. Die Informationsstruktur der Emissionskataster sollte einander und der der Umweltstatistiken angeglichen werden; die sektorale Informationstiefe sollte aus den in Kapitel 1.5 vorgebrachten Gründen gesteigert werden. Der Rat begrüßt die Absicht, bei der Neufassung des Gesetzes über die Umweltstatistiken auch für den Sektor Luft eine statistische Auswertung der Emissionskataster vorzusehen.

818. Weil das Emissionskataster für die Emittentengruppe Industrie inzwischen unmittelbar aus deren Emissionserklärungen aufgestellt wird, die von der Behörde im wesentlichen nur auf Vollständigkeit und Plausibilität geprüft werden, empfiehlt der Rat, in der Emissionserklärungs-Verordnung Anordnungen zu treffen, um die Verläßlichkeit der Daten besser abzusichern.

819. Luftreinhaltepläne behalten nach Vollzug von Großfeuerungsanlagen-Verordnung und TA Luft ihre Bedeutung für die Umweltpolitik. Ihre Effizienz muß aber erhöht werden. Nicht zuletzt sollten Luftreinhaltepläne der zweiten Generation im Sinne einer Erfolgskontrolle einen Rechenschaftsbericht zum Maßnahmeplan der ersten Generation erhalten.

820. Die TA Luft 1986 bringt verschärfte Anforderungen an Begrenzung und Überwachung der kleineren Feuerungsanlagen unter 50 MW Feuerungswärmeleistung. Davon sollte eine Entwicklung der Minderungstechnik Anstöße erfahren. Diese Entwicklung sollte auch den Bereich der Gebäudeheizungen mit einer Feuerungswärmeleistung unter 1 MW einbeziehen, da er in vielen Smog-Episoden ein wesentlicher Emittent, aber genau zu dieser (Jahres-)Zeit nicht beeinflußbar ist.

821. Zu den Smogverordnungen der Länder, als einem anderen Instrument des gebietsbezogenen Umweltschutzes, bemerkt der Rat:

— Die Festlegung eines Smoggebietes sollte der Entwicklung angepaßt sein, so daß es bei Smog-Episoden des lokalen und regionalen Typs (s. Abschn. 2.3.2.1) immer die maßgeblichen Quellen umfaßt. Darüber hinaus sollte ein Rückgriff auf auswärts gelegene Emissionsquellen zugelassen werden.

— Die Abstimmung zwischen benachbarten und ggf. auch weiter entfernten Smoggebieten muß dem Schadstoff-Ferntransport Rechnung tragen.

— Smogalarmpläne greifen tief in das wirtschaftliche und private Leben ein, sobald sie mehr sind als Bekundungen des guten Willens. Sie können aber dadurch eine vorsorgende Wirkung entfalten, daß die Länder gegebenenfalls Katalysator-Fahrzeuge von den Fahrverboten ausnehmen.

— Gerade beim winterlichen Smog des lokalen Typs spielen Gebäudeheizung und Kleingewerbe eine mitunter ausschlaggebende Rolle. Der Emissionsminderung in diesen Bereichen wird mehr Aufmerksamkeit geschenkt werden müssen (Fernheizsysteme, Kraft-Wärme-Kopplung, Energieeinsparung aus Umweltgründen).

822. Die neueren Smog-Episoden waren stark von Schadstoff-Ferntransporten (aus der DDR, Polen, CSSR) bestimmt. Sie haben erneut deutlich gemacht, daß die vorhandenen Instrumente des Gefahrenschutzes in solchen Smog-Situationen wenig wirksam sind, aber auch kaum im Rahmen der Verhältnismäßigkeit geschärft werden können und daß die hiesige Immissionsbelastung nicht allein durch ein „binnenländisches" Vorsorgeprinzip zu beheben ist. Wegen des grenzüberschreitenden Schadstofftransports sind alle politischen Möglichkeiten für zwei- und mehrseitige Vereinbarungen zu nutzen.

823. Es ist zu begrüßen, daß 21 Staaten aus Ost und West das Protokoll der (Genfer) ECE-Luftreinhaltekonvention angenommen haben. Dies kann zu einer gewissen Verbesserung der Luftgüte in Europa führen, wenn die Wirkung auch weit unter den Möglichkeiten bleibt, die in der Bundesrepublik Deutschland etwa durch die Großfeuerungsanlagen-Verordnung und die TA Luft verwirklicht werden.

824. Es ist zu erhoffen, daß die Selbstverpflichtung der Vertragsstaaten zur Minderung von Emissionen oder deren grenzüberschreitenden Ströme künftig von Schwefeldioxid auf Stickstoffoxide und womöglich auf weitere Stoffe ausgedehnt wird. Dazu muß das ECE-EMEP-Meßprogramm, welches sich dem großräumigen, grenzüberschreitenden Transport von Schadstoffen in der Atmosphäre widmet, die entscheidenden Argumente liefern.

825. Die Bemühungen um internationale Emissionsminderungsmaßnahmen zur Bekämpfung des Ferntransportes müssen sich auch auf die Komponenten (Primäremissionen) erstrecken, aus denen sekundäre Luftverunreinigungen (vor allem Photooxidantien) entstehen. Das Umweltbundesamt und das niederländische Ministerium für Volksgesundheit und Umwelthygiene verfolgen in enger Fühlungnahme mit der EG-Kommission und der OECD das Programm PHOXA (Photochemical Oxidant Strategy Developement), um für den Komplex der photochemischen Oxidantien und säurebildenden Luftverunreinigungen ein Modell-Instrumentarium bereitzustellen, mit dem Minderungsstrategien hinsichtlich ihrer immissions- und depositionsseitigen Auswirkungen europaweit beurteilt werden können. Der Rat mißt einem derartigen Vorhaben große Bedeutung bei.

826. Nach den bisherigen Ergebnissen von Modellrechnungen ist eine Verminderung der Oxidantienbildung nur möglich, wenn auch die Kohlenwasserstoffemissionen europaweit deutlich gesenkt werden. Solche Emissionen kommen zum großen Teil aus diffusen und meist bodennahen Quellen: aus dem Kraftfahrzeugverkehr, aus Leckagen sowie aus dem privaten und gewerblichen Produkteinsatz. Im einzelnen kommen folgende Maßnahmen in Betracht:

— Die Formaldehyd-Emissionen des Kraftfahrzeugverkehrs als der bedeutendsten Quelle können mit dem Abgaskatalysator auf unter ein Zehntel gesenkt werden.

— Tankstellen sollten mit Pendelleitungen ausgerüstet werden. Zur Zeit entweichen etwa 0,15 % des dort abgegebenen Vergaser-Kraftstoffs beim Betankungsvorgang (1983 etwa 34 000 t). Zuvor müssen alle Fragen der Einheitlichkeit und Paßgerechtigkeit von Verbindungsstücken durch Normungen geregelt werden. Die Verdampfungs- und Verdunstungsverluste des Tankinhalts — vor allem aus dem ruhenden Fahrzeug bei höheren Temperaturen — betragen nach amerikanischen Schätzungen etwa 10% der Kohlenwasserstoffemissionen aus dem Auspuff. Mit deren Verminderung durch den Abgaskatalysator muß ihre Bedeutung zunehmen. Nach der Anlage XXIII zum § 47 StVZO müssen sie seit Oktober 1986 bei der Typprüfung eines Kraftwagens mit erfaßt werden.

— Der gesamte Lösemitteleinsatz im Bereich von Lacken und Anstrichstoffen von zur Zeit etwa 380 000 t jährlich sollte sowohl durch Einsatz von Abluftreinigungseinrichtungen als auch durch Übergang zu lösemittelfreien oder lösemittelärmeren Systemen und Produkten (z. B. Dispersionsfarben) gesenkt werden.

— Leckagen aus Anlagen der Chemie und Mineralölindustrie sollten gemindert werden u. a. durch bessere Dichtelemente und Armaturen, wie sie der Stand der Technik heute hergibt.

2.4 Gewässerzustand und Gewässerschutz

2.4.1 Einführung

2.4.1.1 Wasserkreislauf im Einflußbereich menschlicher Aktivitäten

827. In der Natur ist ein ständiger Wasserkreislauf in Form von Verdunstung, Niederschlag und Abfluß zu beobachten, der alles in der Atmosphäre sowie auf und unter der Erdoberfläche vorhandene Wasser mit einem Gesamtvolumen von ca. 1 383 Mio km^3 umfaßt. Der Umsatz des beweglichen Wassers auf der Erde wird in der klassischen Wasserwirtschaft als „natürlicher Wasserkreislauf" bezeichnet. Den Hauptanteil dieses Wassers stellen mit 1 348 Mio km^3 = 97,5% die Weltmeere dar, während die Süßwasserseen, die Flüsse und das Grundwasser mit 8,3 Mio km^3 nur 0,6% ausmachen. Die nutzbare Süßwassermenge ist sehr ungleichmäßig über die Länder der Erde verteilt.

828. Die Bundesrepublik Deutschland ist ein wasserreiches Land. Auf ihre Fläche fallen jährlich ca. 200 Mrd m^3 Niederschlagswasser, wovon ca. 120 Mrd m^3 verdunsten und ca. 80 Mrd m^3 als Grund- und Oberflächenwasser abfließen (BMI, 1982). Weitere 80 Mrd m^3 je Jahr fließen der Bundesrepublik aus Nachbarländern zu.

829. Die gesamte Wasserförderung in der Bundesrepublik Deutschland teilte sich 1983 etwa wie folgt auf:

Öffentliche Wasserversorgung	ca. 5 Mrd m^3/a
Industrielle Wasserversorgung	
— Betriebswasser	ca. 4 Mrd m^3/a
— Kühlwasser	ca. 6 Mrd m^3/a
Wärmekraftwerke (Kühlwasser)*)	ca. 26 Mrd m^3/a
insgesamt	knapp 41 Mrd m^3/a

Die Zahlen zeigen, daß zwar einerseits ausreichende Wassermengen zur Verfügung stehen, daß aber andererseits ein beachtlicher Anteil davon für menschliche Aktivitäten genutzt und anschließend verschmutzt oder aufgewärmt wieder an die Gewässer abgegeben wird. Auch das aus den Nachbarländern zufließende Wasser ist bereits größtenteils durch unterschiedliche Nutzungen vorbelastet.

830. Für den Gewässerschutz ist weniger der natürliche, die Wassermengen erfassende Wasserkreislauf maßgeblich, als vielmehr eine große Zahl „anthropogener Wasserkreisläufe", von denen hauptsächlich die qualitativen Veränderungen des Wassers ausgehen. Beim Gewässerschutz stehen die Wassermengenwirtschaft und die Wassergütewirtschaft gleichberechtigt nebeneinander. Das Wasser ist jedoch nicht nur Wirtschaftsgut, sondern auch Lebensraum einer Vielzahl von Pflanzen und Tieren.

*) z. T. Mehrfachnutzung

831. Im Gegensatz zur Land- und Forstwirtschaft ist die Wasserwirtschaft keine eigenständige, ertragsorientierte Nutzungsart von natürlichen Kräften oder Stoffen, sondern sie hat die Aufgabe übernommen, die Ansprüche der verschiedenen Wasserbenutzer in vertretbaren Grenzen zu erfüllen. Diese Aufgabe wird in DIN 4049 wie folgt definiert: „Wasserwirtschaft ist zielbewußte Ordnung aller menschlichen Einwirkungen auf das ober- und unterirdische Wasser". Die Maßnahmen wirken sich auch auf die in der Natur vorkommenden Ökosysteme aus, wie z. B. stehende und fließende Gewässer. Oberster Grundsatz bei der Bewirtschaftung muß es sein, die Leistungsfähigkeit des Naturhaushalts insgesamt zu erhalten.

Insbesondere müssen die Gewässer in unterschiedlichem Umfang

— ihre natürliche Selbstreinigungskraft behalten,

— eine standortgemäße, artenreiche Gewässerbiozönose gewährleisten,

— der Trinkwasserversorgung dienen,

— der Wirtschaft das benötigte Betriebswasser liefern,

— das Regenwasser aus dem besiedelten Raum ableiten,

— das in Kläranlagen gereinigte Abwasser aufnehmen,

— die Bedürfnisse der Menschen nach Freizeit, Erholung und Fischerei erfüllen.

2.4.1.2 Gewässertypen

832. Nach den Begriffsbestimmungen der Gewässerkunde (DIN 4049) wird zwischen oberirdischen und unterirdischen Gewässern unterschieden. Zur genaueren Charakterisierung sind aber weitere Unterteilungen erforderlich.

833. In der Wasserversorgungswirtschaft wird nach der Qualität des Gewässers unterschieden, aus dem das Rohwasser entnommen wird. Als Rohwasser für die Gewinnung von Trinkwasser werden genutzt (s. Abschn. 2.4.2.3):

— echtes Grundwasser	
— Quellwasser	unterirdisches Wasser
— Uferfiltrat	
— künstlich angereichertes Grundwasser	
— Flußwasser	
— Wasser aus Seen	oberirdisches Wasser.
— Wasser aus Trinkwassertalsperren	

834. Für die **Trinkwasserversorgung** hat das unterirdische Wasser eine herausragende Bedeutung und wird nach qualitativen Gesichtspunkten in vier Arten untergliedert. Aus der Sicht des **Gewässerschutzes** ist für das unterirdische Wasser keine Untergliederung erforderlich, dagegen müssen die oberirdischen Gewässer nach ihrer Verschmutzungsempfindlichkeit genauer charakterisiert werden. Das entscheidende Kriterium ist dabei die Aufenthaltszeit des Wassers in einem bestimmten Abschnitt oder Bereich des Gewässers, da hiervon der Verlauf der chemischen, physikalischen und biologischen Umsetzungsprozesse im jeweiligen Gewässer bestimmt wird.

Es wird zunächst übergeordnet nach „fließenden" und „stehenden" Gewässern unterschieden. Zur genaueren Typisierung ist diese Zweiteilung aber noch zu grob, da einerseits die Fließgewässer zwischen Gebirgsbach und Flachlandfluß weite Fließgeschwindigkeitsbereiche überdecken und andererseits bei stehenden Gewässern große Unterschiede zwischen natürlichen und künstlichen sowie zwischen solchen mit und ohne Abfluß bestehen.

835. In **schnell fließenden natürlichen Gewässern** (Bäche und Flüsse im Gebirge) sorgt die Wasserströmung in jedem Gewässerabschnitt für einen ständigen Austausch des Wasserkörpers, was das Regenerationsvermögen begünstigt. Die stärkste Gefährdung entsteht — abgesehen von der Einleitung unzureichend gereinigten Abwassers — aus einem naturfremden Gewässerausbau. Bei Wasserbaumaßnahmen, die eine wasserwirtschaftlich günstige Speicherung und Abflußvergleichmäßigung des Wassers zum Ziel haben, sind die Belange des Naturschutzes und der Landschaftspflege grundsätzlich in den wasserbaulichen Fachplan einzubeziehen.

836. Zu dem Übergangsbereich der **langsam fließenden Gewässer** gehören die Flachlandflüsse, die regulierten Flüsse mit Buhnenfeldern und Leitdämmen, wodurch beruhigte Zonen im Fließgewässer gebildet werden, und die gestauten Flüsse mit wechselnden Fließgeschwindigkeiten je nach Wasserführung (z. B. Mosel, Main, Weser), aber auch manche kleinen Bäche und Gräben.

837. Je größer bei einem gestauten Fluß das Stauraumvolumen in bezug auf die mittlere Wasserführung des Flusses ist, desto mehr entspricht der Flußbereich dem Grundtyp eines stehenden Gewässers. Man bezeichnet diese Gewässer als **künstliche Stauseen**, wie z. B. den Baldeneysee im Flußlauf der Ruhr mit einer Aufenthaltszeit des Wassers von 2 bis 3 Tagen.

838. Künstliche Stauseen sind auch die **Talsperren** in den Mittelgebirgen mit Aufenthaltszeiten des Wassers, die meistens zwischen mehreren Wochen und einem Jahr liegen, aber auch noch länger sein können. Talsperren können der Trink- und Betriebswasserversorgung, dem Hochwasserschutz, der Erhöhung des Niedrigwassers zur Verbesserung der Wasserqualität und der Schiffbarkeit, der Energiegewinnung sowie dem Wassersport und der Erholung dienen. Je nach dem Zweck der Talsperre findet eine unterschiedlich hohe Wasserabgabe statt, was eine entsprechende Fluktuation des gespeicherten Wassers bewirkt. Bis auf wenige Ausnahmen sind die Stauseen aber eindeutig den stehenden Gewässern zuzuordnen.

839. Stehende Gewässer sind auch die **Seen**. Künstliche Stauseen werden meist in der Längsrichtung durchflossen und unterliegen einem überschaubaren Wasseraustausch, bei Talsperren in der Regel verbunden mit erheblichen Wasserstandsschwankungen. In Seen gibt es häufig Buchten mit sehr geringem Wasseraustausch. In manchen Seen beträgt die rechnerische Aufenthaltszeit des Wassers mehrere Jahre (z. B. Bodensee 4,5 Jahre). Einige Seen haben gar keinen oberirdischen Abfluß, so die Eifelmaare.

840. Ebenfalls zu den stehenden Gewässern ohne oberirdischen Abfluß zählen die vielen **Baggerseen** von z. T. beachtlicher Größe und die Restseen von ehemaligen Tagebauen (z. B. Liblarer See). Diese künstlichen Seen stehen meist mit dem Grundwasser im Austausch. Ihr Wasserinhalt erneuert sich rechnerisch erst über mehrere Jahre.

841. Einen besonderen Gewässertyp stellen die **Altarme** von begradigten oder kanalisierten Flüssen dar, z. B. die Altrheine. Wenn diese Altarme keine offene Verbindung mehr zu ihrem Hauptfluß haben, sind es, mit Ausnahme bei Hochwasserereignissen, stehende Gewässer ohne jeglichen Abfluß. In vielen Fällen sind die Sohle und die Uferbereiche durch Schlammablagerungen so abgedichtet, daß auch kein oder nur ein geringer Austausch mit dem Grundwasser stattfindet. Die durch Abschwemmung oder Abwässer eingetragenen Nähr- und Schadstoffe bleiben solange im Gewässer, wie sie nicht durch zeitweiligen Hochwasserdurchfluß ausgespült oder in Algen und Pflanzen organisch gebunden werden. Andererseits können Hochwässer auch neue Stoffe eintragen, die das Altwasserbiotop beeinflussen.

2.4.1.3 Die Gewässer im Spannungsfeld zwischen Ökologie und Nutzung

842. Gewässer sind Ökosysteme, bei denen sich vermeintlich geringe menschliche Eingriffe z. T. erst nach Jahren oder Jahrzehnten bemerkbar machen. Limnische und semiterrestrische Ökosysteme sind hochempfindlich und nur gering oder gar nicht belastbar.

Wasser ist für das menschliche Leben eine Grundvoraussetzung. Deshalb wurden seit Menschengedenken Wohnstätten und Siedlungen dort gebaut, wo es genügend gutes Wasser gab. Im Laufe der Jahrhunderte griff die Menschheit mit zunehmender Bevölkerungszahl immer stärker in die natürlichen Kreisläufe ein und störte dadurch das vernetzte System der Natur z. T. sehr empfindlich. Das Wasser wurde Gegenstand wirtschaftlicher Tätigkeit. Auch ein bewirtschaftetes Gewässer sollte ein sich weitgehend selbst regulierendes Ökosystem bleiben.

843. Bei der Bewirtschaftung eines Gewässers können nicht alle Zielvorstellungen und Eigenschaften gleichzeitig maximiert werden, sie müssen in einem ausgewogenen Verhältnis zueinander stehen. Die Koordinierung ökologischer Notwendigkeiten und wirtschaftlicher Interessen ist Aufgabe der neu orientierten Wasserwirtschaft.

Natürliche Gewässerfunktionen

844. Sowohl Grundwässer als auch Oberflächengewässer stellen natürliche Lebensräume dar, deren langfristiger Schutz eine unabdingbare Voraussetzung für das Überleben der Menschheit ist.

845. Das Grundwasser in sandig-kiesigen Bodenschichten beherbergt verschiedene spezifische, oft labile Lebensgemeinschaften, was schon vor einigen Jahrzehnten nachgewiesen wurde. Die Kenntnisse über den Artenreichtum und die Leistungsfähigkeit sind aber bisher noch sehr unvollständig. Die grundwasserbewohnenden Lebewesen vollziehen seit erdgeschichtlich langen Zeiten biologische Reinigungsvorgänge in grundwasserführenden Bodenschichten. Über die Belastbarkeit dieser Ökosysteme durch eingespülte Schadstoffe ist wenig bekannt. Wird sie überschritten, geht die Reinigungsleistung zurück.

846. Die Oberflächengewässer sind als Landschaftselemente in ihre Umgebung eingebunden. Sie stehen mit den terrestrischen Ökosystemen in ständigem Stoff- und Energieaustausch. Die Fließgewässer gliedern den Raum und sind Leitlinien für Menschen und Tiere. In dieser Funktion stellen sie wertvolle Elemente für ein Biotop-Verbundsystem dar. Weitere naturgegebene Funktionen eines Gewässers bei stabiler, natürlicher Gewässerstruktur sind

— die Vergleichmäßigung des Hochwasserabflusses durch natürliche Retentionsräume,

— die Vorflut für Gräben und Nebengewässer,

— das periodische Ableiten von Geschiebe und Sedimenten,

— der Austausch zwischen Grund- und Oberflächenwasser,

— die natürliche Selbstreinigung.

Anthropogene Gewässernutzungen

847. Der Mensch ist seit Jahrhunderten bestrebt, sich die Gewässer für seine Zwecke nutzbar zu machen. Von wenigen Ausnahmen abgesehen existieren daher in unseren vielfältig genutzten Landschaften kaum noch unbeeinflußte Wasserläufe. Menschliche Eingriffe haben die Gewässer im Laufe der Zeit fast überall in irgendeiner Weise verändert. Die natürlichen Funktionen der Gewässer in der Landschaft und im Naturhaushalt sind dadurch erheblich beeinflußt.

848. So verlangt z. B. die Landwirtschaft Entwässerung der Talaue, Hochwasserfreiheit, Entwässerung der Feuchtgebiete und die Nutzung der Ländereien bis unmittelbar an das Fließgewässer. Viele Gewässer werden im Rahmen der Flurbereinigung begradigt und mit harter Uferbefestigung ausgebaut. Für Siedlungsgebiete werden Entwässerung und Hochwasserfreiheit geschaffen, wobei gleichzeitig eine fortschreitende Versiegelung des Bodens stattfindet. Die natürlichen Strukturelemente der Landschaft werden beseitigt und die Abflußverhältnisse gravierend verändert. Vom Niederschlagswasser kann nur noch ein kleiner Teil versickern, die Hauptmenge wird in die Gewässer abgeleitet. Der schnellen Hochwasserableitung wird noch immer große Bedeutung zugemessen, und die Selbstreinigung wird in überhöhtem Maße zum Abbau von eingeleiteten Abwässern in Anspruch genommen.

849. Die verringerte natürliche Grundwasserneubildung wird bei steigendem Grundwasserbedarf für die Trinkwasserversorgung durch Uferfiltratentnahmen und künstliche Grundwasseranreicherung aus Flußwasser ersetzt. Der Mensch belastet die Fließgewässer mit Abwässern und Abfällen, obwohl er sie zugleich als Rohwasserlieferant für die Trink- und Betriebswasserversorgung nutzt. Die daraus resultierenden Qualitätsanforderungen führen zu Zielkonflikten bei der Bewirtschaftung.

850. Erheblich größere Wassermengen als für die Trinkwasserversorgung werden der fließenden Welle direkt zur Kühlwassernutzung entnommen. Die Rückführung des erwärmten Kühlwassers wirkt sich meist als Belastung aus und führt häufig zu einer Veränderung der Lebensgemeinschaften im Gewässer.

851. Eine weitere Funktion erfüllen die Flüsse als Transportweg. Durch Kanalisierung und Aufstau werden sie den erhöhten Ansprüchen des modernen Schiffsverkehrs angepaßt.

852. Die ältesten anthropogenen Gewässernutzungen, das Fischen und das Baden, werden zwar meist durch wirtschaftlich bedeutendere Funktionen verdrängt. Durch Freizeit- und Erholungsnutzung der Gewässerufer wird häufig aber die noch verbliebene Ufervegetation in Mitleidenschaft gezogen. Die an Gewässer gebundenen Tiere, insbesondere Wasservögel, werden oftmals empfindlich gestört oder gar vertrieben (vgl. Abschn. 3.5.2.4).

853. Die anthropogenen Gewässernutzungen können zu folgenden Bereichen zusammengefaßt werden:

— Entnahme von Wasser,

— Einleitungen,

— Nutzung des Wasserkörpers,

— Uferrandnutzung,

— Entnahme von Kies.

Wechselbeziehungen zu anderen Umweltbereichen

854. Für den engeren Bereich der Gewässer führte die Erkenntnis der komplexen Wechselwirkungen zur Einführung des Begriffs „Gewässer-Ökosystem". Unter Einbeziehung auch der entfernteren Einflußberei-

che ist von der Gewässerlandschaft die Rede. Der Lebensraum im und am Wasser ist sowohl bei fließenden als auch bei stehenden Gewässern sehr vielfältig. Besonders die Kontaktzone zwischen Wasser und Land ist überaus reich an verschiedenen Pflanzen- und Tierarten.

855. Zur Beurteilung und Bewertung unterschiedlicher Vorgänge werden drei Teilbereiche unterschieden (s. Abb. 2.4.1). Sowohl Veränderungen im Bereich des Wassers als auch in der umgebenden Landschaft haben wechselseitige Auswirkungen. Weitreichende Einflüsse ergeben sich durch den Gewässerausbau oder durch Änderung der Landnutzung im Einzugsgebiet. Über die Auswirkungen der Landbewirtschaftung auf Grundwässer und auf Oberflächengewässer hat der Rat in seinem Landwirtschaftsgutachten (SRU, 1985) ausführlich berichtet. Nicht so offensichtlich sind die Wechselwirkungen, die bei Wasserkreisläufen aus dem Stofftransport zwischen Gewässer, Boden, Luft und Lebewesen herrühren.

856. Es ist allgemein bekannt, daß ein direkter Zusammenhang zwischen der Beschaffenheit des Bodens und der Qualität des mit dem Boden in Berührung kommenden Wassers besteht. Die Inhaltsstoffe des Grundwassers sind abhängig vom Reinigungsvermögen der oberen belebten Bodenschicht und von der mineralogischen Zusammensetzung des Grundwasserleiters. Wird die obere Bodenschicht entfernt oder durch Schadstoffeinträge überlastet, dann erfolgt daraus eine Verschlechterung der Grundwasserqualität. Auch der natürliche Chemismus eines Oberflächengewässers wird hauptsächlich durch die mineralogischen Verhältnisse im Einzugsgebiet bestimmt.

Ein Boden mit hohem Anteil an natürlichen organischen Substanzen hat ein hohes Adsorptionsvermögen für viele gelöste Wasserinhaltsstoffe. Das gleiche gilt für den Bodenschlamm in einem Gewässer, der in seiner Zusammensetzung einem humusreichen Boden sehr ähnlich ist. Die Selbstreinigung eines Gewässers beruht z. T. auf Adsorption von Wasserinhaltsstoffen im Gewässersediment, das sich besonders durch biologische Auf- und Abbauvorgänge in stärker belasteten Gewässern vermehrt bildet. Wenn die Gewässerschlämme durch Ausspülungen bei Hochwasser oder bei Baggerungen wieder auf das Land kommen, wird die ehemalige Gewässerbelastung zur Bodenbelastung. Hier können die Schadstoffe durch chemische Umsetzungsprozesse erneut mobilisiert und durch Niederschlagswässer ausgelaugt werden. Ähnlich liegen die Verhältnisse bei Klärschlämmen, in denen sich die Schadstoffe aus dem Abwasser anreichern und die anschließend auf dem Land deponiert werden.

Abb. 2.4.1

Die Verzahnung von Gewässer und Aue

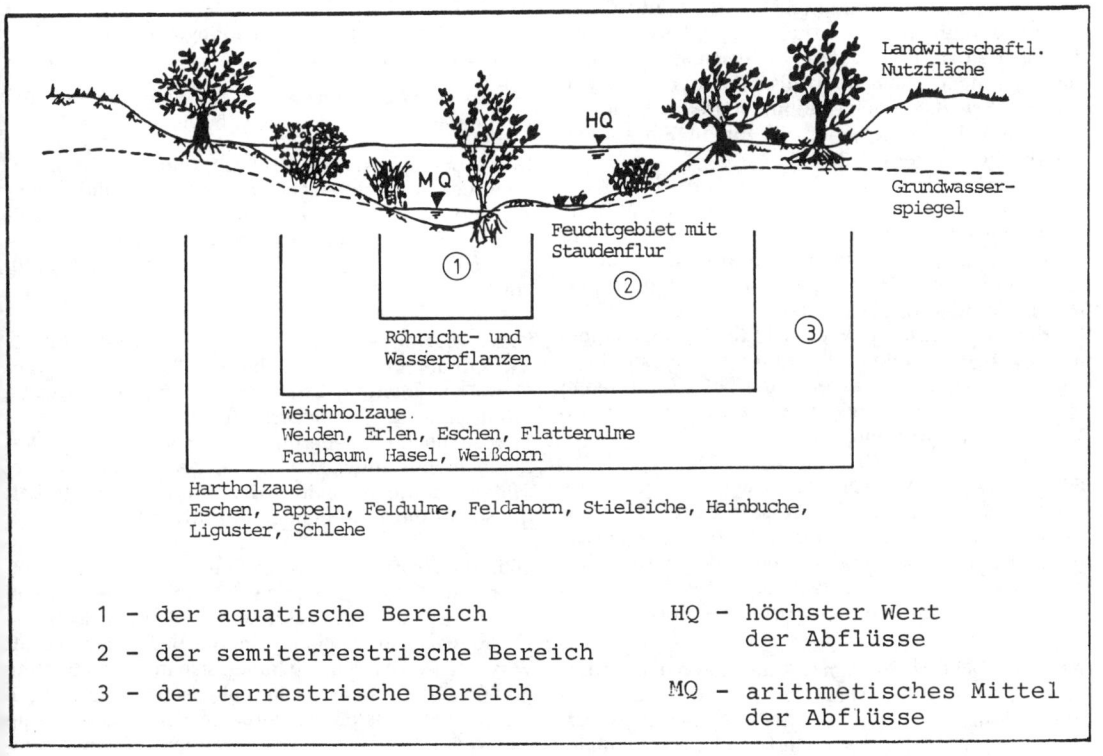

1 - der aquatische Bereich
2 - der semiterrestrische Bereich
3 - der terrestrische Bereich

HQ - höchster Wert der Abflüsse
MQ - arithmetisches Mittel der Abflüsse

Quelle: SRU

857. Auf die Schadstoffbelastung der Luft ist man in den letzten Jahren durch die neuartigen Waldschäden und durch Korrosionsschäden an Bauwerken immer deutlicher aufmerksam geworden. Saure Niederschläge führen längerfristig zu einer Entkalkung im Boden, erhöhen die Mobilität von Schwermetallen und führen zur Freisetzung von Aluminiumionen (vgl. Tz. 581 ff.). In einigen Gewässern kalkarmer Gebiete wurde in den letzten Jahrzehnten ein Anstieg des Säuregrades und damit verbunden eine Verarmung des biologischen Lebens festgestellt, z. B. in Seen des Bayerischen Waldes und des Fichtelgebirges. Insbesondere nach heftigen Niederschlägen und nach der Schneeschmelze kann in weniger sauren kleineren Seen und Fließgewässern eine erhebliche Erniedrigung des pH-Wertes eintreten. Zahlreiche besorgniserregende Untersuchungsergebnisse über Gewässerversauerungen sind in einem Tagungsbericht (UBA, 1984 a) zusammengefaßt. Diese Einzelbeobachtungen lassen jedoch noch keine flächendeckenden Aussagen über die Beeinträchtigungen der Hydrosphäre zu. Auch über eine Schädigung der Vegetation durch Luftschadstoffe und die Folgewirkungen auf den Wasserhaushalt liegen bisher nur wenige Untersuchungen vor.

858. Eine Verschlechterung der Umweltbedingungen für die Bodenlebewesen kann noch eine weitere Auswirkung auf den Wasserhaushalt haben. Bodenleben und Bodenstruktur sind korrespondierende Größen. Im ungestörten, natürlichen System sorgen Wurzeln und Bodenlebewesen für die Aufrechterhaltung einer lockeren Bodenstruktur bis in Tiefen von 30 bis 40 cm, von wo ein Wasserübertritt in tiefere Schichten erfolgt. Eine Verminderung der Bodenlebewesen führt zu einer Beschleunigung der Bodenverdichtung. Die Wasseraufnahmekapazität des Bodens vermindert sich so stark, daß das Niederschlagswasser in zunehmendem Maße oberirdisch abfließt. Wieweit einzelne Schadstoffe eine unmittelbare Wirkung auf die Bodenlebewesen haben, ist nur in Einzelfällen untersucht (vgl. Kap. 2.2).

859. Die Abluftreinigung stellt nur in dem Falle eine echte Umweltentlastung dar, wenn als Folgeprodukt kein Abwasser oder Schlamm übrig bleibt, sondern ein wiederverwendbares oder gefahrlos deponierbares Endprodukt. Unbefriedigend sind auch die Fälle, bei denen Schadstoffe, wie leicht flüchtige Lösungsmittel, z. B. durch Intensivbelüftung bei Industriekläranlagen aus dem Abwasser in die Luft ausgetrieben werden. Derartige Abwässer dürfen nicht auf diese Weise entsorgt werden.

860. Auch die Anreicherung mancher Schadstoffe wie z. B. Schwermetalle aus Wasser, Boden oder Luft in Organismen ist nur eine vorübergehende Festlegung. Bei der Zersetzung toten organischen Materials gelangen die Schadstoffe wieder in den natürlichen Stoffkreislauf und damit auch in das Wasser.

861. Hinsichtlich der zum Schadstoffabbau erforderlichen Zeit wird zwischen leicht, schwer und nicht abbaubaren Stoffen unterschieden (s. Abschn. 2.4.3.3). Es ist schwierig, nicht abbaubare Schadstoffe, die einmal in das System Wasser-Boden-Luft-Lebewesen gelangt sind, wieder schadlos festzulegen, nicht einmal in Abfalldeponien. Es ist nicht vorhersehbar, wann sich aus einer alten Bodenbelastung eine neue Gewässerbelastung ergeben kann.

862. Die aufgeführten Beispiele zeigen, daß zwischen Wasser, Boden, Luft und Lebewesen ein sehr komplexes Beziehungs- und Wirkungsgefüge besteht. Es existieren Wirkungsketten, die nur bei medienübergreifender Betrachtung einigermaßen vollständig überschaut werden können. Obwohl viele Zusammenhänge bekannt sind und von verschiedensten Seiten immer wieder aufgezeigt werden, sind medienübergreifende Problemlösungen noch nicht die Regel; auf diese kommt es aber an.

2.4.2 Anzustrebende Ziele für die Gewässergüte

2.4.2.1 Gewässergüte aus der Sicht der Umweltpolitik

863. In der Zeit des Wiederaufbaus nach dem zweiten Weltkrieg wurden die Umweltbelange allgemein vernachlässigt, wodurch sich gravierende Güteverschlechterungen der Gewässer einstellten. Da viele Gewässer so stark verunreinigt waren, daß sie nicht mehr als belebendes Element der Natur angesehen und für die Wasserversorgung genutzt werden konnten, hat die Bundesregierung in ihrem Umweltprogramm 1971 verbindliche Ziele für die Ordnung des Wasserhaushalts vorgegeben. Danach sind

— das ökologische Gleichgewicht der Gewässer zu bewahren oder wiederherzustellen,

— die Wasserversorgung der Bevölkerung und der Wirtschaft sicherzustellen,

— andere Wassernutzungen, die dem Gemeinwohl dienen, langfristig zu gewährleisten.

Das Umweltprogramm 1971 sah unter Berücksichtigung des erheblichen Nachholbedarfs für die Ergänzung des Systems der Entwässerungsnetze, einschließlich biologischer oder gleichwertiger Kläranlagen, einen Zeitraum von 15 bis 20 Jahren (1985/90) vor.

864. Im Umweltgutachten 1978 stellte der Rat als Zwischenbilanz fest, daß bereits Teilerfolge in der Gewässersanierung erreicht wurden. Geschlossene Programme in räumlicher, zeitlicher und sektoraler bzw. sachlicher Gliederung wurden jedoch nur in wenigen Fällen entwickelt. Daher zeigte der Rat verschiedene Möglichkeiten der Wassergütewirtschaft für Sanierungsprogramme auf (SRU, 1978).

865. Nach offiziellen Darstellungen ist in den letzten Jahren im Gewässerschutz sehr viel erreicht worden, zumindest nach der Definition der Güteklassen von Fließgewässern gemäß Länderarbeitsgemeinschaft Wasser (LAWA). Danach haben sich insbesondere die großen Gewässer in ihrem biologischen Zustand um ein bis zwei Güteklassen verbessert und weisen heute auf weiten Strecken die Güteklassen II (mäßig belastet) oder II-III (kritisch belastet) auf. Sauerstoffmangel und dadurch bedingtes Fischsterben treten nur noch selten auf. Es gibt aber immer noch eine Reihe kleinerer Gewässer, die biologisch nicht in Ordnung sind (LAWA, 1985).

Diese positive Beurteilung der Gewässerbeschaffenheit in der Bundesrepublik Deutschland gilt nur, wenn man allein die Beurteilungskriterien der LAWA zugrunde legt. Der Rat ist jedoch der Meinung, daß für Aussagen zur Gewässergüte heute erheblich mehr Gütemerkmale berücksichtigt werden müssen. Während bisher im wesentlichen nur der durch organische Belastungen bedingte Sauerstoffhaushalt und einige biologische Faktoren für die Bewertung maßgebend waren, sollen in künftige Betrachtungen z. B. auch der Zustand des Gewässerbettes und die Gestaltung der umgebenden Gewässerlandschaft sowie weitere Parameter, z. B. Salzgehalt, Halogenkohlenwasserstoffe, Schwefel- und Phosphorverbindungen, Pestizide, Schwermetalle, mit einbezogen werden (s. Abschn. 2.4.2.2).

In der Gewässergütekarte der LAWA werden die Güteklassen durch verbale Beschreibung ihres allgemeinen limnologisch-biologischen und chemischen Zustandsbildes definiert. Aus den einzelnen Güteklassen sind Detailaussagen über chemische Parameter nur begrenzt abzuleiten. In den Erläuterungen zur LAWA-Karte wird daher angemerkt: „Mit der kartenmäßigen Darstellung der Gewässergüteverhältnisse in der Bundesrepublik Deutschland wird auf der Grundlage möglichst weniger Parameter die Qualität eines Gewässers allgemein verständlich und für eine generelle Beurteilung ausreichend wiedergegeben. Für die Teilbeurteilung der verschiedensten Art ist die Gewässergütekarte nicht gedacht. Hierzu bedarf es einer differenzierten Wertung auf der Grundlage möglichst vieler Parameter".

866. Die Gewässerbeurteilung mit biologischen Indikatoren hat den Vorteil, daß meistens schon eine einmalige Untersuchung ein Zustandsbild der durchschnittlichen Verhältnisse über einen längeren Zeitraum ergibt. Dagegen sind Wasseranalysen zunächst nur Stichproben, die erst bei genügender Anzahl und über einen längeren Zeitraum zusammengetragen Schlußfolgerungen zulassen. Nachdem die Sanierung des Sauerstoffhaushaltes der Gewässer in den vergangenen Jahren erfreuliche Ergebnisse gezeigt hat, gewinnen jedoch chemische Parameter immer mehr an Bedeutung. Neue toxikologische Erkenntnisse und eine wesentlich verbesserte Schadstoffanalytik haben weitere Gewässerbelastungen bewußt werden lassen. Das gilt vor allem für naturfremde Stoffe, die schwer abbaubar sind, sich in Organismen und Sedimenten anreichern, besonders giftig sind oder krebserregende Eigenschaften haben.

867. Die Notwendigkeit zur Erweiterung der Beurteilungskriterien ergibt sich auch daraus, daß die Gewässergüte nicht mehr überwiegend auf die Nutzungen des Wassers bezogen wird. Ziel des Gewässerschutzes ist heute nicht mehr allein die Trinkwassergewinnung, denn zur Ordnung des Wasserhaushalts gehört auch, eine Mindestgüte hinsichtlich ökologischer Gewässerschutzziele und zum Schutz der marinen Umwelt zu gewährleisten.

2.4.2.2 Nutzungsunabhängige, übergeordnete Mindestanforderungen

868. In Erweiterung der bisherigen Definition der Gewässergüteklassen nach den Festlegungen der LAWA beinhaltet der Begriff „Gewässergüte" nach heutiger Sicht nicht nur den Verschmutzungsgrad oder die Reinheit des Wassers sowie den Sauerstoffhaushalt, sondern den gesamten Zustand eines Gewässers, bestehend aus dem Wasserkörper, einschließlich Gewässerbett und Uferzone mit ihren Lebensräumen für Flora und Fauna. Zur Zustandsbewertung dürfen nicht nur kontrollierbare Dauerbelastungen herangezogen werden, es sind auch potentielle Gefährdungen durch stoßartige Belastungen mit einzubeziehen, die innerhalb kürzester Zeit ein Ökosystem vernichten können. Ein gestörtes Ökosystem benötigt in der Regel sehr lange Zeit zu seiner vollständigen Regeneration.

Als Vorsorge zur Sicherung und Erhaltung des Lebens müssen die natürlichen Funktionen eines Gewässers in der Landschaft als eigenständige, übergeordnete Komponenten angesehen werden. Hier nehmen die ökologischen Gewässerfunktionen, z. B. Auf- und Abbau organischer Substanzen, einen besonderen Stellenwert ein, da sie eng mit anderen Gewässernutzungen gekoppelt sind. Die ökologischen Funktionen der Gewässer sind eine Grundlage des menschlichen Lebens. Ihre Bedeutung wird häufig jedoch erst dann richtig erkannt, wenn Störungen durch menschliche Eingriffe auftreten. Die ökologischen Anforderungen gehen z. T. über diejenigen hinaus, die zur Sicherung der Trinkwassergewinnung erforderlich sind.

869. Nach dem Umweltprogramm der Bundesregierung von 1971 sollte für Gewässer, die bereits mehr als unerheblich verschmutzt sind, als Ziel einer Verbesserung die zweitbeste von vier Güteklassen angestrebt werden. In Güteklasse II werden Gewässerabschnitte mit mäßiger Verunreinigung eingestuft, es werden also bereits gewisse Beeinträchtigungen des Gewässerzustandes zugestanden. Im Umweltgutachten 1974 wurde diese allgemeingültige Festlegung auch in Abschätzung des gesamtwirtschaftlichen Optimums als grundsätzlich zutreffend angesehen (SRU, 1974). Die allgemeine Forderung einer Gewässergüteklasse II für ein mit geringen Einschränkungen ökologisch funktionsfähiges Gewässer kann und muß auch heute noch vertreten werden, unabhängig von konkreten Nutzungen.

870. Das vor 15 Jahren gesetzte Ziel ist bisher nur in Teilbereichen erreicht worden. Zur schrittweisen Annäherung wurden in einigen Bundesländern Mindestgüteanforderungen (MGA) festgelegt, die davon ausgehen, daß bei ungünstigen Bedingungen vorerst wenigstens die Gewässergüteklasse II/III erreicht werden sollte. Diese Güteklasse wird für eine Übergangszeit als ausreichend angesehen, jedoch nur, wenn das Gewässer ansonsten in einem naturnahen Ausbauzustand ist und damit gute Voraussetzungen für die Selbstreinigung bestehen.

871. Das Land Nordrhein-Westfalen hat als Übergangsziel für die Parameter der Mindestgüteanforde-

Tabelle 2.4.1

Mindestgüteanforderungen für Fließgewässer (MGA); Grundlage: Gewässergüteklasse II/III

	Parameter	Mindestgüte-anforderung (MGA)	1. Sanie-rungsanfor-derung (SAF)
1	Temperatur (T_{max} °C) sommerkühle Gewässer sommerwarme Gewässer	25 28	25 28
2	Sauerstoff (mg/l)	≥ 4	≥ 4
3	ph-Wert	6–9	6–9
4	Ammonium, NH_4^+-N(mg/l)	≤ 1	≤ 2
5	BSB_5 o. ATH(mg/l)	≤ 7	≤ 10
6	CSB (mg/l)	≤ 20	≤ 30
7	Phosphor ges. (mg/l)	$\leq 0,4$	≤ 1
8	Eisen ges. (mg/l)	≤ 2	≤ 3
9	Zink ges. (mg/l)	≤ 1	$\leq 1,5$
10	Kupfer ges. (mg/l)	$\leq 0,05$	$\leq 0,06$
11	Chrom ges. (mg/l)	$\leq 0,07$	$\leq 0,1$
12	Nickel ges. (mg/l)	$\leq 0,05$	$\leq 0,07$

Quelle: Landesamt für Wasser und Abfall Nordrhein-Westfalen, 1984

rungen auf der Grundlage der Gewässergüteklasse II/III die in Tabelle 2.4.1 angegebenen Konzentrationen festgelegt (Landesamt für Wasser und Abfall Nordrhein-Westfalen, 1984). Sie lassen erwarten, daß keine Störungen im Gewässer auftreten, auch wenn ein Gewässer oder Gewässerabschnitt hauptsächlich zur Abwasserableitung genutzt wird. Falls in einzelnen Fällen dieses Ziel nicht sofort erreicht werden kann, sollten zwischenzeitlich mindestens die Werte der 1. Sanierungsanforderung (SAF) angestrebt werden. Den Anforderungen liegt die Annahme zugrunde, daß die Werte über 90 % der Zeit des Jahres eingehalten und in der übrigen Zeit nicht wesentlich überschritten werden. Mit der Reduzierung der Regelanforderungen erhöht sich jedoch zwangsläufig die Gefahr einer Biotopschädigung.

In dem zugehörigen Arbeitspapier wird angemerkt, daß sich höhere Anforderungen für bestimmte Nutzungen wie Freizeitfischerei oder Trinkwasserentnahme ergeben können. Dafür kann es notwendig sein, die Mindestgüteanforderungen im Einzelfall mit besonderer Begründung zu verschärfen oder weitere Parameter aufzunehmen. Außer einem Hinweis auf einen naturnahen Ausbauzustand werden keine konkreten Forderungen für den ökologischen Zustand des Gewässers gestellt.

872. Betrachtet man jedoch die Belastung unserer Flüsse mit Phosphor- und Stickstoffverbindungen aus der Sicht der Nord- und Ostsee als Rezipienten für einen großen Teil der Abläufe aus der Bundesrepublik Deutschland, sind Maßnahmen zur Verminderung des Nährstoffgehaltes zum Schutz des Wattenmeeres und der Schelfgebiete eine Forderung, die mit die höchste Priorität haben muß.

873. Während sich die generellen Gewässerschutz-maßnahmen vor allen Dingen an den Forderungen orientieren müssen, unsere aquatischen Biotope wieder in das unbedingt notwendige ökologische Gleichgewicht zu bringen, ergeben sich aus der Sicht der Trinkwassernutzung spezielle Forderungen, die als Teil der allgemein gültigen Gewässerschutzanforderungen nachfolgend besonders herausgestellt werden.

2.4.2.3 Anforderungen an Rohwässer für die Trinkwassergewinnung

874. Der Begriff „Rohwasser für die Trinkwasserversorgung" wird im Entwurf des DVGW/LAWA-Merkblattes W 254 (Sept. 1986) — Grundsätze für Rohwasseruntersuchungen — wie folgt definiert:

„Als Rohwasser wird jenes Wasser bezeichnet, das einem Gewässer zur Nutzung als Trinkwasser entnommen wird".

Die Anforderungen an Rohwasser, das zur Trinkwassergewinnung genutzt werden soll, müssen sich richten nach

— den Anforderungen an Trinkwasser gemäß Trinkwasserverordnung (TVO) und den Regeln der Technik (DIN 2000),

— den Möglichkeiten der Wasseraufbereitung unter Berücksichtigung bewährter Aufbereitungsverfahren sowie den gesetzlichen Bestimmungen zur Wasseraufbereitung (Trinkwasseraufbereitungsverordnung, TAVO) und den Regeln der Technik (DVGW-Arbeits- und Merkblätter),

— der aus hygienischer Sicht zu stellenden Forderung, zu jeder Zeit ein in jeder Hinsicht einwandfreies Trinkwasser abgeben zu können.

875. Strategie ist es seit jeher, nach Möglichkeit Rohwasser zur Trinkwassergewinnung zu verwenden, dessen Qualität so beschaffen ist, daß umfangreiche, komplizierte und damit auch störanfällige Wasseraufbereitungsmaßnahmen nicht erforderlich werden. Ein unbelastetes Wasser aus dem natürlichen Kreislauf, das von Natur aus schon weitgehend den Anforderungen an Trinkwasser entspricht, wird einem belasteten Rohwasser vorgezogen.

876. Bei einem echten Grundwasser ist eine technisch einfache Aufbereitung vielfach nur allein deshalb notwendig, weil naturbedingte Parameter, wie Kohlensäure oder Eisen- und Manganverbindungen, zu Korrosion und Ablagerungen im Rohrnetz führen sowie bei der Wasserverwendung stören. Dagegen muß ein Oberflächenwasser in aller Regel in komplizierteren Schritten aufbereitet und desinfiziert werden. Daraus ergibt sich, daß unterirdisches Wasser für die Trinkwassergewinnung bevorzugt verwendet wird.

877. Die Eigenschaften des unterirdischen Wassers werden wesentlich von seiner Herkunft und von der Bodenpassage bestimmt. Deshalb wird nach den Güteanforderungen für die Trinkwassergewinnung zwischen vier Arten des unterirdischen Wassers unterschieden (s. Tz. 833):

Als „echtes Grundwasser" wird das allein aus der Versickerung von Niederschlägen entstandene unterirdische Wasser bezeichnet. Anthropogen unbeeinflußtes Grundwasser ist in der Regel bakteriologisch einwandfrei, von weitgehend konstanter Temperatur und kann bei günstigen hydrologischen Verhältnissen wegen seiner überwiegend natürlichen Zusammensetzung meist ohne Aufbereitung als Trinkwasser an den Verbraucher abgegeben werden.

„Quellwasser" entstammt einem örtlich begrenzten, natürlichen Grundwasseraustritt. Es ist dem echten Grundwasser gleichzusetzen, wenn es aus gut filtrierenden Schichten kommt. Es ist bedenklich, wenn es aus Klüften stammt oder wenn es durch Oberflächenwasser verunreinigt werden kann.

878. „Uferfiltrat" ist aus einem oberirdischen Gewässer natürlich oder künstlich durch Ufer oder Sohle in den Untergrund gelangt und wird in seiner Beschaffenheit wesentlich von der des Oberflächenwassers bestimmt.

„Künstlich angereichertes Grundwasser" entsteht durch Versickerung von Oberflächenwasser in besonderen technischen Anlagen. Es wird zur Aufhöhung abgesunkener Grundwasserstände oder auch unmittelbar zur Wassergewinnung genutzt. Das verwendete Oberflächenwasser wird teilweise vor der Versickerung aufbereitet. Die Beschaffenheit des angereicherten Grundwassers ist abhängig von der Qualität des Oberflächenwassers, der Art der Aufbereitung und der Bodenpassage.

Die Gewinnung von uferfiltriertem und angereichertem Grundwasser stellt also eine indirekte Entnahme aus einem Oberflächengewässer dar.

Grundwasser

879. Das aus Versickerung von Niederschlägen entstandene „echte Grundwasser" war im Jahr 1984 nach der Wasserstatistik des Bundesverbandes der deutschen Gas- und Wasserwirtschaft (BGW, 1985) mit 64 % an der dort erfaßten Trinkwasserförderung beteiligt. Zählt man das in der Statistik aufgeführte Quellwasser dazu, weil es nach seiner Herkunft dem echten Grundwasser in der Regel gleichzusetzen ist, so erhöht sich der Grundwasseranteil auf 73 %. Hiervon werden nur 61 % aufbereitet und damit den technologischen Anforderungen an Trinkwasser angepaßt. Trotz ständig erhobener Forderungen nach unbedingtem Schutz des Grundwassers konnte es jedoch nicht verhindert werden, daß in den letzten Jahrzehnten zahlreiche Grundwässer durch anthropogene Schadstoffe (z. B. Halogenkohlenwasserstoffe, Nitrat und neuerdings auch Pflanzenschutzmittel) verunreinigt worden sind. Die zur Gewinnung von Trinkwasser aus solchen Grundwässern notwendige umfangreiche Aufbereitung ist eine „Reparaturmaßnahme" für Schäden, die auf unzulänglichem Grundwasserschutz beruhen.

Oberflächenwasser

880. Die Nutzung von Oberflächenwasser für die Gewinnung von Trinkwasser erfolgt

direkt aus
— Trinkwassertalsperren
— Seen, z. B. Bodensee
— Fließgewässern, z. B. Donau,

indirekt durch
— Uferfiltration, z. B. Rhein
— künstliche Grundwasseranreicherung, z. B. Ruhr.

Fast ein Drittel (27 %) des abgegebenen Trinkwassers wird aus Oberflächenwasser gewonnen. 10,5 % Trinkwasser stammen direkt und weitere 16,5 % indirekt aus Oberflächenwasser nach Uferfiltration oder Grundwasseranreicherung (vgl. Tz. 878). In beiden Fällen müssen die genutzten Oberflächenwässer bestimmten strengen Anforderungen genügen, damit jederzeit eine sichere Trinkwasserversorgung gewährleistet werden kann.

Die Anforderungen an Oberflächenwasser als Rohstoff für die Trinkwasserversorgung wurden von verschiedenen Fachvereinigungen (DVGW, IAWR, DVWK), von der Länderarbeitsgemeinschaft Wasser (LAWA) und vom Rat der Europäischen Gemeinschaften (EG) in Arbeitsblättern und Richtlinien definiert.

DVGW-Arbeitsblatt W 151

881. Im DVGW-Arbeitsblatt W 151 (DVGW, 1975) wird unter Punkt 2 „Eignungskriterien" darauf hingewiesen, daß die Eignung eines Oberflächenwassers für die Trinkwassergewinnung nicht mit einer einzigen Maßzahl ausgedrückt oder über eine Gewässergüteklasse beschrieben werden kann. Vielmehr ist eine zuverlässige Beurteilung nur auf der Basis von zahlreichen Kenngrößen möglich. Hierzu gehören

— allgemeine Gütemerkmale auf der Basis physiologischer und physikalischer Wirkungen, z. B. Farbe, Geruch, elektrische Leitfähigkeit,

— Summenparameter, mit denen die Gesamtmenge an bestimmten Verbindungen erfaßt und charakterisiert wird,

— Gruppenparameter, mit denen Stoffe gleichartiger chemischer Struktur oder Wirkung erfaßt werden, sowie

— Einzelsubstanzen.

Dieses Arbeitsblatt enthält zwei Kategorien von Grenzwerten (A und B). Bei Einhaltung der Rohwasserqualität gemäß den unter der Kategorie A genannten Grenzkonzentrationen (vgl. Tab. 2.4.2) kann davon ausgegangen werden, daß

— dieses Wasser durch einfache, im wesentlichen natürliche Aufbereitungsverfahren zu Trinkwasser aufbereitet werden kann,

Tabelle 2.4.2

Wichtige Parameter zur Beurteilung der Nutzung eines Rohwassers aus der Sicht der Trinkwassergewinnung

Parameter	DVGW-Arbeitsblatt W 151		IAWR Memorandum 1986	EG-Oberflächenwasserrichtlinie			Bemerkungen
					A 1		
	System Nr.	Grenzw. Kat. A mg/l	Grenzw. Kat. A mg/l	System Nr.	Richtw. mg/l	Grenzw. mg/l	
Organische Stoffe und Stoffgruppen							
Gelöster org. Kohlenstoff (DOC)	3.1.2.1	4	4	41	—	—	41: TOC nicht sehr aussagekräftig
Partikulärer org. geb. Kohlenstoff (POC)	3.1.2.2	0,5	—	—	—	—	Nur in stehenden Gewässern, statt dessen auch Chlorophyll oder Planktonmasse
Biolog. schwer abbaubare Stoffe (Testfilter)			2,0		—	—	
Adsorbierbare org. Halogenverbindungen (AOX)	3.2.5	0,05	0,03	9	—	—	
Extrahierbare org. Halogenverbindungen (EOX)		—	0,005		—	—	
Org. Halogenverbindungen (Einzelstoffe)			0,001		—	—	ohne Dichlormethan
Organochlor-Pestizide insgesamt	3.2.7.1	0,002	0,0001	34	—	0,001	
Kohlenwasserstoffe	3.2.1	0,05	0,1	32	—	0,05	nur in fließenden Gewässern
Symthetische Chelatbildner (als C)	3.2.9	0,1	—	—	—	—	bei Einsatz größerer Mengen
Anorganische Substanzen							
Sauerstoffsättigungsdefizit ΔO_2	1.2	20%	20%	36	<30%	—	
Anorg. Neutralsalze							
Chlorid Cl^-	2.29	100	100	28	200	—	nur in Fließgewässern: NS 200 mg/l als Cl^-
Sulfat CO_4^{2-}	2.2.22	100	100	27	150	250	
Nitrat NO_3^-	2.2.19	25	25	7	25	50	
Phosphor ges. P	—	—	—	30	0,18	—	nur in fließenden Gewässern in stehenden Gewässern: Talsperren ≦20 µg/l P_{tot} Große Seen ≦20–30 µg/l P
Ammonium NH_4^+	2.2.1	0,2	0,2	39	0,5	—	
Schwermetalle							nur bei erheblich Industrie-abwasserbelasteten Fließgewässern und bei Nachweis 3.2.9
Eisen, ges. Fe	2.2.12	0,1		10	0,1	0,3	nur in stehenden Gewässern
Mangan, ges. Mn	2.2.17	0,05		11	0,05	—	bedeutsam

Quelle: BERNHARDT und SCHMIDT, 1986

— jedoch bei Anwendung weitergehender physikalisch-chemischer Verfahren eine zusätzliche Sicherheitsspanne erreicht wird, die es erlaubt, auch bei Stoßbelastungen noch ein einwandfreies Trinkwasser zu liefern.

Demgegenüber bedeuten die Parameterkonzentrationen der Kategorie B, daß man auf diese Sicherheitsspanne verzichtet und die Anforderungen an die Wasserqualität im Gewässer bis an die Grenze der Wirksamkeit der Aufbereitungsverfahren vermindert. Bei kurzfristigen Spitzenbelastungen muß die Entnahme von Rohwasser unterbrochen werden.

882. Die im Arbeitsblatt W 151 aufgeführte Liste von Summen- und Gruppenparametern sowie Einzelsubstanzen ist in einigen Punkten überholt und zu ergänzen (vgl. Abschn. 2.4.5.2; Tab. 2.4.25).

EG-Oberflächenwasserrichtlinie

883.. Auch die 1975 veröffentlichte EG-Richtlinie über die Qualitätsanforderungen an Oberflächenwasser gibt physikalische, chemische und mikrobiologische Merkmale an, die erfüllt sein müssen, wenn dieses Oberflächenwasser zur Trinkwassergewinnung verwendet wird oder verwendet werden soll.

In dieser Richtlinie werden die Grenzwerte in drei Gruppen (A1, A2 und A3) aufgegliedert. Außerdem werden Richt- und Grenzwerte festgelegt (vgl. Tab. 2.4.2). Zur Charakterisierung der drei Gruppen werden im Gegensatz zum DVGW-Arbeitsblatt W 151 verhältnismäßig scharf umrissene Standardaufbereitungsverfahren festgeschrieben, mit deren Hilfe Oberflächenwässer, die den Grenzwerten einer der drei Gruppen entsprechen, zu Trinkwasser aufbereitet werden können.

884. In verschiedenen Parametern geht die EG-Oberflächenwasserrichtlinie nicht weit genug, um für die Sicherstellung der Trinkwasserversorgung einen ausreichenden Gewässerschutz zu erreichen. Im Vergleich zur EG-Trinkwasserrichtlinie fehlen zahlreiche Parameter bzw. sind die in der EG-Oberflächenwasserrichtlinie angegebenen Richt- und Grenzwerte für zahlreiche Parameter aus der Sicht der EG-Trinkwasserrichtlinie wesentlich zu hoch angesetzt. Sie genügen nicht dem erforderlichen Gewässerschutz mit dem Ziel der sicheren Trinkwassergewinnung unter Verwendung von Wasser aus Oberflächengewässern.

885. In der Bundesrepublik Deutschland wird die EG-Oberflächenwasserrichtlinie mit wenigen Ausnahmen nicht auf die Fließgewässer angewendet mit der Begründung, „daß aus den Fließgewässern ja nicht Rohwasser entnommen und direkt zu Trinkwasser aufbereitet wird" (VEH, 1978). Uferfiltration und Grundwasseranreicherung werden damit nicht als dem Wasserwerk zuzuordnende Wasseraufbereitungsverfahren angesehen, vielmehr wird das mittels Brunnen geförderte Grundwasser als Rohwasser bezeichnet.

Die EG-Oberflächenwasserrichtlinie wird in der Bundesrepublik Deutschland nur auf die Talsperrentrinkwasserversorgung angewendet, für die sie aufgrund ihrer gesamten Struktur und der in ihr verankerten Zahlen nicht gemacht ist und auf die sie sich im Grunde genommen nicht anwenden läßt.

Das DVGW-Arbeitsblatt W 151 wird den natürlichen Gegebenheiten stehender und fließender Oberflächenwässer wesentlich besser gerecht.

Memorandum der IAWR — Rheinwasserverschmutzung und Trinkwassergewinnung

886. Der Rat hat in seinem 3. Sondergutachten die „Umweltprobleme des Rheins" behandelt und Ziele und Strategien für die Rheinsanierung dargestellt (SRU, 1976). Auch die Internationale Arbeitsgemeinschaft der Wasserwerke im Rheineinzugsgebiet (IAWR) hat speziell für den Rhein die Anforderungen aus der Sicht der Rheinwasserwerke an das Rohwasser formuliert (IAWR, 1973). Sie sind inzwischen überarbeitet und den heutigen Gegebenheiten angepaßt worden (IAWR, 1986).

Als Ziel aller Gewässerschutzmaßnahmen nennt die IAWR für das Rheineinzugsgebiet die in ihrem Memorandum zur Rheinwasserverschmutzung und Trinkwassergewinnung fixierten Grenzwerte der Gruppe A. Diese Werte decken sich im wesentlichen mit den Grenzwerten des DVGW-Arbeitsblattes W 151 (s. Tab. 2.4.2).

2.4.2.4 Ziel der Gewässerschutzpolitik des Bundes und der Länder

887. Bund und Länder haben als Ziel ihrer Gewässerschutzpolitik die Gewässergüteklasse II (mäßig belastet) gesetzt. Danach müssen Fließgewässer folgende Parameterkonzentrationen erfüllen (LAWA, 1985):

— biologischer Zustand
 (Berechnung auf der Grundlage
 des Saprobienindex) 1,8 − < 2,3

— Sauerstoff-Minimum > 6 mg/l

— BSB_5 2 − 6 mg/l

— Ammonium (NH_4-N) < 0,3 mg/l.

Höchstkonzentrationen für Stickstoff und Phosphor sind nicht festgelegt.

Zur Sanierung stärker belasteter Gewässer ist in einigen Bundesländern eine schrittweise Annäherung an diese Werte vorgesehen, wobei zunächst als Mindestgüteanforderung (MGA) die Gewässergüteklasse II/III (kritisch belastet) angestrebt wird (vgl. Tz. 871). Werden die MGA-Werte eingehalten, so geht man davon aus, daß neben zahlreichen anderen Nutzungsarten auch die Gewinnung von Trinkwasser möglich ist. Als Endziel muß jedoch weiterhin die Güteklasse II angestrebt werden.

888. Die vorgenannten Parameterkonzentrationen gelten jedoch nur für Gewässer, die ausschließlich oder überwiegend durch kommunale Abwässer belastet werden und nicht der Speisung von Trinkwasser-

talsperren dienen. Bei Gewässern, die als Vorfluter für Industrie- und Gewerbeabwässer dienen, muß man die Liste durch weitere Parameter mit Grenzwerten ergänzen. Dazu werden im Rahmen des „Baseler Modells der IAWR für den Rhein" (SONTHEIMER et al., 1979) folgende Parameter zur Definition der Anforderungen an Oberflächenwasser aus der Sicht der Trinkwassergewinnung genannt:

— gelöste organische Substanzen (DOC)

— Chlorkohlenwasserstoffe insgesamt (AOX = TOCl)

— Sauerstoffsättigungsdefizit (O_2 %)

— Neutralsalze (Chlorid, Nitrat und Sulfat)

— Ammonium.

2.4.2.5 Bewertung der Anforderungen an Oberflächenwässer aus der Sicht der Trinkwassergewinnung

889. Aus der Praxis der direkten und indirekten Gewinnung von Trinkwasser aus Oberflächengewässern hat sich in den letzten 10 Jahren aufgrund der vorherrschenden Gewässerbelastung ergeben, daß einige Substanzen und Substanzgruppen als für die Trinkwassergewinnung besonders bedenklich hervorzuheben sind. Sie müssen bei der Festlegung der Anforderungen an das Rohwasser aus der Sicht der Trinkwassergewinnung vor allem berücksichtigt werden (vgl. Tab. 2.4.2). Dabei ist jeweils Bezug auf die entsprechenden Grenzwerte der Kategorie A des DVGW-Arbeitsblattes W 151 und des IAWR-Memorandums 1986 sowie der Gruppe A1 der EG-Oberflächenwasserrichtlinie genommen worden.

890. Für die Trinkwasseraufbereitung besonders problematisch sind die in Oberflächengewässern häufig plötzlich auftretenden Belastungsspitzen mit Schadstoffen, die selbst mit fortschrittlicher Aufbereitungstechnologie nicht immer zu beherrschen sind. Unfälle, z. B. Transportunfälle, Betriebsunfälle, aber auch unerlaubte Abwassereinleitungen ergeben häufig erhöhte Konzentrationen einzelner Stoffe oder Stoffgemische über einen begrenzten Zeitraum.

2.4.2.6 Anforderungen an die Gewässergüte für weitere Nutzungen

891. Neben den übergeordneten nutzungsunabhängigen Anforderungen an die Gewässergüte und den speziellen Forderungen an die Qualität des Rohwassers für die Trinkwassergewinnung können darüber hinaus weitere bzw. andere Güteanforderungen für bestimmte Nutzungen eines Gewässers gestellt werden.

892. Güteanforderungen zur Erhaltung des Fischlebens in einem Gewässer sind durch die EG-Richtlinie 78/659/EWG geregelt. In der Richtlinie wird nach „Salmonidengewässern" (Lachse, Forellen, Äschen) und nach „Cyprinidengewässern" (Hechte, Barsche, Aale) unterschieden. Die dort angegebenen Parameter entsprechen der Gewässergüteklasse II. Für das fischgiftige Ammonium sind jedoch niedrigere Richtwerte angegeben. Weiterhin werden Maximaltemperaturen im Hinblick auf den vorherrschenden Fischbestand festgelegt. Die Forderung einer Gewässergüteklasse I (unbelastet bis sehr gering belastet) wäre widersinnig, da ein solches Gewässer auch unter natürlichen Bedingungen nur in Quellbereichen anzutreffen ist.

893. Für die Badegewässer wurden ebenfalls Güteparameter in einer entsprechenden EG-Richtlinie (76/160/EWG) festgelegt. Die chemisch-physikalischen Parameter entsprechen sowohl Sicherheitsforderungen (z. B. Trübung bzw. Sichttiefe) als auch ästhetischen Gesichtspunkten (z. B. Färbung, Geruch). Zum Schutz der Gesundheit von Badenden liegen die Richtwerte für mikrobiologische Parameter niedriger als die entsprechenden Werte für eine direkte Trinkwasserentnahme, bei der noch eine Aufbereitung und Desinfektion des Wassers stattfindet.

894. Freizeit- und Erholungsbetrieb können als weitere Gewässernutzung angesehen werden. Die Anforderungen hierfür sind erfüllt, wenn die bereits genannten Mindestgüteanforderungen eingehalten werden. Für ausgesprochene Erholungsgebiete sollten jedoch gleichzeitig die ökologischen Güteanforderungen an ein naturnahes Gewässer angestrebt werden. Dies setzt allerdings voraus, daß die Freizeitnutzung selbst den ökologischen Forderungen angepaßt und bestimmten Einschränkungen unterworfen wird (s. a. Kap. 3.5).

895. Zur Nutzung von Oberflächenwasser für die Landwirtschaft wurden noch keine rechtsgültigen Güteanforderungen festgelegt. Die Direktentnahme von Flußwasser zur Viehtränke ist oftmals untersagt, da an das Tränkwasser nahezu die gleichen Anforderungen zu stellen sind wie an Trinkwasser, was nur von manchen Kleingewässern erfüllt wird. Ein Entwurf zur Güteanforderungen an Wasser, das zur Bewässerung von Freilandkulturen verwendet werden soll, wurde von der Landwirtschaftskammer Rheinland erarbeitet (Landesamt für Wasser und Abfall Nordrhein-Westfalen, 1984). Es wurden Richtwerte für mineralische Stoffe und Salze festgelegt, die bei einer maximalen Jahreswassergabe von 300 mm keine Beeinträchtigung der Pflanzenkulturen bewirken. Die Werte gelten nicht für Kulturen mit höherem Wasserbedarf, z. B. Gewächshauskulturen oder Gemüse und Zierpflanzen mit geringerer Salzverträglichkeit als Freilandkulturen.

896. Die Schiffahrt stellt außer an die Gestaltung des Gewässerbettes praktisch keine Ansprüche an die Gewässergüte, sie stellt aber einen wichtigen Belastungsfaktor dar. Der erforderliche Gewässerausbau steht den heutigen ökologischen Forderungen an die Gestaltung eines Gewässers entgegen. Außerdem ergeben sich eine Reihe von Auswirkungen auf die Gewässergüte, insbesondere durch Abwässer, Abfälle und Öle. Hinzu kommt die Gefahr von Schiffsunfällen, insbesondere beim Transport von Ölen und Chemikalien.

2.4.3 Hauptmerkmale und -probleme des derzeitigen Gewässerzustandes

2.4.3.1 Entwicklung des Zustandes der Grund- und Oberflächengewässer seit 1978

2.4.3.1.1 Entwicklung bei der Erfassung und Behandlung von Abwässern

897. Nach dem Gesetz über Umweltstatistiken vom 15. August 1974 sind ab 1975 alle vier Jahre Erhebungen u. a. über

- die öffentliche Abwasserbeseitigung,
- die Abwasserbeseitigung im Bergbau und Verarbeitenden Gewerbe,
- die Abwasserbeseitigung bei Wärmekraftwerken der öffentlichen Versorgung

durchzuführen. In den Berichtszeitraum fallen somit die Jahre 1979 und 1983.

Öffentliche Abwasserbeseitigung

898. Für die Abwasserableitung und -behandlung im öffentlichen Bereich hat die Bundesregierung im Umweltprogramm von 1971 auf der Grundlage einer Erhebung der Länder von Ende 1968 für das Jahr 1985 die in den Tabellen 2.4.3 und 2.4.4 genannten Ziele gesetzt.

Eine wesentliche Zielgröße war, daß im Jahre 1985 das Abwasser von 90 % der Bevölkerung in biologischen Kläranlagen behandelt werden sollte.

Tabelle 2.4.3

Zielvorgaben für die Abwasserbeseitigung auf Einwohner bezogen

	Stand 1968		Ziel 1985	
	Einwohner		Einwohner	
	Mio.	%	Mio.	%
mechan. und vollbiol. Kläranlagen	14,1 ⎫ 22,8	23 ⎫ 38	58,5	90
mechan. und teilbiol. Kläranlagen	8,7 ⎭	15 ⎭	—	—
mechan. Kläranlagen	12,6	21	—	—
nur an Kanalisation	9,6	16	—	—
ohne öffentl. Kanalisation	15,2	25	6,5	10
	60,2	100	65,0	100

Quelle: SRU

Tabelle 2.4.4

Zielvorgaben für die Abwasserbeseitigung auf Wassermenge bezogen

Arten	Stand 1968		Ziel 1985	
	$\frac{\text{Mio. m}^3}{\text{Tag}}$	%	$\frac{\text{Mio. m}^3}{\text{Tag}}$	%
häusl. und kleingewerbl. Abwasser	7,6	52	13,0	58
industr. Abwasser	5,2	36	7,7	34
Grund- und Bachwasser	1,8	12	1,8	8
	14,6	100	22,5	100

Quelle: SRU

Den Zielvorgaben aus dem Umweltprogramm 1971 können die Ergebnisse der Erhebungsjahre 1975, 1979 und 1983 gegenübergestellt werden (s. Tab. 2.4.5 und 2.4.6).

Vor einer Diskussion der Tabellen ist auf die Fußnoten der Tabelle 2.4.5 hinzuweisen. Daraus ist zu ersehen, daß für die Bewertungen „vollbiologische Behandlung" und „teilbiologische Behandlung" ab 1979 ein anderes Kriterium verwendet wird, nämlich Einhalten oder Nichteinhalten der 1. Abwasser-Verwaltungsvorschrift. Die drei weiteren Merkmale bedurften keiner Änderung ihres Sinngehaltes.

Tabelle 2.4.5

Entwicklung und Stand der öffentlichen Abwasserbeseitigung auf Einwohner bezogen

	1975[1])		1979[2])		1983/84[2])	
	Mio.	%	Mio.	%	Mio.	%
vollbiol. Behandlung............	29,9	48	32,6	53,1	42,1	68,7
teilbiol. Behandlung............	5,5	9	11,4	18,5	8,0	13,0
mechan. Behandlung............	11,5	19	6,3	10,2	2,9	4,7
nur Kanalisation, z. T. nach Vorbehandlung in Hauskläranlagen......	6,2	10	4,2	6,8	2,7	4,4
ohne Kanalisation, überwiegend in Hauskläranlagen behandelt........	8,7	14	7,0	11,4	5,6	9,1
	61,8	100	61,4	100	61,3	100
davon anteilig:						
in öffentl. Kanalisation erfaßt.......		86		88,6		90,9
in öffentl. Kläranlagen erfaßt.......		76		81,8		86,5
voll- und teilbiol. behandelt........		57		71,6		81,7

[1]) vollbiologisch: $BSB_5 > 75\%$; teilbiologisch; $BSB_5 < 75\%$
[2]) vollbiologisch: 1. Abwasser-VwV eingehalten
    teilbiologisch: 1. Abwasser-VwV nicht eingehalten
Die Daten für 1983/84 wurden im Bundesministerium des Innern (jetzt BMU) hochgerechnet (interne Mitteilung).
Quelle: SRU

Tabelle 2.4.6

Entwicklung und Stand der öffentlichen Abwasserbeseitigung auf Wassermengen bezogen

	1975[1])		1979[2])	
	Mio. m³/Tag	%	Mio. m³/Tag	%
vollbiol. Behandlung...................	9,3	45,6	13,2	59,8
teilbiol. Behandlung...................	1,6	7,8	3,9	17,6
mechan. Behandlung...................	5,8	28,4	3,0	13,8
nur Kanalisation, z. T. nach Vorbehandlung in Hauskläranlagen..........................	2,2	10,8	0,7	3,4
ohne Kanalisation, überwiegend in Hauskläranlagen behandelt.........................	1,5	7,4	1,2	5,4
	20,4	100	22,0	100
davon anteilig:				
in öffentl. Kanalisation erfaßt.........................	18,9	92,6	20,8	94,6
in öffentl. Kläranlagen erfaßt.........................	16,7	81,8	20,1	91,2

Fußnoten s. Tab. 2.4.5
Quelle: SRU

899. Im Berichtszeitraum (seit 1978) wurde 1979, wie aus Tabelle 2.4.5 hervorgeht, bezüglich der Einwohner ein Anschlußgrad an biologische Kläranlagen von nur 71,6 % gegenüber 90 % als Zielgröße für 1985 nach dem Umweltprogramm 1971 erreicht. Dabei ist der Anschlußgrad von 71,6 % zwar terminologisch richtig, jedoch ist dieser Wert noch weiter aufzuschlüsseln. Nach Tabelle 2.4.5 sind in den 71,6 % nur 53,1 % der Bevölkerung enthalten, deren Abwasserbehandlung als „vollbiologische Behandlung" den derzeitigen Anforderungen der 1. Abwasser-VwV entspricht. Für die restlichen 18,5 % der Bevölkerung, deren Abwasser „teilbiologisch" behandelt wurde, wäre eine Verbesserung der biologischen Behandlung zur Erfüllung der heutigen Forderungen der 1. Abwasser-VwV erforderlich gewesen.

Nach internen Angaben aus dem Bundesministerium des Innern (jetzt BMU) für 1983/84 wird das Abwasser von 81,7 % der Bevölkerung zwar biologisch behandelt, jedoch bei nur 68,7 % der Bevölkerung erfüllt die Abwasserbehandlung die Forderung der 1. Abwasser-VwV. Der Anteil der „teilbiologischen Behandlung" (Nichterfüllung der 1. Abwasser-VwV) ist gegenüber 1979 von 18,5 % auf 13 % zurückgegangen.

Erfreulich ist die Verringerung bei den übrigen drei Merkmalen seit 1975. Bei dem Merkmal „ohne Kanalisation, überwiegend in Hauskläranlagen behandelt" wird mit 11,4 % für 1979 und 9,1 % für 1983/84 die Erwartung des Umweltprogramms 1971 mit 10 % erfüllt.

900. Die Kanalisationen sollen auch das Regenwasser so sicher wie möglich aus dem Siedlungsbereich abführen. Bei Trennsystemen wird das Regenwasser unmittelbar zum Vorfluter geleitet. Bei Mischsystemen fließen Schmutzwasser und Regenwasser in einer gemeinsamen Leitung der Kläranlage zu. Bei der Ableitung des Abwassers im Mischverfahren sehen derzeit die Regeln der Technik für Regenwetter die biologische Behandlung nur einer Wassermenge vor, die dem 2fachen Trockenwetterabfluß entspricht. Um den Vorfluter zu schützen, sind im Entwässerungsnetz für den darüber hinausgehenden Abfluß Speicher-, Absetz- und Abflußmöglichkeiten derart einzurichten, daß zwar der Durchfluß durch das Kanalnetz verringert wird, aber möglichst viele Verschmutzungsstoffe des Mischwassers dem Klärwerk zugeführt und dort behandelt werden. Der Anteil soll nach dem ATV-Arbeitsblatt A 128 (ATV, 1983) bei schwachen Vorflutern etwa 90 % der Jahresschmutzfracht ausmachen. Es liegen zur Zeit keine Daten darüber vor, in welchem Umfang die Mischwassernetze der vorstehenden Forderung entsprechen.

Ebensowenig kann eine Aussage gemacht werden, in welchem Umfang eine Vorbehandlung des über die Regenwasserkanäle des Trennverfahrens in die Vorfluter eingeleiteten Niederschlagswasser erfolgt. Wegen dieser unbefriedigenden Verhältnisse ergeben sich umfangreiche Forderungen für den zukünftigen Gewässerschutz, worauf in Abschnitt 2.4.5.3 näher eingegangen wird. Die Vor- und Nachteile einer Regenwasserversickerung anstatt einer Ableitung durch die Kanalisation werden in Tz. 1192 ff. dargestellt.

Industrieabwasserbehandlung

901. Im Umweltprogramm 1971 der Bundesregierung werden lediglich die Wassermengen für 1968 und eine Zielgröße für 1985 angegeben, ohne sie nach ihrem Verbleib und/oder ihrer Art und Behandlung zu differenzieren (s. Tab. 2.4.4). Das Gesetz über Umweltstatistiken von 1974 sieht eine Differenzierung nach bestimmten Wirtschaftszweigen und Erfassungskriterien vor. In den Tabellen 2.4.7 und 2.4.8 werden die Ergebnisse zu den Erhebungen der „Abwasserbeseitigung in Bergbau und Verarbeitendem Gewerbe" sowie der „Abwasserbeseitigung bei Wärmekraftwerken für die öffentliche Versorgung" für die Jahre 1975 und 1979 mitgeteilt. Die Erhebung 1983 liegt zwar als Veröffentlichung des Statistischen Bundesamtes vor, jedoch sind die Zahlen noch nicht weiter aufbereitet, um sie den verkürzten Ergebnissen von 1979 gegenüberstellen zu können. Insoweit wird auf eine Diskussion der Erhebungen 1975, 1979 und 1983 im Augenblick verzichtet.

Tabelle 2.4.7

Verbleib der Abwassermengen aus Bergbau und Verarbeitendem Gewerbe

	1975 $\frac{\text{Mio. m}^3}{\text{Tag}}$	1979 $\frac{\text{Mio. m}^3}{\text{Tag}}$
öffentliche Kanalisation		
direkt eingeleitet	2,9	2,3
unbehandelt	1,8	2,2
mechanisch ⎫	2,4	3,3
chem.-phys. ⎬ behandelt	1,8	1,9
biologisch ⎭	1,0	1,7
insgesamt behandelt	5,2	6,9
Kühlwasser	16,8	17,2
ungenutzt	3,2	3,0
direkt eingeleitet	27,0	29,3

Quelle: SRU

Tabelle 2.4.8

Verbleib der Abwassermengen bei Wärmekraftwerken der öffentlichen Versorgung

	1975 $\frac{\text{Mio. m}^3}{\text{Tag}}$	1979 $\frac{\text{Mio. m}^3}{\text{Tag}}$
direkt eingeleitet:		
unbehandelt	0,04	0,097
behandelt	0,03	0,083
ungenutzt	0,005	0,021
Kühlwasser:		
ohne Kühlung	46,940	66,992
nach Rückkühlung	1,321	2,481
insges. dir. eingeleitet	48,336	69,674

Quelle: SRU

2.4.3.1.2 Gewässerzustände in unterschiedlichen Regionen

902. Die im Abschnitt 2.4.3.1.1 genannten Zahlen über die Abwasserbehandlung in der Bundesrepublik Deutschland geben keinen Aufschluß über die regionalen Verhältnisse, da sowohl die Besiedlungsdichte als auch der Industriealisierungsgrad regional sehr unterschiedlich sind. Da neuere Statistiken z. Zt. noch nicht vorliegen, können auch über regional unterschiedliche Gewässerbelastungen nur generelle Aussagen getroffen werden. In den folgenden Abschnitten werden typische Merkmale für unterschiedlich strukturierte Gebiete beschrieben.

Industrie- und Ballungsgebiete

903. In den großen Ballungs- und Industriegebieten der Bundesrepublik ist aufgrund der hohen Besiedlungsdichte ein hoher Abwasserreinigungsgrad erforderlich, da die Gewässer hier intensiver genutzt werden, als in weniger dicht besiedelten Gebieten. Die Grundwasservorräte sind meistens ausgeschöpft und ein Großteil des Trinkwasserbedarfs muß aus Oberflächengewässern gedeckt werden.

904. Obwohl in letzter Zeit verstärkte Anstrengungen unternommen wurden, die Wasserqualität der Bäche und Flüsse in Ballungsgebieten zu verbessern, weist die Gewässergütekarte Ausgabe 1985 (LAWA, 1985) die Flüsse im Bereich der Ballungsgebiete in der Mehrzahl noch als kritisch belastet (Gewässergüte II–III) und schlechter aus.

Als Beispiel seien hier die Nebenflüsse des Rheins,

— der Neckar (kritisch belastet)

— der Main (sehr stark verschmutzt)

— die Saar (sehr stark bis übermäßig verschmutzt) und dadurch auch

— die Mosel (kritisch belastet)

— die untere Wupper (sehr stark verschmutzt)

— die Ruhr (kritisch belastet),

der Rhein selbst im Ballungsgebiet Köln–Düsseldorf (kritisch belastet) und die gesamte Elbe (stark verschmutzt) genannt.

905. Der in der Bundesrepublik Deutschland für die Gewässergüte gewählte Beurteilungsmaßstab berücksichtigt nur wenige Parameter, vornehmlich biologische Merkmale hinsichtlich der Lebensgemeinschaften und des Sauerstoffhaushaltes, jedoch keine organischen Reststoffe und keine Pflanzennährstoffe. Auch hygienisch-bakteriologische Gesichtspunkte werden derzeit nicht berücksichtigt, desgleichen keine toxischen Spurenstoffe und schwer abbaubaren organischen Verbindungen. Beeinträchtigungen wirken sich gerade in Ballungsgebieten auf einen großen Personenkreis aus. Daher fordert der Rat, daß auch bei den immer noch stark belasteten Gewässern weitere Maßnahmen zur Erreichung der Gewässergüteklasse II getroffen werden müssen. Darüber hinaus sind je nach Bewirtschaftungsziel zusätzliche Gütemerkmale zu berücksichtigen.

906. Die Quellen der Verschmutzung der Gewässer in den Verdichtungsräumen sind

— industrielle Abwässer

— Deponiesickerwässer

— häusliche Abwässer

— gesammeltes Regenwasser aus Kanalisationen

— diffuse Einleitungen

— Unfälle.

Die Vorbelastung der Gewässer durch diffuse und direkte Einleitungen im Oberlauf vermindert zusätzlich die Abwasseraufnahmefähigkeit im Bereich der Verdichtungsräume.

907. Vor allem stellen folgende Stoffe ein Problem dar:

— Säuren

— Basen

— Schwermetalle

— chlorierte Kohlenwasserstoffe

— Pestizide

— Salze (besonders regionale Probleme an Rhein, Mosel, Werra, Weser, untere Lippe)

— Phenole

— Mineralölderivate etc.

— radioaktive Substanzen.

Besondere Gefahren bergen darunter die schwer abbaubaren Stoffe, die sich auch nach einer biologischen Reinigung noch im Kläranlagenablauf befinden. Hier handelt es sich um Schadstoffe, die oft schon in geringen Konzentrationen hohe Schadwirkung haben und zudem auch erhebliche Konzentrationsschwankungen aufweisen können. Auch die Einleitung von nicht ausreichend rückgekühlten Kühlwässern aus Kraftwerken und Industriebetrieben kann zu kritischen Gewässerzuständen führen. Von nicht zu vernachlässigender Größenordnung sind die Gewässerbelastungen durch Abschwemmungen von Straßen und Plätzen der Städte und Industriegelände mit ihren Anteilen an Ölen, Reifenabrieb, Blei und Streusalz.

908. Alle diese Belastungsquellen überlagern sich und führen so zu den kritischen Gewässerzuständen. Die Problematik der Gewässerbelastung in Ballungsgebieten darf jedoch nicht isoliert regional betrachtet werden. Die erhebliche, steigende Belastung der großen Ströme und der Nordsee, vor allem der Küstenregionen, durch Nährstoffe und schwer abbaubare Stoffe ist sehr bedenklich. Abhilfe kann hier nur im Vorfeld, also durch Vermeidung und Verminderung der Emissionen in den Belastungsgebieten geschaffen werden.

909. Das äußere Erscheinungsbild vieler Gewässer in Ballungsgebieten wird durch den Platzmangel geprägt. So werden natürliche Gewässer, vor allem

Quellen und kleinere Bachläufe, in das Kanalisationssystem einbezogen, in Rohren mit einer Vielzahl seitlicher Einleitungen geführt und unter die Erde verlegt.

Wohngebiete

910. In Wohngebieten befindet sich kaum noch ein Gewässer in seinem natürlichen Zustand. Es werden sowohl Grund- als auch Oberflächengewässer verunreinigt, aber mehr noch wird die Verteilung der Wassermengen verändert. Besiedelte Gebiete weisen einen hohen Grad der Oberflächenversiegelung auf. Es kann nur ein kleiner Teil des Niederschlagswassers versickern und der Oberflächenabfluß nimmt zu. Gleichzeitig erfährt der Oberflächenabfluß auf versiegelten Flächen eine Beschleunigung und trägt zur Erhöhung der Abflußspitzen in Kanalisationssystemen und Vorflutern bei (s. Abb. 2.4.2).

Abbildung 2.4.2

Zunahme des Hochwasserscheitels mit zunehmender Flächenversiegelung

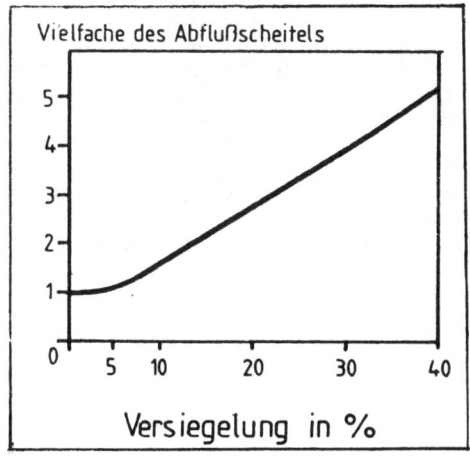

Quelle Emschergenossenschaft/Lippeverband, 1979

911. Die Siedlungsgebiete werden heute weitgehend durch Abwasserkanäle entsorgt (s. Tz. 899 ff.). Häusliches Abwasser enthält vorwiegend biologisch leicht abbaubare Stoffe und läßt sich gut in biologischen Klärstufen reinigen (s. Tz. 967 ff.). Jedoch nimmt der Anteil an schwer oder nicht abbaubaren Stoffen im häuslichen Abwasser immer stärker zu (s. Tz. 972 ff.).

912. Die Kanalisationen sollen auch das Regenwasser so sicher wie möglich aus dem Siedlungsbereich abführen. In einer nach dem ATV-Arbeitsblatt A 131 bemessenen Kläranlage kann ohne wesentliche Betriebsstörungen aber nur das Zweifache des Trockenwetterabflusses behandelt werden. Bei größerem Zufluß wird ein Gemisch aus Regenwasser und Abwasser unbehandelt in den Vorfluter abgeschlagen. Das führt zu Vorflutersbelastungen, die in der Jahresschmutzfracht durchaus die Schmutzfracht aus dem Kläranlagenablauf übersteigen können (s. Abschn. 2.4.5.3.2).

913. Unter den versiegelten Flächen ist die Grundwasserneubildungsrate stark verringert. Zum Schutz von Gebäuden vor Staunässe sind Dränagen an die Kanalisation angeschlossen. Vielfach weisen auch die restlichen, nicht versiegelten Flächen kein natürliches Bodenprofil mehr auf, sondern sind durch Aufschüttungen und Abgrabungen verändert. Weitere Strukturveränderungen ergeben sich durch Gräben und Schächte für die verschiedenen Ver- und Entsorgungsleitungen. Unter den nicht versiegelten Flächen im Stadtgebiet ist dadurch die Versickerungsmöglichkeit für Niederschlagswasser auf engem Raum stark wechselnd von sehr gering bis sehr hoch. Allgemein sinkt der Grundwasserstand unter Städten in der Regel immer weiter ab, wozu Entnahmen aus Privatbrunnen mit beitragen.

914. Unter Siedlungsgebieten sind fast immer Grundwasserverunreinigungen festzustellen. Durch Luftverunreinigungen kommt es auf Stadtböden zu erhöhten Schadstoffablagerungen, die mit dem Niederschlagswasser in den Boden eingespült werden. Zusätzlich werden durch Niederschlagswasser von versiegelten Flächen die dort abgelagerten Luftunreinigungen abgespült und teilweise in den Boden verfrachtet. Das Reinigungsvermögen eines Stadtbodens entspricht aber nur selten demjenigen eines gewachsenen Bodens, die eingespülten Verunreinigungen werden kaum zurückgehalten. Zusätzlich führen Leckagen und Altlasten zu Grundwasserverunreinigungen unter Städten (s. Abschn. 2.4.3.4.1).

915. In den Außenbereichen der Städte und in ländlichen Gebieten sind ca. 6 Mio Einwohner mit wirtschaftlichen Mitteln nicht an Kanalisationen anzuschließen (s. Abschn. 2.4.3.1.1). Die Abwässer werden überwiegend in Hauskläranlagen behandelt und anschließend im Untergrund versickert. Von derartigen Streusiedlungen geht oft eine ernsthafte Kontamination des Grundwassers aus.

Landwirtschaftlich genutzte Gebiete

916. Im Jahr 1984 wurden 120 444 km², also rund 48 % der Gesamtfläche der Bundesrepublik Deutschland, landwirtschaftlich überwiegend als Acker- und Grünland genutzt. Entsprechend hoch ist somit auch der prozentuale Anteil des Niederschlagswassers, das in seinem natürlichen Kreislauf zunächst den in irgendeiner Weise landwirtschaftlich genutzten Boden passieren muß, bevor es in einen Grundwasserleiter oder in ein Oberflächengewässer gelangt.

917. Aufgrund des hohen Anteils der Trinkwassergewinnung aus Grundwasser kommt seinem Schutz gegenüber konkurrierenden landwirtschaftlichen Interessen ein entscheidendes Gewicht zu. Das Grundwasser ist untrennbar mit allen biologischen, chemischen und physikalischen Vorgängen im Boden verbunden. Fast alle landwirtschaftlichen Eingriffe wirken sich zunächst auf den Wasserhaushalt der oberen Bodenschichten und auf die Konzentrationen der In-

277

haltsstoffe des Haftwassers aus. Wird das natürliche dynamische Gleichgewicht zwischen Stoffeintrag und Stoffaustrag gestört, so gelangt der Überschuß je nach Mobilität der Stoffe ins Grundwasser.

918. Organische Bestandteile von Wirtschaftsdüngern werden im allgemeinen bereits in den obersten Bodenschichten festgehalten und von Mikroorganismen abgebaut. Anorganische Nährstoffe und Spurenelemente dagegen werden vom Boden unterschiedlich stark gebunden. Besonders hoch ist die Festlegungsrate für Phosphate und Schwermetalle, während die Anionen Nitrat, Chlorid und Sulfat kaum zurückgehalten werden. Besonders Nitrate gelangen in großen Mengen ins Grundwasser. So werden vor allem in Bereichen von Intensiv- und Sonderkulturen wie Zuckerrüben-, Gemüse- und Weinbau, in den letzten Jahren verstärkt auch unter Maisanbau, erhöhte Nitratkonzentrationen gemessen. Während bundesweit 1979 die zulässige Nitratkonzentration von 50 mg/l im Rohwasser bei 126 Wasserversorgungsunternehmen überschritten wurde, ist dies im Jahr 1984 schon bei 800 Wasserwerken der Fall gewesen (s. Tz. 939).

919. Kontaminationen des Grundwassers mit Pflanzenschutzmitteln waren in der Vergangenheit zumeist nur auf stoßartige Versickerungen größerer Mengen z. B. nach Unfällen oder nach unzulässiger Beseitigung zurückzuführen. In jüngster Zeit wurden aber auch nach Regelanwendungen Pflanzenschutzmittel im Grundwasser nachgewiesen, und zwar meist an Standorten, die den Eintrag bis ins Grundwasser begünstigen (s. Tz. 945ff.).

920. Die Beeinträchtigungen der Gewässergüte durch landwirtschaftliche Maßnahmen wurden vom Rat in seinem Landwirtschaftsgutachten bereits ausführlich behandelt (SRU, 1985). Die intensive landwirtschaftliche Bodennutzung hat jedoch nicht nur Auswirkungen auf die Güte des Grundwassers, sondern auch auf den gesamten Wasserhaushalt.

921. Zur Anpassung an die technischen und betriebswirtschaftlichen Erfordernisse moderner Landbewirtschaftung wurden bis 1982 ca. zwei Drittel der landwirtschaftlich genutzten Flächen im Rahmen von Flurbereinigungsmaßnahmen neugegliedert, wobei zum Teil erhebliche Eingriffe in den Boden- und Wasserhaushalt vorgenommen wurden. Umbruch von Grünland und Ackersäumen, Untergrundlockerung, Be- und Entwässerung, Neuherstellung und Verrohrung von Bächen und Gräben sowie die Beseitigung ganzer Feuchtbiotope gehören in der Regel ebenso zu diesen Maßnahmen wie der Ausbau des Wirtschaftswegenetzes, wobei die Versiegelung infolge des zunehmenden Anteils von Wegen mit hartem Belag zugenommen hat.

Reliefumgestaltende Eingriffe wurden bei der Rebflurbereinigung vorgenommen, wobei durch großflächige Geländeumschiebungen weitreichend in das ökologische System ganzer Landstriche eingegriffen wurde. Anhand einer dreijährigen Wasserbilanz in einem flurbereinigten Weinbaugebiet zeigen BUCHER und DEMUTH (1985) die Konsequenzen für den regionalen Wasserhaushalt auf. Eine deutliche Steigerung der Abflußhöhe bewirkt eine Verminderung der Gebietsverdunstung sowie den Abbau der innerjährlichen Rücklage. Die Vergrößerung der versiegelten Flächen und der Ausbau der Dränage führen zu einem erhöhten Direktabfluß und einer reduzierten Grundwasserneubildung (s. Tz. 1024).

922. Aufgrund der ungünstigen Verschiebung des Wasserhaushaltes vom unterirdischen zum oberirdischen bzw. oberflächennahen Abfluß werden im verstärkten Maße Pflanzennährstoffe und Pflanzenschutzmittel von landwirtschaftlichen Nutzflächen in Oberflächengewässer abgeschwemmt. Allein die Belastung durch nicht landwirtschaftlich verwertete organische Reststoffe aus der Tierhaltung und der Silagefutterbereitung läßt sich mit 15 bis 20 Mio EG abschätzen (SRU, 1985, Tz. 1008). Somit liegt die organische Gewässerbelastung aus der Landwirtschaft zumindest in gleicher Größenordnung wie die aus gereinigten kommunalen und gewerblichen Abwässern zusammengenommen.

923. Aus dieser Gesamtbilanz lassen sich die Belastungsverhältnisse einzelner Oberflächengewässer nicht ableiten. Während bei großen Flüssen die Abwasserbelastung aus kommunalen und industriellen Kläranlagen dominieren, kann außerhalb der Ballungszentren der landwirtschaftliche Einfluß bei kleinen Gewässern bestimmend sein. Die im allgemeinen gute biologische Abbaubarkeit sowie die düngende Wirkung der landwirtschaftlichen Abwässer kann das biologische Gleichgewicht in stehenden und langsam fließenden sowie in staugeregelten Oberflächengewässern so empfindlich stören, daß es infolge vollständigen Sauerstoffaufbrauchs zu anaeroben Abbauvorgängen und somit zum „Umkippen" des Gewässers kommt.

Waldgebiete

924. Knapp 30 % der Fläche der Bundesrepublik wird von Waldgebieten überdeckt. Die heutigen Wälder sind zwar größtenteils vom Menschen geschaffen und werden überwiegend unter dem Gesichtspunkt der Holzproduktion bewirtschaftet. Sie stellen aber dennoch weithin die wichtigsten naturnahen Landschaftsteile dar. Eine auf die Erhaltung und Pflege des Waldes bedachte Forstwirtschaft erfüllt wie keine andere Bodennutzungsform Aufgaben zum Schutz der natürlichen Ressourcen.

Darüber hinaus sind mit dem Wald weitere Schutzfunktionen zur Sicherung der natürlichen Lebensgrundlagen und der Erholung der Bevölkerung verbunden. Der Wald hat auch eine entscheidende Bedeutung für die Speicherung, Reinigung und Abflußverteilung des Wassers.

925. Das Mikroklima in Waldbeständen wirkt sich bereits günstig auf die Faktoren des natürlichen Wasserkreislaufs aus. Im Vergleich zu offenen Flächen ist es durch gleichmäßigere Temperaturen, höhere Luftfeuchtigkeit und geringere Windgeschwindigkeiten gekennzeichnet. Dadurch ist sowohl im Waldgebiet selbst als auch in angrenzenden Geländeteilen die Bodenverdunstung geringer.

Die Niederschläge werden z. T. durch das Kronendach aufgefangen und verdunsten wieder, hinzu kommt die recht beträchtliche Wasserabgabe durch die Transpiration der Bäume. Der im Jahresdurchschnitt verdunstende Niederschlagswasseranteil ist dadurch zwar in Waldgebieten höher als in nicht bewaldeten Gebieten, die wasserspeichernde Wirkung des Waldes ergibt sich jedoch besonders durch das Zurückhalten von sommerlichen Starkregen, die bei anderen Flächen zu nicht nutzbaren oder sogar schädlichen Hochwasserabflüssen führen. Dagegen wird in Waldgebieten der Abfluß verlangsamt, und ein großer Teil des Wassers kann in den Untergrund versickern. Dadurch bleibt die Ergiebigkeit von Quellen und Grundwasserströmen gleichmäßiger. Hinzu kommt die gute Filterwirkung der biologisch sehr aktiven Waldböden, die oft reicher an organischen Bestandteilen bzw. Humus sind als Freilandböden.

926. Wegen dieser positiven Wirkungen des Waldes auf den Wasserhaushalt wird eine möglichst weitgehende Bewaldung der Einzugsgebiete von Trinkwassertalsperren angestrebt. Aber auch in Wasserschutzgebieten für Grundwassergewinnungsanlagen ist der Wald die günstigste Form der Bodennutzung.

927. Im Vergleich zu landwirtschaftlich genutzten Gebieten spielt die Anwendung von chemischen Pflanzenschutzmitteln bei der Forstwirtschaft mit weniger als 10 % des Inlandverbrauchs von Agrochemikalien eine untergeordnete Rolle. Aus der Sicht der Trinkwassergewinnung ist die Anwendung von Pflanzenschutzmitteln in Trinkwassereinzugsgebieten unerwünscht. Aus ökologischer Sicht sollte sie in Waldgebieten generell unterbleiben.

928. Die weitere Entwicklung der auf großen Flächen zu beobachtenden neuartigen Waldschäden wirkt sich nicht nur auf die Holzproduktion aus, sondern auch auf alle mit dem Wald verbundenen Schutzfunktionen (Wasserschutz, Immissionsschutz, Klimaschutz, Bodenschutz u. a.). Bei fortschreitenden Waldschäden ist mit einer erheblichen Veränderung und Verschlechterung des Wasser- und Trinkwasserdargebots zu rechnen. Die heute häufig diskutierte Düngung der Wälder sollte mit Vorsicht durchgeführt werden, zumal viele Wasserwerke mit ansonsten ungefährdeten Einzugsgebieten nicht auf plötzliche Veränderungen der Wasserqualität eingestellt sind.

Zur Düngung zählt auch die verschiedentlich schon praktizierte Kalkung des Waldbodens zur Minderung der Bodenversauerung. Durch die Erhöhung des pH-Wertes erfolgt im Boden ein verstärkter Nährstoffumsatz, insbesondere eine Stickstoffmobilisierung. Wenn die Nährstoffe nicht unmittelbar von den Pflanzen wieder aufgenommen werden, ist eine Nitratauswaschung in die Gewässer zu befürchten.

929. Die Erhaltung der derzeitigen Waldflächen, und zwar nicht nur bezogen auf die Gesamtfläche der Bundesrepublik, sondern auch in den Verdichtungsräumen, ist eine Forderung, die unter verschiedensten Gesichtspunkten unbestritten sein muß. Allgemein ist bei allen Maßnahmen zur Erhaltung und Pflege des Waldes immer die starke Vernetzung der Funktionen und Faktoren untereinander mit ihren teils positiven teils negativen Wirkungen und Rückwirkungen zu beachten.

Küstengebiete (Wattenmeer)

930. Nach BUCHWALD et al. (1985) verursachen die deutschen Binnengewässer Rhein, Weser und Elbe einen wesentlichen Teil der Belastungen der Deutschen Bucht mit Nährstoffen. An den meisten dieser Flußabschnitte sind als Ergebnis der Gewässerschutzmaßnahmen der letzten Jahre Verbesserungen festzustellen. Dies betrifft in erster Linie den Sauerstoffhaushalt bei Rhein, Ems und Weser, zum Teil als Nebenwirkung der biologischen Reinigung, aber auch die Reduzierung bei anderen Stoffgruppen. Die bisherigen kommunalen BSB_5-Großeinleiter des deutschen Küstenbereichs in Emden sowie die bisherigen Verschmutzungsschwerpunkte Bremerhaven und Cuxhaven wurden zwar mittlerweile im Sinne der Mindestanforderungen saniert. Für die Nährstoffe, für die im gewerblich beeinflußten kommunalen Abwasser enthaltenen NE-Metalle und für die organischen Schadstoffe bedeutet dies allerdings nur eine graduelle Verminderung durch biologisch unterstützte Adsorptionsvorgänge. Eine weiterhin bedeutende Belastung erfolgt durch industrielle Direkteinleiter in die Küstengewässer.

931. Durch die Anreicherung von Schadstoffen in Sedimenten und Organismen wirkt der Bereich der Ästuare und Watten als „Vorklärzone" für das einströmende Flußwasser, bevor es in die offene Nordsee und schließlich in den Atlantik weiterfließt. Die daran beteiligten Wirkungsmechanismen führen im küstennahen Raum dazu, daß die schädlichen Folgen von Belastungen erst mit mehrjähriger Verzögerung erkennbar werden. So ist dem bisherigen Belastungsumfang ein wesentlich kritischeres Schadensausmaß zuzuordnen, als es heute noch eingeschätzt wird. Die anthropogene Anreicherung an Schwermetallen in den deutschen Watten beträgt in vertikalen Sedimentprofilen z. T. bis zum 9-fachen des natürlichen Wertes. Nähr- und Schadstoffeinträge in die küstennahen Gewässer bleiben infolge langsamer Erneuerung des Wasserkörpers und Anreicherung in Sedimenten und Organismen überwiegend im System. Die Eutrophierung trägt unter anderem zu Sauerstoffmangel in austauscharmen tieferen Schichten mit Absterben der Fische und anderer Organismen bei. „Algenblüten" von Phaeocystis mit ihrer starken Schaumbildung sind vermutlich auf das hohe Nährstoffangebot zurückzuführen (BUCHWALD et al., 1985).

932. Für die offene See können neben anderen Faktoren sowohl der Phosphor als auch der Stickstoff wachstumslimitierende Faktoren darstellen, wobei dies von jahreszeitlichen Schwankungen abhängig ist. Hinsichtlich der Nährstoffe in der östlichen und südlichen Nordsee, dem Skagerrak und dem Kattegat ist als momentaner Kenntnisstand festzuhalten (Mitteilung des Landesamtes für Wasserhaushalt und Küsten Schleswig-Holstein, Kiel):

- In den Küstengebieten können eine Reihe von Veränderungen festgestellt werden.

- Es gibt Anzeichen dafür, daß diese Veränderungen besonders signifikant in solchen Gebieten in Erscheinung treten, in denen der landseitige Nährstoffeintrag dominiert.

- Die beobachteten Veränderungen können nicht auf nur eine Ursache zurückgeführt werden.

- Die vorgefundenen Nährstoffgehalte beruhen nicht nur auf den örtlichen Gegebenheiten, sondern auch auf Transportvorgängen über weite Strecken.

- In der Deutschen Bucht kann ein allgemeiner Trend steigender Nährstofflasten über die letzten 20 Jahre als gesichert angesehen werden. Im gleichen Zeitraum ist ein Anstieg der Phytoplankton-Biomasse und eine deutliche Verlagerung in der Artenzusammensetzung zugunsten von Flagellaten (tierisches Kleinstplankton, bisweilen mit fischtoxischen Arten) beobachtet worden.

933. Die chronische Ölbelastung durch Schiffe, Bohrinseln und Raffinerien führt zu häufigem Massensterben von Seevögeln und einer Schädigung ihres Lebensraums. Bei der Vielzahl von Tankerunfällen insgesamt ist es ein besonderer Glücksfall, daß davon der Insel- und Wattenbereich noch nicht betroffen worden ist. Hier wären katastrophale Schäden, z. B. mit Totalausfall wichtiger Pflanzenarten in den Salzwiesen, zu erwarten (BUCHWALD et al., 1985).

934. Infolge des Eintrags durch die Flüsse und die küstennahe Industrie liegen die höchsten in der Nordsee gemessenen Konzentrationen mehrerer Chlorkohlenwasserstoffe im ostfriesischen Watten- und Inselsystem vor. Sie werden an Planktonoberflächen angelagert, von abgestorbenen Teilchen adsorbiert und am Meeresboden abgelagert. An der Meeresoberfläche verbleibt ein feiner Film. Wenn auch bisher im Nordseewasser keine akut toxischen Konzentrationen organischer Schadstoffe gemessen wurden, sind für mehrere Arten von Meeresorganismen negative Auswirkungen auf die Fortpflanzungsfähigkeit bekannt. So ist z. B. ein Zusammenhang zwischen dem Rückgang von 6 Fischarten sowie der Strandkrabbe (Carcinus maenas) und der PCB-Belastung nicht auszuschließen (BUCHWALD et al., 1985).

2.4.3.2 Hauptprobleme der Wassergewinnung

2.4.3.2.1 Wasseraufbereitungsverfahren

935. Die Grenzen der Wasseraufbereitungstechnik lassen sich generalisiert wie folgt angeben (HABERER, 1985):

- Kein Aufbereitungsverfahren arbeitet stoffselektiv. Zusammen mit störenden und toxischen Substanzen werden auch völlig unbedenkliche entfernt. Dies ergibt eine starke, uneffektive Belastung der betreffenden Aufbereitungsanlagen, z. B. der Aktivkohlefilter, und vermindert die Wirksamkeit zur Eliminierung der eigentlichen Problemstoffe.

- Kein Verfahren arbeitet universell. Deshalb ist eine Kombination mehrerer Verfahrensstufen erforderlich, die kosten- und betriebsaufwendig ist.

- Die Wirksamkeit verschiedener Aufbereitungsverfahren nimmt allmählich ab (z. B. Aktivkohlefilter) oder erschöpft sich plötzlich (z. B. Ionenaustauscher). Dies kann Schadstoffdurchbrüche zur Folge haben. Zur Vermeidung sind intensive Betriebskontrollen mit hierfür geeigneten Kontrollparametern erforderlich.

- Plötzliche Änderungen der Rohwasserzusammensetzung können nur in begrenztem Umfang von vorhandenen Aufbereitungssystemen beherrscht werden. So können bei einer Veränderung der Zusammensetzung adsorbierbarer organischer oder anorganischer Substanzen die in einem Aktivkohlefilter bereits adsorbierten alten Substanzen verdrängt und durch die neu im Rohwasser auftretenden Substanzen ersetzt werden (Chromatographieeffekt).

- Biologisch arbeitende Systeme können durch Wechsel in der Rohwasserzusammensetzung überfordert, ggf. auch vergiftet werden. Hierdurch kann die Eliminierung beeinträchtigt oder unterbunden werden. Niedrige Wassertemperaturen beeinträchtigen und verlangsamen alle biologischen Prozesse.

- Kein Aufbereitungsverfahren arbeitet vollständig. Ein Wirkungsgrad von 100 % ist nicht erreichbar. Verschiedene Schad- und Störstoffe werden nur zu 50—75 % eliminiert. 99 % Eliminierung werden kaum überschritten.

2.4.3.2.2 Wassergewinnung aus Grundwasser

936. Grundwasser genügt für die Trinkwassergewinnung den Güteanforderungen der DIN 2000, wenn es „dem natürlichen Wasserkreislauf entnommen und in keiner Weise beeinträchtigt" ist. Bisher ist man davon ausgegangen, daß bei den meisten Grundwasserwerken, insbesondere bei der Vielzahl der kleinen Wasserwerke, die Sicherheit eines qualitativ einwandfreien Trinkwassers auf dem naturbedingten einwandfreien Zustand des als Rohwasser genutzten Grundwassers und auf dem funktionierenden Schutz vor anthropogen bedingten schädlichen Einflüssen basiert.

Zwar konnten bisher auch zahlreiche Grundwasserwerke nicht auf eine Aufbereitung verzichten, doch handelt es sich hierbei um relativ einfache und leicht zu kontrollierende Verfahren der Enteisenung, Entmanganung, Entsäuerung und ggf. der biologischen Ammoniumoxidation sowie mitunter einer Desinfektion.

937. Seit mehreren Jahrzehnten erfüllen allerdings zahlreiche Grundwässer diesen Qualitätsanspruch nicht mehr. Eine „Beeinträchtigung in keiner Weise" ist heute vielfach nicht mehr gegeben. Dabei ist diese Beeinträchtigung weniger in einer bakteriellen Verschlechterung als in einer nachhaltigen chemischen Belastung zu sehen.

Beeinträchtigungen des Grundwassers haben im Vergleich zu Oberflächenwasser wesentlich länger wirkende Folgen. Schädliche Einwirkungen sind oft nicht oder zu spät erkennbar und können meist nur mit großem Aufwand beseitigt werden.

Lagerung von Abfallstoffen (s. Tz. 1001 ff.)

938. Durch unsachgemäß angelegte Deponien sind erhebliche Grundwasserverunreinigungen eingetreten. In die Ablagerungen eindringendes Niederschlagswasser, Grundwasser oder Oberflächenwasser nimmt Auswaschungs- und Umsetzungsprodukte auf. Die austretenden Sickerwässer sind belastet durch anorganische, leicht wasserlösliche Salze, remobilisierbare Stoffe und durch organische, zum Teil schwer oder nicht abbaubare Inhaltsstoffe. Altablagerungen sind deshalb potentielle Gefährdungsherde. Sie führen nicht selten zu schleichenden, erst langfristig wirkenden Beeinträchtigungen des Grundwassers und bilden eine dauernde Gefahr für die im Abstrom solcher Deponien liegenden Grundwassernutzer, zumal sich durch Änderung der Grundwasserentnahme auch die Fließrichtung des Grundwassers ändern kann. Neue Deponien werden zwar nach derzeitiger Auffassung „relativ" sicher abgedichtet, vollständig und für alle Zeiten ist eine Grundwassergefährdung aber nie auszuschließen.

Nitrat im Grundwasser (s. Tz. 1015 ff.)

939. Eine besonders schwerwiegende Belastung des Grundwassers hat sich aus der Düngepraxis der Landwirtschaft ergeben. Noch in der zweiten Hälfte der siebziger Jahre erhielten 49 % der in einer Untersuchung erfaßten Bevölkerung der Bundesrepublik Deutschland Trinkwasser mit einem Nitratgehalt von weniger als 10 mg/l. Bei fast 85 % lag der Nitratgehalt unter 25 mg/l; weniger als 2 % erhielten ein Trinkwasser mit mehr als 50 mg/l. Es zeichneten sich aber bereits damals die heutigen Problemgebiete am linken Niederrhein und im Rheingau ab.

Für die Zeit zwischen 1982 bis 1984 hat sich das Bild bereits erheblich verschlechtert, wie Bestandsaufnahmen in den drei bevölkerungsreichsten Bundesländern ergaben (Tab. 2.4.9).

940. Nach dem Grundwasserbericht 84/85 von Nordrhein-Westfalen (Landesamt für Wasser und Abfall Nordrhein-Westfalen, 1985) mußten dort bis Mitte 1985 „16 Brunnen und 1 Quelle in 8 Wassergewinnungsanlagen sowie 5 Wassergewinnungsanlagen vollständig wegen zu hoher Nitratgehalte stillgelegt werden".

941. Noch ungünstiger sind die Verhältnisse jedoch bei den privaten Wasserfassungen. In einem Regierungsbezirk in Baden-Württemberg wurden 1983/84 in 17 % der untersuchten Privatbrunnen 50 bis 90 mg/l Nitrat und in 4 % mehr als 90 mg/l Nitrat gefunden (Regierungspräsident Stuttgart, 1983/84). Untersuchungen an ca. 14 500 Eigenwasserversorgungsanlagen in 5 Landkreisen von Nordrhein-Westfalen ergaben bei 14,7 % Nitratwerte von 50—90 mg/l und bei 12,1 % Werte über 90 mg/l (Stand Ende 1984) (Landesamt für Wasser und Abfall Nordrhein-Westfalen, 1985).

Tabelle 2.4.9

Anstieg der Nitratkonzentrationen des Trinkwassers in den drei bevölkerungsreichsten Bundesländern

		Nordrhein-Westfalen	Bayern	Baden-Württemberg
1975—1978	erfaßter Prozentsatz der Gesamtbevölkerung	82,1	65,9	76,6
	erfaßte Einwohnerzahl	14,0 Mio.	7,1 Mio.	7,1 Mio.
	Prozentsatz mit 0—25 mg/l	80,0	84,0	77,3
	Prozentsatz mit 25—50 mg/l	15,7	15,1	20,5
	Prozentsatz > 50 mg/l NO_3	3,5	0,9	2,2
1982—1984	Bezugsgröße	alle Wasserversorgungsunternehmen	93,5 % der Trinkwassermenge	99 % der vorh. Wasserfassung
	Prozentsatz mit 0—25 mg/l		78,6	ca. 71
	Prozentsatz mit 25—50 mg/l		15,4	ca. 23
	Prozentsatz > 50 mg/l NO_3	9,1	6,0	ca. 6

Quelle: HOLTMEIER, 1984; ROHMANN und SONTHEIMER, 1985; SCHMEING, 1984

942. Die Wasserwerke stehen nach Verschärfung des Grenzwertes für Nitrat im Trinkwasser auf 50 mg/l vielerorts vor einem großen Problem. Teilweise wird es dadurch gelöst werden können, Wässer verschiedener Nitratkonzentrationen so miteinander zu vermischen, daß dieser Grenzwert einzuhalten ist.

Die Nitrateliminierung mit Hilfe technischer Maßnahmen wird zwar in den nächsten 3—4 Jahren verfahrenstechnisch möglich sein, den Bürger aber durch eine Erhöhung des Wasserpreises um mindestens 0,50 DM/m³ empfindlich treffen. Eine noch nicht abschätzbare Zahl von Brunnen mit einem ansonsten ausgezeichneten Grundwasser werden stillgelegt werden müssen.

Wassergefährdende Stoffe (s. Tz. 1009 ff.)

943. Die Belastung unserer Grundwässer mit Halogenkohlenwasserstoffen ist seit einigen Jahren, nachdem die hierfür erforderliche Analytik verfügbar ist, als eine erschreckende Erkenntnis der vielseitigen Versäumnisse und Unkenntnisse letzter Jahre deutlich geworden. Dabei nimmt die Zahl der bekannt gewordenen Schadensfälle in dem Maße zu, in dem die Untersuchungen von Grundwässern in den Bundesländern intensiviert werden. Die aufgetretenen Konzentrationen sind im Vergleich zu den in der Trinkwasserverordnung genannten Grenzwerten für die Summe der 4 Lösemittel Trichlorethen, Tetrachlorethen, 1,1,1-Trichlorethan und Dichlormethan von 25 µg/l und Tetrachlorkohlenstoff von 3 µg/l in vielen Fällen zu hoch.

944. Allen technisch erprobten Aufbereitungsverfahren für Trinkwasser zur Entfernung von Halogenkohlenwasserstoffen ist gemeinsam, daß die Stoffe nicht vernichtet, sondern lediglich aus der flüssigen Phase entfernt werden. Daher muß auch der weitere Verbleib dieser Stoffe im Einzelfall auf mögliche Gefährdungen überprüft werden, um das Problem nicht zu verlagern. Bei der jetzigen Praxis muß man auch in der Zukunft mit neuen Grundwasserkontaminationen rechnen, da Chlorkohlenwasserstoffe weiterhin als Lösemittel eingesetzt werden und damit durch undichte Kanalisationen, Unfälle, unerlaubte Einleitungen usw. in das Grundwasser gelangen können. Es ist zu fordern, daß biologisch abbaubare Substitutionsprodukte eingesetzt werden. Da Zahl und Umfang evtl. noch nicht entdeckter schleichender Grundwasserverunreinigungen unbekannt sind, kann eine Verbesserung der gegenwärtigen Situation nicht prognostiziert werden.

Pflanzenschutzmittel

945. Der Einsatz von Pflanzenschutzmitteln führt dazu, daß diese Substanzen in Böden, in Oberflächenwässern und im Grundwasser nachgewiesen werden können. Zahlreiche dieser Stoffe sind humantoxikologisch bedenklich. Darüber hinaus kommt es zu Schädigungen von Fauna und Flora sowie zur Beeinträchtigung der aquatischen Biozönose durch Akkumulationen in Pflanzen und Tieren. Der Rat hat diesen Problemkreis in seinem Landwirtschaftsgutachten (SRU, 1985, Abschn. 4.3.2.4) zwar ausführlich behandelt, die davon ausgehende Bedrohung aber noch unterschätzt.

946. Am intensivsten untersucht und abgesichert wurden Befunde für das im Maisanbau sehr häufig angewandte Herbizid Atrazin. Dessen Auftreten im Grundwasser wurde durch Untersuchungsergebnisse in der Schwäbischen Alb (GIESSL und HURLE, 1984; HURLE et al., 1985) im Bereich des Donautals (WERNER, 1985), im sonstigen Baden-Württemberg (ROTH, 1985) und in der niederen Geest Schleswig-Holsteins (STOCK et al., 1985) belegt. FRIESEL (1986) berichtet zusammenfassend darüber. Danach wurden unter Maisfeldern in oberflächennahen Grundwässern (Flurabstand 0,4 bis 4,0 m) und in Dränwässern häufig Atrazingehalte bis zu einigen µg/l festgestellt. Sogar in tieferen Brunnen sowie in Quellen konnten oft noch einige 100 ng/l angetroffen werden.

Bei einem großen Wasserwerk am Nordrand des Ruhrgebietes wurden als Folge landwirtschaftlicher Tätigkeit im Einzugsgebiet Atrazin-Werte im Trinkwasser von 0,5 bis 0,7 µg/l ermittelt. In der Trinkwasserverordnung vom Mai 1986 sind für chemische Stoffe zur Pflanzenbehandlung ein Grenzwert für einzelne Substanzen von 0,1 µg/l und ein Summengrenzwert von 0,5 µg/l festgelegt, die ab 1. Oktober 1989 wirksam werden sollen.

947. Bei Versuchen mit Bodensäulen wurde in den Niederlanden festgestellt (LOCH und HOEKSTRA, 1985), daß das im Boden als Umwandlungsprodukt von Atrazin entstehende Desethylatrazin mobiler ist als die Ausgangssubstanz und im Bodensäulenperkolat in nennenswerten Mengen auftrat. In Deutschland werden von mehreren Arbeitsgruppen Felduntersuchungen auf Atrazinmetaboliten vorbereitet. Zukünftig wird in der Praxis auch eine Grenzwertüberwachung der Metaboliten beachtet werden müssen. Nach der Trinkwasserverordnung gelten für toxische Hauptabbauprodukte die gleichen Grenzwerte wie für die Ausgangsprodukte.

948. Ein weiteres Problem verursachen die für die Bodenbegasung zum Zweck der Nematodenbekämpfung bzw. Bodenentseuchung angewandten leichtsiedenden Chlorkohlenwasserstoffe, vor allem 1,3-Dichlorpropen, mit Aufwandmengen bis zu 300 l (ca. 360 kg)/(ha × a). Die Anwendung erfolgt in der Regel im Spätherbst. Die daraus resultierenden Auswirkungen auf das Grundwasser werden als die möglicherweise problematischsten im Themenkomplex „landwirtschaftliche Anwendung von Pflanzenbehandlungsmitteln und Grundwasser" angesehen (COHEN et al., 1985; FRIESEL et al., 1985; LOCH und HOEKSTRA, 1985).

Diese Probleme sind vor allem in Gebieten mit überwiegendem Kartoffel- und Zuckerrübenanbau von Bedeutung. So wurden in Kartoffelfeldern des Emslandes in oberflächennahen Grundwässern bis 8 620 µg/l 1,3-Dichlorpropen gemessen. Dagegen fand REXILIUS (1985) nach intensiver Dichlorpropenanwendung im Pinneberger Baumschulgebiet in dortigen Wasserwerksbrunnen und 16 Einzelversorgungen bei einer Nachweisgrenze von 0,001 µg/l kein Dichlorpropen. Der Trinkwassergrenzwert liegt für Chlorkohlenwasserstoffe allgemeiner Herkunft bei 25 µg/l, für chemische Stoffe zur Pflanzenbehandlung einschließlich polychlorierter Verbindungen gelten die vorher genannten niedrigeren Werte.

949. Alternativen zur Bekämpfung von Fadenwürmern (Nematoden) im Boden mit leichtflüchtigen Halogenkohlenwasserstoffen sind Carbamatnematizide. Hauptsächliche Anwendung findet der Wirkstoff Aldicarb. Er hat in den USA zu die Trinkwasserversorgung gefährdenden Grundwasserverunreinigungen geführt (COHEN et al., 1985). In Baden-Württemberg wurde Aldicarb schon vereinzelt im Grundwasser nachgewiesen (MILDE und FRIESEL, 1985).

950. Zur Verfolgung der Wirkung von Grundwasserverunreinigungen sind weitere Untersuchungen notwendig. Es muß einerseits geklärt werden, wie repräsentativ die bisher gemessenen sehr hohen Werte sind. Andererseits ist die Persistenz und die Bildung von Abbauprodukten der Pflanzenschutzmittel zu klären (vgl. FRIESEL, 1986).

2.4.3.2.3 Wassergewinnung aus Oberflächenwasser

951. Von den großen Flüssen der Bundesrepublik Deutschland sind Rhein, Ruhr und Donau von Bedeutung. Die Trinkwassergewinnung aus Main, Mosel und Neckar wurde schon vor Jahren weitgehend eingestellt, da sich die Wasserqualitäten durch zunehmende Abwassereinleitungen und durch den Ausbau von Staustufen für die Schiffahrt ständig verschlechterten. Das gleiche gilt für die Weser, wobei eine hohe Salzbelastung durch Kali-Ablaugen aus der DDR hinzukommt.

Die erhebliche Verschmutzung der Elbe und der Elbsedimente zwang die Hamburger Wasserwerke, die Nutzung der Elbe für die Trinkwassergewinnung aufzugeben und neue Grundwasservorkommen in der Nordheide zur Sicherstellung der Wasserversorgung zu erschließen. Damit mußte unter dem Zwang der Verhältnisse von einer jahrzehntealten Tradition abgegangen werden. Man erreichte aber durch diesen Schritt die Sicherstellung einer stets einwandfreien Trinkwasserversorgung des Großraumes Hamburg und vermied den Bau von „Wasseraufbereitungsfabriken" mit großen technischen Ausmaßen, die ihrerseits wieder zu einer erheblichen Umweltbelastung geführt hätten.

Fließgewässer

952. Nach den bisher verwendeten Beurteilungskriterien der LAWA (s. Tz. 865) hat sich die Gewässerbeschaffenheit bundesdeutscher Flüsse seit Mitte der 70er Jahre deutlich verbessert. Die von Bund und Ländern als Ziel des Gewässerschutzes angestrebte Güteklasse II ist danach an zahlreichen Flußabschnitten erreicht. Dies gilt beispielsweise für die Donau im Raum Regensburg, den Neckar unterhalb von Stuttgart, den hessischen Untermain und weite Strecken des Rheins. Hier fand in den letzten 5 Jahren zum Teil sogar eine Verbesserung um 2 Güteklassen statt. Bei Anwendung der erweiterten Bewertungsmerkmale nach heutigen Erfordernissen würde sich jedoch kein so positives Bild ergeben.

Problem der Salzbelastung

953. Ein besonderes Problem für die Trinkwassergewinnung stellt die Salzbelastung unserer Flüsse dar, vor allem der Weser und des Rheins (s. Tz. 995 ff.). Erhöhte Chlorid-Konzentrationen können Korrosionsprobleme sowie Geschmacksbeeinträchtigungen auslösen. Sulfat-Konzentrationen oberhalb 240 mg/l (Grenzwert Trinkwasserverordnung) haben gesundheitliche Relevanz. Bei höheren Salzkonzentrationen ist auch die erforderliche Waschmitteldosierung höher mit der Folge einer zusätzlichen Gewässerbelastung.

954. Es existiert z. Zt. kein volkswirtschaftlich vertretbares Verfahren, erhöhte Chlorid- und Sulfatgehalte im Zuge der Aufbereitung großer Wassermengen herabzusetzen. Deshalb müssen nach wie vor alle Anstrengungen beim Gewässerschutz unternommen werden, die Belastung unserer Gewässer mit Salzen aus Abwässern aller Art herabzusetzen.

Die Forderung der Rheinwasserwerke nach einer drastischen Verminderung des Neutralsalzgehaltes im Rohwasser läßt sich durch die vorliegenden Korrosionsuntersuchungen begründen. Maßnahmen zur Verminderung der Neutralsalzbelastung dürfen aber nicht nur auf das Oberrheingebiet beschränkt bleiben, sondern sollten auch in den Industriegebieten ergriffen werden, um hier den Ausstoß von Neutralsalzen über das Abwasser in die Vorfluter herabzusetzen.

955. Es muß auch vermerkt werden, daß in den letzten Jahren in der Bundesrepublik große Anstrengungen unternommen wurden, die diffusen Quellen für Neutralsalze zu verstopfen. So wurde beispielsweise der Einsatz von Streusalzen im Winterhalbjahr erheblich verringert. Auch wurden keine weiteren Einleitungserlaubnisse bzw. -bewilligungen für Großeinleitungen (>1 kg/s Chlorid) mehr ausgesprochen.

Rhein

956. Die Belastung des Rheins wird bestimmt durch die im Wasser gelösten organischen Substanzen aus Kläranlagen des industriellen und kommunalen Bereiches und aus Direkteinleitungen. Tabelle 2.4.10 zeigt den Gehalt des Wassers an gelöstem organischem Kohlenstoff unabhängig von der Zahl und der Art der enthaltenen Kohlenstoffverbindungen, angegeben als Summenparameter DOC (= Dissolved Organic Carbon) für die Jahre 1970 bis 1974 im Vergleich mit 1983. Während die Fracht an abbaubaren Stoffen etwa um einen Faktor 10 geringer wurde, hat die Fracht an nicht abbaubaren organischen Substanzen im Niederrhein nur etwa um einen Faktor 2 abgenommen. Einer Verminderung der organischen Substanzen aus diffusen Quellen kommt im Rheineinzugsgebiet eine zunehmende Bedeutung zu.

Tabelle 2.4.10

Auswertungsergebnisse für die DOC-Frachten*) von 1970—1974 im Vergleich zu 1983 des Ober- und Niederrheins; Frachteinleitungen von Industrie und Kommunen

Rheinabschnitt	abbaubare Stoffe g/s DOC		nicht abbaubare Stoffe g/s DOC	
	1970—1974	1983	1970—1974	1983
Oberrhein	15 000	1 595	1 924	1 063
Niederrhein	41 610	3 935	4 369	2 623

*) DOC = Dissolved Organic Carbon = gelöster organischer Kohlenstoff
Quelle: GLÖCKLER, 1984

957. Zusammenfassend läßt sich feststellen:

— Der Anteil der abbaubaren organischen Substanzfracht ist in den zurückliegenden 15 Jahren um ein Vielfaches zurückgegangen, während der Anteil der Fracht an nicht abbaubaren (resistenten) Substanzen nur um einen Faktor 2 abgenommen hat.

— Der Anteil an Ligninsulfonsäuren hat aufgrund der getroffenen Abwasserreinigungsmaßnahmen bei den Zellstoff-Fabriken im Rhein-Einzugsgebiet deutlich abgenommen. Allerdings stellen Huminstoffe und Ligninsulfonsäuren auch heute noch die Hauptbestandteile der organischen Inhaltsstoffe dar.

— Der Anteil an im einzelnen nicht bekannten organischen Substanzen, die weder Huminstoffe noch Ligninsulfonsäuren sind, ist verhältnismäßig konstant geblieben.

— Der Anteil biologisch abbaubarer Substanzen an der Gesamtmenge gelöster organischer Substanzen liegt im Rhein an keiner Stelle und bei keiner der untersuchten Wasserführungen über 40 %. An den meisten Stellen erreicht er nur 15—25 %. Die gemessenen Konzentrationen abbaubarer organischer Substanzen schwanken je nach Probenahmestelle und Abfluß zwischen 0,3 und 1 mg/l DOC.

— Bei Niedrigwasserführung nimmt die Konzentration an biologisch nicht abbaubaren Stoffen an allen Probeentnahmestellen mit abnehmender Abflußmenge entsprechend der fehlenden Verdünnung zu.

— Der Einfluß diffuser Quellen auf die Belastung des Rheins mit organischen und anorganischen Substanzen gewinnt relativ gesehen umso mehr an Bedeutung, je mehr es gelingt, die Belastung aus punktförmigen Quellen durch verstärkten Ausbau von Kläranlagen mit intensivierter Abwasserreinigung herabzusetzen.

— Durch den Ausbau kommunaler Kläranlagen ist die Belastung mit biologisch abbaubaren Substanzen deutlich zurückgegangen. Die diffusen Quellen gewinnen jetzt zunehmend an Bedeutung für die Belastung mit diesen Stoffen. Das Gewässerschutzziel für Ammonium ist noch nicht erreicht, hat jedoch aus der Sicht der Trinkwassergewinnung am Rhein eine geringere Priorität.

— Die im Rhein auftretenden Halogenkohlenwasserstoffe stammen sowohl aus den Einleitungen von Industrie und Gewerbe als auch aus dem kommunalen Bereich und der Landwirtschaft. Schwer abbaubare bzw. resistente Stoffe werden z. Zt. in den Kläranlagen nicht oder nur unzureichend eliminiert. Fracht und Konzentration steigen entlang der gesamten Fließstrecke von Schaffhausen bis Leverkusen an.

— Die Salzbelastung stellt für die Wassergewinnung aus dem Rhein nach wie vor eines der Hauptprobleme der Rheinwasserverschmutzung dar.

— Die Schwermetallbelastung ist sowohl in der fließenden Welle des Rheins als auch im Rheinsediment erfreulich zurückgegangen und ist für die Trinkwassergewinnung inzwischen unproblematisch.

— Die weitere Entwicklung der Rheinwasserqualität wird davon abhängen, inwieweit die geforderten Abwasserreinigungsmaßnahmen, besonders im Bereich der Emittenten für biologisch schwer oder nicht abbaubare organische Substanzen, installiert werden. Weiterhin hängt sie davon ab, inwieweit es möglich ist, durch politische Einflußnahme die Belastung des Rheins mit Neutralsalzen durch die Elsässischen Kalibergwerke soweit einzudämmen, daß die maximal zulässige Konzentration von 100 bzw. 150 mg/l Chlorid und 100 bzw. 150 mg/l Sulfat entsprechend dem IAWR-Memorandum zum Rhein-Programm erreicht wird (IAWR, 1986). Darüber hinaus sind verstärkte Maßnahmen zum Schutz gegen Unfälle und ein besseres Alarmsystem erforderlich.

Ruhr

958. Die Ruhr wird zur Trinkwasserversorgung des Ruhrgebietes genutzt. Das Trinkwasser wird durch künstliche Grundwasseranreicherung gewonnen. Die wesentlichen Probleme der Ruhrwasserqualität betreffen die Belastung mit Schwermetallen über Abwässer aus Industrie- und Gewerbebetrieben sowie den Eintrag von Stör- und Schadstoffen über die Abläufe der kommunalen Kläranlagen. Hierbei handelt es sich vor allem um Ammonium und Phosphate.

959. In der Ruhr hat der Ammoniumgehalt für die Trinkwassergewinnung eine besondere Bedeutung. Im Winter kann die Ammoniumkonzentration bei abnehmendem Abfluß bis auf 3 mg/l NH_4 ansteigen, da die niedrigen Wassertemperaturen sowohl bei den Kläranlagen als auch in der fließenden Welle zu einer Verminderung der Nitrifizierungsrate führen. Während der kalten Jahreszeit ist auch die mikrobiologische Nitrifizierung der Ammoniumionen im Zuge der nur ein bis wenige Tage betragenden Aufenthaltszeit des Wassers im Boden bei der Bodenfiltration gering. Dies führt zu Ammoniumdurchbrüchen bis in das Trinkwasser, wie sie 1984 und 1985 während der kalten Monate wiederholt aufgetreten sind.

960. Bei der Ruhr ist im Gegensatz zum Rhein die weitere Verminderung des Phosphateintrages ebenfalls eine wesentliche gewässerschutzpolitische Maßnahme, die der Herabsetzung der Eutrophierung und damit der Verhinderung von Algenmassenentwicklungen in der Ruhr und den Ruhrstauseen dient. Dies ist für die Trinkwassergewinnung aus der Ruhr äußerst wichtig. Daher ist im Einzugsgebiet der Ruhr eine Verstärkung der Kläranlagenkapazität aber auch eine Ausweitung der Regenwasserbehandlung unumgänglich.

Donau

961. Aus der Donau entnimmt der Zweckverband Landeswasserversorgung Stuttgart seit März 1973 unterhalb der Staustufe Leipheim Rohwasser zur Trinkwasserversorgung von Stuttgart in einer Menge bis zu 2,3 m³/s. Dieses Wasser wird im Wasserwerk Langenau nach modernsten Gesichtspunkten aufbereitet und zusammen mit dem im Donauried geförderten Grundwasser dem mittleren Neckarraum und der Landeshauptstadt Stuttgart zugeführt. Damit besteht hier die einzige wesentliche Direktentnahme von Oberflächenwasser aus der fließenden Welle zur Trinkwassergewinnung.

962. Für die Trinkwassergewinnung aus der Donau stellen die biologisch schwer abbaubaren Abwasserinhaltsstoffe aus der Zellstoffindustrie und die Ammoniumkonzentration ein besonderes Problem dar. Ein hoher Ammonium-Frachtanteil, der in Leipheim bei Niedrigwasserführung bis etwa 70 % der Gesamtfracht ausmachen kann, stammt von der nicht nitrifizierenden Großkläranlage Ulm/Neu-Ulm. Das geht daraus hervor, daß sich mit der Inbetriebnahme dieser Großkläranlage die in die Donau eingebrachte Ammoniumfracht erhöht hat und z. Zt. ca. 2 t/Tag beträgt.

Stehende Gewässer

963. Die Gewinnung von Trinkwasser aus langsam fließenden, gestauten und stehenden Gewässern, vor allem aus Trinkwassertalsperren, ist mit einfachen Aufbereitungsverfahren ohne weiteres und auch langfristig möglich, wenn die Einzugsgebiete überwiegend forstwirtschaftlich genutzt werden und kaum besiedelt sind. Größere Besiedlungsdichte und landwirtschaftliche Nutzung führen jedoch dazu, daß vor allem die Nährstoffbelastung so umfangreich wird, daß komplizierte Aufbereitungsverfahren erforderlich werden. Dabei kann es zu Aufbereitungsschwierigkeiten kommen, wenn durch übermäßige, ständige Nährstoffzufuhr der Umfang der Algenentwicklung so groß wird, daß die hieraus resultierenden, z. T. kurzfristig auftretenden Veränderungen der Rohwasserqualität durch die gegebenen Aufbereitungsverfahren nicht mehr beherrscht werden können (vgl. BERNHARDT und SCHMIDT, 1986).

964. Die Auswirkungen zunehmender Eutrophierung und ihr Einfluß auf die Wasseraufbereitung und Trinkwasserqualität wurden auch vom Rat in seinem Landwirtschaftsgutachten (SRU, 1985) dargestellt:

— Bildung großer Mengen partikulärer organischer Substanzen, z. B. Phytoplankton, Zooplankton, Bakterien, Pilze. Sie verursachen vorzeitige Filterverstopfungen oder brechen durch die Filter durch. Im Trinkwasser rufen sie Wiederverkeimungen, Geruchs- und Geschmacksbeeinträchtigungen hervor und können als sichtbare oder sich abscheidende Bestandteile das Trinkwasser unappetitlich machen.

— Auftreten gelöster organischer Verbindungen, die bereits in geringsten Konzentrationen (ng/l) geruchs- und geschmacksintensiv sein können. Diese Substanzen beeinträchtigen außerdem die Desinfektion, indem sie das zugesetzte Desinfektionsmittel (Chlor oder Chlordioxid) zehren. Mit Chlor bilden sie häufig sehr geruchs- und geschmacksintensive Verbindungen.

— Freisetzung algenbürtiger organischer Verbindungen mit flockungsstörenden Eigenschaften.

— Bildung huminartiger biologisch schwer abbaubarer Substanzen bei der Dekomposition von Organismen, die Vorläufersubstanzen für die Trihalogenmethanbildung sind.

— Entwicklung reduktiver Bedingungen im Bereich der Wasser-Sediment-Grenzschicht führt zu erhöhten Konzentrationen an Fe^{2+}- und Mn^{2+}-Ionen im Rohwasser und erfordert eine Entmanganung.

— Die Reduktion von Sulfat zu Schwefelwasserstoff auch in der obersten Sedimentschicht verhindert die Phosphatbindung am Sediment und forciert damit die Eutrophierung.

— Freisetzung erhöhter Konzentrationen an NH_4^+-Ionen im Wasser in größerer Tiefe ($>0,1$ mg/l NH_4) bedingt Störung der Desinfektion mit Chlor sowie Gefahr der Nitritbildung im Versorgungsnetz.

965. Der Rat betont, daß stehende Gewässer, vor allem Talsperren und große Seen, die der Trinkwasserversorgung dienen, sich in einem oligotrophen, höchstens mesotrophen, keinesfalls aber in einem eutrophen Zustand befinden sollen.

Die Spurenelementkonzentrationen liegen in oligotrophen und mesotrophen Talsperren immer deutlich unter den Grenzwerten der Kategorie A. Sie werden auch in eutrophen Talsperren kaum in diese Konzentrationsbereiche kommen.

Entscheidend für die Wasseraufbereitung aus stehenden Gewässern ist der Gehalt an partikulären und gelösten biogen bedingten organischen Substanzen (DOC). Der DOC-Gehalt sollte im Rohwasser aus Talsperren 1,5—2 mg/l nicht überschreiten. Für stark huminsaure Wässer kann diese Forderung allerdings nicht in Anwendung gebracht werden.

Diese Forderung wird von oligotrophen Talsperren generell erfüllt, von mesotrophen Talsperren im Jahresmittel und kann von eutrophen Talsperren grundsätzlich nicht erfüllt werden. Entsprechende Forderungen leiten sich hieraus für die Beschaffenheit des Wassers der Zuflüsse von Trinkwassertalsperren ab.

2.4.3.3 Stoffeinträge durch Abwässer — Hauptgruppen der Gewässerbelastung

966. Der Rat hat im Sondergutachten über die „Umweltprobleme des Rheins" (SRU, 1976) eine Unterteilung der Gewässerbelastungen in fünf Belastungsgruppen vorgenommen. Diese Gruppen berücksichtigen in erster Linie die verfahrenstechnischen Möglichkeiten zur Verminderung von Emissionen und weniger die Wirkungsspektren von Stoffgruppen. Diese Klassifizierungssystematik hat sich bewährt, sie wurde in das Umweltgutachten 1978 (SRU, 1978) übernommen und wird auch hier beibehalten.

Zwischen den Belastungsgruppen bestehen Wechselbeziehungen, weshalb auch weitere Unterteilungen möglich sind und zur Charakterisierung bestimmter Substanzen angewendet werden. Aus diesem Grunde werden hier als weitere Belastungsgruppe die Nährelemente (eutrophierende Stoffe) eingefügt, die als Endprodukt biologischer Abbauprozesse entstehen. Folgende Belastungsgruppen werden unterschieden:

1. leicht abbaubare Stoffe (insbesondere biologisch)

2. schwer abbaubare Stoffe

3. Salze (ausgenommen Nährsalze)

4. Schwermetallverbindungen

5. Abwärme

6. Nährelemente.

Biologisch leicht abbaubare Stoffe

967. Der Wirkungsgrad einer biologischen Kläranlage ist als das Verhältnis der Abnahme der organischen Verschmutzung zur zugeführten organischen Verschmutzung im Abwasser definiert. Durch biologische Kläranlagen nach den allgemein anerkannten Regeln der Technik lassen sich bei durchschnittlichem kommunalem Abwasser leicht Wirkungsgrade von etwa 95% bis 97% für den BSB_5 (biologischer Sauerstoffbedarf in fünf Tagen) und etwa 90% für den CSB (chemischer Sauerstoffbedarf) erreichen. Nach den Mindestanforderungen muß der BSB_5 des Ablaufs unter 20 mg/l BSB_5 liegen. Falls die Konzentration des Zuflusses höher als normal ist, muß der Wirkungsgrad der Kläranlage verbessert werden, um den Wert von 20 mg/l BSB_5 im Ablauf einzuhalten. Üblicherweise wird für eine solche Kläranlage eine zweite Reinigungsstufe erforderlich, entweder als Vorstufe oder als nachgeschaltete Stufe der weitergehenden Reinigung.

Der Gesetzgeber hält die Einhaltung eines Emissionsgrenzwertes (nach den Mindestanforderungen) für wichtiger, als die Angabe des Wirkungsgrades einer Kläranlage. Der Rat unterstützt diese Auffassung.

968. In bezug auf die Eliminierung von leicht abbaubaren Stoffen ist es sinnvoll, die durchschnittliche Restbelastung der Abwässer an BSB_5 zu verfolgen. Die BSB_5-Analyse wird nach der 1. Allgemeinen Abwasser-Verwaltungsvorschrift zur Unterdrückung der Ammonium-Oxidation mit Zusatz von Allylthioharnstoff (ATH) als Nitrifikationshemmer durchgeführt.

969. Aktuelle Zahlen über die Leistung von Kläranlagen liegen aus den Ländern Baden-Württemberg und Nordrhein-Westfalen vor. Beim Leistungsvergleich 1985 der ATV-Landesgruppe Baden-Württemberg mittels einfacher Bestimmungsmethoden wurde die Eigenüberwachung von 1238 öffentlichen Kläranlagen ausgewertet. Der BSB_5 der Abläufe lag im arithmetischen Mittel aller Kläranlagen bei 9,6 mg/l und hat sich gegenüber dem Vorjahr 1984 um 0,7 mg/l verbessert. Die Verteilung des Ablauf-BSB_5 bei den überwachten Kläranlagen ist in Abbildung 2.4.3 dargestellt. Danach liegen die mittleren BSB_5-Werte der Abläufe von 106 Kläranlagen über 25 mg/l; das sind 8,6% aller Kläranlagen.

Abbildung 2.4.3

Leistungsvergleich von Kläranlagen in Baden-Württemberg 1985

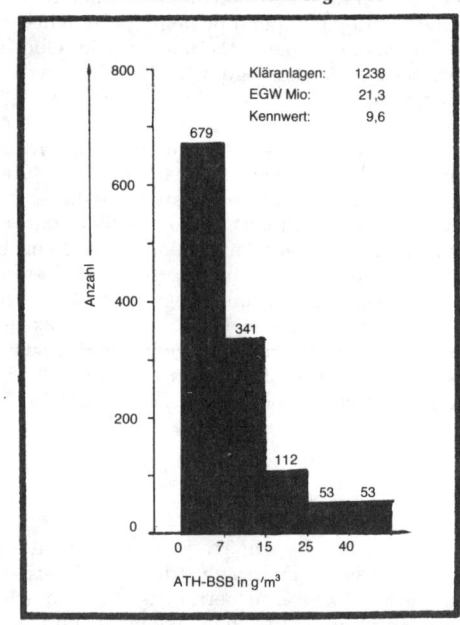

Kläranlagen: 1238
EGW Mio: 21,3
Kennwert: 9,6

Anzahl nach ATH-BSB in g/m³:
- 0–7: 679
- 7–15: 341
- 15–25: 112
- 25–40: 53
- >40: 53

Quelle: Mitteilung der ATV-Landesgruppe Baden-Württemberg, 1985

Bei den öffentlichen Kläranlagen des Landes Nordrhein-Westfalen lag der mittlere BSB$_5$ aller Abläufe nach den amtlichen Messungen im Jahre 1984 bei 18 mg/l (nach Auskunft durch das Landesamt für Wasser und Abfall des Landes Nordrhein-Westfalen).

970. Die im Bundesministerium für Umwelt, Naturschutz und Reaktorsicherheit (BMU, früher BMI) vorliegenden Statistiken erbrachten für 1979 im ganzen Bundesgebiet von 5 823 Kläranlagen einen Mittelwert aller abgeleiteten Abwässer von BSB$_5$ = 22,7 mg/l.

Der Stand der Belastung aus Kläranlagenabläufen für verschiedene Flußgebiete ist in Tabelle 2.4.11 zusammengestellt.

971. Die Betreiber von Kläranlagen bemühen sich, von Jahr zu Jahr die Leistung und die Prozeßstabilität ihrer Kläranlagen zu verbessern.

Schwer abbaubare Stoffe

972. In unseren Gewässern gewinnen die schwer abbaubaren organischen Verbindungen immer mehr an Bedeutung, dies ganz besonders in den Gewässern, die der Trinkwassergewinnung dienen. Zu diesen Stoffen zählt man z. B. die halogenierten Kohlenwasserstoffe (HKW), die flüchtigen aromatischen und polyzyklischen aromatischen (PAK) und heteroaromatischen Kohlenwasserstoffe.

Ihnen gemeinsam ist neben ihrer biologischen und chemischen Persistenz, daß viele von ihnen stark toxisch, evtl. mutagen, kanzerogen, bioakkumulierbar und in geringen bis geringsten Mengen wirksam sind. Die bislang zu geringen Kenntnisse über die gesamten Wirkungsspektren dieser Stoffe machen eine Gefahrenabschätzung unmöglich. Darüber hinaus existieren in unseren Gewässern auch Abbauprodukte (Metaboliten) dieser Stoffe, von denen wir nur im Einzelfall den Aufbau kennen und ihr Gefahrenpotential für unsere Gewässer abschätzen können. Diese organischen Verbindungen gelangen aus den unterschiedlichsten Quellen in die Gewässer. Sie sind selbst nach einer noch so intensiven biologischen Abwasserreinigung in den Abläufen vorhanden, oder sie gelangen zusammen mit dem Regenwasser über Auswaschungen oder Abspülungen als diffuse Verunreinigungen in die Gewässer. Auch können sie schon beim Eintrag stark chlorabspaltender Reinigungsmittel in das Abwasser entstehen.

973. Für diese schwer abbaubaren organischen Wasserinhaltsstoffe existiert keine spezielle Erfas-

Tabelle 2.4.11

Mittelwerte der Kläranlagen-Abläufe nach Flußgebieten 1979

Flußgebiet	Grenzen	Anzahl Kläranlagen	BSB$_5$ mg/l
Donau	Quelle bis Schutter	358	25,9
Lech	Quelle bis Schwarze Laber	163	21,1
Naab	Quelle bis Schwarzach	141	16,6
Isar	Quelle bis Landesgrenze	287	21,9
Rhein	Bodensee bis Main	974	18,6
Main		573	19,8
Rhein	Main bis Lahn	250	8,7
Mosel		209	17,9
Rhein	Wied bis Landesgrenze	685	19,4
Rur	mit Schwalm und Niers	195	20,8
Ems		306	22,9
Weser	Oberlauf	242	6,8
Weser	Mittel- und Unterweser	353	23,8
Aller		355	24,8
Elbe	Mittelelbe	36	12,5
Elbe	Unterelbe	291	105,4 *)
Ijssel	und Berkel und Vechte	81	33,1
Nordseeküste	Sylt bis Ems, einschl. Inseln	165	16,6
Ostseeküste	von dän. Grenze bis Trave	199	35,3
Bundesgebiet		5 823	22,7

*) Der hohe Wert ist zum größten Teil durch den Ablauf einer an den Untersuchungstagen 1979 schlecht funktionierenden Großkläranlage bedingt.

Quelle: Mitteilung des BMI (jetzt BMU) vom Januar 1986

sungsmethode. Sie werden über die Summenparameter „chemischer Sauerstoffbedarf" (CSB) oder „gelöster organischer Kohlenstoff" (DOC) miterfaßt. Sie zeigen sich als Restwerte nach der Elimination der abbaubaren organischen Stoffe, jedoch können nur ganz wenige als Einzelsubstanzen identifiziert werden. Mit Hilfe dieser Summenparameter kann keine Abschätzung über das ökotoxische Potential der Inhaltsstoffe getroffen werden, da dieses bei den verschiedenen Verbindungen sehr unterschiedlich sein kann und keinesfalls ausreichend bekannt ist (z. B. als Extremfall sei die unterschiedliche Toxizität zweier Tetrachlordibenzodioxine, die sich um den Faktor 10 000 unterscheidet, angeführt) (BRADLAW, 1980; UBA, 1985). Andere spezifische Summenparameter erfassen „adsorbierbare organische Halogenverbindungen" (AOX) oder „polyzyklische aromatische Kohlenwasserstoffe" (PAK). Hierbei bleibt jedoch auch eine Informationslücke bestehen, die nur durch Einzelstoff- bzw. Gruppenanalytik (PCT's, PCN's, PCDE's, PCB's, PCDD's und PCDF's) ausgeräumt werden könnte. Routinemäßige Analytik in diesem Umfang würde aber jeden vernünftigen Rahmen sprengen und sollte nur in begründeten Einzelfällen durchgeführt werden.

974. Es ist notwendig, diese schwer abbaubaren organischen Stoffe möglichst gar nicht erst entstehen, zumindest jedoch nicht in die Gewässer gelangen zu lassen. Das bedeutet für die Industrie, daß diese Stoffe am Ort ihrer Entstehung durch entsprechende Maßnahmen zurückgehalten bzw. entsorgt werden sollten. Hierbei ist darauf zu achten, daß alle Reaktionsprodukte toxisch unbedenklicher zu sein haben als die Ausgangsprodukte. Die beste Lösung wäre jedoch die Umstellung auf emissionsfreie Produktionsverfahren. Dies wird jedoch in der Realität nicht immer möglich sein, so daß den Industriekläranlagen eine entsprechende Reinigung, z. B. Aktivkohle-Filter-Anlagen, nachgeschaltet sein sollte, die diese Emissionen minimiert.

975. Auch die kommunalen Kläranlagen sind so auszubauen, daß die schwer abbaubaren Stoffe weiter reduziert werden. Da man heute weiß, daß beachtliche Mengen chlorierter Kohlenwasserstoffe und ihre Vorläufer aus Reinigungs- und Desinfektionsmitteln der privaten Haushalte entstammen (NEUMAYR, 1984), sind künftig auch an Kläranlagen, die keine Industrieabwässer mitbehandeln, höhere Reinigungsanforderungen zu stellen.

976. Die in den Gewässern durch Einleitungen bzw. Abschwemmungen enthaltenen schwer abbaubaren organischen Schadstoffe sind besonders dann problematisch, wenn das Wasser zur Trinkwassergewinnung genutzt wird und vergleichsweise harmlose Stoffe die Aufbereitung des Wassers dadurch beeinträchtigen, daß sie die Kapazität der Aktivkohlefilter zur Aufnahme von kritischen, schwer abbaubaren Stoffen erschöpfen (sog. konkurrierende Adsorption). Dadurch kann es zu plötzlichen Filterdurchbrüchen kommen, was sofort Auswirkungen auf das Trinkwasser haben kann.

977. Nachdem ab Mitte der 70er Jahre ein deutlicher Rückgang in der Fracht aller Inhaltsstoffe des Rheins zu verzeichnen war, ist heute bei organischen Verbindungen, wenn überhaupt, nur ein sehr geringer Rückgang zu beobachten (s. Abb. 2.4.4). Noch weniger ausgeprägt ist die Abnahme der adsorbierbaren organischen Halogenverbindungen (AOX-Werte), wie Abbildung 2.4.5 zeigt.

Abbildung 2.4.4

Veränderung der repräsentativen DOC-Konzentrationen im Niederrhein bei Orsoy von 1970—1984

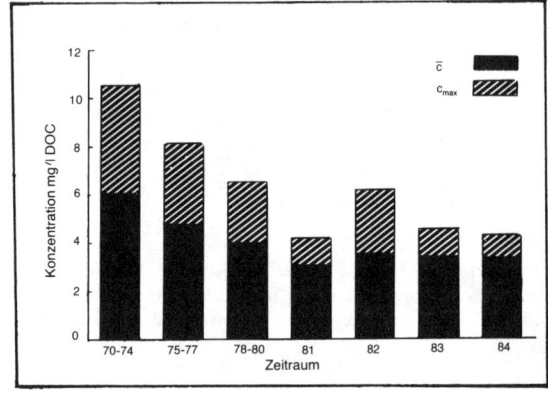

Quelle: GIMBEL und VÖLKER, 1985

978. Während der BSB ein Maß für die biologisch abbaubaren Inhaltsstoffe des Wassers ist, werden mit dem CSB sowohl biologisch abbaubare als auch biologisch nicht abbaubare Stoffe erfaßt. Da die derzeitigen Abwasserreinigungsanlagen vornehmlich biologisch abbaubare Stoffe reduzieren (s. a. Tab. 2.4.10), haben die BSB-Werte stärker abgenommen als die CSB-Werte. Der Anteil der schwer abbaubaren Stoffe, ausgedrückt im CSB/BSB-Verhältnis, hat sich dadurch um 7 % vergrößert (VAN DER VEEN, 1985).

Abbildung 2.4.5

Veränderung der repräsentativen AOX-Konzentrationen im Niederrhein bei Köln von 1975—1984

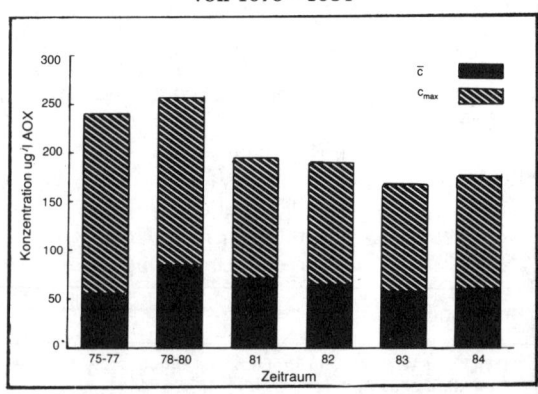

Quelle: GIMBEL und VÖLKER, 1985

Diese relative CSB-Vermehrung muß sehr ernst genommen werden, insbesondere da unbekannt ist, was sich hinter diesem Summenparameter im Rhein-Wasser verbirgt. Diese Ergebnisse vom Rhein sind sicherlich auf den Durchschnitt der Bundesrepublik Deutschland mit mehr oder minder großen Abweichungen übertragbar und sollten zwangsläufig alle Anstrengungen auf eine Reduzierung der schwer abbaubaren Problemstoffe lenken.

Schwermetalle

979. Die Schwermetallgehalte im kommunalen Abwasser sind sehr stark von der Siedlungsstruktur sowie von Anteil und Struktur der Gewerbe- und Industriebetriebe im Einzugsgebiet abhängig. Weiterhin ist von Einfluß, ob in einer Trennkanalisation nur Abwasser oder in einer Mischkanalisation gleichzeitig auch Niederschlagswasser abgeleitet wird.

Das frisch aufbereitete Trinkwasser enthält schon beim Verlassen des Wasserwerks meßbare Konzentrationen an Schwermetallen, die nach dem Durchströmen des Rohrnetzes und der Hausinstallation noch deutlich zunehmen. In der Regel werden die Grenzwerte für Trinkwasser jedoch weit unterschritten.

Mit den menschlichen Ausscheidungen gelangen über Harn und Kot ebenfalls Schwermetalle in häusliche Abwässer. Der Anteil der aus Ausscheidungen (Nahrungsmitteln) stammenden Schwermetalle liegt in der Größenordnung von 10 % des gesamten Schwermetallgehalts von häuslichem Abwasser (ATV, 1982).

Im Durchschnitt stammen die Schwermetalle im häuslichen Abwasser ganz überwiegend aus den Reinigungswässern der Haushalte. Dabei gelangt schwermetallkontaminierter Staub beim Reinigen von Fenstern, Böden und Wandfliesen über die Waschwässer ins Abwasser. Hauptsächlich Chromabrieb von Waschmaschinen und Armaturen in Toilette, Bad und Küche läßt sich anhand erhöhter Konzentrationen im Abwasser nachweisen.

Die Schwermetallfrachten des über die Mischkanalisation in die Kläranlage gelangenden verschmutzten Niederschlagswassers entsprechen weniger als einem Zehntel der Frachten aus häuslichem Abwasser. Dieser Prozentsatz ist als Mittelwert, resultierend aus den Frachtanteilen verschiedener Schwermetalle, zu verstehen. Eine besondere Bedeutung kommt den Straßenabflußwässern zu, deren Hauptverunreinigung durch den Verkehr verursacht wird. Dabei sind die Frachten für Blei, Cadmium und Kupfer aus dem Straßenabflußwasser größer als die Summe der Frachten dieser Metalle, die durch Leitungswasser, Haushaltsabwasser und Regenwasser verursacht werden (RÖBER und HÖLLWARTH, 1981).

980. Bei gewerblichen und industriellen Abwässern ist grundsätzlich zwischen Schwermetallemissionen aus industriellen Herstellungsprozessen und solchen aus der Anwendung der Industrieprodukte zu unterscheiden. Die Konzentration von Schwermetallen in gewerblichen und industriellen Abwässern ist sehr unterschiedlich und stark von der Produktionsart und von dem Vorhandensein einer mehr oder weniger guten Vorbehandlung der Abwässer in den Betrieben vor der Einleitung in die Kanalisation abhängig.

981. Die Tabelle 2.4.12 zeigt beispielhaft Schwermetallkonzentrationen von verschiedenen Kläranlagenzuflüssen auf.

Tabelle 2.4.12

Schwermetallkonzentrationen im Rohabwasser verschiedener Kläranlagen

Dim.	A (mg/l)	B (mg/l)	C (mg/l)	D (mg/l)
Cd	2,2	3	3	15
Cr	63	20	40	113
Cu	69	180	110	111
Pb	79	70	140	277
Hg	4,8	2	1	1,7
Ni	40	40	30	32
Zn	328	500	480	1 040

A: München-Großlappen
B: häusl. Abwasser nach ATV-Untersuchung
C: häusl. Abwasser nach anderen deutschen Autoren
D: Aachen-Soers
Quelle: SRU

982. Die Anreicherung von Schwermetallen im anfallenden Klärschlamm ist von der Art des abwassertechnischen Reinigungsverfahrens (mechanisch/biologisch/chemisch) und von der Art der Schlammbehandlung abhängig. Tabelle 2.4.13 zeigt exemplarisch einige Schwermetallanreicherungsfaktoren. Der Anreicherungsfaktor ist auch von der Zulaufkonzentration abhängig, und zwar ist er am größten, wenn die Zulaufkonzentration gleichzeitig die geringsten Werte aufweist.

Eutrophierende Stoffe

983. Phosphor und Stickstoff sind als Nährstoffe für den Aufbau organischer Substanz — also für das Pflanzenwachstum — unentbehrlich. Wasserpflanzen verwenden zum Aufbau ihrer organischen Substanz Stickstoff und Phosphor durchschnittlich im Gewichtsverhältnis 7 : 1. In vom Menschen unbeeinflußten Gewässern liegt das Verhältnis N : P in der Größenordnung von 50 : 1 bis 80 : 1, d. h. das Stickstoffangebot ist wesentlich höher als das Phosphorangebot.

Das Verhältnis N : P in deutschen Flüssen hat sich durch Phosphoreinträge auf etwa 15 : 1 bis 10 : 1 eingeengt. Jede zusätzliche Phosphorzufuhr führt zu einem verstärkten Pflanzen- und Algenwachstum. Man spricht von Überdüngung (Eutrophierung). Beide Nährstoffe sind (neben vielen anderen Stoffen) gleich-

Tabelle 2.4.13

Vergleich der verschiedenen Anreicherungsraten der Schwermetalle im Klärschlamm

	Aachen Soers		Düren		Stolberg-Steinfurt	
	Zulauf	Anreicherungsfaktor (entwässerter Faulschlamm)	Zulauf	Anreicherungsfaktor (getrockneter Schlamm)	Zulauf	Anreicherungsfaktor (entwässerter Schlamm)
Dim.	µg/l	—	µg/l	—	µg/l	—
As	5	1 400	7	3 900	4	4 000
Pb	277	3 700	464	1 900	132	8 900
Cd	15	4 500	16	3 800	11	7 000
Cr	113	4 300	41	1 200	12	3 400
Co	3	5 300	49	900	8	1 900
Cu	111	3 700	155	2 200	91	4 800
Mn	144	2 300	283	1 300	407	1 600
Ni	32	5 300	60	1 000	17	2 200
Hg	1,7	3 900	0,9	2 700	0,6	8 500
Ag	11	3 200	11	2 800	3	9 300
Zn	1 040	4 500	2 263	2 300	1 604	3 800

Quelle: SRU

zeitig für das Pflanzenwachstum notwendig. Derjenige, von dem relativ am wenigsten verfügbar ist, ist der sogenannte Minimumfaktor.

984. Quellen des Phosphors im Gewässer sind in erster Linie häusliche, industrielle und landwirtschaftliche Abwässer. In den häuslichen Abwässern stammt etwa die Hälfte des Phosphors aus Wasch- und Reinigungsmitteln, obwohl seit Einführung der Phosphathöchstmengenverordnung von 1980 dieser Anteil um etwa 50 % zurückgegangen ist. Insgesamt ergibt sich heute etwa die in Tabelle 2.4.14 angegebene Verteilung (s. Abschn. 2.4.5.2).

985. Die Schadwirkung des Phosphors in Gewässern besteht in der Zunahme des Pflanzen- und Algenwachstums. Beeinträchtigungen zeigen sich in langsam fließenden Gewässern, in Auskolkungen und Uferbereichen auch schneller Fließgewässer, in stauregelten Gewässern, in Seen und im Wattenmeer. Negative Auswirkungen sind neben einer Verkrautung oder Veralgung von Flußläufen und Seen auch die Verschiebung des Artenspektrums zu schnell wachsenden Arten mit hohem Nährstoffbedarf. Weiterhin ergeben sich störende Sekundäreffekte: Verlangsamung der Fließgeschwindigkeit durch Verkrautung, erhöhte Sauerstoffzehrung bei Dunkelheit, Sauerstoffverbrauch beim Abbau der Biomasse und Beeinträchtigung von Geschmack und Geruch des Wassers mit erheblichen Auswirkungen auf die Trinkwassergewinnung. Als Gegenmaßnahme bietet sich zunächst eine Verringerung des Phosphoreintrages in die Kanalisation oder die Gewässer an, wie sie z. B. durch die Begrenzung der Phosphatmengen in den

Tabelle 2.4.14

Phosphoreinträge in die Gewässer der Bundesrepublik Deutschland

	häusl. Abwasser	landw. Abwasser	industr. Abwasser	Niederschlag	Grund- und Drainwasser	Erosion	Laubstreu
P-Eintrag (1 000 t/a)	50,2	8,0	12,0	3,8	2,4	6,1	0,5
P-Eintrag (100 %)	60,0	10,0	14,0	5,0	3,0	7,0	1,0
	punktförmige Quellen			diffuse Quellen			

Quelle: FIRK und GEGENMANTEL, 1986, verändert

Waschmitteln schon erfolgt ist. Die Diskussion um den zwangsweisen Ersatz von Waschmittelphosphaten durch z. B. Nitrilotriessigsäure (NTA) hält noch an.

986. Nitrilotriessigsäure bzw. -acetat (NTA) maskiert die härtebildenden Kalzium- und Magnesium-Ionen durch Komplexierung aus dem Waschwasser und kann dadurch ohne wesentliche Verschlechterung des Waschvermögens als Ersatzstoff für Polyphosphate in den Waschmitteln verwendet werden. Jeder Waschmittelwirkstoff verändert aber auch weitere Eigenschaften des Wassers und hat Auswirkungen auf die aquatische Umwelt. In diesem Sinne gibt es keine umweltfreundlichen Waschmittel. Der Einsatz von NTA in größeren Mengen wird nach wie vor hinsichtlich der Auswirkungen auf die aquatische Umwelt und die Trinkwasserversorgung kontrovers diskutiert.

NTA bildet nicht nur Komplexe mit den Härtebildnern, d. h. es hält sie in Lösung, sondern es bildet auch mit anderen Metallen Komplexe. NTA und die Metall-NTA-Komplexe sind grundsätzlich unter aeroben Bedingungen biologisch abbaubar. Geschwindigkeit und Abbaugrad hängen aber stark von den Randbedingungen ab.

987. Bei der ersten Belastung einer Kläranlage mit NTA beginnt der biologische Abbau erst nach einer Adaptionszeit zwischen etwa 10 bis 100 Tagen, danach verläuft er unter normalen Bedingungen gut und vollständig. Durch niedrige Wassertemperaturen wird er vermindert, und Stoßbelastungen können eine Änderung des Abbaus hervorrufen. Auch in überlasteten Kläranlagen werden niedrigere Wirkungsgrade beobachtet. Bei der mechanischen Reinigung der Abwässer findet praktisch keine Abnahme von NTA statt. Außerdem gelangt z. B. durch Regenentlastungen völlig ungeklärtes Abwasser in die Gewässer.

988. In den Gewässern findet zwar auch ein biologischer Abbau statt. Bei höheren Konzentrationen besteht aber die Gefahr, daß Schwermetalle remobilisiert werden, die in Sedimenten abgelagert oder an Schwebstoffe gebunden sind und sich im Boden befinden. In Kläranlagen kann die Festlegung von Schwermetallen an Schwebstoffen und Belebtschlammflocken gehemmt und damit die Schwermetalleliminierung aus dem Abwasser eingeschränkt werden. Die Fällung von Phosphaten mit Eisen- und Aluminiumsalzen wird ebenfalls durch NTA gestört. Das gleiche gilt für Flockungs- und Fällungsverfahren im Rahmen der Trinkwasseraufbereitung.

989. Bei der Bodenpassage und einer Aufenthaltszeit von mehr als 20 Tagen kann von einem NTA-Abbau von ca. 90 % ausgegangen werden. Alle anderen üblichen Trinkwasseraufbereitungsverfahren bringen keinen großen Erfolg, mit Ausnahme einer Ozonbehandlung. In der NTA-Studie (NTA-Koordinierungsgruppe der GDCh, 1984) wurde deshalb klar zum Ausdruck gebracht: In keinem Fall darf der Einsatz von NTA dazu führen, daß die Wasserwerke gezwungen werden, ihre Aufbereitungsmaßnahmen umzustellen oder zu ergänzen, um die Anforderungen an das Trinkwasser hinsichtlich des NTA-Gehaltes erfüllen zu können.

990. Es werden inzwischen phosphatfreie Waschmittel angeboten. Die Substitution erfolgt durch Kombinationsformulierungen. Auch ohne Waschmittelphosphate enthalten jedoch die häuslichen Abwässer durch die Phosphate aus Nahrungsmitteln noch soviel Phosphorverbindungen, daß das Eutrophierungsproblem nicht gänzlich gelöst ist. Es müßte zumindest schwerpunktmäßig bei großen Abwassereinleitungen eine Phosphateliminierung durchgeführt werden. Zur Reinigung phosphathaltiger Abwässer in den Kläranlagen bieten sich zwei Verfahren an: die chemische Reinigung durch P-Fällung und die biologische Phosphorelimination. Die Fällungsreinigung ist sehr wirkungsvoll, verursacht aber hohe Betriebskosten, einen erhöhten Schlammanfall und eine Erhöhung der Ionenkonzentration im behandelten Wasser. Die biologische P-Elimination ist z. Zt. noch nicht völlig betriebssicher und von geringerer Leistungsfähigkeit, verursacht aber bei richtiger Auslegung der Kläranlagen keine zusätzlichen Kosten.

991. Anzustreben ist, für die Mehrzahl der Kläranlagen zu einer über das übliche Maß hinausgehenden biologischen Phosphorelimination zu kommen und die Fällungsreinigung nur in Belastungsschwerpunkten vorzuschreiben.

992. Stickstoff tritt in der Umwelt in vielen Bindungsformen auf. Durch biochemische Prozesse können sich die Formen verändern. Ammoniak (NH_3) steht, abhängig vom pH-Wert und der Temperatur, im Gleichgewicht mit Ammonium (NH_4^+), wobei der Anteil des Ammoniums im neutralen Bereich stark überwiegt.

Von den oxidierten Stickstoffverbindungen Nitrit (NO_2^-) und Nitrat (NO_3^-) ist die Konzentration des Nitrits im allgemeinen deutlich geringer.

993. Die Herkunft des Stickstoffs in den Gewässern verteilt sich wie in Tabelle 2.4.15 angegeben.

994. Als Gegenmaßnahmen müssen neben der Denitrifikation in kommunalen Kläranlagen auch die sparsame Verwendung von stickstoffhaltigen Wirtschafts- und Handelsdüngern und der Rückhalt des Stickstoffs in Industrieanlagen empfohlen werden. Die Stickstoffentfernung aus dem Abwasser in den Kläranlagen erfolgt auf biologischem Wege: Im ersten Schritt wird Ammonium unter Sauerstoffverbrauch in Nitrat umgewandelt (Nitrifikation), danach kann durch Denitrifikation gasförmiger Stickstoff ausgetrieben werden. Zur Entlastung des Sauerstoffhaushaltes unserer Gewässer sollte eine Nitrifikation für alle Kläranlagen gefordert werden; eine Denitrifikation ist aus betrieblichen Gründen (Rückgewinnung des gebundenen Sauerstoffs, Rückgewinnung der Säurekapazität) und aus Gründen des Gewässerschutzes — insbesondere zum Schutz der Nordsee — geboten und wiederum bei richtiger Auslegung der Kläranlagen mit geringem Aufwand zu erreichen.

Tabelle 2.4.15

Stickstoffeinträge in die Gewässer der Bundesrepublik Deutschland

	häusl. Abwasser	landw. Abwasser	industr. Abwasser	Niederschlag	Grund- und Drainwasser	Erosion	Laubstreu
N-Eintrag (1 000 t/a) ...	161,6	46,2	191,0	46,3	215,4	13,9	14,4
N-Eintrag (100 %)	23,0	7,0	28,0	7,0	31,0	2,0	2,0
	punktförmige Quellen			diffuse Quellen			

Quelle: FIRK und GEGENMANTEL, 1986, verändert

Neutralsalze

995. Die Salzgehalte der Gewässer in der Bundesrepublik sind sehr unterschiedlich. Die Chloridgehalte schwanken zwischen 3—4 mg/l (Isar 1976) und 4 100 mg/l (Weser 1984), die Sulfatgehalte zwischen 25 mg/l (Donau 1976) und 570 mg/l (Weser 1984). Sie überschreiten damit z. T. um ein Vielfaches die im DVGW Arbeitsblatt 151 vorgegebenen Grenzwerte für Trinkwasseraufbereitungsverfahren von 200 mg/l Cl^- bzw. 150 mg/l SO_4^{2-}.

996. Als Ursachen für die Salzbelastungen können natürliche, geogene oder anthropogene Einflüsse geltend gemacht werden. Zu den flächig verteilten, anthropogenen Belastungen gehören die Verwendung von Auftausalzen, die Ausbringung von Düngemitteln und die durch Luftverunreinigungen belasteten Niederschläge. Örtlich konzentrierte Belastungen resultieren in erster Linie aus kommunalen Abwässern. Entscheidende Faktoren sind in diesem Falle

— menschliche Ausscheidungen mit ca. 6—9 g Cl^-, ca. 4 g SO_4^{2-} und 5—6 g PO_4^{3-} je Einwohner und Tag

— Wasserenthärtung für Geschirrspüler (1 kg NaCl für 15 Spülgänge mit mittelhartem Wasser bis 20° dH).

Auch verschiedene Industrieabwässer tragen zu einem nicht unerheblichen Teil zur Aufsalzung der Gewässer bei, insbesondere die Abwässer des Bergbaus und der Kaligewinnung, der Chemie und der Pharmazie, der Nahrungsmittelindustrie und einiger anderer Industriezweige.

Sickerwässer aus Hausmülldeponien haben Chloridgehalte bis zu einigen g/l, ebenso wie die Abwässer aus Rauchgasentschwefelungsanlagen. Hier ist man bemüht, durch Verdünnung mit unbelasteten Wässern die Salzkonzentration auf ein erträgliches Maß zu senken, da diese Salze durch normale Abwasserreinigungsverfahren nicht entfernt werden können.

Durch den Einsatz von chemischen Fällmitteln bei der Abwasserreinigung sind zwar gute Eliminationsleistungen für verschiedene Wasserinhaltsstoffe zu erreichen, es kommt aber zu einer starken Aufsalzung des behandelten Abwassers, so daß die Salzkonzentration im Ablauf einer Abwasserreinigungsanlage um den Faktor 1,5 bis 3 höher liegt, als im Zulauf.

Einfluß von Temperaturerhöhungen auf die Gewässer

997. Die Erwärmung der Gewässer infolge Einleitung von Kühlwasser, vornehmlich durch Kraftwerke, oder von Abwasser sowie durch die Einrichtung von Staustufen hat zahlreiche negative Auswirkungen, z. B.

— Wasserverlust durch Verdunstung,

— Erhöhung der organischen Belastung durch Vergrößerung des vollen Sauerstoffbedarfs (BSB_{End}),

— Verringerung der Sauerstoffaufnahme durch Einstellung eines kleineren Sauerstoffdefizits,

— schnellere Abbaugeschwindigkeit, die zu einem größeren örtlichen Sauerstoffbedarf führt,

— Erhöhung des Diffusionskoeffizienten bei steigender Wassertemperatur,

— Verschiebung des Artenspektrums hin zu wärmeliebenden Arten.

998. Die Gewässer der Bundesrepublik mit einem mittleren Niedrigwasserabfluß von insgesamt 435 Mio m³/Tag werden durch die Einleitung von Abwässern und Kühlwasser in der Gesamtbilanz um maximal ein Grad erwärmt. Örtlich und zeitweise kann der Wert höher sein. Die Temperatur sollte jedoch etwa 28 °C nicht überschreiten und bei einigen Gewässern deutlich niedriger liegen. Durch Angleichung an die Gleichgewichtstemperatur verlieren die Gewässer auf ihrem Fließweg allmählich ihre Übertemperatur nach bestimmten Gesetzmäßigkeiten, so daß der Effekt sich im Durchschnitt aller Gewässer bei den üblichen Abflüssen nur um wenige Zehntel Grad Temperaturerhöhung auswirkt.

999. Von einigen Flüssen, die in den letzten Jahrzehnten als Stauketten ausgebildet wurden, liegen langjährige Temperaturmessungen vor, so z. B. für den Lech. Die Abbildung 2.4.6 zeigt, daß sich die mittleren Temperaturen des Lechwassers in der Zeit nach dem Bau der Staustufen und ca. 10 km unterhalb der

Abbildung 2.4.6

Mittlere Monatstemperaturen des Lechwassers vor der Errichtung der meisten Stauhaltungen, Jahre 1891 bis 1940 (schraffiertes Band), und nach der Errichtung, Jahre 1971 bis 1980 (starke Linie)

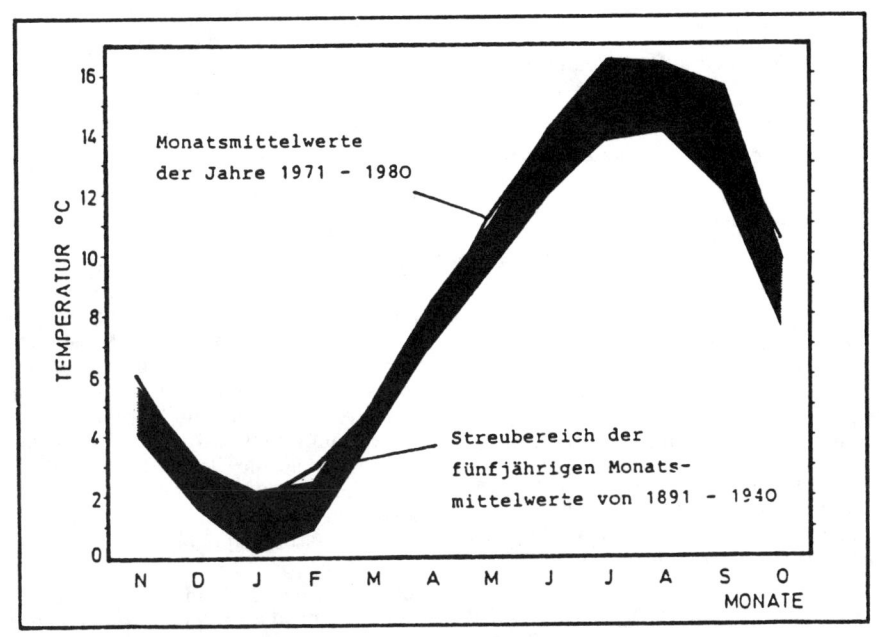

Monatsmittelwerte der Jahre 1971 - 1980

Streubereich der fünfjährigen Monatsmittelwerte von 1891 - 1940

Quelle: SRU, eigene Darstellung, nach Auskunft der Bayer. Landesanstalt für Wasserforschung

letzten Staustufe nur gering geändert haben gegenüber der Temperatur vor dem Bau der Staustufen, und zwar in der Richtung, daß in manchen Monaten eine leichte Temperaturerhöhung festgestellt wurde, die im Bereich bis zu einem Grad liegt. Ob diese Temperaturerhöhung durch den Aufstau des Lechs verursacht wurde, kann nicht mit Bestimmtheit gesagt werden. Jedenfalls ist die Temperaturänderung unwesentlich.

Örtlich und zeitweise werden aber auch höhere Wassertemperaturen beobachtet, wie beispielsweise an der Saar mit Temperaturen bis 40 °C. Dann sind die Auswirkungen erheblich größer, insbesondere auf den Sauerstoffhaushalt und die Artenzusammensetzung der im Wasser lebenden Tier- und Pflanzenarten.

2.4.3.4 Besondere zivilisatorische Einflüsse auf die Gewässergüte

2.4.3.4.1 Diffuse und flächenhafte Stoffeinträge

1000. Diffuse und flächenhafte Einträge problematischer Stoffe können zu ernsthaften Belastungen wichtiger Lebensgrundlagen (z. B. Boden, Grundwasser, Oberflächengewässer) führen. Als Belastungsquellen sind vor allem Emissionen aus Abfalldeponien, Gewerbe- und Produktionsstätten, aus defekten Kanalisationen, bei der Lagerung und dem Transport wassergefährdender Stoffe und aus dem landwirtschaftlichen Bereich hervorzuheben.

Abfalldeponien

1001. Die schadstoffbeladenen Deponiesickerwässer können zu Grundwasserkontaminationen und Beeinträchtigungen der Oberflächengewässer führen. Deshalb ist eine kontrollierte Sammlung und Entsorgung dieser Problemwässer erforderlich. Bei der Deponierung von Abfallstoffen und der Bewertung resultierender umweltrelevanter Wirkungen ist eine grundsätzliche Unterscheidung zwischen der Ablagerung von Sondermüll und Hausmüll erforderlich.

1002. Aufgrund der komplexen Zusammensetzung mit organischen und anorganischen Inhaltsstoffen stellen Sickerwasseremissionen aus Sondermülldeponien erhöhte Anforderungen an Dichtungs- und Behandlungsmaßnahmen. Konventionelle chemisch-physikalische oder biologische Abwasserbehandlungsverfahren können angesichts der extremen Belastungswerte keine ausreichende Reinigung bewirken. Es müssen daher spezielle, auf die jeweiligen Schadstoffverhältnisse abgestimmte Behandlungstechnologien eingesetzt werden. Gleichzeitig sollte die in die Vorfluter gelangende Salzfracht so gering wie möglich gehalten werden. Angesichts der dargestellten Schwierigkeiten ist eine Vermeidung problematischer Abfallstoffe eindeutig die bessere Lösung.

1003. Die Sickerwässer aus Haus- und Gewerbemüll-Deponien können zu erheblichen Beeinträchtigungen der Grund- und Oberflächenwässer führen. Die im Deponiekörper ablaufenden Vorgänge (Alterung, Verwitterung, Auslaugung) und die jeweilige

Müllzusammensetzung bestimmen Art und Menge der Sickerwasserinhaltsstoffe. Weiterhin ist der Sickerwasseranfall abhängig von der Niederschlagshöhe, dem Deponiealter und dem jeweiligen Deponiebetrieb.

1004. Gefährdungen für Grundwasser und Vorfluter stammen im wesentlichen aus drei Quellen (s. Abb. 2.4.7)

— Austritt von Sickerwasser aus dem Deponiekörper
— Oberflächenabfluß über dem Müllkörper
— Behandlung des Sickerwassers und Ableitung in den Vorfluter.

1005. Um die Belastung der Gewässer durch Deponiesickerwasser zu minimieren, müssen sowohl der Sickerwasseraustritt in den Untergrund und der Oberflächenabfluß minimiert als auch die Eliminations- und Behandlungstechniken optimiert werden.

Bei Abwägung des Umweltrisikos und des erforderlichen Sicherheitsaufwandes ist grundsätzlich zu fragen, ob Abfalldeponien auch weiterhin als bevorzugtes Entsorgungssystem angesehen werden können.

Altlasten

1006. Verlassene und stillgelegte Ablagerungsplätze und andere Bodenkontaminationen können sogenannte Altlasten zur Folge haben. Die Länder haben in den letzten Jahren ca. 30 000 bekannte Altdeponien in der Bundesrepublik ermittelt; kleinere Müllkippen sind dabei nicht einbezogen. Etwa 1 000 bis 2 000 davon sind im weiteren Sinne als problematisch anzusehen. Die Ablagerungen sind z. T. in den Ländern kartenmäßig erfaßt.

1007. Da generell alle organischen und anorganischen Stoffe, ob in der Natur vorkommend oder synthetisch produziert, im Abfall wieder auftauchen können, ist die Palette möglicher Schadstoffe in Altablagerungen unendlich groß.

Aufgrund von Untersuchungen amerikanischer Abfallablagerungen konnten potentielle Schadstoffe nach der Häufigkeit ihres Auftretens ermittelt werden. Bei den 13 häufigsten Schadstoffgruppen konnte weiterhin eine Häufung von Schadstoffen in wenigen Gruppen festgestellt werden (s. Abb. 2.4.8). Die unkontrollierte Ausbreitung und Verteilung der Kontaminanten im Boden kann zu vielfältigen Belastungen und Schäden im Ökosystem Boden führen. Darüber hinaus besteht die Gefahr flächenhafter Grundwasser- und Oberflächengewässerbelastungen, womit potentielle Nutzungsansprüche (z. B. Trinkwassergewinnung, Fischerei) gefährdet sind.

1008. Um die latenten Gefahren, die von den geschätzten 30 000 Altlasten ausgehen, zu minimieren, muß eine Ausbreitung der Schadstoffe verhindert werden, bzw. durch Dekontaminierungsmaßnahmen die Belastung reduziert werden. Mögliche Sanierungstechnologien lassen sich nach ihrer Wirkungs-

Abbildung 2.4.7

Belastungen der Gewässer durch Deponiesickerwasser

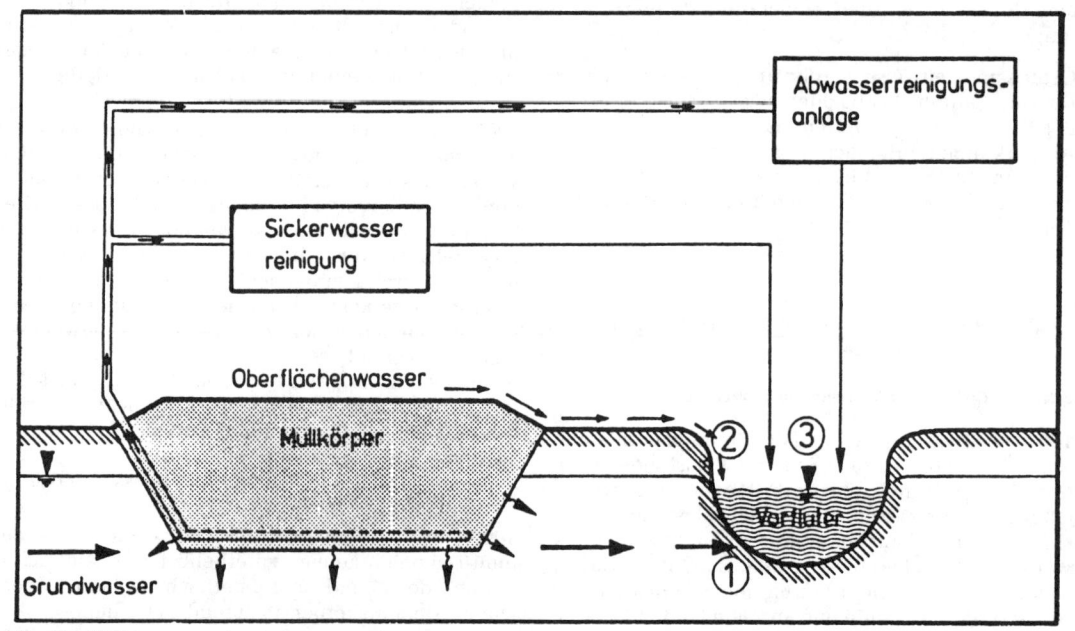

Quelle: SRU

Abbildung 2.4.8
Häufigkeit verschiedener Schadstoffe in der Umgebung von Abfallablagerungen

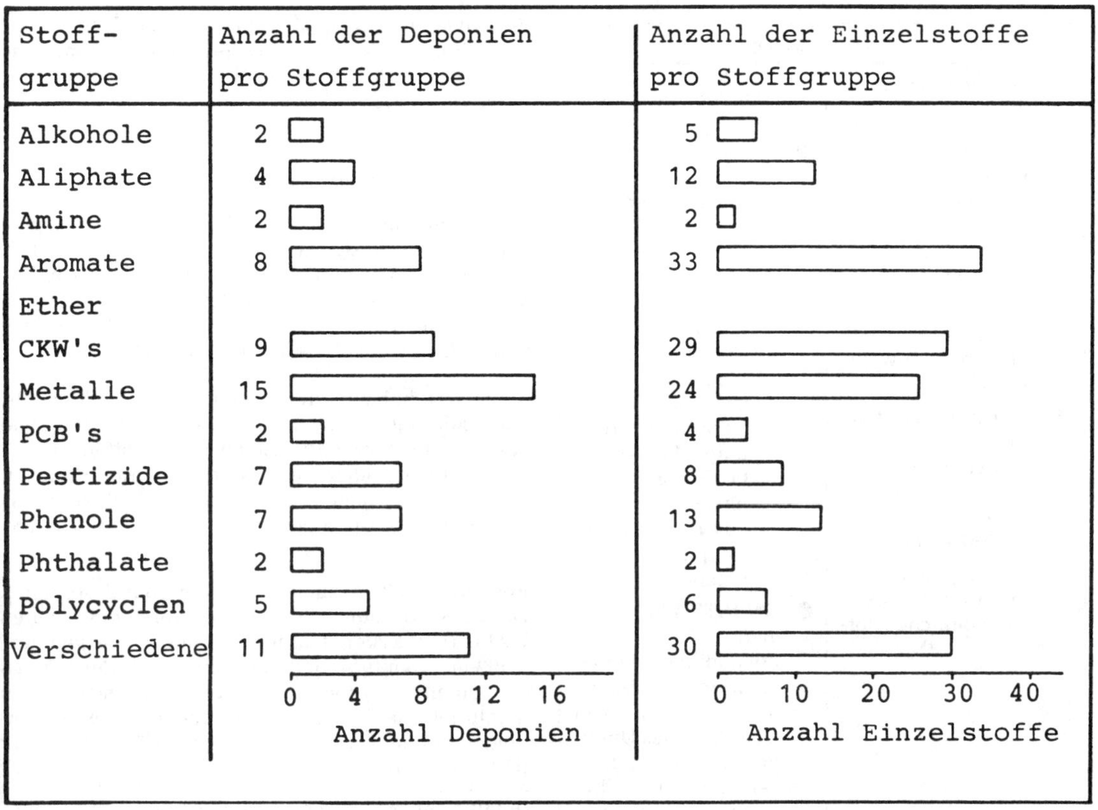

Stoffgruppe	Anzahl der Deponien pro Stoffgruppe	Anzahl der Einzelstoffe pro Stoffgruppe
Alkohole	2	5
Aliphate	4	12
Amine	2	2
Aromate	8	33
Ether		
CKW's	9	29
Metalle	15	24
PCB's	2	4
Pestizide	7	8
Phenole	7	13
Phthalate	2	2
Polycyclen	5	6
Verschiedene	11	30

Quelle: NATO-Umweltausschuß, 1985; SCHMIDT und SCHÖTTLER, 1984

weise in zwei Gruppen einteilen (Tab. 2.4.16). Zum einen existieren Sanierungsverfahren, die auf eine Unterbrechung der Kontaminationswege abzielen, wodurch kurzfristig eine Reduzierung der Umweltbelastung erreicht wird, zum anderen können physikalisch-chemische oder biologische Behandlungstechniken zur Eliminierung der Schadstoffe eingesetzt werden.

Grundwasserkontaminationen durch wassergefährdende Stoffe, insbesondere in Stadtgebieten

1009. Die kritische Belastung mit gefährlichen Stoffen gilt nicht nur für Oberflächengewässer. Durch eine zunehmende Vielfalt umweltgefährdender Stoffe ist auch das Grundwasser gefährdet (vgl. Tz. 943f.), und zwar in Form punktueller Belastungen sowie flächenhafter diffuser Belastungen vor allem im Bereich der Städte, z. B. durch

— Un- und Störfälle

— unsachgemäße Handhabung beim Umgang mit wassergefährdenden Stoffen

— Abläufe von überbauten Flächen

— undichte Transportleitungen

— diffuse Quellen

— weiträumig über die Luft verfrachtete Schadstoffe.

In den letzten Jahren sind bei Anlagen zum Herstellen, Behandeln und Verwenden von wassergefährdenden Stoffen im Werksbereich und bei Beförderungen in werksinternen Rohrleitungsanlagen zunehmend erhebliche Kontaminationen des Bodens und des Grundwassers festgestellt worden. Ist das Grundwasser einmal verunreinigt, so ist seine Sanierung nicht mehr oder nur in sehr langen Zeiträumen möglich. Grundwasserschäden sind Langzeitschäden. Nach der 5. Novelle zum Wasserhaushaltsgesetz wird deshalb auch der Produktionsbereich der strengen Regelung und Überwachung nach dem Anlagenrecht unterworfen.

1010. Bei der Beurteilung von Stoffen, die durch menschliche Aktivitäten in das Grundwasser gelangen können, sind neben hygienischen Aspekten und der Toxizität vor allem Bioakkumulation, Geoakkumulation, Persistenz, Remobilisierung und Komplexierung zu untersuchen und zu bewerten. Grundsätzlich ist jeder Inhaltsstoff mit derartigen Eigenschaften ein wassergefährdender Stoff, allerdings mit unter-

Tabelle 2.4.16

Sanierungstechnologien

Sanierungstechnologien	
Unterbrechung der Kontaminationswege	Dekontaminierungsverfahren
● Aushub des kontaminierten Bodens — Ablagerungen in Sonderabfalldeponien — thermische Behandlung ● Hydraulische Maßnahmen (Abwehrbrunnen) ● Abdichtungsverfahren — Dichtungswände — Dichtungssohle — Abdeckung (Einkapselung) ● Verfestigungsverfahren (immobilisierung von Schadstoffen)	● In-SITU-Maßnahmen — biologischer Abbau (aerob, anaerob, adaptierte Organismen oder Mutanten) — chemische Zerstörung (Oxidation, Ozonung) — chemische Umwandlung (Fällung, Reduktion, Oxidation) — physikalisch/chemische Separierung (Aktivkohle, Ionenaustausch) ● ON-SITE-Maßnahmen Behandlung kontaminierter Böden bzw. Grundwässer außerhalb des Untergrundes (mit konventionellen Behandlungsmaßnahmen)

Quelle: STRAUCH, 1984

schiedlichem Gefährdungspotential. Zu beachten sind rund 9 Mio Einzelstoffe, die in der Literatur benannt sind und beschrieben werden.

Es geht aber auch um die zahllosen Stoffe, die bei der Produktion jedes einzelnen Stoffes ungezielt mit anfallen und zum Teil weder als Substanzen noch in ihren Wirkungen bekannt sind.

Umfang der Kontaminationen

1011. Die Bandbreite der gelagerten und transportierten Stoffe hat sich im letzten Jahrzehnt wesentlich erweitert. Dennoch ist die dominierende Rolle der Mineralölprodukte und insbesondere des leichten Heizöls geblieben. Das spiegelt sich in der letzten verfügbaren Unfallstatistik wider (Tab. 2.4.17).

Meist besteht bei auftretenden Unfällen die Möglichkeit, sofortige Gegenmaßnahmen einzuleiten, wie etwa Abpumpen von flüssigen Schadstoffen, so daß der Schaden eingeschränkt werden kann. In solchen Fällen ist eine genaue Kenntnis des Stoffverhaltens für die Schadensprognose und -minderung erforderlich.

Bei den 1 377 Unfällen in der Bundesrepublik Deutschland (ohne Berlin) im Jahre 1982 waren 7 988 m^3 wassergefährdende Stoffe ausgelaufen. 5 592 m^3 konnten wiedergewonnen werden. Durch die Unfälle wurden 41 Wasserversorgungsanlagen gefährdet und 4 Anlagen verunreinigt. Daß das Unfallgeschehen rückläufig war, zeigt Tabelle 2.4.18 (UBA, 1984 b).

Unfälle mit wassergefährdenden Stoffen sind nicht vorhersehbar und daher unkontrollierbar. Sie stellen somit stets eine potentielle Gefährdung dar. Da viele Lagerungsunfälle noch auf früher unsachgemäß aus-

Tabelle 2.4.17

Unfälle mit wassergefährdenden Stoffen 1982

Unfälle bei	Lagerung		Transport		Insgesamt	
	Anzahl	%	Anzahl	%	Anzahl	%
leichtes Heizöl und Dieselkraftstoff	594	73,8	234	40,9	828	60,1
sonst. Mineralölprodukte ..	169	21,0	279	48,8	448	32,5
andere organische Stoffe ..	21	2,6	25	4,4	46	3,4
anorganische Stoffe	12	1,5	26	4,5	38	2,8
ohne Angaben des Stoffes .	9	1,1	8	1,4	17	1,2
Insgesamt	805	100 58,5	572	100 41,5	1 377	100 100

Quelle: UBA, 1984 b

Tabelle 2.4.18

Entwicklung der Unfallzahlen mit wassergefährdenden Stoffen mit Auswirkung auf Wasserversorgungsanlagen

Unfälle mit	Gefährdung			Verunreinigung		
	einer Wasserversorgungsanlage					
im Jahre	1980	1981	1982	1980	1981	1982
bei Lagerung............	42	33	31	8	6	4
bei Transport............	21	27	10	4	4	—
Insgesamt..............	63	60	41	12	10	4

Quelle: UBA, 1984 b

geführte Anlagen zurückgeführt werden können, die anläßlich eines Unfalls saniert werden, ist zu erwarten, daß die rückläufige Tendenz weiter anhalten wird.

Politische Grenzen können den Fließweg des Wassers nicht beeinflussen. Daher sind Unfallschutz- und Sanierungsmaßnahmen international abzustimmen und durchzusetzen.

1012. Es ist unbestritten, daß ein großer Teil der im Erdreich verlegten Kanalisationsnetze nicht dicht ist. Dies kann auf Belastungen durch den Straßenverkehr, durch aggressive Abwasserinhaltsstoffe, Mangel an einwandfreien Werkstoffen, aber auch auf ungenügende Sorgfalt bei der Verlegung zurückgeführt werden. Sanierungsbedürftige Kanalisationen werden vor allem in den Gemeinden vermutet, die schon vor mehr als 50 Jahren kanalisiert wurden.

Diese allgemeine Grundwassergefährdung wird für die Wasserversorgung zu einem besonderen Problem, wenn die Bebauung auch in die Wasserschutzgebiete reicht. Inzwischen sind mehrere Fälle von Grundwasserverunreinigungen mit Auswirkungen auf Wasserversorgungsanlagen bekannt geworden (HORNEF, 1983).

Zur Minderung der Grundwassergefährdung durch undichte Kanalisationen gehört in erster Linie die Sanierung der vorhandenen Netze. Die Durchführung von Sanierungsmaßnahmen wird angesichts stark beanspruchter Gemeindekassen zweifellos viele Jahre in Anspruch nehmen. Es wird deshalb angeraten, mit der Sanierung in den Gebieten zu beginnen, wo Wassergewinnungsanlagen gefährdet werden könnten.

Neuartige Verfahren der Abdichtung von Muffen mittels Injektionen sollten auf ihre Grundwasserverträglichkeit überprüft werden, weil von ihnen in ungünstigen Fällen bis zum Eintreten der Dichtwirkung auch eine Qualitätsbeeinträchtigung des Grundwassers ausgehen kann.

1013. Zusammenfassend können die Ursachen der bisher bekannt gewordenen Schadensfälle den folgenden Kategorien zugeordnet werden:

— Überfüllungen von Lagerbehältern bei gleichzeitig ungeeigneten Schutzvorkehrungen (Überfüllsicherung, Auffangraum),

— „Tropfverluste" beim Befüllen durch Restmengen in den Füllschläuchen,

— unsachgemäße Umfüllvorgänge bei der Abfüllung in kleinere Gebinde,

— unzureichende Schutzvorkehrungen beim Umgang mit Lösemitteln im Produktionsgang,

— ungesicherte Lagerung von verunreinigten Lösemitteln (Restmengen in Leergebinden, Faßleckagen durch Beschädigung oder aggressive Stoffgemische),

— undichte Transportkanäle (Abwasserkanäle),

— Unfälle beim Transport.

Als weitere Schadensursachen kommen auch Ablagerungen in ehemaligen Müllkippen und nicht registrierte, beschädigte oder zerstörte ehemalige Tankanlagen in Betracht.

Hinzu kommt die Problematik der nicht erfaßten oder erfaßbaren Einzelbelastungen durch Privathaushalte.

Neue Regelungen für den Schutz beim Umgang mit wassergefährdenden Stoffen

1014. Schon mit der Vierten Novelle zum Wasserhaushaltsgesetz sind bundesrechtliche Vorschriften über Anlagen zum Umgang mit wassergefährdenden Stoffen in die §§ 19g bis 19l WHG aufgenommen worden. Auf dieser Grundlage haben alle Bundesländer gleichlautende Verordnungen über Anlagen zum Lagern, Abfüllen und Umschlagen wassergefährdender Stoffe erlassen. Mit der Fünften Novelle zum Wasserhaushaltsgesetz wird vorgeschrieben, daß auch der Produktionsbereich und die Verwendung wassergefährdender Stoffe im Bereich öffentlicher Einrichtungen einbezogen werden müssen. Die Länder sind aufgerufen, diese Regelungslücke im Verordnungswege so schnell wie möglich zu schließen. Im übrigen hängt alles davon ab, daß der Vollzug dieser Vorschriften in den Ländern schneller durchgesetzt und besser überwacht wird.

Dünger, Nährelemente

1015. Die natürliche Belastung der Grund- und Oberflächengewässer entsteht durch Verwitterung und biologische Umsetzung in den Böden und im Untergrund. Hierbei wird besonders der Stickstoff in eine lösliche Form überführt und kann daher leicht ausgewaschen werden. Der natürliche Stickstoff-Austrag aus den Böden beträgt 5—10 kg N/ha × a, während die Phosphorauswaschungen vernachlässigbar sind.

Die anthropogenen Einflüsse der Gewässerbelastung werden durch diffuse Einträge wie Hof- und Silageabwässer, Gülle und Jauche, Abläufe der Stapelteiche von Zuckerfabriken, durch häusliche Abwässer sowie durch Düngung verursacht. Weiterhin müssen Nährstoffeinträge aus der Atmosphäre in die Böden oder direkt in Gewässer berücksichtigt werden.

1016. Organische Dünger wie z. B. Komposte, Klärschlamm und Güllen werden normalerweise in vegetationslosen oder vegetationsarmen Perioden ausgebracht und dienen der „Vorratsdüngung". Bei diesen Düngern sind große Auswaschungsverluste möglich, besonders während der vegetationslosen Zeit. Dies gilt verstärkt für den Fall, in dem die Düngung in erster Linie das Ziel der Abfallbeseitigung verfolgt und daher große Mengen organischer Dünger ausgebracht werden (vgl. WELTE und TIMMERMANN, 1985). Durch rein mineralische Düngung besteht ein geringeres Gefährdungspotential. Lediglich in Intensivkulturen wie Gemüse, Hopfen, Obst und Wein sind größere Stickstoffauswaschungen zu erwarten (SRU, 1985).

Wird die mineralische Düngung zusätzlich zur organischen angewendet, ist die Gefahr des Auswaschens von Nährstoffen in Grund- und Oberflächenwässer groß.

1017. Belastungswerte sind beispielhaft in Tabelle 2.4.19 zusammengefaßt. Die Werte der Tabelle zeigen, daß hohe Stoffausträge und damit unzumutbare Belastungen nur bei Intensivkulturen oder konzentrierter Viehhaltung zu erwarten sind. Dies wird auch aus der regionalen Verteilung der Grundwässer mit hohen Nitratgehalten deutlich (DARIMONT et al., 1985; SRU, 1985, Abschn. 4.3.2.3).

2.4.3.4.2 Gewässerausbau

1018. Die natürlichen Strukturen und Funktionen der Fließgewässer unseres Landes wurden viele Jahrzehnte lang, von wenigen Ausnahmen abgesehen, durch ständig zunehmende Eingriffe des Menschen zur verschiedenartigsten Nutzung der Gewässer schwer gestört.

Wasserbau, wird er nur unter Nutzungsaspekten betrieben, bedeutet eine immense Schwächung der Stabilität und damit der natürlichen Funktionstüchtigkeit des Fließgewässer-Ökosystems (PFLUG, 1985).

1019. Etwa ab Anfang dieses Jahrhunderts wurden in vielen Großstadtbereichen Fluß- und Bachbetten befestigt und teilweise unter die Straßen verlegt. Ein umfangreicher Gewässerausbau bis hin zu den Kleingewässern im freien Land begann nach dem Zweiten Weltkrieg. Land- und forstwirtschaftlich genutzte Flächen wurden verstärkt in Siedlungs-, Gewerbe- und Verkehrsflächen umgewandelt und die Gewässer begradigt, befestigt und verrohrt.

Auch traditionelle Überschwemmungsgebiete wurden zu Siedlungs- und Verkehrsflächen umfunktioniert. Dazu mußten die Gebiete trockengelegt und das

Tabelle 2.4.19

Potentieller Nitrateintrag ins Grundwasser

Bodennutzung	Min.—Max. Auswaschung kg N/ha × a	Mittlere Auswaschung kg N/ha × a	Grundwasserneubildungsrate/Jahr					
			150 mm/a mg/l NO_3			280 mm/a mg/l NO_3		
			70%	20%	0%*)	70%	20%	0%*)
— Dauerbrache	2	2	2	5	6	1	3	3
— Grünland	5— 15	5	4	12	44	2	6	8
— Wald	5— 10	7	6	17	30	3	9	11
— Ackerland insgesamt	20— 70	35	31	82	103	17	44	55
Getreideanbau	20— 30	22	19	52	65	10	28	35
Hackfruchtanbau	20— 45	34	30	80	100	16	43	54
(Schwarzbrache)	100—170	120	106	284	354	57	152	190
— Sonderkulturen (Weinbau, Feldgemüse)	100—200	>100	89	236	295	47	127	158

*) Angenommene Nitratreduktion 0%, 20% bzw. 70% bezogen auf die mittlere Auswaschungsrate
Quelle: LÜBBE, 1984

Abflußvermögen der Gewässer durch Begradigung und harte Befestigung erhöht werden. Zusätzlich wurde durch die Überbauung immer mehr Fläche versiegelt, d. h. die Menge der abzuleitenden Niederschlagswässer stieg und natürliche Rückhaltegebiete entfielen. Durch die Abflußbeschleunigung gelangt das Wasser wesentlich schneller in tiefer liegende Gebiete, weshalb dort neue Überschwemmungsprobleme entstehen.

Der Ausbau setzt sich auch in Tieflandgebieten mit weichen Böden fort, die Ufer müssen mit Stein und Beton befestigt und die Gewässersohle gegen Erosion geschützt werden. Dadurch wird gleichzeitig der natürliche Austausch zwischen Grund- und Oberflächenwasser gehemmt. Die zunehmende Versiegelung des Bodens, der Wegfall natürlicher Retentionsräume und die Abflußbeschleunigung in den Gewässern führen dazu, daß die Gewässer in Trockenzeiten nur noch eine sehr geringe natürliche Wasserführung haben und teilweise fast ausschließlich aus Kläranlagenabläufen gespeist werden. Dagegen sind Hochwasserwellen wesentlich häufiger und höher als früher, z. B. bei jedem Regenfall, der eine früher unschädliche Stärke oder Dauer überschreitet. In der Regel wird dann ein weiter verstärkter Gewässerausbau gefordert.

1020. Etwa 40% aller Fluß- und Bachläufe sind inzwischen ausgebaut und fließen zwischen harten Uferbefestigungen. Wegen beengter Platzverhältnisse werden in Stadtbereichen auch heute noch ganze Flüsse in unterirdische Betonkanäle gezwängt, wie z. B. die Nahe in Idar-Oberstein. Schiffbare Flüsse und Ströme werden den Anforderungen des modernen Binnenschiffverkehrs angepaßt. Durch den Ausbau von Staustufen sind viele Flüsse nur noch zu Hochwasserzeiten ein Fließgewässer. In den dazwischen liegenden Zeiten bilden sich in den Staustufen Ansätze zu einem Stehend-Wasser-Ökosystem aus.

1021. Ein natürliches Fließgewässer ist ein dynamisches System, bei dem Abtrag und Anschwemmung das Gewässerbett in naturgegebener Weise verändern und dennoch dem Fließend-Wasser-Ökosystem stabile Strukturen verleihen. Das Gewässer mäandriert, d. h. es schlängelt sich mit geringem Gefälle durch die Landschaft. Der Geländebedarf eines mäandrierenden Gewässers ist mindestens drei- bis viermal größer als die Wasserfläche einnimmt. Selbst eine naturnah geschwungene Linienführung verdoppelt etwa den Geländebedarf gegenüber dem hydraulisch günstigsten Ausbau (LONDONG und STALMANN, 1985). Daher wurden zur weitgehenden Nutzung des Geländes und zur rationellen Bearbeitung von Landwirtschaftsflächen mit großen Geräten bis nahe an die Wasserlinie die Gewässer in möglichst gestreckter Linienführung ausgebaut. Kleingewässer wurden z. T. durch Abflußrohre ganz beseitigt und Feuchtgebiete durch Dränagen trockengelegt. Der nachteilige Einfluß dieser Wasserbaumaßnahmen auf den gesamten Naturhaushalt machte sich anfangs nur schleichend bemerkbar. Die Summe der menschlichen Eingriffe ist heute so groß, daß die Gewässer nicht nur stark verändert, sondern häufig extrem geschädigt wurden. Fast alle menschlichen Eingriffe haben negativ auf den Zustand der Gewässer gewirkt.

1022. Die Möglichkeit zur Renaturierung von begradigten und technisch ausgebauten Gewässern werden in Abschnitt 2.4.5.6 dargestellt. Hier sei nur vorweg genommen, daß die Renaturierung in Siedlungsgebieten auf räumliche Schwierigkeiten stößt und in der freien Landschaft zu Interessenskollisionen mit der Landwirtschaft führt.

2.4.3.4.3 Eingriffe in den Wassermengenhaushalt

1023. Beträchtliche Abflußverlagerungen vom Grundwasser zum Oberflächenwasser ergeben sich durch Flächenversiegelungen. Die Ausweitung der Stadtgebiete in die freie Landschaft hinein hält seit vielen Jahren an. Von 1979 bis 1983 hat die landwirtschaftlich genutzte Fläche in der Bundesrepublik um 2 350 km² abgenommen, entsprechend 588 km² je Jahr. Das ist jährlich mehr als die Fläche des Bodensees mit 538 km². Etwa 360 km² je Jahr wurden mit Gebäuden und zugehörigen Einrichtungen überdeckt, also nahezu vollständig versiegelt. Wie sich die Abflußganglinie bei unterschiedlichem Versiegelungsgrad des Einzugsgebietes verändert ist in Abbildung 2.4.9 beispielhaft dargestellt. Mit zunehmender Versiegelung erhöht sich die Abflußspitze und tritt früher ein, außerdem wird die gesamte Abflußmenge größer.

Abbildung 2.4.9

Beispielhafte Darstellung von Abflußganglinien bei gleicher Niederschlagshöhe und unterschiedlichem Versiegelungsgrad im Einzugsgebiet eines Vorfluters

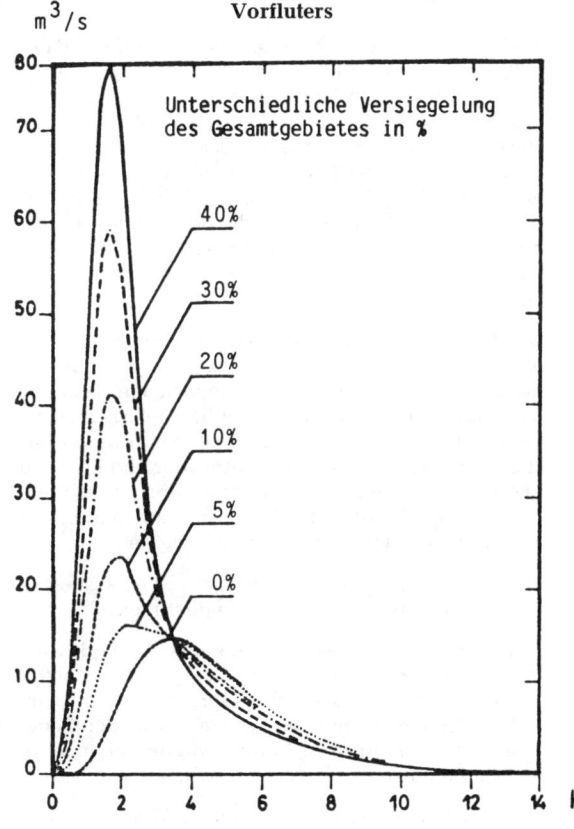

Quelle: Emschergenossenschaft/Lippeverband, 1979

1024. Ein ähnlicher Effekt ergibt sich durch die zunehmende Verdichtung von ackerbaulich genutzten Böden. Viele Böden nehmen bereits unter dem Bestellhorizont von 3 bis 5 cm Tiefe kein Wasser mehr an. Ein Zeichen dafür sind die vielerorts zu beobachtenden Wasserpfützen auf frisch bestellten Feldern nach nur kleinen Regenfällen. Bei stärkeren Niederschlägen fließt der Hauptanteil des Wassers oberirdisch ab. Zusätzlich nehmen im ländlichen Bereich die versiegelten Flächen durch den Ausbau eines weitverzweigten Netzes von befestigten Feldwegen mit den dazugehörigen Abzugsgräben zu (BUCHER und DEMUTH, 1985). Der erhöhte Direktabfluß führt zu einer reduzierten Grundwasserneubildung, was in Trockenzeiten zu einer verringerten Niedrigwasserführung der Gewässer führt.

1025. Die Nutzung des Wassers als Trink- oder Betriebswasser kann örtlich eine Verlagerung des natürlichen Wasserabflusses bewirken. Das Wasser wird aber nicht verbraucht, sondern nach einer begrenzten Zeit als Abwasser wieder in das Gewässersystem zurückgeleitet. Größere Wassermengen für Wassermangelgebiete werden in wasserreichen Gebieten gewonnen, in denen die Wasserbilanz bei sorgfältiger Planung in der Regel nicht negativ beeinflußt wird. Stärkere Eingriffe in den Wassermengenhaushalt ergeben sich bei Wassernutzungen, die mit hohen Verdunstungsverlusten verbunden sind. Hierzu zählen die landwirtschaftliche Bewässerung (vgl. SRU, 1985, Tz. 881) und die Kühlwassernutzung in Wärmekraftwerken.

1026. Für das Oberrheingebiet können aufgrund detaillierter Untersuchungen Angaben über den Einfluß der landwirtschaftlichen Beregnung auf den Rhein gemacht werden. In diesem Gebiet sind ca. 100 000 ha für die Beregnung erschlossen, von denen ca. 40 % in Frankreich liegen. Der Beregnungsbedarf liegt in Trockenjahren zwischen 120 und 140 Mio m^3. Dieser Bedarf unterliegt über die Beregnungsperiode hinweg erheblichen Schwankungen, etwa zwei Drittel des Bedarfes fallen in den Monaten Juni bis August an.

Die Beregnungsanlagen werden derzeit noch etwa zu gleichen Teilen aus dem Grundwasser und aus der fließenden Welle versorgt. Da jedoch die Tendenz dahingeht, das Grundwasser der Trinkwasserversorgung vorzubehalten, werden zunehmend mehr Flächen durch eine zentrale Wassergewinnung aus dem Rhein versorgt. Für die Zukunft ist damit zu rechnen, daß rund zwei Drittel der Beregnungsflächen direkt aus der fließenden Welle versorgt werden.

Für die Wassermengenwirtschaft des Rheins ist diese Umstellung aus zwei Gründen bedeutungsvoll:

1. Wegen der damit verbundenen leichteren Bewirtschaftung wird künftig der Wasserverbrauch der Landwirtschaft ansteigen bei selbst unveränderten klimatischen Randbedingungen, da in der Regel eine Beregnung zur sicheren Seite betrieben wird, solange ausreichend Wasser vorhanden ist.
2. Die Entnahmen aus der fließenden Welle und dem ufernahen Bereich schlagen sofort und direkt auf den Abfluß durch, während bei der derzeitigen dezentralisierten Entnahme aus uferfernen Flachbrunnen entsprechend der Fließzeit des Grundwassers der Einfluß auf die Abflußverhältnisse des Rheins wesentlich gedämpfter und zeitlich verteilter erfolgt.

Für den Pegel Mainz wird die durch die Beregnung hervorgerufene Abflußminderung in trockenen Jahren im Maximum ca. 20 m^3/s betragen.

1027. Der Hauptanteil direkter Wasserverluste durch Verdunstung wird derzeit und künftig durch die Produktion elektrischer Energie hervorgerufen.

In der Vergangenheit wurde für die Ableitung der Abwärme aus wirtschaftlichen Gründen der Durchlaufkühlung der Vorzug gegeben. Da die Wärmeaufnahmekapazität der Binnengewässer heutzutage weitgehend erschöpft ist oder durch die im Bau befindlichen Kraftwerke erreicht sein wird, ist in den vergangenen Jahren der Übergang zur Ablaufkühlung und vor allem zur Kreislaufkühlung erfolgt.

Da hierbei die Verdunstungsverluste erheblich höher sind als bei der Durchlaufkühlung, nehmen die Verdunstungsverluste nicht proportional, sondern wesentlich stärker als die Stromerzeugung zu. Dieser Effekt wird weiter verstärkt durch den zunehmenden Anteil der mit schlechterem thermischem Wirkungsgrad arbeitenden Kernkraftwerke. Damit verschiebt sich die wasserwirtschaftliche Problematik der Energieerzeugung zunehmend mehr von der Gewässererwärmung auf die Abflußreduzierung.

2.4.4 Bewertung des Zustandes der Oberflächengewässer und Einstufung von Belastungen

2.4.4.1 Bewertungsmaßstäbe

1028. Die für die Gewässergütekarte der Bundesrepublik Deutschland gewählte Einstufung der Gewässer in vier Güteklassen erfolgt nach dem Saprobiensystem entsprechend den Richtlinien der Länderarbeitsgemeinschaft Wasser (LAWA). Das Beurteilungssystem ist in erster Linie auf die Belastung der Fließgewässer mit abbaubaren organischen Substanzen und damit auf die Beurteilung des Sauerstoffgehalts ausgerichtet. Die Gewässerbelastungen durch heute zusätzlich in der Umweltdiskussion stehende Stoffe wie Salze, Metalle, organische Halogenverbindungen oder andere schwer abbaubare organische Substanzen gehen in dieses Bewertungssystem nicht ein.

1029. Die unterschiedlichen Aussagen zur Gewässergüte beruhen in erster Linie auf den jeweiligen Meßgrößen, die zur Beurteilung herangezogen werden. Hinzu kommt noch, daß es einen Unterschied macht, ob man einer Bewertung Spitzenwerte oder Jahresmittelwerte zugrunde legt. Ferner ist eine Differenzierung zwischen Konzentration und Fracht vorzunehmen. Die Frachtbetrachtung ist z. B. wesentlich, wenn die Auswirkungen auf die Nordsee betrachtet werden, die Konzentration spielt dagegen bei der

Trinkwasseraufbereitung eine größere Rolle. Insofern sind Aussagen zur Wasserqualität und deren Veränderung zu relativieren.

1030. Aus der Sicht der Trinkwassergewinnung haben die biologisch abbaubaren organischen Substanzen, die durch den Summenparameter BSB_5 erfaßt werden, heute nicht mehr so hohe Priorität wie in den vergangenen Jahren. Dies ist das Ergebnis der Verbesserung der Beschaffenheit der bundesdeutschen Flüsse durch die Intensivierung der Abwassererfassung und des forcierten Baus vollbiologischer Abwasserkläranlagen für kommunale und industrielle Abwässer gemäß des Umweltprogrammes der Bundesregierung und entsprechender Programme der Länder (s. Tz. 898f.). Der Sauerstoffhaushalt der Gewässer ist inzwischen weitgehend saniert. Die in offiziellen Berichten zitierten Erfolge des Gewässerschutzes beinhalten nur dieses Gütemerkmal.

1031. Ein wesentliches Gewässerschutzziel liegt heute in der Verringerung der Gewässerbelastungen vor allem mit naturfremden Stoffen, die biologisch schwer abbaubar sind, sich in Organismen und Sedimenten anreichern, besonders giftig sind oder krebserzeugende Eigenschaften haben. Viele Oberflächengewässer, die zur Trinkwasserversorgung herangezogen werden, enthalten eine große Zahl organischer Substanzen, die nur zu einem geringen Anteil identifiziert werden können. So sind z. B. für die Beurteilung des Zustandes des Rheins aus der Sicht der Trinkwassergewinnung vor allem die biologisch nicht oder schwer abbaubaren gelösten organischen Substanzen, z. B. Halogenkohlenwasserstoffe, Schwefelkohlenwasserstoffe und Pestizide, die in Summen- und Gruppenparametern als organische Mikroverunreinigung erfaßt werden, von besonderer Bedeutung.

1032. Weitere Nutzungsbeeinträchtigungen werden durch bestimmte Schadstoffe wie polychlorierte Biphenyle (PCB) oder Hexachlorcyclohexan (HCH) verursacht, die z. B. bereits bei sehr geringen Konzentrationen im Nanogramm-pro-Liter-Bereich aufgrund ihrer Fähigkeit zur erheblichen Anreicherung in Organismen und Sedimenten Probleme bei der Fischerei und bei der landwirtschaftlichen Verwertung von Baggergut (Sedimente) verursachen, ohne daß dies in der Gewässergütekarte zum Ausdruck kommt (DINKLOH, 1986).

Vergleichbares gilt für Schwermetalle. FLÜGGE (1987) weist darauf hin, daß für Cadmium und Quecksilber trotz geringer Konzentrationen im Elbflußwasser um 0,5 µg/l in den Schwebstoffen und feinkörnigen Sedimenten Konzentrationsanreicherungen um das 80 000- bis 120 000fache festgestellt wurden.

1033. Sowohl die Gewässerbeurteilungen für die Gewässergütekarte nach dem Saprobiensystem als auch die Beeinträchtigungen verschiedener Gewässernutzungen durch organische Mikroverunreinigungen beinhalten nur die Verunreinigungen des Wasserkörpers. Bisher wurden generell die Probleme der Wasserverunreinigungen stärker bewertet als die anderen Belastungen, denen die Gewässer ausgesetzt sind. Die Erkenntnis, daß die Gewässer ein Bestandteil von Natur und Landschaft sind, setzt sich nur zögernd durch. Die Entkopplung der Fließgewässer von ihrer Landschaft in weiten Teilen unseres Landes hat dazu geführt, daß sie auf langen Strecken ihre Funktionen im Landschaftshaushalt nur noch bruchstückhaft erfüllen können. In unseren dicht besiedelten Regionen stehen sicherlich die Gewässernutzungen für die Trinkwassergewinnung und die Abwasser- und Niederschlagswasserableitung im Vordergrund. Mit zunehmendem Ökologiebewußtsein tritt jedoch die funktionelle Zusammengehörigkeit von Wasserkörper, Gewässerbett und umgebender Gewässerlandschaft immer deutlicher in den Vordergrund.

2.4.4.2 Bedeutung der Parameterkonzentrationen im Rohwasser für Richt- und Grenzwerte im Trinkwasser

1034. „Die Wasserversorgung in der Bundesrepublik Deutschland hat einen sehr hohen Stand erreicht, der ihr im internationalen Vergleich einen Spitzenplatz sichert". Diese zusammenfassende Feststellung im Wasserversorgungsbericht der Bundesregierung (BMI, 1982) ist eine Anerkennung der Leistung der deutschen Wasserversorgungswirtschaft.

Dies darf aber nicht darüber hinwegtäuschen, daß eine größere Zahl von Stoffen in unseren Oberflächengewässern auch mit den heute zur Verfügung stehenden Aufbereitungsmaßnahmen nicht oder nur in einem begrenzten Umfang oder nur mit hohen Kosten eliminiert werden kann. Besondere Probleme bei der Gewinnung von Trinkwasser mit natürlichen oder technischen Aufbereitungsmethoden bilden:

organische Substanzen

— schwer und nicht abbaubare organische Substanzen,

    vor allem — Halogen- und Schwefelkohlenwasserstoffe und stickstofforganische Verbindungen (N-Pestizide),

    aber auch — Kohlenwasserstoffe (Mineralöle, PAK),

— natürlich vorkommende organische Substanzen, häufig höhermolekular, die vielfach Vorläufer-Eigenschaften (Precursor) für die Bildung von Trihalogenmethanverbindungen (THM) haben,

— algenbürtige organische Substanzen (Gifte, Geruchs- und Geschmacksstoffe),

— organische Partikel (Algen, Detritus),

— Chelatbildner wie NTA, EDTA, Polyphosphonate;

anorganische Substanzen

— Ammonium,

— Chlorid,

— Sulfat,

— Nitrat.

1035. Während Oberflächenwasserwerke a priori so konzipiert sind, daß je nach Gewässerzustand unterschiedlich aufwendige Techniken zur Wasseraufbereitung und zur Güteüberwachung die Gewähr für ein gutes Endprodukt bieten, beruht bei den meisten Grundwasserwerken, insbesondere bei der Vielzahl der kleinen Wasserwerke, die Sicherheit qualitativ einwandfreien Trinkwassers auf dem naturbedingten einwandfreien Zustand des als Rohwasser genutzten Grundwasservorkommens und auf dem funktionierenden Schutz vor schädlichen Einflüssen chemischer und auch mikrobieller Art (s. Abschn. 2.4.3.2.2).

1036. Die heute vielerorts festgestellten Grundwasserverunreinigungen zwingen auch der Trinkwassergewinnung aus Grundwasser kostenträchtige physikalisch-chemische Aufbereitungsverfahren auf, mit denen Schadstoffe entfernt werden müssen, die durch die natürlichen Reinigungsprozesse im Boden nicht zurückgehalten werden. Dadurch entstehen gerade den kleinen Wasserwerken spezifisch sehr hohe Kosten, allein schon für die Durchführung einer ständigen Gütekontrolle durch ein Wasserlabor. Eine häufige routinemäßige Analyse des Roh- und Trinkwassers ist erforderlich, um Trends der Veränderung des Rohwassers rechtzeitig zu erkennen, Maßnahmen zum Gewässer- und Rohwasserschutz zu veranlassen, Aufbereitungsmaßnahmen zu steuern und zu kontrollieren und die Trinkwassergüte gemäß den Anforderungen absichern und gewährleisten zu können.

Auswirkungen auf die Trinkwasseraufbereitung und mögliche Gegenmaßnahmen

1037. An die Qualität des Rohwassers, das zu Trinkwasser aufbereitet werden soll, sind sehr hohe Anforderungen zu stellen, um den Ansprüchen zur Erfüllung einer stets einwandfreien Trinkwasserqualität zu genügen. Zwar ist es den Wasserwerken bisher stets gelungen, durch die immer weiter entwickelten Aufbereitungsverfahren Stör- und Schadstoffe aus dem aufzubereitenden Rohwasser weitgehend zu entfernen und die Bevölkerung mit einem in jeder Beziehung einwandfreien Trinkwasser zu versorgen. Die Leistungsfähigkeit der Aufbereitungsverfahren ist jedoch begrenzt, wodurch langfristig Schwierigkeiten bei der Einhaltung der Güteanforderungen des Trinkwassers entstehen können, wenn nicht durch gezielte Gewässerschutzmaßnahmen die an das Rohwasser zu stellenden Anforderungen aus der Sicht der Trinkwassergewinnung erfüllt werden.

Daraus folgt, daß dem Schutz der Gewässer, aus denen Rohwasser für die Trinkwassergewinnung entnommen wird, höchste Priorität zuzumessen ist. Die Entwicklung und Anwendung komplizierter technischer Aufbereitungsmaßnahmen kann nur als zweitbeste Lösung angesehen werden.

1038. Für Oberflächengewässer ist generell die Forderung zu stellen, durch die mechanisch-biologische Abwasserreinigung die Belastung der Gewässer soweit zu reduzieren, daß die Anzahl und die Konzentration naturfremder Stoffe möglichst gering sind und der Vorfluter der Gewässergüteklasse II mit den Parametern der Tabelle 2.4.26 (Abschn. 2.4.5.2) entspricht. Dann sind die Anforderungen hinsichtlich der tolerierbaren Konzentrationen an biologisch abbaubaren Stoffen und an einen ausgeglichenen Sauerstoffhaushalt so weitgehend erfüllt, daß unter allen Bedingungen stabile ökologische Verhältnisse herrschen und eine Gefährdung der Lebensgemeinschaften in den Gewässern auch in kritischen Situationen mit hinreichender Sicherheit ausgeschlossen ist. Gleichzeitig ist die Sicherheit der Trinkwasseraufbereitung erhöht.

Aufgrund der großen Anstrengungen auf diesem Gebiet in den letzten 15 Jahren ist ein ausgeglichener Sauerstoffhaushalt an vielen Fließgewässerabschnitten bereits erreicht worden, bzw. ist er das Ziel entsprechender Maßnahmen der Länder und der Abwasserverbände an noch nicht ausreichend sanierten Flußabschnitten. Damit ist aber längst nicht allen Anforderungen an die Oberflächenwasserbeschaffenheit aus der Sicht einer sicheren Trinkwassergewinnung Genüge getan. Für gefährliche Stoffe sind Abwasserreinigungsverfahren nach dem Stand der Technik anzuwenden und die bisher nach den allgemein anerkannten Regeln der Technik (a. a. R. d. T.) festgesetzten Mindestanforderungen entsprechend zu verschärfen. Zumindest für naturfremde (xenobiotische), biologisch nicht oder schwer abbaubare organische Substanzen sowie für alle Substanzen, die durch die physikalisch-chemische Wasseraufbereitung nicht bzw. zeitweise nicht beherrscht werden können, bzw. die bei Auftreten von erhöhten Konzentrationen zu Chromatographieeffekten in Aktivkohlefiltern führen (s. Abschn. 2.4.3.2.1), sollte unter Berücksichtigung von Niedrigwasserverhältnissen die Konzentration dieser Parameter im gereinigten Abwasser nicht größer sein als die höchstzulässige Konzentration dieser Stoffe im Trinkwasser. Im Gewässer vorhandene Verdünnungskapazitäten sind als Puffer bei störfall- oder unfallbedingten Verunreinigungen unverzichtbar; sie dürfen nicht im vorhinein ausgeschöpft werden.

1039. Die bisherigen Bestandsaufnahmen haben gezeigt, daß durch die Intensivierung des Kläranlagenbaues und die Erhöhung des Anschlußgrades die diffusen Quellen für die Belastung unserer Oberflächengewässer mit organischen und anorganischen Stör- und Schadstoffen eine zunehmende Bedeutung gewinnen. Dies gilt auch für Stoffe, die aus dem landwirtschaftlichen Bereich in die Gewässer gelangen (Ammonium, Phosphate, Pflanzenschutzmittel). Die Entwicklung von Maßnahmen zur Begrenzung der Abgabe organischer und anorganischer Substanzen aus diffusen Quellen bekommt deshalb ebenfalls eine zunehmende Bedeutung. Ihre Durchführung ist jedoch erheblich schwieriger als die Sanierung punktförmiger Quellen. Die Verminderung der Belastung aus diffusen Quellen ist in der Zukunft eine wesentliche Aufgabe des Gewässerschutzes.

1040. Grundwasserverschmutzung und anschließende Entfernung der Schadstoffe durch Aufbereitung werfen nicht nur technische Probleme auf, sondern verstoßen gegen das im Umweltrecht verfolgte Vorsorge- und Verursacherprinzip. Nach § 22 WHG ist derjenige, der die physikalische, chemische oder biologische Beschaffenheit des Wassers verändert, zum Ersatz des daraus einem anderen entstehenden

Schadens verpflichtet. Haben mehrere die Einwirkung vorgenommen, so haften sie nach dem Wasserhaushaltsgesetz als Gesamtschuldner. Bisher haben jedoch beispielsweise die Landwirte im Einzugsgebiet einer Brunnenanlage für die durch Düngereintrag verursachte Nitratbelastung des Grundwassers keine Ausgleichszahlungen an das geschädigte Wasserwerk geleistet. Im Gegenteil muß bisher die Schadensbeseitigung finanziell vom Geschädigten, d. h. vom Wasserversorger bzw. vom Wasserverbraucher getragen werden. Andererseits ist aber die Wahrung der genannten Prinzipien gerade beim Grundwasserschutz besonders wichtig. Das Grundwasserprogramm der öffentlichen Wasserversorgung vom November 1985 (BGW/DVGW/VKU, 1985) enthält hierzu folgende Aussagen:

„Eine einwandfreie Beschaffenheit des Rohwassers — Grund- und Oberflächenwasser — ist für die Trinkwasserversorgung unerläßlich.

Die Gewässerschutzpolitik muß deshalb auf die Erzielung einer Rohwasserbeschaffenheit ausgerichtet sein, die sich an den Anforderungen der Trinkwasserversorgung orientiert.

Dabei müssen die tragenden Prinzipien des Umweltschutzes

— Vorsorgeprinzip

— Verursacherprinzip

strikte Anwendung finden.

Die Kosten zur Vermeidung der Gewässerbelastung und zur Sanierung sind vom Verursacher zu tragen und nicht dem Wasserverbraucher anzulasten."

Angemessenheit der Anforderungen an Trinkwasser für einzelne Parameter

1041. Erhebliche Schwierigkeiten hinsichtlich der Bewertung von Parameterkonzentrationen im Trinkwasser verursachen § 2 Absätze 2 und 3 Trinkwasserverordnung vom 22. Mai 1986. § 2 Absatz 2 TWVO sieht vor:

„Andere, als die in der Anlage 2 aufgeführten Stoffe und radioaktive Stoffe darf das Trinkwasser nicht in Konzentrationen enthalten, die geeignet sind, die menschliche Gesundheit zu schädigen."

In der Praxis der Anwendung entstehen hieraus insofern Schwierigkeiten, als für die nicht in der Trinkwasserverordnung im einzelnen aufgeführten Stoffe, die vor allem durch die ständig leistungsfähigeren analytischen Nachweismethoden entdeckt werden, in den meisten Fällen ausreichend toxikologisch abgesicherte Beurteilungskriterien fehlen. Außerdem können hierunter auch mutagene und kanzerogene Verbindungen fallen, für die keine Grenzwerte angegeben werden können, weil es nicht möglich ist, für derartige Substanzen Wirkungsschwellen zu nennen.

Wenn man aber die erforderlichen Kenntnisse nicht besitzt, wird man sich im Zweifelsfall aus Gründen der Sicherheit und Vorsorge dafür entscheiden, daß derartige Stoffe nicht im Trinkwasser sein dürfen. Dies kann weitreichende Konsequenzen für die Trinkwasserversorgung bis hin zur Stillegung von Brunnen und Werken haben, obwohl dies u. U. gar nicht erforderlich ist. In diesen Fällen wird es sehr schwer sein, die Verhältnismäßigkeit der Mittel zu wahren.

1042. § 2 Absatz 3 TWVO sieht vor:

„Konzentrationen von chemischen Stoffen, die das Trinkwasser verunreinigen oder die Beschaffenheit des Trinkwassers nachteilig beeinflussen können, sollen so niedrig gehalten werden, wie dies nach dem Stand der Technik mit vertretbarem Aufwand unter Berücksichtigung der Umstände des Einzelfalles möglich ist."

Dieses „Minimierungsgebot" entspricht der langjährigen Politik der deutschen Trinkwasserversorgung und der Forderung der Wasserhygiene. Die Forderung der Einhaltung dieses Minimierungsgebotes darf sich jedoch nicht primär an die Wasserversorgungsunternehmen richten, die dann als „Reparatur mangelnder Gewässerschutzmaßnahmen" immer weitergehendere, kompliziertere und aufwendigere Wasserreinigungsschritte zu erfüllen haben, sondern muß vielmehr zu verstärkten Anstrengungen des Gewässerschutzes führen. Hierdurch soll erreicht werden, daß unsere Gewässer, aus denen Trinkwasser gewonnen wird, bereits in einen Zustand überführt werden, der es erlaubt, ohne Einsatz von umfangreichen und komplizierten Wasseraufbereitungstechnologien den Gehalt an naturfremden Stoffen in unserem Trinkwasser zu minimieren. Es wird in diesem Zusammenhang notwendig werden, daß bereits die Produktion oder der Einsatz zahlreicher Substanzen, vor allem der halogen-, stickstoff- und phosphororganischen Verbindungen, durch gesetzgeberische Maßnahmen beschränkt wird. U. U. wird sich ein Verbot für verschiedene Substanzen nicht vermeiden lassen, z. B. ein Zulassungsverbot von Atrazin zugunsten anderer, im Boden und Grundwasser weniger persistenter Herbizide. Keinesfalls darf das Minimierungsgebot jedoch dazu führen, daß die Trinkwasserversorgungsunternehmen als die direkt hiervon betroffenen allein gezwungen werden, das Minimierungsgebot zu erfüllen.

1043. Bei größeren Industrieabwasseremittenten (Direkteinleitung) reicht die alleinige Messung bisher üblicher Parameter zur Beurteilung eines Abwassers, wie BSB_5, CSB usw., keinesfalls aus. Daher wird bei der Novellierung des Abwasserabgabengesetzes auch der AOX als Summenparameter für die Stoffgruppen der Halogenverbindungen aufgenommen (§ 3, Abs. 1). Darüber hinaus ist es aber erforderlich und möglich, durch laufende Kontrollen zusätzlicher Summen- und Gruppenparameter, z. B. für Kohlenwasserstoffe und für organisch gebundene Stickstoff- und Schwefelverbindungen, das Abwasser zusätzlich auf diese Substanzen zu untersuchen.

1044. Schließlich finden sich in der Trinkwasserverordnung noch Grenzwerte für Stoffe und Stoffgruppen, für die keine ausreichende toxikologische Bewertungsbasis gegeben ist und die nach anderen Gesichtspunkten festgelegt werden. Diesen Grenzwerten liegen subjektive Maßstäbe zugrunde, die Vorstel-

303

lungen von der Akzeptanz und der Natürlichkeit des Trinkwassers beinhalten.

Die Einhaltung der Grenzwerte dieser Parameter-Gruppe ist zwar wünschenswert und zu empfehlen, jedoch sind befristete Überschreitungen dieser Werte möglich und führen nicht zu gesundheitlichen Schäden. Hierzu zählen z. B. Parameter wie Eisen und Mangan, deren Grenzwerte im Trinkwasser aus versorgungstechnischen Gründen festgelegt wurden.

1045. Nach wie vor kommt der Forderung des § 1 Absatz 1 „Trinkwasser muß frei sein von Krankheitserregern" die entscheidende Bedeutung zu. Wenn im bundesdeutschen Raum in den letzten 30 Jahren überhaupt Zusammenhänge zwischen dem Auftreten von Krankheitssymptomen beim Verbraucher und der zentralen Trinkwasserversorgung festgestellt werden konnten, dann betrafen sie vor allem bakteriologische oder virologische Einflüsse. Keinesfalls dürfen Maßnahmen zur Desinfektion des Wassers zurückgestellt oder in ihrer Wirkung herabgesetzt werden, nur um zu vermeiden, daß Reaktionsprodukte der Desinfektion, z. B. Trihalogenmethanverbindungen in geringsten Konzentrationen (Mikrogramm/Liter), im Trinkwasser nachgewiesen werden können, deren gesundheitliche Relevanz im Vergleich zu seuchenhygienischen Fakten nicht abschließend geklärt ist.

2.4.4.3 Bewertung derzeitiger Abwasserreinigungskonzepte einschließlich der Schlammbehandlung hinsichtlich des Gewässerzustandes

1046. Im Rahmen des Gewässerschutzes dominiert heute das Emissionsprinzip. Demgegenüber tritt die Betrachtung der Situation im Gewässer selbst zurück. Dies wird umfassend im § 7a WHG, in §§ 1 und 3 AbwAG und in den verschiedenen Verwaltungsvorschriften dokumentiert, durch die die Mindestanforderungen an die Einleitung von Abwasser festgelegt werden. Allerdings werden im Wasserhaushaltsgesetz auch die Möglichkeiten aufgezeigt, über die Handhabung des Bewirtschaftungsermessens gezielt auf das Immissionsprinzip überzugehen. So können die zuständigen Behörden unter Berufung auf den Gewässerzustand und die im Bewirtschaftungsplan festgelegten Hauptnutzungsarten über die Mindestanforderungen hinaus weitere Forderungen stellen. Die Erarbeitung von Bewirtschaftungsplänen ist jedoch mit erheblichem zeitlichem Aufwand und mit Schwierigkeiten verschiedenster Art verbunden, weshalb die Aufstellung von Bewirtschaftungsplänen entsprechend WHG nur schleppend voran kommt.

1047. Geht man von den heutigen aktuellen Zielsetzungen aus, so stellt sich folgender Ist-Zustand dar. Der angestrebte Kanalisierungsgrad von 90 % ist erreicht (vgl. Abschn. 2.4.3.1.1), ein darüber hinausgehender Mehranschluß ist wegen der Dezentralität der noch Anzuschließenden wenig praktikabel. Für diese Gruppe sind allerdings geeignete Entsorgungskonzepte für die erforderlichen kleinen Kläranlagen zu entwerfen und Mitbehandlungsmöglichkeiten des Fäkalschlammes zu schaffen.

1048. Betrachtet man die Kanalisation als das Anfangsglied in der Abwasserbeseitigung, so liegen für dieses Teilgebiet die vordringlichen Aufgaben nicht allein bei der Sanierung der bestehenden Kanalisationsnetze, sondern bei einer völlig neuen Konzeption ganzer Kanalisationssysteme nach heutigen Erfordernissen des Gewässerschutzes. Undichte Kanalnetze führen in Abhängigkeit vom Grundwasserstand einerseits durch Fremdwasseraufnahme zur Verteuerung des Klärprozesses und andererseits durch Abwasserversickerung zur Belastung des Grundwassers. Regenentlastungen alter Bauart tragen beträchtlich zur Gewässerbelastung bei. In diesem Zusammenhang ist es insbesondere erforderlich, vorhandene Regenentlastungen neu zu gestalten und Regenüberlaufbecken (beim Mischsystem) bzw. Regenklärbecken (beim Trennsystem) zu errichten, um dadurch die Regenwasserbehandlung den Anforderungen des Gewässerschutzes anzupassen.

1049. Neben dieser erheblichen Gewässerentlastung durch Rückhalt vor allem von absetzbaren Stoffen müssen die Wasserbehörden die Indirekteinleiter nach § 7a Absatz 3 WHG in der Fassung vom 25. Juli 1986 jetzt unmittelbar erfassen. Die gefährlichen Stoffe (z. B. gewerbliches Abwasser, Umweltchemikalien), die nachteilig die Leistungsfähigkeit von Abwasserbehandlungsanlagen beeinträchtigen, sind von der Einleitung auszuschließen oder es sind entsprechende Vorbehandlungsmethoden vorzuschreiben (s. Abschn. 2.4.5.3). Im übrigen sind Produktion oder Einsatz von wassergefährlichen Haushaltschemikalien zu beschränken.

1050. Insgesamt ist anzustreben, durch neue Konzepte die abzuleitenden Schadstofffrachten im Bereich öffentlicher Kanalisationen zu verringern. Da dies allerdings nur punktuell erfolgen kann, müssen flächenmäßig auftretende, diffuse Abflüsse in ihren Auswirkungen auf die Gewässer rechnerisch stärker berücksichtigt werden. Dies muß einmal durch eine Erweiterung der Anzahl an relevanten Verschmutzungsgrößen sowie durch eine ausreichende Überwachung erfolgen. Ihre Kennzeichnung und Bedeutung sollte innerhalb von Schmutzfrachtmodellen Eingang finden. Die Umsetzung der Ergebnisse kann beispielsweise für flächenhafte Abflüsse aus der Land- und Forstwirtschaft durch Düngebeschränkungen erfolgen.

1051. Zwar wird das Abwasser von etwa 86,5 % der Bevölkerung in öffentlichen Kläranlagen behandelt (s. Abschn. 2.4.3.1.1), im Sinne der 1. Abwasser-Verwaltungsvorschrift werden aber nur knapp 69 % der Abwässer der Bundesbürger vollbiologisch gereinigt (s. Tab. 2.4.5). Die in der 1. Verwaltungsvorschrift genannten Mindestanforderungen werden also beim Abwasser von 31 % der Einwohner der Bundesrepublik nicht erfüllt, da

— sie entweder noch nicht an eine Kanalisation angeschlossen oder aber

— die Abwasserbehandlungsmethoden unzureichend sind.

Diese Lücke muß zuerst geschlossen werden, zumindest der Standard der vollbiologischen Reinigung muß bei allen Behandlungsanlagen erreicht werden. Die Methoden sind bekannt und entsprechend verfügbar. Als technische Lösungen bieten sich Belebungsanlagen oder Tropfkörperanlagen an, die in Anlehnung an die ATV-Arbeitsblätter A 131 und A 135 bemessen werden können.

Die beiden Arbeitsblätter sollten jedoch baldmöglichst überarbeitet werden, da die Bemessungsempfehlungen der biologischen Stufen auf Verfahren ohne Nitrifikation nicht mehr den heutigen Anforderungen des Gewässerschutzes entsprechen. Für kleinere Anschlußgrößen stehen spezielle Anlagentypen (technische Anlagen nach den ATV-Arbeitsblättern A 126 und A 122) oder Teichanlagen (ATV-Arbeitsblatt A 201) zur Verfügung, die den besonderen Anforderungen dünn besiedelter Entsorgungsgebiete entgegenkommen.

1052. Im Jahr 1980 waren in Gemeinden bis zu 10 000 Einwohner rund 54 % der Einwohner an biologische Kläranlagen angeschlossen. Wegen der weitläufigen Siedlungsstruktur im ländlichen Raum kann das angestrebte Ziel der zentralen Erfassung des kommunalen Abwassers und die Zuführung zu einer biologischen Kläranlage hier nur zu 80 % bis 85 % der Einwohner angesetzt werden. Die Gemeinden der genannten Größenordnungen stehen wegen der spezifisch hohen Kosten der Kläranlagen und des zugehörigen Kanalsystems vor schwierigen Aufgaben. Im Regelfall stellen dezentrale Lösungsansätze, also kleinere Kläranlagen, die zum Teil wirtschaftlich und auch ökologisch günstigere Alternative dar.

Die Suche nach geeigneten, einsetzbaren Verfahren bei kleinen Gemeinden (bis 1 000 Einwohnern) oder bei Siedlungen im Außenbereich führte unter anderem zur Wiederentdeckung der natürlichen und naturnahen Systeme. Die Abwasserbehandlung in Abwasserteichen ist in der Praxis vielerorts eingeführt und erprobt und genügt bei richtiger Dimensionierung und sachgemäßem Betrieb den Anforderungen der 1. Allgemeinen Abwasser-Verwaltungsvorschrift gemäß § 7 a WHG. Die Pflanzenkläranlagen entsprechen derzeit noch nicht den allgemeinen Regeln der Technik.

Eine vergleichende Bewertung der bewährten Abwasserreinigungsverfahren für kleine Gemeinden mit Anschlußwerten bis etwa 5 000 EW wurde von BUCKSTEEG erarbeitet; ein Auszug ist in Tabelle 2.4.20 zusammengestellt. Die 12 Bewertungskriterien werden hierbei nicht nur auf die naturnahen Systeme, sondern auch auf die möglichen technischen Lösungen angewendet.

Vermeidbare Gewässerbelastungen durch Optimierung der Abwasser- und Schlammbehandlungstechniken

1053. Es reicht für einen umfassenden Gewässerschutz nicht aus, auf der Grundlage der Mindestanforderungen im Sinne des § 7 a WHG die Gewässergüteklasse II—III anzustreben. Es muß darüber hinaus gewährleistet sein, daß im nächsten Schritt die Gewässergüteklasse II erreicht wird. Die verwendeten Reinigungssysteme müssen sich durch eine bessere Reinigungsleistung und eine hohe Prozeßstabilität auszeichnen. Dies zwingt zu einer sorgfältigen Auslegung der Behandlungsstufen, um mit einer wesentlich höheren Wahrscheinlichkeit die geforderten Ablaufwerte für einen Vorfluter der Gewässergüteklasse II zu gewährleisten.

1054. Die Zusammenhänge zwischen Auslegung der biologischen Stufe und statistischer Leistungsbeschreibung sind beispielhaft für Belebungs- und Tropfkörperanlagen in Abbildung 2.4.10 dargestellt.

Anhand des Verlaufes der Summenhäufigkeitslinie für die CSB-Ablaufwerte sollen die Zusammenhänge erläutert werden. Aus 119 Kläranlagen mit unterschiedlichen Schlammbelastungen B_{TS} (4 088 Proben) wurden die jeweiligen Funktionen für die Summenhäufigkeit bestimmt. Sehr deutlich wird die Abhängigkeit der Reinigungsleistung von der Schlammbelastung ersichtlich. Je niedriger die Schlammbelastung B_{TS}, um so besser sind die CSB-Ablaufwerte. Weiterhin ist aus der Steilheit der Funktionsverläufe zu folgern, daß im mittleren Bereich der Häufigkeit zwischen 20 % und 80 % die Ablaufkonzentrationen einen wesentlich kleineren Schwankungsbereich aufweisen. Diese Aussagen gelten sowohl für Belebungs- als auch Tropfkörperanlagen.

1055. Definiert man den Ist-Zustand der Klärtechnik als einen primär auf die Elimination leicht abbaubarer organischer Abwasserinhaltsstoffe abzielenden Reinigungsprozeß, so müssen in Zukunft weitergehende Reinigungsschritte als anzustrebender Standard für Abwasserbehandlungsanlagen in den Vordergrund treten. Wird der momentane Standard zum Schutz der Gewässer um die Forderungen einer

— Stickstoffelimination und einer

— Phosphorelimination

erweitert (zur Begründung s. a. Abschn. 2.4.5.2), können die in Tabelle 2.4.21 beispielhaft genannten Verfahren mit den entsprechenden Leistungsdaten angewendet werden. Zur Einhaltung der Forderungen genügt jedoch das biologische Grundreinigungssystem keinesfalls. Die hier aufgeführten Ammonium- und Stickstoffablaufwerte lassen sich durch bekannte und vielfach angewandte Verfahren erheblich reduzieren.

Genannt sind 5 (Ziffern 1—5) Verfahrensmodifikationen mit mechanisch-biologischen Stufen und 7 (Ziffern 6—12) weitere Modifikationen, die mit physikalisch-chemischen Methoden (Fällung, Filtration) gekoppelt sind. Nach der im Abschnitt 2.4.3 aufgezeigten Situation ist es dringend erforderlich, daß die biologische Grundreinigung mit vollständiger Nitrifikation (Ziff. 1) die nicht zu unterschreitende Standardlösung ist. Durch Schönungsteiche können fast alle Ablaufwerte dieser Standardlösung noch deutlich verbessert werden (Ziff. 5), ohne den Betriebsaufwand wesentlich zu erhöhen.

Tabelle 2.4.20

Bewertung der Abwasserreinigungsverfahren für kleine Gemeinden bis etwa 5 000 EW

Merkmal	unbelüftete und belüftete Abwasserteiche	kleinräumige biologische Kläranlagen
Flächenbedarf	sehr groß bis groß	sehr gering
Baukosten	gering bis mäßig hoch	hoch bis sehr hoch
Betriebskosten	sehr gering bis mäßig	hoch bis sehr hoch
Maschinelle und elektrische Ausrüstung	keine bis gering	meist sehr umfangreich
Betriebssicherheit	sehr groß	sehr unterschiedlich für die verschiedenen Systeme
Wartungserfordernisse	sehr gering	mindestens tägliche Wartung
Pufferungsvermögen gegenüber Schmutzstößen	sehr groß bis groß	bei Langzeitbelebung groß, bei anderen Verfahren meist gering
Ausgleichs- und Speichervermögen bei Mischwasserzufluß	außerordentlich groß bis sehr groß	gering bis sehr gering (Regenbecken erforderlich; bei kleinen Ausbaugrößen Schwierigkeiten mit der Regenbeckenleerung)
Reinigungsleistung — biologisch abbaubare organische Stoffe — minimale Nährstoffe	Mindestanforderungen einhaltbar gering	Mindestanforderungen einhaltbar gering
Reststoffe	Schlammräumung in ein- bis mehrjährigen Abständen je nach Auslegung	Schlammabzug mehr oder weniger häufig je nach Verfahren; die Häufigkeit der Schlammabfuhr richtet sich nach den Möglichkeiten der Zwischenlagerung
Umweltbelange	landschaftliche Einbindung ist meist leicht möglich; bei unbelüfteten Teichanlagen kann es zeitweilig zu Geruchsentwicklungen kommen	Maßnahmen zur landschaftlichen Einbindung sowie Vorkehrungen zur Geräuschkontrolle sind erforderlich
Anwendungsbereich	besonders geeignet für kleine ländliche Gemeinden mit Mischwasserkanalisation	bei sachgerechter Anpassung an die jeweiligen örtlichen Gegebenheiten mehr oder weniger gut geeignet für alle Anschlußgrößen

Quelle: BRAUCH und NEUMANN, 1985

Abbildung 2.4.10

Leistung und Prozeßstabilität von unterschiedlich belasteten Belebungs- und Tropfkörperanlagen für den Summenparameter CSB

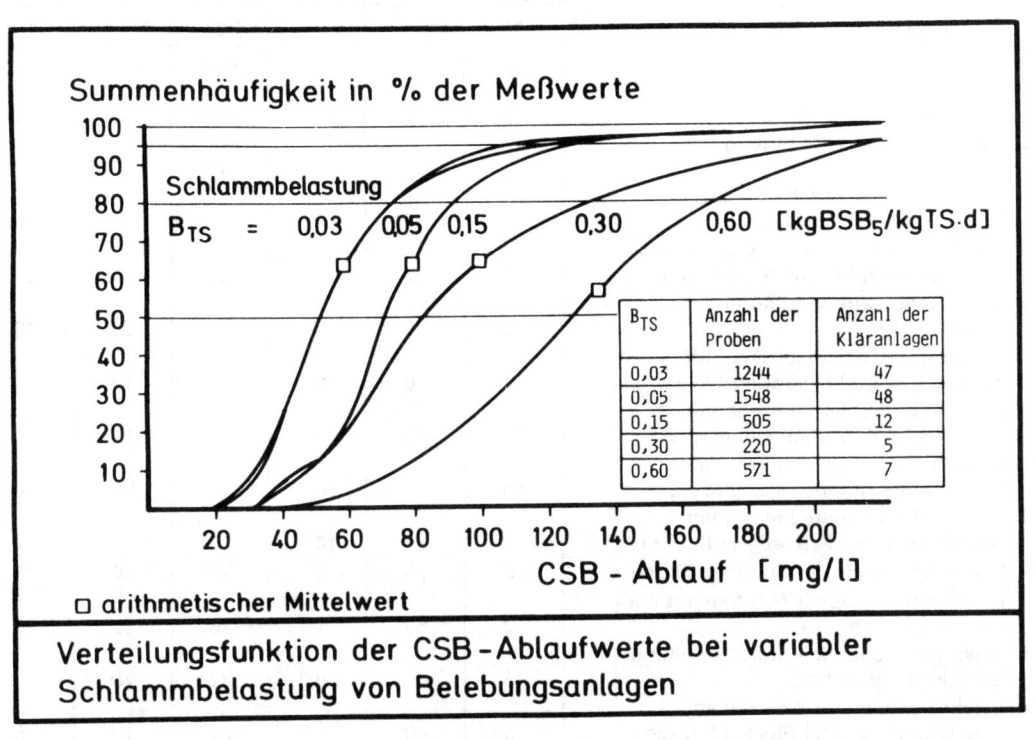

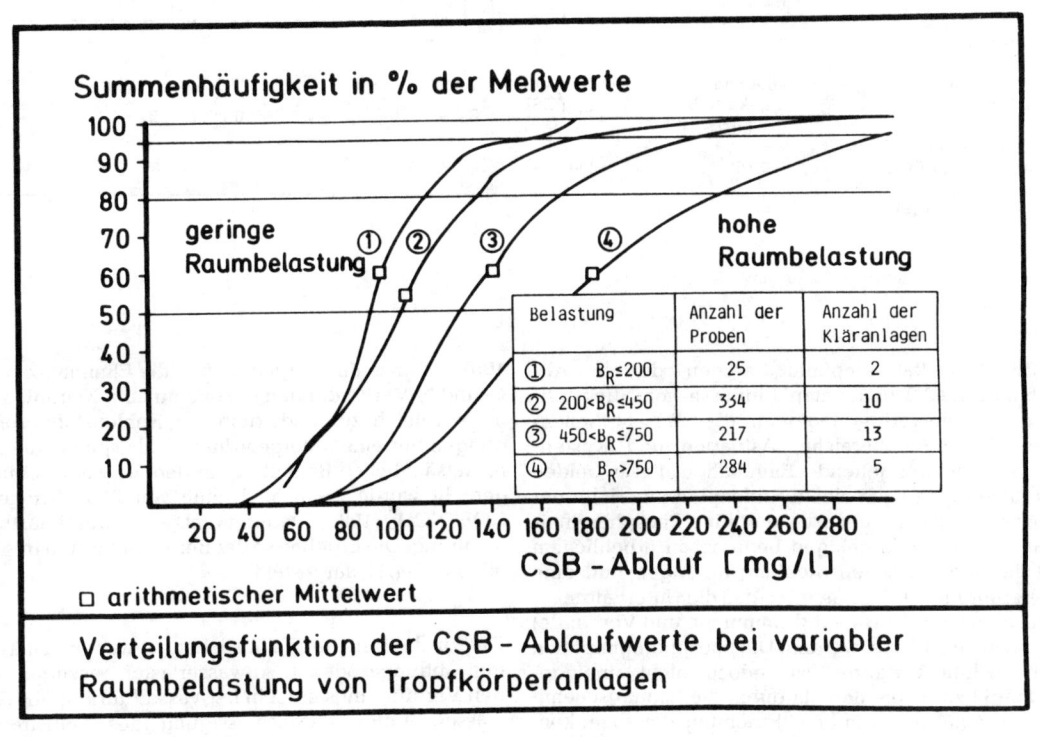

Summenhäufigkeit in % der Meßwerte

Schlammbelastung B_{TS} = 0,03 / 0,05 / 0,15 / 0,30 / 0,60 [kgBSB$_5$/kgTS·d]

B_{TS}	Anzahl der Proben	Anzahl der Kläranlagen
0,03	1244	47
0,05	1548	48
0,15	505	12
0,30	220	5
0,60	571	7

CSB - Ablauf [mg/l]

□ arithmetischer Mittelwert

Verteilungsfunktion der CSB-Ablaufwerte bei variabler Schlammbelastung von Belebungsanlagen

Summenhäufigkeit in % der Meßwerte

geringe Raumbelastung ① ② ③ ④ hohe Raumbelastung

Belastung	Anzahl der Proben	Anzahl der Kläranlagen
① B_R ≤ 200	25	2
② 200 < B_R ≤ 450	354	10
③ 450 < B_R ≤ 750	217	13
④ B_R > 750	284	5

CSB - Ablauf [mg/l]

□ arithmetischer Mittelwert

Verteilungsfunktion der CSB-Ablaufwerte bei variabler Raumbelastung von Tropfkörperanlagen

Quelle: DAMIECKI, 1982

Tabelle 2.4.21

Leistungstabelle über Verfahren der weitergehenden Abwasserreinigung nach biologischer Behandlung

Reinigungsverfahren der Kläranlagen	Ablaufwerte der Kläranlagen					
	BSB_5	CSB	Pges	Nges	$N-NH_4$	SS
	mg/l	mg/l	mg/l	mg/l	mg/l	mg/l
Biologische Grundreinigung	20	90	10	35	30	20
1. Biologische Grundreinigung mit Nitrifikation	15	80	10	30	10	20
2. zweistufige biologische Reinigung mit Nitrifikation	12	75	10	25	5	15
3. Belebungsanlage mit vorgeschalteter Denitrifikation bei 200 % Rückführung ...	15	80	9	20	10	20
4. Biologische Grundreinigung und Schönungsteich	12	75	8	30	25	12
5. Biologische Grundreinigung mit Nitrifikation und Schönungsteich	10	70	8	25	10	10
6. Biologische Grundreinigung mit Nitrifikation und Mikrosiebung	10	70	10	30	10	10
7. Biologische Grundreinigung und Schnellsandfiltration	10	68	10	35	30	10
8. Biologische Grundreinigung mit Nitrifikation und Schnellsandfiltration	7	60	10	30	10	7
9. Belebungsanlage mit Simultanfällung	15	75	1	35	30	25
10. Belebungsanlage mit Nitrifikation und Simultanfällung	12	65	1	28	12	20
11. Belebungsanlage mit Simultanfällung und Flockungsfiltration	5	45	0,2	32	28	5
12. Belebungsanlage mit Nitrifikation, Simultanfällung und Flockenfiltration	5	40	0,2	25	10	5

Bemessung für biologische Grundreinigung:	Belebung $B_{TS} \sim 0{,}3 \; \frac{kg\; BSB_5}{kg\; TS \cdot d}$	Tropfkörper $B_R \sim 400 \; \frac{g\; BSB_5}{m^3 \cdot d}$	Tauchtropfkörper $B_A \sim 10 \; \frac{g\; BSB_5}{m^2 \cdot d}$	unbel. Teiche $B_A \sim 10 \; m^2/E$	belüftete Teiche $B_R \sim 20{-}30 \; \frac{g\; BSB_5}{m^3 \cdot d}$
Biologische Grundreinigung mit Nitrifikation:	0,15	200	5	—	—

Quelle: ATV, 1984

1056. Der Rat empfiehlt, wegen der in Abschnitt 2.4.3.3.2 genannten Einflüsse von Stickstoff- und Phosphorverbindungen auf die langsam fließenden Tieflandflußbereiche, Ästuarien und Küstenmeere eine weitgehende Elimination dieser beiden Verbindungen nach einem Stufenplan innerhalb der nächsten 10 Jahre anzustreben. Eine Phosphorelimination in den Kläranlagen begrenzt in erheblichem Maße eine Massenentwicklung an Algen und eine Verkrautung der Gewässer, so daß die Unterhaltungspflichtigen der Gewässer (Kommunen und Verbände) wesentlich entlastet werden. Die Phosphorelimination mit Fällungsverfahren ist jedoch nicht uneingeschränkt zu empfehlen, da durch die Fällungschemikalien eine unerwünschte Erhöhung der Ionenkonzentration des Wassers erfolgt, insbesondere bei leistungsschwachen, kleinen Vorflutern.

1057. Daß in der Vergangenheit die Elimination von P- und N-Verbindungen in kommunalen Kläranlagen im Vergleich zur Reduktion der Kohlenstoffverbindungen nur eine untergeordnete Rolle spielte, die ihrer tatsächlichen Bedeutung in den Gewässern nicht gerecht wurde, zeigt auch eine von BÖHNKE und DOETSCH (1986) veröffentlichte Abwasserlastberechnung. Die Ergebnisse der Berechnung sind in Abbildung 2.4.11 dargestellt.

Die für die Einleitung häuslichen Abwassers zulässigen abflußbezogenen Abwasserlasten (bezogen auf den Verdünnungsanteil in l/s Wasserführung des Gewässers unter Vernachlässigung des Selbstreinigungsvermögens und der Vorbelastung) berechnen sich unter Einbeziehung der auf der Gewässergüte-

Abbildung 2.4.11

Durchschnittliche Belastung deutscher Gewässer mit BSB$_5$, P und N aus häuslichen Abwässern, berechnet auf Einwohner je l/s Wasserführung eines Gewässers

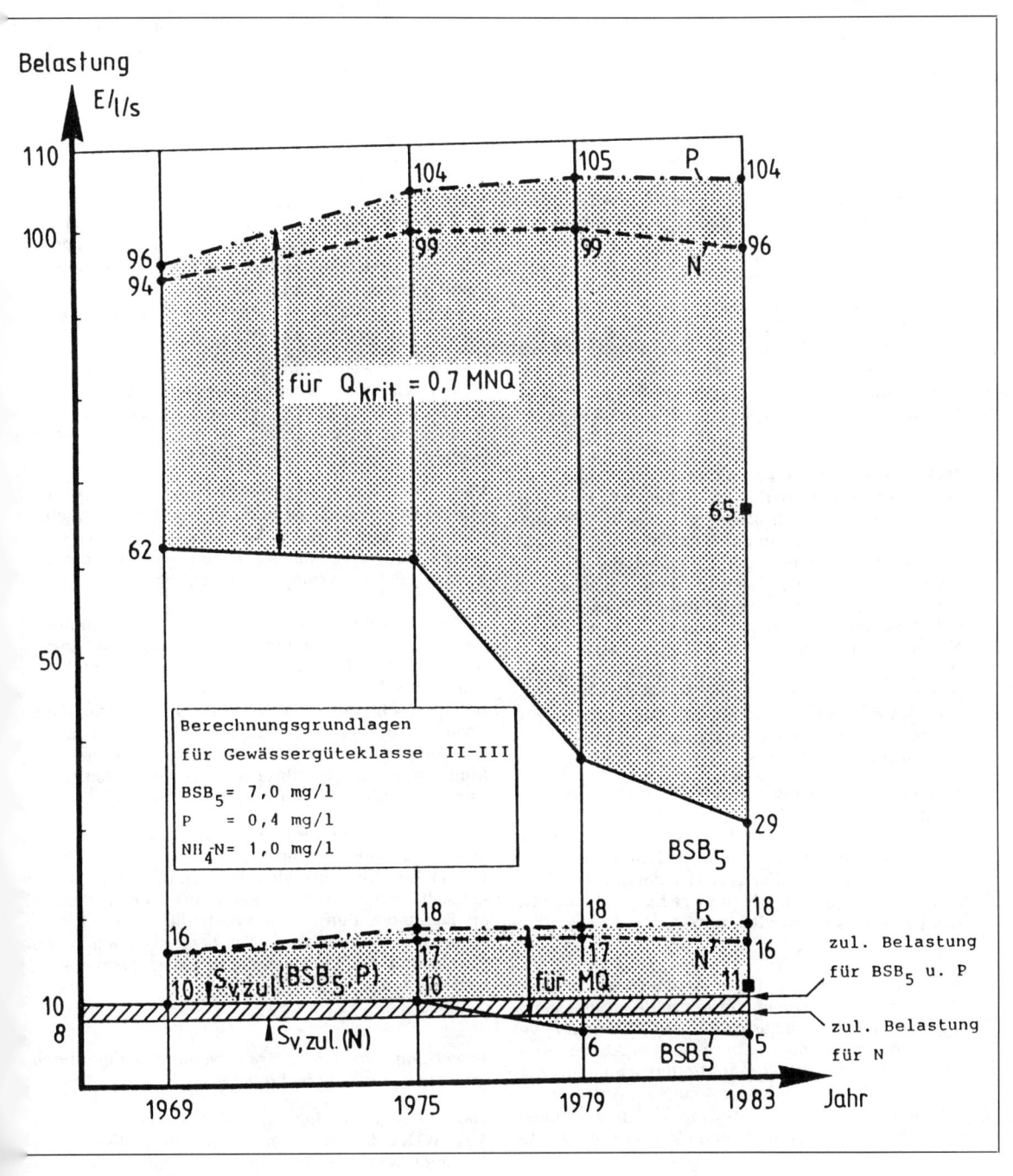

Quelle: BÖHNKE und DOETSCH, 1986

klasse II—III basierenden Mindestgüteanforderungen (s. Abschn. 2.4.2.2, Tab. 2.4.1) von

— 7 mg BSB_5/l

— 0,4 mg P/l

— 1,0 mg NH_4-N/l

sowie der Einwohnergleichwerte von

— 60 g BSB_5/E d

— 3,5 g P/E d

— 11 g N/E d

zu jeweils 10 E/(l/s) für BSB_5 und P und zu 8 E/(l/s) für Stickstoffverbindungen; für eine Gewässergüteklasse II wären die zulässigen Abwasserlasten entsprechend geringer.

1058. Sowohl für Ammonium als auch für Phosphor sind in den Verwaltungsvorschriften gemäß § 7a WHG Mindestanforderungen festzulegen. Der Rat empfiehlt insbesondere, so schnell wie möglich Mindestanforderungen für Kläranlagen 1 000 E/EW in die 1. Abwasser-Verwaltungsvorschrift aufzunehmen.

1059. Wie Abbildung 2.4.11 verdeutlicht, liegen die vorhandenen Abwasserlasten aus häuslichem Abwasser z. T. sehr deutlich über den zulässigen Werten, insbesondere bei Bezug der Betrachtung auf den für Gewässergüteüberlegungen maßgebenden kritischen Abfluß Q_{Krit}. Für den BSB_5 zeigt sich noch 1983, bezogen auf Q_{Krit}, eine Überschreitung der zulässigen Belastung um das 3fache, für P um das 10fache und für N sogar um das 12fache. Für die Phosphor- und Stickstoffverbindungen kann außerdem keine signifikante Eliminationsleistung durch die Abwasserbehandlung nachgewiesen werden, denn seit 1969 sind die vorhandenen Abwasserlasten nahezu konstant oder steigen geringfügig an.

Dementsprechend muß sowohl für Phosphorverbindungen als auch für Stickstoffverbindungen von einem gravierenden Defizit der Klärtechnik ausgegangen werden, das in den nächsten Jahren durch verstärkten Um- und Ausbau zunächst der größeren Kläranlagen bezüglich der P- und N-Elimination unbedingt kompensiert werden muß.

1060. Da aus wirtschaftlichen und gewässerökologischen Gründen versucht werden sollte, primär biologische Verfahren einzusetzen, sind in Zukunft vor dem Hintergrund der weitergehenden Abwasserreinigung weitere Schwerpunktuntersuchungen notwendig. Dabei ist auf den bestehenden Anlagen aufzubauen, wobei verfahrenstechnische Optimierungen sowie der zugehörige Ausbau im Vordergrund zu stehen haben.

Zwei Zielrichtungen sollte verstärkt nachgegangen werden:

— Übertragung von biokinetischen Grundlagen auf die Anpassung von Schlammbiozönosen an extreme Milieuverhältnisse

— Anpassung der Verfahrenstechnik an die biochemischen Systemgegebenheiten der Einzelreinigungsschritte.

1061. Hinsichtlich im Wasser gelöster persistenter und resistenter Schadstoffe, die z. Zt. bei der konventionellen mechanisch-biologischen Reinigung nur in geringem Umfang oder gar nicht erfaßt und eliminiert werden, müssen die vorhandenen bzw. neuentwickelten biologischen und nichtbiologischen Abwasserreinigungsverfahren auf ihre Stoffspezifität untersucht werden. Langfristig muß für derartige Substanzen allerdings eine Substitution durch umweltverträglichere Stoffe angestrebt werden.

1062. Durch die gesteigerten Reinigungsleistungen der Kläranlagen, den verstärkten Einsatz chemisch-physikalischer Verfahren und weitere Maßnahmen zur Regenwasserbehandlung sind die Schlammengen ständig gestiegen. Der jährliche Rohschlammanfall aus kommunalen Kläranlagen und Hauskläranlagen beträgt derzeit rund 50 Mio m³.

Gleichzeitig werden an die Qualität des Endproduktes der Schlammbehandlung sowohl bei anschließender landwirtschaftlicher Verwertung als auch bei nachfolgender Ablagerung höhere Anforderungen gestellt.

Gewässerschutz durch eine optimierte Abwasserreinigung ist nur dann sinnvoll, wenn gleichzeitig auch der endgültige Verbleib der bei der Abwasserreinigung anfallenden Rückstände und Schlämme ohne kritische Folgewirkungen gesichert ist.

1063. Obwohl sich Art und Umfang der Schlammbehandlung nach der späteren Verwertung bzw. Beseitigung des Schlammes richten, kann die Stabilisierung des Rohschlammes als die zentrale Grundoperation angesehen werden. Es ist daher erforderlich, die anaerobe und aerobe Schlammstabilisierung zu intensivieren und zu optimieren. Dies ist durch Vorbehandlungsmethoden, verfahrenstechnische Maßnahmen und mehrstufige Verfahrensführung möglich.

Durch mehrstufige Verfahrensführung lassen sich die optimalen Milieubedingungen der einzelnen Organismen gezielter einstellen und kontrollieren. Es bieten sich auch kombinierte aerob/anaerobe Verfahren an. Durch den Betrieb einer Stufe dieser Verfahrenskette im thermophilen Temperaturbereich kann gleichzeitig eine Entseuchung des Klärschlammes erzielt werden.

Bewertung von Abwassereinleitungsbedingungen und Abwasserlastberechnungen

1064. Für die Einleitung von Abwasser sind nach § 7a WHG die allgemein anerkannten Regeln der Technik, teilweise der Stand der Technik, einzuhalten. Diese werden konkretisiert in den entsprechenden Überwachungswerten der Verwaltungsvorschriften. Die größte Gruppe umfaßt dabei die kommunalen Einleitungen, die der Entwässerung der städtischen und ländlichen Bereiche dienen. In ihnen ist sowohl häusliches als auch gewerbliches und industrielles

Abwasser enthalten. Wie STOCK (1985) in der Auswertung der behördlichen Überwachung von Abwassereinleitungen zeigt, sind die kommunalen Anlagen heute unabhängig von ihrer Größe in der Lage, CSB-Ablaufwerte von 70—80 mg/l einzuhalten, wenn sie entsprechend den a. a. R. d. T. errichtet werden. Zahlreiche Anlagen, sowohl im kommunalen als auch im industriellen Bereich, unterschreiten diese Werte (TREUNERT, 1986). Andererseits weisen die Kläranlagen noch eine große Streubreite bei den Ablaufwerten auf. Diese sind im unterschiedlichen Entwicklungs- und Ausbaustand der einzelnen Kläranlagen begründet. Wie TREUNERT (1986) nachweist, halten lediglich 60% der Einleitungen die a. a. R. d. T. ein. 40% der Einleitungen leiten größere Schmutzfrachten ein, als sie diesen Regeln entsprechen. Die große Bandbreite der Ablaufergebnisse zeigt, daß noch viele Kläranlagen an diese neueren Techniken herangeführt werden müssen und dafür die geeigneten Verfahrensschritte einzusetzen sind.

1065. Alle wasserrechtlichen und abgaberechtlichen Regelungen setzen heute eine möglichst geringe Streuung der Ablaufwerte voraus. Diese Tendenz wird durch die Novellierung des Abwasserabgabengesetzes noch verstärkt. Um bei der unterschiedlichen Zusammensetzung des zulaufenden Abwassers einen gleichmäßigen Ablauf zu erreichen, ist es notwendig, die Behandlungsstufen der Abwasserbehandlungsanlage entsprechend zu regeln. Für die mechanischen Stufen kann dies durch ausreichend lange Aufenthaltszeiten und die bauliche Gestaltung der Beckenausläufe geschehen. Für die biologischen Stufen fehlen heute noch schnell meßbare Regelungsparameter, die eine vorausschauende, der Beschaffenheit des Abwasserzulaufs angepaßte Regelung der biologischen Stufen ermöglichen. Die Regelung erfolgt nicht entsprechend dem Betriebsgeschehen, sondern erst später entsprechend dem ablaufenden Abwasser, also dem Betriebsergebnis. Es müssen geeignete Verfahrenskenngrößen ermittelt werden.

1066. Ein weiterer Punkt, der zu der starken Streubreite beiträgt, sind die zahlreichen Betriebsstörungen, die sich in kommunalen Kläranlagen ergeben. Die Zahl der Störfälle beträgt im Jahresdurchschnitt 10 bis 14 je Anlage. Am stärksten wirken sich Störungen in der biologischen Stufe, die im wesentlichen durch Mängel in der Belüftungs- und Räummechanik verursacht werden, und Betriebsstörungen anläßlich von Umbaumaßnahmen auf den Ablauf aus.

1067. Wie allgemein anerkannt, sind die Probleme mit der Einleitung von sauerstoffzehrenden Stoffen in die Gewässer als gelöst zu betrachten, wenn entsprechend den neueren Bemessungsvorschriften gestaltete Anlagen eingesetzt werden. Aus ökologischer Sicht treten heute vorwiegend die Probleme in Verbindung mit der Einleitung von Schwermetallen und organischen Chlorverbindungen auf. Diese Schadstoffe finden sich in großem Umfang in den Klärschlämmen und in den Sedimenten der Gewässer wieder. Klärschlämme können aus diesem Grunde häufig nicht landwirtschaftlich verwertet werden, so daß die hierin enthaltenen Phosphor- und Stickstoffverbindungen der Landwirtschaft verloren gehen und durch mineralische Dünger ersetzt werden müssen. Der Übergang dieser Schadstoffe in die Gewässersedimente führt zu Belastungen, die es erforderlich machen, die ausgebaggerten Sedimente auf Sonderdeponien unterzubringen (s. Tz. 1135 ff.). Es ist deshalb unbedingt erforderlich, bereits die Schadstoffbelastung des anfallenden Abwassers zu reduzieren, damit die Schlämme unschädlich im Landschaftsbau unterzubringen sind.

1068. Bei der Festsetzung der Abwasserabgabe für die Einleitung von Niederschlagswasser zeigt sich, daß lediglich 20—30% der Kanalisationsnetze den a. a. R. d. T. entsprechen und damit hinreichend verminderte Schadstofffrachten in die Gewässer eingeleitet werden. In allen übrigen Netzen ist damit zu rechnen, daß die Schadstofffrachten wesentlich höher liegen. Zum Teil überschreiten die Frachten, die mit dem Niederschlagswasser aus den Entwässerungsnetzen unmittelbar in die Gewässer gelangen, die Frachten, die über die Kläranlagen eingeleitet werden. Es muß vorrangiges Ziel der weiteren Entwicklung sein, diese Schadstoffquellen in den Griff zu bekommen.

1069. Die Verschmutzung stammt im wesentlichen aus zwei sehr unterschiedlichen Quellen:

— bei Trenn- und Mischkanalisationen von Auswaschungen der gas- und staubförmigen Verschmutzung der Luft sowie aus Abschwemmungen von den entwässerten Flächen (s. Tz. 914);

— beim Mischverfahren zusätzlich aus Vermischung mit dem ständig fließenden, stärker verschmutzten Abwasser des sog. Trockenwetterabflusses sowie von Ausspülungen von Ablagerungen, die während der Regenpausen infolge der geringeren Fließgeschwindigkeit des Trockenwetterabflusses im Kanalnetz gelagert wurden und infolge der größeren Schleppkraft des Mischwasserabflusses bei Regenwetter ausgetragen werden.

1070. Beim Trennverfahren ist die Gefahr der Falschanschlüsse so groß, daß praktisch immer mit der direkten Einleitung von Abwasser in die Gewässer gerechnet werden muß.

BRUNNER (1975) ermittelte in einem Testgebiet in Pullach die mittleren Jahresschmutzfrachten beim Trennverfahren ohne weitere Regenwasserbehandlung wie folgt:

absetzbare Stoffe	1 058 l/(ha×a)
abfiltrierbare Stoffe	443 kg/(ha×a)
abfiltrierbare organische Stoffe	148 kg/(ha×a)
BSB_5	32 kg/(ha×a).

1071. Beim Mischverfahren liegen die Volumenströme der größten Mischwasserabflüsse beim 50- bis 100fachen des Trockenwetterabflusses. Da die Kläranlagen nach dem ATV-Arbeitsblatt A 131 nur für den 2fachen Trockenwetterabfluß bemessen werden, ist eine Entlastung der Kanalnetze im Mischverfahren erforderlich. Nach einer weiteren ATV-Richtlinie, Arbeitsblatt A 128, sind zwar Regenentlastungen so zu bemessen und zu gestalten, daß von den biologisch abbaubaren Stoffen und von den absetzbaren Stoffen des Mischwasserabflusses bei Regen im Jahresmittel theoretisch etwa 90 % zurückgehalten und der Kläranlage zugeführt werden; es besteht jedoch berechtigter Zweifel, ob diese Leistung bei Einhaltung der in der Richtlinie genannten Bemessungs- und Gestaltungsvorschriften auch tatsächlich erreicht wird. So ermittelten KRAUTH und STOTZ (1985) in Stuttgart Büsnau, daß bei üblichen Ansätzen der auf die versiegelte Fläche bezogenen Größe der Fangbeckeninhalte von 10 bis 20 m³/ha nur 65 bis 75 % der BSB_5-Fracht oder der Fracht an abfiltrierbaren Stoffen zurückgehalten werden und selbst bei dem unüblichen Wert der bezogenen Größe der Fangbecken von 50 m³/ha nur 80 bis 85 % der Frachten dem Vorfluter ferngehalten und einer biologischen Abwasserbehandlung zugeführt werden.

1072. TREUNERT (1986) hat daher die Richtigkeit der bisherigen Regelung im Abwasserabgabengesetz für Niederschlagswasser bezweifelt, die nur öffentliche Kanalisationen betrifft und 0,12 Schadeinheiten für jeden im Entwässerungsgebiet lebenden Einwohner vorsieht. Dabei werden die Größe und der Versiegelungsgrad des Gebietes überhaupt nicht berücksichtigt. Ebenso ist eine in den Bundesländern unterschiedliche Regelung für eine Ermäßigung der Abgabe, die von einer recht umfangreichen Regelung in Nordrhein-Westfalen bis zur vollständigen Freistellung in Schleswig-Holstein reicht, aus Gründen der Rechtseinheitlichkeit unbefriedigend und begünstigt mit ihren derzeitigen Auswirkungen die Verminderung der Abgabelast der Einleiter durch Rechenmanipulationen, die die Jahresschmutzwassermenge zu Lasten der Niederschlagswassermenge verringern. TREUNERT schlägt vor, die Abgabe nicht mehr auf den fiktiven Wert der „Jahresschmutzwassermenge" zu beziehen, sondern stattdessen auf die meßbare Größe „Jahresabwassermenge", die Schmutz- und Fremdwasser sowie das Niederschlagswasser, das biologisch behandelt wird, umfaßt. Für den darüber hinausgehenden Anteil des entlasteten Niederschlagswassers schlägt er eine Belastung mit 1 Schadeinheit je 150 m³ Niederschlagswasser aus einer Mischkanalisation ohne Behandlung bzw. je 600 m³ Niederschlagswasser aus einer Trennkanalisation vor. Da die Vorstellungen der Wasserwirtschaftsverwaltungen der einzelnen Länder unterschiedlich sind, wird wahrscheinlich die Möglichkeit, individuelle Ermäßigungsregelungen zu finden, nicht zu vermeiden sein. Mit der Novellierung des Abwasserabgabengesetzes wird diese Anregung nur zum Teil aufgenommen.

1073. Ein ganz besonderes Problem hierbei ist bei Mischwasserkanälen die Einleitung der Schwermetalle und organischen Stoffe. Diese gelangen neben den sauerstoffzehrenden Stoffen aus den Regenwasserabschlägen unbehandelt in die Gewässer. Wenn der Rückhalt dieser Schadstoffe dem Stand der Technik entsprechen soll, muß für Regenwasserkanäle, in denen derartige Stoffe enthalten sind, jede Abschlagtätigkeit unterbunden werden. Das gesamte mit derartigen Stoffen belastete Niederschlagswasser muß einer geeigneten Kläranlage zugeführt werden.

1074. Je vollständiger das Schmutzwasser und das Niederschlagswasser aus Siedlungsgebieten geeigneten Abwasserbehandlungsanlagen zugeführt werden, desto mehr gewinnen die restlichen nicht oder unzureichend behandelten Abwässer an Bedeutung. Ca. 10 % der Einwohner der Bundesrepublik sind nicht an kommunale Kläranlagen angeschlossen und entwässern ihr Abwasser über eine sog. Kleineinleitung. Darunter versteht man Einleitungen von häuslichem Abwasser unter 8 m³ je Tag. Die Zahl der Schadeinheiten von Kleineinleitungen wird pauschal mit der Hälfte der Zahl der nicht an die Kanalisation angeschlossenen Einwohner angesetzt. Die dabei in die Gewässer und das Grundwasser eingeleitete Schadstofffracht wird vielfach unterschätzt. Besonders betroffen davon sind Kleingewässer in ländlichen Gebieten.

1075. Das Ausmaß der Gewässerbelastungen aus Kleineinleitungen wird aus der folgenden Betrachtung auf der Basis von 1 Mio Einwohnern = 100 % deutlich:

10 % nicht angeschlossene Einwohner
entsprechend 0,5 Schadeinheiten je E
100 000 E × 0,5 =   50 000 Schadeinheiten,

90 % angeschlossene Einwohner, bei 90 %iger Reinigung entsprechend 0,1 Schadeinheiten je E
900 000 E × 0,1 =   90 000 Schadeinheiten
insgesamt: 140 000 Schadeinheiten.

Durch entsprechende Reinigung des Abwassers der Kleineinleiter ließen sich 0,4 Schadeinheiten je Einwohner vermeiden; dies ergäbe eine Verringerung um 40 000 Schadeinheiten. Damit könnte die eingeleitete Gesamtschmutzfracht um ca. 25 % auf 100 000 Schadeinheiten reduziert werden. Auch hier gilt, daß in diesem Abwasser nicht nur sauerstoffzehrende Stoffe, sondern zum Teil auch Schadstoffe enthalten sind, die heute nach dem Stand der Technik zu behandeln wären.

1076. Die Umsetzung der Güteanforderungen für Fließgewässer in die Überwachungswerte wasserrechtlicher Bescheide geschieht durch Abwasserlastberechnungen. Die Abwasserlastberechnungen sollen eine gezielte Begrenzung von Abwassereinleitungen ermöglichen. Dabei sind für die einzelnen Gewässer entsprechende Nutzungsarten festzulegen. Da bei der Abwasserlastberechnung für die einzelnen Gewässer ein bestimmtes Gewässergüteziel erreicht werden soll, sind die oben genannten Aspekte jeweils auf die einzelne Einleitung und auf die Gewässer abgestimmt zu berücksichtigen. Die bisher recht starr gehandhabten Berechnungsarten können diese Forderungen nicht erfüllen.

Für die Abwasserlastberechnungen sind die Verfahren so umzustellen, daß die Einflüsse der genannten Parameter und Betriebsweisen berücksichtigt werden können. Die Ergebnisse einer derartig flexiblen Berechnung müssen allerdings noch vergleichbar bleiben. Die Vor- und Nachteile der einzelnen Lösungskonzepte sind dann gegeneinander abzuwägen.

2.4.4.4 Bewertung von Wasserbaumaßnahmen aus ökologischer Sicht

1077. Zur ökologischen Bewertung von Gewässern muß zwischen Fließgewässern (Bäche und Flüsse) und Stillgewässern bzw. stehenden Gewässern (Seen und Talsperren) unterschieden werden.

Der natürliche Zustand wird durch Wasserbaumaßnahmen hauptsächlich bei Fließgewässern verändert, wobei der Aufstau eines kleinen Fließgewässers zu einer Talsperre wohl die stärkste Veränderung des Gewässerökosystems und der gesamten Gewässerlandschaft darstellt. Aus landschaftsökologischer Sicht kommt den vielen kleinen Fließgewässern eine wesentlich größere Bedeutung zu als den wenigen großen, schiffbaren Flüssen. Es entfallen z. B. auf das Land Nordrhein-Westfalen nur ca. 200 Stromkilometer des Rheins aber 75 000 km Fließgewässer insgesamt (Minister für Ernährung, Landwirtschaft und Forsten des Landes Nordrhein-Westfalen, 1984).

1078. In Kultur- und Industrielandschaften haben die Fließgewässer vielfältige Aufgaben zu erfüllen und unterschiedlichsten Ansprüchen zu genügen. Die meisten Fließgewässer wurden in den vergangenen Jahrzehnten allein nach technischen, nicht aber nach landschaftsökologischen und ingenieurbiologischen Gesichtspunkten ausgebaut. Die Folgen bestehen heute u. a. in nachteilig veränderten Abflußverhältnissen, Einschränkung der Selbstreinigungskraft, Minderung der Vielfalt an Lebensräumen, instabilen Lebensgemeinschaften und im hohen Unterhaltungsaufwand. Inzwischen hat man erkannt, daß zur nachhaltigen Sicherung der Funktionsfähigkeit des Naturhaushalts einer Gewässerlandschaft das Zusammenspiel vieler vernetzter Einzelelemente beachtet werden muß. Allerdings bleiben nach wie vor die Ansprüche von Siedlungswesen, Landwirtschaft, Verkehr einschließlich Schiffahrt, Freizeit und Erholung bestehen. Da hohe Stabilität und hohe Produktivität einander ausschließen, müssen Wasserwirtschaft und Wasserbau in ihrer Eigenschaft als Mittler zwischen dem Anspruch des Menschen an die Natur und der Erhaltung eines funktionsfähigen Naturhaushalts im Bereich der Wasser-Ökosysteme künftig einen Mittelweg beschreiten.

Um den zu beschreibenden Mittelweg verdeutlichen zu können, kann der „Grad der Natürlichkeit" der Gewässerlandschaft herangezogen werden (PFLUG, 1985). Der höchste Grad der Naturnähe ist erreicht, wenn das Gewässer dem natürlichen Zustand entspricht. Dies kann auch zutreffen, wenn nach menschlichen Eingriffen eine natürliche, dem Gewässertyp entsprechende Entwicklung stattgefunden hat. Als Bewertungsmaßstab für Fließgewässer kann folgende fünfstufige Skala gelten (Landesanstalt für Ökologie, Landschaftsentwicklung und Forstplanung, LÖLF, Nordrhein-Westfalen, 1985):

Stufe 5 — natürlich:

Die Bewertungsmerkmale entsprechen vollständig einer vom Menschen nicht beeinflußten Ausprägung.

Stufe 4 — naturnah:

Die Bewertungsmerkmale entsprechen weitgehend einer vom Menschen nicht beeinflußten Ausprägung.

Stufe 3 — bedingt naturnah:

Die Bewertungsmerkmale entsprechen nur teilweise einer vom Menschen nicht beeinflußten Ausprägung.

Stufe 2 — naturfern:

Die Bewertungsmerkmale liegen in einer vom Menschen weitgehend veränderten Ausprägung vor.

Stufe 1 — naturfremd:

Die Bewertungsmerkmale liegen in einer vom Menschen vollständig veränderten Ausprägung vor.

1079. Nach dem Bundesnaturschutzgesetz (§ 8) und den Landesnaturschutzgesetzen der einzelnen Bundesländer stellen wasserbauliche Maßnahmen Eingriffe in die Landschaft und den Naturhaushalt dar, die durch entsprechende Ausgleichsmaßnahmen bzw. Ersatzmaßnahmen auszugleichen sind. Um dieser Forderung gerecht werden zu können, ist es erforderlich, daß vor einer Baumaßnahme das Gewässer und seine Umgebung, die wasserbaulichen Maßnahmen selbst und die vorgesehenen Ausgleichsmaßnahmen nach ökologischen Gesichtspunkten bewertet und diese Bewertungen einander gegenübergestellt werden. Nur so kann ein Nachweis darüber erbracht werden, wie groß die Eingriffe sind, ob die vorgesehenen Ausgleichsmaßnahmen im Sinne eines Ausgleiches wirken, ob ein vollständiger Ausgleich erreicht ist oder in welcher Art und in welchem Umfang dazu noch Ersatzmaßnahmen erforderlich werden. Entsprechend der Vielschichtigkeit von Gewässerökosystemen bzw. Gewässerlandschaften ist es notwendig, daß Fachleute unterschiedlichster Disziplinen bei der Bewertung zusammenarbeiten.

Zur ökologischen Bewertung von Gewässern, Landschaften und Landschaftsteilen gibt es bereits Verfahren, die zwar eine ökologische Klassifizierung zulassen (z. B. Landesanstalt für Ökologie, Landschaftsentwicklung und Forstplanung, LÖLF, Nordrhein-Westfalen, 1985), jedoch zu keiner Aussage über die Erzielung des Ausgleiches oder über Art und Umfang von erforderlichen Ersatzmaßnahmen führen. Um diese Forderungen erfüllen zu können, sind praxisnahe, nachvollziehbare Bewertungsverfahren wie z. B. die „Landschaftsbilanz" erforderlich.

1080. Aufbauend auf einer Abgrenzung des Bearbeitungsgebietes in Biotopelemente wird bei der Landschaftsbilanz eine Bewertung dieser Biotopelemente an Hand abiotischer Faktoren (z. B. Gewässertiefe, Ufersicherung, Böschungsneigung usw.) und biotischer Faktoren (z. B. Vegetation, Fauna) durchgeführt und mit ihrem Flächenanteil in Prozent zur Gesamtfläche in Ansatz gebracht. Dabei gehen vor allem solche Faktoren in das Verfahren ein, die durch die Baumaßnahme einer Veränderung unterliegen. Die Gegenüberstellung (eigentliche Bilanz) dieser sowohl für die Planung nicht nur flächenmäßig erfaßten, sondern auch nach ökologischen Gesichtspunkten bewerteten Biotopelemente läßt erkennen, bei welchen Biotopelementen eine Veränderung (z. B. Verlust, Gewinn) auftritt oder ein Ausgleich erzielt wird. Unter Berücksichtigung der Wertigkeit (ökologische Bedeutung) dieser Biotopelemente lassen sich Art und Umfang von erforderlichen Ausgleichs- bzw. Ersatzmaßnahmen ableiten, so daß für verlorengehende Lebensräume wieder gleichwertige oder zumindest sehr ähnliche Biotope geschaffen werden können und nicht ökologisch wertvolle Bereiche (z. B. Röhrichtflächen, Auwälder) durch ökologisch weniger wertvolle Flächen (z. B. Fichtenaufforstungen) ausgeglichen werden.

1081. Ein Gewässer-Ökosystem besitzt bei natürlicher oder naturnaher Ausprägung seine beste Funktionstüchtigkeit und höchste Leistungsfähigkeit im Naturhaushalt. Naturnaher Wasserbau heißt, mit weitgehend stabilen Lebensgemeinschaften zu arbeiten (PFLUG, 1985).

Auch die Gewässer, die nicht für Zwecke der Trinkwasserversorgung herangezogen werden, sollen eine Mindestgüte haben, damit ihre natürliche Selbstreinigungskraft mit eingeleiteten Verunreinigungen fertig wird und sich hier artenreiche Lebensgemeinschaften von Tieren und Pflanzen erhalten oder wieder entwickeln können.

1082. Gegenüber einem technisch ausgerichteten, hydraulisch günstigen Gewässerausbau erfordert ein Gewässer mit natürlicher oder naturnaher Prägung einen deutlichen Geländemehrbedarf. In Siedlungsbereichen wird eine Ausweitung des Geländebedarfs nur begrenzt möglich sein. In der freien Landschaft muß aber heute der Natur wieder mehr Raum gegeben werden. Bei der allgemeinen landwirtschaftlichen Überproduktion besteht nicht mehr der Zwang, daß die Wasserwirtschaft mit minimalem Flächenbedarf auskommen muß und die landwirtschaftlich genutzten Flächen bis an die Ufer reichen. Ein stärker mäandrierender Gewässerverlauf mit einer natürlichen Ufervegetation würde auch der Forderung eines Schutzstreifens zwischen Gewässer und Wirtschaftsfläche entsprechen. Letztlich stellen derart gestaltete Gewässer wertvolle Glieder in einem Biotop-Verbundsystem dar, sie gliedern den Raum und sind Leitlinien für Menschen und Tiere (SRU, 1985, Kap. 5.2).

2.4.4.5 Bewertung der wasserwirtschaftlichen Instrumente

1083. Innerhalb des Umweltrechts nimmt das Wasserrecht eine besondere Stellung ein: Es weist eine Vielfalt rechtlicher und ökonomischer Instrumente auf. Das Wasserhaushaltsgesetz und die Landeswassergesetze sind in erster Linie auf eine gezielte Bewirtschaftung der einzelnen Oberflächengewässer und der Grundwasservorkommen angelegt. Seit der 4. Novelle zum Wasserhaushaltsgesetz aus dem Jahre 1976 ist ein eigenständiges Abwasserrecht entstanden, das auf die Durchsetzung von Mindestanforderungen an das Einleiten von Abwasser nach Maßgabe der allgemein anerkannten Regeln der Technik, künftig bei gefährlichen Abwässern nach dem Stand der Technik, gerichtet ist. Gleichzeitig ist das Abwasserabgabengesetz verabschiedet worden, dessen Hauptfunktion darin gesehen wird, den wasserrechtlichen Vollzug flankierend zu unterstützen. Mit der Gefährdungshaftung nach § 22 Abs. 1 und Abs. 2 WHG übernimmt auch das dem bürgerlichen Recht angehörende wasserrechtliche Nachbarrecht eine wichtige Rolle, um Einwirkungen auf Gewässer und Anlagen, die die Gewässer gefährden können, unter Kontrolle zu bringen. Über das Ordnungswidrigkeitenrecht werden Wasserbehörden mit der Möglichkeit ausgestattet, Verstöße gegen das Wasserrecht durch Bußgeldbescheide zu ahnden. In steigendem Maße tritt das Gewässerstrafrecht unter den Instrumenten der Wasserwirtschaft hervor: § 324 StGB bildet heute eine eigenständige, für die Betreiber oft schwer kalkulierbare Sanktion, der die Verursacher bei gewässerschutzrelevanten Maßnahmen tunlichst ausweichen müssen. Eine Bewertung dieser vielfältigen Instrumente daraufhin, was sie für den Gewässerschutz bewirken, bereitet Schwierigkeiten, weil sie sich in ihrer unmittelbaren Wirkung überschneiden. Dennoch erscheint es unerläßlich, bestimmten Instrumenten eine besondere Rolle zuzuweisen.

Bewirtschaftung

1084. Das Wasserhaushaltsgesetz unterwirft die Benutzung der Oberflächengewässer und des Grundwassers einer umfassenden staatlichen Bewirtschaftung. Die Grundzüge des Bewirtschaftungssystems ergeben sich aus den §§ 2, 3 und 6 WHG: Jede Gewässerbenutzung bedarf nach § 2 Abs. 1 WHG einer behördlichen Zulassung in der Form der Erlaubnis oder der Bewilligung; was als Benutzung anzusehen ist, bestimmt § 3 WHG; nach § 6 WHG sind Erlaubnis und Bewilligung zu versagen, soweit von der beabsichtigten Benutzung eine Beeinträchtigung des Wohls der Allgemeinheit, insbesondere eine Gefährdung der öffentlichen Wasserversorgung zu erwarten ist; eine Erlaubnis für das Einleiten von Stoffen in das Grundwasser darf nach § 34 Abs. 1 WHG überhaupt nur erteilt werden, wenn eine schädliche Verunreinigung des Grundwassers oder eine sonstige nachteilige Veränderung seiner Eigenschaften nicht zu besorgen ist.

§ 2 Abs. 1 WHG stellt ein repressives Verbot mit Erlaubnisvorbehalt dar. Es handelt sich nicht nur um eine vorgeschaltete Gesetzmäßigkeitskontrolle. Das Bewirtschaftungsermessen der Wasserbehörde muß erst ausgeschöpft sein, bevor man in eine sinnvolle Erwägung darüber eintreten kann, ob eine gewerbliche oder landwirtschaftliche Benutzung des Gewässers möglich und wirtschaftlich ist.

Gegenstand der Bewirtschaftung kann nicht der Wasserkreislauf im ganzen oder die Gesamtheit der verfügbaren Wassermengen in einem Einzugsgebiet sein, sondern nur das, was an Förder- oder Belastungskapazität für ein bestimmtes Gewässer veranschlagt werden kann. Die Bewirtschaftung umfaßt vor allem die Ermittlung oder Abschätzung des Wasserdargebots, die Ermittlung oder Abschätzung des gegenwärtigen und künftigen Nutzungsbedarfs, die Notwendigkeiten zur Sicherung des Wasserdargebots, die Veranschlagung von Vorrats- und Pufferkapazitäten, die Festlegung von Prioritäten für gegenwärtige und künftige Nutzungsansprüche, schließlich die zeitliche Staffelung der verschiedenen Inanspruchnahmen, woraus sich die künftige Verfügbarkeit von Fördermengen und Belastungskapazitäten ablesen läßt.

Aufstellung und Vollzug von Bewirtschaftungsplänen nach § 36b WHG machen nur einen Teil der Bewirtschaftung der Wasserbehörde aus. In den Bewirtschaftungsplänen für oberirdische Gewässer oder Gewässerteile werden festgelegt: die Nutzungen, denen das Gewässer dienen soll, die Merkmale, die das Gewässer in seinem Verlauf aufweisen soll, die Maßnahmen, die erforderlich sind, um die festgelegten Merkmale zu erreichen oder zu erhalten, sowie die einzuhaltenden Fristen, ferner sonstige wasserwirtschaftliche Maßnahmen, die zur Erreichung der Planungsziele sinnvoll erscheinen. Damit werden nur die Grundlagen abgesteckt, in die Bewirtschaftungsentscheidungen von Fall zu Fall jetzt oder künftig einzubinden sind. Ob ein späterer Antrag des Unternehmens X auf Wasserentnahme oder Abwassereinleitung einmal positiv beschieden wird, insbesondere auch im Verhältnis zu konkurrierenden Anträgen, die bis dahin vorliegen können, ist nicht präjudiziert.

In welchem Umfang die Länder vom Instrument der Bewirtschaftungspläne Gebrauch machen sollten, ist umstritten. Einerseits erleichtert es ein Bewirtschaftungsplan, die Funktion eines Gewässers oder einer Gewässerstrecke oder eines Grundwasservorkommens zu verdeutlichen und daraufhin Maßnahmen zur Sicherung oder Wiedererreichung des angestrebten Gewässerzustandes zu bündeln. Andererseits bindet ein hoher Stand der wasserwirtschaftlichen Rahmenplanung, aus dem erst konkrete Bewirtschaftungspläne entwickelt werden können, Personal- und Sachmittel in außerordentlich hohem Maße. So kann es leicht geschehen, daß an sich wünschbare Bewirtschaftungspläne mit Vollzugsdefiziten an anderer Stelle teuer erkauft werden.

Unter den heute vorherrschenden wasserwirtschaftlichen Bedingungen empfiehlt der Rat daher, Bewirtschaftungspläne für besonders belastete Gewässer aufzustellen, die mit Maßnahmen von Fall zu Fall allein nicht saniert werden können, oder für solche, denen aus wasserwirtschaftlichen oder ökologischen Gründen eine Schlüsselrolle zukommt.

Abwasserrecht

1085. Seit der vierten Novelle zum Wasserhaushaltsgesetz aus dem Jahre 1976 hat der Bundesgesetzgeber dem Bewirtschaftungsrecht ein eigenständiges Abwasserrecht untergeschoben, welches das Vorsorgeprinzip zur Verminderung der Schadstofffrachten verwirklicht. Während alle bewirtschaftungsrechtlichen Anforderungen an die Gewässerbenutzer gewässerspezifisch begründet werden müssen, also gerade aus der Nutzbarkeit und Belastbarkeit des in Anspruch genommenen Vorfluters, legt das Abwasserrecht Einleitungsstandards für verschiedene Abwässer fest, denen ohne Rücksicht auf den Zustand des aufnehmenden Gewässers entsprochen werden muß. Das Vorsorgeprinzip ist zunächst dem Bewirtschaftungsauftrag der Wasserbehörden in § 1a Abs. 1 WHG vorgegeben; § 1a Abs. 2 WHG begründet darüber hinaus eine der Polizeipflichtigkeit nachgebildete allgemeine Bürgerpflicht: Jedermann ist verpflichtet, bei Maßnahmen, mit denen Einwirkungen auf ein Gewässer verbunden sein können, die nach den Umständen erforderliche Sorgfalt anzuwenden, um eine Verunreinigung des Wassers oder eine sonstige nachteilige Veränderung seiner Eigenschaften zu verhüten. Die Vermeidung dessen, was vermieden werden kann, gilt unabhängig von der jeweiligen Nutzungsordnung und dem Ausmaß der Gewässerbelastung.

Die den wasserrechtlichen Vollzug beherrschende Regelung stellt § 7a WHG dar: Eine Erlaubnis für das Einleiten von Abwasser darf nur erteilt werden, wenn Menge und Schädlichkeit des Abwassers so gering gehalten werden, wie dies bei Anwendung der jeweils in Betracht kommenden Verfahren nach den allgemein anerkannten Regeln der Technik, bei gefährlichen Stoffen nach dem Stand der Technik, möglich ist. Daraus werden Mindestanforderungen an die Qualität des eingeleiteten Abwassers abgeleitet, die in jeden Erlaubnisbescheid eingehen müssen. Der bundesrechtlich unbestimmte Rechtsbegriff der Mindestanforderungen in § 7a Abs. 1 Satz 3 WHG wird durch norminterpretierte Verwaltungsvorschriften festgelegt, die die Bundesregierung mit Zustimmung des Bundesrates erläßt.

Die Mindestanforderungen sind mit zwei Rechtsfolgen gekoppelt:

— Jeder Erlaubnisbescheid für Abwassereinleitungen ist inhaltlich so zu begrenzen oder mit solchen Bedingungen und Auflagen zu versehen, daß die mit den Mindestanforderungen bezeichnete Schadstoffbelastung des Abwassers nicht überschritten wird.

— Wer die Mindestanforderungen einhält, braucht nach § 9 Abs. 5 AbwAG nur die Hälfte der an sich geschuldeten Abwasserabgabe zu entrichten; künftig vermindert sich die Abgabe je nach dem Grad der Übererfüllung der Anforderungen noch weiter.

Daraus ergibt sich zunächst, daß die Mindestanforderungen nicht darauf angelegt sind, Ablehnungsbescheide zu begründen. Die allgemein anerkannten Regeln der Technik umschreiben nur ein relativ bescheidenes technisches Niveau. Sie können also von jedem Gewässerbenutzer schon ihrem Wesen nach grundsätzlich ohne größere technische Schwierigkeiten eingehalten werden. Aber auch die strengeren Anforderungen, die künftig an Vermeidung oder Behandlung gefährlicher Abwässer nach dem Stand der Technik zu stellen sind, sind für jeden Betreiber an sich erfüllbar.

Bedeutsam ist, daß die sich in Erlaubnisbescheiden niederschlagenden Mindestanforderungen keinen nachbarschützenden Charakter haben. Daher steht anderen Nutzern des Gewässers keine Klagebefugnis vor Verwaltungsgerichten zu, wenn sie behaupten, die Mindestanforderungen seien nicht eingehalten. Da die Regelung das Vorsorgeprinzip verwirklicht und damit nicht auf die Erreichung bestimmter Gewässerzustände abzielt, können subjektive Rechte des wasserrechtlichen Nachbarn nicht berührt sein; es geht nur um das Wohl der Allgemeinheit. Weder das Abwasserrecht des § 7 a WHG („Mindestanforderungen") noch das Abwasserabgabenrecht kommen an sich als Instrument staatlicher Gewässerbewirtschaftung im eigentlichen Sinne in Betracht.

Bewirtschaften heißt, die Entnahme- oder Belastungskapazitäten gerade für dieses Gewässer abzuschätzen und auf dieser Grundlage das Für und Wider einer weiteren Benutzung für den Einzelfall abzuwägen. Demgegenüber ist Vermeidung vermeidbarer Gewässerbelastungen etwas völlig anderes. Mindestanforderungen und Abwasserabgaben schaffen zwar im Ergebnis eine Art Basisschutz der Gewässer, der für eine gezielte Gewässerbewirtschaftung Spielräume erhält oder wiedergewinnt. Sie können aber bei einem konkreten Gewässer weder ausschließen, daß zu wenig, noch daß zu viel gefordert wird, um den dort gewünschten Gewässerzustand zu erreichen.

Abwasserabgabe

1086. Der Abwasserabgabenerhebung liegt eine Abschätzung des durchschnittlichen Vermeidungsaufwandes für die verschiedenen Abwässer zugrunde. Nach § 3 Abs. 1 AbwAG richtet sich die Abwasserabgabe nach der Schädlichkeit des Abwassers, die unter Zugrundelegung der Abwassermenge, der oxidierbaren Stoffe und der Giftigkeit des Abwassers in Schadeinheiten bestimmt wird; außerdem werden eine Reihe von Metallen und die chlorierten Kohlenwasserstoffe (AOX) erfaßt. Die Bewertung der Schadstoffe und der Schadstoffgruppen mit Schadeinheiten und die Höhe des Abgabensatzes legen fest, wieweit man sich bei bestimmten Abwässern den durchschnittlichen Vermeidungskosten annähert oder unter Umständen sogar über sie hinausgeht.

Ebenso wie das Abwasserrecht richten sich die Abgaben also auf Verminderung von Anfall und Schädlichkeit des Abwassers, nicht auf die gezielte Sicherung bestimmter Gewässerzustände im aufnehmenden Vorfluter. Hier kann etwa zu wenig geschehen, um eine Überlastung eines Vorfluters auszuschließen, aber auch zu viel, wenn das Gewässer noch ein erhebliches Selbstreinigungsvermögen aufweist.

Dennoch gibt es ein wichtiges Verbindungsglied zwischen Wasserrecht und Abwasserabgabenrecht, das die Abwasserabgabenerhebung auch zum Instrument staatlicher Gewässerbewirtschaftung werden läßt: Nach § 9 Abs. 5 Satz 2 AbwAG tritt die Halbierung der Abgabe trotz Erfüllung der Mindestanforderungen nach § 7 a WHG nicht ein, wenn der Bescheid für Werte im Sinne des § 4 Abs. 1 AbwAG höhere Anforderungen stellt und diese Anforderungen nicht eingehalten werden. Geht man davon aus, daß zumindest auf längere Sicht die Bewirtschaftungsordnung dominieren sollte, der Inhalt der Bescheide also künftig weniger von Verwaltungsvorschriften nach § 7 a WHG als von der Belastbarkeit des aufnehmenden Gewässers und der dafür entwickelten Bewirtschaftungsplanung der Wasserbehörde abhängen müßte, kann davon keine Rede sein. Aus dem Erfahrungsbericht der Bundesregierung zum Vollzug des Abwasserabgabengesetzes ergeben sich keine Hinweise darauf, in welchem Umfang bei der Umstellung des wasserrechtlichen Bescheide gewässerspezifische Mehranforderungen gestellt werden. Es ist daher eher davon auszugehen, daß nach wie vor im Vordergrund steht, welche Mindestanforderungen für die Abwässer eines bestimmten Betriebes gelten und in welchen Stufen man ihn nach § 7 a Abs. 2 WHG an diese Mindestanforderungen heranführt. Aber für die Zukunft müßte eigentlich auch bei den Parametern nach § 4 Abs. 1 AbwAG das Bewirtschaftungsermessen der Wasserbehörde bestimmend sein, nicht die durchschnittliche Vermeidbarkeit der Gewässerbelastung.

Bei der Diskussion um die Novellierung des Abwasserabgabengesetzes war nicht nur die Halbierung an sich, sondern auch das Abhängigmachen von bewirtschaftungsrechtlichen Mehranforderungen umstritten. Die Abgabepflichtigen sehen darin eine Durchbrechung des Systems, daß die Abgabenerhebung letztlich doch wieder als Sanktion für die Einhaltung individueller Reinhalteanforderungen heranzuziehen ist. Es wird auch beklagt, daß das Versagen der Halbierung nach § 9 Abs. 5 Satz 2 AbwAG sehr ungleich und sehr ungerecht wirkte; wer ohnehin schon mehr für den Gewässerschutz tun müsse, würde auf diese Weise doppelt bestraft; mit den höheren individuellen Anforderungen wachse auch das Risiko, daß Überschreitungen eintreten. In dieser allgemeinen Aussage ist die Kritik aber offenbar nicht gerechtfertigt. Wer seinen Standort an einem Gewässer hat, das überlastet oder besonders empfindlich ist oder für hochwertige Nutzungen vorbehalten sein soll, muß dies gegen sich gelten lassen, sowohl bei den höheren Anforderungen selbst als auch bei einem gesteigerten Risiko, letztlich den vollen Abgabebetrag zahlen zu müssen.

Gewässerstrafrecht

1087. Verwirrung ist im Gewässerstrafrecht entstanden, weil § 324 StGB nach nahezu übereinstimmender Auffassung an einem utopischen Schutzgut eines sauberen Wassers orientiert ist. Es bleibt unbefriedigend, daß die Schutzziele des Wasserhaushaltsgesetzes und die des Strafgesetzbuches drastisch voneinander abweichen. Gewässerstrafrecht kann nur akzessorisch gegenüber der Bewirtschaftung und Vorsorge sein. Allerdings läßt sich dies auch rechtstechnisch dadurch erreichen, daß die Erlaubnis oder Bewilligung durch die Wasserbehörde die Strafbarkeit verläßlich ausschließt. Sobald jedoch die Bewirtschaftungsentscheidungen der Wasserbehörde selbst daran gemessen werden, ob man das Schutzgut sauberes Wasser richtig geschützt hat, bleibt für eine Bewirtschaftungspolitik kein Raum mehr. Der Rat fordert daher, bei der bevorstehenden Reform des ganzen Umweltstrafrechtes die gerade im Gewässerstrafrecht zu beobachtenden Fehlentwicklungen zu korrigieren.

2.4.4.6 Zur Übereinstimmung der EG-Richtlinien mit deutschem Wasserrecht

1088. Seit der Verabschiedung des ersten Umweltprogramms der Europäischen Gemeinschaften vom Jahre 1973 hat das EG-Recht, das dem Schutz der Gewässer dient, erhebliche Bedeutung gewonnen. Dabei wird zwischen Richtlinien mit Immissionsnormen, Richtlinien mit Emissionsnormen und weiteren Richtlinien unterschieden, die schon im Vorfeld des Wasserrechts Gefahren für den Wasserhaushalt begegnen sollen.

Damit wird das deutsche vielschichtige Wasserrechtssystem jeweils noch überlagert: durch Bewirtschaftungsrichtlinien, durch Abwasserrichtlinien sowie durch Richtlinien, die gewissermaßen im Vorfeld wasserrechtlicher Benutzungen ansetzen.

Bewirtschaftungsrichtlinien betreffen Qualitätsanforderungen an Oberflächenwasser für die Trinkwassergewinnung, für Badegewässer, für Fischgewässer, für Muschelgewässer und — jedenfalls nach der EG-rechtlichen Systematik hierher gehörend — für Trinkwasser.

Unter den Abwasserrichtlinien ist zu unterscheiden zwischen der Grundrichtlinie betreffend die Verschmutzung infolge der Ableitung bestimmter gefährlicher Stoffe in die Gewässer der Gemeinschaft (von 1976) und den Folgerichtlinien für Quecksilberableitungen aus dem Industriezweig Alkalichloridelektrolyse, für Quecksilber im übrigen, für Cadmium, für Hexachlorcyclohexan. Auf dem Gebiet des Grundwasserschutzes greift die Grundwasserrichtlinie 1980 ein.

Unter den Richtlinien, die im Vorfeld des Gewässerschutzes ansetzen, sind diejenigen über Detergentien, über anionische grenzflächenaktive Substanzen, über Altölbeseitigung, über polychlorierte Biphenyle und Terphenyle und über das Verbot des Inverkehrbringens und die Anwendung von Pflanzenschutzmitteln, die bestimmte Wirkstoffe enthalten, hervorzuheben. Nach deutscher Systematik gehört auch die Trinkwasserrichtlinie hierher, da sie dem Lebensmittelrecht zuzurechnen ist.

1089. Die Bedeutung der Richtlinien der EG auf dem Gebiet des Gewässerschutzes kann aus europäischer Sicht nicht hoch genug eingeschätzt werden. Das gilt nicht nur für das Bemühen um den Abbau von Wettbewerbsverzerrungen, die durch unterschiedliche Umweltschutzaufwendungen ausgelöst werden, sondern auch für den Schutz der wasserwirtschaftlichen und ökologischen Funktion der Gewässer innerhalb des Gemeinschaftsgebietes. Aus der Sicht des deutschen Wasserrechts bleiben sowohl die Bewirtschaftungsrichtlinien als auch die Abwasserrichtlinien im allgemeinen hinter dem zurück, was aufgrund Bundes- oder Landesrechts von den Wasserbehörden durchgesetzt werden muß. Die Pionierrolle, in die sich die Bundesrepublik einerseits durch die Überlastung ihrer natürlichen Lebensgrundlagen, andererseits durch wachsendes Umweltbewußtsein der Bevölkerung gedrängt sieht, führt auch auf dem Gebiet des Gewässerschutzes dazu, daß vom EG-Recht nur vereinzelt weitere Anstöße ausgehen; oft sehen sich die Wasserbehörden umgekehrt dem Einwand ausgesetzt, ihre weitergehenden Anforderungen seien, wie die Meinungsbildung auf Gemeinschaftsebene zeigt, entweder nicht erforderlich oder wegen der unvermeidlichen nachteiligen Wettbewerbsverzerrung unverhältnismäßig.

1090. Im bewirtschaftungsrechtlichen Bereich steht gegenwärtig die Umsetzung der EG-Qualitätsrichtlinie von Wasser für den menschlichen Gebrauch im Vordergrund. Die neue Trinkwasserverordnung hat für die Wasserversorgungsunternehmen weitreichende Folgen, mittelbar auch für die Landwirtschaft, die Oberflächengewässer und Grundwasser durch Überdüngung und Einsatz von Pestiziden zunehmend belastet.

1091. Im abwasserrechtlichen Bereich führt die Änderung des § 7a WHG in der Fünften Novelle zum Wasserhaushaltsgesetz von 1986 in mehrfacher Hinsicht zu einer neuen Lage. Durch die Verschärfung der Mindestanforderungen, soweit gefährliche Stoffe im Abwasser eine Rolle spielen, vom bisherigen Maßstab der allgemein anerkannten Regeln der Technik zum Maßstab des Standes der Technik wird eine Entwicklung ausgelöst, die wieder dazu führt, daß die Abwasservermeidung oder Abwasserreinigung insoweit erheblich über die europäischen Standards hinaus vorangetrieben wird. Außerdem wird den Ländern der direkte Zugriff auf die sogenannten Indirekteinleiter eröffnet, so daß diese Quellen der Verunreinigung verläßlicher als bisher überwacht werden können.

In der Gesetzgebungsphase zur Fünften Novelle hat sich aber eine gewisse Abkopplung der Systematik des deutschen Wasserrechts von der des EG-Wasserrechts ergeben: Während die Abwasserrichtlinien nach der Gefährlichkeit von bestimmten Abwasserinhaltsstoffen vorgehen, die der sogenannten Schwarzen Liste zugerechnet werden, gibt das deutsche Recht dieses Verfahren jetzt auf. Noch im Regierungsentwurf hieß es dazu: „Werden Stoffe eingeleitet, die wegen der Besorgnis einer Giftigkeit, Langlebigkeit, Anreicherungsfähigkeit oder einer krebserzeugenden, fruchtschädigenden oder erbgutverändernden Wirkung als gefährlich zu bewerten sind (gefährliche Stoffe), müssen die in Betracht kommenden Verfahren zur Verminderung dieser Stoffe dem Stand der Technik entsprechen". Jetzt heißt es in § 7a Abs. 1 WHG: „... enthält Abwasser bestimmter Herkunft Stoffe oder Stoffgruppen, die wegen der Besorgnis einer Giftigkeit, Langlebigkeit, Anreicherungsfähigkeit oder einer krebserzeugenden, fruchtschädigenden oder erbgutverändernden Wirkung als gefährlich zu bewerten sind (gefährliche Stoffe), müssen insoweit die Anforderungen in den allgemeinen Verwaltungsvorschriften dem Stand der Technik entsprechen."

An die Stelle der Klassifizierung von Stoffen tritt die Klassifizierung von Abwässern bestimmter Herkunft. Die Klassifizierung wird durch Rechtsverordnung vorgenommen; damit ist zugleich förmlich und verbindlich festgestellt, welche Verwaltungsvorschriften über Mindestanforderungen für bestimmte Abwasserarten nach dem strengeren Stand der Technik fortgeschrieben werden müssen. Auf den ersten Blick könnte das Ausbrechen aus der EG-rechtlichen Systematik bedenklich erscheinen. Solange sich jedoch die Klassifizierung der Abwässer bestimmter Herkunft an den gleichen gefährlichen Abwasserinhaltsstoffen orientiert, wie sie der Fortschreibung der Schwarzen Liste entsprechen, besteht kein Anlaß, die Abkopplung überzubewerten. Die Neuregelung hat unleugbare praktische Vorteile. Es besteht Aussicht, daß sich daraufhin auch die EG-Kommission entschließt, zur Klassifizierung von Abwässern bestimmter Herkunft überzugehen. Falls dies nicht geschieht, muß die Bundesregierung bei Erlaß der Rechtsverordnung nach § 7a Abs. 1 Satz 4 WHG darauf achten, daß sie bei der Festlegung der Herkunftsbereiche von Abwasser, das gefährliche Stoffe enthält, den EG-rechtlichen Maßstäben gerecht wird.

2.4.5 Abschätzung der weiteren Entwicklung des Gewässerzustandes bei unterschiedlichen Ansätzen für regelnde Eingriffe

2.4.5.1 Die wahrscheinliche Entwicklung bei Fortbestand der bisherigen Trends

2.4.5.1.1 Allgemeine Entwicklung

1092. Die Darstellung und die Bewertung der heutigen Gewässerzustände hat gezeigt, daß in den letzten Jahren vieles im Gewässerschutz erreicht worden ist, z. B. bei der Reduzierung von biologisch abbaubaren Stoffen und damit bei der Sanierung des Sauerstoffhaushalts der Gewässer, aber auch beim Rückhalt einiger schwer abbaubarer Substanzen sowie bei der Schwermetalleliminierung und der Entgiftung von Klärschlämmen und Gewässersedimenten. Die Belastung der Gewässer mit unbehandelten oder teilgereinigten Abwässern ist heute geringer als früher. Nach den Erhebungen von 1975 und 1979 ging sie in diesem Zeitraum von 8 Mio m³ je Tag auf 3,7 Mio m³ je Tag zurück (s. Abschn. 2.4.3.1.1) und wird inzwischen noch geringer sein.

1093. Nach heutigen Erkenntnissen gelten die Erfolge des Gewässerschutzes aber nur für Teilbereiche. Im Zeitraum von 1968 bis 1985 haben die in Kläranlagen behandelten Abwassermengen von 14,6 auf 22,5 Mio m³ je Tag oder um 54 % zugenommen. In den Kläranlagen werden in erster Linie die biologisch abbaubaren Stoffe reduziert, wobei u. a. mineralische Stickstoff- und Phosphorverbindungen entstehen. Die in die Gewässer eingeleiteten Frachten dieser Pflanzennährstoffe lagen daher 1985 höher als 1968.

Nach den Untersuchungen der „Arbeitsgemeinschaft Rheinwasserwerke 1985" ist seit 1982 an allen 8 Untersuchungsstellen zwischen Mainz und Wesel eine Erhöhung der Ammoniumkonzentration eingetreten. Die Werte selbst und die auf 1982 bezogenen Steigerungsraten für das Jahr 1985 sind Tabelle 2.4.22 zu entnehmen.

1094. Ähnliche Tendenzen werden in dem Gewässergütebericht 1981 des Landes Baden-Württemberg berichtet. Für die nach dem biologisch-limnologischen Zustandsbild der Gewässer differenzierten Belastungsstufen III, IV und V werden, bezogen auf die Ausgangsschwankungswerte der Ammonium-Konzentrationen, für den Zeitraum 1968—1981 die in Tabelle 2.4.23 aufgeführten Steigerungsraten angeführt.

Im baden-württembergischen Gewässergütebericht 1981 werden diese Werte so gedeutet, daß in den Kläranlagen in erster Linie der BSB_5 reduziert wird, während die Ammoniumgehalte im ablaufenden gereinigten Abwasser noch hoch sind, u. U. wegen eines weitergehenden Abbaues der Eiweißverbindungen sogar höher als früher. Die Ammoniumoxidation zu Nitrat

Tabelle 2.4.22

Repräsentative Ammoniumkonzentrationen im Rhein, berechnet auf die zu jeder Probenahmestelle zugehörige, langjährige normale Wasserführung

Ort	Mittelwerte NH_4 mg/l				Steigerungsrate 1985 zu 1982 in %
	1982	1983	1984	1985	
Mainz	0,9	0,8	1,0	1,1	+ 22
Köln	0,32	0,44	0,48	0,73	+128
Leverkusen	0,14	0,37	0,33	0,39	+178
Benrath	0,51	0,60	0,62	0,82	+ 61
Flehe	0,24	0,61	0,32	0,72	+200
Wittlaer	0,40	0,42	0,48	0,63	+ 57
Orsoy	0,44	0,59	0,54	0,79	+ 79
Wesel	1,7	1,7	1,6	1,9	+ 12
geom. Mittel	0,44	0,61	0,58	0,79	+ 79

Quelle: ARW, 1985

Tabelle 2.4.23

Konzentrationsbereiche c_{25} — c_{75} von Ammonium in Gewässern in Baden-Württemberg

Be-lastungs-stufe	Ammonium-konzentrationen		Prozentuale Steigerung gegenüber 1968
	1968	1981	
—	mg NH_4–N/l	mg NH_4–N/l	%
III	0,17–0,57	0,21– 0,94	24– 65
IV	0,44–1,70	0,55– 4,70	25–176
V	1,40–7,00	2,4 –28	71–300

Quelle: Ministerium für Ernährung, Landwirtschaft, Umwelt und Forsten Baden-Württemberg, 1983

erfolgt in den meisten Kläranlagen nur in geringem Maße, sie vollzieht sich hauptsächlich im Zuge der Selbstreinigung erst im Fließgewässer (Ministerium für Ernährung, Landwirtschaft, Umwelt und Forsten Baden-Württemberg, 1983).

1095. BERNHARDT und SCHMIDT (1986) führen für die Ruhr an, daß die März-Längsuntersuchung 1984 deutlich höhere Ammoniumkonzentrationen ergeben hat, als sie bei ähnlichen Untersuchungen in früheren Jahren gemessen wurden. Die Steigerungsraten lagen bei den Märzwerten im Bereich der Ruhrkilometer 0–95 zwischen 28 % und 52 %; als Spitzenwert werden im Ruhrwassergütebericht Ammonium-Stickstoffgehalte von 2,7 mg N/l genannt.

1096. Ausgehend vom Bund/Länder-Meßprogramm für die Nordsee (1984) ergaben sich die in Tab. 2.4.24 aufgeführten mittleren Konzentrationswerte für N_{ges} und P_{ges}.

In den Flüssen wurden Phosphorkonzentrationen bis über 1 200 µg/l gemessen. Im Wattenmeer streuen die Werte sehr stark. Im ostfriesischen Watt liegen die Stickstoffwerte zeitweilig höher (bis zu 4 600 µg/l), im nordfriesischen Watt liegen die Phosphorwerte höher (Einzelwerte 1982 bis zu 860 µ/l).

Diese mittleren Werte liegen für die Flüsse und für die Mündungstrichter eindeutig im eutrophen und hypertrophen Bereich. Auch für das Wattenmeer und den küstennahen Tiefwasserbereich, wo schon unter natürlichen Verhältnissen ein hoher Nährstoffumsatz stattfindet, spielen heute die N- und P-Flußfrachten die wichtigste Rolle. Allerdings muß davon ausgegangen werden, daß der N-Eintrag über die Atmosphäre größenordnungsmäßig ein Drittel bis die Hälfte des Flußeintrages ausmachen kann.

1097. Sorgen bereiten derzeit auch die naturfremden organischen Mikroverunreinigungen, die aus verschiedenen Bereichen der Umwelt in die Gewässer eingetragen werden. Gewässerschutz ist künftig nicht nur ein abwassertechnisches Problem. Die heute geltenden Gewässergüteziele sind nicht allein durch technische Verfahren zur Wasserreinigung zu erreichen. Zukünftige Maßnahmen müssen vielmehr in allen eng miteinander verknüpften Bereichen „Trinkwasser — Abwasser — Abfall — Luft — Boden" ansetzen. Dabei müssen sich

— Reinigungsmaßnahmen, gegebenenfalls nach dem Stand der Technik,

— Planungsinstrumente zur Koordinierung von Schutzmaßnahmen in den verschiedenen Bereichen,

— Beschränkungen und Auflagen bei der Produktion und der Verwendung gefährlicher Stoffe

gegenseitig ergänzen und in der Zielsetzung unterstützen.

2.4.5.1.2 Trinkwasser

1098. Die Belastung der Oberflächengewässer mit biologisch abbaubaren Stoffen und mit Schwermetallen ist inzwischen soweit zurückgegangen, daß für die Trinkwassergewinnung im Normalfall nicht mehr mit Schwierigkeiten zu rechnen ist. Dennoch sind weitere umfangreiche Anstrengungen zu unternehmen, um die Belastung unserer Flüsse mit biologisch schwer oder nicht abbaubaren Stoffen, mit mineralischen N- und P-Verbindungen und vor allen Dingen chlororga-

Tabelle 2.4.24

Mittlere Konzentrationswerte von Stickstoff und Phosphor in Gewässern des Küstenbereichs (1982/1983)

Gebiet	ges. N µg/l	ges. P µg/l	Verhältnis N : P
Flüsse	6 000–8 000	500–600	10 : 1 bis 16 : 1
Mündungstrichter	2 000–3 000	200–300	10 : 1
Wattenmeer	1 000–2 000	50–150	10 : 1 bis 20 : 1
küstennaher Tiefwasserbereich (ca. 20 km)	400– 600	60– 90	7 : 1 bis 10 : 1
mittlere Nordsee	ca. 300	20– 50	6 : 1 bis 15 : 1

Quelle: Bund/Länder-Meßprogramm für die Nordsee, 1984

nischen Verbindungen zu vermindern. Für Sofortmaßnahmen bei Unfällen sind wirksame Alarmpläne zu erstellen.

1099. Besondere Bedeutung haben neben den wasserwerksrelevanten organischen Substanzen, das sind resistente Stoffe, die die biologisch arbeitende Aufbereitungsstufe unvermindert passieren und allein durch Adsorption vollständig oder teilweise an der Aktivkohle zurückgehalten werden, vor allem die trinkwasserrelevanten organischen Substanzen, die im einzelnen nicht bekannt sind und durch die vorhandenen Aufbereitungsverfahren auch nicht zurückgehalten werden können. Einige werden als Summenparameter AOX im Trinkwasser gemessen. Derartige Stoffe sollten nicht in die Vorfluter, die zur Trinkwassergewinnung genutzt werden, gelangen. Zumindest muß sichergestellt sein, daß trinkwasserrelevante Stoffe unbedenklich für die menschliche Gesundheit sind. Diesen Nachweis zu erbringen, ist kaum möglich. Abgesehen davon steht der Duldung derartiger Stoffe im Trinkwasser das Minimierungsgebot als generelle Klausel entgegen. Daher sei nochmals auf die Forderung hingewiesen, daß die Konzentration derartiger Stoffe im gereinigten Abwasser nicht höher sein darf als die höchstzulässige Konzentration im Trinkwasser (s. Tz. 1038).

1100. Die heute vielerorts als Folge unzulässiger Grundwasserverunreinigung notwendig werdende Entfernung von Salzen (vor allem Nitraten) sowie organischen Substanzen (nicht oder schwer abbaubaren Halogenkohlenwasserstoffen) zwingt der Trinkwassergewinnung aus Grundwasser ganz neue, bisher unbekannte Dimensionen auf. Dabei geht es vor allem um die bei kleinen Wasserwerken auftretenden spezifisch sehr hohen Kosten.

1101. Maßnahmen zur Nitrateliminierung sind zwar heute technisch machbar, erfordern jedoch mit 0,40 bis 1,— DM/m^3 aufbereiteten Wassers im Vergleich zu Aufbereitungskosten, die normalerweise im Bereich einiger bis höchstens 10 Pfg./m^3 liegen, einen weit höheren Preis, der vom Verbraucher zu tragen ist.

1102. Bisher ist in der Praxis noch nicht zu erkennen, daß seitens der Landwirtschaft die gegebenen Möglichkeiten zur Vermeidung einer Überdüngung genutzt werden. Die zukünftige Entwicklung muß deshalb äußerst kritisch beurteilt werden. Selbst wenn alle Maßnahmen zur Reduzierung des Nitrateintrages ergriffen werden sollten, wird sich ein Erfolg nur mit erheblicher Zeitverzögerung einstellen. Zunächst ist sogar für viele Wasserwerke noch mit einem weiteren Ansteigen der Nitratkonzentrationen im Rohwasser zu rechnen, weil sich einerseits reduzierende Komponenten des Grundwasserleiters erschöpfen und weil andererseits wegen der langen Verweilzeiten im Untergrund manche höher belasteten Grundwässer noch gar nicht in den Fassungsbereich der Brunnen gelangt sind.

1103. Die steigende Anwendung von Pflanzenschutzmitteln in der Landwirtschaft, insbesondere der mit dem Anstieg des Mais-Anbaus (1985 bereits über 14 % der gesamten Ackerfläche der Bundesrepublik) verbundene Einsatz von Atrazin, zwingt zu restriktiven Maßnahmen. Schon heute werden die in der Trinkwasserverordnung vom Mai 1986 im Sinne eines Reinheitsgebotes festgelegten und ab 1989 wirksam werdenden Grenzwerte für Pflanzenschutzmittel im Trinkwasser vielerorts erheblich überschritten. Der wirkliche Umfang dieser Belastungen ist wegen analytischer Schwierigkeiten noch gar nicht zu erfassen.

1104. Die Bundesregierung wird laut Bundesratsbeschluß vom 14. März 1986 zur Novellierung der Trinkwasserverordnung nachdrücklich aufgerufen, Zulassung und Einsatz von Pflanzenschutzmitteln weiter zu beschränken. In diesem Zusammenhang soll das Bundesgesundheitsamt eine toxikologische Bewertung vornehmen, wie weit sich aus Überschreitungen der chemischen Parameter jeweils Veranlassung zur Verschärfung der Grenzwerte ergibt.

1105. Der Rat ist der Auffassung, daß es gleichzeitig dringend geboten ist, die z. Zt. im Entwurf vorliegende Pflanzenschutz-Anwendungsverordnung zu überprüfen. Beispielsweise steht die dort laut Anlage 3 (zu § 3) in Wasserschutzgebieten erlaubte Anwendung von jährlich 5 kg Atrazin (als Wirkstoff) je ha Anbaufläche im krassen Gegensatz zum Grenzwert der Trinkwasserverordnung, wie folgende Berechnung zeigt: Bei einer mit 500 mm/a hoch angesetzten Summe von Abfluß und Versickerung ergeben sich 5 000 m^3 Wasser pro Hektar und Jahr, d. h. es kommen 5 kg Atrazin auf 5 000 m^3 bzw. 1 mg/l. Das würde bei einem Grenzwert von 0,1 µg/l eine Elimination des Wirkstoffs von 99,99 % voraussetzen. Einen solchen Abbau leisten die Böden auf Dauer nicht.

1106. Die vielfache Verwendung von Chlorkohlenwasserstoffen als Reinigungsmittel in der Industrie, im Gewerbe und im Haushalt hat an vielen Stellen in der Bundesrepublik zur Verunreinigung des Grundwassers in Konzentrationen von Mikrogramm bis Milligramm pro Liter geführt. Dieser Konzentrationsbereich ist jedoch aus der Sicht der Nutzung des Grundwassers für Trinkwasser wesentlich zu hoch, wenn im Trinkwasser für die Summe der organischen Chlorverbindungen ein Grenzwert von 25 µg/l gilt (TrinkwV vom 22. Mai 1986).

Die leicht flüchtigen Chlorkohlenwasserstoffe können zwar aufbereitungstechnisch beherrscht werden, wobei aber die Verfahren, bei denen die Stoffe nicht vernichtet, sondern lediglich aus der flüssigen Phase entfernt und in die Luft transportiert werden, keine Problemlösungen darstellen. Deshalb sind die Adsorptionsverfahren an Aktivkohle, die heute großtechnisch eingesetzt werden, den Stripping-Verfahren vorzuziehen.

1107. Da Zahl und Umfang schleichender Grundwasserverunreinigungen durch CKW unbekannt sind, kann eine Verbesserung der gegenwärtigen Situation nicht prognostiziert werden. Sowohl Modelluntersuchungen als auch Sanierungsversuche bei aufgetretenen Schadensfällen zeigen, daß es in der Praxis nicht möglich ist, eine vollkommene Rückgewinnung ausgelaufener CKW zu erreichen. Da es bisher keine Substitutionsprodukte für Chlorkohlenwasserstoffe gibt, muß man auch in Zukunft damit rechnen, daß das Grundwasser durch undichte Kanalisationen, Unfälle und unerlaubte Einleitungen beeinträchtigt wird. Der Umgang mit CKW ist deshalb nach wie vor eine potentielle Gefahrenquelle.

2.4.5.1.3 Abwasser

1108. Obwohl in den letzten Jahren erhebliche Anstrengungen in der Abwasserbehandlung unternommen wurden und der Kläranlagenanschlußgrad ca. 90% beträgt, ist die Abwasserproblematik in unseren Binnen- und Meeresgewässern keinesfalls gelöst.

Das Hauptaugenmerk lag bislang auf der weitgehenden Reduzierung der biologisch leicht abbaubaren organischen Kohlenstoffverbindungen, was zu einer erheblichen Verbesserung der Gewässergüte beitrug. Verbesserungen in der Vorfluterqualität stehen allerdings Trends zur Verschlechterung gegenüber.

Von 1982 bis 1985 hat sich die absolute Ammoniumbelastung des Rheinwassers wieder erhöht. Die vorher bereits erreichte Verbesserung der Wasserqualität ist damit in nicht unbedeutendem Maße wieder zurückgegangen.

Da mehr Abwässer in öffentlichen Kanalisationen erfaßt als in öffentlichen Kläranlagen behandelt werden, hat sich die Nährstoffzufuhr in die Gewässer noch nicht verringert.

1109. Durch die Verabschiedung der 5. Novelle zum Wasserhaushaltsgesetz und den Entwurf der 2. Novelle zum Abwasserabgabengesetz sind, was die Eutrophierung angeht, Chancen zur Verbesserung der Gewässergüte vertan worden. So sind keine Regelungen zur forcierten Begrenzung der über Abwassereinleitungen in die Gewässer eingebrachten Stickstoff- und Phosphorverbindungen, die sicherlich nicht zu den gefährlichen Stoffen zu zählen sind, getroffen worden.

Hierdurch werden die zweifellos vorhandenen und geeigneten Technologien zur P- und N-Elimination (Nitrifikations- und Denitrifikationsanlagen, biologische und chemisch-biologische Verfahren zur Phosphorentfernung) auch zukünftig nicht so rasch flächendeckend eingesetzt.

1110. In der 5. Novelle zum Wasserhaushaltsgesetz werden zur Verminderung bzw. Vermeidung von bestimmten gefährlichen Stoffen sowohl für Direkt- als auch für Indirekteinleiter Verfahren nach dem Stand der Technik gefordert. Zu den gefährlichen Stoffen sind in erster Linie organische Halogen-, Schwefel- und Stickstoffverbindungen (AOX) und Schwermetalle zu zählen.

In einstufigen biologischen Kläranlagen werden die gefährlichen Stoffe bzw. schwer abbaubaren Verbindungen nur in geringem Umfang eliminiert. Es bestehen jedoch begründete Aussichten, diese Schadstoffe in mehrstufigen, speziell ausgerichteten biologischen Klärsystemen zukünftig in stärkerem Maße reduzieren zu können, was allein schon wegen der breiten Anwendung von Haushaltschemikalien erforderlich ist.

1111. Dennoch darf es nicht die vorrangige Aufgabe kommunaler Kläranlagen werden, schwer abbaubare bzw. biologisch nicht abbaubare Verbindungen zu eliminieren. Da diese Stoffe bei der industriellen Produktion in höheren Konzentrationen anfallen, sind die Betriebe zunächst selbst gefordert, Maßnahmen zur Zurückhaltung schwer abbaubarer Verbindungen (Vermeidungstechniken bei der Produktion, Vorbehandlungsmaßnahmen) bzw. zur Vermeidung von Emissionen zu ergreifen. Durch eine kläranlagengerechte Abwasseraufbereitung im Vorfeld wird der kommunalen Kläranlage hinsichtlich der Elimination schwer abbaubarer Verbindungen eine nachgeschaltete Schutzfunktion übertragen.

1112. Neben der weitergehenden Behandlung häuslicher und industrieller Abwässer ist besonderes Augenmerk auf eine erweiterte und verbesserte Regenwasserbehandlung zu richten. Eine vollständige Erfassung und Behandlung der anfallenden Regenwässer ist auch zukünftig nicht gewährleistet.

1113. Als Folge der weitergehenden Abwasserreinigung und der Regenwasserbehandlung nimmt das Klärschlammaufkommen ständig zu. Die Festlegung von Schwermetallgrenzwerten in der Klärschlammverordnung hat sich sicherlich positiv auf die Umwelt ausgewirkt. Andererseits sind jedoch die Landwirte erheblich verunsichert worden. Um die landwirtschaftliche Klärschlammverwertung auch weiterhin sicherzustellen, ist es unbedingt erforderlich, sowohl die Kläranlagenbetreiber als auch die Klärschlammabnehmer umfangreich über die Möglichkeiten der Schlammverwertung zu informieren.

Gewässerschutz durch eine optimierte Abwasserreinigung ist nur dann vollständig, wenn gleichzeitig auch der endgültige Verbleib der bei der Abwasserreinigung anfallenden Schlämme ohne kritische Folgewirkungen gesichert ist. Abwasserreinigung und Schlammbehandlung müssen auf sinnvolle Weise verknüpft und optimiert werden.

2.4.5.1.4 Abfall

1114. Die Auswirkungen von abfallwirtschaftlichen Einflüssen auf die Gewässerfunktionen und -nutzungen berühren sowohl den Grundwasserbereich (u. a. bei der Deponierung von Abfallstoffen) als auch die Oberflächengewässer (z. B. bei der Sickerwasserableitung).

1115. Gerade auf dem Gebiet der Abfallwirtschaft wurden bzw. werden durch Gesetz und Verordnung bisherige Fehlentwicklungen (Abfallmengenwachstum, Vorrang der Abfallbeseitigung vor Abfallverwertung, Deponiesickerwasserproblematik, fehlende Deponieabdichtung gegen Gasaustritt) korrigiert; neue positive Trends sollen unterstützt werden:

— Novellierung des Abfallbeseitigungsgesetzes

   In der 4. Novelle des Abfallbeseitigungsgesetzes wird der Vermeidung und Verwertung von Abfällen eindeutig der Vorrang vor der Abfallbeseitigung zugewiesen. Ob jedoch der bestehende rückläufige Trend bei den Abfallmengen durch freiwillige Vereinbarungen von Industrie und Handel ausreichend unterstützt werden wird, ist zumindest fraglich. Um alle wirtschaftlich vertretbaren und technisch machbaren Möglichkeiten zur Verringerung und Wiederverwertung von Müll auszuschöpfen, müssen notfalls Rechtsverordnungen erlassen werden. Ebenso ist die erhoffte Reduzierung von problematischen Schadstoffen in Abfällen ohne dirigistische Maßnahmen kaum effektiv genug, um spürbare Auswirkungen zu erzielen, (z. B. Rücknahmepflicht für Problemstoffe wie Batterien, Lacke etc. aus privaten Haushalten).

— Erarbeitung einer TA Abfall

Grundwasserbelastungen durch fehlerhafte bzw. ungenügend abgedichtete Abfalldeponien haben die Ausarbeitung einer Technischen Anleitung Abfall ausgelöst. Hierin sollen technische Anforderungen an die Abfallbeseitigung nach einheitlichen Standards festgelegt werden, die sich an dem neuesten Stand der Technik orientieren sollen. Mit dieser technischen Anleitung sollen Spätschäden aus der Abfallbeseitigung von vornherein vermieden werden.

— Novellierung des Wasserhaushaltsgesetzes

Für Abwassereinleitungen in ein Gewässer sind Grenzwerte einzuhalten, die branchenbezogen in „Verwaltungsvorschriften über Mindestanforderungen" gemäß § 7a Wasserhaushaltsgesetz (WHG) festgelegt sind. Bisher fiel Deponiesickerwasser nicht unter den im Abwasserabgabengesetz (AbwAG) im § 2 definierten Begriff „Abwasser", so daß es unterblieben ist, auch für diesen wichtigen Bereich bundeseinheitliche Anforderungen zu formulieren. Diese Rechtslage hat sich insofern geändert, als nach der 5. Novelle zum Wasserhaushaltsgesetz bei Vermeidung und Verminderung „gefährlicher Stoffe" künftig Deponiesickerwässer Abwässer sind und der Stand der Technik bei Reinigungsmaßnahmen einzuhalten ist. Dies bedeutet für Deponiesickerwasser nicht nur die Forderung nach einer funktionierenden Abwasserbehandlung, sondern nach einer solchen auf dem hohen Niveau des „Standes der Technik". Welche Anforderungen an Sickerwasseremissionen von Deponien zukünftig konkret formuliert werden, bleibt abzuwarten. In der Arbeitsgruppe, die Anforderungen an Abwassereinleitungen aus Deponiesickerwasserbehandlungsanlagen entwickelt, sind folgende Grenzwerte in der Diskussion (IRMER, 1987):

BSB_5 25 mg/l   oder = 98 %
CSB   150 mg/l   oder = 98 %
AOX   300 mg/l   oder noch offen
G_F 2   (Fischgiftigkeit).

Sollten diese Anforderungen bestätigt werden, sind nach der Einrichtung bzw. Umrüstung der bestehenden Behandlungsanlagen langfristige Reduzierungen der Vorfluterbelastungen zu erwarten.

1116. Zusammenfassend stellt der Rat fest, daß die negativen Auswirkungen der Abfallbeseitigung auf die Gewässer durch konsequente Anwendung (ggf. Zusatzverordnungen) der neuen Rechtsvorschriften reduziert werden können. Weitere Bemühungen sowohl bei der Sanierung von Hypotheken aus der Vergangenheit (Altlasten) als auch bei der Vorsorge für die Zukunft (generelle Prüfung der biologischen Abbaubarkeit von Stoffen) sind zu verstärken.

2.4.5.1.5 Auswirkungen von Luftverunreinigungen

1117. Der Zustand der Gewässer und der Grundwasservorkommen in der Bundesrepublik wird auch von Eintragungen aus der Luft beeinflußt. Dabei ist nicht nur an den unmittelbaren Eintrag auf die Wasserflächen zu denken, sondern auch an die Deposition auf den Gewässereinzugsbereich und auf die Deckschicht des Grundwassers.

Als für den Zustand von Gewässern und Grundwasser wichtigste Luftverunreinigungskomponenten erscheinen aus heutiger Sicht:

— oxidische Schwefel- und Stickstoffverbindungen

— Schwermetall-, insbesondere blei- und cadmiumhaltige Stäube

— naturfremde organische, insbesondere halogenorganische Verbindungen.

Bei einigen Stoffen ergibt sich die Besorgnis aus der beträchtlichen atmosphärischen Konzentration und Verweilzeit von ihnen selbst oder ihren Umwandlungsprodukten, bei anderen persistenten Stoffen aus der Gefahr ihrer Anreicherung in Wasser und Sediment.

1118. Quantitative Angaben sind z. Zt. weder für den atmosphärischen Eintrag — unmittelbar und über den Boden — in Gewässer und Grundwasser möglich, noch für seine Bedeutung für die Entwicklung der Wassergüte im Verhältnis zu anderen Stoffeinträgen. Immerhin kann auf folgende Erkenntnisse verwiesen werden:

— In den letzten 5 Jahren wurde über hohe Säuregrade in Gewässern und ihre Folgen in bestimmten Bereichen der Bundesrepublik Deutschland (z. B. SCHOEN et al., 1984) berichtet, vor allem in den Waldlandschaften im Nordteil der Mittelgebirgsschwelle (Kaufunger Wald, Knüllgebirge) mit dem Rhein-Ruhr-Gebiet im Luv, in zentralen Teilen der Mittelgebirgsschwelle (Taunus, Hunsrück, Odenwald, Harz, Solling) und in den Waldschadensgebieten Süddeutschlands (Fichtelgebirge, Bayerischer Wald). Betroffen sind in erster Linie Oberläufe kalkarmer Fließgewässer und nährstoffarme Seen in Gebieten mit basenarmen Ausgangsgesteinen (Quarzit, Buntsandstein, saure Tiefengesteine u. a.), die bisher als unbelastet galten (vgl. Tz. 581 ff.).

— Eine Versauerung der Gewässer im Sinne einer in den letzten Jahrzehnten erfolgten Erhöhung des Säuregrades ist erst in wenigen Fällen nachgewiesen. Zu diesen gehören Seen im Bayerischen Wald, im Fichtelgebirge und im Nordschwarzwald. Sie könnte dort aber mitunter auch durch geologische Einflüsse ausgelöst sein.

— Angaben über das Ausmaß des atmosphärischen Schwermetalleintrags in Gewässer liegen vor für die Nordsee (z. B. Standing Advisory Committee for Scientific Advice, 1984). Danach entfallen von den geschätzten 12 000—22 000 t jährlich eingetragenen Bleis 3 600—13 000 t auf den atmosphärischen Eintrag, von den 300—1 100 t Cadmium sind es 110—900 t. Auch an Land werden die atmosphärischen Einträge bedeutend sein.

1119. Auf jeden Fall ist damit zu rechnen, daß der Einfluß von Luftverunreinigungen auf die Entwicklung der Gewässergüte mit deren Deposition auf den Boden wächst. Aus der voraussehbaren Minderung der Emissionen in die Luft muß sich überschlägig eine — zumindest teilweise — Entlastung auch der Gewässer ergeben (s. Abschn. 2.4.2).

2.4.5.2 Die Anforderungen an die zukünftige Entwicklung des Gewässerzustandes

1120. Die Gewässerschutzziele müssen heute neu definiert werden. Es geht nicht mehr nur um den Schutz wichtiger Gewässernutzungen wie Trinkwasserversorgung, Fischerei, Bewässerung und Erholung. Es geht auch immer vordringlicher um den langfristigen und vorsorglichen Schutz der Gewässer selbst, um den Schutz des Lebens in den Gewässern und in ihrem Umkreis. Die Fortschreibung der Gewässerschutzziele darf nicht nur auf die Binnengewässer beschränkt bleiben, sondern sie muß zumindest auch die Küsten- und Binnenmeere mit einbeziehen. Die Frage nach den wichtigsten Maßnahmen zum Abbau der heute dominierenden Gewässerbelastungen und zur wünschenswerten Verbesserung der Gewässergüte läßt sich daher nicht mehr so einfach und generell beantworten, wie bei der Erstellung der ersten Sanierungsprogramme Anfang der 70er Jahre.

1121. In der Bundesrepublik Deutschland muß auch künftig das Emissionsprinzip Vorrang haben, d. h. alle Abwassereinleitungen in die Gewässer müssen einheitlich vorgegebene Bedingungen erfüllen. Dadurch soll unter Ausgleich von Standortvor- und -nachteilen und damit auch von Wettbewerbsunterschieden im gewerblichen Bereich flächendeckend eine Mindestgüte aller Oberflächengewässer erhalten oder wieder erreicht werden. Zur Begrenzung des Eintrags von Verunreinigungen und von eutrophierenden Stoffen sind die vorhandenen Bewertungsparameter sinnvoll zu ergänzen.

1122. Wenn die emissionsbezogenen Anforderungen an die Abwassereinleitungen zur Gewährleistung der gewünschten Gewässergüte im Einzelfall unzureichend sein sollten, muß als flankierendes Instrument zusätzlich das Immissionsprinzip zum Tragen kommen. Danach sind an einzelne Einleitungen zusätzliche Anforderungen zu stellen, die sich an der Einhaltung von Richt- und Grenzwerten des betreffenden Gewässers orientieren.

1123. Für Substanzen, die in Gewässern einen direkten oder chemischen Sauerstoffbedarf erzeugen, sowie für Ammonium-Stickstoff und Phosphor, die zu einer Sekundärverschmutzung infolge Eutrophierung führen, können die in besonders schutzbedürftigen Gewässern einzuhaltenden Grenzwerte an den in Tabelle 2.4.25 zusammengestellten Parametern ausgerichtet werden.

1124. Phosphor und Stickstoff nehmen außer den schwer abbaubaren organischen Substanzen in den Gewässern eine Sonderstellung ein. Wie die Belastungswerte für BSB_5, P und N im Verlauf der Jahre 1969—1983 zeigen, sind insbesondere für Phosphor und Stickstoff erhebliche Überlastungen vorhanden (s. Tz. 1053 ff., Abb. 2.4.11). Generell kann davon ausgegangen werden, daß der seit 1970 durchgeführte Bau zahlreicher Kläranlagen in der Bundesrepublik zwar zu einem beträchtlichen Rückgang der Belastung mit biologisch abbaubaren Substanzen geführt und in den Fließgewässern eine erhebliche Verbesserung des Sauerstoffhaushaltes gebracht hat, jedoch keinesfalls eine Verminderung hinsichtlich der P- und N-Belastung, was in langsam fließenden und stehenden Gewässern weiterhin zu einer sekundären Belastung des Sauerstoffhaushalts führt.

In stehenden Binnengewässern wird als Untergrenze zur Eutrophierung eine Phosphorkonzentration von etwa 10—20 µg/l und ein Verhältnis von N : P gleich 15 bis 30 : 1 angesehen. In langsam fließenden Gewässern, z. B. Tieflandflußbereiche, werden als Untergrenze für Phosphor ca. 100 µg P/l angeführt.

1125. Nach RACHOR (1986) sind für die anthropogene Eutrophierung der freien Nordsee sowohl der Phosphor als auch der Stickstoff in solchen Mengen verfügbar, daß sie für die sommerlichen Flagellatenblüten nicht grundsätzlich Minimumfaktor werden.

Tabelle 2.4.25

Zusammenstellung von Güteparametern für die Oberflächengewässer nach unterschiedlichen Anforderungsstandards und daraus abgeleitete Empfehlungen des Rates für besonders schutzbedürftige Gewässer

Zuordnung	Parameter	BSB_5	CSB	NH_4-N	P_{ges}
Trinkwasserentnahme entsprechend:					
— EG-Richtlinie, Kategorie	A1	≤3	—	0,04	0,17
(Richtwerte)	A3	≤7	≤30	1,6	0,3
— DVGW-Arbeitsblatt W 151	A	3	10	0,16	—
(Grenzwerte) Kategorie	B	5	20	1,2	—
Gewerbliche Fischerei (EG-Richtlinie)					
Richtwerte:	Salmoniden	≤3	—	≤0,03	0,06
	Cypriniden	≤6	—	≤0,16	0,13
Freizeitfischerei (LWA-NW)					
Anforderungen:	Salmoniden	≤6	≤20	≤1	—
	Cypriniden	≤6	≤20	≤1	—
LAWA — Gewässergütekarte Gewässergüteklasse II		2—6	—	≤0,3	(≤0,3) *
Mindestgüteanforderungen MGA Nordrhein-Westfalen (Güteklasse II—III)		≤7	≤20	≤1	≤0,4
Gewässergüteindex Schleswig-Holstein	Index 2,0	1,7	21	0,33	0,4
Beobachtete Werte Baden-Württemberg 1981	Güteklasse II	2,3 (1,5—3,3)	—	0,15 (0,09—0,29)	0,21 (0,10—0,48)
Wünschenswerte Qualitätsziele SRU-Empfehlungen		2—6	≤15	0,16	0,2

Parameter: Alle Angaben in mg/l * empfohlen
BSB_5 = Biochemischer Sauerstoffbedarf ohne Hemmung der Nitrifikation
CSB = Chemischer Sauerstoffbedarf
NH_4-N = Ammonium-Stickstoff = Ammonium (NH_4^+): 1,28
P_{ges} = Gesamt-Phosphor (entsprechend P_2O_5: 2,29 oder PO_4: 3,06)

Quelle: SRU

Abbildung 2.4.12

Nährstoffquellen und -eintragswege in die Gewässer

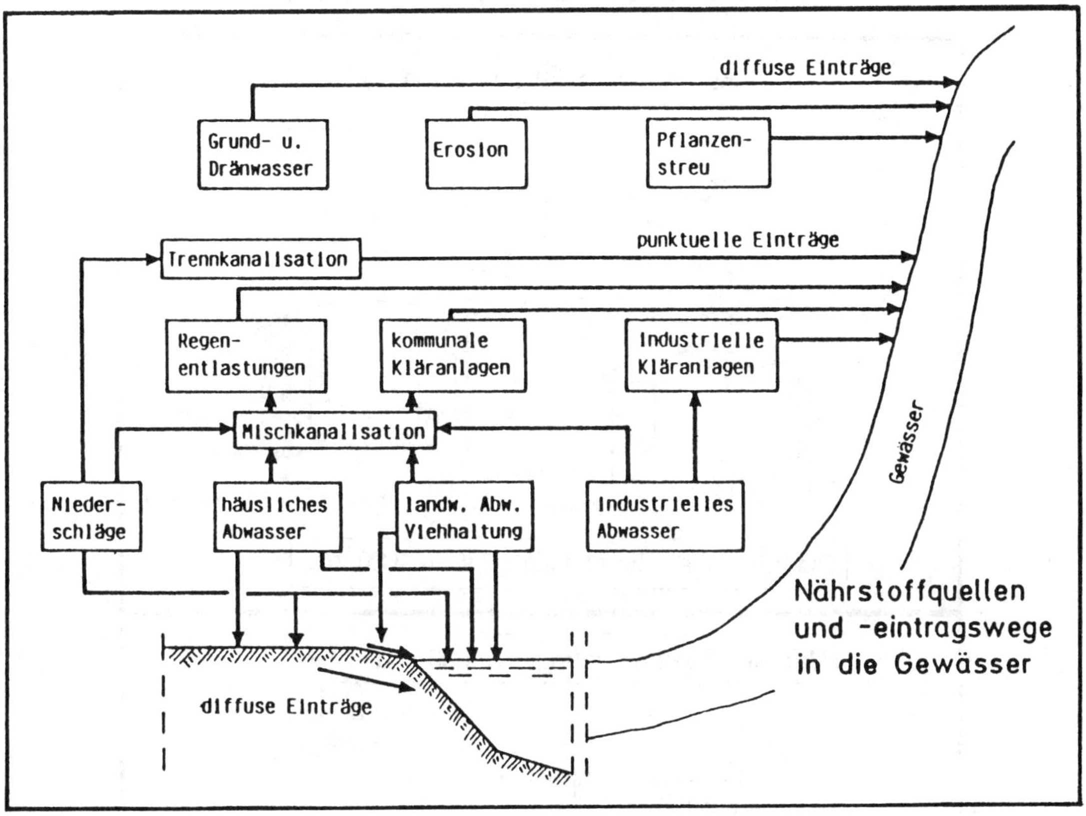

Quelle: FIRK und GEGENMANTEL, 1986

1126. Weil zweifelsfrei feststeht, daß die Phosphor- und Stickstofflasten größtenteils anthropogenen Ursprungs sind, ist zu fragen, ob über weitergehende Reinigungsmaßnahmen in kommunalen und industriellen Kläranlagen eine entscheidende Verbesserung in den Gewässern zu erreichen ist. FIRK und GEGENMANTEL (1986) haben über Art und Weise der Nährstoffzufuhr in die Gewässer und über die anfallenden Mengen berichtet. Sie unterscheiden nach punktuellen und diffusen Einleitungen (vgl. Abb. 2.4.12). Die eingetragenen Nährstoffmengen können größtenteils nur durch Schätzungen erfaßt werden, da teilweise auch die punktuellen Einleitungen kaum meßbar sind, z. B. bei Regenentlastungen der Mischkanalisation.

Die in der Abbildung 2.4.13 angegebenen prozentualen Aufteilungen der Jahresfrachten stellen Durchschnittswerte für mittlere deutsche Verhältnisse dar.

Die punktförmigen Phosphoreinträge aus häuslichen, industriellen und landwirtschaftlichen Abwässern in die Gewässer der Bundesrepublik Deutschland liegen bei 82 %. Die entsprechenden Eintragswerte für Stickstoff wurden zu 58 % angegeben. Diese Eintragswerte sind so beachtlich, daß ihre Reduzierung zu einer wesentlichen Besserung des Zustandes vieler Gewässer führen würde.

1127. Die Entwicklungen der Verhältnisse in der Deutschen Bucht, dem Wattengebiet, dem küstennahen Bereich der Nordsee, den Tidebereichen der Flüsse (Ästuarien) und den Tieflandflußbereichen zeigen eindeutig die negativen Einflüsse dieser anthropogenen Belastung auf das Leben in den Gewässern. Ein Einhalt dieser anthropogenen Eutrophierung und der nicht tragbaren Verhältnisse sowie eine Verbesserung der Gewässergüte in den fließenden Gewässern und im küstennahen Meeresbereich sind mit großer Erfolgschance über eine weitergehende Abwasserreinigung zu erreichen. Diese hat sich unter Berücksichtigung technisch-wirtschaftlicher Gesichtspunkte flächendeckend über den gesamten Einzugsbereich der Flüsse zu erstrecken.

Abbildung 2.4.13

Größenordnung der Stickstoff- und Phosphoreinträge in die Gewässer der Bundesrepublik Deutschland

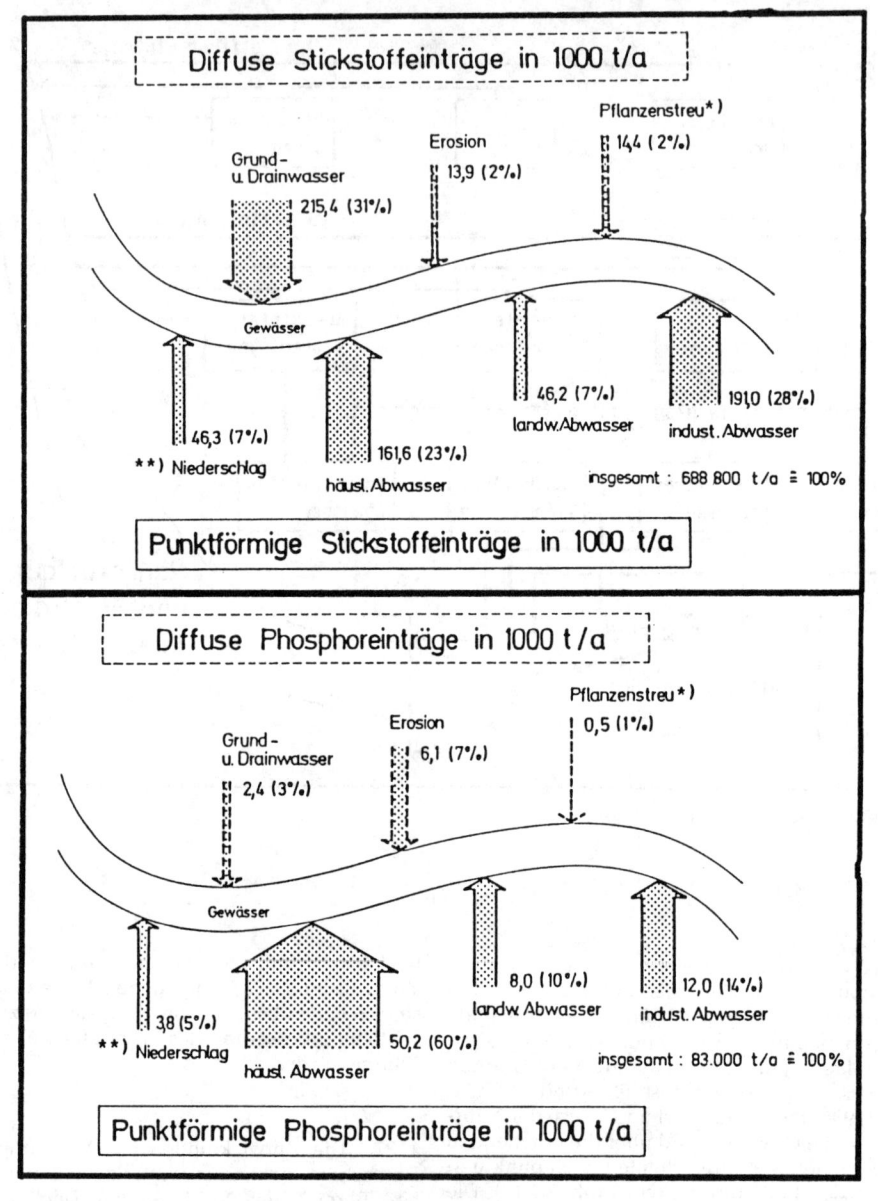

Diffuse Stickstoffeinträge in 1000 t/a

- Grund- u. Drainwasser: 215,4 (31%)
- Erosion: 13,9 (2%)
- Pflanzenstreu*): 14,4 (2%)
- **)Niederschlag: 46,3 (7%)
- häusl. Abwasser: 161,6 (23%)
- landw. Abwasser: 46,2 (7%)
- indust. Abwasser: 191,0 (28%)

insgesamt: 688 800 t/a ≙ 100%

Punktförmige Stickstoffeinträge in 1000 t/a

Diffuse Phosphoreinträge in 1000 t/a

- Grund- u. Drainwasser: 2,4 (3%)
- Erosion: 6,1 (7%)
- Pflanzenstreu*): 0,5 (1%)
- **)Niederschlag: 3,8 (5%)
- häusl. Abwasser: 50,2 (60%)
- landw. Abwasser: 8,0 (10%)
- indust. Abwasser: 12,0 (14%)

insgesamt: 83.000 t/a ≙ 100%

Punktförmige Phosphoreinträge in 1000 t/a

*) Pflanzenstreu = Auslaugung und Einschwemmung von Blättern, Nadeln, Ästen usw. direkt in die Oberflächengewässer
**) Niederschlag = hier nur der in Kanalisationen erfaßte Anteil

Quelle: FIRK und GEGENMANTEL, 1986

1128. Als Ziel der Gewässerreinhaltung wurde bereits im Umweltprogramm der Bundesregierung 1971 die Gewässergüteklasse II (mäßig belastet) angesetzt. Die 1976 von der Länderarbeitsgemeinschaft Wasser (LAWA) zur Gewässergütekartierung genannten Merkmale für die Beschaffenheit des Wassers müssen heute um einige Parameter erweitert werden. Ein Gewässer der Güteklasse II soll Merkmale aufweisen, die für die Gewinnung von stets einwandfreiem Trinkwasser bei Anwendung der bekannten physikalisch-chemischen Aufbereitungsverfahren noch tolerierbar sind und die Erhaltung naturnaher Gewässerbiozönosen gewährleisten. Nach diesen Gesichtspunkten wurden die in Tabelle 2.4.26 angegebenen Grenzwerte für physikalisch-chemische Parameter der Gewässergüteklasse II zusammengestellt.

1129. Unter Berücksichtigung des finanziellen Aufwandes ist die Gesundung der Gewässer sicherlich nicht in kurzer Zeit zu erreichen. Der Rat empfiehlt:

1. Für die Phosphorelimination ist nach einem Sanierungsprogramm vorzugehen, wobei vorerst die großen kommunalen und industriellen Verschmutzungsquellen zu sanieren sind. Denkbar ist, daß im ersten Schritt Kläranlagenneubauten und -erweiterungen mit Anschlußgrößen von ca. 20 000 EW und mehr für eine weitgehende Phosphorelimination ausgelegt werden müssen. Auf diese Weise kann die Phosphorfracht etwa halbiert werden. Im zweiten Schritt sind entsprechende Maßnahmen auch für Kläranlagen mit kleineren Anschlußgrößen durchzuführen, falls sich eine weitere Nährstoffentlastung als erforderlich erweist. Wünschenswert wäre eine Entwicklung der Phosphorelimination, die mit einer minimalen Zugabe von Fällungschemikalien auskommt, um die Gewässer vor einer weiteren Aufsalzung zu schützen. Die Maßnahmen zur biologischen Phosphorreduzierung stellen einen guten Weg dar.

2. Bei der vorliegenden Belastungssituation muß hinsichtlich der Stickstofffrachten gefordert werden, daß biologische Kläranlagen grundsätzlich als Nitrifikations- und Denitrifikationsanlagen zu betreiben sind. Die Auslegungsdaten der Kläranlagen sind so zu wählen, daß auch im Winter in der Regel die geforderten Grenzwerte für eine Temperatur von 10 °C eingehalten werden (vgl. KETTERN und LONDONG, 1987). Eine alleinige Nitrifizierung der Abwässer im Normalbetrieb genügt nicht, da dann bei höheren Raumbelastungen nur eine teilweise Nitrifikation bis zum Nitrat stattfindet und zum Teil bedenkliche Gewässerbelastungen durch Nitrit auftreten. Entsprechend gut bewährte verfahrenstechnische Lösungen für eine Elimination auch der Nitrate sind vorhanden, so daß eine weitgehende Reduzierung der gesamten Stickstofflasten durchführbar ist.

1130. Da die Nährstoffbelastung der Nordsee nicht nur aus dem Einzugsgebiet der Bundesrepublik stammt, müssen sowohl auf der Ebene der Europäischen Wirtschaftsgemeinschaft als auch unter den Rheinanliegerstaaten Regelungen getroffen werden, die auf eine schrittweise Verminderung der Phosphor- und Stickstofffrachten abzielen.

1131. Es sei darauf hingewiesen, daß im Regelwerk der Abwassertechnischen Vereinigung in Arbeitsblatt A 126 für Kläranlagen nach dem Belebungsverfahren mit Anschlußgrößen von 500 bis 10 000 Einwohnerwerten empfohlen wird, die biologische Stufe als Schwachlaststufe mit $B_{TS} = 0{,}05$ auszulegen. Die Bemessung dieser Kläranlagen als Stabilisierungsanlage bedeutet, daß von vornherein eine Nitrifikation der Stickstoffverbindungen gesichert ist. Die Denitrifikation läßt sich in solchen Kläranlagen ohne Mehrkosten und ohne Raumvergrößerung durch eine etwas andere verfahrenstechnische Betriebsweise mit Energieeinsparung einrichten. Bereits heute arbeitet ein großer Teil der neueren Kläranlagen mit höheren Anschlußwerten als 10 000 Einwohnerwerten nach dem Nitrifikationsprinzip mit einer Schlammbelastung von $B_{TS} = 0{,}15$.

Da vollbiologische Kläranlagen mit schwacher Schlammbelastung heute zweifellos als allgemein anerkannte Regel der Technik gelten können, ist auch der Betrieb dieser Kläranlagen nach dem Nitrifikationsprinzip als allgemein anerkannte Regel der Tech-

Tabelle 2.4.26

Physikalisch-chemische Parameter für Gewässergüteklasse II

	Parameter	
1	Temperatur (T_{max} °C)	
	sommerkühle Gewässer	25°
	sommerwarme Gewässer	28°
2	Sauerstoff (mg/l)[1]	≥ 6
3	pH-Wert	6−9
4	Ammonium NH_4-N (mg/l)[1]	≤ 0,3
5	Stickstoff ges. (mg/l)[2] Sommer	5
	Stickstoff ges. (mg/l)[2] Winter (Nov.−März)	7
6	BSB_5 o.ATH (mg/l)[1]	2−6
7	CSB (mg/l)	≤15
8	Phosphor ges. (mg/l)	≤ 0,3
9	Eisen ges. (mg/l)	≤ 1,0
10	Zink ges. (mg/l)	≤ 0,5
11	Kupfer ges. (mg/l)	≤ 0,04
12	Chrom ges. (mg/l)	≤ 0,05
13	Nickel ges. (mg/l)	≤ 0,05
14	Blei ges. (mg/l)	≤ 0,05
15	Cadmium ges. (mg/l)	≤ 0,005
16	Quecksilber (mg/l)	≤ 0,0005
17	Toxikologische Tests	
	Keine toxische Wirkung auf Bakterien, Algen, Fischnährtiere und Fische	

[1] Werte in Anlehnung an: LAWA (1976) „Die Gewässergütekarte der Bundesrepublik Deutschland"
[2] Unter der Annahme einer Denitrifizierung der Kläranlagenabläufe

Quelle: SRU

nik anzusehen. Dementsprechend kann auch in die Verwaltungsvorschriften ein Überwachungswert für Ammonium von 10 mg/l NH_4-N aufgenommen werden, was durch die in Tabelle 2.4.21 aufgeführten Werte bekräftigt wird.

1132. Für die Trinkwasseraufbereitung besonders problematisch sind die vor allem in Oberflächengewässern immer wieder auftretenden Belastungsspitzen mit Schadstoffen, die selbst mit fortschrittlicher Aufbereitungstechnologie nicht immer sicher zu beherrschen sind. Bei organischen Halogenverbindungen (z. T. als AOX erfaßt, s. Tz. 972ff.), für die in der novellierten Trinkwasserverordnung ein Summengrenzwert von 25 µg/l für bestimmte flüchtige Chlorverbindungen aus dem Bereich der Lösungsmittel festgesetzt ist, kann mit den bekannten Aufbereitungsmethoden die Eliminierungsrate nicht höher als 60—70% angesetzt werden.

Gegenwärtig (1980—1985) liegt der AOX im Rhein bei Mainz bei Mittelwasserführung (1 850 m³/s) zwischen 60 und 100 µg/l, bei Niedrigwasserführung (720 m³/s) bei 130—200 µg/l und erreichte 1984 247 µg/l (ARW, 1985). Für einzelne Chlorkohlenwasserstoffe aus dem Schadstoffgemisch konnten bei Mittelwasserführung und darüber nur Konzentrationen jeweils unter 1 µg/l festgestellt werden. Danach ist eine nicht unerhebliche Menge an verschiedenen Halogenkohlenwasserstoffen im Rohwasser vorhanden, die zwar über AOX als Summenparameter erfaßt werden, als Einzelstoffe aber nicht bekannt sind. Dementsprechend ist auch über ein mögliches Gefährdungspotential für das Trinkwasser keine exakte Aussage möglich.

Dies erklärt auch den im DVGW-Arbeitsblatt W 151 genannten niedrigen Rohwassergrenzwert für gelöste organische Halogenverbindungen in der Kategorie A von 50 µg/l.

Dieser Wert für Halogenkohlenwasserstoffe ist aber immer noch zu hoch, wenn man von höchstens 60 bis 70% Eliminierungsrate ausgeht und fordert, daß derartige Substanzen möglichst nicht im Trinkwasser vorhanden sein sollen. Deshalb nennt die IAWR (1986) im Rheinmemorandum für Kategorie A nur 30 µg/l als AOX.

1133. Eine Verringerung der Gewässerbelastungen mit derartigen Substanzen ist aber allein schon wegen der ökologischen Schadwirkungen geboten. Das ökotoxikologische Wirkungspotential der meisten Umweltchemikalien, d. h. im wesentlichen der naturfremden organischen Substanzen, ist zwar unbekannt, jedoch haben die bisherigen Beobachtungen gezeigt, daß sie den natürlichen Zustand der Gewässer nachhaltig beeinflussen und die betroffenen Organismen — Bakterien, Algen, Pflanzen, Tiere bis hin zum Menschen — sowie deren Lebensgemeinschaften schädigen. Nach Auffassung des Rates muß künftig die Einleitung solcher Substanzen in die Gewässer wesentlich wirksamer vermindert werden. Dabei geht es nicht nur um die Fließgewässer, sondern insbesondere auch um die Ästuarien, über die unsere Flüsse und deren Schadstofffrachten mit den Weltmeeren verbunden sind. Das ist nicht allein durch Abwasserbehandlungstechnologien erreichbar, sondern muß durch Vermeidungs- und Substitutionsmaßnahmen stärker unterstützt werden (s. Abschn. 2.4.5.5).

1134. Die Anforderungen an die Beschaffenheit der Kläranlagenabläufe diskutiert auch KOPPE (1985) auf der Grundlage der Mindestanforderungen an das Einleiten von Abwasser nach § 7 a WHG einerseits und der normativen Werte der EG-Trinkwasserrichtlinie andererseits. Dazu stellt er die in verschiedenen Verwaltungsvorschriften für das direkte Einleiten von Abwasser zitierten stofflichen Parameter ^{c}Abwasser den höchstzulässigen Konzentrationen der EG-Trinkwasserrichtlinie ^{c}Trinkwasser gegenüber. Das sich ergebende Konzentrationsverhältnis q = ^{c}Abwasser : ^{c}Trinkwasser (s. Tab. 2.4.27) schwankt zwischen 1,6 (für Phosphat) und 1 000 (für Kohlenwasserstoffe) und liegt gerade bei den für die Trinkwasserversorgung relevanten Stoffen wesentlich zu hoch. Verschiedene dieser Stoffe lassen sich durch die bekannten Verfahren zur Trinkwasseraufbereitung und zur Abwasserbehandlung nicht oder nur zu höchstens 30—50% eliminieren. Hieraus ergeben sich erhebliche Konsequenzen für die Anforderungen an Abwassereinleitungen in die Gewässer.

Tabelle 2.4.27

Verhältniszahlen der normativen Werte für Konzentrationen von Inhaltsstoffen im Abwasser (nach bisherigen Verwaltungsvorschriften gemäß § 7 a WHG) und im Trinkwasser (nach EG-Trinkwasserrichtlinie)

Parameter	C* Abwasser höchster Wert mg/l	C** Trinkwasser HZK mg/l	q
Kohlenwasserstoffe	10	0,01 ⟶	1 000
Eisen	10	0,2	50
Kupfer	3	0,1	30
Zink	4	0,1	40
Phosphor	8	5	1,6
Fluorid	50	1,5	33
Barium	2	0,1	20
Silber	0,1	0,01	10
Aluminium	3	0,2	15
Nitrit	10	0,1 ⟶	100
Ammonium	400	0,5 ⟶	800
Cadmium	1	0,005 ⟶	200
Cyanide	1	0,05	20
Chrom	2	0,05	40
Quecksilber	0,05	0,001	50
Nickel	3	0,05	60
Blei	2	0,05	40

C* : Mindestanforderungen nach § 7 a WHG
C**: höchst-zulässige Konzentration nach EG-Trinkwasserrichtlinie
Quelle: KOPPE, 1985

Die Schwierigkeiten mit den in Tabelle 2.4.27 aufgeführten Schwermetallen entstehen jedoch weniger bei deren Eliminierung aus dem Wasser bis zu den zulässigen Grenzwerten als vielmehr durch ihre Anreicherung in Filterschlämmen der Trinkwasseraufbereitung und in Klärschlämmen sowie in Gewässersedimenten, auch bei geringen Schwermetallkonzentrationen im Gewässer selbst.

1135. Baggerarbeiten zum Freihalten von Schifffahrtsrinnen und Abflußprofilen sind auch künftig, wie schon seit Jahrzehnten, erforderlich.

Bei der Unterhaltung der Bundeswasserstraßen fallen erhebliche Baggergutmengen an. Allein die Wasser- und Schiffahrtsverwaltung des Bundes baggerte in den Jahren 1982/83 etwa 50 Mio m³, von denen, gemessen an den Bodengrenzwerten der Klärschlammverordnung, gegen 25 % kritisch mit Schwermetallen kontaminiert waren.

Die Unterbringung nur der nach derzeit gültigen Bodengrenzwerten kritisch kontaminierten Anteile des Baggergutes aus den Bundeswasserstraßen auf Sonderdeponien würde bei mittleren Kosten von ca. 300,— DM/m³ zusätzliche öffentliche Mittel in der Größenordnung von etwa 3—4 Mrd DM jährlich erfordern. Das wäre ein Betrag, der ein Mehrfaches vom Gesamtvolumen des Wasserstraßenverkehrshaushalts ausmacht (KNÖPP, 1986).

1136. Dieser Befund war für die Bundesanstalt für Gewässerkunde Anlaß, die Unterbringung solcher Baggermassen eingehend unter ökologischen, technischen und ökonomischen Gesichtspunkten zu untersuchen. Folgende Punkte sind als wichtigste Ergebnisse festzuhalten:

— Ein Deponieren des Baggergutes an Land bietet nur in seltenen Ausnahmefällen tragbare Lösungen an. Deponieflächen sind knapp und kostbar, der Flächen „verbrauch" wäre auf Dauer kaum tragbar und selbst die „gesicherte Deponie" ist nach bisherigen Erfahrungen im Hinblick auf den Schutz des Grundwassers ein recht relativer Begriff. Außerdem wäre ihre Finanzierung im erforderlichen Umfang nicht möglich.

— Auch die Verwendung kritisch kontaminierten Materials im Landschaftsbau bietet keine befriedigende Lösung. Sie stellt im Grunde nur eine ungesicherte Deponie dar.

— Andererseits zeigten eingehende Untersuchungen beim Baggern sowie beim Verklappen und beim Verspülen von Baggergut sowohl im Süßwasser- als auch im Brackwasserbereich, daß auch bei einer Aufspülung der Feststoffe nicht mit einer Rücklösung der Schwermetalle zu rechnen ist. Zahlreiche Labor-Modellversuche haben diesen Befund auch für verschärfte Bedingungen bestätigt.

1137. In der Abwägung von Kosten und Konsequenzen erscheint ein Verbleib kontaminierter Sedimente im Gewässer offenkundig weniger risikoreich als eine Landdeponie, für die sehr viel eher mit einer sauren Elution adsorbierter Schwermetalle zu rechnen ist.

Unkritisches Material kann einer landwirtschaftlichen oder landbaulichen Verwendung zugeführt werden. Bei kritisch kontaminiertem Baggermaterial sollten jedoch die Baggermengen durch sorgfältige Planung auf das Notwendigste reduziert werden. Dieses Material sollte, soweit dies möglich ist, im Gewässer belassen und hier gezielt flußbaulich eingesetzt werden.

1138. Durch die empfohlenen Maßnahmen werden nur die Symptome der Schadstoffanreicherung in den Gewässersedimenten gemildert, aber nicht die Ursachen beseitigt. Ökologisch befriedigende Lösungen würde das Problem nur finden, wenn es gelänge, die Emission toxischer, nicht abbaubarer und akkumulierbarer Schadstoffe soweit zu begrenzen, daß die Akkumulation in Sedimenten, d. h. im Baggergut, nicht zu Überschreitungen der Bodengrenzwerte führt. Eine strengere Begrenzung und Überwachung der Emission von Schadstoffen sollte also die erste und wichtigste Gegenmaßnahme sein, die dazu dient, die kontaminierten Sedimentflächen und -massen soweit wie möglich zu reduzieren.

1139. Allgemeingültige Grenzwerte für die Belastbarkeit aquatischer Ökosysteme lassen sich nicht definieren. Es sollte aber alles getan werden, um problematische Schadstoffe generell so weit zu minimieren, wie dies abwassertechnisch und wirtschaftlich erreichbar ist. Diese Forderung muß nicht zuletzt zum Schutz der Meere, insbesondere der Nordsee gestellt werden. Eine Abschätzung der Gefährdung ist bisher nur für einige bekannte Einzelsubstanzen möglich, meist aber nur unter Laborbedingungen. Die tatsächliche Wirkung geht aber von der Summe der gesamten vorkommenden Schadstoffe aus. Aufgrund synergistischer Wechselwirkungen kann die Grenze für chronische ökotoxikologische Wirkungen schon sehr nahe oder bereits erreicht sein (SRU, 1980).

2.4.5.3 Forderungen für den Gewässerschutz

2.4.5.3.1 Die Einleitung kommunaler und industrieller Abwässer in die Gewässer

1140. Zukünftige Forderungen für den Gewässerschutz haben von folgenden Zielfunktionen auszugehen:

a) Es gehören keine Stoffe ins Wasser, die in relevanten Konzentrationen

— die ökologischen Funktionen des Gewässers stören (organ. C, N, P, Salze, Wärme usw.),

— toxisch, gefährlich und schädlich für Mensch, Tier und Pflanze sind,

— durch normale Wasseraufbereitungsverfahren nicht beherrschbar sind, so daß die Anforderungen der Trinkwasserverordnung nicht erfüllt werden können,

— den Klärwerksbetrieb stören oder

— sich im Klärschlamm anreichern und eine landwirtschaftliche Verwertung ausschließen.

b) Gleichzeitig muß eine Verlagerung dieser Stoffe in andere Umweltmedien (Luft, Boden) vermieden werden.

c) Neben der Erhaltung oder Schaffung der Voraussetzungen für ausgeglichene ökologische Verhältnisse im Gewässer ist zu gewährleisten, daß mit ausschließlich natürlichen Aufbereitungsverfahren auch in näherer Zukunft ein einwandfreies Trinkwasser gewonnen werden kann.

1141. Diese Zielfunktionen gelten in erster Linie für Anforderungen an kommunale und industrielle Abwässer sowie für die Einleitung von Niederschlagswasser in die Gewässer. In voller Konsequenz müssen aber alle denkbaren Eintragsmöglichkeiten solcher Stoffe in die Gewässer weitgehend eingeschränkt werden. Hierzu zählen auch Störfälle und Unfälle bei Anlagen zum Herstellen, Behandeln und Verwenden von wassergefährdenden Stoffen und Unfälle bei der Lagerung und beim Transport dieser Stoffe (s. Tz. 1011).

1142. Priorität hat bei zukünftigen Anforderungen an kommunale Kläranlagen die weitgehende Reduzierung der Nährstoffe N und P. Richtungweisend sind sowohl biologische Verfahrenstechniken zur N- und P-Entfernung als auch chemisch-biologische Verfahren mit möglichst geringer Aufsalzung des Wassers.

1143. Die Abwässer von Industrie- und Gewerbebetrieben enthalten häufig höhere Konzentrationen an biologisch schwer oder nicht abbaubaren Verbindungen (CKW, Schwermetalle usw.). Die Betriebe leiten ihre Abwässer entweder über eine betriebseigene Kläranlage unmittelbar in einen Vorfluter ein (Direkteinleiter), oder sie geben sie über ein öffentliches Kanalnetz und eine kommunale Kläranlage in den Vorfluter ab (Indirekteinleiter). Es ist nicht die vorrangige Aufgabe kommunaler Kläranlagen, schwer abbaubare bzw. biologisch nicht abbaubare Verbindungen aus dem Abwasser der Indirekteinleiter durch physikalisch-chemisch-biologische Verfahren zu eliminieren. Diese Stoffe sind im Vorfeld einer kommunalen Kläranlage weitgehend zurückzuhalten.

Das Abwasser der Indirekteinleiter muß schon vor der Einleitung in das öffentliche Kanalnetz am Produktionsort kläranlagengerecht aufbereitet werden, d. h. es sind mit spezifischen Vorbehandlungsverfahren die Stör- und Schadstoffe zu eliminieren, während die biologisch abbaubaren Stoffe zur kommunalen Kläranlage weitergeleitet werden. Dennoch sollte die kommunale Kläranlage in der Lage sein, Belastungsstöße auch schwer abbaubarer bzw. nicht abbaubarer Stoffe infolge von Störfällen bei Indirekteinleitern aufzufangen. Dadurch wird zugleich die Reinigungsleistung für die kommunalen Abwässer verbessert, da auch aus Haushalten und aus an die Kanalisation angeschlossenen Gewerbebetrieben erhebliche Anteile an schwer abbaubaren bzw. nicht abbaubaren biologischen Verbindungen in die Kanalisation eingeleitet werden.

1144. Durch die Mindestanforderungen der allgemeinen Verwaltungsvorschriften, der kommunalen Ortsentwässerungssatzungen und der Verordnungen über die Genehmigungspflicht für die Einleitung von wassergefährdenden Stoffen werden seit einiger Zeit sowohl den Direkt- als auch den Indirekteinleitern Einleitungsbeschränkungen auferlegt.

Weitergehend werden in der 5. Novelle des Wasserhaushaltsgesetzes für gefährliche Stoffe Verfahren nach dem Stand der Technik gefordert. Hierauf aufbauend sind die derzeitigen Anforderungen zu überarbeiten bzw. zu verschärfen.

1145. Nach jüngsten Erfahrungen sind die allein auf planmäßige Abwassereinleitungen ausgelegten Gewässerschutzmaßnahmen nicht ausreichend. Es müssen auch außergewöhnliche Ereignisse, bei denen Schadstoffe in die Gewässer gelangen können, einbezogen werden, wie z. B. extreme Hochwässer, Katastrophenregen, Betriebsstörungen, Rohrbrüche, Löschwasseranfall bei Bränden, Ausfall von Sicherheitseinrichtungen usw. In dieser Hinsicht darf der Begriff „wassergefährdende Stoffe" nicht nur auf Flüssigkeiten beschränkt bleiben, sondern muß auf alle Stoffe ausgeweitet werden, die bei einem möglichen Schadensfall mit Wasser in Berührung kommen und dabei gelöst oder abgeschwemmt werden können. Vielfach genügen ausreichend große Auffangräume, um das kontaminierte Wasser aufzufangen, bis weitere Maßnahmen eingeleitet worden sind. In jedem Fall muß ein auf die möglicherweise freiwerdenden Substanzen ausgerichteter Katastrophenschutzplan ebenso Bestandteil der Betriebsgenehmigung sein, wie die abwasserrechtliche Genehmigung. Die zu stellenden Forderungen sind auf die Empfindlichkeit des betrachteten Gewässers abzustimmen, weshalb bei kleinen Vorflutern oder bei Grundwasserleitern mit ungünstig beschaffenen Deckschichten entsprechende Auflagen auch schon für kleine Betriebseinheiten oder kleine Lagergebäude gelten müssen.

1146. Derzeit ist die Diskussion um den Begriff „gefährliche Stoffe" und um die Abwasserreinigung nach dem „Stand der Technik" in vollem Gange.

Laut Gesetzentwurf fallen unter den Begriff „gefährliche Stoffe" alle Substanzen, die wegen ihrer Besorgnis einer

— Giftigkeit,

— Langlebigkeit,

— Anreicherungsfähigkeit,

— krebserzeugenden Wirkung,

— fruchtschädigenden Wirkung oder

— erbgutverändernden Wirkung

als gefährlich zu bewerten sind.

In einer Rechtsverordnung sollen die Einzelstoffe bestimmt werden, die unter die Definition „gefährliche Stoffe" fallen (vgl. Tz. 1091).

Da eine nachgeschaltete kommunale Kläranlage nicht für den Abbau gefährlicher Stoffe ausgelegt ist, gelten hinsichtlich der Gruppe der gefährlichen Stoffe für Direkt- und Indirekteinleiter die gleichen Anforderungen.

1147. Als Möglichkeiten zur innerbetrieblichen Reduzierung der Schadstoffemission kommen in Frage:

— gesetzliche Regelungen für Herstellung und Verteilung besonders kritischer Stoffe (z. B. hypochlorithaltige Haushaltsreiniger)

— Einleitungsverbote bestimmter Schadstoffe

— Einleitungsbeschränkungen bestimmter Schadstoffe

— Schadstoffsubstitutionen

— Wertstoffrückgewinnung

— wassersparende und schadstoffarme Produktionsverfahren.

1148. Für das kontaminierte Abwasser der Indirekteinleiter können folgende Vorbehandlungsverfahren zur Eliminierung schwer bzw. nicht abbaubarer Stoffe angewendet werden:

— mechanisch-physikalische Vorbehandlung

— physikalisch-chemische Vorbehandlung

— thermische Vorbehandlung

— kombinierte Vorbehandlung

— biologische Vorbehandlungsmaßnahmen; sie stellen für gefährliche Stoffe die Ausnahme dar.

1149. Weitere Möglichkeiten zur Reduzierung der Schadstoffabgabe in die öffentliche Kanalisation sind:

— Teilstromvorbehandlung

— Misch- und Ausgleichsbecken zur Verhinderung von Stoßbelastungen

— externe Entsorgungsanlagen.

1150. Auswahl, Durchführung und Überwachung von Vorbehandlungsmaßnahmen liegen primär in der Zuständigkeit des Industrie- bzw. Gewerbebetriebs. Es ist jedoch zu bedenken, daß

— bei der Mehrzahl der Betriebe nicht das erforderliche hohe Maß an Sachverstand für spezielle Abwasserreinigungsmaßnahmen vorhanden sein wird,

— möglicherweise bei einigen Betrieben Kostenbetrachtungen einem erhöhten Aufwand zur Abwasserreinigung entgegenstehen.

Soweit ein Betrieb im Zuständigkeitsgebiet eines Wasserverbandes liegt, sind durch die verbandlich gesicherte Zusammenarbeit gute fachliche Lösungen gegeben. In verbandsfreien Gebieten müssen innerbetriebliche Maßnahmen für einen optimalen Gewässerschutz auf andere Weise sichergestellt werden.

1151. Längerfristig sind Überlegungen anzustellen, industrielle Direkteinleitungen in den Vorfluter zu vermeiden und durch die Abwasserableitung über ein öffentliches Kanalnetz der kommunalen Kläranlage eine Schutzfunktion nach der Vorbehandlung des Abwassers im Industriebetrieb zu übertragen.

Analytik

1152. Zur Sicherung eines funktionsfähigen Gewässerzustandes ist es erforderlich, neue Analyseverfahren zu entwickeln, die in der Lage sind, in Sonderfällen Parameter auch im Spurenbereich zu messen. Es müssen meßtechnisch sinnvolle Stoffgruppen gesucht (z. B. AOX) und erst hierauf aufbauend notwendige Einzeluntersuchungen durchgeführt werden. Der Meßaufwand und die Kosten können auf diese Weise erheblich reduziert werden. Zur Überwachung und zur Analyse sollten möglichst kostengünstige Geräte eingesetzt werden.

Ökonomische Aspekte

1153. Die Diskussion ist noch offen, ob es richtig ist, Umweltschutzpolitik über Abgabenpolitik zu betreiben. Die Abwasserabgabe stellt zweifellos einen sinnvollen ökonomischen Hebel dar. Es muß jedoch dafür gesorgt werden, daß auch die Entwässerungsgebühren in den Städten verursachergerecht erhoben werden. Dazu sind möglichst einfache, auch in die Praxis umsetzbare Ansätze zu wählen. Ein Starkverschmutzerzuschlag kann als erste Stufe einer verursachergerechteren Kostenabwälzung angesehen werden. In vielen Großstädten werden bereits Starkverschmutzerzuschläge erhoben. Bei den derzeit üblichen Parametern (absetzbare Stoffe, BSB_5, CSB) zur Festlegung von Starkverschmutzerzuschlägen werden jedoch die abwassertechnischen Probleme der gemeinsamen Abwasserbehandlungsanlage nicht ausreichend berücksichtigt, z. B. kann in kommunalen Anlagen der BSB_5 am kostengünstigsten abgebaut werden, während spezielle Schadstoffe günstiger am Produktionsort zu eliminieren sind.

1154. Eine Alternative zur Gebührenregelung für Indirekteinleiter wäre eine drastische Verschärfung der Einleitungsbedingungen in das Kanalnetz, um einen unverhältnismäßig hohen Reinigungsaufwand in kommunalen Kläranlagen zu verhindern, bei gleichzeitiger Intensivierung der Indirekteinleiterüberwachung. Der Einsatz wirkungsvoller Vorbehandlungsanlagen in Industrie- und Gewerbebetrieben wäre die Folge. Die Satzungen vieler Städte sehen bereits vor, die Indirekteinleiter bei einer Überlastung der Kläranlage zur Verantwortung zu ziehen.

1155. Folgende Möglichkeit erscheint sinnvoll:

CSB und DOC werden ab einer gewissen Schwellenkonzentration mit Gebührenzuschlägen beaufschlagt, da diese Stoffe zwar in kommunalen Kläranlagen abbaubar sind, jedoch der Reinigungsaufwand erhöht wird. Die Aufgabe wird damit am Reinigungsaufwand orientiert. Gleichzeitig erfolgt eine scharfe Begrenzung bzw. ein Verbot der Einleitung gefährlicher Stoffe.

Idealvorstellung wäre: Gleiche Wasserqualität bei Abgabe und Bezug. Da dies nicht möglich ist, müssen alle zukünftigen Gewässerschutzmaßnahmen von dem Grundsatz getragen werden, Umweltbelastungen an der Quelle des Entstehens zu vermeiden.

2.4.5.3.2 Die Einleitung von Niederschlagswasser in die Gewässer

1156. Untersuchungsergebnisse haben gezeigt, daß von Regenauslässen des Trennverfahrens und besonders von Regenentlastungen des Mischverfahrens, aus denen gleichzeitig auch Abwasseranteile ausgetragen werden, eine starke direkte Belastung der Gewässer ausgeht (s. Tz. 1069ff.).

Da diese Anlagenteile der öffentlichen Abwasserbeseitigung nur während und nach stärkeren Regenfällen in Tätigkeit treten, ist das öffentliche Bewußtsein bisher für diese Problematik wenig sensibilisiert, mit Ausnahme der Gebiete, in denen gleichzeitig Kellerüberflutungen auftreten.

Die zuständigen Städte und Gemeinden neigen daher dazu, Mißstände in der Kanalisation eher im Sinne der Schaffung und Verbesserung einer schadlosen Vorflut zu sanieren als im Sinne eines wirksamen Gewässerschutzes, zumal die monetäre Belastung der Einleitung von Niederschlagswasser in Gewässer durch das Abwasserabgabengesetz vergleichsweise gering ist.

1157. Eine stärkere monetäre Belastung der Einleitung von Niederschlagswasser in Gewässer durch die Anhebung der Abwasserabgabe für diesen Tatbestand sowie die Ausdehnung dieser Regelung auch auf Einleitungen aus privaten Kanalisationen und auf die Ableitung von anderen befestigten Flächen, wie gewerbliche Lagerflächen, Deponien usw., die bisher von einer Abgabe für das Einleiten von Niederschlagswasser ausgenommen sind, läßt eine große Anreizwirkung für den Bau von Behandlungsanlagen für Niederschlagswasser nach den a. a. R. d. T. erwarten.

1158. IMHOFF (1986) gibt den Nachholbedarf an Investition für diesbezügliche Baumaßnahmen in Nordrhein-Westfalen wie folgt an:

Bau von Regenüberlaufbecken	2 Mrd DM
Folgekosten in den Kläranlagen	1 Mrd DM
Sanierung der Kanalisationssysteme	8,5 Mrd DM
Summe	11,5 Mrd DM.

Rechnet man diese Zahlen auf die Bundesrepublik hoch, so ergeben sich Gesamtkosten dieses Programms von 41,5 Mrd DM. Gemessen an dem von 1975 bis 1981 getätigten Investitionsvolumen von 26,6 Mrd DM handelt es sich um ein Zehnjahresprogramm. Dessen Realisierung ist neben den übrigen Anstrengungen zur Verringerung der Frachten an Nährstoffen und schwer oder nicht abbaubaren, gefährlichen Stoffen aus den Kläranlagenabläufen ein wesentliches Ziel.

1159. Einer immer wieder geäußerten Forderung nach Umgestaltung von Kanalnetzen des Mischverfahrens zu Trennkanalisationen sollte keinesfalls weiter gefolgt werden. Einerseits ließen sich derartige Pläne in bestehenden Netzen wegen der Auswirkungen auf den Verkehr, den verfügbaren unterirdischen Straßenraum und die Hausinstallationstechnik, selbst bei Tolerierung der außerordentlich hohen Kosten, gar nicht realisieren. Andererseits würde eine solche Lösung wegen der an sich vorhandenen Verschmutzung des abfließenden Regenwassers und der Unvermeidbarkeit von Falschanschlüssen bei einer direkten Einleitung dieser Wässer ohne vorhergehende Abwasserreinigung die Vorfluter kaum geringer belasten als beim bisher vorherrschenden Mischverfahren mit Regenentlastungen nach den allgemein anerkannten Regeln der Technik.

Daher sollte zukünftig, zur Ergänzung der immer weiter verbesserten Abwasserreinigung bei Trockenwetter, eine weitgehende Rückhaltung und mechanische Behandlung der bei Regenwetter aus Mischkanalisationen stammenden Mischwässer flächendeckend betrieben und ihr Wirkungsgrad mit den heute verfügbaren technischen Mitteln soweit wie möglich gesteigert werden.

2.4.5.4 Die Überwachung von Gewässern und Einleitern

1160. Die Gewässergüte muß sorgfältig beobachtet werden, um den Erfolg oder Mißerfolg von Sanierungsbemühungen sowie mögliche Verschlechterungen des Gewässergütezustandes zu erkennen und damit eine Basis für politische Entscheidungen zu schaffen. Dazu muß ein in sich geschlossenes Überwachungskonzept angestrebt werden, das ausgehend von der allgemeinen Erfassung der Gewässer bis zur Überwachung von Sanierungsmaßnahmen reicht. Dieses Konzept gilt für Grundwässer und für Oberflächengewässer gleichermaßen. Bei Oberflächengewässern sollte jedoch vorrangig die Überwachung der Einleitungen und der Abwasseranlagen hinzukommen, um den Zusammenhang zwischen Emissionen und Immissionen erfassen und bewerten zu können und umfangreiche Suchprozesse nach eingetretener Verdünnung zu umgehen. Nach Auffassung des Rates sollte sich bei Fließgewässern die Überwachung nicht nur auf die Hauptflußabschnitte konzentrieren, sondern gleichzeitig die bisher völlig vernachlässigten Quellregionen und den Ästuarienbereich erfassen. Die für ein Fließgewässer festlegbare Gewässergüte (I-IV) hat zwar ökologische Indikationsbedeutung für den Fluß selbst, bewertet jedoch nur unzulänglich den Belastungsbeitrag, den er für die besonders gefährdete Schelfmeerregion liefert.

2.4.5.4.1 Überwachung des Grundwassers

1161. Zielsetzung einer flächendeckenden Grundwasserüberwachung ist

— das Erkennen langfristiger Veränderungen des Grundwassers,

— das Aufzeigen flächenhafter Belastungen des Grundwassers, z. B. infolge intensiver Nutzung landwirtschaftlicher Flächen,

— die Ermittlung der zeitlichen Entwicklung der Stoffgehalte im Grundwasser sowie

– ein möglichst frühzeitiges Erkennen lokaler Belastungen des Grundwassers, wie z. B. durch Deponien, Altlasten, Schadensfälle.

Da über den Chemismus des Grundwassers großräumig noch zu wenig Informationen vorliegen, wird die Überwachung zunächst auch den Charakter einer allgemeinen Erfassung der Grundwasserbeschaffenheit haben müssen. Die Überwachung reicht also von der Erfassung des Grundwassertyps über die Ermittlung kurz- oder langfristiger Veränderungen als Folge bestimmter Flächennutzungen bis zur Feststellung von Schadensfällen.

1162. Die Organisation der Grundwasserüberwachung ist möglichst zweistufig anzulegen, als Erfassung vor Ort und als zentrale Auswertung. Den regionalen Stellen sollte die Auswahl der Meßstellen, die Erfassung der Meßwerte, verbunden mit einer ersten Eingabekontrolle, sowie die Probleme und die Analytik obliegen. Bei einer zentralen Stelle sollte die Aufbereitung der Daten, eine Plausibilitätskontrolle und die Auswertung erfolgen. In schwierigen oder gewisse Routine betreffenden Fällen könnte auch die Probenahme und die Analytik von der zentralen Stelle übernommen werden.

1163. Von großer Bedeutung für eine effektive Überwachung, aber leider nicht problemlos, sind der schnelle Rücklauf der ausgewerteten Ergebnisse und der einfache Zugriff auf den Datenbestand. Gerade hier ist wertvolle Zeit z. B. für Gegenmaßnahmen bei Schadensfällen zu gewinnen.

1164. Das Meßstellennetz zur Überwachung der Grundwasserbeschaffenheit sollte zunächst der natürlichen Gliederung der Grundwasserzonen folgen. Seine Dichte sollte sich nach der Verschmutzungsgefährdung der einzelnen Grundwasservorkommen oder nach schon bestehenden Belastungen richten. Einzugsgebiete von Trinkwassergewinnungsanlagen und Trinkwasserschutzgebiete sind bevorzugt im Meßnetz zu berücksichtigen, da die Überwachung dort vorrangig ist, wo eine Inanspruchnahme des Grundwassers mit hohen Qualitätsanforderungen bereits besteht.

Die Meßstellen wären wie folgt zu unterteilen:

Basismeßstellen

Sie sollten vornehmlich der Erfassung der natürlichen Grundwasserbeschaffenheit dienen und Informationen über die natürliche Bandbreite liefern, innerhalb derer sich die Konzentrationen der verschiedenen Inhaltsstoffe bewegen. Geeignete Vertreter dürften z. B. Meßstellen aus der Rohwasserüberwachung für Trinkwassergewinnungsanlagen oder Meßstellen des Landesgrundwasserdienstes sein.

Trendmeßstellen

Von den Basismeßstellen zu den Trendmeßstellen, die der Ermittlung kurz- oder langfristiger Veränderungen als Folge bestimmter Flächennutzungen oder -belastungen dienen sollen, ist keine scharfe Grenze zu ziehen. Als mögliche Ursachen für Veränderungen der Grundwasserbeschaffenheit kommen landwirtschaftliche Nutzung, dichte Besiedlung, Industrieansammlung und Auswirkungen der sauren Niederschläge in Frage.

Sondermeßstellen

Dieser Gruppe sind die Meßstellen zuzuordnen, die als Folge von Schadensfällen, zur Deponieüberwachung, zur Erfassung von Altlasten oder ähnlichem eingerichtet wurden.

1165. Um Aussagen über die zeitliche Entwicklung der Grundwasserbeschaffenheit zu erhalten, ist der Beobachtungsturnus den hydromechanischen und hydrochemischen Abläufen im Grundwasserleiter anzupassen. In Bereichen starker anthropogener Beeinflussung des Grundwassers (z. B. Grundwasserentnahmen sowie Versenkungen und Versickerungen im Grundwasser) ist dem veränderten Stofftransport Rechnung zu tragen.

1166. Der Untersuchungsumfang dient der qualitativen Bewertung des Grundwassers. Die in Frage kommenden Parameter müssen daher der örtlichen Situation, der Nutzungsanforderung und dem Gefährdungspotential des jeweiligen Grundwasservorkommens angepaßt sein. Außerdem müssen Veränderungen, die über die natürlichen Schwankungsbereiche der Inhaltsstoffe hinausgehen, rechtzeitig erkannt werden können. Um die Überwachung nicht unnötig mit einer Datenflut zu überfrachten, sollte so rasch wie möglich auf zweckmäßige Überwachungsparameter umgestellt werden, die z. B. Veränderungen des hydrochemischen Milieus erkennen lassen. Die Untersuchungsparameter sind möglichst als Parameterpakete zusammenzufassen. Jedes Parameterpaket ist selbständig und beliebig mit anderen zu kombinieren.

1167. Die zur Bestimmung der Parameter eingesetzten Meßverfahren sind in einer Meßverfahrensdatei zu beschreiben und festzulegen, um eine flächendeckende Vergleichbarkeit der Werte zu ermöglichen.

2.4.5.4.2 Überwachung von Fließgewässern

1168. Zur Bewertung des Zustandes der Fließgewässer spielen neben dem klassischen Saprobienindex heute die chemischen Güteparameter eine immer stärkere Rolle; dies spiegelt sich auch in den „Mindestgüteanforderungen" für die Gewässer wider. Mit den Mindestgüteanforderungen wird für die Güteklasse II-III ein Satz wesentlicher chemischer und physikalischer Güteziele definiert (s. Abschn. 2.4.2.2). Der Rat vertritt jedoch den Standpunkt, daß die Mindestgüteanforderungen verschärft werden müssen. Es muß die Wassergüteklasse II eingehalten werden.

1169. Die Entwicklung der letzten Jahre zeigt, daß eine Anzahl kleinerer Gewässer hinsichtlich der Gewässergüte nicht nur stagniert, sondern sogar in einigen Fällen Rückschritte zu verzeichnen sind. Die Güteüberwachung muß daher an zahlreichen Stellen an kleineren Gewässern durchgeführt werden, auch wenn dies erhebliche personelle und apparative Kapazität erfordert. Da viele Stoffe nicht mit der fließenden Welle, sondern an Schwebestoffe gebunden transportiert werden, ist eine Beprobung der rezenten Sedimente bzw. der Schwebstoffe in den Flußsystemen erforderlich.

1170. Der Rat ist der Auffassung, daß der biozönotischen Struktur unserer Fließgewässer und Seen in Zukunft eine größere Bedeutung bei der Festsetzung von Gütestandards und Güteüberwachungswerten beigemessen werden muß als bisher. Fließgewässer dürfen nicht zu Kanälen verkommen. Sie sind als Durchlaufsysteme wichtige Ökosysteme unserer Landschaft. Ihre Chemie und ihre Lebensgemeinschaften spiegeln die Intensität der Flächennutzung in ihrem hydrographischen System wider. Durch Integration der Lebensgemeinschaften in die Wassergütebewertung wird besonders deutlich, daß

— die Gewässergüte jedes Fließgewässers auch daraufhin zu bewerten ist, welchen Belastungsbeitrag es letztlich zu dem „Endsystem", den Weltmeeren, liefert,

— für Fließgewässer, ähnlich wie für terrestrische Systeme ein Biotopschutz und entsprechend die Schaffung von Biotopverbundsystemen zwingend erforderlich sind (die extrem gefährdeten Quellbiozönosen sind dabei besonders zu berücksichtigen),

— im Einzugsbereich stärker belasteter Flußabschnitte (Wassergüte III und IV) durch geeignete Maßnahmen (u. a. Anlage künstlicher Altarme) Regenerationsbereiche zu schaffen sind, in denen Lebensgemeinschaften ungünstige Phasen überdauern können.

1171. Insbesondere Katastrophenmeldungen (z. B. Rheinkatastrophen 1969, 1986) konzentrieren die Überwachungsaktivitäten und die Aufmerksamkeit meist auf die mittleren und unteren Flußabschnitte. Die meisten Quellen werden in der Bundesrepublik bei der allgemeinen Wassergütebetrachtung ebenso vernachlässigt wie das Meer. Mit der Festlegung einer nach bestimmten Parametern definierten Gewässergüte (II-III) wird man zwar dem Fluß gerecht, nicht jedoch seiner Quelle und den Meeren. Da die Belastung der Schelfmeerbereiche in den letzten Jahren insbesondere für bestimmte organische Stoffgruppen zugenommen hat, vertritt der Rat mit Nachdruck die Auffassung, daß unsere Wasserqualitätsstandards zumindest für die zur Nordsee entwässernden Flüsse weiter verschärft werden müssen.

1172. Die um Zehnerpotenzen schwankenden Konzentrationen zahlreicher meist toxischer Inhaltsstoffe des Rheins (ANNA et al., 1985) wie auch die gemeldeten Störfälle der Chemischen Industrie zeigen deutlich, daß neben der klassischen Gewässergüteüberwachung eine zeitnahe, d. h. kontinuierliche und schnelle Resultate liefernde Überwachung zumindest bei solchen Flüssen erforderlich ist, die hohen Nutzungsansprüchen unterliegen. Dazu zählt selbstverständlich der Rhein, der auf seiner deutschen Fließstrecke von Basel bis Emmerich für etwa 5 Mio Menschen die Basis für die Trinkwassergewinnung ist und der gleichzeitig die weltweit höchste Dichte chemischer Produktionsanlagen aufweist.

Die zeitnahe Überwachung hat im wesentlichen Warnfunktion; ihre Ergebnisse können natürlich in die langfristige Gewässergüteüberwachung einfließen, sind aber in jedem Fall dazu geeignet, ungewöhnlichen Vorkommnissen nachzugehen. Hierzu ist eine enge Verknüpfung zwischen Immissions- und Emissionsmessungen erforderlich.

Beprobungspunkte sind dort zu wählen, wo mit relevanten Änderungen der Gewässergüte auf Grund von Zuflüssen oder Abwassereinleitungen gerechnet werden muß. Ansonsten erfordert die Dynamik des fließenden Wassers eine vergleichsweise geringe Anzahl von Probenahmestellen mit einer möglichst hohen Probenahmefrequenz, wogegen die Beprobung von Sedimenten an einer höheren Zahl von Meßstellen, aber in größeren zeitlichen Abständen erfolgen kann.

1173. Die hohe Zahl industriell hergestellter chemischer Stoffe (in der Bundesrepublik ca. 60 000) und die Unzahl der damit verbundenen Nebenprodukte und Metaboliten machen jeden Versuch einer auch nur annähernd vollständigen Erfassung unmöglich. Daher müssen, ausgehend von Produktionsmenge, Verwendungsspektrum und Verhalten in der aquatischen Umwelt, ausgewählte Stoffklassen im Jahresgang beobachtet werden; anschließend ist zu entscheiden, inwieweit diese Stoffklassen längerfristig beobachtet werden sollen. Um einen solchen Ansatz zu verwirklichen, bedarf es intensiver, bisher nicht vorhandener Informationen durch Hersteller und Anwender. Nach Auffassung des Rates bedarf es jedoch auch der Entwicklung und Verbesserung praxisreifer Frühwarn- und Früherkennungssysteme. Das setzt — ähnlich wie bei der Luftüberwachung — die regionale Schaffung von hoher und schnell verfügbarer Analysekapazität und die Integration von praxisreifen Ökotoxizitätstest-Verfahren voraus.

1174. Um singuläre Ereignisse wie z. B. die Folgen von Störfällen zu erfassen und ggf. zu verfolgen oder die Wasserwerke in extremen Fällen zu warnen, bedarf es eines effektiven und schnellen analytischen Instrumentariums. Eine solche Überwachung ist aus Kapazitätsgründen nur an sehr wenigen Stellen möglich. Eine wesentliche Warnfunktion haben kontinuierlich laufende Biotests (Fisch-, Daphnien-, ggf. zusätzlich Bakterientests), da damit das aquatische Nahrungsnetz beispielhaft abgebildet wird. Biotests eignen sich neben ihrem Einsatz in der Immissionsüberwachung im übrigen für die Anzeige ungewöhnlicher Vorkommnisse in Einleitungen insbesondere der chemischen Industrie. Geeignete Biotests müssen daher in Zukunft in derartigen Einleitungen installiert werden.

2.4.5.4.3 Überwachung von Abwassereinleitern

1175. Bei der Einleitung von Abwässern aus Industrie- und Gewerbebetrieben muß auch hinsichtlich der Überwachung zwischen Direkteinleitern und Indirekteinleitern unterschieden werden.

Direkteinleiter

Direkteinleiter leiten ihre Abwässer über eine betriebseigene Abwasseranlage unmittelbar in einen Vorfluter ein. Die Abwasseranlagen der Direkteinleiter bedürfen zweier Genehmigungen:

1. Anlagengenehmigung mit Vorschriften zur Bemessung, Gestaltung und Betrieb;
2. Genehmigung der Abwassereinleitung mit den Einleitungsbedingungen.

Sowohl für die Abwasseranlage als auch für die Abwassereinleitung gibt es in den Landeswassergesetzen die entsprechenden Regelungen zur Selbstüberwachung.

1176. Die behördliche Überwachung soll prüfen, inwieweit die Bedingungen der jeweiligen Genehmigungen bzw. die gesetzlichen Vorschriften (§ 18b WHG) eingehalten werden.

Im Rahmen der Anlagenüberwachung ist durch regelmäßige Begehung zu überprüfen, inwieweit die Abwasseranlage

— der vorliegenden Genehmigung entspricht,

— die Forderungen für ordnungsgemäßen Betrieb (Wartung, Vorkehrungen gegen Betriebsstörungen) eingehalten sind,

— das erforderliche Personal mit der notwendigen Qualifikation vorhanden ist,

— die Selbstüberwachung der Anlage sachgerecht durchgeführt worden ist.

Über die Begehung und ihr Ergebnis ist ein Protokoll zu führen. Die Begehung ist in angemessenem Zeitraum zu wiederholen. Dieser Zeitraum ist abhängig von den Ergebnissen der letzten drei Begehungen.

1177. Bei der Abwassereinleitung sind die Konzentrations- und die Abwassermenge gleichwertig zu überwachen.

Die Wasserinhaltsstoffe sind entsprechend ihrer Gefährlichkeit zu kontrollieren, d. h. ihre Überwachung muß der ökologischen Bedeutung der Einleitung angepaßt werden. Die Gefährlichkeit kann sich aus der Art der Stoffe oder den eingeleiteten Frachten ergeben.

1178. Die Einleitungen sollten entsprechend ihren eingeleiteten Frachten unterschiedlich häufig überwacht werden. Um einen repräsentativen Überblick über das Jahr zu erhalten, sind aber mindestens vier Überwachungen durchzuführen. An einigen, mit besonders gefährlichen Stoffen belasteten Einleitungen, sind Dauerprobenehmer vorzusehen, die eine sehr dichte Überwachung ermöglichen. Die Proben aus diesen Geräten sind über mehrere Tage als Rückstellproben aufzubewahren.

Um die Forderungen zur kontinuierlichen Überwachung erfüllen zu können, muß die jetzige Probenahme auf kürzere Zeiten reduziert werden. Die reine Stichprobe ist aus statistischen Gründen (Zufallergebnis) juristisch nicht haltbar. Es kommt die sog. qualifizierte Stichprobe in Frage, die sich aus mehreren (evtl. 6) Einzelstichproben zusammensetzt. Die Dauer würde damit auf ca. ¼ Stunde reduziert. Die Geräte sind für diese Zwecke angepaßt zu entwickeln. Insbesondere ist auf einfache Handhabung, Vermeidung von Kontamination und deren Verschleppung und einfachen Transport zu achten (s. Abschn. 2.4.4.2).

1179. Der Rat ist der Auffassung, daß die Konzentration von schwer abbaubaren Stoffen im Abwasser die zulässige Höchstkonzentration im Trinkwasser nicht überschreiten darf.

Indirekteinleiter

1180. Die Überwachung der Indirekteinleiter, die ihre Abwässer über ein öffentliches Kanalnetz und eine kommunale Kläranlage in einen Vorfluter abgeben, ist wegen der Vielzahl der Einleiter nur in vereinfachter Form möglich und nur auf jeweils spezifische Stoffe begrenzt.

1181. Zum Schutz der öffentlichen Abwasseranlagen und der Gewässer ist aber eine systematische Erfassung und Überwachung der Einleitungen erforderlich. Rechtsgrundlage für die Erfassung und Überwachung von gewerblichen Einleitungen (Indirekteinleiter) bildet die kommunale Abwassersatzung. Hierzu ist ein Abwasserkataster erforderlich, in dem alle abwasserrelevanten Informationen über die im Untersuchungsgebiet ansässigen Industrie- und Gewerbebetriebe zusammengestellt sind.

1182. Wegen der Pufferfunktion, die der kommunalen Kläranlage zukommt, können dem Einleiter neben der behördlichen Überwachung eine weitgehende Verpflichtung zur eigenverantwortlichen Durchführung von festzulegenden Kontrollen und Messungen an der Einleitungsstelle auferlegt und besondere Meldepflichten vorgeschrieben werden.

1183. Eine effektive Überwachung der Indirekteinleiter hat eine Anlagenüberwachung mit größerer Häufigkeit und unregelmäßige Stichproben zu umfassen.

2.4.5.5 Die Notwendigkeit von Vermeidungsstrategien

1184. Sanierungsprogramme von Bund, Ländern und Kommunen führten in den vergangenen Jahren zur Verbesserung der Gewässerbeschaffenheit (s. Abschn. 2.4.4). Auch die Industrie hat erhebliche Investitionen für Abhilfemaßnahmen getätigt und setzt die Anstrengungen für Gewässerschutzmaßnahmen fort. Viele Probleme sind jedoch geblieben:

— Das Grundwasser und damit die Trinkwasserversorgung sind regional durch Chlorkohlenwasserstoffe, organische Lösungsmittel, Pflanzenschutzmittel und Nitrat akut belastet.

— Sogar Quellbäche und abgelegene Alpenseen enthalten meßbare Konzentrationen organischer Halogenverbindungen anthropogenen Ursprungs.

- Pflanzenschutzmittel sind im Grundwasser und in Oberflächengewässern in Konzentrationen über dem Grenzwert der TWVO von 0,1 µg/l vorhanden.

- Gewässer drohen als Folge der Luftverschmutzung zu versauern.

- Die Oberflächengewässer sind durch oft noch unbekannte naturfremde Umweltchemikalien gefährdet.

- Sedimente vieler Flüsse und Klärschlämme sind mit Schwermetallen und anderen kritischen Schadstoffen angereichert.

- Die Lebensgemeinschaften in den Wattengebieten der Nordsee und der Ästuarien sind empfindlich gestört.

1185. Folgende Emissionen in Gewässer müssen wirksamer beschränkt bzw. unterbunden werden:

- biologisch schwer oder nicht abbaubare organische Substanzen

- eutrophierende Stoffe

- Schwermetalle.

1186. Zur innerbetrieblichen Emissionsverminderung des von der Industrie abgeleiteten Abwassers bieten sich prinzipiell drei Strategien an:

- Sparen bei der Verwendung des Wassers

- Senkung der Schadstofffracht, ggf. durch Substitution

- verstärkte Anwendung der Wertstoffrückgewinnung.

Hierzu müssen Produktionsverfahren geändert, d. h. abwasserarme oder gar abwasserfreie Verfahren entwickelt und angewendet werden. Das eingesetzte Wasser ist durch Mehrfachnutzung bzw. Kreislaufführung möglichst oft wiederzuverwenden. Kühlverfahren sind auf Verdampfungs- und Trockenkühlverfahren umzustellen. Wo der Idealfall des Stoffrecyclings nicht realisiert werden kann, sind zukünftig nur solche Rohstoffe einzusetzen, die bei Emission in die Gewässer nach kurzer Zeit vollständig biologisch abgebaut werden. Zur Behandlung ihrer Abwässer muß von der Industrie die Anwendung von Neutralisations- und Entgiftungsverfahren mit vorgegebenen Emissionsgrenzwerten gefordert werden, gegebenenfalls auch das Nachschalten einer biologischen Endabwasserreinigungsanlage.

1187. An Instrumenten zur Durchsetzung der Emissionsverminderung stehen zur Verfügung:

- Ge- und Verbote, Kontrollen und staatliche Zwangsmaßnahmen im Rahmen des Ordnungsrechtes

- Verbot bestimmter organischer Stoffe, die bei ihrer Anwendung direkt oder indirekt in Gewässer gelangen, biologisch nicht abbaubar sind und aufbereitungstechnisch nicht beherrscht werden können

- staatliche Planungen und Investitionen

- wirtschaftlich-finanzielle Anreizinstrumente zur Beeinflussung privater und kommunaler Verhaltensweisen (Subventionen, Finanzhilfen, Abgaben).

Die Instrumente sind so auszuwählen, daß die Emittenten alle technischen Möglichkeiten ausschöpfen, um ihre Schadstoffeinleitungen zu verringern. Dabei muß die wirtschaftliche Tragweite und Vertretbarkeit berücksichtigt werden. Eine darüber hinaus für notwendig erachtete Emissionsverminderung ist nur durch Vorantreiben des technischen Fortschrittes selbst möglich. Im Einzelfall sind auch Produktionsbeschränkungen, -verlagerungen oder -stillegungen zu erwägen.

Anwendungsbeschränkung für gefährliche Stoffe

1188. Hinsichtlich der Herkunft der gefährlichen Stoffe dürfen neben der Industrie und der Landwirtschaft die Haushalte und der Heimwerkerbereich nicht unerwähnt bleiben. Der Einsatz von Wasch-, Reinigungs- und Pflegemitteln und die unsachgemäße Entsorgung von Lacken, Lösungsmitteln und sonstigen Heimwerkermaterialien führen zu einer direkten Gewässerbelastung. Die in der Vergangenheit bekannt gewordenen Gesundheitsgefährdungen wie z. B. durch bestimmte Haushaltsreiniger, Holzschutzmittel, Haushaltsinsektizide, Ledersprays oder formaldehydhaltige Werkstoffe haben jedoch das Bewußtsein in der Öffentlichkeit auch für die Notwendigkeit des Umweltschutzes geschärft. Die Bereitschaft zum umweltschonenderen Umgang mit Haushaltschemikalien ist auf breiter Front vorhanden, soweit entsprechende Mittel mit vergleichbarer Wirksamkeit und zu einem annehmbaren Preis im Handel erhältlich sind.

1189. Bei den Wirkungswegen ist zu unterscheiden zwischen Stoffen, die bestimmungsgemäß eingesetzt werden und dabei in das Wasser gelangen, z. B. Wasch- und Reinigungsmittel, und Stoffen, bei denen ein Kontakt mit dem Wasser nicht vorgesehen ist, die aber bei ihrer Verwendung unkontrolliert frei werden können, z. B. Lösungsmittel. Nähere Untersuchungen der Belastungspfade können für bestimmte Stoffe oder Einsatzgebiete die Notwendigkeit von Anwendungsbeschränkungen aufzeigen, um noch nicht vorhandene Belastungen erst gar nicht entstehen zu lassen.

1190. Zur Abschätzung des Verbleibs und der Wirkungen gefährlicher Stoffe ist eine weitere Klärung des Verhaltens der jeweils vorliegenden chemischen Verbindungen hinsichtlich Bioverfügbarkeit und Toxizität unumgänglich. Auch Lösungsmittel sollten biologisch abbaubar sein, damit bei diffusen Emissionen keine Anreicherung in der Umwelt erfolgt. Dies gilt auch für Pflanzenschutzmittel.

Tausalzverwendung

1191. Beim Tausalzeinsatz besteht ein Zielkonflikt zwischen der aus sicherheitstechnischen Überlegungen notwendigen Anwendung und der ökologisch begründeten Einschränkung. Tausalze führen je nach Verteilung und Transport zu Auswirkungen auf die Bodenstruktur, die Gewässerökologie und die Lebensgemeinschaften.

Wenn auch durch die derzeit angewendeten Tausalzmengen in Trinkwassergewinnungsgebieten keine akute Gefährdung des Grundwassers besteht, so sind im Hinblick auf die mögliche langfristige Aufsalzung des Grundwassers Überlegungen angebracht, wie man durch entsprechende Maßnahmen eine Verringerung der Grundwasserbelastung erreichen kann. Da ein totales Tausalzverbot unrealistisch ist, alternative Streumittel wie Sand und Split häufig nicht die erforderliche Sicherheit gewährleisten und Taumittel auf Harnstoffbasis wegen Sekundärbelastungen abzulehnen sind, bleibt als sogenannter ökologischer Kompromiß ein Vorgehen nach dem Grundsatz: Soviel wie nötig, so wenig wie möglich.

Regenwasserversickerung statt Ableitung

1192. Der zunehmende Landschaftsverbrauch für Siedlungszwecke und Verkehrswege verringert die für die Grundwasserneubildung notwendigen, natürlichen Versickerungsflächen (Versiegelung der Bodenoberfläche). Die auf Dach-, Hof- und Straßenflächen der Siedlungen fallenden Niederschläge werden größtenteils sogleich erfaßt und über ein meist geschlossenes Kanalisationssystem, teilweise unter Zwischenschaltung von Regenrückhaltebecken, in die Vorfluter geleitet. Dadurch gelangt immer weniger Regenwasser in den Untergrund, was zu einer Absenkung des Grundwasserspiegels unter den Siedlungsgebieten führt. Die Abflußganglinien der Vorfluter bei Trockenwetter und Hochwasser erfahren eine nachteilige Veränderung; der Trockenwetterabfluß verringert sich, die Hochwasserspitzen nehmen zu. Ein naturnaher Ausbau der Vorfluter ist deswegen vielerorts nicht mehr möglich.

1193. Zur Entlastung des Entsorgungssystems, d. h. zur Einsparung von Investitionen bei den Städten und Gemeinden, wird eine dezentrale Versickerung von unverschmutztem Niederschlagswasser angestrebt (ATV-Arbeitsblatt A 138). Dieses Wasser kommt gleichzeitig der Grundwasserneubildung zugute.

1194. Da aber auch sogenannte „unverschmutzte" Wässer von Dach- und Terrassenflächen besonders nach längerer Trockenzeit mit Emissionsstoffen belastet sind, kann eine unmittelbare, punktförmige Einleitung in den Untergrund u. U. problematisch sein. Es sollte deshalb die Reinigungswirkung der ungesättigten Bodenzone einschließlich der belebten Bodenzone bei der Versickerung genutzt werden. Hierzu bietet sich eine flächenhafte Versickerung in Gräben und Tümpeln und eine wasserdurchlässige Ausbildung von Freiflächen und Gehwegen an. Versickerungsschächte sollten auf Ausnahmen beschränkt bleiben. Im Zweifelsfall muß die Erhaltung der Grundwassergüte Vorrang vor zusätzlicher Grundwasserneubildung haben.

Rationeller Umgang mit Wasser

1195. Die Bundesrepublik Deutschland ist ein wasserreiches Land. Obwohl die Wasserversorgung auch zukünftig keine quantitativen Probleme mit der Deckung des Wasserverbrauches haben wird, sollte es dennoch das Ziel einer ökologisch orientierten Wasserwirtschaft sein, dem Wasserkreislauf der Natur möglichst wenig Wasser zu entziehen. Jede Wassernutzung bedeutet im Rahmen des gesamten Wasserkreislaufes eine Belastung. Durch eine sparsame Verwendung von Wasser werden zwangsläufig auch die anfallenden Abwassermengen reduziert. Der sparsame Umgang mit dem Wasser darf jedoch zu keiner Verlagerung von Umweltproblemen führen, beispielsweise zu mangelhafter Spülwirkung in Abwasserkanälen oder bei einzelnen Gewerbebetrieben zu Schadstoffkonzentrationen, die zu Bauwerksschäden im Kanalnetz führen.

Beim Wassersparen ist nicht vorwiegend der Konsumverzicht gemeint, sondern das „intelligente Sparen" durch Vermeidung von Wasserverlusten, Anwendung optimaler Armaturen und Sanitäreinrichtungen sowie angepaßtes Verbraucherverhalten. Die Einsparung von Wasser darf nicht die Lebens- und Hygienestandards verschlechtern. Vielmehr ist das Wasser bewußt und rationell zu verwenden. Der immer wieder diskutierte Gedanke zur getrennten Verteilung von Trinkwasser und Betriebswasser über doppelte Wasserversorgungsnetze ist für private Haushalte aus hygienischen und wirtschaftlichen Gründen abzulehnen.

Belastung von Gewässersedimenten durch Schwermetalle

1196. Die Konzentrationen an humantoxikologisch relevanten Schwermetallen und deren Verbindungen (Arsen, Blei, Cadmium, Chrom, Kupfer, Nickel, Quecksilber) in deutschen Flüssen wurden in den letzten Jahren durch umfangreiche Sanierungsmaßnahmen soweit gesenkt, daß sie deutlich unter den entsprechenden Grenzwerten der Trinkwasserverordnung liegen. Auch bei niedrigen Konzentrationen im Wasser reichern sich die Schwermetalle um Faktoren zwischen 1 000 und 10 000 in Klärschlämmen und Sedimenten an (s. Tz. 979 ff., Tab. 2.4.13). Sedimente, deren Schwermetallkonzentrationen die Bodengrenzwerte der Klärschlammverordnung (AbfKlärV) überschreiten, gelten als kritisch kontaminiert und dürfen nur auf Sonderdeponien gelagert werden. Bei Hochwasser werden kontaminierte Schlämme auf die Überflutungsflächen verfrachtet.

1197. Um die weitere Anreicherung von Schwermetallen in Gewässersedimenten zu verhindern, müssen als erste und wichtigste Gegenmaßnahme die Gesamtemissionen verringert werden. Als Strategien kommen in Frage:

— innerbetriebliche Rückgewinnung der Schwermetalle aus den Industrieabwässern und -schlämmen

— die Wahl von abfallarmen Technologien, die das Entstehen schwermetallhaltiger Rückstände vermeiden bzw. vermindern

— Verhindern, daß Industriebetriebe Abwasser direkt in die Vorfluter einleiten.

1198. Es ist aber kaum zu erwarten, daß man damit allgemein Belastungswerte erreichen wird, die unter den Bodengrenzwerten liegen. Dem stehen einige Fakten entgegen, nicht zuletzt der Umstand, daß zur Vermeidung einer kritischen Anreicherung in Schwebstoffen und Sedimenten die erforderlichen Grenzwerte für einige Schwermetalle nahezu den natürlichen Hintergrundwerten im Gewässer entsprechen müßten, andererseits aber die Vermeidungskosten exponentiell mit dem verlangten Wirkungsgrad der Vermeidungsmaßnahmen ansteigen. Es werden also bei allen Anstrengungen kontaminierte Flächen und Baggermassen verbleiben. Die Lagerung großer Mengen von Baggergut auf Sonderdeponien ist bei Kosten von ca. 300,— DM/m^3 kaum finanzierbar. Das Material sollte man bei Bundeswasserstraßen, soweit das Morphologie, Hydraulik und regionale Verteilung der Belastungen erlauben, zur Minimierung der öffentlichen Kosten in den Gewässern belassen. Nach Abwägung aller Fakten sind die ökologischen Risiken bei einem Belassen der Sedimente im Gewässer offenkundig geringer als bei einer in ihrer Sicherheit zweifelhaften Landdeponie in solchen Dimensionen (s. Tz. 1135 ff.).

2.4.5.6 Möglichkeiten zum Gewässerausbau und zur Gewässerunterhaltung nach ökologischen Erfordernissen

1199. Im dicht besiedelten und intensiv genutzten Wirtschaftsraum der Bundesrepublik kommt man auch künftig nicht ohne Maßnahmen zum Gewässerausbau und zur Gewässerunterhaltung aus. Die Ableitung von Schmutz- und Niederschlagswasser gehört seit jeher und auch weiterhin zu den wichtigsten Funktionen eines Gewässers. Diese zivilisatorischen Funktionen haben aber heute keine Priorität mehr vor der Gewässerfunktion in der Landschaft.

Bedingt durch die Gesetzgebung und zunehmende umweltsensible Denkweise hat auch im Wasserbau ein Umdenkungsprozeß stattgefunden. So sind in den letzten Jahren von Verbänden und den einzelnen Bundesländern Richtlinien, Empfehlungen, Verwaltungsvorschriften, Erlasse u. ä. (z. B.: DVWK „Ökologische Aspekte bei Ausbau und Unterhaltung von Fließgewässern", Merkblätter 204/1984; Landesamt für Wasser und Abfall Nordrhein-Westfalen „Fließgewässer-Richtlinie für naturnahen Ausbau und Unterhaltung", 1980; Bayerisches Landesamt für Wasserwirtschaft „Grundzüge der Gewässerpflege", 1979; Hessischer Minister für Landwirtschaft, Forsten und Naturschutz „Landesprogramm naturnahe Gewässer", 1985; etc.) erschienen, die einen rein technischen Ausbau bzw. eine Unterhaltung allein nach technischen Gesichtspunkten unmöglich machen. Diese Richtlinien zeigen auf, daß bereits im Planungsstadium wesentliche Voraussetzungen für einen Ausbau nach ökologischen Erfordernissen geschaffen werden können. Schon die grundsätzliche Entscheidung, ob und wie ausgebaut werden soll, wird durch die Untersuchung von Varianten und durch ökologische Bewertungen (z. B. Landschaftsbilanzen) untermauert. Es ist auch eine Null-Lösung, d. h. keine Veränderung des vorhandenen Zustandes, zu untersuchen. Wenn nach Prüfung aller alternativen Lösungen ein Ausbau erforderlich wird, muß eine der Natur nachempfundene Gestaltung der Planungselemente wie Linienführung, einseitiger Ausbau, Längsschnitt, Querschnittsausbildung, Ufergestaltung, Ufersicherung, usw. erfolgen. Durch eine geeignete Bepflanzung und Begrünung ergänzt, können sich dann unter Berücksichtigung der natürlichen Standortverhältnisse die ausgebauten Abschnitte zu naturnahen Gewässerabschnitten entwickeln.

1200. Die Forderungen, die nach FRIEDRICH (1982) bei einem notwendig werdenden Ausbau zu erfüllen sind, lassen sich wie folgt zusammenfassen:

— Die Fließstrecke sollte nicht verkürzt werden.

— Beim Überwinden von Höhenunterschieden auf kurzer Strecke (z. B. durch Abstürze) sind sowohl der Fischwechsel als auch ein intensiver physikalischer Sauerstoffeintrag aus der Luft sicherzustellen.

— Zusätzliche Erwärmung durch Lichtstellung des Gewässers oder Verbreiterung des Profils ist zu vermeiden.

— Auch bei geringen Abflüssen muß eine Bündelung des Abflusses erhalten bleiben, damit bei Niedrigwasser keine Tümpel entstehen, in denen Fische und andere Tiere umkommen.

— Die Vielfalt an Kleinbiotopen muß erhalten bleiben bzw. wiederhergestellt werden.

— Die natürliche Rauhigkeit der Sohle darf nicht gemindert werden.

— Die Profilsicherung soll mit lebenden Baustoffen erfolgen.

— Durch die Verwendung von Steinen und anderen Materialien zur Ufersicherung und zur Festlegung der Sohle soll der Charakter des Gewässers nicht verfälscht werden.

— Durch große Störsteine im Uferbereich sollen die ökologisch nachteiligen Wirkungen erhöhter Fließgeschwindigkeit gemildert werden.

Nach Auffassung des Rates sollten bei dem zukünftigen Ausbau und bei der Renaturierung von Fließgewässern die Sanierung von Quellen und die Schaffung von Retentionsbereichen mit höherer Priorität als bisher durchgeführt werden.

1201. In den letzten Jahren sind, bekannt geworden unter den Bezeichnungen „Renaturierung" oder „Gewässerrückbau", ehemals rein technisch ausgebaute Gewässer durch entsprechende Maßnahmen nach ökologischen Gesichtspunkten wieder in einen naturnahen Zustand versetzt worden, z. B. durch

— die Neuanlage ehemals vorhandener Mäander,

— die Öffnung überbauter Strecken und Freilegung verrohrter Abschnitte,

— die Erweiterung und Sicherstellung natürlicher Stauräume,

— die Wiederbelebung bzw. Erhaltung von Altarmen und Mühlengräben.

1202. Wegen des größeren Geländebedarfs eines naturnahen Gewässers gegenüber einem technisch ausgebauten Gewässer wird die Renaturierung in städtischen, dicht besiedelten Regionen meistens schwieriger durchführbar sein als in ländlichen Regionen. Der Gewässerausbau wurde dort aber oftmals im Rahmen von Flurbereinigungsmaßnahmen durchgeführt, um die Landwirtschaftsflächen intensiver nutzen zu können. Daher stoßen Renaturierungsplanungen z. T. gerade im ländlichen Raum auf Widerstand, obwohl inzwischen durch verbesserte Produktionsmethoden der Landwirtschaft und durch die Überproduktion an Nahrungsmitteln nicht mehr der Zwang zur maximalen landwirtschaftlichen Nutzung einer Flußaue besteht.

1203. Im rheinisch-westfälischen Industriegebiet werden gegenwärtig von den Verbänden Emschergenossenschaft und Lippeverband zehn stark technisch ausgebaute Wasserläufe auf Teilstrecken und als Ganzes renaturiert, Rückhaltebecken naturnah angelegt und ökologische Gesichtspunkte beim Deichbau berücksichtigt. Im Gebiet der beiden Verbände bestimmten Bergsenkungen, Industrialisierung und wachsende Besiedlung das Erscheinungsbild und die Wasserführung der Vorfluter. Sie transportieren auch Schmutzwasser, haben einen geringen natürlichen Wasserzufluß aber einen hohen Regenwasserabfluß aus bebauten Gebieten bei beengten Platzverhältnissen (LONDONG, 1986).

Bei den ständigen Veränderungen der Erdoberfläche hatten sich offene, mit Betonschalen ausgekleidete Abflußrinnen bewährt. Mit dem Rückgang des Bergbaus nahmen die Bergsenkungen ab, und es entfiel der Grund für eine offene Abwasserableitung. Das Schmutzwasser kann heute in Rohrleitungen gefaßt werden. Da die Trasse des ursprünglichen Wasserlaufs nicht überbaut wurde, wie in manchen anderen großstädtischen Bezirken, ist jetzt eine naturnahe Umgestaltung möglich. Ein Pilotprojekt am Dellwiger Bach in Dortmund hat gute Ergebnisse gezeigt und die weiteren Planungen der beiden Verbände gerechtfertigt. Ein Trassenabschnitt, der beim bergsenkungsbedingten Ausbau nicht nur begradigt, sondern auch verlegt wurde, konnte wieder in der Tallinie angeordnet und in Krümmungen geführt werden, wobei ein Feuchtbiotop in die Planung einbezogen wurde (Abb. 2.4.14). Auch bei der naturnahen Gestaltung von Rückhaltebecken, die den Abfluß des Niederschlagswassers vergleichmäßigen, konnten in den meisten Fällen ökologische Belange mit wasserwirtschaftlichen Notwendigkeiten ohne große Konflikte in Einklang gebracht werden.

Die Mehrkosten beim Bau halten sich in Grenzen. Die Unterhaltung naturnah angelegter Rückhaltebecken ist billiger als die Pflege der Grasnarbe bei der herkömmlichen Beckengestaltung. Insgesamt leidet die Wirtschaftlichkeit eines Projektes durch ökologische Zielsetzungen kaum, weil Naturnähe nicht mit teureren Baustoffen verbunden ist (LONDONG und STALMANN, 1985).

1204. Auch im Rahmen von Unterhaltungsmaßnahmen lassen sich ökologische Erfordernisse zum Schutz der Natur und zur Verbesserung der Landschaftsstruktur berücksichtigen. Eine wesentliche Voraussetzung für die rationelle Gewässerunterhaltung ist eine ausreichende Zugänglichkeit, wofür häufig das Anlegen und Erhalten eines Unterhaltungsstreifens entlang des Gewässers erforderlich wird. Als extensiv genutz-

Abbildung 2.4.14

Neutrassierung einer Teilstrecke des Dellwiger Baches in Dortmund

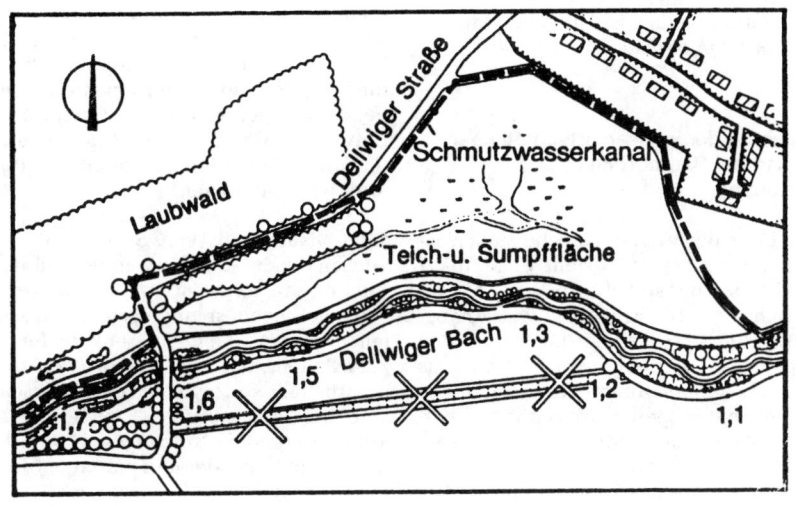

Quelle: LONDONG, 1986

ter Grünstreifen schützt er gleichzeitig das Gewässer vor direkten Stoffeinträgen aus der Umgebung. Die Gewässerunterhaltung sollte nach folgenden Gesichtspunkten ausgerichtet sein (s. a. FRIEDRICH, 1982):

— Rasenböschungen sind durch Gehölze zu ersetzen.

— Die Mäharbeiten sollten reduziert werden und erst dann erfolgen, wenn die Jungvögel ihre Nester verlassen haben; das Mähgut ist zu entfernen.

— Verbot der Verwendung chemischer Entkrautungsmittel.

— Gezielte Pflege der Ufergehölze, um einen stufigen Bestand von verschiedenaltrigen Einzelpflanzen aufwachsen zu lassen.

— Die „Pflegemaßnahmen" sind auf das unbedingt notwendige Maß und auf die Förderung der natürlichen Entwicklung (Sukzession) zu begrenzen. In der Vergangenheit wurden zu viele ständig wiederkehrende, alles zerstörende Unterhaltungsmaßnahmen (das sog. Gärtnern) durchgeführt.

1205. Durch die vorgenannten Maßnahmen kann eine größere Naturnähe wiederhergestellt werden, ohne den Hochwasserschutz oder andere begründete Forderungen an die Fließgewässer zu beeinträchtigen. Bei Schäden an den Ufern oder am Gewässerbett sollten zunächst die Ursachen festgestellt werden (z. B. ungünstige Lenkung der Strömung durch oberstrom gelegene Bauwerke, Hindernisse, Querschnittsgestalt, wechselnde Bodenbeschaffenheit u. a.). Danach ist die notwendige Abhilfe zu wählen.

Naturnaher Gewässerausbau und gezielte Pflegemaßnahmen sollen den Artenschutz fördern und die Lebensvoraussetzungen für bestimmte gefährdete Pflanzen- und Tierarten verbessern bzw. wiederherstellen. Dabei kann es im Interesse der Gewässerökologie erwünscht sein, nicht alle durch den Wasserangriff eingetretenen Veränderungen des Gewässerbetts und der Ufer vollständig zu beseitigen. Es ist ein möglichst naturnaher Zustand herzustellen, der keine unnatürlichen Sohl- und Böschungssicherungen erforderlich macht. Grundsätzlich ist lebenden Baustoffen der Vorzug vor toten Baustoffen zu geben.

2.4.5.7 Koordinierung der wasserwirtschaftlichen Zielplanung mit Raumordnung und Landesplanung

1206. Seit dem Erlaß der Vierten Novelle zum Wasserhaushaltsgesetz im Jahre 1976 sieht § 1a Abs. 1 WHG eine Bewirtschaftungspflicht der Länder vor. Zwar war man sich schon bei Erlaß des Wasserhaushaltsgesetzes im Jahre 1957 darüber im klaren, daß die Verknappung des Wasserdargebots im Verhältnis zum Wasserbedarf es für die Zukunft verbietet, insbesondere für Gebiete mit größerem Wasserbedarf den Wasserverbrauch planlos sich entwickeln zu lassen. Die Länder sollten wasserwirtschaftliche Rahmenpläne aufstellen, um die für die Entwicklung der Lebens- und Wirtschaftsverhältnisse notwendigen wasserwirtschaftlichen Voraussetzungen zu sichern. Aber eine Bewirtschaftungspflicht ist mehr: Die Länder müssen für jedes Oberflächengewässer oder jede Gewässerstrecke sowie für jedes Grundwasservorkommen komplexe Zielvorstellungen entwickeln; ein Offenhalten der Funktion eines Gewässers für wechselnde Entscheidungen von Fall zu Fall kommt nicht mehr in Betracht. Freilich brauchen sich die komplexen Zielvorstellungen nicht jeweils in einem förmlichen Bewirtschaftungsplan nach § 36b WHG niederzuschlagen. Aber eine geschlossene Bewirtschaftungskonzeption muß für jedes Gewässer entwickelt sein, wobei diese oft schon durch den Status quo der bestehenden Nutzungen geprägt ist.

1207. Mit der Fünften Novelle zum Wasserhaushaltsgesetz aus dem Jahre 1986 wird die Rolle der Gewässer in der Landschaft stärker als bisher hervorgehoben. Die Bewirtschaftungspflicht nach § 1a Abs. 1 WHG wird bewußt auf die Gewässer „als Bestandteil des Naturhaushalts" bezogen. Daraus ergeben sich eine Reihe von neuen Anforderungen. Einerseits müssen die Gewässerzustände, gleichviel welche wirtschaftlichen Nutzungen vorgesehen sind, die Ausbildung von Lebensgemeinschaften in ihnen sowie in der semiterrestrischen Zone ermöglichen. Andererseits kommt es darauf an, daß die Gewässer in die Landschaft so eingebettet sind, daß die jeweiligen Ziele des Natur- und Landschaftsschutzes voll verwirklicht werden können.

Hinsichtlich der nunmehr erweiterten wasserwirtschaftlichen Zielvorstellung sind Mindestgüteanforderungen für Fließgewässer zu entwickeln; dabei können beispielhaft die „Entscheidungshilfen" für die Wasserbehörden in Nordrhein-Westfalen zum wasserrechtlichen Erlaubnisverfahren Düsseldorf 1984 herangezogen werden.

Hinsichtlich der Einbindung der Gewässer in die Landschaft wird die Landschaftsplanung (2. Abschnitt BNatSchG) mit der Aufstellung von Landschaftsrahmen- und Landschaftsplänen zum wichtigsten Instrument. Dabei gewinnt auch an Bedeutung, daß nach den Vorstellungen des Rates, wie sie insbesondere im Sondergutachten „Umweltprobleme der Landwirtschaft" entwickelt worden sind, Biotopverbundsysteme ausgewiesen werden müssen (SRU, 1985, Kap. 5.2). Soweit es sich dabei um die Aufrechterhaltung oder Renaturierung von artenreichen Uferzonen, Feuchtbiotopen u. a. handelt, wird offenbar, daß die Entwicklungskonzepte der Naturschutzbehörden und der Wasserbehörden miteinander weitgehend koordiniert werden müssen.

1208. Nach § 36 Abs. 2 Satz 2 WHG muß die wasserwirtschaftliche Rahmenplanung mit den Erfordernissen der Raumordnung in Einklang gebracht werden. Nach den Landesplanungsgesetzen kommt es vor allem darauf an, die Gebietsentwicklungspläne so auszugestalten, daß die ökologischen und wasserwirtschaftlichen Konzepte, die die Naturschutz- und Wasserbehörden einbringen, auch gegenüber starken konkurrierenden Nutzungen bewahrt werden können. Je umfassender und konkreter der Schutz ökologisch hochwertiger Lebensräume begründet werden kann, um so größer ist die Aussicht, diese Anliegen gegenüber konkurrierenden Nutzungsansprüchen zu behaupten. Daher muß die Landschaftsplanung ihre Festsetzungen auf umfassende und parzellenscharfe Bestandserhebungen gründen, die die Entwicklung des jeweiligen Naturraums, insbesondere seine Gefährdung dartun und die noch vorhandenen naturbetonten Flächen aufzeigen. Auch aus den wasserwirtschaftlichen Vorgaben muß sich ergeben, welche Gewässerzustände bewahrt oder angestrebt werden müssen, um die komplexen Zielvorstellungen zu verwirklichen, die die Wasserbehörde verfolgt.

Der Rat wiederholt seine Anregung, die Verzahnung von Landschaftsplanung und Regionalplanung in den Bundesländern zu überprüfen. Die Landschaftsplanung kann sich gegenüber konkurrierenden Belangen auf der Ebene der Regionalplanung nur durchsetzen, wenn sie sich dabei auf in sich geschlossene Landschaftspläne stützt. Das ist der Fall, wenn die Naturschutzbehörden zunächst auf rein fachlicher Grundlage solche Landschaftspläne erarbeiten und erst diese in den Abwägungsprozeß der Landesplanung einbringen. Dieser Zielvorstellung entspricht z. B. das Saarländische Naturschutzgesetz: Nach § 8 Abs. 4 stellt die oberste Naturschutzbehörde Landschaftsrahmenpläne als geschlossenes Konzept auf, die in der Regionalplanordnung weitaus mehr Gewicht als zahllose Einzelgutachten über örtliche Vorkommen und Schutzbedürftigkeiten haben. In Nordrhein-Westfalen erhalten die Landschaftspläne, die auf Kreisebene als Satzung zu erlassen sind, als in sich geschlossene Konzepte beachtliches Eigengewicht; wenn es auch an einer integrierten Landschaftsrahmenplanung fehlt, kommt diesen Landschaftsplänen in den Verfahren zur Aufstellung der Gebietsentwicklungspläne auch mehr Überzeugungskraft zu, als wenn man es mit einer Vielzahl von fachlichen Einzelbelangen zu tun hätte. In den Bundesländern, in denen es der Landesplanungsbehörde vorbehalten ist, Belange des Natur- und Landschaftsschutzes von sich aus aufzugreifen, besteht wenig Aussicht, daß das Konzept eines Biotopverbundsystems bestimmenden Einfluß gewinnt. Daran ändert sich auch nichts dadurch, daß die überörtlichen raumbedeutsamen Erfordernisse und Maßnahmen im nachhinein in Landschaftsrahmenplänen als Teilen der Regionalpläne dargestellt werden.

Entsprechendes gilt für das Einbringen erweiterter wasserwirtschaftlicher Zielvorstellungen in die Regionalplanung. Auch hier müssen die Belastbarkeitsgrenzen deutlicher als bisher hervortreten. Vielfach wird es notwendig sein, konkretere Bewirtschaftungspläne oder Abwasserbeseitigungspläne zu entwickeln, um auch schon auf der Ebene der Regionalplanung gegenüber konkurrierenden Nutzungen die Rahmenbedingungen zu sichern, ohne die die Wasserbehörde ihre Bewirtschaftungskonzeption auf Dauer nicht aufrechterhalten kann.

2.4.6 Empfehlungen und Forderungen des Rates

1209. Nicht nur spektakuläre Unfälle, die zu Belastungen von Gewässern führen, sondern insbesondere die allgemeine Belastungssituation der deutschen Fließgewässer, Ästuarien, des Schelfes und der Wattengebiete erfordern nach Auffassung des Rates umgehend eine stärker ökologisch orientierte Gewässerbeurteilung und Definition der Gewässergüte, eine Verschärfung der Gewässerschutzziele und eine Verbesserung der Vermeidungsstrategien.

1210. Die ungenügende Berücksichtigung der Tatsache, daß Gewässer Teilsysteme von Landschaften sind, mit terrestrischen Ökosystemen in vielfachen Wechselbeziehungen stehen und letztlich über die Ästuarien, Schelfbereiche und Ozeane mit dem Wasserhaushalt der gesamten Biosphäre verknüpft sind, führte dazu, daß Wasserschutzmaßnahmen überwiegend auf den eigentlichen Wasserkörper beschränkt wurden. Eine solche Einengung kann dazu führen, daß ökologische Beeinträchtigungen systematisch übersehen werden.

1211. Eine umfassende ökosystemare Bewertung der Fließgewässer kann durch biologische Beurteilungskriterien (u. a. Saprobitätsindizes) nur partiell geleistet werden. Die Gewässerlandschaft bleibt dadurch unberücksichtigt. In ihr vollziehen sich jedoch Stofftransport und Stoffumwandlung, die für die Gewässergüte von großer Bedeutung sind.

Die vom Rat geforderte ökosystemare Beurteilung der Gewässer hat zur Folge, daß neben das bisherige Schutzziel, der Gewässernutzung, gleichrangig der Schutz der Lebensgemeinschaften in und am Gewässer tritt. Dies erfordert eine stärkere ökotoxikologische Kontrolle der Gewässer, einen ökologisch orientierten Gewässerausbau und die Erhaltung von naturbetonten aquatischen und semiterrestrischen Lebensgemeinschaften und Lebensräumen.

1212. Bei Gewässerausbauten müssen ökologische Gesichtspunkte stärker als bisher berücksichtigt werden. Arten- und Biotopschutz sind dabei zu realisieren. Für verlorengegangene Lebensräume muß Ausgleich oder Ersatz geschaffen werden. Rein technisch ausgebaute Gewässer müssen — wo immer möglich — in einen naturnahen Zustand rückgeführt werden. Dabei muß der Quellsanierung und der Schaffung von Retentionsräumen hohe Priorität eingeräumt werden (s. Abschn. 2.4.5.6).

1213. Bei Einleitungen in die Gewässer dürfen nicht nur die lokalen Wirkungen beachtet, sondern es müssen die Folgewirkungen für die Ästuarien und Schelfmeere gewichtet werden (s. Tz. 930 ff. und Abschn. 2.4.5).

1214. Die heute geltenden Gewässerschutzziele können nicht allein durch technische Wasserreinigungsverfahren erreicht werden. Sie müssen durch planerische Strategien sowie durch Beschränkungen für Produktion und Verwendung gefährlicher Stoffe ergänzt werden. Es müssen sich Planungselemente für Schutzmaßnahmen in verschiedenen Bereichen und Auflagen bei Produktion und Verwendung gefährlicher Stoffe gegenseitig ergänzen (s. Abschn. 2.4.5).

1215. Es dürfen keine Stoffe in das Wasser gelangen, die in relevanten Konzentrationen (s. Abschn. 2.4.5.3.1)

- die ökologischen Funktionen des Gewässers stören,
- toxisch, gefährlich oder schädlich für Mensch, Tier und Pflanze sind,
- durch normale Wasseraufbereitungsverfahren nicht beherrschbar sind,
- den Klärwerksbetrieb stören,
- sich im Klärschlamm und Gewässerschlamm anreichern und eine landwirtschaftliche Verwertung der Schlämme ausschließen.

1216. Durch Gewässerschutzmaßnahmen ist generell mindestens die Gewässergüteklasse II entsprechend den Parametern der Tab. 2.4.26 (mäßig belastet) durchzusetzen, da dann sowohl die Sicherheit der Trinkwassergewinnung als auch die Erhaltung der natürlichen Lebensgemeinschaften im Gewässer gewährleistet ist (s. Abschn. 2.4.4.2 und 2.4.5.2).

1217. Die Nährstoffgehalte der Abwässer müssen zum Schutz des Wattenmeeres und der Schelfgebiete vermindert werden (s. Abschn. 2.4.2.2, Tz. 1056 und Abschn. 2.4.5.2).

1218. Die Konzentrationen naturfremder Stoffe, die durch Trinkwasseraufbereitungsmaßnahmen nicht sicher beherrscht werden können, dürfen im gereinigten Abwasser nicht höher sein als die zulässigen Höchstkonzentrationen im Trinkwasser (s. Abschn. 2.4.4.2).

1219. Für alle Kläranlagen ist eine vollbiologische Abwasserbehandlung zu fordern. Die ATV-Arbeitsblätter sind entsprechend den heutigen Anforderungen an die Behandlungsanlagen umzuarbeiten. Es müssen Reinigungssysteme mit hohem Wirkungsgrad und hoher Prozeßstabilität auf der Grundlage einer Schlammbelastung $B_{TS}=0{,}15$ verwendet werden. Für kleine Gemeinden sollte vermehrt eine dezentrale Abwasserbehandlung mit natürlichen oder naturnahen Systemen durchgeführt werden (s. Abschn. 2.4.4.3).

1220. Für Kläranlagen größer als 1 000 EW sind Ablaufwerte für Ammonium und Phosphate in die Verwaltungsvorschriften über Mindestanforderungen an die Einleitung von Abwässern aufzunehmen (s. Abschn. 2.4.4.3 und 2.4.5.2). Ob darüber hinaus die Aufnahme von Ammonium und Phosphor in das Abwasserabgabengesetz sinnvoll ist, sollte die Bundesregierung prüfen.

1221. Die Phosphateliminierung ist nach einem technisch-wirtschaftlich orientierten Sanierungsprogramm flächendeckend auszuweiten, wobei zunächst die größeren Kläranlagen ab etwa 20 000 EW die Eliminierung durchzuführen haben, später auch kleinere Anlagen (s. Abschn. 2.4.5.2). Für die Mehrzahl aller Kläranlagen ist eine über das übliche Maß hinausgehende biologische Phosphat-Eliminierung anzustreben (s. Abschn. 2.4.3.3.1).

1222. Die Nitrifikation ist heute als nicht zu unterschreitende Standardlösung der biologischen Grundreinigung anzusehen (s. Abschn. 2.4.4.3); damit ist auch die technische Möglichkeit zur Denitrifizierung gegeben. Nach einem Sanierungsprogramm sind noch fehlende und vorhandene überlastete Anlagen innerhalb bestimmter Fristen nach den allgemein anerkannten Regeln der Technik auszubauen. Die Anlagen sind künftig als Denitrifizierungsanlagen zu betreiben.

1223. Die Eliminierung von gefährlichen Stoffen aus dem Abwasser hat gemäß der Forderung in der 5. Novelle zum Wasserhaushaltsgesetz mit Verfahren nach dem Stand der Technik zu erfolgen. Dazu sind die derzeitigen Anforderungen für das Einleiten von Abwässern sowohl für Direkt- als auch für Indirekteinleiter zu überarbeiten und zu verschärfen (s. Abschn. 2.4.5.3). Die Verwaltungsvorschriften müssen, soweit es um gefährliche Abwässer geht, auch Regelungen für Indirekteinleiter aufnehmen. In der Entwässerungssatzung sind Einleitungsverbote für gefährliche Stoffe auszusprechen.

1224. Es sind Produktions- oder Anwendungsbeschränkungen bzw. -verbote für bestimmte Substanzen auszusprechen (z. B. bestimmte Pflanzenschutzmittel oder Organohalogenverbindungen), da nur die Grenzwerte der Trinkwasserverordnung zu erfüllen sind (s. Abschn. 2.4.4.2). Auch der Einsatz von wassergefährlichen Haushaltschemikalien ist zu reduzieren (s. Abschn. 2.4.5.5).

1225. Die Verlagerung leicht flüchtiger chlorierter Kohlenwasserstoffe und sonstiger schädlicher heteroorganischer Substanzen vom Wasser in die Luft muß unterbunden werden. Deshalb sind Adsorptionsverfahren den Stripping-Verfahren vorzuziehen (s. Abschn. 2.4.5.1.2).

1226. Neben der weitergehenden Behandlung häuslicher und industrieller Abwässer ist eine erweiterte und verbesserte Regenwasserbehandlung notwendig. Dazu müssen die alten Kanalisationssysteme saniert und es muß die Regenwasserbehandlung an die Anforderungen des Gewässerschutzes angepaßt werden (s. Abschn. 2.4.4.3 und 2.4.5.3.2). Aus Mischwasserkanälen, in die wassergefährdende Stoffe eingeleitet werden, darf kein Regenwasserabschlag erfolgen (s. Abschn. 2.4.4.3). Die Abwasserabgabe für die Einleitung von Niederschlagswasser in Gewässer muß anders berechnet bzw. angehoben werden (s. Abschn. 2.4.5.3.2).

1227. Abwasserreinigung und Schlammbehandlung müssen als Verbundsysteme betrachtet und aufeinander abgestimmt werden. Der Eintrag von persistenten Schadstoffen in die Kanalisationen muß auch mit dem Ziel reduziert werden, die Klärschlämme wieder verwendbar zu machen und Kontaminationen der Gewässersedimente zu vermeiden (s. Abschn. 2.4.4.3 und Abschn. 2.4.5.2).

1228. Es müssen Maßnahmen zur Begrenzung des Schadstoffeintrags in Gewässer aus diffusen Quellen entwickelt werden (s. Abschn. 2.4.4.2).

1229. Es ist im besonderen darauf zu achten, daß alle beschlossenen Vermeidungs- und Substitutionsmaßnahmen stärker als bisher auch durchgesetzt werden (s. Abschn. 2.4.5.2).

1230. Das Eindringen von Deponiesickerwasser in Grund- und Oberflächenwässer muß durch wirksame Maßnahmen verringert werden, auch bei Altlasten. Es ist eine Optimierung der Eliminations- und Behandlungstechniken für Sickerwässer erforderlich (s. Abschn. 2.4.3.4.1). Die Deponiesickerwässer müssen nach dem Stand der Technik behandelt werden (s. Abschn. 2.4.5.1.4).

1231. Die Intensität der Landbewirtschaftung muß auf ein solches Maß reduziert werden, daß eine Beeinträchtigung des Grund- und Oberflächenwassers vermieden wird (s. a. SRU, 1985).

2.5 Verunreinigungen in Lebensmitteln

2.5.1 Einleitung und Problemschwerpunkte

1232. Die Komplexität des Umweltsektors Lebensmittel steht der von anderen Umweltmedien und -sektoren kaum nach. Diese Komplexität ist nicht nur durch die Vielfalt der Lebensmittel hinsichtlich Art und Herkunft im Bereich der Primärproduktion, sondern auch durch die mannigfaltigen Veränderungen der Lebensmittel durch Be- und Verarbeitung auf den nachfolgenden Produktions- und Handelsstufen bedingt.

1233. Wegen der großen Vielfalt des Lebensmittelangebots, der nach Art und Höhe unterschiedlichen Verunreinigung der Lebensmittel mit Umweltchemikalien und wegen der unterschiedlichen Verzehrgewohnheiten ist bei der Belastung des Einzelnen mit Umweltchemikalien auf dem Nahrungswege mit großen Unterschieden zu rechnen. Es ist jedoch außerordentlich schwierig, die Streubreite der kurz- und langfristigen Aufnahme von Umweltchemikalien mit der Nahrung zu ermitteln und abzuschätzen, ob und wie viele Personen kurz- und langfristig einem erhöhten gesundheitlichen Risiko durch Verunreinigungen in Lebensmitteln ausgesetzt sind. Die derzeit vorhandene Datenbasis reicht nur zur Abschätzung der durchschnittlichen Aufnahme von Umweltchemikalien mit der Nahrung, nicht aber zur Ermittlung der Häufigkeitsverteilung der Aufnahme von einzelnen Stoffen in der Bevölkerung aus.

1234. In den letzten Jahren hat die Besorgnis in der Bevölkerung über gesundheitliche Risiken durch Verunreinigungen mit Umweltchemikalien in Lebensmitteln zugenommen. Soweit aus den wenigen und wenig repräsentativen Erhebungen erkennbar, sind die Konzentrationen von Umweltchemikalien in Lebensmitteln und damit auch die gesundheitlichen Risiken in weiten Bereichen konstant geblieben; in einigen Bereichen sind sie geringer geworden, in einigen Bereichen sind sie gestiegen. Die zunehmende Besorgnis über die Risiken ist daher im wesentlichen auf ein größeres Problembewußtsein, nicht jedoch auf eine generelle Zunahme der Belastung zurückzuführen.

1235. Die moderne chemische Spurenanalytik hat neue Dimensionen des Nachweises kaum noch vorstellbar niedriger Konzentrationen chemischer Stoffe erschlossen. Dies hat einerseits das Wissen über die Anwesenheit von Fremdstoffen in Lebensmitteln erheblich erweitert, andererseits jedoch zu einer Verunsicherung der Bevölkerung geführt. An anderer Stelle diskutiert der Rat die Schwierigkeiten der Abschätzung gesundheitlicher Risiken geringer Konzentrationen von Stoffen (Abschn. 3.1.2). Die Kenntnis dieser Schwierigkeiten ist die Voraussetzung für eine sachgerechte Auseinandersetzung über sinnvolle und aus umweltpolitischer Sicht notwendige Verbesserungen im Umweltsektor Lebensmittel.

1236. Seinem Auftrag entsprechend befaßt sich der Rat hier vorrangig mit Verunreinigungen durch Umweltchemikalien in Lebensmitteln, also durch solche Stoffe, die durch menschliches Handeln in die Umwelt und von dort in Lebensmittel gelangen (Tz. 1614). Die übliche und auch im Umweltgutachten 1978 und im Gutachten „Umweltprobleme der Landwirtschaft" vorgenommene Einteilung der Fremdstoffe in Lebensmitteln in Zusatzstoffe, Rückstände und Verunreinigungen (Kontaminanten) hat sich aus umweltpolitischer Sicht als nützlich erwiesen und wird deshalb beibehalten (SRU, 1978, Tz. 841 ff.; SRU, 1985, Tz. 1105).

— **Zusatzstoffe** sind im Lebensmittel- und Bedarfsgegenständegesetz (§ 2) definiert als Stoffe, die dazu bestimmt sind, Lebensmitteln zur Beeinflussung ihrer Beschaffenheit oder zur Erzielung bestimmter Eigenschaften oder Wirkungen zugesetzt zu werden. Sie müssen allgemein oder für bestimmte Lebensmittel zugelassen sein und dürfen nur in bestimmten Höchstmengen und zu definierten Zwecken verwendet werden. Sie bleiben im folgenden außer Betracht, weil sie definitionsgemäß keine Umweltchemikalien sind.

— **Rückstände** sind Restmengen von Substanzen, die im Verlauf der Produktion von Lebensmitteln pflanzlicher oder tierischer Herkunft angewendet werden, weil sie einem erwarteten Nutzen dienen sollen; im fertigen Lebensmittel werden Rückstände dieser Substanzen zwar bis zu bestimmten Höchstmengen in Kauf genommen, ihre Anwesenheit ist jedoch **unbeabsichtigt** und **unerwünscht**.

— **Verunreinigungen aus der Umwelt (Kontaminanten)** gelangen **unbeabsichtigt** und ohne Zutun des Produzenten in Lebensmittel, dienen dort keinem Zweck und sind **unerwünscht**.

Auf die Möglichkeit, daß ein Stoff auf verschiedene Weise in Lebensmittel gelangen kann und je nach Ursache oder Herkunft als Zusatzstoff, Rückstand oder Verunreinigung anzusehen ist, hat der Rat bereits aufmerksam gemacht (SRU, 1978, Tz. 842).

1237. In diesem Kapitel wird der Frage nachgegangen, ob und wieweit Beeinträchtigungen der menschlichen Gesundheit durch Verunreinigungen, die mit der Nahrung in den menschlichen Körper aufgenommen werden, zu erwarten sind und ob zusätzliche Regelungen nach Ansicht des Rates notwendig sind, um den Gesundheitsschutz in diesem Bereich zu verbessern.

Auf der Basis eines vom Rat in Auftrag gegebenen Gutachtens zur Situation und zu Trends der Belastung von Lebensmitteln durch Umweltchemikalien (EISENBRAND et al., 1987) und durch andere Informationen kommt der Rat zu der Auffassung, daß die Belastung der Lebensmittel durch Verunreinigungen und die damit zusammenhängende Exposition der Bevölkerung durch diese Stoffe derzeit nicht hinreichend sicher beschrieben werden können, daß aber bei den folgenden Stoffen die Grenzen der zumutbaren Belastung erreicht oder überschritten werden:

— Polychlorierte Dibenzodioxine und -furane (PCDD/PCDF), polychlorierte Biphenyle (PCB) und einige chlororganische Pestizide in der Frauenmilch;

— Blei und Cadmium in Lebensmitteln und im Trinkwasser;

— Nitrat im Gemüse und im Trinkwasser.

Zwar sind akute Gefährdungen in diesen Problembereichen nicht erkennbar, jedoch sind die gesundheitlichen Risiken, d. h. Wahrscheinlichkeit und Umfang des Schadenseintritts vergleichsweise hoch und können aus präventiver Sicht nicht hingenommen werden (Abschn. 3.1.4.5—3.1.4.7).

1238. Die genannten Stoffe bedürfen nach Auffassung des Rates einer umfassenderen Regelung als bisher. Überlegungen dieser Art sind nicht neu, denn seit mehreren Jahren liegt der Entwurf einer „Verordnung über Höchstmengen an Schadstoffen in oder auf Lebensmitteln" (Schadstoff-Höchstmengenverordnung, SHmV) vor. Der Rat hält eine solche Regelung für dringend erforderlich und erläutert, wie diese Regelung beschaffen sein sollte, damit die Belastung von Lebensmitteln mit den genannten Verunreinigungen aus der Umwelt künftig wirksam verringert werden kann (Abschn. 2.5.5).

1239. Zu den Problemen von Rückständen von Pflanzenschutzmitteln und Tierarzneimitteln in Lebensmitteln im Rahmen der landwirtschaftlichen Produktion hat der Rat erst kürzlich Stellung genommen (SRU, 1985, Tz. 1103 ff.).

2.5.2 Gesundheitliche Risiken und Risikoabschätzung

2.5.2.1 Exposition und Aufnahme von Stoffen

1240. Ob die Zufuhr eines Stoffes ein gesundheitliches Risiko darstellt, ist eine Frage der Dosis sowie der Einwirkungsdauer des Stoffes, aber auch der Empfindlichkeit des Individuums. Für viele, möglicherweise sogar die meisten Stoffe besteht die begründete Vermutung, daß es eine Wirkungsschwelle gibt, unterhalb derer auch bei lebenslanger täglicher Zufuhr Schadwirkungen nicht auftreten. Die Fragen, wie ‚Risiko' zu definieren ist, wieweit Wirkungen erkannt und beurteilt werden können, ob und in welchen Fällen von einer Wirkungsschwelle, d. h. von einer Dosis ohne erkennbare Wirkung ausgegangen werden kann, werden im Abschnitt 3.1.2 ausführlich behandelt.

1241. Schwere Vergiftungen durch Verunreinigungen in Lebensmitteln sind die Ausnahme und setzen die Zufuhr hoher Mengen eines Stoffes auf dem Nahrungswege voraus. Solche Fälle sind wiederholt und z. T. in katastrophenartigem Umfang vorgekommen, und ein Großteil der Kenntnis von Giftwirkungen bestimmter Umweltchemikalien stammt aus solchen Ereignissen. Zu nennen sind insbesondere die Massenvergiftungen im Irak durch mit Methylquecksilber gebeiztes Getreide sowie in Japan durch mit Methylquecksilber kontaminierte Fische in der Minamata-Bucht und Niigata, durch mit polychlorierten Biphenylen, Dibenzodioxinen und -furanen kontaminiertes Reisöl in Yusho und die durch cadmiumkontaminierte Lebensmittel zumindest mitverursachte Itai-Itai-Erkrankung. Auch die epidemieartigen Vergiftungen durch Speiseöl in Spanien können, obwohl die Ursache der Erkrankungen im einzelnen ungeklärt ist, ohne die Annahme einer massiven Kontamination des Speiseöls nicht erklärt werden.

1242. Der Normalfall ist jedoch die Aufnahme kleiner und kleinster Mengen von Verunreinigungen durch Lebensmittel über lange Zeiträume, wobei Art und Konzentrationen ständig wechseln. Es ist daher notwendig, für die verschiedenen Verunreinigungen jeweils die Menge abzuschätzen, die bei täglicher, lebenslanger Aufnahme keine erkennbaren Schädigungen beim Menschen verursacht. Ferner müssen geeignete analytisch-chemische und statistische Untersuchungen durchgeführt werden, um zu prüfen, ob und in welchem Umfang Bevölkerungsgruppen einem gesundheitlichen Risiko durch Verunreinigungen in Lebensmitteln ausgesetzt sind.

1243. Geringe Mengen von Verunreinigungen sind aus gesundheitlicher Sicht dann von besonderer Bedeutung, wenn irreversible Stoffwirkungen auftreten, die sich unter Umständen erst nach Jahren oder Jahrzehnten manifestieren; dies muß insbesondere bei krebserzeugenden Stoffen nach dem derzeitigen Stand des Wissens angenommen werden. Auch die Speicherung von Stoffen im Organismus kann problematisch sein, wenn sie sich in bestimmten Geweben anreichern und nach Überschreiten einer kritischen Konzentration diese schädigen. Problematisch sind weiterhin Stoffe, die zwar zunächst für längere Zeit in bestimmten Depots, z. B. in den Knochen oder im Fettgewebe gespeichert und damit weitgehend dem Stoffwechsel entzogen werden, in besonderen Situationen jedoch wieder mobilisiert werden können. Dies kann eintreten in der Schwangerschaft, in der Stillperiode, in Ernährungsmangelsituationen, bei bestimmten Formen der Fehlernährung oder bei einer Erhöhung der Stoffwechselleistung des Organismus.

1244. Bei manchen Stoffen wird nur ein Teil der mit der Nahrung zugeführten Menge aus dem Magen-Darm-Trakt resorbiert, d. h. in die Blutbahn aufgenommen. Nur die Stoffmenge, die in die Blutbahn übertritt, ist im Körper für biologische Wirkungen verfügbar. Es ist deshalb wichtig, zwischen der **zugeführten** Menge eines Stoffes und der vom Körper aus dem Magen-Darm-Trakt **resorbierten** und damit biologisch verfügbaren Stoffmenge zu unterscheiden. Die biologische Verfügbarkeit eines Stoffes wird von einer Reihe von Faktoren bestimmt, insbesondere von der Art und der Bindungsform des Stoffes, von der Größe der Stoffpartikel, vom Zufuhrweg, vom Alter, Geschlecht und physiologischen Zustand des Individuums.

Der Begriff der ‚**Aufnahme**' eines Stoffes ist mißverständlich, da mit der aufgenommenen die zugeführte oder die resorbierte Menge eines Stoffes gemeint sein kann. In diesem Gutachten wird, wie allgemein üblich, unter der aufgenommenen Menge stets die **zugeführte** Menge verstanden; dementsprechend ist auch unter der in den folgenden Abschnitten und im Kapitel 3.1 (Tz. 1657) erwähnten Duldbaren Täglichen Aufnahmemenge (DTA) die zugeführte Menge zu verstehen.

2.5.2.2 Duldbare Tägliche Aufnahmemenge (DTA)

1245. Die für den Menschen bei lebenslanger täglicher Aufnahme als unbedenklich angesehene Dosis eines Stoffes wird von Expertengremien auf nationaler oder internationaler Ebene abgeschätzt (Tz. 1661; SRU, 1985, Tz. 1120 ff.). Der so ermittelte Wert wird von verschiedenen Expertengremien unterschiedlich bezeichnet. Eine sehr geläufige Bezeichnung ist der ADI-Wert („acceptable daily intake"), der von der für Pflanzenschutzmittel zuständigen Kommission der FAO/WHO erarbeitet wird. In der Bundesrepublik Deutschland hat sich weitgehend der Begriff „Duldbare Tägliche Aufnahmemenge" (DTA) eingebürgert, der im folgenden verwendet wird (zur Definition der ‚aufgenommenen' Menge vgl. Tz. 1244). Ausgehend vom DTA-Wert einer Substanz werden Höchstmengen für Zusatzstoffe oder Rückstände in verschiedenen Lebensmitteln in Rechtsverordnungen so festgelegt, daß bei Einhaltung der Höchstmengen und unter Annahme „durchschnittlicher" Verzehrgewohnheiten die Duldbare Tägliche Aufnahmemenge nicht überschritten wird. Vom Durchschnitt abweichende Verzehrgewohnheiten werden hierbei nicht berücksichtigt; dies ist schon allein deshalb nicht möglich, weil entsprechende Verzehrerhebungen fehlen (Tz. 1256 ff.).

1246. Für Zusatzstoffe und solche Stoffe, die als Rückstände in Lebensmittel gelangen können, müssen aufgrund rechtlicher Vorschriften systematische toxikologische Untersuchungen durchgeführt werden, bevor ein Stoff zugelassen wird. Hingegen liegt nur bei wenigen Stoffen, die als Verunreinigungen in Lebensmittel gelangen, eine ähnliche systematische toxikologische Datenbasis vor. Sie ist nur bei solchen Stoffen vorhanden, die früher als Pflanzenschutzmittel zugelassen waren und dementsprechend ein toxikologisches Prüfverfahren durchlaufen haben, z. B. chlororganische Verbindungen wie DDT, Hexachlorbenzol, Aldrin und Dieldrin. Obwohl die meisten dieser Stoffe als Pflanzenschutzmittel in der Bundesrepublik Deutschland nicht mehr zugelassen sind, wurden zulässige Höchstmengen dieser Stoffe in Lebensmitteln in der Pflanzenschutzmittel-Höchstmengenverordnung beibehalten. Es ist allerdings fraglich, ob die den Höchstmengen dieser Stoffe zugrunde liegenden Duldbaren Täglichen Aufnahmemengen unter Anlegung neuerer toxikologischer Maßstäbe überprüft worden sind.

1247. Bei den meisten Stoffen, die als Verunreinigungen in Lebensmittel gelangen, ist die toxikologische Datenbasis lückenhaft oder zumindest teilweise von mangelhafter Qualität. Bei diesen Stoffen fehlen die Voraussetzungen für die Abschätzung einer Duldbaren Täglichen Aufnahmemenge. Soweit möglich, werden von den Expertengremien wenigstens **Vorläufige** Duldbare Tägliche Aufnahmemengen empfohlen, wobei die Grenzen der gesicherten Kenntnis beschrieben und die Limitationen der Vorläufigen DTA-Werte ausdrücklich genannt werden.

So gelten z. B. Vorläufige Duldbare Tägliche Aufnahmemengen im allgemeinen nicht für Risikogruppen in der Bevölkerung. Diese Limitationen müssen aus der Sicht des Rates stärker als bisher betont werden, weil sie in der täglichen Praxis nicht immer mit der notwendigen Sorgfalt beachtet werden. Vorläufige Duldbare Tägliche Aufnahmemengen sind z. B. von der WHO für Arsen, Blei, Cadmium, Quecksilber und Nitrat empfohlen worden.

1248. Mit diesen Stoffen können Lebensmittel so hoch belastet sein, daß die DTA-Werte selbst bei üblichen Verzehrgewohnheiten erreicht werden können. Zu berücksichtigen ist jedoch nicht nur die durchschnittliche tägliche Aufnahmemenge eines Stoffes über lange Zeit, sondern auch die Häufigkeitsverteilung der Stoffkonzentrationen in Lebensmitteln und der Stoffaufnahme in der Bevölkerung. Diese Häufigkeitsverteilungen sind bei den meisten Verunreinigungen in Lebensmitteln linksasymmetrisch, zumeist annähernd lognormal, wobei der längere Ast der Häufigkeitsverteilungskurve in den hohen Dosisbereich ragt. Daher ist es zumindest bei Blei und Cadmium wahrscheinlich, daß bei einem kleinen Teil der Bevölkerung mit einseitigen Verzehrgewohnheiten die Exposition auf dem Nahrungswege so hoch ist, daß mit gesundheitlichen Beeinträchtigungen (Abschn. 3.1.4.5) zu rechnen ist. Ob und wieweit dies auch für Nitrat zutrifft, ist unklar. Bei Nitrat sind zusätzlich krebserzeugende Risiken zu berücksichtigen (Tz. 1778 ff.).

1249. Für PCB soll nach Ansicht der Food and Drug Administration (FDA) der USA die tägliche Zufuhr nicht höher liegen als 0,15 bis 0,3 mg/Tag. Eine ähnliche Empfehlung (0,3 mg/Tag) wurde von der WHO ausgesprochen. Für die Bundesrepublik Deutschland wird ein Richtwert in der Größenordnung von 1 bis 3 µg/kg Körpergewicht/Tag diskutiert, d. h. 0,07 bis 0,21 mg täglich bei einer 70 kg schweren Person (LORENZ und NEUMEIER, 1983; vgl. aber Tz. 1787).

1250. Für 2,3,7,8-TCDD wird in der Bundesrepublik eine Duldbare Tägliche Aufnahmemenge von 1 bis 10 pg/kg Körpergewicht/Tag diskutiert (vgl. z. B. KIMBROUGH et al., 1984; NEUBERT und KROWKE, 1986; UBA, 1985). Diese Werte sind im wesentlichen auf der Basis von langfristigen Experimenten an solchen Labortieren abgeschätzt worden, die 2,3,7,8-TCDD sehr viel schneller metabolisieren und ausscheiden als der Mensch. Unter Berücksichtigung toxikologischer Daten und der größeren Akkumulationsneigung von TCDD beim Menschen ist für die Duldbare Tägliche Aufnahmemenge dem niedrigeren Wert von 1 pg/kg/Tag der Vorzug zu geben. Für einen

Summenrichtwert für die Stoffgruppe der PCDD und PCDF fehlen derzeit die wissenschaftlichen Voraussetzungen.

1251. Da es sich bei den Vorläufigen Duldbaren Täglichen Aufnahmemengen um Werte handelt, die gesundheitliche Risiken für einzelne Gruppen oder Teile der Bevölkerung **nicht** ausschließen, ist es nach Auffassung des Rates nicht zulässig, diese Werte auszuschöpfen. Vielmehr ist dafür Sorge zu tragen, daß zwischen der tatsächlichen individuellen Aufnahme und den Vorläufigen Duldbaren Täglichen Aufnahmemengen dieser Stoffe ein hinreichender Abstand bleibt, um mögliche verbleibende Risiken zu minimieren.

2.5.2.3 Risikogruppen in der Bevölkerung

1252. Bei Personen, die mehr von einem Schadstoff aufnehmen, länger exponiert sind oder empfindlicher auf einen bestimmten Schadstoff reagieren als andere Personen, kann das Risiko einer gesundheitlichen Schädigung erhöht sein.

Drei verschiedene Gruppen mit erhöhtem Risiko in der Bevölkerung können unterschieden werden:

— Personen, bei denen die Zufuhr eines oder mehrerer potentiell schädigender Stoffe überdurchschnittlich hoch ist. Dies kann durch die Herkunft der Lebensmittel, durch besondere Verzehrgewohnheiten oder Verhaltensweisen, Exposition am Arbeitsplatz und sonstige Umwelteinflüsse bedingt sein.

— Personen, die aufgrund ihrer besonderen physiologischen Situation bei gleicher Stoffaufnahme mehr von dem Stoff resorbieren als andere Personen oder die den Stoff in einer biologisch besonders gut verfügbaren Form zu sich nehmen (Tz. 1244 und Tz. 1757).

— Personen, die aufgrund ihrer genetischen oder erworbenen Disposition oder ihres Alters empfindlicher auf einen bestimmten Stoff reagieren, z. B. Allergiker, chronisch Kranke, alte Menschen, Schwangere, Kinder.

Innerhalb jeder dieser drei Gruppen von Menschen mit erhöhtem Risiko können verschiedene Risikofaktoren bestimmend sein. Auch kann die Bedeutung der Gruppen und Faktoren von Stoff zu Stoff unterschiedlich sein, und es ist davon auszugehen, daß viele Risikofaktoren noch unbekannt sind. Einzelne Individuen können zwei oder gar allen drei Gruppen von Menschen mit erhöhtem Risiko angehören; dementsprechend steigt ihr individuelles Risiko einer gesundheitlichen Benachteiligung oder Schädigung.

1253. Oftmals gehören Individuen nur vorübergehend, wenn auch möglicherweise für lange Zeiträume, einer oder mehreren Risikogruppen an, was die Abschätzung des Risikos zusätzlich erschwert. Da sich Schädigungssymptome bei Schadstoffen meist unspezifisch äußern, besteht selbst bei statistischer Gewißheit über das Vorkommen einer Schädigung nur bei sehr gezielten oder sehr umfangreichen Untersuchungen eine Chance, betroffene Individuen zu identifizieren und damit den eigentlichen Nachweis des erhöhten Risikos oder der Gefährdung zu führen.

1254. Der Rat ist der Auffassung, daß zukünftig auf diese Risikogruppen das Hauptaugenmerk gerichtet werden muß. Die Abschätzung ihrer Belastung mit einzelnen Stoffen oder gar die Identifizierung der betroffenen Individuen bereitet jedoch in der Praxis große Probleme. Dazu muß nicht nur die Häufigkeitsverteilung der Aufnahme eines Stoffes bekannt sein, insbesondere im oberen Bereich der Häufigkeitsverteilungskurve, sondern es müssen auch Daten über das Vorkommen anderer, das Risiko insgesamt steigernder Faktoren, die z. T. individueller Natur sind, vorliegen.

Wegen der Schwierigkeiten, Risikogruppen zu quantifizieren, zu identifizieren, oftmals auch nur zu definieren, sind Individuen, die einer Risikogruppe angehören, in der Praxis weitgehend ungeschützt. Sofern Risikogruppen bekannt sind oder ihre Existenz begründet vermutet werden muß, wird zu prüfen sein, ob und in welchem Umfang der Staat seiner Schutzpflicht nachzukommen hat bzw. präventive Maßnahmen sinnvoll sind.

1255. Soweit die Ursachen bestimmter Risiken und damit bestimmter Risikogruppen im Verbraucherverhalten liegen, ist die Kenntnis der Häufigkeit und des Wandels bestimmter Verbrauchereinstellungen und -gewohnheiten ein wichtiger Zugangsweg zur Auffindung und Quantifizierung solcher Risikogruppen. Ferner können die Dringlichkeit und die Eignung von Maßnahmen, mit denen Entwicklungen beeinflußt werden sollen, z. B. die Notwendigkeit von Information und Aufklärung der Bevölkerung, umso besser beurteilt werden, je besser Ursachen, Art und Umfang eines verhaltensbedingten Risikos bekannt sind. Der Rat empfiehlt deshalb, daß die mit der Risikoabschätzung im Bereich der Lebensmittel betrauten Behörden stärker als bisher das Potential und die z. T. allgemein zugänglichen Daten der kommerziellen Marktbeobachtungs- und Marktforschungsinstitutionen nutzen.

2.5.2.4 Abschätzung der Stoffaufnahme: Verzehrerhebungen, Lebensmittelmonitoring und Monitoring beim Menschen

1256. Die Stoffaufnahme wird zum einen vom Kontaminationsgrad, zum zweiten von den Verzehrmengen der einzelnen Lebensmittel bestimmt. Die Stoffkonzentrationen schwanken je nach Herkunft und Beschaffenheit der Lebensmittel, die Verzehrmengen der einzelnen Lebensmittel unterliegen saisonalen und anderen zeitlichen Einflüssen, z. B. Lebensalter und Ernährungsgewohnheiten, und sind darüber hinaus von Individuum zu Individuum verschieden.

Für die Ermittlung des Verzehrs von Lebensmitteln in der Bundesrepublik Deutschland sind in der Vergangenheit verschiedene statistische Datengrundlagen verwendet worden, mit denen im allgemeinen hinreichend genau die **durchschnittlichen** Verzehrmengen einzelner Lebensmittel abgeschätzt werden konnten

(Produktions- und Verbrauchsstatistiken von Lebensmitteln, Agrarstatistik). Darüber hinaus sind 1973 und 1978 Einflüsse von Geschlecht, Lebensalter, Einkommen, Familiengröße auf den Verzehr von Lebensmitteln untersucht worden. Die Ergebnisse dieser Untersuchungen wurden in den Ernährungsberichten der Deutschen Gesellschaft für Ernährung veröffentlicht (DGE, 1976 und 1980). Die bisherige Praxis der Zufuhrabschätzung, die Ermittlung der **durchschnittlichen** täglichen oder wöchentlichen Aufnahmemenge eines Stoffs, gibt Hinweise auf die mögliche Gefährdung **breiter** Bevölkerungsschichten; diese Angabe ist ein Maß für den Belastungssockel, auf dem sich weitere Belastungen aufbauen können, etwa durch besondere Verzehrgewohnheiten, einseitigen Verzehr von hochkontaminierten Lebensmitteln, z. B. bei der Selbstversorgung in lokal oder regional besonders belasteten Gebieten, usw.

Die Annahme durchschnittlicher Verzehrgewohnheiten und Verbrauchsmengen ist wahrscheinlich nur bei einigen Grundnahrungsmitteln wie Brot oder Kartoffeln annähernd zutreffend.

1257. Verzehrerhebungen, die die Häufigkeitsverteilung, d. h. die Schwankungsbreite individueller Verzehrgewohnheiten erfassen, sind bisher nicht durchgeführt worden. Solche Untersuchungen sind jedoch unverzichtbar für die Auffindung und Quantifizierung von solchen Risikogruppen, die bestimmte Verunreinigungen in Lebensmitteln in besonders hohem Maße aufnehmen.

1258. Der Rat verkennt nicht die methodischen Schwierigkeiten, die mit solchen Untersuchungen verbunden sind. Er sieht diese Probleme jedoch als lösbar an, wenn sich die Erhebungen auf solche Verunreinigungen beschränken, deren durchschnittliche Zufuhr jeweils an die Duldbare Tägliche Aufnahmemenge heranreicht oder diese überschreitet (Blei, Cadmium, Nitrat sowie einige chlororganische Verbindungen in der Frauenmilch), und auf solche Nahrungsmittel, die von der Höhe der Kontamination oder von der Verzehrmenge her relevant sind oder sein können.

1259. Einen wichtigen methodischen Ansatz sieht der Rat in Studien des Gesamtverzehrs von Lebensmitteln unter kontrollierten experimentellen Bedingungen (,total diet studies'). Er empfiehlt, solche Untersuchungen verstärkt mit der Zielsetzung durchzuführen, die Aufnahme bestimmter Verunreinigungen durch Bevölkerungsgruppen mit besonderen Verzehrgewohnheiten oder sonstiger besonderer nahrungsbedingter Exposition abzuschätzen.

1260. Große Bedeutung mißt der Rat dem Monitoring von Lebensmitteln zur Beschreibung der Situation und der Trends der Kontamination der Lebensmittel bei. Die Begriffe ,Lebensmittelmonitoring' und ,Lebensmittelüberwachung' müssen deutlich voneinander abgegrenzt werden. Unter dem Begriff ,Lebensmittelüberwachung' werden im folgenden die Behörden verstanden, die im Rahmen des Lebensmittelrechts mit der Durchführung von Lebensmittelkontrollen beauftragt sind. Diese Tätigkeit orientiert sich im wesentlichen an dem in §§ 40ff. des Lebensmittel- und Bedarfsgegenständegesetzes (LMBG) festgelegten Auftrag der Überwachung und Gefahrenabwehr, schließt aber auch weitergehende präventive Maßnahmen ein, soweit sie rechtlich vorgeschrieben sind (Abschn. 2.5.3.2). Mit ,Lebensmittelmonitoring' wird eine andere Zielrichtung verfolgt als mit Lebensmittelüberwachung, wie aus der Definition des Begriffs ,Monitoring' durch die FAO/WHO (1981) hervorgeht:

„System von sich wiederholenden Beobachtungen, Messungen, und Auswertungen, die zum Erreichen festgelegter Ziele mit Hilfe von zufällig ausgewählten Proben durchgeführt werden, die repräsentativ für das einzelne Lebensmittel oder für die Ernährung des Landes oder der Region als Ganzes sind."

Dabei ist ein wichtiger Gesichtspunkt, daß auch der zeitliche Verlauf der Belastungssituation miterfaßt wird und damit Trends ermittelt werden können.

1261. Der größte Teil der Daten zu Verunreinigungen in Lebensmitteln stammt aus der amtlichen Lebensmittelüberwachung. Diese Daten werden sowohl in den Bundesländern als auch bei der Zentralen Erfassungs- und Bewertungsstelle für Umweltchemikalien des Bundesgesundheitsamtes (ZEBS) gesammelt und ausgewertet. Allerdings erlaubt diese Datenbasis nur sehr grobe Aussagen über die durchschnittlichen Aufnahmemengen von Fremdstoffen; die Daten sind nach Herkunft und Qualität sehr heterogen und sind keinesfalls als repräsentativ anzusehen (Abschn. 2.5.3.2).

1262. Idealerweise sollten Lebensmittelmonitoring und Lebensmittelüberwachung mit jeweils ihren Zielen entsprechenden Probenahmeplänen arbeiten. Aus praktischen und finanziellen Gründen ist dies jedoch nicht möglich. Trotz der unterschiedlichen Ziele von Lebensmittelmonitoring und Lebensmittelüberwachung gibt es zwischen beiden Untersuchungsarten große methodische und inhaltliche Gemeinsamkeiten. So werden im Rahmen der Lebensmittelüberwachung neben Verdachtsproben zunehmend Proben nach statistisch orientierten Probenahmeplänen gezogen. Allerdings sind Aufbau und Anteil von Probenahmeplänen je nach Bundesland oder Überwachungsbehörde sehr unterschiedlich (KALLISCHNIGG und LEGEMANN, 1982). Es ist daher naheliegend zu prüfen, ob und wieweit sich die Ziele der Lebensmittelüberwachung und des Lebensmittelmonitoring vereinigen lassen. Eine bundesweite Vereinheitlichung oder Abstimmung von Probenahmeplänen mit der Zielrichtung eines bundesweiten Lebensmittelmonitoring wäre sinnvoll und wünschenswert, ist aber wegen der unterschiedlichen Voraussetzungen der amtlichen Lebensmittelüberwachung in den verschiedenen Bundesländern wenig wahrscheinlich (Abschn. 2.5.3.2).

In jedem Falle sollte jedoch die Möglichkeit des Lebensmittelmonitoring im Rahmen der Lebensmittelüberwachung angestrebt werden. Durch Empfehlungen oder Richtlinien, z. B. durch das Bundesgesundheitsamt, könnte die Vergleichbarkeit von Monitoringuntersuchungen verschiedener Bundesländer sichergestellt werden.

1263. Über die von der Lebensmittelüberwachung erhobenen und von der ZEBS gesammelten und ausgewerteten Daten zur Kontamination von Lebensmitteln hinaus sind folgende besondere Monitoring-Aktivitäten hervorzuheben:

— die von der Bundesforschungsanstalt für Getreide- und Kartoffelverarbeitung seit 1976 durchgeführte ‚Besondere Ernteermittlung' bei einigen Getreidesorten, die einen annähernd repräsentativen Überblick über die Belastung landwirtschaftlicher Flächen mit einigen Schwermetallen in der Bundesrepublik Deutschland ermöglicht;

— die von der Bundesanstalt für Milchforschung durchgeführten Untersuchungen von Milch auf chlororganische Verbindungen und Schwermetalle;

— eine von der amtlichen Lebensmittelüberwachung der Länder und dem Bundesgesundheitsamt gemeinsam als Pilotprojekt von 1978—1980 durchgeführte bundesweite repräsentative Untersuchung der Gehalte bestimmter Schwermetalle in Bier (KALLISCHNIGG et al., 1982);

— seit mehreren Jahren geplant, immer wieder angekündigt, aber bisher stets hinausgeschoben wird ein vom Bundesgesundheitsamt vorgeschlagenes Pilotprojekt zur bundesweiten repräsentativen Erfassung der Belastung von Lebensmitteln, das im engen Verbund mit der Lebensmittelüberwachung der Länder durchgeführt und von der ZEBS koordiniert werden soll (KALLISCHNIGG und LEGEMANN, 1982);

— ein inzwischen als Modellprojekt abgeschlossenes Programm zur Erfassung von chlororganischen Verbindungen und Schwermetallen in Lebensmitteln tierischer Herkunft, das den Nachweis erbrachte, daß flächendeckende Untersuchungen auf der Stufe der Urproduktion mit vertretbarem Aufwand durchgeführt werden können (BMJFG, 1984);

— neuere Untersuchungen weisen auch Frauenmilch als Belastungsindikator insbesondere für chlororganische Verbindungen aus (Abschn. 2.5.4.1).

Die derzeitige Situation ist dadurch gekennzeichnet, daß einige wenige Monitoringstudien seit Jahren mit Erfolg laufen, andere vielversprechende Programme hingegen über die Pilot- oder gar nur über die Planungsphase nicht hinauskommen.

1264. Der Rat betont die Notwendigkeit von Lebensmittelmonitoring-Programmen. Auf die verschiedenen Zielrichtungen eines Lebensmittelmonitoring im Rahmen einer ‚integrierten Lebensmittelkontrolle' hat der Rat bereits hingewiesen (SRU, 1985, Tz. 1112):

— Im **Vorwarnmonitoring**, das sowohl wirkungs- als auch konzentrationsbezogen sein kann, soll festgestellt werden, ob Stoffe, die bisher nicht systematisch untersucht worden sind, zu Problemstoffen werden könnten. Diese werden dann im quellen- und im verbraucherorientierten Monitoring in Grundnahrungsmitteln näher untersucht.

— Ziel des **quellenorientierten Monitoring** soll sein, den Weg der Schadstoffe bis hin zu den Lebensmitteln erkennbar zu machen. Durch die Probenahme in einem über die gesamte Bundesrepublik Deutschland gelegten Raster können gezielte Hinweise auf die Quellen der Kontamination und auf Abhilfemaßnahmen gewonnen werden.

— Das **verbraucherorientierte Monitoring** erfaßt schließlich die eigentliche Belastung des Verbrauchers mit Hilfe systematischer Stichproben, die Hochrechnungen aus Untersuchungsergebnissen von Einzellebensmitteln sowie von Mahlzeiten und vollständiger Mischkost erlauben.

1265. Eine Verknüpfung von Lebensmittelmonitoring-Programmen mit Bioindikationsprogrammen anderer Zielrichtungen im Rahmen einer sektorübergreifenden Beurteilung der Schadstoffbelastung der Umwelt wird vom Rat als sinnvoll angesehen. Der Rat begrüßt insbesondere die vom Bund-Länder-Arbeitskreis für Umweltchemikalien (BLAU) ausgehende Erfassung der in den Bundesländern laufenden oder geplanten Vorhaben auf diesem Gebiet, die zu einer Koordination dieser Programme führen soll.

1266. Bei Verunreinigungen, die je nach Bindungsform oder individuell unterschiedlich resorbiert werden, wie Blei und Cadmium, empfiehlt der Rat ergänzende Untersuchungen in menschlichen Körperflüssigkeiten, -ausscheidungen oder -geweben, die Aufschluß über die tatsächlich aufgenommenen Stoffmengen geben können. Von besonderem Vorteil sind dabei solche Gewebe, die Informationen über eine individuelle Belastung liefern, z. B. Blei in Milchzähnen und Knochen, Cadmium in Plazenta oder Nierengewebe, Blei und Cadmium in Haaren, chlororganische Verbindungen im Fettgewebe, in der Frauenmilch usw. Allerdings sind manche dieser Gewebe nur begrenzt erhältlich (Tz. 1757 f.). Es bedarf daher einer gut koordinierten und langfristigen Planung, um schwer erhältliches menschliches Gewebe in hinreichendem Maße zu gewinnen. Einen wichtigen Zugangsweg sieht der Rat in der Umweltprobenbank.

1267. Aus der Sicht des Rates müssen diese Bemühungen gefördert werden, um einen Überblick über die jeweilige Häufigkeitsverteilung der langfristigen Belastung der Menschen in der Bundesrepublik Deutschland mit bestimmten Verunreinigungen zu gewinnen, die durchschnittliche Belastung abzuschätzen und Risikogruppen in der Bevölkerung zu charakterisieren, zu identifizieren und Maßnahmen zu ihrem Schutz einzuleiten.

2.5.3 Rechtliche Regelungen und Lebensmittelüberwachung

2.5.3.1 Rechtliche Regelungen

1268. Für Verunreinigungen in Lebensmitteln sind außer den allgemeinen Verboten zum Schutz der Gesundheit im Lebensmittel- und Bedarfsgegenständegesetz (§§ 8—10 LMBG) und außer punktuellen Regelungen keine Vorschriften auf Gesetzes- und Verordnungsebene zur Begrenzung der Konzentrationen in Lebensmitteln vorhanden. Lediglich in der Trinkwasserverordnung sind in größerem Umfang Grenzwerte für Verunreinigungen festgelegt worden. Im übrigen gibt es nur sporadisch Grenzwerte, Höchstmengen oder andere Beschränkungen für in Lebensmitteln vorkommende Verunreinigungen, die in Tabelle 2.5.1 exemplarisch aufgeführt sind.

In die Umwelt gelangt, breiten sich Stoffe durch physikalische, chemische und biologische Prozesse unkontrolliert und praktisch nicht steuerbar aus. Anders als bei Zusatzstoffen und Rückständen kann deshalb die Verunreinigung von Lebensmitteln mit Hilfe lebensmittelrechtlicher Regelungen allein nicht oder nur unzureichend gemindert werden. Wirksam sind allein Umweltschutzmaßnahmen, die den Eintrag von Stoffen in die Umwelt begrenzen und vermindern. Zu nennen sind insbesondere das Bundes-Immissionsschutzgesetz, das Chemikaliengesetz, das Wasserhaushaltsgesetz, das Abfallgesetz, das Atomgesetz, das DDT-Gesetz und das Benzinbleigesetz.

1269. Der Schutz des Menschen vor Verunreinigungen in Lebensmitteln ist nicht nur ein Anliegen der nationalen Rechtsetzung, sondern auch Gegenstand des Rechts der Europäischen Gemeinschaft. Es gehört zu den Aufgaben der Gemeinschaft, mengenmäßige Beschränkungen bei der Ein- und Ausfuhr von Waren sowie sonstige Maßnahmen gleicher Wirkung zwischen den Mitgliedsstaaten abzuschaffen und nationale Rechtsvorschriften zu harmonisieren, soweit dies

Tabelle 2.5.1

Spezielle rechtliche Regelungen für Verunreinigungen aus der Umwelt in Lebensmitteln

Gesetz oder Verordnung	Stoff	Art der rechtlichen Regelung
Trinkwasserverordnung vom 22. 5. 1986	Arsen, Blei, Cadmium, Chrom, Cyanid, Fluorid, Nickel, Nitrat, Nitrit, Quecksilber, polycyclische aromatische Kohlenwasserstoffe, flüchtige Chlorkohlenwasserstoffe, Pflanzenschutzmittel, polychlorierte und polybromierte Biphenyle und Terphenyle	Grenzwerte
Erste Verordnung zur Ausführung des Milchgesetzes vom 15. 3. 1931 i. d. F. vom 18. 4. 1975	Blei Aluminium, Antimon, Cadmium, Eisen, Kupfer, Nickel, Zink, Zinn	Verbot der Anwesenheit (nachweisbarer Mengen) in Milch und Milcherzeugnissen; Verbot der Anwesenheit technisch vermeidbarer Mengen in Milch und Milcherzeugnissen
Speiseeisverordnung vom 15. 7. 1933 i. d. F. vom 22. 11. 1985	Arsen, Blei, Zink Antimon, Cadmium, Kupfer	Verbot der Anwesenheit (nachweisbarer Mengen); Verbot der Anwesenheit technisch vermeidbarer Mengen
Weinverordnung vom 15. 7. 1971 i. d. F. vom 29. 7. 1986	Aluminium, Arsen, Blei, Bor, Brom, Fluor, Cadmium, Kupfer, Zink, Zinn	Höchstmengen
Quecksilberverordnung, Fische vom 6. 2. 1975	Quecksilber und seine Verbindungen	Höchstmenge in Fischen, Krusten-, Schalen- und Weichtieren
Aflatoxinverordnung vom 30. 11. 1976	Aflatoxine	Höchstmenge, Vermischungsverbot
Fleischverordnung vom 21. 1. 1982	Benzo(a)pyren	Höchstmenge für geräuchertes Fleisch
Diätverordnung vom 21. 1. 1982 i. d. F. vom 10. 7. 1984	Nitrat	Höchstmenge in diätetischen Lebensmitteln für Säuglinge und Kleinkinder
Fleischhygieneverordnung vom 30. 10. 1986	Blei, Cadmium	Grenzwerte[1]) für Fleisch von Schlachttieren

[1]) Diese Grenzwerte entsprechen jeweils dem Zweifachen der Richtwerte '86 der ZEBS und dienen der Beurteilung der gesundheitlichen Unbedenklichkeit des Fleisches für den menschlichen Verzehr.
Quelle: SRU

für das ordnungsgemäße Funktionieren des Gemeinsamen Marktes erforderlich ist (Artikel 2 und 3 EWG-Vertrag). Da einzelstaatliche lebensmittelrechtliche Regelungen Maßnahmen gleicher Wirkung wie mengenmäßige Einfuhrbeschränkungen darstellen und den innergemeinschaftlichen Handel behindern können, ist die Gemeinschaft daher auch zur Angleichung des Lebensmittelrechts ihrer Mitglieder aufgerufen.

Der Ministerrat und die Kommission der Gemeinschaft können hierzu Verordnungen und Richtlinien erlassen, Entscheidungen treffen, Empfehlungen aussprechen oder Stellungnahmen abgeben. Der Unterschied zwischen diesen Instrumenten liegt in dem Grad ihrer Verbindlichkeit: Während eine Verordnung allgemeine Geltung besitzt, in allen Teilen verbindlich ist und in jedem Mitgliedsstaat unmittelbar gilt, ist die Richtlinie nur für den Mitgliedsstaat, an den sie gerichtet ist und nur hinsichtlich des zu erreichenden Ziels, nicht hinsichtlich der Form und Mittel verbindlich; die Entscheidung wiederum ist nur für diejenigen bindend, die sie bezeichnet. Stellungnahmen und Empfehlungen schließlich sind nicht verbindlich (Artikel 189 EWG-Vertrag).

Für die inhaltlichen Anforderungen des nationalen Lebensmittelrechts kommt der Gemeinschaft besondere Bedeutung zu; dies zum einen, weil in der Praxis heute jede lebensmittelrechtliche Regelung als für das Funktionieren des Gemeinsamen Marktes erforderlich und damit als harmonisierungsfähig angesehen wird (ZIPFEL und RATHKE, 1986); zum anderen besitzt das Gemeinschaftsrecht Vorrang vor dem nationalen Recht und verdrängt es, soweit es von ihm abweicht. Aus diesen Gründen kann sich das nationale Lebensmittelrecht nur in enger Verbindung mit dem Gemeinschaftsrecht entwickeln.

Dem Rechnung tragend hat die Gemeinschaft bereits zahlreiche lebensmittelrechtliche Regelungen, besonders häufig in Form von Richtlinien, erlassen. Soweit der Schutz des Menschen vor Gefährdungen durch Verunreinigungen in Lebensmitteln angesprochen wird, ist das EG-Recht allerdings ähnlich unzureichend wie das deutsche Recht: Verunreinigungen in Lebensmitteln werden eher über umweltrechtliche als über speziell lebensmittelrechtliche Vorschriften erfaßt.

Richtwerte der ZEBS

1270. Von der Zentralen Erfassungs- und Bewertungsstelle für Umweltchemikalien des Bundesgesundheitsamtes (ZEBS) sind erstmals im Jahre 1976 Richtwerte für Arsen, Blei, Cadmium und Quecksilber in Lebensmitteln empfohlen worden (BGA, 1977). 1979 und 1986 wurden die Richtwerte für Blei, Cadmium und Quecksilber modifiziert und Richtwerte für Nitrat in einigen Gemüsearten empfohlen (BGA, 1977, 1986a und b; KÄFERSTEIN et al., 1979). Die Richtwerte sind anhand der statistischen Zustandsbeschreibung der Kontamination verschiedener Lebensmittelgruppen abgeleitet worden. Die „Richtwerte 76" stellten das 95-Perzentil dar, d. h. 5% der gemessenen Kontaminationswerte in den einzelnen Lebensmittelgruppen lagen oberhalb des Richtwerts.

Bei den „Richtwerten 79" wurde die Konzeption dahingehend geändert, daß nun variierende Perzentile (85- bis 100-Perzentil) an die Stelle der 95-Perzentile traten. Diese Konzeption wurde bei den „Richtwerten 86" für Blei, Cadmium, Quecksilber und Nitrat beibehalten. Bei dieser Vorgehensweise werden zum einen statistisch abgrenzbare hohe Kontaminationen flexibler erfaßt und erstmals die Beiträge der Lebensmittelgruppen zur Schwermetall-Gesamtaufnahme teilweise berücksichtigt. Vereinzelt wurden niedrigere Perzentile festgelegt, wenn Lebensmittel aufgrund der nach dem „Warenkorb" (Tz. 1307) durchschnittlich verzehrten Lebensmittelmenge oder der Höhe der Kontamination erheblich zur Gesamtaufnahme eines Stoffes beitragen. Auf diese Weise wurde erstmals versucht, Überlegungen des präventiven Gesundheitsschutzes im Rahmen der Richtwertempfehlungen zu berücksichtigen. Wieweit dies im einzelnen gelungen ist, kann wegen der Willkürlichkeit und der mangelnden Transparenz der Perzentilfestlegungen nicht nachvollzogen werden.

1271. Mittels dieser Richtwerte wird der Lebensmittelüberwachung eine Orientierungshilfe für die Beurteilung des Kontaminationsgrades von Lebensmitteln gegeben. Eine gesundheitliche Risikoabschätzung beinhalten die Richtwerte nicht. Die Richtwertempfehlungen werden mit der Aufforderung an die Lebensmittelüberwachung verknüpft, bei Kontaminationen in Höhe der Richtwerte oder darüber den Ursachen der Kontamination nachzugehen; eine rechtliche Verpflichtung ist damit nicht verbunden. In der Fleischhygiene-Verordnung dienen die „Richtwerte 86" für Blei und Cadmium als Grundlage für die Festsetzung von Höchstmengen für diese Stoffe (vgl. Tab. 2.5.1). Von dieser Ausnahme abgesehen, können die Richtwerte für die Beanstandung hochkontaminierter Lebensmittel durch die Lebensmittelüberwachung allenfalls als Anhaltspunkte dienen. Baden-Württemberg hat die Sonderregelung eingeführt, daß bei Überschreitungen der Richtwerte um das 2,5fache die Überwachungsbehörden verpflichtet sind, die Proben zu beanstanden. In allen anderen Bundesländern muß bei Überschreitungen von Fall zu Fall entschieden werden. In der Praxis werden demnach nur außergewöhnlich hoch kontaminierte Lebensmittel aus dem Verkehr gezogen.

Da die Überschreitung der Richtwerte in der Regel keine rechtlichen Folgen hat, ist die Bezeichnung „Richtwerte" im Umweltgutachten 1978 als irreführend kritisiert worden (SRU, 1978, Tz. 873). Trotz einiger Verbesserungen bei der Ableitung der Richtwerte hat sich an dieser grundlegenden Beurteilung der Richtwerte durch den Rat nichts geändert.

2.5.3.2 Lebensmittelüberwachung

1272. Die Aufgaben der amtlichen Lebensmittelüberwachung sind nach dem Lebensmittel- und Bedarfsgegenständegesetz (LMBG) der Gesundheitsschutz und der Schutz des Verbrauchers vor Täuschungen und vor Verfälschungen von Lebensmitteln. Auf die unterschiedliche Bedeutung der Begriffe Lebensmittelüberwachung, Lebensmittelmonitoring wird verwiesen (Tz. 1260).

Im Rahmen dieses Gutachtens wird die Lebensmittelüberwachung unter dem Teilaspekt der Problematik von Umweltchemikalien in Lebensmitteln behandelt.

Seit 10—15 Jahren werden der Lebensmittelüberwachung zunehmend zusätzliche präventive Aufgaben im Vorfeld des durch das LMBG fixierten Schutzes des Verbrauchers vor gesundheitlichen Beeinträchtigungen übertragen (Tz. 1260 ff.). Dazu gehört insbesondere die Erhebung von analytisch-chemischen Daten über Rückstände und Verunreinigungen in Lebensmitteln. Die Weitergabe dieser Daten an die Zentrale Erfassungs- und Bewertungsstelle für Umweltchemikalien (ZEBS) des Bundesgesundheitsamtes erfolgt mit dem Ziel, Erfahrungswerte (Richtwerte, Tz. 1270) für die Kontamination von Lebensmitteln zu gewinnen, die durchschnittliche Aufnahme von Verunreinigungen auf dem Nahrungswege zu ermitteln und besondere Kontaminationsquellen aufzuspüren. Es muß betont werden, daß die Daten von den Ländern freiwillig übermittelt werden, was für die Länder einen nicht unerheblichen Mehraufwand bedeutet. Auf lange Sicht ist für eine funktionierende Zusammenarbeit eine rechtlich bindende Übereinkunft eine wesentliche Voraussetzung.

1273. Die Überwachung ist Angelegenheit der Länder. Der zuständige Bundesminister ist nur ermächtigt, Rechtsverordnungen zur Förderung der einheitlichen Durchführung der Überwachung und allgemeine Verwaltungsvorschriften zur Durchführung des Gesetzes zu erlassen (§§ 44 und 45 LMBG i. V. m. Artikel 84 I und II GG). Die Organisation der Lebensmittelüberwachung in den verschiedenen Bundesländern ist nicht einheitlich. Teils ist das Gesundheits- oder Sozialministerium, teils das Landwirtschafts-, teils das Innenministerium zuständig. In mehreren Bundesländern ist die Zuständigkeit auf zwei oder auf drei Ministerien verteilt. In Nordrhein-Westfalen und in Schleswig-Holstein üben kommunale Ämter die Überwachung aus; dementsprechend sind in diesen Ländern sowohl Behörden auf kommunaler wie auf Landesebene für die Dienstaufsicht zuständig.

Die vielfältigen lebensmittelrechtlichen Aufgaben teilen sich chemische und lebensmittelchemische, veterinärmedizinische und medizinische Untersuchungsämter. Die weitgehend fachbereichsbezogene Organisationsform der Ämter ist teils auf historische Entwicklungen, teils auf standespolitisch motivierte Abgrenzungen zurückzuführen.

1274. Bei dieser Sachlage ist eine Reihe von Problemen und Zielkonflikten vorprogrammiert (vgl. SRU, 1978, Tz. 1623 f.).

— Bei strikter Auslegung des LMBG (§§ 40—48) hat sich die amtliche Lebensmittelüberwachung darauf zu beschränken, Lebensmittel auf solche Stoffe zu untersuchen, für die Grenzwerte festgelegt sind; außerdem ist nur von Interesse, ob Grenzwerte überschritten werden. Aus präventiver Sicht sind jedoch auch die Bestimmung von Konzentrationen, die erkennbar unterhalb von Grenzwerten liegen, und die Untersuchung von Stoffen, für die es keine justiziablen Grenzwerte gibt, sowie die

Speicherung und statistische Auswertung der gesammelten Daten auf regionaler, Landes- und Bundesebene wünschenswert und bei manchen Verunreinigungen sogar unverzichtbar. Allerdings stößt der mit diesen über den Rahmen des LMBG hinausgehenden Untersuchungen verbundene finanzielle, personelle und apparative Aufwand bei knapper Haushaltslage der Länder und der Kommunen schnell an Grenzen.

— Die Koordination der Aufgaben der Untersuchungsämter wird durch die weitgehend fachbereichsbezogene Organisationsform der Ämter erschwert. Es ist damit zu rechnen, daß die Koordination zusätzlich erschwert wird, wenn die Kompetenzen auf mehr als eine Dienstaufsichtsbehörde verteilt sind. Mängel in der Koordination bleiben nicht ohne Auswirkungen auf den Vollzug.

— Insbesondere einige Lebensmittelskandale der letzten Jahre, z. B. der Diethylenglykol-Skandal, haben die bestehenden Zweifel zusätzlich verstärkt, ob die Koordination der Überwachungsämter untereinander, mit und zwischen den zuständigen Dienstaufsichtsbehörden, zwischen den Ländern und dem Bund sowie auf supranationaler Ebene hinreichend effektiv ist, um Probleme und gesundheitliche Gefahren selbst größeren Ausmaßes schnell genug und umfassend in den Griff zu bekommen.

— Zweifel ergeben sich auch bei der Frage, ob überall in der Bundesrepublik Deutschland die Ausstattung an Personal und Sachmitteln für die Routineüberwachung ausreicht. Darüber hinaus erhebt sich die Frage, ob und in welchem Umfang Kapazitäten für Sonderaufgaben vorhanden sind, damit erstens erkannte Rechtsverstöße auch größeren Ausmaßes neben der Erfüllung der Routineaufgaben verfolgt werden können und zweitens neuen, noch unbekannten Formen von absichtlichen oder unbeabsichtigten Lebensmittelverunreinigungen frühzeitig begegnet werden kann.

1275. Im Umweltgutachten 1978 war der Rat insbesondere aufgrund externer Gutachten zu dem Ergebnis gelangt, daß die Lebensmittelüberwachung in einer ganzen Reihe von Bereichen verbesserungsbedürftig ist, wenn sie modernen Anforderungen genügen soll (SRU, 1978, Tz. 924—928; Tz. 1619—1646).

Insbesondere sind vom Rat kritisiert worden:

— Die unterschiedliche Organisation der Lebensmittelüberwachung in den einzelnen Bundesländern und die Aufsplitterung und Überlagerung von Zuständigkeiten und Kompetenzen auf fachlicher und organisatorischer Ebene;

— die Weitmaschigkeit des Netzes der Verdachtsprobenahme;

— die fehlende Standardisierung von Probenahmeplänen, eine Grundvoraussetzung für den Vergleich von Daten unterschiedlicher Herkunft;

— die häufig unzureichende Qualifikation der Probenehmer;

- der geringe Anteil von Stichproben in der Erzeugungs- bzw. Herstellungsstufe von Lebensmitteln und der unnötig hohe Anteil von Stichproben in Lebensmitteln, die im Verkehrsablauf so weit fortgeschritten sind, daß der Verursacher einer Kontamination kaum noch ermittelt werden kann;
- die geringe Standardisierung analytischer Methoden und die u. a. daraus resultierende geringe Aussagekraft und Vergleichbarkeit analytischer Ergebnisse;
- die unzureichende Zahl statistisch auswertbarer bzw. repräsentativer Untersuchungen;
- die an Zahl und Höhe unzureichenden Sanktionen bei Verstößen gegen lebensmittelrechtliche Bestimmungen.

Die geringe statistische Aussagekraft des aus heterogenen Probenahmeplänen und Verdachtsproben stammenden, bei der ZEBS des BGA gesammelten Datenmaterials wird auch in den zusammenfassenden Berichten der ZEBS immer wieder betont (z. B. WEIGERT et al., 1984).

1276. Der Rat hat im Umweltgutachten 1978 (Tz. 1634—1639) verschiedene Empfehlungen ausgesprochen, um die Lebensmittelüberwachung im Hinblick auf Konzeption und Leistungsfähigkeit zu verbessern. Insbesondere wurde vom Rat gefordert,

- die Zweckmäßigkeit einer fachübergreifenden Organisationsform zu prüfen;
- kleinere Untersuchungsämter zu größeren, leistungsfähigeren Anstalten zusammenzulegen;
- schwierige analytische Probleme in dafür spezialisierten Anstalten schwerpunktmäßig bearbeiten zu lassen;
- Probenahmepläne bundesweit zu standardisieren;
- verstärkt Proben auf der Stufe der Primärproduktion eines Lebensmittels zu ziehen;
- Lebensmittelimporte grenznah und verstärkt zu überwachen;
- die Spurenanalytik zu verbessern;
- bei Strafverfolgungsbehörden und Gerichten speziell geschulte Sachbearbeiter zur wirksameren Verfolgung von Zuwiderhandlungen gegen lebensmittelrechtliche Bestimmungen einzusetzen.

Eine ausreichende strukturelle und konzeptionelle Verbesserung der Lebensmittelüberwachung wurde mit einem Mehraufwand von ca. 40 Mio DM pro Jahr, d. h. einer Steigerung der jährlichen Kosten für die Lebensmittelüberwachung von 1,30 DM auf 2 DM pro Einwohner, beziffert (SRU, 1978, Tz. 1632).

1277. In der Vorbereitungsphase des Umweltgutachtens 1987 hat der Rat ein weiteres Gutachten vergeben. In diesem Gutachten sollte u. a. untersucht werden,

- wie die derzeitige Organisation, Konzeption und die Leistungsfähigkeit der Lebensmittelüberwachung zu beurteilen sind;
- wieweit die Kritik und die Empfehlungen des Rates von 1978 heute noch gültig sind;
- ob die bisher eingeleiteten Maßnahmen zur Umsetzung der Empfehlungen des Rates ausreichend sind;
- welche der heute noch ungelösten Probleme vorrangig gelöst werden müssen;
- welche Kosten voraussichtlich mit den für notwendig erachteten Verbesserungen verbunden sein werden.

Die Gutachter stellten fest, daß offizielle Daten über die Lebensmittelüberwachung in der Bundesrepublik Deutschland kaum vorhanden sind. Eine bundesweite **offizielle** Datenbasis wurde jedoch von den Gutachtern als eine unabdingbare Voraussetzung für eine objektive Zustandsbeschreibung und Bewertung der Lebensmittelüberwachung angesehen.

1278. Der Rat hält eine Bestandsaufnahme der Organisation, Konzeption und Leistungsfähigkeit der Lebensmittelüberwachung aus umweltpolitischer Sicht für unverzichtbar. Er setzt sich für diese längst fällige Bestandsaufnahme unter Einbeziehung der zuständigen Bund-Länder-Gremien und des Bundesgesundheitsamtes und im Einvernehmen mit den Ländern ein. Nur auf der Basis umfassender Daten ist eine sachliche und sachgerechte Beurteilung der Lebensmittelüberwachung möglich.

Falls erforderlich, sollte die Bundesregierung von der in §§ 44f. LMBG festgelegten Ermächtigung Gebrauch machen, weitere Rechtsverordnungen zur Förderung einer einheitlichen Durchführung der Lebensmittelüberwachung zu erlassen.

Nach Auffassung des Rates sollten die Zuständigkeiten dahingehend vereinheitlicht werden, daß jeweils dem für das Gesundheitswesen zuständigen Minister die Dienstaufsicht für die gesamte Lebensmittelüberwachung obliegt. Durch eine solche Regelung können Zielkonflikte zwischen Gesundheitsschutz und anderen, z. B. ökonomischen Interessen offengelegt und besser ausgetragen werden.

2.5.4 Situation und Trends der Belastung von Lebensmitteln durch Verunreinigungen

2.5.4.1 Organohalogenverbindungen in Frauenmilch

1279. Im menschlichen Fettgewebe sind Organohalogenverbindungen gespeichert, die vornehmlich durch den Verzehr tierischer Fette aufgenommen werden. Sie werden während der Stillperiode mobilisiert und gehen in die Frauenmilch über. Unter den zahlreichen Stoffen, die analysiert wurden, fanden Hexachlorbenzol (HCB), β-Hexachlorcyclohexan (β-HCH), 1,1,1-Trichlor-2,2-bis-(4-chlorphenyl)ethan (DDT) und polychlorierte Biphenyle (PCB) besondere Beachtung (THIER, 1987). Neuerdings wurden auch halogenierte Dibenzodioxine und Dibenzofurane (PCDD/PCDF) in die Untersuchungen einbezogen und in nennenswerten Mengen gefunden.

2.5.4.1.1 Chlororganische Pestizide und polychlorierte Biphenyle (PCB)

Gegenwärtige Situation der Kontamination

1280. Über die gegenwärtige Situation der Kontamination durch HCB, β-HCH, DDT und PCB gibt Tabelle 2.5.2 Auskunft. Es handelt sich um die 1985 an der Bundesanstalt für Milchforschung in Kiel durchgeführten Untersuchungen an 617 Frauenmilchproben, die sowohl im Hinblick auf Regionen als auch städtische bzw. ländliche Gebiete als repräsentative Gesamtstichprobe für die Bundesrepublik Deutschland zu werten sind (HAHNE et al., 1986a). Neben den genannten Stoffen wurden α-HCH und γ-HCH, Heptachlorepoxid, Dieldrin und 1,1-Dichlor-2,2-bis(4-chlorphenyl)ethan (DDD), ein Metabolit des DDT, nachgewiesen.

1281. Die individuelle Spannweite der Kontaminationswerte ist groß, sie liegt z. B. bei HCB zwischen 0,04 und 1,80 mg/kg Milchfett. Die Häufigkeitsverteilung ist linksasymmetrisch, wodurch der Medianwert meist niedriger ist als der arithmetische Mittelwert. So beträgt der Medianwert für HCB 0,43 und der arithmetische Mittelwert 0,50 mg/kg Milchfett (Tab. 2.5.2). Die Ergebnisse der Bundesanstalt für Milchforschung wurden durch die Untersuchungsergebnisse der Landesuntersuchungsanstalten und Untersuchungsämter von Baden-Württemberg und der Gesellschaft für Strahlen- und Umweltforschung bestätigt (THIER, 1987).

1282. Die Frauenmilch von Vegetarierinnen ist geringer mit Organohalogenverbindungen belastet, was auf die viel geringere Kontamination pflanzlicher als tierischer Nahrungsmittel mit Organohalogenverbindungen zurückzuführen ist (HAHNE et al., 1986a; THIER, 1987). Über längere Zeit gestillte Kinder haben im Fettgewebe deutlich höhere Organohalogenkonzentrationen als weniger gestillte oder künstlich ernährte (HEESCHEN et al., 1986).

1283. Die zuständige Senatskommission der Deutschen Forschungsgemeinschaft veröffentlichte 1984 für die wichtigsten in Frauenmilch vorkommenden Pestizide und für PCB ‚Duldbare Konzentrationen' (DFG, 1984), wobei jeweils von der Stoffdosis ausgegangen wurde, oberhalb derer im langfristigen Tierversuch mit nachteiligen Wirkungen gerechnet werden muß (NOEL, vgl. Tz. 1656). Ferner wurde den Berechnungen die Annahme zugrunde gelegt, daß ein 4 Monate alter Säugling mit einem Körpergewicht von 6,6 kg durchschnittlich täglich 850 ml Frauenmilch mit einem Fettgehalt von 34,5 g (über die ersten 4 Lebensmonate gemittelt) aufgenommen hat.

Zur Berechnung der Duldbaren Konzentrationen wurden die dem NOEL entsprechenden Stoffkonzentrationen durch Sicherheitsfaktoren von 1 000, 100 bzw. 10 dividiert (Tab. 2.5.3). Zur Bedeutung von Sicherheitsfaktoren wird in Tz. 1657 ff. ausführlich Stellung genommen. Durch die Verwendung von mehreren Sicherheitsfaktoren, die sich um einen Faktor von 100 unterscheiden, wird deutlich, daß die Risikoabschätzung im Falle der Frauenmilch außerordentlich schwierig ist. Wesentliche Gründe für diese besonderen Schwierigkeiten werden in Abschnitt 3.1.4.7 erörtert.

Tabelle 2.5.2

Persistente Chlorkohlenwasserstoffe in Frauenmilch 1985
(617 Proben; Angaben in mg/kg Milchfett)

Summe der Einzelhäufigkeiten in %	HCB	β-HCH	DDT+ DDE*)	PCB	PCB × 0,6
5	0,17	0,05	0,36	0,90	0,54
10	0,20	0,06	0,43	1,15	0,69
30	0,32	0,10	0,69	1,55	0,93
50	0,42	0,14	0,91	2,06	1,23
70	0,57	0,19	1,19	2,70	1,62
90	0,94	0,29	1,77	4,03	2,41
95	1,09	0,38	2,08	5,27	3,16
Min.	0,04	0,02	0,19	0,32	0,19
Mittelwert	0,50	0,17	1,03	2,42	1,45
Median	0,43	0,14	0,89	2,10	1,26
Max.	1,80	1,83	6,68	12,42	7,45

*) 1,1-Dichlor-2,2-bis(4-chlorphenyl)ethen (DDE), ein Metabolit des DDT
Quelle: HAHNE et al., 1986a

Tabelle 2.5.3

Gegenüberstellung berechneter Duldbarer Konzentrationen und in Frauenmilch gemessener Konzentrationen chlororganischer Pestizide und PCB für einen vier Monate alten Säugling *)

Substanz	Duldbare Konzentration (mg/kg Milchfett)			Rückstände (mg/kg Milchfett)	
	Sicherheitsfaktor			Medianwerte	
	1 000	100	10	1984	1985
HCB	0,011	0,11	1,15	0,44	0,42
ß-HCH	0,014	0,14	1,41	0,15	0,14
ges. DDT	0,096	0,96	9,57	0,94	0,91
PCB	0,019	0,19	1,91	2,29 **)	2,06 **)

*) Mittleres Körpergewicht: 6,6 kg über die ersten vier Lebensmonate
  gemittelte tägliche Aufnahme an Frauenmilch: 850 ml mit 34,5 g Milchfett
**) Nicht korrigierter Wert auf der Basis von Clophen A 60
Quelle: DFG, 1984; modifiziert von HAHNE et al., 1986a

In Tabelle 2.5.3 sind die Medianwerte der in einer großen Zahl von Milchproben gemessenen Konzentrationen chlororganischer Pestizide und PCB den Duldbaren Konzentrationen dieser Stoffe gegenübergestellt. Dabei wird deutlich, daß bei den PCB die Medianwerte der gemessenen Konzentrationen, d. h. die Hälfte aller Proben, die Duldbare Konzentration selbst dann überschreiten, wenn nur ein Sicherheitsfaktor von 10 zugrundegelegt wird. Für PCB wie für andere komplexe Stoffgemische müssen jedoch größere Sicherheitsfaktoren als 10 veranschlagt werden (Abschn. 3.1.2.3.4). Im Falle eines Sicherheitsfaktors von 100 würden die Konzentrationen von mehr als der Hälfte aller Proben um das 10-fache über der Duldbaren Konzentration liegen.

Auch die Medianwerte für HCB, ß-HCH und Gesamt-DDT erreichen oder überschreiten die Duldbaren Konzentrationen, wenn ein Sicherheitsfaktor von 100 — wie allgemein üblich — zugrunde gelegt wird, d. h. auch bei diesen Stoffen wird von der Hälfte oder mehr aller Milchproben die Duldbare Konzentration überschritten.

Zur Einführung von Summenparametern für diese Stoffe wird auf frühere Aussagen des Rates (SRU, 1985, Tz. 1122 und 1159 ff.) und auf Tz. 1789 verwiesen.

Entwicklung der Situation seit 1980

1284. Ergebnissen der Chemischen Landesuntersuchungsanstalten von Baden-Württemberg zufolge sind die arithmetischen Mittelwerte von HCB, ß-HCH und Gesamt-DDT in der Zeit von 1980 bis 1984 deutlich zurückgegangen (Tab. 2.5.4).

HAHNE et al. (1986a) bestätigten diesen Trend anhand von Daten aus der gesamten Bundesrepublik Deutschland aus den Jahren 1981 bis 1985. Die abnehmende Tendenz bei DDT ist auf das Verbot dieser Verbindung vor mehr als 10 Jahren zurückzuführen.

Tabelle 2.5.4

**Organochlorverbindungen in Frauenmilch
Mittelwerte (mg/kg Fett) in den Jahren 1980—1984 in Baden-Württemberg**

Jahr	1980	1981	1982	1983	1984
Zahl der Proben	113	551	763	766	1 423
HCB	0,99	0,79	0,70	0,54	0,46
α-HCH	0,01	0,01	0,01	0,01	0,01
ß-HCH	0,20	0,14	0,16	0,11	0,12
Lindan	0,03	0,03	0,05	0,04	0,04
Gesamt-DDT	1,77	1,51	1,20	1,17	1,10
Dieldrin	0,01	0,01	0,01	0,01	0,01
Heptachlorepoxid	0,03	n. n.	0,01	0,01	0,01
PCB (Clophen A 60)	3,20	1,41	2,03	2,12	2,13

Quelle: THIER, 1987

1285. Die polychlorierten Biphenyle (PCB) nehmen im Gegensatz zu den meisten chlororganischen Pestiziden nicht ab. Bei den PCB handelt es sich um ein Gemisch von 209 Einzelverbindungen, entsprechend den verschiedenen Chlorierungsstufen und den jeweiligen Stellungsisomeren. BALLSCHMITER und ZELL (1980) versahen die verschiedenen Einzelkomponenten mit Ordnungsziffern. In Frauenmilch werden überwiegend die in Tabelle 2.5.5 angegebenen sechs PCB-Komponenten nachgewiesen. Sie werden als analytische Leitsubstanzen verwendet. Durch ein Berechnungsverfahren kann aus der Summe dieser Stoffe die Gesamtmenge an PCB, bezogen auf das technische PCB-Gemisch Clophen A 60, abgeschätzt werden (BECK und MATHAR, 1985; THIER, 1987).

Abbildung 2.5.1

Polychlorierte Biphenyle in Frauenmilch in der Bundesrepublik Deutschland 1985

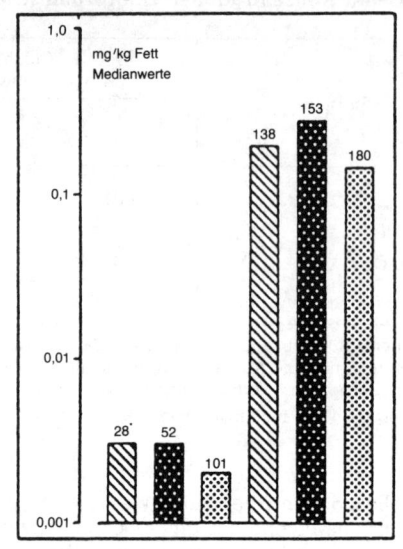

★ Ordnungsziffer ★ vgl. Tab. 2.5.5

Quelle: HAHNE et al., 1986 b

Tabelle 2.5.5

Wichtige polychlorierte Biphenyle in Frauenmilch

Substanz	Ordnungs-ziffer
2,4,4'-Trichlorbiphenyl	28
2,5,2',5'-Tetrachlorbiphenyl	52
2,4,5,2',5'-Pentachlorbiphenyl	101
2,3,4,2',4',5'-Hexachlorbiphenyl	138
2,4,5,2',4',5'-Hexachlorbiphenyl	153
2,3,4,5,2',4',5'-Heptachlorbiphenyl ..	180

Quelle: BECK und MATHAR, 1985 (verändert)

1286. HEESCHEN et al. (1986) untersuchten das Verhalten dieser Komponenten in der Nahrungskette Futtermittel — Rohmilch — Frauenmilch (Tab. 2.5.6). Die PCB-Komponenten Nr. 138, 153 und 180 reichern sich in Frauenmilch deutlich an, nicht so die Komponenten Nr. 28, 52 und 101. Danach machen die Komponenten Nr. 138 und 153 in Frauenmilch 40% aller PCB aus. Die unterschiedlich starke Anreicherung der PCB-Hauptkomponenten (Abb. 2.5.1) kommt teils durch die unterschiedliche Fettlöslichkeit der PCB-Komponenten, teils dadurch zustande, daß die PCB beim Durchgang durch die Nahrungskette in unterschiedlichem Maße metabolisiert werden und sich dadurch etwa 40% nicht im Fett anreichern. Deshalb wird vielfach auch eine nachträgliche Korrektur des auf Clophen A 60 bezogenen PCB um den Faktor 0,6 vorgenommen (vgl. Tab. 2.5.2; THIER, 1987).

Tabelle 2.5.6

Polychlorierte Biphenyle in der Nahrungskette Futtermittel — Herdensammelmilch — Frauenmilch 1983/85
(arithmetische Mittelwerte)

PCB-Komponente (Ordnungsziffer)*)	Futtermittel (mg/kg Trockensubstanz)	Rohmilch (mg/kg Fett)	Frauenmilch (mg/kg Fett)	Relation (Futtermittel = 1)		
28	0,001	0,003	0,009	1	3	9
52	0,002	0,011	0,01	1	5	5
101	0,002	0,009	0,006	1	4	3
138	0,002	0,016	0,238	1	8	119
153	0,001	0,017	0,331	1	17	331
180	0,001	0,009	0,184	1	9	184
Summe	0,008	0,065	0,779	1	8	97
Clophen A 60 ..	0,015	0,140	2,495	1	9	166

*) siehe Tabelle 2.5.5
Quelle: HEESCHEN et al., 1986

2.5.4.1.2 Polychlorierte Dibenzodioxine und Dibenzofurane

1287. Neuere Untersuchungen ergaben Verunreinigungen mit polychlorierten Dibenzodioxinen (PCDD) und Dibenzofuranen (PCDF) in Frauen- und Kuhmilch (Tab. 2.5.7). Aufgrund ihres ubiquitären Vorkommens, ihrer zumeist geringen Abbaubarkeit und hohen Fettlöslichkeit reichern sie sich in der Nahrungskette an. Es handelt sich dabei um eine Vielzahl von Derivaten, die an unterschiedlichen Positionen des Moleküls halogeniert sind und deren Toxizität große Unterschiede aufweist. Sie werden vor allem im Fettgewebe gespeichert und gelangen damit in das Milchfett.

Insbesondere die Verbindungen mit 4 und mehr Halogenatomen werden nur sehr langsam aus dem Organismus ausgeschieden. Deshalb dauert es beim 2,3,7,8-Tetrachlordibenzodioxin etwa 5 Jahre, bis die Hälfte der Substanz aus dem Organismus verschwindet (GEYER et al., 1986). Untersuchungen über das Vorkommen von PCDD und PCDF in der Frauenmilch sind wegen der geringen Konzentrationen, der großen Zahl (75 bzw. 135) schwer abtrennbarer Einzelsubstanzen und der Störmöglichkeiten durch Begleitstoffe usw. schwierig und können nur in Speziallaboratorien durchgeführt werden. Daher ist bisher nur eine relativ geringe Anzahl von Frauenmilchproben untersucht worden.

1288. Aus der Bundesrepublik Deutschland liegen gegenwärtig die Ergebnisse von etwa 130 Proben vor. Sie sind in den Tabellen 2.5.7–2.5.9 dargestellt. Daraus wird ersichtlich, daß 2,3,7,8-TCDD, das als giftigster Vertreter dieser Stoffklasse angesehen wird, nur in Mengen vorkommt, die im Bereich der Nachweisgrenze liegen (Frauenmilchproben aus Seveso enthielten zum Vergleich 80–980 ng 2,3,7,8-TCDD/kg Milchfett (REGGIANI, 1981). Andere, weniger toxische Verbindungen liegen in relativ hohen Konzentrationen vor.

1289. Die gesundheitliche Bewertung dieser Verunreinigungen ist gegenwärtig schwierig, da die meisten der nachgewiesenen Verbindungen nur unzureichend toxikologisch untersucht worden sind. Daher wird ihre Gefährlichkeit hilfsweise mit Äquivalentfaktoren abgeschätzt (Ontario Ministry of the Environment, 1985; UBA, 1985). Diese Faktoren stammen zumeist aus in vitro-Versuchen und sollen die relative Wirksamkeit einer Substanz im Vergleich zu der des 2,3,7,8-TCDD im verwendeten Testsystem angeben. Inwieweit diese aus in vitro-Testsystemen gewonnenen Daten auf das intakte Tier oder den Menschen übertragbar sind, ist eine offene Frage. Zumindest lassen pharmakokinetische Gesichtspunkte erwarten, daß die Anwendung der Äquivalentfaktoren eher zu einer Überschätzung der Gefährlichkeit führt als zu einer Unterschätzung.

Tabelle 2.5.7

Polychlorierte Dibenzodioxine (PCDD) und Dibenzofurane (PCDF) in Kuhmilch und Frauenmilch*)
Werte aus Berlin in ng/kg Milchfett

Substanz	Kuhmilch (8 Proben)			Frauenmilch (30 Proben)				
	Min.	Max.	MW	Min.	Max.	MW	ÄF	ÄK*)
2,3,7,8-TCDF	<0,1	1,4	0,27	1,1	5,8	2,5	0,5	1,25
2,3,7,8-TCDD	<0,2	0,33	<0,2	1,6	6,9	3,4	1	3,4
1,2,3,7,8-PCDF	<0,2	0,40	<0,2		3,2	1	0,5	0,5
2,3,4,7,8-PCDF	0,8	2,9	1,4	7,2	48	20	0,5	10
1,2,3,7,8-PCDD	<0,7	1,2	0,8	6,3	35	15	0,01	0,15
1,2,3,4,7,8-HxCDF	0,26	1,9	0,8	3,4	17	8,5	0,1	0,85
1,2,3,6,7,8-HxCDF	0,18	2,1	0,8	2,6	14	7,8	0,1	0,78
2,3,4,6,7,8-HxCDF	0,37	1,8	0,7	1,0	9,5	3,0	0,1	0,3
1,2,3,4,7,8-HxCDD	0,09	0,36	0,3	4,6	33	12	0,1	1,2
1,2,3,6,7,8-HxCDD	0,32	1,9	1,2	26	126	59	0,1	5,9
1,2,3,7,8,9-HxCDD	0,23	0,55	0,4	4,6	19	11	0,1	1,1
1,2,3,4,6,7,8-HpCDF	<0,5	<0,5	<0,5	2,9	15	8,5	0,01	0,085
1,2,3,4,6,7,8-HpCDD	<2	<2	<2	10	120	61	0,01	0,61
OCDF	<1	<1	<1		8	3	0,0001	0,0003
OCDD	<10	<10	<10	120	1 300	530	0,0001	0,053
Summe								26,2

MW = Mittelwert
ÄF = Äquivalentfaktor (Ontario Ministry of the Environment, 1985)
ÄK = Äquivalentkonzentration
*) SRU, eigene Berechnungen

Quelle: BECK et al., 1987

Tabelle 2.5.8 **PCDD und PCDF in Frauenmilch**
(Analyse von 92 Proben*))
(ng/kg Milchfett)

Substanz	MW**)	Bereich	ÄF	ÄK***)
1,2,3,4,6,7,8,9-OCDD	181,2	13 − 664	0,0001	0,01812
1,2,3,4,6,7,8-HpCDD	49,9	11 − 174	0,01	0,499
1,2,3,4,7,8-HxCDD	8,1	<1 − 24	0,1	0,81
1,2,3,6,7,8-HxCDD	32,7	6 − 123	0,1	3,27
1,2,3,7,8,9-HxCDD	6,4	<1 − 21	0,1	0,64
1,2,3,7,8-PCDD	10,7	<1 − 40	0,01	0,107
2,3,7,8-TCDD	<5	−	1	−
1,2,3,4,6,7,8,9-OCDF	22,8	<1 − 86	0,0001	0,00228
1,2,3,4,6,7,8-HpCDF	6,4	<1 − 20	0,01	0,064
1,2,3,4,7,8-HxCDF	8,2	1 − 28	0,1	0,82
1,2,3,6,7,8-HxCDF	6,6	1 − 25	0,1	0,66
2,3,4,6,7,8-HxCDF	3,3	1 − 9	0,1	0,33
1,2,3,7,8-PCDF	1,8	<1 − 7	0,5	0,9
2,3,4,7,8-PCDF	22,9	<1 − 67	0,5	11,45
2,3,7,8-TCDF	2,6	<1 − 9	0,5	1,3
Summe				20,870

ÄF = Äquivalentfaktor (Ontario Ministry of the Environment, 1985)   Quelle: FÜRST et al., 1987
ÄK = Äquivalentkonzentration
*) Einigen Substanzwerten liegen weniger als 92 Proben zugrunde (n = 33 − 91)
**) Werte unterhalb der Nachweisgrenze wurden bei der Berechnung der Mittelwerte nicht berücksichtigt
***) SRU, eigene Berechnungen

Tabelle 2.5.9

PCDD und PCDF-Werte in Frauenmilchproben aus der Bundesrepublik Deutschland
(Analyse von 5 Proben)
(ng/kg Milchfett)

Substanz	MW	Bereich	ÄF	ÄK*)
2,3,7,8-TCDD	1,9	1,3− 3,3	1	1,9
1,2,3,7,8-PCDD	12,6	9 − 18	0,01	0,126
1,2,3,4,7,8-HxCDD 1,2,3,6,7,8-HxCDD 1,2,3,7,8,9-HxCDD	23,4	15 − 28	0,1	2,34
1,2,3,4,6,7,8-HpCDD	72,8	48 − 89	0,01	0,728
OCDD	434	168 −623	0,0001	0,0434
2,3,7,8-TCDF	5,4	4,0− 8,0	0,5	2,7
2,3,4,7,8-PCDF	36,4	24 − 54	0,5	18,2
1,2,3,4,7,8-HxCDF 1,2,3,6,7,8-HxCDF 2,3,4,6,7,8-HxCDF	26	13 − 36	0,1	2,6
1,2,3,4,6,7,8-HpCDF	9,2	4 − 12	0,01	0,092
OCDF	2,4	1 − 4	0,0001	0,0002
Summe				28,7296

ÄF = Äquivalentfaktor (Ontario Ministry of the Environment, 1985)   Quelle: RAPPE et al., 1986.
ÄK = Äquivalentkonzentration
*) SRU, eigene Berechnungen

Bei der Berechnung der täglich von einem Säugling beim Stillen aufgenommenen 2,3,7,8-TCDD-Äquivalentmenge müssen die Trinkmenge und der Fettgehalt der Frauenmilch berücksichtigt werden. Bei einem vier Monate alten Säugling (Tz. 1283) und bei einer Aquivalentkonzentration von 26 ng/kg Milchfett bedeutet dies eine tägliche Aufnahme von 136 pg an 2,3,7,8-TCDD-Äquivalenten pro kg Körpergewicht. Dieser Wert liegt erheblich über der Menge von 1 pg 2,3,7,8-TCDD/kg Körpergewicht, die als Vorläufige Duldbare Tägliche Aufnahmemenge für den Erwachsenen angesehen wird (Tz. 1250).

1290. Die im mütterlichen Fettgewebe gespeicherten Stoffe werden durch das Stillen mit dem Milchfett ausgeschleust. Dadurch nimmt sowohl ihre Konzentration im Fettgewebe der Frau als auch im Milchfett ab. Dies ist auch der Grund, weshalb Milchproben von Müttern, die ihr zweites Kind stillten, um durchschnittlich 20—30 % geringere Konzentrationen von PCDD und PCDF enthielten als von Müttern, die zum erstenmal stillten (FÜRST et al., 1987).

1291. Die ‚WHO Consultation on Organohalogen Compounds in Human Milk and Related Health Hazards' kam im Januar 1985 bei einer Tagung zu dem Schluß, daß der Mensch nicht zu den Spezies gehört, die auf PCDD und PCDF besonders empfindlich reagieren, und daß kein Grund besteht, bei Müttern das Stillen einzuschränken oder zu beenden (TARKOWSKI und YRJÄNHEIKKI, 1986). Die WHO-Experten erachteten aber weitere Untersuchungen als notwendig; deshalb entwickelte das ‚Regionale Büro der WHO für Europa' ein Arbeitsprogramm, um relevante Daten zur Erforschung von Gesundheitsrisiken bei Kindern zu erhalten. Es beinhaltet u. a. die Untersuchung von Dioxin- und Furangehalten in Frauenmilch verschiedener geographischer Regionen. Daraus soll sich eine epidemiologische Studie über Gesundheitsrisiken durch Belastung mit PCB, PCDD und PCDF ableiten (TARKOWSKI und YRJÄNHEIKKI, 1986). Der Rat verweist auf die Problematik solcher Studien (Tz. 1644 ff. und 1791). Er unterstützt aber dieses Vorhaben, weil ein dringender Bedarf besteht, die Auswirkungen der Frauenmilchkontamination durch PCDD und PCDF auf die Gesundheit der Kinder abzuschätzen.

1292. Im Gegensatz zur Frauenmilch ist die Rückstandssituation der persistenten halogenierten Kohlenwasserstoffe, insbesondere der PCDD und PCDF in Kuhmilch erheblich günstiger (Tab. 2.5.7). Dies ist vor allem dadurch zu erklären, daß die Verbindungen bei ständiger Milchproduktion, wie dies bei Kühen der Fall ist, fortwährend mit dem Milchfett ausgeschieden werden und damit im Körperfett geringere Konzentrationen vorliegen.

Die Daten zur Verunreinigung von Kuhmilch durch PCDD/PCDF in Tabelle 2.5.7 (n = 8) reichen für eine Abschätzung der durchschnittlichen Aufnahme dieser Stoffe beim Konsum von Kuhmilch nicht aus. Die mögliche Bedeutung der Kuhmilchkontamination läßt sich mit folgender Modellrechnung abschätzen: Bei einer Konzentration von 2,3,7,8-TCDD in Höhe der Nachweisgrenze von 0,2 ng/kg Milchfett (vgl. Tab. 2.5.7) würde ein Erwachsener mit einem Körpergewicht von 70 kg bei einem durchschnittlichen täglichen Konsum von 0,2 l Milch (vgl. Tab. 2.5.13) mit einem Fettgehalt von 3,5 % ca. 1,3 pg TCDD pro Tag, d. h. knapp 2 % des derzeit diskutierten DTA-Wertes für 2,3,7,8-TCDD (Tz. 1250) aufnehmen.

2.5.4.1.3 Empfehlungen

1293. Die DFG-Kommission zur Prüfung von Rückständen in Lebensmittel hielt 1983 weiter daran fest, den Nutzen des Stillens zumindest in den ersten Lebensmonaten höher einzuschätzen als ein möglicherweise vorhandenes Risiko durch chlororganische Pestizide und PCB (DFG, 1984). Nach 4—6 Monaten verliert dieser Vorteil jedoch zunehmend an Bedeutung, während das Risiko fortbesteht. Deshalb riet man Müttern, die länger als 6 Monate stillen wollten, ihre Milch untersuchen zu lassen. Sie konnten dann anhand von Richtwerten feststellen, ob das Stillen besser zu unterlassen sei.

Bei den sowohl von der DFG als auch von HAHNE et al. (1986a) (Tz. 1284) durchgeführten Überlegungen wurde aufgrund der damaligen Datenlage die wichtige Stoffgruppe der polychlorierten Dibenzodioxine und Dibenzofurane nicht berücksichtigt. Angesichts der Toxizität dieser Substanzen und der Tatsache, daß über längere Zeit gestillte Kinder im Fettgewebe deutlich erhöhte Rückstandskonzentrationen enthalten (Tz. 1282), müssen die Empfehlungen der DFG zum Stillen neu überdacht werden.

1294. Gegenwärtig ist die gesundheitliche Bedeutung der hohen Gehalte an PCDD und PCDF in Frauenmilchproben schwer zu beurteilen. Dies liegt einerseits an der geringen Zahl der untersuchten Proben, vor allem aber an der wissenschaftlich unbefriedigenden Festlegung und damit Anwendung der 2,3,7,8-TCDD-Äquivalentfaktoren zur Abschätzung der Toxizität dieser Verbindungen. Zur besseren Beurteilung der Belastung der Frauenmilch durch Dibenzodioxine und Dibenzofurane sind nach Meinung des Rates die folgenden Maßnahmen vordringlich durchzuführen:

— Untersuchung des Gehaltes an persistenten Organohalogenverbindungen, insbesondere von PCDD und PCDF sowie ihrer bromierten Derivate in einer repräsentativen Anzahl von Frauenmilchproben;

— Identifizierung der Ursachen für die Verunreinigung, Auffinden der Quellen und Erarbeitung von Vorschlägen zur nachhaltigen Verminderung des Eintrags dieser Stoffe in die Umwelt;

— Intensivierung der Forschung zur Toxizität der polyhalogenierten Dibenzodioxine und Dibenzofurane zur besseren Abschätzung der gesundheitlichen Konsequenzen ihres Vorkommens in der Frauenmilch.

1295. Im Hinblick auf die neuen Daten über das Vorkommen von Dibenzodioxinen und Dibenzofuranen in Frauenmilch hält es der Rat für erforderlich, die Vor- und Nachteile des Stillens und den Zeitraum, während dessen gestillt werden sollte, erneut zu bewerten.

2.5.4.2 Schwermetalle in Lebensmitteln

2.5.4.2.1 Einleitung

1296. Der Mensch nimmt Metalle und Metallverbindungen hauptsächlich mit Nahrungsmitteln und Getränken und in der Regel nur zu einem geringen Teil mit der Atemluft auf. Deshalb hat sich in den letzten Jahren das Interesse der Öffentlichkeit zunehmend der Frage zugewandt, inwieweit durch moderne Produktionsmethoden in der Landwirtschaft Lebensmittel durch Schwermetalle kontaminiert sind. Im Gegensatz zur Situation bei vielen biologisch abbaubaren Pflanzenschutz- und Tierarzneimitteln läßt sich bei den Schwermetallen keine Minderung der Rückstände in Lebensmitteln durch Festsetzung von Wartezeiten erreichen. Deshalb kommt der Überwachung und Bewertung der Schwermetallbelastung der Lebensmittel und in erster Linie der Verminderung des Eintrags eine besondere Bedeutung zu. Bewohner der Bundesrepublik Deutschland, einem relativ kleinen hochindustrialisierten Land mit hoher Bevölkerungsdichte, nehmen im Vergleich zu anderen Ländern mit die höchsten Mengen an Cadmium auf (Tz. 1772; BERNARD und LAUWERYS, 1986; SHERLOCK, 1984). Auch die Blei-Kontamination der Lebensmittel in der Bundesrepublik ist von Bedeutung. Die Belastungen der Nahrung mit Quecksilber, Arsen und Thallium werden im Durchschnitt als gering und unbedenklich für den Menschen erachtet (SRU, 1985, Tz. 1156ff.). Bei häufigem Verzehr von Fischen kann allerdings die Aufnahme von Quecksilber und Arsen erheblich sein (WEIGERT, 1987a).

1297. Die Kontamination von Lebensmitteln durch Blei und Cadmium erfolgt überwiegend mit dem Staubniederschlag auf den Wegen Luft — Pflanzen oder Luft — Boden — Pflanzen.

Bei Blei dominiert der Kfz-Verkehr als Quelle der Immission bei weitem. Andere wichtige Wege des Eintrags von Blei und Cadmium in landwirtschaftliche Böden sind die Aufbringung von schwermetallhaltigen Mineraldüngern und Klärschlämmen. Die Cadmium-Gehalte im Boden liegen normalerweise bei 0,2—0,5 mg/kg Trockenmasse (UBA, 1982). Die Cadmium-Gehalte in Klärschlämmen variieren stark, liegen jedoch meist etwa zehnfach über diesen Werten. Die in der Bundesrepublik Deutschland verwendeten Phosphatdünger weisen je nach geographischer Herkunft der Rohphosphate sehr unterschiedliche Cadmium-Gehalte auf (vgl. SRU, 1985, Tz. 807ff.). Durch die Düngephosphate errechnet sich für die Bundesrepublik Deutschland ein durchschnittlicher Gesamteintrag von ungefähr 30 t Cadmium pro Jahr, bei allerdings sinkender Tendenz. Flußablagerungen als Folge von Überflutungen tragen zur Schwermetallbelastung von Böden in Flußauen erheblich bei (SAUERBECK, 1985; SRU, 1985, Tz. 703ff.; VDI, 1984).

Die Bleiemissionen durch den Kfz-Verkehr führen zu weiträumigen oberflächlichen Kontaminationen von Pflanzen durch bleihaltige Staubpartikel. Bei den für den menschlichen Verzehr bestimmten Pflanzen kann ein großer Teil dieser Kontamination durch Waschen entfernt werden. Bei Cadmium überwiegt die Aufnahme durch Pflanzen aus dem Boden. Es wird in die Pflanzen aufgenommen und kann durch Putzen und Waschen praktisch nicht entfernt werden. Die direkte Kontamination von Pflanzen aus der Luft hat nur in der Nähe von Cadmiumemittenten größere Bedeutung. Bei den Lebensmitteln tierischer Herkunft stammt ein Großteil der Belastung durch Blei oder Cadmium aus Futterpflanzen und geht somit ebenfalls auf Kontaminationswege über Pflanzen zurück. Der Anteil von Cadmium in Pflanzen an der Cadmiumaufnahme des Menschen wird auf 80 % geschätzt (KÖNIG, 1986).

1298. Eine wesentliche Rolle für die Gehalte von Schwermetallen in Lebensmitteln spielen die Konzentrationen, die Mobilität und die Pflanzenverfügbarkeit der Schwermetalle im Boden. Cadmium ist im Boden wesentlich mobiler als Blei, hingegen sind die Bleigehalte in Böden im Durchschnitt mindestens zehnmal höher. Die Mobilität und die Pflanzenverfügbarkeit der Schwermetalle werden wesentlich durch die bodenchemischen Eigenschaften, insbesondere vom pH-Wert sowie vom Humus- und Tongehalt der Böden beeinflußt. Die Pflanzenverfügbarkeit wird auch durch die Herkunft der Schwermetalle, d. h. Art und Stärke der chemischen Bindung der Schwermetalle beeinflußt. Aufnahme und Anreicherung der Schwermetalle in Pflanzen sind je nach Pflanzenart sehr unterschiedlich. Auch gelangen die Schwermetalle in unterschiedlichem Maße in die für den menschlichen Verzehr oder für Futtermittel bestimmten Pflanzenteile (vgl. SAUERBECK, 1985; SRU, 1985, Tz. 703ff.; VDI, 1984). Eine Vorhersage über die Kontamination von Lebensmitteln ist aus diesen Gründen anhand der Schwermetallkonzentration im Boden allein nur sehr begrenzt möglich. Daher wird auch ein allgemein gültiger Richtwert für Cadmium im Boden (derzeit 3 mg/kg) der Vielfalt der Bedingungen nicht gerecht (SRU, 1985, Tz. 717).

1299. Der weitaus größte Teil der heute zugänglichen Daten über die Belastung mit Blei und Cadmium stammt aus den Laboratorien der amtlichen Lebensmittelüberwachung der Bundesländer. Die Proben wurden bisher zumeist nicht nach repräsentativen Gesichtspunkten gezogen, sondern nach an den gesetzlichen Aufgaben orientierten Probenahmeplänen oder als Verdachtsproben. Deshalb lassen die vorliegenden Untersuchungsergebnisse keine repräsentativen Aussagen über die Belastungssituation der Lebensmittel mit Schwermetallen zu. Eine bundesweite Repräsentativuntersuchung ist zwar geplant, ihre Finanzierung jedoch nicht gesichert. Lediglich für Brotgetreide (Weizen und Roggen) ist die Datensituation günstiger, da die Bundesforschungsanstalt für Getreide- und Kartoffelverarbeitung in Detmold seit etwa 10 Jahren repräsentative Schwermetalluntersuchungen durchführt (Abschn. 2.5.2.4 und 2.5.3.2).

1300. Die Fehlermöglichkeiten bei der anorganischen Spurenanalyse sind vielfältig und betreffen Kontaminationsmöglichkeiten bei der Probennahme sowie unterschiedliche Meßergebnisse infolge uneinheitlicher Verfahrensschritte bei der Vorbereitung der Proben (MÜLLER und KALLISCHNIGG, 1983). Letzteres macht sich insbesondere bei der Bestimmung von Blei in einigen pflanzlichen Lebensmitteln bemerkbar, da sich teilweise bis zu 80 % des Bleianteils durch gründliches Waschen entfernen lassen (KLEIN, 1982).

2.5.4.2.2 Blei

1301. Aufbauend auf der Datenbasis der Zentralen Erfassungs- und Bewertungsstelle für Umweltchemikalien (ZEBS) des Bundesgesundheitsamtes sind in Tabelle 2.5.10 die Bleigehalte verschiedener pflanzlicher und tierischer Lebensmittel dargestellt. Trotz der zentralen Sammlung und Auswertung können die Daten aus den in Abschnitt 2.5.2.4 und 2.5.3.2 erörterten Gründen nicht als repräsentativ für die Bundesrepublik Deutschland angesehen werden.

Nach Gesamtverzehruntersuchungen wird Blei zu einem relativ großen Anteil über Gemüse, insbesondere Blattgemüse aufgenommen (KAMPE, 1983). Da die oberirdisch wachsenden Nutzpflanzen mit Blei überwiegend über die Luft und weniger über die Aufnahme aus dem Boden belastet werden, läßt sich die Kontamination durch Waschen, Schälen oder Entfernen der äußeren Blätter stark vermindern (KLEIN, 1982; SRU, 1985, Tz. 1153). Die Richtwerte der ZEBS für Blei liegen bei 2,0 mg/kg Frischgewicht für Grünkohl, bei 0,8 mg/kg für anderes Blattgemüse, wie z. B. Kopfsalat und Porree, und bei 0,25 mg/kg für Wurzelgemüse. In gewaschenen Gemüseproben aus sieben Duisburger Gartenanlagen wurde der Richtwert für Grünkohl in den meisten Gartenanlagen annähernd erreicht und z. T. deutlich überschritten. Bei anderem Blattgemüse wurde der Richtwert nur in einer Anlage annähernd erreicht und in den übrigen Anlagen blieben die Konzentrationen z. T. deutlich darunter. Bei Wurzelgemüse wurde der Richtwert in zwei Anlagen annähernd erreicht und in einer Anlage überschritten (KÖNIG, 1986).

Blei ist im Getreidekorn bevorzugt in den äußeren Randschichten gespeichert. Deshalb weisen Mehle mit einem geringen Ausmahlungsgrad geringere Blei-Gehalte auf und schalenreiche Nachmehle und Kleie einen bis zu 10-fach höheren Schwermetallgehalt als helles Mehl (DFG, 1980).

Tabelle 2.5.10

Bleigehalte in Lebensmitteln
(Angaben in mg/kg Frischgewicht)

Lebensmittel	Median $\tilde{x}$	Mittelwert $\bar{x}$	98-Perzentil	Anzahl der Proben
Reis	0,030	0,060	0,483	139
Roggen	0,060	0,074	0,234	317
Weizen	0,028	0,035	0,118	888
Kartoffeln	0,025	0,042	0,183	557
Blattgemüse	0,060	0,166	1,023	1 286
Wurzelgemüse	0,030	0,054	0,361	943
Gemüsekonserven	0,250	0,289	1,000	235
Tomatenmark	1,600	2,620	12,500	160
Kernobst	0,034	0,052	0,265	755
Steinobst	0,030	0,059	0,402	311
Obstkonserven	0,250	0,473	2,400	435
Wein	0,101	0,106	0,260	110
Bier	0,022	0,040	0,230	746
Milch	0,002	0,006	0,025	864
Kondensmilch	0,060	0,175	2,180	323
Eier	0,100	0,127	0,620	74
Rindfleisch	0,020	0,045	0,408	962
Schweinefleisch	0,005	0,037	0,456	471
Rinderleber	0,240	0,297	1,058	873
Schweineleber	0,080	0,112	0,469	555
Rinderniere	0,270	0,304	0,909	791
Schweineniere	0,050	0,104	0,509	542
Hühner	0,025	0,081	0,528	200
Wurstwaren	0,050	0,078	0,356	1 313
Süßwasserfische	0,050	0,073	0,286	369
Seefische	0,102	0,172	0,860	138
Fischkonserven	0,130	0,301	3,300	460

Quelle: WEIGERT, 1987 a

Bei Nahrungsmitteln tierischen Ursprungs findet sich Blei in größeren Konzentrationen praktisch nur in den Innereien von Rindern. Als Möglichkeit der Blei-Anreicherung in den Nutztieren ist mehr der Kontaminationsweg über Futtermittel als über die Atemluft anzusehen (SRU, 1985, Tz. 1153). Insbesondere sind hier Eiweißfuttermittel und Eiweißkonzentrate für Mischfutter verantwortlich.

Die deutlich erhöhten Blei-Gehalte in Kondensmilch und Fischdauerkonserven sind auf die Sekundärkontamination durch die verwendeten gelöteten Weißblechdosen zurückzuführen und nicht auf vorkontaminiertes Füllgut. Auch die Verpackung von Obst und Gemüse in gelöteten Konservendosen stellt ein besonderes Problem dar (Tab. 2.5.10). In vielen Fällen sind die Blei-Werte eingedoster Lebensmittel drei- bis viermal höher als in der entsprechenden unverpackten frischen Ware, obwohl durch die industrielle Vorbereitung der Lebensmittel sogar eine Blei-Verminderung in den eßbaren Teilen bis zu 80 % zu erwarten wäre (WEIGERT, 1987 a).

Die Blei-Gehalte der meisten Getränke sind niedrig, wobei bei Bier die Abhängigkeit vom verwendeten Wasser beim Bierbrauen von Bedeutung ist.

1302. Wie aus einer Zusammenstellung der ZEBS hervorgeht, waren die Bleigehalte in Lebensmitteln im Jahre 1984 in den meisten Fällen deutlich niedriger als 1979 (Tab. 2.5.11). So gingen z. B. bei Milch, Blatt- und Wurzelgemüse und Kernobst die Bleigehalte um 70 % und mehr zurück. Bei den inländischen Brotsorten hat der mittlere Bleigehalt von 1978 bis 1982 etwa um die Hälfte abgenommen (Tab. 2.5.12). Dieser Rückgang wird auf die Verminderung des Blei-Gehaltes der Kraftstoffe seit den siebziger Jahren zurückgeführt. Anderen Berichten zufolge ist der Blei-Gehalt der Nahrung in den letzten Jahren nicht nennenswert zurückgegangen (DFG, 1983a). Offensichtlich spielt hier die Probennahme eine entscheidende Rolle, da nur ein geringer Prozentsatz der landwirtschaftlichen Nutzfläche von der Blei-Emission der Kraftfahrzeuge direkt betroffen ist.

Tabelle 2.5.12

Bleigehalte*) inländischer Brotsorten 1978 und 1982

(mg/kg frisches Brot)

Brotsorte	1978 (n)	1982 (n)
Weizen(mehl)	0,024 (19)	0,010 (15)
Toast	0,021 (15)	0,011 (25)
Weizenschrot Weizenvollkorn	0,030 (21)	0,015 (13)
Weizenkeim	0,030 (2)	0,014 (5)
Weizenmisch	0,032 (60)	0,016 (43)
Roggenmisch	0,041 (20)	0,019 (10)
Roggenschrot	0,059 (20)	—
„Alternative Brote"	—	0,020 (24)

(n) = Probenzahl
*) Mittelwerte
Quelle: OCKER et al., 1983

Tabelle 2.5.11

Vergleich von Auswertungsergebnissen der Jahre 1979 und 1984 für Blei und Cadmium in bestimmten Lebensmitteln

Lebensmittel	Blei (mg/kg)				Cadmium (mg/kg)			
	1979		1984		1979		1984	
	$\bar{x}$	$\tilde{x}$	$\bar{x}$	$\tilde{x}$	$\bar{x}$	$\tilde{x}$	$\bar{x}$	$\tilde{x}$
Milch	0,019	?	0,006	0,002	0,001	?	0,009	0,002
Rindfleisch	0,070	0,025	0,045	0,020	0,016	0,006	0,010	0,005
Süßwasserfisch	0,124	0,090	0,073	0,050	0,020	0,010	0,032	0,015
Roggen	0,041	?	0,074	0,060	?	?	0,016	0,013
Weizen	?	?	0,035	0,028	0,035	?	0,056	0,046
Kartoffeln	0,075	0,060	0,042	0,025	0,050	0,042	0,033	0,028
Blattgemüse	0,620	0,320	0,166	0,060	0,044	0,028	0,041	0,021
Wurzelgemüse	0,205	0,153	0,054	0,030	0,023	0,020	0,041	0,029
Kernobst	0,071	0,070	0,052	0,034	0,010	0,005	0,008	0,003

$\bar{x}$ = arithmetischer Mittelwert
$\tilde{x}$ = Medianwert (50-Perzentil)
? = Wert unbekannt bzw. nicht mehr nachvollziehbar
Quelle: WEIGERT, 1987 a

Blei in Trinkwasser

1303. Die Bleikonzentrationen im Trinkwasser können sehr unterschiedlich sein, je nachdem, ob die Konzentrationen bei der Abgabe ab Wasserwerk oder am Zapfhahn des Verbrauchers gemessen werden. Angaben der Trinkwasser-Datenbank des Bundesgesundheitsamtes BIBIDAT zufolge, die sich auf die Trinkwasserversorgung von ca. 10 Mio Einwohnern ab Wasserwerk beziehen, werden 92,5 % der Einwohner mit Trinkwasser versorgt, das 5 µg Blei/l oder weniger enthält. An 2 % der Einwohner wird Trinkwasser mit 5–10 µg Blei/l, an 5,5 % der Einwohner Trinkwasser mit 10–20 µg/l abgegeben (WOLTER, 1980). Am Zapfhahn des Verbrauchers wurden jedoch sehr viel höhere Konzentrationen festgestellt: SCHÖN et al. (1982) geben bei 994 im ganzen Bundesgebiet gemessenen Proben als Mittelwert 17 µg Blei/l, als 95-Perzentil 92 µg/l und als Maximalwert 1112 µg/l an. Nach der Trinkwasserverordnung liegt der Grenzwert für Blei bei 40 µg/l.

1304. Ursache der erhöhten Bleikonzentrationen im Trinkwasser am Zapfhahn sind in erster Linie Hausanschlußleitungen und Hausinstallationen aus Blei, die vorwiegend in Altbauten anzutreffen sind. Nach vorläufigen Schätzungen gibt es in der Bundesrepublik Deutschland noch 300- bis 500 000 Hausanschlußleitungen aus Blei (WAGNER und KUCH, 1981). Die Zahl der Hausinstallationen aus Blei dürfte noch größer sein: MEYER und ROSSKAMP (1987) schätzen den Anteil der Einwohner in der Bundesrepublik Deutschland, die Trinkwasser aus bleihaltigen Hausinstallationen beziehen, auf ca. 10 % der Bevölkerung, d. h. ca. 6 Mio Menschen. Nach bestehender Rechtslage sind die Wasserwerke für die Trinkwasserqualität bis zur Wasseruhr zuständig. Dies schließt die Verantwortung für Beeinträchtigungen der Trinkwasserqualität durch Hausanschlußleitungen, nicht aber durch Hausinstallationen hinter der Wasseruhr ein.

1305. Der Übergang von Blei aus Bleirohren auf das Trinkwasser wird von einer Reihe von Faktoren bestimmt, insbesondere von der Wasserbeschaffenheit (Calcium- und Carbonatkonzentration, pH-Wert), Länge und Alter der Bleirohre sowie von den Entnahmegewohnheiten. Besonders hohe Bleikonzentrationen werden vor allem nach längeren Stagnationszeiten des Trinkwassers in der Leitung, z. B. über Nacht, gefunden. Deshalb wird häufig als eine einfache Maßnahme empfohlen, vor Gebrauch das Trinkwasser eine Weile ablaufen zu lassen.

Zweifellos können auf diese Weise häufig Spitzenkonzentrationen von mehreren hundert µg Blei/l entfernt werden. Eine Garantie für die Unterschreitung des Grenzwertes von 40 µg/l ist dies jedoch nicht: So wurden bei bleihaltigen Trinkwasserleitungen von ca. 20 m Länge auch nach Ablaufen von 100–200 l Wasser noch Bleikonzentrationen von 50–70 µg/l nachgewiesen (KROH, 1985). ARTS et al. (1985) fanden bei Untersuchungen in einem Berliner Altbauwohnblock Grenzwertüberschreitungen nicht nur am Morgen, sondern auch nach kürzeren Stagnationszeiten über den Tag verteilt. Grenzwertüberschreitungen können im Extremfall bereits nach Stagnationszeiten von 20–30 min auftreten (ARTS et al., 1985; MORISKE et al., 1986).

1306. Neben Bleirohren sind verzinkte Stahlrohre eine weitere Kontaminationsquelle des Trinkwassers durch Blei. Schätzungen gehen davon aus, daß 40–60 % der Hausinstallationen aus verzinkten Stahlrohren unterschiedlichen Alters bestehen. Blei ist zwar als Verunreinigung in der Zinkschicht zu weniger als 0,8 % enthalten, jedoch gehen infolge der Korrosion des Zinks auch merkliche Bleimengen in das Wasser über, wobei der Grenzwert für Blei überschritten werden kann. Allerdings werden die für Bleirohre bekannten extrem hohen Bleikonzentrationen nicht erreicht (MEYER und ROSSKAMP, 1987).

Abschätzung der Aufnahme von Blei auf dem Nahrungswege

1307. Die Aufnahme von Blei auf dem Nahrungswege wird sowohl vom Kontaminationsgrad als auch von den Verzehrmengen der kontaminierten Lebensmittel bestimmt. In Tabelle 2.5.13 sind die durchschnittlichen wöchentlichen Verzehrmengen für eine Reihe wichtiger Lebensmittel und die mit dem Verzehr verbundenen Aufnahmemengen von Blei bei durchschnittlicher Bleibelastung der Lebensmittel dargestellt. Die für die Bundesrepublik Deutschland ermittelten durchschnittlichen wöchentlichen Verzehrmengen wurden nach der Warenkorbmethode ermittelt (DGE, 1980). Bei der Verwendung dieser Daten ist zu berücksichtigen, daß mit der Warenkorbmethode die tatsächliche Aufnahme von Schwermetallen nicht exakt wiedergegeben wird, weil die Schadstoffreduzierung durch Putzen und Schälen bestimmter Lebensmittel nicht berücksichtigt wird. Dies gilt vor allem für Blei, weniger für Cadmium. Ein Teil der nach der Warenkorbmethode ermittelten eingekauften Lebensmittel wird nicht verzehrt, sondern weggeworfen oder dient anderen Zwecken. So werden z. B. Lebensmittel tierischen Ursprungs, insbesondere Innereien, auch als Tierfutter für Hunde und Katzen verwendet. Weiterhin birgt die Betrachtung der Durchschnittswerte den Nachteil, daß individuelle Verzehrgewohnheiten unberücksichtigt bleiben und damit die Schadstoffbelastung des Einzelnen wesentlich höher oder niedriger sein kann. Auf der Basis der durchschnittlichen Verzehrmengen und der Daten über die durchschnittliche Kontamination der Lebensmittel wurde die durchschnittliche wöchentliche Aufnahmemenge für Blei ermittelt. Bei den Berechnungen wurden auch Getränke erfaßt. Für Männer wurde ein Trinkwasserverbrauch von ca. 0,65 l und für Frauen von ca. 0,54 l pro Tag sowie eine Bleibelastung in Höhe des Grenzwertes der Trinkwasserverordnung (0,04 mg/l) angenommen. Da nicht für jedes Einzellebensmittel brauchbare Konzentrationsangaben vorlagen, wurde ausgehend von den vorhandenen Aufnahmedaten proportional auf 100 % Warenkorb hochgerechnet (WEIGERT, 1987a). Nur die wichtigsten der vorhandenen Daten sind in Tabelle 2.5.13 aufgeführt.

Die Lebensmittel müssen sowohl hinsichtlich ihres absoluten Anteils an der Bleiaufnahme als auch hinsichtlich ihres relativen Beitrags, d. h. im Vergleich zu ihrem Anteil am Lebensmittelkorb beurteilt werden.

Der Anteil von Bier an der gesamten Bleiaufnahme ist mit ca. 20 % absolut gesehen relativ hoch, ist jedoch, verglichen mit dem Anteil von Bier am Lebensmittelkorb (27 %), unterdurchschnittlich.

1308. Auf der Basis der für 100 % Lebensmittelkorb errechneten durchschnittlichen Bleiaufnahme (Tab. 2.5.13) wurde die prozentuale „Auslastung" der Vorläufigen Duldbaren Täglichen Aufnahmemenge für Blei errechnet (Tab. 2.5.14). In dieser Berechnung ist auch die Aufnahme von Blei durch Trinkwasser enthalten. Dabei wurde mangels repräsentativer Daten der Grenzwert der Trinkwasserverordnung eingesetzt (WEIGERT et al., 1984).

Der Vorläufige DTA-Wert liegt bei 0,5 mg Blei pro Tag für eine 70 kg schwere Person bzw. bei 0,05 mg/kg Körpergewicht/Woche (WHO, 1978; vgl. auch Abschn. 2.5.2.2). Frauen nehmen infolge etwas anderer Verzehrgewohnheiten im Durchschnitt weniger Blei auf als Männer (WEIGERT, 1987 a; WEIGERT et al., 1984). Wenn Lebensmittel in Höhe der „Richtwerte 86" der ZEBS für Blei belastet sind, wird der Vorläufige DTA-Wert bei Frauen nahezu erreicht, bei Männern überschritten.

1309. Roggen, Blattgemüse, Gemüse- und Obstkonserven, Wein, Kondensmilch, Eier, Wurstwaren, Seefische und Fischkonserven tragen zur Bleiaufnahme stärker bei als ihrem Anteil am Lebensmittelkorb entspricht, da sie überdurchschnittlich belastet sind. Auch Rinderleber und -niere sind hier zu nennen, allerdings liegt ihr Beitrag zur Bleiaufnahme weit unter 1 %. Die vier genannten Lebensmittelkonserven tragen im Mittel zu 15,2 % zur Bleiaufnahme bei, obwohl ihr Anteil am Lebensmittelkorb mit 2,6 % ver-

Tabelle 2.5.13

Wöchentliche Bleiaufnahme der männlichen Bevölkerung mit der Nahrung*)

Lebensmittel (Auswahl)	Verzehrmenge pro Woche (kg)		Bleiaufnahme pro Woche (mg)				
			Median		Mittelwert		98-Perzentil
Reis	0,0392	(0,2)	0,0012	(0,1)	0,0024	(0,2)	0,0189
Roggen	0,4449**)	(1,7)	0,0160	(1,7)	0,0198	(1,5)	0,0625
Weizen	1,5774**)	(6,1)	0,0265	(2,9)	0,0331	(2,5)	0,1117
Kartoffeln	1,2327	(4,8)	0,0308	(3,3)	0,0518	(3,8)	0,2256
Blattgemüse	0,1897	(0,7)	0,0114	(1,2)	0,0315	(2,3)	0,1941
Wurzelgemüse	0,0791	(0,3)	0,0024	(0,3)	0,0043	(0,3)	0,0286
Gemüsekonserven	0,3507	(1,4)	0,0877	(9,4)	0,1014	(7,5)	0,3507
Kernobst	0,3269	(1,3)	0,0111	(1,2)	0,0170	(1,3)	0,0866
Steinobst	0,0980	(0,4)	0,0029	(0,3)	0,0058	(0,4)	0,0394
Obstkonserven	0,1183	(0,5)	0,0296	(3,2)	0,0560	(4,2)	0,2839
Wein	0,6062	(2,4)	0,0612	(6,6)	0,0643	(4,8)	0,1576
Bier	6,9909	(27,2)	0,1538	(16,6)	0,2796	(20,8)	1,6079
Milch	1,2481	(4,9)	0,0025	(0,3)	0,0075	(0,6)	0,0312
Kondensmilch	0,1190	(0,5)	0,0071	(0,8)	0,0208	(1,5)	0,2594
Eier	0,3549	(1,4)	0,0355	(3,8)	0,0451	(3,4)	0,2200
Rindfleisch	0,1722	(0,7)	0,0034	(0,4)	0,0077	(0,6)	0,0703
Schweinefleisch	0,3920	(1,5)	0,0020	(0,2)	0,0145	(1,1)	0,1788
Rinderleber	0,0052	(0,02)	0,0012	(0,1)	0,0015	(0,1)	0,0055
Schweineleber	0,0118	(0,05)	0,0009	(0,1)	0,0013	(0,1)	0,0055
Rinderniere	0,0017	(0,007)	0,0005	(0,05)	0,0005	(0,04)	0,0015
Schweineniere	0,0039	(0,02)	0,0002	(0,02)	0,0004	(0,03)	0,0020
Hühner	0,1428	(0,6)	0,0036	(0,4)	0,0116	(0,9)	0,0754
Wurstwaren	0,4508	(1,8)	0,0225	(2,4)	0,0352	(2,6)	0,1605
Süßwasserfische	0,0111	(0,04)	0,0006	(0,06)	0,0008	(0,06)	0,0032
Seefische	0,0400	(0,2)	0,0041	(0,4)	0,0069	(0,5)	0,0344
Fischkonserven	0,0868	(0,3)	0,0113	(1,2)	0,0261	(1,9)	0,2864
Summe	15,0943	(58,7)	0,5300	(57,1)	0,8469	(62,9)	—
100 % Lebensmittelkorb	25,70	(100)	0,9287	(100)	1,3459	(100)	—

*) Zahlen in Klammern sind Prozentangaben, bezogen auf 100 % Lebensmittelkorb
**) Die angegebenen Verzehrmengen gelten für Brot und Backwaren; die Verzehrmengen von Roggen und Weizen sind ca. 40 % niedriger

Quelle: SRU (nach WEIGERT, 1987 a)

Tabelle 2.5.14

Wöchentliche Aufnahmemengen von Blei und Cadmium auf dem Nahrungswege und prozentuale „Auslastung" der Vorläufigen Duldbaren Täglichen Aufnahmemengen (DTA)

		Blei		Cadmium	
		Wöchentliche Aufnahmemenge	Prozentuale Auslastung des DTA-Werts	Wöchentliche Aufnahmemenge	Prozentuale Auslastung des DTA-Werts
		(mg)	(%)	(mg)	(%)
Mann (70 kg)	$\bar{x}$	1,3459	38,4	0,2963	56,4
	$\tilde{x}$	0,9287	26,5	0,1975	37,6
	RW	4,266	121,9	0,9571	182,3
Frau (58 kg)	$\bar{x}$	0,8912	30,7	0,2267	52,1
	$\tilde{x}$	0,6333	21,8	0,1593	36,6
	RW	3,283	93,8	0,7634	145,4

$\bar{x}$ = berechnet über arithm. Mittelwerte der Lebensmittel
$\tilde{x}$ = berechnet über Medianwerte der Lebensmittel
RW = berechnet über Richtwerte und Höchstmengen der Lebensmittel
Quelle: SRU (nach WEIGERT, 1987a)

gleichsweise gering ist. Demnach muß die Bleikontamination von Lebensmittelkonserven künftig stärkere Beachtung finden als bisher.

1310. Die Tatsache, daß der Vorläufige DTA-Wert für Blei im Durchschnitt „nur" zu 20—40 % ausgeschöpft wird, ist kein Grund zur Beruhigung. Zwar werden die Werte in Tabelle 2.5.14 bei überdurchschnittlichem Verzehr gering kontaminierter Lebensmittel unterschritten; mit Überschreitungen dieser Werte muß jedoch gerechnet werden, wenn regelmäßig überdurchschnittlich kontaminierte Lebensmittel verzehrt werden, z. B. aus eigenem Anbau von pflanzlichen Lebensmitteln in unmittelbarer Nähe stark befahrener Straßen oder wenn durchschnittlich belastete Lebensmittel in überdurchschnittlichen Mengen verzehrt werden.

Abschätzungen dieser Art wurden im Rahmen einer repräsentativen Untersuchung zur Schwermetallbelastung von Bier durchgeführt. Der durchschnittliche tägliche Konsum von 1 Liter Bier (vgl. Tab. 2.5.13) mit einem durchschnittlichen Bleigehalt von 0,042 mg/l trägt bei einem Erwachsenen von 70 kg Gewicht zu ca. 8 % zur Auslastung des Vorläufigen DTA-Wertes bei. Bei einem maximalen Bleigehalt von 0,71 mg/l wird bereits bei durchschnittlichem täglichen Bierkonsum von 1 Liter der Vorläufige DTA-Wert um das 1,4-fache überschritten (KALLISCHNIGG et al., 1982).

Tomatenmark ist von allen Lebensmitteln am höchsten belastet (Tab. 2.5.10). Die durchschnittliche Verzehrmenge pro Woche ist nicht bekannt, vermutlich aber sehr gering. Nach Verzehr von 20 g durchschnittlich belastetem Tomatenmark wird der Vorläufige DTA-Wert zu 10 %, bei hoch belastetem Tomatenmark zu 50 % erreicht.

1311. Kinder werden durch Blei in der Nahrung stärker belastet als Erwachsene, da Kinder erstens mehr Nahrung, bezogen auf das Körpergewicht aufnehmen als Erwachsene und zweitens Blei zu 40—50 % und somit mindestens fünfmal stärker resorbieren als Erwachsene.

Kleinkinder, die in Häusern mit Trinkwasserleitungen aus Blei leben, sind besonders hoch exponiert, erstens wegen der hohen Bleikonzentration im Trinkwasser, zweitens wegen ihres dreimal höheren Flüssigkeitsbedarfs, bezogen auf das Körpergewicht. Einer Abschätzung von ARTS et al. (1986) auf der Basis gemessener Bleikonzentrationen im Trinkwasser zufolge wird bei einer Reihe von Kindern die Vorläufige Duldbare Tägliche Aufnahmemenge von Blei überschritten. Der Bleigehalt im Trinkwasser aus Häusern mit Bleirohren kann dabei 30—80 % der aufgenommenen Bleimenge ausmachen.

1312. Wie bereits erwähnt, muß zwischen der aufgenommenen und der resorbierten, d. h. biologisch verfügbaren Menge eines Stoffs unterschieden werden (Tz. 1244 und Abschn. 3.1.4.5.1). Zur Abschätzung der jeweiligen Mengen für verschiedene Aufnahmewege wurden bei Nahrungsmitteln die Werte von Tabelle 2.5.14 (abzüglich Trinkwasser; Daten von Männern und Frauen gemittelt), beim Trinkwasserkonsum ein Schätzwert von 1,5 l/Tag (SELENKA, 1982) und beim Bleigehalt des Trinkwassers ein Mittelwert von 17 µg/l zugrundegelegt (Tz. 1303).

Betrachtet man die aufgenommene Menge von Blei, so stehen Nahrungsmittel als Aufnahmeweg bei weitem im Vordergrund (Tab. 2.5.15): Bei einer geschätzten Gesamtbelastung eines Erwachsenen von 176 µg/Tag beträgt der Anteil der mit Nahrungsmitteln aufgenommenen Menge ca. 136 µg (77%). Mit dem Trinkwasser werden im Mittel ca. 25 µg (14%) zugeführt, mit der Atemluft (15 m^3/Tag; 1 µg/m^3) im Mittel 15 µg (9%). Unter der Annahme, daß sowohl der Immissionsgrenzwert IW 1 von 2 µg Blei/m^3 als auch der Trinkwasser-Grenzwert von 40 µg Blei/l voll ausgeschöpft werden, läßt sich eine tägliche Aufnahme von ca. 226 µg Blei für einen Erwachsenen berechnen. Davon entfallen wiederum 136 µg (60%) auf Nahrungsmittel, 60 µg (27%) auf Trinkwasser und 30 µg (13%) auf die Luft. OHNESORGE (1985) kommt aufgrund anderer Ausgangsdaten und Annahmen zu einer ca. 1,4-fach höheren Gesamtbelastung.

1313. Bei der Betrachtung der biologisch verfügbaren Bleimengen müssen die unterschiedlichen Resorptionsquoten von Blei berücksichtigt werden. Für feste Lebensmittel wird beim Erwachsenen eine Bleiresorption von 5–10% angenommen. Bei flüssigen Nahrungsmitteln kann die Resorptionsquote höher sein, so daß für Nahrungsmittel insgesamt eine Resorption von 10% realistisch ist (OHNESORGE, 1985). Nimmt man für Blei im Trinkwasser eine Resorptionsquote von 20% und für Blei in der Luft 35% Resorption an, so gelangt man zu folgender Verteilung der durchschnittlichen biologisch verfügbaren Bleimengen pro Tag: Nahrungsmittel ca. 14 µg (58%), Trinkwasser. 5 µg (21%) und Luft ca. 5 µg (21%). Bei Ausschöpfung des Immissionsgrenzwertes IW 1 und des Grenzwertes der Trinkwasserverordnung für Blei würde man folgende Verteilung erhalten: Nahrungsmittel ca. 14 µg (39%), Trinkwasser ca. 12 µg (33%) und Luft ca. 10 µg (28%).

1314. Die resorbierten Bleimengen können allerdings nur sehr grob abgeschätzt werden, weil für die Resorptionsquoten der einzelnen Aufnahmewege der Streubereich der Angaben recht groß ist und die Resorption z. T. individuell unterschiedlich ist (Tz. 1244 und Abschn. 3.1.4.5); auf die höhere Bleiresorption bei Kindern wurde bereits hingewiesen (Tz. 1311). Trotz dieser Unsicherheiten kann die Schlußfolgerung gezogen werden, daß die Nahrungsmittel nicht nur hinsichtlich der aufgenommenen, sondern auch hinsichtlich der biologisch verfügbaren Bleimenge als Zufuhrweg dominieren und daß langfristig eine drastische Reduzierung der Bleiaufnahme durch den Menschen hauptsächlich im Bereich der Nahrungsmittel notwendig und möglich ist.

2.5.4.2.3 Cadmium

1315. Die Cadmiumgehalte verschiedener pflanzlicher und tierischer Lebensmittel sind in Tabelle 2.5.16 dargestellt. Wie bei Blei (Tab. 2.5.10) wurden diese überwiegend aus der amtlichen Lebensmittelüberwachung stammenden Daten bei der ZEBS gesammelt und ausgewertet; sie sind aber nicht als repräsentativ anzusehen.

Bei den Lebensmitteln pflanzlicher Herkunft weisen Spinat und Sellerie auffällig hohe Cadmiumgehalte auf. Dies kann damit erklärt werden, daß diese Gemüsearten Cadmium stark anreichern (BRÜNE, 1982; KÖNIG, 1986).

Besonders hohe Cadmium-Gehalte werden in Immissionsbelastungsgebieten gefunden. Bei einer Studie aus Duisburger Gartenanlagen wurden zumindest in Einzelfällen Überschreitungen um ein Mehrfaches des „Richtwertes 86" von 0,1 mg/kg Feuchtgewicht bei Blattgemüse beobachtet. Auch bei Sproß- und

Tabelle 2.5.15

Abschätzung der Bleiaufnahme durch Nahrungsmittel, Trinkwasser und Atemluft
(Geschätzte resorbierte Bleimengen in Klammern)

Aufnahmeweg	Durchschnittliche Aufnahmemenge		Aufnahmemenge bei Auslastung der Grenzwerte	
	(µg)	(%)	(µg)	(%)
Lebensmittel	136 (14)	77 (58)	136 (14)	60 (39)
Trinkwasser (1,5 l/Tag)				
(17 µg/l) *)	25 (5)	14 (21)	–	–
(40 µg/l) **)	–	–	60 (12)	27 (33)
Atemluft (15 m^3/Tag)				
(1 µg/m^3) *)	15 (5)	9 (21)	–	–
(2 µg/m^3) **)	–	–	30 (10)	13 (28)
Gesamt	176 (24)	100 (100)	226 (36)	100 (100)

*) Geschätzte durchschnittliche Konzentrationen
**) Grenzwert der Trinkwasserverordnung (1986) bzw. IW 1
Quelle: SRU, eigene Berechnungen (nach OHNESORGE, 1985)

Wurzelgemüse wurde in Einzelfällen der „Richtwert 86" von 0,1 mg/kg erreicht oder überschritten. Die Cadmium-Gehalte, die beim Grünkohl am höchsten waren (bis 0,37 mg/kg Feuchtgewicht im ungewaschenen und bis 0,20 mg/kg im gewaschenen Gemüse), erwiesen sich vorrangig von der Staubniederschlagsbelastung abhängig (KÖNIG, 1986).

Bei Nahrungsmitteln tierischer Herkunft wird Cadmium in hohen Konzentrationen in Niere und Leber gefunden, da sich das vom Tier aufgenommene Cadmium in diesen Organen anreichert. Dementsprechend sind die Cadmiumkonzentrationen in diesen Organen umso höher, je älter die Tiere sind. Fisch enthält durchschnittlich wenig Cadmium. Aus einem Bericht des Ministeriums für Landwirtschaft, Fischereiwesen und Nahrung in England (SHERLOCK, 1984) geht hervor, daß zum Verzehr geeignete Meerestiere bis zu 4,3 mg Cadmium pro kg enthalten können. Kuhmilch, Fleisch und Eier weisen in der Bundesrepublik Deutschland niedrige Gehalte an Cadmium auf. Untersuchungen Anfang und Mitte der siebziger Jahre (KNOWLES, 1974; SCHULTE-LÖBBERT und BOHN, 1977; YURCHAK und JUSKO, 1976) belegen, daß die Cadmium-Gehalte in der Frauenmilch mit 0,011−0,095 mg/kg etwa zehnfach höher sind als in der Kuhmilch. In neueren Berichten der DFG-Kommission zur Prüfung von Rückständen in Lebensmitteln werden für Frauenmilch mittlere Cadmiumkonzentrationen von 0,01−0,02 mg/kg angegeben. Für Kuhmilch werden eine mittlere Konzentration von 0,0015 mg/kg und ein Streubereich von 0,0005−0,070 mg/kg genannt (DFG, 1983a und 1984).

1316. Anders als bei Blei blieben die Cadmiumgehalte der Lebensmittel in den Jahren zwischen 1979 und 1984 insgesamt in etwa unverändert (Tab. 2.5.11). In den Cadmium-Gehalten der Lebensmittel ist kein Trend zu fallenden oder steigenden Werten zu erkennen. Auch die Analysenergebnisse für Cadmium im Getreide im Rahmen der „Besonderen Ernteermittlung" lassen diese Schlußfolgerung zu (LORENZ et al., 1986). Allerdings ist darauf hinzuweisen, daß bei einigen Lebensmitteln wie Milch, Süßwasserfisch und Wurzelgemüse ein deutlicher Anstieg der Cadmiumkonzentrationen zu verzeichnen ist. Aufgrund der zunehmenden Cadmium-Gehalte in den Böden der EG (CEC, 1981) und der Fähigkeit vieler Pflanzen, Cadmium aus dem Boden anzureichern (SHERLOCK, 1984), bedarf es einer besonders aufmerksamen Beobachtung möglicher Veränderungen in den kommenden Jahren.

Tabelle 2.5.16

Cadmiumgehalte in Lebensmitteln

(Angaben in mg/kg Frischgewicht)

Lebensmittel	Median $\tilde{x}$	Mittelwert $\bar{x}$	98-Perzentil	Anzahl der Proben
Reis	0,023	0,031	0,221	148
Roggen	0,013	0,015	0,045	319
Weizen	0,046	0,056	0,189	886
Kartoffeln	0,028	0,033	0,089	558
Blattgemüse	0,021	0,041	0,190	1 293
Spinat	0,073	0,232	2,300	94
Wurzelgemüse	0,029	0,041	0,170	962
Sellerie	0,740	0,675	1,900	88
Kernobst	0,004	0,008	0,037	723
Steinobst	0,003	0,008	0,046	298
Wein	0,004	0,005	0,022	108
Bier	0,001	0,005	0,033	120
Milch	0,002	0,009	0,025	2 822
Eier	0,006	0,010	0,200	76
Rindfleisch	0,005	0,010	0,099	146
Schweinefleisch	0,010	0,019	0,290	54
Rinderleber	0,090	0,115	0,460	859
Schweineleber	0,060	0,092	0,549	561
Rinderniere	0,400	0,664	3,289	807
Schweineniere	0,390	0,594	2,030	564
Hühner	0,011	0,034	0,208	202
Süßwasserfische	0,015	0,032	0,250	455
Seefische	0,010	0,015	0,050	136

Quelle: WEIGERT, 1987a

1317. Im Trinkwasser werden im Durchschnitt niedrige Cadmiumkonzentrationen gefunden. Wurden die Konzentrationen bei der Abgabe des Trinkwassers ab Wasserwerk gemessen, so erhielten bei einer Stichprobe von 10 Mio belieferten Einwohnern 97,5 % der Einwohner Trinkwasser mit einer Konzentration von 1 µg Cadmium oder weniger pro Liter (WOLTER, 1980). Bei 0,9 % der Proben lag die Cadmiumkonzentration bei 1—3 µg/l, bei 1,6 % der Proben bei 3—6 µg/l. Bei 1 018 im ganzen Bundesgebiet am Zapfhahn der Verbraucher entnommenen Trinkwasserproben wiesen 80 % Cadmiumkonzentrationen von weniger als 1 µg/l und 95 % weniger als 3 µg/l auf. Die maximale gemessene Konzentration lag bei 22 µg/l (SCHÖN et al., 1982). Der Grenzwert der Trinkwasserverordnung wurde 1986 von 6 µg/l auf 5 µg/l herabgesetzt. Mit vereinzelten Grenzwertüberschreitungen ist demnach bei Cadmium zu rechnen.

1318. Die überhöhten Cadmiumkonzentrationen sind großenteils auf cadmiumhaltige Rohrmaterialien zurückzuführen. So war in der Zinkschicht von verzinkten Stahlrohren bis 1978 ein Cadmiumgehalt bis zu 0,1 % zulässig. Bei ungünstiger Wasserbeschaffenheit wurden als Folge der Korrosion der Zinkschicht Cadmiumkonzentrationen von mehr als 10 µg/l gemessen. Dieser Situation wurde durch eine Senkung des zulässigen Cadmiumgehalts in der Zinkschicht auf 0,01 % in der DIN 2444 Rechnung getragen. Neue, normgerechte Rohre tragen mit höchstens 1 µg/l zur Cadmiumkonzentration des Trinkwassers bei (MEYER und ROSSKAMP, 1987).

Abschätzung der Aufnahme von Cadmium auf dem Nahrungswege

1319. Auf der Grundlage durchschnittlicher wöchentlicher Verzehrmengen der wichtigsten Lebensmittel wurden die mit dem Verzehr verbundenen Aufnahmemengen von Cadmium bei durchschnittlicher Cadmiumbelastung der Lebensmittel berechnet (Tab. 2.5.17). Die Berechnungsgrundlagen der nach der Warenkorbmethode ermittelten durchschnittlichen Verzehrmengen und die Limitationen dieser Vorgehensweise werden in Tz. 1307 erörtert.

Tabelle 2.5.17

Wöchentliche Cadmiumaufnahme der männlichen Bevölkerung mit der Nahrung*)

Lebensmittel (Auswahl)	Verzehrmenge pro Woche (kg)	Cadmiumaufnahme pro Woche (mg)		
		Medianwert	Mittelwert	98-Perzentil
Reis	0,0392 (0,2)	0,0009 (0,5)	0,0012 (0,4)	0,0087
Roggen	0,4449**) (1,7)	0,0035 (1,8)	0,0040 (1,3)	0,0120
Weizen	1,5774**) (6,1)	0,0435 (22,0)	0,0530 (17,9)	0,1789
Kartoffeln	1,2327 (4,8)	0,0354 (17,9)	0,0407 (13,7)	0,1097
Blattgemüse	0,1897 (0,7)	0,0040 (2,0)	0,0078 (2,6)	0,0360
Wurzelgemüse	0,0791 (0,3)	0,0023 (1,2)	0,0032 (1,1)	0,0134
Kernobst	0,3269 (1,3)	0,0013 (0,7)	0,0026 (0,9)	0,0121
Steinobst	0,0980 (0,4)	0,0003 (0,2)	0,0008 (0,3)	0,0045
Wein	0,6062 (2,4)	0,0024 (1,2)	0,0030 (1,0)	0,0133
Bier	6,9909 (27,2)	0,0070 (3,5)	0,0350 (11,8)	0,2307
Milch	1,2481 (4,9)	0,0025 (1,3)	0,0112 (3,8)	0,0312
Eier	0,3549 (1,4)	0,0021 (1,1)	0,0035 (1,2)	0,0710
Rindfleisch	0,1722 (0,7)	0,0009 (0,5)	0,0017 (0,6)	0,0170
Schweinefleisch	0,3920 (1,5)	0,0039 (2,0)	0,0074 (2,5)	0,1137
Rinderleber	0,0052 (0,02)	0,0005 (0,3)	0,0006 (0,2)	0,0024
Schweineleber	0,0118 (0,05)	0,0007 (0,4)	0,0011 (0,4)	0,0065
Rinderniere	0,0017 (0,007)	0,0007 (0,4)	0,0011 (0,4)	0,0056
Schweineniere	0,0039 (0,02)	0,0015 (0,8)	0,0023 (0,8)	0,0079
Hühner	0,1428 (0,06)	0,0016 (0,8)	0,0049 (1,7)	0,0297
Süßwasserfische	0,0111 (0,04)	0,0002 (0,1)	0,0004 (0,1)	0,0028
Seefische	0,0400 (0,02)	0,0004 (0,2)	0,0006 (0,2)	0,0020
Summe	13,9687 (54,4)	0,1147 (58,1)	0,1861 (62,8)	—
100 % Lebensmittelkorb	25,70 (100)	0,1975 (100)	0,2963 (100)	—

*) Zahlen in Klammern sind Prozentangaben, bezogen auf 100 % Lebensmittelkorb
**) Die angegebenen Verzehrmengen gelten für Brot und Backwaren; die Verzehrmengen von Roggen und Weizen sind 40 % niedriger

Quelle: SRU (nach WEIGERT, 1987a)

Von den Lebensmitteln mit wesentlichem Anteil am Lebensmittelkorb sind Weizen und Kartoffeln relativ hoch mit Cadmium belastet und tragen somit überdurchschnittlich zur Cadmiumaufnahme auf dem Nahrungswege bei. Von geringerer Bedeutung hinsichtlich des Lebensmittelkorbes, aber möglicherweise wichtig im Hinblick auf besondere Verzehrgewohnheiten ist die überdurchschnittliche Cadmiumbelastung von Reis, Blatt- und Wurzelgemüse sowie Leber und Niere von Schwein und Rind.

1320. Die Vorläufige Duldbare Tägliche Aufnahmemenge für Cadmium liegt bei 0,075 mg für eine 70 kg schwere Person bzw. bei 0,0075 mg/kg/Woche (WHO, 1978; vgl. auch Abschn. 2.5.2.2). Auf der Basis der in Tabelle 2.5.17 angegebenen Daten errechnet sich eine durchschnittliche prozentuale „Auslastung" des Vorläufigen DTA-Wertes von 40—60% (Tab. 2.5.14); sie ist somit noch höher als bei Blei. Frauen nehmen trotz etwas anderer Verzehrgewohnheiten im Durchschnitt fast ebenso viel Cadmium auf wie Männer, wenn die Aufnahme auf ein durchschnittliches Körpergewicht von 70 kg für Männer und 58 kg für Frauen bezogen wird (WEIGERT, 1987 a; WEIGERT et al., 1984). Wird eine Cadmiumbelastung der Lebensmittel in Höhe der „Richtwerte 86" der ZEBS zugrundegelegt, so überschreiten die errechneten Aufnahmemengen den Vorläufigen DTA-Wert deutlich.

1321. Da Kinder, bezogen auf ihr Körpergewicht mehr Lebensmittel und Trinkwasser zu sich nehmen als Erwachsene (OHNESORGE, 1985), ist wie bei Blei (Tz. 1311) davon auszugehen, daß dementsprechend die durchschnittliche Auslastung des Vorläufigen DTA-Wertes für Cadmium höher ist als in Tabelle 2.5.14 angegeben.

1322. Die im Durchschnitt hohe Auslastung des Vorläufigen DTA-Wertes für Cadmium gibt Anlaß zur Sorge. Besonders besorgniserregend ist insbesondere die im Vergleich zu anderen Lebensmitteln überdurchschnittliche Belastung von Grundnahrungsmitteln wie Weizen und Kartoffeln. Obwohl am Lebensmittelkorb nur zu 10,9% beteiligt, tragen diese Lebensmittel bei durchschnittlichem Verzehr bereits allein zu ca. 40% zur durchschnittlichen täglichen Cadmiumaufnahme bei; sind diese Lebensmittel hoch belastet (98-Perzentil, Tab. 2.5.16), so wird allein durch diese Lebensmittel bei durchschnittlichem Verzehr der Vorläufige DTA-Wert zu 55% erreicht.

1323. Durch besondere Ernährungsgewohnheiten kann es zumindest zu einer kurzfristigen Überschreitung der duldbaren Cadmium-Aufnahmemenge kommen. Beispielsweise kann mit einem einzigen Gericht, bestehend aus 200 g Nieren, fast das Dreifache der Vorläufigen DTA aufgenommen werden (Tab. 2.5.18). Selbst wenn dieses Gericht nur alle 2 Wochen verzehrt wird, so beträgt sein Anteil an der Vorläufigen DTA immerhin noch ca. 20%. Das Beispiel zeigt, wie problematisch die Verwendung von Daten über durchschnittliche Verzehrmengen (Tab. 2.5.13 und 2.5.17) für die Abschätzung der individuellen Belastung ist.

1324. Auch Rauchen erhöht die Cadmium-Aufnahme. Bedingt durch die höhere Resorptionsrate über die Lunge im Vergleich zum Gastro-Intestinaltrakt wird ein starker Raucher die doppelte Menge Cadmium zu sich nehmen als ihm aus der Nahrung zugeführt wird. Dementsprechend findet sich in den Nierenrinden von starken Rauchern doppelt so viel Cadmium wie bei Nichtrauchern (Tz. 1772; SUMMER et al., 1986). Starke Raucher, Liebhaber von Innereien und Wildpilzen sowie Bewohner von Immissionsbelastungsgebieten, die ihr Gemüse bevorzugt aus dem regionalen Anbau beziehen, sind demzufolge als Risikogruppen bezüglich der Cadmium-Belastung anzusehen.

Tabelle 2.5.18

Denkbare Cadmium-Belastung durch besondere Ernährungsgewohnheiten

Angenommener Verzehr/Woche	Zusätzl. Cd-Aufnahme/Woche
200 g Schweineniere (1 mg Cd/kg) ..	200 µg
200 g Schweineleber (0,15 mg Cd/kg)	20 µg
500 g Wildpilze (0,2 mg Cd/kg) .	100 µg

Quelle: UBA, 1982

1325. Beim Vergleich der verschiedenen Aufnahmewege von Cadmium muß zwischen der aufgenommenen und der resorbierten Cadmiummenge unterschieden werden (Tz. 1244 und Abschn. 3.1.4.5). Hinsichtlich der Abschätzung der einzelnen Aufnahmemengen gelten die gleichen Annahmen und Limitationen wie bei Blei (Tz. 1307 und 1317). Für den Cadmiumgehalt des Trinkwassers wurde ein Durchschnittswert von 1 µg/l angenommen (Tz. 1317). Bei einer Gesamtaufnahme durch einen Erwachsenen von ca. 35,4 µg Cadmium pro Tag beträgt der Anteil der mit Nahrungsmitteln aufgenommenen Menge ca. 33,8 µg (95%) (Tab. 2.5.19). Mit dem Trinkwasser werden ca. 1,5 µg (4%), mit der Atemluft bei einer mittleren Cadmiumkonzentration von 4 ng/m³ ca. 0,06 µg (0,2%) aufgenommen. OHNESORGE (1985) gelangt aufgrund anderer Ausgangswerte und Annahmen zu einer ca. 30% niedrigeren Gesamtaufnahme von Cadmium.

Unter der Annahme, daß der Immissionsgrenzwert IW 1 von 0,04 µg/m³ Luft und der Grenzwert der Trinkwasserverordnung von 1986 von 5 µg/l ausgeschöpft werden, ist mit einer Gesamtaufnahme von ca. 41,9 µg Cadmium pro Tag zu rechnen. Davon würden 33,8 µg (81%) auf die Aufnahme mit Nahrungsmitteln, 7,5 µg (18%) auf die Aufnahme mit Trinkwasser und 0,6 µg (1%) auf die Aufnahme mit der Atemluft entfallen.

1326. Beim Vergleich der biologisch verfügbaren Cadmiummengen muß die unterschiedliche Resorption des auf dem Nahrungswege und mit der Atemluft aufgenommenen Cadmiums berücksichtigt werden. Für Lebensmittel und Trinkwasser werden im allgemeinen Resorptionsquoten von 5—7% angegeben, für die Atemluft 10—50%.

Tabelle 2.5.19

Abschätzung der Cadmiumaufnahme durch Nahrungsmittel, Trinkwasser und Atemluft (Nichtraucher)

Aufnahmeweg	Durchschnittliche Aufnahmemenge		Aufnahmemenge bei Auslastung der Grenzwerte	
	(µg)	(%)	(µg)	(%)
Lebensmittel	33,8	~ 96	33,8	81
Trinkwasser (1,5 l/Tag)				
(1 µg/l) *)	1,5	~ 4	—	—
(5 µg/l) **)	—	—	7,5	18
Atemluft (15 m³/Tag)				
(4 ng/m³) *)	0,06	~ 0,2	—	—
(40 ng/m³) **)	—	—	0,6	1
Gesamt	~35,4	~100	41,9	100

*) Geschätzte durchschnittliche Konzentrationen
**) Grenzwert der Trinkwasser-Verordnung (1986) bzw. IW 1
Quelle: SRU, eigene Berechnungen (nach OHNESORGE, 1985)

1327. Eine besondere Risikogruppe im Hinblick auf die Cadmiumresorption stellen Personen mit Eisenmangel dar, da bei Eisenmangel die Cadmiumresorption auf dem Nahrungswege um ein Mehrfaches erhöht ist. Eisenmangel ist vor allem bei Frauen und hier insbesondere in der Schwangerschaft und bei älteren Frauen sowie bei Kindern in den ersten Lebensjahren weit verbreitet (Übersichten bei BENDER-GÖTZE, 1980 a und b; HEINRICH, 1985). Diese Risikogruppen umfassen in der Bundesrepublik Deutschland mehrere Millionen Menschen.

Von OHNESORGE (1985) wurde die täglich resorbierte Cadmiummenge für Nichtraucher und Raucher somit bei normalem Eisenstatus und bei Vorliegen eines leichten Eisenmangels abgeschätzt (Tab. 2.5.20). Bei Cadmiumaufnahmemengen im Schwankungsbereich der durchschnittlichen täglichen Aufnahmemenge von Cadmium (vgl. Tab. 2.5.14 und 2.5.17) liegt demnach die errechnete insgesamt resorbierte Cadmiummenge bei Nichtrauchern zwischen 1,6 und 8,3 µg/Tag, bei starken Rauchern bei 3,1 bis 12,7 µg/Tag. Die langfristige erhöhte Cad-

Tabelle 2.5.20

Modellrechnung zur Abschätzung der täglichen Resorption von Cadmium unter der Annahme der Zufuhr von 25 bzw. 50 µg Cadmium pro Tag über Lebensmittel

	Luft	Lebensmittel	Wasser	Gesamt
a) Zufuhr über Lebensmittel: 25 µg/Tag				
Normaler Eisenstatus (5% orale Resorption)				
Nichtraucher	0,20 µg	1,25 µg	0,18 µg	1,63 µg
Raucher (20–60 Z./Tag)	1,7–4,7 µg	1,25 µg	0,18 µg	3,13– 6,13 µg
leichtes Eisen-Defizit (15% orale Resorption)				
Nichtraucher	0,20 µg	3,75 µg	0,54 µg	4,49 µg
Raucher (20–60 Z./Tag)	1,7–4,7 µg	3,75 µg	0,54 µg	5,99– 8,99 µg
b) Zufuhr über Lebensmittel: 50 µg/Tag				
Normaler Eisenstatus (5% orale Resorption)				
Nichtraucher	0,20 µg	2,5 µg	0,18 µg	2,88 µg
Raucher (20–60 Z./Tag)	1,7–4,7 µg	2,5 µg	0,18 µg	4,38– 7,38 µg
leichtes Eisen-Defizit (15% orale Resorption)				
Nichtraucher	0,25 µg	7,5 µg	0,54 µg	8,29 µg
Raucher (20–60 Z./Tag)	1,7–5,4 µg	7,5 µg	0,54 µg	9,74–12,74 µg

Quelle: OHNESORGE, 1985

miumaufnahme oder -resorption kann bei den über 50jährigen zu erhöhten Cadmiumkonzentrationen in der Niere führen, mit der Gefahr einer cadmiumbedingten Nierenschädigung (Abschn. 3.1.4.5.3).

1328. Lebensmittel sind hinsichtlich der biologisch verfügbaren Cadmiummenge der bei weitem wichtigste Aufnahmeweg, zumindest bei Nichtrauchern. Wie bei Blei (Tz. 1314) ist daher langfristig eine effektive Reduzierung der Cadmiumaufnahme durch den Menschen vor allem im Bereich der Lebensmittel notwendig und möglich.

2.5.4.2.4 Empfehlungen

1329. Viele Nutzpflanzen werden mit Blei vorwiegend über die Luft kontaminiert. Das oberflächlich anhaftende Schwermetall läßt sich durch gründliches Waschen oder durch Schälen pflanzlicher Lebensmittel zu einem Großteil entfernen. So kann durch Waschen und Putzen der Blei-Gehalt um bis zu 80 % verringert werden. Hierauf sollte verstärkt hingewiesen werden.

1330. Besonders hoch exponiert und wegen ihrer höheren Empfindlichkeit (vgl. Abschn. 3.1.4.5.2) möglicherweise gefährdet sind Kleinkinder in Häusern mit Trinkwasserleitungen aus Blei (Tz. 1311). Der Rat weist auf die unzureichende Behandlung dieses seit langem bekannten Problems hin. Er fordert eine systematische Aufklärung der betroffenen Bevölkerung über die gesundheitlichen Risiken bleihaltiger Trinkwasserleitungen, Auswechselung solcher Leitungen, wo dies technisch möglich ist, und systematische Untersuchungen über die Bleibelastung von Kindern, die in Häusern mit bleihaltigen Trinkwasserleitungen leben.

1331. Es ist bei dem heutigen Stand der Verpackungstechnologie nicht vertretbar, daß in Dosen verpackte Lebensmittel höhere Blei-Gehalte aufweisen als die Frischwaren. Da die Bearbeitung von Lebensmitteln in der Regel die Schwermetallgehalte erniedrigt, müssen für diese Produkte strengere Grenz- oder Richtwerte festgelegt werden als für Ausgangsprodukte. Der Verbraucher sollte vermeiden, Lebensmittel über längere Zeit in geöffneten Dosen aufzubewahren, da Sauerstoffzutritt die Metallablösung begünstigen kann.

1332. Die Pflanzenverfügbarkeit von Cadmium ist höher als die der meisten anderen Schwermetalle und die Absorption aus dem Boden über das Wurzelsystem der Pflanzen stellt den hauptsächlichen Weg der Cadmium-Anreicherung in pflanzlichen Lebensmitteln dar. Deshalb sollte der Cadmium-Eintrag in den Boden so gering wie möglich gehalten werden. Diese Immissionsminderung auf landwirtschaftlich genutzten Flächen kann durch Vermeidung oder Verringerung der Klärschlammaufbringung und durch Verzicht auf cadmiumreiche Phosphatdünger erfolgen. Ein verringerter Cadmiumeintrag kann auch durch Verschärfung der Grenzwerte für Cadmium in der Klärschlammverordnung und in der Düngemittelverordnung erreicht werden.

1333. Starke Zigarettenraucher verdoppeln ihre nahrungsbedingte Cadmium-Aufnahme in den Organismus. Dementsprechend findet man in ihren Nieren etwa doppelt soviel Cadmium wie in denen von Nichtrauchern. Vermehrte Aufklärung über diese Tatsache und ein wirksamer Schutz für Nichtraucher sind anzustreben.

1334. Hohe Gehalte an Cadmium und Blei weisen die Innereien der wichtigsten Schlachttiere auf. Wegen der bekannten Altersabhängigkeit dieser Schwermetallgehalte kann die Spitzenbelastung bestimmter Personengruppen gesenkt werden, wenn die Organe von Schlachttieren über einem bestimmten Alter fleischbeschaurechtlich reglementiert würden. Für importierte Innereien können entweder entsprechende Vorschriften von den Exportländern verlangt werden oder Höchstmengen festgelegt werden, die bei der Importkontrolle anzuwenden sind.

1335. Durch Überprüfung und Beschlagnahme von einzelnen Lebensmittelchargen allein tritt langfristig keine spürbare Entlastung ein, zumal bei der Stichprobenerfassung manche Kontamination unentdeckt bleiben kann. Ziel aller künftigen Maßnahmen sollte deshalb eine wirksame Verminderung des Eintrages von Schwermetallen in die Nahrungskette bzw. die gesamte Ökosphäre sein (s. Kontaminanten-Verordnung, Abschn. 2.5.5).

1336. Zum Erkennen möglicher Kontaminationsquellen muß die Datensituation verbessert werden. Dazu sind das geplante Monitoringprogramm des Bundesgesundheitsamtes in die Tat umzusetzen und die Probenahme- und Untersuchungsverfahren zwischen Bund und Ländern besser als bisher zu koordinieren.

1337. Weiterhin müssen durch Verzehrerhebungen Risikogruppen erfaßt werden, um das Ausmaß dieses Risikos abschätzen zu können und ggf. erforderliche Maßnahmen einzuleiten.

2.5.4.3 Nitrat, Nitrit und Nitrosamine in Lebensmitteln

1338. Die Verunreinigung von Lebensmitteln mit Nitrat, Nitrit und Nitrosaminen wird vor allem im Hinblick auf die Nitrosaminbildung vom Rat aufgegriffen, denn die direkte Toxizität von Nitrat und Nitrit hat nur eine geringe Bedeutung. Nitrat und Nitrit gehören jedoch zu den sog. Vorläuferverbindungen von Nitrosaminen. Bei gleichzeitiger Anwesenheit von Aminen und Nitrit können im menschlichen Körper (endogene Nitrosaminbildung) oder z. B. auch bei Brat- und Backvorgängen Nitrosamine entstehen, die sich im Tierversuch als kanzerogen erwiesen haben (Tz. 1778). Die Aufnahme von Nitrat und Nitrit mit der Nahrung sollte deshalb so weit wie möglich eingeschränkt werden. Dabei ist allerdings zu berücksichtigen, daß Nitrat und Nitrit manchen Lebensmitteln als Konservierungsmittel zugesetzt werden.

2.5.4.3.1 Nitrat

1339. Wichtigste Quelle der Nitratbelastung des Menschen sind bestimmte pflanzliche Lebensmittel. Daneben ist das Trinkwasser als weitere wichtige Quelle der Nitratbelastung des Menschen anzusehen. Hauptursache des Nitratgehalts pflanzlicher Lebensmittel und des Trinkwassers ist die hohe Ausbringungsmenge von Mineral- und Wirtschaftsdüngern in der Landwirtschaft (Tz. 916ff. und 939ff.). Besonders starke Belastungen treten deshalb dann auf, wenn neben den pflanzlichen Lebensmitteln auch das Trinkwasser hohe Nitratgehalte aufweist. Lebensmittel tierischen Ursprungs spielen dagegen eine untergeordnete Rolle.

1340. Die Zentrale Erfassungs- und Bewertungsstelle (ZEBS) des Bundesgesundheitsamtes organisierte in den Jahren 1984 und 1985 eine umfangreiche Datenübermittlung und die Auswertung aller verfügbaren Nitratmessungen in Lebensmitteln (vor allem der Jahre 1982—84), wodurch ein relativ guter Überblick über das Vorkommen von Nitrat gewonnen wurde. Dennoch ist diese Datenbasis wegen nichtkoordinierter Stichprobenpläne nicht repräsentativ für die Bundesrepublik Deutschland.

Die Analytik des Nitrats ist nach den vorliegenden Erkenntnissen im fraglichen Konzentrationsbereich ausreichend reproduzierbar.

1341. Lebensmittel enthalten Nitrat in sehr unterschiedlichen Konzentrationen; der Gehalt pro Kilogramm Frischgewicht schwankt vom Milligramm- bis zum Grammbereich (Tab. 2.5.21 und 2.5.22). Die Ursachen für die erheblichen Unterschiede des Nitratgehalts in pflanzlichen Lebensmitteln liegen zum Teil am unterschiedlichen Nitratangebot im Boden. Zum

Tabelle 2.5.21
Nitratgehalte in Lebensmitteln geordnet nach Obergruppen
(Angaben in mg Nitrat/kg Frischsubstanz)

Lebensmittel	Anzahl der Proben	Arithmet. Mittelwert	Median	Streubreite Min. — Max.	
Milch	16	1,35	1,00	1,0 —	4,1
Fleisch	110	7,63	4,75	1,0 —	49,5
Fleischerzeugnisse	460*)	77,23	28,25	0,5 —	1 384,3
Wurstwaren	726*)	56,77	29,65	0,1 —	1 042,0
Fischerzeugnisse	260	45,95	25,00	1,0 —	405,0
Getreide	75	7,19	10,00	0,3 —	19,0
Kartoffeln	270	93,14	72,00	10,0 —	463,0
Frischgemüse	3 776	720,58	293,00	0,05 —	6 798,0
Frischobst	523	70,11	10,00	1,0 —	3 291,0
Wein	735	13,71	11,30	0,8 —	62,9
Biere	39	23,53	18,50	0,4 —	53,4
Säuglingsnahrung	588	81,00	65,00	2,0 —	453,0

*) nur Daten ab 1983
Quelle: WEIGERT, 1987b; WEIGERT et al., 1986

Tabelle 2.5.22
Nitratgehalte in einigen Frischgemüsesorten
(Angaben in mg Nitrat/kg Frischgewicht)

Einzellebensmittel	Anzahl der Proben	Arithmet. Mittelwert	Median	Streubreite Min. — Max.	
Kopfsalat	526	1 489,2	1 322,5	10,0 —	5 570,0
Feldsalat	163	1 434,8	1 426,0	10,0 —	4 125,0
Weißkohl	102	451,2	349,0	10,0 —	1 790,0
Spinat	117	964,8	775,0	10,0 —	3 894,0
Kresse	24	2 326,3	2 224,5	10,0 —	5 364,0
Fenchel	19	1 541,4	850,0	129,0 —	5 893,0
Tomate	169	27,2	10,0	0,4 —	747,0
Karotte	65	232,6	185,0	14,8 —	841,6
Rettich	203	2 030,0	1 959,0	10,0 —	6 684,0
Rote Rüben	108	1 630,2	1 335,0	10,0 —	6 798,0

Quelle: WEIGERT, 1987b; WEIGERT et al., 1986

anderen hängen sie ab von der Pflanzenart und -sorte und von der Fähigkeit bestimmter Organe von Pflanzen, Nitrat zu speichern, wie z. B. in den Sproßachsen, Blattstielen und bei einigen Gemüsepflanzen auch im Wurzelbereich. Auch allgemeine Wachstumsbedingungen, wie Lichtintensität und Belichtungsdauer, Temperatur, Bodenfeuchte und Standort haben einen großen Einfluß. Hohe Lichteinstrahlung fördert den Nitratabbau, so daß bei Unterglaskulturen sowie bei Erntezeit in den lichtschwachen Wintermonaten mit höheren Nitratgehalten zu rechnen ist. Höhere Temperaturen führen ebenfalls zu geringer Nitratakkumulation, während Trockenheit eine Nitratanreicherung bewirkt.

1342. Besonders hohe Nitratgehalte werden in bestimmten Sorten von Gemüsen (Kresse, Rettich, Salat, Rote Rüben, Fenchel, Spinat, Rhabarber; s. Tab. 2.5.22) und in Gemüsesäften (DFG, 1983b) gefunden. Lebensmittel tierischer Herkunft enthalten in der Regel wenig Nitrat (Tab. 2.5.21), da es im Tier nicht gespeichert wird. Frisches Fleisch sowie Milch und Milcherzeugnisse weisen geringe Konzentrationen auf. Allerdings wird verschiedenen Fleischwaren, Käse und Fischwaren (Anchosen) Nitrat und auch Nitrit aus technologischen oder lebensmittelhygienischen Gründen zugesetzt. Dies muß bei der Bewertung der aus der Umwelt aufgenommenen Nitratmengen berücksichtigt werden. Bei den hier erwähnten Untersuchungen sind nur Daten seit 1983 berücksichtigt, um die Auswirkungen der Fleischverordnung vom 21. Januar 1982 zu erfassen, durch die die zulässigen Nitrat- und Nitritgehalte in Fleisch- und Wurstwaren neu geregelt worden sind.

Nitrat im Trinkwasser

1343. Das Trinkwasser wird in der Bundesrepublik zu etwa 75% aus Grund- und Quellwasser gewonnen (Tz. 879; UBA, 1986). Die Nitratgehalte der Grundwässer bestimmen daher im wesentlichen die Nitratkonzentrationen im Trinkwasser. Naturbelassene Grundwässer enthalten in der Regel weniger als 10 mg Nitrat pro Liter. Höhere Konzentrationen gehen nur selten auf natürliche Quellen zurück, sondern sind vielmehr durch anthropogene Einflüsse bedingt.

1344. Der Nitratgehalt von Trinkwasser ist in der Trinkwasserverordnung (TrinkwV) vom 22. Mai 1986 entsprechend der zulässigen Höchstkonzentration der EG-Richtlinie über die Qualität des Wassers für den menschlichen Gebrauch vom 15. Juli 1980 auf 50 mg/l begrenzt und revidiert den bis dahin gültigen Grenzwert von 90 mg/l der TrinkwV vom 31. Januar 1975.

Der Anteil der Bevölkerung, der mit Trinkwasser versorgt wird, das bis zu 50 mg Nitrat pro Liter enthält, beträgt den Angaben der Trinkwasser-Datenbank BIBIDAT zufolge rund 95%, wobei der Nitratgehalt für ca. 70% der Einwohner unter 20 mg/l liegt. Etwa 5% der Bevölkerung erhalten Trinkwasser, dessen Nitratkonzentration den Grenzwert von 50 mg/l überschreitet (UBA, 1986).

Laut Angaben aus den drei bevölkerungsreichsten Bundesländern, wiesen in Bayern 1982—1984 rund 6% des von der öffentlichen Wasserversorgung gewonnenen Trinkwassers Nitratgehalte über 50 mg/l auf. In Baden-Württemberg waren es in diesem Zeitraum ebenfalls etwa 6% der für die Trinkwasserversorgung genutzten Anlagen und in Nordrhein-Westfalen 9,1% aller Wasserversorgungsunternehmen (vgl. Tz. 939, Tab. 2.4.9).

1345. Wegen der unterschiedlichen gesundheitlichen Auswirkungen muß zwischen einer dauerhaften und einer zeitweiligen Überschreitung des Nitrat-Grenzwertes unterschieden werden. WOLTER (1981) gibt an, daß von 46,3 Mio erfaßten Einwohnern 0,65% mit Trinkwasser beliefert werden, das dauernd zwischen 50 und 90 mg Nitrat pro Liter enthält. An 3,95% der Bevölkerung wird Trinkwasser abgegeben, dessen Nitratkonzentration zeitweilig 50 bis 90 mg/l beträgt. Nitratgehalte über 90 mg/l treten dauernd für 0,02% und zeitweilig für 0,68% der erfaßten Einwohner auf.

1346. Hohe Nitratgehalte treten meist dort auf, wo intensive landwirtschaftliche bzw. weinbauliche Nutzung mit hohen Düngemittelgaben vorherrscht, wobei vor allem die unsachgemäße Düngung, insbesondere auch mit Wirtschaftsdüngern, von Bedeutung ist. Als Problemregionen mit hohen Nitratwerten im Trinkwasser weist die Datenbank BIBIDAT folgende Gebiete aus:

— Niederrheinische Bucht (Gemüse- und Zuckerrübenanbau)

— Oberrheintalgraben (Rheingau: Weinbau; Markgräfler Land: Wein- und Gemüseanbau)

— Täler von Rhein, Mosel, Neckar (Weinbau)

— Bereich München (Hopfenanbau).

Untersuchungen in den Weinbaugebieten Baden, Württemberg, Hessische Bergstraße und Franken ergaben bei 13% der untersuchten Trinkwässer aus 254 Ortschaften Überschreitungen des Trinkwassergrenzwertes von 50 mg/l (DARIMONT, 1984). Im Vergleich zu dem für die gesamte Bundesrepublik geltenden Wert von 5% über 50 mg/l ist damit die Überschreitungsrate in diesen Weinbaugebieten deutlich höher.

1347. Nach den in größeren Zeitabschnitten erstellten Statistiken weist die Entwicklung der Nitratgehalte im Grundwasser eine ständig steigende Tendenz auf (UBA, 1986). Die Daten der Datenbank BIBIDAT, ebenso wie auch die meisten anderen Angaben zum Nitratgehalt des Trinkwassers, berücksichtigen allerdings nur die öffentliche Wasserversorgung, die ca. 98% der Bevölkerung mit Trinkwasser beliefert. Die nicht an die zentrale Wasserversorgung angeschlossenen 2% der Bevölkerung verteilen sich auf 9 Gemeinden mit 1 000 und mehr Einwohnern und 163 Gemeinden mit weniger als 1 000 Bewohnern. Diese Gemeinden bestehen überwiegend aus Einzelhöfen und Streusiedlungen (UBA, 1986). Gerade von dezentralen Einzelversorgungsanlagen ländlicher Gebiete, die oberflächennahes Grundwasser fördern, gehen jedoch wesentliche Nitratbelastungen aus.

Exemplarisch hierfür können Ergebnisse von 14 500 Eigenwasserversorgungen in 5 Kreisen des Landes Nordrhein-Westfalen gelten, in denen Ende 1984 in ca. 27% der privaten Wasserfassungen mehr als 50 mg Nitrat pro Liter nachgewiesen wurden. In einem weiteren Landkreis wurde in ca. 60% der Eigenwasserversorgungsanlagen der Grenzwert von 50 mg/l überschritten (Landesamt für Wasser und Abfall Nordrhein-Westfalen, 1985). Die Situation der Einzelversorgungen ist demnach erheblich ungünstiger als die der öffentlichen Wasserversorgung. Die Länderarbeitsgemeinschaft Wasser (LAWA) geht davon aus, daß ein regional sehr unterschiedlicher Anteil von etwa 30% (10—50%) der bundesweit auf ca. 300 000 geschätzten Eigenwasserversorgungsanlagen Nitratkonzentrationen oberhalb des Grenzwertes enthalten (LAWA, 1987). Erschwerend kommt bei den Eigenversorgungsanlagen hinzu, daß — anders als bei der zentralen Wasserversorgung — die technischen Möglichkeiten der Nitrateliminierung oder der Vermischung mit nitratarmem Trinkwasser nicht oder nur sehr begrenzt vorhanden sind.

1348. Der Anstieg der Nitratgehalte im Grund- und Quellwasser ist in bereits nitratbelasteten Gebieten, also bekannten Problemregionen, besonders groß und wird gebietsweise weiter steigen. Es besteht die Befürchtung, daß die Denitrifikationskapazität des Untergrunds im Lauf der Zeit mangels organischer Substanzen abnimmt und eines Tages völlig erschöpft sein könnte. Als Folge wäre mit einem raschen Anstieg der Nitratgehalte zu rechnen. Dies wird als mögliche Ursache sprunghafter Erhöhungen der Nitratkonzentrationen in Wasserwerksbrunnen diskutiert, bei denen im Extremfall ein Anstieg bis zu 30 mg/l in einem Jahr beobachtet wurde (SONTHEIMER und ROHMANN, 1984).

1349. Die Einhaltung des Gesamtwertes von 50 mg/l stellt viele Wasserversorgungsunternehmen vor Probleme (Tz. 942). Eine Verminderung der Nitratgehalte im Trinkwasser kann kurzfristig nur über die Wasseraufbereitung erfolgen, die jedoch technologisch recht aufwendig ist, hohe Kosten verursacht und daher für kleine Wasserwerke, in denen Nitratprobleme besonders häufig auftreten, wenig geeignet ist (HABERER, 1986). Langfristig kann jedoch nicht die Aufbereitung als Lösung angesehen werden; vielmehr müssen die Ursachen der erhöhten Nitratgehalte im Grundwasser beseitigt werden, vor allem muß die Reduzierung des Nitrateintrages aus der Landwirtschaft erfolgen.

Aufnahme von Nitrat durch den Menschen

1350. Bei der Abschätzung der Nitrataufnahme sind die großen Streubreiten der Nitratkonzentrationen in den einzelnen Lebensmittel und die individuellen Verzehrgewohnheiten zu berücksichtigen. In Tabelle 2.5.23 sind Abschätzungen der wöchentlichen Nitrataufnahme mit den Mittel- und Medianwerten sowie dem 90-Perzentil der Konzentration in Lebensmitteln dargestellt. Den Berechnungen wurden durchschnittliche Verzehrmengen der einzelnen Lebensmittel zugrundegelegt (Tz. 1307). Für Trink- und Mineralwasser wurde jeweils der gesetzliche Höchstwert von 50 mg/l unter Annahme der Ausschöpfung dieses Wertes eingesetzt und von einem Trinkwasser und Mineralwasserkonsum von 0,6—0,8 l pro Tag ausgegangen, der aber eher zu niedrig erscheint.

Frauen nehmen bei allen der in Tabelle 2.5.23 aufgeführten Lebensmittel weniger Nitrat auf als Männer (WEIGERT, 1987 b).

Tabelle 2.5.23

Wöchentliche Nitrataufnahme mit der Nahrung durch die männliche Bevölkerung

Lebensmittel	Nitrataufnahme pro Woche (mg)		
	Median	Mittelwert	90-Perzentil
Milch, Milcherzeugnisse, Käse	3,1 (0,36)	5,6 (0,44)	15,6 (0,55)
Fleisch, Fleischerzeugnisse	22,1 (2,62)	45,1 (3,56)	90,5 (3,23)
Fischerzeugnisse	0,4 (0,004)	0,7 (0,05)	2,0 (0,07)
Gemüse, Gemüseerzeugnisse, einschließlich Rhabarber	258,7 (30,59)	576,2 (45,47)	1 633,8 (58,44)
Obst, Obsterzeugnisse	35,7 (4,22)	46,3 (3,65)	107,0 (3,82)
Kartoffeln	88,8 (10,50)	115,0 (9,07)	258,9 (9,26)
Getreide	2,8 (0,33)	4,4 (0,34)	14,2 (0,50)
Wein, Bier, Erfrischungsgetränke	156,6 (18,52)	194,9 (15,38)	358,4 (12,82)
Trinkwasser, Mineralwasser	277,2 (32,79)	277,2 (21,87)	277,2 (9,91)
Gesamt	845,5 (100)	1 267,2 (100)	2 795,3 (100)

Zahlen in Klammern sind Prozentangaben, bezogen auf die Gesamtaufnahme von Nitrat
Quelle: WEIGERT, 1987 b

Unter Annahme durchschnittlicher Aufnahmemengen an anderen Lebensmitteln und eines täglichen Trinkwasserkonsums eines Erwachsenen von 1,5 Liter beträgt der Anteil des Trinkwassers an der Gesamtaufnahme von Nitrat bei einer durchschnittlichen Nitratkonzentration von 20 mg/l 27 %, bei einer Konzentration in Höhe des Grenzwertes von 50 mg/l 48 % und bei einer Konzentration von 90 mg/l 62 %.

1351. Als Grundlage für die gesundheitliche Bewertung dient der von der Weltgesundheitsorganisation (WHO) vorgeschlagene Wert für die Vorläufige Duldbare Tägliche Aufnahmemenge (vgl. Abschn. 2.5.2.2 und Tz. 1657). Dieser Wert beträgt 3,65 mg/kg Körpergewicht pro Tag (WHO, 1974).

In Tabelle 2.5.24 ist das Ergebnis einer Abschätzung der Nitrataufnahme unter Berücksichtigung verschiedener statistischer Parameter dargestellt. Unter Annahme durchschnittlicher Verzehrmengen der einzelnen Lebensmittel und unter der Annahme, daß alle verzehrten Lebensmittel Nitratkonzentrationen in Höhe der Median- oder Mittelwerte enthalten, wird der Vorläufige DTA-Wert von Nitrat zu 41 % bzw. 71 % ausgeschöpft. Falls nur Lebensmittel verzehrt werden, die Nitratkonzentrationen in Höhe des 90-Perzentils enthalten, würde der Vorläufige DTA-Wert um etwa 40–60 % überschritten. Außerdem muß betont werden, daß bei der Festsetzung des DTA-Wertes nur die direkte Nitrattoxizität bei regelmäßiger, lebenslanger Aufnahme berücksichtigt wurde, nicht jedoch die Möglichkeit einer Bildung krebserzeugender Nitrosamine. Deshalb sind im Sinne eines vorbeugenden Verbraucherschutzes Maßnahmen zur Verringerung des Nitratgehalts in Lebensmitteln notwendig.

1352. Die Aufnahme von Nitrat durch bestimmte Personengruppen mit besonderen Verzehrgewohnheiten, wie z. B. Vegetarier, kann aufgrund der fehlenden Verzehrerhebungen nicht abgeschätzt werden. Aus Tabelle 2.5.23 ist jedoch zu entnehmen, daß schon bei doppelt so hohem Gemüseverzehr, wie durchschnittlich angenommen, der DTA-Wert überschritten werden kann.

2.5.4.3.2 Nitrit

1353. Nitrit kann in fast allen Lebensmitteln nachgewiesen werden, doch ist der Gehalt in naturbelassenen Produkten relativ niedrig (Tab. 2.5.25). In Gemüse mit hohem Nitratgehalt entsteht Nitrit durch bakterielle oder anaerobe enzymatische Reduktion. In den höheren Nitritgehalten von Fleischerzeugnissen und Wurstwaren kommt der aus lebensmittelhygienischen Gründen erlaubte Zusatz von Nitrit in Form nitrithaltigen Pökelsalzes zum Ausdruck. Die Datenbasis, die auf den Ergebnissen der Zentralen Erfassungs- und Bewertungsstelle (ZEBS) beruht, erlaubt wie bei Nitrat eine relativ gute Abschätzung der Kontamination von Lebensmitteln. Die Analytik ist, wie für Nitrat, nach den vorliegenden Erkenntnissen ausreichend genau.

1354. Die Abschätzung der Nitritaufnahme durch den Menschen erfolgte unter den gleichen Annahmen wie für Nitrat (Tz. 1350) und ist in Tabelle 2.5.26 dargestellt. Der Vorläufige DTA-Wert für Nitrit beträgt 0,133 mg/kg Körpergewicht pro Tag (WHO, 1974). Dieser Wert wurde aber nur unter Berücksichtigung der direkten Nitrittoxizität im Langzeitversuch vorgeschlagen. Die Toxizität von Folgeprodukten wie Nitrosaminen bleibt wie auch bei Nitrat unberücksichtigt. Unter Annahme der Median- bzw. Mittelwerte für die Nitritkonzentrationen in Lebensmitteln wird der Vorläufige DTA-Wert zu 4 % bzw. maximal zu 11 % ausgeschöpft. Selbst unter der eher unwahrscheinlichen Voraussetzung, daß nur Lebensmittel mit Nitritkonzentrationen in Höhe des 90-Perzentils verzehrt werden, beträgt die Auslastung des DTA-Wertes nicht mehr als 27,5 %.

1355. Der Nitritgehalt im Trinkwasser trägt im allgemeinen nicht wesentlich zur gesamten oralen Nitritaufnahmemenge bei. Der in der Trinkwasserverordnung festgelegte Grenzwert beträgt 0,1 mg Nitrit pro Liter. Nach Angaben der Datenbank BIBIDAT wird dieser Wert in der öffentlichen Wasserversorgung für ca. 4 % der Bevölkerung überschritten; 1,3 % der Einwohner erhalten Wasser mit 0,2 mg Nitrit pro Liter und mehr (PETRI, 1987).

Tabelle 2.5.24

Berechnung der wöchentlichen Nitrataufnahme über Lebensmittel und Trinkwasser nach statistischen Parametern und Vergleich der aufgenommenen Mengen mit der Vorläufigen Duldbaren Täglichen Aufnahmemenge für Nitrat

Aufnahme berechnet mit	Männliche Person		Weibliche Person	
	Gesamtaufnahme (mg)	Proz. Auslastung des DTA-Wertes (%)	Gesamtaufnahme (mg)	Proz. Auslastung des DTA-Wertes (%)
Median	845,5	47,3	607,4	41,1
Mittelwert	1 267,2	70,9	927,3	62,7
90-Perzentil	2 795,3	156,5	2 066,5	139,9

Quelle: WEIGERT, 1987b

Tabelle 2.5.25

Nitritgehalte in Lebensmitteln geordnet nach Obergruppen
(Angaben in mg Nitrit/kg Frischsubstanz)

Lebensmittel	Anzahl der Proben	Arithmet. Mittelwert	Median	Streubreite Min. — Max.
Käse	39	0,29	0,20	0,20 — 1,30
Fleischerzeugnisse	337 *)	11,22	4,90	0,10 — 94,10
Wurstwaren	575 *)	5,39	2,60	0,10 — 48,70
Getreide	10	0,50	0,40	0,30 — 1,00
Kartoffeln	160	0,21	0,04	0,04 — 15,60
Frischgemüse	2 044	0,08	0,04	0,04 — 19,60
Frischobst	155	0,29	0,35	0,20 — 1,00
Säuglingsnahrung	273	0,31	0,35	0,30 — 1,10

*) nur Daten ab 1983
Quelle: WEIGERT, 1987c; WEIGERT et al., 1986

1356. Während Grundwasser, aus dem das Trinkwasser überwiegend gewonnen wird, in der Regel nur geringe Mengen Nitrit enthält und erhöhte Konzentrationen hier hauptsächlich auf organische Verunreinigungen wie Abwässer oder auch Klärschlamm zurückgehen, ist vor allem die Nitritbildung in verzinkten Rohrleitungen der Hausinstallation bei entsprechender Nitratbelastung für das Trinkwasser von Bedeutung. Besonders frisch verlegte Rohre können über mehrere Jahre deutlich erhöhte Nitritgehalte verursachen. Bei Untersuchungen an 3 Jahre alten Hausinstallationen wurden 1 bis 2 mg Nitrit pro Liter nachgewiesen. Die gebildete Nitritmenge hängt außer vom Nitratgehalt vor allem von der Beschaffenheit der inneren Oberfläche des Rohres und der Verweilzeit des Wassers in der Leitung ab (SELENKA, 1983a). Bei Gehalten von 1 bis 2 mg Nitrit pro Liter und einem Trinkwasserkonsum von 1,5 l pro Tag würde sich eine tägliche Nitritaufnahme von 1,5 bis 3 mg ergeben. Dies entspricht der Größenordnung der gesamten wöchentlichen Nitritaufnahme mit der Nahrung, unter Annahme der Medianwerte der Nitritgehalte in Lebensmitteln (vgl. Tab. 2.5.26). In ungünstigen Fällen hat die Nitritkonzentration im Trinkwasser demnach erheblichen Anteil an der durch Lebensmittel aufgenommenen Nitritmenge.

1357. Der überwiegende Anteil des vom Menschen aufgenommenen Nitrits stammt beim gesunden Erwachsenen aus der bakteriellen Reduktion des mit der Nahrung aufgenommenen Nitrats in der Mundhöhle. Es besteht ein linearer Zusammenhang zwischen der Nitratkonzentration des Speichels und der gebildeten Nitritmenge. Im Mittel werden ca. 6 % des aufgenommenen Nitrats umgewandelt (SELENKA, 1983b). Bei einer wöchentlichen Nitrataufnahme männlicher Personen in Höhe des Median- bzw. Mittelwertes (vgl. Tab. 2.5.24), bilden sich danach ca. 51 mg bzw. 76 mg Nitrit pro Woche. Eine Nitrataufnahme, die dem 90-Perzentil entspricht, führt zu 168 mg Nitrit wöchentlich. Der Nitritanteil der Lebensmittel an der

Tabelle 2.5.26

Berechnung der wöchentlichen Nitritaufnahme über Lebensmittel und Trinkwasser nach statistischen Parametern und Vergleich der aufgenommenen Mengen mit der Vorläufigen Duldbaren Täglichen Aufnahmemenge für Nitrit

Aufnahme berechnet mit	Männliche Person		Weibliche Person	
	Gesamtaufnahme (mg)	Proz. Auslastung des DTA-Wertes (%)	Gesamtaufnahme (mg)	Proz. Auslastung des DTA-Wertes (%)
Median	3,4	5,28	2,2	3,99
Mittelwert	7,1	11,3	4,3	7,79
90-Perzentil	17,7	27,49	10,5	19,03

Quelle: WEIGERT, 1987c

gesamten Nitritbelastung durch Nahrung und endogene Nitritbildung beträgt bei hoher endogener Nitritbildung infolge hoher Nitrataufnahme (90-Perzentil) und einer Nitritzufuhr mit Lebensmitteln in Höhe des Medianwertes ca. 2 %. Der Anteil steigt bis auf ca. 26 % an, wenn die Nitritgehalte der Lebensmittel den 90-Perzentilwerten und die Nitratgehalte den Medianwerten entsprechen. Die Nitritaufnahme durch Lebensmittel trägt zusätzlich zur Nitritbelastung des Menschen durch die Aufnahme von Nitrat bei, erhöht damit die Gesamtbelastung des Menschen mit Nitrit und so das Risiko hinsichtlich der Nitrosaminbildung.

2.5.4.3.3 Nitrosamine

1358. Flüchtige Nitrosamine lassen sich durch Destillation mit Wasser unzersetzt von den nicht flüchtigen Nitrosaminen abtrennen. Sie sind analytisch sehr intensiv bearbeitet worden und können heute mit sehr empfindlichen Methoden nachgewiesen werden. Im Gegensatz dazu gibt es für die nicht flüchtigen Nitrosamine, d. h. Verbindungen mit polaren Gruppen wie z. B. N-Nitrosodiethanolamin oder N-Nitrosotriethanolamin, keine einheitlich definierten Anreicherungs- und Bestimmungsmethoden. Standardisierte Analysevorschriften stehen nur für einzelne Verbindungen zur Verfügung.

Da aufgrund der hochempfindlichen Nachweismethoden, vor allem für die flüchtigen Nitrosamine, Konzentrationen bis in den ng-Bereich gemessen werden, kann die Analyse biologischer Proben durch Artefakte oder Kontaminationen erheblich gestört werden (EISENBRAND, 1983; EISENBRAND et al., 1983a und b). Darauf ist bei der Bewertung von Meßergebnissen zu achten.

Vorkommen von Nitrosaminen in Lebensmitteln

1359. Nitrosamine werden vor allem in Bier, Fleischwaren, Fischen und Fischwaren, Fettzubereitungen, Käse und einigen Gewürzen gefunden, vereinzelt auch in Milchpulver, Kaffee-Ersatz und Whisky (Tab. 2.5.27). Querschnittsuntersuchungen an etwa 3 000 Lebensmittelproben in den Jahren 1978−1981 zeigten, daß vor allem 3 Nitrosamine regelmäßig nachgewiesen werden konnten: N-Nitrosodimethylamin in 30 %, N-Nitrosopiperidin in 2 % und N-Nitrosopyrrolidin in 3 % aller Proben (PREUSSMANN et al., 1979). N-Nitrosothiazolidin, erst 1982 von KIMOTO et al. (1982) identifiziert, wird regelmäßig in geräucherten Produkten gefunden, teilweise in Konzentrationen von 0,5−90 µg/kg. Der N-Nitrosopyrrolidin- und N-Nitrosothiazolidin-Gehalt in gepökelten oder geräucherten Fleischwaren nimmt beim Anbraten zu, während der N-Nitrosodimethylamin-Gehalt in etwa unverändert bleibt (EISENBRAND, 1987). Zwischen dem Restnitrit- und dem Nitrosamin-Gehalt gepökelter Fleischwaren konnte bislang keine Korrelation nachgewiesen werden (ELLEN et al., 1986). Experimentelle Untersuchungen zeigen, daß Ascorbinsäure und Tocopherole die Nitrosierungsreaktion hemmen. Ob dies auch durch Zusatz dieser Substanzen zur Nahrung erreicht werden kann, ist gegenwärtig umstritten.

In Fischen und Fischwaren wurde nur N-Nitrosodimethylamin gefunden, und zwar vorwiegend in heißgeräucherten Produkten wie Makrelen und Räucheraal (SPIEGELHALDER, 1983a; RÖPER, 1983). Die mittleren N-Nitrosodimethylamin-Konzentrationen in 53 Fisch- und Schalentierproben, die in Holland untersucht wurden, lagen bei 0,4 µg/kg, der höchste Meßwert betrug 2,1 µ/kg (ELLEN und SCHULLER, 1983).

Tabelle 2.5.27

Maximale Nitrosamin-Gehalte einiger Produktbereiche
(µg/kg)

Produktbereich	NDMA	NPIP	NPYR
Fleischwaren	12	6	45
Fisch	56	—	—
Ei- und Milchprodukte	4	—	—
Käse	6	—	3,5
Fettzubereitungen (Schmalz)	88	5	208
Brot- und Backwaren	1	—	—
Mehl, Nährmittel, Kartoffeln	2	—	14
Zucker, Süßwaren	4	—	2,6
Gewürze	51	85	79
Alkoholfreie Getränke	8	8	4
Alkoholische Getränke (ohne Bier)	2	—	—

*) N-Nitrosodimethylamin (NDMA)
 N-Nitrosopiperidin (NPIP)
 N–Nitrosopyrrolidin (NPYR)

Quelle: SPIEGELHALDER, 1983a

Tabelle 2.5.28

**Gehalte an N-Nitrosodimethylamin (NDMA) in Käse (µg/kg);
Lebensmittelquerschnittsuntersuchung (1978)**

Käsesorte	Probenzahl	Häufigkeitsverteilung der Proben mit einem NDMA-Gehalt von					
		<0,5	0,5–0,9	1,0–4,9	5,0–9,9	MW	Max.
Weichkäse	83	48	22	13	—	0,48	3
Schnittkäse	54	49	4	1	—	0,13	2
Hartkäse	24	17	—	5	1	1,8	5
Quark, Frischkäse	19	14	4	1	—	0,18	1
Total mit Anderen*)	209	158	30	20	1		

*) Andere Käsesorten: < 0,1 µg/kg
Quelle: EISENBRAND, 1987

Weichkäse enthielt vorzugsweise N-Nitrosodimethylamin in niedrigen Konzentrationen; in 42 % der untersuchten Proben wurden 0,5–5 µg/kg gefunden (s. Tab. 2.5.28). In Hartkäse war daneben auch N-Nitrosopyrrolidin nachweisbar (EISENBRAND, 1987). Beim Erhitzen von Käse im geschlossenen System, z. B. bei der Schmelzkäsezubereitung mit Schinken, kann es zur Bildung von Nitrosaminen kommen.

Bei den Gewürzen waren vor allem Pfeffer und pfefferhaltige Gewürzmischungen mit zum Teil hohen Konzentrationen von N-Nitrosodimethylamin (bis 51 µg), N-Nitrosopiperidin (bis 85 µg) und N-Nitrosopyrrolidin (bis 70 µg) kontaminiert (s. Tab. 2.5.27) (SPIEGELHALDER, 1983 a).

1360. In Bierproben wurde im Jahre 1979 N-Nitrosodimethylamin in durchschnittlichen Konzentrationen von 0,2–18 µg/l (bis max. 68 µg/l) in 66 % von insgesamt 215 untersuchten Bierproben gefunden (PREUSSMANN et al., 1979). Die höchsten Konzentrationen enthielten dunkles Stark- und Rauchbier (Tab. 2.5.29). Nachforschungen nach den Ursachen der Kontamination ergaben, daß diese praktisch ausschließlich aus dem Malz stammte und von der Heizungstechnik beim Trocknen (Darren) des Malzes entscheidend beeinflußt wurde (PREUSSMANN et al., 1979; SPIEGELHALDER et al., 1979). Durch Reduzieren der Brennertemperaturen beim Darren des Malzes ließ sich die Nitrosaminbildung und damit auch der Nitrosamin-Gehalt des Bieres drastisch auf ein Zehntel der früheren Konzentrationen verringern (SPIEGELHALDER, 1983 a) (vgl. Tab. 2.5.30). Die Ergebnisse der Lebensmittelüberwachung zeigen sowohl einen deutlichen Rückgang des N-Nitrosodimethylamin-Gehaltes als auch des Prozentsatzes an Überschreitungen (FROMMBERGER, 1985). Die empfohlenen technischen Richtwerte sind 2,5 µg/kg für Malz und 0,5 µg/l für Bier. Dieser Trend hält noch weiter an (EISENBRAND, 1987). Die Ergebnisse des Landesuntersuchungsamtes Südbayern liegen allerdings nicht ganz so günstig. Sie zeigen, daß 1985 von 57 Bierpro-

Tabelle 2.5.29

N–Nitrosodimethylamin (NDMA) in verschiedenen Biersorten (1979)

Biersorte	Probenzahl	% positiv (≥ 0,5 µg/l)	MW (µg/l)	Max. (µg/l)
Pils	54	65	1,2	7
Export und Lager	42	67	1,2	7
Starkbier hell	25	76	1,9	8
Weizenbier und Kölsch	22	23	0,2	1
Alt	25	76	2,7	11
Starkbier dunkel	22	68	6,0	47
Alkoholfreie und Diätbiere	16	69	1,0	4
Rauchbier	9	100	18,0	68
Alle Sorten	215	66	2,5	68

Quelle: PREUSSMANN et al., 1979

Tabelle 2.5.30

N–Nitrosodimethylamin-Gehalte verschiedener Biersorten im Jahr 1981 nach Einführung von Präventionsmaßnahmen zur Vermeidung der Nitrosamin-Bildung während des Darrens

Biersorte	Probenzahl	% positiv (≥ 0,5 µg/l)	MW (µg/l)	Max. (µg/l)
Pils	169	24	0,43	6,5
Export	179	26	0,39	2
Helles Starkbier	38	26	0,42	1,6
obergärig hell	19	5	0,32	0,7
obergärig, dunkel (Alt)	21	24	0,96	7
Dunkles Export und Starkbier	25	32	0,51	4
Rauchbier (aus ger. Malz)	3	100	1,50 *)	2
Alle Sorten	454	24	0,44	7

*) Werte von 1980
Quelle: EISENBRAND, 1987

ben nur 42, d. h. 74%, unterhalb des technischen Richtwertes von 0,5 µg/l, 13 bei 0,5–1 µg/l und 2 bei über 3 µg/l (EISENBRAND, 1987).

Aufnahme von Nitrosaminen durch den Menschen

1361. Für weibliche Personen errechnet sich nach Tabelle 2.5.31 eine durchschnittliche Aufnahme von etwa 0,4 µg, für männliche Personen von etwa 0,5 µg N-Nitrosodimethylamin pro Tag. Die durchschnittliche tägliche Aufnahme von N-Nitrosopiperidin wird auf ca. 0,01 µg, die von N-Nitrosopyrrolidin auf 0,11–0,15 µg geschätzt. Die Abschätzung der Nitrosamin-Aufnahme mit der Nahrung (s. Tab. 2.5.31) zeigt, daß die tägliche Aufnahmemenge nach Verringerung des Nitrosamin-Gehaltes im Bier auf etwa die Hälfte zurückging (SPIEGELHALDER, 1983a). Die Expositionshöhe hängt sehr stark von den Verzehrgewohn-

Tabelle 2.5.31

Aufnahme*) von Nitrosaminen aus Lebensmitteln aufgeschlüsselt nach Produktbereichen
(ng pro Tag)

Produktbereich	männliche Personen			weibliche Personen		
	NDMA	NPIP	NPYR	NDMA	NPIP	NPYR
Fleischwaren	87	10	124	66	8	92
Fisch	16	—	—	12	—	—
Ei- und Milchprodukte	20	—	—	18	—	—
Käse	7	—	0,5	7	—	0,4
Butter und Speisefette	15	0,1	5	13	0,1	4
Brot und Backwaren	33	—	—	27	—	—
Mehl und Nährmittel	28	—	19	22	—	16
Gemüse	27	—	—	31	—	—
Obst und Südfrüchte	11	—	—	12	—	—
Zucker und Süßwaren	9	—	0,3	9	—	0,4
Gewürze	1	0,7	0,4	1	0,7	0,4
nicht alkoholische Getränke	9	0,2	0,1	8	0,2	0,1
Getränke (ohne Bier)	17	—	—	10	—	—
Bier 1979/80	735	—	—	332	—	—
Bier 1981	249	—	—	112	—	—
Summe 1979/80	1 015	11	149	568	9	113
Summe 1981	529	11	149	348	9	113

*) Werte gerundet

NDMA = N-Nitrosodimethylamin
NPIP = N-Nitrosopiperidin
NPYR = N-Nitrosopyrrolidin

Quelle: SPIEGELHALDER, 1983a

Tabelle 2.5.32

Geschätzte Nitrosaminbelastung bei unterschiedlichen Verzehrgewohnheiten

Lebensmittel	Gesamt-nitros-amin-gehalt [ng/kg]*)	Nitrosamin-aufnahme [ng/Tag]	
		Durch-schnitt	Maxi-mal**)
Speck	3 000	15	300
Speck gebraten	16 000	80	1 600
Schinken	4 000	26	390
Schinken gebraten	7 000	42	700
Starkbier, hell	400	160	1 600
Alt (obergärig, dunkel)	1 000	400	4 000
Rauchbier	1 500	600	6 000

*) gerundet, N-Nitrosodimethylamin und N-Nitrosopyrrolidin zusammengefaßt
**) Bezogen auf Verzehr pro Kopf und Tag:
Speck und Schinken: Durchschnitt 5 g; Maximal 100 g;
Bier: Durchschnitt 0,4 l; Maximal 4 l
Quelle: EISENBRAND, 1987

heiten ab. Wie ein Beispiel in Tabelle 2.5.32 zeigt, kann es beim Verzehr hoch belasteter Produkte, wie z. B. bestimmter Fleischwaren und Bier, zu einer zehnfach höheren Nitrosamin-Aufnahme kommen als bei üblichen Verzehrgewohnheiten.

1362. Neben der Aufnahme von Nitrosaminen durch die Nahrungsmittel ist auch die Nitrosamin-Belastung durch bestimmte Bedarfsgegenstände und Kosmetika zu berücksichtigen. Dazu zählen vor allem Gegenstände aus Gummi, wie z. B. Babysauger, Spielzeug oder Handschuhe, und Haarpflegemittel oder Schaumbäder, die z. B. Mono- und Diethanolamide von Cocosfettsäuren als Schaumverstärker enthalten. N-Nitrosodiethanolamin z. B. wurde in häufig verwendeten Kosmetika nachgewiesen (FAN et al., 1977; SPIEGELHALDER, 1983 a und b).

1363. Große Bedeutung hat die Nitrosamin-Belastung durch Tabakrauch, auch für den Passivraucher (vgl. SRU, 1987). Der Nitratgehalt des Tabaks stieg in den letzten zwei Jahrzehnten ständig an, weil vermehrt Tabakrippen und -stengel verwendet werden, die einen höheren Nitratgehalt als die Blätter aufweisen. Die Nitrosamin-Konzentrationen im Haupt- und Nebenstromrauch von Zigaretten sind mit dem Nitratgehalt im Tabak korreliert (BRUNNEMANN et al., 1984). Raucher nehmen mit dem Tabakrauch um Größenordnungen höhere Nitrosaminmengen auf als mit Lebensmitteln. Aber auch ein Passivraucher kann einer erhöhten Nitrosamin-Belastung ausgesetzt sein. Hält er sich z. B. 7 Stunden in einem stark verräucherten Innenraum auf, wird er mit 10–20 µg Nitrosamin belastet (HOFFMANN et al., 1984), während er über die Nahrung nur etwa 0,4–0,5 µg pro Tag aufnimmt.

Endogene Nitrosierung

1364. Neben der Aufnahme von Nitrosaminen durch Lebensmittel, Tabakrauch und bestimmte Bedarfsgegenstände ist zu berücksichtigen, daß Nitrosamine auch endogen, d. h. im Organismus entstehen können. Vorläufer dafür sind Nitrit und auch Nitrat, das im Organismus teilweise in Nitrit umgewandelt wird (Tz. 1357), sowie N-nitrosierbare Substanzen wie z. B. Amine oder Aminosäuren. Letztere werden als natürliche Bestandteile z. B. in Fleisch oder Fischen mit der täglichen Nahrung aufgenommen. Die Aufnahme dieser N-nitrosierbaren Substanzen beträgt nach SHEPARD et al. (1986) etwa 100 g Oligopeptide, 1 g Guanidine, 100 mg primäre Amine und Aminosäuren sowie ca. 1–10 mg Arylamine, sekundäre Amine und Harnstoffe pro Tag. Die Bildung der Nitrosamine erfolgt sowohl im sauren Milieu des Magens als auch schon in den Lebensmitteln.

1365. Das Ausmaß der endogenen Nitrosaminbildung ist derzeit nicht abzuschätzen. Es ist individuell sehr unterschiedlich und wird offenbar sowohl von exogenen als auch von endogenen Faktoren beeinflußt. Unter den exogenen Faktoren ist vor allem die Aufnahme von Nitrat mit bestimmten pflanzlichen Lebensmitteln oder auch mit dem Trinkwasser (Tz. 1350 ff.) wichtig. Von der Menge des aufgenommenen Nitrats hängt die Umwandlung in Nitrit und davon dessen Gehalt in verschiedenen Körperflüssigkeiten ab. Diese Umwandlung wird von der Anwesenheit nitritbildender Bakterien im Magen beeinflußt und ist z. B. bei unzureichender Säureproduktion erhöht. Auch bei Personen mit Magenerkrankungen, wie chronisch atrophischer Gastritis, wird durch das veränderte Magenmilieu nach oraler Nitrataufnahme die vermehrte Bildung von Nitrit und evtl. auch Nitrosaminen begünstigt (EISENBRAND et al., 1984).

Epidemiologische Studien in Großbritannien und Italien konnten bisher keinen Zusammenhang zwischen der Nitrataufnahme und Magenkrebs nachweisen (FORMAN et al., 1985), was auch nicht zu erwarten war (Tz. 1782).

Die gleichzeitige Gabe von Nitrit und leicht nitrosierbaren Aminen führte im Tierversuch zu den gleichen karzinogenen Effekten wie die direkte Gabe der entsprechenden N-Nitrosoverbindungen (LIJINSKI, 1980). Eine Abschätzung der endogenen Nitrosierung beim Menschen ist durch den Nitrosoprolin-Test möglich (OHSHIMA und BARTSCH, 1981). Untersuchungen mit der nicht karzinogenen N-Nitroso-Aminosäure N-Nitrosoprolin zeigten, daß die Nitrosaminausscheidung im Urin sowohl von der aufgenommenen Nitrat- als auch von der Prolinmenge abhängt. Bisher ist nicht klar, ob auch ohne gleichzeitige Aufnahme einer leicht nitrosierbaren Vorläuferverbindung eine endogene Nitrosierung erfolgt. Untersuchungen von TRICKER und PREUSSMANN (1987) lassen vermuten, daß eine erhöhte Nitrataufnahme allein die endogene Nitrosaminbildung erhöht.

2.5.4.3.4 Empfehlungen

1366. Die wichtigsten Aufnahmewege von Nitrat sind Gemüse und Trinkwasser. Wegen der möglichen

Bildung krebserzeugender Nitrosamine im Magen aus Nitrat und Nitrit sollte die Aufnahme von Nitrat so weit wie möglich vermindert werden; dies ist vor allem bei Gemüse und Trinkwasser möglich und notwendig. Verursacher der erhöhten Nitratbelastung von Gemüse und Trinkwasser ist in erster Linie die Landwirtschaft. Der Rat erinnert deshalb an den von ihm empfohlenen Maßnahmenkatalog in seinem Gutachten „Umweltprobleme der Landwirtschaft" zum sparsamen und umweltschonenden Umgang mit Handels- und Wirtschaftsdüngern (SRU, 1985, Kap. 5.3 ff.), sowie an die Möglichkeiten zur Senkung des Nitratgehalts von Gemüsen durch veränderte Sortenwahl, geeignete Anbau- und Düngetechniken (SRU, 1985, Tz. 1135).

1367. Darüber hinaus empfiehlt der Rat, Nitrat in eine Kontaminanten-Verordnung mit klaren Grenz- und Interventionswerten aufzunehmen, damit die Lebensmittel-Überwachungs- und andere Untersuchungsstellen bei unerwünscht oder vermeidbar hohen Nitratgehalten in Nahrungsmitteln geeignete Maßnahmen einleiten können. Diese müssen in Anbau-, Dünge- und Ernteempfehlungen für die Landwirtschaft bestehen, um die Nitratbelastung der Lebensmittel zu reduzieren. Ähnlich wie bei den Schwermetallen bietet sich ein sog. Interventionsmodell an, das aus einer höher angesetzten Höchstmenge und einem niedriger angesetzten Interventionswert besteht. Bei Überschreitungen des Interventionswertes müßten allerdings Maßnahmen im Bereich der landwirtschaftlichen Produktion zwingend vorgeschrieben sein (vgl. Abschn. 2.5.5).

1368. Außerdem ist darauf hinzuweisen, daß der einzelne Verbraucher selbst die Möglichkeit hat, eine erhöhte Nitrataufnahme zu vermeiden, indem er Obst und Gemüse jahreszeitgerecht verzehrt. Treibhausgemüse, wie Kopfsalat, enthält z. B. in den lichtschwachen Wintermonaten besonders viel Nitrat (Tz. 1341). Dies setzt aber eine verstärkte Information und Aufklärung der Bevölkerung über diese Sachverhalte voraus.

1369. Nitrit ist zur Verhinderung der Keimvermehrung, vor allem von Botulismus-Keimen, erforderlich, und es wurde bisher kein zufriedenstellender Ersatzstoff gefunden. Wegen der Möglichkeit, daß Nitrit zur Bildung krebserzeugender Nitrosamine führen kann, muß der Restnitritgehalt in Lebensmitteln tierischer Herkunft so niedrig wie möglich gehalten werden. Der Rat empfiehlt, weiter nach Ersatzstoffen für Nitrit zu suchen. In diesem Zusammenhang hält es der Rat für nicht mehr tolerierbar, daß Nitrit zum Umröten bestimmter Fleischerzeugnisse eingesetzt werden darf.

1370. Der Rat hält es für erforderlich, die Bevölkerung mehr als bisher über die Möglichkeiten aufzuklären, die Aufnahme von Nitrosaminen mit der Nahrung zu vermeiden und vor allem durch eine Verringerung der Nitrataufnahme die endogene Nitrosaminbildung zu vermindern.

1371. Zur Abschätzung der Bedeutung der endogenen Nitrosaminbildung sind die Erfassung von N-nitrosierbaren Verbindungen in Lebensmitteln nach Art, Menge und Vorkommen und die Charakterisierung der entstehenden Nitrosamine erforderlich. Es müssen Verfahren zum individuellen Biomonitoring entwickelt werden, um Personen mit hoher exogener und endogener Nitrosamin-Exposition zu ermitteln, die Gründe dafür zu erkennen und entsprechende Vorsorgemaßnahmen zu treffen.

1372. Ferner sollten gezielte epidemiologische Studien an Arbeitsplätzen durchgeführt werden, an denen mit einer erhöhten Nitrosamin-Exposition zu rechnen ist, um die gesundheitliche Bedeutung einer hohen und relativ gut bekannten Nitrosaminbelastung besser abschätzen zu können.

1373. Auf dem Gebiet der Analytik ist vor allem die Abtrennung und der Nachweis der nicht flüchtigen Nitrosamine derzeit noch unbefriedigend. Die Entwicklung und Standardisierung geeigneter Methoden ist für diese Verbindungsklasse erforderlich.

2.5.5 Zur Frage einer Verordnung über Verunreinigungen in Lebensmitteln (Kontaminanten-Verordnung)

1374. Die wichtigste Maßnahme zur Begrenzung und Verminderung von Verunreinigungen aus der Umwelt in und auf Lebensmitteln sieht der Rat im Erlaß einer Kontaminanten-Verordnung, die als Interventionsmodell konzipiert werden sollte.

Ähnlich wie in Höchstmengenverordnungen (z. B. Pflanzenschutzmittel-Höchstmengenverordnung; vgl. auch Tab. 2.5.1) sollte die Kontaminanten-Verordnung **Höchstmengen** für die Belastung einzelner Lebensmittel mit einzelnen Verunreinigungen angeben, bei deren Überschreitung das Lebensmittel nicht mehr verkehrsfähig ist. Diese haben wie andere Höchstmengen dem Ziel des gesundheitlichen Verbraucherschutzes zu dienen. Andererseits werden durch die Reglementierung einzelner verzehrsfertiger Lebensmittel weder die Produktionsbedingungen verändert, die zu hohen Verunreinigungen geführt haben und ohne Änderung wieder führen werden, noch wird längerfristig die Verunreinigung der Lebensmittel vermindert.

Die Belastung von Lebensmitteln mit Verunreinigungen aus der Umwelt kann mittel- und langfristig nicht durch Grenzwerte für die Stoffe in Lebensmitteln, sondern nur durch die Begrenzung und Verminderung des Eintrags der Stoffe in die Umwelt vermindert werden.

Deshalb müssen die Höchstmengen durch **Interventionswerte** ergänzt werden, in denen die eigentliche Bedeutung der Kontaminanten-Verordnung liegt und wodurch diese sich von Höchstmengenverordnungen unterscheidet. Ein Überschreiten der Interventionswerte muß Maßnahmen der Umweltverwaltung auslösen mit dem Ziel, die Quellen der Verunreinigungen aufzuspüren und nachhaltig einzudämmen. Die dazu notwendige, regelmäßige Zusammenarbeit der amtlichen Lebensmittelüberwachung und der Umweltbehörden sollte in der Kontaminanten-Verordnung und entsprechenden Verwaltungsanordnungen ausdrücklich geregelt werden. Die erforderlichen Maßnahmen können vielfältiger Art sein und die Sanierung einzelner Emittenten oder Emittentengruppen ebenso umfassen wie die Einstellung bestimmter Produktionen auf bestimmten Standorten oder den Erlaß umweltrechtlicher Regelungen.

Der Rat verkennt nicht, daß mit dieser nach dem Interventionsmodell konzipierten Kontaminanten-Verordnung rechtstechnisch Neuland betreten wird, hält jedoch trotz dieser Schwierigkeiten die Kontaminanten-Verordnung für vordringlich. Diese sollte wenigstens Blei, Cadmium — Quecksilber und Arsen, soweit Fische betroffen sind —, Organohalogenverbindungen und Nitrat enthalten und alle jeweils wesentlich zur Belastung der Verbraucher beitragenden Lebensmittel einbeziehen.

2.6 Lärm

2.6.1 Begriffe

2.6.1.1 Lärm und Lärmbelästigung

1375. Unter Lärm werden Schallvorgänge oder Geräusche verstanden, die geeignet sind, den Menschen zu stören, zu belästigen oder ihn gesundheitlich zu gefährden. Somit ist jede Form von unerwünschtem Schall als Lärm zu bezeichnen. Das Ausmaß der Geräusche, die auf die exponierten Menschen/Gebiete einwirken, wird als Geräusch-/Lärmbelastung bezeichnet. Sie wird durch akustische Immissionskennwerte beschrieben.

1376. Davon zu unterscheiden ist die **Lärmbelästigung**. Hierunter versteht man die störende Wirkung von Geräuschbelastungen als unerwünschte, beeinträchtigende Beeinflussung menschlicher Verhaltensweisen. Belästigung (engl. annoyance) kann als ein Gefühl von Unbehagen, Unmut, Verärgerung oder als allgemein abweisende Einstellung gegenüber einem Umweltfaktor definiert werden. In den Begriff „Belästigung" sind Wahrnehmung von Geräuschen und negativ bewertete Folgen für die eigene Person und das menschliche Zusammenleben eingeschlossen.

Geräusche können unmittelbar „lästig" sein, und zwar durch Lautheit, Impulshaltigkeit, Tonhaltigkeit, Modulationstiefe und Auffälligkeit gegenüber dem mittleren Umweltgeräuschpegel. Belästigung kann auch mittelbar aus erlebter Störung von Aktivitäten und Intentionen resultieren, zum Beispiel Störung von Schlaf, Entspannung und Ruhebedürfnis, Kommunikationsbehinderung, Störung bei der Durchführung von Aufgaben oder aus den wahrgenommenen Folgen einer starken Aktivierung durch Schreck.

1377. Während man Lautheit und Lästigkeit sowie die Störwirkung von Geräuschen auf verschiedene Funktionen und Aktivitäten im Laboratorium untersuchen kann, lassen sich wichtige Informationen über Belästigung durch Umweltgeräusche nur durch Befragung in konkreten Situationen gewinnen.

2.6.1.2 Meß- und Beurteilungsgrößen

1378. Der Mensch vermag mit seinem Ohr Luftschwingungen im Bereich von 16 Hz bis 20 kHz in Hörempfindungen umzusetzen, sofern bestimmte Schallamplituden vorliegen (s. Abb. 2.6.1), die eben hörbaren Töne werden als Hörschwelle bezeichnet. Mit größer werdender Amplitude der Schwingungen steigt die empfundene Lautheit an, bis sie bei den höchsten Lautstärken in eine Schmerzempfindung übergeht. Man spricht von der Fühl- oder Schmerzschwelle. Das Verhältnis der Amplituden von der Hörschwelle zur Schmerzschwelle beträgt 1 : 10 Millionen (10^{-4} bis 10^{+3} Mikrobar). Die lineare Zunahme der menschlichen Empfindung folgt einer logarithmischen Zunahme des Schallpegels; deshalb hat sich der logarithmische Aufbau einer Verhältnisskala im sog. Dezibelmaßstab als zweckmäßig erwiesen. Der Mensch hört von 0 dB bis etwa 130 dB (bezogen auf die Frequenz 1 000 Hz).

Meßverfahren

1379. Um eine frequenzmäßig annähernd gehörrichtige Messung möglich zu machen, benutzt man Bewertungsfilter, die ungefähr so wirksam sind wie die Dämmwirkung des menschlichen Ohres für bestimmte Frequenzen. In DIN 45645 „Einheitliche Ermittlung des Beurteilungspegels für Geräuschimmissionen" (Teil 1) wird für die Messung die Bewertungskurve A vorgeschlagen. Alle Einzelmessungen erfolgen somit in dB(A).

1380. Aus einer kontinuierlichen Messung wird der mittlere Verlauf als Mittelungspegel berechnet. Die Meßgeräte zur Ermittlung des Mittelungspegels L_m werden mit einer bestimmten Zeitkonstante versehen (DIN/IEC 651); für die Zeitbewertung FAST ist eine Zeitkonstante von 125 ms vorgegeben. Bei plötzlichem Abschalten des Signals soll der Abfall der Anzeige um 10 dB bei FAST höchstens 0,5 s betragen (Abfallzeitkonstante). Wenn Impulse gemessen werden sollen, d. h. Geräusche mit schnell ansteigender Lautstärke und von kurzer Dauer (1 bis 200 ms), muß die Bewertung IMPULSE eingestellt werden. Für diese gilt eine Zeitkonstante von 35 ms für die Einschwingzeit; die Abfallzeitkonstante beträgt 1 500 ms. Für besondere Meßaufgaben, z. B. Fluglärmmessungen, werden die Messungen in SLOW durchgeführt (Einschwingzeit 1 000 ms, Abfallzeitkonstante 3 s), d. h. das Anzeigeinstrument arbeitet träge. Dies hat sich bei den Fluglärmüberwachungsanlagen bewährt, weil dadurch verhindert wird, daß andere als Fluglärmgeräusche, z. B. Vogelgezwitscher, das Meßergebnis verfälschen, weil die Ansprechzeit in der Einstellung SLOW sehr langsam vonstatten geht, so daß nur die tatsächlichen, langsam anschwellenden Geräusche des Fluglärms einigermaßen sicher erfaßt werden.

Äquivalenter Dauerschallpegel und Beurteilungspegel

1381. Aus dem über einen bestimmten Zeitraum gemessenen Pegel in L_{AF} (A bewertet in der Einstellung FAST) wird dann unter Verwendung des Halbierungsparameters (q = 3) (Tz. 1428) der Mittelungspegel und für die bestimmte Zeit der **„Beurteilungspegel"** (L_r) errechnet (Abb. 2.6.2). Neuerdings sind Meßgeräte entwickelt worden, die die Zeitintegration in dem Beurteilungszeitraum selbsttätig durchführen, so daß der Beurteilungspegel jeweils schon abgelesen

Abbildung 2.6.1

Kurven gleicher Lautstärke[1])

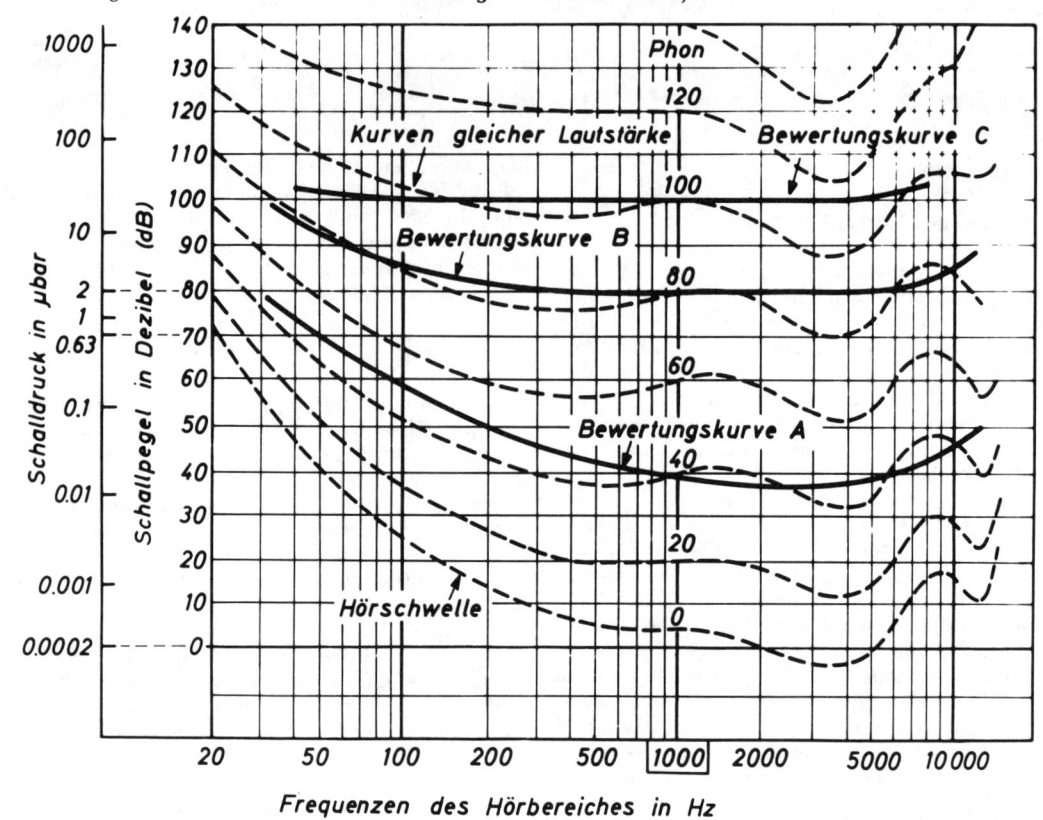

[Figure: Kurven gleicher Lautstärke with Bewertungskurven A, B, C; Hörschwelle; Phon-Kurven 0, 20, 40, 60, 80, 100, 120; Schalldruck in µbar (0.0002 bis 1000) vs. Frequenzen des Hörbereiches in Hz (20 bis 10000); Schallpegel in Dezibel (dB) 0 bis 140]

Frequenzen des Hörbereiches in Hz

[1]) Die Hörschwelle für 1 000 Hz liegt bei +4 dB, während sie früher bei 0 dB festgelegt wurde (nach FLETCHER und MUNSON, 1933).

Quelle: nach ROBINSON und DADSON, 1956

Abbildung 2.6.2

Pegel-Zeit-Diagramm
(äquivalenter Dauerschallpegel q = 3)

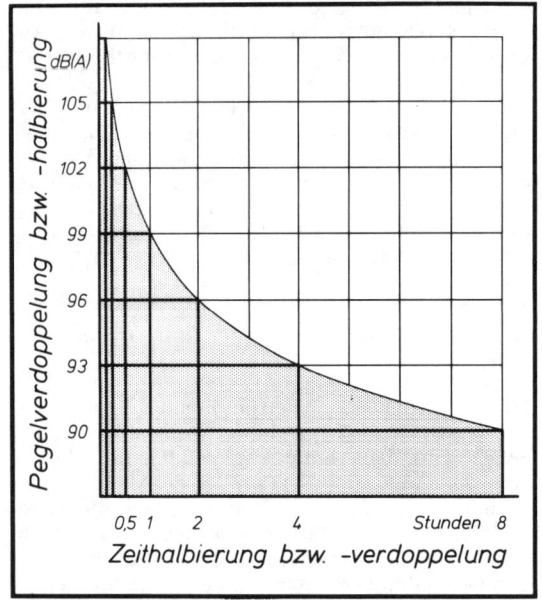

[Figure: Pegelverdoppelung bzw. -halbierung in dB(A) (90, 93, 96, 99, 102, 105) vs. Zeithalbierung bzw. -verdoppelung in Stunden (0,5; 1; 2; 4; 8)]

Quelle: SRU

werden kann und nicht mehr wie früher mühsam berechnet werden muß. Während der Mittelungspegel L_m am weitesten verbreitet ist, gibt es für Sonderbeurteilungen zusätzliche Verfahren. So wird z. B. nach dem Gesetz zum Schutz vor Fluglärm in der Bundesrepublik die Lärmbelastung nach L_{eq} (früher Störindex Q) berechnet; dem liegt der Halbierungsparameter q = 4 zugrunde. Der Zahlenwert der Lärmbelastung, der hierbei errechnet wird, liegt gegenüber den Berechnungen des energieäquivalenten Dauerschallpegels mit q = 3 in der Regel um 6—7 dB(A) niedriger (DFG, 1974).

1382. Neben den beiden genannten Beurteilungsverfahren existieren auch noch andere Verfahren, z. B. das Taktmaximalpegelverfahren. Auch hier kann es zu unterschiedlichen Größenordnungen kommen, die einen Vergleich erschweren. Dies bedeutet, daß es in rechtlich relevanten Grenzfällen nicht gleichgültig sein kann, ob man den Beurteilungspegel nach der einen oder anderen Methode heranzieht. Bisher fehlen Beweise dafür, daß gleiche energieäquivalente Dauerschallpegel und die Mittelungspegel aus anderen Bewertungsverfahren bei Industrie- und Verkehrsgeräuschen Wirkungsäquivalenz aufweisen. Nach Auffassung des Rates sollten diese offenen Fragen durch Belästigungsstudien geklärt werden.

1383. Die einheitliche Ermittlung des Beurteilungspegels für Geräuschimmissionen der DIN 45645 soll auf alle Geräusche unabhängig von Art, Entstehung und Einwirkungsort anwendbar sein und diese hinsichtlich ihrer Wirkung auf den Menschen näherungsweise miteinander vergleichbar machen. Bei Tonhaltigkeit oder Impulshaltigkeit der zu beurteilenden Geräusche sind Tonzuschläge oder Impulszuschläge von 3 bis 6 dB(A) vorgesehen. Über die Impulszuschläge bei der Beurteilung von gehörgefährdendem Lärm, deren Anwendung mit dem Risiko einer gewissen Willkür behaftet sein kann, ist im Zusammenhang mit der Novellierung der ISO R 1999 (1984) mehrfach hingewiesen worden.

1384. Verschiedene Studien (z. B. DFG-Fluglärmstudie, 1974) aus den letzten Jahren haben deutlich gemacht, daß hohe Korrelationen zwischen unterschiedlichen Beurteilungsmaßen hinsichtlich ihrer Beziehung zur Störwirkung/Belästigung bestehen, wobei immer wieder die gute Brauchbarkeit des energieäquivalenten Dauerschallpegels L_m bestätigt worden ist. Bei Detailfragen und in speziellen Störfällen müssen jedoch die „Frequenz-Lästigkeit" und die „Impuls-Lästigkeit" gesondert erfaßt und bewertet werden.

2.6.1.3 Emissions- und Immissionswerte

1385. Im Bundes-Immissionsschutzgesetz (BImSchG) wird der Begriff „Lärm" nicht so definiert wie dies in anderen Gesetzen, Verordnungen, Verwaltungsvorschriften, Normen und Richtlinien üblich ist. Es ist von „schädlichen Umwelteinwirkungen" durch Geräusche die Rede. Als solche gelten Immissionen, „die nach Art, Ausmaß oder Dauer geeignet sind, Gefahren, erhebliche Nachteile oder erhebliche Belästigungen für die Allgemeinheit oder die Nachbarschaft herbeizuführen". Unter „Gefahren" werden im Sinne des BImSchG Gesundheitsgefahren im engeren medizinischen Sinne verstanden.

Zur Durchführung des § 41 und des § 42 Abs. 1 und 2 sind gemäß § 43 BImSchG Rechtsverordnungen zu erlassen, insbesondere über „bestimmte Grenzwerte, die zum Schutz der Nachbarschaft vor schädlichen Umwelteinwirkungen durch Geräusche nicht überschritten werden dürfen". Diese Immissionsgrenzwerte (IGW) sollen einmal als Grenzwerte zum Schutz vor Verkehrsgeräuschen und zum anderen als Anspruchsgrundlage im Sinne einer Kostenerstattung für definierte Schallschutzmaßnahmen an baulichen Anlagen dienen (FICKERT, 1976; KORBMACHER, 1976; SCHROETER, 1976; VOGEL, 1976). Rechtsverordnungen nach § 43 BImSchG sind bisher allerdings nicht erlassen worden.

2.6.2 Ermittlung und Beurteilung der Geräuschemissionen und -immissionen

1386. Bei jeder Umwandlung von mechanischer Energie in eine andere Energieform — bzw. umgekehrt — wird ein, wenn auch sehr geringer Anteil (ca. $10^{-6}-10^{-11}$) der umgesetzten Energie als Schall an das umgebende Medium weitergegeben. Die in der Zeiteinheit an die Umgebung abgegebene Schallenergie, die Schalleistung, ergibt je nach Abstand von der Schallquelle eine Schallintensität (das ist die in der Zeiteinheit durch die Flächeneinheit senkrecht durchtretende Schallenergie). Diese ist im freien Schallfeld proportional dem dort meßbaren Quadrat des Schalldrucks. Aus einer Messung des Schalldrucks auf einer Hüllfläche um die Schallquelle kann wieder die Schalleistung und damit die **Emission** der Quelle bestimmt werden. Die Angabe der Schalleistung ist als charakteristisches Merkmal einer Schallquelle für weiterführende Planungen und Berechnungen unbedingt erforderlich.

1387. Für die Wirkung von Geräuschen sind jedoch die Stärke und der Verlauf der **Schallimmission** am jeweiligen Immissionsort (Aufenthaltsort) maßgebend.

1388. Um den großen Bereich des auftretenden Schalldrucks oder auch der Schallintensität übersichtlich zu erfassen und angeben zu können, verwendet man logarithmische Größen, den Schall**druckpegel** oder den Schall**leistungspegel**. So entspricht z. B. eine Schallintensität von 1 W/m² einem Schallpegel von 120 dB.

1389. Wenn die Einwirkung von Schall auf den Menschen erfaßt und beurteilt werden soll, wird zur näherungsweisen, gehörrichtigen Ermittlung vereinbarungsgemäß ein Bewertungsfilter A in den Meßverstärker eingeschaltet. Die so ermittelten Werte werden dann als A-bewertete Schallpegel in dB oder kurz als dB(A) angegeben. Dies gilt sowohl für Immissionen als auch für Emissionen von Geräuschen.

Zur Erleichterung der Diskussion in der Öffentlichkeit benutzt der Rat die Bezeichnung dB(A).

Unter Einbeziehung von Mittelungsvorschriften, Zeitbewertungen und Gewichtungsfaktoren wird z. B. als „Lärmbetrieb" nach Arbeitsstättenverordnung ein Betrieb angesprochen, in welchem der Schallpegel L_{AFTm} = 85 dB vorhanden ist (vgl. hierzu auch VDI 3723, 2058/1 sowie DIN 1320).

2.6.2.1 Statistische Ermittlung und Beurteilung

1390. Die Schallmessung erfolgt üblicherweise durch Schallpegelmesser. Integrierende Schallpegelmesser zeigen als Ergebnis bereits einen zeitlichen Mittelwert je nach Zeitbewertungsart (Zeitkonstanten FAST, SLOW, IMPULSE) an.

Wenn ein Mittelwert über längere Zeit (Minuten, Stunden, Tage, Monate usw.) gebildet werden soll, so kann dieser als Mittelwert der Schallintensität über die gewünschte Zeit gebildet und als mittlerer Schallpegel angegeben werden (DIN 45641). Werden außer dem Mittelwert über die Meßzeit zusätzliche Aussagen über die Verteilung der Schallpegel gewünscht, so ist die Angabe der Zeitbewertung erforderlich. Bei einer Klassierung der Meßwerte wird normalerweise von der Einstellung FAST ausgegangen. Die hiermit erhaltene Häufigkeitsverteilung der Meßwerte kann auch als Summenhäufigkeit dargestellt werden. Außer dem Mittelungspegel für die Meßzeit kann dann auch entweder die Häufigkeit des Auftretens von Schallpegeln oder auch die Überschreitungshäufigkeit bestimmter Schallpegel angegeben werden (VDI 3723, Blatt 1, Entwurf). Wird die Meßzeit in kleinere Zeitabschnitte eingeteilt, so läßt sich für die einzelnen statistischen Werte (z. B. Mittelungspegel L_{AFm} oder Hintergrundpegel L_{AF95}) eine Tages-, Monats- oder Jahresverteilung oder die Summenhäufigkeit der ermittelten Kurzzeitwerte angeben. Da während der gesamten Beurteilungszeit kontinuierlich gemessen wurde, ist der für diese Zeit anzusetzende Fehler bei der Bestimmung der Beurteilungsgrößen nur von der Genauigkeit des benutzten Meßgerätes abhängig. Mit Hilfe statistischer Verfahren läßt sich angeben, mit welcher Ungenauigkeit die aus den Stichproben gewonnenen Kennwerte den wahren Werten entsprechen. Durch das Stichprobenverfahren läßt sich die notwendige Meßzeit zur Bestimmung einer vorhandenen Geräuschsituation reduzieren. Ohne weitere Kenntnisse aus einer solchen Auswertung läßt sich jedoch auch nur eine Aussage über den Gesamtpegel am Immissionsort im vergangenen Meßzeitraum erhalten. Eine Prognose ist nur möglich, wenn gleichzeitig mit den Schallpegelmessungen Daten über die verursachenden Geräuschquellen und die (meteorologischen) Ausbreitungsbedingungen erfaßt und den jeweiligen Schallpegelkennwerten zugeordnet werden.

Soll z. B. die Geräuschimmission eines Betriebes in der Nachbarschaft bestimmt werden, so sind die Schallpegelmessungen nur sinnvoll, wenn die geräuschverursachenden Anlagen voll betrieben werden. Falls unterschiedliche Betriebsweisen auch eine unterschiedliche Schallemission aufweisen, so ist den einzelnen Betriebsweisen auch der jeweilige Immissionswert zuzuordnen. Wird darüber hinaus bei größerer Entfernung von der zu messenden Anlage der immittierte Schallpegel durch wechselnde Ausbreitungsbedingungen beeinflußt, so muß der Schallpegel am Immissionsort in Abhängigkeit vom Betriebszustand der Anlage und von der Witterungsbedingung erfaßt werden, um evtl. bei bekannter Häufigkeitsverteilung beider Einflußgrößen durch Kombination beider Verteilungen die zu erwartenden Kenngrößen abschätzen zu können.

1391. Dieses Verfahren ist allerdings nur anwendbar, wenn die Schallpegel am Immissionsort für jeden Betriebszustand und jede Ausbreitungsbedingung durch die zu beurteilende Geräuschquelle bestimmt werden. Messungen in der Nachbarschaft von zeitlich nahezu konstant abstrahlenden großflächigen petrochemischen Freianlagen ergeben Abweichungen von der Bezugswettersituation, die als mittlere **Mitwindsituation** gekennzeichnet ist.

Eine Ergänzung der bisher vielfach üblichen Einzahlangabe des berechneten oder gemessenen Immissionspegels durch eine Angabe des zu erwartenden Vertrauensbereiches der Aussage ist auf jeden Fall wünschenswert.

1392. Wie aus den Ergebnissen (Abb. 2.6.3) zu ersehen ist, treten die höchsten Schallpegel bei leichtem Mitwind und Inversionswetterlage (sehr gute Schallausbreitung), die niedrigsten bei Gegenwind auf. Die Tiefe des Schallschattens wird hierbei durch die seit-

Abbildung 2.6.3

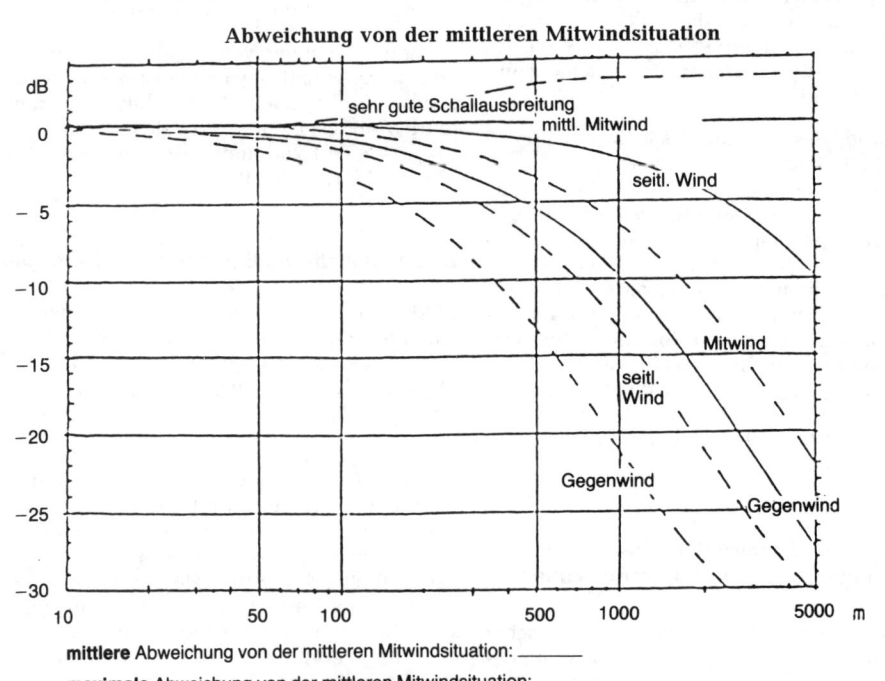

Abweichung von der mittleren Mitwindsituation

mittlere Abweichung von der mittleren Mitwindsituation: ——
maximale Abweichung von der mittleren Mitwindsituation: ----

Quelle: VDI Richtlinie 2714 Schallausbreitung im Freien

liche Streuung an Inhomogenitäten des Ausbreitungsmediums (Luft) begrenzt.

1393. Bei Prognosen ist die Aussagesicherheit an die Genauigkeit der Eingangsgrößen (Höhe und Dauer der Emission) sowie die Genauigkeit des zur Verfügung stehenden Ausbreitungsmodells gekoppelt. Für Standardsituationen (viele konstant abstrahlende Quellen, mittlerer Mitwind) ergibt sich auch für Entfernungen von 1—2 km eine gute Übereinstimmung ($\pm 1,5$ dB[A]) zwischen berechneten und gemessenen Werten.

2.6.2.2 Schalleistungsmessungen

1394. Zur schalltechnischen Kennzeichnung eines Gerätes, einer Maschine oder Anlage wird heute allgemein die abgestrahlte Schalleistung P angegeben. Üblich ist die Angabe des **Schalleistungspegels L_w**. Näherungsweise läßt sich die Schalleistung einer Geräuschquelle auch aus Schalldruckmessungen im Freifeld bestimmen.

Geht man zu vergleichenden Meßverfahren über, so läßt sich die abgestrahlte Schallenergie auch durch eine Schalldruckpegelmessung einer Vergleichsschallquelle mit bekannter Schalleistung und einer Messung des Schalldruckes einer zu bestimmenden Quelle an einem oder mehreren Meßpunkten bestimmen, wenn die Meßumgebung nicht verändert wird.

Verfahren zur Bestimmung der Schalleistung, die auf Schalldruckmessungen beruhen, sind mittlerweile national (DIN 45635) und international (ISO 3740 bis 3746) festgelegt.

Die Genauigkeit dieser standardisierten Meßverfahren hängt stark von den Umgebungsbedingungen (Aufstellungsort der Quelle, Fremdgeräusch) ab. Häufig werden bei Messungen in der Praxis so hohe Fremdgeräuschpegel oder so große Raumrückwirkungen festgestellt, daß — wenn überhaupt — nur noch Messungen der Genauigkeitsklasse 3 (Übersichtsmethode) möglich sind.

1395. Die grundsätzliche Möglichkeit der Bestimmung der abgestrahlten Schalleistung aus der direkten Messung der von der Quelle ausgehenden Schallintensität ist seit langem bekannt. Aber erst gegen Ende der 70er Jahre mit der Entwicklung entsprechender digitaler Meßwerterfassungs- und -verarbeitungssysteme wurde diese Methode wieder interessant, nachdem zwischenzeitlich die Entwicklung von Schalldruckgradientenmikrophonen und von Schallintensitätsmikrophonen zu technischen Problemen geführt hatte.

1396. Die zur Zeit bevorzugten Verfahren beruhen auf der Messung des Schalldrucks einer durchlaufenden Schallwelle mit zwei nahe beieinander (6 bis 50 mm) positionierten Mikrophonen. Bei entsprechender Verarbeitung der Signale lassen sich hieraus Schalldruck und Schallschnelle sowie die Schallintensität am Meßort ableiten.

Da bei diesem Verfahren auch die Richtung der durchlaufenden Schallenergie erfaßt wird, ist es möglich, den direkten Schall von der Quelle vom reflektierten oder Fremdgeräusch zu trennen. Damit werden Messungen in halligen Aufstellungsräumen und bei relativ hohen Fremdgeräuschpegeln möglich. Während bei konventionellen Messungen der Fremdgeräuschpegel mindestens 6 dB(A) unter dem Nutzschallpegel liegen muß, lassen sich nach den vorliegenden Erfahrungen mit Hilfe der Intensitätsmessung Schalleistungsbestimmungen auch noch bei Fremdgeräuschpegeln durchführen, die je nach Frequenz und Güte der Meß- und Auswerteapparatur 10 dB(A) und mehr über dem Nutzschallsignal liegen können. Voraussetzung ist eine zeitlich und örtlich gleichmäßige Abstrahlung der Quelle und eine relative Konstanz des Fremdgeräuschpegels.

1397. In einem FE-Vorhaben des Umweltbundesamtes wurden 3 Intensitätsmeßverfahren auf die Schalleistungsbestimmung von 12 maschinentechnischen Anlagen in situ angewendet und zwar das Oberflächenintensitätsverfahren, das 2-Kanal FFT-Verfahren und das Echtzeit-Intensitätsmeßverfahren. Es ergab sich, daß alle 3 Verfahren zur Emissionsermittlung unter üblichen Betriebs- und Aufstellungsbedingungen geeignet sind und Ergebnisse mit definierter Genauigkeit liefern. Der Aufwand für die Messung ist wegen der erforderlichen Anzahl der Meßpunkte im allgemeinen größer als bei den Standardverfahren, kann jedoch je nach Meßbedingungen erforderlich sein, wenn die Standardverfahren nicht anwendbar sind.

2.6.2.3 Eichung

1398. Schallpegelmesser, die für Messungen von Kfz-Geräuschen eingesetzt werden, müssen seit 1972 geeicht sein. Dies gilt auch für Schallpegelmesser, die im Immissionsschutz und Arbeitsschutz benutzt werden. Lediglich Schallpegelmesser, die der unverbindlichen orientierenden Information dienen, sind von der Eichpflicht befreit. Voraussetzung für die Eichung ist eine Zulassung, die von der Physikalisch-Technischen Bundesanstalt nach einer Zulassungsprüfung erteilt wird.

Da in der Zwischenzeit jedoch außer der direkten Ablesung von Meßwerten auch die analoge oder digitale Speicherung von Meßwerten und die Auswertung im Labor übliche Verfahren sind, müßten im Sinne der entsprechenden Verordnungen Einzelprüfungen der speziellen Meßketten einschließlich der zur Auswertung gehörenden Rechner und Rechenprogramme vorgenommen werden. In der Praxis werden jedoch nur einzelne Glieder einer solchen Meßkette zugelassen und geeicht, wie z. B. der Mikrophonteil oder der Schallkalibrator.

Die Problematik einer solchen Vorgehensweise liegt in der Aufteilung der Fehlergrenzen. Wenn der Gesamtfehler in einer Meßeinrichtung nicht größer sein soll als der eines gebräuchlichen Schallpegelmessers, bleibt für das einzelne Glied der Meßkette nur eine sehr geringe Fehlergrenze übrig. Die Anwender sind verpflichtet, durch ständige Kontrolle ihrer Meßeinrichtungen mit Hilfe **akustischer** Kalibratoren die Zuverlässigkeiten der Meßergebnisse zu gewährleisten. Der Rat ist der Auffassung, daß eine abschließende Klärung dieser Inhalte und Grenzen der Eichpflicht notwendig ist.

2.6.2.4 Immissionsbestimmung durch Messen oder Rechnen

Industrie- und Gewerbelärm

1399. Seit der Veröffentlichung der TA Lärm 1968 sind in vielen Fällen Schwierigkeiten aufgetreten, die nach der TA Lärm erforderlichen Meßwerte des Schallpegels einer zu beurteilenden Anlage oder eines Betriebes am vorgeschriebenen Meßort (0,5 m) vor dem am stärksten betroffenen geöffneten Fenster zu ermitteln. Dies gilt insbesondere dann, wenn die dauernde Einwirkung von Fremdgeräuschen eine genaue Bestimmung des Anteils der zu beurteilenden Anlage verhindert. Dies gilt ferner für solche Situationen, wo Geräuschquelle und Immissionsort weiter als ca. 100 m voneinander entfernt sind und gleichzeitig andere Quellen (Kfz-Verkehr, Gewerbe und Industrie) auf den Immissionsort einwirken.

1400. In ca. 80 % der zur Bestimmung des Immissionspegels durchzuführenden Untersuchungen ist die Einhaltung aller Bedingungen der TA Lärm meist wegen einwirkender Fremdgeräusche am Immissionsort nicht möglich. Die Ermittlung der Emission von Anlagen, Betrieben oder Einzelquellen ist jedoch in einschlägigen Richtlinien und Normen festgelegt und in praktisch interessierenden Fällen (rel. hohe Schalleistung) fast immer unabhängig von der Wetterlage durchzuführen. Erfahrungen mit der Anwendung des Entwurfs der VDI-Richtlinie 2714 ergaben bei dem Vergleich von gemessenen Emissionswerten, berechneten und gemessenen Immissionspegeln für Mitwindwetterlagen Übereinstimmungen innerhalb von ±2 dB(A). Hierbei wurden jeweils die Mittelwerte nach DIN 45641 verglichen. Da mittlerweile der überwiegende Teil aller Meßaufgaben sich auf die Kontrolle der Einhaltung eines Immissionsrichtwertes durch einzelne Anlagen oder Betriebsteile bezieht, die innerhalb geräuschmittierender Gebiete liegen, ist die Messung der Emission und Berechnung der Immission die einzige Möglichkeit, die Einhaltung eines Immissionsrichtwertes nachzuprüfen. Von den Genehmigungsbehörden werden diese Untersuchungen als Nachweis der Einhaltung eines Immissionsrichtwertes anerkannt, wenn Betriebszustände und Einwirkzeiten den Genehmigungsbedingungen entsprechen.

Bei größeren Anlagen, die aus mehreren geräuschabstrahlenden Teilen bestehen, können aus den Ergebnissen der Immissionsberechnungen direkt evtl. erforderliche Minderungsmaßnahmen abgeleitet werden. Mehrfachmessungen zur Berücksichtigung statistischer Forderungen entfallen. Unter der Voraussetzung, daß von verschiedenen Meßinstituten gleicher Qualifikation gleiche Berechnungsverfahren angewendet werden, ist zu erwarten, daß die Ergebnisse aus Emissionsmessung und Immissionsberechnung im resultierenden Immissionspegel (L_{Am}) für größere Anlagen weniger als 1 dB(A) voneinander abweichen. Bei Prognosen von Immissionspegeln im Rahmen eines Genehmigungsverfahrens ist die Berechnung der Immission aus der zu erwartenden Emission erforderlich.

1401. Allerdings erlauben die Berechnungsverfahren lediglich eine Ermittlung des statistischen Mittelwertes (L_{AFm} oder L_{ASm}). Bei konstant abstrahlenden Geräuschquellen liegt jedoch der Mittelungspegel nach dem Taktmaximalverfahren (L_{AFTm} = Wirkpegel) je nach Entfernung der Quelle und Fluktuation der Ausbreitungsbedingungen 0,5–2 dB(A) höher. Man erhält grundsätzlich höhere Wirkpegel als Mittelpegel. (Dies könnte z. T. durch Wegfall der 3 dB-Meßunsicherheit ausgeglichen werden). Die Messung, Auswertung und Berechnung muß normalerweise in mindestens Oktavbandbreite erfolgen und erfordert entsprechende Erfahrung. Außerdem können Zuschläge für Ton- oder Impulshaltigkeit erst nach einer Analyse der Geräuschsituation am Immissionsort begründet werden.

1402. In den Fällen, in denen keine anlagenbezogene Messung eines Immissionspegels möglich ist, wird eine für den Immissionspunkt repräsentative Schalleistung der zu beurteilenden Anlage bzw. des Betriebes durch Emissionsmessung bestimmt und mit einem z. B. in einer Verwaltungsvorschrift empfohlenen Rechenverfahren der Immissionspegel berechnet. Damit können auch Auflagen und Nachprüfungen vorwiegend auf Emissionsmessungen bezogen werden.

Verkehrslärm

1403. In allen Verfahren zur Beurteilung von Verkehrslärm wird die mittlere Verkehrsbelastung über einen längeren Zeitraum zugrundegelegt. Gemäß Fluglärmgesetz ist dies das Halbjahr mit dem stärksten Verkehrsaufkommen. Beim Straßenverkehr wird die durchschnittliche tägliche Verkehrsstärke (DTV) ermittelt, also der Mittelwert über alle Tage eines Jahres der einen Straßenquerschnitt täglich passierenden Kraftfahrzeuge. Bei der Bundesbahn wird eine durchschnittliche Verkehrsdichte, eine durchschnittliche Zusammensetzung der Zugarten und ein guter Schienenzustand vorausgesetzt, um eine Aussage über zu erwartende Geräuschbelastungen treffen zu können. Messungen an bestehenden Situationen können den augenblicklichen Zustand (Verkehrsaufkommen, Ausbreitungsbedingungen) erfassen und müssen auf die „Normalbedingungen" umgerechnet werden. Zusätzlich gilt auch hier, daß einwirkende Fremdgeräusche und/oder meteorologische Einflüsse die Auswertung der durch die betrachtete Quelle verursachten Pegel erschweren oder gar unmöglich machen können.

Die mittlere Emission der Verkehrsgeräuschquellen ist bekannt und erlaubt in der Nähe der Verkehrswege die Berechnung von Mittelungspegeln, die in einem vertretbaren Streubereich mit den tatsächlich gemessenen Werten übereinstimmen.

Berechnungsverfahren

1404. In der Bundesrepublik Deutschland sind zur Zeit folgende Verfahren zur Berechnung von Schallimmissionen aus bekannten Emissionsdaten üblich:

— VDI-Richtlinie 2714   „Schallausbreitung im Freien", Entwurf Dezember 1976 in Verbindung mit

— VDI-Richtlinie 2720   „Schallschutz durch Abschirmung im Freien", Entwurf Juni 1981;

— RLS-81   „Richtlinie für den Lärmschutz an Straßen", Ausgabe 1981, Hrsg. BMV Abt. Straßenbau;

— Schall 03   Information der Deutschen Bundesbahn vom 24. November 1976;

— DIN 18005   „Schallschutz im Städtebau", Entwurf April 1982;

— Fluglärmgesetz   (Anhang) März 1971.

1405. Alle genannten Verfahren außer dem Fluglärmberechnungsverfahren werden z. Zt. überarbeitet. Hierbei sollen in der Zwischenzeit bei der Anwendung als notwendig erkannte Korrekturen und Ergänzungen eingearbeitet werden. Die Verfahren unterscheiden sich im Grad der Berücksichtigung einzelner Einflüsse auf die Schallausbreitung. Die RLS-81 und die Schall 03 fassen z. B. die frequenzunabhängigen geometrischen Abstandsmaße und die frequenzabhängigen Einflüsse der Luftabsorption des Bodens und der Meteorologie zu einem nun abstandsabhängigen Wert zusammen. Dieser Wert stimmt für den Hauptanwendungsbereich bis 200 m Entfernung von der Verkehrsstraße gut mit dem aus dem Frequenzspektrum abgeleiteten Wert nach VDI 2714 überein, darüber hinaus sind geringe Abweichungen nicht auszuschließen. Ebenso wird für die Abschirmwirkung von Wänden nur für eine Hauptfrequenz, z. B. 500 Hz, der Wert ermittelt und für den A-bewerteten Gesamtpegel eingesetzt. Auch hier sind Abweichungen gegenüber den detaillierten Verfahren nicht auszuschließen. Beide Verfahren, RLS-81 und Schall 03, sind als Grundlage in der DIN 18005 enthalten. Im Rahmen der für Planungszwecke geforderten Genauigkeit genügen sie den Ansprüchen für Verkehrsplanungen. Der Nachweis der Einhaltung oder Nichteinhaltung von Immissionsrichtwerten durch Gewerbe- oder Industriebetriebe erfordert jedoch normalerweise eine Berechnung in einzelnen Frequenzbändern und die Berücksichtigung von Mehrfachreflexionen sowohl im Quellbereich als auch am Immissionspunkt. Hier ist eine Angabe zur Anwendbarkeit und zu den Grenzen der Verfahren wünschenswert.

1406. Das Rechenverfahren zur Bestimmung der Fluglärmzonen in der Nachbarschaft von Flughäfen ist im Fluglärmgesetz festgeschrieben. Abweichend von der üblichen Beurteilung der Verdoppelung einer Einwirkzeit eines Geräusches mit +3 dB Erhöhung des Beurteilungspegels wird hier mit +4 dB gerechnet. Hier ist eine Anpassung an die nationalen und internationalen Regelungen mit +3 dB sinnvoll. Dies bedeutet für Großflughäfen keine wesentliche Änderung der Lärmschutzzonen, während für mittlere und kleine Flughäfen und Flugplätze die Schutzzonen erweitert würden und somit einen höheren Bevölkerungsschutz bewirkten. Zudem würde damit auch der medizinischen Beurteilung mit der Maximalpegelbegutachtung besser als bisher bei den mittlerem und kleineren Flughäfen entsprochen.

2.6.2.5 Auffälligkeit und Information

1407. Um feststellen zu können, ob von Geräuschen negative Wirkungen ausgehen, reicht es im allgemeinen nicht aus, den mittleren Schalldruckpegel (Mittelungspegel) zu erfassen. Zu einer besseren Beurteilung müssen z. B. Dauer, Zeitpunkt und Häufigkeit des Auftretens, Frequenzzusammensetzung und ggf. auch Auffälligkeit (Impulshaltigkeit, Tonhaltigkeit), Ortsüblichkeit sowie Art und Betriebsweise der Geräuschquelle erfaßt werden.

1408. Information im Sinne der Informationstheorie ist der allgemeine Begriff für eine Nachricht, die von einer Quelle ausgesandt und über einen Kanal übertragen wird. Im Empfänger werden die Signale decodiert und dem Bestimmungsorgan zugeführt. Betrachtet man die Geräuschquelle, so ist das abgestrahlte Geräusch eine Nachricht, die über das Ohr an das Gehirn weitergeleitet wird. Im Gehirn werden die Signale analysiert und mit bekannten Mustern verglichen. Hierauf erfolgt eine Wertung der Information entsprechend der Einstellung des Hörers zum Informationsgehalt. Bei der Verarbeitung im Organismus findet eine schrittweise Beschränkung des Informationsangebotes auf die Anteile statt, die für die Lösung der gerade vordringlichen Aufgabe besonders wichtig sind. Weniger wichtige Informationen werden dabei unterdrückt, es sei denn, sie unterscheiden sich von bereits bekannten Mustern. In der VDI-Richtlinie 2058, Blatt 1, wird die Tatsache, daß eine weniger wichtige, vielleicht auch bereits bekannte Information bewußt wahrgenommen wird, als **Auffälligkeit** bezeichnet. Hiernach ist ein Geräusch auffällig, wenn es z. B.

— das **Hintergrundgeräusch** insgesamt oder in einzelnen Frequenzbereichen um 10 dB(A) oder mehr überschreitet,

— in Zeiten der Ruhe und Erholung (z. B. nachts, abends, am frühen Morgen oder am Wochenende) auftritt,

— sich durch besondere Ton- oder Impulshaltigkeit (Frequenz- und Zeitstruktur) aus dem Hintergrundgeräusch oder einem gleichmäßigen Grundgeräusch einer Anlage heraushebt,

— in seiner Art in der betroffenen Umgebung fremd oder neu ist.

Hintergrundgeräusch

1409. Das Hintergrundgeräusch ist das am Meßort vorhandene schwächste Fremdgeräusch, das nicht einer einzelnen erkennbaren Geräuschquelle zugeordnet werden kann. Bei Pegelklassierungen entspricht der Hintergrundpegel dem Pegel des Fremdgeräusches, der in 95% der Beobachtungsdauer überschritten wird. **Fremdgeräusche** sind hierbei Geräusche am Immissionsort, die unabhängig von dem zu beurteilenden Geräusch auftreten, z. B. Verkehrsgeräusche, Geräusche anderer Betriebe und Anlagen. In der ISO-1996 (1971) wird ausgeführt, daß zur Beurteilung einer Geräuscheinwirkung in Sonderfällen der Hintergrundpegel als Beurteilungskriterium dienen kann:

— Der Hintergrundpegel enthält in angemessener Weise die Einflüsse der Art des Wohnbereiches, der Jahreszeit und der Tageszeit; hierzu sind keine Korrekturen erforderlich. Er dient in gleicher Weise zur Beurteilung von Lärmeinwirkungen außerhalb oder innerhalb eines Hauses, unabhängig davon, ob die Fenster offen oder geschlossen sind. Voraussetzung ist jedoch, daß sowohl die zu beurteilende Geräuscheinwirkung als auch der Hintergrundpegel unter den gleichen Bedingungen gemessen werden.

— Um eine allmähliche Erhöhung des Hintergrundpegels zu verhindern, soll dieser mit generell gültigen Richtwerten entsprechend der Ausweisung des Gebietes und der Tageszeit verglichen werden.

1410. Wie aus den zitierten Richtlinien hervorgeht, ist die Auffälligkeit eines Geräusches direkt mit dem zur gleichen Zeit am gleichen Ort vorhandenen Hintergrundpegel verknüpft, der direkt als Bezugswert zum Vergleich mit dem Beurteilungspegel dienen kann. (Im Beurteilungspegel ist außer dem Mittelungspegel für die Beurteilungszeit nach ISO-1996 ein Zuschlag je nach Geräuschart für Ton- und Impulshaltigkeit enthalten (Tz. 1411—1417).

Wenn der Beurteilungspegel das Beurteilungskriterium (Hintergrundpegel) um 0 dB(A) überschreitet, wird keine Reaktion der Betroffenen beobachtet. Bei

5 dB(A) Überschreitung: Geringe Reaktion mit gelegentlichen Beschwerden; bei

10 dB(A) Überschreitung: mittlere Reaktion mit weit verbreiteten Beschwerden; bei

15 dB(A) Überschreitung: starke Reaktion mit Androhung öffentlichen Einschreitens; bei

20 dB(A) Überschreitung: sehr starke Reaktion mit energischem öffentlichem Einschreiten.

Tonzuschlag

1411. Ein Tonzuschlag zum Mittelungspegel wird bei der Geräuschbeurteilung dann durch Zuschläge berücksichtigt, wenn ein dominant auftretender Einzelton die Lästigkeit eines Geräusches erhöht. Im industriellen Bereich werden zum Teil Garantievereinbarungen zur Vermeidung von Einzeltönen formuliert. Praxis bei der Beurteilung von Immissionssituationen ist jedoch die rein gehörmäßige Bewertung eines Geräusches durch den Sachverständigen, da vielfach die zu der eigentlich notwendigen Frequenzanalyse benötigten Geräte nicht vorhanden sind und konkrete Angaben zur Bewertung der Frequenzspektren fehlen.

Impulszuschlag

1412. Wie die Tonhaltigkeit wird auch die Impulshaltigkeit durch Zuschläge zum Mittelungspegel berücksichtigt. Nach DIN 45645 „Einheitliche Ermittlung des Beurteilungspegels für Geräuschemissionen" (Teil 1 und Teil 2) ist der Impulszuschlag K_I die Differenz zwischen dem in der Einstellung IMPULSE gemessenen A-bewerteten Mittelungspegel L_{AIm} und dem in der Einstellung FAST gemessenen A-bewerteten Mittelungspegel L_{AFm}: $K_I = L_{AIm} - L_{AFm}$. Je nach Höhe und Dauer der Impulse kann K_I Werte von mehr als 10 dB(A) annehmen.

1413. Bei Geräuschen mit K_I kleiner als 2 dB(A) kann auf den Impulszuschlag verzichtet werden. Falls die Mittelungspegel in der Einstellung IMPULSE oder im Taktmaximalpegelverfahren ermittelt werden, so ist kein Zuschlag erforderlich. Liegen jedoch nur in FAST gemessene Mittelungspegel vor, so kann je nach Auffälligkeit der Impulse ein Impulszuschlag von je 3 oder 6 dB(A) (nach VDI-Richtlinie 2058, Bl. 1) auf den Meßwert addiert werden. Nach ISO-1996 (1971) „Assessment of noise with respect to Community Response" ist einheitlich ein Impulszuschlag von 5 dB(A) vorgesehen.

1414. Außer der Überschreitung eines vorhandenen Pegels ist auch die Anstiegzeit des Schallimpulses bis zum Erreichen des maximalen Pegels, die Höhe des Pegels selbst sowie die Vorhersehbarkeit des Schallereignisses für die Lästigkeit bedeutsam. Impulsschalle (Explosionen, Überschallknalle, Hammerwerke) können Anstiegzeiten von 1 ms und kürzer haben.

Hiermit verbunden sind auch meist Frequenzanteile im Frequenzbereich über 1000 Hz, in dem der Umgebungspegel bereits absinkt. Unvorhersehbare Schallereignisse (Impulse) mit starker (40 dB(A) und mehr) Überschreitung des vorhandenen Schallpegels können darüber hinaus Schreckreaktionen auslösen. Beispiele hierfür sind der Überschallknall hochfliegender Flugzeuge oder das Überfluggeräusch von fast mit Schallgeschwindigkeit fliegenden tieffliegenden Flugzeugen.

1415. Bei einwirkendem Gewerbe- und Industrielärm sollen nach VDI-Richtlinie 2058 Blatt 1 (September 1985) kurzzeitige Geräuschspitzen den geltenden

Richtwert außen tags um nicht mehr als 30 dB(A) und nachts um nicht mehr als 20 dB(A) überschreiten. Innerhalb von Wohnräumen sollte die Überschreitung durch einzelne Spitzen nicht mehr als 10 dB(A) tags und nachts betragen. Hiermit werden „normale" vorhersehbare Immissionen in ausreichendem Maße begrenzt, vorausgesetzt, man wählt entsprechend der Ansprechzeit des Ohres am Schallpegelmesser die Zeitbewertung FAST.

1416. Für die Beurteilung einer vorhandenen Situation bietet sich eine meßtechnische objektive Bestimmung eines Lästigkeitszuschlages wegen Impulshaltigkeit an. Statistische Verfahren sind hierzu weniger geeignet, da hiermit weder die Anstiegzeiten noch die absolute Höhe der Impulse angegeben werden können. Hinweise auf die veränderliche Höhe eines Zuschlags können durch Messungen mit unterschiedlichen Zeitkonstanten des Schallpegelmessers erhalten werden, wie er bereits als K_I in der DIN 45645 enthalten ist. Hierbei sollte allerdings eine Korrekturgröße angebracht werden, die verhindert, daß bereits ausbreitungsbedingte Schwankungen des Schallpegels zu einem Impulszuschlag führen. Ob diese Größe die erhöhte Lästigkeit richtig beschreibt, und ob ein zusätzlicher Zuschlag für nicht vorhersehbare Impulsgeräusche notwendig ist, sollte durch die Ergebnisse der Wirkungsforschung und durch die Auswertung von Erfahrungen z. B. bei der Beurteilung von Schießlärm überprüft werden.

1417. In dem z. Zt. vorliegenden 10. Beratungsentwurf zur VDI-Richtlinie 3723, Blatt 2, wird vorgeschlagen, mit Hilfe statistischer Auswertung von Meßgrößen eine Aussage zur Auffälligkeit eines Geräusches einschließlich der Störung durch Tonhaltigkeit und Impulshaltigkeit zu treffen; hierbei soll zur Bestimmung der Tonhaltigkeit über die A-bewertete Messung des Gesamtpegels hinaus eine Frequenzanalyse des Gesamtgeräusches und des Fremdgeräusches erfolgen.

2.6.2.6 Maximal- und Mittelungspegel

1418. Die medizinischen Untersuchungen im Rahmen der DFG-Fluglärmstudie (1974) haben gezeigt, daß bei besonders stark lärmexponierten Personen überdauernde funktionelle Veränderungen auftraten, die dort als **Defensivreaktion** bezeichnet wurden; sie sind dadurch gekennzeichnet, daß man sich auf Dauer an Schallreize oberhalb bestimmter Schallpegel nicht gewöhnen kann. Bei den sogenannten **Orientierungsreaktionen**, die bei geringeren Schallpegeln ausgelöst werden, liegen dagegen bei häufiger Wiederholung der Schallreize Adaptationen vor, d. h., es treten keine Reaktionen mehr auf.

Über die gesundheitliche Bedeutung der Defensivreaktionen kann man zwar im konkreten Einzelfall, d. h. bei Belastung durch überkritische Fluglärmereignisse, keine genaueren Voraussagen machen. Es kann jedoch aufgrund der DFG-Studie davon ausgegangen werden, daß Lärm als ein Risikofaktor für bestimmte Herz-Kreislauferkrankungen und damit als Gesundheitsgefährdung anzusehen ist.

1419. Als Defensivreaktionen sind bisher periphere Durchblutungsänderungen vorwiegend in den Hautanteilen nachgewiesen worden. Es empfiehlt sich, als zusätzliches Beurteilungskriterium zu den sozialwissenschaftlichen und psychologischen Beurteilungen der Lästigkeit noch die physiologische Beurteilung mit Hilfe der Maximalpegelbeurteilung einzuführen. Dies ist begründbar aus den Resultaten von physiologischen Untersuchungen über die Bedeutung zeitlicher Konfigurationen von Schall, Anstiegsteilheit, Intervall, Lärmdauer/Pausen-Verhältnis usw. Diese Ergebnisse zwingen dazu, die Einwertangaben mit Hilfe des äquivalenten Dauerschallpegels für die physiologische Beurteilung kritisch zu verwenden. Ein Rückschluß allein aus dem Beurteilungspegel auf die physiologische Beeinflussung des Individuums ist nicht erlaubt. Dies läßt sich im wesentlichen dadurch erklären, daß sowohl die Sinnesorgane als auch die vegetativen Systeme so beschaffen sind, daß sie speziell auf Reizdifferenzen ansprechen. Die „einfache Zeit-Intensitäts-Äquivalenz", wie sie für den äquivalenten Dauerschallpegel wirkungsmäßig vorausgesetzt wird, konnte bisher für kein physiologisches System gefunden werden. Geräusche mit schwankendem Pegel werden für individuelle physiologische Wirkungen besser durch den Maximalpegel beschrieben bzw. durch den L_1-Wert, d. h. 1%-Wert, als durch den äquivalenten Dauerschallpegel.

1420. Neben den vegetativen Erscheinungen, für die im wesentlichen der jeweilige Maximalpegel verantwortlich ist, sind viele der anderen genannten nervösen Beeinflussungen des menschlichen Organismus weitgehend mit psychischen Funktionen verbunden. Hierfür — wie auch schon bei den Verhaltens- und Leistungsänderungen — spielt die Gesamthöhe der Belastung ebenfalls eine Rolle. Die Einwert-Angabe in Form des äquivalenten Dauerschallpegels ist hierfür ein adäquates Verfahren zur Abschätzung der Beeinflussung durch Lärm. Der Rat spricht sich daher dafür aus, daß zur Beurteilung von Lärmbelastungen sowohl der äquivalente Dauerschallpegel als auch der Maximalpegel in die Gesamtbetrachtung einzubeziehen sind.

2.6.2.7 Kritik der dB(A)-Messung

1421. In den Jahren nach dem Zweiten Weltkrieg gab es noch kein einheitliches Meßverfahren, vielmehr wurden in den verschiedenen Ländern jeweils eigene Verfahren zur Geräuschmessung angewandt, in Deutschland z. B. das DIN-Phon. Dieser Wirrwarr an Geräuschmeßverfahren hat den internationalen Markt stark beeinträchtigt. Die Vorschriften der Einfuhrländer waren recht unterschiedlich, weil weder einheitliche Meßverfahren noch entsprechende Meßgeräte vorhanden waren, so daß vor 30 Jahren an die internationale Organisation für Normung (ISO) das Anliegen herangetragen wurde, ein brauchbares und annähernd gehörrichtig messendes Verfahren zu standardisieren. Die ISO hat damals einen Zwei-Stufen-Vorschlag erarbeitet, der in der ersten Stufe ein einfaches und leicht anzuwendendes Verfahren — die dB(A)-Messung — vorschlug.

Als zweite Stufe sollte zwar ein aufwendiger Meßvorgang eingeführt werden, der jedoch die Eigenschaften des menschlichen Ohres in bezug auf die Lautstärkeempfindung einigermaßen richtig nachbildet.

1422. Während die erste Stufe der dB(A)-Messung international eingeführt und allgemein angewandt wird, hat es bisher noch keine konkreten Schritte gegeben, die zweite Stufe des Vorschlages durchzuführen. Dies liegt nicht zuletzt daran, daß für eine Vielzahl von Geräuschen die dB(A)-Bewertung annähernd richtige Lautstärkeempfindungen wiedergibt. Hinzu kommt, daß durch die Angabe in dB(A) eine grobe Abschätzung der Gehörgefährdung durch ein Geräusch möglich ist und weiterhin, daß auch die Lästigkeit bei einer Vielzahl von Geräuschen mit den Lautstärken in dB(A) korreliert (Tz. 1379 und 1384).

1423. Die Korrekturen der dB(A)-Messung (Zeitbewertung, Ton- u. Impulshaltigkeit) sind ein Zeichen dafür, daß eine einfache Angabe in dB(A) die reale Geräuschsituation sicherlich nicht in allen Fällen erschöpfend und realitätsbezogen wiedergibt. Es ist daher verständlich, daß die Stimmen sich mehren, den von der ISO seinerzeit vorgeschlagenen 2. Schritt einer gehörrichtigen Empfindungsmessung nunmehr zu realisieren. Technische Entwicklungen in den letzten Jahren berechtigen zu der Hoffnung, daß Möglichkeiten der gehörrichtigen Messung heute in der Praxis zu realisieren sind.

1424. Der Rat begrüßt diese Überlegungen, sieht er doch darin die Möglichkeit, bei strittigen Fragen in der Beurteilung von Lärm zukünftig eine bessere und gerechtere Bewertung durchzuführen. Er gibt jedoch zu bedenken, daß die bisherige einfache Durchführbarkeit von dB(A)-Messungen, die gerätemäßig einfach zu vollziehende Erfassung von Mittelungspegeln und die auch relativ kostengünstige Messung heutzutage nicht aufgegeben werden sollte. Der Rat hält es auch in Zukunft für sinnvoll, neben den neueren, besseren und gerechteren Messungen auch die bisher praktizierten dB(A)-Messungen für Maximalpegel **und** Mittelungspegel beizubehalten; dies gilt um so mehr, als der Vollzug der Überwachung von Grenzwerten auf dem Lärmgebiet mit einfachen Geräten, die dB(A)-Messungen erlauben, sicherlich schneller und weniger kostenaufwendig durchzuführen ist als mit den neuen Verfahren. Der Rat empfiehlt jedoch, die Forschungs- und Entwicklungsarbeit an den neuen Verfahren auch offiziell zu unterstützen und zu fördern.

2.6.3 Lärmwirkungen

1425. Schall kann zu Lärm werden oder als solcher empfunden werden. Hierbei kann es zur Verletzung des Hörsystems (Schädigung des Innenohrs, Hörverlust) sowie zur Behinderung der Kommunikation und der Umweltorientierung dienenden Funktionen des Hörsystems (Maskierung von Sprach- und Orientierungsschall) kommen. Die Alarm- und Warnfunktionen des Gehörsinns (Erregung des zentralen u. vegetativen Nervensystems = arousal reaction, Störung von Schlaf und Entspannung, Schreck) werden dabei gemindert oder aufgehoben. Die Belästigungen (engl. annoyance) und die Beeinträchtigung von Leistungen durch Lärm stellen komplexe Wirkungen dar. Zur Beurteilung, vor allem aber zur Orientierung und Begründung von Lärmminderungs- oder Lärmbekämpfungsmaßnahmen werden die ermittelten Lärmwirkungen den Schalldruckpegeln der einzelnen Lärmquellen zugeordnet. Das hierbei verwendete Maß ist die Einheit dB(A). Die Zuordnung einiger charakteristischer Geräuschsituationen und Lärmquellen ist in Abbildung 2.6.4 aufgezeigt.

Abbildung 2.6.4

Intensitätsbereiche üblicher Geräusche

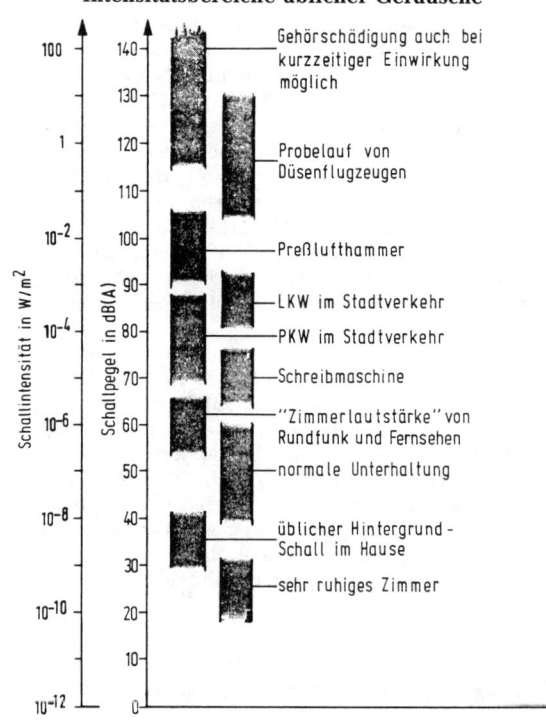

Schallintensität in W/m²	Schallpegel in dB(A)	Beispiel
100	140	Gehörschädigung auch bei kurzzeitiger Einwirkung möglich
	130	
1	120	Probelauf von Düsenflugzeugen
	110	
10^{-2}	100	Preßlufthammer
	90	LKW im Stadtverkehr
10^{-4}	80	PKW im Stadtverkehr
	70	Schreibmaschine
10^{-6}	60	"Zimmerlautstärke" von Rundfunk und Fernsehen
	50	normale Unterhaltung
10^{-8}	40	üblicher Hintergrund-Schall im Hause
	30	
10^{-10}	20	sehr ruhiges Zimmer
	10	
10^{-12}	0	

Quelle: UBA, 1981a

2.6.3.1 Lärmwirkungen auf den Menschen

Schädigungen des Hörorgans

1426. Die Schädigung des Gehörs durch Lärm ist überwiegend ein Problem der Arbeitswelt, weil in der Regel nur dort Schalleinwirkungen mit gehörschädigender Intensität und Dauer vorkommen. Als Lärmbereiche werden alle diejenigen Räume bezeichnet, in denen die Schallpegel gemäß Arbeitsstättenverordnung 85 dB(A) und mehr als Mittelungspegel betragen. In diesen Arbeitsstätten sind den Arbeitnehmern auf Kosten des Arbeitgebers Gehörschutzmittel zur Verfügung zu stellen. Der Arbeitnehmer ist weiterhin verpflichtet, ab Schallpegeln von 90 dB(A) diese Gehörschutzmittel auch zu tragen, andernfalls treten die Strafbestimmungen der Reichsversicherungsordnung

(RVO) in Kraft. Es können nicht nur Geldstrafen, sondern auch Kündigungen als Maßnahmen ergriffen werden.

1427. Nach der VDI-Richtlinie 2058 Bl. 2 (Beurteilung von Arbeitslärm hinsichtlich Gehörschäden) und in Übereinstimmung mit den berufsgenossenschaftlichen Grundsätzen für arbeitsmedizinische Vorsorge (G 20), müssen in Betrieben mit Schallpegeln über 90 dB(A) die Arbeitnehmer in regelmäßigen Abständen, spätestens alle 3 Jahre, audiometrisch im Screening-Verfahren (Filteruntersuchung) untersucht werden, um Lärmschäden möglichst frühzeitig zu erkennen. Bei Beurteilungspegeln von 90 dB(A) beträgt das Risiko einer beginnenden Lärmschwerhörigkeit etwa 5 %. Eine Lärmschwerhörigkeit kann dann entstehen, wenn dieser Beurteilungspegel (Dauerschallpegel) 8 Stunden tgl. über 10 Jahre anhält. Es ist jedoch nicht im voraus zu ermitteln, **welche** der Angehörigen eines Kollektivs zu den 5 % gehören, bei denen sich eine Lärmschwerhörigkeit nach 10 Jahren einstellt. Das Kriterium für Lärmschwerhörigkeit bzw. der begründete Verdacht einer berufs- und lärmbedingten Schwerhörigkeit ist immer dann gegeben, wenn bei der kritischen Frequenz von 3 000 Hz eine Hörminderung um 40 dB oberhalb der Hörschwelle vorliegt.

Beträgt bei einem lärmbelasteten Kollektiv die Lärmbelastung während der Arbeitszeit nicht 90 dB(A), sondern nur 85 dB(A) (Beurteilungspegel), so vermindert sich das Risiko einer Lärmschwerhörigkeit auf 2 %. Unterhalb von 80 dB(A) ist das Risiko, eine Lärmschwerhörigkeit durch derartige Schallstärken zu bekommen, praktisch Null. In der schon genannten VDI-Richtlinie 2058 Bl. 2 ist der Pegel für Lärmpausen mit 75 dB(A) (Momentanpegel) angegeben.

1428. Das Risiko einer Lärmschwerhörigkeit steigt dagegen, wenn der äquivalente Dauerschallpegel über 90 hinausgeht. Wie aus Abbildung 2.6.2 (Tz. 1381) hervorgeht, bestehen Erfahrungen über Zusammenhänge zwischen der zeitlichen und der lautstärkemäßigen Belastung des Gehörs, d. h. einer energetischen Pegelverdoppelung von 3 dB entspricht eine zeitliche Halbierung im Hinblick auf das gleichbleibende Risiko, eine Lärmschwerhörigkeit zu erlangen. 90 dB(A) über 8 Stunden täglich sind mit 93 dB(A) über 4 Stunden oder mit 96 dB(A) über 2 Stunden oder 99 dB(A) über 1 Stunde äquivalent. Diese Beziehung ermöglicht es, jegliches in der Zeit variierende Geräusch mit Hilfe des sog. Äquivalenzparameters, im vorliegenden Fall $q = 3$, umzurechnen in einen äquivalenten Dauerschallpegel, der in Bezug auf eine 8stündige Arbeitszeit dann als Beurteilungspegel dient.

1429. Diese Definition des äquivalenten Dauerschallpegels hat nicht nur Gültigkeit für die Beurteilung der Lärmschwerhörigkeit; es hat sich gezeigt, daß diese Beziehung auch für die Frage der Belästigung oder Lästigkeit durch Lärm Gültigkeit hat. Es ist daher sinnvoll, zur Beurteilung von Lärmsituationen sich eines Mittelungspegels zu bedienen, der sowohl über die Möglichkeit einer Lärmschwerhörigkeit als auch über die Größenordnung einer Belästigung Aussagen zuläßt.

Lärmschwerhörigkeit als Berufskrankheit und außerberufliche Lärmbelastung

1430. Als „Richtwert" für den Beginn der Lärmschwerhörigkeit ist in der Arbeitsstättenverordnung der Wert $L_r = 85$ dB(A) genannt. In der Unfallverhütungsvorschrift „Lärm" (UVV) der Berufsgenossenschaften (BG) beträgt dieser Wert noch 90 dB(A).

Abbildung 2.6.5

Beurteilung der Lärmschwerhörigkeit

Stufengrenzen dB(A)	Bewertungsstufe	Belastungsintensität	
95 < L_r	VII	Überbelastung	sehr wahrscheinlich
90 < L_r ≤ 95	VI		wahrscheinlich
85 < L_r ≤ 90	V		möglich
80 < L_r ≤ 85	IV		Grenzbereich
75 < L_r ≤ 80	III		belastend
65 < L_r ≤ 75	II		gering belastend
L_r ≤ 65	I		sehr gering belastend

Quelle: nach HETTINGER et al., 1983

1431. Die Lärmschwerhörigkeit verursacht jährliche Kosten in Höhe von über 85 Mio DM (BMI, 1984a); sie ist die durch Rente oder Abfindung am häufigsten entschädigte Berufskrankheit. 1978 registrierten die Berufsgenossenschaften über 18 000 Fälle von Lärmschwerhörigkeit. Jeder Fall von Lärmschwerhörigkeit kostet nach bisherigen Berechnungen etwa 143 000,— DM. Durch die im letzten Jahrzehnt getroffenen Schutzmaßnahmen und die Überwachung der gefährdeten Personen im Betrieb ist die Zahl der Krankheitsfälle stark rückläufig; 1985 waren es nur noch 8 828 angezeigte Fälle (Unfallverhütungsbericht 1986).

1432. Zu Recht wird gegenwärtig in der Bundesrepublik Deutschland die sog. „Phonopollution", die übermäßige Umweltbelastung durch Lärm beklagt. Dies insbesondere deshalb, weil hohe allgemeine Lärmpegel vermutlich das Risiko der Lärmschwerhörigkeit durch Belastungen am Arbeitsplatz und auch in der Freizeit („Discotheken", „Walkman", Heimwerkertätigkeit, Sportschießen) erhöhen.

Lärm und Verständigung

1433. Die Kommunikationsinterferenz (Maskierung von Kommunikationsschall — wie Sprache, Fernsehen und Rundfunkhören — durch Störschall) ist ein sehr empfindlicher Störungsindikator mit engen Beziehungen zu gemessenen Störgeräuschpegeln. Diese Lärmwirkung ist der häufigste Grund dafür, daß bei höheren Außengeräuschpegeln die Fenster geschlossen gehalten werden.

Es gibt feste Beziehungen zwischen Sprechschallpegeln (entspannte Konversation, normale Umgangssprache, laute Sprache usw.) und Silben- bzw. Satzverständlichkeit in Gegenwart von gleichbleibenden Störgeräuschen. Bei Kommunikation im Freien und in sehr großen Räumen tritt die Entfernung zwischen Sprecher und Hörer noch als weitere wichtige Bestimmungsgröße hinzu (theoretisch 6 dB(A) Pegelabnahme bei Verdoppelung des Abstandes, in der Praxis je nach den Gegebenheiten weniger). Bei Innengeräuschpegeln von 45 dB(A) und weniger besteht in Aufenthaltsräumen üblicher Größe 100 %ige Satzverständlichkeit. Für entspannte und differenzierte Konversation und bei habituellem Leisesprechen gilt dies für Innengeräuschpegel von 40 dB(A) und weniger. Bei geöffneten Fenstern besteht eine Außen-Innen-Differenz von etwa 10 dB(A), bei teiloffenen Fenstern von etwa 15 dB(A) und bei geschlossenen Normalfenstern guter Qualität von 25 dB(A). Bei alter Baumasse und Gebäuden mäßigen Standards sollte man etwa mit 20 dB(A) rechnen. Wird der L_m der Außengeräusche im wesentlichen durch hohe Maximalpegel von genügender Häufigkeit und Dauer (Flugzeuge und Züge z. B. 10 bis über 20 Sek.) bestimmt, so tritt während dieser Phasen auch bei geschlossenen Einfachfenstern eine erhebliche Minderung der Satzverständlichkeit ein. Dies ist bei nicht wiederholbaren Kommunikationspassagen (Rundfunk, Fernsehen) besonders unangenehm.

Im Außenwohnbereich (Nutzung von Balkon, Terrasse, Garten) besteht bei Störpegeln von 55 dB(A) in 1 m Abstand eine Satzverständlichkeit von 98 % und in 3,5 m Abstand eine von 95 %. Bei 60 dB(A) und normaler Umgangssprache besteht 95 %ige Satzverständlichkeit noch in 2 m und bei 66 dB(A) in 1 m Entfernung. Eine Satzverständlichkeit von 95 % im Freien bietet durchaus akzeptable Kommunikationsverhältnisse.

1434. Zu Recht besteht die Erwartung, innerhalb der eigenen Räume ungestörte sprachliche Kommunikation ohne Anhebung des Stimmpegels betreiben zu können. Das ist bei der Festlegung von Immissionsgrenzwerten (Entschädigungsgrenzwerte für erforderliche Schallschutzmaßnahmen an baulichen Anlagen) zu berücksichtigen.

Im persönlichen Wohn- und Lebensbereich können Störungen der Kommunikation durch Umweltgeräusche eine erhebliche Beeinträchtigung darstellen. Der Interdisziplinäre Arbeitskreis für Lärmwirkungen beim Umweltbundesamt führt in seiner Stellungnahme ausdrücklich noch die Forderung auf, daß im Wohnbereich nicht nur eine gute Sprachverständlichkeit bei mittlerer Sprechweise, sondern auch bei entspannter Unterhaltung mit ruhiger Sprechweise über Entfernungen von mehr als 1 m gegeben sein soll. Er sieht dies erreicht, wenn die Innengeräuschpegel während der Kommunikation in Form von Kurzzeitmittelungspegeln 40 dB(A) nicht übersteigen. Grundsätzlich gelten die gleichen Kriterien im Freien wie auch im Innenbereich; es muß allerdings auch in Rechnung gestellt werden, daß bezüglich der Kommunikation geringere Erwartungen im Außenbereich herrschen als im Innenbereich. Im Freien wird eine ausreichende Sprachverständlichkeit über einige Meter möglich sein, wenn die Geräuschpegel während der Kommunikation 50 dB(A) nicht überschreiten. Bei Geräuschen, die sich aus lauten Einzelereignissen mit ausreichenden Pausen zusammensetzen, ist die Verlagerung der Kommunikation in die Geräuschpausen bis zu einem gewissen Grad zuzumuten, während bei Dauergeräuschen mit Pegeln von 65 dB(A) und mehr Beeinträchtigungen der Kommunikation auftreten, die nicht mehr akzeptabel sind.

1435. Der Rat kann diesen Ausführungen folgen; er sieht in den angegebenen Werten von 40 dB(A) im Inneren und 50 dB(A) im Außenbereich Schwellenwerte, die hinsichtlich der Unzumutbarkeit jedoch den Bedingungen entsprechend zu modifizieren sind.

Lärmbedingte Schlafstörungen

1436. Unter den Erscheinungen bzw. Folgen der Erregung des zentralen und des vegetativen Nervensystems durch Schallreize spielen Störung von Schlaf und Entspannung sowie schreckartige Erregungsreaktionen eine besondere Rolle. Schlafstörungen kommen in der Bevölkerung insgesamt recht häufig vor. Sie können psychoreaktiv bedingt sein, Ausdruck einer vegetativen Fehlregulation oder mit verschiedenen krankhaften Zuständen — z. B. Gehirnarteriosklerose, Depressionen u. a. — in ursächlichem Zusammenhang stehen. Sie nehmen mit steigendem Lebensalter zu, insbesondere jenseits des 50. Lebensjahres. Es gibt „gute" und „schlechte" Schläfer mit unterschiedlich langen Einschlafzeiten, unterschiedlichen Weckschwellen bei Einwirkung von Schallreizen und unterschiedlichen spontanen Aufwachhäufigkeiten.

1437. Lärmbedingte Schlafstörungen gibt es in Form von Erschwerung und Verzögerung des Einschlafens, Änderung des Schlafverhaltens ohne Aufwachen und als Aufwachreaktion (GRIEFAHN et al., 1976; GRIEFAHN, 1985). Lärmbedingte Einschlafstörungen können quälend sein und den Tatbestand der **erheblichen Belästigung** erfüllen. Besonders ungünstig sind auffällige und informationshaltige Geräusche und solche mit stark schwankenden Pegeln, während breitbandige, gleichförmige Geräusche nach kurzer Anpassungszeit auch bei höheren Pegeln kaum Einschlafschwierigkeiten bereiten.

1438. Veränderungen des Schlafverhaltens ohne Aufwachen können mittels elektroenzephalografischer Schlafüberwachung untersucht werden. Es kommt zur Verschiebung und Abflachung von Schlafstadien und ggf. zur Verminderung der Tiefschlafzeit und der Traumschlafzeit (REM-Phase). Diese Veränderungen des Schlafverhaltens verlaufen unbewußt, sie sind offenbar nicht gewöhnungsfähig. Ihre Bedeutung für Gesundheit und Wohlbefinden ist nicht bekannt.

1439. Der zyklisch verlaufende Schlaf weist charakteristische Schlafstadien mit unterschiedlich hohen Weckschwellen auf. Aufwachreaktionen durch Geräusche erfordern in der Regel stärkere Pegeländerungen, wobei zusätzlich die Dauer der Reize von Bedeutung ist (vgl. Weckuhr). Gegenüber der Weckwirkung von Schallreizen besteht eine beträchtliche Gewöhnungsfähigkeit. So fand THIESSEN (1973) bei Schlafversuchen über 24 Nächte mit Einwirkung von Lkw-Geräuschen von 65 dB(A) am Ohr der Schläfer eine Reduzierung der anfänglichen Aufwachhäufigkeit um 50%. Es ist zu vermuten, daß diese beträchtliche Gewöhnungsfähigkeit auch bei Anwohnern in Nahbereichen von Eisenbahnlinien eine Rolle spielt, zumal die Vorbeifahrtgeräusche hinsichtlich Zeitstruktur, Frequenzzusammensetzung und Schallpegel recht gleichförmig und deswegen eher gewöhnungsfähig sind als unregelmäßig auftretende Geräusche mit verschiedenen Frequenzmustern und Pegeln. Bei einer Schienenverkehrslärm-Studie gab es hochsignifikante Beziehungen zwischen schlechter Schlafqualität und Lebensalter (Population über 50 Jahre), nicht aber zwischen Schienenverkehrsgeräuschen und Schlafstörungen (AUBREE et al., 1973).

1440. Als Folge von Schalleinwirkungen treten im Schlaf auch vegetative Aktivierungsreaktionen auf, ohne daß es zum Aufwachen kommt. Die Reizschwellen für solche Reaktionen liegen im Schlaf niedriger als im Wachzustand. Es handelt sich hierbei um physiologische Reaktionen, deren Bedeutung noch zu ermitteln ist.

1441. Nach der neuen Literatur über lärmbedingte Schlafstörungen (Übersicht bei GRIEFAHN et al., 1976; GRIEFAHN, 1985) darf es heute als weitgehend sicher gelten, daß Mittelungspegel (L_m) von 25 bis 35 dB(A) am Ohr der Schläfer im schlafgünstigen Bereich liegen. Der Schwellenwert für erste Schlafqualitätsänderungen liegt bei Pegelspitzen von 40 bis 45 dB(A) und rechnerisch bei Mittelungspegeln von 39 dB(A), gemessen am Ohr des Schläfers. Es gibt viele praktische Erfahrungen, die zeigen, daß man „lernen" kann, bei wesentlich höheren Geräuschpegeln zu schlafen.

1442. Wie schon erwähnt, gibt es in jeder Bevölkerungsgruppe zahlreiche Menschen mit funktionellen, psychoreaktiven und organisch bedingten Schlafschwierigkeiten. Man muß daher bei Untersuchungen über die Beziehungen zwischen Geräuscheinwirkungen und Schlafstörungen mit dem Phänomen der **Kausalattribuierung** rechnen, d. h. ein Teil dieser Personen wird geneigt sein, die Schlafschwierigkeiten auf die wahrgenommenen Geräuscheinwirkungen zurückzuführen, ohne daß hier kausale Beziehungen bestehen müssen. Es ist jedoch auch folgendes zu bedenken: Wer aus irgendwelchen Gründen wach liegt, der nimmt nächtliche Geräusche bei abgesunkenem Grundgeräuschpegel deutlicher wahr; er mag dadurch eher belästigt werden als tagsüber. Die Erfassung lärmbedingter Schlafstörungen ist zweifellos schwierig; die ausgefeilten Schlaflabor-Untersuchungen sind nur z. T. auf die gewohnten Alltagsbedingungen übertragbar. Erfahrungen aus vielen großen Städten oder Ballungsgebieten im EG-Raum mit weitverbreitet hohen nächtlichen Geräuschpegeln lassen vermuten, daß die dort lebenden Menschen verschiedene Modalitäten der Anpassung entwickeln, um dennoch nachts schlafen zu können. Hierunter spielt in gewissem Umfang **„Gewöhnung"** eine Rolle, deren Reichweite jedoch in der Praxis nicht schlecht abzuschätzen ist. Schlafentzug von wenigen Tagen führt zu bedenklichen psychophysischen Ausfallerscheinungen, die allerdings schnell reversibel sind, wenn wieder geschlafen werden kann.

1443. Über eine Gesundheitsgefährdung im engeren Sinne durch lärmbedingte Einschlafstörungen und Aufwachreaktionen liegen nur wenige gesicherte Kenntnisse vor. Es kann sowohl aktuell — also im Zustand der Schlafstörung — als auch nach gestörten Nächten zu mäßigen bis erheblichen Befindlichkeitsstörungen kommen. Vereinzelten Aufwachreaktionen, die ohne affektive Spannung und Verärgerung verlaufen und von baldigem Wiedereinschlafen gefolgt sind, kommt keine wesentliche Bedeutung zu. Die Bedeutung der unterhalb der Aufwachschwelle bleibenden Schallreizreaktionen (Verschiebung von EEG-Stadien um mehr als eine Stufe, vegetative Aktivierungsreaktionen) für Gesundheit und Wohlbefinden ist unbekannt. Die jüngsten Ergebnisse wissenschaftlicher Experimental- und Felduntersuchungen haben gezeigt, daß zur Beurteilung **nächtlicher Lärmbelastungen für Schlafstörungen die Angabe von Mittelungspegeln nicht ausreicht**, sondern daß die auftretenden **Maximalpegel unbedingt heranzuziehen sind**. Weitere Kriterien sind ggf. Zeitstruktur und Informationsgehalt der Geräusche. Im Rahmen zukünftiger Forschungen sollten **kritische Bevölkerungsgruppen** (Alte, Kinder, nicht ganz Gesunde, Rekonvaleszenten u. a.) vermehrt einbezogen werden.

Wegen der zeitraubenden und erschwerten Bedingungen von Nachtschlafuntersuchungen kommt den Versuchsplanungen, vor allem aber den nationalen und internationalen Abstimmungen (vgl. hierzu z. B. die Ergebnisse der EG-Studie, s. JURRIENS et al., 1983) unter dem Gesichtspunkt der Vergleichbarkeit eine besondere Bedeutung zu.

1444. Der Interdisziplinäre Arbeitskreis für Lärmwirkungsforschung beim Umweltbundesamt bezeichnet jegliche Änderung des normalen Schlafverhaltens durch Lärm als Schlafstörung. Er stellt fest, daß Schlafstörungen weitgehend vermieden werden, wenn die Pegelspitzen innen 40 dB(A) nicht überschreiten bzw. der verkehrsbedingte Mittelungspegel von 30 dB(A) innen nicht überschritten wird. Zwischen diesen beiden Werten sieht der Arbeitskreis einen engen Zusammenhang, weil bei Verkehrsgeräuschen in der Regel die Mittelungspegel und die Maximalpegel Differenzen von etwa 10 dB Einheiten aufweisen. Für die anderen Lärmarten (Schienenverkehr, Flugverkehr, Industrie und Gewerbe) liegen noch keine umfassenden Ergebnisse vor, so daß die Angaben über Schlafstörungen jeweils auf die getroffenen Aussagen im physiologischen bzw. im sozialwissenschaftlichen Bereich beschränkt bleiben müssen. Der Rat kann sich dieser Auffassung insofern anschließen, als hiermit die Schwellenwerte von Beeinträchtigungen angegeben werden. Bezüglich der Gesundheitsgefährdung ist der Rat ebenfalls der Auffassung, daß in Zukunft weitere Ergebnisse gesammelt werden müssen, die in aussagekräftigen, wenn auch aufwendigen interdisziplinären Feldstudien unterstützt durch experimentell-analytische Forschungen, zu gewinnen sind.

Physiologische Lärmwirkungen

1445. In der physiologisch orientierten Lärmwirkungsforschung spielen Aktivierungs-(Erregungs-)Reaktionen des zentralen und des vegetativen Nervensystems eine besondere Rolle (BASTENIER et al., 1975). Es handelt sich hierbei um physiologische und nicht primär um pathologische Schallreizreaktionen. Die Reaktionsmuster können ähnlich sein wie bei Streßbelastungen. Die Mehrzahl hierzu vorliegender Untersuchungen sind Laborstudien; sie beziehen sich auf die Erfassung vegetativer Reaktionen, biochemischer Effekte, aber auch auf Störungen psychophysischer und mentaler Funktionen. Es ist deutlich erkennbar, daß die Forschung auf diesem Gebiet vom einfachen Reizmuster, d. h. von einer monokausalen Erklärung lärmbedingter Reaktionen abgegangen ist und nunmehr mit multivariaten Ansätzen arbeitet, um so den Anteil des Lärms am Zustandekommen komplexer physiologischer Funktionsänderungen zu erhalten.

1446. Während auf dem Gebiet der sogenannten vegetativen Reaktionen die Ergebnisse eindeutig im Sinne einer Aktivation und Spannungserhöhung ausfallen, sind die Ergebnisse biochemischer und damit zusammenhängender Stoffwechseluntersuchungen sehr widersprüchlich und bedürfen noch der systematisierenden Zusammenschau. Ähnliches gilt auch für die Untersuchungen zur Frage der Lärmwirkung auf Risikogruppen.

Die hierzu vorliegenden Ergebnisse von Laboruntersuchungen waren nicht immer in Übereinstimmung mit denen von Felduntersuchungen; v. EIFF et al.

Abbildung 2.6.6

Bewertungsstufen für extraaurale Lärmwirkungen

Stufenbereich L_{max}	Bewertungsstufen	Über-beanspruchung	Beanspruchungsintensität
> 120 dB(A)	VII	Über-	sehr wahrscheinlich
> 110 – 120 dB(A)	VI	bean-	wahrscheinlich
> 100 – 110 dB(A)	V	spruchung	möglich
> 90 – 100 dB(A)	IV		Grenzbereich
> 80 – 90 dB(A)	III	belastet	
> 70 – 80 dB(A)	II	gering belastet	
> 60 – 70 dB(A)	I	sehr gering belastet	

Quelle: JANSEN (in Vorbereitung)

(1981) ziehen aus ihren physiologischen, insbesondere aus ihren Blutdruckuntersuchungen den Schluß, daß Menschen mit Anlage zu Bluthochdruck durch größere und dauernde Lärmbelastung eine Hochdruckerkrankung erlangen können. Die von ISING et al. (1980a und b), ISING und GÜNTHER (1981) und SCHULZE et al. (1980, 1983) vorgelegten Übersichts- und Einzelstudien experimenteller und epidemiologischer Art stützen diese Hypothese; kritisch wird jedoch in diesen Studien auch auf den noch zu bestimmenden Stellenwert des Lärms bei der Entstehung dieser Gesundheitsbeeinträchtigung hingewiesen.

1447. Ähnlich der Beurteilung von Lärmschwerhörigkeit (vgl. Abb. 2.6.5, Tz. 1430) kann man Richtwerte für physiologische Lärmreaktionen aufgrund bisher vorliegender Forschungen aufstellen (Abb. 2.6.6). Während die Beanspruchungen des Hörorgans mit Hilfe des äquivalenten Dauerschallpegels L_r (s. Abb. 2.6.5) beurteilt werden, sind die übrigen physischen Lärmreaktionen vorrangig nach dem Maximalpegel zu beurteilen.

Lärm und Leistung

1448. Hinsichtlich der Beeinträchtigung von Leistungen durch Lärm muß man unterscheiden zwischen Leistungen, bei denen das Hörsystem beansprucht wird und nicht-auditiven Leistungen. Bei ersteren spielt die maskierende Wirkung von Störgeräuschen eine Rolle, die dazu führt, daß die für den Leistungsvollzug erforderlichen akustischen Informationen verdeckt werden. Nicht-auditive Leistungen können durch Ablenkung, Belästigung, Überaktivierung (overarousal) und Störung zentralnervöser Informationsverarbeitungsprozesse beeinträchtigt werden. Kreatives Denken, Problemlösungsaktivität, Konzentration und hohe Aufmerksamkeitsspannung sind eher störanfällig als einfache repetitive Leistungen. Dabei sind Persönlichkeitsfaktoren, individuelle Ablenkbarkeit, Motivation, Erwartungen und der gesamte kognitive Kontext wichtige Moderatoren. Einfache Tätigkeiten werden — wenn überhaupt — durch Lärm per se erst bei Schallpegeln über 90 dB(A) beeinträchtigt (GULIAN, 1973).

1449. Einige Autoren haben hinsichtlich Leistungsbeeinträchtigung kumulative Effekte nach längerer Einwirkung von Geräuschpegeln über 90 dB(A) nachgewiesen (vgl. EPA, 1973). GLASS und SINGER (1972) konnten zeigen, daß nach Einwirkung starker Geräuschreize (über 100 dB[A]) insbesondere negative Effekte im Leistungsverhalten erkennbar werden. Bei nicht vorhersagbaren und selbst nicht kontrollierbaren Geräuscheinwirkungen und komplexen Aufgaben mit hohen Anforderungen an Aufmerksamkeitsspannung und Konzentration haben sie ferner darauf hingewiesen, daß die in der Regel auftretende Anpassung an hohe Geräuschpegel mit „psychischen Kosten" verbunden ist.

1450. Es ist nach dem Stande der Erkenntnisse nicht möglich, aus der Fülle der vorliegenden Ergebnisse Grenz- und Richtwerte abzuleiten, die hinsichtlich einer möglichen Beeinträchtigung des Leistungsverhaltens nicht überschritten werden dürfen. In der Arbeitsstättenverordnung ist ein Innengeräuschpegel (Beurteilungspegel für 8 Std.) von 55 dB(A) festgesetzt worden, geltend bei Tätigkeiten mit überwiegend geistiger Beanspruchung. Bei einfachen oder überwiegend mechanisierten Bürotätigkeiten und vergleichbaren Tätigkeiten gilt ein Beurteilungspegel von 70 dB(A), für den jedoch eine Begründung hinsichtlich Lärmwirkungskriterien noch aussteht. Die auf dem Gebiet der lärmbedingten Leistungsänderungen tätigen Fachleute widmen sich gegenwärtig Untersuchungen, die die Informations- und Bedeutungsgehalte stärker als früher in die Untersuchungsmethoden und -muster einbeziehen. Auch ist festzustellen, daß die früher im Vordergrund stehenden Untersuchungen über lärmbedingte Veränderungen von Wahrnehmungs- und Geschicklichkeitsleistungen weitgehend ersetzt worden sind durch Untersuchungen von kognitiven Leistungen. Versuchsleitereinflüsse, Motivationen zur Leistungsbewältigung, Nebeneffekte u. a. werden zunehmend in die multifaktoriellen Analysen lärmbedingter Leistungsänderungen einbezogen. Es bleibt abzuwarten, ob die schwer zu erkennenden Zusammenhänge zwischen Lärm und Leistung sich auf einfache und verständliche Modelle zurückführen lassen, um so für administrative und politische Maßnahmen nutzbar gemacht zu werden.

1451. Der Interdisziplinäre Arbeitskreis für Lärmwirkungsfragen beim Umweltbundesamt wertet die bisher vorliegenden Untersuchungsergebnisse über die Wirkung von Lärm auf die Leistung als Ausdruck eines komplexen Wirkungsgefüges und enthält sich daher allgemein gültiger Aussagen über den Zusammenhang zwischen Geräuschpegel und Minderung der Leistung. Im Einzelfall lassen sich jedoch Angaben über die Störwirkung bestimmter Geräuschpegel machen, wenn die Tätigkeitsmerkmale und die Situation des Bearbeiters in differenzierter Weise berücksichtigt werden. Auch hier gilt, und dem schließt sich der Rat an, daß für die Praxis umsetzbare Forschungsergebnisse über die Minderung der Leistung durch Lärm nur aus Studien gewonnen werden können, in denen das Leistungsverhalten unter Bedingungen beobachtet wird, welche die Komplexität der Umwelt widerspiegeln.

Störungen von Ruhe und Entspannung

1452. Schallreize können Ruhe und Entspannung stören. Unerwartete, stark schwankende, plötzlich auftretende, als vermeidbar angesehene oder informationshaltige Geräusche scheinen von größerer Bedeutung zu sein als die Höhe der Mittelungspegel. Als extraexpositionale Faktoren spielen Erwartungen eine erhebliche Rolle (Sonntag, Feierabend usw.). Häufig liegt eine Komplexwirkung von Aktivierung, Lästigkeitsempfindung und Verärgerung vor. Kranke, rekonvaleszierende und erholungsbedürftige Menschen bedürfen eines erhöhten Schutzes vor psychovegetativ aktivierenden Umweltreizen. Die in Richtlinien, Normen und Verordnungen festgelegten Werte (Mittelungspegel) (für Kurorte) von 45 dB(A)/Tag und 35 dB(A)/Nacht sind für diesen Personenkreis angemessen. Sie ermöglichen schlaf- und entspannungsgünstige Innengeräuschpegel von 25 bis 35 dB(A) und lassen auch eine kreative Nutzung vorhandener Außenflächen (Liegeterrassen, Balkone, Garten) zu.

1453. Durch plötzliche unerwartete Schallereignisse, insbesondere durch solche, deren Pegel in 0,5 Sek. um 40 dB(A) und mehr ansteigen (KRYTER, 1970), werden schreckartige Reaktionen ausgelöst (engl. startle reaction), die mit starker psycho-physiologischer Aktivierung einhergehen können. Es gibt hier kaum eine psycho-physische Gewöhnung. Als Beispiel aus der Praxis sind Überschallknalle von Flugzeugen zu nennen. Wiederholte Schreckreaktionen werden in der Regel als starke Belästigung erlebt. Auch die immer wieder beklagten Belastungen und Belästigungen durch militärischen Tieffluglärm sind hier einzubeziehen. Für derartige Impulslärm- und Knallbelastungen sind Beurteilungs- und praktisch anwendbare Bewertungsverfahren entwickelt worden (PFANDER, 1975). Sie berücksichtigen jedoch nur den Schutz des Hörorgans; zur Bewertung der extraauralen Auswirkungen von Impulsen und Knallen liegen zwar schon Untersuchungsergebnisse vor (JANSEN, 1972), sie bedürfen jedoch noch weiterer Absicherung, bevor sie zur Grundlage einer allgemeinen Anwendung gemacht werden.

Lärm und Frühgeburtenrate

1454. Zur Frage der Erhöhung einer lärmbedingten Frühgeburtenrate zeigen Untersuchungen von REHM und JANSEN (1978), daß zwar ein positiver Zusammenhang zwischen Fluglärmbelastung und vermindertem Geburtsgewicht besteht, jedoch sind die Effekte sehr gering und statistisch nicht signifikant. Die widersprüchlichen Ergebnisse teratogener Einflüsse von Lärm wurden einer kritischen Überprüfung des Committee on Hearing, Bioacoustics and Biodynamics (CHABA) (1982) unterzogen. Weder bei human- noch bei tierexperimentellen Studien traten klare Einflüsse auf Schwangerschaft oder teratogene Erscheinungen auf. Berücksichtigt werden sollte in diesem Zusammenhang, daß der intrauterine Umgebungsschallpegel, verursacht durch das mütterliche Kreislaufsystem und die Darmbewegungen, auf ca. 70 bis 80 dB geschätzt wird. Die Dämpfung durch Haut, Bauchdecken u. a. körperliche Gewebe gegenüber von außen kommenden Geräuschen wird mindestens mit 25 bis 30 dB, im höheren Frequenzbereich sogar zwischen 50 und 70 dB angegeben. In der Arbeitsmedizin werden daher für Schwangere die zulässigen Schallpegel am Arbeitsplatz im Hinblick auf die Schwangere selbst und den Fötus mit 80 dB(A) angegeben gegenüber dem in der Arbeitsstättenverordnung festgelegten Wert von 85 bzw. dem in den berufsgenossenschaftlichen Grundsätzen für arbeitsmedizinische Vorsorgeuntersuchungen angegebenen Wert von 90 dB(A).

Lärm und allgemeine Gesundheitsbeeinträchtigungen

1455. Nach den bisher vorliegenden Untersuchungen im physiologischen Bereich ist **Lärm als ein Risikofaktor** anzusehen, der — in der Regel — im **Zusammenwirken mit anderen Belastungsgrößen** gesund-

Tabelle 2.6.1 **Zusammenhang zwischen akustischen Werten und Lärmwirkungen**

Anhaltswerte			Lärmwirkungen
L_m dB(A)	Maximalpegel dB(A)		
außen	innen	innen	
—	38	40	Schlafqualitätsänderungen
			Schwellenwert für
—	—	40	— physiologische Änderungen (EEG im Wachzustand)
—	45	—	— Kommunikationsstörungen
45—55	—	—	— Bevölkerungsreaktionen (0—20% Gestörte)
—	—	55	— vegetative Reaktionen im Schlaf
—	—	55	99% Satzverständlichkeit
—	—	60	Schwellenwert für Aufwachen
—	—	60	Primäre Wirkungen (vegetativ)
65	—	—	Deutliche Bevölkerungsreaktionen (30—70% Gestörte, 5—15% Beschwerden)
—	—	75	Signifikante vegetative Wirkungen
80	—	—	60—90% der Bevölkerung stark gestört
—	85	—	Beginn der Lärmschwerhörigkeit
—	—	100	Mögliche Grenze des physiologischen Gleichgewichts
—	—	≥130	Extraaurale Symptome mit Krankheitswert

Quelle: JANSEN, 1987

heitliche Beeinträchtigungen hervorrufen kann. Es sind Untersuchungen vorgelegt worden, die es ermöglichen, diskriminanzanalytisch den anteiligen Einfluß von Lärm auf die Entstehung von funktionellen oder pathologischen Veränderungen aufzuzeigen. Forschungen in diesem Bereich sollten sich in Zukunft verstärkt vor allem auf die wichtige Frage der Bedeutung der lärmbedingten Herz-Kreislauf-Erkrankungen unter dem Aspekt der multifaktoriellen Genese konzentrieren.

1456. Derartige Forschungen umfassen nicht nur experimentelle, sondern auch epidemiologische Untersuchungsansätze. Epidemiologisch gewonnene Ergebnisse geben Auskunft über Zusammenhänge von (Krankheits-)Erscheinungen und (Umwelt-)Faktoren; sie sagen nicht unmittelbar etwas aus über die Art des Zusammenhangs oder darüber, ob die Verknüpfungen von Erscheinungen und Faktoren kausaler Art sind, selbst wenn hohe Korrelationen einen sehr engen Zusammenhang signalisieren. Die Epidemiologie hat allerdings eine Reihe sogenannter Kausalitätskriterien entwickelt. In Anbetracht der Multikausalität chronischer Erkrankungen ist es notwendig, aus einer großen Zahl epidemiologischer Studien gleichsam Indizien zu erarbeiten (LANGE, 1983), die wie Fäden eines Netzes zusammenwirken (vgl. hierzu auch Tz. 1644 ff.).

1457. Für die psychischen und sozialen Störwirkungen des Lärms stehen Bewertungsstufen, wie sie für die Lärmschwerhörigkeit (Abb. 2.6.5, Tz. 1430) und für physiologische Reaktionen (Abb. 2.6.6, Tz. 1447) entwickelt wurden, noch aus. Es bietet sich an, aus den Ergebnissen bisheriger Lärmwirkungsforschung (Tab. 2.6.1) ein analoges Bewertungsschema zu entwickeln.

In diesem Sinne ist auch ein Vorschlag zu verstehen (Abb. 2.6.7), der die Zuordnung von Belastungen, Beanspruchungen und Beurteilungen von Richtwerten versucht.

1458. Analog zu diesem Vorgehen im Bereich der Lärmwirkungsforschung und Lärmminderung sollte für die übrigen Bereiche (Luft, Abfall etc.) geprüft werden, inwieweit ähnliche Bewertungsstufen aufgestellt werden können. Mit deren Hilfe könnte sowohl die Frage kombinierter Wirkungen erfolgreicher als bisher angegangen werden, als auch Orientierungen für die konkrete Durchführung von Umweltverträglichkeitsprüfungen zur Verfügung stehen.

1459. Bei der Erfassung der Einflußgrößen (Moderatoren) und Gesundheitsbeeinträchtigungen (Kriterien) sind die jeweils bedeutsamsten Parameter herauszufinden und zu berücksichtigen. Das methodi-

Abbildung 2.6.7

Kriterien für Lärmbeurteilungen

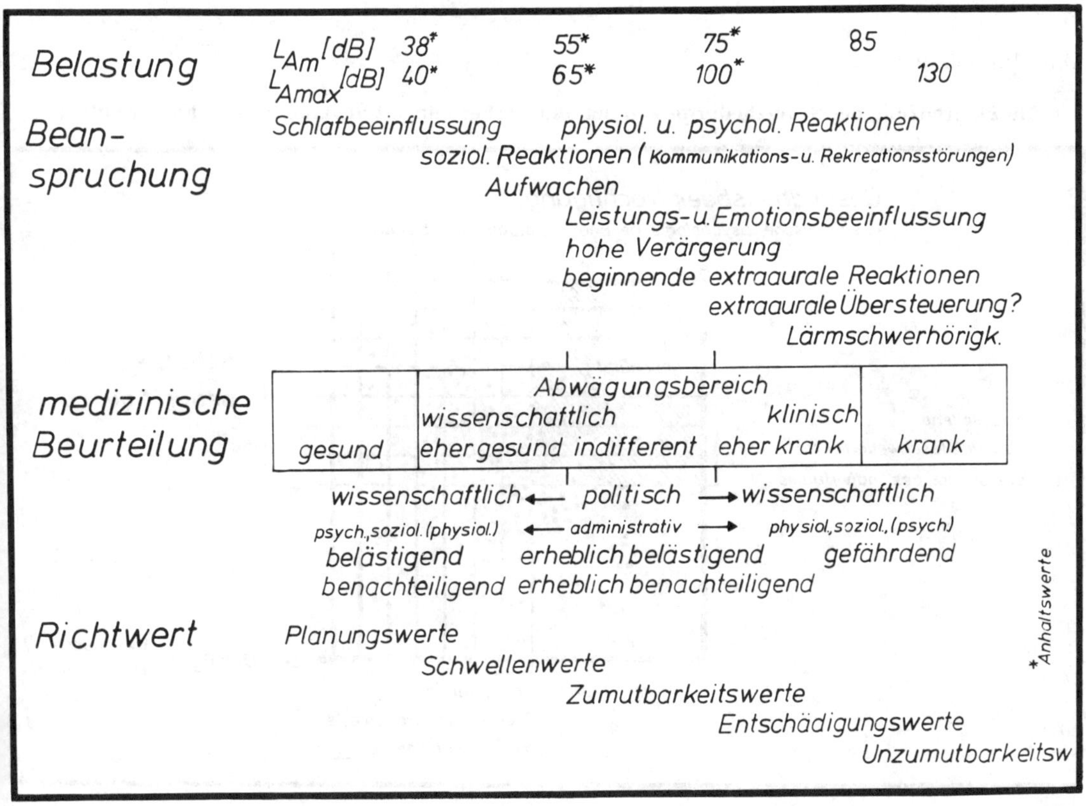

Belastung	L_{Am} [dB]	38*	55*	75*	85
	L_{Amax} [dB]	40*	65*	100*	130
Beanspruchung	Schlafbeeinflussung		physiol. u. psychol. Reaktionen		
		soziol. Reaktionen (Kommunikations- u. Rekreationsstörungen)			
		Aufwachen			
			Leistungs- u. Emotionsbeeinflussung		
			hohe Verärgerung		
			beginnende extraaurale Reaktionen		
				extraaurale Übersteuerung?	
					Lärmschwerhörigk.
medizinische Beurteilung	gesund	eher gesund	Abwägungsbereich wissenschaftlich indifferent	klinisch eher krank	krank
		wissenschaftlich ←	politisch	→ wissenschaftlich	
		psych., soziol. (physiol.) ←	administrativ	→ physiol, soziol, (psych)	
		belästigend	erheblich belästigend		gefährdend
		benachteiligend	erheblich benachteiligend		
Richtwert	Planungswerte				
		Schwellenwerte			
			Zumutbarkeitswerte		
				Entschädigungswerte	
					Unzumutbarkeitsw.

*Anhaltswerte

Quelle: JANSEN, 1984

Abbildung 2.6.8

Belastungen und Beeinträchtigungen der allgemeinen Gesundheit

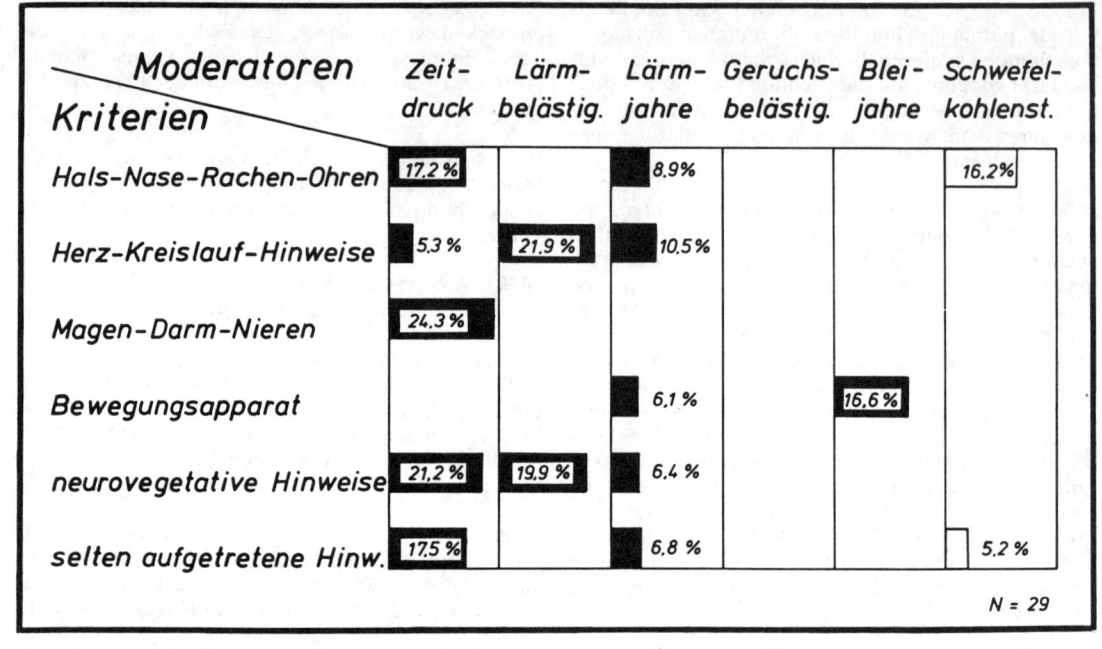

Moderatoren / Kriterien	Zeit-druck	Lärm-belästig.	Lärm-jahre	Geruchs-belästig.	Blei-jahre	Schwefel-kohlenst.
Hals-Nase-Rachen-Ohren	17,2 %		8,9 %			16,2 %
Herz-Kreislauf-Hinweise	5,3 %	21,9 %	10,5 %			
Magen-Darm-Nieren	24,3 %					
Bewegungsapparat			6,1 %		16,6 %	
neurovegetative Hinweise	21,2 %	19,9 %	6,4 %			
selten aufgetretene Hinw.	17,5 %		6,8 %			5,2 %

N = 29

Quelle: JANSEN, 1983, geändert

Abbildung 2.6.9

Die Eingrenzung der Schutzbedürftigkeit auf akustischer und sozialwissenschaftlicher Grundlage

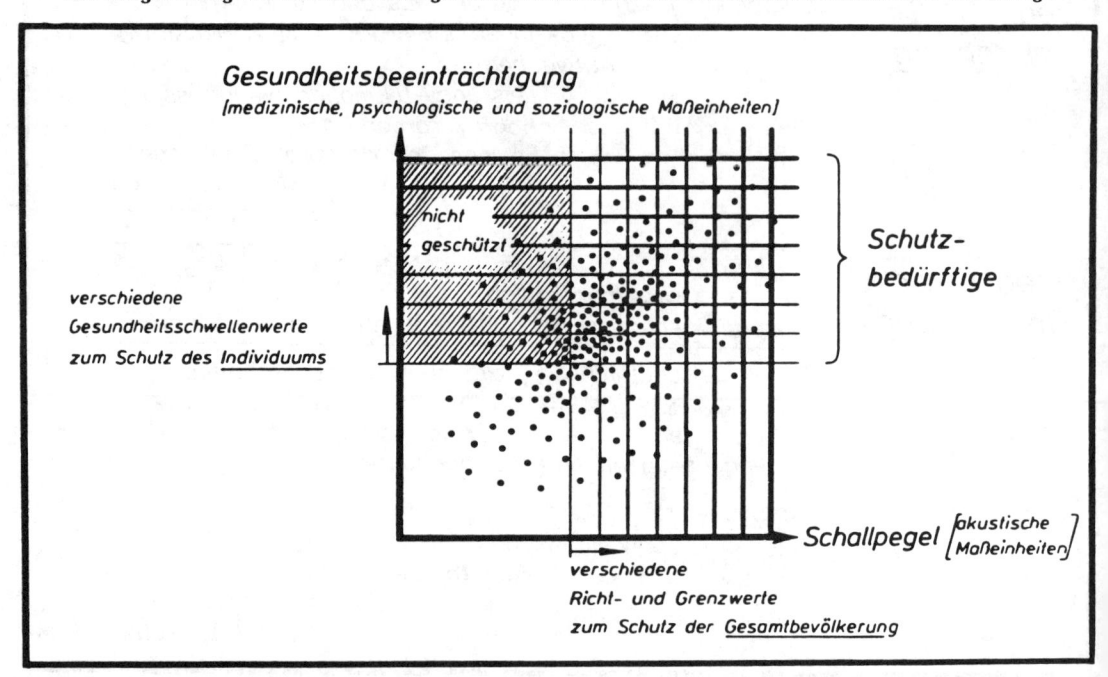

Quelle: nach ROHRMANN, 1984

sche Rüstzeug hierzu vermag die Biostatistik bereitzustellen, indem z. B. diskriminanzanalytisch vorgegangen wird. Ein Beispiel aus dem arbeitsmedizinischen Bereich möge dies verdeutlichen (Abb. 2.6.8). Es handelt sich um den Gesundheitszustand (Kriterien aus dem Hals-Nase-Ohren-Bereich, Herz-Kreislauf-Bereich etc.) einer Gruppe von Arbeitnehmern, die einer Vielzahl von Einflußgrößen am Arbeitsplatz ausgesetzt waren (Moderatoren). Die Zuordnung ergab, daß durch Zeitdruck in überwiegendem Maße Beschwerden im Magen-Darm-Nieren-Bereich auftraten (24,3 %), während durch Lärmeinflüsse vorwiegend Störungen des Herz-Kreislauf-Systems (21,9 %) und des Neurovegetativums (19,9 %) gesehen wurden.

1460. Unter Verwendung der hier erwähnten methodischen Ansätze und der „Bewertungsstufen" (Tz. 1430, Abb. 2.6.5; vgl. auch Abschn. 3.1.4.1, Abb. 3.1.1) können epidemiologische Untersuchungen voraussichtlich besser als bisher gestaltet werden. Die so erzielten Ergebnisse könnten eine realitätsgerechtere Abschätzung der tatsächlichen Belastung der Bevölkerung als bisher und damit Voraussetzungen für die Empfehlungen von Richtwerten schaffen.

Richtwerte, die jeden einzelnen schützen sollten, müßten so niedrig angesetzt werden (vgl. Abb. 2.6.9), daß die technische Umwelt erheblich verändert werden müßte. Immissionswerte können zwar nicht im gleichen Maße den Schutz jedes einzelnen garantieren; gleichwohl bleibt aber die Aufforderung, die bestehenden Immissionswerte so gering wie möglich festzusetzen, um soviele Menschen wie möglich in den Schutz einzubeziehen.

2.6.3.2 Kombinierte Belastungen durch Lärm und andere Umweltfaktoren

1461. In der öffentlichen Umweltdiskussion und in der Lärmwirkungsforschung begegnet man häufig der Meinung, bzw. der Hypothese, daß beim Zusammenwirken mehrerer Umweltfaktoren auf den menschlichen Organismus Wechselwirkungen auftreten (Interaktionen), die die Wirkung der Einzelgrößen modifizieren. Interaktionen sind immer dann zu erwarten, wenn die jeweiligen Einflußgrößen am gleichen Einwirkungsort angreifen. Im Rahmen der Lärmwirkungsforschung bedeutet dies, daß neben den Einwirkungen am Gehör auch Veränderungen in physiologischen Funktionsbereichen durch gleichzeitige Einwirkung zusätzlicher Größen zu erwarten sind.

1462. Die in der Literatur zu findenden Untersuchungsergebnisse über Kombinationswirkungen von Lärm und anderen Einflußgrößen sind sehr verstreut und haben bisher noch keine systematisierte Zusammenfassung erfahren. In neuerer Zeit sind insbesondere auf internationalem Gebiet verstärkt Bestrebungen anzutreffen, die die kombinierten Wirkungen von Umgebungsfaktoren zum Gegenstand der Diskussion machen (Gründung einer Internationalen Gesellschaft für Wirkungen kombinierter Umweltgrößen, Tampere, Finnland, 1984; 2. Internationaler Kongreß über kombinierte Wirkungen durch Umweltfaktoren, Kanazawa, Japan, 1986).

Ein Überblick über die auf dem oben erwähnten Kongreß dargestellten 49 Untersuchungen ergibt, daß sich allein 18 Untersuchungen mit der Problematik Lärm und weiteren Einflußgrößen befaßten, während in 14 Darstellungen die Vibrationen im Zusammenwirken mit anderen Einflußgrößen Gegenstand der Bearbeitung gewesen sind. Dabei traten als häufigste Kombinationen die Wirkungen von Lärm und Vibrationen auf. In mehreren Fällen wurden zu diesen beiden Einflußgrößen auch noch zusätzliche Faktoren, z. B. Hitze, Lösemittel, Alkohol, Kälte und Beleuchtung in die Wirkungsuntersuchungen einbezogen.

1463. Anhand mehrerer Untersuchungsergebnisse scheint sich die Vorstellung zu festigen, daß bei körperlicher Arbeit und gleichzeitiger Lärmbelästigung die Lärmwirkung in Abhängigkeit von der körperlichen Belastung mehr und mehr zurücktritt, wenn die Kreislaufgrößen und Ergometerleistungen zum Kriterium der Beurteilung gemacht werden. In anderen Untersuchungen wurde in diesem Zusammenhang festgestellt, daß die Vertäubung des Ohres umso größer ist, je stärker die hämodynamische Beeinflussung (Blutdruck- und Pulsfrequenzsteigerung) ausfällt.

1464. Wie schon vermerkt, sind die meisten Arbeiten der Kombinationswirkungen Lärm und Vibration gewidmet. Hierbei hat sich herausgestellt, daß die Hörfähigkeit bei Anwesenheit von Vibrationen generell stärker negativ beeinflußt wird als bei Kombinationen von Lärm mit anderen Einflußgrößen. Vorhersagemodelle für die Größe der lärmbedingten Höreinbuße sind bei gleichzeitiger Anwesenheit von Vibrationen nicht mehr uneingeschränkt anwendbar; Einrechnung des Alters, der Kreislaufgrößen und der durch Vibration bedingten Veränderungen des peripheren Kreislaufs moderieren zusätzlich die Vorhersagbarkeit. Generell kann gesagt werden, daß die Kombination von Lärm und Vibrationen das Risiko sowohl der lärmbedingten als auch der vibrationsbedingten Gesundheitsbeeinträchtigungen verstärken. Raucher werden von beiden schädigenden Faktoren stärker betroffen als Nichtraucher. Während die Beeinflussung von Kreislaufgrößen durch Lärm und Vibration zunehmend additive Effekte zeigten, sind diese bei EEG-Messungen bisher nicht nachgewiesen worden.

1465. Im weiteren kommt der Kombination von Lärm, Vibration und Kälte eine besondere praktische Bedeutung zu, da durch das Zusammenwirken dieser 3 Faktoren (in Kombination mit dem zusätzlichen Faktor statischer und dynamischer Arbeit) die Berufserkrankung **„Weißfingerkrankheit"** auf Dauer bei den derart Exponierten zu erwarten ist. Die Umweltfaktoren sind jedoch in diesem Falle Arbeitsplatzfaktoren und dürften daher nur für einen begrenzten Kreis der Bevölkerung von Interesse sein. Im Bereich der Umweltbelastung allgemein können die hierzu vorgelegten Untersuchungen lediglich als Beispiele methodischer Bearbeitung Verwendung finden.

1466. In den bisherigen Untersuchungen zum Problem der kombinierten Wirkung von Lärm und Beleuchtung sind nur wenige Ergebnisse veröffentlicht worden. Es haben sich dabei die Lärmwirkungen im

Vergleich zu den Lichtstimulationen als überwertig erwiesen. Die Empfehlungen, die von derartigen Untersuchungen abgeleitet werden — etwa bei Bildschirmtätigkeiten keine höheren Lärmwerte als 60 bis 65 dB(A) — lassen sich nicht aus der spezifischen Kombinationswirkung von Lärm und Licht ableiten.

1467. Bei Bewertung aller bisher bekannt gewordenen Ergebnisse stellt man fest, daß eine systematisierte Erfassung der Kombinationswirkungen bisher nicht stattgefunden hat. Es sind daher verstärkte Forschungsaktivitäten zu empfehlen; dies setzt allerdings voraus, daß auch theoretische Grundlagen erarbeitet sowie statistische Verfahren empfohlen werden; auch sollten die Begriffe einheitlich definiert werden. In diesem Zusammenhang sind die auf dem vorgenannten Kongreß vorgestellten Modelle diskussionswürdig, wonach von kombinierten (combined), gleichzeitigen (joint) und übergreifenden (integrated) Wirkungen gesprochen werden kann. Ebenso sollte festgelegt werden, wie die Begriffe synergistisch, koergistisch, additiv, multiplikativ oder potenzierend verwendet werden. Ohne einer endgültigen Regelung vorgreifen zu wollen, sollte man die Begriffe multiplikativ und potenzierend generell fallen lassen und sie ersetzen durch überadditiv. Dies empfiehlt sich insbesondere deshalb, weil die Interaktionen entweder lokal (local) oder unabhängig voneinander (independent) oder in Form von Spätwirkungen (transactions) beschrieben werden können. Die Verwendung der mathematisch besetzten Begriffe Multiplikation und Potenzierung präjudiziert in solchen Fällen immer definierte quantitative Beziehungen, die gerade in der Praxis in dieser Klarheit meist nicht zutage treten.

2.6.3.3 Lärmwirkungen auf Tiere

1468. Zur Frage von Lärmwirkungen auf Tiere liegen bisher nur wenige grundlegende Arbeiten vor. In ihnen wird u. a. vielen freilebenden Tieren eine große **Anpassungsfähigkeit** an hohe Lärmpegel zugeschrieben. Hohe Populationsdichten von Schalenwildarten auf militärischen Schießplätzen und Panzerübungsgeländen, tagaktive Vogelarten auf Flugplätzen bzw. in unmittelbarer Nähe von Autobahnen oder Brutplätze von Enten und Amseln in Industriegebieten bestätigen diese Auffassung. „In any event, airfields comprise an ecologically protected environment in which noise, in spite of its level, does not appear to be a limiting factor in the development of these species" (BUSNEL und BRIOT, 1980). Dabei wird jedoch häufig verkannt, daß das Raum-Zeit-Verhalten vieler Wildtierarten in unseren Kulturlandschaften primär durch ein artspezifisches Feindvermeidungsverhalten bestimmt wird. Das Fehlen von Beutegreifern in Gebieten mit hohen Lärmpegeln macht diese für bestimmte Tierarten zu zwar lauten aber „sicheren" Refugien (BROOKS et al., 1976; FLETCHER, 1980, 1983; FLETCHER und BUSNEL, 1978; KUCERA, 1974; LUZ und SMITH, 1976; SOOM et al., 1972). So hält z. B. seit einigen Jahren eine ältere Rehgeiß in unmittelbarer Nähe eines Stahl- und Walzwerkes bei Völklingen direkt neben einer Autobahn bei einem Dauerschallpegel von über 75 dB(A) in einem dichten Schwarzdorngebüsch ihren Tageseinstand. Das mit einem Sender ausgestattete Tier verläßt dieses nur 20 × 40 m große Gebiet, das zu den auch mit anderen Immissionen höchstbelasteten Räumen zählt, nur während der Nacht. Wegen der Nähe zur Wohnbebauung, Industrie und Autobahn wird dieses Gebiet nicht bejagt und von Menschen nur selten betreten. Vergleichbare Informationen liegen auch aus anderen Gebieten der Erde vor (FLETCHER et al., 1971; JAKIMCHUK et al., 1972; KLEIN, 1973).

1469. Trotz solcher Beobachtungen darf man jedoch nicht vernachlässigen, daß die **Lärmempfindlichkeit** einzelner Tierarten (und innerhalb von Populationen auch einzelner Individuen) artspezifisch erheblich verschieden ist. Insbesondere jene Arten, die auf Empfang von Geräuschen zur Orientierung im Raum angewiesen sind (wie z. B. Fledermäuse, DALLAND, 1965) oder beim Auffinden ihrer Beutetiere von störenden Geräuschen behindert werden (wie z. B. Eulen, VAN DIJK, 1973), verschwinden aus Gebieten mit hohen Dauerschallpegeln. Schlangen, die auf Erschütterungen empfindlich reagieren, ziehen sich aus entsprechend unruhigen Zonen zurück.

1470. Bemerkenswert ist, daß auch bei Tierarten, deren Anpassungsfähigkeit an hohe Lärmpegel bisher immer durch Freilandbeobachtungen gesichert erschien, unter experimentellen Bedingungen **physiologisch nachweisbare Lärmschäden** festgestellt werden konnten. Unter starkem Lärmeinfluß treten bei ihnen auf:

— Erhöhung des Blutdrucks (BORG, 1978; BORG und MØLLER, 1978; PETERSON et al., 1983; TURKKAN et al., 1983)

— Häufung von Tot- und Frühgeburten (COOK et al., 1983; TRAVIS et al., 1972)

— Veränderungen der Hörfähigkeit (REINIS, 1976; RYLANDER, 1972) und

— andere Vitalitätsveränderungen (ALGERS et al., 1978).

1471. Da zwischenzeitlich auch bekannt ist, daß marine und limnische Tierpopulationen durch Lärmeinflüsse erheblich gestört werden (Acoustical Society of America, 1981; RUCKER, 1973), wächst zunehmend die Bereitschaft, für lärmempfindliche, bedrohte Tierarten Lärmschutzzonen auszuweisen (LUZ, 1983). Die hiermit verbundenen Fragen wurden jedoch in der Bundesrepublik Deutschland noch nicht ausführlich diskutiert.

2.6.3.4 Exkurs: Erschütterungswirkungen

1472. Als Erschütterungen bezeichnet man stoßhaltige, periodische oder regellose Schwingungen; treten sie in Gebäuden oder bei Geräten oder Maschinen auf, können sie diese in ihrer Funktion bzw. in ihrer Festigkeit stören oder verändern. Treten sie beim Menschen auf, so belästigen sie oder bedingen gesundheitliche Beeinträchtigungen. Die Bereiche, in denen derartige Erschütterungen vorkommen, sind weiter verbreitet, als man gemeinhin anzunehmen geneigt ist: In der Maschinen- und Elektroindustrie, im Verkehr, Bauwesen, bei der Verfahrenstechnik können Schwingungen nachgewiesen werden. Sie tragen dazu bei, daß Verformungen oder zumindest Spannungen in der Materie auftreten.

Erschütterungswirkungen beim Menschen

1473. Erschütterungen können sowohl wahrgenommen werden als auch direkt unbewußt auf das vegetative Nervensystem wirken. Sie beanspruchen darüber hinaus — je nach Intensität, Frequenz, Dauer, Richtung oder Einwirkungsstelle — den Körper als Ganzes oder auch einzelne Körperteile werden beansprucht. Es entstehen dabei Resonanzen, Teilresonanzen oder Relativbewegungen der einzelnen Anteile oder Massen des Körpers. Durch die auf physischem oder psychischem Gebiet hervorgerufenen Reaktionen kann es zu Beeinträchtigungen des Wohlbefindens und der Leistung, u. U. der körperlichen Unversehrtheit kommen. Die Schwingungen wirken z. B. über die Füße des stehenden oder das Gesäß des sitzenden Menschen ein. Schwingungen gelangen auch über Auflageflächen des zurückgelehnten oder liegenden Menschen in den Körper. Das Hand-Arm-System ist ein weiterer Bereich, über den Schwingungen in den Körper geleitet werden.

1474. Durch Experimental- und Felduntersuchungen sind die Zusammenhänge zwischen objektiv meßbaren Schwingungsbelastungen (Reiz) einerseits und der Wahrnehmung andererseits festgestellt worden. Auch physiologische Reaktionen sind zur Kennzeichnung der Zusammenhänge zwischen den objektiven und körperlichen Wirkungen bei Erschütterungen herangezogen worden. Die vorliegenden Untersuchungen bestätigen, daß Befragungen der Versuchspersonen nach ihrer subjektiven Wahrnehmung (auch ohne Messung physiologischer Reaktionen) verläßliche Ergebnisse liefern.

1475. Die menschliche Wahrnehmungsstärke hängt u. a. von der Schwingungsrichtung und der Einleitungsstelle in den Körper ab. Der Zusammenhang zwischen **bewerteter Schwingstärke** und **subjektiver Wahrnehmung** (momentane Fühlbarkeit) ist in Tabelle 2.6.2 beschrieben.

1476. Zur Beurteilung der Belästigung durch Schwingungen ist die bewertete Schwingstärke allein nicht ausreichend. Einwirkungsdauer, Häufigkeit und Tageszeit des Auftretens und die Auffälligkeit (Überraschungseffekt, Art und Betriebsweise der Erschütterungsquelle) beeinflussen den Grad der Belästigung. Weiterhin ist die Situation des Betroffenen von Bedeutung, d. h. der Gesundheitszustand, die Tätigkeit während der Erschütterungseinwirkung, die Gewöhnung, die Einstellung zum Erschütterungserzeuger, die Erwartungshaltung in bezug auf ungestörtes Wohnen u. a.

Tabelle 2.6.2

Zusammenhang bewerteter Schwingstärke und subjektiver Wahrnehmung

Bewertete Schwingungsstärke KX, KY, KZ, KB	Beschreibung der Wahrnehmung
< 0,1	nicht spürbar
0,1	Fühlschwelle*)
0,4	gerade spürbar
1,6	gut spürbar
6,3	stark spürbar
100	sehr stark spürbar
> 100	

*) Die Fühlschwelle wird in dieser Richtlinie nicht definiert. Ihre Angabe in der Tabelle mit KX, KY, KZ oder KB = 0,1 kann daher nur als Anhaltswert angesehen werden. Die Fühlschwelle ist sehr von den jeweiligen Umgebungsbedingungen z. B. der Einwirkungsrichtung und von persönlichen Gegebenheiten wie Tätigkeit, Körperhaltung, Alter, Aufmerksamkeit und Gesundheitszustand abhängig.
Quelle: nach VDI 2057 Bl. 1 (Entwurf Dez. 1983)

1477. Ein Beurteilungsverfahren für den Immissionsschutz ist in DIN 4150, Teil 2 (Entwurf März 1986) festgelegt worden. Darin wird aus der bauwerksbezogenen bewerteten Schwingstärke KB durch ein energieäquivalentes Mittelungsverfahren eine Beurteilungsgröße gewonnen (stoßhaltige Ereignisse werden überenergetisch gewichtet) und mit Anhaltswerten verglichen, die nach Einwirkungsorten entsprechend der baulichen Nutzung ihrer Umgebung und nach der Tageszeit des Auftretens unterteilt sind (s. Tab. 2.6.3).

Belästigungen sind nur auszuschließen, wenn die einwirkenden Erschütterungen nicht wahrnehmbar sind. Erhebliche Belästigungen liegen im allgemeinen nicht vor, wenn die Anhaltswerte nach Tabelle 2.6.3 eingehalten werden. Diese Erkenntnis stützt sich weniger auf die Ergebnisse sozialwissenschaftlicher Forschung, die nur in sehr begrenztem Umfang vorliegen, als auf die Erfahrungen, die mit früheren Normen gewonnen wurden.

Erschütterungen und Sachschäden

1478. Die Beurteilung der Wirkung von Erschütterungen auf Bauwerke gestaltet sich außerordentlich schwierig, da zu den Erschütterungen noch zusätzlich dynamische Dehnungen (Spannungen) vorhanden sein müssen, damit die Bruchdehnung an einer oder mehreren Stellen überschritten wird und somit Risse auftreten oder Schäden sichtbar werden. Es gibt z. Zt. noch kein anwendbares Meßverfahren, um den in einem Bauteil wirklich vorhandenen Spannungszustand nachträglich festzustellen. Insofern ist bei der Beurteilung von Schwingungseinwirkungen und schädlichen Folgen auf Bauwerke größte Vorsicht geboten.

Tabelle 2.6.3
Anhaltswerte für Erschütterungswirkung

Zeile	Einwirkungsort	tags	nachts
1	Einwirkungsorte, in deren Umgebung nur gewerbliche Anlagen und ggf. ausnahmsweise Wohnungen für Inhaber und Leiter der Betriebe sowie für Aufsichts- und Bereitschaftspersonen untergebracht sind (vgl. Industriegebiete § 9 BauNVO)	0,2	0,15
2	Einwirkungsorte, in deren Umgebung vorwiegend gewerbliche Anlagen untergebracht sind (vgl. Gewerbegebiete § 8 BauNVO)	0,15	0,1
3	Einwirkungsorte, in deren Umgebung weder vorwiegend gewerbliche Anlagen noch vorwiegend Wohnungen untergebracht sind (vgl. Kerngebiete § 7 BauNVO, Mischgebiete § 6 BauNVO, Dorfgebiete § 5 BauNVO)	0,1	0,07
4	Einwirkungsorte, in deren Umgebung vorwiegend oder ausschließlich Wohnungen untergebracht sind (vgl. reines Wohngebiet § 3 BauNVO, allgemeine Wohngebiete § 4 BauNVO, Kleinsiedlungsgebiete § 2 BauNVO)	0,07	0,05

In Klammern sind jeweils die Gebiete der Baunutzungsverordnung — BauNVO — BGBl. I 1977, S. 1763 angegeben, die in der Regel den Kennzeichnungen unter Zeile 1 bis 4 entsprechen. Eine schematische Gleichsetzung ist jedoch nicht möglich, da die Kennzeichnung unter Zeile 1 bis 4 ausschließlich nach dem Gesichtspunkt der Schutzbedürftigkeit gegen Erschütterungseinwirkung vorgenommen ist, die Gebietseinteilung in der BauNVO aber auch anderen planerischen Erfordernissen Rechnung trägt.
Quelle: nach DIN 4150, Teil 2 (Entwurf März 1986)

In der DIN-Norm 4150, Teil 3 sind Anhaltswerte für die Beurteilung von kurzzeitig auftretenden Gebäudeerschütterungen enthalten; es wird jedoch darauf hingewiesen, daß es sich bei diesen Anhaltswerten nicht um hinreichend gesicherte Werte handelt.

2.6.3.5 Exkurs: Infraschall und Ultraschall

Vorkommen von Infraschall

1479. Unter Infraschall versteht man Schallwellen mit Frequenzen unter 20 Hz, wobei die untere Grenze je nach wissenschaftlicher Disziplin unterschiedlich definiert ist. Grundsätzlich kann man Infraschallquellen in natürliche und in vom Menschen geschaffene technische Quellen einordnen. Natürliche Infraschallwellen treten einmalig oder nur sporadisch auf, sind von geringer bis hoher Intensität und können sich über große, z. T. riesige Entfernungen fortpflanzen. Beispiele natürlicher und technischer Infraschallquellen und ihrer Intensitäten sind in Tabelle 2.6.4 enthalten.

Die ermittelten Meßwerte zeigen, daß technisch produzierter Infraschall viel häufiger vorkommt und mit höheren Intensitäten auftritt als man lange Zeit angenommen hat, so daß viele Menschen täglich mit Pegeln im Infraschallbereich konfrontiert werden, die im Hörbereich als nicht zumutbar oder als schädlich gelten würden.

Infraschalldetektion und -meßtechnik

1480. Infraschallwellen können mit relativ einfachen Mitteln aufgespürt werden. Schon während des Ersten Weltkrieges wurden Detektoren mit empfindlicher Flamme und Hitzdrahtdetektoren entwickelt; später kamen kapazitive, elektrochemische und mit Thermistoren arbeitende Detektoren zum Einsatz. In den 60er Jahren wurden zuverlässige Meßsysteme entwickelt, die allerdings aufgrund bestimmter Eigenschaften der Infraschallwellen zeitintensiv waren, aufwendiges Auswerten erforderten und Echtzeitanalysen kaum zuließen. Erst in den letzten 10 Jahren sind durch Anwendung neuer Meßtechniken (Digital-Frequenz-Analyse) Meßgeräte für Infraschallbereiche entwickelt worden, die präzise, zuverlässig und schnell alle Meßaufgaben lösen, ohne daß lange Integrationszeiten tieffrequenter Filter berücksichtigt werden müssen.

Die Wirkung von Infraschall auf den Menschen

Wirkung auf das Gehör

1481. Obwohl Infraschall definitionsgemäß nicht hörbar ist, gibt es auch unter 20 Hz eine Hörschwelle, wobei allerdings nicht die Infraschallwellen selbst wahrgenommen werden, sondern Verzerrungen ihrer Obertöne. Frequenzen bis zu 1 Hz werden wahrgenommen, vorausgesetzt, die Pegel sind hoch genug (bei 1 Hz 130—140 dB).

Die Wirkung von Infraschall auf die Ausbildung einer vorübergehenden Hörschwellenabwanderung (TTS) wurde von zahlreichen Autoren untersucht, die Ergebnisse sind jedoch nicht eindeutig (MOHR et al., 1965); NIXON und JOHNSON (1973) haben aufgrund ihrer Untersuchungen sowie der Auswertung der Arbeiten anderer Autoren Grenzwerte für den Infraschallbereich in Abhängigkeit von Frequenz und Expositionszeit vorgeschlagen. Praktische Erfahrungen mit diesen Grenzwerten liegen z. Zt. noch nicht vor.

Extraaurale Wirkungen von Infraschall

1482. Bis vor wenigen Jahren wurde in der Literatur nur über sehr wenige wissenschaftlich fundierte Experimente mit Infraschall berichtet. Als erster hat sich GAVREAU (1954, 1968) systematisch mit der extraauralen Wirkung von Infraschall beschäftigt. Von ihm stammt auch die Idee, Infraschallwellen als Waffe einzusetzen. Er konstruierte monströse „Baß-Kanonen", die Berichten zufolge schon nach 15 Minuten Laufzeit Übelkeit, Brechreiz, Gleichgewichtsstörungen, Schmerzen im ganzen Körper, Vibrieren von Lungen, Herz, Magen und Leber hervorgerufen haben. GAVREAU war überzeugt, daß diese „Todesposaunen von Marseille", wie sie bald genannt wurden, bei genügend Energiezufuhr einen Menschen auf eine Entfernung von 7−8 km töten könnten. Der militärische Effekt scheiterte höchstwahrscheinlich an den Dimensionen dieser Pfeifen, da sie z. B. für eine Grundfrequenz von 3,5 Hz 24 m lang sein müßten. Als GAVREAU vor einigen Jahren starb, wurden die „Baß-Kanonen" verschrottet. Nach anderen Berichten werden solche Versuche von mehreren Forschungszentren weitergeführt.

Tabelle 2.6.4

Natürliche und technische Infraschallquellen

Infraschallquelle	Frequenzbereich (Hz)	Intensität (dB)
a) natürliche Infraschallquellen		
Wasserfälle	< 20	70− 80
Meereswellen	< 1	80
Wind 100 km/h	< 1	135
Wind 25 km/h	< 1	110
Donner	< 2	100
Luftturbulenzen	< 1,5	100
Vulkanausbruch	< 0,1	114
Meteoriten	< 3	90
Erdbeben	< 0,04	106
b) technische Infraschallquellen		
Pkw (100 km/h) 1 Fenster halb offen (Volvo)	1−15	95−118
Pkw (100 km/h) Sonnendach offen (Fiat 500)	1−20	85−106
Lkw 32 t (85 km/h) 1 Fenster offen	4−20	110−112
Kfz bei starkem Wind	4−10	70− 80 für L_{10}
Kfz bei starkem Wind	4−10	65− 73 für L_{50}
Kfz bei starkem Wind	4−10	62− 68 für L_{90}
Zugmaschine (50 km/h) Fenster geschlossen	4−20	100−102
Schiff mit Dieselmotor (im Raum über dem Motor)	5−16	80−103
Eisenbahnwagenfähre (Maschinenraum)	2−20	82−132
Hubschrauber (200 km/h), 5sitzig, innen	2−20	91−103
Hubschrauber Spitze bei ca.	30	118
Hubschrauber (130 km/h), 2sitzig, innen	10−20	90−115
Flugzeug (Boeing 747)	2− 8	94−104
Raketenstart (Saturn V) in 1,6 km Entfernung	5−20	120−135
Raketenstart (Saturn V) in 8 km Entfernung	5−20	108−120
Raketenstart (Saturn V) in 32 km Entfernung	5−20	90−105
Triebwerkprüfstand in 400 m Entfernung	0,5−20	50− 68
Kompressor in 1 m Entfernung	10−20	80−115
Kompressor in 450 m entferntem Haus	10−20	63− 94
Hochofengebläse	2−20	80−115
Belüftungssystem	2−20	80− 85
Autobahnbrücke (25 m unterhalb)	10−20	84− 90

Quelle: nach INFRASOUND, 1985

1483. Systematische Untersuchungen wurden schließlich im Rahmen der Weltraumflüge unternommen, da festgestellt worden war, daß bei Raketenstarts das Maximum der akustischen Energie häufig unter 20 Hz liegt. Um die Sicherheit der Raumfahrer zu garantieren, ließ die NASA entsprechende Versuche durchführen. Die frequenzabhängigen Angaben über zulässige Pegel, denen man einen Menschen gefahrlos aussetzen kann, schwanken für kurzzeitliche Belastungen (2 Min.) zwischen 105 und 150 dB. In der Literatur wird übereinstimmend über folgende Erscheinungen und subjektive Beschwerden berichtet: Unwohlsein, Hautrötung und -kribbeln, Husten, würgendes Atmen, Kopfschmerzen, Schmerzen beim Schlucken, statischer Druck auf beiden Ohren, Schwindel, interne Vibrationen der Organe, Verdauungsstörungen, Flimmern vor den Augen, Herzarrhythmie, z. T. Hörschwellenverschiebung, Brechreiz, Übelkeit, Angstgefühle, Reibung zwischen den inneren Organen, Erhöhung der Pulsfrequenz, Erhöhung der Atemfrequenz, Blutdruckabfall, Brennen in den Ohren, Ermüdungserscheinungen, verminderte Sehschärfe u. a.

Einige dieser Veränderungen und Beschwerden sind frequenzabhängig; andere treten im ganzen Infraschallbereich auf, sind unterschiedlich intensitätsabhängig und treten bei verschiedenen Versuchspersonen unterschiedlich stark oder auch gar nicht auf. Über Versuche mit längeren Belastungszeiten ist noch nicht berichtet worden. Über die Wirkung von lang andauerndem Infraschall mit geringer Intensität — so wie sie in fahrenden Autos oder in Fabrikhallen mit großen Gebläsen vorkommen können — ist nichts bekannt.

1484. Über die psychophysiologische Wirkung von Infraschall ist ebenfalls sehr wenig bekannt. In Chicago stellte man in einer Studie einen statistischen Zusammenhang zwischen Luftturbulenzen und Unfallhäufigkeit sowie dem Fernbleiben der Schüler vom Unterricht fest. Ähnliche Beobachtungen für andere Tätigkeiten und andere Regionen liegen nicht vor.

1485. Zusammenfassend unterscheidet PIMONOV (1971, 1974) nach Intensität und Einwirkzeit 4 Bereiche der Wirkung von Infraschall.
1. Bereich: Infraschallpegel > 170 dB, mehr als 10 Min. Dauer.
Tödliche Wirkung durch Reißen der Lungen.

2. Bereich: Infraschallpegel zwischen 140—155 dB, Dauer < 2 Min.
Eine derartige Infraschallbelastung wird von Personen mit guter körperlicher Verfassung noch ertragen, obwohl an der oberen Pegelgrenze die obengenannten Beschwerden wie Brechreiz, Kopfschmerzen, Husten usw. eintraten und die Versuche deshalb nicht fortgesetzt wurden.

3. Bereich: Infraschall um 120 dB.
Einige Versuchspersonen zeigten Störungen der Sehkraft, andere eine Belastung des Kreislaufs und Verminderung der Konzentrationsfähigkeit. Allgemein wird die Schädlichkeitsgrenze bei 120 dB akzeptiert, obwohl die Untersuchungsergebnisse nicht einheitlich sind.

4. Bereich: Infraschall mit Pegeln unter 100 dB.
Die Ergebnisse der Veröffentlichungen sind widersprüchlich, zudem wurden nur wenige Experimente mit längerer Einwirkzeit in diesem Bereich gemacht. In vielen Arbeiten werden die Infraschallwellen nicht separat von hörbaren Schallwellen dargeboten, so daß es zu einer kombinierten Beeinflussung durch beide Bereiche kommt. Die Aussagefähigkeit ist dadurch stark gemindert. Hinzu kommen die psychologischen Begleitumstände derartiger Versuche, die einige solcher Experimente überhaupt in Frage stellen.

1486. Insgesamt kann eine klare Aussage über die Wirkung von Infraschall auf den Menschen z. Zt. noch nicht gemacht werden. Die Kenntnisse über das Vorkommen der Infraschallwellen sowie deren Intensitäten sind unzureichend. Dies hat zur Folge, daß Schädlichkeitsgrenzen für Infraschall bisher nicht in Form einer Richtlinie oder Norm verankert werden konnten.

Vorkommen von Ultraschall

1487. Als Ultraschall bezeichnet man Schallwellen, deren Frequenzen jenseits der oberen menschlichen Hörbarkeitsgrenze liegen. Da die obere Hörfrequenzgrenze nicht bei allen Menschen gleich ist, wurde als Grenze des Ultraschallbereichs 20 kHz vereinbart. Der Mensch kann mit technischen Mitteln Ultraschallwellen bis zu einer Frequenz von 1 GHz erzeugen. Der ganze Frequenzbereich des Ultraschalls erstreckt sich über 16 Oktaven. Die dazugehörenden Wellenlängen sind sehr klein; sie liegen im Ausbreitungsmedium Luft zwischen 1,7 cm (20 kHz) und 0,34 m (1 GHz). Ultraschallwellen werden in der Luft aufgrund ihrer physikalischen Eigenschaften sehr stark absorbiert (z. B. für 1 MHz-Wellen liegt der Wirkungsbereich bei 0,17 mm), während sie sich in Flüssigkeiten und Festkörpern sehr gut ausbreiten können. An den Mediengrenzen werden sie stark reflektiert, so daß sie sich leicht bündeln lassen. Dadurch kann eine sehr hohe Energiedichte erreicht werden, die sich für technische und medizinische Zwecke nutzen läßt (Echolot, Materialprüfung, Fischfang, Dickenmessung, Schweißen, Zerstäuben, Mischen, Reinigen, Bohren, Informationsträger, Bildschirmuntersuchung, Ultraschalltherapie, Harnsteinzertrümmerung usw.).

Die Ultraschallintensität wird in Watt pro cm^2 angegeben, wobei die Wahrnehmungsschwelle (in Form von Wärmeempfindungen) = 0 dB = 10^{-16} W/cm^2 und die „Schmerzschwelle" = 10^{-3} Watt zu setzen sind. Die in der Ultraschalldiagnose verwendeten Intensitäten erreichen Werte zwischen 10 und 50 mW/cm^2 (140 bis 147 dB), in der Therapie zwischen 1 und 5 W/cm^2 (160—167 dB). Die technisch erzeugten Schallintensitäten können mehrere 100 W/cm^2 betragen.

1488. Ultraschallwellen werden auch von einigen Tieren (Fledermäuse, Delphine, Insekten) erzeugt. Sie dienen entweder zur Orientierung oder Verständigung. Andererseits können einige Tiere (Hunde, Mäuse) Ultraschallwellen wahrnehmen, ohne sie selbst zu produzieren. Ultraschall tritt sonst als Nebenprodukt bei Schallereignissen auf, indem die Obertöne des hervorgerufenen Schalls in den Ultraschallbereich reichen, z. B. Webstühle, Turbinen, Reaktoren, Propeller, Jets, Raketen, einzelne sich schnell drehende Maschinenteile usw. Die Ultraschallpegel dieser Aggregate erreichen im Frequenzbereich zwischen 20—40 kHz Werte zwischen 75 und 135 dB. Da in den genannten Fällen hörbarer Schall immer gleichzeitig vorhanden ist, läßt sich die Wirkung von Ultraschall praktisch nicht isoliert untersuchen.

Die Wirkung von Ultraschall auf den Menschen

1489. In der Regel kann man primäre und sekundäre Wirkungen unterscheiden. Die primären Effekte beinhalten die direkten physikalischen und chemischen Veränderungen im akustischen Umfeld. Sie sind räumlich begrenzt und z. T. meßbar. Die sekundären Effekte sind allgemeine vaskuläre und neurovegetative Reaktionen des Organismus. Die Wirkung ist hauptsächlich abhängig von Intensität, Frequenz, Expositionszeit, akustischem Umfeld, Art und Festigkeit des Gewebes sowie von anderen biologischen Eigenschaften. Die Intensität als Einwirkungsfaktor ist allerdings dominierend. Insgesamt sind die Reaktionen so mannigfaltig, unterschiedlich und unregelmäßig, daß nach den bisherigen Untersuchungen der Zusammenhang zwischen abgestrahlter Energiedosis und eingetretenen Wirkungen nicht eindeutig geklärt ist.

2.6.4 Entwicklung der Umweltbelastung durch Geräusche

2.6.4.1 Befragungsergebnisse und Schätzungen

1490. In der Bundesrepublik Deutschland, mit ihren hochverdichteten Siedlungs- und Wirtschaftsräumen, geht von der laufenden Industrialisierung und verkehrsmäßigen Erschließung noch immer die Gefahr zunehmender Lärmbelastung aus. Zuverlässige Meinungsumfragen bringen immer wieder zum Ausdruck, daß die Bevölkerung dem Lärm einen hohen Stellenwert unter den Umweltbelastungen einräumt. Bei Umweltbeschwerden, die den Behörden und Umweltorganisationen vorgetragen werden, entfällt auf den Lärm die höchste Quote und auch der Petitionsausschuß des Deutschen Bundestages sah sich 1983 am meisten mit Lärmbeschwerden konfrontiert (OSTERTAG, 1985).

Lärmquellen

1491. Lärmbelastungen sind nahezu allgegenwärtig und betreffen jeden einzelnen direkt, sei es durch Verkehrslärm (Straße, Schiene, Wasser, Luft), Industrie- und Gewerbelärm, Baulärm, Wohnlärm und mit wachsendem Freizeitangebot auch Freizeit- und Sportlärm. In einer Umfrage des Institutes für Demoskopie Allensbach nannten

67 % Straßenlärm
17 % Lärm durch Kinder
14 % Laute Nachbarn
8 % Flugzeuglärm
5 % Arbeitslärm
22 % Sonstigen Lärm (Mehrfachnennungen möglich)

als größte Lärmquellen (Institut für Demoskopie Allensbach, 1984).

Bei dieser Umfrage wurde die Dominanz des Lärms von Straßenfahrzeugen bestätigt, die schon aus früheren Umfragen bekannt war. So ergab die 1 %-Wohnungsstichprobe von 1978, die nach der Belastung der Haushalte im Wohnumfeld fragte, mit über 40 % ebenfalls den Straßenverkehrslärm als Hauptquelle (Abb. 2.6.10).

Abbildung 2.6.10

Lärmbelästigung

Lärmbelästigung
aus: 1 %-Wohngs.stichprobe 1978

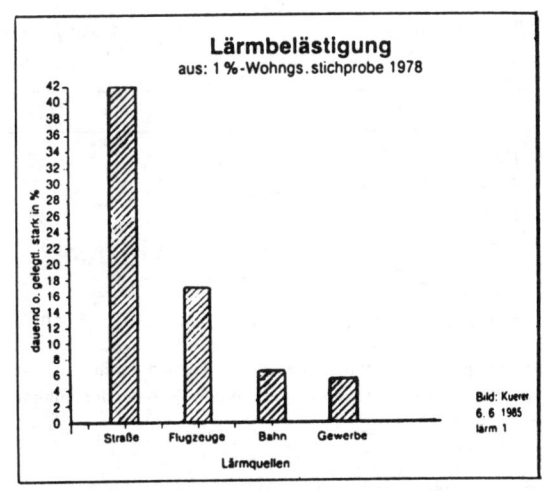

Quelle: KÜRER und NOLLE, 1985

1492. ROHRMANN (1984) gibt konkrete Zahlen von Betroffenen an und nennt die Spitzenbelastungen durch die Hauptlärmquellen. Zwar erreicht beim Straßenverkehrslärm der Maximalpegel weniger hohe Werte als beim Fluglärm, unter Straßenverkehrslärm leiden infolge seiner weiten Verbreitung mehr Menschen als unter Fluglärm (Tab. 2.6.5). Sozialwissenschaftliche Untersuchungen bestätigen im wesentlichen die von ROHRMANN genannten Zahlen.

1493. Umfragen belegen auch, daß sich immer mehr Menschen durch Lärm gestört fühlen; die Belästigung nimmt offenbar nicht in der Spitze zu sondern wächst in die Breite (vgl. Tab. 2.6.6).

1494. Innerhalb von knapp 10 Jahren ist es zu einer sichtlichen Verschiebung der lästigsten Lärmquellen gekommen (vgl. Tab. 2.6.7).

Tabelle 2.6.5

Daten zum Ausmaß des Lärmproblems in der Bundesrepublik Deutschland

Lärmart	Spitzenbelastungen		Geschätzte Zahl der Belästigten
	L_{max}	L_{eq}	
Autolärm	80– 90	70–80	15–20 Mio
Fluglärm	100–110	70–80	3– 5 Mio
Eisenbahnlärm	95– 95	70–80	1– 2 Mio
Schiffslärm	70– 80	?	< 1 Mio
Gewerbelärm	?	60–70	2– 3 Mio
Baulärm	90–100	?	2– 5 Mio
Freizeitlärm	90–100	70–80	? Mio
Wohnlärm	?	?	2– 5 Mio
Lärm am Arbeitsplatz	100–120	80–90	7– 9 Mio
Privater „Lärm"	80–100	70–80	—

Quelle: ROHRMANN, 1984

Tabelle 2.6.6   **Trend der Störwirkung von Lärm**
(in %)

	1977	1983	1985	Trend
Häufig	21	23	21	gleichbleibend
Gelegentlich	23	30	34	steigend
Selten	22	21	23	gleichbleibend
Nie	34	26	23	abnehmend
Ohne Angabe	0	0	0	
Summe	100	100	100	

Die Frage lautete: „Wie häufig fühlen Sie sich durch Lärm gestört?" (alle Lärmquellen)
Quelle: Statistische Erhebungen für den Verband der Automobilindustrie e. V. (VDA); durchgeführt von Infratest 1977, 1983 und 1985

Tabelle 2.6.7   **Lästigkeit einzelner Lärmquellen**
(in %)

	1977	1983	1985	Trend
Pkw	13	11	6	abnehmend
LKW	15	15	11	abnehmend
Motorrad/Moped	36	29	27	abnehmend
(Gesamt/Straße)	(64)	(55)	(44)	(abnehmend)
Flugzeug	17	24	32	steigend
Eisenbahn	2	1	1	gleichbleibend
Industrie	4	5	4	gleichbleibend
Haushalte/Nachbarn	1	2	3	steigend
Baustellen	7	8	9	steigend
Kinder	3	1	2	gleichbleibend
Radio/Kassettenrekorder	n. g.	n. g.	3	
Ohne Angabe	1	4	3	
Summe	99	100	101	

Die Frage lautete: „Welche der nachgenannten Lärmquellen stört Sie am meisten?" (nur eine Nennung)
Quelle: Statistische Erhebungen für den Verband der Automobilindustrie e. V. (VDA); durchgeführt von Infratest 1977, 1983 und 1985

Zwar dominiert weiterhin der Straßenverkehrslärm mit 44%, doch nimmt die Belästigung durch Fluglärm ständig zu, bei einer Verdoppelung im Zeitraum von 1977–1985. Keine Veränderungen haben sich bei den als weniger störend empfundenen Lärmquellen ergeben (Eisenbahn, Industrie, Kinder). Zunehmende Lärmstörungen gehen dagegen von Nachbarn und von Baustellen trotz schrumpfender Bauvolumina aus; gesunken ist die Belästigung durch alle Kategorien von Kraftfahrzeugen. Betrachtet man lediglich die Ergebnisse von 1985, so stellt man fest, daß Fluglärm als häufigster Einzelfaktor genannt wird und daß nur die motorisierten Zweiräder ähnlich häufige Belästigungsreaktionen auslösen. Als Einzelfaktor spielen die Baustellen nach den LKW noch eine besondere Rolle, alle anderen Lärmquellen werden weniger wichtig eingestuft.

1495. Das Battelle-Institut (1981) hat im Auftrag des Umweltbundesamtes die Belastung der Bevölkerung durch Lärm ermittelt. Mit Hilfe eines fortschreibungsfähigen Computermodells wurde die Lärmbelastung durch einige Lärmverursacher für verschiedene Gemeindegrößenklassen der Bundesrepublik Deutschland berechnet.

Ein sehr differenziertes Bild gibt die Tabelle 2.6.8 wieder. Mehr als die Hälfte der Bundesbürger ist durchschnittlich von einem Gesamtlärm von 55–60 dB(A)

Tabelle 2.6.8

Ergebnisse für die Bundesrepublik Deutschland nach Lärmpegel- und Gemeindegrößenklassen
(kumulierte Prozentwerte)

Lärm-Quelle, Pegelklasse[2])	Tageszeit und Raum	Tag-Lärm						Nacht-Lärm					
		Bundesrepublik Deutschland	Gemeindegrößenklasse[1])					Bundesrepublik Deutschland	Gemeindegrößenklasse[1])				
			5	4	3	2	1		5	4	3	2	1
Straßenverkehr	>75	—	1	—	—	—	—	—	—	—	—	—	—
	>70	3	3	4	4	5	2	—	1	—	—	—	—
	>65	8	8	10	9	9	7	2	2	1	2	5	2
	>60	17	22	24	24	14	12	5	5	5	6	8	3
	>55	34	46	45	46	22	26	11	11	14	13	13	9
	>50	52	72	66	66	32	39	22	28	32	26	20	15
Schienenverkehr	>75	—	—	—	—	—	—	—	—	—	—	—	—
	>70	—	1	—	1	—	—	—	—	—	—	1	—
	>65	1	2	1	4	2	—	1	—	1	2	3	—
	>60	5	8	6	9	7	—	4	3	3	6	7	—
	>55	13	20	15	21	17	1	11	12	11	16	16	1
	>50	26	40	33	30	36	3	21	23	26	26	33	3
Baustellen	>75	—	—	—	—	—	—	—	—	—	—	—	—
	>70	—	—	—	—	—	—	—	—	—	—	—	—
	>65	2	2	2	—	3	2	—	—	—	—	—	—
	>60	9	8	6	6	13	13	—	—	—	—	—	—
	>55	16	13	10	9	22	22	—	—	—	—	—	—
	>50	23	16	15	13	32	31	—	—	—	—	—	—
Gewerbe	>75	—	—	—	—	—	—	—	—	—	—	—	—
	>70	—	1	—	—	—	—	—	—	—	—	—	—
	>65	1	3	—	—	—	—	—	—	—	—	—	—
	>60	4	10	2	5	1	2	—	—	—	—	—	1
	>55	10	23	6	12	3	6	1	1	—	2	—	2
	>50	21	37	15	28	10	14	3	3	1	4	—	5
Gesamt	>75	—	1	1	—	—	—	—	—	—	—	—	—
	>70	4	4	5	4	6	3	—	1	1	—	1	—
	>65	14	16	16	14	16	12	3	3	3	3	8	2
	>60	35	45	39	37	34	29	9	10	10	8	15	4
	>55	61	78	67	65	56	52	23	26	27	25	28	12
	>50	80	94	87	84	78	71	41	53	55	42	45	21

[1]) Größenklassen: 5 = mehr als 500 000 Einwohner
    4 = zwischen 100 000 und 500 000 Einwohner
    3 = zwischen 20 000 und 100 000 Einwohner
    2 = zwischen 5 000 und 20 000 Einwohner
    1 = weniger als 5 000 Einwohner
[2]) Pegelklassen ab 50 dB(A)

Quelle: Battelle, 1981

betroffen. Probleme mit dem Straßenverkehrslärm ergeben sich nach diesem Modell vorwiegend in städtischen Gebieten, wobei der Lärmpegel mit steigender Bevölkerungsdichte zunimmt. Die Ballungsräume weisen daher höhere Lärmpegel auf als die Mittel- und Kleinstädte, lediglich beim Baustellenlärm kehrt sich die Lärmbelastung um. Der Lärm der Baustellen ist auch dafür verantwortlich, daß bei den kleineren Gemeinden eine relativ hohe Tag-Gesamtlärm-Belastung berechnet wurde.

Lärmbelastung im nationalen und internationalen Raum

1496. Umfragen über Umweltprobleme am Wohnort zeigen, daß in den Ländern der EG der Lärm unterschiedlich hoch bewertet wird. In der Bundesrepublik Deutschland sind die Lärm- und Luftprobleme am Wohnort gleichrangig dominierend, während in anderen Ländern der EG z. B. die Reinheit des Trinkwassers an der Spitze der Skala steht.

Von 100 Personen hatten durch Lärm Grund zur Klage:

Tabelle 2.6.9

Klagen über Lärm in der Bundesrepublik und in der EG

in %

	in der Bundesrepublik	in der EG
sehr stark	14	11
ziemlich	19	14
weniger	33	21
gar nicht	32	53
ohne Angabe	2	1
	100	100

Quelle: Kommission der Europäischen Gemeinschaft, 1983

Dagegen sind die Lärmimmissionen in den EG-Ländern eher gegenläufig zu der geäußerten Betroffenheit.

Im Vergleich zu Frankreich oder Japan ist die Immissionssituation in bezug auf den Straßenverkehrslärm in der Bundesrepublik Deutschland als günstig zu bezeichnen. Eine ähnliche Situation weisen nach der OECD-Studie lediglich einige nordische Länder (Norwegen, Schweden, Dänemark), sowie die Niederlande und die USA auf. Größere Lärmbelastungen herrschen dagegen in den südeuropäischen Ländern (siehe Spanien), den Alpenländern und in Japan vor.

1497. Wegen der hohen Betroffenheit der Bevölkerung der Bundesrepublik Deutschland stellen Lärmvorsorgemaßnahmen und vorbeugender Lärmschutz eine vorrangige Aufgabe für Politik und Administration dar. Der Aufstellung von Lärmminderungsplänen kommt unter diesem Gesichtspunkt eine besondere Bedeutung zu.

2.6.4.2 Straßenverkehrslärm

1498. Der Straßenverkehr ist nach wie vor die bedeutendste Lärmquelle in der Bundesrepublik. Demoskopischen Umfragen zufolge fühlt sich nahezu die Hälfte der Bundesbürger durch Straßenverkehrslärm belästigt. Trotz vieler Verbesserungen am Fahrzeug und an den Straßen ist es aufgrund der fortschreitenden Motorisierung nicht gelungen, das Lärmniveau zu senken.

Quellen und Ursachen

1499. Zum Wachstum des Straßennetzes um 3 % innerhalb der letzten 10 Jahre trug im wesentlichen der Ausbau der Autobahnen und Kreisstraßen bei. Gerade auch die Kreisstraßen als Verbindungsstraßen zwischen den Orten führen zur Zerschneidung von Lebensräumen und zur Verlärmung ehemals ruhiger Gebiete. Durch den Bau von Industrie-, Gewerbe- und Wohngebieten hat auch die Zahl innerörtlicher Straßen zugenommen.

1500. Dramatischer als der Straßenausbau hat sich der Bestand der Kfz entwickelt. So stieg die Anzahl der beim Kraftfahrzeugbundesamt (KBA) in Flensburg gemeldeten Fahrzeuge von 22 Mio 1974 über knapp 27 Mio 1978 auf ca. 32 Mio 1986 an. Zu diesem Wachstum trugen im wesentlichen die Pkw bei, die ca. 85 % aller Fahrzeuge ausmachen. Das größte Wachstum in diesem Zeitraum hatten allerdings die mit amtlichen Kennzeichen versehenen Mopeds und die Motorräder zu verzeichnen bei einer Verdopplung ihrer Zahl im Zeitraum 1978—1984.

1501. Hinsichtlich der Belästigung spielen die Motorräder eine herausragende Rolle. Abbildung 2.6.12 verdeutlicht den hohen Stellenwert der Motor- und Kleinkrafträder bei den Geräuschemissionen. Mit Spitzenwerten (5 %-Wert) von 87 dB(A) liegen sie gleichauf mit den Omnibussen und den schweren Lkw und um 10 dB(A) höher als die Pkw und sind somit doppelt so laut wie diese. Die hohe Schwankungsbreite von 17 dB(A) zwischen den lautesten und leisesten Krafträdern, in der 90 % aller gemessenen Fahrzeuge liegen, zeigt außerdem, welch hohes Lärmminderungspotential noch bei den Motorrädern aber auch bei den Mopeds und Mofas vorhanden ist.

Abbildung 2.6.11

Lärmbelastete Bevölkerung durch Straßenverkehr in der Bundesrepublik Deutschland für den Zeitraum Tag; zum Vergleich Frankreich, Japan, Großbritannien, Niederlande und Spanien

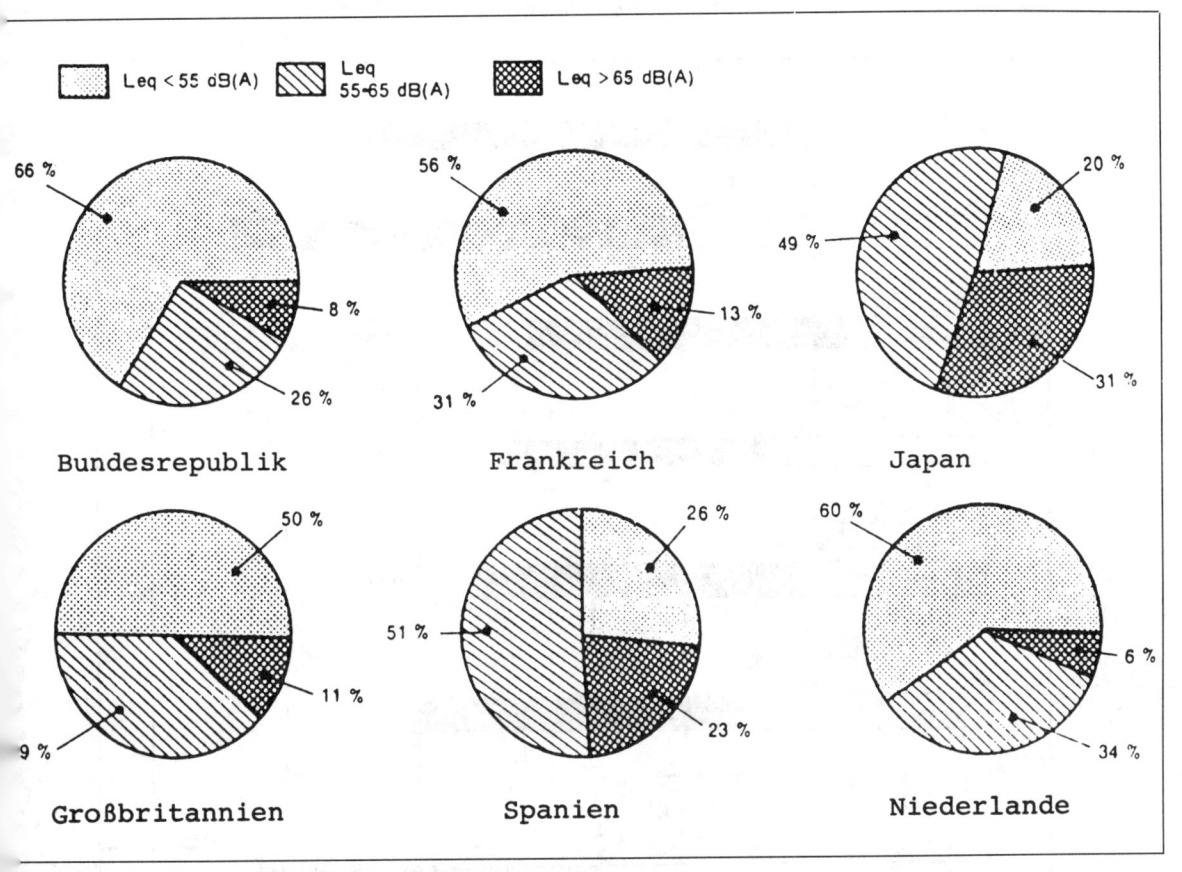

Leq < 55 dB(A)   Leq 55-65 dB(A)   Leq > 65 dB(A)

Bundesrepublik: 66 %, 26 %, 8 %
Frankreich: 56 %, 31 %, 13 %
Japan: 20 %, 49 %, 31 %
Großbritannien: 50 %, 41 %, 9 % (11 %)
Spanien: 26 %, 51 %, 23 %
Niederlande: 60 %, 34 %, 6 %

Quelle: OECD, 1986

1502. Tabelle 2.6.10 zeigt den Mittelungspegel in Abhängigkeit von der Verkehrsstärke und dem Lkw-Anteil. Ein Anteil von 10 % am Verkehr erhöht den Pegel um 3 dB(A), was praktisch auch einer Verdoppelung des Verkehrsaufkommens entspricht. Nach einer Forschungs-Studie im Auftrag des UBA (Battelle, 1981) sind tagsüber 52 % der Bevölkerung der Bundesrepublik Deutschland Mittelungspegeln von mehr als 50 dB(A) ausgesetzt (s. Tab. 2.6.11).

Tabelle 2.6.10

Mittelungspegel im Straßenverkehr: Abstand 7,5 m von der Fahrbahnmitte, Gußasphalt Oberfläche

Verkehrsstärke Kfz/h	LKW-Anteil %	Mittelungspegel in dB(A)
250	0	60
1 000	0	66
1 000	10	69
2 000	10	72

Quelle: GOTTLOB, 1985

Tabelle 2.6.11

Belastung der Bevölkerung der Bundesrepublik Deutschland durch Straßenverkehrsgeräusche

Mittelungspegel in dB(A)	tags 6–22 Uhr	nachts 22–6 Uhr
>50	52 %	22 %
>55	34 %	11 %
>60	17 %	5 %
>65	8 %	2 %
>70	3 %	1 %

Quelle: GOTTLOB, 1985

Abbildung 2.6.12

**Geräuschemission von Kraftfahrzeugen im Straßenverkehr
(Vorbeifahrpegel)**

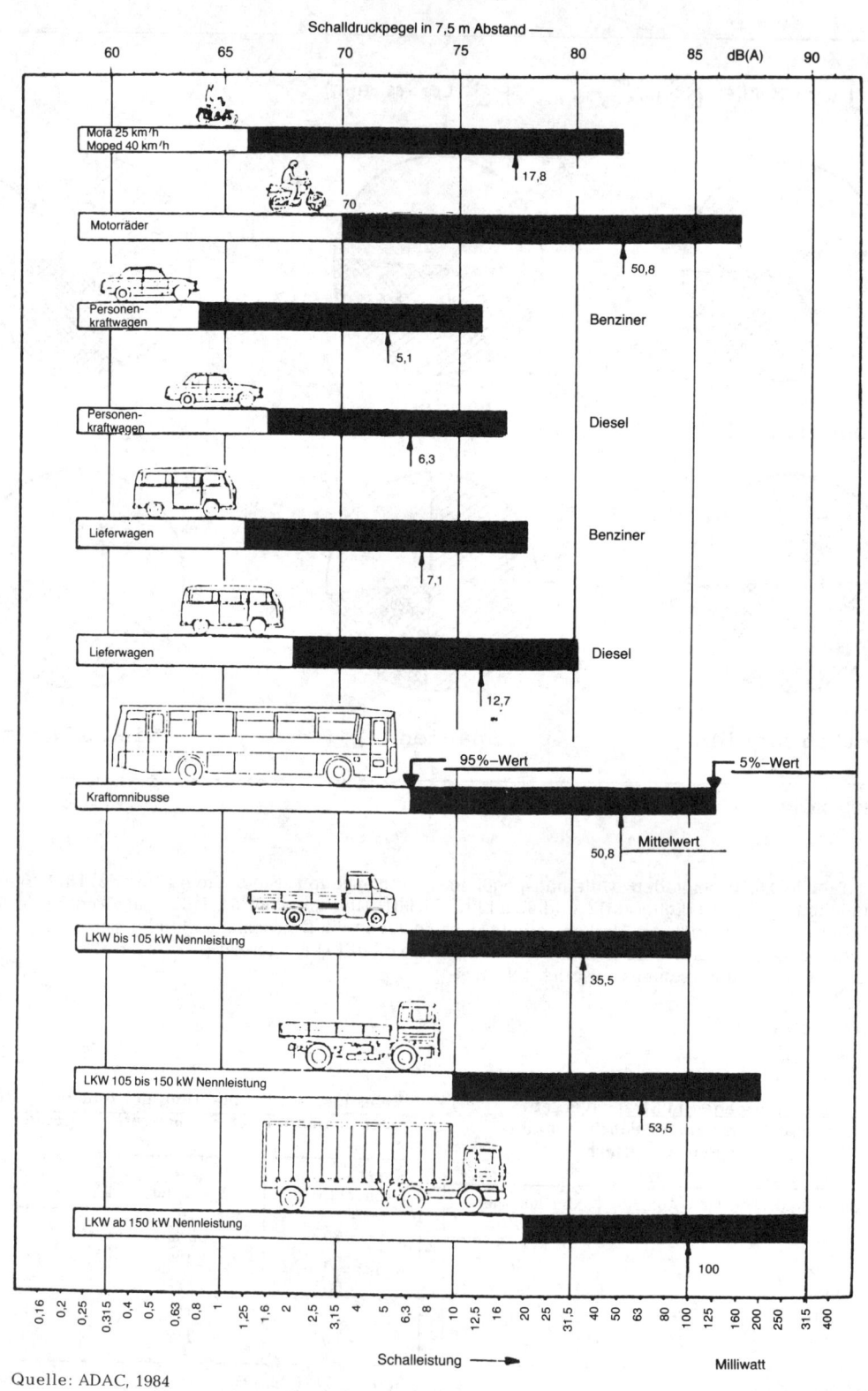

Schalldruckpegel in 7,5 m Abstand → dB(A)

Fahrzeug	Wert
Mofa 25 km/h, Moped 40 km/h	17,8
Motorräder	50,8
Personenkraftwagen Benziner	5,1
Personenkraftwagen Diesel	6,3
Lieferwagen Benziner	7,1
Lieferwagen Diesel	12,7
Kraftomnibusse (95%-Wert / Mittelwert / 5%-Wert)	50,8
LKW bis 105 kW Nennleistung	35,5
LKW 105 bis 150 kW Nennleistung	53,5
LKW ab 150 kW Nennleistung	100

Schalleistung → Milliwatt

Quelle: ADAC, 1984

Bestehende Regelungen

1503. 1980 sollte ein Gesetz der weiteren Zunahme des Verkehrslärms Einhalt gebieten. Als Folge des Einspruchs des Bundesrates und des Scheiterns eines Vermittlungsverfahrens konnte das vom Deutschen Bundestag beschlossene Verkehrslärmschutzgesetz (VLärmSchG) allerdings nicht verabschiedet werden. Ein neues Verkehrslärmschutzgesetz gibt es bis heute nicht. 1981 hat dann der Bundesminister für Verkehr (BMV) die Richtlinien für den Lärmschutz an Straßen — Ausgabe 1981 (RLS-81) — eingeführt. Diese RLS-81 ist die Nachfolgerin der „Vorläufigen Richtlinie für den Schallschutz an Straßen" (VRSS) von 1975. Sie findet u. a. Anwendung bei der Berücksichtigung des Lärmschutzes bei der Planung von Verkehrswegen — entsprechend § 2 des Entwurfs VLärmSchG — der Planung von Lärmschutzeinrichtungen (§ 3 VLärmSchG-Entwurf) und bei der Planung von baulichen Schallschutzmaßnahmen (§§ 4 und 10 VLärmSchG-Entwurf).

1504. Im Juli 1983 hat schließlich der BMV die „Richtlinien für den Verkehrslärmschutz an Bundesfernstraßen in der Baulast des Bundes" erlassen. Diese Richtlinie, die 1986 novelliert wurde, entspricht dem Sinn der §§ 41–43, § 50 BImSchG und des § 17 Abs. 4 Bundesfernstraßengesetz, wonach beim Bau oder einer wesentlichen Änderung von Bundesfernstraßen in der Baulast des Bundes Lärmschutzmaßnahmen getroffen werden sollen. Sie beruht auf den bei der Vorbereitung des o. g. Verkehrslärmschutzgesetzes gewonnenen Erkenntnissen und legt sowohl Grundsätze zur Lärmvorsorge als auch zur Lärmsanierung fest, die in Tabelle 2.6.12 dargestellt sind.

Dies bedeutet z. B., daß in Kerngebieten, Dorfgebieten und Mischgebieten schon bei der Hälfte und in reinen bzw. allgemeinen Wohngebieten bereits bei einem Drittel der bisher maßgebenden Verkehrsmenge Schallschutzmaßnahmen in Betracht kommen. Die Bundesregierung geht davon aus (BT-Drucksache 10/556 vom 3. November 1984), daß die für die Sanierung der Lärmsituation von Straßen in der Baulast des Bundes geschaffenen Regelungen auch auf die Straßen in kommunaler Baulast sowie auf die Rechtsprechung ausstrahlen.

1505. Die steigende Zahl zugelassener Kraftfahrzeuge macht Maßnahmen zur Lärmminderung am Fahrzeug unerläßlich, wie sie in der Vergangenheit schon erfolgreich durchgeführt wurden (vgl. Tab. 2.6.13).

Der Ministerrat der EG hat am 3. September 1984 neue Geräuschgrenzwerte beschlossen, die 1988 bzw. 1989 in Kraft treten sollen. Die Tabellen 2.6.13 und 2.6.14 verdeutlichen die Anstrengungen zur Minderung des Lärms an der Quelle Kraftfahrzeug. Ab 1. Oktober 1985 ist auch ein verschärftes Meßverfahren eingeführt worden, das neue Maßstäbe an die Geräuschanforderungen für große Lkw legt.

Für die besonders lauten und insbesondere in Wohngebieten häufigen Zweiräder sind ebenfalls konkrete Lärmminderungsmaßnahmen erforderlich. Am 1. Januar 1986 wurde der sog. Antimanipulationskatalog in den § 30 a der StVZO eingefügt, der das Manipulieren („Frisieren") der Fahrzeuge wesentlich erschweren soll. Darüber hinaus wäre es einer Porsche-Studie zufolge schon heute möglich, die zulässige Lärmemission der Zweiräder um 5–10 dB(A) zu senken. Ein Richtlinienentwurf der EG-Kommission sieht für das Jahr 1995 Grenzwerte vor, die durch die Porsche-Varianten schon heute erreicht werden könnten.

1506. Neben den Maßnahmen an den Fahrzeugen und am Fahrweg (vgl. Tz. 1582f.) kommen als weitere Mittel zur Lärmreduzierung Maßnahmen bei der Schallausbreitung und Maßnahmen am Immissionsort in Betracht. Diese Lärmschutzmaßnahmen werden als aktiver (Ampelschaltung) oder passiver (Lärmschutzwände, -wälle, Lärmschutzfenster) Schallschutz bezeichnet. An Straßen in der Bundesrepublik wurden bisher etwa 930 km Schallschutzanlagen errichtet, ungefähr 100 km kommen jährlich hinzu. Die Kosten

Tabelle 2.6.12

Schallpegelwerte für Verkehrslärm nach den Richtlinien des Bundes
(vereinfachte Darstellung, in Klammern die Werte von 1983)

	Vorsorge		Sanierung	
	tags	nachts	tags	nachts
Krankenhäuser u. ä.	60	50	70 (75)	60 (65)
Wohngebiete	62	52	70 (75)	60 (65)
Mischgebiete	67	57	72 (75)	62 (65)
Gewerbegebiete	72	62	75	65

Quelle: Richtlinie für den Verkehrslärmschutz an Bundesfernstraßen in der Baulast des Bundes vom 6. Juli 1983, zuletzt geändert am 15. Januar 1986

Tabelle 2.6.13

Zulässige Geräuschgrenzwerte in dB(A) für einzelne Fahrzeugkategorien

Fahrzeugart	frühere Grenzwerte			geltende Grenzwerte			zukünftige Grenzwerte	Kriterium für lärmarme Fahrzeuge
	Richtlinie zu § 49 StVZO Inkrafttreten 1966	Richtlinie zu 70/157/EG Inkrafttreten 1974	Richtlinie zu 77/212/EG Inkrafttreten 1. April 1980	Richtlinie zu 78/1015/EG Inkrafttreten 1. Oktober 1980	Grenzwerte zu § 49 StVZO Inkrafttreten 1. Mai 1981	Richtlinie zu 81/334/EG Inkrafttreten 1. Oktober 1984	Richtlinie zu 84/424/EG Inkrafttreten 1. Oktober 1988*)	Fahrgeräusch n/ § 49(3) StVZO Anl. XXI**) Inkrafttreten 1. Dezember 1985
Mofa 25	70	—	—	—	70	—	—	—
Moped/Mokick	73	—	—	—	72	—	—	—
Kleinkrafträder	79	—	—	—	78	—	—	—
Leichtkrafträder	—	—	—	—	78 / 75 (ab 1. Oktober 1983)	—	—	—
Motorräder ≤ 80 cm³	84	—	—	78	78	—	—	—
≤125 cm³	84	—	—	80	80	—	—	—
≤350 cm³	84	—	—	83	83	—	—	—
≤500 cm³	84	—	—	85/86 2. Gang	85/86 2. Gang	—	—	—
>500 cm³	84	—	—			—	—	—
Pkw	80 bei ≤70 PS/t / 84 bei >70 PS/t	82	80	—	80	80	77	—
Lkw ≤3,5 t	85	84	81	—	81	81	78 (≤2 t) / 79	Lkw >2,8 t
>3,5 t und	89	89	86	—	86	86	81 (<75 kW) / 83	77 (<75 kW) / 78 (<150 kW)
>12 t und >200 PS (150 kW)	92	91	88	—	88	88	84	80 (≥150 kW)
Kraftomnibusse ≤3,5 t	85	84	81	—	81	81	78 (≤2 t) / 79	—
>3,5 t	89	89	82	—	82	82	80	—
>200 PS (150 kW)	92	91	85 (ab 1. April 1982)	—	85 (ab 1. April 1982)	85	83	—

Zwischen den Spalten „Richtlinie zu 81/334/EG" und „Richtlinie zu 84/424/EG" steht: „neues Meßverfahren, dadurch indirekte Verschärfung der Anforderungen möglich"

Emissionsgrenzwerte in dB(A) für die einzelnen Fahrzeugkategorien entsprechend den unterschiedlichen Richtlinien
*) — Zuschlag von 1 dB(A) bei Pkw sowie Bussen und Lkw ≤3,5 t mit Diesel-Direkteinspritzung
   — Zuschlag von 1 dB(A) bei Fahrzeugen >2 t, die für den Einsatz abseits der Straße konstruiert sind, bei <150 kW bzw. Zuschlag von 2 dB(A) bei ≥150 kW
   — Inkrafttreten 1. Oktober 1989 für Lkw, sowie Busse ≤3,5 t
**) — Bis zum 31. Dezember 1987 Überschreitung bis zu 2 dB(A) zulässig
Quelle: UBA, 1986b.

beliefen sich dabei von 1978—1985 auf rund 900 Mio DM für die Lärmvorsorge und 352 Mio DM für die Lärmsanierung (UBA, 1986b).

Daneben werden in zunehmendem Maße sowohl in Großstädten als auch in kleineren Gemeinden verkehrsplanerische Maßnahmen zur Verbesserung der Umfeldsituation in Straßen angewandt. So wurde für 6 Gemeinden (Berlin, Mainz, Ingolstadt, Esslingen, Buxtehude, Borgentreich) ein Modellvorhaben „Flächenhafte Verkehrsberuhigung" konzipiert, das 1986 weitgehend abgeschlossen sein sollte.

Tabelle 2.6.14

Erwartete Geräuschminderung bei verschiedenen Fahrzeugklassen
(unter Berücksichtigung der Änderung des Meßverfahrens vom 1. Oktober 1985)

Fahrzeugklasse	Geräuschminderung in dB(A)
Pkw mit bis zu 9 Sitzen	5 – 8
Transporter, Kleinbusse unter 2 t ...	6 – 9
Transporter, Kleinbusse 2–3,5 t	5 – 8
Omnibusse über 3,5 t, unter 150 kW	9 – 11
Omnibusse über 3,5 t, 150 kW oder mehr	8 – 12
Lkw über 3,5 t, unter 75 kW	8
Lkw über 3,5 t, 75 kW bis unter 150 kW	6 – 11
Lkw über 3,5 t, 150 kW oder mehr ..	9 – 12

Quelle: BMI, 1984 b

2.6.4.3 Fluglärm

1507. Nach dem Straßenverkehrslärm stellt der Fluglärm mit seinen hohen Pegelspitzen und seiner besonderen Störqualität die größte Belastung dar (JANSEN und KLOSTERKÖTTER, 1980). Bei dauernder Einwirkung birgt der Fluglärm ein erhebliches Gesundheitsrisiko in sich. Wissenschaftliche Untersuchungen haben erwiesen, daß durch Lärm Blutdrucksteigerungen ausgelöst werden können. Demoskopische Erhebungen weisen darauf hin, daß sich in der Bundesrepublik Deutschland zwischen 3 und 6 Mio Menschen durch Fluglärm beeinträchtigt fühlen.

Quellen und Ursachen

1508. Für die 11 internationalen Verkehrsflughäfen der Bundesrepublik Deutschland wurden z. B. 1985 trotz des zunehmenden Einsatzes größerer Maschinen neue Rekordzahlen sowohl bei der Fracht als auch bei den Flugbewegungen (gewerblich und nichtgewerblich) gemeldet.

Fluglärm wird sowohl durch militärischen als auch zivilen Flugverkehr verursacht, wobei bei letzterem nach der Größe der Flughäfen und Flugzeuge unterschieden werden kann (Tab. 2.6.15).

Tabelle 2.6.15

Luftverkehrs-Schema

Luftverkehrsart	Ziviler Luftverkehr		Militärischer Luftverkehr
Luftverkehrsanlage	11 Großflughäfen (international)	270 nationale Verkehrsflughäfen und Landeplätze, 60 Hubschrauberlandeplätze	104 Flughäfen 14 Hubschrauberlandeplätze
Luftverkehrsmaschinen	Unterschallstrahlflugzeuge von >5,7 bis <340 t Propellerflugzeuge >5,7 t	Unterschallstrahlflugzeuge und Propellerflugzeuge <20 t Motorsegler, Segelflugzeuge Hubschrauber	Überschallflugzeuge Unterschallstrahlflugzeuge Hubschrauber
Lärmbereich	Flughäfen und Umgebung: Lärmzonen nach Fluglärmgesetz	Flugplätze, Landeplätze flächendeckend	Flughäfen, Manöver- und Tieffluggebiete z. T. flächendeckend (Übungskorridore)
Lärmereignis	Starts, Landungen, Probeläufe	Starts, Landungen, Überfluggeräusche	Starts, Landungen, Überfluggeräusche, z. T. Überschallknalle
Lärmproblemfeld	Nachtflugbetrieb	Abend- und Wochenendflugbetrieb	Tiefflugbetrieb Manöverflugbetrieb

Quelle: SRU

Ziviler Fluglärm

1509. Die Abbildung 2.6.13 zeigt die räumliche Lage der Flugplätze in der Bundesrepublik Deutschland.

Die 11 internationalen Verkehrsflughäfen der Bundesrepublik Deutschland konzentrieren sich auf die Ballungsräume und liegen entweder in oder am Rande von Großstädten und tragen durch ihren Flugbetriebslärm wesentlich zur Lärmbelastung dieser Stadtbewohner bei.

1510. So werden bei den lärmintensiven Starts und Landungen mit Schallpegeln zwischen 85—105 dB(A) die Flughafenanwohner hohen Lärmpegeln ausgesetzt. Verkehrsflugzeuge mit modernen Triebwerken (sog. Mantelstromtriebwerke) und Lärmzulassung nach ICAO Anhang 16 emittieren, wie in Abbildung 2.6.14 sehr anschaulich dargestellt, z. T. über 10 dB(A) weniger Schall und beschallen somit eine bedeutend geringere Fläche. Lärmmindernde Startverfahren, höhere Steigleistungen und leisere Landeflüge tragen ebenfalls zur Geräuschminderung bei, wenn sie sinnvoll an die örtlichen Verhältnisse angepaßt werden.

Abbildung 2.6.13

Räumliche Verteilung der Flugplätze in der Bundesrepublik Deutschland

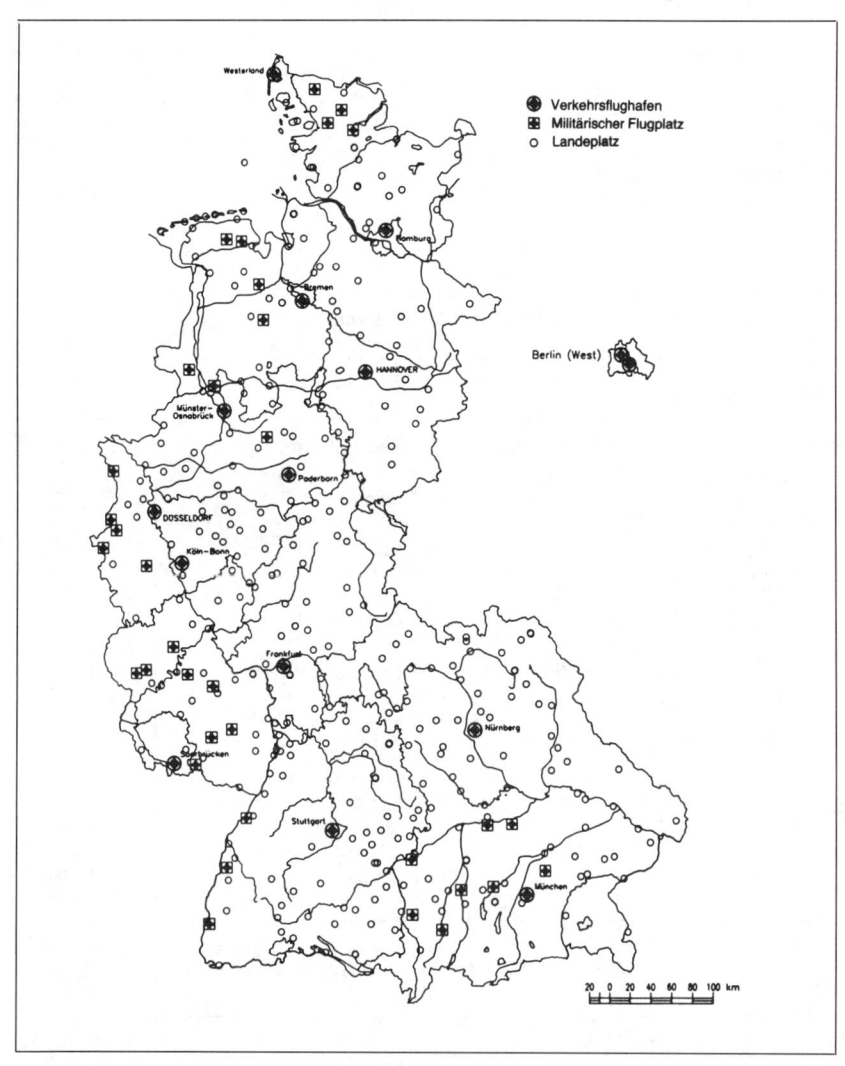

Quelle: UBA, 1986b

Abbildung 2.6.14

Mit 75 dB(A) beschallte Fläche bei verschiedenen Verkehrsflugzeugen

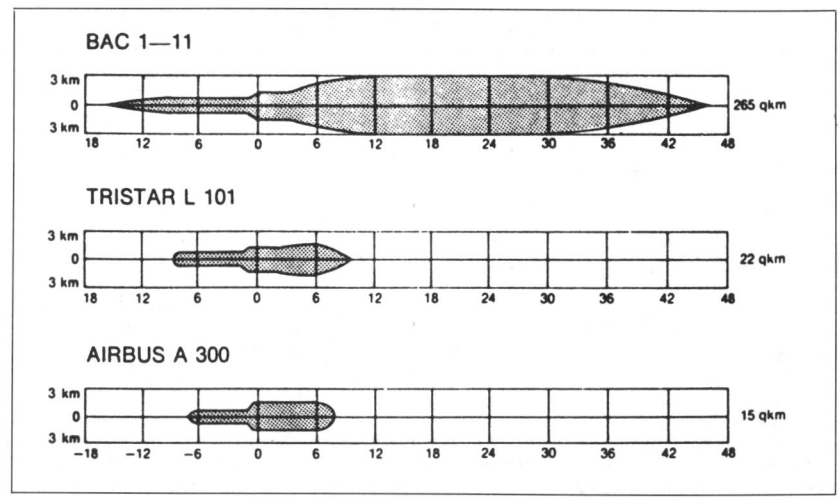

Quelle: HOCHGÜRTEL, 1977

1511. Die Luftfahrzeuge sind allerdings nicht nur während des Flugs erhebliche Lärmquellen, vielmehr entsteht auch störender Lärm beim Betrieb am Boden. Dazu gehören als wichtigste Ursachen die Triebwerksstandläufe, die nach Wartungs- und Reparaturarbeiten vor dem Flug am Boden durchgeführt werden. Zum Schutz gegen diesen Bodenlärm wurden Schallschutzeinrichtungen entwickelt (Abb. 2.6.15), die je nach Ausführung und Preis verschieden wirksam sind.

1512. Zur Verminderung der Fluglärmbelastung trägt maßgeblich die Ablösung älterer Flugzeuge durch neuere Modelle bei. In den letzten Jahren sind viele Flugzeugtypen durch den Einsatz von Mantelstromtriebwerken leiser geworden und entsprechen, wie z. B. der Airbus A 300 oder die DC-10-30, den strengeren Bestimmungen des 3. Kap. zum Anhang 16 (A16/3) ICAO. Trotzdem werden die bundesdeutschen Flughäfen weiterhin von Maschinen angeflogen, deren Musterzulassung aus den 60er Jahren

Abbildung 2.6.15

Zu erwartende Schallpegel mit und ohne Rohrschalldämpfer Scheibendämpfer bei einem JT9D Triebwerk und bei 100 % Schub in 100 m Umkreis (B 747)

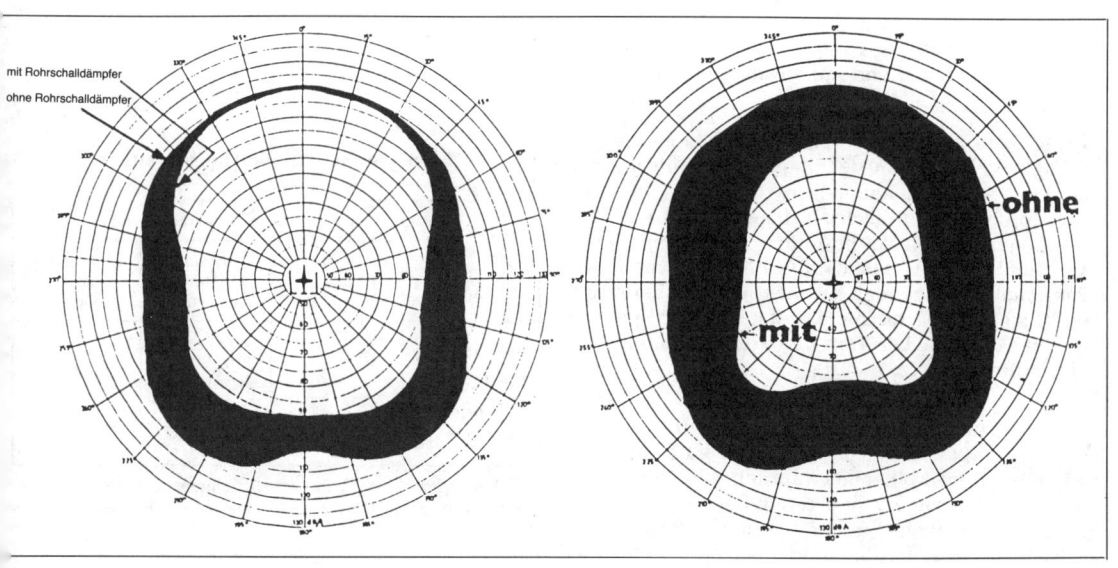

Quelle: VOGEL und SCHWÄCKE, 1980

Tabelle 2.6.16

Gebührenordnung für den Verkehrsflughafen Düsseldorf
(Teil 1 Landegebühren, gültig ab 1. April 1983)

bei Flügen	für Strahlturbinen-Luftfahrzeuge				ohne Zulassung nach ICAO Anhang 16	Für Luftfahrzeuge mit anderer Antriebsart
	mit Zulassung nach ICAO Anhang 16, die den Bedingungen von ICAO Anhang 16					
	Kapitel 2 entsprechen *)		Kapitel 3 entsprechen *)			
	bis 120 t	über 120 t	bis 120 t	über 120 t		
	DM je angefangene 1 000 kg des Höchstabfluggewichts					
im innerdeutschen Verkehr	13,55	12,90	13,10	12,30	15,65	13,10
im grenzüberschreitenden Verkehr	18,80	17,70	18,10	16,95	21,25	18,10

*) Strahlturbinen-Luftfahrzeuge entsprechen den Bedingungen von ICAO Anhang 16, Kapitel 3, sofern für sie anhand von Herstellerangaben oder anhand vergleichbarer Unterlagen einer Zulassungsbehörde im Einzelfall nachgewiesen wird, daß die nach Kapitel 3 zugelassenen Lärmgrenzwerte nicht überschritten werden.

Quelle: HOCHGÜRTEL, 1984

stammt und die in keiner Weise den heute üblichen Lärmvorschriften genügen. Die deutschen Verkehrsflughäfen haben daher Gebührenordnungen erlassen, die denjenigen Flugzeugtypen Prämien gewähren, die den Lärmzertifizierungserfordernissen des ICAO Anhang 16 entsprechen (Tab. 2.6.16). Das System gestaffelter Gebühren sollte ausgebaut werden.

Hubschrauber und Kleinflugzeuge

1513. In der Bundesrepublik Deutschland gibt es über 300 Landeplätze für kleinere Strahl- und Propellerflugzeuge sowie für Hubschrauber. Auf diesen Landeplätzen finden rund drei Viertel aller Flugzeugbewegungen statt. Die Hauptmasse des Bestandes an Luftfahrzeugen verkehrt auf diesen Landeplätzen.

1514. Lärmbelastet werden in erster Linie die Anwohner der Umgebung der Flugplätze. Da die meisten der kleinen Maschinen aber in geringen Höhen fliegen, trifft der Lärm auch all diejenigen, die gerade überflogen werden. Als besonders belästigend haben sich hierbei die Ultraleichtflugzeuge mit ihren wie Rasenmäher klingenden Zweitaktmotoren herausgestellt, die, oft überraschend auftauchend, Menschen erschrecken und bei Tieren Alarmbereitschaft und Flucht auslösen (Tz. 1468ff.; Abschn. 3.5.2.3).

1515. Ebenfalls als sehr häufig lästig werden von der Bevölkerung die Hubschrauber eingestuft. Bei Hubschraubern mit Kolbenmotorantrieb wird der Schall hauptsächlich vom Motor erzeugt. Bei den zahlenmäßig überwiegenden Hubschraubern mit Gasturbinenantrieb ist der Rotor die gegenüber dem Verdichter und der Turbine dominierende Schallquelle. Der Verdichterlärm liegt im hohen Frequenzbereich und spielt bei großen Abständen keine Rolle. Die für das Fernfeld wichtigen Schallquellen sind daher die Rotoren und deren Triebwerke (VOGEL und SCHWÄCKE, 1980).

Bei der Neufassung der Lärmschutzanforderungen für Luftfahrzeuge (LSL) vom 1. August 1985 wurden erstmals auch Lärmgrenzwerte für Hubschrauber festgelegt (Tab. 2.6.17).

Diese Anforderungen gelten nur für Hubschrauber, für die 1985 ein Antrag auf Musterzulassung oder Änderung derselben gestellt wurde, d. h., die bis 1984 über 400 zugelassenen Hubschrauber werden damit nicht erfaßt.

Tabelle 2.6.17

Lärmgrenzwerte für Hubschrauber

Höchstzulässige Startmasse (kg)	Lärmgrenzwert (EPNdB)		
	Start-Lärmmeßpunkt	Überflug-Lärmmeßpunkt	Landeanflug-Lärmmeßpunkt
80 000 oder mehr	109	108	110
788 oder weniger ..	89	88	90

Der Lärmgrenzwert verringert sich linear zur angegebenen höchsten bis zur niedrigsten Startmasse mit dem Logarithmus der Startmasse

Quelle: Bekanntmachung der Neufassung der Lärmschutzanforderungen für Luftfahrzeuge vom 1. August 1985

Militärischer Fluglärm

1516. Aus parlamentarischen Eingaben und aus Beschwerden betroffener Bürger ist zu entnehmen, daß in letzter Zeit verstärkt über Fluglärm tieffliegender Luftfahrzeuge geklagt wird (s. Abschn. 2.6.4.9).

1517. Der Luftwaffe, den verbündeten Luftstreitkräften und der NATO stehen auf dem Gebiet der Bundesrepublik 34 Flugplätze zur Verfügung (daneben noch 2 Luft/Bodenschießplätze). Für alle Flugplätze sind bereits Lärmschutzbereiche festgelegt worden, so als letztes für den Flughafen Alhorn am 20. Februar 1986; für 21 weitere wurden schon Änderungsverordnungen erlassen. Auch steht eine Festsetzung der Lärmschutzbereiche für die Boden/Luftschießplätze Siegenburg und List/Sylt noch aus.

1518. Für bauliche Schallschutzmaßnahmen an Wohnungen und sonstigen schutzbedürftigen Einrichtungen in den Lärmschutzbereichen für militärische Flugplätze wurden bisher 246 Mio DM aufgewandt. Daneben wurden auf 28 militärischen Flugplätzen mit einem Kostenaufwand von 182 Mio DM Lärmschutzhallen errichtet (BMI, 1986).

1519. Ein ungelöstes Fluglärmproblem bilden nach wie vor die militärischen Tief- und Überschallflüge. Als besondere Belastung bei militärischen Übungen werden von der Bevölkerung die Tiefflüge strahlgetriebener Kampfflugzeuge im hierfür vorgesehenen Tiefflughöhenband (zwischen 150 m und 450 m Höhe ü. NN), die Tiefflüge in 75 m Mindesthöhe in besonderen Tiefflugebieten, die Nachttiefflüge und die Abfangeinsätze in niedriger Höhe empfunden.

In der Bundesrepublik Deutschland sind 7 Tiefflugebiete 250 Fuß ausgewiesen, in denen Tiefflüge bis zu einer Mindestflughöhe von 75 m über Grund durchgeführt werden dürfen. Das Tiefflugebiet 500 Fuß (ca. 150 m) umfaßt ca. ⅔ der Fläche der Bundesrepublik. Ausgenommen sind Städte mit mehr als 100 000 Einwohnern, Flugplatzkontroll- und Schutzzonen, Flugbeschränkungsgebiete sowie das ostwärtige und südliche Grenzgebiet. Das Tiefflugaufkommen beträgt derzeit jährlich etwa 100 000 Flüge, wovon ca. 40 % auf die Bundeswehr entfallen. Tiefflug kann aus Wettergründen nur an etwa 110–140 Tagen im Jahr durchgeführt werden.

1520. Messungen der Hessischen Landesanstalt für Umwelt zeigen, daß die betroffene Bevölkerung

Abbildung 2.6.16

Zahl der Fluglärmbeschwerden 1980–1986

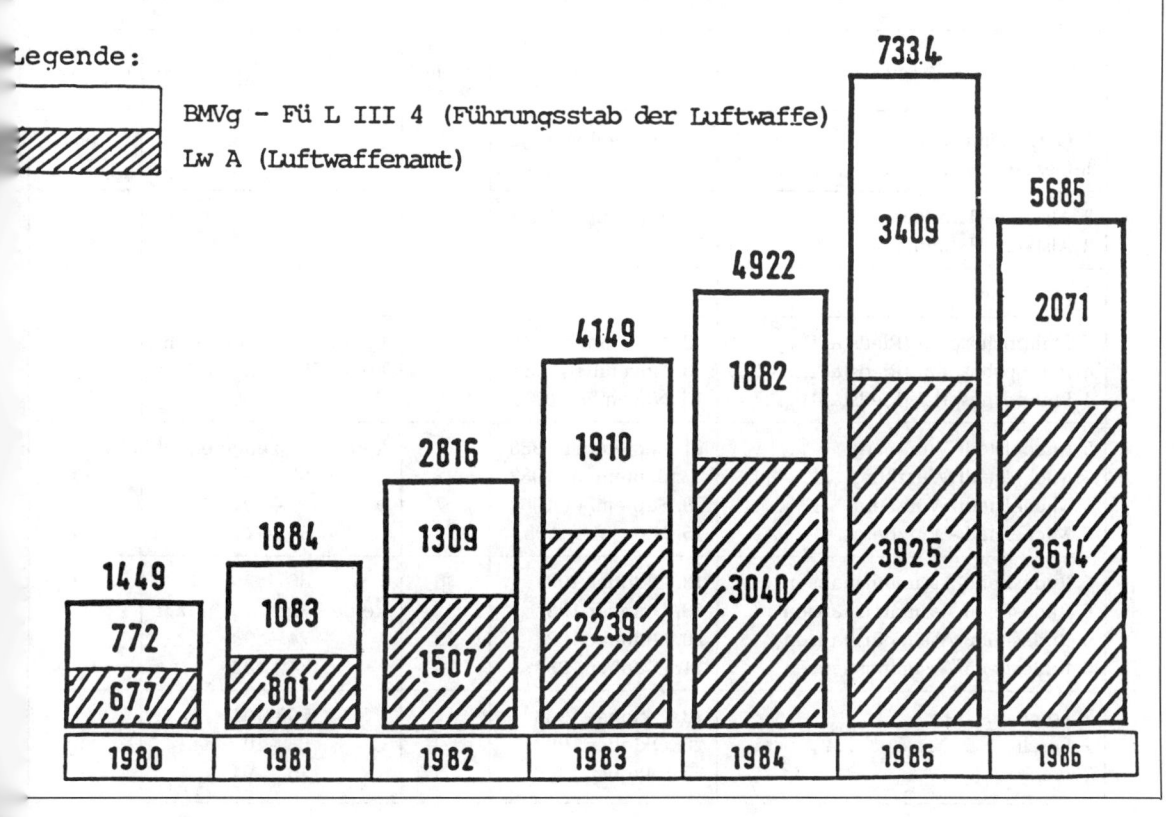

Legende:
- BMVg – Fü L III 4 (Führungsstab der Luftwaffe)
- Lw A (Luftwaffenamt)

Jahr	Lw A	BMVg	Gesamt
1980	677	772	1449
1981	801	1083	1884
1982	1507	1309	2816
1983	2239	1910	4149
1984	3040	1882	4922
1985	3925	3409	7334
1986	3614	2071	5685

Quelle: BMVg, 1987, schriftl. Mitteilung

hauptsächlich durch zwei Lärmursachen beeinträchtigt wird (Tab. 2.6.18):

1. Eine massive Häufung von Tiefflügen an bestimmten Tagen
   (z. B. 7 Lorch 20. Oktober 1983 69 x) und

2. Hohe Maximalpegel mit über 100 dB(A)
   (z. B. 5 Michelstadt–Würzburg 112 dB(A) am 15. November 1983)

Messungen der Erprobungsstelle 91 der Bundeswehr bei Überflügen moderner Kampfflugzeuge in einer Höhe von 75 m über Grund ergaben Schalldruckpegel von 98,9 **bis 117** dB(A) bei einer Geschwindigkeit von ca. 835 km/h. Bei Flügen in einer Höhe von 150 m lagen die Werte im Schnitt 10 bis 15 dB(A) darunter. Die Einwirkzeit der Geräusche sind jedoch mit 1 bis 2 Sekunden sehr gering (UBA, 1986 a). Die Benutzung der Verbindungsstrecken zwischen den Tieffluggebieten 250 Fuß in einer Höhe von 75 m wurde vom BMVg grundsätzlich untersagt. Auch die Tieffluggebiete 250 Fuß unterliegen starken Nutzungsbeschränkungen.

Beim Nachttiefflug (montags bis freitags von 30 Minuten nach Sonnenuntergang bis 24.00 h) soll durch Festsetzung der Mindestflughöhe auf 300 m über dem höchsten Hindernis des jeweiligen Geländeabschnitts die Fluglärmbelastung ebenfalls in Grenzen gehalten werden.

1521. Der militärische Flugbetrieb unterliegt zwar einer strengen Kontrolle — seit 1984 wird mit Hilfe des Tiefflugüberwachungssystems Skyguard der Tiefflugverkehr verschärft überwacht (seit 1985 2 285 Überprüfungen mit 1 % Beanstandungen) — trotzdem kommt es immer wieder zu Verstößen gegen die Bestimmungen der geltenden Tiefflugvorschriften. Festgestellte Verstöße werden den zuständigen Disziplinarvorgesetzten zugeleitet und sollten unnachgiebig geahndet werden.

1522. Der Gültigkeitsbereich des Gesetzes zum Schutz gegen den Fluglärm erstreckt sich nur auf Flugplätze und deren Umgebung. Es ist auf Tieffluggebiete nicht anwendbar. Mit Hilfe eines vom Umweltbundesamt geförderten Forschungsvorhabens „Ermittlung der Lärmbelastung durch militärische Tiefflüge" sollen die Geräuschemissionen militärischer Flugzeuge im Tiefflug und die Auswirkungen des dabei entstehenden Lärms auf die Bevölkerung ermittelt werden.

Tabelle 2.6.18

Ergebnisse der Tiefffluglärmmessungen 1983

Meßort	Meßtag	Anzahl der Flugzeuge	Maximalpegel in dB(A)	Tagesmittelungspegel in dB(A)
1 Gernsheim	7. September 1983	25	66–103	63
1 Gernsheim	21. September 1983	21	75–102	59
2 Alsbach-Hähnlein	7. September 1983	25	72–103	62
2 Alsbach-Hähnlein	27. September 1983	21	68–105	64
3 Stockstadt	29. September 1983	5	66– 97	49
4 Philippshospital (Riedstadt)	2. November 1983		keine Flugzeuge erfaßt	
4 Philippshospital (Riedstadt)	3. November 1983		keine Flugzeuge erfaßt	
4 Philippshospital (Riedstadt)	15. November 1983	3	72– 90	54
5 Michelstadt-Würzberg	21. September 1983		keine Flugzeuge erfaßt	
5 Michelstadt-Würzberg	27. September 1983	7	80– 98	58
5 Michelstadt-Würzberg	29. September 1983	7	77– 94	55
5 Michelstadt-Würzberg	15. November 1983	19	80–112	70
6 Rüdesheim-Assmannshausen	13. Oktober 1983	6	86– 96	59
6 Rüdesheim-Assmannshausen	18. Oktober 1983		keine Flugzeuge erfaßt	
6 Rüdesheim-Assmannshausen	20. Oktober 1983	22	74– 98	59
6 Rüdesheim-Assmannshausen	21. Oktober 1983	10	74–102	61
7 Lorch	13. Oktober 1983	17	70–104	64
7 Lorch	20. Oktober 1983	69	68–101	66
7 Lorch	25. Oktober 1983	5	76– 94	46

Quelle: Hessischer Minister für Arbeit, Umwelt und Soziales, 1985

1523. Von Seiten der Bundesluftwaffe hat es in den letzten Jahren eine Vielzahl von freiwilligen Beschränkungen gegeben, an die sich auch eine Mehrzahl der verbündeten Streitkräfte hält. Für Lärmminderungsmaßnahmen an der Quelle gibt es wenig Möglichkeiten, doch lassen auch hier neuere Konstruktionen ein gewisses Lärmminderungspotential erkennen. Mit der Verlagerung von 23 % der Tiefflugstunden ins Ausland (USA, Kanada, Großbritannien, Niederlande, Italien und Portugal), mit der Reduzierung des Tiefflugsanteils beim Einsatzflug, des Verbots der Benutzung des Nachbrennens und einigen weiteren Maßnahmen sind schon gewisse örtliche Verbesserungen erreicht worden. Es scheinen jedoch noch nicht alle Möglichkeiten ausgeschöpft zu sein, wie neuere Überlegungen im BMVg bestätigen.

Nicht weiter verfolgt werden aber frühere Pläne, wonach anstelle von heute 7 Tiefflugebieten ein rotierendes System von 49 Gebieten eingerichtet werden sollte. Hingegen wurde beschlossen, in den Sommermonaten eine „Tiefflug-Mittagspause" von 12.30 Uhr bis 13.30 Uhr einzuführen, die seit dem 1. Mai 1986 in Kraft ist. Nach dieser Regelung, die sowohl für die Bundesluftwaffe als auch für die Alliierten gilt, sollen Tiefflüge unter 450 m während dieser Zeit unterbleiben.

Bestehende Regelungen und Zonierung

1524. Gesetzliche Regelungen sorgen dafür, daß für die Bewohner in unmittelbarer Nachbarschaft von Flughäfen Schutzmaßnahmen getroffen werden. So hat man 1971 das Gesetz zum Schutz gegen Fluglärm erlassen, das heute die wichtigste Grundlage für die Fluglärmbekämpfung darstellt. Das Fluglärmgesetz enthält zwei Abschnitte. Der erste Teil betrifft die Festsetzung von Lärmschutzbereichen, die für alle Verkehrsflughäfen mit Linienverkehr und militärischen Flugplätzen mit Strahlflugzeugen einzurichten sind. Der zweite Abschnitt des Fluglärmgesetzes ist vor allem der Ergänzung des Luftverkehrsgesetzes gewidmet. Nach § 4 Fluglärmgesetz (FlugLG) wurden von 1974 (Düsseldorf) bis 1977 (Frankfurt/M.) Lärmschutzbereiche für alle Verkehrsflughäfen festgesetzt.

1525. Die einzelnen Lärmschutzbereiche werden nach dem Maß der Lärmbelastung in 2 Schutzzonen unterteilt. Die Schutzzone 1 umfaßt das Gebiet mit einem $L_{eq} > 75$ dB(A), Schutzzone 2 wird von einem $L_{eq} > 67$ dB(A) bestimmt. Für beide Schutzzonen sind eine Reihe von baulichen Auflagen vorgeschrieben worden. In der Schutzzone 1 dürfen neue Wohnungen grundsätzlich nicht errichtet werden, in der Schutzzone 2 ist dies unter baulichen Schallschutzmaßnahmen zulässig.

An 45 Verkehrsflugplätzen und militärischen Flugplätzen sind in den vergangenen Jahren Lärmschutzbereiche durch Rechtsverordnungen nach dem Fluglärmgesetz festgesetzt worden. Von den Flugplatzhaltern der Verkehrsflugplätze wurden über 330 Mio DM zum Schutz gegen Fluglärm ausgegeben und zwar

— 199 Mio DM für Maßnahmen im Rahmen geltenden Fluglärmrechts und

— 134 Mio DM für Maßnahmen ohne unmittelbare rechtliche Verpflichtung (BMI, 1986).

1526. Nach den Informationen der ADV (Schreiben vom 17. Juli 1985) wird die Überprüfung der Lärmschutzbereiche für die 11 internationalen Verkehrsflughäfen z. Zt. durchgeführt, und es wird damit gerechnet, daß es in einigen Fällen zu einer Neufestsetzung der Bereiche kommen wird, die aber in jedem Fall kleiner als die jetzt festgesetzten Lärmschutzbereiche sein werden. Man begründet dies u. a. mit dem vermehrten Einsatz leiserer Flugzeuge bzw. der Abnahme des Flugverkehrs durch den Einsatz größerer Maschinen.

1527. Ende 1983 erfüllten 90 % der Lufthansa-Flotte die Anforderungen des Anhang 16, während von allen Strahlflugzeugen, die auf deutschen Verkehrsflughäfen landen und starten, rd. 83 % den Forderungen genügten. Ab 1. Januar 1987 dürfen Strahlflugzeuge ohne ICAO-Lärmzulassung von Luftverkehrsgesellschaften, die in der Bundesrepublik zugelassen sind, nicht mehr eingesetzt werden (BT-Drucksache 10/283 vom 1. August 1983).

2.6.4.4 Schienenverkehrslärm

1528. Während in den letzten Jahren und Jahrzehnten der Straßenausbau zügig voranschritt, hat sich das Streckennetz der Eisenbahn ständig verringert. Auch zukünftig sollen in der Bundesrepublik noch weitere Strecken stillgelegt, aber nur wenige neu gebaut werden, d. h., die Bahn zieht sich vor allem aus den ländlichen Gebieten zurück und favorisiert die Hauptachsen. Im Vergleich zum Straßenverkehr ist sowohl das Streckennetz als auch der Bestand an Fahrzeugen bei der Bahn wesentlich kleiner. Allein dadurch ist auch die Zahl der durch Schienenverkehrslärm Betroffenen deutlich geringer, trotzdem fühlen sich 1—2 Mio Bundesbürger durch diesen Lärm belästigt (Projektgruppe Lärmbekämpfung, 1979; ROHRMANN, 1984; vgl. Tab. 2.6.5, Tz. 1492).

Quellen und Ursachen

1529. Bei Schienenfahrzeugen kommen qualitativ und quantitativ ganz andere Geräusche vor als beim Kraftfahrzeug. Die von den Schienenfahrzeugen verursachten Geräusche setzen sich neben dem Luftgeräusch bei hoher Geschwindigkeit vornehmlich aus 3 Anteilen zusammen, die unterschiedlichen Quellen zugeordnet werden können:

— Das Rad-Schiene-Geräusch stellt bezüglich seiner Umweltrelevanz den bedeutendsten Anteil dar (STEVEN, 1983). Es wird durch das Abrollen der Räder auf den Schienen verursacht und steigt mit zunehmender Geschwindigkeit des Zuges stark an. Einen großen Einfluß auf die Höhe des Lärmpegels hat dabei die Beschaffenheit der Radlaufflächen und der Schienen. Die Art der Wagenbremsen (Klotz- oder Scheibenbremsen) bestimmt im wesentlichen den Zustand der Radlauffläche. Die Klotzbremsen, wie sie bei älteren Wagen üblich sind, rauhen die Radlauffläche auf und führen zu hohen Lärmpegeln. Je nach Rauhigkeit der Oberflächen kann der Pegelunterschied 10—15 dB(A) betragen. Als weitere Ursachen sind Riffel auf den Schienen und den Laufflächen der Räder, Schienenstöße, Unwuchten der Räder, Flachstellen und Gleislagefehler zu nennen.

— Als weitere wesentliche Geräuschanteile sind die Antriebsgeräusche von Bedeutung, die durch die Ansauggeräusche der Motoren und die Geräusche der Abgasanlage (Auspuffgeräusch) bestimmt werden. Das Antriebsgeräusch überwiegt beim Anfahren bzw. beim Beschleunigen aus niedrigen Geschwindigkeiten und ist in der Regel bei Dieselfahrzeugen höher als bei elektrisch getriebenen Fahrzeugen (STEVEN, 1983). Im Nahbereich (bis 1 m) der Verbrennungsmotoren bzw. der Auspuffanlage können je nach technischer Auslegung Schalldruckpegel bis über 110 dB(A) auftreten (TÖPFER und FÜRST, 1986).

— Ein wesentlicher Geräuschanteil bei stehenden Fahrzeugen wird von den Hilfsaggregaten erzeugt. Hierzu zählen die Lüftergeräusche von den Ventilatoren der Kühlanlagen für Diesel- und auch elektrische Motoren, die meistens bei stehenden Fahrzeugen arbeiten. Während der Fahrt werden diese Geräusche zumeist von den anderen Quellen überdeckt.

Immissionsbeurteilungen

Bundesbahn

1530. In stark belasteten Gebieten stellt der Straßenverkehrslärm fast ein Dauergeräusch dar. Dagegen treten beim Schienenverkehrslärm kurzfristige, aber deutlich lautere Geräusche auf, denen dann längere Lärmpausen folgen. Die Vorbeifahrt eines D-Zuges mit 160 km/h verursacht in 25 m Entfernung Spitzenpegel von 94 dB(A) und einen Mittelungspegel von 65 dB(A). Die Tabelle 2.6.19 nennt die Maximal- und Mittelungspegel verschiedener Belastungen bei einwandfreiem Oberbau und Fahrzeugzustand.

1531. Eine wichtige Rolle für die Lärmbelästigung spielt auch die Häufigkeit der vorbeifahrenden Züge. Für den von einer Eisenbahnstrecke ausgehenden Verkehrslärm können bei 10 Zügen/h in 25 m Abstand von der Strecke bei freier Schallausbreitung und normalen Geschwindigkeiten näherungsweise folgende Werte für den äquivalenten Dauerschallpegel (Mittelungspegel) angesetzt werden (UBA, 1981a):

— Fernverkehr 75 dB(A)

— Werksverkehr 70

— Nahverkehr (S-Bahn, Vorortbahn) 65 dB(A).

Mit einer Verdoppelung der Zugfolge nimmt der Mittelungspegel um ca. 3 dB(A) zu. Eine Verdoppelung der Geschwindigkeit erhöht hingegen den Vorbeifahrpegel eines Zuges um etwa 9 dB(A) (Tab. 2.6.19 und Abb. 2.6.17). Außerdem kann man Abbildung 2.6.17 entnehmen, daß neuere Zugkonstruktionen deutlich weniger Lärm emittieren. Lärmemissionsmessungen beim ICE werden seit Anfang 1987 durchgeführt, aber frühestens im Sommer 1987 abgeschlossen sein. Erst danach ist eine abschließende Auswertung und Bewertung vorgesehen.

Tabelle 2.6.19

Geräusche beim Vorbeifahren verschiedener Zuggattungen in 25 m Abstand vom Gleis
(bei Pkw in 25 m von der Fahrbahnmitte)

Zuggattung	Geschwindigkeit (km/h)	Zuglänge (m)	Spitzenpegel bei Vorbeifahrt dB(A)	Mittelungspegel L_m ***) dB(A)	entspricht einem Mittelungspegel von
TEE/IC	160	200	94	65	
D-Züge *)	100	200	88	61	250 PKW/h
TEE/IC	200	200	87	57	
D-Züge **)	100	200	78	51	25 PKW/h
Nahverkehrszüge *)	100	100 (150)	87	57 (59)	100 PKW/h
S-Bahn-Züge **) (Triebwagen)	100	190	77	50	20 PKW/h
Güterzüge	100	700	87	65	50 PKW/h
Güterzüge	50	450 (700)	78	57 (59)	

*) herkömmliche Züge (mit Klotzbremse)
**) neuartige Züge (mit Scheibenbremse)
***) bezogen auf einen Zug pro Stunde
Quelle: BMI, 1982

Abbildung 2.6.17

Fahrgeräusche verschiedener internationaler Bahnen in Abhängigkeit von der Geschwindigkeit

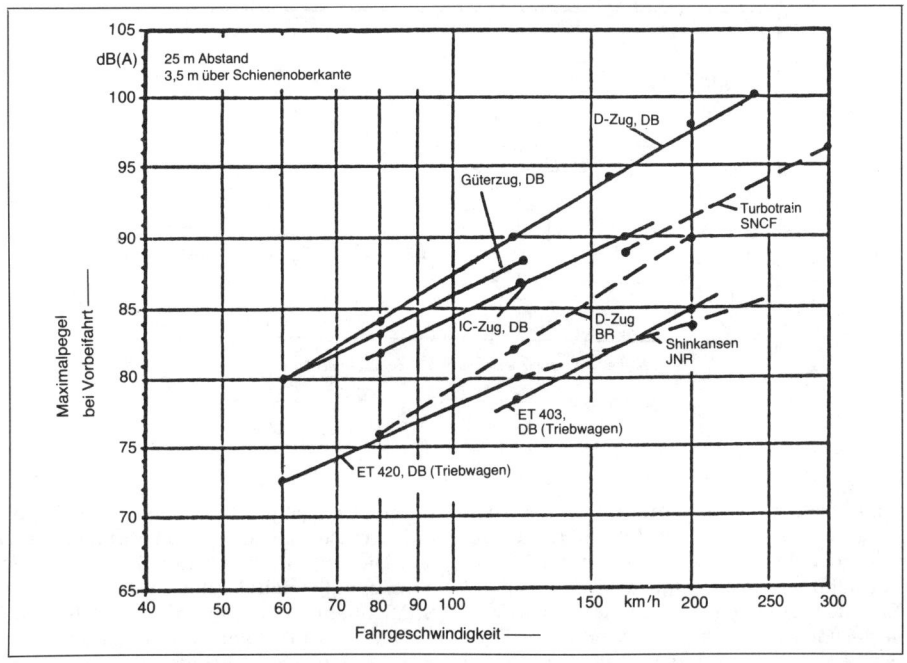

Quelle: STEVEN, 1983

1532. Übereinstimmende Untersuchungen haben immer wieder bestätigt, daß Eisenbahnlärm die Menschen weit weniger stört als gleich lauter Straßenverkehrslärm (HEIMERL und HOLZMANN, 1980; Planungsbüro Obermayer, 1980, 1983; SCHÜMER-KOHRS et al., 1981). Dieser festgestellte Lästigkeitsunterschied wurde im Entwurf des VLärmSchG mit 5 dB(A) berücksichtigt.

1533. Trotz der positiveren emotionalen Bewertung des Schienenverkehrslärms bleiben Schallschutzmaßnahmen notwendige Erfordernisse. Was den Schallschutz betrifft, so hat die Deutsche Bundesbahn bereits einige Maßnahmen eingeleitet.

So investiert die Bahn jährlich 20 Mio DM in das regelmäßige Schleifen der Schienen, und auch die Räder

Abbildung 2.6.18

Mögliche Schallschutzmaßnahmen beim Schienenverkehr

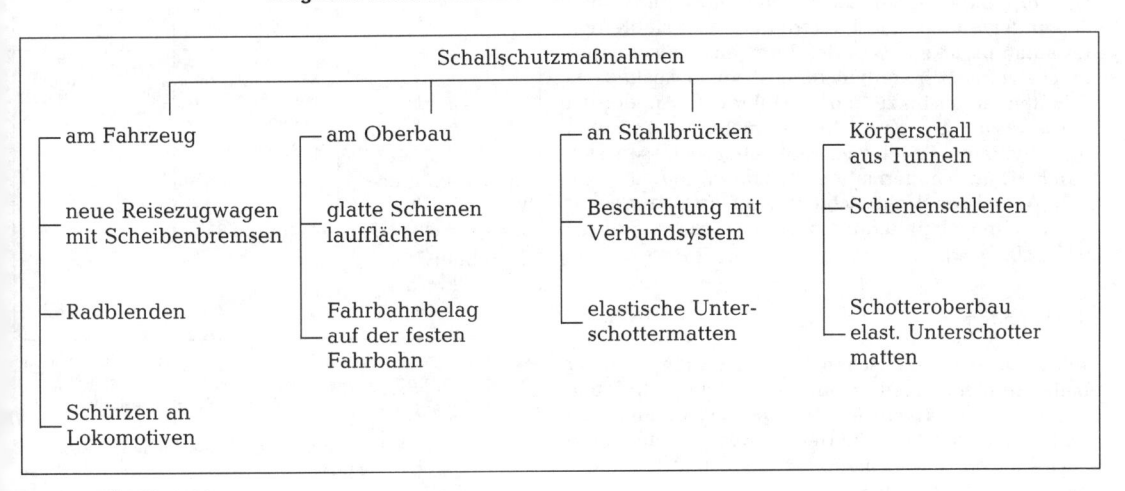

Schallschutzmaßnahmen			
am Fahrzeug	am Oberbau	an Stahlbrücken	Körperschall aus Tunneln
neue Reisezugwagen mit Scheibenbremsen	glatte Schienen laufflächen	Beschichtung mit Verbundsystem	Schienenschleifen
Radblenden	Fahrbahnbelag auf der festen Fahrbahn	elastische Unterschottermatten	Schotteroberbau elast. Unterschotter matten
Schürzen an Lokomotiven			

Quelle: HÖLZL, 1980

Abbildung 2.6.19

Pegeldifferenzen bei unterschiedlichen Wagenbremsen in Abhängigkeit von der Laufstrecke

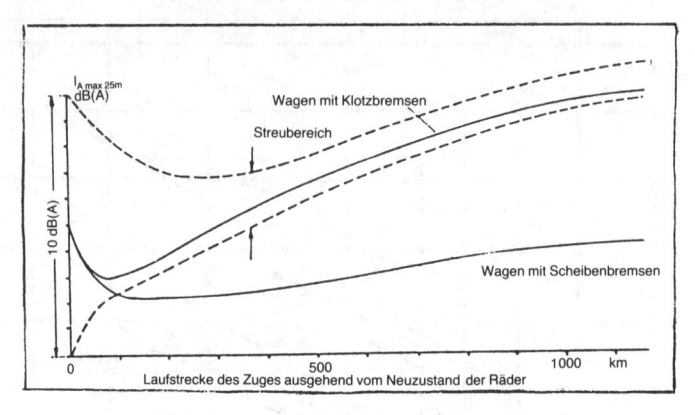

Quelle: UBA, 1984

werden immer wieder neu abgedreht. Von den rund 64 000 km Gleislänge sind in der Zwischenzeit über 52 000 km durchgehend verschweißt, darunter mit wenigen Ausnahmen alle Hauptgleise (DB, 1985). Mit dem Glätten der Laufflächen, dem nahtlosen Verschweißen der Gleise und durch Verzicht auf Dehnungsfugen kann der Lärmpegel deutlich reduziert werden. Die Abbildung 2.6.19 gibt die so verursachte Änderung der Geräuschemissionen von Zügen in Abhängigkeit von der Laufstrecke wieder.

Auch arbeitet die Bundesbahn daran, Lokomotiven und Waggons so zu konstruieren, daß sie von vornherein weniger Lärm erzeugen. Konkrete Verbesserungen werden durch leiser arbeitende Triebwerke, Schalldämpfer und verbesserte Laufwerke erwartet. In Wohngebieten, in denen der Schienenverkehrslärm die zulässigen Grenzwerte überschreitet, bleibt der Bau von Schallschutzwänden oder -wällen unabdingbar. Dies gilt insbesondere für die nähere Umgebung von Rangierbahnhöfen, deren Arbeitsabläufe als besonders störend empfunden werden. Weitere Schwerpunkte bei den Lärmminderungsmaßnahmen liegen derzeit bei der Lärmreduktion von stählernen Eisenbahnbrücken. Das Befahren alter Eisenbahnbrücken ohne Schotterbett kann zu einem Anstieg des Schallpegels um bis zu 15 dB(A) führen. Bei modernen Bauwerken mit Kunststoffbeschichtungen treten diese höheren Pegel nicht auf; ebenso lassen sich durch Unterschottermatten Minderungen um ca. 4 dB(A) erzielen; Vollbeschichtungen erreichen sogar Luftschallpegelminderungen von ca. 13 dB(A) (HÖLZL, 1980).

Straßenbahn

1534. Im innerstädtischen Bereich tragen in erster Linie Straßenbahnen, Stadtbahnen und U-Bahnen zum Schienenverkehrslärm bei. Da diese Bahnen ausschließlich elektrisch betrieben werden, dominiert auch hier das Rad-Schiene-Geräusch (zur Höhe des typischen Lärmpegels s. Tab. 2.6.20).

Besonders lästige Geräusche treten beim Anfahren und Bremsen sowie beim Befahren enger Gleisbögen auf. Die Anfahrgeräusche nehmen bei den Straßenbahnen mit zunehmender Leistung deutlich ab. Neue Straßenbahnen können nur dann als dem Stand der Technik entsprechend angesehen werden, wenn ihre Anfahrgeräuschpegel den Wert von 80 dB(A) nicht überschreiten (STEVEN, 1983). Wie bei den Eisenbahnen, so hat auch bei den Straßenbahnen der Schienenzustand einen erheblichen Einfluß auf die Geräuschemission; schallabsorbierende Abschirmun-

Tabelle 2.6.20

Maximalpegel bei Vorbeifahrt von Straßen- und U-Bahnen

(nach VDI 2716) in dB(A)

	Entfernung von Gleismitte			
	7,5 m		25 m	
	Meß-wert-spanne	Arithm. Mittel-wert	Stan-dard-abwei-chung	Arithm. Mittel-wert
Straßenbahnen[1]) v = 40 km/h Länge = 20 m ...	74–88	81	4	72
U-Bahnen[2]) v = 40 km/h Länge = 40 m ...	73–78	75	2	67

Die Meßwerte sind nach DIN 45637 ermittelt; die Meßhöhe betrug 1,2 m über Schienenoberkante.

Erläuterungen: [1]) Fahrzeuge, die am Straßenverkehr teilnehmen
[2]) Fahrzeuge, die einen eigenen Gleiskörper benutzen.

Quelle: Projektgruppe Lärmbekämpfung, 1979

gen des Fahrwerks können das Quietschgeräusch nahezu völlig unterbinden. Niedrige Schallschutzwände unmittelbar neben den Gleisen können ebenfalls zu einer deutlichen Lärmminderung führen.

1535. Bei der Vorbeifahrt von Schienenfahrzeugen werden auch mechanische Schwingungen erzeugt. Diesen Erschütterungen kommt große Bedeutung zu, insbesondere dann, wenn der Fahrweg in Tunneln, auf Brücken oder sehr dicht an Häusern geführt ist. Auf die damit verbundenen Probleme wird hier aber nicht weiter eingegangen (vgl. Abschn. 2.6.3.4).

2.6.4.5 Wasserverkehrslärm

1536. Der Arbeitskreis 13 der Projektgruppe Lärmbekämpfung beim BMI hat in seinem Abschlußbericht bei der Diskussion des Problems Schiffslärm nach 3 verschiedenen Verursacherkomplexen unterschieden:

1. Schiffe der Berufsschiffahrt
2. Privatboote (Sport- und Freizeitschiffahrt)
3. Sonderschiffe (Polizei, Feuerwehr, Zoll, u. a.)

An dieser Stelle werden die Lärmprobleme der Berufsschiffahrt erläutert (Sonderschiffe bleiben wegen ihrer quantitativen geringen Bedeutung außer Betracht; zu den Privatbooten vgl. Tz. 1569).

Emissionssituation

1537. Die wesentlichen Geräuschquellen auf Schiffen sind der

— Schiffsantrieb, d. h. Diesel-, Otto- oder Elektromotoren, Gasturbinen, Propeller (Innenbord- oder Außenbordmotor) sowie die Getriebe (Motoren-, bzw. Abgaslärm) und die

— Zu- und Ablaufsysteme des Antriebs (Lüfterlärm) sowie die

— Hilfsmaschinen (Pumpen etc.).

Die Emissionswerte von Binnenschiffen hängen dabei von der Schiffsleistung, vom Schiffstyp oder vom Baujahr ab und können je nach Ausführung und Modell erheblich unterschiedlich sein.

Durch den in den letzten Jahren eingetretenen Strukturwandel — weg von den Schleppzügen, hin zu den Schubbooten — und den damit einhergehenden Investitionen für Schallschutzmaßnahmen sind trotz Betriebsleistungssteigerungen viele Schiffe leiser geworden (UBA, 1981 a).

Wenn Schiffe der Berufsschiffahrt den Rhein befahren, unterliegen sie der Rheinschiffuntersuchungsordnung von 1968 (Neufassung 1975), die besagt, daß ihr Schallpegel bei der Vorbeifahrt in einer Entfernung von 25 m den Wert von 75 dB(A) nicht überschreiten darf. Eine Untersuchung von 1979 der Versuchsanstalt für Binnenschiffbau e. V. (VBD) über die Geräuschemission von Binnenmotorschiffen unter Vollast der Baujahre ab 1968 zeigte aber, daß damals

Abbildung 2.6.20

Verteilung der maximalen Schallpegel bei Vorbeifahrten von Binnenschiffen unter Vollast in 25 m Entfernung (nach der Rheinschiffuntersuchungsordnung)

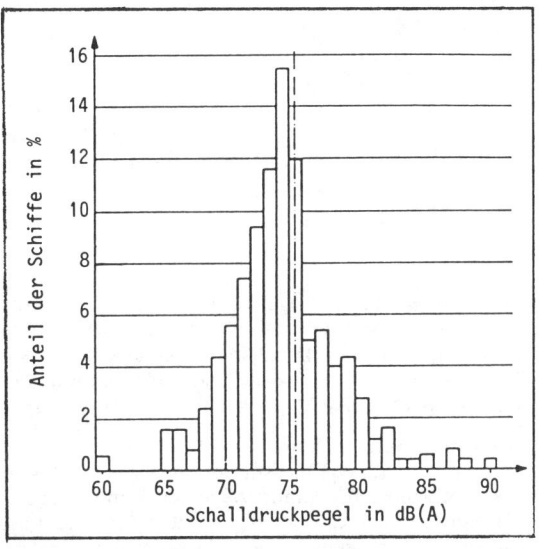

Quelle: UBA, 1981a

27 % den Wert von 75 dB(A) überschritten, einige wenige Schiffe emittierten sogar 85—90 dB(A) (Abb. 2.6.20).

Immissionsbeurteilung

1538. Die Schallimmissionen des Binnenschiffsverkehrs spielen innerhalb der Gesamtbelastung der bundesdeutschen Bevölkerung nur eine untergeordnete Rolle. Die Verkehrswege der Binnenschiffahrt sind nicht so zahlreich wie etwa Straßen und Schienenstrecken (Projektgruppe Lärmbekämpfung, 1979). Von Schiffslärm betroffen sind im wesentlichen nur die Anwohner der Wasserwege und somit ein relativ kleiner Personenkreis; allerdings liegen konkrete Angaben über die Zahl der Betroffenen nicht vor.

Untersuchungen von KRISCH (1985) im Rahmen der Planung des Rhein-Main-Donau-Kanals zeigten eine Abhängigkeit der Schallabstrahlung von Binnengüterschiffen von der zulässigen Geschwindigkeit auf der Wasserstraße und damit auch eine Abhängigkeit von der Laststufe der Antriebsaggregate.

Tabelle 2.6.21 zeigt, daß in der Tendenz Schiffe mit höheren Geschwindigkeiten auch höhere Schallimmissionspegel verursachen. Bei Geschwindigkeitsbeschränkungen auf 11 km/h können für lärmsensible Bereiche Schallpegelminderungen von etwa 5 dB(A) erreicht werden.

1539. Als besonders belästigend werden die niederfrequenten Schwingungen der Auspuffgase bei größeren Binnenschiffen empfunden, die auch zu Erschütterungen der Fensterscheiben bei Gebäuden im

Tabelle 2.6.21

Mittelwerte und Spannweiten der Schallimmissionspegel in Geschwindigkeitsbereiche

Geschwindigkeitsband	Anzahl Schiffe	Spannweite der L_m (h)	Mittelwert
5— 7 km/h	4	36—45 dB(A)	43 dB(A)
8—10 km/h	5	43—52 dB(A)	48 dB(A)
11—14 km/h	5	47—56 dB(A)	52 dB(A)

Quelle: KRISCH, 1985

Uferbereich führen können (UBA, 1981a). Binnengüterschiffe weisen einen sehr großen Anteil von niedrigen Frequenzen im Schallspektrum und eine markante Richtcharakteristik der Schallabstrahlung nach hinten aus (Abb. 2.6.21).

Bei seinen Untersuchungen stellte KRISCH fest, daß bei den Schallpegelmessungen der Maximalpegel erst rund eine halbe Minute nach der Vorbeifahrt auftrat, obwohl sich die Schiffe bereits wieder entfernt hatten. Dieser nachträgliche Pegelanstieg wird bei A-Bewertung von den mittleren und höheren Schallfrequenzbereichen getragen. Die Spektren von Binnengüterschiffen weisen bei der Vorbeifahrt auch Hauptanteile unter 100 Hz auf. Der überwiegende Anteil von tiefen Frequenzen im Schallspektrum der Binnenschiffe bleibt sowohl bei den Maximal- wie bei den Mittelungspegeln durch die A-Bewertung unberücksichtigt (Tz. 1378f., 1389). Durch den hohen Anteil niedriger Frequenzen dringt Schiffslärm wenig gedämpft in die Innenräume und wird entsprechend auffällig wahrgenommen.

1540. Zur Lärmminderung stehen technische Maßnahmen bereit, um die Küsten- und Uferbewohner sowie die Schiffsbesatzung nicht mehr als unvermeidbar durch Schiffslärm zu belästigen. So sind z. B., um die Grenzwerte einhalten zu können, die Abgasaustrittsöffnungen, die Abgaskanäle usw. mit geeigneten Schalldämpfern zu versehen. Weitere Möglichkeiten gibt es durch die Verringerung der Anregung des Schiffes durch den Propeller, z. B. durch einen möglichst großen Freischlag, durch gleichförmiges Anströmen des Propellers und durch günstigere Propellerformen, aber auch durch eine elastische Verkleidung des Hinterschiffes im Propellerbereich (bei kleinen Schiffen). Das Aussteifen und Anbringen von Zusatzmassen im Hinterschiff (bei großen Schiffen) verringert ebenfalls die Körperschallanregung des Schiffsrumpfes (SAALFELD und MÜHLE, 1985).

1541. Das Umweltbundesamt ging 1981 davon aus, daß sich im Zeitraum von 1970—1980 die Geräuschbelastung durch Binnenschiffe wesentlich verbessert hat (UBA, 1981a). Für den Zeitraum nach 1980 dürfte es infolge der unveränderten Zahl der zurückgelegten Tonnenkilometer der Binnenschiffe zu keiner großen Veränderung der Lärmsituation durch Schiffe der Berufsschiffahrt gekommen sein. Bei den neuesten Umfragen nach den größten Lärmquellen (Tab. 2.6.5, Tz. 1492), wird auch deutlich, daß der Wasserverkehrslärm in der Bundesrepublik Deutschland eine untergeordnete Rolle spielt.

2.6.4.6 Industrie- und Gewerbelärm

Emissionssituation

1542. Der Komplex Industrie- und Gewerbelärm wird gekennzeichnet durch eine Vielzahl von Lärmquellen unterschiedlichster Art. Die Lärmquellen unterscheiden sich dabei nicht nur in der Höhe des Lärmpegels, sondern auch in der Zusammensetzung des Frequenzspektrums und des zeitlichen Verlaufs der Emission.

Zum einen belastet der von technischen Geräten ausgehende Lärm die an diesen Anlagen beschäftigten Arbeiter. Etwa 2 Mio Beschäftigte sind täglich 8 Stunden lang einem Beurteilungspegel von mehr als 90 dB(A) ausgesetzt (VDI, 1985). Das BMFT setzt deshalb im Rahmen des Programms „Forschung zur Humanisierung des Arbeitslebens (HdA)" zukünftig den Schwerpunkt in die Förderung von Vorhaben bei der Lärmminderung. Die Programmittel stiegen bedarfsorientiert von ca. 83 Mio DM 1984 auf 103 Mio DM 1986. Bisher sind von 1974—1985 insgesamt 112 Vorhaben gefördert worden, davon 63 im Bereich primärer Lärmminderungsmaßnahmen und 28 im Bereich sekundärer Lärmminderungsmaßnahmen (z. B. durch Kapselung) (BMFT, 1985). So konnten beim Tischlerhandwerk insbesondere durch sekundäre Schallschutzmaßnahmen und durch Verkapselung und Einsatz lärmgedämpfter Absaughauben und Sägeblätter Schallreduzierungen bis zu 9 dB(A) erreicht werden.

Zum anderen wird auch die in der Umgebung der Anlagen wohnende Bevölkerung stark beeinträchtigt. Insbesondere in Mischgebieten sind in der Nähe von Industrie- und Gewerbeanlagen hohe Lärmpegel wahrscheinlich (Tab. 2.6.22). Dabei stören Impulsgeräusche und Einzeltöne am meisten. Dagegen ist die Belästigungsreaktion auf breitbandige Geräusche, die einen konstanten Pegel und eine gleichmäßige Frequenzverteilung besitzen, geringer.

Abbildung 2.6.21

Schallpegelverlauf über die Zeit einer Schiffsvorbeifahrt in dB(A)

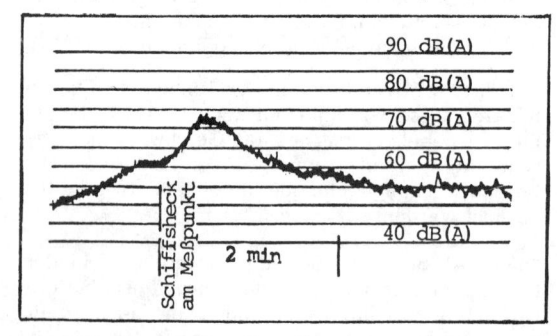

Quelle: nach KRISCH, 1985

Immissionsbeurteilung

1543. Schon 1968 wurde die Allgemeine Verwaltungsvorschrift über genehmigungsbedürftige Anlagen nach § 16 Gewerbeordnung (GeWO) die Technische Anleitung zum Schutz gegen Lärm (TA Lärm) erlassen. Sie enthält Vorschriften zum Schutz vor Lärm, die von den zuständigen Behörden bei der Prüfung von Genehmigungsanträgen zur Errichtung oder Erweiterung genehmigungsbedürftiger Anlagen und bei nachträglichen Anordnungen über Anforderungen an die technische Einrichtung und den Betrieb einer genehmigungspflichtigen Anlage zu beachten sind. Nach dem Inkrafttreten des Bundes-Immissionsschutzgesetzes 1974 gilt die TA Lärm gemäß § 66 des Gesetzes fort.

1544. Die TA Lärm war die erste bundeseinheitliche Regelung, die eine Aussage über die Zumutbarkeit von Lärm, abhängig von Ort und Zeit enthielt und ein Meß- und Bewertungsverfahren für Geräuschimmissionen festlegte. Sie hat die gesamte Lärmbekämpfung in den letzten Jahren erheblich beeinflußt.

Der Bundesminister des Innern hat den Vollzug der TA Lärm zusammen mit den hierfür zuständigen obersten Landesbehörden fortwährend beobachtet und ist den auftretenden Interpretationsfragen nachgegangen. So hat er 1975 einen „kleinen Arbeitskreis Gewerbelärm" mit Sachverständigen der Länder eingerichtet. Die Ergebnisse seiner Arbeit sind u. a. mit in ein Interpretationspapier geflossen, das der Länderausschuß für Immissionsschutz 1977 verabschiedete.

Insbesondere einigten sich die Länder, die in der TA Lärm enthaltenen Grundsätze als allgemeine sachverständige Aussagen zur Ermittlung und Beurteilung von Geräuschimmissionen anzuwenden. Sie können danach vorbehaltlich abweichender Verwaltungsvorschriften für Anordnungen nach § 24 BImSchG an Betreiber nicht genehmigungsbedürftiger Anlagen sowie in Baugenehmigungsverfahren als sachverständige Aussagen herangezogen werden. Auf der Grundlage dieses Interpretationspapiers haben in der Folgezeit etliche Länder Erlasse zur Anwendung der TA Lärm herausgegeben. Auch die Gerichte haben die TA Lärm als antizipiertes Sachverständigengutachten ihren Entscheidungen zugrundegelegt.

1545. Der Bundesminister des Innern hat 1985 eine „Projektgruppe Gewerbelärm" eingesetzt, welche die in der Praxis auftretenden Probleme analysieren und im Rahmen einer Gesamtkonzeption für die Gewerbelärmbekämpfung lösen soll. In der Projektgruppe sind alle mit dem Thema Gewerbelärmbekämpfung befaßten gesellschaftlichen Kräfte vertreten; sie hat drei Arbeitskreise zu den Problembereichen „Ortsfeste Anlagen", „Planung und Prognosen" und „Produkte und Anlagenteile" eingesetzt und befaßt sich auch mit Empfehlungen und Vorschlägen zur Novellierung der TA Lärm. So wird insbesondere die Anregung geprüft, die TA Lärm durch die Festsetzung von Emissionswerten für bestimmte Anlagen sowie durch ein Prognoseverfahren zu ergänzen.

1546. Unabhängig von zu erwartenden Verbesserungen gilt allgemein, daß derzeit eine Genehmigung einer Anlage nur erteilt werden darf, wenn

— die dem jeweiligen Stand der Lärmbekämpfungstechnik entsprechenden Lärmschutzmaßnahmen vorgesehen sind und

— die Immissionswerte im gesamten Einwirkungsbereich der Anlage außerhalb der Werksgrundstücke ohne Berücksichtigung einwirkender Fremdgeräusche nicht überschritten werden.

Für die Genehmigungsbehörden ist es oft schwierig, den Stand der Lärmbekämpfungstechnik abzuschätzen. Um Hinweise über die derzeitigen Lärmschutzmaßnahmen zu geben, haben Bund und Länder für

Tabelle 2.6.22

Geräuschemissionen (Schalleistungspegel*) von Anlagen

Anlagentyp	Emissionswerte bestehender Anlagen in dB(A)	mit vertretbarem Aufwand erreichbare Emissionswerte fortschrittlicher Anlagen in dB(A)
Autowaschanlagen	89–107	78
Betonteilefertigung	103–120	—
Bitumenmischanlagen	112–121	107–113
Petrochemische Anlagen (ca. 1 km²)	130	122
Schornsteine (bezogen auf 1 MW Leistung)	71–108	—
Müllverbrennungsanlagen (Durchsatz 30 t/h)	bis 115	bis 95

*) Def. Schalleistungspegel = Maß für die Emission einer Schallquelle (die pro Zeiteinheit abgestrahlte Schallenergie einer Schallquelle)
Quelle: UBA, 1984

folgende Anlagenarten den Stand der augenblicklichen Emissionssituation feststellen lassen:

— Raffinerie	120—130 dB(A)
— Petrochemische Anlage (Werk)	114—128 dB(A)
— Kohlevergasung und Kohlehydrieranlagen	112—123 dB(A)
— Kraftwerke	97—133 dB(A)
— Müllverbrennungsanlagen	93—117 dB(A)
— Elektrostahlwerke	100—126 dB(A)
— Gießerei	101—118 dB(A)
— Kläranlagen	95—117 dB(A)
— Betonteilefertigung	103— 120 dB(A)
— Spanplattenfertigungswerk (Holzwerkst.)	110—123 dB(A)
— Autowaschanlagen	78—107 dB(A)

Die Mehrzahl der Kraftwerke weist einen mittleren Schalleistungspegel von 115—125 dB(A) auf. Durch Schallschutzmaßnahmen, die Schallminderungen bis zu 25 dB(A) ermöglichen, können Kraftwerke auch wesentlich geringere Pegel erreichen. Untersuchungen des TÜV Rheinland über Geräusche bei Rauchgasentschwefelungsanlagen haben gezeigt, daß die Geräuschentwicklung auf ein Minimum verringert werden kann, wenn dem Schallschutz in allen Stufen der Planung und technischen Auslegung Rechnung getragen wird (Minister für Umwelt, Raumordnung und Landwirtschaft des Landes Nordrhein-Westfalen, 1986). Die für optimalen Schallschutz geschätzten Kosten bleiben dabei unter 2% der Investitionssumme. Die Aufwendungen der Industrie für den Lärmschutz betrugen bisher insgesamt allerdings durchschnittlich nur 0,5% der Investitionssumme.

2.6.4.7 Baumaschinenlärm

Emissionslage

1547. Der Lärm von Baustellen ist hinsichtlich Störung und Belästigung der Nachbarschaft eine der meistgenannten Lärmquellen (Infratest, 1985) (Tab. 2.6.7, Tz. 1494). Aufgrund von Beschwerden erfolgen in der Nachbarschaft von Baustellen häufig gezielte Schallpegelmessungen. So werden z. B. beim Ausheben und Transport von Erdmassen durch Bagger in 50 m Entfernung Geräuschpegel von 61—87 dB(A) gemessen (Ministerium für Soziales, Gesundheit und Umwelt des Landes Rheinland-Pfalz, 1983). Baumaschinenlärm kann hohe Pegel erreichen und auch in besonders ruhebedürftigen Gebieten auftreten, ist aber in der Regel nur von zeitlich begrenzter Dauer und tritt in erster Linie nur tagsüber auf.

Immissionsbeurteilung

1548. Zum Schutz der Bevölkerung vor Baulärm wurden deshalb zahlreiche Vorschriften erlassen, die Immissionswerte (im wesentlichen der TA Lärm entsprechend) und Emissionswerte für eine Reihe von Baumaschinen festlegen. Solche Verwaltungsvorschriften gibt es für:

— Bagger
— Betonmischeinrichtungen
— Betonpumpen
— Drucklufthämmer
— Kettenlader
— Kompressoren
— Kräne
— Planierraupen
— Radlader
— Transportbetonmischer

Diese Regelungen sind in den Jahren 1970—1976 entstanden und entsprachen damals dem Stand der Technik. Für eine Reihe der o. g. Baumaschinen (z. B. Kompressoren, Lader, Bagger) sind leisere Geräte auf dem Markt, deren Emissionswerte 10 dB(A) und mehr unter denen der Verwaltungsvorschriften liegen. Insofern stellen die Verwaltungsvorschriften für diese Baumaschinen nicht mehr den Stand der Technik dar.

1549. Für bestimmte Baumaschinen (Betonbrecher, Abbau-, Aufbruch-, Spatenhämmer, Motorkompressoren, Kraftstromerzeuger, Schweißstromerzeuger und Turmdrehkräne), die international gehandelt werden, hat die Europäische Gemeinschaft im September 1984 EG-einheitliche Geräuschwerte durch Richtlinien festgesetzt, die inzwischen durch die 15. Verordnung zur Durchführung des Bundes-Immissionsschutzgesetzes (Baumaschinenlärm) in nationales Recht umgesetzt worden sind. Für weitere Baumaschinen (Erdbewegungsmaschinen) werden derzeit in Brüssel Richtlinien beraten. Zuvor hatten sich die Mitgliedstaaten schon auf ein einheitliches Meßverfahren zur „Ermittlung des Geräuschemissionspegels von Baumaschinen und Baugeräten" geeinigt (BMI, 1984c).

1550. Die Bundesregierung fördert die Entwicklung von Maschinen, die 10 dB(A) und mehr unter den geforderten Emissionswerten liegen. Das Umweltbundesamt hat den Auftrag erhalten, für derartige Maschinen ein „Handbuch lärmarmer Baumaschinen" herauszugeben, um Baufirmen und Behörden zu informieren.

1551. Die Emissionsrichtwerte der Baulärmvorschriften haben dazu geführt, daß die Emissionen der einzelnen Baumaschinen ständig abgenommen haben. Die Absenkung des mittleren Emissionspegels der Baumaschinen gleicher Leistungsstärke wird allerdings häufig durch den Einsatz leistungsstärkerer Geräte und der damit verbundenen höheren Emissionspegeln aufgehoben. Insgesamt dürfte die Belastung der Bevölkerung durch Baulärm dennoch gesunken sein, und zwar einerseits durch den Einsatz neuer lärmgedämpfter Maschinen und andererseits durch die Abnahme der Bautätigkeit in den letzten Jahren. Leisere Baumaschinen sind sowohl aus Gründen des Nachbarschafts- als auch des Arbeitsschutzes dringend erforderlich.

1552. Die Lärmminderungsmaßnahmen stoßen u. a. aber dort auf besondere Schwierigkeiten, wo die Geräusche durch das Arbeitsverfahren oder das Arbeitsgut und nicht durch das Arbeitsgerät hervorgerufen werden, so z. B. bei Straßenwalzen, die Schotter verdichten, oder bei Rammen, die Eisenträger in den Untergrund treiben. In vielen Fällen kann Abhilfe durch die Änderung des Verfahrens oder andere planerische Regelungen (örtliche Zuordnung von Baumaschinen und Baukörper, zeitliche und organisatorische Änderungen des Bauablaufs) geschaffen werden. Die Arbeitsstellen können dagegen nur selten durch ein Bauwerk umschlossen werden, und der Einsatz akustisch wirksamer Schallschirme stößt oft auf betriebliche Schwierigkeiten.

Hilfestellung kann das „Standardleistungsbuch-Regional Leistungsbereich 898 — Schutz gegen Baulärm —" geben. Es enthält wichtige Hinweise und Anregungen für den ausschreibenden Bauherren, für den Anbieter, den Ausführenden und die Aufsichtsbehörde, wie der Lärm beim Bauen von vornherein vermieden werden kann. Eine Zusammenstellung der möglichen Lärmminderungsmaßnahmen auf Hochbaustellen enthält Tabelle 2.6.23.

Tabelle 2.6.23

Mögliche Maßnahmen zur Lärmminderung auf Hochbaustellen

Maßnahmenbereich	Einzelmaßnahmen	Erreichbare Pegelminderung*) dB(A)
Maßnahmen im Rahmen der Baustelleneinrichtung	Örtliche Verteilung der Einsatzorte von Baumaschinen so, daß	
	— Reflexion vermieden wird	Einfachreflexion bis ca. 2 dB(A), Mehrfachreflexion bis ca. 8 dB(A)
	— Abschirmeffekte erzielt werden, z. B. durch aufgehendes Bauwerk, Container, Bodenmieten usw.	bis max. 20 dB(A)
	— das inhomogene Schallfeld einzelner Baumaschinen günstig berücksichtigt wird	bis zu 10 dB(A)
	— der Abstand zum Immissionsort maximiert wird	bei Abstandsverdoppelung ca. 5 dB(A)
Maßnahmen an Baumaschinen	— schalldämpfende Maßnahmen	ca. 5 dB(A) und mehr
	— dämpfende und verschleißmindernde Gummiauskleidung von Mulden, Rutschen usw.	bis ca. 15 dB(A)
	— leistungsangepaßter Betrieb	bis ca. 8 dB(A)
Maßnahmen im Rahmen der Einsatzplanung von Baumaschinen	— Verringerung der Einsatzdauer	möglich bis zu 5 dB(A)
	— gleichzeitiges Betreiben von lärmintensiven Baumaschinen oder zu Zeiten hoher Umgebungspegel	bis zu 2 dB(A), aber weitere subjektive Verbesserung
Aktive Schallschutzmaßnahmen	— Aufstellen von Schallschutzschirmen und -wänden (möglichst mit gleichzeitiger Abschirmung mehrerer Schallquellen)	bis max. 20 dB(A)
Verfahrenstechnische Maßnahmen	— Ersatz lärmintensiver Verfahren durch lärmarme Verfahren	i. a. möglich bis zu 10 dB(A), speziell beim Rammen durch Pressen = 30 dB(A)
Organisatorische Maßnahmen	— Verpflichtung der Arbeitskräfte auf lärmarmes Bauen, z. B. durch Vermeidung unnötigen Leerlaufs, Herabwerfen von Schalmaterial usw.	unterschiedlich
Baubetriebliche Maßnahmen	— Vorbeugende Instandhaltung	bis zu 5 dB(A)
	— Bestgestaltung der Arbeit	bis zu 8 dB(A)
Maßnahmen im Rahmen der Bauweisenauswahl	— Wahl einer lärmarmen Bauweise	bis zu 8 dB(A)

*) Ausgangspegel gleich Maximalpegel nach den Datenblättern oder durch besonderen Vergleich ermittelt
Quelle: UBA, 1985

2.6.4.8 Lärm aus dem Wohn- und Freizeitbereich

1553. Allgemein ist festzustellen, daß in der Bevölkerung die Lärmsensibilität gewachsen ist. Andererseits hat die Neigung weiter Bevölkerungskreise, **Urbanität** auch in den Außenbereichen zu suchen und die Auslagerung von Wohn- und Freizeitaktivitäten dorthin dazu geführt, daß die „Lärmigkeit" (noisiness) dieser Bezirke gestiegen ist. Im Zielkonflikt zwischen Urbanität und Ruheanspruch spielt die Lärmigkeit deshalb eine so große Rolle, weil aus ihr sehr leicht Belästigung oder gar erhebliche Belästigung resultiert.

1554. Grundsätzlich muß sowohl beim Lärm aus dem Wohnbereich als auch bei Freizeitlärm getrennt werden in

— Lärm, der vorwiegend durch den Gebrauch von Geräten erzeugt wird (Gartengeräte, Hobbygeräte, Küchengeräte, Motorboote, Modellflugzeuge, Musikinstrumente usw.),

— Lärm, der durch das Verhalten von Personen und Tieren entsteht (lautes Rufen, Türenknallen, Musikhören, Hundegebell usw.),

— Lärm, der durch Mängel in der Baukonstruktion und durch Hausinstallationen bedingt wird (dünne Zwischenwände, Aufzüge, Sanitäranlagen usw.).

Angaben über die Zahl der durch Freizeitlärm Belästigten liegen nicht vor, doch schätzt ROHRMANN (1984) die Zahl derer, die sich durch Wohnlärm belästigt fühlen, auf 2—5 Mio (Tz. 1492, Tab. 2.6.5).

Lärmsituation in Räumen

1555. Für den Lärmbetroffenen ist besonders wichtig, die Lärmursache dadurch abstellen zu können, daß er sich an einen ruhigen Ort — vorrangig die eigene Wohnung — zurückziehen kann. Deshalb wird der Lärm im Wohnbereich als ziemlich störend empfunden. Hinzu kommt, daß wegen des häufig relativ niedrigen Grundgeräuschpegels in den Wohnungen schon relativ leise Geräusche gehört und als lästig empfunden werden.

1556. Als Quellen des Lärms im Wohnbereich kommen sowohl Geräusche innerhalb der eigenen Wohnung als auch Geräusche aus der unmittelbaren Nachbarschaft, die in die Wohnung und die Außenwohnflächen eindringen, in Frage. Maßgeblich beteiligt an der Entstehung des Lärms sind die steigende Zahl der haustechnischen Geräte (Staubsauger, Küchenmaschinen, Schreibmaschinen, Heimwerkergeräte usw.) und ein eher unbekümmertes Verhalten der Nachbarschaft (lautes Radio- und Fernsehhören, Türenknallen, Geschrei).

1557. Bei den haustechnischen Maschinen ist der Gerätehersteller bei der Entwicklung lärmarmer Konstruktionen gefordert. Viele Hersteller haben das erkannt und sind bemüht, leisere Geräte auf den Markt zu bringen wie z. B. bei den Staubsaugern. Die Jury Umweltzeichen hat ihr Symbol für solche Staubsauger vergeben, die höchstens 73 dB(A) (Schalleistungspegel) bei einer max. Leistungsaufnahme von 1 000 Watt, verursachen. Diese lärmarmen Staubsauger sind somit um über 10 dB(A) leiser als die nach einer Untersuchung der Stiftung Warentest lautesten Geräte. Eine Kennzeichnung der Produkte mit ihrem Geräuschkennwert könnte die Marktchancen lärmarmer Geräte verbessern.

1558. Ein weiterer Konfliktbereich, der als wesentliche Ursache des Wohnlärms anzusehen ist, entsteht durch die mangelhafte Planungs- und Bauleistungen beim Haus- und Wohnungsbau sowie durch schlechte Konstruktionen für Installationen der Sanitär-, Heizungs- und sonstiger haustechnischer Anlagen und Einrichtungen. Die Mindestanforderungen an den Schallschutz im Innern von Bauten werden durch die DIN 4109 „Schallschutz im Hochbau" (Sept. 1962; Entwurf Febr. 1979; Entwurf Okt. 1984) festgelegt und sollen grundsätzlich ein weitgehend ungestörtes Wohnen erlauben. Außerdem werden Konstruktionen angegeben, mit denen diese Anforderungen erfüllt werden können. Trotzdem werden durch unachtsame und fehlerhafte Bauausführungen oft nicht einmal diese Mindestanforderungen eingehalten, was zwangsläufig zu Belästigungen und Beschwerden führt. Man erkennt die Qualität des baulichen Schallschutzes zwischen Wohnungen besonders dann, wenn zuvor erfolgreich Maßnahmen gegen Außenlärm durchgeführt wurden. Mit dem Leiserwerden der Außenlärmquellen treten häufig zuvor nicht bewußt wahrgenommene Geräusche von innerhalb des Hauses stärker auf und werden zum Anlaß weiteren Ärgers. So ist der zweite Normenentwurf von 1984 hinsichtlich der Anforderungen an den Luftschallschutz ein Rückschritt in den Werten der z. Zt. noch immer gültigen Norm von 1962 (KÖTZ, 1986). Deshalb sollte nicht von den Anforderungen des Entwurfs von 1979 abgegangen werden, zumal bis heute der zahlenmäßige Nachweis über höhere Baukosten — das Umweltbundesamt rechnet mit 0.1—0.5% der Gesamtsumme — durch diese Anforderungen nicht erbracht wurde. Der Rat ist der Auffassung, daß der Bürger in seiner Wohnung ein Recht auf Ruhe hat, zumindest aber auf einen höchstmöglichen Schutz vor Lärm.

Lärmsituation im Freien

1559. Wachsender Wohlstand sowie kürzere Arbeits- und längere Urlaubszeiten haben in unserer Gesellschaft zu immer mehr Freizeit für breite Bevölkerungsschichten geführt. Auf einer Tagung des Deutschen Arbeitsrings für Lärmbekämpfung (DAL) im Herbst 1981 in Bad Reichenhall wurde festgestellt, daß viele Freizeitaktivitäten lärmerzeugend sind und sich im engen Raum der Wohnhäuser und der wohnnahen Freizeitgelände erheblich mit den Ansprüchen derer stoßen, die ihre Freizeit ruhiger gestalten wollen.

1560. Der Länderausschuß für Immissionsschutz (LAI) hat in seiner 48. Sitzung 1982 in Regensburg einen Beschluß zur Beurteilung von Freizeitlärm gefaßt und in dessen Anhang tabellarisch die wesentlichen Freizeitlärmquellen sowie Hinweise auf Beurteilungsmaßstäbe und Abhilfemaßnahmen aufgeführt (Tab. 2.6.24).

Tabelle 2.6.24

Übersicht über die wesentlichen Freizeitlärmquellen

Freizeitlärmquellen	Abhilfemaßnahmen, Bemerkungen
1. Freizeitgewerbe	
Gaststätten, Diskotheken, Bowling-, Kegelbahnen, Spielhallen	technische und bauliche Schallschutzmaßnahmen; Sperrzeitenregelung.
Volksfeste, Rummelplätze, Zirkusveranstaltungen, Einzelemittent auf Volksfest	IRW *) können oft nicht eingehalten werden. Die Höhe der zumutbaren Überschreitungen sollte von der Häufigkeit der Veranstaltungen und den ortsüblichen Gebräuchen abhängig gemacht werden; zeitliche Beschränkungen, insbesondere der technischen Geräusche, auf Zeiten außerhalb der Ruhezeiten; Auflagen über günstige Lautsprecheraufteilung und -anordnung sowie Pegelbegrenzung; ggf. können die höheren Richtwerte Nr. 4.2 angewandt werden.
Freilichtbühnen, Autokinos	technische und bauliche Schallschutzmaßnahmen, zeitliche Beschränkungen.
Freizeit-, Vergnügungsparks	technische und bauliche Schallschutzmaßnahmen.
2. Spielplätze	
Kinderspielplätze	Überschreitung der IRW zulässig, ggf. zeitliche Beschränkungen.
Bolzplätze	Durchführung von baulichen Schallschutzmaßnahmen; zeitliche Beschränkung; Verlegung entsprechend den Kriterien der DIN ISO 34.
3. Sportstätten	
Fußballplätze, Ball-, Schulsportplätze	IRW können oft nicht eingehalten werden; technische Geräusche (u. a. Lautsprecher) sind auf IRW zu begrenzen, ggf. können die höheren Richtwerte nach Nr. 4.2 angewandt werden; günstige Lautsprecheraufteilung und -anordnung; zeitliche Beschränkung der technischen Geräusche auf Zeiten außerhalb der Ruhezeiten.
Sommer-, Eisstockbahnen, Tennisplätze	Durchführung von baulichen Schallschutzmaßnahmen; zeitliche Beschränkung auf Zeiten außerhalb der Ruhezeiten.
Freibäder	IRW können oft nicht eingehalten werden; technische Geräusche (u. a. Lautsprecher) sind auf IRW zu begrenzen, günstige Lautsprecheraufteilung und -anordnung; Abhilfe ggf. durch interne Umorganisation der Teilflächen.
Schießstätten	Einhaltung der IRW unter Berücksichtigung der „Richtlinie für die Messung und Beurteilung von Schieß-Lärmimmissionen"; Beschränkung auf Zeiten außerhalb der Ruhezeiten, sonntags ggf. weitere zeitliche Einschränkungen.
4. Stadien	
Fußballstadien, Leichtathletik-, Reit-, Eislauf-, Radstadien	IRW können oft nicht eingehalten werden; technische Geräusche (u. a. Lautsprecher) sind auf IRW zu begrenzen. Ist dies im Einzelfall nicht möglich, sind sie auf das unumgänglich notwendige Maß zu beschränken (günstige Lautsprecheraufteilung und -anordnung, Begrenzung der Lautsprecherausgangsleistung); ggf. können die höheren Richtwerte nach Nr. 4.2 angewandt werden; zeitliche Beschränkung; Schallschutzmaßnahmen.
5. Motorsport	
Anlagen zur Übung oder Ausübung des Motorsports (Autos, Motorräder, Go-Carts, Motorboote)	Beschränkung auf Zeiten außerhalb der Ruhezeiten; ggf. können die höheren Richtwerte nach Nr. 4.2 angewandt werden; Beschränkung der Teilnehmerzahl und der Fahrzeugtypen.
Außerhalb ortsfester Anlagen betriebener Motorsport	Beschränkung auf Zeiten außerhalb der Ruhezeiten; ggf. können die höheren Richtwerte nach Nr. 4.2 angewandt werden; Beschränkung der Teilnehmerzahl und der Fahrzeugtypen.
6. Flugbetrieb	
Landeplätze, Sonderlandeplätze, Segelfluggelände	Flugbetriebsregelungen (Festlegen von Platzrunden, Festlegung von bestimmten Höhen); (Planfeststellungsverfahren); ggf. können die höheren Richtwerte nach Nr. 4.2 angewandt werden; Ausdehnungsmöglichkeit der zeitlichen Einschränkungen auch auf andere Landeplätze.
Modellflugplätze	Festlegung von zeitlichen Beschränkungen, bestimmten Höhen; Festlegung von bestimmten Gebieten, die nicht überflogen werden dürfen (s. a. Richtlinie für die Genehmigung der Anlage und des Betriebs von Flugplätzen für Flugmodelle und für die Erteilung der Erlaubnis zum Aufstieg von Flugmodellen vom 1. Juni 1978 — Nachrichten für Luftfahrer, Teil 1, NfL. Nr. 177/78, hrsg. von der Bundesanstalt für Flugsicherung, Frankfurt, 26. Jahrgang); ggf. können die Richtwerte nach Nr. 4.2 angewandt werden.
7. Sonstiges	
Tierzucht/Tierhaltung (Hundezwinger, Hundedressuranlagen u. ä.)	Schallschutzmaßnahmen

(nach LAI) *) IRW = Immissionsrichtwerte
Quelle: LAI, 1982

1561. Eine wesentliche Lärmbelastung tritt in der Nachbarschaft von Gaststätten und Discotheken auf. Nach der Gaststättenverordnung ist der Gastwirt auch für den Gästeverkehrslärm an seiner Gaststätte verantwortlich. Dies ist in zahlreichen Gerichtsurteilen bestätigt worden. Im Sinne eines vorbeugenden Immissionsschutzes ist die Einrichtung oder die nachträgliche Einrichtung von Discotheken oder Gaststätten in Kleinsiedlungsgebieten und in Wohngebieten zu vermeiden.

1562. Für die Nachbarschaft störend sind auch die von Rummelplätzen ausgehenden Geräusche. Diese sind zwar oft zeitlich begrenzt, etwa bei einer Kirmes oder bei Volksfesten, dafür aber sehr lästig, weil sie in den Abendstunden sowie an Wochenenden auftreten. Typische Geräuschquellen sind Lautsprecherdurchsagen, Musik aus Verstärkeranlagen oder von Kapellen, Schaustellergeschrei und Betriebsgeräusche verschiedener Fahrbetriebe (Achterbahn, Geisterbahn, Autoscooter u. ä.). Nicht zu vernachlässigen sind auch die Geräusche, die die Besucher der Veranstaltungen bei der An- und Abfahrt verursachen. Ähnliche Ärgernisse wie in der Nachbarschaft von Volksfesten, aber in kleinerem Maßstab, entstehen durch den sogenannten Partylärm. Besonders in der wärmeren Jahreszeit, wenn die Feste auf dem Balkon, der Terrasse oder im Garten stattfinden, kommt es häufig zu Lärmbelästigungen der Nachbarn.

1563. Den Lärm durch Kinder nannten 17 % der Bevölkerung auf eine Umfrage von Allensbach als größte Lärmquelle (vgl. Tz. 1491). Sehr oft geht der Kinderlärm von eigens für die Kinder geschaffenen Spielplätzen aus und führt zu Belästigungen in nächster Nachbarschaft dieser Anlagen. Schon 1978 stellte die Projektgruppe Lärmbekämpfung fest, daß der Lärm von Kinderspielplätzen aber durchaus anders zu beurteilen sei als etwa der Lärm von Sportplätzen. Spielplätze können wegen der dann fehlenden Beaufsichtigungsmöglichkeit und der An- und Abfahrtswege nicht in größerer Entfernung von Wohnbauten errichtet werden. Ein Spielplatz im Wohngebiet ist nicht nur zulässig, sondern geboten, und der von einem Kinderspielplatz ausgehende Lärm muß von den Anwohnern hingenommen werden (dazu gibt es einige Urteile, so z. B. Oberverwaltungsgericht Koblenz — 1B 38/85). Außerdem entwickeln die Kinder und Jugendlichen, die sich auf diesen Plätzen aufhalten, umso mehr Lärm, je schlechter und phantasieloser die Spielplätze ausgerüstet sind.

1564. Ein erst in den letzten Jahren hervorgetretenes Nachbarschaftslärmproblem wurde durch das Sammeln von Altglas geschaffen. In der Nähe von Altglascontainerstandorten wohnende Menschen können dabei erheblichen Lärmpegeln ausgesetzt sein. Das hat dazu geführt, daß bereits erteilte Standortgenehmigungen zurückgezogen oder die Altglascontainer auf andere Standorte verlegt wurden. Für den lärmempfindlichen Bereich hat man deshalb lärmgedämpfte Container entwickelt, die je nach Behälterbauart Minderungen des A-Impulsschallpegels von bis zu 27 dB(A) beim Einwurf in den leeren Container und bis zu 17 dB(A) beim Einwerfen in den teilweise gefüllten Container erzielen. Die Maximalpegel von 97−107 dB(AI) bei ungedämpften Behältern — gemessen in 1 m Entfernung von der Einfüllöffnung — können somit im „lärmoptimierten" Fall auf ca. 80 dB(AI) gesenkt werden.

1565. Ein häufiger Grund zur Beschwerde, besonders im Wohnaußenbereich, ist das von Motorrasenmähern verursachte Geräusch. Mit der 8. Verordnung zum Bundes-Immissionsschutzgesetz (Rasenmäherlärm) wurden Emissionswerte für diese Geräte festgesetzt (Tab. 2.6.25). Die Grenzwerte dieser Verordnung wurden mit dem Inkrafttreten der 2. Stufe nochmals deutlich gesenkt. Darüber hinaus enthält sie ein generelles Verbot der Nutzung motorbetriebener Mäher werktags ab 19.00 Uhr sowie an Sonn- und Feiertagen. Ausgenommen von diesem Verbot sind Rasenmäher mit Emissionswerten unter 60 dB(A). Die Verordnung hat als Vorbild für eine EG-einheitliche Regelung der Grenzwerte für die Emissionen von Rasenmähern gedient. Eine entsprechende EG-Richtlinie (84/538/EWG) wurde am 17. September 1984 erlassen; sie wurde durch die 8. BImSchV vom 23. Juli 1987 in nationales Recht umgesetzt.

1566. Neben den Rasenmähern sind auch die Gartenhäcksler besonders lärmintensiv. Bei der Benutzung von Gartenhäckslern, die zum Zerkleinern und Kompostieren von Gartenabfällen dienen, werden in 10 m Entfernung von der Schallquelle Schalldruckpegel bis zu 95 dB(A) erreicht. Selbst im Leerlauf sind die Geräte mit 54−77 dB(A) sehr laut und damit für die Nachbarschaft äußerst lästig. Jedoch existieren auch hier leisere Geräte; so ist ein Gerät auf dem Markt, das 64−68 dB(A) bei der Bearbeitung und 59 dB(A) im Leerlauf erreicht. Die Kennzeichnung von solchen Produkten mit niedrigen Geräuschemissionswerten kann umweltbewußte Verbraucher bei der Kaufent-

Tabelle 2.6.25

Grenzwerte für Geräuschemissionen von Motorrasenmähern
in dB(A)

	8. BImSchV vom 28. Juli 1976			8. BImSchV 2. Stufe vom 1. Oktober 1983			Benutzungsvorteile
	<3 kW	3−7 kW	>7 kW	<3 kW	3−7 kW	>7 kW	
Leistung							
Grenzwert	75	78	83	68	72	77	60

Quelle: nach UBA, 1981a

scheidung beeinflussen und Impulse zur Herstellung leiserer Geräte geben.

1567. Zu einem besonderen Problem des Freizeitlärms hat sich in den letzten Jahren auch der Lärm von Sportanlagen entwickelt. Ausgangspunkt der aktuellen Diskussion über Sport und Umwelt waren verschiedene Gerichtsurteile über Belästigungen der Anlieger bestehender oder geplanter Sportanlagen, insbesondere das sog. „Tennisplatzurteil" des Bundesgerichtshofes vom 17. Februar 1982.

Der Bundesminister des Innern hat zu den Umwelteinwirkungen durch Sportanlagen drei Rechtsgutachten erstellen lassen, die die Problematik der Geräuschimmissionen von Sportanlagen im Wohnumfeld zum Thema haben. Diese Gutachten waren auch Diskussionspunkte einer Tagung der Gesellschaft für Umweltrecht (Köln, 14. März 1985). In den Referaten und Diskussionen dieser Tagung zeichneten sich drei mögliche Vorgehensweisen bei der Behandlung der Problematik Sportlärm und Nachbarschaft ab (SALZWEDEL, 1985):

— Der Bebauungsplan eines Gebietes kann „weitgehend" ausgelegt werden, indem eine Duldungspflicht gegenüber störenden Umwelteinflüssen anerkannt wird.

— Der Bebauungsplan kann „eingeschränkt" aufgefaßt werden, indem nur das zulässig ist, was als „ortsüblich" gilt.

— Die bisherige Rechtsprechung des BGH bleibt maßgeblich, wonach die Ortsüblichkeit allein von den tatsächlichen, nicht aber von den bauplanerisch festgesetzten Verhältnissen auszugehen hat.

Um zu einer Annäherung der kontroversen Standpunkte zwischen amtlichem Immissionsschutz und Sport zu kommen, wurde vom Verein Deutscher Ingenieure (VDI) eine Kommission für die Erarbeitung einer Richtlinie zur Beurteilung von Sport- und Freizeitgeräuschen einberufen. Die bisher hier angewandten Regelwerke stammen entweder aus der Arbeitswelt (TA Lärm, VDI 2058) oder waren in enger Anlehnung an diese Regelungen ohne Beteiligung von Sportvertretern entstanden (LAI-Beschluß zur Beurteilung von Freizeitlärm). Die zu erarbeitende Richtlinie, an der Wissenschaftler, Lärmschützer und Sportvertreter gemeinsam mitwirken, soll innerhalb der nächsten 2 Jahre fertiggestellt werden und eindeutige Regeln zur Erfassung aller Arten von Geräuschen, die bei Freizeittätigkeiten und bei der Sportausübung entstehen, enthalten.

1568. Der von Sportanlagen ausgehende Lärm läßt sich nach BIRK (1985) in 3 Kategorien unterteilen:

— Direkter Sportlärm (Motorenlärm von Flugzeugen und Booten, Schießgeräusche, Schlag auf den Ball, Schiedsrichterpfeife, Äußerungen von Ausübenden usw.).

— Indirekter Sportlärm (Zuschauerlärm durch Zurufe und Beifall, Lautsprecherdurchsagen usw.).

— Sportfolgelärm (Kfz-Verkehr, Gaststätten usw.).

Die Unterscheidung dieser Lärmarten ist notwendig, um die Zulässigkeit sportlicher Anlagen in ihrer jeweiligen Umgebung rechtssicher planen oder konkret genehmigen zu können.

1569. Viele Arten von motorisierten Freizeit- und Sportaktivitäten führen zu Belästigungen in der Nachbarschaft. Dazu zählen ferngesteuerte Flugzeug- und Bootsmodelle, Motorboote, Sportflugzeuge (insbesondere Ultraleichtflugzeuge), Motorsegler und -drachen sowie Go-Karts, Moto-Cross-Maschinen und Autorennen. Hier sind es insbesondere die hochtourigen Antriebsmotoren, die beim Betrieb der Geräte hohe Schallpegel verursachen. Besonders die Entwicklung auf dem Gebiet der Ultraleichtflugzeuge ist mit Besorgnis zu betrachten.

Der Lärm von Motorbooten an Gewässern, die der Erholung dienen, kann zu erheblichen Belästigungen führen. Untersuchungen von STEVEN (1984) haben gezeigt, daß sich die Geräuschemissionen von Außenbordern einer Leistungsklasse um bis zu 10 dB(A) unterscheiden. Hier ist ein erhebliches Lärmminderungspotential zu vermuten, das zur Entlastung vieler wassernaher Erholungsgebiete genutzt werden sollte (UBA, 1985).

1570. Kleinkaliberschießstände, Schießstände für jagdliches Schießen und Freizeitschießplätze sind in der Regel Freianlagen, in deren Einwirkungsbereich Geräuschemissionen bis zu Entfernungen von ca. 1 500 m vom Emissionsort auftreten können (GOLDBERG, 1984). Dabei sind die Schießgeräusche durch ihren impulshaltigen Pegel-Zeitverlauf der einzelnen Schußsignale und durch die Auffälligkeit dieser Signale bei häufig niedrigem Hintergrundpegel besonders lästig. Häufig kommt es auch durch geringe Abstände zwischen Schießplätzen und Wohnbereichen und durch höhere Auslastung vorhandener Anlagen sowie durch Erstellung neuer Schießstände zu Beschwerden seitens der Betroffenen.

Nach Erlaß der Verordnung über genehmigungsbedürftige Anlagen (4. BImSchV) vom 14. Februar 1975 muß im Genehmigungsverfahren bei der Errichtung oder der Änderung von Schießständen der Nachweis ausreichenden Schallschutzes erbracht werden. Für Altanlagen wurden in Einzelfällen eine Überbauung der Schießbahnen und Schießstände verlangt, für die Tontaubenschießstände sind allerdings wirksame Schallschutzeinrichtungen nicht bekannt, so daß nur ausreichende Abstände zu schutzwürdigen Gebieten für eine Lärmminderung in Frage kommen (Tab. 2.6.26).

Tabelle 2.6.26

Lärmpegel bei Trap-Schießanlagen gemäß Richtlinie 3/1 (Anhang) des Österreichischen Arbeitsringes für Lärmbekämpfung (ÖAL)

Wurftauben (500 Schuß/h) bei freier Schallausbreitung	
300 m in Schußrichtung	83–90 dB(A)
300 m seitlich	76–84 dB(A)
300 m gegen Schußrichtung	64–68 dB(A)

Quelle: UBA, 1981 b

1571. Der Lärm im Freizeitbereich ist besonders belästigend, weil er innerhalb der Erholungsphase der Betroffenen auftritt und in dieser Zeit ein deutlich abgesenkter Schallpegel erwartet wird (UBA, 1981 a). Auch hier schaffen nur Maßnahmen an der Quelle oder zeitliche Nutzungsbeschränkungen eine wirksame Lärmreduktion, wie sich auch das generelle Problem des Freizeitlärms — einerseits Freizeit zur Ruhe und Erholung, andererseits Freizeit als aktive Gestaltungsmöglichkeit — nur durch eine vernünftige räumliche bzw. zeitliche Zuordnung von Ruhezonen und Lärmbereichen lösen läßt. Sollte eine räumliche Trennung nicht möglich sein, kann u. U. eine zeitliche Staffelung zur Problemlösung beitragen. Die Projektgruppe Lärmbekämpfung beim BMI stellte schon 1978 die auch heute noch gültigen Grundsätze auf:

— Jedermann sollte seine Freizeit ohne Lärmbelästigung verbringen können,

— Ruhe-Gebiete sollten auch in Zukunft vor Lärmbelästigungen geschützt werden,

— laute Freizeitbeschäftigungen sollten räumlich zusammengefaßt werden, um andere Gebiete zu schonen.

2.6.4.9 Lärm von Anlagen und Geräten der Landesverteidigung

1572. Die Bundeswehr und auch verbündete Streitkräfte tragen durch ihren Ausbildungs- und Übungsbetrieb in mannigfaltiger Weise zur Geräuschbelastung im zivilen Umfeld bei. Wie aus Abbildung 2.6.16 (Tz. 1516) ersichtlich wird, stieg die Zahl der Beschwerden über die Belastung durch den militärischen Tiefflugbetrieb von 1980—1985 mehr oder weniger linear an.

Quellen und Ursachen

1573. Die Bundeswehr und die mit ihr verbündeten Streitkräfte unterhalten in der Bundesrepublik Deutschland eine ganze Reihe unterschiedlicher Anlagen, von denen Lärmemissionen ausgehen. Dazu zählen:

— 34 militärische Flugplätze mit Strahlflugbetrieb

— 14 Hubschrauberlandeplätze

— 20 Truppenübungsplätze und

— mehrere Standortschießanlagen, bzw. Bombenwurfplätze.

Neben den stationären Anlagen kommt es auch durch militärischen Verkehr oder durch Manöver zu Geräuschbelastungen. Diese sind jedoch meist kurzzeitig und wechseln oft räumlich.

Zur Lärmbelastung der Bevölkerung durch Truppenübungsplätze tragen einerseits Spreng- und Schießübungen und andererseits Militärfahrzeuge (Kettenfahrzeuge, Panzerkolonnen) bei. Da die Truppenübungsplätze im Gegensatz zu den Standort-Übungs- bzw. Schießanlagen überregional sind und praktisch das ganze Jahr von übenden Einheiten aus der gesamten Bundesrepublik aufgesucht werden, ist die von ihnen ausgehende Lärmbelastung durch Truppen- und Fahrzeugbewegungen entsprechend groß. So werden neben den Beschwerden wegen tieffliegender Militärmaschinen am häufigsten Eingaben gegen den Lärm von Truppenübungsplätzen gemacht. Die Verbandsgemeindeverwaltung Baumholder z. B. fordert für den ihr nahegelegenen Truppenübungsplatz in einer Eingabe an den Verteidigungsausschuß des Deutschen Bundestages die Reduzierung des Nachtschießens und der Manöver oder die Gemeinde Ahlden eine zeitliche Begrenzung der Tiefflüge für den Truppenübungsplatz Bergen-Hohne.

Immissionsbeurteilung

1574. Zur Minderung der Lärmimmissionen von Truppenübungsplätzen sind von Seiten der Bundeswehr aus Rücksicht gegenüber den Anwohnern schon eine Vielzahl von Maßnahmen durchgeführt worden, wie z. B.

— Begrenzung der wöchentlichen/täglichen Schießzeiten bei Tage und bei Dunkelheit

— Beschränkung von Schießen mit Gefechts- und Übungsmunition an Samstagen auf Ausnahmefälle

— grundsätzliches Verbot für Schießen mit Gefechts- und Übungsmunition an Sonn- und Feiertagen

— vermehrter Einsatz von Übungsmunition (Wegfall des Detonationsknalls)

— Verlagerung von Übungen an Wochenenden soweit wie möglich ins Platzinnere

— Einsatz von Simulationsgeräten bei der Schieß- und Fahrausbildung

— Errichtung von Wällen, Wänden, Anpflanzungen/ Aufforstungen im Bereich von Schießbahnen sowie an Platzgrenzen

— Einstellung des Schieß-/Ausbildungsbetriebs im Sommer während der Ferienzeit für 4 Wochen.

1575. Untersuchungen des Unterausschusses des Verteidigungsausschusses haben ergeben, daß die von der Bevölkerung vorgetragenen Lärmbeschwerden weitgehend berechtigt sind; es wäre geboten, weiterreichende Maßnahmen einzuleiten. So würde es z. B. durch eine weitere Verlagerung von Schwertransporten der Bundeswehr und der Entsendestreitkräfte von der Straße auf die Schiene im Hinblick auf die Lärmbelastung als auch in Bezug auf eine Entlastung des Straßenverkehrs zu einer merklichen Erleichterung für Garnisons- und Truppenübungsplatzrandgemeinden kommen. Weitere Möglichkeiten zur Verbesserung der Lärmsituation bieten sich etwa durch die Entzerrung und Reduzierung im Schießbetrieb vor allem beim Nachtschießen. Zur Durchsetzung von Lärmschutzbelangen müssen vorrangig die erforderlichen haushaltsmäßigen Voraussetzungen geschaffen werden. Zur Information der Bevölkerung bzw. zur Akzeptanz unvermeidlicher Beeinträchtigung durch militärische Übungstätigkeit bietet es sich an, Lärmkommissionen zu bestellen, in denen sowohl die militärische als auch die zivile Seite vertreten sein sollte. Auch sollte zukünftig vermieden werden, daß die Gemeinden mit ihren Wohngebieten an die Truppenübungsplätze heranwachsen oder daß sich die Truppenübungsplätze in Richtung Wohngebiete ausdehnen.

2.6.5 Aufgaben, Maßnahmen und Empfehlungen für die Lärmbekämpfung

1576. Im Rahmen einer Abwägungsproblematik ist festzulegen, ob man einen differenziert-objektiven Maßstab entwickelt und auf den Bevölkerungsschutz ganz allgemein abstellt, oder ob man einen individuellen Schutz erreichen will.

Der differenziert-objektive Maßstab stellt auf das Empfinden eines durchschnittlichen, repräsentativen, verständigen Menschen ab und nicht auf das besondere subjektive Empfinden eines Einzelnen. Dabei ist die Differenzierung hinsichtlich des Empfindens eines normalen Durchschnittsmenschen je nach Lebenskreis und Charakter seiner Umgebung vorzunehmen. Die unterschiedlichen Tageszeiten, die Arbeits- und Wohnbereiche sowie die Ortsüblichkeit einer Nutzung etwa von Grundstücken müssen dabei in die Abwägungsproblematik einbezogen werden.

2.6.5.1 Lärmvorsorge durch Raumordnung und städtebauliche Planung

1577. Nach § 50 BImSchG müssen bei raumbedeutsamen Planungen und Maßnahmen die für eine bestimmte Nutzung vorgesehenen Flächen einander so zugeordnet werden, daß schädliche Umwelteinwirkungen auf schutzbedürftige Nutzungen soweit wie möglich vermieden werden. Daher ist darauf Wert zu legen, daß bereits in den Plänen der Bundesraumordnung, Bundesverkehrswege und Landesentwicklung etc. der Lärmschutz gebührend einbezogen wird. Tendenzen, das Bauplanungsrecht verstärkt auf bodenrechtliche Aufgaben zurückzuführen zum Nachteil umweltbezogener Aspekte, sollte entgegengewirkt werden. Hier gilt es, in allen Stufen das Bauplanungsrecht und das Immissionsschutzrecht so aufeinander abzustimmen, daß keine Überschneidungen mit der Wirkung gegenseitiger Blockade entstehen, jedoch auch keine ungeregelten oder unzureichend geregelten Bereiche offenbleiben.

1578. Daher ist es zu bedauern, daß durch die Novellierung des BBauG eine Verschlechterung des Lärmschutzes stattgefunden hat. Dies ergibt sich durch die Aufhebungen der Festsetzungsmöglichkeit von Emissionswerten in der Bauleitplanung und die verstärkte Anwendung des bisherigen § 34.

Um Schallschutzmaßnahmen innerhalb der Gebäude effizienter zu gestalten, sollte eine bundeseinheitliche Einführung des neuen Entwurfs der DIN 18005 „Schallschutz im Städtebau" einschließlich der Orientierungswerte erreicht werden.

1579. Neben den rechtlichen Festlegungen wurden bisher Lärmvorsorge- und Lärmminderungspläne aus den Ergebnissen interdisziplinärer Forschung entwickelt und erprobt. Sie beruhen je nach Anwendung auf einer großräumigen bis detaillierten Erfassung der Geräuschsituation unter Berücksichtigung der Anzahl der von der jeweiligen Situation betroffenen Personen oder der beabsichtigten Nutzung des Gebietes. Während Lärmminderungspläne zum Ziel haben, die Anzahl belästigter Personen soweit wie möglich zu reduzieren, sollen Lärmvorsorgepläne zur Zeit noch ruhige Gebiete auffinden, erfassen und — soweit wie möglich — vor einer Verlärmung schützen. Die Möglichkeiten, Verfahren mit flächenhafter Bewertung des Lärms einzusetzen, sollten in der Raumordnung und in der städtebaulichen Planung stärker als bisher genutzt werden. Dies bedeutet, daß bei Raumordnungs-, Planfeststellungs- und Bauleitplanverfahren (insbesondere im Verkehr) Umweltverträglichkeitsprüfungen (UVP) angezeigt sind.

1580. Auf regionaler und städtischer Ebene sind Lärmsanierungs- und Lärmvorsorgepläne aufzustellen. Der kommunalen Ebene kommt die Aufgabe zu, geeignete Umsetzungsstrategien zum Lärmschutz zu entwickeln sowie über Aufklärung und Motivation von Verwaltung, Politikern und Bürgern (speziell in Kur- und Erholungsorten) effiziente Lärmschutzmaßnahmen durchzuführen.

2.6.5.2 Straßenverkehrslärm

1581. Aufgrund der Erhebungen zur Gesamtbelastung der Bevölkerung (Abschn. 2.6.4.1) sind zur wirksamen Minderung der Lärmbelastung und Lärmbelästigung die Maßnahmen zur Verringerung des Verkehrslärms und hier vor allem des Kraftfahrzeugverkehrs vorrangig.

Die Maßnahmen betreffen sowohl die Fahrzeugtechnik einschließlich des Fahrverhaltens der Fahrer als auch die Planung und Konstruktion der Verkehrswege einschließlich des passiven Schallschutzes.

Fahrzeugtechnik

1582. Die wirksamste und im allgemeinen auch kostengünstigste Maßnahme ist die Reduzierung der von den Fahrzeugen beim Betrieb abgestrahlten Schalleistung. Bei der Typprüfung nach StVZO werden Motorgeräusche, Verbrennungsgeräusche, Lüftergeräusche, Gaswechselgeräusche, Motorbremsgeräusche und Druckluftgeräusche gemessen und mit Grenzwerten verglichen. Die Grenzwerte für lärmarme Lkw nach § 49 (3) und Anlage XXI der StVZO sind entsprechend den technischen Möglichkeiten gegenüber den heute geltenden normalen Emissionswerten um 6—8 dB abgesenkt. Zur allgemeinen Einführung dieser auf Wunsch lieferbaren Lkw sollten den Käufern attraktive Benutzervorteile eingeräumt werden.

Ebenso sollten Grenzwerte für lärmarme motorisierte Zweiräder definiert werden, deren Kauf durch Benutzervorteile gefördert wird. Bei dieser Fahrzeugkategorie ist zusätzlich darauf zu achten, daß z. B. durch Kennzeichnungspflicht von Bauteilen und Unveränderbarkeit von Ansaug- und Abgasschalldämpfern Manipulationen an Fahrzeugen verhindert, erschwert, leicht erkannt und bestraft werden können (Tz. 1505).

Bei den Fahrgeräuschen der normalen Pkw sind weitere Absenkungen des Motorgeräusches nur noch in den unteren Gängen bei erhöhter Drehzahl wirksam. In diesem Zusammenhang ist auch auf die insgesamt geringere Lärmemission von Pkw mit Automatik-Getrieben hinzuweisen, da hochtouriges Fahren bzw. „sportliches" Herauf- und Herabschalten mit hohen Drehzahlen bei ihnen entfällt. Da im Bereich um 50 km/h bereits die Abrollgeräusche der Reifen je nach Straßenbelag und Reifenart bei niedriger Drehzahl den Gesamtpegel bestimmen, ist eine weitere Absenkung der Lärmemission insbesondere im innerstädtischen Bereich nur durch die Verbesserung und Anwendung **lärmarmer Reifen** und **Straßendecken** möglich, deren weitere Entwicklung gefördert werden sollte. Erste Ergebnisse über die Verwendung von sogenanntem **Flüsterasphalt** zeigen, daß deutliche Lärmminderungen erreicht werden können. Auf einer Teststrecke im Saarland wurden bei Pkw bei trockener Fahrbahn Pegelminderungen um 4 dB, bei nasser Fahrbahn um 10 dB gemessen bei gleichzeitiger Minderung des Aquaplaningrisikos. Gleichzeitig sollte versucht werden, die Motorentwicklung vom hochtourigen Motor mit kleinem Hubvolumen (und starker Geräuschentwicklung) wieder zum niedrig drehenden Motor mit vielleicht etwas größerem Hubvolumen zu lenken; dabei sollten jedoch andere Umweltgesichtspunkte (z. B. Luftverunreinigung) nicht vernachlässigt werden.

Verkehrsplanung und -führung

1583. Die wirksamste Methode der Verhinderung von Lärmbelästigung durch Verkehrsgeräusche in Wohngebieten ist die Verlagerung der Verkehrswege in lärmunempfindliche Bereiche (jedoch nicht in schützenswerte, lärmarme Gebiete) mit möglichst großem Abstand von Wohngebieten oder die wirksame Abschirmung z. B. durch Tunnelstrecken in besonders dicht besiedelten Bereichen. Auf diesen Strecken sollte dann der Verkehr konzentriert werden, um den innerörtlichen Verkehr und hier besonders den Verkehr innerhalb von Wohngebieten zu entlasten. Zusätzlich sollte zur weiteren Reduzierung der Verkehrsstärke die Durchfahrt durch lärmempfindliche Bereiche durch Verkehrsbeschränkungen bis hin zu verkehrsberuhigten Zonen mit Tempo 30 und geschwindigkeitsmindernden Schwellen erschwert werden. Auch sollten die gesetzlichen Möglichkeiten zur zeitlichen Beschränkung des Verkehrs genutzt werden.

Durchfahrtstraßen sollten dagegen ein reibungsloses Fließen des Verkehrs ermöglichen. Hierzu gehört u. a. eine kreuzungsfreie Führung bzw. die Einrichtung funktionierender grüner Wellen, um unnötiges Beschleunigen oder Bremsen zu vermeiden, in Verbindung mit einer wirksamen Kontrolle der zulässigen Höchstgeschwindigkeit.

Aktive Schallschutzmaßnahmen

1584. Die individuelle Motivierung zu lärmbewußtem Verhalten stellt eine der effizientesten und sicher auch eine der schwierigsten Maßnahmen dar. Durch eine Reihe von Verhaltensweisen kann die Lärmbelästigung z. T. gemindert oder gar vermieden werden: niedertouriges Fahren, frühzeitiges Heraufschalten, Vermeidung scharfer Brems- und Beschleunigungsmanöver, richtigen Reifendruck, leises Türenschließen, Wechseln schadhafter Auspuffe, Beachtung der Geschwindigkeitsbegrenzungen (besonders Tempo 30), langsames Fahren auf schlechten Straßen, ampelangepaßtes Fahren, kein Fahren auf Schleichwegen durch Wohngebiete.

Passive Schallschutzmaßnahmen

1585. Bei Neuplanungen von Wohnhäusern in der Nähe von stark befahrenen Straßen kann durch eine Planung unter Berücksichtigung akustischer Gesetzmäßigkeiten erreicht werden, daß die Belästigung auf ein Minimum reduziert wird. Die Möglichkeiten reichen von der Überbauung des Verkehrsweges über eine abschirmende, lärmunempfindliche Bebauung am Rand bis zur schalldämmenden Ausführung der Außenwände und Fenster der Wohngebäude. Häufig wird auch die Möglichkeit der Abschirmung durch Wälle oder Wände zur Einhaltung der Orientierungswerte der DIN 18005 „Schallschutz im Städtebau" benutzt.

Der selbstverständliche Gebrauch des individuellen Motorisierungsmittels sollte grundsätzlich vom Individuum selbst in Frage gestellt werden; es sollte regelmäßig abgewogen werden, ob erstens die Fahrt tatsächlich nötig ist und zweitens die Fahrt nicht besser oder ebenso gut mit öffentlichen Verkehrsmitteln erfolgen kann. Das Ausweichen auf öffentliche Verkehrsmittel wird natürlich um so eher akzeptiert, je attraktiver diese Alternative ist. Hier sind verstärkt Förderungsmaßnahmen einzusetzen. Darüber hinaus sollte die Priorität des Straßenverkehrs im kommunalen Bereich zugunsten der Schaffung besserer Rad- und Fußwege zurückgedrängt werden.

Eine Beeinflussung der Verhaltensweisen erscheint insgesamt nur möglich, wenn Kenntnisse über lärmarmes Verhalten (nicht nur im Straßenverkehr) stärker in der Öffentlichkeit propagiert werden. Auf jeden Fall sollten derartige Kenntnisse Bestandteil der Führerscheinprüfung werden.

2.6.5.3 Fluglärm

1586. Analog zum Straßenverkehrslärm sind Maßnahmen der Lärmminderung an verschiedenen Angriffspunkten anzusetzen. Der primären Lärmminderung am Entstehungsort ist Vorrang einzuräumen.

Im technischen Bereich ist daher die Weiterentwicklung und der Einsatz leiserer Triebwerke (Mantelstromtriebwerke), leiserer Propeller und leiserer Rotoren voranzutreiben. **Dies gilt sowohl für den zivilen als auch für militärischen Flugverkehr.** Die Emission sollte außerdem begrenzt werden durch weitere Optimierungen der Start- und Landeverfahren, bessere Streckenführung, Einhaltung von Mindestflughöhen und weiträumigen Überflug von Siedlungen. Als passive Schallschutzmaßnahmen kommen in hochbelasteten Gebieten wie bisher Schallschutzfenster in Frage. Außerdem sollten Probeläufe nur in Hallen, die mit speziellen Schallabsorptionsanlagen ausgerüstet sind, erfolgen.

1587. Um eine effektive Minderung der Fluglärmbelastung zu bewirken, sollte der Gesetzgeber eine Reihe von gesetzlichen Maßnahmen vorgeben:

— Ausdehnung des Nachtflugverbotes

— Tiefflugbeschränkungen

— Neufestsetzung der Lärmschutzbereiche

— Fortschreibung des ICAO Anhang 16

— Verschärfung der Grenzwerte für Leichtflugzeuge

— zeitliche Begrenzung des privaten Flugverkehrs

— Beschränkungen für Ultraleichtflugzeuge.

Benutzervorteile für lärmgeminderte Maschinen lassen sich auch hier umsetzen, und zwar in Form schärferer Staffelung der Landegebühren.

In engen Grenzen ist auch das Lärmbewußtsein des Piloten von Bedeutung. Hier trägt vor allem das verantwortungsbewußte Beachten bestehender Regelungen und Vorschriften zur Fluglärmminderung bei.

1588. Im Hinblick auf den militärischen Flugverkehr sollte die Bundesrepublik im Rahmen ihrer internationalen Möglichkeiten darauf hinweisen, daß die im zivilen Bereich am Fluggerät schon erreichten Fortschritte der Lärmminderung auch bei militärischem Fluggerät realisiert, wenn nicht sogar verbindlich vorgeschrieben werden.

2.6.5.4 Sonstiger Lärm

Schienenverkehr

1589. Beim Schienenverkehr sind direkt an der Lärmquelle eine Reihe von technischen Maßnahmen zur Lärmminderung vorzunehmen: Entwicklung leiserer Dieselmotoren und Elektrotriebwerke, Verbesserung des Rad-Schienenlaufes, Umrüstung auf Scheibenbremsen, nahtloses Verschweißen der Gleise und Beseitigung der Riffel auf Schienen und Rädern. Weiterhin sind auch bei Straßenbahnen Verbesserungen des Rad-Schienenlaufes zu bewirken. Hier ist zusätzlich auf das Vermeiden enger Gleisbögen zu achten. Für die Entwicklung zukünftiger Hochgeschwindigkeitszüge sollten die Lärmemissionen als konstruktives Merkmal gleichrangig mit anderen Kriterien (Schnelligkeit, Bequemlichkeit des Zuges usw.) einbezogen werden.

Liegen Bahnstrecke und Bebauung räumlich eng beieinander, so sind zusätzlich passive Schallschutzmaßnahmen wie Lärmschutzwände und -wälle sowie Schallschutzfenster notwendig. Bei Neubaustrecken ist verstärkt zu prüfen, inwieweit eine Tunnelung der gesamten Trasse möglich ist.

Diese allgemeinen Maßnahmen sind von Seiten des Gesetzgebers zu unterstützen, indem Lärmgrenzwerte vorgeschrieben werden, die am Stand der Technik orientiert sind. Hier ist vor allem eine Abstimmung zwischen Schall 03 und den übrigen lärmschutzrechtlichen Bestimmungen notwendig. Als Detailmaßnahme sollten die besonders lärmintensiven Rangierarbeiten zeitlich begrenzt werden. Vom Bahnbetreiber kann diese Maßnahme unterstützt werden, indem geprüft wird, welche Rangiermanöver unnötig sind und daher unterlassen werden können.

Industrie- und Gewerbelärm

1590. Technisch stehen beim Industrie- und Gewerbelärm lärmarme Konstruktionen und Verfahren sowie Kapselung und Einhausen von Maschinen und Geräten im Vordergrund. Die Anschaffung lärmarmer Maschinen und Geräte könnte dabei ganz entscheidend begünstigt werden, indem der Gesetzgeber eine Kennzeichnungspflicht für derartige Maschinen vorschreibt.

Bei neu zu errichtenden Gewerbeanlagen sind zu erwartende Schallemissionen in der Standortplanung mitzuberücksichtigen und in die Entscheidung über die Genehmigung einzubeziehen. Bei bestehenden Anlagen ist die Entzerrung von Gemengelagen durchzuführen. Als nachrangige Maßnahmen kommen Schallabschirmungen mit Hilfe von Schallschutzwänden oder -wällen in Betracht. Je nach örtlicher Gegebenheit sollte durch entsprechende Vorschriften erreicht werden, daß der Anliegerverkehr nur über spezielle Wege geführt wird.

Als freiwillige Maßnahme sollte die Arbeitnehmerschaft dazu angehalten werden, leise zu arbeiten. Um den Einsatz lärmarmer Konstruktionen und Verfahren auf breiter Ebene voranzutreiben, sollte für eine noch weitere Verbreitung des Wissens über den jeweils erreichbaren Stand der Lärmminderungstechnik gesorgt werden.

Parallel zu diesen Maßnahmen der Minderung des Nachbarschaftslärms ist auch die Lärmbelastung direkt am Arbeitsplatz über eine Verschärfung der Arbeitsschutzregelungen zu mindern. Als begleitende Maßnahme ist die Verwendung von persönlichem Schallschutz zu intensivieren.

Baustellenlärm

1591. Beim Baustellenlärm steht die Entwicklung leiserer Baumaschinen, lärmarmer Bauverfahren sowie leiserer Baustellenfahrzeuge im Vordergrund. Hilfreich wäre hier die Vorgabe eines Standard-Leistungsbuches, in dem die Planung einer lärmarmen Baustelle im einzelnen ausgeführt wird. Bei länger bestehenden Baustellen ist die Errichtung mobiler Lärmschutzwände vorzusehen. Von derartigen Maßnahmen sollten auf gesetzgeberischer Seite zeitliche Beschränkungen abhängig gemacht werden. Ebenso sollten über zeitliche Beschränkungen den Benutzern lärmarmer Maschinen deutliche Vorteile eingeräumt werden. Hierzu ist die Baulärmverordnung zu konkretisieren, zu ergänzen und z. T. zu verschärfen. Weitere EG-Richtlinien sind zu erlassen und die Auswirkungen von EG-Richtlinien auf das nationale Recht sind zu nutzen. Für Unternehmer und Arbeitnehmer ergibt sich das Gebot, leise zu arbeiten, die Ruhezeiten zu respektieren und unnötigen Verkehr zu unterlassen.

Lärm im Wohnbereich

1592. Im Wohnbereich ist der Akzent verstärkt auf schalldämmende Bauweise zu legen. Hierzu sollte der Gesetzgeber die **Mindestanforderungen an Tritt- und Luftschalldämmung deutlich verschärfen.**

In baulicher Hinsicht ist weiterhin auf die sinnvolle Grundrißplanung der Wohnbereiche zu achten. Ansatzpunkte bieten hierzu geschlossene Bauweisen, lärmgeschützte Anordnung der Schlafräume sowie lärmgeminderte Anordnung der Garagen. Gleichzeitig ist der Einbau von Schallschutzfenstern zu fördern.

1593. Der Lärm, der von Garten-, Hobby- und Hausgeräten ausgeht, sollte primär über die Entwicklung leiserer Geräte angegangen werden. Beim Erlaß weiterer Verordnungen über zeitliche Beschränkungen sollte der Kauf lärmarmer Geräte durch entsprechende Benutzervorteile begünstigt werden. Voraussetzung hierzu ist eine entsprechende Kennzeichnung der in Frage kommenden Geräte (z. B. Umweltzeichen). Die Kennzeichnungskriterien und -pflicht sollten über eine EG-Richtlinie forciert werden. Erfolge, wie sie durch die Rasenmäherverordnung erzielt wurden, sollten auch in anderen privaten Bereichen möglich sein durch Erlaß und Anwendung entsprechender Verordnungen für lärmintensive Haus- und Hobbygeräte, z. B. Sägen.

1594. Einen wesentlichen Beitrag zur Lärmminderung können auch die Kommunen leisten, die mit ihren sehr lauten Entsorgungsfahrzeugen z. T. in den frühen Morgenstunden aktiv sind und daher besonders stören. Forderungen nach drastischer Lärmminderung sind an Müllfahrzeugen, Reinigungsmaschinen o. ä. zu stellen. Zusätzlich ist die Standortwahl der Altglascontainer zu prüfen und gegebenenfalls auf lärmdämpfende Container auszuweichen.

1595. Daneben sollte auch jeder einzelne Bürger auf seinen Anteil an der allgemeinen Lärmbelastung hingewiesen und zu lärmarmem Verhalten motiviert werden (z. B. Radio und Fernsehen auf Zimmerlautstärke, Einwurf von Altglas nicht in den Ruhezeiten). Dabei ist auch auf die Gefahren der Benutzung laut aufgedrehter Kopfhörer hinzuweisen.

Freizeitlärm

1596. Ansatzpunkte für Lärmminderung im Freizeitbereich bietet auch hier die Entwicklung leiserer Geräte. Bei besonders belästigenden Sportschießanlagen sind neben der Vergrößerung des Abstandes zur Bebauung Maßnahmen wie Errichtung von Abschirmwällen oder -wänden, Schießen aus schallabdeckenden Kabinen heraus, Anlage von unterirdischen Schießständen, Schießen durch schallabdeckende Schleusen, Benutzung von Schalldämpfern und Benutzung bestimmter Waffenmunitionskombinationen indiziert.

1597. Lautsprecherdurchsagen in Sport- und Freizeitanlagen, vor allem aber auf Rummelplätzen, sind auf ein Mindestmaß zu reduzieren. In Discotheken sind Lautstärkebegrenzer vorzusehen und die Einhaltung der Höchstlautstärken ist zu überprüfen.

1598. Städtebaulich sollten verstärkt Möglichkeiten räumlicher Trennung bzw. Eingrenzungen verfolgt werden. Der Gesetzgeber sollte hierzu Verordnungen erlassen und auch verstärkt von der Möglichkeit der zeitlichen Beschränkung der Aktivitäten Gebrauch machen. Wie auch im Wohnbereich ist der Einzelne dazu angehalten, durch lärmbewußtes Verhalten zur Lärmminderung beizutragen.

2.6.6 Zusammenfassung der vorrangigen Maßnahmen

1599. Auch wenn die Lärmproblematik in den vergangenen Jahren zunehmend aufgrund anderer brennender Umweltfragen in den Hintergrund gedrängt wurde, bleibt für weite Kreise der Bevölkerung die Lärmbelastung und Lärmbelästigung eine dauernde Quelle der Verärgerung. Die Lärmbelastung ergibt sich dabei allerdings nicht nur aus der Höhe des Mittelungspegels, sondern auch aus der Häufigkeit der Lärmereignisse. Neben der subjektiv erlebten Belästigung durch Lärm sind auch die physiologischen Reaktionen von Bedeutung, da sie sich weitgehend unabhängig von der subjektiven Einschätzung einstellen. Auf dem Gebiet der Lärmminderung sind in den letzten Jahren und Jahrzehnten — insbesondere auch durch die Aktivitäten des Deutschen Arbeitsrings für Lärmbekämpfung (DAL) — durch Steigerung des Lärmbewußtseins beachtliche Erfolge erzielt worden.

Dies bedeutet nicht, daß die Frage der Lärmbekämpfung keine Rolle mehr spielt, im Gegenteil — wie auch die Anfragen an den Petitionsausschuß des Deutschen Bundestages beweisen — bleibt der Lärm bzw. die Lärmbekämpfung ein gleichrangiges Gebiet der Umweltpolitik. Der Rat empfiehlt daher vorrangig die nachfolgend genannten Maßnahmen:

1600. Da der Straßenverkehrslärm die Leitgröße für die Lärmbelastung und -belästigung ist, sind mit besonderem Nachdruck hier Maßnahmen zu ergreifen. Vor allem sind die in Abschnitt 2.6.5.2 aufgezeigten Maßnahmen an der Quelle bei Lkw und bei Zweirädern anzugehen (s. auch Abschn. 3.3.3.2). Hierzu gehört auch die Erstellung eines Antimanipulationskatalogs und die strenge Kontrolle manipulierter Zweiräder. Darüber hinaus sind die lärmmindernden Straßendecken sowie die Frage der geräuschärmeren Reifen in diesen Maßnahmenkatalog einzubeziehen.

1601. Auf dem Gebiet des Fluglärms sollte die Entwicklung leiserer Strahltriebwerke, insbesondere für militärisches Fluggerät vorangetrieben und Tiefflüge weiter eingeschränkt werden.

1602. Im Bereich des gewerblichen und industriellen Lärms — und gleiches gilt auch für den Baustellenlärm — sollte eine Kennzeichnungspflicht für die zu erwartende Schallemission von Anlagen, Maschinen und Geräten verbindlich eingeführt werden, damit eine Abschätzung und ggf. auch Benutzervorteile möglich gemacht werden können.

1603. Im Bereich Wohnen und Freizeit wird empfohlen, die Mindestanforderungen an schalldämmende Bauweise (Luft- und Trittschalldämmung) zu verschärfen; in Bereichen größerer Freizeitaktivitäten sind Lautsprecherdurchsagen zu reduzieren.

3 UMWELTSCHUTZ IN AUSGEWÄHLTEN POLITIKFELDERN

3.1 Umwelt und Gesundheit

3.1.1 Anthropozentrischer und ökozentrischer Umweltschutz

1604. Umweltpolitik hat sich als Teil der Gesundheitspolitik entwickelt. Umweltschutz begann als gesundheitlicher Umweltschutz; die Aufmerksamkeit galt der Gefahrenabwehr zum Schutz der Gesundheit und des Wohlbefindens der Menschen vor anthropogenen Stoffen in der Umwelt. Erst später wurde die Notwendigkeit erkannt, auch die Umwelt selbst vor anthropogenen Einflüssen zu schützen. Dieser Perspektivenwechsel fand seinen Widerhall in den Grundsatzdebatten der Umweltpolitik in den 70er Jahren, in denen auch um die **ethische Fundierung der Umweltpolitik** gerungen wurde. Bedarf es für einen wirksamen Schutz der Umwelt einer ökozentrischen Ethik, die „Eigenrechte der Natur" anerkennt und auf diesen gründet, oder reicht eine wohlverstandene anthropozentrische Ethik zum Schutz der Umwelt und der Natur vor anthropogenen Einflüssen aus? Unterschiedliche Menschenbilder, Sichtweisen über die Bestimmung und die Verfaßtheit des Menschen, über die weder abgestimmt noch entschieden werden kann, sind Ausgangspunkt dieser Debatte. Der derzeit erreichte Konsens besteht darin, daß die Debatte jedenfalls die effiziente Umsetzung von Politik zum Schutz der Umwelt nicht verzögern darf.

1605. Hier ist nicht der Ort, ein Panorama der Argumentation zu zeichnen, mit der die Forderung nach einem nicht-anthropozentrisch motivierten Umweltschutz begründet wird; nach einer Umweltpolitik, in deren Mittelpunkt nicht der Mensch, seine Nutzung der Natur und ihrer Ressourcen, seine Freude an der Natur und an Kunstwerken und seine Sorge um die Beständigkeit auch technischer Materialien steht. Eigenrechte der Natur werden biologisch, evolutionstheoretisch, aus einem religiösen oder animistischen Schöpfungskosmos, aus der Ehrfurcht vor dem Leben, aus einem Leitbild des inneren und äußeren Friedens, aus der Bedrohung der Existenz der Gattung Mensch, als Bestandteil von esoterischen oder spiritualistischen Weltbildern oder im Rahmen einer Schöpfungstheologie begründet. Begründen steht hier für die Absicht desjenigen, der begründen will, nicht für Begründung im Sinn der Standards von wissenschaftlicher Begründung. In Abhängigkeit vom gewählten Begründungsansatz verändert sich der Bedeutungsgehalt, und je radikaler das Begründungskonzept ist, umso einfacher lassen sich Eigenrechte der Natur aus der Sicht des einzelnen daraus ableiten.

1606. Anthropozentrizität meint heute nicht nur, daß der Mensch das strukturgebende, bestimmende Lebewesen des Planeten ist, sondern auch die abendländische Denkweise, alle Probleme aus der Sicht des Menschen und als auf ihn bezogen zu sehen, d. h. die **Tatsache**, daß der Mensch sich zielorientiert planend mit der Natur auseinandersetzt, um seinen Lebensunterhalt zu sichern, und sie in diesem Prozeß unumgänglich verändern muß **und** das **Bewußtsein** des Menschen der europäisch geprägten Gesellschaften, Herr der Welt bzw. Beherrscher der Natur zu sein und dies auch als sein Recht anzusehen. Aus der ersten Bedeutung folgt nicht notwendigerweise die zweite. Zwar gibt es in der Geschichte der Kultur des Abendlandes eine tief verwurzelte antiökologische Einstellung gegenüber der Natur, doch ist dies weder die einzige noch die angesichts des sich vollziehenden Wertewandels vorherrschende Ausprägung einer anthropozentrischen Grundhaltung. Der generellen Abwertung einer anthropozentrischen Einstellung gegenüber der Umwelt kann jedenfalls nicht gefolgt werden. Der Mensch muß, will er eine Zivilisation schaffen, bis zu einem gewissen Grade als Ausbeuter leben (PASSMORE, 1980).

1607. Der Rat hält es weder für möglich noch für sinnvoll, zwischen unterschiedlichen ethischen Positionen, denen jeweils auch ein bestimmtes Menschenbild entspricht, Stellung zu beziehen. Die Schwierigkeiten der Umweltpolitik liegen im Wie, im Umsetzen von ethischen, normativen Grundlagen in konkrete Politik. Es ist einerseits nötig, Maßstäbe zur Entscheidung über Güterkollisionen abzuleiten, andererseits, eine Abschätzung der positiven und negativen Wirkungen einer Technologie vorzunehmen. Beide Aufgaben fallen nicht in den Entscheidungsbereich einer Umweltethik. Diese bleibt jedoch insoweit im Spiel, als sie ihre Funktion, handlungsleitend zu sein, ausfüllen kann. Es ist durchaus zu erwarten, daß die Propagierung von „Eigenrechten der Natur" den normativen Hintergrund der Einstellungen und des Handelns von Menschen verändern kann und an dem beobachteten Wertewandel beteiligt ist. Staatliche Umweltpolitik wäre vergebens, wenn die Bürger ihre Ziele und Mittel nicht akzeptierten und nicht Bereitschaft zeigten, ihre täglichen Verhaltensweisen umzustellen.

1608. Ein ökozentrisch begründeter Umweltschutz schiene zwar moralisch stark, aber er bliebe politisch schwach, da er sich in der Auseinandersetzung mit anthropozentrisch begründeten Interessen nur schwer durchsetzen könnte. Ein kritischer Anthropozentrismus ist zweifellos für die Mehrheit der Bevölkerung überzeugender und dadurch fruchtbarer für die Akzeptanz und Umsetzung der umweltpolitischen Konzepte als die Berufung auf eine Ethik, deren materielle und ideelle Grundlagen in einem Prozeß der

Säkularisierung vielfach gebrochen sind. Auch dies spricht für einen reflektierten, weit definierten, selbstkritischen Anthropozentrismus als Begründungszusammenhang einer auf Wirksamkeit angelegten Umweltpolitik. Der Natur schließlich ist es gleichgültig, ob sie um ihrer selbst willen oder um der heutigen und künftigen Menschen willen geschützt und geschont wird. Das Schutzgut Natur hat einen größeren Umfang als das Schutzgut menschliche Gesundheit. Geschützt werden Umwelt- und Naturgüter als Gegenstände der Freude an Natur, Kunstwerken und Produkten der menschlichen Kultur, als Gegenstände der Nutzung, als heutige und künftige Ressourcen und als Ausdruck der Vielfalt des Lebens. Dies ist im Rahmen einer politischen Güterabwägung überzeugender und hat — jedenfalls derzeit — in der Auseinandersetzung mit anderen Interessen mehr Gewicht als die Natur um ihrer selbst zu schützen (REICHE und FÜLGRAFF, 1987).

1609. Prototypisch für nicht-anthropozentrische Ethik sind die verschiedenen Konzepte eines **ökologischen Naturalismus**, in denen „der Mensch in den Kreisläufen" sich den Gesetzen der Natur zu unterwerfen hat. In dem Dualismus von „natürlichem Regelkreis" und „künstlichem Produktionskreis" sei ein Grundkonflikt angelegt, an dem das Industriesystem zerbrechen wird (AMERY, 1978; GRUHL, 1978 u. a.). Daß der Kreislauf der Natur Vorbild für Technik und Wirtschaft werden soll bzw. muß, ist die zentrale gesellschaftliche Handlungsregel. Sie ist ein Beispiel eines naturalistischen Fehlschlusses: Weil der Mensch den Kreisläufen der Natur unterworfen sei, habe er sich ihnen auch zu unterwerfen. Das industrialistische Projekt des Abendlandes kann jedoch auch gerade als großangelegter Versuch interpretiert werden, sich diesen Kreisläufen zu entziehen oder sie ihrerseits auszunützen.

Eine durch und durch anthropozentrische und elitäre Vorstellung liegt der **Ethik der Askese** zugrunde. Ihre raison d'être ist ein Konsumverzicht der Gesellschaft, insbesondere ihrer Eliten, die dazu berufen sind, eine neue Weltkultur zu prägen. Von C. F. von WEIZSÄKKER stammt die These, daß „eine unerleuchtete Menschheit wie die heutige" eine andere, eine asketische Kultur erwerben müsse (von WEIZSÄCKER, 1981). Insbesondere die Eliten seien dazu berufen, durch Konsumverzicht eine neue Weltkultur zu prägen. Die Legitimation der Eliten zur Lösung dieser Aufgaben wird mit deren Fähigkeit zur Selbstbeherrschung begründet: „Das sittliche Ich des Herrschenden muß auch über sein eigenes begehrendes Ich herrschen ... Nur wer sich selbst beherrschen kann, ist sittlich qualifiziert, über andere zu herrschen" (von WEIZSÄCKER, 1978). Es muß jedoch bezweifelt werden, ob der Asket als neues anthropologisches Leitbild, der Asket, der auf der Mikroebene „dem Druck sekundärer Bedürfnisse widersteht" (BIRNBACHER, 1980), einen Ausweg aus den Problemen der Makroebene mit ihrem Dual von Produktion und Einkommen resp. Konsum darstellt.

1610. JONAS' **Ethik der Verantwortung** hebt die neue Rolle des Wissens in der Moral hervor. Die Folgen menschlichen Handelns haben sich aufgrund ihrer kumulativen, erst in der Zukunft entstehenden Effekte so sehr verändert, daß „ein Gegenstand von gänzlich neuer Ordnung" dem hinzugefügt worden ist, für das die Menschen verantwortlich sein müssen. Wissen wird unter diesen Umständen „zu einer vordringlichen Pflicht über alles hinaus, was je vorher für seine Rolle in Anspruch genommen wurde ... Die Tatsache aber, ... daß das vorhersagende Wissen hinter dem technischen Wissen, das unserem Handeln die Macht gibt, zurückbleibt, nimmt selbst ethische Bedeutung an" (JONAS, 1979). Diese ethische Bedeutung liegt darin, daß die Fernwirkungen technischer Aktionen mitgedacht und mitverantwortet werden müssen. Die neuen Probleme treten nicht als Folge eher zufälligen oder systematischen Versagens auf, sondern gerade im Zuge der technischen Erfolge. Sie entstehen auch nicht als Folge von großen sichtbaren, einmaligen Entscheidungen, sondern als „Tyrannei der kleinen Entscheidungen" (KAHN, 1966). Die größte Gefahr „entsteht regelmäßig aus der rücksichtslosen Anwendung von Teilwissen in großem Maßstab" (SCHUMACHER, 1973).

1611. Die zwangsläufige Unsicherheit von Zukunftsprojektionen verhindert eine direkte Anwendung der JONAS'schen Prinzipien in der Politik. Aber sie führt in der Anwendung zu dem Grundsatz des „Vorrangs der schlechten vor der guten Prognose", der nun seinerseits als „praktische Vorschrift" wirksam werden kann und soll (JONAS, 1979). Dieses „normative Übergewicht der Negativprognose" (HARTKOPF und BOHNE, 1983) trägt auch der Tatsache Rechnung, daß ein Beweis für Nichtwirkungen bzw. Umweltunschädlichkeit im strengen Sinne nicht erbracht werden kann (vgl. Abschn. 3.1.2.2 und 3.1.3.2). Es führt so zur Begründung des Vorsorgeprinzips mit dem Ziel der Minimierung des Eintrags von Stoffen in die Umwelt als politischer Handlungsmaxime.

3.1.2 Grenzwerte zum Schutz der Gesundheit

3.1.2.1 Bedeutung von Grenzwerten

1612. Gesundheitliche Risiken von chemischen Stoffen oder physikalischen Ereignissen können nur dann und insoweit völlig ausgeschlossen werden, als eine Exposition nicht stattfindet. Sobald ein Stoff oder Ereignis in der Umwelt des Menschen auftritt, geht es darum, das Risiko einer gesundheitlichen Schädigung zu erkennen, abzuschätzen, zu bewerten und es gegebenenfalls zu vermindern oder zu begrenzen.

1613. Unter **Schädigung** der Gesundheit werden bleibende (irreversible) oder vorübergehende (reversible) unerwünschte Veränderungen verstanden, die durch einen Stoff oder durch physikalische Faktoren (z. B. energiereiche Strahlung) verursacht werden. **Toxizität** ist das Vermögen eines Stoffes oder eines physikalischen Faktors, in Abhängigkeit von der zugeführten Dosis und der Dauer der Einwirkung eine solche Schädigung zu bewirken. Als **Risiko** wird in diesem Zusammenhang in Anlehnung an die Definition im Umweltgutachten 1978 (SRU 1978, Tz. 21 und 22) die Wahrscheinlichkeit des Eintritts einer bestimmten Schädigung bei einem Teil einer Population bezeichnet, die einem schädlichen Faktor ausgesetzt ist. In der Technik ist Risiko als das Produkt von Eintrittswahrscheinlichkeit und Schadenshöhe definiert. Bei der Beschreibung gesundheitlicher Risiken wird an Stelle der Eintrittswahrscheinlichkeit die Häufigkeit (Inzidenz) oder Häufigkeitsverteilung des Auftretens einer Schädigung in einer exponierten Population verwendet, während die Schadenshöhe bei gesundheitlichen Schädigungen sich der Quantifizierung in der Regel entzieht. Der Rat betont dies deshalb, weil eine Übertragung der technischen Risikodefinition auf den Bereich von Risiken für die Gesundheit nicht nur wenig hilfreich ist, sondern darüber hinaus zu falschen und notwendigerweise enttäuschten Erwartungen gegenüber einer gesundheitlichen Risikoabschätzung führt. Allenfalls ist eine qualitative Gewichtung von Beeinträchtigungen von Gesundheit und Befinden möglich. Diese Gewichtung des gesundheitlichen Schadens hat die Art des Schadens, die Beeinträchtigung der Lebensqualität, die Schwere der objektiven und subjektiven Veränderungen, die Reversibilität und Dauer des Schadens, die therapeutischen Möglichkeiten zur Wiederherstellung der Gesundheit oder zur Schadensminderung des Individuums zu berücksichtigen. Die Bewertung der einzelnen Faktoren, die Abgrenzung von Schädigung und Belästigung kann zu sehr unterschiedlichen Ergebnissen führen je nach dem jeweiligen historischen, sozialen oder kulturellen Hintergrund, vor dem sie vorgenommen wird. Der Rat erinnert daran, wie unterschiedlich von der öffentlichen Meinung Schädigungen und selbst Todesfälle durch industrielle Störfälle, durch Straßenverkehr, durch einen Flugzeugabsturz oder durch Kriegshandlungen aufgenommen werden.

1614. Da im Folgenden vorrangig über die Schadwirkungen von Stoffen gesprochen wird, ist es sinnvoll, bei der Definition der in Frage kommenden Stoffe die Betonung auf das Schädigungspotential zu legen. Als **Umweltschadstoffe** oder **Schadstoffe** schlechthin werden, der Definition des Umweltgutachtens 1978 folgend, solche Stoffe bezeichnet, die das Potential haben, auf den Menschen, auf andere Lebewesen, auf Ökosysteme oder auch auf Sachgüter schädigende Wirkungen (vgl. Abschn. 3.1.2.2.1) auszuüben. Sie können aus natürlichen Quellen stammen oder anthropogener Herkunft sein. Der Begriff **Umweltchemikalien** umfaßt hingegen allein die Stoffe, die durch menschliche Aktivitäten — beabsichtigt oder unbeabsichtigt — in die Umwelt gelangt sind (SRU 1978, Tz. 21).

1615. Art und Schwere möglicher Schädigungen und die Häufigkeitsverteilung ihres Auftretens in Abhängigkeit von der Exposition müssen wissenschaftlich ermittelt werden. Der Rat wird in den folgenden Abschnitten deutlich machen, wie begrenzt trotz aller Fortschritte das methodische Instrumentarium nach wie vor ist, das für die Ermittlung und Abschätzung von Risiken zur Verfügung steht, und wird insbesondere auf die grundsätzlichen Grenzen hinweisen, die wissenschaftlicher Erkenntnis in diesem Bereich gezogen sind. Damit soll keinem wissenschaftlichen Attentismus das Wort geredet werden; vielmehr hält es der Rat einerseits für geboten, daß Ermittlung und Abschätzung von Risiken für die Gesundheit nach dem jeweiligen Stand der Wissenschaft erfolgen, und daß andererseits die Kenntnis über die Leistungsfähigkeit und die Grenzen der verfügbaren Methoden und über die Aussagefähigkeit der damit erzielten Ergebnisse verbessert wird.

1616. Die ermittelten Risiken können für sich genommen nicht bewertet werden. Für sich betrachtet wäre der Forderung, gesundheitliche Risiken um jeden Preis zu minimieren, — und das hieße zu vermeiden, — nichts entgegenzusetzen. Die Inkaufnahme von Risiken wird vielmehr nur dadurch gerechtfertigt, daß ihnen ein Nutzen gegenübersteht oder daß ihre Vermeidung einen zu hohen Aufwand erfordert. Das Risiko kann grundsätzlich nur im Verhältnis zu einem Nutzen, der auch in der Vermeidung von Kosten bestehen kann, d. h. als Nutzen-Kosten-Verhältnis bewertet werden und im Vergleich zum Risiko bzw. Nutzen-Risiko-Verhältnis alternativ eingesetzter Stoffe oder Verfahren. Ein Erschwernis besteht darin, daß Nutzen und Risiken unterschiedlichen und schwer vergleichbaren Kategorien angehören.

Der Rat sieht eine Ursache für die Akzeptanzkrise von Grenzwerten (Tz. 30) und anderen Standards der Umweltpolitik (Tz. 113f.) bei einem wachsenden Teil der Bevölkerung in einem mangelnden Konsens über den Nutzen vieler Produkte oder Produktionstechniken, mit denen ein Stoffeintrag in die Umwelt verbunden ist, oder über den Nutzen, der darin besteht, für Verminderung oder Beseitigung eines Eintrags in die Umwelt möglichst wenig aufzuwenden. Je weniger aber ein spezifischer Nutzen anerkannt wird, umso weniger erscheint ein Risiko vertretbar. Andererseits würde die Forderung, jedes Risiko auszuschließen, zur Folge haben, daß jede Exposition gegenüber bestimmten Stoffen und damit jedes Vorhandensein dieser Stoffe in der Umwelt zu vermeiden wäre. Umweltpolitisch bedeutet eine solche Forderung, auf Stoffe zu verzichten, die z. B. schädlich oder persistent sein können, und die Wirtschafts-, Produktions- und Konsumweisen so zu verändern, daß solche Stoffe nicht entstehen oder jedenfalls nicht freigesetzt werden. Derartige Strategien werden in Zukunft unvermeidlich sein (Tz. 27 ff.).

1617. Dabei darf allerdings nicht verkannt werden, daß man sich durch die bloße Forderung, daß bestimmte Stoffe in der Umwelt nicht vorhanden sein sollen, zum Gefangenen der chemischen Analytik macht. Jeder Fortschritt der Analytik, der es möglich macht, um Zehnerpotenzen geringere Konzentrationen von Stoffen nachzuweisen, hätte sofort schwerwiegende Folgen. Schon aus diesem Grund sind definierte Grenzwerte dem Gebot der Null-Emission vorzuziehen. Nicht nur können Grenzwerte jeweils dem Erkenntnisfortschritt und den technischen Möglichkeiten angepaßt werden, sie schaffen auch Rechtssicherheit und ihre Einhaltung kann durch chemisch-analytische Methoden überwacht werden, was bei dem Gebot der Null-Emission nicht der Fall wäre. Ein solches Gebot wäre nur in der Form vertretbar, daß gefordert wird, daß ein bestimmter Stoff in einem bestimmten Medium unter Anwendung einer definierten analytischen Methodik und unter standardisierten Bedingungen nicht nachweisbar sein darf. Bei einem solchen Gebot handelt es sich jedoch um eine Grenzwertfestsetzung, nur mit dem Unterschied, daß der Grenzwert nicht in Konzentrationseinheiten angegeben ist, sondern in der Höhe der Nachweisgrenze einer definierten Methodik.

1618. Die **Bewertung** von Risiken im Verhältnis zu dem mit ihrer Inkaufnahme verbundenen Nutzen ist nach Methode, Ziel und Ergebnis kein der Risiko**abschätzung** vergleichbarer wissenschaftlicher Prozeß, für den wissenschaftliche Experten besondere Voraussetzungen mitbrächten. Vielmehr gehen in diesen zu Recht „Bewertung" genannten Prozeß unterschiedliche Werturteile ein, die auch vom jeweiligen gesellschaftlichen Umfeld mit seinen Interessen geprägt sind und sich entsprechend ändern können. In diesem Prozeß müssen die Grenzen des auch im Hinblick auf Nutzen oder Kosten vertretbaren — und das heißt gesellschaftlich akzeptablen — Risikos abgesteckt werden.

1619. Grenzwerte sind **nicht wissenschaftlich abgeleitete** Werte, die jedes Risiko ausschließen, sondern haben eher den Charakter von **Konventionen** auf der Basis wissenschaftlicher Nutzen-Risiko-Abschätzung und gesellschaftlicher Kompromisse über die Vertretbarkeit von (Tz. 29ff.). Grenzwerte sind danach für Stoffe und Medien so zu definieren, daß diese Grenzen des Vertretbaren und Akzeptierten nicht überschritten werden und daß die Einhaltung mit verfügbaren Methoden überwacht werden kann. Der Vorteil von Grenzwerten liegt in Rechtssicherheit und Überwachbarkeit, Nachteile bestehen darin, daß sie ihrer Natur nach statisch sind und keine Anreize zur Minderung von Belastungen enthalten; ein Grenzwert enthält nicht nur das Verbot der Überschreitung, sondern erlaubt, die jeweiligen Medien bis zu dieser Schwelle zu belasten. Aus diesem Grund schlägt der Rat an anderer Stelle vor, Grenzwerte so mit anderen Instrumenten zu verbinden, daß Anreize bestehen, Belastungen auch unterhalb dieser Schwelle zu vermindern und zu vermeiden (vgl. Abschn. 1.3.4).

1620. Etliche Faktoren haben dazu beigetragen, daß nicht nur einzelne Grenzwerte oder Grenzwertregelwerke, sondern die Berechtigung von Grenzwerten zum Schutz der Gesundheit überhaupt und die der Grenzwertfestsetzung zugrundeliegende Philosophie kritisiert oder in Frage gestellt werden. Zu diesen Faktoren gehören

— die große Zahl von z. T. sehr unterschiedlichen Regelungen;

— der unterschiedliche rechtliche Charakter vieler Höchstmengen, Grenzwerte und Richtwerte;

— die unterschiedliche Bezeichnung gleichartiger Regelungen in verschiedenen Medien, z. B. Grenzwerte bei Trinkwasser oder Höchstmengen bei anderen Lebensmitteln;

— die unterschiedliche gesundheitliche Bedeutung einzelner Regelungen unabhängig von ihrem juristischen Stellenwert;

— die häufig mangelnde Transparenz und Nachvollziehbarkeit der Entscheidungsfindung über Grenz- und Richtwerte;

— die Überschätzung des wissenschaftlichen Charakters von Grenzwerten und die fehlende politische Diskussion über den Charakter von Grenzwerten als sozialer Konvention und deren instrumentalen Wert;

— die bei einzelnen Stoffen z. T. sehr unterschiedliche Datenlage als Basis für die Risikobeurteilung dieser Stoffe;

— die Nichtberücksichtigung von Stoffgemischen bzw. der Tatsache, daß Mensch und Umwelt vielen Stoffen gleichzeitig ausgesetzt sind;

— die mit der Grenzwertfestsetzung einhergehende Festschreibung eines bestimmten Status quo.

1621. In einer sensibilisierten Öffentlichkeit, deren Risikowahrnehmung gestiegen ist und die sich nicht mehr nur daran orientiert, was Experten für vertretbar ansehen, ist mehr Information über die Grundlagen von Standards der Umweltpolitik erforderlich (Tz. 113). Der Rat hält es für angezeigt, daß jeweils die Datenbasis, die gesundheitliche Bedeutung, der rechtliche Charakter und die Abwägungen und Kompromisse, die zu den konkreten Zahlen geführt haben, differenziert und nachvollziehbar mitgeteilt werden. Offenlegung der Diskussion und Öffnung der Verfahren können Mißtrauen gegen die oftmals vermutete Verschwörung von Politikern, Wissenschaftlern und Verursachern abbauen.

3.1.2.2 Ermittlung und Abschätzung gesundheitsschädlicher Wirkungen

3.1.2.2.1 Wirkung und Wirkungsschwellen

1622. Grenzwerten zum Schutz der Gesundheit liegt die Vorstellung zugrunde, daß es für einzelne Stoffe jeweils eine Dosis oder Expositionskonzentration gibt, unterhalb derer der Stoff keine Wirkung ausübt bzw., genauer gesagt, unterhalb derer keine Wirkung beobachtet wird und unterhalb derer die Zufuhr des Stoffes daher unbedenklich ist. Was aber ist eine Wirkung? Dieser Vorstellung entsprechend jedenfalls nicht die bloße Anwesenheit eines Stoffes in einem biologischen System, auch wenn diese in der öffentlichen Diskussion gelegentlich bereits als Wirkung oder gar als Schadwirkung aufgefaßt und mißverstanden wird. **Wirkung** ist vielmehr, allgemein gesagt, die Antwort eines biologischen Systems auf einen Reiz. Im Zusammenhang mit Umweltschadstoffen ist Wirkung jede Veränderung, die durch einen Stoff nach kurz- oder langdauernder Zufuhr, vorübergehend oder bleibend, meßbar, fühlbar oder auf andere Weise erkennbar bei Mensch oder Tier, in vivo oder in vitro hervorgerufen wird. Dementsprechend liegt eine Wirkung dann vor, wenn in einem Organismus oder in Teilen des Organismus vorübergehend oder dauerhaft Änderungen von normalen physiologischen Prozessen herbeigeführt werden, d. h. wenn sich durch den Stoff das Muster der ständig ablaufenden biochemischen Aktivitäten verändert und diese Änderung beobachtet oder erkannt werden kann.

1623. Ein Stoff wirkt nicht auf einen Organismus wie ein Stoß auf eine Kugel. Vielmehr muß es zunächst zu

443

einer Interaktion der Fremdstoffmoleküle mit Molekülen des Organismus kommen; letztere sind häufig Teil biologischer Membranen oder Enzyme oder die materielle Grundlage der genetischen Information, die DNS. Wenn diese Interaktionen zu Funktionsänderungen eines biologischen Moleküls führen, kann — oft über mehrere Zwischenstufen — eine Antwort erkennbar werden. Diese biologische Reaktion auf ein Signal (Stimulus, Reiz) des Stoffes findet zunächst in der direkten Umgebung, d. h. in der betroffenen Zelle statt; sie kann sich mittels der im Organismus existierenden interzellulären Kommunikationswege auf benachbarte Zellen, ganze Zellverbände und Gewebe bis hin zu anderen Organen im Organismus auswirken. Der Wirkungsbegriff schließt alle diese Reaktionen ein. Interaktionen können meßbar sein und wichtige biochemische Parameter darstellen, die als frühe Indikatoren einer Belastung mit Schadstoffen dienen können, sind aber nicht mit einer Wirkung gleichzusetzen. Die Wahrscheinlichkeit von Interaktionen des Stoffes mit Molekülen des Organismus und damit die Eintrittswahrscheinlichkeit, die Intensität und auch die Vielfalt von Antworten steigen mit der Stoffdosis im Organismus bzw. der Stoffkonzentration innerhalb oder in der Umgebung der betroffenen, auf den Stoffreiz reagierenden Zellen. Die Dosis-Wirkungs-Beziehung (bzw. die Dosis-Häufigkeits-Beziehung) ist die quantitative Beschreibung des Zusammenhangs zwischen der Stoffdosis und der Intensität einer beobachteten Wirkung (bzw. der Häufigkeit des Auftretens der Wirkung in einer Population).

1624. Wirkungen können reversibel oder irreversibel sein. Von reversibler Wirkung spricht man, wenn das biologische System nach Entfernung des auslösenden Stoffes in den Ausgangszustand zurückgeht. Die großen Probleme bei der Grenzwert-Diskussion liegen bei den irreversiblen Wirkungen, vor allem den krebserzeugenden und erbgutverändernden Wirkungen. Wiederholte irreversible Wirkungen summieren sich definitionsgemäß.

1625. Diese Definition von Wirkung, die der Rat nicht zuletzt wegen ihrer Operationalität übernimmt, unterscheidet sich im Hinblick auf die Beurteilung von Stoffen von der gelegentlich vertretenen Vorstellung, daß schon die Interaktion des Stoffes mit biologischer Materie eine Wirkung darstelle. Da bei Anwesenheit eines Stoffes in einem Organismus ständig irgendwelche, meist folgenlose oder der Elimination des Stoffes dienende Interaktionen der Stoffmoleküle mit Molekülen des Organismus stattfinden, und seien die Stoffmengen noch so klein, gibt es bei der Gleichsetzung von Interaktionen mit Wirkung mangels abgrenzender Kriterien definitionsgemäß keine Wirkungsschwelle. Damit würde die Anwesenheit eines Stoffes in einem Organismus zur Wirkung. Ein solcher Wirkungsbegriff wäre uferlos und wenig praktikabel.

1626. Wirkungsschwellen sind experimentell beobachtet und theoretisch begründet worden. Ihr Vorhandensein kann nicht vorausgesetzt werden, sondern die Annahme ist jeweils zu begründen und tatsächlich nachzuweisen. Bei irreversibel wirkenden, insbesondere bei kanzerogenen und mutagenen (vgl. Abschn. 3.1.2.3.2) und bei allergenen (vgl. Abschn. 3.1.2.3.3) Stoffen ist nach dem Stand der Wissenschaft davon auszugehen, daß eine Wirkungsschwelle nicht besteht. Wenn und soweit Wirkungsschwellen bestehen, können Grenzwerte unterhalb der Schwellenkonzentration und mit dem gebotenen Sicherheitsabstand so gelegt werden, daß eine Exposition gesundheitlich unbedenklich ist, wenn die Grenzwerte nicht überschritten werden. Soweit für Stoffe mit irreversiblen Wirkungen Grenzwerte festgesetzt werden, dienen diese operational der Risikominderung, markieren jedoch nicht einen Bereich des gesundheitlich Unbedenklichen.

1627. Wirkungsschwellen können **toxikokinetische** Ursachen haben. Um eine Wirkung hervorzurufen, muß der Stoff den Ort der spezifischen Interaktion in ausreichender Konzentration erreichen. Diese wird bestimmt von der zugeführten Menge, ihrem in den Blutkreislauf aufgenommenen Anteil, der Geschwindigkeit dieser Aufnahme, der Verteilung in den verschiedenen Geweben und den Geschwindigkeiten von metabolischer Umwandlung und Ausscheidung. Die Toxikokinetik befaßt sich mit der quantitativen Beschreibung dieser Parameter und ihrer Zusammenhänge. Sie werden einerseits von physikalischen Eigenschaften und physiologischen und biochemischen Vorgängen im Organismus bestimmt, andererseits von physikalischen Eigenschaften des Stoffes wie z. B. der Löslichkeit in Fett und in Wasser. Dies schließt die Möglichkeit ein, daß der Stoff sich in einigen Geweben anreichert und damit dem Milieu der Interaktion akut entzogen werden kann, z. B. polychlorierte Biphenyle (PCB) im Fettgewebe. Durch solche Speicherung bleibt der Stoff allerdings im Organismus verfügbar; zumal sich die Konzentration im Speichergewebe im Gleichgewicht befindet mit der freien Konzentration, die zu einer Interaktion geeignet ist. Auch ein Stoff, der beispielsweise mit höherer Geschwindigkeit inaktiviert oder ausgeschieden werden kann, als er tatsächlich aufgenommen wird, wird keine spezifische Schadwirkung hervorrufen können, wenngleich er körpereigene Inaktivierungs- und Ausscheidungssysteme belastet.

1628. Die **toxikodynamische** Wirkungsschwelle ist durch die Wahrscheinlichkeit des Zusammentreffens der Interaktionspartner bestimmt, d. h. durch ihre jeweilige Konzentration und ihre Affinität zueinander, die durch die Dissoziationskonstante quantitativ beschreibbar ist. Die toxikodynamische Wirkungsschwelle kommt auch dadurch zustande, daß nicht jede Interaktion von Stoff und biologischem Molekül die Wirkung auslöst. Vielmehr muß durch eine genügend häufige oder ausreichend langanhaltende Interaktion der Stoffmoleküle mit einer ausreichenden Zahl der meist redundant vorhandenen biologischen Moleküle das von der Interaktion ausgehende Signal stark genug werden, um andere auf die Zelle einwirkende Signale oder interne zelluläre Steuerungsmechanismen zu übertönen, damit eine Änderung der normalerweise ablaufenden Prozesse eintritt. Einzelne Funktionsbeeinträchtigungen, die entweder auf Interaktionen zurückgehen (z. B. die irreversible Bindung von Stoffmolekülen an leicht austauschbares biologisches Material), aber auch solche, die nachteilige zelluläre Reaktionen mit sich bringen, können entweder im Rahmen normaler zellulärer Aktivitäten oder durch Aktivierung zusätzlicher zellulärer Programme teilweise oder vollständig repariert werden. Wenn die Kapazität der Zellen oder des Organismus zur Regeneration oder Reparatur überschritten wird, tritt durch Summation einzelner Ereignisse eine Wirkung auf, die sich in einer erkennbaren Schädigung manifestiert oder zunächst verborgen bleibt. In komplexen Systemen kann eine zunehmende Belastung unter Umständen über lange Zeit kompensiert werden. Eine auftretende erkennbare Wirkung ist dann Ausdruck einer Überforderung des Systems.

3.1.2.2.2 Das Erkennen von Wirkungen

Allgemeine methodische Probleme

1629. In der Öffentlichkeit wird zunehmend verlangt, nur noch solche Stoffe für den Konsum und in der Umwelt zuzulassen, deren Unschädlichkeit oder Unbedenklichkeit **bewiesen** sei. Dieses Verlangen kann nicht erfüllt werden. Zwar ist es Ziel der wissenschaftlichen Bemühung, Stoffe und Bedingungen zu ermitteln, unter denen an biologischen Systemen und vor allem im menschlichen Organismus möglichst keine schädlichen Wirkungen auftreten, doch hält der Rat es für geboten, daß Wissenschaft und Verwaltung schneller und unmißverständlicher deutlich machen, daß ein **Nachweis** der Unschädlichkeit eines Produkts oder Verfahrens nicht möglich ist. Dies gilt gleichermaßen für natürliche wie für synthetische Stoffe.

Der Nachweis, daß ein bestimmtes Agens keine Wirkungen habe, ist erkenntnistheoretisch nicht zu führen; Nichtwirkungen können nicht bewiesen werden, weshalb jeder, der differenziert über die Abschätzung von Risiken und die Methoden, sie zu ermitteln, spricht, im Nachteil ist gegenüber dem, der die erwiesene Unschädlichkeit fordert. Der wissenschaftliche Weg besteht vielmehr darin, aus der Kenntnis von Wirkungen und ihrem Zustandekommen sowie von Dosis-Wirkungs-Beziehungen Bedingungen zu definieren, für die Risiken abgeschätzt werden können. Das Bestreben muß sein, Wirkungen zu analysieren und nicht, nach Nichtwirkung zu suchen.

Art und Anzahl von Wirkungen sind in einem komplexen biologischen System theoretisch unendlich, praktisch jedoch begrenzt. Allerdings werden in der Regel nur solche Wirkungen beobachtet, nach denen gesucht wird, während andere, insbesondere bisher unbekannte der Beobachtung entgehen können. Der Nachweis einer bestimmten Wirkung bzw. die Ermittlung der „Höchsten Dosis ohne beobachtbare Wirkung" (s. Abschn. 3.1.2.3.1) wird darüber hinaus durch die Empfindlichkeit und die Eignung der verfügbaren Meßsonde bestimmt.

1630. Aussagen über Wirkungen auf komplexe biologische Systeme und über deren Zusammenhang mit Stoffen oder über Dosis-Wirkungsbeziehungen oder Wirkungsschwellen und damit auch über Dosisbereiche und Bedingungen, unter denen keine Wirkungen erwartet werden, sind ihrer Natur nach Wahrscheinlichkeitsaussagen. Biometrische, d. h. statistische Verfahren stellen eine wesentliche methodische Grundlage zur Ermittlung und Quantifizierung des Zusammenhangs von Stoff und Wirkung dar. Dieses methodische Rüstzeug ist insbesondere notwendig und hilfreich zum Vergleich von Versuchsreihen oder Populationen oder zum Ausschluß anderer als der vermuteten Einflußgrößen als Ursache für auftretende Wirkungen. Hypothesen, vermutete Ursachen oder Zusammenhänge können mittels statistischer Methoden wahrscheinlich, weniger wahrscheinlich oder unwahrscheinlich gemacht werden; statistische Methoden können jedoch keine Beweise liefern. Wesentliches Element einer Wahrscheinlichkeitsaussage ist, daß sie auch Aussagen über den Grad der Unsicherheit enthält, der der Aussage anhaftet.

Die Irrtumswahrscheinlichkeit kann definiert und angegeben werden für die Aussage, daß ein Stoff eine bestimmte Wirkung habe. Lautet das Resultat der statistischen Aufarbeitung eines Versuchsergebnisses jedoch, daß eine derartige Aussage nicht gemacht werden könne, so darf daraus nicht geschlossen werden, daß der Stoff eine bestimmte Wirkung nicht habe. Statistisch gesprochen: Wenn eine Nullhypothese nicht verworfen werden kann, bedeutet das nicht, daß sie angenommen ist. So trivial dieser Satz ist, so oft wird er mißachtet. Wenn in einem Versuch oder in einer Versuchsreihe keine Wirkung beobachtet wurde, darf daraus nicht der Schluß gezogen werden, daß keine Wirkung auftrat. Die Aussage ist vielmehr an die Methoden gebunden, mit denen versucht wurde, eine Wirkung zu erfassen und kann sich nur auf diese Bedingungen beziehen. Es ist nicht auszuschließen, daß eine Wirkung auftrat, die jedoch mit den verwendeten Beobachtungsmethoden nicht zu erfassen war. Darum sind Versuche, bei denen in höheren Konzentrationen Wirkungen beobachtet wurden, besser geeignet, Wahrscheinlichkeitsaussagen über das Nichtauftreten von Wirkungen in bestimmten Konzentrationsbereichen zu machen als Versuche, in denen überhaupt keine Wirkungen auftraten.

1631. Die Häufigkeit des Auftretens oder der Ausprägung bestimmter Ereignisse oder Merkmale, z. B. Wirkungen, in einer Population und damit deren biologische Variabilität folgt mehr oder weniger den Gesetzen einer Zufallsverteilung. Diese Häufigkeitsverteilung ist im Idealfall einer nur vom Zufall abhängigen Verteilung symmetrisch. Je breiter die biologische Variabilität ist, desto breiter und flacher ist die Häufigkeitsverteilungskurve. Setzt sich eine Population aus mehreren Untergruppen zusammen, die sich hinsichtlich einzelner, das Merkmal oder Ereignis beeinflussender Faktoren, z. B. der Aktivität bestimmter Enzyme unterscheiden, so weist die Verteilungskurve mehrere Gipfel auf, sofern die Subkollektive durch hinreichend viele Individuen vertreten sind. Selten auftretende Wirkungen können in einer Population nur durch die Untersuchung einer großen Zahl von Individuen erfaßt werden. Bei einer Ereigniseintrittswahrscheinlichkeit von 1 % muß die Stichprobe rd. 300 Individuen betragen, um mit einer Wahrscheinlichkeit von 95 % die Wirkung zu erfassen; bei einer Eintrittswahrscheinlichkeit von 0,1 % sind es 3 000. Diese Zahlen gelten jedoch nur für „ideale" Bedingungen, d. h. wenn die beobachteten Populationen einheitlich sind und sich nur hinsichtlich der zu untersuchenden Einflußgröße unterscheiden. Dies zu erreichen ist umso schwieriger, je komplexer ein biologisches System ist und in Untersuchungen an Menschen so gut wie ausgeschlossen. Eine weitere Schwierigkeit, die größere Zahlen erforderlich macht, ist dann gegeben, wenn ein Ereignis nicht nur als Wirkung eines zu untersuchenden Stoffes, sondern auch spontan auftreten kann und die Wirkung von diesem Hintergrund abgegrenzt werden muß. Mit der Festlegung, wieviele Individuen in eine tierexperimentelle oder epidemiologische Untersuchung einbezogen werden sollen, wird gleichzeitig auch das Maß der statistischen Unsicherheit einer Aussage wesentlich bestimmt.

1632. Eine Schadwirkung ist häufig das Ergebnis einer mehr oder weniger langen Kette von ineinandergreifenden biologischen Abläufen und Prozessen. Die Beurteilung einer beobachteten Wirkung als Schadwirkung oder als Vorstufe einer solchen setzt voraus, daß der Zusammenhang von beobachteter Wirkung und der Manifestation eines Schadens oder einer Beeinträchtigung zumindest in groben Zügen bekannt ist. Je weiter entfernt die beobachtete Wirkung vom Schadenseintritt in der Ereigniskette steht bzw. je weniger über die einzelnen Schritte der Ereigniskette bekannt ist, desto unsicherer ist der Zusammenhang zwischen Wirkung und Schadenseintritt, desto unsicherer ist auch die Aussage über die Relevanz der Wirkung im Hinblick auf einen möglichen Schaden. Das gleiche gilt für biologische Modellsysteme: Je unähnlicher das Testsystem dem menschlichen Organismus ist, desto unsicherer ist die Aussage. Diese Feststellung ist insbesondere im Hinblick auf in vitro-Systeme zu beachten.

Für die Erkennung von Wirkungen und Schadwirkungen stehen im wesentlichen vier Wege des Zugangs zur Verfügung:

— Tierversuche

— In-vitro-Versuche an biologischem Material

— kasuistische Erfahrungen beim Menschen

— epidemiologische Untersuchungen.

Tierversuche

1633. Die Notwendigkeit und die Berechtigung zur Durchführung von Tierversuchen muß sich in jedem Einzelfall an den Forderungen und Normen des Tierschutzes messen lassen. Der Grund dafür, daß Tierversuche zur Ermittlung von Wirkungen und Schadwirkungen von Stoffen und zur Abschätzung stofflicher Risiken für die menschliche Gesundheit unverzichtbar sind, liegt in dem komplexen Zusammenspiel physiologischer Funktionen. Deren Veränderungen oder Beeinträchtigungen können nur im lebenden Organismus und bisher jedenfalls nur in wenigen Bereichen in Versuchen in vitro untersucht werden. In dem Maße, in dem In-vitro-Systeme, oder allgemeiner gesagt, Versuche an biologischem Material sich als zur Ermittlung und Abschätzung stofflicher Risiken, d. h. von Wirkungen und Schadwirkungen für den Menschen geeignet zeigen und sich herkömmlichen Methoden des Tierversuchs gegenüber als gleichwertig erweisen, können und sollen sie nach Auffassung des Rates an die Stelle von Tierversuchen treten. Es sollte vermieden werden, daß durch Festlegung bestimmter Methoden in Gesetzen, Verordnungen oder Richtlinien derartige sinnvolle Innovationen behindert werden. Der Rat empfiehlt daher, künftig in der Gesetzgebung im Umwelt- und Gesundheitsschutz keine bestimmten Methoden mehr festzuschreiben und, wo dies geschehen ist, z. B. im Chemikaliengesetz, die Festlegung aufzuheben bzw. dadurch zu ergänzen, daß gleichwertige Methoden zugelassen sind. Künftig sollten die Angabe der Ziele einer Untersuchung und die Verpflichtung auf den Stand der Wissenschaft genügen.

1634. In der toxikologischen Wissenschaft wurden in den letzten Jahren erhebliche Anstrengungen unternommen, um bei gleicher oder verbesserter Aussagefähigkeit die Zahl der erforderlichen Tierversuche zu vermindern. Die größten Fortschritte wurden bei der Ermittlung der akuten Toxizität erzielt. Anstelle der LD_{50} als Maßzahl der akuten Toxizität — der Dosis, bei der die Hälfte eines behandelten Tierkollektivs stirbt und zu deren Ermittlung eine große Zahl von Tieren „verbraucht" wurde — wird heute die akute Giftigkeit eines Stoffes mit qualitativ besseren Aussagen in wesentlich weniger Tierversuchen ermittelt. Der Rat begrüßt diese Entwicklung, die ebenfalls Anlaß sein sollte, auf die Festschreibung von Methoden in Rechtsnormen zu verzichten. Die Verordnungen zum Chemikaliengesetz sollten möglichst bald aus diesem Grund revidiert werden. Je mehr und je detaillierter einzelne Untersuchungsmethoden vorgeschrieben werden, umso mehr wird sowohl bei den staatlichen Behörden als auch bei den die Untersuchungen durchführenden oder veranlassenden Unternehmen eine Mentalität gefördert, die zum Abhaken schematisch durchgeführter Versuche neigt, wo statt dessen eine kreative, phantasievolle, dem Einzelfall und seinen Problemen Rechnung tragende und auf jeweils maßgebende Resultate aufbauende Anwendung des methodischen Instrumentariums angezeigt wäre.

1635. Ziel des Tierversuchs ist neben der qualitativen und quantitativen Beschreibung der Wirkungen (Dosis-Wirkungs-Beziehungen, Dosis-Häufigkeits-Beziehungen) die Ermittlung einer „Höchsten Dosis ohne beobachtbare Wirkung" (no observable effect level, NOEL, vgl. Abschn. 3.1.2.3.1), d. h. einer Dosis bzw. eines Dosisbereichs unterhalb der Wirkungsschwelle für akute, vor allem aber für die langdauernde, wiederholte, chronische Einwirkung eines Stoffes. Bei Untersuchungen zur chronischen Toxizität im Vergleich zur akuten Toxizität ist nicht nur die Versuchsanordnung — niedrige Dosierung über große Zeiträume, meist die ganze Lebenszeit der Versuchstiere — eine andere, sondern die chronischen Schadwirkungen können sich auch in anderer Weise manifestieren als akute.

Die Analyse von Veränderungen auf zellulärer und Zellverbandsebene mit biochemischen, lichtmikroskopischen und histologischen Methoden oder auf subzellulärer Ebene mittels Elektronenmikroskopie erlaubt nur begrenzte Aussagen im Hinblick auf eine toxikologische Beurteilung. Dies ist teils methodisch bedingt, teils dadurch, daß chemische und physikalische Reize zwar eine Vielzahl zellulärer Reaktionen auslösen können; in späteren, der Beobachtung zugänglichen Stadien in der Ereigniskette manifestieren sie sich jedoch in einer begrenzten Zahl von Arten der Veränderung und sind somit relativ unspezifisch. Bestimmte Gewebsveränderungen weisen auf chronisch toxische Wirkungen hin, deren Mechanismen jedoch meist unbekannt sind und die — wenn überhaupt — nur mit anderen Methoden aufgeklärt werden können. Andere Gewebsveränderungen sind so unspezifisch, daß die sich einer eindeutigen Beurteilung entziehen, oder kommen, z. B. altersbedingt, auch in der unbehandelten Kontrollgruppe häufig vor, so daß der zusätzliche Effekt des Stoffes in der Gewebsveränderung auf hohem Niveau untergeht. Weil die meisten der beobachtbaren chronisch toxischen Wirkungen zunächst unauffällig und undramatisch verlaufen, ist ein großer Versuchsaufwand erforderlich, um mit einiger Wahrscheinlichkeit solche Schadwirkungen ausfindig zu machen.

1636. Tierversuche werden mit einer begrenzten Zahl von Tieren durchgeführt, wobei die Zahl der Tiere im wesentlichen von der Fragestellung und dem Ziel der Untersuchung abhängt, jedoch biometrischen (statistischen) Mindestanforderungen genügen muß. Die Empfindlichkeit einzelner Individuen einer Spezies im Hinblick auf Wirkungsauslösung oder Wirkungsstärke kann erhebliche Unterschiede aufweisen.

Selten auftretende oder schwach ausgeprägte Wirkungen können nur mit entsprechend großem Versuchsaufwand erfaßt werden. Die Grenze der Erfaßbarkeit von Wirkungen im Tierversuch liegt in der Praxis bei einer Eintrittswahrscheinlichkeit von bestenfalls 1%. Auch die Grenzen meßtechnischer Erfassung der Intensitäten biologischer Reaktionen liegen mit 2—5% in einem ähnlichen Bereich.

Dieses Problem kann nicht für sich allein gesehen werden, es ist mit dem Problem der Extrapolation der in einem kleinen Kollektiv gewonnenen Daten auf eine große menschliche Population gekoppelt. In einem Versuchstierkollektiv von 60 Tieren, in dem die Toxizität eines Stoffes untersucht werden soll, dem potentiell alle rund 60 Mio Einwohner der Bundesrepublik Deutschland exponiert sind, nimmt jedes Tier eine Stellvertreterfunktion für 1 000 000 Menschen ein. In diesem Tierkollektiv kann eine Wirkung, die mit einer Eintrittswahrscheinlichkeit von 5% auftritt, gerade noch erfaßt werden; eine Wirkung mit einer Eintrittswahrscheinlichkeit von 1% würde dem Nachweis in diesem Tierkollektiv entgehen, würde sich aber bei gleicher Eintrittswahrscheinlichkeit beim Menschen rechnerisch bei 600 000 Einwohnern der Bundesrepublik Deutschland manifestieren.

Durch die Einführung von Prüfrichtlinien, in denen u. a. die Versuchstierzahl für bestimmte Untersuchungen festgelegt ist, kann dieses Problem nicht gelöst werden; es wird dadurch lediglich die Trennschärfe der statistischen Auswertung standardisiert. Prüfrichtlinien stellen einen politischen Kompromiß dar zwischen den Anforderungen an die Sicherheit und Erwägungen von Praktikabilität und Kosten.

1637. Es hat nicht an Versuchen gefehlt, das Problem der Erkennung und Quantifizierung seltener Wirkungen im langdauernden Tierversuch zu lösen. Jedoch hat das sogenannte Mega-Maus-Experiment die technisch-organisatorischen Grenzen einer solchen Vorgehensweise deutlich gemacht; es zeigte sich nämlich, daß bei riesigen Versuchstierkollektiven (1 Mio Mäuse) die Versuchsbedingungen nicht hinreichend konstant gehalten werden können, der kontrollierte Ablauf des Versuchs deshalb nicht gewährleistet ist und der statistisch mögliche Erkenntnisgewinn durch andere Unwägbarkeiten wieder verloren geht. Die Erkennung seltener Wirkungen im Tierversuch stößt somit an eine unüberwindliche Grenze.

1638. Eine wichtige Rolle spielen Untersuchungen zur Toxikokinetik, d. h. zur Resorption (Übergang des Stoffes aus den Eintrittspforten des Organismus in den Blutkreislauf), Verteilung, Umwandlung bzw. Abbau und Ausscheidung des Stoffes und seiner Umwandlungs- und Abbauprodukte (Metaboliten). Diese Untersuchungen liefern Informationen über die Verweildauer des Stoffes im Organismus, die Anreicherung in bestimmten Organen und Geweben, Giftungs- und Entgiftungsvorgänge infolge der Stoffumwandlung (Metabolisierung) und der Interaktionen mit biologischem Material. Die Untersuchungen werden überwiegend in vivo, zunehmend aber auch in vitro durchgeführt. Der Vergleich toxikokinetischer Ergebnisse mit den beobachteten Wirkungen ermöglicht Schlußfolgerungen darüber, ob die beobachteten Schäden (oder deren Ausbleiben) auf die Empfindlichkeit (oder Unempfindlichkeit) der in Frage kommenden Strukturen bzw. Organe gegenüber dem Stoff oder seinen Metaboliten zurückzuführen sind oder ob sie toxikokinetische Ursachen haben (z. B. Anreicherung des Stoffes am Ort der spezifischen Interaktion). Unterschiede der Toxizität eines Stoffes bei verschiedenen Spezies sind häufiger auf toxikokinetische Faktoren zurückzuführen als auf die unterschiedliche Empfindlichkeit der betroffenen Strukturen oder Organe bei verschiedenen Spezies. Untersuchungen zur Toxikokinetik sind zwar aufwendig, liefern aber häufig Erkenntnisse, die zur Erklärung von unterschiedlichen Wirkungen bei verschiedenen Spezies beitragen und damit auch die Sicherheit der Aussage im Hinblick auf den Analogieschluß von Ergebnissen aus Tierversuchen auf den Menschen verbessern.

In-vitro-Testsysteme

1639. In den letzten Jahren haben In-vitro-Testsysteme an biologischem Material zur Untersuchung von toxischen Wirkungen in wachsendem Maße Bedeutung erlangt. Neben Schnellsuch-Tests mit niederen Organismen (Bakterien, Pilzen, Hefen) werden zunehmend Test- und Untersuchungssysteme mit Säugerzellen entwickelt; für bestimmte Fragestellungen werden Gewebe, Organe oder Zellen von Tieren für kurze Zeit in Kultur genommen. Diese Systeme haben im Hinblick auf Tierschutz und wegen ihrer einfachen Handhabung große Vorteile gegenüber dem Tierversuch, nicht zuletzt auch im Hinblick auf Kosten-, Material- und Zeitersparnis. Die weiteste Verbreitung haben Schnelltests zur Prüfung auf Mutagenität (Veränderungen der genetischen Information von Zellen) gefunden. Diese Schnelltests ermöglichen eine rasche Durchmusterung einer großen Zahl von Stoffen auf gentoxische Wirkungen und die Identifizierung von Stoffen mit möglicherweise kanzerogenem Potential, die dann, falls erforderlich, eingehender untersucht werden können. Mehr und mehr werden auch In-vitro-Tests für die Untersuchung anderer zellschädigender Wirkungen entwickelt. Untersuchungen mit In-vitro-Tests tragen inzwischen dazu bei, in Teilbereichen der Toxizitätsprüfung Tierversuche zu vermeiden oder durch gezieltere Versuchsplanung die Zahl der Versuchstiere zu senken.

1640. In-vitro-Experimente basieren auf ausschnitthaften, vereinfachten Modellen von Vorgängen im lebenden Organismus. Die Stärke von In-vitro-Versuchen liegt darin, daß durch die vereinfachte Versuchsanordnung unter Ausschaltung komplexer störender Einflüsse, die in vivo das Experiment aufwendig oder gar undurchführbar machen würden, einzelne biologische Prozesse gezielt und im Detail untersucht werden können, z. B. Wirkungsmechanismen toxischer Stoffe. Die Übertragbarkeit der Ergebnisse aus der Zellkultur auf Vorgänge im lebenden Tier oder im menschlichen Organismus ist jedoch mit Unsicherheiten belastet. Je mehr Erfahrungen mit In-vitro-Methoden vorliegen, desto besser können Sensitivität und Spezifität abgeschätzt werden, d. h. desto besser kann das Risiko falsch-negativer oder falsch-positiver Ergebnisse im Vergleich zum Versuch in vivo angegeben werden. Falsch-positive Ergebnisse sind solche, die zur Annahme einer bestimmten Schadwirkung führen, obwohl diese nicht gegeben ist, während falsch-negative Ergebnisse eine tatsächlich vorhandene Schadwirkung nicht erkennen lassen.

1641. Der Rat erwartet, daß in den nächsten Jahren In-vitro-Tests zunehmend in toxikologischen Routineuntersuchungen ihren Platz finden werden. Angesichts der Zahl der zu untersuchenden Stoffe sollte diese Entwicklung gefördert werden. Voraussetzung ist die weitere Verbesserung der Sensitivität und Spezifität der Testverfahren.

Kasuistische Erfahrungen beim Menschen

1642. Experimente zur Ermittlung der Toxizität von Stoffen können an Menschen nicht durchgeführt werden; sie wären unethisch und rechtswidrig. Umso wichtiger ist es, alle Erfahrungen aus akzidentellen oder suizidalen Vergiftungen sorgfältig auszuwerten, zu dokumentieren und für die Stoffbeurteilung heranzuziehen. Einige der in der Bundesrepublik bestehenden Informations- und Behandlungszentren für Vergiftungen dokumentieren seit Jahren Art und Verlauf der von ihnen beobachteten Intoxikationen. Zum Teil stehen diese Informationen über das Deutsche Institut für Medizinische Datenerfassung und Information (DIMDI) zur Verfügung; sie sind jedoch bei einzelnen Zentren unterschiedlich strukturiert, und es fehlt an einer zusammenfassenden gemeinsamen Auswertung. Der Rat empfiehlt, sowohl die Datenbanken der Informations- und Behandlungszentren nach gleichen Gesichtspunkten zu strukturieren und miteinander kompatibel zu machen als auch eine gemeinsame Auswertung des dort vorhandenen Materials zu veranlassen. Ein Zuwachs von Daten und Erkenntnissen ist auch in dem Maße zu erwarten, in dem die begonnene Zusammenarbeit der Zentren für Toxikovigilanz in den EG-Ländern verbessert und intensiviert wird. Der Rat würde es begrüßen, wenn auch die Daten aus der Gewerbetoxikologie und Arbeitsmedizin in diesen Informationsverbund einflössen.

1643. Auch wenn kasuistische Erfahrungen eher zufällig und unsystematisch anfallen, liefern sie doch wertvolle Informationen über Symptome in Beziehung zur aufgenommenen Giftmenge, Angriffsorte von Schadstoffen im menschlichen Organismus, über Toxikokinetik, Vergiftungsverlauf und Heilungschancen. Darüber hinaus ermöglichen die gewonnenen Kenntnisse qualitative Vergleiche der Wirkungen beim Tier und beim Menschen und verbessern damit im günstigen Fall die Grundlagen für den Analogieschluß von Ergebnissen aus dem Tierversuch auf den Menschen.

Bei akuten Schadwirkungen liegt wegen des meist kurzen zeitlichen Abstands zwischen Stoffzufuhr und dem Eintritt von Vergiftungssymptomen und wegen der meist hohen Stoffdosis der ursächliche Zusammenhang auf der Hand oder ergibt sich durch eine sorgfältige Analyse der Vorgeschichte der Vergiftung. Für chronische Vergiftungen hingegen ist es typisch, daß wegen ihres schleichenden, lange Zeit unauffälligen Verlaufs erste Symptome und Beeinträchtigungen nicht erkannt werden und nicht mit einer Exposition in Zusammenhang gebracht werden können. Auch kann die über längere Zeit erfolgende Exposition oder Zufuhr geringer Mengen bzw. Konzentrationen unbemerkt bleiben. Aus diesen Gründen und weil über einen längeren Zeitraum — Monate, Jahre, bei kanzerogenen Stoffen auch Jahrzehnte — zwangsläufig auch viele andere Einflußgrößen zur Geltung kommen, ist es in der Regel schwierig, Zusammenhänge zwischen Stoff, Exposition und Schädigung aufzudecken. Dies trifft umso mehr zu, wenn die Symptome unspezifisch sind, also verschiedenen Ursachen zugeschrieben werden können oder unter dem Bild bekannter Krankheiten ablaufen. In solchen Fällen ist es nicht nur schwierig und aufwendig, eine Hypothese über einen vermuteten Zusammenhang zu prüfen, sondern überhaupt erst eine solche Hypothese zu bilden.

Epidemiologische Untersuchungen

1644. Der Rat hat in einem externen Gutachten epidemiologische Studien über die Wirkung von Umweltfaktoren auf die menschliche Gesundheit auswerten lassen. Die Ergebnisse dieser Auswertung werden gesondert veröffentlicht (van EIMEREN et al., 1987). Die folgenden Ausführungen basieren im wesentlichen auf den methodischen Teilen dieses Gutachtens, die der Rat sich insoweit zu eigen macht.

Es gibt eine leider verbreitete Erwartung, daß epidemiologische Untersuchungen die notwendigen

Kenntnisse und Voraussetzungen liefern, um direkt und auf die gesamte exponierte Bevölkerung bezogen die Frage zu beantworten, ob und ggf. von welchen Schwellen an ein Umweltfaktor gesundheitsschädlich ist. Derartige Erwartungen sind übertrieben und weder durch die bisherigen Erfolge der Umweltepidemiologie noch durch eine Abschätzung dessen, was diese unter günstigeren Voraussetzungen leisten könnte, gerechtfertigt. Durch die ungerechtfertigt hohen, von außen an die Umweltepidemiologie herangetragenen Ansprüche wird es dieser aber auch erschwert, sich den Kredit zu erwerben, den sie verdient. Andererseits können die hochgeschraubten Erwartungen dazu instrumentalisiert werden, umweltpolitisches Handeln mit der Begründung zu unterlassen, ein Zusammenhang zwischen einem gegebenen Umweltfaktor und einem Gesundheitsschaden sei bisher nicht nachgewiesen. Eine solche Begründung einer umweltpolitischen Entscheidung wäre angesichts der falschen Voraussetzungen unredlich.

1645. Epidemiologische Studien spielten in der Vergangenheit eine wichtige Rolle bei der Aufklärung der Ausbreitung von Infektionskrankheiten und trugen zu deren Eindämmung bei. Auch die heutigen, noch lückenhaften Kenntnisse über die Übertragung und Ausbreitung des erworbenen Immundefektsyndroms (AIDS) stammen aus epidemiologischen Untersuchungen.

Die epidemiologische Forschung beschäftigt sich heute entsprechend der Bedeutung für die Volksgesundheit vorwiegend mit chronischen Krankheiten und nicht-infektiösen Gesundheitsrisiken. Es wird versucht, mögliche ursächliche oder mitverursachende Faktoren von Zivilisationskrankheiten in der physikalisch-chemischen Umwelt und in den sozioökonomischen Lebens- und Arbeitsbedingungen von Bevölkerungsgruppen zu identifizieren. In der Regel ist es jedoch wesentlich schwieriger, in umweltepidemiologischen Studien zu eindeutigen Aussagen zu kommen, als dies in klassischen epidemiologischen Studien über Infektionskrankheiten der Fall war. Der Grund dafür liegt in der wesentlich größeren Komplexität sowohl der Expositionsbedingungen als auch der möglichen gesundheitlichen Beeinträchtigungen in umweltepidemiologischen Studien. Komplexe Systeme und Phänomene sind aber weder vollständig determiniert noch demzufolge vollständig beschreibbar. Die Unschärfe im Bereich der Exposition ist evident; die umweltepidemiologische Forschung wie überhaupt der wissenschaftliche Beitrag der Medizin zur Umweltdebatte wird zusätzlich dadurch erschwert bzw. beeinträchtigt, daß nur in Ausnahmefällen nach spezifischen Krankheiten (im Sinne eines pathognomonischen Effektes) gesucht werden kann, sondern Variable benutzt werden müssen, denen nur über theoretische Modelle ein möglicher Krankheitswert zugeschrieben werden kann. Darunter leidet nicht nur die Planung und Durchführung umweltepidemiologischer Studien, sondern auch die Interpretation ihrer Ergebnisse.

Dennoch sind umweltepidemiologische Untersuchungen unverzichtbar. Ihre Notwendigkeit ergibt sich u. a. aus

— dem ethischen Problem von Versuchen an Menschen;

— der praktischen Unmöglichkeit von Massenexperimenten im Bereich geringer Risiken über Jahrzehnte an riesigen Populationen;

— der Widersprüchlichkeit und mangelhaften Übertragbarkeit von in Modellen (Experimenten) gefundenen Gesetzmäßigkeiten auf historisch reale Lebensbedingungen;

— der Erfahrung, daß die Toxizität vieler Stoffe erst durch zufällige Beobachtungen beim Auftreten von Symptomen und Krankheiten erkannt wurde.

1646. Die epidemiologische Forschungstradition hat es mit ihrer induktiv-pragmatischen Erkenntnismethode schwer, sich in der deduktiv-theoretischen Denktradition der Naturwissenschaften als richtige Wissenschaft auszuweisen, da Kausalität im strengen Sinne durch sie nicht beweisbar ist. Der Kausalitätsbegriff der Epidemiologie ist ein eher gradueller im Sinne von zunehmender Evidenz durch das Zusammentragen von Indizien (vgl. Tz. 1455f.). Dieses Verständnis drückt sich in den folgenden Kriterien für den „Beweis" einer Verursachung aus:

— die vermutete Ursache sollte in der untersuchten Population ähnlich verteilt sein wie der Effekt (Krankheit);

— die Häufigkeit der Krankheit sollte in der exponierten Gruppe höher sein als in der nicht-exponierten Gruppe;

— bei Kranken sollte eine höhere Exposition gefunden werden als bei Gesunden, wenn andere Risikofaktoren als Störvariable ausgeschlossen sind;

— die Krankheit folgt zeitlich der Exposition;

— je größer die Dosis und je länger die Einwirkungszeit, desto größer die Krankheitswahrscheinlichkeit;

— die verschiedenen biologischen Effekte einer Exposition folgen einer biologisch plausiblen Anordnung von weniger schweren zu stärkeren Effekten;

— die Assoziation von Exposition und Effekt sollte unter verschiedenen Randbedingungen und Studientypen nachweisbar sein;

— die Verringerung der Exposition sollte die Krankheitshäufigkeit vermindern;

— experimentelle und theoretische Überlegungen ergeben eine große Plausibilität.

Die wissenschaftliche Methodik der Epidemiologie wurzelt somit in der Verfeinerung und Methodisierung des eher praktischen Verstandes mit dem Ziel der

— Entwicklung und Standardisierung praktikabler Erhebungsmethoden (empirische Materialien),

— Formalisierung von Studiendesign und deren Mathematisierung,

- konzeptionellen und quantitativen Behandlung von biologischer Interaktion und formaler Korrelation,
- Formalisierung des Zufallfehlers und seiner Quantifizierung und
- Vermeidung bzw. Kontrolle systematischer Fehler.

1647. Ökologische und geomedizinische Forschungsansätze der deskriptiven Epidemiologie haben vor allem Bedeutung unter gesundheitsplanerischen Aspekten. In explorativen Studien können Inzidenzunterschiede zwischen Regionen und in zeitlichem Verlauf ermittelt und Hypothesen gewonnen werden, die dann mittels klassischer Forschungsansätze wie Tierversuchen, In-vitro-Testsystemen oder analytisch-epidemiologischen Studien überprüft werden müssen. Trotz einiger positiver historischer Beispiele sollte dieser Aspekt allerdings nicht überbewertet werden. Auch in Zukunft werden die wichtigsten Ideen, die zu neuen Modellen und Hypothesen führen, den Köpfen und nicht großen Datenkörpern entspringen.

1648. In der Bundesrepublik Deutschland leiden ökologische und geomedizinische Forschungsansätze darunter, daß der Zugang zu Mortalitäts- und Morbiditätsdaten erschwert ist. Der Rat hält es für geboten, in naher Zukunft praktische und gesetzliche Regelungen zu finden, die sowohl dem individuellen Bedürfnis nach dem Schutz personenbezogener Daten als auch dem sozialen Bedürfnis nach einer Weiterentwicklung des Umwelt- und Gesundheitsschutzes Rechnung tragen.

1649. Auf dem Gebiet der epidemiologischen Methodenlehre sind in den letzten Jahren große Fortschritte gemacht worden. Nachdem in der Vergangenheit Epidemiologie häufig mit deskriptiver Statistik gleichgesetzt wurde, gewann — ausgehend von wichtigen Arbeiten im Ausland — zunehmend auch in der Bundesrepublik Deutschland die analytische Epidemiologie in der Krankheitsursachenforschung an Bedeutung. Die klassische Planung und Auswertung von Experimenten, die auf Kontrolle und systematischer Variation von Einflußgrößen aufgebaut sind, kann auf Fragen nach dem Zusammenhang von Exposition und Krankheitsentstehung beim Menschen nicht angewendet werden. Krankheitsursachenforschung beim Menschen ist auf Beobachtung angewiesen. Ziel der analytischen Epidemiologie ist es, diese Beobachtungen zu vereinheitlichen, die möglichen Verzerrungen, z. B. durch Selektion, Beobachtungsfehler und Störvariable auszuschalten oder zu mindern und möglichst effizient die Überprüfung konkreter Hypothesen zu ermöglichen. Dies hat vor allem zu zwei Typen von Studienansätzen geführt: Fall-Kontroll-Studien und Kohortenstudien. Es kommt sehr darauf an, das für die jeweilige Fragestellung geeignete Studienkonzept auszuwählen.

Bei **Fall-Kontroll-Studien** werden die zu untersuchende Umweltexposition sowie spezifische Störvariable an Personen, die die Zielkrankheit haben (Fälle), und an nicht daran Erkrankten (Kontrollen) erhoben und verglichen. Dieses relativ schnell durchführbare Verfahren hat Schwächen bei der Auswahl geeigneter Kontrollen und bei der Rückverfolgung der meist nicht genau bekannten Exposition. Letzteres spielt vor allem bei Studien zu Krebskrankheiten eine Rolle, bei denen die Exposition bis zu vier Jahrzehnten vor dem Auftreten der Krankheit ermittelt werden muß.

Bei **Kohortenstudien** werden Gruppen unterschiedlich exponierter Personen untersucht und hinsichtlich des Auftretens der Zielkrankheit verglichen. In allen anderen Variablen außer der Exposition sollen die Gruppen vergleichbar sein. Kohortenstudien sind prospektiv, wenn die Gruppen nach einem vorher festgelegten Studienprotokoll ausgewählt und über die im Protokoll festgelegte Zeit verfolgt und beobachtet werden. Die Zeiträume können je nach zu erwartenden und in das Untersuchungsprogramm aufgenommenen Effekten sehr lang sein, bei Krebs z. B. bis zu 40 Jahren. Prospektive Kohortenstudien erfordern somit lange Beobachtungsdauer, sind kosten- und zeitaufwendig, erlauben aber wenigstens zu Beginn eine ausreichend gute Kontrolle der Variablen, die allerdings im Verlauf der Studien durch das Ausscheiden von Personen wieder verlorengehen kann. Kohortenstudien können auch mit zurückverlegtem Ausgangspunkt durchgeführt werden (retrospektive oder historisch-prospektive Studien). Resultate sind dann zwar innerhalb kürzerer Zeitspannen erhältlich, doch bestehen oft Probleme darin, ausreichend dokumentierte und ausreichend weit zurückreichende Unterlagen von für alle Personen vergleichbarer Verläßlichkeit zur Verfügung zu haben.

1650. Durch richtige Planung (Stichprobenumfang, Stichprobenziehung, Charakteristik der Population, Störgrößen) und Auswertung (Konfidenzintervalle statt oder neben Signifikanztests) von Studien können Zufallsfehler und systematische Fehler weitgehend beherrscht werden. Zu den systematischen Fehlern tragen neben methodischen Schwächen bei der Planung und Auswertung vor allem Störgrößen bei, die den Zusammenhang zwischen Exposition und Effekt beeinflussen. Eine Kontrolle von Störvariablen ist in neueren Studien meist in ausreichender Form durchgeführt worden. Es muß betont werden, daß der Begriff der Störvariablen nur sinnvoll im Kontext eines zu untersuchenden Zusammenhangs zwischen spezifischer Exposition und Gesundheitseffekt zu gebrauchen ist. Dies hat zur Folge, daß generell bereits bei der Planung einer Studie Faktoren, die zur Umweltexposition oder zum Gesundheitseffekt eine Beziehung aufweisen, berücksichtigt werden müssen. Gleichzeitig muß jedoch vor einer Überinterpretation von Störvariablen gewarnt werden. Häufig wird die Aussagekraft epidemiologischer Studien angezweifelt, weil bestimmte Faktoren nicht kontrolliert wurden. Dabei werden explizit oder implizit Umwelteinwirkungen aus verschiedenen Quellen gegeneinander ausgespielt; die schädliche Wirkung einer gegebenen Luftverschmutzung wird aber dadurch nicht aufgehoben, daß häufig gleichzeitig schlechte Ernährung und Lärm auftreten und die Faktoren nicht isoliert betrachtet werden können (van EIMEREN et al., 1987).

1651. In vielen epidemiologischen Studien werden mechanische einfache statistische Maßzahlen oder deren Vergleich sowie Signifikanztests verwendet. Die ausschließliche Konzentration auf Signifikanztests im epidemiologischen Forschungsprozeß ist häufig und zu Recht kritisiert worden. Diese „Kritikpunkte — z. B. bezüglich der Interpretation des Signifikanzniveaus, der Interpretation nichtsignifikanter Ereignisse, des Signifikanztests als hypothesenstützender Instanz — scheinen im Bereich der Umweltepidemiologie noch zu wenig Berücksichtigung zu finden. So geschieht es immer wieder, daß nichtsignifikante Ergebnisse als Nachweis einer Nichtwirkung dargestellt werden oder daß von Studien mit einander widersprechenden Ergebnissen gesprochen wird, wenn die eine Untersuchung ein signifikantes, die andere ein nichtsignifikantes Resultat ergab. Ungerechtfertigt ist auch die Verwendung von Signifikanztests zur Definition von Grenzwerten" (van EIMEREN et al., 1987).

Voraussetzung für die sinnvolle Planung und Auswertung von Studien ist die exakte Formulierung einer Hypothese und einer Alternative. „Diese Hypothesen sind üblicherweise das Resultat von Modellüberlegungen aus anderen Forschungsansätzen wie z. B. Tierversuchen, biochemischen Experimenten oder arbeitsmedizinischen Untersuchungen. Entscheidend ist dabei die Integration verschiedener Forschungsansätze. Neben diesen hypothesenorientierten Aussagen steht bei vielen empirischen Untersuchungen die Quantifizierung bestimmter Risiken im Vordergrund. Dabei sollte stets eine Berechnung von Konfidenzintervallen durchgeführt werden" (van EIMEREN et al., 1987).

1652. Umweltepidemiologische Studien können ein wichtiges Glied beim Nachweis einer Beziehung zwischen einem spezifischen Umweltfaktor und einer Krankheit sein. Sie sind es um so mehr, je spezifischer die Fragestellung ist und je besser das Studienkonzept der Fragestellung angepaßt ist. Je allgemeiner und unspezifischer die Fragestellung ist, um so geringer ist erfahrungsgemäß der Wert umweltepidemiologischer Studien. Sie können auch nur dann erfolgreich sein, wenn ausreichend empfindliche Indikatoren für die vermuteten gesundheitlichen Effekte zur Verfügung stehen und wenn die in Frage kommenden Umweltfaktoren bekannt und meßbar sind. Gerade globale umweltepidemiologische Studien kranken daran, daß es an geeigneten, empfindlichen, breit anwendbaren Indikatoren für leichte oder beginnende gesundheitliche Beeinträchtigungen fehlt und daß einzelne, nicht ausreichend begründete Leitsubstanzen für eine nicht ausreichend definierte Umweltbelastung verwendet werden. Wenn jedoch bereits die Auswahl und die Messung der Parameter, deren Beziehung zueinander untersucht werden soll, derart systematische Schwächen haben, kann auch die beste statistische Auswertung keine brauchbaren Ergebnisse liefern.

„Epidemiologische Studien müssen in den seinem Wesen nach iterativen Forschungsprozeß — Überprüfung von Hypothesen, ihre Widerlegung, Verbesserung und erneute Überprüfung — eingebettet werden. Der beobachtete repetitive Charakter etlicher Studien bewirkt daher häufig ein Auf-der-Stelle-Treten im Erkenntnisgewinn. Leider scheint die größere Annehmlichkeit, sich im Feld bekannter Hypothesen bewegen zu können, gelegentlich die Untersuchung notwendiger Alternativen zu beschränken" (van EIMEREN et al., 1987). Die geringe Koordination zwischen Bundes- und Länderbehörden begünstigt diese Entwicklung, da von mehreren Seiten Studien zu fast identischen Fragestellungen gefördert oder in Auftrag gegeben werden, deren Durchführung jedoch nicht abgestimmt ist, so daß die Ergebnisse nicht verglichen oder in der Auswertung zusammengefaßt werden können.

1653. Bei der Darstellung der Ergebnisse von analytischen epidemiologischen Studien ist stets darauf zu achten, daß Voraussetzungen angegeben werden, Unsicherheiten dargestellt, Vermutungen als Vermutungen gekennzeichnet werden. Dann ist das Vorgehen kompatibel mit einer wissenschaftlichen Erkenntnistheorie, die als wahr bezeichnet, was sich heute noch nicht als Irrtum erwiesen hat. „Mag auch diese Sichtweise politischen Entscheidungsträgern wenig attraktiv erscheinen, so zeigt sie dennoch die einzige Möglichkeit auf, um auf wissenschaftlichem Weg Erkenntnisse über umweltbedingte Gesundheitsrisiken zu erhalten und stellt damit den Preis für das Etikett ‚wissenschaftlich' und dessen Seriosität dar" (van EIMEREN et al., 1987).

Um die epidemiologische Methode für die Umweltforschung optimal nutzen zu können, müssen auch die in sie gesetzten Erwartungen gedämpft werden. Je weniger von der Epidemiologie verlangt wird, was sie nicht leisten kann, um so besser können ihre tatsächlichen Möglichkeiten genutzt werden. Andererseits darf der Epidemiologie nicht als Versagen angerechnet werden, daß sowohl im Bereich der gesundheitlichen Effekte als auch der Umweltbelastung keine ausreichend empfindlichen, spezifischen und breit anwendbaren Indikatoren zur Verfügung stehen.

Da es andererseits in der Bundesrepublik Deutschland keine systematische Förderung und Entwicklung des Faches Epidemiologie (wie überhaupt der Gesundheitsforschung) gegeben hat, ist auch die qualitative und quantitative Schwäche der Umweltepidemiologie nicht verwunderlich.

1654. Der Rat empfiehlt nachdrücklich, Ausbildungs- und Forschungsstätten für Umweltepidemiologie innerhalb und außerhalb der Universitäten endlich systematisch aufzubauen und bis dahin jungen Wissenschaftlern durch Stipendien Gelegenheit zu geben, das Handwerkszeug des Faches im Ausland zu erlernen.

In der Bundesrepublik Deutschland sollte der Zugang zu anonymisierten Daten, insbesondere Mortalitäts- und Morbiditätsdaten erleichtert werden; jedoch nützt der beste Zugang nichts, wenn die Daten nichts taugen. Deshalb ist es dringend notwendig, die Qualität der Datenregister zu überprüfen bzw. die strukturellen Voraussetzungen zur Verbesserung ihrer Qualität zu schaffen. Gleichzeitig ist es notwendig, die Voraussetzungen für personenbezogene Forschung eindeutiger und klarer zu definieren. In diesem Bereich herrscht einerseits bei Epidemiologen Unsicherheit und andererseits Unverständnis zwischen Datenschutz und Epidemiologie.

Bei der Konzeption von umweltepidemiologischen Studien sollte politischer und wissenschaftlicher Aktionismus vermieden werden. Es sollten koordinierte Forschungsprogramme entwickelt werden, die dem iterativen Erkenntnisprozeß gerecht werden. Innerhalb solcher Programme sollte von vornherein berücksichtigt und angestrebt werden, daß die generierten Daten auch anderen Forschern zur Verfügung stehen, damit Parallelarbeiten besser vermieden werden können. Die einzelnen Studien sollten so aufeinander abgestimmt sein, daß die erhobenen Daten sowohl miteinander verglichen als auch ggf. gemeinsam ausgewertet werden können. Nicht nur von den Forschern, sondern auch von den die Forschung fördernden Einrichtungen ist mehr Abstimmung und Zusammenarbeit als bisher zu verlangen.

3.1.2.3 Risikoabschätzung

3.1.2.3.1 Duldbare Tägliche Aufnahmemenge und Sicherheitsfaktor

1655. Das Wirkungsprofil eines Stoffes wird abgeleitet aus den Zusammenhängen zwischen Dosis, Zeitdauer der Exposition und auftretenden Wirkungen und der ihnen zugrundeliegenden Wirkungsweisen (Wirkungsmechanismen). Bei der Erstellung eines Wirkungsprofils werden alle vorliegenden Erfahrungen beim Menschen berücksichtigt und in der Regel stärker gewichtet als Daten aus Tierversuchen und In-vitro-Versuchen; allerdings sind kasuistische Erfahrungen am Menschen — wenn überhaupt vorhanden — zufallsbedingt und für die langfristige Exposition nicht typisch. Epidemiologische Daten liegen nur ausnahmsweise vor. Im allgemeinen liefern die Tierversuche zusammen mit In-vitro-Versuchen ein Bild der Wirkungen eines Stoffes, das durch Erfahrungen beim Menschen ergänzt werden kann. Der Vergleich der auf verschiedenen Zugangswegen und mit verschiedenen Methoden erkannten Wirkungen und anderen Daten, z. B. der Toxikokinetik, ist ein wichtiges Mittel, die Plausibilität und den Grad der Wahrscheinlichkeit von Aussagen zur Toxizität eines Stoffes beim Tier und beim Menschen abzuschätzen. Die Erfahrung des beurteilenden Toxikologen spielt dabei eine Rolle, die kaum überschätzt werden kann.

1656. Die Wirkungsschwelle könnte nur mit großem experimentellen Aufwand, d. h. unter Einsatz einer unvertretbar großen Zahl von Versuchstieren mit hinreichender Genauigkeit bestimmt bzw. extrapoliert werden. Zu Beginn und während der Versuchsdurchführung ist nicht bekannt, welche Wirkungen auftreten werden und welche die empfindlichste beobachtbare Wirkung ist. Die Übergänge zwischen „harmlosen" und „nachteiligen" Wirkungen können fließend sein und von Bedingungen abhängen, die teils variabel, teils unbekannt sind. Deshalb wird in der Praxis, und einer Übereinkunft folgend, auf die exakte Bestimmung der Wirkungsschwelle verzichtet. Statt dessen werden in langdauernden Tierversuchen zur Abschätzung der chronischen Toxizität 3 bis 4 Dosierungen eingesetzt, von denen mindestens eine, möglichst aber zwei im Wirkungsbereich liegen müssen, damit die Art der Wirkungen erkennbar und möglichst auch die Dosisabhängigkeit feststellbar ist. Die höchste der eingesetzten Dosen, bei der keine beobachtbaren Schadwirkungen auftreten, die also unterhalb der angenommenen Wirkungsschwelle liegt, wird als „Höchste Dosis ohne beobachtbare Wirkung" bezeichnet (englisch: no observable effect level, NOEL). Der NOEL bildet die praktische Grundlage für die Abschätzung des Dosisbereichs, der auch für den Menschen ohne erkennbare Wirkung und damit definitionsgemäß unbedenklich ist. Ob und wieweit der NOEL unterhalb der biologischen Wirkungsschwelle liegt, ist im Einzelfall nicht bekannt, weil die Schwellendosis unbekannt ist — auch ihre Extrapolation ist problematisch — und weil nur beobachtbare Wirkungen berücksichtigt werden können.

1657. Als **Duldbare Tägliche Aufnahmemenge (DTA)**, (englisch: acceptable daily intake, ADI) wird die Menge bezeichnet, die beim Menschen bei täglicher, lebenslanger Zufuhr duldbar ist, d. h. keine erkennbaren Wirkungen auslösen wird und demnach definitionsgemäß unbedenklich ist (zum Begriff der „Aufnahme" eines Stoffes siehe Abschn. 2.5.2.1; zur DTA vgl. auch Abschn. 2.5.2.2).

Die Duldbare Tägliche Aufnahmemenge wird aus dem Wirkungsprofil und dem NOEL eines Stoffes abgeleitet. Nur für wenige Stoffe existieren aus Erfahrungen beim Menschen hinreichend aussagekräftige Daten im niedrigen Dosisbereich bei chronischer Exposition. Deshalb bilden bei der Mehrzahl der Stoffe Daten aus Tierversuchen die Basis für die Risikoabschätzung. Den Schwierigkeiten bei der Übernahme von Tierversuchsdaten auf den Menschen versucht man zu begegnen, indem man für jeden Stoff jeweils einen Sicherheitsfaktor einführt, der die Unsicherheiten und Unwägbarkeiten dieser Übertragung berücksichtigen soll und mit Hilfe dessen ein Sicherheitsabstand von der Dosis ohne erkennbare Wirkung im Tierversuch zu der Duldbaren Täglichen Aufnahmemenge hergestellt wird.

1658. Zu den **Unsicher**heiten und Unwägbarkeiten, die durch den **Sicher**heitsfaktor aufgewogen werden sollen, gehören insbesondere

— die wesentlich kleinere Versuchstierpopulation im Vergleich zu der Zahl exponierter oder möglicherweise exponierter Menschen;

— die unterschiedliche Reagibilität und Empfindlichkeit der Versuchstierspezies und des Menschen; Unterschiede müssen unterstellt werden, solange im Einzelfall keine Daten vorliegen, die einen Vergleich ermöglichen;

— die Tatsache, daß die Versuchstierkollektive genetisch einheitlich sind (Inzuchtstämme) im Vergleich zur menschlichen Bevölkerung und somit die Reagibilität und die Empfindlichkeit der Versuchstiere eine geringere Streuung aufweisen;

— die besondere Empfindlichkeit bestimmter Gruppen in der Bevölkerung, z. B. Kinder, Alte, Kranke, Schwangere oder von Personen, die durch enzymatische Polymorphismen oder durch allergische

Überempfindlichkeit anders reagieren als die Mehrheit der Bevölkerung.

Der Sicherheitsfaktor ist keine Naturkonstante oder sonst auf wissenschaftliche Weise abgeleitete Größe. Er wird mehr oder weniger arbiträr und in der Regel von Sachverständigengremien definiert und beträgt meist zwischen 10 und 1 000, je nach dem Maß an Erfahrung, das mit dem Stoff vorliegt, und dem Gefährdungspotential des Stoffes. Bei noch wenig bekannten Stoffen muß der Sicherheitsfaktor groß sein (bis 1 000); mitunter reichen die Beurteilungsgrundlagen nicht aus, so daß auf die Festlegung eines Sicherheitsfaktors und einer Duldbaren Täglichen Aufnahmemenge verzichtet werden muß. Liegen genügend aussagekräftige Erfahrungen beim Menschen vor, so werden deutlich niedrigere Sicherheitsfaktoren als ausreichend angesehen.

1659. Die Duldbare Tägliche Aufnahmemenge wird durch Division des NOEL bezogen auf das mittlere Körpergewicht einer Population durch den Sicherheitsfaktor erhalten; sie ist also kleiner oder viel kleiner als der NOEL. Auf eingehende Darstellungen der Ermittlung des NOEL und der Duldbaren Täglichen Aufnahmemenge sei verwiesen (z. B. DFG, 1984; SRU, 1974, Tz. 234 ff.). Von der Duldbaren Täglichen Aufnahmemenge ausgehend werden unter Berücksichtigung von Warenkorb, Verzehrgewohnheiten, Aufenthaltsdauer oder sonstigem Umgang mit einem Stoff Toleranzen, Höchstmengen oder Grenzwerte in Lebensmitteln oder anderen Medien abgeleitet: Der Rat hält es für geboten, darauf hinzuweisen, daß die Annahmen über Verzehrgewohnheiten, Aufenthaltsdauer u. a. so gewählt werden müssen, daß tatsächlich die gesamte Bevölkerung erfaßt wird und nicht nur ein mehr oder weniger breiter statistisch ermittelter Ausschnitt, nicht nur gesunde Erwachsene im mittleren Lebensalter, sondern auch Kinder, alte Menschen und chronisch Kranke.

1660. Die Duldbare Tägliche Aufnahmemenge ist sowohl dem stetigen Wandel der wissenschaftlichen Erkenntnis, als auch dessen, was jeweils in einer Gesellschaft als „duldbar" zu gelten hat, unterworfen. Regelmäßige Überprüfungen finden jedoch nur bei Arbeitsstoffen und bei solchen Stoffen statt, die absichtlich und zu einem bestimmten Zweck verwendet werden und als Rückstände bzw. Zusatzstoffe in die Nahrung gelangen, z. B. Pflanzenschutzmittel und Lebensmittelzusatzstoffe. Andere Stoffe, insbesondere solche, die aus der Umwelt in Lebensmittel gelangen oder Bedarfsgegenstände, werden erfahrungsgemäß nur in unregelmäßigen, größeren Abständen von 5—10 Jahren erneut beurteilt.

1661. Duldbare Tägliche Aufnahmemengen und Sicherheitsfaktoren werden u. a. von Sachverständigengremien der WHO und der FAO, der EG und in der Bundesrepublik Deutschland des BGA und der DFG erarbeitet und empfohlen. Sie sind Voraussetzung für die Ableitung von Grenzwerten und Höchstmengen, die in Rechtsnormen umgesetzt werden können. Auch diese müssen regelmäßig überprüft werden, da sich nicht nur die Voraussetzungen für die Duldbare Tägliche Aufnahmemenge, sondern auch Verhalten und Gewohnheiten der Bevölkerung ändern und eine Anpassung erfordern.

3.1.2.3.2 Mutagene und kanzerogene Stoffe

1662. Mutationen sind die Folge struktureller Veränderungen der genetischen Information einer Zelle. Die Veränderungen können einzelne oder mehrere Gene, einzelne oder mehrere Chromosomen oder Abschnitte davon betreffen. Unter Mutagenität versteht man das Vermögen eines Stoffes oder eines physikalischen Faktors, bleibende Veränderungen der genetischen Information von Zellen in vivo oder in vitro auszulösen. Mutationen in Keimzellen werden auf die Nachkommenschaft übertragen, während die Folgen von Mutationen in Körperzellen auf den Organismus beschränkt bleiben, in dem sie stattfinden.

1663. Kanzerogenität bezeichnet das Vermögen eines Stoffes oder physikalischen Faktors, bei Mensch oder Tier Krebs zu erzeugen. In dem multifaktoriellen und mehrstufigen Prozeß der Krebsentstehung durch physikalische oder chemische Kanzerogene ist es heuristisch und systematisch hilfreich, trotz gelegentlich unscharfer Übergänge Initiation, Promotion und Progression zu unterscheiden.

Bei der **Initiation** führt ein gentoxisches Ereignis zu Veränderungen an der DNS, dem Substrat der genetischen Information. Diese Veränderungen sind unter der Voraussetzung, daß sie nicht quantitativ repariert werden können, irreversibel; jedes weitere gleichartige initiierende Ereignis, z. B. erneute Exposition gegenüber einem Stoff, ruft an weiteren Zellen dieselbe oder andere irreversible Schädigungen hervor, so daß sich die Effekte summieren, auch wenn zwischen den einzelnen Kontakten lange Zeiten ohne Exposition lagen. Wegen dieser Irreversibilität der Prozesse gibt es für mutagene und initiierende kanzerogene Stoffe keine Wirkungsschwelle.

Durch **Promotion** werden aus initiierten Zellen Vorformen von Krebszellen. Dieser Vorgang kann noch reversibel sein, wenn die Promotion unterbrochen wird. Er wird mit der Zeit und durch häufigen Kontakt irreversibel und geht schließlich in die **Progression** über, die zur krebsigen Entartung der Zelle führt. Promotoren können durch Deregulation des Zellzyklus oder mehr oder weniger unspezifische zytotoxische Wirkungen Vorformen von Krebszellen, d. h. initiierte Zellen in Krebszellen überführen. Allerdings muß darauf hingewiesen werden, daß bisher keine eindeutige Differenzierung zwischen initiierenden und promovierenden Stoffen möglich ist, da Initiatoren im allgemeinen auch promovierende Wirkung besitzen und Promotoren, wenn auch in hoher Dosierung, Tumoren auslösen können. Eine tatsächliche Differenzierung ist daher erst dann möglich, wenn die Wirkungsmechanismen der Promotion aufgeklärt sein werden.

Für Promotoren kann eine Wirkungsschwelle nach heutigem Kenntnisstand weder angenommen noch ausgeschlossen werden (APPEL und HILDEBRANDT, 1985). Der Rat empfiehlt daher unter dem Gesichtspunkt des Vorsorgeprinzips bis zum Beweis des Gegenteils bei Risikoabschätzungen von der Annahme auszugehen, daß eine Wirkungsschwelle auch für diese Kanzerogene (Promotoren) nicht besteht.

1664. Für kanzerogene Wirkungen sind lange Latenzzeiten zwischen der Krebsauslösung (Initiation) und der Tumormanifestation charakteristisch. Im Tierversuch muß entsprechend der Lebenszeit der Versuchstiere mit Latenzzeiten von einem bis zu mehreren Jahren, beim Menschen bis zu mehreren Jahrzehnten gerechnet werden. Diese langen Latenzzeiten machen den Nachweis kanzerogener Wirkungen im Tierversuch langwierig und aufwendig; beim Menschen wird dadurch der Nachweis des ursächlichen Zusammenhangs zwischen Kanzerogenexposition und Tumormanifestation erheblich erschwert, wenn nicht sogar oft unmöglich. In Tierversuchen ermittelte kanzerogene Wirkungen begründen in der Regel die Annahme eines kanzerogenen Risikos beim Menschen, es sei denn, es liegen überzeugende Gründe dafür vor, diese Annahme auszuschließen.

1665. In-vitro-Testverfahren, mit denen mutagene Wirkungen schnell erkannt werden können, wurden in die Prüfung auf Kanzerogenität eingeführt, da initiierend wirkende Kanzerogene auch mutagen wirken. Durch geeignete Zusammenstellungen verschiedener In-vitro-Untersuchungsmethoden konnte der Anteil von falsch-positiven und vor allem der im Interesse eines präventiven Gesundheitsschutzes gefährlicheren falsch-negativen Ergebnisse stark reduziert werden. Kombinationen von Mutagenitätstests an Bakterienstämmen und Säugerzellen erlauben jedenfalls eine Entscheidung über das weitere Vorgehen. Der Rat begrüßt die Anzeichen dafür, daß sich in der Praxis eine rationale Vorgehensweise durchsetzt, die in der stufenweisen Anwendung von Kombinationen von Mutagenitätstests, In-vivo-Kurzzeittests und chronischen Tierversuchen besteht, je nach Struktur des Stoffes, Wirkungsprofil und -mechanismus, Gefährdungspotential und wirtschaftlicher Bedeutung.

Angesichts der begrenzten Kapazität sollten die sehr arbeits- und zeitaufwendigen langdauernden Tierversuche zur Ermittlung kanzerogener Wirkungen nur gut begründet auf der Basis vorangehender In-vitro- und begrenzter In-vivo-Versuche geplant werden.

1666. Andererseits darf auch die Aussagekraft eines Tierversuchs, selbst wenn er über die ganze Lebenszeit der Versuchstiere geführt wird, nicht überschätzt werden. Der Nachweis kanzerogener Wirkungen im Tierversuch hängt von einer Reihe von Randbedingungen ab. Neben dem kanzerogenen Potential und der Dosis des Stoffes zählen dazu die spezies- und geschlechtsspezifische Empfindlichkeit gegenüber dem kanzerogenen Stoff und insbesondere die Art und Häufigkeit von Spontantumoren in den mit dem Stoff behandelten Gruppen und Kontrollgruppen. In einem Versuchstierkollektiv von 200 Tieren pro Dosisgruppe können kanzerogene Wirkungen statistisch nur nachgewiesen werden, wenn die Krebshäufigkeit bei einer behandelten Gruppe mindestens um 10 % höher liegt als in der Kontrollgruppe. Dies bedeutet, daß auch in einem gut durchgeführten Kanzerogenitätsversuch in der Regel nur sehr grobe Effekte nachgewiesen werden können. Solche groben Effekte werden oftmals erst bei hoher Dosierung mit dem kanzerogenen Stoff erkennbar. Bei hoher Dosierung können aber andere Metabolisierungsvorgänge ablaufen als bei niedrigerer Dosierung, entweder weil bestimmte Metabolisierungswege überladen sind oder weil die Entgiftungskapazität des Organismus überschritten ist. Die mit der hohen Stoffdosis erhaltenen Ergebnisse können daher nur mit einer mehr oder weniger großen Unsicherheit auf die meist viel relevanteren Bereiche niedrigerer Dosierung extrapoliert werden; dies umso weniger, je größer der Abstand zwischen der hohen und der niedrigeren Dosis ist.

3.1.2.3.3 Allergene Stoffe

1667. Allergische Reaktionen sind dadurch gekennzeichnet, daß sie nach wiederholtem Kontakt mit oder wiederholter Aufnahme von einem Stoff auftreten, wenn nach vorangegangenem Kontakt oder nach Aufnahme eine Sensibilisierung, d. h. eine Reaktion des Immunsystems durch Bildung von Antikörpern gegen den Stoff erfolgt ist. Allergien sind durch diesen Mechanismus von Überempfindlichkeiten unterschieden, deren Ausprägung und Erscheinungsbild ähnlich sein kann, aber nicht auf Sensibilisierung und verändertem Immunstatus beruht, sondern, soweit die Phänomene bisher analysiert werden konnten, auf Besonderheiten der Aktivität bestimmter Enzyme. Die Möglichkeiten, in Tierversuchen oder in In-vitro-Tests sensibilisierende oder allergieauslösende Stoffe zu erkennen, sind unbefriedigend. Allenfalls Stoffe mit sehr stark sensibilisierendem oder auf andere Weise immuntoxischem Potential können erkannt werden. Dadurch kann jedoch weder verhindert werden, daß die Bevölkerung insgesamt Allergenen exponiert wird, noch können die Personen geschützt werden, die gegenüber Allergenen besonders empfindlich sind.

1668. Für allergische Reaktionen ist typisch, daß sie durch viele Stoffe ausgelöst werden können. Die dann ablaufenden immunologisch-allergischen Reaktionen folgen einigen wenigen Grundmustern. Die Formen, in denen sich diese allergischen Reaktionen manifestieren können, sind jedoch vielfältig und vielgestaltig und keineswegs jeweils typisch für bestimmte Stoffe oder Stoffgruppen. Für die einzelnen Manifestationsformen kommt vielmehr eine Vielzahl von Stoffen als Auslöser in Frage.

Dies und die große Zahl von Stoffen in der menschlichen Umwelt, die als Allergene in Betracht kommen, und die sehr großen interindividuellen Unterschiede erschweren es in besonderem Maße, sowohl Ursachen allergischer Reaktionen zu erkennen, als auch vorherzusagen, welche Personen gefährdet sein werden. In der Praxis kann durch allergologische Tests nur ein Teil der Allergien auf bestimmte Stoffe zurückgeführt werden; die Ursache vieler Allergien bleibt unaufgeklärt. Auch Parallelallergien sind häufig: Ist einmal durch einen Stoff eine Sensibilisierung erfolgt, kann die allergische Reaktion auch durch bestimmte andere Stoffe ausgelöst werden, ohne daß noch festgestellt werden könnte, welcher der Stoffe zur Sensibilisierung geführt hat.

1669. Inzidenz und Prävalenz allergischer Erkrankungen scheinen zuzunehmen. So verdoppelte sich beispielsweise in Großbritannien von 1970–1982 die Zahl der Patienten mit Asthma und Heuschnupfen bei gleichbleibender Alters- und Geschlechtsverteilung (FLEMING und CROMBIE, 1987). Welche Faktoren und Kofaktoren für die Zunahme allergischer Reaktionen verantwortlich zu machen sind und welche Rolle die „Chemisierung der Umwelt" dabei spielt, ist nicht bekannt. Auch der Anstieg von Allergien gegenüber natürlicherweise vorkommenden Stoffen, z. B. Pollen, der in allen Industrieländern, nicht jedoch in Entwicklungsländern beobachtet wird, kann durch Parallelallergien mit Stoffen in der Umwelt allein nicht erklärt werden. Vielmehr deutet dieser Anstieg auf indirekte, im einzelnen unbekannte immunpathologische Mechanismen im Vorfeld einer Allergieauslösung hin, die die Allergiebereitschaft in der Bevölkerung erhöhen.

1670. Manche Stoffe, die als Umweltchemikalien von Bedeutung sind, sind als allergene Stoffe am Arbeitsplatz erkannt worden. Aus Untersuchungen am Arbeitsplatz ist auch bekannt, daß bei höherer Exposition gegenüber bekannten Allergenen mehr Menschen sensibilisiert werden als bei niedriger Exposition. Dies ist nicht nur Ausdruck einer gewissen Dosis- oder Konzentrationsabhängigkeit der individuellen Sensibilisierungsreaktion, sondern vor allem der Tatsache, daß mit steigender Dosis bzw. steigender Intensität oder Häufigkeit des Kontaktes mit dem Allergen nicht nur bestimmte, besonders empfindliche, sondern auch in zunehmendem Maße weniger empfindliche Personen, vielleicht sogar jedermann sensibilisiert werden kann, wenn nur die Allergenexposition genügend intensiv ist oder hinreichend lange erfolgt. Die Häufigkeit des Auftretens von Sensibilisierungsreaktionen in einer Population ist bei gegebener Exposition von der unterschiedlichen Empfindlichkeit der Individuen und deren Verteilung abhängig.

1671. Die Frage, ob für die Sensibilisierungsreaktion selbst Wirkungsschwellen bestehen, ist offen. Dies liegt teils an der extrem unterschiedlichen Empfindlichkeit der Individuen in der Bevölkerung, teils daran, daß die zugrundeliegenden immunpathologischen Mechanismen noch weitgehend unklar sind. Die unterschiedlichen individuellen Empfindlichkeiten gegenüber sensibilisierenden Stoffen sowie die Aufklärung der Mechanismen, die der Sensibilisierung zugrundeliegen, sollten vor dem Hintergrund des Anstiegs der Häufigkeit von Allergien Gegenstand verstärkter Forschung sein.

In der Praxis muß davon ausgegangen werden, daß schon bei sehr niedrigen Allergenkonzentrationen in der Umwelt Sensibilisierungsreaktionen möglich sind. Die Konzentrationen bekannter oder verdächtiger Allergene sollten deshalb im Lebensbereich des Menschen so niedrig wie möglich gehalten werden. Außerdem ist zu berücksichtigen, daß allergene Stoffe bei Sensibilisierten schon in extrem niedrigen Konzentrationen allergische Reaktionen hervorrufen können.

3.1.2.3.4 Das Zusammenwirken mehrerer Stoffe

1672. Das Zusammenwirken mehrerer Stoffe im Organismus ist nur bedingt vorhersagbar und bedarf deshalb fast immer der experimentellen Abklärung. Grundsätzlich können gleichzeitig im Organismus anwesende Stoffe sich gegenseitig in ihren Wirkungen verstärken, abschwächen oder ihre Wirkungen unabhängig voneinander entfalten, d. h. sich gegenseitig nicht beeinflussen. Wegen der zahlreichen Kombinationsmöglichkeiten von Stoffen und Stoffdosierungen ist dieser Teilbereich der Toxikologie noch unzureichend untersucht. Er wird es notwendigerweise auch bleiben, da die Kombinationsmöglichkeiten zu zahlreich sind, als daß sie auch bei größtem Aufwand jemals vollständig untersucht werden könnten. Die Häufigkeit und die Wahrscheinlichkeit des Auftretens bedrohlicher Wechselwirkungen zweier oder mehrerer Stoffe werden jedoch in der Öffentlichkeit weithin überschätzt. Überadditive Verstärkungen von Stoffwirkungen sind selten, vor allem deshalb, weil Schadstoffe meist mehr oder weniger unabhängig voneinander den Organismus durchlaufen und überadditive Wirkungen anscheinend nur an einigen wenigen Überschneidungspunkten erfolgen können. Unvorhergesehene Überraschungen sind jedoch möglich und können nicht ausgeschlossen werden.

1673. Auf ein Sonderproblem des Zusammenwirkens mehrerer Stoffe muß hingewiesen werden: Komplexe Gemische von Stoffen ähnlicher chemischer Struktur und mit ähnlichen stofflichen Eigenschaften wie z. B. polycyclische aromatische Kohlenwasserstoffe, halogenierte Biphenyle sowie halogenierte Dibenzodioxine und Dibenzofurane entziehen sich derzeit und auf lange Sicht einer quantitativen Beurteilung ihrer Wirkungen, weil diese Stoffgruppen jeweils in wechselnder Zusammensetzung vorgefunden werden und dementsprechend auch die Entfaltung und Ausprägung ihrer Wirkungen unterschiedlich ist, trotz der vielfach ähnlichen Wirkungsmuster der einzelnen Substanzen. Die detaillierte Charakterisierung einzelner als typisch oder als besonders wirksam angesehener Vertreter erlaubt wegen ihrer wechselnden Zusammensetzung keine wissenschaftliche Beurteilung der ganzen Stoffgruppe. Die Beurteilung wird sich weiterhin an typischen Repräsentanten orientieren müssen und im übrigen entsprechend große Sicherheitsfaktoren zu verwenden haben.

3.1.2.3.5 Das bestimmbare und das nicht bestimmbare Risiko

1674. Das bestimmbare Risiko wird anhand dessen abgeschätzt, was erkennbar ist, d. h. Wirkungsschwelle, Wirkungsprofil, Dosis-Wirkungs-Beziehung, Dosis-Häufigkeits-Beziehung, Verhalten des Stoffs in der Umwelt, Expositionsbedingungen und Zahl der exponierten Menschen. Daneben bleibt ein nicht bestimmbares Risiko, das alles das umfaßt, was zwar nicht quantifizierbar, ja nicht einmal genauer beschreibbar ist, was aber dennoch in das Gesamtrisiko eingeht. Das bestimmbare Risiko muß vom nicht bestimmbaren Risiko abgegrenzt werden, weil beide Arten von Risiken ihrem Wesen nach verschieden sind und unterschiedlich bewertet werden müssen, auch wenn einzelne Komponenten des derzeit nicht bestimmbaren Risikos gegebenenfalls eines Tages durch verbesserte Untersuchungs- oder Abschätztechniken dem bestimmbaren Risiko zugerechnet werden können. Das nicht bestimmbare Risiko ist seiner Natur nach auch nicht vermeidbar. Soweit in der Öffentlichkeit Unsicherheit herrscht, ist sie überwiegend auf das nicht bestimmbare Risiko zurückzuführen und darauf, daß darüber gerade seitens der Wissenschaftler, die mit der Abschätzung des bestimmbaren Risikos beschäftigt sind, zu wenig gesagt wird.

1675. Der Rat setzt auf Rationalität; dazu ist er berufen. Das nicht bestimmbare Risiko sollte nicht nur nicht verschwiegen werden, was Mißtrauen gegenüber den beteiligten Wissenschaftlern schafft, es sollte vielmehr immer wieder erläutert werden. Je mehr die Wissenschaft und die sich auf sie stützende Verwaltung die Grenzen ihrer Erkenntnisfähigkeit selbst betont und erläutert, umso mehr wird sie dort, wo sie etwas vermag, Vertrauen finden. Dazu zählt auch, die Dinge zu nennen, wie sie sind: Nicht bestimmbares Risiko trifft die Sache besser als Restrisiko. Letzterer Begriff setzt die Wissenschaft dem Verdacht aus, zu verharmlosen.

1676. Alle nicht erkennbaren oder nicht erkannten Schadwirkungen entziehen sich naturgemäß der Abschätzung, bergen also Risiken in sich, die ihrem Wesen nach nicht beurteilt werden können. Das nicht bestimmbare Risiko kann kleiner, vergleichbar oder größer sein als das bestimmbare Risiko; es kann durch einen großzügig bemessenen Sicherheitsfaktor verringert werden; eliminiert werden kann es nicht. In die Bewertung des nicht bestimmbaren Risikos als etwas Unbekanntem fließen notwendigerweise bei Experten wie beim betroffenen Publikum subjektive und emotionale Gesichtspunkte ein. Die Erwartung von Experten, daß das nicht bestimmbare Risiko mehr oder weniger gering sein dürfte, geht von der Erfahrung aus, daß schwerwiegende Fehler bei der Beurteilung von Schadstoffen bisher selten vorgekommen sind und meist über kurz oder lang auffallen würden. Diese Erwartung hat für den Einzelfall keinen prädiktiven Wert und damit keine Überzeugungskraft für die Öffentlichkeit.

Die Akzeptanz von unfreiwillig auferlegten, nicht bestimmbaren Risiken hängt davon ab, daß eine öffentliche Diskussion über diese Risiken, ihre Natur und die wesentlichen Faktoren, die zum nicht bestimmbaren Risiko von Stoffen in der Umwelt beitragen, geführt wird, ohne daß die Beunruhigung in der Öffentlichkeit als emotional abqualifiziert wird.

1677. Zum nicht bestimmbaren Risiko tragen viele Faktoren unterschiedlichen Gewichts bei:

— Der Beweis der Nichtwirkung eines Stoffes in einem biologischen System ist aus erkenntnistheoretischen Gründen nicht möglich.

— Nur die Wirkungen eines Stoffes können erkannt werden, nach denen gesucht wird und die auffallen. Bei einer Vielzahl von möglichen Angriffsorten und Wirkungen in einem biologischen System können Wirkungen unerkannt bleiben.

— Die Beobachtbarkeit einer Wirkung hängt von einer hinreichend empfindlichen Meßmethode ab. Der Nachweis von Wirkungen endet somit qualitativ wie quantitativ an der Nachweisgrenze der verwendeten Meßmethode.

— Stofflich bedingte Wirkungen werden mit experimentellen oder epidemiologischen Methoden nicht mit hinreichender Wahrscheinlichkeit erkannt, wenn die gleichen oder ähnliche Wirkungen auch durch andere Ursachen mit mehr oder weniger hoher Eintrittshäufigkeit ausgelöst werden.

— Statistische Methoden sind prinzipiell ungeeignet, einen Zusammenhang zwischen Stoff und Wirkung zu „beweisen". Mit ihrer Hilfe ist nur eine Aussage zur Wahrscheinlichkeit einer Hypothese möglich.

— Selten auftretende Wirkungen können nur unzureichend erfaßt und noch weniger quantifiziert werden. Das Mega-Maus-Experiment hat die technischen und organisatorischen Grenzen eines großangelegten Versuchsansatzes deutlich gemacht.

— Der Analogieschluß von Ergebnissen von Tierversuchen auf mögliche Wirkungen am Menschen ist grundsätzlich problematisch. Die damit verbundene Unsicherheit wird durch die Einführung von Sicherheitsfaktoren gemindert, aber nicht ausgeschaltet. Sicherheitsfaktoren werden arbiträr, Konventionen folgend, z. B. im Rahmen des Dezimalsystems verwendet.

— Das mögliche Zusammenwirken mehrerer Stoffe kann wegen der zahlreichen Kombinationsmöglichkeiten nicht hinreichend abgeschätzt werden.

— Für manche Schadwirkungen, z. B. die Allergieauslösung bei menschlichen Individuen, stehen keine hinreichend aussagekräftigen experimentellen Modelle zur Verfügung, die eine Vorhersage ermöglichen.

— Das methodische Instrumentarium für die Validierung subjektiv empfundener Beeinträchtigungen ist unzureichend.

— Es ist bislang nur unzureichend möglich, zu erkennen und vorauszusagen, ob und ggf. welche Personen durch einen Stoff in besonderer Weise gefährdet sind. Auch wenn Grenzwerte an der empfindlichsten bekannten Untergruppe der Allgemeinbevölkerung ausgerichtet werden — chronisch Kranke, Kinder, alte Menschen —, können Personen gefährdet sein, die auf den Stoff allein oder in Kombination mit anderen Stoffen auf Grund besonderer Disposition empfindlicher reagieren (unbekannte Risikogruppen).

— Nicht zuletzt tragen auch Fehler bei der Erkennung und Beurteilung von Wirkungen und Schadwirkungen aufgrund experimenteller und menschlicher Unzulänglichkeiten zum nicht bestimmbaren Risiko bei.

3.1.3 Grenzwerte zum Schutz anderer Güter

3.1.3.1 Gesetzgebung

1678. Auch wenn grundsätzlich zwischen anthropozentrischer und ressourcenökonomisch/ökologischer Sichtweise unterschieden werden kann (REHBINDER, 1976), gilt für das Umweltrecht der Bundesrepublik Deutschland, daß es durch die anthropozentrische Sichtweise gekennzeichnet ist — auch in denjenigen Bereichen, in denen die Sorge um die Natur im Vordergrund steht. Im anthropozentrischen Interessenschutz können folgende Schutzziele zusammengefaßt werden: Schutz des Lebens und der Gesundheit des Menschen vor Beeinträchtigungen und vor dem Risiko möglicher Beeinträchtigungen; Gewährleistung des menschlichen Wohlbefindens (Belästigungsschutz, Erholung, Ästhetik u. ä.); schließlich Schutz wirtschaftlicher Interessen gegen Beeinträchtigungen durch Umweltbelastungen (REHBINDER, 1976). Der ressourcenökonomisch/ökologische Interessenschutz umfaßt die Erhaltung und Bewirtschaftung der Ressourcen, den Schutz der Biosphäre, der Ökosysteme und der natürlichen Kreisläufe sowie der Tier- und Pflanzenwelt insgesamt. Diese Güter werden jedoch nicht um ihrer selbst willen, aus eigenem Recht, geschützt, sondern ihr Schutz liegt „ebenfalls im Interesse des Menschen. Nur ist der Zeithorizont unterschiedlich: es geht um die Sicherung des Überlebens der Menschheit insgesamt" (REHBINDER, 1976). Die hier zum Ausdruck kommende Mediatisierung der Umweltschutzgüter für menschliche Interessen findet sich auch in dem Bericht der Sachverständigenkommission „Staatszielbestimmung/Gesetzgebungsaufträge" vom 10. August 1983 (BMI, 1983):

*„Das Grundgesetz stellt die Würde, den Schutz und die Rechte des Menschen an die Spitze seiner Gewährleistungen und gibt dadurch zu erkennen, daß dies Leitlinie für die staatliche Politik sein soll. Dies bedingt im Hinblick auf die Staatszielbestimmung eine Sichtweise, die vom Menschen ausgeht. Gegenstand des verfassungsrechtlichen Schutzes kann nicht die Umwelt aus eigenem Recht, sondern können nur die **biologisch-physischen Lebensgrundlagen des Menschen** sein. Zu schützen ist der Mensch in seiner Biosphäre. Andererseits darf diese anthropozentrische Sichtweise nicht zu eng verstanden werden. Der staatliche Schutzauftrag bezieht sich auch auf künftige Generationen. Da es bislang nicht möglich ist, Aussagen über den langfristig erforderlichen Mindestbestand an Umweltgütern für die menschliche Existenz zu machen, muß es überdies genügen, daß ein gewisser Bezug eines Umweltguts zum Menschen besteht. Deshalb sind nicht nur Wasser, Boden, Luft und nutzbare natürliche Ressourcen, sondern durchaus auch allgemein die Tier- und Pflanzenwelt und der Naturhaushalt in den verfassungsrechtlichen Schutz einzubeziehen . . ." (Z. 144).*

1679. Der wirkliche Gegensatz zum anthropozentrischen wäre ein ökozentrischer Ansatz, der die Natur — Flora und Fauna — um ihrer selbst willen schützt, ohne der Spezies Mensch eine Sonderstellung, d. h. im Konfliktfall eine rechtliche Priorität bei der Güterabwägung einzuräumen. Es ist durchaus fraglich, ob ein solcher Ansatz zu mehr oder besserem Schutz der Umwelt führen würde, da es schwierig wäre, Kriterien und Maßstäbe für Interessenkonflikte zu entwickeln und bereitzustellen (Abschn. 3.1.1). Dieser Ansatz wird in der staats- bzw. öffentlich-rechtlichen Literatur auch von niemandem vertreten. Er ist für einen wirksamen Umweltschutz nicht Voraussetzung.

Wenn der Rat in seinem Umweltgutachten 1978 darauf hingewiesen hat, daß eine längerfristige Umweltpolitik nicht nur auf den Schutz der menschlichen Gesundheit ausgerichtet sein kann, sondern andere Ökosysteme und Artenvielfalt ebenfalls wertvolle Schutzgüter darstellen (SRU, 1978, Tz. 1880, 1898ff.), so hat er damit nicht verlangt, die anthropozentrische Orientierung des Schutzes von Umwelt und Natur aufzugeben. Vielmehr ging und geht es dem Rat darum, den Eintrag von Stoffen in die Umwelt nicht nur im Hinblick auf menschliche Gesundheit, sondern auch auf andere Schutzgüter, die gleichwohl für den Menschen und seine künftige Entwicklung Bedeutung haben, zu bewerten und unter dem Vorsorgeprinzip zu minimieren. Der Schock, den das Waldsterben in der Bundesrepublik verursacht hat, markiert einen Einschnitt und eine Umorientierung in der Gesetzgebung und im Gesetzesvollzug. Die nach Jahren der Planung, Expertenanhörung und Vorbereitung ab 1983 erfolgte Neuordnung des Bundesimmissionsschutzrechts ist Zeichen dieser Neuorientierung.

1680. In § 1 des Bundes-Immissionsschutzgesetzes wird die Vorstellung des klassischen gefahrenabwehrenden Umweltschutzes mit den Gedanken des modernen vorsorgenden Umweltschutzes vereint. Explizit sind „Tiere, Pflanzen und andere Sachen" in den Schutzumfang des Gesetzes aufgenommen, ohne daß sie direkt auf die menschliche Gesundheit bezogen würden. Zwar ging der Gesetzgeber offenbar von der Überzeugung aus, daß ein enger Zusammenhang zwischen dem Schutz von Tieren, Pflanzen und Sachen und dem Schutz der menschlichen Gesundheit besteht; doch wird durch § 1 Bundes-Immissionsschutzgesetz klargestellt, daß — unbeschadet dieses Zusammenhangs — der Schutz von Tieren, Pflanzen und anderen Sachen seine Grenzen nicht im Schutz der menschlichen Gesundheit findet. Der Schutzumfang dieser Güter geht eindeutig über den Zweck, dadurch die menschliche Gesundheit zu schützen, hinaus.

Tiere, Pflanzen und Sachen können allenfalls vor Gefährdungen, nicht aber vor Benachteiligungen oder Belästigungen geschützt werden. Sie werden auch nur insoweit geschützt, als Menschen durch ihre Zerstörung oder Beschädigung Nachteile erleiden (vgl. ENGELHARDT, 1980; SCHMATZ und NÖTHLICHS, 1984). Nur eine erhebliche Beeinträchtigung ist als Schaden anzusehen. Ob die Beeinträchtigung von Tieren, Pflanzen, Sachen erheblich ist, hängt davon ab, „ob die Schäden eine nach dem Gebot der gegenseitigen Rücksichtnahme nicht mehr zumutbare Vermögenseinbuße hervorrufen (erheblicher Schaden für die Nachbarschaft) oder ein schutzwürdiges Ökosystem nachhaltig beeinträchtigt wird (erheblicher Schaden für die Allgemeinheit)" (KUTSCHEIDT, 1982). Die Regelung des § 3 Abs. 1 Bundes-Immissionsschutzgesetz schließt auch die Beeinträchtigung eines schutzwürdigen Ökosystems ein; damit werden schutzwürdige und nichtschutzwürdige Ökosysteme unterschieden.

Der Wald stellt solch ein schutzwürdiges Ökosystem dar. Nicht zuletzt um ihn zu schützen, wurde 1983 die Technische Anleitung Luft (TA Luft) novelliert und die Großfeuerungsanlagen-Verordnung (GFA-VO) verabschiedet (Abschn. 2.3.3).

1681. Im Unterschied zur TA Luft 1974, deren Immissionswerte die Grenzen für den Schutz der menschlichen Gesundheit zogen, trägt die TA Luft-Novelle 1983 der Differenzierung des Begriffs „schädliche Umwelteinwirkung" des § 3 Abs. 1 Bundes-Immissionsschutzgesetz, der Gefahren, erhebliche Nachteile und erhebliche Belästigungen unterscheidet, operational Rechnung, indem sie zwei Typen von Immissionswerten einführt: **Gesundheitswerte** die Grenzwerte darstellen, und **Nachteilswerte** oder **Belästigungswerte** „die als Richtwerte konzipiert sind und eine Abwägung mit anderen Interessen zulassen" (KALMBACH, 1983; vgl. auch KALMBACH und SCHMÖLLING, 1986). Mit dieser Neuorientierung in der Luftreinhaltepolitik begann der Verordnungsgeber einzulösen, was der Gesetzgeber in § 1 und § 5 Abs. 1 Nr. 2 Bundes-Immissionsschutzgesetz mit der Verpflichtung auf den Vorsorgegrundsatz zur zweiten Orientierungslinie des Immissionsschutzes machen wollte: die Erhaltung der Funktionsfähigkeit des Naturhaushalts und die Minimierung von umweltbelastenden Emissionen. Das ist auch daran ablesbar, daß in der TA Luft-Novelle 1983, statt wie bisher 4 mal 4 km^2, eine Fläche von 1 mal 1 km^2 als für die Ermittlung der Immissionsbelastung maßgebliche Beurteilungsfläche zugrundegelegt wird. Damit werden die Möglichkeiten einer immissionsbereinigenden „Mittelung" stark eingeschränkt. Der Verordnungsgeber unterstützt dadurch in der TA Luft-Novelle 1983 einen Trend zum Objektschutz, der auf einer schutzgutbezogenen Messung beruht (vgl. KALMBACH und SCHMÖLLING, 1986).

1682. Mit der Großfeuerungsanlagen-Verordnung (GFA-VO) wurden u. a. Konsequenzen aus den Ergebnissen der Wirkungs- und Ökosystemforschung gezogen. Die Großfeuerungsanlagen-Verordnung operationalisiert die Grundpflicht des § 5 Abs. 1 Nr. 2 Bundes-Immissionsschutzgesetz und enthält daher ausschließlich Anforderungen, die zur **Vorsorge** gegen schädliche Umwelteinwirkungen erforderlich sind (§ 1 Abs. 1 S. 2 GFA-VO). Der Rat hat in seinem Sondergutachten „Waldschäden und Luftverunreinigungen" ausführlich zu dieser Verordnung und zum Vorsorgeprinzip im Hinblick auf den Schutz des Waldes Stellung genommen (SRU, 1983, Kap. 5.2 und 6.2). Die Vorsorge, auf die die Großfeuerungsanlagen-Verordnung zielt, gilt „dem Schutz der Gesundheit des Menschen, dem Schutz der Pflanzen- und Tierwelt, **vor allem der Wälder,** sowie der Erhaltung von Baudenkmälern und sonstigen Kulturgütern" (FELDHAUS, 1983). Die Verordnung konkretisiert die Vorsorgeverpflichtung des § 5 Abs. 1 Nr. 2 Bundes-Immissionsschutzgesetz nicht abschließend, denn die zuständige Behörde ist u. a. nach § 34 der Verordnung befugt, weitergehende Anforderungen zu treffen. In dieser auf Vorschlag des Bundesrates geänderten Fassung wird nicht der temporären Festschreibung des Standes der Technik, sondern der Dynamisierung des Umweltschutzes der Vorrang gegeben. Nicht jede Fortentwicklung der Emissionsminderungstechnik berechtigt die Genehmigungsbehörde, schärfere Anforderungen als die Verordnung zu stellen. Es muß sich vielmehr um eine „signifikante Fortentwicklung des Standes der Technik handeln" (FELDHAUS, 1983), die zum Zeitpunkt der Verabschiedung der Großfeuerungsanlagen-Verordnung am ehesten bei der Minderung von Stickstoffoxiden erwartet wurde (vgl. SRU, 1983, Tz. 482—491).

1683. Der Gesetzgeber hat sich in dem ersten Jahrzehnt einer intensiven Umweltgesetzgebung („legislative Phase") in den entscheidenden Fragen der Güter- und Zielkollisionen, des Vorsorgeprinzips, der Schutzintensität u. a. im wesentlichen auf unbestimmte Rechtsbegriffe und Ermächtigungen für den Verordnungsgeber beschränkt. Diese auszufüllen ist Aufgabe der „administrativen Phase" des Umweltrechts, in der die Umweltrechtsnormen in eine anwendbare Form übersetzt, d. h. operationalisiert werden müssen (vgl. STORM, 1985). In diese administrative Phase des Umweltrechts, in der ein Strukturwandel des herkömmlichen ordnungsrechtlichen Instrumentariums in Richtung auf einen modernen, vorsorgenden Umweltschutz eingeleitet wird, fällt — auch unter dem Eindruck der eskalierenden Waldschäden — der Beginn eines **dichotomischen Schutzgut- und Grenzwertdenkens** (Tz. 82). Der Normgeber trennt jetzt systematisch zwischen Grenz- und Richtwerten, die die menschliche Gesundheit schützen, sowie Grenz- und Richtwerten, die die Lebensfähigkeit empfindlicherer Pflanzen oder Tiere garantieren sollen. Diese von der Umweltpolitik vollzogene Neuorientierung im Schutzgutdenken darf jedoch nicht mit einem ökozentrischen Ansatz im Umweltschutz gleichgesetzt werden (vgl. Abschn. 3.1.1). Sie findet vielmehr innerhalb einer nicht zu eng verstandenen anthropozentrischen Grundorientierung statt, die für das gesamte Umweltrecht der Bundesrepublik kennzeichnend ist.

3.1.3.2 Ökotoxikologische Risikoabschätzung

3.1.3.2.1 Grundlagen und Aufgaben der Ökotoxikologie

1684. Ökotoxikologie hat die Aufgabe, Wirkungen von chemischen Stoffen (Umweltchemikalien, vgl. Abschn. 3.1.2.1) auf einzelne Arten, Biozönosen und ganze Ökosysteme möglichst in Abhängigkeit von ihrer Menge und Einwirkungsart zu untersuchen und qualitativ sowie quantitativ zu erfassen und zu beschreiben und gegebenenfalls Wirkungsschwellen zu ermitteln. Ihre Ergebnisse liefern Grundlagen für die Festlegung von Gütekriterien (Richt- oder Grenzwerte) zum Schutz und zur Stabilisierung der biotischen und abiotischen Umwelt. Ökotoxikologie hat daher die Vielfalt der in der Natur vorkommenden Pflanzen-, Tier- und Mikroorganismenarten, ihre natürlichen Lebensbedingungen, das Zusammenwirken biotischer und abiotischer Faktoren, die netzartigen Beziehungen innerhalb von Lebensgemeinschaften und ganzen Ökosystemen und andere Bedingungen wie Ökosystemgröße und -stabilität zu berücksichtigen. Diese Aufgabe ist wegen der schier unendlichen Komplexität der Biosphäre, aber auch einzelner Ökosysteme in umfassender Weise nicht lösbar und erfordert in der Praxis die Konzentration der begrenzten verfügbaren Kräfte auf einige als besonders wichtig erkannte Ausschnitte und Fragestellungen.

1685. Der Rat weist allerdings darauf hin, daß Systeme zwar durch Reduktion von Komplexität übersichtlicher und einer systematischen Untersuchung eher zugänglich werden, damit aber möglicherweise gerade solche Merkmale verlieren, die für ihr tatsächliches Verhalten entscheidend sind.

1686. Ökotoxikologie muß von Umwelttoxikologie unterschieden werden. Letztere ist ein Teilgebiet der Toxikologie, mit dem Ziel, gesundheitliche Risiken von Umweltchemikalien abzuschätzen (vgl. Abschn. 3.1.1.2). Tierversuche und Versuche mit In-vitro-Systemen (Abschn. 3.1.1.2.2.2) werden in der Umwelttoxikologie als Modelle verwendet, um die Toxizität von solchen Stoffen oder physikalischen Faktoren, die in der Umwelt vorkommen, für den Menschen und bestimmte Tierspezies zu ermitteln. Analoge toxikologische Teilgebiete sind u. a. Arzneimitteltoxikologie, Lebensmitteltoxikologie, Gewerbetoxikologie. Im Hinblick darauf, daß „Umwelt" und „Öko" heute oft gleichbedeutend verwendet werden, ist der Unterschied von Umwelttoxikologie und Ökotoxikologie besonders hervorzuheben. Die Begriffe mögen semantisch unglücklich sein, haben sich jedoch in der Praxis so durchgesetzt.

1687. Zu den „klassischen" Fragestellungen der Ökotoxikologie gehört die Aufklärung vermuteter schädlicher Wirkungen von Umweltchemikalien sowie der zugrundeliegenden Mechanismen. Daneben versucht man zunehmend, durch die Erarbeitung und Anwendung einer begrenzten Zahl von ökotoxikologischen Parametern die Umwelterheblichkeit oder -gefährlichkeit von Umweltchemikalien grob abzuschätzen, um auf diese Weise besondere Belastungen der Umwelt zu erkennen oder vorherzusagen. Zu diesen Parametern gehören physikalisch-chemische und biologische Stoffeigenschaften, anhand derer das Schicksal des jeweiligen Stoffes in der Umwelt abgeschätzt werden kann, sowie Toxizitätsdaten, die an einigen ausgewählten Organismenarten jeweils stellvertretend für andere Arten gewonnen werden und Informationen über die Gefährdung der Umwelt durch den Stoff liefern sollen.

Einige Prüfparameter und -verfahren für derartige vorläufige Abschätzungen wurden in internationaler Zusammenarbeit weitgehend standardisiert und in den „Guidelines for Testing of Chemicals" (OECD, 1981) zusammengestellt. Über die EG-Richtlinie 70/831/EWG wurden sie als Prüfrichtlinien für die Mitglieder der Europäischen Gemeinschaften übernommen. In der Bundesrepublik Deutschland sind diese Prüfrichtlinien die Grundlage der Stoffprüfung für neu anzumeldende Stoffe nach dem Chemikaliengesetz. Der Rat hält es für richtig, daß diese Parameter und Kriterien auch der Abschätzung der Umweltgefährlichkeit sogenannter Altstoffe zugrundegelegt werden. In dem diffusen und noch wenig strukturierten Gebiet der Ökotoxikologie ist es zweckmäßig, daß die Untersuchungen vergleichbar, d. h. nach standardisierten Regeln erfolgen, um auf diese Weise auch mehr Kenntnis über die Aussage- und Vorhersagekraft der angewandten Verfahren zu erhalten.

1688. Schadstoffwirkungen auf die belebte Umwelt können auf **direkte** oder **indirekte** Weise zustande kommen. Wirkungen, die auf indirekten Mechanismen beruhen, sind nicht notwendigerweise an die Anwesenheit des Schadstoffs im Organismus oder seiner unmittelbaren Umgebung gebunden; der Schadstoff kann sogar an einem weit entfernten Ort die Ereignisse auslösen, die in der Folge zu Veränderungen beim betroffenen Organismus führen. Konsequenterweise können demnach Schadwirkungen in der Umwelt auch dann nicht ausgeschlossen werden, wenn der Schadstoff in einem bestimmten Lebensraum **nicht** anwesend ist.

Indirekte Mechanismen können abiotischer und biotischer Natur sein. Indirekte abiotische Mechanismen liegen beispielsweise vor, wenn durch den Schadstoff die chemische Zusammensetzung oder die Funktionen von Luft, Wasser oder Boden nachteilig verändert werden; als Beispiele seien die Mobilisierung toxischer Metallionen durch Säureeintrag in Böden, die mögliche Aufheizung der Atmosphäre durch den Anstieg der Kohlendioxidkonzentration oder die mögliche Schädigung der Ozonschicht in der Atmosphäre durch Fluorchlorkohlenwasserstoffe genannt. Zu den indirekten biotischen Mechanismen zählen alle Beeinträchtigungen von Folgegliedern in biologischen Wirkungsketten und -netzen, die von einer Primärwirkung des Schadstoffs ausgelöst werden. Dazu gehört auch die unerwünschte Begünstigung bestimmter Arten durch einen Schadstoff: Ein Beispiel ist die Verdrängung oligotroph lebender Arten als Folge der Eutrophierung ihres Standortes durch Dünger.

1689. Anders als der Mensch, der seinen Lebensraum seinen Bedürfnissen gemäß gestaltet, sind die meisten wildlebenden Arten nur sehr begrenzt in der Lage, ihren Lebensraum aktiv nach ihren Bedürfnissen zu beeinflussen und ihre Existenzgrundlagen gerade auch gegenüber anthropogenen Einflüssen zu sichern. Gesicherte Existenzgrundlagen bietet für wildlebende Arten, wenn überhaupt, nur das funktionierende Ökosystem mit seinen Regelungsfunktionen. Für die ökotoxikologische Risikoabschätzung bedeutet das, daß Art und Ausmaß einer Schadwirkung in der Regel nicht allein von der Art und Dosis des Schadstoffs und von der Einwirkungsdauer und -periodik, sondern zusätzlich und in viel stärkerem Maße als beim Menschen vom Vorhandensein oder Fehlen weiterer exogener Faktoren bestimmt werden.

Dazu zählen nicht nur natürlicherweise vorkommende Streß- und Schadfaktoren, z. B. Freßfeinde, pathogene Parasiten und Mikroorganismen oder der Konkurrenzdruck durch andere Arten, sondern es muß auch das Vorhandensein oder Fehlen günstiger Faktoren, wie z. B. geeigneter Lebensraum, Nahrungsangebot und Fortpflanzungsmöglichkeiten berücksichtigt werden. Auch klimatische Einflüsse spielen eine große Rolle, im begünstigenden wie im nachteiligen Sinne.

Schon die Betrachtung einiger dieser Faktoren macht deutlich, daß der Zusammenhang zwischen Schadstoffexposition und Schadwirkung durch einen oder mehrere andere Faktoren in komplexer Weise überlagert sein kann. Die Beiträge der einzelnen Faktoren zur Wirkung können unterschiedlich sein, und der Schadstoff muß keineswegs von ausschlaggebender Bedeutung sein. Das gleichsinnige oder gegenläufige Zusammenwirken mehrerer Faktoren und die Beiträge einzelner Faktoren eines Faktorenbündels zu einer beobachteten Schadwirkung (sog. Kombinationseffekte) sind nur selten hinreichend bekannt und sollten systematisch in kontrollierten, experimentellen Modellanordnungen untersucht und abgeschätzt werden. Allerdings gilt auch hier, daß diese Modelle, um handhabbar zu sein, stark vereinfacht sein müssen, und daß die Gefahr besteht, daß durch Reduktion von Komplexität gerade die Zusammenhänge verloren gehen, auf die es ankäme.

1690. Der Rat hat im Umweltgutachten 1978 (SRU, 1978, Tz. 28 ff.) Ausführungen zu Schadstoffwirkungen auf einzelne Arten und auf ganze Ökosysteme gemacht. Er hat dabei verdeutlicht, daß der Schutz einzelner Arten nur über den Schutz der Ökosysteme möglich ist, in denen sie heimisch sind (ebendort Tz. 1291 ff.). Dies hat zur Folge, daß vorrangig diese Arten geschützt werden müssen, die wesentlich zum Charakter, zur Stabilität und zu den Funktionen der verschiedenen vorhandenen Ökosysteme beitragen. Für die richtige Auswahl ökotoxikologischer Untersuchungen und für die Risikoabschätzung ist es deshalb wichtig zu wissen, welche Arten im Beziehungsnetz innerhalb eines hinsichtlich seines Schutzgrades klassifizierten Biotops oder Ökosystems systemtragend oder -stabilisierend sind und welche wesentlichen direkten und indirekten Voraussetzungen diese Arten benötigen, um ihre Funktionen in ihrem Lebensraum zu erfüllen. Dies setzt Grundlagenwissen über die Beziehungen und Interaktionen zwischen den Arten, aber auch über ihre Regelungsfunktionen im Biotop und im Ökosystem voraus, das weithin nicht oder nur unvollständig vorhanden ist. Der Rat betont die Bedeutung dieser ökologischen Forschung, deren Ergebnisse nicht zuletzt als Voraussetzung für die ökologische Risikoabschätzung von Bedeutung sind.

Eine weitere Schwierigkeit zu beurteilen, ob eine Schadwirkung in einem biologischen System in der Natur vorliegt und wie groß die Schädigung ist, besteht darin, daß auch über den „Normalzustand" eines Systems und die natürliche Schwankungsbreite seiner Populationen und seiner Randbedingungen im allgemeinen keine ausreichende Kenntnis besteht. Definition und Beschreibung des Normalzustands enthalten daher mehr oder weniger willkürliche Elemente und sind mit großer Unsicherheit behaftet. Diese Unsicherheit schlägt notwendigerweise auch durch, wenn Grenzwerte zu empfehlen sind. Über die Feststellung der Schadwirkung an einzelnen Arten in einem Ökosystem hinaus bedarf es der Beurteilung des Schadens im Ökosystemzusammenhang.

1691. Als Schäden im ökologischen Sinne werden solche Veränderungen angesehen, die über das natürliche Schwankungsmaß der betroffenen Populationen oder Ökosysteme hinausgehen und sich oft nur über größere Zeiträume manifestieren, sowie Veränderungen, die entweder überhaupt nicht oder oft erst Jahrzehnte nach der toxischen Einwirkung und mit hohem Aufwand rückgängig gemacht werden können. Damit wird jedoch auch deutlich, daß es schwierig, wenn nicht unmöglich ist, solche Wirkungen systematisch zu untersuchen.

Meist werden folgende Schädigungsformen unterschieden:

— Selektive Bestands-Verminderung bei bestimmten Arten;

— breitgestreute Verminderung des Bestands einer ganzen Gruppe von Organismen;

— grundlegende Veränderungen des Biotops, d. h. sowohl vieler Partner der Lebensgemeinschaften als auch wichtiger Faktoren ihres Lebensraums;

— völlige Zerstörung eines Ökosystems.

Veränderungen im Artenbestand können qualitativer oder quantitativer Natur sein. Die ersteren sind oft gravierender, weil sie in das Gefüge der Ökosysteme stärker eingreifen als mengenmäßige Abweichungen, die in der Natur ohnehin auftreten und leichter im Rahmen von Selbstregulation wieder zurückgeführt werden können. Große Bedeutung können auch Beeinträchtigungen von Funktionen von Ökosystemen haben, z. B. von Energie- und Stoffumsätzen oder Filterfunktionen, da diese weitreichende Auswirkungen auch auf benachbarte Systeme haben können.

3.1.3.2.2.2 Ökotoxikinetik

1692. Ob ein Stoff in der Umwelt Schadwirkungen verursacht, hängt davon ab, ob und in welcher Konzentration er den Ort erreicht, von dem aus er direkt oder indirekt eine Schadwirkung auslösen kann. Die Konzentration am Ort der möglichen Wirkungsauslösung hängt von der Menge des in die Umwelt gelangten Stoffs und von seinem Schicksal bis zum Erreichen des Ortes ab (Verteilung, Ab- oder Umbau und deren Geschwindigkeit, biologische Anreicherung). In wissenschaftlicher Systematik handelt es sich analog zur Toxikokinetik in der Umwelttoxikologie (vgl. Abschn. 3.1.2.2.1) um Ökotoxikokinetik; in der Praxis wird die Untersuchung der Verteilung von Chemikalien in der Umwelt sowie ihres Ab- und Umbaus auch im Rahmen der ökologischen Chemie durchgeführt.

Zu den Faktoren, die das Schicksal einer Umweltchemikalie beeinflussen, gehören die physikalisch-chemischen Stoffeigenschaften, Art, Stärke und räumliche Verteilung der Emissionsquellen, die Eintrittspforte (Luft, Wasser, Boden bzw. deren Kompartimente), über die der Stoff in die Umwelt gelangt, Möglichkeiten des Stoffübergangs von einem Umweltmedium oder -kompartiment in ein anderes, abiotischer Ab- und Umbau, abiotische Deposition und nicht zuletzt Aufnahme, Verteilung, Übergang und Anreicherung in Nahrungsketten, Abbau, Umbau (Metabolisierung) und Elimination in biologischen Systemen.

1693. Der Rat hält es für wichtig, Modelle zu entwickeln, aus denen mit Hilfe verschiedener, z. T. leicht bestimmbarer Parameter und anhand vereinfachender Annahmen die Wahrscheinlichkeit abgeschätzt werden kann, mit der ein Stoff in einem Umweltmedium (Luft, Wasser, Boden) oder -kompartiment vorhanden ist und in welcher Menge bzw. Konzentration. So können aus verschiedenen physikalisch-chemischen Stoffeigenschaften und einfachen biologischen Parametern Rückschlüsse auf das mutmaßliche Verhalten und damit auf die Umwelterheblichkeit eines Stoffes gezogen werden. Zu diesen Parametern gehören Flüchtigkeit, Wasser- und Fettlöslichkeit, Adsorptionsvermögen, Bioakkumulationsvermögen, Persistenz, Abbaubarkeit in bestimmten abiotischen und biotischen Modellsystemen.

Bei Stoffen, die sehr schnell abgebaut werden, ist mit hoher chemischer und biologischer Reaktivität zu rechnen, während bei persistenten Stoffen eher Schäden durch die Einwirkung über lange Zeit im Vordergrund stehen. Schwerflüchtige persistente Stoffe mit geringer Wasserlöslichkeit stellen vor allem für die Zwischen- und Endglieder terrestrischer Nahrungsketten eine Gefahr dar; leichtflüchtige persistente Stoffe mit geringer Wasserlöslichkeit werden dagegen eher in der Atmosphäre angereichert.

1694. Einige Testverfahren zur Ermittlung einfacher physikalisch-chemischer und biologischer Parameter sind inzwischen standardisiert und Bestandteil der Prüfrichtlinien für die Beurteilung anzumeldender neuer Stoffe nach dem Chemikaliengesetz. Sie können und sollen aber auch eingesetzt werden, um Anwesenheit und Verhalten der sogenannten Altstoffe abzuschätzen. Anderenfalls wird weder der Wert der Testverfahren ausreichend beurteilt werden können, noch kann die Abschätzung der von chemischen Stoffen ausgehenden Risiken vergleichbar erfolgen. Es kann nicht erwartet werden, daß anhand modellhafter Abschätzungen, die auf stark vereinfachenden Annahmen beruhen, ausreichend verläßliche Voraussagen über die tatsächlichen Stoffkonzentrationen in der Umwelt möglich sind; dazu ist die Prognosegenauigkeit und die Aussagekraft solcher Modelle zu gering. Grundsätzlich ist zu fordern, daß die Validität der Modelle experimentell geprüft wird. Der Wert solcher Modelle liegt eher darin, mit begrenztem Aufwand Schwerpunkte für weitere Aktivitäten herauszufinden, insbesondere die Ermittlung von Stoffflüssen und Konzentrationsbestimmungen, Wirkungsuntersuchungen oder präventive Belastungsminderungen. Die Einbeziehung von Parametern der vorgesehenen Anwendung, wie Produktionsmenge, Verwendung in geschlossenen oder offenen Systemen, Emissionsfaktoren, Art und Verteilung der Emittenten ermöglicht zusätzliche Abschätzungen der Verteilungsdynamik.

Bei neuen Stoffen, die nach dem Chemikaliengesetz anzumelden sind, müssen Angaben über Produktionsmenge, Zweck, Arten und Bereiche der Verwendung gemacht werden. Diese Angaben erleichtern die Abschätzung möglicher Emissionsmengen und -wege in die Umwelt. Bei den Altstoffen ist man auf freiwillige Angaben der Hersteller angewiesen, was den Zugang zu den erforderlichen Daten erschwert. Der Rat hält die Validierung, Erweiterung und Verfeinerung solcher Modelle für wünschenswert, weil sie einen rationellen Ansatz darstellen, die Umwelterheblichkeit von Stoffen abzuschätzen und Belastungsschwerpunkte in der Umwelt aufzuspüren. Er hält es für erforderlich, daß die genannten Daten auch bei allen Altstoffen zur Verfügung stehen, da anders mögliche Mengen und Wege des Übergangs in die Umwelt, die ihrerseits für die Beurteilung der Umwelterheblichkeit unerläßlich sind, nicht abgeschätzt werden können.

1695. Die chemische Spurenanalytik stellt aufgrund ihrer Leistungsfähigkeit und Vielseitigkeit ein wesentliches Instrument bei der Auswahl und Bearbeitung ökologischer und ökotoxikologischer Fragestellungen dar. Für den Nachweis des kausalen Zusammenhangs zwischen einem Schadstoff und den Ereignissen, die eine Wirkung auslösen, ist der chemisch-analytische Nachweis des Vorhandenseins und der Konzentration des Stoffs Voraussetzung. Eine leistungsfähige Spurenanalytik ist unabdingbar, wenn es darum geht, Schicksal und Wege eines Stoffes in der Umwelt zu verfolgen, bei Schadwirkungen unbekannter Ursache die auslösenden Schadstoffe herauszufinden, bestimmte Schadstoffe als Ursache auszuschließen sowie — im Rahmen von Überwachungsnetzen — Trends der Schadstoffbelastung zu beobachten (vgl. auch Tz. 511 ff.) oder bekannten Schadwirkungen durch bekannte Schadstoffe vorzubeugen.

Die Anforderungen an die Spurenanalytik sind im Umweltbereich wegen der höchst unterschiedlichen Matrices und wegen der meist sehr niedrigen Konzentrationen der Stoffe, nach denen gesucht wird, sehr hoch. Für die Aussagefähigkeit analytischer Daten ist ihre Qualität wichtiger als ihre Quantität. Die Standardisierung von Probenaufbereitung und -analyse sowie Ringversuche zwischen verschiedenen Laboratorien sind für die Qualitätssicherung der Daten unverzichtbar. Der Rat empfiehlt deshalb, bei der Finanzierung umweltanalytisch ausgerichteter Projekte und Einrichtungen die Qualitätskontrolle analytischer Daten dem hohen Stellenwert entsprechend zu berücksichtigen.

1696. Nur ein kleiner Teil chemischer Substanzen wird in hochreiner Form produziert. Die meisten Stoffe gelangen als mehr oder weniger verunreinigte Produkte in den Verkehr und in die Umwelt, d. h. sie enthalten bekannte oder unbekannte Begleitstoffe, die allgemeinem Sprachgebrauch folgend, als Verunreinigungen bezeichnet werden. Verunreinigungen können selbst im Spurenbereich problematisch sein, wenn sie wenig oder nicht abbaubar sind oder wenn sie eine höhere oder andersartige Toxizität aufweisen als der Stoff, in dem sie enthalten sind und auf den die Risikoabschätzung bezogen ist. Die biologische Bedeutung von Verunreinigungen, die meist im chronisch-toxischen Bereich liegt, kann nur erkannt werden, wenn die Verunreinigungen identifiziert und quantifiziert werden.

1697. Bei neu anzumeldenden Stoffen muß nur der Reinheitsgrad, nicht aber die Art der Verunreinigung angegeben werden. Gemäß der Anmelde- und Prüfnachweis-Verordnung nach dem Chemikaliengesetz steht es dem Anmelder weitgehend frei, welche Verunreinigungen er angeben will, denn er muß Art und

Menge der Verunreinigungen nur angeben, soweit sie ihm bekannt sind. Natürlich kann man vom Hersteller nicht verlangen, daß er ihm unbekannte Verunreinigungen angibt; wohl aber kann verlangt werden, daß er nach solchen Verunreinigungen sucht, mit deren Auftreten dem Produkt und dem Herstellungsverfahren entsprechend gerechnet werden kann. Bei Altstoffen ist man auf die freiwilligen Angaben der Hersteller angewiesen, oder man muß die auf dem Markt befindlichen Produkte analysieren. Die nach dem Chemikaliengesetz zuständigen Behörden sollten vom Gesetzgeber ermächtigt werden, die Angaben über Verunreinigungen verlangen zu können, wenn diese für die Abschätzung der Umwelterheblichkeit eines Stoffes eine Rolle spielen können. Die generelle Ausklammerung der Altstoffe aus dem Regelungsbereich des Chemikaliengesetzes sowie die Bestimmung, daß Auskünfte nur verlangt werden können, wenn ein konkreter Verdacht besteht und nur soweit es diesen konkreten Verdacht betrifft, erschweren eine systematische Bewertung dieser Altstoffe bzw. machen sie unmöglich.

Mehrere Beispiele in der Vergangenheit haben deutlich gemacht, daß die Problematik langlebiger und toxischer Verunreinigungen von Stoffen ernst genommen werden muß. Als Beispiele seien genannt: langlebige und toxische Isomere des Lindan, chlorierte Dibenzodioxine und -furane in 2,4,5-T und in Pentachlorphenol und nicht zuletzt Cadmium in Zinkprodukten und Phosphatdünger. Zwei solcher Stoffe, Lindan und 2,4,5-T, waren zugelassene Pflanzenschutzmittel, bevor die Bedeutung ihrer Verunreinigungen erkannt wurde.

1698. Ein ähnliches, aber schwierigeres Problem stellen Umwandlungsprodukte (Metabolite) von Stoffen dar. Die Abläufe bei abiotischen Stoffumwandlungen sind in der Regel bekannt, nachvollziehbar und damit weitgehend vorhersehbar. Allerdings treten auch hier Probleme auf, wenn die Reaktionen komplex und die beteiligten Faktoren nicht vollständig bekannt sind, z. B. bei Photooxidantien und deren Vorläufern. Biotische Stoffumwandlungen werden nicht nur von den Reaktionsmöglichkeiten des Stoffes, sondern in starkem Maße von den unterschiedlichen Stoffwechselleistungen der einzelnen Arten beeinflußt. Ist es oftmals schon schwierig genug, auch nur in einer Spezies den größten Teil der Metaboliten eines Stoffes zu erfasen, so wird dies, wenn mehrere Arten exponiert und zur Umwandlung des Stoffes fähig sind, praktisch unmöglich. Metabolite liegen zwar meist in niedrigerer Konzentration vor als die Ausgangssubstanz, können jedoch reaktionsfähiger oder toxischer als diese sein. Unbekannte Metabolite eines Stoffes in der Umwelt entgehen zwangsläufig der Aufmerksamkeit und damit auch der Bilanzierung des Vorkommens des Stoffes in der Umwelt und der Abschätzung seiner Umwelterheblichkeit.

1699. Eine zentrale Stellung in der Überwachung von Immission und damit Exposition nehmen technische Meßstellen und Meßnetze ein. Sie dienen dazu, zeitliche und räumliche Änderungen und Trends des Vorkommens von Schadstoffen in den Medien der Umwelt zu verfolgen. Aus technischen und praktischen Gründen kann nur eine begrenzte Zahl von Schadstoffen, und auch diese nicht immer gleichzeitig und in allen Umweltmedien gemessen werden. Auf die bestehenden Defizite geht der Rat an anderer Stelle ein (Abschn. 2.3.1.1; vgl. auch SRU, 1983, Kap. 2; SRU, 1985, Kap. 5.5).

1700. Zunehmend werden als Ergänzung oder Alternative zur technischen Immissionsüberwachung verschiedene Methoden des aktiven und passiven Biomonitoring eingeführt (Tz. 1710 ff.). Bioindikatoren bieten den Vorteil, daß mit ihnen nicht nur Schadstoffe selbst erfaßt werden können, sondern auch Aussagen über die Auswirkungen von Schadstoffbelastungen in Ökosystemen möglich werden. Einzelne Indikatorarten reagieren auf bestimmte Schadstoffe oder ein bestimmtes Schadstoffspektrum besonders empfindlich (Wirkungsindikatoren), während andere weniger empfindlich sind, aber bestimmte Schadstoffe speichern (Akkumulationsindikatoren) (Abschn. 3.1.3.2.3). Damit Fehlinterpretationen vermieden werden, muß das Verhalten der Indikatoren gegenüber Schadstoffen gut untersucht und dokumentiert sein.

1701. Mit der Umweltprobenbank ist ein Instrument zur Erfassung des aktuellen Zustandes und der weiteren Entwicklung der stofflichen Belastung der Umwelt geschaffen worden. Um auch zu einem späteren Zeitpunkt mit verbesserten Analysemethoden oder im Hinblick auf derzeit noch nicht als problematisch erkannte Chemikalien Untersuchungen durchführen zu können, wird dort repräsentatives Probenmaterial eingelagert. Mit Hilfe dieser Proben wird sich in Zukunft der Erfolg von Umweltschutzmaßnahmen leichter nachvollziehen bzw. überprüfen lassen.

3.1.3.2.3 Ökotoxikodynamik

Ermittlung von Wirkungen

1702. Die ökotoxikologische Relevanz von Umweltchemikalien kann auf verschiedenen Untersuchungsebenen im Labor und im Freiland untersucht werden. Die Relevanz wird einerseits bestimmt durch Anwesenheit, Dauer, Akkumulation, Persistenz, Metabolismus und Reaktivität der Stoffe in Ökosystemen und andererseits durch vorübergehende oder anhaltende Wirkungen auf Organismen in Populationen und Ökosystemen, soweit daraus direkte oder indirekte feststellbare Veränderungen entstehen.

Aquatische Systeme und ihre Bewohner sind in vielerlei Hinsicht für Untersuchungen leichter zugänglich als komplexe terrestrische Systeme; deshalb ist bei ersteren der Wissensstand ungleich höher. Veränderungen an ortsfesten pflanzlichen Organismen und im Artenspektrum von Pflanzen lassen sich in der Regel ebenfalls einfacher erkennen und deren Ursachen lassen sich leichter untersuchen, als dies bei Tieren der Fall ist. Tiere bieten wegen ihrer höheren Mobilität dagegen den Vorteil, daß Beobachtungen über die Belastung auch größerer Umweltbereiche durchgeführt werden können. Die Wirkungen von Stoffen werden zunächst an einzelnen Arten erkannt und beurteilt, nur selten sind einschneidende Veränderungen an Lebensgemeinschaften und Ökosystemen direkt zu beobachten wie z. B. bei der Eutrophierung durch Dünger oder bei der Vernichtung zweikeimblättriger Pflanzen durch Herbizide. Insgesamt liegen — gemessen an der hohen Artenzahl und Ökosystemvielfalt — nur geringe Kenntnisse über stoffliche Wirkungen in der Natur vor, wie z. B. auch an der Entwicklung der Waldschadensforschung, die ökotoxikologische Forschung ist, deutlich wird.

Standardisierte und kontrollierte Wirkungsuntersuchungen an einzelnen Arten

1703. Zur Feststellung der biologischen Bedeutung von Umweltchemikalien kann unter standardisierten Laborbedingungen die toxische Potenz einer einzelnen Substanz für eine einzelne Spezies bestimmt werden. Solche Testverfahren an ausgewählten Arten, die jeweils stellvertretend für Gruppen von Arten oder ganzen Ökosystemen stehen, werden im Rahmen der Risikoabschätzung für Pestizide, für Substanzen, die nach dem Chemikaliengesetz anzumelden sind, und auch außerhalb dieser gesetzlichen Vorschriften eingesetzt. Untersuchungsobjekte sind z. B. Ratten oder andere typischerweise in Laboratorien verwendete Säugetiere, Fische, Vögel, Krebse, Regenwürmer, Bienen, Mikroorganismen, höhere und niedere Pflanzen, die kurze Zeit mit den zu untersuchenden Chemikalien behandelt werden. Das Ergebnis ist die Beschreibung der akuten Säugetiertoxizität, Fischtoxizität, Bienentoxizität usw. einer bestimmten Substanz.

1704. Theoretisch ist diese Art Untersuchung an jeder und für jede beliebige Spezies durchführbar; Voraussetzung ist eine angemessene Standardisierung der jeweiligen Versuchsbedingungen. In der Praxis stieße der Wunsch nach einer umfassenden experimentellen Berücksichtigung aller Lebewesen jedoch sehr schnell an die Grenze des Machbaren. Es wäre daher zweckmäßig, einige wenige, für größere Systeme oder spezielle Umweltkompartimente repräsentative Arten zu finden und zu untersuchen. Aber selbst dieser geringere Anspruch stößt an Grenzen, da das Wissen über die Bedeutung einzelner Arten und Organismen in komplexen biologischen Systemen unzulänglich ist. Die Auswahl der besonders wichtigen oder besonders empfindlichen Repräsentanten häufiger Ökosysteme ist schwierig. In der Praxis wird eher von der leichten Handhabbarkeit der Untersuchungsobjekte im Labor ausgegangen; z. B. spielen die Materialbeschaffung, die einfache Zucht, die rasche Vermehrung und die schnelle Versuchsabwicklung oftmals eine wichtigere Rolle als die Repräsentativität der Organismen. Dies gilt in besonderem Maße für die Ermittlung und Untersuchung charakteristischer Stellvertreter hochspezialisierter und seltener Lebensgemeinschaften, wie z. B. Moore oder oligotrophe Gewässer. Die Haltung solcher Organismen im Labor ist sehr schwierig, weshalb Tests ohnehin nicht oder nur selten durchzuführen sind.

1705. Chronische Wirkungen von Umweltchemikalien werden in Laboruntersuchungen kaum erfaßt, da langfristige Testreihen nicht durchgeführt werden können. Diese müßten den entscheidenden Teil des Lebens von Arten umfassen und dabei alle wichtigen Entwicklungsstadien einschließen, wenn nicht sogar mehrere Generationsfolgen berücksichtigen.

1706. Selbst wenn es gelänge, derartige Versuche durchzuführen, wäre zu fragen, welchen Aussagewert sie hinsichtlich der ganz andersartigen Verhältnisse im Freiland haben. Da Laborstämme für das genetische Spektrum einer Art nicht notwendigerweise und nicht immer repräsentativ sind, ist die Übertragbarkeit aus dem Laborversuch auf die Lebensbedingungen derselben Spezies in der Natur fragwürdig. Dies gilt umso mehr, wenn die an einer Art gewonnenen Erkenntnisse für andere mehr oder weniger nah verwandte Lebewesen oder für Ökosysteme, deren Teil diese Lebewesen sind, angewendet werden sollen.

Ökotoxikologische Wirkungsuntersuchungen in komplexen Systemen

1707. Neben den Verfahren der klassischen toxikologischen Analyse unter Verwendung ausgewählter Testorganismen als Stellvertreter ist das Studium der Beeinflussung von bestimmten Populationen im Ökosystem-Zusammenhang unverzichtbar. Dieser zweite Weg zur Abschätzung der ökotoxikologischen Bedeutung von Umweltsubstanzen ist hinsichtlich Ansatz, Versuchsdurchführung und Interpretation von dem toxikologischen Versuch unterschieden.

1708. Zwar können einfache **Modellökosysteme** unter Verwendung mehrerer repräsentativer Indikatoren unter Laboratoriumsbedingungen untersucht werden (z. B. die Konkurrenzermittlung verschiedener Pflanzenarten), doch bereitet die Standardisierung solcher Systeme mit wachsender Komplexität und Größe und die bei Ökosystemen erforderlich werdenden langen Beobachtungszeiträume große Schwierigkeiten. Modellökosysteme besitzen außerdem keineswegs die Stabilität, die für naturnahe Ökosysteme, z. B. Buchenwälder typisch ist. Plötzliche und unvorhersehbar auftretende Veränderungen in der Zusammensetzung solcher Systeme können zu Fehlinterpretationen führen. Selbst zur Handhabung und Stabilisierung wenig komplexer aquatischer Planktongesellschaften ist ein so hoher Versuchsaufwand notwendig, daß entsprechende Untersuchungen im Freiland stattfinden müssen, wodurch kontrollierte Bedingungen kaum zu gewährleisten sind. Aber auch wenn die versuchstechnischen Probleme lösbar wären, bliebe fraglich, ob und mit welchen Einschränkungen die an Modellökosystemen gewonnenen Ergebnisse auf Verhältnisse natürlicher Bedingungen angewandt werden können. Deshalb sind Untersuchungen bzw. Beobachtungen von Einzellebewesen und Lebensgemeinschaften in der freien Landschaft unumgänglich.

1709. Durch **Beobachtungen im Freiland** sollen schädliche Effekte für einzelne Glieder oder ganze Ökosysteme ermittelt werden, insbesondere solche, die bei Laboruntersuchungen nicht gefunden werden, sei es, daß sie nicht auftraten oder nicht erkannt wurden, sei es, daß die Laboruntersuchungen für Freilandbedingungen nicht repräsentativ waren, oder — wie bei vielen Altstoffen — entsprechende Untersuchungen erst gar nicht durchgeführt wurden. Freilandbeobachtungen gehen in der Regel nicht von bestimmten Stoffen oder anderen vermuteten Ursachen aus, sondern von im Freiland erkannten augenfälligen

Veränderungen. Erst danach kann und muß nach Ursachen der Veränderungen gesucht werden.

1710. Freilandstudien an Bioindikatoren zielen im wesentlichen auf die Aufdeckung von eingetretenen Schadensfällen, ohne daß die Schadensursache bereits bekannt sein muß, sowie auf die kontinuierliche Überwachung von Ökosystemen (vgl. auch Exkurs: Belastung wildlebender Tierarten durch Immissionen, Tz. 511 ff.). Ihr Vorteil besteht in der summenmäßigen, oft langfristigen Erfassung von Wirkungen bekannter oder unbekannter Umweltchemikalien, in der Feststellung möglicher Kombinationswirkungen auch mit nicht-chemischen Faktoren und in der Erkennung von unerwarteten oder nicht vorauszusehenden Veränderungen an Einzellebewesen und Lebensgemeinschaften. Als Anforderungen an solche Indikatoren sind zu nennen, daß ihre natürlichen Ansprüche und Reaktionen genau bekannt und daß sie für ein oder mehrere Ökosysteme repräsentativ sein müssen; darüber hinaus sollten sie möglichst eine zentrale Position im Nahrungsnetz einnehmen und empfindlicher reagieren als andere Mitglieder der entsprechenden Systeme, um als erster Anzeiger für eine umfassendere Störung dienen zu können. Stoffe sind hinsichtlich möglicher Ökotoxizität in der Regel umso relevanter, je mehr und je schneller sie in Nahrungsketten übergehen.

1711. Das sogenannte passive **Biomonitoring** umfaßt Untersuchungen an in der Natur ohnehin vorhandenen Arten und Ökosystemen, während das aktive oder experimentelle Biomonitoring sich ausgewählter und in ihrem Verhalten genau bekannter Arten bedient, die unter standardisierten Bedingungen zur Untersuchung bestimmter Fragestellungen gezielt in der Natur exponiert werden. Wenn und soweit es gelingt, empfindliche und spezifische Wirkungsindikatoren zu finden, lassen sich auch Reaktionen auf niedrige und schwankende Schadstoffkonzentrationen als Maß der Belastung von Lebensräumen erfassen. Die robusteren Akkumulationsindikatoren können nicht nur als Maß für die zeitliche und räumliche Belastung ihres Lebensraumes mit sich in biologischem Material anhäufenden Schadstoffen dienen, sondern ermöglichen auch Aussagen über die Bioverfügbarkeit der Stoffe (vgl. Abschn. 3.1.3.2.2).

Entwicklung und Erprobung komplizierter experimenteller Biomonitoring-Systeme für Untersuchungen auf ökosystemarer Ebene stehen erst am Anfang. Aber auch die scheinbar so einfache und mit geringem Aufwand verbundene Beobachtung von Arten und Lebensgemeinschaften in der freien Natur, z. B. Flechtengesellschaften in Stadtgebieten oder in Wäldern, kann bisher nur in einem begrenzten Umfang zur Bewältigung ökotoxikologischer Fragestellungen beitragen.

1712. Der Rat sieht in Bioindikationsverfahren eine wichtige Ergänzung zur technischen Expositionsüberwachung. Untersuchungen mit Bioindikatoren dienen der Erkennung und Beurteilung der Auswirkungen von Schadstoffbelastungen in Ökosystemen. Möglichkeiten, Grenzen und Standardisierbarkeit solcher Verfahren sollten weiter untersucht werden; dabei sollte insbesondere auch die Tauglichkeit von Bioindikationsverfahren für Untersuchungen auf ökosystemarer Ebene geprüft werden.

1713. In diesem Zusammenhang hält der Rat die Einrichtung von repräsentativen Dauerbeobachtungsflächen für angezeigt, die in Verbindung mit dem in der Umweltprobenbank eingelagerten Material den Trend der Umweltbelastung durch Schadstoffe darzustellen vermögen. Erste Erfahrungen liegen insbesondere vor aus Ökosystemforschungsprojekten der „Man and the Biosphere" — Programme der UNESCO und von Dauerbeobachtungsflächen in Wäldern im Rahmen der Waldschadensuntersuchungen. Ausgewählte Dauerbeobachtungsflächen könnten auch dazu dienen, die Wirkungen von Umweltchemikalien, z. B. Pestiziden, unter naturnahen Bedingungen zu erkennen. Die so gewonnenen Ergebnisse sollten in die Entscheidungen über die Zulassung und den Gebrauch sowie über eventuelle Beschränkungen oder Verbote von Stoffen einfließen.

3.1.3.2.4 Komplexität, bestimmbares und nicht bestimmbares Risiko

1714. Die Risikoabschätzung ist in der Ökotoxikologie wesentlich komplexer als in der Toxikologie; sie ist auch ungleich weniger systematisch bearbeitet. Ökotoxikologische Forschung ist stark von zufälligen Beobachtungen abhängig. Die Richtung der Forschung geht im Freiland von beobachteten Veränderungen zu möglichen Ursachen, im Labor von Stoffen oder anderen Faktoren zu möglichen Wirkungen. Die große Zahl beeinflussender und ebenso beeinflußter Faktoren ergibt ein vernetztes System von hoher Komplexität, in dem kein Geschehen auf einfache Ursache-Wirkungs-Beziehungen reduziert werden kann.

1715. Mögliche Zusammenhänge zwischen mutmaßlichen Schadstoffen und festgestellten Veränderungen oder Schädigungen eines biologischen Systems (Population, Biozönose, Ökosystem, Biosphäre) müssen notwendigerweise auf verschiedenen Ebenen der experimentellen und biologischen Komplexität untersucht und geprüft werden. Weder Untersuchungen unter Laborbedingungen noch Beobachtungen und Untersuchungen im Freiland allein reichen in der Regel aus, um Zusammenhänge und Ursachen aufzudecken oder die Höhe des Einflusses eines Schadstoffs neben der Bedeutung anderer Faktoren zu bestimmen.

In der Praxis muß man sich jedoch häufig mit einer Untersuchung begnügen, sei es, weil das betrachtete biologische System nur in der Natur, nicht aber unter Laborbedingungen einer Untersuchung zugänglich ist, sei es, daß in der Natur die große Zahl vernetzter Faktoren und Einflüsse eine auch nur einigermaßen kontrollierte Untersuchung des Zusammenhangs von Schadstoff und Schaden verhindert. Besonders ungünstig werden die Erfolgsaussichten hinsichtlich der Abschätzung dieses Zusammenhangs, wenn beide Erschwernisse zusammentreffen, d. h. Laboruntersuchungen nicht möglich sind und die Komplexität des Systems die Isolierung einzelner Faktoren unmöglich macht.

Überall dort, wo experimentelle Untersuchungen und Freilandbeobachtungen ausreichend möglich sind, kann der Vergleich der Daten der verschiedenen Untersuchungsebenen, wenn die Daten hinreichend plausibel und konsistent sind, weitergehende Aussagen ermöglichen. Zusätzlich kann der Vergleich der Schadwirkung oder des Schadstoffs mit anderen bekannten Wirkungen oder Stoffen hilfreich sein; dabei können sowohl Ähnlichkeiten als auch Unterschiede für die Beurteilung von Nutzen sein.

1716. Der Anspruch, der an ökologische Wahrscheinlichkeitsaussagen gestellt wird, muß berücksichtigen, daß nur selten eindeutige und überschaubare Verhältnisse vorliegen. So sehr als Voraussetzung gegebenenfalls einschneidender Schutzmaßnahmen eindeutige Abschätzungen von Schadstoffwirkungen und Schadstoffeinflüssen wünschenswert sind, wird man sich dennoch daran zu gewöhnen haben, aufgrund wenig gesicherter ökotoxikologischer Annahmen handeln zu müssen, da eindeutige Ursache-Wirkungsketten nicht abzuleiten sind.

1717. Wegen der Vielzahl von Stoffen in der Umwelt und der Vielzahl der möglichen Angriffsorte für Wirkungen in der Umwelt, wegen der geringen Kenntnis über mögliche Schadstoffwirkungen und wegen der Schwierigkeiten, Veränderungen in der Umwelt zu entdecken und als Schaden oder Nicht-Schaden zu bewerten und festgestellte Schäden bestimmten Schadstoffen oder anderen Einflüssen zuzuordnen, wird zunehmend versucht, mit einfachen Mitteln die Umwelterheblichkeit oder -gefährlichkeit von Chemikalien abzuschätzen. Ob eine Substanz umweltrelevant oder umweltgefährdend ist, hängt in der Regel nicht nur von einer, sondern von einer Kombination mehrerer ihrer stofflichen Eigenschaften ab. Wichtige weitere Faktoren sind Produktions- und Emissionsmengen, die Emissionsquellen sowie die Verteilungswege und die Angriffsorte in der Umwelt.

1718. Für die Ermittlung und Bilanzierung von Emissionsmengen insgesamt, aber auch der Art, Stärke und räumlichen Verteilung der Emissionsquellen liegen oftmals nur unzureichende Daten vor. Dies trifft für viele umweltrelevante Stoffe zu, besonders für solche Stoffe, deren Umwelterheblichkeit oder -gefährlichkeit mit Hilfe solcher Daten abgeschätzt werden könnte und sollte.

Der Rat empfiehlt deshalb, die Voraussetzungen für die Schaffung und Bereitstellung von Daten im Wirtschaftsbereich so zu verbessern, daß anhand dieser Daten besser als bisher abgeschätzt werden kann, wann, wieviel, wo und wohin Stoffe in die Umwelt gelangen (vgl. Kap. 1.5). Die Verfügbarkeit solcher Daten würde auch wesentlich zur Weiterentwicklung und Verfeinerung von aussagekräftigen Modellen zur Expositionsabschätzung beitragen (vgl. Abschn. 3.1.3.2.3). Diese Daten sollten nicht nur für neue Stoffe, die den Vorschriften des Chemikaliengesetzes unterliegen, verfügbar sein, sondern grundsätzlich für alle Stoffe, die in die Umwelt gelangen können, ohne Rücksicht darauf, wann ein Stoff erstmals hergestellt wurde oder zu welchem Zweck er vermarktet wird.

1719. Toxizitätstests an einigen wenigen Organismenarten im Labor sind, gemessen an der Vielzahl der Lebewesen in der Natur, notgedrungen fragmentarisch. Wesentlich ist nicht so sehr die Zahl der getesteten Arten, sondern die Auswahl der Organismen, die als Stellvertreter ihrer Lebensräume oder Ökosysteme dienen; diese Auswahl bestimmt wesentlich die Aussagekraft der Experimente.

Wesentliche Aussagen, die anhand von Labortests gewonnen werden können, sind der Dosis- oder Konzentrationsbereich, in dem keine erkennbaren Wirkungen auftreten, und der Bereich, von dem an Wirkungen beobachtet werden, sowie — anhand des Vergleichs der Empfindlichkeit der Testorganismen — Hinweise auf die Artspezifität oder -unspezifität der toxischen Wirkungen.

Eine Substanz, die in einem niedrigen Dosisbereich bei allen Testspezies, also in artunspezifischer Weise toxisch ist, muß als gefährlich für die Umwelt angesehen werden als eine Substanz, die im niedrigeren Dosisbereich nur auf eine Spezies, also artspezifisch toxisch wirkt. Dies schließt allerdings nicht aus, daß die als weniger gefährlich eingestufte Substanz in der Umwelt andere, in Labortests nicht erkannte oder erkennbare Schadwirkungen ausübt.

1720. Da chemische Stoffe einzelne Mitglieder von Ökosystemen in sehr unterschiedlicher Weise treffen können, sind die Konsequenzen einer Schädigung unterschiedlich. Ist eine Art betroffen, die in der Hierarchie des Ökosystems eine besondere Bedeutung besitzt, z. B. als Beutegreifer oder wichtige Nahrungsgrundlage, wird das ganze vernetzte System in seinem Wechselspiel beeinträchtigt. Wird jedoch ein unbedeutendes Glied des Ökosystems getroffen, ist der ökologische Effekt — abgesehen von der Beeinträchtigung dieser einen Art — u. U. gering.

Wenn die Toxizität einer chemischen Substanz für Vögel, Fische, Frösche oder andere Arten und Lebensformen bestimmt wird, läßt sich daraus noch nicht ihr Schädigungspotential in funktionierenden Ökosystemen beurteilen, sogar nicht einmal das Schicksal der bestimmten Population in diesem System. Deshalb kann die Verwendung von einzelnen Arten für ökotoxikologische Untersuchungen lediglich im Vorfeld komplexer ökotoxikologischer Abschätzungen des Schädigungspotentials stehen.

1721. In Ergänzung der in Abschnitt 3.1.2.3.5 gemachten Ausführungen über das verbleibende nicht bestimmbare Risiko bei toxikologischen Untersuchungen und Abschätzungen macht der Rat hinsichtlich ökotoxikologischer Abschätzungen zusammenfassend auf einige zusätzliche Einschränkungen und Erschwernisse aufmerksam:

— Die hohe Komplexität von Ökosystemen macht es nahezu unmöglich, die Bedeutung einzelner Faktoren und ihrer Veränderungen quantitativ darzustellen.

— Es liegen bisher nur geringe Erfahrungen über die tatsächliche Aussage- und Vorhersagekraft und Validität ökotoxikologischer Untersuchungsverfahren vor.

- Ökotoxikologische Laborverfahren untersuchen akute Wirkungen einzelner möglicher Schadfaktoren; Langzeitwirkungen sind bisher so gut wie nicht erfaßt und erfaßbar.

- Über Risikofaktoren und Risikokonstellationen ist bisher nichts bekannt; damit entfällt auch eine systematische Bewertung von Stoffwirkungen in Risikosituationen, da bewertbar nur solche Mechanismen sind, die bekannt sind.

- In der Ökotoxikologie fehlen Sicherheitsabstände, wie sie bei der Abschätzung möglicher gesundheitlicher Gefahren für den Menschen selbstverständlich und unverzichtbar sind; andererseits sind die Gründe, die in der Toxikologie zur Einführung von Sicherheitsfaktoren geführt haben, auch in der Ökotoxikologie gegeben.

- Stoffliche Wirkungen auf Ökosysteme sind quantitativ jeweils auch von anderen Faktoren oder Systemen abhängig; sie können z. B. unterschiedlich sein bei unterschiedlich großen Biotopen.

- Unbekannte Verunreinigungen und Metabolite müssen in Rechnung gestellt werden; sie bleiben naturgemäß bei Abschätzungen, die von Laborversuchen oder von Stoffeigenschaften oder Mengen bestimmter Verbindungen ausgehen, meist unberücksichtigt.

Aus diesen und den in Abschnitt 3.1.2.3.5 genannten Gründen ist es nicht möglich, Grenzwerte zum Schutz der belebten Umwelt des Menschen **wissenschaftlich** einwandfrei abzuleiten. Dennoch kann und muß man auf der Grundlage der wissenschaftlichen Kenntnis zu Konventionen über Grenzwerte kommen und diese auch gesetzlich festlegen (Tz. 29 ff.; Abschn. 1.3.2, 3.1.2.1).

3.1.4 Einflüsse von Umweltfaktoren auf Gesundheit und Krankheit

3.1.4.1 Zum Begriff der Gesundheit

1722. In der allgemeinen Diskussion über Umweltbelastungen und Umweltwirkungen und in der Rechtssprechung der obersten Gerichte wird der sog. Gesundheitsbegriff der Weltgesundheitsorganisation (WHO) bei grundlegenden Entscheidungen herangezogen. In der Gründungserklärung der WHO vom 22. Juni 1946 heißt es, Gesundheit sei „ein Zustand vollständigen körperlichen, seelischen und sozialen Wohlbefindens und nicht nur des Freiseins von Krankheiten". Diese eingängige und leicht verständliche Beschreibung wird immer dann schwierig zu handhaben, wenn festgelegt werden soll, bei welchen quantifizierbaren Werten ein Zustand vollständigen Wohlbefindens vorliegt. Die Erklärung der WHO gibt zweifellos ein Ziel an, das zwar ein Stück Utopie enthält, aber dennoch von allen Menschen ebenso wie von staatlicher Gesundheitspolitik angestrebt wird. Der folgende Satz der WHO-Verfassung macht die damit zugleich verbundene **politische** Absicht deutlich. Er lautet in der englischen Fassung: „The enjoyment of the highest attainable standard of health is one of the fundamental rights of every human being without distinction of race, religion, political believe, economic or social condition". In der Übersetzung würde es sinngemäß lauten, daß die **höchstmöglich erreichbare** Form eines solchen Gesundheitszustandes ein fundamentales Recht eines jeglichen Menschen ohne Rücksicht auf Rasse, Religion, politischen Glauben, ökonomische oder soziale Bedingungen darstellt. Durch diesen zweiten Satz wird der erste Satz, wonach Gesundheit ein vollständiges physisches, psychisches und soziales Wohlbefinden darstellt, erläutert, und es wird deutlich, daß Gesundheit kein statischer, sondern ein prozessualer Begriff ist, ein ständiges Streben nach der besten erreichbaren Form.

1723. Eine funktionale Betrachtung des Gesundheitsbegriffs stellt u. a. auf ein physiologisches Gleichgewicht ab. Intraindividuelle Schwankungen von physiologischen Meßwerten im Rahmen eines statistischen **Normalbereiches** sind als Reaktion auf eine Belastung nicht notwendigerweise negativ zu bewerten. Solche Reaktionen können auf **Verarbeitung** einer Belastung hindeuten, die charakteristisch für einen gesunden Organismus ist. Wenn die statistischen Normalbereiche überschritten werden, liegt eine Überbelastung vor, die eine **Gefährdung** darstellt. Analog zum physischen Geschehen gibt es für psychische Belastungen ebenfalls einen Normalbereich psychischer Reaktionen und eine mögliche Überschreitung des Normalbereichs durch übermäßige psychische Belastung; hier wäre dann eine **erhebliche Belästigung** gegeben.

Im physischen Bereich werden in der Medizin bei der Beurteilung von Belastungen häufig **Bewertungsstufen** verwendet (vgl. Abb. 3.1.1); sie sind in der Arbeitsmedizin experimentell erarbeitet und an der Praxis orientiert und dienen dazu, Maßnahmen am Arbeitsplatz zu veranlassen.

Die Verarbeitungsfähigkeit von Belastungen ist interindividuell unterschiedlich. Die Streubreite fließt auch in die aggregierten Bewertungsstufen ein; diese stellen Bereiche dar, deren Grenzen fließend sind. Der Übergang von der normalen in die pathologische Stufung ist durch einen Grenzbereich gekennzeichnet.

1724. In der Arbeitsmedizin stellen Bewertungsstufen und Richtwerte auf Differenzierungen ab und beinhalten unter Berücksichtigung der Lebensverhältnisse und Lebensgewohnheiten auch Abwägungen mit den betrieblichen und wirtschaftlichen Notwendigkeiten der Verursacher. Durch Zu- oder Abschläge bei den Richtwerten einer Verordnung können Änderungen vorgenommen werden. Im Einzelfall haben Richter oder Verwaltungsbeamte einen Spielraum zur Beurteilung.

Die in der Arbeitsmedizin gewonnenen methodischen Erfahrungen über Bewertungsstufen von Belastungen können sinngemäß und modifiziert auch in der Umweltmedizin genutzt werden. Zur Orientierung können die unterschiedlichen Reaktionsgrößen umweltbedingter Wirkungen in den Bereichen der physiolo-

Abbildung 3.1.1

Bewertungsstufen der Belastungsintensität am Arbeitsplatz

Belastungsintensität		Bewertungsstufe	Betriebliche Massnahme
Über-belastung	sehr wahrscheinlich	VII	erforderlich
	wahrscheinlich	VI	dringend empfohlen
	möglich	V	empfohlen
Grenzbereich		IV	Möglichkeiten überprüfen
belastend		III	
gering belastend		II	
sehr gering belastend		I	

Quelle: HETTINGER et al., 1983; (vgl. Abschn. 2.6.3.1, Abb. 2.6.5)

gischen, psychologischen und soziologischen Wirkungsforschung herangezogen werden unter Beachtung der Tatsache, daß gesundheitlicher Umweltschutz nicht nur den gesunden Erwachsenen mittleren Alters zu schützen hat, sondern ebenso alte und junge und chronisch kranke Menschen.

1725. Umweltbedingte Erkrankungen sind so lange bekannt, wie es eine Medizin gibt, auch wenn sie im Katalog der medizinischen Krankheitslehre bis vor wenigen Jahren nicht ausdrücklich aufgeführt waren. Umweltmedizin zeichnet sich dadurch aus, daß sie in dem schwierig zu definierenden Grenzbereich zwischen gesund und krank zu differenzieren hat, daß sie zu prüfen hat, ob und welche Einflüsse von der Umwelt auf diesen Grenzbereich ausgehen oder welcher Charakter und welche Intensität von Belastung von einer bestimmten gegebenen Situation ausgehen. Da und soweit alle Krankheiten letzten Endes auf genetische Ursachen oder solche aus der Umwelt zurückgeführt werden können, in aller Regel aber **genetische und Umweltfaktoren** zum Krankheitsgeschehen beitragen, ist stets abzuschätzen, welchen Beitrag Umweltfaktoren zu Entstehung und Verlauf einer Erkrankung leisten. Auch sog. schicksalhafte Krankheitsverläufe werden durch Umweltfaktoren beeinflußt. Gerade chronisch Kranke oder Personen mit besonderer Disposition können durch Umweltfaktoren stärker als andere belastet werden. Gesundheitlicher Umweltschutz hat dies zu berücksichtigen, wenn Belastungssituationen beurteilt und Grenzwerte empfohlen werden.

3.1.4.2 Grenzbereich zwischen gesunder Reaktion und Krankheit

1726. Die Bemühung um eine Beurteilung, ob im Einzelfall noch Gesundheit oder schon Krankheit vorliegt, muß die Klippe umschiffen, daß beide Begriffe nicht eindeutig, trennscharf und verallgemeinerbar definiert sind.

Die Konkretisierung und realitätsbezogene Beurteilung der Gesundheit kann in der Praxis auf erhebliche Schwierigkeiten stoßen, da es keine scharfe Grenze zur Krankheit gibt. Aus einem Bereich gesunder Reaktionen mit statistisch ermittelten Normalbereichen einzelner meßbarer physiologischer und psychologischer Parameter oder normalen Befindens gelangt man durch Überschreiten der Normalbereiche mit fließendem Übergang in den Bereich von Erkrankung. Aus dem Bereich der Gesundheit kommend, liegt vor der manifesten Erkrankung ein Stadium, welches als Früh- oder Vorstadium bezeichnet werden kann, und in welchem die Abweichungen von der Norm noch reversibel sind und teils mit, teils ohne Behandlung in den Normalbereich zurückkehren können. Wenn die Normabweichungen stärker ausgeprägt und stabil werden, handelt es sich um eine Krankheit, die behandelbar, aber auch unbehandelbar sein und in ein irreversibles Stadium übergehen kann.

1727. Es ist das Bestreben moderner Gesundheitspolitik — niedergelegt z. B. in der Reichsversicherungsordnung (RVO) — sich entwickelnde Erkrankungen möglichst frühzeitig, d. h. im Früh- oder Vorstadium zu erfassen. Bei Früherkennung — Vorsorgeuntersuchungen — kann durch geeignete Maßnahmen die manifeste Erkrankung verhindert werden. Hierzu ist es allerdings notwendig, daß auch die Streubreiten einer normalen Reaktion, die als gesund betrachtet werden muß, ebenso bekannt sind wie die Faktoren, die den Normalbereich beeinflussen.

Allgemein spricht man in der Medizin von Krankheit dann, wenn eine oder mehrere Erscheinungen eine Abweichung vom **physiologischen Gleichgewicht** (Homöostase) anzeigen. Es spielt keine Rolle, ob diese Erscheinungen durch eine endogene oder exogene Noxe oder durch Abwehr- oder Kompensationsmechanismen des Individuums bedingt sind. Für die Praxis ist mit dieser Definition allerdings nicht viel gewonnen; das Problem ist nur anders umschrieben und besteht jetzt darin, im Einzelfall die Grenzen des physiologischen Gleichgewichts zu erkennen. Neben einem **sicher normalen** und einem **sicher anomalen** Bereich zeigt die statistische Verteilung jeweils zur Beurteilung herangezogener Parameter einen breiten **fraglichen Bereich** (Abb. 3.1.2); zwischen den Bereichen der steten und normalen Oszillation einerseits (gesund) und dem Bereich des Versagens von Gegenregulation oder Dekompensation liegt ein Bereich der leichten Gegenregulation, der mehr dem Gesundbereich zuneigt, während der Bereich der massiven Gegenregulation mehr dem pathologischen Bereich zuneigt.

1728. Wenn die Verteilungsdichte eines bestimmten Meßwertes bei Gesunden und Kranken, für deren Erkrankung der Meßwert diagnostischen Wert besitzt, verglichen wird, findet man regelmäßig einen Überlappungsbereich, in dem die Entscheidung, ob **gesund** oder **krank** anzunehmen sei, in das Ermessen des Entscheidenden gestellt ist (Abb. 3.1.3).

Ein Arzt wird eine Beurteilung vornehmen nach den Einstufungen b oder c, je nachdem ob die Krankheit, für die der Meßwert charakteristisch ist, harmlos ist oder ob die Krankheit eine große Gefahr darstellt. Im letzten Fall bedeutet dies, daß die Normgrenze vorsichtshalber tief anzusetzen ist (c), während, wenn es sich um eine harmlose Erkrankung handelt (Fall b), die Grenze eher hoch angesetzt wird. Bei der Entscheidung nach c werden einige Gesunde fälschlich für Kranke gehalten, bei der Entscheidung nach b einige Kranke fälschlich für Gesunde.

Im gesundheitlichen Umweltschutz muß die Grenze bei einem bestimmten Perzentil angenommen werden, analog dem Verfahren in der Versicherungsmedizin. In der Regel wird es erforderlich sein, die Perzentile bei sehr geringen Meßwertkriterien für Krankheit festzulegen. Es geht dieser Festlegung auch im-

Abbildung 3.1.2

Übergang von Gesundheit zu Krankheit

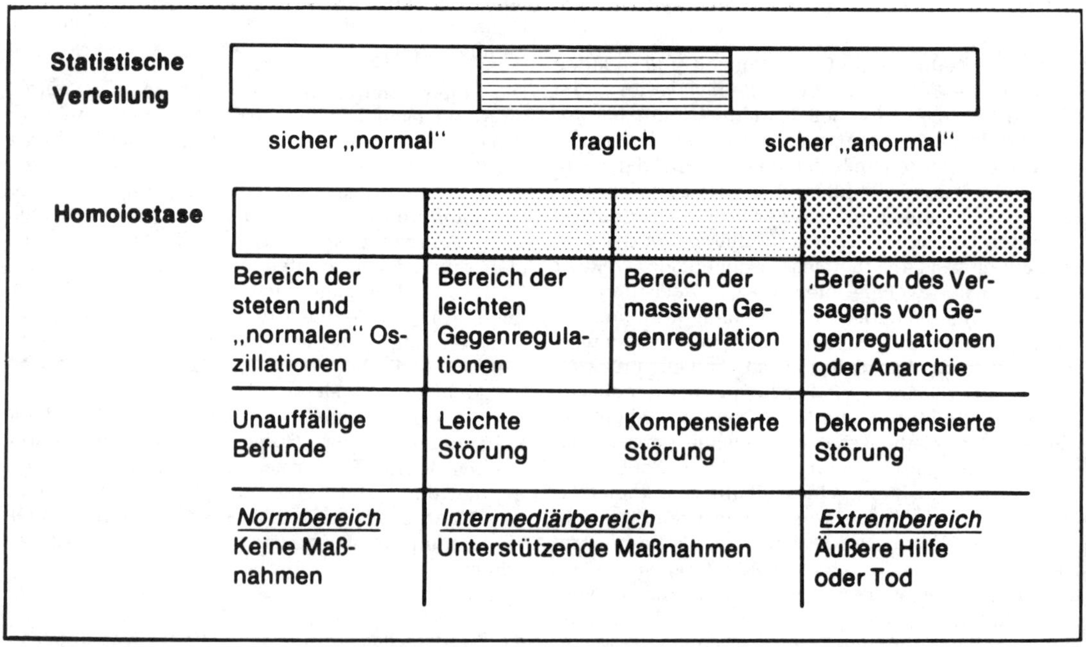

Statistische Verteilung			
sicher „normal"	fraglich		sicher „anormal"
Homöostase			
Bereich der steten und „normalen" Oszillationen	Bereich der leichten Gegenregulationen	Bereich der massiven Gegenregulation	Bereich des Versagens von Gegenregulationen oder Anarchie
Unauffällige Befunde	Leichte Störung	Kompensierte Störung	Dekompensierte Störung
Normbereich Keine Maßnahmen	*Intermediärbereich* Unterstützende Maßnahmen		*Extrembereich* Äußere Hilfe oder Tod

Quelle: GROSS, 1980

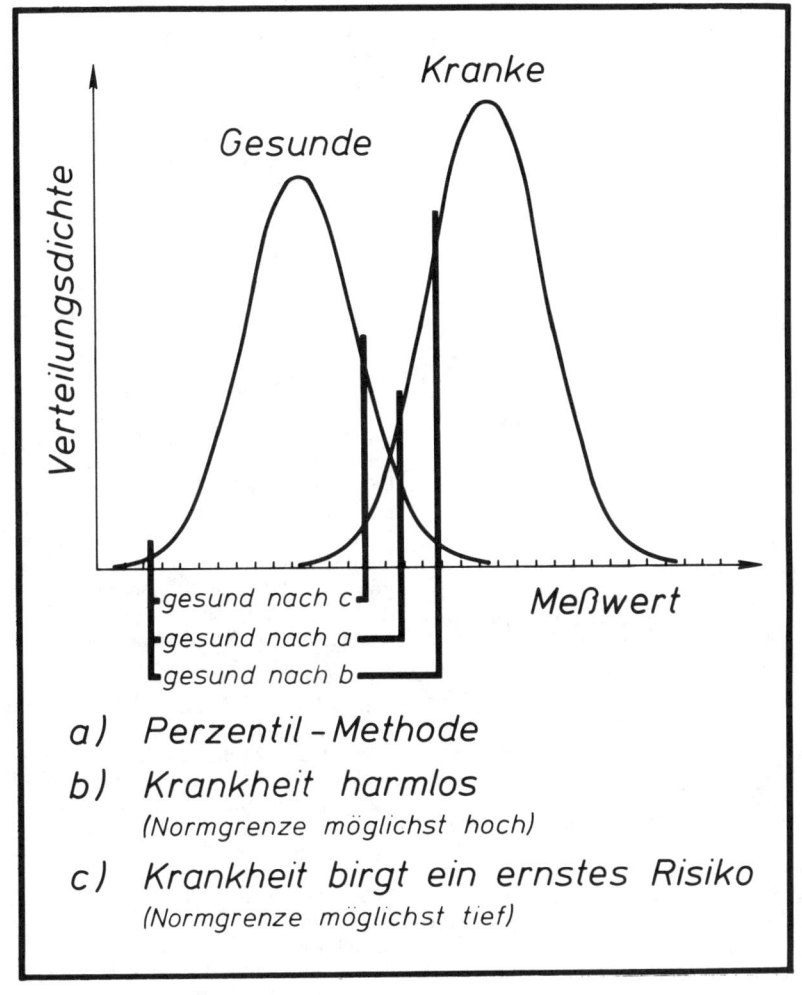

Abbildung 3.1.3

Verteilung eines Meßwertes bei Gesunden und Kranken

[Diagramm: Verteilungsdichte (y-Achse) gegen Meßwert (x-Achse); zwei Normalverteilungen "Gesunde" und "Kranke" mit Grenzen "gesund nach c", "gesund nach a", "gesund nach b"]

a) *Perzentil - Methode*
b) *Krankheit harmlos*
   (Normgrenze möglichst hoch)
c) *Krankheit birgt ein ernstes Risiko*
   (Normgrenze möglichst tief)

Quelle: JANSEN, 1984

mer eine Abwägung über die Größe der zu schützenden Populationen voraus. Die Absenkung der höchstens zulässigen Werte erfolgt umso tiefer, je mehr man vom Schutz des durchschnittlichen gesunden Bürgers über Risikogruppen zum einzelnen zu schützenden Individuum übergeht (vgl. Tz. 1455ff.).

3.1.4.3 Wertigkeit von Umweltfaktoren

1729. Monokausale Erklärungen von beobachteten oder subjektiv empfundenen Beeinträchtigungen der Gesundheit gehen in der Regel fehl. Skepsis ist angebracht, wenn **ein** Ereignis **eine** ganz bestimmte Veränderung hervorrufen soll. Arbeit, Erziehung, Sitten und Gebräuche, gesellschaftliche Situationen, Familie und sonstiges häusliches Umfeld, d. h. natürliche, technische, personale, soziale und kulturelle Faktoren beeinflussen ebenso wie die physikalisch-chemische Umwelt neben der psychophysischen Disposition des Individuums dessen Erkrankung oder Gesundung. Das methodische Problem scheint bisher kaum lösbar, wie in diesem Netz miteinander verknüpfter und z. T. voneinander abhängiger Einflüsse die relative Bedeutung einzelner Einflüsse, sei es für ganze Populationen, sei es für Individuen, isoliert und bewertet werden kann. Die verfügbaren statistischen und epidemiologischen Verfahren erlauben wenigstens Anhaltspunkte darüber zu gewinnen, inwieweit die Umwelt und die von ihr ausgehenden Belastungen für die Beeinträchtigungen der Gesundheit eine Rolle spielen. Um mehr als Hinweise und grobe Abschätzungen kann es sich dabei nicht handeln.

1730. Will man den vermuteten Zusammenhang zwischen einem Umweltfaktor und einem Gesundheitsindikator untersuchen, so ist stets mit einer Beteiligung oder Überlagerung durch andere Umweltfaktoren als Störgrößen zu rechnen. Auch die unterschiedliche Disposition von Individuen oder bestimmten Gruppen sowie das individuelle Gesundheitsverhalten sind als intervenierende Größen oder als Störgrößen zu berücksichtigen.

Ob ein Zusammenhang zwischen einem Umweltfaktor und einem Gesundheitseffekt wahrscheinlich gemacht oder nachgewiesen werden kann, hängt also wesentlich davon ab, ob der Effekt im Vergleich zu anderen Einflüssen stark oder spezifisch genug ist und ob andere Umweltfaktoren mit geeigneten epidemiologisch-statistischen Methoden und in hinreichender Weise kontrolliert oder eliminiert werden können.

Epidemiologisch gewonnene Ergebnisse geben Auskunft über Zusammenhänge von (Krankheits-)Erscheinungen und (Umwelt-)Faktoren; sie sagen allein nichts aus über die Art des Zusammenhangs oder darüber, ob die Verknüpfungen von Erscheinungen und Faktoren kausaler Art sind, selbst wenn hohe Korrelationen einen engen Zusammenhang signalisieren. Die Epidemiologie hat deshalb eine Reihe von Kriterien entwickelt, mit deren Erfüllung die Evidenz für einen ursächlichen Zusammenhang zunimmt (vgl. Abschn. 3.1.2.2.2).

1731. Bei der Bewertung der Ergebnisse umweltepidemiologischer Untersuchungen wird man neben der Berücksichtigung der Qualität der Studien (vgl. Abschn. 3.1.2.2.2) aus Vorsorgegründen dem Grundsatz folgen müssen, daß einer Studie, die einen Zusammenhang nicht belegen kann, weniger Gewicht beizumessen ist als einer Studie, in der ein Zusammenhang nachgewiesen wird. Methodische Schwierigkeiten und wissenschaftliche Kenntnislücken dürfen nicht zu Lasten der Bevölkerung gehen. Dies wäre jedoch der Fall, ließe man Expositionen grundsätzlich solange zu, bis ein methodisch anerkannter Nachweis der Gesundheitsschädlichkeit erbracht ist. Im Einzelfall erfordert die Entscheidung viel Augenmaß und Mut. Im übrigen muß sich die Umweltpolitik in vielen Bereichen mit Risikoabschätzungen auf der Basis von Modellen und Extrapolationen aus der Arbeitsmedizin, aus Tier- und In-vitro-Versuchen und aus einzelnen Umweltkatastrophen begnügen und die Expositionsminderung des Menschen gegenüber vermeidbaren schädlichen Umweltfaktoren stärker an Vorsorgegesichtspunkten als an wissenschaftlich definitiv nachgewiesenen Schädlichkeitskriterien orientieren, weil für letztere die Anforderungen nur in Ausnahmefällen erfüllbar sind.

1732. Schwellen- oder Grenzwerte können wissenschaftlich begründet dann erarbeitet werden, wenn einzelne Faktoren als (Mit-)Ursache bestimmter Schädigungen identifiziert sind und der Übergang vom Bereich „gesund" in den fraglichen oder Abwägungsbereich und der Übergang aus diesem Bereich in den Bereich manifester Schädigung quantitativ bekannt ist, was aber selten der Fall ist. Wo in diesem Abgrenzungsbereich die Grenzen gezogen werden, ist eine politisch-normative Entscheidung, durch die beschrieben wird, welches Ausmaß möglicher Belästigung oder Benachteiligung für zumutbar gehalten und in Kauf genommen wird.

1733. Der Bereich des Ermessens sei am Beispiel der heute weit verbreiteten Lärmbelastung dargestellt. Sieht man von Hörschädigungen und gewissen Beeinflussungen des Schlafverhaltens ab, so spielt beim Lärm in der Regel die bewußte Geräuschwahrnehmung eine entscheidende Rolle. Man kann eine Wirkungskette: Nichtwahrnehmung — Wahrnehmung — Belästigung — erhebliche Belästigung — Gefährdung aufstellen. Wahrnehmung und Belästigung können im Einzelfall — bedingt durch Empfindlichkeit oder situative Gegebenheiten — dicht beieinander liegen, so z. B. bei der Übertragung von Nachbarschaftsgeräuschen innerhalb von Gebäuden während der Abend- und Nachtstunden. Die Belästigungsschwelle kann jedoch auch — bedingt durch Geräuschtoleranz und situative Gegebenheiten — weit oberhalb der Wahrnehmungsschwelle liegen. Bei vielen potentiell schädlichen Emissionen in anderen Umweltbereichen kann die sinnliche Wahrnehmung entweder ganz entfallen oder erst dann auftreten, wenn nach heutigen Erkenntnissen oder Hypothesen bereits Gefährdung anzunehmen ist. Der Tatbestand „erhebliche Belästigung" ist daher, sieht man einmal von Gerüchen ab, dort weit weniger bedeutsam, während er beim Lärm der wichtigste Faktor überhaupt ist.

Ein besonderes Merkmal des Lärms besteht darin, daß man gebietsbezogene Grenzen der **Zumutbarkeit** unter Berücksichtigung von Standortvorteilen, Ortsüblichkeit und Vorbelastung bestimmen kann, was praktisch seinen Niederschlag in den je nach Planungsgebiet, Baugebiet und tatsächlicher Nutzung unterschiedlichen Richtwerten für Geräuschemissionen findet.

Schließlich ist auch die Ambivalenz gegenüber Schalleinwirkungen zu beachten. Das Hörsystem dient natürlicherweise der Wahrnehmung und Verarbeitung von Schallreizen, die je nach kognitivem Kontext als Lärm oder als angenehm, lustvoll oder in sonstiger Weise positiv empfunden werden können. Im Rahmen der natürlichen Funktionen ist es angepaßt an die Sprechschallpegel von Gesprächspartnern (60 bis 65 dB[A]), und an den Schallpegel der eigenen Stimme im eigenen Ohr (70 bis etwa 80 dB[A]). Selbsterzeugter Schall wird auch bei recht hoher Intensität in der Regel nicht als Lärm empfunden; dies gilt auch für relativ laute Naturgeräusche, z. B. Meeresbrandung und Wasserfallgeräusche mit 60 bis 70 dB(A).

1734. Vor diesem Hintergrund verbleibt der Lärmschutzpolitik ein relativ breiter Handlungsspielraum sowohl bei der Bestimmung des Zumutbaren und damit der Zuordnung von Immissionsrichtwerten für Geräusche, als auch bei der in der Regel nur Schritt für Schritt und langfristig zu verwirklichenden Verbesserung vorhandener akustischer Umweltbedingungen. Die innerhalb dieses Spielraums zu treffenden Entscheidungen über Immissionszielvorgaben und über die Maßnahmenauswahl sind politischer Natur.

1735. Umweltschutzpolitik kann und muß Prioritäten setzen und ihre Probleme unter Berücksichtigung auch der ökonomischen Möglichkeiten und Grenzen nach und nach lösen. Diese politischen Entscheidungen bedürfen der wissenschaftlichen Vorbereitung und Unterstützung, sie können jedoch durch wissenschaftliche Analyseergebnisse nicht vorweggenommen werden. Insbesondere gibt es keine allgemein akzeptierten Kriterien, die die exakte Ableitung des richtigen Immissionswertes erlauben.

1736. In den folgenden Abschnitten (3.1.4.4– 3.1.4.7) werden am Beispiel der Luftschadstoffe, der Schwermetalle Blei und Cadmium, des Nitrats und der Organohalogenverbindungen in Frauenmilch methodische und inhaltliche Probleme gesundheitlicher Risikoabschätzungen dargestellt. Der Rat bezieht sich dabei großenteils auf die methodische und inhaltliche Auswertung epidemiologischer Studien über die Wirkung von Umweltfaktoren auf die menschliche Gesundheit, die in einem Gutachten für den Rat vorgenommen wurde (van EIMEREN et al., 1987). Die genannten Bereiche wurden deswegen ausgewählt, weil der Rat in ihnen für die nächsten Jahre vordringlichen Handlungsbedarf sieht.

3.1.4.4 Luftschadstoffe

3.1.4.4.1 Methodische Probleme

1737. Unter dem Begriff „Luftverschmutzung" werden über 100 verschiedene Substanzen zusammengefaßt. Die analytisch-chemische Messung der Immission dieser Luftschadstoffe beschränkt sich in der Regel auf die wichtigsten: SO_2, Staubpartikel, NO_x, Kohlenmonoxid, Ozon; seltener sind Messungen von Staubinhaltsstoffen (z. B. Schwermetallen), anorganischen Halogenverbindungen und organischen Verbindungen.

In epidemiologischen Studien zur Luftverschmutzung geht man meist explizit oder implizit vom Konzept der „**Leitsubstanz**" aus, einer leicht zu messenden Substanz, die stellvertretend für den Grad der Luftverschmutzung und damit für die Konzentrationen anderer Luftschadstoffe allgemein steht. Häufig verwendete Leitsubstanzen für die atmosphärische Luftverschmutzung sind Staubpartikel und SO_2.

1738. Voraussetzung für die Eignung eines Stoffes als Leitsubstanz ist, daß er einen regelmäßig anzutreffenden, charakteristischen Bestandteil des komplexen, in seiner Zusammensetzung meist wechselnden Gemisches von Schadstoffen darstellt, für das er stellvertretend gemessen wird. Die Aussagekraft einer Leitsubstanz für Art und Ausmaß der Luftverschmutzung ist umso höher, je enger ihre Konzentration mit den Konzentrationen anderer wichtiger Luftschadstoffe korreliert ist. Eine Leitsubstanz kann bei der Vielzahl und der unterschiedlichen Ausprägung der Wirkungen eines in seiner Zusammensetzung wechselnden Stoffgemisches meist nur einen kleinen Teil des Wirkungsspektrums des Stoffgemisches abdecken und dies in der Regel umso weniger, je stärker bei der Auswahl der Leitsubstanz chemisch-analytische Gesichtspunkte im Vordergrund gestanden haben. Die Auswahl geeigneter Leitsubstanzen kann die Unschärfe emissions-, immissions- oder wirkungsseitiger Abschätzungen zwar mindern, nicht aber aufheben. Da jede Leitsubstanz Vor- und Nachteile hat, kommt es darauf an, ihre Bedeutung und Aussagekraft im Hinblick auf die jeweilige Fragestellung richtig einzuschätzen.

1739. Durch Verbesserung des Meßverfahrens oder durch die Messung mehrerer Leitsubstanzen kann die Aussagekraft der Ergebnisse wesentlich erweitert werden. So weisen neuere gegenüber älteren Staubmeßverfahren den Vorteil auf, daß sie die Lungengängigkeit der Staubpartikel berücksichtigen, die im wesentlichen von der Größe der Staubpartikel bestimmt wird. Ältere Staubmeßverfahren können daher allenfalls als Indikatoren für die Luftverschmutzung angesehen werden, während neuere Staubmeßverfahren durch die Berücksichtigung der Lungengängigkeit der Staubpartikel auch ein Maß für die Deposition und damit für die Abschätzung nachteiliger Wirkungen der Partikel in der Lunge darstellen.

Eine ähnliche Entwicklung ist auch bei Meßverfahren für SO_2 zu beobachten. Während SO_2 früher als Sulfat bestimmt und somit von dem viel stärkeren Reizstoff SO_3 nicht unterschieden werden konnte, messen moderne Verfahren SO_2, SO_3 bzw. Schwefelsäure und aerosolgebundenes Sulfat getrennt und ermöglichen auf diese Weise differenziertere Aussagen. Auch die Messung mehrerer Leitsubstanzen, z. B. SO_2, Staub, NO_x und CO erlaubt genauere Aussagen über Art, Ausmaß und mögliche Auswirkungen der Luftverschmutzung.

1740. Bei der Lokalisation von **Immissions-Meßstationen** entstehen oftmals Zielkonflikte zwischen flächendeckender, emittentenbezogener und einer auf die in einem Meßgebiet wohnenden Menschen bezogenen Erfassung von Luftschadstoffen. Die Lösung dieser Zielkonflikte ist aus epidemiologischer Sicht nur selten optimal. Die räumliche und zeitliche Dichte der Meßdaten ist oft unzulänglich, weil Konzentrationsschwankungen und insbesondere Konzentrationsspitzen, die unter Umständen besonders gesundheitsrelevant sind, nur unzureichend erfaßt werden.

1741. Die tatsächliche Exposition, die mit einer Krankheit oder Funktionsbeeinträchtigung in Zusammenhang gebracht werden soll, kann von der Immissionsmessung, die als Grundlage der Expositionsabschätzung dienen soll, sehr unterschiedlich sein. Wichtige intervenierende Größen oder **Störgrößen**, die in Betracht gezogen bzw. möglichst kontrolliert werden müssen, sind u. a.:

— Alters- und Sozialstruktur;

— Rauchgewohnheiten;

— Dauer des Wohnsitzes im Gebiet, Zu- und Wegwanderungen;

— unterschiedliche Aufenthaltsdauer in Innenräumen (Alte, Kleinkinder);

— regelmäßige zeitweilige Abwesenheit vom Wohnort (Pendler);

— zusätzliche Expositionen gegenüber den gleichen oder anderen Umweltschadstoffen oder -faktoren;

andere Zufuhr- oder Expositionswege von Umweltschadstoffen (Beruf; Passivrauchen; Schadstoffe in Lebensmitteln usw.);

— Ernährungsgewohnheiten;

— Struktur der medizinischen Versorgung;

— klimatische oder meteorologische Faktoren.

1742. Bei Studien über längere Zeiträume ist zu beachten, daß sich das Spektrum der Luftschadstoffe langfristig verändert. So ist über die letzten Jahrzehnte hinweg gesehen bei den polyzyklischen aromatischen Kohlenwasserstoffen ein sehr starker, bei SO_2 ein deutlicher Rückgang zu verzeichnen, während NO_x langfristig eher ansteigt (vgl. Abschn. 2.3.1.2).

1743. Bei Studien anhand von aggregierten Daten, sog. ökologischen Studien, werden Daten über Erkrankungen (Morbidität) oder Todesfälle (Mortalität) verwendet, die für lokale oder regionale Statistiken gesammelt worden sind. Ziele und Zwecke dieser Statistiken sind jedoch meist sehr allgemeiner Art; z. B. dienen viele Register der allgemeinen Gesundheitsüberwachung und stimmen daher selten mit der Zielsetzung der Studie überein. Besonders problematisch sind Datensätze, deren administrative oder geographische Muster sich von der geographischen Verteilung der Immissionsmeßnetze unterscheiden. Statistisch kaum kontrollierbare Verzerrungen sind die Folge.

1744. Bei zeitlichen Vergleichen unterschiedlicher Luftverschmutzung dient die betrachtete Bevölkerung zu Zeiten geringerer Luftverschmutzung als ihre eigene Kontrolle. Als Störfaktoren treten jedoch sogenannte Kalendereffekte auf, die sich als unterschiedliche Ausprägung von Gesundheitsindikatoren im Wochenrhythmus, an Feiertagen und zu verschiedenen Jahreszeiten bemerkbar machen. Werden verschiedene Jahreszeiten verglichen, fallen insbesondere meteorologische Faktoren zusätzlich ins Gewicht. Van EIMEREN et al. (1987) schreiben dazu: „Die Analyse von Zusammenhängen zwischen Luftverschmutzung und Gesundheitsstörungen wird — vor allem bei zeitlichen Vergleichen — dadurch erschwert, daß das Wetter eine schwer zu kontrollierende Störvariable darstellt. Zum Beispiel treten in den Wintermonaten Atemwegserkrankungen rein aus klimatischen Gründen gehäuft auf, zugleich entstehen durch das Heizen vermehrt Luftschadstoffe, die sich darüber hinaus bei im Winter bevorzugt auftretenden Inversionswetterlagen anreichern. Die Effekte von Luftverschmutzung und Wetter auf die Gesundheit sind deshalb kaum voneinander zu trennen. Es entstehen enorme Interpretationsprobleme, wenn die Berücksichtigung des Wetters einen Schätzer für einen Schadstoffeffekt zum Verschwinden bringt."

Zeitliche Vergleiche anhand von aggregierten Daten können deshalb nur dann Zusammenhänge hinreichend deutlich belegen, wenn die Luftverschmutzung massiv ist und einen wesentlichen Anteil an der akuten Morbidität bzw. der Mortalität hat, etwa bei Smogepisoden. „Historisch haben übrigens Studien mit Aggregatdaten und zeitlichen Vergleichen verschiedener Gebiete bei entsprechend deutlicher Datenlage (z. B. Londoner Smogstudien) wesentliche Beiträge zur Erkennung des gesundheitsschädigenden Potentials der Luftverschmutzung gebracht" (van EIMEREN et al., 1987).

1745. Eine Vielzahl von Studien hat sich mit räumlichen Vergleichen von Luftverschmutzung und Mortalität befaßt. „Arbeiten mit gebietsbezogenen Aggregatdaten haben jedoch keine Chance, Luftverschmutzungsauswirkungen auf die Gesundheit zu zeigen ... Allenfalls können somit aus solchen Studien qualitative Hinweise erwartet werden (derer es jetzt aber nicht mehr bedarf), d. h. sowohl die Bestätigung des Zusammenhangs als auch die Beurteilung seiner Größe müßte ohnehin über präziser angesetzte Studien erbracht werden. Andererseits bergen die Veröffentlichungen von Ergebnissen aus Aggregatdaten-Studien die Gefahr der Verharmlosung nach dem Fehlschluß, daß wohl kein Effekt da ist, wenn sich keiner zeigen läßt" (van EIMEREN et al., 1987).

Aus negativen Ergebnissen gebietsbezogener Aggregatstudien darf daher keineswegs auf das Fehlen eines Zusammenhangs geschlossen werden, und zwar nicht nur aus prinzipiellen erkenntnistheoretischen Gründen, sondern auch weil alle betrachteten Studien gravierende Mängel in Datenqualität, -umfang oder Auswertungsmethodik aufweisen. Studien anhand von aggregierten Daten sind nicht sensitiv genug, um die langfristigen Auswirkungen der Luftverschmutzung auf Gesundheit und Krankheit hinreichend zu belegen. Auch zur Bestimmung von Wirkungsschwellen können diese Studien in der Regel nicht beitragen.

1746. Bei Studien anhand von Individualdaten werden gesundheitsbezogene Daten und u. U. auch Daten über die Schadstoffexposition oder -belastung auf der Ebene der Individuen erhoben. Sie sind zwar im Vergleich zu Studien mit aggregierten Daten wesentlich aufwendiger, haben jedoch den entscheidenden Vorteil, daß wichtige Störfaktoren erfaßt werden können und ihr Einfluß kontrolliert werden kann.

„Für die Untersuchung der Wirkung der Luftverschmutzung besonders interessant sind Stichproben aus empfindlichen Gruppen wie Kindern und Kranken bzw. vorgeschädigten Individuen. Bei beiden Gruppen ist zu erwarten, daß sie im Vergleich zur Normalbevölkerung bereits bei niedrigeren Schadstoffkonzentrationen Reaktionen zeigen. Hierdurch treten Effekte der Luftverschmutzung deutlicher hervor, die bei der Betrachtung einer repräsentativen Stichprobe wegen des überwiegenden Anteils gesunder Individuen sich nur in geringen Unterschieden niederschlagen würden. Gerade für gesundheitspolitische Folgerungen ist es wichtig, die Auswirkungen auf die am meisten betroffenen Bevölkerungsgruppen zu kennen" (van EIMEREN et al., 1987). Ihrer Art nach bekannte Risikogruppen müssen in den Gesundheitsschutz einbezogen werden, und Grenz- und Richtwerte müssen sich an solchen Gruppen orientieren.

„Kinder gelten noch aus einem weiteren Grund als besonders geeignete Studienobjekte zur Untersuchung der Wirkung von Luftverschmutzung: Bei ihnen entfallen die Störvariablen Rauchen, berufliche Exposition, berufsbedingte Abwesenheit vom Wohngebiet und zum Teil Wanderungen" (van EIMEREN et al., 1987).

1747. Im Rahmen von Luftreinhalteplänen in Belastungsgebieten sind die Voraussetzungen vorhanden, durch Verbindung der entsprechenden Kataster Zusammenhänge zwischen Emissions-, Immissions-, Expositions- und Gesundheitsdaten besser als bisher zu beschreiben. Insbesondere die in Nordrhein-Westfalen unternommenen Bemühungen sind bemerkenswert: In sog. **Wirkungskatastern** werden in umfangreichen und aufwendigen Stichprobenprogrammen expositions- und gesundheitsbezogene Daten auf Individualebene gewonnen und durch zusätzliche Befragungen der Probanden auf Störgrößen und Verzerrungen kontrolliert; dem Datenschutz wird durch Verschlüsselung der Daten Rechnung getragen. Die Schwerpunkte der erfaßten Gesundheitsindikatoren liegen bei der Messung der internen Belastung mit Stoffen, die mit der Atemluft aufgenommen werden können, der Bestimmung immunologischer Parameter, einiger Meßgrößen der Lungenfunktion und der Prävalenz verschiedener Atemwegserkrankungen (Ministerium für Arbeit, Gesundheit und Soziales des Landes Nordrhein-Westfalen, 1984, 1985; Ministerium für Umwelt, Raumordnung und Landwirtschaft des Landes Nordrhein-Westfalen, 1986). Zwar ist keine der gemessenen Größen so spezifisch, daß sie allein als solche eine Wirkung von Luftschadstoffen anzeigen könnte, doch können auf den Daten aufbauende statistische Analysen zeigen, ob Zusammenhänge zwischen Luftschadstoffen und den Gesundheitsindikatoren bestehen; erst dann können Aussagen zur Wirkung der Luftverschmutzung gemacht werden.

1748. Der Rat begrüßt diese Ansätze und unterstreicht die Notwendigkeit, daß Emissions-, Immissionskataster und umweltmedizinisch orientierte Wirkungskataster sorgfältig aufeinander abgestimmt werden. Die Immissionsmessungen, im wesentlichen SO_2, NO_2, NO, Staub, verschiedene Schwermetalle, Fluorverbindungen und Kohlenwasserstoffe, erfassen zwar die meisten gesundheitsrelevanten Luftschadstoffe und können insofern als ausreichend angesehen werden. Schwierigkeiten bereitet jedoch nach wie vor der Zielkonflikt zwischen einer flächendeckenden und einer an Emittenten bzw. an der Wohnlage der Bevölkerung orientierten Lokalisation der Meßstationen für Luftschadstoffe; auch die zeitliche und räumliche Dichte der Meßwerte wird als unzureichend angesehen (KRÄMER, 1984).

1749. In offiziellen Veröffentlichungen des Landes Nordrhein-Westfalen (Ministerium für Arbeit, Gesundheit und Soziales des Landes Nordrhein-Westfalen, 1984, 1985; Ministerium für Umwelt, Raumordnung und Landwirtschaft des Landes Nordrhein-Westfalen, 1986) bislang nur deskriptive Auswertungen wiedergegeben. Es wurden zwar alle wichtigen Störgrößen erhoben, jedoch sind die regionalen Vergleiche lediglich nach Geschlecht und Rauchen geschichtet worden. Im allgemeinen ist dabei ein Trend zu niedrigeren Prävalenzen von Atemwegserkrankungen und -symptomen in den geringer belasteten Vergleichsgebieten zu erkennen. Ähnliche Trends findet man bei immunologischen Parametern und bei verschiedenen Meßgrößen der internen Schadstoffbelastung der Probanden.

Die insgesamt sehr umfangreiche quer- und längsschnittbezogene Information, die in den Erhebungen gewonnen wurde, könnte noch besser ausgenutzt werden. Gerade dieses Datenmaterial zeichnet sich dadurch aus, daß alle wichtigen Störgrößen auf Individuenebene vorliegen und damit angemessen in die Auswertung einbezogen werden können.

3.1.4.4.2 Gesundheitliche Auswirkungen der Luftverschmutzung

1750. Epidemiologische, anhand von aggregierten Daten durchgeführte Analysen einer Reihe von Londoner und New Yorker Wintern mit hoher Luftverschmutzung und Smogepisoden in den 60er und 70er Jahren ergaben eine deutliche Evidenz für einen Zusammenhang zwischen partikelförmiger Luftverschmutzung und Mortalität. Für SO_2 war der Zusammenhang weniger deutlich, aber ebenfalls erkennbar (van EIMEREN et al., 1987). Die Frage, ob und gegebenenfalls bei welchen Immissionskonzentrationen Wirkungsschwellenwerte der Luftverschmutzung anzunehmen sind, kann mit diesem Typ von Studien jedoch nicht hinreichend sicher beantwortet werden.

1751. Die Smogepisode vom Januar 1985 ist gut dokumentiert (Tz. 722; WICHMANN et al., 1986). In dieser Studie wurden in den Wochen vor, während und nach der Smogepisode und in unterschiedlich belasteten Gebieten tageweise die Häufigkeit einer Reihe von medizinischen Ereignissen (Sterbeziffern, Krankenhausaufnahmen, Krankentransporte und ambulante Behandlungen in Krankenhäusern und bei einer Stichprobe von niedergelassenen Ärzten) im zeitlichen Verlauf erfaßt und mit meteorologischen Größen sowie mit Immissionsmessungen für Schwebstaub, SO_2, NO_2 und CO in Beziehung gesetzt. Die maximalen gemessenen Tagesmittelwerte für SO_2 und Schwebstaub erreichten als Summenwert fast das Zweifache des Auslösewertes für Smogalarm. Trotz einiger inkonsistenter Ergebnisse ergaben sich überwiegend Zusammenhänge zwischen den Konzentrationen der Luftschadstoffe und den Gesundheitsindikatoren, so daß die in der Smogepisode erhöhte Morbidität und Mortalität zumindest teilweise auf die hohen Immissionen zurückzuführen sind (van EIMEREN et al., 1987). Art und Auswertung der Daten geben keinen hinreichenden Aufschluß über die wichtige Frage, ob die Auslösekriterien für Smogalarm ausreichend sind, um smogbedingter Mortalität und akuter Morbidität wirksam zu begegnen. Auch ob ein hinreichender Sicherheitsabstand zwischen Auslösekriterien und Wirkungsschwelle besteht, — auch im Hinblick auf die Auslösung und Beeinflussung chronischer Atemwegserkrankungen — ist offen.

1752. Räumliche Vergleiche von Gebieten mit starker und schwacher Luftverschmutzung ergaben Hinweise auf Einflüsse der Luftverschmutzung auf die Häufigkeit von akuten und chronischen Atemwegserkrankungen bzw. Beeinträchtigungen von Lungenfunktionsparametern bei Kindern. Ob die Beeinträchtigung bestimmter Lungenfunktionsparameter bei Kindern einen Krankheitswert besitzt, ist umstritten. Möglicherweise können diese Beeinträchtigungen als frühe Indikatoren für eine spätere chronische Atemwegserkrankung angesehen werden, z. B. chronische Bronchitis, die aber nicht zwangsläufig folgt. Wichtige Störfaktoren, die nur in Studien auf Individuenebene berücksichtigt werden können, sind Rauchen der Eltern und andere Belastungen der Innenraumluft. Diese Störfaktoren haben insbesondere bei Säuglingen und Kleinkindern großen Einfluß (vgl. SRU, 1987).

1753. „Das Krupp-Syndrom (akute stenosierende subglottische Laryngotracheitis, ‚Pseudokrupp') und die obstruktive Bronchitis (die bei mehr als dreimaligen Auftreten als Asthma bronchiale bezeichnet wird) sind Krankheitsbilder, die die gleiche Bevölkerungsgruppe betreffen (Säuglinge und Kleinkinder, Jungen häufiger als Mädchen) und die bevorzugt in den Wintermonaten auftreten. Beide Krankheiten werden in der Regel von Viren ausgelöst; Witterungseinflüsse und Verschmutzung der Außen- und Innenluft werden als auslösende Faktoren diskutiert. Zur genauen Definition und Abgrenzung von Krupp-Syndrom und obstruktiver Bronchitis siehe WICHMANN (1985) und FEGELER et al. (1985)" (van EIMEREN et al., 1987).

SCHLIPKÖTER et al. (1985) haben in einem Gutachten eine Zusammenstellung und Bewertung von Studien zum Zusammenhang zwischen Luftverschmutzung und Krupp-Syndrom vorgenommen, die bis 1983 erschienen sind. Bei diesen und auch bei zwischenzeitlich erschienenen Studien ist die Aussagekraft durch Mängel in der Erfassungs- und Auswertungsmethodik stark eingeschränkt.

In dem Gutachten von SCHLIPKÖTER et al. (1985) findet sich auch eine Aufzählung und Beschreibung laufender bzw. geplanter Studien zum Thema Krupp-Syndrom (s. dazu auch WICHMANN, 1985).

Dabei ist bemerkenswert, daß das Interesse am Krupp-Syndrom auf die Bundesrepublik Deutschland beschränkt zu sein scheint. In den einzelnen Bundesländern laufen derzeit mehrere Studien zum Krupp-Syndrom und zur obstruktiven Bronchitis. SCHLIPKÖTER et al. (1985) haben zur Koordinierung dieser Studien ein Konzept vorgeschlagen, das durch Verwendung einheitlicher Erhebungs- und Meßinstrumente die Vergleichbarkeit der Ergebnisse sichern soll und das einen Katalog von zu berücksichtigenden Störvariablen aufstellt. Für verschiedene Studientypen werden Erhebungs- und Auswertungsstrategien vorgeschlagen. Eine Koordinierung künftiger Studien nach den Vorschlägen dieses Konzepts könnte sicherlich die meisten der kritisierten Unzulänglichkeiten der bisherigen Studien vermeiden helfen.

1754. Hinsichtlich anderer Erkrankungen und Beschwerden der Atemorgane kommen van EIMEREN et al. (1987) u. a. zur Feststellung: „Einen deutlichen Zusammenhang mit der Luftverschmutzung ergab eine Analyse von Daten des nordrhein-westfälischen Wirkungskatasters für die Diagnose chronische Bronchitis. Die im Rahmen des Wirkungskatasters gesammelten Informationen wurden jedoch bei weitem noch nicht ausgeschöpft." Der Rat empfiehlt daher, das im Wirkungskataster des Landes Nordrhein-Westfalen vorhandene Material gezielt auszuwerten.

1755. Bei Krebserkrankungen der Atemwege ist das Rauchen der bei weitem dominierende, der am besten untersuchte und hinreichend gesicherte ursächliche Faktor. Als epidemiologisch hinreichend gesichert gilt inzwischen auch die krebsauslösende Wirkung des unfreiwillig eingeatmeten Tabakrauchs (Passivrauchen) (ABEL u. MISFELD, 1986; HENSCHLER, 1985). Wegen des in Ländern der gemäßigten Klimazone überwiegenden Aufenthalts der Bevölkerung in Innenräumen kommt der Qualität der Innenraumluft eine große gesundheitliche Bedeutung zu. Der Rat nimmt zu lufthygienischen Fragen in Räumen in seinem Gutachten „Luftverunreinigungen in Innenräumen" ausführlich Stellung (SRU, 1987).

1756. Ob und wieweit die allgemeine Luftverschmutzung der Außenluft Krebserkrankungen der Atemwege auslöst oder ihre Entwicklung begünstigt, konnte mit epidemiologischen Untersuchungen bisher nicht hinreichend belegt werden. ABEL und MISFELD (1986) schreiben dazu in den Schlußfolgerungen ihrer Reanalyse und Bewertung der bisher vorliegenden Studien:

„Die These, daß neben dem Zigarettenrauch und beschäftigungsbedingten Expositionen auch die allgemeine Luftverunreinigung per se einen wichtigen Faktor in der Ätiologie des Lungenkrebses darstellt, ist schwer haltbar. Zwar wurde eine große Zahl von Studien zu diesem Thema durchgeführt, und es scheint einen Konsens über die Existenz eines Stadt-Land-Gefälles zu geben. Jedoch waren die Studien zum Teil in ihrer Anlage verfehlt und überwiegend mit schweren Mängeln belastet, die zudem so geartet sind, daß sie das Lungenkrebsrisikogefälle als Artefakt hervorrufen konnten.

Wenngleich in keiner Studie alle wichtigen Störfaktoren adäquat kontrolliert waren, so fiel doch grundsätzlich die Schätzung des Umwelteinflusses umso geringer aus, je sorgfältiger die Kontrolle der Verzerrungsquellen vorgenommen wurde. In Übereinstimmung mit den Autoren sorgfältiger geplanter Studien muß die Existenz eines meßbaren, durch allgemeine Luftverunreinigung bedingten Lungenkrebsrisikos bezweifelt werden. Allenfalls handelt es sich um äußerst geringfügige Effekte, die nur in aufwendigen Untersuchungen nachweisbar wären (etwa in prospektiven Stadt-Land-Vergleichen nichtberufstätiger nichtrauchender Ehefrauen von Nichtrauchern, die zeitlebens am selben Ort wohnhaft waren). Allerdings wäre auch dann mit einem großen Fehler 2. Art zu rechnen, d. h. mit einer hohen Wahrscheinlichkeit dafür, daß Unterschiede, sollten sie bestehen, nicht entdeckt werden."

Jedoch ist davon auszugehen, daß bestimmte Schadstoffe der allgemeinen Luftverschmutzung krebserzeugend sind, z. B. die polyzyklischen aromatischen Kohlenwasserstoffe, die als Produkte unvollständiger Verbrennungsprozesse emittiert werden, verschiedene an Aerosolpartikel gebundene Metallverbindungen und eine Reihe flüchtiger organischer Stoffe, wie z. B. Benzol, Nitrosamine, Vinylchlorid usw. Es ist davon auszugehen, daß auch die allgemeine Luftverschmutzung zu den Krebserkrankungen der Atemwege beiträgt, auch wenn dies epidemiologisch nicht belegt werden kann.

3.1.4.5 Schwermetalle

3.1.4.5.1 Methodische Probleme

1757. Bei den Schwermetallen Blei und Cadmium sind jeweils unterschiedliche Expositionsmöglichkeiten und Zufuhrwege zu berücksichtigen. Normalerweise werden diese Schwermetalle überwiegend mit der Nahrung und in geringerem Umfang mit dem Trinkwasser oder mit der Atemluft aufgenommen. In mit Blei besonders belasteten Gebieten kann die Zufuhr mit der Atemluft oder — bei Kleinkindern — durch Hand-Mund-Kontakte eine ähnlich große Rolle spielen wie die Zufuhr mit der Nahrung. Eine hinreichend genaue Abschätzung der Schwermetallaufnahme ist dadurch erschwert oder gar unmöglich, daß Verzehrerhebungen auf Bevölkerungsebene fehlen (vgl. Abschn. 2.5.2.4). Der Zusammenhang von Bodenbelastung, Immission, Konzentration in pflanzlichen und tierischen Lebensmitteln und Aufnahme ist jedoch zu komplex und von zu vielen weiteren Faktoren z. B. Art der Zubereitung beeinflußt, als daß die tatsächliche Aufnahme aus Belastungs- oder Konzentrationsmessungen hinreichend sicher abgeleitet werden könnte. Auch der Übertritt aus dem Magen- und Darminhalt bzw. aus der eingeatmeten Luft in die Blutbahn und damit die biologische Verfügbarkeit der Schwermetalle wird durch eine Reihe von Faktoren unterschiedlich beeinflußt. Zu diesen zählen neben Lebensalter und Gesundheitszustand z. B. die Art der chemischen Bindung, in der das Schwermetall vorliegt, oder die gleichzeitige Anwesenheit anderer Metallionen, die bei diesem Übertritt miteinander konkurrieren (vgl. Abschn. 2.5.2.1 und 2.5.2.3).

Die Abschätzung der Schwermetallzufuhr über verschiedene Zufuhrwege auf Grund der Belastung von Luft und Lebensmitteln kann daher weder auf aggregierter noch auf individueller Ebene hinreichend genau die individuelle Belastung wiedergeben und ist, gemessen am Ergebnis, auch zu aufwendig. Es ist deshalb zunehmend üblich geworden, die Konzentration der genannten Schwermetalle in leicht verfügbaren Körperflüssigkeiten, -ausscheidungen oder -geweben zu bestimmen (Blut, Urin, Haare, Milchzähne, Knochen, Organe von Verstorbenen usw.). Solche Biomonitoring-Untersuchungen beim Menschen sind nicht auf Schwermetalle begrenzt, haben sich aber vor allem bei Untersuchungen über Schwermetalle durchgesetzt.

1758. Umweltepidemiologisch besonders wichtig sind Studien über die langfristige Anreicherung von Schwermetallen im Organismus und über deren chronische Toxizität. Gerade die dafür notwendigen Gewebeproben bestimmter Organe stehen aber bei lebenden Individuen naturgemäß nicht oder nur ausnahmsweise und nicht für Längsschnittuntersuchungen zur Verfügung. Der Not folgend wird deshalb oftmals ersatzweise auf leicht zugängliche Parameter für die akute oder kurzfristig zurückliegende Schwermetallbelastung zurückgegriffen. Es darf dabei jedoch nicht übersehen werden, daß die akute Belastung nur in einem statistischen Sinne und nur sehr ungenau die chronische Belastung wiedergibt; dadurch wird die Aussagekraft von Studien erheblich eingeschränkt.

Umweltepidemiologische Untersuchungen auf der Basis der internen Schadstoffbelastung weisen den Vorteil auf, daß Belastungsindikatoren auf individueller Ebene erhoben und bei entsprechender Planung am selben Individuum mit Gesundheitsindikatoren verknüpft werden können. Auf diese Weise kann unter Umständen eine hohe Stufe epidemiologischer Aussagekraft erreicht werden (vgl. Abschn. 3.1.2.2.2 und 3.1.4.4.1).

3.1.4.5.2 Blei

1759. Aufnahmemengen und Belastungspfade, die Vorläufige Duldbare Tägliche Aufnahmemenge für Blei und deren Ausschöpfung in der Bundesrepublik werden in Abschnitt 2.5.4.2.2 dargestellt. Die wichtigsten in epidemiologischen Studien untersuchten Funktionsstörungen und gesundheitlichen Beeinträchtigungen, die der Aufnahme geringer Bleimengen über lange Zeit zugeschrieben werden, betreffen das blutbildende System, das zentrale und periphere Nervensystem und das Herz-Kreislaufsystem. Die Bereiche der Blutblei-Konzentration, in denen erste, in ihrer physiologischen Bedeutung unklare, aber meßbare Interaktionen, unbedeutende reversible, nachteilige reversible und nachteilige irreversible Wirkungen des Bleis an einzelnen Systemen auftreten, liegen dicht beieinander und überlappen sich teilweise.

1760. Obwohl Blei zu den beim Menschen am besten untersuchten Umweltschadstoffen gehört, ist die Frage, bei welcher Höhe der langfristigen Bleibelastung erste nachteilige Wirkungen auftreten, nach wie vor unbeantwortet. Besonders sensitive und weitgehend bleispezifische biochemische Parameter des blutbildenden Systems weisen bereits im Bereich niedriger umweltbedingter Bleibelastung deutliche Veränderungen auf. So wird z. B. das Enzym Delta-Aminolävulinsäure-Dehydratase (ALA-D) schon bei Blutbleikonzentrationen von $10-20$ µg/100 ml Blut merklich gehemmt. Diese frühe, reversible Veränderung geht auf eine Interaktion des Bleis mit dem Enzym zurück, von der für sich genommen keine nachteiligen Auswirkungen bekannt sind. Erst wenn das Enzym bei sehr viel höherer Bleikonzentration stark gehemmt ist, treten nachteilige Wirkungen auf. Als eine solche nachteilige reversible Bleiwirkung kann die beginnende Beeinträchtigung der Synthese des roten Blutfarbstoffs Häm angesehen werden, die sich in einer Zunahme des freien erythrozytären Porphyrins (FEP) bzw. des Zink-Protoporphyrins in den Erythrozyten (PPE) äußert. Die Konzentration, von der an diese Parameter meßbar verändert sind, liegt für Kinder und Frauen bei $20-25$, für Männer bei

25–30 µg Blei/100 ml Blut. Eine Schwellenkonzentration für das Auftreten einer Anämie kann nicht angegeben werden. Für Erwachsene wird der Bereich von 40–70 µg Blei/100 ml Blut diskutiert, für Kinder liegen keine zuverlässigen Angaben vor (OHNESORGE, 1985).

Blei kann sowohl auf das zentrale als auch auf das periphere Nervensystem einwirken. Ab 40–50 µg Blei/100 ml Blut ist bei Erwachsenen die Leitgeschwindigkeit peripherer motorischer und sensibler Fasern verlangsamt. Schwere Funktionsstörungen des Zentralnervensystems wurden bei gewerblich exponierten Personen ab ca. 80, bei Kindern ab ca. 50 µg Blei/100 ml Blut beobachtet (OHNESORGE, 1985).

1761. Von besonderer Bedeutung sind in den letzten Jahren bekannt gewordene subtile Störungen zentralnervöser Funktionen und der geistigen Leistungsfähigkeit bei Kindern, die bereits in Bleikonzentrationsbereichen von 15–35 µg/100 ml Blut auftreten. Sie äußern sich als Hyperaktivität, Störungen der Feinmotorik oder Minderung intellektueller Fähigkeiten. Epidemiologische Untersuchungen zu diesem Problemkreis begegnen großen Schwierigkeiten. Die Variabilität der untersuchten Parameter ist hoch, und es muß mit einer Reihe von Störeinflüssen gerechnet werden. Darüber hinaus ist es fraglich, ob die verwendeten neurophysiologischen und psychologischen Testverfahren hinreichend sensitiv und aussagekräftig sind. Die zumeist gemessene Blutbleikonzentration gibt nur die kurze Zeit zurückliegende Bleibelastung wieder. Die erworbenen Defizite sind jedoch in der Regel durch eine längerfristige und unter Umständen bereits lange zurückliegende erhöhte Bleibelastung verursacht (vgl. Abschn. 3.1.4.5.1). Die Bleikonzentration in Haaren oder Milchzähnen als Maß für die längerfristig zurückliegende Bleibelastung ist nur selten bei solchen Untersuchungen bestimmt worden. Auch diese beiden Methoden geben keinen Aufschluß über die Bleibelastung in den letzten Monaten der Schwangerschaft und in den Monaten nach der Geburt, die für die Gehirnentwicklung von entscheidender Bedeutung sind. Für diese Phase kann selbst die Bleibestimmung im Nabelschnurblut, in der Plazenta oder im Blut der Mutter einen nur kurzen Ausschnitt der vorgeburtlichen Bleibelastung liefern. Als umso schwerwiegender müssen die Hinweise gewertet werden, die auf Einflüsse von Blei auf die Entwicklung von Intelligenz und Verhalten bei Kindern hindeuten, auch wenn die Ergebnisse der Arbeiten auf diesem Gebiet uneinheitlich und teilweise widersprüchlich sind und z. T. gravierende Mängel aufweisen.

1762. In der Bundesrepublik Deutschland liegen drei epidemiologische Studien an insgesamt 281 Kindern aus Duisburg, Stolberg und Nordenham vor, über die WINNEKE (1985) in einer Übersicht berichtet und für die diese Kritik nur begrenzt gilt. In keiner der drei Studien konnte ein Zusammenhang zwischen Bleibelastung, gemessen als Blutblei- oder Zahnbleikonzentration und Intelligenzentwicklung der Kinder nachgewiesen werden. Hingegen waren Zusammenhänge zwischen Blutbleikonzentration und Störungen der Wahrnehmungsorganisation bzw. des Reaktionsverhaltens auch nach Kontrolle sozialer Einflußfaktoren nachweisbar. Bemerkenswert an diesen Untersuchungen ist, daß diese Bleiwirkungen an Kindern beobachtet wurden, deren aktuelle Blutbleikonzentration 25 µg/100 ml nicht überstieg.

Die Ergebnisse dieser Studien müssen nicht zuletzt auch deswegen sehr ernst genommen werden, weil sie gestützt werden und im Einklang stehen mit neueren tierexperimentellen Untersuchungen: Irreversible Lernleistungsstörungen treten bei jungen Ratten und Primaten durch Blei ab ca. 20 bzw. weniger als 35 µg Blei/100 ml Blut auf (WINNEKE und LILIENTHAL, 1985).

1763. In den letzten Jahren sind mehrere epidemiologische Arbeiten erschienen, die auf einen Zusammenhang zwischen Bleibelastung und Bluthochdruck bei Erwachsenen hinweisen. Die Ergebnisse sind nicht einheitlich, dennoch ist ein Zusammenhang wahrscheinlich. Tierexperimentelle Untersuchungen weisen ebenfalls in die gleiche Richtung.

PIRKLE et al. (1985) fanden im Rahmen des zweiten Nationalen Gesundheits- und Ernährungsuntersuchungsprogramms (NHANES II) der USA bei Männern im Alter zwischen 40 und 59 Jahren eine klare Korrelation zwischen der Blutbleikonzentration und systolischen sowie diastolischen Blutdruckwerten. Die gemessenen Blutbleikonzentrationen lagen zwischen 7 und 35 µg Blei/100 ml Blut, also im mittleren und oberen Bereich der umweltbedingten Bleibelastung. Nach Schätzungen der Autoren würde eine Senkung der durchschnittlichen Blutbleikonzentration um 40 % bei Männern dieser Altersgruppe die Inzidenz des Bluthochdrucks vermindern und zu einer erheblichen Senkung der Zahl der Herzinfarkte und der Schlaganfälle führen. Die umweltbedingte Bleibelastung ist dieser Untersuchung zufolge ein Risikofaktor für Bluthochdruck und Folgeerkrankungen. In der Studie wurden alle bekannten wesentlichen Störfaktoren kontrolliert, und die Daten besitzen einen hohen Grad der Repräsentativität im Hinblick auf die Allgemeinbevölkerung.

1764. Nach der EG-Richtlinie 77/312/EWG vom 29. März 1977 über die biologische Überwachung der Bevölkerung auf Gefährdung durch Blei sollen die Mitgliedsstaaten eine biologische Überwachung der Bevölkerung auf Gefährdung durch Blei durchführen und die Ergebnisse dieser Überwachung gegebenenfalls für die Erarbeitung neuer Vorschläge auswerten. Referenzwerte für die Bleikonzentration im Blut einer Bevölkerung wurden nach damaligem Kenntnisstand festgelegt und sollen bei definierter Probenahme höchstens 20 µg Blei/100 ml Blut bei 50 % der untersuchten Population, höchstens 30 µg Blei/100 ml Blut bei 90 % und höchstens 35 µg Blei/100 ml Blut bei 98 % betragen.

In der Bundesrepublik Deutschland werden diese Referenzwerte im allgemeinen unterschritten. Die Mittelwerte der Blutbleikonzentration liegen bei den untersuchten Kollektiven im allgemeinen bei 10–15 µg Blei/100 ml Blut. Diese erfreulich scheinende Situation kann jedoch deshalb nicht beruhigen, weil einerseits in den meist höchstens einige hundert Personen umfassenden Untersuchungskollektiven auch Blutbleiwerte von über 30 oder über 40 µg/100 ml Blut gefunden werden und weil es zumindest fraglich ist, ob die Perzentile der Richtlinie auch für Kleinkinder das Risiko in angemessener Weise begrenzen (vgl. auch OHNESORGE, 1985). Die seit Erlaß der Richtlinie bekannt gewordenen Einflüsse von Blei auf Intelligenzleistungen und Verhalten von Kindern und der Zusammenhang mit dem hohen Blutdruck machte es ohnehin erforderlich, die seinerzeitigen Referenzwerte zu überdenken.

1765. Der Rat empfiehlt, gezielte Anstrengungen zu unternehmen, um die Bleibelastung über Luft und Lebensmittel zu vermindern, insbesondere für die Risikogruppe der Kinder und Kleinkinder.

3.1.4.5.3 Cadmium

1766. Cadmium wird mit der Nahrung und mit Tabakrauch aufgenommen (zur Belastung der Nahrungsmittel und zur Bedeutung und Ausschöpfung der Vorläufigen Duldbaren Täglichen Aufnahmemenge vgl. Abschn. 2.5.4.2.3). Im Vordergrund möglicher gesundheitlicher Beeinträchtigungen durch langfristige Aufnahme geringer Cadmiummengen aus der Umwelt stehen irreversible Nierenfunktionsstörungen.

1767. Neben der Nierentoxizität werden bei Arbeitern in der cadmiumverarbeitenden Industrie als weitere mögliche Wirkungen langdauernder Cadmiumaufnahme Bluthochdruck und Krebserkrankungen diskutiert. Die Ergebnisse gewerbeepidemiologischer Untersuchungen sind widersprüchlich und umstritten. Cadmiumchlorid erzeugte in langfristigen tierexperimentellen Inhalationsversuchen Lungentumoren, nicht jedoch, wenn es mit der Nahrung zugeführt wurde. In der Liste Maximaler Arbeitsplatzkonzentrationen ist Cadmiumchlorid als krebserzeugender Stoff eingestuft. Vermutlich ist eine hohe lokale Konzentration von Cadmium in der Lunge für die Auslösung oder Begünstigung des Tumorwachstums erforderlich. Solange über den Wirkungsmechanismus nichts bekannt ist, muß davon ausgegangen werden, daß an Staubpartikel gebundenes und mit der Atemluft aufgenommenes Cadmium ein kanzerogenes Risiko darstellt. Epidemiologisch kann dieses Risiko allerdings nicht nachgewiesen werden, da es wegen der im allgemeinen sehr niedrigen Cadmiumkonzentrationen in der Luft sehr gering ist.

1768. In den menschlichen Körper aufgenommenes Cadmium wird nur sehr langsam ausgeschieden und vor allem in der Nierenrinde und dort in den Tubulusepithelzellen gespeichert. Die Cadmiumkonzentration in der Nierenrinde steigt daher mit zunehmendem Lebensalter an. Allerdings werden bei über 60jährigen Personen niedrigere Cadmiumkonzentrationen in den Nieren gefunden als bei 50jährigen. Zur Erklärung werden zwei Modelle diskutiert, deren umweltpolitische Konsequenzen sehr unterschiedlich sind. Eine Entscheidung darüber, welches von beiden das richtige ist, könnte in 10—20 Jahren möglich sein.

— Ein Modell nimmt an, daß die reale Cadmiumausscheidung mit steigendem Lebensalter zunimmt. Dementsprechend würde die biologische Halbwertszeit, d. h. die durchschnittliche Verweildauer, von Cadmium von 30—40 Jahren im Kleinkindalter auf ca. 10 Jahre beim 80jährigen Menschen sinken. Die vermehrte Cadmiumausscheidung, die zum Absinken der Cadmiumkonzentration in der Niere führt, wäre demnach auf normale Veränderungen der Nierenfunktion mit steigendem Alter zurückzuführen (vgl. ZARTNER-NYILAS et al., 1983).

— DRASCH (1985) macht hingegen völlig andere Ursachen geltend: Da Cadmium erst zu Beginn dieses Jahrhunderts größere technische Verwendung fand, sind möglicherweise die über 60jährigen in ihrer Jugend keiner so hohen Cadmiumbelastung ausgesetzt gewesen wie die jüngeren Jahrgänge. Demnach würden die heute 50jährigen in 10—20 Jahren höhere und nicht wie die heute 60—70jährigen niedrigere Cadmiumkonzentrationen in den Nieren haben. Übereinstimmend mit dieser These ist das Ergebnis von DRASCHs Untersuchungen, denen zufolge in pathologisch-anatomischen Präparaten aus der Zeit zwischen 1897 und 1937 die Cadmiumkonzentrationen im Nierenrindengewebe im Durchschnitt wesentlich niedriger lagen und die aus Nieren- und Lebergewebe errechnete Gesamtkörperlast von Cadmium rund um den Faktor 5 geringer war als in heutigen Proben. Allerdings kann nicht mit Sicherheit ausgeschlossen werden, daß die Cadmiumkonzentrationen im Nierengewebe der alten Proben durch die Konservierung verändert wurden und es sich somit bei den niedrigen Werten um Artefakte handelt. Als weitere mögliche Ursachen einer geringeren Cadmiumbelastung der über 60jährigen werden geringerer Tabakkonsum sowie verringerte Nahrungsaufnahme genannt.

1769. Erreicht die Cadmiumkonzentration in der Nierenrinde infolge langjähriger Cadmiumaufnahme eine kritische Höhe, so werden die Epithelzellen des proximalen Tubulus geschädigt und bestimmte Nierenfunktionen gestört. Vieles spricht dafür, daß die Kompensations- bzw. Reparaturkapazität der Niere bei dieser Form der Schädigung gering und die Schädigung bereits in einem frühen Stadium irreversibel ist. Als relativ spezifischer Indikator einer Schädigung proximaler Tubuluszellen gilt das vermehrte Auftreten bestimmter niedermolekularer Proteine im Urin, insbesondere β-2-Mikroglobulin und das Retinol-bindende Protein (RBP). Infolge der Schädigung der Tubuluszellen wird auch das dort gespeicherte Cadmium vermehrt in den Urin ausgeschieden. Findet man erhöhte Konzentrationen sowohl der genannten Proteine als auch von Cadmium, so ist damit eine Nierenschädigung durch Cadmium zwar nicht bewiesen, Cadmium als Ursache oder Mitursache aber wahrscheinlich.

Die kritische Cadmiumkonzentration in der menschlichen Niere ist nicht sicher bekannt. Sie liegt nach Auffassung der WHO (1977) zwischen 100 und 300 µg Cadmium/g Nierenrindengewebe; es muß mit einer individuell unterschiedlichen und möglicherweise auch altersabhängigen Empfindlichkeit menschlichen Nierengewebes gegenüber Cadmium gerechnet werden. Einer Abschätzung von KJELLSTRÖM et al. (1984) zufolge wird bei 10% der Bevölkerung die kritische Cadmiumkonzentration der Niere im Bereich von 180—220 µg/g erreicht. Im allgemeinen wird für Risikoabschätzungen ein Wert von 200 µg/g Nierenrindengewebe zugrundegelegt. In tierexperimentellen Untersuchungen lag die kritische Cadmiumkonzentration in der Niere bei den meisten Labortierspezies ebenfalls bei ca. 200 µg/g.

1770. Hauptrisikogruppe für cadmiumbedingte Nierenschäden sind die Menschen mit den höchsten Cadmiumkonzentrationen in der Niere, also die 50- bis 60jährigen. Deshalb müssen sich umweltepidemiologische Untersuchungen auf diese Altersgruppe konzentrieren. Als besonders empfindlich gelten ältere Frauen; diese leiden häufig und oftmals für lange Zeit unerkannt an Calcium- oder Eisenmangel. Cadmium konkurriert bei der Resorption aus dem Magen-Darmtrakt mit Calcium und Eisen; bei Eisen- oder Calciummangel ist die normalerweise niedrige Resorption von Cadmium (ca. 5%) und damit die Cadmiumaufnahme bis zu zweifach erhöht.

1771. Eine Untersuchung in Schweden ergab, daß in der Bevölkerung die Cadmiumkonzentration in der Niere lognormal mit einem geometrischen Mittelwert von 20 µg/g verteilt ist (Abb. 3.1.4); der rechte Ast der Häufigkeitsverteilungskurve reicht an die kritische Cadmiumkonzentration von 200 µg/g heran. Verschiebt man die Verteilungskurve zum geometrischen Mittelwert von 50 µg/g, so ragt ein merklicher Teil der Verteilungskurve in den Bereich von 200 µg Cd/g Nierengewebe. Die WHO hat aber seinerzeit die Konzentration von 50 µg Cd/g Nierengewebe zum Ausgangspunkt ihrer Abschätzung der Vorläufig Duldbaren Täglichen Aufnahmemenge von Cadmium gemacht. Erkennbar reicht ein Sicherheitsfaktor von 4 zwischen der als sicher angesehenen und der kritischen Cadmiumkonzentration nicht aus.

1772. Aus der Bundesrepublik Deutschland liegen keine repräsentativen Untersuchungen über Cadmiumkonzentrationen in der menschlichen Niere vor. Es gibt lediglich einige Einzelmessungen, die meist wenige Dutzend Proben umfassen. Eine größere Untersuchung umfaßt 263 Proben und wurde in Südbayern durchgeführt (zusammenfassend dargestellt bei DRASCH, 1985). Folgende Aussagen lassen sich aus dieser und anderen Untersuchungen ableiten:

— Bei den 50- bis 60jährigen Nichtrauchern liegen die Cadmiumkonzentrationen im Mittel bei 20 µg/g Nierenrindengewebe, mit Maximalwerten von 60 und 100 µg/g.

— Bei Rauchern liegen die durchschnittlichen Konzentrationen je nach Dauer und Höhe des Tabakkonsums bis zu viermal höher als bei Nichtrauchern, mit Maximalwerten, die an die kritische Cadmiumkonzentration von 200 µg/g heranreichen oder sie überschreiten.

— Abschätzungen der Gesamtkörperlast von Cadmium ergaben, daß Rauchen und umweltbedingte Cadmiumzufuhr insgesamt jeweils etwa zur Hälfte zur Gesamtkörperlast beitragen (DRASCH et al., 1985).

— In dichtbesiedelten Industrieländern wie Japan, Belgien und der Bundesrepublik Deutschland sind die mittleren Cadmiumwerte am höchsten (Abb. 3.1.5).

Ähnliche Ergebnisse wie von DRASCH (1985) wurden auch in einer jüngst erschienenen Veröffentlichung über die Cadmiumkonzentrationen in den Nieren von 388 Verstorbenen aus dem Raum Düsseldorf bzw. Duisburg berichtet. Zwar lagen selbst bei starken Rauchern die Cadmiumkonzentrationen unter 100 µg/g und blieben somit deutlich unter der kritischen Konzentration von 200 µg/g; allerdings wurde die der Vorläufigen Duldbaren Täglichen Aufnahmemenge zugrundeliegende Cadmiumkonzentration in der Niere von 50 µg/g in der Gruppe der Nichtraucher in einem Fall erreicht (HAHN et al., 1987).

Eine wichtige Datengrundlage zu einer möglicherweise repräsentativen Beschreibung der Cadmiumbelastung der menschlichen Niere in der Bundesrepublik Deutschland könnte die Umweltprobenbank liefern.

1773. Aufbauend auf den Daten zur Häufigkeitsverteilung der Cadmiumkonzentrationen in der menschlichen Niere in Schweden, der Häufigkeitsverteilung der Cadmiumzufuhr auf dem Nahrungswege und bekannter toxikokinetischer Daten des Cadmiumstoffwechsels wurde ein hypothetisches Modell entwickelt, um den Anteil der älter als 50jährigen in der Bevölkerung abschätzen zu können, der allein durch die Cadmiumzufuhr auf dem Nahrungswege gefähr-

Abbildung 3.1.4

Häufigkeitsverteilung der Cadmiumkonzentration in der Nierenrinde in Schweden und hypothetischer Kurvenverlauf bei einer Erhöhung des Mittelwerts auf 50 µg/g Nierenrinde

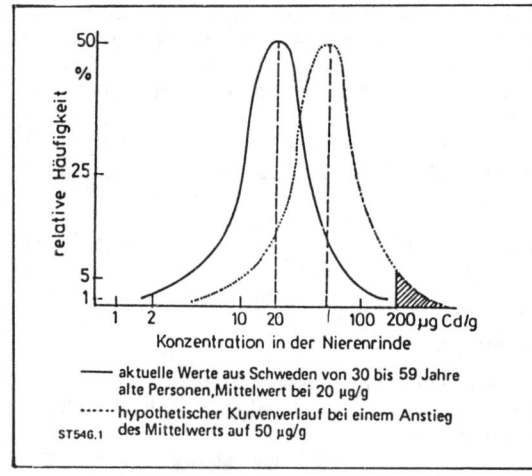

— aktuelle Werte aus Schweden von 30 bis 59 Jahre alte Personen, Mittelwert bei 20 µg/g
····· hypothetischer Kurvenverlauf bei einem Anstieg des Mittelwerts auf 50 µg/g

Quelle: ELINDER et al., 1978; zit. nach MARKARD, 1985

Abbildung 3.1.5

Cadmiumkonzentrationen (geometrische Mittelwerte) in der Nierenrinde für die Altersgruppe 40—59 Jahre im internationalen Vergleich

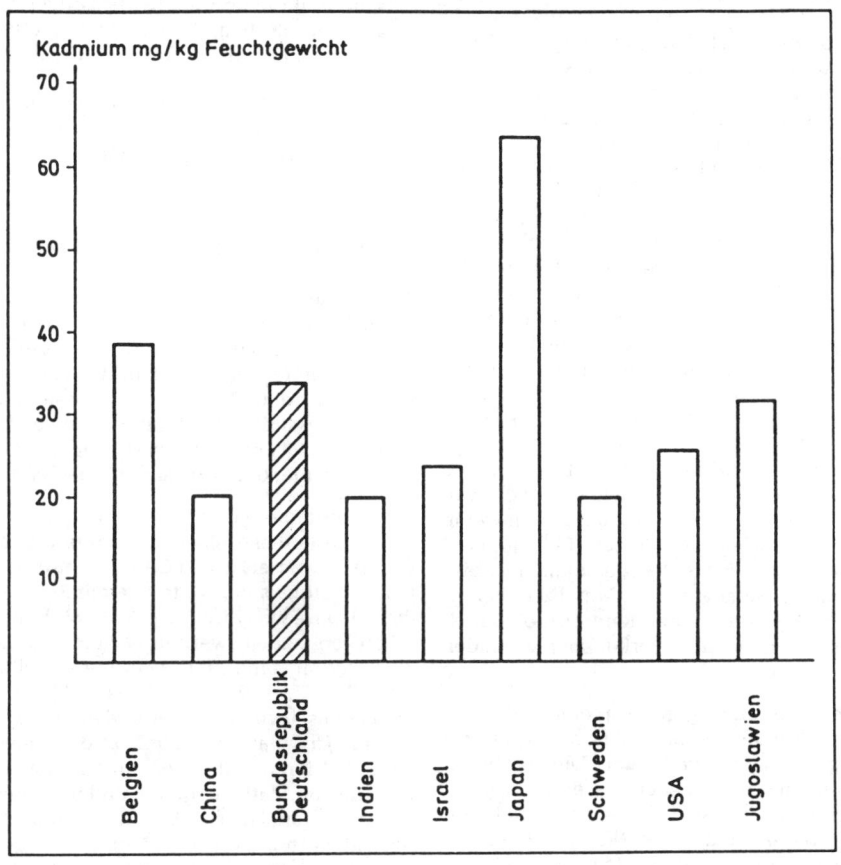

[Balkendiagramm: Kadmium mg/kg Feuchtgewicht für Belgien, China, Bundesrepublik Deutschland, Indien, Israel, Japan, Schweden, USA, Jugoslawien]

Quelle: DRASCH, 1985

det ist. Die Ergebnisse dieser Abschätzung sind in Tabelle 3.1.1 dargestellt. Der Rat hat im Umweltgutachten 1978 bereits auf dieses Modell hingewiesen (SRU, 1978, Tz. 207).

In der Bundesrepublik Deutschland liegt die durchschnittliche tägliche Cadmiumaufnahme im Mittel bei 35 µg/Tag (vgl. Abschn. 2.5.4.2, Tab. 2.5.19). Die kritische Cadmiumkonzentration in der Niere würde somit bei ca. 0,1 % der über 50jährigen erreicht (Tabelle 3.1.1), d. h. bei ca. 20 000 Menschen. Die zusätzliche Cadmiumkörperlast durch Rauchen — ca. ein Drittel aller Erwachsenen in der Bundesrepublik Deutschland raucht — ist bei dieser Abschätzung noch nicht berücksichtigt. Geht man davon aus, daß durch Rauchen die Cadmiumkörperlast verdoppelt ist, so wären theoretisch mindestens 60 000 der über 50jährigen betroffen, d. h. bei ihnen wäre die Konzentration von 200 µg Cd/g Nierengewebe erreicht.

Es muß allerdings betont werden, daß die Schätzwerte in Tabelle 3.1.1 mit großen Unsicherheiten und Schwankungsbreiten behaftet sind. Dennoch stellt dieses Modell eine umwelt- und gesundheitspolitische Herausforderung ersten Ranges dar.

Tabelle 3.1.1

Berechnete mittlere Cadmiumexposition durch die Nahrung, die bei einem bestimmten Prozentsatz der Bevölkerung von 50 Jahren das Erreichen der kritischen Konzentration in der Nierenrinde (200 µg/g) erwarten läßt, bei der tubuläre Nierenschäden auftreten können

Anteil an der Bevölkerung %	Cadmiumexposition durch die Nahrung µg/d
0,1	32
1	60
2,5	80
5	105
10	142
20	225
50	440
80	820

Quelle: KJELLSTRÖM, 1979; zit. nach MARKARD, 1985

1774. Neuere umweltepidemiologische Untersuchungen zur Prävalenz cadmiumverursachter Beeinträchtigungen der Nierenfunktion wurden in Belgien und in der Bundesrepublik Deutschland durchgeführt (EWERS et al., 1985a und b; ROELS et al., 1981). In diesen Studien wurden als Untersuchungskollektive und als Risikogruppen ältere Frauen ausgesucht, die jeweils mindestens 20—25 Jahre in cadmiumbelasteten bzw. unbelasteten Regionen gelebt hatten. Verglichen wurden verschiedene Belastungs- bzw. Wirkungsparameter, insbesondere die Cadmium- und die β-2-Mikroglobulinausscheidung im Urin. In diesen Studien war bei der durchschnittlichen Cadmiumkonzentration im Blut bzw. im Urin ein eindeutiges Gefälle zwischen belasteten und weniger belasteten Regionen erkennbar. Die Überschreitungshäufigkeit der Normgrenzen der Cadmium- bzw. β-2-Mikroglobulinausscheidung war im räumlichen Vergleich nicht signifikant verschieden. Dies hat unterschiedliche Gründe: In der belgischen Studie war zwar ein deutlicher Trend zu höheren β-2-Mikroglobulinkonzentrationen im belasteten Gebiet erkennbar, allerdings reichten die Fallzahlen nicht aus, um die Unterschiede im herkömmlichen Sinne nachzuweisen (vgl. van EIMEREN et al., 1987). In der deutschen Studie war in dem am wenigsten belasteten Gebiet die Häufigkeit tubulärer Proteinurien am größten, da möglicherweise Faktoren, die den Zusammenhang Cadmium-Nierenfunktion stören können, in der Referenzpopulation z. T. sogar signifikant häufiger vorkommen als in den belasteten Gruppen.

Die erwähnten Studien zeigen beispielhaft die Notwendigkeit, die Studienbedingungen in zukünftigen Untersuchungen besser zu definieren. Die erhebliche Häufigkeit von Nierenleiden bei älteren Menschen, die relativ geringen Unterschiede zwischen Reinluft- und Belastungsregionen sowie die Mobilität der Menschen machen bei räumlichen Vergleichen den Nachweis oder Ausschluß von cadmiumbedingten Nierenerkrankungen sehr schwierig.

1775. Nach derzeitigem Kenntnisstand ist festzustellen, daß zumindest bei Rauchern im Alter ab 50 Jahren die kritische Cadmiumkonzentration in der Niere erreicht oder überschritten werden kann und daß bei Nichtrauchern im Lebensalter ab 50—60 Jahren eine kritische Cadmiumbelastung der Niere durch umweltbedingte Cadmiumaufnahme nicht auszuschließen ist. Trendaussagen weisen insbesondere in die Richtung einer Gefährdung von Risikogruppen in belasteten Gebieten.

1776. Wirkungsvolle Maßnahmen zur Verminderung des Cadmiumeintrags in die Umwelt und zur Verringerung der Verunreinigung von Lebensmitteln durch Cadmium sind dringend angezeigt. Dies kann erreicht werden durch:

— Rasche Umsetzung der TA Luft 86 bei Altanlagen der NE-Metallindustrie;

— Substitution von Cadmium bei der Behandlung von Oberflächen und Kunststoffen, in Akkumulatoren, in Pigmenten und Stabilisatoren;

— unschädliche Beseitigung bzw. Verwertung von Akkumulatoren und Cd-haltigen Reststoffen;

— Verschärfung der Mindestanforderungen an Cd-haltige Abwässer;

— Kurz- und mittelfristig sind sowohl Nutzungseinschränkungen für landwirtschaftlich genutzte Böden anzustreben, die mit Cadmium hoch belastet sind oder in denen infolge ihrer geringen adsorptiven Eigenschaften die Mobilität von Cadmium besonders hoch ist, als auch der weitere Eintrag von Cadmium mit Klärschlämmen oder Cd-haltigen Phosphatdüngern zu vermeiden.

3.1.4.6 Nitrat — Nitrit — Nitrosamine

1777. Diese Stoffe werden hier gemeinsam besprochen. Sie sind im Hinblick auf die menschliche Gesundheit im Zusammenhang zu sehen, weil das für sich genommen harmlose Nitrat leicht in Nitrit umgewandelt wird und Nitrit mit nitrosierbaren organischen Stickstoffverbindungen, die in biologischem Material fast überall vorkommen, unter Bildung krebserzeugender Nitrosamine reagieren kann.

Nitrat wird überwiegend mit der Nahrung aufgenommen. Wesentliche Quellen der Zufuhr sind Gemüse und Trinkwasser, wobei Gemüse, insbesondere Blattgemüse oftmals bei weitem dominieren. Fleischwaren, die teilweise mit Nitrat bzw. Nitrit als Konservierungsmittel behandelt werden, spielen als Quelle der Nitratzufuhr eine untergeordnete Rolle (vgl. Abschn. 2.5.4.3; SRU, 1985, Tz. 1129ff.). Nitrat selbst ist toxikologisch von geringer Bedeutung. Entscheidend für die Toxizität von Nitrat ist die Umwandlung in Nitrit. Nitrit reagiert mit dem roten Blutfarbstoff unter Bildung von Methämoglobin und behindert somit den Transport von Sauerstoff im Blut. Säuglinge reagieren besonders empfindlich auf Nitrit. Zur Frage der Säuglings-Methämoglobinämie (Blausucht) durch mit Nitrat hochbelastetes Trinkwasser hat der Rat erst vor kurzem Stellung genommen (SRU, 1985, Tz. 1130).

Auch Nitrit wird größtenteils mit der Nahrung aufgenommen. Ein wesentlicher Teil der Nitritkörperlast stammt aus der Umwandlung von aufgenommenem Nitrat, das im Körper zu 5—10 % zu Nitrit umgewandelt wird. Dieser Anteil der Nitritkörperlast steigt naturgemäß mit der Nitratzufuhr (vgl. Abschn. 2.5.4.3; SRU, 1985, Tz. 1129ff.).

Nitrosamine bilden sich aus Nitrit und nitrosierbaren Aminen unter geeigneten natürlichen Bedingungen, vorzugsweise in schwach bis mäßig saurem Milieu. Sie gelangen entweder als bereits gebildete Verbindungen in den menschlichen Körper; sie können aber auch beim Zusammentreffen von Nitrit und nitrosierbaren Aminen im Körper selbst gebildet werden, insbesondere im Magen und oberen Dünndarm, wo infolge des sauren Milieus optimale Reaktionsbedingungen herrschen (endogene Nitrosierung).

1778. Von den bisher untersuchten Nitrosaminen haben sich in Tierversuchen fast alle als krebserzeugend erwiesen und müssen als starke oder sehr starke Kanzerogene angesehen werden. Die meisten Verbindungen dieser Klasse entfalten ihre kanzerogene Wirkung erst nach metabolischer Aktivierung im Organismus. Diese Aktivierungsvorgänge können von Spezies zu Spezies sehr unterschiedlich sein. Vergleichende Stoffwechseluntersuchungen haben gezeigt, daß zwischen menschlichen und tierischen Geweben qualitativ wie quantitativ keine wesentlichen Unterschiede bestehen. Es ist deshalb davon auszugehen, daß Nitrosamine auch beim Menschen starke Kanzerogene sind.

1779. Die wesentlichen Zufuhrwege präformierter, exogener Nitrosamine sind Tabakrauch, Lebensmittel und wahrscheinlich in geringerem Umfang Kosmetika und andere Gebrauchsgegenstände. Schätzungen aus den USA zufolge nimmt ein durchschnittlicher Raucher (20 Zigaretten/Tag) 15–20 µg Gesamtnitrosamine und damit ein Vielfaches der mit der Nahrung aufgenommenen Menge auf. Die Zufuhr von Dimethylnitrosamin, einem der am häufigsten gemessenen und wahrscheinlich mengenmäßig dominierenden Nitrosamine, mit der Nahrung wurde für 1981 auf durchschnittlich 0,4–0,5 µg/Tag geschätzt. Individuelle Verzehrgewohnheiten können die Zufuhr von Nitrosaminen erheblich beeinflussen (EISENBRAND, 1987; vgl. auch Abschn. 2.5.4.3).

1780. Ein wesentliches Problem sieht der Rat in der Vorläuferrolle von Nitrat und Nitrit bei der Bildung krebserzeugender Nitrosamine im menschlichen Organismus.

Das endogene Nitrosierungspotential ist individuell unterschiedlich und wird sowohl von exogenen als auch von endogenen Faktoren beeinflußt. Bei den exogenen Faktoren spielt in erster Linie die Aufnahme von Vorläufern eine Rolle. Eine direkte Abhängigkeit des Nitritgehaltes in Körperflüssigkeiten wie Speichel und Magensaft von der Höhe der oralen Nitrataufnahme ist durch zahlreiche Untersuchungen belegt. Wesentliche weitere Faktoren, die die endogene Nitrosierung beeinflussen, sind die Toxikokinetik von Nitrat und Nitrit im Hinblick auf das Zusammentreffen mit nitrosierbaren organischen Stickstoffverbindungen am Reaktionsort, vor allem im Magen, die Beeinflussung der Reaktion durch anwesende Katalysatoren, z. B. Thiocyanat und Chlorid, oder Inhibitoren, z. B. Vitamin C und E, die die Reaktion beschleunigen bzw. verlangsamen oder verhindern. Zur vertieften Betrachtung sei auf Übersichten verwiesen (EISENBRAND, 1987; O'NEILL et al., 1984; PREUSSMANN, 1983).

Im Magensaft werden erhöhte Nitritwerte besonders dann gemessen, wenn der Magen aufgrund unzureichender Säureproduktion mit nitritbildenden Bakterien besiedelt ist. Ein besonders starkes Potential für erhöhte Nitritbildung nach oraler Belastung mit Nitrat weisen Personen mit chronisch-atrophischer Gastritis sowie nach Billroth I und Billroth II (BI/BII)-Magenresektion auf. Chronisch atrophische Gastritis, die in der Regel auch im BI- bzw. BII-resezierten Magen anzutreffen ist, ist als häufige Vorläuferläsion für das Magen-Carcinom beschrieben (EISENBRAND, 1987). Einige Untersuchungen liefern Hinweise, daß die Besiedlung des Magens durch nitritbildende Bakterien in der Bevölkerung weiter verbreitet ist als bisher vermutet (MUELLER et al., 1983, 1984).

1781. Experimentelle Untersuchungen der letzten Jahre haben zweifelsfrei gezeigt, daß die endogene Nitrosierung nicht nur im Tierversuch, sondern auch beim Menschen stattfinden kann; umstritten ist allenfalls ihre Bedeutung im Hinblick auf die Nitrosaminbelastung des Menschen. Die Bestimmung von einigen nichtkanzerogenen nitrosierten Aminosäuren im menschlichen Urin, z. B. Nitrosoprolin, nach vorangegangener definierter experimenteller Exposition ist jedoch ein vielversprechender Weg, das Potential der endogenen Nitrosierung bei einzelnen Menschen abzuschätzen. Der optimale Bioindikator für die endogene Bildung kanzerogener Nitrosamine ist allerdings noch nicht gefunden worden. Die Reaktionsbedingungen der Nitrosoprolin-Bildung weichen zu stark von denen der Bildung kanzerogener Nitrosamine ab, als daß mit Maß und Zahl aus der Menge gebildeten Nitrosoprolins auf die Menge kanzerogener Nitrosamine geschlossen werden könnte. Vielversprechend als Bioindikatoren sind jedoch einige andere Nitrosoaminosäuren (EISENBRAND, 1987).

1782. Umweltepidemiologische Untersuchungen zum Zusammenhang zwischen Nitrat/Nitrit (endogener Nitrosierung) und Krebserkrankungen sind wenig erfolgversprechend wegen der großen Zahl von Störvariablen, die vor allem im Hinblick auf die langen Latenzzeiten von Krebserkrankungen kaum zu kontrollieren sind:

— Rauchen (bzw. Passivrauchen);

— exogene Nitrosaminzufuhr (umgekehrt ist möglicherweise die endogene Nitrosierung ein wesentlicher Störfaktor für die Untersuchung eines Zusammenhangs zwischen Nitrosaminexposition und Krebserkrankungen);

— Art und Menge der mit der Nahrung oder auf anderem Wege aufgenommenen nitrosierbaren organischen Stickstoffverbindungen;

— Verhaltens- oder Verzehrgewohnheiten, die
  — zu einer nennenswerten zusätzlichen als der untersuchten Exposition führen;
  — geringere Gesundheitsrisiken mit sich bringen (Vitamin C-Zufuhr);
  — den Ort der Nitrosamineinwirkung im Körper modifizieren (z. B. Alkoholkonsum);

— unterschiedliche individuelle Disposition (z. B. unterschiedliche, bakteriell bedingte Nitritbildung im Magen).

Es bestehen deshalb keine Chancen, den Zusammenhang zwischen endogener Nitrosierung und Krebserkrankungen mit umweltepidemiologischen Methoden nachzuweisen, solange nicht geeignete Belastungs- oder Wirkungsparameter zur Verfügung stehen. Dementsprechend haben alle regionalen Vergleiche in Gebieten mit hoher und niedriger Nitratbelastung des Trinkwassers oder mit hoher und niedriger Magenkrebsinzidenz erwartungsgemäß zu widersprüchlichen Ergebnissen geführt. Vorrangig sind deshalb geeignete Belastungs- oder Wirkungsparameter zu entwickeln, die eine quantitative Abschätzung der endogenen Nitrosierung ermöglichen (vgl. Abschn. 2.5.4.3).

1783. Darüber hinaus sind Vorsorgemaßnahmen erforderlich. Präventionsmaßnahmen zur Senkung des endogenen Nitrosierungspotentials müssen in erster Linie die Herabsetzung der Nitrataufnahme über Lebensmittel zum Ziel haben. Besonderes Augenmerk ist dabei auf die nitratspeichernden Pflanzen zu richten (Abschn. 2.5.4.3.1). Darüber hinaus muß dem Anstieg der Nitratkonzentration im Trinkwasser entgegengewirkt werden. Der Eintrag von Nitrat in die Umwelt im Rahmen der landwirtschaftlichen Produktion muß wirksam vermindert und auf einem niedrigeren Niveau als dem heutigen begrenzt werden. Wirksame Maßnahmen hat der Rat in seinem Gutachten „Umweltprobleme der Landwirtschaft" vorgeschlagen (SRU, 1985, Kapitel 5.3ff.).

3.1.4.7 Organohalogenverbindungen in der Frauenmilch

1784. Zu den wichtigsten hier zu behandelnden Substanzen dieser sehr umfangreichen und heterogenen Stoffklasse zählen:

— die Gruppe der polychlorierten Biphenyle (PCB);

— Hexachlorbenzol (HCB);

— Dichlordiphenyl-Trichlorethan (DDT) und seine Metaboliten DDE und DDD;

— die Hexachlorcyclohexan-Isomeren α- und β-HCH;

— Dieldrin, Aldrin, Heptachlorepoxid und andere chlorierte Diels-Alder-Addukte;

— polychlorierte Dibenzodioxine und Dibenzofurane (PCDD/PCDF).

Mit Ausnahme der PCB und der PCDD/PCDF handelt es sich dabei um früher zugelassene, inzwischen aber verbotene Pestizide, die überwiegend in der Landwirtschaft eingesetzt worden waren. Durch die ständig sich verbessernde chemische Spurenanalytik werden zunehmend auch die aus anderen Quellen, vor allem aus Verbrennungsprozessen stammenden polychlorierten Dibenzodioxine und -furane (PCDD/PCDF) in der Frauenmilch nachgewiesen.

Diesen Stoffen gemeinsam sind chemische Stabilität, hohe Fettlöslichkeit, geringe biologische Abbaubarkeit, hohes biologisches Akkumulationsvermögen und starke Anreicherung in der Nahrungskette.

1785. Alle hier genannten Stoffe werden im menschlichen Fettgewebe gespeichert und werden bei einer Mobilisierung von Fettdepots, wie sie u. a. in der Stillperiode erfolgt, teilweise wieder freigesetzt. Einer Abschätzung der Deutschen Forschungsgemeinschaft (DFG, 1984) zufolge werden während einer dreimonatigen Stillperiode bei einem mütterlichen Fettdepot von 10−15 kg mit ca. 2 kg Milchfett 10−20 % der im Körper gespeicherten Organohalogenverbindungen ausgeschleust.

1786. Die bisher bekanntgewordene Belastung der Frauenmilch mit der Stoffgruppe der PCDD/PCDF führt dazu, daß ein gestillter Säugling in der Bundesrepublik Deutschland täglich eine Menge aufnimmt, die erheblich über der liegt, die als Vorläufige Duldbare Tägliche Aufnahmemenge für Erwachsene für vertretbar gehalten wird (vgl. Abschn. 2.5.2.2 und 2.5.4.1).

Auch die Konzentrationen einiger anderer Organohalogenverbindungen in Frauenmilch sind teilweise so hoch, daß die Milch nicht verkehrsfähig wäre. Die tatsächliche tägliche Aufnahmemenge von HCB und PCB liegt für den Säugling im Mittel nur um einen Faktor von ca. 25 bzw. 10 unter dem NOEL im Tierversuch (vgl. Abschn. 2.5.4.1 und 3.1.2.3.1), d. h. um einen Faktor 4 bzw. 10 **über** der Duldbaren Täglichen Aufnahmemenge, für die üblicherweise ein Abstand von 100 zum NOEL gefordert wird. Auch bei β-HCH, Dieldrin und Gesamt-DDT wird im geometrischen Mittel die Duldbare Tägliche Aufnahmemenge erreicht oder überschritten, wenn der übliche Sicherheitsfaktor von 100 zugrunde gelegt wird. Die Maximalwerte liegen um einen Faktor von 4−5 über den Medianwerten, d. h. der NOEL wird nicht erreicht (DFG, 1984). Allerdings ist bei der gleichzeitigen Anwesenheit ähnlich wirkender Stoffe mit einer Überschreitung des NOEL im Sinne einer Summationswirkung zu rechnen.

1787. Die Kontamination der Frauenmilch mit Organohalogenverbindungen ist das Ergebnis einer jahre- bis jahrzehntelangen Aufnahme und Speicherung dieser Verbindungen im menschlichen Fettgewebe. Daher ist es nicht überraschend, daß die Belastung der Frauenmilch zwar in den letzten Jahren abgenommen hat (vgl. Abschn. 2.5.4.1.1), jedoch noch nicht auf ein vertretbares Niveau, obwohl die chlororganischen Pestizide in der Bundesrepublik seit 10 bis 15 Jahren nicht mehr angewendet werden.

Offenkundig ist die Kontamination der Frauenmilch bei der Festlegung von DTA-Werten für manche der chlororganischen Pestizide nicht hinreichend berücksichtigt worden. Auch bei den PCB liegen aus denselben Gründen sowohl die derzeit diskutierten Werte für die Duldbare Tägliche Aufnahmemenge als auch die deutlich darunter liegenden mittleren täglichen Zufuhrmengen offensichtlich zu hoch (vgl. Abschn. 2.5.2.2 und 2.5.4.1; LORENZ und NEUMEIER, 1983).

1788. Bei einigen Vertretern aus der Gruppe der PCDD/PCDF ist eine sehr starke Kanzerogenität im Tierversuch nachgewiesen worden. Bei den anderen Organohalogenverbindungen konnte eine krebserzeugende Wirkung bisher nicht eindeutig nachgewiesen werden, doch gelten die meisten als „krebsverdächtig", wobei weniger eine unmittelbare Gentoxizität als vielmehr tumorpromovierende Eigenschaften diskutiert werden. Bei einigen dieser Substanzen setzt im Tierversuch die tumorpromovierende Wirkung in einem Dosisbereich ein, in dem auch bestimmte biochemische Veränderungen nachweisbar werden, wie z. B. die reversible Induktion mikrosomaler Enzyme des fremdstoffmetabolisierenden Systems in der Leber und in anderen Organen. Diese biochemischen Effekte können als Ausdruck einer erhöhten Bereitschaft des Organismus gewertet werden, durch vermehrte Bereitstellung fremdstoffmetabolisierender

Enzyme der erhöhten Fremdstoffbelastung entgegenzuwirken. Wegen der geringen Spezifität dieser Enzyme gehen mit der Enzyminduktion qualitative und quantitative Veränderungen des Metabolismus auch anderer als der induzierenden Fremdstoffe einher. Dies schließt die Möglichkeit einer cocarcinogenen Wirkung chlororganischer Verbindungen ein, d. h. daß durch induzierte Enzyme u. a. auch vermehrt gentoxische Metabolite aus ubiquitär vorkommenden präkanzerogenen Stoffen gebildet werden.

1789. Die meisten der genannten chlororganischen Einzelstoffe verursachen zumindest in der Leber Enzyminduktion und Vergrößerung der Leber, die teils auf eine Vergrößerung der Leberzellen, teils auf eine Stimulation der Zellteilung zurückgehen. Diese sind als erste biochemische und physiologische Veränderungen bei der Abschätzung der Duldbaren Täglichen Aufnahmemengen der einzelnen chlororganischen Stoffe zugrundegelegt worden. Da die hier erörterten Organohalogenverbindungen gleichzeitig in der Frauenmilch anzutreffen sind, empfiehlt der Rat, für die Beurteilung von Art und Höhe der Frauenmilchkontamination für bestimmte Organohalogenverbindungen Summenparameter festzulegen.

1790. Die toxikologische Beurteilung und die Abschätzung gesundheitlicher Risiken für den Säugling durch Organohalogenverbindungen werden durch eine Reihe gravierender Umstände erheblich erschwert, wenn nicht sogar unmöglich gemacht:

— DTA-Werte sind definitionsgemäß für eine lebenslange Zufuhr von Stoffen ausgelegt. Beim Säugling findet die erhöhte Belastung nur während der Wochen oder Monate der Stillzeit statt und geht in den Monaten darauf, je nach der Persistenz der Stoffe allmählich wieder zurück.

— Für den Bereich zwischen Duldbarer Täglicher Aufnahmemenge und NOEL ist definitionsgemäß nur die Aussage möglich, daß, je mehr sich die tägliche Aufnahmemenge dem NOEL nähert, die Wahrscheinlichkeit um so geringer wird, mit der Effekte auszuschließen sind, oder anders ausgedrückt, die Wahrscheinlichkeit des Eintritts von Effekten um so mehr steigt.

— Das Risiko von bisher wenig erforschten und deshalb hier nicht behandelten neurotoxischen oder immuntoxischen Wirkungen von Organohalogenverbindungen ist beim Säugling besonders hoch, weil beide Funktionsbereiche, Nerven- und Immunsystem, im Reifungsprozeß begriffen und daher besonders empfindlich sind.

— Kanzerogene Wirkungen manifestieren sich in wachsenden Geweben mit einer höheren Wahrscheinlichkeit als in ruhenden Geweben. Kanzerogene Risiken müssen bei Säuglingen und jungen Menschen auch deshalb besonders ernst genommen werden, weil junge Menschen bei den langen Latenzzeiten von Krebserkrankungen mit größerer Wahrscheinlichkeit die Tumormanifestation erleben als ältere Menschen.

— Die Induktion fremdstoffmetabolisierender Enzyme ist beim Säugling problematischer als im späteren Alter. Die kritische Balance zwischen aktivierenden und inaktivierenden metabolischen Prozessen ist wegen der unterschiedlichen Reifungsgrade der Enzyme zur Aktivierung hin verschoben. Es ist damit zu rechnen, daß die Enzyminduktion die Balance noch weiter zur Aktivierung hin verschiebt und damit zur vermehrten Bildung gentoxischer Metabolite beiträgt (Cocarcinogenität).

1791. Umweltepidemiologische Untersuchungen zur Aufklärung der gesundheitlichen Risiken belasteter Frauenmilch sind bisher nicht durchgeführt worden. Es wäre auch fraglich, ob sie zur besseren Abschätzung des Risikos beitragen könnten. Alle Anstrengungen müssen vielmehr darauf gerichtet sein, daß die heranwachsende Frauengeneration weniger oder besser keine Organohalogenverbindungen in ihrem Fettgewebe speichert. Dieses Ziel wird nicht durch umweltepidemiologische Forschung erreicht, sondern dadurch, daß der Eintrag der Verbindungen in die Umwelt und die Belastung von Lebensmitteln herabgesetzt bzw. unterbunden wird.

3.1.5 Gegenseitiger Bezug von Gesundheits- und Umweltpolitik

3.1.5.1 Organisatorischer Aufbau der Exekutive in beiden Politikbereichen

1792. Auf Bundesebene ist seit 1986 der Bundesminister für Umwelt, Naturschutz und Reaktorsicherheit für die **Umweltpolitik** federführend; ihm wurden folgende Zuständigkeiten übertragen:

— Umweltschutz, Sicherheit kerntechnischer Anlagen, Strahlenschutz;

— Umwelt, Naturschutz;

— gesundheitliche Belange des Umweltschutzes, Strahlenhygiene, Rückstände von Schadstoffen in Lebensmitteln, Chemikalien.

In den Bundesländern ist der Ressortzuschnitt unterschiedlich: in fünf Bundesländern (Bremen, Hamburg, Hessen, Niedersachsen und Saarland) gibt es eigene Umweltressorts. Die länderspezifische Ressortaufteilung entspricht weder festen Traditionen noch sind den jeweils regierenden Parteien oder Koalitionen bestimmte Muster zuzuordnen. Ein junger Politikbereich wie die Umweltpolitik lädt vielmehr zu organisatorischen Veränderungen und Experimenten ein, die in der Regel nach der jeweiligen Landtagswahl bei der anstehenden Regierungsbildung vollzogen werden und jeweils von Opportunität und Personen bestimmt sind. Organisationsformen sagen wenig darüber aus, welche Bedeutung der Umweltpolitik innerhalb der Regierungspolitik zukommt.

1793. Umweltpolitik und Gesundheitspolitik sind zwar von der Sache her vielfältig aufeinander bezogen und durchdringen sich gegenseitig. Für eine Querschnittsaufgabe wie Umweltpolitik kommt es mehr auf politische Konfliktbereitschaft und Durchsetzungsfähigkeit an als darauf, welche Politikfelder unmittelbar in einem Haus vereint sind.

1794. Nach Artikel 28 II des Grundgesetzes haben die Gemeinden und Gemeindeverbände ein Selbstverwaltungsrecht für die Lösung örtlicher Probleme, das durch Landes- und Bundesrecht eingeschränkt ist. Die Konkretisierung der Ziele der Kommunalpolitik erfolgt in einer Vielzahl von Planungen und Maßnahmen der Kommunalverwaltung. Im Hinblick auf den Umweltschutz zählen dazu u. a.: Abwasser- und Abfallbeseitigung, Trinkwasserversorgung, eine an der Verminderung von Luft- und Lärmbelastungen orientierte Verkehrsplanung, Verlagerung oder Immissionsminderung störender Betriebe, Entwicklung kommunaler Konzepte der Energieeinsparung. Die Organisation der Kommunalverwaltungen ist naturgemäß sehr unterschiedlich; es gibt kein einheitliches System, das die Zahl der Fachämter einer Kommune regelt und bestimmt, welche Aufgaben sie im einzelnen wahrzunehmen haben. Bei einer stark vereinfachenden Reduktion der organisatorischen Vielfalt läßt sich ein Grundmuster von Zuständigkeiten beschreiben, das elf Fachämter umfaßt (HUCKE et al., 1983).

Es ist naheliegend, daß es kaum gelingen kann, die von diesen Fachämtern wahrgenommenen Umweltschutzaufgaben in einem einzigen, speziellen Amt für Umweltschutz zusammenzufassen. Derartige „Superämter" existieren daher auch in keiner Stadt der Bundesrepublik (FIEBIG et al., 1986). Aber in etwa 80 % der Großstädte fanden in den letzten Jahren organisatorische Umstrukturierungen statt, die der steigenden Bedeutung des Umweltschutzes Rechnung tragen sollten. Die neu eingerichteten Dienststellen befassen sich vor allem mit Grundsatzfragen und Koordinierungsaufgaben des kommunalen Umweltschutzes. Im Hinblick auf die Aufgabenschwerpunkte lassen sich vollzugsorientierte und querschnittsorientierte Dienststellen unterscheiden; letztere erfüllen im wesentlichen Koordinations- und Organisationsaufgaben (FIEBIG et al., 1986).

1795. Der Zugang zu eigenen Meß- und Analysekapazitäten ist für die Kommunen eine wichtige Voraussetzung, um eine **Risikoabschätzung vor Ort** vornehmen sowie schnell und flexibel reagieren zu können. Die meisten Kommunen sind aber nicht in der Lage, eine präventive Risikoabschätzung in ihrem Zuständigkeitsbereich vorzunehmen, weil sie einerseits keine ausreichenden Meßkapazitäten besitzen und andererseits die Wartezeiten zu lang sind, bis die Landesbehörden die notwendigen Daten zur Verfügung stellen (FIEBIG et al., 1986). Daß die Kommunen diese Aufgaben wahrnehmen könnten, zeigen die Beispiele der Umweltämter in Köln und Saarbrücken oder das Beispiel der Stadt Stuttgart, die sogar ein eigenes kommunales Meßstellennetz für Luftschadstoffe aufgebaut hat.

1796. Für die **Gesundheitspolitik** sind auf Bundesebene der Bundesminister für Jugend, Familie, Frauen und Gesundheit (Gesundheitsschutz) und der Bundesminister für Arbeit und Sozialordnung (Gesundheitskosten, soziale Sicherung) zuständig. Auf Landesebene ressortiert Gesundheitspolitik z. T. allein, z. T. zusammen mit Arbeits- und Sozialpolitik, z. T. zusammen mit Umweltpolitik. Auf der unteren Verwaltungsebene sind die Gesundheitsämter die zentrale Institution des öffentlichen Gesundheitsdienstes.

1797. Der öffentliche Gesundheitsdienst kann kommunal oder staatlich organisiert sein; entsprechend gibt es kommunale und staatliche Gesundheitsämter. Die Länder Hessen, Nordrhein-Westfalen, Niedersachsen, und Schleswig-Holstein verfügen über einen kommunalen Gesundheitsdienst, während der öffentliche Gesundheitsdienst in Rheinland-Pfalz, im Saarland, in Bayern (bis auf die Gesundheitsämter in München, Nürnberg und Augsburg) und in Baden-Württemberg (mit Ausnahme des Gesundheitsamtes der Stadt Stuttgart) staatlich organisiert ist. Träger eines Gesundheitsamtes ist demnach entweder das Bundesland, oder ein Stadt- oder Landkreis oder ein Zweckverband, bestehend aus Stadt- und Landkreis. Die staatlichen Gesundheitsämter sind nicht nach einem einheitlichen Grundmuster aufgebaut, vielmehr herrscht in jedem Bundesland ein spezifischer Typ vor, der an den Landesgrenzen endet und einem neuen Typ Platz macht. Betrachtet man die kommunalen Gesundheitsämter, wird diese Artenvielfalt noch prächtiger, da sich hier auch innerhalb eines Bundeslandes die Kompetenzverteilung und die Organisationsstruktur von Amt zu Amt verändern.

1798. Einheitlich ist der Aufgabenbereich Trinkwasser geregelt. Er fällt traditionell unter die Zuständigkeit der Gesundheitsämter. Das gleiche gilt für die Seuchenbekämpfung und die Gewerbehygiene. Die Abfallbeseitigung fiel früher ebenfalls in die Kompetenz der Gesundheitsämter. Die Verabschiedung des Abfallbeseitigungsgesetzes im Jahre 1972 hat diese einheitliche Regelung beendet, da seither den Ländern die Möglichkeit der landeseigenen Durchführung gegeben ist. Die Lebensmittelüberwachung ist ebenfalls von Land zu Land unterschiedlich geregelt; die Zuständigkeit wechselt zwischen chemischen, lebensmittelchemischen, veterinärmedizinischen und medizinischen Überwachungs- und Untersuchungsämtern (vgl. Abschn. 2.5.3.2).

Im Hinblick auf die gesundheitliche Prävention im Umweltbereich liegt nur für das Trinkwasser eine einheitliche Kompetenz vor. In allen Bundesländern ist hier das betreffende Gesundheitsamt zuständig. Welches Amt oder welche Stelle in den Bereichen Luft, Lebensmittel oder Bodenkontamination die präventive Risikoabschätzung vornimmt, ist von Land zu Land, von Kommune zu Kommune unterschiedlich.

1799. Die Erfahrungen mit dem Modellgesundheitsamt Marburg-Biedenkopf in den Jahren 1972–1980 zeigen exemplarisch, daß für die Gesundheitsämter hinsichtlich eines präventiven Gesundheits- und Umweltschutzes eine breite Palette von organisatorischen Möglichkeiten zur Verfügung steht. Die Abteilung 2 dieses Gesundheitsamtes „Umwelthygiene (gesundheitlicher Umweltschutz)" ist in 10 Bereiche untergliedert: Raumordnung, Regional- und Bauleitplanung; Wasser und Gewässerschutz; feste und flüssige Abfallstoffe; Luftreinhaltung, Lärmbekämpfung; Gemeinschaftseinrichtungen (Schulen usw.); Friedhofs-, Leichen- und Verkehrshygiene; Strahlenschutz; Umweltlabor. In diesen Bereichen wird das Gesundheitsamt „zum Schutz der Umwelt **vor** dem Menschen **für** den Menschen und seine Gesundheit tätig" (BMJFG, 1982). Die Arbeit dieser Abteilung beschränkt sich auf Beratungs- und Mitsprachefunktionen; Kommissionsarbeit, d. h. Zusammenarbeit mit anderen Behörden, ist die herausragende Tätigkeit. Das hauseigene Umweltlabor kann im Bedarfsfall Proben ziehen und Untersuchungen durchführen. Die durchgeführten Untersuchungen sind grundsätzlich nur grob orientierend. Bei positiven Untersuchungsbefunden erfolgen zusätzliche Kontrollen. Dann wird versucht, die zuständigen Behörden zu veranlassen, für Abhilfe zu sorgen, da dem Gesundheitsamt keine Weisungsbefugnis zukommt. Der Vorsorgegedanke bzw. die Idee eines Frühwarnsystems war beim Zuschnitt der Aufgabenbereiche dieser Abteilung handlungsleitend. Das Gesundheitsamt soll im Interesse einer sinnvollen Zusammenarbeit „möglichst frühzeitig, bereits im Stadium der Planung, informiert werden und die Möglichkeiten haben, aus seiner Sicht Bedenken zu äußern..." (BMJFG, 1982).

1800. Das Modellgesundheitsamt Marburg-Biedenkopf liefert ein Beispiel für die Verschränkung von wichtigen Handlungsfeldern der Umweltpolitik und der Gesundheitspolitik. Beide sind aufeinander bezogen, können und sollen sich ergänzen. Das gilt in besonderer Weise für die Trinkwasserqualität und den Gewässerschutz, die Abfallbeseitigung und den Immissionsschutz; aber auch für die handlungsleitenden Ideen: die präventive Risikoabschätzung und das Verständnis von Umwelt- und Gesundheitspolitik als Querschnittsaufgaben.

Mit dem Schutz der menschlichen Gesundheit haben beide Politiken die entscheidende Zielvariable gemeinsam. Die spezifischen Unterschiede der beiden Politikbereiche, die einen kohärenten Begriff sowohl von Gesundheitspolitik als auch von Umweltpolitik konstituieren, liegen vor allem in den Instrumentvariablen, d. h. in den Argumenten der jeweiligen Zielfunktion. Erst in zweiter Linie liegen sie darin, daß die Gesundheitspolitik von ihrem Selbstverständnis und ihrer gesetzlichen Aufgabenstellung her ausdrücklich und ausschließlich auf ein einziges Schutzgut – die menschliche Gesundheit – orientiert ist, die Umweltpolitik dagegen noch andere Schutzgüter (Tiere, Pflanzen und andere Sachen) kennt. Inwieweit in einem weit gefaßten Begriff von menschlicher Gesundheit auch der Schutz von Naturgütern eingeschlossen ist, ist eine Frage der Sichtweise, die von der Gesundheitspolitik nicht beantwortet zu werden braucht. Die Organe der Gesundheitspolitik, insbesondere die Gesundheitsämter, schützen indirekt auch Tiere, Pflanzen und Kulturgüter, wenn sie die menschliche Gesundheit schützen. Daß dies nur innerhalb der Sensibilitätsschwelle, die die menschliche Gesundheit liefert, geschehen kann, ist ein die Reichweite der Gesundheitspolitik begrenzendes Faktum, dessen Problematik bereits erörtert wurde (vgl. Tz. 82, 1683).

1801. Der Rat ist nicht der Auffassung, daß die Suche nach einem Königsweg der Organisation von Umweltpolitik und Gesundheitspolitik von Erfolg gekrönt sein kann. Er bekräftigt seine mehrfach geäußerte Auffassung, daß die wichtigen Entscheidungen in Umweltfragen politische Entscheidungen sind (vgl. SRU 1978, Tz. 1940). Insofern warnt er vor einer Überschätzung der Leistungskraft organisatorischer Konzepte. Eine durchsetzungswillige Regierung, die deutlich und glaubwürdig ein konkretisiertes Programm der Umwelt- und Gesundheitspolitik realisieren will, ist jeder Lösung, die nur auf organisatorische Maßnahmen in diesen Bereichen setzt, vorzuziehen. Sicher gibt es bessere und schlechtere, sinnvollere und weniger sinnvolle organisatorische Lösungen. Beispielsweise bietet eine Zusammenfassung von Umweltschutz und Gesundheitsschutz Vorteile, die bei stoffbezogenen Fragen stärker ins Gewicht fallen als bei gebiets- oder anlagenbezogenen Problemstellungen.

1802. Der Rat empfiehlt daher, die Gesundheitsämter zu Fachbehörden des gesundheitlichen Umweltschutzes weiterzuentwickeln. Eine enge Zusammenarbeit zwischen niedergelassenen Ärzten und Gesundheitsämtern könnte eine Basis bieten für eine bessere Abklärung der Zusammenhänge zwischen Schadstoffbelastung und Erkrankungen. Voraussetzung dafür ist allerdings, daß diese Thematik in der ärztlichen Ausbildung, in der allgemein-ärztlichen Weiterbildung und in der Fortbildung stärker berücksichtigt wird.

1803. Der Rat wies bereits früher darauf hin, daß zwei Drittel der Kommunen sich durch die an sie herangetragene umweltpolitische Aufgabenstellung als überfordert ansehen (vgl. SRU, 1978, Tz. 1041). Für eine effektive Gestaltung der Umweltpolitik ist es von Bedeutung zu wissen, worin diese Überforderung im einzelnen besteht und ob sie überhaupt durch ein verändertes Organisationskonzept des kommunalen Umweltschutzes korrigierbar ist. Diese Fragen könnten durch empirische Studien beantwortet werden. Die Überforderung ist zu einem nicht geringen Teil dadurch hervorgerufen worden, daß der Stellenplan der Gesundheitsämter nicht ausreichend war und selbst die vorhandenen Stellen nicht besetzt werden konnten. Für jüngere Ärzte galt der öffentliche Gesundheitsdienst nicht als attraktiv. Die derzeitige Situation auf dem Stellenmarkt und das jetzt bestehende Angebot jüngerer weiterbildungswilliger Mediziner und medizinverwandter Fachleute lassen eine Besserung in nicht allzu ferner Zukunft erwarten.

1804. Der Rat hält es für wichtig, die in der 3. Durchführungsverordnung von 1935 zum Vereinheitlichungsgesetz im Gesundheitswesen vorgegebenen umweltbezogenen Inhalte zu überprüfen und den entscheidenden Körperschaften (Ländern und Kommunen) zu empfehlen, dezentralisierte Organisationskonzepte zu deren Realisierung zu entwickeln. Der Bund könnte dabei mit seinen Oberbehörden (Umweltbundesamt, Bundesgesundheitsamt) inhaltliche Hilfestellungen leisten. Die Fortbildung im umweltbezogenen Gesundheitsbereich sollte intensiviert werden; dabei sollte von vornherein auf die umweltrelevanten Teile des Vereinheitlichungsgesetzes Bezug genommen werden. Auch hier könnten die Bundesoberbehörden inhaltlich beitragen. Die Attraktivität derartiger Fortbildungsveranstaltungen würde sicherlich gefördert, wenn analog zu anderen Zusatz- oder Teilgebietsbezeichnungen in der Medizin (etwa Sozialmedizin usw.) auch im Bereich der Umwelt eine Teilgebietsbezeichnung „Umweltmedizin" entwickelt würde mit klaren Weiterbildungszielen. Die Angebote zur Weiterbildung in Umweltmedizin wären entsprechend auszubauen.

1805. Beim Verkehr mit Lebensmitteln und Bedarfsgegenständen sind die Untersuchungen von den zuständigen Behörden auch unter umwelthygienischen und umweltpolitischen Gesichtspunkten durchzuführen. Dabei kommt es nicht nur und nicht einmal in erster Linie darauf an, kontaminierte Lebensmittel aus dem Verkehr zu ziehen, als vielmehr die Quellen der Kontamination zu ermitteln und künftige Verunreinigungen zu verhindern. Dazu braucht die Überwachung geeignete Instrumente und eine geeignete Struktur (vgl. Abschn. 2.5.3.2 und 2.5.5).

1806. Im Rahmen der Gewerbehygiene sind bei der Errichtung, Verlegung und Veränderung gewerblicher Anlagen Umweltgesichtspunkte stärker zu berücksichtigen. Dabei kommt den staatlichen Gewerbeärzten, die die Bedingungen der industriellen Produktion und deren Stoffflüsse vor Ort kennen, eine wachsende Bedeutung zu. Zwar sind die staatlichen Gewerbeärzte im allgemeinen nicht dem Umweltschutz, sondern im wesentlichen dem Arbeitsschutz verpflichtet, doch sind die Grenzen zwischen Arbeitsschutz und Umweltschutz fließend, so daß sich die staatlichen Gewerbeärzte den Fragen des Immissionsschutzes nicht werden entziehen können. Der Rat hält eine intensive Zusammenarbeit zwischen dem öffentlichen Gesundheitsdienst, insbesondere den geforderten Umweltmedizinern und den staatlichen Gewerbeärzten für erforderlich und empfiehlt, diese möglichst bald auf breiter Basis institutionell zu realisieren.

3.1.5.2 Einfluß der Gesundheitspolitik auf die Umweltpolitik

1807. Umweltpolitik steht bei der Verfolgung ihrer Ziele in Konkurrenz mit anderen Politikbereichen. Diese Konkurrenz kann wegen ordnungspolitischer Zielkonflikte oder um Anteile an einem begrenzten Volumen von Ressourcen entbrennen. Umweltpolitik muß ihre Ansprüche begründen und sie in die aktuelle, jeweils geltende Prioritätenskala einordnen, die in der politischen Diskussion gebildet wird und die auch eine Regierung nicht ignorieren kann. Gesundheits- und Umweltpolitik sind in dieser Konkurrenz im allgemeinen natürliche Verbündete; umweltpolitische Vorhaben und Ansprüche lassen sich immer dann sowohl absolut leichter vertreten als auch beim Vergleich von Grenzkosten und Grenznutzen einzelner Maßnahmen wirksamer behaupten, wenn sie mindestens auch mit der Abwehr einer unmittelbar der menschlichen Gesundheit drohenden Gefahr begründet werden können. So begründet sind Vorhaben in Konkurrenz mit anderen Politikfeldern immer noch eher durchsetzbar, als wenn sie „nur" um des Schutzes der natürlichen Umwelt oder der Kulturgüter willen gefordert werden. Mit dem Gesundheitsschutz-Argument im Rücken wird der Grenzertrag einer Ausgabeneinheit hoch angesetzt, eben weil der Schutz der menschlichen Gesundheit in der normativen Prioritätenskala weit oben angesiedelt ist. Zwar stellt der Rekurs auf den Gesundheitsschutz für eine konsequente Umweltpolitik nur eine Krücke dar, doch sieht der Rat keinen Grund, die Krücke nicht zu benutzen für die Wegstrecke, die damit besser zurückgelegt werden kann. Je mehr es der Umweltpolitik gelingt, die Bereiche, von denen eine Gesundheitsgefährdung ihren Ausgang nimmt, umzugestalten, um so weniger werden gesundheitliche Argumente Bedeutung behalten. In diesem Übergang befindet sich die umweltpolitische Diskussion derzeit. Zur Emanzipation von Gesundheitspolitik und zur stärkeren Gewichtung eigenständiger umweltpolitischer Argumente haben aber zweifellos auch die Waldschäden beigetragen.

1808. In der Gesundheitspolitik bedeutet Vorsorge Primär- oder Sekundärprävention von Krankheit. Sekundärprävention bedeutet Erkennung von Früh- oder Vorformen bestimmter schwerer, chronisch verlaufender Krankheiten in der Absicht, durch frühe Intervention den Krankheitsverlauf zu mildern oder Komplikationen zu vermeiden und so Lebensdauer zu verlängern und Lebensqualität zu verbessern; daher der Ausdruck Vorsorge-Untersuchung. Primärprävention ist die Vermeidung oder Minderung einmal erkannter Risikofaktoren. Dabei hat man zu unterscheiden zwischen individueller Vorsorge, die auf Änderung von Einstellungen, Verhalten, Faktoren des Lebensstils, der Ernährung o. ä. zielt und allgemeiner Vorsorge, die auf die Minderung gesundheitlicher Risiken aus ist, auf die das Individuum keinen Einfluß hat und die im wesentlichen aus Lebensmitteln und der Umwelt (vgl. Abschn. 1.1.1) auf das Individuum einwirken. Letzteres ist das Feld, auf dem sich Umwelt- und Gesundheitspolitik begegnen und gleichgerichtete Ziele verfolgen.

1809. Im gesundheitlichen Arbeitsschutz wird Vorsorge traditionell verstanden als technischer Arbeitsschutz, als Schutz des Menschen vor technischen und stofflichen Gefahren, die von seinem Arbeitsplatz ausgehen. Im Gefolge des umfangreichen Forschungsprogramms zur Humanisierung des Arbeitslebens wurde zunehmend deutlich, daß Belastungen struktureller Art wie Termindruck, maschinenbedingte und andere Taktzeiten, Überlastung und Überforderung eine ebenso große Rolle spielen bei der Entstehung berufs- und arbeitsbedingter Krankheiten wie die technische und stoffliche Umgebung. Es sollte jedoch nicht unterschätzt werden, in welchem Maß Erkenntnisse und Erfahrungen des technischen Arbeitsschutzes die Umweltpolitik befruchtet haben.

1810. Hinsichtlich der Umweltqualität bestehen erhebliche regionale Unterschiede, die sich seit dem Beginn der Industrialisierung herausgebildet und bis heute verfestigt haben. So haben beispielsweise die klassischen Gebiete der Schwerindustrie wie das Ruhrgebiet oder das Saarland vielfach eine geringere Umweltqualität als neue Industrieregionen im Süden der Bundesrepublik. Diese Unterschiede sind nicht einfach aufhebbar, doch muß eine verantwortliche Umweltpolitik sich fragen, wie weit sie das Auseinanderdriften dieser Gebiete zulassen darf, und ob nicht eine gesamtstaatliche, historisch begründete Verantwortung für diejenigen Gebiete besteht, die in der Vergangenheit in beträchtlichem Umfang zum Wohlstand der Republik beigetragen haben. Unter diesem Blickwinkel kann weder die Modernisierung der Industriestruktur noch die Sanierung oder Beseitigung sog. Altlasten eine Aufgabe nur der betroffenen alten Industrieregionen allein sein. Der Rat unterstreicht seine Auffassung, daß es bei allen unvermeidbaren regionalen Unterschieden der Umweltqualität keine menschlichen Opferstrecken geben darf.

3.2 Umwelt und Energie

Prolog: Grundsätzliche Anmerkungen zur Abhängigkeit der Menschen von ausreichender Energieversorgung

1811. Angesichts vieler verwirrender Informationen über Energie-Umwelt-Zusammenhänge hält es der Rat für geboten, auf die Bindung des Menschen an eine ausreichende Energieversorgung in grundsätzlicher Form hinzuweisen. Als einziges biologisches Wesen hat sich der Mensch seit Beginn seiner Existenz von der alleinigen Abhängigkeit von der Sonnenenergie gelöst, deren niedrige Leistungsdichte bei schwankendem Angebot — trotz ständiger Verfügbarkeit — ihm nicht ausreichten. Als Zeichen der Menschwerdung gilt die Beherrschung und Verwendung des **Feuers.** Mit dessen Hilfe verschaffte er sich sonnenunabhängig Wärme und Licht in allen seinen Aufenthaltsstätten und Wohnplätzen, wodurch er seinen Lebensbereich beträchtlich erweitern konnte. Die Hitze des Feuers ermöglichte es, eine große Zahl pflanzlicher und tierischer Substanzen durch Kochen oder Garen zu Nahrungsmitteln umzuwandeln oder ihren Nahrungswert zu verbessern, so daß auch die Ernährungsbasis des Menschen verbreitert wurde.

1812. Vor allem aber diente Feuer zur Herstellung von Materialien und Werkzeugen aus Rohstoffen, die durch Hitze, d. h. auf Feuer beruhender hoher Energiestromdichte, bearbeitbar oder umwandelbar wurden. Schließlich wurde Feuer auch zur Beseitigung unerwünschter oder störender Gegenstände — z. B. bei der Waldrodung, beim Abbruch von Gebäuden oder bei der Abfallvernichtung — sowie zur Abwehr von Feinden eingesetzt. Auf Feuer beruht also die Überlegenheit des Menschen über andere Lebewesen und damit seine Evolution. Es ist nicht vorstellbar, daß die Menschheit auf die Vorteile hoher Energiestromdichte jemals verzichten würde. Daher wird auch eine stärkere Nutzung der Sonnenenergie als Alternative oder Ergänzung zu anderen Primärenergieträgern dem Zwang zur Konzentration des solaren Energiestroms unterliegen.

1813. Jede Erhöhung der natürlichen Energiestromdichte und jede Verstärkung von Energieumwandlungen ist nach den Gesetzen der Thermodynamik infolge Zunahme der Entropie mit Umweltveränderungen verbunden, die meist als Beeinträchtigungen oder Belastungen registriert werden. Feuer ist daher eine Naturerscheinung von zerstörerischer Kraft, die die Menschen immer wieder erleiden mußten, aber auch in destruktiver Absicht — auch gegen ihresgleichen — oder mißbräuchlich eingesetzt haben.

1814. Ökophysikalisch gesehen ist Feuer eine besonders rasche und intensive Freisetzung von Licht- und Wärmeenergie aus energiehaltigen Stoffen, die durch einen starken **Energiestoß** (Zündung) zu dieser Freisetzung veranlaßt werden, zum Verbrennen aber auch Sauerstoff benötigen. Dabei entsteht eine zeitlich und örtlich stark erhöhte Energiestromdichte, die weitere brennbare Stoffe entzünden kann und das Feuer dadurch ausbreitet, sofern genügend Sauerstoff zur Verfügung steht.

1815. Als Energieträger dienen in der Natur bestimmte Formen von **Biomasse,** vor allem Holz und Cellulose in trockener Form, die durch Blitze entzündet werden können. Die Biomasse wird durch Feuer rasch und mehr oder weniger vollständig zu Asche abgebaut, d. h. mineralisiert. Normalerweise wird Biomasse im Boden und in Gewässersedimenten durch Organismen (Destruenten) abgebaut und ebenfalls mineralisiert; oft wird der Abbau durch vorübergehenden Umbau in Humus verzögert. Die mineralischen Stoffe (z. B. CO_3, H_2O, NO_3^-, PO_4^{2-} etc.) werden in den geobiochemischen Kreisläufen wiederverwendet. Von der beim Abbau freiwerdenden Energie zehren die abbauenden Organismen bzw. die Humusbildner.

1816. Der stark beschleunigte Biomassen-Abbau durch Feuer erzeugt neben Asche auch **Rauch** als Gemisch von festen und gasförmigen Emissionen, deren Zusammensetzung u. a. von den Verbrennungsbedingungen, vor allem Luftzufuhr und der Verbrennungstemperatur abhängt. Die emittierten Substanzen können sich wegen der Plötzlichkeit ihrer Entstehung nicht in die trägen natürlichen Stoffkreisläufe einfügen und bedingen daher eine energetisch-stoffliche **Unordnung** (Entropie-Verstärkung) an der Feuerstätte und in ihrer Umgebung. Rauch oder „Abgas" ist daher stets eine lästige Begleiterscheinung des Feuers. Wald- oder Steppenbrände sind mit riesigen Rauchentwicklungen verbunden, die die Sonne verdunkeln und dabei durch von Wind aufgewirbelte Asche noch verstärkt werden. Dadurch kann der Witterungsverlauf und sogar das Klima beeinflußt werden.

1817. Mit der Anwendung des Feuers waren die Menschen unvermeidlich seinen Rauchemissionen ausgesetzt. Der Wert der erhöhten Energiestromdichte wurde aber so hoch eingeschätzt, daß die Lästigkeit oder — soweit bekannt — Schädlichkeit der Emissionen als schicksalhaft hingenommen wurde. Solange als Brennmaterial hauptsächlich Holz, d. h. jeweils nachwachsende Biomasse, verwendet wurde, blieben die Energieumwandlungen und damit die Emissionen mengenmäßig und örtlich relativ beschränkt, wenn man von außer Kontrolle geratenen Bränden absieht. Dies änderte sich, als große Lagerstätten fossiler, d. h. nicht mehr nachwachsender Biomasse, als Träger nutzbarer Energie entdeckt wurden und damit eine Steigerung der Energiestromdichte um mehrere Größenordnungen erlaubten. Dementsprechend stiegen die Emissionen, die ungeachtet ihrer nunmehr bewußt werdenden Nachteile in Form rauchender Schlote zum Symbol des technischen Fortschrittes wurden und bis in die 60er Jahre blieben. Erst seit dieser Zeit setzten intensive und erfolgversprechende Bemühungen um emissionsarme Verbrennungsprozesse und -techniken ein.

1818. Die Fortschritte in der Erforschung der Atomphysik führten 1938 zur Entdeckung einer völlig neuen Energiequelle in der Bindungs- bzw. Verschmelzungsenergie der Atomkerne, die wiederum eine erhebliche Steigerung der Energiestromdichte versprach und auch deswegen große Aufmerksamkeit fand, weil die Erschöpfung der fossilen Energielagerstätten absehbar wurde. Die Atomenergie war von Anfang an dadurch belastet, daß sie stets im Zusammenhang mit der zerstörerischen Kraft der Atombombe gesehen wurde.

Mit dem Abwurf der ersten Atombombe wurde die Gefährlichkeit der radioaktiven Emissionen dieser Energieform schlagartig bewußt und wird seither gefürchtet. Dies steht in diametralem Gegensatz zum Feuer, dessen Wohlfahrtswirkung gefühlsmäßig meist höher bewertet wurde als die Schadwirkung und in dessen Umgang und Handhabung sich der Mensch seit Jahrtausenden geübt hat. Die Kernenergie ist daher von Anfang an mit einer Hypothek der Angst und Ablehnung belastet, die ihre Nutzung für friedliche Zwecke wohl für alle Zeiten beeinträchtigt.

1819. Die Risiken hoher Energiestromdichten, die aus fossilen und nuklearen Energieträgern stammen, sind in den letzten drei Jahrzehnten immer deutlicher erkannt worden und ins allgemeine Bewußtsein eingedrungen. Zum Schutz der Umwelt und Gesundheit sind umfassende Maßnahmen zur Risikominderung durchgeführt oder eingeleitet worden. Sie konnten nicht verhindern, daß die Art der heutigen Energieversorgung grundsätzlich in Frage gestellt wird. Der von verschiedenen Gruppen geforderte, möglichst rasche Verzicht auf die Kernenergie ist dadurch motiviert, daß die Furcht vor radioaktiven Emissionen sehr groß ist und unter Hinweis auf Kernwaffen, nukleare Explosionen und Unfälle in Kernkraftwerken leicht zu nackter Angst gesteigert werden kann, der gegenüber die Emissionen der Verbrennung fossiler Brennstoffe wie Schwefeldioxid, Stickstoffoxide oder Kohlendioxid erträglich erscheinen. Angst rührt auch daher, daß die Unfallfolgen im kerntechnischen Bereich sich in kaum vorstellbare Größenordnungen erstrecken können und daß der Zeitraum, in dem bestimmte Atomabfälle schädlich bleiben, die geschichtliche Zeiterfahrung überschreitet. Allerdings kann die Angst auch mit einer mehr allgemeinen subjektiven Ablehnung großtechnischer Anlagen erklärt werden.

1820. Solche gefühlsmäßigen Einschätzungen erweisen sich als politisch wirksam und folgenreich. Als Grundlage einer umfassenden, alle Bereiche menschlicher Aktivitäten berücksichtigenden Umweltpolitik eignen sie sich nur dann, wenn sie nicht durch Übertreibungen, Einseitigkeiten und andere unseriöse Informationen genährt werden. Die erst in jüngster Zeit gewonnenen Erkenntnisse über die vielfachen ökologischen Verflechtungen in der menschlichen Umwelt lassen es dadurch als geraten und zweckmäßig erscheinen, die Energieerzeugung, -umwandlung und -verwendung grundsätzlich zu überdenken. Dabei ist aber von den jetzt vorhandenen Möglichkeiten und Gegebenheiten der Steigerung der Energieproduktivität ebenso auszugehen wie von der grundsätzlichen Abhängigkeit des modernen Menschen von einer hohen Energiestromdichte.

1821. Als eine besonders zuverlässige, bequeme, aber keineswegs gefahrlose Energie hat sich die elektrische Energie erwiesen — eine Sekundärenergie, mit der in den letzten 20 Jahren geradezu verschwenderisch umgegangen wurde. Trotz Einsparungen und Einsparmöglichkeiten wird auf sichere Versorgung mit elektrischer Energie und damit auf Stromversorgung auch zukünftig großer Wert gelegt werden.

3.2.1 Entwicklung der Energieversorgung

Energieträger

1822. Unter Primärenergie werden alle auf der Erde vorhandenen Energieträger verstanden. Sie lassen sich unterteilen in die fossilen Brennstoffe Kohle, Erdöl und Erdgas, in Kernbrennstoffe sowie in andere Energieträger wie Wasser- und Windkraft, Sonnenenergie und Biomasse. Durch Umwandlung dieser Energieträger, z. B. zu Strom, Heizöl oder Benzin, wird aus der primären Energie sekundäre Energie gewonnen. Diese ist gegenüber der primären Energie wegen der Verluste bei der Umwandlung und wegen des Eigenbedarfs bei der Umwandlung geringer. Beide Vorgänge sind mit Auswirkungen auf die Umwelt verbunden. Darüber hinaus finden zahlreiche Stoffe, die vorwiegend als Energieträger dienen, auch eine nichtenergetische Verwendung.

1823. Der Energieinhalt der verschiedenen Energieträger wurde zunächst in Steinkohleeinheiten (t SKE) angegeben. Heute verwendet man die Einheit Joule (J), wobei 1 kg SKE dem Heizwert von 29 308 kJ entspricht.

1824. Die vom Verbraucher eingesetzte Energie, die sowohl Primärenergieträger als auch Sekundärenergieträger umfaßt, bezeichnet man als Endenergie. Nutzenergie ist die vom Verbraucher nach Umwandlung der Endenergie gewünschte Energieform Wärme, Arbeit, Licht usw. Sie ist wesentlich geringer als die Endenergie, da deren Umsetzung mit großen Verlusten verbunden ist.

3.2.1.1 Weltweite Energieversorgung

1825. Über Jahrhunderte hinweg verwendete man nur den Energieträger Biomasse, meist in Form von Holz, zur Erzeugung von Nutzenergie, insbesondere Wärme. Dieser Brennstoff wurde mit der beginnenden Industrialisierung am Ausgang des vorigen Jahrhunderts weitgehend von Kohle verdrängt, mit der bis nach dem Zweiten Weltkrieg fast ausschließlich die notwendige Energie weltweit produziert wurde. In der Folgezeit drängten dann sowohl zur Strom- als auch zur Wärmeerzeugung andere fossile Energieträger — nämlich Erdöl und Erdgas —, die in steigendem Maße gefördert wurden, auf den Markt. Die Vorteile dieser Brennstoffe — einfache und komfortable Handhabung von Verbrennungseinrichtungen, Preiswürdigkeit des Verfahrens, weitgehend rückstandsfreie Verbrennung — führten zu einer Verdrängung von Kohle aus dem Wärmemarkt und in zunehmendem Maße auch aus dem Strombereich. Durch die beiden Ölpreisschocks innerhalb der 70er Jahre wurde diese Tendenz vor allem bei der Stromerzeugung weltweit eingeschränkt, wenn nicht gar aufgehoben. Man glaubte damals, daß die Weltvorräte an Erdöl und Erdgas bald erschöpft seien und man so sparsam wie möglich mit diesen fossilen Energieträgern umgehen müsse. Im nachhinein muß man feststellen, daß diese Auffassung nur sehr bedingt richtig war.

1826. Tabelle 3.2.1 zeigt Vorräte, Fördermengen und Reichdauer von Energieträgern nach dem derzeitigen Wissensstand. Berücksichtigt man darüber hinaus, daß

— weitere, bislang unbekannte Vorräte an fossilen Energieträgern zu erwarten sind und

— steigende Energiepreise den Abbau neuer Felder und die verbesserte Nutzung bereits erschlossener Vorkommen ermöglichen, wozu auch moderne Abbautechniken mithelfen,

dann kann man selbst bei wachsender Förderung noch mit einer langzeitigen Nutzung fossiler Energieträger rechnen.

1827. Der Vorteil der plötzlichen Ölpreiserhöhungen lag darin, daß man sich erstmalig intensiv Gedanken über Energiesparmaßnahmen machte und diese teilweise auch realisierte. Seit einem neuerlichen Rückgang der Preise, vor allem bei Öl und Gas — beide Energieträger finden besonders Verwendung im Wärmemarkt —, ist der ökonomische Anreiz zur Energieeinsparung allerdings wieder schwächer geworden.

1828. Eine weitere Energiequelle erschlossen sich hochtechnisierte Länder bereits in den siebziger Jahren in der Kerntechnik, die heute teilweise in schärfster Konkurrenz zur Stromerzeugung durch Kohle steht. Vorteile der Kerntechnik gegenüber der Kohleverstromung sah man über lange Zeit hin in

— der Wirtschaftlichkeit des Verfahrens, zumindest solange notwendige Sicherheitsmaßnahmen auf ein gewisses Maß beschränkt waren; dabei muß allerdings darauf hingewiesen werden, daß die Entwicklung der Kerntechnik in hohem Maße subventioniert wurde;

— der Versorgungssicherheit mit Uran (Tab. 3.2.1), weiter streckbar durch Brütertechnik;

Tabelle 3.2.1

Vorräte, Förderung und Reichdauer von Energieträgern in der Welt nach derzeitigem Wissensstand

Energieträger	Vorräte		Förderung				Reichdauer bei gegenwärtiger Förderung
	Stand	Menge	1982	1983	1984	1985	Jahre
Kohle (Stein- und Braunkohle)	1985	771 Mrd t SKE [1]	\multicolumn{4}{c}{Mio t SKE}	215
			3 239	3 261	3 405	3 588	
Erdöl	1985	95 Mrd t [1]	\multicolumn{4}{c}{Mio t}	35
			2 755	2 719	2 789	2 738	
Erdgas	1985	99 Tsd. Mrd m³ [1]	\multicolumn{4}{c}{Mrd m³}	58
			1 546	1 548	1 645	1 716	
Uran [2]	1983						
— hinreichend gesicherte Reserven .		1 000 t U	\multicolumn{4}{c}{Erzeugung (t U)}	59 [3]
		2 043					
			41 331	38 000	38 939	34 860	
— geschätzte zusätzliche Reserven, Kategorie I		1 222					93 [3] [4]

[1]) wirtschaftlich gewinnbare Vorräte
[2]) Westliche Welt
[3]) bei Nutzung in Leichtwasserreaktoren
[4]) Gesamtreichdauer für gesicherte und geschätzte Vorräte
Quelle: BMWi, 1986a; Jahrbuch 86/87 Bergbau, Öl und Gas, Elektrizität, Chemie; MICHAELIS, 1986; eigene Berechnungen

- Bedienungs- und Handhabungskomfort bei entsprechender Technologie;
- umweltschonender Energieerzeugung.

Eine Reihe von Ländern wandte sich der Kerntechnik zu, weil man im Kernstrom die Zukunft sah und neue Exportmöglichkeiten entwickeln wollte, obwohl man sich des hohen Risikos dieser Technik bewußt war.

1829. In Abbildung 3.2.1 ist der weltweite Verbrauch an Primärenergie — aufgeteilt nach Erdöl, Erdgas, Kohle, Wasserkraft und Kernenergie — seit 1965 dargestellt. Der neue Höchststand an Energieverbrauch ist fast ausschließlich Folge des Bevölkerungszuwachses. Seit 1979 stieg die Zahl der Bewohner der Erde von ca. 4,3 Mrd um mehr als 16 % auf heute über 5 Mrd Menschen. Dabei ist der Energieverbrauch je Einwohner von 60,4 GJ 1979 um 6 % auf 56,9 GJ im Jahr 1985 gesunken. Er lag damit wieder auf dem Niveau des Jahres 1974, dem Jahr, in dem es zum ersten großen Energiepreisschub gekommen war (Esso AG, 1986).

3.2.1.2 Energieversorgung in der Bundesrepublik Deutschland

3.2.1.2.1 Energieträgerangebot und Primärenergieverbrauch

1830. In Tabelle 3.2.2 sind die Vorräte und Fördermengen in der Bundesrepublik für die wichtigsten Energieträger wiedergegeben, wobei die Kosten der Gewinnung nicht berücksichtigt werden. Die Energievorräte bestehen im wesentlichen aus Kohle. Nach

Abbildung 3.2.1

Entwicklung des weltweiten Primärenergieverbrauches in Exajoule (EJ: 10^{18} Joule), 1965—1984

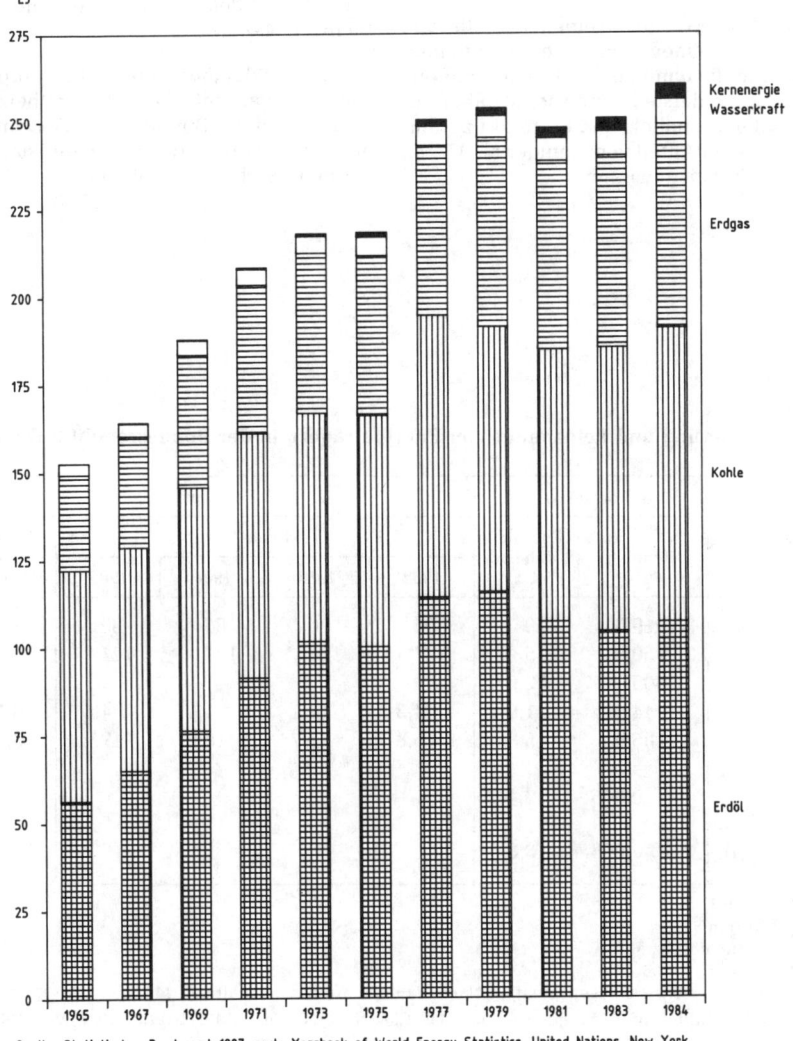

Quelle: Statistisches Bundesamt 1987, nach: Yearbook of World Energy Statistics, United Nations, New York.

einer groben Abschätzung, ausgehend von der Kohleförderung im Jahr 1985, dürften die Vorräte an Steinkohle noch ca. 270 Jahre und die an Braunkohle ca. 290 Jahre reichen.

Neben Kohle wird heute in der Bundesrepublik Deutschland auch Gas in nennenswertem Umfang gefördert. 1985 gewann man ca. 17,2 Mrd m³ i. N. Erdgas mit einem Gesamtenergieinhalt von ca. 0,5 Exajoule. Dies macht etwa ein Drittel des jährlichen Gasverbrauches in der Bundesrepublik Deutschland aus. Bei gleichbleibender Fördermenge reichen die bekannten Vorräte von etwa 185 Mrd m³ i. N. noch 11 Jahre. Berücksichtigt man weitere, bislang möglicherweise nicht erfaßte Gasvorräte, so kann man — vom heutigen Verbrauch ausgehend — erwarten, daß etwa bis zum Jahr 2 000 eigengefördertes Gas zur Verfügung steht.

Die inländische Erdölförderung leistete 1985 mit ca. 4,1 Mio t keinen nennenswerten Beitrag zur Energieversorgung. Nur etwa 4 % des Mineralölbedarfs wurden dadurch gedeckt. Die heute bekannten, sicheren Reserven von 44 Mio t reichen bei unveränderter Förderung noch etwa 11 Jahre.

Die Nutzung der Torfreserven mit einem Potential von nahezu 13 EJ würde einen nicht wieder gutzumachenden Eingriff in die ohnehin gefährdeten Biotope der Moorlandschaften darstellen und sollte daher unterbleiben (Tz. 486). Brennholz und Brenntorf zusammen hatten 1985 einen Anteil von weniger als 1 % an der inländischen Energiegewinnung.

1831. In Abbildung 3.2.2 ist die Entwicklung des Primärenergieverbrauches in der Bundesrepublik Deutschland seit 1965, eingeteilt nach Energieträgern, dargestellt. Danach verbrauchte man 1979 bislang am meisten Energie, nämlich 11 964 Petajoule. In den Folgejahren bis 1982 war der Verbrauch dann leicht rückläufig. Er stieg seitdem wieder etwas an und betrug 1985 11 284 Petajoule. 1985 wurden 41,4 % des Primärenergieverbrauches durch Erdöl, 30 % durch Kohle, 15,5 % durch Naturgase und 10,7 % durch Kernenergie gedeckt. Wasserkraft war mit 1,3 % am Primärenergieverbrauch beteiligt. Sonstige Energiequellen leisteten einen Beitrag von ca. 1 % (Arbeitsgemeinschaft Energiebilanzen, 1986; BMWi, 1986 a).

1832. 1985 standen 4 425 Petajoule aus inländischer Gewinnung 7 845 Petajoule importierte Energieträger gegenüber. Einfachheitshalber wird importierter bzw. exportierter Strom den Primärenergieträgern zugeschlagen. Das gesamte Primärenergieaufkommen der Bundesrepublik Deutschland lag 1985 bei 12 482 Petajoule. Hiervon wurden 966 Petajoule wieder exportiert. Der inländische Primärenergieverbrauch betrug somit 11 284 Petajoule (Arbeitsgemeinschaft Energiebilanzen, 1986).

An Erdöl und seinen Verarbeitungsprodukten wurden 1985 Mengen mit einem Gesamtheizwert von 4 729 Petajoule in die Bundesrepublik Deutschland eingeführt, d. h. ca. 60 % der gesamten Energieeinfuhr 1985 wurden durch Mineralöle gedeckt. Trotz zweier Erd-

Tabelle 3.2.2

Vorräte, Förderung und Reichdauer von Energieträgern in der Bundesrepublik Deutschland

Energieträger	Vorräte[1]		Förderung					Reichdauer bei gegenwärtiger Förderung Jahre
	Menge[2]	Energieinhalt EJ	Menge[2]				Energieinhalt EJ (1985)	
			1982	1983	1984	1985		
Steinkohle	23 919[3]	709	96	90	85	89	2,6	269
Braunkohle	35 150[3]	295	127	124	127	121	1,0	269
Torf	905	12,9						
Erdöl	44[4]	1,8	4,3	4,1	4,1	4,1	0,17	11
Erdgas	185[4]	5,8	16,8	17,7	18,6	17,2	0,5	11
Uran								
— sichere	0,005	2,4[5]						
— geschätzte zusätzliche (Kat. I)	0,008	3,8[5]						

[1] Stand: 1985; Uran 1983
[2] in Mio t, Erdgas Mrd m³
[3] wirtschaftlich gewinnbare Vorräte
[4] sichere Vorräte
[5] bei Nutzung in Leichtwasserreaktor entspricht 1 t Natururan einem Energieinhalt von 440 TJ

Quelle: BMWi, 1986 a; Jahrbuch 86/87 Bergbau, Öl und Gas, Elektrizität, Chemie; MICHAELIS, 1986; VIK, 1985; eigene Berechnungen

Abbildung 3.2.2

Entwicklung des Primärenergieverbrauches in der Bundesrepublik Deutschland in Petajoule (PJ: 10^{15} Joule), 1965—1985

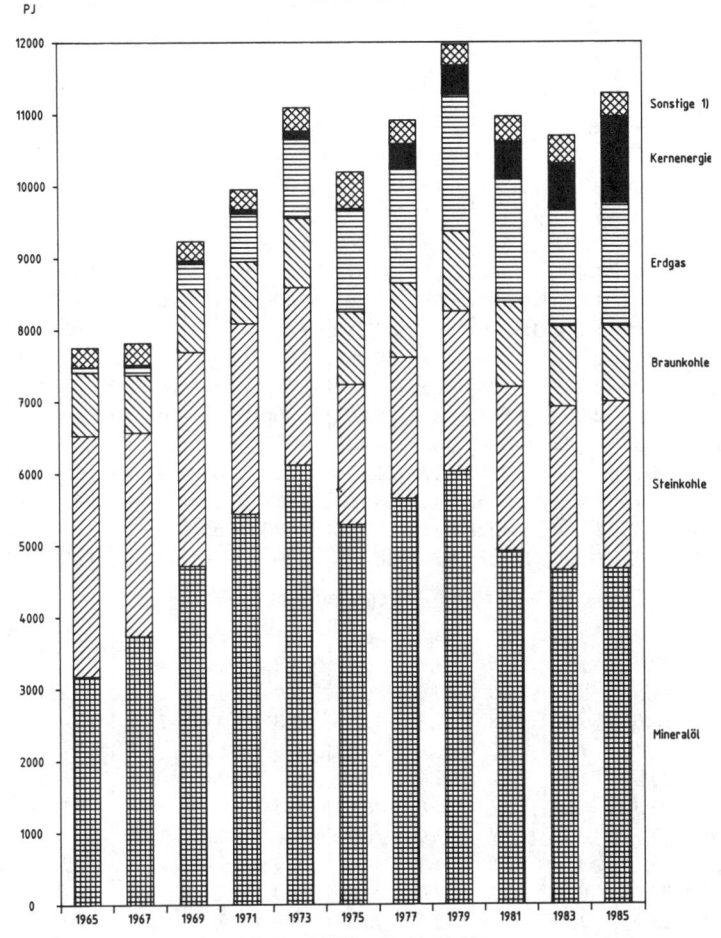

1) Sonstige: Wasserkraft, feste Brennstoffe (ohne Kohle), Aussenhandelssaldo Strom.
Quelle: Statistisches Bundesamt 1987, nach Arbeitsgemeinschaft Energiebilanzen, 1986.

ölkrisen hat sich danach die Abhängigkeit der Bundesrepublik Deutschland vom Öl nicht wesentlich gemindert. Gegenüber früheren Jahren ist es aber zumindest derzeit gelungen, die Rohölimportmengen breiter zu streuen und fast ein Drittel aus europäischen Ländern zu beziehen (Tab. 3.2.3). Aufgrund der relativ niedrigen Vorräte in Europa wird man aber in absehbarer Zeit die Lieferungen aus anderen Erdteilen wieder stärker berücksichtigen müssen.

Die Erdgasversorgung ist ebenfalls zu einem großen Teil vom Ausland abhängig. 1985 wurden 72 % des Erdgasaufkommens von 56 Mrd m³ importiert. Hauptlieferanten sind mit 13 % Norwegen, mit 24 % die UdSSR und mit 33 % die Niederlande.

Zu 100 % importiert wurde der 1985 benötigte Kernbrennstoff mit einem Energiegehalt von 1 206 Petajoule. Lieferländer sind derzeitig Australien, Kanada, Namibia, Niger und Südafrika.

Tabelle 3.2.3

Rohöleinfuhr nach Herkunftsgebieten 1970 bis 1985

Jahr	Gesamt-einfuhr	Mittlerer Osten	darunter aus				Afrika	darunter aus			Venezuela	Sowjetunion	Norwegen	Großbritannien
			Saudi-Arabien	Irak	Iran	Arabische Emirate		Algerien	Libyen	Nigeria				
					— in 1 000 t —									
1970	98 786	33 830	12 058	3 478	8 269	5 764	58 118	7 984	40 922	6 945	3 402	3 437	—	—
1973	110 493	54 455	25 283	1 613	14 122	7 892	50 774	13 557	25 649	10 249	2 163	2 735	336	—
1974	102 543	57 169	25 080	3 571	13 352	8 816	39 962	9 685	16 719	11 515	2 236	3 019	142	—
1975	90 025	46 781	18 555	1 404	14 189	7 879	37 373	10 214	14 795	10 105	2 154	3 093	624	—
1976	99 201	50 936	18 994	1 734	19 087	6 911	41 507	10 506	21 118	9 085	1 400	3 324	1 130	690
1977	97 570	48 779	20 042	1 114	15 770	8 573	39 228	9 858	19 163	8 980	953	2 786	1 583	3 477
1978	95 668	45 146	14 606	2 914	17 290	6 526	36 888	9 885	14 639	10 352	878	2 718	2 622	6 395
1979	107 355	43 621	17 920	2 233	11 525	7 556	43 036	9 739	17 340	14 543	1 355	3 575	3 470	11 804
1980	97 920	42 147	24 579	2 952	5 653	6 305	33 804	6 300	14 983	10 964	1 447	2 848	2 966	14 673
1981	79 559	34 661	25 533	222	1 504	3 616	23 449	5 913	10 379	5 169	1 428	982	2 782	16 049
1982	72 542	24 863	17 018	778	2 270	2 277	24 096	4 228	22 012	6 634	2 037	3 407	2 432	15 350
1983	65 213	13 793	7 015	1 472	2 066	1 428	23 164	3 718	10 414	7 467	5 192	4 373	3 802	14 301
1984	66 934	12 133	4 548	1 988	2 422	1 118	23 760	2 670	9 637	9 530	4 210	5 675	2 615	17 809
1985	64 193	7 734	2 877	330	2 667	262	26 172	4 266	9 464	9 797	5 050	3 886	3 405	17 218
					— in % Gesamteinfuhr —									
1970	100	34,2	12,2	3,5	8,4	5,8	58,8	8,1	41,4	7,0	3,4	3,5	—	—
1973	100	49,3	22,9	1,5	12,8	7,1	46,0	12,3	23,2	9,3	2,0	2,5	0,3	—
1974	100	55,7	24,5	3,5	13,0	8,6	39,0	9,4	16,3	11,2	2,2	2,9	0,1	—
1975	100	52,0	20,6	1,6	15,8	8,8	41,5	11,3	16,4	11,2	2,4	3,4	0,7	—
1976	100	51,3	19,1	1,7	19,2	7,0	41,8	10,6	21,3	9,1	1,4	3,4	1,1	0,7
1977	100	50,0	20,5	1,1	16,2	8,8	40,2	10,1	19,6	9,2	1,0	2,9	1,6	3,6
1978	100	47,3	15,3	3,0	18,1	6,8	38,6	10,3	15,3	10,8	0,9	2,8	2,7	6,7
1979	100	40,6	16,7	2,1	10,7	7,0	40,1	9,1	16,2	13,5	1,3	3,3	3,2	11,0
1980	100	43,0	25,1	3,0	5,8	6,4	34,5	6,4	15,3	11,2	1,5	2,9	3,0	15,0
1981	100	43,6	32,1	0,2	1,9	4,6	29,5	7,4	13,1	6,5	1,8	1,2	3,5	20,2
1982	100	34,3	23,5	1,1	3,1	3,1	33,2	5,8	15,2	9,1	2,8	4,7	3,4	21,2
1983	100	21,1	10,8	2,2	3,2	2,2	35,5	5,7	16,0	11,4	8,0	6,7	5,8	21,9
1984	100	18,1	6,8	3,0	3,6	1,7	35,5	4,0	14,4	14,2	6,3	8,6	3,9	26,6
1985	100	12,0	4,5	0,5	4,2	0,4	40,8	6,6	14,7	15,3	7,9	6,1	5,3	26,8

Quelle: BMWi, 1986a

3.2.1.2.2 Strom- und Wärmeerzeugung

1833. Die im Inland geförderten und die importierten Energieträger werden im wesentlichen folgendermaßen verwendet:

— Zur Erzeugung von elektrischem Strom,

— zur Produktion von Raum- und Prozeßwärme,

— zur Erzeugung von mechanischer Energie,

— als Rohstoff für nichtenergetische Verwendung.

Im folgenden wird auf die Stromerzeugung, für die 1985 34 % des Primärenergieverbrauches eingesetzt wurden, und die Wärmeerzeugung, mit einem Anteil von ca. 40 % am Energieeinsatz, eingegangen. Mechanische Energie wird vor allem im Verkehr zum Antrieb von Kraftfahrzeugen benötigt; auf ihn entfallen etwa 15 % des Energieeinsatzes. Die verkehrsbedingten Umwelt- und Energieprobleme werden in Kapitel 3.3 besprochen. Auf den nichtenergetischen Verbrauch mit einem Anteil von ca. 6,5 % und den Eigenverbrauch (4,7 %) im Umwandlungsbereich wird nicht näher eingegangen.

1834. Die Strom- und Wärmeerzeugung erfolgt in Kraftwerken, Industriefeuerungen und Kleinfeuerungen der Haushalte und Kleinverbraucher. In den Kraftwerken (öffentliche Wärme- und Kernkraftwerke, Zechen-, Gruben- und sonstige Industriewärmekraftwerke, Wasserkraftwerke) wurden 1985 408,7 TWh Strom erzeugt. Der Hauptanteil (84,8%) entfiel auf die öffentlichen Kraftwerke, die Industriekraftwerke sind mit 13,6% und die Kraftwerke der Deutschen Bundesbahn mit 1,6% beteiligt. In Heizkraft- und Fernheizwerken wurden 225 PJ Fernwärme erzeugt (Arbeitsgemeinschaft Energiebilanzen, 1986; BMWi, 1986b).

Kraftwerke der öffentlichen Stromversorgung

1835. Die Entwicklung der Stromerzeugung für den weitaus größten Bereich der Kraftwirtschaft, nämlich die öffentliche Versorgung, ist, aufgeteilt nach Energieträgern, in Abbildung 3.2.3 dargestellt. Danach weist die Stromerzeugung eine steigende Tendenz auf. Sie nahm 1985 im Vergleich zum Vorjahr um +4,6% zu und betrug 346,5 TWh, das sind 84,8% der gesamten Bruttostromerzeugung.

1836. Etwa 52 % des erzeugten Stroms wurden aus Stein- und Braunkohle produziert. 81 % der geförderten Braunkohle nutzte man in zechennahen Kraftwerken und erzeugte daraus ca. 83,8 TWh Strom. Der Steinkohleabsatz an die öffentliche, aber auch an die industrielle Kraftwirtschaft, ist durch den 1980 abgeschlossenen „Jahrhundertvertrag" bis 1995 festgelegt. Dieser Vertrag sichert einen bis 1990 auf 45 Mio t steigenden Steinkohleabsatz, der dann bis 1995 auf diesem Niveau bleiben soll (BMWi, 1986c). 1985 betrug der Verbrauch an Steinkohle in Kraftwerken der öffentlichen Stromversorgung ca. 30,5 Mio t, also etwa 37 % der inländischen Förderung. Daraus wurden 97,6 TWh Strom erzeugt. In der industriellen Kraftwirtschaft wurden 8,5 Mio t Steinkohle zur Stromerzeugung eingesetzt, zusammen also 39 Mio t Steinkohle (BMWi, 1986b).

1837. Große Zuwachsraten waren beim Ausbau der Kernkraftwerkskapazitäten zu verzeichnen. Die

Abbildung 3.2.3

Entwicklung der Bruttostromerzeugung nach Energieträgern in öffentlichen Kraftwerken der Bundesrepublik Deutschland in Terawattstunden (TWh), 1965—1985

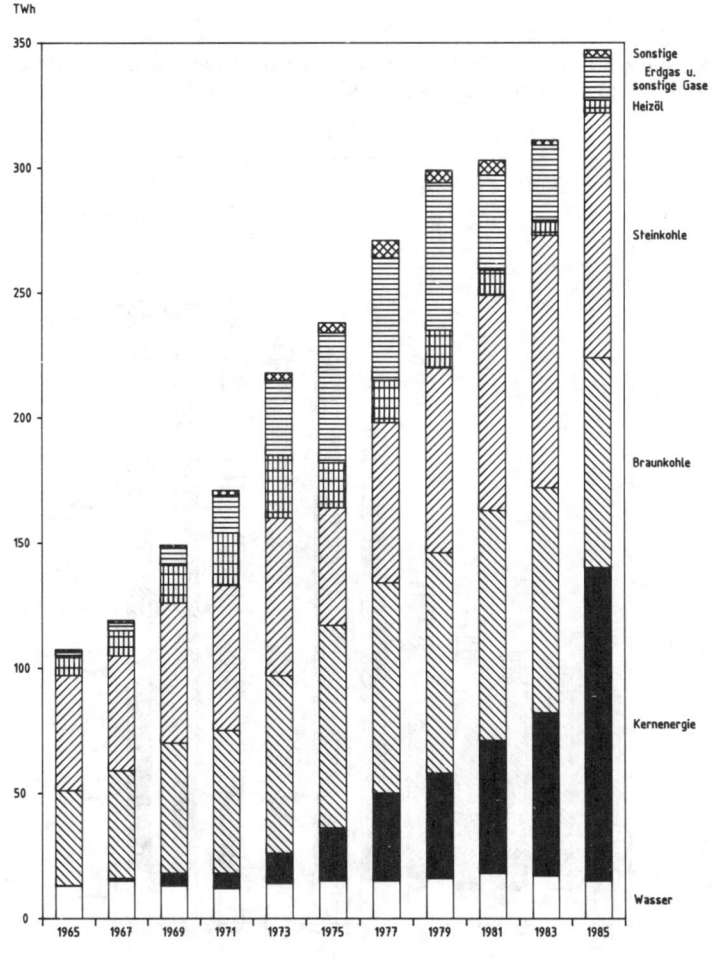

Quelle: Statistisches Bundesamt 1987, nach BMWi, 1986 b.

Kernenergie hatte 1985 einen Anteil von 36% (1984: 27,6%) an der öffentlichen Stromerzeugung (BMWi, 1986b). Sie wird bei der Deckung des Strombedarfs auch künftig eine bedeutende Rolle spielen.

1838. Der Kernkraftwerksausbau ging vor allem zu Lasten der Kraftwerke, die mit Heizöl und Gas gefeuert wurden. So erzeugten die Kraftwerke der öffentlichen Versorgung 1973 noch 25,3 TWh Strom aus Heizöl; im Jahr 1985 waren es nur noch ca. 4,6 TWh. Der Erdgaseinsatz hatte 1979 einen Höchststand von 58,6 TWh Stromerzeugung erreicht. Bis 1985 fiel dieser Beitrag auf 15,7 TWh zurück (BMWi, 1986b). Wasserkraft trug 1985 mit ca. 15,5 TWh auf einem in etwa gleichbleibenden Niveau zur öffentlichen Stromversorgung bei.

1839. Abbildung 3.2.4 zeigt die Entwicklung der installierten Bruttoengpaßleistung aller Kraftwerke der öffentlichen Elektrizitätsversorgung nach Energieträgern seit 1965. Bruttoengpaßleistung ist die an den Generatorklemmen gemessene, durch den leistungsschwächsten Anlagenteil begrenzte, höchste ausfahrbare Dauerleistung eines Kraftwerksblockes. Die Engpaßleistung wird nicht durch Reparatur oder Überholung von Anlagenteilen gemindert. Die Bruttoleistung wird, um die Eigenbedarfsleistung der Kraftwerke von 6—8% vermindert, als Nettoleistung an das Netz abgegeben.

1840. In Tabelle 3.2.4 ist der voraussichtliche Leistungszuwachs im Bereich der öffentlichen Kraftwerke für die Zeit bis 1992 aufgeführt. Danach ist die Kernenergie mit einem Anteil von ca. 57% am Gesamtzuwachs beteiligt (VDEW, 1987).

1841. 1986 umfaßte der Kraftwerkspark der öffentlichen Versorgung insgesamt 983 Blöcke. Eine Aufstellung nach Leistungsklassen findet man in Tabelle 3.2.5. Rund 90% dieser Kraftwerkseinheiten hatten eine elektrische Leistung von weniger als 200 MW$_{el}$, eine Größenordnung, wie sie vor allem bei Stadtwerken üblich ist. Sie sind mit ca. 18% an der Stromerzeugung beteiligt, während ca. 10% der Kraftwerke etwa 82% der Energie erzeugen. Dies zeigt den hohen Grad der Konzentration und der Zentralisierung.

Der jeweilige Standort der Kraftwerke wird vor allem durch die Forderung nach kurzen Transportwegen — sowohl für den eingesetzten Brennstoff als auch für den Strom — bestimmt. So findet man die steinkohle-

Abbildung 3.2.4
Installierte Engpaßleistung (brutto) der Kraftwerke nach Energieträgern in der Bundesrepublik Deutschland (ohne Industrie- und Bundesbahnkraftwerke) in Gigawatt (GW: 10^9 Watt), 1965—1985

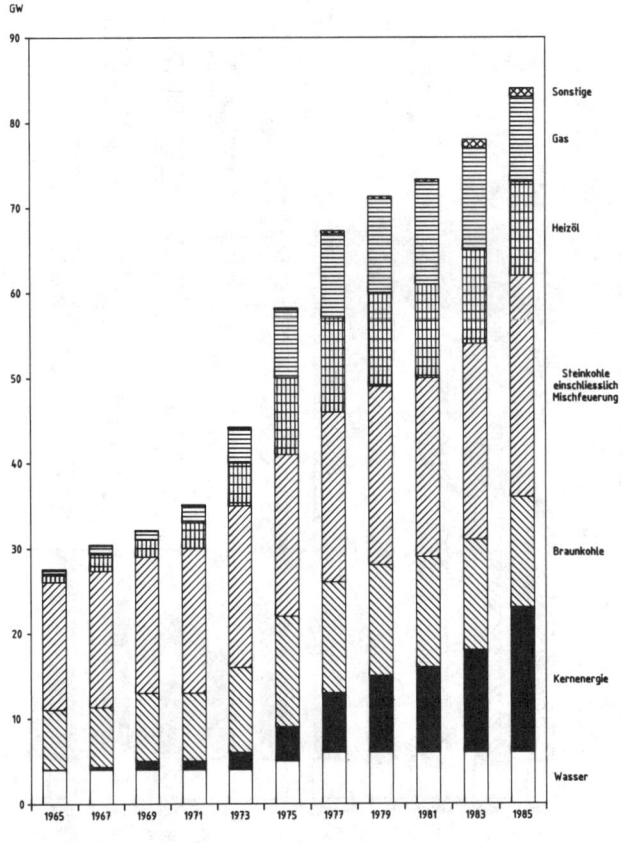

Quelle: Statistisches Bundesamt 1987, nach BMWi, 1986 b.

Tabelle 3.2.4

Voraussichtlicher Leistungszugang (Brutto) in öffentlichen Kraftwerken[1]) 1987 bis 1992
(Stand: Juli 1987)

Energieträger	Bruttoleistungszuwachs 1987 bis 1992	
	MW	%
Wasser	216	3,0
Kernenergie	4 118	57,1
Braunkohle	39	0,5
Steinkohle	2 718	37,7
Erdgas	32	0,4
Heizöl	—	—
Sonstige	95	1,3
Insgesamt	7 218	100,0

[1]) In Bau befindliche Neu- und Erweiterungsbauten
Quelle: nach VDEW, 1987

Tabelle 3.2.5

Anzahl und elektrische Leistung der Kraftwerke[1]) der öffentlichen Versorgung

MW-Gruppen	Anzahl	%	MW	%
unter 1	409	41,6	119	0,1
1 bis 10	269	27,4	1 069	1,3
10 bis 50	114	11,6	2 785	3,4
50 bis 150	74	7,5	6 797	8,2
150 bis 300	43	4,4	9 293	11,2
unter 1 bis 300	909	92,5	20 063	24,2
300 bis 500	21	2,1	8 506	10,2
500 bis 1 000	38	3,9	27 124	37,7
über 1 000	15	1,5	27 322	32,9
300 bis über 1 000	74	7,5	62 952	75,8
insgesamt	983	100	83 015	100

[1]) bezogen auf die Brutto-Engpaßleistung am 16. Juni 1986
Quelle: BMWi, 1986b; Informationszentrale der Elektrizitätswirtschaft, 1984

gefeuerten Kraftwerke vor allem im nördlichen Ruhrgebiet und die Braunkohlekraftwerke im Aachener und Kölner Revier. Kernkraftwerke sind dagegen überwiegend an Flußläufen angesiedelt, die ausreichend Kühlwasser liefern (Abb. 3.2.10, Tz. 1921). Die starke regionale Verdichtung der Kraftwerke verschärft die Umweltprobleme im Nah- und Mittelbereich.

1842. Die Bruttostromerzeugung aller Kraftwerke im Jahre 1985, aufgeteilt nach Bundesländern und Energieträgern, ist in Tabelle 3.2.6 dargestellt. Es ist daraus zu ersehen, daß in den Ländern Schleswig-Holstein, Niedersachsen, Hessen, Baden-Württemberg

Tabelle 3.2.6

Brutto-Stromerzeugung der Kraftwerke der öffentlichen Versorgung, des Bergbaus und verarbeitenden Gewerbes und der Deutschen Bundesbahn nach Energieträgern und Bundesländern im Jahre 1985

Energieträger	Schleswig-Holstein	Hamburg	Niedersachsen	Bremen	Nordrhein-Westfalen	Hessen	Rheinland-Pfalz	Baden-Württemb.	Bayern	Saarland	Berlin (West)	Bundesgebiet
	GWh											
Laufwasser	—	—	176	37	314	140	930	3 439	9 672	15	—	14 723
Speicherwasser	7	—	20	—	102	41	9	273	359	—	—	811
Pumpspeicherung	91	—	177	—	127	339	—	1 069	276	—	—	2 079
Kernenergie	15 594	—	26 984	—	4 959	16 297	—	25 653	36 415	—	—	125 902
Braunkohle[1])	—	—	4 358	—	78 079	1 541	40	—	4 262	—	672	88 952
Steinkohle	4 728	1 070	7 578	4 313	66 274	4 384	2 571	12 875	6 842	11 913	5 958	128 506
Heizöl[2])	292	89	752	89	1 696	239	341	2 070	1 221	100	2 526	9 415
Erdgas	105	797	5 762	859	8 988	2 184	480	1 748	3 729	81	—	24 733
sonstige gasförmige Brennstoffe	145	43	859	505	6 165	37	358	369	155	403	—	9 039
übrige Brennstoffe	127	72	208	56	2 134	161	108	572	898	50	160	4 546
insgesamt	21 089	2 071	46 874	5 859	168 838	25 363	4 837	48 068	63 829	12 562	9 316	408 706

[1]) einschließlich Hartbraunkohle und Braunkohlenbrikettabrieb
[2]) einschließlich Dieselöl
Quelle: BMWi, 1986b

und Bayern die Kernenergie überwiegend zur Elektrizitätsversorgung beiträgt. Demgegenüber beträgt der Anteil der Kernenergie an der Bruttostromerzeugung in Nordrhein-Westfalen nur ca. 4 %.

Fernwärmeerzeugung

1843. In Tabelle 3.2.7 sind einige wichtige Daten zur Entwicklung der Fernwärmeversorgung seit 1970 wiedergegeben. Rund 80 % der Fernwärmenetze in der Bundesrepublik Deutschland werden nach Angaben der Vereinigung Deutscher Elektrizitätswerke (VDEW) von den Stromversorgern mitbetrieben. Zwei Drittel der Wärmeeinspeisung stammen aus Heizkraftwerken (HKW), die neben Fernwärme auch Strom erzeugen. Nur 17 % werden durch reine Heizwerke (HW) produziert, 17 % durch Fremdbezug gedeckt. Die Netzeinspeisung lag 1985 bei 204 Petajoule und damit um 85 % über dem Wert von 1970 (Tab. 3.2.7). Mehr als verdoppelt hat sich im gleichen Zeitraum der Anschlußwert, der von 14 990 MJ/s im Jahre 1970 in 15 Jahren auf 32 747 MJ/s gestiegen ist.

Industriekraftwerke, Industriefeuerungen

1844. Über Anzahl, Art und Leistungsgröße aller Feuerungsanlagen zur Strom- und Wärmeerzeugung in der Industrie liegt kein vollständiges statistisches Material vor. Die amtliche Statistik gibt lediglich Auskunft über die Stromerzeugung in Industriekraftwerken. Entsprechende Statistiken zur Wärmeerzeugung in Industriefeuerungen sind nicht verfügbar. Offensichtlich befürchten viele Betriebe, daß man aus Angaben über Feuerungs- oder Dampfleistung Rückschlüsse auf Produktionsverfahren und erzeugte Produktmengen ziehen kann.

1845. Für Nordrhein-Westfalen existieren Schätzungen über Feuerungsanlagen mit einer Feuerungswärmeleistung von mehr als 50 MW_{th}. Man geht davon aus, daß der Industriekraftwerkspark 44 Anlagen mit einer Gesamtfeuerungswärmeleistung von mehr als 18 000 MW_{th} umfaßt. Über 270 Einzelfeuerungen, die nicht zur Erzeugung elektrischer Energie dienen, werden in ca. 50 Anlagen (mit jeweils über 50 MW_{th}) mit einer Gesamtfeuerungswärmeleistung von gut 9 000 MW_{th} zusammengefaßt. Diese Feuerungen wer-

Tabelle 3.2.7

Entwicklung des Anschlußwertes und der Netzeinspeisung der Fernwärmeversorgung 1970 bis 1985

Jahr	Anschlußwert MJ/s	Anschlußwert Zuwachs MJ/s	Netzeinspeisung			
			TJ/a	aus HKW %	aus HW %	Fremdbezug %
1970	14 990	1 032	110 715	79	14	7
1971	16 740	1 468	114 360	70	21	9
1972	18 770	1 610	128 966	72	21	7
1973	20 420	1 474	139 280	70	23	7
1974	22 100	1 663	135 876	67	24	9
1975	23 090	1 301	139 976	68	25	7
1976	24 420	962	151 251	69	25	6
1977	24 780	919	157 703	65	23	12
1978	25 802	1 015	174 241	65	22	13
1979	26 602	778	177 913	67	21	12
1980	27 791	1 183	177 192	66	21	13
1981	29 163	1 177	174 719	66	20	14
1982	30 073	801	171 251	67	19	14
1983	31 154	1 009	180 380	67	19	14
1984	31 883	972	191 224	68	17	15
1985	32 747	1 038	204 683	66	17	17

Quelle: Arbeitsgemeinschaft Fernwärme 1986

den überwiegend mit Gas und Öl betrieben, nur gut 5 % sind kohlegefeuert.

1846. Das Umweltbundesamt hat im Zusammenhang mit der Novellierung der TA Luft die Anzahl der Feuerungsanlagen im Bereich von 1 bis 50 MW Feuerungswärmeleistung für das gesamte Bundesgebiet geschätzt. Die Angaben sind in Tabelle 3.2.8 zusammengestellt. Nach dieser Aufstellung gibt es in der Bundesrepublik Deutschland (Stand: 1982) 15 500 kleinere Feuerungen zur Wärmeerzeugung mit einem Brennstoffeinsatz von 1 170 PJ. Fast zwei Drittel aller Anlagen verbrennen Heizöl S und EL und stellen die Hälfte der Feuerungswärmeleistung. 600 Gasfeuerungen haben ebenfalls einen hohen Anteil von 26 % an der installierten Feuerungswärmeleistung. Ein Viertel der Anlagen ist kohlegefeuert, sie produzieren nur ca. 19 % (20 700 MW_{th}) der gesamten Feuerungswärmeleistung von 107 000 MW.

1847. Die Entwicklung der Bruttostromerzeugung in Industriekraftwerken von 1965 bis 1985 zeigt Abbildung 3.2.5. Nach einem Höchststand von 82,6 TWh erzeugtem Strom im Jahre 1971 ging die Produktion in vier Jahren auf 58 TWh zurück. Bis 1979 erreichte sie ein neues Maximum von ca. 67 TWh, um dann bis 1985 auf 55,8 TWh, also etwa den Wert von 1975, zurückzufallen.

Seit 1975 wird in Industriekraftwerken wieder verstärkt Kohle eingesetzt. So wurden 1985 ca. 50 % des Industriestromes aus Steinkohle und ca. 9 % aus Braunkohle erzeugt. Der Beitrag des Heizöls ging auf ca. 8 % (17 PJ) zurück, während er 1972 noch 60 Petajoule betrug. Aufgefangen wurde der Heizölrückgang vor allem durch den verstärkten Einsatz von Gas, dem zweitwichtigsten Energieträger in diesem Bereich. Industriekraftwerke erzeugten 1985 aus Gas 15,4 TWh Strom, was einem Anteil von 28 % entspricht (BMWi, 1986b).

Tabelle 3.2.8

Anlagenbestand und Brennstoffeinsatz bei Feuerungsanlagen im Geltungsbereich der TA Luft
(Bezugsjahr 1982)

Brennstoff	Anlagenzahl Leistungsklassen in MW					Feuerungswärmeleistung MW	Kapazitätsauslastung	Brennstoffeinsatz PJ/a
	1 bis 5	5 bis 10	10 bis 50	50 bis 100	Summe			
Kohle	3 250	330	320		3 900	20 700	0,35	230
Holz	1 150	115	35		1 300	4 300	0,30	40
Heizöl S . .	6 800	1 100			7 900	27 000	0,25	200
Heizöl EL .	(16 000)*)	1 200	600		1 800	27 000	0,35	300
Gas	(5 700)*)	(1 900)*)	470	130	600	28 000	0,45	400
Summe . . .	11 200	4 170		130	15 500	107 000		1 170

*) Geltungsbereich der 1. BImSchV (in den Summen von Anlagenzahl, Feuerungswärmeleistung und Brennstoffeinsatz nicht berücksichtigt)
Quelle: DAVIDS und LANGE, 1986

Abbildung 3.2.5

Entwicklung der Bruttostromerzeugung nach Energieträgern in Industriekraftwerken der Bundesrepublik Deutschland in Terawattstunden (TWh), 1965—1985

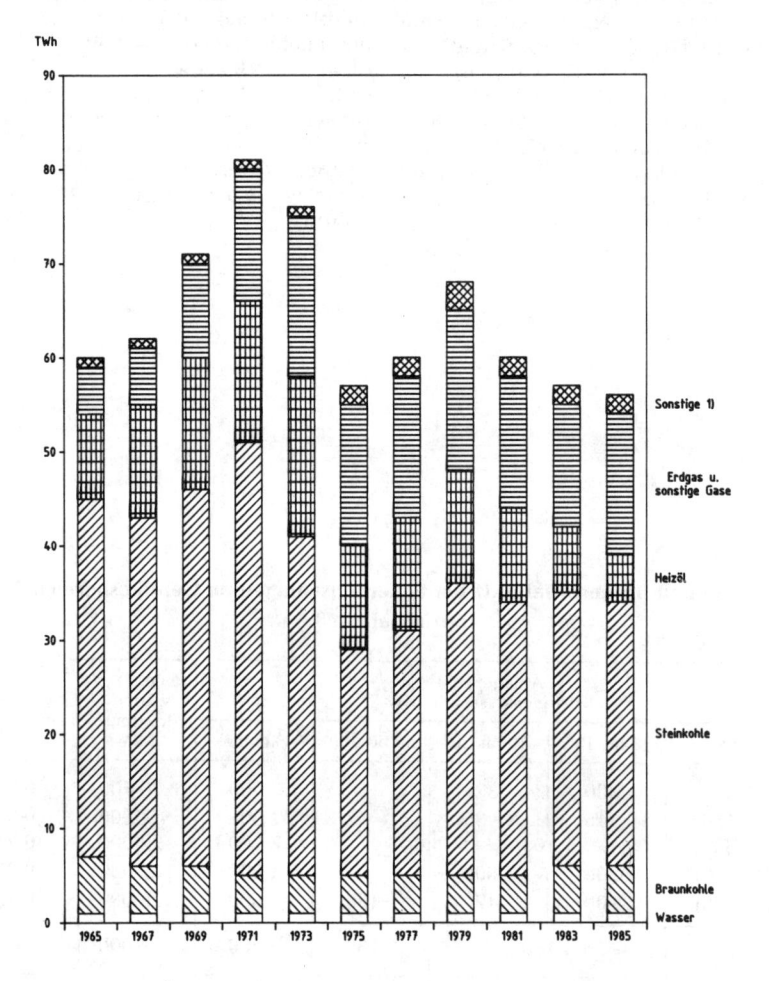

1) Dieselkraftstoff, Ölschiefer, Holz, Abhitze usw.

Quelle: Statistisches Bundesamt 1987, nach Statistisches Bundesamt: Fachserie 4, Reihe 6.4.

Kleinfeuerungen

1848. Unter Kleinfeuerungsanlagen werden die im Bereich Haushalte und Kleinverbraucher zur Bereitstellung von Raumwärme, Warmwasser und Prozeßwärme eingesetzten Feuerungsanlagen verstanden. Es handelt sich um Sammel- und Einzelheizungen (Einzelgebäudeheizung) und Blockheizungen (z. B. zentrale Gas-Wärmepumpen) im Leistungsbereich um 1 MW$_{th}$. Der Energieeinsatz zur Erzeugung von Raum- und Prozeßwärme in Kleinfeuerungsanlagen betrug 1985 ca. 2 500 PJ, also etwa 22 % der gesamten Primärenergie.

1849. Im Haushaltsbereich interessieren vor allem die Heizungsanlagen zur Erzeugung von Raumwärme. In Abbildung 3.2.6 ist die Entwicklung der Wohnungsbeheizung nach Energieträgern seit 1965 dargestellt. 1982 wurden 82 % der mit einer Energieart betriebenen Heizungen (1982: 23,2 Mio bewohnte Wohneinheiten) mit fossilen Brennstoffen beheizt. Auf Heizöl entfielen davon 45 % (1965: ca. 20 %), hiervon waren 87 % Sammelheizungen (ca. 9 Mio Wohneinheiten) und 13 % Einzelöfen (1,3 Mio Wohneinheiten). Stark zurückgegangen ist die Beheizung mit festen Brennstoffen (Kohle/Koks, Holz und Torf). 1965 waren noch etwa zwei Drittel der Heizungen kohlegefeuert, 1982 nur noch ca. 11 % (davon drei Viertel Einzelöfen). Gas ist inzwischen die zweitgrößte Energieart; ein Viertel der Heizungen wurde 1982 mit Gas betrieben (1965: ca. 2 %). Mit 85 % dominieren dabei die Sammelheizungen.

Die restlichen Wohneinheiten werden mit Strom und Fernwärme beheizt, d. h. die entsprechenden Feuerungsanlagen gehören zum Bereich der Anlagen über 1 MW$_{th}$.

Abbildung 3.2.6

Anteile der zur Beheizung verwendeten Energiearten in bewohnten Wohneinheiten, 1965—1982

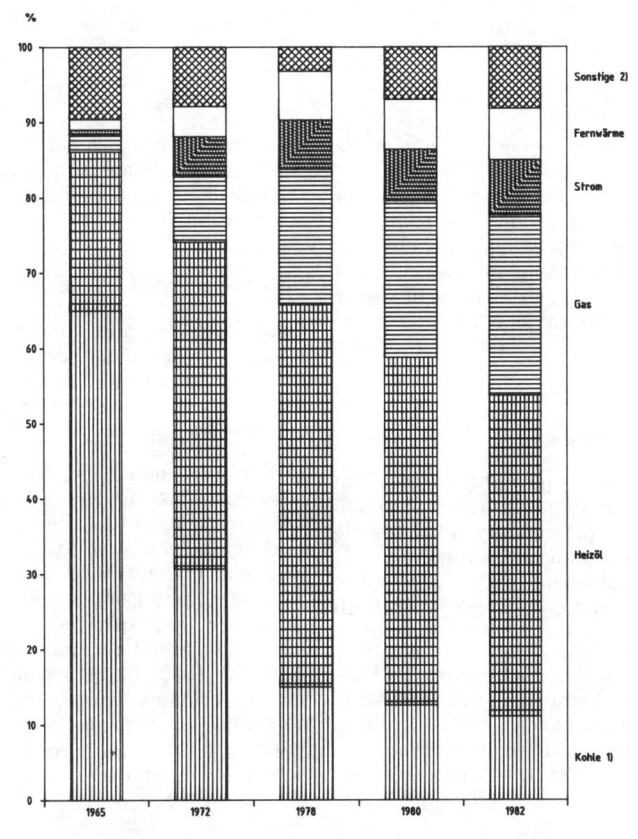

1) Einschl. Holz, Torf. 2) Wärmepumpe, Sonnenenergie sowie mehr als eine Energieart pro Wohneinheit.
Quelle: Statistisches Bundesamt 1987, teilweise geschätzt nach Wohnungsstichprobe und Mikrozensus.

Tabelle 3.2.9

Fertiggestellte Wohnungen[1]) nach Art der vorwiegend verwendeten Heizenergie 1983 bis 1986

Art der Beheizung	1983	1984	1985	1986
Fertiggestellte Wohneinheiten	316 542	371 352	287 343	229 299
davon verwendete Heizenergie:	%	%	%	%
Koks/Kohle	1,3	1,1	1,2	1,3
Öl	35,8	32,6	32,9	33,9
Gas	49,6	53,1	53,0	53,0
Strom	6,4	6,2	6,0	6,2
Fernwärme	5,8	6,3	6,2	5,0
Wärmepumpe	0,6	0,4	0,3	0,3
Solarenergie	0,1	0,1	0,1	0,1
Sonstige	0,3	0,3	0,3	0,3

[1]) in neu errichteten Wohngebäuden
Quelle: Statistisches Bundesamt, Fachserie 5, Reihe 1.

1850. Wie aus Tabelle 3.2.9 hervorgeht, nimmt die Gasheizung bei den in den Jahren 1983 bis 1986 fertiggestellten Wohnungen mit einem Anteil von mehr als 50 % die führende Position ein, der Trend zum Gas hält also weiter an. Ölheizungen liegen bei etwa einem Drittel, Strom und Fernwärme mit einem Anteil von ca. 6 % scheinen aus heutiger Sicht nicht weiter auf dem Wärmemarkt vorzudringen.

3.2.1.2.3 Strom- und Wärmeverbrauch

1851. Der Anteil des Endenergieverbrauches (1985: 7 387 PJ) am Primärenergieverbrauch (1985: 11 284 PJ) beträgt 65,5 %, die verbleibenden Anteile entfallen auf Eigenverbrauch und Umwandlungsverluste im Energiesektor und statistische Differenzen (28,1 %) sowie nichtenergetischen Verbrauch (6,4 %).

Nach vier Jahren eines stetigen Rückganges des Endenergieverbrauches vom Höchststand von 7 893 PJ im Jahre 1979 auf den Tiefststand von 6 887 PJ im Jahre 1982 wird ab 1983 wieder eine Energieverbrauchszunahme erkennbar (Abb. 3.2.7). Der Endenergieverbrauch für 1986 liegt bei 7 526 PJ (vorläufiger Wert), was dem Niveau des Jahres 1980 entspricht. Diese Entwicklung könnte darauf zurückzuführen sein, daß die seit der Energiekrise 1973/74 vorhandene Bereitschaft, Energie zu sparen, nachgelassen hat.

Endenergieverbrauch nach Energieträgern

1852. Der Verbrauch an Mineralöl ist 1985 auf ca. 3 611 PJ zurückgegangen, bedingt vor allem durch Einsparungen beim Heizöl. Dessen Bedarf betrug 1985 (1 797 PJ) nur noch 63 % der 1972 (2 856 PJ) benötigten Menge.

In die durch den Minderverbrauch von Heizöl entstandene Lücke sind — soweit es sich nicht um Einsparungen handelt — die Energieträger Strom, Gas und in Grenzen auch Kohle und Fernwärme eingedrungen. Erstere weisen seit 1970 durchschnittliche jährliche Zuwachsraten von knapp 4 % bzw. 5 % auf. So lag der Verbrauch von Gas 1985 bei 1 533 PJ (1970: 759 PJ), während der von Strom 1985 einen Wert von 1 231 PJ (1970: 718 PJ) erreichte. Gas konnte damit einen Marktanteil von ca. 20 % und Strom von etwa 17 % erzielen. Auch die Fernwärme nahm von 127 PJ (1970) auf 191 PJ im Jahre 1985 zu, was einer durchschnittlichen jährlichen Zuwachsrate von knapp 3 % entspricht.

Abbildung 3.2.7

Entwicklung des Endenergieverbrauches nach Energieträgern in der Bundesrepublik Deutschland in Petajoule (PJ), 1965–1985

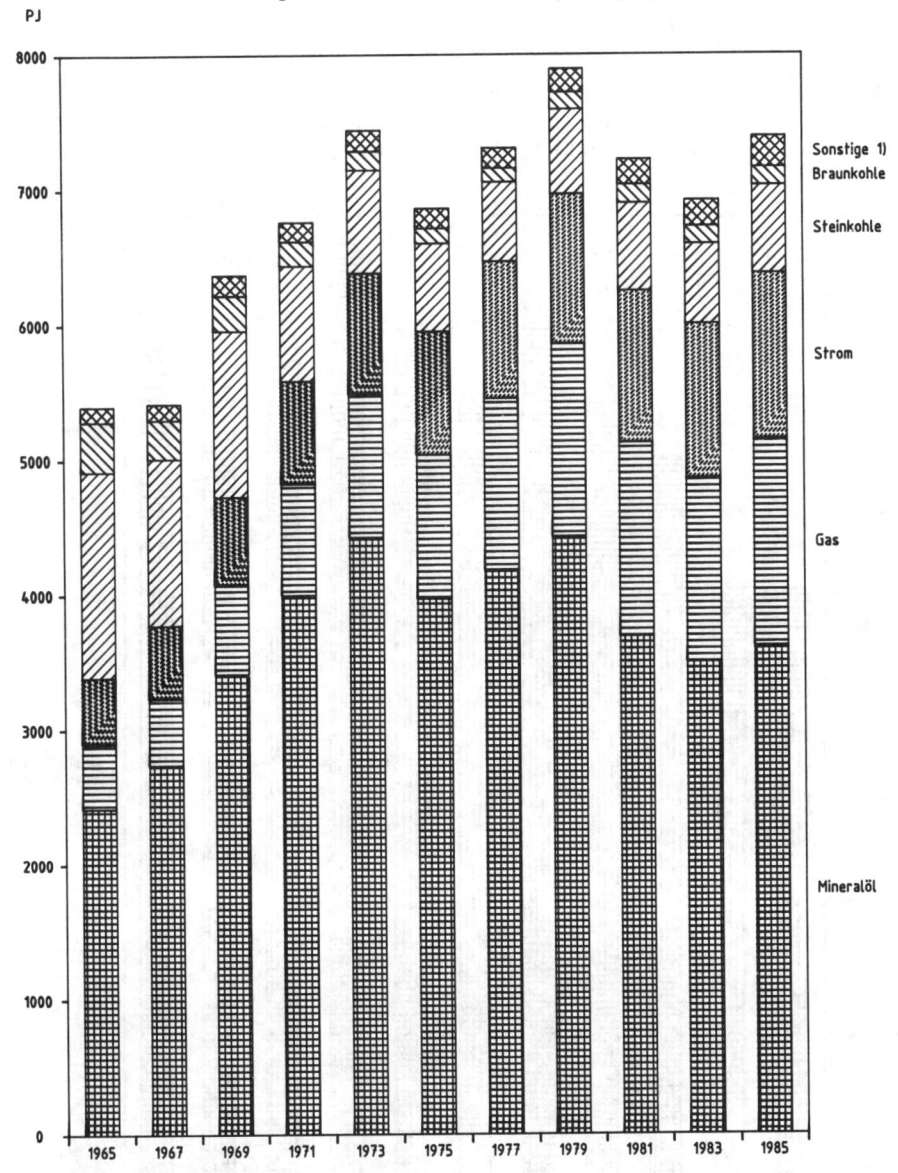

1) Sonstige: Feste Brennstoffe (ohne Kohle), Fernwärme.
Quelle: Statistisches Bundesamt 1987, nach Arbeitsgemeinschaft Energiebilanzen, 1986.

Insgesamt rückläufig war von 1970 bis 1985 der Gesamtverbrauch an Kohle (durchschnittlich -3 % p.a.). Lediglich Steinkohle besitzt seit 1979 eine leicht ansteigende Tendenz. 1985 wurden 208 PJ Steinkohle verbraucht, das bedeutet eine Zunahme von 64 PJ in den letzten 7 Jahren (1978: 144 PJ).

Endenergieverbrauch nach Verbrauchergruppen

1853. Die Entwicklung des Endenergieverbrauches nach den drei Verbrauchssektoren Verkehr, Industrie und Haushalte und Kleinverbraucher ist in Abbildung 3.2.8 dargestellt.

Abbildung 3.2.8

Entwicklung des Endenergieverbrauches nach Verbrauchssektoren in der Bundesrepublik Deutschland in Petajoule (PJ), 1965—1985

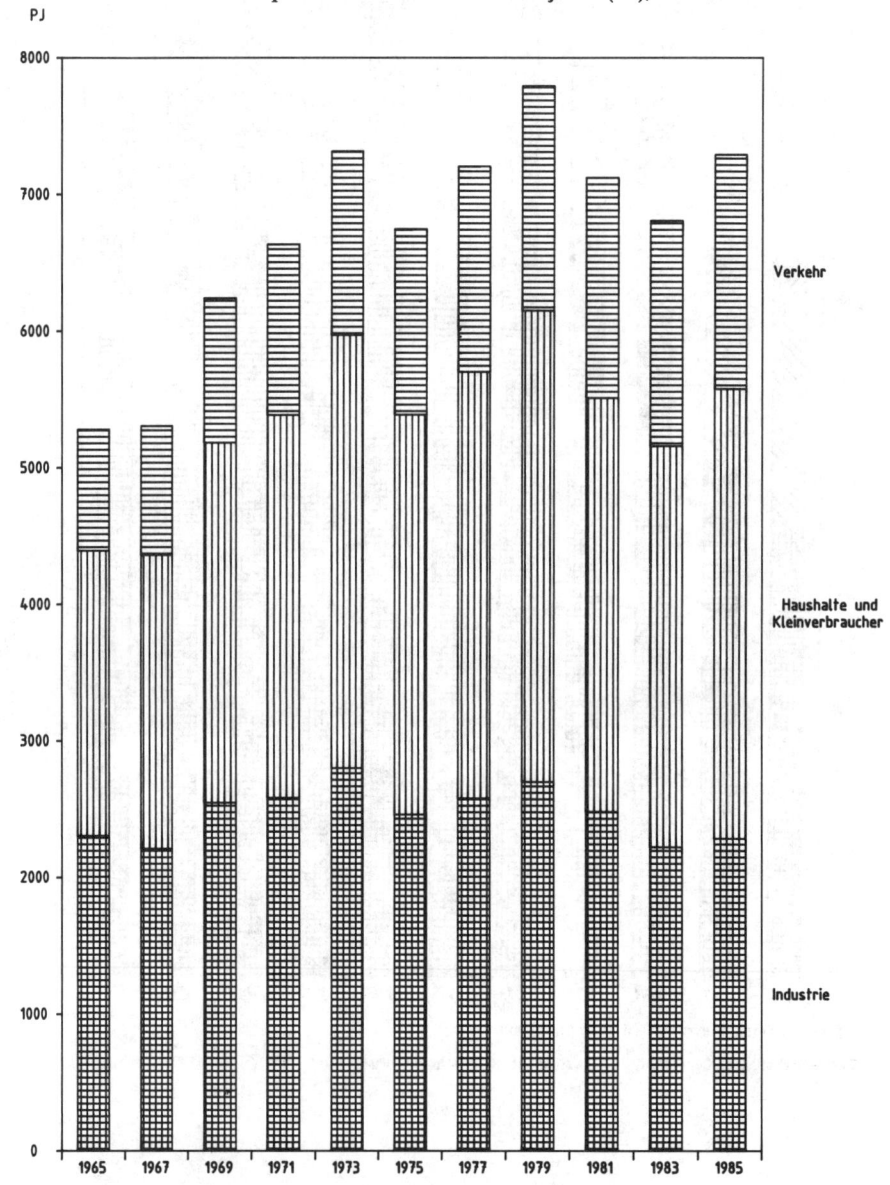

Quelle: Statistisches Bundesamt 1987, nach Arbeitsgemeinschaft Energiebilanzen, 1986.

Verkehr

1854. Der Verkehr ist zu knapp einem Viertel (1 712 PJ) am gesamten Endenergieverbrauch beteiligt. Nahezu 100 % der Endenergie werden für Kraft und Licht verwendet (RWE Anwendungstechnik, 1986). Der Hauptanteil (ca. 87 %) des Endenergieverbrauches im Verkehr entfällt auf den Straßenverkehr; es folgen der Luftverkehr (ca. 7 %), der Schienenverkehr (3,5 %) und der Schiffsverkehr (ca. 1,7 %).

Etwa 46 % des gesamten Mineralöls werden als Kraftstoffe im Verkehrssektor verbraucht; davon wiederum 93 % als Motorenbenzin und Dieselkraftstoff im Straßenverkehr. Der Schienenverkehr, also vor allem die Bundesbahn, aber auch S-, U- und Straßenbahnen, benötigten 1985 ca. 40 PJ Strom, das sind lediglich 2,3 % der im Verkehrssektor insgesamt eingesetzten Endenergie.

Industrie

1855. Mit nicht ganz einem Drittel — nämlich ca. 2 287 PJ — war die Industrie am Endenergieverbrauch 1985 beteiligt. 71,5 % der Endenergie wurden für die Bereitstellung von Prozeßwärme, 10,3 % für Raumwärme und 18,2 % für Kraft und Licht verwendet (RWE Anwendungstechnik, 1986). Nach einem leichten Anstieg des Energiebedarfs bis in die erste Hälfte der 70er Jahre wird heute in der Industrie nicht mehr Energie benötigt als Anfang der 60er Jahre, obwohl sich die Bruttowertschöpfung (in Preisen von 1980) des verarbeitenden Gewerbes im selben Zeitraum in etwa verdoppelte.

Dabei ist in den letzten zwanzig Jahren eine Verschiebung von den Energieträgern Öl und Kohle — sie deckten 1965 noch ca. 70 % des Bedarfs — hin zu Gas und Strom zu beobachten. Mit ca. 32 % hatten Erdgas und sonstige Gase 1985 den größten Anteil am Endenergieverbrauch der Industrie. Strom deckte knapp ein Viertel, Öl ca. 16 % und Kohle (Stein- und Braunkohle) ca. 26 % des Bedarfs, der Rest entfiel auf Fernwärme.

War die Entwicklung der festen Brennstoffe insgesamt bis etwa 1978 rückläufig bzw. stagnierend, so zeichnet sich seitdem wieder ein leichter Anstieg ab. Insbesondere der Einsatz von Braunkohle hat sich von fast 21 PJ im Jahre 1975 auf über 73 PJ im Jahre 1985 mehr als verdreifacht. Aber auch der Steinkohleabsatz an die Industrie stieg im gleichen Zeitraum von 85 PJ auf 158 PJ.

Größter Energieverbraucher ist die eisenschaffende Industrie, die 1985 658 PJ — etwa die Hälfte davon als Steinkohlekoks — umsetzte. Da die Roheisen- und Rohstahlerzeugung nach einem absoluten Höhepunkt 1974 (damals wurden 40 221 t Roheisen und 53 232 t Rohstahl produziert) rückläufig war (1985 betrug die Produktion 31 531 t bzw. 40 497 t), sank auch der Energieverbrauch in dieser Industriegruppe um mehr als ein Drittel.

Es folgt die Chemie mit einem Endenergieverbrauch von 459 PJ im Jahre 1985 mit steigender Tendenz. Davon wurden ca. 35 % durch Strom, 27 % durch Erdgas, 16 % durch Steinkohle und 13 % durch Mineralöl als wichtigste Energieträger aufgebracht.

Ebenfalls bedeutende Energiemengen wurden im Investitionsgüter (308 PJ) und im Verbrauchsgüter produzierenden Gewerbe (217 PJ) sowie bei der Gewinnung und Verarbeitung von Steinen und Erden (180 PJ) benötigt.

Haushalte und Kleinverbraucher

1856. Die verbleibenden ca. 45 % (3 390 PJ) des Endenergieverbrauches in der Bundesrepublik Deutschland gingen 1985 zu Lasten der Haushalte und Kleinverbraucher. Unter Kleinverbrauchern werden Handels-, Gewerbe- und Landwirtschaftsbetriebe, öffentliche Einrichtungen und militärische Dienststellen zusammengefaßt. Von der im Sektor Haushalte verbrauchten Energie wurden 1985 ca. 79 % zur Raumwärmeversorgung, ca. 14 % für die Warmwasserbereitung und weitere ca. 7 % für Kraft und Licht verwendet. Die Kleinverbraucher benötigten 53 % ihres Energieverbrauches für die Raumwärmeerzeugung. Die Bereitstellung von Prozeßwärme erforderte ca. 23 % des Energieaufwandes, für Kraft und Licht wurden ca. 24 % verbraucht (RWE Anwendungstechnik, 1986).

Die Entwicklung des Verbrauches, dargestellt in Abbildung 3.2.9, zeigt bis 1973 einen deutlichen Anstieg, der in diesem Jahr durch die Ölpreiserhöhung unterbrochen wurde. Bis 1979 stieg dann der Endenergieverbrauch in diesem Sektor auf 3 450 PJ an. Danach fiel er bis 1982 auf ca. 2 900 PJ; ab 1983 nahm er wieder zu und lag 1986 bei 3 414 PJ (vorläufiger Wert).

Nicht einmal die Hälfte (46 %) wurde 1985 durch Mineralöl gedeckt, dessen Verbrauch 10 Jahre vorher noch bei 60 % lag. Gas und Strom konnten demgegenüber ihren Anteil am Energiemarkt ausbauen. 1985 deckten sie 44 % des Bedarfes im Haushalts- und Kleinverbraucherbereich. In diesem Jahr setzte man Gas mit einem Energiewert von ca. 809 PJ und Strom mit ca. 624 PJ um. Auch die sonstigen Energieträger, hierzu gehört die Fernwärme, lagen im Aufwärtstrend und stellten 1985 knapp 5 % des Energieverbrauches. In etwa denselben Beitrag (knapp 6 %) leisteten feste Brennstoffe. Ihr Anteil, der 1965 noch deutlich über 40 % lag, war jedoch von der Tendenz her weiter rückläufig.

Abbildung 3.2.9

Entwicklung des Endenergieverbrauches von Haushalten und Kleinverbrauchern nach Energieträgern in der Bundesrepublik Deutschland in Petajoule (PJ), 1965—1985

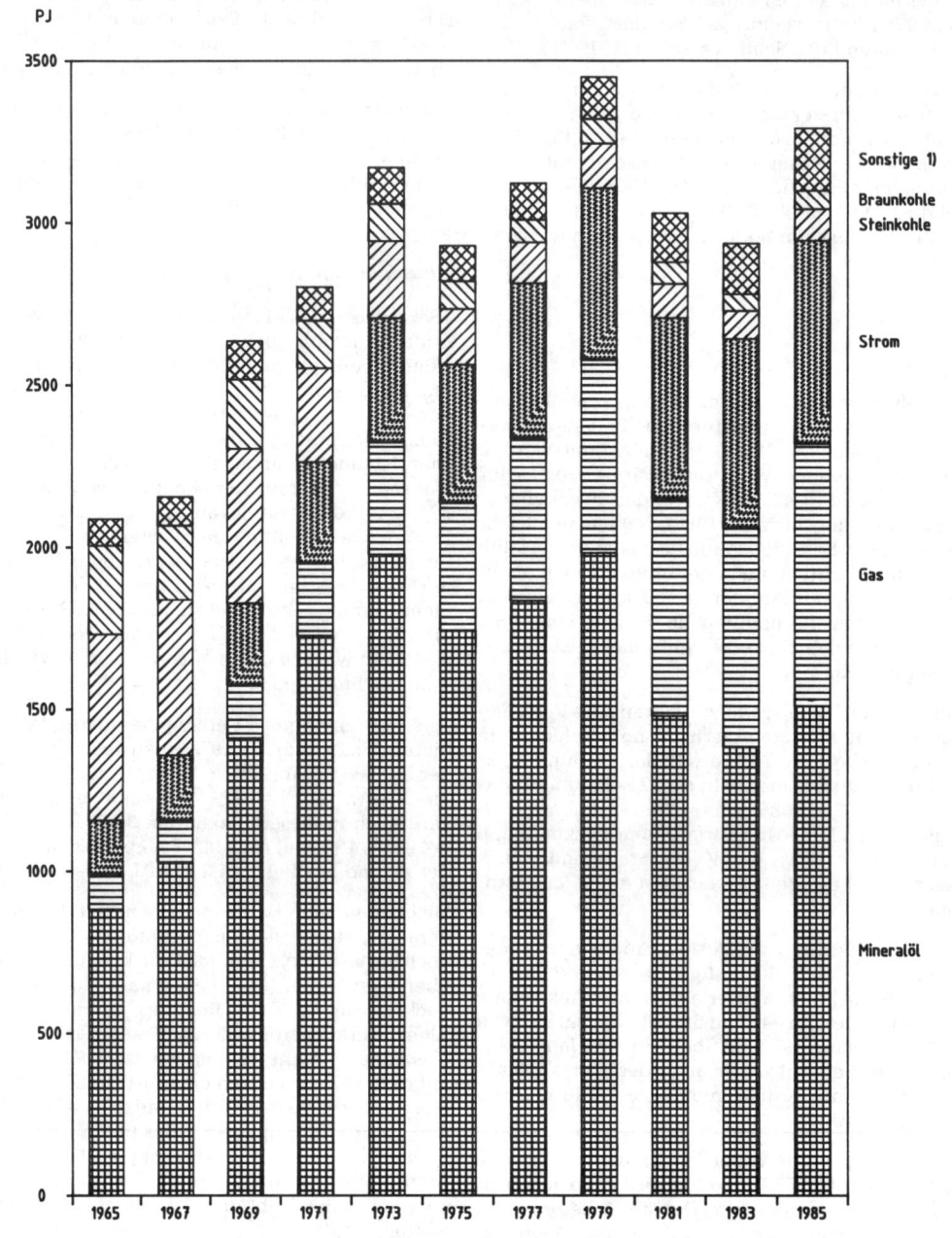

1) Sonstige: Feste Brennstoffe (ohne Kohle), Fernwärme.

Quelle: Statistisches Bundesamt 1987, nach Arbeitsgemeinschaft Energiebilanzen, 1986.

3.2.2 Zur Umweltsituation im Energiebereich

1857. Der Rat hat in seinem Sondergutachten „Energie und Umwelt" (SRU, 1981) ausführlich zu den durch die Energieversorgung entstehenden Umweltproblemen Stellung genommen. Außerdem hat er zahlreiche Vorschläge zur Minderung der Umweltbelastung gemacht. Heute — sechs Jahre später — muß gefragt werden, inwieweit die seinerzeit aufgestellten Forderungen erfüllt wurden bzw. weiter bestehen. Dabei ist auch zu beachten, daß sich die Voraussetzungen beispielsweise hinsichtlich des Energieangebots und der Energiekosten seit 1981 geändert haben.

3.2.2.1 Initiativen des Gesetzgebers

1858. Die Bundesregierung legte mit dem Energieprogramm vom 26. September 1973 erstmals eine Konzeption zur langfristigen Sicherung der Energieversorgung vor. Dieses Programm wurde in den Jahren 1974, 1977 und 1981 fortgeschrieben. 1986 trat an seine Stelle der Energiebericht der Bundesregierung (BMWi, 1986 c). In allen diesen programmatischen Veröffentlichungen wurden die Forderungen

— weitere Energieeinsparung,

— Substitution des Öls durch Kohle, Kernenergie, Erdgas und erneuerbare Energieträger,

— verstärkte Berücksichtigung von Umweltschutz-Erfordernissen

als umweltpolitische Rahmenbedingungen zukünftiger Energiepolitik formuliert. Dabei hält die Bundesregierung grundsätzlich an der marktwirtschaftlichen Steuerung der Energieversorgung fest, auch wenn sie unterstützend oder korrigierend in sie eingreifen sollte.

1859. In der Anlage zur Dritten Fortschreibung des Energieprogramms vom 4. November 1981 wurden die wichtigsten Ergebnisse des von drei wirtschaftswissenschaftlichen Instituten gemeinsam erarbeiteten Gutachtens „Energieverbrauch in der Bundesrepublik Deutschland und seine Deckung bis zum Jahr 1995" wiedergegeben. Ausgehend von einer durchschnittlichen jährlichen Wachstumsrate des Bruttosozialprodukts zwischen +2,2 % und +3,4 % prognostizierten die Institute jährliche Zuwachsraten des Primärenergieverbrauches von +1,0 bis +1,4 %. 1985 sollte danach der Primärenergieverbrauch zwischen 416 Mio t SKE und 433 Mio t SKE liegen. Tatsächlich betrug er aber nur 385 Mio t SKE, man verschätzte sich also um 10 %.

Auch im Energiebericht 1986 sind Vorausschätzungen zur langfristigen Entwicklung der Energieversorgung der Bundesrepublik enthalten. Sie schwanken beim Primärenergieverbrauch geringfügig um den Wert von 400 Mio t SKE für das Jahr 2000; die prognostizierten Veränderungsraten für den Zeitraum 1985 bis 2000 liegen zwischen −4,1 % und +8,5 %. Der Endenergieverbrauch verbleibt auf dem gegenwärtigen Niveau bzw. nimmt leicht ab.

Die Bundesregierung hat die genannten Vorausschätzungen jeweils wiedergegeben, ohne sich jedoch ihre Prämissen oder quantitativen Ergebnisse zu eigen zu machen.

1860. In den letzten Jahren wurden vom Bund und von den Ländern eine Reihe von Verfügungen und Vorschriften veranlaßt mit dem Ziel, die Umweltsituation im Energiebereich zu verbessern. An erster Stelle ist die 13. Verordnung zur Durchführung des Bundes-Immissionsschutzgesetzes vom 22. Juni 1983, die Großfeuerungsanlagen-Verordnung (GFA-VO), zu nennen (Tz. 1869 ff., 766 ff.). Diese behandelt Feuerungsanlagen mit einer Feuerungswärmeleistung von 50 MW und mehr, sofern ausschließlich gasförmige Brennstoffe verwendet werden mit einer Feuerungswärmeleistung von 100 MW und mehr. Die Großfeuerungsanlagen-Verordnung unterscheidet bei den Anforderungen an Errichtung und Betrieb feste, flüssige und gasförmige Brennstoffe und enthält spezielle Anforderungen für Altanlagen.

Neben Emissionsgrenzwerten legt die Großfeuerungsanlagen-Verordnung auch Grenzwerte für die Abscheidung fest, dort Emissionsgrade genannt. Emissionsgrenzwert und Emissionsgrad richten sich nach der Größenklasse der Feuerungsanlage. So werden abweichende Angaben für Anlagen mit einer Feuerungswärmeleistung bis 100 MW und für Anlagen mit einer Feuerungswärmeleistung von 100 bis 300 MW gemacht.

Die Grenzwerte für Stickstoffoxide sind mit einer Dynamisierungsklausel versehen, d. h., die Möglichkeiten, die NO_x-Emissionen durch die dem Stand der Technik entsprechenden Maßnahmen weiter zu mindern, sind auszuschöpfen. 1984 wurde diese Forderung mit einem Grenzwert von 220 mg/m³ i. N. für NO_x-Emissionen als Stand der Technik konkretisiert (22. Umweltministerkonferenz, 5. April 1984).

1861. Die Erste Allgemeine Verwaltungsvorschrift zum Bundes-Immissionsschutzgesetz (Technische Anleitung zur Reinhaltung der Luft — TA Luft) wurde in einer — gegenüber der Fassung von 1974 — modifizierten Form 1986 von der Bundesregierung erlassen (Tz. 772 ff.). Unter anderem werden in der TA Luft 1986 auch Feuerungsanlagen für fossile Brennstoffe mit einer Feuerungswärmeleistung zwischen 1 und 50 MW (bei gasgefeuerten bis 100 MW) berücksichtigt. Staubförmige Emissionen kleinerer Feuerungsanlagen werden stärker als bisher begrenzt. Erstmals sind für diese Feuerungen auch Grenzwerte für Schwefel- und Stickstoffoxide angegeben. Des weiteren wurde die TA Luft um einen Teil 4 erweitert, in dem ein Konzept zur Altanlagensanierung vorgelegt wird. Danach müssen Altanlagen innerhalb bestimmter Fristen in Abhängigkeit von Art, Menge und Gefährlichkeit der Stoffe sowie der technischen Besonderheiten der Anlagen nachgerüstet werden. Als neuartiges Instrument in der Luftreinhaltepolitik für Altanlagen ist eine Kompensationslösung eingeführt (Tz. 155 f., 176, 802 f.). Danach kann die zuständige Behörde von einer nachträglichen Anordnung zur Nachrüstung einer Altanlage absehen, wenn zum Ausgleich die Emissionen an einer benachbarten Anlage in einem weitergehenden Umfang vermindert werden, als dies durch ordnungsrechtliche Maßnahmen erreichbar wäre.

1862. Zur Begrenzung der Emissionen aus Kleinfeuerungsanlagen (Tz. 1848, 1917 ff.) gelten die Vorschriften des Bundes-Immissionsschutzgesetzes sowie die auf der Grundlage dieses Gesetzes erlassenen Durchführungsvorschriften, nämlich für immissionsschutzrechtlich nicht genehmigungsbedürftige Kleinfeuerungsanlagen die Verordnung über Feuerungsanlagen (1. BImSchV) und für genehmigungsbedürftige Kleinfeuerungsanlagen die 4. BImSchV in Verbindung mit der TA Luft. Die Mehrzahl der Kleinfeuerungsanlagen ist nicht genehmigungsbedürftig.

Die Bundesregierung kommt in ihrem Bericht über Vorschläge zur Verringerung von Emissionen aus Kleinfeuerungsanlagen (1986) zu dem Ergebnis, daß eine weitere Reduzierung der Emissionen aus diesen Anlagen möglich ist und schlägt u. a. folgende, im Rahmen einer Novellierung der 1. und 3. BImSchV umzusetzende, mögliche anlagen- und brennstoffbezogene Maßnahmen vor:

— Verschärfung der Grenzwerte für die Abgasverluste bei öl- und gasbefeuerten Anlagen,

— weitergehende Reduzierung der Staub- und Rußemissionen von Ölfeuerungsanlagen,

— Herabsetzung des Schwefelgehaltes im leichten Heizöl,

— Einführung eines maximalen Schwefelgehaltes für in Kleinfeuerungsanlagen verfeuerte Kohlen und

— Sicherstellung eines verbesserten Ausbrands bei der Verbrennung von Holz und Stroh durch Konstruktionen und Betriebsweisen nach dem Stand der Technik.

1863. Weitere Vorschriften, die unter anderem auch auf Feuerungsanlagen zutreffen, sind z. B.:
Wärmeschutzverordnung, Verordnung über verbrauchsabhängige Heizkostenabrechnung, Heizungsanlagenverordnung, Heizungsbetriebsverordnung, Abfallgesetz, Wasserhaushaltsgesetz, Abwasserabgabengesetz und für Kernkraftwerke zusätzlich Atomgesetz, Strahlenschutzverordnung.

1864. Zur schnelleren Umsetzung der Umweltanforderungen und zur Weiterentwicklung der Umweltschutztechnik werden staatliche Hilfen in Form von Steuervergünstigungen und Investitionshilfen gewährt (Tz. 168f.). Zu erwähnen sind die Steuervergünstigungen für Umweltschutzinvestitionen nach § 7d Einkommensteuergesetz, die Investitionsförderungen im Rahmen des „Altanlagenprogramms" (Tz. 805f.) und die aus dem ERP-Sondervermögen zur Verfügung gestellten zinsverbilligten Umweltschutzkredite.

1865. Der Rat begrüßt grundsätzlich die vielfachen Initiativen des Gesetzgebers zur Verbesserung der Umweltsituation vor allem auch im Energiebereich. Er ist der Auffassung, daß man die Anstrengungen derzeit — Ausnahme Kernkraftbereich — vornehmlich auf die Umsetzung erlassener Vorschriften konzentrieren sollte.

1866. Infolge von Gesetzesvorschriften und Erlassen sind in der Folgezeit hohe finanzielle Belastungen der Volkswirtschaft zu erwarten, die gegenüber anderen Ländern Wettbewerbsnachteile zur Folge haben können (SRU, 1983, Tz. 609). Um so bedauerlicher ist es daher, daß es bislang noch nicht einmal in der EG — abgesehen von einzelnen Ansätzen — gelungen ist, Umweltvorschriften zu vereinheitlichen. Es muß das dringende Anliegen der Bundesregierung sein, alles zu unternehmen, um hier — wenn schon nicht in allen Industrieländern — zu zufriedenstellenden Regelungen zu kommen.

3.2.2.2 Fossile Brennstoffe

1867. Nach wie vor sind fossile Brennstoffe, und hier vor allem die Kohle, Hauptträger der Energieversorgung, verursachen aber auch bei ihrer Verbrennung große Emissionen von festen und gasförmigen Stoffen, die sich teilweise als schädlich erwiesen haben. In Zukunft wird man, bedingt durch eine in weiten Bereichen prekäre Umweltsituation, nur dann noch fossile Brennstoffe zur Strom- und Wärmeerzeugung verfeuern können, wenn das entsprechend dem Stand der Technik umweltschonend geschieht (Tz. 1872ff.).

3.2.2.2.1 Stromerzeugung

1868. Im Jahre 1985 wurden 40,1 Mio t Steinkohle und 112 Mio t Braunkohle in Kraftwerken zur Stromerzeugung verfeuert; damit entfällt auf die Kohle mit 53,2 % der Hauptanteil an der Brutto-Stromerzeugung der Bundesrepublik Deutschland. Die Anteile der fossilen Brennstoffe Erdgas und Heizöl betrugen nur 6,1 % bzw. 2,3 %, auf sonstige gasförmige und übrige Brennstoffe entfielen zusammen 3,3 %. Entsprechend der dominierenden Rolle der Kohle beziehen sich die nachfolgenden Ausführungen vorwiegend auf den Einsatz von Kohle in Feuerungsanlagen.

Emissionsminderung durch die Großfeuerungsanlagen-Verordnung

1869. Die in der Großfeuerungsanlagen-Verordnung festgelegten Emissionsgrenzwerte und -anforderungen für Kohlekraftwerke übertreffen zum Teil die 1983 im Sondergutachten „Luftverunreinigungen und Waldschäden" (SRU, 1983) ausgesprochenen Empfehlungen des Rates. Dies gilt ganz besonders hinsichtlich der notwendigen Verminderung von Stickstoffoxidemissionen, die heute bei der Waldschadensdiskussion im Vordergrund stehen. Der Rat hält das Regelwerk der Großfeuerungsanlagen-Verordnung insgesamt für ein in sich und mit den energiewirtschaftlichen Bedürfnissen abgewogenes Vorsorgeinstrument. Er begrüßt darüber hinaus die Bemühungen der Energieversorgungsunternehmen, die im Rahmen ihrer energiewirtschaftlichen Aufgabenstellung liegenden Möglichkeiten zur frühzeitigen Erfüllung der Anforderungen der Großfeuerungsanlagen-Verordnung auszuschöpfen.

1870. Die Großfeuerungsanlagen-Verordnung stellt es dem Betreiber von kohlegefeuerten Anlagen frei, eine Anlage bis spätestens zum 1. Juli 1993 stillzulegen und bis zu diesem Zeitpunkt die Restnutzung geminderte Emissionsforderungen zu erfüllen oder aber zu erklären, daß die Feuerungsanlage über diesen Zeitraum hinaus, und auch vorher, unbeschränkt weiterbetrieben wird. Für diese Anlagen gelten die strengeren, frühzeitig zu erfüllenden Minderungsmaßnahmen für Neuanlagen. Eine entsprechende Erklärungsfrist räumte man den Betreibern bis zum 30. Juni 1984 ein. Nach Angaben des Umweltbundesamtes ergibt sich danach für SO_2 ein Nachrüstvolumen von 32 000 MW_{el} (20 000 MW_{el} Steinkohle, 11 000 MW_{el} Braunkohle und knapp 1 000 MW_{el} Heizöl) bei den bestehenden Anlagen. Das Nachrüstvolumen wird vom VDEW noch höher angegeben. Unter Berücksichtigung von Betriebsstillegungen und Projektionen über den zukünftigen Energieverbrauch und die Energieträgerstruktur kann der Neubau an zu entschwefelnden Kraftwerken auf knapp 16 000 MW_{el} (13 000 MW_{el} Steinkohle, 2 750 MW_{el} Braunkohle) geschätzt werden (UBA, 1985).

1871. Für die Energieträger Öl und Gas enthält die Großfeuerungsanlagen-Verordnung Emissionsminderungsvorschriften, die denen für Kohle entsprechen. Dabei werden die speziellen Gegebenheiten dieser beiden Energieträger berücksichtigt. Zumindest durch eine Kombination von Primär- und Sekundärmaßnahmen sind sie jederzeit erfüllbar. Größere Erdöl- und Erdgasfeuerungen sind vor allem in Zeiten niedriger Energieträgerpreise gebaut und betrieben worden. Ihr Anteil an den Anlagen, die den Vorschriften der Großfeuerungsanlagen-Verordnung unterliegen, hat in den letzten Jahren stetig abgenommen. Die Errichtung von Neuanlagen, wovon heute nur noch in Ausnahmefällen Gebrauch gemacht wird (beispielsweise bei Kombiblöcken), ist bezüglich der Verwendung der entsprechenden Brennstoffe genehmigungspflichtig.

1872. Techniken zur Minderung der staubförmigen Emissionen auf die zulässigen Werte stehen heute zur Verfügung. In der Praxis werden die vorgegebenen Grenzwerte meist unterschritten. Dies beruht auf der Verwendung hocheffektiver Staubabscheider, aber auch darauf, daß diesen Entschwefelungsanlagen nachgeschaltet sind, die die Staubmengen in den Rauchgasen weiter mindern. So erwartet man für 1995, daß die Staubemissionen aus Großfeuerungsanlagen schätzungsweise bei 70 000 t/a gegenüber ca. 170 000 t/a im Jahr 1980 liegen wird (ROSOLSKI, 1984).

1873. Geeignete Entschwefelungsverfahren sind heute technisch und wirtschaftlich weitgehend ausgereift und optimiert für jeden Einsatzfall vorhanden. Der Zeitraum vom 1. Juli 1988 bis zum Abschluß der notwendigen Nachrüstung wird weitgehend einzuhalten sein und teilweise sogar unterschritten werden. Bis zum Jahr 1995 wird dann trotz einer gewissen Zurüstung die SO_2-Emission aus Großfeuerungsanlagen von ca. 1,6 Mio t/a 1984 (1982: noch 2 Mio t/a) auf 0,485 Mio t/a zurückgehen (UBA, 1986a; BMI, 1985), das sind ca. 45 % der für 1995 prognostizierten 1,1 Mio t/a SO_2-Emission insgesamt.

1874. Bei mehr als 90 % der Kraftwerkskapazität werden Naßwaschverfahren mit dem Endprodukt Gips (Calciumsulfat-Dihydrat) zur Rauchgasentschwefelung eingesetzt. Die anfallenden Mengen an Rauchgasentschwefelungs-Gips (REA-Gips) schwanken je nach Schwefelgehalt der Kohle und Entschwefelungsgrad des Kraftwerkes. Die Schätzungen über die zu erwartenden REA-Gipsmengen sind unterschiedlich. Während das Umweltbundesamt (UBA, 1987) von einer Gesamtmenge (Stein- und Braunlekraftwerke) von 2,9 Mio t/a im Jahre 1988 und 3,3 Mio t/a im Jahre 1993 ausgeht, rechnen die Verbände der Elektrizitätswirtschaft und der Gipsindustrie mit 2,5 Mio t/a REA-Gips aus Steinkohlekraftwerken und 1,4 Mio t/a aus Braunkohlekraftwerken, also insgesamt 3,9 Mio t/a im Jahre 1990 (VDEW, 1986a). Man geht davon aus, daß die anfallende Gipsmenge aus Steinkohlekraftwerken den in der Gips- und Zementindustrie eingesetzten Naturgips ersetzen könnte. Der Gips aus Braunkohlekraftwerken sollte — bis sich weitere Verwertungsmöglichkeiten ergeben — mit dem heute schon deponierten Flugstaub vermischt und in den Tagebaubetrieben abgelagert werden.

Bei wenigen, nach anderen Verfahren der Rauchgasentschwefelung arbeitenden Anlagen fallen als Endprodukte u. a. Schwefel, Schwefelsäure und flüssiges Schwefeldioxid, die sich in industriellen Produktionsprozessen weiter verarbeiten lassen, und der Dünger Ammoniumsulfat an.

1875. Darüber hinaus müssen Forschung und Entwicklung neue Wege zur Minimierung von Rückstandsprodukten aufzeigen. Beispielsweise denkt man an eine kombinierte Aufbereitung von Rauchgasgips und Flugasche zu einem Wirtschaftsprodukt. Eine solche Verfahrensweise hat den Vorteil, daß auch die großen Staubmengen, die in Zukunft nur noch in geringem Maße abzusetzen sind, verwertet werden. Weiterhin muß auch über die Entwicklung alternativer Entschwefelungsverfahren mit andersartigen Endprodukten nachgedacht werden.

1876. Zusammen mit dem Schwefeldioxid werden auch die in der Großfeuerungsanlagen-Verordnung angesprochenen, im Rauchgas vorhandenen Halogenverbindungen wahrscheinlich weitergehend als gefordert abgeschieden.

1877. Gegenüber Entschwefelungsverfahren steht die Realisierung der Stickstoffoxid-Reduzierung heute noch zurück. Ohne die Vorgabe von gesetzlichen zeitlichen Terminen — aber ausgehend von Sondervereinbarungen in den einzelnen Bundesländern — werden, unabhängig von der Feuerungsart für Feuerungswärmeleistungen über 300 MW 200 mg/m³ i. N. NO_x (angegeben als NO_2) und von 50 bis 300 MW 400 mg/m³ i. N. NO_x als obere Emissionsgrenzwerte für den unbeschränkten weiteren Anlagenbetrieb verlangt. Diese Grenzwerte werden bei größeren Kohlefeuerungen, unabhängig von der Art der Kohle und Feuerungsart, kaum allein durch feuerungstechnische Maßnahmen (Primärmaßnahmen) erreichbar sein. Daher müssen zusätzlich sekundäre Minderungssysteme eingesetzt werden; sie sind gegenüber Primärmaßnahmen aufwendiger und teurer.

1878. Die Stickstoffoxid-Reduzierung wurde und wird im Rahmen zahlreicher Pilotprojekte untersucht. Darüber hinaus baut man (Stand Mitte 1986) bis Mitte 1988 für ca. 6 000 MW$_{el}$ großtechnische Entstickungsanlagen weitgehend nach dem High-Dust-Verfahren. Es ist davon auszugehen, daß in absehbarer Zeit für alle Einzelfälle geeignete Verfahren zur Stickstoffoxid-Reduzierung zur Verfügung stehen werden und daß auch Folgeprobleme — zum Beispiel durch NH_3-Schlupf bei katalytischen Minderungssystemen — befriedigend gelöst sind. Es ist zu erwarten, daß die Nachrüstung der Kraftwerksblöcke mit Entstickungsanlagen nicht entsprechend der Erklärung der Betreiber bis 1989 abgeschlossen sein wird. Der Rat bedauert diese Entwicklung und hofft, daß noch ausstehende technische Probleme der Stickstoffoxid-Reduzierung baldmöglichst gelöst werden. Nur dann kann man erwarten, daß bis Anfang der neunziger Jahre gegenüber 1984 eine Stickstoffoxidreduktion von ca. 1 Mio t/a auf ca. 0,3 Mio t/a, also um ungefähr 70 %, in Großfeuerungsanlagen stattfindet (BECK und ROSOLSKI, 1986; UBA, 1986a).

1879. Neben den bei der Kohleverbrennung hinsichtlich einer Minderung im Vordergrund stehenden Schadgasen Halogenwasserstoffe, Schwefeldioxid und Stickstoffoxide gibt es weitere, deren Begrenzung in der Großfeuerungsanlagen-Verordnung nicht gefordert wird. Hierzu zählen an erster Stelle organische Verbindungen (Tz. 1959) und das wegen möglicher Klimaauswirkungen diskutierte Kohlendioxid (Tz. 1958; Abschn. 2.3.2.5).

Für organische Verbindungen werden, bezogen auf das Jahr 1984, für Kraftwerke und Heizwerke 20 000 t/a und für Industriefeuerungen ca. 10 000 t/a als Emissionen angegeben. Im Gegensatz zu größeren Feuerungsanlagen findet man bei Klein- und Haushaltsfeuerungen ca. 70 000 t/a (BECK und ROSOLSKI, 1986).

Natürliche und anthropogene Quellen emittieren jährlich in der Bundesrepublik Deutschland im Mittel etwa 2 Mrd t CO_2 in die Atmosphäre (KUHLER et al., 1986), davon etwas weniger als die Hälfte aus anthropogenen Quellen.

1880. Ein Problem, dem nach Auffassung des Rates vor allen Dingen bei Großfeuerungsanlagen in Zukunft eine erhöhte Beachtung geschenkt werden sollte, ist das Abwasser, welches vor allem bei Entschwefelungsanlagen anfällt, und vor seiner Ableitung der Aufbereitung bedarf. Gleiches gilt für die festen Rückstände.

Energiewirtschaftliche Aspekte

1881. Der Rat drängt auf die schnelle Realisierung der Bestimmungen der Großfeuerungsanlagen-Verordnung, da dadurch die Umweltbelastung in der Bundesrepublik Deutschland erheblich gesenkt wird. In Kauf genommen werden müssen die Investitionskosten für Entschwefelungs- und Entstickungsanlagen, die auf ca. 20 Mrd DM für den Kraftwerksbereich geschätzt werden (UBA, 1985) und bezogen auf das einzelne Kraftwerk 30 % und mehr der Gesamtinvestitionen ausmachen können. Zusammen mit den Betriebskosten für die Anlagen führt dies bei Kohlekraftwerken (Stein- und Braunkohle) zu Mehrkosten bis zu 4 Pfg pro Kilowattstunde. Wo neben Kohle auch Kernenergie und Wasser zur Stromerzeugung eingesetzt wird, ist es möglich, die vorgenannte Belastung durch Umlage auf andersartig produzierten Strom zu mindern, ja sogar in Einzelfällen eine Stromverteuerung weitgehend zu vermeiden. Zu den Konsequenzen in der internationalen Wettbewerbsfähigkeit hat der Rat im Sondergutachten „Waldschäden und Luftverunreinigungen" Stellung genommen (SRU, 1983, Tz. 609).

1882. Im Vergleich der Bundesländer schlägt in Bundesländern ohne Kernkraftwerkstrom — Nordrhein-Westfalen, Saarland, Berlin — die Stromverteuerung vergleichsweise stärker auf den Verbraucher durch. Dadurch schwächt sich z. B. für reviernahe Standorte nicht nur ein bisheriger Wettbewerbsvorteil ab, sondern die vorgenannten Bundesländer werden in Zukunft auf der negativen Seite der seit einiger Zeit in gewissem Maß zunehmenden Nivellierung des ursprünglichen Strompreisgefälles in der Bundesrepublik stehen.

1883. Abgesehen von der im Grundlastbereich eingesetzten Braunkohle, deren Strompreis in Zukunft mit dem der Kernkraft vergleichbar ist oder sogar darüber liegen kann, wird häufig die Frage gestellt, ob die Verstromung teurer deutscher Steinkohle in Anbetracht der kostenintensiven Umweltschutzmaßnahmen überhaupt noch vertretbar ist und ob es nicht sinnvoller ist, billige Importkohle oder Kernenergie in immer stärkerem Maße einzusetzen. Vielfach verlangt man heute bereits, die deutsche Kohle „in der Erde zu lassen", um eine Reserve für „schlechte Zeiten" zu haben und um alle Umweltschäden durch die Förderung zu vermeiden. Bei solchen und noch weitergehenden Forderungen vergißt man zumeist, daß die Kohleproduktion nicht quasi auf Knopfdruck abgeschaltet und wieder in Gang gesetzt werden kann; ein einmal stillgelegter Schacht ist kaum wieder in Betrieb zu nehmen und es dauert Jahre, bis ein neuer Schacht niedergebracht ist und Kohle liefert. Darüber hinaus entfällt bei Stillegung von Anlagen nur ein Teil der heute für ihren Betrieb notwendigen Kosten.

1884. Erhält man die Kohleproduktion in der Bundesrepublik Deutschland — evtl. auch in geringerem Umfang als heute — dann sind eine Reihe von Nachteilen zu erwarten. Einmal wird die Kohleausgleichsabgabe — der sogenannte Kohlepfennig — zumindest solange steigen, wie die Kosten für schweres Heizöl niedrig bleiben. Daneben muß man Umweltprobleme beim Abbau der Kohle und bei ihrer Aufbereitung in Kauf nehmen. Schließlich ist auch auf die gesundheitliche Gefährdung der Bergarbeiter hinzuweisen. Mehr als 3 000 Silikosekranke, davon der größte Teil aus dem Bergbau, wurden 1984 erstmals als Berufskranke angezeigt (Gewerbeaufsichtsamt des Landes Nordrhein-Westfalen, 1984).

1885. Auf der anderen Seite hat die Verwendung heimischer Steinkohle auch nicht zu übersehende Vorteile. Zu nennen ist vor allem die Erhaltung und Nutzung nationaler Energiereserven, die der Bundesrepublik Deutschland eine gewisse Unabhängigkeit bei der Energieversorgung ermöglichen. Darüber hinaus hat sich aus dem deutschen Bergbau heraus eine weltweit führende Zulieferindustrie mit vielen Arbeitsplätzen entwickelt.

1886. Unter Berücksichtigung dieser Argumente befürwortet der Rat grundsätzlich die Nutzung von deutscher Kohle in Kraftwerken unter der Voraussetzung der Durchsetzung eines fortschrittlichen Umweltschutzes im Energiebereich (SRU, 1983, Tz. 610).

Veränderungen der Vorschriften und des Vollzugs

1887. Zur Bewertung und zum Vollzug der Großfeuerungsanlagen-Verordnung verweist der Rat auf seine Ausführungen zu den Vorsorgestandards in Abschnitt 1.3.2.3 (Tz. 105f.) und auf die Bewertung der Verordnung in Abschn. 2.3.3 (Tz. 766ff.). Er stellt dort fest, daß seine im Sondergutachten „Waldschäden und Luftverunreinigungen" (SRU, 1983) aufgestellten Maßstäbe zur Vorsorgepolitik mit der Großfeuerungsanlagen-Verordnung beispielhaft weiterentwickelt worden sind und die Verordnung allem Anschein nach zügig vollzogen, die Anforderungen z. T. durch Ländervereinbarungen mit Betreibern auch vorzeitig erfüllt oder sogar übererfüllt werden.

1888. An dieser Stelle betont der Rat, daß es nunmehr darauf ankommt, die Verordnung mit ihren einzelnen festgeschriebenen oder noch auszufüllenden Anforderungen gleichmäßig und fristgemäß durchzuführen. Ein Nachbessern einzelner oder mehrerer Anforderungen im Vollzug — sei es durch Erzwingung neuer technischer Möglichkeiten, sei es durch Pressionen zum Einsatz emissionsärmer Brennstoffe — beeinträchtigt die in der Verordnung hergestellte Beziehung zwischen Risikoeinschätzung und notwendiger Vorsorge und wirft damit zwangsläufig die Frage der Verhältnismäßigkeit des staatlichen Eingriffs auf. Das Verhältnismäßigkeitsprinzip hat Verfassungsrang und ist daher immer als zusätzliche Grenze für die Anordnung von Umweltschutzmaßnahmen zu beachten. Inhaltlich besagt es, daß der staatliche Eingriff nicht schwerer sein darf als es zur Lösung der Aufgabe erforderlich ist.

1889. Auf der anderen Seite bedeutet dies, daß jedes Vorsorgekonzept in angemessenen Zeiträumen überprüft werden muß. Stellt sich im Zuge der Überprüfung eine andere Risikoeinschätzung heraus und ändert sich demgemäß der Maßstab des Erforderlichen, so muß auch die Abwägung mit den anderen, hier den energiewirtschaftlichen Belangen, neu vorgenommen werden. Innerhalb festgelegter Zeiträume spricht sich der Rat für eine kalkulierbare Verläßlichkeit der verordneten Anforderungen aus. Er ist der Auffassung, daß sowohl mit der Großfeuerungsanlagen-Verordnung als auch mit der TA Luft 1986 (Tz. 722ff.) ein geeignetes Sanierungskonzept für das folgende Jahrzehnt vorliegt, das nicht laufend geändert werden sollte. Ohne Vertrauen der Energieversorgungsunternehmen in die Verläßlichkeit der Umweltschutzvorschriften kann die fristgemäße und reibungslose Realisierung eines Vorsorgekonzepts nicht erwartet werden. Erprobung wirksamer Vermeidungstechniken, die Anlagenplanung und die Finanzierung, Auftragsvergabe und Durchführung sowie die fristgemäße Inbetriebsetzung der Anlagen erfordern eine sichere Rechtsgrundlage für alle an diesem Prozeß beteiligten Stellen.

Alternative Kohleumsetzung

1890. Zunächst vor allem durch den hohen Kohlepreis, in neuerer Zeit zunehmend auch durch Umweltschutzmaßnahmen bedingt, wird die in Kohlekraftwerken produzierte Energie immer teurer. Dies, wie auch das Bemühen, Kohle umweltschonender zu verwenden, hat die Entwicklung neuer Kohleumwandlungsverfahren bewirkt mit dem Ziel,

— den Wirkungsgrad der Kohleumsetzung gegenüber dem heutigen Verbrennungssystem zu steigern;

— emissionsarme Feuerungssysteme zu entwickeln;

— gasförmige und flüssige Energieträger zur Verfeuerung und zur chemischen Umsetzung (Kohlevergasung und Kohleverflüssigung) zu produzieren.

1891. Die Neuentwicklung der Kohleverflüssigung — erstmals vor dem Zweiten Weltkrieg in Leuna großtechnisch praktiziert — hat heute in der Bundesrepublik Deutschland wieder einen Stand erreicht, der zum Bau von Großanlagen befähigt. Wenn diese Form der Kohleumsetzung derzeit keine Realisierungschance in der Bundesrepublik Deutschland besitzt, dann ist dies allein auf die gegenwärtig weit auseinanderklaffende Schere zwischen Öl- und Kohlepreis zurückzuführen. Man geht davon aus, daß die Kohleverflüssigung frühestens am Ende dieses Jahrhunderts wirtschaftlich interessant wird. Umwandlungsseitige Umweltfolgen sieht man gegenüber der Mineralölverarbeitung vor allem in geringfügig höheren SO_2- und NO_x-Emissionen, wie auch im Anfall von Asche, Klärschlamm und Rückständen (COENEN et al., 1986). Voraussetzung ist allerdings, daß Vermeidungsanstrengungen nach dem Stand der Technik durchgeführt werden, was aber die Wirtschaftlichkeit der Kohleverflüssigung weiter einschränkt.

1892. Ein anderer Entwicklungsschwerpunkt der Kohleumsetzung ist die Kohlevergasung mit dem Ziel der Erzeugung von

— Erdgasersatz (SNG = substitute natural gas),

— Synthesegas für die chemische Industrie,

— Brenngas für Feuerungen,

— Reduktionsgas für metallurgische Prozesse.

Ähnlich wie die Kohleverflüssigung sind auch diese Verfahren wegen der niedrigen Gaspreise derzeit in der Bundesrepublik Deutschland wirtschaftlich uninteressant, möglicherweise aber für den Export von Bedeutung. Ausnahme kann der kombinierte Prozeß von Gaserzeugung und Gasverbrennung im Kraftwerksbereich sein.

1893. Durch sinnvolle Verschaltung der Anlagenteile, zusammen mit Gas- und Dampfturbinen, erwartet man wesentlich höhere Kohleumsetzungsgrade als heute üblich. Eine weitere Entwicklungslinie stellt die druckgefeuerte Kohleverbrennung dar, die aus Druckverbrennung, Gasreinigung, Gasturbine und Abhitzkessel aufgebaut ist. Gelingt es bei dieser Verfahrensweise, die Gase bei Temperaturen von 1 400 bis 1 600 °C soweit zu reinigen, daß sie über die Gasturbine abgeleitet werden können, erwartet man bei diesem Prozeß besonders hohe Gesamtwirkungsgrade. Umweltprobleme bei der Kohlevergasung sind vergleichbar denen der Verbrennung. Sie mindern sich aber von vornherein durch höhere Wirkungsgrade.

1894. Der Rat begrüßt die vorgenannten Entwicklungen und empfiehlt deren Weiterverfolgung wie auch anderer Entwicklungen mit dem Ziel einer möglichst effektiven Kohleumsetzung zum späteren Einsatz in der Bundesrepublik, zumindest aber für den Export. Er fordert aber auch — wie dies bereits im Gutachten „Energie und Umwelt" (SRU, 1981) geschehen ist —, daß die entsprechenden Verfahren umweltschonend gestaltet werden.

1895. Der Rat stellt fest, daß Wirbelschichtfeuerungsanlagen nach dem stationär-atmosphärischen bzw. zirkulierend-atmosphärischen System eine stärkere Bedeutung vor allem bei Anlagen mit Feuerungswärmeleistungen unter 100 MW$_{th}$ erlangen. Wirbelschichtfeuerungen ermöglichen eine umweltschonende Kohleverbrennung ohne zusätzliche Entschwefelungsanlagen, da die Entschwefelung in der Wirbelschicht erfolgt. Darüber hinaus weisen sie bereits vom Konzept her eine NO$_x$-arme Verbrennung auf, die durch feuerungstechnische Maßnahmen weiter optimiert wird. Eine kostengünstige Schadgasminderung bei Wirbelschichtfeuerungen ist vor allem für kleinere Feuerungseinheiten von Interesse, bei denen sonst die Kosten für Umweltschutzmaßnahmen diejenigen für die Feuerung selbst übertreffen können. Problematisch sind bei der Wirbelschichtfeuerung bislang noch

— die ausreichende Niederschlagung von Halogenverbindungen im Wirbelbett, wobei im Zweifelsfall dem System eine eigene Fluor- und Chlorverbindungsabscheidung nachzuschalten ist;

— der Zustand der entstehenden Asche, die Calciumverbindungen unterschiedlicher chemischer Zusammensetzung — darunter auch leicht lösliche Verbindungen — enthält. Hierfür sind kostengünstige Aufbereitungsverfahren zu entwickeln, die eine Ascheverwertung, zumindest aber ihre unproblematische Deponierung erlaubt.

3.2.2.2.2 Wärmeerzeugung und -versorgung

1896. Im Jahre 1985 wurden 65 % (4 813 PJ) der in der Bundesrepublik verbrauchten Endenergie (7 387 PJ) zur Wärmeversorgung verwendet. Für Raum- und Prozeßwärme wird also wesentlich mehr Endenergie verbraucht als für die Stromversorgung. Die Wärmemenge wird zu 41 % in Haushalten, zu 20 % durch Kleinverbraucher und zu 39 % durch die Industrie verbraucht. Der Wärmebedarf teilte sich 1985 folgendermaßen auf die Energieträger auf (RWE Anwendungstechnik, 1986):

— Heizöl 40 % (seit 1979 Minderung um 830 PJ)
— Erdgas 32 % (seit 1979 Zunahme um 240 PJ)
— Kohle 16 %
— Strom 7 %
— Fernwärme 4 %
— Sonstige 1 %.

1897. Der Anteil der Kohle ist im Wärmemarkt im Gegensatz zur Elektrizitätsversorgung nur gering. Der rapide Ölpreisverfall in den letzten Jahren hat ihre wirtschaftliche Wettbewerbsposition weiter geschwächt. Seitens der Industrie werden erhebliche Anstrengungen unternommen, um die Position der Kohle zu stabilisieren und wieder zu stärken. Hierzu entwickelt und erprobt man neue Verbrennungssysteme mit dem Ziel einer besseren Handhabung, höherer Wirtschaftlichkeit und gesteigertem Umweltschutz.

1898. Statistiken über die Verteilung der gesamten Wärmemenge hinsichtlich ihrer Erzeugung in Großfeuerungsanlagen, in Anlagen von 1–50 MW$_{th}$ (TA Luft-Anlagen) und in Kleinfeuerungsanlagen (unter 1 MW$_{th}$) liegen nicht vor. Es kann davon ausgegangen werden, daß der weit überwiegende Anteil der Wärme in Anlagen unter 50 MW$_{th}$ erzeugt wird. Die Kleinfeuerungsanlagen von Haushalten und Kleinverbrauchern und die Anlagen von 1–50 MW$_{th}$ ergeben zusammen bereits einen Anteil von mehr als drei Viertel der Wärmeversorgung. Der Anteil der Wärme aus Großfeuerungsanlagen bezieht sich hauptsächlich auf Fernwärme und Strom.

Feuerungen von 1–50 MW$_{th}$

1899. Diese in den Geltungsbereich der TA Luft 1986 fallenden Feuerungsanlagen dienen vorwiegend der Dampferzeugung oder der Heißwasser- oder sonstigen Wärmeträgererwärmung für Industrie- und Gewerbebetriebe, für Fernheiz- und Blockheizkraftwerke sowie für größere Gebäudeheizungen. Nach einer Schätzung des Umweltbundesamtes handelt es sich, bezogen auf das Jahr 1982, um einen Bestand von 15 500 Anlagen (DAVIDS und LANGE, 1986). 3 900 Anlagen mit einer Leistung von 20 700 MW$_{th}$ (19,3 %) werden mit Kohle (Stein- und Braunkohle), 9 700 Anlagen mit einer Leistung von 54 000 MW$_{th}$ (50,5 %) mit Heizöl, 600 Anlagen mit 28 000 MW$_{th}$ (26,2 %) mit Gas und 1 300 Anlagen mit 4 300 MW$_{th}$ (4 %) mit Holz gefeuert (vgl. Tab. 3.2.8, Tz. 1846).

1900. In der TA Luft 1986 (Nr. 3) sind sowohl für feste als auch für flüssige und gasförmige Brennstoffe Emissionsminderungsvorschriften erlassen worden, die zum Teil erheblich über die Werte der TA Luft

1974 hinausgehen. Im wesentlichen werden davon folgende Schadstoffe betroffen:

— Staub,

— Kohlenmonoxid,

— organische Stoffe (nur bei Holz, Stroh, Torf),

— Stickstoffoxide,

— Schwefeloxide.

Bei den Vorschriften hat der Gesetzgeber durchaus berücksichtigt, daß sehr weitgehende Minderungsvorschriften bei diesen Feuerungen zu anteilmäßig hohen Kostenbelastungen führen müssen. Zumeist liegen die Grenzwerte daher so, daß sie — ausgenommen Staubemissionen — durch moderne, einwandfrei geregelte Feuerungssysteme oder durch neuartige Verfahren, z. B. durch Wirbelschichtfeuerungen, einhaltbar sind. Auch die Wahl geeigneter Brennstoffe, z. B. schwefelarme Kohle, trägt wesentlich zur Einhaltung der Grenzwerte bei.

1901. Die SO_2-Emissionen aus diesen Feuerungsanlagen lagen 1982 bei 330 000 t/a. Mit den Anforderungen der TA Luft wird schätzungsweise eine Verminderung auf 180 000 t/a im Jahre 1994 nach Vollzug der Altanlagenregelung erreicht werden. Für die NO_x-Emissionen wird ein Rückgang von 140 000 t/a im Jahre 1982 auf 100 000 t/a 1994 erwartet. Die Staubemissionen werden im gleichen Zeitraum von 40 000 t/a auf 7 500 t/a sinken (DAVIDS und LANGE, 1986; UBA, 1986 a).

1902. Durch die Emissionen aus Feuerungen von 1—50 MW $_{th}$ ist eine höhere örtliche Umweltbelastung als durch große Feuerungsanlagen zu erwarten, da die Anlagen oft in der Nachbarschaft von Wohngebieten oder von Arbeitsstätten betrieben werden, die spezifischen Emissionen größer sind als bei großen Kraftwerksblöcken und darüber hinaus auf einer kleineren Höhe emittiert werden. Unbestreitbar sind die Belastungen bei Kohle und Öl höher als bei Gas, elektrischer Energie und Fernwärme (letztere produziert in Heizkraftwerken oder Heizwerken mit modernen Gasreinigungssystemen). Bedingt durch

— einfache und billige Verbrennungseinheiten,

— niedrige Energiekosten und

— komfortable und unkomplizierte Anlagenbedienung

werden heute vor allem Gasfeuerungen und Ölfeuerungen bevorzugt. Strom dürfte in Zukunft zu teuer sein, und die Kohle erfüllt keine der vorgenannten Erfordernisse in vollem Umfang.

1903. Der Rat vertritt die Auffassung, daß der derzeitige wirtschaftliche Anpassungsprozeß an emissionsarme Energieträger nicht aufgehalten werden sollte; vielmehr muß alles getan werden, um eine emissionsarme Wärmeversorgung vor allem durch Fernwärme zu realisieren. Er ist aber auch der Meinung, daß der Entwicklung vor allem umweltverträglicher Kohleverbrennungsverfahren größte Aufmerksamkeit zu schenken ist.

Fernwärme

1904. Die zentrale Erzeugung und Verteilung von Wärme zur Beheizung und Brauchwassererwärmung von Wohn- und Bürogebäuden, öffentlichen Einrichtungen, gewerblichen Betrieben und Industrieanlagen, also Verbrauchern, die sonst zumeist mit nicht genehmigungsbedürftigen Kleinfeuerungen ausgerüstet wären, wird als Fernwärme bezeichnet (ROTH, 1980). Ihr Anteil an der gesamten Wärmeversorgung betrug 1985 4 % (190 PJ). Zuverlässige Angaben über die Aufteilung der Fernwärmeerzeugung nach Anlagengröße liegen nicht vor. Soweit es sich um Anlagen über 50 MW$_{th}$ handelt, unterliegen sie den Bestimmungen der Großfeuerungsanlagen-Verordnung; Anlagen unter 50 MW$_{th}$ fallen in den Geltungsbereich der TA Luft.

1905. Die Fernwärme trägt insbesondere zur Immissionsentlastung in Ballungsräumen bei und kann auch die Emissionen verringern, wenn die Fernwärmeversorgung eines fernwärmewürdigen Gebietes so aufgebaut wird, daß die Wärme aus einer Kraft-Wärme-Kopplungsanlage mit modernen Umweltschutzeinrichtungen entnommen wird. Neben durch Elektrizität erzeugter Wärme ist Fernwärme die einzige Energieform, die die Umwelt am Ort ihres Verbrauches nicht belastet. Zusätzlich ist bei der Kraft-Wärme-Kopplung der Wirkungsgrad höher als bei der reinen Stromproduktion, wodurch die Umweltbelastung am Produktionsstandort weiter gesenkt wird. Zu ihren energie- und umweltpolitischen Vorteilen kommt der arbeitsmarktpolitische Effekt ihres Ausbaus hinzu. Schließlich ist auf die erhebliche Primärenergieeinsparung bei der Kraft-Wärme-Kopplung hinzuweisen. Aus 100 % Brennstoffenergie lassen sich dabei bis zu 80 % Nutzenergie in Form von Strom und Wärme gewinnen gegenüber lediglich 34—37 % bei der reinen Stromerzeugung des Kondensationskraftwerkes.

1906. Ausgehend von diesen Vorteilen gehörte zügige Ausbau der Fernwärme auf Basis der Kraft-Wärme-Kopplung und darüber hinaus auch die Nutzung industrieller Abwärme zu den vorrangigen Zielen in der 3. Fortschreibung des Energieprogramms von 1981. Im Energiebericht 1986 wird die weitere Förderung der Fernwärme im Rahmen der bereits laufenden Programme zugesagt.

1907. Die Entwicklung der Fernwärmeversorgung läßt sich aus der nachfolgenden Tabelle 3.2.10 ersehen, in der einige wichtige, von der Arbeitsgemeinschaft Fernwärme (AGFW) ermittelten Daten für die Jahre 1970, 1980 und 1985 ausgewiesen sind.

Der größte Teil (76 %) der ins Netz eingespeisten Wärme kommt aus Heizkraftwerken (Kraft-Wärme-Kopplung), 22 % aus Heizwerken und 2 % aus der Industrie als Abwärme (Arbeitsgemeinschaft Fernwärme, 1986). 80 % aller Heizkraftwerke werden von den Elektrizitätsversorgungsunternehmen betrieben, so daß Stromversorgung und Wärmeauskopplung in einer Hand liegen. Etwa 92 % des Gesamtanschlußwertes entfallen auf die Versorgung von Wohn- und Bürogebäuden und öffentlichen Einrichtungen. Die jährlichen Energieeinsparungen im Vergleich zu individuellen Einzelfeuerungsanlagen summieren sich

Tabelle 3.2.10

Fernwärmeversorgung[1]) **1970, 1980 und 1985**

Jahr	Anzahl der Fernwärmeversorgungs-unternehmen	Anzahl der Netze	Anschluß-wert MJ/s[2])	Strecken-länge km
1970	82	199	14 990	3 620
1980	110	469	27 791	6 404
1985	126	485	32 747	8 438

[1]) Daten beziehen sich nur auf die von der AGFW erfaßten Unternehmen
[2]) 1 MJ/s entspricht der Leistung von 1 MW_{th}
Quelle: Arbeitsgemeinschaft Fernwärme 1986

auf ein Energieäquivalent von ca. 2,6 Mrd l Heizöl (94 PJ). Die verbleibenden ca. 8 % des Anschlußwertes sind Produktionswärme.

1908. Obwohl in der Industrie Abwärme durch abwärmeproduzierende Prozesse in großer Menge anfällt, kann diese doch nur selten zur gesicherten Bereitstellung von Fernwärme beitragen, denn Abwärmeanfall ist vom Standort der jeweiligen Industrie abhängig. Zumeist besteht außerdem ein zeitlicher Unterschied zwischen Anfall von Abwärme und dem Wunsch nach deren Nutzung. Das derzeitig größte System mit erfolgreicher Verwertung industrieller Abwärme stellt die Fernwärmeschiene Niederrhein dar. 1982 wurden hier 1 300 TJ — das war fast 1 % der gesamten Netzeinspeisung in der Bundesrepublik Deutschland — aus der Stahl- und Chemieindustrie bereitgestellt.

1909. Die Investitionskosten für das Energieversorgungsunternehmen liegen bei der Kraft-Wärme-Kopplung höher als bei der Erstellung von reinen Stromversorgungsanlagen. Dies ist vor allem auf folgendes zurückzuführen:

— Zwei Drittel der Investitionsausgaben entfallen heute auf Transport- und Verteilerleistungen,

— zur Fernwärmeerschließung eines Versorgungsgebietes müssen zum Teil über mehrere Jahre hinweg erhebliche Vorleistungen erbracht werden, bevor eine für die Wirtschaftlichkeit ausreichende Anzahl von Kunden angeschlossen ist.

Diese Kostenvorgaben schränken von vornherein die Verwendung der Fernwärme auf Gebiete mit hoher Wärmedichte ein. Die Einschränkungen gelten dann nicht, wenn Fernwärme offensichtlich gewünscht wird und zum Beispiel Leitungs- und Anschlußkosten als öffentliche Leistung übernommen werden. Nach einer Untersuchung des Battelle-Instituts ist eine Wärmedichte von über 58 MW/km^2 für Fernwärmenetze geeignet. Bei 35—58 MW/km^2 ist die Fernwärmeversorgung dann interessant, wenn es sich um Netzerweiterungen aus benachbarten Gebieten mit höherer Wärmedichte handelt. Wärmedichten unter 35 MW/km^2 sind in der Regel für die Fernwärme nur dann interessant, wenn eine entsprechend weitgehende Subventionierung durch die öffentliche Hand gewährleistet ist (RUDOLPH et al., 1982).

1910. Ausgehend von diesen Gegebenheiten beschränkt sich die Fernwärmeversorgung in der Bundesrepublik Deutschland heute noch im wesentlichen auf die Versorgung von Gemeinden mit mehr als 80 000 Einwohnern. Nur in jeder 20. Gemeinde mit 20 000 bis 80 000 Einwohnern findet sich eine Fernwärmeversorgung; bei der nächsthöheren Gruppe, nämlich von 80 000 bis 100 000 Einwohnern in jeder zweiten und bei 100 000 bis 150 000 Einwohnern in drei von vier Gemeinden. Alle 13 Großstädte bzw. Ballungsgebiete mit mehr als 500 000 Einwohnern schließlich haben eine Fernwärmeversorgung. Gerade in diesen Städten wurde in den letzten 10 Jahren der Anschlußwert der Fernwärme um 50 bis 70 % erhöht. Diese Tendenz wird weiter anhalten.

1911. Etwas anders sehen die Gegebenheiten aus, wenn man die Kosten von Seiten der Verbraucher aus sieht. Man kann hierzu etwa folgende Aussagen machen:

— Investitionen sind oft — abhängig von den örtlichen Gegebenheiten — im Verhältnis zu den konventionellen Heizungen beim Fernwärmeanschluß geringer.

— Jahresgrundpreis und Meßpreis entsprechen im Mittel mit deutlichen örtlichen Schwankungen den Kosten für andere leitungsgebundene Energieversorgungen.

— Der unsubventionierte Arbeitspreis liegt in der Regel deutlich höher als der anderer Energieträger.

1912. Es gibt eine ganze Reihe von Berechnungsmodellen, die sich mit den Kosten von Fernwärme im Vergleich zu anderen Energieträgern beschäftigen (HARIG, 1983; KRÖHNER und REINHARD, 1984; MAACK, 1984; RUDOLPH et al., 1982). Zumindest heute, zum Zeitpunkt niedriger Energiepreise für Öl und Gas, ist die Fernwärme — natürlich abhängig von den jeweiligen Gegebenheiten, vom Preis deutscher Kohle und von den aufwendigen Umweltschutzmaßnahmen im Heizkraftwerk — zumeist teurer vor allem als die Wärmeenergie von Gas, möglicherweise auch als die von leichtem Heizöl.

1913. In den 70er Jahren und auch noch Anfang der 80er Jahre glaubte man, daß sich Fernwärme in Zukunft in hohem Maße durchsetzen werde. Diese Auffassung hat sich bis heute nicht bestätigt; unter anderem auch deshalb, weil der politische Wille zur Durchsetzung der Fernwärme nicht stark genug ausgeprägt war. An vielen Stellen, wo man zunächst eine Fernwärmeversorgung geplant hatte, wich man in der Folgezeit auf Gas aus, das bis heute in genügenden Mengen zur Verfügung steht. Der anfänglichen Ausweitung der Fernwärmeversorgung, die eine dezentralisierte Kraftwerksverteilung begünstigen und darüber hinaus größere industrielle Abwärmemengen benötigen würde, steht weiterhin im Wege, daß

- das industrielle Abwärmeangebot durch innerbetriebliche Rationalisierungsmaßnahmen, durch energiesparende Prozesse und durch Wärmerückgewinnungsanlagen heute nicht im erwarteten Maße zur Verfügung steht,
- die Schwierigkeiten bei Planung und Durchsetzung von Kraftwerkseinheiten aufgrund der aufwendigen Genehmigungsverfahren immer größer werden,
- die wachsenden Umweltschutzanforderungen auch bei kleinen Anlagen kostenmäßig immer aufwendiger werden.

Mittelfristig, d. h. bis etwa zum Jahre 1990, erwartet man — ausgehend von heutigen Rahmenbedingungen — eine Ausweitung der Fernwärmeversorgung in der Bundesrepublik Deutschland im günstigsten Fall von einem derzeitigen Anschlußwert von 32 747 MJ/s auf etwa 50 000 MJ/s und im ungünstigsten Fall auf etwa 43 000 MJ/s. Dabei könnten 1991 zwischen 10 und 12 % des Raumwärmebedarfs durch Fernwärme gedeckt werden, wobei zwischen 3,1 und 3,7 Mio t Mineralöl/Mineralöläquivalent eingespart würden.

1914. Unabhängig von den aufgezeigten Problemen und Schwierigkeiten, die sich teilweise behördlich regeln lassen, greift der Rat die in seinem Gutachten „Energie und Umwelt" (SRU, 1981) ausgedrückten Forderungen auf und ist heute mehr denn je der Auffassung, daß der Kraft-Wärme-Kopplung und der Wärmenutzung aus industrieller Abwärme auch in Zukunft größtes Gewicht einzuräumen ist. Er ist sich darüber im klaren, daß dies bei dem hohen Energiepreis nur durch wirtschaftliche Anreize und durch staatliche Zuschüsse, zumindest aber durch zinsgünstige Kredite und Bürgschaften, realisiert werden kann. Ziel aller Bemühungen muß es sein, die Fernwärmenetze schrittweise von der inselartigen Nahwärme über die Stadtteilversorgung zum regionalen Verbundsystem weiterzuführen, eine Aufgabe, die zunächst vor allem kommunalen Verwaltungen zufällt. Dabei sollte man sich zumindest in der Folgezeit auf Gebiete mit großer Wärmedichte beschränken und dem Gas nur die weniger besiedelten Gebiete überlassen.

1915. Die Realisierung aller dieser Forderungen erfordert ein Umdenken nicht nur hinsichtlich der Wärme-, sondern auch der Elektrizitätsversorgung durch ein Konzept, das politisch langzeitig verfolgt werden muß.

Blockheizkraftwerke

1916. Nach einer Erhebung der VDEW waren 1985 ca. 270 Blockheizkraftwerke mit einer elektrischen Gesamtleistung von 157 MW in Betrieb (NITSCHKE, 1986). In Tabelle 3.2.11 sind die erfaßten Blockheizkraftwerke, für die neben der elektrischen Leistung auch die thermische Leistung angegeben wurde, nach dem Brennstoff und Betreiber aufgegliedert; diese Zusammenstellung ergibt 240 Blockheizkraftwerke mit

Tabelle 3.2.11

Blockheizkraftwerke [1]) in der Bundesrepublik Deutschland, Aufgliederung nach dem Brennstoff und Betreiber
(Stand: 1985)

Brennstoff	EVU Anzahl	EVU thermische Leistung MW	Industrie/privat Anzahl	Industrie/privat thermische Leistung MW	öffentliche Einrichtungen Anzahl	öffentliche Einrichtungen thermische Leistung MW	Insgesamt Anzahl	Insgesamt thermische Leistung MW
Erdgas	80	132,407	39	28,817	32	29,958	151	191,182
Heizöl leicht/Diesel	7	5,750	15	4,991	3	0,908	25	11,649
Heizöl schwer	—	—	1	1,940	—	—	1	1,940
Erdgas/Heizöl leicht	2	16,667	5	8,581	1	0,650	8	25,898
Erdgas/Heizöl schwer	—	—	1	3,000	—	—	1	3,000
Butan/Propan	1	0,520	7	5,370	1	0,420	9	6,310
Klärgas/Faulgas	5	1,469	1	0,240	21	22,314	27	24,023
Deponiegas	1	0,520	1	0,220	5	2,671	7	3,411
Biogas	—	—	4	0,800	—	—	4	0,800
Kokereigas	2	1,664	1	0,687	—	—	3	2,351
Holzgas	—	—	3	2,598	—	—	3	2,598
diverse	—	—	1	2,800	—	—	1	2,800
Summe	98	158,997	79	60,044	63	56,921	240	275,962

[1]) mit Angabe über thermische Leistung
Quelle: SRU, eigene Zusammenstellung nach NITSCHKE, 1986

einer thermischen Leistung von ca. 276 MW. Bei einem angenommenen Auslastungsgrad von 34%, der aus einer Auswertung einer Reihe von Unternehmen der Fernwärmeversorgung gewonnen wurde, erzeugen diese Anlagen etwa 3 Petajoule Wärme im Jahr. Ihr Beitrag zur Gesamtwärmeerzeugung in der Bundesrepublik Deutschland ist mit weniger als 0,1 % somit äußerst gering. Mehr als die Hälfte der Leistung ist in von Elektrizitätsversorgungsunternehmen (EVU) betriebenen Anlagen installiert. Beim überwiegenden Anteil wird Erdgas als Brennstoff eingesetzt. Energiepolitisch sinnvoll ist vor allem die Nutzung von regional in kleinen Mengen anfallendem Klär-, Faul-, Deponie- und Biogas.

Kleinfeuerungsanlagen

1917. Der Wärmebedarf der Haushalte und Kleinverbraucher wurde im Jahre 1985 zu knapp 90 % durch Kleinfeuerungsanlagen (Tz. 1848) gedeckt; der Anteil dieser Anlagen an der Deckung des Gesamtwärmebedarfs beträgt knapp 54 %.

1918. Tabelle 3.2.12 zeigt einen Vergleich der Emissionen aus Kleinfeuerungsanlagen der Haushalte und Kleinverbraucher der Jahre 1966 und 1984. Danach gehen die SO_2-Emissionen aus Kleinfeuerungsanlagen, deren Anteil an den Gesamtemissionen im Jahre 1984 9,5 % (1966: 17,6 %) betrug, mit knapp 70 %

Tabelle 3.2.12

Vergleich der Emissionen aus Kleinfeuerungsanlagen (KFA) der Haushalte und Kleinverbraucher (ohne Kochen) 1966 und 1984

Emittierte Schadstoffe	1966			1984		
	KFA absolut kt/a	Anteile der Energieträger %	Anteil der KFA an der Gesamtemission %	KFA absolut kt/a	Anteile der Energieträger[1]) %	Anteil der KFA an der Gesamtemission %
Schwefeldioxid	570	100,0	17,6	250	100,0	9,5
davon:						
Heizöl (EL und S)		37,3			69,4	
Gas		0,2			0,3	
feste Brennstoffe		62,5			30,3	
Stickstoffoxide (als NO_2)	120	100,0	5,9	130	100,0	4,3
davon:						
Heizöl (EL und S)		41,6			62,1	
Gas		4,9			27,6	
feste Brennstoffe		53,5			10,3	
Kohlenmonoxid	6 600	100,0	51,3	1 600	100,0	21,5
davon:						
Heizöl (EL und S)		2,7			3,9	
Gas		0,1			2,3	
feste Brennstoffe		97,2			93,8	
Organische Verbindungen[2])	270	100,0	16,2	70	100,0	3,8
davon:						
Heizöl (EL und S)		8,7			26,3	
Gas		0			1,8	
feste Brennstoffe		91,3			71,9	
Staub bzw. Ruß	260	100,0	14,1	58	100,0	8,8
davon:						
Heizöl (EL und S)		2,8			8,3	
Gas		0			0	
feste Brennstoffe		97,2			91,7	

[1]) Bezugsjahr 1982
[2]) nur Feuerungsanlagen

Quelle: Bericht der Bundesregierung über Vorschläge zur Verringerung von Emissionen aus Kleinfeuerungsanlagen, 1986; UBA, 1986 a

hauptsächlich zu Lasten des Heizöls. Die festen Brennstoffe waren mit ca. 30% an den SO_2-Emissionen beteiligt. Dieser Anteil ist insbesondere auf den relativ hohen Schwefelgehalt der Steinkohle von ca. 1 Gew.% (Heizöl EL: 0,3 Gew.%) zurückzuführen. Heizgase sind weitgehend entschwefelt; ihr Anteil an den SO_2-Emissionen fällt daher mit 0,3% nicht ins Gewicht. Bis 1995 wird ein Rückgang der SO_2-Emission um 50 t auf 200 t/a erwartet (UBA, 1986a).

Der Anteil an den Gesamtemissionen von NO_x war im Jahre 1984 mit ca. 4,3% (1966: 5,9%) vergleichsweise noch geringer als beim SO_2. Die einzelnen Energieträger trugen dazu entsprechend ihrem Anteil am Energieverbrauch bei. Die Emissionen für das Jahr 1995 werden auf ca. 100 t/a geschätzt (UBA, 1986a).

Beim Kohlenmonoxid erreichte der Anteil an den Gesamtemissionen beachtliche 21% (1966: 51,3%), wobei 94% davon zu Lasten der festen Brennstoffe gehen. Die Ursache hierfür liegt darin, daß die festen Brennstoffe in Kleinöfen häufig nur unvollständig verbrannt werden.

Auch die Emissionen an organischen Kohlenwasserstoffen und Staub/Ruß mit Anteilen von ca. 4% im Jahre 1984 (1966: 16,2%) bzw. 9% (1966: 14%) waren überwiegend dem Einsatz von festen Brennstoffen zuzurechnen. Gründe sind die unvollständige Verbrennung und der relativ hohe Gehalt an nichtbrennbaren Bestandteilen in Braun- und Steinkohle.

1919. Gemessen an der gesamten Schadstoffemission in der Bundesrepublik Deutschland sind die Emissionen aus Kleinfeuerungsanlagen zwar nicht hoch, ihre Verminderung muß dennoch aus folgenden Gründen besondere Beachtung finden (Bericht der Bundesregierung über Vorschläge zur Verminderung von Emissionen aus Kleinfeuerungsanlagen, 1986; UBA, 1987):

— In dicht besiedelten Gebieten ist der Emissionsanteil der Kleinfeuerungsanlagen häufig höher als im Bundesdurchschnitt; die Quellhöhe ist gering (z. B. 4—7 m bei Einfamilienhäusern). Der Immissionsanteil kann in Ballungsgebieten hierdurch im Jahresmittel über 30% liegen.

— Die Emissionen entstehen nicht gleichmäßig über das ganze Jahr verteilt, sondern konzentrieren sich auf die Heizperiode, in der sich austauscharme Wetterlagen besonders stark auswirken.

— Eine Wartung und geeignete Einstellung von Kleinfeuerungsanlagen erfolgt — wenn überhaupt — höchstens sporadisch, so daß örtlich höhere Emissionen zumindest zeitweise möglich sind; ein Effekt, der auch durch die vielen unterschiedlichen Arten von Feuerungen beeinflußt wird.

1920. Der Rat begrüßt daher ausdrücklich eine Initiative der Bundesregierung, wonach zulässige Schadstoffgrenzwerte auch bei Kleinfeuerungen im Rahmen einer Novellierung der 1. und 3. Verordnung zur Durchführung des Bundes-Immissionsschutzgesetzes festgelegt werden sollen. Vor allem für Millionen von Hauseigentümern bedeutet dies, daß sie nicht unerhebliche Investitionen an ihrer zentralen Heizungsanlage vornehmen müßten. Notwendig werden könnten sowohl neue Brenner und bessere Steuerungsanlagen als auch der Ersatz der gesamten Anlage. Auch der Einbau von Staub- und Schadgasreinigungssystemen wird nicht ausgeschlossen. Nach Schätzung des Bauministeriums dürften etwa 18 bis 19 Mio Haushalte von der verschärften „Feuerungsanlagen-Verordnung" erfaßt werden. Genaue Angaben erhofft man sich von der 1987er Volkszählung, in der unter anderem nach der Heizungsart gefragt wurde.

3.2.2.3 Kernenergie

1921. Abbildung 3.2.10 zeigt die Verteilung der Kernkraftwerke in der Bundesrepublik Deutschland. Derzeit (Stand: März 1987) sind 7 Siedewasserreaktoren, 11 Druckwasserreaktoren, 2 Hochtemperaturreaktoren (davon 1 Pilotanlage) und ein Pilot-Brutreaktor mit einer Gesamtbruttoleistung von 19 957 MW_{el} in Betrieb. Weitere 4 Blöcke mit einer Leistung von insgesamt 4 312 MW_{el} befinden sich im Bau (atw-Report, 1987).

1922. Durchgesetzt haben sich zunächst besonders Leichtwasserreaktoren (LWR), und zwar, weil am Beginn der Kernenergienutzung mit diesem Reaktortyp, der für die amerikanischen Atom-U-Boote entwickelt worden war, die meisten Erfahrungen vorlagen. Er erfordert allerdings eine sehr aufwendige Sicherheitstechnik. Ihre Weiterentwicklung wird weltweit betrieben, da man bei ihnen eine hohe betriebliche Sicherheit und eine große Verfügbarkeit erwartet. Siedewasserreaktoren werden heute in der Bundesrepublik Deutschland nicht mehr gebaut. Bei den Hochtemperaturreaktoren handelt es sich um eine Pilotanlage in Jülich und um den Reaktor in Hamm-Uentrop, der 1986 in Betrieb ging. Darüber hinaus wird im Kernforschungszentrum im Karlsruhe eine Pilotanlage nach dem Prinzip des Schnellen Brüters erprobt. Eine größere Anlage dieses Typs mit 300 MW ist in Kalkar kurz vor der Fertigstellung.

1923. In der Bundesrepublik Deutschland werden fast ausschließlich Druckwasserreaktoren mit einer Leistungsdichte oberhalb 80 MW_{th}/m^3 und Siedewasserreaktoren mit einer Leistungsdichte von etwa 40—50 MW_{th}/m^3 eingesetzt. Beide Reaktortypen haben die inhärente Sicherheitseigenschaft des negativen Temperaturkoeffizienten der Dampfblasenbildung. Zur Beseitigung der Nachwärme müssen die heißen Stäbe intensiv gekühlt werden. Bei schlagartigem Ausfall der Kühlung, der die größte Unfallgefahr darstellt, stehen mehrere voneinander unabhängige Notkühlkreisläufe zur Verfügung. Erst wenn auch diese ausfallen und eine Konvektionskühlung ausbleibt, besteht die Gefahr der Brennstabüberhitzung.

1924. Ein anderer Weg wird beim Hochtemperaturreaktor beschritten, der als HTR 300 1986 in Hamm-Uentrop/Lippe in Betrieb ging. Bei diesem sogenannten Kugelhaufen-Reaktor mit einer Leistungsdichte

517

Abbildung 3.2.10

Stand des Ausbaus der Kernkraftwerksleistung
(Stand: März 1987)

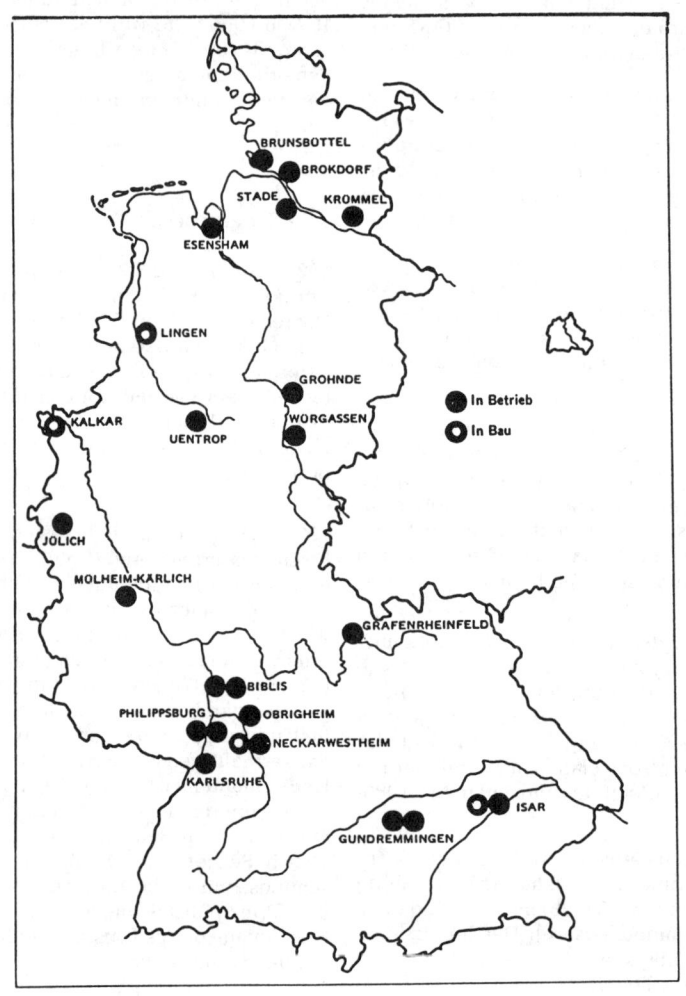

Quelle: BMWi, 1986a, verändert

von 5–6 MW$_{th}$/m³ sind die mit einer pyrolitischen Kohlenstoff-Silizium-Schicht überzogenen Urankügelchen in größere Graphitkugeln eingelagert. Auch dieser heliumgekühlte Reaktor hat einen großen negativen Temperaturkoeffizienten. Entsprechend seiner Auslegung schaltet er automatisch ab, wenn eine bestimmte Temperaturgrenze überschritten wird. Diese liegt deutlich unter 1600 °C, bei denen Uranspaltprodukte in die pyrolitische Kohlenstoff-Silizium-Schicht der Uranummantelung hinein zu diffundieren beginnen. Wegen des hohen Wärmespeichervermögens des vollkeramischen Kerns verbleibt beim Abfall des Heliumdruckes genügend Zeit zu Notkühlmaßnahmen. Besonders betriebssicher sind hierbei kleinere Module mit einem besonders großen Verhältnis von Reaktoroberfläche zu Reaktorvolumen. Bei Leistungsdichten von 2–5 MW$_{th}$/m³ glaubt man, die Module bis zu einer Leistung von 80 MW$_{el}$ so gestalten zu können, daß die Nachwärme allein durch Wärmeleitung und Wärmestrahlung über den Reaktormantel abgeführt wird. Ohne jegliche äußere Eingriffe schaltet sich damit der Reaktor im Störfall automatisch ab.

1925. Im Vergleich zu den vorgenannten Reaktoren müssen für den sicheren Betrieb von Schnellen Brutreaktoren (SBR), wie des SNR-300 in Kalkar, insbesondere wegen des chemisch sehr reaktiven Wärmeträgermediums Natrium besondere technische Maßnahmen ergriffen werden. Darüber hinaus erfordert der Einsatz von Plutonium als Brennstoff aufwendige technische Sicherheitsvorkehrungen. Gegenstand intensiver öffentlicher Diskussion sind die besonderen Risikoeigenschaften dieses Reaktortyps, die nach vorliegenden Analysen zwar insgesamt kein höheres Gesamtrisiko als das von Leichtwasserreaktoren ergeben, denen jedoch wegen ihrer Andersartigkeit besondere Aufmerksamkeit geschenkt werden muß. Der Kern dieses Reaktortyps besitzt gegenüber anderen Reaktortypen eine vergleichsweise hohe Energiedichte. Der SBR gilt jedoch als sehr reaktivitätsstabil, Schwankungen der Betriebsdaten haben bei ihm wesentlich geringere Reaktivitätsänderungen zur Folge als z. B. beim LWR. Der im Zusammenhang mit dem Unfall von Tschernobyl diskutierte „positive Dampfblasenkoeffizient" des SBR hat im Gegensatz zum Tschernobylreaktor für den praktischen Betrieb eines SBR keine Bedeutung, da die Temperatur des Wärmeträgers Natrium um mehr als 300 °C unter dem Siedepunkt bleibt. Intensiv diskutiert wird auch die Tatsache, daß bei Normalbetrieb des SBR die geometrische Anordnung des Reaktorkerns nicht die Konfiguration mit höchster Reaktivität darstellt. Als Folge hypothetischer Störfälle ist eine Neuanordnung von Kühlmittel, Brennstoff und Hüllmaterial in einer Konfiguration höherer Reaktivität denkbar. Dieser als Bethe-Tait-Störfall bekannte Unfallablauf spielt auch in der noch andauernden Diskussion zur Genehmigung des SNR-300 eine Rolle. Zur Verhinderung derartiger hypothetischer Unfallabläufe wurden im SNR-300 als Prototyp eine Reihe aufwendiger technischer Maßnahmen getroffen. Die innerhalb des Genehmigungsverfahrens ermittelten Beanspruchungen der primären Kühlmittel-Umschließung bleiben selbst bei diesem Unfall unterhalb der mechanischen und thermodynamischen Auslegungsgrenzen. Besonders zu erwähnen ist, daß der SNR-300 als einziger Reaktor in der Welt eine Kern-Auffangvorrichtung für einen geschmolzenen Reaktorkern erhielt. Hervorzuheben sind auch sicherheitstechnische Vorteile des SBR, die hauptsächlich in der Verwendung von Natrium als Wärmeträgermedium bestehen. So steht das Natrium im Primärsystem nur unter sehr geringem Druck, es besitzt gute Naturumlaufeigenschaften und es ist unter den im Reaktor herrschenden Bedingungen weniger korrosiv als Wasser.

1926. Die Brütertechnik wurde vor allem in Frankreich vorangetrieben, u. a. auch aus militärischen Gründen. Bis vor wenigen Jahren ging man jedoch auch davon aus, mit diesem Reaktortyp, der beinahe unerschöpfliche Energieressourcen erschließt, auch billige Energie zu gewinnen. Inzwischen hat sich gezeigt, daß, u. a. bedingt durch notwendige Sicherheitsvorkehrungen, der erhoffte niedrige Strompreis nicht zu erzielen ist. Eine Inbetriebnahme des SNR-300 in Kalkar ist für die Versorgungssicherheit der Bundesrepublik Deutschland nicht erforderlich, zumal es sich um einen einzelnen Prototyp handelt. Inwieweit der Nichtbetrieb des SNR-300 die technologische Fortentwicklung der Kerntechnik in der Bundesrepublik Deutschland beeinträchtigen könnte, ist durch den Rat nicht zu beurteilen.

1927. Umweltbelastungen durch die Nutzung der Kernenergie können auftreten bei der Brennstoffgewinnung und -verarbeitung, beim Normalbetrieb und bei Störfällen in Kernkraftwerken sowie beim Transport und der Wiederaufarbeitung bzw. der Zwischen- und Endlagerung abgebrannter Brennelemente.

Uranerzabbau und -behandlung

1928. Der Uranerzabbau führt zu keinen nennenswerten Umweltbelastungen in der Bundesrepublik Deutschland, wo er nur in sehr geringem Umfang betrieben wird. Probleme, die bei der Förderung im Ausland entstehen, fallen nicht in den Aussagebereich dieses Gutachtens.

1929. Die Urananreicherung wird seit Fertigstellung der ersten Ausbaustufe der Urananreicherungsanlage Gronau im August 1985 teilweise in der Bundesrepublik selbst durchgeführt. Dabei wird ein modernes Gaszentrifugenverfahren erfolgreich angewendet. Die Umweltbelastungen durch Emissionen aller Art sind im Normalbetrieb vernachlässigbar. Sie liegen weit unter den genehmigten Grenzwerten. Beeinträchtigungen der Umwelt sind nur denkbar, wenn bei schweren Störfällen oder Einwirkungen von außen trotz mehrfacher Sicherungsmaßnahmen größere Mengen des Betriebsstoffes Uranhexafluorid (UF_6) freigesetzt werden. Dabei würde die chemische Toxizität dieser Verbindung eine weitaus größere Rolle spielen als die Strahlung. Durch die Notfallschutzplanung sollen die Auswirkungen potentieller Unfälle eingegrenzt werden.

1930. Das Uranhexafluorid wird in fester Form in Großbehältern transportiert; bei der Entleerung wird es in die gasförmige Phase überführt. Die Behälter gehen mit dem Restinhalt zurück in die Urananreicherungsanlagen, um dort mit geeigneten Chemikalien gereinigt zu werden. Die anfallenden Restprodukte werden einer aufwendigen Abwasserreinigung, die auf dem Destillationsprinzip beruht, und danach dem Vorfluter zugeleitet. Mittel- und schwachaktive Rückstände müssen entsorgt werden.

1931. In der Bundesrepublik Deutschland gibt es vier Betriebe, die Kernbrennstoff zu Brennelementen verarbeiten. Durch entsprechende Maßnahmen soll sichergestellt werden, daß keine Ansammlungen spaltbaren Materials auftreten können, welche die für das Zustandekommen einer Kettenreaktion notwendige kritische Masse auch nur annähernd erreichen. Die Emissionen, die immer schon weit unter den in § 45 der Strahlenschutzverordnung festgelegten Grenzwerten lagen, haben in den letzten Jahren weiter abgenommen. Lagen die je Betrieb in die Luft bzw. das Abwasser emittierten Alpha-Aktivitäten vor 1979 noch bei jährlich maximal 0,48 GBq bzw. 44,0 GBq, so sanken diese Werte im Jahre 1983 auf maximal 0,017 GBq bzw. 6,2 GBq (CROUCH et al., 1980).

1932. Die gelegentlich anzutreffende Einschätzung, daß die Risiken der Kernbrennstoffherstellung denjenigen chemischer Fabriken vergleichbar seien, wird der Sachlage nicht voll gerecht. Das anders gelagerte Risikopotential ergibt sich bei der Kernbrennstoffherstellung aus

— einem anderen Profil der als möglich eingestuften Störfälle,

- der Möglichkeit einer Strahlenexposition infolge störfallbedingter Freisetzung radioaktiver Stoffe,
- spezifischen Abfall- und Transportproblemen.

Bei Einhaltung aller Sicherheitsvorschriften sollten sich aber keine Probleme für die Umwelt ergeben.

1933. Noch nicht aktivierte Brennelemente werden ohne Probleme und daher in Holzkisten transportiert. Zur Bevorratung dieser Brennelemente verfügen die Kernkraftwerke über größere Lagerkapazitäten. Hierdurch sind keine Umweltbeeinträchtigungen zu erwarten.

Betrieb von Kernkraftwerken

1934. Auch die Umweltbelastungen durch den Normalbetrieb von Kernkraftwerken sind äußerst gering. Mehr als bei den kleineren Kohlekraftwerksblöcken stellt der Anfall an Abwärme bei großen Kernkraftblöcken allerdings ein Problem dar. Mit Hilfe der Kühlturmtechnik wird die Wärmeeinleitung in Oberflächengewässer so niedrig gehalten, wie dies aus Gründen des Umweltschutzes erforderlich ist. Dabei ist sicherzustellen, daß das zur Kühlung verwendete Wasser höchstens um 5 °C bei bestimmungsgemäßem Betrieb und um 15 °C in Störfällen aufgeheizt wird.

1935. Eine kerntechnische Anlage enthält nach einiger Betriebszeit ein erhebliches Inventar an radioaktiven Spalt- und Aktivierungsprodukten, die die Ursache möglicher Umweltbelastungen sind. Dabei ist die im Normalbetrieb von Kernenergieanlagen durch routinemäßige Abgaben ausgelöste Dauerbelastung der Umwelt sehr gering.

1936. Die radioaktiven Emissionen werden kontinuierlich und sorgfältig überwacht. Diese Messungen sind technisch und organisatorisch auf einem höheren Stand als bei jeder anderen Emissionsquelle. Die Ergebnisse werden in den jährlichen Berichten „Umweltradioaktivität und Strahlenbelastung" des Bundesministers für Umwelt, Naturschutz und Reaktorsicherheit (bis 1986: des Bundesministers des Innern) zusammengestellt und bewertet. Die in den letzten Jahren in Betrieb genommenen Fernüberwachungssysteme tragen zur Vervollkommnung der behördlichen Überwachung bei.

Tabelle 3.2.13 zeigt die aus den Meßwerten errechneten maximal möglichen Strahlenexpositionen für die Bevölkerung in der Umgebung der einzelnen Kernkraftwerke. Sie sind sehr klein gegenüber der Schwankungsbreite der natürlichen Strahlenexpositionen, die in der Bundesrepublik zwischen 1 und 6 mSv/a liegt. Der Grenzwert nach § 45 Strahlenschutzverordnung beträgt für die Ganzkörperdosis 0,3 mSv/a. Die Tatsache, daß er auch nicht annähernd von einem Kernkraftwerk erreicht wird, bestätigt die Einhaltung des Auslegungsprinzips „so wenig wie möglich".

1937. Was den von einigen Seiten vermuteten Zusammenhang zwischen Waldschäden und der zivilisatorisch bedingten Radioaktivität der Umwelt in der Bundesrepublik Deutschland anbetrifft, schließt sich der Rat der Feststellung der Strahlenschutzkommission (Strahlenschutzkommission, 1986) an, daß ein solcher Kausalzusammenhang nach wissenschaftlichen Bewertungsmaßstäben bislang nicht begründet ist. Dies sollte aber weiter beobachtet werden.

1938. Die strahlenschutztechnische Fachsprache
— die allerdings der Öffentlichkeit nicht leicht verständlich gemacht werden kann (SRU, 1981, Tz. 151)
— gliedert Vorkommnisse in kerntechnischen Anlagen in Störfälle und Unfälle.

Tabelle 3.2.13

Maximal mögliche Strahlenexposition (Ganzkörperdosis) in µSv/a für Einzelpersonen in der Umgebung von Kernkraftwerken durch die Abgabe radioaktiver Stoffe mit der Abluft und dem Abwasser

Kernkraftwerk	Typ	Abluft (alle Expositionspfade) in den Jahren				Abwasser (alle Expositionspfade) in den Jahren				
		1978	1981	1983	1984	1975	1978	1981	1983	1984
KWO (Obrigheim)	DWR	2,0	1,0	2,0	1,0	14,0	1,0	0,2	0,2	0,3
KKS (Stade)	DWR	0,6	0,2	0,2	0,1	0,1	0,1	0,1	0,1	0,1
KWW (Würgassen)	SWR	8,0	7,0	2,0	5,0	0,6	2,0	1,0	1,0	0,8
Biblis A und B	DWR	0,7	0,4	0,4	0,4	0,1	0,2	0,2	0,1	0,1
KKB (Brunsbüttel)	SWR	9,0	0,6	0,1	0,5	—	4,0	0,2	0,1	0,1
GKN (Neckarwestheim)	DWR	0,2	0,1	0,1	0,2	—	0,2	0,1	0,4	0,3
KKI (Ohu/Isar)	SWR	—	0,2	0,3	0,3	—	—	0,1	0,1	0,1
KKU (Unterweser)	DWR	—	0,1	0,1	0,2	—	—	0,1	0,2	0,2
KKP (Philippsburg)	SWR	—	0,1	0,8	0,5	—	—	0,1	0,4	0,3
KKG (Grafenrheinfeld)	DWR	—	—	0,1	0,1	—	—	—	0,4	0,5

Quelle: Umweltradioaktivität und Strahlenbelastung — Jahresberichte 1975—1984

1939. Ein Störfall ist gemäß Strahlenschutzverordnung ein Ereignisablauf, der eine Gefahr der Freisetzung größerer Mengen an Radioaktivität herbeiführt als im bestimmungsgemäßen Betrieb maximal vorgesehen ist. Für diesen ist die Anlage einschließlich der vorsorglichen Schutzvorkehrungen für das Betriebspersonal ausgelegt. Beim Eintritt eines Störfalles darf der Betrieb der Anlage oder die Tätigkeit aus sicherheitstechnischen Gründen nicht fortgeführt werden. Konkrete Festlegungen für die sicherheitstechnische Auslegung enthält die BMI-Leitlinie zur Beurteilung der Auslegung von Kernkraftwerken mit Druckwasserreaktoren gegen Störfälle im Sinne des § 28 Abs. 3 Strahlenschutzverordnung (BMI, 1983). Sie bestimmt Art und Umfang der notwendigen Maßnahmen zur Schadensvorsorge und Gefahrenabwehr durch die Konkretisierung von Auslegungsstörfällen und der Randbedingungen der Störfallanalysen. Im Hinblick auf die Auslegung dieser Maßnahmen enthält die Strahlenschutzverordnung Planungsrichtwerte für die Strahlenexposition bei Störfällen. Dank einer laufend verbesserten Sicherheitstechnik hat es in den Kernkraftwerken der Bundesrepublik Deutschland bis heute keinen Störfall gegeben, bei dem die für den Normalbetrieb der Anlage zulässigen Grenzwerte überschritten wurden. Im 1984 vorgelegten Bericht des Bundesministers des Innern über „Besondere Vorkommnisse in Kernkraftwerken in der Bundesrepublik Deutschland für das Jahr 1983" sind insgesamt 136 besondere Vorkommnisse vermerkt. Drei Vorkommnisse waren mit einer höheren Aktivitätsabgabe verbunden, die jedoch immer noch unterhalb der für den Normalbetrieb zulässigen Grenzwerte lagen.

1940. Denkbare Ereignisabläufe jenseits der sicherheitsmäßigen Auslegung der Kernkraftwerke werden als Unfälle bezeichnet (MICHAELIS, 1986). Für Unfälle sind gezielte Maßnahmen zur Verhinderung oder Begrenzung der Folgen üblicherweise nicht geplant, da ihre Eintretenswahrscheinlichkeit als extrem gering angesehen werden kann. Eintrittswahrscheinlichkeiten und Unfallfolgen wurden für eine Reihe hypothetischer Unfallabläufe in Kernkraftwerken in sogenannten Risikostudien näher untersucht (Tz. 1973 f.).

Entsorgung

1941. Radioaktive Abfälle entstehen in allen Bereichen des Brennstoffkreislaufes durch Kontamination von Feststoffen oder Flüssigkeiten durch Radionuklide oder Aktivierung. Je nach ihrer spezifischen Aktivität unterscheidet man schwachaktive, mittelaktive und hochaktive Abfälle.

1942. Der Betrieb großer Kernkraftwerke verursacht jährlich neben dem Abfall abgebrannter Brennelemente ungefähr 210 m³ verfestigte Abfälle, wovon ca. 80% schwach-, 15% mittel- und 5% hochaktiv sind (VOLKMER, 1981). In der Bundesrepublik Deutschland belief sich nach Angaben der Physikalisch-Technischen Bundesanstalt der Bestand an Gebinden mit radioaktivem Abfall am 31. Dezember 1985 auf 61 400 Stück. Hiervon entfielen 47 200 Stück auf 200 l-Fässer und 7 800 Stück auf zylindrische Behälter. Der Vergleich des Gebindeanfalls 1985 und 1986 zeigt eine Abnahme des Anteils von radioaktiven Abfällen, die in 200 l- und 400 l-Fässern verpackt sind. Stattdessen werden zunehmend Beton, Gußbehälter und Container als Abfallbehälter verwendet. Nach Angaben der Physikalisch-Technischen Bundesanstalt beträgt der zukünftige Anfall an konditionierten radioaktiven Abfällen mit vernachlässigbarer Wärmeentwicklung im Jahr 2000 ca. 227 600 m³. Diese Abfälle mit vernachlässigbarer Wärmeentwicklung sollen im ehemaligen Eisenbergwerk Konrad in Salzgitter-Bleckenstett endgelagert werden, wofür derzeitig ein Planfeststellungsverfahren nach § 9 b des Atomgesetzes durchgeführt wird.

Man schätzt darüber hinaus bis zum Jahr 2000 einen Anfall von konditionierten radioaktiven Abfällen mit Wärmeentwicklung in Höhe von 7 000 m³, die im Salzstock Gorleben endgelagert werden sollen. Die bei der Wiederaufarbeitung von Brennelementen entstehenden tritiumhaltigen Abwässer (ca. 1 000 m³ pro Tag) will man demgegenüber über Versenkbohrungen in den tiefen geologischen Untergrund entsorgen.

1943. Die Brennelemente selbst sind durchschnittlich 3 Jahre im Reaktor eingesetzt. Ein Drittel aller Elemente wird jährlich ausgewechselt, so daß bei einem 1 300 MW_{el} Kernkraftwerk etwa 35 t abgebrannte Brennelemente pro Jahr anfallen. Die Zusammensetzung der Brennstäbe hat sich während des Reaktorbetriebes verändert. Bei einem Abbrand von 33 000 MWd/t enthält der Brennstoff ca. 1 % Plutonium und ca. 4 % Spaltprodukte. Der Anteil von 3,3 % spaltbarem U-235 ist auf 0,8 % gefallen. Nach der Entnahme lagert man die Brennstäbe mindestens mehrere Monate in einem Wasserbecken im Kernkraftwerk. Während dieser Zeit zerfallen die Spaltprodukte mit kürzeren Halbwertzeiten, das im Lagerbecken befindliche Wasser dient zur Abschirmung der Strahlen und zur Kühlung der Brennelemente.

1944. Nach dieser ersten Abklingzeit ist vorgesehen, die Brennelemente in speziellen Transportbehältern, die die Strahlung abschirmen, für ausreichende Kühlung sorgen sowie eine hohe mechanische Stabilität aufweisen, in ein Zwischenlager zu transportieren. Die Transportbehälter ermöglichen es, bei hinreichendem vorherigem Verbleib in den Kompaktlagern der Kernkraftwerke eine längerfristige Lagerung ohne Zwangskühlung („trocken") durchzuführen. Die kraftwerks-interne und die externe Zwischenlagerung erhöhen durch die Vergrößerung der Lagerkapazität das Risiko für die Umgebung nicht. Der Rat sieht vielmehr in der Nutzung der „trockenen" Zwischenlagerung sicherheitstechnische Vorteile gegenüber „nasser" Zwischenlagerung, die früher verfolgt wurde.

Der Betrieb eines 1 300 MW_{el} Kernkraftwerkes erfordert pro Jahr 5—6 Einzelbehälter (VOLKMER, 1981). In diesen werden bis zur geplanten Eröffnung eines Zwischenlagers die abgebrannten Brennelemente im Kernkraftwerk selbst zwischengelagert.

521

Im vorgesehenen Zwischenlager klingt die Aktivität der Spaltprodukte weiter ab. Soll der Kernbrennstoff in einer Wiederaufarbeitungsanlage (WAA) weiterbehandelt werden, so wird eine siebenjährige Vorlagerzeit angestrebt. Das erste Zwischenlager ist in Gorleben für ausgediente Leichtwasserreaktor-Brennelemente bis zu einer Menge von 1 500 t Uran fertiggestellt worden, aber noch nicht in Betrieb. Ein zweites Zwischenlager ist in Ahaus geplant, wird jedoch bislang durch Verwaltungsgerichtsentscheidung blockiert.

1945. Eine Prognose des jährlichen Anfalls an ausgedienten Brennelementen aus Leichtwasserreaktoren in der Bundesrepublik Deutschland geht von einer Steigerung von gegenwärtig ca. 350 t auf rund 600 t im Jahre 2000 und rund 700—800 t im Jahre 2020 aus (SALANDER, 1986). Wie Abbildung 3.2.11 zeigt, wird dabei angenommen, daß in zunehmendem Maße Brennelemente aus Uran-Plutonium-Mischoxid (MOX) zur Rezyklierung des Plutoniums und solche aus wiederaufgearbeitetem und angereichertem Uran (WAU) eingesetzt werden. Diesen Mengenangaben liegt die Prognose zugrunde, daß in der Bundesrepublik im Jahre 2000 eine nukleare elektrische Leistung von 28 800 MW_{el} und im Jahre 2010 von 37 600 MW_{el} installiert sein wird. Dem steht eine in Betrieb befindliche Kernkraftwerkskapazität von 21 Kernkraftwerken mit ca. 20 000 MW_{el} gegenüber, weitere 4 Kernkraftwerke mit insgesamt ca. 4 300 MW_{el} sind im Bau. Über die Realisierung der weiterhin projektierten 9 Kraftwerke mit insgesamt ca. 12 000 MW_{el} ist noch nicht entschieden.

1946. Eine mögliche allmähliche Abbranderhöhung, die eine verbesserte Energieausbeute des Kernbrennstoffs nach sich zieht, führt zu einer Verminderung der Entlademengen. In Abbildung 3.2.12 ist die Auswirkung zweier Modellannahmen, einmal von 1,2 % und einmal von 1,4 % jährlicher Abbranderhöhung, dargestellt. Die Entsorgung dieser abgebrannten Brennelemente ist durch Wiederaufarbeitungsverträge mit der Compagnie Générale des Matiéres Nucléaires (COGEMA) und der British Nuclear Fuels (BNFL) sowie unter Berücksichtigung der zukünftigen Kapazität der geplanten Wiederaufarbeitungsanlage in Wackersdorf (Jahresdurchsatz 350 t) weitgehend gesichert. Für die darüber hinaus anfallenden Mengen werden die von der COGEMA und der BNFL eingeräumten Optionen sowie weitere Entsorgungsmöglichkeiten durch die eventuelle Einführung der „Direkten Endlagerung" der abgebrannten Brennelemente oder durch zusätzliche Entsorgung im Ausland genannt.

1947. Aus heutiger Sicht ist festzustellen, daß die Kernkraftwerke — z. T. seit längerer Zeit — in Betrieb sind und radioaktive Abfälle erzeugen, daß die tatsächliche Realisierung der Entsorgung damit jedoch nicht Schritt gehalten hat.

1948. In einer Wiederaufarbeitungsanlage wird der abgebrannte Brennstoff zerkleinert und in Uran (ca. 95%), Plutonium (ca. 1%) und in hochaktiven Abfall, die Spaltprodukte, getrennt. Das rückgewonnene Uran kann nach einer erneuten Anreicherung wieder dem Brennstoffkreislauf zugeführt werden. Plutonium kann im Rahmen von Plutonium-Uran-Mischoxid-

Abbildung 3.2.11

Anfall ausgedienter Brennelemente einschließlich MOX- und WAU-BE aus den LWR-Kraftwerken der Bundesrepublik Deutschland bis zum Jahr 2010[1])

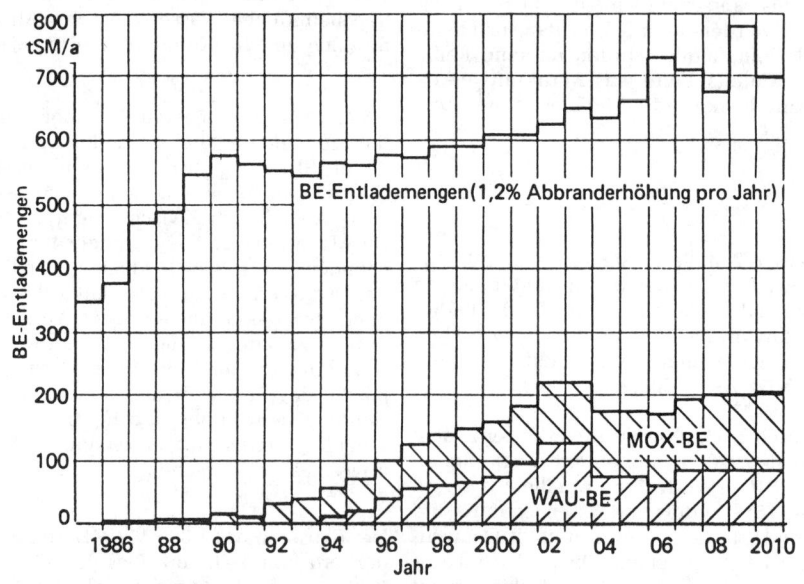

[1]) Basis: LWR-Kapazitätsprognose 28 800 MW_{el} brutto im Jahr 2000 und 37 600 MW_{el} brutto im Jahr 2010

Quelle: SALANDER, 1986

Abbildung 3.2.12

Entsorgung der nach Abb. 3.2.11 (oberster Treppenverlauf) zu erwartenden Mengen an ausgedienten Brennelementen durch Aufarbeitung im In- und Ausland (als Vertragsmengen bezeichnet)

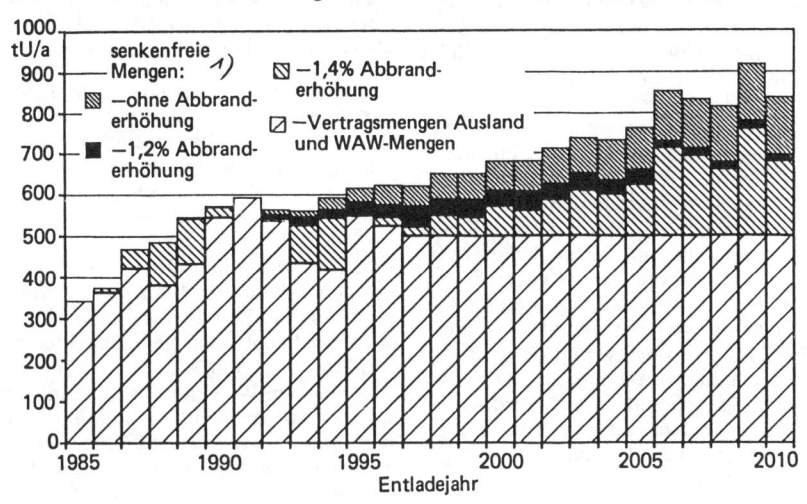

[Balkendiagramm: tU/a (0–1000) über Entladejahr (1985–2010); Legende: senkenfreie Mengen ¹⁾: – ohne Abbranderhöhung, – 1,2% Abbranderhöhung, – 1,4% Abbranderhöhung, – Vertragsmengen Ausland und WAW-Mengen]

¹) Für die als „senkenfrei" bezeichneten Mengen sind zu gegebener Zeit weitere Entsorgungswege zu erschließen, hierzu ist die mengenmäßige Auswirkung von Abbranderhöhungen dargestellt worden.

Quelle: SALANDER, 1986

brennelementen im Brennstoffkreislauf weiter genutzt werden. Hierdurch ist eine Erhöhung des Risikopotentials grundsätzlich gegeben, da wegen der höheren Radioaktivität des Plutoniums frische Mischoxidbrennelemente ein größeres Gefährdungspotential als frische Uranbrennelemente besitzen.

1949. Ähnlich wie bei Kernkraftwerken ist bei Wiederaufarbeitungsanlagen aufgrund des großen Aktivitätsinventars ein, wenn auch anders geartetes, Gefährdungspotential vorhanden. Deshalb ist der Wiederaufarbeitung sicherheitstechnisch die gleiche Aufmerksamkeit wie den Kernkraftwerken selbst zu schenken.

Für den bestimmungsgemäßen Betrieb wird mit Emissionen von jährlich 1,4 GBq an Alpha-Aerosolen und 154 GBq an Beta-Aerosolen über die Fortluft gerechnet sowie mit 0,5 GBq an Alpha- und 13,3 GBq an Beta-Aerosolen über das Abwasser. Daraus resultiert bei pessimistischer Betrachtungsweise eine maximale Strahlenexposition (Ganzkörperdosis) in der Umgebung von 268 µSv/a über den Fortluftpfad und von 10 µSv/a über den Abwasserpfad (KOLB und BÖDDICHER, 1978). Die Dosisgrenzwerte der Strahlenschutzverordnung würden damit eingehalten. Die Reaktorsicherheitskommission erwartet, daß diese theoretischen Werte in der Praxis nicht erreicht werden und daß sie durch weitere Prozeßoptimierung zusätzlich reduziert werden können.

1950. Aus ökologischer Sicht geht jegliche Abfallbewältigung nach dem Vorbild des Ökosystems von der Wiederverwendung, d. h. dem Prinzip des Stoffkreislaufes aus. Auf Abfälle und Reststoffe kerntechnischer Anlagen bezogen spricht man von Wiederaufarbeitung. Dieses „klassische Konzept" wurde auch unter der Zielvorstellung einer verstärkten Stromerzeugung aus Kernkraft bei abnehmenden Uranreserven bevorzugt entwickelt. Die veränderte Einschätzung der Kernenergie hat in den letzten Jahren dazu geführt, statt einer Wiederaufarbeitung die Konditionierung und direkte Endlagerung der abgebrannten Brennelemente zu untersuchen. Zwar würde dies eine erheblich schlechtere Rohstoffausnutzung bedeuten, die aber bei der heutigen Einschätzung der Uranvorräte von Fachleuten als tragbar angesehen wird.

Der Vorteil der direkten Endlagerung liegt vor allem in der Verminderung von Umweltbelastungen und dem Wegfall von kerntechnischen Anlagen und Transportsystemen, die Gefahrenquellen sein können. Die direkte Endlagerung in Salzstöcken könnte möglicherweise auch kostengünstiger sein und wird in letzter Zeit neben der angestrebten Wiederaufarbeitung zur zusätzlichen Sicherung der Entsorgung untersucht (CLOSS et al., 1984).

1951. Der Rat sieht daher keine prinzipiellen Hindernisse für eine Wiederaufarbeitung oder direkte Endlagerung abgebrannter Brennelemente. Er drängt aber darauf, daß bei Entscheidungen über eine geeignete Entsorgung und deren Realisierung Aspekte des Gesundheits- und Umweltschutzes im Vordergrund stehen müssen.

3.2.3 Bewertung der Belastungen und Risiken

1952. Seit Beginn der siebziger Jahre wird in größerem Umfang ein Vergleich der Risiken bei den verschiedenen Energieträgern versucht. Diese Studien streben einen Vergleich unter Berücksichtigung aller Bau- und Betriebsphasen der Anlage von der Rohstoffgewinnung bis zur Strom- und Wärmeerzeugung an. Dieser Vergleich ist außerordentlich schwierig; darüber hinaus sind Ergebnisse verschiedener Studien zu diesem Thema kaum vergleichbar. Ein wichtiger Grund dafür liegt in der unterschiedlichen Abgrenzung der Untersuchungsgegenstände (z. B. Einbeziehung der Errichtungsphase der Energieanlagen oder nicht), ein anderer in der unterschiedlichen Definition des Risikomaßes. Problematisch ist auch der Vergleich der Ergebnisse empirisch begründeter Abschätzungen für bekannte und entwickelte Technologien mit denen für „neue", noch wenig entwickelte, die mit grundsätzlich unterschiedlichen Methoden gewonnen wurden. Es ist zudem außerordentlich schwierig, die künftige Entwicklung aller Techniken im Hinblick auf die gesundheitlichen und ökologischen Risiken einzuschätzen.

Allen bekannten Studien ist im übrigen gemeinsam, daß die quantitative Abschätzung der Unsicherheiten nur unbefriedigend gelöst ist. Ein wissenschaftlich seriöser, quantitativer Vergleich der Ergebnisse verschiedener Studien muß praktisch jede Zahl mit Einschränkungen und Erläuterungen versehen. Schließlich — und auch das muß erwähnt werden — gehen die Studien oft auch von interessengeleiteten Annahmen aus.

3.2.3.1 Schadstoffe bei fossilen Brennstoffen

1953. Seit langem ist man der Auffassung, daß besonders die Feststoffemissionen aus Feuerungen nicht nur belästigend, sondern zumindest in Grenzen auch schädigend auf die Umwelt einwirken. Seit etwa den sechziger Jahren hat man alle Anstrengungen unternommen, um die Staubemissionen aus Feuerungen so weit wie möglich zu reduzieren. Trotz steigender Industrialisierung fiel der Staubauswurf aus Feuerungen von ca. 1,1 Mio t/a 1965 auf gegenwärtig ca. 250 000 t/a ab. Ausgehend vom physikalischen Prinzip der verwendeten Staubabscheider wurde primär Grobstaub mit Korngrößen über 10 μm erfaßt, der daher in den heute emittierten Stäuben kaum noch vorhanden ist. Demgegenüber fiel der Feinstaubanteil nur von ca. 600 000 t/a 1965 auf etwa 200 00 t/a heute, also in geringerem Umfang, ab.

1954. Stein- und Braunkohle enthalten eine Reihe von Neben- und Spurenelementen, von denen den **Schwermetallen** besondere Bedeutung zukommt. Einige dieser Stoffe haben toxische Wirkungen sowohl auf den Menschen als auch auf die belebte und unbelebte Natur. Sie werden sowohl über die Luft als auch über die Nahrungskette aufgenommen.

Die deutlichen Erfolge bei der Verminderung der Emissionen an Staub sind jedoch nicht direkt auf die Emissionen von Schwermetallen übertragbar. Untersuchungen zeigen eine Anreicherung von diesen Staubinhaltsstoffen in feineren Kornfraktionen, die — wie oben dargestellt — nicht in gleichem Maße von Rückhaltesystemen erfaßt werden wie gröbere Partikel. Zudem sind einige Schwermetalle bzw. ihre Verbindungen leicht flüchtig, so daß sie in nennenswertem Umfang in der Gasphase auftreten, wobei sie den Abscheider unbeeinflußt passieren.

Dennoch ergaben Abschätzungen der langfristigen Anreicherung der Spurenelemente Arsen, Cadmium, Quecksilber und Blei im Boden innerhalb von Belastungsgebieten oder größeren Regionen, daß nur sehr geringe Beiträge aus Emissionen aus steinkohlegefeuerten Anlagen auftraten (COENEN, 1985).

1955. Es wird auch die Frage gestellt, ob die in der Vergangenheit erreichte weitgehende Verminderung staubförmiger Emissionen aus Großfeuerungsanlagen nicht möglicherweise die beobachteten Pflanzen- und Waldschäden verstärkt habe. Hier wird neben der katalytischen Wirkung der Staubinhaltsstoffe bezüglich des Abbaus von Oxidantien auch auf den Nährstoffeintrag durch diese Stäube verwiesen. Die früher bereits geäußerten Vermutungen, daß die zumeist basischen Staubinhaltsstoffe den Einfluß der säurebildenden Emissionen weitgehend ausgleichen könnten, erwiesen sich aufgrund von Bilanzierungsüberlegungen zur Gesamtemission von basen- und säurebildenden Stoffen als praktisch unbedeutend. Bezüglich der anderen genannten Hypothesen steht die endgültige Klärung noch aus. Es wäre jedoch für eine zunehmend der Vorsorge verpflichtete Umweltpolitik eine neue Herausforderung, wenn der Erfolg bei der Emissionsbegrenzung einer Stoffgruppe in Frage gestellt werden müßte, weil in Teilbereichen auch positive Wirkungen der fraglichen Emissionen angenommen werden können.

1956. Schwefeldioxid, dessen Emission aus Feuerungsanlagen bis 1995 um ca. 66 % (Tab. 2.3.31, Tz. 777) reduziert werden soll, wird in der Atmosphäre in verschiedenen Oxidationsprozessen in schweflige Säure, Schwefelsäure und möglicherweise Dithionsäure umgewandelt: Neutralisierung führt weiter zu Sulfiten, Hydrogensulfiten, Sulfaten, Hydrogensulfaten und möglicherweise zu Dithionaten. Die Lebensdauer von Schwefeldioxid beträgt etwa drei bis fünf Tage. Für den Ferntransport sind auch die Umwandlungsprodukte von Bedeutung, die länger in der Atmosphäre verweilen können und zu Versauerungsprozessen in allen Umweltmedien beitragen.

Die Wirkungen von Schwefeldioxid auf Pflanzen sind im Vergleich zu anderen Luftschadstoffen bisher am besten untersucht. Kombinationswirkungen mit Frost, Trockenheit oder anderen Schadstoffen sind bekannt; die SO_2-Empfindlichkeit nimmt dabei zu.

1957. Stickstoffoxide liegen in Feuerungsabgasen zunächst überwiegend als Stickstoffmonoxid vor. Eine gewisse Umwandlung zu Stickstoffdioxid erfolgt durch die Umsetzung mit Luftsauerstoff und in größerem Ausmaß mit Ozon (Tz. 705 ff.). Die weitere Reaktion führt zu Salpetersäure, die wiederum mit Ammoniak zu Ammoniumnitrat reagieren kann. Darüber hinaus sind Atmosphärenreaktionen mit Stickstoffoxiden möglich (s. a. Abschn. 2.3.2).

1958. Bei allen Verbrennungsprozessen wird Kohlendioxid (CO_2) produziert und in die Atmosphäre emittiert. Aus natürlichen und anthropogenen Quellen werden weltweit jährlich 600 bis 900 Mrd t CO_2 in die Atmosphäre entlassen (KUHLER et al., 1986). Dabei liegt der anthropogene Anteil an der Gesamtemission von 21 Mrd t CO_2 pro Jahr in der Größenordnung von 2 bis 3 %. Mit ca. 900 Mio t CO_2 pro Jahr, also mit 4 %, ist die Bundesrepublik Deutschland an den anthropogenen Emissionen beteiligt. 85 % der CO_2-Emissionen entfallen auf die Energie- und Wärmeerzeugung und etwa 15 % auf den Verkehr (Abschn. 2.3.2.5).

Dabei ist darauf hinzuweisen, daß eine Verminderung des CO_2-Auswurfs in die Atmosphäre durch verfahrenstechnische Modifizierungen der Feuerungstechniken oder durch den Einbau von Schadgasabscheidern kaum zu realisieren ist. Das heißt, daß eine Verminderung des CO_2-Ausstoßes bei Feuerungen allein durch Energiesparen oder den Übergang auf andere Energieerzeugungsmethoden, seien sie regenerativer oder kerntechnischer Art, möglich ist.

1959. Für organische Verbindungen wird, bezogen auf das Jahr 1984, in der Bundesrepublik Deutschland eine Gesamtemission von 1,83 Mio t angegeben. Davon entfallen 1 % auf Kraft- und Fernheizwerke, 0,5 % auf Industriefeuerungen und ca. 4 % auf Haushalts- und Kleinfeuerungen (BECK und ROSOLSKI, 1986). Organische Emissionen aus großen Feuerungen wären wegen ihrer geringen Mengen nicht erwähnenswert, wenn sie nicht immer wieder im Zusammenhang mit merklichen Konzentrationen an polyzyklischen Kohlenwasserstoffen (PAHs) und evtl. auch an chlorierten Kohlenwasserstoffverbindungen genannt würden. Die Bildung von PAHs ist bei Feuerungen nicht ganz zu vermeiden. Sie können sich in geringsten Konzentrationen (ppt-Bereich) im Flugstaub, im Gips der Rauchgasentschwefelung und in den Reingasen wiederfinden. GUGGENBERGER et. al. (1981) gibt für 8 verschiedene PAHs folgende Summenwerte an:

— Steinkohle ca. 10 ng/m³,

— Braunkohle ca. 2 ng/m³,

— Heizöl ca. 20 ng/m₃.

Diese Werte gelten für Anlagennormalbetrieb. Sie werden sicher im Anfahrzustand des Blockes etwas höher liegen. Nach VGB-Angaben liegt der PAH-Wert für Steinkohle (Auswertung von 17 Verbindungen) bei etwa 200 ng/m³ (VGB, 1982). Selbst dieser Wert ist gegenüber der Emission an Kohlenwasserstoffen aus Feuerungen als sehr klein zu bezeichnen. Wenn schon die PAH-Meßwerte aus meßtechnischen und anderen Gründen divergieren, so gilt dies in noch stärkerem Maße für die chlorierten Kohlenwasserstoffe. Die Ergebnisse lagen im oder unter dem Bereich der Nachweisgrenzen (ppb- bis ppt-Bereich). Frühere Bedenken des Rates hinsichtlich der Emissionen von polyzyklischen Kohlenwasserstoffen aus großen Feuerungsanlagen sind demnach gegenstandslos.

Im Gegensatz zu diesen sind die Bedenken bei Klein- und Haushaltsfeuerungen bis heute nicht ausgeräumt. Besonders beim Anfahren der Anlage und in Phasen einer unterdrückten Verbrennung ist mit höheren PAH-Emissionen zu rechnen. Nach den Ergebnissen eines vom Umweltbundesamt finanzierten Forschungsvorhabens werden zur Zeit etwa 9 Tonnen Benzo(a)pyren pro Jahr in der Bundesrepublik Deutschland emittiert. Der Hausbrand ist an diesen Emissionen mit 21,5 % beteiligt (RATAJCZAK, 1985).

1960. Bei dem Kohleeinsatz sind weiterhin die erheblichen Eingriffe in die Umwelt bei der Gewinnung der Kohle zu nennen. Neben den direkten Eingriffen muß die Entsorgung der bei der Kohlegewinnung anfallenden salzhaltigen Grubenabwässer und der anfallenden festen Rückstände gewährleistet sein. Mit einem Salzgehalt von 200 g/l und mehr können diese Grubenabwässer zur Aufsalzung von Fließgewässern beitragen. Die bei der Kohlegewinnung weiterhin anfallenden festen Rückstände, die sogenannten Berge, können nicht mehr im bisherigen Umfange im Straßen- und Deichbau verwendet werden. Ein Entsorgungsproblem besteht auch für die im Kraftwerksbetrieb anfallenden Abfälle. Dies sind einmal die Flugaschen, die nur teilweise weiterverwendet werden können. Zum anderen ist bis heute fraglich, ob der bei der Rauchgasentschwefelung anfallende Gips in vollem Umfang absetzbar sein wird (Tz. 1874).

3.2.3.2 Gefahrenpotential und Risiko der Kernenergie

1961. Die Furcht vor der Kernenergie hat in kerntechnischen Anlagen Sicherheitsvorkehrungen eines Ausmaßes veranlaßt, wie sie in anderen technischen Anlagen nicht anzutreffen sind. Jeder Störfall verstärkt einmal diese Vorkehrungen und damit letztlich auch die Sicherheit der Kernkraftwerke. Andererseits wird dadurch die Bevölkerung ständig weiter sensibilisiert. Dabei werden Sicherheitsfortschritte häufig nicht zur Kenntnis genommen, und es werden immer wieder frühere Sicherheitsstandards oder nicht vergleichbare Systeme oder Ereignisse zum Maßstab heutiger und zukünftiger Sicherheit gemacht.

1962. Eine nüchterne Diskussion von Risiken wird dadurch belastet, daß unsere Gesellschaft die Schwierigkeiten des Umgangs mit den — von ihr selbst produzierten — Risiken kaum bewältigt. Damit taucht die Frage auf, ob sich langfristig das Denken und Fühlen der Menschen den Risiken anzupassen hat — was in der Regel als rationales Verständnis und Verhalten bezeichnet wird — oder ob unsere Gesellschaft auf die Produktion von Risiken verzichten sollte, die sie oder ihre Mitglieder nicht bewältigen können. Der Rat weist darauf hin, daß in der zeitgenössischen Philosophie an der Theorie verschiedener Rationalitätstypen gearbeitet wird, so daß Kritik an der technisch-wissenschaftlichen Rationalität geübt werden kann, ohne in das Dilemma totaler Vernunftkritik zu geraten. Die umfassende Information über komplizierte Zusammenhänge auf vielen Gebieten muß andererseits den einzelnen überfordern; wenn demnach eine rein verstandesmäßige Durchdringung und Verarbeitung der Probleme nicht mehr möglich ist, bleibt oft nur die

Flucht in emotionale Reaktionen. Außerdem ist die Risikowahrnehmung und Risikoakzeptanz kein naturwissenschaftlicher Vorgang, sondern sozial und kulturell bestimmt. Schließlich eröffnet eine allgemeine Risikobetrachtung nicht den Zugang zur individuellen Akzeptanz von Risiken.

1963. Durch die Nutzung der Kernenergie können Umweltschäden größeren Ausmaßes nur dann verursacht werden, wenn es zu größeren Unfällen mit Freisetzung eines Teils des radioaktiven Inventars einer Anlage kommt. Im Extremfall kann dies zahlreiche akute Gesundheitsschäden und Tote, Tausende von späten Krebsfällen, die Verseuchung eines ganzen Landstriches und Beeinträchtigung über Tausende von Kilometern hinweg zur Folge haben.

1964. Bei einem modernen Leichtwasserreaktor westlicher Bauart sind im wesentlichen vier Barrieren zur Rückhaltung des radioaktiven Inventars vorhanden: der Brennstoff, die Brennstabhüllen, der Kühlkreislauf und der Sicherheitsbehälter (Containment). Um sicherzustellen, daß diese Barrieren in ihrer Rückhaltefunktion nicht beeinträchtigt werden, kommt in der Bundesrepublik Deutschland, wie in anderen Ländern auch, ein Sicherheitskonzept auf vier Ebenen zur Anwendung (BMI, 1977).

1965. Kernkraftwerke werden so ausgelegt, daß auch ohne Eingreifen von Sicherheitseinrichtungen ein möglichst störungsfreier und umweltverträglicher Betrieb der Anlage gewährleistet ist. Zur Beherrschung anomaler Betriebszustände sind Systeme zur Betriebsführung und -überwachung vorzusehen. Störfälle sollen mit ausreichender Zuverlässigkeit vermieden werden (Störungsverhinderung).

Ausreichend zuverlässige technische Sicherheitseinrichtungen sind zur Beherrschung von Störfällen zu installieren (Störfallbeherrschung). Außerdem sind in angemessenem Umfang vorsorglich organisatorische und technische Maßnahmen innerhalb und außerhalb der Anlage zur Feststellung und Eindämmung von Unfallfolgen vorzusehen (Schadenseindämmung).

1966. Der erste Grundsatz der Sicherheitsvorsorge (Störungsverhinderung) wird erfüllt durch hohe Anforderungen an die Auslegung und die Qualität der Anlage sowie an die Qualifikation des Personals. Zu diesem Zweck werden auf der ersten Ebene der Sicherheitsmaßnahmen folgende Anforderungen gestellt:

— Ausreichende Sicherheitsbeiwerte bei der Auslegung der Systeme,

— qualifizierte Werkstoffe, umfangreiche Werkstoffprüfungen,

— Qualitätssicherung bei Fertigung, Errichtung und Betrieb,

— Überwachung der Qualität durch wiederkehrende Prüfungen,

— Überwachung der Betriebszustände,

— Auswertung von Betriebserfahrungen und

— Schulung des Betriebspersonals.

1967. Nach allgemeiner Erfahrung sind während der Lebensdauer einer Anlage Fehlfunktionen von Anlagenteilen oder Systemen, die zu anomalen Betriebszuständen (Störungen) führen, möglich. Zur Beherrschung dieser Betriebszustände werden die Systeme ausgelegt bzw. Maßnahmen getroffen, um Störfälle als Folge von anomalen Betriebszuständen zu vermeiden. Solche Vorkehrungen auf der zweiten Ebene der Sicherheitsmaßnahmen sind:

— Zustands-, Fehler- und Störungsmeldungen auf der Warte,

— redundant geführte Begrenzungseinrichtungen, die störfallverhindernd wirken, so daß sich Betriebsstörungen nicht zu Störfällen ausweiten,

— Abschalten des Reaktors.

1968. Trotz der Vorkehrungen, die auf den zwei genannten Ebenen der Sicherheitsgrundsätze getroffen werden, wird bei der Auslegung der Anlage, einschließlich der Sicherheitseinrichtungen, unterstellt, daß während der Lebensdauer des Kernkraftwerkes Störfälle eintreten. Als Ereignisabläufe, die die Anlage auslegungsgemäß beherrschen muß, werden anlageninterne Störfälle und Ereignisabläufe durch Einwirkungen von außen unterstellt.

Zur Beherrschung dieser Ereignisabläufe werden nach dem zweiten Grundsatz der Sicherheitsvorsorge („Störfallbeherrschung und Schadenseindämmung") auf der dritten Ebene der Sicherheitsmaßnahmen Einrichtungen zur Beherrschung von Störfällen vorgesehen. Die Sicherheitseinrichtungen sind so ausgelegt, daß sie das Personal und die Umgebung vor den Auswirkungen von Störfällen schützen sollen. Dazu werden folgende Auslegungsgrundsätze angewendet:

— Redundanz, Diversität, weitgehende Entmaschung von Teilsystemen, räumliche Trennung redundanter Teilsysteme,

— sicherheitsgerichtetes Systemverhalten bei Fehlfunktion von Teilsystemen oder Anlagenteilen und

— Bevorzugung passiver gegenüber aktiven Sicherheitsfunktionen.

1969. Daneben werden nach Möglichkeit bei der Auslegung der Reaktoranlage passive physikalische Eigenschaften zur Erhöhung der Sicherheit ausgenutzt (sog. inhärente Sicherheitseigenschaften). Hierzu gehören als wichtigste der negative Temperaturkoeffizient der Reaktivität und die geodätisch möglichst niedrige Anordnung des Reaktorkerns im Kühlkreislauf, um eine Nachwärmeabfuhr durch Naturkonvektion zu ermöglichen.

1970. Zu den rechtlichen Unterscheidungen in der vorgeschriebenen Schadensvorsorge nach § 7 (2) Nr. 3 Atomgesetz gehört der Begriff des ‚Restrisikos', der immer wieder Unbehagen auslöst. Oft wird er so aufgefaßt, als solle eine große Bedrohung zu einem vernachlässigbaren Rest von Gefahr ‚verharmlost' werden — womöglich noch allein mit Bezug auf ihre geringe Eintrittswahrscheinlichkeit, obwohl sie schon morgen eintreten und unermeßliche Schäden anrichten könnte (vgl. hierzu Tz. 1674 ff.).

Der Rat hat bereits im Gutachten „Energie und Umwelt" (SRU, 1981, Tz. 608) betont, daß er die bloße Möglichkeit großer Unfälle zwar als Bestandteil des Risikos ansieht, sie aber auch als eigenständiges Phänomen begreift und der Bewertung der verschiedenen Reaktortypen und Blockgrößen mit zugrundelegt. Die Katastrophe von Tschernobyl hat diese Auffassung des Rates bestätigt.

1971. Tatsächlich muß jedes behördliche Verfahren der Genehmigung potentiell gefährlicher Anlagen eine klare Entscheidung darüber verlangen, in welchem Umfang Schadensvorsorge zu treffen ist. Für die Beurteilung der Erforderlichkeit dieser Schadensvorsorge ist der Stand der Wissenschaft und Technik maßgebend. In den Störfall-Leitlinien des BMI sind diejenigen für moderne Druckwasserreaktoren repräsentativen Störfall-Ereignisabläufe festgelegt, die der Auslegung der Kernkraftwerksanlage und der Sicherheitseinrichtungen auf der dritten Sicherheitsebene zugrunde zu legen sind (BMI, 1983).

Die so definierten Maßnahmen von Behörde und Betreiber ordnen sich dem Bereich des Gefahrenschutzes zu. Sie sind nicht nach dem Grundsatz der Verhältnismäßigkeit zu beurteilen, sondern unbedingte Genehmigungsvoraussetzungen und für Dritte einklagbar.

1972. Es bleiben mögliche Ereignisabläufe, d. h. Unfälle, die durch Schadensvorsorge nach den strengen Grundsätzen der Gefahrenabwehr nicht berücksichtigt zu werden brauchen oder können; diese Abläufe bestimmen das ‚Restrisiko', das durch über die Gefahrenabwehr hinausgehende Maßnahmen soweit wie möglich vermindert wird. Dazu werden in einer vierten Sicherheitsebene sowohl technische als auch organisatorische Vorkehrungen innerhalb und außerhalb der kerntechnischen Anlage zur Eindämmung möglicher Unfallfolgen vorgesehen. Auf diese wird, im Gegensatz zum Gefahrenschutz, der Grundsatz der Verhältnismäßigkeit der Mittel angewendet. Die Genehmigungsbehörde entscheidet im Rahmen des ihr vom Atomgesetz eingeräumten pflichtgemäßen Ermessens; ein Rechtsanspruch Dritter besteht hier nicht. Insbesondere zählen zu diesen Maßnahmen alle Notfallschutzplanungen und Auflagen zur Schadensbegrenzung bei Flugzeugabsturz, Sabotage und bei Störfällen mit angenommenem Ausfall des Schnellabschaltsystems. Sie dienen dazu, das ‚Restrisiko' mit einem vertretbaren Aufwand so klein wie möglich zu halten, und zwar sowohl nach Eintrittswahrscheinlichkeit als auch Umfang des vorhersehbaren Schadens.

1973. Eine quantitative Abschätzung des nach dem geschilderten Gefahrenschutz und Risikominderung verbleibenden ‚Restrisikos' (im Sinne der Summe der Produkte aus vorgestelltem Schadensumfang und erwarteter Eintrittshäufigkeit/Eintrittswahrscheinlichkeit) wurde erstmals 1975 in den Vereinigten Staaten mit dem Rasmussen-Report versucht (RASMUSSEN, 1975). Dasselbe Verfahren wurde 1979 in der Deutschen Risikostudie Kernkraftwerke (DRS) auf den Druckwasserreaktor Biblis B angewandt (Phase A) (Gesellschaft für Reaktorsicherheit, 1979). Diese Studie wird auf der Grundlage eines erheblich verbesserten Methodenstandes und unter Berücksichtigung einer verbesserten Datenbasis sowie der Erfahrungen aus dem Three-Mile-Island-2-Unfalls überarbeitet. Erste, bisher nicht gesicherte Ergebnisse der Überarbeitung der DRS weisen darauf hin, daß das Gesamtrisiko der gewählten Referenzanlage erheblich niedriger einzuschätzen sein wird, als in der 1979 vorgelegten Studie. Einmal werden die Freisetzungen für alle Freisetzungskategorien und alle Spaltprodukte geringer sein als 1979 angenommen, darüber hinaus ist in den meisten Fällen zu erwarten, daß Freisetzungen nicht schlagartig, sondern über mehrere Tage, eventuell sogar Wochen hinweg erfolgen. Es sind aber auch in Zukunft Unfallabläufe nicht auszuschließen, die nach einigen Tagen zu einem starken Druckaufbau im Sicherheitsbehälter führen können, so daß die Gefahr eines Versagens dieses Druckbehälters besteht. Aus diesem Grunde wird ein Druckabbausystem diskutiert, das durch kontrollierte Druckentlastung ein Behälterversagen grundsätzlich ausschließen soll. Trotzdem sind die zahlenmäßigen Ergebnisse, was die Eintrittshäufigkeit schwerer Reaktorunfälle und ihre Auswirkungen auf die Umwelt betrifft, noch mit großen Unsicherheiten behaftet.

1974. Nach Ansicht des Rates liegt der Wert von Risikostudien hauptsächlich in der systematischen Durchforstung der Sicherheitseigenschaften einer Anlage, wodurch Schwachstellen aufgedeckt werden können. Risikostudien liefern auch ein recht präzises Bild möglicher Unfallursachen und -abläufe und ermöglichen somit die Planung gezielter Gegenmaßnahmen in der vierten Sicherheitsebene. Häufig kann mit geringem Aufwand eine erhebliche Verringerung des ‚Restrisikos' erzielt werden (U. S. Nuclear Regulatory Commission, 1984). Nicht jeder Kernschmelzunfall — wenn er überhaupt auftritt — muß zu einer Umweltbelastung führen. Der Rat unterstützt aus diesen Gründen die verstärkte Heranziehung probabilistischer Methoden als Instrument der Sicherheitsbeurteilung für kerntechnische Anlagen.

Es sollte um der Glaubwürdigkeit der Aussagen willen allerdings vermieden werden, statistische Aussagen mit physikalisch-technischen Erkenntnissen gleichzusetzen.

3.2.3.3 Zusammenfassende Bewertung nach Tschernobyl

1975. Angesichts der gegenwärtigen Struktur des Primärenergieverbrauches und der Stromerzeugung nach den Energieträgern Kohle und Kernenergie (Tz. 1831, 1835 ff.) und der Erweiterung der Kernkraftwerkskapazität (Tz. 1840) kann davon ausgegangen werden, daß in Zukunft durch Kernkraft und Kohle in etwa gleichgroße Strommengen produziert werden. Braunkohle und Kernkraft decken dabei den Grundlastbereich ab, während Steinkohle vor allem im Mittellastbereich verwendet wird.

1976. Vor dem Kernenergieunfall in Tschernobyl vertrat der Rat uneingeschränkt die Auffassung, daß sowohl Kohle- als auch Kernenergie im Bereich der Verstromung notwendig sind, ohne daß einem der beiden Energieträger eine Präferenz eingeräumt wird. Beide Energieerzeugungssysteme erbringen Risiken für die Umwelt. Die Risiken sind bei beiden Energieträgern verschieden und kaum miteinander vergleichbar. Sie sind gekennzeichnet bei der Kernenergie durch einen mehr oder minder hohen Grad der Unvorhersehbarkeit von Unfällen mit Freisetzung radioaktiver Stoffe sowie einem großen potentiellen räumlichen und zeitlichen Schadensausmaß und bei der Kohleenergie durch Luftverschmutzungen, deren Auswirkungen langfristig für Mensch, Tier und Pflanze negativ sein können. Neben der geringen Umweltbelastung beim Normalbetrieb der Anlagen sprachen zumindest in der Vergangenheit weitere Überlegungen für die Kernenergie, nämlich die Diversifizierung der deutschen Energieversorgung mit der Folge einer größeren Versorgungssicherheit, der Ersatz von Öl und ihr möglicher Kostenvorteil im Grundlastbereich.

1977. Ein ‚Restrisiko' ist auch, wie bereits erwähnt, bei deutschen Kernkraftwerken vorhanden. Der Rat hat im Sondergutachten „Energie und Umwelt" (SRU, 1981, Tz. 153) die Folgen eines Kernkraftwerkunfalles unter ungünstigen Bedingungen für Freisetzung, Wetterverhältnisse und Bevölkerungsverteilung dargestellt. Der Unfall von Tschernobyl blieb weit unter diesem Katastrophenszenario. Trotzdem waren die Auswirkungen des Unfalles verheerend: Nach sowjetischen Angaben (BMU, 1986) wurden etwa 4 % des radioaktiven Inventars an die Umwelt freigesetzt. Durch den Graphitbrand kam es zu einer weiträumigen Verteilung.

Der Wind trug die radioaktive Wolke nach Norden bzw. Westen, so daß die bevölkerungsreiche Stadt Kiew weitgehend verschont blieb. Akute Schäden durch hohe Strahlendosen traten beim Bedienungspersonal und bei den Rettungsmannschaften auf. Hier sind bisher 39 Todesopfer zu beklagen (Stand: August 1987). Nach den bisherigen, mit großer Vorsicht zu beachtenden Schätzungen wird das Unglück voraussichtlich tausende von Krebsfällen aus der näheren Umgebung zur Folge haben.

1978. Obwohl sich die Konzentration in der nach Westeuropa getriebenen radioaktiven Wolke in 1 700 km Entfernung vom Entstehungsort stark verdünnt hatte, führten Niederschläge in der Bundesrepublik Deutschland zu erheblichen Ablagerungen radioaktiver Spaltprodukte auf den Boden (im wesentlichen Jod-131 sowie Caesium-134 und Caesium-37).

Dabei waren starke lokale Schwankungen festzustellen. Infolge der starken Gewitterregenfälle am 30. April gehört Südbayern zu den am stärksten betroffenen Gebieten Westeuropas. Nach Berechnung der Gesellschaft für Strahlen- und Umweltforschung (Gesellschaft für Strahlen- und Umweltforschung, 1986) ist hier im ersten Jahr nach dem Unfall mit einer durch Tschernobyl bedingten effektiven Strahlendosis zu rechnen, die für Kinder bis zu 1 500 µSv (150 mrem), für Erwachsene bis zu 1 100 µSv (110 mrem) beträgt. Sie tritt zur natürlichen Strahlenexposition hinzu, die von verschiedenen Faktoren, wie z. B. von der geographischen Lage, dem Bodenuntergrund und der Bauausführung des Wohnhauses abhängig ist und in der Bundesrepublik Deutschland zwischen 1 000 und 6 000 µSv (100 und 600 mrem) pro Jahr liegt. Davon sind etwa 300 µSv (30 mrem) bedingt durch die Aufnahme von K-40, einem natürlichen Radioisotop des Kaliums, das sich biokinetisch ähnlich verhält wie Caesium (Gesellschaft für Strahlen- und Umweltforschung, 1986).

1979. Innerhalb der nächsten 50 Jahre wird sich die Belastung durch Tschernobyl für den einzelnen in der Bundesrepublik Deutschland auf bis zu 5 000 µSv summieren. Dem steht im selben Zeitraum eine Belastung aus natürlicher Strahlung von 75 000 bis 200 000 µSv gegenüber (7 500 und 20 000 mrem) (Gesellschaft für Reaktorsicherheit, 1986). Hinzu kommt eine Dosis zwischen 10 000 und 100 000 µSv (1 000 und 10 000 mrem) durch Röntgendiagnostik (FELDMANN, 1983) und eine Dosis von 1 000 bis 4 000 µSv (100 bis 400 mrem) durch die Spätfolgen der oberirdischen Kernwaffentests (UN, 1982). Die Belastungen durch den Tschernobyl-Unfall in der Bundesrepublik Deutschland scheinen somit innerhalb der Schwankungsbreite natürlicher Untergrundstrahlungen zu liegen. Eine karzinogene Wirkung derart kleiner Strahlungsdosen ist wegen der vielen anderen Einflußfaktoren auf die Krebsentstehung epidemiologisch nicht faßbar. Insofern wird eine signifikante Erhöhung der Krebshäufigkeit in der Bundesrepublik Deutschland durch den Unfall von Tschernobyl voraussichtlich nicht festzustellen sein.

1980. Der Unfall von Tschernobyl hat die Bevölkerung und die Behörden der Bundesrepublik Deutschland offensichtlich vollständig unvorbereitet getroffen. Es gab eine Notfallschutzplanung für deutsche Kernkraftwerke, nicht aber für Unfälle im Ausland.

Angesichts des sich einstellenden Wirrwarrs widersprüchlicher Aussagen und Kompetenzen war für den einzelnen Bürger nicht erkennbar, welche Instanz fachkundig war und ihm seriöse Ratschläge geben konnte.

1981. Zusammen mit dieser Hilflosigkeit der Behörden führte der Unfall in Tschernobyl vor allem in der ersten Zeit nach der Katastrophe zu einem starken Wunsch in vielen Teilen der Bevölkerung, den Verzicht auf Kernenergie baldmöglichst zu realisieren. Ein kurz- oder langfristiger Verzicht auf Kernenergie in der Bundesrepublik Deutschland ist grundsätzlich möglich, hätte aber eine Reihe von Folgen, vor allem für die Umwelt, auf die hier hinzuweisen ist.

1982. Nach Abschätzungen des Rheinisch-Westfälischen Instituts für Wirtschaftsforschung über die kurz- und langfristigen Wirkungen eines Verzichts auf Kernenergie (RWI, 1986) würde bis zum Jahre 2010 unter den Annahmen des Referenzszenarios (u. a. Anstieg der Stromerzeugung um 30 %, Anteil Kernenergie zwei Drittel) eine bedeutende Verringerung der

Schadstoffemissionen erreicht, da die Vorschriften der Großfeuerungsanlagen-Verordnung zu greifen beginnen (Referenzszenario in Tab. 3.2.14). In der ersten Hälfte der 90er Jahre muß die Nachrüstung zur SO_2- und NO_x-Minderung abgeschlossen sein. Anlagen, die nur noch für eine Restnutzungsdauer betrieben werden sollen, sind bis 1993 stillzulegen. Zudem würde eine weitere Steigerung der Erzeugung von Strom aus Kernenergie bei steigendem Energieverbrauch eine unterproportionale Zunahme der Schadstoffemissionen aus Feuerungen bewirken.

1983. Ein sofortiger Verzicht auf Kernenergie (Alternativszenario I) würde ohne Energieeinsparung und unter der Voraussetzung gleichhoher Leistungsvorhaltung zu zusätzlichen Emissionen von SO_2, NO_x und Staub führen (Tab. 3.2.15). In dem Maße, wie vermehrt Kraftwerke, die entsprechend der Verordnung über Großfeuerungsanlagen umgerüstet sind, zur Verfügung stehen, werden diese Werte für SO_2 und NO_x wieder zurückgehen.

Tatsächlich ist jedoch mit zusätzlichen Emissionen in dieser Größenordnung aus anderen Gründen nicht zu rechnen:

— Die benötigte zeitgleiche Höchstlast wurde 1985 am 8. Januar ermittelt. Diese Bedarfsspitze hätte nach Abzug aller vorhersehbar nicht verfügbaren Kapazitäten sowie der nicht vorhersehbaren Ausfälle ohne die zu dieser Zeit arbeitenden Kernkraftwerke aufgefangen werden können (MÜLLER-REISSMANN und SCHAFFNER, 1986).

Tabelle 3.2.14
Erwartete jährliche Emissionen für Referenzszenario, Alternativszenario I und II, 1987 bis 2010
in 1 000 t

	1987	1990	1995	2000	2010
Referenzszenario					
SO_2	996	359	296	311	318
NO_x	645	547	247	261	267
Staub	111	69	72	77	79
Alternativszenario I					
SO_2	1 349	489	426	476	543
NO_x	911	798	363	408	460
Staub	154	95	100	114	132
Alternativszenario II					
SO_2	996	363	330	390	545
NO_x	645	555	275	329	462
Staub	111	70	80	95	132

Quelle: RWI, 1986 (Referenzszenario); eigene Berechnungen (Alternativszenarien) nach RWI

Tabelle 3.2.15
Erwartete zusätzliche jährliche Emissionen für die Alternativszenarien I und II gegenüber dem Referenzszenario, 1987 bzw. 1990 bis 2010
in 1 000 t

	1987	1990	1995	2000	2010
Alternativszenario I					
SO_2	353	130	130	165	225
NO_x	266	251	116	147	193
Staub	43	26	28	37	53
Alternativszenario II					
SO_2	—	4	34	79	227
NO_x	—	8	28	68	195
Staub	—	1	8	18	53

Quelle: RWI, 1986

- Ohne Kernkraftwerke, bei deren Ausfall — bedingt durch die großen Blöcke — jeweils eine erhebliche Leistung wegfällt, kann die Reservekapazität, die zur Zeit bei 25 % liegt, wesentlich geringer vorgehalten werden.

- Durch geeignete politische und wirtschaftliche Maßnahmen können erhebliche Energieeinsparpotentiale freigesetzt werden, die zur Minderung des Energiebedarfs führen. Insoweit müssen alle Szenarien, auch das den Tabellen 3.2.14 und 3.2.15 zugrundeliegende Szenario des RWI, korrigiert werden, da sie in ihren Annahmen zu Zuwachsraten des Energiebedarfs nur Einsparungen aufgrund bestehender Vorschriften oder absehbarer Preisentwicklungen enthalten.

1984. Bei einem langfristigen Verzicht auf Kernenergie (Alternativszenario II, Tab. 3.2.14 und 3.2.15) ist kaum ein Unterschied zum Referenzszenario festzustellen, da die Umstellung erst allmählich greift und eventuell erforderlich werdende zusätzliche Kapazitäten durch umgerüstete bzw. neue Kraftwerke bereitgestellt werden. Erst etwa ab 1995, wenn verstärkt Kernkraftwerke außer Betrieb gehen, wäre der Schadstoffauswurf aus Feuerungen gegenüber dem Referenzfall höher; dann allerdings auf insgesamt im Vergleich zu heute niedrigerem Niveau (siehe Tab. 3.2.15). Die genannten Vorbehalte gegen das den Abschätzungen zugrundeliegende Szenario gelten bei einem langfristigen Verzicht auf Kernenergie in verstärktem Maße. Umweltpolitisch hängt die Bewertung eines Verzichts auf Kernenergie entscheidend davon ab, in welchem Maße es gelingt, auf den Einsatz zusätzlicher fossiler Energieträger zu verzichten.

1985. Die rationelle Energienutzung und der Einsatz alternativer Stromerzeugungsmethoden können zwar zu einer reduzierten Kraftwerksleistung beitragen, zumindest in diesem Jahrhundert, aber die vorhandene Kernkraftkapazität allein nicht voll ersetzen. Ob und inwieweit sie jedoch in diesem Jahrhundert Teile der vorhandenen Kernkraftkapazität ersetzen können, hängt entscheidend von der Art und Weise ab, wie die Möglichkeiten zur Energieeinsparung und zur Erhöhung der Energieproduktivität genutzt werden. Dirigistische Maßnahmen, um einen derartigen Ersatz beschleunigt zu erreichen, lehnt der Rat ebenso ab wie Einschränkungen der Energiedienstleistungen. Er hält sie auch für überflüssig, da eine Reihe von anderen, besser geeigneten Maßnahmen, insbesondere monetäre Anreizsysteme, zur Verfügung stehen, deren Wirksamkeit im Hinblick auf Energieeinsparungen bisher nicht ausreichend erprobt wurde. Bei einem längerfristig angelegten Verzicht auf Kernenergie müßten die Strompreise nicht notwendigerweise steigen, wenn die Stillegung der Kraftwerke jeweils am Ende ihrer Laufzeit erfolgt und in enger Abstimmung mit dem jeweiligen Stand der erreichten Energieeinsparung steht.

1986. Es ist denkbar, daß — bei einem längerfristigen Verzicht auf Kernenergie — zusätzlich zur heimischen Kohle fossile Energieträger importiert würden, was unter Umständen den Druck auf eine Erhöhung der Weltmarktpreise für diese verstärken würde. Unter der Voraussetzung, daß eine Reihe großer Verbraucherländer sich diesem Vorhaben anschlössen, würde dies die natürlichen Ressourcen schneller mindern, als es derzeit zu erwarten ist. Unter der Annahme eines weltweiten Verzichts auf Kernenergie würde sich etwa im Jahr 2010 ein Bedarf an fossilen Brennstoffen in Höhe von ca. 18 Mrd t SKE gegenüber 12 bis 14 Mrd t SKE bei einem weiteren Ausbau der Kernenergie ergeben.

1987. Frankreich, das seinen Strom zu 65 % aus Kernkraftwerken bezieht, kann energieintensiven Unternehmen auch außerhalb seiner Grenzen Kostenvorteile bieten, da die Stromgewinnung aus Kernenergie in Frankreich hoch subventioniert ist. Zweifellos hat dies Kostenvorteile für Großabnehmer aus der Bundesrepublik und stärkt insofern deren Wettbewerbsfähigkeit. Dies bleibt jedoch an die Voraussetzung gebunden, daß die Strompreissubventionierung in Frankreich aufrechterhalten wird. Es ist vorstellbar, daß die Industrie in einem beschränkten Ausmaße Kostennachteile hätte, wenn die Bundesrepublik das einzige Land bliebe, das auf Kernenergie verzichtete. Wie hoch diese wären und inwieweit sie durch komparative Vorteile im internationalen Wettbewerb aufgefangen werden könnten, hängt von einer Reihe von Faktoren ab, die zu untersuchen nicht Aufgabe eines Rates für Umweltfragen sein kann.

1988. Ausgehend vom Vorgesagten, nimmt der Rat heute wie folgt zum Problem Kohle und/oder Kernenergie Stellung:

Umweltpolitisch ist sowohl die Nutzung der Kernenergie als auch die der fossilen Energieträger nach dem Stand der Technik verantwortbar. Jede der beiden Energieerzeugungsarten bringt Umweltbelastungen und Risiken mit sich, die qualitativ und quantitativ nicht vergleichbar sind. Unbestreitbar besitzt die Kernenergie ein Gefahrenpotential. Andererseits hat Tschernobyl aber nicht die seit langem bekannten Umweltprobleme bei fossilen Energieträgern abgewertet. Es sollte nochmals in die Erinnerung zurückgerufen werden, daß auch Verbrennungsanlagen, die mit modernsten Umweltschutzeinrichtungen ausgestattet sind, Schadstoffe emittieren, die wahrscheinlich langfristig ein Gefahrenpotential für Mensch, Tier und Pflanze darstellen. Kernenergie und die aus fossilen Brennstoffen erzeugte Energie repräsentieren heute den Stand der Technik, wobei morgen die Gegebenheiten durchaus andere sein können.

1989. Solange aber nicht genügend Energie durch andere „sanfte" Erzeugungsmethoden wirtschaftlich vertretbar zur Verfügung steht — und dies könnte erst im nächsten Jahrhundert der Fall sein — und durch Energieeinsparung der Energiebedarf vermindert wird, müssen die heute verfügbaren Primärenergieträger eingesetzt werden.

1990. Dies bedeutet für den Einsatz fossiler Brennstoffe, daß die Emissionsvermeidung nach dem Stand der Technik durchgeführt wird. Für den Einsatz der Kernenergie darf das ‚Restrisiko' nicht geleugnet werden. Um dieses so weit wie möglich zu minimieren, stellt der Rat eine Reihe von Forderungen, die baldigst weltweit zu erfüllen sind:

- Überprüfung der Reaktorsicherheit mit dem Ziel der Risikominimierung,
- Nachrüstung von notwendigen Sicherheitseinrichtungen nach dem Stand von Wissenschaft und Technik,
- Einführung eines verbindlichen international gültigen Sicherheitsstandards auf hohem Niveau und dessen Überwachung,
- Stillegung von Reaktoren, bei denen durch Bauweise und Laufzeit ein gesicherter Betrieb fraglich geworden ist,
- Klärung aller Fragen für ein optimales Konzept der Endlagerung und Wiederaufarbeitung.

Der Rat begrüßt in diesem Zusammenhang die Initiative der Bundesregierung, die die Reaktorsicherheitskommission beauftragt hat, ein entsprechendes Prüfprogramm für alle Kernkraftwerke in der Bundesrepublik zu erstellen, was bereits zu ersten konkreten Maßnahmen geführt hat.

1991. Schließlich ist darüber nachzudenken, ob die Stromerzeugung wie bisher ausschließlich aus Leichtwasserreaktoren erfolgen soll oder ob andere Reaktorlinien wie z. B. der Hochtemperaturreaktor für einen künftigen Kernkrafteinsatz besser geeignet wären.

1992. Der Rat hat erhebliche Zweifel an der Möglichkeit, zu Wirtschaftlichkeitsvergleichen verschiedener Energieerzeugungssysteme in ausgewogener Weise Stellung zu nehmen. Denn diese Aussagen, insbesondere der Wirtschaftlichkeitsvergleich zwischen Strom aus Kernenergie und Strom aus fossilen Energiequellen (vor allem Kohle), bewegen sich auf einem Feld, auf dem sich für widersprüchliche Aussagen ein weiter, nur sehr schwer kontrollierbarer Spielraum eröffnet.

3.2.4 Zukünftige Strom- und Wärmeproduktion

1993. Die Bundesrepublik Deutschland verfügt über ein breitgefächertes Energieträgerangebot, das von Mineralöl über Kohle, Kernenergie, Erdgas, Wasserkraft bis hin zu den sonstigen, derzeit noch weniger bedeutsamen Energieträgern reicht.

Die Bundesregierung erwartet nach dem Energiebericht 1986 (BMWi, 1986 c), daß im Jahre 2000 etwa ein Drittel des Energieverbrauches auf Mineralöl, ein Drittel auf Stein- und Braunkohle und ein Drittel auf Gas, Kernenergie und sonstige Energieträger entfallen könnten; diese Versorgungsstruktur sieht sie aus heutiger Sicht als ausgewogen an. Neben die Nutzung dieser bekannten Energieträger muß in Zukunft eine andersartige Energieerzeugung, z. B. durch erneuerbare Energieträger, und die rationelle Energienutzung, treten. Vor allem die rationelle Energienutzung, die auch das Energiesparen umfaßt, trägt zur Verbesserung der Umweltsituation bei. Nur Energie, die eingespart wird, verursacht keine irgendwie geartete Umweltverschmutzung.

3.2.4.1 Rationelle Energienutzung

1994. Rationelle Energienutzung beinhaltet auch das Energiesparen. Der Rat hat im 2. Kapitel seines Gutachtens „Energie und Umwelt" 1981 die Möglichkeiten der Umweltentlastung durch Energieeinsparungen, insbesondere durch rationelle Energienutzung und Substitution zwischen den Energieträgern, eingehend untersucht. Er hat sich damals gegen eine „Politik der sinkenden Ansprüche" (SRU, 1981, Tz. 620) ausgesprochen und festgestellt: „Kurz- und mittelfristig kann die rationelle Energienutzung einen wesentlich größeren Beitrag zur Energieeinsparung leisten als der Verzicht auf Energiedienstleistungen" (SRU, 1981, Tz. 346). Der Rat sieht keinen Grund, dieses Urteil zu revidieren oder abzuschwächen.

1995. Einsparpotentiale können im einzelnen untersucht und abgeschätzt werden; entsprechende Studien liegen vor (ALBRECHT, et al., 1985; BMWi, 1986 c; Fichtner Beratende Ingenieure, 1982; GARNREITER et al., 1983; GERTIS, 1986; JOCHEM et al., 1986; MAIER et al., 1986; TRAUBE et al., 1982). Sie untersuchen einzelne Segmente des Energiesektors: sektoral, regional, bestimmte Energieträger oder Energieversorgungssysteme usw. Solche Potentialabschätzungen sind nur angemessen interpretierbar vor dem Hintergrund der grundlegenden Überlegungen, daß Energieeinsparungen Rückwirkungen haben auf den Energieverbrauch, und zwar unabhängig davon, auf welchem energiepolitischen Pfad eine Gesellschaft sich bewegt. Dieser Zusammenhang gilt für Szenarien, die einen weiteren Ausbau der Kernenergie unterstellen genauso wie für sogenannte Ausstiegsszenarien. Daher können insofern alle Szenarien, in denen die künftigen Zuwachsraten des Energieverbrauchs auf der Grundlage der heutigen Verbrauchsraten errechnet werden, nach unten korrigiert werden. Die implizite Annahme einer Strukturkonstanz des Energieverbrauchs und der Anteilsverhältnisse der Energieträger ist unangemessen, denn grundsätzlich kann die Energiepolitik durch geeignete Rahmendaten und entsprechende Förderungsmaßnahmen Einsparpotentiale in der Zukunft erschließen.

1996. Bislang ging man von einem laufend ansteigenden Energiebedarf aus und baute entsprechende Kapazitäten auf. Aufgrund von Fehlschätzungen hinsichtlich des Energiebedarfs kam es zusammen mit gewissen Sicherheitszuschlägen, jedenfalls zeitweilig, zu Überschußkapazitäten bei der öffentlichen Stromversorgung, so daß von den die Kraftwerke betreibenden Unternehmen Verbrauchszuwächse begrüßt und durch Strompreisanreize unterstützt wurden. Eine derartige Verkaufspolitik bzw. Marktstrategie, die auf möglichst hohe Verbrauchszuwächse setzt, mag daher unter betriebswirtschaftlichen Gesichtspunkten verständlich sein, unter gesamtwirtschaftlichen und insbesondere unter umweltpolitischen Gesichtspunkten ist sie in Frage zu stellen. Der Rat ist in seinem Energiegutachten 1981 auf die vielfältigen rechtlichen und wirtschaftlichen Hindernisse, die einem konsequenten Kurs der Energieeinsparung entgegenstehen, ausführlich eingegangen (SRU, 1981, Abschn. 3.1.3, 3.1.4). Seit 1981 haben sich keine bedeutenden Veränderungen ergeben, die eine Neubewertung der Hindernisse durch den Rat erforderlich machen würden.

1997. Der Rat hat in seinem Energiegutachten 1981 ebenfalls betont, daß er „noch erhebliche Handlungsspielräume für eine Verminderung der Energienachfrage durch Maßnahmen der rationellen Energienutzung ... in allen Sektoren des Energieverbrauchs" sieht. Er stellte fest, daß „diese Möglichkeiten auch aus umweltpolitischer Sicht mit Vorrang zu nutzen sind" (SRU, 1981, Tz. 670). Der Rat unterstreicht diese Ausführungen heute nachdrücklich.

Auf folgenden Feldern sieht er die Möglichkeit, Einsparpotentiale zu realisieren:

— Verminderung unnötigen Energieverbrauchs, z. B. durch Leerlauf von Maschinen, durch Überheizung usw.,

— Aufklärung der Bevölkerung über die sinnvolle Verwendung von Energie, beispielsweise durch Energieagenturen,

— Senkung des Energiebedarfs durch technische Maßnahmen (z. B. Wärmedämmung, Nutzung passiver Sonneneinstrahlung),

— Entwicklung und Markteinführung von Prozessen und Geräten mit geringem Energieverbrauch, insbesondere Stromverbrauch bzw. der Fähigkeit zur Wärmerückgewinnung,

— Verarbeitung von Rückstandsprodukten, wenn diese gegenüber Rohstoffen energetisch günstiger in Ausgangsprodukte zurückverwandelt werden können,

— Wirkungssteigerung von stromerzeugenden Anlagen,

— Kraft-Wärme-Kopplung und Einspeisung der nicht benötigten Überschüsse in das öffentliche Netz,

— forcierter Ausbau der Fern- und Nahwärmenetze,

— Unterstützung der Bemühungen, die kommunale Energieversorgung weiter auszubauen, um an neuen, verbrauchernahen Standorten mittlere oder kleinere Heizkraftwerke zu bauen,

— Überprüfung des Tatbestandes, daß die Konzessionsabgabe verbrauchsabhängig erhoben wird.

1998. Der Rat begrüßt im Zusammenhang mit der Realisierung von Energieeinsparpotentialen darüber hinaus Vorschläge zur Änderung der Tarifgestaltung im Niederspannungsbereich nach der Bundestarifordnung Elektrizität (z. B. das Modell „zeitvariabler linearer Tarif" des Saarländischen Ministers für Wirtschaft in Zusammenarbeit mit den Stadtwerken Saarbrücken oder das „100-Stunden-Tarif"-Modell der Vereinigung Deutscher Elektrizitätswerke), die, wenn auch auf unterschiedlichen Wegen, das Ziel verfolgen, hohe unregelmäßige Strombezüge zu vermeiden und dadurch Kraftwerks- und Netzkapazitäten einzusparen. Welchem Vorschlag letztlich der Vorzug zu geben ist, vermag der Rat an dieser Stelle allerdings nicht zu sagen, da die repräsentative Erprobung dieser Vorschläge in der Praxis noch nicht abgeschlossen ist.

1999. Auf den Gebieten der Stromerzeugung und vor allem der rationellen Stromnutzung sieht der Rat die größten Einsparpotentiale. Im Hinblick auf die Stromerzeugung wird dieses Potential in dem Mißverhältnis sichtbar, daß einerseits rund zwei Drittel der bei der Stromerzeugung eingesetzten Primärenergie in Form von Abwärme, Leistungsverlusten und Eigenverbrauch der Kraftwerke verloren gehen, andererseits nur 4 % des Nettostromverbrauchs der Bundesrepublik in den weitaus rationeller produzierenden Heizkraftwerken erzeugt werden. Beim Stromsparpotential muß zwischen stromspezifischen Anwendungsbereichen (Licht, Kraft, Kommunikation) und nicht-stromspezifischen Anwendungsbereichen (Heizung, Prozeßwärme) unterschieden werden. In den letzteren liegen die Einsparmöglichkeiten in der Substitution von Strom durch andere Energieträger bzw. im Einsatz stromsparender Techniken.

2000. Bereits in früheren Gutachten hat der Rat auf die umweltentlastende Wirkung der Kraft-Wärme-Kopplung hingewiesen. Hierbei stellt die Auskopplung von Heizwärme aus verbrauchernah gelegenen Kraftwerken zur Einspeisung in Nah- bzw. Fernwärmenetze die energetisch rationellste Lösung dar, Niedertemperaturwärme in die Haushalte zu liefern. Ein eventueller Verzicht auf den Kernenergiezubau würde den verstärkten Neubau von fossilgefeuerten Kraftwerken erforderlich machen. Der Rat ist der Auffassung, daß diese dann verbrauchernah und mit der Möglichkeit der Auskopplung von Wärme zu konzipieren wären. Dies würde eine Anzahl von mittleren oder kleineren Heizkraftwerken notwendig machen, die auch für weniger ausgedehnte Netze schon wirtschaftlich angezapft werden könnten.

2001. Auch wenn die im Gutachten „Energie und Umwelt" (SRU, 1981) zum Ausdruck gebrachte optimistische Einschätzung der Chancen eines raschen Ausbaus von Fern- und Nahwärmenetzen nicht mehr voll aufrechterhalten werden kann, fordert der Rat, daß alle Chancen für eine verstärkte Nutzung dieser Art der Wärmeversorgung ergriffen werden. Es muß zu den vorrangigen Aufgaben einer an Ressourcenschonung orientierten Energiepolitik gehören, die Marktchancen für kommunale Heizkraftwerke zu verbessern, da diese, weil sie auch den Wärmemarkt bedienen, wirtschaftlich effizienter arbeiten. Wenn der Kraft-Wärme-Kopplung die Priorität eingeräumt wird, dann muß sich der Ausbau der Stromversorgung im Mittellastbereich nach Standort und Blockgröße auch am Fern- und Nahwärmebedarf orientieren. Der Rat ist im Hinblick auf die Zukunftsaussichten der Kraft-Wärme-Kopplung allerdings skeptisch, weil er nicht sieht, daß die Politik den Ausbau von Fern- und Nahwärmenetzen in dem Maße unterstützt, das nötig wäre, um diese sparsame Form der Energiegewinnung verstärkt durchzusetzen. Er ist der Auffassung, daß es um die Zukunftchancen der Kraft-Wärme-Kopplung dann besser bestellt ist, wenn sie politisch gewollt ist und dieser politische Wille in entsprechenden Maßnahmen, die der Verbesserung der Rahmenbedingungen der Fern- und Nahwärmeversorgung dienen, auch glaubhaft zum Ausdruck kommt.

3.2.4.2 Nutzung regenerativer Energiequellen

2002. Neben den fossilen Brennstoffen und der Kernkraft können regenerative Energiequellen zur Strom- und Wärmeerzeugung genutzt werden. Einen Überblick über die verschiedenen Energiequellen und Umwandlungssysteme, die teilweise seit langem bekannt sind und eingesetzt oder u. a. wegen ihrer Umweltverträglichkeit entwickelt und erprobt werden, gibt Abbildung 3.2.13.

2003. An dieser Stelle soll es genügen, kurz auf diejenigen regenerativen Energiequellen einzugehen, deren Nutzung in der Bundesrepublik Deutschland einen nennenswerten Beitrag zur Energieversorgung leisten kann, nämlich:

— Wasserkraft

— Windkraft

— Solarstrahlung, Umgebungswärme

— Biomasse, Müll

2004. Die Wasserkraft ist mit einem Anteil von 4,3 % (1985) an der Stromerzeugung in der Bundesrepublik Deutschland (ca. 1,5 % am Gesamtenergieaufkommen) beteiligt. Das gesamte technisch/wirtschaftlich nutzbare Wasserkraftpotential in der Bundesrepublik Deutschland wird auf ca. 21 TWh/a geschätzt, wovon ca. 80 % heute bereits genutzt werden. Die Ausbaumöglichkeiten werden bis zur Jahrhundertwende erschöpft sein. Derzeit werden ca. 600 Anlagen (2 500 MW Laufkraftwerke [13 TWh], 3 700 MW Speicher- und Pumpkraftwerke [ca. 3 TWh]) von Elektrizitätsversorgungsunternehmen betrieben. Darüber hinaus sind ca. 3 000 Kleinanlagen mit einer Gesamtleistung von 220 MW im Privatbesitz. 56 Anlagen mit einer Gesamtleistung von ca. 450 MW befinden sich in Planung oder Bau. Der darüber hinausgehende Ausbau der Wasserkraft dürfte schwierig sein und ist teilweise auch nicht wünschenswert. Die hohen Investitionskosten bei kleinen Anlagen (bis zu 6 000 DM/kW) machen Investitionshilfen notwendig (VDEW, 1986 b). Zum anderen ist man aus Umweltschutzgründen oft wenig an einem weiteren Wasserkraftausbau interessiert, da die Bauten unmittelbar oder zumindest mittelbar zur Landschaftszerstörung beitragen und schwere Eingriffe in die Gewässer darstellen können.

2005. Zur Nutzung der Windkraft werden in der Bundesrepublik Deutschland größere Versuchsanlagen mit einer Gesamtleistung von 3,7 MW betrieben (VDEW, 1986 b). Ursprünglich ging man dabei von der Annahme aus, daß höchstens Großwindanlagen — an der Nordseeküste installiert — dazu geeignet seien, die hier vorhandene Windenergie günstig auszunutzen. Inzwischen scheint man aber erkannt zu haben, daß größere Windanlagen weniger zur Stromerzeugung geeignet sind (Platzbedarf, Reparaturanfälligkeit). Ähnlich wie in Dänemark mit ca. 1 500 Windrädern und in den USA mit ca. 13 000 Windrädern experimentiert man heute in der Bundesrepublik Deutschland erfolgreich mit kleinen Windkonvertern, deren Leistung zwischen 10 und 60 kW liegt mit dem Schwerpunkt einer besseren Rotorblätterqualität und höherer Ausnutzungswirkungsgrade (HESS und KNAPP, 1986). Nach einer Studie der Forschungsstelle für Energiewirtschaft (1986) kommt man heute bei der Nutzung von Windenergie bereits auf Strompreise, die bei 27 Pf/kWh (55 kW Nettoleistung, 2 000 Jahresbetriebsstunden) liegen. Im Vergleich dazu liegt der in der Studie ermittelte Steinkohlestrom bei 19,5 Pf/kWh und Kernkraftstrom bei 13,5 Pf/kWh. Windkonverter werden heute bereits von deutschen Firmen angeboten und in Zukunft sicher eine gewisse

Abbildung 3.2.13

Einteilung der Umwandlungssysteme regenerativer Energie

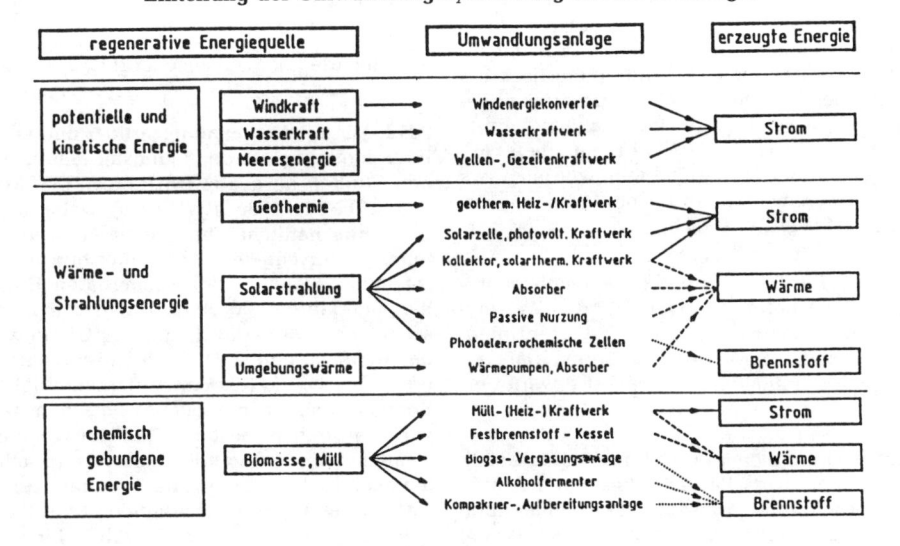

regenerative Energiequelle	Umwandlungsanlage	erzeugte Energie
potentielle und kinetische Energie	Windkraft → Windenergiekonverter Wasserkraft → Wasserkraftwerk Meeresenergie → Wellen-, Gezeitenkraftwerk	Strom
Wärme- und Strahlungsenergie	Geothermie → geotherm. Heiz-/Kraftwerk	Strom
	Solarstrahlung → Solarzelle, photovolt. Kraftwerk Kollektor, solartherm. Kraftwerk Absorber Passive Nutzung Photoelektrochemische Zellen	Wärme
	Umgebungswärme → Wärmepumpen, Absorber	Brennstoff
chemisch gebundene Energie	Biomasse, Müll → Müll-(Heiz-)Kraftwerk Festbrennstoff-Kessel Biogas-Vergasungsanlage Alkoholfermenter Kompaktier-, Aufbereitungsanlage	Strom / Wärme / Brennstoff

Quelle: Forschungsstelle für Energiewirtschaft, 1986

Verbreitung, vor allem in den Küstenländern, finden. Einige höchstrichterliche Entscheidungen, die das Aufstellen von Windrädern auf dem Land erleichtern, unterstützen diese Bemühungen. Nach optimistischer Schätzung glaubt man, daß bis zum Ende dieses Jahrhunderts in unserem nur maßvoll windigen Land ca. 1—1,5 % der Stromversorgung durch Windräder möglich sein könnten.

2006. Die auf die Erde ausgestrahlte Solarenergie liegt etwa beim Zwanzigtausendfachen der von der Menschheit genutzten Primärenergie. Wegen der niedrigen Energiedichte ist die Nutzung der Sonneneinstrahlung schwierig. In der Bundesrepublik Deutschland beträgt die maximale Sonneneinstrahlung ca. 1 000 W/m^2, im Jahresdurchschnitt aber nur 100 W/m^2. Berücksichtigt man dabei die heute noch sehr niedrigen Umwandlungswirkungsgrade von ca. 10 %, dann werden nur 10 W/m^2 nutzbar. Ausgehend von diesen Tatsachen sind photovoltaische Kraftwerke für die öffentliche Versorgung in der Bundesrepublik Deutschland zumindest bislang uninteressant. Die Anlagenkosten sind sehr hoch, so daß mit Erzeugungskosten deutlich über 2 DM/kWh zu rechnen wäre. Problematisch ist darüber hinaus die Stromversorgung in der Nacht, wenn zusätzlich aufwendige Speichersysteme erforderlich sind und die Stromproduktion in den Wintermonaten, wenn besonders viel Strom benötigt wird (VDEW, 1986 b).

2007. Interessant sein könnte Solarenergie letztlich vor allem zur Erzeugung von Niedertemperaturwärme für die Raumheizung und Warmwasserbereitung. Da auch hier Zeiten des Wärmeangebots und des Wärmebedarfs nur begrenzt deckungsgleich sind, erfordert dies geeignete Speichersysteme. Diese sind bis heute nur in Ansätzen vorhanden. Bereits praktiziert wird eine Kombination von Solarwärmeerzeugung, ergänzt durch eine klassische Heizung für ungünstige Solarzeitbereiche. Möglicherweise interessant wäre auch eine Wasserstofferzeugung durch Sonnenenergie in heißen Zonen der Erde.

2008. Zur Wärmegewinnung aus der Umgebungsluft, dem Erdreich oder dem Grundwasser bieten sich Wärmepumpenanlagen an. Diese Wärmegewinnungsmethode wurde eine Zeitlang optimistisch beurteilt, da hierbei ca. dreimal mehr Nutzwärme abgegeben als elektrische Energie benötigt wird. Ende 1984 waren bereits ca. 51 000 Wärmepumpen-Heizungsanlagen in Betrieb. Außerdem wurden etwa 120 000 Elektrowärmepumpen für die Wasserversorgung eingesetzt (VDEW, 1986 b).

Heute scheint der Trend zur Wärmepumpe gebrochen, da die Energiepreise gegenüber dem Wärmepumpenbetrieb (Amortisation, Betriebskosten) niedrig sind und sich diese Anlagen in höherem Maße als stör- und reparaturanfällig als zunächst erwartet erwiesen haben.

2009. Eine weitere regenerative Energiequelle stellt die Biomasse (landwirtschaftliche Rest- und Abfallstoffe, nachwachsende Rohstoffe, Holzabfälle und -reststoffe, Klärschlamm, organische Müllfraktion) dar, die durch verschiedene Umwandlungstechniken zur Wärme-, Biogas- und Brennstofferzeugung genutzt werden kann. Die nutzbare Energie des Biomasse-Potentials für die Bundesrepublik Deutschland wird auf ca. 52 TWh/a geschätzt (Forschungsstelle für Energiewirtschaft, 1986). Soweit es sich um die Beseitigung von Rest- und Abfallstoffen handelt, sollten entsprechende Verfahren entwickelt werden. Dadurch wird in ländlichen Regionen das Energieangebot erweitert. Die gezielte Verwendung von nachwachsenden Rohstoffen als Energieträger ist aus der Sicht der Umweltverträglichkeit bedenklich (geringe Effektivität, großflächiger Anbau in Monokulturen, andersartige Schadstoffprobleme).

2010. Die Strom- und Wärmeerzeugung durch Müllverbrennung wird derzeit in 47 Hausmüllverbrennungsanlagen mit einem Abfalldurchsatz von 8,5 Mio t/a realisiert (UBA, 1986 b). Bis 1995 sollen 67 Anlagen in Betrieb sein. Die eingesetzten Müllverbrennungsanlagen sind einerseits umweltschonend, da durch sie Deponieflächen eingespart werden; andererseits verursacht die Müllverbrennung hohe staub- und gasförmige Emissionen, die aufwendige Reinigungsanlagen erfordern, welche heute aber zur Verfügung stehen.

Eine weitere zusätzliche Energiequelle ist Deponiegas. 1985 waren 15 Anlagen zur Deponiegasnutzung für Heizzwecke und 14 Anlagen zur Verstromung von Deponiegas in Betrieb (UBA, 1985).

2011. Man muß insgesamt davon ausgehen, daß Entwicklungen und Fortschritte bei regenerativen Energiegewinnungssystemen bislang noch nicht zufriedenstellend sind, vor allem aus folgenden Gründen:

— noch nicht ausreichende Entwicklungsförderung,

— ungenügende Subventionierung,

— Strom- und Wärmeproduktion, die gegenüber dem derzeitigen Angebot zu teuer sind,

— schwankende Verfügbarkeit der Energie in Abhängigkeit von Klima und Wetter,

— fehlende Langzeitspeicher für Strom und Wärme.

2012. Das Potential andersartiger und erneuerbarer Energiequellen wurde in jüngster Zeit in verschiedenen Studien geschätzt (MÜLLER-REISSMANN und SCHAFFNER, 1986; RWI, 1986), wobei zwischen einem wirtschaftlichen und einem ausschöpfbaren Potential unterschieden wird. Unter günstigen Voraussetzungen können die erneuerbaren Energieträger bis zum Jahre 2000 einen Anteil von 7—10 % (einschließlich Wasserkraft) an der Gesamtversorgung der Bundesrepublik Deutschland mit Primärenergie erreichen. Der Rat ist der Auffassung, daß in diesem Bereich noch ein erhebliches Forschungs- und Entwicklungsdefizit besteht, das durch eine gezielte staatliche Förderung abgebaut werden sollte. Da das technologische Wissen bei einigen erneuerbaren Energieträgern bereits vorhanden ist, sollte die staatliche Unterstützung sich darüber hinaus auf die Markteinführung entsprechender Anlagen richten.

Wie bei der Kraft-Wärme-Kopplung hängt die Einführung regenerativer Energieerzeugungsmethoden entscheidend von den politischen Rahmenbedingungen und von der Bereitschaft der Industrie ab, Entwicklung und Markteinführung zu unterstützen.

3.2.5 Zusammenfassende Stellungnahme zur Energiepolitik

2013. Im Sondergutachten „Energie und Umwelt" (SRU, 1981) hat der Rat festgestellt, jede Art der Energiegewinnung und -verwendung mit gesundheitlichen und ökologischen Belastungen und Risiken verbunden sei. Bei deren Abwägung war der Rat zu dem Schluß gekommen, daß in der Bundesrepublik Deutschland eine für die Umwelt günstige Aufteilung zwischen der Energiegewinnung aus fossilen Energieträgern und der Kernkraft bestehe, an der wegen der Verteilung der Risiken festgehalten werden solle.

Unter umweltpolitischen Gesichtspunkten wurde empfohlen, weder die fossilen Energieträger noch die Kernenergie für eine massive Ausdehnung des Energieangebotes vorzusehen, zugleich aber der Energieeinsparung und einer rationelleren Energienutzung höchste Priorität einzuräumen.

An diesen Aussagen hält der Rat grundsätzlich fest. Die Annahmen, unter denen sie 1981 getroffen wurden, haben sich bis auf wenige Einschränkungen nicht als falsch erwiesen. Der Rat bringt damit zum Ausdruck, daß er sowohl die Nutzung der Kernenergie als auch der fossilen Energieträger nach dem Stand der Technik für **umweltpolitisch** verantwortbar ansieht. Im Vordergrund energiepolitischer Entscheidungen müssen Energieeinsparungsmaßnahmen in allen Bereichen und eine überlegtere Energienutzung stehen. Hierin sieht der Rat den dauerhaft besten Weg zur Verminderung von Emissionen jeder Art.

2014. Der Rat empfiehlt, vorrangig auf eine Verminderung des spezifischen Energieverbrauchs gegebener Energiedienstleistungen wie Licht, Kraft, Wärme — ohne deren Einschränkung — hinzuwirken, d. h. auf eine Erhöhung der Energieproduktivität. Dies umfaßt sowohl die Energieerzeugung als auch die Energienutzung (z. B. Wirkungsgradsteigerung, Abwärmenutzung und Wärmedämmung). Vor allem die rationelle Energienutzung dürfte voraussichtlich kurz- und mittelfristig einen wesentlich größeren Beitrag zur Einsparung von Energie leisten als eine Einschränkung nötiger Energiedienstleistungen.

Wenn der Einsatz fossiler Energieträger verringert werden soll und aus diesem — umweltpolitischen — Grunde die weitere Nutzung der Kernenergie angestrebt wird, dann ist es im Zuge einer glaubwürdigen Argumentation geboten, alle sinnvollen Möglichkeiten zur Energieeinsparung und damit zur Emissionsminderung auszuschöpfen.

Wenn auf Kernenergie künftig verzichtet werden soll, ist es besonders wichtig, alle Möglichkeiten zu nutzen, umweltpolitisch unerwünschte Folgen einzugrenzen. Dazu gehören in erster Linie alle Maßnahmen, die zur Minderung des Energiebedarfs beitragen und ohne Minderung der Lebensqualität zu erreichen sind.

Einsparpotentiale können durch geeignete politische Rahmensetzungen und Förderungsmaßnahmen erschlossen werden, ohne daß dadurch ein dauernder Subventionsbedarf begründet wird.

Insoweit müssen alle Energiebedarfs-Szenarien, in denen nur Einsparungen aufgrund bestehender Vorschriften und bestimmter Annahmen zur Entwicklung der Energiepreise enthalten sind, in dem Maße korrigiert werden, wie der politische Handlungsspielraum für weitergehende und zusätzliche Einsparungen durch Erhöhung der Energieproduktivität ausgeschöpft wird. Auch die in der vorliegenden Stellungnahme verwendeten Szenarien, die der umweltpolitischen Bewertung eines Verzichts auf die Kernenergie zugrunde liegen, enthalten noch keine Annahmen über mögliche Bedarfsminderung durch Nutzung von Einsparpotentialen.

2015. Ein wesentliches Verminderungspotential für Emissionen sieht der Rat, wie bereits 1981, in der Kraft-Wärme-Kopplung, da sie über ein hohes Energiepotential verfügt und einen Beitrag zur umweltschonenden Substitution von Energieträgern leisten kann. So werden durch die Versorgung mit Nah- und gegebenenfalls Fernwärme Zentralheizungen und Öfen ersetzt, die insbesondere in Verdichtungsgebieten erheblich zur Luftbelastung beitragen.

In welchem Ausmaß das Kraft-Wärme-Kopplungspotential ausgeschöpft wird, hängt weitgehend von der Wirtschaftlichkeit der Kraft-Wärme-Kopplungsanlagen ab. Bei der Berechnung ihrer Wirtschaftlichkeit kommt es nicht nur auf den Erlös aus dem Stromverkauf an, sondern auf den Gesamterlös aus Strom- und Wärmeabsatz. Schließlich hängt die Wirtschaftlichkeit nicht unerheblich von politischen Rahmenbedingungen ab, die der Gesetzgeber schaffen kann, wenn er der Überlegung folgt, aus umweltpolitischen Gründen der Kraft-Wärme-Kopplung Vorrang zu geben.

Die wirtschaftlichen Durchsetzungschancen der Kraft-Wärme-Kopplung haben sich seit 1981 eher verschlechtert als verbessert. Nach wie vor lassen sich die erforderlichen Investitionen wegen der vielfältigen Planungs- und Abstimmungserfordernisse, der hohen Kapitalintensität der Versorgungssysteme sowie der häufig zu beobachtenden örtlichen Widerstände nur langfristig realisieren. Darüber hinaus gingen bereits wichtige Absatzbereiche mit hoher Abnehmerdichte an das Erdgas verloren; teilweise prohibitive Einspeise-, Zusatzstrom- und Reservestrombedingungen verminderten die Erlöschancen. Trotzdem empfiehlt der Rat, aus vorrangigen umweltpolitischen Überlegungen deutliche Signale zugunsten einer besseren Ausnutzung des Kraft-Wärme-Kopplungspotentials zu setzen. Dies bedeutet:

— Die Versorgung mit Erdgas sollte nicht in solche Räume eindringen, die sich mittelfristig gerade für den Ausbau der Fernwärme anbieten.

— Die Förderung der Fernwärme mit dem „Kohleheizkraftwerk- und Fernwärmeausbauprogramm" sollte über das Jahr 1986 verlängert und finanziell aufgestockt werden.

- Das Kraft-Wärme-Kopplungspotential der Industrie sollte besser genutzt werden.
- Die Wirtschaftlichkeit der Kraft-Wärme-Kopplung sollte über verbesserte Stromeinspeisebedingungen erhöht werden.

In Bezug auf den letzten Punkt empfiehlt der Rat zu prüfen, inwieweit durch staatliche Interventionen ein stetiger und sich kontinuierlich entwickelnder Energiepreis garantiert werden kann, der der Kraft-Wärme-Kopplung Wirtschaftlichkeit verschafft und den Investoren eindeutige Parameter an die Hand gibt, die die Kalkulierbarkeit ihrer Entscheidungen sowie ihre Planungssicherheit wesentlich erhöhen.

2016. Hinsichtlich der Umweltbeeinflussung durch die derzeitige Energieerzeugung weist der Rat zunächst darauf hin, daß die vom Gesetzgeber eingeleiteten Maßnahmen zur Begrenzung der Emissionen (Großfeuerungsanlagen-Verordnung, Technische Anleitung zur Reinhaltung der Luft) in den folgenden Jahren verstärkt ihre positiven Auswirkungen zeigen werden. Emissionen aus Feuerungsanlagen zur Stromerzeugung werden weit unter das Niveau von 1986 abgesenkt werden. Dadurch werden in Zukunft auch fossile Energieträger umweltverträglicher einsetzbar.

Ein sofortiger Verzicht auf Kernenergie würde diese Absenkung der Emissionsströme für die ersten Jahre dagegen zumindest verzögern. Er ist daher unter umweltpolitischen Gesichtspunkten nicht wünschenswert.

Ein längerfristig angelegter Verzicht auf die Nutzung der Kernenergie würde — bei angenommener gleicher Entwicklung des Stromverbrauches — etwa ab Beginn des nächsten Jahrhunderts einen verstärkten Einsatz fossiler Energieträger erfordern. Dies würde zu höheren Emissionen führen als unter Zugrundelegung der gesetzlichen Regelungen durchgeführte Hochrechnungen für die weitere Nutzung der Kernenergie ausweisen. Im Vergleich zum heutigen Zustand würden die Emissionen allerdings auch ohne Kernenergienutzung wesentlich geringer sein.

2017. Hinsichtlich der Kohle wird in der öffentlichen Meinung gelegentlich die Ansicht vertreten, ihr verstärkter Einsatz zur Energiegewinnung bringe nur kurzfristige Emissionsprobleme, berge jedoch kaum längerfristige Gefahren. Bei mit Kohle oder Heizöl betriebenen Feuerungen bestehen jedoch noch Wissenslücken über die Art und die toxikologische Bedeutung einiger der emittierten Stoffe, insbesondere organischer Substanzen. Die Großfeuerungsanlagen tragen allerdings nur zu ca. 2 % zur Gesamtemission organischer Stoffe aus Verbrennungsprozessen bei; Emissionen aus dem Verkehr dominieren bei weitem. Auch an der Emission von kanzerogenen polyzyklischen aromatischen Kohlenwasserstoffen sind die Großfeuerungsanlagen nur in der Größenordnung von 1 % beteiligt; Hauptemittenten dieser Stoffgruppe sind Kleinfeuerungsanlagen, insbesondere der privaten Haushalte, Kokereien und wiederum der Verkehr.

2018. Für alle fossilen Energieträger besteht das Problem der möglichen Klimabeeinflussungen durch die bei der Verbrennung anfallenden CO_2-Emissionen. Modellrechnungen zur Entwicklung der CO_2-Konzentration in der Atmosphäre wie auch zu den darauf folgenden Temperatur- und Klimaänderungen sind noch mit großen Unsicherheiten verbunden. Die Bedeutung des Problems einer möglichen Klimaänderung ist jedoch dadurch gestiegen, daß eine Reihe weiterer anthropogener Spurengase (z. B. Distickstoffmonoxid, Methan) bekannt wurde, die insgesamt in der gleichen Größenordnung wie CO_2 zum sogenannten Treibhauseffekt beitragen. Daher ist zunächst die Fortführung und Intensivierung der Forschung zum Kohlenstoffkreislauf und zu den Klimamodellen zu fordern. Der Rat ist aus Gründen der Vorsorge der Auffassung, daß die CO_2-Emission weltweit reduziert werden sollten. Er sieht die Erhöhung der Energieproduktivität als einen wichtigen Schritt dazu an.

2019. Bezüglich der Emissionen aus dem Betrieb kerntechnischer Anlagen hat das in der Bundesrepublik gesetzlich verankerte Auslegungsprinzip „so wenig wie möglich" dazu geführt, daß, abgesehen von der Abwärme, keine nennenswerten Umweltbelastungen aufgetreten sind. Dies gilt auch für die bisherigen besonderen Vorkommnisse im Sinne der Strahlenschutzverordnung (Störfälle).

Was mögliche Unfälle betrifft, die nicht mit letzter Sicherheit auszuschließen sind und deren zum Teil katastrophale Auswirkungen viele Menschen und große Flächen betreffen können, liefern die hauptsächlich in den USA, aber auch in der Bundesrepublik Deutschland durchgeführten Risikostudien ein Bild ihrer Eintrittsmöglichkeiten und ihres Ablaufes. Diese zeigen, ob und inwieweit es möglich ist, durch technische und administrative Maßnahmen („Accident Management") Eintrittswahrscheinlichkeit und Auswirkungen solcher Unfälle zu begrenzen.

Der Unfall von Tschernobyl, der die Risiken der Kernenergie in dramatischer Weise ins Blickfeld der Öffentlichkeit rückte, brachte dazu keine neuen Aspekte ins Spiel, sondern hat die bisherigen Vorstellungen bestätigt. Er beweist nachdrücklich, daß man in der Kerntechnik Sicherheitsbelangen allerhöchste Priorität einräumen muß — so wie dies in der Bundesrepublik Deutschland seit jeher geschehen ist —, um schwerwiegende Folgen für die Umwelt zu vermeiden. Insofern hat der Unfall von Tschernobyl auch positive Konsequenzen: Alle Stimmen, man könne es mit den Sicherheitsanforderungen auch übertreiben, sind verstummt. Ein Bewußtsein internationaler Solidarität zur Eindämmung der Risiken der Kernenergie wurde geweckt, weitere Anstrengungen zur Erreichung eines Höchstmaßes an Sicherheit wurden ausgelöst. Der Rat unterstützt nachdrücklich diese Tendenzen.

2020. Für den Fall der Beibehaltung der Kernenergie und selbst dann, wenn sie nur noch temporär genutzt wird, sollten nach Meinung des Rates, insbesondere aus der Erfahrung von Tschernobyl, folgende Konsequenzen gezogen werden:

(1) In der Vergangenheit haben sich die meisten Anstrengungen auf die Verringerung der Eintrittswahrscheinlichkeit eines Unfalles gerichtet. Zusätzlich müssen nunmehr verstärkte Bemühungen unternommen werden, im Falle eines Unfalles den möglichen Schadensumfang weiter zu begrenzen. In diesem Zusammenhang begrüßt der Rat die in der Bundesrepublik vorgesehenen Maßnahmen zur Vermeidung des Containment-Versagens nach Kernschmelzunfällen und zur Verhinderung von Wasserstoff-Explosionen sowie das Programm für eine Sicherheitsüberprüfung aller Kernkraftwerke. Der Rat gibt dem Wunsch Ausdruck, daß für unterschiedliche Sicherheitseigenschaften der Reaktoren vergleichende Betrachtungen durchgeführt werden sollten.

(2) Es muß nach Wegen gesucht werden, um weltweit das Risiko schwerer Reaktorunfälle weiter zu verringern. Durch internationale Abkommen müssen Mindestanforderungen an die Sicherheit kerntechnischer Anlagen festgelegt werden, die für alle Länder verbindlich sind. Beim Export von Kernkraftwerken muß sichergestellt sein, daß diese Anforderungen eingehalten werden. Weiter muß alles daran gesetzt werden, daß bei grenzüberschreitend auftretenden Schäden aufgrund eines von einer kerntechnischen Anlage ausgehenden nuklearen Ereignisses international Haftungsgrundsätze zur Anwendung kommen, die mindestens dem Standard des Atomgesetzes entsprechen. Der Rat unterstützt die Initiativen der Bundesregierung in dieser Hinsicht.

(3) Für die Bundesrepublik Deutschland sind über die eigentliche Katastrophenschutzplanung hinaus klare Regelungen für alle die Fälle zu schaffen, bei denen Maßnahmen zur Minimierung der Strahlenexposition der Bevölkerung zu ergreifen sein werden. Diese Regelungen müssen bundeseinheitlich und im Einvernehmen mit den Ländern gelten und der Bevölkerung verständlich gemacht werden. Der Rat begrüßt die vorgesehene Erarbeitung der gesetzlichen Voraussetzungen für eine bundeseinheitliche Festsetzung von Lebensmittel- und sonstigen Grenzwerten sowie die Pläne zur Einrichtung eines flächendeckenden Meßnetzes und einer Datenzentrale zur Erfassung und Dokumentierung der Meßwerte.

(4) Die vom Rat bereits im Jahr 1981 gegebene Empfehlung zur Erforschung und Erprobung von Reaktortypen, bei denen größere Freisetzungen von Radionukliden naturgesetzlich weitestgehend ausgeschlossen sind, wird ausdrücklich wiederholt.

In diesem Zusammenhang kommt dem Hochtemperaturreaktor, insbesondere in kleineren Einheiten (Modulbauweise), eine besondere Bedeutung zu. Bei diesem Reaktortyp kann es infolge der geringen Leistungsdichte und hohen Wärmekapazität des Kerns sowie seines günstigen Oberflächen-Volumenverhältnisses auch ohne besondere Kühlmaßnahmen nicht zu einem Temperaturanstieg über 1600° C kommen. Bei diesen Temperaturen bleiben aber die guten Rückhalteeigenschaften des keramischen Brennstoffs für die Spaltprodukte noch voll wirksam.

(5) Die Nutzung der Kernenergie erfordert eine gesicherte und umweltverträgliche Entsorgung; dies bedeutet die Notwendigkeit, radioaktive Abfälle über hinreichend lange Zeiträume (10 000 Jahre und mehr) sicher von der Biosphäre abzuschließen. Die Umweltauswirkungen von Wiederaufbereitungsanlagen und direkter Endlagerung sollten noch einmal und gegeneinander abgewogen werden, ehe eine endgültige Entscheidung für einen oder beide Entsorgungswege gefällt wird.

(6) Unabhängig von einer künftigen energiepolitischen Entscheidung über die Nutzung der Kernkraft ist der Rat der Auffassung, daß weitere Kernkraftwerke, welcher Art auch immer, nur dann genehmigt und gebaut werden dürften, wenn potentielle Umweltschäden durch Zwischenlagerung, Wiederaufarbeitung und Endlagerung der abgebrannten Brennelemente genauestens untersucht und geeignete Maßnahmen zu ihrer Verhütung ergriffen werden und wenn die entsprechenden Anlagen und Einrichtungen tatsächlich vorhanden sind.

2021. Im Hinblick auf die künftige Entwicklung der Energiegewinnung ist der Rat der Auffassung, daß der Erforschung und dem Einsatz von umweltverträglichen erneuerbaren Energieerzeugungssystemen in Zukunft große Bedeutung beizumessen ist. Hierzu gehören an erster Stelle Sonnen-, Wind- und Bioenergien, wie auch die verstärkte Nutzung der Wasserenergie, soweit dadurch keine Landschaftsschädigungen in Kauf genommen werden müssen. Es sollte gelingen, bis zum Ende des Jahrhunderts 7—10% der Primärenergie durch diese Verfahren abzudecken, was, gemessen an der absoluten Energiemenge, ein beachtlicher Erfolg wäre. Aufgabe der politischen Entscheidungsträger muß es dabei sein, nicht nur die Forschung und Entwicklung entsprechender Energieerzeugungssysteme zu unterstützen, sondern auch den Marktzugang für solche Verfahren zu erleichtern.

2022. Die Umwelt der Bundesrepublik Deutschland wird nicht nur von Emissionen aus dem eigenen Land beeinflußt. Der Rat empfiehlt, sowohl bei Kraftwerken, die fossile Brennstoffe einsetzen, als auch bei Kernkraftwerken Anstrengungen zu unternehmen, um in internationaler Abstimmung Emissionen, die die Umwelt in der Bundesrepublik beeinflussen können, zu vermindern. Er legt dabei besonderes Gewicht auf eine laufende weitere Verminderung der Emissionen bei Energieerzeugungsanlagen wie auch darauf, daß umweltbelastende Stör- und Unfälle in Kraftwerken jeder Art durch zu vervollkommnende Sicherheitsvorkehrungen minimiert und in ihren Auswirkungen begrenzt werden.

3.3 Umwelt und Verkehr

3.3.1 Allgemeiner Überblick über die Zusammenhänge zwischen Verkehr und Umwelt

3.3.1.1 Umwelteffekte des Ausbaus und der Erhaltung der Verkehrsinfrastruktur

Primärer Landschaftsverbrauch, komplementärer Landschaftsverbrauch und Betroffenheitszonen

2023. Seit seinem Bestehen weist der Rat auf die umweltpolitische Bedeutung des Verkehrs bzw. der Verkehrspolitik hin und hat diesem Fragenkomplex u. a. mehrere Abschnitte im Umweltgutachten 1978 (SRU, 1978) gewidmet. Die lebhaften Auseinandersetzungen um die Planung bzw. um den Ausbau bestimmter Bereiche der Verkehrsinfrastruktur, etwa um den Ausbau des Flughafens Frankfurt bzw. die kontroverse Diskussion um den Main-Donau-Kanal, die Bundesbahnneubaustrecken Mannheim–Stuttgart und Hannover–Würzburg, den Rangierbahnhof München–Allach sowie die verschiedenen (vorgeschlagenen und realisierten) Maßnahmen zur Emissionsminderung von Transportaktivitäten (z. B. um den Vorschlag der Einführung einer Geschwindigkeitsbegrenzung auf den Autobahnen, zeigen, daß der umweltpolitische Stellenwert dieses komplexen Aktivitätsbereiches auch im öffentlichen Bewußtsein gewachsen ist.

Der Rat ordnet dem Verkehr aus nachfolgenden Überlegungen im Rahmen einer künftigen Umweltpolitik nach wie vor eine hohe Bedeutung zu und sieht in ihm vor allem einen wichtigen Bezugspunkt für die Bewältigung des Lärmproblems sowie für die Luftreinhalte-, Wassergüte- und Bodenschutzpolitik.

2024. Versucht man die Auswirkungen der Verkehrsentwicklung auf die Umwelt in einem konzentrierten Überblick zu systematisieren, so stehen diese im engen Zusammenhang mit

— dem Ausbau und der Unterhaltung der Verkehrsinfrastruktur (Verkehrswege, Stationen usw.) sowie

— den Transportvorgängen selbst (BONBERG, 1975; HIERSCHE, 1978; REICHELT, 1979).

2025. Betrachtet man zunächst die Verkehrsinfrastruktur, so können die verschiedenen Elemente derselben eine Umweltbelastung darstellen, wenn sie

— aufgrund ihrer Flächennutzung bzw. der „Zerschneidungseffekte" den Lebensraum von Tieren und Pflanzen einengen und damit für den Artenrückgang mitverantwortlich zeichnen,

— den Wasserhaushalt verändern,

— wegen der Beeinflussung der Bodeneigenschaften (z. B. durch Versiegelung, Verdichtung, Schadstoffeinträge) auch die anderen Bodenfunktionen (insbesondere die Regelungsfunktion) beeinträchtigen,

— über Barriereeffekte das regionale Kleinklima verändern und

— das Landschaftsbild negativ beeinflussen.

2026. Wie jede andere menschliche Aktivität beansprucht auch der Bau von Verkehrswegen (Schienenstrecken, Straßen, Schiffahrtskanäle usw.) und der dazu gehörigen Verkehrsanlagen Boden, wobei es sich angesichts der Langlebigkeit, Kapitalintensität bzw. Art der Ausführung dieser Investitionen in der Regel um gravierende Eingriffe mit weitgehendem Ausschluß anderer Formen der Bodennutzung bzw. starker Beeinträchtigung der Bodenfunktionen handelt. So werden vielfach Hügel aufgeschlitzt, Hänge abgeschnitten, ober- und unterirdische Wasserfließbahnen unterbrochen, die natürliche Bodenschichtung zerstört, die Tierwelt verdrängt und die Pflanzendecke beseitigt (ELLENBERG et al., 1981; KRAUSE und MORDHORST, 1983; MADER, 1981). Insofern sollte man bei der Erfassung und Bewertung der Eingriffsflächen nicht nur auf die durch Asphalt- bzw. Betondecken versiegelten Flächen blicken, sondern — wie gleich noch näher gezeigt wird — von einem weiter gefaßten Ansatz ausgehen. In Erweiterung seiner früheren Stellungnahmen betont der Rat vor allem die negativen Auswirkungen vieler Infrastrukturvorhaben auf die Regelungsfunktion. Wegen der Langfristigkeit verkehrlicher Nutzungsformen besitzen diese verkehrsinfrastrukturellen Bodennutzungen einen stark irreversiblen Charakter, so daß dem Rat hier die Verwendung des ansonsten nicht immer glücklichen Begriffs des „Landschaftsverbrauchs" durchaus gerechtfertigt erscheint.

2027. Der Rat begrüßt die vielfältigen Bemühungen der Straßenbaubehörden um Ausgleich dieser gravierenden „Wunden in der Landschaft". Dies betrifft vor allem die Begrünung der Seitenflächen, die in Deutschland eine bis in die Frühzeit des Autobahnbaus zurückreichende Tradition besitzt (SEIFERT, 1936). Untersuchungen (KAULE, 1986; KRAUSE und MORDHORST, 1983) belegen aber, daß es kaum gelingt, den Eingriff so auszugleichen, daß „nach seiner Beendigung keine erhebliche oder nachhaltige Beeinträchtigung des Naturhaushalts" zurückgeblieben wäre (§ 8 BNatSchG).

2028. Analog zur Flurbereinigung kann man bei der Verkehrsinfrastruktur zwischen der Bau- und der eigentlichen Betriebsphase unterscheiden (KAULE, 1986). Angesichts der Langlebigkeit der meisten Verkehrswege bzw. -anlagen konzentriert sich das umweltpolitische Interesse zumeist auf die zweite Phase. Was diese Betriebsphase betrifft, ist zu beachten, daß die verkehrsinfrastrukturell bedingte Landschaftsbeanspruchung über den Umfang der in der bisherigen Flächennutzungserhebung statistisch ausgewiesenen Verkehrsfläche hinausgeht. Die alleinige Betrachtung dieser offiziellen Verkehrsflächen — wobei einige Verkehrsflächen in der Statistik als solche gar nicht erkennbar sind, sondern definitorisch anderen Nutzungskategorien (z. B. viele Wasserstraßen den Wasserflächen) zugeordnet werden — führt darum in der Regel zu einer Unterschätzung der verkehrlichen Landschaftsbeanspruchung.

2029. Man sollte darum bei der umweltpolitischen Bewertung der Verkehrsinfrastruktur zwischen primärem und komplementärem Landschaftsverbrauch sowie Betroffenheitszonen unterscheiden. So sind bei dem Verkehrsträger Straße neben den Fahrbahnen auch die Böschungen, Nebenanlagen (Tankstellen, Betriebsgelände der Kraftwagenspeditionen usw.) sowie die stark expandierenden (und zumeist versiegelten) Abstellflächen für den ruhenden Verkehr zu berücksichtigen. Des weiteren kommt es in Abhängigkeit von der Nutzung dieser Verkehrsinfrastruktur zu einer band- oder zonenförmigen Belastung bzw. Nutzungsbeeinträchtigung auf den Flächen entlang der Verkehrswege. So treten in Abhängigkeit von der Verkehrsfrequenz bzw. dem Geländerelief in der Regel „Verlärmungsbänder", bei hangseitigen Bauten baubedingte Erosionseffekte und fast überall in einem räumlich begrenzten Streubereich Schadstoffeinträge (ausgelöst durch Abrieb, Tausalz, Lecköle, Deposition von gasförmigen Schadstoffen, Blei und Cadmium usw.) auf. So werden nach KAULE (1986) bei einer stark befahrenen vierspurigen Autobahn innerhalb eines 300 m breiten Korridors pro Jahr und Kilometer 20 Tonnen Straßenstaub erzeugt, die neben anorganischen Stoffen wie Silizium- und Magnesiumverbindungen auch organische Stoffe aus Bitumen (u. a. auch das krebserregende 3,4-Benzpyren) enthalten. Komplementärer Landschaftsverbrauch und Betroffenheitszonen treten in modifizierter Form auch bei dem Verkehrsträger Schiene auf, wo neben den Streckengleisen auch die Abstellgleise, Rangierbahnhöfe, Bahnhöfe und sonstige Hochbauten zu berücksichtigen sind.

2030. Die genaue Erfassung dieser Betroffenheitszonen, bei der die durch Abgase (etwa Stickstoffoxide) ausgelösten (Fern-)Effekte (als mögliche Ursache der neuartigen Waldschäden) sogar noch unberücksichtigt bleiben, bereitet in der Praxis jedoch Schwierigkeiten, da der flächenmäßige Umfang von vielen Komponenten wie Ausführung der Anlage, topographischen Gegebenheiten, Nutzungsintensität usw. abhängt. In einer für das überregionale Straßennetz der Schweiz durchgeführten Untersuchung kommt die Prognos AG zum Schluß, daß in einem Abstandsbereich bis zu 50 m beidseitig der Fahrbahnen eine starke, zwischen 50 und 100 m eine mittlere und zwischen 100 und 300 m eine geringe Nutzungsbeeinträchtigung vorliegt (Prognos AG, 1977). KAULE (1986) geht bei einer zweispurigen Kreisstraße von einem Belastungskorridor von 50 m, bei einer Autobahn von einem solchen von 300 bzw. 500 m aus.

DRUDE (1980) schätzt grob, daß der für die eigentlichen Verkehrswege verwendete Boden nur etwa 60 % der insgesamt durch die Verkehrsinfrastruktur in Anspruch genommenen Fläche ausmacht. Auch der Raumordnungsbericht 1986 definiert Belastungszonen, die bei Bundesautobahnen und Bundesstraßen beidseitig mit 150 m, bei Landesstraßen mit 100 m, bei Kreisstraßen mit 50 m und bei Gemeindestraßen mit 30 m angesetzt werden. Dabei ist zu berücksichtigen, daß sich die aus der Nutzung der Straßen ergebenden Betroffenheitszonen im Siedlungsbereich z. T. überschneiden, so daß hier besonders intensive Belastungen auftreten können. Will man die verkehrsinfrastrukturell induzierte Flächeninanspruchnahme einigermaßen verdeutlichen, muß man diese Belastungszonen berücksichtigen.

2031. Aber selbst diese um den komplementären Flächenbedarf und die Betroffenheitszonen ergänzten Flächenzahlen liefern immer noch sehr unvollkommene Informationen über das eigentliche Ausmaß der verkehrsinfrastrukturellen Umweltbelastung. Aussagen über Umweltbelastungen beinhalten nämlich nicht nur Mengenangaben (hier etwa in Anspruch genommene Flächen), sondern verlangen auch eine Bewertung unter Berücksichtigung der von dieser Nutzung blockierten alternativen Verwendungen. Dies zeigen auch Untersuchungen, die im Zusammenhang mit der Bewertung von Straßenbauprojekten bei der neuesten Bundesverkehrswegeplanung erstellt worden sind (BMV, 1986a; STOLZ et al., 1984; WINKELBRANDT et al., 1984). Danach hängen die durch Straßenbauprojekte ausgelösten Umweltbelastungen u. a. von der Art der bisherigen Flächennutzung, dem regionalen bzw. örtlichen Wasserdargebotspotential, dem Biotoppotential oder dem Erholungswert der Landschaft ab. Da diese verschiedenen Potentialkomponenten entlang einer (geplanten) Verkehrsstraße variieren, ist für die endgültige Beurteilung der Belastungseffekte einer Infrastrukturinvestition eine abschnittsbezogene und trassenscharfe Betrachtungsweise notwendig. Hierbei kann sich zeigen, daß die Vernichtung flächenmäßig kleiner Biotope umweltpolitisch negativer zu beurteilen sein kann als die Beanspruchung größerer Areale mit unterdurchschnittlicher Lebensraumfunktion (KAULE, 1986). Ausgleichs- bzw. Ersatzmöglichkeiten sind vielfach nicht vorhanden bzw. ihre Schaffung ist mit langen Zeiträumen (bei Bergwäldern z. B. 150 bis 200 Jahre, bei Auwäldern 150 bis 250 Jahre) verbunden.

2032. Dabei muß man auch zwischen verschiedenen Verkehrsträgern unterscheiden. So ist bei der Binnenschiffahrt gegenüber den Verkehrsträgern Straße und Schiene eine noch stärker differenzierende Betrachtung notwendig. Werden z. B. natürliche Wasserwege (Seen oder Flüsse) genutzt, hängen die Umwelteffekte primär von der Nutzungsintensität dieser „natürlichen" Gegebenheiten ab. Anders sieht es hingegen bei den künstlichen Wasserstraßen bzw. Häfen und Nebenanlagen (etwa Schleusen) aus. Sie werden vor allem über den komplementären Landschaftsverbrauch und die Betroffenheitszonen (Abbau von Böschungen, Begradigung von Flüssen, Senkung des Grundwasserpegels usw.) umweltrelevant. Eine generalisierende quantitative Aufschlüsselung und Belastungseinstufung der Anteile des primären und des komplementären Landschaftsverbrauchs sowie der Betroffenheitszonen ist hier noch weniger möglich.

Ähnliches gilt auch für Flughäfen. Hier ist zu beachten, daß Angaben über den Umfang der Flughafenareale nur bedingt Informationen über die Umweltwirkungen liefern. So bleiben größere Teile der Flughäfen häufig „unversiegelt" und vermögen darum, falls größere Erdbewegungen unterlassen wurden, weiterhin bestimmte Bodenfunktionen zu erfüllen. Sie können sogar zu Refugien für Pflanzen werden. Hier verlangt die Umweltbeurteilung darum in besonderem Maße eine Einzelfallbetrachtung. So sind Eingriffe in das Erdinger Moos bei Verwirklichung der Münchener Flughafenausbaupläne sicherlich anders zu bewerten als ähnlich umfangreiche Projekte, die die Umwidmung weniger seltener Flächen betreffen.

Im Vergleich zu den bisher behandelten Verkehrsträgern ist die Landschaftsbeanspruchung des Rohrleitungsnetzes am geringsten, wie auch hier die Unterscheidung zwischen primärer und komplementärer Flächennutzung sowie Betroffenheitszonen wenig sinnvoll erscheint. Umweltprobleme treten hier jedoch im Zusammenhang mit Unfällen (Rohrbrüche) oder Leckagen auf.

2033. Losgelöst von der infrastrukturellen Landschaftsbeanspruchung sind die Zerschneidungseffekte (REICHELT, 1979) aufzuführen. So hat der Rat in seinem Sondergutachten „Umweltprobleme der Landwirtschaft" (SRU, 1985) darauf verwiesen, wie wichtig für die Artenerhaltung vernetzte Ökosysteme sind. Im Gegensatz zur modernen Landwirtschaft, die über Meliorationen, Entwässerungs- und Dränungsmaßnahmen, Auflösung der Flurkammerung, Vergrößerung der Feldschläge, Spezialisierung usw. vor allem Lebensräume der Tiere und Pflanzen vernichtet, trägt der Ausbau der Verkehrsinfrastruktur zur Verinselung, d. h. zum Abbau der Vernetzung der Ökosysteme bei. Gemessen an anderen Bereichen, insbesondere Landwirtschaft, Tourismus und Rohstoffgewinnung, tritt der Verkehr zwar als Verursacher des Artenrückgangs in den Hintergrund (SRU, 1985; SUKOPP, 1981), in Einzelfällen sowie in Räumen mit dichter Verkehrswegeerschließung ist seine Verantwortung für den Artenrückgang aber nicht zu unterschätzen.

2034. Viele Möglichkeiten, diese Zerschneidungseffekte zu mindern (etwa durch Bau spezieller Durchlässe für Kleintiere, Frösche, Kröten oder über die Errichtung von Wildbrücken) sind noch nicht voll ausgeschöpft worden, manche Komplementärflächen könnten sogar bei entsprechender Ausgestaltung neue Lebensraumfunktionen übernehmen. Der Rat begrüßt es in diesem Zusammenhang, daß auf Anordnung des Bundesministers für Verkehr bestimmte Unkrautvernichtungsmittel nicht mehr verwendet werden dürfen und auf einen sparsamen Gebrauch von Streusalz und auf ein eingeschränktes Mähen im Straßenrandbereich hingewirkt wurde (BMV, 1985).

2035. Unbestritten ist der Tatbestand, daß der Bau von Verkehrswegen über die Bildung von Dämmen Barriereneffekte auszulösen vermag, die sich auf das lokale Kleinklima auswirken können (Bildung von Kältestau). Eher umstritten ist demgegenüber die Beurteilung des Einflusses des Verkehrswegebaus auf das Landschaftsbild. Wurden doch lange Zeit bestimmte Verkehrseinrichtungen, insbesondere Brücken, als Sehenswürdigkeiten gepriesen, die Besucherströme anlockten. Unverkennbar ist auch, daß man sich in Deutschland in starkem Maße beim Bau der Fernstraßen um landschaftspflegerische Begleitpläne sowie um die Berücksichtigung gestalterischer Gesichtspunkte bemühte. Trotzdem ist zu betonen, daß technische Anlagen stets den naturnahen Charakter einer Landschaft tangieren und darum in der Regel auch deren Erholungsfunktion beeinträchtigen.

Schätzungen der Landschaftsbeanspruchung

2036. Im Zeitraum von 1960 bis 1986 ist das überörtliche Straßennetz der Bundesrepublik Deutschland (Bundesfern-, Landes- und Kreisstraßen) um etwa 38 000 km auf über 173 000 km erweitert worden. Das Netz der Gemeindestraßen beläuft sich demgegenüber 1986 auf ca. 318 000 km (1960: ca. 233 000 km) (BMV, 1986b). Auf dem Bundesfernstraßennetz, das nur etwa 8,5 % der Länge aller öffentlichen Straßen ausmacht, konzentriert sich jedoch etwa die Hälfte des gesamten Straßenverkehrs. Die befestigte Fläche der öffentlichen Straßen (primärer Landschaftsverbrauch) umfaßt 1986 3 061,9 km² (1966: 2 275,9 km²), das sind 1,23 % des Bundesgebietes (BMV, 1986b). Unterstellt man, daß die amtlich ausgewiesene Fläche nur ca. 60 % des gesamten Flächenverbrauchs der Straßenverkehrsinfrastruktur ausmacht (DRUDE, 1980), gelangt man zu einer betroffenen Fläche von ca. 5 103 km², was etwa 2,05 % des Bundesgebietes entspräche. Etwa 44 % entfallen hierbei auf die überörtlichen Verkehrswege.

2037. Das Schienennetz der Deutschen Bundesbahn und der nichtbundeseigenen Eisenbahnen wurde im Zeitraum von 1960 bis 1985 um ca. 5 300 km abgebaut und umfaßte 1985 noch etwa 30 700 km (BMV, 1986b). Die Länge der benutzten Wasserstraßen (auf Flüssen und Kanälen) reduzierte sich im Beobachtungszeitraum von 122 km und wies 1985 ca. 4 300 km auf. Recht rasch expandierte hingegen in den 60er Jahren das Netz der Rohöl- und Mineralölprodukte-Fernleitungen. Es belief sich 1985 auf 2 222 km (1960: 455 km). Teile hiervon sind jedoch seit Anfang der 80er Jahre stillgelegt; das Transportaufkommen ist seit 1973 tendenziell rückläufig (BMV, 1986b).

2038. Orientiert man sich an den Angaben zur Flächennutzungsstruktur 1985, so umfaßten die Verkehrsflächen zu diesem Zeitpunkt 12 105 km², das sind fast 5 % des Bundesgebietes (Statistisches Bundesamt, 1986). Versucht man auch hier den komplementären Landschaftsverbrauch sowie die Betroffenheitszonen grob hochzurechnen, gelangt man zu einer durch den Verkehr beanspruchten Fläche von möglicherweise 8 % des Bundesgebietes. Zu noch höheren Anteilswerten (direkte und indirekte Flächeninanspruchnahme durch den Straßenverkehr 1981

= 11,3 % der Gesamtfläche des Bundesgebietes) gelangt der Raumordnungsbericht 1986 der Bundesregierung.

3.3.1.2 Umwelteffekte der Transportvorgänge

2039. Bei der Erfassung der Umwelteffekte des Verkehrsbereichs spielen neben dem Ausbau und der Erhaltung der Verkehrsinfrastruktur vor allem die von den Transportaktivitäten selbst ausgehenden Umweltbelastungen eine entscheidende Rolle. Diese präsentieren sich als

— Schadstoffeinträge in die Umweltsektoren Luft, Wasser und Boden sowie als

— Verkehrslärm und Erschütterungen sowie als

— Unfallfolgen beim Transport gefährlicher Güter.

Auf die mit den Gefahrguttransporten verbundenen Umweltrisiken wird in Zusammenhang mit der Entwicklung des Güterverkehrs (Tz. 2068) näher eingegangen. Die verkehrsbedingten Schadstoff- und Geräuschemissionen sind im folgenden kurz dargestellt.

Schadstoffemissionen

2040. Bei den verkehrsbedingten Schadstoffeinträgen stehen zumeist die Luftverunreinigungen (Kohlenmonoxid, organische Verbindungen, Stickstoffoxide, Partikel und Schwefeldioxid), und hierbei insbesondere die des Straßenverkehrs im Vordergrund. Aber auch Verunreinigungen der Gewässer (z. B. durch die Schiffahrt) und von Boden und Grundwasser spielen eine wichtige Rolle.

2041. Bei den Abgasen aus Kraftfahrzeugen kommt erschwerend hinzu, daß die Kfz-Abgase den menschlichen Atembereich direkt in relativ hohen Konzentrationen erreichen und es bei hoher Verkehrsdichte in Straßenzügen immer wieder zu einer Überschreitung von Immissionsgrenzwerten (MIK-Werte) kommen kann. Insofern konzentriert sich die Gefährdung der menschlichen Gesundheit durch die Kfz-Abgase vor allem auf die verkehrsreichen Innenstadtbereiche. Als Folgeeffekte der Transportvorgänge treten zusätzlich zeitlich nachgelagerte Aktivitäten z. B. in Form umweltbelastender Abfallbeseitigung (Altöl, Altreifen, Autowracks usw.) auf.

2042. Die Zahlen zur Entwicklung des Personen- und Güterverkehrs (Abschn. 3.3.2.1) machen deutlich, daß bei den Luftverunreinigungen vor allem dem Straßenverkehr eine große Bedeutung zukommt. Der Personenverkehr vereinigte 1985 auf den Bundesautobahnen ca. 85 % der durchschnittlichen täglichen Verkehrsstärke (DTV, gemessen in Kfz/24 h, bezogen auf die Straßenlänge zum 1. Januar des Jahres) auf sich, auf Bundesstraßen ca. 90 % (BMV, 1986b). Auf den Landes- und Kreisstraßen entsprechen die Anteilswerte des Personenverkehrs weitgehend jenen der Bundesstraßen.

2043. Ursache der Luftverunreinigungen ist der Energieeinsatz (vor allem Kraftstoffe) im Verkehrssektor. Zwar liegt der Anteil des Verkehrs am Endenergieverbrauch seit 1980 mit ca. 23 % unter dem der Verbrauchssektoren Industrie (1985: ca. 31 %) und Haushalte und Kleinverbraucher (1985: ca. 46 %), im Zeitraum von 1970 bis 1985 hat der Verkehr jedoch seinen Anteil von 17,2 % auf 23,2 % im Vergleich zu den anderen Sektoren (Haushalte und Kleinverbraucher: von 43,4 % auf 45,8 %; Industrie: von 39,4 % auf 31 %) erheblich vergrößert. Die durchschnittliche jährliche Verbrauchszunahme in den letzten 15 Jahren lag bei +2,6 % (Haushalte u. Kleinverbraucher: +1 %; Industrie: −1 %), im Zeitraum von 1970—1980 bei +3,5 %.

Etwa 87 % des Endenergieverbrauches im Verkehr entfallen auf den Straßenverkehr. Wichtigste sekundäre Energieträger sind Motorenbenzin und Dieselkraftstoff, auf die 1985 58,4 % bzw. 32,0 %, zusammen also ca. 90 %, des verkehrsbedingten Energieverbrauches entfielen.

Diese Zahlen lassen den mit der Infrastrukturerstellung und der Fahrzeugproduktion bzw. mit der Abfallbeseitigung verbundenen Energieverbrauch, der auf ca. 10 % der während der Lebenszeit der Fahrzeuge verbrauchten Energie geschätzt wird, noch außer acht. Außerdem ist zu betonen, daß die sog. indirekten Endenergieverbräuche (wie z. B. Straßenbeleuchtung, Winterdienst, Lichtsignalanlagen usw.) von der Statistik im Verbrauchssektor Haushalte und Kleinverbraucher ausgewiesen werden (SCHWANHÄUSER und GOLLING, 1982; SCHWANHÄUSER und SIMON, 1986).

2044. Gemessen am Energieeinsatz trägt der Verkehr im Vergleich zu den anderen Verbrauchssektoren bei bestimmten Stoffen überproportional zur Luftverunreinigung bei. Für die Zeit seit 1966 liegen Schätzungen des Umweltbundesamtes zum Anteil wichtiger Verursacher an ausgewählten Emissionen in der Bundesrepublik Deutschland vor. Hierbei wird zwischen den Emittentengruppen Kraft- und Fernheizwerke, Industrie, Haushalte und Kleinverbraucher sowie Verkehr unterschieden. Aufgegliedert nach Schadstoffgruppen zeigt es sich, daß der Verkehr vor allem zu den Belastungen durch Kohlenmonoxid (CO), Stickstoffoxide (NO_x) und leichtflüchtige organische Verbindungen (VOC) beiträgt (UBA, 1986b; vgl. Abschn. 1.5.2.2.1 und Kap. 2.3).

2045. Die Kohlenmonoxidemissionen im Verkehrssektor sind im Zeitraum von 1966 bis 1972 von 4 450 kt/a auf 6 650 kt/a angestiegen, der Anteil an der Gesamtemission erhöhte sich von ca. 34 % auf ca. 54 %. Seither sind sie trotz der weiteren Zunahme der Verkehrsleistung absolut rückläufig und lagen 1984 (4 400 kt/a) in etwa wieder auf dem Niveau von 1966. Mit einem Anteil von etwa 60 % entfällt seit 1978 unverändert auf den Verkehr der höchste Anteil an der CO-Gesamtemission.

2046. Besorgniserregend ist die Verursacherrolle des Verkehrs bei der Luftbelastung vor allem durch Stickstoffoxide. Letztere entstehen bei der Kraftstoffverbrennung durch den Stickstoffgehalt der Luft, wobei sich durch die in den letzten Jahren gestiegene Anzahl der Fahrzeuge mit höher verdichteten und mit hohem Luftüberschuß „mager" betriebenen Otto-Motoren die Emissionen sogar noch verstärkten. Angesichts der Tatsache, daß sich bei der Gesamtemission von Stickstoffoxiden (1978 bzw. 1984 jeweils 3,0 Mio Tonnen) noch kein Rückgang bemerkbar macht, geben die seit 1966 kontinuierlich wachsenden Emissionen aus dem Verkehrssektor Anlaß zur Sorge. Sie haben sich von 1966 (880 kt/a) bis 1984 (1 750 kt/a) verdoppelt und ihr Anteil an der Gesamtemission erhöhte sich von 45 % (1966) auf ca. 57 % im Jahre 1984.

2047. Ähnliches gilt auch für die verkehrsbedingten Emissionen an leichtflüchtigen organischen Verbindungen (VOC), die von 550 kt/a im Jahr 1966 auf 830 kt/a 1984 zunahmen; damit erhöhte sich ihr Anteil an der Gesamtemission (1984: 1,8 Mio t) von ca. 30 % auf 42 %.

2048. Im Vergleich zu den CO-, NO_x- und VOC-Emissionen sind die verkehrsbedingten Partikel- und SO_2-Emissionen relativ gering. Die Partikelemissionen sind von 1966 (110 kt/a) bis Mitte der 70er Jahre auf die Hälfte (55 kt/a) gesunken, hauptsächlich infolge der Reduzierung des kohlebefeuerten Dampflokbetriebs. Seither nehmen sie jedoch wieder zu (1984: 70 kt/a) und ihr Anteil an der in den letzten Jahren gesunkenen Gesamtemission liegt derzeit bei 11 % (1966: 6 %). Noch niedriger ist der Anteil des Verkehrs an der gesamten SO_2-Emission; er betrug 1984 3,6 % (1966: ca. 5 %), was 96 kt/a (1966: 170 kt/a) entspricht.

Da die Partikel- und Schwefeldioxidemissionen nahezu ausschließlich von den weit über sechs Mio Dieselfahrzeugen verursacht werden, wird die weitere Emissionsentwicklung vor allem vom Diesel-Sektor bestimmt werden. Dabei ist zu beachten, daß der Hauptanteil der vom Straßenverkehr verursachten SO_2- und Partikel-Emissionen auf den Nutzfahrzeugverkehr entfällt (Tz. 290); er betrug 1982 für Partikel 75 % und für Schwefeldioxid 62 % (UBA, 1986a).

2049. Die genannten Emissionen tragen beträchtlich zur Gefährdung der menschlichen Gesundheit und der natürlichen Umwelt bei. Insbesondere die Partikelemissionen aus Dieselfahrzeugen müssen als Träger kanzerogener Substanzen angenommen werden. Von besonderer Bedeutung sind die Emissionen des Straßenverkehrs weiterhin bei der Bildung sog. sekundärer Luftschadstoffe, wie der Photooxidantien. Der bekannteste Vertreter der Schadstoffgruppe der Photooxidantien, das Ozon, gilt in der Verursacherdiskussion um die Waldschäden als ein wesentlicher potentieller Verursacherfaktor. Erhöhte Ozonkonzentrationen wurden in der Bundesrepublik Deutschland im Lee von Ballungsgebieten gemessen, was die Annahme einer anthropogenen Verursachung bestätigt. Die photochemischen Reaktionen von Stickstoffoxiden allein sind bereits als auslösender Mechanismus für die anthropogene Ozonbildung bekannt, die gleichzeitige Anwesenheit von Kohlenwasserstoffen erhöht die Ozonbildungsrate um ein Mehrfaches. Den Kfz-Motoren als Emittenten beider Ausgangsstoffe zur Photooxidantienbildung, der Stickstoffoxide und der Kohlenwasserstoffe, kommt damit besondere Bedeutung zu.

2050. Wie bereits erwähnt, konzentriert sich die Gefährdung der menschlichen Gesundheit durch die Kfz-Abgase vor allem auf die Innenstadtbereiche und dort vor allem auf die Hauptverkehrsstraßen. Dort können mit Maßnahmen der Geschwindigkeitsbegrenzung nur geringe Emissionsminderungen erzielt werden (UBA, 1986a). Auch das Substitutionspotential zugunsten des Öffentlichen Nahverkehrs ist begrenzt. Die wesentliche Ursache ist hier in Qualitätsunterschieden zu sehen, die vor allem auf die Linien- und Fahrplangebundenheit von Bussen und Bahnen zurückzuführen sind. Diese Nachteile können auch durch den Preis nur temporär oder partiell kompensiert werden. Die häufig genannte Möglichkeit, durch drastische Verringerung des Parkraumangebots die Suchkosten für eine Abstellfläche zu erhöhen und so eine Substitution der Verkehrsmittel zu erzwingen, ist in ihrer Wirksamkeit weitgehend auf Orte beschränkt, die sich durch räumliche und qualitative Individualität auszeichnen, so daß ein räumliches Ausweichen nicht möglich oder nicht attraktiv ist. Somit bieten sich vor allem technische Maßnahmen an den Fahrzeugen zur Verfolgung des Emissionsminderungsanliegens an (Abschn. 3.3.3).

2051. Im Jahre 1985 wurden im Rahmen der Europäischen Gemeinschaft verschärfte Abgasgrenzwerte für Pkw festgelegt, diese sind jedoch je nach Motorengröße erst zwischen 1988 und 1993 zu erfüllen. Das Ziel der Bundesregierung — Übernahme der US-Abgasgrenzwerte — wurde damit bezüglich der Höhe der Schadstoffreduktion im Abgas zwar nicht erreicht, jedoch werden mit der EG-Regelung erheblich mehr Fahrzeuge erfaßt, als es bei einem bundesdeutschen Alleingang möglich gewesen wäre. Um die Einführung von schadstoffarmen Pkw zu beschleunigen, werden in der Bundesrepublik erhebliche Steuervorteile für den vorzeitigen Einsatz von schadstoffarmen Pkw gewährt. Diese Steuererleichterungen haben zeitweilig zum verstärkten Einsatz von Dieselfahrzeugen im Pkw-Bereich geführt; bei den Ottomotoren zeichnet sich allmählich ein verstärkter Trend zum schadstoffarmen Pkw ab (vgl. Tz. 2086), wobei allerdings verstärkt Fahrzeuge gewählt werden, die der Europanorm genügen. Auf die auch nach Wirksamwerden der genannten EG-Regelungen verbleibenden Probleme, denen in Zukunft bei der Gesamtentwicklung der Verkehrsemissionen Beachtung zu schenken ist, wird ausführlich in Abschnitt 3.3.3 eingegangen.

2052. Zwischenzeitlich war es heftig umstritten, ob nicht neben technischen Maßnahmen eine — aus Gründen der Verkehrssicherheit immer schon vorgeschlagene — Geschwindigkeitsbegrenzung für den Kraftfahrzeug-Verkehr auch aus Gründen der Emissionsminderung angezeigt sei. Dieser Vorschlag ist aufgrund des Ergebnisses des von der Bundesregierung der Vereinigung der Technischen Überwachungsvereine in Auftrag gegebenen Abgas-Großversuchs politisch auf absehbare Zeit vom Tisch, da gemäß der genannten Untersuchung eine Geschwindigkeitsbeschränkung auf Autobahnen die Luftbelastung quantitativ nur unwesentlich mindern würde (VdTÜV, 1986).

Lärm

2053. Der Rat widmete bereits in seinem Umweltgutachten 1978 dem Verkehrslärm besondere Aufmerksamkeit und geht auch an anderer Stelle dieses Gutachtens auf die Lärmbelastungen sowie auf Lösungsvorschläge näher ein (vgl. Kapitel 2.6). Unter dem Aspekt der Minderung gesundheitlicher Risiken sieht er in der Lärmbekämpfung eine umweltpolitische Aufgabe von höchster Priorität. Wie der Rat bereits früher betonte, sollte der Verkehrslärm vor allem an der Quelle bekämpft werden. Wichtigste Ansatzpunkte hierzu sind technische Verbesserungen an den Fahrzeugen bzw. partiell am Straßenbelag sowie die Beeinflussung des Fahrverhaltens (etwa Erziehung zur defensiven und niedertourigen Betriebsweise) (Abschn. 2.6.5.2, 3.3.3.2).

Untersuchungen des Umweltbundesamtes lassen erkennen, daß seit Ende der siebziger Jahre ein leichter Trend zur Geräuschminderung erkennbar ist, wobei vor allem die Personenkraftwagen leiser betrieben werden (UBA, 1986a). Unverändert hoch sind aber weiterhin die Geräuschemissionen von Mofas, Mopeds und Mokicks bzw. von Lieferwagen und Lastkraftwagen. Die Lastkraftwagen gehören hierbei neben den Motorrädern zu den lautesten Kraftfahrzeugen. Technische Verbesserungen müssen darum vor allem auf einen lärmarmen Lastkraftwagen hinwirken. Innerhalb der Städte, wo die Lärmbelästigung bzw. die lärminduzierten volkswirtschaftlichen Kosten besonders hoch sind (GLÜCK, 1986; POMMEREHNE, 1986), sollten die bisherigen erfolgsversprechenden Maßnahmen einer flächenhaften Verkehrsberuhigung weiter vorangetrieben werden. Insbesondere halten sich die Kosten derartiger Verkehrsberuhigung (Tempo 30, Unterbindung von Durchfahrtsmöglichkeiten usw.) in engen Grenzen (UBA, 1986a).

2054. Demgegenüber wurde festgestellt, daß Geschwindigkeitsbegrenzungen auf den Autobahnen (Tempo 100) bzw. die Einführung einer Richtgeschwindigkeit von 130 km/h die Mittelungspegel kaum verminderten (UBA, 1986a). Dies liegt vor allem daran, daß diese Maßnahmen keinen entscheidenden Einfluß auf das Fahrverhalten der Nutzfahrzeuge auszuüben vermögen. Überschreitet der Anteil der Lkw im Verkehr schon z. B. die 10%-Grenze, so bestimmen in erster Linie diese Nutzfahrzeuge den Gesamtpegel (UBA, 1986a; Abschn. 2.6.4.2). Dies zeigt, wie wichtig hier technische Maßnahmen zur Minderung der Geräuschemissionen (lärmarmer Lkw) sind (Tz. 2106).

2055. Die von den Transportaktivitäten ausgelösten Umwelteffekte hängen, läßt man einmal die Unfallfolgen beim Transport gefährlicher Güter außer acht, entscheidend vom Umfang und der Struktur des Fahrzeugbestands sowie von der Gesamtfahrleistung innerhalb einer Periode ab (BROSTHAUS et al., 1985; HÖPFNER et al., 1985). Letztere liefert auch die für die Messung der Infrastrukturbelastung und die für die Verkehrswegeplanung relevanten Kennziffern.

Die Gesamtfahrleistung wird üblicherweise in Fahrzeugkilometern gemessen und ist eine für Prognosezwecke wichtige Größe. Um zu groben Informationen über schadstoffspezifische Umweltbelastungen zu kommen, kann man die Leistungseinheiten mit dem spezifischen Energieeinsatz (Energieaufwand je Leistungseinheit) bzw. den Emissionskoeffizienten (Emissionen je Leistungseinheit) multiplizieren. Genauere Schätzungen müssen noch die Verkehrsmischung nach Fahrzeugtypen, die Fahrzyklen und Fahrprofile, die Altersstruktur der Fahrzeuge usw. berücksichtigen (VdTÜV, 1985).

2056. Die Entwicklung der für die Umweltbelastung wichtigen Gesamtfahrleistung einer Volkswirtschaft hängt ab (DRUDE, 1980; RATZENBERGER, 1986; RIEKE, 1972):

— Vom Wachstum der Wirtschaft sowie der damit verbundenen Entwicklung der Sektoral- und Regionalstruktur,

— von der sich wandelnden Siedlungsstruktur sowie

— von der sich ändernden räumlichen Mobilität.

Will man daher die verkehrsbedingte Umweltbelastung beeinflussen, muß man entweder auf diese Bestimmungsfaktoren Einfluß ausüben oder darauf einwirken, daß die mit der Verkehrsinfrastrukturerstellung bzw. die mit den einzelnen Transportaktivitäten verbundenen Umwelteffekte reduziert werden. Der Rat vertritt die Auffassung, daß das Entlastungspotential des zuletzt genannten Ansatzpunktes, d. h. die Realisierung eines umweltschonenden Verkehrs, bei weitem noch nicht ausgeschöpft worden ist und greift zu diesem Zwecke teilweise auch auf Vorschläge zurück, die er bereits in seinem Sondergutachten „Energie und Umwelt" (SRU, 1981, Tz. 458 ff.) vorgetragen hat.

3.3.2 Zur Entwicklung der umweltrelevanten Verkehrskomponenten in der Bundesrepublik Deutschland

3.3.2.1 Bisherige Entwicklung

Personenverkehr

2057. Der Ausbau der Verkehrsinfrastruktur wird entscheidend von der effektiven Verkehrsentwicklung geprägt. Diese zeichnete sich in der Vergangenheit durch beachtliche Wachstumsraten aus. Es ist davon auszugehen, daß dieser expansive Trend auch noch in nächster Zukunft anhalten wird. Hier zeichnet sich ein entscheidender Unterschied zum Energiebereich ab. Blieb im letzteren der effektive Verbrauch seit geraumer Zeit hinter dem prognostizierten Wert zurück, wurden im Verkehrsbereich die Prognosedaten zumeist von der effektiven Entwicklung überholt. So hat sich in der Bundesrepublik Deutschland der Kraftfahrzeugbestand von 1960 bis 1985 um mehr als das Zweieinhalbfache von ca. 8 Mio auf ca. 30,2 Mio

Einheiten erhöht, im Personenverkehr verfünffachte sich der Pkw-Bestand von ca. 4,5 auf ca. 26 Mio Einheiten, während sich der Lkw-Bestand im Güterverkehr fast verdoppelte (von 0,7 auf 1,3 Mio Einheiten) (BMV, 1986b). Damit verfügte rein rechnerisch 1985 jeder Privathaushalt bzw. 42% der bundesdeutschen Bevölkerung oder 53% der Einwohner über 18 Jahren über einen Pkw (RATZENBERGER, 1986), was gleichzeitig den Schluß zuläßt, daß der überwiegende Teil der Personenkraftwagen vorwiegend privat (inkl. der Fahrten zur Arbeit) genutzt wird. Mitte 1987 betrug der Pkw-Bestand über 27,9 Mio Fahrzeuge (Kraftfahrt-Bundesamt, 1987).

2058. Der Pkw-Besatz (Pkw je Tsd. Einwohner) stieg hierbei in den ländlichen Räumen stärker als in den Verdichtungsgebieten an. Betrug der durchschnittliche Besatzwert in der Bundesrepublik Deutschland in den Stadt- und Landkreisen 1982 z. B. 391 Pkw je Tsd. Einwohner, lag er im Landkreis Neustadt a. d. Aisch bei 427 (Landkreis Daun: 421; Landkreis Lüchow-Dannenberg: 409). Umgerechnet auf die Fläche weisen die Verdichtungsgebiete jedoch immer noch die höchste Pkw- bzw. Kraftfahrzeug-Dichte und damit die größte räumliche Konzentration fahrzeugbezogener Emissionsquellen auf.

2059. Will man daher die mit den Kfz-Abgasen verbundenen gesundheitlichen Risiken mindern, muß man sich vor allem auf die Innenstadtbereiche konzentrieren. Hierbei zeigt sich jedoch, daß Maßnahmen der flächenhaften Verkehrsberuhigung, läßt man Lärmaspekte außer acht, dort nur geringe Emissionsminderungen bewirken (UBA, 1986a). Dies macht deutlich, wie wichtig technische Maßnahmen zur Emissionsminderung sind.

2060. Auch die Luftfahrzeuge verzeichneten in der Vergangenheit eine deutliche Zunahme. So erhöhte sich deren Bestand von ca. 1 100 im Jahre 1960 auf über 7 900 Ende 1985 (BMV, 1986b). Dies läßt vermuten, daß vor allem an den bzw. um die Flughäfen die potentiellen Lärmquellen zugenommen haben. Demgegenüber hatte die deutsche Binnenschiffsflotte Mitte der sechziger Jahre nach Tragfähigkeit und Anzahl den Höchststand erreicht und nimmt seit diesem Zeitpunkt ab.

2061. Das Personenverkehrsaufkommen (beförderte Personen) ist von 1960 bis 1985 von ca. 23 Mrd auf ca. 36 Mrd Personen gestiegen (BMV, 1986b). Der Anteil des Individualverkehrs (Verkehr mit Personen- und Kombinationskraftwagen, Krafträdern und Mopeds) wuchs hierbei von ca. zwei Dritteln auf ca. drei Viertel an. Insofern wird der Personenverkehr vor allem durch die Entwicklung im Individualverkehr geprägt. Die unter Umweltgesichtspunkten besonders wichtigen Personenverkehrsleistungen erhöhten sich im öffentlichen Straßenpersonenverkehr von ca. 49 Mrd auf ca. 76 Mrd Personenkilometer (Pkm) im Jahre 1981, um danach aber wieder auf 70 Mrd Pkm (1984) abzusinken. Im Individualverkehr wuchsen die Verkehrsleistungen von ca. 162 Mrd (1960) auf 484 Mrd Pkm (1984) und im Luftverkehr von 1,6 Mrd (1960) auf ca. 12 Mrd Pkm (1984). Von 1960 bis 1978 gingen dagegen die Personenverkehrsleistungen der Eisenbahn von 41 Mrd auf ca. 38 Mrd Pkm zurück, um seit diesem Zeitpunkt auf einem Niveau um 40 Mrd Pkm zu verharren (BMV, 1986b). Nach einer Schätzung des Ifo-Instituts ist 1987 mit einem weiteren Anstieg der Personenverkehrsleistungen im Individualverkehr auf ca. 522 Mrd Pkm — vor allem zu Lasten des öffentlichen Straßenpersonenverkehrs (Absinken auf ca. 62 Mrd Pkm) und der Bahn (Stagnieren bei 40 bis 41 Mrd Pkm) — zu rechnen; im Luftverkehr wird ein Anstieg auf 13,6 Mrd Pkm erwartet (ARNOLD et al., 1987).

2062. Konzentriert man sich auf den besonders umweltrelevanten Individualverkehr, der sich von 1960 bis 1985 in etwa verdreifachte, ergibt sich zunächst eine deutliche Vergrößerung der durchschnittlichen Reiseweite (Zuwachs von 1960 bis 1982 knapp 60%) (RATZENBERGER, 1986). Für diesen Anstieg der mittleren Länge einer Fahrt werden vor allem siedlungsstrukturelle Entwicklungstendenzen (Verbesserung des Verkehrswegeangebots, zunehmende Entfernung zwischen Wohnsitz, Arbeitsplatz, Einkaufsstätte) verantwortlich gemacht. Gleichzeitig läßt sich eine Änderung der Fahrtzweckstruktur mit Anteilsgewinnen bei den Freizeit- und Urlaubsfahrten erkennen. Beide Fahrtzwecke zusammengefaßt machten 1982 schon ca. 53% der gesamten Verkehrsleistung im Individualverkehr aus (BMV, 1986b). Parallel dazu ging die durchschnittliche Jahres-Fahrleistung (Pkw-Verkehrsleistung bezogen auf den Fahrzeugbestand) leicht zurück (DIW, 1986), was vor allem auf die steigende Pkw-Verfügbarkeit je Haushalt zurückzuführen ist. Dies scheint jedoch eher eine temporäre Erscheinung zu sein, da mit kleiner werdenden Haushalten (Personen je Haushalt) und zunehmender Beteiligung der älteren Menschen am Individualverkehr die durchschnittliche Fahrleistung je Pkw wieder anwachsen kann (MACKENSEN, 1983; RATZENBERGER, 1986). Unter den verschiedenen den privaten Pkw-Verkehr begünstigenden Faktoren sehen ARNOLD et al. (1987) den starken fahrleistungssteigernden Effekt des zeitlichen Zusammenfallens von Realeinkommenszuwachs und Kraftstoffpreisverfall in den Jahren 1986/87 als maßgeblich an.

2063. Der durchschnittliche Pkw-Kraftstoffverbrauch, der bis 1978 insbesondere aufgrund zunehmender Fahrzeuggröße stieg, stagniert seitdem bei knapp 11 l je 100 km (DIW, 1986). Hier wird nach Ansicht des DIW der verbrauchssenkende Effekt der motortechnischen und aerodynamischen Verbesserungen durch den Trend zu höheren Hubraumklassen bzw. größeren Reisegeschwindigkeiten wieder aufgewogen. Der letzte VDA-Jahresbericht weist einen durchschnittlichen Kraftstoffverbrauch für Personen- und Kombinationskraftwagen von 7,3 l je 100 km aus (VDA, 1987). Da ca. drei Viertel der gesamten Endenergie im Verkehrssektor vom Personenverkehr verbraucht werden und innerhalb desselben mit einem Anteilswert von ca. 80% der Individualverkehr dominiert, werden die energieverbrauchsbedingten Luftverunreinigungen vor allem durch den Individualverkehr bestimmt. Mit Ausnahme des Luftverkehrs liegt der spezifische Endenergieverbrauch des Pkw-Verkehrs (seit 1980 um ca. 2,3 MJ/Pkm entsprechend ca. 78 g SKE/Pkm) immer über jenem anderer Verkehrsarten (DIW, 1986; SCHWANHÄUSSER und GOLLING, 1982; SRU, 1981).

2064. Insofern bleibt die Substitution zwischen Pkw-Verkehr und öffentlichem Straßenpersonenverkehr (spezifischer Endenergieverbrauch 1983: durchschnittlich 0,53 MJ/Pkm entsprechend 18 g SKE/Pkm) immer noch ein interessanter umweltpolitischer Ansatzpunkt. Es zeigt sich jedoch, daß das Substitutionspotential wesentlich geringer als vermutet ist (KLOAS und KUHFELD, 1983). Auch dies macht deutlich, wie wichtig technische Maßnahmen zur Emissionsminderung sind. Außerdem ist zu berücksichtigen, daß sich das Verbrauchsgefälle zugunsten anderer Verkehrsträger verringert, wenn man statt vom spezifischen Endenergie- vom Primärenergieverbrauch je Leistungseinheit ausgeht (SCHWANHÄUSSER und GOLLING, 1982).

2065. Der spezifische Energieverbrauch, die durchschnittliche Verkehrsleistung sowie der Fahrzeugbestand bestimmen zwar die spezifischen Schadstoffemissionen je Leistungseinheit bzw. die Gesamtemission, der Zusammenhang ist jedoch keineswegs so straff, wie vielfach vermutet wird. Daneben kommt nämlich auch der Altersstruktur der Fahrzeuge, der Antriebsart (Otto- oder Dieselmotor), den Fahrmodi (zeitliche Folge unterschiedlicher Fahr- und Betriebszustände) bzw. der Fahrtzweckstruktur eine große Bedeutung zu (BROSTHAUS et al., 1985; HASSEL et al., 1978; HASSEL, 1980). So zeigt sich, daß der spezifische Endenergieverbrauch beim Pkw-Dienstreiseverkehr (1982: 3,3 MJ/Pkm bzw. 112 g SKE/Pkm) sowie Einkaufsverkehr (1982: 2,6 MJ/Pkm bzw. 90 g SKE/Pkm) über jenem des Urlaubsverkehrs lag (DIW, 1986). Dies muß bei Prognosen berücksichtigt werden.

Güterverkehr

2066. Auch die Güterverkehrsleistungen sind im Zeitraum von 1960 bis 1985 beachtlich gestiegen. Sie wuchsen im Straßengüterfernverkehr von ca. 24 Mrd auf rd. 92 Mrd Tonnenkilometer (tkm) an, im Straßengüternahverkehr von ca. 22 Mrd auf ca. 41 Mrd tkm und im Luftverkehr von ca. 31 Mio auf ca. 314 Mio tkm (BMV, 1986b). Demgegenüber blieb der Zuwachs der Güterverkehrsleistungen der Eisenbahn und Binnenschiffahrt relativ bescheiden. So stiegen die Verkehrsleistungen der Eisenbahn nur von ca. 53 Mrd auf ca. 64 Mrd tkm und jene der Binnenschiffahrt von ca. 40 Mrd auf 48 Mrd tkm. Das Ifo-Institut schätzt, daß sich im Jahre 1987 die Güterverkehrsleistungen im Straßengüterfernverkehr auf 99,2 Mrd tkm, im Güternahverkehr auf 42,9 Mrd tkm, in der Binnenschiffahrt auf 50,8 Mrd tkm sowie im Luftfrachtverkehr auf ca. 36,7 Mio tkm erhöhen werden, während bei den Eisenbahnen ein Rückgang auf 61,6 Mrd tkm erwartet wird (ARNOLD et al., 1987).

2067. Ähnlich wie beim Personenverkehr kommt auch im Güterverkehr dem Straßenverkehr eine besondere Rolle zu. Sein Anteil an der gesamten binnenländischen Verkehrsleistung erhöhte sich von knapp einem Drittel im Jahre 1960 auf deutlich über die Hälfte im Jahre 1985 (BMV, 1986b). Jener der Eisenbahn ging hingegen von ca. 37% auf ein Viertel zurück. Damit nimmt der Anteil des Straßengüterverkehrs am Endenergieverbrauch des Güterverkehrs insgesamt gegenwärtig fast vier Fünftel ein (DIW, 1986). Der spezifische Endenergieverbrauch betrug 1983, bei insgesamt leicht sinkendem Trend, 2,5 MJ/tkm bzw. 85 g SKE/tkm (Eisenbahnverkehr: 0,32 MJ/tkm bzw. 11 g SKE/tkm; Binnenschiffsverkehr: 0,67 MJ/tkm bzw. 23 g SKE/tkm) (DIW, 1986).

2068. Die verkehrsbedingten Umweltrisiken werden beim Güterverkehr auch vom Umfang und der Struktur von Gefahrguttransporten bestimmt. Einige spektakuläre Unfälle der letzten Jahre (z. B. 1978 in Los Alfaques, Spanien) bzw. in jüngster Zeit (z. B. in Herborn am 7. Juli 1987) haben deutlich gemacht, welche schwerwiegenden Risiken hier schlummern. Aus der unterschiedlichen historischen Entwicklung der Regelungen dieser Risiken und der Störfallrisiken in stationären Anlagen hat sich ein Ungleichgewicht in ihrer Behandlung ergeben. Es sollte durch eine Harmonisierung der rechtlichen Normen abgebaut werden; insofern besteht Regelungsbedarf. Der Rat möchte nochmals auf dieses Gefahrenpotential aufmerksam machen und gleichzeitig sein Befremden über die immer noch beachtlichen Informationsdefizite auf diesem Gebiet zum Ausdruck bringen. Insbesondere weist er darauf hin, daß die Umweltbelastungen, die sich aus der Vielzahl kleinerer Unfälle mit Freisetzung gefährlicher Ladung ergeben, auf der Basis der verfügbaren Statistiken nicht ausreichend beurteilt werden können.

Gemäß den vorliegenden Daten wurden 1984 im Eisenbahn-, Straßenfern-, Binnenschiffahrts- und Seeschiffahrtsverkehr insgesamt 1 108 Mio t Güter aller Art befördert. Hiervon entfielen 177 Mio t, das sind ca. 16%, auf den Transport „gefährlicher Güter" (BIERAU und NICODEMUS, 1986). Fast drei Viertel dieser gefährlichen Güter gehörten hierbei zur Gefahrenklasse „Entzündbare flüssige Stoffe", welche vor allem aus Rohöl und Mineralölprodukten besteht. Es folgten mit 9,3% des Gesamt-Gefahrgutaufkommens die verdichteten, verflüssigten oder unter Druck gelösten Gase bzw. mit 8,1% die Säuren und Laugen. Etwa zwei Drittel der Gefahrgüter wurden nur innerhalb des Bundesgebietes befördert, etwa ein Viertel kamen aus dem Ausland oder der DDR, ca. 2% entfielen auf den Durchgangsverkehr.

Nach Verkehrswegen unterschieden, ragt vor allem der Straßengüterverkehr heraus, auf den mehr als die Hälfte der Gesamt-Transportmenge an Gefahrgütern (vor allem Benzin und Heizöl) entfallen. Binnenschiffahrt und Seeschiffahrt folgen mit zwar nur 19% und 16%, der einzelne Schiffstransport auf Flüssen und Kanälen durch teils dicht besiedelte Gegenden kann aber von der Ladungsmenge her ein ungleich größeres Gefahrenpotential bedeuten. Hier sind internationale Schutzregelungen erforderlich. Die Eisenbahn befördert nur 12% der Gefahrgut-Transportmenge.

2069. Informationen über die zeitliche Entwicklung des Transportaufkommens bzw. die Veränderungen seiner Struktur liegen nicht vor, wie die Datenbasis auf diesem Gebiet insgesamt als schlecht bezeichnet werden muß. Der Rat fordert daher den systematischen Ausbau dieses Informationssystems. Dabei müßten vor allem jene Mängel beseitigt werden, die eine befriedigende umweltpolitische Bewertung erschweren. So läßt die bisherige Klassifikation in 14 Gütergruppen noch keine tragfähige Risikoanalyse zu. Dies gilt vor allem für den komplexen Bereich der sonstigen chemischen Grundstoffe, sonstigen chemischen Erzeugnisse und Sammelgüter, die nur ungenügend Berücksichtigung finden. Außerhalb der Betrachtung bleiben bis jetzt noch bei der Eisenbahn die Stückgut-, Expreßgut- und Dienstguttransporte, im Straßenverkehr die Transporte mit militäreigenen Fahrzeugen, der Stückgutverkehr, Transporte mit DDR-Fahrzeugen, der Werkverkehr mit „kleinen" Fahrzeugen und sogenannte freigestellte Verkehre (etwa Abfalltransporte und Transporte radioaktiver Güter) (BIERAU und NICODEMUS, 1986). Gleiches gilt für den aufkommensmäßig bedeutsamen Straßengüternahverkehr, für den Daten fehlen. Aufgrund von Schätzungen gelangt das Statistische Bundesamt aber zur Schlußfolgerung, daß 1984 ca. 180 Mio t Gefahrgüter im Nahbereich, und zwar primär im Straßenverkehr, transportiert wurden. Scheidet man die Mineralölerzeugnisse aus der Betrachtung aus, so ergibt sich insgesamt ein problematisch hoher Anteil des Straßengüterverkehrs am Gesamttransport gefährlicher Güter.

2070. Jährlich ereignen sich in der Bundesrepublik Deutschland nach einer Untersuchung im Auftrage des BMFT durch den TÜV Rheinland (JÄGER und HAFERKAMP, 1983; JÄGER, 1984) etwa 1 300 bis 1 750 Unfälle mit Gefahrgut-Transporten. Davon sind etwa 250 bis 350 risikoreiche Unfälle mit Auslaufen gefährlicher (z. B. wassergefährdender) Flüssigkeiten, 50 bis 100 Unfälle mit Brand und 3 bis 4 mit Explosionen. Die Folgen sind z. B. 1979 etwa 50 Tote, 300 Schwerverletzte und 460 Leichtverletzte, der durchschnittliche Sachschaden an Fahrzeugen und Umwelt wird mit je 10 000 bis 50 000 DM angegeben. Der volkswirtschaftliche Gesamtschaden liegt bei jährlich 130 bis 150 Mio DM.

Primärschäden sind in der Regel Schäden an den beteiligten Fahrzeugen, davon in knapp der Hälfte aller Fälle im Frontbereich des Führerhauses von Lkw oder Lkw-Zügen; Sekundärschäden treten in etwa 36 % aller Schadensfälle als Verunreinigung des Erdreichs, in etwa 26 % als Verunreinigung der Straße und in rund 22 % in Form von Brand, Explosion und anderen Folgen auf. Unter Berücksichtigung auch kleiner Austrittsmengen (< 200 l) muß man bei jedem zweiten Unfall mit Gefahrgut-Transporten im Straßenverkehr mit einem Ladungsaustritt rechnen.

2071. Die nähere rückblickende Analyse des Unfallgeschehens im Transport gefährlicher Güter zeigt für

— die Fahrzeuge: Von den ca. 25 000 Fahrzeugen zum Transport gefährlicher Stoffe sind etwa 51 % Tankwagen, 35 % Satteltankwagen und 14 % Tankzüge. Die durchschnittliche Jahresfahrleistung ist für Lkw 32 500 km, für Lkw mit Anhänger 66 000 km und für Sattelzüge 81 000 km. Zwar sind in etwa 45 % der Unfälle Sattelzüge betroffen und nur in 38 % Lkw und in 17 % Lkw-Züge, aber bezogen auf die Jahresfahrleistung kehren sich die Verhältnisse um: Beim Gefahrgutfahrzeug Sattelzug 1,2 Unfälle auf 1 Mio Fahrzeug-Kilometer, beim Lkw 1,6 und beim Lkw-Zug 2,0.

— das Ladegut: 58 bis 79 % aller Gefahrgutfahrzeuge werden zur Beförderung entzündbarer flüssiger Stoffe eingesetzt, 8 bis 14 % für giftige, ekelerregende oder ansteckungsgefährliche und 12 % für ätzende Stoffe. Von unfallbeteiligten Fahrzeugen wird in ca. drei Viertel aller Fälle Benzin oder Heizöl/Dieselkraftstoff befördert.

— die Unfallarten: Mit 30 % überwiegen die Auffahrunfälle, es folgen Kreuzungsunfälle mit 20 %, Frontalzusammenstöße mit 16 % und Abkommen von der Fahrbahn mit 14 %. Knapp die Hälfte aller Unfälle ereignet sich innerorts, ein Viertel auf Bundesautobahnen. Die Unfallstelle ist in etwa 40 % eine Kreuzung oder Einmündung, in 30 % eine Gerade und in 13 % eine Kurve. Drei Viertel aller Gefahrgutunfälle finden bei Tage statt.

— die Unfallursachen: Etwa 60 % aller Unfälle mit Hauptverursachung beim Gefahrgutfahrzeug sind wesentlich verursacht durch menschliches Fehlverhalten beim Führen des Fahrzeugs – davon 28 % „nicht angepaßte Geschwindigkeit" und 18 % „falsches Abbiegen, Wenden, Rückwärts-, Ein- und Ausfahren" –, etwa 30 % durch menschliches Fehlverhalten beim Füllen und Verladen. Ursächliche oder mitursächliche technische Mängel sind in etwa 23 % Mängel der Bremsanlage und in 15 % Mängel der Bereifung. In 24 % aller Gefahrgutunfälle sind Eis, Schnee und Regen mitursächlich. Aber in etwa 50 % wird der Straßenzustand als normal und trocken eingestuft.

2072. Erkenntnisse über ergriffene Maßnahmen zur Schadensbekämpfung und Schadensbeseitigung und deren Erfolge liegen nicht vor. Künftig sollten Expertengruppen Gefahrgutunfälle untersuchen und folgende Gesichtspunkte stärker als bisher berücksichtigen:

— vollständiger Unfallablauf,

— umfassende Fahrzeug- und Aufbaudaten,

— Erfassung der Fahrzeug- und Aufbauschäden,

— Verhalten der Fahrzeugführer,

— Ladegut,

— Schäden nach Art und Umfang,

— Schadensbekämpfungsmaßnahmen.

2073. Um Methoden für eine volkswirtschaftlich vertretbare Risikominderung zu entwickeln, hat der BMFT mit dem erwähnten Forschungsvorhaben das Ziel vorgegeben, ein theoretisches Modell zum Gefahrguttransport zu entwickeln, das die Häufigkeit von Unfällen mit Stofffreisetzung theoretisch abzuschätzen erlaubt. In einer Modellanwendung sollten dann Parameterstudien durchgeführt werden, um die Wirksamkeit technischer Maßnahmen an Fahrzeugen und Behältern zur Risikominderung zu beurteilen.

Die erste Systemanalyse stellte eine Rangordnung der gefährlichen Stoffe hinsichtlich des Risikos bei Straßentransporten auf, mit Benzin, Propan und Chlor an der Spitze. Für die vier wesentlichen Unfallarten — Kreuzungsunfall, Auffahrunfall, Abkommen von der Fahrbahn und Frontalzusammenstoß — wurden die kinematischen Bedingungen, die zum Unfall führten, beschrieben und die für eine Unfallhäufigkeitsermittlung erforderlichen Eingangsgrößen bestimmt (Fahrzeug-, Straßen- und Wetterdaten; Häufigkeitsverteilung der gefahrenen Geschwindigkeiten; Quantifizierung menschlicher Verhaltensweisen usw.). Im Rahmen der äußeren Kollisionsmechanik wurde die Häufigkeitsverteilung der bei einem Unfall des Gefahrgutfahrzeugs auftretenden dissipierten Energien über Energie- und Impulsbilanzen bestimmt. Im Sinne der inneren Kollisionsmechanik wurden das Deformationsverhalten — ggf. auch der Unfallpartner — und der Grenzzustand ermittelt, bei dem der Anteil der Deformationsenergie, den der Behälter aufnimmt, gerade so groß ist, daß der Behälter versagt.

2074. Aus der Modellanwendung und der Risiko/Nutzen-Abschätzung leiteten sich folgende Vorschläge zur Verbesserung der Transporttechnik im Nahverkehr auf Außerortsstraßen ab:

— Abkommen von der Fahrbahn

Größten Einfluß auf die Unfallhäufigkeit hat die Geschwindigkeit des Fahrzeugs. In etwa 15 % dieser Unfälle liegt ein Kippen oder Rutschen in Kurven vor. Rutschen kann durch Geschwindigkeitsbeschränkungen weitgehend vermieden werden, Kippen durch konstruktive Senkung des Massenschwerpunkts des Fahrzeugs. Weiter können Rutschen und Kippen vermieden werden durch Begrenzung der Querbeschleunigung am Fahrzeug mit Steuerung der Fahrgeschwindigkeit (einstellbar nach Beladung und Fahrzeug). Der Einbau einer automatischen Blockierverhinderung (ABV) vermindert die Unfallhäufigkeit erheblich. Um einem Aufreißen der Behälter vorzubeugen, müssen außerdem gewisse Anforderungen an Werkstoff und Wanddicke erfüllt sein.

— Kreuzungszusammenstoß

Größten Einfluß auf die Unfallhäufigkeit hat wieder die Geschwindigkeit des Gefahrgutfahrzeugs. Auch eine Vergrößerung des „Aktionszeitraums" des Fahrers (von 1,8 auf 3,6 s) bewirkt eine Verringerung der Unfallhäufigkeit (um etwa den Faktor 50). Beide Größen können durch eine Anzeige vor Kreuzungen beeinflußt werden, die von der Geschwindigkeit des ankommenden Fahrzeugs und dem kreuzenden Verkehr gesteuert wird. Eine Veränderung des Brems- oder Beschleunigungsvermögens hat nur geringen Einfluß. Gegebenenfalls ist eine Verbesserung des Bremsvermögens durch Einbau einer automatischen Blockierverhinderung vorzuziehen.

Zum Schutz des Behälters vor seitlichem Aufprallen empfiehlt sich eine möglichst gedrängte Bauweise (besser ein Sattelzug oder vierachsiger Solo-Lkw als ein Lkw-Zug bei gleichen Tankabmessungen). Bei den an sich schon vergleichsweise sicheren Propantankwagen würde eine seitliche Verstärkung die Freisetzungswahrscheinlichkeit noch weiter verringern. Bei Benzintanks und starr befestigten Chlorfässern ist dazu eine grundsätzliche Änderung von Bauart, Werkstoff und Wanddicke erforderlich.

— Auffahrunfall

Technische Hilfen zur Einschätzung der Geschwindigkeit und des Abstands der Verkehrspartner können die Unfallhäufigkeit senken. In Verbindung mit Fahrzeugkennwerten können daraus notwendige und tatsächlich gegebene „Aktionszeiten" dargestellt werden. Unabhängig davon kann das Überholen von Fahrzeugen mit gefährlicher Ladung eingeschränkt werden. Zum Schutz der Behälter bei Benzintankwagen und Chlortransportern kommt ein hinterer Anfahrschutz in Frage, dessen Wirksamkeit untersucht werden sollte.

— Frontalzusammenstoß

Wie beim Auffahrunfall können Einrichtungen zur angemessenen Wahl des „Aktionszeitpunktes" Kollisionen vermeiden. Da Frontalzusammenstöße in der Regel bei mißglücktem Überholen eintreten, ist ein beschränktes Überholverbot für Fahrzeuge zum Gefahrguttransport zu erwägen. Energieschluckende Schutzvorrichtungen zwischen Fahrerhaus und Transportbehälter können diesen womöglich vor dem Reißen schützen.

3.3.2.2 Künftige Entwicklung

2075. Für die Bundesverkehrswegeplanung, insbesondere für die dritte Fortschreibung, liegen Prognosen vor, die Informationen über die erwarteten künftigen Entwicklungstendenzen im Verkehrsbereich geben. Danach wird der Personenverkehr bis zum Jahre 2000 (ohne Fahrradverkehr) auf 37,5 Mrd Beförderungsfälle (1984: 35,7 Mrd) bzw. 659,4 Mrd Personenkilometer (1984: 607,5 Mrd Pkm) anwachsen. Hierbei wird unterstellt, daß der Eisenbahnverkehr mit etwa 40,7 Mrd Pkm weitgehend auf dem Niveau von 1984 (39,6 Mrd Pkm) verharrt. Insofern gehen alle Vorausschätzungen davon aus, daß auch weiterhin der primäre Zuwachs beim motorisierten Individualverkehr erfolgen wird. Das impliziert, daß die meisten Gutachten zu einem weiteren beachtlichen Anstieg der Personenkraftwagen gelangen (ABERLE, 1985; RATZENBERGER, 1986). So schätzt die Deutsche Shell AG (1985) für das Jahr 2000 einen Pkw-Bestand zwischen 29,6 Mio und 30,6 Mio Einheiten voraus, das Deutsche Institut für Wirtschaftsforschung (DIW, 1985; HOPF et al., 1982) erwartet einen Bestand von 30,8 Mio und die Prognos AG (CERWENKA und ROMMERSKIRCHEN, 1983) einen solchen von 31,5 Mio Einheiten. Ab etwa 1995 könnte somit rechnerisch die gesamte Bevölkerung der Bundesrepublik auf den Vordersitzen der vorhandenen Personenkraftwagen Platz nehmen (RATZENBERGER, 1986).

2076. Was die Gesamtfahrleistung im Personenverkehr betrifft, ist zu vermuten, daß die von den Forschungsinstituten für das Jahr 2000 prognostizierten Werte (DIW: 619,5 Mrd Pkm, Prognos: 506,3 Mrd

Pkm) mit größter Wahrscheinlichkeit noch überschritten werden. Selbst die vom Bundesverkehrswegeplan angenommene personenkilometrische Fahrleistung von ca. 660 Mrd. Pkm war bereits 1985 schon zu 90 % erreicht worden. Insofern ist hier durchaus von höheren Werten auszugehen (ABERLE, 1985; RATZENBERGER, 1986).

Es ist zu erwarten, daß der Einfluß der Siedlungsstruktur tendenziell abnimmt sowie die räumliche Mobilität der Pkw-Besitzer noch weiter steigen wird, wobei künftig vor allem dem Freizeitverkehr bzw. den Reisen mit überdurchschnittlich hohen Reiseweiten Bedeutung zukommen wird (RATZENBERGER, 1986; Kap. 3.5). Des weiteren wird angenommen, daß der Pkw-Besitz vor allem in den ländlichen Räumen überproportional wachsen wird. Dies kann, wegen der günstigeren Verbrauchswerte im Freizeit- und Urlaubsverkehr, zu einer leichten Abnahme des spezifischen Energieverbrauchs je Pkm führen, gleichzeitig wird aber auch das Substitutionspotential zugunsten anderer Verkehrsträger gemindert.

2077. Auch bezüglich des binnenländischen Güterverkehrs wird von einer weiteren Expansion des Straßenverkehrs ausgegangen. Gemäß den Schätzungen der Prognos AG könnte das Güterverkehrsaufkommen im Jahre 2000 eine Höhe von 3,8 Mrd Tonnen erreichen, wovon ca. 85 % auf den Straßengüternah- und -fernverkehr entfallen werden (CERWENKA und ROMMERSKIRCHEN, 1983). Dies entspräche im Straßenverkehr einer Leistung von ca. 175,5 Mrd tkm. Prognosen bezüglich der künftigen Gefahrguttransporte sind wegen der schlechten Datenbasis kaum möglich. Insgesamt kann aber auch hier von einer Zunahme des Transportaufkommens ausgegangen werden. Angesichts der Konzentration der meisten Transporte auf die Straße sowie der generellen Entwicklung des Straßenverkehrs ist somit von einer Steigerung des Gefahrenpotentials auszugehen.

2078. Faßt man, losgelöst von den divergierenden Einzelheiten der verschiedenen Gutachten, die wichtigsten Ergebnisse zusammen, so wird die künftige Entwicklung des Verkehrsbereichs noch stärker als in der Vergangenheit vom Straßenverkehr bestimmt. Trotz gewisser verbrauchssenkender Effekte (etwa besserer Auslastungsgrad der Lastkraftwagen oder Erhöhung der Motorwirkungsgrade) wird der verkehrsbedingte Energieverbrauch weiterhin anwachsen. Ausgelöst durch die steigenden durchschnittlichen Reiseweiten bzw. die Erhöhung der Pkw-Dichten im ländlichen Raum kann es zu einer stärkeren Verteilung der Emissionsquellen im Raum kommen.

2079. Die meisten der vorliegenden Untersuchungen kommen auch zu einer sehr skeptischen Beurteilung der umweltpolitisch erwünschten Substitutionsmöglichkeiten (KLOAS und KUHFELD, 1983; RATZENBERGER, 1986). Die Chancen, über eine Erhöhung der Investitionen im Schienenverkehr, Angebotsverbesserungen im öffentlichen Personennahverkehr, Förderung des Fahrradverkehrs bzw. Ausbau der Verkehrsanlagen des kombinierten Verkehrs auf eine Verringerung des Straßenverkehrs hinzuwirken, sind geringer als vielfach vermutet. So gelangen KLOAS und KUHFELD (1983) u. a. zu dem Ergebnis, daß bei vollständiger Ausschöpfung des Verlagerungspotentials zugunsten des Fahrradverkehrs nur 4 % der Pkw-Verkehrsleistung substituiert werden könnten. Insofern müssen sich die Anstrengungen der Umweltpolitik vor allem auf die Realisierung eines umweltschonenden Straßenverkehrs richten.

2080. Analysen zeigen, daß hier durchaus beachtliche Emissionsminderungspotentiale existieren. Könnte man z. B. die Fahrzeughalter zum Kauf schadstoffarmer Pkw anhalten bzw. durch die technische Ausrüstung der Fahrzeuge das technisch mögliche Emissionsniveau sicherstellen, ließen sich, trotz steigenden Fahrzeugbestandes bzw. höherer Gesamtfahrleistung, für die Stickstoffoxide Minderungsraten von etwa 57 %, für die Kohlenwasserstoffe von ca. 65 % und für die Kohlenmonoxide von ca. 73 % gegenüber 1985 erreichen (BROSTHAUS et al., 1985). Bei den Emissionsminderungsmaßnahmen ist insbesondere auch den schweren Nutzfahrzeugen besondere Aufmerksamkeit zuzuwenden. Diese (definiert als Kraftfahrzeuge mit einer zulässigen Gesamtmasse von mehr als 3 500 kg sowie land- und forstwirtschaftliche Zugmaschinen und Arbeitsmaschinen) waren 1982, obwohl sie nur ca. 11 % des Kraftfahrzeugbestands ausmachen, an den Schadstoffemissionen des Straßenverkehrs bei Partikeln mit 75 %, bei Schwefeldioxid mit 62 %, bei Stickstoffoxiden mit 31 % und bei den Kohlenwasserstoffen mit 13 % beteiligt (UBA, 1986 a).

3.3.3 Das umweltschonende Kraftfahrzeug

3.3.3.1 Begrenzung der Abgasemissionen

Die Begrenzung der Schadstoffemissionen muß grundsätzlich gegenüber allen Kraftfahrzeugen — Personenkraftwagen, Nutzfahrzeugen und Zweirädern — „besorgnisproportional" verfolgt werden.

Personenkraftwagen

2081. Die ursprüngliche Absicht der Bundesregierung, in der Bundesrepublik Deutschland für alle ab 1986 neu in den Verkehr kommenden Personenkraftwagen die strengen US-Abgasnormen vorzuschreiben, ist 1985 am Einspruch anderer EG-Mitgliedstaaten gescheitert. In den Brüsseler bzw. Luxemburger Beschlüssen des EG-Umweltministerrates von 1985 wurden für die unterschiedlichen Klassen der Motorengrößen jeweils europäische Abgasnormen — in der Regel weniger strenge als die US-Normen — festgelegt, die zwischen 1988 und 1994 verbindlich werden. Die wichtigsten Regelungen sind in Tabelle 3.3.1 stichwortartig zusammengefaßt. In einer Reihe von Einzelheiten sind sie noch auszufüllen. Da mit einer EG-weiten Regelung erheblich mehr Fahrzeuge erfaßt werden als bei einem bundesdeutschen Alleingang, verband die Bundesregierung ihre Zustimmung zu den Luxemburger Beschlüssen mit der Hoffnung, auch so werde schließlich die von ihr angestrebte Emissionsmengen-Verminderung erreicht.

2082. Um die Einführung des schadstoffarmen Personenkraftwagens zu beschleunigen, erlaubt der „Luxemburger Kompromiß" der Bundesrepublik Deutschland die steuerliche Förderung von Pkw, die deutlich weniger Schadstoffe ausstoßen, als nach den derzeit geltenden EG-Regelungen gestattet ist. Soweit die Bundesregierung davon Gebrauch machen will, ist sie hinsichtlich der Kriterien an den EG-Beschluß gebunden (ECE-Regelung Nr. 15, Richtlinie 70/202/EWG). Diese Kriterien sind als Anlagen zu § 47 StVZO in bundesdeutsches Recht übernommen:

Anlage XXIII „schadstoffarm nach US-Abgasnorm", Anlage XXIV „bedingt schadstoffarm" und Anlage XXV „schadstoffarm nach Europanorm".

2083. Die in Luxemburg festgelegten und inzwischen anläßlich des EG-Umweltministerrats am 21. Juli 1987 förmlich verabschiedeten Grenzwerte

Tabelle 3.3.1

Neue EG-Regelungen und begleitende bundesdeutsche Maßnahmen gegen die Luftverschmutzung durch Kfz-Abgase aus Pkw

Richtlinie 78/611/EWG geändert durch:	vom 29. Juni 1978	Ab 1. Januar 1981 zulässiger Bleigehalt höher als 0,15 g/l und höchstens gleich 0,40 g/l.
Benzin-Blei-EG-Richtlinie 85/210/EWG	vom 21. März 1985	Grundlage, daß in Europa bleifreies Benzin zunächst angeboten werden kann und ab 1. Oktober 1989 angeboten werden muß.
EG-Umweltministerrat	20./21. März 1985 Brüssel	Einigung über ein Schema zur Einführung verminderter Emissionswerte für Kraftfahrzeugabgase: — Einhaltung europäischer Abgasnormen durch alle neuen Modelle (1. Oktober 1988) bzw. alle Neufahrzeuge (1. Oktober 1989) über 2 l Hubraum — ab 1. Oktober 1991 bzw. 1. Oktober 1993 analog für Fahrzeuge von 1,4 bis 2,0 l Hubraum — Verpflichtung, für Fahrzeuge unter 1,4 l Hubraum verschärfte Abgaswerte in zwei Stufen einzuführen (1990/91, 1993/94). Schema kann ab 1. Juli 1985 mit steuerlichen Anreizen vorgezogen werden.
3. Gesetz zur Änderung des Mineralölsteuergesetzes	vom 1. April 1985	Senkung der Steuer für bleifreies, Hebung für bleihaltiges Benzin.
Gesetz über steuerliche Maßnahmen zur Förderung des schadstoffarmen Personenkraftwagens	vom 1. Juli 1985	Steuerliche Maßnahmen zur Förderung schadstoffarmer und bedingt schadstoffarmer Pkw.
EG-Umweltministerrat	27./28. Juni 1985 in Luxemburg	Umsetzung der Brüsseler Beschlüsse: Festlegung europäischer Abgasnormen für Pkw über 1,4 l Hubraum. Diese sind laxer als die US-Werte. Ob sie, wie vereinbart, in ihren Umweltauswirkungen diesen gleichkommen, bleibt offen. Steuerliche Anreize sind auch anwendbar auf Pkw, die US-Abgasnormen erfüllen. Für Pkw unter 1,4 l Hubraum Vorziehung der verpflichtenden Einführung der 2. Stufe der Abgasnormen auf 1992/93. Partikelgrenzwerte für Dieselfahrzeuge: Kommissionsvorschläge bis Ende 1985; Ratsentscheidung binnen dreier Monate
EG-Umweltministerrat	19./20. März 1987 in Brüssel	Annahme der Richtlinie über die Herabsetzung des Schwefelgehaltes im Gasöl (Diesel, Heizöl) von 0,3 auf 0,2 Gew.-%. — Umsetzung in der Bundesrepublik durch Änderung der 3. BImSchV. zum 1. März 1988
EG-Umweltministerrat	21. Juli 1987 in Brüssel	Einigung über Änderung der Benzin-Blei-Richtlinie ermöglicht Verbot bleihaltigen Normalbenzins. — Umsetzung in der Bundesrepublik zum 1. Januar 1988.

Quelle: SRU

sind für den Fahrzyklus der sogenannten ECE-Tests festgelegt, der in den 60er Jahren angesichts hoher Kohlenmonoxid-Belastung von Innenstädten durch Verkehr mit häufigem Halten und Anfahren vereinbart wurde. Die Durchschnittsgeschwindigkeit dieses Zyklus beträgt 18,7 km/h, sein Leerlaufanteil 30 %.

Zur Wahl des ECE-Zyklus als Referenzzyklus ist kritisch anzumerken, daß es zwar mit technisch einfachen Konzepten (Magermotor, Nachverbrennungssystem „Pulsair", ungeregelter Katalysator) möglich ist, die vorgeschriebenen Grenzwerte einzuhalten. Im höheren Geschwindigkeitsbereich, der im ECE-Test nicht berücksichtigt ist, wird mit diesen Konzepten jedoch nur eine geringe bzw. gar keine Schadstoffreduktion erreicht. Dieser Sachverhalt ist insbesondere angesichts des Anteils von 50 % der Mittelklassewagen und der Tatsache des zunehmenden Autobahnanteils an der Gesamtfahrleistung und des damit verbundenen zunehmenden Streckenanteils im höheren Leistungsbereich als kritisch einzuschätzen.

Eine befriedigende Schadstoffreduzierung kann nach dem Stand der Technik nur mit dem geregeltem Dreiwege-Katalysator erreicht werden, der gegenwärtig aber nur im Motorenbereich von über 2 Liter Hubraum notwendig ist.

2084. Als geeignete Referenz bietet sich der US-Testzyklus an, der auch Schnellstraßenverhältnisse berücksichtigt und insgesamt eine Durchschnittgeschwindigkeit von 34,2 km/h bei einem Leerlaufanteil von 18,2 % repräsentiert. Abgastestversuche des ADAC für eine Reihe von Fahrzeugen bestätigen die insgesamt geringe Schadstoffreduktion bei Fahrzeugen, die entsprechend des ECE-Testzyklus als schadstoffarm gelten. So ergab ein bedingt schadstoffarmer Pkw im Vergleich zum Referenzmodell mit geregeltem Katalysator bereits bei 50 km/h fünfmal höhere Stickstoffoxid- und 30mal höhere Kohlenwasserstoffemissionen, bei 90 km/h betrug der Unterschied bereits das 240fache bei Stickstoffoxiden und das 25fache bei Kohlenwasserstoffen. Oberhalb von 90 km/h kann davon ausgegangen werden, daß bedingt schadstoffarme Pkw (nach Anlage XXIV zu § 47 StVZO) keinen Unterschied zu normalen nicht schadstoffarmen Fahrzeugen zeigen. Es ist darauf hinzuweisen, daß die genannten Werte Einzelmessungen darstellen, die Tendenz dürfte jedoch unstrittig sein.

2085. Der Rat erkennt an, daß in der EG Bestrebungen bestehen, den ECE-Zyklus so anzupassen, daß er — wie schon der US-Testzyklus — Schnellstraßenverhältnisse von Landstraßen und Bundesautobahnen berücksichtigt. Er empfiehlt, sie mit Nachdruck zu verfolgen.

Darüber hinaus sind mit Blick auf Europa für die Fahrzeuge unter 1,4 l Hubraum strenge Grenzwerte zu fordern. Zumindest sollte man sich für die Stufe 2 (Tab. 3.3.1) an den Grenzwerten der Mittelklassen ausrichten. Dadurch sollte auch vermieden werden, daß Hersteller und Käufer in Hubraumbereiche ausweichen, die geringeren Anforderungen unterliegen.

2086. Leider lassen die vom Kraftfahrt-Bundesamt veröffentlichten Daten es nicht zu, den bisherigen Erfolg der mit den geltenden Abgasnormen und Steuerbegünstigungen angestrebten Emissionsminderung zahlenmäßig anzugeben. Aus den Zahlen über die Pkw-Neuzulassungen ist aber zu erkennen, daß sich der Trend zum schadstoffreduzierten Personenkraftwagen fortsetzt. Der Anteil der Fahrzeuge mit Otto-Motor, die mit dem geregelten Dreiwegekatalysator (US-Norm) ausgerüstet sind, an den Pkw-Gesamtneuzulassungen hat sich z. B. von Mai 1986 (unter 10 %) innerhalb eines Jahres verdoppelt (Mai 1987: 19,6 %). Im Markt der Personenkraftwagen über 2 000 cm^3 Hubraum bereiten sich die Hersteller auf den hundertprozentigen Einsatz dieses Katalysators vor. Der Anteil der Neuzulassungen von Pkw mit Otto-Motor, die in die Schadstoffgruppe Europa-Norm fallen, nimmt u. a. in der Mittelklasse stark zu. Im Mai 1986 lag ihr Anteil an den Gesamtneuzulassungen noch unter 5 %, ein Jahr später betrug er knapp 19 %. Faßt man alle schadstoffreduzierten Fahrzeuge mit Otto- und Dieselmotor zusammen (US-Norm, Europa-Norm und bedingt schadstoffarm), ergibt sich für Mai 1987 ein Anteil von ca. 80 % an allen Pkw-Neuzulassungen, d. h., ein Fünftel aller neu zugelassenen Personenkraftwagen galten noch als nicht schadstoffreduziert.

Der Anteil der Dieselfahrzeuge an allen Pkw-Neuzulassungen lag im Dezember 1986 bei 27 %, ging in den ersten fünf Monaten des Jahres 1987 auf ca. 20 % zurück und betrug im Mai 1987 noch knapp 19 %.

Gemessen am Pkw-Gesamtbestand (1. Januar 1987: 27,2 Mio Fahrzeuge) waren im Mai 1987 ca. 12 % schadstoffreduzierte Fahrzeuge zugelassen, der Anteil der mit Dreiwegekatalysator ausgerüsteten Pkw betrug ca. 2 %.

2087. BROSTHAUS et al. (1985) haben die zeitliche Entwicklung der Stickstoffoxid-, Kohlenmonoxid- und Kohlenwasserstoffemissionen des Pkw- und Kombi-Verkehrs der Bundesrepublik Deutschland bis zum Jahre 2005 für verschiedene Szenarien vorausgeschätzt (Abb. 3.3.1, 3.3.2, 3.3.3). Sie gingen aus von den Luxemburger Beschlüssen der EG-Umweltministerkonferenz und von bekannten Prognosen über das Wachstum des Pkw-Bestandes und der jährlichen Fahrleistung. Für den nicht voraussehbaren Erfolg steuerlicher und werblicher Anreize zur vorzeitigen Erfüllung der EG-Abgasregelungen wurden unterschiedliche Annahmen getroffen. Die Rechnungen wurden durchgeführt mit einem von TÜV Rheinland im Auftrag der EG-Kommission entwickelten, aber der veränderten Aufgabenstellung angepaßten Prognosemodell (JOST et al., 1983 und 1984). Ohne eine erneute vollständige Modellrechnung und genauere Daten über das tatsächliche Emissionsverhalten von Serienfahrzeugen im Verkehr ist es nicht möglich, aus den verfügbaren Zulassungs- und Bestandsdaten die tatsächlich eingetretene Emissionsentwicklung zu ermitteln. Aus gegenwärtiger Sicht vertretbar ist nur folgende Aussage: Gegenüber den Annahmen, die den Kurven 4 und 5 in den Abbildungen 3.3.1 bis 3.3.3 zugrundeliegen, ist die tatsächlich eingetretene Entwicklung bei den Pkw-Neuzulassungen geprägt durch ein zeitweilig langsameres Wachstum der Zu-

Abbildung 3.3.1

Relative Änderungen der Stickstoffoxid-Emission des Pkw- und Kombi-Verkehrs für unterschiedliche emissionsspezifische Randbedingungen.

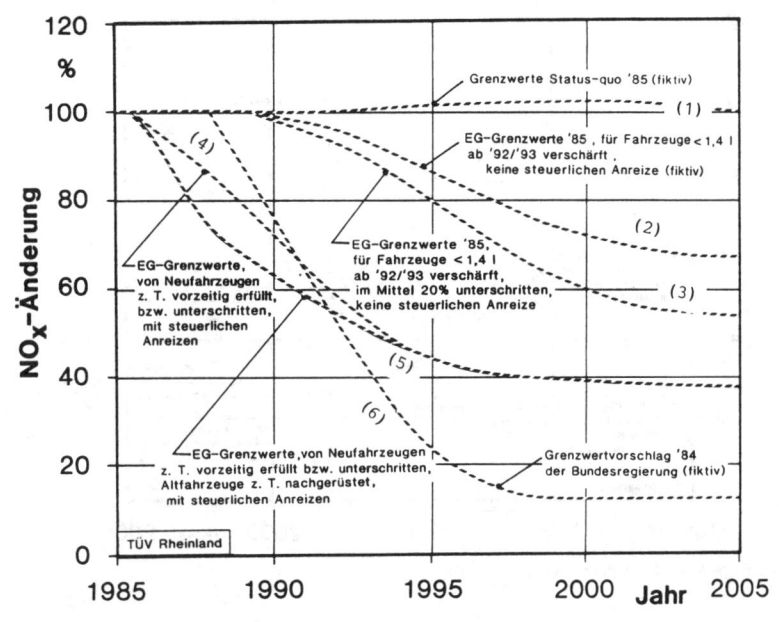

Quelle: BROSTHAUS et al., 1985

Abbildung 3.3.2

Relative Änderungen der Kohlenmonoxid-Emission des Pkw- und Kombi-Verkehrs für unterschiedliche emissionsspezifische Randbedingungen

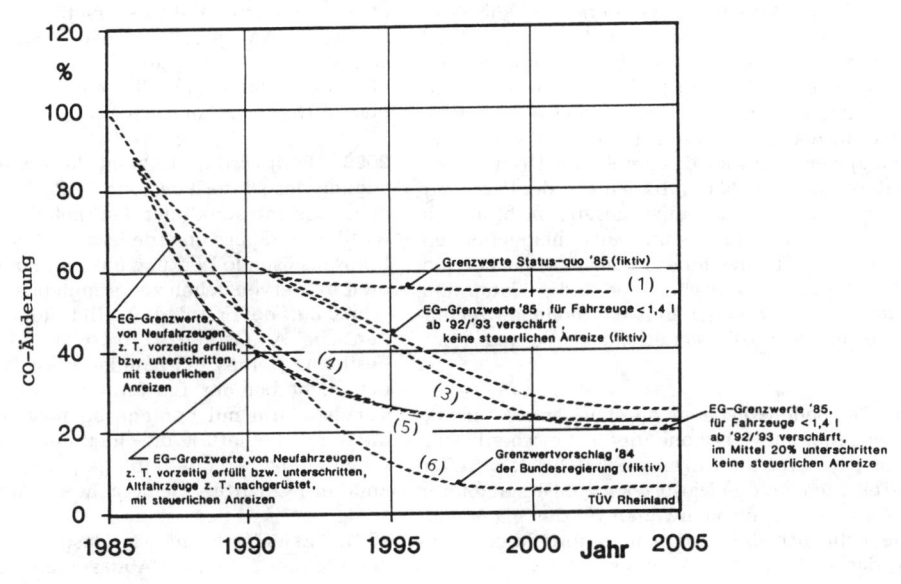

Quelle: BROSTHAUS et al., 1985

Abbildung 3.3.3

Relative Änderungen der Kohlenwasserstoff-Emission des Pkw- und Kombi-Verkehrs für unterschiedliche emissionsspezifische Randbedingungen

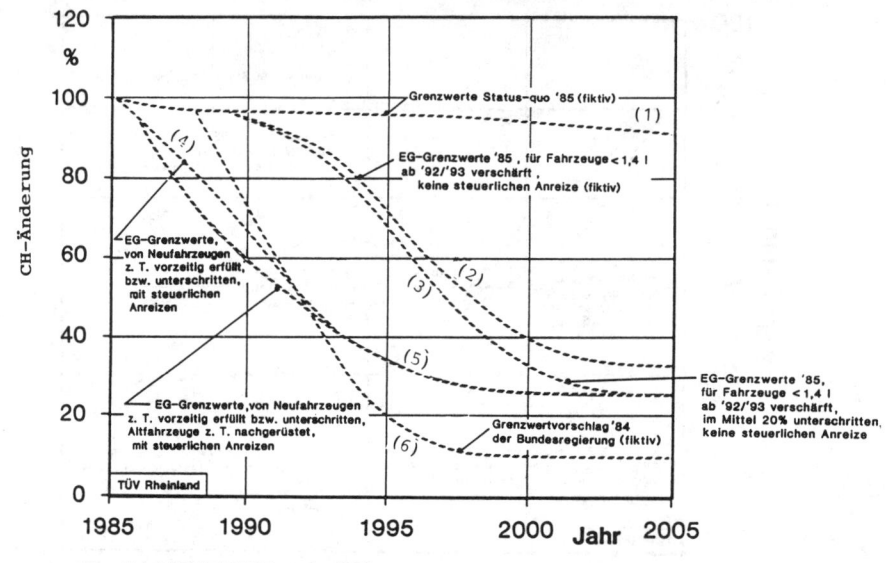

Quelle: BROSTHAUS et al., 1985

lassungen von Katalysator-Pkw und — zumindest teilweise ausgleichend — durch eine zeitweise größere Zunahme an Diesel-Pkw. Statt der erwarteten vier Mio Altfahrzeuge sind bis Ende 1986 nur eine halbe Mio nachgerüstet worden. Die inzwischen eingetretene Entwicklung wird daher jeweils zwischen den Kurven 3 und 5 liegen müssen.

2088. Es stellt sich bei dieser — nur unvollständig dargestellten — Entwicklung die Frage, ob die Kriterien der Steuerbegünstigung nicht umweltpolitisch falsche Signale setzen und die Bestandsentwicklung der Pkw in eine Richtung lenken, in der die angestrebte Emissionssenkung nicht wird erreicht werden können. In der Tat wird der aus umwelttechnischer Sicht angezeigte Einsatz des geregelten Dreiwegekatalysators anscheinend praktisch nur in der Fahrzeugklasse über 2 l Hubraum durchgesetzt, nicht aber in den für die Umweltbelastung ausschlaggebenden, 50 % unseres Fahrzeugbestandes ausmachenden, Mittelklassewagen zwischen 1,4 und 2 l Hubraum, bei denen auch weniger umweltschonende technische Lösungen für die steuerliche Förderung genügen.

2089. Die Bedenken gegen die steuerliche Begünstigung weniger umweltschonender technischer Lösungen als des geregelten Dreiwegekatalysators treffen zum Teil auch auf den Diesel-Pkw zu. Dieselmotoren zum Antrieb von Personenwagen werden gegenwärtig ausschließlich als Motoren mit unterteiltem Brennraum, das heißt als Wirbelkammer- oder Vorkammermotor, gebaut. Dieser Motortyp zeichnet sich im Vergleich zum Otto-Motor durch deutlich niedrigere Kohlenmonoxid-, Kohlenwasserstoff- und Stickstoffoxidemissionen aus. Die Kohlenmonoxid- und Kohlenwasserstoffemissionen liegen in der Regel unterhalb der für Motoren über 2 l geltenden Grenzwerte von Anlage XXIII zum § 47 StVZO („schadstoffarm nach US-Abgasnorm"). Je nach Motortyp und heute schon für einen Großteil der Neuzulassungen gilt dasselbe auch für die Stickstoffoxidemissionen, vielfach liegen diese aber auch nur — und zwar deutlich — unterhalb der Euronorm (Anlage XXV). In jedem Fall sind die Stickstoffoxidemissionen eines dieselmotorischen Pkw aber höher als die eines Pkw mit Otto-Motor und geregeltem Dreiwegekatalysator.

2090. Fragwürdig erscheint die steuerliche Begünstigung des Diesel-Pkw heute jedoch vor allem unter dem Gesichtspunkt der Partikelemission, da diese Partikeln Träger von organischen Stoffen sind, deren krebsauslösende Wirkung aufgrund ihrer Kanzerogenität in Tierversuchen zu vermuten ist. Nach EG-Beschluß darf der in Anlage XXIII festgelegte US-amerikanische Abgasgrenzwert von 0,124 g/km bis zur Festlegung eines EG-Standards für Partikelemissionen nicht bei der Einstufung eines Fahrzeugs als schadstoffarm mit herangezogen werden. Während die Bundesregierung die Übernahme des amerikanischen Grenzwerts betreibt, liegen die Vorstellungen anderer EG-Partner beim mehr als zweifachen Wert.

2091. Es eröffnet sich also insgesamt die Aussicht, daß mit den geltenden Abgasnormen und Steuerbegünstigungen die angestrebten Emissionsminderungsziele womöglich nicht erreicht werden und durch die Begünstigung der Dieselfahrzeuge unter Umständen sogar die Partikelbelastung zunehmen wird. Dies veranlaßt den Rat zu dem Hinweis, daß eine solche bedauerliche Entwicklung nicht wegen eines ungenügenden Standes der technischen Möglichkeiten in Kauf genommen werden müßte. Umso wichtiger ist es, zu diesem Ziel die gebotenen technischen Mittel, vor allem den geregelten Dreiwegekatalysator, auch wirklich einzusetzen. Zweifellos würde die deutsche Automobilindustrie heute gesetzliche Rahmenbedingungen begrüßen, die den Einsatz geeigneter, verfügbarer Minderungstechnik allgemein vorschrieben.

Dazu sollten die Emissionsgrenzwerte für die einzelnen Schadstoffkomponenten der Kraftfahrzeug-Abgase in den nächsten Jahren über den EG-Beschluß hinaus gesenkt werden. Zielwerte sollten für alle Fahrzeuggruppen die niedrigen, mit geregeltem Dreiwegekatalysator erreichbaren Emissionen sein.

2092. Dies gilt auch für Fahrzeuge mit Dieselmotoren. Hier müssen darüber hinaus die Partikelemissionen begrenzt werden — dies möglicherweise soweit, daß künftig eine Rußfilterung erforderlich wird. Zur Zeit können Rußfilter allerdings noch nicht als „Stand der Technik" angesehen werden. Allgemein müßten neben den Schadstoffen Kohlenmonoxid, Kohlenwasserstoffe, Stickstoffoxide und Partikeln auch die wichtigsten krebsverdächtigen Stoffe in den Kraftfahrzeug-Abgasen vermindert und aus Vorsorgegründen mit Emissionsgrenzwerten begrenzt werden.

2093. Der Rat verkennt nicht die engen Grenzen, die der Umweltpolitik der Bundesregierung vom EG-Vertrag gezogen sind, solange die anderen Mitgliedstaaten dem Umweltschutz nicht die gleiche Dringlichkeit vor anderen politischen Zielen zuerkennen. Die Bundesregierung sollte aber Spielräume, die ihr der EG-Vertrag bietet, bis zu der Grenze ausschöpfen, wie sie noch als EG-treu gelten darf. Innerhalb dieser Grenze sollte sie — wie schon in der Vergangenheit — zu EG-Regelungen ersetzenden Vereinbarungen mit Automobilherstellern und -importeuren kommen. Gewisse zeitweilige Wettbewerbsnachteile scheint die deutsche Automobilindustrie angesichts ihrer Erfolge im In- und Ausland auf sich nehmen zu können. Deren Werbung und Aufklärungsarbeit sollten sich besonders an die Käufer von Mittelklasse-Fahrzeugen richten mit dem Ziel, sie zu überzeugen, daß sie mit einem Katalysatorfahrzeug nicht nur ein besonders umweltschonendes Auto kaufen, sondern auch eine elektronisch geregelte Benzineinspritzung oder einen elektronisch geregelten Vergaser, die vorteilhaft für Fahrverhalten, Beschleunigung und Kraftstoffverbrauch sind.

2094. Eine Voraussetzung für den Einsatz des Katalysators, das flächendeckende Angebot von bleifreiem Benzin, ist inzwischen außer in der Bundesrepublik Deutschland auch in Schweden, Norwegen, Dänemark, den Niederlanden, Luxemburg, der Schweiz und Österreich geschaffen worden. In den meisten anderen westeuropäischen Ländern ist die Versorgung bisher nur begrenzt flächendeckend. Vor allem für die EG-Staaten ist aber zu erwarten, daß der Ausbau des Tankstellennetzes zur Versorgung mit bleifreiem Benzin rasch vorangetrieben wird, weil gemäß der EG-Benzin-Blei-Richtlinie das flächendeckende Angebot spätestens bis zum 1. Oktober 1989 sichergestellt sein muß.

Die Bleiemissionsminderung wird vom Rat auch aus toxikologischer Sicht für notwendig gehalten und in den Abschnitten 2.5.4.2 und 3.1.4.5.2 begründet.

2095. Die wirksamste Maßnahme zur schnellen allgemeinen Umstellung auf bleifreies Benzin ist ein Verbot bleihaltigen Normalbenzins. Nachdem Frankreich seine rechtlichen Vorbehalte zurücknahm, wurde die EG-Benzin-Blei-Richtlinie, die es den Mitgliedsstaaten ermöglicht, bleihaltiges Normalbenzin zu verbieten, durch den EG-Umweltministerrat am 21. Juli 1987 verabschiedet. Damit sind die Hindernisse für ein Verbot aus dem Wege geräumt und es kann davon ausgegangen werden, daß bleihaltiges Normalbenzin Anfang 1988 in der Bundesrepublik verboten wird.

2096. Es sollte aber nicht versäumt werden, Zuschlagstoffe, die möglicherweise die bisher zugeschlagenen Bleiverbindungen ersetzen sollen, zuvor auf Umweltschädlichkeit zu prüfen.

Die in der Zwischenzeit erhobenen Bedenken, zur Erreichung der Klopffestigkeit bleifreier Kraftstoffe würden die Anteile aromatischer Kohlenwasserstoffe drastisch erhöht — Benzol auf das Doppelte, Toluol auf das Dreifache — und entsprechend würden die Emissionen im Abgas steigen, haben sich als nicht zutreffend herausgestellt: Zwar liegt nach Untersuchungen der TU Clausthal im Auftrag des ADAC der mittlere Benzolgehalt des unverbleiten Normalbenzins mit 1,79 Vol.-% etwas höher als mit 1,64 Vol.-% der des verbleiten, aber der mittlere Benzolgehalt des verbleiten Superkraftstoffs liegt mit 3,74 Vol.-% deutlich höher als der des unverbleiten mit 2,33 Vol.-%, und Untersuchungen des TÜV Rheinland im Auftrag des UBA haben gezeigt, daß ein abgesenkter Benzolgehalt im Kraftstoff nicht zwangsläufig zu niedrigerer Benzolemission im Abgas führt, da die Benzolemission auch vom Anteil der übrigen aromatischen Kohlenwasserstoffe im Ottokraftstoff abhängig ist.

2097. Ferner sollte erwogen werden, im verbleiten Superbenzin die als Bleiverflüchtiger (Scavenger) eingesetzten Stoffe 1,2-Dibromethan und 1,2-Dichlorethan nicht mehr für diesen Zweck zu verwenden und nötigenfalls durch andere, weniger problematische Stoffe zu ersetzen. In der Liste der Maximalen Arbeitsplatzkonzentrationen ist 1,2-Dibromethan als krebserzeugend (Anhang III A) und 1,2-Dichlorethan als Stoff mit begründetem Verdacht auf krebserzeugendes Potential (Anhang III B) eingestuft. Zwar gelangen diese Stoffe praktisch nicht in das Abgas, sondern werden in der Regel im Motor quantitativ verbrannt. Aktuelle Untersuchungen haben aber den Verdacht erhärtet, daß dabei auch in Spuren halogenierte Dibenzodioxine und -furane gebildet werden (Bundesrats-Drucksache 84/87). Der Kfz-Verkehr muß demnach derzeit als eine Emissionsquelle für diese hochtoxischen Stoffgruppen angesehen werden. Über eine damit möglicherweise verbundene Gefahr wird eine

Aussage erst dann möglich sein, wenn auch die quantitative Seite der Frage berücksichtigt ist.

2098. Zu den auf EG-Ebene getroffenen Regelungen ist weiterhin kritisch zu bemerken, daß noch keine Regelung zur Begrenzung der Verdunstungsemissionen von Kohlenwasserstoffen bei Lagerungs-, Transport-, Umschlags- und Betankungsvorgängen sowie aus dem Tank von Kraftfahrzeugen mit Otto-Motoren vorgesehen sind. Ausgenommen ist der relativ kleine Anteil von Fahrzeugen, der nach Anlage XXIII zu § 47 StVZO als „schadstoffarm nach LIS-Abgasnorm" zugelassen ist und für den seit Oktober 1986 eine Begrenzung der Verdunstungsemissionen festgelegt ist. Diese Verdunstung kann insbesondere bei höheren Temperaturen einen erheblichen Emissionsanteil erreichen. Vorliegende Schätzungen gehen davon aus, daß die Verdunstungsemissionen etwa 10 bis 15 % der Abgasemissionen aus dem Kraftverkehr entsprechen. In den USA gelten bereits seit 1971 Regelungen, die diese Emissionen begrenzen. Es wurde ein spezielles Testverfahren entwickelt, dem sich jeder Automobiltyp unterziehen muß. Dabei werden die Emissionen des Fahrzeugs sowohl vor als auch nach einer Betriebsphase gemessen. Die Gesamtemissionen an Kohlenwasserstoffen aus den beiden einstündigen Testphasen darf zwei Gramm nicht überschreiten. Dieser Grenzwert läßt sich nur mittels eines Aktivkohlefilters erreichen, der freiwerdende Kraftstoffdämpfe adsorbiert und sie im Fahrbetrieb bei Unterdruck wieder abgibt und der Verbrennung zuführt. In der Anlage XXIII ist die Einhaltung dieses Grenzwertes ab Oktober 1986 ebenfalls vorgeschrieben. Das System, das in allen Exportmodellen nach USA und seit Inkrafttreten der genannten Regelung in allen nach Anlage XXIII zertifizierten Pkw-Typen Verwendung findet, ist praktisch wartungsfrei und nur mit einem geringen Aufpreis verbunden. Es bietet sich damit eine relativ einfache und kostengünstige Lösung an, um diesen Emissionsanteil erheblich zu verringern.

2099. Mit der Einführung unverbleiten Benzins hätte sich auch eine günstige Möglichkeit geboten, die Verdunstungsverluste beim Tanken durch ein geeignetes Betankungs- und Entlüftungssystem zu verringern. Untersuchungen in den USA haben ergeben, daß bei einem normalen Tankvorgang rund 100 g Kohlenwasserstoffe freigesetzt werden, vorausgesetzt, daß kein Benzin überläuft oder verschüttet wird. Nach Angaben der Industrie liegen Betankungssysteme, die Verdunstungsemissionen weitgehend vermeiden, bereits vor. Da bisher jedoch keine gesetzlichen Regelungen für entsprechende Emissionsreduktionen in Sicht sind, werden diese Entwicklungen nicht weiter verfolgt. Da ein Großteil der Verdunstungsemissionen beim Tanken mit relativ einfachen technischen Mitteln zu verringern bzw. zu vermeiden ist, sollte der Einsatz entsprechender technischer Rückhaltesysteme unbedingt als Stand der Technik erklärt werden.

Nutzfahrzeuge (Fahrzeuge für die Güterbeförderung, Omnibusse)

2100. Die in Nutzfahrzeugen in der Regel verwendeten Dieselmotoren zeichnen sich durch niedrigere Kohlenmonoxid-Emissionen aus. Dagegen sind die Stickstoffoxid-, Kohlenwasserstoff- und Partikelemissionen problematisch. Auch die Geruchsbelästigung ist bei Dieselmotoren größer als bei Ottomotoren. Aus Gründen des günstigeren spezifischen Kraftstoffverbrauchs werden in größeren Nutzfahrzeugen ausschließlich Dieselmotoren mit Direkteinspritzung eingesetzt. Motoren dieses Typs haben insbesondere im Vollastbereich erheblich höhere Stickstoffoxidemissionen als die in Pkw eingesetzten Dieselmotoren mit Vor- bzw. Wirbelkammer. Eine Stickstoffoxid-Absenkung mit Hilfe der Katalysatortechnik ist bei Dieselmotoren wegen ihres hohen Luftüberschusses nicht möglich. Zur Verringerung der Stickstoffoxidemissionen und zur Erreichung eines praktisch rußfreien Betriebs ist der Einsatz des Zweistoffsystems Dieselkraftstoff/Methanol vorgeschlagen worden. Dies wäre aus Umweltgründen sicher zu begrüßen, würde allerdings einen erheblichen Mehraufwand bei der Fahrzeugbetankung erfordern. Eine Verringerung der Rußemissionen könnte dadurch erreicht werden, daß die Toleranzbereiche bestimmter Kennzahlen in der entsprechenden DIN-Norm verringert bzw. verschoben werden.

2101. Gegenwärtig gibt es für (dieselmotorische) Nutzfahrzeuge noch keine gesetzlichen Emissionsbegrenzungen — ausgenommen die Begrenzung der Abgas-Rauchtrübung (ECE-Regelung 24; Anlage XV zu § 47 StVZO). Daher sollte zunächst die ECE-Regelung 49 zur Begrenzung gasförmiger Emissionen aus Dieselmotoren von Nutzfahrzeugen in bundesdeutsches Recht übernommen werden. Dies kann allerdings nur die Ausgangslinie für eine stufenweise Absenkung der Schadstoffemissionen des Nutzfahrzeugverkehrs sein, da die Grenzwerte der ECE-Regelung 49 im wesentlichen den heutigen Stand der Technik, d. h. die obere Grenze der Schadstoffemissionen, widerspiegeln. Darum sollten bei ihrer Übernahme in bundesdeutsches Recht zugleich die in ihr festgelegten Grenzwerte erniedrigt werden.

2102. Die von der deutschen Automobilindustrie im Rahmen einer Vereinbarung seit dem 1. Januar 1986 zugesagte 20 %ige Unterschreitung der Grenzwerte der ECE-Regelung 49 begrüßt der Rat, sie wird jedoch bei weiterhin stark anwachsendem Nutzfahrzeugverkehr zu keiner wesentlichen Verringerung der Gesamtemission dieses Bereichs führen.

Wenn erkennbar wird, daß in den 90er Jahren die Emissionen der Personenkraftwagen deutlich gesunken sein werden, ist es umso mehr angezeigt, auch die Emissionen der Nutzfahrzeuge weiter zu vermindern. Dazu ist dann eine weitere Absenkung der Grenzwerte in der ECE-Regelung 49 erforderlich. Neben den gasförmigen Schadstoffen müssen auch die partikelförmigen Emissionen gegenüber heute weiter gesenkt werden. Der Rat bestärkt daher die Bundesregierung darin, mit ihrem Nutzfahrzeugkonzept eine stufenweise Absenkung der Grenzwerte vorzusehen. Neben den von den Fahrzeugherstellern zugesagten Fortschrittsberichten über Erfolge in der Emissionsminderung sollte die Bundesregierung weiterhin Forschungsarbeiten zur Verringerung der Nutzfahrzeugemissionen fördern, um das Entwicklungspotential möglichst schnell in Serienlösungen umzusetzen.

Motorisierte Zweiräder

2103. Teilweise gehen von motorisierten Zweirädern höhere Schadstoffemissionen aus als von Personenkraftwagen. Der Stand der Technik wird vielfach nicht ausgeschöpft. In der Bundesrepublik Deutschland gibt es bisher lediglich ein Konzept der Bundesregierung zur Begrenzung der Schadstoffemissionen: Die ECE-Regelungen 40 für Leicht- und Krafträder und 47 für Fahrräder mit Hilfsmotor und Kleinkrafträder sollen — ggf. auch verschärft — in bundesdeutsches Recht übernommen werden.

Verkehrsflußregelung

2104. Für die Verminderung der Abgasemissionen wie auch der im folgenden zu behandelnden Geräuschemission gilt, daß sich die Minderungsmaßnahmen nicht auf die Technik von Fahrzeug und Straße beschränken dürfen. Die Vermeidung von stockendem Verkehr durch bessere Verkehrsflußregelung muß zum Umweltschutz (und zur Ressourcenschonung) beitragen.

3.3.3.2 Begrenzung der Geräuschemissionen

2105. Allgemein ist zu fordern, daß für alle Fahrzeugarten — ausgenommen die heute schon leiseren Fahrräder mit Hilfsmotor sowie Klein- und Leichtkrafträder — die Begrenzung der Geräuschemissionen derjenigen für Personenkraftwagen angeglichen wird. Letztlich sollten alle Straßen-Kraftfahrzeuge einen einheitlichen Fahrgeräusch-Grenzwert von 75 dB(A) einhalten müssen, wenn dies auch angesichts heute gültiger Grenzwerte für lärmarme Lastkraftwagen von 77 bis 80 dB(A) als ehrgeiziges Ziel angesehen werden muß. Die Hauptanstrengungen müssen dabei den schweren Lastkraftwagen und den größeren motorisierten Zweirädern gelten, da deren Geräuschemission hoch sind und als besonders unangenehm empfunden werden (Abschn. 2.6.4.2, 2.6.5.2). Wenn allerdings für einzelne Kraftfahrzeugarten leisere Fahrzeuge gebaut werden können, muß das bei der Festsetzung des Standes der Technik berücksichtigt werden.

Lärmabsenkungen können nicht allein durch Maßnahmen an Motor, Getriebe und Auspuffanlage erreicht werden. Das Rollgeräusch der Reifen muß einbezogen werden. Der Entwicklung und Aufbringung geräuscharmer Straßenbeläge ist künftig größere Aufmerksamkeit zu schenken.

In jedem Fall ist bei der Lärmminderung auf technische Lösungen zu setzen. Lärmschutzwände und ordnungsrechtliche Beschränkungen wie Lkw-Verkehrsbeschränkungen, Geschwindigkeitsbegrenzungen u. a. können immer nur zusätzliche Maßnahmen in besonderen Situationen sein.

Nutzfahrzeuge

2106. Versuche mit einem 7,5 t-Serien-Lkw (ESSERS et al., 1980) haben gezeigt, daß durch folgende Maßnahmen die Fahrgeräusch-Emission von 90 dB(A) um jeweils etwa 5 dB(A) gesenkt werden kann:

— Senkung der Motor-Nenndrehzahl und Leistungsausgleich durch Aufladung,

— Teilkapselung des Motors nach oben durch Auskleidung der Fahrerhaus-Unterseite mit schallschluckendem Material,

— Vollkapselung durch Verlängerung der Kapselschale auf der Unterseite des Motors bis zum Getriebeende einschließlich ab- und zuluftseitigem Absorberkanal.

Mit diesen Maßnahmen, die mit Mehrgewichten von 40—140 kg verbunden sind, werden inzwischen Fahrgeräusch-Emissionen von 77 bis 79 dB(A) bei Verteiler-Lkw und von 80 bis 83 dB(A) bei Fernverkehrs-Lkw erreicht. Bei einem Bus wurden bereits 75 dB(A) erreicht.

Durch die Gesamtheit dieser Maßnahmen wurde gleichzeitig das Innengeräusch im Fahrerhaus um 3 bis 4 dB(A) gesenkt. Reifengeräusche werden mit zunehmender Geschwindigkeit insbesondere bei lärmarmen Fahrzeugen ein wesentlicher Geräuschfaktor. Während bei gewöhnlichen Lkw in der Regel das Antriebsgeräusch vorherrscht, kann bei lärmarmen Fahrzeugen je nach Fahrweise bereits ab etwa 50 km/h das Reifengeräusch überwiegen. Deshalb sollte eine Fahrgeräuschbegrenzung auf 75 dB(A) auch für Nutzfahrzeuge in den oberen Leistungsklassen um die Entwicklung eines lärmarmen Reifen-Fahrbahn-Systems ergänzt werden, damit ein wirkungsvoller Beitrag zum Lärmschutz geleistet wird.

Motorisierte Zweiräder

2107. Die Geräuschemissionen der motorisierten Zweiräder können ziemlich einfach durch Senkung der Nenndrehzahl verringert werden. Die damit verbundene Verminderung der Motorleistung kann durch einen größeren Hubraum wieder ausgeglichen werden. Geräuschminderungen um bis zu 10 dB(A) können außerdem durch optimierte Ansaug-Geräusch- und Abgas-Schalldämpfer erreicht werden sowie durch längere Übersetzungen und zusätzliche schalldämpfende Vollverkleidungen.

3.3.3.3 Sicherung des Erfolgs der Emissionsbegrenzung

2108. Für den Erfolg der technischen Vorschriften zur Umweltentlastung ist es von entscheidender Bedeutung, daß sie nicht nur von Neufahrzeugen eingehalten werden, sondern auch im späteren Betrieb des Fahrzeugs. Um das sicherzustellen, ist es unumgänglich, die Fahrzeuge in nicht zu großen Abständen daraufhin zu überwachen. Die Einführung geeigneter

Prüfverfahren für Neu- und Altfahrzeuge — auch für Katalysator- und Dieselfahrzeuge — ist eine wichtige Voraussetzung einer erfolgreichen Emissionsbegrenzung. Neben dem Verfahren der Abgassonderuntersuchung in modifizierter Form sind auch Stichprobenuntersuchungen auf der Grundlage der im Zulassungsverfahren angewandten Fahrzyklen möglich. Auf jeden Fall sollte die Bundesregierung umgehend Klarheit schaffen über die Regelung der Abgassonderuntersuchung für schadstoffarme Fahrzeuge. Der Fahrzeughalter muß sicher sein können, daß die Abgasreinigung in seinem Fahrzeug wirklich arbeitet. Dies gilt besonders, wenn er ein schadstoffarmes Fahrzeug aus zweiter Hand kauft.

2109. Einige besondere Einzelprobleme stellen sich für die Überwachung der Geräusch-Emissionen:

— Es muß für die regelmäßige Überwachung ein Meß- und Bewertungsverfahren entwickelt werden, das das Gesamtgeräusch des Fahrzeugs einschließlich der Rollgeräusche repräsentativ erfaßt. Das heute übliche Meßverfahren ist ausschließlich auf das Auspuffgeräusch abgestimmt.

— Für die auf Geschwindigkeiten von 25 und 40 km/h begrenzten Fahrräder mit Hilfsmotor und Kleinkrafträder sollten neue Grenzwerte der Geräuschemission festgelegt und ihre Einhaltung bei Höchstgeschwindigkeit überprüft werden.

3.4 Umweltpolitik und Raumordnung

3.4.1 Flächennutzungsstruktur und Umweltschutz

2110. Die räumlichen Umweltbedingungen, insbesondere das jeweilige Leistungsvermögen der verschiedenen Bodenfunktionen (Kap. 2.2), werden entscheidend von der Art und dem Umfang der menschlichen Inanspruchnahme des natürlichen Raumes, d. h. durch die anthropogene Flächennutzungsintensität und -struktur bestimmt. Letztere sind das Ergebnis eines komplexen Allokationsprozesses, der durch mehrere Einflußgrößen bestimmt wird:

— durch Marktreaktionen (etwa ausgelöst über Änderungen der relativen Bodenpreise),

— durch technischen Fortschritt (z. B. Erhöhung der räumlichen Mobilität oder Melioration von Standorten, um Nutzungsmöglichkeiten zu verbessern oder zu erweitern),

— durch politische Entscheidungen (z. B. über die Festlegung von Nutzungseinschränkungen bestimmter Flächen).

Manche Flächennutzungen haben hierbei aufgrund ihrer Wirkungsdauer, des Investitionsvolumens bzw. ihrer Eingriffsintensität (z. B. Teile der Verkehrsinfrastruktur und Siedlungsstruktur) den Charakter einer fast irreversiblen historischen Komponente, die auch die künftige Bodennutzungsstruktur zu bestimmen vermag.

2111. Die Entwicklung dieser Flächenstruktur und deren umweltpolitische Implikationen lassen sich über eine Fülle von Indikatoren erfassen, wobei unter umweltpolitischen Überlegungen vor allem Flächenanteilskriterien, Dichteindikatoren (etwa Einwohner, Großvieheinheiten oder Kraftfahrzeuge je km^2) bzw. Belastungs- oder Immissionskennziffern in den Vordergrund rücken (Akademie für Raumordnung und Landesplanung [ARL], 1981; Beirat für Raumordnung, 1976; FISCHER, 1984; Interministerielle Arbeitsgruppe Bodenschutz [IMAB], 1985; Minister für Landes- und Stadtentwicklung des Landes Nordrhein-Westfalen, 1984 a und b; MÜLLER, 1983; Raumordnungsberichte der Bundesregierung; SRU, 1985; TESDORPF, 1984; UBA, 1984).

2112. Unter dem Aspekt des Schutzes noch naturnaher Räume betrachtet man hierbei vor allem die Siedlungsflächenentwicklung mit besonderer Sorgfalt (BORCHERDT, 1982; Interministerielle Arbeitsgruppe Bodenschutz [IMAB], 1985; Minister für Landes- und Stadtentwicklung des Landes Nordrhein-Westfalen, 1984 a und b; TESDORPF, 1984). Der Begriff der Siedlungsfläche wird hierbei häufig mit den im Liegenschaftskataster ausgewiesenen Hof- und Gebäudeflächen inkl. Gartenland, Straßenverkehrsflächen, Luft- und Schienenverkehrsflächen, Schutzflächen, Sport- und Grünanlagen, Betriebsgelände und Flächen sonstiger Nutzung gleichgesetzt (Minister für Landes- und Stadtentwicklung des Landes Nordrhein-Westfalen, 1984 a und b) und die Restfläche pauschal als „Freiraum", d. h. sehr vereinfachend als der „naturbelassene Teil des Bodens" bezeichnet (Landesentwicklungsbericht Nordrhein-Westfalen, 1984).

2113. Die meisten Untersuchungen, die sich bisher mit der Entwicklung des Siedlungsflächenanteils beschäftigten, kamen zu dem Ergebnis, daß diese unter Umweltschutzaspekten als problematisch anzusehen ist. Sie verweisen auf die hierdurch ausgelöste Lebensraumvernichtung für Tiere und Pflanzen, die Zerschneidung bisher ungeteilter Landschaftsräume, die Beeinträchtigung des Landschaftsbildes, die Minderung oder Schädigung der Bodenfunktionen infolge mechanischer bzw. chemischer Belastungen sowie auf die von der Siedlungsflächennutzung bewirkten Immissionen (inkl. Lärmbelastung) in benachbarten oder weiter entfernt liegenden Freiräumen (indirekte Flächennutzung). Die statistisch belegbare stetige Ausweitung der Siedlungsfläche in der Nachkriegszeit (Interministerielle Arbeitsgruppe Bodenschutz, 1985) spielte sich hierbei in starkem Maße in den weiteren Einzugsbereichen der Großstädte und Verdichtungsgebiete ab und vollzog sich dort überwiegend zu Lasten der landwirtschaftlich genutzten Fläche.

2114. Obwohl die aus der Bevölkerungsentwicklung resultierenden Expansionseffekte — schon allein bedingt durch die stagnierenden Einwohnerzahlen — in den letzten Jahren zurückgingen, ist noch kein grundlegender Trendwandel in der Siedlungsflächenentwicklung zu erkennen. Dies ist vor allem auf die altersstrukturelle Situation (Haushaltsgründungswelle), den Trend zu (gemessen an der Personenzahl) kleineren Haushalten sowie den immer noch steigenden Flächenbedarf je Einwohner bzw. Arbeitsplatz zurückzuführen. Die wachsenden Flächenbedarfe je Einwohner sind vor allem wohlstandsbedingt, divergieren regional jedoch stärker in Abhängigkeit von den Bodenpreisen und den planungsrechtlichen Gegebenheiten (DUBRAL, 1985). Die wachsenden Flächenansprüche je Arbeitsplatz sind teilweise auf politische Entscheidungen (etwa Festlegung maximaler Überbauungsquoten bzw. einzuhaltender Mindestabstände von Bauwerken) sowie den technischen Fortschritt (Bevorzugung der horizontalen Produktionsweise) zurückzuführen. Auch hier treten beachtliche regionale Unterschiede schon allein wegen der divergierenden Sektoralstruktur und den abweichenden Bodenpreisen auf.

2115. Auch der Rat beobachtet diese Entwicklung mit Sorge und sieht es daher — analog zur Bodenschutzkonzeption der Bundesregierung 1985 — für erforderlich an, neben der Minimierung von qualitativ und quantitativ problematischen Stoffeinträgen in den Boden insbesondere auch zu einer Trendwende im „Landverbrauch" zu kommen. Er macht jedoch darauf aufmerksam, daß die meisten der bisherigen Indikatoren nur sehr grobe Schlußfolgerungen zur Flächen- bzw. Bodenbelastung zulassen.

Dies gilt vor allem für das Siedlungsflächenanteils-Kriterium, das zur Kennzeichnung des sog. Landschaftsverbrauchs herangezogen wird. Der Rat betont, daß es hier zunächst eigentlich besser wäre, von einem Landschafts- oder Kulturlandschaftswandel zu sprechen und den Verbrauchsbegriff auf jene Fälle zu beschränken, wo eine anthropogene Nutzung der Fläche diese oder den mit ihr verbundenen Boden so prägt, daß eine alternative Nutzung dieses Flächenausschnittes oder Bodens entweder ganz oder auf lange Zeit ausfällt. Außerdem enthält die Verwendung des Indikators Siedlungsflächenanteil bereits eine nicht unproblematische umweltpolitische Bewertung, die, da sie unter dem Begriff der Siedlungsfläche sehr heterogene Nutzungen (etwa Parks, Gartenland und voll überbautes Betriebsgelände) gleichsetzt, äußerst grob, manchmal sogar falsch ist und jene Umweltbelastungen, die sich mit spezifischen Freiraumnutzungen verbinden, schlichtweg bagatellisiert.

Es ist nämlich keineswegs so, daß es sich bei dem vielzitierten Freiraum um „naturbelassene" Resträume handelt. Wie der Rat in seinem Sondergutachten „Umweltprobleme der Landwirtschaft" (SRU, 1985) darlegte, muß der in der Bundesrepublik beobachtete Arten- und Biotoprückgang vor allem der im Freiraum stattfindenden landwirtschaftlichen Bodennutzung, insbesondere den dafür durchgeführten landschaftsverändernden Maßnahmen wie Flurbereinigung, Wirtschaftswegebau und Meliorationen angelastet werden. Insofern können manche Freiraumnutzungen im Hinblick auf ihre ökologischen Risiken bzw. Beeinträchtigungen der Bodenfunktionen durchaus problematischer als spezifische Siedlungsflächenkategorien sein. Die pauschale Gegenüberstellung von Siedlungsflächen und Freiräumen eignet sich darum höchstens für eine äußerst grobe Bewertung.

2116. Insofern empfiehlt der Rat, zur besseren Bewertung der mit der Änderung der Flächennutzungsstruktur verbundenen ökologischen Risiken bzw. Beeinträchtigungen der Bodenfunktionen von dem groben Siedlungsflächenindikator abzugehen und eine differenziertere Betrachtung vorzunehmen, die auch die Belastungsgebiete des Freiraumes einschließt. Die bisherige, primär an siedlungsstrukturellen Kriterien orientierte Gliederung des Raumes im Rahmen der Raumordnung reicht für eine räumliche Bewertung unter Umwelt- bzw. Bodenschutzüberlegungen nicht aus. Der Rat verweist auf Vorschläge, wie sie bereits Anfang der fünfziger Jahre zur Erfassung der sog. Hemerobie, d. h. des Grads menschlichen Einflusses auf die Landschaft (JALAS, 1955), unterbreitet wurden. Diese Bewertungsverfahren erfuhren in der Zwischenzeit zahlreiche Verbesserungen (BIERHALS et al., 1974; BLUME und SUKOPP, 1976; HABER, 1983; KIEMSTEDT, 1979, 1982; SUKOPP, 1972), wurden bereits auf großstädtische Bereiche angewendet (KU-

NICK, 1982) und gehen neuerdings auch in die Verkehrswegeplanung ein (STOLZ et al., 1984; WINKELBRANDT, 1984; vgl. Tz. 2031 f.). Grundüberlegungen zur Belastungsgliederung des landwirtschaftlich genutzten Freiraumes hat der Rat auch in seinem Sondergutachten „Umweltprobleme der Landwirtschaft" (SRU, 1985) vorgetragen.

2117. Besondere Aufmerksamkeit ist unter Bewertungsaspekten den höher verdichteten Siedlungsgebieten zuzuwenden, wo man zwischen Zonen divergierender Bebauungsintensität (geschlossene Bebauung und aufgelockerte Bebauung) unterscheiden müßte (AUHAGEN und SUKOPP, 1983; SUKOPP et al., 1979; SUKOPP, 1983). Es gibt schon weiterführende Differenzierungen, die zu stadtökologischen Gliederungen gelangen, die über 15 Strukturelemente enthalten, und zwar unter dem Aspekt der Auswirkungen auf die Atmosphäre (Klima und Umwelt), die Bodenfunktionen, die Pflanzenwelt, die Vitalität und charakteristische Artenzusammensetzung der Flora und Fauna, das Vorkommen bzw. die Ausbreitung neuer, teilweise standortfremder Arten in den restlichen Refugienflächen (SCHULTE, 1985; SCHULZ, 1982). Hierbei zeigte sich z. B., daß Innenstadtbereiche und sogar öffentliche Parkanlagen vielfach zu den artenärmsten Flächen zählen, während dörfliche Siedlungen und beispielsweise Grünflächen um öffentliche Einrichtungen neben innerstädtischen Brachflächen und ehemaligen Bahnanlagen einen beachtlichen Artenreichtum aufweisen. Extensiv genutzte Wohngebiete können neben den „Gunstwirkungen" für Menschen auch potentielle Rückzugsgebiete für heimische Pflanzen und Tiere darstellen (PIEHL, 1986) und darin intensiv landwirtschaftlich genutztem Boden durchaus überlegen sein. Damit wird deutlich, daß auch die sog. Freiräume eine differenzierte Betrachtung erfordern, wobei vor allem nach verschiedenen Kategorien landwirtschaftlicher Bodennutzung unterschieden werden muß (SRU, 1985, Tz. 82, 1188).

3.4.2 Raumordnung — Begriff, Organisation und Anspruch

3.4.2.1 Zum hierarchischen Aufbau der Raumplanung

2118. Raumordnung (Raumplanung) ist der bewußte politische Versuch, die über Nutzungs-, Dichte- und Besatzindikatoren erfaßte gegenwärtige bzw. zu erwartende Flächennutzungsstruktur eines Raumes (z. B. Bundesgebiet, Bundesland, Region oder Gemeindegebiet) leitbildorientiert zu beeinflussen (BRÖSSE, 1982; HAUBNER, 1982; KLEMMER, 1986; STORBECK, 1982). Wie die Bundesregierung 1985 in ihren „Programmatischen Schwerpunkten der Raumordnung" (Bundestagsdrucksache 10/3146) betonte, sollen mit den verschiedenen Plänen und Programmen vor allem auch die verschiedenen „Nutzungsansprüche an die natürlichen Ressourcen und Flächennutzungsansprüche an den Böden koordiniert werden".

2119. Der Begriff der Raumordnung wird in Wissenschaft und Praxis aber häufig unterschiedlich verwendet. Zumeist steht er generell für die Raumplanung des Bundes bzw. die überörtliche Raumplanung, manchmal aber auch für die Leitbildvorstellungen zur Ordnung und Entwicklung des Raumes; der Begriff der Raumordnungspolitik wird dann für jenen Teil des politischen Handelns verwendet, der zur leitbildgerechten Ordnung und Entwicklung des Raumes hinführen soll (SCHÖNHOFER, 1981). Obwohl die Aufgabe der Raumplanung durch das Bundesraumordnungsgesetz und die verschiedenen Landesplanungsgesetze im wesentlichen abschließend geregelt worden ist, gibt es bis jetzt noch keine Legaldefinition der Raumordnung bzw. Raumplanung. Nachfolgend werden beide Begriffe synonym gebraucht.

Angesichts der föderalen Struktur präsentiert sich die umfassend definierte Raumordnung in der Bundesrepublik Deutschland als „föderales Kollektivgut" (FÜRST und HESSE, 1981). Auf kommunaler Ebene existiert sie als Bauleitplanung und im überörtlichen Bereich als Regionalplanung, Landesplanung und Bundesplanung, wobei man die letztere in der Regel als Raumordnung im engeren Sinne bezeichnet. Alle Gebietskörperschaften beplanen somit ihren Raum, wobei die wechselseitige Verzahnung bzw. Abstimmung dieser Planungen sowohl durch das Hierarchieprinzip (von oben nach unten) als auch durch das Gegenstromprinzip (von unten nach oben), etwa durch Beteiligung der kommunalen Planung an der Regionalplanung der Länder bestimmt werden.

2120. Die Regelung der Aufgabenverteilung bzw. des Zusammenwirkens der verschiedenen Raumplanungsebenen, insbesondere aber die rechtliche Absicherung der für die Raumordnung besonders relevanten Beschränkung der Nutzungsrechte am Grundeigentum, erfolgte in der Bundesrepublik Deutschland über mehrere Gesetze. Die wichtigsten sind das Baugesetzbuch (BauGB) von 1960 bzw. 1986, das Bundes-Raumordnungsgesetz (ROG) von 1965, die Landesplanungsgesetze (LPlG), das Städtebauförderungsgesetz (StBauFG) von 1971, die große Städtebaurechts-Novelle von 1976 und die sog. Beschleunigungs-Novelle von 1979 (DAVID, 1981; LEIDIG, 1983; STICH, 1983). Wichtige Aussagen zur Zielbestimmung der Raumplanung, insbesondere im Hinblick auf die zu berücksichtigenden Umweltanliegen mit räumlicher Dimension, finden sich noch in anderen Gesetzen, so u. a. im Bundes-Immissionsschutzgesetz (BImSchG) von 1974 in der Fassung von 1985, im Bundesnaturschutzgesetz (BNatSchG) von 1976, in der Artenschutznovelle zum Bundesnaturschutzgesetz (BR-Drucks. 251/85) und im Denkmalschutzrecht (etwa Gesetz zur Berücksichtigung des Denkmalschutzes im Bundesrecht vom 1. Juni 1980).

2121. Gegenwärtig kommt unter umweltpolitischen Überlegungen dem Baugesetzbuch (BauGB) eine besondere Bedeutung zu, da dort einmal der sparsame und schonende Umgang mit Grund und Boden als wichtiges Abwägungskriterium für die bei der kommunalen Bauleitplanung zu berücksichtigenden Belange angesprochen ist, andererseits aber auch eine „Entfeinerung" des Bauplanungsrechts und eine Erleichterung der Genehmigung von Einzelvorhaben im unbeplanten Bereich (§ 35 BauGB) vorgenommen wurde.

Nach Art. 75 Nr. 4 GG steht dem Bund die Rahmenkompetenz für die Gesetzgebung auf dem Gebiet der Raumordnung zu. Hieraus leitet sich aber noch keine Legitimation für eine umfassende Raumplanung für den Gesamtstaat ab (BVerfGE 3, 407 bzw. 407 f.). Will der Bund daher über den Bereich seiner Fachplanung hinaus eine Koordinierung vornehmen, die auch die Länder verpflichtet, kann er dies — mit Ausnahme jener Bereiche, für die er sowohl die Rahmen- als auch die Vollkompetenz besitzt — nur im Zusammenwirken mit den Ländern tun (DAVID, 1981; NIEMEIER, 1982). Dies geschieht in der Regel über die Ministerkonferenz für Raumordnung (MKRO), die die für die Raumplanung zuständigen Minister von Bund und Ländern vereinigt. Insofern kommt bei der Verwirklichung raumplanerischer Leitbilder bzw. der Berücksichtigung raumrelevanter Umweltaspekte in der planerischen Praxis vor allem den Ländern und Gemeinden besondere Bedeutung zu.

2122. Auf der Länderebene sind wechselnde Zuständigkeiten (Regierungschef, Innenminister, Sonderminister) bzw. eine divergierende Gewichtung des Planungsanspruches gegenüber den Kommunen festzustellen. Vor allem die Regionalplanung, d. h. die Raumplanung auf mittlerer Ebene zwischen dem Land und den Gemeinden, ist länderweise unterschiedlich geregelt, ähnlich wie es in Abschnitt 2.1.4 für die Landschaftsplanung dargestellt wurde. Im Gegensatz zu manchen neueren wissenschaftlichen Vorgängen, die sich eher für eine Dezentralisierung bzw. Regionalisierung der räumlichen Entwicklungsplanung aussprechen (BIEHL, 1979; DIETRICHS, 1979; FREY, 1979; KLEMMER, 1979, 1982 a und b; SRWi, 1984; VAN SUNTUM, 1981; ZIMMERMANN, 1979), verlor in der politischen Praxis die Auffassung, daß die Regionalplanung im wesentlichen von regionalen Planungsverbänden (Verbänden von Gemeinden) getragen werden sollte, immer mehr an Boden. Stattdessen setzte sich der Einfluß des Staates immer mehr durch (Verstaatlichung der Raumplanung; FÜRST und HESSE, 1981; NIEMEIER, 1982).

2123. Die Gemeinden stellen die unterste Ebene in diesem hierarchisch gegliederten Raumplanungssystem dar. Hier wird der höchste Konkretisierungsgrad der Planung erreicht und findet gleichzeitig die entscheidende Umsetzung der übergeordneten Ziele statt. Darum kommt der kommunalen Planung bzw. ihrer Einbindung in das gesamte Planungssystem eine besondere Bedeutung zu.

Die Gemeinden besitzen aus verfassungsrechtlicher Sicht (Artikel 28 Abs. 2 Satz 1 GG) für ihr Gebiet eine städtebauliche Planungshoheit. Hierbei besteht nach dem Baugesetzbuch ihre Aufgabe u. a. darin, die bauliche und sonstige Nutzung der örtlichen Grundstücke vorzubereiten und zu leiten (§ 1 Abs. 1 BauGB). Dies geschieht über Flächennutzungspläne (Gemeindeteilflächen) als verbindliche Bauleitpläne. Während der Flächennutzungsplan die gegenwärtige oder beabsichtigte Nutzung der Gemeindeflächen in Grundzügen darstellt, legt der Bebauungsplan die mögliche

Nutzung exakt fest (z. B. Lage, Art und Ausmaß der zulässigen Nutzung). Hierbei sind, was im Genehmigungsverfahren überprüft wird, die Bauleitpläne den Zielen der Raumordnung und Landesplanung anzupassen. Gemäß dem Planungsgrundsatz des Bundes-Immissionsschutzgesetzes (§ 50 BImSchG) stellen hierbei auch die Belange des Umweltschutzes Zielsetzungen dar, denen die Bauleitplanung Rechnung zu tragen hat. Dies gilt auch für die „Ziele und Grundsätze des Naturschutzes und der Landschaftspflege" (STICH, 1983).

2124. Die Regelungen des § 1 Abs. 4 BauGB stellen darum den „baurechtlichen Drehpunkt" (Akademie für Raumforschung und Landesplanung, 1985 a) dar, welcher die Verzahnung der örtlichen mit der überörtlichen Planung (Raumordnung im engeren Sinne) gewährleisten soll. Solange die übergeordnete Planungsebene nur sehr vage Ziele vorgab und von ihrem Anpassungsgebot nur zurückhaltend Gebrauch machte, schuf diese geforderte Umsetzung landes- oder regionalplanerischer Leitbilder in der Flächennutzungs- oder Bauleitplanung nur wenig Konfliktstoff. Wie aber gerade die Diskussion um den Entwurf zum Landesentwicklungsplan III (Umweltschutz durch Sicherung von natürlichen Lebensgrundlagen) von Nordrhein-Westfalen (Minister für Landes- und Stadtentwicklung des Landes Nordrhein-Westfalen, 1984 b) zeigte, ist die Frage, inwieweit eine immer konkreter werdende Landesplanung etwa durch Vorgabe zu beachtender maximaler Siedlungsflächenanteile die kommunale Planungsautonomie einschränken darf, doch zu einer wichtigen Streitfrage geworden. Insbesondere wird auch darüber geklagt, daß die bisherigen planungsrechtlichen Erfordernisse der Anpassungsflexibilität der Gemeinden immer mehr eingeengt und damit ihre Problemlösungskapazität reduziert haben. Insofern will das novellierte Baurecht des Bundes die Anpassungspflicht der Gemeinden an die überörtliche Planung auflockern und auf eine sog. Vereinfachung und „Entfeinerung" des Bauplanungsrechts und der Vorschriften über die Zulässigkeit von Vorhaben (§§ 29—35 BauGB) hinwirken.

Letztlich müssen sich

— Umfang,

— räumlicher Geltungsbereich und

— inhaltliche Ausgestaltung

der den verschiedenen Planungsträgern des föderalen Systems zugewiesenen Rechte am „räumlichen Öffentlichkeitsgrad" der Planungsobjekte ausrichten.

2125. Nur soweit die Leistungen und die Qualität der regionalen Ressourcenpotentiale nicht nur die regionsinterne Entwicklung, sondern auch die externer Räume maßgeblich prägen, kann ein interkommunal abgestimmter Handlungsbedarf vermutet werden. Vor dem Hintergrund dieses Postulats sieht der Rat die Probleme, die sich mit der Einschränkung der kommunalen Planungsautonomie und den planungsrechtlich bedingten Verzögerungen verbinden. Unter umweltpolitischen Aspekten macht er aber mit Nachdruck auf die mit der Baurechtsnovellierung verbundenen Gefahren aufmerksam. Sie liegen in einer Abkopplung der kommunalen Aktivitäten von der überörtlichen Raumplanung bzw. in einer verstärkten Nutzung der Zulässigkeit von Vorhaben in nichtbeplanten Gebieten. So gibt es eine Reihe von Naturraumpotentialen von überörtlicher bzw. sogar überregionaler Bedeutung (etwa im Bereich der Küsten- und Alpenregionen) und — etwa im Hinblick auf die Wassergütepolitik — hydrogeographische Gegebenheiten, die zwangsläufig überörtliche Schutzüberlegungen berücksichtigen müssen. Desgleichen verlangt die Durchsetzung eines vom Rat geforderten Konzepts räumlich vernetzter Ökosysteme vor allem in regionaler Hinsicht eine interkommunale Zusammenarbeit. Dies setzt eine Berücksichtigung überörtlicher Belange im Rahmen der kommunalen Raumplanung voraus und muß darum die Möglichkeit eines Anpassungszwanges der kommunalen Planungen an die überörtlichen Leitbilder einschließen. Außerdem zeigt sich, daß in Gebieten mit Bebauungsplänen dichter gebaut wird als in unbeplanten Gebieten, d. h. der Boden flächensparender genutzt wird. Insofern impliziert gerade die Forderung nach „sparsamem Landverbrauch" eine stärkere Beplanung des kommunalen Gebietes. Bei Einzelvorhaben mit überörtlicher Bedeutung muß der Gesetzgeber auch dem Tatbestand Rechnung tragen, daß dort das Instrument des Raumordnungsverfahrens häufiger angewendet werden muß (Akademie für Raumforschung und Landesplanung, 1985a).

2126. Insofern teilt der Rat die Bedenken, die der Beirat für Naturschutz und Landschaftspflege beim Bundesminister für Ernährung, Landwirtschaft und Forsten (1986) in seiner Stellungnahme zur Neuregelung des Baurechts vorgetragen hat. Auch er fordert deshalb, daß sichergestellt werden muß, daß die Gemeinden im Rahmen ihrer Zuständigkeit die überörtlich relevanten Vorgaben des Naturschutzes und der Landschaftspflege ausreichend berücksichtigen. Dies setzt voraus, daß Flächennutzungspläne in der Regel erst dann erstellt werden, wenn das Abwägungsmaterial eines Landschaftsplanes (Abschn. 2.1.4.2) vorliegt, und — sollte dies nicht gewährleistet sein — Bauleitpläne bzw. Einzelgenehmigungen (etwa nach §§ 34 und 35 BauGB) auf einer Umweltverträglichkeitsprüfung des geplanten bzw. zuzulassenden Vorhabens aufbauen (SUKOPP et al., 1985).

3.4.2.2 Raumordnung und Umweltpolitik als politische Querschnittsaufgabe

2127. Die Raumordnung bzw. Raumplanung versteht sich grundsätzlich als eine politische Querschnittsaufgabe, d. h. als gesellschaftspolitischer Anspruch, der das sog. Ressortprinzip (Verantwortlichkeit der Minister für ihren Fachbereich) koordinierend übergreift (STORBECK, 1982), wobei Anspruch und Wirklichkeit aber häufig auseinanderklaffen. Interessant ist dieser Anspruch aber insofern, als auch der Umweltpolitik ein Querschnittscharakter zugesprochen wird. Raumordnung und Umweltpolitik haben sich somit mit den Aktivitäten der verschiedenen Fachpolitiken zu befassen, um sie auf ihre Umwelt- bzw. Raumrelevanz zu überprüfen und die erforderlichen Maßnahmen zum Umweltschutz bzw. zur planerischen Koordinierung zu ergreifen (BUCHNER, 1984; HOPPE und von ERBGUTH, 1984). Dies stellte bereits der Umweltbericht '76 der Bundesregierung, der auch auf das Verhältnis von Raumordnung und Umweltschutz näher einging, heraus. Hierbei wurde dargelegt, daß eine „langfristig angelegte Raumplanung" auch der „Sicherung der Naturgüter und zugleich Nutzungsansprüchen der Gesellschaft Rechnung" zu tragen habe (Umweltbericht '76). Insofern kann man die auf den Raum bezogenen Ziele der Sicherung der natürlichen Lebensgrundlagen als die „Schnittmenge" (KIEMSTEDT, 1982) zwischen Raumordnung und Umweltpolitik bezeichnen.

2128. Der Umweltschutz zeichnet sich nach Ansicht vieler Vertreter der Raumordnung durch eine fachliche Aufgabenstellung mit vorwiegend medialer Ausrichtung aus, die aber zugleich auf verschiedene Politikbereiche übergreift (z. B. BUCHNER, 1984) und ebenfalls dem Abstimmungsgebot der Raumordnung unterworfen ist. Die inhaltlichen Grundlagen einer solchen Koordinierung der verschiedenen Fachpolitiken durch die Raumordnung soll die Raum- oder räumliche Entwicklungsplanung liefern. Diese möchte, aufbauend auf einem operationalisierten Leitbild bzw. einer möglichst flächendeckenden Diagnose, Soll-Ist-Divergenzen ableiten und Ansatzpunkte (etwa durch Flächennutzungseinschränkungen bzw. bewußte „Freihaltung" von Flächen) zu Überwindung derselben aufzeigen. Aufgrund vielfältiger Schwierigkeiten, insbesondere aufgrund fehlender Operationalisierung der Ziele und divergierender Hypothesen über Ziel-Mittel-Beziehungen, bleibt die Planungsrealität aber vielfach hinter dem Planungsanspruch zurück.

2129. Trotzdem sieht auch der Rat die Notwendigkeit einer stärkeren Verknüpfung von Raumordnung und Umweltpolitik. Dies verlangt eine stärkere Integration von Raumordnungsverfahren und Umweltverträglichkeitsprüfung (SUKOPP et al., 1985). Erstere erfolgt in der Regel in einem Stadium, in dem die Projektplanung noch nicht verfestigt ist und verlangt die Erfassung und Bewertung aller raumbedeutsamen Effekte von überörtlichem Rang. Bewertungsmaßstab sind hierbei die Ziele und Grundsätze der Raumordnung. Tragen die letzteren den Umweltanliegen ausreichend Rechnung, impliziert das Raumordnungsverfahren zwangsläufig auch eine Umweltverträglichkeitsprüfung (Abschn. 1.3.3). Vorschläge zur inhaltlichen Ausgestaltung, d. h. zur ausreichenden Erfassung und Wertung der relevanten Raum- und Umweltfaktoren im Raumordnungsverfahren liegen bereits vor (BRENKEN, 1986; WINKELBRANDT, 1981).

2130. Die umweltpolitische Aufwertung des Raumordnungsverfahrens würde aber voraussetzen, daß letzteres im Raumordnungsgesetz auch rahmenrechtlich verankert und die Rechtswirkung der Ergebnisse solcher Verfahren auch einheitlich geregelt werden (Akademie für Raumforschung und Landesplanung, 1985b). Die Raumordnungsklauseln der Fachgesetze könnten auf diese Weise gewährleisten, daß die Fachplanungen auch die in den Raumordnungsverfahren durchgeführten Umweltverträglichkeitsprüfungen berücksichtigen.

2131. Bevor diese Überlegungen weiter verfolgt werden, muß untersucht werden, welcher Stellenwert den Umweltanliegen im Rahmen der Raumordnung eingeräumt werden kann und muß. Beobachtet man doch gegenwärtig ein zunehmendes Interesse der Raumordnung für die Belange des Umweltschutzes. Für die einen ist dies der Versuch, die an Bedeutungsverlust leidende Raumplanung über die Umweltpolitik aufzuwerten, für andere hingegen ein wichtiger Schritt zur Stärkung der Umweltpolitik (Umweltvorsorge durch Raumplanung).

2132. Die Beantwortung der Frage, inwieweit die Raumordnung zur Bewältigung der anstehenden Umweltprobleme auch tatsächlich wichtige Beiträge zu leisten vermag und darum künftig umweltorientiert aktiviert werden muß, hängt ab von

— der Umweltrelevanz räumlicher Aspekte,

— der Art des angestrebten Leitbildes und

— dem der Raumordnung zur Verfügung stehenden Handlungsspielraum.

3.4.3 Die Umweltrelevanz räumlicher Aspekte

2133. Die Raumordnung kann nur dann eine umweltpolitische Bedeutung erhalten, wenn die Umweltprobleme eine räumliche Dimension aufweisen, die es zweckmäßig erscheinen läßt, von einer globalen Orientierung abzugehen (BENKERT, 1981; GEBAUER, 1982; SIEBERT, 1979; VOGT, 1982). Dies ist der Fall, wenn (KLEMMER, 1986)

— räumlich begrenzte Emissions-Immissions-Zusammenhänge auftreten,

— gravierende räumliche Unterschiede hinsichtlich des naturräumlichen Leistungspotentials bestehen und

— divergierende Präferenzen der Bürger vorliegen bzw. eine unterschiedliche Empfindlichkeit schutzwürdiger Tatbestände beobachtet werden kann, die eine regional oder örtlich verschiedenartige Gewichtung der Teilkomponenten des Umweltanliegens bzw. der Immissionsgrenzwerte verlangen,

— über eine räumliche Umverteilung von umweltbelastenden Aktivitäten lokale oder regionale Engpässe bei der Sicherung der Ressourcenqualität (Luft-, Boden- und Gewässergüte, ausreichende Natur- und Ausgleichsräume) umgangen werden können.

2134. Solange die Umweltpolitik sich auf die Sektoren Luft und Wasser konzentrierte, traten räumlich begrenzte Emissions-Immissions-Zusammenhänge in den Hintergrund. Dies galt vor allem für die Luftreinhaltepolitik. Über eine „Politik der hohen Schornsteine" konnte man nämlich lange Zeit regionale Immissionsprobleme durch eine großräumige Verteilung der Schadstoffe „lösen". Hierdurch wurde ein Prozeß der Nivellierung regionaler Immissionen eingeleitet, der jedoch dann zu räumlichen Umweltproblemen führt, wenn angesichts einer ungleichmäßigen regionalen Verteilung schutzwürdiger Tatbestände (z. B. empfindlicher Ökosysteme) bisher nicht beobachtete Schadwirkungen (etwa die neuartigen Waldschäden) auftreten. Nicht mehr eindeutig identifizierbare großräumige Schadstofftransportpfade in der Luft verhindern das Erkennen der eigentlichen Verursacher und damit die einzelwirtschaftliche Zurechnung von Schadensverantwortung. Dies gilt vor allem für die grenzüberschreitenden Schadstofftransporte.

Zur Bewältigung der großräumigen Probleme ist man daher gezwungen, alle Emittenten zur Reduktion ihrer Schadstoffeinträge in die Luft über eine Politik sinkender Emissionsgrenzwerte zu zwingen. Damit erhielt die Luftreinhaltepolitik trotz regional divergierender Schadstoffwirkungen einen primär globalen Charakter, doch die Raumplanung war kaum in der Lage, entscheidende Beiträge zur Problemlösung zu erbringen. Ihr Einsatz blieb darum zumeist auf die komplementäre Bewältigung von Nahbereichsproblemen beschränkt. Aber selbst dort dominiert eher das Instrument der Luftreinhaltepläne, für welches unterschiedliche Ressorts verantwortlich zeichnen (in Nordrhein-Westfalen z. B. der Minister für Arbeit, Gesundheit und Soziales) und in denen Maßnahmen wie Änderung des Roh- und Brennstoffeinsatzes, der Abgasreinigung oder Nachverbrennung bzw. der Verfahrensumstellung vorherrschen, die Raumplanung (etwa über die Aufstellung von Bauleitplänen) jedoch kaum oder überhaupt nicht beteiligt ist.

2135. Einziger Berührungspunkt sind auf regionaler und kommunaler Ebene die Verkehrsplanung sowie die Unterstützung bei der Entwicklung regionaler und kommunaler Energieversorgungskonzepte. Zumindest könnte im letztgenannten Fall die Raumplanung bestimmte Versorgungsarten von der Versorgung ausschließen, z. B. Einzelfeuerungen in bereits erheblich belasteten Gebieten (§ 9 Abs. 1 Nr. 23 BauGB) bzw. Standortoptionen für Kraftwerke oder die Kraft-Wärme-Kopplung offen halten. In dem Maße, wie die Raumplanung längerfristig auch die Siedlungsdichte zu beeinflussen vermag, wirkt sie außerdem auf die Versorgungskosten (etwa über höhere Abnehmerdichten) und damit auf die Implementationschancen umweltschonender Energieträger (etwa Fernwärme) ein.

2136. In dem Maße, wie im Rahmen der Umweltpolitik in den anderen Umweltsektoren der räumliche Emissions-Immissions-Zusammenhang deutlicher zu Tage trat, konnte die Raumplanung — zumindest theoretisch — an Bedeutung gewinnen. Zu erwähnen sind z. B. im Hinblick auf die Wassergütepolitik die Ausweisung von Vorranggebieten für die Wassergewinnung sowie die Bodenschutzpolitik insgesamt. Geht es doch gerade bei der letzteren in starkem Maße um eine Konservierung verbliebener naturnaher Räume, d. h. um Vorhaben, die vor allem Eingriffe in die Verfügungsmacht über Grundeigentum verlangen, sowie um Tatbestände, wo Emissionen und Immissionen räumlich zusammenfallen.

2137. Für eine denkbare stärkere Aktivierung der Raumplanung spricht auch die Tatsache, daß im Rahmen der immer stärker betonten Bodenschutzpolitik die Erhaltung und Pflege der Bodenfunktionen (vgl. Abschn. 2.2.3) in den Vordergrund tritt. Da letztere von einer Vielzahl von Bodeneigenschaften (etwa vom Gehalt an Ton, Schluff, Sand, organischer Substanz usw.) abhängen (SRU, 1985, Abschn. 4.2.2), die in den einzelnen Teilgebieten einer Volkswirtschaft in unterschiedlicher Weise vorkommen, müssen auch die diesen Raumausschnitten potentiell zurechenbaren Nutzungsmöglichkeiten divergieren. Insofern liefern Böden in Abhängigkeit von ihren natürlichen und teilweise beeinflußbaren Eigenschaften unterschiedliche Leistungspotentiale. In die Sprache der Ökonomie übersetzt bedeutet dies, daß jeder Raumausschnitt eine Art immobile „Produktionsstätte" mit spezifischem Produktionsprogramm von Bodenleistungen darstellt. Hierbei können sich einzelne Leistungen (z. B. Ertrags- oder Standortfunktion für Siedlungszwecke mit hohem Überbauungsgrad und Lebensraumfunktion für seltene Tiere und Pflanzen) im Extremfall sogar wechselseitig ausschließen.

Die räumlichen Divergenzen der Bodeneigenschaften und damit der Bodenleistungspotentiale (definiert über die einzelnen Funktionen einer Fläche) verlangen einmal die Bewältigung eines beachtlichen Informationsproblems, nämlich die möglichst flächendeckende Bestandsaufnahme der Naturraumpotentiale (KIEMSTEDT, 1979) oder der in Abschnitt 1.1.1.4 (Tz. 13ff.) genannten Umweltfunktionen, zum anderen aber auch die Verwirklichung des Konzeptes der differenzierten Land- bzw. Bodennutzung (Abschn. 2.1.8.4). Bei der Erfüllung der ersten Aufgabe können die Standortfunktionen (Boden als Standort für Gebäude, Straßen und sonstige menschliche Aktivitäten) bzw. Ertragsfunktionen (Nutzung des Bodens für die pflanzliche Produktion) weitgehend als bereits bekannt vorausgesetzt werden. Hinsichtlich der räumlichen Verteilung der Regelungsfunktionen (Ausgleichs-, Filter- und Pufferfunktionen) sowie der Biotopfunktionen (Nutzung als Lebensraum für die verschiedenen Ökosysteme) bestehen jedoch für eine Politik der Bestandssicherung noch Informationsdefizite, die zwecks stärkerer Orientierung der Raumplanung an den Bodenfunktionen beseitigt werden müssen. Dies könnte und sollte eine Aufgabe der Landschaftsplanung sein (Abschn. 2.1.8.1.1).

2138. Damit wird aber auch deutlich, daß die Qualität der Raumplanung, und zwar vor allem als einer die Raumansprüche koordinierenden Planung, doch entscheidend von der Qualität der Fachplanung, d. h. in diesem Falle von der Landschaftsplanung als Ressourcenplanung, abhängt. Bedauerlicherweise ist es der Landschaftsplanung — trotz methodisch interessanter Ansätze (KIEMSTEDT, 1982) — noch nicht gelungen, die sog. Naturraumpotentiale so zu konkretisieren bzw. zu operationalisieren, daß sie befriedigend in den Güterabwägungsprozeß der Raumordnung mit einbezogen werden können. Insofern muß sich die Raumordnung als Ressourcensicherungsplanung häufig mit weniger überzeugenden Indikatorensystemen (z. B. Siedlungsflächenanteilskriterium im Landesentwicklungsplan III des Landes Nordrhein-Westfalen) begnügen, was dann wiederum ihre Überzeugungs- und Durchsetzungskraft gegenüber den Gemeinden schwächt.

2139. Aufbauend auf dem Fundament der flächendeckenden Erfassung der Naturraumpotentiale geht es der Raumplanung schließlich um die Verwirklichung des Konzepts einer differenzierten Landnutzung. Dies verlangt eine Bewertung der einzelnen Naturraumpotentiale. Was die Standort- und Ertragsfunktionen betrifft, geschieht dies bereits weitgehend über die auf dem Bodenmarkt sich artikulierende Nachfrage. Diese wird ganz entscheidend durch politische Rahmenbedingungen (etwa steuerliche Behandlung des Bodeneigentums) bzw. Fachpolitiken (etwa durch die Agrarpolitik mit ihrem Trend zur Subventionierung einer nicht marktgerechten Überschußproduktion) beeinflußt. Auf alle Fälle führt schon dieser markt- und fachpolitikgeprägte Allokationsprozeß zu einer an bestimmten Bodeneigenschaften (primär Standort- und Ertragsfunktionen) orientierten Flächennutzungsdifferenzierung. Diese hat jedoch den Nachteil, daß sie nicht den gesellschaftlichen Bedarf an allen Bodenfunktionen ausreichend berücksichtigt.

Mit anderen Worten: Das Problem der bisherigen differenzierten Flächennutzung besteht darin, daß der Bedarf und Wert von Frei- bzw. ökologisch wertvollen Flächen nicht adäquat in den Preissignalen zum Vorschein kommt (KLEMMER, 1986). Solche Flächen werfen in der Regel aufgrund fehlender Markterlöse einen Grenzertrag von gleich oder nahe Null ab. Entfaltet sich eine Nachfrage zwecks Nutzung der Standort- oder Ertragsfunktionen, kommt es daher zumeist zur Landschaftsumwandlung, da dies im Gegensatz zur Pflege und Erhaltung der Regelungs- und Biotopfunktionen gewinnbringender ist.

2140. Bereits seit längerer Zeit wird von Ökologen ein allen Umweltfunktionen gerecht werdendes System der differenzierten Land- bzw. Bodennutzung gefordert (HABER, 1971, 1972, 1978; ODUM, 1969), die auch für künftige Optionen offen ist (FISCHER et al., 1972). Der Rat schließt sich, wie in Abschnitt 2.1.8.4 dieses Gutachtens dargelegt, dieser Forderung an und sieht für ihre Verwirklichung drei grundsätzliche Möglichkeiten:

— Man sorgt dafür, daß auch die Nutzung oder Bewahrung der bisher unterrepräsentierten Flächenfunktionen ökonomisch interessant wird. Dies könnte u. a. über das Aufkaufen von Flächen mit beachtlichen Regelungs- und Biotopfunktionen, durch die ökonomische Aufwertung wichtiger Kuppelprodukte (etwa Holzproduktion) oder die steuerliche Begünstigung bzw. Bezuschussung bestimmter Nutzungen (z. B. extensive Landbewirtschaftung) geschehen.

— In diesem Zusammenhang ist auch der Abbau politisch bedingter Impulse für Umweltbelastungen zu erwähnen. Die Nutzung des Faktors Boden hängt vom spezifischen Flächenbedarf, den Bodenpreisen und der in der jeweiligen Branche gegebenen Rentabilität der Flächennutzung ab. Wird die Rentabilität etwa im Rahmen der Agrarpolitik (Mindestpreis- und Strukturpolitik) oder der Wohnungsbaupolitik (Wohnungsbauförderung) aufgrund politischer Entscheidungen angehoben, so nimmt die Flächenumwandlung zu Lasten der naturnahen Flächen zu, weil damit auch die Rentabilität der Bodennutzung in diesen Bereichen ansteigt. Die durch politische Intervention am Markt verbleibenden Grenzanbieter und Grenznachfrager sind ohne öffentliche Unterstützung nicht fähig, mit ihrer Flächennutzung einen Grenzgewinn zu erwirtschaften. Deshalb dürfte ihr Bedarf unter dem Gesichtspunkt wirtschaftlichen Ressourceneinsatzes nicht mehr befriedigt werden. Aber aufgrund der nahe bei Null liegenden Grenzgewinne der naturnahen Flächen reichen bereits gering bemessene öffentliche Hilfen aus, um die Grenznachfrager zu befähigen, den Wert dieser Flächen bei der Pacht- und Kaufpreisaushandlung zu überbieten (de HAEN, 1985; KARL, 1986). Um diese durch die Erhaltung von Grenznachfragern ausgelösten zusätzlichen Belastungen der Ressourcenpotentiale zu vermeiden, müssen die dafür verantwortlichen politischen Anreize abgebaut werden.

— Man verhindert über die Einschränkung der Verfügungsmacht über Bodeneigentum, daß eine den Regelungs- oder Biotopfunktionen schädliche Nutzung zur Geltung kommt oder sorgt sogar dafür, daß ein umweltrelevanter Nutzungswandel stattfindet.

2141. Genau den letztgenannten Weg beschreitet man, wenn man das Konzept einer allen Bodeneigenschaften gerecht werdenden differenzierten Landnutzung über die Raumplanung durchsetzen will. Wie die vorstehenden Ausführungen gezeigt haben, sprechen die zunehmend ökologische Orientierung der Umweltpolitik bzw. die Betonung des Naturhaushalts- und Bodenschutzes darum durchaus für eine umweltpolitische Aufwertung der Raumplanung (konservierende Raumordnung als Hebel der Umweltpolitik), da die räumliche Dimension der Umweltpolitik immer stärker in den Vordergrund tritt.

Das bedeutet aber noch keineswegs, daß dieser Hebel auch immer effektiv genutzt werden kann und soll. Möglicherweise ist der Weg über die ökonomische Aufwertung der bisher vernachlässigten Flächen- bzw. Bodeneigenschaften schneller bzw. effizienter und engt den Handlungsspielraum der Bürger weniger ein als planerische Eingriffe. Insofern ist es wichtig, auch das Zielsystem bzw. den Handlungsspielraum der Raumordnung noch kurz unter umweltpolitischen Aspekten zu bewerten.

3.4.4 Das Zielsystem der Raumordnung

2142. Die Raumplanung blickt auf eine vergleichsweise lange Tradition zurück und muß als Reaktion auf die durch die Industrialisierung ausgelöste siedlungsstrukturelle Entwicklung angesehen werden. Sie entstand als interkommunale Zusammenarbeit in den schnell wachsenden Verdichtungs- und Industriegebieten. Zu erwähnen sind z. B. der Zweckverband Groß-Berlin aus dem Jahre 1910 oder der Siedlungsverband Ruhrkohlenbezirk aus dem Jahre 1920. In allen Fällen übernahm der Verband überlokale Funktionen der Planung und Infrastrukturerstellung (FÜRST und HESSE, 1981). Hierbei wurde großer Wert auf die ordnende Beeinflussung der siedlungsstrukturellen Expansion und die Grünraumplanung gelegt. Insofern kannte der Zielkatalog der nach der Jahrhundertwende aufkommenden überlokalen Raumplanung, ohne dies explizit als planenden Umweltschutz zu kennzeichnen, durchaus schon ressourcensichernde und naturschutzorientierte Züge.

In der nationalsozialistischen Zeit wurde die Raumplanung sehr schnell zu einer staatlichen Querschnittsaufgabe, d. h. zu einer gesamtstaatlichen Angelegenheit zwecks großräumiger Beeinflussung der Raum- und Siedlungsstruktur aufgewertet. Dies erschwerte ihren Neubeginn nach 1945. Konfrontiert mit einem beachtlichen Planungsskeptizismus und einer Reföderalisierung, die vor allem die Länderposition stärkte, rang die Raumordnung lange um ihr Selbstverständnis und ihre inhaltliche Ausrichtung (UMLAUF, 1986).

Die eigentliche Zieldiskussion begann erst wieder nach Abschluß der Wiederaufbauphase der deutschen Wirtschaft mit dem sog. SARO-Gutachten (Sachverständigen-Ausschuß für Raumordnung, 1961), das eine für die damalige Zeit überraschend hohe umweltpolitische Ausrichtung (etwa durch Betonung der sog. Vitalsituation und Landschaftsbewahrung) zeigte, die aber nur bedingt in die rechtlich fixierten Zielaussagen Eingang fand. Typisch hierfür ist die Verabschiedung des Raumordnungsgesetzes (1965), das in seinem § 1 fordert: „Das Bundesgebiet ist in seiner allgemeinen räumlichen Struktur einer Entwicklung zuzuführen, die der freien Entfaltung der Persönlichkeit in der Gemeinschaft am besten dient". Hierbei sind, wie weiter ausgeführt wird, auch natürliche Gegebenheiten zu berücksichtigen. Darüber hinaus werden die Raumplanungsinstanzen durch § 2 Abs. 1 Nr. 2 und Nr. 6 angehalten, Landschaftszersiedelungen zu vermeiden und ökologische Ausgleichsräume für die Regeneration der Umweltbereiche Luft und Wasser zu sichern.

2143. Es ist an dieser Stelle überflüssig, in die Klage von der sog. Leerformelhaftigkeit des raumordnungspolitischen Leitbildes (MÜLLER, 1969; VORHOLZ, 1984; ZIMMERMANN und NIJKAMP, 1986) mit einzustimmen, denn es ist auch zu beachten, daß das Raumordnungsgesetz des Bundes nur eine rahmenrechtliche Funktion hat und darum der Ergänzung durch die Landesplanungsgesetze bedarf. Außerdem ist es fraglich, ob es bei sich laufend ändernden sozioökonomischen Rahmenbedingungen überhaupt sinnvoll ist, innerhalb eines derartig längerfristig orientierten Gesetzes eine Zieloperationalisierung vorzunehmen.

Aber auch der erste Versuch einer Operationalisierung der Raumordnungsanliegen im Bundesraumordnungsprogramm (BMBau, 1975), dem neben der Bundesregierung auch die Ministerkonferenz für Raumordnung zustimmte, blieb wenig befriedigend. Gefordert wurden dort „gleichwertige Lebensbedingungen in allen Teilräumen", was dann als erreicht gilt, wenn für die Bürger „ein quantitativ und qualitativ angemessenes Angebot an Wohnungen, Erwerbsmöglichkeiten und öffentlichen Infrastruktureinrichtungen in zumutbarer Entfernung zur Verfügung steht und eine menschenwürdige Umwelt vorhanden ist". Unter Bezugnahme auf das Umweltprogramm der Bundesregierung und die Umweltprogramme und -berichte der Länder wird anschließend zwar das Teilanliegen „Verbesserung der Umweltqualität" ausdrücklich aufgegriffen, insgesamt aber nur recht allgemein umschrieben.

2144. Gemessen an den Zielen der Fachressorts waren und sind die Zieloperationalisierungsversuche der Bundesraumplanung somit recht vage, was auch die Realisierung des Koordinierungsgebotes auf der Bundesebene erschwerte und die Raumordnung, zumindest auf der Bundesebene, zu geringer Bedeutung absinken ließ. Dies gilt auch noch weitgehend für die landesplanerischen Zielvorgaben (KUHL, 1977; VOGT, 1982). Die zentralen Belange der Umweltpolitik werden dort zwar im formalen Sinne weitgehend berücksichtigt, bleiben aber hinsichtlich ihrer Konkretisierung zumeist hinter dem Operationalisierungsgrad der anderen Komponenten der anzustrebenden „gleichwertigen Lebensqualität" zurück. Gleichzeitig ist eine immer noch beachtliche Ausrichtung der Raumordnung am Anliegen der Beseitigung regionaler Disparitäten (z. B. Programmatische Schwerpunkte der Raumordnung, 1985) erkennbar. Sie steht im Widerspruch zu dem raumplanerischen Umweltanliegen, welches eigentlich eher in Richtung auf eine Festlegung von überregionalen und kleinräumigen Vorrangfunktionen bzw. auf ein Konzept räumlich differenzierter Flächennutzungsstruktur hinauslaufen müßte.

2145. Dort, wo die Landesplanung neuerdings aber tatsächlich der Ressourcensicherung dienen will, bleibt sie, u. a. wegen fehlender operationalisierter Zielvorgaben durch die Landschaftsplanung als Fachplanung, äußerst grob und beschränkt sich vor allem auf die Einschränkung des sog. „Landschaftsverbrauchs". Wie der Rat bereits oben betonte, ist dies aber wenig befriedigend, da hierdurch die Belastungsprobleme im sog. „Freiraum" vernachlässigt werden und die funktionale Betrachtungsweise unterbleibt. Eher werden hierdurch sogar Widerstände auf kommunaler Ebene erzeugt. Losgelöst von der Gewichtungsfrage benötigt die Raumplanung darum zur überzeugenden Berücksichtigung von Umweltaspekten im Leitbild der Raumordnung eine flächendeckende Information über die Naturraumpotentiale.

2146. Um die von der bisherigen Raumplanung auf der örtlichen und überörtlichen Ebene verfolgten Leitbilder besser verstehen zu können, muß man einen Blick auf die in der Raumordnung (inkl. Stadtentwicklungsplanung) dominierenden Zielsetzungen bzw. Modellvorstellungen werfen. Dabei stellt sich heraus, daß die Raumplanung bis jetzt in starkem Maße in den Dienst der bewußten Induzierung und Gestaltung regionalökonomischer Entwicklungsprozesse gestellt wurde. Mit anderen Worten: Die angestrebte (Mindest-)Gleichwertigkeit der Lebensbedingungen im Raum wurde vor allem über sozio-ökonomische Indikatoren definiert, und bei der Beeinflussung räumlicher Entwicklungsprozesse griff man bevorzugt auf sozio-ökonomische Erklärungsansätze der vom Menschen geprägten Raumstruktur zurück. Dabei kam den Modellen, die sich mit der Erklärung der Siedlungsstruktur beschäftigten — und hier vor allem der Theorie der zentralen Orte —, besondere Bedeutung zu.

Daraus ergab sich im Zeitablauf eine technokratisch geprägte Raumplanung, die vor allem eine der Funktionserfüllung (Wohnen, Arbeiten, Freizeit, Verkehr) dienliche und den Modellvorstellungen entsprechende Siedlungsstruktur zu verwirklichen suchte. Kennzeichnend hierfür sind vor allem jene Pläne, die sich um die Durchsetzung des Schwerpunkt-Achsen-Modells bemühen. Wird hier doch ein hierarchisch gegliedertes Siedlungssystem angestrebt, welches eine ausgeglichene Versorgung der Bevölkerung mit (nichttransportierbaren) Dienstleistungen verspricht. Gleichzeitig sollen hiermit jene siedlungsstrukturellen Mindestvoraussetzungen — etwa in bezug auf die Bevölkerung und Infrastrukturausstattung — gewährleistet werden, die bei Auswertung der räumlichen Wachstumstheorie bzw. Agglomerationsforschung für einen sich selbst tragenden regionalen Entwicklungsprozeß notwendig erscheinen.

2147. Auf der Stadtentwicklungsebene (KLEMMER, 1970) wurde dieses hierarchische Gliederungsprinzip — nämlich Haupt- und Nebenzentren verbunden durch Radial- und Ringstraßen — durch Zonen- und Sektorenkonzepte modifiziert und erweitert. Das Zonenkonzept trägt hierbei dem Erfahrungstatbestand Rechnung, daß die Grundstückspreise in der Regel, von der City ausgehend, nach allen Seiten hin gleichmäßig abnehmen und sich in Abhängigkeit von den Bodenpreisen konzentrisch gelagerte Zonen ergeben, die sich durch spezielle Bodennutzungsformen unterscheiden. Das Sektorenschema modifiziert diese Zonengliederung der Stadt, indem es die raumdifferenzierende Kraft der Radialstraßen berücksichtigt. Diese entfalten — analog zu den Entwicklungsachsen auf der überörtlichen Ebene — eine besondere Anziehungskraft und bewirken demzufolge eine Durchbrechung des klassischen Zonenkonzepts. Aufbauend auf diesen Überlegungen stellen die meisten Stadtentwicklungsplanungen darum eine von Fall zu Fall unterschiedliche Kombination des Zonengliederungskonzepts mit der Entwicklung von Radial- und Ringstraßen bzw. der Durchsetzung eines hierarchischen Gliederungskonzepts (z. B. der „Finger"-Plan von Kopenhagen oder der PADOG-Plan für den Großraum Paris) dar.

2148. Demgegenüber kann noch immer von einem Defizit an ökologisch oder umweltorientierten Leitbildern in der Raumplanung (NEDDENS, 1986) gesprochen werden. Insbesondere fehlt es bis jetzt an einer befriedigenden Integration ökologischer und sozio-ökonomischer Modellvorstellungen bezüglich des innerstädtischen bzw. des Stadt-Umland-Raumes. Dies hat mehrere Gründe. Zum einen ist die Einbringung bzw. Höhergewichtung umweltpolitischer Anliegen neueren Datums, zum anderen entziehen sich viele ökologische Zusammenhänge einer mathematisch-geometrischen Modelldarstellung, zeichnen sich mit anderen Worten im Vergleich mit vielen sozio-ökonomischen Gegebenheiten durch geringere Formalisierbarkeit aus. Dies gilt vor allem für den städtischen Bereich. Dort, wo die Stadtentwicklung Umweltaspekte berücksichtigte, stellte sie zumeist den Menschen- und weniger den Naturschutz in den Vordergrund.

2149. Demzufolge bemühte sich die Raumplanung im innerörtlichen Bereich vor allem darum,

— die Lärmbelastung abzubauen, etwa durch Planung von Umgehungsstraßen und Verkehrsberuhigung,

— das Wohnumfeld qualitativ zu verbessern, etwa durch Grünzonenplanung,

— das lokale Klima zu beeinflussen, etwa durch Erhaltung einer natürlichen Luftzirkulation durch Freihaltung von Flächen und Korridoren,

— die klassischen Ver- und Entsorgungsprobleme planerisch zu lösen, etwa durch Infrastrukturplanung im Bereich der Trinkwasserversorgung, Abwasserentsorgung und -reinigung bzw. der Abfallbeseitigung durch Ausweisung von Deponiestandorten.

2150. Im überörtlichen Raum ging es vor allem um die Ausweisung von Ausgleichsräumen zugunsten der städtischen Siedlungsschwerpunkte.

Bei diesen Planungen konnte man sich in der Regel noch den traditionellen Gliederungsprinzipien (z. B. zentralörtliches Hierarchieprinzip, Zonenschema) anpassen. Bei der Berücksichtigung ökologischer Belange ist dies jedoch weniger möglich. Hier ist für eine befriedigende Planung, vor allem für die konservierende (schützende) Planung, unbedingt ein Wissen um die regionalen und lokalen Besonderheiten (Bodeneigenschaften, hydrogeographische Zusammenhänge, ökosystemare Zusammenhänge) samt anschließender Bewertung derselben erforderlich. Die Ökologie kann hier, wie der Rat bereits in seinem Sondergutachten „Umweltprobleme der Landwirtschaft" (SRU, 1985) betonte, nur sehr allgemeine räumliche Gliederungsprinzipien vorgeben. Zu diesen gehört vor allem die Forderung nach einem vernetzten System von Freiräumen als schützenswerte Rest- oder Mindestlebensräume von Tieren und Pflanzen. Die Lage, Anordnung und Verbindung dieser Räume kann sich aber selten nur an geometrischen Prinzipien orientieren, sie verlangt die Berücksichtigung des „Genius loci" (NEDDENS, 1986). Diesen herauszuarbeiten und das Material für den planerischen Güterabwägungsprozeß, d. h. die evtl. erforderliche Nutzungseinschränkung von Grund und Boden zu liefern, muß Aufgabe der Landschaftsplanung sein (Abschn. 2.1.4.2).

2151. Was die Gewichtung des Umweltanliegens betrifft, wird in manchen wissenschaftlichen und politischen Stellungnahmen die Gleichsetzung der Umweltziele mit den anderen Komponenten der Lebensqualität bedauert (LEIDIG, 1983) und ein Vorrang der Umweltvorsorge im Rahmen der Raumplanung gefordert. Teilweise schwenkt die Landesplanung auf eine derartige, im Schrifttum aber noch umstrittene Position ein (Landesentwicklungsbericht Nordrhein-Westfalen, 1984). Typisch hierfür ist der Landesentwicklungsplan III des Landes Nordrhein-Westfalen, der bei den Gemeinden dieses Bundeslandes jedoch auf lebhaften Widerspruch stieß, da er als eine explizite Einmischung in die kommunalen Angelegenheiten und damit als Widerspruch zur kommunalen Planungsautonomie angesehen wird. Einige Forderungen aus dem Bereich der Wissenschaft, die die Intentionen des Landesentwicklungsplans III unterstützen, gehen sogar soweit, daß sie durchschnittliche Obergrenzen der Siedlungsflächen je Einwohner oder je Arbeitsplatz festlegen wollen (SCHMIDT und REMBIERZ, 1987). Mit solchen pauschalen Richtwerten läuft die Landes- bzw. Regionalplanung aber Gefahr, längerfristig das Umweltanliegen eher ab- als aufzuwerten.

2152. Diese knappe Zieldiskussion macht deutlich, daß die Zielkonkretisierung und damit auch die Operationalisierung und Gewichtung der Umweltanliegen in der Raumplanung ein schwieriges und langwieriges Unterfangen darstellt und angesichts der Widerstände der Fachressorts und nachgeordneten Gebietskörperschaften auch darstellen muß. Insofern wird die raumplanerische Bewältigung von Umweltproblemen in der Regel nur sehr langsam vorankommen. Dies gilt vor allem dann, wenn — wie es eigentlich sinnvoll wäre — das Konzept räumlich differenzierter Landnutzung durchgesetzt werden soll (Abschn. 2.1.8.4).

3.4.5 Der Handlungsspielraum der Raumordnung

2153. Der Handlungsspielraum der Raumordnung bzw. -planung wird entscheidend von der Verfestigung der überkommenen Flächennutzungsstruktur (Gewicht der sog. historischen Komponente), der Stärke des marktwirtschaftlichen Allokationsprozesses, der Organisation des Raumplanungsprozesses, den Widerständen der Fachressorts bzw. der zu koordinierenden Gebietskörperschaften sowie dem der Raumordnung zur Verfügung stehenden instrumentalen Durchsetzungsvermögen bestimmt.

2154. Was die historische Komponente betrifft, hat die Raumordnung nach dem Zweiten Weltkrieg erfahren müssen, daß es äußerst schwierig ist, in einem hochentwickelten Land wie der Bundesrepublik Deutschland die überkommene Siedlungsstruktur entscheidend zu ändern. Dies trifft vor allem für die angestrebte „Entballung" sowie den primär über ökonomische Kriterien definierten Disparitätenabbau zu. Eine entscheidende Bremsung des Agglomerationsprozesses bzw. der räumlichen Expansion traditioneller Ballungsgebiete gelang nicht, und das klassische ökonomische Disparitätenbild, gemäß dem die verdichteten Gebiete tendenziell gut und eher ländlich geprägte Räume weniger gut entwickelt sind, besteht trotz Raumplanung auch heute noch (HUNKE, 1974). Dies zeigt auch die Fördergebietsverteilung der Gemeinschaftsaufgabe „Verbesserung der regionalen Wirtschaftsstruktur", in der immer noch die traditionellen Förderbereiche Niederbayerns, des Bayerischen Waldes, der Oberpfalz, des Emslandes, der westlichen Eifel sowie ausgewählter Bereiche des Zonenrandgebiets dominieren.

2155. Die Tatsache, daß die Bundesrepublik Deutschland im Vergleich zu anderen Ländern des westlichen Europas heute doch über eine relativ ausgeglichene Siedlungsstruktur verfügt, ist weniger das Ergebnis einer effizient arbeitenden Raumplanung als vielmehr die Spätfolge des traditionell föderalen Staatsaufbaus Deutschlands und des Fortfalls der alten Reichshauptstadt. Insofern ist der immer wieder vorgetragenen Behauptung (Akademie für Raumforschung und Landesplanung, 1981; STORBECK, 1982; TREUNER, 1982; Raumordnungsberichte der Bundesregierung), daß die Raumordnung auf die großräumige Siedlungsstruktur nur sehr langfristig einwirken könne und hierbei eher konservierende als entwicklungsbestimmende Impulse zu setzen vermöge, sicherlich zuzustimmen. Vielleicht hat dies auch entscheidend dazu geführt, daß sich die Raumordnung neuerdings wieder stärker dem Umweltanliegen zuwendet. Geht es doch hier, vor allem beim Naturschutz und Bodenschutz, in starkem Maße um die Konservierung schutzwürdiger Naturräume. Insofern begrüßt der Rat diese inhaltliche Umorientierung der Raumordnung.

2156. Die Raumordnung hat im Laufe ihrer Geschichte somit schmerzhaft zur Kenntnis nehmen müssen, daß es kaum möglich ist, sich gegen die raumprägende Kraft ökonomischer Entwicklungstendenzen zu stemmen. Ob man die dieser Entwicklung angelastete Vernichtung oder Beeinträchtigung der Biotope, jedoch primär auf die Marktwirtschaft zurückführen kann, wie dies z. B. die Projektgruppe „Aktionsprogramm Ökologie" in ihrem Abschlußbericht zum Themenkomplex „Raumordnung und Ökologie" tut (Aktionsprogramm Ökologie, 1983), muß bezweifelt werden. Der Rat hat nämlich gerade in seinem Sondergutachten „Umweltprobleme der Landwirtschaft" (SRU, 1985) darauf aufmerksam gemacht, daß für den Artenrückgang vor allem die agrarische Entwicklung verantwortlich gemacht werden muß. Diese wurde und wird aber entscheidend durch politische Rahmenbedingungen (z. B. Preispolitik und Strukturpolitik) bestimmt. Ähnliches gilt auch für den siedlungsstrukturellen Verdichtungsprozeß, der über eine bedarfsorientierte Infrastrukturplanung, Subventionierung des öffentlichen Nahverkehrs und sozialen Wohnungsbaus, um nur einige wichtige Beispiele zu nennen, von der Politikseite her beschleunigt wurde. Damit wird aber deutlich, daß die Entwicklung der Flächennutzungsstruktur ganz entscheidend von politischen Rahmenbedingungen geprägt wird. Insofern vermag eine Änderung der politischen Rahmenbedingungen möglicherweise schneller als eine eher langfristig angelegte Raumordnungspolitik zugunsten der Naturschutz- und Bodenschutzpolitik zu wirken.

2157. Damit wird aber wiederum eine spezifische Problematik der Raumordnung, nämlich ihr hoher Zeitbedarf, sichtbar. Losgelöst von der Beantwortung der Frage, inwieweit die unterdurchschnittliche Berücksichtigung umweltpolitischer Belange im Güterabwägungsprozeß der Raumordnung auf Defizite in der Operationalisierung ökologischer Anliegen zurückzuführen ist, trifft zu, daß das Verfahren der Aufstellung, Verabschiedung und Umsetzung der Raumplanung immer schwieriger und langwieriger wird. So gingen Praktiker der Raumplanung Anfang der 80er Jahre von einem durchschnittlichen Zeitbedarf von 7 bis 10 Jahren aus (LOSSAU und SCHARMER, 1985), und inzwischen ist er wohl noch deutlich höher anzusetzen. Dies mindert den Wert der Raumordnung für die Umweltpolitik.

Dieser hohe Zeitbedarf verbindet sich mit einer geringen Durchsetzungskraft bzw. manchmal auch mit einem geringen Durchsetzungswillen. Dies beginnt bereits auf der Bundesebene, wo sich die Raumordnung weitgehend „als zusammenfassende Planungs- und Koordinationsaufgabe ohne eigene Durchsetzungskompetenz" präsentiert (ERNST, 1984). Gleichzeitig wird beklagt, daß potentielle Durchsetzungsmöglichkeiten häufig nicht genutzt werden. So bleibt nach Ansicht mancher Praktiker die Bemühung des zuständigen Raumordnungsministers, andere Ressorts auf die Richtlinien der Raumordnung zu verpflichten, hinter dem im § 4 ROG anklingenden Anspruch zurück, da keine formale Verpflichtung der anderen Ressorts auf ausreichende Information der Raumplanung besteht und der zuständige Minister die aus steten Abstimmungsaufforderungen resultierenden Konflikte scheut (ERNST, 1984). Des weiteren läßt sich, im Gegensatz zu anderen Fachpolitiken, mit den Themen der Raumordnung keine Öffentlichkeit zwecks Erzeugung eines politischen Drucks mobilisieren. Außerdem ist das Bundesraumordnungsprogramm, welches gegenüber dem Raumordnungsgesetz eine stärkere Betonung des Umweltanliegens vornimmt, für die Länder nicht verbindlich, und der Abstimmungsprozeß in der Ministerkonferenz läßt häufig nur einen Minimalkonsens zu (HOPPE und von ERBGUTH, 1984; KÜHL, 1984).

2158. Auch die Durchsetzungskraft der Landesplanung darf nicht überschätzt werden. Das liegt einmal an dem Tatbestand, daß die Pläne der Landesplanung sich zunächst nur an Behörden wenden und hierbei rechtliche Erzwingungsmittel weitgehend fehlen. In vielen Gesetzen, die für den Raum von Bedeutung sind, findet man zwar sog. Raumordnungsklauseln, die darauf hinweisen, daß die Ziele der Raumordnung und Landesplanung zu berücksichtigen oder zu beachten seien. Dies bleibt aber häufig ohne Konsequenzen. Einzig die Raumordnungsklausel des § 1 Abs. 4 BauGB geht darüber hinaus und verlangt eine Anpassung der kommunalen Planung. In Nordrhein-Westfalen kann die Landesregierung zusätzlich noch Planungsgebote aussprechen, d. h. von den Gemeinden verlangen, daß sie ihre Bauleitpläne entsprechend den Zielen der Raumordnung und Landesplanung aufstellen, wenn dies für die Landesentwicklung bzw. für die überörtliche Entwicklung von Bedeutung ist (NIEMEIER, 1982). Schließlich besteht unter bestimmten Bedingungen noch die Möglichkeit der Untersagung raumordnungswidriger Planungen und Maßnahmen. Darüber hinaus muß sich aber auch die Landesplanung, vor allem die Regionalplanung, des Mittels der Verhandlung, Unterrichtung und Beratung bedienen. Auf der Regionalplanungsebene heißt dies nach SCHMITZ (1984): „Achtzig bis neunzig Prozent der Planverwirklichung von Regionalplanung beruht auf Überzeugung und auf Überredung, nur ein gewisser Rest wird mit der ‚Rechtsverbindlichkeit' erstritten".

2159. Insofern vertritt auch der Rat die Auffassung, daß die Raumplanung hinsichtlich ihrer Effizienz als Vorsorgeinstrument der Umweltpolitik nicht überschätzt werden darf, ihr aber unter längerfristigen Aspekten eine wichtige komplementäre Bedeutung zukommt. Sie wird vor allem dann einen umweltpolitischen Beitrag leisten, wenn die unteren Gebietskörperschaften bzw. Planungsebenen (Regionalplanung und Stadtentwicklungsplanung) motiviert mitwirken und die aus falschen politischen Rahmenbedingungen resultierenden Verstärkungseffekte bei der Lebensraumvernichtung von Tieren und Pflanzen durch Korrektur der Fachpolitiken gemindert oder abgebaut werden.

2160. Gleichzeitig muß aber auch gewährleistet sein, daß die Raumplanung auf kommunaler Ebene jene Umweltaspekte berücksichtigt, die von überörtlicher Bedeutung sind. Insofern bedauert der Rat, daß bei der Novellierung des Baurechts tendenziell eine Abkopplung der kommunalen Planung von der überörtlichen Planung stattfand.

3.5 Umwelt, Freizeit und Fremdenverkehr[1]

3.5.1 Historische und jüngere Entwicklungen im Bereich Freizeit und Fremdenverkehr

2161. Freizeitaktivitäten als Oberbegriff aller touristischen, erholungs- und freizeitbezogenen räumlichen Aktivitäten stehen zueinander in einem gegenseitigen, wenn auch nicht gleichartigen Abhängigkeitsverhältnis. So können einerseits Vorhaben für den Freizeitbereich Konflikte mit Vertretern des Natur- und Umweltschutzes auslösen, andererseits führt die Ausweisung von Naturschutzgebieten oft zu einer Attraktivitätssteigerung und verstärkter touristischer Nachfrage.

2162. Alle Freizeitaktivitäten sind mit einer Beeinflussung und damit Veränderung der Natur verbunden. Größere ökologische Belastungen ergeben sich aber erst, wenn Tourismus bzw. Freizeitaktivitäten als Massenerscheinung auftreten. Dies wird nicht nur in der großen Zahl von Besuchern von Nationalparken, meist in Millionenstärke pro Jahr, oder ausgewählter Naturschutzgebiete deutlich, sondern auch in der häufigen Verwendung des Naturbegriffs in der touristischen Werbung.

2163. Erste mit Ortswechsel oder Naturerleben verbundene Freizeitaktivitäten sind schon aus dem Altertum bekannt, waren jedoch überwiegend gehobenen sozialen Schichten vorbehalten, so z. B. Sport und Spiel im antiken Griechenland. Im römischen Kaiserreich gab es sogar schon eine Art Tourismus. „Vom Strand der Toscana bis zum Golf von Salerno war damals die italienische Westküste ein Tummelplatz für Touristen. Marmorne Villen und luxuriöse Hotels nahmen Gäste auf. Griechenland, Rhodos, Kleinasien und Ägypten waren bevorzugte Ziele für Erholungsreisen. Es gab feste Schiffsverbindungen, Reisebüros, Wechselstuben und Festivals; ja sogar das museale Interesse, das für unseren modernen Tourismus bezeichnend ist, machte sich damals schon geltend" (FRIEDLÄNDER, in ENZENSBERGER, 1987). Auch Thermalkuren, Höhenkuraufenthalte sowie Sommer- und Zweitwohnsitze zur Erholung waren den Römern bekannt. Diese Freizeitaktivitäten erreichten freilich nur bescheidene Ausmaße, zeigten aber schon die Tendenz zur räumlichen Konzentration.

2164. Aus dem klimatisch weniger begünstigten Mitteleuropa sind solche frühen Freizeitaktivitäten kaum bekannt. Reisen galt jahrhundertelang als eine widerwärtige, mit allerlei Gefahren und Unfällen verbundene Plackerei. Nicht einer von Tausend verließ seinen Wohnort nur um des Vergnügens willen, ein anderes Land zu sehen (KRIPPENDORF, 1986). Reisen wurden hauptsächlich aus wirtschaftlichen, politischen, religiösen oder militärischen Gründen unternommen. Natur als Lebensgenuß wurde erst im 14. Jahrhundert von dem italienischen Dichter Francesco Petrarca entdeckt, als er mit seinem Bruder den 1900 m hohen Mont Ventoux bestieg. Petrarca ist der erste bekannte Mensch des Mittelalters gewesen, der die Bergbesteigung aus bloßer Neugier und zum eigenen Vergnügen unternommen hat. Er überwand die jahrhundertelang empfundene „Scheußlichkeit der Alpen" und wurde zum geistigen Begründer des modernen Alpinismus. Vier Jahrhunderte später hat sich schließlich die Alpenbesteigung zum „Erholungs- und Pilgerfahrtziel der modernen europäischen Welt" entwickelt, wie Horace Benedicte de Saussure (1740 bis 1799), der Erstbesteiger des Montblanc, die neue europäische Massenbewegung umschrieb (OPASCHOWSKI, 1985). Aus naturwissenschaftlichem Interesse einerseits und der Romantik andererseits entstand schließlich Anfang des 20. Jahrhunderts der Vorläufer des heutigen alpinen Massentourismus.

Eine vergleichbare Entwicklung zeigte sich Ende des 18. und im 19. Jahrhundert in den Badeaufenthalten und Bildungsreisen der Aristokratie und des gehobenen Bürgertums, die eine richtungsweisende Wirkung ausübten. In der Folge entwickelte sich an den Küsten, insbesondere in den englischen, belgischen, niederländischen und auch deutschen Seebädern, ein erster Massentourismus (z. B. Ostende, Plymouth, Travemünde).

2165. Die mit der industriellen Entwicklung einhergehende Materialisierung und Ökonomisierung der Natur findet auch im Freizeitverhalten Ausdruck, geht es doch bei der ersten touristischen Massenbewegung darum, die Natur zu bewältigen und möglichst großen (Erholungs-)Nutzen aus ihr zu ziehen.

2166. In den 60er und 70er Jahren dieses Jahrhunderts erlebte der Tourismus einen sehr großen Aufschwung, der trotz kurzfristiger Stagnation in den 80er Jahren ungebrochen ist (vgl. Tab. 3.5.1). Gründe für diese Entwicklung liegen einerseits in den gestiegenen Einkommen, verbunden mit zunehmenden Ausgaben für Freizeit und Erholung (vgl. Tab. 3.5.2). Eine wichtige Rolle spielt auch die anhaltende Verstädterung; der Anteil der städtischen Bevölkerung am Urlaubs- und Naherholungsverkehr ist prozentual höher als die Beteiligung der ländlichen Bevölkerung. Ursachen hierfür sind u. a. die Lebensverhältnisse in den Städten, wie z. B. fehlende Naturnähe, höherer Streß, Umweltbelastungen, insbesondere Lärm, monotone Siedlungs- und Industriegebiete, aber auch durchschnittlich höhere Einkommen als in den ländlichen Gebieten. Die starke Zunahme der privaten Motorisierung ermöglichte eine hohe Mobilität und schaffte vielfach erst die Möglichkeit für Ausflüge und

---

[1] Dieses Kapitel stützt sich weitgehend auf ein externes Gutachten von Prof. Dr. J. Maier und Mitarbeiter: „Wechselwirkungen zwischen Freizeit, Tourismus und Umweltmedien — Analyse der Zusammenhänge."

Tabelle 3.5.1
Freizeitaufwendungen im langfristigen Trend
monatliche Ausgaben je Haushalt in DM

Jahr	Haushaltstyp I		Haushaltstyp II		Haushaltstyp III	
	Urlaub	Freizeit insgesamt	Urlaub	Freizeit insgesamt	Urlaub	Freizeit insgesamt
1965	3,56	21,07	23,15	94,05	71,30	233,51
1970	7,31	35,12	33,18	134,42	100,65	301,52
1975	20,27	63,95	84,11	283,08	163,19	502,61
1980	31,94	106,86	130,13	405,66	260,97	737,33
1981	31,62	112,00	130,08	422,89	267,67	756,70
1982	35,39	122,53	123,28	428,48	270,77	765,20
1983	47,00	141,00	115,00	438,00	281,00	807,00
1984	45,93	140,13	134,29	453,88	284,23	805,75
Zunahme im Jahresdurchschnitt 1984/85 in Prozent	+14,4	+10,4	+8,8	+8,6	+7,5	+6,7

Haushaltstypen: I = 2-Personen-Haushalt von Rentnern und Sozialhilfeempfängern mit geringem Einkommen
II = 4-Personen-Haushalt mit mittlerem Einkommen
III = 4-Personen-Haushalt von Beamten und Angestellten mit höherem Einkommen
Quelle: Gruner und Jahr, 1986

Reisen. Für 80 % aller Urlaubs- und Ausflugsfahrten wird heute ein Kraftfahrzeug benutzt; motorisierte Haushalte unternehmen doppelt so viele Ausflüge wie Haushalte ohne Auto (vgl. KRIPPENDORF, 1984). Erst in den letzten Jahren — auch verbunden mit einem wachsenden Umweltbewußtsein — stieg die Zahl der Ausflüge mit dem Rad oder zu Fuß bzw. unter Einbeziehung öffentlicher Verkehrsmittel wieder. Diese Entwicklung drückt sich auch im Bau von Radwegen oder in der Anlage von Radwegenetzen aus, wie z. B. flächendeckend im Regierungsbezirk Oberfranken.

2167. Eine weitere wichtige Voraussetzung für die Entwicklung des Freizeit- und Urlaubsreiseverkehrs ist auch die Verkürzung der Arbeitszeit bzw. die Zunahme der Freizeit. Die 5-Tage- bzw. die 40-Stunden-Woche in Verbindung mit dem in der Regel schulfreien Samstag ließen die Wochenendausflüge und den Kurzurlaub stark ansteigen. Die durchschnittliche Verdoppelung der Urlaubstage in den letzten 25 Jahren ermöglichte einen Zweiturlaub, in der Regel den Winterurlaub.

Tabelle 3.5.2
Anteil der Freizeitausgaben am ausgabefähigen Einkommen
in %

Jahr	Haushaltstyp II *)	Haushaltstyp III **)
1965	9,5	11,9
1970	10,7	12,7
1975	12,9	13,2
1980	13,6	14,8
1983	12,6	13,6
1984	13,1	13,4
Das entspricht pro Haushalt	454 DM	806 DM

*) 4-Personen-Arbeitnehmer-Haushalt mit mittlerem Einkommen
**) 4-Personen-Haushalt von Beamten und Angestellten mit höherem Einkommen
Quelle: MAIER et al., 1987

2168. Sportliche Aktivitäten einschließlich Radfahren, Jogging und Wandern haben eine wichtige Rolle in der Gesellschaft erlangt. Werte wie Leistungsbereitschaft, Aktivität, Selbstbewußtsein, Mobilität, aber auch Jung-Sein werden allgemein als positiv angesehen. Sie werden häufig mit dem Sport in Verbindung gebracht, dessen wachsende Bedeutung auch durch das zunehmende Gesundheitsbewußtsein gefördert wurde. Die Trimm-Dich-Welle führte zu einer Teilnahme breiter Bevölkerungskreise am Wandern, Laufen, Radfahren oder Skilanglauf (vgl. Tab. 3.5.3 und 3.5.4). Auch der steigende Bildungsgrad der Bevölkerung fördert die Beteiligung an Tourismus und Freizeitaktivitäten. Dabei spielt eine Rolle, daß Absolventen höherer Schulen intensiver an sportliche Betätigung herangeführt werden und zudem mehr Zeit für

Sport übrig haben als gleichaltrige Auszubildende. Diese in der Jugend herausgebildeten Verhaltensweisen werden auch nach der Schulzeit beibehalten (vgl. Gruner und Jahr, 1986). Ein weiterer Antrieb ist der immer stärkere Wunsch nach Naturnähe.

2169. Zusammenfassend kann festgestellt werden, daß — bedingt durch die Veränderung gesellschaftli-

Tabelle 3.5.3

Freizeitaktivitäten

Machen Sie etwas von dieser Liste hier öfter in ihrer Freizeit, wenn es von der Jahreszeit her möglich ist?	Bevölkerung insgesamt (ab 14 Jahre) %	Männer %	Frauen %
Schwimmen	47	47	48
Schallplatten, Musikcassetten hören	45	46	45
Wandern	39	37	40
Kegeln, Bowling	23	26	20
Turnen, Gymnastik	13	5	21
Jogging, Wald- oder Geländelauf	12	16	9
Sportliches Radfahren	12	12	13
Camping, Caravaning	11	13	9
Musizieren, Musikinstrumente spielen	11	9	12
Ski-Langlauf	11	11	10
Ski-Abfahrtslauf	10	12	9
Minigolf-Spielen	10	11	9
Tischtennis	10	14	6
Tanzsport	10	7	12
Federball, Badminton spielen	9	8	11
Fußball spielen	9	19	1
Malen, Zeichnen	9	6	11
Eislaufen	8	7	9
Tennis	8	10	6
Bergsteigen	7	7	6
Angeln, Fischen	6	12	2
Modellieren, Werken, Töpfern, Emaillieren	6	4	8
Motorsport mit Auto oder Motorrad	4	7	2
Volleyball	4	5	4
Aerobic	4	1	6
Squash	3	4	3
Reiten	3	2	4
Bodybuilding	3	4	2
Surfen	3	4	2
Segeln	2	3	1
Tauchen	2	3	1
Insgesamt	358	378	344

Quelle: Gruner und Jahr, 1986

Tabelle 3.5.4

Prognose der Zuwachsraten für Freizeitaktivitäten bis 1990

Sportarten	Stand 1980	Zuwachsrate bis 1990	Stand 1990 (Ausübende)
Radfahren	18 Mio	6 %	19,1 Mio
Wandern	20,7 Mio	15 %	23,8 Mio
Ski alpin	3,42 Mio	32,7 %	4,54 Mio
Skilanglauf	2,99 Mio	28,8 %	3,85 Mio
Reiten	2,34 Mio	48,7 %	3,48 Mio
Segeln	3,0 Mio	26,2 %	3,9 Mio
Surfen	2,4 Mio	52,5 %	3,6 Mio

Quelle: LOCHNER, 1983

cher Rahmenbedingungen einerseits und einen individuellen Wertewandel andererseits — der Freizeit eine immer größere Bedeutung zukommt. Trotz sich verändernder Freizeitaktivitäten zeigt das Freizeitverhalten eine relative Konstanz, so daß sich hieraus nicht nur eine Reihe von Wechselwirkungen, sondern auch Konflikte zwischen Mensch und Natur ergeben.

3.5.2 Belastungen der Umwelt durch Freizeitaktivitäten und Fremdenverkehr

3.5.2.1 Einführung

2170. Die freie, nicht durch Bauwerke beanspruchte Landschaft hat für Erholungs- und Freizeitaktivitäten vor allem der städtischen Bevölkerung und damit für deren Wohlbefinden eine große Bedeutung erlangt. Dabei dient die Landschaft oft nur als „Kulisse" für Freizeitaktivitäten wie Wandern, Radfahren, Reiten, Skilanglauf. Diese sind daher keine primären Nutzungen, sondern beziehen vorhandene Nutzungen und dafür geschaffene Einrichtungen, insbesondere land- und forstwirtschaftliche Wege ein. Für solche Aktivitäten werden abwechslungsreiche Landschaften mit häufigen Übergängen zwischen Wald, Feldern, Wiesen und Weiden sowie naturbetonten Landschaftsbestandteilen, vor allem Gewässern, bevorzugt, die gut erschlossen, mehr oder weniger gepflegt und keineswegs unbesiedelt sein sollen. Große geschlossene Waldgebiete oder ausgedehnte, eintönige, intensiv genutzte Landwirtschaftsgebiete, insbesondere im Flachland, werden wenig geschätzt.

2171. Im Vergleich zu dieser „Kulissen-Bedeutung" der Landschaft für die genannten Freizeit- und Erholungsaktivitäten ist der direkte Flächenanspruch für Freizeit und Erholung, der andere Nutzungen ausschließt, z. B. für Zelt- und Wohnwagenplätze, Sportanlagen, Liegewiesen u. a. m., vergleichsweise gering. Er wurde für 1981 auf knapp 130 000 ha geschätzt (BML, 1986), freilich mit zunehmender Tendenz. Auch für diese Erholungs- und Freizeitflächen wird oft eine Lage in einer abwechslungsreichen, naturbetonten Landschaft gesucht, d. h. der „Kulissen-Effekt" spielt auch hier eine wichtige Rolle.

3.5.2.2 Zur Ermittlung von Belastungen und Belastungsgrenzen

2172. Der heutige Tourismus läßt sich im wesentlichen durch folgende Belastungen kennzeichnen:

— Urbanisierung der für die Freizeitnutzung als besonders attraktiv angesehenen Kultur- und Naturräume, beispielsweise durch den Aus- oder Neubau von Fremdenverkehrsorten, Ferienzentren und Freizeitwohnsitzen,

— teilweise regional und lokal erhebliche Versiegelung der Landschaft durch Wege- und Straßenbau,

— „Möblierung" der Landschaft mit Freizeiteinrichtungen aller Art.

2173. Auch im Freizeitbereich ist es nicht möglich, allgemeingültige Belastungswerte und Belastungsgrenzen zu ermitteln (vgl. Abschn. 1.1.3 und Kap. 3.1). Nach MAIER et al. (1987) müssen bei der Beurteilung der Belastbarkeit von Natur und Landschaft durch Freizeitaktivitäten innerregionale und lokale Faktoren und die spezifischen Aktivitäten der Gäste und der Bevölkerung kleinräumig berücksichtigt werden. Statt der alleinigen Feststellung einer maximalen Belastbarkeit eines Skigebietes mit 50 Personen pro ha, wie etwa in Schweizer Teilleitbild Landschaftsschutz vorgegeben, müssen ortsspezifische Standortfaktoren, wie Pistenlänge, Hangneigung, Engpässe usw., die Kapazität der Liftanlagen, das Vorhandensein von Konkurrenzeinrichtungen in der gleichen und den Nachbargemeinden sowie die Art und die Leistungsfähigkeit der Skifahrer in die Belastungsberechnung einbezogen werden. Dabei lassen sich neben den technischen und ökonomischen Daten über Befragungen auch Motivationen der Gäste ermitteln.

2174. Ein weit schwierigeres und bislang nur ansatzweise gelöstes Problem liegt in der Feststellung der Belastung von Natur und Landschaft; hier fehlt es an umfassenden Studien mit entsprechenden Wertungen. Die bevorstehende Einführung der Umweltverträglichkeitsprüfung (Abschn. 1.3.3; SRU, 1987), in die nach Auffassung des Rates auch größere Freizeiteinrichtungen einbezogen werden sollten, setzt solche Untersuchungen voraus. Die Umweltverträglichkeitsprüfung mündet auch in eine Entscheidung über die Prioritätensetzung zwischen konkurrierenden Flächennutzungen, etwa zwischen Naturschutz und Landschaftspflege, Land- und Forstwirtschaft, Jagd, Fremdenverkehr oder Freizeitwohnsitzen.

2175. Belastungen durch Freizeitaktivitäten werden von den verschiedenen sozialen Schichten und Gruppen unterschiedlich wahrgenommen und gewertet. So wird der Bau einer Skipiste von den Anhängern des Pistenskilaufs nicht als Beeinträchtigung der Landschaft, sondern als Vorteil angesehen, da damit diese Sportart noch besser ausgeübt werden kann. Der Sommertourist dagegen wird Skipisten und Schlepplifte als Belastung des Landschaftsbildes empfinden.

3.5.2.3 Belastungen von Natur und Landschaft durch bauliche Entwicklungen

Allgemeine Siedlungsentwicklung

2176. Viele Fremdenverkehrsorte sind durch eine starke Bautätigkeit gekennzeichnet. Nach einer Untersuchung von DANZ et al. (1978) nahm die Zahl der Wohngebäude bereits von 1968 bis 1972 in attraktiven Fremdenverkehrsorten wie Oberammergau um 13,7 %, in Immenstaad am Bodensee um 24,5 %, in der Gemeinde Feldberg im Schwarzwald um 32,3 % oder in Timmendorfer Strand um 21,2 % zu. Die neuere Bebauung führt häufig zu einer grundsätzlichen Veränderung der Siedlungsstruktur und damit auch zu einer Beeinträchtigung des Orts- und Landschaftsbildes. Diese reicht von einer hohen Verdichtung und Verstädterung der Ortskerne bis zu einer weitgehenden Zersiedelung oder „Verhüttelung" der Landschaft oder zu teilweise maßstabslosen, uniformen Großsiedlungen in der freien Landschaft, z. B. an der Ostseeküste. Die Siedlungsdichte in vielen Fremdenverkehrsorten ist mit der von Verdichtungsräumen vergleichbar. So betrug die Siedlungsdichte (Einwohner und Fremdenbetten je ha Siedlungsfläche) bereits 1972 in Garmisch-Partenkirchen 46,8, in Mittenwald 34,3 und in Oberammergau 30,8, im Landkreis München dagegen 28,7. Außerdem wurde in vielen Fällen nicht oder nur wenig landschaftsbezogen gebaut.

Ein weiteres Problem liegt im begrenzten Vorhandensein besiedelbarer Fläche im Alpenraum. In zahlreichen attraktiven Alpentälern beträgt der Anteil der besiedelten an der besiedelbaren Fläche schon fast 70 %. Das Vordringen der Besiedlung schränkt nicht zuletzt auch die landwirtschaftliche Nutzung ein. Vor allem die ertragreichen Tallagen fallen der Siedlungstätigkeit zum Opfer.

2177. Durch die Vergrößerung der Fremdenverkehrsgemeinden entstehen auch schwerwiegende Ver- und Entsorgungsprobleme. So ist z. B. auf einigen ostfriesischen Inseln die Trinkwasserversorgung äußerst problematisch geworden. Infolge starker Steigerung der Übernachtungen muß übermäßig viel Wasser aus den Süßwasserlinsen unter dem Dünengürtel entnommen werden, die die einzige Wasserversorgungsmöglichkeit darstellen, soweit nicht bereits Wasser vom Festland bezogen wird. Vielfach können die Niederschläge die Entnahmen nicht mehr ausgleichen. Das Absinken des Grundwasserspiegels führt zu einer Verdrängung von Süßwasser durch Salzwasser, die auch im Hinblick auf die Vegetation der Dünentäler kritisch zu beurteilen ist. Untersuchungen an Pflanzengesellschaften der Dünentäler belegen z. B. für Norderney und Borkum eine Koinzidenz zwischen Grundwasserentnahme und Vegetationsstörung (vgl. SRU, 1980, Tz. 952 ff.).

2178. Auch die Abwasserproblematik stellt sich heute in vielen hochentwickelten Fremdenverkehrsorten als ungelöst dar. Nachdem die Sammelgruben die Abwasserfracht nicht mehr bewältigen konnten, wurden in vielen Gemeinden zwar Ortssammler gebaut; aus den Sammelkanälen fließen die Abwässer jedoch größtenteils noch ungeklärt in Bäche oder Flüsse und verschlechtern deren Gewässergüte zum Teil erheblich. Eine hohe Belastung tritt vor allem in den Wintersportgebieten auf, wenn niedrige Wasserführung der Flüsse mit starker Belastung durch den Winterfremdenverkehr einhergeht.

2179. Mit der intensiven Bautätigkeit und der damit verbundenen Erhöhung des Bettenangebots werden auch weitere touristische Einrichtungen geschaffen oder ausgebaut, die zusätzliche Flächen beanspruchen und belasten, z. B. Schwimmbäder, Kurzentren, Sportstätten usw. Außerdem nimmt auch der Verkehr zu und erfordert den Bau leistungsfähiger Straßen, Ortsdurchfahrten und Umgehungsstraßen. Das bedeutet einen weiteren Verlust an Kulturland und naturnahen Flächen.

Freizeitwohnsitze

2180. Ein besonderes Beispiel für zunehmende Flächenansprüche stellen die Freizeitwohnsitze dar, die allerdings schwierig zu erfassen sind. Seit der im Jahr 1968 durchgeführten Wohnungs- und Gebäudezählung, die allein für Bayern ca. 43 000 Zweithäuser und 144 000 Zweitwohnungen ergab, liegt keine neue bundesweite Erfassung vor. Heute rechnet man mit 7—15 % der Haushalte, die als Nachfrager auftreten können. Regionale Konzentrationen von Freizeitwohnsitzen finden sich an den Meeresküsten, in den Alpen und in den Mittelgebirgen.

2181. Freizeitwohnsitze werden besonders häufig an Ortsrändern und in ortsfernen Lagen errichtet, wobei Gewässerufer und Hanglagen bevorzugt werden. Dadurch gehen wertvolle Flächen verloren. Die Erschließung durch Zufahrtswege und die Entsorgung der Abwässer verursachen weitere ökologische Belastungen. Außerdem beeinträchtigen Freizeitwohnsitze häufig auch das Landschaftsbild.

Feriengroßanlagen

2182. Im Frühjahr 1984 existierten in der Bundesrepublik Deutschland 137 Feriengroßanlagen, sog. Feriengroßprojekte, mit mehr als 30 000 Wohneinheiten und ca. 120 000 Betten, von denen 21 700 Wohneinheiten mit ca. 87 000 Betten für touristische Zwecke zur Verfügung standen. Das entspricht 5,4 % der Kapazität in den Beherbergungsbetrieben der Bundesrepublik Deutschland (vgl. BECKER, 1984). Die regionale Verteilung innerhalb der Bundesrepublik Deutschland geht aus Abbildung 3.5.1 hervor, der auch die Untergliederung der Anlagen zu entnehmen ist.

— Die Anlagen liegen ganz überwiegend in den Mittelgebirgen und an der Küste.

— Die großen Anlagen häufen sich im grenznahen Bereich zur DDR und CSSR, und hier besonders an der Ostsee und im Harz. Diese Projekte wurden in der überwiegenden Mehrzahl zwischen 1969 und 1973 errichtet. Dort befinden sich alle Ferienzentren (laut BECKER mindestens 300 Wohneinheiten mit mindestens 1 000 Betten sowie mehrstöckige, kompakte Baumassen mit geringer baulicher Gliederung), jedoch kaum Feriendörfer (ein- bis zweistöckige Einzel- und Doppelhäuser mit mindestens 35 Wohneinheiten und mindestens 200 Betten).

— In den übrigen Mittelgebirgen liegen viele kleine und mittelgroße Anlagen, so besonders in Hessen und Rheinland-Pfalz.

2183. Auch die Feriengroßanlagen werden — vergleichbar den Freizeitwohnsitzen — oft in ortsfernen, besonders reizvollen Lagen, wie z. B. auf Bergkuppen mit guter Fernsicht, an Gewässern, Waldrändern oder an Hängen gebaut und verursachen erhebliche Belastungen von Natur und Landschaft. Weiterhin müssen indirekte Auswirkungen von Großprojekten berücksichtigt werden. Sie lösen Folgemaßnahmen im Bereich der Wasserversorgung, Abwasserbeseitigung, Energieversorgung, Straßenbau usw. aus.

Campingplätze

2184. Die Zahl der Campingplätze in der Bundesrepublik Deutschland liegt zwischen 2 000 und 3 000 und hat eine steigende Tendenz. Die genaue Zahl ist kaum ermittelbar, da ein nicht unerheblicher Teil der Campingplätze nicht gemeldet und somit offiziell nicht registriert wird. Obwohl nach FRITZ (1977) „nur" 0,05 % der Landesfläche durch Campingplätze beansprucht werden, kann es regional zu erheblichen Problemen kommen. Die überwiegende Zahl der Campingplätze liegt in landschaftlich sehr reizvollen Gebieten. Nach einer Untersuchung der Bundesforschungsanstalt für Naturschutz und Landschaftsökologie (BFANL) haben mindestens 73 % der Campingplätze eine Beziehung zu einem Gewässer. In dieser Untersuchung wurde festgestellt, daß der durchschnittliche Abstand von Campingplatz zu Campingplatz an der Ostseeküste nur 2,7 km beträgt (im Abschnitt Großenbrode–Grömitz nur 0,9 km). Auch an Binnengewässern ist der Abstand der Campingplätze außerordentlich gering, so z. B. am Dümmer 0,7 km, an der Rur in der Eifel 1,3 km oder am Neckar 2,9 km. Diese Massierung führt zu einer Verknappung der Erholungsflächen; der Zugang zur Meeresküste bzw. zu See- oder Flußufern wird in manchen Gebieten für die Allgemeinheit dadurch nicht unerheblich eingeschränkt. Dies gilt insbesondere für die Dauercamper, die vor allem auf Campingplätzen in der Nähe von Verdichtungsräumen 75 % und mehr der Stellplätze besetzen (vgl. HAGEL et al., 1982).

2185. Auswertungen von Wettbewerben um vorbildliche Campingplätze in Nordrhein-Westfalen haben folgende Belastungen aufgezeigt (vgl. SCHEMEL, 1984; WAGENFELD et al., 1978):

— 90 % der Plätze wiesen einen Standort direkt am Wasser auf,

— 70 % der Plätze besaßen keine freien Zugänge zu den Gewässern für die Allgemeinheit,

— 64 % der Plätze hatten keine landschaftsgerechte Bepflanzung,

BUNDESREPUBLIK DEUTSCHLAND

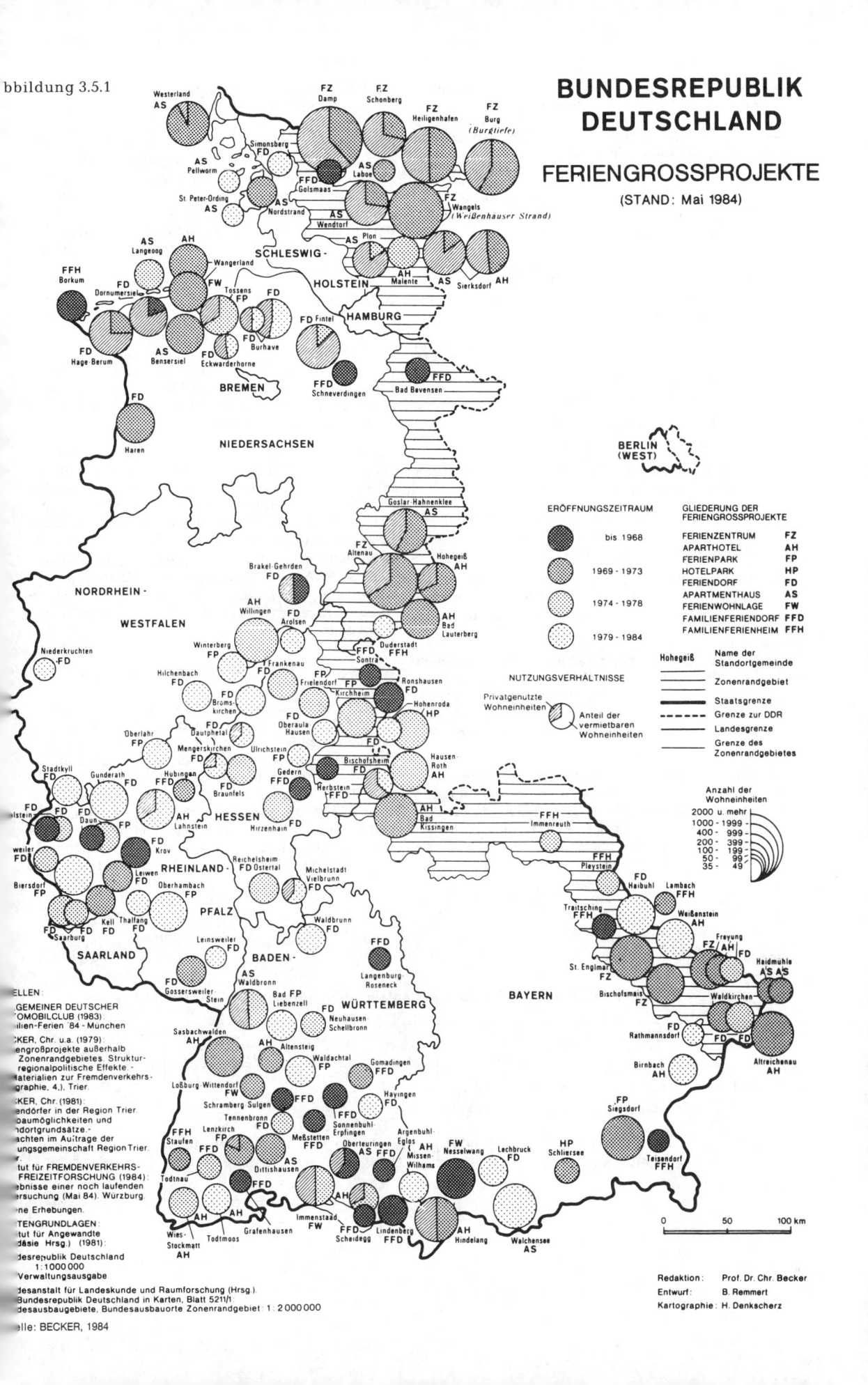

FERIENGROSSPROJEKTE
(STAND: Mai 1984)

ERÖFFNUNGSZEITRAUM
- bis 1968
- 1969 – 1973
- 1974 – 1978
- 1979 – 1984

GLIEDERUNG DER FERIENGROSSPROJEKTE
- FERIENZENTRUM — FZ
- APARTHOTEL — AH
- FERIENPARK — FP
- HOTELPARK — HP
- FERIENDORF — FD
- APARTMENTHAUS — AS
- FERIENWOHNLAGE — FW
- FAMILIENFERIENDORF — FFD
- FAMILIENFERIENHEIM — FFH

Hohegeiß — Name der Standortgemeinde

- Zonenrandgebiet
- Staatsgrenze
- Grenze zur DDR
- Landesgrenze
- Grenze des Zonenrandgebietes

NUTZUNGSVERHÄLTNISSE
Privatgenutzte Wohneinheiten / Anteil der vermietbaren Wohneinheiten

Anzahl der Wohneinheiten
- 2000 u. mehr
- 1000 – 1999
- 400 – 999
- 200 – 399
- 100 – 199
- 50 – 99
- 35 – 49

Abbildung 3.5.1

Redaktion: Prof. Dr. Chr. Becker
Entwurf: B. Remmert
Kartographie: H. Denkscherz

Quelle: BECKER, 1984

— über 30 % der Plätze waren nicht ausreichend bzw. nicht in die Landschaft integriert,

— 45 % der Plätze wiesen eine nicht ausreichende bzw. schlechte Abfallbeseitigung auf,

— fast die Hälfte der Plätze (48 %) berücksichtigte nicht die wasserwirtschaftlichen Belange, d. h. die Anlage lag in einem Überschwemmungsgebiet oder in einem Wasserschutzgebiet,

— bei 26 % der Plätze versickerte das Schmutzwasser ohne jede Aufbereitung, bei 40 % der Anlagen bestanden mehr oder weniger gravierende Mängel in der Abwasserbeseitigung,

— bei 50 % der Plätze war eine Rahmenbepflanzung nur angedeutet, und bei 22 % fehlte sie; auf 79 % der Anlagen befanden sich keine bzw. nicht ausreichende Zwischenbepflanzungen,

— 50 % der Plätze zeigten deutliche Übergänge zu einer Schrebergartenanlage.

So sind zusammenfassend nach SCHEMEL (1984) vier große Konfliktbereiche feststellbar:

a) Die Campingplätze beanspruchen besonders attraktive Landschaftsteile (z. B. Uferbereiche) und entziehen sie häufig dem öffentlichen Zugang.

b) Das Landschaftsbild wird durch das Abstellen von Wohnwagen und die Errichtung weiterer baulicher Anlagen verändert und verliert dadurch an Naturnähe.

c) Die Umwelt wird beeinträchtigt durch Abwasser, Müll, Abgase und Lärm (Einleitung mangelhaft geklärter Abwässer ins Grundwasser oder in Oberflächengewässer, wilde Müllablagerung sowie Lärm und Luftverunreinigung durch Kfz- und Bootsverkehr).

d) Durch Flächenbeanspruchung und Nachbarschaftswirkung kommt es zu einer Beunruhigung oder Vertreibung seltener Tierarten sowie zur Verdrängung empfindlicher Pflanzengesellschaften infolge Bodenverdichtung, Entwässerung, Eutrophierung oder mechanischer Beschädigung.

3.5.2.4 Belastungen von Natur und Landschaft durch Freizeitaktivitäten

2186. In den folgenden Ausführungen stehen die Belastungen von Natur und Landschaft durch solche Freizeitaktivitäten im Vordergrund, die in der freien Natur ausgeübt werden, meist sportlicher Art sind und eine große Verbreitung gefunden haben. Vor allem der massenhaften und oft organisierten Ausübung kommt eine besondere Bedeutung zu. Auf andere, zwar ebenfalls auf die Nutzung der freien Landschaft angewiesene, aber nicht oder weniger sportbezogene Aktivitäten, wie z. B. der typische Wochenendausflug mit Lagern und Spielen oder das Picknick und Grillen im Freien an möglichst ruhigen und versteckten Plätzen, wird nicht näher eingegangen. Allerdings sei auf die damit verbundenen möglichen und tatsächlichen Belastungen von Natur und Landschaft, z. B. auch durch Zurücklassen von Abfällen und durch Lärm, ausdrücklich hingewiesen.

Viele, meist sportbezogene Freizeitaktivitäten (Tab. 3.5.3) finden in speziell für ihre Ausübung vorgesehenen Einrichtungen statt (z. B. Schwimmbäder, Sporthallen, Sportplätze). Sie können im Hinblick auf die Belastung der freien Landschaft insoweit außer Betracht bleiben, wie diese Anlagen im besiedelten Bereich liegen. Auf die mit diesen, nicht landschaftsbezogenen Aktivitäten verbundenen Belastungen des Menschen durch Lärm und verkehrsbedingte Luftverunreinigungen wird in den Kapiteln 2.6 und 3.3 näher eingegangen.

Wintersport

2187. Der Wintersport, insbesondere der Alpinskilauf, zählt zu den Freizeitaktivitäten, die mit die größten Landschaftsbelastungen verursachen. Die Skipisten und die dazugehörigen Aufstiegshilfen benötigen eine beträchtliche Landschaftsfläche (s. Tab. 3.5.5), zusätzlich werden weitere Flächen beansprucht, z. B. für Straßen, Parkplätze, Seilbahnstationen, die oftmals erst gebaut werden müssen, um die neuen Skigebiete zu erschließen. Bei der Anlage von Skipisten und dem Bau von Seilbahnen erforderliche

Tabelle 3.5.5

Anzahl und Kapazität der Transportanlagen und Skipisten im Berggebiet

Transportanlagen	Österreich (1983)	Schweiz (1983)	Bayern (1980/83) nur Alpenraum
Anzahl der Seilbahnen und Skilifte	4 000	1 770	915
Kapazität der Anlagen in Personenhöhenkilometer/Stunde	547 Mio	335 Mio	130 Mio
Beförderungsmöglichkeit der Anlagen/Stunde	2,4 Mio Personen	1,1 Mio Personen	
Fläche der Skipisten	200 km²	100 km²	10 km²
in % der Fläche	0,6 % (Tirol)	0,3 % des Berggebietes	0,3 % des Berggebietes

Quelle: MAIER et al., 1987

Rodungen und Erdbewegungen können zu nachhaltigen Beeinträchtigungen von Naturhaushalt und Landschaftsbild führen. Daneben treten weitere Belastungen auf, insbesondere Bodenverdichtungen und Zerstörung der Vegetationsdecke durch die Skipistenplanierungen und -präparierungen sowie durch den hohen mechanischen Druck der Pistenfahrzeuge und der Skifahrer. Die größten Belastungen sind zu Beginn und gegen Ende der Wintersaison festzustellen, wenn die Schneedecke besonders dünn ist.

2188. Die Veränderung von Vegetation und Böden durch den Skipistenbau wirkt sich nachhaltig auf den Wasserhaushalt aus. Die Speicherkapazität der planierten Böden ist etwa 2- bis 10mal bzw. um 100 bis 180 mm geringer als die der naturbelassenen Böden. Bei einer Rodung geht zudem auch das Wasserspeichervermögen des Waldes verloren (vgl. Tz. 924 ff.; MOSIMANN, 1986). Es kommt zu vermehrtem Wasserabfluß und zu Erosionserscheinungen. Dadurch geht die Schutzfunktion des Waldes für die Täler und damit für die Siedlungsgebiete verloren.

2189. Durch Wiederbegrünung der planierten Pisten versucht man diese Belastungen zu mildern, wobei allerdings nicht immer standortgemäße Arten verwendet werden. Auch sind die Schädigungen des Wasserhaushaltes dadurch nur schwer und oftmals nur unzureichend wiedergutzumachen. Außerdem nimmt der Deckungsgrad der Vegetation auf den rekultivierten Flächen mit zunehmender Meereshöhe ab, so daß durch Wiederbegrünung eine ursprüngliche Vegetationsdecke insbesondere in den Hochlagen nicht ersetzt werden kann. Nach DANZ (1983) wird ab etwa 1 400 Meter über NN eine funktionsfähige Wiederbegrünung durch Ansaat problematisch und ab 1 600 Meter über NN fast aussichtslos. Dennoch ist der Trend festzustellen, durch Erschließung der Hochlagen die Schneesicherheit zu erhöhen und somit die Saison zu verlängern.

2190. Eine weitere Belastung wird durch Chemikalien wie Natriumchlorid, Kalziumchlorid und Ammoniumsulfat (Schneezement und Schneefestiger) bewirkt, mit deren Hilfe Pisten und vereiste Stellen präpariert werden. Dadurch kommt es zu einer Salzanreicherung sowie zu einer Belastung der Gewässer. Da zahlreiche Skigebiete auch Trinkwassereinzugsgebiete sind, wird die heute in vielen Wintersportorten ohnehin schon angespannte Versorgung mit Trinkwasser noch weiter verschärft. Durch das Überangebot an Stickstoff werden empfindliche Pflanzen zurückgedrängt und widerstandsfähigere Gräser gefördert, außerdem wird das Eintreten der Winterruhe der Pflanzen verzögert und ihre Frostresistenz vermindert (vgl. SCHADLBAUER, 1980). Wegen der Verfestigung der präparierten Schneedecke kommt es zu einer späteren Ausaperung im Frühjahr und damit zu einem Wachstumsrückstand. Es wird geschätzt, daß durch den Skibetrieb und die Pistenpräparierung die almwirtschaftlichen Erträge auf den betreffenden Flächen um 15 bis 25 % vermindert werden und außerdem auch Qualitätseinbußen erfolgen.

2191. Massiv sind oft auch die optischen Landschaftsveränderungen: künstliche Waldschneisen, Lawinenverbauungen, Liftmasten, plattgewalzte Abfahrttrassen und Gebäudekomplexe machen aus dem einst intakten natürlichen alpinen Lebensraum eine von Menschenhand geschaffene „Skisport-Landschaft", ehemals blühende Bergwiesen wirken nun grau und wie kahlgeschoren (HELLMESSEN, 1987).

2192. Der Skilanglauf ist ebenfalls zu einer Massensportart geworden. Es wird geschätzt, daß es allein in der Bundesrepublik über 3 Mio Skilangläufer gibt (vgl. LOCHNER, 1983). Attraktive Loipen können an schönen Wochenenden mehrere Tausend Besucher anlocken. Im Hochschwarzwald wurde z. B. auf den Hauptloipen an den Wochenenden im Durchschnitt alle 27 Meter ein Langläufer angetroffen. Die Anzahl der Loipen hat stark zugenommen. Inzwischen besitzt fast jeder Fremdenverkehrsort in einer einigermaßen schneesicheren Lage im Mittelgebirge oder in den Alpen ein mehrere Kilometer langes Loipennetz.

2193. Skilanglauf als Massensport ist nicht so umweltverträglich, wie zunächst angenommen wurde. Insbesondere wenn Loipen falsch angelegt sind, kann die Tier- und Pflanzenwelt gravierend gestört werden. Störungen empfindlicher Tierarten, die im Winter auf der Flucht vorzeitig ihre Energievorräte aufbrauchen und zugrunde gehen können, werden vor allem auch durch querfeldein laufende Skilangläufer verursacht. Verschiedene Untersuchungen gehen davon aus, daß sich ein Viertel bis ein Drittel der Langläufer nicht an ausgewiesene Loipen halten. In einigen Fällen wird sogar das seltene und gefährdete Auer- und Birkwild in den wenigen noch verbliebenen Lebensräumen beeinträchtigt. Diesen Gegebenheiten muß bei der Planung und Trassierung von Loipen Rechnung getragen werden (vgl. GEORGII et al., 1984; VOLK, 1983). Ruhezonen wildlebender Tierarten sind auszusparen. Eine Präparierung und Ausschilderung von Loipen kann dem Querfeldeinlaufen entgegenwirken.

2194. Insgesamt ist der Skilanglauf jedoch ökologisch weniger belastend als der Alpinskilauf.

Wandern, Radfahren sowie Bergsteigen

2195. Auch diese Freizeitaktivitäten können (wörtlich und bildlich) bei massenhafter Ausübung zu beträchtlichen Belastungen in der Landschaft führen. Aber auch einzelne Spaziergänger, Photographen, Kletterer u. a. können in ökologisch empfindlichen Bereichen nachhaltige Schädigungen in der Natur auslösen. Einige Gebiete sind besonders betroffen, und zwar im Alpenraum die Gipfel- und Kammlagen, in den Mittelgebirgen außerdem die Moorgebiete und auf den Inseln und im Küstenbereich die Dünen; diese Bereiche zeichnen sich oft durch Standorte seltener Pflanzen und Tiere aus. Allgemeinbelastend wirkt sich auch das Querfeldeinfahren mit Bergfahrrädern aus (WÜNSCHMANN, 1987), das zuzunehmen droht. Sogar empfindliche Bereiche von Naturschutzgebieten und Nationalparken können wegen des Vorkommens von Orchideen, seltenen Vogelarten usw. geradezu Anziehungspunkte darstellen (vgl. Abschn. 2.1.7).

2196. In Gipfel- und Kammlagen, die durch ihre Exponiertheit und Höhenlage besonders empfindlich sind, führt die Konzentration von Aktivitäten zu starken ökologischen Schäden, z. B. entstehen erhebliche Trittschäden, die auch die Erosion begünstigen.

2197. In Mooren können schon durch geringe Trittbelastungen und durch Eutrophierung empfindliche Pflanzengesellschaften verschwinden und durch widerstandsfähigere, aber ökologisch weniger erwünschte Pflanzengesellschaften ersetzt werden. Dies gilt insbesondere für Feuchtgebiete und Moore in der Rhön, im Fichtelgebirge, im Schwarzwald, im Bayerischen Wald und im Harz.

2198. Wanderer und ihre Aktivitäten belasten auch das ökologisch labilste Glied der Küsten und Inseln, die Dünen, erheblich. Durch Trittwirkungen, durch Pflanzen-Pflücken, -Ausgraben und -Ausreißen wird die Vegetation beeinträchtigt. Durch Lagern wird insbesondere in den strandnahen und deshalb für den Küstenschutz besonders wichtigen Dünen die schützende Pflanzendecke zerstört und die Dünen werden der Winderosion ausgesetzt. Außerdem findet eine Verschmutzung mit Abfällen und Fäkalien statt (vgl. SRU, 1980, Tz. 952 f.). Durch Wanderer werden Vögel gestört, die in größeren Dünengebieten Brut- und Rastplätze finden.

2199. Außerdem werden durch Wandern und Bergsteigen auch Umweltverschmutzungen durch Abfälle und Fäkalien hervorgerufen. So ist z. B. die Abwasser- und Abfallbeseitigung vieler Berghütten und Freizeiteinrichtungen nicht nur im Alpenraum ein Problem. Bei einer Untersuchung von 66 Hütten des Deutschen Alpenvereins wurden 32 Hütten als dringend sanierungsbedürftig eingestuft (vgl. DAHLMANN, 1983). Die unzureichende Entsorgungssituation belastet auch die Oberflächengewässer, die besonders in höheren Lagen gegen Verunreinigungen sehr empfindlich sind. Neuerdings wird versucht, die Entsorgungsprobleme alpiner Stützpunkte und Hütten zu lösen, indem z. B. der Bau von Auffangbecken und die Abwasserreinigung in kleinen Einheiten in Angriff genommen wird.

Motorsport

2200. Rund 18 000 Motocross-, Rallye-, Renn- und Speedway-Fahrer sind in Clubs registriert; dem organisierten Sportbetrieb stehen in Deutschland mehr als 200 000 nicht organisierte Besitzer von Geländemotorrädern gegenüber, die in der Regel keine Übungsplätze benutzen, sondern sich in der freien Landschaft austoben. Der Motorsport mit Geländefahrzeugen steht mit an der Spitze der natur- und umweltschädigenden Sportarten: Bodenabtrag und Bodenverdichtung, Baumschäden durch Wurzelverletzungen, Vegetationsschäden bis zur totalen Zerstörung der Pflanzendecke, Tötung von Tieren, wie Eidechsen, Blindschleichen, Lurchen, Igeln, starke Beeinträchtigung von Brutvögeln (vor allem Bodenbrüter), Beunruhigung des Wildes, Lärmbelästigung von Erholungsuchenden, Schädigung von Pflanzen, Tieren und Menschen durch Abgase, Gewässer- und Bodenverschmutzung durch Öl (WÜNSCHMANN, 1987).

Flugsport

2201. Zum Flugsport gehören Motorfliegerei, Motorsegeln, Segelflug, Ballonfahrt, Fallschirmspringen, Modellflug sowie das Fliegen mit Ultraleichtflugzeugen und Hängegleitern mit rund 60 000 organisierten Aktiven. Auch diese Sportarten stehen zum Teil in erheblichem Konflikt mit dem Natur- und Umweltschutz. Derzeit bestehen etwa 250 Motorflugplätze und 290 Segelflugplätze (Fläche 50 bis 120 ha). Der Modellflug ist wegen der damit verbundenen Lärmbelästigung nur in 1,5 Kilometer Entfernung vom Ortsrand erlaubt, findet damit also fast immer in der freien Landschaft statt und gefährdet die Tierwelt erheblich; so wurden schon ganze Vogelpopulationen durch Modellflugzeuge aus ihren Biotopen vertrieben (WÜNSCHMANN, 1987). Auch andere sich langsam bewegende Flugobjekte (z. B. Hängegleiter, Gleitschirme) können von Tieren mit Flugfeinden verwechselt werden und zu Beeinträchtigungen führen.

Reitsport

2202. Nach Angaben des BML (1986) gibt es ca. 50 000 in Vereinen organisierte Reiter; sie sind jedoch nur ein Bruchteil der viel höheren Zahl von Freizeitreitern, die auf mehr als eine halbe Million geschätzt werden. Für sie bestehen ca. 2 800 Reitanlagen, der Deutsche Sportbund noch um 450 Anlagen erweitert sehen möchte; je Reitanlage gibt er einen Bedarf von 12 km Reitwegen an. Dazu kommt Flächenbedarf für Stallanlagen, Reithallen, Spring- und Übungsplätze sowie Weide- und Futterflächen für die Pferde, wobei je Pferd eine Fläche von 1 ha zu veranschlagen ist. Da nach Schätzungen des Bundesministeriums für Ernährung, Landwirtschaft und Forsten (BML, 1986) der Reitsport weiter zunimmt und die Zahl der Reitpferde um 200 000 wachsen dürfte, wären dafür allein an Futterfläche ca. 200 000 ha erforderlich.

Golfsport

2203. Der Golfsport hat in den letzten Jahren einen großen Aufschwung genommen. 1985 gab es in der Bundesrepublik Deutschland 197 Golfplätze mit zusammen ca. 8 000 ha Fläche, weitere 55 Plätze waren in Planung und für über 100 weitere Golfanlagen werden Vorüberlegungen angestellt. Die Zahl der in Golfclubs organisierten Golfspieler dürfte bald 100 000 erreichen. Die Auswirkungen von Golfplätzen auf Natur und Landschaft werden kontrovers diskutiert. ERZ (1985) sieht darin eine starke Beeinträchtigung naturnaher Landschaften und stuft den Golfsport als eine Sportart mittlerer Belastung ein. Dagegen hebt HABER (1986) die Möglichkeiten hervor, mit Hilfe von Golfplätzen dem Arten- und Biotopschutz zu dienen und die Standorte sogar landschaftsökologisch aufzuwerten. Er hat dafür eine Anzahl von Vorschlägen und Voraussetzungen formuliert, die aber bisher in der Praxis wenig Beachtung gefunden haben. Viele bestehende oder im Bau befindliche Golfanlagen geben daher Anlaß zu Beanstandungen. Grundsätzlich ist aber eine ökologisch verträgliche Golfplatzgestaltung möglich, und bei ernsthafter Berücksichtigung der Umweltbelange durch den Golfsport können auch ungünstige ökologische Verhältnisse verbessert werden. Der hohe Flächenbedarf eines Golfplatzes von 60 ha und mehr steht dem nicht entgegen, sondern kann sogar eine Voraussetzung für eine ökologisch vorbildliche Gestaltung sein. Viele aus der landwirtschaftlichen Nutzung ausscheidende Flächen bieten sich dafür an; Naturschutzgebiete und schutzwürdige Landschaftsbestandteile dürfen jedoch nicht beansprucht werden. Die für die Golf-Spielbahnen erforderliche Rasenpflege sollte Grundsätzen einer extensiven Grünlandpflege folgen.

Schießsport

2204. Einen besonders hohen Zuwachs hat auch der Schießsport zu verzeichnen. Auch er hat einen relativ hohen Flächenbedarf und ist im Vergleich zu anderen Sportarten, die in der Landschaft stattfinden, durch z. T. erhebliche Lärmerzeugung gekennzeichnet. In der Bundesrepublik gibt es ca. 2 000 Schießsportanlagen, die von ca. 575 000 aktiven Schießsportlern genutzt werden (BML, 1986). Rund 700 weitere Anlagen werden vom Deutschen Sportbund für wünschenswert gehalten. Da je Sportschütze mit einem Flächenbedarf von 6 m² gerechnet wird, ergibt sich daraus eine Fläche von ca. 200 ha. Da die Anlagen meistens im Wohnumfeld der Städte liegen, ist auf wirkungsvolle Lärmabschirmung zu achten. Im Umkreis von Tontaubenschießanlagen ist außerdem eine hohe Bleibelastung des Bodens infolge abgelagerten Bleischrotes festzustellen. Eine weitere Bleibelastung sollte dort in Zukunft verhindert werden; in bereits stark verunreinigtem Gelände, von dem Gefahren für das Wasser oder die Nahrungskette ausgehen können, sind gegebenenfalls Sanierungsmaßnahmen erforderlich.

3.5.2.5 Besondere Belastungen im Bereich der Gewässer

2205. Einem besonders starken Erholungs- und Freizeitinteresse sind die Gewässer und deren Ufer ausgesetzt, die von Hunderttausenden von Badenden, Sportfischern, Seglern, Motorbootfahrern, Ruderern, Kanuten, Sporttauchern und Wasserskiläufern beansprucht werden. Außerdem sind schätzungsweise 1,2 Mio Surfbretter im Gebrauch (WÜNSCHMANN, 1987).

2206. Die starke Belastung der Gewässer und ihrer Ufer ergibt sich vor allem aus der zeitlichen und örtlichen Konzentration der Wassersportaktivitäten. So werden an der Nord- und Ostsee etwa 30 Mio Übernachtungen pro Jahr mit einer zeitlichen Konzentration auf die Monate Juli und August verzeichnet. Dagegen werden beispielsweise die norddeutschen Binnengewässer Dümmer und Steinhuder Meer fast ausschließlich von Wochenendtouristen besucht. Am Dümmer wurden bis zu 30 000, am Steinhuder Meer sogar bis zu 50 000 Besucher pro Tag gezählt.

2207. Eine weitere Hauptbelastung der Gewässer ergibt sich aus der starken Zunahme von Freizeit- und Erholungseinrichtungen. An den Binnengewässern verändern Sportboothäfen, Bootsstege, Clubhäuser, Restaurants, Liegewiesen, Camping-, Bade-, Grill- und Parkplätze sowie Wochenend- und Ferienhäuser weite Uferstrecken. Am Steinhuder Meer sind etwa 6 000 Bootsplätze vorhanden (BML, 1985), und in der Küstenregion hat sich die Anzahl der Bootsliegeplätze zwischen Dollart und Jadebusen von 570 im Jahr 1972 auf gut 2 500 im Jahr 1979 erhöht. Für das gesamte Wattenmeer wurde bereits Ende der 70er Jahre einschließlich „wilder" Liegeplätze mit 7 000 Bootsplätzen gerechnet, gut 5 000 davon zwischen Ems- und Elbemündung (WESEMÜLLER, 1981).

2208. In weiten Teilen der Bundesrepublik sind sporttaugliche Gewässer selten. Besonders ausgeprägt ist das Mißverhältnis zwischen offenen Wasserflächen und dem Druck der Wassersportler in den Bundesländern Hessen, Rheinland-Pfalz und Saarland mit einem Gewässeranteil von nur einem Prozent bezogen auf die jeweilige Gesamtlandesfläche. Für die Bundesrepublik wird der Bedarf an sporttauglichen Wasserflächen auf weitere 50 000 ha geschätzt, vorwiegend kleine Seen von 40—60 ha Größe (BML, 1986).

Ähnlich massiv ist der Erholungsdruck auf die Seen im Bayerischen Alpenvorland und auf den Bodensee. An Spitzentagen werden z. B. auf dem Chiemsee 4 000 Segelboote und 1 000 sonstige Wasserfahrzeuge gezählt (BROGGI, 1981).

2209. Eine besondere Situation herrscht am Bodensee, wo sich touristische Konzentrationen und Siedlungskonzentrationen überlagern. Die Bevölkerungsdichte im Uferbereich beträgt 693 Einwohner je km² (vgl. VILL, 1986) und ist damit höher als in vielen Verdichtungsräumen. Die hohe landschaftliche Attraktivität und der Freizeitwert haben außerdem Industrieansiedlungen begünstigt, die sich ebenfalls auf den Uferbereich konzentrieren. Dieser wird darüber hinaus durch viele Freizeiteinrichtungen, wie Bootsanlegeplätze, Badeanlagen, Campingplätze usw., beansprucht. Als Folge davon sind 60—70% des Bodenseeufers zwischen Friedrichshafen und Lindau nicht mehr als naturnah anzusehen; die Schilfbestände sind auf weniger als 50% der früheren Ausdehnung zurückgegangen. Nur 50% des Seeufers sind frei zugänglich. Für den Bodensee sind über 45 000 Boote mit entsprechenden Liegeflächen registriert, davon sind über 60% Segelboote mit Hilfsmotor bzw. Motorboote (vgl. VOGLER, 1986). Diese tragen zur Verschmutzung des Wassers bei. Der Öleintrag in den Bodensee liegt bei schätzungsweise 25 t pro Jahr (vgl. VILL, 1986).

2210. Allgemein führen dichte Uferbebauung und Freizeitaktivitäten zur Verschmutzung und Eutrophierung von Seen, zumal wenn nur unzureichend gereinigte Abwässer eingeleitet werden. Diese Belastungen sind besonders problematisch, wenn die Seen, wie im Falle des Bodensees, auch als Trinkwasserspeicher genutzt werden. Nur durch intensiven Gewässerschutz können die Wasserqualität und der ökologische Zustand der Seen verbessert werden. An bayerischen Seen und am Bodensee werden zur Verbesserung der Gewässerqualität Ringkanalisationen und Kläranlagen z. T. mit chemischer Reinigungsstufe gebaut oder bereits betrieben.

2211. Talsperren, Stauseen und Rückhaltebecken wurden besonders in den 60er Jahren zur Attraktivitätssteigerung für Freizeitgebiete eingesetzt. Vor allem am Rande von Verdichtungsräumen sind sie darüber hinaus ein beliebtes Ziel für den Naherholungsverkehr. In Mittelfranken entstehen zur Zeit drei große Stauseen (Altmühl-, Brombach- und Rothsee), mit einer Fläche von zusammen ca. 2 500 ha. Die Seen sollen die Wasserhaltung des Main-Donau-Kanals gewährleisten, dem wasserarmen Mittelfranken in Trockenperioden als Wasserspeicher dienen und die Hochwasser der Altmühl auffangen. Es wird erwartet, daß das „Neue Fränkische Seenland" wichtige Impulse für die Entwicklung des Fremdenverkehrs in diesem strukturschwachen Raum gibt. Man rechnet für das Jahr 2000 mit 1,5 Mio Übernachtungen in diesem Raum. Außerdem soll und wird das Gebiet ein attraktives Naherholungsziel für die Bevölkerung des Verdichtungsraumes Nürnberg, Fürth, Erlangen werden. Darüber hinaus ist dafür Sorge getragen, daß auch die ökologischen Belange in starkem Maße berücksichtigt werden, ist doch ein Großteil der Ufer von jeglicher freizeitorientierter und touristischer Nutzung ausgespart.

Es sollte allerdings nicht übersehen werden, daß gerade Staugewässer gegen Belastungen äußerst empfindlich sind. Insbesondere wenn sie für Trinkwassergewinnung genutzt werden, müssen der Freizeitnutzung Beschränkungen auferlegt und entsprechende Maßnahmen zur Wasserreinhaltung durchgeführt werden.

2212. Neben den mehr infrastrukturbedingten Veränderungen verursachen wassersportliche Aktivitäten zahlreiche Umweltbelastungen, z. B. Störungen brütender, nahrungssuchender, rastender und überwinternder Vögel, Schädigung der Vegetation im Uferbereich und im Gewässer, Veränderungen und Verfälschung der Fischfauna durch Sportangler, Schadstoffeinträge durch Abfälle, Abwässer, Lärm- und Geruchsbelästigung sowie Öleintrag durch Motorboote.

2213. Besonders belastend ist das Surfen, wenn infolge des geringen Tiefgangs der Surfbretter die Surfer in die ökologisch besonders wertvolle ufernahe Flachwasserzone mit Schwimmblatt- und Röhrichtvegetation vordringen und dabei Pflanzen zerschneiden und zerstören. Die Zone der Röhrichte (Schilfgürtel) ist Brut- und Lebensraum vieler Fische, Amphibien und Wasservögel, sie trägt gleichzeitig wesentlich zur Selbstreinigung der Gewässer bei. Durch das Vordringen der Surfer werden vor allem die Wasservögel beunruhigt und vertrieben. Der Beunruhigungseffekt ist nicht von der Anzahl der Surfer abhängig; es reicht schon ein einzelner Surfer aus, um die Tiere aus einer Bucht zu vertreiben. Da Surfbretter leicht transportabel sind, können sie unabhängig von Hafenanlagen oder Bootsstegen auch in bisher unerschlossenen Gebieten zu Wasser gebracht werden.

2214. Belastungen können auch durch Angeln ausgelöst werden. An kleinen Gewässern oder kurzen Uferabschnitten (Flächen um einen Hektar oder um 200 Meter Uferlänge) genügt bereits ein Angler pro Tag und mit mehreren Stunden Anwesenheit, um die brutbereiten Wasservögel am Nisten zu hindern (REICHHOLF, 1983). Störungen der Wasservögel führen darum häufig zu einer Verringerung der Nestdichte (vgl. Abb. 3.5.2). Weitere Beeinträchtigungen gehen vom Einsetzen von Fischarten, von der Beseitigung von Wasserpflanzen in noch naturnahen Gewässern und von der Eutrophierung durch Anfüttern aus.

2215. Durch Freizeit- und Erholungsaktivitäten kommt es bei den Wasservögeln neben der schon erwähnten Verringerung der Nestdichte zu Störungen bei der Nahrungsaufnahme. Das ist besonders problematisch für durchziehende Wasservögel. Eine Verringerung ihrer Fettreserven, ausgelöst durch mangelnde Nahrungsaufnahme bzw. durch zusätzlichen Energieverlust durch Auffliegen, reduziert ihre Überlebenschancen im Winter und mindert im Sommer den Bruterfolg.

2216. Besonders störungsempfindlich sind die Wasservögel während der Mauserzeit, die sich mit der Erholungssaison Juli bis September überschneidet. Mausernde Vögel benötigen ungestörte Aufenthaltsplätze, da sie häufig flugunfähig sind (WESEMÜLLER, 1986). Daher konzentrieren sie sich an von Freizeit- und Erholungsverkehr weniger belasteten Gewässern, z. B. dem Ismaninger Teichgebiet westlich von München. Dieser rund 7 km² große Abwassersee ist aus gesundheitlichen Gründen für Wassersport gesperrt. Neben dem Ijsselmeer ist er das einzige große und nahrungsreiche Gewässer im mitteleuropäischen Binnenland. Hier versammeln sich während der Mauser über 50 000 Enten gleichzeitig. Sie stellen einen erheblichen Teil des mittel- und osteuropäischen Brutbestandes dar. Diese Massierung birgt eine erhebliche Seuchengefahr; so starben an einer Seuche 1973 über 20 000 Enten (REICHHOLF, 1983). Die Konzentration der Wasservögel in wenigen störungsärmeren Gebieten gefährdet somit den gesamten Bestand dieser Arten.

2217. Ein weiterer besonders empfindlicher Bereich ist das Wattenmeer. Es bietet durch seinen Nahrungsreichtum u. a. Lebensmöglichkeiten für Meeressäugetiere und eine Vielzahl von Vögeln, vor allem Watvögeln sowie Gänsen und Enten. Außer zahlreichen Brutvögeln konzentrieren sich hier auf engem Raum Gastvögel aus einem weiten Einzugsbereich, der das gesamte nördliche Eurasien von Grönland bis Sibirien umfaßt. Sie sind auf das Wattenmeer als Überwinterungsgebiet, Brutgebiet, Mauserplatz und Raststation zum Aufbau lebenswichtiger Energiereserven für den Vogelzug angewiesen. Im gesamten Wattbereich können 2,5–3,4 Mio Vögel gleichzeitig anwesend sein (DIETRICH und KÖPFF, 1986a).

2218. Für die an der Nordseeküste von den Niederlanden bis Dänemark vorkommenden Seehunde sind die bei Niedrigwasser trockenfallenden Sandbänke notwendig zur Geburt und zum Säugen der Jungtiere und als Ruheplätze, vor allem in den Sommermonaten (DIETRICH und KÖPFF, 1986b). Diese Plätze

Abbildung 3.5.2

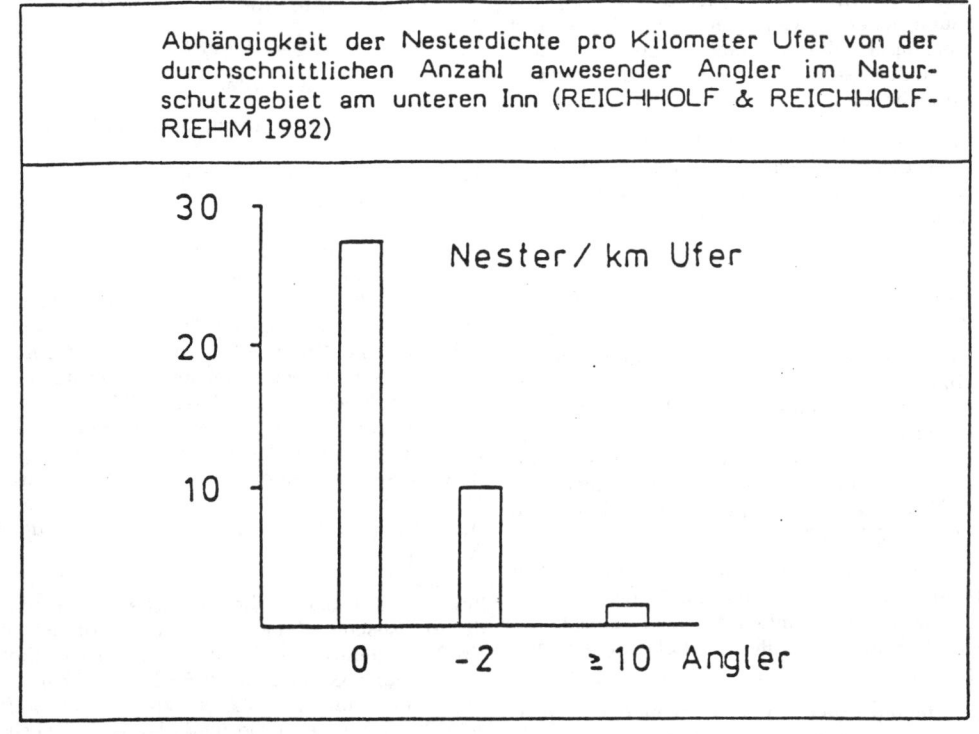

Abhängigkeit der Nestdichte von der Anglerzahl

Abhängigkeit der Nesterdichte pro Kilometer Ufer von der durchschnittlichen Anzahl anwesender Angler im Naturschutzgebiet am unteren Inn (REICHHOLF & REICHHOLF-RIEHM 1982)

Nester/km Ufer — 0 Angler: ca. 28; -2 Angler: 10; ≥10 Angler: ca. 2

Quelle: REICHHOLF, 1983

sind aber auch durch Boote oft gut erreichbar (vgl. WÜNSCHMANN, 1987); es werden sogar Ausflugsfahrten zu den Seehundbänken veranstaltet. Diese Störungen führen zur Flucht der Seehunde ins offene Meer. Alttiere und jungeführende Muttertiere weisen die größten Fluchtdistanzen (bis ca. 1 000 m) auf. Die Dauer der Störung ist bedeutend länger als das Vorbeifahren eines Schiffes oder Bootes, da die Tiere erst nach einiger Zeit ihren Liegeplatz wieder aufsuchen. Bei mehreren aufeinanderfolgenden Störungen kann dies zur endgültigen Vertreibung der Tiere von ihren Liegeplätzen führen. Störungen verkürzen somit die Liege- und Säugezeit, was die Überlebenschance der Jungtiere mindert.

3.5.2.6 Zusammenfassung der Belastungen unter regionalen Aspekten

2219. Viele Fremdenverkehrs- und Freizeitziele liegen in reizvollen, naturnahen Landschaften oder abwechslungsreichen Kulturlandschaften. Die wachsenden Anforderungen der Besucher und der zunehmende Wettbewerb der Fremdenverkehrsorte und -regionen haben in diesen Landschaften zu einem starken Ausbau der touristischen Infrastruktur geführt. Jeder Aus- und Neubau (Hotels, Zweitwohnungen, Sport- und Verkehrsanlagen usw.) belastet die Umwelt, unabhängig von der Art der Belastung. Unter diesen Einflüssen entstehen typische Fremdenverkehrs- und Freizeitlandschaften. Dies muß nicht in jedem Fall nachteilig sein und Ungleichgewichte verursachen. Jedoch stehen parkartig gegliederten Freizeitgebieten, wie im Tegernseer Tal, auch solche Gebiete mit überdimensionierter Ausstattung gegenüber, wie z. B. in gewissen Ferienzentren an der Ostsee und im Harz.

2220. Die größten Belastungen und damit auch die schärfsten Konflikte zwischen Fremdenverkehr bzw. Freizeit und Umwelt treten in den am intensivsten genutzten Freizeitregionen auf. Diese sind oftmals identisch mit den ökologisch sensibelsten Regionen der Bundesrepublik Deutschland, wie z. B. das Wattenmeer und der Alpenraum. Belastet sind darüber hinaus Teile des Hochschwarzwaldes, des Bayerischen Waldes und des Harzes. In den anderen Gebieten der Bundesrepublik treten die Belastungen eher punktuell auf. Hier werden vorhandene Konflikte hauptsächlich durch den Ausflugsverkehr hervorgerufen.

2221. Allgemein problematisch ist daneben die Situation an den Gewässern. Erwähnt seien in Norddeutschland etwa der Dümmer und das Steinhuder Meer und in Süddeutschland die oberbayerischen Seen im Einzugsgebiet des Verdichtungsraumes München und der Bodensee.

2222. An der Nord- und Ostseeküste verursacht die starke Siedlungstätigkeit Belastungen. Einige Inseln (z. B. Wangerooge oder Spiekeroog) sind nicht mehr in der Lage, die Trinkwasserversorgung aus eigenen Vorkommen sicherzustellen. Genauso bedenklich ist auf vielen Inseln die Müllentsorgung. Außerdem greift die Siedlungsentwicklung in die empfindlichen Dünenbereiche über.

Auch im Alpenraum werden die Konflikte vor allem durch die starke Siedlungstätigkeit (u. a. auch durch Zweitwohnsitze) ausgelöst. Außerdem entstehen Folgeprobleme in der Ver- und Entsorgung.

2223. Unabhängig davon, welche Umweltbereiche (Luft, Wasser, Böden, Pflanzen, Tiere, Lebensräume, Landschaftsbild) betroffen sind, zeigt sich, daß

— die Belastungen in der Regel auf bestimmte Regionen bzw. kleinere Bereiche konzentriert sind, dort aber infolge Überbelastung zum Teil bereits bleibende Schäden nach sich ziehen können, es darüber hinaus eine Reihe weniger konfliktärer Landschaftsteile gibt und somit bislang noch nicht von einer flächendeckenden, großräumigen Belastung ausgegangen werden kann,

— die verschiedenen Umweltmedien grundsätzlich abhängig von zeitlichen und räumlichen Rahmenbedingungen eine unterschiedliche Sensibilität gegenüber unterschiedlichen Belastungsformen aufweisen,

— Konflikte und Belastungen unterschiedliche Ursachen haben, sind diese doch im wesentlichen von der Nutzungsart und -intensität, von sich überlagernden Nutzungen sowie von der ökologischen Sensibilität der jeweiligen Fläche abhängig,

— bei hoher ökologischer Empfindlichkeit oder hoher Nutzungsintensität auch allgemein verträgliche Nutzungsarten umweltbelastend werden können.

3.5.3 Derzeitige Steuerung von Freizeit und Fremdenverkehr durch Gesetzgebung und Raumplanung

3.5.3.1 Zur Bestimmung von Aufnahmekapazitäten

2224. Bisher existiert keine befriedigende Methode zur Bestimmung der Aufnahmekapazität von Fremdenverkehrsgebieten. In der Regel werden eindimensionale Richtwerte verwendet, die jedoch die komplexe Problematik der Tragfähigkeit nicht erfassen können. Da die einzelnen regionalen Gegebenheiten sehr unterschiedlich sind, können auch keine allgemeinen Schwellenwerte für Aufnahmekapazitäten vorgegeben werden.

Die Aufnahmekapazität eines Fremdenverkehrsgebietes wird durch ökologische, ökonomische und soziale Faktoren bestimmt, die jeweils unterschiedlich wirksam sind. In seinem Nordseegutachten ist der Rat (SRU, 1980, Tz. 940) von folgenden Komponenten ausgegangen:

— Beherbergungskapazität,

— infrastrukturelle Kapazität,

— ökologische Kapazität (Tragfähigkeit),

— sozio-psychologische Kapazität,

— ökonomische Kapazität,

— Freiraumkapazität (Aufnahmefähigkeit).

2225. Wie der Rat bereits in Abschn. 1.1.3 dieses Gutachtens dargelegt hat, ist eine rein wissenschaftliche Festlegung von Grenz- und Richtwerten nicht möglich. Dies gilt auch für die hier erwähnte Bestimmung der Aufnahmekapazität. Außerdem sind allgemeine Richtwerte für die Aufnahmekapazität nicht angebracht, da sie von kleinräumigen Gegebenheiten abhängig sind. Dies zeigt sich z. B. bei der Ermittlung von Richt- oder Grenzwerten im Hinblick auf die Belastung der Vegetation (vgl. Abschn. 3.5.2.2). Hier müßten eine Vielzahl von System-Zusammenhängen untersucht und deren Auswirkungen (Rückkopplungs- und Verstärkungseffekte usw.) festgestellt werden. Diese Auswirkungen — sofern sie überhaupt ermittelbar sind — können nicht in einer Zahl ausgedrückt werden.

2226. Als Beispiele von Versuchen zur Ermittlung der touristischen Kapazität sind trotz grundsätzlicher Kritik an derartigen Verfahren die Arbeit über das Münstertal in Graubünden (BEZZOLA, 1975), die Untersuchung von ANGERER (1975) über die ostfriesische Insel Juist und die niederländische westfriesische Insel Ameland sowie als eine eher qualitative Kapazitätenermittlung die Untersuchung von ROCHLITZ (1985) über die Eignung Tiroler Gemeinden für den „sanften" Tourismus zu nennen (vgl. MAIER et al., 1987).

3.5.3.2 Instrumente zur Minderung der Konflikte

2227. Auch für die Vermeidung oder Minderung von Umweltbelastungen, die durch Freizeitaktivitäten, Erholungs- und Fremdenverkehr verursacht werden, gelten die allgemeinen umweltpolitischen Grundsätze der Vorsorge und der Gefahrenabwehr. Zu ihrer Verwirklichung und Umsetzung in die Umweltschutzpraxis bieten die bestehenden gesetzlichen Vorschriften vielseitige Ansatzpunkte, so vor allem diejenigen des Naturschutzes und der Landschaftspflege, des Wasserrechts, des Lärmschutzes, der Raumordnung und Landesplanung sowie, soweit es um kommunale Planungen und bauliche Anlagen geht, auch des Baurechtes. Dennoch fehlt es an einem einigermaßen geschlossenen rechtlichen und planerischen Instrumentarium sowie an einer klaren behördlichen Zuständigkeit für Freizeit, Erholungsbetrieb und Fremdenverkehr.

2228. Die meisten Regelungen für diesen Nutzungsbereich fallen in die Kompetenz der Bundesländer, während der Bund auf rahmenrechtliche Bestimmungen und wenige unmittelbar wirksame Vorschriften des Immissionsschutz- und Baurechtes sowie auf allgemeine planerische Richtlinien beschränkt ist. Zu diesen kommen noch die Vorschriften über die 1988 einzuführende Umweltverträglichkeitsprüfung, die nach Auffassung des Rates auch größere Fremdenverkehrs- und Freizeiteinrichtungen und -anlagen, wie z. B. Seilbahnen, Sessel- bzw. Skilifte, Feriendörfer und Hotelkomplexe einbeziehen sollte (vgl. auch SRU, 1987).

2229. Die Landesnaturschutzgesetze regeln auch die Erholung in der freien Natur (Tz. 2232 f.); dennoch sind die mit Naturschutz und Landschaftspflege befaßten Behörden nicht für die gesamte Erholungsvorsorge zuständig. Die Belange der Freizeit und des Fremdenverkehrs sind — zumindest in den „Freizeitländern" Bayern und Baden-Württemberg — rechtlich keiner einzelnen Behörde zugewiesen, sondern werden von verschiedenen Institutionen wahrgenommen oder fallen in die Zuständigkeit der Wirtschaftsverwaltung. Ebenso gibt es auch kein ausgearbeitetes raumplanerisches Instrumentarium wie etwa einen Rahmenplan für Freizeit und Erholung auf der regionalen oder einen entsprechenden Fachplan auf der kommunalen Ebene. Nur in den Landesentwicklungsprogrammen bzw. -plänen der Bundesländer sind einige Lenkungsmaßnahmen für den Freizeit- und Erholungsbereich vorgesehen (Tz. 2235 ff.).

Regelungen und Instrumente des Naturschutzrechts

2230. Das Naturschutzrecht hat mit den Gebietskategorien des Naturparkes und — eingeschränkt durch strengere Schutzvorschriften — des Nationalparkes Instrumente zur Förderung und Lenkung von Freizeit- und Erholungsaktivitäten in der freien Natur auf großen Flächen geschaffen. Andererseits können durch Ausweisung von Naturschutzgebieten, der strengsten Schutzgebietskategorie, solche Aktivitäten auch beschränkt oder unterbunden werden. Auf die Problematik und Wirksamkeit dieser Instrumente geht der Rat in Abschnitt 2.1.7 ausführlich ein. Im allgemeinen konnten sie Belastungen durch Freizeit- und Erholungsaktivitäten bisher nicht im erwarteten und wünschenswerten Umfang verhindern, wie z. B. auch die Diskussion um die Ausweisung eines Schutzgebietes im Gebiet der Rotwand im Landkreis Miesbach belegt:

Das zwischen dem Spitzingsee und Bayerischzell gelegene Gebiet ist als Erholungsgebiet der Münchener Bevölkerung sehr beliebt und soll auch mit technischen Maßnahmen (Bau von Seilbahnen und Liften) erschlossen werden. Das Rotwandgebiet sollte bereits Ende der 60er Jahre zum Naturschutzgebiet erklärt werden, hat doch das Bayerische Staatsministerium des Innern 1968 die Genehmigung der Taubenbergbahn davon abhängig gemacht, daß das Rotwandgebiet im engeren Sinne von jeglicher weiteren touristischen Erschließung freigehalten wird. Trotz mehrerer Landtags-Beschlüsse gelang es lange Zeit nicht, das Verfahren zur Ausweisung des Rotwandgebietes als Naturschutzgebiet abzuschließen. In der Zwischenzeit forderte der Landkreis Miesbach die Ausweisung als Landschaftsschutzgebiet, die wesentlich größere Handlungsspielräume für freizeitorientierte Erschließungen ermöglicht als ein Naturschutzgebiet. Diese Ausweisung ist inzwischen erfolgt.

2231. Dieses Beispiel zeigt, daß im langwierigen Abwägungsprozeß verschiedenster Nutzungsansprüche bei einer Schutzgebietsausweisung das Umweltanliegen zu kurz kommen kann und die dafür vorgesehenen Gebiete nicht den Schutzstatus erhalten oder viel kleiner ausfallen, als dies aus Naturschutzgründen erforderlich ist.

2232. Ein weiterer Grund für das Auftreten von Belastungen in der freien Landschaft ist das freie Betretungsrecht von Wald, Feld und Flur, das bundesrechtlich sowohl durch das Bundeswald- als auch das Bundesnaturschutzgesetz gewährt wird, durch Landesgesetze z. T. jedoch eingeschränkt ist. Am strengsten verfährt dabei Schleswig-Holstein, wo das freie Waldbetretungsrecht auf sog. Erholungswälder beschränkt ist. Dickungen dürfen hier — ebenso wie in Nordrhein-Westfalen — nicht betreten werden, auch nicht in Erholungswäldern.

Sehr unterschiedlich sind die Regelungen für das Reiten (vgl. Tz. 2202). Am freizügigsten ist Niedersachsen, wo das Reiten auf allen Straßen und Wegen erlaubt ist, ähnlich verfahren im Prinzip auch Baden-Württemberg, Hamburg, Hessen, Rheinland-Pfalz und das Saarland, die sich jedoch die Möglichkeit von Sperrungen bzw. Festlegungen bestimmter Wege für das Reiten vorbehalten haben. In Bayern, Nordrhein-Westfalen und Schleswig-Holstein ist das Reiten im Wald nur auf eigens dafür freigegebenen oder ausgewiesenen Wegen erlaubt (LINDEMANN, 1984).

Generell besteht in der Bundesrepublik ein sehr liberales Waldbetretungsrecht; Einschränkungsmöglichkeiten gibt es z. B. für Naturschutzgebiete, Forstkulturen oder Wildäsungsflächen. Infolge zunehmender Belastungen durch Querfeldeinwandern und Skifahren abseits von Loipen und Pisten wird das freie Betretungsrecht neuerdings in Frage gestellt. Der Rat ist der Meinung, daß bei Vorliegen triftiger Gründe aus der Sicht des Naturschutzes, vor allem des Arten- und Biotopschutzes, durch Landesrecht weitergehende räumliche und zumindest zeitlich befristete Beschränkungen des freien Zuganges zu schutzwürdigen Gebieten einschließlich von Wäldern aussprechbar sein müssen.

2233. Weiterhin liefert das Naturschutzrecht noch das Instrument der Landschaftsplanung zur Regelung von Freizeit- und Erholungsaktivitäten. In mehreren Landesnaturschutzgesetzen sind Landschaftspläne ausdrücklich für solche Gebiete vorgeschrieben, in denen derartige Aktivitäten vorhanden oder zu erwarten sind (z. B. Bay. NatSchG Art. 3, Abs. 4). Allgemein wird die stärkere Berücksichtigung und Verbesserung der Stellung der Landschaftsplanung innerhalb der räumlichen Planung als geeignetes Mittel zur Minderung von Belastungen durch den Fremdenverkehr angesehen. Entsprechende Erwartungen haben sich bisher jedoch nicht erfüllt. Der Rat geht auf die sehr unterschiedliche Ausgestaltung der Landschaftsplanung in den Bundesländern in Abschnitt 2.1.4 ausführlich ein. Charakteristisch für die gegenwärtige Situation ist, daß die Mehrzahl der größeren Fremdenverkehrsgemeinden der Bundesrepublik (mit mehr als 500 000 Übernachtungen je Saison) keinen aktuellen Landschaftsplan hat (FRITZ, 1985).

2234. Schließlich können mit der Eingriffsregelung nach § 8 BNatSchG freizeit- und erholungsbedingte Beanspruchungen von Grundflächen verhindert oder wenigstens ausgeglichen werden, wenn sie die Leistungsfähigkeit des Naturhaushaltes oder Landschaftsbildes erheblich oder nachhaltig beeinträchtigen. Dieses Instrument wird mit der Einführung der gesetzlichen Umweltverträglichkeitsprüfung (Abschn. 1.3.3) an Bedeutung und Wirksamkeit gewinnen; bisher ließ der Vollzug dieser Vorschrift gerade auch bei Belastungen durch Freizeit- und Erholungsaktivitäten sehr zu wünschen übrig.

Regelungen und Instrumente des Planungsrechtes

2235. Den Bundesländern stehen eine Reihe von Vorschriften und Maßnahmen aus dem Bereich der Landes- und Regionalplanung zur Verfügung, die zur Vermeidung bzw. Reduzierung von Belastungen in den Fremdenverkehrsgebieten führen können. So werden in den Landesentwicklungsplänen bzw. -programmen differenzierte Gebietskategorien für die Entwicklung des Fremdenverkehrs und der Naherholung genannt. In der Regel werden dabei Entwicklungs- und Ordnungsräume (z. B. Schleswig-Holstein) oder Vorranggebiete (z. B. Hessen, Baden-Württemberg) unterschieden. Die Ordnungsräume sind von starken Belastungen durch den Tourismus gekennzeichnet; hier soll kein weiterer quantitativer Ausbau der Kapazitäten stattfinden. Die Fremdenverkehrsentwicklungsräume sollen dagegen eine stärkere quantitative Entwicklung des Fremdenverkehrs erfahren. Zur Verminderung der Belastung von Natur und Landschaft und aus wirtschaftlichen Gründen sollen Fremdenverkehrseinrichtungen an wenigen Standorten zusammengefaßt werden. Dies würde eine stärkere Zonierung (ähnlich wie im Alpenraum) bedeuten.

2236. Weiter bestehen in vielen Ländern Einzelregelungen, z. B. über Freizeitwohnen, Anlage von Campingplätzen, Verkehrserschließungen. Diese Regelungen könnten ebenfalls die Entwicklung des Fremdenverkehrs steuern und ordnen. In Bayern wird dazu auch das Instrument des Raumordnungsverfahrens eingesetzt. In der Praxis zeigt sich jedoch, daß die Gemeinden für die Förderung von Freizeit- und Erholungsaktivitäten einen erheblichen Spielraum besitzen und diesen auch unter Inkaufnahme von Umweltbelastungen ausnutzen.

2237. Als besonderes Beispiel für planungsrechtliche Regelungen des Freizeit-, Erholungs- und Fremdenverkehrs sei der Alpenplan hervorgehoben. Er wurde unter der offiziellen Bezeichnung „Erholungslandschaft Alpen" als Rechtsverordnung am 22. August 1972 als vorgezogener, räumlicher und sachlicher Teilabschnitt des „Landesentwicklungsprogramms Bayern" erlassen. Die Gründe für die Aufstellung dieses Planes lagen in der stürmischen Fremdenverkehrsentwicklung und hier vor allem der Bergbahnen und Lifte im bayerischen Alpenraum. Außerdem kam es durch Zuzug aus anderen Gebieten zu einer starken Zunahme der Wohnbevölkerung und damit auch zu einem großen Bedarf nach Siedlungsflächen.

Die Bautätigkeit wurde durch die gestiegene Nachfrage nach Zweitwohnungen noch verstärkt.

Durch die Zielsetzungen des Alpenplans soll die besondere Bedrohung für den Alpenraum aufgrund weiterer ungeordneter und unbeschränkter Zulassung von Verkehrsvorhaben verhindert werden (Bayerisches Staatsministerium für Landesentwicklung und Umweltfragen, 1976). So soll die Erschließung des Alpengebietes mit Verkehrsvorhaben, insbesondere mit

— Bergbahnen und Liften, soweit sie dem öffentlichen Verkehr dienen,

— Ski-, Grasski- sowie Skibobabfahrten und Rodel- und Sommerrutschbahnen,

— öffentlichen Straßen sowie Privatstraßen und Privatwegen, mit Ausnahme von Wanderwegen,

— Flugplätzen (Flughäfen, Landeplätzen und Segelfluggelände),

so geordnet werden, daß

— ausgewogene Lebens- und Arbeitsbedingungen seiner Bewohner gewährleistet bleiben,

— die Naturschönheiten und Eigenart als Erholungsgebiet sowie die Leistungsfähigkeit des Naturhaushaltes erhalten werden,

— der erholungsuchenden Bevölkerung der Zugang zu diesem Gebiet gesichert bleibt (Bayerisches Staatsministerium für Landesentwicklung und Umweltfragen, 1984).

2238. In der Zone A, mit rund 35 % der Fläche, die sich im wesentlichen auf die besiedelten Talbereiche und den Umgriff bereits vorhandener Erschließungsanlagen erstreckt, sind die genannten Erschließungsvorhaben grundsätzlich unbedenklich, soweit sie nicht durch Eingriffe in den Wasserhaushalt zu Bodenerosion führen können oder die weitere land- und forstwirtschaftliche Bewirtschaftung gefährden. Wie bei der Planung und Ausführung solcher Verkehrsvorhaben die Erfordernisse der Raumordnung und Landesplanung zu berücksichtigen sind, ist im Einzelfall raumordnerisch zu überprüfen.

In der Zone B, mit 23 % der Fläche, sind die Verkehrsvorhaben landesplanerisch nur zulässig, wenn eine Überprüfung im Einzelfall ergibt, daß sie den Erfordernissen der Raumordnung und Landesplanung nicht widersprechen.

In der Zone C, mit 42 % der Fläche, die besonders schutzwürdige Gebiete, insbesondere die großräumigen Naturschutzgebiete umfaßt, sind die genannten Verkehrsvorhaben landesplanerisch unzulässig. Dies gilt nicht für notwendige landeskulturelle Maßnahmen, wie z. B. den land- und forstwirtschaftlichen Wegebau (Bayerisches Staatsministerium für Landesentwicklung und Umweltfragen, 1978, 1984).

2239. Die hauptsächliche Wirkung des Alpenplans liegt darin, daß fast die Hälfte des bayerischen Alpenraumes vor einer weiteren Erschließung bewahrt werden konnte, so wurde z. B. die Erschließung des Watzmanngipfels und der Alpspitze abgelehnt. Seit 1972

nahm damit der Bestand an Bergbahnen und Liften nur noch um 15% zu. Diese Anlagen wurden alle außerhalb der Ruhezonen erstellt (vgl. DICK, 1981; KARL, 1987). Nach DANZ (1985) kann die Zone C als großräumiges Modellgebiet für einen alpinen Teilraum gelten, der einem umweltschonenden, „sanften" Tourismus vorbehalten ist.

2240. Da der Alpenplan in erster Linie fremdenverkehrsbedingte Verkehrsvorhaben erfaßt, schließt er in der Zone C indirekt auch andere Vorhaben praktisch aus, die einer verkehrsmäßigen Erschließung bedürfen. Er konnte jedoch nicht verhindern, daß im Rahmen landeskultureller Maßnahmen durch die Land- und Forstwirtschaft innerhalb der Zone C mehrere hundert Kilometer Alm- und Forststraßen gebaut und ein Teil davon sogar mit Schwarzdecken versehen wurden (DANZ, 1985); ökologische Vorbehalte gegen den Wirtschaftswegebau hat der Rat in seinem Sondergutachten „Umweltprobleme der Landwirtschaft" (SRU, 1985, Tz. 315) dargelegt. Auch die Zuordnung von schon übererschlossenen Talräumen um Oberstdorf, Garmisch-Partenkirchen, Berchtesgaden sowie einiger Berggipfel, wie das Nebelhorn oder die Zugspitze, zur Zone A ist kritisch zu bewerten. Hier sollte die im „Landesentwicklungsprogramm Bayern" von 1984 aufgeführte Begründung, „mit der Zuordnung eines Gebietes zu Zone A sollen nicht Voraussetzungen für eine Übererschließung geschaffen werden oder gar ein Erschließungszwang verbunden sein", stärker in den Vordergrund rücken.

2241. Bedenklich ist auch, daß jenseits der Landesgrenzen nicht immer ein dem Alpenplan entsprechendes Zonierungssystem besteht und dort zum Teil erhebliche Erschließungsmaßnahmen vorgenommen wurden. Eine gegenseitig abgestimmte, grenzüberschreitende Planung ist daher notwendig (vgl. KARL, 1987).

Insgesamt ist der Alpenplan jedoch positiv zu bewerten, da er ähnlich intensive Erschließungen der Alpen, wie sie z. T. in Österreich und der Schweiz erfolgen, in der Regel verhindert.

3.5.4 Zur zukünftigen Steuerung von Freizeit und Fremdenverkehr

Grundsätzliche Überlegungen

2242. Fremdenverkehrs(förder)politik ist auch heute noch in erster Linie Infrastrukturpolitik und sowohl Wachstumszielen als auch regionalen Entwicklungsanliegen verpflichtet. Abgesehen von meist starken Abhängigkeiten von der jeweiligen regionalen Situation ist die bisherige Fremdenverkehrspolitik überwiegend auf den quantitativen Ausbau der Beherbergungskapazität ausgerichtet gewesen. Diese Zielrichtung übersieht, daß die touristische Nachfrage in den meisten Zielgebieten der Bundesrepublik Deutschland rückläufig ist und nur durch einen qualitativen Ausbau der bestehenden Beherbergungskapazität stabilisiert werden kann.

In der Vergangenheit haben die Infrastrukturinvestitionen und die Tourismusförderung die touristische Entwicklung maßgeblich verstärkt. Um Entwicklungsimpulse zu geben, mochte diese Politik sinnvoll gewesen sein, heute ist sie in vielen Regionen nicht mehr nötig und teilweise kontraproduktiv. Sie hat ein hohes Maß an Beeinträchtigung und Zerstörung der Natur zur Folge, die wieder mit öffentlichen Mitteln saniert werden müssen (Institut für Höhere Studien, 1985). Die heutige Fremdenverkehrspolitik darf nicht an kurzfristigen Zielen und nicht nur an der Beseitigung von Engpässen, sondern sie sollte an langfristigen und gleichzeitig regional differenzierten Entwicklungszielen orientiert sein. Dazu gehört auch, daß vor der Schaffung neuer Fremdenverkehrseinrichtungen erst die Ausbau- und Verbesserungsmöglichkeiten bestehender Einrichtungen geprüft werden (vgl. BML, 1986).

Eine solche Strategie sollte einerseits landschaftsschonend angelegt sein und andererseits sparsam mit den finanziellen Mitteln umgehen. Eine möglichst umfassende Berücksichtigung regionaler Ressourcen, Eigenarten und Möglichkeiten kann dazu beitragen, wie die Vermeidung zu starker Konzentrationen von Fremdenverkehrseinrichtungen und wäre regionalpolitisch erwünscht.

2243. Im Zusammenhang mit dem Verzicht auf einseitig wachstums- und infrastrukturpolitisch ausgerichtete Fremdenverkehrspolitik sollte das Ziel stehen, Formen eines umweltschonenden Fremdenverkehrs stärker zu fördern. Hierzu gehört auch eine Erhöhung der finanziellen Mittel für die personelle zu Lasten der materiellen Infrastruktur. Empfehlenswert wäre z. B. die Einrichtung von Informationszentren in Naturparken und größeren Naturschutzgebieten, um sowohl über den Zusammenhang und die Konflikte zwischen Fremdenverkehr und Umwelt als auch über Geschichte, Kultur, Wirtschaft, Naturausstattung usw. des Gebietes zu unterrichten. Diese Informationen könnten auch zum besseren Verständnis der Region beitragen. Eine stärker auf die qualitative als auf die quantitative Entwicklung setzende Fremdenverkehrspolitik hätte zur Folge, daß intensiv genutzte Fremdenverkehrsregionen nur noch Fördermittel zur Verbesserung von Einrichtungen, aber nicht mehr für deren Erweiterung erhalten. Um die Konkurrenz zwischen den Fremdenverkehrsgemeinden einzuschränken, die häufig auch zu Lasten der Umwelt geht, ist eine Regionalisierung der Fremdenverkehrspolitik notwendig (Konzept der „regionalen Selbstverwirklichung", vgl. MAIER et al., 1987). Eine intensive Zusammenarbeit der Gemeinden innerhalb einer Region verringert ökologische und finanzielle Belastungen. Einzelne Gemeinden würden bestimmte, größere touristische Einrichtungen (z. B. Hallenbad, Skigebiete usw.) übernehmen und sie auch für die anderen Gemeinden vorhalten.

2244. Diesen Erfordernissen der Fremdenverkehrspolitik sollte unter anderem auch in den Förderungsgrundsätzen der Gemeinschaftsaufgabe „Verbesserung der regionalen Wirtschaftsstruktur" besser entsprochen werden.

Umweltschonender Tourismus

2245. Auf großes Interesse stoßen Vorstellungen oder Konzepte eines umweltschonenden oder „sanften" Tourismus. Nach REITH (1985) wird darunter allgemein ein Tourismus verstanden, der weitgehend auf mechanische oder technische Geräte und Einrichtungen verzichtet und die Erhaltung einer möglichst naturnahen Landschaft zum Ziele hat. Im einzelnen sind die Vorstellungen sehr vielfältig. HASSLACHER (1985) hat aus 103 Studien über dieses Thema 17 unterschiedliche, wenn auch in die gleiche Richtung zielende Begriffe herausgearbeitet, von denen neben sanftem oder alternativem Tourismus auch nicht-technisierter und umwelt- sowie sozialverträglicher Tourismus bzw. Fremdenverkehr erwähnt seien.

2246. Die Internationale Alpenschutzkommission (CIPRA, 1985) hat in ihrer „Deklaration von Chur 1984" eine auf weitgehendem Konsens beruhende Definition dieser Tourismusform gegeben, die hier wiederholt sei (zit. nach SCHEMEL et. al., 1987): „Die CIPRA versteht unter sanftem Tourismus einen Gästeverkehr, der gegenseitiges Verständnis des Einheimischen und Gastes füreinander schafft, die kulturelle Eigenart des besuchten Gebietes nicht beeinträchtigt und der Landschaft mit größtmöglicher Gewaltlosigkeit begegnet. Erholungsuchende im Sinne des „sanften Tourismus" benutzen vor allem die in einem Raum vorhandenen Einrichtungen der Bevölkerung mit und verzichten auf wesentliche zusätzliche landschaftsbelastende Tourismuseinrichtungen".

Die CIPRA sieht im „sanften Tourismus" die Chance, für die Zukunft im Erholungs- und Fremdenverkehrsraum der Alpen eine lebenswerte Umwelt sowohl für die einheimische Bevölkerung als auch für die Besucher zu erhalten.

2247. Trotz der großen Publizität dieser Tourismusform wird sie jedoch nur von einer relativ kleinen Gruppe von Fachleuten, Touristen, Kommunalpolitikern und Umweltschützern vertreten, und dies auch bisher mehr konzeptionell als in der Praxis. Analog zu den vom Rat in Abschnitt 1.2.3 diskutierten Unterschieden zwischen Umweltbewußtsein und tatsächlichem Umweltverhalten geht aus Befragungen von Touristen hervor, daß sie einem umweltschonenden Fremdenverkehr sehr zugeneigt sind und „Naturnähe", „Erholung in der freien Landschaft" oder „Ruhe" suchen. Die Fremdenverkehrsstatistik und einschlägige Beobachtungen zeigen jedoch, daß nach wie vor die großen Ferien- und Urlaubszentren mit ihren vielfältigen Freizeiteinrichtungen die bevorzugten Ziele der Reisenden sind. ELSASSER (1985) weist darauf hin, daß oft der gleiche Tourist sowohl „sanfte" (z. B. Wandern) als auch „harte" Formen (z. B. Alpenskifahren) ausübt. Es bedarf also noch erheblicher Aufklärung und Information, bis eine Änderung des Freizeitverhaltens eintritt und sich ein Wandel der Nachfragestruktur einstellt. Die bisherigen touristischen Nachfragegruppen sind offenbar nur bedingt zum Umdenken bereit. Erst wenn dieses in größerem Umfang einsetzt — was einen individuellen und gesellschaftlichen Wertewandel in bezug auf Freizeit- und Erholungsaktivitäten voraussetzt — wird sich touristische Angebot auf einen umweltschonenderen Fremdenverkehr umstellen.

2248. Der Rat begrüßt Ansätze zu einem umweltschonenden Tourismus und empfiehlt ihre Förderung, bedauert aber zugleich, daß in der Bundesrepublik bisher kaum praxisgerechte Beispiele eines solchen bekanntgeworden sind. Zwar folgen einige Fremdenverkehrsgemeinden mehr oder weniger intuitiv bereits entsprechenden Konzepten, aber es liegen noch zu wenig Erfahrungen über ihre Erfolge vor. Dagegen gibt es in Österreich, Italien (Südtirol) und in der Schweiz bereits „offizielle" Vorschläge und Planungen sowie auch einzelne Beispiele für einen umweltschonenden Fremdenverkehr (SCHEMEL et al., 1987). Schon 1981 hat die österreichische Raumordnungskonferenz entsprechende Strategien im Raumordnungskonzept angesprochen. Nach dem Tiroler Fremdenverkehrskonzept von 1982 werden Einrichtungen des nicht-technischen Fremdenverkehrs gefördert, und in den Grundlagen der Raumplanung in Vorarlberg wird 1983 dafür plädiert, möglichst große Bereiche des Berggebietes von Intensivverschließungen freizuhalten. Am weitesten geht das Landesentwicklungsprogramm der Provinz Bozen (Südtirol), in dem nicht nur der nicht-technisierte Tourismus als besonders förderungswürdig bezeichnet wird, sondern auch der Verzicht auf einen weiteren Ausbau von Zweitwohnungen sowie des Camping- und Appartement-Tourismus angesprochen ist.

Ähnliche Vorschläge sind bereits 1977 in einem Memorandum des Deutschen Alpenvereins enthalten, der im Sinne eines umweltschonenden Tourismus deutliche Beschränkungen für den Erholungsverkehr, das Siedlungswesen und die Anlage von Bergbahnen formuliert hat.

2249. Bei der Verwirklichung solcher Programme oder Vorschläge zeigt sich allerdings, daß man, von Einzelfällen abgesehen, über die Formulierung konsensfähiger Ziele noch nicht weit hinausgekommen ist. Bei der Ausweisung von Nutzungsgebieten und -flächen werden zwischen den Fachplanungs-Instanzen und den Nutzungsinteressenten immer wieder oft erhebliche Meinungsverschiedenheiten offenbar, die auch für die Zukunft einen hohen Abstimmungsbedarf erwarten lassen.

2250. Das zur Zeit bekannteste regionale Konzept eines umweltschonenden Tourismus ist für das Virgental (Osttirol) entwickelt worden. Dort war die Wirtschaftlichkeit der touristischen Nutzung infolge einer zu geringen Auslastung der relativ kurzen Sommersaison in Frage gestellt. Sie sollte durch den großtechnischen Ausbau eines Sommerskigebietes auf den Gletschern des Großvenediger-Gebietes verbessert werden, der auf erhebliche Einwände seitens des Umweltschutzes stieß. Um der Virgentaler Bevölkerung einen Verzicht auf das — auch wegen der zu erwartenden Überkapazitäten problematische — Gletscherski-Projekt zu erleichtern, haben der Österreichische und der Deutsche Alpenverein gemeinsam mit den örtlichen Fremdenverkehrsorganisationen und mit Unterstützung des Institutes für Höhere Studien in Wien 1980 einen Werbefeldzug für die Umstellung auf „sanften Tourismus" veranstaltet, um dem Virgental solche Besucher und Gäste zuzuführen, die die hervorragenden landschaftlichen Qualitäten im Sinne eines nicht-technisierten Freizeit- und Erholungsverkehrs nutzen wollen. Zugleich wurde damit eine Verlängerung und bessere Auslastung der Sommersaison angestrebt. So wurden z. B. hochalpine Skitourenwochen und Nachsaison-Bergtourenwochen organisiert und mit solchen sowie weiteren speziellen Angeboten alle Alpenvereinsmitglieder und besondere Zielgruppen wie nicht an Ferienzeiten gebundene Personen angesprochen (ROCHLITZ und HASSLACHER, 1986).

Mit diesen Aktionen wurde ein Zuwachs der Gästeübernachtungen von 40 % erzielt; doch fand das Konzept bei der Virgentaler Bevölkerung keine allgemeine Akzeptanz, und die Pläne für das Gletscherskigebiet und die damit verbundenen Straßen- und sonstigen Bauwerke wurden nicht aufgegeben, weil sie wirtschaftlich erfolgreicher erscheinen. Die überkommene Berglandwirtschaft, die jahrhundertelang sowohl die Existenz der Talbewohner erhalten als auch die Landschaft, vor allem ihre touristische Anziehungskraft geprägt hat, ist als alleinige wirtschaftliche Grundlage bei den heutigen Lebensansprüchen nicht mehr tragfähig und würde eine durchgreifende Modernisierung erfordern. Diese wird von den Verfechtern eines „sanften" Tourismus aber gerade abgelehnt, weil er das derzeitige Landschaftsbild einschließlich der traditionellen Nutzungs- und Siedlungsstruktur voraussetzt. Daran entzündet sich der Konflikt mit der ortsansässigen Bevölkerung. Ihr wird einerseits die Modernisierung der Berglandwirtschaft verwehrt, so daß sie um so mehr auf die Einkünfte aus dem Fremdenverkehr angewiesen ist. Andererseits traut sie einem umweltschonenden Fremdenverkehr nicht zu, daß er ihre Existenzsicherung langfristig gewährleistet, und strebt daher einen weiteren, technisch orientierten Ausbau der Freizeiteinrichtungen, d. h. einen eher „harten" Tourismus an.

2251. Aufgrund dieser Erfahrungen kommt ELSASSER (1985) zu dem Schluß, daß sich die Probleme des „harten" Tourismus durch eine Förderung des „sanften" Tourismus allein nicht lösen lassen. Statt dessen muß untersucht und erörtert werden, wie bestehende „harte" Tourismusformen aufgeweicht werden und wieweit „harte" und umweltschonende Tourismusformen sinnvoll kombiniert werden können. Dies ist Aufgabe einer aktiven, gestaltenden Freizeit- und Fremdenverkehrspolitik auf allen Ebenen, die sich allerdings auf genaue Untersuchungen der betroffenen Räume stützen muß. Gute Beispiele dafür — ebenfalls für den Alpenraum — liefern die im Rahmen des Beitrages der Bundesrepublik Deutschland durchgeführten Arbeiten zum internationalen Forschungsprogramm „Der Mensch und die Biosphäre (MAB 6)" in der Region Berchtesgaden. Hier wurden auf der Grundlage eines detaillierten landschaftsökologischen Informationssystems in Fallstudien die möglichen Auswirkungen von geplanten Olympischen Winterspielen in mehreren Varianten (SPANDAU, 1986) sowie die weitere Entwicklung des Sommertourismus (SPANDAU, 1987) untersucht und wichtige, praktische Entscheidungshilfen für die Fremdenverkehrspolitik daraus abgeleitet.

3.5.5 Schlußfolgerungen

2252. Wenn man vom sog. Abenteuer-Tourismus absieht, der die „Gefahren der Wildnis" sucht, setzt der landschaftsgebundene Fremdenverkehr ebenso wie die Erholung in der „freien Natur" abwechslungsreiche, erschlossene, gepflegt wirkende, aber dennoch naturbetonte Landschaften voraus, die möglichst auch durch bewegtes Relief oder Vorhandensein von Gewässern ausgezeichnet sein sollen. KIEMSTEDT (1967) hat bereits vor Jahren für Mitteleuropa solche Landschaften charakterisiert und ihren „Erholungswert" zahlenmäßig zu erfassen versucht. In der Regel ist eine solche Erholungslandschaft selbst im Bereich der Meeresküsten und der Hochgebirge eine Kulturlandschaft, die jedoch — um einen hohen Erlebniswert aufrechtzuerhalten — nicht zu intensiv genutzt, nicht zu dicht bewaldet und höchstens locker besiedelt sein darf. Die Gefahr der Entwertung durch zu intensive Nutzung oder zu dichte Überbauung droht aber auch durch den Freizeit-, Erholungs- und Fremdenverkehr selbst, vor allem wenn er sich zum Massenphänomen entwickelt. Er beeinträchtigt oder zerstört dann seine eigene landschaftliche Grundlage und damit sein „Kapital".

2253. Wie in Abschnitt 3.5.2 ausführlich dargelegt wurde, sind fast alle in der freien Landschaft ablaufenden Freizeit- und Erholungsaktivitäten und der Fremdenverkehr mit z. T. erheblichen Umweltbelastungen verbunden. Sie reichen von der Inanspruchnahme von Flächen, die anderen Nutzungen entzogen werden (z. B. für Freizeitwohnen, Camping, Skipisten), über die Beeinträchtigung von Gewässern durch Wassersport bis zur direkten Schädigung der Pflanzen- und Tierwelt durch mechanische oder chemische Einwirkungen (Trittbelastungen, Abfälle usw.). Die Umwelteinwirkungen hängen ab von der Art der Freizeit- oder Erholungsaktivität, vor allem aber von der Intensität ihrer Ausübung; sie sind am stärksten bei massenhafter Ausübung, die zeitlich zusammengedrängt auf relativ kleinen Flächen erfolgt.

2254. In der Regel vollziehen sich die durch Freizeit- und Erholungsaktivitäten bewirkten Umweltbeeinträchtigungen und -schädigungen in einem langfristigen, schleichenden Prozeß, der weder von den ausübenden Besuchern noch von den Ortsansässigen bzw. „Anbietern" immer als solcher frühzeitig erkannt und beachtet wird. Tradition und abstumpfende Gewohnheiten veranlassen nicht wenige Besucher, einem Freizeitgebiet oder Fremdenverkehrsort auch bei sinkenden Umweltqualitäten treu zu bleiben. Touristisch bedingte Belastungen der Alpen oder zunehmende Meeresverschmutzungen an Mittelmeerstränden werden oft nicht einmal wahrgenommen (Studienkreis für Tourismus, 1986) — ebensowenig wie offensichtliche Waldschäden und Luftbelastungen im Fichtelgebirge (MAIER und TROEGER-WEISS, zit. in MAIER et al., 1987). Dahinter steht die überwiegend „konsum-", d. h. verbrauchsorientierte Grundeinstellung gegenüber den Gütern von Natur und Landschaft, die als „Ware" gesehen werden; Freizeit gilt als „Konsumzeit" (FRITZ, 1984).

2255. Bei zunehmender Sensibilisierung für die Umwelt bahnen sich jedoch Verhaltensänderungen an. Langjährige Besucher beginnen, bestimmte Freizeitgebiete oder Fremdenverkehrsorte zu meiden. Die Zahl der Gäste nimmt ab oder ihre Zusammensetzung verschiebt sich in Richtung auf bezüglich der Umweltverhältnisse anspruchsloser Besucher, die dann in u. U. sogar größerer Zahl auftreten und die Umweltbelastung weiter verstärken. Das Ende einer solchen negativen Entwicklung kann ein degradiertes, z. T. irreversibel geschädigtes Gebiet in Form einer „Tourismusbrache" (analog zu einer Industriebrache) sein. Derartige Erscheinungen sind in der Bundesrepublik Deutschland bisher kaum zu verzeichnen, können aber nicht völlig ausgeschlossen werden.

2256. Der Rat ist der Auffassung, daß wegen dieser Gefahren neue Wege für Freizeit, Erholung und Tourismus gesucht werden müssen, sieht aber dafür mit MAIER et al. (1987) keine einheitliche Lösung und kein Patentrezept. KRIPPENDORF (1982) beschreibt diese neuen Wege als „umweltgerechten, den Bedürfnissen aller Beteiligten angepaßten Tourismus" und betont die Wichtigkeit der Beteiligung der Ortsansässigen bei Entscheidungen über die touristische Entwicklung. Er empfiehlt ferner, neue Vorschläge in Modellfällen zu überprüfen und die Ergebnisse sorgfältig auszuwählen.

2257. Als allgemeine Ziele sind Festlegungen von Obergrenzen der touristischen Entwicklung in bereits hochentwickelten Gebieten zu nennen, während in sich erst entwickelnden Gebieten nicht-technisierte Ausbauten und Einrichtungen bevorzugt werden sollten; dazu gehören auch die Förderung umweltfreundlicher Energien und eine stärkere Einbeziehung der regionalen Wirtschaft. Zur Lenkung zukünftiger Freizeit- und Fremdenverkehrsentwicklungen gehört auch die Beantwortung der Frage, ob zur Vermeidung von Umweltbelastungen eine örtliche Konzentration touristischer Einrichtungen oder aber eine räumliche Dispersion zweckmäßiger wäre. So ist es wichtig, in belasteten Bereichen bzw. Orten die Belastungen abzubauen; unter allen Umständen muß jedoch vermieden werden, dabei gleichzeitig belastungsfördernde Entwicklungen in bisher unbelastete Räume zu lenken (vgl. DANZ, 1980). Derartige Entscheidungen müssen differenziert vorgenommen werden, da wegen der Verschiedenartigkeit der Fremdenverkehrs-Einrichtungen und -Aktivitäten keine allgemeine Empfehlung gegeben werden kann. Wo größere Belastungen zu erwarten sind, müssen ökologisch orientierte Raumordnungsverfahren und in Zukunft auch Umweltverträglichkeitsprüfungen eingesetzt werden. Dies gilt insbesondere für Siedlungs- und flächenintensive Einrichtungen wie vielbesuchte Sportanlagen oder Hotelbauten.

2258. Es geht aber nicht nur um die Lenkung zukünftiger Aktivitäten von Freizeit und Tourismus zur Vermeidung von Umweltbelastungen, sondern auch um Minderung oder Abbau bereits eingetretener Beeinträchtigungen und Schädigungen von Natur und Landschaft. Programme und Pläne auf regionaler Ebene können dafür nur einen allgemeinen Rahmen setzen; die Mehrzahl der Maßnahmen fällt in die kommunale Zuständigkeit und hat sich an Einzelfällen auszurichten. Auch hier haben planerische Maßnahmen im Rahmen der Flächennutzungs- und Bebauungsplanung eine wesentliche und längerfristige Bedeutung. In diesem Rahmen können lokale Schutzzonen, insbesondere an Gewässern, ebenso wie Gebiete für neue Zweitwohnsitze, Camping- und Wohnwagenplätze ausgewiesen und sogar Gestaltungspläne für Fassaden usw. aufgestellt werden. Neben den planerischen Instrumenten ist zum Abbau touristisch bedingter Belastungen eine intensive Aufklärungs- und Informationsarbeit erforderlich, die sich sowohl an die ortsansässige Bevölkerung als auch an die Gäste richtet. Anreize zu umweltfreundlichem Verhalten sollten neben die unumgänglichen Gebote und Verbote treten, deren Einhaltung auch überwacht werden muß. Gefordert ist neben steuerlichen Maßnahmen, z. B. einer Zweitwohnsitz-Steuer, aber auch der Einsatz der öffentlichen Hand insbesondere bei der Beseitigung bereits eingetretener Umweltschäden.

2259. Dringend erforderlich ist es, daß die Gemeinden die Art und Schärfe der Konflikte zwischen Naturschutz und Landschaftspflege auf der einen, Erholung und Fremdenverkehr auf der anderen Seite erkennen und sich stärker als bisher den gefährdeten Schutzgütern zuwenden. Die erforderlichen Abwägungen zwischen ökologischen und touristischen Belangen erfordern der Berücksichtigung des Nutzungspotentiales bzw. des Bedarfes, der Belastbarkeit und des verfügbaren Steuerungspotentials. Der Erlaß von Satzungen, z. B. für Freizeitwohnsitze, gehört ebenso dazu wie die Gründung von Zweckverbänden zum Betreiben und Lenken bestimmter Freizeitaktivitäten. Ein großes Gewicht hat die Lenkung des Kraftfahrzeugverkehrs und seine Fernhaltung von Wander- und Ruhezonen; deren Qualität muß wiederum durch eine geschickte Trassierung von Wanderwegen gewährleistet werden. Andererseits ist aber auch die örtliche Wirtschaftsstruktur, insbesondere der Land- und Forstwirtschaft und des Gewerbes zu berücksichtigen. Durch Bündelung vieler Maßnahmen auf lokaler Ebene, wobei das Instrument des Landschaftsplanes eine geeignete Grundlage darstellt, kann der Schlüsselrolle der kommunalen Ebene in diesem Bereich Rechnung getragen werden. Denn auf der örtlichen Ebene fällt die Entscheidung darüber, ob Freizeit, Erholung und Tourismus dauerhaft mit der Erhaltung und Entwicklung von Natur und Landschaft vereinbar sein werden.

ANHANG

Erlaß über die Einrichtung eines Rates von Sachverständigen für Umweltfragen bei dem Bundesminister des Innern
Vom 28. Dezember 1971
(GMBl. 1972, Nr. 3, Seite 27)

§ 1

Zur periodischen Begutachtung der Umweltsituation und der Umweltbedingungen in der Bundesrepublik Deutschland und zur Erleichterung der Urteilsbildung bei allen umweltpolitisch verantwortlichen Instanzen sowie in der Öffentlichkeit wird im Einvernehmen mit den im Kabinettausschuß für Umweltfragen vertretenen Bundesministern ein Rat von Sachverständigen für Umweltfragen gebildet.

§ 2

(1) Der Rat von Sachverständigen für Umweltfragen soll die jeweilige Situation der Umwelt und deren Entwicklungstendenzen darstellen sowie Fehlentwicklungen und Möglichkeiten zu deren Vermeidung oder zu deren Beseitigung aufzeigen.

(2) Der Bundesminister des Innern kann im Einvernehmen mit den im Kabinettausschuß für Umweltfragen vertretenen Bundesministern Gutachten zu bestimmten Themen erbitten.

§ 3

Der Rat von Sachverständigen für Umweltfragen ist nur an den durch diesen Erlaß begründeten Auftrag gebunden und in seiner Tätigkeit unabhängig.

§ 4

(1) Der Rat von Sachverständigen für Umweltfragen besteht aus 12 Mitgliedern.

(2) Die Mitglieder sollen die Hauptgebiete des Umweltschutzes repräsentieren.

(3) Die Mitglieder des Rates von Sachverständigen für Umweltfragen dürfen weder der Regierung oder einer gesetzgebenden Körperschaft des Bundes oder eines Landes noch dem öffentlichen Dienst des Bundes, eines Landes oder einer sonstigen juristischen Person des öffentlichen Rechts, es sei denn als Hochschullehrer oder als Mitarbeiter eines wissenschaftlichen Instituts angehören. Sie dürfen ferner nicht Repräsentant eines Wirtschaftsverbandes oder einer Organisation der Arbeitgeber oder Arbeitnehmer sein oder zu diesen in einem ständigen Dienst- oder Geschäftsbesorgungsverhältnis stehen; sie dürfen auch nicht während des letzten Jahres vor der Berufung zum Mitglied des Rates von Sachverständigen für Umweltfragen eine derartige Stellung innegehabt haben.

§ 5

Die Mitglieder des Rates werden vom Bundesminister des Innern im Einvernehmen mit den im Kabinettausschuß für Umweltfragen vertretenen Bundesministern für die Dauer von drei Jahren berufen. Die Mitgliedschaft ist auf die Person bezogen. Wiederberufung ist höchstens zweimal möglich. Die Mitglieder können jederzeit schriftlich dem Bundesminister des Innern gegenüber ihr Ausscheiden aus dem Rat erklären.

§ 6

(1) Der Rat von Sachverständigen für Umweltfragen wählt in geheimer Wahl aus seiner Mitte für die Dauer von drei Jahren einen Vorsitzenden und einen stellvertretenden Vorsitzenden mit der Mehrheit der Mitglieder. Einmalige Wiederwahl ist möglich.

(2) Der Rat von Sachverständigen für Umweltfragen gibt sich eine Geschäftsordnung. Sie bedarf der Genehmigung des Bundesministers des Innern im Einvernehmen mit den im Kabinettausschuß für Umweltfragen vertretenen Bundesministern.

§ 7

(1) Der Vorsitzende beruft schriftlich den Rat zu Sitzungen ein; er teilt dabei die Tagesordnung mit. Den Wünschen der im Kabinettausschuß für Umweltfragen vertretenen Bundesminister auf Beratung bestimmter Themen ist Rechnung zu tragen.

(2) Auf Wunsch des Bundesministers des Innern hat der Vorsitzende den Rat einzuberufen.

(3) Die Beratungen sind nicht öffentlich.

§ 8

Der Rat von Sachverständigen für Umweltfragen kann im Einvernehmen mit dem Bundesminister des Innern zu einzelnen Beratungsthemen andere Sachverständige hinzuziehen.

§ 9

Die im Kabinettausschuß für Umweltfragen vertretenen Bundesminister sind von den Sitzungen des Rates und den Tagesordnungen zu unterrichten; sie und ihre Beauftragten können jederzeit an den Sitzungen des Rates teilnehmen. Auf Verlangen ist ihnen das Wort zu erteilen.

§ 10

(1) Der Rat von Sachverständigen für Umweltfragen legt die Ergebnisse seiner Beratungen in schriftlichen Berichten nieder, die er über den Bundesminister des

Innern den im Kabinettausschuß für Umweltfragen vertretenen Bundesministern zuleitet.

(2) Wird eine einheitliche Auffassung nicht erzielt, so sollen in dem schriftlichen Bericht die unterschiedlichen Meinungen dargelegt werden.

(3) Die schriftlichen Berichte werden grundsätzlich veröffentlicht. Den Zeitpunkt der Veröffentlichung bestimmt der Bundesminister des Innern.

§ 11

Die Mitglieder des Rates und die von ihm nach § 8 hinzugezogenen Sachverständigen sind verpflichtet, über die Beratungen und über den Inhalt der dem Rat gegebenen Informationen, soweit diese ihrer Natur und Bedeutung nach geheimzuhalten sind, Verschwiegenheit zu bewahren.

§ 12

Die Mitglieder des Rates von Sachverständigen für Umweltfragen erhalten pauschale Entschädigungen sowie Ersatz ihrer Reisekosten. Diese werden vom Bundesminister des Innern im Einvernehmen mit dem Bundesminister für Wirtschaft und Finanzen festgesetzt.

§ 13

Das Statistische Bundesamt nimmt die Aufgaben einer Geschäftsstelle des Rates von Sachverständigen für Umweltfragen wahr.

Bonn, den 28. Dezember 1971

Der Bundesminister des Innern
Genscher

Literaturverzeichnis

(Die Überschriften entsprechen den Kapiteln des Gutachtens)

1.1 Grundbegriffe der Umweltpolitik

BACHMANN, G. (1985): Bodenschutz. Überlegungen zur Einbeziehung in Schutzkonzepte. — Berlin: Univ.-Bibl. der TU. — Landschaftsentwicklung und Umweltforschung. Nr. 28.

DIETRICH, W. (1953): Forstwirtschaftspolitik. — Hamburg: Parey.

GERTBERG, W. (1987): Anforderung an ein Informationssystem Landwirtschaft aus der Sicht des SRU. — Mitteilungen der Deutschen Bodenkundlichen Gesellschaft. Bd. 53, S. 27–33.

KIEMSTEDT, H. (1979): Methodischer Stand und Durchsetzungsprobleme ökologischer Planung. — In: Die ökologische Orientierung der Raumplanung. — Hannover. — Forschungs- und Sitzungsberichte der Akademie für Raumforschung und Landesplanung, Bd. 131, S. 46ff.

Ministerie van Volkshuisvesting en Ruimtelijke Ordening (1978): 9. Naar een Globaal Ecologisch Model voor de ruimtelijke ontwikkeling van Nederland, deel 1. — studierapporten Rijks Planologische Dienst. — ISBN 90-12-02147-2.

PARTZSCH, D. (1970): Daseinsgrundfunktionen. — In: Handwörterbuch der Raumforschung und Raumordnung, Bd. I, S. 424–430. — Hannover: Jänecke.

PAWLOWSKI, H.-M. (1986): Wege zu einem neuen Grundverständnis — Probleme der „Steuerung durch Gesetze". — In: WILDENMANN, R. (Hrsg.): Umwelt, Wirtschaft, Gesellschaft: Wege zu einem neuen Grundverständnis. — Kongreß Zukunftschancen eines Industrielandes. — S. 317–331.

SALZWEDEL, J. (1981): Probleme einer inneren Harmonisierung des deutschen Umweltrechts. — In: Dokumentation zur 5. wissenschaftlichen Fachtagung der Gesellschaft für Umweltrecht e. V. — Berlin: E. Schmidt. — S. 35.

Siemens AG (1986): Umweltschutz — Versuch einer Systemdarstellung. — Berlin: Selbstverl. — 52 S.

SPEER, J. (1960): Forstpolitik. — In: Fortschritte in der Forstwirtschaft. — München: BLV, S. 271.

SRU (1974): Umweltgutachten 1974. — Stuttgart: Kohlhammer.

SRU (1978): Umweltgutachten 1978. — Stuttgart: Kohlhammer.

SRU (1985): Umweltprobleme der Landwirtschaft (Sondergutachten). — Stuttgart: Kohlhammer.

STEIGER, H. (1982): Begriff und Geltungsebenen des Umweltrechts. — In: SALZWEDEL, J. (Hrsg.): Grundzüge des Umweltrechts. — Berlin: E. Schmidt. — Beiträge zur Umweltgestaltung — Bd. A 80. — S. 1–20.

THIENEMANN, A. F. (1956): Leben und Umwelt. Vom Gesamthaushalt der Natur. — Hamburg: Rowohlt.

UEXKÜLL, J. von (1909): Umwelt und Innenwelt der Tiere. — 2. Auflage. — Berlin: Springer.

WEBER, H. (1937): Zur neueren Entwicklung der Umweltlehre J. v. Uexkülls. — Die Naturwissenschaften 25, 97–104.

WEBER, H. (1939): Zur Fassung und Gliederung eines allgemeinen biologischen Umweltbegriffes. — Die Naturwissenschaften 27, 633–649.

1.2 Umweltbewußtsein und Umweltverhalten

Billig, Briefs & Partner (Gesellschaft für sozialwissenschaftliche Forschung, Beratung und Planung) (1985): Die Berichterstattung der Umweltthematik in ausgewählten Zeitungen 1983 und 1984. — Köln.

BÖRG, W., MATHEISEN, J., VOLTENAUER-LAGEMANN, M. (1983): Untersuchung des Umweltbewußtseins der Bevölkerung im Hinblick auf die Bewertung des Umweltzustandes. — Forschungsbericht des Sozialdata-Institut für Verkehrs- und Strukturforschung, München.

BÖRG, W., MATHEISEN, J., VOLTENAUER-LAGEMANN, M. (1984): Motivierung zu umweltbewußtem Verhalten. — Forschungsbericht des Sozialdata-Institut für Verkehrs- und Infrastrukturforschung, München.

Deutscher Bundestag (1985/86): Bundestag-Drucksachen 10/2937; 10/3022; 10/5844.

DIERKES, M. (1982): Wissenschaft genießt Vertrauen. — Rheinischer Merkur/Christ und Welt, Nr. 84 vom 26. November 1982.

DIERKES, M. (1986): Mensch, Gesellschaft, Technik: Auf dem Weg zu einem neuen gesellschaftlichen Umgang mit Technik. — In: WILDENMANN, R. (Hrsg.): Umwelt, Wirtschaft, Gesellschaft: Wege zu einem neuen Grundverständnis. — Kongreß „Zukunftschancen eines Industrielandes". — S. 41–59.

DIERKES, M., THIENEN, V. von (1982): Strategien und Defizite bei der politischen Behandlung technischer Risiken. Ein Problemaufriß. — In: BECKER, U. (Hrsg.): Staatliche Gefahrenabwehr in der Industriegesellschaft. — Bonn: Dt. Sektion d. Internat. Inst. für Verwaltungswissenschaft.

DIERKES, M., PETERMANN, Th., THIENEN, V. von (1986): Technik und Parlament — Technikfolgen-Abschätzung: Konzepte, Erfahrungen, Chancen. — Berlin: edition sigma.

DIERKES, M., FIETKAU, H.-J. (1987): Umweltbewußtsein — Umweltverhalten. — Stuttgart: Kohlhammer. — Materialien zur Umweltforschung (in Vorber.).

DÖRNER, D., KREUZIG, H. W., REITHER, F., STÄNDEL, T. (Hrsg.): Lohausen (1983): Vom Umgang mit Unbestimmtheit und Komplexität. — Berlin: Huber.

Emnid-Institut (1985): Privater Umweltschutz. — Kommentarteil. — Bielefeld.

FIETKAU, H.-J. (1984): Bedingungen ökologischen Handelns. — Weinheim: Beltz.

FIETKAU, H.-J. (1985): Zum Beispiel Umweltschutz: Die Industrie im Netzwerk gesellschaftlicher Werturteile. — Wissenschaftszentrum Berlin. — IIUG dp 85—19.

FIETKAU, H.-J., KESSEL, H. (1981): Umweltlernen. Veränderungsmöglichkeiten des Umweltbewußtseins — Modell, Erfahrungen. — Königstein/Ts.: Hain.

FIETKAU, H.-J., KESSEL, H., TISCHLER, W. (1982): Umwelt im Spiegel der öffentlichen Meinung. — Frankfurt/M.: Campus.

FIETKAU, H.-J., MATSCHUK, H., MOSER, H., SCHULZ, W. (1986): Waldsterben: Urteilsgewohnheiten und Kommunikationsprozesse — Ein Erfahrungsbericht. — Wissenschaftszentrum Berlin. — IIUG rep. 86—6.

IfD (Institut für Demoskopie Allensbach) (1984): Wirtschaft und Umweltschutz.

IfJ (Institut für Jugendforschung) (1982): Jugend und Umweltschutz — Ergebnisbericht. — München.

INGLEHART, R. (1977): The Silent Revolution. Change and Political Styles in Western Publics. — Princton: Princton Univ. Pr.

Ipos (Institut für praxisorientierte Sozialforschung) (1984): Meinungen zum Umweltschutz. — Mannheim.

Ipos (Institut für praxisorientierte Sozialforschung) (1986): Einstellungen zu aktuellen Fragen der Innenpolitik 1986. — Mannheim.

KESSEL, H., ZIMMERMANN, K. (1983): Zur „Wert"-Schätzung öffentlicher Ausgaben. — Zeitschrift für Parlamentsfragen 3, 371—391.

KESSEL, H., TISCHLER, W. (1984): Umweltbewußtsein — Ökologische Wertvorstellungen in westlichen Industrienationen. — Berlin: edition sigma.

Kommission der Europäischen Gemeinschaften (1983): Die Europäer und ihre Umwelt. — Eurobarometer 18. — Brüssel.

MASLOW, A. H. (1954): Motivation and Personality. — New York: Harper.

MÜLLER, E. (1983): Politisch-administrative Voraussetzungen für rohstoff- und umweltschonendes Verbraucherverhalten. — Rehburg-Loccum: Evang. Akad. Loccum. — Loccumer Protokolle 13, S. 344—351.

MÜNCH, E., RENN, O. (1980/81): Sicherheit für Technik und Gesellschaft — Theorie und Wahrnehmung des Risikos. — Jahresbericht 1980/81 der KFA Jülich.

SRU (1978): Umweltgutachten 1978. — Stuttgart: Kohlhammer.

TAMPE-OLOFF, M. (1985): Zur Komplexität als Hindernis problemorientierter Reaktion auf das Waldsterben. — Diss. Univ. Freiburg. (unveröffentl.).

1.3 Handeln zum Schutz der Umwelt

AGU (Arbeitsgemeinschaft für Umweltfragen e. V.) (Hrsg.) (1986): Umweltstandards — Findungs- und Entscheidungsprozeß. — In: Das Umweltgespräch. — Bonn. — AGU-Nr.-29.

BAUMOL, W.J., OATES, W. (1971): The Use of Standards and Prices for Protection of the Environment. — Swedish Journal of Economics, vol. 73, 42—54.

BMI (1984): Erster Teilbericht der Arbeitsgruppe der Bundesressorts und des Bund/Länder-Arbeitskreises „Ökonomische Instrumente im Immissionsschutz" unter Vorsitz des BMI, vom 22. März 1984.

BMI (1985): Zweiter Teilbericht der Arbeitsgruppe der Bundesressorts und des Bund/Länder-Arbeitskreises „Ökonomische Instrumente im Immissionsschutz" unter Vorsitz des BMI, vom 28. November 1985.

BONUS, H. (1986a): Eine Lanze für den Wasserpfennig — Wider die Vulgärform des Verursacherprinzips. — Wirtschaftsdienst 66 (9), 451—455.

BONUS, H. (1986b): Don Quichotte, Sancho Pansa und der Wasserpfennig. — Wirtschaftsdienst 66 (12), 625—629.

BRÖSSE, U. (1986): Wasserzins statt Wasserpfennig! — Wirtschaftsdienst 66 (11), 566—569.

Bundesregierung (1975): Grundsätze für die Prüfung der Umweltverträglichkeit öffentlicher Maßnahmen des Bundes. — Gemeinsames Ministerialblatt, S. 717f.

BUNGE, Th. (1986): Die Umweltverträglichkeitsprüfung im Verwaltungsverfahren: zur Umsetzung der Richtlinie d. Europ. Gemeinschaften vom 27. Juni 1985 (85/337/EWG) in der Bundesrepublik Deutschland. — Köln: Bundesanzeiger Verl. — Bundesanzeiger 38, Nr. 145a.

CANSIER, D. (1975): Ökonomische Grundprobleme der Umweltpolitik. — Berlin: E. Schmidt. — Beiträge zur Umweltgestaltung, Heft A 43, S. 108.

CANSIER, D. (1986): Zur Reform des Instrumentariums der deutschen Luftgütepolitik: flexible Auflagen, Abgaben und Subventionen. — In: WILDENMANN, R. (Hrsg.): Umwelt, Wirtschaft, Gesellschaft: Wege zu einem neuen Grundverständnis. — Kongreß „Zukunftschancen eines Industrielandes". — S. 208—221.

Chem Systems International Ltd. (1986): Studie über die von der Mineralölindustrie der Mitgliedstaaten zur Einhaltung der gesetzlichen Umweltvorschriften zu tragenden Kosten. — Im Auftrage der Kommission der Europ. Gemeinschaften. — SEK (86) 1527.

COASE, R. (1960): The Problem of Social Cost. — Journal of Law and Economics 3, 1—44.

CUPEI, J. (1986): Umweltverträglichkeitsprüfung (UVP). — Köln: C. Heymanns, S. 45 ff.

Deutscher Bundestag (1983): Bundestag-Drucksache 10/613 und Plenarprotokoll 10/83, S. 2656 ff.

EKD (1985): Verantwortung wahrnehmen für die Schöpfung. Gemeinsame Erklärung des Rates der Evangelischen Kirche in Deutschland und der Deutschen Bischofskonferenz. — Gütersloh: Mohn.

ENDRES, A. (1985): Umwelt- und Ressourcenökonomie. — Darmstadt: Wiss. Buchges. — Erträge der Forschung, Bd. 229, S. 47 ff.

Europäische Gemeinschaften (1985): Richtlinie des Rates vom 27. Juni 1985 über die Umweltverträglichkeitsprüfung bei bestimmten öffentlichen und privaten Projekten (85/337/EWG). — Amtsblatt der Europäischen Gemeinschaften Nr. L 175 vom 5. Juli 1985, S. 40 ff.

EWRINGMANN, D., SCHAFHAUSEN, F. (1985): Abgaben als ökonomischer Hebel in der Umweltpolitik. — Berlin: E. Schmidt. — UBA-Berichte 8/85.

GILLWALD, K. (1983): Umweltqualität als sozialer Faktor. Zur Sozialpsychologie der natürlichen Umwelt. — Frankfurt/M.: Campus, S. 11.

HARTKOPF, G., BOHNE, E. (1983): Umweltpolitik. Bd. 1: Grundlagen, Analysen und Perspektiven. — Opladen: Westdt. Verl., S. 451—460.

KLEMMER, P. (1983): Anwendungsmöglichkeiten für Produktabgaben. — In: Deutsche Stiftung für Umweltpolitik (Hrsg.): Umweltpolitisches Gespräch: Ökonomische Instrumente der Umweltpolitik. — Bonn. — S. 85—99.

KLEMMER, P. (1985): Sondervermögen „Arbeit und Umwelt": Eine kritische Würdigung. — Wirtschaftsdienst 65 (11), 559 ff.

KLEMMER, P. (1988): Umweltpolitik. Eine umweltökonomische Einführung. (in Vorber.)

Landesanstalt für Umweltschutz Baden-Württemberg (Hrsg.) (1979): Umweltqualitätsbericht Baden-Württemberg. — Karlsruhe.

Landesanstalt für Umweltschutz Baden-Württemberg (Hrsg.) (1983): Zweiter Umweltqualitätsbericht Baden-Württemberg. — Karlsruhe.

Leitlinien Umweltvorsorge (1986): Leitlinien der Bundesregierung zur Umweltvorsorge durch Vermeidung und stufenweise Verminderung von Schadstoffen. Hrsg.: BMU. — Bonn. — Umweltbrief Nr. 33.

OLIGMÜLLER, P., SCHMIDT, G. (1986): Das Sanierungskonzept der TA Luft — Probleme beim Vollzug. — Zeitschrift für Energiewirtschaft, (4), S. 264—267.

RADERMACHER, W. (1987): Statistisches Bodeninformationssystem. — Wiesbaden: Statistisches Bundesamt. — Schriftenreihe: Ausgewählte Arbeitsunterlagen zur Bundesstatistik. H. 2.

REHBINDER, E., SPRENGER, R.-U. (1985): Möglichkeiten und Grenzen der Übertragbarkeit neuer Konzepte der US-amerikanischen Luftreinhaltepolitik in den Bereich der deutschen Umweltpolitik. — Berlin: E. Schmidt. — UBA-Berichte 9/85.

SCHEELE, M., SCHMITT, G. (1986): Der „Wasserpfennig": Richtungsweisender Ansatz oder Donquichoterie. — Wirtschaftsdienst 66 (11), 570—574.

SIEBERT, H. (1982): Instrumente der Umweltpolitik. Die ökonomische Perspektive. — In: MÖLLER, H., OSTERKAMP, R., SCHNEIDER, W. (Hrsg.): Umweltökonomik. — Königstein/Ts.: Hain. — S. 284—294. — Neue wissenschaftliche Bibliothek, 107.

SIEBERT, H. (1985): TA-Luft '85: Eine verfeinerte Politik des einzelnen Schornsteins. — Wirtschaftsdienst 65 (9), 452 ff.

SRU (1974 a): Die Abwasserabgabe (Sondergutachten). — Stuttgart: Kohlhammer.

SRU (1974 b): Umweltgutachten 1974. — Stuttgart: Kohlhammer.

SRU (1978): Umweltgutachten 1978. — Stuttgart: Kohlhammer.

SRU (1980): Umweltprobleme der Nordsee (Sondergutachten). — Stuttgart: Kohlhammer.

SRU (1983): Waldschäden und Luftverunreinigungen (Sondergutachten). — Stuttgart: Kohlhammer.

SRU (1985 a): Umweltprobleme der Landwirtschaft (Sondergutachten). — Stuttgart: Kohlhammer.

SRU (1985 b): Stellungnahme zum Antrag der SPD-Bundestagsfraktion auf Einrichtung eines Sondervermögens „Arbeit und Umwelt". — September 1985 (unveröffentl.).

SRU (1987): Zur Umsetzung der EG-Richtlinie über die Umweltverträglichkeitsprüfung in das nationale Recht (Stellungnahme). — Bonn: Der Bundesminister für Umwelt, Naturschutz und Reaktorsicherheit. — Der Bundesminister für Umwelt, Naturschutz und Reaktorsicherheit informiert.

SUMMERER, S. (1987): UVP und gesellschaftliche Umweltziele. — In: Umsetzung der EG-Richtlinie zur UVP; 148. Seminar der Forschungsgemeinschaft für Umweltrecht vom 2.—3. Februar 1987. S. 8—11. — (zu beziehen über Forschungsgemeinschaft für Umweltrecht).

UBA (1984): Daten zur Umwelt 1984. — Berlin.

UBA (1986): Daten zur Umwelt 1986/87. — Berlin.

WEIZSÄCKER, C. von, WEIZÄCKER, E.-U. von (1986): Fehlerfreundlichkeit als Evolutionsprinzip und Kriterium der Technikbewertung. — Universitas 41, 791—799.

WICKE, L. (1982): Umweltökonomie. — München: Vahlen. 219 ff.

ZIMMERMANN, H. (1984): Ökonomische Anreizinstrumente in der Umweltpolitik — Einsatzbegründung, Formen sowie die Wirkungen in verschiedenen Typen von Verdichtungsgebieten. — Ruhr-Forschungsinstitut für Innovations- und Strukturpolitik e. V. Bochum. — RUFIS Nr. 4/1984.

ZIMMERMANN, H., HENKE, K.-D. (1987): Einführung in die Finanzwissenschaft, 5. Aufl. — München: Vahlen.

1.4 Ökonomische Aspekte des Umweltschutzes

BINSWANGER, H. Ch. et al. (1983): Arbeit ohne Umweltzerstörung. — Frankfurt/M.: Fischer.

BRABÄNDER, H. D. (1983): Ökonomische Evaluierung von Immissionsschäden am Wald. — Allgemeine Forst Zeitschrift 30, 776—778.

DÄSSLER, H.-G. (Hrsg.) (1976): Einfluß von Luftverunreinigungen auf die Vegetation. Ursachen — Wirkungen — Gegenmaßnahmen. — Jena: G. Fischer. (2. Aufl. — 1981).

DETHLEFSEN, V. (1981): Untersuchungen über die Häufigkeit und das Vorkommen von Fischkrankheiten in der Deutschen Bucht. — Bundesforschungsanstalt für Fischerei, Institut für Küsten- und Binnenfischerei. — Cuxhaven.

ENDRES, A. (1982): Ökonomische Grundprobleme der Messung sozialer Kosten. — Konstanz: Fak. für Wirtschaftswiss. u. Statistik, Univ. — List Forum, Bd. 11, S. 251—269.

EWERS, H.-J. (1986a): Grundlagen der monetären Bewertung eines komplexen Umweltschadens, dargestellt am Beispiel des Waldsterbens. — In: Zur monetären Bewertung von Umweltschäden. Methodische Untersuchung am Beispiel der Waldschäden. — Berlin: E. Schmidt. — UBA-Berichte 4/86. S. 1—01 bis 1—38.

EWERS, H.-J. (1986b): Zur Monetarisierung der Waldschäden in der Bundesrepublik Deutschland. — In: Kosten der Umweltverschmutzung. — Berlin: E. Schmidt. — UBA-Berichte 7/86, S. 121—143.

EWERS, H.-J., SCHULZ, W. (1982): Die monetären Nutzen gewässergüteverbessernder Maßnahmen — dargestellt am Beispiel des Tegeler Sees in Berlin. — Berlin: E. Schmidt. — UBA-Berichte 3/82.

FBW (Forschungsbeirat Waldschäden/Luftverunreinigungen) (1986): 2. Bericht, Mai 1986. — Zu beziehen bei: Kernforschungszentrum Karlsruhe GmbH, Literaturabt.

GÄFGEN, G. (1985): Ökonomie und Ökologie — Gegensätze und Vereinbarkeiten. — In: WILDENMANN, R. (Hrsg.): Umwelt, Wirtschaft, Gesellschaft: Wege zu einem neuen Grundverständnis. — Kongreß „Zukunftschancen eines Industrielandes".

GLÜCK, K. (1986): Zur monetären Bewertung volkswirtschaftlicher Kosten des Lärms. — In: Kosten der Umweltverschmutzung. — Berlin: E. Schmidt. — UBA-Berichte 7/86, S. 187—197.

GLÜCK, K., KOPPEN, G.-F., KRASSER, G. (1982): Ansätze zur Bewertung des Nutzens von alternativen lärmmindernden Maßnahmen einschließlich des Nutzens ihrer Nebenwirkungen in innerstädtischen Bereichen. — München. Pilotstudie im Auftrag des UBA.

GUDERIAN, R. (1986): Möglichkeiten zur Erfassung und Bewertung von Immissionswirkungen auf Pflanzen. — In: Kosten der Umweltverschmutzung. — Berlin: E. Schmidt. — UBA-Berichte 7/86, S. 101—120.

HAMER, G. (1986): Satellitensysteme im Rahmen der Weiterentwicklung der Volkswirtschaftlichen Gesamtrechnungen. — In: HANAU, K., HUJER, R., NEUBAUER, W. (Hrsg.): Wirtschafts- und Sozialstatistik. — Göttingen: Vandenhoeck & Ruprecht. S. 60—80.

HEINZ, I. (1980): Volkswirtschaftliche Kosten durch Luftverunreinigungen. — Dortmund: Verkehrs- und Wirtschaftsverl. (2. Auflage 1983).

HEINZ, I. (1984): Trinkwasserversorgung bei steigenden Umweltbelastungen. Verfahrenstechnische und finanzielle Konsequenzen für Trinkwassergewinnung und -aufbereitung. — Berlin: E. Schmidt. — Wasser und Abwasser in Forschung und Praxis, Bd. 19.

HEINZ, I. (1986): Zur ökonomischen Bewertung von Materialschäden durch Luftverschmutzung. — In: Kosten der Umweltverschmutzung. — Berlin: E. Schmidt. — UBA-Berichte 7/86, S. 83—95.

Ifo-Institut (1985): Mehr Arbeit durch Umweltschutz? — Stellungnahme des Ifo-Instituts für Wirtschaftsforschung zur Anhörung des Bundestagsausschusses für Wirtschaft am 14. Oktober 1985 in Bonn zum Antrag der SPD-Fraktion Sondervermögen „Arbeit und Umwelt" (Bundestags-Drs. 10/1722). — München.

KAPP, K. W. (1950): The social costs of private enterprise. — Cambridge/Mass.: Harvard Univ. Pr.

KLAUS, J. (1986): Kosten der Verschmutzung von Flüssen und Seen. — In: Kosten der Umweltverschmutzung. — Berlin: E. Schmidt. — UBA-Berichte 7/86, S. 219—241.

KLAUS, J., VAUTH, W. (1977): Studie über Wirtschaftlichkeitsüberlegungen in Flußgebietsmodellen. — Hrsg. vom Bundesmin. des Innern. — Bonn.

KLEMMER, P. (1987): Umweltschutz und Bautätigkeit. Erste Erfahrungen und Zukunftsperspektiven. — ifo-schnelldienst (20), 21 ff.

KÖHLER, A. (1985): Arbeitslose für den Umweltschutz? — Zeitschrift für Umweltpolitik 8 (1), 29—44.

LEIPERT, Ch. (1986): Sozialproduktkritik, Nettowohlfahrtsmessung und umweltbezogene Rechnungslegung — Historische Entwicklung und alternative Forschungslinien. — Zeitschr. für Umweltpolitik und Umweltrecht 9 (3), 281—299.

LIEBENOW, H. (1971): Die Bedeutung der Immissionen für Pflanzen- und Tierbestände. — Monatshefte für Veterinärmedizin 26, 106—111.

MARBURGER, E. A. (1977): Zur direkten Bewertung volkswirtschaftlicher Zusatzkosten in Form gesundheitlicher Schäden durch Abgasimmissionen des Straßenverkehrs. — Zeitschrift für Verkehrswissenschaft 48, 195 ff.

MARBURGER, E. A. (1986): Zur ökonomischen Bewertung gesundheitlicher Schäden durch Luftverschmutzung. — In: Kosten der Umweltverschmutzung. — Berlin: E. Schmidt. — UBA-Berichte 7/86, S. 51—62.

POMMEREHNE, W. (1986): Der monetäre Wert einer Flug- und Straßenlärmreduktion: Eine empirische Analyse auf der Grundlage individueller Präferenzen. — In: Kosten der Umweltverschmutzung. — Berlin: E. Schmidt. — UBA-Berichte 7/86, S. 119—213.

REIDENBACH, M. (1985): Die Umweltschutzausgaben des öffentlichen Bereiches. Probleme der Erfassung sowie Darstellung der Ausgaben und ihrer Finanzierung 1971 bis 1981. — Berlin: E. Schmidt. — UBA-Berichte 2/85.

RYLL, A., SCHÄFER, D. (1986a): Bausteine für eine monetäre Umweltberichterstattung. — Zeitschrift für Umweltpolitik und Umweltrecht 9 (2), 105—135.

RYLL, A., SCHÄFER, D. (1986b): Aktualisierte Ergebnisse zum Anlagevermögen und zu Ausgaben für Umweltschutz 1975—1985, (7. November 1986). — Zum Aufsatz: Bausteine für eine monetäre Umweltberichterstattung. — Bezug durch Stat. Bundesamt.

RYLL, A., SCHÄFER, D. (1987): Satellitensysteme Umwelt. — In: REICH, U.-P., STAHMER, C. u. a.: Satellitensysteme zu den Volkswirtschaftlichen Gesamtrechnungen. Hrsg.: Statistisches Bundesamt. — Stuttgart: Kohlhammer. — Schriftenreihe Forum der Bundesstatistik, Bd. 6 (in Vorbereitung).

SCHÄFER, D. (1986): Anlagevermögen für Umweltschutz. — Wirtschaft und Statistik, 3, 214—223.

SCHÄFER, D. (1987): Aufkommen und Verwendung von Entsorgungsleistungen. — In: REICH, U.-P., STAHMER, C. u. a.: Satellitensysteme zu den Volkswirtschaftlichen Gesamtrechnungen. Hrsg.: Statistisches Bundesamt. — Stuttgart: Kohlhammer. — Schriftenreihe Forum der Bundesstatistik, Bd. 6 (in Vorbereitung).

SCHULZ, W. (1985a): Der monetäre Wert besserer Luft. Eine empirische Analyse individueller Zahlungsbereitschaften und ihrer Determinanten auf der Basis von Repräsentativumfragen. — Frankfurt/M.: P. Lang.

SCHULZ, W. (1985b): Bessere Luft, was ist sie uns wert? Eine gesellschaftliche Bedarfsanalyse auf der Basis individueller Zahlungsbereitschaften. — Berlin: E. Schmidt. — UBA-Texte 25/85.

SCHULZ, W., WICKE, L. (1987): Der ökonomische Wert der Umwelt. — Zeitschrift für Umweltpolitik und Umweltrecht 10 (2), 109—155.

SIEBERT, H. (1978): Ökonomische Theorie der Umwelt. — Tübingen: Mohr.

SINDEN, J. A., WORRELL, A. C. (1979): Unpriced values. Decisions without market prices. — New York: Wiley.

SPRENGER, R.-U. (1985): Umweltschutz und Beschäftigung. — In: Tagungsunterlagen zum 130. Seminar des FGU Berlin (28./29. November 1985) „Chancen für Arbeitsmarkt und Wirtschaft durch Umweltschutz".

SPRENGER, R.-U. (1986): Umwelttechnik. Traditionsreicher Markt mit neuen Konturen. — ifo-schnelldienst (5), 3 ff.

SPRENGER, R.-U., KNÖDGEN, G. (1983): Struktur und Entwicklung der Umweltschutzindustrie in der Bundesrepublik Deutschland. — Berlin: E. Schmidt. — UBA-Berichte 9/83.

SRU (1978): Umweltgutachten 1978. — Stuttgart: Kohlhammer.

SRU (1983): Waldschäden und Luftverunreinigungen (Sondergutachten). — Stuttgart: Kohlhammer.

STAHMER, C. (1987): Umweltberichterstattung im Rahmen der Volkswirtschaftlichen Gesamtrechnungen. — In: Statistisches Bundesamt (Hrsg.): Statistische Umweltberichterstattung. Ergebnisse des 2. Wiesbadener Gesprächs am 12./13. November 1986. — Stuttgart: Kohlhammer, S. 120—127. — Schriftenreihe Forum der Bundesstatistik; Bd. 7.

STEIN, D., NIEDEREHE, W. (1987): Instandhaltung von Kanalisationen. — Berlin: Ernst und Sohn.

UBA (1981): Lärmbekämpfung. Entwicklung, Stand, Tendenzen. . — Berlin: E. Schmidt.

ULLMANN, A., ZIMMERMANN, K. (1981): Umweltpolitik und Umweltschutzindustrie in der Bundesrepublik Deutschland — Eine Analyse ihrer ökonomischen Wirkungen. — Berlin: E. Schmidt. — UBA-Berichte 6/81, S. 30—125.

WICKE, L. (1982): Umweltökonomie. — München: Vahlen.

WICKE, L. (1986): Die ökologischen Milliarden. Das kostet die zerstörte Umwelt — so können wir sie retten. — München: Kösel.

ZIMMERMANN, H. (1984): Typen und Funktionsweise ökonomischer Anreizinstrumente in der Umweltpolitik. – In: SCHNEIDER, G., SPRENGER, R.-U. (Hrsg.): Mehr Umweltschutz für weniger Geld. – München. – ifo-Studien zur Umweltökonomie 4, S. 225–246.

ZIMMERMANN, K. (1986): Beschäftigungspolitik mit der Umwelt? – Zeitschr. f. Wirtschafts- und Sozialwiss. (106), 41–61.

ZIMMERMANN, H., BUNDE, J. (1987): Umweltpolitik und Beschäftigung – Systematik der Wirkungen umweltpolitischer Maßnahmen auf die Beschäftigung. – Zeitschr. f. Umweltpolitik und Umweltrecht, 10 (4), 311–333.

ZWINTZ, R. (1970): Zum Problem der ökonomisch-relevanten außermarktmäßigen Beziehungen. Die Gewässerverunreinigung in der Bundesrepublik Deutschland und ihre ökonomischen Auswirkungen. – München: Oldenburg. – Schriftenreihe GWF Wasser/Abwasser, H. 15.

ZWINTZ, R. (1986): Zur monetären Bewertung volkswirtschaftlicher Kosten durch die Gewässerverschmutzung. – In: Kosten der Umweltverschmutzung. – Berlin: E. Schmidt. – UBA-Berichte 7/86, S. 253–271.

1.5 Zur Emittentenstruktur in der Bundesrepublik Deutschland

BARGHOORN, M., GÖSSELER, P., KAWORSKI, W., TIBERTIUS, Th. (1986): Bundesweite Hausmüllanalyse 1983–1985. – Berlin: TU Berlin, ARGUS-Arbeitsgruppe Umweltstatistik.

Battelle-Institut (1975): Schätzung der monetären Aufwendungen für Umweltschutzmaßnahmen bis zum Jahre 1980. – Berlin: UBA. – UBA-Berichte 1/76, S. 27–50.

Bericht der Bundesregierung über Vorschläge zur Verringerung von Emissionen aus Kleinfeuerungsanlagen (Einzelhaushalte, Zentralheizungen). – Bonn, 23. April 1986.

BMI (Hrsg.) (1984): Dritter Immissionsschutzbericht der Bundesregierung. – Bundestag-Drucksache 10/1354. – S. 15–20.

BMV (1986): Verkehr in Zahlen. – Bonn.

CHRISTMANN, W., ERZMANN, M., IRMER, H. (1985): Abwassersituation der Zellstoffindustrie. – Berlin: Inst. f. Wasser-, Boden- und Lufthygiene. – WaBoLu – Hefte 2/1985.

CLARK, C. (1957): The Conditions of Economic Progress. – 3 rd ed. – London: Macmillan.

FISCHER, H. P. (1978): Die Finanzierung des Umweltschutzes im Rahmen einer rationalen Umweltpolitik. – Frankfurt/M.: Lang, S. 17–54. – Finanzwirtschaftliche Schriften, Bd. 9.

FOURASTIÉ, J. (1954): Die große Hoffnung des zwanzigsten Jahrhunderts. 3. Aufl. – Köln: Bund-Verl.

HAMER, G. (1986): Satellitensysteme im Rahmen der Weiterentwicklung der Volkswirtschaftlichen Gesamtrechnungen. – In: HANAU, K., HUJER, R., NEUBAUER, W. (Hrsg.): Wirtschafts- und Sozialstatistik. – Göttingen: Vandenhoeck & Ruprecht.

HANSSMANN, F. (1976): Systemforschung im Umweltschutz. – Berlin: E. Schmidt.

HOFER, P., SCHNUR, P. (1986): Projektion des Arbeitskräftebedarfs nach Sektoren. – Mitteilungen aus der Arbeitsmarkt- und Berufsforschung 19 (1), 35–49.

HWWA (Institut für Wirtschaftsforschung Hamburg) (1984): Analyse der strukturellen Entwicklung der deutschen Wirtschaft. – Strukturbericht 1983.

HWWA (1986 a): Zusammenhang zwischen Strukturwandel und Umwelt. – Spezialuntersuchung 2 im Rahmen der HWWA – Strukturberichterstattung 1987. – Hamburg: Verl. Weltarchiv.

HWWA (1986 b): Analyse der strukturellen Entwicklung der deutschen Wirtschaft. Zwischenbericht 1986 zur Strukturberichterstattung. – HWWA-Report Nr. 71. – April 1986.

ISI (Institut für Systemtechnik und Innovationsforschung) (1986): Einflüsse der Wirtschafts- und Technologieentwicklung auf die Umweltbelastung – Feasibilitystudie. – FhG/ISI-Vorhaben: 10 483 3. – Fraunhofer Institut für Systemtechnik und Innovationsforschung, Karlsruhe. – Mai 1986, S. 11–12.

LÖBLICH, H.-J. (1986): Forschungsvorhaben überregionales fortschreibbares Kataster der Emissionsursachen und Emissionen für SO_2 und NO_x. – Dipl.-Ing. H.-J. Löblich, Beratungsbüro für Umweltfragen Hamburg. – Im Auftrage des UBA, Berlin. – März 1986.

POSTLEP, R.-D. (1982): Regionale Effekte höherwertiger Dienstleistungen. – Bonn: Selbstverl. der Ges. f. Regionale Strukturentwicklung.

RWI (Rheinisch-Westfälisches Institut für Wirtschaftsforschung Essen) (1987): Analyse der strukturellen Entwicklung der deutschen Wirtschaft (Strukturberichterstattung 1987). Schwerpunktthema: Strukturwandel und Umweltschutz. – Februar 1987.

RYLL, A., SCHÄFER, D. (1986): Bausteine für eine monetäre Umweltberichterstattung. – Zeitschrift für Umweltpolitik und Umweltrecht 9 (2), 105–135.

RYLL, A., SCHÄFER, D. (1987): Satellitensysteme Umwelt. – In: REICH, U.-P., STAHMER, C. u. a.: Satellitensysteme zu den Volkswirtschaftlichen Gesamtrechnungen. – Hrsg.: Statistisches Bundesamt. – Stuttgart: Kohlhammer. – Schriftenreihe Forum der Bundesstatistik, Bd. 6 (in Vorbereitung).

SCHÄFER, D. (1986): Anlagevermögen für Umweltschutz. – Wirtschaft und Statistik 3, 214–223.

SCHMITZ, S. (1985): Schadstoffemissionen privater Haushalte. — In: Aktuelle Daten und Prognosen zur räumlichen Entwicklung, Umwelt I: Luftbelastung. — Bundesforschungsanstalt für Landeskunde und Raumordnung (Hrsg.). — Informationen zur Raumentwicklung, Heft 11/12, 1021—1027.

SPIES, H. (1985): Erste Ergebnisse einer Abfallbilanz für die Bundesrepublik Deutschland. — Wirtschaft und Statistik 1, 27—34.

SRU (1974): Umweltgutachten 1974. — Stuttgart: Kohlhammer.

SRU (1976): Umweltprobleme des Rheins (Sondergutachten). — Stuttgart: Kohlhammer.

SRU (1978): Umweltgutachten 1978. — Stuttgart: Kohlhammer.

SRU (1985): Umweltprobleme der Landwirtschaft (Sondergutachten). — Stuttgart: Kohlhammer.

SRU (1987): Luftverunreinigungen in Innenräumen (Sondergutachten). — Stuttgart: Kohlhammer.

STAHMER, C. (1987): Umweltberichterstattung im Rahmen der Volkswirtschaftlichen Gesamtrechnungen. — In: Statistisches Bundesamt (Hrsg.): Statistische Umweltberichterstattung. Ergebnisse des 2. Wiesbadener Gesprächs am 12./13. November 1986. — Stuttgart: Kohlhammer, 120—127. — Schriftenreihe Forum der Bundesstatistik, Bd. 7.

Statistisches Bundesamt (Hrsg.) (1980): Systematische Verzeichnisse. Systematik der Wirtschaftszweige mit Erläuterungen, Ausgabe 1979. — Stuttgart: Kohlhammer.

Statistisches Bundesamt (Hrsg.) (1984): Abfallbeseitigung im Produzierenden Gewerbe und in Krankenhäusern 1982. — Stuttgart: Kohlhammer. — Fachserie 19, Reihe 1.2.

Statistisches Bundesamt (Hrsg.) (1985): Volkswirtschaftliche Gesamtrechnungen. — Stuttgart: Kohlhammer. — Fachserie 18, Reihe S. 8, Revid. Ergebnisse, 1960 bis 1984.

Statistisches Bundesamt (Hrsg.) (1987a): Statistische Umweltberichterstattung. — Ergebnisse des 2. Wiesbadener Gesprächs am 12./13. November 1986. — Stuttgart: Kohlhammer. — Schriftenreihe Forum der Bundesstatistik, Bd. 7.

Statistisches Bundesamt (Hrsg.) (1987b): Abfallbeseitigung im Produzierenden Gewerbe und in Krankenhäusern 1984. — Stuttgart: Kohlhammer. — Fachserie 19, Reihe 1.2.

Statistisches Bundesamt (Hrsg.) (1987c): Öffentliche Abfallbeseitigung 1984. — Stuttgart: Kohlhammer. — Fachserie 19, Reihe 1.1.

Statistisches Bundesamt (1987d): Grafik des Statistischen Bundesamtes für SRU.

Statistisches Jahrbuch für die Bundesrepublik Deutschland (verschiedene Jahrgänge), Hrsg.: Statistisches Bundesamt, Wiesbaden. — Stuttgart: Kohlhammer.

UBA (1980): Emissionsfaktoren für Luftverunreinigungen: Feuerungs- und Aufbereitungsanlagen sowie Lagerung und Umschlag fester und flüssiger Stoffe. — Berlin: E. Schmidt. — UBA Materialien, 2/80.

UBA (1982): Anlagenkatalog, erstellt im Zuge der 4. BImSchV. — Datenbank „SISIPHUS". — Berlin.

UBA (1984): Daten zur Umwelt 1984. — Berlin.

UBA (1986a): Daten zur Umwelt 1986/87. — Berlin.

UBA (1986b): Jahresbericht 1985. — Berlin.

UBA (1986c): Beitrag zur Beurteilung von 19 gefährlichen Stoffen in oberirdischen Gewässern. — Berlin: UBA. — UBA-Texte 10/86.

VDI (Verein Deutscher Ingenieure) (1984): Schwermetalle in der Umwelt. Ermittlung, Bewertung und Beurteilung der Emissionen und Immissionen umweltgefährdender Schwermetalle und weiterer persistenter Stoffe. — Düsseldorf: VDI, April 1984.

2.1 Naturschutz und Landschaftspflege

ANL (1983): Ausgleichbarkeit von Eingriffen in den Naturhaushalt. — Laufen: Akad. für Naturschutz u. Landschaftspflege. — Laufener Seminarbeiträge. 9/83.

ANL (1984): Begriffe aus Ökologie, Umweltschutz und Landnutzung. — Laufen: Akad. für Naturschutz u. Landschaftspflege. — Informationen. 4.

Bericht der Landesregierung über die Lage und Entwicklung der Forstwirtschaft. — Landtag NRW, 9. Wahlperiode, Drucksache 9/630 vom 31. März 1981.

BAUER, H.-J. (1986): Grundlagen der Naturschutzpolitik. — Recklinghausen. — Jahresbericht der Landesanstalt für Ökologie, Landschaftsentwicklung und Forstplanung S. 10—14.

BERTHOLD, P., FLIEGE, G., QUERNER, U., WINKLER, H. (1986): Die Bestandsentwicklung von Kleinvögeln in Mitteleuropa: Analyse von Fangzahlen. — Journal für Ornithologie 127 (4), 397—437.

BFANL (Bundesforschungsanstalt für Naturschutz und Landschaftsökologie) (1982): Statistik der Naturschutzgebiete in der Bundesrepublik Deutschland. — Natur und Landschaft 57 (5), 177.

BFANL (Bundesforschungsanstalt für Naturschutz und Landschaftsökologie) (Hrsg.) (1986a): Rote Liste von Pflanzengesellschaften, Biotope und Arten. — Münster–Hiltrup: Landwirtschaftsverl. — Schriftenreihe für Vegetationskunde, H. 18.

BFANL (Bundesforschungsanstalt für Naturschutz und Landschaftsökologie) (1986b): Landschaftsplanverzeichnis. — Bonn-Bad Godesberg: Bundesforschungsanstalt für Naturschutz und Landschaftsökologie.

BICK, H. (1984): Ökologie als Politik?. — Jahrbuch für Naturschutz und Landschaftspflege 36, S. 19—25.

BLAB, J. (1985): Zur Machbarkeit von „Natur aus zweiter Hand" und zu einigen Aspekten der Anlage, Gestaltung und Entwicklung von Biotopen aus tierökologischer Sicht. — Natur und Landschaft 60 (4), 136—140.

BMU (1986): Naturschutzprogramm (Entwurf vom 1. August 1986). — Bonn: Bundesminister für Umwelt, Naturschutz u. Reaktorsicherheit.

BORCHERT, J., FINK, H. G., KORNECK, D., PRETSCHER, P. (1987): Bedeutung militärischer Übungsplätze für den Naturschutz mit Empfehlungen zur naturschutzgerechten Nutzung und Pflege der Übungsplätze, — in: Naturschutz auf Übungsplätzen der Bundeswehr. — Allgemeiner Umdruck Nr. 69, S. 8—43. — Bonn: Bundesministerium der Verteidigung.

BRAHMS, M., HAAREN, Ch. von, LANGER, H. (1986): Naturschutzansprüche und ihre Durchsetzung. — Münster-Hiltrup: Landwirtschaftsverl. — Schriftenreihe des Bundesministers für Ernährung, Landwirtschaft und Forsten, Reihe A, H. 331.

Bundesminister der Verteidigung (1987): Naturschutz auf Übungsplätzen der Bundeswehr. — Bonn: Allgemeiner Umdruck Nr. 69.

CONWENTZ, H. (1904): Die Gefährdung der Naturdenkmäler und Vorschläge zu ihrer Erhaltung. — Berlin.

DÄUMEL, G. (1963): Gustav Vorherr und die Landesverschönerung in Bayern. — Stuttgart: Ulmer. — Beiträge zur Landespflege Bd. 1, S. 332—376.

Deutscher Rat für Landespflege (1967): Rechtsfragen der Landespflege. — Bonn. — Schriftenreihe des Deutschen Rates für Landespflege, H. 8, S. 11—14.

Deutscher Rat für Landespflege (1982): Naturpark Südeifel. — Bonn. — Schriftenreihe des Deutschen Rates für Landespflege, H. 39.

Deutscher Rat für Landespflege (1984): Landschaftsplanung. — Bonn. — Schriftenreihe des Deutschen Rates für Landespflege, H. 45.

DIERSSEN, K. (1986): Zur Erarbeitung, Problematik und Anwendung der Roten Liste der Pflanzengesellschaften Schleswig-Holsteins, — in: BFANL (Hrsg.): Rote Liste von Pflanzengesellschaften, Biotopen und Arten. — Münster–Hiltrup: Landwirtschaftsverl.

EBEL, F., HENTSCHEL, A. (1987): Analyse und Wertung der Naturschutzprogramme einzelner Bundesländer. — Frankfurt a. M.: Dt. Landwirtschafts-Ges. — Arbeitsunterlagen 49 S.

ERZ, W. (1980): Naturschutz — Grundlagen, Probleme und Praxis, — in: BUCHWALD, K., ENGELHARDT, W. (Hrsg.): Handbuch für Planung, Gestaltung und Schutz der Umwelt. Bd. 3, S. 560—637. — München: BLV

FINK, H. G., NOWAK, E. (1983): Artenerhebung — Inhalt, Bedeutung und Entwicklung aus der Sicht des Artenschutzes. — Natur und Landschaft 58 (6), 203—204.

FRAAZ, K. (1983): Instrumente zur Vermeidung von Belastungen in Fremdenverkehrsgebieten. — Informationen zur Raumentwicklung, 1983 (1), 47—59.

FRITZ, G. (1977): Zur Inanspruchnahme von Naturschutzgebieten durch Freizeit und Erholung. — Natur und Landschaft 52 (7), 191—197.

FRITZ, G. (1979): Über die Erschließung der Tal- und Uferbereiche der Bundesrepublik Deutschland durch Verkehrswege. — Natur und Landschaft 54 (3), 75—76.

FRITZ, G. (1984): Erhebung und Darstellung unzerschnittener, relativ großflächiger Wälder in der Bundesrepublik Deutschland. — Natur und Landschaft 59 (7/8), 284—286.

FRITZ, G. (1985): Zusammenarbeit zwischen Fremdenverkehr und Naturschutz. — Natur und Landschaft 60 (2), 48—49.

Garten und Landschaft (1986): Straßenflächen zurück zur Natur. Mitteilung in Garten und Landschaft (9), 60.

HAAG, M., HILLER, J. (1984): Planungstaschenbuch Baden-Württemberg. — Stuttgart: Forschungsgemeinschaft Bauen u. Wohnen. — FBW-Veröffentlichung Nr. 151.

HAARMANN, K., KORNECK, D. (1978): Gebietsschutz, — in: OLSCHOWY, G.: Natur- und Umweltschutz in der Bundesrepublik Deutschland. — Hamburg: Parey. S. 761—771.

HABER, W. (1971): Landschaftspflege durch differenzierte Bodennutzung. — in: Bayer. Landw. Jahrbuch 48. — Sonderheft 1. 19—35.

HABER, W. (1972): Grundzüge einer ökologischen Theorie der Landnutzungsplanung. — Innere Kolonisation 21, 294—298.

HABER, W. (1979): Raumordnungskonzepte aus der Sicht der Ökosystemforschung. — Forschungs- u. Sitzungsberichte der Akad. f. Raumforschung u. Landesplanung 131, 12—24.

HABER, W. (1980): Entwicklung und Probleme der Kulturlandschaft im Spiegel ihrer Ökosysteme. — Forstarchiv 51 (12), 245—250.

HABER, W. (1986a): Landespflege — eine Standortbestimmung. — Bonn. — VDL-Schriftenreihe 10, 29—39.

HABER, W. (1986b): National Parks, — in: Bradshaw, A. D., Goode, D. A., Thorpe, E. (Hrsg.): Ecology and design in landscape. — Oxford: Blackwell (24th Symposium Brit. Ecol. Society), S. 341—353.

HAEUPLER, H. (1986): Chronologische Gesichtspunkte bei der Aufstellung, Bewertung und Auswertung von Roten Listen, — in: BFANL (Hrsg.): Rote Liste von Pflanzengesellschaften, Biotopen und Arten. — Münster–Hiltrup: Landwirtschaftsverl. — Schriftenreihe für Vegetationskunde. H. 18, S. 119—133.

HEIDENREICH, K., KADNER, D. (1985): Das Wiesenbrüterprogramm. — Amtsblatt des Bayerischen Staatsministerium für Landesentwicklung und Umweltfragen, Nr. 5.

HENKE, H., LASSEN, D. (1985): Landschaftsplanarchiv und Landschaftsplanverzeichnis der Bundesforschungsanstalt. — Natur und Landschaft 60 (2), 61.

HENNEBO, D. (1980): Zur Entwicklung der Aufgabengebiete der Landschaftsarchitekten, — in: 50 Jahre Hochschulausbildung für Garten- und Landschaftsarchitekten. — Berlin: Techn. Univ. — TUB-Dokumentation. H. 9, S. 12—25.

Hessischer Landtag (1978): Antwort der Landesregierung auf die Große Anfrage der Abgeordneten Frau Philippi (CDU) und Fraktion betreffend Naturschutz und Landschaftspflege in Hessen. — Drucksache 8/6074 vom 22. Juni 1978.

HOFFMEISTER, J. (1955): Wörterbuch der philosophischen Begriffe. — Hamburg: Meiner.

KAULE, G. (1986): Arten- und Biotopschutz. — Stuttgart: Ulmer.

KÜHL, A. (1984): Naturschutz und Tourismus im Harz, — in: Verband Deutscher Gebirgs- und Wandervereine e. V. (Hrsg.): Naturschutz und Tourismus — mitoder gegeneinander. — Saarbrücken. S. 5—15.

LASSEN, D. (1979): Unzerschnittene verkehrsarme Räume in der Bundesrepublik Deutschland. — Natur und Landschaft 54 (10), 333—334.

LORZ, A. (1985): Naturschutzrecht. — München: Beck.

MAGER, K. D. (1985): Umwelt-Raum-Stadt. — Frankfurt/M.: Lang. — Beiträge zur kommunalen und regionalen Planung, 10.

MAIER, J., STRENGER, R., TROEGER-WEISS, G. (1987): Wechselwirkungen zwischen Freizeit, Tourismus und Umweltmedien: Analyse der Zusammenhänge. — Stuttgart: Kohlhammer. — Materialien zur Umweltforschung. (in Vorber.)

Minister für Ernährung, Landwirtschaft und Umwelt Baden-Württemberg (1981): Forststatistisches Jahrbuch 1980. — Stuttgart.

Minister für Landwirtschaft, Weinbau und Forsten Rheinland-Pfalz (1981): Jahresbericht der Landesforstverwaltung Rheinland-Pfalz 1980. — Mainz.

MIOTK, P. (1986): Situation, Problematik und Möglichkeiten im zoologischen Naturschutz, — in: BFANL (Hrsg.): Rote Liste von Pflanzengesellschaften, Biotopen und Arten. — Münster–Hiltrup: Landwirtschaftsverl. — Schriftenreihe für Vegetationskunde. H. 18, S. 49—66.

MRASS, W., ZVOLSKY, Z. (1977): Landschaftsplanung im System raumbezogener Planungen. — Natur und Landschaft 52 (5), 140—143.

NIESSLEIN, E. (1984): Engpässe der Naturschutzpolitik, — in: Vollzugsdefizite im Naturschutz. Projektltg.: G. W. Wittkämper. — Münster–Hiltrup: Landwirtschaftsverl. — Schriftenreihe des Bundesminister für Ernährung, Landwirtschaft und Forsten, Reihe A, H. 300.

ODUM, E. P. (1969): The strategy of ecosystem development. — Science 164, 262—270.

PAURITSCH, G., MADER, H.-J., ERZ, W. (1985): Beziehungen zwischen Straße und freilebender Tierwelt. Faunistische Kriterien und Entscheidungshilfen bei der Trassenwahl. — Bonn: Bundesminister für Verkehr. — Schriftenreihe: Forschung, Straßenbau und Straßenverkehrstechnik. H. 444.

PREISING, E. (1986): Rote Liste der Pflanzengesellschaften in Niedersachsen. Erarbeitung, Anwendung, Erfahrungen, — in: BFANL (Hrsg.): Rote Liste von Pflanzengesellschaften, Biotopen und Arten. — Münster-Hiltrup: Landwirtschaftsverl. — Schriftenreihe für Vegetationskunde. H. 18, S. 29—33.

RADERMACHER, W. (1987): Statistisches Bodeninformationssystem. — Wiesbaden: Stat. Bundesamt. — Schriftenreihe: Ausgewählte Arbeitsunterlagen zur Bundesstatistik. H. 2.

Raumordnungsgericht 1986: Bundestags-Drs. 10/6027 vom 19. September 1986.

RIEDERER, M. (1985): Militärische Übungsplätze als Refugien für bedrohte Tier- und Pflanzenarten, — in: Ausgewählte Referate zum Artenschutz. — Laufen: Akad. für Naturschutz u. Landschaftspflege. — Laufener Seminarbeiträge 7/83, S. 105—113.

RINGLER, A. (1987): Gefährdete Landschaft. — München: BLV.

SALZWEDEL, J. (1987): 10 Jahre Bundesnaturschutzgesetz: Rückblick und Ausblick. — Jahrbuch für Naturschutz und Landschaftspflege. Bd. 39, S. 10—17.

SCHEMEL, H. J. (1976): Zur Theorie der differenzierten Bodennutzung: Probleme und Möglichkeiten einer ökologisch fundierten Raumordnung. — Landschaft+Stadt 8, 159—167.

SCHMID, A. S. (1984): Erfahrungen mit der Landschaftsplanung aus der Sicht der Praxis, — in: Dt. Rat für Landespflege (Hrsg.): Landschaftsplanung. — Bonn. — Schriftenreihe des Deutschen Rates für Landespflege. H. 45, S. 502—506.

SRU (1974): Umweltgutachten 1974. — Stuttgart: Kohlhammer.

SRU (1978): Umweltgutachten 1978. — Stuttgart: Kohlhammer.

SRU (1985): Umweltprobleme der Landwirtschaft (Sondergutachten). — Stuttgart: Kohlhammer.

SRU (1987): Zur Umsetzung der EG-Richtlinie über die Umweltverträglichkeitsprüfung in das nationale Recht (Stellungnahme). — Bonn: BMU. — Der Bundesminister für Umwelt, Naturschutz und Reaktorsicherheit informiert.

Statistisches Jahrbuch für die Bundesrepublik Deutschland, 1961—1986. Hrsg.: Statistisches Bundesamt, Wiesbaden. — Stuttgart: Kohlhammer.

SUKOPP, H., SCHNEIDER, Ch. (1981): Zur Methodik der Naturschutzplanung, — in: Beiträge zur ökologischen Raumplanung. — Hannover: Akad. für Raumforschung u. Landesplanung. — Arbeitsmaterial Nr. 46, S. 1—25.

WITTKÄMPER, G. W. (1984): Landschaftspflege und Naturschutz in Nordrhein-Westfalen, — in: Vollzugsdefizite im Naturschutz. Projektltg.: G. W. Wittkämper. — Münster–Hiltrup: Landwirtschaftsverl. — Schriftenreihe des Bundesministers für Ernährung, Landwirtschaft und Forsten, Reihe A, H. 300.

WITTKÄMPER, G. W., NIESSLEIN, E., STUCKHARD, P. (1984): Vollzugsdefizite im Naturschutz. Projektltg.: G. W. Wittkämper. — Münster–Hiltrup: Landwirtschaftsverl. — Schriftenreihe des Bundesministers für Ernährung, Landwirtschaft und Forsten, Reihe A, H. 300.

WOIKE, M. (1986): Möglichkeiten und Grenzen der Pflege, Gestaltung und Neuanlage von Biotopen. — Recklinghausen. — Jahresbericht der Landesanstalt für Ökologie, Landschaftsentwicklung und Forstplanung. S. 22—26.

Exkurs: Belastung wildlebender Tierarten durch Immissionen.

ACKER, L. (1981): Die Rückstandssituation in der Bundesrepublik Deutschland — Versuch einer Bestandsaufnahme. — Lebensmittelchemie und gerichtliche Chemie 35, 1—12.

ALLDREDGE, A. W. (1974): Forage intake rates of mule deer estimated with Fallout Cesium-137. — Journal of Wildlife Management 38 (3), 508—516.

ALTMAYER, M. (1985): Bestimmung von Atrazin-Rückständen in saarländischen Wildtieren und Maisacker-Böden. — Diplomarbeit, Univ. d. Saarlandes, Fachricht. Biogeographie. — Saarbrücken.

ANKE, M., GRÜN, M., BRIEDERMANN, L., MISSBACH, K., HENNIG, A., KRONEMANN, H. (1979): Mengen und Spurenelementversorgung der Wildwiederkäuer. Der Kadmiumgehalt der Winteräsung und der Kadmiumstatus des Rot-, Dam-, Reh- und Muffelwildes. — Archiv für Tierernährung 29, 829—844.

BACKHAUS, R. (1984): Cadmium-Belastung in Organen von Rehwild in Wald- und Feldrevieren. — Allgemeine Forstzeitschrift (AFZ), 1134.

BACKHAUS, B., BACKHAUS, R. (1983): Die Cadmiumbelastung des Rehwilds im Eggegebirge. — Zeitschrift für Jagdwissenschaft 29, 213—218.

BAKKE, J. E., LARSON, J. D., PRICE, C. E. (1972): Metabolism of atrazine and 2-hydroxyatrazine by the rat. — Journal of agricultural and food chemistry (20), 602—607.

BAUM, F., CONRAD, B. (1978): Greifvögel als Indikation für die Veränderung der Umweltbelastung durch chlorierte Kohlenwasserstoffe. — Tierärztliche Umschau 33 (12), 661—662.

BECKER, P.-H., BOTHE, A., HEIDMANN, W. (1985): Schadstoffe in Gelegen von Brutvögeln der deutschen Nordseeküste. I. Chlororganische Verbindungen. — Journal für Ornithologie 126, 29—51.

BECKER, P.-H., TERNE, W., ROSSEL, H. A. (1985): Schadstoffe in Gelegen von Brutvögeln der deutschen Nordseeküste. II. Quecksilber. — Journal für Ornithologie 126, 253—261.

BEDNAREK, W., HAUSDORF, W., JÖRISSEN, U., SCHULTE, E., WEGENER, H. (1975): Über die Auswirkungen der chemischen Umweltbelastung auf Greifvögel in zwei Probeflächen Westfalens. — Journal für Ornithologie 116 (2), 181—194.

BMI (1983): Umweltradioaktivität und Strahlenbelastung. — Jahresbericht 1983. — Bonn. S. 212f., 216.

BOMBOSCH, S. (1982): Über Schwermetallanreicherung in einheimischen Wildarten. — Allgemeine Forstzeitschrift 44, 1333—1334.

BRANCATO, D. J., PICCHIONI, A. L., CHIN, L. (1976): Cadmium level in hair and other tissues during continuous cadmium intake. — Journal of Toxicology and Environmental Health 2, 351—359.

BRÜGGEMANN, J., BUSCH, L., DRESCHER-KADEN, U., EISELE, W., HOPPE, P. (1974): Pesticide and polychlorinated biphenyl residues in organs of wild animals as indicators of environmental contamination. — Zeitschrift für Jagdwissenschaft 20, 70—74.

BRÜGGEMANN, J., BUSCH, L., DRESCHER-KADEN, U. (1975): Rückstände an chlorierten Kohlenwasserstoffen in Organen wildlebender Tierarten. — Transact. 3 d Int. Wildl. Disease Conf., 281—300.

BRÜGGEMANN, J., BUSCH, L., DRESCHER-KADEN, U. (1977): Changes of pesticide residue levels in different animal species of some habitats in the German Federal Republic from 1970 to 1976. Transactions of the XIIIth Congress of Game Biologists (Pesticide Residues in Animals), 125—135.

CONRAD, B. (1981): Zur Situation der Pestizidbelastung bei Greifvögeln und Eulen in der Bundesrepublik Deutschland. — Ökologie der Vögel 3, 5—18.

DMOWSKI, K., GAST, F., MÜLLER, P., WAGNER, G. (1984): Variability of cadmium and lead concentrations in bird feathers. — Naturwissenschaften 71, 639.

DRESCHER-KADEN, U. (1978): Rückstände an Chlorkohlenwasserstoffen in freilebenden Wildtieren verglichen mit einzelnen Konditionskriterien aus einem wildbiologisch charakterisierten, begrenzten Lebensraum (Gebiet im Köschinger Forst bei Stammham). — Schlußbericht Forschungsvorhaben. — München: Institut für Physiologie, Physiologische Chemie u. Ernährungsphysiologie im FB Tiermedizin der Univ. München.

DRESCHER-KADEN, U. (1979): Advantage and problems of using wildliving animals as indicators for environmental pollution, — in: LUEPKE, N. P. (Ed.): Monitoring environmental materials and specimen banking. — Den Hague, S. 168—183.

DRESCHER-KADEN, U., HUTTERER, R. (1981): Rückstände an Organohalogenverbindungen (CKW) in Kleinsäugern verschiedener Lebensweise — Untersuchungen an Wildfängen und Fütterungsversuche. — Ökologie der Vögel 3, 127—142.

DROZDZ, A. (1979): Seasonal intake and digestibility of natural foods by Roedeer. — Acta Theriologica 24, 137—170.

DYCK, J., BIRKHOLM-CLAUSEN, F., BOMHOLT, P., KAUL, I., SCHELDE, O. (1981): Greifvögel und Pestizide — die Situation in Dänemark mit besonderer Berücksichtigung des Sperbers. — Ökologie der Vögel 3, 197—206.

EBING, W. (1985): Das Rückstandsverhalten von Insektiziden und Fungiziden im Boden. — Berichte über Landwirtschaft, Sonderh. 198, 35—69.

EICHNER, M. (1976): Über Rückstandsbestimmungen von chlorierten Insektiziden und polychlorierten Biphenylen in Fischen des Bodensees, des Oberrheins und dessen Zuflüssen sowie in deren Gewässern. II. — Zeitschrift für Lebensmitteluntersuchung und -forschung 161, 327—336.

EISELE, W. (1972): Über Rückstände von chlorierten Kohlenwasserstoffen beim freilebenden Wild. — München: Diss.

ESSER, W. (1958): Beitrag zur Untersuchung der Äsung des Rehwildes. — Zeitschrift für Jagdwissenschaft 4, 1—40.

FBW (Forschungsbeirat Waldschäden/Luftverunreinigungen der Bundesregierung und der Länder) (1986): 2. Bericht. — Karlsruhe: Kernforschungszentrum.

FRESE, E., BRÖMEL, J., ZETTL, K. (1978): Untersuchungen über Rückstandsbelastung einheimischer Wildarten durch einige chlorierte Kohlenwasserstoffe. — Fleischwirtschaft 58, 1691—1694.

FUCHS, P., THISSEN, J. B. M. (1981): Die Pestizid- und PCB-Belastung bei Greifvögeln und Eulen in den Niederlanden nach der gesetzlich verordneten Einschränkung im Gebrauch der chlorierten Kohlenwasserstoffpestizide. — Ökologie der Vögel 3, 181—195.

GODT, J. (1980): Untersuchung über den Quecksilbergehalt in 9 Wildtierarten sowie in Fichtennadeln, Spreu und Humus im Raum Westfalen-Lippe. — Göttingen: Univ., Forstzool. Inst., Dipl.-Arbeit.

HAHN, E. (1984): Welche der mitteleuropäischen Eulenarten eignet sich als Biomonitor? Diplomarbeit, Univ. d. Saarlandes, Fachricht. Biogeographie. — Saarbrücken.

HAHN, E., OSTAPCZUK, P., ELLENBERG, H., STOEPPLER, M. (1985): Environmental monitoring of heavy metals with birds as pollution integrating biomonitors. II. Cadmium, lead and copper in magpie (Pica pica) feathers from a heavily polluted and a control area, — in: Heavy Metals in the Environment, Athens 1, 721—723.

HAMMER, D. I., FINKLEA, J. F., HENDRICKS, R. H., SHY, C. M., HORTON, R. J. M. (1971): Hair trace metal levels and environmental exposure. — American Journal of Epidemiology 93, 84—92.

HECHT, H., SCHINNER, W., KREUZER, W. (1984): Endogene und exogene Einflüsse auf die Gehalte an Blei und Cadmium in Muskel- und Organproben von Rehwild. — Fleischwirtschaft 64 (7), 838—840, 843—845 und (8), 967—970.

HÖLLERER, G., CODURO, E. (1977): Zur Schwermetallkontamination von einheimischem Wild. — Zeitschrift für Lebensmitteluntersuchung und -forschung 163, 260—263.

HOLLEMAN, D. F., LUICK, J. R., WHICKER, F. W. (1971): Transfer of Radiocesium from lichen to reindeer. — Health Physics 21, 657—666.

HOLLEMAN, D. F., LUICK, J. R., WHITE, R. G. (1979): Lichen intake estimates for reindeer and caribou during winter. — Journal of Wildlife Management 43 (1), 192—201.

HOLM, J. (1979): Blei-, Cadmium- und Arsengehalte in Fleisch- und Organproben von Wild aus unterschiedlich schadmetallbelasteten Regionen. — Fleischwirtschaft 59 (9), 1345—1349.

HOLM, J. (1981): Beurteilung der Blei- und Cadmiumverteilung in der Rinderleber unter dem Gesichtspunkt einer geeigneten Probenentnahme. — Fleischwirtschaft 61 (7), 1—3.

HOLM, J. (1982): Erkennung regionaler Schadmetallbelastungen über Bioindikatoren am Beispiel von Rindern, Wild und Fischen. — Fleischwirtschaft 62 (3), 1—6.

HOLM, J., BOGEN, Ch. (1983): Erkennung und Beurteilung von flächenhaften Schwermetall- und Pestizidkontaminationen beim Wild. Forschungsbericht. — Bonn: Bundesministerium für Jugend, Familie und Gesundheit.

HOLM, J., KLEIMINGER, J., BOGEN, Ch. (1984): Erkennen und Beurteilen von flächenhaften Schwermetall- und Pestizidkontaminationen beim Wild. — Deutscher Jagdschutz-Verband-Nachrichten 3, 15—16.

HOLZHAUSEN, U. (1970): Äsungsbedingungen des Rehwildes (Revier Ahnsen). Fachwiss. Arbeit für Biol., PH Lüneburg.

JOIRIS, C., DELBEKE, K. (1981): Rückstände chlororganischer Pestizide und PCB's in belgischen Greifvögeln. — Ökologie der Vögel 3, 173—180.

JUILLARD, M. (1981): Zur Kontamination von Greifvögeln aus der Französischen Schweiz mit chlororganischen Verbindungen mit PCB's und mit Schwermetallen. — Ökologie der Vögel 3, 169—178.

KAMATH, P. R. (1969): Recent guidelines for developing environmental monitoring programs (land and water) near nuclear installations, — in: Environmental Contamination by Radioactive materials. Proceed. Series. — Wien: Int. Atomic Energy Agency (IAEA), S. 295—308.

KLEIMINGER, J. (1983): Untersuchungen über die Eignung von freilebenden Wildarten als Bioindikatoren zur Erfassung von flächenhaften Schwermetallkontaminationen in Niedersachsen. — Hannover: Tierärztl. Hochschule, Diss.

KLÖTZLI, F. (1965): Qualität und Quantität der Rehäsung in Wald- und Gründlandgesellschaften des nördlichen Schweizer Mittellandes. — Zürich, Diss.

KOSS, G., MANZ, D. (1976): Residues of Hexachlorobenzene in Wild Mammals of Germany. — Bulletin of Environmental Contamination and Toxicology 15 (2), 189—191.

KOSTRZEWA, A. (1984): Pestizide in Eiern des Wespenbussards (Pernis apivorus). — Journal für Ornithologie 125 (4), 482—483.

KRÜGER, K.-E., KRUSE, R. (1984): Fische als Bioindikatoren für anorganische und organische Umweltkontaminanten in Seen und Flüssen unterschiedlicher Ökosysteme. — F+E Vorhaben 106.05.024 des Umweltbundesamtes, Berlin.

KRUSE, R., BOEK, K., WOLF, M.: Der Gehalt an Organochlor-Pestiziden und polychlorierten Biphenylen in Elbaalen. — Archiv für Lebensmittelhygiene 34 (4), 81—86.

MARKHAM, O. D., HAKONSON, T. E., WHICKER, F. W., MORTON, J. S. (1983): Iodine 129 in mule deer thyroids in the rocky mountain west. — Health Physics 45, 31—38.

MIETTINEN, J. K. (1969): The present situation and recent developments in the accumulation of 137-Cs, 90-Sr and 55-Fe in arctic foodchains, — in: Environmental Contamination by Radioactive Materials. Proceed. Series. — Wien: Int. Atomic Energy Agency (IAEA), 145—151.

Minister für Ernährung, Landwirtschaft und Forsten, Schleswig-Holstein (1985): Lebensmittel Wild. Ergebnisse von Schadstoffuntersuchungen bei Wild aus Schleswig-Holstein. — Pirsch 37 (23), 1578—1579.

MÜLLER, P. (1983): Nahrungskettenanalyse (Blei und Cadmium) in freilebenden Tierpopulationen im Saarland. — Wissenschaft und Umwelt 1, 4—7.

MÜLLER, P. (1985a): Zur Rückstandssituation bei freilebenden Tieren der Bundesrepublik Deutschland (1985). — Fachricht. Biogeographie d. Univ. d. Saarlandes, Saarbrücken. — Mitteilungen 15.

MÜLLER, P. (1985b): Cadmium-Konzentrationen bei Rehpopulationen (Capreolus capreolus) und deren Futterpflanzen. — Zeitschrift für Jagdwissenschaft 31 (3), 146—153.

MÜLLER, P., DMOWSKI, K., GAST, F., HAHN, E., WAGNER, G. (1984): Zum Problem der Bioindikation von standortspezifischen Schwermetallbelastungen mit Vogelfedern. — Wissenschaft und Umwelt 3, 139—144.

MÜLLER, P., KRÜGER, J. (1985): Cadmium concentrations within roe deer populations (Capreolus capreolus) and their food plant. — Fachricht. Biogeographie d. Univ. d. Saarlandes, Saarbrücken. — Mitteilungen 14, 1—19.

NEUMANN, Th., RÜGER, A. (1981): Zur Situation des Seeadlers in Norddeutschland. — Ökologie der Vögel 3, 239—248.

ONDERSCHEKA, K., JORDAN, H. R. (1974): Einfluß der Jahreszeit, des Biotops und der Äsungskonkurrenz auf die botanische Zusammensetzung des Panseninhaltes beim Gems-, Reh-, Muffel- und Rotwild, — in: Tagungsbericht des 1. Internationalen Gamswild-Treffen, 53—80.

PRESTON, A., JEFFERIES, D. F. (1969): Aquatic aspects in chronic and acute contamination situations, — in: Environmental Contamination by Radioactive Materials. — Wien: Int. Atomic Energy Agency (IAEA), 183—211.

RICKARD, W. H., FITZNER, R. E., CUSHING, C. E. (1981): Biological colonization of an industrial pond: status after two decades. — Environmental Conservation 8 (3), 241—247.

RUSSELL, R. S., BRUCE, R. S. (1969): Environmental contamination with fall-out from nuclear weapons, — in: Environmental contamination by Radioactive Materials. — Wien: IAEA, 3—13.

SÄNGER, M. (1985): Rückstandsanalytische Variabilität von Ruderalpflanzen auf unterschiedlich stark kontaminierten Probeflächen im Stadtverband Saarbrücken (Cd, Zn). Diplomarbeit, Univ. d. Saarlandes, Fachricht. Biogeographie. — Saarbrücken.

SCHILLING, F. (1981): Die Pestizidbelastung des Wanderfalken in Baden-Württemberg und ihre Rückwirkungen auf die Populationsdynamik. — Ökologie der Vögel 3, 261—274.

SCHILLING, F., KÖNIG, C. (1980): Die Biozidbelastung des Wanderfalken (Falco peregrinus) in Baden-Württemberg und ihre Auswirkung auf die Populationsentwicklung. — Journal für Ornithologie 121 (1), 1—35.

SCHINNER, W. (1981): Untersuchungen über endogene und exogene Einflüsse auf den Blei- und Cadmiumgehalt in Muscheln und Organen von Rehwild (Capreolus capreolus L.) und Wildkaninchen (Lepus cuniculus L.). — Univ. Gießen, Diss.

SCHNEIDER, U. H. (1976): Zur Frage der Kontamination einheimischer wildlebender Vögel durch chlorierte Kohlenwasserstoffe. — Univ. München, Diss.

SRU (1983): Waldschäden und Luftverunreinigungen (Sondergutachten). — Stuttgart: Kohlhammer.

STERNER, W., GRAHWIT, G. (1973): Die Haaranalyse — eine besonders für epidemiologische Untersuchungen geeignete Methode zur Feststellung von Schwermetallbelastungen bei Mensch und Tier. — Archiv für Lebensmittelhygiene 9, 203—208.

STUBBE, Ch., PASSARGE, H. (1979): Rehwild. — Melsungen: Neumann-Neudamm.

STURM, H. J. (1979): Rückstandsuntersuchungen auf chlorierte Kohlenwasserstoffe an freilebenden Säugetieren im Hinblick auf ihre Indikatorfunktion für die Umweltbelastung. — Univ. München, Diss.

TATARUCH, F. (1984): Die Cadmium-Kontamination der Wildtiere. — Allgemeine Forstzeitschrift 39, 528—530.

TATARUCH, F., JARC, H., ONDERSCHEKA, K. (1979): Belastung freilebender Tiere in Österreich mit Umweltschadstoffen. — Zeitschrift für Jagdwissenschaft 25, 159—166.

TATARUCH, F., JARC, H., ONDERSCHEKA, K. (1981): Belastung freilebender Tiere in Österreich mit Umweltschadstoffen (II und III). — Zeitschrift für Jagdwissenschaft 27, 153—160, 266—270.

UECKERMANN, E. (1985): Wild als Bioindikator für die Umweltbelastung mit Schwermetallen und chlorierten Kohlenwasserstoffen. Forschungsbericht. — Forschungsstelle für Jagdkunde und Wildschadenverhütung des Landes NRW. — Bonn.

WATKINS, B. E., ULLREY, D. E., NACHREINER, R. F., SCHUITT, S. M. (1983): Effects of supplemental iodine and season on thyroid activity of White-Tailed deer. — Journal of Wildlife Management 47 (1), 45—58.

2.2 Belastung und Schutz der Böden

ANDERSEN, C. (1979): Cadmium, lead and calcium content, number and biomass, in earthworms (Lumbricidae) from sewage sludge treated soil. — Pedobiologia (5), 19, 309—319.

AUERSWALD, K., SCHMIDT, F. (1986): Atlas der Erosionsgefährdung in Bayern. — München: Bayer. Geolog. Landesamt.

BABEL, U. (1982): Die Beeinträchtigung der Bodenfauna durch landwirtschaftliche Kulturmaßnahmen. — In: Bodennutzung und Naturschutz. — Laufen/Salzach: Akademie für Naturschutz und Landschaftspflege. — Laufener Seminarbeiträge. 3. S. 29—36.

BACHMANN, G. (1985): Bodenschutz: Überlegungen zur Einbeziehung in Schutzkonzepte. — Berlin: Techn. Univ., — Landschaftsentwicklung und Umweltforschung. 28.

BECK, L., DUMPERT, K. (1985): Vergleichende ökologische Untersuchungen in einem Buchenwald nach Einwirkung von Umweltchemikalien. — Jülich: KFA. — Jül — Spez. 296, S. 12—30.

BEESE, F., ULRICH, B. (1986): Belastungen von Waldböden. — In: Belastungen der Land- und Forstwirtschaft durch äußere Einflüsse. — Frankfurt/M. — Agrarspectrum. Bd. 11, S. 83—116.

BLUME, H.-P., HORBERT, M., HORN, R., SUKOPP, H. (1978): Zur Ökologie der Großstadt unter besonderer Berücksichtigung von Berlin (West). — In: Verdichtungsgebiete und ihr Umland. — Bonn: Dt. Rat für Landespflege. — Schriftenreihe des Deutschen Rates für Landespflege. H. 30, S. 658—677.

BMBau (1984): Abschlußbericht der Arbeitsgruppe IV „Flächennutzung" der Interministeriellen Arbeitsgruppe Bodenschutz (IMAB). — Bonn.

BMI (1985): Bodenschutzkonzeption der Bundesregierung. — Stuttgart: Kohlhammer. — Zugl. Bundestags-Drucks. 10/2977.

BML (Hrsg.) (1986): Statistisches Jahrbuch über Ernährung, Landwirtschaft und Forsten der Bundesrepublik Deutschland 1986. — Münster-Hiltrup: Landwirtschaftsverl. — S. 71.

BML (1987): Weniger Pflanzenschutzmittel. — Bonn: Bundesmin. f. Ernährung, Landwirtschaft und Forsten. — BMELF-Informationen (37), 12.

Bodenkundliche Gesellschaft der Schweiz (1985): Boden — bedrohte Lebensgrundlage. — Aarau: Verl. Sauerländer.

BRECHTEL, H.-M., LEHNARDT, F., SONNEBORN, M. (1986): Niederschlagsdeposition anorganischer Stoffe in Waldbeständen verschiedener Baumarten. — In: Belastungen der Land- und Forstwirtschaft durch äußere Einflüsse. — Frankfurt/M. — Agrarspectrum. Bd. 11, S. 57—80.

BUTZKE, H. (1981): Versauern unsere Wälder? Erste Ergebnisse der Überprüfung 20 Jahre alter pH-Wert-Messungen in Waldböden Nordrhein-Westfalens. — Forst- und Holzwirt 36 (21), 542—548.

COUGHTREY, P. U., JONES, C. H., MARTIN, M. H., SHALES, S. W. (1979): Litteraccumulation in woodlands by Pb, Zn, Cd and Cu. — Oecologia 39, 51—60.

Deutscher Rat für Landespflege (1964): Landespflege und Braunkohlentagebau. — Bonn. — Schriftenreihe des Deutschen Rates für Landespflege. H. 2.

Deutscher Rat für Landespflege (1986a): Gefährdung des Bergwaldes. — Bonn. — Schriftenreihe des Deutschen Rates für Landespflege. H. 49.

Deutscher Rat für Landespflege (1986b): Bodenschutz. — Bonn. — Schriftenreihe des Deutschen Rates für Landespflege. H. 51.

DIETRICH, F. (1986): Diskussion [über] Eintrag von Schadstoffen in Land- und Forstwirtschaftliche Ökosysteme. — In: Belastungen der Land- und Forstwirtschaft durch äußere Einflüsse. — Frankfurt/M. — Agrarspectrum. Bd. 11, S. 81.

DIETZ, Th. (1982): Vermeidung von Erosionsschäden. — Bonn: AID. — AID-Broschüre. 108.

DOMSCH, K.-H. (1985): Funktionen und Belastbarkeit des Bodens aus der Sicht der Bodenmikrobiologie. — Stuttgart: Kohlhammer. — Materialien zur Umweltforschung. 13.

EHWALD, E. (1981): Zeitliches Verhalten von Gesteinen, Böden und Vegetationen. — Wissenschaft und Fortschritt 31 (6), 213—217.

ELLENBERG, H. jr. (1986): Veränderungen von Artenspektren unter dem Einfluß von düngenden Immissionen und ihre Folgen. — Allgemeine Forst Zeitschrift 41 (19), 466—467.

FBW (Forschungsbeirat Waldschäden/Luftverunreinigungen der Bundesregierung und der Länder) (1986): 2. Bericht. — Karlsruhe: Kernforschungszentrum.

FOISSNER, W. (1985): Soil protozoa: fundamental problems, ecological significance, adaption, indicators of environmental quality, guide to the literature. — In: Corliss, Patterson (eds.): Progress in Protistology. Vol. 1. — Manuskript 1985.

FRITZ, D. (1978): Obst- und Gartenbau im Umland von Verdichtungsgebieten. — In: Verdichtungsgebiete und ihr Umland. — Bonn: Dt. Rat für Landespflege. — Schriftenreihe des Deutschen Rates für Landespflege. H. 30, S. 695—699.

GRAFF, O., MAKESCHIN, F. (1980): Beeinflussung des Ertrags von Weidelgras (Lolium multiflorum) durch Ausscheidungen von Regenwürmern dreier verschiedener Arten. — Pedobiologia 20, 176—180.

GRODZINSKI, W. (1986): Industrial stress on ecosystems: Vortr. beim IV. Internationalen Kongress der Ökologie, Syracuse/USA. — (in Vorb.).

GUSSONE, H. A. (1984): Welche neueren Versuchsergebnisse liegen bei der Kalkdüngung in Norddeutschland vor? — Allgemeine Forst Zeitschrift 39, 779—780.

HAQUE, A., PFLUGMACHER, J. (1985): Einflüsse von Pflanzenschutzmitteln auf Regenwürmer. — In: Pflanzenschutzmittel und Boden. — Berichte über Landwirtschaft, N. F., Sonderh. 198, 176—189.

HÜBLER, K.-H. (Hrsg.) (1985): Bodenschutz als Gegenstand der Umweltpolitik, Beiträge des Fachbereichstages. — Berlin: Techn. Univ. — Landschaftsentwicklung und Umweltforschung. Nr. 27.

IPS (Industrieverband Pflanzenschutz) (1987): Jahresbericht 1986/87. — Frankfurt a. M.

KLEMMER, P. (1985): Zwischenbilanz der Bodenschutzpolitik. — Bonn: Ludwig-Erhard-Stiftung. — Orientierungen zur Wirtschafts- und Gesellschaftspolitik 25 (3), 20—23.

KLEYER, M., BABEL, U. (1984): Gefügebildung durch Bodentiere in „konventionell" und „biologisch" bewirtschafteten Ackerböden. — Zeitschrift für Pflanzenernährung und Bodenkunde 147, 98—109.

Klipper und Partner (1979): Landschaftsverbrauch durch Verkehr. Untersuchung über die Entwicklung von 1955—1960 in der Region Mittlerer Neckar, i. A. des MELU Ba-Wü, bearb. von W. Schreiber, R. Mauser und K. Zalomis. — Stuttgart.

KLOKE, A. (1977): Zur Belastung von Böden und Pflanzen mit Schadstoffen in und um Ballungsbereichen. — Berichte über Landwirtschaft 55, 633—639.

KLOSE, W., LESSMANN, E. (1986): Technik für den Umweltschutz. — Kongreßband Envitec 86 über „Bodenschutzlösung durch Technik". — Essen: Vulkan-Verl.

KNEIB, W. (1979): Möglichkeiten einer rechnergestützten Bodenkartierung. — Göttingen: Dt. Bodenkundl. Ges. — Mitteilungen der Deutschen Bodenkundlichen Gesellschaft, Bd. 29, 875—882.

KOWARIK, J., SUKOPP, H. (1984): Auswirkungen von Luftverunreinigungen auf die spontane Vegetation (Farn- und Blütenpflanzen). — Angewandte Botanik 58, 157—170.

KÜHLE, J. C. (1986): Modelluntersuchungen zur strukturellen und ökotoxikologischen Belastung von Regenwürmern in Weinbergen Mitteleuropas. — Univ. Bonn: Diss.

LÜBBE, E. (1984): Belastungen des Grundwassers durch landwirtschaftliche Aktivitäten. — In: BMI (Hrsg.): Grundwasserschutzstrategien und -praktiken in Europa. — Bonn. — ECE-Seminar vom 10.—14. Oktober 1983, S. 28—41.

MAKESCHIN, F. (1980): Einfluß von Regenwürmern (Lumbricidae, Oligochaeta) auf den Boden sowie auf Ertrag und Inhaltsstoffe von Nutzpflanzen. — Univ. Gießen: Diss.

MAKESCHIN, F. (1983): Bodenzoologische Ergebnisse eines Meliorationsversuches mit Weißerle auf einem ehemals streugenutzten Kiefernstandort. — Mitteilungen der Deutschen Bodenkundlichen Gesellschaft 38, 343—348.

MEYER, K. (1970): Der Boden als Bauelement der gesellschaftlichen Ordnung. — In: Handwörterbuch der Raumforschung und Raumordnung. S. 279—289. — Hannover: Jänecke.

NIHLGÅRD, B. (1985): The ammonium hypothesis — an additional explanation to the forest dieback in Europe. — AMBIO 14 (1), 2—8.

OBERMANN, P. (1981): Hydrochemische/hydromechanische Untersuchungen zum Stoffgehalt von Grundwasser bei landwirtschaftlicher Nutzung. — Düsseldorf: Ministerium für Ernährung, Landwirtschaft und Forsten. — Besondere Mitteilung zum Deutschen Gewässerkundlichen Jahrbuch, Nr. 42.

Raumordnungsbericht (1986): Bundestags-Drucks. 10/6027 vom 19. 9. 1986.

RINK, U., WEIGMANN, G. (1985): Wirkung von Schwefeldioxid (SO_2) und Fluorwasserstoff (HF) auf Tiere: Literaturstudie 1985. — (Ersch. voraussichtl. als Bericht des UBA).

SAUERBECK, D. (1985): Funktionen, Güte und Belastbarkeit des Bodens aus agrarkulturchemischer Sicht. — Stuttgart: Kohlhammer. — Materialien zur Umweltforschung. 10.

SAUERBECK, D. (1986): Stoffliche Belastung durch die Landwirtschaft (Mineraldünger, Gülle, Klärschlamm). — In: Bodenschutz. — Bonn: Dt. Rat für Landespflege. — Schriftenreihe Deutscher Rat für Landespflege. H. 51, S. 50—53.

SCHAEFER, M. (1982): Zur Funktion der saprophagen Bodentiere eines Kalkbuchenwaldes: ein langfristiges Untersuchungsprogramm im Göttinger Wald. — Drosera (1), 75—84.

SCHAEFER, M. (1985): Waldschäden und die Tierwelt des Bodens. — Allgemeine Forst Zeitschrift 40 (27), 676—679.

SCHAUERMANN, J. (1985): Zur Reaktion von Bodentieren nach Düngung von Hainsimsen-Buchenwäldern und Siebenstern-Forsten im Solling. — Allgemeine Forst Zeitschrift 40 (43), 1159—1161.

SCHLICHTING, E. (1986): Wofür, wogegen und wie Bodenschutz. — In: Bodenschutz, Tagung über Umweltforschung an der Universität Hohenheim. — Stuttgart: Ulmer. — Hohenheimer Arbeiten. S. 1—8.

SCHÜTZ, U., BÖRNER, W., MESSERSCHMIDT, O. (1987): Strahlenschutz nach Tschernobyl. — Strahlenschutz in Forschung und Praxis, Bd. 28. — Stuttgart: G. Thieme.

SCHUHMANN, G. (1985): Moderner Acker- und Pflanzenbau aus Sicht der aktuellen Pflanzenschutzstrategie. — In: Unser Boden. — BASF (Hrsg.). S. 179—199.

SCHULZE, E.-D., OREN, R., ZIMMERMANN, R. (1987): Die Wirkung von Immissionen auf 30jährige Fichten in mittleren Höhen des Fichtelgebirges auf Phyllit. — Allgemeine Forst Zeitschrift 42 (27/28/29), 725—730.

SCHWERTMANN, U. (1987): Sind unsere Böden gefährdet. — Bayerisches Landwirtschaftliches Jahrbuch 64, Sonderh. 2, 21—28.

SPITZAUER, P. (1987): Fragen nach Tschernobyl — Antworten der Ökologischen Chemie und der Ökotoxikologie. — München: Techn. Univ. — TU München Jahrbuch 1986, 231—249.

SRU (1983): Waldschäden und Luftverunreinigungen (Sondergutachten). — Stuttgart: Kohlhammer.

SRU (1985): Umweltprobleme der Landwirtschaft (Sondergutachten). — Stuttgart: Kohlhammer.

Strahlenschutzkommission (SSK) (1987): Auswirkungen des Reaktorunfalls in Tschernobyl in der Bundesrepublik Deutschland. Empfehlungen der SSK zur Abschätzung, Begrenzung und Bewertung. — Stuttgart: G. Fischer. — Veröff. d. SSK. Bd. 5.

SUKOPP, H. (1983): Ökologische Charakteristik von Großstädten. — In: Grundriß der Stadtplanung. — Hannover: Akademie für Raumforschung und Landesplanung. S. 51—82.

TESDORPF, J. C. (1984): Landschaftsverbrauch. — Berlin: Tesdorpf.

ULRICH, B. (1982): Gefahren für das Waldökosystem durch saure Niederschläge. — Mitteilungen der Landesanstalt für Ökologie, Landschaftsentwicklung und Forstplanung Nordrhein-Westfalen (Recklinghausen), Sonderh. S. 9—25.

ULRICH, B. (1985): Natürliche und anthropogene Komponenten der Bodenversauerung. — Göttingen: Dt. Bodenkundl. Ges. — Mitteilungen der Deutschen Bodenkundlichen Gesellschaft, Bd. 43, 159—187.

ULRICH, B. (1987): Stability, elasticity and resilience of terrestrial ecosystems with respect to matter balance. — Ecological Studies 61, 11—49.

UN (1982): Ionizing radiation: sources and biological effects. — United Nations Scientific Committee on the Effects of Atomic Radiation. — 1982 Report to the General Assembly, with annexes. — New York.

Universität Hohenheim (1986): Bodenschutz. — Tagung über Umweltforschung an der Universität Hohenheim. — Stuttgart: Ulmer.

URFF, W. von (1982): Landwirtschaft in Ballungsräumen: Konflikte und Möglichkeiten zu ihrer Lösung. — In: Ballungsräume im Strukturwandel. — Bonn: Ges. f. Regionale Strukturentwicklung. — Kleine Schriften der Gesellschaft für Regionale Strukturentwicklung, S. 118—136.

VDI (Verein Deutscher Ingenieure) (Hrsg.) (1983): Säurehaltige Niederschläge: Entstehung und Wirkung auf terrestrische Ökosysteme. — Düsseldorf: VDI-Kommission Reinhaltung der Luft.

VDI (1987): Wirkungen von Luftverunreinigungen auf den Boden. — Schriftenreihe der VDI-Kommission Reinhaltung der Luft, Bd. 5. — Düsseldorf.

WEIGMANN, G., GRUTTKE, H., KRATZ, W., PAPENHAUSEN, U., RICHTARSKI, G. (1985): Zur Wirkung von Umweltchemikalien auf den Abbau von Solidago gigantea-Streu. — Verhandlungen der Gesellschaft für Ökologie. Bd. 13, S. 631—637.

WEISCHER, B., MÜLLER, J. (1985): Nebenwirkungen von Pflanzenschutzmitteln auf Nematoden und ihre Antagonisten. — In: Pflanzenschutzmittel und Boden. — Berichte über Landwirtschaft, N. F., Sonderh. 198, 159—176.

WITTMANN, O. (1986): Der Bodenkataster Bayern. — Bodeninformationssystem für Standortkunde, Boden- und Umweltschutz. — Amtsblatt des Bayer. Staatsmin. für Landesentwicklung und Umweltfragen 16 (3).

WITTMANN, O., FETZER, K. D. (1982): Aktuelle Bodenversauerung in Bayern. — Bayer. Staatsmin. für Landesentwicklung und Umweltfragen. — Materialien 20.

ZEZSCHWITZ, E. von (1982): Akute Bodenversauerung in den Kammlagen des Rothaargebirges. — Der Forst- und Holzwirt 37 (10), 275—276.

2.3 Luftbelastung und Luftreinhaltung

ATKINSON, R., CARTER, W. P. L. (1984): Kinetics and Mechanisms of the Gas-Phase Reactions of Ozone with Organic Compounds under Atmospheric Conditions. — Chem. Rev. 84, 437—470.

ATKINSON, R. (1985): Kinetics and Mechanisms of the Gas-Phase Reactions of the Hydroxyl Radical with Organic Compounds under Atmospheric Conditions. — Chem. Rev. 85, 69—201.

BALLSCHMITER, K., NOTTRODT, A. (1982): Vorkommen und Emissionsminderungen von polychlorierten Dibenzodioxinen und Dibenzofuranen bei Verbrennungsvorgängen. — Forschungsbericht 104 03 317 im Auftrag des UBA, Berlin.

Bayerisches Landesamt für Umweltschutz (1985): Lufthygienischer Jahresbericht 1984. — München: Oldenburg. — Schriftenreihe Bayerisches Landesamt für Umweltschutz, H. 66.

Bayerisches Landesamt für Umweltschutz (1986): Lufthygienischer Jahresbericht 1985. — München: Oldenburg. — Schriftenreihe Bayerisches Landesamt für Umweltschutz, H. 70.

BECKER, K. H., LÖBEL, J., SCHURATH, U. (1983): Bildung, Transport und Kontrolle von Photooxidantien. — In: Luftqualitätskriterien für photochemische Oxidantien. — Berlin: Schmidt. — Umweltbundesamt Berichte 5/83, S. 3—133.

BEIER, R., BRUCKMANN, P. (1983): Messung und Analyse von Kohlenwasserstoff-Profilen im Rhein-Ruhr-Gebiet. — Essen: Landesanstalt für Immissionsschutz des Landes Nordrhein-Westfalen. — LIS-Berichte Nr. 32, ISSN 0720-8499.

BERNES, C., GIEGER, B., JOHANSSON, K., LARSSON, J. (1986): Design of an integrated monitoring programme in Sweden. — Environmental Monitoring and Assessment (6), 113—126.

BMFT (1985): Umweltforschung zu Waldschäden. 3. Bericht. — Bonn 13. März 1985.

BMI (Hrsg.) (1982): Zweiter Immissionsschutzbericht der Bundesregierung. — Bonn.

BMI (1984a): Bericht der Arbeitsgruppe Dioxin in Müllverbrennungsanlagen, vom 30. Oktober 1984. — Bonn. (U II 2-555130-1/32, U II 6-530430/11).

BMI (1984b): Erster Teilbericht der Arbeitsgruppe der Bundesressorts und des Bund/Länder-Arbeitskreises „Ökonomische Instrumente im Immissionsschutz" unter Vorsitz des BMI, vom 22. März 1984.

BMI (1985a): Umwelt: Informationen des Bundesministers des Innern: Umweltplanung, Umweltschutz, Reaktorsicherheit, Strahlenschutz (5), 18f.

BMI (1985b): Umwelt: Informationen des Bundesministers des Innern: Umweltplanung, Umweltschutz, Reaktorsicherheit, Strahlenschutz (8), 27f.

BMI (1985c): Zweiter Teilbericht der Arbeitsgruppe der Bundesressorts und des Bund/Länder-Arbeitskreises „Ökonomische Instrumente im Immissionsschutz" unter Vorsitz des BMI, vom 28. November 1985.

BRÖKER, G., GLIWA, H. (1985): Polychlorierte Dibenzo-Dioxine und -Furane in den Filterstäuben und Schlacken der zwölf Hausmüllverbrennungsanlagen in Nordrhein-Westfalen sowie einiger Sondermüllverbrennungsanlagen. — Essen: Landesanstalt für Immissionsschutz des Landes Nordrhein-Westfalen. — LIS-Berichte Nr. 54. ISSN 0720-8499.

BUA (Beratergremium für umweltrelevante Altstoffe der Gesellschaft Deutscher Chemiker) (1985): Pentachlorphenol. — BUA-Stoffbericht Nr. 3. — Weinheim: Verl. Chemie.

BUCK, M., BRUCKMANN, P. (1984): Air quality surveillance in the Federal Republic of Germany. — Essen: Landesanstalt für Immissionsschutz des Landes Nordrhein-Westfalen. — LIS-Berichte 46. ISSN 0720-8499.

BUCK, M., IXFELD, H., ELLERMANN, K. (1982a): Die Veränderung der Immissionsbelastung in den letzten 15 Jahren im Rhein-Ruhr-Gebiet. — Staub-Reinhaltung der Luft 42 (2), 51—58.

BUCK, M., IXFELD, H., ELLERMANN, K. (1982b): Die Entwicklung der Immissionsbelastung in der Rhein-Ruhr-Region seit 1965. — Essen: Landesanstalt für Immissionsschutz des Landes Nordrhein-Westfalen. — LIS-Berichte Nr. 18, S. 1—56. ISSN 0720-8499.

BUCK, M., IXFELD, H., ELLERMANN, K. (1983): Benzol-Immissionsmengen im Lande Nordrhein-Westfalen. — Essen: Landesanstalt für Immissionsschutz des Landes Nordrhein-Westfalen. — LIS-Berichte Nr. 36. ISSN 0720-8499.

Bundesanstalt für Arbeitsschutz und Unfallforschung (1985): Ersatzstoffkatalog für Asbest. Band 1—10. — Dortmund: BAU. — Schriftenreihe Gefährliche Arbeitsstoffe, GA 17.

DAVIDS, P., LANGE, M. (1986): Die TA Luft '86. — Technischer Kommentar. — Düsseldorf: VDI Verl. — 329f.

DEIMEL, M. (1982): Kfz-Abgasbelastung in Straßen und Unterführungen im Vergleich zu Allgemeinimmissionen. — In: BMFT und TÜV Rheinland (Hrsg.): Abgasbelastungen durch den Kraftfahrzeugverkehr im Nahbereich verkehrsreicher Straßen — Kolloquiumbericht. — Köln: Verl. TÜV Rheinland, S. 115—142. ISBN 3-88585-063-X.

FBW (Forschungsbeirat Waldschäden/Luftverunreinigungen) (1986): 2. Bericht, Mai 1986. — Karlsruhe: Kernforschungszentrum, Literaturabt.

FELDHAUS, G. (1985): Die Novellierung des Bundes-Immissionsschutzgesetzes. — Ein Konzept zur Vorsorge-Sanierung. — Umwelt und Planungsrecht (11—12), 385—394.

FRICKE, W. (1979): Einfluß eines Belastungsgebietes auf die Vertikalverteilung von Oxidantien. — In: Photochemische Luftverunreinigungen in der Bundesrepublik Deutschland. VDI-Tagungsbericht, Düsseldorf, S. 208—226.

GEORGII, H.-W., MÜLLER, W. J. (1984): Distribution of ammonia in the middle and lower troposphere. — Tellus 26 (1—2), 180ff.

605

GEORGII, H.-W., PERSEKE, C., ROHBOCK, E. (1982): Feststellung der Deposition von sauren und langzeitwirksamen Spurenstoffen aus Belastungsgebieten. Abschlußbericht. — Inst. f. Meteorologie und Geophysik der Universität Frankfurt/Main i. A. des Umweltbundesamtes, BMI-UFOPLAN Forschungsprojekt 104 02 600.

GOLDSTEIN, J. A., FRIESEN, M., LINDER, R. E., HICKMAN, P., HASS, J. R., BERGMAN, H. (1977): Effects of Pentachlorophenol on Hepatic Drug Metabolizing Enzymes and Porphyria Related to Contamination with Chlorinated Dibenzo-p-Dioxins and Dibenzofurans. — Biochemical Pharmacology 26 (17), 1549—1558.

GRAEDEL, T. E. (1978): Chemical Compounds in the Atmosphere. — New York: Acad. Pr.

GRANEL, H., MAIER-REIMER, E., DEGENS, E. T., KEMPE, S., SPITZY, S. (1984): CO_2, Kohlenstoffkreislauf und Klima. I. Globale Kohlenstoffbilanz. — Naturwissenschaften 71, 129—136.

GÜSTEN, H. (1986): Formation, Transport and Control of Photochemical Smog. — In: Hutzinger, O. (Hrsg.): The Handbook of Environmental Chemistry, vol. 4, part A. — Berlin: Springer.

HÄNTZSCH, S. (1986): Kfz-bedingte Immissionen in Berlin. — Aktueller Stand. — Stuttgart: G. Fischer. — Schriftenreihe Verein WaboLu 67, S. 29 ff.

HAGENMAIER, H. (1986): PCDD/PCDF-Bestimmungen an Abfallverbrennungsanlagen. — In: VDI-Kommission Reinhaltung der Luft (Hrsg.): Dioxine — Vorkommen, Bestimmung, Bewertung, Entsorgung. Essen 22. (23.) April 1986. — Kurzfassungen. — Düsseldorf.

HALBRITTER, G., BRÄUTIGAM, K.-R., KUPSCH, Ch., SARDEMANN, G. (1985): Weiträumige Verteilung von Schwefelemissionen. — Staub-Reinhaltung der Luft 45, 115—120 (Teil I) und 204—210 (Teil II).

HELDER, T., STUTTERHEIM, E., OLIE, K. (1982): The toxicity and toxic potential of fly ash from municipal incinerators assessed by means of a fish early life stage test. — Chemosphere 11 (10), 965—972.

IXFELD, H., ELLERMANN, K., BUCK, M. (1984): Bericht über die Ergebnisse der diskontinuierlichen Schwefeldioxid- und Mehrkomponentenmessungen im Rhein-Ruhr-Gebiet für die Zeit vom 1. Januar 1983 bis 31. Dezember 1983. — Schriftenreihe der Landesanstalt für Immissionsschutz des Landes Nordrhein-Westfalen, Heft 61, S. 71—119.

IXFELD, H., ELLERMANN, K., BUCK, M. (1985): Bericht über die diskontinuierlichen Schwefeldioxid- und Mehrkomponentenmessungen im Rhein-Ruhr-Gebiet für die Zeit vom 1. Januar 1984 bis 31. Dezember 1984. — Schriftenreihe der Landesanstalt für Immissionsschutz des Landes Nordrhein-Westfalen, Heft 63, S. 73—176.

JÄGER, J., HALBRITTER, G., KUPSCH, Ch. (1985): Folgen eines verstärkten Kohleeinsatzes in der Bundesrepublik Deutschland, Teilbericht: Potentielle Klimaauswirkungen durch den Einsatz fossiler Energieträger. — Karlsruhe: Kernforschungszentrum. — KfK 3527.

JOCKEL, W., HARTJE, D., KÖRBER, D. (1982): Bleiemissionsquellen, Stand der Minderungsmaßnahmen und der Meßtechnik. — Institut für Umweltschutz, TÜV Rheinland, Köln. — BMFT Forschungsbericht 01 VQ 200.

JOST, D. (1984): Luftqualität in belasteten Gebieten und fern von Emittenten. — Staub-Reinhaltung der Luft 44 (3), 173—138.

KOCIBA, R. J., SCHWETZ, B. A. (1982): Toxicity of 2,3,7,8-Tetrachlorodibenzo-p-dioxin. — Symposium on Metabolism and Pharmacokinetics of Environmental Chemicals in Man, Sarasota, Fla., USA, June 7—12, 1981. — Drug Metabolism Reviews 13 (3), 387—406.

KOHLMAIER, G. H., BRÖHL, H., SIRÉ, E. O. (1983): Über die mögliche Wechselwirkung anthropogener Schadstoffe mit den Terpen-Emissionen von Waldökosystemen. — Allgemeine Forst- u. Jagdzeitung 154, 170—174.

KÜLSKE, S., PFEFFER, H.-U. (1985): Smoglage vom 16. bis 20. Januar 1985 an Rhein und Ruhr. — Staub-Reinhaltung der Luft 45 (3), 136—141.

Länderausschuß für Immissionsschutz (LAI) (1986): Die Smog-Periode im Januar 1985. Synoptische Darstellung der Luftbelastung in der Bundesrepublik. — Bericht des ad-hoc-Arbeitskreises Smog-Synopse. — Hamburg, Februar 1986.

Landesanstalt für Umweltschutz Baden-Württemberg (1986): Monatsberichte. — Karlsruhe.

LENHARD, U. (1977): Messung von Ammoniak in der unteren Troposphäre und der NH_3-Quellstärke von Böden. — Diplomarb. Inst. f. Meteorologie u. Geophysik, Univ. Frankfurt/Main.

MARLAND, G., ROTTY, R. M. (1984): Carbon-dioxide emissions from fossil-fuels — a procedure for estimation and results for 1950—1982. — Tellus Series B. Chemical and physical meteorology 36 (4), 232—261.

Minister für Arbeit, Gesundheit und Soziales des Landes Nordrhein-Westfalen (1982): Luftreinhalteplan Rheinschiene Mitte 1982—1986. — Düsseldorf.

Minister für Arbeit, Gesundheit und Soziales des Landes Nordrhein-Westfalen (1983a): Umweltprobleme durch Schwermetalle im Raum Stolberg 1983. — Düsseldorf.

Minister für Arbeit Gesundheit und Soziales des Landes Nordrhein-Westfalen (1983b): Luftreinhalteplan Rheinschiene Süd. — 1. Fortschreibung — 1982—1986. — Düsseldorf, Dezember 1983.

Minister für Arbeit, Gesundheit und Soziales des Landes Nordrhein-Westfalen (1985): Luftreinhalteplan Ruhrgebiet West. — 1. Fortschreibung — 1984—1988. — Düsseldorf, April 1985.

Niedersächsischer Minister für Bundesangelegenheiten (1985): Umweltschutz in Niedersachsen. — Hannover. — Reinhaltung der Luft, H. 8.

NIHLGÅRD, B. (1985): The ammonium hypothesis — an additional explanation to the forest dieback in Europe. — Ambio 14 (1), 2—8.

NÜRNBERG, H. W., VALENTA, P., NGUYEN, V. D. (1981): Wet deposition of toxic metals from the atmosphere in the Federal Republic of Germany. — In: GEORGII, H., PANKRATH, S. (Hrsg.): Deposition of Atmospheric Pollutants: Proceedings of a Colloquium, Oberursel/Ts. Nov. 9-11-1981. — Dordrecht: D. Reidel, hier angeführt nach SCHLADOT und NÜRNBERG (1982).

PERSEKE, C., BEILKE, S., GEORGII, H.-W. (1980): Die Gesamtschwefeldeposition in der Bundesrepublik Deutschland auf der Grundlage von Meßdaten des Jahres 1974. — Berichte des Inst. f. Meteorologie und Geophysik der Universität Frankfurt/Main Nr. 40.

PETERS, A. (1985): Die Erfassung der räumlichen Verteilung von Schwefeldioxid- und Stickoxid-Emissionen als Informationsgrundlage für die Raumordnung. — Bonn: Bundesforschungsanstalt für Raumordnung. — Informationen zur Raumentwicklung Heft 11/12, S. 1003—1013, ISSN 0303-2493.

PFEFFER, H.-U., KÜLSKE, S., BEIER, R. (1984): Jahresbericht 1981 über die Luftqualität an Rhein und Ruhr. Ergebnisse aus dem telemetrischen Immissionsmeßnetz TEMES in Nordrhein-Westfalen. — Essen: Landesanstalt für Immissionsschutz des Landes Nordrhein-Westfalen. — LIS-Berichte Nr. 43. ISSN 0720-8499.

PFEFFER, H.-U., KÜLSKE, S., BEIER, R. (1985): TEMES-Jahresbericht 1982. Ergebnisse aus dem Telemetrischen Immissionsmeßnetz TEMES in Nordrhein-Westfalen. — In: Landesamt für Immissionsschutz des Landes Nordrhein-Westfalen (Hrsg.): Berichte über die Luftqualität in Nordrhein-Westfalen. — Essen. ISSN 0177-2015.

PFEFFER, H.-U., KÜLSKE, S., BEIER, R. (1986): TEMES-Jahresbericht 1983/84. Ergebnisse aus dem Telemetrischen Immissionsmeßnetz TEMES in Nordrhein-Westfalen. — In: Landesamt für Immissionsschutz des Landes Nordrhein-Westfalen (Hrsg.): Berichte über die Luftqualität in Nordrhein-Westfalen. — Essen. ISSN 0177-2015.

PFEFFER, H. U., KÜLSKE, S., BEIER, R. (1987): TEMES-Jahresbericht 1985. Ergebnisse aus dem Telemetrischen Immissionsmeßnetz TEMES in Nordrhein-Westfalen. — In: Landesamt für Immissionsschutz des Landes Nordrhein-Westfalen (Hrsg.): Berichte über die Luftqualität in Nordrhein-Westfalen. — Essen. ISSN 0177-2015.

POTT, F. (1985): Pyrolyseabgase, PAH und Lungenkrebsrisiko — Daten und Bewertung. — Staub-Reinhaltung der Luft 45 (7—8), 369—379.

PRESCHER, K.-E. (1986): Ergebnisse langjähriger Kohlenmonoxid- und Stickstoffoxid-Messungen an einer verkehrsbelasteten Meßstelle in Berlin. — Stuttgart: G. Fischer. — Schriftenreihe Verein WaBoLu 67, S. 49 ff.

PRINZ, B., SCHOLL, G., RUDOLPH, H. (1981): I. Meßprogramm des Landes Nordrhein-Westfalen, Siebzehnte Mitteilung über die Ergebnisse der Staubniederschlagsmessungen für die Zeit vom Januar 1980 bis Dezember 1980. — Essen. — Schriftenreihe der Landesanstalt für Immissionsschutz des Landes Nordrhein-Westfalen, Heft 54 „Immissionsschutz im Lande NW", S. 7—47.

PRINZ, B., KRAUSE, G. H. M., STRATMANN, H. (1982): Vorläufiger Bericht der Landesanstalt für Immissionsschutz über Untersuchungen zur Aufklärung der Waldschäden in der Bundesrepublik Deutschland. — Essen: Landesanstalt für Immissionsschutz des Landes Nordrhein-Westfalen. — LIS-Berichte Nr. 28. ISSN 0720-8499.

PRINZ, B., RADERMACHER, L., RUDOLPH, H. (1984): Bericht über die Ergebnisse der im Land Nordrhein-Westfalen in der Zeit vom Januar 1983 bis Dezember 1983 durchgeführten Staub- und Schwermetallniederschlagsmessungen. — Essen. — Schriftenreihe der Landesanstalt für Immissionsschutz des Landes NW, Heft 61, S. 7 ff.

RADERMACHER, L., PRINZ, B., RUDOLPH, H. (1985): Bericht über die Ergebnisse der im Land Nordrhein-Westfalen in der Zeit von Januar 1984 bis Dezember 1984 durchgeführten Staub- und Schwermetallniederschlagsmessungen. — Essen. — Schriftenreihe der Landesanstalt für Immissionsschutz des Landes NW, Heft 63, S. 7 ff.

RASMUSSEN, R. A. (1972): What do the Hydrocarbons from Trees Contribute to Air Pollution. — Journal of Air Pollution Control Association 22, 537—543.

ROSOLSKI, P. (1984): Schadstoffemissionen aus Kraftwerken. Auswirkungen der Großfeuerungsanlagen-Verordnung auf die Schwefeldioxid-, Stickstoffoxid- und Staubemissionen aus Kraftwerken. — In: Bundesforschungsanstalt für Landeskunde und Raumentwicklung (Hrsg.): Energie und Umwelt. — Informationen zur Raumentwicklung H. 7/8, S. 681—689.

SARTORIUS, R. (1986): Stoffliche Belastung des Bodens über die Atmosphäre. — Bonn. — Schriftenreihe Deutscher Rat für Landespflege 51, 39—42.

SARTORIUS, R., WINKLER, H.-J. (1985): Deposition in der Bundesrepublik Deutschland. — In: Umweltbundesamt (Hrsg.): Deposition von Luftverunreinigungen in der Bundesrepublik Deutschland. — Erste Bestandsaufnahme, Stand Mitte 1984. — Berlin: E. Schmidt, S. 4.1—4.39. — UBA-Berichte, 4/85. ISBN 3-503-02468-9.

SCHLADOT, J. D., NÜRNBERG, H. W. (1982): Atmosphärische Belastung durch toxische Metalle in der Bundesrepublik Deutschland. Emissionen und Deposition. — Jülich: KFA. — Berichte der Kernforschungsanlage Jülich Nr. 1776. ISSN 0366-0885.

SCHURATH, U. (1979): Physikalisch-chemische Grundlagen der Photosmog-Bildung unter Berücksichtigung von Smogkammer-Messungen. — In: BEKKER, K. H., SCHURATH, U., GEORGII, H.-W., DEIMEL, M. (1979): Untersuchungen über Smogbildung, insbesondere über die Ausbildung von Oxidantien als Folge der Luftverunreinigung in der Bundesrepublik Deutschland. Forschungsbericht 79-104 02 502/03/04 für das Umweltbundesamt, August 1979, Abschnitt VII, S. 1—32.

SHAUB, W. M., TSANG, W. (1983): Dioxin formation in incinerators. — Environmental Science and Technology 17 (12), 721—730.

SMITH, W. H. (1981): Air pollution and forests. New York: Springer.

SRU (1981): Energie und Umwelt (Sondergutachten). — Stuttgart: Kohlhammer.

SRU (1983): Waldschäden und Luftverunreinigungen (Sondergutachten). — Stuttgart: Kohlhammer.

SRU (1987): Luftverunreinigungen in Innenräumen (Sondergutachten). — Stuttgart: Kohlhammer.

STETTLER, A. (1983): Ergebnisse der Untersuchungen der Rauchgase der KVA Zürich-Josephstraße auf chlorierte Dioxine und Furane. Vortrag gehalten beim 44. Abfalltechnischen Kolloquium an der Universität Stuttgart. — MÜLL und ABFALL 15 (6), 151—154.

SÜSSENGUTH, G. (1976): Weiterentwicklung und Anwendung eines Meßverfahrens zur Bestimmung von Ammoniak und Ammonium in der Atmosphäre unter Reinluftbedingungen. — Diplomarbeit Inst. f. Meteorologie u. Geophysik, Univ. Frankfurt/M.

UBA (1981): Luftreinhaltung '81, Entwicklung — Stand — Tendenzen: Materialien zum Zweiten Imissionsschutzbericht der Bundesregierung an den Deutschen Bundestag nach § 61 BImSchG. — Berlin: E. Schmidt.

UBA (1982): Großräumige Luftverschmutzung in der Bundesrepublik Deutschland. — Berlin: UBA. — UBA: Texte, 33/82.

UBA (1983): Jahresbericht 1982. — Berlin.

UBA (1984a): Daten zur Umwelt 1984. — 2. aktual. Aufl. — Berlin: E. Schmidt.

UBA (1984b): Jahresbericht 1983. — Berlin.

UBA (1985a): Jahresbericht 1984. — Berlin.

UBA (1985b): Luftqualität im August 1984. — Umweltbundesamt Monatsberichte aus dem Meßnetz 8/84, S. 38—75. ISSN 0176-1595.

UBA (1985c): Sachstand Dioxine — Stand November 1984. — Berlin: E. Schmidt. — Umweltbundesamt Berichte 5/85. — ISBN 3502 024697.

UBA (1986a): Daten zur Umwelt 1986/87. — Berlin: E. Schmidt.

UBA (1986b): Jahresbericht 1985. — Berlin.

UBA (1986c): Altanlagenreport 1986. — Berlin.

ULRICH, B., MAYER, R., KHANNA, P. K. (1979): Deposition von Luftverunreinigungen und ihre Auswirkungen in Waldökosystemen im Solling. — Frankfurt/M.: Sauerländer. — Schriften aus der Forstlichen Fakultät der Universität Göttingen und der Niedersächs. Forstlichen Versuchsanstalt 58, 1—291.

VOGG, H., STIEGLITZ, L. (1985): Thermal Behaviour of PCDD in Fly Ash from Municipal Incinerators. — In: 5th Int. Symp. on Chlorinated Dioxine and Related Compounds, Bayreuth 16.—19. November 1985, Final Programme: Dioxin '85, S. 67ff.

VOGG, H., STIEGLITZ, L. (1986): Thermal Behavior of PCDD/PCDF in Fly Ash from Municipal Incinerators. — Chemosphere 15 (9—12), 1373—1378.

WALDEYER, H., LEISEN, P., MÜLLER, W. R. (1982): Die Abhängigkeit der Immissionsbelastung in Straßenschluchten von meteorologischen und verkehrsbedingten Einflußgrößen. — In: BMFT und TÜV Rheinland (Hrsg.): Abgasbelastungen durch den Kraftfahrzeugverkehr im Nahbereich verkehrsreicher Straßen — Kolloquiumsbericht. — Köln: Verl. TÜV Rheinland, S. 85—113. ISBN 3-88585-063-X.

WEBER, E. (1982): Staubniederschlag und Filterwirkung des Waldes. — Allgemeine Forst-Zeitschrift 37 (21), 630—634.

ZIMMERMANN, P. R., CHATFIELD, R. B., FISHMAN, J., CRUTZEN, P. J., HANST, P. L. (1978): Estimates on the Production of CO and H_2 from the Oxidation of Hydrocarbons from Vegetation. — Geophys. Res. Lett. 5, 679—682.

2.4 Gewässerzustand und Gewässerschutz

ANNA, H., GÖRTZ, W., ALBERTI, J. (1985): Konzeption und Aufbau einer zeitlich dichten Rheinüberwachung. — Weinheim: VCH. — Vom Wasser 64, 93—105.

ARW (1985): 42. Bericht der Arbeitsgemeinschaft Rhein-Wasserwerke e. V., Januar—Dezember 1985. — Karlsruhe: Grässer.

ATV (Abwassertechnische Vereinigung) (1982): Schwermetalle im häuslichen Abwasser und Klärschlamm. — ATV-Arbeitsberichte. — Korrespondenz Abwasser 29 (12), 955ff.

ATV (1983): Richtlinien für die Bemessung und Gestaltung von Regenentlastungen in Mischwasserkanälen. — 4. berichtigte Aufl. 1983. — ATV-Regelwerk, Arbeitsblatt A 128, Juli 1977. — St. Augustin: Gesellschaft zur Förderung der Abwassertechnik.

ATV (1984): Leistungstabelle über Verfahren der weitergehenden Abwasserreinigung nach biologischer Behandlung. — ATV-Fachausschuß 2.8. — Korrespondenz Abwasser 31 (4), 311.

BERNHARDT, H., SCHMIDT, W.-D. (1986): Zielkriterien und Bewertung des Gewässerzustandes und der zustandsverändernden Eingriffe für den Bereich der Wasserversorgung. — Stuttgart: Kohlhammer. — Materialien zur Umweltforschung (in Vorber.).

BGW (1985): 96. Wasserstatistik für die Bundesrepublik Deutschland. — Bundesverband der Deutschen Gas- und Wasserwirtschaft. — Frankfurt/M.: ZfGW-Verl.

BGW/DVGW/VKU (1985): Grundwasserprogramm der öffentlichen Wasserversorgung (November 1985). — Bonn: Selbstverl.

BMI (1971): Materialien zum Umweltprogramm der Bundesregierung 1971. — Der Bundesminister des Innern (Hrsg.).

BMI (1982): Wasserversorgungsbericht — Bericht über die Wasserversorgung in der Bundesrepublik Deutschland. — Berlin: E. Schmidt.

BÖHNKE, B., DOETSCH, P. (1986): Zur Notwendigkeit der Aufnahme von P- und N-Verbindungen in den Regelungsumfang von Wasserhaushalts- und Abwasserabgabengesetz. — Korrespondenz Abwasser 33 (9), 780.

BRADLAW, J. (1980): FDA Washington, pers. Mitteilung an C. Rappe in: Environment Chemistry, Vol. 3 A, O. Hutzinger (Ed.). — Berlin: Springer.

BRAUCH, R., NEUMANN, H. (1985): Belüftete Abwasserteiche: Bericht über Erfahrungen aus Niedersachsen. — St. Augustin: Gesellschaft zur Förderung der Abwassertechnik. — Berichte der Abwassertechnischen Vereinigung. 36, S. 725.

BRUNNER, P. G. (1975): Die Verschmutzung des Regenwasserabflusses im Trennverfahren. — Berichte aus Wassergütewirtschaft und Gesundheitsingenieurwesen der TU München Nr. 9/1975, S. 184.

BUCHER, B., DEMUTH, S. (1985): Vergleichende Wasserbilanz eines flurbereinigten und eines nicht flurbereinigten Einzugsgebietes im Ostkaiserstuhl für den Zeitraum 1977—1980. — Deutsche Gewässerkundliche Mitteilungen, H. 1/1985.

BUCHWALD, K., RINCKE, G., RUDOLPH, K.-H. (1985): Umweltprobleme der ostfriesischen Inseln. — Gutachterliche Stellungnahme vom Juli 1985. — Borkum: Stadtverwaltung.

Bund/Länder-Meßprogramm für die Nordsee: Gewässergütemessungen im Küstenbereich der Bundesrepublik Deutschland 1982/1983 (erschienen 1984). — BMI, BMV, BMFT und andere (Hrsg.). — Hannover.

COHEN, S. Z., EIDEN, C., LORBER, M. N. (1985): Monitoring ground water for pesticides in the USA. — Vortrag WaBoLu, Berlin (November 1985). — Zugl. ersch. in: Schriftenreihe des Vereins für Wasser-, Boden- und Lufthygiene. 68.

DAMIECKI, R. (1982): Leistung und Prozeßstabilität kommunaler Kläranlagen. — Aachen. — Gewässerschutz — Wasser — Abwasser (GWA). 61.

DARIMONT, T., LAHL, U., ZESCHMAR, B. (1985): Landwirtschaft und Grundwasserschutz: Maßnahmenkatalog zur Verringerung der Nitratbelastung. — Wasserwirtschaft 75 (3), 106—110.

DINKLOH, L. (1986): Werden unsere Gewässer wirksam vor Umweltchemikalien geschützt? — Schriftenreihe der Vereinigung Deutscher Gewässerschutz e. V. (VDG). Bd. 49.

DVGW (1975): Arbeitsblatt W 151: Eignung von Oberflächenwasser als Rohstoff für die Trinkwasserversorgung. — Deutscher Verein des Gas- und Wasserfaches. — Frankfurt/M.: ZfGW-Verl.

Emschergenossenschaft/Lippeverband (1979): Niederschlag-Abfluß-Modell zur Hochwasserabfluß-Berechnung mit Gebietsmerkmalen im Emscher- und Lippegebiet (Emschermodell). — Essen: Eigenverl.

FIRK, W., GEGENMANTEL, H.-F. (1986): Nährstoffquellen: Einführung, Übersicht, Größenordnungen. — Wasser — Abwasser — Abfall, Schriftenreihe des Fachgebietes Siedlungswasserwirtschaft der Universität-Gesamthochschule Kassel 1/1986, S. 8—25.

FLÜGGE, G. (1987): Zustand der Gewässer: Daten, Forderungen, Perspektiven. — Vortrag auf der 20. Essener Tagung in Aachen, 11.—13. März 1987.

FRIEDRICH, G. (1982): Fließgewässer: Charakteristik, Gefährdung, Schutz. — Deutscher Naturschutzring e. V. (Hrsg.).

FRIESEL, P. (1986): Grundwasserqualitätsbeeinträchtigungen durch die Anwendung von Pflanzenschutz- und Schädlingsbekämpfungsmitteln (PSM). — Bundesgesundheitsblatt 29 (12), 424—427.

FRIESEL, P., STEINER, B., MILDE, G. (1985): Pflanzenbehandlungsmittel in der Landwirtschaft und deren Auswirkung auf das Grundwasser. — Vortrag Umweltmediz. Seminar (1984). — Zugl. ersch. in: Schriftenreihe des Vereins für Wasser-, Boden- und Lufthygiene. 65.

GIESSL, H., HURLE, K. (1984): Pflanzenschutzmittel und Gewässer. — Stuttgart: Ulmer. — Agrar- und Umweltforschung in Baden-Württemberg, Nr. 8.

GIMBEL, R., VÖLKER, E. (1985): Testfilter zur Kontrolle und Beurteilung der organischen Belastung von Kläranlagenabläufen und von Fließgewässern. — 10. Arbeitstagung der IAWR 1985. — Amsterdam: Sekretariat der IAWR. — S. 23—38.

GLÖCKLER, A. (1984): Untersuchungen zur Veränderung der organischen Inhaltsstoffe des Rheinwassers als Folge von Abwasserreinigungsmaßnahmen. — Karlsruhe: Gresser. — ARW-Jahresbericht '84. 41, S. 49—146.

HABERER, K. (1985): Anforderungen an das Rohwasser zur Trinkwasserversorgung. — Wasser Berlin '85 (Kongreß Berlin). — Berlin: Wissenschaftsverband Volker Spieß GmbH. — S. 676—690.

HOLTMEIER, E.-L. (1984): Der Schutz des Grundwassers vor Nitratbelastungen. — Gas- und Wasserfach (gwf)—Wasser/Abwasser 125, 482—487.

HORNEF, H. (1983): Gefährdung des Grundwassers durch undichte Abwasserkanäle und Anlagen der Grundstücksentwässerung. — Korrespondenz Abwasser 30, 896—902.

HURLE, K., GIESSL, H., KIRCHHOFF, J. (1985): Über das Vorkommen einiger ausgewählter Pflanzenschutzmittel im Grundwasser. — Vortrag WaBoLu, Berlin (November 1985). — Zugl. ersch. in: Schriftenreihe des Vereins für Wasser-, Boden- und Lufthygiene. 68.

IAWR (Internationale Arbeitsgemeinschaft der Wasserwerke im Rheineinzugsgebiet) (1973): Memorandum der IAWR: Rheinwasserverschmutzung und Trinkwassergewinnung.

IAWR (1986): Rhein-Programm '85 — Fakten — Folgerungen — Forderungen: Ein neues Memorandum der IAWR.

IMHOFF, K. R. (1986): Entwicklung in der Wassergütewirtschaft: Forschung und Entwicklung in der Abwassertechnik und beim Gewässerschutz. — Eine Studie der ATV, St. Augustin. — 2. Aufl.

IRMER, H. (1987): Grenzwerte für die Sickerwasserbehandlung nach dem Stand der Technik für Hausmülldeponien. — Symposium Deponiesickerwasserbehandlung, Aachen, 9.—11. April 1986. — Berlin: E. Schmidt. — UBA: Materialien 1/87.

KETTERN, J. T., LONDONG, J. (1987): Ein- und zweistufige Belebungsverfahren unter dem Aspekt weitergehender Reinigungsmaßnahmen. — Bericht über das Symposium vom 22.—23. Januar 1987 in Aachen. — Abwassertechnik 38 (2), 41.

KNÖPP, K. (1986): Beseitigung kontaminierten Baggergutes: Sachzwänge, Lösungen und Schlußfolgerungen. — Aachen. — Gewässerschutz — Wasser — Abwasser (GWA). 85, S. 835—853.

KOPPE, P. (1985): Stoffliche Parameter für die Beurteilung von Abwässern hinsichtlich der Sicherung der Trinkwasserversorgung. — Aachen. — Gewässerschutz — Wasser — Abwasser (GWA). 69, S. 423—444.

KRAUTH, K. H., STOTZ, G. (1985): Minimierung des Schmutzstoffaustrags aus Siedlungsgebieten in Vorfluter. — Deutsche Forschungsgemeinschaft, Schlußbericht zum Forschungsvorhaben Kr 624/3-2 September 1985. — Institut für Siedlungswasserbau, Wassergüte und Abfallwirtschaft der Universität Stuttgart.

Landesamt für Wasser und Abfall (LWA) Nordrhein-Westfalen (1984): Weitergehende Anforderungen an Abwassereinleitungen in Fließgewässer: Entscheidungshilfe für die Wasserbehörden in wasserrechtlichen Erlaubnisverfahren. — Wasserwirtschaft Nordrhein-Westfalen. — Landesamt für Wasser und Abfall Nordrhein-Westfalen.

Landesamt für Wasser und Abfall (LWA) Nordrhein-Westfalen (1985): Grundwasserbericht 84/85 (Oktober 1985). — Landesamt für Wasser und Abfall Nordrhein-Westfalen.

Landesanstalt für Ökologie, Landschaftsentwicklung und Forstplanung (LÖLF) Nordrhein-Westfalen (1985): Bewertung des ökologischen Zustandes von Fließgewässern. — Teil I: Bewertungsverfahren; Teil II: Grundlagen für das Bewertungsverfahren. —

2. Aufl. — Landesanstalt für Ökologie, Landschaftsentwicklung und Forstplanung Nordrhein-Westfalen, Recklinghausen (Hrsg.). — Essen: Woeste Verl.

LAWA (Länderarbeitsgemeinschaft Wasser) (1985): Die Gewässergütekarte der Bundesrepublik Deutschland 1985. — Länderarbeitsgemeinschaft Wasser. — Weingarten: Service-Agentur für Wissenschaft.

LOCH, J. P. G., HOEKSTRA, R. (1985): Spuren von Pflanzenbehandlungsmitteln im Grundwasser: Konzeptionen und erste Ergebnisse von Labor- und Felduntersuchungen in Böden hoher Durchlässigkeit in den Niederlanden. — Vortrag WaBoLu, Berlin (November 1985). — Zugl. ersch. in: Schriftenreihe des Vereins für Wasser-, Boden- und Lufthygiene. 68.

LONDONG, D. (1986): Erfahrungen mit der Renaturierung von Wasserläufen. — Mitteilungen aus dem Institut für Wasserbau und Wasserwirtschaft der RWTH Aachen. 60, Vorträge Wasserbau-Seminar Wintersemester 1985/86, S. 237—264.

LONDONG, D., STALMANN, V. (1985): Erfahrungen mit naturnahem Wasserbau. — Wasser und Boden 37 (3).

LÜBBE, E. (1984): Einfluß der Landwirtschaft auf die Grundwassergüte. — Wasser und Boden 36 (3), 92—94.

MILDE, G., FRIESEL, P. (1985): Persönliche Mitteilungen beim Fachgespräch des Instituts für Wasser-, Boden- und Lufthygiene, Berlin (November 1985).

Ministerium für Ernährung, Landwirtschaft, Umwelt und Forsten Baden-Württemberg (MELF-BW) (1983): Gütezustand der Gewässer in Baden-Württemberg 3 — Stand 1981. — Minister für Ernährung, Landwirtschaft, Umwelt und Forsten des Landes Baden-Württemberg.

Minister für Ernährung, Landwirtschaft und Forsten des Landes Nordrhein-Westfalen (MELF-NRW) (1984): Schutz des Wassers — weil wir es zum Leben brauchen. — Minister für Ernährung, Landwirtschaft und Forsten des Landes Nordrhein-Westfalen.

NATO-Umweltausschuß (1985): NATO/CCMS-Pilotstudie „On Contaminated Land". — Draft Report.

NEUMAYR, V. (1984): Zum Problem lokaler und diffuser Grundwasserbeeinträchtigungen durch chlorierte Lösemittel aus Abwasserkanalsystemen. — Korrespondenz Abwasser 31 (6), 493—498.

NTA-Koordinierungsgruppe der Gesellschaft Deutscher Chemiker — Hauptausschuß Phosphate und Wasser — Fachgruppe Wasserchemie (1984): Studie über die aquatische Umweltverträglichkeit von Nitrilotriacetat (NTA). — St. Augustin: H. Richarz.

PFLUG, W. (1985): Die nutzungsbezogene Gewässerzustandsbeschreibung aus der Sicht von Ökologie, Naturschutz und Landschaftspflege. — Aachen. — Gewässerschutz-Wasser-Abwasser (GWA). 73, S. 95—107.

RACHOR, E. (1986): Stickstoff und Phosphor in ihrer Bedeutung für die Eutrophierung der Nordsee. —

Wasser-Abwasser-Abfall, Schriftenreihe des Fachgebietes Siedlungswasserwirtschaft der Universität-Gesamthochschule Kassel 1/1986, S. 141—147.

Regierungspräsident Stuttgart (1983/1984): Nitratbericht 1983/1984. — Der Regierungspräsident Stuttgart.

REXILIUS, L. (1985): Anwendung von Bodenentseuchungsmitteln im Baumschulgebiet Pinneberg im Hinblick auf Kontaminationsmöglichkeiten von Grund- und Trinkwasser: Eine Bestandsaufnahme. — Vortrag WaBoLu, Berlin (November 1985). — Zugl. ersch. in: Schriftenreihe des Vereins für Wasser-, Boden- und Lufthygiene. 68.

RÖBER, H. M., HÖLLWARTH, M. (1981): Untersuchungen in kommunalen Abwässern. — Haustechnik, Bauphysik, Umwelttechnik; Gesundheits-Ingenieur 3/1981.

ROHMANN, U., SONTHEIMER, H. (1985): Nitrat im Grundwasser: Ursachen, Bedeutung, Lösungswege. — DVGW-Forschungsstelle am Engler-Bunte-Institut der Universität Karlsruhe (TH).

ROTH, M. (1985): Grundwasserbelastungen durch Pflanzenschutzmittel in Baden-Württemberg: Konzeption — Ergebnisse — Ausblick. — Vortrag WaBoLu, Berlin (November 1985). — Zugl. ersch. in: Schriftenreihe des Vereins für Wasser-, Boden- und Lufthygiene. 68.

SCHMEING, F. (1984): Langzeitmessung des Nitratgehaltes im Grundwasser — im Einzugsgebiet Bayern. — In: Nitrat — ein Problem für unsere Trinkwasserversorgung? — Frankfurt/M.: DVGW. — DVGW-Schriftenreihe Wasser. Nr. 38, S. 140—146.

SCHMIDT, K., SCHÖTTLER, U. (1984): In-situ-Sanierung von Grundwasserkontaminationen. — Kontaminierte Standorte und Gewässerschutz, Symposium Aachen, 2. Oktober 1984.

SCHOEN, R., WRIGHT, R., KRIETER, M. (1984): Gewässerversauerung in der Bundesrepublik Deutschland. — Naturwissenschaften 71, 95—97.

SONTHEIMER, H., GIMBEL, R., WEINDEL, W. (1979): Die Rheinwasserqualität: Vorschlag einer neuen Darstellung aus der Sicht der Trinkwasserversorgung. — Bericht der 7. IAWR-Jahrestagung Basel.

SRU (1974): Umweltgutachten 1974. — Stuttgart: Kohlhammer.

SRU (1976): Umweltprobleme des Rheins (Sondergutachten). — Stuttgart: Kohlhammer.

SRU (1978): Umweltgutachten 1978. — Stuttgart: Kohlhammer.

SRU (1980): Umweltprobleme der Nordsee (Sondergutachten). — Stuttgart: Kohlhammer.

SRU (1985): Umweltprobleme der Landwirtschaft (Sondergutachten). — Stuttgart: Kohlhammer.

Standing Advisory Committee for Scientific Advice (1984): siehe Deutsche Hydrographische Zeitschrift, Ergänzungsh., Reihe b, Nr. 16, 1986: Quality status of the North Sea. S. 95.

STOCK, H. D. (1985): Auswertung der behördlichen Überwachung von Abwassereinleitungen seit Wirksamwerden des Abwasserabgabengesetzes. — Aachen. — Gewässerschutz-Wasser-Abwasser (GWA). 75, S. 417—434.

STOCK, R., FRIESEL, P., MILDE, G. (1985): Grundwasserkontamination durch Pflanzenbehandlungsmittel in der niederen Geest Schleswig-Holsteins und im Emsland. — Vortrag WaBoLu, Berlin (November 1985). — Zugl. ersch. in: Schriftenreihe des Vereins für Wasser-, Boden- und Lufthygiene. 68.

STRAUCH, P. (1984): Erkundung, Bewertung und Sanierung kontaminierter Standorte als Maßnahmen zum Schutz des Grundwassers. — RWTH Aachen. Diplomarb.

TREUNERT, E. (1986): Abwasserabgabengesetz: Untersuchung über wasserwirtschaftliche Zusammenhänge. — Aachen. — Gewässerschutz-Wasser-Abwasser (GWA). 84.

UBA (1984a): Gewässerversauerung in der Bundesrepublik Deutschland. — Ergebnisse und Wertung eines Statusseminars des Umweltbundesamtes in Zusammenarbeit mit dem Bayerischen Landesamt für Wasserwirtschaft vom 23. bis 24. Februar in München. — Berlin: E. Schmidt. — UBA: Materialien 1/84.

UBA (1984b): Beirat beim Bundesminister des Innern „Lagerung und Transport wassergefährdender Stoffe (LTwS)", Ausschuß Statistik: Zusammenstellung aus den Auswertungen der Erhebungen 1980—82. — Berlin. — UBA (Dezember '84).

UBA (1985): Sachstand Dioxine, November 1984. — Berlin. — UBA: Berichte 5/85.

Umweltprogramm der Bundesregierung 1971. — Bundestags-Drucksache 6/2710. — Siehe auch BMI (1971).

VAN DER VEEN, C. (1985): Bericht zur Lage. — 10. Arbeitstagung der IAWR 1985. — Amsterdam: Sekretariat der IAWR. — S. 13—22 und 143—154.

VEH, M. (1978): Die Übertragung der EG-Richtlinien in nationales Recht. — DVGW-Schriftenreihe Wasser 15, 91—100.

WELTE, E., TIMMERMANN, F. (1985): Düngung und Umwelt. — Stuttgart: Kohlhammer. — Materialien zur Umweltforschung. 12.

WERNER, G. (1985): Strategien und Ergebnisse der Überwachung der Rohwasserqualität von Grundwasserförderungsanlagen auf Kontaminationen durch Pflanzenbehandlungsmittel. — Vortrag WaBoLu, Berlin (November 1985). — Zugl. ersch. in: Schriftenreihe des Vereins für Wasser-, Boden- und Lufthygiene. 68.

2.5 Verunreinigungen in Lebensmitteln

ARTS, W., BRETSCHNEIDER, H.-J., GESCHUHN, A., WEFER, H. (1985): Blei im Berliner Trinkwasser, T. 2. — Forum Städte-Hygiene 36, 46—52.

ARTS, W., BRETSCHNEIDER, H.-J., LEBENDER, W., RICKERT, B., TERRES, B. (1986): Untersuchungen der haushaltsbedingten Bleiaufnahme von Säuglingen und Kleinkindern in Berlin-Moabit. — Forum Städte-Hygiene 37, 214—219.

BALLSCHMITER, K., ZELL, M. (1980): Analysis of polychlorinated biphenyls by glass capillary gas chromatography. — Fresenius Zeitschrift für Analytische Chemie 302, 20—31.

BECK, H., MATHAR, W. (1985): Analysenverfahren zur Bestimmung von ausgewählten PCB-Einzelkomponenten. — Bundesgesundheitsblatt 28, 1—12.

BECK, H., ECKART, K., KELLERT, M., MATHAR, W., RÜHL, Ch.-S., WITTKOWSKI, R. (1987): Levels of PCDFs and PCDDs in samples of human origin and food in the Federal Republic of Germany. — Chemosphere (im Druck).

BENDER-GÖTZE, C. (1980a): Eisenmangel im Kindesalter. — Fortschritte der Medizin 98, 87—91.

BENDER-GÖTZE, C. (1980b): Therapie des Eisenmangels bei Kindern. — Fortschritte der Medizin 98, 590.

BERNARD, A., LAUWERYS, R. (1986): Effects of cadmium exposure in humans. — In: FOULKES, E. C. (Hrsg.): Handbook of experimental pharmacology, Cadmium, Vol. 80, 135—177. — Berlin: Springer.

BGA (Bundesgesundheitsamt) (1977): Richtwerte '76 über Arsen-, Blei-, Cadmium- und Quecksilbergehalte in Lebensmitteln. — Bundesgesundheitsblatt 20, 76.

BGA (Bundesgesundheitsamt) (1986a): Richtwerte '86 für Blei, Cadmium und Quecksilber in und auf Lebensmitteln. — Bundesgesundheitsblatt 29, 22—23.

BGA (Bundesgesundheitsamt) (1986b): Richtwerte '86 für Nitrat in Gemüse. — Bundesgesundheitsblatt 29, 167.

BMJFG (Hrsg.) (1984): Repräsentative und gezielte Untersuchungen von bestimmten Lebensmitteln tierischer Herkunft auf relevante Umweltchemikalien. — Stuttgart: Kohlhammer. — Schriftenreihe des Bundesministers für Jugend, Familie und Gesundheit. Bd. 140.

BRÜNE, H. (1982): Zur Aufnahme von Schwermetallen durch Pflanzen und Möglichkeiten der Reduzierung. — In: 125 Jahre Hessische Landwirtschaftliche Versuchsanstalt. — Kassel. — S. 57—83.

BRUNNEMANN, K. D., MASARYK, J., HOFFMANN, D. (1984): Role of tobacco stems in the formation of N-nitrosamines in tobacco and cigarette mainstream and sidestream smoke. — Journal of Agricultural and Food Chemistry 31, 1221—1224.

CEC (Commission of the European Communities) (1981): Ecotoxicology of Cadmium. — München: Gesellschaft für Strahlen- und Umweltforschung. — GSF-Bericht Ö-629, 1—108.

DARIMONT, T. (1984): Nitrat im Trinkwasser der westdeutschen Weinbaugebiete. — Forum Städte-Hygiene 35, 107—108.

DFG (Deutsche Forschungsgemeinschaft) (1980): Bewertung von Rückständen im Getreide. — Boppard: Boldt. — Mitteilung 8 der Kommission zur Prüfung von Rückständen in Lebensmitteln.

DFG (Deutsche Forschungsgemeinschaft) (1983a): Rückstände in Lebensmitteln tierischer Herkunft. — Weinheim: Verl. Chemie. — Mitteilung 10 der Kommission zur Prüfung von Rückständen in Lebensmitteln.

DFG (Deutsche Forschungsgemeinschaft) (1983b): Rückstände und Verunreinigungen in alkoholfreien Getränken. — Weinheim: Verl. Chemie. — Mitteilung 11 der Kommission zur Prüfung von Rückständen in Lebensmitteln.

DFG (Deutsche Forschungsgemeinschaft) (1984): Rückstände und Verunreinigungen in Frauenmilch. — Weinheim: Verl. Chemie. — Mitteilung 12 der Kommission zur Prüfung von Rückständen in Lebensmitteln.

DGE (Deutsche Gesellschaft für Ernährung) (1976): Ernährungsbericht 1976. — Frankfurt/M.: Selbstverl.

DGE (Deutsche Gesellschaft für Ernährung) (1980): Ernährungsbericht 1980. — Frankfurt/M.: Selbstverl.

EISENBRAND, G. (1983): Analytik von N-Nitroso-Verbindungen und deren Vorläufern. — In: PREUSSMANN, R. (Hrsg.): Das Nitrosamin-Problem. — Weinheim: Verl. Chemie. — DFG, Rundgespräche und Kolloquien, 10—25.

EISENBRAND, G. (1987): Nitrosamine. — In: EISENBRAND, G. et al.: Derzeitige Situation und Trends der Belastung der Nahrungsmittel durch Fremdstoffe. — Stuttgart: Kohlhammer. — Materialien zur Umweltforschung (in Vorber.).

EISENBRAND, G., ELLEN, R., PREUSSMANN, R., SCHULLER, P. L., SPIEGELHALDER, G., STEPHANY, R. W., WEBB, K. S. (1983a): Determination of volatile nitrosamines in food, animal feed and other biological materials by low-temperatur vacuum distillation and chemiluminescence detection. — In: PREUSSMANN, R. et al. (eds.): Environmental carcinogens — selected methods of analysis, Vol. 6, N-Nitrosocompounds. — IARC Scientific Publications 45, 181—203. — Lyon: IARC.

EISENBRAND, G., ARCHER, M., BRUNNEMANN, K. D., FINE, D., HECHT, S. S., HOFFMANN, D., KRULL, J., WEBB, K. S. (1983b): Problems of contamination and artefact formation in nitrosamine sampling and analysis. — In: PREUSSMANN, R. et al. (eds.): Environmental carcinogens — selected methods of analysis, Vol. 6, N-Nitrosocompounds. — IARC Scientific Publications 45, 25—34. — Lyon: IARC.

EISENBRAND, G., ADAM, B., PETER, M., MALFERTHEINER, P., SCHLAG, P. (1984): Formation of nitrite in gastric juice of patients with various gastric disorders after ingestion of a standard dose of nitrate — a possible risk factor in gastric carcinogenesis. — In: O'NEILL et al. (eds.): N-Nitrosocompounds: Occurrence, biological effects and relevance to human cancer. — IARC Scientific Publications 57, 963—968. — Lyon: IARC.

EISENBRAND, G., FRANK, H. K., GRIMMER, G., HAPKE, H. J., THIER, H.-P., WEIGERT, P. (1987): Derzeitige Situation und Trends der Belastung der Nahrungsmittel durch Fremdstoffe. — Stuttgart: Kohlhammer. — Materialien zur Umweltforschung (in Vorber.).

ELLEN, G., EGMOND, E., SAHERTIAN, E. T. (1986): N-Nitrosamines and residual nitrite in cured meats from the Dutch market. — Zeitschrift für Lebensmitteluntersuchung und Forschung 182, 14—18.

ELLEN, G., SCHULLER, P. L. (1983): N-Nitrosamine Investigations in the Netherlands: Highlights from the last ten years. — In: PREUSSMANN, R. (Hrsg.): Das Nitrosamin-Problem. — Weinheim: Verl. Chemie. — DFG, Rundgespräche und Kolloquien, 81—92.

FAN, T. Y., GOFF, H., SONG, L., FINE, D., ARSENAULT, G. B., BIEMANN, K. (1977): N-Nitrosodiethanolamine in cosmetics, lotions and shampoos. — Food and Cosmetics Toxicology 15, 423—430.

FAO/WHO (Food and Agricultural Organisation/World Health Organisation) (1981): Report of the second session of the Technical Advisory Committee. — Joint FAO/WHO Food and Animal Feed Contamination Programme, Geneva, 27 April—1 May 1981. — FAO-ESN/MON/TAC-2/81/5. WHO-EFB/81.15.

FORMAN, D., AL-DABBAGH, S., DOLL, R. (1985): Nitrates, nitrites and gastric cancer in Great Britain. — Nature 313, 620—625.

FROMMBERGER, R. (1985): Nitrat, Nitrit und Nitrosamine in Lebensmitteln pflanzlicher Herkunft. — Ernährungs-Umschau 32, 47—51.

FÜRST, P., KRÜGER, C., MEEMKEN, H.-A., GROEBEL, W. (1987): Bericht über die Untersuchung von Frauenmilch auf polychlorierte Dibenzodioxine und -furane 1984—1986. — Münster. — Chemisches Landesuntersuchungsamt.

GEYER, H., SCHEUNERT, I., FILSER, J. G., KORTE, F. (1986): Bioconcentration potential (BCP) of 2,3,7,8-tetrachlorodibenzo-p-dioxin (2,3,7,8-TCDD) in terrestrial organisms including humans. — Chemosphere 15, 1495—1502.

HABERER, K. (1986): Probleme der Grundwasserqualität unter Berücksichtigung der neuen Trinkwassergrenzwerte. — Neue DELIWA-Zeitschrift (4), 120—129.

HAHNE, K.-H., HEESCHEN, W., BLÜTHGEN, A. (1986a): Untersuchungen über Vorkommen und Eintragswerte persistenter Chlorkohlenwasserstoffe in Frauenmilch. T. I: Chlorkohlenwasserstoffpestizide und polychlorierte Biphenyle (PCB). — Milchwissenschaft 41, 269—272.

HAHNE, K.-H., HEESCHEN, W., BLÜTHGEN, A. (1986b): Untersuchungen über Vorkommen und Eintragswege persistenter Chlorkohlenwasserstoffe in Frauenmilch. T. II: Vorkommen und Verteilung ausgewählter PCB-Kongeneren in Frauenmilch. — Milchwissenschaft 41, 414—417.

HEESCHEN, W., BLÜTHGEN, A., NIJHUIS, H. (1986): Entwicklungstendenzen in der rückstandshygienischen Situation der Milch. — Kieler milchwirtschaftliche Forschungsberichte 38, 131—145.

HEINRICH, H. C. (1985): Bioverfügbarkeit des Eisens in der Säuglings- und Kleinkinderernährung. — In: GRÜTTNER, R., ECKERT, I. (Hrsg.): Beikost in der Säuglingsernährung. — Berlin: Springer. S. 1—43.

HOFFMANN, D., BRUNNEMANN, K. D., ADAMS, J. D., HECHT, S. S. (1984): Formation and analysis of N-nitrosamines in tobacco products and their endogenous formation in consumers. — In: O'NEILL et al. (eds.): N-Nitrosocompounds: Ocurrence, biological effects and relevance to human cancer. — IARC Scientific Publications 57, 743—762. — Lyon: IARC.

KÄFERSTEIN, F. K., ALTMANN, H.-J., KALLISCHNIGG, G., KLEIN, H., KOSSEN, M.-T., LORENZ, H., MÜLLER, J., SCHMIDT, E., ZUFELDE, K. P. (1979): Blei, Cadmium und Quecksilber in und auf Lebensmitteln. — Berlin: Reimer. — ZEBS-Berichte 1/1979.

KALLISCHNIGG, G., LEGEMANN, P. (1982): Studie zum Aufbau eines Monitoring-Systems Umweltchemikalien in Lebensmitteln. — Berlin: Reimer. — ZEBS-Berichte 1/1982.

KALLISCHNIGG, G., LEGEMANN, P., MÜLLER, J., KÄFERSTEIN, F. K. (1982): Schwermetallgehalte in Bier. — Berlin: Reimer. — ZEBS-Berichte 2/1982.

KAMPE, W. (1983): Blei und Cadmium in Nahrungsmitteln der Angebotsform und im Gesamtverzehr. Ergebnisse von Total Diet Studies. — Landwirtschaftliche Forschung, Sonderh. 39, 361—382.

KIMBROUGH, R. D., FALK, H., STEHR, P. (1984): Health implications of 2,3,7,8-tetrachlorodibenzodioxin (TCDD) contamination of residential soil. — Journal of Toxicology and Environmental Health 14, 47—93.

KIMOTO, W., PENSABENE, J. W., FIDDLER, W. (1982): Isolation and identification of N-nitrosothiazolidin in fried bacon. — Journal of Agricultural and Food Chemistry 30, 757—760.

KLEIN, H. (1982): Einfluß von Herstellungs- und Zubereitungsverfahren auf den Arsen-, Blei-, Cadmium- und Quecksilbergehalt von Lebensmitteln. — Berlin: Reimer. — ZEBS-Berichte 3/1982.

KNOWLES, J. A. (1974): Breast milk: a source of more than nutrition for the neonate. — Clinical Toxicology 7, 69—82.

KÖNIG, W. (1986): Ausmaß und Ursachen der Blei- und Cadmiumbelastung von Gemüse aus Duisburger Gartenanlagen. — Forum Städte-Hygiene 37, 98—103.

KROH, W. (1985): Trinkwasserverunreinigungen — ihre Überwachung und Beseitigung am Beispiel von Blei und Halogen-Kohlenwasserstoffen. — Das Öffentliche Gesundheitswesen 47, 382—385.

Landesamt für Wasser und Abfall Nordrhein-Westfalen (LWA) (1985): Grundwasserbericht 84/85. — Düsseldorf.

LAWA (Länderarbeitsgemeinschaft Wasser) (1987): LAWA-Wasserversorgungsbericht 1986. Bericht über die Beschaffenheit des Trinkwassers in der Bundesrepublik Deutschland und Maßnahmen zur Erhaltung einer sicheren Wasserversorgung. — Berlin: E. Schmidt.

LIJINSKY, W. (1980): Significance of in vivo formation of N-nitroso compounds. — Oncology (Basel) 37, 223—226.

LORENZ, H., NEUMEIER, G. (Hrsg.) (1983): Polychlorierte Biphenyle (PCB). Ein gemeinsamer Bericht des Bundesgesundheitsamtes und des Umweltbundesamtes. — München: MMV Medizin Verl. — BGA-Schriften 4/83.

LORENZ, H., OCKER, H. D., BRÜGGEMANN, J., WEIGERT, P., SONNEBORN, M. (1986): Cadmiumgehalte in Getreideproben der Vergangenheit — Vergleich zur Gegenwart. — Zeitschrift Lebensmitteluntersuchung und Forschung 183, 402—405.

MEYER, E., ROSSKAMP, E. (1987): Die Trinkwasserverordnung, die AVB Wasser V und die Hausinstallation. — In: AURAND, K. et al. (Hrsg.): Die Trinkwasserverordnung. Einführung und Erläuterungen für Wasserversorgungsunternehmen und Überwachungsbehörden. — 2. Aufl. — Berlin: E. Schmidt. S. 91—116.

MORISKE, H.-J., ZASTROW, K., KNEISELER, R., TRAUER, I., WIENER, U., RÜDEN, H. (1986): Blei im Trinkwasser — Untersuchungen in verschiedenen Berliner Schulen und Haushalten. — Das Öffentliche Gesundheitswesen 48, 643—647.

MÜLLER, J., KALLISCHNIGG, G. (1983): Ergebnisse eines Ringversuchs: Blei, Cadmium und Quecksilber in biologischem Material. — Berlin: Reimer. — ZEBS-Berichte 1/1983.

NEUBERT, D., KROWKE, R. (1986): Probleme bei einer toxikologischen Risikoabschätzung von polychlorierten Dibenzodioxinen und Dibenzofuranen. — In: VDI-Kommission Reinhaltung der Luft (Hrsg.): Aktuelle Probleme der Luftreinhaltung. T. I: Pseudokrupp, T. II: Dioxine/Furane. — Düsseldorf: VDI-Verl. — Schriftenreihe Bd. 2, S. 225—263.

OCKER, H. D., SEIBEL, W., BRÜGGEMANN, J. (1983): Reduktion des Schwermetallgehaltes durch die Getreideverarbeitung. — Landwirtschaftliche Forschung, Sonderh. 39, 333—341.

OHNESORGE, F. K. (1985): Toxikologische Bewertung von Arsen, Blei, Cadmium, Nickel, Thallium und Zink. — Düsseldorf: VDI-Verl. — Fortschrittberichte VDI, Reihe 15, Nr. 38.

OHSHIMA, H., BARTSCH, H. (1981): Quantitative estimation of endogenous nitrosation in humans by monitoring N-nitrosoproline excreted in the urine. — Cancer Research 41, 3658—3662.

Ontario Ministry of the Environment (Hrsg.) (1985): Polychlorinated dibenzo-p-dioxins (PCDDs) and polychlorinated dibenzofurans. — Quebec. — Scientific Criteria Document for Standard Development No. 4—84.

PETRI, H. (1987): Nitrat und Nitrit (einschl. N-Nitroso-Verbindungen). — In: AURAND, K. et al. (Hrsg.): Die Trinkwasserverordnung. Einführung und Erläuterungen für Wasserversorgungsunternehmen und Überwachungsbehörden. — 2. Aufl. — Berlin: E. Schmidt. S. 206—241.

PREUSSMANN, R., EISENBRAND, G., SPIEGELHALDER, B. (1979): Ocurrence and formation of N-nitroso compounds in the environment and in-vivo. — In: EMMELOT, P., KRIEK, E. (eds.): Environmental carcinogenesis. — Amsterdam: Elsevier. S. 51—71.

RAPPE, C., NYGREN, M., LINDSTRÖM, G., HANSSON, M. (1986): Dioxins and dibenzofurans in biological samples of European origin. — Chemosphere 15, 1635—1639.

REGGIANI, G. (1981): Medical survey techniques in the Seveso TCDD exposure. — Journal of Applied Toxicology 1, 323—331.

RÖPER, H. (1983): Vorkommen von N-Nitroso-Verbindungen in Anchosen und Räucherfisch. — In: PREUSSMANN, R. (Hrsg.): Das Nitrosamin-Problem. — Weinheim: Verl. Chemie. — DFG, Rundgespräche und Kolloquien, 49—52.

SAUERBECK, D. (1985): Funktionen, Güte und Belastbarkeit des Bodens aus agrikulturchemischer Sicht. — Stuttgart: Kohlhammer. — Materialien zur Umweltforschung 10.

SCHÖN, D., HOFFMEISTER, H., DARIMONT, T., MANDELKOW, J., SONNEBORN, M. (1982): Gesundheitlicher Einfluß von Trinkwasserinhaltsstoffen. — Berlin: Reimer. — Soz-Ep-Berichte 6/1982.

SCHULTE-LÖBBERT, F. J., BOHN, G. (1977): Determination of Cadmium in human milk during lactation. — Archives of Toxicology 37, 155—157.

SELENKA, F. (1982): Gesundheitliche Aspekte von Nitrat, Nitrit, Nitrosaminen. — In: DVGW (Hrsg.): Wasserfachliche Aussprachetagung Hamburg 1982. — Eschborn: DVGW. — DVGW-Schriftenreihe Wasser 31, S. 131—143.

SELENKA, F. (1983a): Nitrat und Nitrit in Wasser und Boden. — In: PREUSSMANN, R. (Hrsg.): Das Nitrosamin-Problem. — Weinheim: Verl. Chemie. — DFG, Rundgespräche und Kolloquien. S. 135—144.

SELENKA, F. (1983 b): Nitrat im Speichel, Serum und Harn des Menschen nach Genuß von Speisen mit unterschiedlicher Verdaulichkeit. — In: PREUSSMANN, R. (Hrsg.): Das Nitrosamin-Problem. — Weinheim: Verl. Chemie. — DFG, Rundgespräche und Kolloquien. S. 145—154.

SHEPHARD, S. E., SCHLATTER, C. H., LUTZ, W. K. (1986): Assessment of the risk of formation of carcinogenic N-nitroso compounds from dietary precursors in the stomach. — Food and Chemical Toxicology 25, 91—108.

SHERLOCK, J. C. (1984): Cadmium in foods and the diet. — Experientia 40, 152—156.

SONTHEIMER, H., ROHMANN, U. (1984): Grundwasserbelastung mit Nitrat — Ursachen, Bedeutung, Lösungswege. — Gas- und Wasserfach (gwf) — Wasser/Abwasser 125 (12), 599—608.

SPIEGELHALDER, B. (1983 a): Vorkommen von Nitrosaminen in der Umwelt. — In: PREUSSMANN, B. (Hrsg.): Das Nitrosamin-Problem. — Weinheim: Verl. Chemie. — DFG, Rundgespräche und Kolloquium. S. 27—40.

SPIEGELHALDER, B. (1983 b): Nitrosamine und Gummi. — In: PREUSSMANN, R. (Hrsg.): Das Nitrosamin-Problem. — Weinheim: Verl. Chemie. — DFG, Rundgespräche und Kolloquien. S. 235—244.

SPIEGELHALDER, B., EISENBRAND, G., PREUSSMANN, R. (1979): Contamination of beer with trace quantities of N-nitrosodimethylamine. — Food and Cosmetics Toxicology 17, 29—31.

SRU (1978): Umweltgutachten 1978. — Stuttgart: Kohlhammer.

SRU (1985): Umweltprobleme der Landwirtschaft (Sondergutachten). — Stuttgart: Kohlhammer.

SRU (1987): Luftverunreinigungen in Innenräumen (Sondergutachten). — Stuttgart: Kohlhammer.

SUMMER, K. H., DRASCH, G. A., HEILMAIER, H. E. (1986): Metallothionein and cadmium in human kidney cortex: Influence of smoking. — Human Toxicology 5, 27—33.

TARKOWSKI, S., YRJÄNHEIKKI, E. (1986): Polychlorinated dibenzo-p-dioxins and dibenzofurans in human milk — reasons for concern. — Chemosphere 15, 1641—1648.

THIER, H.-P. (1987): Rückstände von Pflanzenschutzmitteln und polychlorierten Biphenylen. — In: EISENBRAND, G. et al.: Derzeitige Situation und Trends der Belastung der Nahrungsmittel durch Fremdstoffe. — Stuttgart: Kohlhammer. — Materialien zur Umweltforschung (in Vorber.).

TRICKER, A. R., PREUSSMANN, R. (1987): Influence of cysteine and nitrate on the endogenous formation of N-nitrosamino acids. — Cancer letters 34, 39—47.

UBA (1982): Anhörung zu Cadmium. — Protokoll der Sachverständigenanhörung, Berlin, 2.—4. November 1981. — Berlin: Umweltbundesamt.

UBA (1985): Sachstand Dioxine. — Berlin: E. Schmidt. — Berichte 5/85.

UBA (1986): Daten zur Umwelt 1986/87. — Berlin: E. Schmidt.

VDI (Hrsg.) (1984): Schwermetalle in der Umwelt. Ermittlung, Bewertung und Beurteilung der Emissionen und Immissionen umweltgefährdender Schwermetalle und weiterer persistenter Stoffe. — Düsseldorf: VDI-Verl.

WAGNER, I., KUCH, A. (1981): Trinkwasser und Blei. Eine Studie der DVGW-Forschungsstelle. — Karlsruhe. — Veröffentlichungen des Bereiches und des Lehrstuhls für Wasserchemie und der DVGW-Forschungsstelle am Engler-Bunte-Institut der Universität Karlsruhe. H. 18.

WEIGERT, P. (1987 a): Schwermetalle in Lebensmitteln. — In: EISENBRAND, G. et al.: Derzeitige Situation und Trends der Belastung der Nahrungsmittel durch Fremdstoffe. — Stuttgart: Kohlhammer. — Materialien zur Umweltforschung (in Vorber.).

WEIGERT, P. (1987 b): Nitrat in Lebensmitteln. — In: EISENBRAND, G. et al.: Derzeitige Situation und Trends der Belastung der Nahrungsmittel durch Fremdstoffe. — Stuttgart: Kohlhammer. — Materialien zur Umweltforschung (in Vorber.).

WEIGERT, P. (1987 c): Nitrit in Lebensmitteln. — In: EISENBRAND, G. et al.: Derzeitige Situation und Trends der Belastung der Nahrungsmittel durch Fremdstoffe. — Stuttgart: Kohlhammer. — Materialien zur Umweltforschung (in Vorber.).

WEIGERT, P., MÜLLER, J., KLEIN, H., ZUFELDE, K. P., HILLEBRAND, J. (1984): Arsen, Blei, Cadmium und Quecksilber in und auf Lebensmitteln. — Berlin: Bundesgesundheitsamt. — ZEBS-Hefte 1/1984.

WEIGERT, P., MÜLLER, J., WEDLER, A., KLEIN, H. (1986): Nitrat und Nitrit in Lebensmitteln. — Berlin: Bundesgesundheitsamt. — ZEBS-Hefte 2/1986.

WHO (1974): Toxicological evaluation of some food additives including anticaking agents, antimicrobials, antioxidants, emulsifiers and thickering agents. — Genf: World Health Organization. — WHO Food Additives Series 5, 92—109.

WHO (1978): Evaluation of certain food additives and contaminants. — Genf: World Health Organization. Twenty-second report of the Joint FAO/WHO Expert Committee on Food Additives. — WHO Technical Report Series No. 631.

WOLTER, R. (1980): Datenbank BIBIDAT. — In: AURAND, K. et al. (Hrsg.): Atlas zur Trinkwasserqualität der Bundesrepublik Deutschland, BIBIDAT. — Berlin: E. Schmidt.

WOLTER, R. (1981): Die Datenbank für Trinkwasserqualität (BIBIDAT) als Beitrag zu epidemiologischen Erhebungen. — In: AURAND, K. (Hrsg.): Bewertung chemischer Stoffe im Wasserkreislauf. — Berlin: E. Schmidt. S. 171—176.

YURCHAK, A. M., JUSKO, W. J. (1976): Theophylline secretion into breast milk. — Pediatrics 57, 518—520.

ZIPFEL, W., RATHKE, K.-D. (1986): Lebensmittelrecht. Kommentar der gesamten lebensmittel- und weinrechtlichen Vorschriften, Bd. I. Teil B. — München: Beck.

2.6 Lärm

Acoustical Society of America (1981): San Diego workshop on the interaction between man-made noise and vibration and Arctic marine wildlife. A report and recommendations, 84 ff.

ADAC (1984): Leise fahren, Kraftstoff sparen. Grundlagen lärmarmer, energiesparender Fahrweise. — München: ADAC.

ALGERS, B., EKESBO, I., STROMBERG, S. (1978): The impact of continuous noise on animal health. — Acta Veterinaria Scandinavia, Supplement 67, 26 ff.

AUBRÉE, D., AUZOU, S., RAPIN, J.-M. (1973): Le bruit des rues et la gêne exprimée par les riverains. — Cahiers du Centre Scientifique et Technique du Bâtiment 138, 1—36.

BASTENIER, H., KLOSTERKÖTTER, W., LARGE, J. B. (1975): Damage and annoyance caused by noise. Commission of the European Communities, Health Protection Directorate, Doc. No. V/F/2950/74e. — Luxemburg.

Battelle (1981): Belastung der Bevölkerung durch Lärm. Umweltforschungsplan des BMI im Auftrag des UBA im August 1981, Forschungsbericht 81—105 02 803/02.

BIRK, H. J. (1985): Umwelteinwirkungen durch Sportanlagen. — Neue Zeitschrift für Verwaltungsrecht 10, 689—698.

BMFT (1985): Der Lärm wird am Entstehungsort bekämpft. — BMFT-Journal 4/85, 6.

BMI (1982): Was Sie schon immer über Lärmschutz wissen wollten. — Stuttgart: Kohlhammer.

BMI (1984a): Umwelt: Informationen des Bundesministers des Innern zur Umweltplanung und zum Umweltschutz, 101, 29.

BMI (1984b): Umwelt: Informationen des Bundesministers des Innern zur Umweltplanung und zum Umweltschutz, 106, 22.

BMI (1984c): Umwelt: Informationen des Bundesministers des Innern zur Umweltplanung und zum Umweltschutz, 107, 57.

BMI (1986): Umwelt: Informationen des Bundesministers des Innern: Umweltplanung, Umweltschutz, Reaktorsicherheit, Strahlenschutz, 2, 18.

BORG, E. (1978): Peripheral vasoconstriction in the rat in response to sound. I. Dependence on stimulus duration. — Acta Oto-Laryngologica 85, 153—157.

BORG, E., MØLLER, A. R. (1978): Noise and blood pressure: Effect of lifelong exposure in the rat. — Acta Physiologica Scandinavia 103, 340—342.

BROOKS, R. J., BAKER, J. A., STEELE, R. W. (1976): Assessment of small mammal and raptor populations on Toronto International Airport and recommendations for reduction and control of these populations. — U. Guelph Department of Zoology, Guelph, Ontario, Canada.

BUSNEL, R. G., BRIOT, J. L. (1980) Wildlife and airfield noise in France. — In: TOBIAS, J. V., JANSEN, G., WARD, W. D. (Eds.): Proceedings of the Third International Congress on Noise as a Public Health Problem, ASHA (American Speech-Language-Hearing Association) Report 10, 621—631. — Rockville.

Committee on hearing, bioacoustics and biomechanics (CHABA) (1982): Prenatal effects of exposure to high-level noise. — Washington, D. C.: National Acad. Pr.

COOK, R., NAWROT, P., HAMM, O. (1983): Effects of high frequency noise on prenatal development and maternal plasma and catecholamine concentrations in the CD-1 mouse. — Toxicology and Applied Pharmacology 66, 338—348.

DALLAND, J. I. (1965): Hearing sensitivity in bats. — Science 150, 1185.

DB (1985): Bahnakzente im Januar 1985: Die Bahn schont die Umwelt. — Frankfurt/M.: Pressedienst der Hauptverwaltung der Deutschen Bundesbahn.

DFG (1974): Forschungsbericht: Fluglärmwirkungen — eine interdisziplinäre Untersuchung über die Auswirkungen des Fluglärms auf den Menschen, Bd. 1—3. — Boppard: Boldt.

EIFF, A. W. von, FRIEDRICH, G., LANGEWITZ, W., NEUS, H., RÜDDEL, H., SCHIRMER, G., SCHULTE, W. (1981): Verkehrslärm und Hypertonie-Risiko: 2. Mitteilung Hypothalamustheorie der essentiellen Hypertonie. — Münchener Medizinische Wochenschrift 123, 420—424.

EPA (1973): Performance and behaviour, session 4 B. Proceedings of the 1st. International Congress on Noise as a Public Health Problem, Dubrovnik, May 1973. Washington, D. C.: Environmental Protection Agency 550/9-73-002.

FICKERT (1976): Straßenplanung und Straßenbau unter der Rechtsgeltung des Bundes-Immissionsschutzgesetzes und unter Einbeziehung des Entwurfes einer Straßenschallschutzverordnung. — Baurecht 1, 1.

FLETCHER, J. L. (1980): Effects of noise on wildlife: A review of relevant literature 1971—1978. — In: TOBIAS, J. V., JANSEN, G., WARD, W. D. (Eds.): Proceedings of the Third International Congress on Noise as a Public Health Problem, ASHA (American Speech-Language-Hearing Association) Report 10, 611—620. — Rockville.

FLETCHER, J. L. (1983): Effects of noise on wildlife: A review of relevant literature 1979—1983. — In: ROSSI, G. (Ed.): Proceedings of the Fourth International Congress on Noise as a Public Health Problem Vol. 2, 1153—1174. — Milano.

FLETCHER, H., MUNSON, W. A. (1933): Loudness definition measurment and calculation. — Journal of the Acoustical Society of America 5, 82—108.

FLETCHER, J. L., HARVEY, L. M., BLACKWELL, J. (1971): Effects of noise on wildlife and other animals. — Washington, D. C.: EPA (Environmental Protection Agency). — Report UTID 300.5 (December 1971).

FLETCHER, J. L., BUSNEL, R. G. (1978): Noise and wildlife. — New York: Acad. Pr.

GAVREAU, V. (1954): Sifflets. — Acustica 4 (5), 555.

GAVREAU, V. (1968): Infrasound. — Science Journal 4, 33—37.

GLASS, D. C., SINGER, J. R. (1972): Urban stress, experiments on noise and social stressors. — New York: Acad. Pr.

GOLDBERG, K. H. (1984): Untersuchungen zu Schießlärmminderungen, dargest. an Fallbeispielen. — Essen: Landesanstalt für Immissionsschutz. — LIS-Bericht 50.

GOTTLOB, D. (1985): Straßenverkehrslärm: Wirkungen auf den Menschen. — GIT Supplement Umweltschutz-Umweltanalytik 3, 63—66.

GRIEFAHN, B. (1985): Schlafverhalten und Geräusche. — Stuttgart: Enke.

GRIEFAHN, B., JANSEN, G., KLOSTERKÖTTER, W. (1976): Zur Problematik lärmbedingter Schlafstörungen — eine Auswertung von Schlaf-Literatur. — Berlin: UBA. — Berichte 4/76.

GULIAN, E. (1973): Psychological consequences of exposure to noise, facts and explanations. Proceedings of the International Congress on Noise as a Public Health Problem, p. 363—378. — Washington, D. C.: Environmental Protection Agency 550/9-73-002.

HEIMERL, G., HOLZMANN, E. (1980): Wirkungen von Verkehrslärm — unterschiedliche Belästigungen durch Eisenbahn- und Straßenverkehr. DAGA (Deutsche Arbeitsgemeinschaft für Akustik). — Fortschritte der Akustik, 285—288.

Hessischer Minister für Arbeit, Umwelt und Soziales (1985): 5. Umweltbericht der Hessischen Landesregierung: Lärm, 148—163.

HETTINGER, Th., MÜLLER, B. H., PETERS, H., PETERS, J., TIELSCH, R., ULRICH, M. (1983): Hitzearbeit — Untersuchung an ausgewählten Arbeitsplätzen der Eisen- und Stahlindustrie, Bd. 1. — Bergische Universität — Gesamthochschule Wuppertal.

HOCHGÜRTEL, H. (1977): Ist Fluglärm vermeidbar? — Köln: Wison.

HOCHGÜRTEL, H. (1984): Das Recht des Umweltschutzes in der Zivilluftfahrt. — Köln: Heymanns. — Schriften zum Luft- und Weltraumrecht 4.

HÖLZL, G. (1980): Praktischer Schallschutz bei Schienenverkehrsmitteln. — Zeitschrift für Lärmbekämpfung 27, 160—167.

INFRASOUND (1985): A summary of interesting articles. — FMV: Elektro A 12:142. — Hrsg.: Swedish Defence Materiel Administration, May 1985.

Infratest Sozialforschung (1977, 1983, 1985): Einstellung der Bevölkerung zum Auto. Auftraggeber: Verband der Automobilindustrie (VDA).

Institut für Demoskopie Allensbach (1984): Größte Lärmquellen in der BRD. — In: Aktuell — Das Lexikon der Gegenwart, Umfrage 1981. — Dortmund: Chronik-Verlag, 3. Auflage.

ISING, H., DIENEL, D., GÜNTHER, T., MARKERT, B. (1980a): Health effects of traffic noise. — International Archives of Occupational and Environmental Health 47, 179—190.

ISING, H., GÜNTHER, T., MELCHERT, H. U. (1980b): Nachweis und Wirkungsmechanismen der blutdrucksteigernden Wirkung von Arbeitslärm. — Zentralblatt für Arbeitsmedizin, Arbeitsschutz und Prophylaxe, 30 (6), 194—203.

ISING, H., GÜNTHER, T. (1981): Blutdrucksteigerung durch Lärm am Arbeitsplatz. — In: BAU (Bundesanstalt für Arbeitsschutz und Unfallforschung) (Hrsg.): Streß und Arbeitsplatz. — Dortmund. — Schriftenreihe Arbeitsschutz 31.

JAKIMCHUK, R. D., DE BOCK, E. A., RUSSELL, H. J., SEMECHUK, G. R. (1972): A study of the Porcupine Caribou herd. — In: JAKIMCHUK, R. D. (Ed.): The Porcupine Caribou herd. — Arctic Gas Biological Reports Series Volume 4. — Canadian Arctic Gas Study LTD and Alaska Gas Study CO.

JANSEN, G. (1972): Experimenteller Beitrag zur physiologischen Wirkung von Impulsgeräuschen. — Deutsch-Französisches Forschungsinstitut Saint-Louis, Frankreich. — ISL-Bericht 7, 101—123.

JANSEN, G. (1983): Einfluß hoher Lärmintensitäten auf den menschlichen Organismus unter besonderer Berücksichtigung der extraauralen Schallwirkungen. Abschlußbericht über den Forschungsvertrag InSan-0479-V-5481 an das Bundesmin. für Verteidigung 15. März 1983. — Bonn: BMV.

JANSEN, G. (1984): Psychosomatische Lärmwirkungen und Gesundheit. — Zeitschrift für Arbeitswissenschaften (4).

JANSEN, G. (1987): Verkehrslärmwirkungen bei besonderen Personengruppen. — Zeitschrift für Lärmbekämpfung 34 (6), 152—156.

JANSEN, G., KLOSTERKÖTTER, W. (1980): Lärm und Lärmwirkungen. Ein Beitrag zur Klärung von Begriffen. — BMI (Hrsg.), Februar 1980. — Bonn.

JURRIENS, A. A., GRIEFAHN, B., KUMAR, A., VALLET, M., WILKINSON, R. T., (1983): An Essay in European Research Collaboration: Common results from the project on traffic noise and sleep in the home. — In: ROSSI, G. (Ed.): Proceeding of the Fourth International Congress on Noise as a Public Health Problem Vol. 2, 929—937. — Milano.

KLEIN, D. R. (1973): The reaction of some Northern mammals to aircraft disturbances. — 11th Int. Congress of Game Biologies Stockholm, Sweden.

KÖTZ, W.-D. (1986): DIN 4109 — Was ist uns ein vernünftiger Schallschutz wert? — Bundesbaublatt 3, 154—158.

Kommission der Europäischen Gemeinschaft (1983): Die Europäer und ihre Umwelt. — Brüssel.

KORBMACHER, G. (1976): Straßenplanung und verwaltungsgerichtliche Planungskontrolle unter der Geltung des Bundes-Immissionsschutzgesetzes und des 2. Fernstraßenänderungsgesetzes. — Die Öffentliche Verwaltung 29, 1.

KRISCH, H. (1985): Schallimmissionen durch Binnengüterschiffe. — Bau intern 9, 168—171.

KRYTER, K. D. (1970): Evaluation of exposures to impulse noise. — Archives of Environmental Health 20, 624—635.

KUCERA, E. (1974): Potential effects of the Canadian Arctic gas pipeline on the mammals of Western Arctic. Environmental impact assessment of the portion of the Mac Kenzie gas pipeline from Alaska to Alberta. — Environmental Protection Board, Winnipeg, In. Research Reports Vol. 4, 4.

KÜRER, R., NOLLE, A. (1985): Lärmbelastung in Städten und Maßnahmen des Bundes dagegen. — Der Landkreis 8—9, 442—446.

LAI (Länderausschuß für Immissionsschutz) (1982): Beschluß des LAI zur Beurteilung von Freizeitlärm. — Neue Zeitschrift für Verwaltungsrecht 2, 98—100.

LANGE, H.-J. (1983): Kausalitätskriterien aus der Sicht der Epidemiologie. — Arbeitsmedizin, Sozialmedizin, Präventivmedizin 9, 227.

LUZ, G. A. (1983): Principles for drafting and enforcing legislation to protect wildlife from environmental noise. — In: ROSSI, G. (Ed.): Proceedings of the Fourth International Congress on Noise as a Public Health Problem Vol. 2, 1153—1174. — Milano.

LUZ, G. A., SMITH, J. B. (1976): Reactions of Pronghorn antelope to helicopter overflight. — Journal of the Acoustical Society of America 59, 1514—1515.

Minister für Umwelt, Raumordnung und Landwirtschaft des Landes Nordrhein-Westfalen (1986) (Hrsg.): Studie zur Geräuschemission von Rauchgasentschwefelungsanlagen. — Bearbeiter: TÜV Rheinland e. V., Köln.

Ministerium für Soziales, Gesundheit und Umwelt des Landes Rheinland-Pfalz (1983): Umweltqualitätsbericht 1983: Schutz vor Lärm, 74—83.

MOHR, C. C., COLE, J. N., GUILD, E. O., GIERKE, H. E. von (1965): Effects of low frequency and infrasonic noise on man. — Aerospace Medicine 36, 817—824.

NIXON, C. W., JOHNSON, D. L. (1973): Infrasound and hearing. Proceedings of the Int. Congress of Noise as a Public Health Problem, Dubrovnik, Yugoslavia, May 13—18, 1973, 329—347.

OECD (Organisation for Economic Cooperation) (1986): Fighting noise — Strengthening Noise Abatement Policies. — Paris: OECD.

OSTERTAG, R. (1985): Weniger Lärm in der Stadt. — Umweltmagazin 8, 40—42.

PETERSON, E. A., AUGENSTEIN, J. S., TANIS, D. C., WARNER, R., HEAL, A. (1983): Some cardiovascular and behavioural effects of noise in monkeys. — In: ROSSI, G. (Ed.): Proceedings of the Fourth International Congress on Noise as a Public Health Problem Vol. 2, 1175—1186. — Milano.

PFANDER, F. (1975): Das Knalltrauma. — Berlin: Springer.

PIMONOV, L. (1971): Les infrasons. — Medicine et Hygiene (Suisse) No. 969, 1027.

PIMONOV, L. (1974): Apercu general du domaine I. S. Colloques internationaux du Centre National de la recherche scientifique. Paris, 24—27 September 1973, 35—57.

Planungsbüro Obermeyer (Hrsg.) (1980): Interdisziplinäre Feldstudie über die Besonderheiten des Schienenverkehrslärms gegenüber dem Straßenverkehrslärm. Teil I — Forschungsbericht Nr. 70081/80 des Bundesmin. für Verkehr. — Bonn.

Planungsbüro Obermeyer (Hrsg.) (1983): Interdisziplinäre Feldstudie über die Besonderheiten des Schienenverkehrslärms gegenüber dem Straßenverkehrslärm. Teil II — Forschungsbericht des Bundesministers für Verkehr. — Bonn.

Projektgruppe Lärmbekämpfung beim Bundesminister des Innern (1979): Bericht der Projektgruppe Lärmbekämpfung 1978. — Berlin: Umweltbundesamt, 2. Aufl.

REHM, S., JANSEN, G. (1978): Aircraft noise and premature birth. — Journal of Sound and Vibration 59, 133—135.

REINIS, S. (1976): Acute changes in animal inner ears due to simulated sonic booms. — Journal of the Acoustical Society of America 60, 133—138.

ROBINSON, D. W., DADSON, R. S. (1956): A re — determination of the equal-loudness relations for pure tones. — British Journal of Applied Physics, 7 (May), 166—181.

ROHRMANN, B. (1984): Psychologische Forschung und umweltpolitische Entscheidungen: das Beispiel Lärm. Beiträge zur psychologischen Forschung. — Opladen: Westd. Verl.

RUCKER, R. (1973): Effect of sonic boom on fish. Final report, Dept. of Trans. Washington, D. C.: Federal Aviation Administration Research and Development Society.

RYLANDER, R. (1972): Sonic boom exposure effects: Report from a workshop on methods and criteria, Stockholm. — Journal of Sound and Vibration 20, 477—544.

SAALFELD, M., MÜHLE, C. (1985): Lärmminderung auf Schiffen. — Zeitschrift für Lärmbekämpfung 32, 166—170.

SALZWEDEL, J. (1985): Sportanlagen im Wohnbereich — Zusammenfassung der Ergebnisse der Podiumsdiskussion. — Umweltplanungsrecht — Zeitschrift für Wissenschaft und Praxis (UPR) 6, 210—213.

SCHROETER, H. W. (1976): Überlegungen zu einer Straßenschallschutzverordnung nach dem Bundes-Immissionsschutzgesetz. — Deutsches Verwaltungsblatt (DVBl) 1./15. Oktober 1976, 759.

SCHÜMER-KOHRS, A., SCHÜMER, R., KNALL, V., KASUBEK, W. (1981): Vergleich der Lästigkeit von Schienen- und Straßenverkehrslärm in städtischen und ländlichen Regionen. — Zeitschrift für Lärmbekämpfung 28, 123—130.

SCHULZE, B., MÖRSTEDT, R., ULLMANN, R. (1980): Various aspects of the significance of communal noise in the etiology of cardiovascular disorders. — Zeitschrift für die gesamte Hygiene und ihre Grenzgebiete 26, 780—785.

SCHULZE, B., ULLMANN, R., MÖRSTEDT, R., BAUMBACH, W., HALLE, S., LIEBMANN, G., SCHNIEKE, C., GLÄSER, O. (1983): Verkehrslärm und kardiovaskuläres Risiko — Eine epidemiologische Studie. — Das Deutsche Gesundheitswesen 38, 596—600.

SOOM, R. J., BOLLINGER, J. G., RONGSTAD, O. J. (1972): Studying the effects of snowmobile noise on wildlife. — Proceedings Internoise 72, Washington, D. C., 236—241.

STEVEN, H. (1983): Emissionen von Schienenfahrzeugen. Vortrag auf der Deutsch-Niederländischen Forschungspräsentation Schienenverkehrslärm in Veldhoven NL, 16. September 1983.

STEVEN, H. (1984): Geräuschuntersuchungen an Motorbooten und Außenbordmotoren. — Forschungsinstitut Geräusche und Erschütterungen (FIGE) Aachen im Auftrag des Umweltbundesamtes, Berlin. — Umweltforschungsplan des BMI Lärmbekämpfung: Abschlußbericht „Geräuschuntersuchungen an Motorbooten" Vorhaben-Nr. 105 05 804 und „Schalleistungsmessungen an Außenbordmotoren" Vorhaben-Nr. 105 02 414.

THIESSEN, G. J. (1973): Truck noise, sleep and habituation. — Acoustical Society of America Meeting in Los Angeles, November 1973.

TÖPFER, K., FÜRST, P. (1986): Lärm- und Schwingungsbeeinflussung der Anwohner von Bahnanlagen. — Zeitschrift für die gesamte Hygiene und ihre Grenzgebiete 32, 75—78.

TRAVIS, H. F., BOND, J., WILSON, R. L., LEEKLEY, J. R., MENEAR, J. R. (1972): Effects of sonic booms on reproduction of mink. — Journal of Animal Science 35, 195.

TURKKAN, J. S., HIENZ, R. D., HARRIS, A. H. (1983): The non-auditory effects of noise on the baboon. — In: ROSSI, G. (Ed.): Proceedings of the Fourth International Congress on Noise as a Public Health Problem Vol. 2, 1175—1186. — Milano.

UBA (1981a): Lärmbekämpfung '81 Entwicklung — Stand — Tendenzen. — Berlin.

UBA (1981b): Belästigung durch Schießlärm und Lärmminderungsmaßnahmen an Schießanlagen. — Berlin. — Texte 14/81.

UBA (1984): Jahresbericht 1983. — Berlin.

UBA (1985): Jahresbericht 1984. — Berlin.

UBA (1986a): Informationen zum Thema „Tieffluglärm" 1986. — Berlin.

UBA (1986b): Daten zur Umwelt 1986/87. — Berlin.

Unfallverhütungsbericht (1986): Bericht der Bundesregierung über den Stand der Unfallverhütung und das Unfallgeschehen in der Bundesrepublik Deutschland. — Bundestagsdrucksache 10/6690.

VAN DIJK, T. (1973): A comparative study of hearing in owls of the family Strigidae. — Netherlands Journal of Zoology 23, 131—167.

VDI (1985): Lärmminderung in der Blechverarbeitung. — Umwelt VDI (5), 447.

VOGEL, A. O. (1976): Immissionswerte als Ziele der Straßenplanung und als Entschädigungswerte i. S. vom § 42 BImSchG. — Baurecht 1, 20.

VOGEL, G., SCHWÄCKE, P. (1980): Untersuchung über die Wirksamkeit von Lärmschutzeinrichtungen für Triebwerksprobeläufe an Flughäfen. Arbeitsgemeinschaft Deutscher Verkehrsflughäfen (ADV) Stuttgart im Auftrag des Umweltbundesamtes, Berlin. — Umweltforschungsplan des BMI Lärmbekämpfung: Forschungsbericht 105 05 401/01. — Berlin: Umweltbundesamt FB 262/85.

3.1 Umwelt und Gesundheit

ABEL, U., MISFELD, J. (1986): Ergebnisse der Epidemiologie des Lungenkrebses. — Berlin: E. Schmidt. — UBA-Berichte 3/86. S. 87 ff.

AMERY, C. (1978): Natur als Politik — Die Ökologische Chance des Menschen. — Reinbek: Rowohlt, S. 47.

APPEL, K. E., HILDEBRANDT, A. G. (Hrsg.) (1985): Tumorpromotoren. — München: MMV Medizin Verl. — BGA-Schriften 6/85.

BIRNBACHER, D. (1980): Sind wir für die Natur verantwortlich? — In: Birnbacher, D. (Hrsg.): Ökologie und Ethik. — Stuttgart: Reclam, S. 103—139.

BMI (1983): Staatszielbestimmungen/Gesetzgebungsaufträge. — Bericht der Sachverständigenkommission. — Bonn: Konkordia-Verl., S. 92f.

BMJFG (1982): Das Modellgesundheitsamt Marburg-Biedenkopf. — Abschlußbericht. — Stuttgart: Kohlhammer. — Schriftenreihe des Bundesministers für Jugend, Familie und Gesundheit, Bd. 99.

DFG (Deutsche Forschungsgemeinschaft) (Hrsg.) (1984): Rückstände und Verunreinigungen in Frauenmilch. — Weinheim: Verl. Chemie. — Mitteilung 12 der Kommission zur Prüfung von Rückständen in Lebensmitteln.

DRASCH, G. (1985): Die anthropogene Blei- und Kadmiumbelastung des Menschen. — Fortschritte der Medizin 103 (8), 219/47—52/222.

DRASCH, G., KAUERT, G., MEYER, L. von (1985): Cadmium body burden of an occupationally non burdened population in southern Bavaria (FRG). — International Archives of Occupational and Environmental Health 55, 141—148.

EIMEREN, W. van, FAUS-KESSLER, T., KÖNIG, K., LASSER, R., REDISKE, G., SCHERB, H., TRITSCHLER, J., WEIGELT, E., WELZL, G. (1987): Statistisch-methodische Aspekte von epidemiologischen Studien über die Wirkung von Umweltfaktoren auf die menschliche Gesundheit. — Heidelberg: Springer.

EISENBRAND, G. (1987): Nitrosamine. — In: EISENBRAND, G. et al.: Derzeitige Situation und Trends der Belastung der Nahrungsmittel durch Fremdstoffe. — Stuttgart: Kohlhammer. — Materialien zur Umweltforschung. (in Vorber.).

ELINDER, C. G., KJELLSTRÖM, T., FRIBERG, L., PISCATOR, M. (1978): Hälsoeffekter ar Kadmium. — Läkartidningen 75, 4265—4268. — Zit. nach MARKARD, C. (1985).

ENGELHARDT, H. (1980): Bundes-Immissionsschutzgesetz: Kommentar, Bd. 2. — 2. Aufl. — Köln: Heymann.

EWERS, U., BROCKHAUS, A., DOLGNER, R., FREIER, I., JERMANN, E., BERNARD, A., STILLER-WINKLER, R., HAHN, R., MANOJLOVIC, N. (1985a): Environmental exposure to cadmium and renal function of elderly women living in cadmium-polluted areas of the Federal Republic of Germany. — International Archives of Occupational and Environmental Health 55, 217—239.

EWERS, U., BROCKHAUS, A., DOLGNER, R., FREIER, I., JERMANN, E., HAHN, R., SCHLIPKÖTER, H.-W., BERNARD, A. (1985b): Cadmiumbelastung und Nierenfunktionsstörungen. — Staub — Reinhaltung der Luft 45 (12), 560—566.

FEGELER, U., MOYZES et al. (1985): Immissions- und Wettereinflüsse auf Erkrankungen der oberen und unteren Luftwege von Kindern in Berlin (West) 1979—1982. — Arbeitsgemeinschaft „Umwelteinflüsse auf Atemwegserkrankungen bei Kindern". — Berlin. — Zit. von van EIMEREN et al., 1987.

FELDHAUS, G. (1983): BImSchG — Dreizehnte Verordnung zur Durchführung des Bundes-Immissionsschutzgesetzes (Verordnung über Großfeuerungsanlagen — 13. BImSchV) vom 22. Juni 1983, S. 8. — Dotzheim: Dt. Fachschriften-Verl. 19. Erg.-Lief.

FIEBIG, K.-H., KRAUSE, U., MARTINSEN, R. (1986): Umweltverbesserung in den Städten. — Heft 4: Organisation des kommunalen Umweltschutzes. — Berlin: Deutsches Institut für Urbanistik.

FLEMING, D. M., CROMBIE, D. L. (1987): Prevalence of asthma and hay fever in England and Wales. — British Medical Journal 294, 279—283.

GROSS, R. (1980): Gesundheit und Krankheit in ihren verschiedenen Aspekten. — Deutsches Ärzteblatt 77, 1397—1406.

GRUHL, H. (1978): Ein Planet wird geplündert. — Frankfurt/M: S. Fischer. S. 29, S. 47.

HAHN, R., EWERS, U., JERMAN, E., FREIER, I., BROCKHAUS, A., SCHLIPKÖTER, H. W. (1987): Cadmium in kidney cortex of inhabitants of North-West Germany: its relationship to age, sex, smoking and environmental pollution by cadmium. — International Archives of Occupational and Environmental Health 59, 165—176.

HARTKOPF, G., BOHNE, E. (1983): Umweltpolitik 1: Grundlagen, Analysen und Perspektiven. — Opladen: Westdt. Verl.

HENSCHLER, D. (Hrsg.) (1985): Passivrauchen am Arbeitsplatz. — Weinheim: VCH-Verl. — Deutsche Forschungsgemeinschaft, Senatskommission zur Prüfung gesundheitsschädlicher Arbeitsstoffe.

HETTINGER, Th., MÜLLER, B. H., PETERS, H., PETERS, J., TIELSCH, R., ULRICH, M. (1983): Hitzearbeit — Untersuchung an ausgewählten Arbeitsplätzen der Eisen- und Stahlindustrie, Bd. 1. — Bergische Universität — Gesamthochschule Wuppertal.

HILL, A. B. (1965): The Environment and Disease: Association or Causation? — Proceedings Royal Society of Medicine 58, 295—300.

HUCKE, J., MORR, G., SCHÄFER, R., SCHMEER, C., SPANG, D. (1983): Behördenführer — Zuständigkeiten im Umweltschutz. — Berlin: Umweltbundesamt.

JANSEN, G. (1984): Psychosomatische Lärmwirkungen und Gesundheit. — Zeitschrift für Arbeitswissenschaften 4.

JONAS, H. (1979): Das Prinzip Verantwortung. — Frankfurt/M: Insel-Verl., S. 27f.

KAHN, A. E. (1966): The Tyranny of Small Decisions: Market Failures, Imperfections, and the Limits of Economics. — Basel: Kyklos, S. 23—47.

KALMBACH, S. (1983): Was bringt die neue TA Luft? — Umweltmagazin (4), 18—21.

KALMBACH, S., SCHMÖLLING, J. (1986): Technische Anleitung zur Reinhaltung der Luft. — Kommentar. — Berlin: E. Schmidt.

KJELLSTRÖM, T. (1979): Epidemiological aspects of the dose-response relationship of cadmium — induced renal damage. — In: Second Internat. Cadmium Conference, Cannes, Febr. 1979, S. 118—122. — London: Metal Bulletin Ltd.

KJELLSTRÖM, T., ELINDER, C.-G., FRIBERG, L. (1984): Conceptual problems in establishing the critical concentration of cadmium in human kidney cortex. — Environmental Research 33, 284—295.

KRÄMER, U. (1984): Statistische Auswertung im Rahmen des Wirkungskatasters. — In: Gesellschaft zur Förderung der Lufthygiene und Silikoseforschung e. V. (Hrsg.): Umwelthygiene, Supplement 1, S. 27—38. — Düsseldorf.

KUTSCHEIDT, E. (1982): Öffentliches Immissionsschutzrecht. — In: SALZWEDEL, J. (Hrsg.): Grundzüge des Umweltrechts. — Berlin: E. Schmidt. S. 237—287.

LORENZ, H., NEUMEIER, G. (Hrsg.) (1983): Polychlorierte Biphenyle (PCB) — Ein gemeinsamer Bericht des Bundesgesundheitsamtes und des Umweltbundesamtes. — München: MMV Medizin-Verl. — BGA-Schriften 4/83.

MARKARD, C. (1985): Ist die WHO-Empfehlung für Cadmium noch aktuell? — Staub-Reinhaltung der Luft 45, 218—221.

Ministerium für Arbeit, Gesundheit und Soziales des Landes Nordrhein-Westfalen (1984): Luftreinhalteplan Rheinschiene Süd — 1. Fortschreibung 1982—1986. — Düsseldorf.

Ministerium für Arbeit, Gesundheit und Soziales des Landes Nordrhein-Westfalen (1985): Luftreinhalteplan Ruhrgebiet West — 1. Fortschreibung 1984—1988. — Düsseldorf.

Ministerium für Umwelt, Raumordnung und Landwirtschaft des Landes Nordrhein-Westfalen (1986): Luftreinhalteplan Ruhrgebiet Ost — 1. Fortschreibung 1986—1990. — Düsseldorf.

MUELLER, R. L., HAGEL, H.-J., GREIM, G., RUPPIN, H., DOMSCHKE, W. (1983): Die endogene Synthese kanzerogener N-Nitroso-verbindungen. — Zentralblatt für Bakteriologie, Mikrobiologie und Hygiene I. Abt. Orig. B 178, 297—315.

MUELLER, R. L., HAGEL, H. J., GREIM, G., RUPPIN, H., DOMSCHKE, W. (1984): Dynamik der endogenen bakteriellen Nitritbildung im Magen. 1. Mitteilung: Verlaufsbeobachtung am Menschen unter natürlichen Bedingungen. — Zentralblatt für Bakteriologie, Mikrobiologie und Hygiene I. Abt. Orig. B 179, 381—396.

OECD (1981): Guidelines for Testing of Chemicals. — Paris: OECD.

OHNESORGE, F. K. (1985): Toxikologische Bewertung von Arsen, Blei, Cadmium, Nickel, Thallium und Zink. — Düsseldorf: VDI-Verl. — Fortschrittsberichte VDI, Reihe 15, Nr. 38.

O'NEILL, J. K., BORSTEL, R. C. von, MILLER, L. T., LONG, J., BARTSCH, H. (Hrsg.) (1984): N-Nitrosocompounds: Occurrence, biological effects and relevance to human cancer. — Lyon: International Agency of the Research on Cancer. — IARC Publ. No. 57.

PASSMORE, J. (1980): Den Unrat beseitigen. Überlegungen zur Ökologischen Mode. — In: BIRNBACHER, D. (Hrsg.): Ökologie und Ethik. — Stuttgart: Reclam, S. 207—246.

PIRKLE, J. L., SCHWARTZ, J., LANDIS, J. R., HARLAN, W. R. (1985): The relationship between blood lead levels and blood pressure and its cardiorascular risk implications. — American Journal of Epidemiology 121, 246—258.

PREUSSMANN, R. (Hrsg.) (1983): Das Nitrosamin-Problem. — Weinheim: Verl. Chemie.

REHBINDER, E. (1976): Umweltrecht. Rechtsvergleichendes Generalreferat. — Rabels Zeitschrift f. ausländisches und internationales Privatrecht 40, 363—408.

REICHE, J., FÜLGRAFF, G. (1987): Eigenrechte der Natur und praktische Umweltpolitik — Ein Diskurs über anthropozentrische und ökozentrische Umweltethik. — Zeitschrift für Umweltpolitik 10 (3), 231—250.

ROELS, H. A., LAUWERYS, R. R., BUCHET, J.-P., BERNARD, A. (1981): Environmental exposure to cadmium and renal function of aged women in three areas of Belgium. — Environmental Research 24, 117—130.

SCHLIPKÖTER, H. W., WICHMANN, H. E., KRÄMER, U. (1985): Pseudokrupp und Luftverunreinigungen. — Düsseldorf: Med. Institut für Umwelthygiene. — Auch als Bericht des Länderausschusses für Immissionsschutz, Bundesgesundheitsamtes und Umweltbundesamtes erschienen.

SCHMATZ, H., NÖTHLICHS, M. (1984): Immissionsschutz — Kommentar zum Bundes-Immissionsschutzgesetz und Textsammlung. — Berlin: E. Schmidt — Stand: Januar 1984.

SCHUMACHER, E. F. (1973): Small is Beautiful — Die Rückkehr zum menschlichen Maß. — Reinbek: Rowohlt, S. 31.

SRU (1974): Umweltgutachten 1974. — Stuttgart: Kohlhammer.

SRU (1978): Umweltgutachten 1978. — Stuttgart: Kohlhammer.

SRU (1983): Waldschäden und Luftverunreinigungen (Sondergutachten). — Stuttgart: Kohlhammer.

SRU (1985): Umweltprobleme der Landwirtschaft (Sondergutachten). — Stuttgart: Kohlhammer.

SRU (1987): Luftverunreinigungen in Innenräumen (Sondergutachten). — Stuttgart: Kohlhammer.

STORM, P.-Ch. (1985): Umweltrecht wohin? — Zeitschr. für Rechtspolitik 18 (1), 18—20.

WEIZSÄCKER, C. F. von (1978): Gehen wir einer asketischen Weltkultur entgegen? — Merkur 32 (8), 745—769.

WEIZSÄCKER, C. F. von (1981): Kernenergie. — In: WEIZSÄCKER, C. F. von (Hrsg.): Deutlichkeit — Beiträge zu politischen und religiösen Gegenwartsfragen. — München: Dt. Taschenbuch-Verl. S. 34—55.

WHO (World Health Organization) (1977): Environmental health criteria for cadmium. — Ambio 6, 287 — 290. — Zit. nach KJELLSTRÖM et al. (1984).

WICHMANN, H. E. (1985): Untersuchung der Dosis-Wirkungs-Beziehung zwischen Pseudokrupp und obstruktiver Bronchitis und der Luftverunreinigung in Baden-Württemberg. — Düsseldorf: Med. Institut für Umwelthygiene. — Zit. nach van EIMEREN et al. (1987).

WICHMANN, H. E., MÜLLER, W., ALLHOFF, P. (1986): Untersuchung der gesundheitlichen Auswirkungen der Smogsituation im Januar 1985 in Nordrhein-Westfalen: Abschlußbericht im Auftrage des Ministers für Arbeit, Gesundheit und Soziales des Landes Nordrhein-Westfalen. — Düsseldorf.

WINNEKE, G. (1985): Neuere Erkenntnisse über die subklinische Bleiwirkung auf den kindlichen Organismus. — In: NIEDING, G., von, JANDER, K. (Hrsg.): Umwelthygiene für Ärzte und Naturwissenschaftler. — Stuttgart: G. Fischer. — Schriftenreihe des Vereins für Wasser-, Boden- und Lufthygiene, Nr. 65. — S. 457 bis 469.

WINNEKE, G., LILIENTHAL, H. (1985): Verhaltensstörende Wirkungen von anorganischem Blei im Tierversuch: Eine selektive Übersicht. — In: Gesellschaft zur Förderung der Lufthygiene und Silikoseforschung (Hrsg.): Umwelthygiene: Jahresbericht 1984, S. 142 — 161. — Düsseldorf.

ZARTNER-NYILAS, G., VALENTIN, H., SCHALLER, K.-H., SCHIELE, R. (1983): Cadmium — ein Gesundheitsrisiko? — Stuttgart: E. Ulmer. — Agrar- und Umweltforschung in Baden-Württemberg, Bd. 2.

3.2 Umwelt und Energie

ALBRECHT, R. et al. (1985): Siedlungsstrukturelle Maßnahmen zur Energieeinsparung im Verkehr. — Studie. — Bonn. — Schriftenreihe des BMBau H. 06.056.

Arbeitsgemeinschaft Energiebilanzen (1986): Energiebilanzen der Bundesrepublik Deutschland. — Frankfurt: Verlags- u. Wirtschaftsges. der Elektrizitätswerke (VWEW). — zusätzlich verschiedene Jg. ab 1965.

Arbeitsgemeinschaft Fernwärme (AGFW) (1986): Hauptbericht der Fernwärmeversorgung 1985. — Fernwärme International 15 (6), 383—393, Sonderdr. Nr. 3923.

atw-Report (1987): Neue Kernkraftwerke in der Bundesrepublik Deutschland 1987. — Atomwirtschaft, Atomtechnik 32 (4), 174 ff.

BECK, P., ROSOLSKI, P. (1986): Reduction of SO_2, NO_x and VOC Emission in the Federal Republic of Germany 1966—1995. — Necessity, Costs and Effectiveness. — ENCLAIR '86, Energy and Cleaner Air: Costs of reducing emissions, 28—31 Oct. 1986, Taormina, Italy.

Bericht der Bundesregierung über Vorschläge zur Verringerung von Emissionen aus Kleinfeuerungsanlagen (Einzelhaushalte, Zentralheizungen), 23. April 1986. — Bonn.

BMI (1977): Sicherheitskriterien für Kernkraftwerke. — Bundesanzeiger 206, vom 3. November 1977.

BMI (1983): Leitlinien zur Beurteilung der Auslegung von Kernkraftwerken mit Druckwasserreaktoren gegen Störfälle im Sinne des § 28 Abs. 3 StrlSchV — Störfall-Leitlinien. — Bundesanzeiger 245a vom 31. Dezember 1983.

BMI (1985): Umwelt. Informationen des Bundesministers des Innern: Umweltplanung, Umweltschutz, Reaktorsicherheit, Strahlenschutz. — 5/85, S. 18—20.

BMU (1986): Bericht über den Reaktorunfall in Tschernobyl, seine Auswirkungen und die getroffenen bzw. zu treffenden Vorkehrungen. — Bonn, 18. Juni 1986.

BMWi (1986a): Daten zur Entwicklung der Energiewirtschaft in der Bundesrepublik Deutschland im Jahre 1985. — Bonn, Juli 1986.

BMWi (1986b): Die Elektrizitätswirtschaft in der Bundesrepublik Deutschland im Jahre 1985. Statistischer Jahresbericht des Referats Elektrizitätswirtschaft im Bundesministerium für Wirtschaft, 37. Bericht. — Elektrizitätswirtschaft 85 (19), Sonderdr. Nr. 3888.

BMWi (1986c): Energiebericht der Bundesregierung vom 24. September 1986. — Bonn.

CLOSS, K. D. et al. (1984): Systemstudie anderer Entsorgungstechniken, Abschlußbericht Hauptband KWA 2190-1, KfK Karlsruhe Dezember 84.

COENEN, R. (Hrsg.) (1985): Steinkohle — Technikfolgenabschätzung ihres verstärkten Einsatzes in der Bundesrepublik Deutschland. — Berlin: Springer.

COENEN, R. et al. (1986): Zukunftsmusik Kohlenverflüssigung. — Energietechnik, Wirtschaft und Politik 38 (4).

CROUCH, E., KLINE, R., WILSON, R. (Energy and Environmental Policy Center, Harvard University — Cambridge, MA 02138, USA): Problems in Estimation and Presentation of Risks. — Societé Francaise d'Energie Nucleaire, Colloquium on the risks of different energy sources, Paris, 24.—26. Januar 1980. Ed.: Gedim, 19, Rue du Grand-Moulin, F 42029 Saint-Etienne Cedex.

DAVIDS, P., LANGE, M. (1986): Die TA Luft '86. — Technischer Kommentar. — Düsseldorf: VDI Verl.

ESSO AG (1986): Energistik 85. — Hamburg.

FELDMANN, A. (1983): Kernenergie und Strahlenrisiko. — In: MÜNCH, E.: Tatsachen über Kernenergie. — Essen: Giradet.

Fichtner Beratende Ingenieure (1982): Maßnahmen zur Intensivierung der Abwärmenutzung in der Industrie; Studie im Auftrag des BMFT. — Stuttgart.

Forschungsstelle für Energiewirtschaft der Gesellschaft für praktische Energiekunde (1986): Zusammenstellung von Daten und Fakten für die Nutzung regenerativer Energiequellen in der Bundesrepublik Deutschland. — Juli 1986. — München.

GARNREITER, F., JOCHEM, E., GRUBER, E., HOHMEYER, O., MANNSWART, W., MENTZEL, Th. (1983): Auswirkungen verstärkter Maßnahmen zum rationellen Energieeinsatz auf Umwelt, Beschäftigung und Einkommen. — Berlin: E. Schmidt. — UBA-Berichte 12/83.

GERTIS, K. (1986): Wärmeschutz, Energieeinsparung, Umweltschutz; Studie, Universität Stuttgart; Oktober 1986.

Gesellschaft für Reaktorsicherheit (GRS) (1979): Deutsche Risikostudie Kernkraftwerke. — Köln: Verl. TÜV Rheinland.

Gesellschaft für Reaktorsicherheit (GRS) (1986): Der Unfall im Kernkraftwerk Tschernobyl. — Köln. — GRS-Bericht S-39, Juni 1986.

Gesellschaft für Strahlen- und Umweltforschung (GSF) (1986): Umweltradioaktivität und Strahlenexposition in Südbayern durch den Tschernobyl-Unfall. — München. — GSF-Bericht 16/86, 15. Juni 1986.

Gewerbeaufsichtsamt des Landes Nordrhein-Westfalen (1984): Jahresbericht 1984.

GUGGENBERGER, J., KRAMMER, G., LINDENMÜLLER, W. (1981): Ein Beitrag zur Ermittlung der Emission von polycyklischen aromatischen Kohlenwasserstoffen aus Großfeuerungsanlagen. — Staub-Reinhaltung der Luft 41 (9), 339—344.

HARIG, H.-D. (1983): Fernwärme als Wettbewerber im Wärmemarkt. — Fachvortrag, VDEW-Stromversorgung 83 am 31. Mai 1983 in Mannheim.

HESS, W., KNAPP, W. (1986): Flügel im Wind. — Bild der Wissenschaft, Sonderh.: Energie aus Sonne und Wind.

Informationszentrale der Elektrizitätswirtschaft (IZE) (1984): Stromthemen 1 (5/6).

Jahrbuch 86/87 Bergbau, Öl und Gas, Elektrizität, Chemie. — Essen: Glückauf. — S. 977—1056.

JOCHEM, E. et al. (1986): Zum Einfluß technisch-wirtschaftlicher Rahmenbedingungen auf die Anwendungspotentiale neuer Technologien rationeller Energienutzung — ein internationaler Vergleich; Studie im Auftrag des BMFT, Karlsruhe 1986.

KOLB, W., BÖDDICHER, W. (1978): Radioaktivität und Umwelt, 12. Jahrestagung: Norderney, Bd. 2.

KRÖHNER, P., REINHARD, K. (1984): Fernwärme — Preisvergleich 1983. — Fernwärme International 13 (3), 141—156.

KUHLER, M., KRAFT, J., KLINGENBERG, H., SCHÜRMANN, D. (1986): Natürliche und anthropogene Emissionen. — gwf-Gas/Erdgas, 127 (1), 27—36.

MAACK, J. (1984): Fernwärmepreisvergleich 1984. — Betriebstechnik 3.

MAIER, W., ANGERER, G. et al. (1986): Rationelle Energieverwendung durch neue Technologien; Studie im Auftrag d. BMWi. — Köln: Verl. TÜV Rheinland.

MICHAELIS, H. (1986): Handbuch der Kernenergie. Bd. 2 — Düsseldorf: Econ. S. 687 ff.

MÜLLER-REISSMANN, K. F., SCHAFFNER, J. (1986): Stromerzeugung ohne Kernenergie, Konsequenzen des Kernenergieausstiegs. — Hannover: Institut für angewandte Systemforschung und Prognose. — Juli 1986.

NITSCHKE, J. (1986): Blockheizkraftwerke in der Bundesrepublik Deutschland. — Elektrizitätswirtschaft 85 (1), 33—39.

RASMUSSEN, N. C. (1975): Reactor Study — An Assessment of Accident Risks in US Commercial Nuclear Power Plants. — United States Regulatory Commission, WASH-1400 (NUREG — 75/014), Oktober 1975.

RATAJCZAK, E.-A. (1985): Emissionsmessungen an kohlegefeuerten Hausbrandfeuerstätten insbesondere im Hinblick auf gesundheitsgefährdende Abgasbestandteile. — Berlin. — UBA-FB 85-130/1234.

ROSOLSKI, P. (1984): Schadstoffemissionen aus Kraftwerken. Auswirkungen der Großfeuerungsanlagen-Verordnung auf die Schwefeldioxid-, Stickstoffoxid- und Staubemissionen aus Kraftwerken. — In: Bundesforschungsanstalt für Landeskunde und Raumordnung (Hrsg.): Energie und Umwelt. — Informationen zur Raumentwicklung, H. 7/8 (1984). S. 681—689.

ROTH, U. (1980): Wechselwirkungen zwischen der Siedlungsstruktur und Fernwärmeversorgungssystemen. — Bonn: Bundesminister für Raumordnung, Bauwesen u. Städtebau. — Schriftenreihe „Raumordnung" 06.044. — S. 197.

RUDOLPH, R., GRÜNING, F., PURPER, G. (1982): Fernwärme. — Köln: Verl. TÜV Rheinland. — Battelle Schriftenreihe Energie.

RWE Anwendungstechnik (Rheinisch-Westfälisches Elektrizitätswerk AG) (1986): Energieflußbild der Bundesrepublik Deutschland 1985. — Essen.

RWI (Rheinisch-Westfälisches Institut für Wirtschaftsforschung) (1986): Qualitative und quantitative Abschätzung der kurz- und langfristigen Wirkungen eines Verzichts auf Kernenergie. — Essen, August 1986.

SALANDER, C. (1986): Entsorgungsstrategie: Industrielle Schließung des Kernbrennstoffkreislaufs in der Bundesrepublik Deutschland. — In: Jahrbuch der Atomwirtschaft 1986. — Düsseldorf: Verlagsgruppe Handelsblatt. S. A 61—A 74.

Strahlenschutzkommission (1986): Empfehlung der Strahlenschutz-Kommission vom 25. März 1986. — Bundesanzeiger 73, 4821.

SRU (1981): Energie und Umwelt (Sondergutachten). — Stuttgart: Kohlhammer.

SRU (1983): Waldschäden und Luftverunreinigungen (Sondergutachten). — Stuttgart: Kohlhammer.

Statistisches Bundesamt (1987): Grafische Darstellung für den SRU.

Statistisches Bundesamt (Hrsg.): Stromerzeugungsanlagen der Betriebe im Bergbau und im Verarbeitenden Gewerbe, 1965—1985. — Stuttgart: Kohlhammer. — Fachserie 4, Reihe 6.4.

Statistisches Bundesamt (Hrsg.): Bautätigkeit, 1983—1986. — Stuttgart: Kohlhammer. Fachserie 5, Reihe 1.

TRAUBE, K. et al. (1982): Ein Szenario der Entwicklung des Raumwärmebedarfs der privaten Haushalte und seiner Deckung in der BRD bis zum Jahre 2000; Studie TU Berlin.

UBA (1985): Jahresbericht 1984. — Berlin.

UBA (1986a): Jahresbericht 1985. — Berlin.

UBA (1986b): Daten zur Umwelt 1986/87. — Berlin: E. Schmidt.

UBA (1987): Jahresbericht 1986. — Berlin.

Umweltradioaktivität und Strahlenbelastung — Jahresberichte 1975—1984. — Hrsg. BMI, ab 1984 BMU. — Bonn.

UN (United Nations Scientific Committee on the Effects of Atomic Radiation) (1982): Ionizing Radiation: Sources and Biological Effects: 1982 report to the General Assembly. — New York.

U.S. Nuclear Regulatory Commission (1984): Probabilistic Risk Assessment (PRA): Status Report and Guidance for Regulatory Application NUREG — 1050.

VDEW (Vereinigung Deutscher Elektrizitätswerke) (1986a): Verwertungskonzept für die Reststoffe aus Kohlekraftwerken, T. 1: Gips aus der Rauchgasentschwefelung. — Frankfurt/M.: VDEW.

VDEW (1986b): Nutzung regenerativer Energien und Energieeinsparung bei der öffentlichen Elektrizitätswirtschaft. — Elektrizitätswirtschaft 85 (24), 941—948.

VDEW (1987): Die öffentliche Elektrizitätsversorgung 1986. — Frankfurt/M.: VWEW.

VGB (Technische Vereinigung der Großkraftwerksbetreiber) (1982): Tätigkeitsbericht 1981/82. — Essen.

VIK (Vereinigung Industrielle Kraftwirtschaft) (1985): Statistik der Energiewirtschaft 84/85. — Essen: Verl. Energieberatung.

VOLKMER, M. (1981): Basiswissen zum Thema Kernenergie. — Köln: Aulis Verl. Deubner.

Yearbook of World Energy Statistics (1965—1984): Hrsg.: United Nations. — New York.

3.3 Umwelt und Verkehr

ABERLE, G. (1985): Der Bundesverkehrswegeplan 1985. — Wirtschaftsdienst 12, 614 ff.

ARNOLD, H., JOSEL, K.-D., RATZENBERGER, R. (1987): Verkehrskonjunktur weiterhin aufwärts gerichtet. — Wirtschaftskonjunktur (2), A 1—A 17.

BIERAU, D., NICODEMUS, S. (1986): Umfang und Struktur von Gefahrguttransporten im Jahr 1984. — Wirtschaft und Statistik 10, 816 ff.

BMV (1985): Umweltschutz im Verkehr. — Bonn.

BMV (1986a): Bundesverkehrswegeplan 1986. — Bonn.

BMV (1986b): Verkehr in Zahlen. — Bonn.

BONBERG, W. (1975): Ansätze einer sozio-ökonomischen Bewertung von Infrastruktur-Investitionen im Straßenwesen. — Diss. FH Konstanz.

BROSTHAUS, J., HASSEL, D., JOST, P., SONNBORN, K.-S., WALDEYER, H. (1985): Abgas-Emissionsszenario für den Pkw-Verkehr in der Bundesrepublik Deutschland unter Berücksichtigung der Beschlüsse der EG-Umweltministerkonferenz. — TÜV Rheinland im Auftrag des Umweltbundesamtes. — Köln.

Bundesrats-Drucksache 84/87 vom 11. März 1987: Entschließung des Bundesrates zum Verbot von Dibromethan und Dichlorethan als Beimischung in Benzin. — Antrag der Freien und Hansestadt Hamburg.

CERWENKA, P., ROMMERSKIRCHEN, S. (1983): Aufbereitung globaler Verkehrsprognosen für die Fortschreibung der Bundesverkehrswegeplanung. — Untersuchung der Prognos AG, im Auftrag des BMV, Bonn (FE Nr. 90079/83).

Deutsche Shell-AG (1985): Verunsicherung hinterläßt Bremsspuren. — Shell-Prognose des Pkw-Bestandes bis zum Jahr 2000. — Hamburg.

DIW (Deutsches Institut für Wirtschaftsforschung) (1985): Aktualisierte Pkw-Bestandsprognose für die Bundesrepublik Deutschland bis zum Jahre 2000. — DIW-Wochenbericht 52 (37), 419—425.

DIW (1986): Energieverbrauch des Verkehrs in der Bundesrepublik Deutschland. — DIW-Wochenbericht 53 (3), 29—36.

DRUDE, M. (1980): Verkehr und Landschaftsverbrauch. — Verkehrspolitik, Bürger im Staat 30 (2), 85.

ECE-Regelung Nr. 15: Einheitliche Vorschriften für die Genehmigung der Kraftfahrzeuge mit Fremdzündungsmotor hinsichtlich der Emission luftverunreinigender Gase durch den Motor. — Genfer ECE-Dok. W/TRANS/WP 29/293/Rev. 1 vom 11. April 1969.

ELLENBERG, H., MÜLLER, K., STOTTELE, T. (1981): Straßen-Ökologie. Auswirkungen von Autobahnen und Straßen auf Ökosysteme deutscher Landschaft. — In: Deutsche Straßenliga (Hrsg.): Ökologie und Straße. — Bonn, S. 19 ff.

ESSERS, U., LIEDL, W., DENKER, D., GERNGROSS, H.-G. (1980): Untersuchung von versuchsmäßig dargestellten Lösungen zur Geräuschminderung eines Serien-Lastkraftwagens. — In: XVIII. International Congress FISITA 1980. Transportsysteme, Nutzfahrzeuge. — Düsseldorf: VDI-Verl. — VDI-Bericht, 367.

GLÜCK, K. (1986): Zur monetären Bewertung volkswirtschaftlicher Kosten durch Lärm. — In: Kosten der Umweltverschmutzung. — Berlin: UBA. — UBA-Berichte 7/86.

HASSEL, D. (1980): Das Abgas-Emissionsverhalten von Personenkraftwagen in der Bundesrepublik Deutschland im Bezugsjahr 1980. — Berlin: UBA. — UBA-Berichte 9/80.

HASSEL, D., DURSBECK, F., HEGELMANN, R., SCHALICH, R., WEYRAUTHER, G. (1978): Das Emissionsverhalten von Personenkraftwagen in der Bundesrepublik Deutschland im Bezugsjahr 1975. — Berlin: UBA. — UBA-Berichte 3/78.

HIERSCHE, E.-U. (1978): Straßenbau als gesellschaftspolitische Aufgabe. — Straße und Autobahn 29, 309 ff.

HÖPFNER, U. et al. (1985): Die Entwicklung der Schadstoffemissionen aus dem Kfz-Verkehr. — Eine Bilanz der Auswirkungen der EG-Beschlüsse und der steuerlichen Anreize zum schadstoffarmen Pkw. — Heidelberg: IFEU — IFEU-Bericht Nr. 42.

HOPF, R., RIEKE, H., VOIGT, U. (1982): Analyse und Projektion der Personenverkehrsnachfrage in der Bundesrepublik bis zum Jahr 2000. — Berlin: DIW. — DIW-Beiträge zur Strukturforschung 70.

JÄGER, P. (1984): Unfälle von Tankfahrzeugen. Modellberechnungen zeigen, wie sich das Unfallrisiko vermindern läßt. — Umschau 22, 684—687.

JÄGER, P., HAFERKAMP, K. (1983): Die Auswirkung des Sicherheitsrisikos von Lagerung und Transport gefährlicher Stoffe auf die Entwicklung verbesserter Transporttechnologien (Straßentransport). Phase I: Grundlagenuntersuchung. Kurzfassung. — Im Auftrag des BMFT (RGB 8010) TÜV Rheinland Zentralabteilung Chemieanlagen und Verfahrenstechnik. Köln: Verl. TÜV Rheinland.

JOST, P., BROSTHAUS, J., SONNBORN, K.-S. (1983): Abgasemissionsprognose für den Pkw-Verkehr in der Bundesrepublik Deutschland im Zeitraum von 1970 bis 2000. — Köln: Verl. TÜV Rheinland.

JOST, P., BROSTHAUS, J., SONNBORN, K.-S. (1984): Scenarios concerning the evaluation of the total exhaust gas emissions and the total fuel consumption for light duty vehicles in some EEC-countries from 1970 to 2000. — Im Auftrag der Kommission der EG, der Ministerien van Volkshuisvesting, Ruintelijke Ordening en Milieubeheer, Niederlande, und des Umweltbundesamtes der Bundesrepublik Deutschland, Köln, April 1984.

KAULE, G. (1986): Arten- und Biotopschutz. — Stuttgart: Ulmer. — UTB, Große Reihe.

KLOAS, J., KUHFELD, H. (1983): Personenverkehr, Verlagerungspotential zugunsten des nicht motorisierten Verkehrs. — Berlin: DIW — DIW-Wochenberichte, Nr. 17.

Kraftfahrt-Bundesamt (1987): Statistische Mittlg. des Kraftfahrt-Bundesamtes. — Flensburg. — Heft 7.

KRAUSE, A., MORDHORST, H. (1983): Verkehr und Umwelt in Nordrhein-Westfalen, III. Straßenbegleitgrün. — Düsseldorf. — Schriftenreihe des Ministers für Stadtentwicklung, Wohnen und Verkehr des Landes Nordrhein-Westfalen, Bd. 15.

MACKENSEN, R. (1983): Zur künftigen Entwicklung und Nutzung der Freizeit und den daraus folgenden Mobilitätsbedürfnissen, — in: Verband Deutscher Automobilhersteller: Die Zukunftschancen unserer Gesellschaft. — Frankfurt/M. — Schriftenreihe des VDA. Bd. 39.

MADER, H.-J. (1981): Der Konflikt Straße — Tierwelt aus ökologischer Sicht. — Bonn: Bundesforschungsanst. für Naturschutz u. Landschaftsökologie. — Schriftenreihe für Landschaftspflege und Naturschutz, Bd. 22.

POMMEREHNE, W. W. (1986): Der monetäre Wert einer Flug- und Straßenlärmreduktion: Eine empirische Analyse auf der Grundlage individueller Präferenzen. — In: Kosten der Umweltverschmutzung. — Berlin: UBA. — UBA-Berichte 7/86.

Prognos AG (1977): Soziale Nutzen und Kosten des Verkehrs in der Schweiz. — Gutachten im Auftrag des Stabes der Eidg. Kommission für die schweizerische Gesamtverkehrskonzeption GVK-CH. — Basel.

RATZENBERGER, R. (1986): Längerfristige Perspektiven im Straßenverkehr. — ifo-Schnelldienst, H. 16.

Raumordnungsbericht 1986: Hrsg.: Bundesminister für Raumordnung, Bauwesen und Städtebau. — Bonn. — Zugl.: BT-DRS 10/6027.

REICHELT, G. (1979): Landschaftsverlust durch Straßenbau. — Natur und Landschaft 54, 335 ff.

Richtlinie 70/220/EWG: Richtlinie des Rates vom 20. März 1970 zur Angleichung der Rechtsvorschriften der Mitgliedstaaten über Maßnahmen gegen die Verunreinigung der Luft durch Abgase von Kraftfahrzeugmotoren mit Fremdzündung. — Amtsblatt der Europäischen Gemeinschaften Nr. L 76 vom 6. April 1970.

Richtlinie 78/611/EWG: Richtlinie über den Bleigehalt des Benzins. — Amtsblatt der Europäischen Gemeinschaften Nr. L 197 vom 22. Juli 1978.

Richtlinie 85/210/EWG: Richtlinie des Rates vom 21. März 1985 zur Angleichung der Rechtsvorschriften der Mitgliedstaaten über den Bleigehalt von Benzin. — Amtsblatt der Europäischen Gemeinschaften Nr. L 96 vom 3. April 1985.

RIEKE, H. (1972): Die künftige Entwicklung des Straßenverkehrs in der Bundesrepublik Deutschland. — Fahrleistungen, Kraftstoffverbrauch und Mineralölaufkommen. — Berlin: DIW. — DIW-Beiträge zur Strukturforschung. H. 22.

SCHWANHÄUSSER, W., GOLLING, B. (1982): Bezugsgrößen des Energieverbrauchs für systemvergleichende Betrachtungen im Verkehrssektor. — Internationales Verkehrswesen 34, 231 ff.

SCHWANHÄUSSER, W., SIMON, W. (1986): Disaggregierung des Energieverbrauchs für den statistischen Verbrauchssektor Verkehr mit aktuellen Angaben zum spezifischen Energieeinsatz im Verkehr. — Internationales Verkehrswesen 38, 333 ff.

SEIFERT, A. (1936): Natur und Technik im deutschen Straßenbau. — In: Tagungsbericht Tag für Denkmalspflege und Heimatschutz. — Dresden.

SRU (1978): Umweltgutachten 1978. — Stuttgart: Kohlhammer.

SRU (1981): Energie und Umwelt. (Sondergutachten) — Stuttgart: Kohlhammer.

SRU (1985): Umweltprobleme der Landwirtschaft. (Sondergutachten) — Stuttgart: Kohlhammer.

Statistisches Bundesamt (1986): Umwelt in Zahlen 1986. — Wiesbaden (Faltblatt).

STOLZ, M., HARDER, J., LANGER, H., HOPPENSTEDT, A. (1984): Verfahrenskonzept zur ökologischen Risikoeinschätzung von Straßenbauprojekten der Bundesverkehrswegeplanung (BVWP). — Forschungs- und Entwicklungsvorhaben Nr. 98056 A 83 im Auftrag des BMV, Schlußbericht. — Düsseldorf und Hannover.

SUKOPP, H. (1981): Veranderungen von Flora und Vegetation in Agrarlandschaften. — In: Beachtung ökologischer Grenzen bei der Landbewirtschaftung. — Berichte über die Landwirtschaft, N. F., Sonderh. 197, 255—264.

UBA (1986 a): Jahresbericht 1985.

UBA (1986 b): Daten zur Umwelt 1986/87.

VDA (1987): Auto 86/87. — Jahresbericht Verband der Deutschen Automobilindustrie e. V. — Frankfurt/M. — S. 69.

VdTÜV (Vereinigung der Technischen Überwachungs-Vereine) (1985): Großversuch zur Untersuchung der Auswirkungen einer Geschwindigkeitsbegrenzung auf das Abgas-Emissionsverhalten von Personenkraftwagen auf Autobahnen, — Abgas-Großversuch. Kurzbericht. — Im Auftrag des BMV. — Hrsg.: VdTÜV. — Essen. November 1985.

VdTÜV (Vereinigung der Technischen Überwachungs-Vereine) (1986): Abgas-Großversuch. Untersuchung der Auswirkungen einer Geschwindigkeitsbegrenzung auf das Abgas-Emissionsverhalten von Personenkraftwagen auf Autobahnen. Abschlußbericht. — Im Auftrag des BMV. Januar 1986.

WINKELBRANDT, A., PEPER, H., ROHNER, M.-S. (1984): Hemerobiestufenkarte M. 1:50 000 des BMV-Forschungs- und Entwicklungsvorhabens FE-Nr. 98 073/84 RE, Zwischenbericht. — (Hrsg.): Bundesforschungsanstalt für Naturschutz und Landschaftsökologie. — Bonn-Bad Godesberg.

3.4 Umwelt und Raumordnung

Akademie für Raumforschung und Landesplanung (ARL) (1981): Daten zur Raumplanung, Teil A. — Hannover.

Akademie für Raumforschung und Landesplanung (ARL) (1985a): Stellungnahme der ARL zum Baugesetzbuch. — Hannover. — ARL-Nachrichten, Nr. 33, 1 ff.

Akademie für Raumforschung und Landesplanung (ARL) (1985b): Thesen zur Durchführung von Umweltverträglichkeitsprüfungen im Raumordnungsverfahren. — Hannover. — ARL-Nachrichten, Nr. 34, 1 ff.

Aktionsprogramm Ökologie (1983): Abschlußbericht der Projektgruppe „Aktionsprogramm Ökologie": Argumente und Forderungen für eine ökologisch ausgerichtete Umweltvorsorgepolitik. — Bonn: BMI. — Umweltbrief 29.

AUHAGEN, A., SUKOPP, H. (1983): Ziel, Begründungen und Methoden des Naturschutzes im Rahmen der Stadtentwicklungspolitik von Berlin. — Natur und Landschaft 58 (1), 9 ff.

Beirat für Naturschutz und Landschaftspflege beim Bundesminister für Ernährung, Landwirtschaft und Forsten (1986): Berücksichtigung der Naturschutzbelange im neuen Baugesetzbuch. — Natur und Landschaft 61 (4), 145 f.

Beirat für Raumordnung (1976): Empfehlungen vom 16. Juni 1976. — Hrsg. v. BMBau. — Bonn.

BENKERT, W. (1981): Die raumwirtschaftliche Dimension der Umweltnutzung. — Berlin: Duncker & Humblot. — Finanzwirtschaftliche Forschungs-Arbeiten. 50.

BIEHL, D. (1979): Dezentralisierung als Chance für größere Effizienz und mehr soziale Gerechtigkeit, — in: Schuster, F. (Hrsg.): Dezentralisierung des politischen Handelns (II), S. 85 ff.

BIERHALS, E., KIEMSTEDT, H., SCHARPF, H. (1974): Aufgabe und Instrumentarium ökologischer Landschaftsplanung. — Raumforschung und Raumordnung. 32, 76 ff.

BLUME, H.-P., SUKOPP, H. (1976): Ökologische Bedeutung anthropogener Bodenveränderungen. — Schriftenreihe Vegetationskunde, Bd. 10, S. 75 ff.

BMBau (1975): Raumordnungsprogramm für die großräumige Entwicklung des Bundesgebietes (Bundesraumordnungsprogramm). — Bonn. — Schriftenreihe „Raumordnung" des BMBau, Nr. 06.002.

Bodenschutzkonzeption der Bundesregierung (1985): Hrsg.: BMI. — Stuttgart: Kohlhammer. — Auch Bundestagsdrucksache 10/2977 vom 7. März 1985.

BORCHERDT, Ch. (1982): Landschaftsverbrauch, — in: Landschaftsschutzpolitik. — Bürger im Staat 32 (2), 129 ff.

BRENKEN, G. (1986): Erfassung und Bewertung der Raum- und Umweltfaktoren im Raumordnungsverfahren. — Hannover. — ARL-Arbeitsmaterial, Nr. 115.

BRÖSSE, U. (1982): Raumordnungspolitik. — 2. völlig neubearb. Auflage. — Berlin: de Gruyter.

BUCHNER, W. (1984): Die Bedeutung der Belange des Umweltschutzes für die Ziele und Verfahren der Raumordnung und Landesplanung, — in: Umweltvorsorge durch Raumordnung. — Hannover. — ARL-Forschungs- und Sitzungsberichte, Bd. 158, S. 35 ff.

DAVID, C.-H. (1981): Organisation der Raumplanung, Bundesrepublik Deutschland, — in: ARL (Hrsg.): Daten zur Raumplanung, Teil A. — Hannover: A II.2 (1).

DIETRICHS, B. (1979): Landesplanung versus regionale und kommunale Autonomie, — in: Schuster, F. (Hrsg.): Dezentralisierung des politischen Handelns (II), S. 30 ff.

DUBRAL, Ch. (1985): Bebauungsplanung im Bundesgebiet. — Wirtschaft und Statistik, 11, 884 ff.

ERNST, W. (1984): Aufgabeninhalte und Kompetenzen des Bundes im Bereich der Raumordnung, — in: Möglichkeiten und Aufgaben des Bundes im Bereich der Raumordnung auch zur Durchsetzung von Umwelterfordernissen. — Hannover. — ARL-Arbeitsmaterial, Nr. 83, S. 4 ff.

FISCHER, B. (1984): Bewertungsansätze für ökologische Belange in der räumlichen Planung. — Saarbrücken. — Seminarberichte der Gesellschaft für Regionalforschung, Bd. 20, S. 93 ff.

FISCHER, A. C., KRUTILLA, I. V., CICCHETTI, C. I. (1972): The Economics of Environmental Preservation: A Theoretical and Empirical Analysis. — American Economic Review. 62, S. 605 ff.

FREY, R. (1979): Begründung einer stärkeren Dezentralisierung politischer Entscheidungen aus der ökonomischen Theorie des Föderalismus, — in: Schuster, F. (Hrsg.): Dezentralisierung des politischen Handelns (I), S. 24 ff.

FÜRST, D., HESSE, J. (1981): Landesplanung. — Düsseldorf: Werner.

GEBAUER, H. (1982): Zur intertemporalen regionalen Umweltallokation, — in: Siebert, H. (Hrsg.): Umweltallokation im Raum. — Frankfurt/M.: Lang, S. 191 ff.

HABER, W. (1971): Landschaftspflege durch differenzierte Bodennutzung. — Bayer. Landwirtschaftliches Jahrbuch, 48. Jg., Sonderh. 1, S. 19 ff.

HABER, W. (1972): Grundzüge einer ökologischen Theorie der Landnutzungsplanung. — Innere Kolonisation 21, 294 ff.

HABER, W. (1978): Fragestellung und Grundbegriffe der Ökologie; Ökosystemforschung — Ergebnisse und offene Fragen, — in: Buchwald, K., Engelhardt, W. (Hrsg.): Handbuch für Planung, Gestaltung und Schutz der Umwelt, Bd. 1. — München: BLV. — S. 74 ff.

HABER, W. (1983): Die Biotopkartierung in Bayern, — in: Integrierter Gebietsschutz. — Deutscher Rat für Landespflege. H. 41, S. 32—37.

HAEN, H. de (1985): Interdependence of Prices, Production Intensity and Environmental Damage from Agricultural Production. — Zeitschrift für Umweltpolitik, 8, 199 ff.

HAUBNER, K. (1982): Was ist eigentlich Raumordnungspolitik?, — in: Raumordnungspolitik. — Bürger im Staat, Bd. 1057. — S. 9 ff.

HOPPE, W., ERBGUTH, W. v. (1984): Möglichkeiten und Aufgaben des Bundes im Bereich der Raumordnung zur Durchsetzung von Umwelterfordernissen, — in: ARL (Hrsg.): Möglichkeiten und Aufgaben des Bundes im Bereich der Raumordnung auch zur Durchsetzung von Umwelterfordernissen. — Hannover. — ARL-Arbeitsmaterial Nr. 83, S. 53 ff.

HUNKE, H. (1974): Raumordnungspolitik — Vorstellungen und Wirklichkeit. Untersuchungen zur Anatomie der westdeutschen Raumentwicklung im 20. Jahrhundert in ihrer demographischen und gesamtwirtschaftlichen Einbindung. — Hannover: ARL. — Abhandlungen der Akademie für Raumforschung und Landesplanung, Bd. 70.

Interministerielle Arbeitsgruppe Bodenschutz (IMAB) (1985): Abschlußbericht der Unterarbeitsgruppe IV „Flächennutzung" (20. Februar 1984), — in: Konzeptionen zum Bodenschutz. — Bonn: BfLR. — Informationen zur Raumentwicklung, H. 1/2, S. 73 ff.

JALAS, J. (1955): Hemerobe und hemerochore Pflanzenarten. Ein terminologischer Reformversuch. — Acta Fauna Flora Fenn., Bd. 72, S. 1 ff.

KARL, H. (1986): Exklusive Nutzungs- und Verfügungsrechte an Umweltgütern als Instrument für eine umweltschonende Landwirtschaft — Eine Darstellung unter besonderer Berücksichtigung des Grundwasserschutzes. — Bochum: Brockmeyer. — Beiträge zur Struktur- und Konjunkturforschung, Bd. 25.

KIEMSTEDT, H. (1979): Methodischer Stand und Durchsetzungsprobleme ökologischer Planung, — in: ARL (Hrsg.): Die ökologische Orientierung der Raumplanung. — Hannover. — Forschungs- und Sitzungsberichte der Akademie für Raumforschung und Landesplanung, Bd. 131, S. 46 ff.

KIEMSTEDT, H. (1982): Die Sicherung der natürlichen Ressourcen in der Raumplanung, — in: ARL

(Hrsg.): Grundriß der Raumordnung. — Hannover, S. 453 ff.

KLEMMER, P. (1970): Städtebau. II, — in: Staatslexikon — 6. Aufl. — Freiburg: Herder, Sp. 327 ff.

KLEMMER, P. (1979): Alternative Konzeptionen der räumlichen Organisation der politischen Entscheidungsprozesse, — in: Schuster, F. (Hrsg.): Dezentralisierung des politischen Handelns (I), S. 5 ff.

KLEMMER, P. (1982 a): Umweltpolitik als Bestandteil der Raumordnungspolitik, — in: Raumordnungspolitik. — Bürger im Staat, Bd. 1057, S. 134 ff.

KLEMMER, P. (1982 b): Regionalisierung der Regionalpolitik, — in: Müller, J. H. (Hrsg.): Planung in der regionalen Strukturpolitik. — Berlin: Duncker & Humblot. S. 140 ff.

KLEMMER, P. (1986): Regionalpolitik und Umweltpolitik. (noch unveröff. Bericht für die ARL-Bochum).

KÜHL, C. J. (1984): Möglichkeiten und Aufgaben des Bundes im Bereich der Raumordnung — aus der Sicht eines Bundeslandes, — in: ARL (Hrsg.): Möglichkeiten und Aufgaben des Bundes im Bereich der Raumordnung auch zur Durchsetzung von Umwelterfordernissen. — Hannover. — ARL-Arbeitsmaterial, Nr. 83, S. 23 ff.

KUHL, G. (1977): Umweltschutz im materiellen Raumordnungsrecht. — Münster: Inst. für Siedlungs- und Wohnungswesen u. d. Zentralinst. für Raumplanung d. Universität Münster. — Beiträge zum Siedlungs- und Wohnungswesen und zur Raumplanung, Bd. 39.

KUNICK, W. (1982): Veränderungen von Flora und Vegetation einer Großstadt, dargest. am Beisp. von Berlin (West). — Berlin: Techn. Univ., Diss.

Landesentwicklungsbericht Nordrhein-Westfalen (1984): Landesregierung Nordrhein-Westfalen (Hrsg.). — Düsseldorf.

LEIDIG, G. (1983): Raumplanung als Umweltschutz. — Frankfurt/M.: Lang. — Forschungen der Europäischen Fakultät für Bodenordnung. Bd. 4.

LOSSAU, H., SCHARMER, E. (1985): Der Zeitaspekt in der Landes- und Regionalplanung. — Hannover. — ARL-Arbeitsmaterial, Nr. 101.

Minister für Landes- und Stadtentwicklung des Landes Nordrhein-Westfalen (1984 a): Freiraumbericht. — Düsseldorf. — MLS informiert. Bd. 1.

Minister für Landes- und Stadtentwicklung des Landes Nordrhein-Westfalen (1984 b): Landesentwicklungsplan III, Entwurf. — Düsseldorf.

MÜLLER, F. G. (1983): Der Optionswert und seine Bedeutung für die Umweltschutzpolitik. — Zeitschrift für Umweltschutzpolitik 3, 249 ff.

MÜLLER, J. H. (1969): Wirtschaftliche Grundprobleme der Raumordnungspolitik. — Berlin: Duncker & Humblot.

NEDDENS, M. C. (1986): Ökologisch orientierte Stadt- und Raumentwicklung. — Wiesbaden: Bauverlag

NIEMEIER, H.-G. (1982): Rechtliche und organisatorische Fragen, — in: ARL (Hrsg.): Grundriß der Raumordnung. — Hannover. — S. 289 ff.

ODUM, E. P. (1969): The Strategy of Ecosystem Development. — Science 64, 262 ff.

PIEHL, H.-D. (1986): Erfassung und Bewertung des ökologischen Potentials in Hausgärten sowie anschließenden Freiflächen — an Beispielen aus Bochumer und Herner Stadtbereichen. — Dipl.-Arbeit, Bochum.

Programmatische Schwerpunkte der Raumordnung (1985): Bundestags-Drucksache 10/3146 vom 3. April 1985. — Bonn.

Regierungserklärung vom 4. Mai 1983. — Bonn.

Sachverständigen-Ausschuß für Raumordnung (SARO) (1961): Die Raumordnung in der Bundesrepublik Deutschland. — Stuttgart.

SCHMIDT, A., REMBIERZ, W. (1987): Überlegungen zu ökologischen Eckwerten und ökologisch orientierten räumlichen Leitzielen der Landes- und Regionalplanung, — in: ARL (Hrsg.): Wechselseitige Beeinflussung von Umweltvorsorge und Raumordnung. — Hannover: Vincentz. — ARL-Forschungs- und Sitzungsberichte, Bd. 165, S. 239 ff.

SCHMITZ, G. (1984): Möglichkeiten und Aufgaben des Bundes im Bereich der Raumordnung — aus der Sicht einer Region, — in: ARL (Hrsg.): Möglichkeiten und Aufgaben des Bundes im Bereich der Raumordnung auch zur Durchsetzung von Umwelterfordernissen. — Hannover. — ARL-Arbeitsmaterial, Nr. 83, S. 37 ff.

SCHÖNHOFER, J. (1981): Begriffe der Raumplanung, — in: ARL (Hrsg.): Daten zur Raumplanung, Teil A. — Hannover, A I. (1).

SCHULTE, W. (1985): Florenanalyse und Raumbewertung im Bochumer Stadtbereich, Diss., Bochum.

SCHULZ, A. (1982): Der Köh-Wert, Modell einer komplexen planungsrelevanten Zustandserfassung. — Informationen zur Raumentwicklung (10), 487 ff.

SIEBERT, H. (1979): The Regional Dimension of Environmental Policy, — in: Siebert, H. (Hrsg.): Regional Environmental Policy. — New York: New York Univ. Pr., S. 1 ff.

SRU (1985): Umweltprobleme der Landwirtschaft (Sondergutachten). — Stuttgart: Kohlhammer.

SRWi (1984): Chancen für einen langen Aufschwung, Jahresgutachten 1984/85, Stuttgart: Kohlhammer.

STICH, R. (1983): Rechtsgrundlagen der Stadtplanung und ihres Vollzugs, — in: ARL (Hrsg.): Grundriß der Stadtplanung. — Hannover, S. 284 ff.

STOLZ, M., HARDERS, J., LANGER, H., HOPPENSTEDT, A. (1984): Verfahrenskonzept zur ökologischen Risikoeinschätzung von Straßenbauprojekten in der Bundesverkehrswegeplanung (BVWP), Forschungs- und Entwicklungsvorhaben (Nr. 98056 A83) im Auftrage des BMV, Schlußbericht, Düsseldorf und Hannover.

STORBECK, D. (1982): Ziele und Konzeptionen für die Raumordnung und Landesplanung, — in: ARL (Hrsg.): Grundriß der Raumordnung. — Hannover, S. 201 ff.

SUKOPP, H. (1972): Wandel von Flora und Vegetation in Mitteleuropa unter dem Einfluß des Menschen. — Hamburg: Parey. — Berichte zur Landwirtschaft, N. F. Bd. 50, H. 1, S. 112 ff.

SUKOPP, H. (1983): Ökologische Charakteristik von Großstädten, — in: ARL (Hrsg.): Grundriß der Stadtplanung. — Hannover, S. 51 ff.

SUKOPP, H., BLUME, H.-P., HORBERT, M. et al. (1979): Ökologisches Gutachten über die Auswirkungen von Bau und Betrieb der BAB Berlin (West) auf den Großen Tiergarten, Gutachten im Auftrag des Senators für Bau- und Wohnungswesen. — Berlin.

SUKOPP, H., HÜBLER, K.-H., KIEMSTEDT, H., MÖHLER, G., SCHLICHTER, O., WINKELBRANDT, A. (1985): Umweltverträglichkeitsprüfung für raumbezogene Planung und Vorhaben-Verfahren, methodische Ausgestaltung und Folgerungen. — Münster-Hiltrup: Landwirtschaftsverl. — Schriftenreihe des BML, Reihe A, H. 313.

SUNTUM, U. van (1981): Regionalplanung in der Marktwirtschaft, Baden-Baden: Nomos.

TESDORPF, J. C. (1984): Landschaftsverbrauch. Begriffsbestimmungen, Ursachenanalyse und Vorschläge zur Eindämmung. Dargest. an Beispielen Baden-Württembergs. — ISBN 3-924905-00-2.

TREUNER, P. (1982): Die Raumstruktur der Bundesrepublik Deutschland, — in: Raumordnungspolitik, Bürger im Staat. Bd. 1057, S. 21 ff.

UBA (1984): Daten zur Umwelt 1984. — Berlin: Umweltbundesamt.

Umweltbericht '76: Fortschreibung des Umweltprogramms der Bundesregierung vom 14. Juli 1976. — Stuttgart: Kohlhammer.

UMLAUF, J. (1986): Zur Entwicklungsgeschichte der Landesplanung und Raumordnung. — Hannover: Vincentz. — Veröffentlichungen der Akademie für Raumforschung und Landesplanung: Abhandlungen; 90.

VOGT, W. (1982): Zur Umwelt- und Regionalpolitik in der Bundesrepublik Deutschland, Überlegungen zur Raumplanung, regionalen Förderung und Luftreinhaltepolitik, — in: Siebert, H. (Hrsg.): Umweltallokation im Raum. — Frankfurt/M.: Lang. S. 31 ff.

VORHOLZ, F. (1984): Ökologische Vorranggebiete — Funktionen und Folgeprobleme. — Frankfurt/M.: Lang.

WINKELBRANDT, A. (1981): Beitrag zur Umweltverträglichkeitsprüfung, Projektgruppe A 46 (BFANL und LöLF) Landschaftsökologisches Gutachten der BAB A 46 im Raum Neuß — Ein Beitrag zur Umweltverträglichkeitsprüfung. Münster–Hiltrup: Landwirtschaftsverl. — Schriftenreihe des BML, Reihe A: H. 252.

WINKELBRANDT, A. (1984): Hemerobiestufenkarte M. 1 : 50 000 des BMV, FB 3.2: Bestimmung von Eingriff und Ausgleich, Forschungs- und Entwicklungsvorhaben FE-Nr. 98073/84 Re, Bonn-Bad Godesberg.

ZIMMERMANN, H. (1979): Stärkung der kommunalen Einnahmeautonomie: Steuerverteilung und Finanzausgleich, — in: Schuster, F. (Hrsg.): Dezentralisierung des politischen Handelns (II), S. 60 ff.

ZIMMERMANN, K., NIJKAMP, P. (1986): Umweltschutz und regionale Entwicklungspolitik, — in: Fürst, D. (Hrsg.): Umwelt-Raum-Politik. — Berlin: WZB, S. 19 ff.

3.5 Umwelt, Freizeit und Fremdenverkehr

ANGERER, D. (1975): Zum Potential und der touristischen Aufnahmekapazität des Strandes von Küstendüneninseln. — Informationen zur Raumentwicklung, 10, 489—499.

Bayerisches Staatsministerium für Landesentwicklung und Umweltfragen (Hrsg.) (1976): Landesentwicklungsprogramm Bayern. — München.

Bayerisches Staatsministerium für Landesentwicklung und Umweltfragen (Hrsg.) (1978): Landesplanung in Bayern. — München.

Bayerisches Staatsministerium für Landesentwicklung und Umweltfragen (Hrsg.) (1984): Landesentwicklungsprogramm Bayern. — München.

BECKER, C. (1984): Neue Entwicklungen bei den Feriengroßprojekten in der Bundesrepublik Deutschland: Diffusion und Probleme einer noch wachsenden Betriebsform. — Zeitschrift für Wirtschaftsgeographie 28 (3/4), 164—185.

BEZZOLA, A. (1975): Probleme der Eignung und der Aufnahmekapazität touristischer Bergregionen der Schweiz. — Bern. — St. Gallener Beiträge zum Fremdenverkehr und zur Verkehrswirtschaft, Reihe Fremdenverkehr. Bd. 7.

BML (1985): Konfliktlösung Naturschutz — Erholung. — Münster-Hiltrup: Landwirtschaftsverl. — Schriftenreihe des Bundesministers für Ernährung, Landwirtschaft und Forsten, Reihe A: Angewandte Wissenschaft. H. 318.

BML (1986): Freizeit und Erholung in der Bundesrepublik Deutschland. Unveröff. Materialiensammlung für das Natur- und Umweltschutzprogramm des BML (Ref. 621) vom 2. April 1986, S. 31—43.

BROGGI, M. F. (1981): Sport und Umwelt: Gedanken aus der Sicht des Naturschutzes. — Berichte zur Raumforschung und Raumplanung 25 (4), 27—32.

CIPRA (1985): Deklaration von Chur 1984. — In: Internationale Alpenschutzkommission CIPRA (Hrsg.): Sanfter Tourismus: Schlagwort oder Chance für den Alpenraum? — Vaduz. — S. 283—287.

DAHLMANN, H. (1983): Alpinistische Stützpunkte in den deutschen und österreichischen Alpen. — TU München: Diss.

DANZ, W. (1980): Die Belastbarkeit des Raumes. — Zürich: Dokumentations- und Informationsstelle für Planungsfragen. — DISP Nr. 59/60, 44—52.

DANZ, W. (1983): Schmutzige Spuren der weißen Industrie. — Natur 3, 33—37.

DANZ, W. (1985): Länderbericht Bundesrepublik Deutschland. — In: CIPRA (Hrsg.): Sanfter Tourismus: Schlagwort oder Chance für den Alpenraum? — Vaduz. — S. 103—122.

DANZ, W., RUHL, G., SCHEMEL, H. J. (1978): Belastete Fremdenverkehrsgebiete. — Schriftenreihe 06 „Raumordnung" des Bundesministers für Raumordnung, Bauwesen und Städtebau, Nr. 031.

DICK, A. (1981): Der Bayerische Alpenplan — ein Modell. — In: CIPRA (Hrsg.): Die Zukunft der alpinen Schutzgebiete. — Vaduz. — S. 79—91.

DIETRICH, K., KÖPFF, C. (1986a): Wassersport im Wattenmeer als Störfaktor für brütende und rastende Vögel. — Natur und Landschaft 61 (6), 220—225.

DIETRICH, K., KÖPFF, C. (1986b): Erholungsnutzung des Wattenmeers als Störfaktor für Seehunde. — Natur und Landschaft 61 (7/8), 290—292.

ELSASSER, H. (1985): Einige kritische Nachbemerkungen. — In: CIPRA (Hrsg.): Sanfter Tourismus: Schlagwort oder Chance für den Alpenraum? — Vaduz. — S. 257—263.

ENZENSBERGER, H. M. (1987): Eine Theorie des Tourismus. — Universitas 42 (7), 660—676.

ERZ, W. (1985): Wieviel Sport verträgt die Natur. — GEO (7), 140—156.

FRITZ, G. (1977): Zur Inanspruchnahme von Naturschutzgebieten durch Freizeit und Erholung. — Natur und Landschaft 52 (7), 191—197.

FRITZ, G. (1984): Auswirkungen des Wertewandels in Erholung und Naturschutz. — In: Naturschutz und Tourismus. — Saarbrücken: Verband Deutscher Gebirgs- und Wandervereine. — S. 46—52.

FRITZ, G. (1985): Zusammenarbeit zwischen Fremdenverkehr und Naturschutz. — Natur und Landschaft 60 (2), 48—49.

GEORGII, B., SCHREIBER, R. L., SCHRÖDER, W. (1984): Skilanglauf und Wildtiere: Konflikte und Lösungsmöglichkeiten. Regionaluntersuchung Schwarzwald. — Alpirsbach. — Alpirsbacher Naturhilfe. 48 S.

— Zugleich: Schriftenreihe ökologisch orientierter Tourismus. Bd. 1.

Gruner und Jahr (1986): Gruner + Jahr Branchenbild, Tendenzen im Freizeitbereich. — Gruner + Jahr Marktanalyse, Hamburg.

HABER, W. (1986): Golfplätze aus der Sicht des Naturschutzes. — In: Arbeitsgemeinschaft beruflicher und ehrenamtlicher Naturschutz e. V. (Hrsg.): Sport und Naturschutz im Konflikt. — Jahrbuch für Naturschutz und Landschaftspflege, Bd. 28, S. 129—135. — Bonn.

HAGEL, J., MAIER, J., SCHLIEPHAKE, K. (1982): Sozial- und Wirtschaftsgeographie 2. — München: List. — S. 254.

HASSLACHER, P. (1985): Bibliographie Sanfter Tourismus. — In: CIPRA (Hrsg.): Sanfter Tourismus: Schlagwort oder Chance für den Alpenraum? — Vaduz. — S. 317—331.

HELLMESSEN, U. (1987): Skispuren. — WWF (World Wildlife Fund)-Journal 1/87 (1), 10—11.

Institut für Höhere Studien (1985): Eigenständige Entwicklung peripherer Regionen und umweltfreundlicher Fremdenverkehr. — Wien.

KARL, H. (1987): Der Bayerische Alpenplan, Entstehung — Erfahrungen — Konsequenzen, — In: Österreichischer Alpenverein (Hrsg.): Lebensraum Alpen. — Innsbruck. S. 44—62.

KIEMSTEDT, H. (1967): Zur Bewertung der Landschaft für die Erholung. — Stuttgart: Ulmer. — Beiträge zur Landespflege, Sonderh. 1.

KRIPPENDORF, J. (1982): Tourismus und regionale Entwicklung — Versuch einer Synthese. — In: Schweizerischer Nationalfonds zur Förderung der wissenschaftlichen Forschung/Nationales Forschungsprogramm „Regionalprobleme" (NFP). — Bern. — S. 265—282.

KRIPPENDORF, J. (1984): Die Ferienmenschen: Für ein neues Verständnis von Freizeit und Reisen. — Zürich: Orell Füssli.

KRIPPENDORF, J. (1986): Alpsegen Alptraum. — MAB. Schweiz. — Bern: Kümmerly + Frey.

LINDEMANN, F. (1984): Das Recht zum Betreten der freien Landschaft. — In: Naturschutz und Tourismus — mit- oder gegeneinander? — Saarbrücken: Verband Deutscher Gebirgs- und Wandervereine e. V. S. 21—28.

LOCHNER, H. (1983): Recht auf Erholung — wo sind die Grenzen? — In: Erholung und Artenschutz. — Laufen/Salzach: Akademie für Naturschutz und Landschaftspflege. — Laufener Seminarbeiträge 4/83, S. 85—100.

MAIER, J., STRENGER, R., TROEGER-WEISS, G. (1987): Wechselwirkungen zwischen Freizeit, Tourismus und Umweltmedien: Analyse der Zusammenhänge. — Stuttgart: Kohlhammer. — Materialien zur Umweltforschung (in Vorber.).

MOSIMANN, T. (1986): Skitourismus und Umweltbelastung im Hochgebirge. — Geographische Rundschau 38 (6), 303—311.

OPASCHOWSKI, H. W. (1985): Freizeit und Umwelt, Bd. 6. — Hamburg: BAT — Freizeit-Forschungsinstitut.

REICHHOLF, J. (1983): Erholung an Gewässern: Auswirkungen auf den Artenschutz, Möglichkeiten zur Steuerung der Entwicklungen. — In: Erholung und Artenschutz. — Laufen/Salzach: Akademie für Naturschutz und Landschaftspflege. — Laufener Seminarbeiträge 4/83, S. 7—15.

REITH, W. J. (1985): Umwelt- und sozialverträglicher Tourismus — eigentlich eine Selbstverständlichkeit? — In: CIPRA (Hrsg.): Sanfter Tourismus: Schlagwort oder Chance für den Alpenraum? — Vaduz. — S. 17—53.

ROCHLITZ, K. H. (1986): Sanfter Tourismus: Theorie und Praxis des Beispiels Virgental. — Bayreuth: Lehrstuhl für Wirtschaftsgeographie und Regionalplanung. — Arbeitsmaterialien zur Raumordnung und Raumplanung, H. 37, 1—233.

ROCHLITZ, K. H., HASSLACHER, P. (1986): Naturnaher Tourismus im Alpenraum. Möglichkeiten und Grenzen. — Bayreuth: Lehrstuhl für Wirtschaftsgeographie und Regionalplanung. — Arbeitsmaterialien zur Raumordnung und Raumplanung, H. 37.

SCHADLBAUER, F. J. (1980): Der Einfluß des Fremdenverkehrs auf die Umwelt. — Wirtschaftsgeographische Studien (6), 23—44.

SCHEMEL, H. J. (1984): Geeignete Standorte für Campingplätze — Ein Leitfaden für die Kommunalplanung zur umweltverträglichen Standortfindung. — Hrsg.: ADAC. — München.

SCHEMEL, H. J., SCHARPF, H., HARFST, W. (1987): Landschaftserhaltung durch Tourismus. — Berlin: Umweltbundesamt. — Texte 12/87.

SPANDAU, L. (1986): Mögliche Auswirkungen Olympischer Winterspiele auf Natur und Landschaft. — In: Arbeitsgemeinschaft beruflicher und ehrenamtlicher Naturschutz e. V. (Hrsg.): Sport und Naturschutz im Konflikt. — Bonn. — Jahrbuch für Naturschutz und Landschaftspflege, Bd. 38, S. 49—68.

SPANDAU, L. (1987): Untersuchungen zum Sommertourismus im Nationalpark Berchtesgaden als Beitrag zum Sanften Tourismus. — Unveröffentl. Manuskr. — TU München/Weihenstephan: Lehrstuhl für Landschaftsökologie.

SRU (1980): Umweltprobleme der Nordsee (Sondergutachten). — Stuttgart: Kohlhammer.

SRU (1985): Umweltprobleme der Landwirtschaft (Sondergutachten). — Stuttgart: Kohlhammer.

SRU (1987): Zur Umsetzung der EG-Richtlinie über die Umweltverträglichkeitsprüfung in das nationale Recht (Stellungnahme). — Bonn: Der Bundesminister für Umwelt, Naturschutz und Reaktorsicherheit. — Der Bundesminister für Umwelt, Naturschutz und Reaktorsicherheit informiert.

Studienkreis für Tourismus (Hrsg.) (1986): Urlaubsreisen 1985 — Einige Ergebnisse der Reiseanalyse 1985. — Starnberg 1986.

VILL, H. G. (1986): Probleme des Bodenseeraumes aus der Sicht der Regierungen von Schwaben. — Hannover: Akademie für Raumforschung und Landesplanung. — Arbeitsmaterial Nr. 107, S. 7—29.

VOGLER, H. (1986): Schutz für die Bodenseelandschaft — Bodenseeuferplan. — Hannover: Akademie für Raumforschung und Landesplanung, Arbeitsmaterial Nr. 107, S. 88—90.

VOLK, H. (1983): Wintersport und Biotopschutz: Hat das Auerhuhn in Skilanglaufgebieten eine Chance? — Natur und Landschaft 58 (12), 454—459.

WAGENFELD, H., PAULY, K., RUHLER, K., SAHLE, H. (1978): Campingplätze in Nordrhein-Westfalen. — Dortmund. — Schriftenreihe Landes- und Stadtentwicklungsforschung des Landes Nordrhein-Westfalen. Bd. 2029.

WESEMÜLLER, H. (1981): Wattenmeer und Sportschiffahrt. — In: Wassersport und Naturschutz. Referate aus der Sicht des Naturschutzes, Seminar „Wassersport und Naturschutz", 1./2. November 1980, Frankenthal. — Bonn-Oberkassel: Deutscher Naturschutzring, Bundesverband für Umweltschutz (DNR). S. 15—21.

WESEMÜLLER, H. (1986): Probleme des Wassersports im Wattenmeer und Erfordernisse für die Nationalparkplanung. — In: Arbeitsgemeinschaft beruflicher und ehrenamtlicher Naturschutz e. V. (Hrsg.): Sport und Naturschutz im Konflikt. — Bonn. — Jahrbuch für Naturschutz und Landschaftspflege, Bd. 38, S. 121—128.

WÜNSCHMANN, A. (1987): Sport in Natur und Landschaft. — WWF (World Wildlife Fund)-Journal 1/87, 4—9.

Register

(Die Zahlenangaben beziehen sich auf Textziffern; kursiv geschriebene Textziffern in Klammern sind von untergeordneter Bedeutung)

Abfall 327, Tab. 1.5.13, 1874ff
— Arten 327, Tab. 1.5.13
— Aufkommen 278, Tab. 1.5.4, 327, *(1062)*, 1874ff
— radioaktiv 1819, 1930, 1941ff, 2020

Abfallablagerung 189, *(620)*, 634, 754, 938, 1001ff, 1114ff
s.a. Altlasten
s.a. Deponien
s.a. Grundwasserverunreinigung

Abfallbehandlung
— Wiederaufarbeitung von Kernbrennstoffen 1944ff, 1990, 2020

Abfallbeseitigung 1115f, 1874ff, 2041, 2177ff, 2198f, *(2222)*
— Baggergut aus Gewässern 1135ff, 1198
— Endlagerung von radioaktivem Abfall 1942ff, 1990, 2020

Abfallbeseitigungsgesetz 239, 1115

Abfallmengen
s. Abfall — Aufkommen

Abfallrecht 641f

Abfallstatistik 278, Tab. 1.5.4, 327, Tab. 1.5.13

Abfallstoffe
s. Abfall

Abfallverbrennung 737ff, 743ff-755, 814, 2009ff
— Dioxinbildung und -zersetzung 743ff, 814
— Dioxine und Furane in Verbrennungsrückständen 746ff, Tab. 2.3.28 u. 2.3.29
s.a. Dioxine
s.a. Energienutzung — Nutzung regenerativer Energiequellen
s.a. Furane

Abfallvermeidung *(278)*, 1115, 1197

Abfallverwertung 62, *(278)*, 1115, 1186, 1197, 2009ff
s.a. umweltgerechtes Handeln

Abgabenlösungen 154, 157ff, 804
s.a. umweltpolitische Instrumente — ökonomische Anreize

Abgas
— Abfallverbrennung 746ff, Tab. 2.3.28 u. 2.3.29
s.a. Kraftfahrzeuge — Abgasemissionen

Abgaskatalysator 826, 2083ff

Abgasreinigung 752
s.a Kraftfahrzeuge — Emissionsminderung
s.a. Rauchgas

Abgrabung 631ff, 643

Ablagerung 631ff, 643

Absprachen
s. umweltpolitische Instrumente

Abwägungsprozesse 31, 84, 114, 139, 358ff, 460, *(470)*, *(1576)*, 2150ff, 2230f
s.a. Grenzwertfestsetzung
s.a. Umweltschutz — Zielkonflikte
s.a. Umweltstandards

Abwärme 997ff, 1027, 1934, 2019

Abwärmenutzung 1906ff

Abwasser 897ff, Tab. 2.4.4, Tab. 2.4.6, 906, 966ff, Tab. 2.4.12, 1046ff, 1108ff, 1880, 1960

Abwasserabgabe 1068, 1072, 1085f, 1153ff, 1226

Abwasserabgabengesetz 239, 1043, 1046ff, 1065ff, 1083ff, 1109, 1220

Abwasserbehandlung 1108ff, 1142ff, 1219ff, *(1880)*
— biologisch 898f, Tab. 2.4.5 u. 2.4.6, 1051ff
— Reinigungsleistung 1038, 1053ff, Abb. 2.4.10, Tab. 2.4.21, 1143
s.a. Abwasserreinigung
s.a. Phosphatelimination
s.a. Stickstoffelimination

Abwasserbeseitigung 897ff, 1142ff, 2178ff, 2199
— öffentlicher Bereich 898ff, Tab. 2.4.3-2.4.6, 1051ff, Tab. 2.4.20, 1143
— Industrie 901, Tab. 2.4.7 u. 2.4.8, 1147ff, 1186

Abwassereinleitung 906, 966ff, 1057ff, Abb. 2.4.11, 1108ff, 1121ff, 1134, 1140ff, 1219ff, 2199, 2210
— diffuser Stoffeintrag 955ff, 984, 1001ff, 1050, Abb. 2.4.12
— Direkteinleiter 1043, 1143ff, 1175ff
— Indirekteinleiter 1049, 1143ff, 1180ff
— Kleineinleiter 1074f
— Mindestanforderungen *(117)*, 967, 1038, 1046ff, 1057ff, 1064ff, 1085ff, 1115, 1121ff, 1134, Tab. 2.4.27, 1141ff, 1220, 1776
— Schadstoffreduzierung 1067, 1085, 1110f, 1133, 1147ff, 1186, 1217ff
— Überwachung 517, 1154, 1175ff

Abwasserherkunftsverordnung 259, 1091
s.a. Emissionsermittlung

Abwasserlast 979, 1050, 1057ff, Abb. 2.4.11, 1064ff, 1075f, 1085, 1177f, 1186

Abwasserreinigung 966ff, 990ff, 1038, 1046ff, 1051ff, 1108ff, 1129ff, 1219ff, 2199
s.a. Abfallaufkommen

Abwasservermeidung 974, 1085, 1186

Ackerbau
s. Landwirtschaft

Ackerböden 568, 593ff

ADI-Wert
s. Duldbare tägliche Aufnahmemenge

äquivalenter Dauerschallpegel
s. Lärmmessung — Meß- und Beurteilungsgrößen
s. Schallpegel — äquivalenter Dauerschallpegel

Aerosole 664, 673ff, 750
s.a. Schwebstaub

Ästuarien
s. Gewässerschutz
s. Gewässerzustand

Agrarpolitik 271, 2156

Aktivkohlefilter 973ff

Akzeptanz
s. Technikakzeptanz
s. Risiko — Akzeptanz

Aldrin
s. Pestizide

Algenblüte
s. Eutrophierung

Allergene Stoffe 1667ff
— Sensibilisierungsreaktionen 1667ff

Allergene Wirkung 1624ff

Allergien 1667ff
s.a. Gesundheitsschutz — Risikogruppen
s.a. Umweltmedizin

Allergische Reaktionen 1667ff

Allokation
s. Umweltökonomie

Alpenraum 2176ff, 2187ff, 2220ff, 2230, 2237ff, 2246ff

Altanlagensanierung 766ff, 805, 1860ff, 1869ff
s.a. Großfeuerungsanlagenverordnung

Altarme von Flüssen 841
s.a. Gewässertypen

Alternative Energie
s. Energieträger

Altglascontainer 1564
— Lärmemission 1564, 1594

Altglasverwertung 62

Altlasten 188f, 629, 634, 914, 938, 1006ff, 1230

Altlastensanierung 189, 239, 1008, Tab. 2.4.16,

Altöle 815
s.a. polychlorierte Biphenyle

Altstoffe
s. Umweltchemikalien
s. Chemikaliengesetz

Aluminiumfreisetzung
s. Bodenversauerung, Metallfreisetzung
s. Gewässerversauerung

Ammoniak 695-697

Ammonium
s. Bodenbelastung — Landwirtschaft
s. Gewässerbelastung — Ammonium

Ammoniumverbindungen 695-697

Anlageninvestitionen
s. Umweltschutzinvestitionen

Anlagensanierung
s. Altanlagensanierung
s. Kompensationsregelung

Anwendungsbeschränkung 1042, 1187ff, 1224

AOX
s. Organohalogenverbindungen

Arbeitsmedizin *(117)*, 1372, 1454, 1459, Abb. 2.6.8, 1463ff, *(1642)*, 1670, 1723f, Abb. 3.1.1, 1806
— Beurteilung von Belastungen 1723f, Abb. 3.1.1, 1767

Arbeitsplatz 281, 1372, 1463ff, 1723, 1809
— krebserzeugende Stoffe 1767
— Lärmbelastung 1426ff, 1454, 1459, Abb. 2.6.8, 1491ff, 1542, 1590
— Nitrosaminexposition 1372
— Schadstoffwirkungen 1459, Abb. 2.6.8, 1670, 1760
s.a. Berufskrankheiten

Arbeitsplatzangebot
s. Umweltpolitik — Beschäftigungswirkungen
s. Umweltschutz und Arbeitsplätze

Arbeitsplatzsicherung
s. Umweltpolitik — Beschäftigungswirkungen
s. Umweltschutz und Arbeitsplätze

Arbeitsschutz 111, *(117)*, 1426ff, 1450, 1454, *(1551)*, 1590, *(1660)*, *(1767)*, 1798ff, 1806
— Gehörschutzmittel 1426
— Lärmpausen 1427

Arbeitsstättenverordnung 1389, 1426, 1450, 1454

Arsen 513, 681
s.a. Schwebstaubinhaltsstoffe
s.a. Tiere — Belastung durch Schadstoffe

Artenrückgang *(186)*, 335, 425ff, 583, 636, 1691, 2025ff, 2117, 2156
— Biotopverlust 429, 636
— Feuchtgebiete 491, 2197
— Kleinvögel 427
— Pflanzengesellschaften 428, 2177, 2185, 2195ff
— Tierarten 430, 2185

Artenschutz 361ff, 425ff, 440, 491ff, 632, 1684ff, 2203, 2232
— Brachflächen 635f
— Datenmangel 433
— Programme 391, 436, Tab. 2.1.9
— Rote Listen 361ff, 426ff

Artenvielfalt 347ff, 429ff, 500, 2117

Asbest 682
s.a. krebserzeugende Stoffe
s.a. Schwebstaubimmissionen

Askese
s. Umweltethik — anthropozentrisch

Atemwegserkrankungen 1744, 1747, 1749ff
— Luftverunreinigung 1744, 1747, 1749ff
— Smog 1744, 1749
— Zigarettenrauch 1752f

Atmosphäre 756ff
— Kohlendioxidhaushalt 756ff, Abb. 2.3.15 u. 2.3.16, 1958, 2018
— Veränderungen 191f, 756ff, 1879, 1958, 2018
— Wärmehaushalt 756ff, 2018
s.a. Kohlendioxid
s.a. Ozon — Bildung und Abbau
s.a. photochemische Umwandlungsreaktionen

Atom
s. Kernenergie

Atomgesetz 1970

Atrazin 528, 946, 1042, 1105,
s.a. Pflanzenschutzmittel
Auflagenpolitik
s. Umweltpolitik — Auflagenpolitik
s. umweltpolitische Instrumente — Auflagen
Auftausalz
s. Tausalz
Ausgleichsregelung 362, 461ff, 489, 1079f, *(2027)*, *(2034)*, *(2150)*, 2234
s.a. Naturschutzrecht — Bundesnaturschutzgesetz
Austauscharme Wetterlagen 717ff, 781ff, 1744, 1919
s.a. Smog
s.a. Winter-Smog

Baggerschlamm 615, 1135ff, 1198
Baggerseen 840
s.a. Gewässertypen
Ballungsgebiete *(16)*, 280, 299ff, 623ff, 645ff, 658ff, 670ff, 677ff, 685ff, 903ff, 1495, 1509, 2154
s.a. Umweltfunktionen — Trägerfunktion
Baugesetzbuch
s. Baurecht
Baulärm 1404ff, 1491ff, 1591
— Lärmemissionen 1547ff,
— Lärmminderung 1548ff, Tab. 2.6.23, 1591
s.a. Lärmbelastung
Bauleitplanung 387ff, 401ff, 469ff, 2119ff, 2158
Baunutzungsverordnung 1477, Tab. 2.6.3,
Baurecht 622, 641, 1578, 2120ff, 2158ff, *(2227)*
Bebauung 620ff, 643, 2114ff, 2176ff, *(2252ff)*
Bebauungspläne 388ff, 404ff, 460ff, 1567, 2125
Bedarfsgegenstände
s. Gebrauchsgegenstände
Belastbarkeitskriterien
s. Schutzwürdigkeitsprofile
Belastungsgebiete *(527)*, 645ff, 658ff, 670ff, 677ff, 685ff, 692f, 788ff, 817
s.a. Luftüberwachung — Immissionsüberwachung
Belebtschlammverfahren
s. Abwasserreinigung — biologisch
Benutzervorteile 1512, 1565, 1582, 1587, 1590ff, 1602
s.a. Lärmschutz
Benzin 2043, 2094ff
— Bleigehalt 678, 710ff, 2095ff
— Verdunstungsemissionen 826, 2098f
Benzin-Blei-Gesetz 678, 710ff,
Benzol 703
s.a. Kohlenwasserstoffe
Benzpyren 683ff, Abb. 2.3.9, Tab. 2.3.10, Tab. 2.3.11, 715 , Tab. 2.3.27
s.a. Schwebstaubimmission
Berufskrankheiten 1463ff, 1884
— Lärmschwerhörigkeit 1426ff, Abb. 2.6.5
— Silikose 1884
s.a. krebserzeugende Stoffe
Beschäftigungswirkungen
s. Umweltpolitik — Beschäftigungswirkungen
s. Umweltschutz und Arbeitsplätze

Betroffenheit
s. Umweltsorgen
s. Öffentlichkeitsbeteiligung
Beurteilungspegel
s. Lärmmessung — Meß- und Beurteilungsgrößen
Bewässerung
s. landwirtschaftliche Bewässerung
Bewertungsphilosophie
s. Grenzwertfestsetzung
s. Umweltstandards
Bewertungsverfahren 136, 1612ff, *(1679)*, 2116
s.a. Immissionsbeurteilung
s.a. Umweltverträglichkeitsprüfung
Bier
s. Lebensmittelbelastungen nach Vorkommen und Herkunft
Bioakkumulation
s. Schadstoffanreicherung
Biogas
s. Energieträger — Biomasse
Bioindikationsprogramme 1265
Bioindikatoren 517ff, 810, 866, 1700, 1708ff, *(1781)*
— Akkumulationsindikatoren 1700, 1711
— Wirkungsindikatoren 1700, 1711
s.a. Ökotoxikologie
s.a. Gewässergütebeurteilung
Biologische Prozesse 20, 28, 856, 1622ff, 1638, 1698
— Abbauprozesse 576f, 604, 607ff, 856, 985, 997, 1124, 1815
— biologische Reaktion 1623ff, 1759ff,
— Interaktion mit Fremdstoffen 1623ff
— Reparaturprozesse im Organismus 1628, 1769
s.a. Biologische Selbstreinigung
s.a. Stoffwechselprozesse
s.a. Wirkungsanalyse
Biologische Selbstreinigung 18
— Gewässer 845f, 856, 1078, 1081, 1094, 1124, 2213
Biologischer Abbau
s. biologische Prozesse — Abbauprozesse
Biologischer Sauerstoffbedarf *(BSB)* 887, 967ff, 997, 1030, 1124
s.a. Kläranlagen
Biomasse 548, 583, 932, 1815ff, 2002ff, *(2021)*
s.a. Energienutzung — Nutzung regenerativer Energiequellen
Biometrie
s. Biostatistik
s. Wirkungsanalyse — statistische Aussagen und Methoden
Biomonitoring 181, 186, 190, *(471)*, 517, 810, 1371, 1700, 1711ff, 1757ff
s.a. Umweltbeobachtung
Biosphäre 345
Biostatistik 1459, Abb. 2.6.8, 1630ff, 1650
s.a. Lärmwirkungen
Biotestverfahren 1174
s.a. Biomonitoring
Biotope 7, *(339)*, 346ff, 361ff, 425ff, 434ff, 464, 484, 488ff, *(540)*, 635f

- Betreuung und Pflege 488ff, Tab. 2.1.13
- Neuschaffung und Neuentwicklung 488ff, 504
- Sekundärbiotope 491, Tab. 2.1.14
- Typen 464, 488ff, Tab. 2.1.14, 494ff

Biotopbewertung 434ff, 1080

Biotopkartierung 186, 363, 429, 434ff

Biotopmanagement 438, 488ff, Tab. 2.1.13

Biotopschutz 361ff, 425ff, 434ff, 459ff, 484, 488ff, 492ff, *(1080)*, 1170, 1200, 1212, *(1684ff)*, 2137, 2203, *(2232)*
- Datenlage 434
- Programme 436ff, Tab. 2.1.9

Biotopverbundsystem 186, 434ff, 460, *(474)*, 492-504, 846, 1082, 1170, *(1208)*, *(2150)*
- Kriterien 460
- Flächenansprüche 492ff, *(2150)*

Biotopverluste 335, 425ff, 2025ff, 2113
- Artenrückgang 186, 335, 425ff, 2025ff

Biozönosen 345ff, 436, 566, 1684, 1702ff

Blei
- Aufnahmewege 1312
- Belastung wildlebender Tierarten 512, 524ff, Tab. 2.1.21 und 2.1.25
- Bodenkontamination 628, 1296ff, 2204
- Futtermittelkontamination 1296ff
- gesundheitliche Auswirkungen 1759ff
- Kraftstoff, s. Benzin — Bleigehalt
- Lebensmittelkontamination 1237, 1248, 1296ff, Tab.2.5.10-2.5.15, 1757ff
- Luftverunreinigung 678ff, Tab. 2.3.6.-2.3.8, 688ff, Tab. 2.3.12 und 2.3.14-2.3.17, Abb. 2.3.10 und 2.3.11, 710ff, 1297ff, *(1757ff)*
- regionale Belastungsschwerpunkte 679ff, Tab. 2.3.8, 689ff, Abb. 2.3.10 und 2.3.11, Tab. 2.3.17, 710ff
- Resorption im menschlichen Körper 1313ff, 1757ff
- Trinkwasser 1237, 1303ff, 1330, 1757ff
s.a. Schwebstaubinhaltsstoffe

Bleihütten 679, 689

Blockheizkraftwerke 1916, Tab. 3.2.11
s.a. Kraft-Wärme-Kopplung

Blutbleigehalt
s. Blei — gesundheitliche Auswirkungen

Boden
- Bindungs- und Pufferungsvermögen 550ff, 580ff, 639, 1298
- chemische Eigenschaften 539ff, 550ff, 635f, 856, 1298
- Definition 537ff
- Funktionen — s. Bodenfunktionen
- Nährstoffhaushalt 551, 576ff, 583, 602ff, 636
- physikalische Eigenschaften 539ff, 551ff,
- radioaktive Stoffe 554ff
- Stoffhaushalte 551, 576ff, 580, 599, 640
- Stoffwechselprozesse 551ff, 558ff, 583, 604
- Typen — s. Bodentypen
s.a. Ackerböden
s.a. Waldböden

Bodenabtrag 595ff, 2200

Bodenart 541, 554f

Bodenbearbeitung 594, 618f

Bodenbelastungen 326
- Abgrabung 631ff
- Ablagerung 596, 620, 631ff
- Bodengefüge 187, 593ff, 2200
- Deposition 554ff, 573ff,
- Düngung 602ff,
- Forstwirtschaft 585
- Freizeit und Erholung 598, 635f, 2186ff
- Gewässersedimentausbringung 615
- Gülle 611ff
- Haustier-Exkremente 627
- Klärschlammausbringung 615, 1297ff, 1332
- Industriestandorte 188f, 629
- Landwirtschaft 187, 579, 593ff, 606ff-616, 945ff,
- Luftverunreinigung *(187)*, 636
- Müllkompostausbringung 615
- Nährstoffungleichgewichte 576ff, 583, 588f, 611ff, 627, 635f
- Pflanzenschutzmittel 592, 606ff
- Radioaktivität 554ff
- Schadstoffeintrag 571ff, Tab. 2.2.2, 577ff, 599, 618f, 635f
- Säurebildner 551ff, 578ff, 613, 618f
- Straßenverkehr 628, 2025ff, 2070
- Überbauung 620ff, *(848)*, 2025ff

Bodenbiologie 539ff, 550, 558ff, 566, 583, 605,

Bodenentwicklung 544, 583, 620, 632

Bodenerosion 187, 593ff, 642, 2198ff, 2237
- Ackerböden 593ff
- Berghänge 598, 2029, 2187ff, 2237

Bodenfunktionen und ihre Beeinträchtigungen *(13)*, 548ff, 627, 637ff, 2025fff, 2110ff, 2137ff
- Filterfunktion 604, 638
- Lebensraumfunktion 548ff, 558ff, 583ff, 594, 599, 611, 616, 2137
- Produktionsfunktion 548ff, 590, 593, 603, 611, 630, 2137ff
- Regelungsfunktion 548ff, 590, 594, 599, 603, 611, 2025ff, 2137
- Standortfunktion 2137ff

Bodenhorizonte 540ff

Bodenhumus 551, 555ff, 612

Bodeninformationssysteme 547, *(2137)*

Bodenkartierung 547

Bodenkataster 547, 628, 640

Bodenkontamination *(187)*, 629, 1007ff
- Blei 628
- radioaktive Stoffe 554ff
- Schwermetalle 577, 581, 600f, 615, 618

Boden-Luft-Wechselbeziehung 550ff, 571ff, 636, 657, 697, 1117ff

Bodenmikroorganismen 540, 548ff, 558ff, Tab. 2.2.1, 604ff, *(1815)*

Bodenmineralien 539, 551, 555ff, 856

Bodenneubildung 620, 632ff

Bodennutzungen 537, 564ff, 618f, 620ff, 637, 2110ff, 2118, 2137ff
- Abgrabung und Ablagerung 564, 643
- Forstwirtschaft 564ff, 617f
- Landwirtschaft 564f, 593ff, 617ff, 2115ff
- Überbauung 564, 620ff, 643, 2025ff, 2114
s.a. Freizeitaktivitäten

Bodenökologie 540ff, 548ff, 558ff, 632, 635f

Bodenorganismen 558ff, Tab. 2.2.1, 566, 576, 594, 599, 605ff, 637, 858

Boden-pH-Wert 567, 586, 618f

Bodenpreise 2110ff, 2147

Bodenschätze
s. Rohstoffe

Bodenschutz 356f, 534ff, 563, 590ff, 635f, 637ff, (772), 2137ff, (2155ff)
— Düngung und Kalkung 584ff, 588, 617ff
— Erosionsschutz 597ff
— Freiräume 626
— Rekultivierung 631
— Verdichtung 597
s.a. Grundwasserschutz
s.a. Nahrungskette

Bodenschutzkonzeption 189, 536ff, 637ff, 2137

Bodensubstrat 539, 596, 634

Bodentiere 540, 548ff, 558ff, Tab. 2.2.1, 576, 594, 599, 605ff, 635f

Bodentypen 540ff, 554f

Bodenüberwachung 187ff, 640

Bodenvegetation 546ff, (596), 598, 635f, 2187ff, 2195ff

Bodenverdichtung 187, 594, 627, 635f, 642, 1024, 2187, 2200

Bodenversauerung 551ff, 578ff, 613, 619, 697, 1117ff, (1956)
— Auswirkungen auf die Bodenbiologie 583ff
— bodenintern 578ff,
— Erfassung 586ff
— Metallfreisetzung 581, 619, 857

Bodenverwitterung 540, 567ff

Bodenvielfalt 538ff, 2137

Bodenwasserhaushalt 858, 2188

Boden-Wasser-Wechselbeziehung 189, 550ff, 634, 848, 855ff, 1117ff

Bodenzerstörung 620ff, 631ff, 637, 2110ff, 2188

Brachflächen 635f
s.a. Artenschutz

Bruttosozialprodukt 206, 211, 241
— Umweltschutzaufwendungen 206, 241

Bruttowertschöpfung
s. Wirtschaftsentwicklung

Bürgerbeteiligung
s. Öffentlichkeitsbeteiligung

Bürgerinitiativen
s. Umweltbewegung
s. Umweltengagement

Bundesbaugesetz (357), 404ff, 622, 631f, 1578, 2120ff
s.a. Baurecht

Bundesimmissionsschutzgesetz 155, 317, (357), 645ff, 766ff, Tab. 2.3.30, 788ff, 1385, 1680ff, 1861ff, (2120)
s.a. Lärmschutz
s.a. Luftreinhaltung

Bundesnaturschutzgesetz
s. Naturschutzrecht

Bundesraumordnungsgesetz 535, 2119ff, 2130, 2143ff, 2157ff

Bundesraumordnungsprogramm 2118ff, 2143ff, 2157

Bundesverkehrswegeplan
s. Verkehrswegeplanung

Bundeswehr
s. Militär

Cadmium
— Aufnahmewege 1319ff, 1325ff
— Belastung wildlebender Tierarten 518, 524ff, Tab. 2.1.21-2.1.25, Abb. 2.1.13 und 2.1.14
— Belastungsminderung 1776
— Bioindikatoren 524ff
— Bodenkontamination 600, 1297, 1332
— Futtermittelkontamination 1297
— gesundheitliche Auswirkungen 1766-1776, Abb. 3.1.4 und 3.1.5, Tab. 3.1.1
— Lebensmittelkontamination 1237, 1241, 1248, 1296ff, Tab.2.5.11, 2.5.14, 2.5.16-2.5.20, 1315ff, 1766
— Luftverunreinigung 678ff, Tab. 2.3.6-2.3.8, 688ff, Tab. 2.3.12 und 2.3.14-2.3.17, Abb. 2.3.10 und 2.3.11, (1297ff)
— Nahrungskette 1297, 1315ff
— Resorption im menschlichen Körper 1324ff, 1767ff
— Trinkwasser 1317
— Zigarettenrauch 1324, 1333, 1363, 1766, 1772
s.a. Schwebstaubinhaltsstoffe

Cäsium 531ff, 554ff

Campingplätze
s. Freizeit und Erholung — Campingplätze

Carcinogene
s. krebserzeugende Stoffe

Carcinogenese
s. Krebs

Carry over
s. Nahrungskette

Chemikaliengesetz 97, 1633f, 1687, 1694ff, 1703
— Altstoffe 97, 1687, 1694ff

Chemische Industrie 276, 1856
— Emissionsentwicklung 272ff
— Leckagen 826

Chemischer Sauerstoffbedarf (CSB) 973ff, 1054, Abb. 2.4.10, 1064, 1123, 1155

Chlor 964
— Trinkwasseraufbereitung 964

Chlorkohlenwasserstoffe 512-530, 733, 888, 907, 934, 944, 964, 972ff, 1043ff, 1099ff, 1132ff, 1279ff, 1959

Chlororganische Verbindungen 512ff-530, 733, 741, 888, 907, 934, 944, 964, 972ff, 1043ff, 1099ff, 1132ff, 1279ff, 1784ff, 1959
— Dioxin-Vorläuferstoffe 741ff
— Futtermittelkontamination 1286, Tab. 2.5.6
— Lebensmittelverunreinigungen 1237, 1262
— Lebensmittel tierischer Herkunft 1282
— Nahrungskette 1286, Tab.2.5.6
— Trinkwasser 943, 948, 964, 1099ff, 1106, 1132ff

Chlorverbindungen — anorganisch 693

Dauerbeobachtungsflächen 1713
s.a. Ökotoxikologie

Dauermeßstellen
s. Umweltqualitätsüberwachung

DDE
s. DDT

DDT 512ff, Abb. 2.1.9, 2.1.10, 2.1.12, Tab. 2.1.18-2.1.20, Tab. 2.1.26, *(690)*, 1279ff, 1784
s.a. chlororganische Verbindungen

Denitrifikation
s. Nitratelimination
s. Abwasserreinigung

Deponiegas 634, 2010

Deponien 633f, 754, 1001ff
s.a. Altlasten

Deponiesickerwasser 634, 906, 938, 996, 1001ff, Abb. 2.4.7, 1114ff, 1230
— Behandlung 1005, Abb. 2.4.7, 1115, 1230
s.a. Grundwasserverunreinigung
s.a. Sickerwasserbehandlung

Deposition
s. Luftverunreinigung — Deposition
s. Schadstoffdeposition

Destruenten
s. Naturhaushalt — Destruenten

Dibenzofurane
s. Furane

Diffuse Quellen
s. Gewässerbelastung — diffuse Stoffeinträge

Dieldrin
s. Pestizide

Dienstleistungssektor
s. Emittentenbereich — Dienstleistungssektor
s. Wirtschaftssektoren — tertiärer Sektor

Dieselmotor
s. Kraftfahrzeuge
s. Nutzfahrzeugverkehr

Differenzierte Landnutzung 484ff, 2137, 2139ff, 2152

DIN-Norm 92, 197, 1379ff, 1400ff, 1412ff, 1477f, 1558

Dioxine 737ff, 814, 1237ff, 1279, 1287ff, 1673, *(1697)*, 1784, 2097
— Analytik 740, 814
— Definition 737
— Emissionen aus Müllverbrennungsanlagen 746ff, Tab. 2.3.28 u. 2.3.29, 814, *(1784)*
— Entstehung und Zersetzung 742ff, 814, 2097
— Lebensmittelverunreinigungen 1237, 1250, 1279, 1287ff, Tab.2.5.7-2.5.9
— Schwebstaubimmission und Staubniederschlag 750f
— Toxizität 738f, 814, 1289ff, 1673, 1784ff
— Vorläuferstoffe 741ff
s.a. Abfallverbrennung

DOC 956ff, Tab. 2.4.10, 964f, 973ff, Abb. 2.4.4, 1155
s.a. Gewässerbelastung

Dosis-Häufigkeits-Beziehung 1623, 1631ff, 1646, 1670ff

Dosis-Wirkungs-Beziehung 1240, 1623, 1629ff, 1646, 1655ff, 1670ff

— höchste Dosis ohne beobachtbare Wirkung 1629, 1635, 1655ff

Dränage
s. Entwässerung

Drei-Sektoren-Hypothese
s. Wirtschaftssektoren

Dreiwegekatalysator
s. Abgaskatalysator

Dritte Welt
s. Umweltpolitik — Entwicklungspolitik

Druckwasserreaktor
s. Kernkraftwerke

Dünen 2188, 2222

Düngemittelrecht 641f, 1332

Düngung 270f, 600ff, Tab. 2.2.3, 611ff, 928, 939, 1015ff, 1102, 1297ff
s.a. Bodenbelastungen
s.a. Grundwasserverunreinigung
s.a. Gülle
s.a. Nitrat
s.a. Stickstoffdüngung

Düngungsverzicht 426

Duldbare Konzentration 1283, Tab.2.5.3
s.a. Lebensmittelverunreinigungen

Duldbare tägliche Aufnahmemenge *(DTA)* 1244ff, 1258, 1289ff, 1309, 1320, 1351, 1354ff, 1655ff, 1786ff
s.a. Lebensmittelverunreinigungen

ECE-Luftreinhaltekonvention
s. Luftreinhaltepolitik

EG-Richtlinien
— Gesundheitsschutz 1764
— Kraftfahrzeuge 2081ff
— Lärm 1505, 1549, 1591
— Luft 783ff, 796ff, Tab. 2.3.32
— Umweltchemikalien 1687
— Umweltverträglichkeitsprüfung 119ff, 140ff
— Wasser 883ff, 892f, 1088ff, 1134, Tab. 2.4.27

EG-Umweltpolitik 182, 198 ff, 655, 783, 796ff, 1269, 1866, 2081ff, 2093
— grenzüberschreitende Belastungen 199ff, 799,
— Minimalkonsens 204, 2081, 2091
— Wettbewerbsbedingungen 199ff, 797, 1089, 1866

Eigenrechte der Natur
s. Umweltethik

Eigentumsrechte 165
s.a. umweltpolitische Instrumente

Eingriffe
s. Umwelteingriffe

Eingriffsregelung *(362)*, 414, 458, 461ff, 1079f, 2234
s.a. Naturschutzrecht — Bundesnaturschutzgesetz

Eisen- und Stahlindustrie *(272ff)*, 1855

Eisenbahn
s. Schienenverkehr

Elementarbedürfnisse 15ff, 20, 67
s.a. Umweltansprüche
s.a. Umweltfunktionen

Emissionen 21ff, 27, 78, 246ff, 278, 302ff, 316ff
— Begriffsbestimmung 316ff
— Herkunft 246ff
— nichtstoffliche 321ff, 328
— stoffliche 321ff, 1816ff
— Zusammenhänge mit der Wirtschaftsstruktur 255ff, 262ff, 795,
s.a. Abfallstoffe
s.a. Bodenbelastungen
s.a. Gewässerbelastungen
s.a. Lärmemissionen
s.a. Luftverunreinigungen
s.a. Nullemission

Emissionsabgaben 157ff
s.a. Abgabenlösungen
s.a. Abwasserabgabe
s.a. umweltpolitische Instrumente

Emissionsarten 246ff, 278, 302ff, 312ff, 320ff

Emissionsbegrenzungen 773ff, 1860ff, 1900ff
s.a. TA Luft

Emissionsberechnungen (252), 300ff, Abb. 1.5.3, 330ff

Emissionsdaten 246ff, 302ff, 329ff, 807, 1694, 1710
— Aktualität 252, 329
— Bedarf 255ff, 266, 288, 302, 1694, 1714
— Informationssystem 258, 302, 807, 816ff
s.a. Wirtschafts- und Sozialstruktur

Emissionsentwicklung 262ff, Abb. 1.5.1, 270ff-285, Tab. 1.5.3, 297, 1982ff, 2044ff
— Einflüsse aus der Sozialstruktur 262f, 286-288, 2062, 2076
— Einflüsse aus der Wirtschaftsstruktur 262ff-285
— Konjunkturschwankungen 262
— Prognose 262, 274ff, 2087ff, Abb. 3.3.1-3.3.3
— regionale Unterschiede 299ff
— technologische Einflüsse 284f

Emissionserhöhung 271, 2044ff

Emissionserklärung 774, 792ff, 818, 1870

Emissionsermittlung 259ff, 298, 312ff, 318ff, 329ff, 773ff, 788ff,
— anlagenbezogen 259ff, 305ff
— betriebsbezogen 259ff, 305ff

Emissionsgenehmigungen 155, 1861
s.a. Kompensationsregelung
s.a. umweltpolitische Instrumente

Emissionsgrade 1860

Emissionsgrenzwerte 1860, 1877, 2051, 2081ff, 2105ff
— EG-Richtlinien 1505, 2051, 2081
s.a. Kraftfahrzeuge — Geräuschgrenzwerte

Emissionsintensität 272ff, 282, 287, 299ff

Emissionskataster 246, 256f, 788ff, 817ff,

Emissionslizenzen 161
s.a. umweltpolitische Instrumente
s.a. Zertifikate

Emissionsmengen 148, 161, 252, 278, 302ff, 313, 318, 329ff
s.a. umweltpolitische Instrumente

Emissionsminderung 190, 329ff, 642, 776f, Tab. 2.3.31, 805ff, 1147, 1186
— Abgaskatalysator 826, 2083ff

— Energiewirtschaft 275ff, Tab. 1.5.3, 297, 766, 805, (1817), 1857ff, 1869ff, 1982ff, 2013ff
— Gebäudeheizung 820ff, 1861ff, 1900ff, 1918ff, 2017
— Gewerbe 275ff, Tab. 1.5.3
— Kfz-Betankung 2099
— Kraftwerke 766ff, 1860, 2016ff
— technologische Entwicklung 284, 805ff, 1682
— Verkehr 190, (292f), (2056), 2080ff
— Verkehrslärm 1503ff, Tab. 2.6.14, 1510ff, 2105ff
s.a. Fernheizung
s.a. Kraft-Wärme-Kopplung
s.a. Vorsorgeprinzip

Emissionsminimierung 27ff, 974, 1138f, 1616ff, 1681, 1990
s.a. Umweltziele
s.a. Null-Emission

Emissionspotential 262, 271ff, 293, 313ff

Emissionsquelle 304

Emissionsrechte
s. Emissionslizenzen

Emissionsschwerpunkte 256ff, 263, 273, 282, 299ff, Abb. 1.5.2. und 1.5.3, 788ff, 805, 2041, 2050

Emissionssituation 246ff, 270ff

Emissionsstandards 78ff, 805
s.a. Stand der Technik (Lärm) 1546, 1548, 1582, 1589
s.a. Stand der Technik (Luft) 773, 805, 1860ff, 2083ff, 2105ff
s.a. Abwassereinleitung, — Mindestanforderungen
s.a. Umweltstandards

Emissionsüberwachung 179ff, 331, 808ff, 1936

Emissionsverlagerungen 281, 797,
s.a. Schadstoffbelastungen — Verlagerung auf andere Medien

Emissionszuordnung 305ff, 312ff, 316ff, 2044ff

Emittent 302ff

Emittentenbereiche Abb. 1.5.1, 263, 302ff, 311
— Dienstleistungssektor 279ff
— Energie 272ff, Tab. 1.5.3, 294-298, Tab. 1.5.8, (1816ff), (1857ff), 1917ff
— Gewerbe 272ff, Tab. 1.5.3, 278, Tab. 1.5.4, 313, Tab. 1.5.10-1.5.13
— Industrie 272ff, 278, Tab. 1.5.4, 818, Tab. 1.5.10-1.5.13
— private Haushalte 286-288, 308, 790f, 975, 1917ff, Tab. 3.2.12, 2017
— Verkehr 290-293, Tab. 1.5.5 und 1.5.6, 314, 790f, 2040ff, Tab. 1.5.10, 1.5.12 und 1.5.13

Emittentenermittlung 185, 246ff

Emittentenferne Gebiete
s. Reinluftgebiete

Emittentengruppen 246ff, Abb. 1.5.1, 263ff, 302ff, 329ff
— Gliederung nach Anlagenarten 303ff
— Gliederung nach Institutionen 303ff
— Haushalte 286-288, 308, 790f, 975, 1917ff, Tab. 3.2.12, 2017
— Industriebranchen (252), 272ff

Emittentensektoren 310ff

Emittentenstruktur 246ff, 259, 262ff, 333ff, Tab. 1.5.10-1.5.13
— regionale Unterschiede 299ff, *(2041)*
— Verflechtungsanalyse 261, 274, 304
— Wirtschaftsbereiche 255ff, Abb. 1.5.1, 276

Energie 1811ff
— Nutzenergie 1824ff, 1905
— Primärenergie 1822ff, 1831ff, 1859, *(1905)*
— Sekundärenergie 1821ff, 1851ff
— Verhältnis Mensch und Energie 1811-1821

Energiedienstleistungen 1824, 1833ff, 1853ff, *(1994)*, 2014

Energieeinsparung *(63)*, *(276)*, 295, 1827, 1858, 1905ff, 1983ff, 1994ff, 2013ff
— Einsparpotentiale 1995ff, 2013ff

Energiefluß 295ff

Energieimport 1832, Tab. 3.2.3, 1883, 1986

Energienutzung 294ff, 1811ff, 1825ff, 1833ff, 1858, 1881ff, 1994ff, 2013ff
— Nutzung regenerativer Energiequellen 1993, 2002ff, 2021
— rationelle Energienutzung 1985, 1994ff, 2013ff
— Vergleich der Umweltbelastungen 1952-1992, 2013, 2016ff
— Verzicht auf Kernenergie 1981ff, Tab. 3.2.14 und 3.2.15, 1995, 2014

Energiepolitik 1857ff, 1881ff, 1913f, 1993ff, 2011ff, 2020ff
— politische Rahmenbedingungen und Förderungsmaßnahmen 1996, 2001, 2011f, 2014ff, 2021, 2135

Energieproduktivität
s. Energienutzung
s. Energieumwandlung

Energieprogramm 1858f, 1906

Energiequellen 294ff, 1815ff, 1822ff, 1830, 1975ff, 2002ff
— Versorgungssicherheit 1825ff, Tab. 3.2.1, 1830ff, Tab. 3.2.2, 1976, 1983, 2002ff

Energiestromdichte 1812ff, 2006

Energietechnik 1890ff, 1905ff, 1997
s.a. Kohleumwandlungsverfahren

Energieträger 295ff, 1815ff, Tab. 3.2.1, Abb. 3.2.1, 1830ff, Tab. 3.2.2, Abb. 3.2.2-3.2.7, Tab 3.2.6, 1845ff, 1852ff 1896ff, 1975ff, 1993ff, Abb. 3.2.13, 2002ff
— Biomasse 1812ff, 1822, 1830, 2002ff, 2021
— Elektrizität 1821ff, 1833ff, 1849ff, 1852ff, 1898ff
— Erdgas 1822ff, 1830, 1838ff, 1849ff, 1852ff, 1899ff
— Fernwärme 1834, 1843ff, Tab. 3.2.7, 1849ff, 1852ff, 1898ff, 1904ff, 2000ff
— fossile Brennstoffe 1817ff, 1822ff, 1830, 1835ff, 1849ff, 1852ff, 1867ff, 1898ff, 1918, 1953ff, 2013ff
— Kernbrennstoffe 1818ff, 1831, 1837ff, 1928ff, 1975ff, *(2013ff)*, 2019f
— Kohle 1822ff, 1830, 1836ff, 1852ff, 1868ff, 1881ff, 1918, 1975ff, 2017
— Öl 1822ff, 1830ff, Tab. 3.2.3, 1838ff, 1849ff, 1852ff, 1899ff, 1918
— Sonnenenergie 1812ff, 1822, 2002ff, 2021

— Vergleich von Belastungen und Risiken 1952-1992, 2013, 2016ff
— Wind- und Wasserkraft *(1812ff)*, 1822ff, 1831, 1838ff, 2002ff, 2021

Energieumwandlung 1813, 1822ff, 1851, 2002, Abb. 3.2.13, 2009f

Energieverbrauch 276, 287, 294ff, 1829ff, Abb. 3.2.1, 1831ff, Abb. 3.2.2 u. 3.2.3, 1859, 1975, 1995f
— Endenergieverbrauch 1851ff, Abb. 3.2.7-3.2.9, 1859, 1896, 2043, 2063ff, 2067
— Trends 1851ff, 1859, 1995f, 2014, 2043, 2078
s.a. Kohlendioxidemission
s.a. Schwefeldioxidemission

Energieverbrauchssektoren 1853ff, Abb. 3.2.8
— Haushalte und Kleinverbraucher 1853, 1856, 1896, 1917ff
— Industrie 1853ff, 1896
— Verkehr 1853f, 2063, 2067, 2078

Energieversorgung 276, 1822ff, 1830ff, Tab. 3.2.1 und 3.2.2, 1833ff, 1857ff, 1993ff

Energieversorgungsplanung 2135

Energiewirtschaft 276, *(1825ff)*, *(1834ff)*, 1858ff, *(1869ff)*, 1881ff, *(1907)*, 1996
— Emissionsentwicklung Tab. 1.5.3, 272ff, 290-298, Tab. 1.5.8, *(1857ff)*, 1869ff, 1975ff, Tab. 3.2.14 und 3.2.15

Entscheidungsvorbereitung
s. Umweltverträglichkeitsprüfung

Entschwefelung 1862, 1872ff

Entstickung 1878ff

Entwässerung 848, 913, 1019

Epidemiologie 216, 1365, 1372, 1456, 1644ff-1654, 1729ff,
— Datenverfügbarkeit 1648, 1654, 1743ff
— Fall-Kontroll-Studien 1649
— Kohortenstudien 1649
— methodische Probleme 1737-1749, 1757f
— wissenschaftliche Methodik 1646ff, 1730ff, 1741ff
s.a. gesundheitliche Auswirkungen
s.a. Umweltepidemiologie
s.a. Wirkungsanalyse — statistische Aussagen und Methoden

Erdgas 1822ff, 1830, 1838ff, 1849ff, 1852ff, 1899ff, 2015
s.a. Energieträger — Erdgas

Erdöl
s. Energieträger — Öl

Erholung
s. Freizeit und Erholung

Erosion
s. Bodenerosion

Erschütterungen 1472-1478, 1535

Eutrophierung 596, 930ff, 960ff, 983ff, 1123ff, Abb. 2.4.12 und 2.4.13, *(1185)*, 2210
s.a. Gewässerbelastung

Evolution der Lebewesen 347ff

Exposition
s. Schadstoffexposition

Extensivierungsprogramme
s. Biotopschutz — Programme

Fall-Kontroll-Studien
s. Epidemiologie

Fall-out 554ff
s.a. radioaktive Stoffe

Fauna
s. Tiere

Feinstaub
s. Schwebstaub

Fernerkundung 186, 191f, 417

Ferntransport von Schadstoffen
s. Schadstofftransport

Fernverkehr
s. Verkehr

Fernwärme 1834, 1843ff, Tab. 3.2.7, 1849f, 1852ff, 1898ff, 1904ff, Tab. 3.2.10, 2000ff, 2015
— Fernwärmepreise 1911f
— Wirtschaftlichkeit 1909ff, 2015
— zukünftige Entwicklung 1913ff, 2000ff
s.a. Energieträger — Fernwärme
s.a. Wärmeerzeugung

Fettgewebe 513ff, 1266, 1279ff, 1287ff, 1627, 1785ff
s.a. Frauenmilch
s.a. Lebensmittelverunreinigungen — chlororganische Pestizide
s.a. Lebensmittelverunreinigungen — polychlorierte Biphenyle

Feuchtgebiete 437, 2195ff
— Artenrückgang 2197
— Bestandsaufnahme 186, 437
— Entwässerung 848, 921, 1019ff
— Schutzmaßnahmen 437, 472
s.a. Biotopschutz

Feuer
s. Energie — Verhältnis Mensch und Energie

Feuerungsanlagen 1844ff, Tab. 3.2.8, 1860ff, 1868ff, 1898ff, 2016f
— Emissionsminderung 1860ff, 1900ff, 1919, 1953ff, 2016ff
— Kleinfeuerungen 1848ff, Abb. 3.2.6, Tab. 3.2.9, 1862, 1898ff, 1917ff, Tab. 3.2.12, 2017

Filterstaub 743ff
— Dioxin und Furane 743ff, Tab. 2.3.28 u. 2.3.29
s.a. Abfallverbrennung — Dioxinbildung und -zersetzung

Fische 516ff, 892, 2213
s.a. Lebensmittelbelastungen nach Vorkommen und Herkunft
s.a. Schadstoffbelastungen wildlebender Tierarten

Flächennutzungen 186, 415ff, Tab. 2.1.5-2.1.8, Abb. 2.1.4, 492ff, 620ff, 2110ff, (2118), 2139ff, (2171), 2202
— Landwirtschaft 419, 492, 1023, (2113)
— Siedlung 419, 1023, 2112ff, 2152, 2176ff, 2237
— Verkehr 419ff, 2025ff, 2036, 2179
— Wald 421
s.a. differenzierte Landnutzung

Flächennutzungsdaten 186, 416ff, 475, (2028)

Flächennutzungsplanung 388ff, 401ff, 459ff, 626, 2118ff

Flächennutzungsstruktur 2025ff, 2036ff, 2110ff, 2118, 2139, 2144, 2153ff
— Bewertungskriterien 2112ff, 2139ff

Flächennutzungswandel 418ff, Tab. 2.1.5-2.1.8, Abb. 2.1.4, 492ff, (1082), 2139

Flächenschutz 459, 484, 498ff, 2139ff
s.a. Biotopschutz

Flächenverbrauch 280, 419ff, 620ff, 2025ff, (2145), 2176ff
s.a. Landschaftseingriffe — Zerschneidung von Lebensräumen

Flächenversiegelung 621, 848, 921, 1019ff, 2172
— Wasserhaushalt 621, 848, 910ff, Abb. 2.4.2, 1019ff, Abb. 2.4.9
s.a. Wasserabfluß

Fleisch
s. Lebensmittelbelastungen nach Vorkommen und Herkunft

Fließgewässer 834ff, 880, 952ff, 1018ff, 1038, 1077ff, 1092ff, 1168ff

Fließgewässerbiozönosen
s. Gewässerbiozönosen

Flüsse
s. Fließgewässer

Flugasche 743ff, 1960
— Dioxine und Furane 743ff, Tab. 2.3.28 u. 2.3.29
s.a. Abfallverbrennung — Dioxinbildung und -zersetzung

Flughäfen 197, 1406, 1508ff, Abb. 2.6.13, 1517, 1524ff, 1573, 2023, 2032, (2237)
— Lärmemissionen Starts und Landungen 1510, Abb. 2.6.14, 1586
— Lärmemissionen Bodenbetrieb 1511, 1586

Fluglärm 197, 1403ff, 1452ff, 1507ff, 1516ff, 1586ff
— Beschwerden 1516, Abb. 2.6.16
— Emissionsminderung 1586ff
— militärischer Flugbetrieb 1452ff, 1516ff, Tab. 2.6.18, 1573, 1586ff
— Wohnqualität 1510, 1514
— ziviler Flugbetrieb 1508ff, 1586ff

Fluglärmgesetz 1403ff, 1522ff

Fluglärmmeßstation 197

Fluglärmzonen 197, 1404ff, 1517ff, 1524ff, 1586

Flugsport
s. Freizeitaktivitäten — Flugsport

Flugzeuge 1508ff, 1512ff, 2201
— Lärmemission 1508ff, Abb. 2.6.14 u. 2.6.15
— Lärmgrenzwerte 1515, Tab. 2.6.17, 1527

Fluorchlorkohlenwasserstoffe (173), 757
— Ozonschicht 757
s.a. Luftverunreinigung — Fluorchlorkohlenwasserstoffe

Fluorverbindungen
— anorganische 692

Flurbereinigung 487, 490, 498, 505, 597, 848, 921, 1202
s.a. Gewässerausbau

Formaldehyd 826

Forstwirtschaft 564ff, 591
s.a. Bodennutzungen

Frauenmilch 1237, 1279ff, Tab. 2.5.2-2.5.9, Abb.
   2.5.1, 1287ff, 1784ff
 s.a. Lebensmittelbelastungen nach Vorkommen
 und Herkunft
 s.a. Organohalogenverbindungen

Freilanduntersuchungen 1709ff, 1714ff
 s.a. Ökotoxikologie

Freiräume 2112ff, 2145
 s.a. Flächennutzungsstruktur

Freizeit und Erholung 286-288, 290-293, 447ff, 476ff,
   (486), 598, 635f, 1553ff, 2161ff, 2170ff, 2224ff
 — belastete Regionen 2219ff
 — Belastungen der Gewässer und ihrer Ufer 852,
   893f, 2205ff, 2221, 2253
 — Belastungen durch bauliche Entwicklungen
   2176ff, 2207ff, 2219ff
 — Campingplätze 2184ff
 — Entwicklung 2163ff, Tab. 3.5.1-3.5.4, 2219,
   2235ff, 2242ff
 — Ermittlung und Bewertung von Belastungen
   2172ff, (2223)
 — Flächenansprüche 2171, 2176ff, 2187ff, 2202f,
   2253
 — Planung und Steuerung 478ff, 2227ff, 2235ff,
   2242ff, 2252ff
 — Wohnanlagen und Freizeitwohnsitze 2180ff,
   Abb. 3.5.1
 — Zielkonflikt Naturschutz-Besucherverkehr
   2161f, 2220ff, 2227ff, 2243ff, 2259
 s.a. Bodenbelastungen
 s.a. Gewässerbelastung
 s.a. Landschaftsplanung
 s.a. Landschaftsschutzgebiete
 s.a. Naturschutzgebiete — Belastungen durch
 Freizeit und Erholungsaktivitäten

Freizeitaktivitäten 1569, 2161ff, Tab. 3.5.3 und 3.5.4,
   2186ff, 2252ff
 — Belastungen von Natur und Landschaft 2186ff,
   2253
 — Flugsport 2201
 — Freizeitsport 2168, Tab. 3.5.3 und 3.5.4, 2186ff
 — Golfsport 2203
 — Motorsport 1569, 2200
 — Reitsport 2202
 — Wandern, Radfahren, Bergsteigen 2195-2199
 — Wassersport 2205ff
 — Wintersport 2187-2194, Tab. 3.5.5

Freizeitlärm
 s. Lärmbelastung — Freizeitlärm

Freizeitverkehr
 s. Verkehrsarten — Freizeitverkehr

Fremdenverkehr 476ff, 2161ff, 2176ff, 2211, 2219ff,
   2224ff
 — touristische Aufnahmekapazität 2224ff
 — umweltschonender Tourismus 2243ff
 — Umweltverträglichkeit 476ff, 2243ff, 2252ff

Fremdenverkehrspolitik 2242ff, 2251ff

Fremdstoffe in Lebensmitteln 1235ff, 1245ff
 — Rückstände 1236ff, 1246ff, 1279ff
 — Verunreinigungen 1236ff, 1246ff
 — Zusatzstoffe 1236, 1246ff, 1338, 1342, 1353
 s.a. Lebensmittelverunreinigungen

Frühwarnsystem 180, (647)
 s.a. Umweltvorsorge

Fungizide
 s. Pestizide

Furane 737ff, 814, 1237ff, 1279, 1287ff, Tab.2.5.7-
   2.5.9, 1673, (1697), 1784, 2097
 s.a. Abfallverbrennung
 s.a. Dioxine

Futtermittelkontamination 1296ff

Gebäudeheizungen 820ff, 1848ff, Tab. 3.2.9, Abb.
   3.2.6, 1896ff, 1917ff, 2007ff

Gebietsentwicklungsplan 393, 400, 460ff

Gebote
 s. umweltpolitische Instrumente

Gebrauchsgegenstände 20, 287, 1362
 s.a. Umwelt — natürliche und kultürliche
 s.a. Umwelteingriffe

Gefährdungshaftung 166, 1083
 s.a. umweltpolitische Instrumente

Gefährdungskriterien 96, 538

Gefährdungspotential 317, 320, 766, 778f, 1010,
   1016, 1658, 1932, 1948, 1961ff, 1988, 2049,
   2068ff

Gefährdungsprofile 30, 39f, 94ff, 105ff, 116, 124,
   136, 189
 s.a. Umweltstandards

Gefährliche Stoffe
 s. Gewässerschutz — gefährliche Stoffe
 s. Gefahrguttransporte
 s. wassergefährdende Stoffe

Gefahrenklassen
 s. Gefährdungsprofile
 s. Gefahrguttransporte

Gefahrenschutz 781ff, 1971, 2020
 s.a. Smog-Verordnungen

Gefahrguttransporte 2039, 2068ff, 2077
 — Fahrzeug- und Behältertechnik 2073f
 — Unfallgeschehen 2070-2074
 — Verbesserungsvorschläge 2073ff
 s.a. wassergefährdende Stoffe

Gehörschutzmittel
 s. Arbeitsschutz — Gehörschutzmittel

Gehöruntersuchung 1427
 s.a. Arbeitsplatz — Lärmbelastung

Geländefahrzeuge
 s. Freizeitaktivitäten — Motorsport

Gemeinlastprinzip
 s. Umweltökonomie
 s. umweltpolitische Instrumente — Gemeinlastprinzip

Gemüse
 s. Lebensmittelbelastungen nach Vorkommen und
 Herkunft

Genehmigungsbedürftige Anlagen 772ff, Tab. 2.3.30

Genehmigungsverfahren 772ff, 1971f

Genetische Wirkungen
 s. mutagene Stoffe

Geräuschbelastung
 s. Lärmbelastung

641

Geräuschbeurteilung 1375ff, 1386ff, 1407ff, 1418ff, 1437ff,
— Art, Ausmaß, Dauer 1407ff, 1542
— Auffälligkeit 1407ff,
— Frequenzanalyse 1411ff, 1417,
— Hintergrundpegel als Beurteilungskriterium 1409
— Impulszuschläge 1410, 1412ff, 1452ff, 1542
— Informationsgehalt 1407ff, 1452ff,
— Tonzuschläge 1410ff, 1542

Geräusche 1375ff, 1407ff, 1425, Abb. 2.6.4,
— Fremdgeräusche 1409ff
— Frequenzzusammensetzung 1407ff, 1542
— Hintergrundgeräusche 1408ff, 1442
— Störgeräusche 1433ff, 1448,

Geräuschemissionen
s. Lärmemission

Geräuschgrenzwerte 1565, Tab. 2.6.25, 1582
s.a. Kraftfahrzeuge — Geräuschgrenzwerte
s.a. Flugzeuge — Lärmgrenzwerte

Geräuschmessung
s. Lärmmessung

Geräuschpegel
s. Schallpegel

Geruchsbelästigungen 732ff

Geruchsmessung 734, 809

Gesamtkohlenstoffgehalt
s. Kohlenstoff

Gesamtstaub
s. Staub
s. Schwebstaub

Gesetzgeber
s. Umweltrecht

Gesundheit 1722ff, Abb. 3.1.2 und 3.1.3
— Begriffsbestimmung 1722
— Gesundheitsindikatoren 1730ff, 1747, 1751, 1757f
s.a. Umweltmedizin

Gesundheitliche Auswirkungen 1644ff, 1737ff, 1750ff
— Blei 1759ff
— Cadmium 1766ff, Abb. 3.1.4 und 3.1.5, Tab. 3.1.1
— Luftverschmutzung 1737ff, 1750ff
— Nitrat, Nitrit, Nitrosamine 1777-1783
— Organohalogenverbindungen in Frauenmilch 1784ff
— Schwermetalle 1757ff

Gesundheitsämter 1796ff

Gesundheitspolitik 1722, 1727, 1792ff
— Aufgaben 1798ff

Gesundheitsrisiko 1233ff, 1612ff, 1884
— Lärm 1418ff, 1427, 1436ff, 1455ff, 1507
— Lebensmittelverunreinigung 1233ff, 1240ff, 1251, 1289ff, 1757ff, 1777ff, 1784ff

Gesundheitsschädigung 1613ff, 1644ff, *(1726ff)*, 1750ff

Gesundheitsschutz 94, 101ff, *(148)*, *(772)*, 1460, 1612ff, 1658ff, 1678ff, 1724ff, 1798ff
— Fortbildung 1804

— Information und Aufklärung 1255, 1330ff, 1368ff, *(1585)*, 1595,
— Lebensmittel 1237ff, *(1252ff)*, *(1272ff)*, 1329ff, *(1765)*, *(1776)*, *(1783)*, *(1791)*, 1798
— Risikogruppen *(1240)*, 1247, 1252ff, 1311, 1321ff, 1330ff, 1658ff, 1667ff, 1677, 1728, 1746, 1761ff, 1770ff, 1784ff
— Schutzstandards 101-104, 1245ff, 1460, 1612ff, 1724, 1764
— Trinkwasser *(1041)*, 1330, 1798

Gesundheitsvorsorge 1808

Getreide
s. Lebensmittelbelastungen nach Vorkommen und Herkunft

Gewässer 832ff
— fließend 834ff, 952ff
— oberirdisch 832ff
— stehend 834ff
— unterirdisch 832ff, 877
s.a. Fließgewässer
s.a. Gewässertypen
s.a. Grundwasser
s.a. Oberflächenwasser

Gewässerausbau 847ff, 896, 1018ff, 1077ff, 1199ff, 1211f, *(2004)*

Gewässerbelastung 325, 590, 847ff, 905-908, 966, 2199
— abbaubare Stoffe 956f, 967ff, 1030, 1038, *(1108)*, 1124
— Abwärme 850, 907, 997ff, 1934
— Abwassereinleitung 849, 906, 957ff, 966ff, 1068ff, 1108, 1121
— Ammonium 957ff, 992ff, 1092ff, Abb. 2.4.22, Tab. 2.4.23, 1108
— Deponiesickerwasser 906, 938, 996, 1001ff, 1114ff
— diffuse Stoffeinträge 906, 955ff, 1000ff, 1015, 1039, Abb. 2.4.12 und 2.4.13, 1117ff, 1126, 1228
— Freizeit und Erholung *(852)*, 893f, 2184ff, 2205ff, 2221, 2253
— Industrieabwässer 906, 957, 974, 980, 996, 1043
— Küstengewässer 908, 930ff, 1096, Tab. 2.4.24, 1118, 1125ff, 1170f, 2217f
— Landwirtschaft *(848)*, 916-923, 939, 945ff, 1015, 1101ff, *(1343ff)*
— Nährstoffe 603, 872, 908, 918, 930ff, 960, 963ff, 983ff, 1015ff, 1092ff, Tab. 2.4.24, 1123ff, Abb. 2.4.12, Abb. 2.4.13
— organische Schadstoffe 517, Tab. 2.1.17, 907, 922, 934, 943ff, 956f, 972ff, 1031ff, 1073, 1123ff, *(1184)*
— Phosphate 983ff, Tab. 2.4.14
— radioaktive Stoffe 907
— Salze 907, 953ff, 995ff, 1034, 1191, 1960, 2190
— Schiffahrt 851, 896, *(2040)*
— schwer abbaubare Stoffe 866, 907, 956f, 962ff, 972ff, 1031ff, *(1100)*, 1110f, 1143, 1179
— Schwermetalle 907, 931, 957, 979ff, 1032, 1073, 1117f, 1196ff
— Stickstoff 992ff, Tab. 2.4.15
— toxische Stoffe 907, 972, 1007, 1010, 1215ff
— Unfälle 896, 906, 933, 1011, Tab. 2.4.18, 1172

s.a. Abfallablagerung
s.a. Chlororganische Verbindungen
s.a. Halogenkohlenwasserstoffe
Gewässerbewirtschaftung 831, 847ff, 1046, 1084ff, 1211
Gewässerbiozönosen 844, 1170, *(1184)*, 2213ff
Gewässer-Boden-Wechselbeziehung 590, *(841)*, 855f, 1117ff
Gewässereinzugsgebiet
  s. Wassereinzugsgebiet
Gewässerfunktionen 831, 844-846, 868, 1033, 1078, 1084, 1199, 1206ff
Gewässergüte 865ff, 868ff, 874-896, 1092ff, 1160ff
— Anforderungen 868ff, Tab. 2.4.1, 874-896, 1037ff, 1120ff, Tab. 2.4.25, Tab. 2.4.26, 1168ff
— Grundwasser 876ff, 1035, 1161ff
— Oberflächenwasser 880ff, 904, *(951ff)*, 965, 1028ff, 1098ff, 1168ff
— Saprobienindex 1028, 1168,
— Sauerstoffhaushalt 865f, 957ff, 985, 999, 1030, 1038, 1124
— Vorschriften und Richtlinien 883, 892f
s.a. Bodenbeschaffenheit
s.a. Rohwasserbeschaffenheit
s.a. Trinkwasserqualität
Gewässergütebeurteilung 865f, 1028ff, 1092ff, 1120ff, 1168ff, 1209ff
— Beurteilungskriterien 865ff, 880, 1028ff, 1169f
Gewässergütekarte 865, 904, 1028
Gewässergüteklassen 865, 869ff, 887, 904ff, 1028, 1038, 1128, Tab. 2.4.26, 1168, 1216
Gewässergüteziele 863ff, 868ff, Tab. 2.4.1, 887ff, 1031, 1037ff, 1097, 1128, 1161ff
Gewässergüte-Programm 863, 887ff, 1129, 1158, 1209ff,
Gewässerlandschaft 854, 864, 1033, 1199ff, 1210f
Gewässernutzungen 847ff, 863, 892-896, 1077ff, 1120
Gewässerökosysteme 842ff, 854ff, 1018, 1077ff, 1133, 1170, 1200, 1211
Gewässersanierung 864, 871, Tab. 2.4.1, 887, 1129
Gewässerschlamm 856, 1032
Gewässerschutz 107, 357, 830, 887ff, 1037ff, 1092ff, 1120ff, 1140ff, 1209ff, 2210ff
— Ästuarien 516, 1139, 1171, 1213ff
— Forderungen 1037ff, 1140ff, 1209ff,
— gefährliche Stoffe 1091, 1146ff, 1155, 1188ff, 1214
— Schelfmeer 196, 872, 1171, 1213ff
— Vermeidungsprinzip 974, 1184ff, 1209ff,
— Wasserhaushaltsgesetz 99, 239, 357, 1014, 1040, 1064, 1084ff, 1176, 1206
— Wattenmeer 196, 872, 1139, 1213ff
Gewässersedimente 856, 1135, 1169ff
— Belastung 856, 931, 1067, 1135ff, *(1184)*, 1196ff
Gewässerstrafrecht 1083, 1087
Gewässertypen 832-841, 1078
Gewässerüberwachung 193ff, 1152, 1160ff, 1172
Gewässerufer 852ff, 1018ff, 1199ff, 2181ff, 2206ff
Gewässerversauerung 581, 857, 1118, 1956

Gewässerverschmutzung
— monetäre Bewertung 226
Gewässerzustand 902ff, 1028ff, 1092ff, 1120ff,
— Ästuarien 931, 1096, 1127, 1133
— Wattenmeer 930ff, 1096, 1127
Gewerbe
  s. produzierendes Gewerbe
  s. verarbeitendes Gewerbe
Gewerbelärm
  s. Lärmbelastung — Industrie- und Gewerbelärm
Gewerbetoxikologie 1642
Gewürze
  s. Lebensmittelbelastungen nach Vorkommen und Herkunft
Gips
  s. Rauchgasentschwefelung
Golfsport
  s. Freizeitaktivitäten — Golfsport
Grenzüberschreitende Schadstoffe
  s. Schadstofftransport — grenzüberschreitend
  s. Umweltschadstoffe — grenzüberschreitende Belastung
Grenzwerte 29ff, 39ff, 809, 881ff, 1612ff, 1681ff, 1732, *(2020)*
  s.a. Emissionsgrenzwerte
  s.a. Geräuschgrenzwerte
  s.a. Immissionsgrenzwerte
  s.a. Risikoanalyse
  s.a. Rohwasserbeschaffenheit
  s.a. Trinkwasserverordnung
  s.a. Umweltstandards
  s.a. Vorsorgeprinzip
Grenzwertfestsetzung 30, 82, 112ff, 809, 1612ff, 1659ff, 1732, *(2225)*
— Ergebnisbegründung 98, 116, 117, 1620ff
— Verfahrenstransparenz 113ff, 1620ff
Grenzwertproblematik 29ff, 110ff, *(1245ff)*, 1612ff, 1659ff, 1721
Großfeuerungsanlagenverordnung 239, 766ff, 819ff, Tab. 2.3.30, 1680ff, 1860ff, 1869ff, 1881, 1887ff, 1982ff, 2016
  s.a. Luftreinhaltepolitik
Grünflächen 627, 2117
Grünordnung 345
Grünordnungspläne 379, 387ff, 402ff, 461ff
Grünplanung 345, 2142
Grundbelastung 27ff
  s.a. Biologische Prozesse
  s.a. Umweltfunktionen — Regelungsfunktion
Grundnahrungsmittel
  s. Lebensmittel
Grundwasser 876ff, 936, 1161ff
  s.a. Trinkwassergewinnung
Grundwasserabsenkung 2177
Grundwasseranreicherung 849, 878ff
Grundwasserneubildung *(594)*, 621, 849, 913, 921, 1024, 1192ff
Grundwasserqualität
  s. Gewässergüte — Grundwasser

643

Grundwasserschutz 638, 1040, 1161ff
Grundwasserüberwachung 194ff, 1161ff
Grundwasserverunreinigung 188, 194, 556, 879, 914ff, 937ff, 1000ff, 1184, 1191,
— Altlasten 188, 194, 634, 914, 938, 1006f
— Landwirtschaft 599, 603f, 916ff, 939, 945ff, 1015ff, Tab. 2.4.19, 1100ff, *(1343ff)*
— Nitrat 918, 1015ff, Tab. 2.4.19, 1102, 1343
s.a. Kanalisationsnetz
s.a. wassergefährdende Stoffe
Grundwerte 67, 72, 80, 1604ff, 1618
s.a. Umweltbewußtsein
Gruppenparameter
s. Umweltqualitätsüberwachung
Gülle 603, 611ff
s.a. Bodenbelastungen
Güterverkehr 290-293, 2066ff, 2077ff
— Gefahrguttransporte 2039, 2068ff, 2077
— Informationsdefizite 2069
— Transportleistung 2068ff

Haftungsrecht 166, 2020
s.a. umweltpolitische Instrumente
Halbstundenwert
s. Immissionsbelastung — Luft
s. Luftbelastung
Halogenkohlenwasserstoffe 512ff, 741ff, 757, 943, 957, 962ff, 972, 1031f, 1043ff, 1099ff, 1132ff, 1279ff, 1784ff, 1959
Halogenverbindungen 1876ff, 1959
— anorganische 692f
Handlungsweise
s. umweltgerechtes Handeln
Hausbrand 287, 300, Abb. 1.5.3, *(1834)*, 1849ff, 1917ff, 1959, 2017
Haushalte
s. private Haushalte
Haushaltschemikalien *(62f)*, 287, 975, 1049, 1110, 1147, 1188, 1224
s.a. Emittentengruppe — Haushalte
s.a. umweltgerechtes Handeln
s.a. wassergefährdende Stoffe
Hausmüll 287
Haustechnische Geräte 1554ff
s.a. Lärmbelastung — Wohn- und Lebensbereich
Heizkraftwerke
s. Kraftwerke
Heizungsanlagen
s. Feuerungsanlagen — Kleinfeuerungen
s. Gebäudeheizungen
Heizwerke
s. Wärmeerzeugung
Herbizide
s. Pestizide
Hintergrundbelastung 708
s.a. Luftüberwachung — Hintergrundbelastung
Hochtemperaturreaktor
s. Kernkraftwerke
Höchstmengenverordnungen
s. Lebensmittelrecht

Hörbereich
s. Lärm — Meß- und Beurteilungsgrößen
Hörschwelle
s. Lärm — Meß- und Beurteilungsgrößen
Hubschrauber 1513ff
— Lärmemission 1513ff
— Lärmgrenzwerte 1515, Tab. 2.6.17
Humantoxizität
s. Toxizität
Humus
s. Bodenhumus
Immissionsbelastung
— Lärm *(1375ff)*, 1432, 2105, *(2029)*
— Luft 645ff, 656ff-716, 812, 1902, 1919, 1953ff
Immissionsbeurteilung 809ff, 1680ff, 1740, 1902, 1919
— Dosiswerte 812
— Flächenmittelwerte 811f, 1681, 1740, 1748
— Lärm 1375ff, 1399ff, 1407ff, 1418ff, 1426ff, 1455ff, 1733f
— Punktwerte 811ff, 1740, 1748
Immissionsdaten *(255)*, 807ff
s.a. Emissionsdaten
Immissionsgrenzwerte
— Lärm 1385, 1426ff, *(1433ff)*, *(1460)*, 1504ff, Tab. 2.6.12, 1515, Tab. 2.6.17, 1546,
— Luft *(772)*, 798, 809, 1681ff
s.a. TA-Luft
Immissionsmeßtechnik
— Luft *(698ff)*, 1739
Immissionsmessung 186, 808ff, *(1795)*
— Lärm 1379ff, 1398ff, 1421ff,
— Luft 645ff, Tab. 2.3.1, Abb. 2.3.1, 808ff, 1737ff
Immissionsprognose 190
— Lärm 1393, 1400
— Luft 646ff
Immissionsschutz 190, 766ff, 1477, 1680ff, *(1795ff)*
s.a. Lärmschutz
Immissionsüberwachung 179ff, 1699ff, 1795
— Lärm 1399ff, 1426ff
— Luft 645ff, 808ff, 1737ff
Indirekteinleiter
s. Abwassereinleitung
Individualschützende Vorsorgestandards
s. Umweltstandards — Typen
s. Umweltschutz — anthropozentrisch
Individualverkehr 290-293, 2023ff, 2057ff, 2075ff
Industrie- und Gewerbelärm
s. Lärmbelastung — Industrie- und Gewerbelärm
Industrieabwärme 1906ff
Industrieabwässer 957ff, 974, 980, 996, 1043, 1143ff, 1186, 1197
Industriefeuerungen
s. Feuerungsanlagen
Industriekraftwerke
s. Kraftwerke
Industriestandorte 629, 1590, 2209
s.a. Bodenbelastungen

Informationsfunktion
s. Umweltfunktionen

Infrarotabsorption
s. Klimaveränderung
s. Kohlendioxid

Infraschall 1479-1486

Innenräume
s. Lärmbelastung — Wohn- und Lebensbereich
s. Luftbelastung — Innenräume

Innenstadtbereiche 2041, 2050, 2059, 2146ff

Innereien
s. Lebensmittelbelastungen nach Vorkommen und Herkunft

Insektizide
s. Pestizide

Integrierte Landschaftsplanung
s. Landschaftsplanung

Integrierter Pflanzenbau
s. Landwirtschaft — umweltschonende Landbewirtschaftung

Interventionsmodell
s. Lebensmittelrecht — Kontaminanten-Verordnung

Inversionsschicht
s. austauscharme Wetterlagen
s. Smog

Investitionsentscheidung 37, 93, 122, 777, 2015
s.a. Umweltrecht
s.a. Umweltverträglichkeitsprüfung

Investitionsförderung 805, 1864ff, 1909ff

In-vitro-Testsysteme 1632f, 1639ff, 1665
s.a. Wirkungsforschung

Jahresmittelwert
s. Immissionsbelastung — Luft
s. Luftbelastung

Kanalisation
s. Abwasserbehandlung
s. Gewässerbelastung — diffuse Stoffeinträge
s. Regenwasserbehandlung

Kanalisationsnetz 239, 900, 911ff, 1012, 1047ff, 1068ff, 1156ff, 2210
— Mischkanalisation 900, 1048, 1069ff, 1156ff
s.a. Grundwasserverunreinigung

Kanzerogene Stoffe
s. krebserzeugende Stoffe

Kernbrennstoffe 1818ff, 1831, 1837ff, 1927ff, 1941ff, Abb. 3.2.11 u. 3.2.12
— Brennstoffkreislauf 1943ff, 1990, 2020
— Herstellung 1927ff
s.a. Abfall — radioaktiv
s.a. Uran

Kernenergie 1818ff, 1828ff, 1838ff, 1921ff, 1961ff, 2019f
— Bewertung nach Tschernobyl *(555)*, 1970, 1975ff, 2019
— Entsorgung 1941ff, 1990, 2020
— Gefahrenpotential und Risiko 1818ff, 1925, 1932, 1940, 1948, 1961ff, 1976-1992, 2019f

— Sicherheitskonzepte 1964ff, 1990, 2019f
— Störfälle und Unfälle 1938ff, 1961ff, 2019f
— Strahlenschutzverordnung 1930ff, 1949, *(2019)*
— Verzicht auf Kernenergie 1981ff, Tab. 3.2.14 und 3.2.15, 1995, 2014
s.a. Abfall — radioaktiv

Kernkraftwerke 1027, 1921ff, Abb. 3.2.10, 1934ff, Tab. 3.2.13, 1945, 1990f, 2020
— Druckwasserreaktor 1921ff, 1971
— Hochtemperaturreaktor 1921ff, 1924, 1991, 2020
— Leichtwasserreaktor 1922, 1991
— radioaktive Emissionen 1819, 1931, 1935ff, 1949, *(2019)*
— Schneller Brüter 1925
— Sicherheitstechnik 1922ff, 1938ff, 1949, 1964ff, 1990, 2019f
— Siedewasserreaktor 1921ff

Kfz-Emissionen
s. Kraftfahrzeuge

Kfz-Geräusche
s. Kraftfahrzeuge — Geräuschemissionen

Kläranlagen 898ff, 967ff, Abb. 2.4.3, Tab. 2.4.11, Tab. 2.4.12, 1046ff, 1064ff, *(1092ff)*, 1129ff, 1219ff, 2210
s.a. Abwasserbehandlung

Klärschlamm 615, 1062, 1067, 1113
— Behandlung 1062ff, 1113, 1227
— Belastung 601, 615, Tab. 2.4.13, 982, 1067, 1297ff, 1332, 1776
— Verwertung 615, 1062f, 1067, 1113
s.a. Abfallaufkommen

Kleinfeuerungen
s. Feuerungsanlagen

Klimamodelle 756ff, 2018

Klimaveränderung 756ff, 1879, 2018, 2035
— Treibhauseffekt 756ff, 2018
s.a. Kohlendioxid

Kohle
s. Energieträger — Kohle

Kohlendioxid 756ff

Kohlendioxidemission 760ff, Abb. 2.3.15, 1879, 2018
s.a. Klimaveränderung
s.a. Treibhauseffekt

Kohlenmonoxidemission 1918, 2087, Abb. 3.3.2

Kohlenmonoxidimmission 691, 710, Tab. 2.3.24 u. 2.3.25, 2045
— Belastungsschwerpunkt Straßenverkehr 691, 710ff, Tab. 2.3.24 u. 2.3.25, 2041, 2050
— Immissionskennwerte 691, 2041

Kohlenstoff
— Gesamtkohlenstoffgehalt 638ff, 809ff

Kohlenstoffkreislauf 756ff, Abb. 2.3.16, 2018

Kohlenwasserstoffe 698ff, 714ff, Tab. 2.3.26, 718ff, 724ff, 732ff, 826, 1959, 2049, 2087, Abb. 3.3.2, 2096ff
— polyzyklische aromatische 512ff, 683ff, Abb. 2.3.9, Tab. 2.3.10 und 2.3.11, 714ff, Abb. 2.3.12, 972ff, 1673, 2017, 2096f
s.a. Chlororganische Verbindungen
s.a. Luftverunreinigung
s.a. Schwebstaubinhaltsstoffe

Kohlepfennig 1884
Kohleproduktion 1830ff, 1884, 1960
Kohleumwandlungsverfahren 1890ff, *(1897)*, 1903
— Kohleverflüssigung 1891
— Kohlevergasung 1892f
— Wirbelschichtfeuerung 1895, 1900
Kohortenstudien
s. Epidemiologie
Kokereien 684, 702ff
Kombinationswirkungen 1450ff, 1461ff, 1620, 1672ff, 1689, 1710
Kommunale Aspekte
s. Umweltpolitik — kommunale Aspekte
Kompensationsregelungen 154ff, 176, 802ff, 1861
s.a. Umweltpolitische Instrumente — ökonomische Anreize
Konflikt zwischen Ökonomie und Ökologie 205ff, 360
s.a. Umweltpolitik
Konsumenten
s. Naturhaushalt — Konsumenten
s. Verhältnis Mensch-Natur
Konsumverzicht 1609
Kontaminanten-Verordnung
s. Lebensmittelrecht
Kooperationsprinzip 37, 167
s.a. Umweltrecht — Leitprinzipien
Kosmetika 1362
Kosten des Umweltschutzes
s. Umweltschutzkosten
Kosten-Nutzen-Analyse 136, 189, 211, 215ff, 797
s.a. umweltpolitische Instrumente — ökonomische Anreize
Kraftfahrzeuge
— Abgasemissionen 290-293, 2040ff, 2065, 2081, 2084, 2087, Abb. 3.3.1-3.3.3, 2096ff
— Abgasgrenzwerte 2051, 2081ff, 2087, Abb. 3.3.1-3.3.3, 2090ff, 2101f
— Abgaskatalysator 826, 2083ff
— Abgasnormen 2081ff, Tab. 3.3.1
— Abgastestzyklen 2083ff
— Betankung 826, 2098f
— Diesel-Lkw 2080, 2100ff, 2105ff
— Diesel-Pkw 2048f, 2086, 2089ff
— Emissionsentwicklung 2087ff, Abb. 3.3.1-3.3.3
— Fahrzeugbestand 2057f, 2075ff, 2086
— Fahrzeugüberwachung 2108f
— Geräuschemissionen 1501ff, Abb. 2.6.12, 1582, 2053f, 2105ff
— Geräuschgrenzwerte Tab. 2.6.13, 1505f, 1582, 2105ff
— Geschwindigkeitsbeschränkung 2052, 2054
— Innenraumbelastung 712
— Kraftstoffverbrauch 2063, 2076
— lärmarmer Lkw 2053f
— Lärmminderungsmaßnahmen 1505ff, Tab. 2.6.13 und 2.6.14, 1582, 2053f, 2105ff
— Partikelemission 292f, Tab. 1.5.6, 2048f, 2080, 2090ff, 2100ff
— schadstoffarmer Pkw 2080ff
— Schadstoffemissionsminderung 2051, 2059, 2064, 2080ff, 2084-2104

— steuerliche Förderung 2051, 2082ff, 2088ff
— Verdunstungsemissionen 2098f
s.a. Nutzfahrzeugverkehr
Kraft-Wärme-Kopplung *(821)*, 1905ff, 1916, 1997ff, 2015, 2135
s.a. Energietechnik
Kraftwerke *(296f)*, 1834ff, 1843ff
— Emissionsminderung 1860ff, 1869ff
— Heizkraftwerke 1899, 1905ff, 1916, 1997ff
— installierte Leistung 1839ff, Abb. 3.2.4, Tab. 3.2.4 und 3.2.5, 1847, Abb. 3.2.5, 1996
s.a. Emittentenbereich Energie
Krankenhaus
s. Emittentenbereich Dienstleistungssektor
s. Sonderabfälle
Krankheit 1726ff, Abb. 3.1.2 u. 3.1.3, *(1753ff)*
s.a. Gesundheit
s.a. Umweltmedizin
Krebsentstehung 1649, 1663, 1755ff, 1767, 1777ff, 1788ff
— Epidemiologie 1649, 1755ff, 1767, 1777ff
— Initiation 1663
— Progression 1663
— Promotion 1663
Krebserzeugende Stoffe 683ff, 809, 1243, *(1639)*, 1662ff, *(1756)*, 1767, 1777ff, 1788, 2049, 2090ff
s.a. Arbeitsplatz
s.a. Kohlenstoffe — polyzyklische aromatische
s.a. Lebensmittelverunreinigungen
s.a. Mutagenitätsprüfung
s.a. Nitrosamine
Krebserzeugende Wirkung 809, 1624ff, *(1639)*, 1662ff, 1755f, 1767, 1777ff, 1788ff
— Schwellenwerte 1626, 1663
Krupp-Syndrom 1753ff
s.a. Atemwegserkrankungen
s.a. Umweltmedizin
Kühlwasser 850, 907, 997ff, 1025ff, *(1841)*, 1934
Küstengebiet 930ff, 2182ff, 2206ff
Küstengewässer 908, 930-934, 1096, Tab. 2.4.24, 1118, 1125ff, 1171, 2217ff
s.a. Wattenmeer

Länderarbeitsgemeinschaft Wasser *(LAWA)* 195, 865ff, 904ff, 1028, 1128
Ländlicher Raum 299ff, 651ff, 658ff, Abb. 2.3.3, Abb. 2.3.7, 670ff, 677ff, 685ff, 692f, 2058, 2076
s.a. Luftüberwachung — Reinluftgebiete
Lärm 1375ff, 1425, Abb. 2.6.4
— monetäre Bewertung 226
s.a. Geräusch
Lärmarbeitsplatz 1426ff, 1542, 1590
Lärmarme Geräte 1557, 1564ff, Tab. 2.6.25, 1590, 1593
Lärmarme Straßendecken 1582, 2053, 2105
Lärmbelästigung 1376, *(1410ff)*, 1436ff, 1452ff, Abb. 2.6.10, 1491ff, Tab. 2.6.6 und 2.6.7, 1553ff, 1571, 1599, 1733f, 2053
— Faktoren 1376, 1410ff, 1452ff, 1539, 1733f
Lärmbelastung 197, 1375, *(1418-1420)*, 1491ff, Tab. 2.6.5, Tab. 2.6.8, 1599, 1733f

- Arbeitsplatz 1426ff, 1459, Abb. 2.6.8, 1491ff, 1542, *(1551)*
- Baulärm 1491ff, 1547-1552, Tab. 2.6.23, 1591, 1602
- Fluglärm 197, 1403ff, 1444, 1452ff, 1491ff, 1507ff, Tab. 2.6.18, 1586ff, 1601
- Freizeitlärm 1432, 1491ff, 1553-1571, Tab. 2.6.24, 1592ff, 1603, 2185, 2204
- Industrie- und Gewerbelärm 1399ff, 1415, 1444, 1491ff, 1542-1546, Tab. 2.6.22, 1590, 1602
- internationaler Vergleich 1496ff, Abb. 2.6.11, Tab. 2.6.9
- Meinungsumfragen 1377, 1490ff
- Militär 1452ff, 1508, 1516ff, Tab. 2.6.18, 1572ff, 1586ff,
- Schienenverkehr *(1403ff)*, 1439, 1491ff, 1528-1535, Tab. 2.6.19 und 2.6.20, Abb. 2.6.17-2.6.19, 1589, *(2029)*, *(2039)*
- Straßenverkehr *(1403ff)*, 1444, 1491ff, 1496ff, Abb. 2.6.11, Tab. 2.6.10 und 2.6.11, 1581ff, 1600, *(2029)*, *(2039)*, 2053f, 2105ff
- Wasserverkehr 1536ff, Abb. 2.6.20 und 2.6.21, Tab. 2.6.21
- Wohn- und Lebensbereich 1433ff, 1491ff, 1553-1571, 1592ff, 1603, 1733ff

Lärmbetrieb 1389, 1426

Lärmbeurteilung 1375ff, 1386ff, 1407ff, 1418ff, 1437ff, 1445ff, 1457ff, Abb. 2.6.7, 1539, 1543ff, 1560ff, 1733f
s.a. Geräuschbeurteilung

Lärmemissionen 322, 1386, *(1400ff)*, 1505f, 1542ff

Lärmgewöhnung 1439ff, 1449, 1468ff,

Lärmimmissionen 1387ff, 1399ff, 1433ff
- Prognosen 1393, 1400

Lärmmessung 1378ff, 1390ff, 1421-1424
- Bewertungsverfahren 1379ff, 1389ff, 1403ff, 1421ff
- Eichung 1398
- Emissionsmessung 1386, 1394ff, 1400ff, 1505, 1549
- Immissionsmessung 1386, 1390ff, 1399ff, 1412ff
- Meßverfahren 1386ff, 1390ff, 1412ff, 1421ff, 1549
- Meß- und Beurteilungsgrößen 1378, Abb. 2.6.1, 1386ff, 1411ff, 1419, 1457ff

Lärmminderung 197, 1497, 1505, 1511, 1533ff, 1540, 1542ff, 1548ff, Tab. 2.6.23, 1564ff, 1576ff-1603, 2053f, 2105ff

Lärmminderungspläne 1579f

Lärmpausen
s. Arbeitsschutz — Lärmpausen

Lärmpegel
s. Schallpegel

Lärmquellen 1491ff, Abb. 2.6.10, Tab. 2.6.5 und 2.6.7, 1542, 1560, Tab. 2.6.24

Lärmsanierung 1504ff

Lärmschutz 197, *(1385)*, *(1404ff)*, 1426ff, 1450, 1460, Abb. 2.6.9, 1497, 1503ff, 1524ff, 1533ff, 1542ff, 1548ff, 1571, 1574-1603, 1733f, 2149
- aktiv 1506, 1511, 1533, 1540, 1542, 1564ff, 1584, 2053f

- gesetzliche Regelungen 1503ff, Tab. 2.6.12 und 2.6.13, 1511f, 1522ff, 1543ff, 1548ff, 1565ff, 1577ff, 1587ff, 1733f, 2227
- passiv *(1404)*, 1426, 1506, 1511, 1533, 1542, 1583ff, 2053, 2204
s.a. Bundesimmissionsschutzgesetz
s.a. TA-Lärm

Lärmschutzbereiche 1517ff, 1524ff, 1587

Lärmschutzkosten 239, 1385, 1506, 1518, *(1525)*, *(1533)*, 1546

Lärmschutzmaßnahmen 1503ff, 1511, 1518, 1533ff, 1540ff, 1552, 1586ff, 2204

Lärmschwerhörigkeit 1427ff, Abb. 2.6.5
s.a. Lärmwirkungen

Lärmüberwachung 197, 1399ff

Lärmvorsorge 197, 1497, 1504ff, 1561, 1577ff

Lärmvorsorgepläne 1577ff

Lärmwirkungen *(1414ff)*, 1418ff, 1425ff, Tab. 2.6.1, Abb. 2.6.7-2.6.9, 1493, Tab. 2.6.6
- Beeinträchtigung von Leistungen 1448ff
- Erhöhung der Frühgeburtenrate 1454
- Gesundheitsbeeinträchtigungen 1455ff
- Kombinationswirkungen mit anderen Umweltfaktoren 1461-1467
- Kommunikationsstörungen 1433ff
- physiologische Reaktionen 1418ff, 1436ff, 1445ff, Abb. 2.6.6, 1507, 1599
- Risikogruppen 1443, 1446
- Schädigung des Hörorgans 1425ff
- Schlafstörungen 1436ff
- Störung von Ruhe und Entspannung 1452ff, 1553ff
- Tiere 1468-1471
s.a. Erschütterungen
s.a. Infraschall
s.a. Ultraschall

Lärmwirkungsforschung 1424ff, 1444ff, 1455ff, 1461ff

Landesentwicklungsplan 398ff, 460, 480, 2124, 2151, 2158, 2229, 2235ff

Landesentwicklungsprogramm 388, 397ff, 480, 2229, 2237ff, 2248

Landespflege 345, 356, 376ff
- Definition 345, 376
s.a. Landschaftspflege
s.a. Landschaftsplanung
s.a. Naturschutz

Landespflegeprogramm 390, 397

Landesplanung 345, 380ff, 395ff, 480ff, 2119, 2144ff, 2151, 2158, 2227ff, 2235ff

Landnutzungen *(341)*, 484ff, 2110ff, 2137ff
- agrarisch-forstlich 484ff, 855
- militärische 500ff
- naturbetont 484ff, *(2252)*
- urban-industriell 484ff
s.a. differenzierte Landnutzung

Landschaft 345, 355, Tab. 2.1.1, 2170f
- Erfassung und Beurteilung 378, 382ff, 2252
- Kulturlandschaft 355, Tab. 2.1.1
- Naturlandschaft 355, Tab. 2.1.1, 2252

647

Landschaftsbelastung *(378)*, 500ff, 2172ff, 2186ff, 2242, 2252ff
  s.a. Naturschutzgebiete — Belastungen
Landschaftsberichte 472ff
Landschaftsbilanz 378, 1080, *(1199)*
Landschaftsbild 17, 362ff, *(378)*, *(454)*, 2025ff, 2113, 2170f, 2176ff, 2191
Landschaftseingriffe 22, *(355)*, *(378)*, 462ff, 1079, 1830, 2004, 2024ff, 2176ff, 2191
  — Barriereeffekte 2025, 2035
  — Erfassung und Bewertung 2031ff
  — Zerschneidung von Lebensräumen 422, 2025ff, 2113
  s.a. Ausgleichsregelung
  s.a. Eingriffsregelung
  s.a. Verkehrsflächen
Landschaftshaushalt 345, 1033
Landschaftspflege 334ff, 345, 354f, *(386ff)*, 426, Tab. 2.1.9, 436ff, 459ff, *(487)*, 505ff, 2227
  — Erfolglosigkeit 336ff
  — Vollzugsprobleme *(337)*, 365ff, 505ff
  s.a. Naturschutz
  s.a. Wasserbau — ökologischer Gewässerausbau
Landschaftspflegerische Begleitpläne 379, 473ff
Landschaftspflegeverbände 438, 498
Landschaftspläne 345, 379, 387ff, 395ff, 412ff, Tab. 2.1.4, 460, 473ff, 1206ff, 2126, 2233
Landschaftsplanung 345, 376ff, Tab. 2.1.3, 458ff, 508ff, 1206ff, 1577, 2137ff, 2150, 2233
  — Aufgaben 378ff, 459ff, 508, 2137
  — Ausgestaltung der Planungsebenen 386ff, Tab. 2.1.3
  — Beiträge zu Fachplanungen 380ff, 459ff, 2138
  — Bilanz bisheriger Aktivitäten 410-414, Tab. 2.1.4
  — dreistufig 386ff
  — Integration in die Bauleitplanung 401ff, 460ff
  — Integration in die Landesplanung 395ff, 460ff
  — Stellung innerhalb der Gesamtplanung 380ff, Abb. 2.1.3, Tab. 2.1.2, 459f, 509
  — Unterschiede in den einzelnen Bundesländern 386ff-414
  — zweistufig 386, 392ff
Landschaftsprogramme 345, 379, 387ff, 398ff, 472ff
Landschaftsrahmenpläne 345, 379, 387ff, 395ff, 473ff, 1206ff
Landschaftsrahmenprogramm 387
Landschaftsschutzgebiete 454, 496, 2230
  — Freizeit- und Erholungsnutzungen 454ff, 2230
Landschaftsverbrauch 419ff, 475, 620ff, 2023ff, *(2110)*, 2145
  — Betroffenheitszone 2023, 2029ff, 2038
  — komplementär 2023, 2029ff, 2038
  — primär 2023, 2029ff, 2036
  s.a. Verkehrsflächen
Landwirtschaft 267ff, 466ff, 564f, 593ff, 2156
  — Strukturwandel 270f, *(2250)*
  — Umweltbelastung 270f, 425ff, 606ff, 695-697, 734, *(848)*, 916ff, 1102, *(1776)*
  — umweltschonende Landbewirtschaftung 469, 484ff, 504, *(618f)*, 1231, 1366ff
  s.a. Agrarpolitik

Landwirtschaftliche Bewässerung 895, 1025ff
Landwirtschaftsflächen 419, 492
  — Flächenstillegungen 492, 2203
  s.a. Flächennutzung
Landwirtschaftsklausel 466ff, 496
  s.a. Naturschutzrecht
Latenzzeiten
  s. Krebsentstehung
Lebensgewohnheiten
  s. umweltgerechtes Handeln
  s. Umweltproblembewältigung
Lebensmittel 1232ff
  — Komplexität und Vielfalt 1232ff, 1256ff
  — Verzehrgewohnheiten 1233, 1242ff, 1252ff, 1256ff, 1307ff, 1319ff, 1337, 1350ff, 1361ff, 1368ff, 1659, 1757, 1779ff
  — Warenkorbmethode 1307ff, 1319ff, 1350ff, 1659
Lebensmittelanalytik 1235, 1242, 1275ff, 1300, 1358, 1371ff,
Lebensmittelbelastungen nach Vorkommen und Herkunft 1232ff, 1279ff
  — Bier 1263, 1310, 1359ff, Tab. 2.5.29-2.5.32
  — Fisch 1296ff 1359
  — Frauenmilch 1237, 1262, 1279ff, Tab. 2.5.2-2.5.9, Abb. 2.5.1, 1315, 1784ff
  — Gemüse 1301, Tab. 2.5.10, 1315, 1329, 1341ff, Tab.2.5.22, 1353ff, 1366ff, 1777
  — Getreide 1263, 1299f, 1301, Tab. 2.5.12
  — Gewürze 1359
  — Innereien 1301, Tab.2.5.10, 1315, 1334
  — Lebensmittel pflanzlicher Herkunft 1236ff, 1262, 1282, 1296ff, 1315ff, 1332, 1339ff, 1777
  — Lebensmittel tierischer Herkunft 1262, 1282, 1296ff, 1315ff, 1353ff, 1359ff, 1369ff
  — Milch 1262, 1287, Tab.2.5.7
  — Milchprodukte 1359ff, Tab.2.5.27 u. 2.5.28
  — Trinkwasser 1303ff, 1317ff, 1330, 1339, 1343ff, 1355ff, 1757ff, 1777
Lebensmittelkonserven 1301, 1309, 1331
Lebensmittelkontamination
  s. Lebensmittelverunreinigungen
Lebensmittelmonitoring 1242ff, 1256ff, 1336, 1371ff
Lebensmittelproduktion 1236, 1259ff
  s.a. Lebensmittelverunreinigungen — Nitrosamine
Lebensmittelrecht 1238, 1260, 1268ff, Tab. 2.5.1, 1278, 1374
  — Kontaminanten-Verordnung 1335, 1366ff, 1374
  — Lebensmittel- und Bedarfsgegenständegesetz 1260, 1268ff, 1272, 1278
  — Schadstoff-Höchstmengenverordnungen 516, 1238, 1245ff, Tab.2.5.1, 1271, 1374, *(1659)*
Lebensmittelüberwachung 1260ff, 1272ff, 1329ff, 1367ff, 1374, 1798, *(2020)*
  — Datensammlung 1261ff, 1272ff, 1291
  — Durchführung 1260ff, 1272ff-1278ff, 1367ff, 1374, 1798
  — Organisationsprobleme 1273ff-1278, 1798ff
  — Richtwerte 1270f, *(1283)*, 1298, 1301, 1315, 1360, 1367ff, *(1659ff)*
  — Ziele 1260ff, 1272ff
Lebensmittelvergiftungen 1241
Lebensmittelverunreinigungen *(634)*, 1232ff, 1279ff

648

- Blei 1237, 1248, 1296ff, Tab. 2.5.10-2.5.15, 1329ff, 1759ff
- Cadmium 1237, 1241, 1248, 1296ff, Tab. 2.5.11, 2.5.14, 2.5.16-2.5.20, 1315ff, *(1757)*, 1766ff, Tab. 3.1.1
- Chlororganische Pestizide 1237, 1263, 1279ff, Tab.2.5.2-2.5.4, 1784ff
- Dioxine und Furane 1237, 1241, 1250, 1279, 1287ff, Tab. 2.5.7-2.5.9, 1784ff
- krebserzeugende Stoffe 1244, *(1358ff)*, 1369, 1777ff
- Nitrat 1338ff, Tab. 2.5.21-2.5.24, 1366ff, 1777ff
- Nitrit 1338ff, 1353ff, Tab. 2.5.25 und 2.5.26, 1369ff, 1777ff
- Nitrosamine 1338ff, 1358ff, Tab. 2.5.27-2.5.32, 1366ff, 1777ff
- polychlorierte Biphenyle 1237, 1241, 1249, 1279ff, Tab. 2.5.2-2.5.6, Abb. 2.5.1, 1784ff
- Problembewußtsein 1234
- Quecksilber 1241, 1296
- Schwermetalle 1263, 1296ff, 1335, 1757ff
- Sekundärkontaminationen 1301
- Verhalten im menschlichen Körper 1266, 1279ff, 1287ff, 1338-1373, 1757, 1766ff, 1777ff, 1784ff

Leckagen 826

Leicht abbaubare Stoffe 911, 955ff, 967ff, 1030, 1108, 1124ff
s.a. Gewässerbelastung

Leichtwasserreaktor
s. Kernkraftwerke

Leitlinien Umweltvorsorge 106, 121
s.a. Vorsorgeprinzip

Lindan
s. Pestizide — chlororganische

Lkw
s. Kraftfahrzeuge

Lösungsmittel 826, 943

Luftbelastung 645ff, 656ff
- Ammoniumverbindungen 695ff
- Benzol 702
- Entwicklung 647
- Geruchsstoffe 732ff
- Halogenwasserstoffe 692f
- Innenräume 1363, 1752ff
- Kohlendioxid 756ff, Abb. 2.3.15, 1958
- Kohlenmonoxidimmission 691, 710, Tab. 2.3.24 u. 2.3.25
- natürlicher Ursprung 732ff
- organische Immissionen 698ff, Tab. 2.3.19 und 2.3.20, 714ff, Tab. 2.3.26 u. 2.3.27, Abb. 2.3.12, 724ff, 732ff, 808ff, 2017
- Ozon 705ff, Tab. 2.3.21 u. 2.3.22, 718, 724ff,
- Photooxidantien 705ff, 718, 724ff, 825f
- räumliche Unterschiede 658f, Tab. 2.3.2, 661ff, 669ff, 811, 2133ff
- Schwebstaubimmission 677ff, Tab. 2.3.5-2.3.10, 750f, 1737ff
- Schwefeldioxidimmission 661ff, Abb. 2.3.2 und 2.3.3, Tab. 2.3.2 und 2.3.3, 1737ff
- Schwefelwasserstoff 694
- Smog 717ff, 781ff,
- Staubimmission 676ff, 685ff, Tab. 2.3.11, 750f,
- Stickstoffoxidimmission 669ff, Abb. 2.3.6 und 2.3.7, Tab. 2.3.2 und 2.3.4, 710, Tab. 2.3.25, 724ff
- zeitliche Schwankungen 658f, 811

Luftbildauswertung
s. Fernerkundung

Luft-Boden-Wechselbeziehung 571ff, 657, 763, 1117ff, 1297

Luftchemie 724ff, 732ff
s.a. Ozon — Bildung und Abbau
s.a. photochemische Umwandlungsreaktion

Luftmeßnetze 190, 645ff, Tab. 2.3.1, Abb. 2.3.1, 807ff, 811, 824, 1740
- Maschenweite 648ff, 808, 1748
- Meßfrequenz 648ff
- Schadstoffkomponenten 648ff, 808ff

Luftmeßprogramme 650ff, 701ff, 807ff

Luftreinhaltepläne 788ff, 816ff, 1747, 2134
- Belastungsgebiet 645ff, 788ff, 1747
- Emissionskataster 788ff, 817f

Luftreinhaltepolitik *(655)*, 766ff, 796ff, 807ff, 1680ff, 1920, 2134
- ECE-Luftreinhaltekonvention 190, 800, 823ff
- EG-Politik 796ff, Tab. 2.3.32, 1866
- Emissionserklärungs-Verordnung Tab. 2.3.30, 774, 792ff, 818
- Gefahrenschutz 781ff
- Großfeuerungsanlagenverordnung 766ff, Tab. 2.3.30, 819ff, 1680ff, 1860ff, 1869ff, 1881, 1887ff, 1982ff, 2016
- ökonomische Anreize 801ff
- Smog-Verordnungen 721ff, 781ff, 821ff
- Störfall-Verordnung 778ff, Tab. 2.3.30, 816
- TA Luft 97, 239, 324, 646, 766ff, Tab. 2.3.30, 802ff, 816, 1680ff, 1861, 1899ff, 2016

Luftreinhaltung 766ff
- Bundesimmissionsschutzgesetz *(357)*, 645ff, 766ff, Tab. 2.3.30, 788ff, 1680ff, 1861ff
- Emissionsminderung 275ff, Tab. 1.5.3, *(752ff)*, 766ff, 776ff, Tab. 2.3.31, 787, 805ff, 824ff, 1681, 1857ff, 1869ff, 1900ff
- Modellrechnungen 190, *(666)*, *(694f)*, 731
s.a. Immissionsschutz

Luftschadstoffmessung 190, 645ff, 698ff, 1737ff

Luftüberwachung 190ff, 645ff, 807ff, 816ff
- Belastungsgebiete 645ff, 658f, Tab. 2.3.2, 670ff, 677ff, 689ff, 692f, 709ff, 811, 816
- Hintergrundbelastung 708, Tab. 2.3.23
- Immissionsüberwachung 645ff, Tab. 2.3.1, Abb. 2.3.1, 807ff
- Industrieanlagen 645f, 773ff, 818
- Leitkomponenten 190f, 809ff, 1737ff
- Reinluftgebiete 651ff, Abb. 2.3.1, Tab. 2.3.2, 658f, 670ff, 677ff, 708, Tab. 2.3.23
- Schadstoffkomponenten 645ff, 698ff, 807ff, 1737ff
- Verkehrsbrennpunkte 811
- Wirkungskataster 1747, 1754
s.a. Bundesimmissionsschutzgesetz

Luftverkehr 1508ff, Tab. 2.6.15, *(1854)*, 2060f, 2066

Luftverschmutzung 1737ff
- Auswirkungen auf die menschliche Gesundheit 1737ff, 1750ff, 1766ff, 2049

649

- grenzüberschreitend 199ff, 2020, 2134
- monetäre Bewertung 226
- Verursacher 48

Luftverunreinigung 324, 1117ff, Tab. 1.5.10, 1737
- Abfallverbrennung 746ff, Tab. 2.3.28 u. 2.3.29, 2010
- Ammoniak und Ammoniumverbindungen 695-697
- Ausbreitungsbedingungen 720ff, 728ff, 734,
- Benzol 703
- Chlorverbindungen 693
- Deposition 573, (651), 657, 665ff, 674ff, 685ff, 1117
- Depositionsgeschwindigkeit 665, 675
- Dioxine 737ff
- Emissionsentwicklung 275ff, Tab. 1.5.3, 1872ff, 2087
- Energiesektor 294-298, Tab. 1.5.8, (1857ff), 1901f, 1975ff, 2016f
- feuchte Deposition 657, 665ff, 674ff
- Fluorchlorkohlenwasserstoffe 757
- Fluorverbindungen 692
- Furane 737ff
- Halogenwasserstoffe 692f
- Hausbrand 287, 300, 1917ff, 1959, 2017
- Kfz-Verkehr (190), Tab. 1.5.5 und 1.5.6, 290-293, 670, 691, 702ff, 710ff, 811, 2029, 2040ff, 2087
- Klimaveränderung 756ff, 1879, 2018
- Kohlenmonoxid 691, 710ff, Tab. 2.3.24 u. 2.3.25, 1918, 2045
- Kohlendioxid 760ff, Abb. 2.3.15, 1879, 2018
- Kohlenwasserstoffe 702ff, Tab. 2.3.19, 714ff, Tab. 2.3.26 u. 2.3.27, Abb. 2.3.12, 724ff, 732ff, 776, 826, 1959, 2017, 2096ff
- Landwirtschaft 695-697
- Luftverkehr 716
- natürliche Quellen 732ff
- Ozon 705ff, Tab. 2.3.21 u. 2.3.22, 718, 724ff, 2049
- Partikelemission 292ff, Tab. 1.5.6, 2029, 2049, 2080, 2090
- Photooxidantien 705ff, 718, 724ff, 825f, 2049
- Primäremissionen 707, 718, 724ff
- Schwebstaub 664ff, 1953ff
- Schwefeldioxid 296, Tab. 1.5.8 und 1.5.11, 661ff, Tab. 2.3.3, Abb. 2.3.2 und 2.3.3, 1873, 1901, 1918, 1956
- Schwefelwasserstoff 694
- Schwermetalle (190), 678ff, 688ff, 773ff, 1117, 1118, 1757ff
- Sekundäremission 184, 190, 705, 718, 724ff, 2049
- Staub (664), 685ff, 1872, 1901, 1918, 1953ff
- Stickstoffoxide 291, Tab. 1.5.5 und 1.5.6, 296, Tab. 1.5.8 und 1.5.11, 669ff, Tab. 2.3.2 und 2.3.4, Abb. 2.3.6 und 2.3.7 710, Tab. 2.3.15, 724ff, 1873, 1901, 1918, 1957, 2046ff
- Transportprozesse 185, 190f, 656, 721ff, 766, 781ff, 821ff
- trockene Deposition 657, 665ff, 674ff, Tab. 2.3.15, 685ff
- Umwandlungsprozesse 656, 659, 673, 724ff, Abb. 2.3.13 u. 2.3.14, 1956f
- Zusammenhang zwischen Emission und Immission 657, 669, 718ff

Luft-Wasser-Wechselbeziehung 763, 857, 1117ff
Lungenkrebs
 s. Krebsentstehung
MAK-Werte
 s. Arbeitsschutz
Marktwirtschaft
 s. Umweltpolitik — Marktwirtschaft
 s. Umweltpolitische Instrumente — ökonomische Anreize
Massenmedien (26), 49, 56, 79
 s.a. Umweltbewußtsein
 s.a. Umweltsituation — öffentliche Meinung
Massenschadstoffe
 s. Schwefeldioxid
 s. Stickstoffoxide
 s. Staub
Massentourismus
 s. Fremdenverkehr
Materialismus
 s. Grundwerte
Medienübergreifende Aspekte 82, 121, 185, 557, 763, 854-862, 1225, 1265, 1692
 s.a. Schadstoffbelastung — Verlagerung auf andere Medien
 s.a. Umweltverträglichkeitsprüfung
Meinungsforschung 41ff, 47ff
- Lärmbelastung 1490ff
- Luftverunreinigung 48
- Umweltbewußtsein 41ff, 47ff
Mengengerüstkonzept
 s. Umweltschäden — monetäre Quantifizierung
Meßnetz
 s. Luftmeßnetz
 s. Grundwasserüberwachung
Meteorologie 717ff, 756ff, 787, 1744
 s.a. Schallausbreitung — meteorologische Bedingungen
Meteorologische Daten
 s. Luftmeßnetze
Methan 700
 s.a. Energieträger — Biomasse
MIK-Werte
 s. Immissionsgrenzwerte
Milch
 s. Lebensmittelbelastungen nach Art und Herkunft
 s. Frauenmilch
Milchprodukte
 s. Lebensmittelbelastungen nach Art und Herkunft
Militär
 s. Lärmbelastung — Militär
Militärische Übungsplätze 500ff
Mindestanforderungen
 s. Abwassereinleitung — Mindestanforderungen
 s. Gewässergüte — Anforderungen
Mineralböden
 s. Bodenmineralien

Mineralöl
  s. Energieträger — Öl
Mineralölindustrie 201, *(276)*, *(826)*
Mineralölverbrauch 276, 1852ff
Minimalkonsens
  s. EG-Umweltpolitik
Mischkanalisation
  s. Kanalisationsnetz
  s. Regenwasserbehandlung
Modal split
  s. Verkehrsmittelwahl
Modellrechnungen 190, *(1773)*
  s.a. Luftreinhaltung
Motorenlärm
  s. Lärmbelastung
Motorsport
  s. Freizeitaktivitäten — Motorsport
Müll
  s. Abfall
Müllkippen
  s. Deponien
  s. Abfallablagerung
Müllkompost
  s. Bodenbelastungen — Müllkompostausbringung
Müllverbrennungsanlagen
  s. Abfallverbrennung
Mutagene Stoffe *(1639)*, 1662ff
Mutagenitätsprüfung 1639, 1665
  s.a. In-vitro-Testsysteme
Mutationen 1662ff

Nachbarschaftslärm
  s. Lärmbelastung — Wohn- und Lebensbereich
Nährstoffbelastung
  s. Eutrophierung
  s. Gewässerbelastung
Nährstoffkreisläufe 562
Nahrungskette 190, 531ff, 607, 634, 639, 1286ff, Tab.2.5.6, 1297ff, *(1693)*, 1710, *(2204)*
Nahrungsmittel
  s. Lebensmittel
Nationalparke 441, 451ff, *(472)*, 476ff, 2162, 2230
  — Zielkonflikt Naturschutz — Besucherverkehr 451ff, 476ff, 2162, 2195, 2227ff
Natur 334ff
  — Begriffsinhalt 337ff
  — biologische Ordnung 355, Tab. 2.1.1,
  — Komplexität 342ff, 346ff, 355, 1684ff
  — Schädigungen 335, 378, 1690f
  — Stoffkreisläufe 348ff
  — Veränderlichkeit 346ff
  — Vielfalt 337ff, 347ff
  — Zustand 335, 378, 474
  s.a. Verhältnis Mensch-Natur
Naturgüter 345, 356f, 378, 474
Naturhaushalt 18, 345, 354, 509f, 540, *(1684ff)*
  — Destruenten 348, 1815
  — Energieflüsse 349, 352
  — Erfassung und Beurteilung 378, 382ff, *(387ff)*, 471, 495, 1690

  — Konsumenten 348ff
  — Produzenten 348
  — Selbstregelung 349ff, 1691
  — Stabilität 18, 86ff, 349ff, *(571)*, *(1684ff)*
  — Stoffkreisläufe 348
  s.a. Biologische Selbstreinigung
  s.a. Umwelteingriffe
  s.a. Umweltfunktionen — Regelungsfunktion
Naturliebhaberei 339ff, 2168, 2247
Naturnutzungen 340ff, 378, 445ff, 2133ff, 2161ff, 2230ff
  s.a. differenzierte Landnutzung
Naturparke 441, 455ff, *(472)*, 476ff, 2162, 2230
  s.a. Freizeit und Erholung
Naturraumpotentiale 9, *(378)*, 2125, 2133ff, 2145
  — Erfassung und Bewertung 2139, 2145
  s.a. Umweltfunktionen
Naturschutz 334ff, 345, 354ff, 365-375, 425ff, 441ff, 458ff, 472ff, 507ff, *(1680)*, *(1684ff)*, *(2125ff)*, *(2155ff)*, 2237ff
  — Defizite 358ff, 365ff
  — Erfolglosigkeit 336, 358ff, 507ff
  — ganzheitliche Aspekte 344ff, 353f, 356ff, 360ff, 458, 507ff
  — Informations- und Kontrollsystem 186, 471, 2243
  — privatrechtliche Vereinbarungen 436ff, 497
  — Vollzugsprobleme 337, 357ff, 365ff, 505f
  — Ziele 334, 356f, 458ff, 472, 487, 508ff, 1206ff
Naturschutzbeauftragte 413
Naturschutzbehörden 365ff, Abb. 2.1.1 und 2.1.2, 470, 505f, Abb. 2.1.8, 509, *(1206)*
  — Durchsetzungsprobleme 368ff, 463, 509
  — Organisationsprobleme 365ff, 505f, Abb. 2.1.8
  — Personalprobleme 367ff, 506
  — Vollzugsprobleme 368ff, 505f
Naturschutzgebiete 431, 441ff, Abb. 2.1.6, Tab. 2.1.10-2.1.12, *(472)*, 476ff, 495, *(2161f)*, 2230ff
  — Belastungen durch Freizeit- und Erholungsaktivitäten 447ff, Tab. 2.1.12, Abb. 2.1.7, 476ff, 2161ff, 2195, 2230
  — Belastungen durch Nutzung 445ff, *(495)*, 2161
  — Fläche 431, 441ff, Abb. 2.1.6, Tab. 2.1.10 und 2.1.11
Naturschutzrecht 334, 345, 356ff, 458ff, 510, 2227ff
  — Änderungsempfehlungen 458ff, 492ff, 510
  — Bundesnaturschutzgesetz 324, 356ff, 378, *(386)*, 395, 432, 439f, 454ff, 458ff, 476ff, 510, 535, 1079, *(2120)*, 2232ff
Naturschutz-Verbände *(26)*, 372-375, 437ff, 498
Niederschlagswasser 574, 827f, 907ff, 1024, 1068, 1112, 1156ff, 1192
  s.a. Regenwasserbehandlung
Nitrat 918, 939ff, Tab. 2.4.9, 1015, Tab. 2.4.19, 1101ff, *(1237)*, 1338ff, 1777ff
  — Aufnahme durch den Menschen 1350ff, Tab.2.5.23, 1366ff, 1777ff
  — Aufnahme und Verbleib in Pflanzen 1341, 1777, 1783
  — Auswaschung 556, 599, 603f, 918, 1015ff, Tab. 2.4.19
  — Deposition 674ff, Abb. 2.3.8, Tab. 2.3.2

- Lebensmittelverunreinigungen 1237, 1247ff, 1338ff, Tab. 2.5.21-2.5.24, 1366f, 1777, 1783
- regionale Belastungsschwerpunkte 1346ff
- Trinkwasser 939, Tab. 2.4.9, 1237, 1339, 1343ff, *(1365)*, 1777, 1783
 s.a. Düngung
 s.a. Luftverunreinigung — Deposition

Nitratelimination 239, 942, 994, *(1051)*, 1055ff, 1101, 1109, 1129ff, 1142, 1222

Nitrifikation
 s. Nitratelimination

Nitrilotriessigsäure *(NTA)* 985ff

Nitrit 1353ff, 1369ff, 1777ff
- Aufnahme durch den Menschen 1354ff, Tab. 2.5.26, 1777
- Bildungsprozesse 1353ff, 1777
- Lebensmittelverunreinigungen 1353ff, Tab. 2.5.25 und 2.5.26, 1369ff, 1777

Nitrosamine 1358ff, Tab. 2.5.27-2.5.32, 1777ff
- Analytik und Verbindungen 1358ff, 1371ff
- Aufnahme durch den Menschen 1361ff, Tab. 2.5.31, 1777ff
- Bildung 1338, 1359ff, 1364ff, 1369ff, 1777ff
- Vorläuferverbindungen 1338, 1364ff, 1369ff, 1777ff
 s.a. Lebensmittelkontamination

Nitrosierung
 s. Nitrosamine — Bildung

Normenkonkretisierung
 s. Umweltstandards

Nuklid
 s. radioaktive Stoffe

Null-Emission 27, 28, 1616ff

Nutzenabschätzung *(69)*, 219ff, 1616ff
 s.a. Kosten-Nutzen-Analyse

Nutzenbewertung *(69)*, 209, 2139ff
- monetäre Quantifizierung 219ff, 223, 360

Nutzen-Risiko-Verhältnis 1616ff, *(2074)*

Nutzfahrzeugverkehr 292ff, 2048, 2100ff
- Emissionen 292ff, Tab. 1.5.6, 2048, 2053f, 2100ff
- Emissionsminderung 2100ff
 s.a. Gefahrguttransporte
 s.a. Kraftfahrzeuge
 s.a. Lärmbelastung

Nutzungsbeschränkungen 379, 436f, 445ff, 492ff 1565ff, 1574, *(1776)*, *(2110)*, 2140, 2150, 2211, 2230ff
 s.a. Lärmschutz
 s.a. Landschaftsplanung

Nutzwertanalyse 136

Oberflächenwasser 833ff, 880ff, 910, 951ff, 1028ff, 1034
 s.a. Gewässergüteüberwachung
 s.a. Rohwasserbeschaffenheit
 s.a. Trinkwassergewinnung

Objekt-Umweltverträglichkeitsprüfung
 s. Umweltverträglichkeitsprüfung

Öffentlichkeit 26ff, 41ff, 57ff, 79, 1616ff, *(2157)*, 2256ff

- Verunsicherung 1674ff
 s.a. Grenzwertproblematik
 s.a. Massenmedien
 s.a. Öffentlichkeitsbeteiligung
 s.a. Umweltbewußtsein
 s.a. Umweltpolitik — öffentliche Meinung
 s.a. Umweltsituation — öffentliche Meinung

Öffentlicher Straßenpersonenverkehr
 s. Verkehrsarten
 s. Verkehrsträger

Öffentlichkeitsbeteiligung 137ff, 437, *(1621)*, 1676, 2256
 s.a. Umweltverträglichkeitsprüfung

Ökologie 342ff

Ökologische Effektivität
 s. umweltpolitische Instrumente

Ökologischer Gewässerausbau
 s. Wasserbau — ökologischer Gewässerausbau

Ökologischer Naturalismus
 s. Umweltethik — ökozentrisch

Ökologisches Gleichgewicht
 s. Naturhaushalt — Stabilität

Ökonomie
 s. Umweltökonomie

Ökonomische Anreizinstrumente
 s. umweltpolitische Instrumente

Ökonomische Effektivität
 s. umweltpolitische Instrumente

Ökosysteme 4, 7ff, 20ff, 343ff, 488ff, 842ff, 1684ff, *(1702ff)*
- aquatische *(7)*, 491, 842ff, 1018ff, 1078ff, 1133, 1170, 1200, 1211, *(1702)*
- Energiehaushalt 349
- Gesamtzusammenhänge 360ff, 378, 1684ff, *(1702ff)*
- künstliche 20, 343ff, *(488ff)*
- Modellökosysteme 1708
- natürliche 20, 22, 343ff, *(488ff)*
- naturbetonte 343ff, *(429)*, *(438)*, *(488ff)*, 494, 635f
- Stabilität 349, *(1018)*, *(1684ff)*
- Typen 488ff

Ökosystemschutz
 s. Naturschutz
 s. Biotopschutz

Ökotop
 s. Biotop
 s. Ökosysteme

Ökotoxikologie 216, 511ff, 533, 1684ff, 1702ff, 1714ff
- exogene Faktoren 1689
- indirekte Wirkungen 1688
- Ökotoxikodynamik 1702ff
- Ökotoxikokinetik 1692ff
- Prüfparameter und -verfahren 1173, 1687ff, 1693ff, 1702ff, *(1719)*
 s.a. Wirkungsanalyse

Ölpest 933

Olfaktometrie
 s. Geruchsmessung

Organische Verbindungen *(551)*, 1879, 1918, 1959, 2044ff

— DOC 956ff, Tab. 2.4.10, 964f, 973ff, Abb. 2.4.4, 1155
s.a. chlororganische Verbindungen
s.a. Luftbelastung — organische Verbindungen
s.a Trinkwasseraufbereitung

Organohalogenverbindungen 512-530, 733, 888, 907, 934f, 943, 964, 972ff, Abb. 2.4.5, 1043ff, 1099ff, 1110f, 1132ff, 1279ff, 1784ff, 1959
— Frauenmilch 1279ff, 1784ff

Oxidantien
s. Photooxidantien

Ozon 184, 190, 705ff, Tab. 2.3.21 u. 2.3.22, 718, 724ff, Abb. 2.3.13 u. 2.3.14, 757, 2049
— Bildung und Abbau 724ff, 2049
s.a. Luftüberwachung
s.a. Luftverunreinigung
s.a. photochemische Umwandlungsreaktionen
s.a. photochemischer Smog
s.a. Photooxidantien

Ozonschicht 757, (1689)
— Fluorchlorkohlenwasserstoffe 757

PAK
s. Kohlenwasserstoffe — polyzyklische aromatische

Paretooptimale Zustände 88
s.a. Umweltpolitik — Zielkonflikte

Partikelemission
s. Kraftfahrzeuge — Partikelemission
s. Luftverunreinigung — Partikelemission

Passivrauchen
s. Zigarettenrauch — Passivrauchen

PCB
s. polychlorierte Biphenyle

Peroxiacetylnitrat (PAN) 724
s.a. Photooxidantien

Persistenz
s. Pestizide

Personenverkehr 293, Tab. 1.5.7, 2057ff, 2075ff

Perzentile 658, 661
s.a. Luftbelastung
s.a. Luftüberwachung

Pestizide 606ff, 907, 919, 945ff, 1031, (1703), 1784
— Abbaubarkeit 607ff, 950, 1784
— chlororganische 512ff, 1237, 1279ff, Tab. 2.5.2-2.5.4, (1697), 1784
— Persistenz 607ff, 950, (1693), 1784
— Wirkung 607ff, 1784ff

Pestizidrückstände (187), 607ff, 1236ff, 1279ff, Tab. 2.5.2-2.5.4

Pflanzen 426ff, (635f), 2187ff
— Belastung durch Schadstoffe (431), 1282, 1958
— Gefährdung 426ff, 490ff, 2190, 2195ff
— Rote Liste 428
s.a. Artenrückgang
s.a. Vegetationsschäden

Pflanzenschutz 436, (772)

Pflanzenschutzmittel 270f, 599, 606ff, 919, 945ff, 1103ff, 1239, (1246), (1660)
— Abbaubarkeit 607ff
— Anwendungsverzicht 436, (1042)

— Persistenz 607ff
— Zulassung 609, (1042), 1104f
s.a. Bodenbelastungen
s.a. Grundwasserverunreinigung
s.a. Pestizide

Pflanzenschutzrecht 641f

Pflanzenwurzeln 540, 555ff, 582ff, 634, 1332, 2200

Phosphatbelastung 983ff, Tab. 2.4.14

Phosphatelimination 988ff, 1055ff, 1109, 1129, 1142, 1221
s.a. Abwasserbehandlung

Phosphatersatzstoff
s. Nitrilotriessigsäure (NTA)

Photochemischer Smog 717f, 724ff, Abb. 2.3.13 u. 2.3.14, 787
s.a. Photooxidantien

Photochemische Umwandlungsreaktionen 724ff, Abb. 2.3.13 u. 2.3.14, 787, (1957)
— Modellrechnungen 726ff, 787, 825f

Photooxidantien 184, 190, (690), 705ff, 718, 724ff, 825f, (1698), 2049
s.a. Luftverunreinigung
s.a. Waldschäden

Photostationäres Gleichgewicht
s. photochemische Umwandlungsreaktionen

Planung (130), 197, 378ff, 459ff, 2235ff
s.a. Bauleitplanung
s.a. Landschaftsplanung
s.a. Raumplanung
s.a. Stadtentwicklungsplanung
s.a. Umweltverträglichkeitsprüfung
s.a. Verkehrsplanung

Planungs-Umweltverträglichkeitsprüfung
s. Umweltverträglichkeitsprüfung

Polychlorierte Biphenyle 512ff, Tab. 2.1.17, 815, 1032, 1237ff, 1249, 1279ff, Tab. 2.5.2-2.5.6, Abb.2.5.1, 1672, 1784ff, 1959
— Belastung wildlebender Tierarten 512ff-530, Tab. 2.1.15 und 2.1.16, Abb. 2.1.10, Tab. 2.1.18-2.1.20

Polychlorierte Dibenzodioxine
s. Dioxine

Polychlorierte Dibenzofurane
s. Furane

Polyzyklische aromatische Kohlenwasserstoffe
s. Kohlenwasserstoffe — polyzyklische aromatische

Postmaterialismus
s. Grundwerte

Primärenergieverbrauch 287, 295

Prinzipien der Umweltpolitik
s. Umweltpolitik — Prinzipien

Private Haushalte 286-288, 294ff, 975, 1848ff, 1856, 1917ff, 2017
s.a. Emittentengruppe — Haushalte

Produktionsbeschränkung 1042, 1046, 1049, 1224

Produktionsentwicklung
s. Wirtschaftentwicklung

Produktionsfunktion
s. Umweltfunktionen

653

Produktionsprozesse 20, 202, 284
  s.a. technologische Entwicklung
  s.a. Umwelteingriffe
Produzenten
  s. Naturhaushalt — Produzenten
Produzierendes Gewerbe 267, 272ff, 1855
Projekt-Umweltverträglichkeitsprüfung
  s. Umweltverträglichkeitsprüfung

Quecksilber 513ff, Abb. 2.1.11, 1241, 1296ff
Quellwasser
  s. Grundwasser

Radikalchemie
  s. photochemische Umwandlungsreaktionen
  s. Luftchemie
Radioaktive Emissionen
  s. Kernkraftwerke — radioaktive Emissionen
Radioaktive Stoffe 531ff, 554ff, 907, *(1819)*, 1930ff, 1976ff
Radioaktivität *(111)*, 554ff, 1929ff, 1976ff
  s.a. Abfall — radioaktiv
  s.a. Kernenergie
  s.a. Vorsorgeprinzip
Radwege 2166
Rasenmäherlärm
  s. Lärmbelastung — Freizeitlärm
Rauchen
  s. Zigarettenrauch
Rauchgas
  s. Entstickung
  s. Staubemission — Emissionsminderung
Rauchgasentschwefelung *(996)*, 1872ff, 1960
  — Endprodukte *(996)*, 1874ff, 1960
Raumansprüche
  s. Umweltansprüche
  s. Umwelteingriffe
Raumentwicklung 2118ff, 2142ff, 2146f
Raumordnung *(386ff)*, 395ff, 480ff, 1206ff, *(1577)*, *(2110ff)*, 2118ff, 2127ff, 2142ff, 2153ff, 2227ff, 2235ff, 2248
  — Beiträge zur Umweltpolitik 2127ff
  — Defizite in der umweltorientierten Zielsetzung 2148ff, 2157ff
  — Handlungsspielraum 2153ff
  — räumlich relevante Umweltprobleme 2133ff, 2227ff
  — Ziele und Leitbilder 2142ff
Raumordnungsverfahren 481, 2125, 2129ff, 2236ff, 2257ff
Raumplanung 380ff, 395ff, *(1577)*, 2118ff, 2127ff, 2142ff, 2153ff, 2227ff, 2235ff, 2248
  — Stellung und Ziele innerhalb der Gesamtplanung 2118-2126
REA-Gips
  s. Rauchgasentschwefelung — Endprodukte
Recycling
  s. Abfallverwertung
Regeln der Technik 92, 1064ff, 1131ff
  s.a. Abwasserbehandlung
  s.a. Stand der Technik

Regelungsfunktion
  s. Umweltfunktionen
Regenwasserbehandlung 900, 912, 1048, 1068ff, 1112, 1156ff, 1192ff, 1226
Regionalplanung *(388)*, 395ff, 1206ff, 2119ff, 2158ff, 2235ff
Rehe 524ff
  — Äsungspflanzenselektion 526, Tab. 2.1.24
  — Belastung mit radioaktiven Substanzen 531ff
  — Schadstoffbelastungen 524ff, Tab. 2.1.21-2.1.27, Abb. 2.1.13 und 2.1.14
Reinigungen 282
  s.a. Emittentenbereich Dienstleistungssektor
Reinluftgebiete *(527)*, 651ff, 658ff, 670ff, 677ff, 685ff, 708ff, Tab. 2.3.23
  s.a. Luftüberwachung
Reitsport
  s. Freizeitaktivitäten — Reitsport
Rekultivierung 631, 634, 2189
Renaturierung
  s. Wasserbau — ökologischer Gewässerausbau
Ressourcen 9, 15, 24, 351ff, 472, 1678
  — Ausbeutung 351ff,
  — Knappheit *(146)*, 153, 206ff, 1986
  — Sicherung 2145
Restrisiko
  s. Risiko — nicht bestimmbares
Richtwerte 29f, 117, 883, 1245ff, 1270f, 1298, 1426ff, 1433ff, 1447, 1460, 1620, 1681ff, *(2225)*
  s.a. Emissionsrichtwerte
  s.a. Immissionsrichtwerte
  s.a. Risikoanalyse
  s.a. Rohwasserbeschaffenheit
  s.a. Umweltstandards
Risiko 1612, 1674ff, 1925, 1932, 1961ff
  — Akzeptanz 1676, 1961f
  — bestimmbares 1674ff, 1714ff
  — nicht bestimmbares 1674ff, 1714ff, 1721, 1970ff, 1990, 2019
Risikoabschätzung *(69)*, 94ff, 106, 112ff, 1118, 1233ff, 1245ff, 1252ff, 1612ff, 1629, 1651, 1655-1677, 1684ff, 1702ff, 1714ff, 1731ff, 1790
  — Sicherheitsfaktoren 1657ff, 1673ff, *(1721)*, 1771, 1784
Risikoanalyse 189, 1612ff, 1655-1677, 1940, 1973f, 1990, 2019f, 2069
Risikobewertung *(69)*, *(768)*, 1612ff, 1655-1677, *(1721)*, 1790, 1975ff, 1990, 2019f
Risikogruppen
  s. Gesundheitsschutz — Risikogruppen
Rohstoffe 537, *(631)*
Rohstoffgewinnung 20
  s.a. Altlasten
  s.a. Umwelteingriffe
Rohwasserbeschaffenheit 194, *(573)*, 833, 874ff, 881ff, Tab. 2.4.2, 935, 952ff, 1034ff, 1132
  s.a. Trinkwassergewinnung
Rote Listen
  s. Artenschutz

Rückstände *(Lebensmittel)*
s. Lebensmittelverunreinigungen

Rückstandsverwertung
s. Abfallverwertung

Salze
s. Gewässerbelastung — Salze
s. Tausalz

Sanktionsinstrumente
s. umweltpolitische Instrumente

Saprobitätsindizes
s. Gewässergüte

Satellitenbild
s. Fernerkundung

Satellitensysteme
s. Umweltökonomie — volkswirtschaftliche Gesamtrechnung

Saure Niederschläge 578ff, 725, 857
s.a. Bodenversauerung
s.a. Gewässerversauerung
s.a. Photooxidantien

Sauerstoffhaushalt
s. Gewässergüte — Sauerstoffhaushalt

Schadensbewertung 215ff, *(1613)*, 2070
s.a. Umweltschäden — monetäre Quantifizierung

Schadensersatz
s. Haftungsrecht

Schadensschwelle
s. Grenzwertfestsetzung
s. Schädlichkeitsschwellen
s. Umweltschäden

Schadstoffe
s. Umweltschadstoffe

Schadstoffabbau 512ff, *(550)*, 607ff, 860f, *(1627)*, *(1638)*

Schadstoffanalytik 513, 740, 1617ff, 1695ff
s.a. Spurenanalytik

Schadstoffanreicherung 184, 512ff, *(550)*, *(639)*, 810, 860, 931, 982, *(1010)*, 1032, 1117, 1134ff, 1243, 1279ff, 1286ff, 1315, *(1627)*, *(1638)*, 1700, 1711, 1757, 1784ff

Schadstoffarmer Pkw
s. Kraftfahrzeuge — schadstoffarmer Pkw

Schadstoffaufnahme durch Lebensmittel 1233ff, 1240ff, 1252ff, 1256ff, 1279ff, 1296ff, 1315ff, 1757ff, 1777ff, 1784ff
— Häufigkeitsverteilung der Stoffkonzentrationen 1248, 1254, 1267, 1281, 1771, Abb. 3.1.4
— resorbierte Mengen 1244, 1252ff, 1266, 1312ff, 1325ff, 1757
— zugeführte Mengen 1244ff, 1252ff, 1312ff, 1325ff, 1757

Schadstoffbelastungen 184f, *(1692ff)*, *(1702ff)*, 1953ff, *(2029)*, 2039ff
— Belastungstrends 1699, 1713, 1749, 1982ff, Tab. 3.2.14 und 3.2.15
— s.a. Lebensmittelverunreinigungen

Schadstoffbelastungen wildlebender Tierarten 934, 1710
— Endglieder von Nahrungsketten 515, *520*, 1710
— Fische 516ff, Tab. 2.1.15 und 2.1.16
— Kleinsäuger 514, Abb. 2.1.9, *523*, Tab. 2.1.10
— regionale Unterschiede 514, 518, Abb. 2.1.9 und 2.1.10, 521ff, Tab. 2.1.23, Abb. 2.1.14
— Rehe 524ff, Tab. 2.1.21-2.1.27, Ab. 2.1.13 und 2.1.14
— Tiere der Ästuarien und Meeresküsten 516ff
— Vögel und Vogeleier 518ff, Abb. 2.1.10-2.1.12, Tab. 2.1.18 und 2.1.19
— Wild 527ff, Tab.2.1.25 und 2.1.27
s.a. Rehe

Schadstoffdeposition *(255)*, 554ff, 573ff, 648ff, 685ff, 1117ff, 1297ff, *(2029)*
s.a. Luftverunreinigung — Deposition

Schadstoffempfindlichkeit 1252ff, 1638, 1658ff, 1667ff, 1746, 1770, 1777
s.a. Gesundheitsschutz — Risikogruppen

Schadstoffexposition 812, 1240, 1252ff, 1372, 1612ff, 1622ff, 1645ff, 1655ff, 1670ff, 1757

Schadstofffracht 108, 199, 956f, 979, 1029, 1050, 1068ff, *(1093)*, 1126, 1186

Schadstoffgemische 1672f, 1738

Schadstofflisten
s. Umweltstandards

Schadstoffremobilisierung 988, 1137, 1244, 1287ff, *(1627)*, *(1689)*, 1785

Schadstoffresorption 1244, 1252ff, 1266, 1312ff, 1325ff, 1638, 1757, 1767ff

Schadstofftransport 185, 190f, 634, 721ff, 766, 781ff, 821ff, 1956
— grenzüberschreitend 198ff, 781ff, 797, 821ff, 2020, 2134
s.a. Gefahrguttransporte

Schadstoffumwandlungen *(191)*, 512ff, *(550)*, 724ff, 856, *(1627)*, *(1638)*, 1666, 1692ff, 1777ff, 1956

Schadstoffverbleib 184ff, 271, 512ff, *(550)*, 554ff, 576ff, 618f, 634, 1010, 1297ff, *(1627)*, *(1638)*, *(1674)*, 1687ff, 1692ff
— Lebensmittelverunreinigungen im menschlichen Körper 1266, 1279ff, 1287ff, 1338-1373, 1757, 1766ff, 1777ff, 1784ff
— Verlagerungen auf andere Medien 121, 184ff, 271, 557, 571f, 634, 854-862, 1117, *(1140)*, 1225, 1265, *(1692)*

Schadstoffwirkungen 607ff, 810, 1189f, 1240ff, 1614ff, 1622ff, 1629ff, 1655ff, *(1666)*, 1684ff, *(1714ff)*
s.a. Kombinationswirkungen
s.a. Ökotoxikologie
s.a. Toxikologie
s.a. Wirkungen

Schädlichkeitsschwellen 102ff, 1240ff, 1245ff, 1283, 1289, 1426ff, 1441, 1485f, 1622ff, *(1644)*, *(1663)*, 1684ff, 1731f, 1769
s.a. Umweltstandards

Schallausbreitung 1390ff, Abb. 2.6.3, 1401ff, 1405, 1506
— meteorologische Bedingungen 1390ff, Abb. 2.6.3, 1401ff,

Schalldämmung 1558, 1592, 1603
s.a. Schallschutz

655

Schalleistungsmessungen 1386, 1394ff, 1400ff
Schallemissionen 1386, *(1400)*
Schallimmissionen 1387
— Berechnungsverfahren 1399ff, 1404ff
— Prognosen 1393, *(1400)*
Schallmessung 1390ff, 1421-1424
— Eichung 1398
Schallpegel 1425, Abb. 2.6.4
— äquivalenter Dauerschallpegel 1381, 1419f, 1428f
— Beurteilungspegel 1410ff, 1450, 1542
— Fremdgeräuschpegel 1396, 1399ff, 1433ff
— Maximalpegel 1418-1420, 1443, 1447, Abb. 2.6.6, 1520, 1530
— Mittelungspegel 1401, 1403, 1443, 1530ff
— Nutzschallpegel 1396
— Schalldruckpegel 1387, 1390
— Schalleistungspegel 1388, 1394ff
— Wirkpegel 1401
Schallquelle 1386, 1407ff, *(Abb. 2.6.4)*
Schallschutz *(1434)*, 1503ff, 1518, 1533ff, 1540ff
— Schallschutzfenster 1506, *(1585)*, 1586ff
— Städtebau 1554ff, 1578ff, 1585, 1592, 1598
s.a. Lärmschutz
Schelfmeer
s. Gewässerschutz — Schelfmeer
Schienenverkehr 1403ff, 1528ff, 1589, *(1854)*, 2023ff, 2061, 2075
— Lärmemissionen 1529ff, Tab. 2.6.19 und 2.6.20, Abb. 2.6.17, 1589
— Lärmimmisionen 1530ff, Tab. 2.6.19 u. 2.6.20, Abb. 2.6.17, 1589
— Lärmschutz 1533ff, Abb. 2.6.18 u. 2.6.19, 1589
s.a. Lärmbelastung — Schienenverkehr
Schießlärm 1570, Tab. 2.6.26, 1573ff, 1596ff, 2204
s.a. Lärmbelastung — Freizeitlärm
s.a. Lärmbelastung — Militär
Schießsport
s. Freizeitaktivitäten — Schießsport
Schiffahrt 851, 896, *(1536ff)*, *(1854)*, 2023ff, 2060, 2066
s.a. Wasserverkehrslärm
Schlacke 743ff
— Dioxine und Furane 743ff, Tab. 2.3.28 u. 2.3.29
s.a. Abfallverbrennung
Schlafstörungen *(lärmbedingte)*
s. Lärmwirkungen — Schlafstörungen
Schlammbehandlung
s. Klärschlamm — Behandlung
Schlammbelebungsverfahren
s. Abwasserbehandlung — biologisch
Schneller Brüter
s. Kernkraftwerke
Schutzgüter 82, 1608, 1678ff, 1800, 2259
— Neuorientierung des Schutzgutdenkens 82, 1683, *(2259)*
Schutzstandards
s. Umweltstandards — Typen
s. Schutzwürdigkeitsprofile
Schutzwürdigkeitsprofile 30, 39, 40, 94ff, 116, 124, 136, 460, *(1680)*

s.a. Umweltstandards
Schwebstaub 677f
— schwefelhaltig 664, Tab. 2.3.2, 719
— stickstoffhaltig 673ff, Tab. 2.3.2
s.a. Luftüberwachung
s.a. Luftverunreinigung — Schwebstaub
Schwebstaubimmission 677ff, Abb. 2.3.5, Tab. 2.3.6, 2.3.7 und 2.3.10, 715, Abb. 2.3.12, 750f, *(782ff)*,
— Entwicklung 677ff, Tab. 2.3.6, Abb. 2.3.9 und 2.3.10
— Immissionskennwerte 667ff, Abb. 2.3.5
— regionale Unterschiede 667ff, Tab. 2.3.5 und 2.3.6
Schwebstaubinhaltsstoffe 667ff, 1954
— anorganische 678ff, Tab. 2.3.7 und 2.3.9
— Blei 678ff, Tab. 2.3.6 und 2.3.8, 1297ff
— Cadmium 678ff, Tab. 2.3.6 und 2.3.8, 1297ff, 1315ff, 1767
— organische 683ff, Abb. 2.3.9, Tab. 2.3.10 und 2.3.11, 715, Abb. 2.3.12, 2049
Schwefeldeposition 665ff, Abb. 2.3.5, Tab. 2.3.2
s.a. Luftverunreinigung — Deposition
Schwefeldioxidemission 190, 296, Tab. 1.5.8, 300ff, Abb. 1.5.3, Tab. 1.5.11, 1873, 1901, 1918, 1956, 1982ff
— ECE-Luftreinhaltekonvention 190, 800, 823
— Emissionsminderung 766ff, 776f, Tab. 2.3.31, 798ff, 823ff, 1860ff, 1873ff, 1901, 1956
Schwefeldioxidimmission 300, 578, Tab. 2.3.2, 660ff, Abb. 2.3.2 und 2.3.3, Tab. 2.3.3, *(782ff)*
— Entwicklung 662, Tab. 2.3.3
— Immissionskennwerte 661ff,
— regionale Unterschiede 661ff
Schwefelhaltiges Aerosol
s. Schwebstaub — schwefelhaltig
Schwellenwerte
s. Schädlichkeitsschwellen
s. Wirkungsschwellen
Schwer abbaubare Stoffe 861, 907, 911, 972ff, 1031ff, 1100, 1110f, 1143, 1179, 1185
s.a. Gewässerbelastung
Schwermetalle *(300)*, 577, 600f, 615, 618f, Abb. 1.5.2, 907, 931, 957f, 979ff, Tab. 2.4.12 u. 2.4.13, 1032, 1073, 1134ff, 1185, 1196ff, 1262, 1296ff, 1329ff, 1757ff
— Belastung wildlebender Tierarten 512ff, 521
— Komplexbildung 512, 986ff
— Pflanzenverfügbarkeit 1298, 1333
s.a. Gewässerbelastung
s.a. Klärschlamm
s.a. Luftverunreinigung
s.a. Schwebstaubinhaltsstoffe
s.a. Staubinhaltsstoffe
Schwingungen 1472ff, *(1535)*
Scoping-Verfahren 137f
s.a. Umweltverträglichkeitsprüfung
Screening
s. Umweltqualitätsüberwachung
Seen 839f, 880
s.a. Gewässertypen
Sekundärbiotope
s. Bioptope — Sekundärbiotope

Selbstreinigung
  s. Biologische Selbstreinigung
Selen 689, Tab. 2.3.18
Sensibilisierungsreaktionen
  s. allergene Stoffe
Seveso-Unfall
  s. Dioxine
Sicherheitsanalyse 778ff, 1964ff, 1990, 2020
  s.a. Störfall-Verordnung
Sicherheitstechnik 778ff, 1922ff, 1938ff, 1964ff, 1990, 2020
  s.a. Kernkraftwerke
  s.a. Störfall-Verordnung
Sickerwasser
  s. Deponiesickerwasser
Siedewasserreaktoren
  s. Kernkraftwerke
Siedlungsabfälle
  s. Hausmüll
Siedlungsflächen 419, 624ff, *(637)*, 2112ff, 2152, 2176ff, 2237
Siedlungsstruktur *(419)*, *(624ff)*, 2112ff, 2146f, 2153ff, 2176ff, 2219ff
Smog 717ff, 1750ff
  — Typen 717ff
  s.a. Atemwegserkrankungen
  s.a. Photochemischer Smog
  s.a. Winter-Smog
Smog-Alarm 723, 782ff, 821
  — Auslösekriterien 782ff, 1751
Smog-Episoden 721ff, 781ff, 821ff, 1744, 1750ff
Smog-Frühwarnsystem *(647)*
Smog-Gebiete 781ff, 821
Smog-Verordnungen 720ff, 781ff, Tab. 2.3.30, 821ff
Sonderabfälle *(282)*, *(1067)*
Sonderabfallbeseitigung
  s. Abfallbeseitigung
Sonneneinstrahlung 717, 724ff, 751, 2006
  s.a. photochemischer Smog
Sonnenenergie
  s. Energienutzung — Nutzung regenerativer Energiequellen
  s. Energieträger — Sonnenenergie
Sozialprodukt
  s. Bruttosozialprodukt
Sozialstruktur 262f, 286-288
  s.a. Wirtschafts- und Sozialstruktur
Spielplatzlärm
  s. Lärmbelastung — Wohn- und Lebensbereich
Sportanlagen 1567ff, 1596ff
  — Lärmemissionen 1567ff, Tab. 2.6.26, 1596ff
  s.a. Lärmbelastung — Freizeitlärm
Sprays
  s. Fluorchlorkohlenwasserstoffe
Spurenanalytik 1152, 1235, 1617ff, 1695ff
  s.a. Lebensmittelanalytik
Spurengase Tab. 2.3.23, 708, 724ff, 756ff
Stadtentwicklung 2113ff, 2120, 2146ff

Stadtentwicklungsplanung *(2120)*, 2146f, 2159
Stadtklima 2149
Städtebau *(390)*
Stäube
  s. Staub
  s. Schwebstaub
Stand der Technik 151, 773, 805ff, 813, 1064, 1110, 1546ff, 1589, 1682, 1860, 2083
  s.a. Wasserhaushaltsgesetz
Standardsetzung
  s. Grenzwertfestsetzung
Statistische Methoden
  s. Wirkungsanalyse — statistische Aussagen und Methoden
Staub 676, 685
  — Bestandteile 676
  s.a. Schwebstaub
Staubemission 1861, 1872, 1901, 1918, 1953ff, 1982ff, 2029, 2049
  — Emissionsminderung 771, 776f, Tab. 2.3.31, 805, 1872, 1901, 1953ff
Staubfilter *(743ff)*, 1953f
  s.a. Abfallverbrennung — Dioxinbildung und -zersetzung
Staubimmission 676ff, *(685ff)*, 750f
  s.a. Luftüberwachung
  s.a. Luftverunreinigung
Staubinhaltsstoffe 676ff, 685ff, Tab. 2.3.12
  — Metalle 688ff, Tab. 2.3.12, 2.3.14 — 2.3.16, 1954
  — organische Verbindungen 690, 2049
Staubniederschlag 650f, 685ff, Tab. 2.3.11-2.3.18, Abb. 2.3.10 und 2.3.11
  — Blei 688ff, Tab. 2.314 — 2.3.17, Abb. 2.3.10 und 2.3.11, 1297ff
  — Cadmium 688ff, Tab. 2.3.14 — 2.3.17, Abb. 2.3.10 und 2.3.11, 1315ff
  — Entwicklung 686ff, Tab. 2.3.13 und 2.3.14
  — regionale Unterschiede 685ff, Tab. 2.3.12
  s.a. Luftüberwachung
  s.a. Luftverunreinigung — Deposition
Stauseen 837, 963ff, *(1077)*, 2211
  s.a. Eutrophierung
Steuervergünstigungen
  s. umweltpolitische Instrumente — Gemeinlastprinzip
Stickoxide
  s. Stickstoffoxide
Stickstoffabgabe 157
  s.a. Abgabenlösungen
  s.a. umweltpolitische Instrumente
Stickstoffdeposition 579, 589, 674ff, Abb. 2.3.8
Stickstoffdüngung 270, 602ff, Tab. 2.2.3, 697, 1015, 1339
Stickstoffelimination 239, 942, 994, *(1051)*, 1055ff, 1101, 1109, 1129ff, 1142, 1222
  s.a. Abwasserbehandlung
Stickstoffhaltiges Aerosol
  s. Schwebstaub — stickstoffhaltig

Stickstoffoxidemission Tab. 1.5.11, 239, 1877, 1901, 1918, 1982ff
— Energiesektor 294-298, Tab. 1.5.8, 1877, 1901, 1918
— Kfz-Verkehr 291ff, Tab. 1.5.5. und 1.5.6, 670, 2046ff, 2087, Abb. 3.3.1

Stickstoffoxidimmission 578, 660, Tab. 2.3.2, 669ff, Abb. 2.3.6 und 2.3.7, *(718)*, *(724ff)*,
— Entwicklung 670, Abb. 2.3.6, 710ff, Tab. 2.3.25
— Immissionskennwerte 670ff, Abb. 2.3.6, 710ff
— regionale Unterschiede 670ff
s.a. photochemischer Smog

Stickstoffoxide
— Emissionsminderung 766ff, 776ff, Tab. 2.3.31, 806, 824, 1860ff, 1878ff, 1901
— Stickstoffdioxid 669ff, Tab. 2.3.2
— Stickstoffmonoxid 669ff, Tab. 3.2.2

Stickstoffverbindungen 992ff, Tab. 2.4.15, 674ff

Stillen von Säuglingen
s. Frauenmilch

Störfall-Verordnung 778ff, Tab. 2.3.30, 816

Stoffkreisläufe 551, 576

Stoffwechselprozesse 20, 551, 1778
s.a. Umwelteingriffe

Strahlenexposition 1932ff, Tab. 3.2.13, 1949, 1977ff, 2020

Strahlenschutzverordnung 1930ff, 1949, *(2019)*

Straßenbahn
s. Schienenverkehr

Straßenbau 420ff, 1499, 1582, 2026, *(2115)*, 2237ff
s.a. Verkehrsstraßen

Straßenverkehr 290-293, *(420ff)*, 1498ff, *(1854)*, 2023ff, 2057ff, 2066ff, 2075ff
s.a. Emissionsminderung
s.a. Lärmbelastung

Streu
s. Waldstreu

Stromerzeugung 1027, 1825ff, 1833ff, Abb. 3.2.3 und 3.2.4, Tab. 3.2.4-3.2.7, 1843f, Abb. 3.2.5, 1867-1895, *(1905)*, 1975, 1993ff, 2002ff, *(2015)*

Strompreise 1881ff, 1985, 1998, 2006ff, 2015

Stromverbrauch 1815ff, 1999

Strontium 554ff

Strukturveränderungen 53, *(109)*, 263ff, 277, 2062, *(2176ff)*
s.a. Emissionsentwicklung
s.a. Umweltproblembewältigung
s.a. Wirtschaftsentwicklung

Subventionen
s. umweltpolitische Instrumente — Gemeinlastprinzip

Sukzession 349, 488

Sulfat 664ff, Abb. 2.3.5
s.a. Schwebstaub — schwefelhaltig
s.a. Schwefeldeposition

Summenparameter
s. Umweltqualitätsüberwachung

Synergistische Wirkung
s. Kombinationswirkungen

Systemveränderung
s. Umweltproblembewältigung

TA-Abfall *(1115)*

TA-Lärm 1399ff, 1543ff, 1548ff

TA-Luft 97, 239, 324, 766ff, Tab. 2.3.30, 816, 1680ff, 1816ff, *(1846)*, 1898ff, 2016
— Anforderungen an Altanlagen 773ff, 1861, 1901
— Novellierung 772ff, 816, 1680ff, *(1846)*, 1861, 1899ff

Talsperren 838, *(880)*, 963ff, *(1077)*
s.a. Stauseen

Tausalz 628, 1191

TCDD
s. Dioxine

Technikakzeptanz 44ff, 59, 1819f

Technikfolgenabschätzuung *(35)*, 59, 72, *(1607)*

Technikskepsis
s. Technikakzeptanz

Technischer Fortschritt 53, 263ff, 287, *(2110)*
— öffentliche Meinung 44, 53-59
s.a. Emissionsentwicklung
s.a. Umweltproblembewältigung

Technologische Entwicklung 263ff, 284

Techno-Ökosysteme
s. Ökosysteme — künstliche

TEMES-Meßnetz 648ff, 671, Tab. 2.3.4, 691
s.a. Luftmeßnetze

Testorganismen
s. Toxikologie — Auswahl von Testorganismen

Thallium 689

Tiefflug
s. Fluglärm — militärischer Flugbetrieb

Tierarzneimittel 1239

Tiere 425ff, 511ff, 1468-1472, *(1488)*
— Belastungen des Fettgewebes 513ff, *(520)*, 528ff
— Belastungen durch radioaktive Substanzen 531ff
— Belastungen durch Schadstoffe *(431)*, 511ff
— Belastungen von Eiern 518ff, Abb. 2.1.10 und 2.1.11
— Belastungen von Organen 513ff, *(520)*, 524ff, Tab. 2.1.21-2.1.25
— Belastungstrends 521ff, 529f
— Gefährdung 426ff, 490 *(1690f)*, 2193, 2201
— Lärmwirkungen 1468-1472, 2201
— Population 431, 1691, 2201, 2214ff
— Rote Liste 426ff
— Schadstoffanreicherung 512ff
— Schadstoffverbleib 512ff
— Schutz 436, *(772)*, 1471
— Störung und Vertreibung 430ff, 852, *(998)*, 1468ff, 2185, 2193, 2201, 2213-2218, 2253
s.a. Artenrückgang
s.a. Lebensmittelbelastungen nach Vorkommen und Herkunft
s.a. Schadstoffbelastungen wildlebender Tierarten

Tierhaltung
s. Tierproduktion

Tierproduktion 611ff
- Abfallprobleme 611ff
s.a. Gülle

Tierversuche 1632-1638, 1655ff, 1664ff, 1677, 1703ff, *(1762ff)*, *(1778)*
- Grenzen der Erfaßbarkeit von Wirkungen 1636f, 1666, 1677, 1705
- Notwendigkeit und Berechtigung 1633ff, 1639

Tourismus
s. Fremdenverkehr

Toxikologie 1246ff, 1289ff, 1622ff, 1634ff, 1655ff, 1672ff, *(1686ff)*, 1777ff, 1784ff
- Auswahl von Testorganismen 1690, 1700, 1703ff, 1720
- Grenzwerte 738, 1249ff, 1612ff
- Teilgebiete 1686
- Toxikodynamik 1628
- Toxikokinetik 1627, 1638, 1655, 1768ff, 1780
s.a. Ökotoxikologie
s.a. Wirkungsforschung

Toxizität 1613, 1634ff, 1655ff, 1703
- akut 1634f
- chronisch 1635f, 1656, 1758, 1767ff
- Dioxine und Furane 738f, 814, 1289ff, 1784ff
s.a. Schadstoffwirkungen

Trägerfunktion
s. Umweltfunktionen

Transmission
s. Schadstofftransport
s. Schadstoffumwandlungen
s. Schadstoffverbleib

Transport gefährlicher Güter
s. Gefahrguttransporte

Trassenführung
s. Verkehrswegeplanung

Treibgase
s. Fluorchlorkohlenwasserstoffe

Treibhauseffekt 756ff
s.a. Kohlendioxid

Trinkwasseraufbereitung 874ff, *(890)*, 935ff, 951ff, 989, 1034ff, 1098ff, 1132ff, *(1347)*, 1349

Trinkwassergewinnung 833f, 874ff, 935ff, 961ff, 1030ff, 1098ff
- Grundwasser 879, 936ff, 1035f, 1164
- Oberflächenwasser 880ff, 951ff, 1030ff, 2210ff

Trinkwasserhygiene *(874)*, 1045, 1798

Trinkwasserleitungen 1304ff, 1318, 1356

Trinkwasserqualität 939ff, Tab. 2.4.9, 1037ff, 1041ff, 1098ff, 1303ff, 1344
- EG-Richtlinien 883ff, Tab. 2.4.2, Tab. 2.4.27, 1088ff
- Minimierungsgebot 1042, 1099

Trinkwasserschutzgebiete 604, 1164, 2185, 2190
s.a. Grundwasserüberwachung

Trinkwasserverordnung *(239)*, 874, 944ff, 1041ff, 1088ff, 1103ff, 1132ff, 1268, 1303ff, 1344, 1355,

Trinkwasserversorgung 194, *(226)*, 833f, 874ff, 1034, 1134, 1347, 2177ff

Trinkwasserverunreinigungen 879, 1237, 1303ff
- Blei 1237, 1303ff, *(1751ff)*
- Cadmium 1317f

- Nitrat 939, Tab. 2.4.9, 1339, 1343ff, *(1777)*, 1783
- Nitrit 1355ff, *(1777)*
- Pestizide 945ff, 1103
- regionale Belastungsschwerpunkte 1346ff

Tropfkörperverfahren
s. Abwasserbehandlung — biologisch

Truppenübungsplätze
s. militärische Übungsplätze

Überbauung
s. Bebauung

Überprüfung von Lebensgewohnheiten
s. umweltgerechtes Handeln
s. Umweltproblembewältigung

Überschallknall
s. Fluglärm

Ufer
s. Gewässerufer

Uferfiltrat 878, *(880)*
s.a. Trinkwassergewinnung

Ultraschall 1487-1489

Umgebung
s. Umwelt — Begriffsbestimmung

Umfrageforschung
s. Meinungsforschung

Umwelt
- Begriffsbestimmung 1ff, 24
- natürliche und kultürliche 4ff, 14, 19ff
- räumliche Strukturelemente 6ff
- spezifische 10
s.a. Umweltfunktionen

Umweltansprüche 9ff, 22ff, *(179)*, *(492)*, 2133ff
s.a. Umweltfunktionen

Umweltbedrohung
s. Umweltgefährdung

Umweltbehörden 1792ff

Umweltbeobachtung 181ff, 1699ff, 1713

Umweltberatung 171
s.a. umweltpolitische Instrumente — Information und Beratung

Umweltberichterstattung 56, 73ff, 251
s.a. Massenmedien

Umweltbewegung *(26)*, 41, 57

Umweltbewußtsein *(23)*, 26, 41ff, 60f, 170ff, *(265)*, 350, 478, 509, 1195, *(1234)*, 1585, 1595ff, *(1606ff)*, 2247, 2256ff
- Meinungsforschung 41ff

Umweltchemikalien *(1173)*, 1233ff, 1615, *(1670)*, 1684ff, 1694ff, 1717ff
- physikalisch-chemische Stoffeigenschaften 1692ff, 1718
- Prüf- und Testverfahren 1693ff, 1717ff
- Umwandlungsprodukte 1698, 1721
- Verunreinigungen von chemischen Substanzen 1696f, 1721
s.a. Chemikaliengesetz

Umweltdaten *(74)*, *(134)*, 182, 250ff, 332, 433ff, 471, 1694, 1718, 2137
- Aktualität 252
- Datenlage 251ff, 433ff, 1620

659

- Informationsdefizite 250ff, 433, 2137
- Kompatibilität 182
- Verfügbarkeit 182, 433ff, 1694, 1718

Umwelteingriffe 15-22, *(118ff)*, 135, 179, *(255)*, *(270ff)*, 295, 314, Tab. 1.5.9, 317, *(328)*, *(425)*, 430, 462ff, 842ff, *(1690f)*, *(1830)*, 2004
  s.a. Emissionen — Begriffsbestimmung
  s.a. Umweltverträglichkeitsprüfung

Umweltengagement 50, 67, *(2247)*
- finanzielle Opferbereitschaft 41ff, 49, 221ff
  s.a. Umweltbewegung
  s.a. Umweltbewußtsein

Umweltepidemiologie *(216)*, 1365, 1372, 1456, 1644-1654, 1729ff-1791
- methodische Probleme 1737-1749, 1757f,
- Störgrößen 1729f, 1741ff
  s.a. Epidemiologie
  s.a. gesundheitliche Auswirkungen

Umwelterhebliche Vorhaben
  s. Umweltverträglichkeitsprüfung

Umwelterziehung *(46)*, 71, 72, *(170ff)*, 478, 509, 1997

Umweltethik 1604ff, 1678f
- anthropozentrisch 1604ff, 1678f
- ökozentrisch 1604ff, 1678f

Umweltforschung 4ff, 77ff, 183, *(509)*, 787, 1424, 1653f

Umweltfunktionen 9-18, 40, 179, 487, 1690f, 2139ff
- Informationsfunktion 17, 40
- Produktionsfunktion 15, 40, 2139ff
- Regelungsfunktion für den Naturhaushalt 18, 40, 1689, 2139ff
- Trägerfunktion für anthropogene Belastungen 16, 40, 2139ff
  s.a. Umweltansprüche
  s.a. Umweltqualität

Umweltgefährdung 19ff, 29, 202, 270, 778ff, 1687
  s.a. Grenzwertproblematik

Umweltgerechtes Handeln 23, 45ff, 60ff, 68f, 147, 2247, 2255ff
  s.a. Abfallverwertung
  s.a. Haushaltschemikalien

Umweltgutachten *(SRU)* 1, 13, 41, 74, 106, 147, 157, 244, 270f, 459, 536, 593, 709, 1690, 1857, 1994ff

Umweltgüter *(146)*, 165, *(1608)*, 1678ff

Umweltindikatoren 75, 81, 211
  s.a. Umweltqualitätsziele
  s.a. Umweltstandards

Umweltinformation
  s. umweltpolitische Instrumente — Information und Beratung

Umweltinstrumente
  s. umweltpolitische Instrumente

Umweltkatastrophen *(1241)*, *(1731)*

Umweltkomplexität 13ff, 25ff, Abb. 1.1.1, 69, 76ff, 100, 124, 216, 342ff, 756ff, 862, 1451, 1645, 1684ff, 1702ff, 1714ff

Umweltmedien 2, 48
  s.a. medienübergreifende Aspekte

Umweltmedizin 1455ff, *(1642)*, 1644ff, 1669ff, 1724ff, 1804

- Atemwegserkrankungen *(1744)*, 1747, 1749ff
- Beurteilung von Belastungen 1724ff
- Grenzbereiche zwischen Gesundheit und Krankheit 1726ff, Abb. 3.1.2 und 3.1.3
- Umweltfaktoren 1725, 1729ff,
- Verarbeitung von Belastungen 1723, 1727f, 1769

Umweltmodelle Abb. 1.1.1, 25

Umweltökonomie 146f, 153ff-165, 205ff, 254
- Forschung 215ff, 226ff
- volkswirtschaftliche Gesamtrechnung 211, 231, 258ff, *(310)*
  s.a. Konflikt zwischen Ökonomie und Ökologie

Umweltpolitik 83ff, 176-178, 182, 206ff, 214, 239ff, *(250ff)*, 358ff, 1604ff, 1792ff, 1887ff, 2093, 2127ff, 2159f
- Aufgaben 48, 95, 215, *(253ff)*, 1497, 1599, *(1735)*, 1794ff
- Auflagenpolitik 148ff
- Beschäftigungswirkungen 52, 214, 241-245, 1884ff, 1905
- Entwicklungspolitik 202ff
- ethische Grundlagen 1604ff, *(1678)*
- Finanz- und Wirtschaftspolitik 43ff, 51, 206ff
- internationale Abstimmung 198, 787, 796ff, 1866, 2020, 2022
- kommunale Ebene 76, 83, 93, 134, *(365ff)*, 1504, 1794ff, *(2118ff)*, 2151, 2160, 2258f
- Marktwirtschaft 153-163, 205ff, 802, 1858
- öffentliche Meinung 30, 43ff, 55ff
- Prinzipien *(37)*, 168, 207
- sektoral 2f, 121, *(357)*
- sektorübergreifend 3, *(11)*, 121, 1265
- Vollzugsdefizit *(98)*, 145, 358ff
- wissenschaftliche Beratung 34, 77, 112, 115, *(1735)*
- Zielkonflikte 31, *(35)*, 84, 88, 206ff-214, *(370)*, *(1273ff)*, 1807
- Ziel- und Standardsetzung 39ff, 76ff, 91ff, 125, 145, 356f, 813, *(1611)*, 1678ff, 1858
  s.a. EG-Umweltpolitik
  s.a. Energiepolitik
  s.a. Umweltschutzinvestitionen

Umweltpolitische Instrumente 33, 38, 145ff-178, 212f, 766ff, *(1619)*
- Absprachen 167
- Auflagen 148ff
- Gebote und Verbote *(Ordnungsrecht)* 145ff, *(766ff)*, 1187, *(1619)*
- Gemeinlastprinzip 168f, *(1864ff)*, *(2051)*, *(2082)*, 2140
- Information und Beratung 170ff, 451ff, 478f, 1997, 2243ff
- ökonomische Anreize *(147)*, 153ff, 176, 801ff, 1083ff, 1153ff, 1187, 1512, *(1619)*, 1827, 1861ff, 1985, 2140
  s.a. Grenzwerte
  s.a. Konflikt zwischen Ökonomie und Ökokologie
  s.a. Umweltverträglichkeitsprüfung

Umweltprobenbank 524, 1266, 1701, 1772

Umweltproblembewältigung 53, *(58)*, 61ff, 69ff

Umweltprogramm 1, 118, 182, 250, 805, 863, 899ff, 2143
  s.a. Umweltpolitik

Umweltqualität 73ff-90, *(165)*, *(179ff)*, 1810
— regionale Unterschiede 1810
Umweltqualitätsindikatoren
  s. Umweltstandards
Umweltqualitätsüberwachung 179ff, 186, 1699ff, *(1795)*
Umweltqualitätsziele 75ff-90, 99, 180, 198ff
  s.a. Umweltschutz — Ziele
Umweltrecht 36ff, 95, *(127)*, 142ff, 356f, *(1268)*, 1374, 1633f, 1678ff
— EG-Richtlinien *(119ff)*, 140, 783, 796ff, Tab. 2.3.32, 883, 892f, 1088, Tab. 2.4.27, 2098
— Inhaltsbestimmung 36ff
— Leitprinzipien 37, 1678ff, *(1888)*
— Umweltschutz im Grundgesetz *(1678)*
— Verhältnismäßigkeitsprinzip 1886, 1972
— Verwaltungsvorschriften 92
— Vollzug 92f, 98, *(262)*, *(359)*, 641, 813ff, 1887ff
  s.a. Bundesimmissionsschutzgesetz
  s.a. Lebensmittelrecht
  s.a. Naturschutzrecht — Bundesnaturschutzgesetz
  s.a. Wasserrecht
Umweltressourcen 9, 15, 24, 207, 472, 1678ff
— Knappheit *(146)*, 153, 1986
Umweltschadstoffe 1614, 1692ff
— grenzüberschreitende Belastung 185, 199ff, 721, 766, 781ff
Umweltschäden 19ff, 29, 166, 215ff, 1680, 1690f
— Bewertungsverfahren 219ff, 1690f
— Ursachenforschung 216, *(223)*
— monetäre Quantifizierung *(207)*, 210, 215-228, 2070
Umweltschalen 6
Umweltschonende Produkte 265
Umweltschonende Technik 284, 1890ff, 1997ff, 2015
  s.a. technologische Entwicklung
Umweltschonender Tourismus
  s. Fremdenverkehr — umweltschonender Tourismus
Umweltschutz 172f, 354, 1678ff
— anthropozentrisch 11ff, 110ff, 354, 1604ff, 1678f
— Nutzenquantifizierung 205ff, *(1616ff)*
— ökozentrisch 1604ff, 1678f
— politische Priorität 41ff, 47, *(58)*, 218, *(365ff)*, 1735, 1807, *(2015)*, *(2053)*
— technologische Entwicklung 43ff, 53, *(1607ff)*, 1864
— Ziele 24, 39ff, *(100)*, 125, *(1611)*, 1678ff, *(2127ff)*
— Zielkonflikte 31, 84, 88, *(451)*, 1683, 1807
Umweltschutz als Staatsaufgabe 41ff, 47f, 58, 95, *(234ff)*, *(356ff)*, 1497, 1678ff, 1735, *(1792ff)*
Umweltschutz und Arbeitsplätze 52, 214, 240-245
Umweltschutzaufwendungen 31, *(157)*, 201, 229ff, *(254)*
Umweltschutzausgaben 50ff, 205ff, 214, 229-240, Tab. 1.4.1-1.4.5, 797
— Anlageninvestitionen 232, 1881
— Gewerbe 234ff, Tab. 1.4.1, 254
— im internationalen Vergleich 51, 201
— laufende Ausgaben 233
— öffentliche Hand 234ff, Tab. 1.4.2

s.a. Umweltengagement — finanzielle Opferbereitschaft
Umweltschutzbewegung
  s. Umweltbewegung
Umweltschutzindustrie
  s. Umweltschutz und Arbeitsplätze
  s. Umweltschutzinvestitionen
Umweltschutzinvestitionen 229ff, Tab. 1.4.1 und 1.4.2, 239ff, 274, 1864ff, 1881
— Anlagevermögen 232, 236, Tab. 1.4.3
— laufende Ausgaben 233, 237, Tab. 1.4.4
Umweltschutzkosten 31f, 50ff, 201, 205ff, 797, 1881ff
Umweltschutzziele 24, 39ff, 91ff, *(100)*, 125, *(1611)*, 1678ff, *(2127ff)*
Umweltsektoren 2, 24, *(179ff)*
Umweltsignale
  s. Umweltfunktionen — Informationsfunktion
Umweltsituation 73ff, 128, 250, 1490ff, 1857ff
— öffentliche Meinung 25ff, 47ff, 74, 79, *(125)*, 1490ff, *(1980ff)*
— Zukunftsskepsis 47ff
Umweltsorgen 41ff, 49, 54ff, *(217)*
— Zukunftsskepsis 47ff
  s.a. Umweltbewußtsein
Umweltstandards 29f, 38ff, 75ff, 91ff, 125, *(136)*, 180, *(199)*, 1612ff
— Ergebnisbegründung 98, 1616ff
— Gefährdung 38ff, 94ff,
— Schutzwürdigkeit 39, 94ff,
— Typen 101ff
— Verfahren der Standardsetzung 113ff, 1616ff
  s.a. Grenzwertfestsetzung
  s.a. Umweltverträglichkeitsprüfung
Umweltstatistiken 251, 817, 897, *(901)*
Umweltsystem
  s. Umweltkomplexität
Umwelttoxikologie
  s. Toxikologie
Umweltüberwachung
  s. Umweltqualitätsüberwachung
Umweltveränderungen
  s. Umwelteingriffe
  s. Umweltschäden
Umweltverhalten *(23)*, 41ff, 60ff, 108, 147, 170ff, 478, 1195, 1556, 1584f, 1607, 2247, 2255
  s.a. Umweltengagement
Umweltverschmutzung, sekundäre 184ff
  s.a. Schadstoffumwandlungen
Umweltverträglichkeit 38, *(95)*, 118ff, 203, 378, *(487)*, 1693ff
Umweltverträglichkeitsprüfung *(14)*, *(93)*, 118-144, *(183)*, 414, 465, *(481)*, 1579, *(2031)*, 2126ff, 2174, 2228ff, 2257
— Ablauf 128ff
— Anwendungsbereich 130ff
— Ausgestaltung 120, 123ff, *(465)*
— Bewertungsverfahren *(93)*, *(124ff)* 136, *(1458)*
— Nachkontrolle 140, 141
— Öffentlichkeitsbeteiligung 137ff
— Planungsalternativen 132, 136
— Prüfverfahren 130-135

– Umsetzung in deutsches Recht 119, 123, 127, 142ff
– Ziel, Inhalt, Funktion 120ff
Umweltvorsorge 24, 34, 39f, 121, 145, 180ff, 766ff, 813ff, *(1040)*, *(1085)*, 1611, 1679ff, 1887ff, 2151, *(2227)*
s.a. Vorsorgeprinzip
Umweltzeichen
s. umweltpolitische Instrumente – Information und Beratung
s. umweltschonende Produkte
Umweltziele
s. Umweltschutzziele
Unbedenklichkeitsnachweis
s. Wirkungsanalyse
Unfälle
s. Gefahrguttransporte – Unfallgeschehen
s. Kernenergie – Störfälle und Unfälle
Unschädlichkeitsnachweis
s. Wirkungsanalyse
Untergrundbelastung
s. Hintergrundbelastung
Uran 1831, Tab. 3.2.2, 1928ff
– Abbau und Aufbereitung 1928ff
s.a. Energieträger – Kernbrennstoffe
s.a. Kernbrennstoffe
Urlaub
s. Freizeit und Erholung
Ursache-Wirkungs-Beziehung 96, 216, *(1456)*, 1643, 1646, *(1664)*, 1689, 1714ff

VDI-Kommission Reinhaltung der Luft *(104)*, 809
VDI-Richtlinien 92, 1389ff, 1400ff, 1412ff, 1567
Vegetationsschäden 596, 634f, 852, 857, 2177, 2187ff, 2212f, 2253
Vegetationsschutz 598
s.a. Bodenerosion
Verarbeitendes Gewerbe
– Abfallaufkommen 278, Tab. 1.5.4
– Emissionen 272ff
s.a. Emittentenbereiche – Gewerbe
Verbote
s. umweltpolitische Instrumente – Gebote und Verbote
Verbrauchsgegenstände 20, 287
Verdichtungsräume 623ff, 659f, Tab. 2.3.2, 903ff, 2117, *(2176)*, *(2211)*, *(2221)*
Verflechtungsanalyse
s. Emittentenstruktur – Verflechtungsanalyse
Verhältnis Mensch-Natur 12ff, 85, *(337)*, 344, 351ff, Tab. 2.1.1, 509, 2161ff, 2227ff
s.a. Umwelteingriffe
s.a. Umweltfunktionen
s.a. Umweltschutz – anthropozentrisch
Verkehr 2023ff
– Umweltbelastungen 2023-2056
Verkehrsarten 290
– Freizeitverkehr 2166
– Güterverkehr 290-293, 2066ff, 2077

– Personenverkehr 293, Tab. 1.5.7, 1585, 2057ff, 2075ff
s.a. Gefahrguttransporte
Verkehrsaufkommen 280, 287, 1502, 2055, 2061, 2075ff
Verkehrsberuhigung 1506, 1583, 2053, *(2059)*, 2149
Verkehrsbrennpunkte 190, 811, 2041, 2050, 2053
Verkehrsentwicklung 280, 290-293, *(2042)*, 2055ff, 2066ff, 2075ff
Verkehrsflächen 280, 420ff, 620ff, 2025ff, 2179
s.a. Landschaftsverbrauch
Verkehrsflußregelung 2104
Verkehrsinfrastruktur 2023ff, 2179ff
Verkehrslärm
s. Lärmbelastung
Verkehrsleistung 291-293, 2055, 2061ff, 2066ff, 2075ff
Verkehrsmittelwahl 292f, Tab. 1.5.7, 1585, *(2064)*
Verkehrsplanung 1506, 1583, 2135
Verkehrspolitik 1585, 2023, 2056
Verkehrsstraßen 420ff, 628, 1499, 1582, 2026ff, 2036, 2237ff
– Belastungszonen 2029ff
– lärmarme Straßendecken 1582, 2053, 2105
s.a. Bodenbelastungen
Verkehrsträger 290-293
– Individualverkehr 290-293, 2057fff, 2075ff
– Luftverkehr *(1508ff)*, *(Tab. 2.6.15)*, *(1854)*, 2060f, 2066
– öffentlicher Straßenverkehr 1585, 2061, 2079
– Schienenverkehr *(1403ff)*, *(1528ff)*, *(1589)*, *(1854)*, 2023ff, 2061, 2066ff, 2075ff
– Schiffahrt *(1563ff)*, *(1854)*, 2023ff, 2060, 2066
– Straßengüterverkehr 2066ff, 2077
Verkehrsverhalten 2053f
Verkehrswegeplanung *(118)*, 1503, 1577, 2031, *(2075)*, *(2116)*
Verklappung von Abfällen
s. Abfallbeseitigung – Baggergut aus Gewässern
Vermeidungskostenansatz 157-160, 214, 1086
Vermeidungsprinzip 28ff, 105ff, *(150)*, 974, 1085, 1110, 1140, 1184ff, 1209ff, 1616ff, *(1679)*, *(1990)*
s.a. Emissionsminimierung
s.a. Umweltstandards
Verursacher 304, 465ff, 2049
s.a. Emittent – Definition
Verursacherprinzip *(37)*, 153ff, 166, *(207)*, 1040
Verwaltungsvollzug
s. Umweltpolitik
Verwaltungsvorschriften
s. Umweltrecht
Verzehrgewohnheiten
s. Lebensmittel – Verzehrgewohnheiten
Vibrationen 1462ff
Vögel 518ff, 2201, 2213ff
– Wasservögel 2214ff
– Zugvögel 2217
s.a. Schadstoffbelastungen wildlebender Tierarten

Vogelartenrückgang
s. Artenrückgang

Vogelschutz
s. Artenschutz

Volkswirtschaftliche Gesamtrechnung
s. Umweltökonomie
s. Wirtschaftspolitik

Vollzugsprobleme 92ff, 357ff, 775, *(1864ff)*, *(1887ff)*

Vorranggebiete 379, 480, 495ff, 2135ff, 2144, 2235
s.a. Landschaftsplanung

Vorsorgeprinzip 24, 37ff, 121, 145, 180ff, 253ff, 766, 777, 813ff, 1040, 1085, 1611, 1663, 1679ff, 1731, 1799f, *(1869)*, 1887ff
— Umweltstandards 29, 90, 105ff, *(117)*
s.a. Bundesimmissionsschutzgesetz
s.a. Gewässerschutz
s.a. Leitlinien Umweltvorsorge
s.a. Umweltverträglichkeitsprüfung

Vorsorgestandards
s. Umweltstandards — Typen
s. Vorsorgeprinzip — Umweltstandards

Wärmebedarf 1896, 1909ff

Wärmeemission 191f

Wärmeenergie 1824, *(1833)*, 1843ff, 1896ff

Wärmeerzeugung 1843ff, Tab. 3.2.7-3.2.9, 1896ff, 1993ff, 2007ff, 2015

Wärmehaushalt
s. Atmosphäre — Wärmehaushalt

Wärmepumpe 2008

Wärmerückgewinnung 1997

Wärmespeicherung 2006ff

Wärmeverbrauch 1851ff

Wärmeversorgung 1843ff, 1896ff, 1904f, Tab. 3.2.10, 2000ff

Wäschereien 282
s.a. Emittentenbereich Dienstleistungssektor

Waldbau
s. Forstwirtschaft

Waldbetretungsrecht 2232ff

Waldböden 565ff, 592, 697, 925, *(2188)*
— Schadstoffeintrag 571ff, Tab. 2.2.2, 578ff
s.a. Bodenversauerung

Waldflächen 421ff, Abb. 2.1.5
s.a. Flächennutzungen

Waldfunktionen *(13)*, 590, 924ff, 2188

Waldpfennig
s. Abgabenlösungen
s. umweltpolitische Instrumente

Waldschäden 582, 589, *(709)*, 928, *(1679)*
— monetäre Bewertung 226
— Schadstoffilterung 697, 571ff, 578ff, 589
— Ursachenforschung 216, 582, 589, *(652)*, 709, *(1702)*, 1713, *(1937)*, *(1955)*, *(2049)*
s.a. Bodenerosion
s.a. Luftüberwachung — Reinluftgebiete
s.a. Waldfunktionen

Waldstreu 568ff, 583, 589
— biologischer Abbau 576ff, 589

Warenkorbmethode
s. Lebensmittel, Warenkorbmethode

Wasseranalytik 1152, 1172ff
s.a. Biotestverfahren

Wasserabfluß *(596ff)*, 621, 848, 910f, Abb. 2.4.2, 921, 925, 1019ff, Abb. 2.4.9, 2188

Wasseraufbereitung 935ff, 1034ff
s.a. Abwasserreinigung
s.a. Trinkwasseraufbereitung

Wasserbau 1018ff, 1077ff, 1199ff
— ökologischer Gewässerausbau *(835)*, 1022, 1078ff, 1199ff, Abb. 2.4.14, 1211f

Wasserbaumaßnahmen 835, 847f, 1018ff, 1077ff, 1199ff, 1200ff

Wasserbedarf 1084, 1186, 1195, 1206

Wasserbewirtschaftung 847ff, 1084ff, 1206ff

Wassereinzugsgebiet 855, 926, 963, 1117ff

Wasserförderung
s. Wassergewinnung

Wassergefährdende Stoffe *(97)*, 943ff, 1009ff, 1049, 1141ff
— Haushaltschemikalien 1049, 1110, 1147, 1188ff, 1224
— Schadensfälle und Unfälle *(906)*, 1011ff, Tab. 2.4.17 und 2.4.18, 1141ff
s.a. Gefährdungsprofile

Wassergewinnung 829, 935ff, 951ff, 1011f, 1026, 2136

Wassergütewirtschaft 830, 864, 1092ff, 1160ff, 1184ff, 1209ff

Wasserhaushalt 590, 828f, 921, 924ff, 2188
— Eingriffe 621, 847ff, 921, 1023ff, 1078ff, 2188, 2238

Wasserhaushaltsgesetz 99, 239, 357, 1014, 1040, 1064, 1083ff, 1176, 1206ff
— Bewirtschaftungspläne 1046
s.a. Abwassereinleitung

Wasserkraft 1822ff, 1831, 1838ff, 2004ff, *(2021)*
s.a. Energieträger — Wind- und Wasserkraft

Wasserkreislauf 827f

Wassermengenhaushalt 828f, 910, 924f, 1023ff, 1078
s.a. Waldfunktionen

Wassermengenwirtschaft 830, 1025ff, *(1078)*, 1084ff, 1206ff

Wasserpfennig
s. Abgabenlösungen
s. umweltpolitische Instrumente

Wasserpflanzen 2213ff

Wasserrecht 741f, 1083ff, 1199, *(2227)*
s.a. Abwasserabgabengesetz
s.a. Gewässerstrafrecht
s.a. Wasserhaushaltsgesetz

Wasserschutzgebiete
s. Trinkwasserschutzgebiete

Wassersparen
s. Wasserverbrauch

Wassersport
s. Freizeitaktivitäten — Wassersport

Wasserstrassen 851, 1020, 2023, 2032, 2037

Wasserverbrauch 1026, 1195, 1206
Wasserverdunstung 921, 997, 1025ff
  s.a. Kühlwasser
Wasserverkehrslärm 1536-1541, Abb. 2.6.20 u. 2.6.21, Tab. 2.6.21, 1569
Wasserversorgung 833, 863
Wasserversorgungswirtschaft 193ff, 1034
Wasserwirtschaft 831, 1083ff, 1206ff
  — Aufgaben 831, 843, 1206ff
  s.a. Wassergütewirtschaft
  s.a. Wassermengenwirtschaft
Wasser-Boden-Wechselbeziehung 189, 590, *(841)*, 855f, 1117ff
Wasser-Luft-Wechselbeziehung 763, 857ff, 1117ff
Wasserwirtschaftliche Rahmenpläne 1084, 1206ff
Wattenmeer 872, 930ff, 1096, 1127, 1171, 2217f, 2220
  s.a. Gewässerschutz — Wattenmeer
Wertvorstellungen
  s. Grundwerte
Wettbewerbsbedingungen 199ff, 797, 1089, 1866, 1881, 1987
  — EG-Umweltpolitik 797, 1089, *(1866)*
Wiederaufarbeitungsanlage 1944ff, 2020
  s.a. Abfallbehandlung — Wiederaufbereitung von Kernbrennstoffen
  s.a. Kernenbrennstoffe — Brennstoffkreislauf
Wildlebende Tierarten
  s. Tiere
willingness to pay
  s. Umweltschäden — monetäre Quantifizierung
  s. Zahlungsbereitschaft
willingness to sell
  s. Umweltschäden — monetäre Quantifizierung
Windenergie
  s. Energienutzung — Nutzung regenerativer Energiequellen
  s. Energieträger — Wind- und Wasserkraft
Wintersport
  s. Freizeitaktivitäten — Wintersport
Winter-Smog 717-723, 781ff, 821ff, 1744, 1750ff
  s.a. Smog
Wirbelschichtfeuerung
  s. Kohleumwandlungsverfahren
Wirbeltiere
  s. Tiere
Wirkungen 1622ff
  — akut 1634f, 1643
  — chronisch 1635f, 1643, 1656, 1758ff, 1767ff
  — Eintrittswahrscheinlichkeiten 1613, 1630ff, 1636, 1646, 1677
  — irreversibel 1243, 1624ff, 1663ff, 1761ff, 1766ff
  — medienübergreifende Wirkungsketten 854-862, *(1650)*
  — reversibel 1624ff, 1663, 1760
  s.a. biologische Prozesse
  s.a. Kombinationswirkungen
  s.a. Lärmwirkungen
  s.a. Schadstoffwirkungen

Wirkungsanalyse 1629ff, 1655ff, 1673, 1677, 1684ff, 1692ff, 1702ff, 1714ff, *(1731)*
  — biologische Modellsysteme 1632ff, *(1689)*, 1692ff, 1708
  — Epidemiologie 1644-1654, 1729ff-1791
  — Grenzen der Erfaßbarkeit 1636ff, 1677
  — in-vitro-Testsysteme *(1632f)*, 1639ff, 1655, 1665
  — kasuistische Erfahrungen 1642f
  — statistische Aussagen und Methoden 1630ff, 1636f, 1650ff, 1677, 1729ff
  — Tierversuche 1632ff, 1655ff, 1677, 1703ff, *(1762ff)*, *(1778)*, *(1788ff)*
  — Unschädlichkeitsnachweis 1629, 1677, *(1731)*
Wirkungsforschung 216, *(1240)*, 1629ff, 1671, *(1684ff)*, 1724, 1753
  s.a. Lärmwirkungsforschung
Wirkungskataster
  s. Luftüberwachung — Wirkungskataster
Wirkungsketten 1632, 1688
Wirkungsmechanismen 1627ff, 1640, 1655, 1663, 1667ff, 1684ff, 1759ff, 1768, 1777ff, 1788ff
Wirkungsprofil 972, 1655ff, 1674, 1689
Wirkungsschwellen 102, 110ff, 1240ff, 1283, 1426ff, 1433ff, 1441, 1622ff, 1635, 1656-1677, 1684ff, 1732, 1751, 1769
  s.a. Grenzwerte
  s.a. krebserzeugende Stoffe
Wirtschaftspolitik 211ff, 254, 2153ff
  — volkswirtschaftliche Gesamtrechnung 211, 220, 231, 258ff, *(310)*, 797
  — Ziele 205, 211
  s.a. Konflikt zwischen Ökonomie und Ökologie
  s.a. Umweltpolitik
Wirtschaftsentwicklung 267ff, Tab. 1.5.1-1.5.3, 299ff, 2154
  — regionale Unterschiede 299ff, Abb. 1.5.2, 2154
Wirtschaftssektoren 266ff, Tab. 1.5.1, *(290)*, *(294)*, 307ff
  — primärer Sektor 267ff, 270f
  — sekundärer Sektor 267ff, 272-278
  — tertiärer Sektor 267ff, 279-283
Wirtschafts- und Sozialstruktur 259ff, 262ff, 2259
  — Daten 258ff
Wirtschaftswachstum 211, 229, 263ff, 299ff
Wissenschaftliche Politikberatung 34, 77, 97, 115
  s.a. Umweltpolitik
  s.a. Grenzwertproblematik
Wochenenderholung
  s. Freizeit und Erholung
Wohlfahrtsindikator 211, 222
  s.a. Umweltökonomie — volkswirtschaftliche Gesamtrechnung
Wohngebiete 910ff, 2117, 2149, *(2176)*
  s.a. Siedlungsflächen
Wohnlärm
  s. Lärmbelastung — Wohn- und Lebensbereich

Zahlungsbereitschaft 41ff, 49, 221ff
  s.a. Umweltengagement — finanzielle Opferbereitschaft
  s.a. Umweltschäden — monetäre Quantifizierung

Zentrale Erfassungs- und Bewertungsstelle für Umweltchemikalien 1261ff, 1270f

Zerschneidung von Lebensräumen
s. Landschaftseingriffe — Zerschneidung von Lebensräumen

Zertifikate 154, 161ff, 802ff
s.a. umweltpolitische Instrumente — ökonomische Anreize

Zielkonflikte
s. Umweltpolitik — Zielkonflikte
s. Umweltschutz — Zielkonflikte

Zigarettenrauch 1324, 1333, 1363, 1752ff, 1766ff, 1779ff
— Passivrauchen 1363, 1755, 1779ff
s.a. Atemwegserkrankungen

Zink 678ff, Tab. 2.3.7-2.3.9, 689ff, Tab. 2.3.12, 2.3.16 und 2.3.17

Zukunftsskepsis
s. Umweltsituation — Zukunftsskepsis
s. Umweltsorge — Zukunftsskepsis

Zusatzstoffe
s. Lebensmittel

Verzeichnis der Abkürzungen

a	— Jahr	BIBIDAT	— Trinkwasserqualitätsdatenbank am Institut für Wasser-, Boden- und Lufthygiene des BGA
a.a.R.d.T.	— allgemein anerkannte Regeln der Technik		
AbfKlärV	— Klärschlammverordnung	BImSchG	— Bundes-Immissionsschutzgesetz
AbwAG	— Abwasserabgabengesetz	BImSchV	— Bundesimmissionsschutzverordnung
AbwHerkV	— Abwasserherkunftsverordnung	BLAU	— Bund/Länder-Arbeitskreis Umweltchemikalien
ADAC	— Allgemeiner Deutscher Automobilclub	BMA	— Bundesminister für Arbeit und Sozialordnung
ADI	— Acceptable Daily Intake, s. a. DTA	BMBau	— Bundesminister für Raumordnung, Bauwesen und Städtebau
ADV	— Arbeitsgemeinschaft Deutscher Verkehrsflughäfen	BMFT	— Bundesminister für Forschung und Technologie
AGFW	— Arbeitsgemeinschaft Fernwärme		
AGS	— Ausschuß für Gefahrstoffe	BMI	— Bundesminister des Innern
AGU	— Arbeitsgemeinschaft für Umweltfragen	BMJFG	— Bundesminister für Jugend, Familie und Gesundheit
Al	— Aluminium	BML	— Bundesminister für Ernährung, Landwirtschaft und Forsten
ANL	— Akademie für Naturschutz und Landschaftspflege	BMU	— Bundesminister für Umwelt, Naturschutz und Reaktorsicherheit
AOX	— Adsorbierbare organische Halogenverbindungen	BMV	— Bundesminister für Verkehr
Arge Rhein	— Arbeitsgemeinschaft der Länder zur Reinhaltung des Rheins	BMVg	— Bundesminister für Verteidigung
		BMWi	— Bundesminister für Wirtschaft
ARL	— Akademie für Raumforschung und Landesplanung	BNatSchG	— Bundesnaturschutzgesetz
		BNFL	— British Nuclear Fuels
ARW	— Arbeitsgemeinschaft Rhein-Wasserwerke	Bq	— Bequerel
AtG	— Atomgesetz	BSB_5	— Biochemischer Sauerstoffbedarf in 5 Tagen
ATH	— Allylthioharnstoff		
ATV	— Abwassertechnische Vereinigung	BSP	— Bruttosozialprodukt
BaP	— Benzo[a]pyren	BT-DRs	— Bundestags-Drucksache
BAU	— Bundesanstalt für Arbeitsschutz	B_{TS}	— Schlammbelastung
BauGB	— Baugesetzbuch	BUA	— Beratergremium für umweltrelevante Altstoffe der Gesellschaft Deutscher Chemiker
BauNVO	— Baunutzungsverordnung		
BAW	— Bundesanstalt für Wasserbau	BUND	— Bund für Umwelt und Naturschutz Deutschland
BayNatSchG	— Bayerisches Naturschutzgesetz		
BBauG	— Bundesbaugesetz	BVerfGE	— Bundesverfassungsgerichts-entscheidung
BEF	— Bundesamt für Ernährung und Forstwirtschaft	BVerwG	— Bundesverwaltungsgericht
BFANL	— Bundesforschungsanstalt für Naturschutz und Landschaftsökologie	BVerwGE	— Bundesverwaltungsgerichts-entscheidung
		B-W	— Baden-Württemberg
BfG	— Bundesanstalt für Gewässerkunde	C	— Kohlenstoff
BG	— Berufsgenossenschaft	cal	— Kalorie
BGA	— Bundesgesundheitsamt	Cd	— Cadmium
BGB	— Bürgerliches Gesetzbuch	CDD	— chlorierte Dibenzo-p-dioxine
BGBl	— Bundesgesetzblatt	CDF	— chlorierte Dibenzofurane
BGH	— Bundesgerichtshof	CEC	— Commission of the European Communities
BGW	— Bundesverband der Deutschen Gas- und Wasserwirtschaft		
		ChemG	— Chemikaliengesetz

CIPRA	— Internationale Kommission für den Schutz Alpiner Bereiche	EKD	— Evangelische Kirche in Deutschland
CKW	— Chlorkohlenwasserstoffe	EMEP	— European Monitoring and Evaluation Programme
COGEMA	— Compagnie Générale des Matiéres Nucléaires	EOX	— extrahierbare organische Halogenverbindungen
Cs	— Cäsium	EPA	— Environmental Protection Agency (US-Umweltschutzbehörde)
CSB	— Chemischer Sauerstoffbedarf		
Cu	— Kupfer	EPNdB	— Effective perceived noise level (Lärmstörpegel)
d	— Tag		
DAL	— Deutscher Arbeitsring für Lärmbekämpfung	ERP	— European Recovery Program (Europäisches Wiederaufbauprogramm)
DB	— Deutsche Bundesbahn		
dB(A)	— Dezibel nach der Bewertungskurve A	EStG	— Einkommensteuergesetz
		EURATOM	— Europäische Atomgemeinschaft
DDD	— 1,1-Dichlor-2,2-bis(p-chlorphenyl)ethan	EVU	— Elektrizitätsversorgungsunternehmen
DDE	— 1,1-Dichlor-2,2-bis(p-chlorphenyl)ethylen	EW (z. T. auch EG, EGW)	— Einwohnergleichwert
DDT	— 1,1,1-Trichlor-2,2-bis(p-chlorphenyl)ethan	EWG	— Europäische Wirtschaftsgemeinschaft (heute: EG)
DFG	— Deutsche Forschungsgemeinschaft		
DGE	— Deutsche Gesellschaft für Ernährung	FAO	— Food and Agriculture Organization (Ernährungs- und Landwirtschaftsorganisation der Vereinten Nationen)
dH	— deutscher Härtegrad		
DIHT	— Deutscher Industrie- und Handelstag	FBW	— Forschungsbeirat Waldschäden/ Luftverunreinigungen der Bundesregierung und der Länder
DIMDI	— Deutsches Institut für medizinische Dokumentation und Information		
DIN	— Deutsche Industrienorm; Deutsches Institut für Normung	FCKW	— Fluorchlorkohlenwasserstoffe
		Fe	— Eisen
DIW	— Deutsches Institut für Wirtschaftsforschung	fg	— Femtogramm (10^{-15} g)
		FGU	— Fortbildungszentrum Gesundheits- und Umweltschutz
DNS	— Desoxyribonukleinsäure		
DOC	— Dissolved Organic Carbon (Gelöster organisch gebundener Kohlenstoff)	FlugLG	— Fluglärmgesetz
		FlurbG	— Flurbereinigungsgesetz
		g	— Gramm
DTA	— Duldbare tägliche Aufnahmemenge	GAU	— größter anzunehmender Unfall (vor allem bei kerntechnischen Anlagen)
DTV	— durchschnittliche tägliche Verkehrsstärke		
		GBq	— Gigabequerel (10^9 Bq)
DVGW	— Deutscher Verein des Gas- und Wasserfaches	Gcal	— Gigakalorie (10^9 cal)
		GDCh	— Gesellschaft Deutscher Chemiker
DVO	— Durchführungsverordnung	ges	— gesamt
DVWK	— Deutscher Verband für Wasserwirtschaft und Kulturbau	Gew.-%	— Gewichtsprozent
		GewO	— Gewerbeordnung
DWR	— Druckwasserreaktor	GFA-VO	— Großfeuerungsanlagen-Verordnung
DZW	— Deutsche Dokumentationszentrale Wasser	GG	— Grundgesetz für die Bundesrepublik Deutschland
E	— Einwohner		
ECE	— Economic Commission for Europe	GHz	— Gigahertz (10^9 Hz)
ECU	— European Currency Unit (Europäische Währungseinheit)	GJ	— Gigajoule (10^9 J)
		GW	— Gigawatt (10^9 W)
EDTA	— Ethylendiamintetraessigsäure	H	— Wasserstoff
EDV	— Elektronische Datenverarbeitung	h	— Stunde
EEG	— Elektroenzephalogramm	ha	— Hektar
EG	— Europäische Gemeinschaft(en)	HCB	— Hexachlorbenzol
EJ	— Exajoule (10^{18} J)	HCH	— Hexachlorcyclohexan

HeNatSchG	—	Hessisches Naturschutzgesetz	KFA	— Kernforschungsanlage Jülich
HF	—	Fluorwasserstoff	KFA	— Kleinfeuerungsanlage
Hg	—	Quecksilber	KfK	— Kernforschungszentrum Karlsruhe
HKW		halogenierte Kohlenwasserstoffe	kHz	— Kilohertz (10^3 Hz)
HKW	—	Heizkraftwerk	KKW	— Kernkraftwerk
HOAI	—	Honorarordnung für Architekten und Ingenieure	kmol	— Kilomol (10^3 mol)
			kt	— Kilotonne (10^3 t)
hPa	—	Hektopascal (10^2 Pa)	kW	— Kilowatt (10^3 W)
HPLC	—	High Performance Liquid Chromatography (Hochdruckflüssigkeitschromatographie)	kWh	— Kilowattstunde (10^3 Wh)
			l	— Liter
			L_{AFTm}	— Mittelungspegel nach dem Taktmaximalpegelverfahren
HTR	—	Hochtemperaturreaktor		
HW	—	Heizwerke	LAGA	— Länderarbeitsgemeinschaft Abfall
HWWA	—	Institut für Wirtschaftsforschung Hamburg	LAI	— Länderausschuß für Immissionsschutz
Hz	—	Hertz	LAWA	— Länderarbeitsgemeinschaft Wasser
I1	—	s. IW1	LD_{50}	— Letale Dosis, die bei 50% der Versuchstiere zum Tode führt
I2	—	s. IW2		
IAEA	—	International Atomic Energy Agency	LEP	— Landesentwicklungsplan; Landesentwicklungsprogramm
IAWR	—	Internationale Arbeitsgemeinschaft der Wasserwerke im Rheineinzugsgebiet	L_{eq}	— Energieäquivalenter Dauerschallpegel
			LIS	— Landesamt für Immissionsschutz des Landes Nordrhein-Westfalen
ICAO	—	International Civil Aviation Organization (Internationale Luftfahrtbehörde)	L_m	— Mittelungspegel
			LMBG	— Lebensmittel- und Bedarfsgegenständegesetz
IEC	—	International Electrotechnical Commission	LÖLF	— Landesanstalt für Ökologie, Landschaftsentwicklung und Forstplanung Nordrhein-Westfalen
IfD	—	Institut für Demoskopie Allensbach		
IfJ	—	Institut für Jugendforschung		
Ifo	—	Ifo-Institut für Wirtschaftsforschung	LP	— Landschaftsplan
IGW	—	Immissionsgrenzwerte	LPB	— Landschaftsplanerischer Beitrag
IIUG	—	Internationales Institut für Umwelt und Gesellschaft	LPflG	— Landschaftspflegegesetz
			LPlG	— Landesplanungsgesetz
IMAB	—	Interministerielle Arbeitsgruppe Bodenschutz	L_r	— Beurteilungspegel
			LRP	— Landschaftsrahmenplan
Ipos	—	Institut für praxisorientierte Sozialforschung	LSG	— Landschaftsschutzgebiet
			LSL	— Lärmschutzanforderungen für Luftfahrzeuge
IPS	—	Industrieverband Pflanzenschutz		
IRW	—	Immissionsrichtwert	L_w	— Schalleistungspegel
ISI	—	Institut für Systemtechnik und Innovationsforschung	LWA	— Landesamt für Wasser und Abfall Nordrhein-Westfalen
ISO	—	International Organization for Standardization (Internationale Organisation für Normung)	LWR	— Leichtwasserreaktor
			m^3 i. N.	— m^3 im Normalzustand
IW1	—	Immissionswert der TA-Luft für Dauerbelastung	MAB	— Man and the Biosphere-Programme
			MELF-BW	— Ministerium für Ernährung, Landwirtschaft und Forsten Baden-Württemberg
IW2	—	Immissionswert der TA-Luft für Kurzzeitbelastung		
IWL	—	Institut für gewerbliche Wasserwirtschaft und Luftreinhaltung	mg	— Milligramm (10^{-3} g)
			MGA	— Mindestgüteanforderung
J	—	Joule	MHz	— Megahertz (10^6 Hz)
K	—	Kalium	MIK-Werte	— Maximale Immissionskonzentrations-Werte
°K	—	Grad Kelvin		
KBA	—	Kraftfahrt-Bundesamt	Mio	— Million
kcal	—	Kilokalorie (10^3 cal)	MJ	— Megajoule (10^6 J)

MKRO	— Ministerkonferenz für Raumordnung	Pkm	— Personenkilometer (Personenverkehrsleistung in Personen × km)
ml	— Milliliter (10^{-3} l)	POC	— partikulär organisch gebundener Kohlenstoff
Mn	— Mangan		
MOX-BE	— Uran-Plutonium-Mischoxid-Brennelemente	ppb	— parts per billion (Teile auf 1 Milliarde Teile; $1 : 10^9$)
Mrd	— Milliarde	ppm	— parts per million (Teile auf 1 Million Teile; $1 : 10^6$)
mrem	— Millirem (10^{-3} rem)		
ms	— Millisekunde (10^{-3} S)	ppt	— parts per trillion (Teile auf 1 Billion Teile; $1 : 10^{12}$)
mSv	— Millisievert (10^{-3} Sv)		
MVA	— Müllverbrennungsanlage	RAL	— Deutsches Institut für Gütesicherung und Kennzeichnung
MW	— Megawatt (10^6 Watt)	REA	— Rauchgasentschwefelungsanlage
MW_{el}	— elektrische Leistung in MW	rem	— roentgen equivalent man (internationale biologische Dosiseinheit für ionisierende Strahlung; 1 rem = 10^{-2} Sv)
MW_{th}	— thermische Leistung in MW		
N	— Stickstoff		
NASA	— National Aeronautics and Space Administration (USA: Nationale Luft- und Raumfahrtbehörde)		
		Rh-Pf	— Rheinland-Pfalz
		RIWA	— Rijncommissie Waterleidingsbedrijven (Vereinigung der niederländischen Wasserwerke im Rheineinzugsgebiet)
NATO	— North Atlantic Treaty Organization (Nordatlantikpaktorganisation)		
NatSchG	— Naturschutzgesetz		
Nds NatSchG	— Niedersächsisches Naturschutzgesetz	RLS	— Richtlinie für den Lärmschutz an Straßen
NE-Metalle	— Nichteisen-Metalle	ROG	— Raumordnungsgesetz
ng	— Nanogramm (10^{-9} g)	RP	— Regierungspräsident
NH^{4-N}	— Ammonium-Stickstoff	RSK	— Reaktorsicherheitskommission
Nm^3	— s. m^3 i. N.	RVO	— Reichsversicherungsordnung
NN	— Normal Null	RWE	— Rheinisch-Westfälisches Elektrizitätswerk
NOEL	— No Observable Effect Level = höchste Dosis ohne beobachtbare Wirkung	RWI	— Rheinisch-Westfälisches Institut für Wirtschaftsforschung
NRW	— Nordrhein-Westfalen	s	— Sekunde
NSG	— Naturschutzgebiet	Sa	— Saarland
NTA	— Nitrilotriessigsäure bzw. -acetat	SAF	— Sanierungsanforderung
NW	— s. NRW	SARO	— Sachverständigenausschuß für Raumordnung
OECD	— Organization for Economic Cooperation and Development (Organisation für wirtschaftliche Zusammenarbeit und Entwicklung)	SBR	— Schneller Brutreaktor
		S–H	— Schleswig-Holstein
		SHmV	— Schadstoffhöchstmengenverordnung
PAH = PAK	— polyzyklische aromatische Kohlenwasserstoffe	SKE	— Steinkohleneinheit
		SNR	— Schneller natriumgekühlter Brutreaktor
PAN	— Peroxyacetylnitrat	Sr	— Strontium
Pb	— Blei	SRU	— Rat von Sachverständigen für Umweltfragen
PCB	— polychlorierte Biphenyle		
PCDD	— polychlorierte Dibenzo-p-dioxine	SRWi	— Sachverständigenrat zur Begutachtung der gesamtwirtschaftlichen Entwicklung
PCDE	— polychlorierte Diphenylether		
PCDF	— polychlorierte Dibenzofurane		
PCN	— polychlorierte Naphtaline		
PCT	— polychlorierte Terphenyle	SSK	— Strahlenschutzkommission
pg	— Picogramm (10^{-12} g)	STALA	— Ständiger Bund/Länder-Abteilungsleiterausschuß für Umweltfragen
pH-Wert	— Maß für Säuregrad		
PHOXA	— Photochemical Oxidant Strategy Development		
		StBauFG	— Städtebauförderungsgesetz
PJ	— Petajoule (10^{15} Joule)	StGB	— Strafgesetzbuch

StVZO	— Straßenverkehrszulassungsordnung	VDA	— Verband der Automobilindustrie
Sv	— Sievert (internationale biologische Dosiseinheit für ionisierende Strahlung; 1 rem = 10^2 rem)	VDEW	— Vereinigung Deutscher Elektrizitätswerke
		VDG	— Vereinigung Deutscher Gewässerschutz
SWR	— Siedewasserreaktor	VDI	— Verein Deutscher Ingenieure
t	— Tonne	VdTÜV	— Vereinigung der Technischen Überwachungs-Vereine
TA-Lärm	— Technische Anleitung zum Schutz gegen Lärm	VGB	— Technische Vereinigung der Großkraftwerksbetreiber
TA-Luft	— Technische Anleitung zur Reinhaltung der Luft	VIK	— Vereinigung Industrielle Kraftwirtschaft
TAVO	— Trinkwasseraufbereitungsverordnung	VKU	— Verband kommunaler Unternehmen
TCDD	— 2,3,7,8-Tetrachloridibenzo-p-dioxin	VLärmSchG	— Verkehrslärmschutzgesetz
TEMES	— telemetrisches Echtzeit-Mehrkomponenten-Erfassungssystem	VN	— Vereinte Nationen
		VO	— Verordnung
Th	— Thorium	VOC	— leichtflüssige organische Verbindungen
tkm	— Tonnenkilometer (Güterverkehrsleistung in t x km)	VOL	— Verdingungsordnung für Leistungen
TOC	— Gesamter organisch gebundener Kohlenstoff (Total Organic Carbon)	Vol-%	— Volumenprozent
TOCl	— gesamtes organisch gebundenes Chlor	VwV	— Verwaltungsvorschrift
TrinkwV	— s. TVO	WAA	— Wiederaufarbeitungsanlage
TRK	— Technische Richtkonzentration	WAU-BE	— wiederaufgearbeitete und angereicherte Uran-Brennelemente
TS	— Trockensubstanz	WAW	— Wiederaufarbeitungsanlage Wackersdorf
tSM	— Tonne Schwermetall	Wh	— Wattstunde
TÜV	— Technischer Überwachungsverein	WHG	— Wasserhaushaltsgesetz
TVO	— Trinkwasserverordnung	WHO	— World Health Organization (Weltgesundheitsorganisation)
TWh	— Terawattstunde (10^{12} Wh)	WWF	— World Wildlife Found
TWVO	— s. TVO	ZEBS	— Zentrale Erfassungs- und Bewertungsstelle für Umweltchemikalien
U	— Uran		
UBA	— Umwelbundesamt		
ü. M.	— über Meeresniveau		
UMK	— Umweltministerkonferenz		
UMPLIS	— Informations- und Dokumentationssystem Umwelt des Umweltbundesamtes		
UN	— United Nations		
UNEP	— United Nations Environment Programme (Umweltprogramm der Vereinten Nationen)		
UNESCO	— United Nations Education, Scientific and Cultural Organization (Organisation der Vereinten Nationen für Erziehung, Wissenschaft und Kultur)		
UVP	— Umweltverträglichkeitsprüfung		
UVV-Lärm	— Unfallverhütungsvorschrift Lärm		
VC	— Vinylchlorid		
VCI	— Verband der Chemischen Industrie		

Zehnerpotenzen im internationalen Einheitensystem

E	= Exa-	=	10^{18}
P	= Peta-	=	10^{15}
T	= Tera-	=	10^{11}
G	= Giga-	=	10^9
M	= Mega-	=	10^6
k	= Kilo	=	10^3
m	= Milli	=	10^{-3}
μ	= Mikro	=	10^{-10}
n	= Nano	=	10^{-9}
P	= Pico	=	10^{-12}
f	= Femto	=	10^{-15}
a	= Atto	=	10^{-18}

Gutachten und veröffentlichte Stellungnahmen des Rates von Sachverständigen für Umweltfragen

Auto und Umwelt

Gutachten September 1973
Stuttgart, Mainz: W. Kohlhammer
1973, 104 S., kart.
vergriffen

Die Abwasserabgabe

Wassergütewirtschaftliche und gesamtökonomische Wirkungen
2. Sondergutachten Februar 1974
Stuttgart, Mainz: W. Kohlhammer
1974, VI, 90 S., kart.
vergriffen

Umweltgutachten 1974

Stuttgart, Mainz: W. Kohlhammer [1])
1974, XV, 320 S., Plast.
Best.-Nr. 7800201-74902; DM 28,—
vergriffen
auch als Bundestags-Drucksache 7/2802 veröffentlicht [2])

Umweltprobleme des Rheins

3. Sondergutachten März 1976
Stuttgart, Mainz: W. Kohlhammer [1])
1976, 258 S., 9 farb. Ktn., Plast.
Best.-Nr. 7800103-76901; DM 20,—
auch als Bundestags-Drucksache 7/5014 veröffentlicht [2])

Umweltgutachten 1978

Stuttgart, Mainz: W. Kohlhammer [1])
1978, 638 S., Plast.
ISBN 3-17-003173-2
Best.-Nr. 7800202-78904; DM 33,—
vergriffen
auch als Bundestags-Drucksache 8/1938 veröffentlicht [2])

Umweltchemikalien

Entwurf eines Gesetzes zum Schutz vor gefährlichen Stoffen
Stellungnahme des Rates
hrsg. vom Bundesministerium des Innern [3])
Bonn 1979, 74 S.
= Umweltbrief Nr. 19
ISSN 0343-1312

Umweltprobleme der Nordsee

Sondergutachten Juni 1980
Stuttgart, Mainz: W. Kohlhammer [1])
508 S., 3 farb. Karten, Plast.
ISBN 3-17-003214-3
Best.-Nr. 7800104-80902; DM 23,—
vergriffen
auch als Bundestags-Drucksache 9/692 veröffentlicht [2])

Energie und Umwelt

Sondergutachten März 1981
Stuttgart, Mainz: W. Kohlhammer [1])
190 S., Plast.
ISBN 3-17-003238-0
Best.-Nr. 7800105-81901; DM 19,—
auch als Bundestags-Drucksache 9/872 veröffentlicht [2])

Flüssiggas als Kraftstoff

Umweltentlastung, Sicherheit und Wirtschaftlichkeit von flüssiggasgetriebenen Kraftfahrzeugen
Stellungnahme des Rates
hrsg. vom Bundesministerium des Innern [3])
Bonn 1982, 32 S.
= Umweltbrief Nr. 25
ISSN 0343-1312

Waldschäden und Luftverunreinigungen

Sondergutachten März 1983
Stuttgart, Mainz: W. Kohlhammer [1])
172 S., Plast.
ISBN 3-17-003265-8
Best.-Nr. 7800106-83902; DM 21,—
auch als Bundestags-Drucksache 10/113 veröffentlicht [2])

Umweltprobleme der Landwirtschaft

Sondergutachten März 1985
Stuttgart, Mainz: W. Kohlhammer [1])
423 S., Plast.
ISBN 3-17-003285-2
Best.-Nr. 7800107-85901; DM 31,—
vergriffen
auch als Bundestags-Drucksache 10/3613 veröffentlicht [2])

Luftverunreinigungen in Innenräumen

Sondergutachten Juni 1987
Stuttgart, Mainz: W. Kohlhammer[1])
ca. 112 S., Plast.
ISBN 3-17-003361-1
Best.-Nr. 7800108-87901; DM 22,—
auch als Bundestags-Drucksache 11/613 veröffentlicht[2])

Zur Umsetzung der EG-Richtlinie über die Umweltverträglichkeitsprüfung in das nationale Recht

Stellungnahme des Rates
hrsg. vom Bundesminister für Umwelt, Naturschutz und Reaktorsicherheit[3])
Bonn 1987, 15. S.

---

[1]) Zu beziehen im Buchhandel oder vom Verlag W. Kohlhammer, Postfach 41 11 20, 6500 Mainz 42.
[2]) Zu beziehen vom Verlag Dr. H. Heger, Postfach 20 13 63, 5300 Bonn-Bad Godesberg 1.
[3]) Erhältlich beim Bundesministerium für Umwelt, Naturschutz und Reaktorsicherheit, Referat Öffentlichkeitsarbeit Postfach 12 06 29, 5300 Bonn.

Materialien zur Umweltforschung

herausgegeben vom Rat von Sachverständigen für Umweltfragen, zu beziehen im Buchhandel oder vom Verlag W. Kohlhammer, Postfach 42 11 20, 6500 Mainz 42

Nr. 1

Prof. Dr. Günther Steffen und Dr. Ernst Berg
Einfluß von Begrenzungen beim Einsatz von Umweltchemikalien auf den Gewinn landwirtschaftlicher Unternehmen
1977, 93 S., kart., ISBN 3-17-003141-4
Best.-Nr. 7800301-77901; DM 20,—

Nr. 2

Dipl.-Ing. Klaus Welzel und Dr.-Ing. Peter Davids
Die Kohlenmonoxidemissionen in der Bundesrepublik Deutschland in den Jahren 1965, 1970, 1973 und 1974 und im Lande Nordrhein-Westfalen in den Jahren 1973 und 1974
1978, 322 S., kart., ISBN 3-17-003142-2
Best.-Nr. 7800302-78901; DM 25,—

Nr. 3

Dipl.-Ing. Horst Schade und Ing. (grad.) Horst Gliwa
Die Feststoffemissionen in der Bundesrepublik Deutschland und im Lande Nordrhein-Westfalen in den Jahren 1965, 1970, 1973 und 1974
1978, 374 S., kart., ISBN 3-17-003143-0
Best.-Nr. 7800303-78902; DM 25,—

Nr. 4

Prof. Dr. Renate Mayntz u. a.
Vollzugsprobleme der Umweltpolitik
Empirische Untersuchung der Implementation von Gesetzen im Bereich der Luftreinhaltung und des Gewässerschutzes
1978, 815 S., kart., ISBN 3-17-003144-9
Best.-Nr. 7800304-78903; DM 42,—
vergriffen

Nr. 5

Prof. Dr. Hans J. Queisser und Dr. Peter Wagner
Photoelektrische Solarenergienutzung
Technischer Stand, Wirtschaftlichkeit, Umweltverträglichkeit
1980, 90 S., kart., ISBN 3-17-003209-7
Best.-Nr. 7800305-80901; DM 18,—

Nr. 6

Materialien zu „Energie und Umwelt"
1982, 450 S., kart., ISBN 3-17-003242-9
Best. Nr. 7800306-82901; DM 38,—

Nr. 7

Prof. Dr. Dr. Mülder
Möglichkeiten der Forstbetriebe, sich Immissionsbelastungen waldbaulich anzupassen bzw. deren Schadwirkungen zu mildern
1983, 124 S., kart., ISBN 3-17-003275-5
Best.-Nr. 7800307-83901; DM 21,—
vergriffen

Nr. 8

Prof. Dr. Horst Zimmermann
Ökonomische Anreizinstrumente in einer auflagenorientierten Umweltpolitik
— Notwendigkeit, Möglichkeiten und Grenzen am Beispiel der amerikanischen Luftreinhaltepolitik —
1983, 60 S., kart., ISBN 3-17-003279-8
Best.-Nr. 7800308-83903; DM 14,—
vergriffen

Nr. 9

Prof. Dr. Rolf Diercks
Einsatz von Pflanzenbehandlungsmitteln und die dabei auftretenden Umweltprobleme
1984, 245 S., kart., ISBN 3-17-003284-4
Best.-Nr. 7800309-84901; DM 25,—

Nr. 10

Prof. Dr. Dieter Sauerbeck
Funktionen, Güte und Belastbarkeit des Bodens aus agrikulturchemischer Sicht
1985, 260 S., kart., ISBN 3-17-003312-3
Best.-Nr. 7800310-85902; DM 15,—
vergriffen

Nr. 11

Prof. Dr. Günther Weinschenk und Hans-Jörg Gebhard
Möglichkeiten und Grenzen einer ökologisch begrün-

deten Begrenzung der Intensität der Agrarproduktion
1985, 107 S., kart., ISBN 3-17-003319-0
Best.-Nr. 7800311-85903; DM 18,—

Nr. 12

Prof. Dr. Erwin Welte und Dr. Friedel Timmermann
Düngung und Umwelt
1985, 95 S., kart., ISBN 3-17-003320-4

Best.-Nr. 7800312-85904; DM 18,—
vergriffen

Nr. 13

Prof. Dr. Klaus H. Domsch
Funktionen und Belastbarkeit des Bodens aus der Sicht der Bodenmikrobiologie
1985, 72 S., kart., ISBN 3-17-003321-2
Best.-Nr. 7800313-85905; DM 16,—